EUROPA-FACHBUCHREIHE
für Bautechnik

Peschel | Schmidt

Bautechnik für Bauzeichner/innen

Bautechnik für Bauzeichnerinnen und Bauzeichner nach Lernfeldern, in den Schwerpunkten Architektur, Ingenieurbau sowie Tief-, Straßen- und Landschaftsbau

3., überarbeitete Auflage

VERLAG EUROPA-LEHRMITTEL · Nourney, Vollmer GmbH & Co. KG
Düsselberger Straße 23 · 42781 Haan-Gruiten

Europa-Nr.: 46383

Autoren:

Peter Peschel	OStD a.D.	Göttingen
Jürgen Schmidt	StD a.D.	Wallenhorst

Mit Beiträgen von

Hans-Joachim Reinecke	StD († 2018)	Braunschweig

Lektorat
Peter Peschel

Bildbearbeitung
Verlag Europa-Lehrmittel, Abteilung Bildbearbeitung, Ostfildern

Diesem Fachbuch wurden die neusten Ausgaben der DIN-Blätter, anderer Regelwerke und gesetzlichen Regelungen zugrunde gelegt (Redaktionsschluss 31.12.2020). Maßgebend für die Anwendung der Normen und anderer Regelwerke sind jedoch jeweils die neusten Ausgaben jener Bestimmungen selbst.
Die DIN-Blätter können von der Beuth Verlag GmbH (www.beuth.de), andere Regelwerke z. B. von der Forschungsgesellschaft für das Straßen- und Verkehrswesen beim FGSV-Verlag (www.fgsv-verlag.de) bezogen werden.

Das vorliegende Fachbuch wurde mit aller gebotenen Sorgfalt erarbeitet. Dennoch übernehmen Autoren und Verlag für die Richtigkeit von Fakten, Hinweisen und Vorschlägen sowie eventueller Satz- und Druckfehler keine Haftung.

3. Auflage 2021

Druck 5 4 3 2 1

Alle Drucke derselben Auflage sind parallel einsetzbar, da sie bis auf die Behebung von Druckfehlern unverändert sind.

ISBN 978-3-8085-4639-0

www.europa-lehrmittel.de

Umschlag: Blick Kick Kreativ KG
Satz: Reemers Publishing Services GmbH, 47799 Krefeld
Druck: Himmer GmbH, 86167 Augsburg

Vorwort zur 3. Auflage

Das Fachbuch Bautechnik für Bauzeichnerinnen und Bauzeichner erscheint als aktualisierte Neubearbeitung. Gegenüber der letzten Auflage wurden alle Lernbereiche an den aktuellen Stand von Normung und Theorie bzw. Gesetzgebung angepasst. Eine praxisnahe Anwendung ist berücksichtigt.

Das Fachbuch **Bautechnik für Bauzeichner/innen** vermittelt das aktuelle Grund- und Fachwissen für Bauzeichnerinnen und Bauzeichner in den Schwerpunkten **Architektur, Ingenieurbau** sowie **Tief-, Straßen- und Landschaftsbau** nach dem Rahmenlehrplan für den berufsbezogenen Unterricht in der Berufsschule.

Die aktualisierte Neubearbeitung ist konsequent nach den im Rahmenlehrplan ausgewiesenen Lernfeldern geordnet. Die notwendigen Voraussetzungen für die Lernfelder der Fachstufen sowie inhaltliche Bezüge der Lernfelder untereinander werden zu Beginn eines Lernfeldes thematisiert. Um der Unterrichtsgestaltung einen möglichst großen Freiraum einzuräumen, werden insbesondere in den Schwerpunkten notwendige Themen wieder aufgenommen und für die spezifischen Inhalte aufbereitet.

Die inhaltliche Nähe zum Tabellenbuch Bautechnik, der Fachkunde Bau und zum Fachbuch Straßen- und Tiefbau ist beabsichtigt. Die Autoren dieses Fachbuches bedanken sich für die Möglichkeit, Seiten, Tabellen und Abbildungen aus den genannten Werken zu entnehmen und für das vorliegende Fachbuch anzupassen. Darüber hinaus danken wir allen Kolleginnen und Kollegen, Firmen und Verbänden, die uns bei der Erstellung des Fachbuchs unterstützt haben.

Bei der Gestaltung wurde besonderen Wert auf Veranschaulichungen in Abbildungen, Grafiken, Fotos und Tabellen gelegt. Die das jeweilige Lernfeld abschließenden Aufgaben, bieten in vielfältiger Form Gelegenheit das Gelernte in Team- oder Einzelarbeit einzuüben.

Allgemeine Grundlagen für das Bauzeichnen, grundlegende Themen der Fachmathematik und der Vermessung sind ebenso wie ausgesuchte Inhalte der Statik und der Baustile in Einzelkapiteln herausgestellt. Das Kapitel „Projektarbeit im Lernfeld" unterstützt die Herausforderungen des selbstorganisierten Lernens, selbstständig Probleme zu erkennen, zu lösen, Lösungen zu erproben und erfolgreich zu präsentieren.

Das vorliegende Fachbuch eignet sich besonders für den Unterricht der Bauzeichnerinnen und Bauzeichner in der Berufsschule und in den überbetrieblichen Ausbildungsstätten. Durch die besondere Ausgestaltung und das handlungsorientierte Konzept kann das Fachbuch auch in Schulformen mit dem Profilbereich Bautechnik, z.B. in der Fachoberschule, im Beruflichen Gymnasium und in den Fachschulen der Meister- und Technikerausbildung, Verwendung finden.

Darüber hinaus eignet sich das Fachbuch als Informationsquelle zur Erarbeitung von praxisrelevanten Aufgabenstellungen, in der Fortbildung, an den Berufsakademien und zum Studium in den Bachelor-Studiengängen Bautechnik.

Autoren und Verlag wünschen den Nutzern der **Bautechnik für Bauzeichner/innen** viel Erfolg beim Gebrauch und sind für Anregungen und Hinweise stets dankbar. Dazu kann die Kontaktadresse lektorat@europa-lehrmittel.de genutzt werden.

Sommer 2021

Autoren und Verlag

Inhaltsverzeichnis

A Bauwirtschaft

A 1 Baugewerbe

Das Bedürfnis der Menschen, sich vor Witterung und Gefahren zu schützen, macht es erforderlich, Bauwerke zu erstellen. Daneben führt die zunehmende Bevölkerung und deren wachsende Ansprüche zu erhöhter Bautätigkeit bei Gebäuden zum Wohnen, Arbeiten und Erholen sowie für den Verkehr (vgl. Abb. A 1).

Beispiele für den Hochbau

Privater Hochbau
- Wohngebäude, Garagen

Gewerblicher Hochbau
- Industriebauten, Kaufhäuser, Bürogebäude

Öffentlicher Hochbau
- Rathäuser, Krankenhäuser, Schulgebäude

Beispiele für den Tiefbau und Straßenbau

Gewerblicher Tiefbau
- Tiefgaragen

Verkehrsbauten
- Straßen, Brücken, Gleisanlagen, Tunnel

Öffentlicher Tiefbau
- Kanalisation, Deponien

Abb. A 1: Beispiele für Bauwerke

Die Arbeitnehmer im Baugewerbe sind in Gewerkschaften organisiert, die Arbeitgeber in Arbeitgeberverbänden zusammengeschlossen. Gewerkschaften und Arbeitgeberverbände regeln die Arbeitsbedingungen im Baugewerbe. In Tarifverhandlungen werden beispielsweise Festlegungen über Löhne getroffen. Das Baugewerbe gliedert sich in das Bauhauptgewerbe und das Baunebengewerbe (vgl. Abb. A 2).

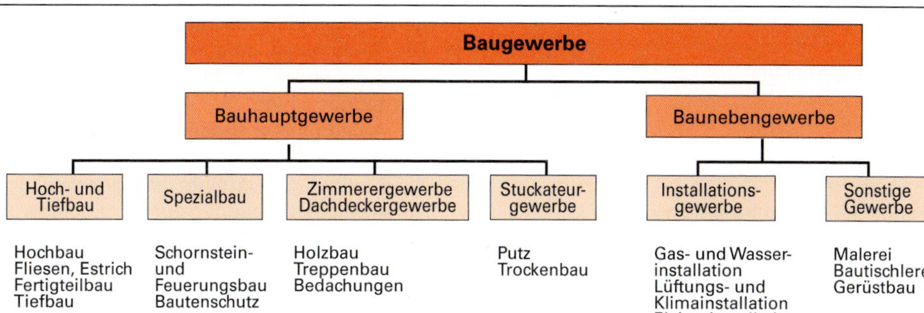

Abb. A 2: Übersicht über das Baugewerbe

Beteiligte am Bau

Bauherr sind

- Privatpersonen,
- juristische Personen (Firmen, Körperschaften, Vereine, ...)
- Gewerbe- und Industriebetriebe,
- Verkehrsbetriebe sowie
- Gemeinden, Städte, Länder und Bund.

Sie verfügen über (vgl. Abb. A3)

- Baugeld (Eigenkapital und Kredite),
- Baugrundstücke sowie
- Vorstellungen und Wünsche zu ihrem Bauwerk.

Abb. A3: Beteiligte am Bau

Bauplaner sind

- Architekten,
- Bauingenieure,
- Fachingenieure und Bauzeichner.

Sie versuchen, die Vorstellungen und Wünsche des Bauherrn umzusetzen in einen Bauentwurf, der

- Funktion,
- Erscheinungsbild und
- Wirtschaftlichkeit des Bauwerks gewährleistet.

Baufirma ist Hersteller

- eines Gewerkes, z. B. Mauerarbeiten, Holzbauarbeiten, Straßen- und Tiefbauarbeiten, Landschafts- und Gartenbauarbeiten, oder
- mehrerer Gewerke, z. B. der gesamten Rohbauarbeiten, oder
- von schlüsselfertigen Bauwerken, die bezugsfertig dem Bauherrn übergeben werden.

Die **Bauaufsicht** gewährleistet eine plangerechte und sichere Ausführung des Bauwerks.

- Die **Baufirma** stellt dies sicher durch Bauleiter, Meister, Poliere, Schachtmeister sowie Facharbeiter und dokumentiert dies im Bautagebuch, in Leistungsmeldungen und Lieferscheinen.
- **Architekten**, **Bauingenieure**, **Fachingenieure** und **Bauzeichner** sind für Planung, Ausführung und Überwachung der Bauarbeiten verantwortlich bzw. an diesen Projekten beteiligt.
- **Bauämter** kontrollieren die Einhaltung technischer und behördlicher Bauvorschriften.
- Das **Gewerbeaufsichtsamt** überwacht u. a. die Einhaltung des Jugendarbeitsschutzgesetzes, der Arbeitszeit- und der Arbeitsstättenverordnung
- Die **Berufsgenossenschaft** überprüft die Einhaltung der Unfallverhütungsvorschriften (UVV).

BG BAU
Berufsgenossenschaft der Bauwirtschaft

Abb. A4: Berufsgenossenschaft

Zum Baugewerbe zählen die verschiedenen am Bauen beteiligten Berufsgruppen. Sowohl Arbeitgeber als auch Arbeitnehmer vertreten ihre Interessen über eigene Verbände.

- Die Arbeitgeber der Baubetriebe sind in Arbeitgeberverbänden zusammengeschlossen.
- Die Architekten sind in den Architektenkammern, Ingenieure in den Ingenieurkammern zusammengeschlossen.
- Die Arbeitnehmer organisieren sich in Gewerkschaften.
- Arbeitgeber- und Arbeitnehmervertreter regeln die Arbeitsbedingungen auf den Baustellen.
- In Tarifverhandlungen werden Festlegungen, wie z. B. Lohnerhöhungen, getroffen.
- Die Sozialkasse der Bauwirtschaft (SOKA-BAU) ist die gemeinsame Dachmarke für die Urlaubs- und Lohnausgleichs- sowie Zusatzversorgungskasse des Baugewerbes.

A2 Bauberufe

Die unterschiedlichen Bauleistungen, die zur Erstellung von Bauwerken erbracht werden müssen, erfordern eine Vielzahl von Bauberufen, wie z. B. Rohbau-, Ausbau- und Tiefbauberufe. Zu den Planungsberufen zählen neben Architekten und Ingenieuren der unterschiedlichsten Fachrichtungen die Bauzeichner.

Bauzeichner fertigen nach Vorgaben der Architekten und Ingenieure die für die Bauwerkserstellung notwendigen Zeichnungen, Gebäudeaufnahmen für Umbauten und Bestandspläne.

Abb. A5: Interessensvertretung

A2.1 Rohbauberufe

Maurer, Beton- und Stahlbetonbauer erstellen Fundamente, Wände, Stützen, Decken, Treppen und Schornsteine. Sie mauern Bauteile aus künstlichen Steinen und Natursteinen, schalen, bewehren und betonieren Bauteile aus Beton, Stahlbeton und Spannbeton, sie übernehmen wesentliche Tätigkeiten bei der Betonsteinherstellung, versetzen Fertigteile und wirken bei der Herstellung von Fertighäusern mit (vgl. Abb. A6). Außerdem stellen sie industrielle Feuerungsanlagen für hohe Temperaturen her. Bei der Rohbauerstellung sind das Anbringen von Wärmedämmstoffen, das Putzen, Elektrovorarbeiten, wie z. B. die Verlegung von Leerrohren, die Montage vorgefertigter Fenster, Türzargen und Rollladen, das Verlegen von Estrich, Fliesen, Platten und Mosaik sowie Bodenbelagarbeiten möglich.

Gerüstbauer stellen Gerüste aus Stahl, Leichtmetall und Holz auf, insbesondere bei Kirchtürmen, Brücken und Kühltürmen, und/oder vermieten diese z. B. an Baufirmen (vgl. Abb. A7).

Baugeräteführer bedienen und warten die am Bau eingesetzten Baumaschinen. Dies sind z. B. Erdbaugeräte, Geräte und Maschinen zur Herstellung und Verarbeitung von Beton sowie Fördergeräte.

Zimmerer erstellen vorwiegend Holzkonstruktionen für Wände, Decken, Treppen und Dächer.

Das Fertigen von Lehrgerüsten und Betonschalungen, das Verlegen von Faserzementplatten, Trockenbauarbeiten sowie Verschalungen und Bekleidungen an Fassaden gehören ebenfalls zu den Aufgaben der Zimmerer.

Abb. A6: Maurer und/oder Beton- und Stahlbetonbauer

Abb. A7: Gerüstbauer (gehört wie der Baugeräteführer nicht zu den Ausbildungsberufen der Stufenausbildung)

Weitere Rohbauberufe sind **Klempner** (Flaschner) und **Dachdecker**.

Der Rohbau gilt als abgeschlossen, wenn Wände, Decken und Dach fertiggestellt sind.

A2.2 Tiefbauberufe

Straßenbauer fertigen Straßen, Plätze und Rollbahnen für Flugzeuge. Außerdem stellen sie Geländeeinschnitte, Böschungen, Gräben und Dämme sowie Sickerungen, Entwässerungsleitungen und Schächte her (vgl. Abb. A8).

Abb. A8: Straßenbauer

Weitere Tiefbauberufe sind **Gleisbauer, Kanalbauer, Brunnenbauer** und **Rohrleitungsbauer**.

Zu den Tiefbauarbeiten zählen die Erstellung von Verkehrswegen sowie das Verlegen von Ver- und Entsorgungsleitungen.

Die Berufsausbildung des Garten- und Landschaftsbauers ist eine Fachrichtung im Berufsfeld Landwirtschaft. Aufgaben sind u.a. die Anlage und Pflege von öffentlichen und privaten Grünflächen, von Freizeit- und Sportanlagen sowie die Begrünung von Verkehrsbauprojekten.

A2.3 Ausbauberufe

Stuckateure verputzen die rohen Wände und Decken, erstellen Wände im Trockenbau, führen Stuck- und Estricharbeiten aus.

Trockenbaumonteure erstellen Wände in Trockenbauweise, verkleiden Wände und Decken und bauen Wärmedämmschichten, Trockenestriche sowie Brandschutzverkleidungen ein.

Estrichleger bauen auf die Rohdecke Estriche trocken oder nass einschließlich der Wärme- und Schalldämmung ein und sind wesentlich an der Terrazzoherstellung beteiligt.

Fliesen-, Platten- und Mosaikleger belegen Wände und Böden mit Fliesen, Platten und Mosaik. Dies erfolgt vorwiegend in Nassräumen wie Küche und Bad und in Räumen mit erhöhten hygienischen Anforderungen wie in Lebensmittelbetrieben oder in Schwimmbädern.

Daneben wirken beim Ausbau von Gebäuden u.a. **Anlagenmechaniker für Sanitär, Heizung und Klima, Elektroniker für Energietechnik/Gebäudetechnik, Metallbauer, Betonstein- und Terrazzohersteller, Tischler, Glaser, Maler und Lackierer** sowie **Raumausstatter** mit.

Alle Arbeiten vom Rohbau bis zur Fertigstellung eines Gebäudes werden als Ausbau bezeichnet.

A3 Zusammenwirken der Bauberufe

Bei der Erstellung eines Bauwerks ist ein Zusammenwirken der Bauberufe erforderlich. In Bauzeitenplänen ist die Dauer jeder Arbeit sowie die Reihenfolge der einzelnen Arbeiten im Voraus festgelegt und in der Regel als Balkendiagramm dargestellt (vgl. Abb. A9). Dabei wird die voraussichtliche Dauer der Arbeiten durch farbige Balken gekennzeichnet. Zur Kontrolle kann die tatsächliche Dauer eingetragen werden.

Je nach Gewerk wird die Bauablaufplanung neben dem Balkendiagramm (auch als Gannt-Diagramm bezeichnet) als Liniendiagramm (z. B. im Fertigteilbau und im Straßenbau) oder als Netzplantechnik unter Anwendung der Datenverarbeitung dargestellt. Die praxisnahe Zuordnung und anwendungsorientierte Beispiele erfolgen in den Lernfeldern.

Daneben ist aus dem Bauzeitenplan ersichtlich, wann z. B. der Maurer nach Einbau der Rohrleitungen für Heizung, Gas, Wasser und Abwasser die Wandschlitze schließen kann und wann z. B. Heizkörper, Waschbecken und Badewanne montiert werden können.

Ebenso ist ersichtlich, wann die Verkehrssicherung der Baustelle einzurichten und wieder abzubauen ist. Die für die Baustelle notwendigen Sicherheitsmaßnahmen werden dagegen in einem Verkehrszeichenplan festgelegt.

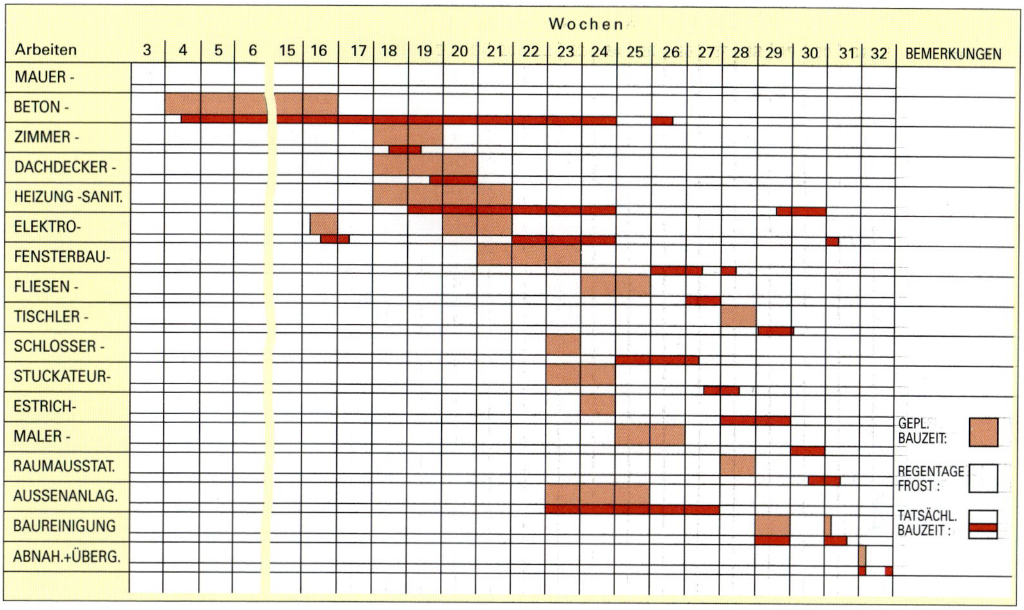

Abb. A9: Bauzeitenplan (Beispiel)

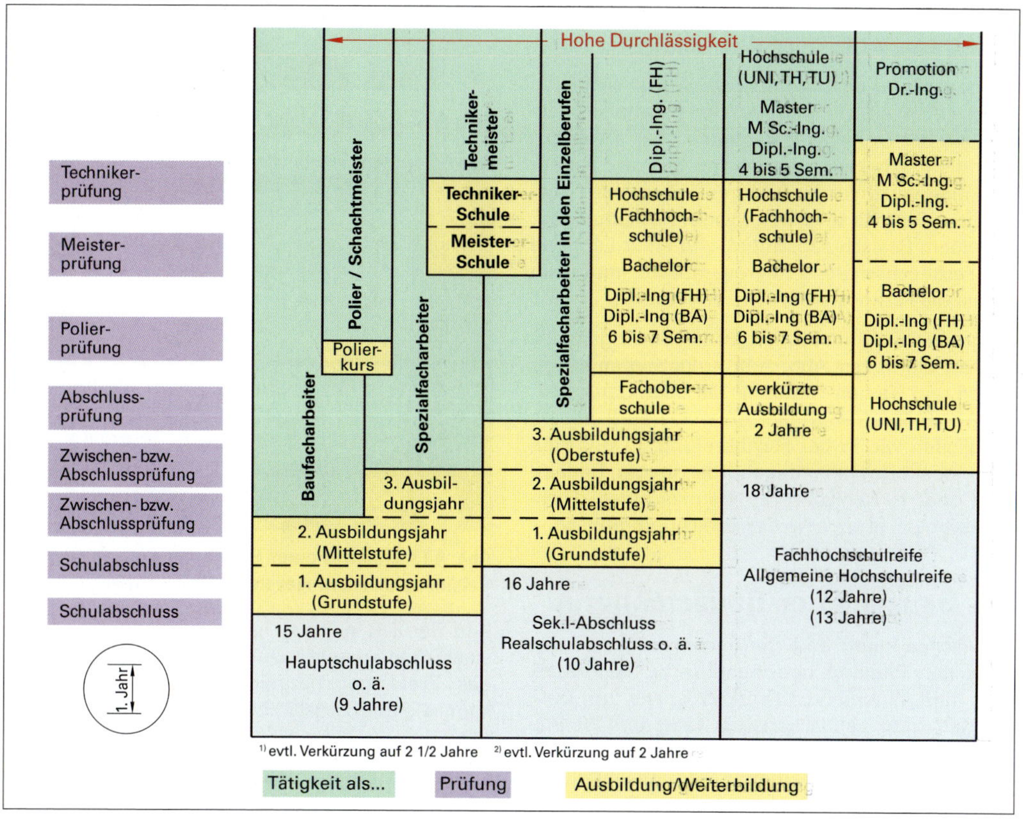

Abb. A10: Aus- und Weiterbildung in den Bauberufen

A4 Ausbildung im Berufsfeld Bautechnik

Die Ausbildung im Berufsfeld Bautechnik erfolgt nach der Stufenausbildung im Bauhauptgewerbe im Ausbildungsbetrieb, in der Berufsschule und in überbetrieblichen Ausbildungsstätten der Bauwirtschaft. Die Ausbildung dauert in der Regel 3 Jahre. Im 1. Ausbildungsjahr erfolgt die Grundbildung. Im 2. Ausbildungsjahr schließt sich eine Fachausbildung im Hochbau, Ausbau oder im Tiefbau an. Nach dem 2. Ausbildungsjahr kann die Ausbildung als Hochbau-, Tiefbau- oder Ausbaufacharbeiter abgeschlossen werden. Das 3. Ausbildungsjahr dient der Spezialisierung, z. B. auf den Beruf des Maurers oder des Beton- und Stahlbetonbauers. Nach Abschluss der dreijährigen Ausbildung kann die Gesellenprüfung oder die Facharbeiterprüfung im jeweiligen Beruf abgelegt werden. Der Geselle wird im Bauhauptgewerbe als Spezialbaufacharbeiter bezeichnet.

Eine Weiterbildung zum Meister oder Techniker ist an einer Fachschule möglich. Ein Studium an einer Hochschule für Technik oder einer Technischen Universität führt zum Beruf des Ingenieurs (Bachelor, Master) einer bestimmten Fachrichtung.

Mit dem Abitur als Schulabschluss lässt sich allerdings sofort ein Studium an der Fachhochschule oder an der Universität beginnen. Wer als Abiturient die Praxis kennenlernen möchte wird zumindest eine verkürzte Ausbildung (Lehre) oder ausführliche Praktika vorsehen. Wer ohne Abitur, aber mit einem Realschulabschluss und einer Lehre an der Fachhochschule studieren möchte, muss zunächst die Fachhochschulreife erwerben.

Aufgrund der Länderhoheit in der Bildungspolitik können die in der Abb. A10 aufgezeigten Wege, Zeiten und Namen variieren. Mit allen dargestellten Abschlüssen sind aber durchaus auch andere Tätigkeiten wie in der Fachberatung, in der Baustoffindustrie, in Planungsbüros, in der Bauaufsicht oder in der Lehre an Berufsschulen, Fachhochschulen, ja sogar in der Forschung möglich.

A5 Bauzeichner/Bauzeichnerin

Bauzeichnerinnen und Bauzeichner sind in den Bereichen Planung und Ausführung von Hochbau- und Ingenieurbauwerken sowie im Tief-; Straßen- und Landschaftsbau tätig und in Planungs- bzw. Architekturbüro, Ingenieurbüros, Bauunternehmen mit eigener Planungsabteilung, in Verwaltungen (Bauämtern) oder bei Bauträgern beschäftigt.

Abb. A11: Architekturbüro,
eine Bauzeichnung wird am PC erstellt

Abb. A12: Aufmaß auf der Baustelle

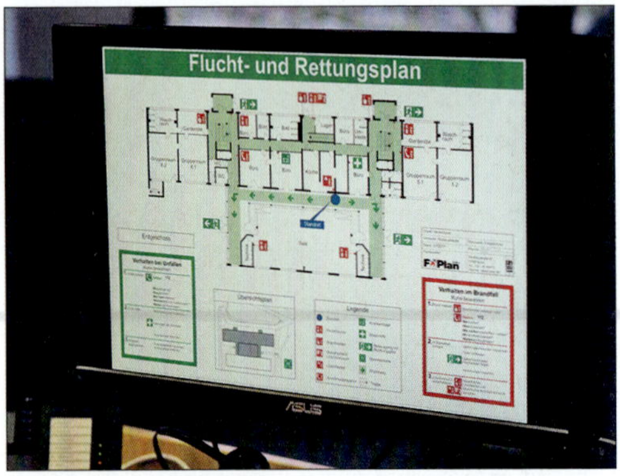

Abb. A13: Erstellen eines Flucht- und Rettungsplans, Gebäudeplan mit eingezeichneten Fluchtwegen

Das Berufsbild, bzw. nach der Neuordnung des staatlich anerkannten Ausbildungsberufes in 2002, das Profil der beruflichen Handlungsfähigkeit kann wie folgt umschrieben werden:

- Selbstständiges oder im Team kundenorientiertes Ausführen (und teilweise Mitplanen) von zeichnerischen, rechnerische und organisatorischen Aufgaben,

- Zeichnen von Grundrissen, Ansichten, Schnitten und Details am Zeichenbrett und/oder am PC
- Erstellen von Plänen, Entwurfsskizzen und Ausführungszeichnungen,
- Durchführen von fachspezifischen Berechnungen,
- Erstellen von Dokumentationen für Präsentationen bei Wettbewerben und für Kundengespräche
- Protokollierung von Kundengesprächen und Baustellenbegehungen,
- Erstellen von Aufmaß und daraus zu entwickelnde Bestandspläne,
- Plottern und Kopieren von Bauzeichnungen und Bauunterlagen,
- Archivieren und Verwalten von Zeichnungen und Bauunterlagen,
- Mitwirkung bei der Ausschreibung und Vergabe von Bauleistungen,
- Mitwirkung bei Bauprozessen und Arbeiten im Backoffice,
- Planen und Koordinieren von Arbeitsabläufen,
- Mitarbeit und Anwenden im Bereich Qualitätssicherung und
- Beachten von Grundsätzen der Arbeitssicherheit, des Gesundheits- und Umweltschutzes

Die Ausbildung erfolgt im „Dualen System"; d.h. die Ausbildung erfolgt im Betrieb und in der Berufsschule. Die Ausbildung dauert i.d.R. drei Jahre, kann aber bei guten Leistungen in der Berufsschule und bei Befürwortung des Betriebes um ein halbes Jahr verkürzt werden. Bei besonderen Eingangsvoraussetzungen (Abitur, Fachhochschulreife, vorheriger Abschluss eines ähnlichen Ausbildungsberufes) kann die Ausbildungsdauer im Einzelfall auf zwei Jahre festgesetzt werden.

Nach der Verordnung über die Berufsausbildung zum Bauzeichner/zur Bauzeichnerin ist ein vorgeschriebenes Baustellenpraktikum gemäß Ausbildungsrahmenplan abzuleisten und in einem dafür vorgesehenen Formblatt nachzuweisen. Darüber hinaus sind gemäß Ausbildungsrahmenplan mindestens 20 Baustellenbesuche vorgesehen. Diese Baustellenbesuche können auch durch ein Praktikum mit entsprechender Zielsetzung nachgewiesen werden. Sinn dieser Praktika ist es, die Umsetzung der zeichnerischen/planerischen Darstellung in der baupraktischen Ausführung kennen zu lernen.

Die Bauzeichner/Bauzeichnerinnen erstellen maßgetreue Zeichnungen und Pläne für den Hoch-/Architekturbau, den Ingenieur-/Massivbau sowie den Tief-, Straßen- und Landschaftsbau. Darüber hinaus berechnen sie den Baustoffbedarf und erstellen Material-/Stücklisten. Die präzise Ausarbeitung und pünktliche Zulieferung der benötigten Unterlagen fallen ebenso in den Aufgabenbereich, wie die Beobachtung der Bauvorhaben, des Baufortschrittes und die fachgerechte Archivierung/Sicherung der Planungsunterlagen.
Weitergehende Informationen: www.berufenet.arbeitsagentur.de und www.europas-info.de.

Rahmenlehrpläne

Die Abbildung A14 zeigt eine Übersicht über die Lernfelder für den Ausbildungsberuf Bauzeichnerin/Bauzeichner. Der Berufsschulunterricht orientiert sich an diesen Lernfeldern. Dabei können die Auszubildenden in Berufsschulklassen differenziert nach den Ausbildungsschwerpunkten aber auch insbesondere in der Grundstufe und Fachstufe I gemeinsam beschult werden. In der Fachstufe II ist eine Differenzierung oder Binnendifferenzierung notwendig, wobei es eine große Schnittmenge der Lerninhalte in den Schwerpunkten Architektur und Ingenieurbau gibt. Die Klassen für die Bauzeichner-Ausbildung im Schwerpunkten Tief-, Straßen- und Landschaftsbau werden oft überregional angeboten.

Prüfungen

Die Ausbildungsprüfung wird als Zwischen- und Abschlussprüfung durch die zuständige Stelle, die örtliche Industrie- und Handelskammer, bundeseinheitlich durchgeführt. In § 9 der Verordnung zur Berufsausbildung zum Bauzeichner/zur Bauzeichnerin ist der Ablauf und die Organisation der Prüfung festgelegt. Die örtlichen Prüfungsausschüsse haben einen geringen Spielraum (z.B. hinsichtlich der zeitlichen Regelung und/oder bei offensichtlichen fehlerhaften Aufgabenstellungen). Die im Folgenden gemachten Angaben sind daher ohne Gewähr und beruhen auf Erfahrungen aus vorangegangenen Prüfungen.

Zwischenprüfung

Die Zwischenprüfung wird vor Ende des 2. Ausbildungsjahres an einem Tag durchgeführt. Die Prüfung umfasst zwei Teile:

Teil 1, Fertigkeitsprüfung: Der Prüfling bearbeitet in maximal 4 Stunden drei praktische Aufgaben, was auch mittels CAD geschehen kann.

Teil 2, Kenntnisprüfung: Der Prüfling beantwortet in 2 Stunden auf die praktischen Aufgaben bezugnehmende Fragen schriftlich und führt Berechnungen durch.

A

Grundbildung (gemeinsame Lernfelder)	1. Mitwirken bei der Bauplanung 2. Aufnehmen eines Bauwerks	3. Erschließen eines Baugrundstücks 4. Planen einer Gründung	5. Planen eines Kellergeschosses
Fachbildung Fachstufe I (gemeinsame Lernfelder)	6. Konstruieren eines Stahlbetonbalkens 7. Konstruieren von Treppen	8. Planen einer Geschossdecke 9. Entwerfen eines Dachtragwerks	
	Zwischenprüfung		
Fachbildung Fachstufe II (Lernfelder nach Schwerpunkten)	Architektur	Ingenieurbau	Tief-, Straßen- und Landschaftsbau
	10. Erstellen eines Bauantrags 11. Entwickeln einer Außenwand 12. Planen einer Halle 13. Konstruieren eines Dachausbau 14. Ausbauen eines Geschosses	10. Sichern eines Bauwerks 11. Entwickeln einer Außenwand 12. Planen einer Halle 13. Konstruieren eines Daches 14. Entwerfen eines Stahlbetonbauwerks	10. Ausarbeiten eines Straßenentwurfs 11. Konstruieren eines Straßenoberbaus 12. Planen einer Wasserversorgung 13. Planen einer Wasserentsorgung 14. Planen einer Außenanlage
	Abschlussprüfung		

Abb. A 14: Lernfelder laut Rahmenlehrplan Bauzeichnerin/Bauzeichner

Abschlussprüfung

Die Abschlussprüfung dauert für die Prüflinge i.d.R. 4 Tage (Teil A an 2 Tagen, Teil B an einem Tag und das Fachgespräch von ca. 15 Minuten an einem weiteren Tag).

Der Prüfling soll im Teil A (Fertigkeitsprüfung) in höchstens 14 Stunden zwei praktische Aufgaben nach seiner Wahl/ aus seinem Schwerpunkt, die sich auf ein Projekt beziehen sollen, bearbeiten. Mindestens eine Aufgabe ist rechnergestützt zu fertigen. Der Teil B (Kenntnisprüfung) besteht aus schwerpunktbezogenen Bereichen und der Prüfung in Wirtschafts- und Sozialkunde.

Schwerpunkt Architektur: Baueingabe, Rohbau und Ausbau

Schwerpunkt Ingenieurbau: Tragwerke, Massivbau, Stahl- und Holzbau

Schwerpunkt Tief-, Straßen- und Landschaftsbau: Straßenbau, Ver- und Entsorgung, Landschaftsbau

Punkte	100 ... 92	91 ... 81	80 ... 67	66 ... 50	49 ... 30	29 ... 0
Note	sehr gut	gut	befriedigend	ausreichend	mangelhaft	ungenügend

100	98	96	94	92	91	90	89	88	87	85	84	83	82	81	80	79	77
1,0	1,1	1,2	1,3	1,4	1,5	1,6	1,7	1,8	1,9	2,0	2,1	2,2	2,3	2,4	2,5	2,6	2,7

76	74	73	71	70	68	67	66	64	62	61	59	57	55	54	52	50	49
2,8	2,9	3,0	3,1	3,2	3,3	3,4	3,5	3,6	3,7	3,8	3,9	4,0	4,1	4,2	4,3	4,4	4,5

47	45	43	41	38	36	34	32	30	29	23	17	12	6	0
4,6	4,7	4,8	4,9	5,0	5,1	5,2	5,3	5,4	5,5	5,6	5,7	5,8	5,9	6,0

Abb. A 15: Umrechnungsschlüssel für Punkte und Noten

Für die Bewertung der Leistungen sind Noten (sehr gut bis ungenügend) zu verwenden. Der Umrechnungsschlüssel ist den Richtlinien der vom Bundesausschuss für Berufsbildung festgelegten Muster-Prüfungsordnung für die Durchführung von Abschlussprüfungen entnommen. Grundsätzlich sind die Kammern und die Schulen jedoch in der Gestaltung des Bewertungsschlüssels frei.

B Bauzeichnen

B 1 Grundlagen für Bauzeichnungen

Um ein Bauwerk zu erstellen, müssen Fachleute wie Architekten und Ingenieure verschiedener Fachrichtungen zielgerichtet zusammenarbeiten. Das Kommunikationsmedium, in dem die jeweiligen Ideen und Planungen festgehalten werden, ist die Zeichnung.

Zeichnungen werden für unterschiedliche Zwecke erstellt. So soll dem Laien das Bauwerk anschaulich gemacht werden, damit er eine Vorstellung von dem späteren Gebäude bekommt. Dem Handwerker auf der Baustelle müssen exakte Zeichnungen für die Ausführung an die Hand gegeben werden. So kommt es dazu, dass ein Bauwerk oder Bauteil in unterschiedlichen Darstellungen und Detaillierungsgraden (vgl. Abb. B 1) dargestellt werden muss.

Trotz der unterschiedlichen Aufgabenfelder der am Bau Beteiligten sind gemeinsame Regeln für die Zeichnungserstellung ob am Reiß-/Zeichenbrett oder rechnerunterstützt mit CAD-Programmen unerlässlich. Umso komplexer das Bauvorhaben umso exakter müssen sich die Beteiligten über die Standards verständigen. Durch Zeichnungsnormen wird der Rahmen für Bauzeichnungen vorgegeben, in dem sich die Fachleute bewegen.

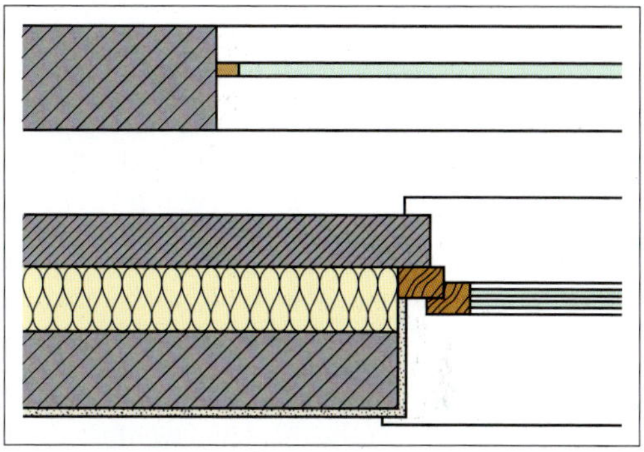

Abb. B 1: Draufsicht Fensteranschlag in unterschiedliche Darstellung

> Zeichnungen sind ein wesentliches Kommunikationsmittel im Bauprozess.

B 1.1 Zeichnungsträger

Als Zeichnungsträger werden Papier und Folien in Blatt- und Rollenform mit unterschiedlichen Qualitätsmerkmalen in durchsichtiger (transparent) und undurchsichtiger Ausführung angeboten. Ein Qualitätsmerkmal ist das Gewicht des Zeichenträgers in g/m². Ein gewöhnliches Papier hat z. B. 80 g/m².

Beim Einsatz von Zeichenplottern und Kopiergeräten (auch im Großformat) ist die Verwendung von transparenten Zeichenträgern nicht mehr notwendig.

Im Handel sind Zeichenpapiere mit Vordrucken für Schriftfelder und Zeichenränder und mit Zeichenrastern erhältlich.

> Zeichenträger gibt es in unterschiedlichen Ausführungen. Ein Qualitätsmerkmal ist das Flächengewicht in Gramm je Quadratmeter.

B 1.2 Zeichenmittel

Für das Anfertigen von Zeichnungen gibt es mehrere Möglichkeiten.

Bleistiftzeichnungen (vgl. Abb. B 2 und Abb. B 6) können mit Bleistiften, Fallminenstiften oder Feinminenstiften erstellt werden. Bleistiftminen werden nach Härtegraden unterschieden (vgl. Tabelle B 3). Für technische Zeichnungen sind die Härtegrade 3B bis 4H gebräuchlich. Bei Bleistiftzeichnungen sind Änderungen durch radieren einfach möglich.

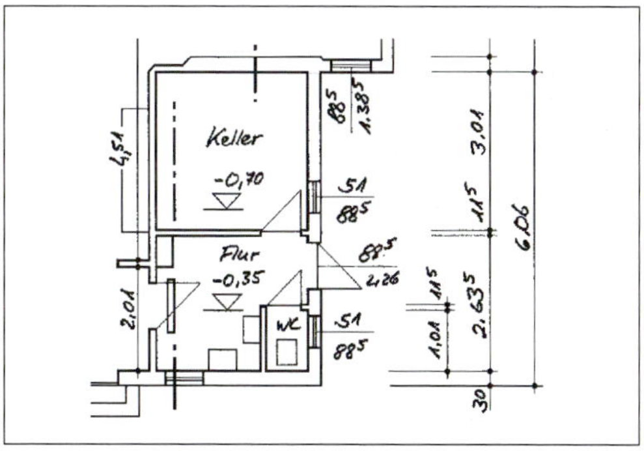

Abb. B 2: Bleistiftzeichnung Ausschnitt

Tabelle B 3: Härtegrade der Bleistifte				
B **B**lack	3B	2B	B	weich
H **H**ard **B** **B**lack			HB	mittel
F **F**irm			F	
H **H**ard		H	2H	hart
		3H	4H	sehr hart

Tuschezeichnungen werden mit Tuschezeichnern angefertigt. Durch die Verwendung von Tuschezeichnern wird die Einhaltung unterschiedlicher Linienstärken vereinfacht. Tuschezeichner werden nach ISO Norm gefertigt. Bei Tuschezeichnungen sind Lineale mit Tuschekante zweckmäßig. Änderungen an der Zeichnung sind mit Tuscheradieren oder mit Rasierklingen möglich, jedoch aufwendiger als bei Bleistiftzeichnungen. Damit die durch das Radieren angeraute Fläche überzeichnet werden kann, muss sie vorher geglättet werden.

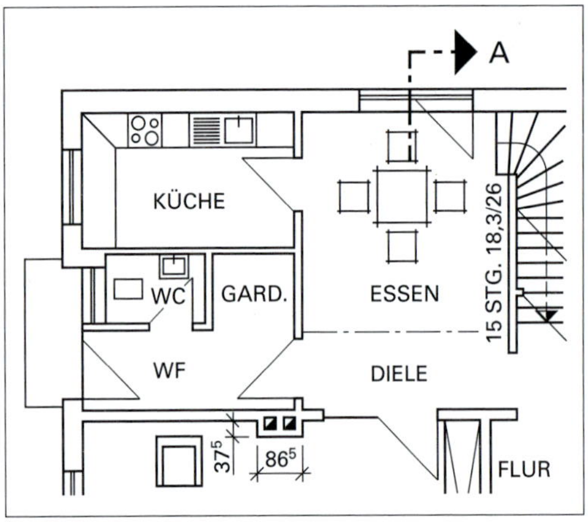

Abb. B 4: Tuschezeichnung

CAD-Zeichnungen werden mit CAD-Programmen erstellt. Für Bauzeichnungen sind auf dem Markt verschiedene Programme für den Hoch-, Tief- und Landschaftsbau sowie den Ingenieurbau erhältlich.

Neben eigenständigen CAD-Programmen für bautechnische Anwendungen sind auch CAD-Programme als Programmaufsätze (sogenannte Applikationen) erhältlich. Diese Programme erweitern allgemeine CAD-Programme um die Fähigkeiten Bauobjekte erzeugen zu können.

Mit allen CAD-Programmen lassen sich klassische Zeichnungen (2D-Zeichnungen) mit Linien, Kreisen, Texten usw. erstellen.

Bautechnische CAD-Programme bieten darüber hinaus z. B. die Möglichkeit durch die Eingabe von Bauobjekten wie Wände, Decken, Stützen, usw. ein Gebäude digital in 3D zu erstellen.

Die Objekte werden immer mit ihren Orginalabmessungen und Eigenschaften durch im CAD-Programm frei wählbaren Einheiten (mm, cm, m) erzeugt.

Nach der Erstellung z.B. eines Gebäudes werden verschiedene „Sichten" (Grundrisse, Schnitte, Persektiven) in unterschiedlichen Maßstäben und Darstellungsformen z.B. Entwurfs-, Ausführungs- oder Detailzeichung zu einem „Plan" (einer Zeichnung) zusammengestellt.

Im CAD-Bereich wird daher von „Plänen" statt von „Zeichnungen" gesprochen.

Die Zeichnung ist nur eine Auswertung des erstellten Modells.

Trotz aller Möglichkeiten der CAD-Programme ist die Kenntnis der klassischen Zeichentechniken für Bauzeichnerinnen und Bauzeichner zum Verständnis von Zeichnungen notwendig.

Zeichnungen können mit unterschiedlichen Werkzeugen erstellt werden.

B 1.3 Blattgrößen

Alle Papierformate (vgl. Tabelle B5) basieren auf dem Ausgangsformat A0 mit einem Flächeninhalt von 1 m² und einem Seitenverhältnis $1:\sqrt{2}$ (vgl. Abb. B6).

Tabelle B 5: Papierformate		
Format Reihe A	**Unbeschnitten**	**Beschnittenes Blatt**
A0	880 x1230	841 x1189
A1	625 x880	594 x 841
A2	450 x625	420 x 594
A3	330 x 450	297 x 420
A4	240 x 330	210 x 297

Wird eine Zeichnung im DIN-Format auf ein benachbartes DIN-Format verkleinert oder vergrößert bleiben die Linienbreiten nach Micro-Norm im Verhältnis zueinander erhalten, da die benachbarten Linienbreiten ebenso im Verhältnis $1:\sqrt{2}$ stehen.

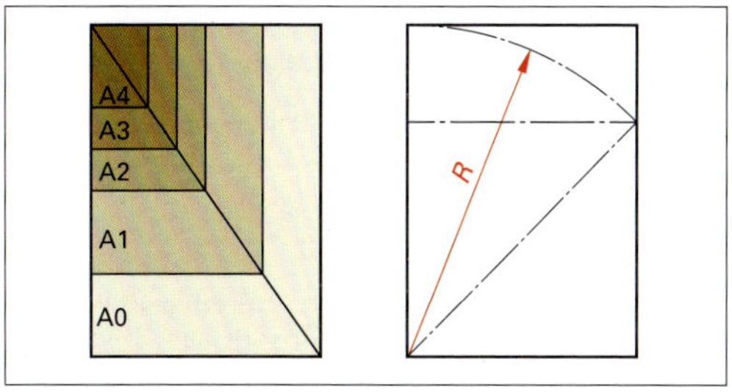

Abb. B 6: Papierformate

Beispiel

Eine Zeichnung DIN A3 mit den Linienbreiten 0,5; 0,35 und 0,25 wird auf DIN A4 verkleinert.
Wenn alle Maße durch $\sqrt{2}$ dividiert werden, ergibt sich für die neuen Linienbreiten:
Aus 0,5 wird 0,35; aus 0,35 wird 0,25, aus 0,25 wird 0,18.

Das nächste kleinere DIN-Format entsteht durch Halbierung (Kante parallel zur kurzen Seite).

Um ein DIN-Format zu erzeugen wird ein Quadrat mit der Papierbreite als Seitenlänge gezeichnet. Die Diagonale ergibt die Papierhöhe (vgl. Abb. B 6).

Zeichnungen müssen für die Papierablage auf das Format DIN A4 gefaltet werden. Die Faltung hat so zu erfolgen, dass das Schriftfeld stets zu lesen ist und die Zeichnung zum vollständigen Lesen nicht aus dem Ordner genommen werden muss. An der linken Seite muss ein Lochrand erhalten bleiben. Der Lochrand beträgt in der Regel 2 cm. Der Rand an der oberen, unteren und rechten Seite wird mit 0,5 cm angenommen. Das Falten einer Zeichnung wird durch das Anbringen von Faltmarkierungen im Zeichenblattrand erleichtert.

Zeichnungen werden maßstäblich erstellt. Alle Originalmaße werden als Zeichnungsmaß verkleinert in die Zeichnung übertragen. Das Zeichnungsmaß ergibt sich, indem das Originalmaß durch die Maßstabzahl dividiert wird (Einheiten beachten).

Je größer die Maßstabszahl desto kleiner die Darstellung.

Zeichnungsmaß= Originalmaß / Maßstabzahl
Originalmaß in cm → Zeichenmaß in cm
Originalmaß im m → Zeichenmaß in mm

Ein Maßstab M 1:100 bedeutet z. B. das Zeichnungsmaß ist 100-mal kleiner als das Maß in der Wirklichkeit.

Beispiel

Im Maßstab 1:50 wird ein Originalmaß von 24,00 m zu einem Zeichenmaß von 48 cm.
Zeichenmaß = 2400 cm : 50 = 48 cm

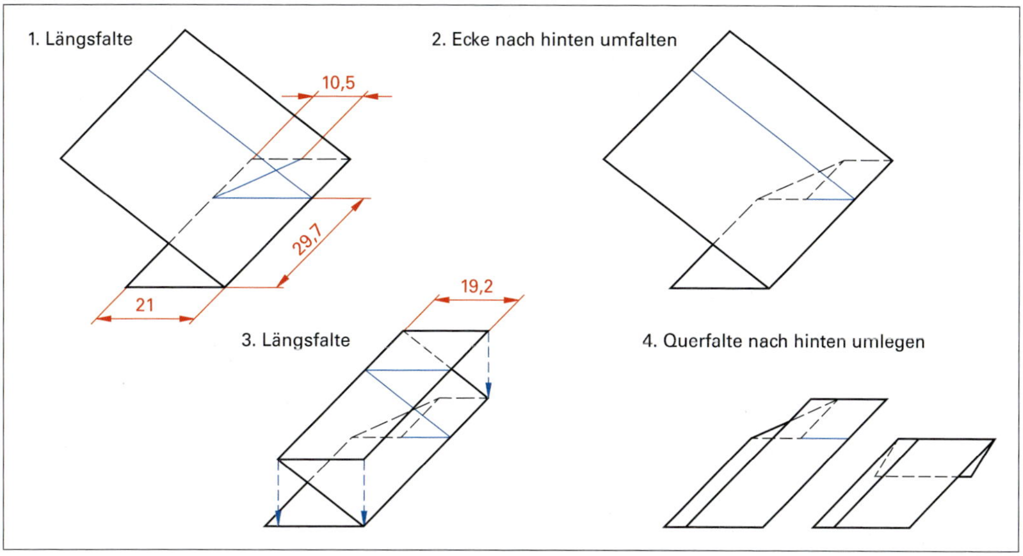

Abb. B 7: Beispielfaltung DIN A2

Für bestimmte Zeichnungsarten sind Maßstäbe vorgegeben (vgl. Tabelle B 8). In Straßenbau-Zeichnungen, in denen Höhen dargestellt werden, wird der Maßstab für die Höhen in Relation zum Maßstab der Längen größer gewählt. Dadurch wird das Höhenprofil deutlicher.

- Maßstab für die Höhen z. B. M 1:10
- Maßstab für die Längen z. B. M 1:100

<table>
<tr><th colspan="5">Tabelle B 8: Maßstäbe</th></tr>
<tr><td>1:500</td><td colspan="4">Lagepläne</td></tr>
<tr><td>1:200</td><td colspan="4">Vorentwurfszeichnungen</td></tr>
<tr><td>1:100</td><td colspan="4">Entwurfszeichnungen, Bauvorlagezeichnungen, Positionspläne</td></tr>
<tr><td>1:50</td><td colspan="4">Ausführungszeichnungen, Schalpläne, Bewehrungspläne</td></tr>
<tr><td>1:20</td><td colspan="4">Bewehrungspläne</td></tr>
<tr><td>1:10</td><td>1:5</td><td>1:2</td><td>1:1</td><td>Detailpläne</td></tr>
</table>

B 1.4 Beschriftung

Die Beschriftung von Bauzeichnungen ist ein wesentlicher Bestandteil einer Zeichnung. Die Beschriftung besteht aus Maßen, Texten, Zeichen und Bezeichnungen. Bei händischen Zeichnungen kann die Beschriftung freihändig oder mit Hilfe von Schriftschablonen erfolgen (vgl. Abb. B 13).

Die Beschriftung ist mit Normschrift nach DIN 6776/ISO 3098-1 durchzuführen (vgl. Abb. B 13). Die Schriften der Norm sind für die Mikroverfilmung geeignet. Es gibt Schriftformen A und B die sich im Verhältnis der Schrifthöhe zu Strichstärke unterscheiden und die vertikal oder kursiv angewendet werden können.

- Schriftform A (vertikal) mit Strichdicke $d = h/14$
- Schriftform B (kursiv) mit Strichdicke $d = h/10$

Die Schrifthöhe wird in Abhängigkeit vom Zeichnungsmaßstab und Zeichnungsart gewählt.

Obwohl die Norm auch eine Schrifthöhe von 1,8 mm vorsieht, sollte für die gute Lesbarkeit der Schrift die Mindesthöhe der Beschriftung 2,5 mm betragen.

Die Beschriftung einer Zeichnung kann in einer von vier Normschriftvarianten erstellt werden.

Die Texte der Beschriftungen sind ebenso wie die Maße so einzuzeichnen, dass sie von unten aus der Leserichtung des Schriftfeldes und von rechts zu lesen sind (vgl. Abb. B 10). Ein Normschriftmuster ist in Tabelle B 13 dargestellt und die Schriftabmessungen in Tabelle B 9 ausgewiesen.

Damit gibt das Schriftfeld die Leserichtungen für die Zeichnung vor.

Tabelle B 9: Schriftabmessungen		
Schriftform	Linienbreite bei Schrifthöhe h	Schriftneigung
A schmal	$h/14$	vertikal oder kursiv (75°)
B mittelbreit	$h/10$	

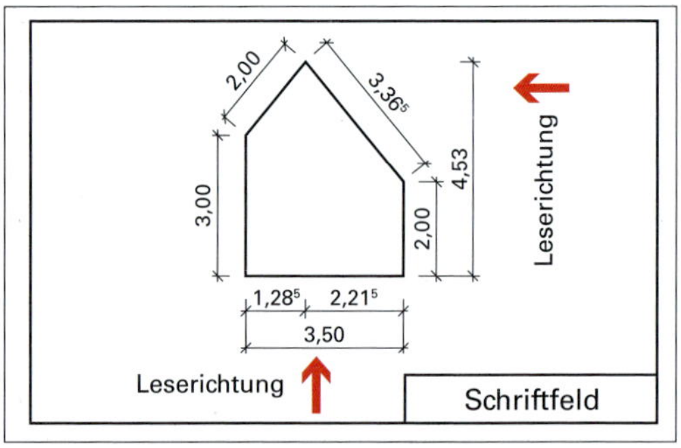

Abb. B 10: Leserichtung

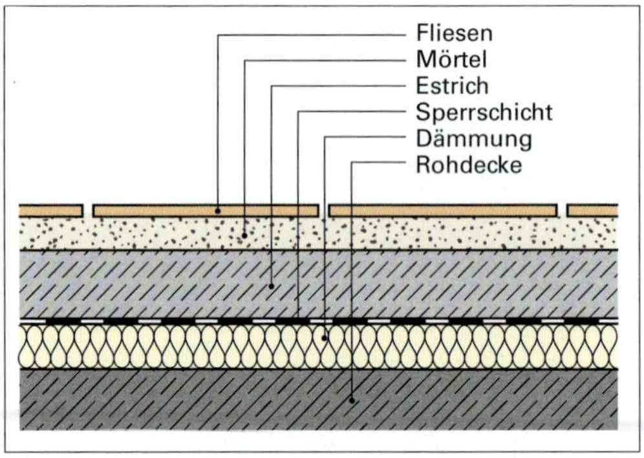

Abb. B 11: Textblock mit Hinweislinien

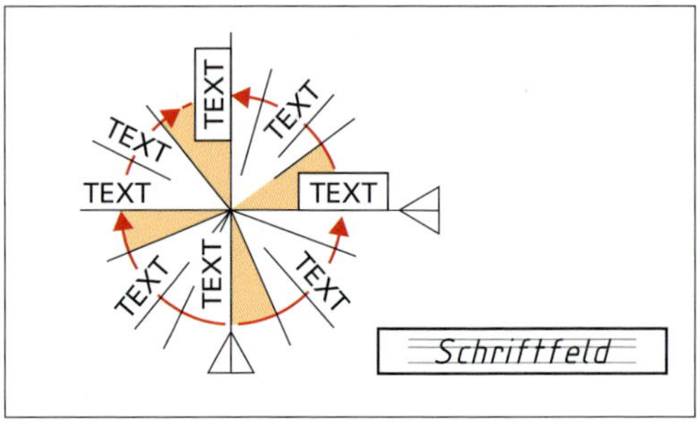

Abb. B 12: Leserichtungsbereiche

Tabelle B 13: Schriftmuster

Schriftform A mit $d = h/14$	**Schriftform B** mit $d = h/10$
vertikal	**vertikal**
ABCDEFGHIJKLMNOP	ABCDEFGHIJKLMNO
QRSTUVWXYZ	PQRSTUVWXYZ
aabcdefghijklmnopq	aabcdefghijklmnop
rstuvwxyz	qrstuvwxyz
[(!?:;"–=+x·:√%&)]Ø	[(!?:;"–=+x·:√%&)]Ø
1234567890IVX	1234567890IVX
ÄÖÜäaöüß±□	ÄÖÜäaöüß±□
kursiv	**kursiv**
ABCDEFGHIJKLMNO	*ABCDEFGHIJKLMN*
PQRSTUVWXYZ	*OPQRSTUVWXYZ*
aabcdefghijklmnop	*aabcdefghijklmno*
qrstuvwxyz	*pqrstuvwxyz*
[(!?:;"–=+x·:√%&)]Ø	*[(!?:;"–=+x·:√%&)]Ø*
1234567890IVX	*1234567890IVX*
ÄÖÜäaöüß±	*ÄÖÜäaöüß±*

Die Beschriftung kann nach Schriftform A (Engschrift) oder Schriftform B erfolgen (vgl. DIN EN ISO 3098-1:2015-06 Grundregeln und DIN EN ISO 3098-2:2000-11 Ziffern, Zeichen und lateinisches Alphabet). Die vertikale Schriftform B wird bevorzugt verwendet. Für Beschriftungen von Hand nimmt man üblicherweise für Großbuchstaben 7 mm, für Kleinbuchstaben 5 mm und für deren Unter- bzw. Oberlängen 2 mm an.

Bei Textblöcken kann zur Verdeutlichung mit Hinweislinien gearbeitet werden (vgl. Abb. B 11). Bei der Beschriftung von Schichten ist die Reihenfolge der Beschriftung der Reihenfolge der Bauteilschichten anzupassen.

Zur Beschriftung gehören auch Abkürzungen für häufig vorkommende Begriffe und Bezeichnungen (vgl. Tabelle B 14). Für die Lesbarkeit der Beschriftung ist die Leserichtung maßgebend (vgl. Abb. B 10).

Eine Legende vervollständigt die Beschriftung. Sie enthält alle zu verwendenden Baustoffe und eventuell Abkürzungen. Die Legende wird auf dem Zeichenblatt über dem Schriftfeld angeordnet.

Die Textrichtung bei nicht senkrechter und waagerechter Leserichtung ist gemäß Abbildung B 12 vorzunehmen. Die Beschriftung in Richtung der markierten Bereiche (vgl. Abb. B 12) ist möglichst zu vermeiden.

Bei der Beschriftung und Bemaßung ist die Leserichtung zu beachten.

Tabelle B 14: Abkürzungen	
Geschossbezeichnungen	
DG	Dachgeschoss
EG	Erdgeschoss
KG	Kellergeschoss
1. OG	1. Obergeschoss
1. UG	1. Untergeschoss
Durchbrüche und Schlitze	
DA	Deckenaussparung
DD	Deckendurchbruch
WD	Wanddurchbruch
WS	Wandschlitz
SWS	senkrechter Wandschlitz
WWS	waagerechter Wandschlitz
Höhenangaben	
BRH	Brüstungshöhe
NHN	Normalhöhennull (früher NN)
UK	Unterkante
OK	Oberkante
FFB	Fertigfußboden
RFB	Rohfußboden

B 1.5 Schriftfelder

Auf jeder Zeichnung wird in der unteren rechten Ecke des Blattes ein Schriftfeld angeordnet. Dadurch ist es bei gefalteter Zeichnung immer einsehbar. Im Schriftfeld müssen mindestens folgende Angaben stehen:

- Titel der Zeichnung, Dokumentenart
- Planverfasser/Name des Büros
- Zeichnungsersteller (Datum/Name)
- Freigabename/Prüfer (Datum/Name)
- Zeichnungsnummer, Maßstab

Oberhalb des Schriftfeldes können die Eintragungen zu den Änderungen vorgenommen werden (vgl. Abb. B 15). Auch die Erläuterung (Legende) zu verwendeten Symbolen und Schraffuren wird oberhalb des Schriftfeldes angeordnet).

Schriftfelder können auch für einige Zwecke stark vereinfacht werden (vgl. Abb. B 16).

Die Schriftfeldbreite beträgt 180 mm.

In der DIN ISO 7200 sind Vorgaben für kompakte und ausführliche Schriftfelder enthalten, ebenso in der RE 2012 für den Straßenbau (vgl. Kapitel 20).

Für größere Bauvorhaben werden die Schriftfelder häufig durch die Bauherrin oder den Bauherrn vorgegeben. Auch Behörden stellen bei bestimmten Objekten Vorgaben für die Gestaltung des Schriftfeldes. Das Schriftfeld enthält alle notwendigen Angaben für die eindeutige Zuordnung der Zeichnung im Bauvorhaben.

Index:	Änderung:	Datum:	Gezeichnet:
Planungsbüro XYZ	LO GO		
Projekt: Neubau Einfamilienhaus	Dorfstr. 12 09866 Xdorf		
Bauherr: wxy Teststr. 3 09866 Xdorf		Entwurfsverfasser: Y. Planer Planerstr. 3 09777 Stadtdorf	
Bauteil:	Erdgeschossdecke		
Datum: 12.01.2018 Bearbeiter: W. Planer	Projektnr.: 15-0123	Planinhalt: Verlegeplan der Elementdecke	
Gezeichnet: B. Zeichner Maßstab: 1:50 - m, cm	Plannr.: 12		
Unterschriften:	Planer:	Bauherr:	

Abb. B 15: Schriftfeld

	Datum	Name	Planungsbüro XYZ
gezeichnet	12.01.2018	W. Planer	
geprüft	18.01.2018		
M 1:100 - m, cm	Neubau Einfamilienhaus	Grundriss EG	Zeichnung 18 b

Abb. B 16: Vereinfachtes Schriftfeld

B 1.6 Linienarten und Linienbreiten

Bei den Linienarten werden Volllinien, Strichlinien, Strichpunktlinien und Punktlinien unterschieden. Die Linienbreite richtet sich nach der Micro Norm. Diese Norm ermöglicht die Mikroverfilmung von Zeichnungen ohne Qualitätsverluste.

Die Linienarten werden in drei verschiedenen Linienbreiten zur Darstellung benutzt. Es gibt die Linienbreiten breit, mittel und schmal. Diese Linienbreiten stehen auf einer Zeichnung im Verhältnis 2: 1: 0,7.

Je nach Maßstab und Zeichenzweck werden die Linienbreiten zu einer Liniengruppe zusammengefasst (Tabelle B 17).

Die unterschiedlichen Linienbreiten sind farblich gekennzeichnet (Tabelle B 17).

Tabelle B 17: Linienbreiten und Kennfarben

Strichbreite		**Kennfarbe**
2,0 mm		weiß
1,4 mm		grün
1,0 mm		orange
0,7 mm		blau
0,5 mm		braun
0,35 mm		gelb
0,25 mm		weiß
0,18 mm		rot
0,13 mm		violett

Tabelle B 18: Linienarten und Linienbreiten

Maßstab		≤ 1:100		≥1:50	
Liniengruppe		I	II	III	IV
Linienart	**Zeichnungsart / Anwendungsbereich**	**Linienbreite [mm]**			
Volllinie breit	Begrenzung von Schnittflächen	0,5	0,7	1,0	1,4
Volllinie mittel	Sichtbare Kanten und sichtbare Umrisse von Bauteilen, Begrenzung von Schnittflächen schmaler oderkleiner Bauteile	0,25	0,35	0,5	0,7
Volllinie schmal	Maßlinien, Maßhilfslinien, Hinweislinien, Lauflinien, Begrenzung von Ausschnittdarstellungen, Sinnbilder und Symbole	0,18	0,25	0,35	0,7
Strichlinie	Verdeckte Kanten und verdeckte Umrisse von Bauteilen	0,25	0,35	0,5	0,7
Strichpunktlinie breit	Kennzeichnung der Lage der Schnittebenen	0,5	0,7	1,0	1,4
Strichpunktlinie schmal	Achsen	0,18	0,25	0,35	0,5
Punktlinie	Bauteile vor bzw. über der Schnittebene	0,25	0,35	0,5	0,7
Maßzahlen **1,5**	Linienbreite	0,18	0,25	0,35	0,5
	Schrifthöhe	2,5	2,5 3,5	3,5 5,0	5,0 7,0

Liniengruppe I nur, wenn eine Zeichnung mit Liniengruppe III erstellt wird, und im Verhältnis 2:1 verkleinert wurde und dann weiterbearbeitet werden soll.
Liniengruppe IV nur, wenn Zeichnungen im Maßstab 1:50 in den Maßstab 1:100 verkleinert werden sollen.

Ausgehend von einer Linienbreite ergibt sich die nächste breitere Linienbreite durch Multiplikation mit dem Faktor $\sqrt{2}$. Die nächstkleinere Linie durch Division mit dem Divisor $\sqrt{2}$. Da auch die Papierabmessungen im selben Verhältnis wie die Linienbreiten vergrößert und verkleinert werden, bleiben die Linienbreiten in der Normreihe.

Auch bei Maßstabänderungen mit den Faktoren 0,5 und 2 bleibt das Verhältnis der Linienbreiten erhalten.

Unterschiedliche Linienarten und Linienbreiten machen eine Zeichnung deutlich lesbarer.

B

B 1.7 Bemaßung

Bemaßungen in Bauzeichnungen müssen so erstellt sein, dass alle wichtigen Maße Einzel- oder Gesamtmaße ohne Schwierigkeiten aus der Zeichnung zu entnehmen sind.

Als Maßeinheiten sind in Abhängigkeit von der Fachdisziplin Maße in m, m und cm, cm und mm gebräuchlich (vgl. Tabelle B 19).

Tabelle B 19: Maßeinheiten

Einheit	Beispiele		Anwendung im
mm	625	2510	Stahlbau Holzbau
cm	62,5	251	Bauwesen
m	0,625	2,51	Vermessung
m, cm	62^5	2,51	Bauwesen

Die gewählte Maßeinheit wird im Schriftfeld bei der Maßstabsangabe hinzugefügt (z. B. M 1:100 – m, cm).

Im Bauwesen werden Maße unter 1 m ohne Komma angegeben. Millimeterangaben werden als Exponent (hochgestellt) geschrieben z. B. 62,5 cm als 62^5.

Maße über einen Meter werden in Kommaschreibweise angegeben z. B. 1,625 m als $1{,}62^5$.

Die Bemaßung besteht aus Maßzahl, Maßlinie, Maßhilfslinie (unter Umständen entbehrlich) und Maßlinienbegrenzung (vgl. Abb. B 20).

Maßzahlen werden so auf der durchgezogenen Maßlinie angeordnet, dass sie von unten bzw. von rechts gelesen werden können.

Maßlinien werden entweder von Maßhilfslinien oder von dargestellten Bauobjektlinien begrenzt.

Die Maßhilfslinien können zur besseren Lesbarkeit bis an den Baukörper herangeführt werden.

Maßhilfslinien sind erforderlich, wenn Maße nicht zwischen die Bauobjekt-Begrenzungslinien eingetragen werden können.

Maßlinienbegrenzungen können wahlweise, jedoch einheitlich innerhalb einer Zeichnung durch Punkte, Kreise, Schrägstriche (von links unten nach rechts oben) markiert werden (vgl. Abb. B 21).

Die Maßanordnung erfolgt DIN-gemäß nach Möglichkeit unterhalb und rechts neben dem Baukörper, wobei von innen nach außen erst Teilmaße, dann Gesamtmaße anzugeben sind.

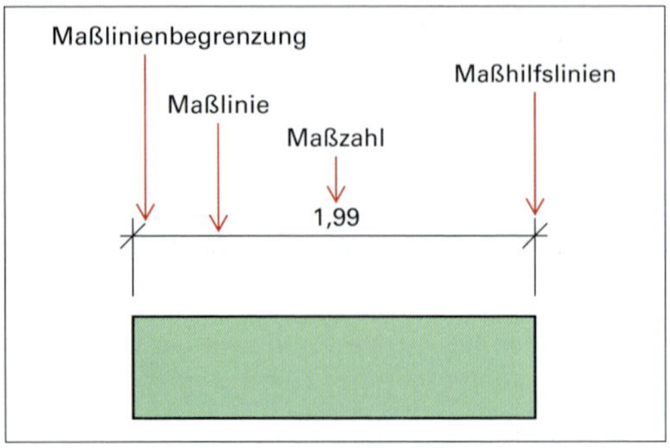

Abb. B 20: Begriffe der Bemaßung

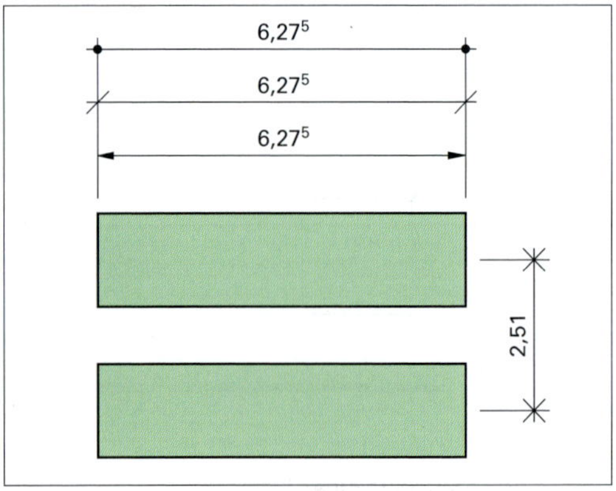

Abb. B 21: Maßlinienbegrenzung

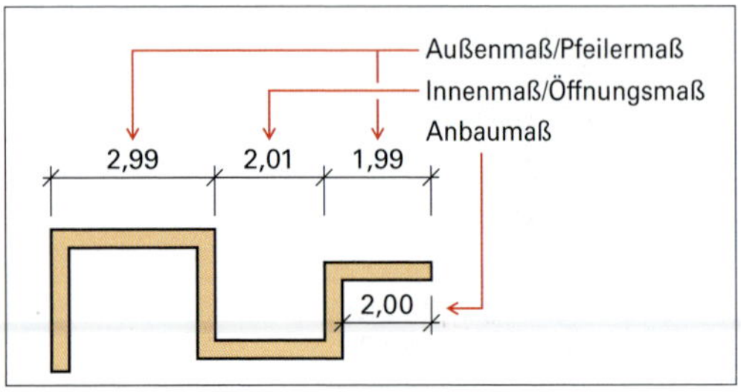

Abb. B 22: Maßarten

Der Abstand der ersten Maßlinie vom Baukörper sollte mindestens 1 cm betragen. Der Abstand der Maßlinien untereinander sollte mindestens das Doppelte der Schrifthöhe betragen.

Bei den Maßen werden Außenmaße, Innenmaße und Anbaumaße (vgl. Abb. B 22) unterschieden.

Wenn Innenmaße erforderlich sind, sollen sie so angeordnet werden, dass Flächen in der Raummitte für andere Eintragungen frei bleiben (vgl. Abb. B 23).

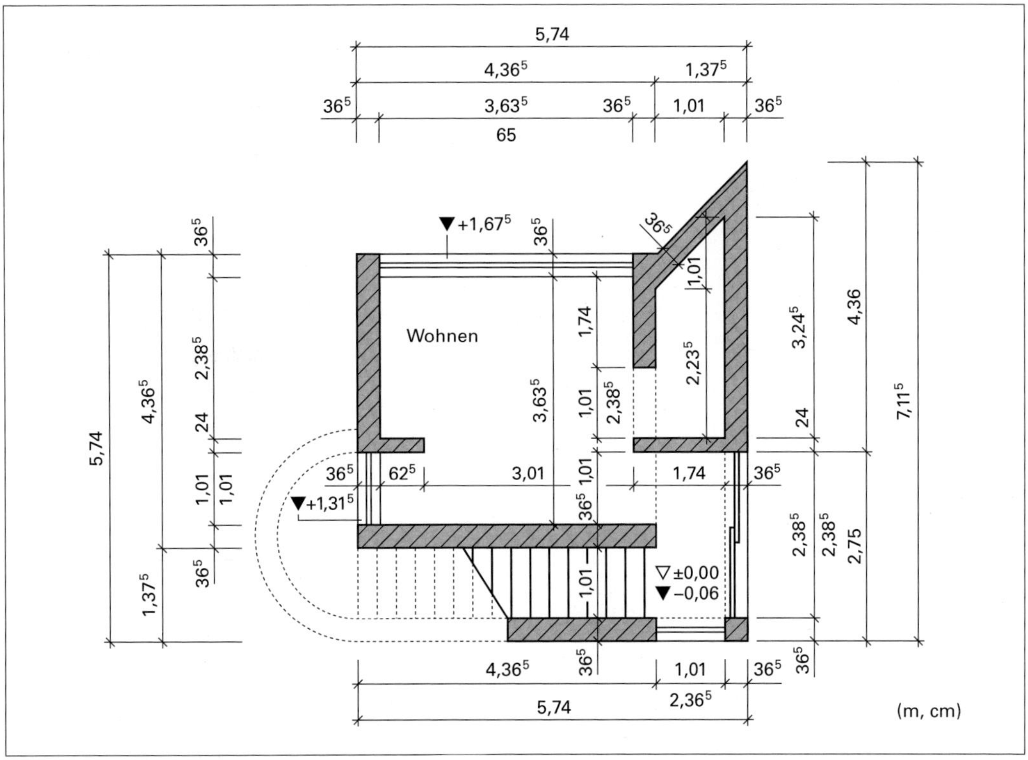

Abb. B 23: Vermaßung eines Grundrisses nach DIN 1356 (Bauzeichnungen, Beispiel)

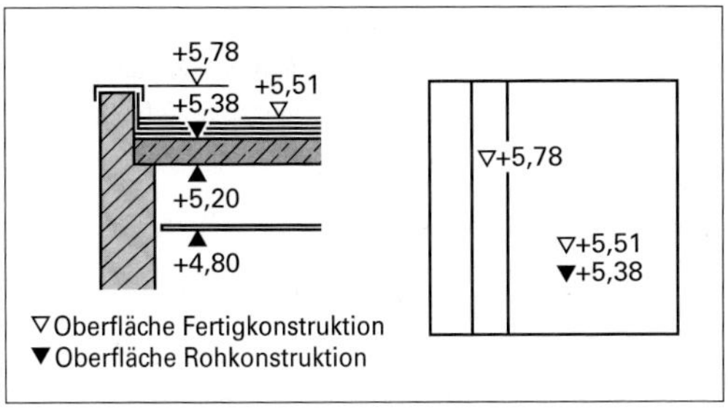

Abb. B 24: Höhenbemaßung (Beispiel)

Öffnungen werden durch die Angabe der Breite (über der Maßlinie) und Höhe (unter der Maßlinie) bemaßt.

Ist der Platzbedarf für die Maßzahl innerhalb der Maßlinie nicht ausreichend, werden die Maßzahlen abwechselnd über und unter die Maßlinie geschrieben.

Die erforderlichen Höhenangaben werden durch 60°-Pfeile symbolisiert.

Dabei gibt ein ausgefüllter Pfeil die Oberflächenhöhe der Rohkonstruktion, ein nicht ausgefüllter die der Fertigkonstruktion an. In der Regel wird eine Bezugslinie als „0" gewählt; alle Höhen darüber oder darunter erhalten entweder ein Plus oder ein Minus als Zusatz.

Für Hochbauten wird die Oberkante Fertigdecke im Erdgeschoß als „Nullhöhe" angenommen (vgl. Abb. B 23).

B 1.8 Schraffuren

In Schnittzeichnungen sind die Schnittflächen von Baukörpern durch Schraffuren oder durch Farben zu kennzeichnen. Die Schraffur oder Farbe richtet sich nach dem Material. Die in der DIN 1356-1 vorgegebenen Schraffuren erfassen jedoch nicht alle Materialien (vgl. Abb. B 25).

Nach DIN 1356 sind nur die Kennzeichnungen der Schnittflächen für Boden (Erdreich), Kies, Sand, Beton (unbewehrt), Beton (bewehrt, Stahlbeton), Mauerwerk, Holz (quer zur Faser), Holz (längs zur Faser), Metall (Stahl), Mörtel und Putz, Dämmstoffe, Abdichtungen (Sperrstoffe), Dichtstoffe als Schraffur in Abstimmung mit DIN 201 (alt) festgelegt. Die neue DIN ISO 128-50 findet in der Baupraxis kaum Anwendung.

Auch können in Detailzeichnungen die Schraffuren und Sinnbilder der Fachnormen (z.B. im Hochbau die Flachdachrichtlinien, im Straßenbau die RE 2012) angewendet werden.

Um Missverständnisse zu vermeiden, ist zweckmäßigerweise auf der Zeichnung eine Legende mit den auf der Zeichnung verwendeten Schraffuren und Symbolen anzulegen.

Beschriftungen und Texte dürfen durch eine Schraffur nicht überdeckt werden.

Bei großen zu schraffierenden Flächen ist es üblich, die Schraffur nur am begrenzenden Rand zu zeichnen.

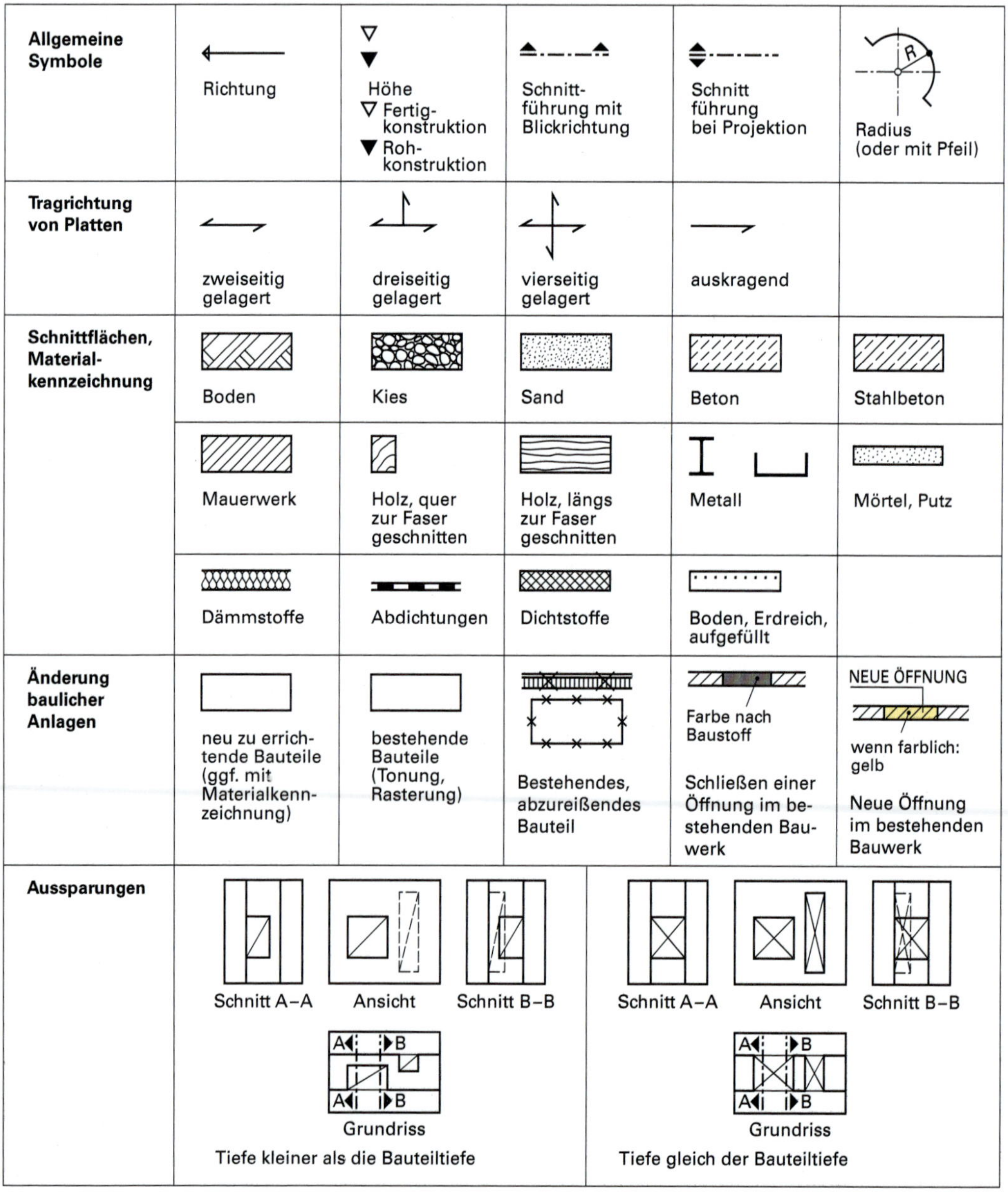

Abb. B 25: Schraffuren und Symbole

B2 Geometrische Grundkonstruktionen

Angesichts moderner CAD Systeme mag argumentiert werden, die Kenntnis geometrischer Grundkonstruktionen ist entbehrlich. Wird auf der Baustelle eine Straßeneinmündung abgesteckt, hilft kein noch so moderner Computer. Die geometrischen Konstruktionen mit Zirkel und Lineal können jedoch durch Kreisbogen (Latte bzw. Schnur) und Fluchten mit Schnüren, Fluchtstangen bzw. Richtlatten in die Wirklichkeit umsetzt werden.

Auch lassen sich geometrische Lösungen mit Zirkel und Lineal durch die analytische Geometrie (Geradengleichung, Kreisgleichung) mathematisch zur Koordinatenberechnung umsetzen. Weitere Grundkonstruktionen sind in Tabellenbüchern oder Zeichenbüchern gelistet (siehe z.B. Tabellenbuch Bautechnik oder Tabellenbuch für Holztechnik bzw. für Metallbau).

Tabelle B 26: Geometrische Grundkonstruktionen

Eine Strecke halbieren ■ Radius *r* für Kreisbogen größer $\overline{AB}/2$ fest legen ■ Kreisbogen um A mit r und Kreisbogen um B mit *r* ergibt die Schnittpunkte C und D. ■ Die Verbindungslinie der Schnittpunkte C und D mit $\overline{AB}$ ergibt den Mittelpunkt der Strecke.	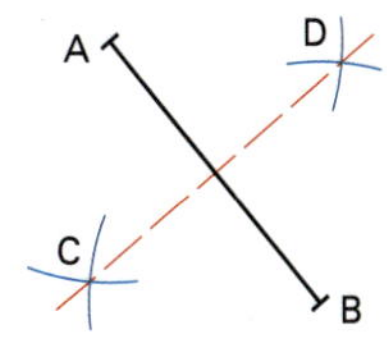
Strecke in *n*-Teile teilen ■ Hilfslinie in beliebigen Winkel in A antragen. ■ auf der Hilfslinie mit dem Zirkel *n* Teilstrecken abtragen. Der Endpunkt ist C. ■ C mit B verbinden. ■ Die Parallelen zu $\overline{AB}$ durch die *n* Teilpunkte zeichnen. ■ Die Schnittpunkte der Parallelen mit $\overline{AB}$ ergeben die *n*-1 Teilungspunkte.	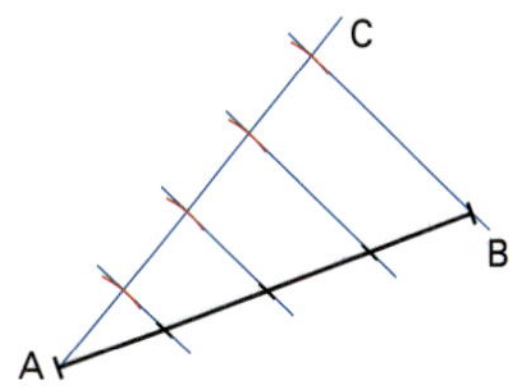
Lot von Punkt auf Linie ■ Kreisbogen um P ergibt die Schnittpunkte A und B auf der Linie. ■ Die Kreisbögen um A und B mit dem unveränderten Radius ergeben den Schnittpunkt C. ■ Die Verbindungslinie von P nach C ergibt auf der Linie den Lotfußpunkt.	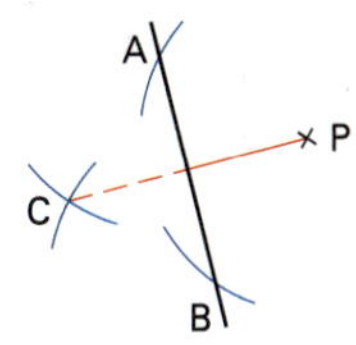
Senkrechte in einem Punkt errichten ■ Der Kreisbogen um P mit einem beliebigen Radius ergibt die Schnittpunkte A und B. ■ Die Kreisbögen um A und B mit einem Radius > $\overline{PA}/2$ ergeben den Schnittpunkt C. ■ Die Senkrechte ist > $\overline{PC}$.	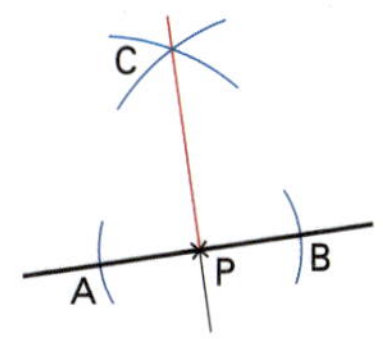
Mittelsenkrechte in einem Punkt ■ Ein Kreisbogen mit dem Radius r_1 um P ergibt die Schnittpunkt A und B auf der Linie. ■ Die Kreisbögen um A und B mit einem Radius r_2, wobei $r_2 > r_1$ gelten muss, ergibt die Schnittpunkte C und D. ■ $\overline{PC}$ bzw. $\overline{PD}$ ist die Mittelsenkrechte.	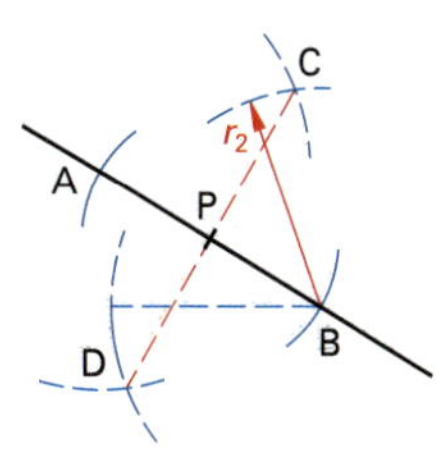

Tabelle B 26: Geometrische Grundkonstruktionen (Fortsetzung)	
Parallele zu einer Linie durch Punkt P ■ Aus der Linie einen Punkt A festlegen. ■ Der Kreisbogen um A mit dem Radius $\overline{PA}$ ergibt auf der Linie den Schnittpunkt B. ■ Die Kreisbögen mit dem gleichen Radius um P und B ergeben den Punkt D. ■ Die Parallele ist die Linie durch P und D.	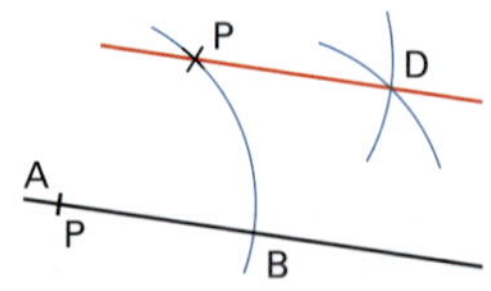
Winkel halbieren ■ Der Kreisbogen um A ergibt auf den Schenkeln die Punkte B und C. Der Schnittpunkt der Kreisbögen mit dem unveränderten Radius ergibt den Punkt D. Die Linie von P durch D ist die gesuchte Winkelhalbierende. ■ alternativ: Der Schnitt zweier Parallelen zu den Schenkeln liefert den Punkt D.	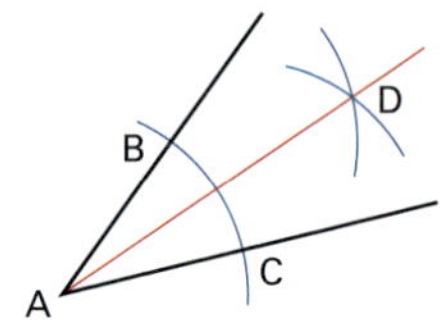
Tangenten an einen Kreis ■ Den Mittelpunkt A von $\overline{PM}$ konstruieren. ■ Um den Mittelpunkt der Strecke einen Kreisbogen mit dem Radius $\overline{PM}$ zeichnen. ■ Die Schnittpunkte B und C des Kreisbogens mit dem Kreis sind die Berührpunkte der Tangenten. ■ Die Linien von P über B und C bilden die Tangenten.	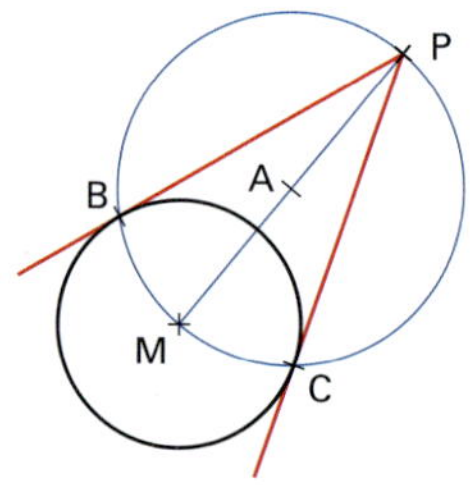
Tangente in einen Punkt des Kreises ■ $\overline{PM}$ zeichnen und über P hinaus verlängern. ■ Kreisbogen um M mit Radius $\overline{PM}$ ergibt auf der Verlängerung Punkt A. ■ Die Kreisbögen mit einem Radius größer $\overline{PM}$ um M und A ergeben die Schnittpunkte B und C. ■ Die Gerade durch B und C ist die Tangente.	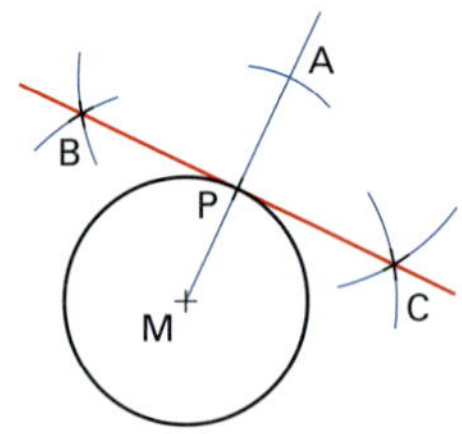
Ecke mit Radius R ausrunden ■ Zu den Schenkeln des Winkels werden zwei Parallelen mit den Radius *R* konstruiert. ■ Der Schnittpunkt ergibt den Mittelpunkt M für den Ausrundungsbogen. ■ Die Übergangspunkte A und B des Bogens zu den Schenkeln erhält man durch fällen der Lote von M aus auf die Schenkel. ■ alternativ: Der Schnitt einer Parallelen mit der Winkelhalbierenden ergibt den Mittelpunkt M.	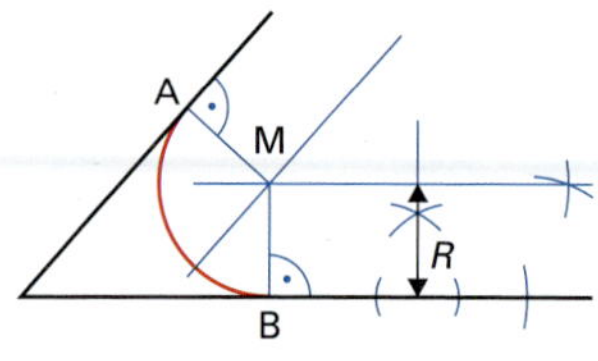
Mittelpunkt eines Kreises ■ Es werden zwei beliebige Sehnen des Kreises gezeichnet. ■ Aus den Sehnen werden die Mittelsenkrechten errichtet. ■ Der Schnittpunkt der Mittelsenkrechten liefert den gesuchten Mittelpunkt M.	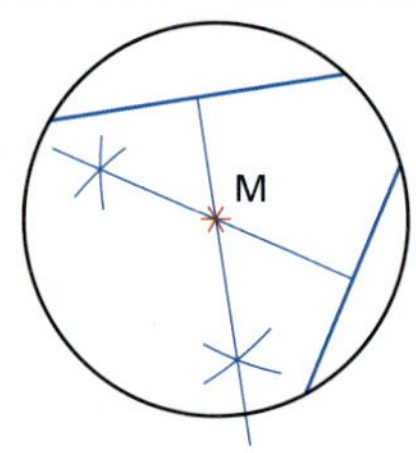

Tabelle B 26: Geometrische Grundkonstruktionen (Fortsetzung)	
Schwerpunkt eines Dreiecks ■ Die Mittelpunkte der Dreiecksseiten durch Halbieren der Strecke ermitteln. ■ Die Verbindungsstrecken zu den gegenüberliegenden Eckpunkten ergeben die drei Seitenhalbierenden. ■ Der Schwerpunkt S ist der Schnittpunkt der Seitenhalbierenden. ■ Der Schwerpunkt teilt die Seitenhalbierenden im Verhältnis 2:1.	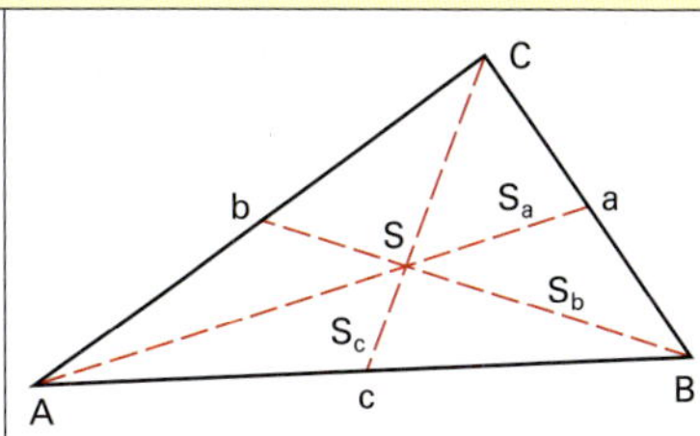
Konstruktion eines innenliegenden Sechsecks ■ Durch den Mittelpunkt eine Linie zeichnen. ■ Die Linie ergibt mit dem Kreis die Schnittpunkte A und B. ■ Die Kreisbögen um A und B mit dem Radius $\overline{AM}$ ergeben auf dem Kreis die Punkte C, D, F und E. ■ Die Verbindung der Punkte bilden die Sechseckseiten.	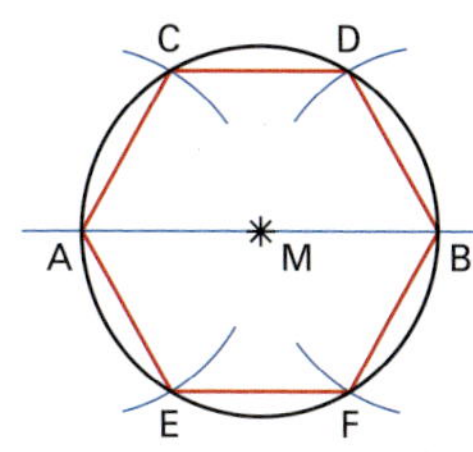
Konstruktion eines Sechsecks mit der Schlüsselweite s ■ Die Strecke *s*/2 mit den Endpunkten A und M zeichnen. ■ In A die Senkrechte errichten und verlängern. ■ Ein gleichseitiges Dreieck mit der Seitenlänge *s*/2 anliegend an $\overline{AM}$ konstruieren. Den an $\overline{AM}$ anliegen Winkel halbieren. Die Winkelhalbierende schneidet die in A errichtete Senkrechte. Es ergibt sich der Punkt C. ■ Der Kreisbogen mit $\overline{AC}$ um A ergibt den Punkt D. ■ $\overline{CD}$ ist Seitenlänge des Sechsecks und der Radius des Umkreises. ■ Nach Zeichnung des Umkreises mit $\overline{CD}$ um M kann die Seite des Sechsecks auf dem Umkreis abgetragen werden.	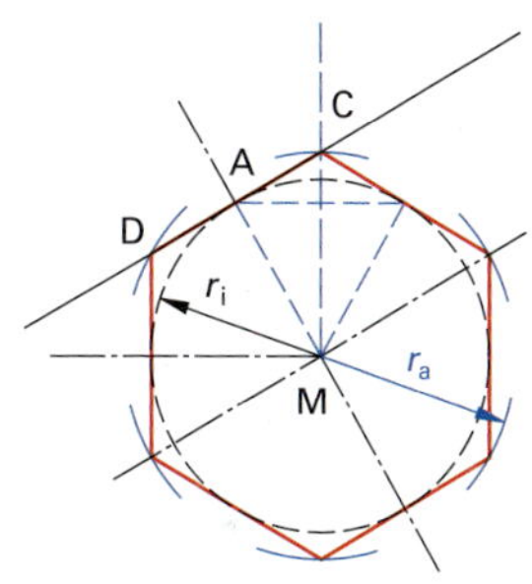

B3 Projektionszeichnungen

B3.1 Projektionsmethoden

Dreidimensionale Bauobjekte lassen sich auf dem Papier und auf dem Bildschirm nur auf einer Ebene darstellen. Die Abbildung des Objekts auf die Ebene geschieht durch Projektionsstrahlen, die das Objekt auf die Projektionsebene (Bildebene) abbilden. Dabei werden Parallel- und Zentralprojektionen unterschieden. Je nach Lage der Bildebene und Richtung der Projektionsstrahlen ergeben sich unterschiedliche Darstellungen des Baukörpers (vgl. Abb. B 27).

In der DIN ISO 5456-2 werden vier Darstellungsmethoden für die Darstellung von Körpern unterschieden.

Bei komplexen Körpern können für eine eindeutig lesbare Darstellung bis zu sechs Ansichten erforderlich sein.

Im Bauwesen werden im Wesentlichen nur drei der vier Darstellungsmethoden verwendet. Die Pfeilmethode, bei der die Blickrichtungen mit Buchstaben bezeichnet werden, spielt in der Bautechnik keine Rolle.

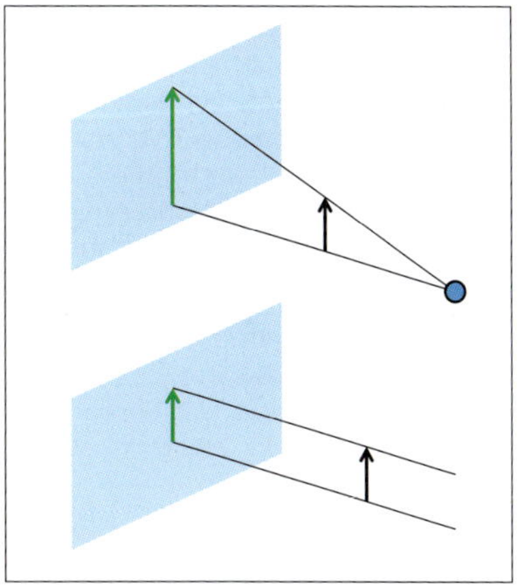

Abb. B 27: Prinzipdarstellung Parallelprojektion und Zentralprojektion

B

Bei der **Projektionsmethode 1** liegen die Bildebenen auf der die Zeichnungsansichten durch parallele Projektionsstrahlen entstehen hinter dem Baukörper (vgl. Abb. B 28).

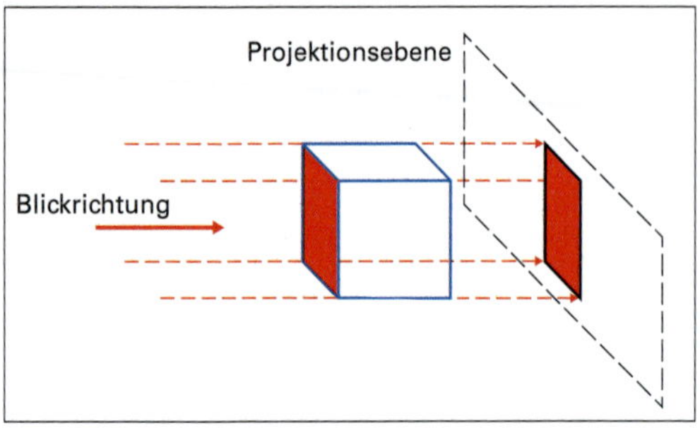

Abb. B 28: Projektionsmethode 1

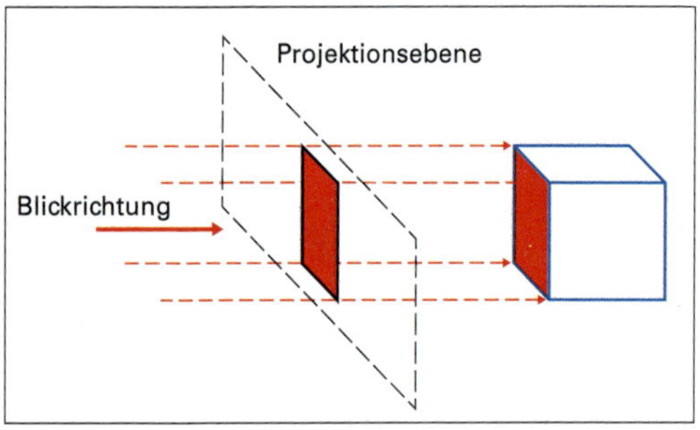

Abb. B 29: Projektionsmethode 3

Bei der **Projektionsmethode 3** liegen die Bildebenen auf der die Zeichnungsansichten durch parallele Projektionsstrahlen entstehen **vor** dem Baukörper (vgl. Abb. B 29).

In Deutschland und vielen Ländern Europas ist die Projektionsmethode 1 die überwiegende Darstellungsart.

In angelsächsischen Ländern wird überwiegend die Projektionsmethode 3 verwendet. Bei der Projektionsmethode 1 steht die Seitenansicht von links rechts neben der Vorderansicht. Bei der Projektionsmethode 3 dagegen steht die Seitenansicht von links auch links neben der Vorderansicht.

Um Verwechslungen der Projektionsmethoden zu vermeiden, wird auf der Zeichnung das Symbol eines Kegelstumpfes mit Vorderansicht und Seitenansicht von links vermerkt (vgl. Abb. B 30 und Abb. B 31).

Die Projektionsmethode ist auf der Zeichnung durch ein Symbol anzugeben.

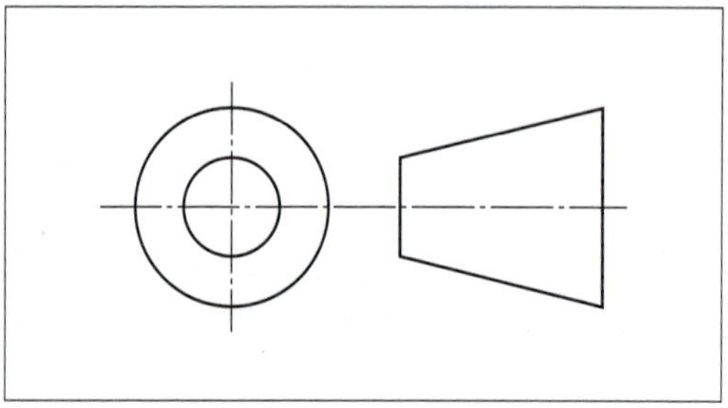

Abb. B 30: Symbol Projektionsmethode 3

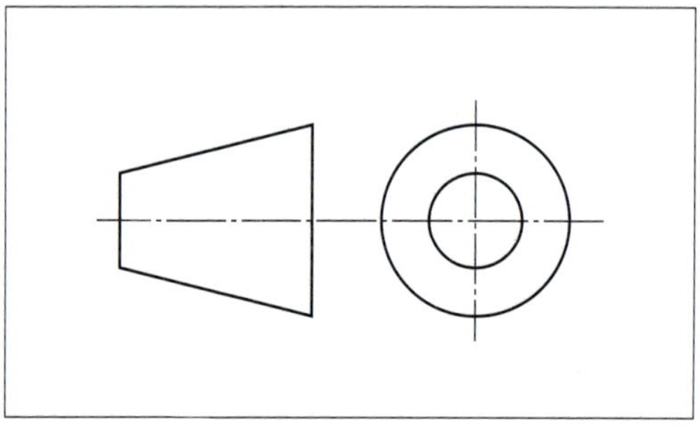

Abb. B 31: Symbol Projektmethode 1

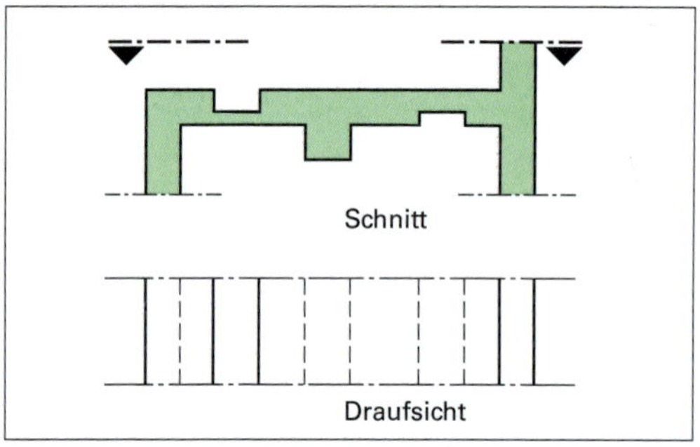

Abb. B 32: Grundriss Typ A

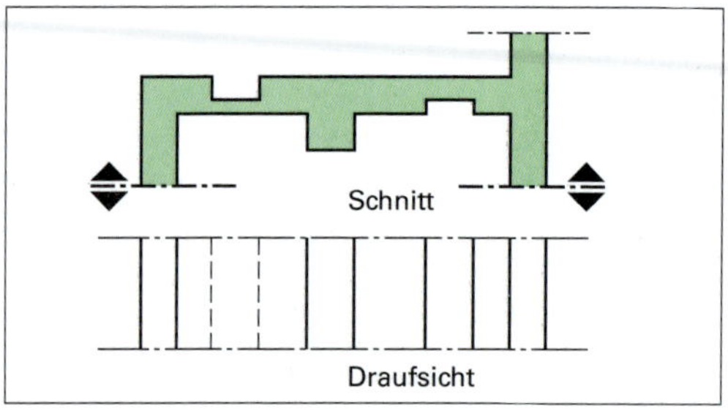

Abb. B 33: Grundriss Typ B

Die Projektionsmethoden 1 und 3 entsprechen in der Bauzeichennorm DIN 1356 der Grundrissdarstellung Typ A (vgl. Abb. B 32).

Die gespiegelte orthogonale Darstellung wird überwiegend im Ingenieurbau bei Schalplänen angewendet. Die Darstellungsart wird auch umgangssprachlich als „Blick in die leere Schalung" bezeichnet.

Nach der DIN 1356 wird diese Darstellung als Grundriss Typ B bezeichnet (vgl. Abb. B 33).

Ingenieurbauzeichnungen verwenden im Gegensatz zu Architekturzeichnungen eine andere Schnittdarstellung.

B 3.2 Parallelprojektionen

Standarddarstellung für Bauzeichnungen ist die Parallelprojektion. Je nach Komplexität des Objekts wird das Objekt auf bis zu 6 Tafeln abgebildet (vgl. Abb. B 34) oder als Abwicklung gezeichnet (vgl. Abb. B 35).

Dreitafelprojektion

Grundlage für die Dreitafelprojektion ist die Projektionsmethode 1.

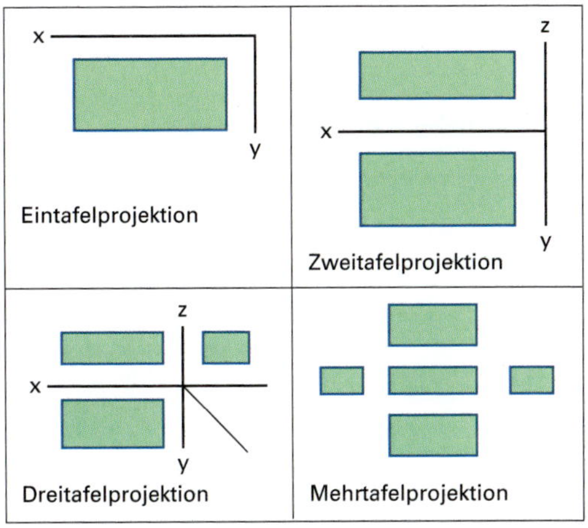

Abb. B 34: Projektionsarten

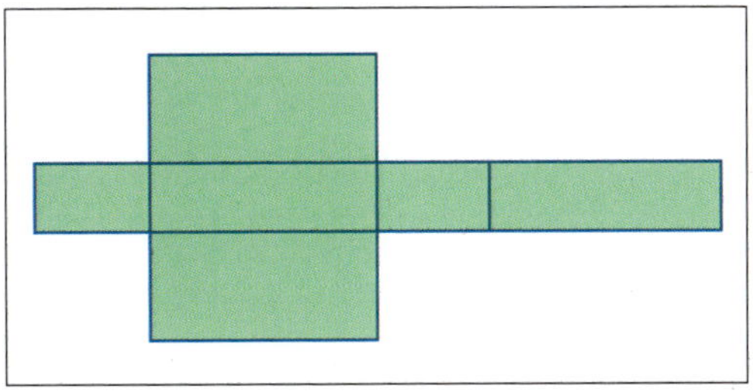

Abb. B 35: Abwicklung

Für die Erstellung einer Zeichnung mithilfe der Parallelprojektion wird der Baukörper in der Ecke eines Raums schwebend positioniert. Durch die Projektionsstrahlen wird der Körper auf die hinter dem Körper stehende Bildebene abgebildet. So entsteht eine Ansicht des Körpers.

Die Projektionsstrahlen (Blickrichtung) verlaufen dabei senkrecht zur Bildebene. Für die eindeutige Darstellung eines Körpers sind maximal drei Ansichten nötigt. Für einfache Gebilde kann die Anzahl der Ansichten reduziert werden. Für komplexe Körper sind mitunter mehr als drei Ansichten sinnvoll.

Für gewöhnlich wird die Ansicht von vorne (Vorderansicht), von der Seite (Seitenansicht) und von oben (Draufsicht) als Dreitafelprojektion gezeichnet. Bei der Dreitafelprojektion erscheint die Seitenansicht von links rechts neben der Vorderansicht (vgl. Abb. B 36).

Sichtbare Kanten werden in den Ansichten durch Volllinien dargestellt. Wenn verdeckte Kanten dargestellt werden sollen, werden sie als Strichlinien gezeichnet.

Für die Übertragung der Körperabmessungen aus der Draufsicht in die Seitenansicht können unterschiedliche Zeichenverfahren angewendet werden (vgl. Abb. B 37). Die einfachste Technik ist die Übertragung mittels einer winkelhalbieren Geraden zwischen der Draufsichtebene und der Seitenansichtsebene.

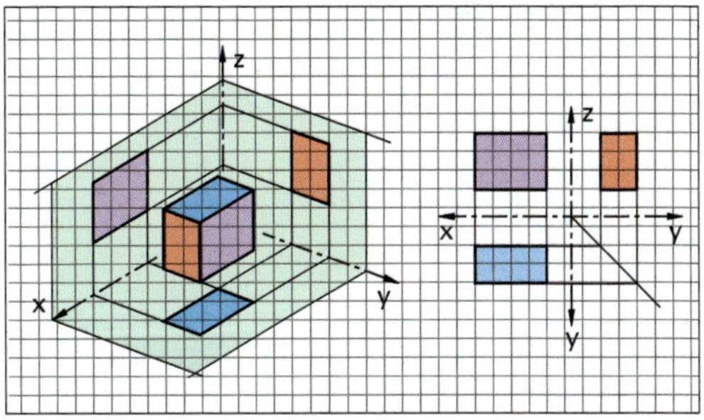

Abb. B 36: Raumbild Dreitafelprojektion

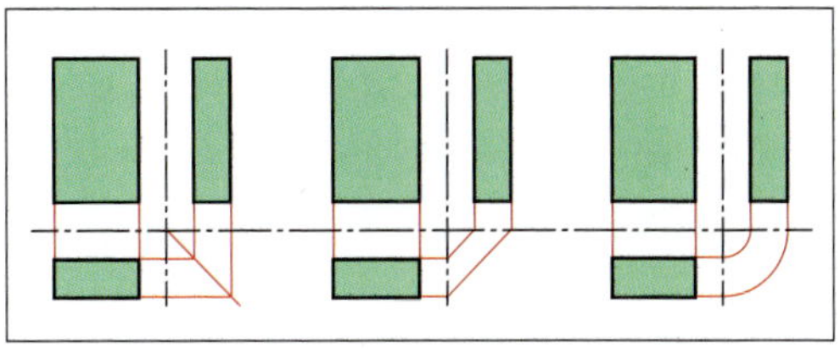

Abb. B 37: Möglichkeiten der Maßübertragung

Sind zwei Ansichten gegeben, lässt sich die dritte Ansicht konstruieren (vgl. Abb. B 38).

Für Gebäude werden die Ansichten aus jeder Himmelsrichtung (Norden, Osten, Süden und Westen oder Ansicht Goethestraße o.ä.) ausgewählt. Statt der Draufsicht werden hier Schnittzeichnungen der Geschosse (Dachgeschoss, Erdgeschoss, Kellergeschoss) in den Plan aufgenommen. Ergänzt wird der Plan durch mindestens den Querschnitt des Gebäudes.

Sichtbare Bauteilvorderkanten werden durch Volllinien dargestellt. Der Schnitt ist die Ansicht auf den hinteren Teil des senkrecht geschnittenen Bauobjekts. Die Lage des Vertikalschnitts ist im Grundriss durch eine dicke Strichpunktlinie anzugeben.

Von der Anordnung her werden in der Regel mehrere Grundrisse, Schnitte und/oder Ansichten auf einem Blatt dargestellt.

Dabei ist zu berücksichtigen, dass aneinandergrenzende Ansichten in umlaufender Folge darzustellen sind. Grundrisse sind vom untersten zum obersten Geschoss fortlaufend entweder von links nach rechts oder von unten nach oben zu zeichnen.

Nebeneinander gezeichnete Schnitte und Ansichten müssen höhengleich sein. Befinden sich Ansichten, Schnitte und Grundrisse auf einem Blatt, sind die Grundrisse unten, die Ansichten und Schnitte darüber zu zeichnen (vgl. Abb. B 39).

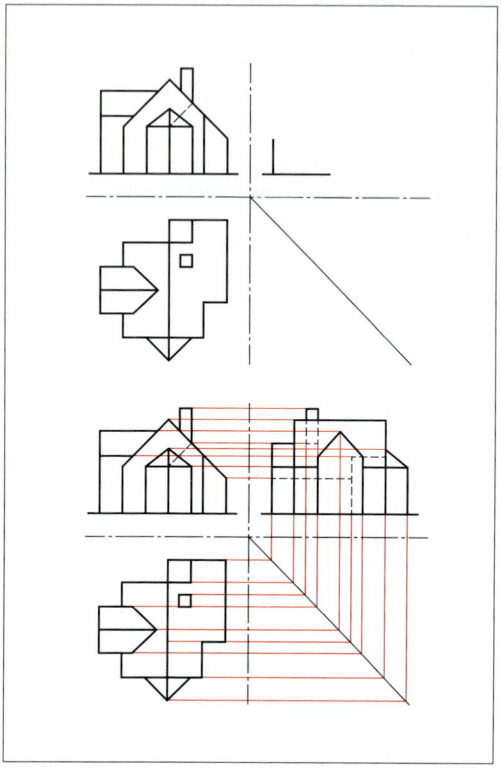

Abb. B 38: Beispiel Dreitafelprojektion

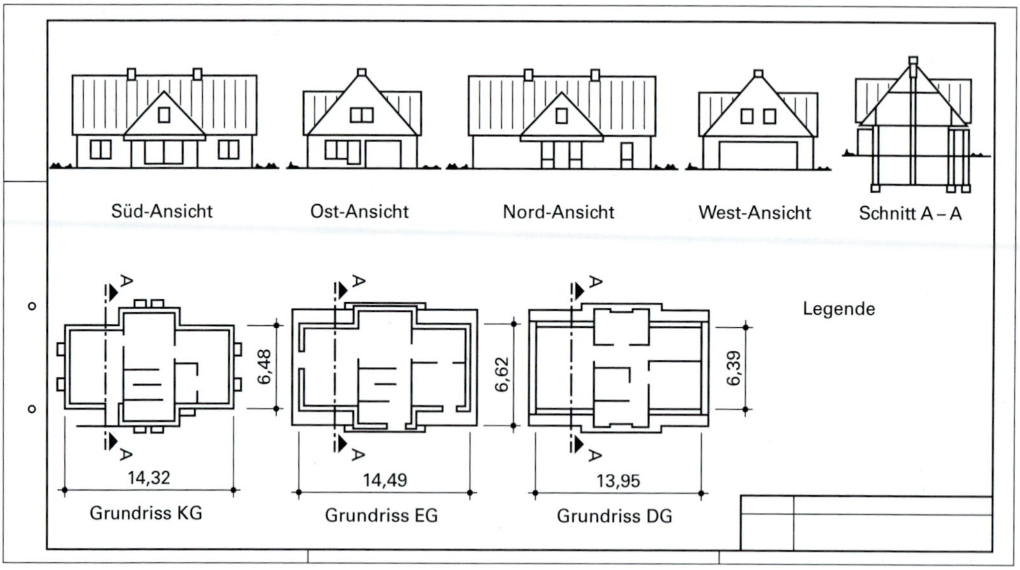

Abb. B 39: Zeichnungsanordnung (Zusammengesetzte Zeichnungsdarstellung)

B3.3 Schräge Parallelprojektionen (Axonometrien)

Die verschiedenen Parallelprojektionen unterscheiden sich durch den Winkel, der für die Achsen der Grundrissebene angenommen wird; ebenso durch die unterschiedlichen Proportionen der Grundrissachsen. Durch Parallelprojektionen wird eine Visualisierung des Baukörpers erreicht, die dem Laien die Vorstellung erleichtert.

Die Darstellungsverfahren der isometrischen Projektion (Isometrie), der dimetrischen Projektion (Dimetrie) und der rechtwinkligen Parallelprojektion werden unter dem Begriff „Schrägbild" in der DIN ISO 5456-3 zusammengefasst. Bei allen Verfahren entsteht ein räumliches Gebilde, die Dreidimensionalität des Bauteils wird somit deutlich.

Tabelle B 40: Schräge Parallelprojektionen

Einfache Kavalierprojektion (auch Kavalierperspektive) x: y: z=1:1:1 Achsenwinkel 45°	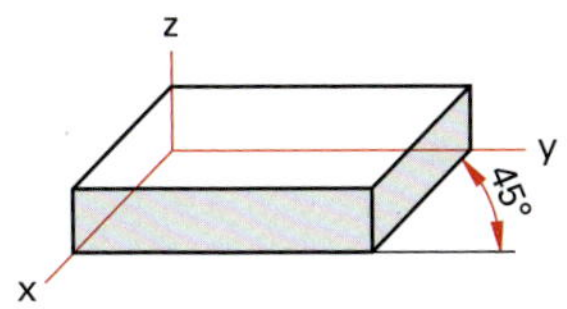	Sie findet im privaten Bereich Anwendung. Da die Tiefenmaße nicht verkürzt sind, erscheint die Körperdarstellung verzerrt.
Kavalierprojektion 45° (auch Kavalierperspektive) (auch: Kabinettprojektion) x:y:z= 0,5 :1:1 Achsenwinkel 45°	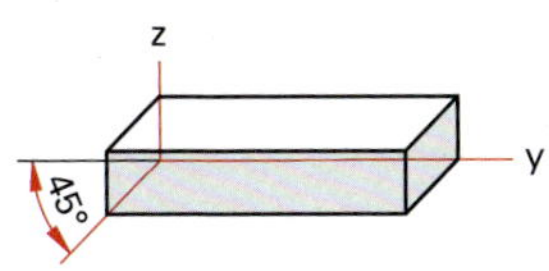	Die Tiefenmaße sind um die Hälfte verkürzt, sie entsprechen damit dem perspektivischen Sehen.
Kavalierprojektion 30° (auch Kavalierperspektive) x:y:z= $(^{2}/_{3})$:1:1 Achsenwinkel 30°	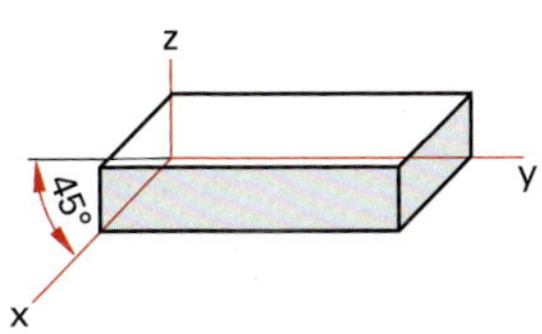	Die Tiefenmaße sind nur um ein Drittel verkürzt, da die rückwärtigen Flächen dichter an unserem Auge liegen.
Isometrie DIN ISO 5456-3 x:y:z=1:1:1 Achsenwinkel 30°	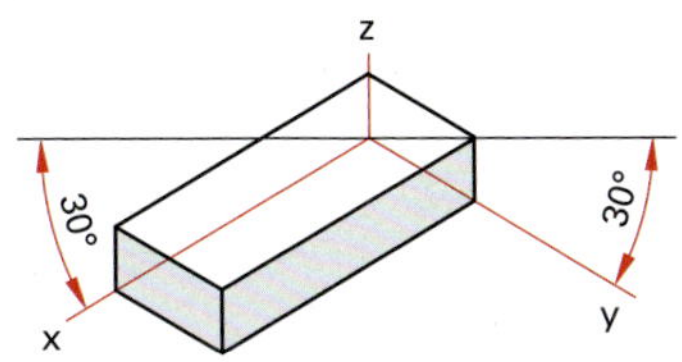	Die Isometrie wird verwandt, wenn in allen Ansichten Wesentliches dargestellt wird.
Dimetrie DIN ISO 5456-4 (auch Ingenieuraxometrie) x:y:z=1: 0,5 :1 Achsenwinkel 1 mit 7° Achsenwinkel 2 mit 42°	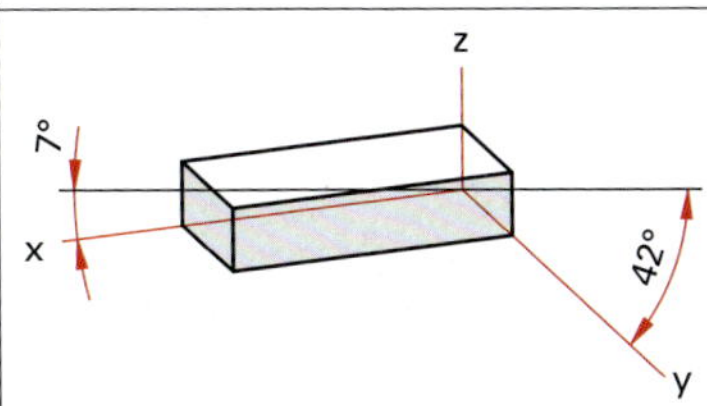	Die Dimetrie wird verwandt, wenn in einer Ansicht Wesentliches dargestellt wird.
Militärprojektion (auch Militärperspektive) x:y:z=1:1:1 Achsenwinkel 45°	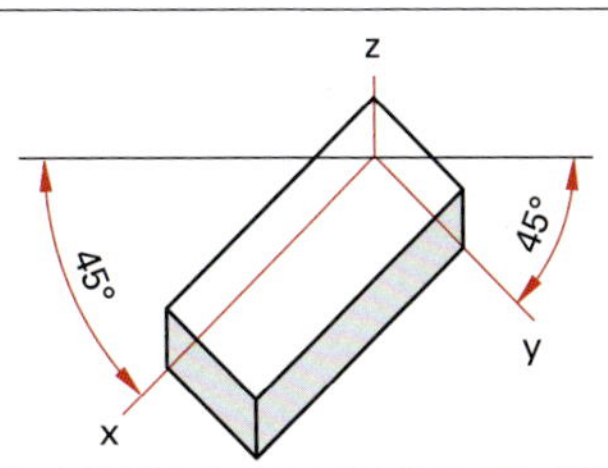	Sie kann als Sonderform der Isometrie betrachtet werden. Durch den 90° Winkel zwischen den Grundrissachsen kann der Grundriss aus der Draufsicht übernommen werden.

Für die Zeichnung von schrägen Parallelkonstruktionen wird zuerst eine Ansicht (in der Regel der Grundriss) des Körpers gezeichnet. Danach werden in den jeweiligen Punkten die entsprechenden Höhen angetragen. Damit lassen sich die Körperkanten erstellen (vgl. Abb. B 41).

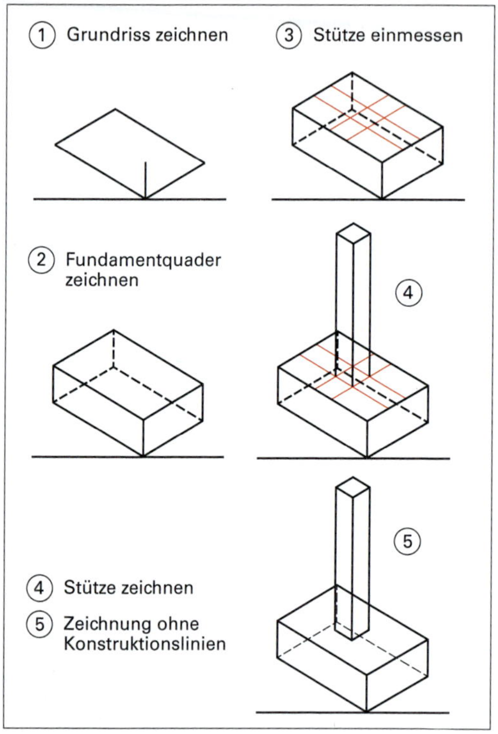

Abb. B 41: Beispiel Parallelprojektion

Bei zusammengesetzten Körpern und nicht aus Teilquadern bestehenden Körpern sind Hüllkörper zu konstruieren. Für schräg verlaufende Körperkanten im Raum sind die Endpunkte über Ortslinien (Diagonalen, Hilfsparallelen) zu konstruieren (vgl. Abb. B 42).

Es ist auch mitunter notwendig Parallelprojektion mit anderen Achswinkeln zu zeichnen. Dies ist immer dann anzuwenden, wenn die Anwendung der genormten Parallelprojektion dazu führen das wesentliche Teile des Baukörpers verdeckt werden (vgl. Abb. B 43).

Für das Zeichnen von Parallelprojektionen gilt der Grundsatz: Körperkanten, die in der Wirklichkeit parallel verlaufen, laufen auch in der Zeichnung parallel. Körperkanten, die in der Wirklichkeit senkrecht sind, verlaufen auch in der Parallelprojektion senkrecht.

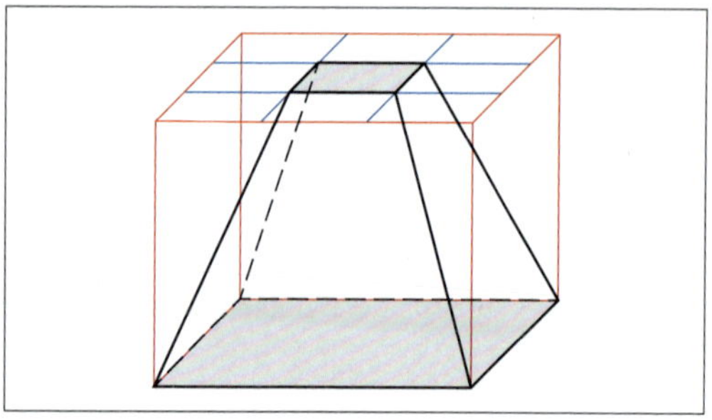

Abb. B 42: Hüllkonstruktion für Parallelprojektion am Beispiel Pyramidenstumpf

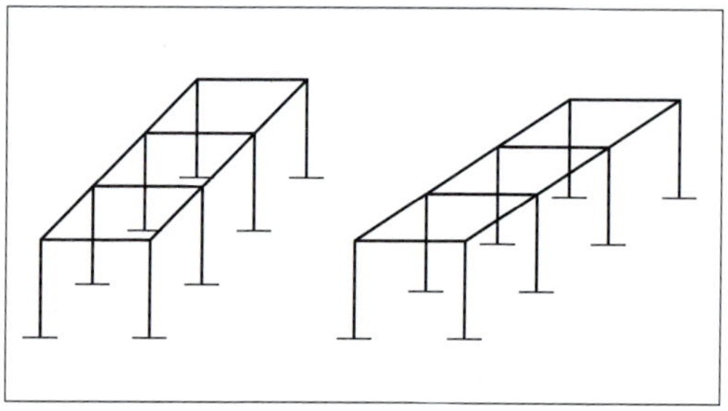

Abb. B 43: Parallelprojektion mit verschiedenen Achswinkeln

Isometrie eines Würfels mit eingezeichneten Ellipsen nach DIN ISO 5456

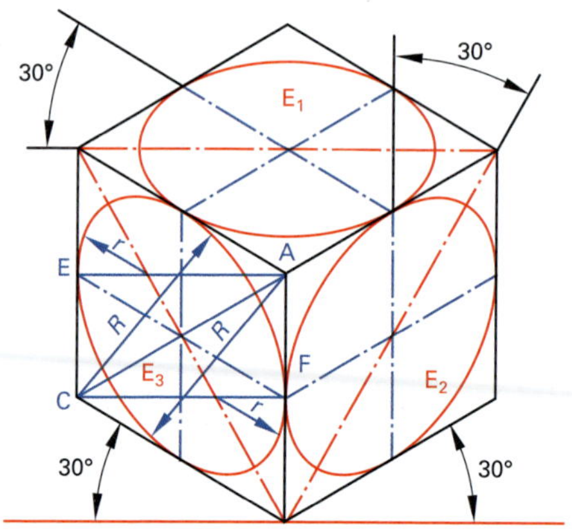

Das Achsenverhältnis bei allen Ellipsen beträgt 1:1,7. Die große Achse der Ellipse E_1 ist waagrecht und die großen Achsen der Ellipsen E_2 und E_3 sind rechtwinklig zu 30°.

Abb. B 44: Isometrie eines Würfels (Darstellung von Kreisen, z.B. bei Rohrleitungen, in der Parallelprojektion)

B3.4 Fluchtpunktperspektive

Für die Zeichnung von Fluchtperspektiven gibt es verschiedene Möglichkeiten.

Der Grundriss des Körpers wird nach der gewünschten Ansicht schräg zur Bildebene gestellt gezeichnet.

Die Bildebene verläuft in der Abbildung B45 durch die vordere Körperkante in der Draufsicht und in der Seitenansicht. Die Bildebene kann jedoch beliebig gewählt werden. Danach wird der Standpunkt im Grundriss je nachgewünschter Ansicht bestimmt. Für eine ausgewogene Abbildung wird die 1,5-fache Breite des Körpers im Grundriss als Abstand zur Bildebene (vgl. Abb. B45) gewählt.

Im gleichen Abstand zur Bildebene wird der Standpunkt in der Seitenansicht festgelegt. Die Höhenlage zum Körper bestimmt den Horizont.

Alle Punkte des Körpers werden im Grundriss wie in der Seitenansicht mit dem jeweiligen Standpunkt verbunden. Die Schnitte dieser Verbindungslinien mit der Bildebene in der Seitenansicht ergeben die Höhen der Körperkanten.

Die Schnitte in der Draufsicht geben die Lage der Körperkante für die Vorderansicht an.

Das Bild des Körpers entsteht, indem durch den Schnittpunkt aus der Seitenansicht waagerecht eine Hilfslinie und vom Schnittpunkt aus der Draufsicht senkrecht nach unten eine Hilfslinie gezeichnet wird. Der Schnittpunkt dieser Hilfslinien ergibt den Punkt des Körpers im Bild. Werden alle konstruierten Punkte zu den entsprechenden Körperkanten verbunden; entsteht die Perspektivansicht des Körpers.

Die Wahl von Standpunkt, Horizont und Bildebenlage bestimmt die Darstellung in der Fluchtpunktperspektive.
Liegt der Horizont oberhalb des Körpers, spricht man von einer Vogelperspektive. Liegt der Horizont unterhalb des Körpers; spricht man von einer Froschperspektive.

Wird die Perspektive genauer betrachtet und die Verlängerung der Körperkanten nach links und rechts gezeichnet, entstehen auf der Horizontlinie zwei Punkte, sogenannte Fluchtpunkte (vgl. Abb. B46).

Werden die Fluchtpunkte im Grundriss auf die Bildebene in der Draufsicht projiziert, und mit dem Standpunkt der Draufsicht verbunden, entstehen Linien, die im rechten Winkel parallel zu den Kanten des Körpers in der Draufsicht verlaufen.

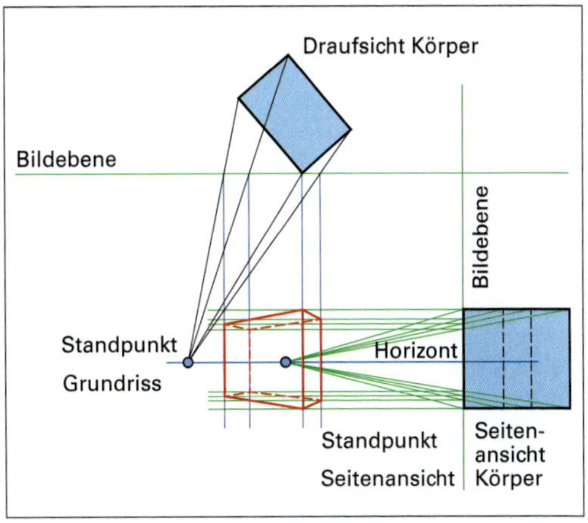

Abb. B45: Fluchtpunktperspektive 1

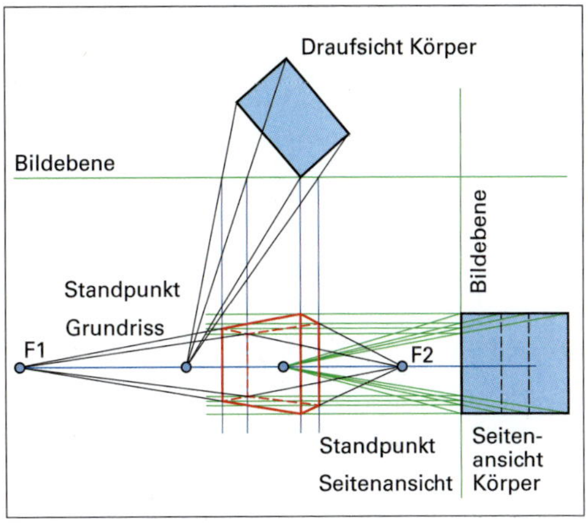

Abb. B46: Fluchtpunktperspektive 2

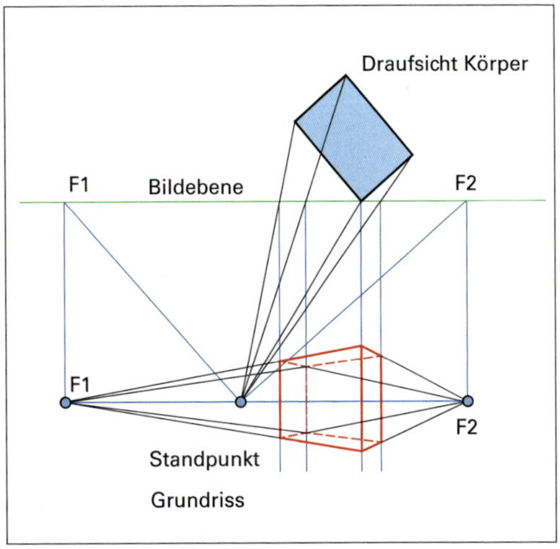

Abb. B47: Fluchtpunktperspektive 3

Mit dieser Kenntnis lässt sich eine Perspektivzeichnung ohne die Konstruktion der Seitenansicht erstellen (vgl. Abb. B 47).

Dazu wird der Grundriss gezeichnet und die Bildebene festgelegt. Da wo die Bildebene den Körper schneidet, erscheinen die Abmessungen des Körpers in der maßstäblichen Größe.

Hier können dann die Höhen des Körpers angetragen werden. Anschließend wird der Standpunkt bestimmt und vom Standpunkt aus werden die Fluchtpunkte auf der Bildebene in der Draufsicht als Schnittpunkt der Parallelen zu den Körperkanten mit der Bildebene erzeugt.

Jetzt wird die Schnittdarstellung (Körper mit Bildebene) in die Ansicht unter die Draufsicht gezeichnet (im Beispiel die Körperkante). Dann wird der Horizont festgelegt. Danach werden die Fluchtpunkte von der Bildebene durch senkrechte Projektion auf dem Horizont bestimmt.

Ausgehend von der gezeichneten Körperkante bzw. Schnittfläche werden die Körperkanten gezeichnet. Körperkanten, die in der Draufsicht parallel zu der Linie Standpunkt linker Fluchtpunkt verlaufen, fluchten auf den linken Fluchtpunkt der Ansicht. Körperkanten, die in der Draufsicht parallel zu der Linie Standpunkt rechter Fluchtpunkt verlaufen, fluchten auf den rechten Fluchtpunkt der Ansicht.

Objekte, die sich nicht parallel zu den Linien Standpunkt-Fluchtpunkte verlaufen, müssen mittels Hilfslinien konstruiert werden (vgl. Abb. B 48).

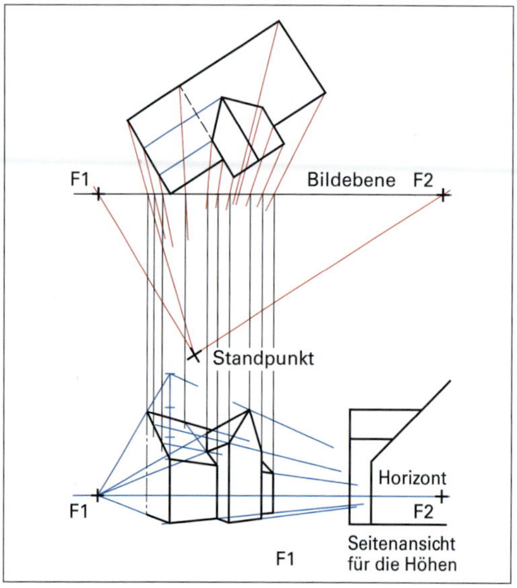

Abb. B 48: Fluchtpunktperspektive mit Hilfskonstruktion

B 3.5 Zentralperspektive

Zentralperspektiven sind für die Innenansichten von Räumen und Darstellungen in der Stadt- und Landschaftsplanung gut geeignet. Sie vermitteln nahezu fotoähnliche Abbildungen.

Alle Sehstrahlen verlaufen auf einen zentralen Fluchtpunkt hin.

Je nach Lage von Horizont, Bildebene und Standpunkt entstehen auch bei dieser Zeichentechnik unterschiedliche Bilder.

Auch hier wird in der Bildebene die Ansicht mit den maßstäblich richtigen Abmessungen des Körpers eingetragen.

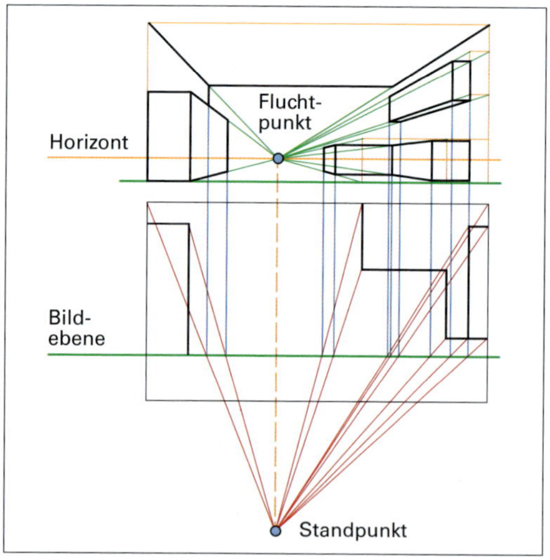

Abb. B 49: Zentralperspektive Innenraum

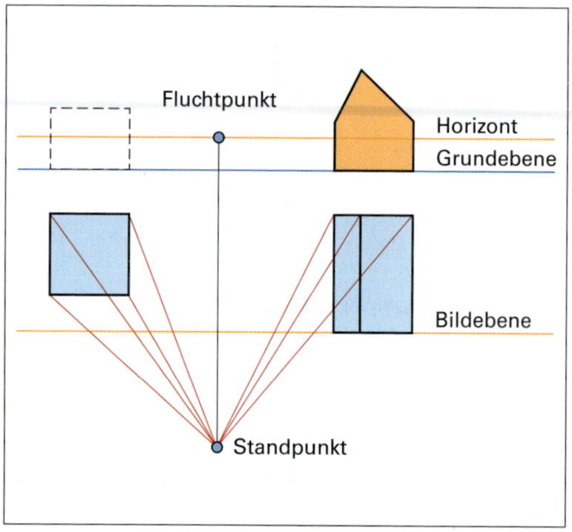

Abb. B 50: Zentralperspektive 1

Alle senkrechten Körperkanten zur Bildebene laufen in der Ansicht in Richtung auf den Fluchtpunkt.

Alle parallelen Kanten zur Grundebene erscheinen weiterhin parallel zur Grundebene (vgl. Abb. B 49 bis Abb. B 51).

Endpunkte nicht parallel und nicht senkrecht zur Bildebene verlaufenden Körpergeraden können durch Schnittpunkte von Hilfsgeraden ermittelt werden (vgl. Abb. B 52).

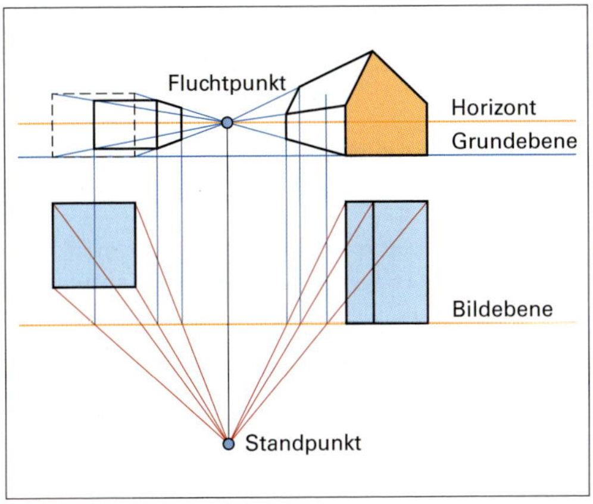

Abb. B 51: Zentralperspektive 2

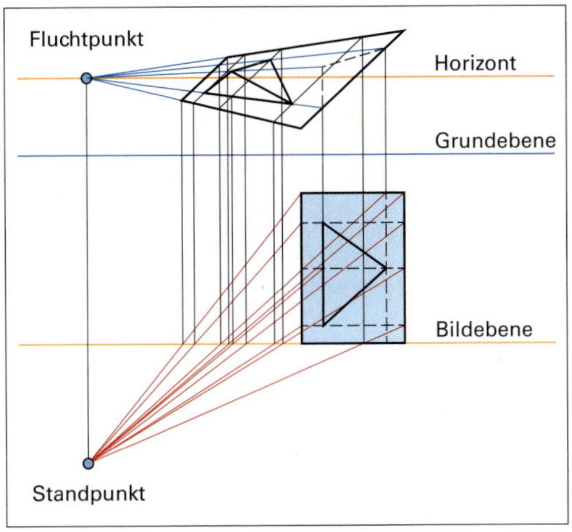

Abb. B 52: Konstruktion mit Hilfslinien

Die Zentralperspektive wird mit einem Fluchtpunkt oder zwei Fluchtpunkten erstellt. Die Zentralperspektive mit zwei Fluchtpunkten wird vereinfacht als Eckperspektive bezeichnet.

B 4 Schattenkonstruktionen

Die Räumliche Wirkung von Ansichten und Perspektiven wird bei Zeichnungen durch Schattenkonstruktionen verstärkt. Sie ist daher ein beliebtes Mittel um die Attraktivität von Bauten, Möbeln und Maschinen zu steigern.

Eigenschatten

Alle Flächen, die einer künstlichen oder natürlichen Lichtquelle abgekehrt sind, liegen im Eigenschatten.

Schlagschatten

Der Schlagschatten entsteht durch die Projektion der Flächen eines Zeichenobjektes, die im Eigenschatten liegen, auf andere Flächen. Meist werden sich diese anderen Flächen auf die Grundfläche, auf der das Zeichenobjekt steht, beschränken.

Der Eigenschatten wird heller dargestellt als der Schlagschatten.

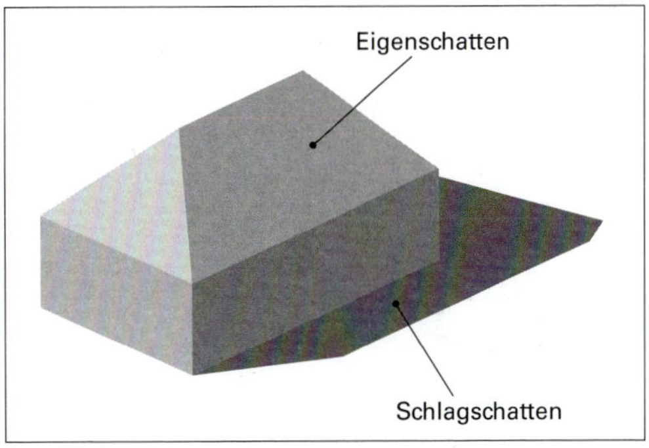

Abb. B 53: Schlag- und Eigenschatten (Unterschied zwischen Schlag- und Eigenschatten beim Haus mit Walmdach)

B 4.1 Schattenkonstruktionen mit der Sonne

Bei den meisten Schattenkonstruktionen wird die Sonne als Lichtquelle herangezogen, um eine möglichst realistische Darstellung des Zeichenobjektes bei Tageslicht zu erzielen. So lässt sich beispielsweise in einigen CAD-Programmen der Sonnenstand auf jedem Ort der Erde zu jeder Zeit für möglichst fotorealistische Abbildungen von Bauobjekten simulieren.

Folgende Punkte sind für die Konstruktion von Schlagschatten zu beachten:

- Die Sonne liefert als häufigste und quasi unendlich weit entfernte Lichtquelle parallele Lichtstrahlen (Parallellicht). Auf dem Boden des Zeichenobjektes bilden sich die Lichtstrahlen der Sonne mit ihrer Grundspur ab (vgl. Abb. B56).

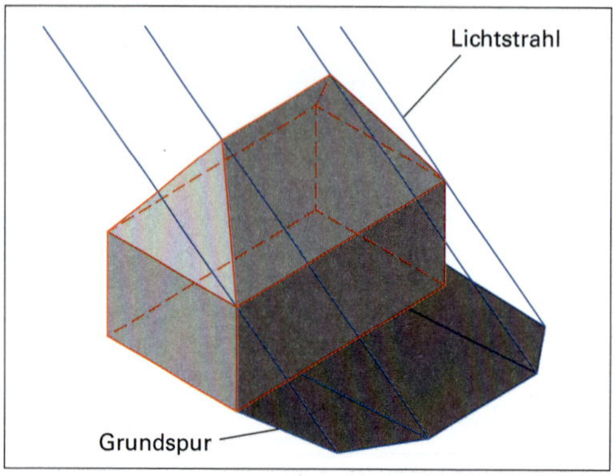

Abb. B 54: Schlagschatten-Konstruktion, Gegenlicht

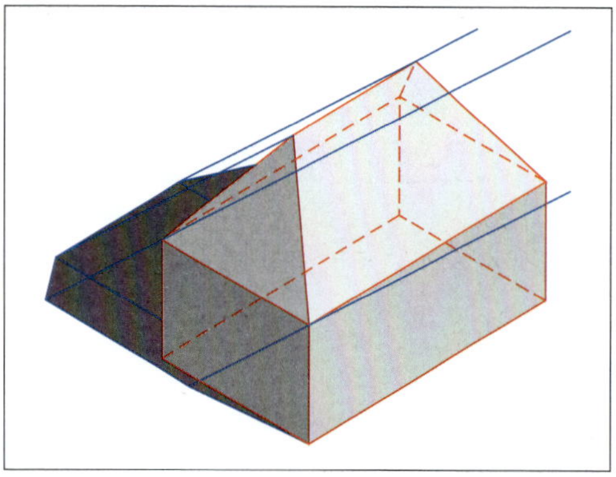

Abb. B 55: Schlagschatten-Konstruktion, Rückenlicht

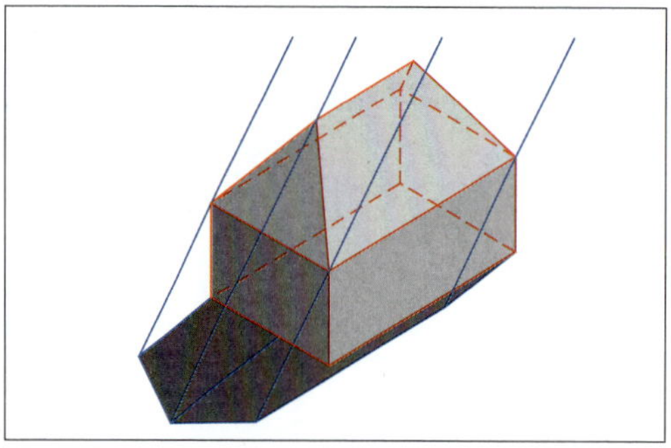

Abb. B 56: Schlagschatten-Konstruktion, Seitenlicht

- Der Sonnenstand ist für den Höhenwinkel der parallelen Lichtstrahlen verantwortlich.
- Wie in der Fotografie lassen sich bei Schlagschattenkonstruktionen bezogen auf den Standpunkt des Zeichners zur Lichtquelle die drei Lichtsituationen Seitenlicht, Gegenlicht und Rücklicht unterscheiden (vgl. Abb. B56).
- Die Umgrenzung des Schlagschatten auf der Grundfläche ergibt sich aus den Schnittpunkten der Lichtstrahlen, die die Umrisse (Kanten, Ecken) des Zeichenobjektes tangieren, mit ihrer entsprechenden Grundspur auf dem Boden (vgl. Abb. B56).

Konstruktion des Schlagschattens mit der Sonne bei einer Eckperspektive

Durch den Standort der Sonne ergibt sich für die Konstruktion des Schlagschattens der Fall des Gegenlichtes.

Normaleweise erzeugt die Sonne Parallellicht. Da die Sonne aber quasi als Punkt am Himmel sichtbar ist und von ihr alle Lichtstrahlen ausgehen, kann sie in diesem Fall als Spotlight verstanden werden. Begründen lässt sich die Tatsache damit, dass die Sonne bezogen auf Entfernungen auf der Erde unendlich weit entfernt ist. So wird die Sonne für die Sonnenstrahlen zu einem weiteren Fluchtpunkt.

In Abbildung B57 sind die den Schlagschatten begrenzenden Sonnenstrahlen über die Eckpunkte des Hauses eingezeichnet.

Für die Konstruktion der Grundspuren der Sonnenstrahlen wird der Standort der Sonne auf den Horizont gelotet. Vom Fußpunkt der Sonne auf dem Horizont werden die Grundspuren über die Eckpunkte des Gebäudes eingefügt. Die beiden Grundspuren für die Anfallspunkte des Daches (Anfang und Ende des Firstes) werden über deren Lot auf die Grundebene gewonnen. Die Schnittpunkte der Sonnenstrahlen mit den Grundspuren ergeben die Eckpunkte des Schlagschattens.

Gut zu erkennen ist, dass die Kante $\overline{B'C'}$ des Schlagschatten von der Hauskante $\overline{BC}$ genauso auf den rechten Fluchtpunkt fluchtet wie die Hauskante selbst (vgl. Abb. B57).

> Parallele Objektkanten mit einem Fluchtpunkt erzeugen Schlagschattenkanten, die auf den gleichen Fluchtpunkt fluchten.

Schlagschatten auf unterschiedlich geneigten Flächen

Um den abknickenden Schlagschatten des Quaders in Abbildung B 58 zu erstellen, wurde zunächst der Schlagschatten des Quaders auf der Grundebene konstruiert. Der Schlagschatten des Hauses sowie die Eigenschatten der beiden Baukörper sind wegen der Übersichtlichkeit nicht eingezeichnet worden.

Der Schlagschatten auf der Wandfläche des Hauses ergibt sich aus den Schnittpunkten der Grundspuren mit der Unterkante der Hauswand. Von diesen drei Schnittpunkten werden senkrechte Hilfslinien auf die Sonnenstrahlen gezogen. Die Verbindung der drei neuen Schnittpunkte mit den beiden äußeren Schnittpunkten auf der unteren Hauskante bilden die Konturen des senkrecht abgeknickten Schlagschattens auf der Hauswand.

Zum Umlegen des Bereiches vom Schlagschatten, der über die Hauswand hinausragt, auf das Dach, werden die grün eingezeichneten Hilfskonstruktionen benötigt. Mit den beiden Hilfskonstruktionen werden die senkrechten Hilfslinien der Wand in die Dachfläche gelegt. Die beiden Schnittpunkte der Sonnenstrahlen mit den grünen Hilfslinien in der Dachfläche ergeben, die beiden fehlenden Punkte.

Der schraffierte Bereich zeigt den Schlagschatten der vom Quader auf die Grundebene und das Haus geworfen wird.

Auch hier fluchten wieder die Kanten des Schlagschattens, wie die entsprechenden Kanten des Quaders, zu den beiden Fluchtpunkten.

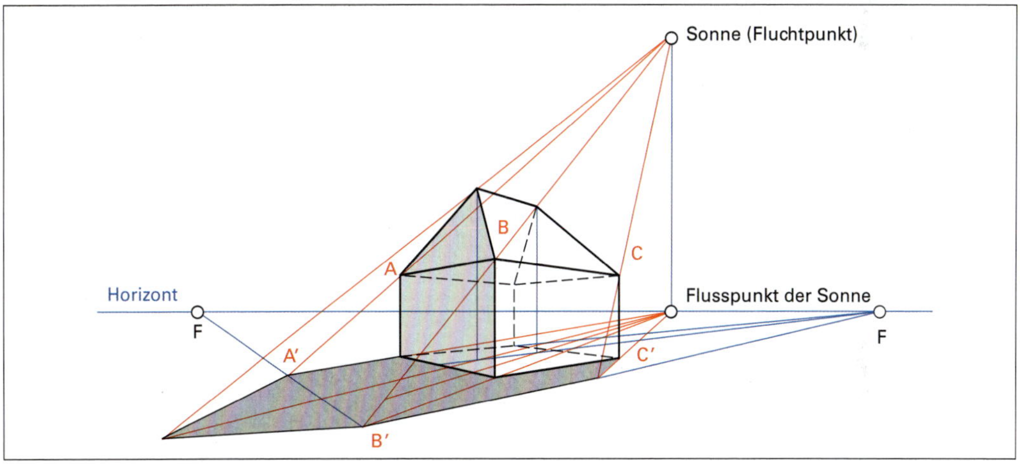

Abb. B 57: Konstruktion des Schlagschattens bei einer Eckperspektive

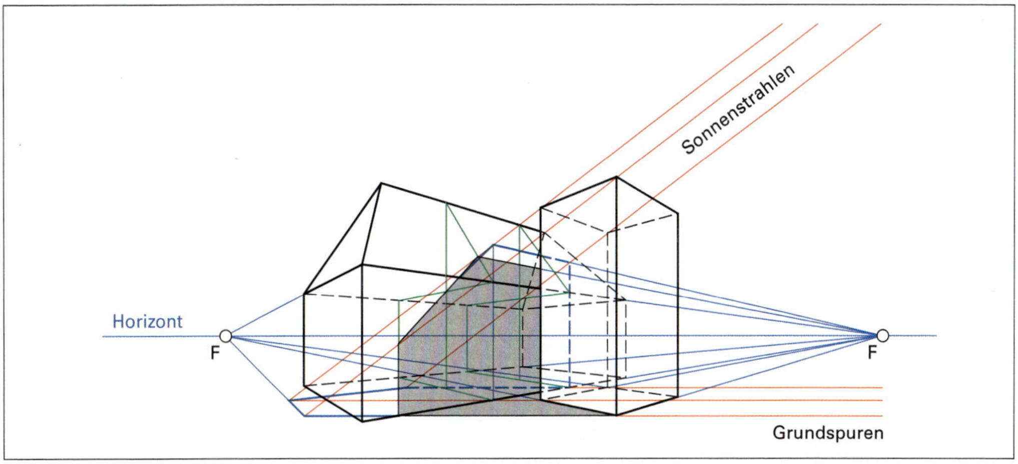

Abb. B 58: Schlagschatten auf unterschiedlich geneigten Flächen

B

B5 Zeichnungsnormen

Bauzeichnungen werden auf der Grundlage von Zeichnungsnormen erstellt. In den für das Bauwesen relevanten Normen werden Papierformate, Darstellungsarten, Linienarten, Bemaßung und Schraffuren angegeben. Da sich nicht jede Situation normmäßig vorgedacht werden kann, können daneben Publikation, Musterzeichnungen und Merkblätter von Herstellern und Lieferanten herangezogen werden.

Eine wichtige Zeichnungsnorm für das Bauwesen ist die DIN 1356-1. Für Bewehrungszeichnungen wurde die Teile 2, 3 und 10 der DIN 1356 durch die DIN EN 3766 ersetzt.

Das Deutsches Institut für Normung V. (kurz DIN) ist die nationale Normungsorganisation der Bundesrepublik Deutschland mit Sitz in Berlin.

Tabelle B 59: Zeichnungsnormen

Normbezeichnung Ausgabe: Jahr–Monat	**Normtitel**
DIN 1356-1:1995-02	Bauzeichnungen Arten, Inhalte und Grundregeln der Darstellung
DIN 1356-6:2006-05	Technische Produktdokumentation-Bauzeichnungen- Teil 6 Bauaufnahmezeichnungen
DIN EN ISO 5457:2010-11	Technische Produktdokumentation; Formate und Gestaltung von Zeichnungsvordrucken
DIN ISO 5455:1979-12	Technische Zeichnungen; Maßstäbe
DIN EN ISO 128-1 :2003-09	Allgemeine Grundlagen der Darstellung
DIN EN ISO 5456-4:2002-12	Technische Zeichnungen, Projektionsmethoden, Zentralprojektion
DIN ISO 5456-1:1998-04	Technische Zeichnungen, Projektionsmethoden, Übersicht
DIN ISO 5456-2:1998-04	Technische Zeichnungen, Projektionsmethoden, orthogonale Darstellungen
DIN ISO 5456-3:1998-04	Technische Zeichnungen, Projektionsmethoden, axonometrische Darstellungen
DIN ISO 128-1:2003-09	Technische Zeichnungen, allgemeine Grundlagen der Darstellung
DIN EN ISO 128-20:2002-12	Technische Zeichnungen-Allgemeine Grundlagen der Darstellung-Linien
DIN EN ISO 128-23:2000-03	Technische Zeichnungen –Allgemeine Grundlagen der Darstellung; Linien in Zeichnungen des Bauwesens
DIN EN ISO 128-50:2002-05	Technische Zeichnungen –Allgemeine Grundlagen der Darstellung; Grundregeln für Flächen in Schnitten und Schnittansichten
DIN EN ISO 128-21:2002-12	Technische Zeichnungen-Allgemeine Grundlagen der Darstellung, Ausführung von Linien in CAD Systemen
DIN ISO 128-30:2002-05	Technische Zeichnungen-Allgemeine Grundlagen der Darstellung, Grundregeln für Ansichten
DIN ISO 128-40:2002-05	Technische Zeichnungen-Allgemeine Grundlagen der Darstellung, Grundregeln für Schnittansichten und Schnitte
DIN ISO 5455:1979-12	Technische Zeichnungen, Maßstäbe
DIN EN ISO 216:2007-12	Schreibpapier und bestimmte Gruppen von Drucksachen - Endformate - A- und B-Reihen
DIN EN ISO 5457:2010-11	Technische Produktdokumentation, Formate und Gestaltung von Zeichnungsvordrucken
DIN EN ISO 7200:2004-05	Technische Produktdokumentation, Datenfelder in Schriftfeldern und Dokumentenstammdaten
DIN EN ISO 3098-1:2015-06	Technische Produktdokumentation Schriften
DIN EN ISO 3766:2004-05 Berichtigung 1:2005-01	Zeichnungen für das Bauwesen- Vereinfachte Darstellung von Bewehrungen

DIN Deutsches Institut für Normung; **EN** Europäisches Komitee für Normung

ISO Internationale Organisation für Normung

C Vermessung

C1 Einführung in das Vermessungswesen

Wo gebaut wird, wird auch gemessen. Das galt schon bei den alten Ägyptern, deren Baukunst noch heute bewundert wird. Alte Techniken werden heute immer noch angewendet, jedoch gelten heute andere Anforderungen (z. B. an die Genauigkeit, den Fehlerausgleich, die Darstellung) und es existieren schnellere und bessere Technologien und Geräte.

Vermessungsarbeiten spielen in jeder Bauphase sowie vor und nach dem Bauen eine wichtige Rolle. Bevor ein Bauvorhaben umgesetzt werden kann, sollte das Gelände vermessen werden. Neue Bauwerke müssen abgesteckt werden. Nach der Umsetzung ist die Arbeit zu kontrollieren, denn Abweichungen von der Planung können schwerwiegende Folgen haben. Bei einigen dieser Arbeiten sind Vermessungstechniker und Vermessungsingenieure anwesend, jedoch sind von jedem auf der Baustelle die wichtigsten Vermessungsarbeiten zu beherrschen. Dazu gehören

- das Fluchten,
- die Höhenübertragung, also das Festlegen von Höhenpunkten,
- das Messen von Längen mit verschiedenen Instrumenten,
- das Abstecken von rechten und beliebigen Winkeln,
- das Abstecken von Bogenpunkten,
- das Vermessen mit dem Baulaser.

Viele dieser Arbeiten sind mit verschiedenen Geräten oder nach mehreren Verfahren durchführbar (vgl. Tabelle C 1).

Zu unterscheiden sind

- **Lagemessungen (Horizontalmessungen)**
  Punkte im Gelände werden nach ihrer Lage zueinander festgelegt durch Längenmessen, Abstecken von Fluchten, Winkeln und Bögen sowie durch Loten.
- **Höhenmessungen (Vertikalmessungen)**
  Höhenunterschiede und somit Höhen verschiedener Punkte im Gelände werden oft durch Nivellieren ermittelt.

Als Messen (Aufmessen) wird das Aufnehmen örtlich vorhandener Punkte und Höhen und das Übertragen in einen Plan verstanden.

Durch Abstecken werden Punkte höhen- und lagemäßig aus einem Plan in die Örtlichkeit übertragen.

Vermessungsarbeiten sind nach VOB/C unbezahlte Nebenleistungen. Sie gehören also auch ohne Erwähnung in der Leistungsbeschreibung zur vertraglichen Leistung. Nach DIN 18299 sind sie „Messungen für das Ausführen und Abrechnen der Arbeiten einschließlich des Vorhaltens der Messgeräte, Lehren, Absteckzeichen usw., des Erhaltens der Lehren und Absteckzeichen während der Bauausführung und des Stellens der Arbeitskräfte, jedoch nicht Leistungen nach VOB/B."

Nach VOB/B muss jedoch der Auftraggeber Hauptachsen und Grenzen des Geländes abstecken und nötige Höhenfestpunkte in der Nähe schaffen.

Auch wenn die Vermessungsarbeiten für den Auftragnehmer also meist (unbezahlte) Nebenleistungen sind, darf er sie nicht oberflächlich oder ungenau ausführen, denn Messfehler fordern umständliche, teure Korrekturen, ziehen Abzüge in der Schlussrechnung nach sich oder führen sogar zu Schadensersatzansprüchen. Daran ist auch dann zu denken, wenn die Vermessungsarbeiten unter widrigen Umständen (bei Regen und Wind, mit kalten Händen, bei schlechter Sicht, in aufgeweichtem Boden, in der Nähe lauter Maschinen) durchzuführen sind.

Regeln für Vermessungsarbeiten

- Ausgangs-, Zwischen- und Endpunkte für eine Prüfung markieren und zum leichten Wiederauffinden örtlich sichtbar machen
- Arbeiten geschehen in der Regel nach dem Prinzip „vom Großen ins Kleine", d.h. Messungslinien, die aus voneinander weit entfernten Punkten bestehen, verdichten sich wie ein Netz
- Messungen mindestens zu zweit durchführen, damit Ungenauigkeiten klein gehalten werden, und um sich beim konzentrierten Messen vor Gefahren und Unachtsamkeiten gegenseitig zu warnen und schützen
- Technische Arbeitsmittel vor der ersten Inbetriebnahme (soweit keine Bauartprüfung vorliegt), in regelmäßigen Zeitabständen, nach wesentlichen Änderungen und nach Instandsetzungen von befähigten Personen überprüfen

- einfache Arbeitsgeräte vor der Benutzung auf ihren ordnungsgemäßen Zustand prüfen
- festgestellte Mängel dem Aufsicht Führenden melden
- jede Messung und – soweit möglich – jede Rechnung durch eine unabhängige Kontrolle überprüfen bzw. wiederholen

Tabelle C1: Einfache und übliche Vermessungsarbeiten, -techniken und -geräte

Festlegen von Fluchtpunkten		Festlegen von Höhenpunkten	
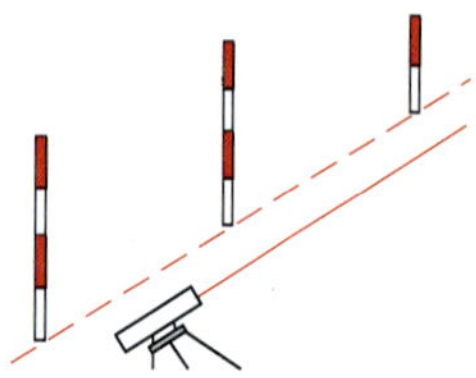	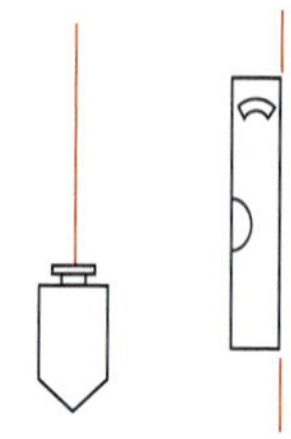	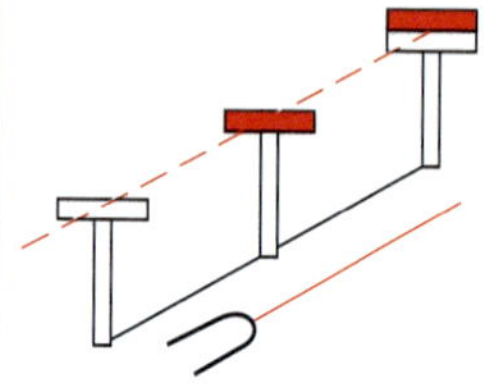	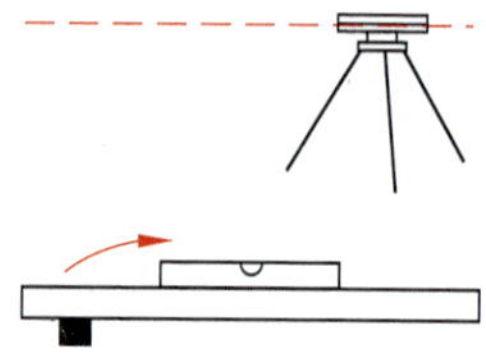
horizontal „Fluchten" mit Fluchtstäben mit Schnur und Schnurnägeln mit Nivelliergerät mit Laserstrahl	vertikal „Loten" mit Wasserwaage mit Schnurlot mit Laserstrahl	in einer Neigung „Visieren" „Tafeln" mit Visiertafeln mit Laserstrahl	von einer Waagrechten aus „Einwägen" „Nivellieren" mit Wasserwaage und Richtscheit mit Nivellierinstrument mit Laserstrahl mit Schlauchwaage
Längenmessen	Abstecken von Winkeln rechte Winkel	beliebige Winkel	Abstecken von Kreisbögen
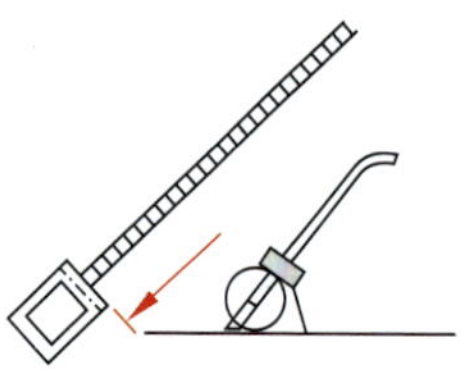	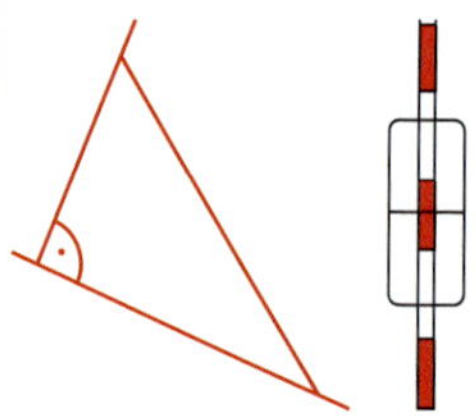	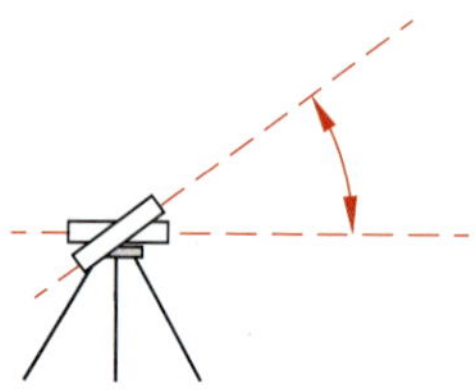	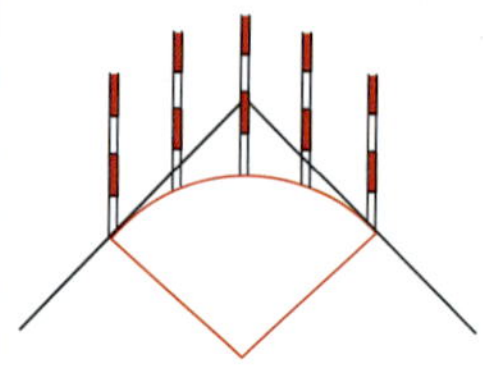
mit Gliedermaßstab, Messband u. ä. mit Rolltacho (Messrad) mit Laserentfernungsgerät mit Tachymeter mit Globalen Navigationssatellitensystemen (GNSS) mit Nivellier (ungenau)	mit Gliedermaßstab, Bandmaß u. ä. nach 3:4:5 mit Schnurmaß oder Messband mit Tachymeter mit optischen Geräten, z. B. Winkelspiegel, Winkelprisma mit Kreuzscheibe mit Nivellier	mit Tachymeter mit Nivellier (mit Horizontalkreis)	mit x- und y-Werten im Gitterverfahren mit Messband vom Leierpunkt, also vom Kreismittelpunkt aus mit Tachymeter mit Globalen Navigationssatellitensystemen (GNSS)

C2 Vermessungsarbeiten

C2.1 Entfernungsmessungen

Durch eine Entfernungsmessung wird der Abstand zwischen zwei Punkten bestimmt. Der Abstand von Punkten muss stets horizontal angegeben werden. Die Distanzen können mechanisch, optisch und elektronisch bestimmt werden.

Wenn die Entfernung durch Hindernisse oder Sichtbehinderungen nicht direkt gemessen werden kann, wird durch indirekte Verfahren die Entfernung bestimmt.

Beispiel

Indirekte Messung

Gemessen: $a = 34{,}14$ m, $b = 18{,}28$ m

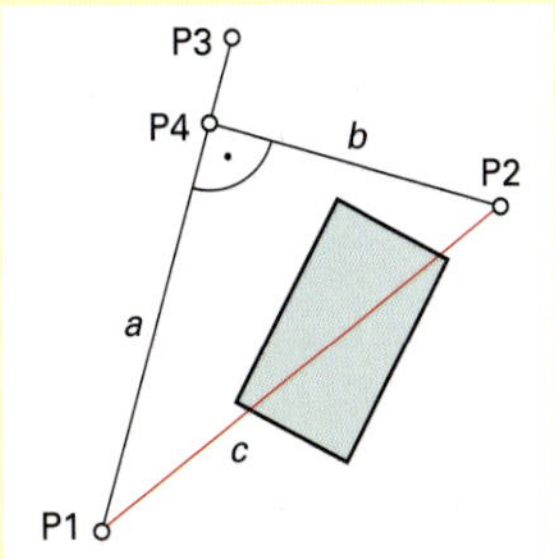

Lösung mit Satz des Pythagoras:

$c^2 = a^2 + b^2 \Rightarrow c = \sqrt{a^2 + b^2}$

$c = \sqrt{(34{,}14\text{ m})^2 + (18{,}28\text{ m})^2} = 38{,}72$ m

Ist die Messung einer parallel abgesetzten Strecke nicht möglich (vgl. Abb. C2), da keine Flucht abgesteckt werden kann, bieten sich Messverfahren an, bei denen allerdings die gesuchte Entfernung berechnet werden muss (vgl. Abb. C3).

Beispiel

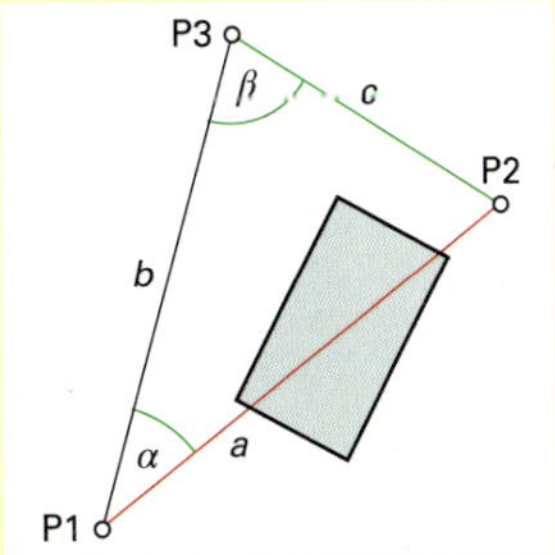

$\alpha = 30°$; $\beta = 80°$, $b = 32{,}00$ m, $c = 21{,}00$ m

Lösung mit Kosinussatz:

Zwei Seiten und eingeschlossener Winkel.

$a^2 = (32{,}00\text{ m})^2 + (21{,}00\text{ m})^2 -$
$2 \cdot 21{,}00\text{ m} \cdot 32{,}00\text{ m} \cdot \cos 80°$

$a^2 = 1231{,}62\text{ m}^2 \Rightarrow a = 35{,}09$ m

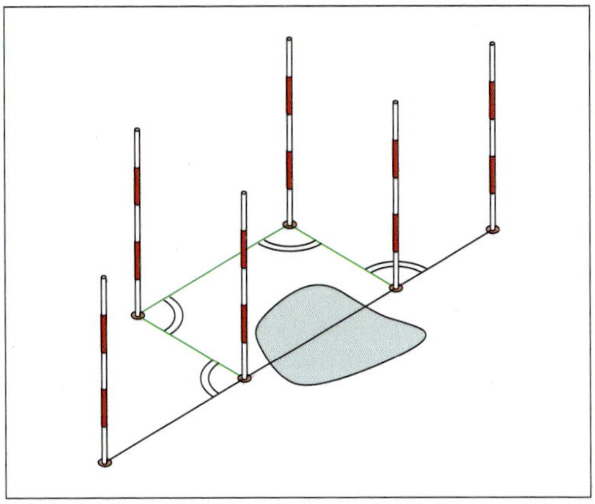

Abb. C2: Messung einer parallel abgesetzten Strecke

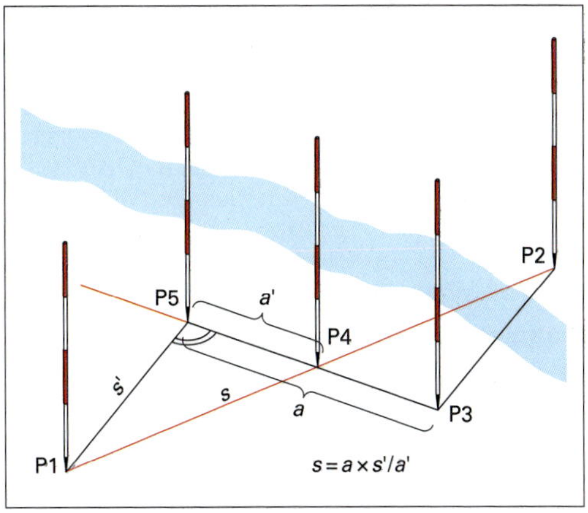

Abb. C3: Indirekte Entfernungsmessung

Der Satz des Pythagoras, der Kosinussatz und der Strahlensatz ermöglichen indirekte Entfernungsmessungen.

Steigt oder fällt das Gelände, kann die gesuchte Strecke direkt (messen) oder indirekt (messen und rechnen) ermittelt werden.

Bei der Staffelmessung mit Messlatten oder dem Bandmaß wird hangabwärts bis zu einem Fluchtstab zunächst grob horizontal gemessen (vgl. Abb. C4). Nachdem der Fluchtstab lotrecht ausgerichtet wurde, wird das Bandmaß an dem Fluchtstab leicht nach oben und unten bewegt. Der richtige Wert für die Entfernung ergibt sich durch den kleinsten Ablesewert am Bandmaß bzw. der Messlatte. Danach wird diesen Verfahren hangabwärts weiter fortgeführt bis zum Erreichen des Zielpunktes.

Wird eine Strecke in der Schrägen gemessen, muss die Neigung durch Neigungsmesser miterfasst werden. Dazu muss an den Fluchtstangen das Messwerkzeug jeweils an der gleichen Höhe vom Boden aus angehalten werden (vgl. Abb. C5).

Die Horizontalentfernung ergibt sich mit

$$l = s \cdot \cos \alpha \quad \text{oder} \quad l = s / \sin \alpha$$

Bei der mechanischen Distanzmessung können Messbänder (Bandmaße), Messlatten verwendet werden. Bei der Verwendung von Messbändern ist der Nullpunkt des Messbandes zu beachten. Um die Genauigkeit zu erhöhen, ist das Bandmaß zu spannen. Das Erfassen der Temperatur um die unterschiedliche Dehnung zu berücksichtigen ist bei der Verwendung von Stahlmaßbändern im Rahmen der beim Hochbau üblichen Genauigkeit meistens nicht erforderlich. Bei langen Strecken, bei dem das Bandmaß mehrfach umgelegt werden muss, verwendet man Zählnadel.

Mit einer Zählnadel wird das Ende des Bandmaßes bei voller Bandmaßlänge markiert (vgl. Abb. C6). Beim Umsetzen des Bandmaßes wird die Zählnadel aufgenommen. Die Anzahl der Zählnadel multipliziert mit der Bandmaßlänge + letztes gemessenes Maß ergibt die Gesamtlänge der Messstrecke.

Die optische Distanzmessung wird mithilfe einer Messlatte und eines Nivelliergeräts, bei dem zwei Distanzstriche in der Zieloptik angebracht sind, vorgenommen. Die abgelesene Distanz auf der lotrechten Nivellierlatte zwischen den Distanzstrichen wird mit 100 multipliziert und ergibt so die Entfernung zwischen den Standpunkten von Nivellier- und Messlatten (siehe Ablesebeispiel).

Beispiel

Ablesung Distanzmessung
obere Ablesung = 2,465 m
untere Ablesung = 2,355 m
Differenz = 0,11 m
Entfernung = 0,11 m · 100 = 11,00 m

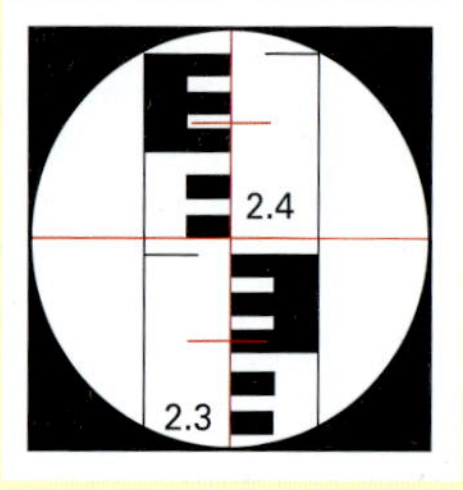

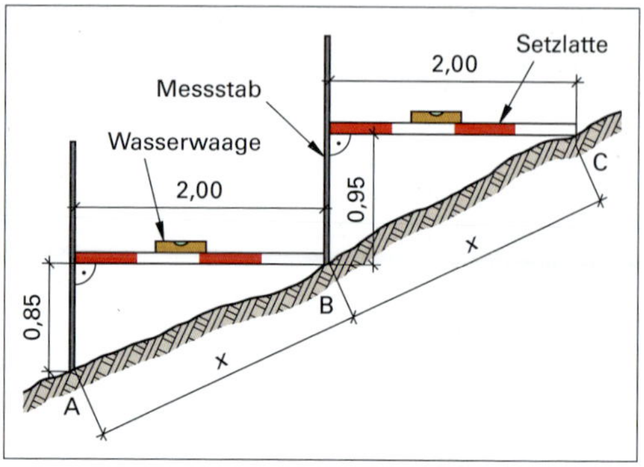

Abb. C4: Staffelmessung

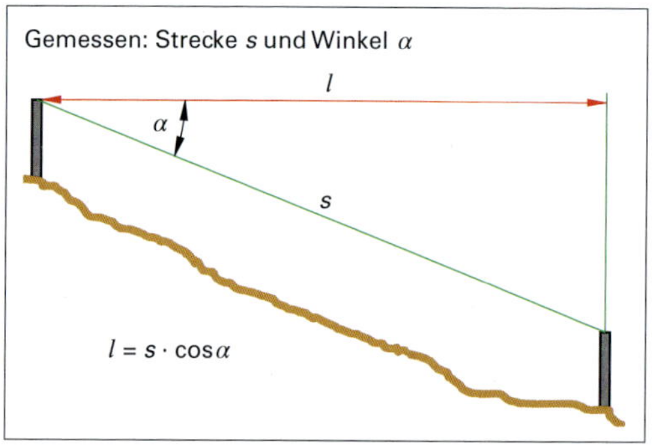

Abb. C5: Messung bei Gefälle

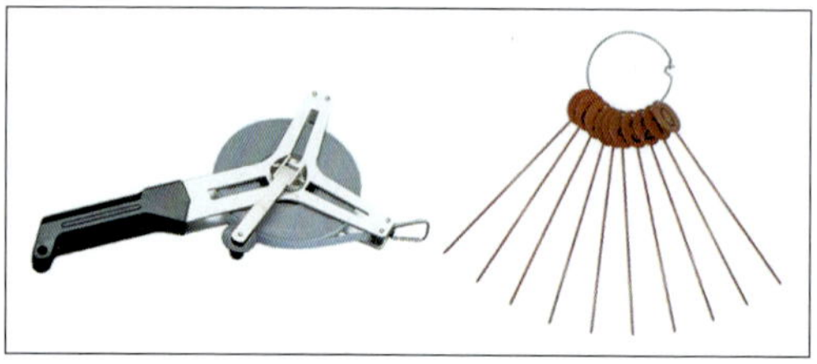

Abb. C6: Bandmaß mit Zählnadel (GLUNZ Technik GmbH)

Abb. C7: Nivellierinstrument (geo-FENNEL)

Bei der elektronischen Entfernungsmessung werden laserbasierende Geräte verwendet. Durch Reflexion oder Verwendung von Reflektoren wird die Entfernung elektronisch gemessen. Je nach Gerät und eingebauten Rechenfunktionen können mit Messergebnissen Flächen und Volumen berechnet werden. Auch indirekte Messungen sind bei vielen Geräten möglich.

Neben den klassischen Geräten zur Entfernungsmessung bieten sich elektronische Entfernungsmesser mit integrierter Neigungsfunktion an.

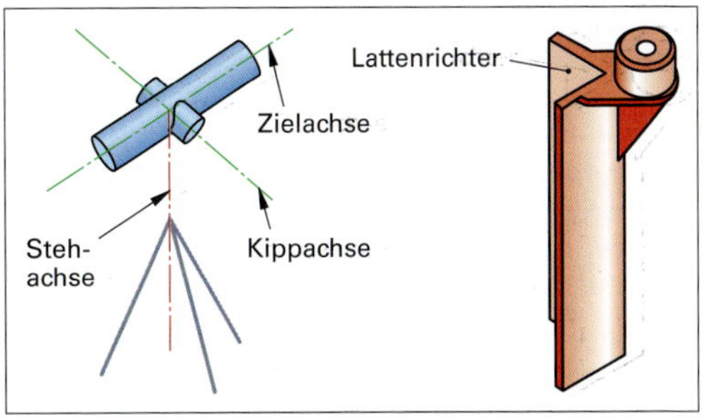

Abb. C8: Achsen beim Nivellierinstrument und Lattenrichter

C2.2 Winkelmessungen

Horizontale Winkel können mit einem Nivellierinstrument, Theodoliten oder Tachymeter gemessen werden. Mit den Theodoliten und Tachymetern ist auch die Messung vertikaler Winkel über weite Entfernungen möglich (vgl. Abb. C9). Neigungsmesser können für kürzere Strecken geeignet sein.

Damit exakte Messungen mit den Theodoliten möglich sind, muss bei der Aufstellung des Gerätes die Zielachse senkrecht zur Kippachse stehen. Diese muss wiederum senkrecht zur Stehachse stehen (vgl. Abb. C8).

Rechte Winkel können mit einem Winkelspiegel, Winkelprisma, Doppelpentagon oder mit dem Kreuzvisier in Bezug auf eine Flucht bestimmt werden.

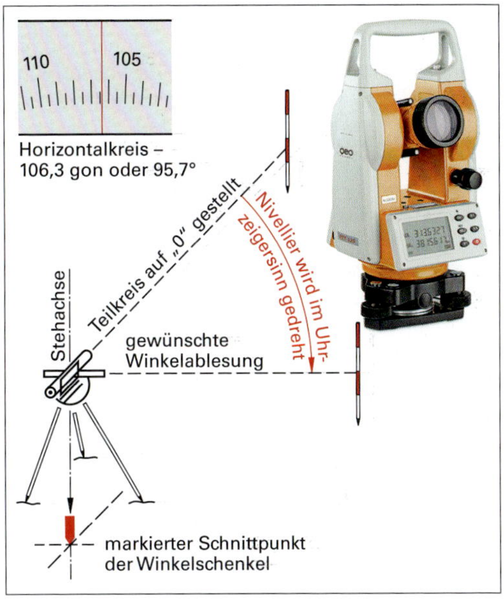

Abb. C9: Theodolit (geo-FENNEL)

C2.3 Höhen messen und Höhen übertragen

Für die Höhenmessung oder Übertragen von Höhen bei kürzeren Entfernungen werden Wasserwaagen in Verbindung mit Messlatten oder Richtscheiten (Aluminiumschiene) verwendet.

Im Inneren von Gebäuden kommt häufig die **Schlauchwaage** (vgl. Abb. C10) zur Anwendung. Bei der Schlauchwaage handelt es sich um einen mit Wasser gefüllten durchsichtigen Kunststoffschlauch mit Endstopfen. Nach dem Prinzip der kommunizierenden Röhren lässt sich ein Höhenriss nur durch die Länge der Schlauchwaage begrenzt übertragen, da sich der Wasserspiegel stets auf dieselbe Höhe einpendelt. Vor der Nutzung ist darauf zu achten, dass sich keine Luftblasen im Schlauch befinden. Damit die Höhenübertragung erfolgen kann, muss die Endstopfen entfernt werden.

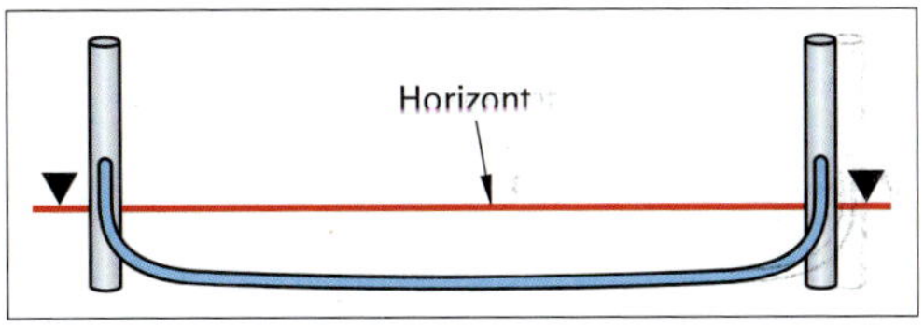

Abb. C10: Schlauchwaage

Mit **Visierkreuzen** werden überwiegend im Tiefbau zwischen zwei Höhenpunkten Zwischenhöhen angetragen (vgl. Abb. C11). Ein Satz Visierkreuze besteht aus einer schwarzen, einer roten und einer schwarz-weißen Tafel an einem 1,25 m hohen Stab. An Anfangspunkt wird die schwarze Tafel, am Endpunkt der Strecke die schwarz-weiße Tafel höhengerecht angebracht. Nun kann die rote Tafel zwischen den beiden anderen Tafeln höhengerecht eingewiesen werden.

Für viele Höhenmessungen ist ein **Nivellierinstrument** das richtige Gerät. Mit dem Nivellierinstrument sind genaue Höhenmessungen mit geringen Fehlern möglich. Ein Nivellierinstrument ist im Grundprinzip ein um die Vertikalachse (Stehachse) drehbares Fernrohr mit einem Fadenkreuz. Ist das Nivellierinstrument mit einem Horizontalkreis ausgestattet, sind auch Winkelmessungen möglich.

Das Nivellierinstrument wird in Verbindung mit einem Dreibeinstativ eingesetzt. Bei den Instrumenten mit eingebautem Kompensator kann das Instrument relativ einfach mit den drei Fußschrauben über Beobachtung der Dosenlibelle justiert werden, um die Zielachse horizontal auszurichten (vgl. Abb. C 12).

Dennoch sollte vor der Messung eine Überprüfung vorgenommen werden. Dosenlibelle ausrichten:

① Gerät mit den Stativdreibeinen ausrichten, sodass die Luftblase in der Dosenlibelle sichtbar wird.
② Zwei Fußschrauben gleichzeitig gegenläufig drehen, bis die Blase sich in der Mitte zeigt.
③ Danach mit der dritten Fußschraube die Blase mittig einspielen.

Zur Kontrolle das Instrument um 180° drehen. Die Dosenlibelle sollte keine Veränderung zeigen.

Auf einer annährend waagerechten Fläche das Nivelliergerät in der Mitte von zwei Nivellierlatten aufstellen. Nach der Ablesung der Werte den Höhenunterschied berechnen. Anschließend die Werte ablesen, die sich ergeben, wenn das Gerät circa 1 m von einer Latte entfernt aufgestellt wird. Es sollte sich jetzt der gleiche Höhenunterschied mit einer maximalen Abweichung von 3 mm errechnen (vgl. Abb. C 13). Sollte die Abweichung zu groß sein, muss die Ziellinie des Gerätes nach Gebrauchsanweisung neu justiert werden.

Der Höhenunterschied zwischen zwei Punkten A und B wird mit dem Nivelliergerät wie folgt bestimmt:

Die messende Person stellt sich mit dem Nivelliergerät so zwischen die Punkte, dass die Entfernungen zu Punkt A und Punkt B annähernd gleich sind.

Nach der Justierung des Nivilliergeräts wird auf der lotrechte stehenden Nivillierlatte (Lattenrichter mit Dosenlibelle verwenden) der Höhenwert abgelesen und notiert (der Wert wird „Rückblick" genannt). Danach wechselt der Helfer mit der Nivellierlatte auf den Punkt B. Ohne Veränderung am Standpunkt des Nivelliergeräts wird jetzt der Höhenwert auf der Nivellierlatte am Punkt B abgele-

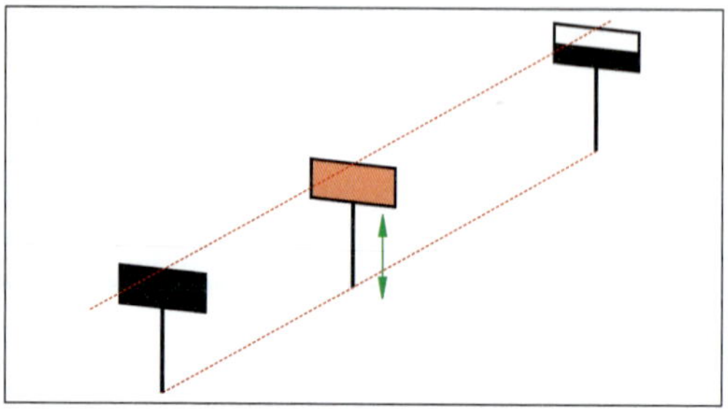

Abb. C 11: Visiertafeln

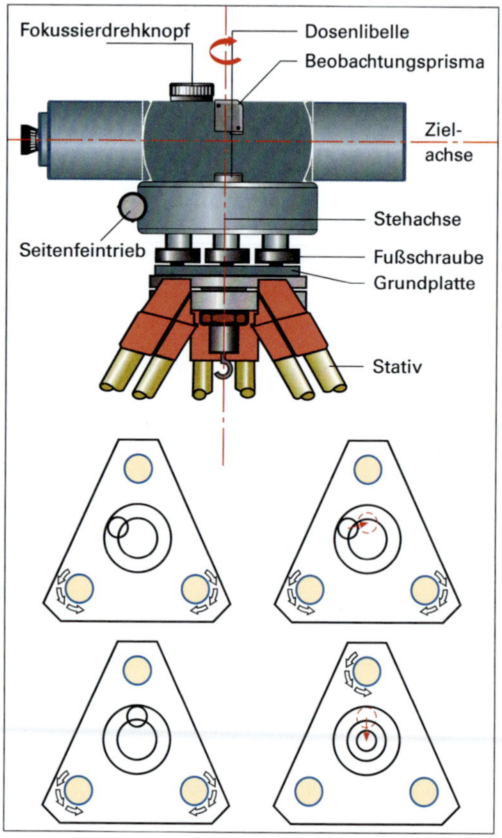

Abb. C 12: Nivellierinstrument (Nivelliergerät)

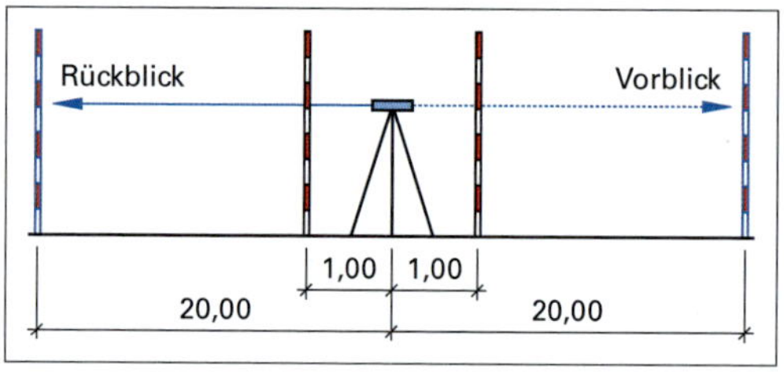

Abb. C 13: Prüfung Nivellier

sen und notiert (dieser Wert wird „Vorblick" genannt). Der Höhenunterschied zwischen Punkt A und Punkt B errechnet sich dann als Differenz zwischen Rückblick und Vorblick.

Wenn der Gerätestandpunkt im annähernd gleichen Abstand von den Punkten A und B gewählt wird, kann ein eventueller Zielachsenfehler minimiert werden.

Δh = Rückblick – Vorblick $\qquad \Delta h = R - V$

Wird ein Tachymeter verwendet, können neben den Höhen von Punkten zugleich die Entfernungen zu den Punkten aufgenommen werden.

Höhenunterschiede werden zuverlässig mit einem Nivelliergerät gemessen.

C2.4 Fluchten

Durch Fluchten wird die Übertragung einer Geraden von einem Ausgangspunkt in eine Richtung ins Gelände durchgeführt, oder zwischen zwei Punkten festgelegt. Für kurze Entfernungen wird sich einer schraff gespannten Schnur bedient. Für weitere Entfernungen wird mit Fluchtstäben (vgl. Abb. C15) Nivelliergeräten oder Geräten mit Lasertechnik gearbeitet.

Für das Abstecken von Geraden werden Fluchtstangen benötigt. Fluchtstangen sind 2 m lange Stäbe aus Holz mit einer Stahlspitze, die zur guten Sichtbarkeit abwechselnd rot/weiß lackiert sind. Ist die Aufstellung im Boden nicht möglich, kommen Fluchtstangenhalter als Klemmstative zu Einsatz. Um die lotrechte Stellung der Fluchtstange zu gewährleisten, wird ein Lattenrichter verwendet. Durch die am Lattenrichter angebrachte Dosenlibelle kann das Lotrechtstehen der Fluchtstange gewährleistet werden.

Fluchtstäbe werden in den Boden gesteckt oder mit Fluchtstabhaltern unter Verwendung eines Lattenrichters lotrecht aufgestellt. Fluchtstäbe die einzufluchten sind werden mit zwei Fingern so über dem Schwerpunkt des Fluchtstabes gehalten, dass der Fluchtstab sich lotrecht einpendeln kann.

Zu unterscheiden sind:

Zwischenpunkt einer Strecke einfluchten

Der Fluchtstab des Helfers wird durch Zuruf oder Handzeichen vom Beobachter zwischen den Fluchtstangen eingewiesen. Steht die Fluchtstange des Helfers richtig, sieht der Beobachter die Fluchtstangen in einer Linie (vgl. Abb. C17).

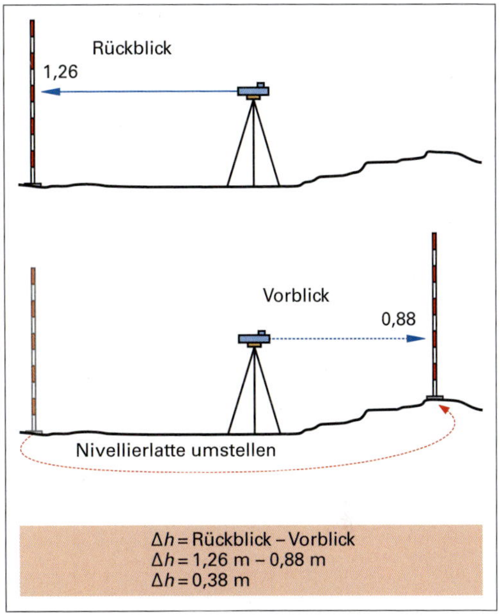

Abb. C14: Höhenunterschied bestimmen

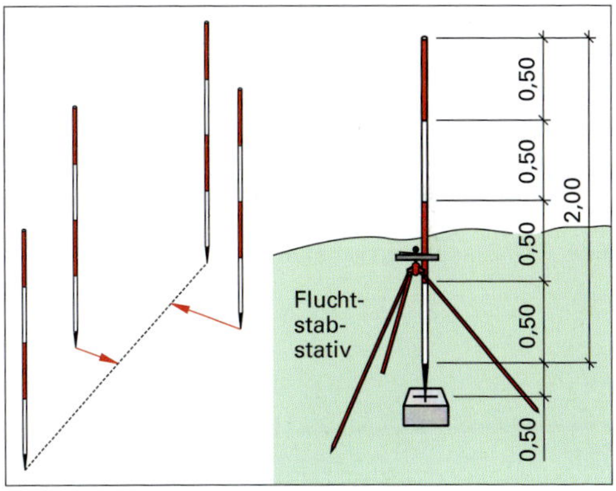

Abb. C15: Fluchten mit Fluchtstangen

Streckenverlängerung

Hier steht der Helfer mit der Fluchtstange in der Verlängerung der bereits durch zwei Fluchtstangen markierten Strecke. Die Entfernung zur zweiten Fluchtstange sollte nicht mehr als die Hälfte der bereits bestehenden Strecke betragen (vgl. Abb. C17).

Fluchten zwischen Gebäuden

Nachdem die Punkte an den Gebäuden durch Fluchtstangen markiert sind, werden zwei Fluchtstangen innerhalb nach Augenmaß aufgestellt. Jetzt werden die Fluchtstangen abwechselnd in Hinblick auf die Fluchtstangen an den Gebäuden

C

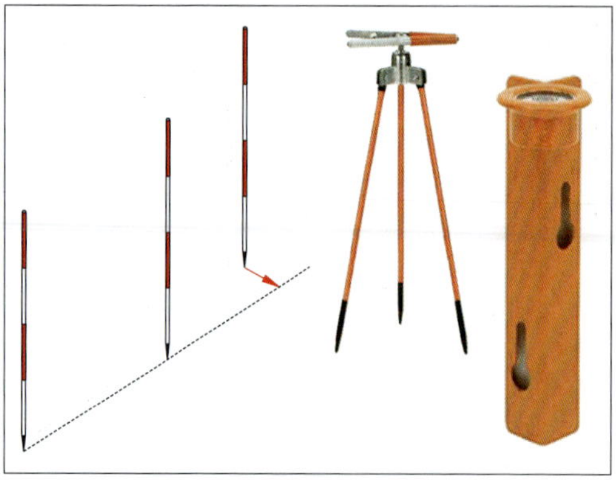

Abb. C 16: Verlängern einer Strecke

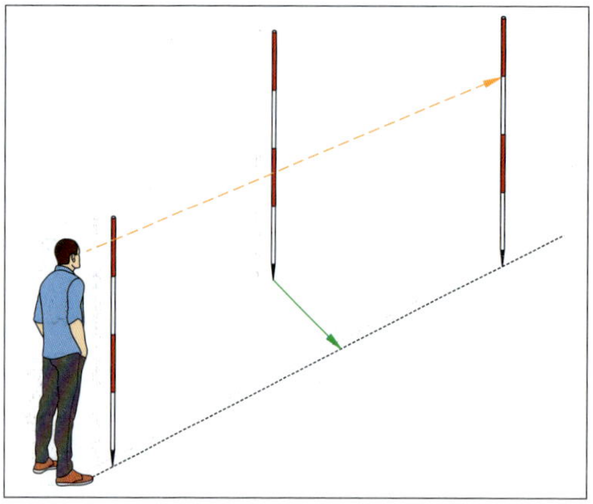

Abb. C 17: Zwischenpunkt einfluchten

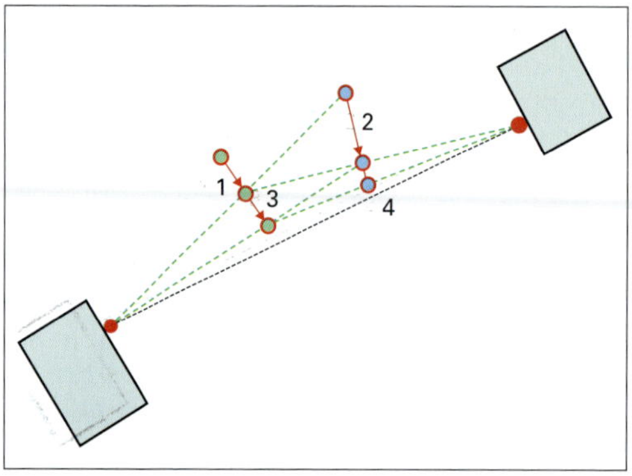

Abb. C 18: Fluchten zwischen Gebäuden

eingefluchtet. Dieses Verfahren wird so lange betrieben, bis die gewünschte Genauigkeit erreicht ist (vgl. Abb. C 18).

Das Fluchten ist eine Standardaufgabe bei Vermessungs- und Absteckarbeiten.

C 3 Aufnahmeverfahren

C 3.1 Orthogonalverfahren

Mit dem Orthogonalverfahren werden die zu erfassenden Punkte rechtwinklig auf eine Messungslinie eingemessen. Die Messungen bei dem Orthogonalverfahren lassen sich mit einfachen Messgeräten (Fluchtstäbe, Bandmaß, Winkelspiegel, Pentagon) durchführen.

Mit den gemessenen Werten lassen sich Zwischenstrecken, Grenzlängen und Flächen errechnen (vgl. Abb. C 19).

Das Endmaß der Messungslinie wird zur Kenntlichmachung doppelt unterstrichen. Alle Maße für die Lotfußpunkte werden auf den Anfangspunkt der Messungslinie bezogen.

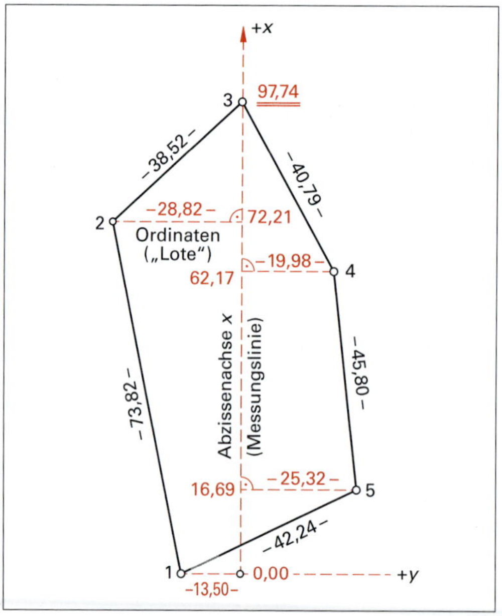

Abb. C 19: Rechtwinkelaufnahme

C 3.2 Einbindeverfahren

Das Einbindeverfahren eignet sich zur Aufnahme von Gebäuden bei bekannten Umrisslinien. Die Gebäudekanten werden auf die Umrisslinien gefluchtet und gleichzeitig streckenmäßig aufgenommen. Anschließend werden die Strecken auf den Umrissmesslinien gemessen (vgl. Abb. C 20).

C 3.3 Polarverfahren

Von einem zentralen Standpunkt werden der Horizontalwinkel und die Entfernung zu dem aufzunehmenden Punkt bestimmt (vgl. Abb. C21). Um die Winkel zu bestimmen, ist ein zweiter bekannter Punkt für die Messung notwendig.

Mit einem elektronischen Theodolit mit dem Winkel und Entfernung erfasst werden können ist dieses Aufnahmeverfahren für die Aufnahme größerer Flächen besonders geeignet.

In der Praxis wird nicht nur nach einer Methode gearbeitet, sondern die Aufnahmetechniken der Situation angepasst miteinander kombiniert.

Für die Lagemessung können Orthogonal-, Einbindeverfahren und Polarverfahren eingesetzt werden.

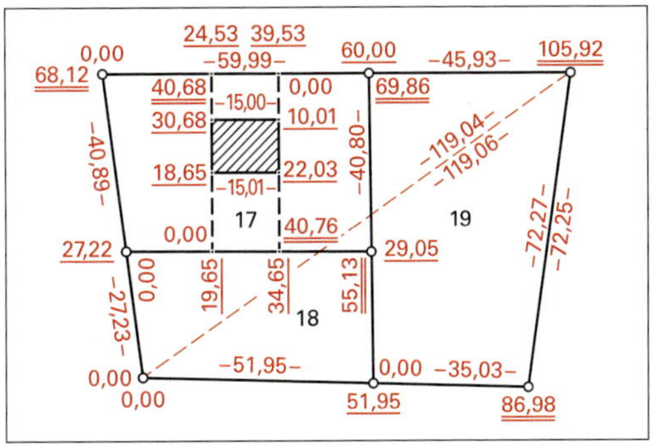

Abb. C20: Einbindeverfahren

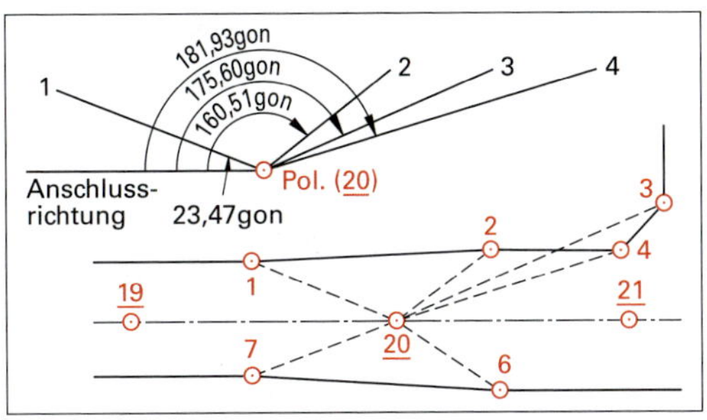

Abb. C21: Polarverfahren

C4 Aufnahme eines Geländes

C4.1 Rostaufnahme

Um ein Gelände aufzunehmen, wird ein Flächennivellement vorgenommen. Dazu wird ein quadratisches Punktgitter über die aufzunehmende Fläche gelegt, indem die Punkte z. B. durch Holzpflöcke markiert werden. Je nach Gelände können die Rasterweiten zwischen 5 m und 50 m betragen (vgl. Abb. C22).

Anschließend werden die Punkthöhen der Rasterpunkte und eventuelle andere markante Geländepunkte mit einem Nivelliergerät bestimmt.

Nach der Höhenaufnahme kann der Verlauf der Geländehöhen durch Interpolation zwischen den Gitterpunkten und zusätzlich über die Diagonalen berechnet und dargestellt werden (vgl. Abb. C23).

Für die Höhenaufnahme kann auch ein Rotationslaser verwendet werden, sofern er für die vorhandene Geländesituation aufgrund seiner Reichweite geeignet ist.

Mit einem elektronischen Theodolit oder Tachymeter vereinfacht sich die Aufnahme. Durch diese Geräte werden zugleich die Höhe und Entfernung des Punktes gemessen. Das Abstecken eines Rostes ist nicht zwingend notwendig. Der Standpunkt des Reflektors ist für die Messung maßgebend.

Mit den Messwerten lässt sich ein Höhenplan zeichnen. Dazu werden die Punkte gleicher Höhe durch Linien verbunden. Je nach Gelände werden Höhenmeterlinien eingezeichnet, eventuell mit Unterteilung in 0,50 m. Durch interpolieren zweier Rasterhöhen, zwischen denen eine Meterhöhenlinie verläuft, kann die Lage der Höhenlinie festgelegt werden.

Abb. C22: Rostaufnahme

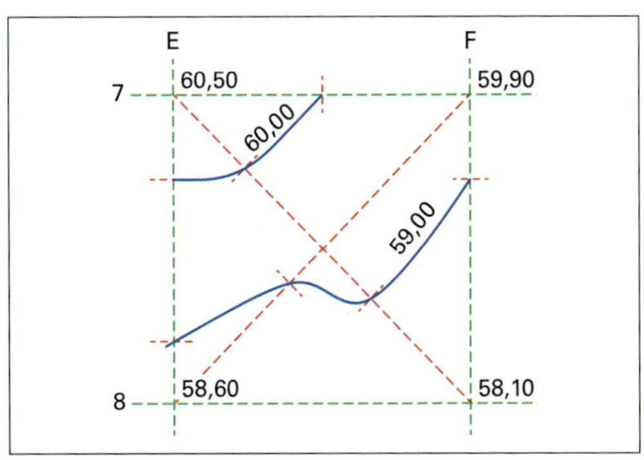

Abb. C23: Höhenlinien nach Rostaufnahme

Sind Erdmassenberechnungen erforderlich kann das Volumen durch die Berechnung von Dreiecksprismen näherungsweise ermittelt werden.

Die Höhenaufnahme eines Geländes kann durch eine Rostaufnahme, mittels Rotationslasers oder durch elektronischen Theodolit bzw. Tachymeter erfolgen.

C4.2 Aufnahme von Längsprofilen und Querprofilen

Eine weitere Möglichkeit ist die Aufnahme des Geländes über Längs- und Querprofile.

Durch ein Längsprofil wird der höhenmäßige Verlauf einer Strecke erfasst und dokumentiert. Damit kann von einem höhenmäßigen bekannten Punkt die Höhe eines anderen Punktes bestimmt werden.

Das Nivellieren beginnt, indem am Anfangspunkt eine Nivellierlatte aufgesetzt wird. Je nach Gelände und Strecke wir das Nivellierinstrument in einer Entfernung von 20 m bis 50 m als Zielweite aufgestellt und der Wert an der Nivellierlatte abgelesen (Rückblick). Danach wird die Nivellierlatte am nächsten Punkt (Wechselpunkt) aufgestellt. Ohne Veränderung des Instrumentenstandpunkts wird der Wert am neuen Standpunkt der Nivellierlatte abgelesen (Vorblick). Jetzt wird der Instrumentenstandpunkt gewechselt, sodass die Nivellierlatte wieder abgelesen werden kann (Rückblick). Die Nivellierplatte darf nur gedreht werden. Keinenfalls darf der Standpunkt der Nivellierlatte vor der Ablesung verändert werden. Nach der Ablesung wird jetzt wieder der Standpunkt der Nivellierlatte in Richtung des Zielpunktes verändert. Danach wird ein neuer Wert für den Rückblick abgelesen. Mit diesem Vorgehen wird gearbeitet bis der Zielpunkt der Höhenmessung erreicht ist. Zur Überprüfung wird nun die Höhenmessung in umgekehrter Richtung durchgeführt. Bei exakter Messung dürfte sich nur eine minimale Sollabweichung ergeben.

Alle abgelesenen Werte für den Rückblick und den Vorblick werden protokollmäßig in einem Vordruck eingetragen. Damit lassen sich alle Höhen ausgehend von der Ausgangshöhe errechnen.

Der Höhenunterschied zwischen Ausgangspunkt und Endpunkt ergibt sich als Differenz Summe der Rückblicke minus Summe der Vorblicke.

Von den Instrumentenstandpunkten ist es möglich, seitwärts der eigentlichen Messstrecke Punkte im Gelände als sogenannte Zwischenblicke aufzunehmen.

Beispiel

Höhenunterschied zwischen FP1 und P4

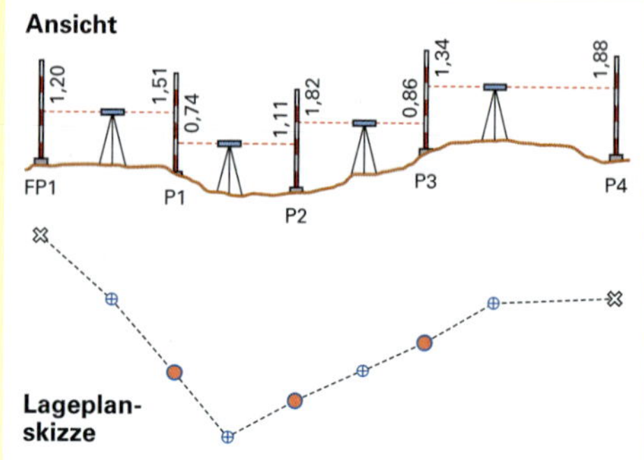

Nivellement				
Punkt	Rückblick	Vorblick	Δh	H
FP1	1,20	–		67,51
P1	0,74	1,51	−0,31	67,20
P2	1,82	1,11	−0,37	66,83
P3	1,34	0,86	0,96	67,79
P4	–	1,88	−0,54	67,25
Kontrolle: $\Sigma R - \Sigma V = \Sigma\Delta h$				
	5,10	5,36	0,26	

Für die Aufnahme eines Geländes im Rahmen von z. B. Straßenbaumaßnahmen werden die Abstände der Wechselpunkte konstant festgelegt (Stationspunkte).

Rechtwinklig zur geplanten Achse werden im Breitenbereich der geplanten Baumaßnahme Punkte als Zwischenblicke aufgenommen. Damit kann neben der Erstellung eines Längsprofils an jeder Station ein Querprofil erstellt werden.

Bei der zeichnerischen Darstellung werden die Höhen um den Faktor 10 vergrößert gegenüber den Längen dargestellt.

Beispiel

Maßstab für die Längen M 1:1000
Maßstab für die Höhen M 1:100

Die Höhenwerte werden dabei ausgehend von einer sinnvoll gewählten Bezugshöhe aufgetragen.

Wird der Achsverlauf der geplanten Straße in das Längsprofil, und das Ausbauprofil in die Querprofile eingetragen, lassen sich z. B. Erdmassenberechnen mit den Werten durchführen.

Beispiele

Linienivellement im Aufriss und Lageplan

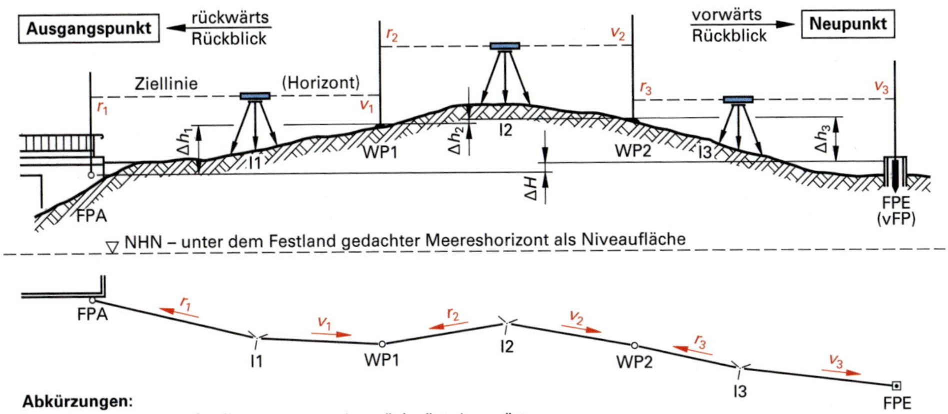

Abkürzungen:

I Instrumentenaufstellung
WP Wechselpunkt
Δh Höhenunterschied
r/*v* rückwärts/vorwärts (Rückblick/Vorblick)
FP Festpunkt
A/E Anfang/Ende

Linienivellement mit mehreren Berechnungsschemen

a)

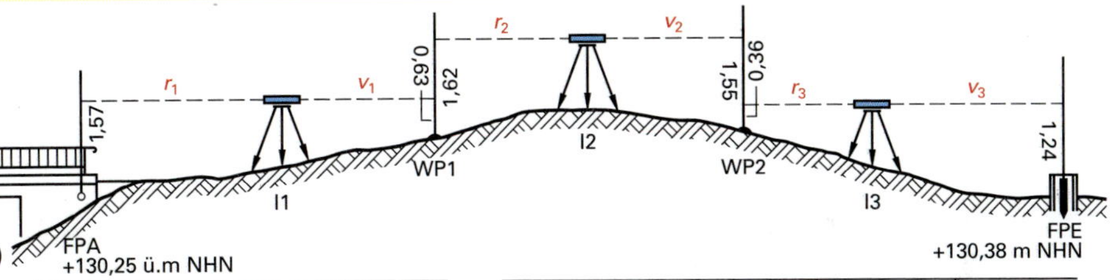

b)

Punkt bzw. Ablesung	Höhe NHN bzw. Ablesung m
FPA Ablesung r_1	130,25 NHN + 1,57 m
Instrumentenhöhe I1 Ablesung v_1	131,82 NHN + 0,63 m
WP1 Ablesung r_2	131,19 NHN + 1,62 m
Instrumentenhöhe I2 Ablesung v_2	132,81 NHN + 1,55 m
WP2 Ablesung r_3	131,26 NHN + 0,36 m
Instrumentenhöhe I3 Ablesung v_3	131,62 NHN + 0,24 m
FPE	130,38 NHN

c)

Punkt	Ablesung *r* [m]	*v* [m]	Ziellinie ü. NHN	Punkthöhe ü. NHN
FPA	1,57	–	131,82	130,25
WP1	–	0,63	131,82	131,19
WP1	1,62	–	132,81	131,19
WP2	–	1,55	132,81	131,26
WP2	0,36	–	131,62	131,26
FPE	–	1,24	131,62	130,38

d)

Punkt	Zielweite [m]	Lattenablesung [m] rückw.	zwischen	vorw.	Steigen + [m]	Fallen – [m]	Höhe ü. NHN	Bemerkungen
FPA	64	1,57	–	–		–	130,25	Ausgangspunkt HFP Rohrdurchlass
WP1	50	–	–	0,63	0,94			
WP1	48	1,62	–	–		–		130,25
WP2	52	–	–	1,55	0,07			+ 0,13
WP2	44	0,36	–	–				= 130,28
FPE	60	–	–	1,24	–	0,88	130,38	vorläufiger Festpunkt auf der Baustelle
Summe	318	3,55	–	3,42	+1,01	–0,88		
Differenz			+0,13		+0,13			

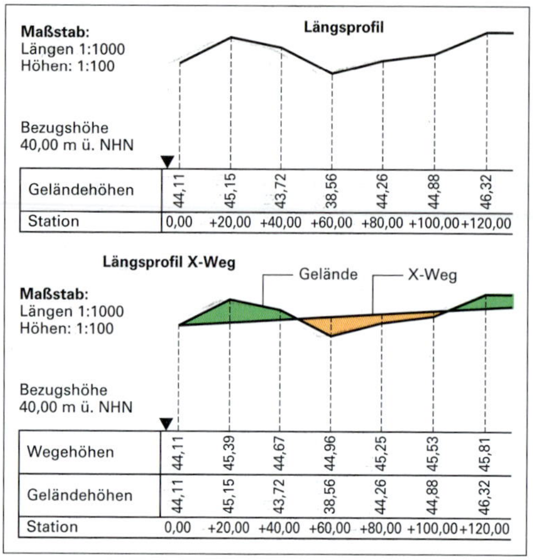

Abb. C 24: Geländeprofil mit Weg

> Die Werte für die zeichnerische Darstellung eines Geländeprofils werden durch ein Nivellement ermittelt. Ein Nivellement kann ein Längs- und Querprofil zeichnerisch dargestellt werden.

C5 Absteckarbeiten

C5.1 Abstecken rechter Winkel

Abstecken rechter Winkel mit Schnur und Bandmaß

Durch Anwendung der geometrischen Grundkonstruktion „Errichten einer Senkrechten in einem Punkt" bzw. „Fällen eines Lots auf eine Gerade" mittels Schnur oder Bandmaß als Zirkelersatz können mit diesen einfachen Hilfsmitteln rechte Winkel abgesteckt werden. Je länger die zu errichtende Strecke sein soll, desto größer sind die Radien zu wählen (vgl. Abb. C 25).

Abstecken rechter Winkel mit einer Kreuzscheibe

Bei einer Kreuzscheibe sind vier Sehschlitze rechtwinklig zueinander angeordnet. Steht die Kreuzscheibe richtig in einer vorhandenen Flucht sind die Fluchtstangen, die die Flucht bilden, durch die Schlitze zu sehen. Die Fluchtstange in der Senkrechten muss dann durch die beiden anderen Schlitze zusehen sein. Die Kreuzscheibe muss auf einem Fluchtstab mithilfe einer Dosenlibelle lotrecht ausgerichtet sein (vgl. Abb. C 26).

Abstecken rechter Winkel mit einfachen optischen Instrumenten

Die optischen Instrumente (Doppelpentagon, Winkelspiegel) werden durch ein Schnurlot oder über ein optisches Lot auf dem Standpunkt ausgerichtet. Der rechte Winkel ist gegeben, wenn die drei Fluchtstangen in der Ansicht eine gerade Linie bilden (vgl. Abb. C 27).

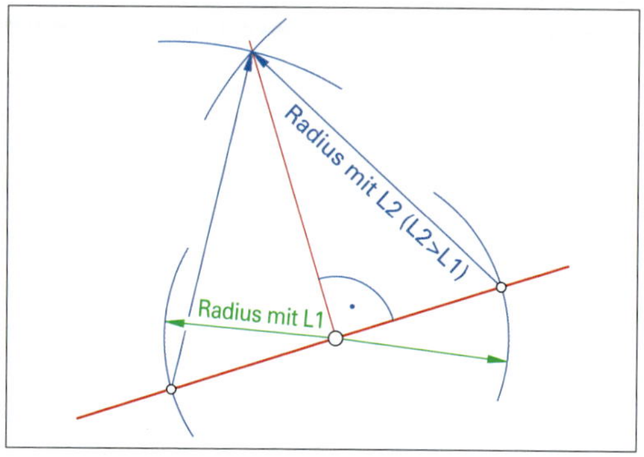

Abb. C 25: Rechten Winkel errichten

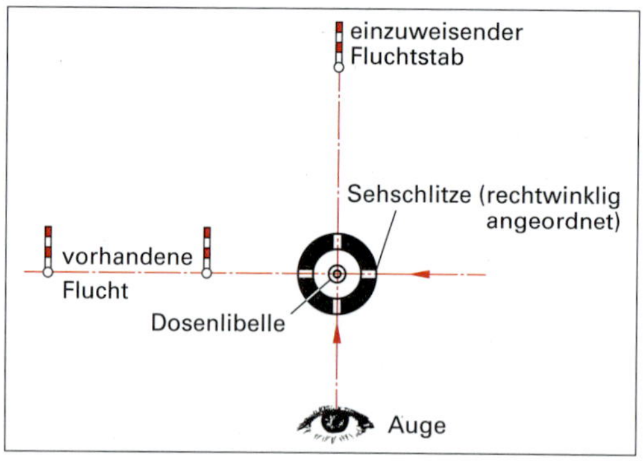

Abb. C 26: Kreuzscheibe

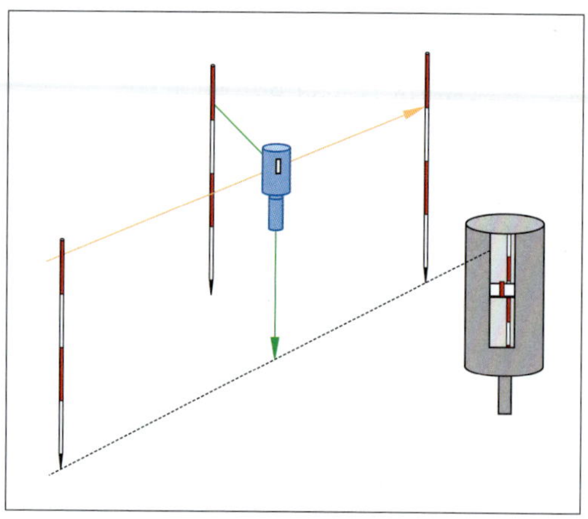

Abb. C 27: Abstecken eines Rechten Winkels
mit dem Doppelpentagon

C

C5.2 Abstecken beliebiger Winkel

Mittels Nivelliergerät mit Teilkreis oder Theodoliten lassen sich beliebige Winkel einfach abstecken.

Steht keines dieser Geräte zur Verfügung, hilft die Hilfskonstruktion mit Tangenswerten. Dazu wird auf einem bekannten Schenkel des Winkels eine beliebige Strecke *s* abgemessen. Im Endpunkt wird das Lot errichtet und darauf die Strecke **$s \cdot \tan \alpha$** abgetragen.

Werden für die Ausgangsstrecke Werte von 1 m bzw. 10 m gewählt, kann direkt der Tangenswert bzw. 10-fache Tangenswert angetragen werden (vgl. Abb. C 28).

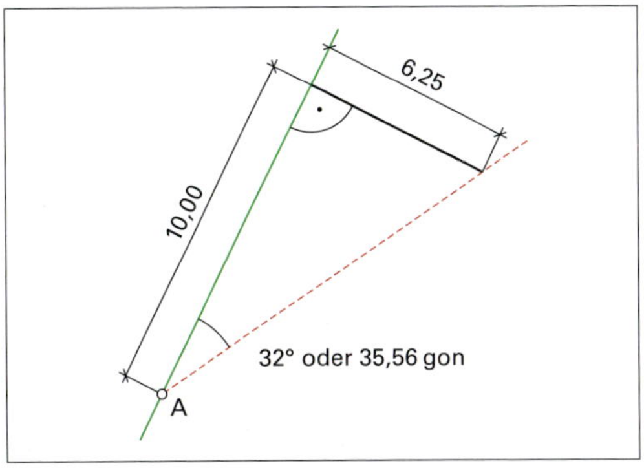

Abb. C 28: Tangenswert

C5.3 Abstecken von Bögen

Abstecken von Kreisbögen

Je nach Situation ist die Absteckung von Kreisbögen nur mit Bandmaß und Rechtwinkelgeräten möglich. Es können die Verfahren der geometrischen Grundkonstruktion angewendet werden. Koordinaten und Strecken lassen sich mit Kenntnissen der analytischen Geometrie berechnen. Die Kenntnis einiger Formel für benötigte Längen kann die Absteckungsarbeiten erleichtern (vgl. Abb. C 29).

$$t = R \cdot \tan(\alpha/2) \qquad h = R - \sqrt{R^2 - \left(\frac{s}{2}\right)^2}$$

$$s = 2 \cdot R \cdot \sin(\alpha/2)$$

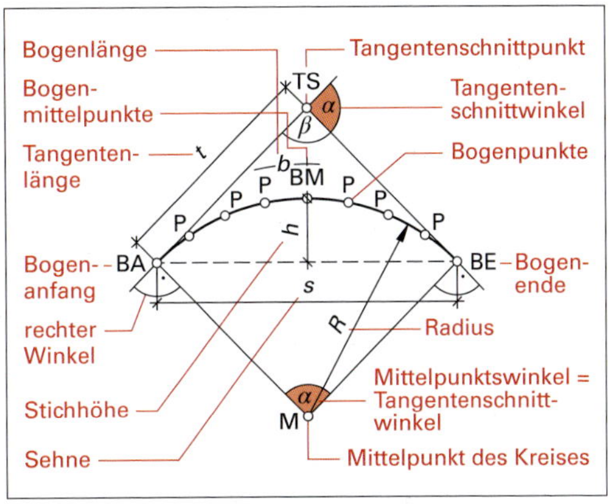

Abb. C 29: Bezeichnungen am Bogen

Gitterverfahren

Bei diesem Verfahren wird der Kreisbogen durch eine Parabelkonstruktion angenähert. Nachdem die Strecken $\overline{BA\,TS}$ und $\overline{BE\,TS}$ in *n*-gleiche Teile unterteilt worden sind, werden sie über Kreuz verbunden. Die Schnittpunkte sind gesuchte Bogenpunkte (siehe auch geometrische Grundkonstruktionen: Parabel) (vgl. Abb. C 30).

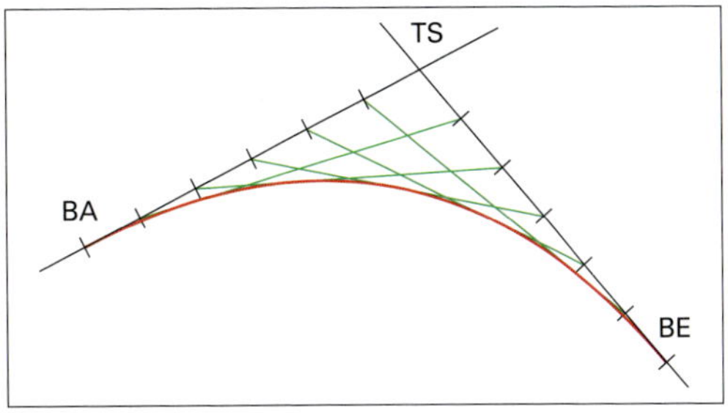

Abb. C 30: Absteckung mit Gitterverfahren

Bestimmung von Bogenanfangspunkt BA und Bogenendpunkt BE

Ist der Bogenanfangs- und Bogenendpunkt bekannt, ist der Mittelpunkt für den Ausrundungsradius durch den Schnittpunkt der Kreisbögen um BA und BE mit *r* bestimmt.

Je nach Schnittwinkel der Tangenten können die Bogenanfangs- und Bogenendpunkte mit Lotwerkzeugen und Bandmaß bestimmt werden.

Rechtwinkliger Tangentenschnitt

Vom Schnittpunkt der Fluchtgeraden aus wird der Ausrundungsradius auf jeder Flucht durch Messen abgetragen, um die Punkte BA und BE von TS aus zu markieren. Der Mittelpunkt für den Ausrundungsbogen (Leierpunkt) ergibt sich als Schnittpunkt der Kreisbögen um BA und BE mit dem Ausrundungsradius (vgl. Abb. C 31).

C

Stumpfwinkliger Tangentenschnitt

Ausgehend vom Tangentenschnittpunkt (TS) wird in TS eine Senkrechte auf einer Tangente errichtet und der Ausrundungsradius von TS aus darauf abgetragen. In P wird eine Senkrechte parallel zur Richtung der anderen Tangente errichtet. Dies ergibt den Schnittpunkt S. Der Kreisbogen um S mit $\overline{P, S}$ liefert den Bogenanfangspunkt BA als Schnittpunkt zwischen S und TS. Der Bogenendpunkt BA ergibt sich als Schnittpunkt des Kreisbogens um TS mit dem Radius $\overline{BA, TS}$ (vgl. Abb. C 32).

Der Mittelpunkt M für den Ausrundungsbogen ergibt sich als Schnittpunkt der Kreisbögen in BA und BE mit dem Ausrundungsradius.

Spitzwinkliger Tangentenschnitt

Ausgehend vom Tangentenschnittpunkt (TS) wird in TS eine Senkrechte auf einer Tangente errichtet und der Ausrundungsradius von TS aus darauf abgetragen. Es ergibt sich der Punkt P. In P wird eine Senkrechte in Richtung der anderen Tangente errichtet, dies ergibt den Schnittpunkt S. Der Kreisbogen um S mit $\overline{P, S}$. liefert den Bogenanfangspunkt BA als Schnittpunkt in der Verlängerung von TS über S. Den Bogenendpunkt ergibt sich als Schnittpunkt des Kreisbogens um TS mit dem Radius $\overline{BA, TS}$.

Der Mittelpunkt M für den Ausrundungsbogen ergibt sich als Schnittpunkt der Kreisbögen in BA und BE mit dem Ausrundungsradius.

Absteckung von der Tangente aus

Hier müssen zunächst durch Rechnung die lokalen Koordinaten für die Absteckung errechnet werden. Dazu wird die Kreisgleichung nach y umgestellt.

$$x^2 + (y - y_m)^2 = r^2 \qquad y = y_m - \sqrt{r^2 - x^2}$$

Mit $y_m = r$ ergibt sich die Absteckordinate. Für die Absteckung müssen die Bogenanfangspunkte und Bogenendpunkte bekannt sein.

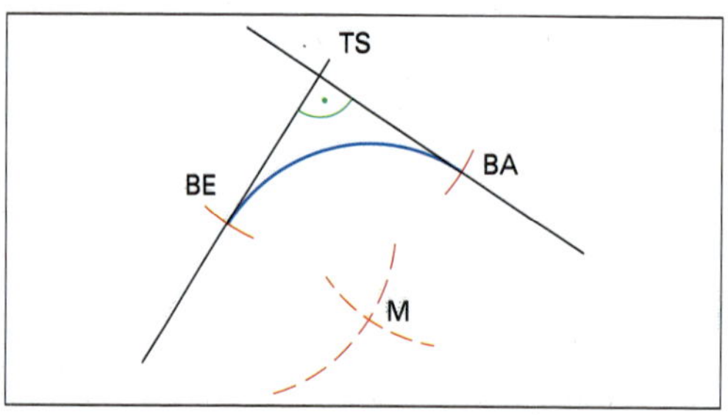

Abb. C 31: Ausrundung rechtwinkliger Tangentenschnitt

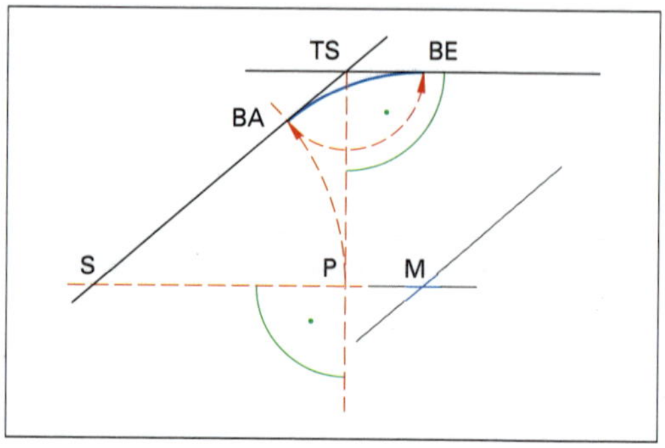

Abb. C 32: Ausrundung stumpfwinkliger Tangentenschnitt

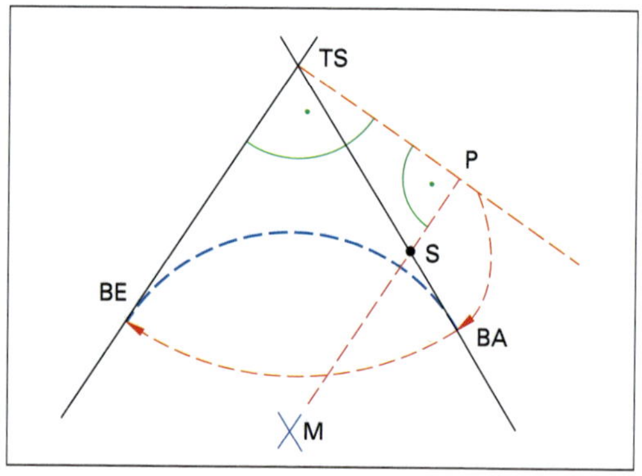

Abb. C 33: Ausrundung spitzwinkliger Tangentenschnitt

Die Stichhöhe h errechnet sich aus

$$r = \frac{s^2}{8 \cdot h} + \frac{h}{2}$$

durch Umformen zu

$$h = r - \sqrt{r^2 - (s^2/4)}$$

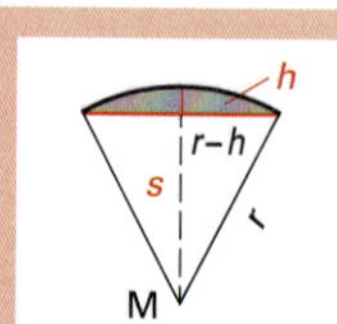

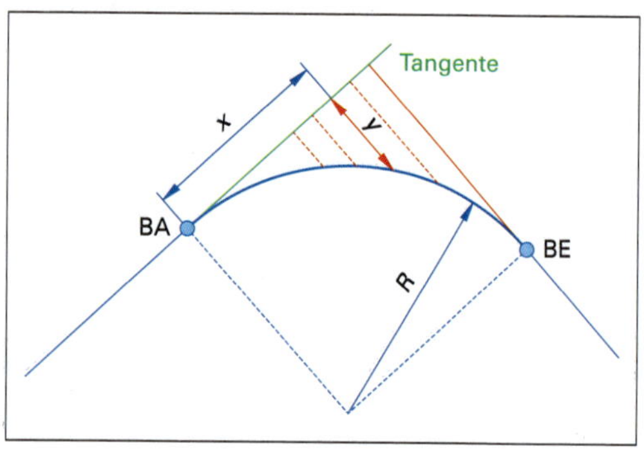

Abb. C 34: Absteckung von der Tangente.

Absteckung von der Sehne aus

Die Sehne *s* verbindet die Bogenanfangs- und Endpunkte. Nach Ermittlung der Sehnenlänge errechnet man die Stichhöhe.

Im Mittelpunkt der Sehne wird die Stichhöhe *h* senkrecht zur Sehne abgetragen. Vom Endpunkt wird eine neue Sehne zum Punkt BA und BE gezogen. Auch für diese Sehnen wird die Stichhöhe berechnet und jeweils angetragen. Das Verfahren wird solange iterativ weitergeführt, bis sich die gewünschte Genauigkeit der Absteckpunkte ergibt (vgl. Abb. C 35).

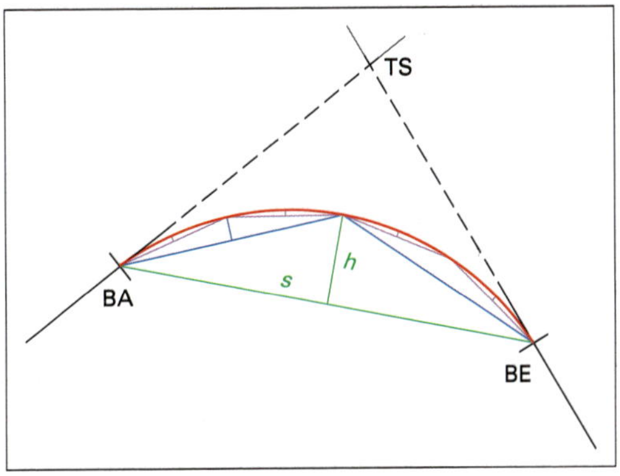

Abb. C 35: Absteckung von der Sehne

C 6 Abstecken eines Gebäudes

Um bei einem Bauvorhaben das Gebäude lage- und höhenmäßig dem Lageplan entsprechend zu platzieren, ist es notwendig, einen Höhenbezug herzustellen. Vom Bebauungsplan ist in der Regel ein Wertebereich für die Höhe des Fertigfußbodens über Straßenniveau vorgegeben. Eine andere Möglichkeit ist es, sich an den Höhen der Entwässerungsschächte zu orientieren.

Die Höhen der Schachtsohlen sind auch für die Planung und Höhenfestlegung der Entwässerungsleitungen von Bedeutung.

Durch ein einfaches Nivellement kann die Höhe auf einen Pfahl des Schnurgerüstes auf dem Grundstück übertragen werden.

Die Absteckung des Gebäudes kann dann ausgehend von den Grenzsteinen mit der Orthogonal-, Einbinde- oder Polarmethode erfolgen.

Ziel der Absteckung ist die Aufstellung von Schnurgerüsten für die Gebäudefluchten. Ein Schnurgerüst besteht aus zwei Holzpfählen, zwischen denen waagerecht ein Schalbrett angebracht ist.

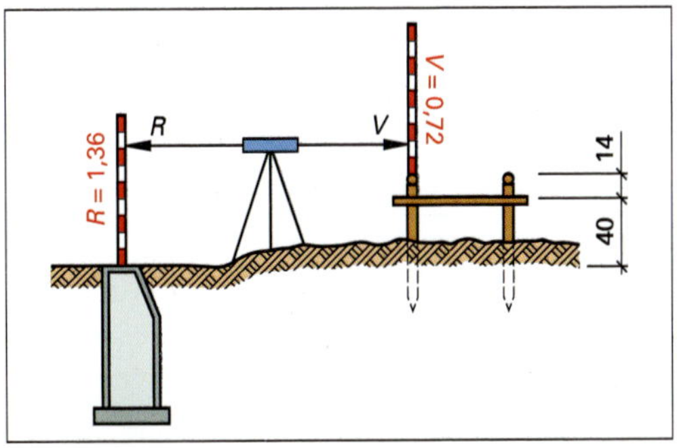

Abb. C 36: Höhe für Schnurgerüst festlegen

Beispiel

Die OKFB soll 0,40 m über dem Schachtdeckel festgelegt werden.
Bestimmung der Höhe des Schnurgerüstpfostens:
$R = 1{,}36$ $V = 0{,}72$
$\Delta h = R - V = 1{,}36\text{ m} - 0{,}72\text{ m} = 0{,}54\text{ m}$
Die Oberkante des waagerechten Brettes muss 0,14 m unter Pfostenoberkante angebracht werden.

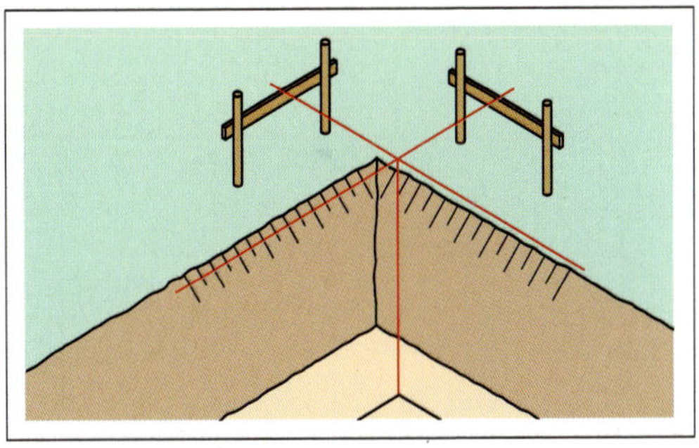

Abb. C 37: Schnurgerüst (Prinzipskizze)

Die Oberkante des Schalbrettes wird auf der Höhe befestigt, die die Oberkante Fertigfußboden EG darstellt (vgl. Abb. C 37).

Bei der Erstellung der Schnurgerüste ist zu prüfen, ob die nachfolgenden Erdarbeiten nicht durch die Schnurgerüste behindert werden. In diesen Fällen sind die Schnurgerüste nach den Erdarbeiten aufzustellen. Die notwendigen Markierungen für die Erdarbeiten können dann durch Markierungshölzer oder Abstreuungen mit Kalk erstellt werden.

Die richtige Ausschachtungstiefe ist während der Erdarbeiten laufend zu prüfen.

Nach dem Abstecken der geplanten Gebäudeeckpunkte sind die Außenkanten des Gebäudes einzuschnüren.

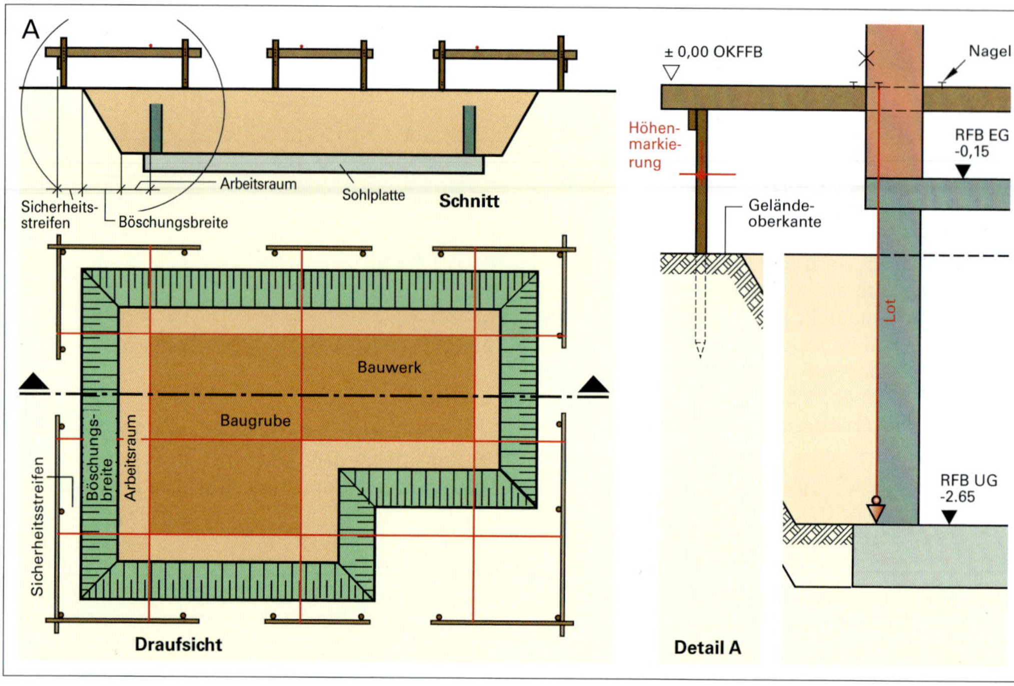

Abb. C 38: Schnurgerüst

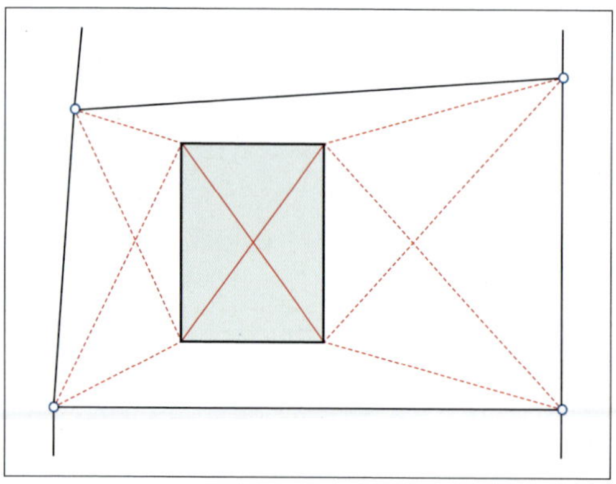

Abb. C 39: Kontrollmaße (Vorschlag)
nach Einmessung des Gebäudes

Danach sind unbedingt Kontrollmessungen durchzuführen. Zweckmäßigerweise sollten die Sollwerte für die Kontrollwerte schon vor den eigentlichen Absteckarbeiten ermittelt worden sein (vgl. Abb. C 39).

Neben der lagemäßigen Absteckung, ist die Höhenlage des Bauwerks durch die Angabe der Höhe NULL (Höhe des Fertigfußbodens Erdgeschoss) festzulegen.

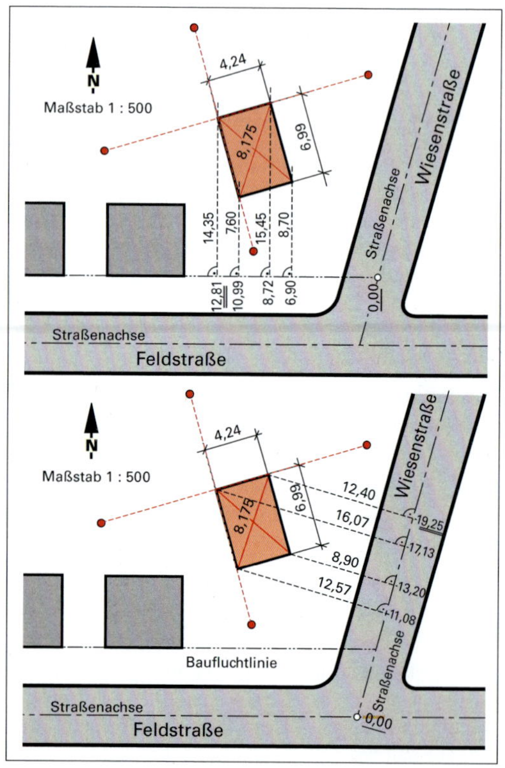

Abb. C 40: Abstecken eines Gebäudes →

LF 1 1 Mitwirken bei der Bauplanung

1.1 Bauaufgaben

Die Bauaufgabe erfordert von den am Bau Beteiligten Fachwissen, Kommunikationsbereitschaft, Teamfähigkeit und Verantwortungsbewusstsein. Bauen als Neubau, Umbau oder auch Abriss ist stets ein Eingriff in gewachsene Strukturen. Durch das Bauen sollen die Bedürfnisse der Bevölkerung hinsichtlich Wohnen, Arbeit, Freizeit und Infrastruktur erfüllt und verbessert werden.

Die Standortwahl, Baumaterialien und Bauverfahren verändern die bestehenden Landschaften und Strukturen.

Durch die umfangreiche Vielfalt von Bauprojekten des Hoch-, Straßen- und Tiefbaus hinsichtlich Planung, Genehmigung und Durchführung bedarf es unterschiedlicher Fachleute.

In der Planung und Genehmigungsseite arbeiten Architekten, Ingenieure und Landschaftsplaner aus den Bereichen Hochbau (Wohnungsbau, Gewerbebau und Industriebau, Öffentliche Bauten wie Schulen, Kindergärten, Krankenhäuser usw.), Ingenieurbau (u.a. Brückenbau, Industriehallenbau) und Tiefbau (Straßenbau, Wasserbau, Gleisbau, Kanalbau usw.). Für die Durchführung benötigt man je nach Projekt unterschiedliche Fachleute aus den Bauberufen. Die Vielzahl der Berufe verdeutlicht auch die fachliche Breite der Bauprojekte.

Die Bauzeichner/in soll in allen Leistungsphasen eines Bauvorhabens eingebunden werden. Das sind die nachstehenden Phasen die in der Honorarordnung für Architekten und Ingenieure (HOAI) erläutert werden und die Aufgaben gegenüber dem Auftraggeber in ihrem Umfang konkretisieren.

- Grundlagenermittlung
- Vorplanung
- Entwurfsplanung
- Genehmigungsplanung
- Ausführungsplanung
- Vorbereitung der Vergabe
- Mitwirkung bei der Vergabe
- Bauüberwachung
- Objektbetreuung und Dokumentation

Unterlagen in Form von Berechnungen, Skizzen- und Zeichnungen für diese Phasen muss der Auszubildende je nach Ausbildungsstand erstellen.

1.2 Bauzeichnungen

Um ein Bauwerk zu erstellen, müssen Fachleute wie Architekten und Ingenieure verschiedener Fachrichtungen zielgerichtet zusammenarbeiten. Das Kommunikationsmedium, in dem die jeweiligen Ideen und Planungen festgehalten werden, ist die Zeichnung.

Zeichnungen werden für unterschiedliche Zwecke erstellt. So soll dem Laien das Bauwerk anschaulich gemacht werden, damit er eine Vorstellung von dem späteren Gebäude bekommt. Dem Handwerker auf der Baustelle müssen exakte Zeichnungen für die Ausführung an die Hand gegeben werden. So kommt es dazu, dass ein Bauwerk oder Bauteil in unterschiedlichen Darstellungen und Detaillierungsgraden dargestellt werden muss.

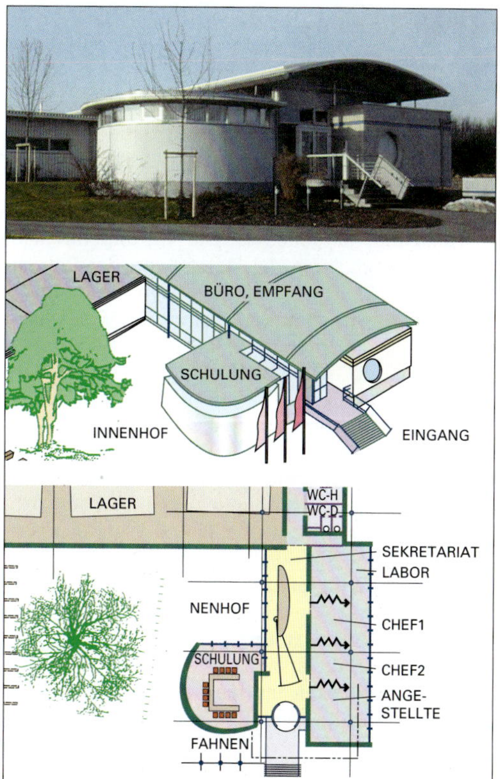

Abb. 1.1: Bauvorhaben

Bauzeichnungen werden auf der Grundlage von Zeichnungsnormen erstellt. An der Normnummer lässt sich erkennen, welchen Ursprung eine Norm hat:

DIN: DIN-Norm (z. B. DIN 33430), die ausschließlich oder überwiegend nationale Bedeutung hat oder als Vorstufe zu einem übernationalen Dokument veröffentlicht wird.

DIN EN: Deutsche Übernahme einer Europäischen Norm (EN) (z. B. DIN EN 14719), teilweise mit nationalem Anhang (NA).

DIN EN ISO: Unter Federführung von ISO oder CEN entstandene Norm (z. B. DIN EN ISO 9921), die dann von beiden Organisationen veröffentlicht werden.

DIN ISO: Unveränderte deutsche Übernahme einer ISO-Norm (z. B. DIN ISO 10002).

Die internationale Organisation für Normung – kurz ISO – ist die internationale Vereinigung von Normungsorganisationen und erarbeitet internationale Normen.

Zeichnungsarten

Zeichnungen für die Objektplanung

- **Vorentwurfszeichnungen** stellen das Planungskonzept einer baulichen Anlage dar.
- **Entwurfszeichnungen** spiegeln die Konstruktion und Gestaltung des Bauwerks wieder. In der Entwurfszeichnung sind die Angaben der Fachplaner eingeflossen. Die Nutzungsmöglichkeiten sind durch die Darstellung der Einrichtung der Räume für den Bauherrn erkennbar.
- **Bauvorlagezeichnungen** sind Entwurfszeichnungen, die in Hinsicht auf die Bauvorlagenverordnung der Bundesländer und andere Antragsverfahren den geforderten Zeichnungsvorschriften angepasst werden.
  Maßstab M 1:100 – m, cm
- **Ausführungszeichnungen** enthalten alle für die Herstellung notwendigen Angaben über Abmessungen und Materialien. Als Werkzeichnungen werden sie durch Detailzeichnungen (Teilzeichnungen) ergänzt.
  Maßstab M 1:50 – m, cm
- **Baubestandszeichnungen** stellen den Fertigzustand des Bauwerks dar.
- **Bauaufnahmezeichnungen** (DIN 1356-6) sind Darstellung bestehender Bauwerke oder Baudetails.
- **Benutzungspläne** sind durch zusätzliche Angaben ergänzte Pläne, aus denen sich eine bestimmte Nutzung erschließt (z. B. Rettungswege, zul. Belastung).

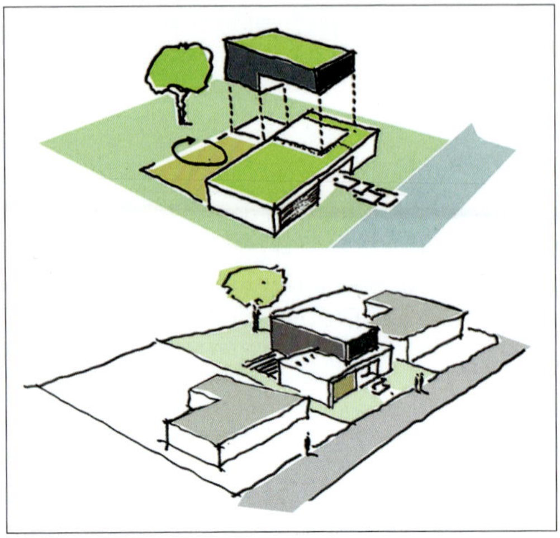

Abb. 1.2: Studien zur Vorplanung

Bauzeichnungen für die Tragwerksplanung

- **Positionspläne** ergänzen auf der Grundlage der Entwurfszeichnungen die statische Berechnung, indem sie die Positionen der Statik wiedergeben.
- **Schalpläne** sind die Pläne für die einzuschalenden Beton- und Stahlbetonbauteile.
- **Rohbauzeichnungen** enthalten alle für die Ausführung des Rohbaus erforderlichen Angaben.
- **Bewehrungszeichnungen** sind Zeichnungen, in denen die Angaben zur Herstellung und Verlegen der Betonstähle enthalten sind.
- **Fertigteilzeichnungen** sind Zeichnungen zur Herstellung von Fertigteilen aus Holz, Beton, Stahlbeton, Stahl, Spannbeton oder Mauerwerk.
- **Verlegezeichnungen** enthalten alle für den Einbau und Verankerung der Fertigteile erforderlichen Angaben.

Bauzeichnungen für den Straßenbau

Die Richtlinien zum Planungsprozess und für die einheitliche Gestaltung von Entwurfsunterlagen im Straßenbau (RE 2012) erfasst die Bereiche Vorplanung bis Genehmigungsplanung (vgl. Kapitel 20, LF 10 TSL).

1.3 Gesetzliche Grundlagen der Bauplanung

Im öffentlichen Baurecht sind die wichtigsten Rechtsgrundlagen für die Bauleitplanung im Baugesetzbuch **(BauBG)** und in der Baunutzungsverordnung **(BauNVO)** festgelegt. Landesbauordnungen **(LBO)** auf der Grundlage der Musterbauordnung **(MBO)**, Bauvorlagenverordnung

(**BauVorlVO**), Garagenverordnung (**GarVO**) und Denkmalschutzgesetz (**DSchG**) regeln weitere Einzelheiten der Baudurchführung.

1.3.1 Baugesetzbuch

Das **Baugesetzbuch** regelt, gegliedert in drei Kapiteln, die folgenden Sachverhalte:

Kapitel 1 **Allgemeines Städtebaurecht**
Erster Teil **Bauleitplanung** (Grundsätze, Flächennutzungsplan, Bebauungsplan)
Zweiter Teil **Sicherung der Bauleitplanung** (Veränderungssperre, Teilung von Grundstücken, Vorkaufsrecht)
Dritter Teil **Bauliche Nutzung und sonstige Nutzung** (Zulässigkeit, Nutzungsbeschränkungen, Entschädigung
Vierter Teil **Bodenordnung** (Umlegung, Verteilungsmasse, Zuteilung und Abfindung)
Fünfter Teil **Enteignung** (Voraussetzungen und Zulässigkeit, Entschädigung, Enteignungsverfahren)
Sechster Teil **Erschließung** (Erschließungslast, Erschließungsbeitrag, Verteilung der Erschließungskosten)
Siebter Teil **Maßnahmen für den Naturschutz** (Pflichten der Vorhabenträger, Kostenerstattung)

Kapitel 2 **Besonderes Städtebaurecht**
Erster Teil **Städtebauliche Sanierungsmaßnahmen** (Beteiligung und Mitwirkung, Vorbereitung und Durchführung, Sanierungsträger)
Zweiter Teil **Städtebauliche Entwicklungsmaßnahmen** (Zuständigkeit und Aufgaben, Entwicklungsträger, Kosten und Finanzierung)
Dritter Teil **Stadtumbau** (Stadtumbaumaßnahmen, Entwicklungskonzept)
Vierter Teil **Soziale Stadt** (Aufwertung von Ortsteilen, Beseitigung von sozialen Missständen)
Fünfter Teil **Private Initiativen**
Sechster Teil **Erhaltungssatzung und städtebauliche Gebote** (Modernisierungs- und Instandsetzungsgebot, Rückbaugebot, Pflanzgebot)
Siebter Teil **Sozialplan und Härteausgleich**
Achter Teil **Miet- und Pachtverhältnisse**
Neunter Teil **Städtebauliche Maßnahmen im Zusammenhang mit Maßnahmen zur Verbesserung der Agrarstruktur** (Agrarstruktur, Bauleitplanung und Flurbereinigung)

Kapitel 3 **Sonstige Vorschriften**
Erster Teil **Wertermittlung** (Verkehrswert, Bodenrichtwerte, Gutachter)
Zweiter Teil **Allgemeine Vorschriften; Zuständigkeiten; Verwaltungsverfahren** Planerhaltung (Baulandkataster, Schutz des Mutterbodens, Verwaltungsverfahren)
Dritter Teil **Verfahren vor den Kammern für Baulandsachen** (Zuständigkeit, Urteil, Kosten, Berufung und Beschwerde)

Kapitel 4 **Überleitung und Schlussvorschriften**
Erster Teil **Überleitungsvorschriften** (Überleitungsvorschriften für Entschädigung, Grenzreglung, Vorhaben im Außenbereich, Sonderreglungen für Flüchtlingsunterkünfte, Überschwemmungsgebiete, sparsame Nutzung von Energie, Windenergie)
Zweiter Teil **Schlussvorschriften** (Sonderreglungen für Flüchtlingsunterkünfte, Überschwemmungsgebiete, sparsame Nutzung von Energie, Windenergie, Sonderreglungen für Berlin als Bundeshauptstadt)

1.3.2 Baunutzungsverordnung

Die Baunutzungsverordnung (BauNVO) (vgl. Tabelle 1.3) bestimmt die Art und das Maß der baulichen Nutzung von Grundstücken. In Abhängigkeit von der Bauweise wird die überbaubare Grundstücksfläche vorgegeben (vgl. Tabelle 1.4).

Tabelle 1.3: Maß der baulichen Nutzung

Baugebiet	GRZ	GFZ	BM
Kleinsiedlungsgebiet (WS)	0,2	0,4	–
reine Wohngebiete (WR) allgemeine Wohngebiete (WA) Ferienhausgebiete	0,4	1,2	–
besonderen Wohngebiete (WB)	0,6	1,6	–
Dorfgebiete, Mischgebiete	0,6	1,2	–
Kerngebiete	1,0	3,0	–
Gewerbegebiete (GE) Industriegebiete (GI) sonstige Sondergebiete	0,8	2,4	10
Wochenendhausgebiete	0,2	0,2	–

Ebenso sind die Bebauungsmöglichkeiten mit Garagen, Carports und Stellplätzen daraus ersichtlich.

Bei der Aufstellung von Bauleitplänen sind die Aufsteller an die Vorgaben der Baunutzungsverordnung gebunden. Die Arten der nutzbaren Bauflächen werden nach der Baunutzungsverordnung unterschieden.

Tabelle 1.4: Abschnitte der Baunutzungsverordnung
1. Abschnitt **Art der baulichen Nutzung** Ausweisung der für die Bebauung vorgesehenen Flächen als Wohnbaufläche, gemischte oder gewerbliche Baufläche oder als Sonderbaufläche
2. Abschnitt **Maß der baulichen Nutzung** Die Begriffe zur Bemessung der baulichen Nutzung wie Grundflächenzahl, Geschossflächenzahl und Baumassenzahl werden definiert und ihre Höchstgrenzen den einzelnen Baugebieten zugeordnet.
3. Abschnitt **Bauweise und überbaubare Grundstücksfläche** Definitionen und Festsetzung überoffene und geschlossene Bauweise sowie über die Eingrenzung des überbaubaren Teiles eines Grundstückes durch Baulinien und Baugrenzen.

Die Baunutzungsverordnung regelt Art und Maß der Nutzung für ein Grundstück.

1.3.3 Art der baulichen Nutzung

Die Art der baulichen Nutzung unterscheidet Wohnbauflächen, gemischte Bauflächen, gewerbliche Bauflächen und Sonderbauflächen. Es wird hiermit festgelegt, ob ausschließlich Wohngebäude oder auch der Versorgung des Gebietes dienende Läden, Tankstellen, störende und nicht störende Handwerksbetriebe, störende und nicht störende Gewerbebetriebe, Geschäfts- und Bürogebäude usw. angesiedelt werden dürfen. Da es für viele Bauflächen Sonderregelungen gibt, ist im Zweifelsfall die Klärung bei der zuständigen Bauaufsicht vorzunehmen.

Die Bauaufsichtsbehörden haben die Einhaltung der öffentlich-rechtlichen Vorschriften und aufgrund dieser Vorschriften erteilten Anordnungen bei der Änderung, Errichtung, Nutzung, Nutzungsänderung, Instandsetzung und Abbruch eines Bauobjektes zu überwachen.

Tabelle 1.5: Art der baulichen Nutzung

mittel rot	**W**	W	Wohnbaufläche
		WS	Kleinsiedlungsgebiet
		WA	Allgemeines Wohngebiet
		WR	Reine Wohngebiete
		WB	Besondere Wohngebiete
mittel braun	**M**	M	Gemischte Bauflächen
		MD	Dorfgebiete
		MI	Mischgebiete
		MK	Kerngebiete
mittel grau	**G**	G	Gewerbliche Bauflächen,
		GE	Gewerbegebiete,
		GI	Industriegebiete
mittel orange	**S**	S	Sonderbauflächen
		SO	Sondergebiete

Maß der baulichen Nutzung

Das maximale Maß der baulichen Nutzung wird durch Kennzahlen als Faktoren der Grundstücksfläche vorgegeben. Die entsprechenden Zahlen sind die Grundflächenzahl, Geschoßflächenzahl und Baumassenzahl. Die Grundflächenzahl (GRZ) gibt das Verhältnis zwischen bebauter Fläche und gesamter Grundstücksfläche an.

Damit wird im Bebauungsplan das Höchstmaß für die zu bebauende Fläche festgelegt.

Um einen bestimmten Gebietscharakter zu erreichen, kann auch eine Mindestgröße für die GRZ festgesetzt werden (z. B. für WR- und WA-Gebiete ist die höchstzulässige GRZ nur 0,4, d. h. maximal 40 % der Grundstücksfläche ist überbaubar).

Statt der Grundflächenzahl (GRZ) kann auch die zulässige bebaute Fläche in m² festgelegt werden z. B. GRZ = 150 m².

Für die Flächenermittlung sind die Außenabmessungen des Gebäudes anzunehmen.

$$\text{GRZ} = \frac{\text{überbaute Grundfläche } [\text{m}^2]}{\text{Grundstücksfläche } [\text{m}^2]}$$

In wieweit für die Berechnung der bebauten Fläche für die Grundflächenzahl Nebenanlagen (Stellplätze, Wege und Terrassen) berücksichtigt werden müssen, wird im Bebauungsplan geregelt. Wenn die Nebenanlagen berücksichtigt werden müssen, darf die Grundflächenzahl um 50 % überschritten werden.

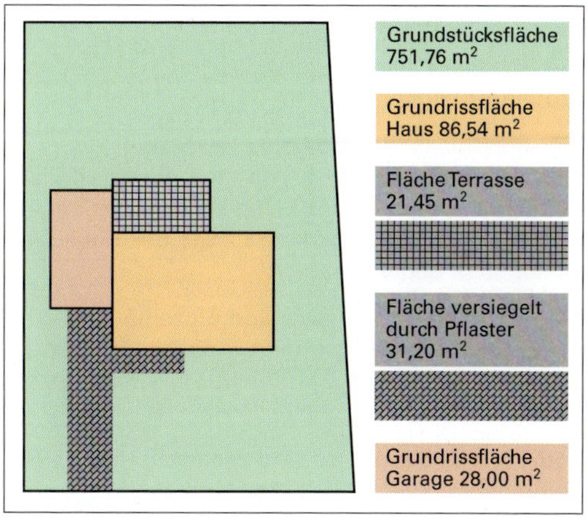

Abb. 1.6: Grundflächenzahl

Beispiel

Berechnung der Grundflächenzahl (zu Abb. 1.6)
zul. GRZ = 0,4 mit 50 % Überschreitung
zul. GRZ = 0,6

$$GRZ = \frac{86,54}{751,76} = 0,12$$

$$GRZ = \frac{86,54 + 21,45 + 31,20 + 28,00}{751,76} = \frac{167,19}{751,76}$$

GRZ = 0,22 mit Nebenanlagen

Planungsvorgaben

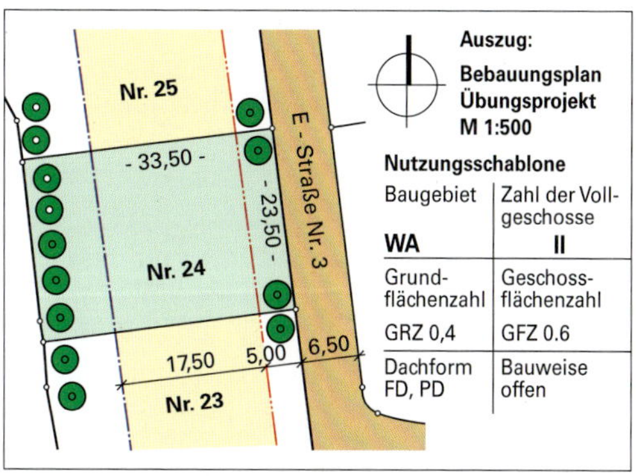

Abb. 1.7: Angaben aus der Planzeichen-Verordnung unter Verwendung einer Nutzungsschablone (vgl. Tabelle 1.8)

Die Geschossflächenzahl (GFZ) ist ebenfalls eine Zahl, die das Verhältnis angibt zwischen der Summe der Bruttogeschossflächen der einzelnen Geschosse und der Grundstücksfläche (z. B. Maximalwerte für die GFZ in WR- und WA-Gebieten 1,2, d. h. max. 3 Geschosse bei einer GRZ von 0,4).

Statt der GFZ kann auch die maximale Geschossfläche in m² festgelegt werden, z. B. GFZ = 160 m².

$$GRZ = \frac{\text{Grundfläche } [m^2]}{\text{Grundstücksfläche } [m^2]}$$

Grundflächenzahl, Geschossflächenzahl und Baumassenzahl bestimmen die maximale bauliche Ausnutzung eines Grundstücks.

Die Zahl der Vollgeschosse wird als absolute Zahl ohne Dezimalstellen angegeben (vgl. Tabelle 1.8). Sie kann als Mindest- und Höchstgrenze (z. B.: II – IV) im Bebauungsplan zwingend festgesetzt werden.

Tabelle 1.8: Angaben im Bebauungsplan

0,4 oderGRZ0,4	Grundflächenzahl
(0,7) oder GFZ 0,7	Geschossflächenzahl
[3,0] oder BMZ3,0	Baumassenzahl
5 (V)	Zahl der Vollgeschosse; im Kreis zwingend vorgeschrieben
TH, FH, OK	Traufhöhe (TH) und Firsthöhe (FH), Oberkante (OK); mit Maßangabe

Mit Vollgeschoss werden in den Bauordnungen der Länder diejenigen Geschosse bezeichnet, die im Mittel mindestens ca. 1,20 m bis 1,60 m über die Geländeoberfläche herausragen. Ein Dachgeschoss ist dann ein Vollgeschoss, wenn es eine lichte Höhe von 2,20 m über mehr als zwei Drittel der Grundfläche des darunterliegenden Geschosses hat. Die Definition eines Vollgeschosses kann in einer Landesbauordnung (LBO) jedoch auch anders definiert sein.

Ein Geschoss ist nicht zwangsläufig ein Vollgeschoss.

Die Baumassenzahl (BMZ) gibt an, wie viel Kubikmeter Baumasse gemessen an den Außenkanten des Gebäudes je Quadratmeter Grundstücksfläche maximal zulässig sind, z. B. BMZ = 10. Diese Zahl wird angegeben, wenn die Geschosshöhe nicht vorhersehbar ist (z. B.: Kirchen, Kinos, Hallenbauten usw.).

Statt der Verhältniszahl BMZ kann auch die Baumasse (BM) in Kubikmetern als höchstzulässiges Maß der Nutzung angegeben sein.

1

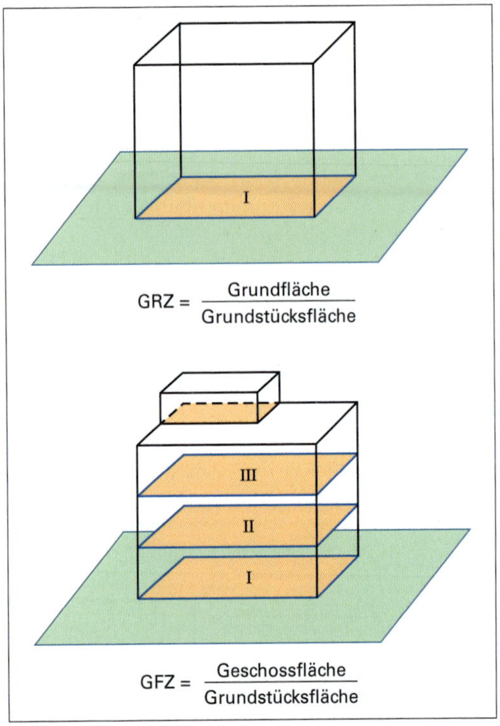

Abb. 1.9: Grundflächenzahl und Geschossflächenzahl

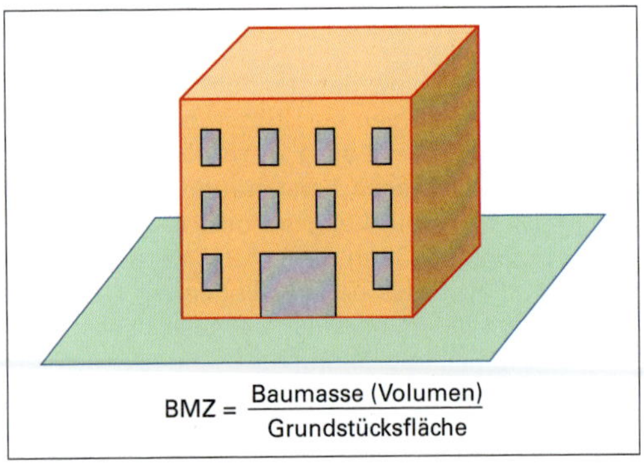

Abb. 1.10: Baumassenzahl

Art und Maß der baulichen Nutzung sind in der Baunutzungsverordnung (BauNVO) in Abhängigkeit voneinander festgelegt. Damit wird sichergestellt, dass in den Baugebieten gesunde Wohn- und Arbeitsverhältnisse erreicht werden und eine gestalterische Vielfalt der Gebäude möglich wird.

1.3.4 Bauweisen

Die Bauweise bezeichnet die Art der Gebäudeanordnung zueinander.

Eine geschlossene Bauweise bezeichnet eine Gebäudestellung, bei der an den auf die Straße stoßenden Nachbargrenzen keine Lücke in der Bebauung entsteht. Die maximale Länge der Bebauung ist auf 50 m begrenzt.

Bei der offenen Bauweise sind Einzelhäuser, Doppelhäuser und Hausgruppen möglich. Für den jeweiligen Haustyp ist die Einhaltung von Grenzabständen notwendig.

Baulinie und Baugrenze sind Festsetzungen im Bebauungsplan (vgl. Abb. 1.11).

Eine Baulinie muss zwingend eingehalten werden. Das Gebäude muss mit wesentlichen Teilen auf der Baulinie erstellt werden.

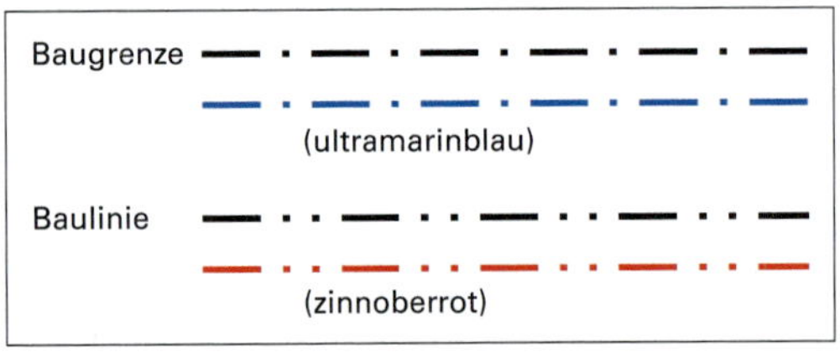

Abb. 1.11: Baulinie und Baugrenze

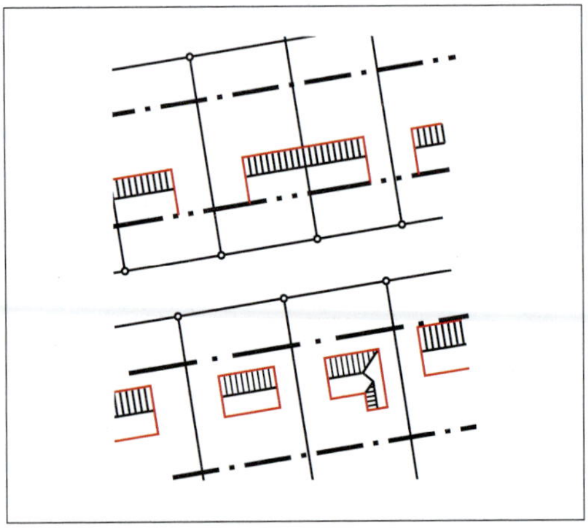

Abb. 1.12: Baulinie und Baugrenze im B-Plan

Sind für ein Grundstück nur Baugrenzen angegeben, kann das Gebäude innerhalb der Grenzen unter Berücksichtigung der Grenzabstände beliebig angeordnet werden (vgl. Abb. 1.12). Untergeordnete Bauteile (Balkon, Erker usw.) dürfen die Baugrenze überragen.

Um die Beeinträchtigung von Gebäuden untereinander zu vermeiden, werden in den Bebauungsplänen begrenzende Höhenangaben (Sockenhöhen, Firsthöhen, Traufhöhen) gemacht, die einzuhalten sind.

Die Tropfkante am Dach eines Gebäudes wird als Dachtraufe (Traufe) bezeichnet. Da das gesammelte Wasser der Dachfläche dort abfließt, befindet sich dort meist die Dachrinne.

Der Dachfirst begrenzt die Dachflächen nach oben, die Traufe nach unten und die seitlichen Begrenzungen heißen Ortgang, Grat und Kehle (Dach). Der Schnittpunkt zwischen der senkrechten Außenwand und der Dachhaut in der Ebene wird als Traufpunkt (vgl. Abb. 1.13) bezeichnet.

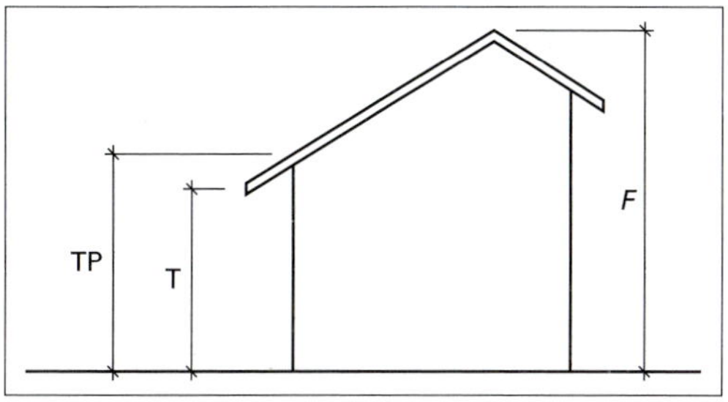

Abb. 1.13: Höhen am Dach
Traufe (T), Traufpunkt (TP), First (F)

Die Höhe zwischen Traufpunkt und dem Gelände wird als Traufhöhe bezeichnet.

Um die Gebäudehöhen zu begrenzen, werden im Bebauungsplan in Abhängigkeit von der erlaubten Geschosszahl die zulässige Traufhöhe und die zulässige Firsthöhe festgeschrieben, die nicht überschritten werden darf. Diese Höhen haben im Zusammenhang mit dem Grenzabstand unter anderem Auswirkungen auf die Verschattung benachbarter Grundstücke.

Im Bebauungsplan werden die Grenzen für die Höhen des Gebäudes vorgegeben (Sockelhöhe, Traufpunkt, Firsthöhe).

1.3.5 Grenzabstände und Abstandsflächen

Der Abstand des Gebäudes von den Grenzen hängt von der Höhe des Gebäudes ab. Es gilt der Grundsatz:

Jeder Höhenpunkt des Gebäudes muss mit diesem Höhenmaß von der Grundstücksgrenze entfernt sein. Das Höhenmaß (*H*) kann an zwei Gebäudeseiten halbiert werden. Dadurch reduziert sich zu den Grenzen der notwendige Grenzabstand.

Jedoch beträgt der Mindestgrenzabstand bei der offenen Bauweise 3,00 m. Das Maß *H* an der Giebelseite ist bis zur Linie zu berechnen, an der der Giebel 6,00 m breit ist (vgl. Abb. 1.14).

Bezugsebene für die Höhe ist das gewachsene Gelände.

Die Einzelheiten werden auch hier in der jeweiligen Landesbauordnung geregelt.

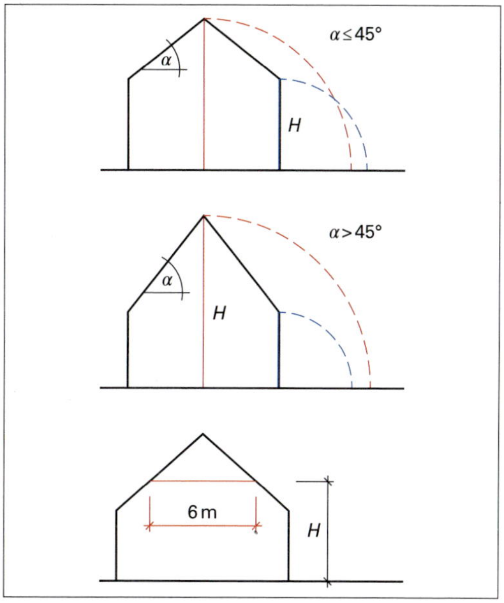

Abb. 1.14: Grenzabstände

Bei der offenen Bauweise sind die Grenzabstände *H* bzw. *H*/2 mindestens jedoch 3,00 m einzuhalten.

1.3.6 Kataster und Grundbuch

Für die Planung der Bebauung bedarf es Informationen über Grundstücke und Besitzverhältnisse. Die entsprechenden Informationen sind aus dem Liegenschaftskataster und dem Grundbuchamt zu beziehen.

Das Grundbuch wird bei den jeweiligen Amtsgerichten geführt. Für die Flurkarten des Liegenschaftskatasters sind die Katasterämter bzw. Vermessungsämter zuständig.

Kataster und Grundbuch ergänzen sich gegenseitig. In ihnen sind Lage, genaue Grenzen, Größe, Eigentumsverhältnisse und Rechtslasten der Grundstücke festgeschrieben. Da für die gerechte Festsetzung der Steuer eine genaue Ermittlung von Größe und Wert eines Grundstücks nötig ist, ist der Begriff Kataster mit dem öffentlichen Vermessungswesen verbunden.

Die Katasterkarte oder Flurkarte (vgl. Abb. 1.15) wird in den Maßstäben 1:500, 1:1000 oder 1:2000 geführt. Sie enthält alle Grenzen und Gebäude, deren Geschosszahl, die grundbuchmäßige Bezeichnung sämtlicher Grundstücke sowie weitere für die Planung wichtige Angaben zur Stadttopografie, z. B. größere Bäume, Straßenbahnen, Vermessungspunkte.

Die Karten sind in Gemarkungen und Flurstücke untergliedert. So hat jedes Grundstück eine eindeutige Flurstücknummer als Bezeichnung.

Grundbuchämter bestehen bei den Amtsgerichten. Diese führen aufgrund der Grundbuchordnung das Grundbuch, das alle Grundstücke des Bundesgebietes erfasst. Alle Besitzrechte an Grundstücken sind nur rechtsgültig, wenn sie im Grundbuch eingetragen sind. Von der Eintragungspflicht ausgenommen sind lediglich fiskalische Grundstücke wie Bahnanlagen, Wasserläufe und öffentliche Wege.

Abb. 1.15: Grundkartenausschnitt

Für jedes vom Grundbuch erfasste Grundstück wird ein neues Grundbuchblatt angelegt, auf dem in der nachfolgenden Reihenfolge verzeichnet sind:

- Titel, Bezeichnung des Grundbuches, des Grundbuchbandes und des Grundbuchblattes, z. B. Grundbuch von A-Dorf, Amtsgericht B-Stadt, Band 6, Blatt 75.
- Bestandsverzeichnis. Bezeichnung des Grundstücks in der Bezifferung des Katasters, Lage und Flächengröße sowie mit dem Grundstück verbundene Rechte.
- Abteilung I enthält Eigentümer, Miteigentümer und sonstige Eigentumsverhältnisse.
- Abteilung II enthält auf dem Grundstück ruhende Lasten und Beschränkungen, wie Wohnrechte, Vorkaufsrechte, Wegerechte eines Dritten usw.
- Abteilung III enthält Eintragungen und Löschungen von Hypotheken, Grund- und Rentenschulden.

Alle wesentlichen Informationen über ein Grundstück liefert die Flurkarte im Zusammenhang mit den zugehörigen Grundbucheinträgen.

1.3.7 Flächennutzungsplan (F-Plan)

Eine Gemeinde nimmt ihre Planungsrechte für die Bauleitplanung durch die Aufstellung eines Flächennutzungsplans war.

Der Flächennutzungsplan dient als Grundlage für die Aufstellung von Bebauungsplänen. In diesen Plänen wird die bauliche und sonstige Nutzung von Grundstücken vorgegeben. Flächennutzungs- und Bebauungspläne basieren auf den amtlichen Flurkarten (vgl. Abb. 1.16 bis Abb. 1.18).

Der Flächennutzungsplan (vorbereitende Bauleitplanung, F-Plan) wird im Maßstab 1:5000 oder 1:10000 für einen Zeitraum von mindestens 5 bis höchstens 20 Jahre erstellt. Im Gegensatz zum Bebauungsplan hat er keine starre Bindung, sondern ist nur eine Richtlinie, die sich immer neu anpassen muss.

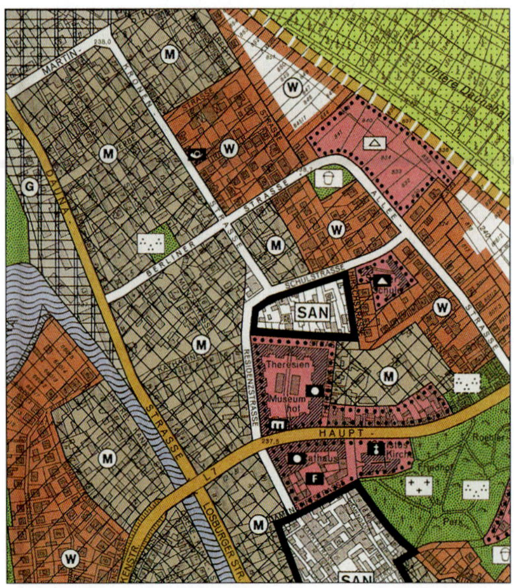

Abb. 1.16: Ausschnitt F-Plan

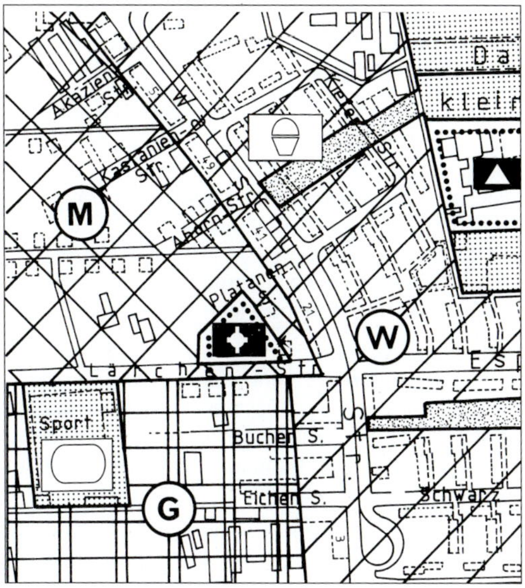

Abb. 1.17: Ausschnitt F-Plan

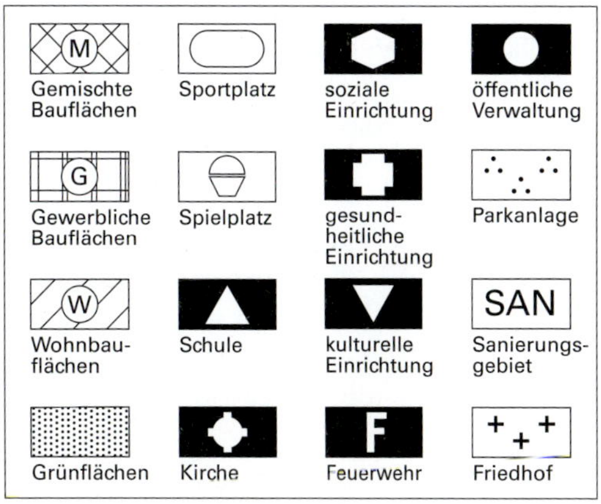

Abb. 1.18: Legende F-Plan

Jede Änderung des Flächennutzungsplans erfordert eine Neuauflage des Verfahrens. Er ist deshalb so flexibel wie möglich aufzustellen, um nachfolgend aufgestellte Bebauungspläne nicht zu behindern. Die Verbindlichkeit von Flächennutzungsplänen ist nur für Behörden gegeben, die sich in ihren Planungen an seinen Vorgaben orientieren. Für Privatleute hat er keine Verbindlichkeit.

Der F-Plan stellt für das gesamte Gemeindegebiet die sich aus der beabsichtigten städtebaulichen Entwicklung ergebende Art der Flächennutzung nach den voraussehbaren Bedürfnissen der Gemeinde dar.

Planungsinhalte

Der Flächennutzungsplan enthält folgende Planungsinhalte:

- für die Bebauung vorgesehene Flächen
- nach der Art ihrer baulichen Nutzung (Bauflächen) und
- nach dem Maß der baulichen Nutzung (Baugebiete)
- Ausstattungen des Gemeindegebietes mit Gebäuden für den Gemeinbedarf (Kirchen, Schulen usw.)
- Flächen für den überörtlichen Verkehr und die Hauptverkehrszüge
- Flächen für Versorgungsanlagen (Abwasser, Versorgung, Abfall)
- Grünflächen
- Wasserflächen
- Flächen mit Nutzungsbeschränkungen (Häfen, Wasserwirtschaft, Umwelt etc.)
- Flächen für Aufschüttungen, Abgrabungen oder Gewinnung von Bodenschätzen
- Flächen für Land- und Forstwirtschaft
- Erläuterungsbericht

Der Erläuterungsbericht ist eine vorgeschriebene Beilage für den Bebauungsplan. Bei der öffentlichen Auslegung und bei der Genehmigungsbehörde muss er beigefügt sein, er ist aber kein Bestandteil des Planes und unterliegt nicht der Genehmigung.

1.3.8 Bebauungsplan (B-Plan)

Der Bebauungsplan baut auf den Angaben des Flächennutzungsplanes auf und setzt die Einzelheiten der städtebaulichen Ordnung rechtsverbindlich fest (verbindlicher Bauleitplan, vgl. Abb. 1.19 und Abb. 1.20).

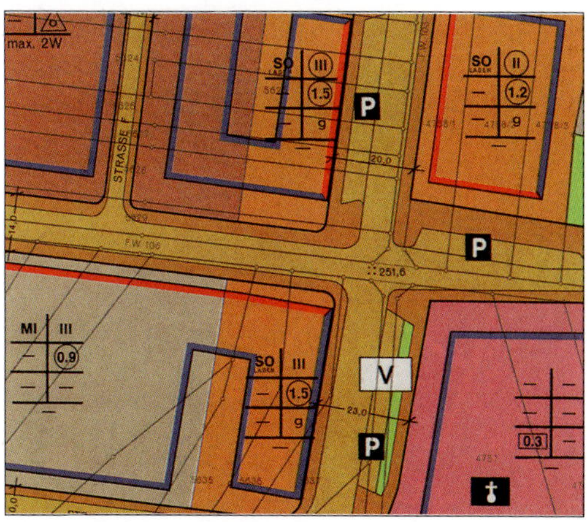

Abb. 1.19: Beispiel B-Plan

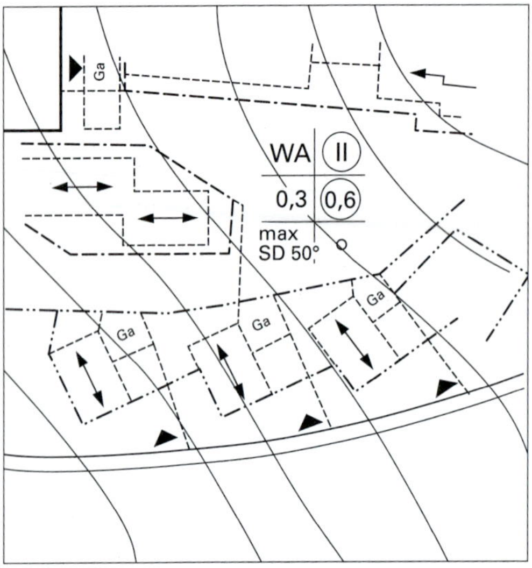

Abb. 1.20: Beispiel B-Plan

Der Bebauungsplan besteht aus dem Planteil für die zeichnerische Darstellung und dem Textteil. Auf dem Plan sind die Planzeichen nach der Planzeichenverordnung zu verwenden. Die textlichen Festsetzungen beruhen auf den textlichen Festsetzungen im Bundesbaugesetz. Die Grenzen des Bebauungsplans sind deutlich zu den angrenzenden Grundstücken im Plan anzugeben.

Durch die Festsetzungen im B-Plan wird die private Baufreiheit zugunsten öffentlicher Belange eingeschränkt. Der Grundstückseigentümer muss aus diesem Grunde möglicherweise Beschränkungen der Bebauungsmöglichkeiten hinnehmen, wenn die Festsetzungen städtebaulicher Ziele im B-Plan dem Allgemeinwohl dienen.

Inhalte und Festsetzungen des Bebauungsplans:

- Art und Maß der baulichen Nutzung
- Bauweise und Stellung der baulichen Anlagen
- Mindestgröße, Mindestbreite und Mindesttiefe des Baugrundstücks
- Freihaltung von Grundstücksflächen von
- Bebauung

Der rechtsverbindliche B-Plan schränkt die private Baufreiheit zugunsten öffentlicher Belange ein.

Die Bürgerbeteiligung bei der Aufstellung und Änderung von Bauleitplanungen ist durch das Baugesetzbuch (BauGB) eindeutig geregelt (vgl. Tabelle 1.21).

Schon nach der Freigabe des Vorentwurfs sind die Bürger frühzeitig über die Planungsabsichten der Gemeinde zu informieren. Sie können die Planung mit der Verwaltung erörtern oder sich mündlich oder schriftlich äußern.

Nach der Freigabe des Planentwurfs ist der verbindliche Bauleitplan öffentlich für einen Monat auszulegen. Ort und Zeit der Auslegung ist eine Woche vorher bekannt zu geben. Die Träger öffentlicher Belange (z. B. Kirchen, Versorgungsunternehmen, Bundeswehr, Wirtschaftsverbände, Gewerkschaften, Umweltverbände usw.) sind anzuschreiben. Ihre Stellungnahme ist erforderlich.

Bedenken, Anregungen und Änderungswünsche kann jedermann während der Auslegungspflicht vorbringen. Die Ausschüsse entscheiden anschließend – meist nach Anhörungsterminen – inwieweit die Anregungen und Bedenken berücksichtigt oder zurückgewiesen werden.

Liegt letztendlich der Beschluss zur Genehmigung vor, muss das Inkrafttreten eines Bauleitplanes öffentlich bekannt gegeben werden. Mit dieser Bekanntmachung wird der Plan rechtswirksam.

Tabelle 1.21: Verfahrensablauf

Planungs- und Verkehrsausschuss	Aufstellungsbeschluss
Verwaltungs- Planungs- und Verkehrsausschuss	Erarbeitung und Freigabe des Entwurfs
Verwaltung	Frühzeitige Bürgerbeteiligung
Planungs- und Verkehrsausschuss-Rat	Überarbeitung und Freigabe des Planungsentwurfs
Verwaltung	Offenlegung des Planungsentwurfs
Planungs- und Verkehrsausschuss-Rat	Beschluss/Satzungsbeschluss
Verwaltung	Bekanntmachung und Inkrafttreten

Darstellungen und Festsetzungen

Darstellungen innerhalb der Bauleitpläne sind durch die Verordnung zur Ausarbeitung der Bauleitpläne und Darstellung des Planungsinhalts (Planzeichenverordnung PlanZVO) geregelt. Diese enthält die Verpflichtung, den Zustand des Plangebietes genau und vollständig darzustellen, die Auflage, zur allgemeinen Verständlichkeit und leichteren Lesbarkeit bei der Darstellung die in der Anlage verwendeten Planzeichen zu verwenden.

Alle im Plan verwendeten Zeichen sind in der Legende zu erklären, ein Verweis auf die Planzeichenverordnung genügt keinesfalls (vgl. Abb. 1.22).

Schwarz-weiße Darstellungen sind zwar genehmigungsfähig, doch werden heute meist farbige Darstellungen verwendet, da sie den Vorteil der leichteren Lesbarkeit besitzen.

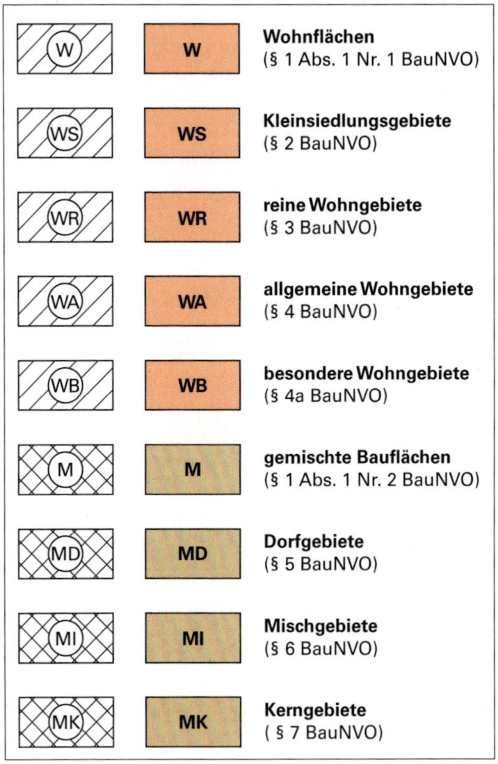

Abb. 1.22: Planzeichen

1.4 Ausschreibung und Vergabe von Bauaufträgen

Die **Vergabe- und Vertragsordnung für Bauleistungen** (abgekürzt **VOB**) ist ein in der Bundesrepublik Deutschland gültiges, dreiteiliges Regelwerk, welches Regeln für die Vergabe von Bauaufträgen durch öffentliche Auftraggeber und für den Inhalt von Bauverträgen enthält. Die öffentlichen Auftraggeber sind bei der Vergabe von Bauleistungen an die Reglungen der VOB gebunden.

Für den privaten Bauherrn sind die Regelungen der VOB nicht zwingend anzuwenden.

Die VOB/2019 ist in die drei Teile A, B und C unterteilt.

1.4.1 VOB Teil A

Der Teil A enthält „Allgemeine Bestimmungen für die Vergabe von Bauleistungen" (**VOB/A**) im **nationalen** und **europarechtlichen** Rahmen.

Danach dürfen Bauleistungen nur an fachkundige, leistungsfähige und zuverlässige Unternehmen vergeben werden. Der Preis muss angemessen sein und das Vergabeverfahren hat transparent zu erfolgen.

Für die Vergabe werden die folgenden Arten unterschieden:

- **öffentliche Ausschreibung**
  z. B. bei großem Bauvolumen und öffentlichen Belangen z. B. Straßenbau.
- **beschränkte Ausschreibung**
  nach öffentlichem Teilnahmewettbewerb
- **beschränkte Ausschreibung,**
  z. B. wenn die Aufwendungen einer öffentlichen Ausschreibung unverhältnismäßig sind. Hierbei werden nur einige Unternehmen zur Angebotsabgabe aufgefordert.

Für die beschränkte Ausschreibung gelten in Abhängigkeit vom Gewerk, Begrenzungen für den Auftragswert.

- Ausbaugewerke
  Auftragswert ohne MwSt. 50.000 €
- Verkehrswege, Tief- u. Ingenieurbau
  Auftragswert ohne MwSt.150.000 €
- Übrige Gewerke
  Auftragswert ohne MwSt. 10.000 €

- **freihändige Vergabe** von Bauleistungen ist erlaubt, wenn aus besonderen Gründen wie Datenschutz, Dringlichkeit, Geheimhaltung und besonderen Erfahrungen eine öffentliche oder beschränkte Ausschreibung unzweckmäßig ist. Auch bis zu einem Auftragswert von 10.000 € ist eine freihändige Vergabe erlaubt.

Der Teil A der VOB regelt die Vergabe von Bauleistungen.

Die Vergabearten mit europarechtlicher Relevanz sind im Abschnitt 2 der VOB beschrieben.

Sie erlangen Bedeutung, wenn bestimmte EU-Schwellenwerte (z. B. 2014 bis 5.168.000 €) überschritten werden.

- **Offenes Verfahren**
  Unternehmen werden öffentlich zur Angebotsabgabe aufgefordert.

- **Nichtoffenes Verfahren**
  Aus dem Bewerberkreis eines öffentlichen Verfahrens werden nur einige Unternehmen zur Angebotsabgabe aufgefordert.
- **Verhandlungsverfahren**
  Der Auftraggeber verhandelt nach einer öffentlichen oder nichtöffentlichen Vergabebekanntmachung mit einigen Unternehmen.
- **Wettbewerblicher Dialog**
  Bei komplexen Aufträgen wird mit ausgewählten Unternehmen über den Auftrag verhandelt.

1

1.4.2 VOB Teil B

Der Teil B enthält „Allgemeine Vertragsbedingungen für die Ausführung von Bauleistungen" **(VOB/B)**. Dabei handelt es sich um allgemeine Vertragsbedingungen für Bauverträge, die zusätzliche Regelungen zu den Vorschriften des BGB bieten. Hierfür wurde die VOB/B entwickelt. Diese wird von öffentlichen Auftraggebern zum Bestandteil des Bauvertrags gemacht.

Inhalte der VOB/B (Ausgabe 2019) sind

§ 1 Art und Umfang der Leistung
§ 2 Vergütung
§ 3 Ausführungsunterlagen
§ 4 Ausführung
§ 5 Ausführungsfristen
§ 6 Behinderung und Unterbrechung der Ausführung
§ 7 Verteilung der Gefahr
§ 8 Kündigung durch den Auftraggeber
§ 9 Kündigung durch den Auftragnehmer
§ 10 Haftung der Vertragsparteien
§ 11 Vertragsstrafe
§ 12 Abnahme
§ 13 Mängelansprüche
§ 14 Abrechnung
§ 15 Stundenlohnarbeiten
§ 16 Zahlung
§ 17 Sicherheitsleistung
§ 18 Streitigkeiten

> Der Teil B der VOB regelt die Vertragsbedingungen für die Ausführung.

1.4.3 VOB Teil C

Der Teil C enthält „**A**llgemeine **T**echnische **V**ertragsbedingungen für Bauleistungen" (VOB/C). Diese ATV, die auch als DIN-Normen herausgegeben werden, enthalten allgemeine Regelungen (DIN 18299) und eine Vielzahl spezieller Regelungen für einzelne Gewerke, z. B. DIN 18300 (Erdarbeiten), DIN 18331 (Betonarbeiten), DIN 18338 (Dachdeckungs- und Dachabdichtungsarbeiten). Zum einen enthalten sie technische Vorschriften, wie die einzelnen Leistungen des Gewerkes auszuführen sind, zum anderen enthalten sie Regelungen über die Art und Weise der Abrechnung.

Bei Ausschreibungen ist es für den Planer wichtig, VOB-gerechte Texte zu erstellen. Häufig landen Ausschreibungen nicht mehr in der Kalkulationsabteilung, sondern in der Rechtsabteilung. VOB-gerechte Ausschreibungstexte, sogenannte **Standardleistungstexte** – werden durch den gemeinsamen Ausschuss Elektronik im Bauwesen (GAEB) und den Hauptausschuss im Deutschen Vergabe- und Vertragsausschuss für Bauleistungen (DVA) oder im Straßen- und Brückenbau durch die Forschungsgesellschaft für Straßen- und Verkehrswesen e.V., Köln (FGSV) herausgegeben (vgl. Abb. 1.24 und Tabelle 1.25).

Die Ausschreibung muss nicht nur die zu erbringende Bauleistung, sondern auch die Bauzeit (§ 9 VOB/A) und die Frist für die Erteilung des Zuschlags (§ 10 VOB/A) angeben, während der Bieter an sein Angebot gebunden ist. Diese Zuschlags- und Bindefrist soll möglichst kurz sein und Verhandlungen bei der Vergabe sind verboten (§ 15 VOB/A). Der Auftraggeber erteilt den Zuschlag auf das wirtschaftlichste Angebot (§ 16 VOB/A).

Wenn die Regelungen der VOB nicht ausreichend sind, um die Bauleistung zutreffend zu beschreiben kommen ergänzend die **Z**usätzlichen **T**echnische **V**ertragsbedingungen zur Anwendung, z. B. ZTV-Asphalt-StB im Straßen- und Tiefbau. Dabei handelt es sich oft um gewünschte Güteprüfungen für Baustoffe, Arten der Bauausführung und Fragen der Abrechnung und des Aufmaßes.

> Der Teil C der VOB beschreibt die Leistungsausführung für alle Gewerke.

Anmerkungen

Große, umfangreiche und komplexe Bauvorhaben (z. B. Spezial-Tiefbau, Verkehrswegebau unterlaufendem Verkehr) und Bauvorhaben im Ausland erfordern häufig erhebliche Änderungen und Ergänzungen zur VOB. Zum Beispiel die Folgen einer Abweichung der tatsächlichen von den angenommenen Boden- bzw. Gründungsverhältnissen, ist kaum geregelt. In dem VOB-Ergänzungsband 2015 zur VOB 2012 sind 41 Allgemeine Technische Vertragsbedingungen enthalten. Insbesondere für den Tiefbau werden statt der „Boden- und Felsklassen" jetzt „Homogenbereiche" für die Bodenklassifizierung definiert. Grundgedanke war es, ein Baugrundmodell mit Bereichen zu erstellen, die

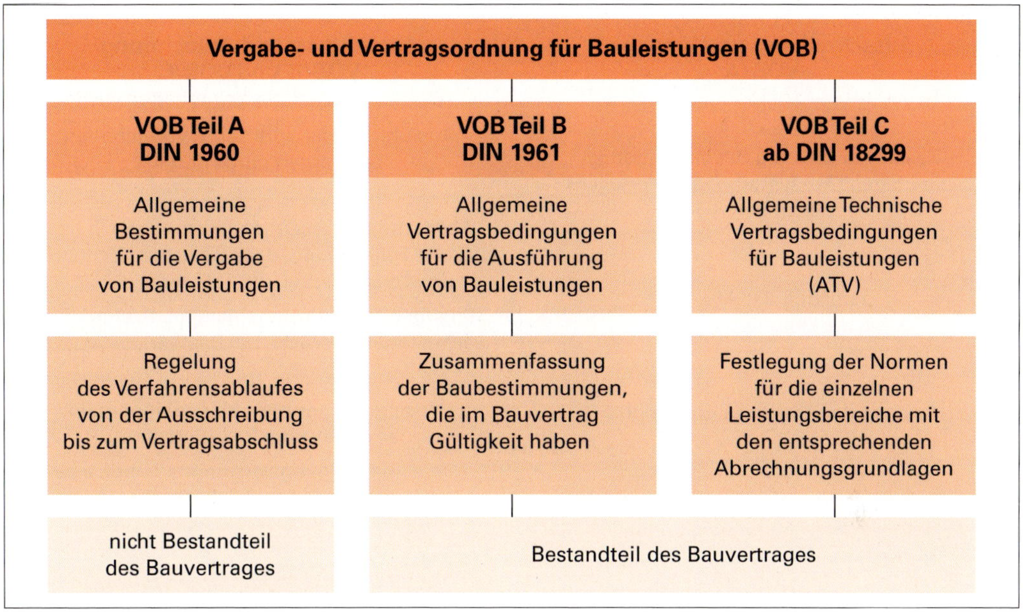

Abb. 1.23: Gliederung der VOB

bautechnisch sinnvoll umsetzbare Zusammenfassungen darstellen.

Bei der Vertragsgestaltung ist darauf zu achten das bei privaten Bauherren nicht die Kenntnis der VOB vorausgesetzt werden kann.

1.4.4 Ausschreibungen

Eine Ausschreibung ist ein Verfahren zur Vergabe von Aufträgen im Wettbewerb. Öffentliche Auftraggeber (Bund, Länder, Städte und Gemeinden) fordern Bieter auf, ein Angebot zu unterbreiten. Die Verfahrensweise ist in Deutschland durch das Vergaberecht geregelt in

- der Vergabe und Vertragsordnung für Bauleistungen (**VOB**),
- der Verdingungsordnung für Leistungen (**VOL**) und
- der Verdingungsordnung für freiberufliche Leistungen (**VOF**).

Das **Vergaberecht** enthält Regeln über die **Vergabe** öffentlicher **Aufträge** durch öffentliche Auftraggeber. Durch das Vergaberecht sollen Wettbewerbsverzerrungen und Absprachen zum Nachteil des Auftragsgebers vermieden werden.

Die Veröffentlichung von Ausschreibungen ist in den europäischen Staaten nicht einheitlich geregelt.

Ausschreibungen des Bundes werden auf dem Ausschreibungsportal des Bundes (www.bund.de/Ausschreibungen) veröffentlicht und einige Bundesländer geben Ausschreibungsblätter (Amtsblätter) heraus, die zum Teil auch im Internet abrufbar sind.

Kommunale Träger veröffentlichen Aufforderungen zur Angebotsabgabe auch in Tageszeitungen (Ausschreibungsunterlagen müssen dann angefordert werden).

STLK-Standardleistungskatalog für den Straßenbau und Brückenbau

Der Standardleistungskatalog für den Straßenbau und Brückenbau ist eine nach Leistungsbereichen gegliederte Sammlung standardisierter, datenverarbeitungsgerechter Texte zur Beschreibung von Standardleistungen, die ursprünglich vom Bundesministerium für Verkehr und ab 1999 von der FGSV (Forschungsgesellschaft für Straßen- und Verkehrswesen e.V.) herausgegeben wird (Überarbeitungen, Neuausgaben).

Ausschreibung nach STLK

Der STLK Straßenbau kann mit einer AVA-Software zur Erstellung von Leistungsverzeichnissen für die Ausschreibung verwendet werden. Hierzu liefert der FGSV über einen Vertriebspartner die Leistungsbereiche des STLK.

Ausschreibung und Vergabe VOB/A

- Zusammenstellung der Verdingungsunterlagen (Ausschreibungsunterlagen) durch den AG
- Erstellung der Angebote durch die Unternehmer (Bieter)
- Prüfung der Angebote durch den AG
- Wertung der Angebote mit Auswahl des wirtschaftlichsten Angebotes durch den AG
- Erteilung des Zuschlages mit Abschluss des Bauvertrages

Ausführung und Abrechnung VOB/B und VOB/C

- Ausführung der vertraglich vereinbarten Leistungen durch den AN
- Abnahme der gesamten Leistung durch den AG und Feststellung, dass diese zum Zeitpunkt der Abnahme frei von Sachmängeln ist.
  Beginn der Verjährungsfrist von 4 Jahren für Sachmängelansprüche bei Bauwerken (VOB/B)
- Beseitigung gerügter Mängel innerhalb der Verjährungsfrist (Regelfrist)
  Mängelbeseitigungsleistungen haben eine Verjährungsfrist von 2 Jahren, die jedoch nicht vor Ablauf der Regelfrist endet.
- Abrechnung der Leistungen des AN mit Vorlage prüfbarer Mengenberechnungen, Zeichnungen und Schlussrechnung

Abb. 1.24: Verfahrensschritte nach VOB

Nummernsystem im STLK

Um die Anwendung zur Erstellung von Leistungstexten zu vereinheitlichen und zu automatisieren, ist der Standardleistungstext mit einer Nummer gekennzeichnet (numerisch verschlüsselt) (vgl. Abb. 1.51, Abb. 1.52 und Abb. 1.53).

Der Standardleistungskatalog ist die Voraussetzung für die bundeseinheitliche Ausschreibung, Vergabe und Abrechnung von Bauleistungen im Straßenbau. Grundlage des STLK sind die Vergabe- und Vertragsordnung für Bauleistungen (VOB) und die einschlägigen Zusätzlichen Technischen Vertragsbedingungen (ZTV).

Leistungsbeschreibung

Der Hauptteil der Ausschreibung von Bauleistungen sind die Leistungsbeschreibungen. Dabei unterscheidet man nach VOB/A § 7 die Leistungsbeschreibung mit Leistungsverzeichnis und die Leistungsbeschreibung mit Leistungsprogramm (vgl. Abb. 1.27). Die gebräuchlichste Art der Leistungsbeschreibung erfolgt durch das Leistungsverzeichnis.

Dieses ist in überschaubare Abschnitte (Titel) nach Leistungsbereichen oder Einzelgewerken zu gliedern und entsprechend dem Bauablauf zu ordnen.

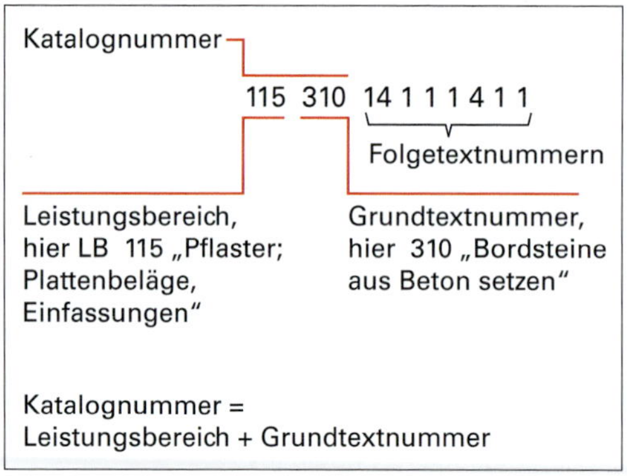

Abb. 1.25: Nummernsystem im STLK (vgl. auch Abb. 1.53)

Danach kann das Leistungsverzeichnis für den Rohbau einer Hochbaumaßnahme z. B. in die Abschnitte Erdarbeiten, Entwässerungskanalarbeiten, Abdichtungsarbeiten, Betonarbeiten, Maurerarbeiten sowie Stundenlöhne und Stoffkosten gegliedert sein.

Neben dem Leistungsverzeichnis werden der Ausschreibung noch weitere Unterlagen für die Vertragsregelung beigefügt. Dies sind die „Besonderen Vertragsbedingungen", welche die VOB/B ergänzen. Die „Allgemeinen Technischen Vertragsbedingungen" (ATV) können durch die „Zusätzlichen Technischen Vertragsbedingungen" (ZTV) ergänzt werden.

Tabelle 1.26: Leistungsbereiche STLK Straßenbau – Stand September 2019 (FGSV, Auswahl)

LB-Nr.	Bezeichnung des Leistungsbereiches	Ausgabe Korrektur
101	Baustelleneinrichtung, Baubegleitende Leistungen	09/2019
102	Entsorgung	10/2012
103	Bodenerkundung	06/2003
104	Pflanzenlieferung	08/2016 10/2018
106	Erdbau	10/2018
107	Landschaftsbauarbeiten	10/2018
108	Baugruben, Leitungsgräben	09/2019
109	Wassererhaltung	10/2011
110	Entwässerung für Straßen	09/2019
111	Entwässerung für Ingenieurbauten	10/2018
112	Schichten ohne Bindemittel	06/2014 08/2016
113	Asphaltbauweisen	09/2019
114	Betonbauweisen	09/2019
115	Pflaster, Platten, Borde, Rinnen	10/2010 10/2018
116	Gerüste, Behelfsbrücken	09/2013 08/2017
118	Kunstbauten aus Beton und Stahlbeton	08/2004 05/2016
119	Mauerwerk für Kunstbauten	12/2015
120	Kunstbauten aus Stahl	12/2015
121	Lager, Übergänge, Geländer für Kunstbauten	06/2003 07/2015
822	Korrosionsschutz von Stahl	09/2019
123	Dichtungsschichten und Fugen	10/2012
124	Schutz und Instandsetzung von Betonbauteilen	09/2019
125	Tunnelbau	12/1999 10/2010
127	Lärmschutzkonstruktionen	10/2011
128	Zäune, Holzgeländer	05/2007 10/2011
130	Verkehrsschilder	09/2019
131	Fahrbahnmarkierungen	05/2018
132	Lichtsignalanlagen	07/2015
133	Straßenbeleuchtung	10/1982 10/2010
134	Kabelverlegung	02/1979 05/2007

Die Erstellung einer Leistungsbeschreibung kann sowohl durch frei formulierte Texte als auch durch standardisierte Texte erfolgen. Dabei werden Bauleistungen positionsweise aufgelistet, die Art der Leistung eindeutig beschrieben und die nach Plan ermittelten Mengen eingesetzt. Leistungsbeschreibungen mit freien Texten sind für gleiche Leistungen oftmals unterschiedlich verfasst und werden nicht immer von den Bietern im gleichen Sinne verstanden. Die standardisierten Beschreibungen des StLB sind in höchstens 5 Textteile (T1 bis T5) gegliedert. Diese können entsprechend der zu beschreibenden Leistung zu einer Standardleistungsbeschreibung zusammengefasst werden (vgl. Abb. 1.28).

Leistungsbeschreibungen mit Standardtexten werden aus den **Standardleistungsbüchern (StLB)** für die Leistungsbereiche des Hochbaues oder dem **Standardleistungskatalog (STLK)** für den Straßen- und Brückenbau übernommen.

Diese Ausschreibungsunterlagen sind für die Einholung von Angeboten für Bauleistungen erforderlich und müssen als Information für den Unternehmer (Bieter) umfassend und eindeutig sein.

Leistungsbeschreibung
mit Leistungsverzeichnis
■ Beschreibung der Teilleistungen einzelner Leistungsbereiche ■ Gleiche Leistungen werden unter einer Ordnungszahl (Position) aufgenommen ■ Beschreibung der Einzelleistung nach Art, Qualität, Größe und Menge
mit Leistungsprogramm
■ Beschreibung der Gesamtheit der Bauaufgabe ■ Die Leistung umfasst den Entwurf samt Bauausführung ■ Die Leistungseinheit bezieht sich auf ein ganzes Bauwerk

Abb. 1.27: Beschreibung von Bauleistungen

(a)

Ordnungszahl (OZ)
Bereichsnummer
Abschnittsnummer
Positionsnummer

1. Rohbauarbeiten

1. 1. Mauerarbeiten DIN 18330

1. 1. 10. STL-NR. 07 012/060 13 42 83 20
Mauerwerk der Außenwand,
Mauerziegel DIN 105 - HLzW - 12 - 0,8 -

20 DF (490 x 300 x 238) ,
MG II mit Leichtzuschlägen DIN 4226 Teil 2, Mauerwerksdicke 30 cm.

120,00 m^2 ....

Standartleistungs-Nummer
Ausgabejahr
Leistungsbereich
Schlüsselnummer
Textteile T1 bis T5

1. 1. 20. STL-NR. 07 012/051 21 33 33 03
Mauerwerk der Innenwand,einseitig als Sichtmauerwerk,
Fugenglattstrich / Verfugung wird gesondert verguetet,
Kalksandsteine DIN 106 - KS Vm L - 12 - 1,6 -

2 DF (240 x 115 x 113),
MG II a,
Mauerwerksdicke 11,5 cm.

210,00 m^2 ....

(b)

LV- Datei: EUROPA01 Europa-Muster-Bau, Haan
VN: 10 Verwaltungs- und Auslieferungsgebäude Seite: 064
1. 2. Betonarbeiten DIN 18331

LEISTUNGSVERZEICHNIS

OZ	UB/K	Leistungsbeschreibung	Einh.-Preis	Gesamtbetrag
1.	2	Betonarbeiten DIN 18331		
		STL-Nr. 07 013/000 01 02 Wenn in der Leistungsbeschreibung nichts anderes angegeben ist, wird Beton/Stahlbeton getrennt nach Beton (einschl. Schalung) und Bewehrung abgerechnet.		
1.	2. 10.	STL-Nr. 07 013/030 01 11 30 08 Ortbeton des Streifenfundamentes, obere Betonfläche waagerecht, aus unbewehrtem Beton als Normalbeton DIN EN 206-1 C16/20, Breite über 40 bis 100 cm.		
		80,000 m^3	....	....
		Betonarbeiten DIN 18331		=========

Abb. 1.28: Ausschreibung von Bauleistungen
a) Aufbau standardisierter Texte und b) Auszug einer Standardleistungsbeschreibung

1.5 Berechnung von Grundstücksflächen

Die Grundstücksflächen in Lageplan sind grundsätzlich auf die Waagerechte bezogen, auch wenn es sich um ein Hanggrundstück handelt.

Für die Berechnung ist die Art der Vermaßung von Bedeutung. Sind die Grenzpunkte durch Koordinaten gegeben, ist die Berechnung mit Hilfe der Gauß'schen Dreiecks- oder Trapezformeln angesagt. Zu beachten ist die Angabe des Koordinatensystems (mathematisch links drehend oder vermessungstechnisch rechts drehend).

P1 (20|16)
P2 (44|12)
P3 (48|60)
P4 (23|54)
(Punkte können auch mit A, B, C usw. benannt werden, erster Wert x-Wert, zweiter Wert y-Wert)

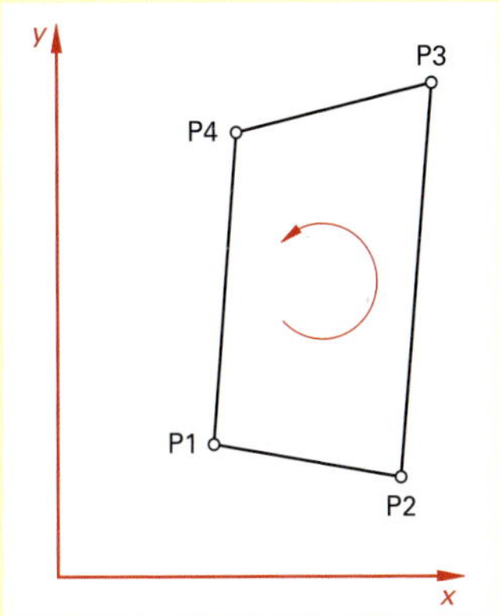

Abb. 1.29: Punkte im (rechtwinkligen, mathematischen) Kordinatensystem

Gauß'sche Flächenformel (n-Eck)

$$A = \frac{1}{2} \sum_{i=1}^{i=n} y_i \cdot (x_{i-1} - x_{i+1})$$

$$A = \frac{1}{2} \sum_{i=1}^{i=n} x_i \cdot (y_{i+1} - y_{i-1})$$

(für $i = 1$ ist $i - 1 = n$ zu setzen)
(für $i = n$ ist $i + 1 = 1$ zu setzen)

$$s_i = \sqrt{(x_{i+1} - x_i)^2 + (y_{i+1} - y_i)^2}$$

$$U = s_1 + s_2 + \ldots + s_n$$

Beispiel

Berechnung der Fläche nach Abb. 1.29
(Koordinaten in Meterangabe)

$$2 \cdot A = \sum_{i=1}^{n} (x_{i-1} - x_{i+1}) \cdot (y_i + y_{i+1})$$

$$2 \cdot A = (20 - 44) \cdot (16 + 12) + (44 - 48) \cdot (12 + 60) + (48 - 23) \cdot (60 + 54) + (23 - 20) \cdot (54 + 16)$$

$$2 \cdot A = (-24 \cdot 28) + (-4 \cdot 72) + (25 \cdot 114) + (-3 \cdot 70)$$

$$2 \cdot A = -672 + 288 + 2850 - 210$$

$$2 \cdot A = 2256 \quad \Rightarrow \quad A = 1128 \text{ m}^2$$

Ist das Grundstück aufgemessen worden, ist zu prüfen in wieweit sich die Grundstücksfläche durch Anwendung der gängigen Formeln für Rechteck, Dreieck, Trapez usw. ermitteln lässt. Fehlen die Maße um mit diesen Formeln zu arbeiten, müssen die notwendigen Längen durch Hilfsrechnungen ermittelt werden. Notwendig ist hierzu die Kenntnis der Strahlensätze und Winkelfunktionen sowie die Kenntnis der Flächen- und Längenberechnungen am Dreieck (vgl. Kapitel E Fachmathematik).

Beispiel

Die Grundstücksfläche der beiden Grundstücke ist zu berechnen.

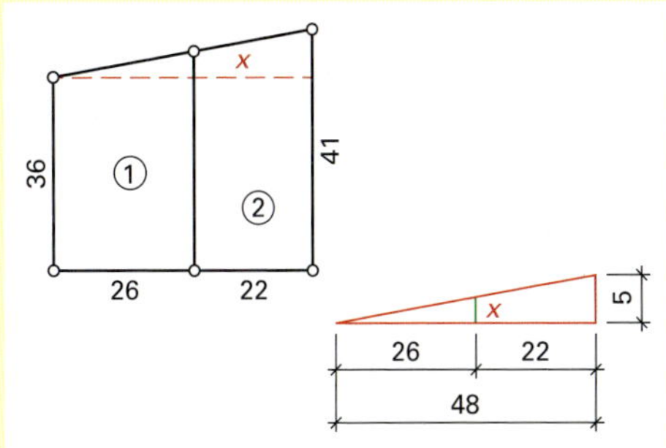

Um die Grundstücksgrößen mit der Trapezformel berechnen zu können, ist es notwendig die mittlere Grenzlänge zu berechnen. Mit dem Strahlensatz ergibt sich zunächst:

$$\frac{x}{26} = \frac{5}{48} \quad \Rightarrow \quad x = \frac{(5 \cdot 26)}{48}$$

$x = 2{,}71$ m damit Grenzlänge
$l = 36{,}00 \text{ m} + 2{,}71 \text{ m} = 38{,}71$ m

Grundstück ①

$$A = \frac{(36{,}00 \text{ m} + 38{,}71 \text{ m}) \cdot 26{,}00 \text{ m}}{2} = 971{,}23 \text{ m}^2$$

Grundstück ②

$$A = \frac{(38{,}71 \text{ m} + 41{,}00 \text{ m}) \cdot 22{,}00 \text{ m}}{2} = 876{,}81 \text{ m}^2$$

Sind von einer dreieckigen Fläche alle drei Seiten bekannt lässt sich der Flächeninhalt des Dreiecks mit der Formel von Heron berechnen.

Heron'sche Flächenformel

$$A = \sqrt{s \cdot (s - a) \cdot (s - b) \cdot (s - c)}$$

$$2 \cdot s = a + b + c \quad \text{oder} \quad s = \frac{U}{2}$$

Beispiel

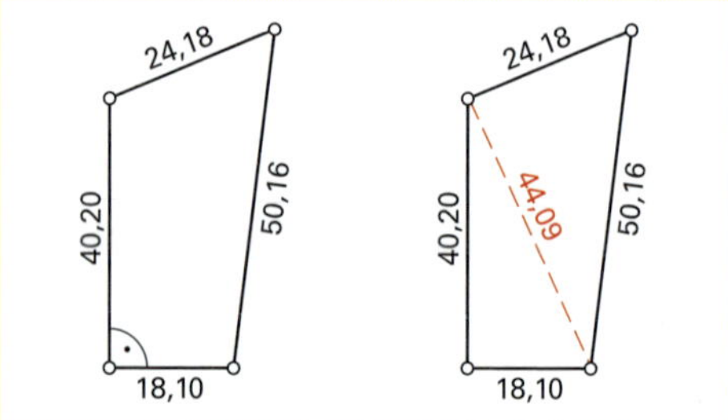

Eine Teilfläche ist ein rechwinkliges Dreieck.
Erste Teilfächengröße
$A_1 = 40{,}20\ \text{m} \cdot 18{,}10\ \text{m} / 2 = 363{,}81\ \text{m}^2$

Die zweite Teilfläche ist durch drei Seiten berechnenbar, wenn die Länge der fehlenden Seite ermittelt worden ist. Diese Seite wird mit dem Satz des Pythagoras berechnet.

$s = \sqrt{(40{,}20\ \text{m})^2 + (18{,}10\ \text{m})^2} = 44{,}09\ \text{m}$

Danach lässt sich die Dreiecksfläche aus drei gegebenen Seiten mit dem Satz von Heron berechnen.

$A_2 = \sqrt{s \cdot (s - a) \cdot (s - b) \cdot (s - c)}$

$U = 44{,}09\ \text{m} + 50{,}16\ \text{m} + 24{,}18\ \text{m} = 118{,}43\ \text{m}$

$s = U/2 \approx 59{,}22\ \text{m}$

$A_2 = \sqrt{59{,}22\ \text{m} \cdot (59{,}22\ \text{m} - 44{,}04\ \text{m}) \cdot (59{,}22\ \text{m} - 24{,}18\ \text{m}) \cdot (59{,}22\ \text{m} - 50{,}16\ \text{m})}$

$A_2 = \sqrt{59{,}22\ \text{m} \cdot 15{,}13\ \text{m} \cdot 35{,}04\ \text{m} \cdot 9{,}06\ \text{m}}$

$A_2 = \sqrt{284445{,}87\ \text{m}^4} = 533{,}33\ \text{m}^2$

$A = 363{,}81\ \text{m}^2 + 533{,}33\ \text{m}^2 = 897{,}14\ \text{m}^2$

Bei der Zerlegung der Grundstücksfläche in Teilflächen ist nicht nur an eine innere Zerlegung zu denken. Vielfach ist es günstiger für die Rechnung von einer äußeren umgebenden Fläche Teilflächen abzuziehen (negative Flächen) um die gewünschte Fläche zu berechnen (vgl. Abb. 1.30).

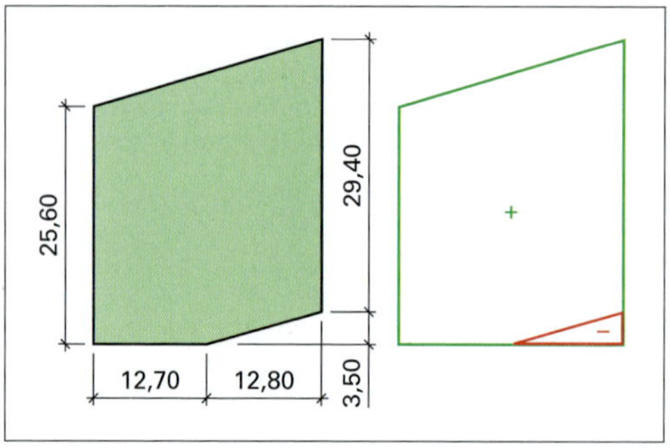

Abb. 1.30: Einteilung in Trapez (+) und Dreieck (–)

1.6 Baukostenplanung

Die Baukostenplanung wird entsprechend den Phasen der Bauplanung und Baudurchführung erarbeitet. Dabei werden die Kosten der Baumaßnahme nach dem jeweiligen Bearbeitungsstand ermittelt.

Grundlage der stufenweisen Kostenplanung sind für Hochbaumaßnahmen die DIN 276 (Kosten im Hochbau). Aufgabe der Baukostenplanung ist es, auf der Grundlage einer **Kostengliederung** entsprechend dem jeweiligen Planungs- und Ausführungsstand eine **Kostenermittlung** zu erstellen, die es dem Auftraggeber (Bauherrn) ermöglicht, einen entsprechenden Finanzierungsplan aufzustellen und soweit erforderlich fortzuschreiben. In der **Kostenfeststellung** werden nach Abschluss aller Leistungen die tatsächlichen Baukosten festgestellt.

Die Kostengliederung dient der systematischen Auflistung aller Aufwendungen (Gesamtkosten), die mit dem Bauen verbunden sind. Sie ist entsprechend dem Bauablauf geordnet. Die einzelnen Abschnitte umfassen abgegrenzte Kostenbereiche und ermöglichen so einen Vergleich verschiedener Bauvorhaben untereinander.

Dabei gliedern sich die Gesamtkosten im Hochbau in folgende **7 Kostengruppen** (vgl. Tabelle 1.31). Die einzelnen Kostengruppen werden wiederum in einzelne Untergruppen unterschieden. Für die Kostenplanung von Ingenieurbauten findet die DIN 276 ebenfalls Anwendung. Bei Tief- und Straßenbauplanungen oder Landschaftsbauplanungen gelten jedoch in der Regel andere Kostengliederungen. Diese werden z. B. für Straßenbaumaßnahmen in 9 Hauptgruppen eingeteilt (vgl. Tabelle 1.32).

Tabelle 1.31: Kostengruppen im Hochbau

100	Grundstück
200	Herrichten und Erschließen
300	Bauwerk – Baukonstruktionen
400	Bauwerk – Technische Anlagen
500	Außenanlagen
600	Ausstattung und Kunstwerke
700	Baunebenkosten

Die Kostenermittlung dient dazu, Kosten in tatsächlicher Höhe (Brutto, einschließlich Umsatzsteuer) festzustellen. Die Kostengliederung bildet die Grundlage für die Kostenermittlung. Als Bezugsgrößen dienen z. B. die Grundflächen oder Rauminhalte nach DIN 277 sowie die genauen

Tabelle 1.32: Kostengruppen im Straßenbau	
1	Grunderwerb
2	Untergrund, Unterbau, Entwässerung
3	Oberbau
4	Brücken
5	Stützwände
6	Tunnel
7	Sonstige Bauwerke
8	Ausstattung
9	Sonstige besondere Anlagen und Kosten

Mengenermittlungen für die einzelnen Gewerke. Je nach Stand der Planung oder Bauausführung unterscheidet man verschiedene Arten von Kostenermittlungen.

Die auf der Grundlage einer Kostenfeststellung ermittelten **Kostenrichtwerte,** wie z. B. Kosten je Längeneinheit (€/km Straße), Kosten je Flächeneinheit (€/m^2 Nutzfläche), Kosten je Rauminhalt (€/m^3 Bruttorauminhalt) oder Kosten je Nutzungseinheit (€/Wohnung) können wiederum bei Kostenschätzungen für ähnliche Bauwerke eingesetzt werden. Dabei ist jedoch zu beachten, dass die Richtwerte dem sich ändernden Kostengefüge der Bauwirtschaft, z. B. infolge von Preisänderungen, angepasst bzw. fortgeschrieben werden.

1.7 EDV in der Bautechnik

Die **E**lektronische **D**aten**v**erarbeitung (EDV) findet hauptsächlich Anwendung in den Bereichen Bauplanung, Baudurchführung und Informationsbeschaffung.

Da die Entwicklung der Computertechnik rasch fortschreitet sowie Hardware und Software immer leistungsfähiger werden, hat die EDV in allen Bereichen der Bautechnik große Bedeutung.

EDV in der Bauplannung

Bei der Bauplanung in den Bereichen Hochbau, Ingenieurbau, Tief-, Straßen- und Landschaftsbau werden überwiegend **CAD**-Programme (**C**omputer **a**ided **d**esign) eingesetzt. Sie ermöglichen die Erstellung von **Grundrissen** mit Bemaßung, Schraffur und den weiteren Informationen, die alle am Bauwerk beteiligten Personen benötigen (vgl. Abb. 1.33). Oft befindet sich das Programm in einem vernetzten System auf einem zentralen Rechner (Server), auf den alle Mitarbeiter von ihrem Arbeitsplatzrechner (Client) aus zugreifen können.

Besonders wirtschaftlich werden CAD-Programme erst durch die Eingabe der Bauhöhen als 3. Dimension. Mithilfe entsprechender Programme (3D-Software) können aus den Grundrissen erzeugt oder berechnet werden:

- **Ansichten** aus verschiedenen Richtungen,
- **Längs- und Querschnitte** durch das Bauwerk, wobei die Schnittführung beliebig angeordnet werden kann,
- **räumliche Darstellungen** aus beliebigem Blickwinkel (vgl. Abb. 1.34), zunehmend mit Ausleuchtung und Oberflächenstrukturen,
- **Ausführungszeichnungen,** wie z. B. Werkzeichnungen, Schalungs- und Bewehrungszeichnungen sowie Längs- und Querprofile,
- **Detailzeichnungen,** wie z. B. Treppen, Fassadenschnitte, Knotenpunkte im Fertigteilbau und Kontrollschächte,
- Berechnung der **Flächen-** und **Rauminhalte** für die Bauvorlagen sowie
- **Mengenermittlungen** von Bauteilen mit Schnittstelle zur Ausschreibung und Kostenermittlung.

Eine Computerzeichnung lässt sich im Vergleich zu einer Handzeichnung leicht ändern sowie manipulieren, wie z.B. durch Drehen, Spiegeln und Kopieren von ganzen Bauteilen, Bauabschnitten oder Geschossen.

Mithilfe von besonders leistungsfähigen CAD-Programmen kann der Bauherr virtuell durch das geplante Gebäude wandern und es aus beliebigen Richtungen betrachten (vgl. Abb. 1.37). 3D-Animationen und Videotechnik ersetzen den Modellbau.

Zur **Kostenermittlung von Bauwerken** werden **AVA**-Programme (**A**usschreibung, **V**ergabe und **A**brechnung) eingesetzt. Für die Ausschreibung mit Leistungsverzeichnissen stehen standardisierte Texte zur Verfügung, die mit Schlüsselnummern nach dem StLB versehen sind.

Angebote können in einem Preisspiegel verglichen und ausgewählt werden. In der Vergabe festgelegte Vertragsbedingungen, Einheitspreise und Abrechnungsmengen bilden später die Grundlage zur automatisierten Rechnungsprüfung. Während der Baudurchführung kann jederzeit eine Mengen- und Kostenkontrolle durchgeführt werden.

Mit **Statikprogrammen** werden die in einem Bauwerk auftretenden Lasten und die zur Lastabtragung erforderlichen Bauteilabmessungen von Bauwerken ermittelt. Komplizierte Bauteile werden mit mathematischen Verfahren (Finite-Elemente-Methode) berechnet, die ohne EDV-Einsatz nicht angewendet werden können.

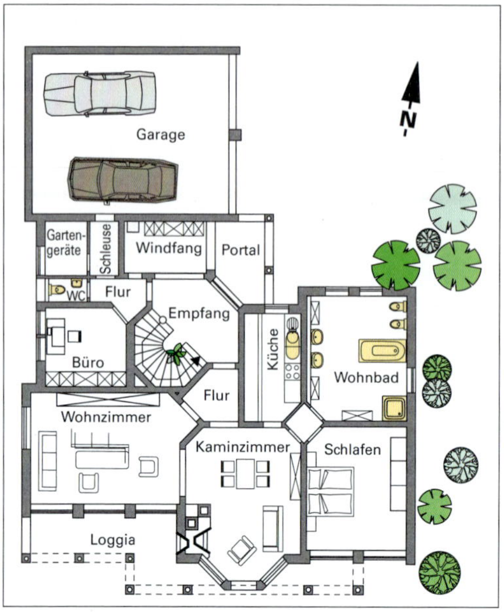

Abb. 1.33: Grundriss Erdgeschoss

Abb. 1.34: Ansicht Süd

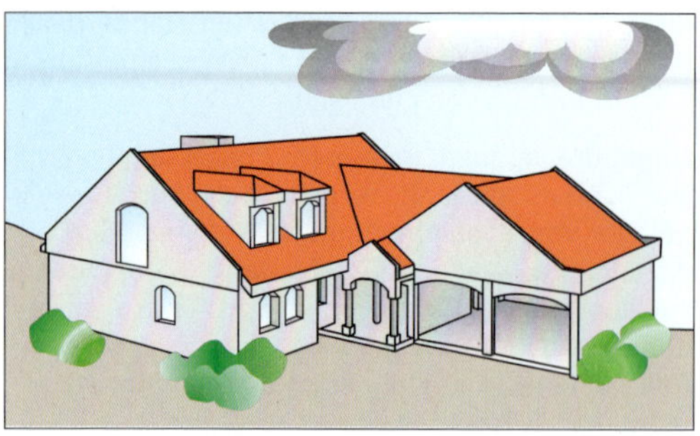

Abb. 1.35: Räumliche Darstellung

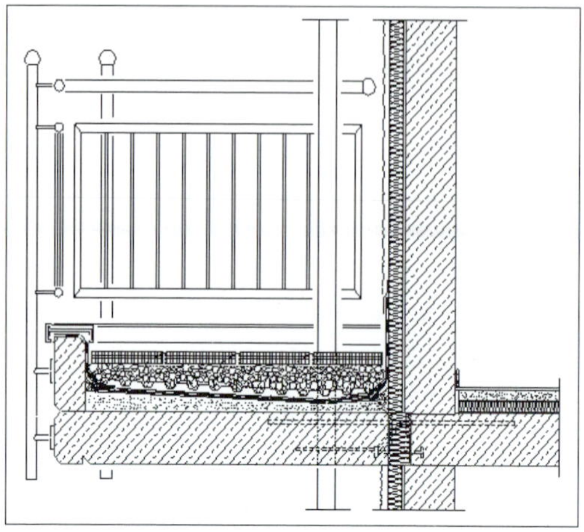

Abb. 1.36: Fassadendetail

Abb. 1.37: Innenansicht

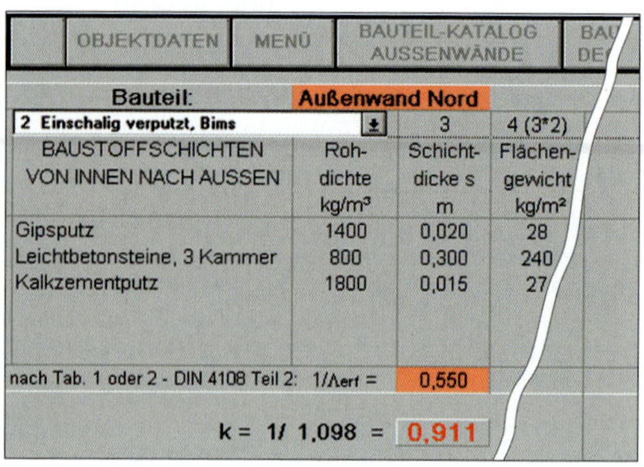

Abb. 1.38: Berechnung zum Wärmeschutz

Mithilfe von **Programmen zur Wärmeschutzberechnung** wird der Wärmebedarf von Gebäuden durch einen Vergleich von Wärmeverlusten und Wärmegewinnen ermittelt (vgl. Abb. 1.38). Für den Nachweis und die Optimierung von Bauteilen stehen Baustoffkataloge mit einfachen Auswahlmöglichkeiten zur Verfügung. In einem Wärmebedarfsausweis („Energieausweis") werden die berechneten Ergebnisse aufgelistet. Zusätzlich können der Temperatur- und Wasserdampfdiffusionsverlauf durch die Bauteile grafisch dargestellt und Tauwassermengen und Oberflächentemperaturen berechnet werden.

Spezielle CAD-Programme für Ingenieurbauwerke liefern über Grundrisse, Ansichten und Schnitte hinaus auch **Bewehrungs- und Schalungspläne** und die dazugehörigen **Stahl- und Mattenlisten** (vgl. Abb. 1.39).

BST 500 S		Bauteil:				Bearb.:	
					Gewichtsermittlung in		
Pos.	Stück	ø	Länge	Gesamtlänge	ds = 8 mm	ds = 12 mm	ds = 1
Nr.		mm	m	m	mit 0,395 kg/m	mit 0,888 kg/m	mit 1
1	5	8	12,67	63,35	25,02		
2	6	12	12,67	76,02		67,51	
3	8	14	14,89	119,12			
4	8	22	14,89	119,12			
5	40	8	0,96	38,40	15,17		
Gewicht je Durchmesser in kg					40,19	67	
Gesamtgewicht in kg							
Aufgestellt:				22.11.96			

Abb. 1.39: Stahlliste

EDV in der Baudurchführung

In Bauunternehmungen werden mithilfe von Kalkulationsprogrammen **Arbeits-, Geräte- und Betriebskosten** ermittelt und unterschiedliche Bauverfahren kostenmäßig miteinander verglichen.

Mit einem **Bauzeitenplan** (vgl. Kapitel A Bauwirtschaft) in Form eines Balken- oder Netzplans wird der geplante Bauablauf auf einer Zeitachse grafisch dargestellt. Verknüpft ist damit der Einsatz von Arbeitskräften und Baugeräten. Außerdem verwaltet das Bauunternehmen seine Auftraggeber mit einem Programm, das neben der Angebots- und Rechnungserstellung auch das Mahnwesen umfasst.

Im **Transportbetonwerk** werden Beton und Mörtel EDV-gesteuert zusammengesetzt, hergestellt und überwacht. Auch die Asphaltherstellung erfolgt computergesteuert.

Viele Baumaschinen wie Kräne, Betonpumpen, Bagger und Raupenfahrzeuge werden durch integrierte Chips kontrolliert, gesteuert und geregelt. Neben der Arbeitsentlastung des Baugeräteführers wird die Arbeitssicherheit beträchtlich erhöht.

Im **Betonstahl-Biegebetrieb** werden Bewehrungen aus Zeichnungsdaten automatisiert gefertigt. Die computergesteuerten Werkzeugmaschinen werden als **CNC-Technik** (computer numeric control) bezeichnet.

Bei der Herstellung von **Fertigteilen** aus Stahlbeton und Spannbeton, wie z. B. Stützen und Träger, wird ebenfalls die CNC-Technik verwendet. Die Fertigung kompletter Wandeinheiten mithilfe der CNC-Technik befindet sich im Versuchsstadium. Zudem wird die Möglichkeit geprüft, Roboter bei der Herstellung von Bauteilen einzusetzen.

Bei der **Fertighausherstellung** werden in computergesteuerter Fertigung komplette Wände mit Wandöffnungen und Installationen produziert.

Zimmereien arbeiten häufig mit **Abbundsoftware,** die aus der Dachstuhlzeichnung die Balkenabmessungen ermittelt und die Zeichnungsdaten zu einer computergesteuerten Abbundmaschine übermittelt.

Im Baustofflabor werden bei **Baustoffprüfungen** anfallende Messwerte vom Prüfgerät zum Computer übermittelt und sofort ausgewertet, wie z. B. bei der Druckprüfung an Betonwürfeln.

Informationsbeschaffung

Neben den gedruckten Medien wie Fachzeitschriften, Fach- und Tabellenbücher wird die EDV zunehmend zur Informationsbeschaffung genutzt.

Die **CD/DVD** bietet durch große Speicherkapazität die Möglichkeit, Informationen multimedial aufzubereiten. Es entsteht ein Verbund von Texten, Zeichnungen, Bildern, Videosequenzen und Tönen. Nutzungsmöglichkeiten in der Bautechnik sind:

- Baustoffkataloge
- Ausschreibungssysteme,
- Informationssysteme der Baustoffhersteller mit Text- und Bildmaterial,
- Simulationen (Bedienung technischer Geräte),
- multimediale Ausbildungs- und Lernprogramme und
- elektronische Bücher als Alternative zur Fachliteratur.

Genauso wie bei Printpublikationen sind auch bei Internetquellen anzugeben:

- Autor (bzw. Herausgeber oder veröffentlichende Institution),
- Titel und
- nach Datum sowie Ort ihrer Erstellung (z. B. Datum und Ort eines Vortrags) oder Veröffentlichung (Datum der Einstellung auf der Website).
- Zusätzlich muss das Datum des letzten Zugriffs auf die Quelle angegeben sein.

Zitierbar ist eine Internetquelle als wissenschaftliche/bautechnisch verwertbare Quelle zudem nur dann, wenn eine für den Inhalt verantwortliche

Instanz (Autor, Herausgeber, veröffentlichende Institution) identifizierbar ist.

Die Informationsübermittlung erfolgt über Datennetze. In Verbindung mit dem Telefonnetz werden Terminpläne, Baupläne und allgemeine Informationen mithilfe der Datenfernübertragung abgewickelt. Konferenzschaltungen auf Großbaustellen oder zwischen entfernten Betriebsorten mit dem Computer als Bildtelefon sind möglich. Im **Internet** sind Bau-Fachverlage und Hochschulen sowie Datenbank-Anbieter vertreten, sodass Informationen online abgefragt werden können. Weiterhin können Baudatenbanken nach Bauproduktinformationen, Gesetzen und Vorschriften durchsucht und über E-Mail Planungsdaten versendet sowie Informationen, z. B. von Baustofffirmen, bestellt werden.

Tabelle 1.40: Datenverarbeitungsprogramme

Standard-programme	Textverarbeitung, Tabellenkalkulation, Präsentation, Bildbearbeitung, Graphik
CAD computer aided design	CAD-Programme ermöglichen das Erstellen von Grundrissen mit Bemaßung, Schraffur und ergänzenden Informationen. Mit Hilfe einer 3D-Software wird die Bearbeitung umfassend digital gestützt. Die Berechnung der Flächen- und Rauminhalte nach DIN 277 für die Bauvorlage ist möglich.
AVA Ausschreibung, Vergabe und Abrechnung	Programm für die Vergabe und Abrechnung ermöglichen die elektronische Weitergabe des Leistungsverzeichnisses und werden zur Kalkulation eingesetzt.

BIM Building Information Modeling

BIM ist keine Software, es ist eine Planungsmethode. Mithilfe BIM-fähiger Programme planen bzw. arbeiten alle am Objekt Beteiligten (Architekt, Planer, Gewerke. usw.) mit einem 3D-Modell, ihren Bauteilen und den dazu gespeicherten Informationen. Die BIM-Methode ermöglicht eine Begleitung des Objektes über seine gesamte „Lebensdauer".

- Planung
- Ausführung
- Bewirtschaftung
- Umbau, Ausbau, Sanierung
- Rückbau

Planen mit BIM

Die Planung eines BIM-basierten Projekts benötigt klare Verantwortlichkeiten seitens des Auftraggebers und der Auftragnehmer, eine BIM-angepasste Organisationsstruktur, verbindliche Absprachen zum Objekt und einzuhaltende Termine.

Der Architekt erstellt das 3D-Modell des Objekts, welches als Arbeitsmodell für alle am Projekt Beteiligten dient. In regelmäßigen, verbindlich festgelegten Abständen werden die Fachmodelle mithilfe eines BIM Checkers (z. B. Solibri Model Checker) zu einem Gesamtmodell zusammengeführt („clashing"). Das Programm prüft das Objekt auf Bauteilkollisionen und die Einhaltung festgelegter Normen und Regeln (z. B. Raumgrößen, Mindestmaße, o. ä.). Erkannte Fehler wie z. B. der Versatz von Wandôffnungen und der Lage der TGA (Technische Gebäudeausstattung) oder notwendige Änderungen werden mit einem Kommentar versehen an den Fachplaner zur Korrektur gesandt. Das überarbeitete Fachmodel wird dann wieder in das Gesamtmodell zur erneuten Prüfung zusammengeführt. Das konfliktfreie 3D-Modell wird dann für die Beteiligten zum neuen Arbeitsmodell.

Anwendungsmöglichkeiten von BIM

Das mit Attributen (Informationen zu Bauteilen/Objekten) versehene digitale Modell des Objekts kann u. a. genutzt werden zu

- Mengen- und Massenermittlung, Kalkulation, Erzeugen eines Leistungsverzeichnisses, Bauablaufplanung
- Kostenüberwachung in der Planungsphase und Bauphase, Fertigteilproduktion angepasst an das Projekt
- Simulationen (z.B. statische Optimierung, energetisch durch Beachtung von Tag/Nacht-Wechsel, Bewegung von Personen in der Nutzungsphase oder im Brandfall, Logistik)
- Facility Management (Bewirtschaftung des Objekts in der Nutzungsphase)
- Planung und Durchführung von z. B. Sanierungsmaßnahmen oder Rückbau auf Basis vorhandener (detailierter) digitaler Bestandsdaten
- Sammlung und Sicherung aller Quellen der Informationsbeschaffung.

Je nach Umfang der BIM-Nutzung sind 4 Niveaustufen zu unterscheiden. Die Niveaustufe I beschreibt den Stufenplan „Digitales Planen und Bauen" und orientiert sich an den Leistungsphasen der HOAI. Die Weiterentwicklung zur Niveaustufe II ist in DIN ISO EN 19650-1 geregelt. Das Bundesministerium für Verkehr und digitale Infrastruktur hat einen Stufenplan veröffentlicht.

Aufgaben zum LF 1 Mitwirken bei der Bauplanung

Hinweise zu den Aufgaben in den Lernfeldern
Die Aufgaben in Klassenarbeiten, Klausuren und Prüfungen werden i.d.R. in drei Formaten gestellt:
a) Gebundene Aufgaben in Form von Antwort-Auswahl-Aufgaben (Multiple-Choice-Verfahren)
b) Ungebundene Aufgaben (Textaufgaben)
c) Projektaufgaben (handlungsorientierte Aufgaben).
Die Aufgaben können mit Hilfe des Erlernten und unter Hinzuziehung des Fachbuches, des Tabellenbuches und der spezifischen Literatur (Katalogen, Broschuren, Fachaufsätzen, Protokollen zu Fortbildungen) sowie mittels Internetrecherche gelöst werden.
Für das Arbeiten im Team bietet Kapitel G Projektarbeit im Lernfeld gute Arbeitshilfen an.

1. Welche der aufgeführten Verordnungen wird nicht auf Bundesebene erlassen?
   ① Baugesetzbuch
   ② Umweltschutzgesetze
   ③ Denkmalschutzgesetz
   ④ Baunutzungsverordnung
   ⑤ Bundesfernstraßengesetz
2. Was bedeutet die Abkürzung DIN?
   ① Deutsche Industrienorm
   ② Deutsches Institut für Normung
   ③ Deutsche Ingenieursnorm
   ④ Deutsche Initiative für Normung
   ⑤ Deutsch-internationale Norm
3. Welches ist die DIN für Mauerwerksbau?
   ① DIN EN 1053/EC 2
   ② DIN EN 1992/EC 6
   ③ DIN EN 1996/EC 6
   ④ DIN EN 1996/EC 3
   ⑤ DIN EN 1045/EC 4
4. Welches ist die DIN für Bauzeichnungen?
   ① DIN 1045 ④ DIN 1356
   ② DIN 1052 ⑤ DIN 18065
   ③ DIN 1053
5. Welchen Inhalt hat der Teil B in der VOB?
   ① Allgemeine Bestimmungen für die Vergabe von Bauleistungen
   ② Allgemeine Vertragsbedingungen für die Ausführung von Bauleistungen
   ③ Allgemeine technische Vertragsbedingungen für Bauleistungen
   ④ Honorarzonen
   ⑤ Maurerarbeiten (DIN 18330)
6. Was wird unter dem Begriff „B-Plan" im Planungsrecht verstanden?
   ① Bauplan ④ Bauzeitenplan
   ② Bebauungsplan ⑤ Bergungsplan
   ③ Bewehrungsplan
7. Welche Bedeutung hat das abgebildete Symbol in Bauzeichnungen?
   ① Rohbauhöhe des Bauteiles
   ② Fertigbauhöhe des Bauteiles
   ③ Geschosshöhe
   ④ Lichte Raumhöhe
   ⑤ Brüstungshöhe

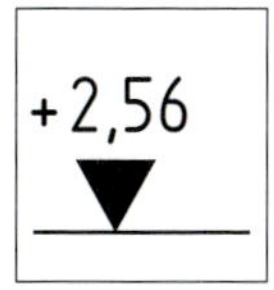

8. Was wird unter dem Kürzel „GRZ" im Planungsrecht verstanden?
   ① Grundflachenzahl ④ Gradzahl
   ② Gründungszeit ⑤ Grünzone
   ③ Grünflachenzahl
9. In welchem Bild ist die Linienart nach DIN 1356 zur Kennzeichnung von Schnittebenen abgebildet?

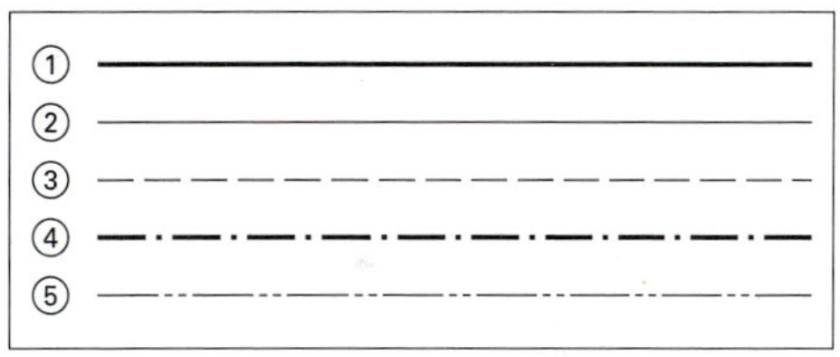

10. Nennen Sie vier Bereiche der Bauplanung und führen Sie Beispiele dazu auf.
11. Nennen Sie Rechtsgrundlagen, die bei der Bauplanung zu berücksichtigen sind.
12. Zeigen Sie den Unterschied zwischen einem F-Plan und einem B-Plan auf.
13. Auf einem 825 m^2 großen Grundstück ist ein Bauvorhaben mit einer Grundfläche von 330 m^2 sowie einer Geschossfläche von 990 m^2 über drei Vollgeschosse geplant. Im Erdgeschoss ist eine Nutzung für ein Restaurant, im 1. und 2. Obergeschoss sind je zwei Wohnungen vorgesehen.
    a) Nach welchen Angaben ist das Bauvorhaben zulässig bzw. nicht zulässig?
    b) Finden Sie alternative Nutzungsmöglichkeiten.

Nutzungsschablone	
WR	IV
0,4	(1,5)

14. Die Eigentümer einer Wohnanlage planen Ergänzungsbauten auf ihren Grundstücken. Als Planungsgrundlage dient ein Auszug des Lageplans der bisherigen Bebauung. Des Weiteren erhielten die Eigentümer von der Gemeinde Angaben zum Maß der baulichen Nutzung. Fehlende Angaben sind durch Obergrenzen laut Baunutzungsverordnung zu ermitteln.
   a) Planen Sie für jedes Grundstück eine Garage. Die Abmessungen sind selbst festzulegen.
   b) Prüfen Sie die Durchführbarkeit der Baumaßnahmen.
   c) Zeichnen Sie für jedes Grundstück einen Lageplan im Maßstab 1:200. Kennzeichnen Sie die Standorte der Garage farblich.
   d) Die Eigentümer der Gebäude 3 und 4 erwägen auf der Südseite ihrer Häuser einen 3,50 m breiten, eingeschossigen Anbau über die gesamte Hauslänge zu errichten.

Dokumentieren Sie die Durchführbarkeit und ergänzen Sie den Lageplan.

Nutzungsschablone	
W	III
GRZ 0,4	GFZ 0,9
o	MFH
SD	30° – 45°

Wohnanlage, Lageplan (Auszug, unmaßstäblich)

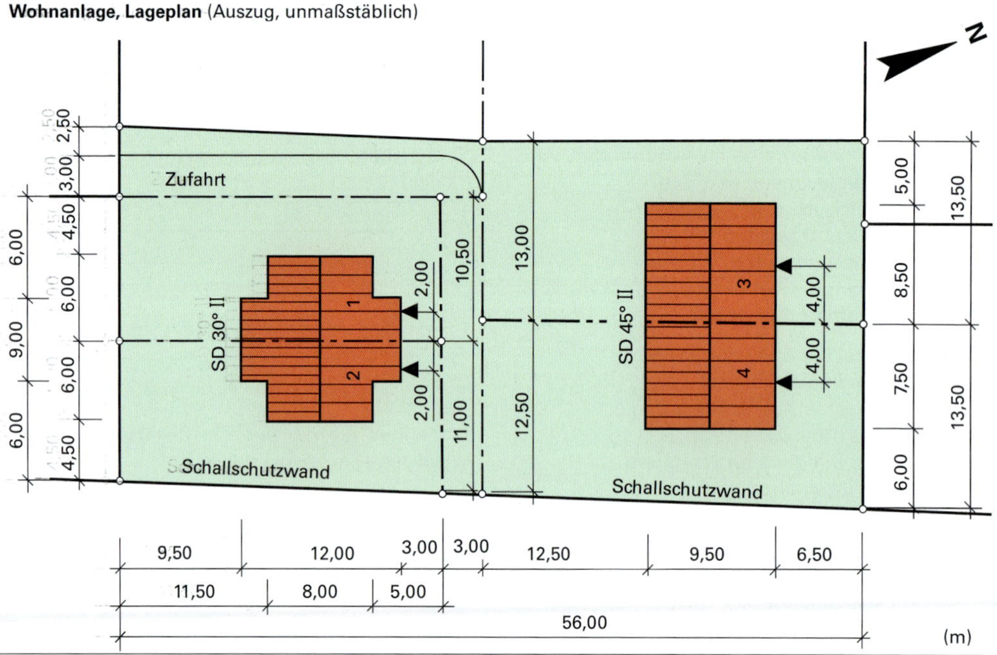

15. Erläutern Sie die Nutzungsschablone für den Bebauungsplan sowie die Darstellung der Angaben aus der Planzeichenverordnung.

①

WA	II
GFZ 0,6	GRZ 0,3
○	E
WD, SD	25°
TH max. 6,60 m	

②

WA	(II)
GFZ 0,6	GRZ 0,3
○	E
	25°–35° bei 2 VG 30°–45 bei 1 VG
TH min. 3,80 m TH max. 6,75 m	

③

WR	IV
0,4	(1,5)

LF 2 2 Aufnehmen eines Bauwerks

2.1 Grundsätze für die Bauaufnahme

Die geplante Baumaßnahme im Zusammenhang mit der Umgebung und den vorhandenen Unterlagen bestimmt den Umfang der notwendigen Aufnahmearbeiten.

Handelt es sich um denkmalgeschützte Gebäude, ist die Baudenkmalpflege zu beteiligen.

Je nachdem, welche Baumaßnahme geplant ist, ist der Umfang der Bauaufnahme unterschiedlich. Für die Bauaufnahmezeichnungen **(DIN 1356-6)** werden dazu die Informationsdichte I und die Informationsdichte II unterschieden. So werden bei der Informationsdichte I keine Bauschäden erfasst. Mindestens die Außenmaße und Raumabmessungen sind bei der Informationsdichte I zu erfassen.

Es ist jedoch immer sinnvoll Bauschäden zu erfassen und eine Fotodokumentation zu erstellen.

Im Auftragsgespräch sollten die gewünschten Informationen, die durch eine Bauaufnahme festzustellen sind, vereinbart werden.

Die Bestandsaufnahme beginnt in der Regel mit der Sichtung der vorhandenen Unterlagen. Dazu gehören:

- Klärung der Eigentumsverhältnisse
- Zusammenstellung der Bauunterlagen z. B. Bebauungs-, Lage-, Bau- und Installationspläne
- Verwendete Baumaterialien
- Unterlagen über vorgenommene bauliche Veränderungen
- Lage der Schächte für Hausanschlüsse von Wasser und Abwasser
- Lage Leitungen von Gas, Strom, Telefon usw.
- Grundwasserverhältnisse
- Eventuell Unterlagen über Nachbargebäude
- Standort, Umwelteinflüsse
- Vorherige Nutzung des Geländes (Bodenverunreinigung, Altlasten)

Sind keine Unterlagen zu einigen Punkten vorhanden und lassen sie sich nicht über Archive beschaffen, muss der Planer versuchen, die Informationen bei der Ortsbesichtigung zu erhalten.

Zwingend erforderlich ist eine Ortsbesichtigung. Bei der Ortsbesichtigung ist besonders zu prüfen, ob die Erkenntnisse aus der Sichtung der Unterlagen noch zutreffend sind.

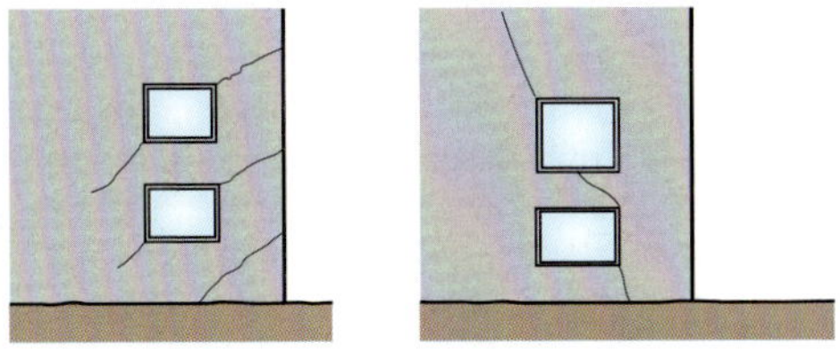

Setzungsrisse bei ungleichem Baugrund | Hebung und Setzung bei nicht frostsicherem Baugrund

Abb. 2.1: Aufnahmeskizzen von Setzrissen

Abb. 2.2: Rissdokumentation,
Rissmessung mit dem Rissbreitenlineal

Eine aussagekräftige Fotodokumentation enthält in allen Fotos eine Information mit Bauteilbezeichnung, Maßskala, Datum und Name des Erstellers.

Eine Beweissicherung ist insbesonders dann erforderlich, wenn Nachbargebäude von der Baumaßnahme betroffen sein könnten. Der Zustand lässt sich mittels einer Fotodokumentation in Verbindung mit Kontrollmessungen festhalten.

Sind an Nachbargebäuden bereits Risse oder andere Schäden vorhanden, sind diese beweiskräftig zu dokumentieren (vgl. Abb. 2.2).

Nach der Bestandsaufnahme sind die Ergebnisse in Hinblick auf die geplante Baumaßnahme zu bewerten. Ins besonders dann, wenn in die bestehende Bausubstanz eingegriffen werden soll. Handelt es sich dagegen um Anbauten oder Erweiterungen sind die notwendigen Arbeiten für die Bestandsaufnahme weniger umfangreich.

Hier ist zu prüfen ob die für das Baugebiet gesetzten Vorgaben z. B. hinsichtlich GRZ und GFZ eingehalten werden können.

Bauen im Bestand erfordert stets eine fachlich fundierte Bestandsaufnahme in Hinblick auf die geplante Baumaßnahme unter Berücksichtigung der Nachbarbebauung.

Zu den Bauaufgaben im Bestand zählen beispielsweise Renovierungen, Sanierungsmaßnahmen, Umbau- und Ergänzungsmaßnahmen, Umnutzungen, Baubestandsbewertungen, Dokumentation von Denkmälern sowie Orts- und Stadtbildanalysen.

Informationsdichte I
Erstellung von Grundrissen, Ansichten und Schnitten; M 1:100, aufgrund eines zerstörungsfreien Aufmaßes, Bauschäden werden nicht aufgenommen.

Informationsdichte II
Grundlage der Genehmigungsplanung; M 1:50, möglichst als Aufbau auf die Aufmaßdaten der Informationsdichte I, Darstellung von Bauschäden, fotografische Dokumentation.

Soll das aufzunehmende Bauwerk abgebrochen werden, ist zu prüfen in wieweit die dabei anfallenden Stoffe durch Recycling wiederverwendet werden können (vgl. Kapitel 2.4).

Massive Baustoffe wie Mauersteine und Beton lassen sich nach der Aufarbeitung als Schotterersatz verwenden. Auch Metalle und Baustahl können dem Wertstoffkreislauf zugeführt werden.

Auftraggeber sind gehalten recycelte Stoffe zu verwenden, wenn dies möglich ist. Damit sollen die natürlichen Ressourcen geschont werden.

Um eine geordnete Verwertung zu gewährleisten muss man eine Schadstoffbelastung ausschließen. Je nach Inhaltsstoffen teilt man den Materialien in Zuordnungswerte zu. Der Zuordnungswert Z0 steht für uneingeschränkte Verwendung. Z2 steht für eingeschränkte Verwendung unter Sicherungsmaßnahmen.

Liegt eine Belastung, zum Beispiel durch Asbest vor, dürfen nur dafür zertifizierte Firmen unter Schutzmaßnahmen der Mitarbeiter und Umgebung die Arbeiten ausführen.

Die Verwendung und Entsorgung von Dämmstoffen wie Styropor ist gegenwärtig unklar.

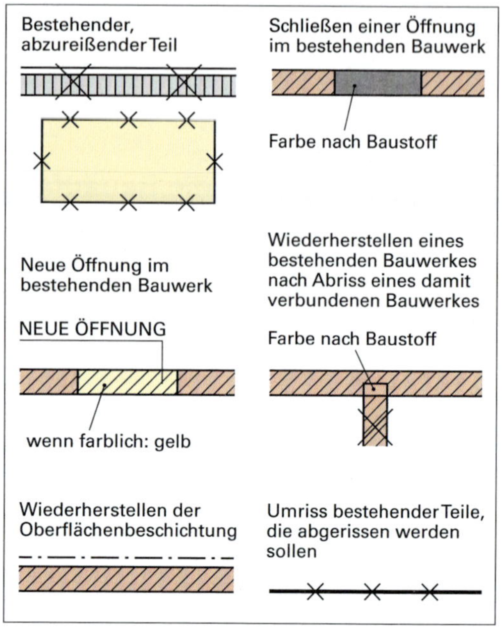

Abb. 2.3: Symbole und vereinfachte Darstellung von Abriss und Wiederaufbau (DIN 1356)

Tabelle 2.4: Abkürzungen (DIN 1356-6)

Bauteil	Abk.	Bauteil	Abk.
rekonstruiertes	RB	Orientierungsmaß	OM
mit Markierung	BM	temporäres Maß	TM
Abriss	ABR	historische Maß	HM
Altlast	Al	Sicherungsmaß	SM
Bauschäden	BS	Wiederverwendung	WV
ermitteltes Maß	EM	Zerstörtes Bauteil	zerst
unsicheres Maß	UM	vorhandene Daten	DOKU

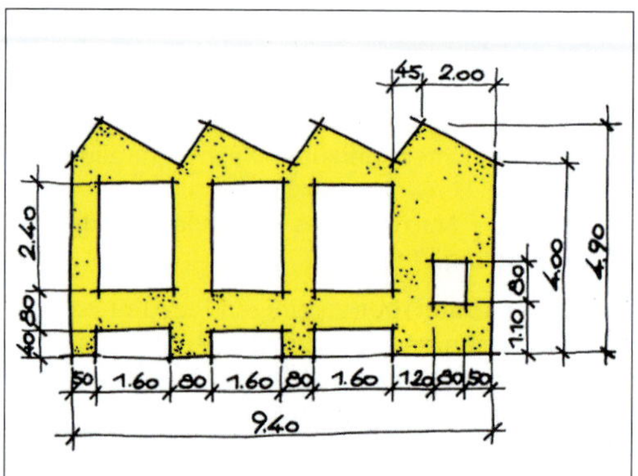

Abb. 2.5: Skizze einer zum Abbruch freigegebenen Werkhallenwand

Insbesondere bei Bodenuntersuchungen gehört eine chemische Untersuchung zu vollständigen Bodenbeschreibung dazu. Hierbei werden die einzelnen chemischen Bestandteile des Bodens untersucht und z. B. in einer Auswertung einer Bodenanalyse nach LAGA (Länderarbeitsgemeinschaft Abfall) aufgelistet. Die Aufgabe all dieser Untersuchungen durchzuführen liegt i.d.R. bei Bodengutachtern und Geologen.

Baustoffrecycling trägt dazu bei die natürlichen Vorkommen zu schonen.

2.2 Baustile

Baustile, Bauverfahren und Baumaterialien sind in der Geschichte der Menschheit einem steten Wandel unterworfen worden. Über größere Zeiträume hinweg haben sich Bauweisen, sogenannte Baustile entwickelt. Die Repräsentanten dieser Epochen sind überwiegend öffentliche Bauten, wie Kirchen, Schlösser und Theater.

Neben diesen Bauten gibt es auch z. B. im Geschosswohnungsbau und Eigenheimbau Baustile, die sich einem Zeitraum zurechnen lassen.

Vom 1907 entstandenen Deutschen Werkbund und dem 1919 von Walter Gropius in Weimar als Kunstschule gegründeten **Bauhaus** gingen Strömungen aus, die man heute als Funktionalismus, Neue Sachlichkeit oder Klassische Moderne bezeichnet. Dieser Baustil findet heute bei Renovierungen und Umgestaltung erneut viel Beachtung.

Bauvorhaben, im Zusammenhang mit historischen Bauten, die auch noch unter Denkmalschutz stehen, sind nur unter Hinzuziehung der entsprechenden Fachleute und Behörden möglich.

Bei Anbauten oder Erweiterungen wird nicht versucht den Baustil nachzuempfinden, sondern es muss deutlich zu erkennen sein, welche Bauelemente bzw. Baukörper dazugekommen sind.

Im Kapitel **D Baustile** werden die Stilrichtungen umfangreicher beschrieben.

Bei historischen Bauten kann eine Einordnung in eine Stilrichtung vorgenommen werden.

Bauweisen aller Epochen sind durch die Verwendung der zur Verfügung stehenden Baumaterialien und dem jeweiligen Kenntnisstand der Baukonstruktion bedingt. Neben den schon stets in allen Kulturen verwendeten Material Stein und Holz hat die Entdeckung der Materialien Eisen, Stahl und Beton für das Bauen neue Möglichkeiten eröffnet. Zudem sind durch die Kulturen die Materialien Stein und Holz auch in Verbindung mit den neuen Materialien für das Bauen weiterentwickelt worden.

Tabelle 2.6: Stilepochen

3100 – 700 v. Chr.	Urzeit
447 – 438	Griechische Antike
1700 – 500 n. Chr.	Antike
500 – 1500	Mittelalter
1093 – 1156	Romanik 100-1130
1195 – 1260	Gotik 1150-1500
1400 – 1600	Renaissance
1570 – 1750	Barock 1770
1750 – 1830	Klassizismus
1820 – 1890	Historismus
1890 – 1910	Jugendstil
1914 – 1925	Expressionismus
1919 – 1933	Bauhaus
1960 – 1980	Postmoderne

Abb. 2.7: Bauhausgebäude in Cottbus (Bauhaus-Dessau, 1926, Hochschule für Gestaltung; Walter Gropius 1883 – 1969)

Abb. 2.8: KunstHaus in Wien (Ausschnitt)

2

Parallel zu den in den Jahren 1960 bis 1980 produzierten Gebäuden entwickelte sich die Postmoderne (post, lat. nach). Die Bauten von Friedensreich Hundertwasser (1928–2000) entsprechen diesen Vorstellungen.

Während die Baumeister früher mit Erfahrungswerten gearbeitet haben und ab der Renaissance auch mit Faustformeln, ist durch die Entwicklung der Mechanik ab 1700 die Bauplanung aufgrund des Konstruktionswissens möglich geworden.

> Die Möglichkeiten des Bauens sind in allen Epochen durch vorhandene Materialien und das Konstruktionswissen über diese Materialien bedingt.

Für das Bauen an historischen Gebäuden bzw. das Bauen im Bestand gilt die gewissenhafte und detaillierte Zustands- und Bestandsaufnahme als wesentliche Voraussetzung. Dazu gibt es entsprechende Software (z. B. die Intelligente Diagnosemethode Altbau „idi-al"). Dazu werden die vorhandenen Bauteile im sogenannten Stärken-Schwächen-Profil zusammengefasst und in (7) Kategorien gegliedert. Dazu werden in einem extra Ordner Bestandsfotos erfasst, die für die weitere Bearbeitung vorzuhalten sind. So können z. B. besondere Bogenformen (vgl. Abb. 2.9) und deren zeitgeschichtlichen Zuordnung von Interesse sein, um den Ausgangszustand mit dem späteren Istzustand zu bewerten.

Für den Bauherrn ist darüber hinaus die Kostenschätzung, die Schnittstelle mit dem Denkmalschutz, die aktuellen Fördermöglichkeiten, die Schnittstelle für die Energieberatung und die Wirtschaftlichkeit in Verbindung mit der späteren Nutzung von entscheidender Bedeutung.

Abb. 2.9: Gotisches Fenster mit Fischblase (Fischblase oder Schneuß ist eine geschwungene Ornamentform und gehört zu den feingliedrigen Steinmetzarbeiten wie Maßwerk und Vierpass)

Rundbogen

Korbbogen (Barock)

Spitzbogen (Gotik)

Abb. 2.10: Beispiele für Bogenformen

2.3 Bauvermessung

Bauvermessungsarbeiten finden im Gegensatz zu den allgemeinen Vermessungsarbeiten in einem begrenzten räumlichen Umfeld statt. Damit muss die Erdkrümmung in der Bauvermessung nicht berücksichtigt werden. Vermessungsarbeiten sind für Planung, Absteckung, Aufnahme, Überwachung und Kontrolle von Bauvorhaben notwendig.

Die Vermessung unterscheidet zwischen Lage-, Höhen- und Winkelmessungen. Im Bauwesen müssen einerseits Aufnahmen von Lage und Höhen eines Bauwerks vorgenommen werden, anderseits Absteckungsarbeiten, um das Bauwerk gemäß der Planung auf dem Bauplatz platzieren zu können.

Durch Bauvermessungsarbeiten werden Längen, Höhen und Winkel aufgenommen oder im Gelände abgesteckt.

Vermessungsarbeiten können mit den unterschiedlichsten Hilfsmitteln vorgenommen werden (vgl. Abb. 2.11). Mit ganz einfachen Hilfsmitteln (Schnur, Wasserwaage, Lot, Winkelprisma) bis zu hoch komplexen elektronischen Geräten (Tachymeter, Laser) lassen sich Vermessungsaufgaben im Bauwesen mit natürlich unterschiedlich hohem Aufwand lösen. Entscheidend für die jeweilige Gerätewahl ist die Verfügbarkeit der Geräte und die gewünschte Genauigkeit.

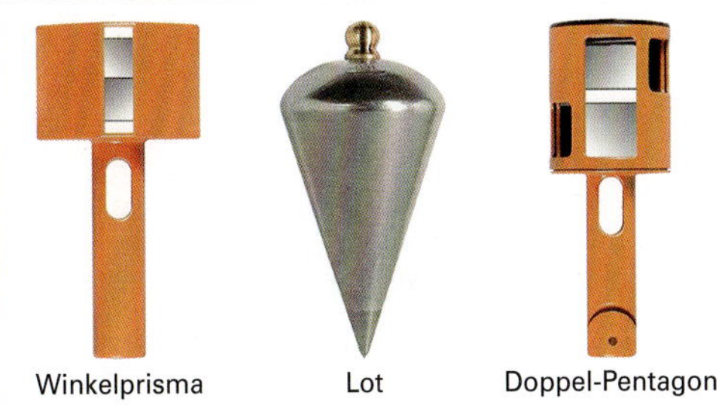

Abb. 2.11: Einfache Vermessungsgeräte
(GLUNZ Technik GmbH)

Die für ein Hochbauvorhaben notwendigen Vermessungsarbeiten können aufgrund der beschränkten lokalen Ausdehnung von Bautechnikern vorgenommen werden. Vermessungen im Straßen- und Tiefbau sollten von ausgebildeten Vermessungstechnikern bzw. Vermessungsingenieuren vorgenommen werden.

An die Ausführenden von Vermessungsarbeiten werden unterschiedliche fachliche Anforderungen gestellt.

2.3.1 Maßeinheiten

Einheiten für Längen und Höhenmaße ist in der Vermessungstechnik das Meter. Die Genauigkeit der Messung ist je nach verwendeten Geräten. Messmethoden und Distanzen unterschiedlich. Da auch Ablesefehler vorkommen können, ist es unabdingbar, durch Kontrollmessungen Messfehler zu vermeiden. Die aufgrund der Genauigkeit der Verfahren entstehenden Fehler im Rahmen der erlaubten Toleranzen werden durch eine Fehlerausgleichsrechnung minimiert.

Für Winkelmessungen wird der Vollkreis in 400 Teile unterteilt (400 gon) (Zentesimalteilung). Durch diese Einteilung sind die Nachkommastellen Dezimalwerte.

Die Winkeleinheit ist damit gon. Die Unterteilungen sind Zentigon cgon und Milligon mgon.

1 gon = 100 cgon = 1000 mgon

Beispiel

Umrechnung von Grad in gon:
gegeben: 70° 50′ (70 Grad, 50 Minuten)

$\text{Gradzahl} \times \frac{400}{360}$ bzw. $\text{Gradzahl} \times \frac{10^{\text{gon}}}{9^\circ}$

$70^\circ \cdot \frac{10^{\text{gon}}}{9^\circ} = 77{,}78^{\text{gon}}$

$\text{Minuten} \times \frac{1^\circ}{60'} \times \frac{400^{\text{gon}}}{360^\circ}$

$50' \cdot \frac{1^\circ}{60'} \cdot \frac{10^{\text{gon}}}{9^\circ} = 0{,}93^{\text{gon}}$

77,78 gon + 0,93 gon = 78,71 gon

Beispiel

Umrechnung von gon in Grad (Altgrad):
gegeben: 78,71 gon

$\text{gon} \times \frac{360}{400}$ $\quad 78{,}71 \cdot 0{,}9 = 70{,}83^\circ$

oder $\quad 70^\circ\ 50'$

mit Einheiten

$1^{\text{gon}} = \frac{360^\circ}{400^{\text{gon}}} \cdot 1^{\text{gon}} = 0{,}9^\circ$

$0{,}9^\circ = 0^\circ + 0{,}9^\circ \cdot \frac{60'}{1^\circ} = 54'$

angewandt auf 70,83° ergibt 70° 50′

In der Bauvermessung werden Längen im Meter und Winkel in Gon angeben und gemessen.
Für den Taschenrechner gilt:
Grad [°], Altgrad, DEG;
Gon [^{gon}], Neugrad, GRAD;
Radiant, Bogenmaß, RAD.

2.3.2 Bezugssysteme

Koordinatensysteme

Für die Lagemessung existieren zwei Koordinatennetze, die für die Punktabsteckung und Punktaufnahme genutzt werden können. Durch diese Koordinatensysteme werden die geodätischen Koordinaten (Breite/Länge λ/φ) auf die Ebene abgebildet.

Noch bildet das Gauß-Krüger (GK-System) die Basis für die Vermessung. Es soll durch das Universal Transverse Mercator (UTM-System) abgelöst werden.

2

Beide Systeme sind ebene orthogonale Koordinatensysteme. Im Gegensatz zu mathematischen und statischen Koordinatensystemen mit Achsenbezeichnungen x, y, z werden bei GK-Koordinaten die Werte auf den Achsen mit Hoch- und Rechtswert, und bei den UTM-Koordinaten mit North-Wert und East-Wert bezeichnet.

Werden die Achsen mit X und Y bezeichnet, so wird in der Vermessung die Ordinate (Senkrechte) mit X und die Abszisse (Waagerechte) mit Y ausgewiesen.

Im GK-System wird die Erdoberfläche winkelgetreu auf 3° breite Meridianstreifen (Hauptmeridian) abgebildet (Transversale Mercatorprojektion) (vgl. Abb. 2.12). Der Mittelmeridian wird dabei längengetreu abgebildet. Diese werden in Einzelsysteme von 1° 30′ unterteilt. Damit nicht mit negativen Koordinatenwerten gerechnet werden muss, wird dem Mittelmeridian statt Null der Rechtswert 500000 m zugeordnet. Bei der Einteilung in 3° breite Streifen haben diese Streifen am Äquator eine Länge von circa 333000 m.

$$\frac{\text{Erdumfang}}{(360/3)} = \frac{4000000}{120} = 333333 \text{ m}$$

Die Hauptmeridiane werden durch Kennziffern unterschieden. Die Kennziffer errechnet sich, indem die Gradzahl des Hauptmeridians durch 3 dividiert wird. Damit ergibt sich für den Hauptmeridian 9° ö. L. die Kennzahl 3. Für die Bundesrepublik Deutschland sind die Bezugsmeridiane L0 = 6°, 9°, 12° und 15° östlich von Greenwich.

Die erste Ziffer des Rechtswerts einer Gauß-Krüger Koordinate ist die Kennzahl für die Zone.

Der Hochwert wird vom Äquator ausgemessen. Für die Bundesrepublik Deutschland die zwischen dem 48° (Freiburg) und 55° (Flensburg) Breitengrad liegt ergeben sich Werte von 5316800 m bis 6073920 m.

Beispiel

Ein Punkt P liegt 15.709,34 m östlich vom 6° Meridian.

Rechtswert = 2515709,34

Ein Punkt P liegt 7.456,76 m westlich vom 6° Meridian

500000 – 7456,76 = 492543,24
Rechtswert = 2492543,24

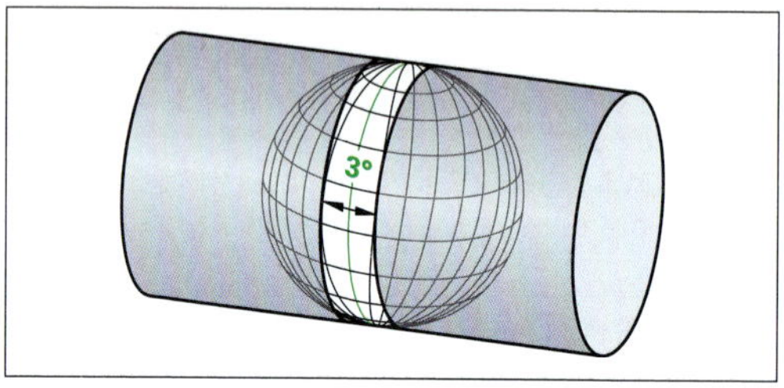

Abb. 2.12: GK-System

Beim UTM-System wird eine Einteilung in 6° breite Meridianstreifen vorgenommen (Konforme, transversale Mercatorprojektion). Die Bezugsmeridiane für Deutschland sind 3°, 9° und 15° östlich des Nullmeridians in Greenwich. Jeder Meridianstreifen besitzt eine Zonennummer Z. Die Zonennummer errechnet sich zu Z = (Lo + 3°)/6°+ 30.

Beispiel

Meridianstreifen 9° östliche Länge

$$\text{Zone} = \frac{(9° + 3°)}{6°} + 30 = 32$$

Auch bei dem East-Wert der UTM-Koordinate ist die erste Ziffer die Zonennummer. Um auch in diesem System negative Koordinaten zu vermeiden, hat die Abszisse den Wert 500000 m. Werte auf der Abszissenachse haben den Korrekturwert 0,9996 für die Längen. Damit werden Verzerrungsfehler minimiert. Die Nummerierung der Zonen beginnt bei 180°.

Beim GK-System ist dieser Korrekturfaktor, bedingt durch die schmaleren Meridianstreifen, für die Abszissenwerte nicht notwendig.

Die Breiten werden ausgehend vom 80° -Breitengrad Süd bis zum 84° -Breitengrad Nord in 8° breite Felder eingeteilt, die mit Großbuchstaben bezeichnet von C bis X (ohne I und O) werden.

Deutschland liegt im wesentlichem im Feld U zwischen dem 48° und 56° Breitengrad.

Beispiel

für eine Koordinate im UTM-Format
32U 575612 5932122

Zonenfeld: 32U
Ostwert: 575612
575612 m östlich des 9°-Meridians
Nordwert: 5932122
5932122 m nördlich vom Äquator
Der Ort liegt nördlich vom Äquator im Zonengebiet 32U.

Bezugssystem für die Lagemessungen

Vermessungen über größere Strecken erfordern bei der Umrechnung in Koordinaten stets Korrekturen, da die Entfernung zwischen zwei Punkten durch die gewählten Mercatorprojektionen nicht längengetreu ist.

Die Koordinaten nach dem UTM-System lösen als Grundlage der Kartierung das Gauß-Krüger-System in der Vermessung ab.

Das Koordinatensystem für die Vermessungsarbeit ist das Gauß-Krüger System.

Für lokale Vermessungsaufgaben wird ein kartesisches Koordinatensystem verwendet. Im Gegensatz zu den in der Mathematik und Mechanik verwendeten Standardebenen und Blickrichtungen ist die y-Achse die Abszisse (Rechtswert) und die *x*-Achse die Ordinate (Hochwert) (vgl. Abb. 2.13).

Deutschland ist als Grundlage für die Lagevermessung von einem Punktnetz (LFP Lagefestpunkte) überzogen. Ausgehend von Deutschen Hauptdreiecksnetz existieren Festpunkte deren Koordinaten bekannt sind und für vermessungstechnische Arbeiten von den Landesvermessungsämtern bereitgestellt werden.

Das Punktfeld der trigonometrischen Punkte (TP-Feld) wird durch das Aufnahmepunktfeld (AP-Feld) von einer durchschnittlichen Entfernung der Punkte von 1000 m auf circa 200 m verdichtet (vgl. Abb. 2.14). Diese Punkte sind im Gelände vermarktet oder sind markante Punkte wie z. B. Kirchtürme. Damit sind für örtliche Vermessungsaufgaben die Voraussetzungen gegeben, lokale Punkte in das Punktfeld koordinatenmäßig anzubinden.

Die Basis für die Lagemessung bildet ein System trigonometrischer Punkte.

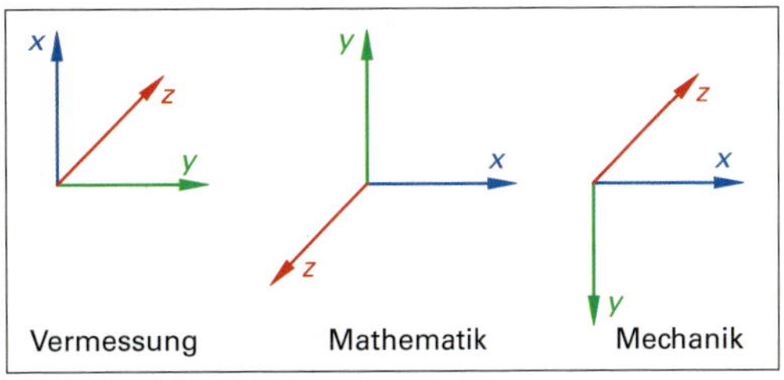

Abb. 2.13: Bezugssysteme für die Lagemessung

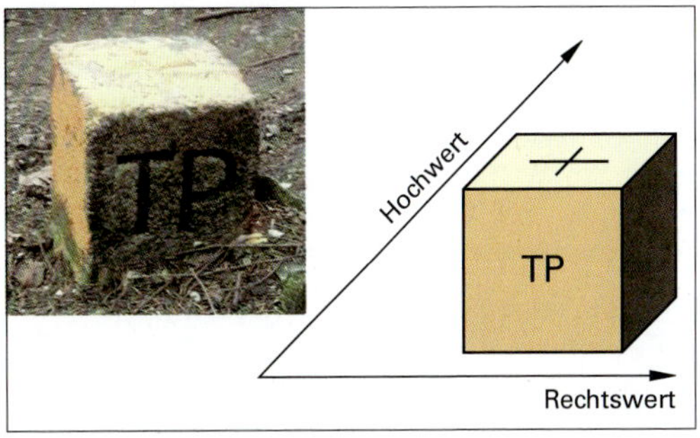

Abb. 2.14: Trigonometrischer Punkt

Abb. 2.15: Höhenbolzen

Bezugssystem für die Höhenmessung

Das deutsche Haupthöhennetz 1992 (DHHN92) ist die Bezugsgrundlage für die Höhenmessung. Das Höhennetz basiert auf den **Normalhöhen NHN** mit dem Quasigeoid als Bezugsfläche. Der Nullpunkt für dieses Höhensystem ist der alte mittlere Pegel in Amsterdam. In engen Abständen sind Höhenfestpunkte z. B. als Mauerbolzen zu finden (vgl. Abb. 2.15). Von diesen Höhenpunkten kann bei Bedarf ausgegangen werden. Alle Vermessungen (Vermarkungen) sind so zu wählen, dass die Ansetzfläche der Nivellierlatte eindeutig auf dem höchsten Punkt des (genormten) Höhenbolzens aufgestellt wird.

Die Daten koordinatenmäßig bekannter Punkte werden von den Vermessungsämtern der Länder zur Verfügung gestellt.

2

2

Satellitenvermessung

Seit 1995 ist die Vermessung durch den Zugriff auf Satellitensysteme möglich. Während durch die USA das NAVSTAR-GPS (**NAV**igational **S**atellite **T**ime **A**nd **R**anging- **G**lobal **P**ositioning **S**ystem) aufgebaut wurde verfügt Russland mit dem System GLONOSS über ein ähnliches System. Auch China verfügt über ein Satellitensystem Namens COMPASS. Europa arbeitet noch an dem eigenen System GALILEO.

Um mithilfe der Satellitentechnik die Position zu bestimmen, müssen mindestens vier Satelliten für Signale empfangsbereit sein. Aus den empfangenen Signalen werden dreidimensionale Koordinaten im WGS84 (World-Geodetic-System 1984) errechnet. Für die Signalauswertung sind zwei GPS-Empfangsstationen notwendig.

Um die Genauigkeit für vermessungstechnische Aufgaben zu erhöhen, betreibt die AdV (Arbeitsgemeinschaft der Vermessungsverwaltungen der Länder) ein Netz von GNSS Referenzstationen. Damit ist nur noch ein GPS-Empfänger für die Positionsbestimmung erforderlich, da die Daten der Referenzstationen bekannt sind. Durch das SAPOS (Satellitenpositionierungsdienst der Vermessungsverwaltungen der Länder) werden die GPS oder GLONOSS Satellitenempfangsdaten präseziert und als UTM oder GK-Krüger Koordinaten zur Verfügung gestellt.

Mit GPS-Vermessung ist eine Vermessung von Punkten möglich, auch wenn keine Sichtverbindung besteht.

Laservermessung

Durch Anwendung von Baulasern verringert sich der Zeitaufwand für Vermessungsarbeiten gegenüber dem Einsatz von herkömmlichen Vermessungsgeräten erheblich. Durch den Baulaser wird ein roter Laserstrahl oder Laserpunkt sichtbar, der zum Fluchten oder zum Anbringen eines Höhenrisses geeignet ist. Laserentfernungsmesser verfügen zudem über Rechenfunktionen, um durch die Messwerte Flächen und Volumen zu errechnen.

Kreuzlaser projizieren ein rechtwinkliges Achsenkreuz oder auch Laserpunkte je nach Einstellung in die Vertikale und/oder Horizontale. Kreuzlaser finden hauptsächlich im Innenausbau Anwendung.

Rotationslaser (vgl. Abb. 2.16) erzeugen durch einen rotierenden Laserstrahl eine Bezugsebene. Durch zugehörige Empfänger lassen sich Nivellieraufgaben lösen. Die Reichweite eines Laserstrahls wird bis zu 500 m angegeben. Werden Empfänger an Panierraupen angebracht, können großflächige Planierarbeiten höhenmäßig korrekt durchgeführt werden.

Spezielle Kanalbaulaser (vgl. Abb. 2.17) erleichtern das Verlegen von Rohrlegungen im angegebenen Gefälle erheblich. Der Laserstrahl markiert die Rohrachse. Durch Verwendung einer Zielscheibe können die Rohre exakt ausgerichtet werden.

Abb. 2.16: Rotationslaser (geo-FENNEL)

Abb. 2.17: Kanalbaulaser (geo-FENNEL)

Bei Baulasern der Klasse 2 bedarf es im Gegensatz zu den Baulasern der Klasse 3 keiner Schutzeinrichtung für die Augen. Werden Baulaser der Klasse 3 auf einer Baustelle eingesetzt, bedingt dies den Einsatz von Warnschildern.

Abb. 2.18: Laserwarnung

3D-Laserscanner

Das 3D-Scanning ist eine berührungslose Distanzmessung. Die i.d.R. tragbaren Geräte sind hochautomatisch und bestehen aus Hard- und Software. Die Umgebungserfassung erfolgt im 360°-Winkel. Ein automatischer Datenaustausch vom Vermessungsstandort zum Büro ist angelegt.

2.4 Messdatenübernahme

Grundlage einer jeden Planung ist der Lageplan. Früher wurde auf die Flurkarten zurückgegriffen. Da diese meist im M 1:1000 vorliegen, Lagepläne für Bauvorhaben aber nicht kleiner als 1:500 zu erstellen sind, wurden sie über den Kopierer vergrößert. Die zwangsläufigen Ungenauigkeiten führten zu falschen Abstandsflächen. Werden dagegen die Koordinaten des Vermessers bzw. der Katasterämter übernommen, können die immer kleiner werdenden Grundstücke nicht nur optimal ausgenutzt werden, sondern Grenzstreitigkeiten sind ausgeschlossen.

Lagepläne sind über Koordinaten zu erzeugen.

Vor jeder Messdatenübernahme ist zu überprüfen:

- In welchem Format liegen die Daten vor, z. B. Word (.doc, .txt), Excel (.xls), Access (.mdb)?
- Sind sie georeferenziert, d. h. beziehen sie sich auf Äquator und Nullmeridian?
- Beziehen sie sich auf einen vom Vermesser festgesetzten Nullpunkt?
- Sind es eventuell Punktwolken aus Überfliegungen?
- Was steht bereits an Dateien zur Verfügung? Z. B. gescante Flurkarte (Rasterdateien, die im M 1:1 transformiert werden können) oder Grundkarten (Vektordateien), in die die neuen Messpunkte übernommen werden sollen.

An diesen Fragestellungen wird bereits die Komplexität deutlich. Vieles ist vom jeweiligen CAD-Programm und der Arbeitsweise und Zielsetzung des Büros abhängig. Grundsätzlich gilt:

- Die einzulesenden Daten sollten kein Format besitzen, d. h. nicht fett, kursiv o. Ä.
- Auf Spaltenüberschriften sollte verzichtet werden.
- Die Grundstruktur lautet x-Wert, y-Wert, z-Wert. Das Dezimalzeichen ist der Punkt. Koordinaten werden durch ein Komma getrennt.

Einige Programme erlauben bereits im Grundlagenmodul ohne branchenspezifische Aufsätze (Applikationen) ein Einlesen derartiger Koordinaten aus Word oder Excel (vgl. Abb. 2.19).

Ist ein Einlesen nicht möglich, sind Messdaten über absolute Koordinaten einzugeben. Ein Berechnen der Differenzwerte, das bei einer relativen Eingabe erforderlich wäre, entfällt.

Sollen die Daten georeferenziert erzeugt werden, sind alle x- und y-Werte einzugeben, ansonsten wird – wie beim traditionellen Zeichnen – auf die ersten 4 Stellen verzichtet.

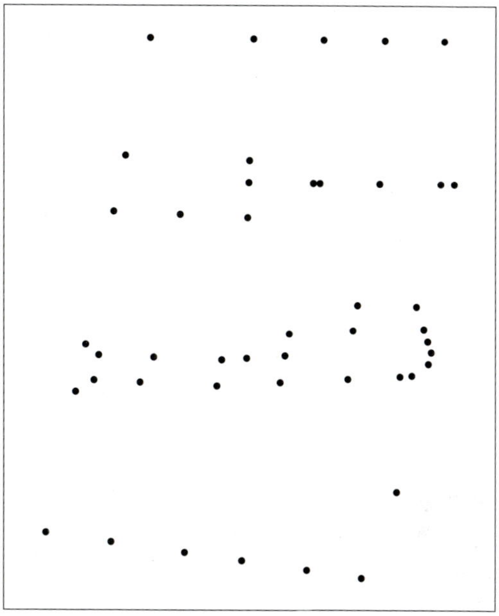

Abb. 2.19: Eingelesene Punktkoordinaten

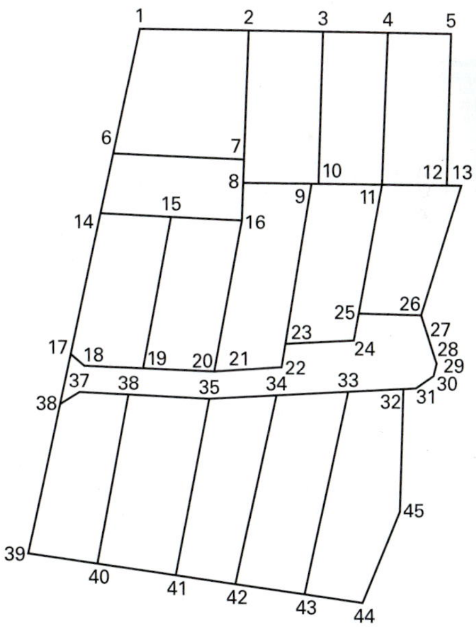

Pkt. Nr.	Rechtswert	Hochwert
1	4539737.990	7018866.380
2	4539767.000	7018866.050
3	4539786.990	7018865.780
4	4539804.475	7018865.501
5	4539821.510	7018866.229

Abb. 2.20: Lageplan nach vorgegebenen Koordinaten

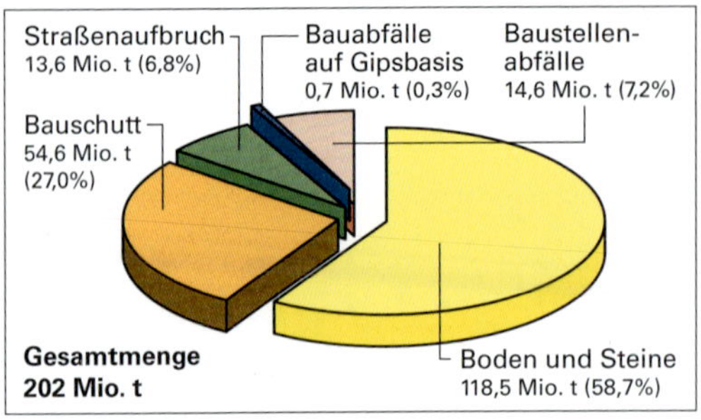

Abb. 2.21: Mineralische Bauabfälle

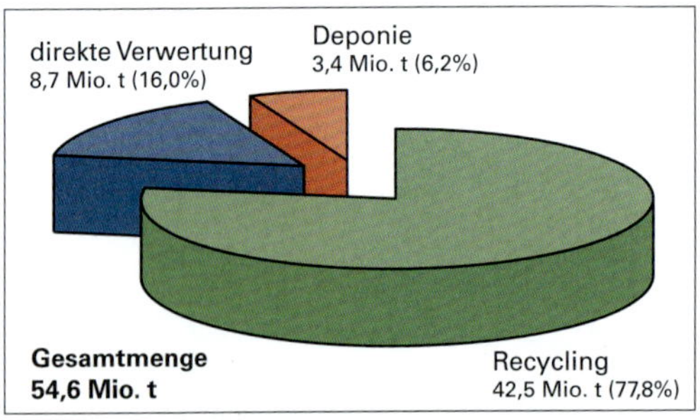

Abb. 2.22: Verwertung und Beseitigung von Bauschutt (Stand 2014, Bund-Länder-Arbeitsgemeinschaft Abfall)

Abb. 2.23: Sammlung von Bauabfällen in Containern

Abb. 2.24: Abbruch und Wiederaufbereitung von Beton

2

2.5 Baustoffrecycling

Beim Bauen entstehen **Bodenaushub** sowie **Abfälle,** z. B. durch Verschnitt, Verpackungen und Bauhilfsstoffe; beim Sanieren fallen außerdem **Abbruchabfälle** an (vgl. Abb. 2.21). Die Vermeidung bzw. Wiederaufbereitung von Abfällen spart Rohstoffe und Deponieraum (vgl. Abb. 2.22). Der umweltverträgliche Umgang mit Bau- und Abbruchabfällen sowie Bodenaushub ist deshalb ein Ziel beim **Ökologischen Bauen** und wird als Recycling bezeichnet.

Recyclingmaßnahmen dienen somit dem Umweltschutz und der Kostenersparnis und sind außerdem gesetzlich vorgeschrieben. Nach dem Kreislaufwirtschafts- und Abfallgesetz gilt bei der Abfallbehandlung folgende Reihenfolge:

① Abfälle sind möglichst zu **vermeiden**.
② Unvermeidbare Abfälle sind zu **verwerten**, wenn möglich stofflich ⇒ **Wiederaufbereitung**, andernfalls energetisch ⇒ **Energiegewinnung**.
③ Nicht verwertbare Abfälle sind zu **beseitigen**.

Die **Vermeidung** von Abfällen ist beispielsweise durch Wiederverwendung von Schalungen, verschnittarme Bauausführung und den Wiedereinbau von Bodenaushub möglich. Auch die Verwendung von schadstoffarmen Produkten, die wieder aufbereitet werden können, verringert die Abfallmenge.

Die **Verwertung** setzt das getrennte Bereitstellen, Sammeln, Fördern und Lagern von Abfällen voraus und ist deshalb bereits bei der Baustelleneinrichtung einzuplanen (vgl. Abb. 2.23). Dazu werden häufig Container eingesetzt. Eine Wiederaufbereitung ist insbesondere bei mineralischen Abfällen für verschiedene Verwendungszwecke möglich. Beton und Ziegel werden hierzu in Brech- und Siebanlagen in geeigneten Körnungen getrennt (vgl. Abb. 2.24).

Nach der Gewerbeabfallverordnung sind Glas, Kunststoffe, Metalle, Beton und Ziegel zu trennen. Ziegel können auch als Gemische mit Fliesen und Keramik sowie mit Beton gelagert und verwertet werden.

Baustoffe, die gefährliche Stoffe enthalten, müssen gesondert gesammelt und aufbereitet bzw. entsorgt werden. Zu diesem **Sondermüll** gehören beispielsweise teer- oder asbesthaltige Baustoffe, alte Mineralfaserdämmstoffe sowie Holz, das mit chemischen Schutzmitteln behandelt wurde.

Bei der Planung und bei der Bauausführung kann zur Abfallvermeidung beigetragen werden.

2.6 Ökologisches Bauen

Der Aspekt der Energieeinsparung ist zentral für die Planung ökologischer Bauwerke. Zusätzlich sollte auch auf das Dämmmaterial geachtet werden. Natürliche und aus Recyclingprozessen gewonnene Dämmstoffe belasten die Umwelt bei Bau (vgl. Abb. 2.25 bis 2.27), Betrieb und späterem Abriss des Gebäudes am geringsten.

Soll das Bauen umweltschonender gestaltet werden, ist vor allem der Rohstoffverbrauch zu vermindern. Es können verstärkt Baumaterialien eingesetzt werden, die entweder von nachwachsenden Rohstoffen stammen oder die mehrfach verwendet werden können, beispielsweise durch Recycling. Damit wird die Landschaft geschont, da weniger Steinbrüche und Kiesgruben angelegt werden müssen und auf ein paar Deponien verzichtet werden kann. Ein Ziel ökologischen Bauens heißt also, die Baustoffe möglichst lange im Kreislauf zu halten.

Hinsichtlich des Kreislaufs stellen sich zwei Fragen: Die erste betrifft die aktuelle Verwendung der vorhandenen Substanz, die vor 100 oder 30 Jahren verbaut wurde, die zweite die Wiederverwertung der vorhandenen Materialien. Nach der Bilanzierung folgt die Bewertung in einer Ökobilanz. Und da Bauen immer einen Eingriff in das Umfeld bedeutet, müssen auch soziale, ökonomische, ästhetische und bauphysikalische Aspekte berücksichtigt werden, um ein Gebäude ganzheitlich zu beurteilen.

Bei der Bilanzierung sollten nicht nur die verbrauchten Stoffmengen betrachtet, sondern auch die individuellen Belastungen der Umwelt durch Emissionen in Luft, Wasser und Boden berücksichtigt werden. Die Umweltverträglichkeit eines einzelnen Stoffes zu beurteilen, reicht nicht aus, da ganz unterschiedliche Materialien und Stoffmengen verbaut werden. Vielmehr müssen Bauteile oder gar ganze Bauwerke bilanziert werden. Hinzu kommt, dass die Lebensdauer von Bauwerken sehr hoch ist. Bei großen Ingenieurbauten wie Staumauern wird mit 200 Jahren, bei Brücken mit 70 bis 100 Jahren, bei Wohngebäuden mit 50 Jahren, bei Fabrikgebäuden, je nach Sparte, zwischen 15 und 30 Jahren gerechnet.

Im Bauwesen kommen eine Vielzahl verschiedenster Bauprodukte zum Einsatz, die sehr unterschiedliche Funktionen und Anforderungen erfüllen müssen, wie Mauerwerk, Dämm- und Isolierstoffe und Materialien für den Innenausbau.

Bauprodukte sind Produkte, Baustoffe, Bauteile und Anlagen sowie Bausätze gemäß Art. 2 Nr. 2 der EU-Verordnung Nr. 305/2011, die hergestellt werden, um dauerhaft in bauliche Anlagen eingebaut zu werden.

Für Bauprodukte gibt es zwei Systeme der Beschreibung ihrer Aufgabe bzw. ihrer Verwendung:

1. Die **Landesbauordnungen** beschreiben die allgemeinen Grundanforderungen
   - Die **Verwaltungsvorschrift Technische Baubestimmungen (VV TB)** z. B. EnEV usw. ergänzen bzw. konkretisieren die Anforderungen der Landesbauordnungen.
   - Die **Musterliste der Technischen Baubestimmungen (M-Liste)** ist eine Übersicht aller eingeführten Regelwerke (DIN oder Richtlinien), die für Planung, Bemessung und Konstruktion notwendig sind.
   - Die **Bauregelliste** ist eine bauordnungsrechtlich relevante Veröffentlichung. Darin sind bauaufsichtlich eingeführte geregelte und nicht geregelte Bauprodukte sowie die technischen Regeln für Bauprodukte und Bauarten aufgelistet.
2. Die **Produktnormen**, DIN und CE erklären die Verwendbarkeit zu den geforderten Anforderungen der Bauprodukte durch Prüfungen oder Herstellung nach genauen Vorgaben.

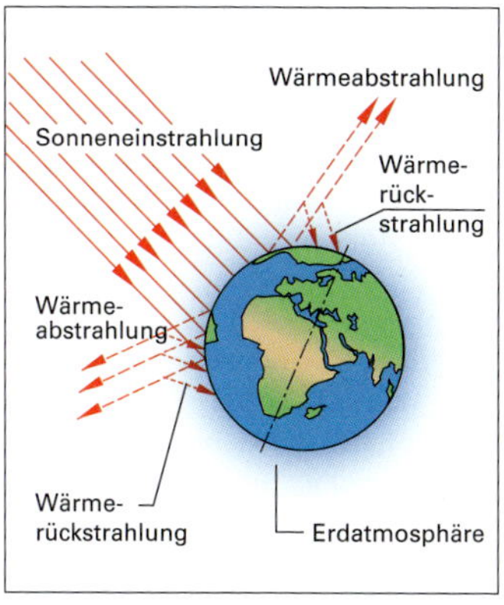

Abb. 2.25: Treibhauseffekt

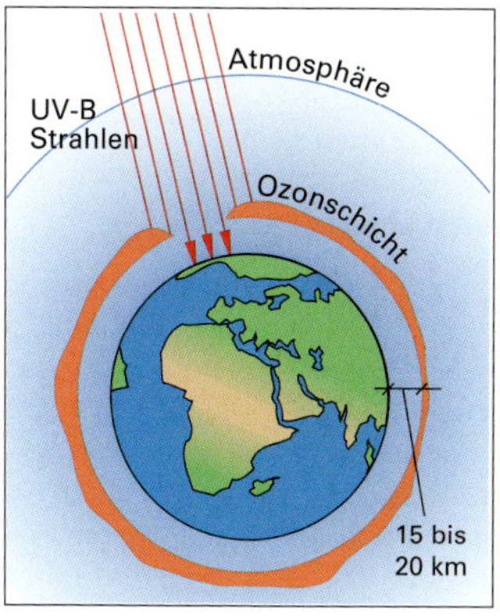

Abb. 2.26: Ozonschicht

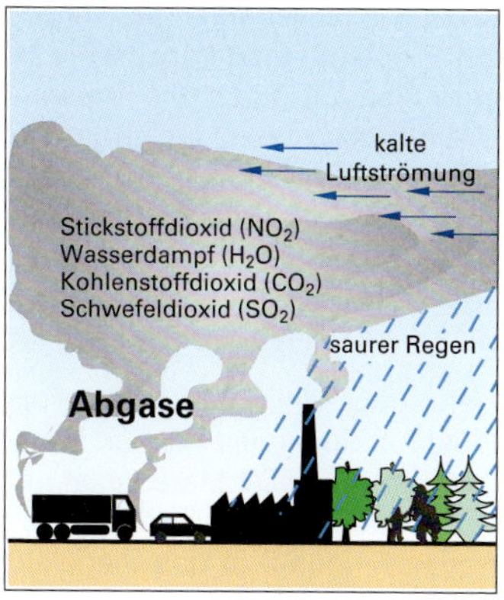

Abb. 2.27: „Saurer Regen"

Holz

Holz ist der klassische natürliche Baustoff. Die Umweltbelastung bei der Gewinnung von Holz ist relativ gering, sofern die Hölzer aus nachhaltiger Forstwirtschaft und möglichst aus der Region des Bauobjektes stammen. Weiterhin ist Holz ein beachtlicher Kohlenstoffspeicher (in Zellulose umgewandeltes Kohlendioxid), kommt in der heimischen Natur fast beliebig vor und ist ein nachwachsender Rohstoff.

Tropenhölzer sollten beim Holzbau vermieden werden. Gegen sie spricht vor allem, dass sie nur durch Zerstörung des global wichtigen tropischen Regenwaldes gewonnen werden können. Zudem kommt der große Transportaufwand hinzu.

Als Baustoff bringt Holz von Natur aus viele Vorteile mit sich: Es benötigt zur Gewinnung, Verarbeitung und beim Einbau weniger Energie als andere Baustoffe. Holz schont andere Rohstoffe, da es bei nachhaltiger Bewirtschaftung des Waldes immer wieder nachwächst und so ein stets verfügbarer Rohstoff ist. Es hat eine lange Lebensdauer und ist unbehandelt frei von Schadstoffen.

Lehm

Lehm ist eine traditionelle Alternative zu Holz. Er dämmt zwar nur mäßig, weist aber eine hohe Speicherfähigkeit für Wärme und Feuchtigkeit auf. Lehm kann meist leicht aus der Region beschafft werden, und die entstehenden Lehmgruben schädigen die Natur nur gering, da sie zum Grundwasser hin dicht sind. Dadurch sind sie nach dem Abbau als Abfalldeponien geeignet, weil keine gefährlichen Stoffe ins Grundwasser eingetragen werden können.

Die Verwendung von Lehm beim Bau wirft jedoch technische Probleme auf: mangelhafte Druckfestigkeit, schlechte Beständigkeit gegenüber Wasser und geringe Zugfestigkeit, die sich beim Trocknen in Rissbildung bemerkbar macht. Die beiden ersten Probleme sind konstruktiv leicht lösbar durch gute Planung und dicke Mauern. Das dritte Problem führte schon in der Vergangenheit zur Entwicklung erster Verbundstoffe. Dazu wird Stroh in den Lehm gemischt oder der Lehm auf ein Weidengeflecht aufgebracht. Der Lehmbau erfordert in heutiger Zeit sehr spezielle Kenntnisse und wird nur sehr selten in gemäßigten Breiten verwandt.

Lehm oder Ton in gebrannter Form ist das Rohmaterial für Ziegel und Klinker. Die ökologische Unbedenklichkeit dieser Materialien hängt allerdings von den Produktionsprozessen (genauer gesagt von der Abgasreinigung) in den Ziegeleien und den Transportwegen ab. Für das Brennen der Ziegel können Abfallstoffe wie Sägemehl, Papierschlamm oder Polystyrolschaum, ja sogar ölhaltige Erde verwendet werden, um die Energiekosten beim Brennen zu mindern. Die dabei entstehenden Emissionen bilden in den Ziegeln feine Gasbläschen, die ihnen bessere Wärmedämmeigenschaften verleihen. Doch die für ökologisch verantwortungsbewusstes Bauen notwendigen Wärmedämmeigenschaften sind nicht mit allen Ziegelmauerwerken allein zu erreichen. Dann muss eine zusätzliche Wärmedämmung von außen angebracht werden.

Ziegel

Ziegel haben wichtige positive Eigenschaften. Sie gleichen Feuchtigkeit aus und weisen eine gewisse Dampfdurchlässigkeit auf. Diese Eigenschaft ist klimatisch erwünscht, aber technisch bei einigen Baustoffen problematisch, weil es durch Kondensatbildung zu Schäden im Mauerwerk kommen kann.

Zement und Beton

Umstritten im Ökobau, aber in weiten Teilen aus Kostengründen unverzichtbar, ist die Verwendung von Zement und damit auch von Beton. Das Bauen mit Beton belastet die Umwelt durch den Verbrauch von Energie und Landschaft. Seine Bestandteile werden in Kalksteinbrüchen und Kiesgruben gewonnen. Dabei werden zwangsläufig Biotope zerstört, und durch das wasserdurchlässige Gestein können leicht Fremdstoffe, beispielsweise Düngemittel, ins Grundwasser eindringen.

Die Zementherstellung ist aufgrund der dort üblichen Feuerungstechnik problematisch. Zudem ist der Vorrat an Gesteinskörnungen (Sand, Kies) begrenzt.

Beton wird in Verbindung mit Betonstahl für tragende Konstruktionen beim Bauen eingesetzt. Insbesonders für die Gründung von Bauwerken gibt es keine Alternative zu Beton. Beim Abbruch von Betonbauwerken kann der Festbeton zu Betonspitt und Brechsand zerkleinert werden. Enthaltende Stahlteile werden als Stahlschrott im Stahlwerk weiterverwendet. Unter Verwendung der aufgearbeiteten Gesteinskörnung wird dann Recyclingbeton hergestellt. Betonspitt und Brechsand eignen sich auch für ungebundene Tragschichten im Verkehrswegebau. Bauphysikalisch besticht Beton durch seine hohe Druckfestigkeit und seine Eignung als Wärmespeicher. Dies ist bei der Prüfung der Umweltverträglichkeit von Beton zu berücksichtigen.

Kalksandsteine

Ein Klassiker im Bau sind Kalksandsteine, die ebenfalls künstlich hergestellt werden. Sie entstehen, wenn eine Mischung aus gebranntem Kalk und Quarzsand unter Druck bei etwa 250 °C gehärtet wird. Die Umweltbelastung ist dabei relativ gering, weil sich der Energieverbrauch bei der Herstellung in Grenzen hält.

Aus ökologischer Sicht ist Kalksandstein ein regional zu bevorzugendes Baumaterial für Mauerwerk. Es muss für beheizte Gebäude mit zusätzlicher Wärmedämmung versehen werden. Aufgrund seiner Festigkeit und Wärmespeicherfähigkeit ist Kalksandstein sehr beliebt bei der Konstruktion von Passivhäusern. Diese Häuser benötigen häufig keine Heizung, stellen jedoch extreme Anforderungen an die Wärmedämmung der Außenwand und die Speicherfähigkeit der Innenwände.

Aber nicht jeder aus der Natur stammende Baustoff bedeutet einen Beitrag zum ökologischen Bauen. Beispielsweise dämmen Natursteine sehr schlecht und Mauern aus Sandstein durchfeuchten schnell.

Recycling-Tragschichten

Tragschichten für den Straßenbau aus ungebundenem Mineralstoffgemisch werden nach Sieblinien zusammengesetzt. Gebundene Tragschichten enthalten hydraulische oder bitumige Bindemittel. Neben den natürlichen Gesteinskörnungen werden für Tragschichten auch künstliche Gesteinskörnungen (Hochofen-, Metallhüttenschlacke), Recyclingbaustoffe (aus Aufbruch und Ausbau von Hoch- und Tiefbauten) sowie industrielle Nebenprodukte (Müllverbrennungsasche, Bergbaurückstände, Granulate) verwendet. Zudem gewinnen Recyclingbaustoffe (RC-Baustoffe) als Gemische (RC-Gemische) aus Asphaltgranulat, Mauerwerks- und Betonabbruch an Bedeutung. Die Zusammensetzung der Gemische ist in den Technischen Lieferbedingungen (TL SoB-StB und TL Gestein-StB) festgelegt.

2.7 Natürliche Bausteine

Natürliche Gesteine sind, je nach dem, wie sie entstanden sind, mehr oder weniger druckfest, tragfähig, dicht und frostsicher und deshalb unterschiedlich geeignet für Baumaßnahmen jeglicher Art. Auch bedrohen in jüngster Zeit Schadstoffemissionen (saurer Regen, vgl. Abb. 2.27) viele alte Baudenkmäler aus Kalk- oder Sandstein. Zusätzlich hat der Zwang zur Rationalisierung den Einsatz von Natursteinen auf das Sanieren und Restaurieren alter Gebäude und dekorative Bauelemente beschränkt.

Tabelle 2.28: Mindestdruckfestigkeiten der Gesteinsarten

Gesteinsarten	Mindestdruckfestigkeit
Kalksteine, Travertin, vulkanische Tuffsteine	20 MN/m^2
Weiche Sandsteine (mit tonigem Bindemittel) und dgl.	30 MN/m^2
Dichte (fest) Kalksteine und Dolomite (einschl. Marmor), Basaltlava und dgl.	50 MN/m^2
Quaritische Sandsteine (mit kieseligem Bindemittel), Grauwacke und dgl.	80 MN/m^2
Granit, Syenit, Diorit, Quarzporphyr, Melaphyr, Diabas und dgl.	120 MN/m^2

Anhand der Mindestdruckfestigkeiten (vgl. Tabelle 2.28) lässt sich leicht erkennen, dass einige der Gesteine eher geeignet sind, tragende Funktionen zu übernehmen, andere tatsächlich nur zur Zierde oder in Innenraumbereichen verwendet werden sollten.

Eigenschaften der Natursteine

Die Verwendung der Natursteine richtet sich nach den technischen Eigenschaften und den gestalterischen Merkmalen.

Technische Eigenschaften
- Druckfestigkeit, Dichte, Gewicht, Härte
- Witterungsbeständigkeit, Porigkeit, Wassersaugvermögen
- Bearbeitbarkeit

Gestalterische Merkmale
- Oberfläche, Struktur
- Farbe, Textur, Effekte

Natursteinpflaster

An Pflastersteine (Steine für den Straßen- und Wegebau) werden andere Anforderungen gestellt als an Steine für den Hochbau. Pflastersteine aus Naturstein sollen ausreichend druckfest sein, einen Widerstand gegen Frost-Tauwasser-Wechsel sowie gegen Abrieb aufweisen. Die Oberfläche der Steine kann werksteintechnisch bearbeitet sein. Gebräuchliche Natursteinpflaster sind Granit, Basalt und Porphyr. Alle drei Gesteine sind Erstarrungsgesteine (vgl. Abb. 2.29).

2

Tabelle 2.29: Entstehung und Unterscheidung der Gesteine

Erstarrungsgesteine (primäre Gesteine, Eruptivgesteine) aus Magma	**Ablagerungen (Sedimente)**	**Ablagerungsgesteine (Sedimentgesteine)**	**Umwandlungsgesteine (Metamorphe Gesteine)**
	Umwandlung		
Verwitterung	**Verfestigung**		**Umwandlung**

Basaltsteinbruch im Siebengebirge	Kiesgrube in Norddeutschland	Kalksteinbruch im Altmühltal	Gneisformation in Norwegen
Lavagestein z. B. Basaltlava entstanden durch vulkanischen Ausfluss oder Auswurf unter Einwirkung von Gasen	**mechanische Sedimente** z. B. Sand, Kiessand, Lehm, Ton, Mergel entstanden durch Verwitterung der Erstarrungsgesteine, indem diese durch Wasser und Eis abgetragen, gelöst und in Täler und Ebenen transportiert wurden	aus mechanischen Ablagerungen z. B. **Sandstein, Kalkstein, Dolomitstein** Schieferton, Grauwacke entstanden durch Verfestigung der Ablagerungen mittels Kalk, Ton, Eisen usw.	**Paragesteine** z. B. Quarzit, Marmor, Dachschiefer entstanden aus Sedimenten durch Bewegungsvorgänge in der Erdkruste und Umlagerungen verbunden mit Hitze und Druckwirkung
junge Ergussgesteine (Oberflächengesteine) z. B. Basalt, Trachyt, Andesit entstanden durch schnelle Abkühlung an der Oberfläche			
alte Ergussgesteine (Porphyre) z. B. Diabas, Melaphyr, Quarzporphyr entstanden durch langsame, ungleichmäßige Abkühlung in geringer Tiefe	biogene Sedimente (aus Pflanzen oder Tieren entstandene) z. B. Muschelschalen, Kreideschlamm, Kieselgur entstanden durch Absterben und Ablagern von Pflanzen und Tieren	aus biogenen Sedimenten z. B. Muschelkalkstein, Kreideschlamm entstanden durch Verfestigung pflanzlicher und tierischer Ablagerungen	**Orthogesteine** (magmatischen Ursprungs) z. B. Gneis, Serpentin, Granulit entstanden aus Erstarrungsgesteinen durch Bewegungsvorgänge in der Erdkruste, wobei sie geschmolzen, gemischt, gepresst wurden (Umkristallisation)
Tiefengesteine z. B. Granit, Diorit, Syenit, Gabbro entstanden durch langsames Abkühlen in der Tiefe	**vulkanische Ablagerungen** z. B. Bimskies entstanden durch Ablagern vulkanischen Auswurfgesteins	**Tuff** z. B. Bimssteintuff = Trass, Porphpyrtuff, Diabastuff entstanden durch Verfestigung vulkanischer Ablagerungen	

2.8 Freihandzeichnen

Für Freihandzeichnungen oder Skizzen gibt es im Bauwesen unterschiedliche Anwendungszwecke, z.B. zur Aufnahme eines Wohngebäudes als Abrechnungsgrundlage oder als Aufmaß nach Fertigstellung des Rohbaus zur Feinplanung der Ausbauarbeiten.

Gerade zu Beginn einer Planung hält der Planer so erste Ideen fest. Dabei kommt es i.d.R. nicht auf einen exakten Maßstab an. Dennoch ist bei einer Bauaufnahme eine Maßeintragung erforderlich. Aufnahmezeichnungen werden zweckmäßig als Bleistiftszeichnungen angefertigt.

Wird die Freihandzeichnung später durch die Darstellung von Menschen, Bäumen, Kraftfahrzeugen ergänzt, werden Maßverhältnisse und Tiefenwirkung erzeugt. Durch Schraffuren erhält eine Fläche Schattierungen und somit Hell-Dunkel-Kontraste. Besondere Linienstärken werden durch unterschiedlichen Druck beim Zeichnen und durch die Verwendung verschiedener Bleistifthärten erzeugt. Ebenso können Perspektivzeichnungen zum besseren Verständnis dienen.

Unterschiedliche Rasterpapiere können je nach Anwendung für Freihandzeichnen als Hilfsmittel dienen. Neben dem üblichen Millimeterpapier und 5 mm Karoraster sind für den Entwurf Rasterpapiere auf Achtelmeterteilung erhältlich. Für Parallelprojektionen existieren Rasterpapiere für Dimetrie und Isometrie sowie verschiedene axonometrische Projektionsarten.

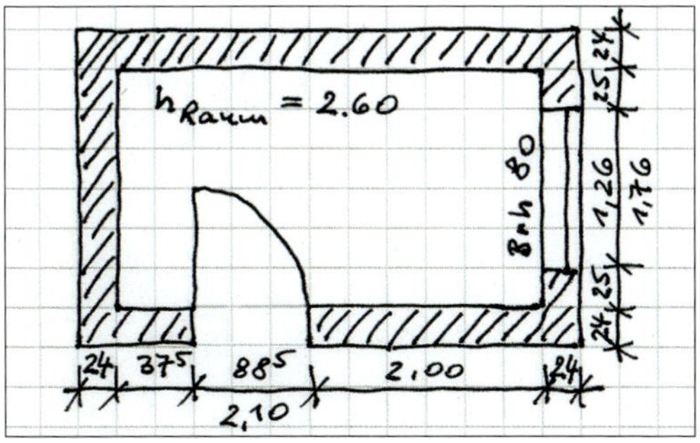

Abb. 2.30: Grundriss als Freihandzeichnung

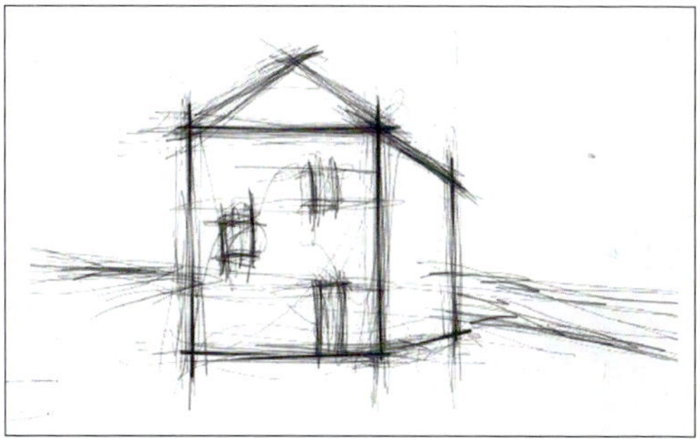

Abb. 2.31: Freihandzeichnung,
Haus mit Fenstern und Haustür

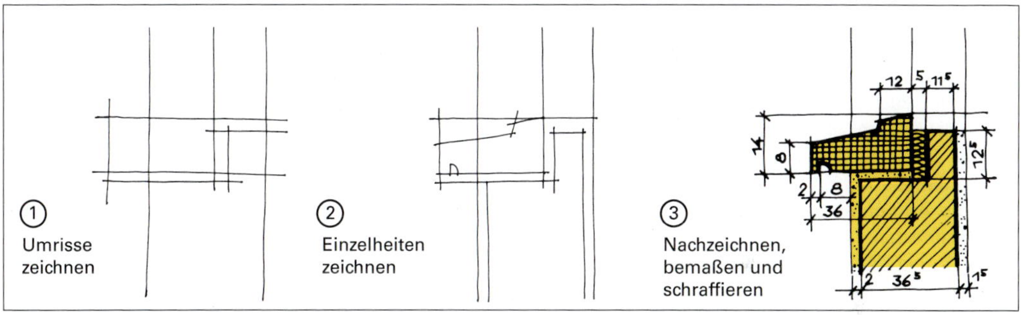

Abb. 2.32: Arbeitsschritte für eine Freihandskizze

Aufgaben zum LF 2 Aufnehmen eines Bauwerks

1. Der Radius *R* eines Straßenbogens beträgt 160,00 m. Ermitteln Sie den *x*-Wert und den *y*-Wert für den Scheitelpunkt S des Bogens.

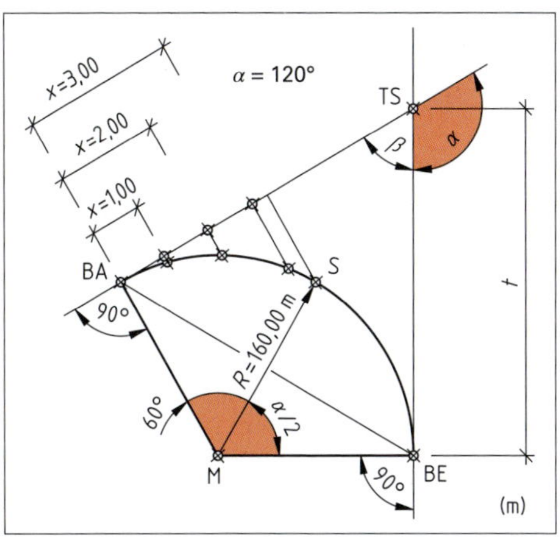

2. Instandsetzen einer Trockenmauer
   Ein Grundstück ist durch eine Trockenmauer abgegrenzt. Das Aufmaß liegt als Arbeitsgrundlage vor. Im Bereich des Zugangs zum Grundstück ist die Umfassungsmauer baufällig. Das Fundament ist noch tragfähig. Für die Instandsetzung ist es notwendig, die Trockenmauer jeweils zu den angrenzenden Ecken hin bis auf die Fundamentoberkante abzutragen und wieder aufzubauen (vgl. Abb. Seite 88).
   a) Skizzieren Sie den Trockenmauerabschnitt im Bereich der Zugangsseite in der Ansicht sowie in einem Schnitt durch die Trockenmauer im Maßstab 1 : 10.
   b) Wählen Sie einen geeigneten Naturstein aus Ihrer Region aus. Ermitteln Sie die notwendige Menge an Natursteinen. Berücksichtigen Sie dabei, dass 35 % der vorhandenen Steine wieder verwendet werden können.

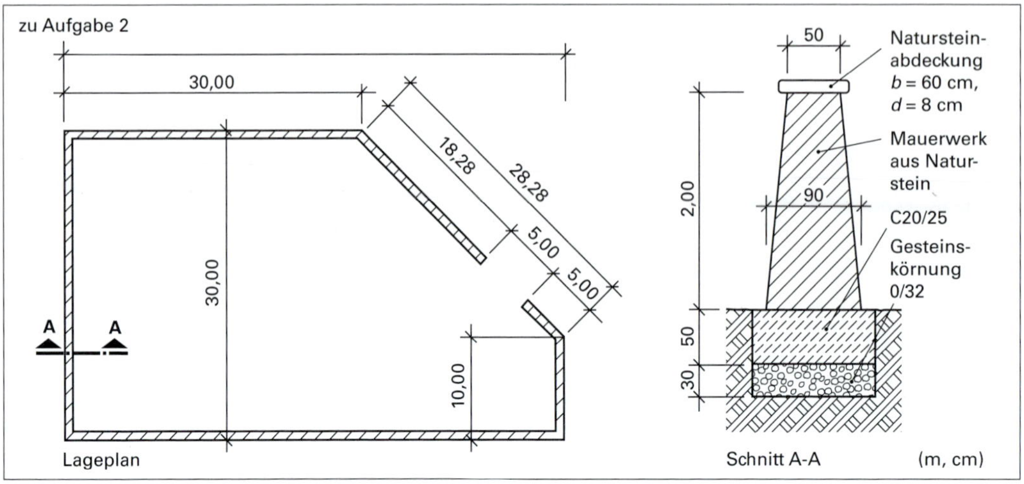

3. Abstecken eines kleinen Bauwerks. Ein kleines Gartenhaus mit den Maßen 6,25 m × 8,00 m soll in der Örtlichkeit nach dem Orthogonalverfahren abgesteckt werden. Bekannt sind die beiden Aufnahmepunkte 12 und 13, die einen Abstand von 74,20 m aufweisen, im Gelände wie im Lageplan. Weiterhin sind die Zwangspunkte Z1 und Z2 gegeben, wobei Z1 18,00 m vom Aufnahmepunkt 12 entfernt auf der Abszissenachse x (Messlinie) liegt. Der Gebäudeeckpunkt A ist 6,20 m rechtwinklig vom Zwangspunkt Z1 entfernt.
   a) Stellen Sie alle benötigten Gerätschaften für das Abstecken zusammen.
   b) Beschreiben Sie den vollständigen Ablauf der Absteckung.
   c) Erklären Sie den Gebrauch der Fluchtstangen und des Winkelprismas.
   d) Was ist beim Messen der Entfernung mit dem Bandmaß zu beachten?
   e) Wie überprüfen Sie Ihre Messwerte?
   f) Skizzieren Sie einen möglichen Vermessungsriss mit fiktiv gemessenen Werten. Dabei kommt es auf die richtige Darstellung und deren Vollständigkeit an.

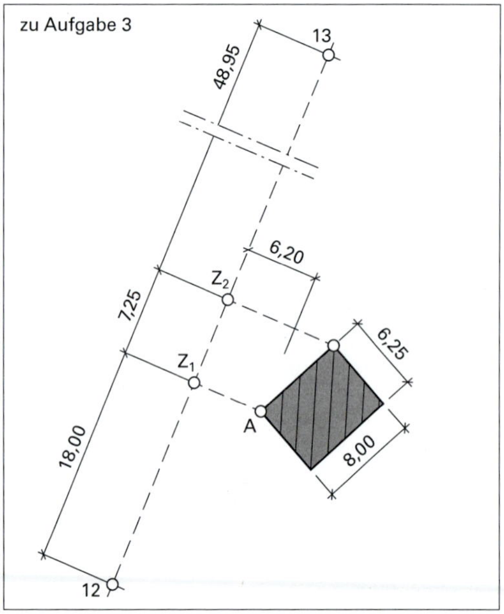

4. Benennen Sie die Vorteile des Baulasers.

5. Was bedeuten bei der Höhenmessen NHN und HFP?

6. Geben Sie fünf Kriterien an, die bei der Aufnahme eines vorhandenen Gebäudes zu beachten sind.

7. Zur Neugestaltung des Lernumfeldes sollen im Rahmen eines Schülerprojektes Ideen in die Planung mit einfließen. Dazu sind Aufmaßarbeiten einzelner Bereiche des Schulgebäudes sowie des Schulgeländes erforderlich, welche als Grundlage für Bestandszeichnungen dienen.
   a) Fertigen Sie Aufmaßskizzen für mehrere Räume des Schulgebäudes nach Ihrer Wahl an.
   b) Erstellen Sie daraus raumbezogen Bestandszeichnungen für Grundriss und Ansichten der einzelnen Wände.
   c) Für die Gestaltung der Außenanlagen sind einzelne Bereiche des Schulgeländes aufzunehmen. Stellen Sie die Gebäude, die vorhandenen Anlagen sowie die derzeitige Bepflanzung in einem Lageplan dar.
   d) Fotografieren Sie die o.g. Bauteile.

LF 3 3 Erschließen eines Baugrundstückes

3.1 Boden als Baugrund

Wenn Baugebiete ausgewiesen werden, sollte das vorhandene Gelände eine problemlose Bebauung ermöglichen indem der Baugrund für eine Bebauung geeignet ist.

Kontaminierung des Bodens durch vorherige Nutzung, mögliche Überschwemmungsgefahr und eventuell vorhandene Sprengmittelgefahr sind auszuschließen bzw. erfordern entsprechende Maßnahmen um die Gefahren auszuschließen.

Um den Arbeitsaufwand für das Lösen des Bodens und die für die Berechnung der Bauwerksgründung notwendigen Angaben zu erhalten, sollte der Boden und der Boden unter der Gründungssohle bekannt sein. Ist der Boden bekannt, kann das Trag- und Setzungsverhalten und den Arbeitsaufwand für die Erdarbeiten bestimmt werden.

Falsche Einschätzungen der durch den Boden bedingten Erdlasten und daraus resultierende mangelhafte Absicherung der Baugrube oder Gräben, führen bei den Bauarbeiten mitunter zu schweren und tödlichen Arbeitsunfällen.

Um Risiken auszuschließen, sollte das Baugrundstück für eine vorgesehene Bebauung nur nach sorgfältiger Prüfung des Baugrundes rechtskräftig erworben werden.

3.2 Baugrunduntersuchungen

Die Untersuchung des Baugrunds soll über die vorhandenen Bodenarten (vgl. Abb. 3.1) und Schichtungen der Böden Aufschluss geben. Die notwendigen Bodenproben für eventuell labortechnische Untersuchungen können dabei gewonnen werden.

Auch ist zu prüfen wie sich der Grundwasserstand verhält.

Informationen über den vorhandenen Baugrund sind einerseits wichtig um die Gründungskonstruktion planen und berechnen zu können, und anderseits den Arbeitseinsatz für die Erdarbeiten abschätzen zu können.

Eine geotechnische Untersuchung erhöht die Planungssicherheit und mindert das stets vorhandene Baugrundrisiko.

Besteht bereits eine Bebauung auf benachbarten Grundstücken lassen sich eventuell zunächst durch Befragungen erste Anhalte zur Bebaubarkeit und zum Grundwasserstand erfahren.

Bei größeren Bauvorhaben bietet sich an auf geologische Kartenwerke zurückzugreifen, sofern sie für die Lokalität vorhanden sind.

Für Niedersachsen z. B. sind Geologische Grundkarten im Maßstab 1:50000 erhältlich. Bis zu einer Tiefe von 2 m sind in den Karten Informationen zu Verbreitung, Schichtung und Beschaffenheit zu entnehmen.

Auch für die anderen Bundesländer sind solche Kartenwerke erhältlich.

Boden	
organischer Boden	**anorganischer**
Humus, Torf, Braunkohle	Sand, Kies, Ton, Fels

Bodenarten		
gewachsener Boden (Lockergestein)	**Fels** (Festgestein)	**geschütteter Boden**
■ unberührter Boden durch Verwitterung und Ablagerung entstanden	■ dichtes, festgelagertes Gestein ■ lockeres, zerklüftetes Gestein	■ durch Aufschüttung oder Aufspülung entstanden
Unterscheidung		
■ nichtbindige Böden, z. B. Sand, Kies, Steine ■ bindige Böden, z. B. Lehm, Ton, Mergel, Schluff	■ alle Gesteinsarten, z. B. Kalkstein, Sandstein, Granit, Basalt, Porphyr	■ unverdichtete Schüttung in beliebiger Zusammensetzung ■ verdichtete Schüttung aus gewachsenem Boden
Tragfähigkeit		
■ gering bis sehr hoch	■ hoch bis sehr hoch	■ sehr gering bis hoch

Abb. 3.1: Boden als Baugrund

Nichtbindiger Boden	Bindiger Boden
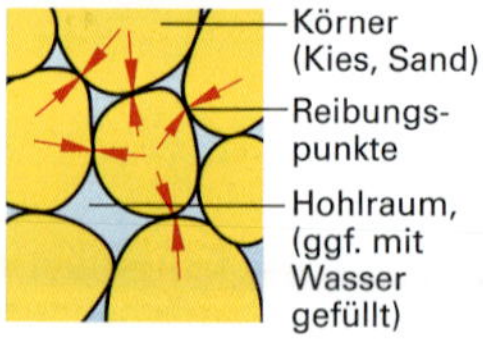	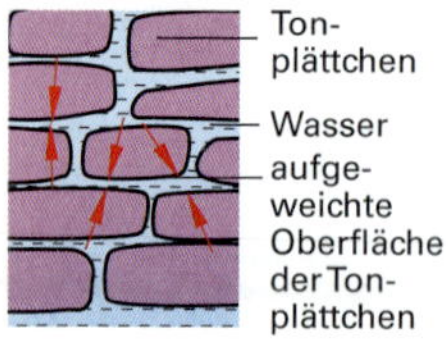
Eigenschaften	
■ Viele Hohlräume, die Wasser aufnehmen können ■ Reibung der Körner wird vom Wasser nicht beeinflusst ■ Tragfähigkeit hängt nur von der Dichte der Lagerung ab	■ Wasser wird zwischen den Plättchen aufgenommen und gehalten ■ Oberfläche weicht auf, Reibung verringert sich ■ Tragfähigkeit verschlechtert sich ■ Durch Austrocknen verbessert sich die Tragfähigkeit
Prüfen	
1 Boden mit Faust zusammendrücken 2 Faust öffnen 3 Bodenteile fallen auseinander	1 Boden mit Faust zusammendrücken 2 Faust öffnen 3 Bodenteile haften aneinander

Abb. 3.2: Nichtbindiger und bindiger Boden

In Abhängigkeit von dem geplanten Bauwerk und den zu erwartenden Bodenverhältnissen wird die Bauaufgabe einer von drei geotechnischen Kategorien zugeordnet.

GK1 ist bei einfachen Bauwerken und überschaubaren Baugrundverhältnissen anzuwenden. Die Sichtung der Baugrube, einfache Sondierungen und Schürfe können hier ausreichen.

GK2 ist bei Bauwerken mittleren Schwierigkeitsgrades die maßgebende Kategorie. Hier ist ein Sachverständiger für Geotechnik einzuschalten.

Mittels direkten Verfahrens ist der Baugrund zu erkunden und bodentechnische Werte zu bestimmen.

GK3 ist bei Baugrund und Bauwerken mit hohem Schwierigkeitsgrad anzuwenden.

Hier sollten der geotechnische Bericht und die statische Berechnung von dafür qualifizierten Ingenieuren vorgenommen werden.

Der Aufwand für die geotechnischen Untersuchungen ist in den geotechnischen Kategorien geregelt.

Bei den Untersuchungsverfahren wird zwischen dem direkten Verfahren Schurf und Bohrung und den indirekten Verfahren Sondierungen unterschieden. Dabei werden gestörte oder ungestörte Bodenproben gewonnen.

Die Anordnung der Aufschlusspunkte muss so angeordnet werden, dass zwischen den Punkten der räumliche Verlauf der Bodenschichten und des Grundwassers erfasst wird. In der DIN 4020 werden nach Bauvorhaben gegliedert Empfehlungen für die Rasterabstände angegeben.

Bei der Bodenprüfung ist zu beachten inwieweit durch frühere Nutzungen der Boden durch Umwelteinflüsse eventuell beeinträchtigt ist (Ausgasungen, wilde Ablagerungen, Chemische Verseuchung durch Tankstellen, chemische Reinigungen, usw.).

Ist der Boden kontaminiert müssen die Schadstoffe durch spezielle Verfahren unschädlich gemacht oder beseitigt werden. Bodenkennwerte die aus Bodenproben im Labor bestimmt werden sind:

- Korngröße und Kornverteilung
- Porenvolumen, Porenanteil
- Wassergehalt, Wasserdurchlässigkeit, Kapillarität
- Lagerungsdichte, Zusammendrückbarkeit, Schrumpfung
- Festigkeit, Scherparameter

Die Baugrunduntersuchung muss auch die Prüfung umfassen, ob der Boden kontaminiert sein könnte.

3.2.1 Schürfungen

Vom Gelände aus wird eine Grube ausgeschachtet. Bis zu einer Grubentiefe von ca. 4,00 m ist eine Schürfgrube sinnvoll. Allerdings sollte im Bereich der Schurf kein Grundwasserstand anfallen. Wenn die Grubentiefe 1,25 m überschreitet sind aus Gründen des Unfallschutzes Sicherungsmaßnahmen der Grubenwände notwendig.

An den Wänden der Schürfgrube kann der Schichtenverlauf abgelesen werden. In der Schürfgrube können dann Bodenproben in verschiedenen Höhen genommen werden sofern die Schürfgrube mit Abtreppungen erstellt wurde (vgl. Abb. 3.3 und Abb. 3.4).

Wenn ohnehin ein Kellergeschoss geplant ist kann die Ausschachtung Bestandteil der Kellerausschachtung sein.

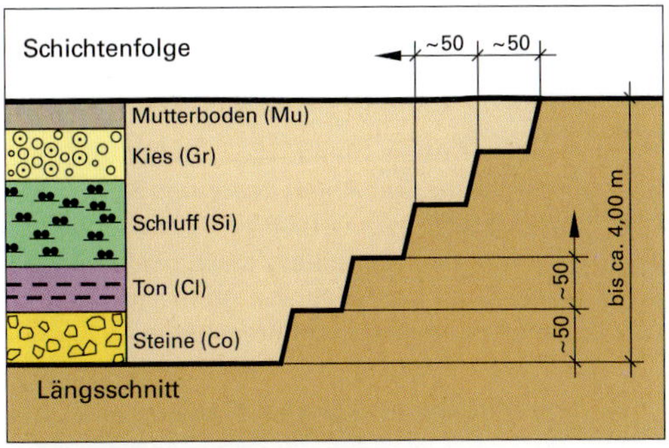

Abb. 3.3: Schürfgrube (abgeböscht)

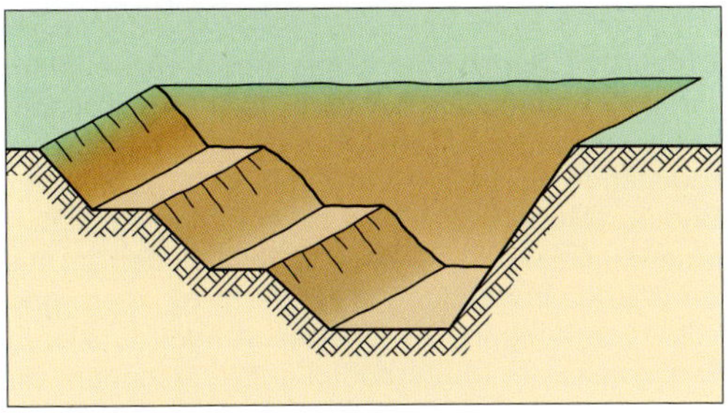

Abb. 3.4: Schürfgrube (skizziert)

3.2.2 Bohrungen

Bei den Bohrungen kommen unterschiedliche Techniken zum Einsatz, die sich nach Art der Probenentnahme, Antrieb, Bohrwerkzeug, Lösens des Bodens und Verwendung von Spülhilfen unterscheiden. Durch die Bohrungen werden Materialproben des Bodens aus unterschiedlichen Schichttiefen gewonnen.

3.2.3 Rammkernsondierung/Kleinrammbohrung

Für Rammkernsondierungen werden rohrförmige Stahlsonden die an einer Seite offen sind mit Durchmessern von 36 mm bis 100 mm und einer Länge von ein, zwei, drei oder vier Metern verwendet. Nachdem die Sonde mit einem Bohrhammer in den Boden gerammt wurde, und sich das Rohr bis oben mit dem Boden gefüllt hat, wird das Rohr gezogen.

Durch den seitlichen Schlitz kann dann die Bodenprobe begutachtet werden und Proben für labortechnische Untersuchungen entnommen werden.

Nach Entleerung des Bodens aus der Sonde ist die Sonde für die weitere Sondierung bereit.

3.2.4 Rammsondierungen

Bei Rammsondierungen wird eine Sonde in den Boden gerammt. Die dabei durch Schläge aufgebrachte Energie wird konstant gehalten. Durch die Protokollierung der Schlagzahl pro 10 cm oder 20 cm Eindringtiefe werden Erkenntnisse über die Lagerungsdichte des Bodens (vgl. Abb. 3.5) gewonnen.

Rammsondentypen unterscheiden sich durch den Spitzenquerschnitt, Spitzendurchmesser und die Fallhöhe und Fallmasse.

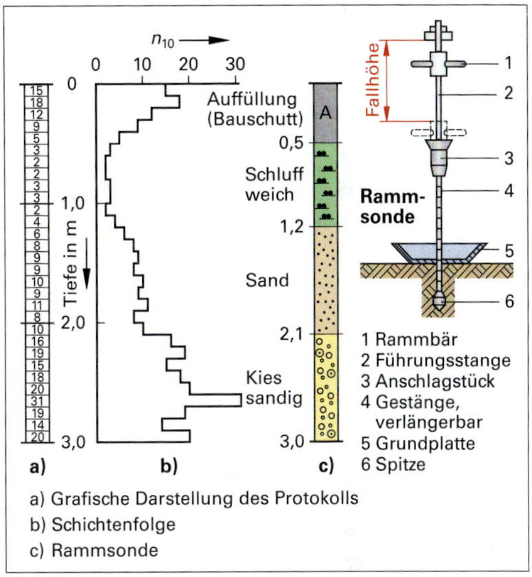

Abb. 3.5: Ergebnis einer Rammsondierung

Baugrunduntersuchungen können durch Schürfen, Bohrungen und Sondierungen vorgenommen werden.

3.3 Bodenarten

Der Boden hat sich im Laufe der Erdgeschichte aus den unterschiedlichsten Gesteinsarten durch Erosion und zusätzlicher Ablagerung von organischem Material gebildet. Durch Auffaltungen, Abtragungen und Verwerfungen findet man die daraus entstandenen Bodenarten in den unterschiedlichsten Schichtdicken und Schichtanordnungen vor.

In den seltensten Fällen liegen ein homogener Baugrund und eine homogene Bodenart vor (vgl. Abb. 3.6).

3

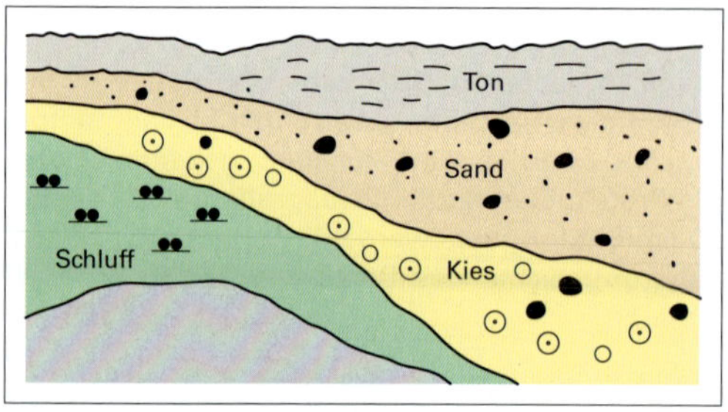

Abb. 3.6: Inhomogener Baugrund

Je nach Vorhaben werden die Böden nach unterschiedlichen Kriterien eingeteilt. Bei den Böden werden unterschieden:

Sand	(Durchmesser 0,063 mm bis 2 mm)
Schluff	(Durchmesser 0,002 mm bis 0,063 mm)
Ton	(Durchmesser kleiner 0,002 mm
Lehm	(Gemisch aus Sand, Ton und Schluff)

Boden als Baugrund wird in die Bodenarten Fels, gewachsener Boden und in geschütteten Boden eingeteilt.

3.3.1 Gewachsener Boden

Zu den gewachsenen Böden zählen:

- nicht bindige Böden
- bindige Böden
- organische Böden

Der gewachsene Boden wird nach dem Kornaufbau in bindigen Boden (Korndurchmesser ≤ 0,063 mm) und in nicht bindigen Boden (Korndurchmesser > 0,063 mm) unterschieden (vgl. Abb. 3.7).

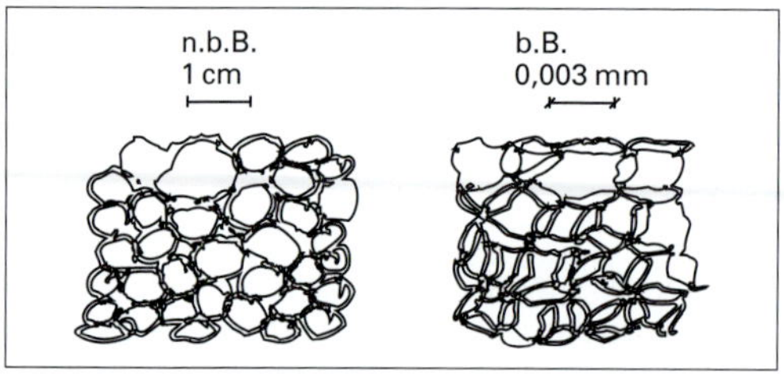

Abb. 3.7: Bodenstruktur

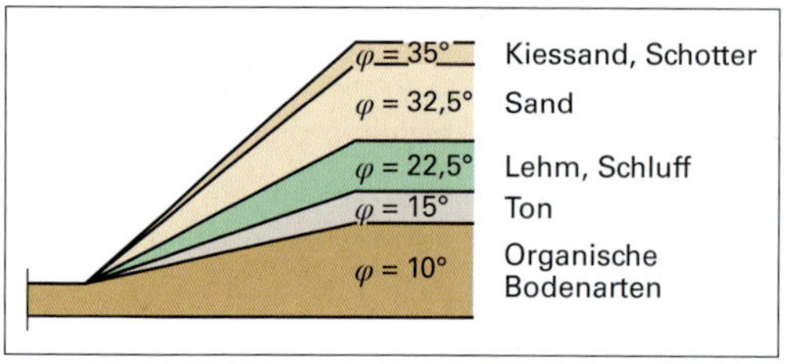

Abb. 3.8: Winkel der inneren Reibung

Bindige Böden (Ton, Schluff, Lehm, Mergel) besitzen sehr kleine Korndurchmesser (0,01 mm bis 0,001 mm) und somit eine große Kornoberfläche.

Nicht bindige Böden (Sand, Kies) haben größere Korndurchmesser. Der Anteil der feinen Körner mit dem Korndurchmesser < 0,063 mm muss kleiner 15 % sein. Nach der Verteilung der Korndurchmesser werden Sand und Kies von gemischtkörnigen und grobkörnigen Böden unterschieden.

Die Unterscheidung bindiger Böden oder nicht bindiger Boden ist durch die Korngröße des Bodens möglich.

Organische Böden sind durch abgestorbene Pflanzen entstanden. Durch Bodenbakterien und andere Zersetzungseinflüsse wurden die Vegetationsrückstände zu Boden umgewandelt. Organischer Boden (Mutterboden) muss vor Bautätigkeiten abgetragen werden. Der wertvolle Boden ist bis zur Wiederverwendung fachgerecht zu lagern und vor Verunreinigung zu schützen. An der dunkleren Färbung ist der Mutterboden gut zu erkennen. Organische Böden (Oberboden) sind als Baugrund nicht geeignet.

Organischer Boden ist als wertvoller Boden sorgfältig zu behandeln.

3.3.2 Fels

Alle Gesteinsarten wie z. B. Kalkstein, Sandstein, Granit, und Basalt in dichten, festen oder zerklüfteten Vorkommen, zählen bodentechnisch als Fels.

3.3.3 Geschütteter Boden

Unterschieden werden verdichtete und unverdichtete Schüttungen. Schüttungen können aus unterschiedlichen Bodenarten bestehen. Soll die Aufschüttung als Baugrund dienen, ist für die Schüttung vorwiegend nicht bindiger Boden zu verwenden. Der Boden der für die Schüttung zum Einsatz kommt, muss für den Einbauzweck geeignet sein.

3.4 Tragverhalten von Böden

Für die Einordnung des Tragverhaltens von Böden ist die Schichtung, die Lage des Grundwasserspiegels und die Unterscheidung von nicht bindigen und bindigen Böden ein wesentliches Kriterium.

3.4.1 Nichtbindige Böden

Die Tragfähigkeit von nicht bindigen Böden hängt von der Lagerungsdichte und vom Winkel der inneren Reibung ab. Je kleiner der Winkel der inneren Reibung, desto größer ist der durch diesen Boden entstehende horizontale Erddruck, der als abgerutschten Erdkeil des aufgeschütteten Erdhaufens vorstellbar ist (vgl. Abb. 3.6 und Abb. 3.7).

Der Wassergehalt beeinflusst die Tragfähigkeit von nicht bindigen Boden nicht, da die nicht bindigen Böden wasserdurchlässig sind. Die Setzungen treten unter Last unmittelbar auf und sind in Relation zu bindigen Böden gering. Damit sind die Setzungen nach der Bauzeit nahezu abgeschlossen (vgl. Abb. 3.9).

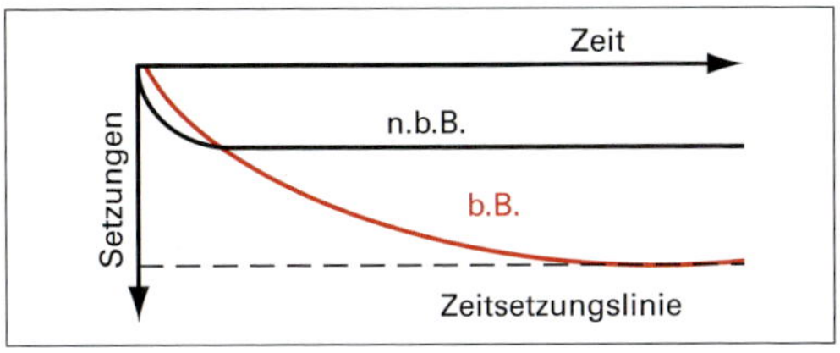

Abb. 3.9: Setzungsverhalten von Böden

3.4.2 Bindige Böden

Ton, Schluff, Lehm, Mergel sind bindige Böden.

Diese besitzen einen hohen Anteil von sehr kleinen Korndurchmessern, die eine große Kornoberfläche bedingen.

Kohäsion in Abhängigkeit vom Wassergehalt hält die Bodenkörner zusammen. Trocknet der Boden aus, wird der Boden fester und tragfähiger. Nimmt der Wassergehalt zu, lässt die Tragfähigkeit nach, da der höhere Wassergehalt die Haftungskräfte zwischen den Körner abmindert.

Daher ändert sich die Konsistenz des bindigen Bodens in Abhängigkeit vom Wassergehalt von breiig, weich, steif, halbfest nach fest.

Während der Bauzeit muss bindiger Boden vor Aufweichen durch Regenfälle geschützt werden. Gefährdet sind die Baugrubenböschungen. Dazu müssen z. B. mit Planen insbesondere die auswaschgefährdeten Böschungen geschützt werden. Achtung: Pflanzen in Bauwerksnähe entziehen dem Boden Wasser, und können durch dadurch Gebäudeschäden durch Setzrisse verursachen.

Der Wassergehalt des bindigen Bodens beeinflusst die Tragfähigkeit.

Die Setzungen in bindigen Böden unter Belastung verlaufen langsam, da das Porenwasser zwischen den Bodenteilchen unter Druck nur langsam entweicht (noch nach Jahren) und sind in der Regel nicht zu vernachlässigen.

3.5 Verhalten der Böden bei Frost

Baugrund ist unterschiedlich frostempfindlich. Die Korngrößenverteilung, die Wasserdurchlässigkeit und der Hohlraumgehalt des Bodens beeinflussen die Empfindlichkeit gegenüber Frost. Bindiger Boden enthält einen hohen Anteil an Porenvolumen, welches Wasser aufnehmen kann.

Bei Frost hebt sich der Boden durch Eislinsenbildung (vgl. Abb. 3.10 und Abb. 3.11). Das kapillar aufsteigende Wasser gefriert an der Frostgrenze. Beim Tauvorgang weicht der Boden und verliert an Festigkeit, da das getaute Wasser nicht nach unten in die gefrorenen Schichten versickern kann.

Durch die Kapillaren des Wassers vergrößern sich die Eislinsen an der Frostgrenze. Es kommt zu Bodenhebungen. Der Wechsel der Frostzonengrenze in tiefere Schichten führt zu weiteren tiefer gelegenen Eislinsen. Taut der Boden, kommt es zu Einsenkungen an diesen Stellen.

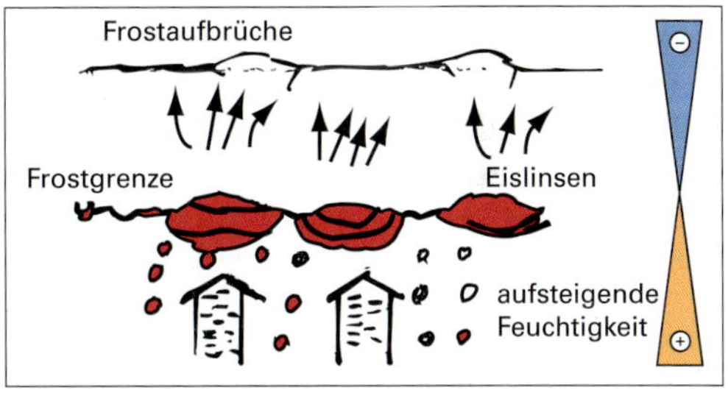

Abb. 3.10: Frostverhalten von Böden

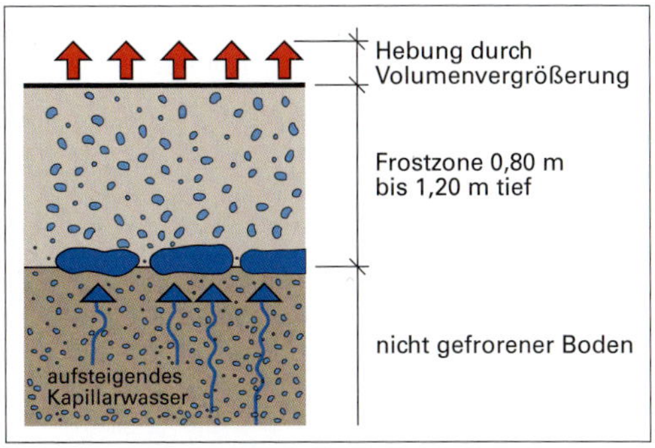

Abb. 3.11: Frosthebung

3

Nach der Frostempfindlichkeit werden die Bodengruppen in folgende Klassen eingeteilt:

F1 nicht frostempfindlich
Dies sind nicht bindige Böden, in der Regel Kiese und Sande mit einem geringen Anteil von Feinkörnungen.

F2 gering bis mittel frostempfindlich

F3 sehr frostempfindlich

Bindige Böden sind frostgefährdet. Nicht bindige Böden sind frostsicher.

3.6 Boden nach Korngröße

Eine Einteilung des Bodens wird nach DIN EN ISO 14688-1 anhand der Korngröße vorgenommen. Danach werden Blöcke, Steine, Kieskorn, Sandkorn, Schluffkorn und Tonkorn teils mit weiteren Unterbegriffen unterschieden.

Die Korngröße wird im Grobkornbereich durch einen Siebversuch ermittelt. Die Grenze für die Bestimmung der Korngrößenverteilung durch Siebung liegt bei 0,063 mm. Durch einen Schlämmversuch (Sedimentation) wird der Feinkornanteil bestimmt. Dieser erfolgt für die Korndurchmesser von 0,001 mm bis 0,125 mm über Sedimentation unter Anwendung des Gesetzes von Stokes. Weil größere Bodenteilchen schneller absinken als kleinere Bodenteilchen, verändert sich die Dichte der Aufschlämmung.

Dazu wird eine Probe von 50 g des feinen Materials in einen Standzylinder, der mit einem Liter destilliertem Wasser gefüllt ist, eingebracht. Durch Schütteln wird die Probe im Wasser aufgeschwemmt. Während des Absinkens der Feinstanteile wird in definierten Intervallen durch ein Aräometer die Dichte bestimmt. Mittels entsprechender Diagramm und Hilfswerte wird dann der Massenanteil der Schlämmkörner ermittelt.

Sind die prozentualen Anteile von Ton, Schluff, Sand und Kies der Bodenprobe ermittelt, kann mit Hilfe der Kornverteilungskurve für typische Lockergesteine, die Einordnung der Bodenart erfolgen (vgl. Abb. 3.15).

Für die grobe Einschätzung eignen sich einfache Versuche (vgl. Tabelle 3.16).

Die Kornverteilungskurve gibt die Zusammensetzung des Bodens wieder.

Abb. 3.12: Frostschäden

Tabelle 3.13: Bodenarten und Frostempfindlichkeitsklasse

Bodenart (DIN 18196)	Frostklasse
GE, GW, GI, SE, SW, SI	F 1
GU, GT, SU, ST	F 1/2*
TA, OT, OH, OK	F 2
GU**, GT**, SU**, ST**, UL, UM, UA, TL, TM, OU	F 3

* Gehören zu F1, wenn Korngröße < 0,063 mm von 5,0 Gew.-% bei Ungleichförmigkeitszahl ≥ 1 5% oder 15,0 Gew.-% bei Ungleichförmigkeitszahl ≤ 6.
** Wenn Korngröße < 0,063 mm von 15 Gew.-% bis 40 Gew.-%, dann F3, sonst F2.

Tabelle 3.14: Bodenarten nach Korngrößen

Grobkornbereich (Siebkorn)		Kurzzeichen	Korngrößenbereich [mm]
Blöcke		Bo	über 200
Steine		Co	63 bis 200
Kieskorn		Gr	2 bis 63
	Grobkies	CGr	20 bis 63
	Mittelkies	MGr	6,3 bis 20
	Feinkies	FGr	20 bis 6,3
Sandkorn		Sa	0,06 bis 2,0
	Grobsand	CSa	0,6 bis 2,0
	Mittesand	MSa	0,2 bis 0,6
	Feinsand	FSa	0,06 bis 0,2
Feinkornbereich (Schlämmkorn)			
Schluffkorn		Si	0,002 bis 0,06
	Grobschluff	CSi	0,02 bis 0,06
	Mitteschluff	MSi	0,006 bis 0,02
	Feinschluff	FSi	0,002 bis 0,006
Tonkorn		Cl	kleiner 0,002

Kies (eng. Gravel) (Gr) Sand (eng. Sand) (Sa)
Schluff (eng. Silt) (Si) Ton (eng. Clay) (Cl)

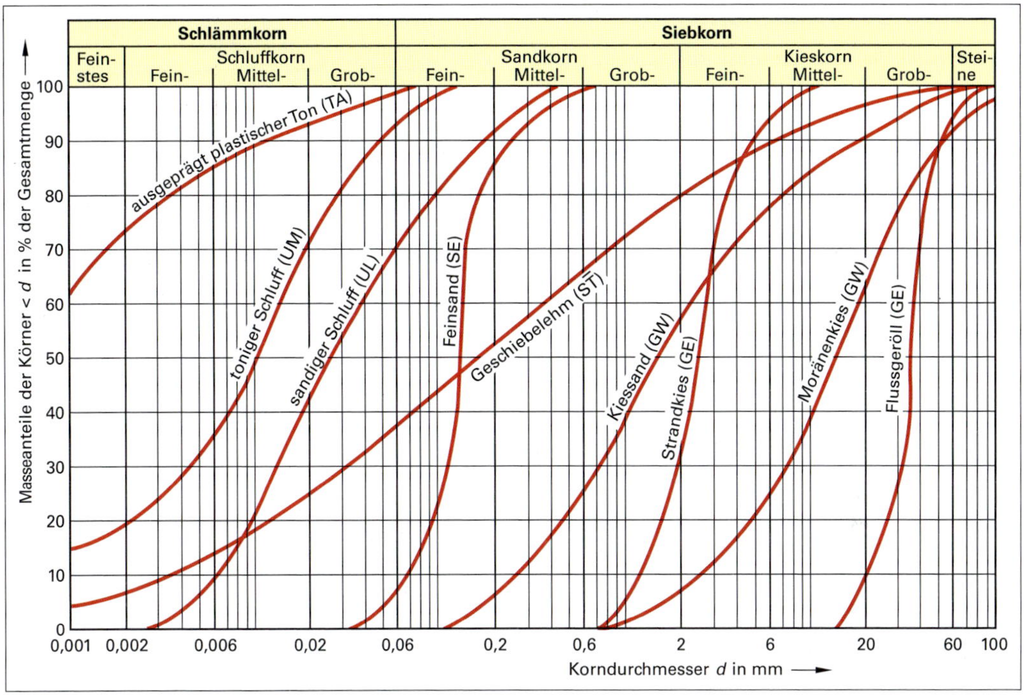

Abb. 3.15: Kornverteilungskurve

Tabelle 3.16: Zustandsformen bindiger Böden

Erkennungsmerkmal	Zustandsform
Boden kann nicht geknetet werden. Boden kann gebrochen werden.	fest
Boden lässt sich nicht zu Walzen rollen. Es können klumpen geformt werden.	halbfest
Zirka 3 mm dicke Walzen können gerollt werden.	steif
Boden lässt sich kneten.	weich
Boden quillt beim Pressen durch die Finger.	breiig

3.7 Bodenaustausch und Bodenverbesserung

Wird bei der Baugrunduntersuchung eine nicht tragfähige Schicht unter der geplanten Gründungssohle festgestellt, kann der nicht tragfähige Boden gegen tragfähigen nicht bindigen Boden ausgetauscht werden.

Der eingebrachte Boden ist dann lagenweise zu verdichten. Bei zu großen Schichtdicken ist die Wirtschaftlichkeit gegenüber anderen Verfahren zu prüfen.

Geringe nicht tragfähige Schichten können durch Bodenaustausch ersetzt werden.

Hat ein Boden nicht die für die Gründung notwendige Tragfähigkeit kann die Tragfähigkeit durch Verbesserung des Bodens erhöht werden. Dazu werden hydraulische Bindemittel (Zement oder hydraulischer Kalk) in dosierten Mengen in den Boden eingebracht. Durch chemische Reaktion des Bindemittels mit dem Wasser im Boden verfestigt sich die Bodenschicht.

Im Straßenbau wird die Bodenbehandlung nach ZTV E-StB 17 geregelt und umfasst die Bodenverbesserung sowie die Bodenverfestigung. Die Bodenverfestigung kann aus hydraulisch gebundenen Tragschichten (HGT) bestehen. Diese erhöhen zusätzlich zur Bodenverbesserung die Widerstandsfähigkeit von Boden gegen Beanspruchungen durch Klima und Verkehr.

Die Tragfähigkeit eines Bodens kann durch Verbesserung mit Bindemitteln erhöht werden.

3

3.8 Homogenbereiche

Während die Bodenarten nach DIN 1054 und DIN 4020 Auskunft über die Tragfähigkeit des Baugrundes geben, gilt DIN 18300 „Erdarbeiten" für die **Homogenbereiche** der Bodenschichten. Damit werden die **geotechnischen Eigenschaften** des Bodens (Baugrundes) durch die spezifischen Kennwerte von Boden und Fels vor dem Lösen beschrieben und entsprechend eingeteilt (vgl. Tabelle 3.17).

Tabelle 3.17: Baugrundkennwerte für Homogenbereiche im Bodengutachten (Beispiele)

Bestimmung von Boden Anzugebende Kennwerte und Eigenschaften		**Bestimmung von Fels Anzugebende Kennwerte und Eigenschaften**	
■ Ortsübliche Bezeichnung		■ Ortsübliche Bezeichnung	
■ Kornverteilung mit Haupt- und Nebenanteilen		■ Benennung von Fels	■ Geologische Struktur
■ Massenanteil der Steine und Blöcke		■ Mineralogische Zusammensetzung	
■ Dichte und Wichte	■ Wassergehalt	■ Farbe und Korngröße	
■ Konsistenz, Plastizität	■ Lagerungsdichte	■ Dichte und Wichte	■ Verwitterung
■ Organischer Anteil	■ Bodengruppe	■ Druckfestigkeit	■ Gesteinskörperform

Im Rahmen der projektbezogenen Baugrunduntersuchung werden diese durch den Bodengutachter im **geotechnischen Bericht** (Bodengutachten) festgelegt und dargestellt. Sind umweltbeeinflussende Inhaltsstoffe in Boden- oder Felsschichten vorhanden, so sind diese bei der Einteilung in Homogenbereiche zu berücksichtigen.

Die Homogenbereiche werden wahlweise mit Ziffern oder Buchstaben im Schichtenaufbau des Bodengutachtens für das jeweilige Bauprojekt gekennzeichnet (vgl. Abb. 3.18).

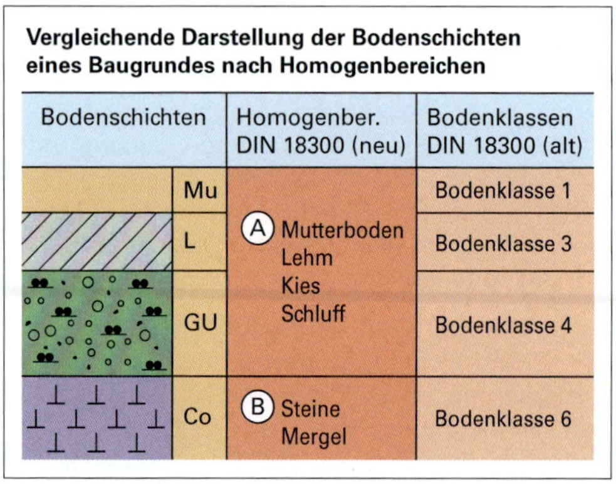

Abb. 3.18: Beispiel für Homogenbereiche nach DIN 18300 (neu) und Bodenklassen nach DIN 18300 (alt)

Nach den Kennwerten der einzelnen Homogenbereiche wird dann für das Lösen, Laden, Transportieren, Verfüllen und Verdichten von Boden und Fels über die Geräteauswahl und das Bauverfahren durch den Auftragnehmer entschieden.

Der Homogenbereich als begrenzter Bereich des Baugrundes, der aus einzelnen oder mehreren Boden- oder Felsschichten besteht, kann innerhalb einer Leistungsposition zusammengefasst werden, wenn für das Lösen, Laden, Transportieren, Verfüllen und Verdichten gleiche Leistungsaufwendungen erforderlich sind.

So sind beispielsweise nach Abbildung 3.18 die Böden Mutterboden, Lehm, Kies, Schluff nach Bodengutachten im Homogenbereich **A** dargestellt und werden daher auch unter einer entsprechenden Leistungsposition im Leistungsverzeichnis erfasst und beschrieben.

3.9 Entwässerung

Die Entwässerung eines Gebäudes umfasst die Ableitung

- des Schmutzwassers
- des Regenwassers
- des Oberflächenwassers von den versiegelten Grundstücksflächen

Bei Vorhandensein einer Dränage muss auch das dort anfallende Wasser sicher abgeleitet werden können.

Für Entwässerungsleitungen gilt die Norm DIN 1986-100 in Verbindung mit DIN EN Normen. Für die Gebäudeentwässerung ist DIN EN12056 und für die Grundstücksentwässerung außerhalb von Gebäuden DIN EN 752 zu beachten. Für den Einbau und die Prüfung von Abwasserleitungen gilt DIN EN 1610.

Grundlage für die Planung ist die Kenntnis über die Höhenlage der Kanalanschlüsse und die Art des Kanalsystems.

Trennsystem oder Mischsystem

Bei einem Trennsystem werden Regenwasser und Schmutzwasser in getrennten Rohrleitungen erfasst.

In Neubaugebieten wird überwiegend ein Trennsystem vorhanden sein. Das Schmutzwasser wird zur Kläranlage befördert und das Regenwasser wird der Vorflut (Entwässerungsgräben usw.) zugeleitet. Lassen die Bodenverhältnisse es zu, kann auf Regenkanäle verzichtet werden und die Entwässerung des Regenwassers und Oberflächenwassers geschieht über Versickerung und Ableitung in Gräben und Rinnen.

Vorteil des Trennsystems ist die Entlastung der Kläranlage, da die Regenwassermengen die Kläranlage nicht durchlaufen müssen.

Bei einem Mischsystem werden Regenwasser und Abwasser in einem Kanal geleitet. Dadurch wird die Kläranlage bei Regen durch eine größere Wassermenge belastet. Mischsysteme sollten heute nicht mehr geplant werden.

Bei einem Entwässerungssystem wird zwischen Misch- und Trennsystem unterschieden.

Ist in Außenbereichen der Anschluss an einen Abwasserkanal nicht möglich, muss das Abwasser in eine Kleinkläranlage geleitet werden. Nach der Klärung in den Kammern der Kleinkläranlage kann das gereinigte Abwasser über Versickerungsgräben dem Grundwasser zugeführt werden, oder es wird über Rohre und Gräben der Vorflut zugeführt.

Die Kenntnis der Höhen der Kanalanschlüsse ist besonders bei unterkellerten Gebäuden notwendig, um zu prüfen ob die Wasser und Abwasser unter Berücksichtigung des notwendigen Gefälles ohne Pumpen abfließen können.

Die Abwasserleitungen werden auf dem Grundstück bis zu den Kontrollschächten geführt. Von den Kontrollschächten wird der Anschluss an den öffentlichen Regenwasser- und Schmutzwasserkanal hergestellt. Dazu wurden während der Erschließungsarbeiten Abzweige für jedes Grundstück vorgesehen oder auch gleich Schächte gesetzt, die dann nachträglich an das Gelände angepasst werden müssen.

Die Kontrollschächte werden aus Kunststoff (vgl. Abb. 3.19) oder Beton (vgl. Abb. 3.20) für unterschiedliche Belastungen und Wasserarten angeboten.

Bei den Kontrollschächten werden Kontrollschächte mit Absturz notwendig, wenn das Rohrgefälle durch ungünstige Höhenlagen zu stark ausfallen würde (vgl. Abb. 3.21).

Abb. 3.19: Abwasserschächte aus Kunststoff

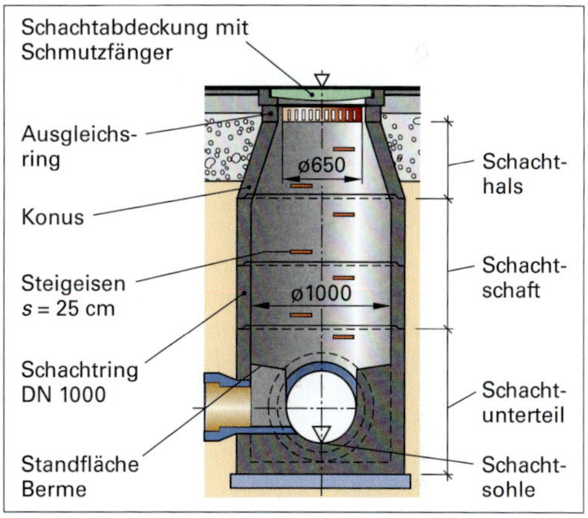

Abb. 3.20: Kontrollschacht

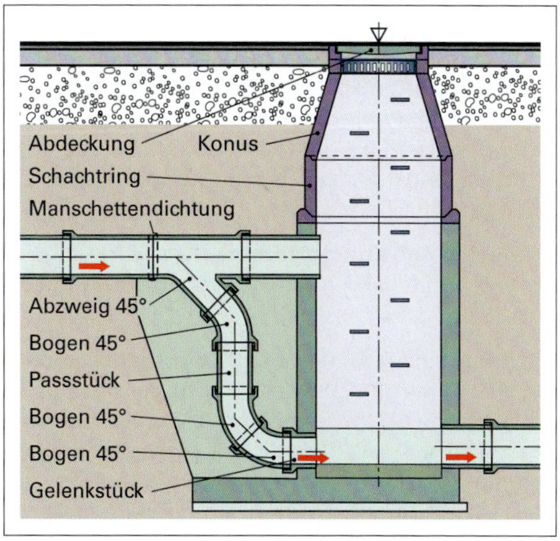

Abb. 3.21: Kontrollschacht mit äußerem Absturz

3

3

3.9.1 Rohre für Entwässerungsleitungen

Die für Entwässerungsleitungen verwendeten Rohre müssen beständig gegen die eingeleiteten Abwässer sein. Sie müssen ausreichenden Widerstand gegen aggressive Stoffe und Chemikalien im Abwasser und im Boden bieten. Zudem muss das Rohrmaterial heiße Flüssigkeiten vertragen.

Glatte Rohrinnenflächen verringern die Rohrreibung und erlauben höhere Abflussleistungen. Auch bilden sich nicht so schnell Ablagerungen im Rohrinneren.

Erddruck aus der Überschüttung und Verkehrslasten erfordern eine statische Belastbarkeit der Rohre.

Die Verbindungstechnik der Rohrstücke und das Angebot von Form-, Verbindungs- und Übergangsstücken bestimmt die Wirtschaftlichkeit bei den Verlegearbeiten. Die Verbindungen dürfen keine Wurzeleinwüchse zulassen.

Formstücke sind Bögen (15° ,30° ,45°), Abzweige, Verschlussteller, Gelenkstücke, Schalen und Sonderformstücke (vgl. Kapitel 23).

Die Nennweiten DN (Innendurchmesser des Rohres) beginnen für die Grundstücksentwässerung bei 100 mm (DN 100). Die Rohrdurchmesser sind nach Ermittlung der an die Rohrleitung angeschlossenen Abflussstellen zu ermitteln.

Kunststoffrohre

Für Kanalrohre im Grundstücksbereich werden überwiegend KG Kunststoffrohre (KG Kanalgrundrohr) eingesetzt.

Die Nennweiten der Rohre sind in Durchmessern von DN/OD 110 bis DN/OD 500 und in Längen bis zu 6,00 m lieferbar. Die Rohre sind in unterschiedlichen Ringsteifigkeiten (SN4, SN8, SN10) erhältlich. Die Ringsteifigkeit bezeichnet die Belastbarkeit des Rohrscheitels.

Orangefarbene **Kunststoffrohre KG** aus PVC-U (Polyvinylchorid hart) oder Polypropylen (PP) (vgl. Abb. 3.22).

Die Rohre sind nicht hitzebeständig aber beständig gegen Säuren und Laugen und damit besonders für häusliche Abwässer geeignet. Werden die Rohre oberirdisch dem Tageslicht ausgesetzt verblassen die Rohre und werden stoßempfindlich. Aus Brandschutzgründen dürfen diese Rohre nicht im Inneren eines Gebäudes eingesetzt werden.

Grün gefärbte **Kunststoffrohre KG 2000** aus Polypropylen (PP) (vgl. Abb. 3.22).

Gegenüber dem KG Rohr ist das Material der KG 2000 Rohre ungiftig. Auch die Dichtungen der Rohre sind aufwendiger gearbeitet. Gegenüber dem KG Rohr sind höhere Belastungen erlaubt. Insgesamt haben die KG 2000 Rohre eine höhere Qualität.

Neben den für Abwasser und Regenwasser grünen und orangen Kunststoffrohren werden blau gefärbte Kunststoffrohre hergestellt. Diese Rohre sind nicht für Abwässer geeignet. Sie dürfen nur für Regenwasserleitungen eingebaut werden.

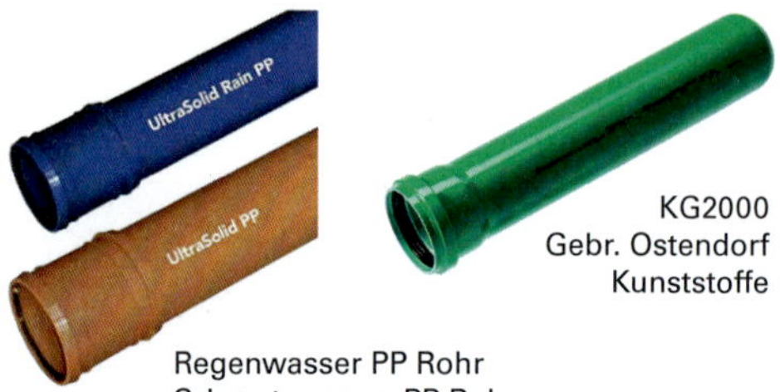

Abb. 3.22: Kunststoffrohre

Tabelle 3.23: Lieferlängen KG Rohre

Durchmesser	Lieferlängen L
DN 110	L = 0,50; 1,00; 2,00; 3,00; 5,00 m
DN 125	
DN 160	
DN 200	
DN 250	L = 1,00; 2,00; 5,00 m
DN 315	
DN 400	
DN 500	

Tabelle 3.24: Lieferlängen KG 2000 Rohre

Durchmesser	Lieferlängen L
DN 110	0,50 m; 1,00 m; 2,00 m; 5,00 m
DN 125	
DN 160	
DN 200	
DN 315	1,00 m; 3,00 m; 6,00 m
DN 400	
DN 500	

Steinzeugrohre

Steinzeugrohre sind gebrannte und glasierte Rohre. Diese werden aus den natürlichen Rohstoffen Ton, Schamotte und Wasser hergestellt.

Steinzeugrohre spielen für die Grundstücksentwässerung heute keine wesentliche Rolle. Die Verlegearbeit der Rohre ist im Gegensatz zur Verlegung der Kunststoffrohre zu aufwendig. Lediglich wenn es sich um aggressives Abwasser handelt, für die Kunststoffrohre nicht mehr geeignet sind, sind Rohre aus Steinzeug anzuwenden.

Steinzeugrohre sind in Durchmessern von DN 100 bis DN 600 und abgestuften Baulängen von 1,25 m bis 2,50 m erhältlich. Sie werden mit unterschiedlichen Steckmuffensystemen (System L, K und S), die sich im verwendeten Dichtungsmaterial unterscheiden, geliefert. Um den unterschiedlichen Auflasten zu entsprechen gibt es die Steinzeugrohre in den Belastungsklassen N (Normallast) und H (Hochlast). In Abhängigkeit von der aufnehmbaren Scheiteldruckkraft F_N errechnet sich die Tragfähigkeitsklasse (TKL = FN/DN × 1000 für DN ≥ 200).

Betonrohre

Betonrohre werden in verschiedenen Querschnittsformen (Kreisprofil, Eiprofil, Maulprofil) und Durchmessern hergestellt (vgl. Abb. 3.25) Betonrohre kommen überwiegend bei der Ortsentwässerung zum Einsatz.

> Entwässerungsrohre können aus unterschiedlichen Materialien bestehen. Für die Entwässerungsleitungen von Wohnhäusern kommen im Normalfall Kunststoffrohre zur Anwendung.

3.9.2 Verlegung der Abwasserleitungen

Lässt die Höhenlage des Schmutzwasserkanals bei unterkellerten Gebäuden gegenüber der Gründungssohle keine Verlegung unter der Gründungssohle zu, müssen die Abwasserleitungen aus dem Gebäude geführt werden. Dazu sind in den Kellerwänden druck- und wasserdichte Formstücke einzubauen.

Bei der Leitungsführung ist nach den Angaben der Entwässerungsnormen ein Mindestgefälle einzuhalten. Als Orientierung kann der Wert $J = 1 : DN$ angenommen werden (Mindestgefälle bei DN ≤ 100). Innerhalb von Gebäuden gilt für Regenwasserleitungen ein Gefälle von 1:100 (1 %) und für Schmutz- und Mischwasserleitungen 1:50 (2 %).

Eine Richtungsänderung der Entwässerungsleitung ist mit 45° oder 30° Bogenformstücken vorzunehmen. Ebenso ist die Einmündung in eine andere Rohrleitung so auszuführen (vgl. Abb. 3.26).

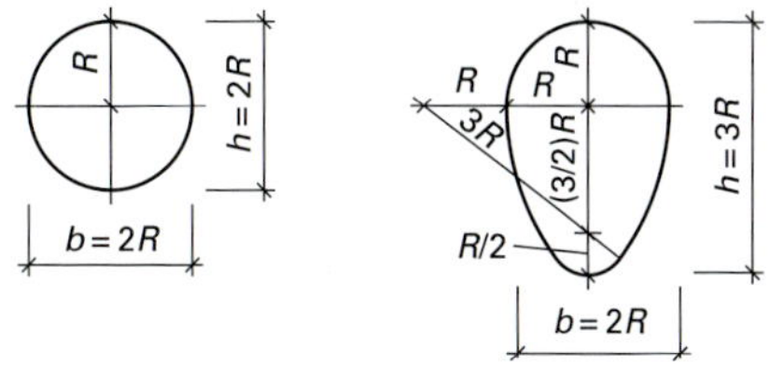

Kreisprofil
gebräuchlich, hydraulisch günstig, leicht herzustellen
Einsatzgebiet: RW- und MW-Kanäle

Eiprofil
größere Baugrubentiefe, schwer herzustellen
Einsatzgebiet: MW-Kanäle

Maulprofil
geringe Bauhöhe, trotzdem große Wasserableitung, hydraulisch ungünstig
Einsatzgebiet: RW bei beschränkter Bauhöhe

Abb. 3.25: Betonrohrquerschnitte

Abb. 3.26: Rohrleitungen im Baugrund unter der Sohle

3.10 Entwässerungspläne

Die geplante Entwässerung des Gebäudes und des Grundstücks ist in Entwässerungsplänen darzustellen. Als Basis für die Entwässerungszeichnungen dienen in einfachen Fällen die Grundrisse und Schnitte der Entwurfsplanung.

In den Geschossgrundrissen sind alle Abläufe darzustellen. In dem Plan des untersten Geschosses sind alle Fallrohre und Grundleitungen mit Gefälle und Nennweitenangabe einzuzeichnen.

Die Höhenlage der Rohrleitung ist mit Höhenangaben über NHN anzugeben.

In den Schnittzeichnungen sind die Fallleitungen mit ihrer Entlüftung über Dachebene einzuzeichnen. Die Abbildungen 3.27 und 3.28 zeigen beispielhafte Plandarstellungen.

Normhinweise

- DIN EN 752-1: 2017-07 (D)
Entwässerungssysteme außerhalb von Gebäuden

  Teil 1: Allgemeines und Definitionen; Deutsche Fassung

  Teil 4: Hydraulische Berechnung und Umweltschutzaspekte

- DIN 1986-100: 2016-12
Entwässerungsanlagen für Gebäude und Grundstücke

- DIN 4095 (zurückgezogen)
Merkblatt 2018-01
Dränung (Drainage)

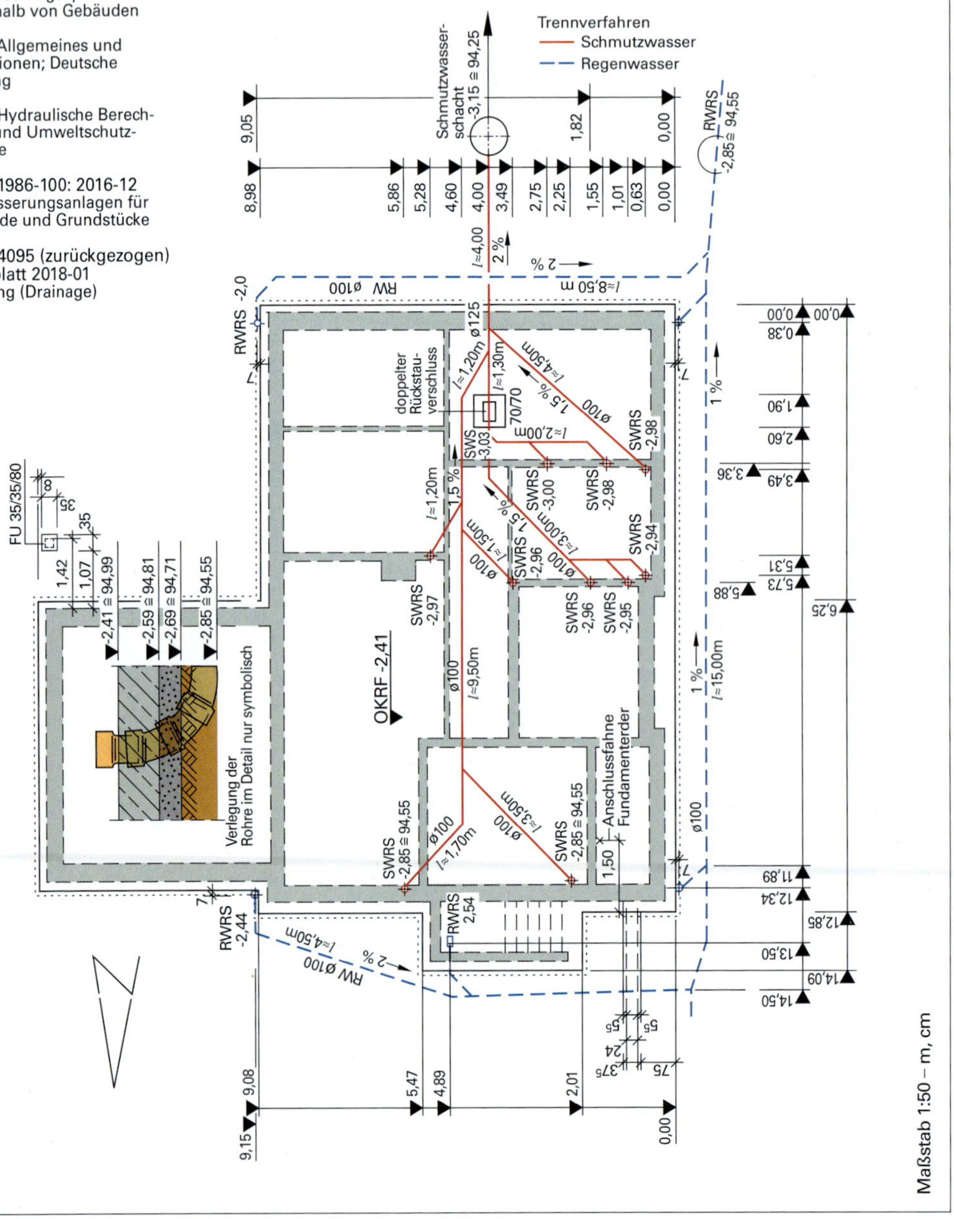

Abb. 3.27: Darstellung eines Entwässerungs-Grundleitungssystems (Abbildung verkleinert)

Das abgebildete Schnittschema enthält die nach DIN 1986 geforderten Sinnbilder und Zeichen für Entwässerungsgegenstände und Rohrleitungen. Dargestellt ist der Verlauf der Entwässerungs- und Fallleitungen getrennt nach Schmutz- und Regenwasser sowie die Kontrolleinrichtungen und Schächte. Farbliche Kennzeichnung: BLAU.

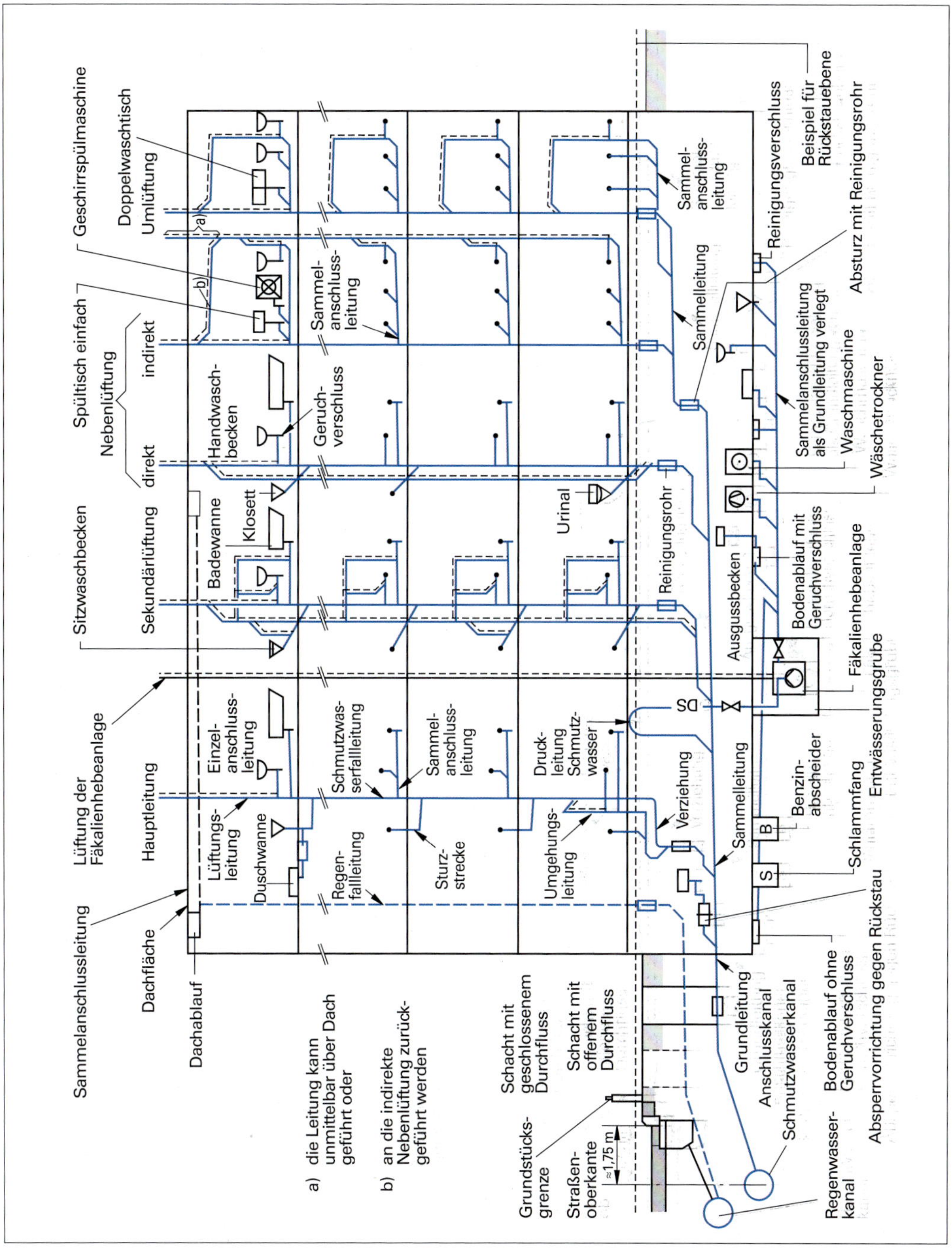

Abb. 3.28: Entwässerungsschnitt

3

Tabelle 3.29: Symbole in Entwässerungsplänen		
Grundriss	**Aufriss**	**Benennung**
Abwasser- und Lüftungsleitungen		
		Schmutzwasserleitung
		Regenwasserleitung
		Mischwasserleitung
		Lüftungsleitung
○	je nach Leitungsart	Fallleitung
		Reinigungsrohr mit runder oder rechteckiger Öffnung
		Geruchverschluss
Abläufe, Abscheider, Schächte		
		Ablauf oder Entwässerungsrinne mit Geruchverschluss
		Ablauf mit Rückstauverschluss für fäkalienfreies Abwasser
		Schacht mit geschlossenem Durchfluss
Sanitär-Ausstattungsgegenstände		
		Badewanne
		Duschwanne
		Waschtisch, Handwaschbecken
		Sitzwaschbecken
		Klosettbecken
		Waschmaschine
		Wäschetrockner

An den Leitungen ist die Fließrichtung mit Gefälleangaben anzuschreiben. Ebenso ist der Nenndurchmesser bzw. die Nenndurchmesser bei Querschnittswechseln anzugeben.

Beispiel

Schmutzwasserleitung und Mischwasserleitung mit Querschnittswechsel

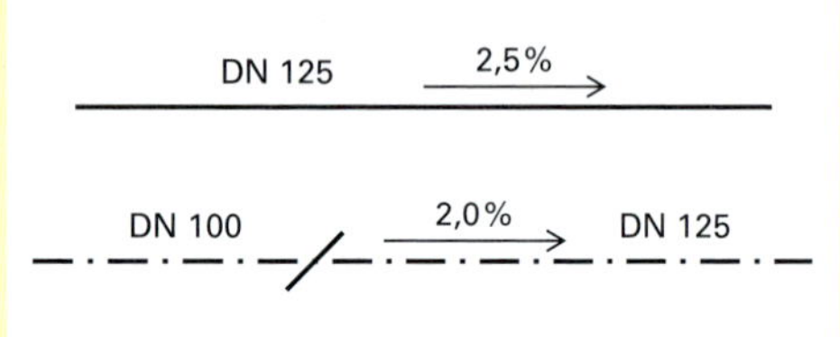

Rohrmaterialien Gefälle mit Fliesrichtung und Nennweiten werden wie folgt angegeben:

- Beton BE
- Kunststoff PVC, PP, PE
- Steinzeug STZ
- Gefälle ...%
- Nennweite DN ...
- Guss GG
- Stahlbeton STB
- Faserzement FZ
- Fliessrichtung →

In der DIN 1986-100 sind die Sinnbilder für weitere Entwässerungselemente vorgegeben.

3.11 Rohrleitungsgräben

Die Rohre sind in Leitungsgräben zu verlegen. In Abhängigkeit von der Nennweite der Rohre und der Grabentiefe sind für verbaute und unverbaute Gräben Mindestgrabenbreite einzuhalten.

Gräben bis 1,25 m Tiefe können bei annähernd waagerechtem Gelände ohne besondere Sicherungsmaßnahmen erstellt werden. Bei einer Grabentiefe bis 1,75 m sind die oberen 50 cm abzuböschen oder durch einen Teilverbau zu sichern. Ab 1,75 m Tiefe ist ein Grabenverbau oder Böschungen mit einem Böschungswinkel nach Bodenart notwendig (vgl. Abb. 3.30).

Neben den Gräben ist stets ein Schutzstreifen mit einer Breite von 60 cm frei zu halten. Erst neben diesem Schutzstreifen kann Boden abgeböscht gelagert werden.

Bei der Durchführung unter Fundamenten ist eine Mindestdeckung von 15 cm einzuhalten. Die Fundamente sind rechtwinklig zu kreuzen. Der Leitungsstrang sollte nicht innerhalb des Lastausbreitungswinkels geführt werden.

Je nach Rohrart und Belastung sind für die Verlegung von Rohren in Gräben unterschiedliche Maße vorgeschrieben für (vgl. Abb. 3.31):

- Grabentiefe
- Abdeckzone
- Bettungsschicht
- Obere Bettungsschicht
- Überdeckungshöhe
- Hauptverfüllung
- Untere Bettungsschicht
- Seitenverfüllung

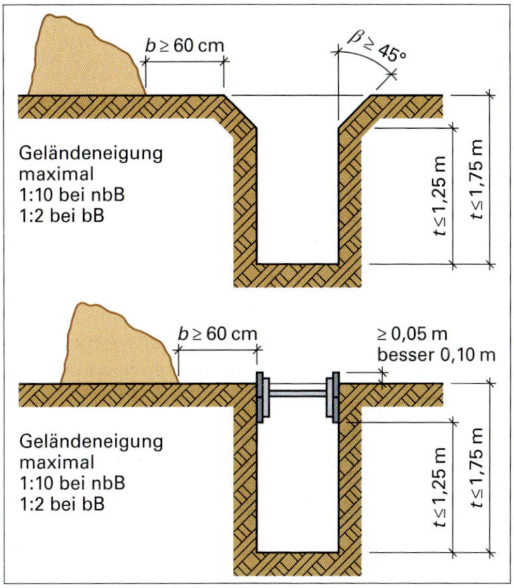

Abb. 3.30: Rohrgrabenausführung

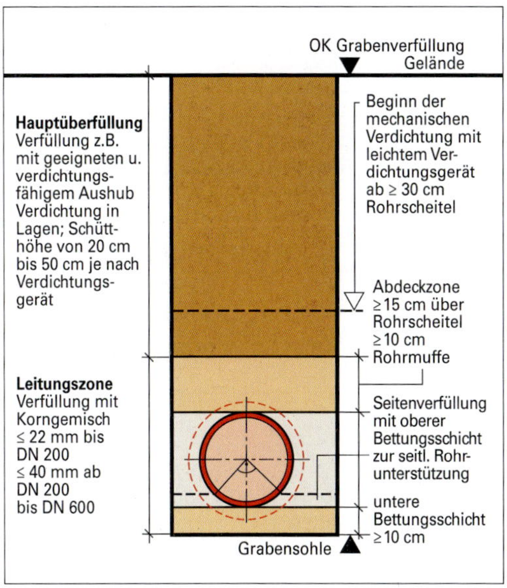

Abb. 3.31: Rohrgraben mit Bezeichnungen

Tabelle 3.32: Mindestbreite OD + X in Abhängigkeit von der Nennweite [m]

Nennweite DN [mm}	verbaut	unverbau	
		$\beta > 60°$	$\beta \leq 60°$
≤ 225	OD+0,40		OD+0,40
225 < DN ≤ 350	OD+0,50		
350 < DN ≤ 700	OD+0,70		
700 < DN ≤ 1200	OD+0,85		
> 1200	OD+1,00		
OD (Outer Diameter) Außendurchmesser Rohrschaft			

Tabelle 3.33: Grabentiefe und Grabenbreite nach DIN EN 1610

Tiefe des Grabens *t* [m]	Mindestbreite [m]
1,00 < t ≤ 1,75	0,80
1,75 > t ≤ 4,00	0,90
t > 4 ,00	1,00

Tabelle 3.34: Sicherheitsabstände

Masse	Böschung 90°	Böschung 45°
m ≤ 12 t	1,00 m	2,25 m
m > 12 t	2,00 m	3,25 m

Tabelle 3.35: Böschungswinkel

Nicht bindiger Boden	$\beta = 45°$
Weicher bindiger Boden	$\beta = 45°$
Steifer bindiger Boden	$\beta = 60°$
Fels	$\beta = 80°$

Die Grabenränder sind von Verkehrslasten (Fahrzeuge, Bagger) frei zu halten. Dazu ist abhängig von der Verkehrslast der Fahrzeuge und der Neigung der Grabenböschung ein Sicherheitsabstand einzuhalten.

Wenn die Böschungshöhen über 5,00 m betragen ist stets ein statischer Nachweis der Standsicherheit erforderlich. Der Nachweis ist entbehrlich, wenn je nach Bodenart die in Tabelle 3.35 aufgeführten Böschungswinkel nicht überschritten werden.

Für die Ausführung von Rohrleitungsgäben sind die Vorgaben der Normen zu beachten, um Unfallgefahren zu minimieren (vgl. BG BAU Merkblätter).

3.12 Verbauarten

Beim Grabenaushub sind unterschiedliche Bauverfahren möglich. Bei allen Verfahren sind die Arbeitsschutz- und Unfallverhütungsvorschriften zu beachten um Arbeitsunfälle zu vermeiden. Die Berufsgenossenschaften haben zu allen Verfahren entsprechende Publikationen erstellt. Im Folgenden werden die Verfahren beschrieben. Die Einzelheiten der Ausführung (Materialabmessungen usw.) müssen den Normen entnommen werden (DIN 4124).

3.12.1 Waagerechter Verbau

Der waagerechte Verbau ist neben dem Verbau mit Verbaugeräten die am häufigsten verwendete Verbauart. Der Name rührt daher, dass die Wände mit waagerecht eingebauten Bohlen verkleidet werden (vgl. Abb. 3.36).

Der Vorteil dieser Verbauart ist, dass bei fortschreitendem Aushub Bohle um Bohle eingebaut werden kann und der Verbau so mit dem Aushub standhalten kann. Der waagerechte Verbau ist aber dementsprechend nur bei Böden anwendbar, die mindestens in der Höhe einer Bohlenbreite sicher standfest sind. Nicht anwendbar ist der waagerechte Verbau, wenn beim weiter Ausschachten unter der untersten Bohle seitliches Material in den Graben gedrückt wird oder in den Graben rieselt.

Mit dem Einbringen der Bohlen muss spätestens begonnen werden, wenn der Aushub eine Tiefe von 1,25 m erreicht hat. Ist der Graben insgesamt weniger als 1,75 m tief, so genügt es, den oberen Bereich zwischen 1,25 m und Geländeoberkante zu verbauen.

Festigung und Aussteifung des waagerechten Verbaus erfolgt durch senkrechte Brusthölzer und waagerecht angeordnete Steifen, die die Brusthölzer von Wand zu Wand aussteifen. Die Steifen können Rundhölzer oder stählerne Spindelsteifen sein.

Wird viel Bodenfreiheit zum Verlegen der Rohre benötigt, so sind in diesem Bereich besondere Maßnahmen, wie z. B. Verstärkung der Brusthölzer oder Einbau von besonderen Trägern, erforderlich.

Für beim waagerechten Verbau verwendete Holzbauteile sind Mindestabmessungen vorgeschrieben. So müssen Rundholzsteifen mindestens 10 cm Durchmesser haben, Holzbohlen müssen mindestens 5 cm dick sein, Brusthölzer müssen mindestens einen Querschnitt von 8 cm/16 cm (übliche Schreibweise: 8/16 cm) und eine Länge von 60 cm haben. Je nach Wandhöhe und Belastung müssen diese Mindestmaße aber auch überschritten werden.

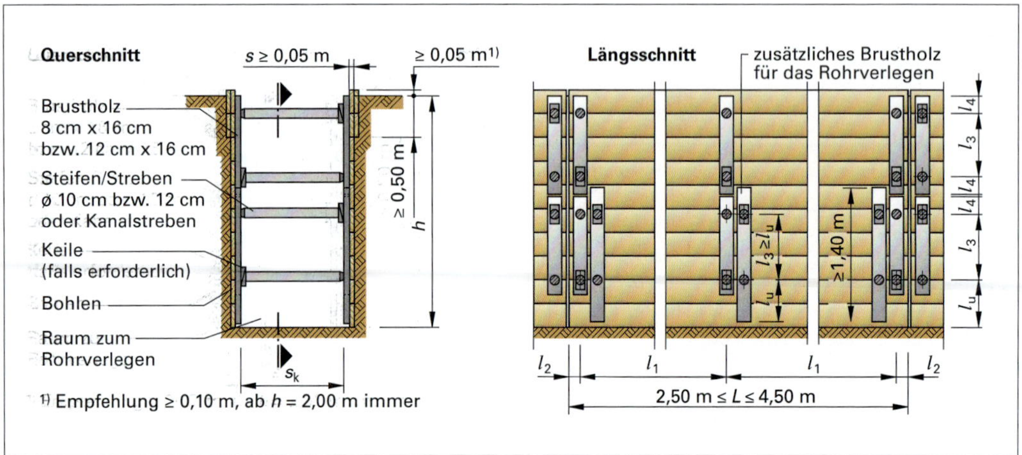

Abb. 3.36: Waagerechter Verbau

3.12.2 Senkrechter Verbau

Der senkrechte Verbau wird angewendet, wenn die Beschaffenheit des Bodens die Anwendung des waagerechten Verbaus nicht gestattet, also bei weichen, rieselnden Böden. Allerdings ist beim senkrechten Verbau Voraussetzung, dass die Bodenbeschaffenheit das Eintreiben von Bohlen bzw. Kanaldielen gestattet.

Der Name senkrechter Verbau rührt daher, dass bei dieser Verbauart die Wand mit senkrecht in den Boden gerammten Bohlen oder Kanaldielen verkleidet wird (vgl. Abb. 3.37). Die Bohlen müssen so eingerammt werden, dass sie bei jedem Bauzustand mindestens 0,30 m in den Baugrund eindringen. Verfestigung und Aussteifung erfolgen durch waagerechte Gurthölzer bzw. Gurtstahlträger und Holz- oder Stahlsteifen. Alle diese Teile müssen durch Hängeeisen oder Ketten gegen herabfallen gesichert werden.

Der senkrechte Verbau kann mit Holzbohlen oder Kanaldielen erfolgen. Bei festerem Untergrund werden wegen der beim Rammen zu erwartenden Schwierigkeiten meist Kanaldielen verwendet. Diese müssen nach dem Rammen dicht aneinander anschließen und dürfen deshalb weder verbeult noch verbogen sein.

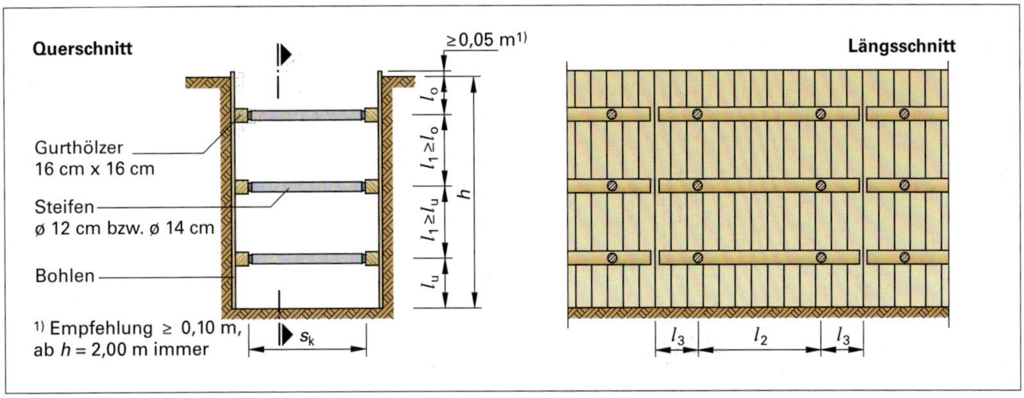

Abb. 3.37: Senkrechter Verbau

3.12.3 Verbau mit Verbaugeräten

Leitungsgräben von mehr als 1,25 m Tiefe, deren Wände nicht durch Abböschen gesichert sind, dürfen erst betreten werden, nachdem die Wände durch besondere Maßnahmen gesichert sind. Hierzu sind besondere Verbaugeräte erforderlich.

Da heute aus wirtschaftlichen Gründen Gräben mit Erdbaugeräten meist auf volle Tiefe ausgehoben werden, gewinnt der Verbau mit Verbaugeräten zunehmend Bedeutung (vgl. Abb. 3.28).

Voraussetzung für die Anwendung von Verbaugeräten ist, dass die Grabenwände senkrecht ausgehoben und glatt sind und mindestens bis zum Einbringen des Verbaus genügend standfest bleiben. Bei der Sicherung der Grabenwände mit Verbaugeräten darf der Aushub nur um höchstens 3,50 m den fortlaufenden Verbauarbeiten vorauseilen. Bei nicht genügend standfesten Böden müssen die Verbauplatten fortschreitend mit dem Aushub durch den Bagger in den Boden gedrückt werden (Absenkverfahren). Heute kommen ausschließlich Grabenverbaugeräte zur Anwendung, die von oben in den Graben eingebracht werden und dort während der Ausführung der Arbeiten verbleiben.

Im Wesentlichen sind zwei Bauarten gebräuchlich. Bei der einen Bauart werden Verbauboxen aus zwei großformatigen Stahlverbauplatten durch zwischen diesen angebrachten Spindeln gegen die Grabenwände gedrückt und ausgesteift. Die Aussteifungen können mittig oder am Rand angebracht sein. Die Platten sind unten abgeschrägt, was erstens das Eindringen in den Boden erleichtert und zweitens mehr Arbeitsraum ergibt. Bei tiefen Gräben werden mehrere Verbauboxen übereinander verwendet und auch nacheinander entfernt. Dabei besteht erhöhte Einsturzgefahr und es ist deshalb besondere Vorsicht erforderlich.

Bei Gleitschienen-Verbaueinheiten werden erst strebengestützte Gleitschienenpaare in den Graben eingesetzt und ausgespindelt. Anschließend werden Platten in die Gleitschienen eingesetzt. Dies hat den Vorteil, dass die Verbautiefe während der Bauarbeiten verändert werden kann und auch der Rückbau gefahrloser möglich ist. Außerdem lassen sich einzelnen Platten beim Rückbau leichter ziehen.

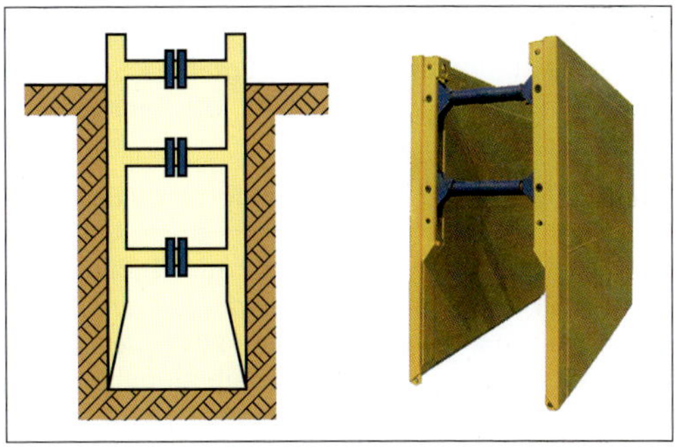

Abb. 3.38: Grabenverbaugerät

3.12.4 Trägerbohlenwände

Eine weitere, vor allem bei tiefen Baugruben gebräuchliche Verbauart sind Trägerbohlenwände. Bei der Trägerbohlenwand (z. B. Berliner Verbau) werden I-Träger vor dem Aushub in den Boden gerammt bzw. in Bohrlöcher versetzt (vgl. Abb. 3.40). Die Flansche weisen dabei in Richtung des künftigen Verbaus. Mit fortschreitendem Aushub werden dann die Fächer zwischen den Trägern ausgefacht, indem Bohlen zwischen die Flansche eingeschoben und verkeilt werden. Statt Holzbohlen werden zur Ausfachung auch Stahlbetonfertigteile oder Kanaldielen verwendet. Der Abstand zwischen zwei Trägern beträgt im Allgemeinen 1,50 m bis 3,00 m. Die Einzelteile der Ausfachung müssen auf jeder Seite mindestens zu einem Fünftel der Tragflanschbreite aufliegen.

Abb. 3.39: Berliner Verbau

Auch Trägerbohlenwände werden durch Aussteifung und rückwärtige Verankerung gehalten. Ein statischer Standsicherheitsnachweis ist in jedem Fall erforderlich.

3.12.5 Sonstige Verbauarten (Spundwände)

Spundwände werden als Verbau vor allem in Gewässern, im Grundwasser, bei Fließsand oder ähnlich schwierigem Baugrund eingesetzt.

Hierzu werden besondere Stahlspundwandprofile ähnlich wie beim senkrechten Verbau in den Boden eingerammt, und zwar bis in tragfähige Schichten des Untergrundes. (vgl. Abb. 3.41, vgl. Kapitel 15.1).

Spundwände müssen baulich wie jede andere Verbauart ausgesteift oder rückwärtig durch Erdanker verankert werden. Dazu werden ebenfalls waagerechte Gurte angebracht, die aus Stahlträgern hergestellt werden. Die Spundwände werden vor Beginn des Aushubs gerammt und die Aussteifung dann mit fortschreitendem Aushub eingebaut. Bei Wandsicherung durch Spundwände ist in jedem Fall ein statischer Standsicherheitsnachweis erforderlich.

Die Sicherung von Gräben durch Verbau ist mit verschiedenen Verfahren möglich.

Verbauansicht

Sicherung des Verbaus

Abb. 3.40: Verbau zwischen Stahlträgern

Abb. 3.41: Spundwand mit Verankerung

Abb. 3.42: Pfahlwand

3.13 Baugruben

Bevor die Erdarbeiten beginnen sind von der Bauleitung u. a. verschieden Punkte zu klären:

- Bewuchs auf dem Gelände
- Ablagerungen auf dem Gelände
- Wassereinwirkzungen
- Altlastenverdacht
- zu erhaltender Baumbestand
- Zuwegung unter Berücksichtigung von Witterungsverhältnissen
- vorhandene Leitungen
- Versorgung der Baustelle mit Wasser und Strom
- Baustelleneinrichtung (Lagerflächen, Baustellenkran, Sanitäreirichtung, Tagesunterkunft)

Vor dem Aushub der Baugrube ist der Oberboden (Mutterboden) abzutragen und seitlich für den späteren Auftrag zu lagern. Bei den Abmessungen der Baugrubensohle ist zusätzlich zu den Gebäudemaßen eine Arbeitsraumbreite von mindestens 0,50 m bzw. 0,60 m zu berücksichtigen.

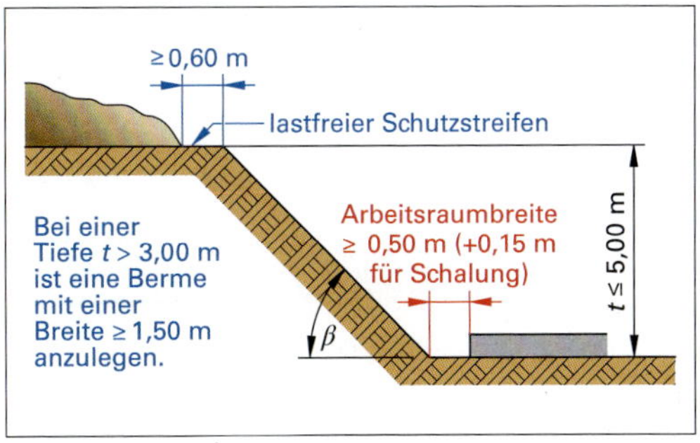

Abb. 3.43: Baugrubenböschung

In Abhängigkeit von der Bodenart ist beim Aushub der vorgeschriebene Böschungswinkel einzuhalten. Es ist durch geeignete Maßnahmen sicherzustellen, dass kein Erdreich aus den Böschungen in die Baugrube abbricht.

Für den notwendigen Böschungswinkel können die sieben Bodenklassen nach der alten DIN 18300 „Erdarbeiten" für das Lösen, Laden, Fördern, Einbauen und Verdichten von Boden und Fels" als Anhalt dienen (vgl. Tabelle 3.44).

Bei bindigen Böden sind die Böschungswand und die Baugrubensohle durch Planen vor Niederschlägen zu schützen. Durch Ausspritzen von Beton (Torkretieren) kann auch die Baugrubenböschung verfestigt werden.

Anfallendes Wasser in der Baugrube kann in seitlichen Vertiefungen (Pumpensumpf) aufgefangen werden und dann mittels Pumpen abgeführt werden.

Tabelle 3.44: Böschungswinkel nach Bodenart
Bezeichnungen der Boden- und Felsklassen nach alter DIN 18300

Oberboden (Mutterboden)	–	Schwer lösbare Bodenarten	60°
Fließende Bodenarten	–	lösbarer Fels und vergleichbare Bodenarten	80°
Leicht lösbare Bodenarten	45°		
Mittelschwer lösbare Bodenarten	45°	Schwer lösbarer Fels	80°

Die korrekte Ausschachtungstiefe ist fortlaufend während der Baggerarbeiten zu prüfen. Ausgehend von einem Bezugspunkt z. B. Schnurgerüsthöhe wird mit einer Nivellierlatte und einem Baunivelliergerät die Baugrubentiefe gemessen.

Die beim Aushub anfallenden Bodenmassen müssen zu großen Teilen abgefahren werden, wenn sie nicht zur Geländemodellierung benötigt werden.

Bei der Ermittlung der Abfuhrmengen ist zu berücksichtigen, dass sich das Volumen des gelösten Bodens gegenüber dem Volumen des festen Bodens vergrößert. Bei der Berechnung wird dies durch einen Auflockerungswert oder prozentuale Zuschläge berücksichtigt.

- Grobschluff 5 % bis 20 %
- Ton 20 % bis 30 %
- Kies 25 % bis 30 %
- Lehm 15 % bis 25 %
- Sand 15 % bis 25 %
- Felsgesteine 25 % bis 60 %

Der Auflockerungswert α ist der Quotient aus dem Volumen des Bodens vor dem Lösen (V_G) und dem Volumen des Bodens nach dem Lösen (V_L).

$$\alpha = \frac{V_G}{V_L} \qquad V_L = \frac{V_G}{\alpha} \qquad V_G = V_L \cdot \alpha$$

In der Literatur werden Angaben (Anhaltswerte) zu den Auflockerungswerten in Bezug auf die Bodenklassen nach der DIN 18300 genannt.

Tabelle 3.45: Anhaltswerte für Auflockerungswerte

Oberboden	0,84	Schluff	0,84
Sand, Kiessand, Kies	0,89	Lehm, Mergel	0,79
Grobkies, Geröll, Schotter	0,87	Ton, Seeton	0,84

Beispiel

Baugrube, mitteldichtes Kies-Sand Gemisch, $\alpha = 0{,}84$

Es ergibt sich ein Aushubvolumen von 210 m³. Wieviel m³ sind demnach abzufahren?

Lösung $V_L = \frac{V_G}{\alpha} \Rightarrow V_L = \frac{210\ m^3}{0{,}84} = 250\ m^3$

Die Erreichbarkeit der Baugrubensohle muss gegeben sein. Dazu sind Leitern, Treppen oder Rampenzugänge zu schaffen, die einen sicheren Zugang für die Bauarbeiter gewährleisten.

Für die Erdarbeiten ist die Klassifizierung der Böden in Homogenbereiche für die Abrechnung erforderlich. Ein Homogenbereich umfasst den Boden oder Felsbereich für den hinsichtlich Lösen, Laden, Transportieren usw. der gleiche Arbeitsaufwand notwendig ist.

3

Für die exakte Einstufung der Böden in Homogenbereiche ist ein Bodengutachten erforderlich. Der Auftraggeber ist für die Erstellung verantwortlich.

Tabelle 3.46: Homogenbereiche

Homogenbereich	Baugrund
A	Auffüllung
B	Mutterboden
C	Schwarzerde
D	Flußsand
E	Flußkies
F	steifer Schwemmlehm
G	steif, halbfester Muschelton
H	steif, halbfester Tertiärton

3.14 Entwässerung von Baugruben

Wenn eine Baugrube durch Wasser oder Grundwasser gefährdet ist, muss das Eindringen von Wasser verhindert werden. Bei geringen Wasseranfall mag es ausreichend sein einen Pumpensumpf vorzuhalten. Dazu wird an einer Stelle der Baugrube eine Vertiefung (Pumpensumpf) eingebracht, in die das anfallenden Wasser abfliessen kann und dann abgepumpt wird. Dies wird als **offene Wasserhaltung** bezeichnet. Um die Entwässerung sicher zu gwährleisten können Filterschichten z. B. Kiesfilter in Verbindung mit Dränleitungen unter der Sohle angeordnet werden.

Liegt der Grundwasserspiegel über der Gründungssohle wird der Grundwasserspiegel durch Pumpen abgesenkt. Bei der **Grundwasserabsenkung** wird die Baugrube ringsum von Pumpen in Filterrohren umgeben, die durch eine Ringleitung verbunden sind. Durch die Pumpen wird das anfallende Wasser der Vorflut zugeführt. Dadurch wird der Grundwasserspiegel im Bereich der Baugrube soweit abgesenkt, dass die Herstellung der Gründung ohne Wasseranfall möglich ist. Ob die Baugrube durch Verbau gesichert werden muss, oder ob Abböschung möglich sind, hängt von den örtlichen Verhältnissen ab.

Bei der Absenkung des Wasserspiegels ist stets zu beachten in wieweit eine vorhandene Nachbarbebauung beeinträchtigt wird.

Durch Methoden der offenen und geschlossenen Wasserhaltung können Baugruben gegen den Eintritt von Wasser geschützt werden.

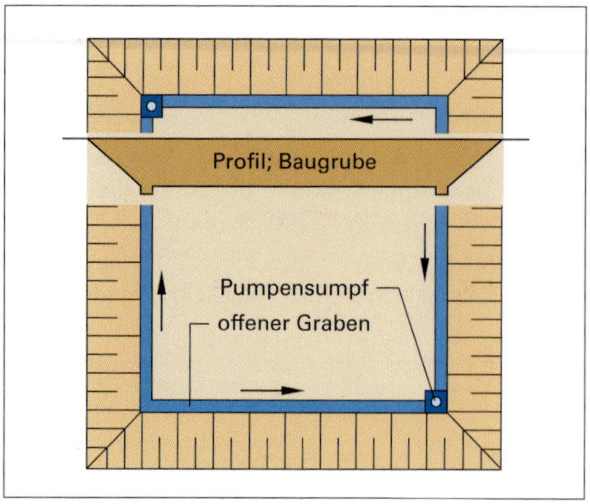

Abb. 3.47: Offene Wasserhaltung

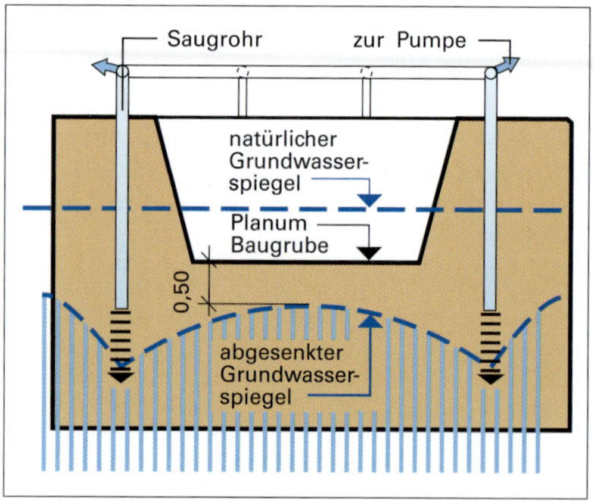

Abb. 3.48: Grundwasserabsenkung

Sind die Methoden der Wasserhaltung nicht möglich, muss die Baugrube zunächst mit wasserundurchlässigen Wänden (Spundwänden, Bohrpfahlwände aus Stahlbeton) umgeben werden. Anschließend ist die Sohle unter Berücksichtigung der Auftriebskräfte durch Sohlbeton als Unterwasserbeton abzudichten.

Zur Planung und fachgerechten Herstellung eines Bauwerks kann es notwendig sein, die Baugrube zeichnerisch darzustellen (vgl. Abb. 3.49). Diese Darstellung erfolgt im Grundriss (Lageplan) und in Schnitten (Profil). Genau so wird bei Rohrleitungsgräben verfahren (vgl. Abb. 3.50).

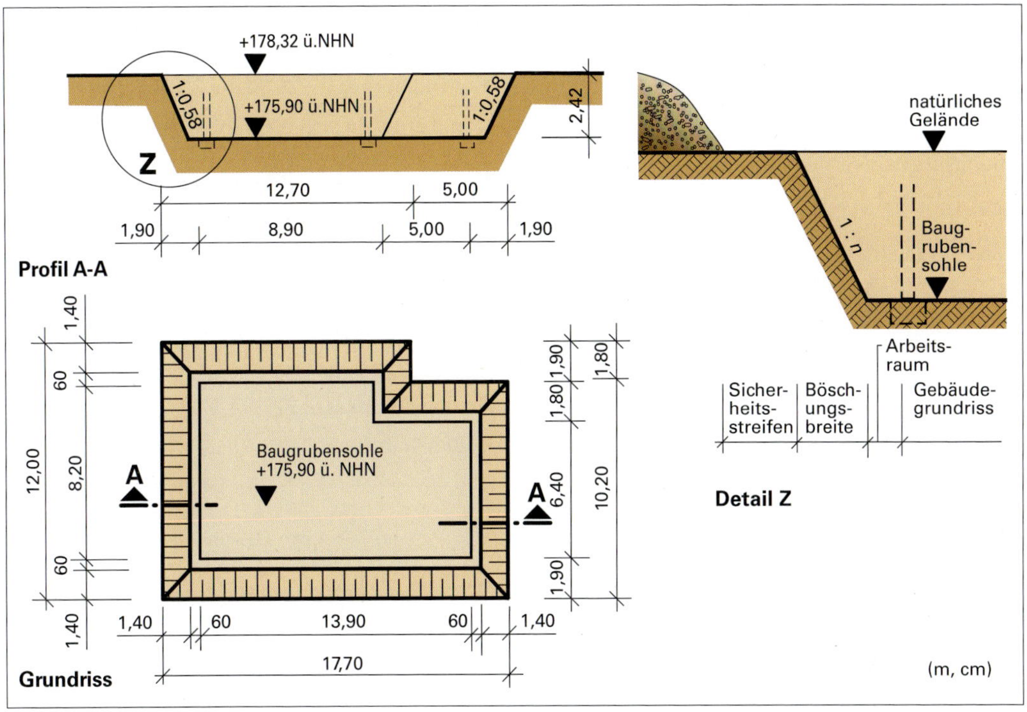

Abb. 3.49: Baugrube im ebenen Gelände

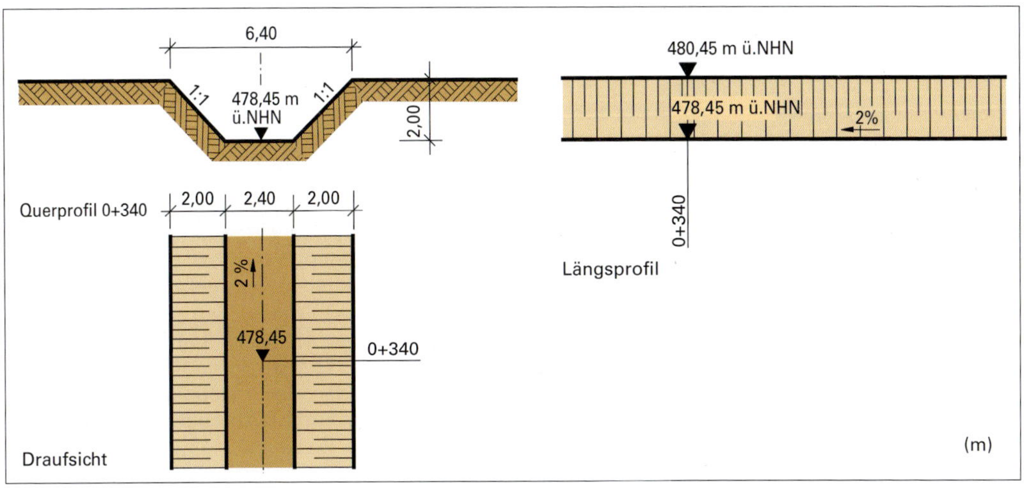

Abb. 3.50: Leitungsgraben

3.15 Massenermittlung von Rohrleitungsgräben und Baugruben

3.15.1 Massenermittlung für Rohrleitungen

Für Rohrleitungsgräben ist der Bodenaushub und das Material für die Verfüllung und die Rohrbettung zu ermitteln.

Dazu muss der Querschnitt des Rohrgrabens und das Längsprofil des geplanten Grabens bekannt sein.

Sind für das Profil Abböschungen notwendig muss unter Kenntnis der Winkelfunktionen die Böschungsbreite berechnet werden.

Beispiel

Grabentiefe 2,50 m, Böschungswinkel 60°

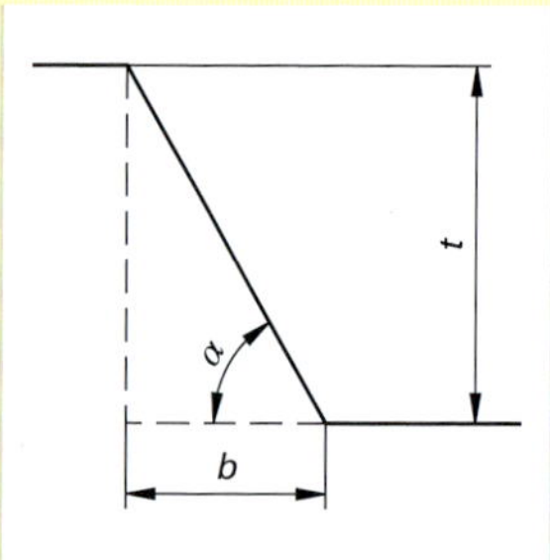

$\tan \alpha = \frac{GK}{AK}$

$\tan \alpha = \frac{t}{b}$

$b = \frac{GK}{\tan \alpha}$

$b = \frac{2{,}50\ m}{\tan 60°}$

$b = \frac{2{,}50\ m}{1{,}73}$

$b = 1{,}44\ m$

In Abhängigkeit vom Geländeverlauf und der Grabensohle, ist gegebenenfalls stationsweise das Aushubvolumen durch Multiplikation des gemittelten Querschnitts mit der Stationslänge zu ermitteln. Soll das Aushubvolumen für Schächte miterfasst werden, ist zu den Schachtabmessungen auch die Arbeitsraumbreite von jeweils 0,50 m je Seite zu berücksichtigen.

Beispiel

Ein 80 m langer Graben mit einer Breite 1,50 m ist herzustellen. Für die Massenermittlung ist ein Geländeprofil gegeben. Das Aushubvolumen ist zu berechnen.

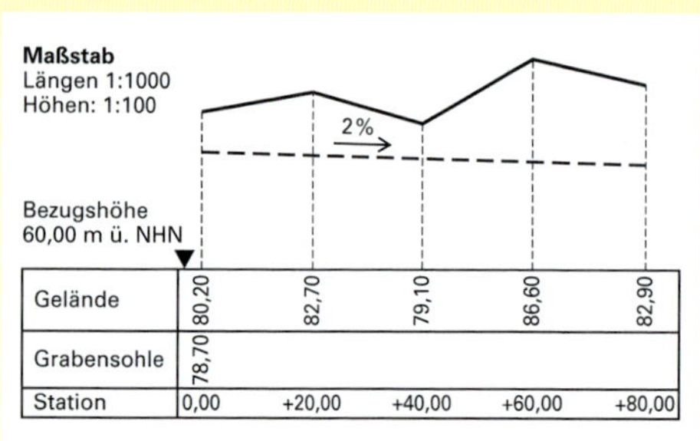

Lösungsgang

- Zuerst müssen die Sohlhöhen an den Stationen berechnet werden.
- Danach werden die Aushubhöhen an den Stationen ermittelt.
- Mit dem Mittelwert zweier benachbarter Aushubhöhen wird das Volumen zwischen den Stationen berechnet.
- Die Teilvolumina werden zum Gesamtvolumen aufsummiert.

Höhendifferenz $h = 20{,}00\ m \cdot 2/100 = 0{,}40\ m$

Damit ergeben sich die Sohlhöhen [m]
Station 20 = 78,70 – 0,40 = 78,30
Station 40 = 78,30 – 0,40 = 77,90
Station 60 = 77,90 – 0,40 = 77,50
Station 80 = 77,50 – 0,40 = 77,10

Daraus folgen die Aushubhöhen [m]
Station 00 = 80,20 – 78,70 = 1,50
Station 20 = 82,70 – 78,30 = 4,40
Station 40 = 79,10 – 77,90 = 1,20
Station 60 = 86,60 – 77,50 = 9,10
Station 80 = 82,90 – 77,10 = 5,80

Volumen [m^3]

$V_1 = \frac{1{,}50 + 4{,}40}{2} \cdot 1{,}50 \cdot 20 = 88{,}50$

$V_2 = \frac{4{,}40 + 1{,}20}{2} \cdot 1{,}50 \cdot 20 = 84{,}00$

$V_3 = \frac{1{,}20 + 9{,}10}{2} \cdot 1{,}50 \cdot 20 = 154{,}50$

$V_4 = \frac{9{,}10 + 5{,}80}{2} \cdot 1{,}50 \cdot 20 = 223{,}50$

$V = 550{,}50\ m^3$ Gesamt Aushubvolumen

3.15.2 Massenermittlung für Baugruben

Für die Massenermittlung müssen zunächst nach den geplanten Abmessungen des Bauwerks unter Berücksichtigung des Arbeitsraums (mindestens 0,50 m) und eventuell einem Platzbedarf für eine Schalung (0,15 m) die Abmessungen für die Sohle der Baugrube ermittelt werden.

Nach Bestimmung der Böschungswinkel werden die oberen Abmessungen der Baugrube festgelegt. Der entstehende Volumenkörper wird dann in berechenbare Teilkörper (vgl. Kapitel E) zerlegt, sofern nicht bei einfachen Verhältnissen direkt eine passende Formel (z. B. Pyramidenstumpf) dem vorliegenden Fall entspricht. Gebräuchlich sind Näherungsformeln für die Berechnung des Volumens eines Pyramidenstumpfes. Die Formeln liefern unterschiedliche Werte, die jedoch im Rahmen der üblichen Genauigkeit hinreichende Werte liefern, da die Abweichungen unter 5 % liegen.

Genaue Formel

$$V = \frac{h}{6} \cdot (A_0 + A_1 + 4 \cdot A_m)$$

$$A_m = \frac{1}{4} \cdot (A_0 + A_1 + 2 \cdot \sqrt{A_0 \cdot A_1})$$

$$V = \frac{h}{3} \cdot (A_0 + A_1 + \sqrt{A_0 \cdot A_1})$$

Näherungsformel

$$V \approx h_m \cdot (A_0 + A_1) \quad \text{mit} \quad h_m = \frac{h_1 + h_2}{2}$$

Beispiel

Baugrube untere Abmessungen 20 m · 12 m
Obere Abmessungen 26 m · 18 m
Baugrubentiefe 3,00 m; Böschung 45°

1. Genaue Formel (Paramidenstumpf)

$$A_m = \frac{1}{4} \cdot [(20 \cdot 12) + (26 \cdot 18) + 2 \cdot \sqrt{(20 \cdot 12) \cdot (26 \cdot 18)}] = 344{,}6\ m^2$$

$$V = \frac{3{,}00}{6} \cdot [240 + 468 + 4 \cdot 344{,}6] = 1043{,}2\ m^3$$

2. Näherungsformel (kleineres Ergebnis)

$V \approx$ Höhe · mittlere Fläche aus mittleren Kanten

$$V \approx 3{,}00 \cdot \frac{20 + 26}{2} \cdot \frac{12 + 18}{2} =$$

$$V \approx 3{,}00 \cdot 23 \cdot 15 = 1035\ m^3$$

3. Näherungsformel (größeres Ergebnis)

$V \approx (A_0 + A_1) \cdot 0{,}5 \cdot$ Höhe

$$V \approx [(20 \cdot 12) + (26 \cdot 18)] \cdot 0{,}5 \cdot 3{,}00 = 1062\ m^3$$

Bei geneigtem Gelände kann mit Näherungsformeln gerechnet werden. Eine Variante ist (analog der 3. Formel im Beispiel):

Obere Grundrissfläche A_o bzw. A_0
Untere Grundrissfläche A_u bzw. A_1

Höhen in den Ecken h_i mit $i = 1$ bis $i = n$

$$h_m = \frac{h_1 + h_2 + \dots h_n}{n} \qquad V \approx h_m \cdot \frac{A_o + A_u}{2}$$

Sollte sich eine Berechnung bei nicht ebenen Gelände (vgl. Kapitel E 5) als zu aufwändig erweisen, bietet sich die zeichnerische Darstellung der Längen und Flächen für die Volumenberechnung an (vgl. Kapitel E 4 und 20.11 sowie Abb. 3.54).

Beispiel

Für ein rechteckiges Gebäude (12,25 m · 9,85 m) ist eine 2,40 m tiefe Baugrube auszuschachten. Wieviel m^3 Boden umfasst der Aushub, wenn für den Arbeitsraum 50 cm und mit einem Böschungswinkel von 60° gerechnet wird.

Lösung

Böschungsbreite $b = 2{,}40$ m/tan 60° = 1,39 m

Untere Fläche [m^2]

$$A_u = (12{,}25 + 2 \cdot 0{,}50) \cdot (9{,}85 + 2 \cdot 0{,}50) = 13{,}25 \cdot 10{,}85 = 143{,}8\ m^2$$

$$A_o = (13{,}25 + 2 \cdot 1{,}39) \cdot (10{,}85 + 2 \cdot 1{,}39) = 16{,}03 \cdot 13{,}63 = 218{,}5\ m^2$$

$$V \approx \frac{143{,}8 + 218{,}5}{2} \cdot 2{,}40 = 434{,}8\ m^3$$

3.15.3 Zeichnerische Darstellung von Böschungen und Baugruben

Böschungen werden in der Draufsicht durch abwechseln lange und kurze Striche senkrecht zur Böschungskante in Richtung des Gefälles dargestellt (vgl. Abb. 3.51).

In der Ansicht wird das Gefälle angegeben. Im Regelfall bei Geländeneigungen als Verhältnisangabe, bei Graben- und Baugrubenböschungen in Grad. Sind die Böschungswinkel an jeder Seite gleich, verläuft der Grat unter der Winkelhalbierenden (vgl. Abb. 3.52).

Baugruben sind durch Anwendung der Dreitafelprojekion eindeutig darzustellen. In der Zeichnung sind alle Maße anzugeben, die für eine Massenberechnung notwendig sind (vgl. Abb. 3.52 und Abb. 3.54).

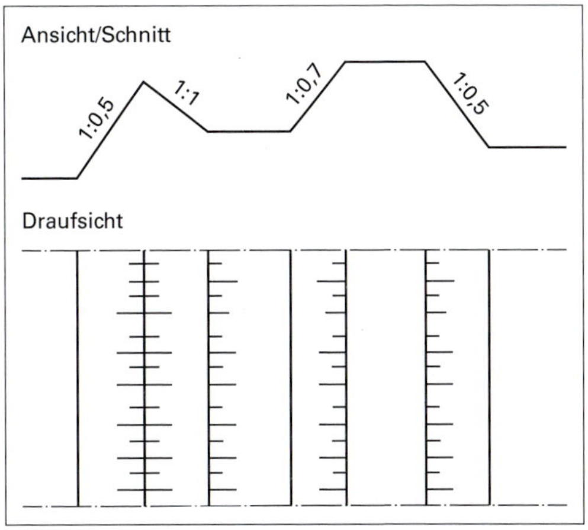

Abb. 3.51: Darstellung von Böschungen

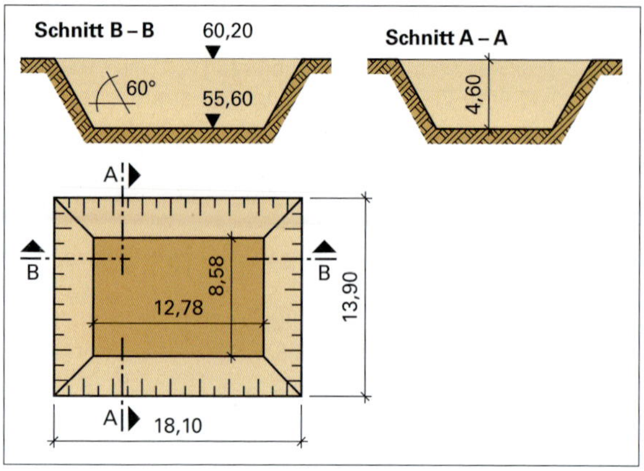

Abb. 3.52: Dreitafelprojektion Baugrube

Für die Berrechnung der Erdmassen nach Raummaß ist es erforderlich, den vorhandenen Zustand (also das Gelände des Baugrundstückes) aufzumessen bzw. darzustellen.

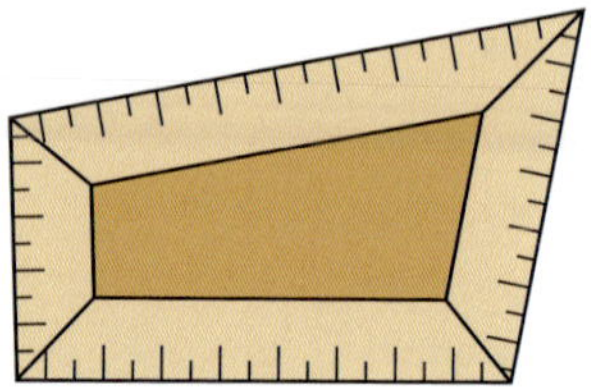

Verlauf der Grate unter den Winkelhalbierenden

Abb. 3.53: Schiefwinklige Baugrube mit gleichen Böschungswinkeln

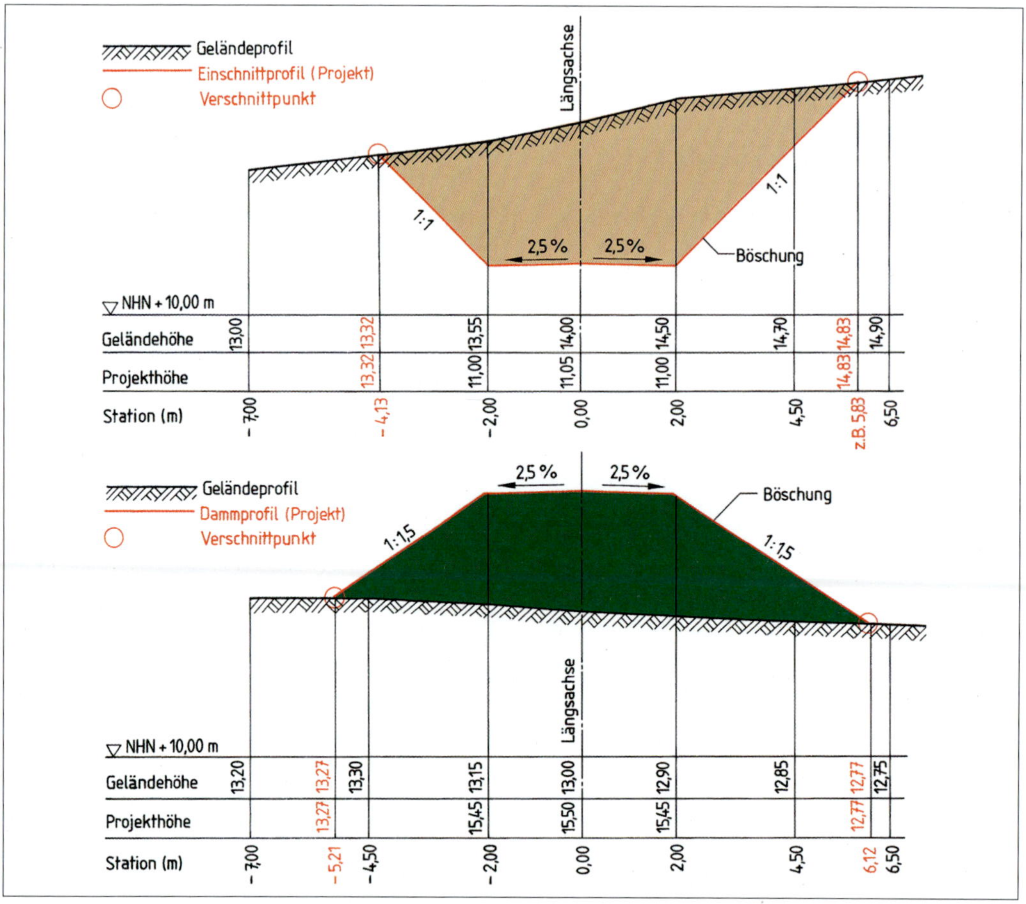

Abb. 3.54: Querprofile in Einschnitt (oben) und Auftrag (unten) (Der sogenannte Aushubplan umfasst die Baugrube bzw. das Gelände in der Draufsicht – vgl. Abb. 3.52 und Abb. 3.53 – und im Schnitt-Querprofil – vgl. Abb. 3.54)

3.16 Sicherung der Baustelle

Mit der Erschließung der Baustelle wird für einen reibungslosen Verkehr zur, von und auf der Baustelle gesorgt. Für die Anlieferung und den Transport von Baustoffen, Maschinen und Geräten werden auf der Baustelle Baustraßen angelegt. Diese können als Stichstraße, als Umfahrt oder als Durchfahrt ausgebildet sein. Die Baustraßen müssen den Belastungen durch die schwersten Fahrzeuge standhalten. Die Breite einspuriger Baustraßen liegt mit beidseitigem Sicherheitsabstand bei 3,50 m, im Bereich einer Ausweichbucht ist mindestens eine Breite von 6,00 m vorzusehen (vgl. Abb. 3.55).

Lange Baustraßen sollten so breit angelegt sein, dass Fahrzeugbegegnungen möglich sind. Bei Stichstraßen sind ausreichend bemessene Wendemöglichkeiten, z. B. mit einem Wendehammer, vorzusehen (vgl. Abb. 3.56).

Der Anordnung liegen zugrunde:

- das Bürgerliche Gesetzbuch (BGB),
- die Straßenverkehrsordnung (StVO),
- die Richtlinien für die Sicherung von Arbeitsstellen an Staßen (RSA),
- Merkblatt über Rahmenbedingungen für erforderliche Fachkenntnisse zur Verkehrssicherung von Arbeitsstellen an Staßen (M VAS 99),
- die Zusätzlichen Technischen Vertragsbedingungen und Richtlinien für Sicherungsarbeiten auf Arbeitsstellen an Staßen (ZTV-SA 97),
- Technische Lieferbedingungen (TL),
- die Baustellenverordnung und
- die Arbeitsstättenrichtlinie (Arbeitsstättenverordnung 2016–03) mit Arbeitsstättenregeln ASR).

Der Anschluss der Baustraße an das öffentliche Straßennetz wird so angelegt, dass der Straßenverkehr möglichst wenig gestört wird. Verkehrsgefährdende Verschmutzungen müssen weitestgehend vermieden werden. Notfalls sind Verunreinigungen ständig zu beseitigen.

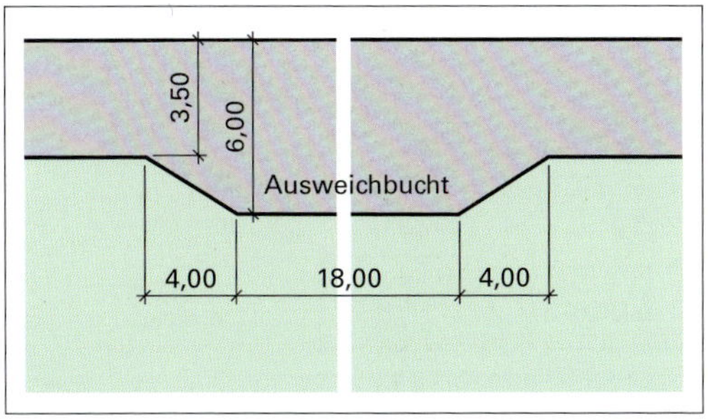

Abb. 3.55: Baustellenerschließung mit einer Ausweichbucht

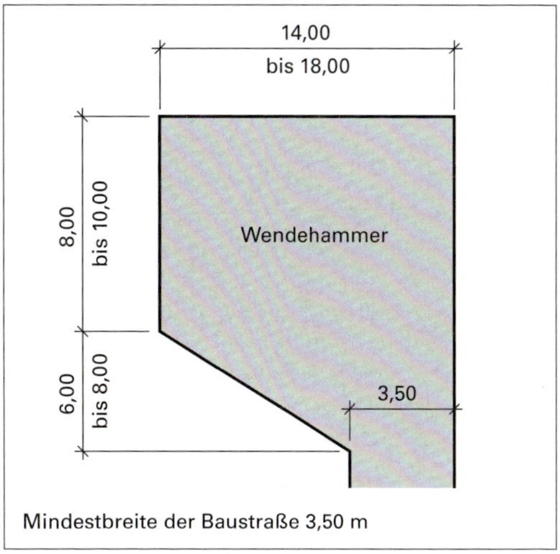

Abb. 3.56: Baustellenerschließung
mit einer Stichstraße

Verkehrssicherung der Baustelle

Für Bauarbeiten an der Straße selbst, für Arbeiten neben oder über der Straße, für Arbeiten an Leitungen und für Vermessungsarbeiten müssen Verkehrsflächen vorübergehend abgesperrt werden. Diese Absperrungen sind vom Bauunternehmer oder seinen Mitarbeitern verantwortlich zu planen, einzurichten und wieder abzubauen. Die Sicherungsmaßnahmen dienen dem Schutz der Verkehrsteilnehmer, der Arbeitskräfte sowie zur Vermeidung von Sachschäden an den Baustelleneinrichtungen im Arbeitsbereich und an Fahrzeugen.

Für die Verkehrssicherung ist von Mitarbeitern der Bauunternehmung ein schriftlicher Antrag mit einem Verkehrszeichenplan anzufertigen. Die Genehmigung erfolgt durch die zuständige Verkehrsbehörde, der Straßenverkehrsbehörde oder der Straßenbaubehörde als verkehrsrechtliche Anordnung an die Bauunternehmung.

Bei der Planung der Verkehrssicherung von Baustellen sind u. a. folgende Grundsätze zu beachten:
Der Verkehr darf möglichst nicht behindert werden und soll flüssig an der Baustelle vorbeifahren können.
Die Fahrbahnbreite beträgt für eine Fahrspur mindestens 2,75 m, bei Begegnungsverkehr für beide Fahrspuren mindestens 5,50 m.
Die Verkehrsgeschwindigkeit kann auch innerorts herabgesetzt werden, z. B. auf 30 km/h.

Eine Verletzung der Verkehrssicherungspflicht kann zur Folge haben

- eine zivilrechtliche Haftung, z. B. Schadenersatz,
- eine strafrechtliche Haftung, z. B. Freiheits- oder Geldstrafe,
- eine Ordnungswidrigkeit, z. B. Bußgeld, und
- arbeitsrechtliche Folgen für Mitarbeiter der Bauunternehmung, z. B. Rüge, Abmahnung oder Kündigung.

Ein **Verkehrszeichenplan** soll zeichnerisch darstellen, welche Verkehrszeichen an welchen Stellen in welchen Abständen aufgestellt werden müssen. Als Grundlage dienen Regelpläne der **R**ichtlinie für die **S**icherheit von **A**rbeitsstellen an Straßen **(RSA)**.

Ein Verkehrszeichenplan ist beispielhaft in Abbildung 3.59 dargestellt.

Abb. 3.57: Verkehrszeichen und Verkehrseinrichtungen aus der StVO
(Beispiele für Baustelleneinrichtungen innerhalb von Ortschaften)

Tabelle 3.58: Aufstell-Entfernungen von Verkehrszeichen			
Zeichen	Straßen		
	mit zwei und mehr Fahrstreifen in einer Richtung	mit zwei Fahrstreifen	in geschwindigkeitsreduziertem Bereich
123	70 m bis 100 m	50 m bis 70 m	30 m bis 50 m
120, 121	–	30 m bis 50 m	–
274, 276	30 m bis 50 m	50 m bis 70 m	–
131	–	30 m bis 50 m	30 m bis 50 m
112	30 m bis 50 m	10 m bis 30 m	10 m bis 30 m
208, 308	–	0 m bis 10 m	0 m bis 10 m
274, 280, 282	10 m bis 20 m	0 m bis 10 m	–

Die **Verkehrszeichen** müssen der Straßenverkehrsordnung entsprechen (vgl. Abb. 3.57). Beim Aufstellen ist Folgendes zu beachten:

- Verkehrszeichen sind fortlaufend in Fahrtrichtung aufzustellen.
- Verkehrszeichen dürfen nicht gehäuft auftreten.
- An einem Pfosten sollen möglichst nur zwei Schilder befestigt werden.
- Die Aufstellung der Schilder erfolgt am rechten Fahrbahnrand.
- Die Entfernung zur Baustelle ist vorgeschrieben (vgl. Tabelle 3.58).
- Das Gefahrzeichen Nr. 123 (Baustelle) ist grundsätzlich erforderlich.
- Das Gefahrzeichen Nr. 101 (Gefahrstelle) ist nur bei besonderer Gefährdung erforderlich, wenn ein Zusatzzeichen die besondere Gefährdung angibt, z. B. Verkehrsführung geändert.
- Streckenverbote, z. B. Geschwindigkeitsbegrenzung, sind am Ende der Baustelle wieder aufzuheben.
- Alle Verkehrszeichen und Verkehrseinrichtungen sind regelmäßig zu reinigen und zu warten.
- Die verwendeten Verkehrszeichen müssen voll retroreflektierend sein und dürfen keine Beschädigungen aufweisen.
- Nach Beendigung der Bauarbeiten wird das zuerst aufgestellte Zeichen zuletzt entfernt.

Zur Baustellensicherung gehören weiterhin Verkehrseinrichtungen wie Absperrschranken, Leiteinrichtungen und Warnleuchten.

Absperrschranken (Zeichen 600) haben rot-weiß-rote Schraffen (vgl. Abb. 3.59). Die Oberkante der Schranke soll 1,0 m über der Straße sein.

Sie werden verwendet für

- Vollsperrung (Quersperrung) einer Fahrbahn,
- Absperrung von Gehwegen und Radwegen,
- Teilabsperrung der Fahrbahn,
- Absperrung von Aufgrabungen und
- für Längsabsicherung entlang von Gefahrstellen.

Leiteinrichtungen sind Leitbaken (Zeichen 605) und Leitkegel (Zeichen 610).

Leitbaken sind in der Regel 1,0 m hoch und 25 cm breit mit schrägen rot-weiß-roten Schraffen, die immer zur Fahrbahn hin abfallen.

Sie werden zur Verkehrsführung auf Fahrbahnen und bei Querabsperrung an der Seite, an der vorbei gefahren werden darf, mit einem Abstand von 25 cm zur Fahrbahnbegrenzung und einem Längsabstand von höchstens 1,0 m aufgestellt.

Leitkegel werden bei Arbeitsstellen von kürzerer Dauer, z. B. bei Tagesbaustellen, wie Leitbaken eingesetzt. Je nach Straßenart sind unterschiedliche Höhen und Ausstattung vorgeschrieben. Außerdem sind Warnleuchten mit gelbem Blitzlicht möglich.

Warnleuchten sind notwendig, um Absperrungen bei schlechten Sichtverhältnissen und bei Dunkelheit sichtbar zu machen.

Warnleuchten sind einzusetzen

- bei Vollsperrung in einer Fahrtrichtung mit fünf Warnleuchten im Abstand von höchstens 1,0 m auf der Absperrschranke und rotem Dauerlicht,
- bei Teilabsperrung pro Fahrstreifen mit mindestens drei Warnleuchten auf der Absperrschranke und gelbem Dauerlicht,
- bei Längsabsperrung innerhalb geschlossener Ortschaften alle 10,0 m auf Absperrschranken und Leitbaken, mindestens jedoch auf der Anfangs- und der Endbake,
- bei Längsabsperrung außerhalb geschlossener Ortschaften
  im Verziehungsbereich bis zur Abschrankung auf jeder Leitbake,
  danach bei einem Bakenabstand von höchstens 20,0 m auf jeder 2. Leitbake,
- vor Arbeitsstellen zur rechtzeitigen Warnung als Vorwarn-Blinkleuchten mindestens 2,5 m hoch neben der Fahrbahn.

3

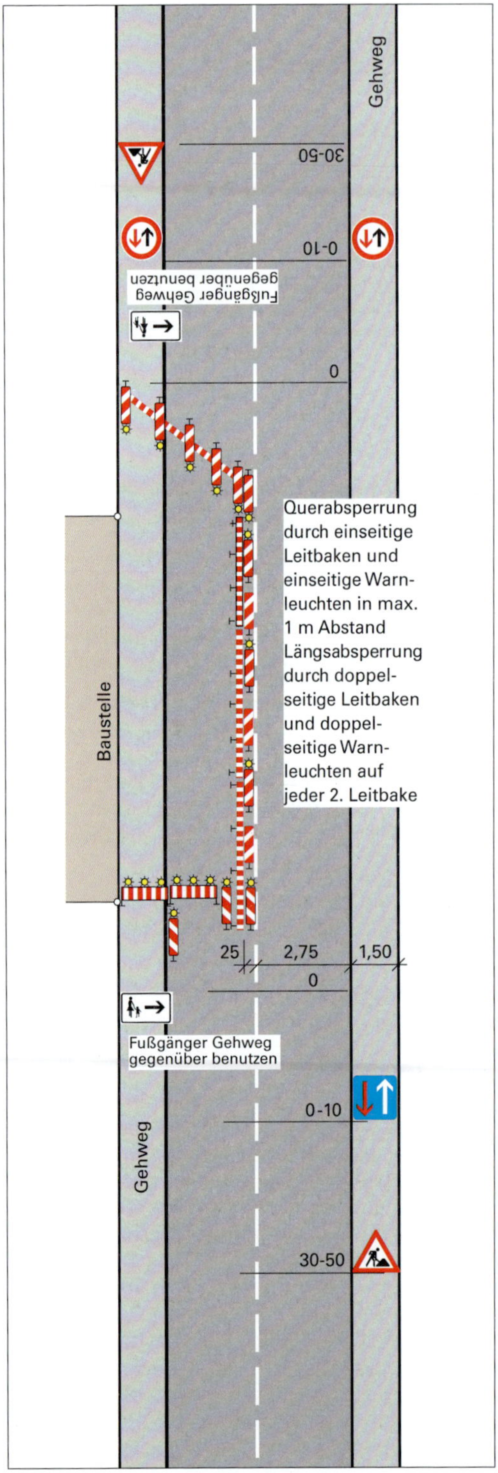

Abb. 3.59: Verkehrszeichenplan (Regelplan)

Bei einer Baustelle innerhalb einer geschlossenen Ortschaft im geschwindigkeitsreduzierten Bereich könnte nach Absprache mit der zuständigen Behörde ein Verkehrszeichenplan wie dargestellt aussehen (vgl. Abb. 3.59). Anfang und Ende der Baustelle sind mit 0 gekennzeichnet; der Abstand der Verkehrsschilder wird als Meterangabe in Fahrtrichtung geschrieben. Für eine 2-streifige Fahrbahn mit halbseitiger Sperrung und geringer Verkehrsstärke gilt der Regelplan B I/5 nach RSA. Die Beschriftung erfolgt jeweils in Fahrtrichtung.

Unterkünfte und Magazine

Zu den Einrichtungen auf der Baustelle gehören

- Tagesunterkünfte für Arbeitskräfte,
- Wohn- und Schlafcontainer für nicht ortsansässige Arbeitskräfte (vgl. Abb. 3.60),
- Sanitärcontainer mit Waschraum, WC und Trockenmöglichkeit für Arbeitskleidung,
- Baubüro und Polierunterkunft,
- Magazin für Werkzeuge und Geräte, Betriebsstoffe und Kleinteile sowie
- Baustoffmagazine.

Abb. 3.60: Wohn- und Schlafcontainer

Um bei Arbeitsunfällen schnelle Hilfe leisten zu können, sind alle Beschäftigten über die notwendigen Schritte zu unterweisen. Der Aushang „Anleitung zur Ersten Hilfe" enthält Rufnummern und Adressen des Rettungsdienstes, des nächstgelegenen Krankenhauses, des Durchgangsarztes (vgl. Abb. 3.61). Außerdem müssen Ersthelfer benannt sein, der Standort der Verbandskästen und Krankentragen sowie eventuelle Flucht- und Rettungswege. Verbandskästen sind je nach Beschäftigtenzahl in ausreichender Zahl vorzuhalten.

In **Tagesunterkünften** muss für jede regelmäßig auf der Baustelle anwesende Arbeitskraft außer den notwendigen Einrichtungen eine freie Bodenfläche von mindestens 0,75 m^2 vorhanden sein. Zu den Einrichtungen zählen Tische, die sich leicht reinigen lassen, Sitzgelegenheiten mit Rückenlehne, Kleiderhaken oder Kleiderschränke und Abfallbehälter. Von 15. Oktober bis 30. April d. J. müssen die Unterkünfte beheizt werden können. Tagesunterkünfte können Container oder Bauwagen sein.

Sanitärcontainer beinhalten Waschgelegenheiten mit fließendem kalten und warmen Wasser (vgl. Abb. 3.62). Dabei ist eine Wasserzapfstelle für jeweils fünf Arbeitskräfte vorzusehen. Weiterhin müssen Einrichtungen zum Trocknen der Arbeitskleidung vorhanden sein. Waschräume müssen zu lüften, zu befeuchten und zu beheizen sein. Auf jeder Baustelle oder in deren Nähe muss mindestens eine abschließbare Toilette zur Verfügung stehen.

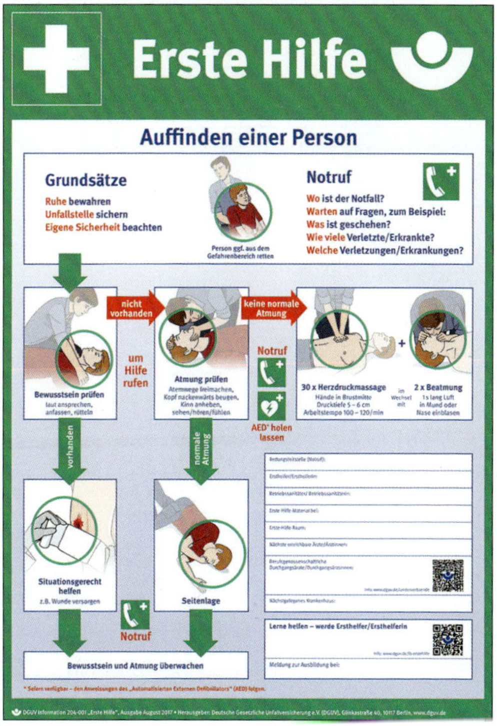

Abb. 3.61: Anleitung zur Ersten Hilfe

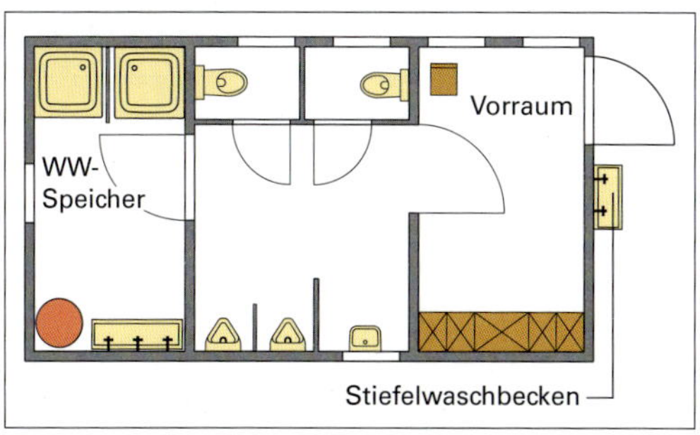

Abb. 3.62: Grundriss eines Sanitärcontainers (Beispiel)

Baubüro und Polierunterkunft liegen am besten bei der Baustelleneinfahrt. Von hier aus sollten ankommende und abfahrende Fahrzeuge, Magazine und die gesamte Baustelle überblickt werden können. Baubüro, Baustellenunterkünfte für Polier und Arbeitskräfte sowie Sanitärcontainer müssen außerhalb des Schwenkbereichs des Krans liegen.

Bei der Aufstellung der Magazine (Material-, Geräte- und Werkzeuglager) ist auf kurze Wege zu achten. Bei größeren Baustellen empfiehlt sich deshalb die Verwendung kleinerer Werkzeugcontainer, die mit dem Kran an die jeweiligen Arbeitsschwerpunkte umgesetzt werden können.

3.17 Baustelleneinrichtung

Als Baustelleneinrichtung werden alle Lager-, Transport-, Fertigungs- und Sicherheitseinrichtungen, die zur Erstellung eines Bauwerks gebraucht werden, bezeichnet.

Planung der Baustelleneinrichtung

Übernimmt eine Baufirma den Auftrag für die Ausführung eines Bauwerks, sind neben den handwerklichen Tätigkeiten auch organisatorische Abläufe zu planen. Diese werden als Arbeitsvorbereitung bezeichnet. Die Arbeitsvorbereitung sorgt dafür, dass Arbeitskräfte, Baustoffe und Bauhilfsstoffe sowie Maschinen und Geräte zum richtigen Zeitpunkt in der erforderlichen Menge und Anzahl am richtigen Ort verfügbar sind. Zur Planung der Baustelleneinrichtung müssen der Platzbedarf, Aufstellungsorte von Maschinen und Geräten, Wasser- und Stromversorgung, Telefonanschluss, Baustellenunterkünfte und Sanitärcontainer festgelegt werden (vgl. Abb. 3.63). Dies hängt von der Lage und Größe des Grundstücks, von der Größe des Bauprojekts und von der möglichen Erschließung des Baugrundstücks ab. Mithilfe von Symbolen und Abkürzungen wird die Baustelleneinrichtung in einer Zeichnung dargestellt (vgl. Abb. 3.64).

Der Baustelleneinrichtungsplan wird i.d.R. im Maßstab 1:200 gezeichnet. Der Einrichtungsplan ist für die Baustelle verbindlich. Die Arbeitsstättenverordnung (ArbStättV) und die Arbeitsstätten-Richtlinien (ASR) sind zu beachten.

Wichtig für die Planung und Ausführung sind die Vorgaben des Arbeits**si**cherheit- und des **Ge**sundheitsschutz-**Ko**ordinators **(SiGeKo)**.

3

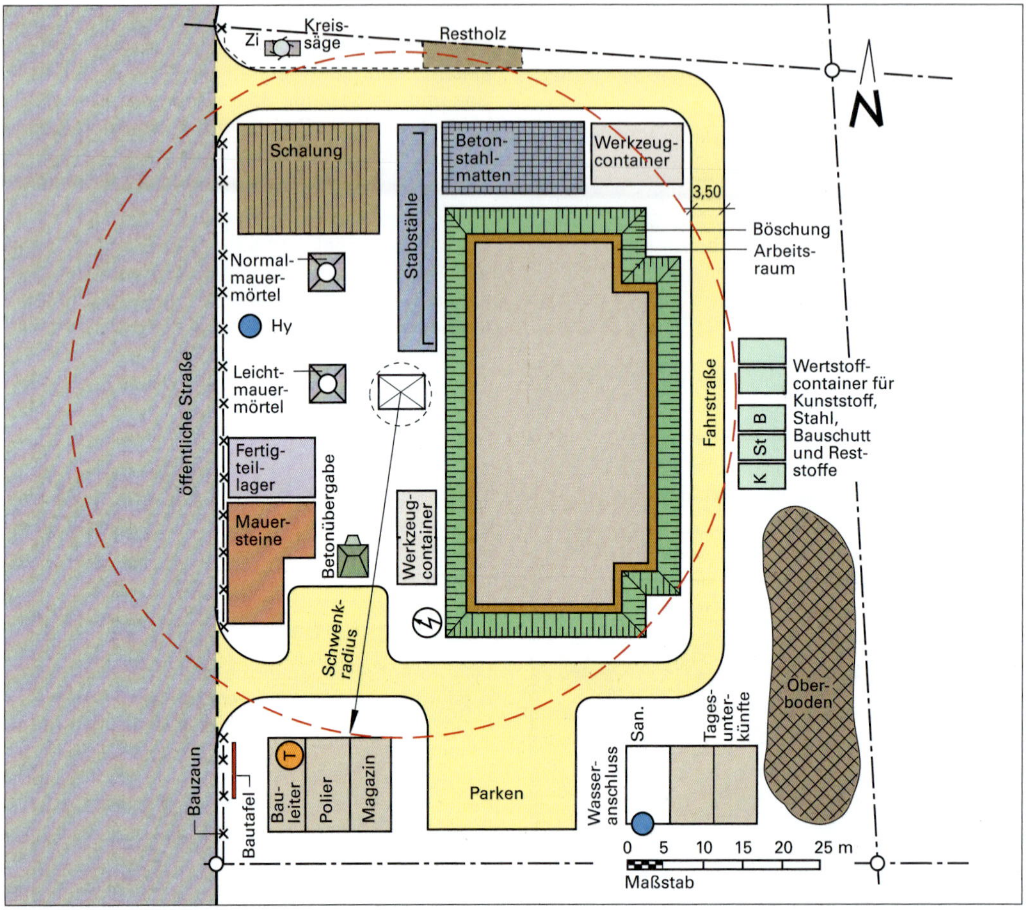

Abb. 3.63: Beispiel für eine Baustelleneinrichtung

	ausgebaute Straße
	befestigter Weg
R	Turmdrehkran (TDK)
—·—·—	Grenze
—×—×—×·	Zaun (Bauzaun)
	Böschung
	Kies, Sand
	Aushub, Oberboden
Hy	Wasser
T	Telefon
	Baustromverteiler
Mauersteine	Baustoffe
San	Sanitäre Einrichtungen 15 m²
Polier T	Baustellenunterkünfte z.B. Polier 15 m²
	Lagerfläche für Stabstahl
Zi	Zimmerplatz mit Kreissäge
	Silo für Bindemittel oder Fertigmörtel
	Zwischensilo für Betonübergabe
	Lagerfläche für Betonstahlmatten
	Lagerfläche für Fertigteile
	Lagerfläche für Schalung

Abb. 3.64: Symbole und Abkürzungen für Baustelleneinrichtungen

3.18 Rechtwinklige Parallelprojektion

Den Ausführungszeichnungen im Bauwesen liegt eine Darstellungsweise zugrunde, die das gesamte Bauwerk bzw. Bauwerksteile in seine wesentlichen Ansichten zeigt (vgl. Kapitel B 3). Normative Grundlage ist die DIN ISO 5456-1 bis 4 (früher DIN ISO 128-30 bzw. DIN 5 und DIN 6). Dabei ist die Anordnung der Schnitte und Ansichten nach Abbildung 3.65 in der Praxis aber variabel. Bezogen auf die Vorderansicht sind die anderen Ansichten folgendermaßen angeordnet:

- Draufsicht unterhalb
- Unteransicht oberhalb
- Seitenansicht von links liegt rechts
- Seitenansicht von rechts liegt links
- Rückansicht kann links oder rechts liegen

Für die Entwicklung der Schnitte und in der Praxis auch für die Anordnung der Schnittführung ist ein räumliches Vorstellungsvermögen wichtig. Zum Einüben und zur Verbesserung des räumlichen Denkens bietet sich die traditionelle Dreitafelprojektion an.

Typische in der Bautechnik vorkommende Körper sind:

- gerade, eckige Körper
- gerade, runde Körper
- eckige, spitze Körper
- eckige, abgestumpfte Körper

Die Abbildung 3.66 zeigt eine quadratische Pyramide, die sowohl horizontal wie auch unter einem Winkel von 45° geschnitten ist. Dabei ist beim Zeichnen von Pyramiden- und Kegelschnitten grundsätzlich von der gesamten Figur (Pyramide, Kegel) auszugehen. So ist zunächst die Draufsicht, ohne die Schnittlinien und dann darüber die Vorderansicht mit den geplanten Schnittebenen darzustellen. Die Seitenansicht wird i.d.R. aus Draufsicht und Vorderansicht entwickelt.

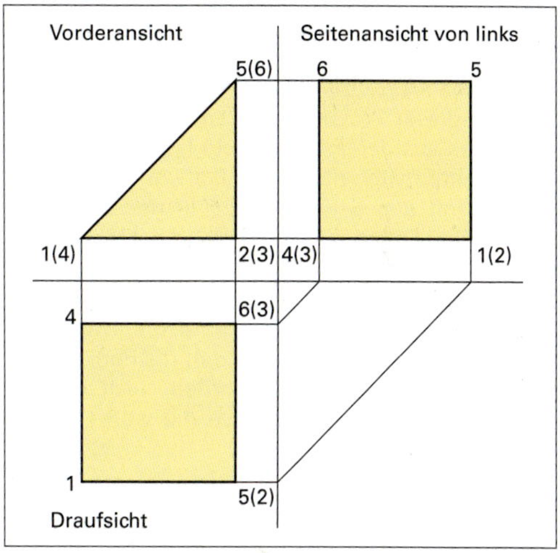

Abb. 3.65: Dreitafelprojektion

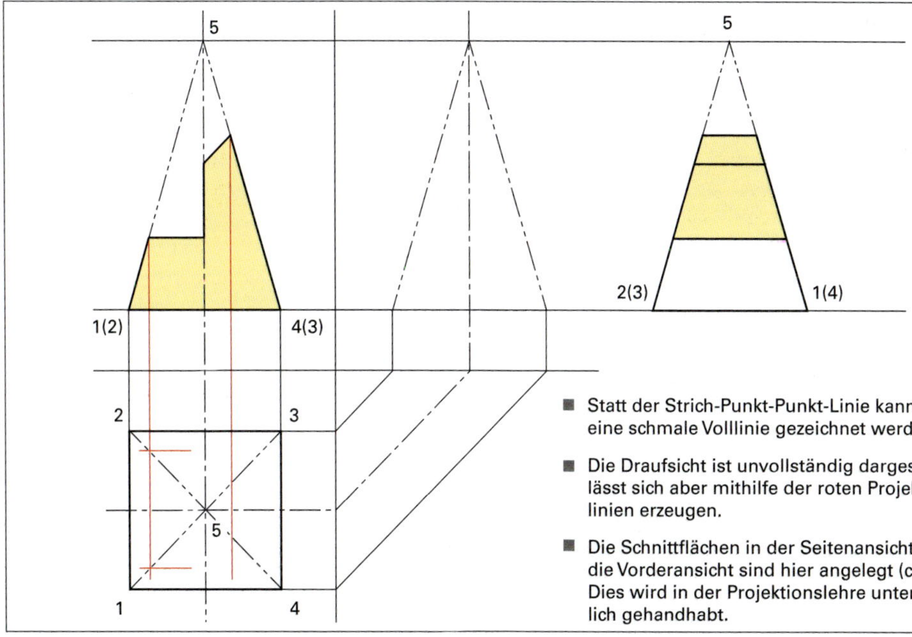

- Statt der Strich-Punkt-Punkt-Linie kann auch eine schmale Volllinie gezeichnet werden.
- Die Draufsicht ist unvollständig dargestellt, lässt sich aber mithilfe der roten Projektionslinien erzeugen.
- Die Schnittflächen in der Seitenansicht und die Vorderansicht sind hier angelegt (coloriert). Dies wird in der Projektionslehre unterschiedlich gehandhabt.

Abb. 3.66: Geschnittene quadratische Pyramide

Die Abbildung 3.67 zeigt als Gesamtdarstellung eine Sechseck-Pyramide schräg zur Längsachse geschnitten. Durch den schrägen Schnitt erscheint keine der seitlichen Kanten in der Vorderansicht in wahrer Länge. In der Seitenansicht zeigen die beiden äußeren Kanten jedoch die Originalabmessung, weil diese parallel zur Zeichenebene verlaufen. Die Ziffern 1, 2, 4 und 5 markieren in der Vorderansicht auf den äußeren Bauteilkanten die seitlichen Eckpunkte der Schnittfläche mit den Körperkanten. Auf den mittleren Bauteilkanten befinden sich die Eckpunkte 3 und 6. Die Fixierung in der Seitenansicht wird durch direkte Projektion auf die entsprechende Körperkante möglich. Durch Fortführung dieser Projektionslinien in die Draufsicht und deren aus der Vorderansicht lassen sich in deren Schnittpunkten die Eckpunkte 3 und 6 des Baukörpers mit den Schnittflächen in der Draufsicht bilden. Die Seitenansicht bietet die Möglichkeit, die wahren Längen direkt mit dem Zirkel abzugreifen und so die Mantelfläche zu erstellen. Durch die Fortführung der Schnittebene auf die Grundlinie ergibt sich ein Drehpunkt, um den die Punkte 1 bis 6 in die Draufsicht projiziert werden. Nach entsprechender Verbindung ergibt sich die wahre Größe der Schnittfläche.

Die Abbildung 3.68 zeigt einen ebenen Schnitt durch eine Dreiecks-Pyramide als Zweitafelprojektion.

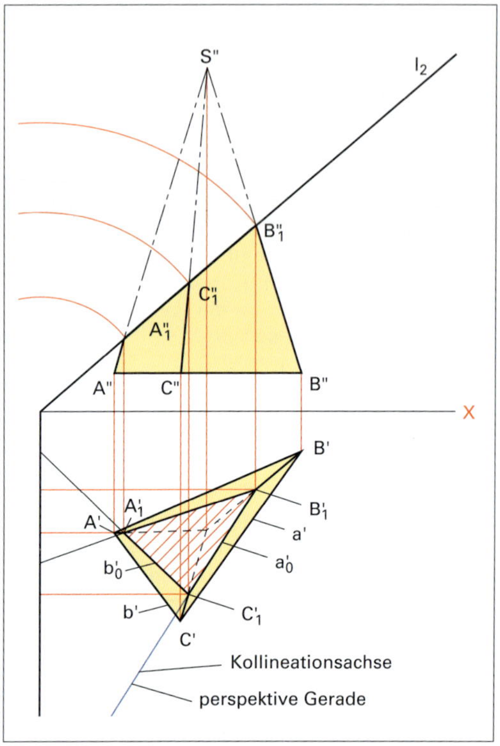

Abb. 3.68: Zweitafelprojektion

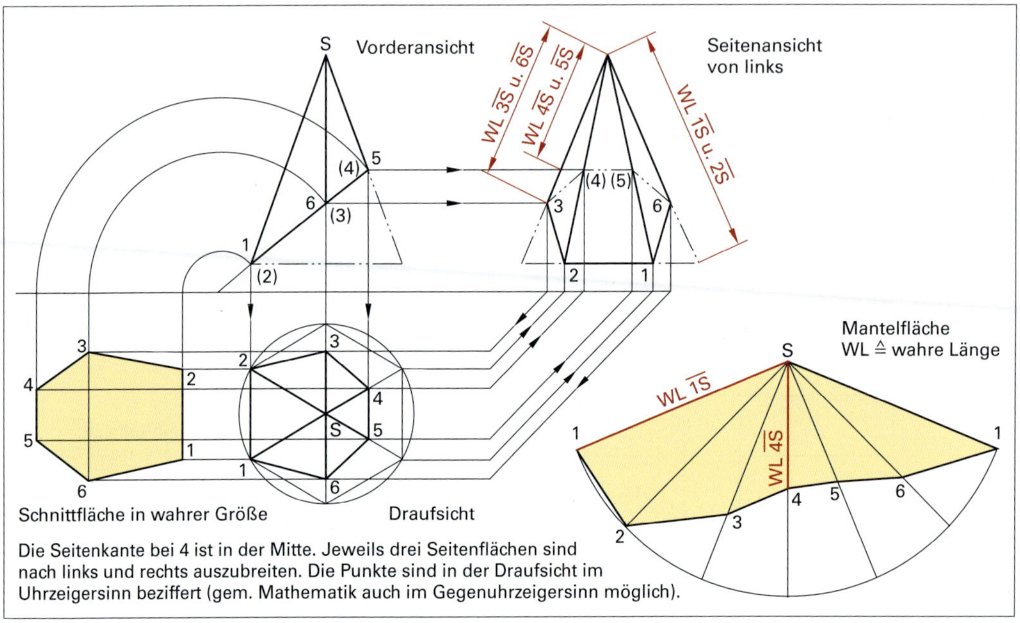

Abb. 3.67: Sechseck-Pyramide schräg geschnitten

Aufgaben zum LF 3 Erschließen eines Baugrundstückes

1. Auf dem Grundstück 384/3 an der Gerokstraße soll ein unterkellertes Einfamilienhaus und eine Doppelgarage mit Abstellraum erstellt werden. Das Wohnhaus ist eingeschossig und hat ein nach Süden geneigtes Pultdach mit einer Dachneigung von 22°. Die Garage erhält die gleiche Dachform. Das Baugrundstück ist nach Süden geneigt.

   Planungshinweise
   Oberboden
   Oberbodenabtrag 20 cm
   Auflockerungswert 0,87
   OK Baugrubensohle +521,60 m ü. NHN
   OK Rohfußboden EG +524,61 m ü. NHN
   Baugrund
   Auflockerungswert 0,79
   Wände im UG werden gemauert.

   a) Zeichnen Sie das Baugrundstück und die Lage der Bebauung auf dem Grundstück im Maßstab 1:200.
   b) Berechnen Sie die Grundstücksfläche und die bebaute Fläche.
   c) Berechnen Sie die Fläche des Oberbodenabtrags über die ganze Tiefe des Grundstücks und über eine Breite von 25 m.
   d) Zeichnen Sie in den Grundstücksplan die Draufsicht der Baugrube ein sowie im gleichen Maßstab den Längs- und Querschnitt der Baugrube.
   e) Berechnen Sie den Aushub für die Baugrube.
   f) Wie viel Aushub ist zum Wiederauffüllen des Arbeitsraumes um das Gebäude notwendig?
   g) Beschreiben Sie die Möglichkeiten der Baugrubensicherung nach den UVV.

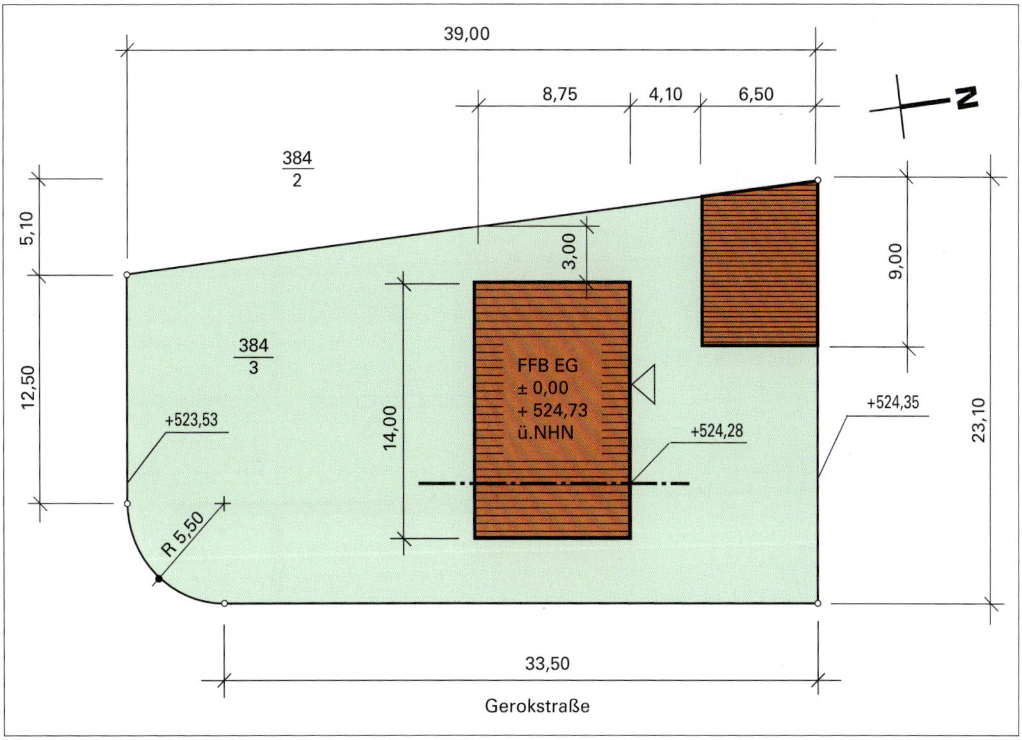

2. Erklären Sie, weshalb die Tragfähigkeit bindiger Böden vom Wassergehalt abhängig ist.
3. Erläutern Sie die Frostempfindlichkeitsklassen von Böden.
4. Welche Vorteile bietet der Grabenverbau mit Verbaugeräten?
5. Worauf führen Sie es zurück, dass Arbeiten in Gräben besonders unfallträchtig sind?
6. Nennen Sie mindestens 10 Unfallverhütungsmaßnahmen, die unabhängig von der Verbauart stets beachtet werden müssen.

7. Für ein Wohngebäude ist ein Hauszugang und eine Doppelgarage zu erstellen. Die Entwässerung des bestehenden Wohngebäudes erfolgt über den eingezeichneten Abwasserkanal nach dem Mischsystem. Aufgrund einer Änderung des Abwassersystems verlangt die Gemeinde die Ableitung des Abwassers nach dem Trennsystem und schafft die Voraussetzungen für dieses Verfahren.

Planungshinweise
Schmutzwasser DN 300
Regenwasserkanal DN 400
Regenwasserkanal liegt im Graben höher, Schmutzwasserkanal liegt tiefer im Graben, Abstand von Achse zu Achse Schmutzwasserkanal zu Regenwasserkanal 80 cm.
Die Bemaßung und Beschriftung aller zum Einbau notwendigen Angaben ist vollständig und normgerecht auszuführen.

a) Planen Sie die Entwässerung für die Garage und den Vorplatz vom Straßenkanal bis zum Kontrollschacht 1 nach dem Trennsystem.
b) Ermitteln Sie die Rohrleitungslängen und die Höhenlage von Leitungen und Schächten (Sohle und Deckelhöhe). Belegen Sie Ihre Angaben durch Berechnungen.
c) Listen Sie Art und Anzahl der erforderlichen Formstücke, getrennt nach Durchmesser, auf.

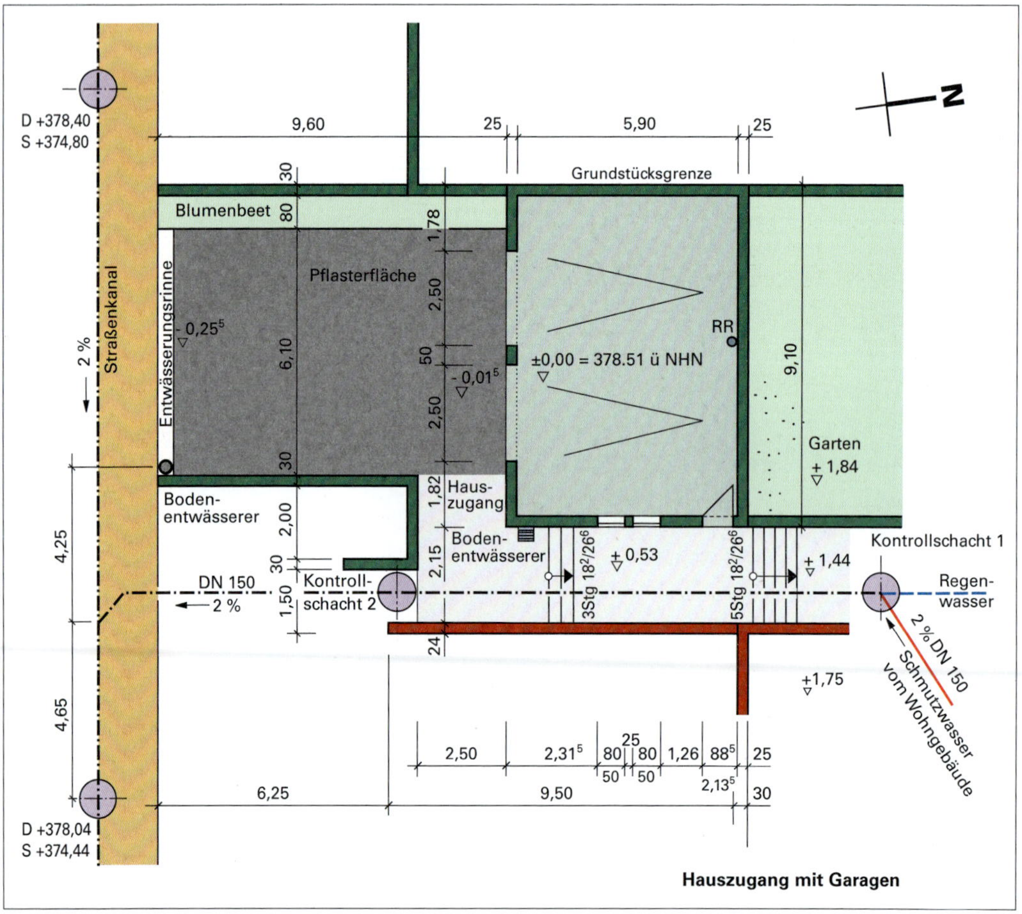

Hauszugang mit Garagen

8. Berechnen Sie den Aushub für eine abgeböschte Baugrube (Böschung 60°), wenn die durchschnittliche Aushubtiefe 2,60 m und die UG-Außenmaße 9,50 m × 10,50 m betragen.
9. Erläutern und skizzieren Sie die Begriffe Einschnitt, Damm und Anschnitt.
10. Wie werden Böden nach ihrer Korngröße unterschieden?

4 Planen einer Gründung

In diesem Kapitel werden die Gründungskonstruktionen oder auch die Fundamentierung des üblichen Hochbaus behandelt, wie sie im Einfamilienhausbau, im Geschosswohnungsbau oder bei Büro- und Verwaltungsgebäuden oder ähnlichen Bauwerken häufig vorkommen.

Als Baustoff für Fundamente kommt Beton und Stahlbeton zur Anwendung, da er über die für Fundamente erforderlichen Materialeigenschaften Formbarkeit und Festigkeit verfügt, und bei sachgerechter Ausführung dauerhaft ist.

Das Material für Fundamente ist Beton und Stahlbeton.

Über die Gründung werden die am und im Bauwerk auftretenden Kräfte in den Baugrund abgeleitet. Dies sind überwiegend die vertikalen Lasten aus dem Eigengewicht des Bauwerks und den Nutzlasten. Zusätzlich müssen die auftretenden horizontalen Belastungen aus Winddruck, Windsog, Bodenanschüttung (Erddruck) und Lotabweichungen sicher in den Baugrund geleitet werden (vgl. Abb. 4.1).

Wenn damit zu rechnen ist, dass der Grundwasserspiegel höher als die Fundamentsohle steigt, muss die Gründung auch für den Auftrieb erzeugenden Wasserdruck bemessen werden (vgl. Abb. 4.2). Die zulässige Beanspruchung des Baugrundes ist unter Beachtung des Grundwasserspiegels festzulegen.

Durch eine fachgerechte Gründung werden die Standsicherheit und eine uneingeschränkte Nutzung gewährleistet. Nicht sorgfältig ausgeführte oder falsch gewählte Gründungen führen zu Bauschäden oder gefährden die Standsicherheit des Bauwerkes (vgl. Abb. 4.3).

Die Fundamente leiten vertikale und horizontale Kräfte in den Baugrund.

Für die Herstellung der Gründung müssen Fundamentgräben und bei unterkellerten Gebäuden auch Baugruben ausgehoben werden. Dafür und für die Bemessung d. h. die Festlegung der Abmessungen der Gründung ist die Kenntnis über den anstehenden Boden, dessen Schichtung und die Höhe des Grundwasserstandes erforderlich. Stellt sich bei der Erkundung heraus, dass der Boden für die vorgesehene Gründung nicht die Tragfähigkeit besitzt, müssen Bodenverbesserungs- oder Bodenaustauschmaßnahmen durchgeführt werden. Andernfalls muss die Gründung nach den vorgefundenen Verhältnissen neu berechnet werden.

Die Annahmen für die Gründung sind vor Ort zu prüfen.

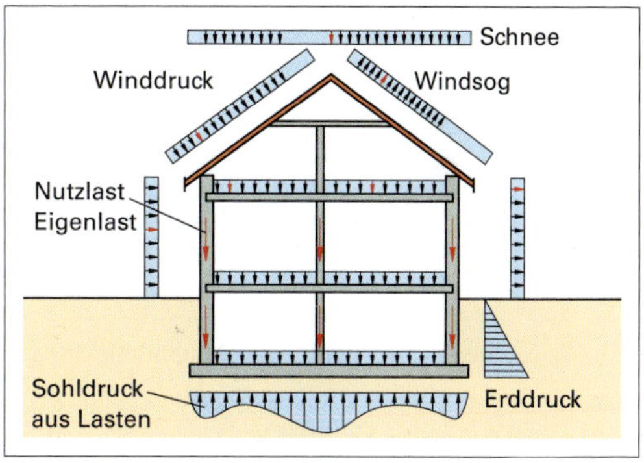

Abb. 4.1: Belastungen für Bauwerk

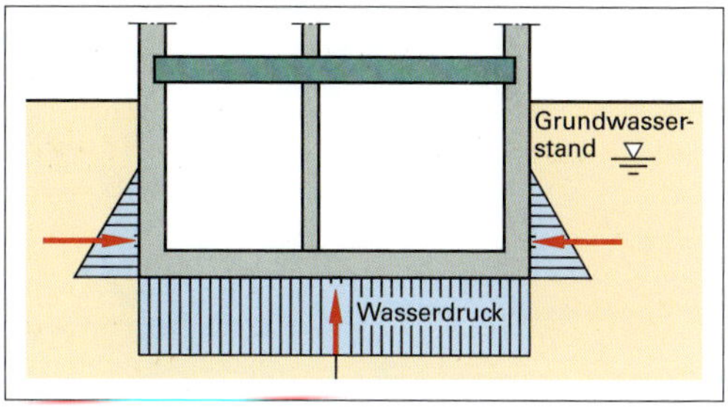

Abb. 4.2: Wasserdruck auf Bauwerk

Abb. 4.3: Setzungen
a) Ungleichmäßige Setzung.
Der schiefe Turm von Pisa
b) Gleichmäßige Setzung. Holstentor in Lübeck

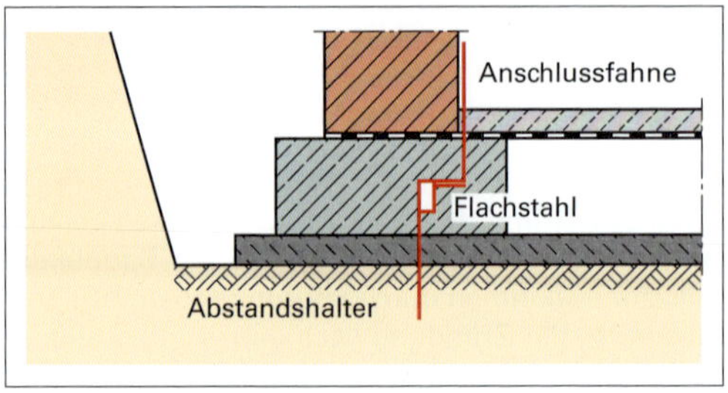

Abb. 4.4: Fundamenterder

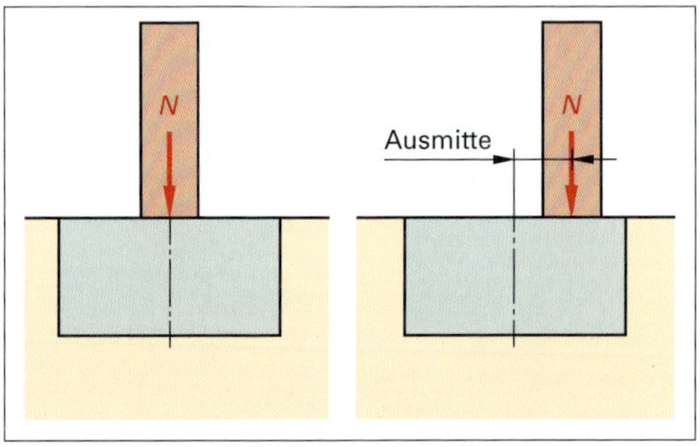

Abb. 4.5: Mittige und Ausmittige Fundamentbelastung

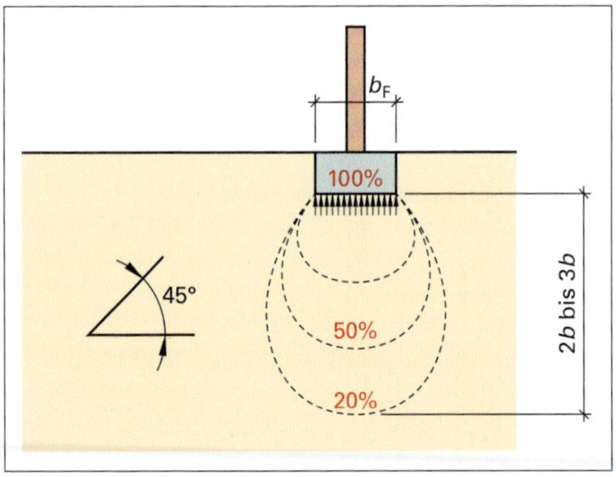

Abb. 4.6: Lastausbreitung im Boden

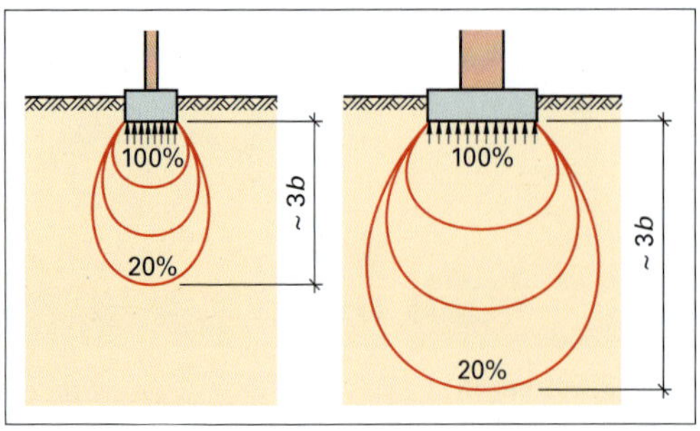

Abb. 4.7: Tiefenwirkung der Druckzwiebel
bei gleicher Sohldruckspannung

Im Zusammenhang mit der Gründung sind die Versorgungs- und Entsorgungsleitungen, die im Erdreich verlegt werden, zu beachten und in die Ausführungszeichnungen einzubeziehen.

In der Gründung wird über einen ringförmig verlegten Fundamenterder (vgl. Abb. 4.4) durch eine Anschlussfahne der Potentialausgleich (die Verbindung aller metallenen Teile) vorgenommen. Dazu wird verzinkter Bandstahl (30 mm × 3,5 mm) bzw. 25 mm × 4 mm), verzinkter Rundstahl (Durchmesser ≥ 10 mm) oder entsprechender Edelstahl V4A im Fundamentbeton mit mindestens 5 cm Betondeckung verlegt. Die notwendige Betondeckung für den Erdungsstahl wird durch Verwendung von Abstandshaltern sichergestellt.

Bei gedämmten Fundamenten (vgl. Abb. 4.60) ist die Erdung nicht gegeben. Die Erdung muss dann außerhalb im Erdreich erfolgen.

Mit dem Wissen über Boden, Bauwerk und Belastung können Tragverhalten, Setzungsverhalten und der Arbeitsaufwand für die Herstellung der Gründung abgeschätzt werden.

4.1 Böden unter Belastung

Die Bauwerkslasten erzeugen unter der Fundamentsohle Druckspannungen im Boden, die nach Möglichkeit gleichmäßig verteilt sein sollten. Daher sind die Fundamente möglichst in ihrem Schwerpunkt zu belasten (vgl. Abb. 4.5).

Die Ausbreitung, Größe und Verteilung der Spannungen im Boden aufgrund von senkrecht wirkenden Lasten kann modellhaft als Druckzwiebel dargestellt werden. Bei diesem Modell werden die Punkte gleicher Bodenbeanspruchung unter dem Fundament durch eine Linie (vgl. Abb. 4.6) verbunden.

Mit zunehmender Ausbreitung in die Tiefe nimmt dabei die Bodenspannung ab. In einer Tiefe, die der zweifachen bis dreifachen Fundamentbreite entspricht, sind die Spannungen auf circa 20% abgebaut. Dabei haben breitere Fundamente eine größere Tiefenwirkung als schmalere Fundamente (vgl. Abb. 4.7)

Im Inneren der Druckzwiebel wird der Hohlraum durch die Lasteinwirkung zusammengepresst. Umso größer das zusammenpressbare Volumen des Hohlraumes im Boden ist, umso größer ist die Setzung des Fundamentes, d. h. das Maß um das das Fundament im Boden einsinkt.

Gleichmäßige Setzung führen im Allgemeinen zu keinen Bauschäden, sondern nur ungleichmäßige Setzungen gefährden die Bausubstanz. Ungleichmäßige Setzungen können bei unterschiedlich dicken Bodenschichten, Spannungsüberlagerungen und stark unterschiedlichen Bodenpressungen auftreten.

Weiche Böden mit hoher Auflast und geringer Einbindetiefe (Abstand Fundamentsohle bis OK Gelände, bzw. OK Sohlplatte) der Fundamentsohle sind Grundbruch gefährdet (vgl. Abb. 4.8). Auch Böschungen, Abstützungen und Dämme sind so zu konstruieren das kein Geländebruch (Böschungsbruch) oder Gleiten der Böden auftreten kann (vgl. Abb. 4.8).

Wenn neben Fundamenten Ausschachtungsarbeiten vorgenommen werden, wird die Einbindetiefe in diesen Bereichen verringert und somit die Grundbruchgefahr erhöht.

Bei Freilegung von Fundamenten besteht Grundbruchgefahr.

Wasser im Boden beeinträchtigt je nach Bodenart die Tragfähigkeit und Standfestigkeit der Böden und damit der Gründung. Daher ist der höchste Grundwasserspiegel für die Fundamentkonstruktion zu berücksichtigen.

Die Bemessungwerte für die zulässigen Beanspruchunen werden dann in Abhängigkeit vom Abstand Grundwasserspiegel – Gründungsebene abgemindert. Fließendes Wasser und strömendes Wasser können durch Aus- und Unterspülungen zu Setzungen führen.

Bauwerke reagieren mitunter empfindlich auf Änderung des Wasserstandes im Boden. Insbesondere bei Gebäuden auf bindigen Böden können aufgrund der entstehenden Setzungen Risse auftreten. Auch Pflanzen und Bäumen können dem Boden Wasser entziehen und dadurch Setzungen verursachen.

Der Wechsel des Grundwasserspiegels verursacht Setzungen.

4.2 Gründungskonstruktionen

Bei den Gründungen werden Flächengründungen, Tiefgründungen und Pfahlgründungen unterschieden. Zu den Flachgründungen zählen die Streifenfundamente, die Fundamentplatten und die Einzelfundamente. Flachgründungen werden direkt unter dem Gebäude angeordnet.

Tiefgründungen kommen zur Anwendung, wenn der Baugrund unter dem Fundament nicht tragfähig ist und tragfähige Schichten in größeren Tiefen

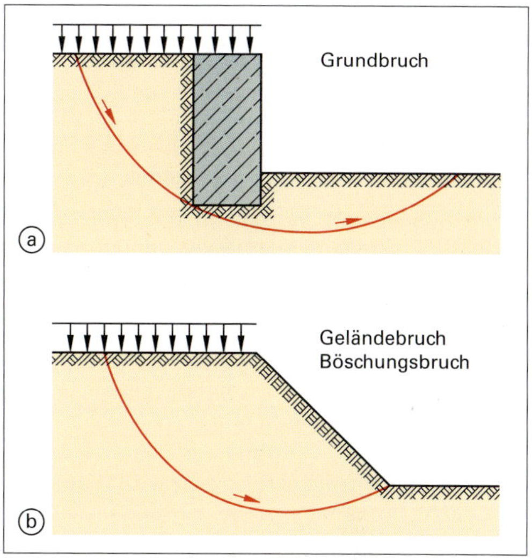

Abb. 4.8: Grundbruch bzw. Geländebruch

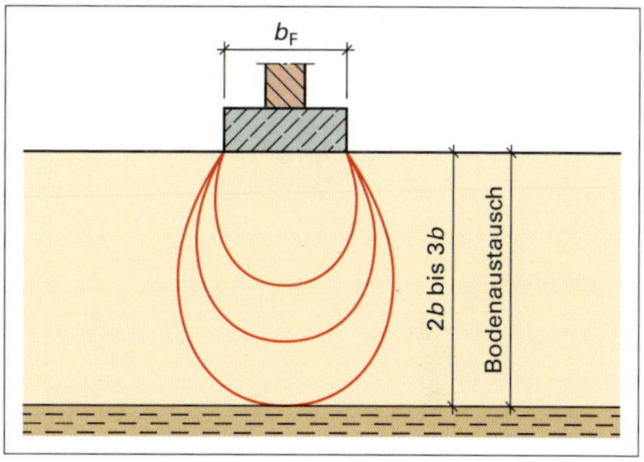

Abb. 4.9: Tiefenwirkung

vorhanden sind. Pfahlgründungen werden hier nicht betrachtet.

Die Bodenverhältnisse müssen bis zu einer Tiefe, die der zweifachen Fundamentbreite entspricht, geklärt sein, da die wesentliche Belastung in diesem Tiefenbereich auftritt (vgl. Abb. 4.9).

Die vielfältigen Einwirkungen und Widerstände können bei Gründungskonstruktionen auf drei Fälle beschränkt werden:

- Gründungslasten, die vom Gründungskörper aus den darüber stehenden Bauteilen in den Baugrund übertragen werden
- Grundbauspezifische Einwirkungen, wie Erddruck, Wasserdruck oder Seitendruck (hier nicht weiter behandelt)
- Dynamische Einwirkungen, wie Verkehrslasten auf befahrbaren Flächen oder Erdbeben (hier nicht weiter behandelt)

4.2.1 Flachgründungen

Streifenfundamente

Streifenfundamente werden bei nicht unterkellerten Gebäuden im Wohnungsbau, neben Fundamentplatten, zur Gründung verwendet.

Streifenfundamente werden in unbewehrte und bewehrte Streifenfundamente unterschieden. Sie müssen stets frostfrei (80 cm tief) gegründet werden. Die Frostfreiheit der Fundamentsohle ist während der gesamten Bauzeit sicherzustellen. Für Fundamente ist eine Einbindetiefe von mindestens 50 cm erforderlich um Sicherheit gegen Grundbruch zu gewährleisten.

Streifenfundamente sind frostfrei (80 cm) zu gründen. Die Mindesthöhe beträgt im frostfreien Bereich (Unterkellerung) 40 cm.

Unbewehrte Streifenfundamente

Ausgehend von der Aufstandsfläche der Last breitet sich die Last unter einen Lastausbreitungswinkel im Fundament aus. Der Lastausbreitungswinkel wird in Abhängigkeit von der Betongüte, dem zulässigen Sohldruck und der Einbindetiefe gewählt. Der Lastausbreitungswinkel α variiert zwischen 45° und 60° (vgl. Tabelle 4.10).

Aus Vereinfachungsgründen kann mit einem Winkel von 60° konstruiert werden. Das Fundament muss so tief ausgeführt werden, bis unter dem Winkel α die Fundamentbreite erreicht ist, bei der der zul. Sohlwiderstand des Bodens nicht überschritten wird. Wird der tan 60° = 1,73 zu 2,0 aufgerundet, ergibt sich die notwendige Fundamenthöhe zu $h_F = 2 \cdot ü$ (mit $ü$ Fundamentüberstand).

Tabelle 4.10: Werte für tan α in Abhängigkeit vom Sohlwiderstand und Betonfestigkeitsklasse (Anhaltswerte)

Betonfestigkeitsklasse	Sohlwiderstände [kN/m²]						
	200	250	300	400	500	600	700
C12/15	1	1,1	1,2	1,4	1,55	1,7	1,84
C16/20	1	1	1,1	1,27	1,42	1,56	1,69
C20/25	1	1	1,02	1,18	1,32	1,45	1,57
C25/30	1	1	1	1,09	1,22	1,33	1,44
C30/37	1	1	1	1,04	1,15	1,26	1,36

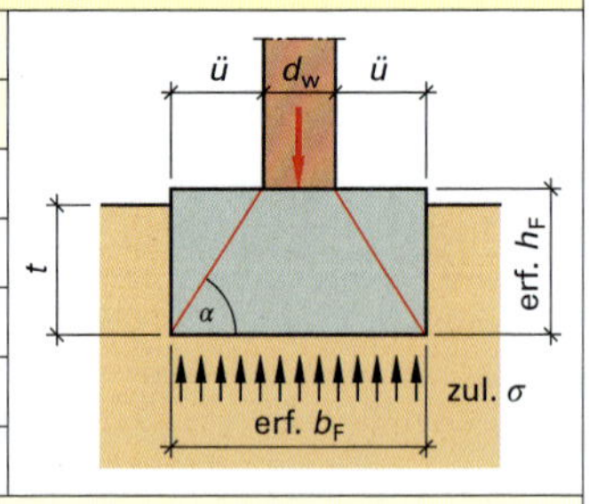

Die Sohlnormalspannungen müssen mit den Bemessungslasten ermittelt werden. Das Eigengewicht des Fundamentes braucht nicht berücksichtigt zu werden.

Die notwendige Fundamenthöhe ergibt sich bei erforderlicher Breite aufgrund der Betonfestigkeitsklasse. Faustformel:
Fundamenthöhe = Fundamentüberstand mal 2

Die Fundamentsohle von Streifenfundamenten muss stets waagerecht ausgeführt werden. Bei Gründungen am Hang oder bei der Überwindung von Höhenunterschieden muss die Fundamentsohle abgetreppt werden (vgl. Abb. 4.11).

Streifenfundamente sind bei unterschiedlichen Lasten für gleiche Setzungen zu berechnen. Bei nicht bindigen Boden können dieselben zulässigen Sohlwiderstände für die Berechnung angesetzt werden, da sich bei diesen Böden die Setzungsunterschiede nicht schädlich auf die Konstruktion auswirken.

Grundsätzlich sollten auch bei unbewehrten Fundamenten konstruktiv Betonstabstähle in Längsrichtung des Fundamentes eingebaut werden um Zugkräfte aus ungewollter Ausmitte der Last oder geringen Setzungsunterschieden aufzunehmen.

Die Ausmitten entstehen durch Öffnungen in den Wänden und unterschiedlichen Lasteintragungen durch die Deckenfelder. Bei unterbrochener Auflast ist unter der Öffnung konstruktiv Bewehrung anzuordnen (vgl. Abb. 4.12).

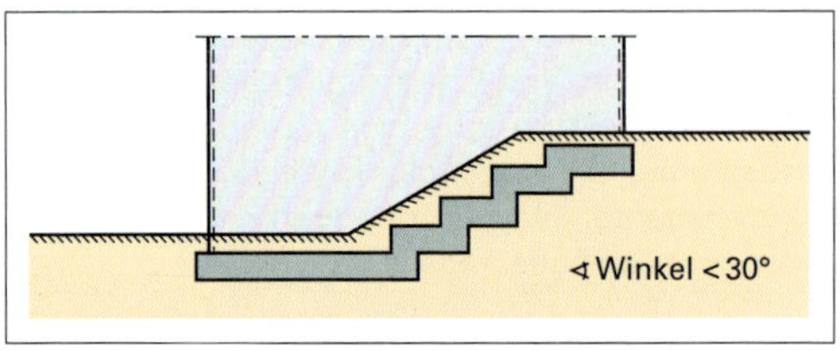

Abb. 4.11: Fundamentabtreppung am Hang

In Streifenfundamenten ist stets eine konstruktive Längsbewehrung einzulegen.

Bei großen Überständen des Fundamentes führt ein unbewehrtes Fundament zu großen Fundamenttiefen und damit zu unwirtschaftlichen Betonfundamentgrößen. Die Möglichkeit ein abgetrepptes Fundament auszuführen ist aber aufgrund des höheren Arbeitsaufwandes ebenfalls meistens nicht wirtschaftlich. Die bessere Lösung sind bewehrte Fundamente.

Bewehrte Streifenfundamente

Werden breite Fundamentsohlen erforderlich, die aufgrund großer Überstände zu hohen Fundamenten führen, sollten besser bewehrte Fundamente ausgeführt werden. Dabei sollte die Mindesthöhe von 40 cm im Kellerbereich nicht unterschritten werden, um eine Balkenwirkung in Längsrichtung zu erreichen. Unter bewehrten Fundamenten ist stets eine 5 cm dicke Sauberkeitsschicht aus Beton C8/10 auszuführen. Der Überstand der Sauberkeitsschicht sollte 10 cm betragen. Die Bewehrung besteht aus Bügeln aus Betonstabstahl oder Bügelmatten und Längsstählen aus Betonstabstahl mit einem Mindestdurchmesser 10 mm (vgl. Abb. 4.14). Bei nicht unterkellerten Gebäuden ergibt sich die Fundamenthöhe im Regelfall durch die notwendige Höhe für die Frostsicherheit.

Durch bewehrte Streifenfundamente kann die Fundamenthöhe reduziert werden.

Wird das Fundament nicht mittig beansprucht, wie zum Beispiel bei einer Grenzbebauung (vgl. Abb. 4.15), sind die Bodenspannungen schief verteilt.

Dies ist immer dann der Fall, wenn neben den Vertikalkräften auch Horizontalkräfte auftreten, oder die Vertikalkraft nicht im Schwerpunkt steht. Sofern die Horizontalkräfte nur 20 % der Vertikalkräfte betragen ist die Gleitsicherheit der Gründung gegeben, d. h. die Konstruktion kann aufgrund der Bodenreibung durch die Auflast nicht seitlich verschoben werden. Bei größeren Horizontalkräften besteht sonst die Gefahr einer seitlichen Verschiebung.

Nicht mittig beanspruchte Fundamente können sich verdrehen bzw. kippen, wenn die vertikale Last zu weit aus der Mitte steht. Sie werden auf Torsion beansprucht.

Das Verdrehen der Fundamente kann durch Zentrierkonstruktionen verhindert werden.

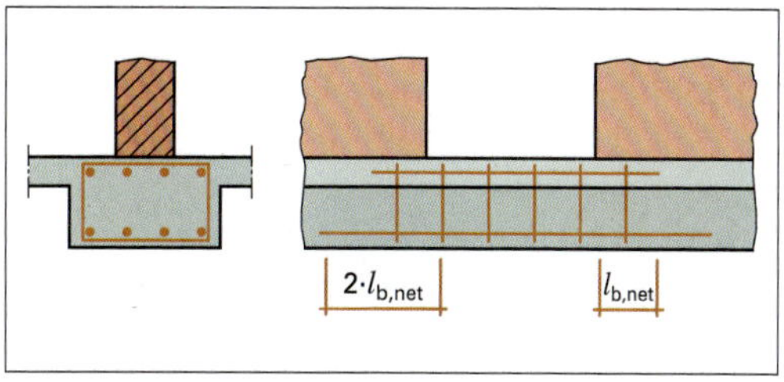

Abb. 4.12: Streifenfundament mit unterbrochener Auflast

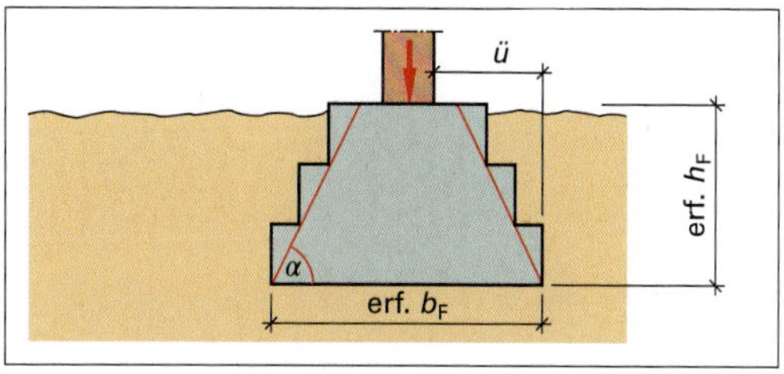

Abb. 4.13: Abgetrepptes Fundament

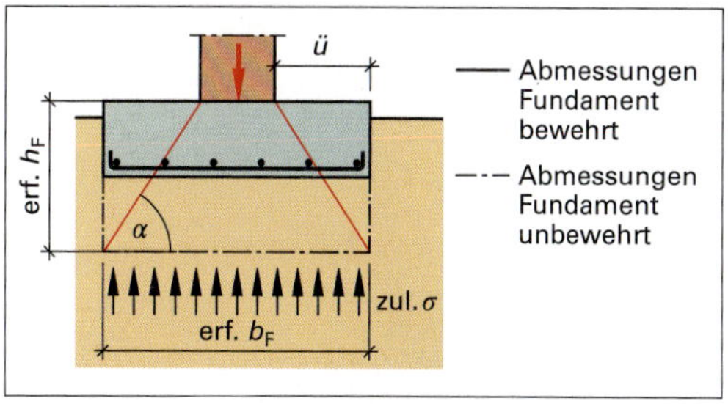

Abb. 4.14: Fundamentabmessungen

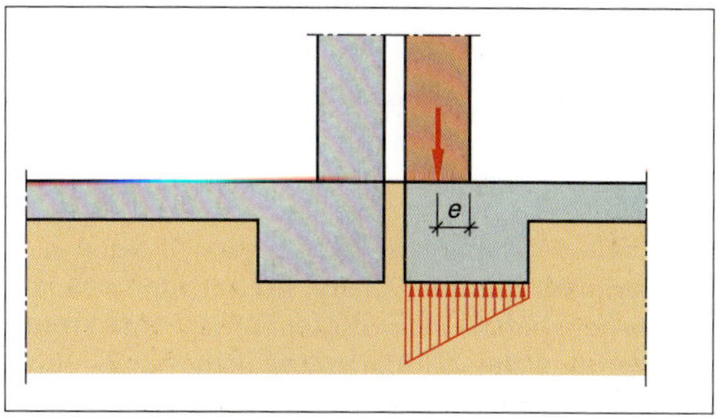

Abb. 4.15: Kantenbeanspruchung bei ausmittiger Belastung

Die Zentrierung kann durch Stahlbetonwände in Verbindung mit einer Stahlbetondecke, durch Stahlbetonwände in Verbindung mit Wandvorlagen durch Zentrierbalken oder durch Zentrierung durch die Bodenplatte in Verbindung mit der Bodenreibung vorgenommen werden.

Einzelfundamente

Unter Stützen und Pfeilern (vgl. Abb. 4.16). werden bei tragfähigem Baugrund bewehrte oder unbewehrte Einzelfundamente ausgeführt.

Gerade im Industriebau wird ein Fundament nicht nur mittig belastet, sondern es muss Momente um eine Achse oder auch zwei Achsen aufnehmen. Daher ist es günstig den Fundamentgrundriss nicht quadratisch, sondern rechteckig zu wählen.

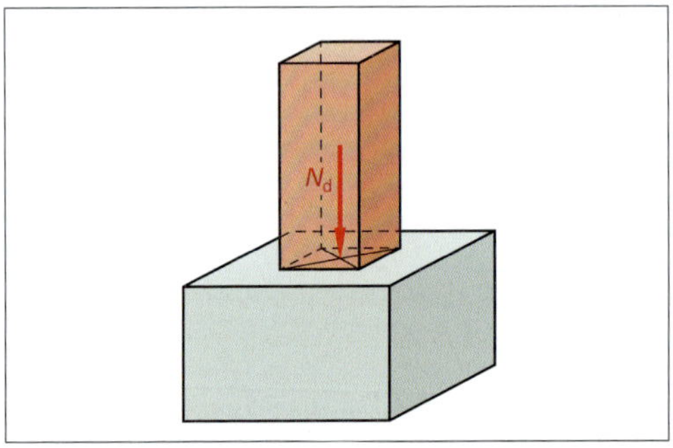

Abb. 4.16: Stütze mit Einzelfundament

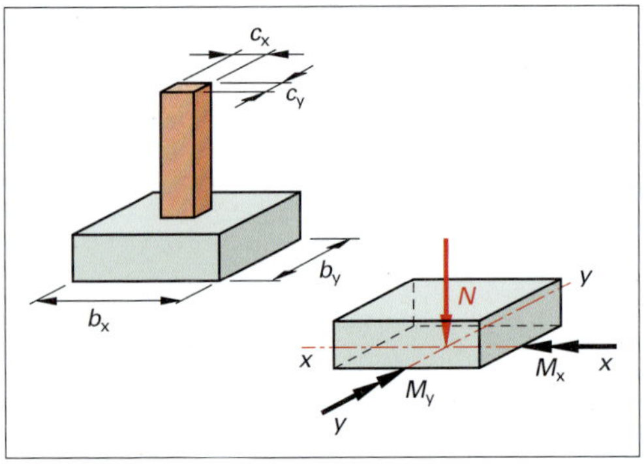

Abb. 4.17: Bezeichnungen und Beanspruchung eines Einzelfundamentes

Fundamente werden örtlich hergestellt oder auch als Fertigteil mitunter gleich im Verbund mit der Stütze angeliefert. Bei Fertigteilfundamenten muss der Verbund zur Sauberkeitsschicht durch nachträglichen Verguss hergestellt werden. Bei den Einzelfundamenten gibt es unterschiedliche Fundamentformen.

Fundamentformen sind u. a. Blockfundament, abgetrepptes Einzelfundament, abgeschrägtes Einzelfundament, Becherfundament, Köcher- oder Hülsenfundament (vgl. Abb. 4.19).

Für unbewehrte Einzelfundamente gelten die gleichen Regeln wie für unbewehrte Streifenfundamente.

Bewehrte Einzelfundamente

Bei bewehrten Einzelfundamenten wird die notwendige Bewehrung unten kreuzweise verlegt. Da sich bei einem Einzelfundament die Beanspruchung unter der Stütze im Gegensatz zu den Randbereichen konzentriert, wird die Bewehrung daher über die Fundamentbreite gestaffelt verlegt.

Dazu wird die Fundamentbreite in 8 Bereiche unterteilt, in denen die Bewehrung gestaffelt verlegt wird. Neben der Möglichkeit der Verteilung der Bewehrung auf 8 Streifen ist es arbeitstechnisch besser bei nicht extrem breiten Fundamenten nur eine Einteilung in 4 Streifen vorzunehmen. Dies kann bei gleichem Bewehrungsdurchmesser durch geschickte Wahl der Stababstände erreicht werden.

Möglich ist auch die Abdeckung der Zugkräfte durch eine Grundbewehrung mit einer Betonstahlmatte und einer Zulagebewehrung im Mittelbereich des Fundamentes durch eine zweite Matte oder Stabstähle.

Bei hoch beanspruchten Fundamenten ist eine zusätzliche Bewehrung in Form von „Schubaufbiegungen" zur Aufnahme der „Querkräfte" erforderlich um ein „Durchstanzen" zu vermeiden (vgl. Abb. 4.20). Die Schubaufbiegungen können auch durch eine Durchstanzbewehrung aus „Dübelleisten" oder eine Bügelbewehrung ersetzt werden.

Wird das Einzelfundament von einer Sohlplatte überdeckt (z. B. im Hallenbau) darf die Sohlplatte nicht direkt auf das Fundament aufgelegt werden, da hier aufgrund der Setzung der Sohlplatte Rissgefahr besteht (vgl. Abb. 4.18).

Wenn ein Einzelfundament die Gründung einer Stahlbetonstütze ist, sind Anschlussbewehrungsstähle zur Verbindung Stütze-Fundament einzubauen. Die Anschlussbewehrung ist im Fundament zu verbügeln (vgl. Abb. 4.23 und Abb. 19.2).

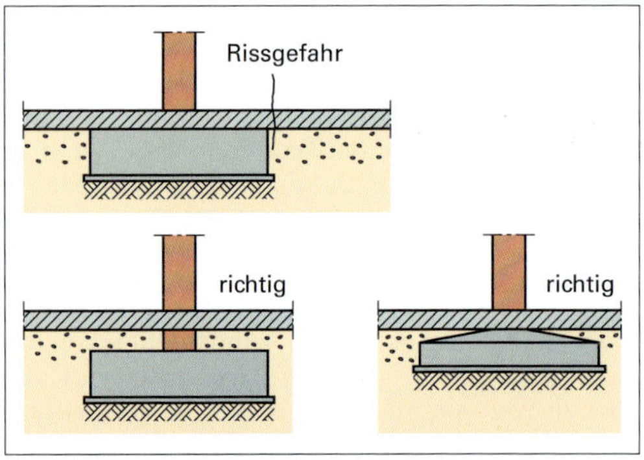

Abb. 4.18: Sohlplattenlage bei Einzelfundamenten

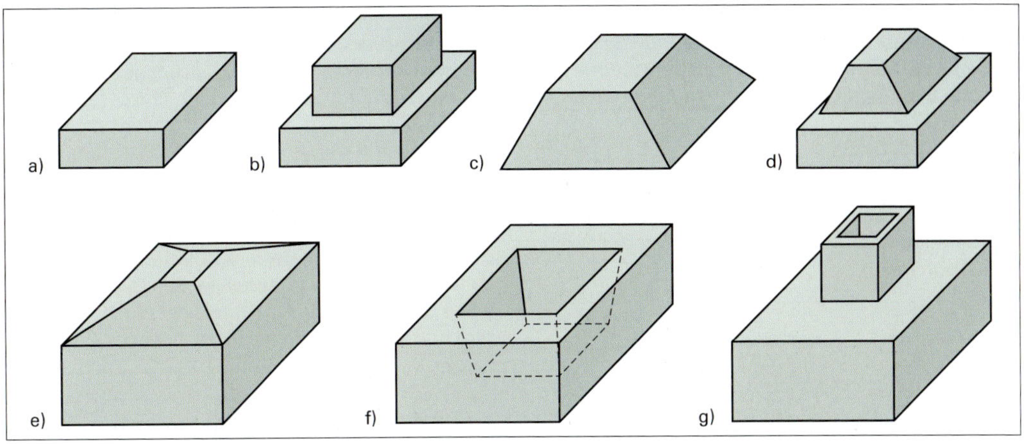

Abb. 4.19: Einzelfundamentformen a) Blockfundament, b) abgetrepptes Fundament, c) abgeschrägtes Fundament, d) abgetrepptes und abgeschrägtes Fundament, e) abgeschrägtes Blockfundament, f) Becherfundament, g) Köcherfundament (Hülsenfundament, vgl. Abb. 19.4, Abb. 19.5 und Abb. 19.6)

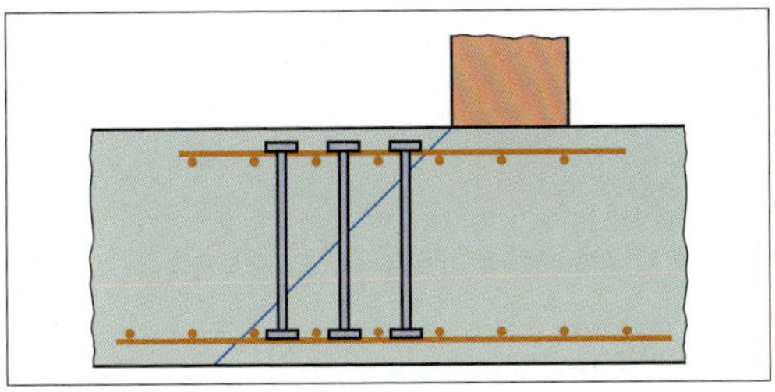

Abb. 4.20: Durchstanzbewehrung (Dübelleiste)

Tabelle 4.21: Bewehrung bei Einzelfundamenten		
$c/b \triangleq b_W/b_F$	**Stützenbreite/Fundamentbreite**	
Streifen	$c/b \leq 0{,}3$	$c/b > 0{,}3$
1 und 2	16,7%	25%
3 und 4	33,3%	25%
Gesamt	50,0%	50%

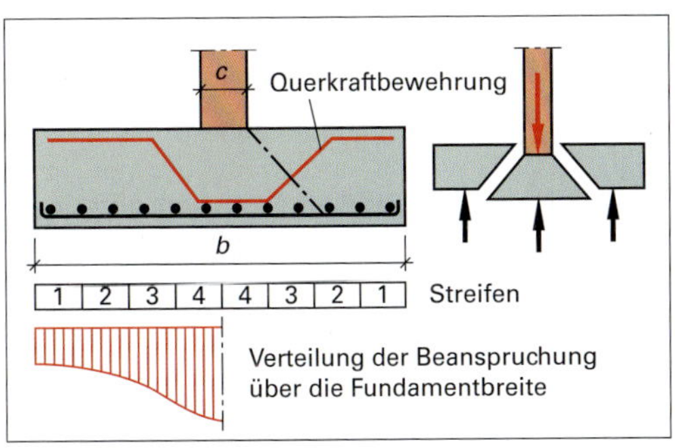

Abb. 4.22: Verteilung der Bewehrung

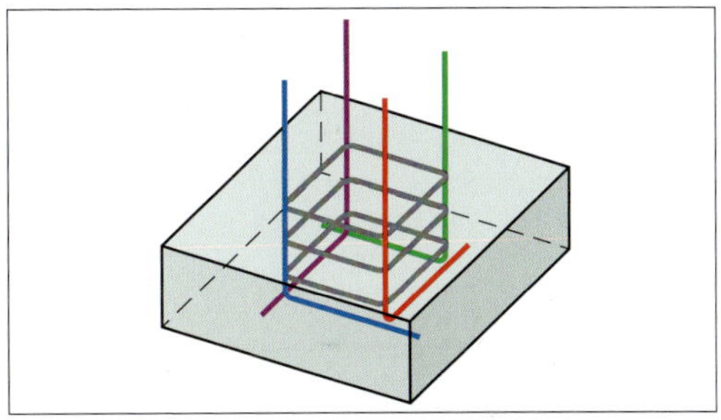

Abb. 4.23: Anschlussbewehrung einer Stütze

4

4.2.2 Gebäudesetzung und Beeinflussung von Fundamenten

Bei unterschiedlichen Sohlhöhen der Fundamente muss ausreichend seitlicher Abstand zwischen den Fundamenten eingehalten werden, um Spannungsüberlagerungen zu vermeiden. Der Winkel der Verbindungslinie zwischen den Fundamentsohlen soll daher 30° nicht überschreiten (vgl. Abb. 4.24).

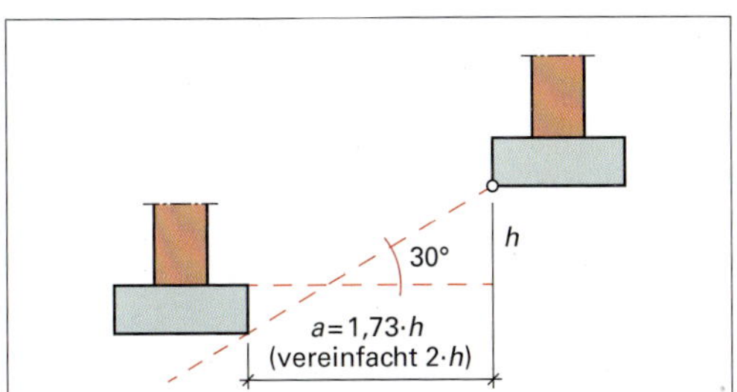

Abb. 4.24: Abstand von Fundamenten bei unterschiedlichen Höhen

Liegen Fundamente nicht weit genug voneinander entfernt, kommt es zur Überlagerung der Druckspannungszwiebeln und somit zu verstärkten einseitigen Setzungen und daraus resultierenden Rissen in der Gebäudesubstanz.

Sollen sich die Druckzwiebeln von Fundamenten nicht überlagern, müssen die Fundamente bei Annahme einer Lastausbreitung unter 45°, die vierfache Fundamentbreite voneinander entfernt sein (vgl. Abb. 4.25).

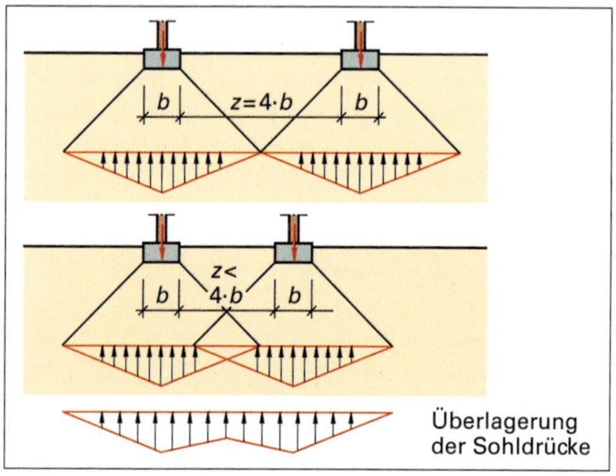

Abb. 4.25: Abstand von Fundamenten
bei unterschiedlichen Höhen

Die gegenseitige Beeinflussung von Fundamenten ist möglichst zu vermeiden.

Sattel- und Muldenlagen der Böden können zu unterschiedlichen Setzungen führen und daraus resultierenden Rissen führen (vgl. Abb. 4.26). Die Längsbewehrung der Fundamente in Verbindung mit den Ringankern der Decke verbessert die Aussteifung.

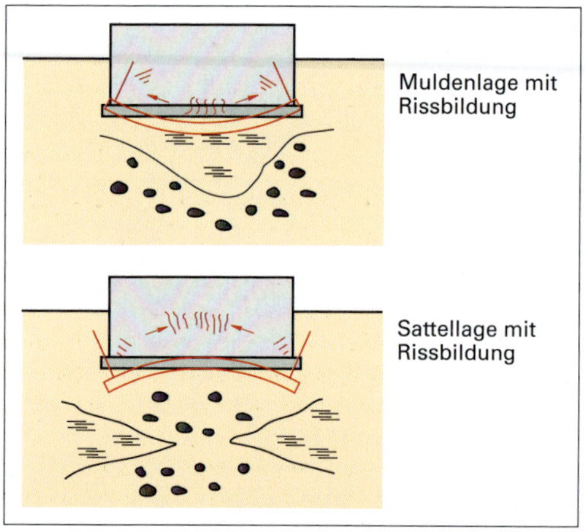

Abb. 4.26: Mulden- oder Sattellage

Nachbarbebauung bzw. Grenzbebauung (vgl. Abb. 4.27) erfordert besondere bauliche Maßnahmen bei der Fundamentierung, da sich hier Spannungsüberlagerungen nicht vermeiden lassen. Durch die vorhandene Bebauung ist der Boden im Anbaubereich schon vorverdichtet und lässt damit nicht mehr solche Setzungen zu, wie im bisher unberührten Boden. Ebenso werden die Fundamente außermittig beansprucht. Die Setzungen in bindigen Böden unter Belastung verlaufen langsam, da das Porenwasser zwischen den Bodenteilchen unter Druck nur langsam entweicht (noch nach Jahren) und sind in der Regel nicht zu vernachlässigen.

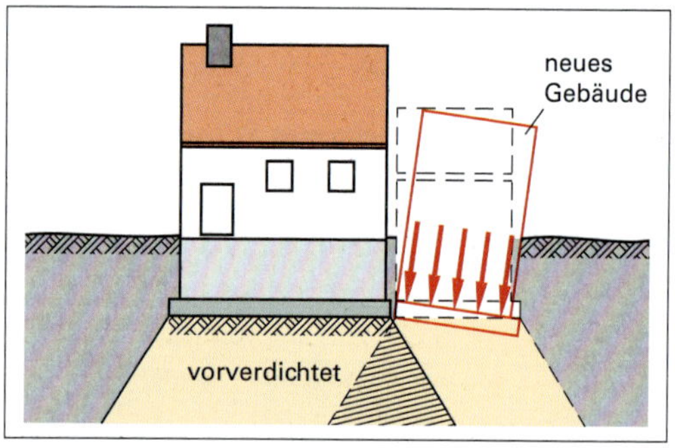

Abb. 4.27: Grenzbebauung

Fundamentplatten

Fundamentplatten (vgl. Abb. 4.28) stellen bei unterkellerten Gebäuden im Wohnungsbau die Standardgründung dar.

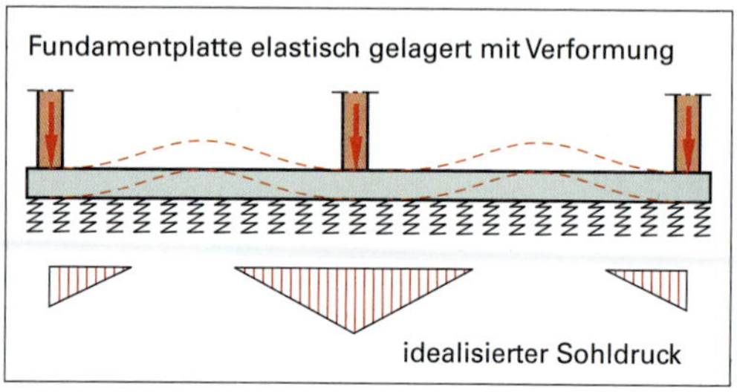

Abb. 4.28: Beanspruchung der Fundamentplatte

Durch die größere Fundamentfläche gegen über der Grundfläche von Streifenfundamenten kann auch auf weniger tragfähigen Boden gegründet werden. Wenn mit einem Grundwasserstand zu rechnen ist, der höher als die Sohlpatte liegt, sollte eine Fundamentplatte in Verbindung mit Kellerwänden aus Stahlbeton zur Anwendung kommen.

Fundamentplatten sind jedoch bei vergleichbaren Belastungen verformungsempfindlicher.

Nach dem Aushub der Baugrube auf entsprechende Tiefe müssen keine zusätzlichen Fundamentgräben in der Baugrube ausgeschachtet werden. Fundamentplatten werden auf einer Sauberkeitsschicht hergestellt. Sie werden nach dem Prinzip von umgekehrten Deckenplatten bewehrt (vgl. Abb. 4.29).

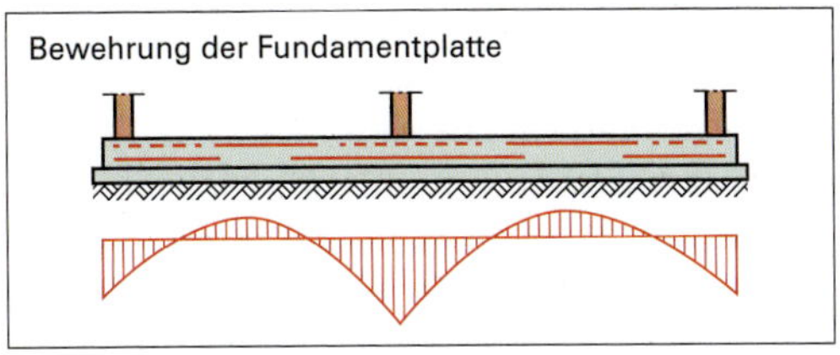

Abb. 4.29: Bewehrung von Fundamentplatten

In den Feldern liegt die tragende Bewehrung oben und unter den Wänden unten. Statisch gesehen handelt es sich um einen elastisch gebetteten Balken oder eine elastisch gebettete Platte. Die anderen Bereiche werden in der Regel konstruktiv bewehrt. Die Art und Stärke der Bewehrung ist abhängig von der Bodensteifigkeit, der Fundamentsteifigkeit und der Bauwerkssteifigkeit.

Das Verhältnis von Fundamentsteifigkeit und Boden wird durch die elastische Länge gekennzeichnet. Die elastische Länge kennzeichnet die Verteilungslänge der Last unter der Wand. Je höher (steifer) die Fundamentplatte ist und umso weicher der Baugrund desto größer ist die elastische Länge (Näherungsweise $12 \cdot h_F + b_w$) (vgl. Abb. 4.30).

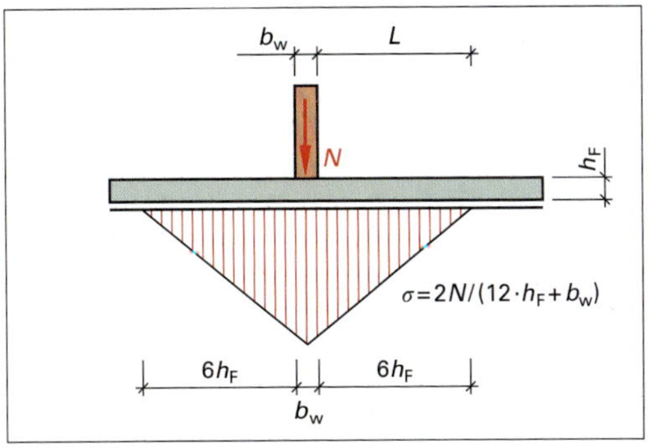

Abb. 4.30: Elastische Länge (Modellvorstellung)

Fundamentplatten können bei geringen Lasten wirtschaftlich aus Stahlfaserbeton hergestellt werden. Hierbei entfällt der Einbau der Bewehrungsmatten aus Baustahlgewebe.

Fundamentplatten sind aufgrund der einfachen Herstellung wirtschaftliche Gründungen.

4.3 Beton

4.3.1 Bestandteile des Betons

Beton ist ein Gemisch aus Gesteinskörnungen und Zement als Bindemittel. Durch Hinzufügen von Wasser entsteht verarbeitbarer Frischbeton. Nach dem Erhärten des Zementes entsteht ein künstlicher Stein, der als Festbeton bezeichnet wird.

Zur Erreichung bestimmter Eigenschaften können dem Beton Betonzusatzmittel und Betonzusatzstoffe in flüssiger oder pulverförmiger Form beigegeben werden (vgl. Kapitel 16.4).

Wenn mehr als ein Zusatzmittel verwendet werden soll, ist die Verträglichkeit der Zusatzmittel zu prüfen.

Zusatzstoffe werden im Gegensatz zu Zusatzmitteln auf das Volumen angerechnet. Damit wird der Wasserzementwert unter Berücksichtigung der Zusatzstoffe berechnet.

Tabelle 4.31: Betonzusatzmittel und Betonzusatzstoffe

Betonzusatzmittel			
Betonverflüssiger	BV	Einpresshilfen	EH
Fließmittel	FM	Stabilisierer	ST
Luftporenbildner	LP	Chromatreduzierer	CR
Dichtungsmittel	DM	Recyclinghilfe	RH
Verzögerer	VZ	Schaumbildner	SB
Beschleuniger	BE		
Betonzusatzstoffe			
Typ I	Gesteinsmehl, Pigment		
Typ II	Flugasche, Silicastaub		

Zement

Der Zement hat die Aufgabe, die Gesteinskörner zu verbinden und Hohlräume auszufüllen. Von der Art und Menge des verwendeten Zementes hängen wichtige Eigenschaften, z.B. die Druckfestigkeit und Frostsicherheit des erhärteten Betons ab. Herstellung, Zusammensetzung und Eigenschaften sind in DIN 1164 und DIN EN 197-1 genormt und werden überwacht.

Herstellung und Lagerung

Zur Zementherstellung werden Kalkstein und Ton benötigt. Dieses Gemisch kommt in der Natur als Mergel vor. Kalkstein ist der Hauptbestandteil des Zementes. Im Ton sind die Hydraulefaktoren Siliciumdioxid (SiO_2), Aluminiumoxid (Al_2O_3) und Eisenoxid (Fe_2O_3) enthalten.

4

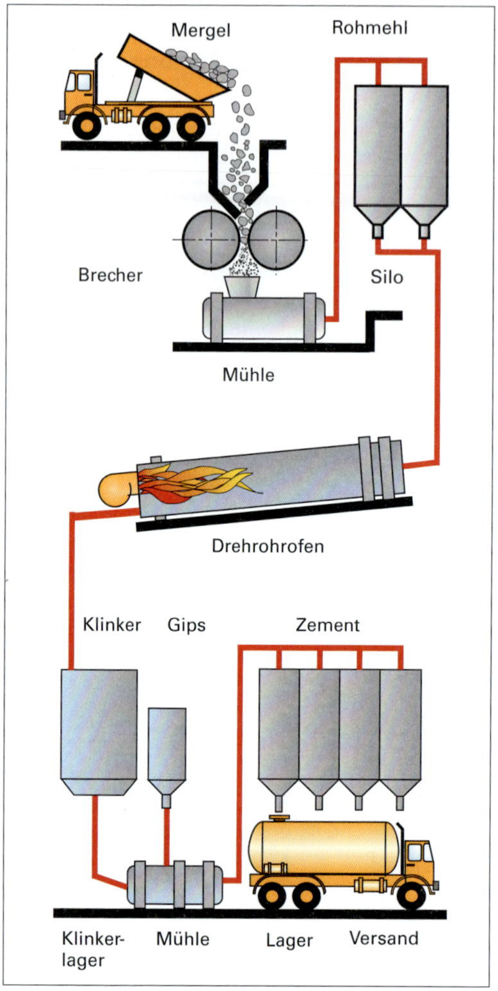

Abb. 4.32: Zementherstellung

- Reizt die Augen und die Haut
- Sensibilisierung durch Hautkontakt möglich
- Darf nicht in die Hände von Kindern gelangen
- Staub nicht einatmen
- Berührung mit den Augen und der Haut vermeiden
- Bei Berührung mit den Augen gründlich mit Wasser abspülen und den Arzt konsultieren
- Geeignete Schutzhandschuhe tragen
- Bei Verschlucken sofort ärztlichen Rat einholen und Verpackung oder Etikett vorzeigen

Abb. 4.33: Gefahrstoffhinweise für Zemente

Kalkstein und Ton müssen im richtigen Mischungsverhältnis aufbereitet werden. Diese Mischung wird anschließend zu Rohmehl fein gemahlen (vgl. Abb. 4.32). Das Rohmehl wird im Drehrohrofen bei Temperaturen zwischen 800 °C und 1450 °C gebrannt. Dabei wird das Kohlenstoffdioxid (CO_2) im Kalkstein ausgetrieben. Im unteren Teil des Drehrohrofens ist die Temperatur so groß, dass die Stoffe teigigzähflüssig werden und sintern. Der Branntkalk verbindet sich mit den Hydraulefaktoren und es entstehen kugelige Zementklinker.

Nach dem Abkühlen der Zementklinker werden diese in Rohrmühlen gemahlen. Die Mahlfeinheit bestimmt später zum großen Teil die Druckfestigkeit. Die Steuerung des Erstarrungsbeginns erfolgt im Zementwerk durch Zumahlung von Anhydrit bzw. Gips.

Zement wird im Betonwerk in Silos gelagert. Auf die Baustelle wird er in Säcken geliefert. Zement ist hygroskopisch, d. h., er kann Feuchtigkeit aus der Luft und aus dem Boden aufnehmen und bildet dann Zementklumpen. Deshalb muss Zement so gelagert werden, dass er vor Feuchtigkeit geschützt ist.

Bestandteile

Portlandzementklinker (K) ist der wichtigste Bestandteil der Zemente. Es ist ein hydraulisch wirkender Stoff, der aus Calciumsilikaten ($CaSiO_3$), Aluminiumoxid, Siliziumoxid und Eisenoxid besteht. Je höher der Anteil an Calziumsilikaten ist, desto höher wird die Festigkeit des Zements. Der Anteil des Portlandzementklinkers am jeweiligen Zement ist durch die Buchstaben A, B und C gekennzeichnet.

Zemente mit der Kennung A enthalten zwischen 80 % und 94 %, Zemente mit der Kennung B zwischen 65 % und 79 % und Zemente mit der Kennung C 5 % bis 19 % Zementklinker (vgl. Tabelle 4.34).

Um bei Zementen unterschiedliche Eigenschaften zu erreichen, werden dem Portlandzementklinker andere Stoffe beigemischt. Hüttensand, z. B. als Hauptbestandteil des Zementes, verzögert die Festigkeitsentwicklung und die Hydratationswärmeentwicklung.

Einige Stoffe werden aus natürlichem Gestein gewonnen, z. B. Puzzolane. Bei anderen Stoffen handelt es sich um Reststoffe, die bei industriellen Produktionsvorgängen anfallen.

Bei Filteranlagen zur Reinigung von Abgasen fällt Flugasche an, die ähnliche Eigenschaften und Zusammensetzung wie der Zement aufweist.

Arten und Zusammensetzung

In DIN EN 197-1 werden die Zementarten nach ihrer Zusammensetzung in fünf Hauptgruppen (Hauptzementarten CEM I bis CEM V) unterteilt. Die Abkürzung CEM ergibt sich aus dem englischen Wort „cement" für Zement. Die Unterteilung erfolgt nach den Masse-Prozenten der Hauptbestandteile.

Bestandteile von Zement

- K — Portlandzementklinker
- S — Hüttensand (granulierte Hochofenschlacke) ist ein latent hydraulischer Stoff, der bei Anregung durch den Branntkalkanteil im Zement hydraulische Eigenschaften erhält.
- D — Silicastaub fällt als Filterstaub bei der Herstellung von Silicium an.
- P, Q — Puzzolane sind vulkanischen Ursprungs (z. B. Trass, Lava), können aber auch industriell hergestellt werden.
- V, W — Flugasche fällt z. B. bei der Filterung der Rauchabgase von Kohlekraftwerken an. Die kugeligen, glasartigen Teilchen haben hydraulische Eigenschaften.
- T — Tonschiefer oder gebrannter Ölschiefer weist im gemahlenen Zustand ausgeprägte hydraulische Eigenschaften auf.
- L, LL — Kalkstein kann dem Zement beigemischt werden, wenn sein Gehalt an Calciumkarbonat ($CaCO_3$) mehr als 75 % beträgt.

Tabelle 4.34: Zementarten und Zusammensetzung nach DIN EN 197-1 (Auszug)

Haupt-zement-arten	Bezeichnung der 27 Produkte (Normalzementarten)		Zusammensetzung (Massenanteile) Hauptbestandteile										Nebenbestand-teile
			PZ Klinker K	Hütten-sand S	Silica-staub D	Puzzolane gebr. natürlich P	Puzzolane gebr. nat. ge-tempert Q	Flugasche kiesels.-reich V	W	T	L	LL	
CEM I	Portlandzement	CEM I	95…100										0…5
CEM II	Portland-hüttenzement	CEM II/A-S	80…94	6…20									0…5
		CEM II/B-S	65…79	21…35									0…5
	Pl.-Silicastaubzem.	CEM II/A-D	90…94		6…10								0…5
	Portland-puzzolanzment	CEM II/A-P	80…94			6…20							0…5
		CEM II/B-P	65…79			21…35							0…5
		CEM II/A-Q	80…94				6…20						0…5
	Pl.-Kompositzem.	CEM II/B-M	65…79	21…35									0…5
CEM III	Hochofenzement	CEM III/A	35…64	36…65									0…5
		CEM III/B	20…34	66…80									0…5
		CEM III/C	5…19	81…95									0…5
CEM IV	Puzzolanzement	CEM IV/A	65…89		11…35								0…5
		CEM IV/B	45…64		36…55								0…5
CEM V	Kompositzement	CEM V/A	40…64	18…30		18…30							0…5
		CEM V/B	20…58	31…50		31…50							0…5

Der Anteil von Silicastaub ist auf 10 Prozent begrenzt. Bei CEM II/A-M, CEM II/B-M, CEM IV und CEM V müssen die Hauptbestandteile neben PZ-Klinker durch die Bezeichnung des Zements angegeben werden.

Eigenschaften und Verwendung

Zemente werden nach ihrer Druckfestigkeit in drei Festigkeitsklassen eingeteilt. Für die Verarbeitung zu Beton und dessen Erhärtungsverhalten ist das Erreichen der Anfangsfestigkeit von Bedeutung. Normal erhärtende Zemente werden mit einem **N**, Zemente mit hoher Anfangsfestigkeit mit **R** (rapid) gekennzeichnet (vgl. Tabelle 4.35).

Für besondere Bauaufgaben sind Zemente mit besonderen Eigenschaften erforderlich. Diese entwickeln z. B. eine niedrige Hydratationswärme (**LH**) oder haben einen hohen Sulfatwiderstand (**SR**). Um ein Verwechseln der Zemente mit besonderen Eigenschaften auf der Baustelle zu vermeiden, haben die Zementsäcke und deren Aufdrucke unterschiedliche Kennfarben (vgl. Tabelle 4.36).

Tabelle 4.35: Festigkeitsklassen von Zement nach DIN EN 197-1

Festigkeitsklasse	Druckfestigkeit in N/mm²			
	Anfangsfestigkeit		Normfestigkeit	
	2 Tage	7 Tage	28 Tage	
32,5 N	–	≥ 16	≥ 32,5	≤ 52,5
32,5 R	≥ 10	–		
42,5 N	≥ 10	–	≥ 42,5	≤ 62,5
42,5 R	≥ 20	–		
52,5 N	≥ 20	–	≥ 52,5	–
52,5 R	≥ 30	–		

Tabelle 4.36: Übliche Kennfarben von Zementsäcken

Festigkeitsklasse	Kennfarbe	Farbe des Aufdrucks
32,5 N	hellbraun	schwarz
32,5 R		rot
42,5 N	grün	schwarz
42,5 R		rot
52,5 N	rot	schwarz
52,5 R		weiß

Gesteinskörnungen

Gesteinskörnungen werden zusammen mit Zement und dem Zugabewasser zu Beton verarbeitet. Sie bilden im erhärteten Beton das tragende Gerüst.

Arten und Eigenschaften

Neben natürlichen und industriell hergestellten Gesteinskörnungen werden auch solche aus rezykliertem Altbeton verwendet. Natürliche Gesteinskörnungen können aus Kiesgruben, Flüssen oder Seen, aber auch in Steinbrüchen durch Zerkleinerung von Gestein gewonnen werden. Nach der Rohdichte der Gesteinskörnung wird unterschieden in

- leichte Gesteinskörnungen (Naturbims, Hüttenbims, Blähton, Blähschiefer),
- normale Gesteinskörnungen (Kiessand, Granit, dichter Kalkstein, Basalt),
- schwere Gesteinskörnungen (Schwerspat, Magnetit, Barit) und
- rezyklierte Gesteinskörnungen (Betonsplitt, Betonbrechsand).

Für eine gute Verarbeitung des Betons und zum Erreichen der gewünschten Anforderungen werden von den Gesteinskörnungen Eigenschaften verlangt wie

- ausreichende Kornfestigkeit,
- günstige Kornform für geringeren Bindemittelbedarf,
- günstige Kornzusammensetzung und
- keine Verunreinigungen, z. B. in Form von organischen Bestandteilen und zu hohem Salz- oder Schwefelgehalt.

Kornzusammensetzung

Bei Gesteinskörnungen für Beton ist die Kornzusammensetzung wichtig. Besteht eine Gesteinskörnung nur aus großen Körnern, so entstehen viele Hohlräume zwischen den Körnern (vgl. Abb. 4.38). Diese müssen mit Zementleim gefüllt werden. Dieser schwindet beim Erhärten. Je größer der Anteil des Zementleims an einer Betonmischung ist, desto stärker schwindet der Beton, wobei Risse entstehen. Dadurch vermindern sich die Festigkeit und die Frostbeständigkeit. Außerdem ist der hohe Verbrauch von Zement unwirtschaftlich.

Dies gilt auch für Gesteinskörnungen mit vielen kleinen Körnern. Diese haben eine sehr große Oberfläche, was wiederum eine erhöhte Zementleimmenge erfordert, da die Körner vom Zementleim umschlossen werden müssen (vgl. Abb. 4.37).

Günstig sind Gesteinskörnungen, die aus unterschiedlich großen Körnern zusammengesetzt sind. Die Zusammensetzung wird durch Siebversuche mit einem genormten Siebsatz festgestellt (vgl. Abb. 4.38). Das Ergebnis wird in Sieblinien dargestellt.

Zur Herstellung von Beton sind bestimmte Kornzusammensetzungen erforderlich. Diese sind in DIN 1045 als Grenzsieblinien festgelegt (vgl. Abb. 4.39). Für die Betonherstellung gelten hinsichtlich der Gesteinskörnungen die folgenden Normen und Richtlinien:

DIN EN 1260: Gesteinskörnungen für Beton

DIN EN 13055-1: leichte Gesteinskörnungen für Beton, Mörtel und Einpressmörtel

DIN 4226-101/102: Rezyklierte Gesteinskörnungen nach DIN EN 12620 für Beton

DIN EN 13139: Gesteinskörnungen für Mörtel

DafStb Richtlinie: Beton nach DIN EN 2061 und DIN 10452 mit rezyklierten Gesteinskörnungen nach DIN EN 12620

DafStb Richtlinie: Vorbeugende Maßnahmen gegen schädigende Alkalireaktion im Beton

Überwiegend feine Gesteinskörnung

Gemischte Gesteinskörnung

Abb. 4.37: Gesteinskörnungen mit unterschiedlichem Gefüge

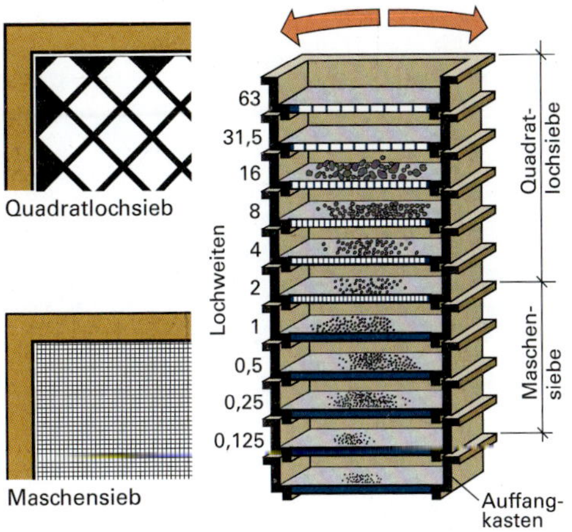

Abb. 4.38: Prüfsiebsatz

Die Einzelgrafik enthält Sieblinien, die mit A, B und C bezeichnet sind. Sieblinie A stellt ein grobes, B ein mittleres und C ein feines Korngemisch dar. Kornzusammensetzungen zwischen den Sieblinien A und B im Bereich D sind ③ grob bis mittelkörnig, zwischen B und C im Bereich ④ mittel- bis feinkörnig. Außerhalb der Sieblinien A und C liegende Kornzusammensetzungen sind im Bereich ① grobkörnig und im Bereich ⑤ feinkörnig und daher für die Herstellung von Beton nicht geeignet.

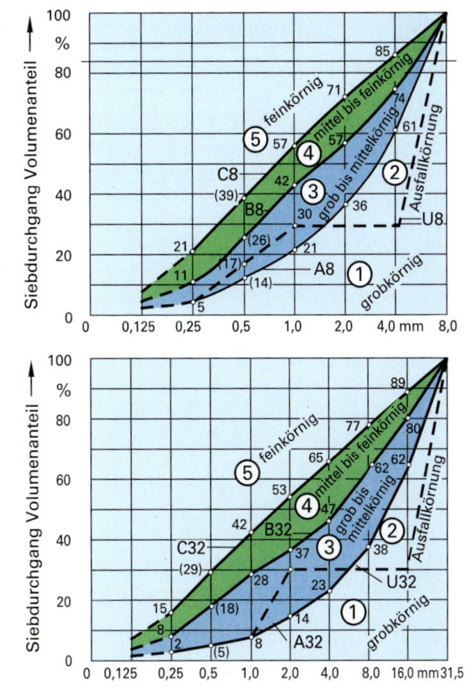

Abb. 4.39: Sieblinien nach DIN 1045-2 (Auszug)

Für jede Sieblinie gibt es eine Körnungsziffer mittels der Wasseranspruch einer Mischung für eine bestimmte Konsistenz aus entsprechenden Diagrammen abgeschätzt werden kann. Die Summe der Rückstände in Prozent auf den Sieben dividiert durch 100 ergibt die Körnungsziffer *k*.

$$k = \frac{\text{Summe der Rückstände [\%]}}{100}$$

Beispiel

Wasseranspruch für 1 m³ Frischbeton Körnungsziffer $k = 4,2$ und einem Größtkorn von 31,5 mm mit der Sieblinie B_{32} beträgt in Litern nach Tabellen des Informationszentrums Beton:

k-Wert	F1 weich	F2 plastisch	F3 steif
4,2	140	175	195

Gesteinskörnungen sind frei von Verunreinigungen, wie Erdreich und Laub, anzuliefern. Im Betonwerk werden die Gesteinskörnungen nach Korngruppen getrennt gelagert. Die Mischung einer Gesteinskörnung für einen Beton kann aus einer feinen und einer groben Gesteinskörnung zusammengesetzt werden. Diese Kornzusammensetzung bezeichnet man als **Korngemisch**.

Durch die getrennte Lagerung der Korngruppen können bei Bedarf entsprechend den Sieblinien (vgl. Tabellenbuch und Auszug Abb. 4.39) gewünschte Korngemische zusammengestellt werden. So kann z. B. das Korngemisch 0/16 aus vier Korngruppen bestehen.

Stetige Sieblinien: Eine Sieblinie ist stetig, wenn jede Korngruppe vorhanden ist. Stetige Sieblinien für Beton sollen zwischen den Sieblinien A und C verlaufen.

Unstetige Sieblinie: Eine Sieblinie ist unstetig, wenn einzelne Korngruppen fehlen (**Ausfallkörnung, Sieblinie U**). Unstetige Sieblinien sollen zwischen der unteren Grenzsieblinie U und der Sieblinie C verlaufen.

Zugabewasser

Zur Verarbeitung und Erhärtung des Betons ist Wasser erforderlich. Die benötigte Wassermenge wird wirksamer Wassergehalt genannt. Das der Mischung beizumessende Wasser wird als **Zugabewasser** bezeichnet. Da die Gesteinskörnung immer eine gewisse **Oberflächenfeuchte** aufweist, muss dies bei der Berechnung der Zugabewassermenge abgezogen werden. Als Zugabewasser ist jedes Wasser geeignet, das frei ist von Stoffen, die den Beton schädigen.

4.3.2 Frischbeton

Beton bildet die Form des Bauteils und darf nur Druckkräfte aufnehmen. Er hat die Aufgabe des Rostschutzes der Bewehrung und dient dem Brandschutz.

Je nach der Rohdichte (ρ) wird zwischen
Leichtbeton ($\rho \leq 2{,}0$ kg/dm^3),
Normalbeton ($\rho > 2{,}0$ kg/dm^3 bis 2,6 kg/dm^3) und
Schwerbeton ($\rho > 2{,}6$ kg/dm^3) unterschieden.

Beton wird überwiegend als werkgemischter Beton (Transportbeton) in Betonwerken hergestellt (vgl. Abb. 4.40). Dort erfolgt die Dosierung (Zumessung) der Betonbestandteile mit besonderen Wägeeinrichtungen. Als Mischer werden Zwangsmischer verwendet, bei denen das Mischgut mit Mischwerkzeugen (Mischarmen) durchmischt wird.

Werden die Bestandteile des Betons auf der Baustelle zugemessen und gemischt, wird der Beton als **Baustellenbeton** bezeichnet. Eingesetzt werden hier Zwangsmischer mit Rührwerk oder Freifallmischer (Trommelmischer). Dies sind Mischer, bei denen der Mischvorgang durch das Drehen einer Trommel bewirkt wird, wobei das Mischgut ständig ineinander fällt (vgl. Abb. 4.41).

Wird Transportbeton oder Baustellenbeton auf der Baustelle in eine Schalung eingebracht, wird dieser als **Ortbeton** bezeichnet.

Abb. 4.40: Transportbetonwerk

Abb. 4.41: Mischanlage mit Freifallmischer

Erhärtungsphasen

Beim Mischen der Betonbestandteile entsteht aus Zement und Wasser der Zementleim. Dieser umhüllt die Gesteinskörner und füllt den Raum dazwischen aus. Durch das Erhärten des Zementleims entsteht aus Frischbeton der Festbeton. Zum Erhärten ist Wasser notwendig, dieser Prozess wird als von Hydratation bezeichnet.

Der Erhärtungsvorgang des Betons erfolgt in drei Phasen, dem Ansteifen, dem Erstarren und dem Erhärten (vgl. Abb. 4.42). Während dieses Vorganges bilden sich Kristalle, die sich zu einem immer fester werdenden Gefüge verbinden. Bei diesem chemisch-physikalischen Prozess wird Wärme (Hydratationswärme) freigesetzt. Der Ablauf der Erhärtung erfolgt in bestimmten Zeitabläufen. Mit dem Erhärten werden die Gesteinskörner in ihrer Lage fixiert. Die Erhärtung (Hydratation) ist beendet, wenn der Zementleim in Zementstein umgewandelt ist. Das kann je nach Lagerungsbedingungen sehr lange dauern. Die geforderte Druckfestigkeit soll der Beton nach 28 Tagen aufweisen.

Zur vollständigen Hydratation muss neben bestimmten Temperaturbedingungen genügend Wasser vorhanden sein. Portlandzement z. B. benötigt eine Wassermenge von etwa 40 % seines Gewichts. Von dieser Menge wird etwa 25 % chemisch gebunden, 15 % verbleibt in den Kristallen.

Die Hydratation läuft bei hohen Temperaturen im Bauteil beschleunigt ab. Die Folge ist eine höhere Anfangsfestigkeit. Bei niedrigen Bauteiltemperaturen verlangsamt sich die Hydratation und die Anfangsfestigkeit wird später erreicht (vgl. Tabelle 4.43). Bei Bauteiltemperaturen unter + 5 °C kann sich kein Gel mehr bilden. Bei vorzeitigem Austrocknen des Betons (Verdursten) wird die Gelbildung unterbrochen. Der Beton erreicht nicht seine geforderte Festigkeit, was sich am Absanden der Betonoberfläche zeigt und zu Schwindrissen führen kann.

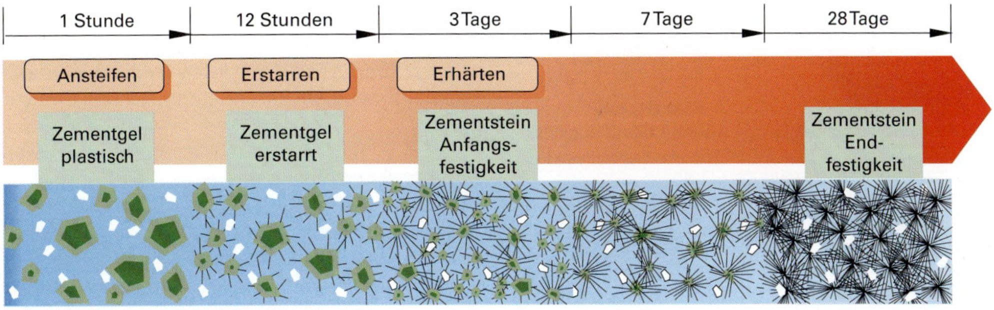

Abb. 4.42: Erhärten des Betons

Tabelle 4.43: Festigkeitsentwicklung von Beton in Anhängigkeit von Zementfestigkeitsklasse und Lagerungstemperatur (Richtwerte)

Zementfestigkeitsklasse	Ständige Lagerung bei	Entwicklung der Druckfestigkeit in % nach				
		3 Tagen	7 Tagen	28 Tagen	90 Tagen	180 Tagen
32,5 N	+ 20°C	30…40	50…65	100	110…120	15…130
	+ 5°C	10…20	20…40	60…75	–	–
32,5 R;	+ 20°C	50…60	65…80	100	105…115	110…120
42,5 N	+ 5°C	20…40	40…60	75…90	–	–
42,5 R; 52,5 N 52,5 R	+ 20°C	70…80	80…90	100	100…105	105…110
	+ 5°C	40…60	60…80	90…105	–	–

[1)] Die 28-Tage-Festigkeit bei 20 °C-Lagerung entspricht 100 %.

Wasserzementwert

Die zur vollständigen Hydratation erforderliche Wassermenge ist abhängig von der Zementmenge. Das Massenverhältnis von Wasser zu Zement wird als Wasserzementwert (*w/z*-Wert) berechnet. Der Wasserzementwert bestimmt die Festigkeit des Zementsteins und damit die spätere Festigkeit des Betons. Beim erhärteten Beton (Festbeton) soll der Zementstein die Gesteinskörner fest verbinden und den Raum zwischen den Gesteinskörnern ausfüllen. Bei einem *w/z*-Wert von 0,4 wird die höchste Festigkeit erreicht. Bei höheren Wasserzementwerten verbleibt ungebundenes Wasser als Überschusswasser und Zementteilchen setzen sich an der Oberfläche ab. Das Überschusswasser verdunstet und hinterlässt Hohlräume (Kapillare), welche die Druckfestigkeit vermindern und die Wassersaugfähigkeit (Kapillarität) erhöhen (vgl. Abb. 4.44).

Ein zu hoher Zementgehalt im Beton ist nicht nur unwirtschaftlich, sondern auch ungünstig, weil Zementleim beim Erhärten schwindet. Dadurch wächst die Gefahr der Schwindrissbildung.

Die Norm lässt für bestimmte Bauteile einen maximalen *w/z*-Wert von 0,75 zu und verlangt einen Mindestzementgehalt von 240 kg/m³. Beton mit einem *w/z*-Wert von 0,75 hat jedoch bei gleichem Zementgehalt nur etwa die Hälfte der Festigkeit eines Betons mit einem *w/z*-Wert von 0,40 (vgl. Abb. 4.45).

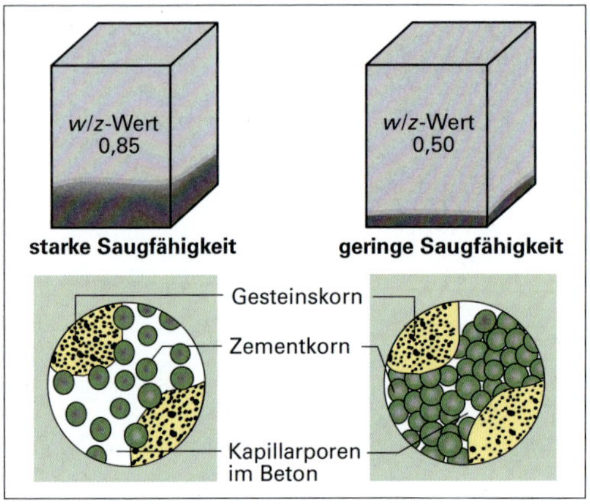

Abb. 4.44: Beton mit verschiedenen *w/z*-Werten

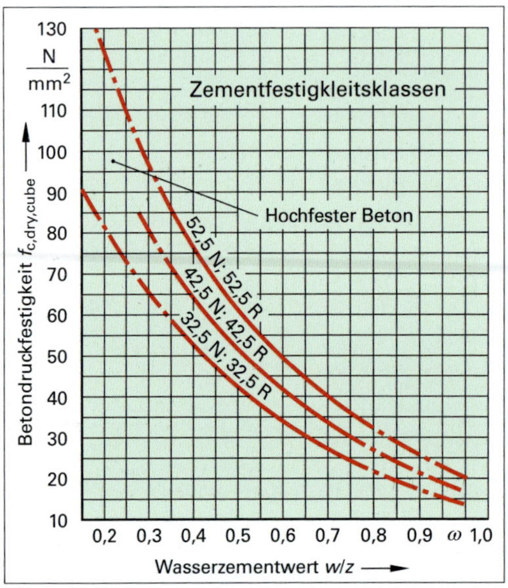

Abb. 4.45: Einfluss des Wasserzementwertes auf die Festigkeit des Betons (nach Walz)

Soll die Verarbeitbarkeit des Frischbetons verbessert werden, darf bei einer Betonmischung nicht einfach die Zugabewassermenge erhöht werden, weil sich dadurch der Wasserzementwert erhöht und die Festigkeit sich verringert. Es muss auch mehr Zement zugegeben werden, um den vorgegebenen *w/z*-Wert beizubehalten.

Konsistenz

Die Konsistenz (Steifigkeit) dient als Maß für das Zusammenhaltevermögen und die Verarbeitbarkeit des Frischbetons. Sie ist so zu wählen, dass der Beton, ohne sich zu entmischen, verarbeitet und unter den jeweiligen Bedingungen verdichtet werden kann. Dies wird durch eine geeignete Zementleimmenge in einer Betonmischung erreicht.

Prüfung

Die Konsistenz ist beim ersten Einbringen des Betons und beim Herstellen von Probekörpern zu überprüfen. Während des Betoniervorgangs ist sie ständig durch Augenschein zu kontrollieren, um Abweichungen vom üblichen Aussehen feststellen zu können. Je nach Konsistenzart eignen sich unterschiedliche Versuche, deren Durchführung in DIN EN 12350 Teil 1 bis 7 festgelegt ist.

Beim **Ausbreitversuch** wird ein kegelstumpf-förmiger Behälter in 2 Lagen mit Beton gefüllt, die mit je 10 Stößen einzustampfen sind.

Beim **Verdichtungsversuch** wird ein prismatischer Behälter von 40 cm Höhe und 20 cm × 20 cm Querschnittsfläche mit Beton lose gefüllt. Auf dem Rütteltisch wird der Beton verdichtet. Danach wird in den 4 Ecken des Behälters das Absinkmaß *s* gemessen sowie das Mittelmaß gebildet und die Füllhöhe ***h* = 40 cm − *s*** errechnet. Das **Verdichtungsmaß *v*** oder den Verdichtungsgrad errechnet sich aus dem Verhältnis der Behälterhöhe zur Füllhöhe (vgl. Tabelle 4.46 und Abb. 4.47). Der Verdichtungsversuch eignet sich für weiche, plastische und steife, aber nicht für fließfähige Betone.

Beim **Slump-Versuch** (Setzversuch) wird ein kegelstumpf-förmiger Behälter von 30 cm Höhe in 3 Lagen gefüllt, mit jeweils 25 Stößen verdichtet und die Form abgezogen.

Bei der **Vebé-Prüfung** (Setzzeitversuch) wird eine Metallform wie beim Slumptest gefüllt und von der Probe abgezogen. Die Form steht in einem Behälter.

Konsistenzklassen

Die Menge des verwendeten Zementleims in einer Betonmischung bestimmt die Steifigkeit und damit die Verarbeitbarkeit des Betons beim Einbauen und Verdichten. Zur Beschreibung der Konsistenz eines Betons werden die Begriffe **steif, plastisch, weich** bis hin zu **sehr fließfähig** verwendet. Entsprechend der Konsistenz werden die Betone einer Konsistenzklasse zugeordnet (vgl. Tabelle 4.46 und Tabellenbuch).

Tabelle 4.46: Konsistenzklassen nach DIN 1045-3 und DIN EN 206

Verdichtungsmaß-Klassen		
Klasse	**Verdichtungsmaß *v***	**Konsistenzbereich**
C0	≥ 1,46	sehr steif
C1	1,45 … 1,26	steif
C2	1,25 … 1,11	plastisch
C3	1,10 … 1,04	weich
Ausbreitmaß-Klassen		
Klasse	Ausbreitmaß *a* (mm)	Konsistenzbereich
F1 (*KS*)	≤ 340	steif
F2 (*KP*)	350 … 410	plastisch
F3 (*KR*)	420 … 480	weich
F4 (*KF*)	490 … 550	sehr weich
F5 (*KF*)	560 … 620	fließfähig
F6	630 … 700	sehr fließfähig
SV	> 700	selbstverdichtend

- Eine verbindliche Korrelation zwischen den Konsistenzklassen existiert nicht. Die Anwendung der Setzzeit-Klasse ist in Deutschland unüblich.
- Die DIN EN 206 ist eine Stoffnorm und regelt die Festlegung der Eigenschaften, Herstellung und Prüfung von Beton. Die DIN EN 206 ist auf die DIN EN 1992 (EC 2) abgestimmt. Die Betonprüfungen werden nach DIN EN 12350 in Frischbetonprüfungen und nach DIN 12390 in Festbetonprüfungen unterschieden.

Expositionsklassen

Betonbauteile sind äußeren Einflüssen ausgesetzt. Diese können zu Schäden am Bauteil führen. Ist z. B. ein Betonbauteil ständiger Feuchtigkeit und Frost ausgesetzt, so kann die dichte Betonstruktur zerstört werden und die Bewehrung ist nicht mehr vor Korrosion geschützt. Auch chemische Einflüsse, z. B. Tausalz oder Meerwasser, können Schäden an Betonbauteilen hervorrufen.

Für die Zusammensetzung der Betonmischung sind daher die Einflüsse zu berücksichtigen, denen das spätere Bauteil ausgesetzt ist. Die unterschiedlichen Umgebungsbedingungen werden nach der Art des schädigenden Einflusses in sieben Klassen eingeteilt. Diese werden als **Expositionsklassen**, abgekürzt X (vgl. Tabelle 4.48) bezeichnet.

In DIN 1045-2 ist für Beton einer bestimmten Expositionsklasse die Zusammensetzung, z. B. der maximale Wasserzementwert *w/z*-Wert, der Mindestzementgehalt *z* und die Mindestdruckfestigkeit min f_{ck} festgelegt. Zusätzlich gibt es zur Klassifizierung der Gefahr von Betonkorrosion infolge Alkali-Kieselsäurereaktion die Feuchtigkeitsklassen WO, WF, WA und WS.

Abziehen des Probekörpers — Ermitteln des Absinkmaßes

Abb. 4.47: Ermitteln des Verdichtungsmaßes

4

Beispiel

Das Abstichmaß s_1 wird an allen 4 Ecken festgestellt, um das Mittel s_m zu bilden.

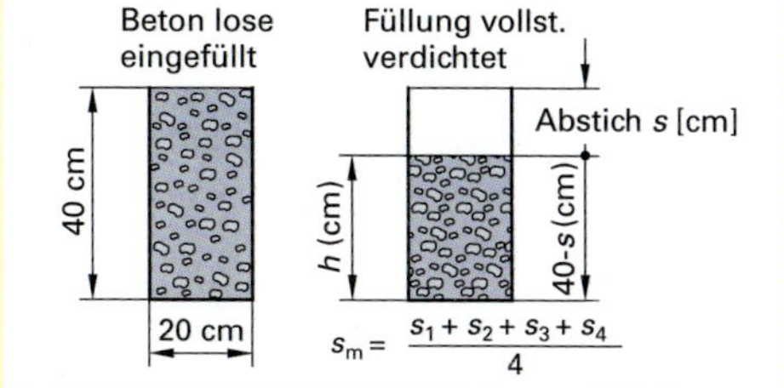

$v = \frac{40}{40 - s}$ (Verdichtungsmaß nach DIN EN 12350-T4)

$s_1 = 10{,}5$ cm; $s_2 = 9$ cm; $s_3 = 10$ cm;
$s_4 = 11{,}3$ cm ⇒ $s_m = 10{,}2$ cm
$v = 1{,}34$ cm ⇒ C1 (steifer Beton)

Tabelle 4.48: Expositionsklassen und Grenzwerte für die Zusammensetzung nach DIN 1045-2 und DIN EN 206					
Expositions-klasse (Auszug)	Beschreibung der Umgebung	Druckfestigkeits-klasse min f_{ck} [N/mm²]	Mindest-zementgehalt [kg/m³]	Höchstzulässiger *w/z*-Wert	Bauteile (Beispiele)
1 Kein Korrosions- oder Angriffsrisiko					
X0	für Beton ohne Bewehrung	C12/15 C8/10	–	–	Fundamente (ohne Frosteinwirkung), Innenbauteile, unbewehrt
2 Bewehrungskorrosion, ausgelöst durch Karbonatisierung					
XC1	trocken/ständig nass	C16/20	240	0,75	Innenbauteile mit üblicher Luftfeuchte einschließlich Küchen, Bäder und Waschküchen, bewehrt
7 Betonkorrosion durch Verschleißbeanspruchung					
XM1	mäßige Verschleißbeanspruchung	C30/37	300	0,55	Tragende oder aussteifende Industrieböden mit Beanspruchung durch luftbereifte Fahrzeuge
XM2	starke Verschleißbeanspruchung	C30/37 C35/45	300 320	0,55 0,45	Tragende oder aussteifende Industrieböden mit Beanspruchung durch luftbereifte Gabelstapler

4

Bestellen von Transportbeton

Auf den Baustellen wird im Regelfall Transportbeton verwendet, der einbaufertig auf die Baustelle angeliefert wird. Der Bauleiter oder der Polier müssen bei der Bestellung den Beton genau beschreiben und gegebenenfalls Angaben zu den auf der Baustelle herrschenden Randbedingungen machen. Dies wird als Festlegung des Betons bezeichnet. Der angelieferte Beton muss in seinen Eigenschaften den Angaben in den bautechnischen Unterlagen entsprechen.

Standardbeton

Für Bauteile mit geringen Anforderungen an die Betonfestigkeit und für den Widerstand gegen Umwelteinflüsse, z. B. bei unbewehrten Fundamenten oder Bauteilen in Innenräumen, kann Standardbeton bestellt werden (vgl. Tabelle 4.49).

Beton nach Zusammensetzung

Bei der Bestellung eines Betons nach Zusammensetzung sind dem Betonwerk die Ausgangsstoffe und die Zusammensetzung des Betons bekannt. Der Verfasser der Betonfestlegung ist dafür verantwortlich, dass der Beton die erwarteten Eigenschaften erreicht.

Beton nach Eigenschaften

Bei der Bestellung von Beton sind dem Betonwerk die Eigenschaften, die der Beton aufweisen muss, mitzuteilen. Im Betonwerk erfolgt dann die Zusammensetzung des Betons nach den gewünschten Eigenschaften. Dieser Beton wird als Beton nach Eigenschaften bezeichnet. Das Betonwerk haftet dafür, dass der gelieferte Beton diesen Eigenschaften entspricht.

Tabelle 4.49: Grenzwerte für Standardbeton[1]			
Expositionsklasse	**Mindestdruckfestigkeitsklasse**	**Mindestzementgehalt in [kg/m³]**	**Höchstzulässiger *w/z*-Wert**
X0	C8/10	230	–
XC1	C12/15	300	0,75
XC2	C16/20	320	0,75

[1] Die Angaben gelten für ein Größtkorn 32 mm und Zementfestigkeitsklasse 32,5 sowie F2/C2 ohne Zusatzmittel oder Zusatzstoffe.

Dazu sind dem Betonwerk mitzuteilen:

- Beton für unbewehrte oder bewehrte Bauteile,
- Druckfestigkeitsklasse und ggf. besondere Angaben, z.B. besondere Eigenschaften, Festigkeitsentwicklung und Verarbeitbarkeitszeit,
- Zementart, z.B. mit niedriger Hydratationswärme,
- Art der Gesteinskörnung,
- Expositionsklasse,
- Festigkeitsentwicklung,
- Eigenschaften für den Frostwiderstand und
- Konsistenzklasse.

Betonrezept mit der Stoffraumgleichung

Bei einfachen Bauteilen wird die Rezeptur für den Standardbeton verwendet. Ansonsten wird die Zusammensetzung des Betons mit der Stoffraumgleichung berechnet.

Stoffraumgleichung für 1 m³ Frischbeton

$$1000 = \frac{z}{\varrho_z} + \frac{g}{\varrho_g} + \frac{w}{\varrho_w} + \frac{f}{\varrho_f} + p$$

Menge der Gesteinskörnung

$$g = \varrho_g \cdot \left(1000 - \frac{z}{\varrho_z} - \frac{w}{\varrho_w} - \frac{f}{\varrho_f} - p\right)$$

In der Stoffraumgleichung werden die Volumenbestandteile aufsummiert. In der Formel bedeuten:

z Zementmasse
f Gehalt an Zusatzstoffen
ρ_f Dichte der Zusatzstoffe
ρ_w Dichte des Wassers
ρ_g Rohdichte der Gesteinskörnung
ρ_z Zementrohdichte
w Wassergehalt
p Porenvolumen
g Gesteinskörnung

Transport und Übergabe

Der Frischbeton wird in Fahrmischern zur Baustelle transportiert. Der Abnehmer auf der Baustelle erhält vor dem Entladen einen nummerierten Lieferschein. Dieser enthält z.B. die Angabe des Lieferwerks, die gelieferte Betonmenge, die Betonfestigkeitsklasse und die Konsistenzklasse des Betons. Einzutragen ist die Ankunft an der Baustelle, der Beginn und das Ende des Entladens sowie die Abfahrt des Fahrmischers von der Baustelle.

Werden vor dem Entladen des Fahrmischers Fließmittel zugegeben oder werden Restmengen zurückgegeben, so ist dies auf dem Lieferschein zu vermerken.

Vor dem Entleeren des Mischfahrzeuges, das nach 45 Minuten erfolgt sein muss, wird eine Probe zur Prüfung des Betons entnommen. Die Konsistenz wird meistens nach Augenschein geprüft. Entspricht der Beton der Bestellung, wird der Lieferschein vom Beauftragen des Betonwerks (Fahrer) und vom Abnehmer (Polier) unterschrieben. Ist die Konsistenz zum Zeitpunkt der Übergabe höher als festgelegt, ist der Beton zurückzuweisen. Die Unterlagen sind aufzubewahren.

Einbau und Verdichten

Der frische Beton wird entweder mit dem Krankübel (vgl. Abb. 4.50) transportiert, über eine Rutsche in die Schalung eingebracht oder in die Schalung gepumpt. Wichtig dabei ist, dass er beim Einbringen sanft in die Schalung gleitet. Die Fallhöhe darf höchstens 1,50 m betragen, damit sich der Beton nicht entmischt.

Abb. 4.50: Fördern und Einbringen von Beton mit Krankübel

Der eingebrachte Beton muss gut verdichtet werden. So kann steifer Beton durch Stampfen mit Maschinen- oder Handstampfern, plastischer Beton mit Innenrüttlern verdichtet werden.

Voraussetzung für eine gute Verdichtung ist eine Betonzusammensetzung, bei der die Feinteile möglichst die Hohlräume zwischen den größeren Körnern ausfüllen. Der Zementmörtel sorgt dabei für die Umlagerung des Korngefüges. Beton mit einem Anteil an Lufteinschlüssen von 1 % bis 1,5 % wird als vollständig verdichtet bezeichnet.

Nachbehandeln

Der frisch eingebrachte und verdichtete Beton (junger Beton) muss nachbehandelt und vor schädigenden Einflüssen geschützt werden, damit die geforderten Eigenschaften des Festbetons auch erreicht werden. So wird z.B. durch starke Sonneneinstrahlung oder starken Wind dem frischen Beton rasch Feuchtigkeit entzogen. Mit den Nachbehandlungsmaßnahmen muss unmittelbar nach dem Einbau begonnen werden.

Maßnahmen zur Nachbehandlung

- Aufbringen feuchter Abdeckungen,
- gleichmäßiges Besprühen (nicht Anspritzen),
- mit nicht zu kaltem Wasser,
- Feuchthalten der Holzschalung,
- Abdecken mit Dämmmatten,
- Belassen des Frischbetons in der Schalung über die Ausschalfristen hinaus und
- Abdecken mit Kunststofffolien.

4

4.3.3 Festbeton

Unter Festbeton wird der erhärtete Beton verstanden. Er muss den für das Bauteil vorher festgelegten Eigenschaften entsprechen.

Eigenschaften

Beton muss Lasten aufnehmen. Die **Druckfestigkeit** ist deshalb die wichtigste Eigenschaft des Festbetons. Diese ist von der Zementfestigkeitsklasse, dem Wasserzementwert und der Zusammensetzung der Gesteinskörnung abhängig.

Das Gefüge des Betons muss so dicht sein, dass der Korrosionsschutz der Bewehrung gewährleistet ist. Bei Verwendung von Beton für Außenbauteile wird Frostbeständigkeit gefordert. Diese wird durch die richtige Betonauswahl und eine gute Verdichtung erreicht.

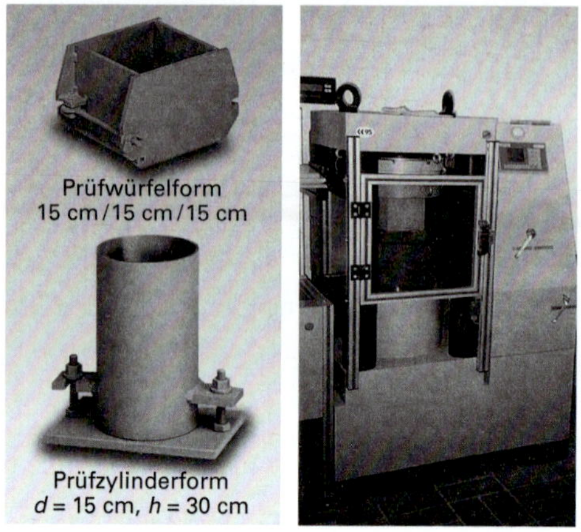

Abb. 4.52: Formen für Probekörper, Druckfestigkeitsprüfung

Druckfestigkeitsklassen

Die geforderte Druckfestigkeit richtet sich nach den Anforderungen an den Beton im Bauteil. In DIN EN 206 sind Betone in Druckfestigkeitsklassen eingeteilt und mit C (Concrete) abgekürzt (vgl. Tabelle 4.51). Die Zuordnung des Betons in die jeweilige Druckfestigkeitsklasse erfolgt durch Festigkeitsprüfungen an erhärteten, 28 Tage alten Probekörpern.

Tabelle 4.51: Druckfestigkeitsklassen nach DIN EN 206 (Auszug)

Druckfestigkeitsklasse	$f_{ck,\,cyl}$ N/mm²	$f_{ck,\,cube}$ N/mm²
C8/10	8	10
C12/15	12	15
C16/20	16	20
C20/25	20	25
C25/30	25	30

Die Probekörper werden als **Zylinder** (cylinder) mit 150 mm Durchmesser und 300 mm Höhe oder als **Würfel** (cube) mit einer Kantenlänge von 150 mm (früher übliche Kantenlänge 10 cm bzw. 20 cm) hergestellt. Die sich gegenüber liegenden Flächen müssen parallel und eben sein. Die Formen zur Herstellung der Probekörper bestehen aus Stahl oder Gusseisen (vgl. Abb. 4.52).

Prüfungen

Durch die Frischbetonprüfung, die vor dem ersten Einbringen des Betons und während des Betoniervorgangs in angemessenen Zeitabständen durchgeführt wird, wird festgestellt, ob der einzubauende Beton auch tatsächlich der geforderten Zusammensetzung entspricht und die geforderten Eigenschaften erwarten lässt. Sie erfolgt durch Prüfungen im Betonwerk oder einer fremden Überwachungsstelle.

Bei der **Festbetonprüfung** werden die Probekörper in einer Presse bis zu ihrer Zerstörung belastet. An einer Messuhr oder einem Display kann die zur Zerstörung notwendige Kraft abgelesen werden (vgl. Abb. 4.52). Daraus lässt sich die Druckfestigkeit, d. h. das Verhältnis von Kraft zur Fläche in N/mm², ermitteln.

Die Festigkeitsklasse von Beton wird durch die Prüfung von mehreren würfelförmigen oder zylinderförmigen Probekörpern bestimmt.

Die Prüfung findet zu verschiedenen Zeitpunkten als Erstprüfung, Annahmeprüfung oder stetige Herstellungsprüfung (Betonfamilie) statt.

Bei allen Prüfungen müssen alle Prüfwerte einer Serie aus n Proben einen Mindestwert erreichen. Der Einzelwert kann geringer sein kann als der Zielwert. Der Mittelwert der Prüfwerte muss stets größer sein als der Zielwert. Die jeweiligen Differenzen sind für die Prüfverfahren unterschiedlich.

Für die Erstprüfung gilt:

3 Probewürfel ($n=3$)

Es gilt für Beton ≤ C50/60:

- Der Mittelwert (f_{cm}) muss um 4 N/mm² höher als die gewünschte Festigkeit sein ($f_{cm} \geq f_{ck} + 4$).
- Der kleinste Wert darf um 4 N/mm² kleiner als die gewünschte Festigkeit sein ($f_{ci} \geq f_{ck} - 4$).

Für hochfesten Beton gilt:

- Der Mittelwert muss um 5 N/mm² höher sein als die gewünschte Festigkeit ($f_{cm} \geq f_{ck} + 5$).
- Der kleinste Wert darf um 5 N/mm² kleiner als die gewünschte Festigkeit sein ($f_{ci} \geq f_{ck} - 5$).

Die Betonfestigkeit ($f_{c.cube}$) wird auf die Druckfestigkeit nach 28 Tagen von feucht gelagerten Probewürfeln mit einer Kantenlänge von 150 mm bezogen. Auch eine Probewürfelgröße von mit einer Kantenlänge von 100 mm ist möglich. Ebenso ist es möglich die Druckfestigkeit an Prüfzylindern ($f_{c,cyl}$) mit einem Durchmesser von 150 mm und einer Zylinderhöhe von 300 mm zu prüfen.

Werden die Probekörper 7 Tage im Wasser gelagert und anschließend 21 Tage an der Luft werden wird die Druckfestigkeit mit ($f_{c,dry}$) angegeben.

Die Würfeldruckfestigkeit eines Würfels mit der Kantenlänge 100 mm wird auf die Würfeldruckfestigkeit eines Würfels mit der Kantenlänge 150 mm umgerechnet.

$$f_{c,cube(150mm)} = 0{,}97 \cdot f_{c,cube(100mm)}$$

Durch Umrechnungsfaktoren für die Lagerungsbedingungen werden die Werte der Nassfestigkeit ($f_{c,cube}$) aus den Werten der Trockenfestigkeit ($f_{c,dry}$,) in Abhängigkeit von der Festigkeitsklasse, errechnet. Für Normalbeton ≤ C50/60 gilt:

$$f_{c,cube} = 0{,}92 \cdot f_{c,dry,cube}$$

Für hochfesten Normalbeton ≥ C55/67 gilt:

$$f_{c,cube} = 0{,}95 \cdot f_{c,dry,cube}$$

Die angegebenen Festigkeitswerte sind charakteristische Festigkeitswerte. Die Designdruckfestigkeit des Betons werden aus der Zylinderdruckfestigkeit errechnet: $f_{cd} = 0{,}85 \cdot f_{ck,zyl} / 1{,}5$

Beispiel

Erstprüfung, Würfel 150 mm, Nasslagerung
Würfel 1: $f_{c1,cube} = 35$ N/mm²,
Würfel 2: $f_{c2,cube} = 42$ N/mm²
Würfel 3: $f_{c3,cube} = 31$ N/mm²
Auswertung Mittelwert
$f_{cm} = (35+42+31)/3 = 36$ N/mm²
darauf folgt Beton C25/30
denn der Mittelwert $f_{cm} \geq f_{c,cube} + 4$
$f_{cm} = 36$ N/mm² ≥ (30 + 4) N/mm² und
jeder Wert $f_{ci} \geq f_{c,cube} - 4$
$f_{ci} \geq 31$ N/mm² ≥ (30 – 4) N/mm²
Übersichtlicher ist das Vorgehen, wenn die Bedingung umstellt wird:
$f_{cm} - 4 \geq f_{c,cube}$ und $f_{ci} + 4 \geq f_{c,cube}$
damit ist der Ergebniswert $f_{c,cube}$ deutlicher abzulesen.

Mittelwert	36 – 4 ≥ 30 also	32 ≥ 30
Mindestwert	31 + 4 ≥ 30 als	35 ≥ 30

4.4 Herstellen von Fundamenten

4.4.1 Streifen- und Einzelfundamente

Die Fundamente müssen eingeschalt werden, wenn die Seitenwandungen der Fundamentgräben nicht standfest sind, oder die Geländeoberfläche niedriger liegt als die Fundamentoberkante. Die Schalungen lassen sich am Besten auf einer Sauberkeitsschicht aus Beton aufstellen. Neben der „klassischen zimmermannsmäßigen Schalung (vgl. Abb. 4.53) aus Schalungsbrettern und Kanthölzern können Systemschalungen (vgl. Abb. 4.54) wie auch bei Wänden, eingesetzt werden.

Abb. 4.53: Fundamentplatte mit Bewehrung

Abb. 4.54: Fundamentschalungssteme
(MSL Mathieu-Schalungssysteme und Lufttechnische Komponenten)

Abb. 4.55: Fundamente im Sandbett

> Die Herstellung von Fundamenten richtet sich nach denörtlichen Gegenheiten. Systemschalungen können eventuell notwendige Einschalarbeiten erleichtern.

4

Ebenso sind verschiedene Schalungssysteme aus Kunststoff und Stahlblechen auf dem Markt die als verlorene Schalung eingesetzt werden und mit denen sich rationell arbeiten lässt. Einige Systemschalungen fangen den Betonschalungsdruck durch Erdanschüttungen auf, andere verwenden wieder verwendbare Aussteifungselemente. Verlorene Schalungen werden auch aus Dämmstoffen hergestellt. Die Schalung ist dann zugleich Dämmschicht.

Eine gängige Methode für die Herstellung von Streifenfundamenten bei nicht unterkellerten Gebäuden ist das Sandbett (vgl. Abb. 4.55).

Hierzu wird nach Abschieben des Mutterbodens Sand aufgebracht und verdichtet. Da der Sand durch die Verdichtung standfest geworden ist, lassen sich darin die Fundamente ausschachten und somit die Seitenschalung sparen.

Bei günstigen Bodenverhältnissen für die Fundamentgräben reduzieren sich die Einschalungsarbeiten, da direkt gegen das Erdreich betoniert werden kann.

4.4.2 Fundamentplatten

Fundamentplatten benötigen eine Sauberkeitsschicht aus Beton C16/20 um die Bewehrung der Fundamentplatte sicher in der vorgesehenen Lage zu halten. Unter der Sauberkeitsschicht ist eine kapillarbrechende Schicht aus Granulat oder Kiessand anzuordnen. Ansonsten ist nur noch eine niedrige Randschalung erforderlich. Die Randschalung kann konventionell mit Schalungsbrettern oder mit Randschalungselementen z.B aus Kunststoff. Holzwolleplatten oder Stahlblech als verlorene Schalung hergestellt werden (vgl. Abb. 4.56).

Abb. 4.56: Fundamentrandschalung
(MSL Mathieu-Schalungssysteme und lufttechnische Komponenten)

Abb. 4.57: Fundamentplatte auf Dämmung und Schotterbett

Unter den Bodenplatten wird eine druckfeste Dämmschicht aus Hartschaum verlegt, wenn es der Wärmeschutz erfordert (vgl. Abb. 4.57).

Werden die aufgehenden Wände aus Stahlbeton hergestellt, ist eine Anschlussbewehrung für die Wände vorzusehen. Bei Fundamentplatten von nicht unterkellerten Gebäuden ist ein Randstreifenfundament als Frostschürze vorzusehen. Sofern die die Frostschürze statisch nicht notwendig ist, kann darauf verzichtet werden. Die Dämmung und das Schotterbett sind mindestens um 1,20 m herauszuziehen, um ein Unterfrieren zu verhindern. Ebenso müssen die Baugrundverhältnisse für diese Art der Gründung geeignet sein.

> Die Schalungen für Fundamentplatten werden wirtschaftlich mit Elementschalungen hergestellt.

Bei nicht unterkellerten Gebäuden sind die Rohrleitungsdurchbrüche für die Hausanschlussleitungen in der Fundamentplatte einzubauen. Dazu wird zweckmäßig ein Mehrspartenanschluss (vgl.

Abb. 4.59) (Gas, Wasser, Strom, Telefon usw.) mit nur einem Durchbruch der Bodenplatte als vorgefertigtes Element einbetoniert.

Ein für die Ausführung von Fundamenten wichtiger Punkt, ist die Konstruktion der Sohlplatte in Verbindung mit dem Fundament.

Abb. 4.58: Fundamentplatte
auf Dämmung Schotterbett

Abb. 4.59: Mehrspartenanschluss

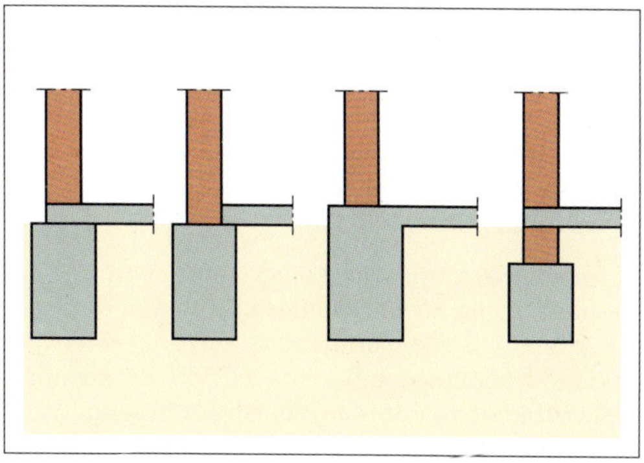

Abb. 4.60: Ausführungsmöglichkeiten Sohlplatte und Fundament

Die Sohlplatte kann mit den Fundamenten zusammenbetoniert oder auch nachträglich aufbetoniert werden. Auch die Bewehrungsführung von Sohlplatte und Fundament kann unterschiedlich gelöst sein (vgl. Abb. 4.60).

Die Einbindung der Ver- und Entsorgungsleitungen ist bei Gründungsplanung zu berücksichtigen.

4.4.3 Beton für Gründungskonstruktionen

Der Beton für die Gründungskonstruktionen ist aufgrund der Umgebungsbedingungen auszuwählen. Für unbewehrte Fundamente ist steifer Beton angebracht.

Bewehrte Streifen- und Einzelfundamente und Fundamentplatten sind mit plastischen/weichen Beton zu betonieren. Der eingebrachte Beton ist durch geeignete Mittel (Flächenrüttler, Flaschenrüttler, Stampfen) zu verdichten.

Bei dicht bewehrten Fundamenten ist durch die Anordnung von „Betonieröffnungen" und „Rüttellücken" der Einbau und das Verdichten des Betons zu ermöglichen. Die Abmessungen und Abstände richten sich nach den zur Anwendung kommenden Geräten.

Die Anordnung von Betonieröffnungen und Rüttellücken gewährleistet ein fachgerechtes Betonieren.

Die Betonierarbeit kann durch den Einsatz von Fließbeton erleichtert werden. Abschnittsweise betonierte Fundamente sind durch Arbeitsfugen zu trennen. Arbeitsfugen müssen für guten Verbund rau ausgeführt werden und sind sauber zu halten.

Bei Betonieren ist darauf zu achten, dass die Grundleitungen nicht beschädigt werden.

Um die vorgegebenen Eigenschaften zu erreichen, ist auf eine sorgfältige Nachbehandlung des Betons zu achten.

Beim Betonieren von massigen Fundamente sind die Fundamentabschnitte so zu betonieren, dass die Abbindewärme nicht zum „verbrennen" des Betons führt.

Wird die Bewehrung der Fundamentplatte nicht durch korrekt verwendete Abstandshalter in der geplanten Lage gehalten, kann die Bewehrung beim Betonieren „heruntergetreten" werden.

4

Tabelle 4.61: Übliche Expositionsklassen für Fundamente

Bauteil	Expositionsklasse	Druckfestigkeitsklasse	Mindestzementgehalt	Maximaler *w/z*-Wert	c_{min}	Δc_{dev}	c_{nom}
Fundamente unbewehrt ohne Frostgefahr	X0	C12/15	---	------			
Fundament bewehrt Sohlplatten ohne Frostgefahr	XC2	C16/20	240	0,75	2,0	1,5	3,5
Sohlplatten hoher Wassereindringwiderstand	XC4	C25/30	280	0,60	2,5	1,5	4

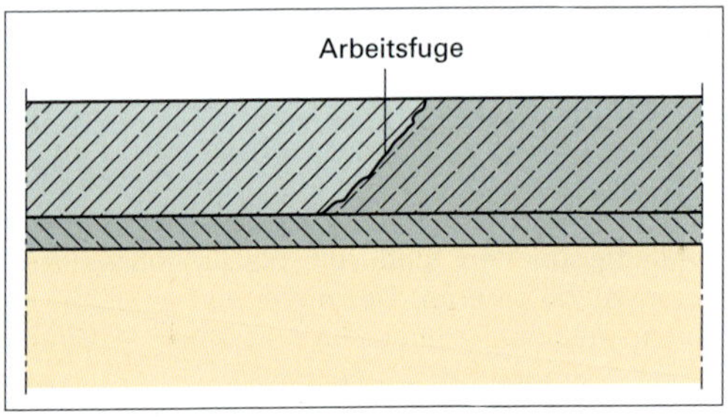

Abb. 4.62: Arbeitsfuge in der Fundamentplatte

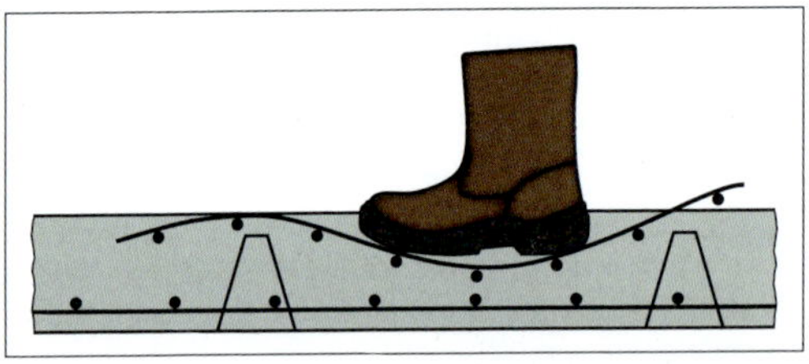

Abb. 4.63: Mattenverformung bei mangelhafter Unterstützung (Abstandhalter sind für die untere und obere Bewertung erforderlich. Diese gibt es in unterschiedlicher Ausführung in Beton, Stahl oder Kunststoff.)

Nach dem Betonieren ist eine Nachbehandlung des Betons zu gewährleisten.

4.5 Dimensionierung von Fundamenten in einfachen Fällen

Grundlage für die Berechnung von Gründungen ist die Einordnung des Bauobjekts in eine der Geotechnische Kategorien GK1; GK2 oder GK3.

- **GK1** liegt bei einfachen Bauwerken vor. Risiko vom Boden ausgehend sind gering
- **GK2** ist dann maßgebend, wenn das Bauwerk nicht in GK 1 eingeordnet werden kann und der der Schwierigkeitsgrad keine Einordnung in GK 3 bedingt. Risiko vom Boden ausgehend normal.
- **GK3** z. B. Bauwerke mit hohen Lasten, Deiche, Brücken usw. Risiko vom Baugrund/Boden ausgehend hoch.
- Nach der Geotechnischen Kategorie richtet sich der Aufwand bzw. die Maßnahme hinsichtlich Art und Umfang der notwendigen Bodenuntersuchung.

In einfachen Regelfällen darf bei Flachgründungen ein Vergleich des einwirkenden Sohldrucks σ_{Ed} mit dem Sohldruckwiderstand σ_{Rd} als Ersatz für die Nachweise Grundbruch und Gleiten sowie der Gebrauchstauglichkeit geführt werden. Eine ausreichende Sicherheit ist vorhanden, wenn gilt:

$$\sigma_{Ed} \leq \sigma_{Rd} \quad \text{bzw.} \quad \frac{\sigma_{Ed}}{\sigma_{Rd}} < 1$$

Wenn ein einfacher Fall für die Berechnung von Streifen und Einzelfundamenten vorliegt, dann müssen die folgenden Bedingungen eingehalten sein, um den Grenzzustand der Tragfähigkeit / den bodenmechanischen Nachweise $\sigma_{Ed} \leq \sigma_{Rd}$ zu erfüllen:

- Nahezu waagerechtes oder gering geneigtes Gelände.
- Solider Baugrund bis zu einer Tiefe von 2,00 m bzw. $2 \cdot b_F$ (mit b_F Fundamentbreite).
- Keine Überlagerung von Lasten durch Bauwerke in unmittelbarer Nähe.
- Es muss gelten $V/H \leq 0,2$.

Voraussetzung für die Konstruktion von Fundamenten ist die Ermittlung der Lasten aus der Konstruktion, die das Fundament aufzunehmen hat, und die Kenntnis des Bodens. Für die Berechnung des vorhandenen Sohldrucks ist das Eigengewicht des Fundaments zu berücksichtigen.

Tabelle 4.64: Bemessungswerte der Sohlwiderstände σ_{Rd} bei bindigen Bodenarten [kN/m²]

Gemischtkörniger Boden SU*, ST, ST*, GU*, GT* nach DIN 18196				Ton (TA)		
Einbindetiefe [m]	steif	halbfest	fest	steif	halbfest	fest
≥ 0,50	210	310	460	130	200	280
≥ 1,00	250	390	530	150	250	340
≥ 1,50	310	460	620	180	290	380
≥ 2,00	350	520	700	210	320	420
Toniger Schluff UM, TL, TM nach DIN 19196				Schluf		
≥ 0,50	170	240	390	180		
≥ 1,00	200	290	450	250		
≥ 1,50	220	350	500	310		
≥ 2,00	250	390	560	350		

Die Werte der nebenstehenden Tabellen sind nur anwendbar, wenn annährend geradliniger Sohldruck vorliegt und die Baugrundverhältnisse in der Tiefe bis zur zweifachen Fundamentbreite mindestens 2 m unter dem Fundament gleichmäßig sind.

Bei Ausnutzung der Sohldruckwerte für setzungsempfindliche Bauwerke können Setzungen von 1 cm bei Fundamentbreiten in bis 1,50 m auftreten. Bei breiteren Fundamenten können Setzungen bis zu maximal 2 cm einstellen. Setzungen von 2 cm sind bei setzungsunempfindlichen Bauwerken bis zu einer fundamentbreite von 1,50 m möglich. Breitere Fundamente führen proportional zu stärkeren Setzungen.

Tabelle 4.65: Bemessungswerte der Sohlwiderstände σ_{Rd} bei nicht bindigen Boden und schwach feinkörnigen Böden [kN/m²]

Setzungsempfindliches Bauwerk							Setzungsunempfindliches Bauwerk			
Einbindetiefe [m]	Fundamentbreite [m]						Fundamentbreite [m]			
	0,50	1,00	1,50	2,00	2,50	3,00	0,50	1,00	1,50	2,00
0,50	280	420	460	390	350	310	280	420	560	700
1,00	380	520	500	430	380	340	380	520	660	800
1,50	480	620	550	480	410	360	480	620	760	900
2,00	560	700	590	500	430	390	560	700	840	980

Bei Bauwerken mit Einbindetiefen zwischen 30 cm und 50 cm und Fundamentbreiten ≥ 30 cm folgt 210 kN/m².

Bei Fundamentbreiten bis 1,50 m Setzungen bis 1cm möglich.
Bei Fundamentbreiten größer 1,50 m Setzungen bis 2 cm möglich.

Eine Erhöhung der Werte bei Rechteckfundamenten und dichter Lagerung wenn $b \geq 0{,}50$ m und $t \geq 0{,}50$ m ist möglich.

Für die Anwendung der Tabellenwerte muss der Abstand zwischen Grundwasserspiegel und Gründungssohle mindestens der Fundamentbreite *b* entsprechen.

Abminderung der Werte bei Grundwasser: Abstand der Gründungssohle vom Grundwasser *u*.
Bei $u = 0$ Abminderung um 40 %. Bei $u < b$ interpolieren zwischen Abminderungswert 40 % und Tabellenwert.
$\sigma_{reduziert} = \sigma \cdot (0{,}6 + 0{,}4 \cdot u/b)$ für $0 \leq u \leq b$ (vgl. Abb. 4.68)

Für die Bemessung eines bewehrten Fundments, wird die Eigenlast des Fundmentkörpers nicht in Ansatz gebracht, da das Eigengewicht keine Biegemomente erzeugt.

Dabei sind zunächst Abschätzungen über die Abmessungen zu treffen, die nach der Berechnung auf ihre Richtigkeit überprüft werden müssen. Für die Berechnung ist entscheidend, ob die Last im Schwerpunkt des Fundaments steht, oder ob die Last um ein Maß *e* (der Ausmitte) neben dem Schwerpunkt angreift.

Die Voraussetzungen für die Anwendung der Tabellen 4.64 und 4.65 sind vielfältig und komplex und hier nur für „einfache" Fälle (Nachweis BS-P für eine ständige Situation) abgebildet. Die Bemessung in der Geotechnik ist umfänglich im EC 7 geregelt. Folgende Normen sind zu beachten:

- DIN EN 1997-1 (allgemein in Europa geltende Regelungen)
- DIN EN 1997-1-NA 1 (nationaler Anhang zum EC 7)
- DIN 1054 (Besondere, nationale Regelungen)

4

Tabelle 4.66: Bodenspannungen in Abhängig von der Laststellung

Mittige Fundamentbelastung

1. $e = 0$

Für mittige Belastungen (die resultierende Last wirkt im Schwerpunkt der Fundamentfläche) wird die Sohlspannung mit der Formel $\sigma = R/A$ berechnet.

Dies führt zu einer gleichmäßigen Sohlspannung.

R resultierende Last/Gesamtlast

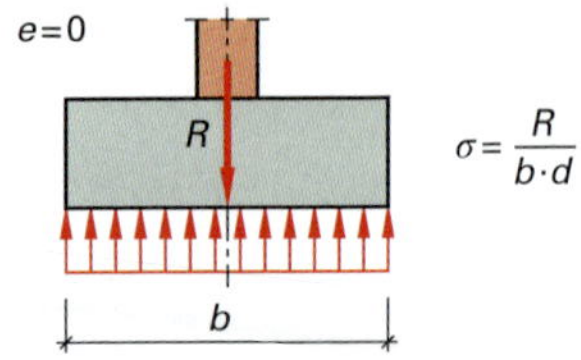

Außermittige Fundamentbelastung

Wirkt die Last nicht im Schwerpunkt, ist das Maß der Ausmitte *e* für die Berechnung der Sohldruckspannung entscheidend. Je nach Größe der Ausmitte *e* in Relation zur Fundamentbreite *b* kommen unterschiedliche Formeln zur Anwendung.

Der Spannungskörper ergibt sich bis zur Ausmitte $e = \frac{b}{6}$ aus der Überlagerung der Normalspannung $\sigma = \frac{R}{b \cdot d}$ mit der Biegespannung $\sigma = \frac{M}{W}$; $M = R \cdot e$; $W = \frac{b \cdot d}{6}$

Da in der Sohlfuge keine Zugspannungen aufgenommen werden können, liegt aus Gleichgewichtsbedingungen der Schwerpunkt des dreieckig angenommenen Spannungskörpers unter der Wirkungslinie der Vertikalkraft.

2. $e < \frac{b}{6}$

Bis zu einer Ausmitte von $e \leq \frac{b}{6}$ ist noch die gesamte Fundamentbreite überdrückt. Es entsteht eine trapezförmige Spannungsfigur.

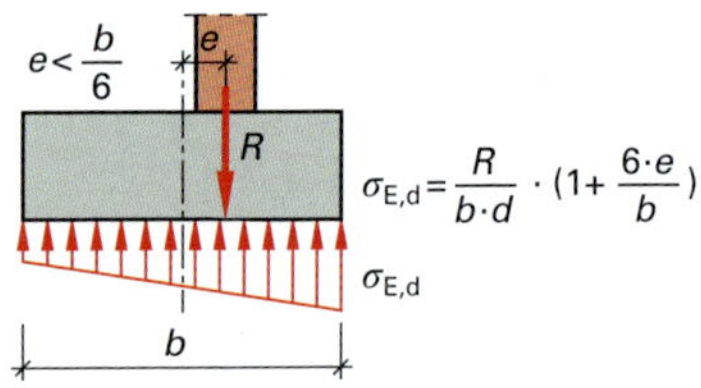

3. $e = \frac{b}{6}$

Unter der Einwirkung von ständigen Lasten darf die Ausmittigkeit der Vertikalkraft $e = \frac{b}{6}$ betragen.

Die Spannungsfigur ist dreieckförmig über die Fundamentbreite verteilt.

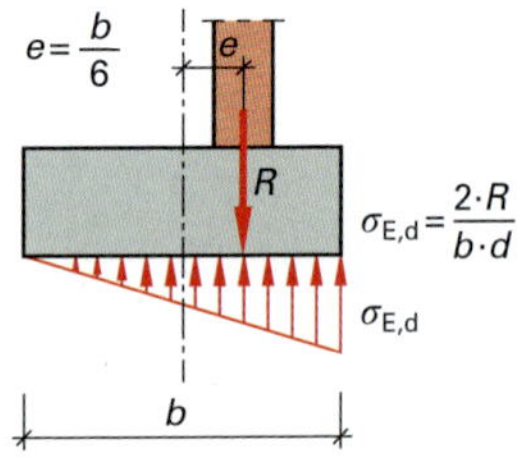

4. $\frac{b}{3} > e > \frac{b}{6}$

Ab einer Ausmitte von $e > \frac{b}{6}$ kommt es zu einer „klaffenden Fuge" d. h. nur noch ein Teil der Fundamentbreite wird gedrückt. Es darf auch nur die gedrückte Fläche für die Spannungsberechnung angesetzt werden.

Die klaffende Fuge ist bis zur Fundamentmitte ist noch zulässig.

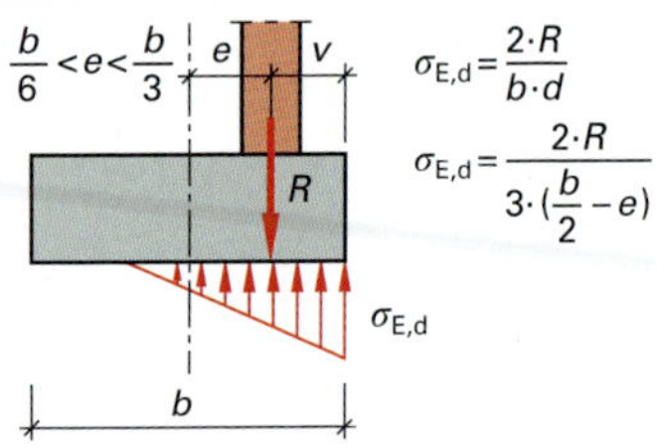

5. $e = \frac{b}{3}$

Bei ständigen und veränderlichen Einwirkungen ist eine Ausmittigkeit von $e = \frac{b}{3}$ erlaubt. Die klaffende Fuge geht bei $e = \frac{b}{3}$ bis zur Fundamentmitte. Eine größere Ausmitte ist bei Fundamenten nicht zulässig.

d = Fundamentlänge, i.d.R 1,00 m

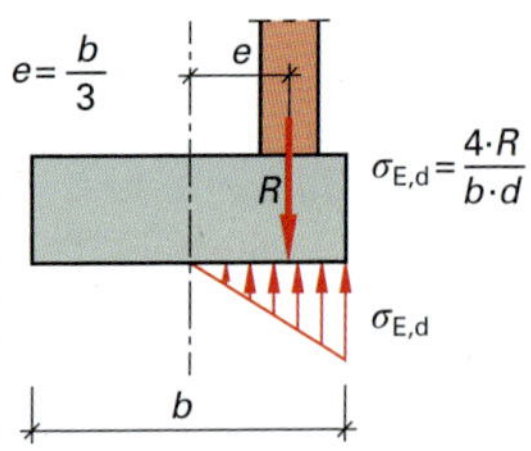

4.5.1 Berechnung von unbewehrten Streifenfundamenten

Zunächst sind die charakteristischen Einwirkungen (Lasten) getrennt nach ständigen und veränderlichen Einwirkungen zu ermitteln, die auf das Fundament wirken. Im Regelfall sind die Werte auf 1 m der Fundamentlänge bezogen.

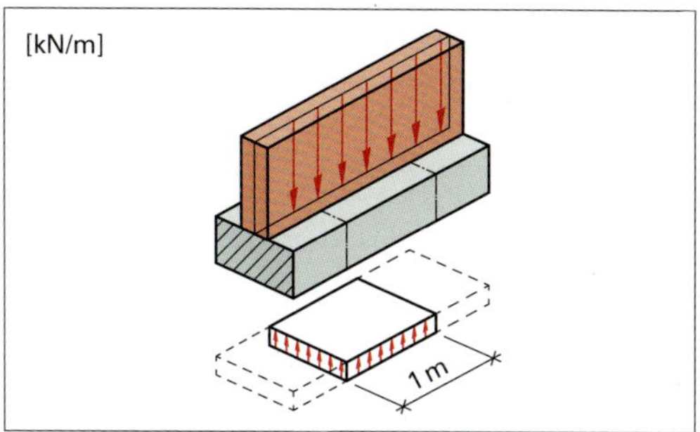

Abb. 4.67: Belastung eines Streifenfundament

Die Aufstandsbreite d_w der Wand auf dem Fundament muss bekannt sein, um den Fundamentüberstand $ü$ zu berechnen.

Der zulässige Sohlwiderstand aufgrund des anstehenden Bodens muss bekannt sein. Dabei ist der Abstand des Grundwasserspiegels zur Gründungssohle zu beachten.

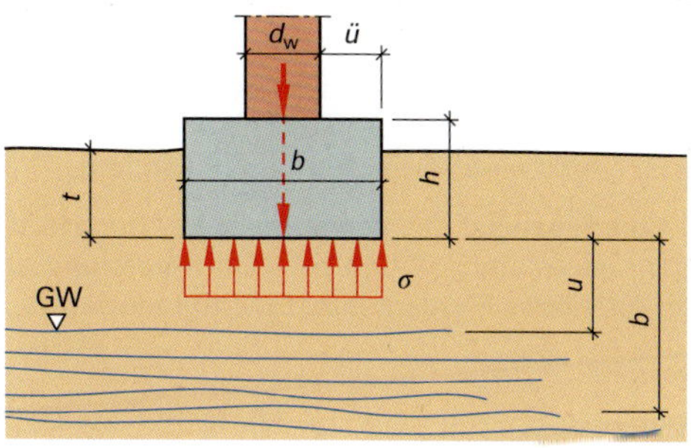

d_w	Wanddicke	GW	Grundwasserstand
$ü$	Fundamentüberstand	σ	Bodenspannung
b	Fundamentbreite	u	Abstand
t	Einbindetiefe	GW	Gründungssohle
h	Fundamenthöhe		

Abb. 4.68: Bezeichnungen für die Fundamentberechnungen

Mit den charakteristischen Lasten wird unter Berücksichtigung der Fundamenteigenlast (dazu ist die Fundamenthöhe zu schätzen bzw. zu wählen) die Designlast (Fußzeiger d) für das Fundament berechnet.

Nach der Wahl des zutreffenden Sohlwiderstandes aufgrund des anstehenden Bodens kann die erforderliche Fundamentbreite berechnet werden.

Die Fundamenthöhe ergibt sich vereinfacht zu

$$h_F = 2 \cdot ü \quad \text{mit} \quad ü = \frac{b_F - d_w}{2}.$$

Nachdem die Fundamentabmessungen ermittelt worden sind, ist der vorhandene Sohldruck zu berechnen und dem zul. Sohlwiderstand gegenüberzustellen. Dies geschieht, indem der vorhandene Sohldruck durch den zulässigen Sohlwiderstand dividiert wird. Es muss sich ein Wert kleiner gleich 1 ergeben.

$$\frac{\text{vorh. Sohldruck}}{\text{zul. Sohlwiderstand}} \leq 1 \qquad \sigma_{Ed}/\sigma_{Rd} \leq 1$$

Bei Anwendung der Tabelle 4.10 wird die Eigenlast bei der Ermittlung der Sohlspannung nicht berücksichtigt, da durch die Eigenlast des Fundamentes keine Biegespannung im Fundament erzeugt wird.

Unabhängig zu der Rechnung ist eine Mindesthöhe zu wählen.

> Voraussetzung für die Fundamentberechnung ist die Kenntnis der Bodenverhältnisse und der vorhandenen Belastung.

Beispiel

Berechnung und Nachweis eines unbewehrten Fundamentes

Ständige und veränderliche Einwirkung	$g_k = 120$ kN/m $q_k = 45$ kN/m
zul. Sohlwiderstand	zul $\sigma_{Rd} = 234$ kN/m^2
Betonfestigkeitsklasse	C/20/25
Aufstandsbreite Wand	$d_w = 36{,}5$ cm
gew. Fundamenthöhe	$h = 90$ cm da frostfreie Gründung
Designeinwirkung zul σ_{Rd} reduziert um	$r_d = 120 \cdot 1{,}35 +$ $45 \cdot 1{,}5 = 229{,}5$ kN/m
Eigensohldruck	$\sigma_{Rd} = 234 - 0{,}90 \cdot 25 \cdot 1{,}35$ $234 - 30{,}4 = 204$ kN/m^2 erf $b = \frac{229{,}5}{204} = 1{,}13$ m
Erf. Fundamentbreite	gewählt $b = 1{,}20$ m
Überstand	$ü = \frac{1{,}20 - 0{,}365}{2} = 0{,}42$ m

Notwendige Fundamenthöhe $h = 0{,}84$ m

Die erforderliche Höhe von 84 cm ist kleiner als die gew. Höhe 90 cm.

Das Fundament kann mit $h/b = 90$ cm/120 cm ausgeführt werden.

Nachweis

$g_d = 0{,}9 \cdot 1{,}20 \cdot 25 \cdot 1{,}35 = 36{,}45$ kN/m

$r_d = 229{,}5 + 36{,}45 = 265{,}95$ kN/m

vorh. $\sigma = \frac{265{,}95}{1{,}20} = 222$ kN/m²

$\eta = \frac{222}{234} = 0{,}94 < 1$ für Tabelle 4.10

vorh $\sigma = \frac{229{,}5}{1{,}20} = 191{,}3$ kN/m²

Mit C20/25 und zul $\sigma_{Rd} = 200$ kN/m² aus Tabelle 4.10 folgt tan $\alpha = 1{,}0$ entspricht Lastausbreitungswinkel $\alpha = 45°$.

$h = 1{,}0 \cdot 0{,}42$ m $= 0{,}42$ m

Mit Anwendung der Tabelle 4.10 ergibt sich eine deutlich geringere Fundamenthöhe. Diese wirkt sich in diesem Fall jedoch nicht aus, da frostfrei zu gründen ist.

4

Voraussetzung für die Fundamentberechnung ist die Kenntnis der Bodenverhältnisse und der vorhandenen Belastung.

4.5.2 Zeichnerische Ermittlung der Fundamentbreite

Ist die notwendige Fundamentbreite berechnet worden, kann die erforderliche Fundamenthöhe eines unbewehrten Fundamentes auch zeichnerisch bestimmt werden.

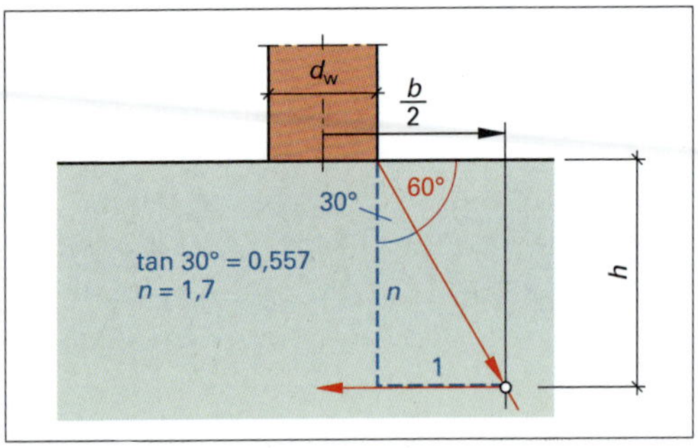

Abb. 4.69: Zeichnerische Ermittlung der Fundamentbreite (Hinweis: In den Statiklehrbüchern und Tabellenbüchern wird oft der Nebenwinkel von 60°, also 30°, angegeben. Dies entspricht dem Lastausbreitwinkel 1:*n* (vgl. Tabelle 4.10)).

1. Bemessungswerte feststellen:
   Einbindetiefe z. B. 50 cm Betongüte zul. Bodenpressung vorh. Last *N* bzw. *F* (als Einzellast in kN auf 1 Meter bezogen) oder als Streckenlast *gk*, *qk* in kN/m
2. Durch Umstellung der Formel $\sigma = N/A$ nach *A* die notwendige Fundamentbreite *b* errechnen. Dabei wird bei $A = b \cdot l$ mit $l = 1$ m gerechnet. Das Eigengewicht ist aufgrund geschätzter Abmessungen einzurechnen. Alternativ kann der aufnehmbare Sohldruck um den Anteil, der durch das Eigengewicht bewirkt wird, vermindert werden.
3. Fundamentbreite ermitteln:
   Oberkante Fundament zeichnen und die Wanddicke antragen. Von der Wandmitte jeweils *b*/2 nach rechts und links antragen und die Vertikale zeichnen. Vom Schnittpunkt Wandaußenkante zu Fundamentoberkante Schenkel des Lastausbreitungswinkels antragen (60° bzw. 30°) und nach unten zeichnen.
4. Fundamenthöhe bestimmen:
   Der Schnittpunkt des Schenkels mit der Vertikalen liefert die Unterkante Fundament und daraus ergibt sich die Fundamenthöhe (vgl. Abb. 4.69).

4.5.3 Berechnung von bewehrten Streifenfundamenten

Auch bei bewehrten Fundamenten wird die Konstruktionshöhe vorgegeben bzw. geschätzt. Eventuell ist hierzu eine Vorberechnung notwendig.

Um die Eigenlast des Fundamentes zu berücksichtigen, ist es sinnvoll den zul. Sohlwiderstand um den Anteil des Fundamentbetons zu reduzieren.

Beispiel

Gegeben: $g_k = 140$ kN/m; $q_k = 50$ kN/m
gewählt $h = 0{,}50$ m
zul $\sigma_{Rd} = 310$ kN/m²

$r_d = 140 \cdot 1{,}35 + 50 \cdot 1{,}5 = 264$ kN/m
Sohldruck durch Fundamenteigengewicht:
$g_d = 0{,}5 \cdot 25 \cdot 1{,}35 = 16{,}9$ kN/m²

erf $b = \frac{264}{310 - 16{,}9} = \frac{264}{293{,}1} = 0{,}90$ m
gewählt: $b/h = 0{,}90$ m/0,50 m

Nachweis
$\sigma_{Ed} = 264/(1{,}00 \cdot 0{,}90) = 293$ kN/m²
$\sigma_{Ed}/\sigma_{Rd} = 264/293 = 0{,}9 \leq 1$

Beispiel

Berechnung eines Streifenfundamentes mit Grundwassereinfluss

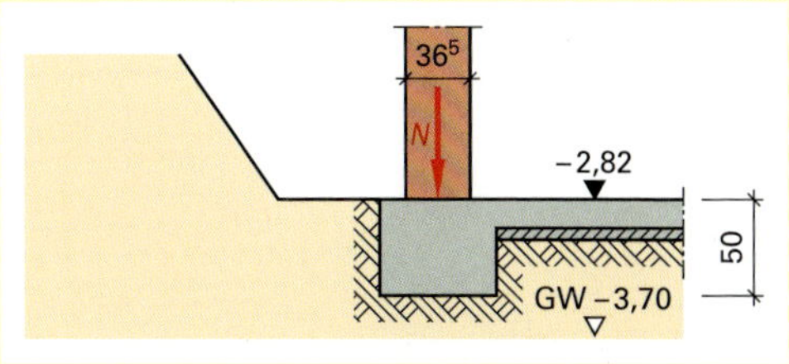

Es ist ein Streifenfundament in nicht bindigen Boden zu gründen.
Die Belastung aus der Wand beträgt N = 140 kN/m. Das Fundament soll 50 cm hoch ausgeführt werden.
Der zulässige Sohlwiderstand beträgt 200 N/m².
Fundamentbreite aus Vorberechnung 1,20 m

Sohldruck aus Eigengewicht des Fundamentes: vorh $\sigma = 0{,}5 \cdot 25 \cdot 1{,}35 = 16{,}9$ kN/m².

Abminderung des zulässigen Sohldrucks durch Grundwassereinfluss: Abstand Fundamentsohle Grundwasserspiegel $u = -2{,}82 - 0{,}50 + 3{,}70 = 0{,}38$ m

$$\sigma_{Rd\ reduziert} = 200 \cdot \left[0{,}6 + 0{,}4 \cdot \frac{0{,}38}{1{,}20}\right] = 145\ \text{kN/m}^2$$

damit zul. Sohldruck: $\sigma_{Rd} = 145$ kN/m².

Der aufnehmbare Sohldruck ist bei Berücksichtigung der Eigenlast und des Grundwasserstandes: $\sigma_{Rd} = 145 - 16{,}9 = 128$ kN/m²

Berechnung der Fundamentbreite: $b = \frac{140}{128} = 1{,}09$ m

Gewählte Fundamentabmessungen: $h/b = 50$ cm/120 cm

$r_d = 140 + 1{,}20 \cdot 16{,}9 = 160$ kN/m

$\sigma_{Rd} = \frac{160}{1{,}20} = 133$ kN/m² $\qquad \eta = \frac{133}{145} = 0{,}92 \leq 1$

Beispiel

Berechnung eines Einzelfundaments

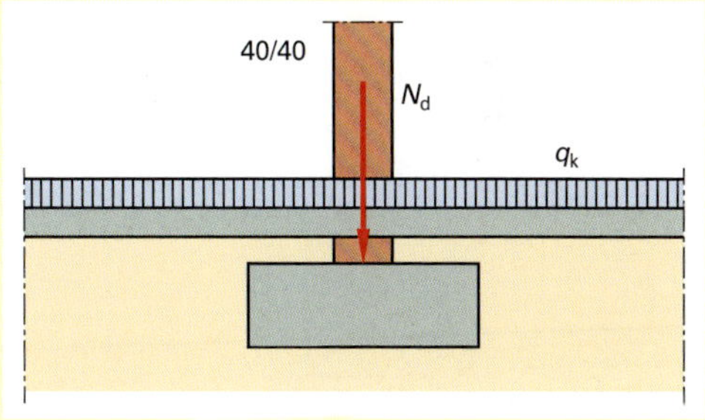

Eine Hallenstütze 40 cm/40 cm (N_d = 360 kN) soll im bindigen Boden (steifer Ton) gegründet werden. Das quadratische Fundament soll 60 cm hoch ausgeführt werden. Auf der Sohlplatte (h = 20 cm) der Halle ist mit einer Nutzlast q_k = 5 kN/m² zu rechnen. Zwischen Sohlplatte und Fundamentoberkante befinden sich 10 cm Sand.

Ermittlung des Sohldrucks aus Auflasten

Verkehrslast	$5{,}00 \cdot 1{,}5 = 7{,}50$ kN/m²
Sohlplatte	$0{,}20 \cdot 25 \cdot 1{,}35 = 6{,}75$ kN/m²
Sandschüttung	$0{,}10 \cdot 18 \cdot 1{,}35 = 2{,}43$ kN/m²

Auflast ohne Fundament N_d = 16,68 kN/m²

Eigenlast
Fundament $0{,}60 \cdot 25 \cdot 1{,}35 = 20{,}25$ kN/m²

Gesamt N = 36,93 kN

Sohldruck für Bemessung: Zulässiger Sohlwiderstand 130 kN/m² (vgl. Tabelle 4.64) für steifen Ton mit Einbindetiefe 50 cm.

Für die Berechnung der Fundamentabmessungen wird mit einem aufnehmbaren Sohldruck von 130 kN/m² – 36,9 kN/m² = 93,1 kN/m² gerechnet.

$$A_{erf} = \frac{N_d}{\sigma_{Rd}} \Rightarrow A_{erf} = \frac{360}{93{,}1} = 3{,}87\ \text{m}^2$$

Kantenlänge des Fundamentes	$\sqrt{3{,}87} = 1{,}97$ m gewählt $b = 2{,}00$ m
Gesamt Designeinwirkung	Aus Stütze $N_d = 360$ kN Fundamenteigenlast $20{,}25 \cdot 4{,}00 = 81{,}0$ kN Aus Auflast $(4{,}00 - 0{,}4^2) \cdot 16{,}68 = 64{,}1$ kN Gesamt = 505 kN
Vorhandener Sohldruck	$\frac{505}{2{,}00 \cdot 2{,}00} = 126{,}3$ kN/m²
Nachweis	$126{,}3/130 = 0{,}97 \leq 1$

Bei Annahme einseitiger Verkehrslast sind die Sohldruckspannungen nicht mehr gleichmäßig verteilt, da die resultierende Last nicht mehr im Schwerpunkt angreift. Der Nachweis wird hier nicht geführt.

4.5.4 Berechnung von Fundamenten bei einachsiger außermittiger Beanspruchung

Fundamente, die nicht nur vertikal belastet werden und/oder einseitig auskragende Fundamente werden ausmittig belastet (vgl. Tabelle 4.66).

Ist die Ausmitte *e* gegeben kann die Randspannung mit den Formeln von Teilkapitel 4.5.1 direkt berechnet werden.

Seht die Last *N* im Schwerpunkt der Fundamentfläche und das Moment ist gegeben, wird die Ausmitte mit $e = \frac{M}{N}$ da $M = N \cdot e$ berechnet.

Beispiel

Für das Einzelfundament ist die Sohlspannung zu berechnen.

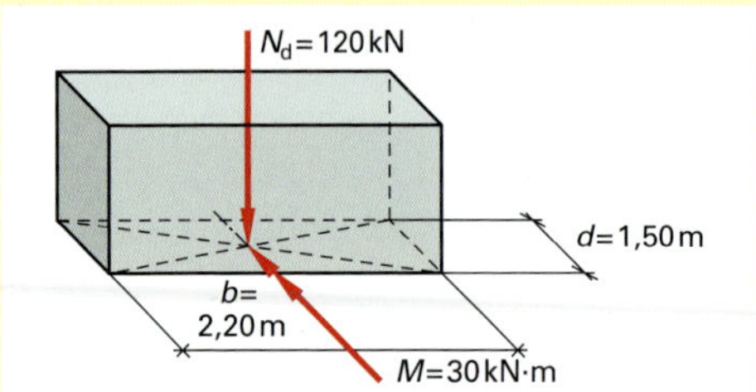

Berechnung der Ausmitte *e*

$$e = \frac{M}{N} = \frac{30}{120} = 0{,}25 \text{ m}$$

$$b/6 = \frac{2{,}20}{6} = 0{,}37 \text{ m} \quad \text{damit } e \leq \frac{b}{6}$$

mit den Formeln

$$\sigma = \frac{120}{2{,}2 \cdot 1{,}5} \cdot \left[1 + 6 \cdot \frac{0{,}25}{2{,}2}\right] = 61{,}2 \text{ kN/m}^2$$

oder mit $\sigma = \frac{N}{A} \pm \frac{M}{W}$

$$\sigma_{1/2} = \frac{120}{2{,}2 \cdot 1{,}5} \pm \left[\frac{30 \cdot 6}{1{,}5 \cdot 2{,}2^2}\right] = 36{,}4 \pm 24{,}8$$

$\sigma_1 = 61{,}2$ kN/m² $\sigma_2 = 11{,}6$ kN/m²

4.5.5 Berechnung von Fundamenten bei zweiachsiger außermittiger Beanspruchung (rechteckiges Fundament)

Wenn die Ausmitte die Bedingung

$e_x \leq \frac{b_x}{6}$ und $e_y = \frac{b_y}{6}$ erfüllt und zusätzlich gilt

$e_y \leq \frac{b_y}{b_x} \cdot \left[\frac{b_x}{6} - e_x\right]$ entsteht noch keine klaffende Fuge und die Beanspruchung kann durch Überlagerung einzelner Spannungsberechnungen berechnet werden. Bei dieser geringen Ausmittigkeit entstehen keine Zugspannungen an den Querschnittskanten bzw. Querschnittsecken.

Dies ist immer dann der Fall, wenn die Normalkraft innerhalb des „Kerns" der Fundamentfläche steht. Die Kernfläche wird gebildet indem die Ausmitten vom Schwerpunkt aus auf den jeweiligen Achsen angetragen wird. Die so entstehen Punkte werden dann miteinander verbunden.

Für die Berechnung werden die Spannungen aus der Normalspanng $\sigma = N/A$ mit den Biegespannungen aus $\sigma = \frac{M_x}{W_x}$ und $\sigma = \frac{M_y}{W_y}$ überlagert.

$$\sigma_{NB} = \frac{N}{A} + \frac{M_x}{W_x} + \frac{M_y}{W_y}$$

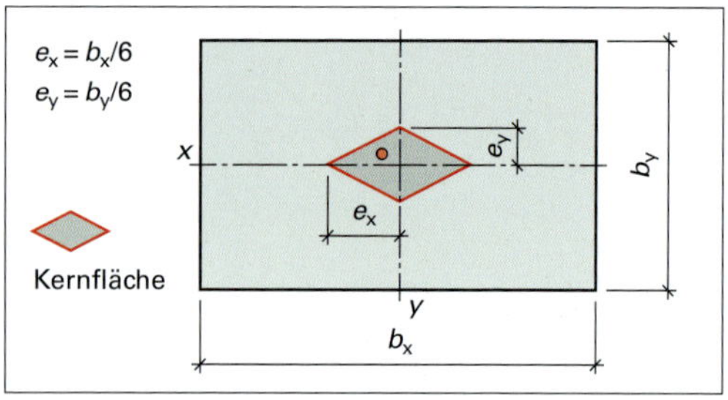

Abb. 4.70: Kernfläche

Einseitig austragende Fundamente (z. B. bei einer Grenzbebauung) werden ausmittig belastet. Aus der ausmittigen Belastung ergeben sich ungleiche Sohldrücke.

Die Ausmitte *e* darf nicht größer als *b*/6 sein.

Beispiel

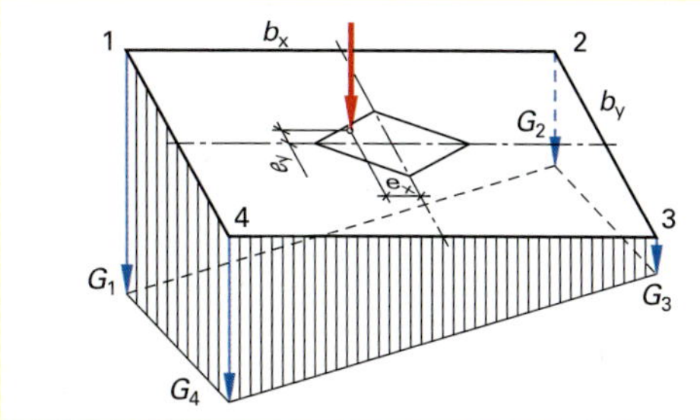

Rechteckfundament $b_x/b_y = 2{,}40/1{,}80$

$N = 300$ kN mit $e_x = 0{,}20$ m und $e_y = 0{,}10$ m
damit $M_x = 300 \cdot 0{,}2 = 60$ kN · m
damit $M_y = 300 \cdot 0{,}1 = 30$ kN · m

Prüfen: Ist *N* innerhalb der Kernfläche?

$$b_x/6 = \frac{2{,}40}{6} = 0{,}40 \text{ m} \quad \text{und} \quad b_y/6 = \frac{1{,}80}{6} = 0{,}30 \text{ m}$$

$$0{,}1 \leq \frac{1{,}80}{2{,}40} \cdot (0{,}40 - 0{,}20)$$

$0{,}1 \leq 0{,}15$ Die Kraft steht im Kern!

Berechnung der Spannungen

$$\text{aus } N \quad \sigma = \frac{300}{(2{,}40 \cdot 1{,}80)} = 69 \text{ kN/m}^2$$

$$\text{aus } M_x \quad \sigma = \pm\, 60 \cdot \frac{6}{1{,}80 \cdot 2{,}40^2} = 35 \text{ kN/m}^2$$

$$\text{aus } M_y \quad \sigma = \pm \frac{30 \cdot 6}{2{,}40 \cdot 1{,}80^2} = 23 \text{ kN/m}^2$$

Berechnung der Eckspannungen
Ecke 1: $\sigma_1 = 69 + 35 + 23 = 127$ kN/m²
Ecke 2: $\sigma_2 = 69 - 35 + 23 = 57$ kN/m²
Ecke 3: $\sigma_3 = 69 - 35 - 23 = 11$ kN/m²
Ecke 4: $\sigma_4 = 69 + 35 - 23 = 81$ kN/m²

Es entsteht ein schiefer Spannungskörper.

Für größere Ausmitten entsteht eine klaffende Fuge. Die Fuge darf dabei maximal bis zu Schwerpunkt reichen und mindestens die Hälfte der Fundamentfläche muss noch gedrückt werden. In Bautabellen sind Hilfswerte, die die Berechnung erleichtern, aufgelistet.

4.6 Zeichnerische Darstellung von Fundamenten

Im Fundamentplan wird die Gründung im Grundriss und in Schnitten dargestellt.

Die Anordnung der Schnitte kann unterschiedlich gewählt werden (vgl. Abb. 4.72):

- Grundriss, Querschnitt und Längsschnitt getrennt gezeichnet.
- Grundriss, Querschnitt der Fundamente in den Grundriss eingezeichnet.
- Grundriss und Fundamentquerschnitte in Einzelschnitten dargestellt.

Für einfache Gründungsgeometrie ohne Höhensprünge reicht oftmals die Draufsicht mit textlichen Angaben zu den Fundamentabmessungen aus (vgl. Abb. 4.73).

Neben den Materialangaben Betongüte, Betondeckung sind alle notwendigen Maße für die Herstellung auf dem Fundamentplan anzugeben.

- Fundamentbreite
- Fundamenthöhe
- Höhen-/Tiefenlage des Fundamentes
- Fundamentaussparungen
- Fundamentdurchbrüche
- Fundamentschlitze
- Aufgehende Konstruktion (Wände, Stützen/ Pfeiler, Bodenplatte)
- Einbauteile
- Fundamenterder mit Anschlussfahne
- Sauberkeitsschicht
- Betonierabschnitte

Der Maßstab für Fundamentpläne als Ausführungszeichnung ist M 1:50.

Fundamentdetails können in anderen Maßstäben erstellt werden.

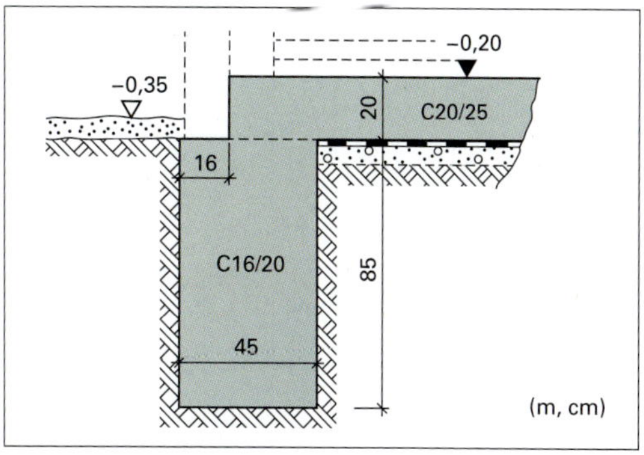

Abb. 4.71: Detailplan Fundament (Beispiel)

4

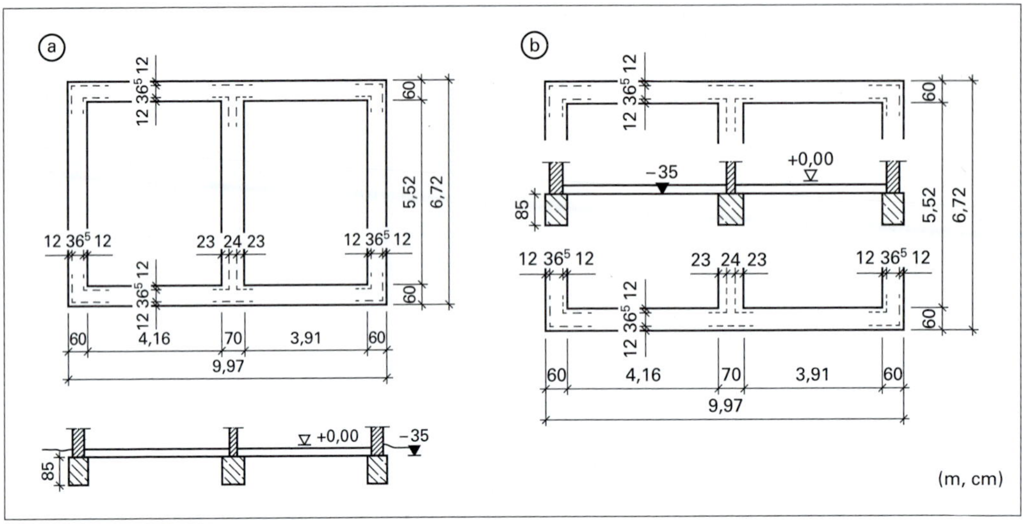

Abb. 4.72: Fundamentplan (a) Draufsicht und Querschnitt, (b) Querschnitt in der Draufsicht integriert

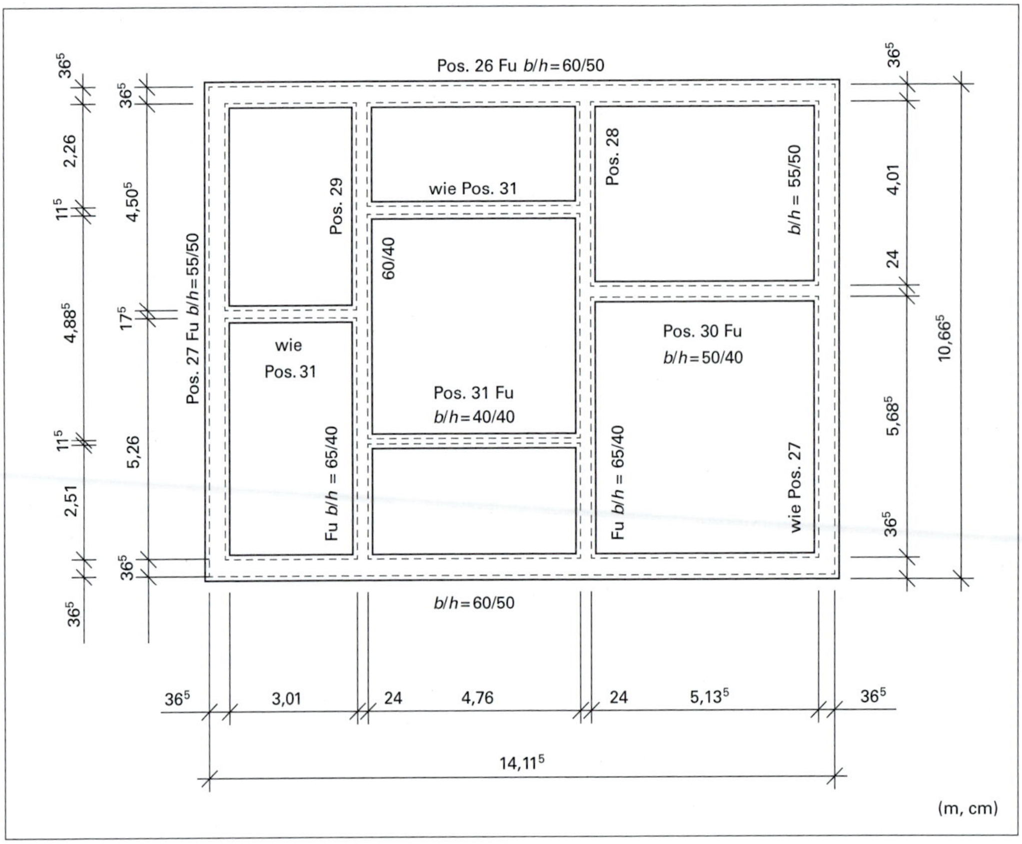

Abb. 4.73: Fundamentplan (mit textlichen Ergänzungen)

Aufgaben zum LF 4 Planen einer Gründung

1. Welche Bedeutung hat die Einteilung der Böden in Bodenklassen?
2. Wovon sind Tragfähigkeit und Setzungsverhalten nicht bindiger Böden abhängig?
3. Bezeichnen Sie einen Boden mit 6 % Schluff, 40 % Sand, 30 % Kies. Welcher Sohlwiderstand ist bei einem Fundament für ein nicht unterkellertes Gebäude anzusetzen?
4. Welche Konstruktionsgrundsätze sind bei einem unbewehrten Streifenfundament zu beachten?
5. Welche Gründungskonstruktion ist für
   a) eine Doppelgarage
   b) ein nichtunterkellertes Einfamilienhaus sinnvoll?
6. Warum setzt sich auf bindigen Böden bei gleicher Sohldruckspannung ein breites Fundament mehr als ein schmales Fundament.
7. Wann werden bewehrte Streifenfundamente sinnvoll angewendet?
8. Warum ist für nebeneinanderliegende Fundamente ein seitlicher Mindestabstand notwendig?
9. In welchen Fällen ist eine Längsbewehrung von Fundamenten notwendig?
10. Wovon hängt der Lastausbreitungswinkel bei Einzelfundamenten ab?
11. Erstellen Sie mit den Werten der Tabelle 4.64 ein Diagramm mit einem Tabellenkalkulationsprogramm!
12. Stellen Sie die Werte der Tabelle „Sohldruckwiderstand in Abhängigkeit von der Fundamentbreite" grafisch dar.
13. Welche Sohldruckwiderstände sind für festen gemischtkörnigen Boden bei gegebenen Einbindetiefe anzusetzen?
    a) $t = 1{,}00$ m b) $t = 2{,}00$ m c) $t = 0{,}80$ m
14. Bestimmen Sie die zulässige Bodenpressung eines setzungsunempfindlichen Bauwerks auf nichtbindigem Boden in kN/m², wenn die Fundamentbreite 50 cm und die Einbindetiefe 0,70 m beträgt.
15. Berechnen Sie die Masse einer Erdscheibe (Lehmboden) mit den Abmessungen 1,00 m × 1,00 m × 0,20 m und vergleichen Sie mit der Masse eines Mittelklasse-PKWs.
16. Berechnen Sie die notwendigen Fundamentabmessungen für eine 36,5 cm dicke Mauerwerkswand im Keller!
    zul $\sigma_{Rd} = 0{,}250$ MN/m²; $g_k = 96{,}0$ kN/m,
    $q_k = 24$ kN/m.
17. Bemessen Sie ein quadratisches Einzelfundament für eine Last von
    $N_d = 340$ kN (bB, Einbindetiefe 70 cm,
    $h = 0{,}80$ m, Beton C20/25).
18. Die Abmessungen für ein quadratisches Einzelfundament ($h = 60$ cm) unter einer Stahlbetonstützenlast von
    $N_d = 2{,}6$ MN sind zu ermitteln.
    Ein Sohlwiderstand von 300 kN/m² soll nicht überschritten werden.
19. Der vorhandene Sohldruck unter einem Streifenfundament ($b = 0{,}70$ cm) beträgt 156 kN/m². Der aufnehmbare Sohldruck kann mit 250 kN/m² angesetzt werden. Welche Zusatzbelastung q_k [kN/m] ist für das Fundament noch möglich, wenn der maximale Sohlwiderstand ausgenutzt werden soll?
20. Welche Tiefe muss ein 80 cm breites unbewehrtes Fundament aus Beton C16/20 unter einer 36,5 cm Mauerwerkswand haben (zul. Sohlspannung 420 kN/m²)?
    Wie ändern sich die Abmessungen bei Beton C30/37?
    Wie ändern sich die Abmessungen bei einem Sohlwiderstand von 490 kN/m²?
21. Für ein Streifenfundament unter einer Stahlbetonkellerwand ($d_w = 30$ cm) einer Tiefgarage sind die Fundamentabmessungen zu berechnen ($N_g = 280$ kN/m,
    $N_q = 180$ kN/m, Einbindetiefe $t = 0{,}80$ m,
    Setzungsunempfindliches Bauwerk nbB).
22. Ermitteln Sie die Belastung N_d für die Gründung die durch die Außenwände entsteht?
23. Mit welchen Abmessungen müsste das unbewehrte Einzelfundament ausgeführt werden, wenn eine Seite 1,30 m sein soll.
    Mauerwerkspfeiler 0,24/0,24 m
    $N_d = 340$ kN
    bB halbfest, Einbindetiefe 70 cm
    Beton C20/25
24. Welche Bodenpressung ist zulässig?
    Einbindetiefe 1,20 cm, Fundamentbreite
    $b_F = 80$ cm, Beton C20/25
    a) nbB b) bB

25. Berechnen Sie die Abmessungen für das Streifenfundament für d_W = 0,20 m bei folgenden Baugrund und (N_G = 155 kN/m, N_Q = 80 kN/m).
    a) bB, steifer, toniger Schluff
    b) nbB, Sand, Setzungsunempfindlich

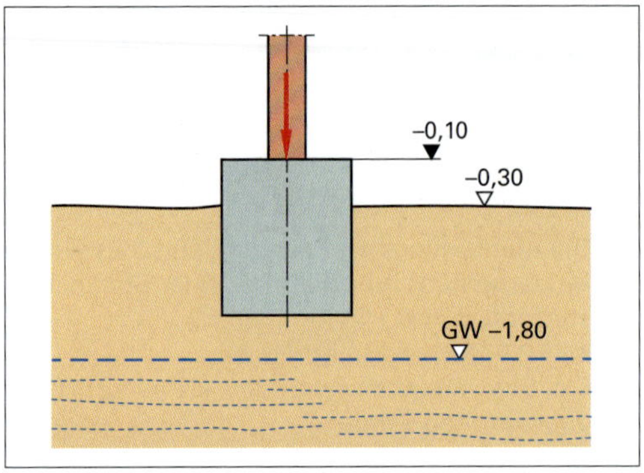

26. Berechnen Sie die Belastung für das Fundament einer Haustrennwand und ermitteln Sie die maximale Ausmitte der Resultierenden:
    Wand KSL 1,4, 1,5 cm Kalkzementputz
    g_{k1} = 17,5 kN/m und q_{k1} = 8,1 kN/m
    g_{k2} = 15,5 kN/m und q_{k2} = 6,9 kN/m
    g_{k3} = 3,2 kN/m und q_{k3} = 1,5 kN/m

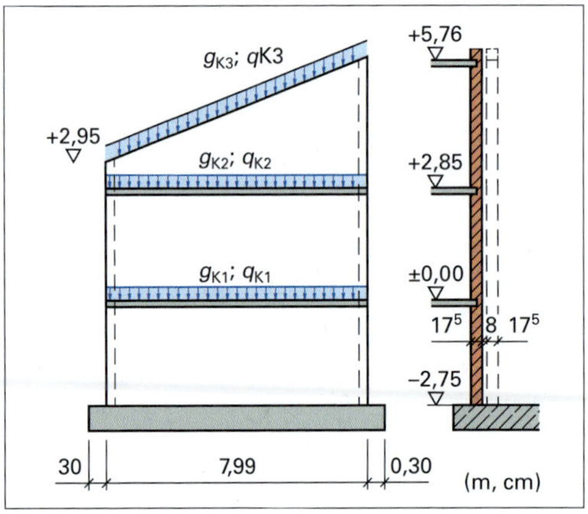

27. Gegeben ist die Grundrisszeichnung eines Fundamentplan für ein Kellergeschoss nach Abbildung 4.73.
    a) Berechnen Sie den Bodenaushub für die Fundamente, wenn noch 40 cm ausgehoben werden müssen.
    b) Berechnen Sie den Materialbedarf für die Streifenfundamente.
       (Beton C16/20, konstruktive Bewehrung 4 ∅ 10, Bügel ∅ 6, a = 25 cm)
    c) Zeichnen Sie den Fundamentplan, M 1:50 – m, cm als Draufsicht mit integriertem Querschnitt.

28. Zeichnen Sie den Fußpunkt gemäß Skizze einer gedämmten Fundamentplattengründung im Maßstab 1:10 – m, cm anhand der Handskizze. Wählen Sie die Baustoffe selbstständig.

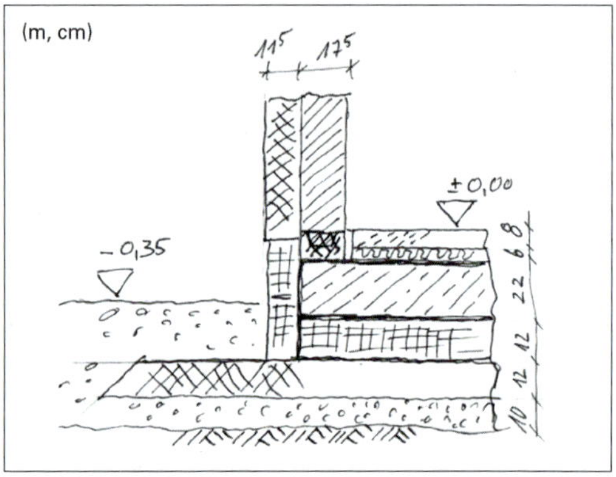

29. Zeichnen Sie den Fußpunkt einer gedämmten Fundamentplattengründung gemäß Skizze im Maßstab 1:10 – m, cm
    Wählen Sie die Baustoffe selbstständig.

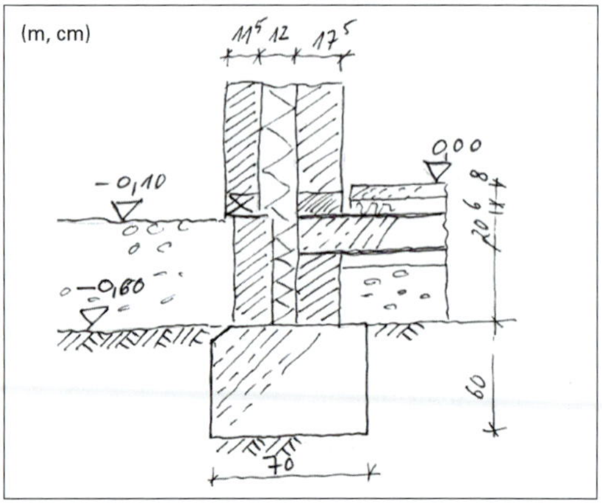

30. Zeichnen Sie den Fundamentplan (vgl. Folgeseite) für den Kellergrundriss und berechnen Sie den Frischbetonbedarf für Fundamente und Sohlplatte.
    Sohlplatte d = 18 cm, Beton C20/25
    Außenfundamente b/d = 60/50 [cm]
    Innenfundamente b/d = 40/50 [cm]

zu Aufgabe 30

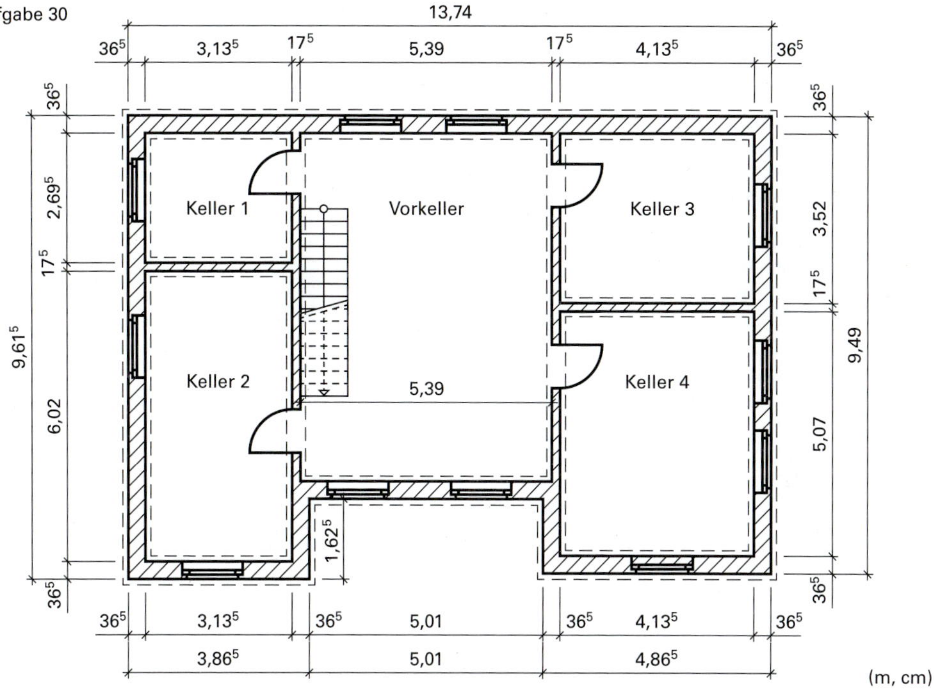

zu Aufgabe 31

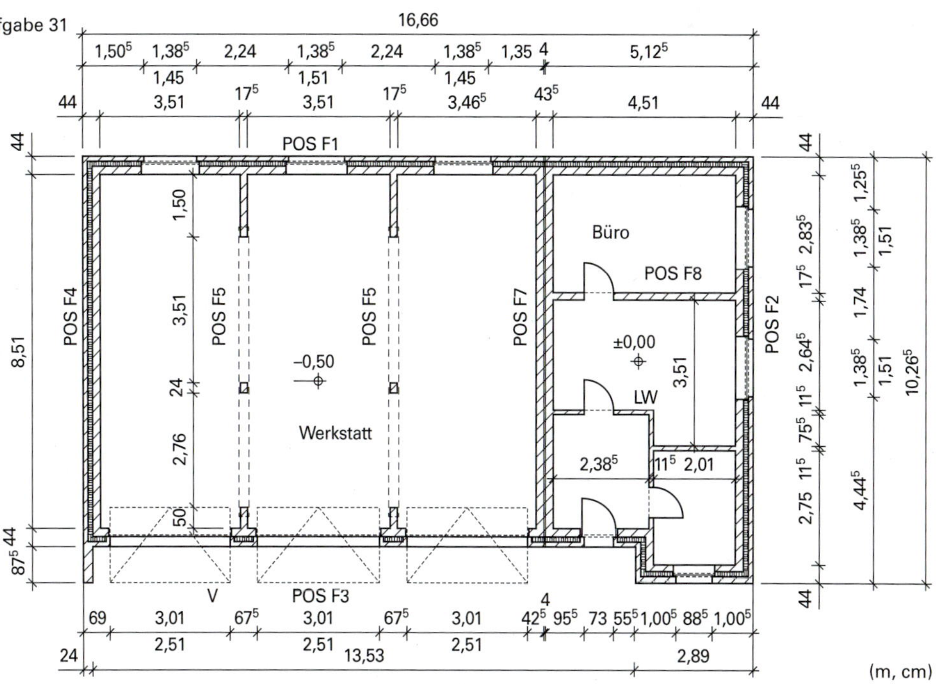

31. Für den Gebäudegrundriss eines Werkstattgebäudes (vgl. Vorseite) ist der Fundamentplan zu zeichnen.

    Angaben zur Ausführung:
    Streifenfundament unbewehrt Beton C20/25
    Bodenplatte Stahlbeton C25/35
    Betondeckung $c_{nom} = 40$ mm
    Sauberkeitsschicht auf PE-Folie 0,3 mm

    Abmessungen der Fundamente:
    POS F1 $b = 50$ cm
    POS F2 $b = 50$ cm
    POS F3 $b = 50$ cm Bereich Pfeiler $b = 60$ cm
    POS F4 $b = 50$ cm
    POS F5 $b = 70$ cm Bereich Stütze 80 cm/80 cm
    POS F6 $b = 70$ cm Bereich Stütze 80 cm/80 cm
    POS F7 $b = 75$ cm
    POS F8 $b = 50$ cm
    frostfrei gründen
    Höhenangaben Büro OKFF 0,00 m Werkstatt OKFF – 0,50 m
    Gelände – 0,60 m
    Dränrohr D ∅ 100 mm mit Gefälle 0,5 % in Filterkies
    Ortbeton der Streifenfundamente, obere Betonfläche waagerecht, aus Stahlbeton, Normalbeton C25/C30 nach DIN EN 206-1
    Expositionsklasse XC4, F4 mit hohem Wassereindringwiderstand

32. Für die Garage mit Carport ist der Fundamentplan im M 1:50 – m, cm zu zeichnen.
    Angaben zur Ausführung:
    Abmessungen der Streifenfundamente:
    POS F1 $b/h = 30/90$ cm POS F4 $b/h = 30/90$ cm
    POS F2 $b/h = 30/90$ cm POS F5 $b/h = 30/90$ cm
    POS F3 $b/h = 50/90$ cm POS F6 $b/h = 30/90$ cm
    POS F7 $b \cdot l \cdot h = 50$ cm · 50 cm · 90 cm
    Streifenfundamente: Bewehrung konstruktiv 2 ∅ 12 oben und unten. Im Garagentor oben 3 ∅ 12 Sohlplatte, h = 18 cm konstruktiv bewehrt mit Q188 unten und oben
    Beton C20/25, B500A, $c_{nom} = 35$ cm
    Verbundestrich $d = 6$ cm
    Oberkante FF Garage 0,00 m, Oberkante Sohlplatte $H_1 = -0{,}06$ m, Gelände $H_2 = -0{,}20$ m, Mutterboden $d = 20$ cm
    a) Ermitteln Sie die notwendigen Massen
    b) Zeichnen Sie den Fundamentplan
    c) Zeichnen Sie den Fundamentplan in Isometrie, M 1:100 ohne Vermaßung

33. Zeichnen Sie den Fundamentplan für eine Stahlbetonhalle gemäß der vorliegenden Skizze.
    Angaben zur Ausführung:
    Blockfundamente in Achse A und B (siehe Skizze), Blockfundament in B/1 und B/5 je 1,50 m x 1,50 m,

zu Aufgabe 32

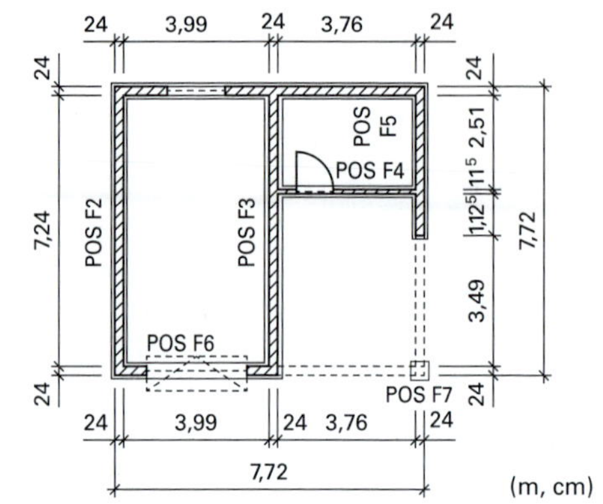

zu Aufgabe 33

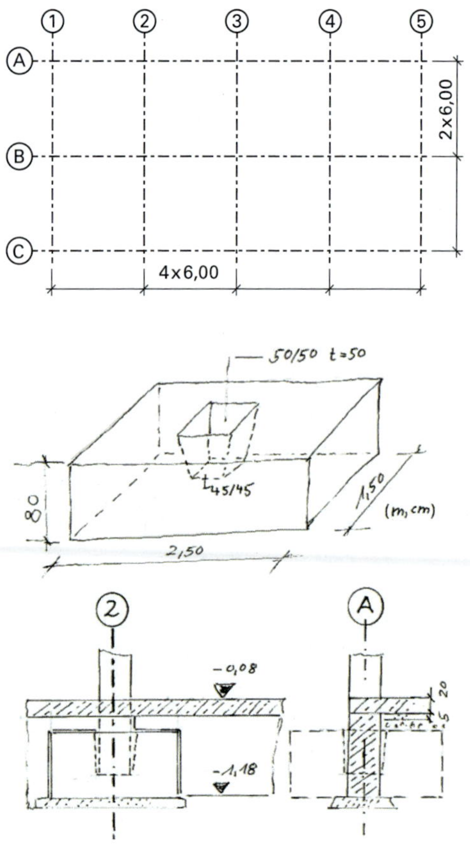

Randstreifenfundament umlaufend $b = 0{,}40$ m, Beton C25/30

5 Planen eines Kellergeschosses

5.1 Grundsätze zum Kellergeschoss

Gebäude können vollunterkellert, teilunterkellert oder auch ohne Kellergeschoss erstellt werden. Die Herstellung eines Kellergeschosses (vgl. Abb. 5.1) bedeutet natürlich erhöhte Baukosten gegenüber einer nicht Unterkellerung. Gerade bei kleinen Baugrundstücken mit dadurch bedingter kleiner Grundrissfläche werden eine größere Nutzfläche und für das Erdgeschoss durch die Verlegung der Haustechnikräume in das Kellergeschoss größere Gestaltungsspielräume im Erdgeschoss gewonnen.

Sollen Räume zum ständigen Aufenthalt im Kellergeschoss geschaffen werden, ist der Brandschutz zu beachten.

Eine Unterkellerung ist bei Gebäuden in Hanglagen eine kostengünstige Lösung, da sich hier die Räume besser für Wohnzwecke nutzen lassen (vgl. Abb. 5.2).

Wird bei Gebäuden mit einer großen Grundfläche eine Unterkellerung gewünscht, wird häufig eine Teilunterkellerung erstellt, da sich die entstehende Fläche nicht wirtschaftlich nutzen lässt.

Hohe Grundwasserstände erschweren eine Unterkellerung.

Letztlich muss der Bauherr Kosten und Nutzen einer Unterkellerung gründlich abwägen, da die nachträgliche Herstellung eines Kellers nicht sinnvoll möglich ist.

Kellergeschosse können aus Mauerwerk oder Beton hergestellt werden. Sollen die Keller nicht zum ständigen Aufenthalt dienen, ist als Baustoff Mauerwerk aus Kalksandstein oder Stahlbeton die übliche Bauweise. Ebenso ist es üblich, die Kelleraußenwände aus Stahlbeton und die Innenwände aus Mauerwerk herzustellen. In diesem Kapitel wird die Herstellung eines Kellergeschosses aus Sicht des Mauerwerksbaus betrachtet (vgl. Abb. 5.3).

5.2 Planungsgrundlagen Keller

Für eine Kellergeschossplanung ist das Vorhandensein eines Erdgeschossgrundrisses Voraussetzung. Hier sollten die Wände mit ihren Eigenschaften Wanddicke, tragend/nichttragend feststehen.

Abb. 5.1: Kellermauerwerk (Montage-Keller)

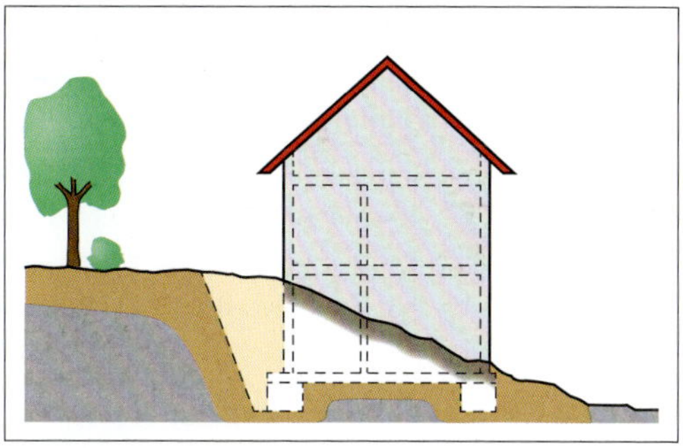

Abb. 5.2: Keller in Hanglage

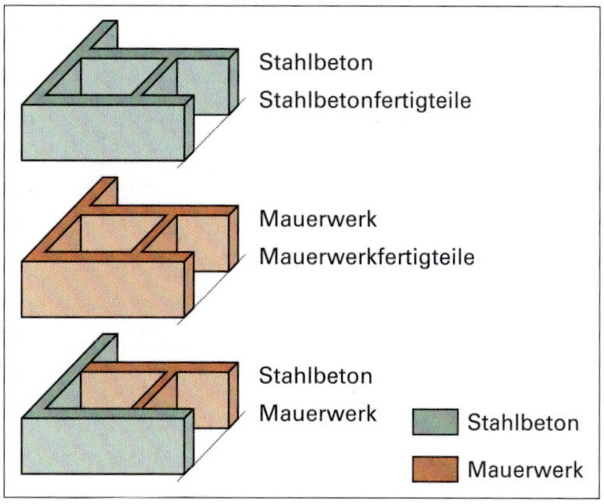

Abb. 5.3: Kellerbauweisen

Unter Berücksichtigung der statischen Einwirkungen durch Erd-, Wasserdruck und Eigenlasten des Bauwerks sowie der bauphysikalischen Anforderungen Schall-, Wärmeschutz und Feuchtigkeit ist die Wandgeometrie unter Beachtung der Maßordnung im Hochbau festzulegen. Nach Festlegung der Wandgeometrie sind aufgrund der Anforderungen an das Mauerwerk die Steinauswahl und die Ausführungsart zu bestimmen.

Um einen Keller aus Mauerwerk zu planen sind Kenntnisse über die Beanspruchung notwendig.

5.2.1 Maßordnung im Hochbau

Die Grundlage für einen rationellen Mauerwerksbau ist die Einhaltung der DIN 4172 (Maßordnung im Hochbau). Auch die Ausbauelemente wie Türen und Fenster sind mit ihren Abmessungen auf die DIN 4172 abgestimmt.

Grundlage der Maßordung im Hochbau ist das Achtelmeter 1 am (12,5 cm). Alle Maße sind abgeleitete Mehrfache und Teile des Achtelmeters. Diese Maße sind die Rohbaurichtmaße. Für die Ausführung werden unter Berücksichtigung der Stein- und Fugenmaße aus den Rohbaurichtmaßen die Nennmaße für die Ausführung ermittelt.

Rohbaurichtmaße sind jeweils 6,25; 12,5; 17,5; 25,0; 37,5; 50,0; 62,5; 75; 87,5; 100,0 [cm]

Für die Mauerwerksmaße werden drei Maßtypen für die Nennmaße (vgl. Abb. 5.5) unterschieden.

Außenmaß oder Pfeilermaß
Nennmaß = Rohbaurichtmaß – 1 cm
Anbaumaß oder Vorsprungmaß
Nennmaß = Rohbaurichtmaß
Innenmaß oder Öffnungsmaß
Nennmaß = Rohbaurichtmaß + 1 cm

Die 1 cm Abweichungen von den Richtmaßen beruhen auf der unterschiedlichen Stoßfugenanzahl.

Steinhöhe und Lagerfugendicke ergeben die Schichthöhe. Das Mehrfache der Schichthöhe ergibt die Mauerhöhen.

Durch die Normhöhen der Steine können die Lagerfugen der Schichten alle 25 cm bei unterschiedlichen Steinformaten angeglichen werden (vgl. Abb. 5.6).

Für die Grundrissplanung ist es günstig zuerst mit Achtelmetermaßen (**am**) zu planen. Danach werden die Nennmaße ermittelt.

Um Mauerwerksgrundrisse richtig planen zu können sind Kenntnisse über Mauerwerkskonstruktionen unerlässlich.

Tabelle 5.4: Mauermaße

Achtelmeter	Rohbaurichtmaße	am
1/8	12,5 cm	1
2/8	25 cm	2
3/8	37,5 cm	3
4/8	50 cm	4
5/8	62,5 cm	5
6/8	75 cm	6
7/8	87,5 cm	7
8/8	100 cm	8

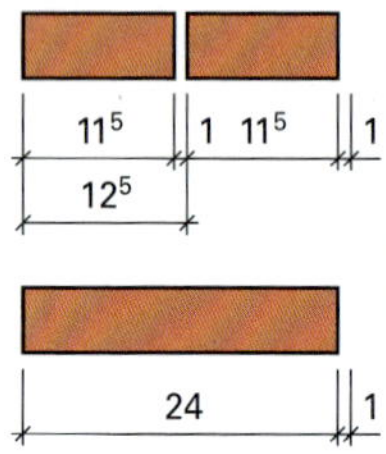

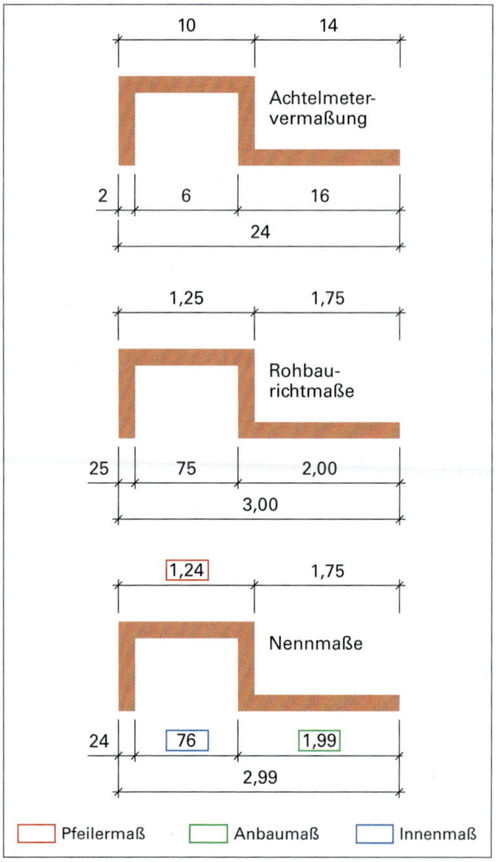

Abb. 5.5: Mauermaße für die Planung

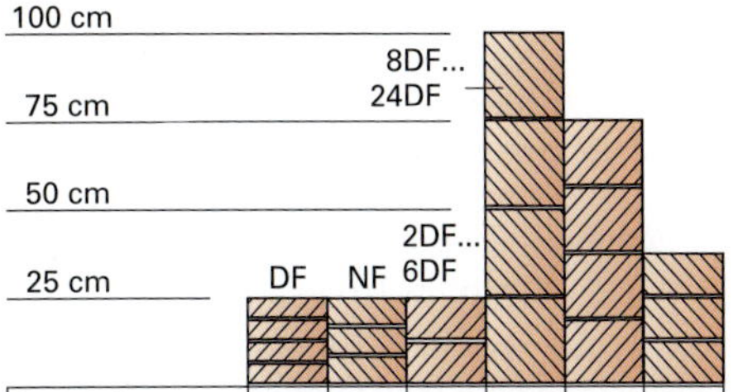

Steinhöhe cm	5,2	7,1	11,3	23,8	17,5	11,3
Schichthöhe cm	6,25	8,33	12,5	25,0	18,75	12,5
Schichten pro m	16	12	8	4	–	8

Abb. 5.6: Gegenseitige Abhängigkeit der Steinhöhen

5.2.2 Grundlagen Mauerwerksbau

Ein gemauerter Keller besteht aus tragenden Außenwänden, tragenden und aussteifenden Innenwänden, sowie nichttragenden Innenwänden.

Kelleraußenwände müssen den horizontal wirkenden Belastungen aus dem Erdreich und eventuell anstehenden Wasser ebenso standhalten, wie den vertikal wirkenden Belastungen aus den Eigenlasten und Nutzlasten der Decken und aufstehenden Wände.

Außen- und Innenwände sind so anzuordnen, dass die Aussteifung d. h. die Haltung der Wände untereinander, gegeben ist. Die aussteifenden Wände verringern je nach Abstand die Knickneigung der auszusteifenden Wand. Damit eine Wand eine aussteifende Funktion übernehmen kann, muss die Wandlänge mindestens 1/5 der Wandhöhe betragen. Die Wanddicke der aussteifenden Wand muss mindestens 1/3 der auszusteifenden Wand betragen und größer gleich 11,5 cm sein. Aufgrund der Wandanordnung kann die Wand als zwei-, drei- oder vierseitig gehalten berechnet werden. Für viele Wände im Wohnungsbau wird schon bei Annahme einer nur zweiseitigen Haltung durch die Deckenscheiben am oberen und unteren Rand der Tragfähigkeitsnachweis erfüllt.

Damit Wände standsicher sind, müssen sie durch Querwände gehalten werden, oder durch Stützen oder Pfeiler ausgesteift werden.

Um Setzungsunterschiede durch unterschiedliche verteilte Wandlasten und Bodenverhältnisse und große Wandöffnungen aufzufangen werden über Wänden sinnvollerweise Ringanker angeordnet, die die entstehenden Zugkräfte aufnehmen müssen (vgl. Abb. 5.9).

kein Verband erforderlich

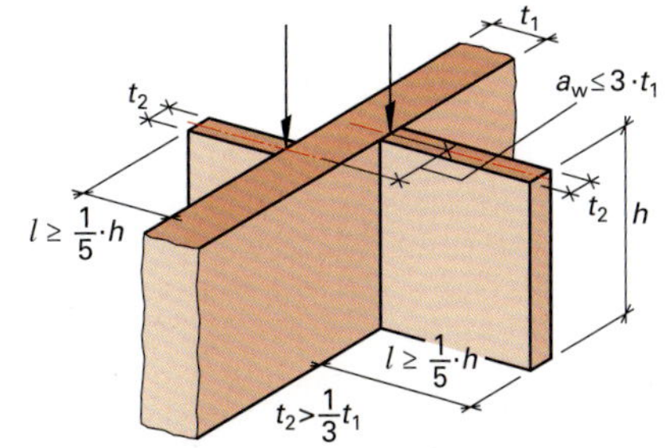

Ist der Abstand der aussteifenden Wänden $a \leq 3 \cdot t$, ist kein Verband zwischen der auszusteifenden und den aussteifenden Wänden notwendig.

Ist der Abstand $a > 3 \cdot t$ ist eine Haltung nur gegeben, wenn die Wandverbindungen im Verband hergestellt sind.

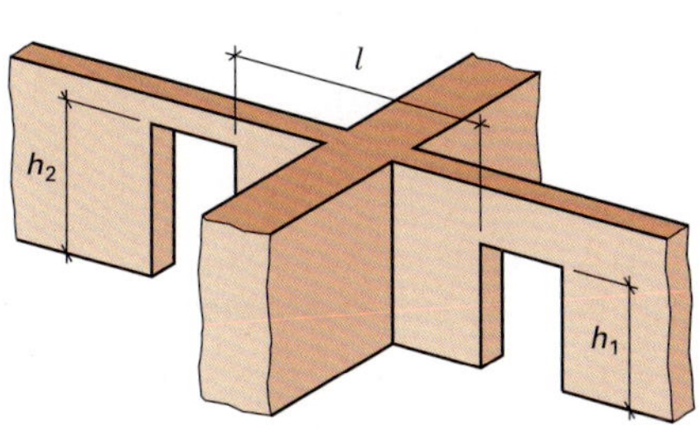

Sind neben der auszusteifenden Wand Öffnungen in den aussteifenden Wänden, ist für Aussteifung notwendig, dass zwischen den Öffnungen eine Wandlänge von $l = (h_1 + h_2)/2 \geq h/5$ besteht. Die Wände sind dazu im Verband herzustellen.

Abb. 5.7: Bedingungen für Aussteifungen

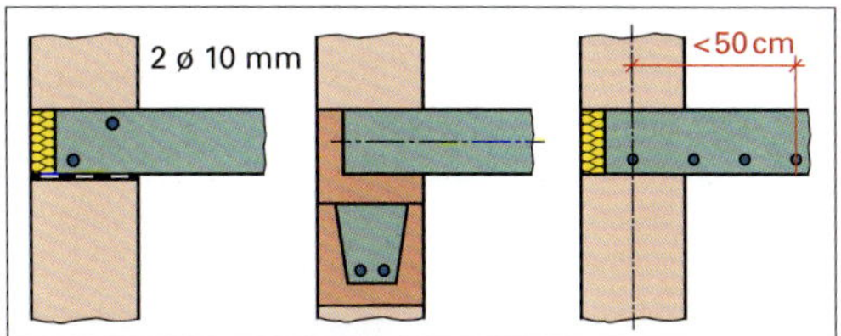

Abb. 5.8: Ringankerausbildungen

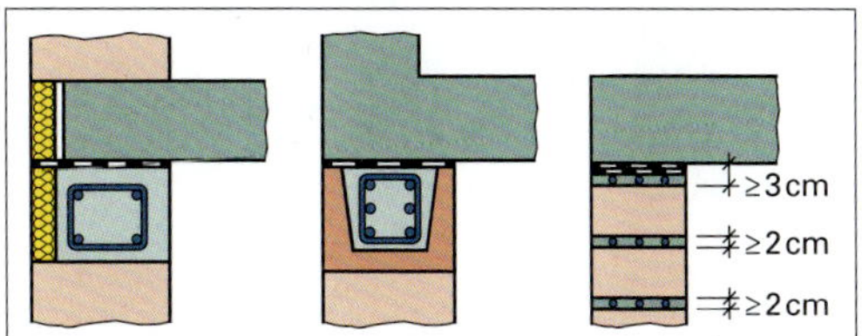

Abb. 5.9: Ringbalkenausführungen

5

Tabelle 5.10: Bedingungen für Ringanker
Ringanker sind immer auszuführen: ■ bei Bauten mit mehr als 2 Vollgeschoßen ■ wenn die Gebäudelänge 18 m überschreitet ■ bei Wänden mit großen und vielen Öffnungen (Öffnungsbreite größer 60 % der Wandlänge) (Fensterbreite größer 2/3 der Wandhöhe und Öffnungsbreiten größer 40 % der Wandlänge) ■ bei unklaren Baugrundverhältnissen

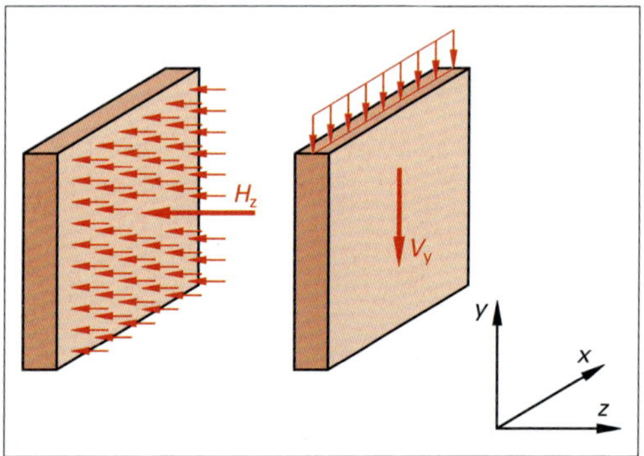

Abb. 5.11: Platten und Scheibenbeanspruchung

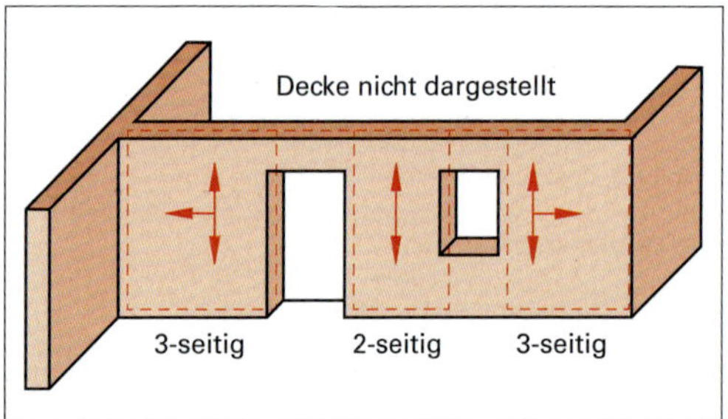

Abb. 5.12: Haltung von Wänden

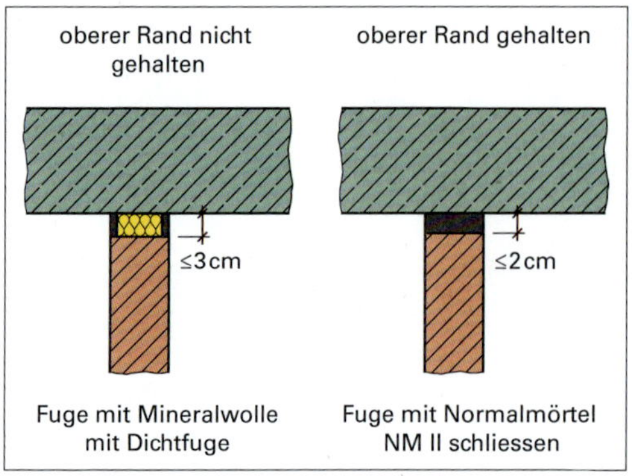

Abb. 5.13: Deckenanschluss nicht tragende Wand

Dazu werden Betonstähle im Auflagerbereich der Stahlbetondecke eingelegt. Stöße der Betonstähle sind als Zugstöße auszubilden. Die Randbewehrung der Decke im Abstand von 50 cm zur Wandmitte kann auf die notwendige Bewehrung angerechnet werden. Eine sinnvolle Ausführung ist die Anordnung von zwei diagonal angeordneten Betonstählen z. B. 2 ∅ 12 im Auflagerbereich der Decke.

Neben der unteren Haltung durch die Aufstandsfläche der Wand auf dem Fundament und der oberen Haltung durch die Deckenscheibe geschieht die seitliche Haltung durch Querwände oder auch Stahlbetonstützen in der Wandebene.

Kann die obere Haltung einer tragenden Wand nicht durch eine Deckenscheibe erfolgen, muss ein Ringbalken angeordnet werden (vgl. Tabelle 5.10). Der Ringbalken gewährleistet die obere Aussteifung der Wand gegen horizontal angreifende Kräfte. Ringbalken werden aus Stahlbeton oder bewehrtem Mauerwerk hergestellt. Ringbalken werden auf Biegung beansprucht, da sie die Horizontalkräfte auf die Querwände übertragen.

Neben der aussteifenden Funktion können aussteifende Wände auch für vertikale Lasten tragend wirken. In Abhängigkeit der Belastungsrichtung zur Wandebene werden Wände als Scheibe und/oder Platte beansprucht (vgl. Abb. 5.12). Für die vertikale Belastung der Wand wird ein Knicknachweis gefordert, um neben der Festigkeit die Stabilität der Wand zu gewährleisten.

Ringbalken können bei entsprechender Bewehrung auch zugleich die Funktion von Ringankern übernehmen.

Die Ausführung von Ringanker und Ringbalken kann durch bewehrtes Mauerwerk (2 Lagen Murfor), schwach oder stark bewehrte U-Schalen oder einen schwach oder stark bewehrten (a_s > 5 %) Stahlbetonbalken erfolgen. Ist eine Stahlbetondecke vorhanden, werden die für die Ringanker notwendigen Bewehrungsstähle (2 ∅ 10 mm) im Auflagerbereich der Decke zugelegt. Durch die unterschiedlichen Schwindmaße von Mauerwerk und Beton kann es zur Rissbildung in den oberen Mauerwerksschichten unter den Ringbalken bzw. Ringanker kommen. Eine erhöhte Bewehrung und abschnittsweise Betonierung verringert die Gefahr von Rissen erheblich.

Ringbalken werden auf Biegung beansprucht, Ringanker müssen Zugkräfte aufnehmen können. Ein Ringbalken hält die Wand am oberen Rand.

Aussteifung von Wänden

Um die Aussteifung zu gewährleisten werden an die auszusteifenden und aussteifenden Wände Anforderung an die Wandgeometrie und die Abstände der aussteifenden Wände gestellt.

Werden bei einer vierseitig gehaltenen Wand die Grenzlängen überschritten wird die Wand in Abschnitte unterteilt, die an den Seiten als dreiseitig gehalten und in der Mitte als zweiseitig gehaltenen berechnet werden.

Wandöffnungen, Nischen und Schlitze müssen berücksichtigt werden, sofern sie nicht aufgrund ihrer Lage und Abmessungen den Werten der Tabelle 5.14 entsprechen.

Bei der Haltung der tragenden Wände werden zweiseitig, dreiseitig und vierseitig gehaltene Wände unterschieden (vgl. Abb. 5.12). Dreiseitig und vierseitig gehaltene Wände erhöhen die Knicksicherheit gegenüber einer nur zweiseitig gehaltenen Wand bei vertikal wirkender Beanspruchung.

Es werden zweiseitig, dreiseitig und vierseitig gehaltene Wände unterschieden.

Nichttragende Wände

Für nichttragende Wände kann in Abhängigkeit von Einbaubereich, Halterung, Wanddicke, Wandhöhe und **Auflast** die zulässige Wandlänge aus Tabellen entnommen werden. Eine zweiseitige Haltung ist für nichttragende Wände nicht zulässig.

Der Begriff **Auflast** meint nicht die Belastung aus aufstehenden Wänden, sondern die ungewollte Belastung durch die Kriech- und Schwindwirkung des Deckenbetons bei Vollvermörtelung der Anschlussfuge. Damit ist die Aufnahme der zu erwartenden horizontalen Beanspruchungen gewährleistet.

Bereiche mit geringer Menschenansammlung z. B. Wohnungen oder ähnliche genutzte Räume werden dem Einbaubereich 1 zugeordnet. Räume mit größerer Menschenansammlung werden dem Einbaubereich 2 zugeordnet.

Um die Auswirkung der Durchbiegung einer Decke zu minimieren ist unter der ersten Schicht eine Pappe als Trennlage einzubauen.

Die oberen Schichten einer nichttragenden Wand sind erst bis zur Decke auf zu mauern, wenn die anschließende Decke nach dem Ausschalen ihre Anfangsverformung erlitten hat. Dazu ist möglichst Mörtel mit geringer Festigkeit z. B. NM II zu verwenden, sollte die Fuge mit Mörtel geschlossen werden (vgl. Abb. 5.13).

Beispiel

Eine vierseitig gehaltene Wand ohne Auflast $d = 11{,}5$ cm, Wandhöhe $h = 3{,}00$ m kann im Einbaubereich 1 mit 10 m Länge ausgeführt werden.

Im Einbaubereich 2 nur mit 6,50 m Länge.

Ist die Wand seitlich dreiseitig gehalten, kann sie im Einbaubereich 1 mit 5,00 m Länge ausgeführt werden. Im Einbaubereich 2 nur mit 3,25 m.

Die Ausführung nicht tragender Wände erfordert hinsichtlich der Wandanschlüsse besondere Maßnahmen.

Kelleraußenwände

In Abhängigkeit von der Belastung der Außenwand durch den Erddruck, der Auflast und dem Abstand der aussteifenden Innenwände wird die Wanddicke der Kelleraußenwand festgelegt.

Die Nutzung von Kellerräumen hat sich in den letzten Jahren wesentlich geändert. Immer mehr werden diese Räume zu zeitweiligen Aufenthaltszwecken (z. B. Hobby) genutzt. Damit verbunden sind verbesserte, dauerhafte Wärmedämmungen und Heizmöglichkeiten.

Die Standardwanddicke für eine Kelleraußenwand ist 36,5 cm. Bedingt durch die aufstehenden Wanddicken im Erdgeschoss würde sich bei dünneren Kellerwanddicken eine zu ungünstige Wandbeanspruchung ergeben. Kelleraußenwände müssen bei Erdanschüttung eine wirksame Auflast haben, damit der Lastabtrag rechnerisch angesetzt werden darf (vgl. Tabelle 5.14).

Für die Stabilität einer Mauerwerkswand ist die Aussteifung durch Decken und Wände entscheidend.

Tabelle 5.14: min N_0 in kN/m in Abhängigkeit von Wanddicke und Anschüttungshöhe für $h \leq 2{,}60$ m

Höhe der Anschüttung	Wanddicke			
	24 cm	30 cm	36,5 cm	49 cm
1,00 m	9	7	6	4
1,50 m	21	17	14	10
2,00 m	39	31	25	19
2,50 m	60	48	40	29

5

5.2.3 Künstliche Mauersteine

Künstliche Mauersteine werden nach dem Material unterschieden, z. B. als (Auswahl/Überblick):

- Mauerziegel (und Mauerklinker)
- Porenbetonsteine
- Kalksandsteine
- Beton- und Leichtbetonsteine

Sind im Keller keine Räume für den ständigen Aufenthalt vorgesehen, werden die Kellerwände vielfach mit Kalksandsteinen ausgeführt.

Nach der Steinart werden unterschieden:

- **Mauersteine** mit Steinhöhen ≤ 12,3 cm, Vollsteine (Lochanteil incl. Griffloch ≤ 15 %), Lochsteine (Lochanteil incl. Griffloch > 15 %),
- **Mauerblöcke** mit Steinhöhen > 12,3 cm, Vollblöcke, (Lochanteil incl. Griffloch ≤ 15 %), Vollblöcke mit Schlitzen, (Schlitzanteil incl. Griffloch ≤ 10 %), Hohlblöcke mit Kammern
- **Plansteine** für die Vermauerung mit Dünnbettmörtel

Tabelle 5.15: Steinfestigkeitsklassen

Druckfestigkeitsklasse	Kleinster Einzelwert [N/mm²]	Mittlere Druckfestigkeit [N/mm²]	Kennzeichnung durch Farbstreifen
2	2	2,5	grün
4	4	5	blau
6	6	7,5	rot
8	8	10	
10	10	12,5	
12	12	15	
16	16	20	
20	20	25	gelb
28	28	35	braun
36	36	45 ein violetter Streifen	
48	48	60 zwei schwarze Streifen	
60	60	75 drei schwarze Streifen	

Hinweis: Der Bundesverband Kalksandsteinindustrie e.V., der Bundesverband Porenbeton und die Ziegelindustrie haben zahlreiche Produktinformationen veröffentlicht.

5.2.4 Steinabmessungen

Künstliche Mauerwerkssteine werden in unterschiedlichen Abmessungen, Rohdichten und Festigkeiten hergestellt. Die früher weitverbreiteten Kleinformate die für die Vermauerung von Hand gedacht sind werden zunehmend durch großformatige Steine verdrängt (vgl. Abb. 5.17). Lediglich Verblendmauerwerk wird nach wie vor aus kleinformatigen Steinen erstellt. Kriterien für die Eignung der von Hand Vermauerung sind das Steingewicht und die Steinmaße.

Bei der Vermauerung von Hand wird in Einhandsteine (max. 6 kg, Greifspanne ≥ 115mm oder max. 7,5 kg, Greifspanne 40 mm bis 70 mm) und Zweihandsteine (max. ≤ 25 kg) unterschieden. Steine mit einer Masse größer 25 kg müssen mit Versetzgerät verarbeitet werden. Neben den Abmessungen der Steine ist daher die Rohdichte des Steinmaterials entscheidend.

Tabelle 5.16: Steinformate

Bezeichnung	Länge	Breite	Höhe	Lagerfuge
	[mm]	[mm]	[mm]	[mm]
DF	240	115	52	10,5
NF	240	115	71	12,3
2DF	240	115	113	12
3DF	240	175	113	12
4DF	240	240	113	12
5DF	240	300	113	12
6DF	240	365	113	12
8DF	240	240	238	12
10DF	240	300	238	12
12DF	240	365	238	12
14DF	425	240	238	12
15DF	365	300	238	12
16DF	490	240	238	12
18DF	365	365	238	12
20DF	490	300	238	12
21DF	425	365	238	12
24DF	490	365	238	12

Durch die Lagerfugendicke werden die Steinhöhen an das Achtelmetersystem angepasst.

Eine Bezeichnung 3DF bedeutet, dass dieser Stein das Volumen von 3 DF Steinen hat. 1 NF = 2/3 DF.

Ist die DF Steinangabe nicht mehr eindeutig wird zusätzlich die Steinbreite angegeben.

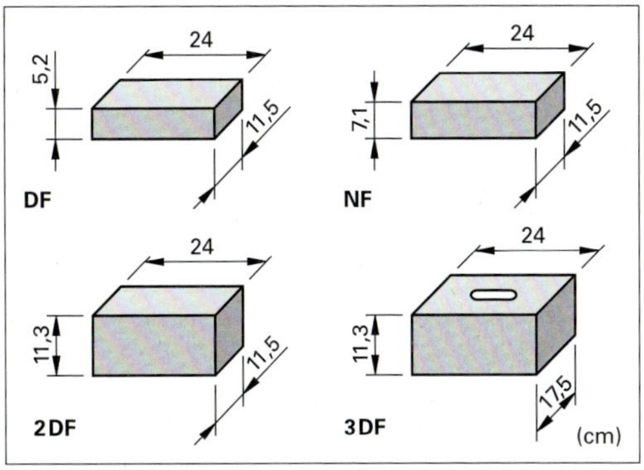

Abb. 5.17: Steinformate

Zusätzlich zu diesen Steinformaten gibt es weitere Steinformate die für die Verarbeitung mit Dünnbettmörtel gedacht sind. Hierbei werden die Steinhöhen und Steinlängen so angepasst das nach wie vor mit dem Achtelmetersystem geplant werden kann.

Die Steinformate werden nach ihrem Volumen, gemessen in der Anzahl des Volumens eines DF Steins, bezeichnet. Ausnahme Format NF.

5.2.5 Kalksandsteine für Kellermauerwerk

Kalksandsteine als künstliche Mauersteine werden in unterschiedlichen Rohdichten und Festigkeiten hergestellt. So kann je nach Anforderung, der für das Bauvorhaben geeignete Stein ausgewählt werden. Die Festigkeitsklasse eines Steines ist der kleinste Wert einer Prüfserie.

Die Kalksandsteine werden nach DIN EN 771-2 Kalksandsteine-Anwendung – in Verbindung mit DIN 20000-402 und DIN V106 – Kalksandsteine mit besonderen Eigenschaften – bezeichnet. Neben der vollständigen Bezeichnung ist auch eine Bezeichnung in Kurzform möglich.

Die Bezeichnung besteht aus:
DIN-Norm-Steinart-Steindruckfestigkeitsklasse-Steinrohdichte-Format-(Steinbreite)

Beispiel

Kalksandstein
DIN V 106-KS L-R P-12-1,6-6 DF (175)

Tabelle 5.18: Kalksandsteine

Bezeichnung	Kurzzeichen	Schichthöhen in cm
Kalksand Vollsteine (Lochanteil in der Lagerfläche ≤ 15 %)		
Kalksand Vollstein	KS	≤ 12,5
Kalksand Blockstein	KS-R	≥ 12,5 ≤ 25
Kalksand Planstein	KS-P	≤ 25
Kalksand Blockstein als Planstein	KS-R P	≤ 25
Kalksand Fasenstein	KS F	≤ 25
Kalksand XL-Rasterelement	KS XL-RE	≥ 50 ≤ 62,5
Kalksand XL Planelement	KS XL-PE	≥ 50 ≤ 62,5
Kalksandlochsteine		
Kalksand Lochstein	KS L	≤ 12,5
Kalksandhohlblockstein	KS L-R	≥ 12,5 ≤ 25
Kalksand Planstein	KS-L P	≤ 25
Kalksand Block Planstein	KS L-R P	≤ 25
XL Großformatstein	(auch als Quadro oder KS Plus, je nach Verbreitungsgebiet)	
Vm Vormauerstein	Vb Verblender	

Diese Kalksandsteine sind in verschiedenen Festigkeitsklassen, Rohdichten und Formaten erhältlich.

Neben den für die Wanderstellung notwendigen Steine, liefern die Kalksandsteinhersteller auch Ergänzungsprodukte für ein durchgängig homogenes Mauerwerk.

- **KS-Kimmsteine** und **KS-ISO Kimmsteine** als Ausgleichssteine für den Wandfuß
- **KS-Gurtrollersteine** für den Einbau von Gurtrollern
- **KS-Flachstürze** für die Überdeckung von Öffnungen mit Übermauerung
- **KS-Fertigteilstürze**, keine Übermauerung in der Druckzone mehr nötig
- **KS-U-Schalen** zur Herstellung von Ringbalken/Ringanker oder Stürzen
- **KS-Bauplatten** für nicht tragende Wände

Kalksandsteine nach DIN V 106 entsprechen der DIN EN 771-2. Die Verwendbarkeit wird vom Hersteller zugesichert. Anders ist es bei KS-Steinen die lediglich der DIN EN 771-2 entsprechen. Hier ist die Verwendbarkeit von Verarbeiter nach DIN 20000-402 zu prüfen.

5

5.2.6 Rohdichten und Festigkeitsklassen

Tabelle 5.19: Rohdichten und Festigkeitsklassen

Steinart	Rohdichte	Steinfestigkeit [N/mm²]									
	[kg/dm³]	2	4	6	8	12	20	28	36	48	60
Vollziegel MZ Hochlochziegel HLz Vormauer-Vollziegel VMz Vormauerhochlochziegel VHLz Vollklinker KMz Hochlochklinker KHLz Leichthochlochziegel HLzW	0,6			x							
	0,7		x	x							
	0,8		x	x	x	x					
	0,9			x	x	x					
	1,0			x	x	x	x				
	1,2					x	x	x			
	1,4					x	x	x			
	1,6					x	x	x			
	1,8					x	x	x	x	x	x
	2,0					x	x	x	x		x
	2,2							x			x
Kalksandsteine Vollsteine, Vollblöcke KS Lochsteine KSL Vormauersteine KS Vm Verlender KS Vb	0,7		x	x							
	0,8		x	x							
	0,9		x	x							
	1,2				x	x	x				
	1,4					x	x	x			
	1,6					x	x	x	x		
	1,8					x	x	x	x		
	2,0					x	x	x	x		
Porenbetonsteine Blocksteine PB Plansteine PP	0,4	x	x								
	0,5	x	x								
	0,6		x	x							
	0,7			x	x						
	0,8			x	x						
Leichtbeton-Hohlblöcke Hbl	0,5	x									
	0,6	x									
	0,7	x	x								
	0,8	x	x	x							
	0,9	x	x	x	x						
	1,0	x	x	x	x						
	1,2		x	x	x						
	1,4		x	x	x						
Leichtbetonvollsteine Vollsteine V	0,6	x									
	0,7	x	x								
	0,8	x	x	x							
	0,9	x	x	x	x						
	1,0	x	x	x	x						
	1,2	x	x	x	x						
	1,4		x	x	x						
	1,6			x	x	x					
	1,8			x	x	x					
	2,0			x	x	x					
Leichtbetonvollblöcke Vollblöcke Vbl Vollblöcke, geschlitzt Vbl S Vollblöcke, geschlitzt Vbl S-W mit Wärmedämmanforderungen	0,5	x									
	0,6	x									
	0,7	x	x								
	0,8		x	x							
	0,9		x	x							
	1,0		x	x	x						
Mauersteine aus Normalbeton, Vollsteine Vn, Vormauersteine Vm, Vormauerblöcke Vmb	Rohdichte 0,8 bis 2,4	Steinfestigkeitsklassen 4 bis 28									

Porenbeton-Planstein

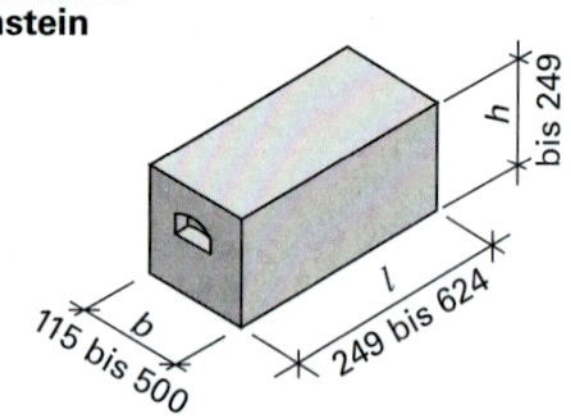

4K Hbl

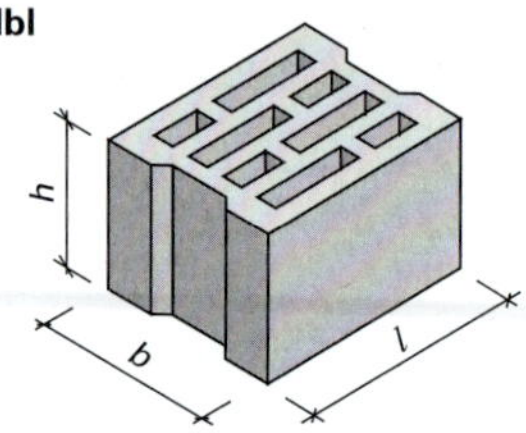

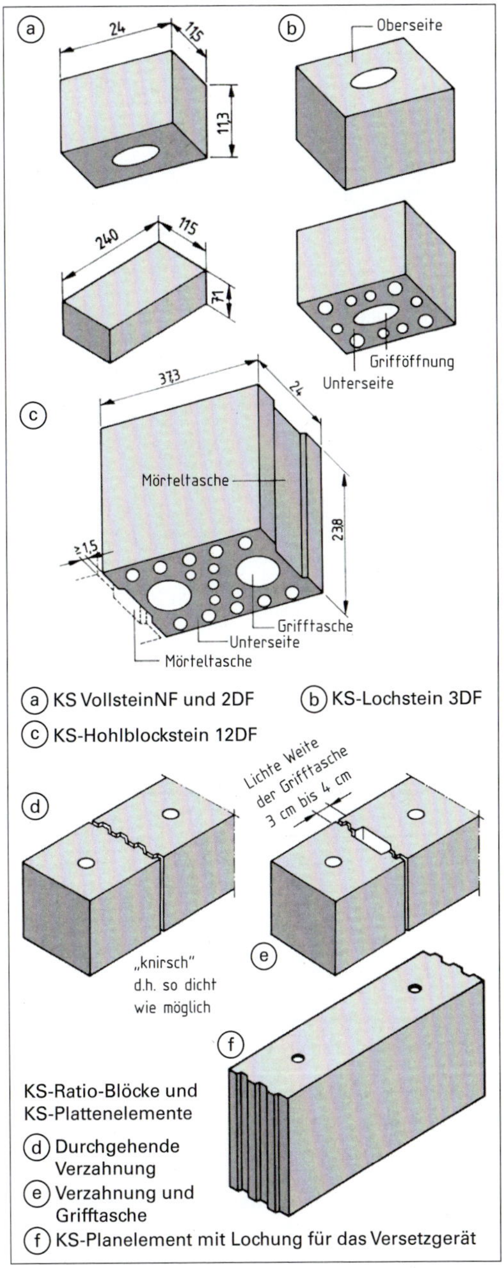

Abb. 5.20: Unterschiedliche Kalksandsteine

5.3 Mauermörtel

Durch den Mauermörtel in den Fugen werden die Mauersteine miteinander verbunden und zugleich die Unebenheiten zwischen den Steinen ausgeglichen.

Je nach Lage der Fugen werden Stoßfugen, Lagerfugen, Schnittfugen und Längsfugen (vgl. Abb. 5.21) unterschieden.

Bei der Vermauerung wird zwischen Dickbettmörtel und Dünnbettmörtel unterschieden. Durch verbesserte Herstellungsverfahren der künstlichen Mauersteine sind die Steine maßhaltiger geworden und somit besser für die Verarbeitung mit Dünnbettmörtel geeignet, da die Unebenheiten minimiert wurden. Um in der Maßordnung zu bleiben sind die Steinabmessungen in Hinblick auf die dünnen Fugen angepasst worden.

Sind die Stirnflächen von Steinen mit Nut und Feder ausgebildet kann bei einigen Mauersteinen auf die Stoßfugenvermörtelung verzichtet werden.

Durch einen fachgerechten Verband der Mauersteine werden die auftretenden Lasten in der Wand abgeleitet.

Die Mauerwerkssteine werden durch die Lagerfugen und Stoßfugen miteinander verbunden.

Mauermörtel besteht aus Bindemittel (Zement, Kalk), Gesteinskörnung (Sand) und Wasser. Um bestimmte Eigenschaften zu erzielen ist die Zugabe von Zusatzmittel möglich. Das Bindemittel umhüllt die Gesteinskörner und bildet mit dem Gesteinskorn nach der Aushärtung einen künstlichen Stein.

Der Mörtel kann auf der Baustelle hergestellt werden (Baustellenmörtel, BM) oder als Werk-Trockenmörtel (WT) in Säcken oder Silos an die Baustelle geliefert werden. Als Werk-Frischmörtel (WF) wird verarbeitbarer Mörtel an die Baustelle geliefert. Durch die Zugabe von Erstarrungsverzögerer kann die Verarbeitungszeit eingestellt werden. Werk-Vormörtel (WV) wird als Gemisch geliefert und dann auf der Baustelle mit Wasser und Zement zur Verarbeitung aufbereitet.

Tabelle 5.21: Mörtelbezeichnungen

Kurzzeichen	Mörtelgruppen (alt)	Mörtelklassen
NM	MG I	M 1
	MG II	M 2,5
	MG IIa	M 5
	MG III	M 10
	MG IIIa	M 20
LM	LM 21	M 5
	LM 36	M 5
DM	MG III	M 10

5

Nach DIN 1053/DIN EN 1996 (EC 6)/DIN EN 998-2 werden Normalmauer- (NM), Leichtmauer- (LM) und Dünnbettmörtel (DM) ausgewiesen.

Die Mörtelarten werden nach der Mörtelfestigkeit in Mörtelklassen unterteilt. Die alten Bezeichnungen nach DIN 1053 sind geändert worden.

Um Verwechselungsgefahr auszuschließen dürfen die Mörtelgruppen IIa und III nicht gleichzeitig für eine Wand verwendet werden. Zementmörtel lässt sich durch die dunkelgrüne Färbung von Kalkmörtel unterscheiden.

Mauermörtel werden nach ihrer Festigkeit in Mörtelklassen eingeteilt.

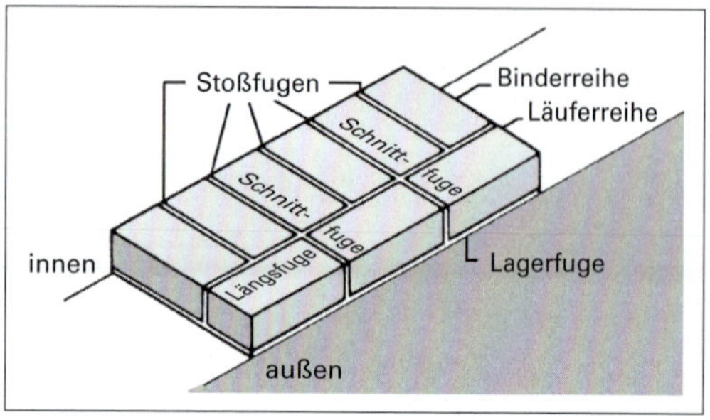

Abb. 5.22: Fugenarten

5.4 Mauerwerksverbände

Nach DIN EN 1996 muss im Verband gemauert werden, d. h. die Stoßfugen und die Längsfugen übereinanderliegender Schichten müssen versetzt sein.

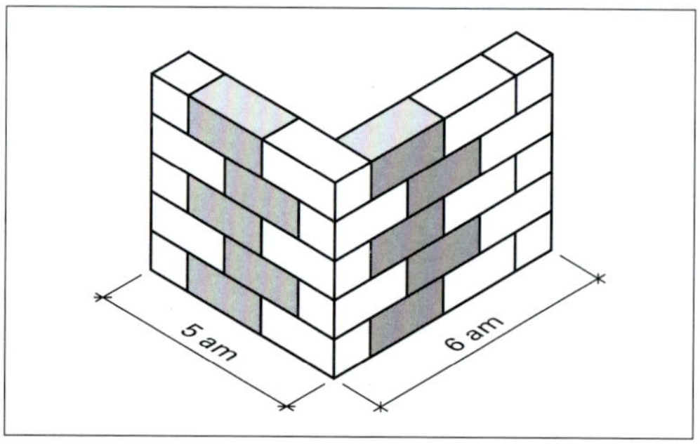

Abb. 5.23: Läuferverband

5.4.1 Läuferverband

Unabhängig von der Steinbreite wird bei Wänden, bei der die Wanddicke der Steinbreite entspricht, die Wand im Läuferverband hergestellt (vgl. Abb. 5.23). Entspricht die Wandlänge einer geraden Kopfzahl, werden beide Mauerenden gleich ausgeführt. Entspricht die Wandlänge einer ungeraden Kopfzahl, wird der Verband „umgeworfen". Die Wand endet dann mit dem Wandanfang der zweiten Schicht. Beim Läuferverband ist mindestens das Überbindemaß von $\ddot{u} \geq 0{,}4 \cdot h$ (h = Steinhöhe) bzw. $\ddot{u} \geq 4{,}5$ cm einzuhalten. Maßgebend ist das größere Maß von beiden.

Bei Steinhöhen von 49,8 cm und 62,3 cm kann das Überbindemaß auf 12,5 cm verringert werden.

Wenn nicht anders gefordert wird ein „halbsteiniger Läuferverband" ausgeführt.

Der Regelverband für Einsteinmauerwerk ist der halbsteinige Läuferverband.

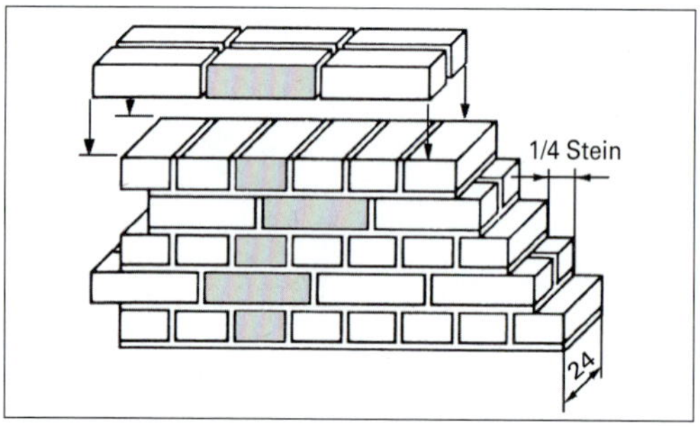

Abb. 5.24: Kreuzverband

5.4.2 Kreuzverband und Blockverband

Soll eine 24er oder 36,5er Wand mit kleinformatigen Steinen erstellt werden kommt vorzugsweise der „Kreuzverband" (vgl. Abb. 5.24) zur Anwendung. Gegenüber dem auch möglichen „Blockverband" (vgl. Abb. 5.25) bietet der Kreuzverband arbeitstechnische Vorteile und ermöglich eine bessere Lastabtragung vertikaler Lasten. Je nach Lage der Steine zur Mauerflucht werden „Binder" und „Läufer" unterschieden. Läufer liegen mit ihrer Längsseite parallel zur Mauerflucht. Binder dagegen mit ihrer Kopfseite (Breitseite).

Bei diesen Verbänden wechseln sich Binderschichten und Läuferschichten ab.

Treffen Mauern an Mauerecken, Mauerkreuzungen oder Mauerstößen zusammen, binden die Mauersichten jeder Wand abwechselnd durch.

Der Regelverband für Wände aus kleinformatigen Steinen mit $d \geq 2\,4$ cm ist der Kreuzverband.

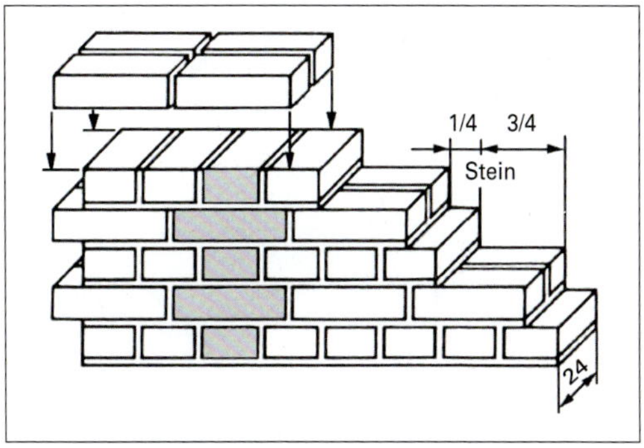

Abb. 5.25: Blockverband

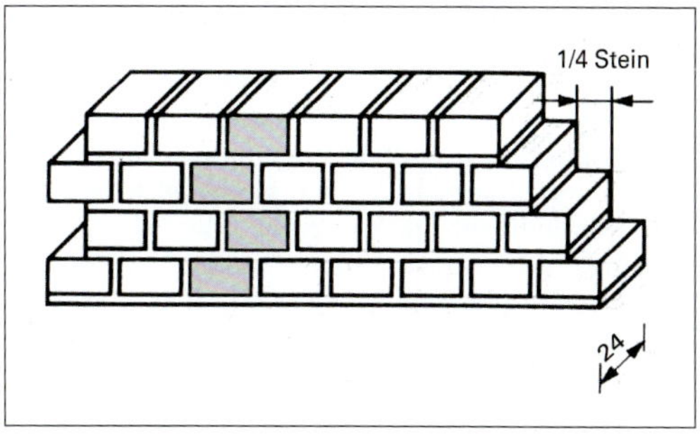

Abb. 5.26: Binderverband

5.4.3 Binderverband

Beim Binderverband bestehen alle Mauerwerksschichten aus Binderschichten (vgl. Abb. 5.26).

Mögliche Zierverbände spielen beim Kellermauerwerk im Normalfall keine Rolle.

Kleinformatiges Mauerwerk ist kostenaufwendig herzustellen. Durch die Produktpalette der Kalksandsteinindustrie lässt sich heute jede gebräuchliche Wanddicke durch Einsteinmauerwerk erstellen.

Mit großformatigen Kalksandsteinen lässt sich Kellermauerwerk als Einsteinmauerwerk wirtschaftlich erstellen.

5.4.4 Mauerverbindungen

Bei Mauerverbindungen werden Mauerecken, Mauerstöße oder Mauerkreuzungen unterschieden. Die Art der Verbindung kann unterschiedlich ausgeführt werden, wenn die Wände nicht gleichzeitig hochgemauert werden.

Wenn Längs- und Querwände nicht gleichzeitig hochgeführt werden (arbeitstechnisch ungünstig) können, kann die kraftschlüssige Verbindung durch „stehende Verzahnung" oder durch Lochverzahnung vorgesehen werden (vgl. Abb. 5.27).

In rissgefährdeten Bereichen des Mauerwerks kann die Rissgefahr durch bewehrtes Mauerwerk verringert werden. Dazu wird in den Lagerfugen Betonstahl verlegt, oder es werden spezielle Bewehrungselemente eingebaut (vgl. Abb. 5.28).

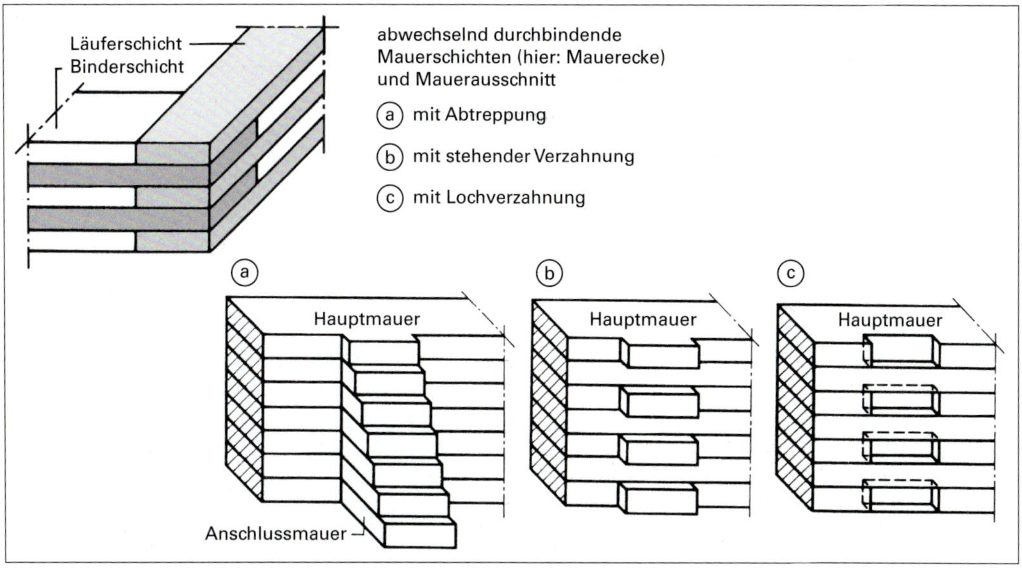

Abb. 5.27: Abwechselnd durchbindende Mauerschicht (hier: Mauerecke) und Mauerausschnitt
a) mit Abtreppung b) mit stehender Verzahnung c) mit Lochverzahnung

5

5.5 Stumpfstoßmauerwerk

Soll ein rationeller Mauerwerksbau erreicht werden, kann die Stumpfstoßtechnik Anwendung finden. Bei der Stumpfstoßtechnik werden Längs- und Querwände nicht verbandstechnisch verbunden, sondern stumpf gestoßen. Dazu muss die Stoßfuge voll vermörtelt werden und es müssen 30 cm lange Edelstahlfachanker (t = 0,75 mm) in Abhängigkeit von Geschoßhöhe und Wandbelastung alle 50 cm bzw. alle 25 cm eingebaut werden. Die Ecken der Kelleraußenwände sind bei der Stumpfstoßtechnik stets im Verband zu mauern (vgl. Abb. 5.29).

Unabhängig von der Verwendung der Mauersteine sollte die unterste Schicht auf der Sohlplatte mit Kimmsteinen ausgeführt werden (vgl. Abb. 5.30). Neben den Kimmsteinen der Kalksandsteinhersteller können auch sogenannte ISO-Steine zur Anwendung kommen.

Neben dem wärmedämmenden Effekt lässt sich durch die Wahl einer geeigneten Höhe des Kimmsteins (Kimmsteinhöhe = Estrichhöhe) ein rationelles Überdecken von Maueröffnungen für Türen und Fenster erreichen (vgl. Abb. 5.31).

Kellermauerwerk lässt sich durch Anwendung der Stumpfstoßtechnik rationell herstellen.

Zeichnerische Darstellung von Mauerwerksverbänden

Neben der Ansichtsdarstellung sind für das Mauerwerk Schichtenpläne gebräuchlich. In diesen Plänen wird jede Mauerschicht in der Draufsicht gezeichnet (vgl. Abb. 5.33).

Um die Steingrößen kenntlich zu machen, werden Symbole für Teilsteine (vgl. Tabelle 5.32) verwendet.

5.6 Aussparungen und Schlitze

Schlitze sind längliche horizontale oder vertikale Einschnitte in der Mauerwerkswand. Unter Aussparungen werden örtlich begrenzte Öffnungen im Mauerwerk z. B. für Trägerauflager verstanden.

Die Notwendigkeit von Schlitzen ergibt sich aus der Anforderung in Räumen, die für den ständigen Aufenthalt vorgesehen sind. Hier sind Installationsleitungen, für Heizung, Elektro- und Sanitärinstallation, nicht sichtbar zu verlegen.

Im Kellergeschoß allerdings sollten Aussparungen und Schlitze nur geplant werden, wenn es sich nicht vermeiden lässt.

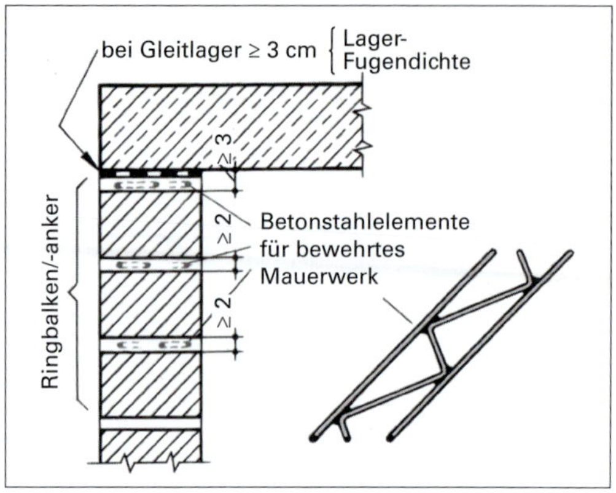

Abb. 5.28: Bewehrung im Mauerwerk

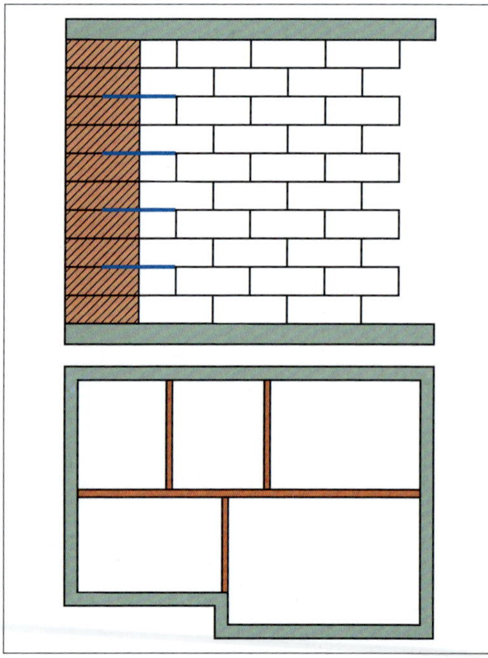

Abb. 5.29: Stumpfstoßmauerwerk

Abb. 5.30: Kimmsteinlage

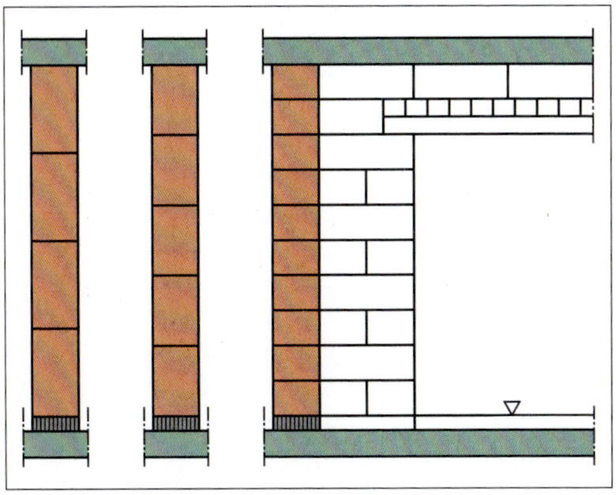

Abb. 5.31: Effektive Wahl der Kimmsteinschichthöhe

Tabelle 5.32: Symbole für Teilsteine

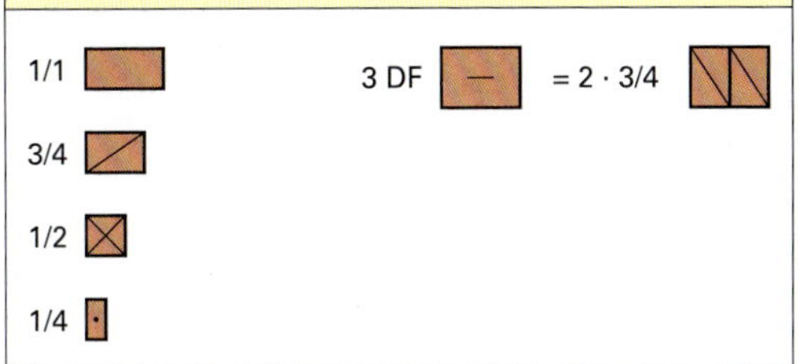

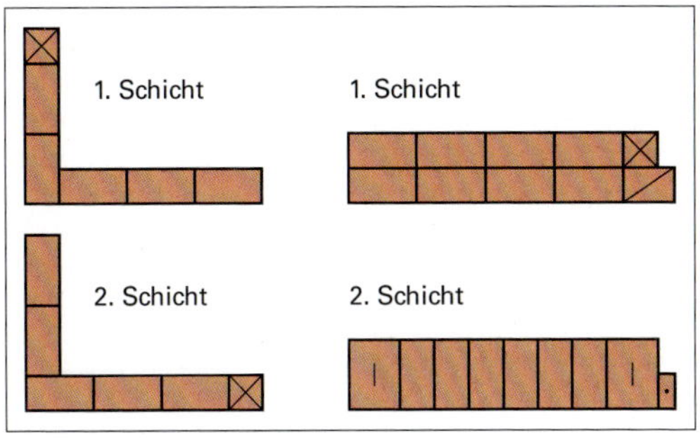

Abb. 5.33: Darstellung von Mauerschichten

Aussparungen und Schlitze stellen immer eine Schwächung der Mauerwerkstragfähigkeit dar. Aufgrund der vorhandenen Tragwerksreserven brauchen Mauerwerkswände mit Aussparungen und Schlitzen nicht statisch nachgewiesen werden, wenn Abmessungen hinsichtlich Tiefe, Breite und Länge sowie Lage des Schlitzes oder der Aussparung gemäß Tabelle 5.34 eingehalten worden sind. Zudem ist zu unterscheiden ob die Aussparungen und Schlitze während der Erstellung des Mauerwerks oder erst nachträglich in das Mauerwerk eingebracht werden.

Tabelle 5.34: Schlitzabmessungen (vertikal)

Ohne Nachweis zulässige Abmessungen für vertikale Schlitze und Aussparungen die im Verband mit Errichtung des Mauerwerks hergestellt werden

Wanddicke	Restwanddicke	max. Breite
17,5 cm	11,5 cm	26 cm
24 cm	11,5 cm	38,5 cm
30 cm	17,5 cm	38,5 cm
36,5 cm	24 cm	38,5 cm

- Die Schlitze müssen die zweifache Schlitzbreite von Öffnungen entfernt sein. Mindestens jedoch 24 cm.
- Der Abstand von Schlitzen untereinander muss mindestens der Schlitzbreite entsprechen.
- Auf 2,00 m Wandlänge darf die Summe der Schlitz breiten den Wert der max. Breite nicht überschreiten.
- Bei einer kürzeren Wand ist die zulässige Breite proportional zu verringern.

Bei der Anordnung der Schlitze ist darauf zu achten, dass die aussteifende und tragende Funktion einer Wand gewährleistet bleibt. Die verbleibende Restwanddicke muss die Anforderungen an die geforderte Feuerwiderstandsklasse erfüllen.

Bei Schlitzen und Aussparungen wird nach dem Herstellungsverfahren unterschieden.

Die Schwächung der Wanddicke durch Schlitze und Aussparungen bedeutet in der Regel auch eine Verschlechterung für den Schall- und Brandschutz der Wand.

Sind für Abwasserleitungen mit DN 50 mm bis DN 100 mm Schlitze notwendig, müssen diese mit dem Mauerwerk hergestellt werden.

Die nachträglich herzustellenden zulässigen Schlitzabmessungen lassen nur die Verlegung von Heizungsleitungen, Frischwasserleitung und Elektroleitungen zu.

Die im Erdgeschoß angewandte Technik Leitungen auf der Kellerdecke zu verlegen verringert die Notwendigkeit von horizontalen Schlitzen erheblich. Im Kellergeschoß verbietet sich diese Lösungsmöglichkeit jedoch bei vernünftiger Bauweise.

In Außenwänden sind Schlitze nur zulässig, wenn der Schallschutz erhalten bleibt und der Wärmeschutz gewährleistet ist.

Tabelle 5.35: Schlitzabmessungen
nachträglich hergestellt

Ohne Nachweis zulässige Abmessungen für vertikale Schlitze und Aussparungen die nachträglich hergestellt werden

Wanddicke [cm]	max. Tiefe [mm]	max. Breite [mm]
11,5	10	100
17,5	30	100
24	30	150
30	30	200
36,5	30	200

- Die Schlitze müssen die zweifache Schlitzbreite von Öffnungen entfernt sein. Mindestens jedoch 24 cm.
- Der Abstand von Schlitzen untereinander muss mindestens der Schlitzbreite entsprechen.
- Auf 2,00 m Wandlänge darf die Summe der Schlitz breiten den Wert der max. Breite nicht überschreiten.
- Bei einer kürzeren Wand ist die zulässige Breite proportional zu verringern.

Tabelle 5.36: Schlitzabmessungen (horizontal)

Ohne Nachweis zulässige Abmessungen für horizontale und schräge Schlitze die nachträglich hergestellt werden

	Länge unbegrenzt	Länge ≤ 1,25m
Wanddicke [cm]	max. Tiefe [mm]	max. Tiefe [mm]
11,5	— — —	— — —
17,5	0*	25
24	15*	25
30	20*	30
36,5	20*	30

- Die Schlitze sind nur im Bereich von 40 cm unterhalb oder 40 cm oberhalb der Stahlbetondecke zulässig und nur an einer Seite der Wand.
- Der Abstand von Schlitzen zu Öffnungen in Längsrichtung muss ≥ 49 cm betragen.

Horizontalschlitze müssen untereinander in Längsrichtung den zweifachen Schlitzlängen Abstand halten.

* Wird die Schlitztiefe exakt eingehalten, kann die Schlitztiefe um 10 mm erhöht werden.

Bei Wänden mit $d \geq 24$ cm sind dann auch an gegenüberliegenden Wandseiten Schlitze von 10 mm Tiefe möglich.

Darstellung von Schlitzen im Mauerwerk

Die rechteckigen Schlitze werden in Ansicht und Grundriss durch einen diagonalen Strich im Rechteck dargestellt (vgl. Abb. 5.37).

Grundsätzlich sind Breite, Tiefe und Lage des Schlitzes in der Höhe anzugeben.

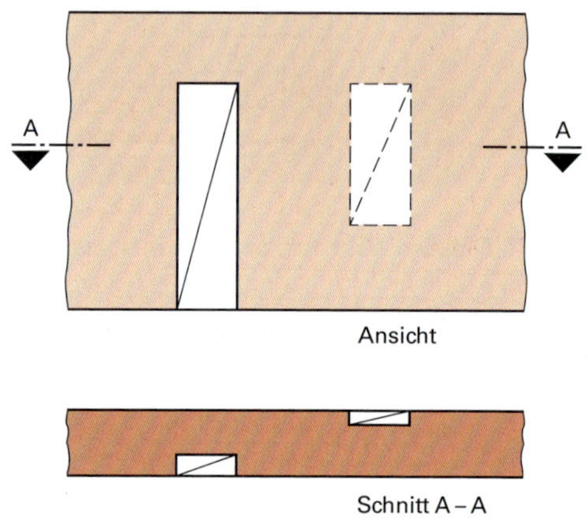

Abb. 5.37: Darstellung von Schlitzen

5.7 Abdichtung von Kellerwänden

Kelleraußenwände und Bodenplatten sind grundsätzlich gegen Feuchtigkeit abzudichten. Die Ausführungsart der vorzunehmenden Abdichtung richtet sich nach der zu erwartenden Belastung durch die Wasserverhältnisse im Baugrund und die vorhandene Wasserdurchlässigkeit des Bodens.

Die bisherige Abdichtungsnorm DIN 18195 wird durch die neuen DIN-Normen-Reihe 18531 bis 18535 ersetzt.

In der neuen Norm **DIN 18533 Abdichtung von erdberührten Bauteilen**, die für die Abdichtung der Kellerwände maßgebend ist, wird nicht mehr die Wasserbelastung nach Entstehungsart und Dauer der Einwirkung unterschieden, sondern nur die Beanspruchungsintensität und die Art der Einwirkung wird als Kriterium genommen.

Die Entstehungsarten des Wassers wie Spritzwasser, Niederschlagswasser, Kapillarwasser, Sickerwasser, Stauwasser, Schichtenwasser und Grundwasser, die für die bisherigen Beanspruchungen maßgebend waren, sind kein Kriterium mehr.

- W1-E Bodenfeuchte (Bodenfeuchte nach DIN 18533 ist im Erdreich kapillar gebundenes Wasser)
- W1.1-E Bodenfeuchte und nicht drückendes Sickerwasser stark durchlässiger Baugrund
- W1.2-E Bodenfeuchte und nicht drückendes Sickerwasser schwach durchlässiger Baugrund (erdberührte Außenwände)
- **W2-E Druckwasser**
- W2.1-E drückendes Wasser, mäßige Druckwasserbelastung, Wasserdruck ≤ 3,00 m
- W2.2-E hohe Druckwasserbelastung, Wasserdruck > 3,00 m
- **W3-E** nicht drückendes Wasser auf erdüberschütteten Decken
- **W4-E** Wasser am Wandsockel sowie an und unter erdberührten Wänden

Zusätzlich sollen bei der Planung der Abdichtung auch Risse aus dem Mauerwerk und die Leistungsfähigkeit der Abdichtung berücksichtigt werden. Folgende Rissklassen sind in der DIN 18533 festgelegt:

- R1-E: geringe Rissbreitenänderung ≤ 0,2 mm
- R2-E: Rissbreitenänderung ≤ 0,5 mm
- R3-E: hohe Rissbreitenänderung ≤ 1 mm
- R4-E: Rissversatz ≤ 2 mm,
  Breitenänderung ≤ 5 mm

Die folgen Wassereinwirkungen belasten die erdberührenden Kellerwände:

- Spritzwasser belastet den Sockelbereich einer Außenwand.
- Kapillarwasser steigt im feinporigen Boden durch die Kapillarwirkung vom Grundwasserspiegel auf.
- Sickerwasser bildet sich bei der Versickerung von Niederschlagswasser im Boden. Wenn es sich über wenig durchlässigen Erdschichten staut, entsteht drückendes Sickerwasser.
- Schichtenwasser findet sich in wasserführenden Bodenschichten die durch die Baugrube angeschnitten werden, und somit kann das Wasser aus der wasser führenden Schicht in Arbeitsraum einfließen.
- Stauwasser bildet sich, wenn das anfallende Wasser vor der Kellerwand durch den nur unzureichend wasserdurchlässigen Boden nicht schnell genug abfließen kann.
- Grundwasser ist Wasser unterhalb der Erdoberfläche, das durch Niederschläge gespeist wird oder aus Schichtenwasser ständig vorhanden ist. Der Grundwasserstand ist nicht konstant, sondern schwankt im Allgemeinen. Entscheidend für die Wahl der Abdichtungsmaßnahmen ist der höchste Stand des Grundwassers.

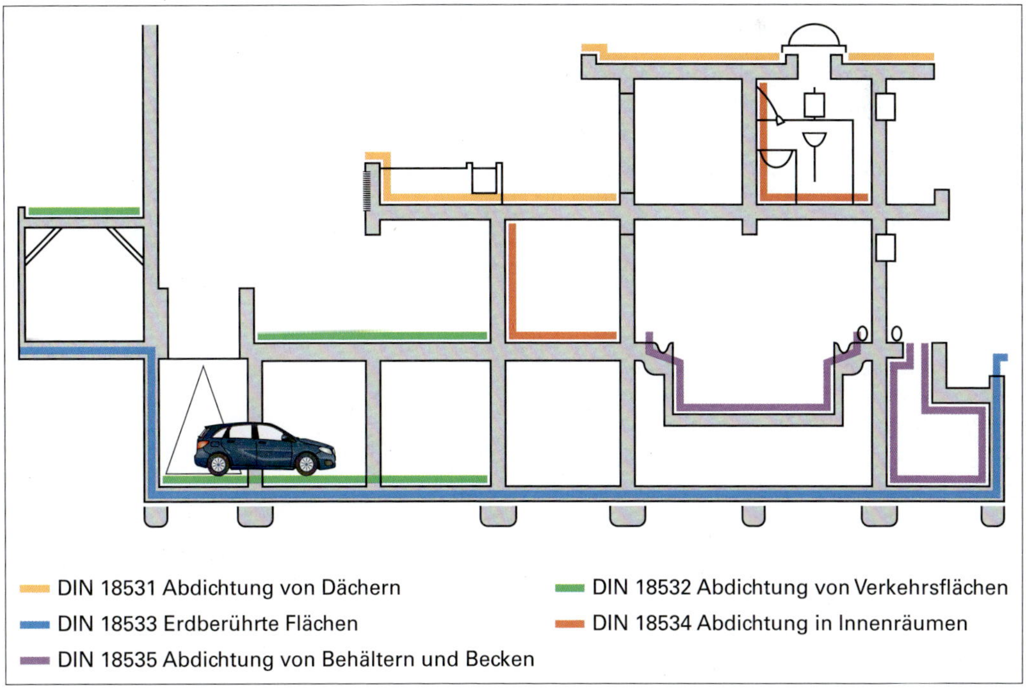

Abb. 5.38: DIN-Reihe Abdichtungen

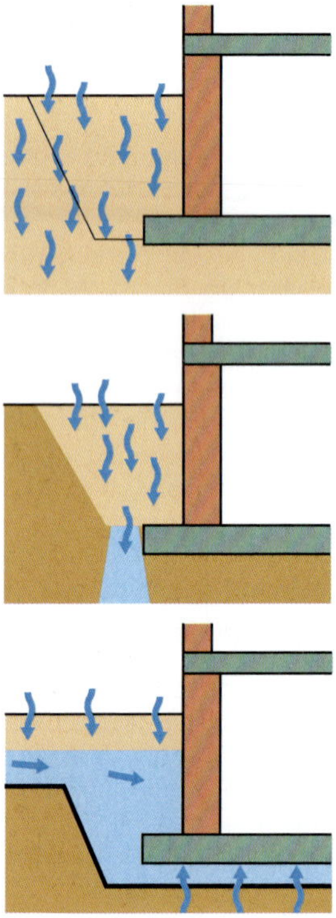

Abb. 5.39: Beispiele Wassereinwirkungen

Für die Wasserdurchlässigkeit des Bodens ist der Durchlässigkeitsbeiwert *k* die Kenngröße für die Beurteilung.

Stark durchlässige Böden haben einen *k*-Wert > 10^{-4} m/s. Dies sind Werte die für Kiesböden bis mittelkörnigen Sand gelten.

Weitere Kriterien für die Ausbildung der Abdichtung bilden die Rissklasse (R1-E gering bis R4-E sehr hoch), die Raumnutzungsklasse (RN1-E, gering; RN2-E, durchschnittlich; RN3-E, hoch) und für die Ausbildung von Bewegungsfugen die Verformungsklasse.

Im Gegensatz zur Raumnutzklasse RN1-E muss die Abdichtung bei einer Raumnutzungsklasse RN2-E vollständig dicht sein. Bei der Raumnutzungsklasse RN3-E werden zudem noch höhere Anforderungen an die Abdichtungsschichten gestellt.

Unabhängig vom Bemessungswasserstand (höchster beobachteter Grundwasserstand) besteht die Abdichtung grundsätzlich aus der senkrechten Abdichtung der Kelleraußenwand, der Querschnittsabdichtung in der Wand und einer horizontalen Sperrschicht für die Abdichtung der Bodenplatte.

Die Kenntnis über den Bemessungswasserstand kann durch Baugrunderkundung, Beobachtungen in der Baugrube, Erfahrungen aus der Bebauung der Nachbargrundstücke oder Auswertung von wassertechnischen Karten gewonnen werden.

Bei einer Gründungssohle die mehr als 3,00 m unter Geländeoberkante liegt ist stets die Abdichtung nach den Vorgaben gegen von außen drückendes Wasser auszuführen.

Grundsätzlich ist das Bauwerk im Zusammenhang mit dem umgebenden Gelände so zu planen, dass möglichst kein Wasser zum Gebäude geleitet wird und dadurch die Wasserbelastung erhöht.

Ein Kellerbauwerk wird durch unterschiedliche Einwirkungen von Wasser beansprucht.

Abdichtungsstoffe

Für die Abdichtung von Kellerwänden sind unterschiedliche Verfahren und Abdichtungsmaterialien möglich. Bei der Auswahl sollte neben den technologischen Eigenschaften auch, die mit der Verarbeitung einhergehen ökologischen und gesundheitlichen Belastungen berücksichtigt werden. Gerade auf die Verarbeitung von lösungsmittelhaltigen Stoffen im Arbeitsraum sollte verzichtet werden.

Daneben ist zu berücksichtigen, ob die Verarbeitung nur bei bestimmen Wetterlagen möglich ist. Hier ist eine eventuelle Trocknungszeit zu berücksichtigen.

Bahnen und Folien

- Kunststofffolien
- Schweißbahnen
- Anstriche
- Mineralische Dichtungsschlämmen (MDS)
- Kunststoffmodifizierte Bitumendickbeschichtung (KMB, PMBC)
- Dichtungsbahnen
- Andere Abdichtungsstoffe
- Spachtelmassen

5.7.1 Ausführung der Abdichtung

Horizontalsperren

Die untere Mauersperrschicht auf der Bodenplatte wird stets zu beiden Seiten breiter als die Kellerwand ausgeführt, da die horizontale Abdichtung der Sohlplatte mit der Schicht verklebt wird. Die Sperrschichten sind unter allen Kelleraußenwänden und Kellerinnenwänden einzubauen. Für das Material kommen Bitumen-Dichtungsbahnen (R333, R500, J300, G200, PV200), Kunststoff Dichtungsbahnen

(Mindestdicke 1,2 mm) und mineralische Dichtungsschlämmen (MDS) in Frage.

Die Materialien sollten bitumenverträglich sein. Sie müssen Verschiebungen am Mauerfußpunkt durch Erddruckkräfte durch einen ausreichenden Reibungswiderstand verhindern. Daher sind Mauerwerkssperren aus Schweißbahnen nicht geeignet. Die Bahnen sind im Mörtelbett zu verlegen und nicht aufzukleben (vgl. Abb. 5.40).

Über dem durch Spritzwasser belasteten Wandbereich ist 30 cm über Geländeoberfläche eine waagerechte Sperrschicht einzubauen. Grundsätzlich ist eine Sperrschicht unter dem Deckenauflager anzuordnen. Im Gegensatz zu den Abbildungen die die Lage diese Sperrschicht 5 cm unter der Decke angeben, wird heute diese Sperrschicht direkt unter der Stahlbetondecke eingebaut.

Je nach Ausführung der EG-Außenwand und Höhenlage der Kellerdecke sind unterschiedliche Ausführungen der Sockelabdichtung möglich. Wird der Sockel als Sichtmauerwerk ausgeführt, springt die Sperrschichtan die Innenschale zurück (vgl. Abb. 5.41).

Auf der Sohlplatte ist eine horizontale Sperrschicht unter dem Estrich aufzubringen, die Verbindung zur vertikalen Sperrschicht haben muss. Diese Sperrschicht bildet zumeist die geforderte horizontale Sperrschicht am Mauerwerksfuß, die sonst zusätzlich circa 15 cm über Fußbodenoberkante einzubauen ist. Die horizontale Abdichtung ist unter der Kellerwand bis an die vertikale Abdichtungsebene zu führen. An der unteren vertikalen Abdichtung ist eine Hohlkehle auszubilden. Damit soll der Wasserablauf auf dem Fundamentplattenüberstand sichergestellt werden.

Die Sperrschicht auf der Bodenplatte ist bei Ausführung der Bodenplatte aus WU-Beton nicht notwendig.

Ausführung der vertikalen Sperrschicht

Die vertikale Abdichtung der Kelleraußenwand ist von 15 cm unterhalb der Fundamentplattenoberkante bis 30 cm über Gelände zu führen.

Wenn der umgebende Boden des Bauwerks stark wasserdurchlässig (W1.1-E) ist und der Bemessungsgrundwasserstand dauerhaft nicht höher als 50 cm unterhalb der Bodenplattenunterkante ansteht und die Gründungssohle nicht tiefer als 3,00 m unter Geländeoberkante liegt, liegt die Wassereinwirkungsklasse W1-E vor.

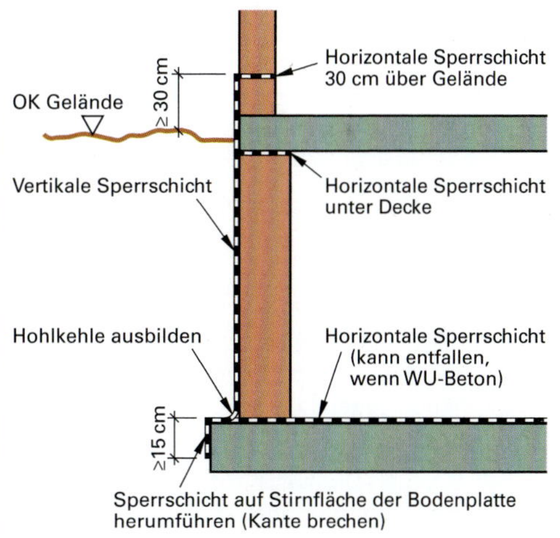

Abb. 5.40: Anordnung der Sperrschichten (Grundprinzip)

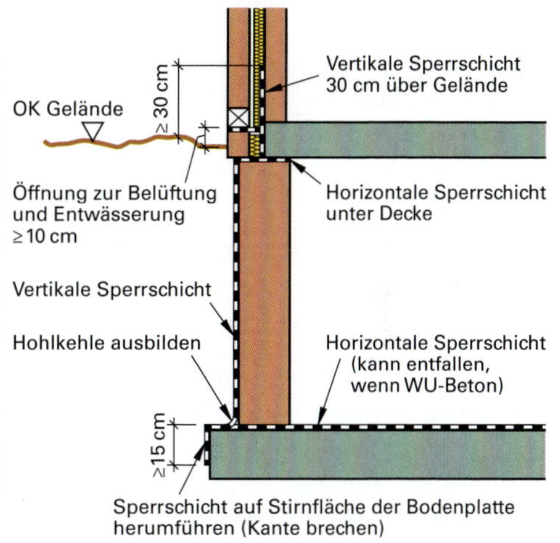

Abb. 5.41: Sperrschicht bei Zweischalenmauerwerk

Ist der Boden weniger wasserdurchlässig (z. B. bei $k \leq 10^{-4}$ m/s) ist eine Dränung notwendig, um aufstauendes Sickerwasser abzuführen, um dann die Abdichtung ebenfalls nach der Wassereinwirkungsklasse W1-E vorzunehmen.

Dazu wird neben einer Ringdränage eine 15 cm dicke kapillarbrechende Schicht aus Kies (8/16), Split, Kohlegranulat oder ähnlichen körnungsgleichem Material unter der Fundamentplatte notwendig.

Die Sohle des ringförmig verlegten Dränagerohres mit einem ∅ ≥ 100 mm muss mindestens 20 cm unter der Oberkante der Sohlplatte in einem Kiesbett liegen (vgl. Abb. 5.42).

Die Dränagerohre sind mit 0,5 % Gefälle zum Kontrollschacht (DN 1000 mm) zu verlegen. An Knickstellen der Leitung sind Spülrohre DN 300 mm anzuordnen. Die Dränageelemente sind mit Geotextil (vgl. Kapitel 20) vor dem Einschlämmen sandartiger Teilchen zu schützen.

Vor der vertikalen Sperrschicht ist eine Sickerschicht vorzusehen.

Liegen die Wassereinwirkungsklassen W2.1-E (mäßige Druckwasserbelastung) und W2.2-E (hohe Wasserdruckeinwirkung durch Stauwasser oder Grundwasser) vor, muss die vertikale Sperrschicht entsprechend ausgebildet werden.

Die vertikale Sperrschicht wird mit kunststoffmodifizierten Bitumen-Dickbeschichtung (alt KMB, neu PMBC), mit Bitumen- und Polymerbitumenbahnen, mit kaltselbstklebenden Bitumen-Dichtungsbahnen oder mit Kunststoff- und Elastomer-Dichtungsbahnen, die nach den Herstellerangaben zu verarbeiten sind, ausgebildet.

Vertikale Sperrschichten können mit unterschiedlichen Materialien ausgeführt werden.

Bei entsprechender Ausführung der Sperrschichten u. a. mit Verstärkungseinlagen sind vertikale Sperrschichten auch geeignet Druckwasserbelastungen standzuhalten. Kellermauerwerk ist allerdings auch bei entsprechenden Abdichtungsmaßnahmen nicht gut geeignet um dauerhaft Druckwasserbelastungen standzuhalten, da neben dem Erddruck zusätzlich der Wasserdruck auf die Kellerwände einwirkt.

Bei einer durch drückendes Wasser belastete Abdichtung mit PMBC besteht bei nicht sorgfältiger Ausführung die Gefahr des Hinterlaufens.

Das bedeutet, Feuchtigkeit kriecht hinter die Abdichtungsschicht und es kommt zu Ablösung der Sperrschicht. Eine mineralische Dichtungsschlämme am Bodenplattenanschluss verhindert bei PMBC Abdichtungen während der Bauzeit die Hinterfeuchtung der Abdichtungsebene.

Diese Schichten werden auf einen zuvor aufgebrachten Putz aus Zementmörtel aufgebracht.

Die Sperrschichten sind anschließend zu schützen z. B. durch Gleitfolien, Noppenbahnen oder Filtervliesen. Vor der vertikalen Sperrschicht ist eine Sickerschicht vorzusehen.

Bei einer Gründungssohle die mehr als 3,00 m unter Geländeoberkante liegt ist stets die Abdichtung nach den Vorgaben gegen von außen drückendes Wasser auszuführen.

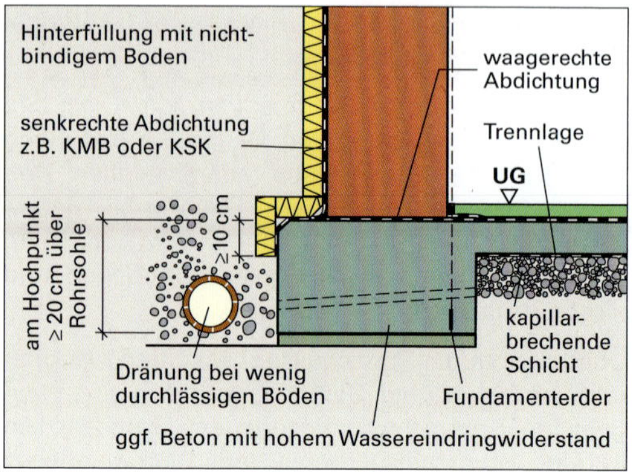

Abb. 5.42: Dränagerohre am Fundament

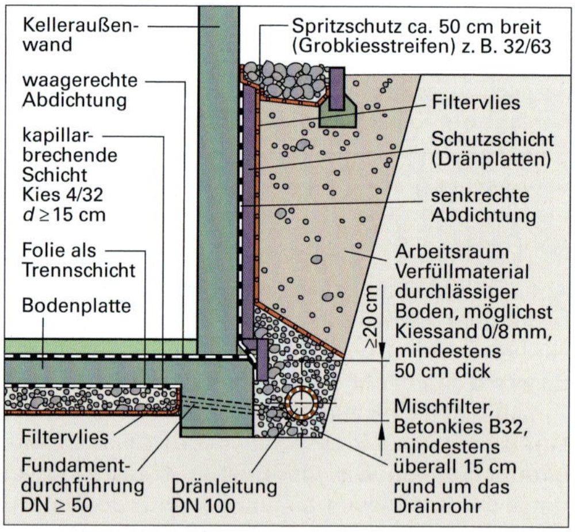

Abb. 5.43: Drainage (Dränung)

Bei der der vertikalen Sperrschicht ist der Fußpunkt mit einer Hohlkehle besonders sorgfältig auszubilden. Die Sperrschicht an der Bodenplatte ist gegen Unterlaufen zu sichern. Dazu ist immer die Kante zu brechen und loser Beton abzufräsen.

Problempunkte stellen bei Abdichtungen stets Rohrdurchführungen dar. Die Baustoffhersteller liefern für die Durchführung Einbauteile die eine risikolose Verbindung mit den Sperrschichten gewährleisten sollen.

Abdichtung mit PMBC

- für W1-E Mindestdicke 3,0 mm (Trockenschichtdicke) ohne Verstärkungseinlage mit Schutzschicht
- für W2.1-E zweilagig Mindestdicke 4,0 mm mit Verstärkungseinlage mit Schutzschicht aus Perimeterdämmplatten oder Dränplatten mit abdichtungsseitiger Gleitfolie.

Tabelle 5.44: Übersicht Abdichtung

	Wassereinwirkungsklasse			Raumnutzungsklasse			Rissklasse		
	1	2.1	4	1	2	3	1	2	3
PMBC	x	x	x	x	x	x	x	x	x
MDS	x		x	x	x		x		
FLK			x	x	x	x	x	x	x

PMBC: Kunststoff modifizierte Bitumendickbeschichtung

MDS: Mineralische Dichtungsschlämme

FLK: Kunststoffabdichtung, flüssig zu verarbeiten

Dränungen

Durch den Einbau von Dränungen (vgl. Abb. 5.43) soll das auf das Bauwerk einwirkende Wasser abgeleitet werden. Bei den Dränungen werden Flächendränungen und Ringdränagen unterschieden. Das anfallende Dränagewasser soll nicht in öffentliche Kanäle eingeleitet werden. Es muss also direkt in die Vorflut eingeleitet werden oder es müssen Versickerungsmöglichkeiten geschaffen werden. In Ausnahme fällen kann das in Lichtschächten und Kelleraußentreppen anfallende Wasser in den Regenkanal abgeleitet werden. Sollte die Dränebene jedoch tiefer liegen, als der Regenkanal ist dies nur durch eine dauerhafte Pumpenlösung zu erreichen. Bei der Planung solcher Dränagen ist jedoch stets die Rückstauproblematik zu bedenken.

Die Ringleitung soll das vor der Kelleraußenwand im verfüllten Arbeitsraum auftretende Sicker- oder Schichtenwasser vom Gebäude ableiten (Vorflut oder Schacht) und dadurch verhindern, dass die Kelleraußenwand durch Wasserdruck belastet wird.

Eine Ringdränage wird um die Kelleraußenwände geführt. Sie besteht heute im Regelfall aus einem mit Filtervlies ummantelten geschlitzten Kunststoffwellrohr DN 100, das in einer Kiesschicht und Kiespackung geführt wird. Vom dem Hochpunkt wird die Leitung mit circa 0,5 % Gefälle bis zur Vorflut bzw. Regenleitung oder Schacht geführt. An den Gebäudeecken sind wie bei jeder Richtungsänderung Kontrollschächte vorzusehen. Sie dienen zur Inspektion der Leitungen mithilfe von Kanalkameras und ermöglichen bei Bedarf das Spülen der Dränageleitungen, falls diese durch Versandung ihre Funktionsfähigkeit verlieren.

Um das Wasser der Ringleitung zuzuleiten, wird vor der Kellerwand eine vertikale Dränschicht aus Dränelementen eingebaut.

Dränungen sind nicht geeignet bei dauernd hohen Grundwasserständen.

Angesichts des Aufwands für die Herstellung einer Dränung und der erforderlichen Prüf- und Wartungsarbeiten, sollte man auf Dränungen verzichten und eine druckwasserhaltende Kellerabdichtung planen.

Eine Bauwerksdränage besteht aus einer Flächendränage unter der Fundamentplatte und einer Ringdränage mit Kontrollschächten und einem Übergabeschacht.

Abdichtung gegen drückendes Wasser

Um einen Keller dauerhaft sicher vor Druckwasser zu schützen muss eine Wannenbauweise gewählt werden. Es werden schwarze Wannen und weiße Wannen unterschieden.

Wenn der Grundwasserstand auch während der Bauzeit höher als die Baugrubensohle ansteht, ist die Baugrube durch eine Grundwasserabsenkung während der Bauzeit vor Wassereintritt zu schützen. Dazu werden am Baugrubenrand z. B. Pumpen eingebaut die den Grundwasserstand absenken. Die Auswirkung der Grundwasserabsenkung auf die eventuell vorhandenen Nachbarbauwerke ist zu überprüfen.

Ist der Wasseranfall während der Bauzeit nicht besonders hoch, kann durch Pumpensümpfe das Wasser abgeleitet werden.

Hohe Grundwasserstände erfordern Maßnahmen zur Trockenhaltung der Baugrube.

Schwarze Wanne

Bei einer schwarzen Wanne handelt es sich um einen an den Innenseiten durch Dichtungsbahnen abgedichteten Trog aus Mauerwerk.

An diese Trogwände wird das Kelleraußenmauerwerk erstellt. Durch den Erd- und Wasserdruck wird die Abdichtungsschicht zwischen den Mauerwänden gehalten.

Die Trogwände sind bis 30 cm über den Bemessungswassersrand auszuführen. Die zu wählende Abdichtung an den Trogwänden und der Bodenplatte richtet sich nach dem zu erwartenden Wasserdruck.

Schwarze Wannen sind aufwendig herzustellen.

Weiße Wannen

Weiße Wannen werden aus Beton mit hohem Wassereindringwiderstand (WU-Beton) hergestellt. Die Wände können aus Ortbeton, mit Betonelementwänden oder auch mit Betonfertigteilen hergestellt werden.

Für die Ausführung sind die Bestimmungen und Empfehlungen der WU-Richtlinie zu beachten. In Abhängigkeit von der Wasserbelastung, Konstruktionsweise und geplanten Nutzung werden in der Richtlinie Vorgaben für die Ausführung gemacht.

Die Betrachtung der Wasserundurchlässigkeit muss dabei alle Aspekte wie Fugen; Arbeitsfugen; Sollrissstellen, Risse und Durchdringungen umfassen.

Für Bodenplatte und Wand sind bei der Ausführung Mindestdicken gefordert.

Die Anschlussfuge Wand – Bodenplatte muss dabei durch eingebaute Fugenbleche oder Fugenbänder besonders abgedichtet werden (vgl. Abb. 5.46). Um das Fugenband in seiner Lage zu halten, bietet sich die Verwendung von Fugenbandkörben an.

Tabelle 5.45: Mindestdicken für die weiße Wanne
Ausführung in WU-Beton

	Wände	Bodenplatte
Ortbeton	200 mm	150 mm
Elementwand	240 mm	-------
Fertigteile	100 mm	100 mm
Ortbeton	240 mm	250 mm
Elementwand	240 mm	-------
Fertigteile	200 mm	200 mm

Abb. 5.46: Wandanschluss mit Fugenblech oder Fugenband

Die Rissgefahr bei großen Wandlängen und im Bereich Wandfuß durch die Betonierung der Wand auf den bereits erhärteten Beton der Bodenplatte wird durch Rissbreitenbewehrung und entsprechend geplante Fugen verhindert.

Meist werden unbeschichtete Fugenbleche mit $s \geq 1{,}5$ mm für die Abdichtung von Arbeitsfugen und Fugenbänder für die Abdichtung von Bewegungsfugen eingebaut.

Weiße Wannen aus Stahlbeton bieten bei sachgemäßer Ausführung trockene Keller.

Tabelle 5.47: Dichtstoffe und ihre Verwendung

Arten der Dichtstoffe				
Form	**Bezeichnung**	**Werkstoff**	**Fugenarten**	**Bauteil/Bauwerk**
Elementdichtstoffe	Folie	Metall		Brücken Terrassen
	Profile	Kautschuk oder Kunststoff		Fertigteile Verblen- dungen
	Bänder	Kunststoff	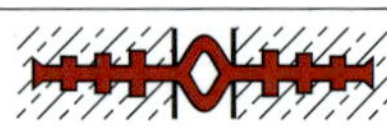	Brücken Behälter
Massendichtstoffe	gussförmige Stoffe	Heißverguss- massen Bitumen + Füller		Beton- fahrbahn
	elastische Fugen- vergussmasse	Silikon- Kautschuk Polyurethan Polysulfid- Kautschuk	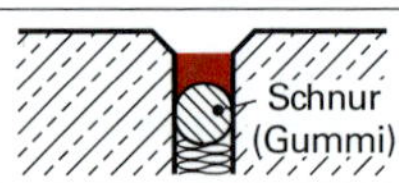	Fertigteile

5.8 Abrechnung von Mauerwerk

Mauerwerk wird nach Art des Mauerwerks und der Dicke gemäß DIN 18300 (Allgemeine Technischen Vertragsbedingungen ATV) nach m^2 oder m^3 abgerechnet.

Als Abrechnungsgrundlage können die Konstruktionsmaße der Bauzeichnungen genommen werden, sofern nicht ein Aufmaß nach Fertigstellung notwendig ist.

Abrechnung von Mauerarbeiten (vgl. Abb. 5.48):

- Bei Verblendmauerwerk wird die Länge der Außenseite der Verblendschale angenommen.
- Leibungen mit nach der größten Länge nach Metern abgerechnet.
- Bei Wandstößen und Wandkreuzungen wird die dickere Wand durchgehend gerechnet.
- Öffnungen über 2,50 m^2 Einzelfläche müssen ab gezogen werden.
- Mauerwerkspfeiler kleiner als 50 cm Breite werden gesondert berücksichtigt, wenn es zum Abzug der links- und rechtsliegenden Öffnungen kommt.
- Werden Mauerwerkspfeiler nicht gesondert erfasst, und sind sie aus dem gleichen Wandmaterial wie die Wand in der sie stehen, werden sie bei der Wandermittlung berücksichtigt.
- Stürze, Rollschichten und Fensterbänke werden nach der größten Länge in Metern erfasst.
- Bei Decken wird die Höhe bis Unterkante Stahlbetondecke angenommen. Liegt die Decken am Endauflager nicht vollständig auf, ist die Wandhöhe bis Oberkante der Stahlbetondecke anzunehmen.
- Stützen, Unterzüge in Wänden werden bis zu 30 cm Breite übermessen. Erst über 30 cm ist ein Abzug notwendig.

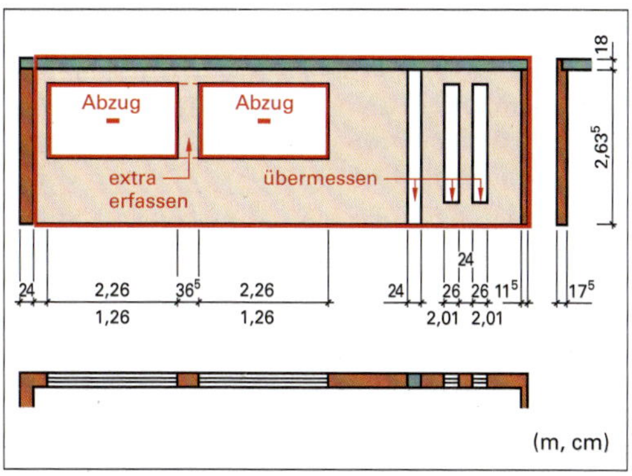

Abb. 5.48: Abrechnung von Mauerwerk

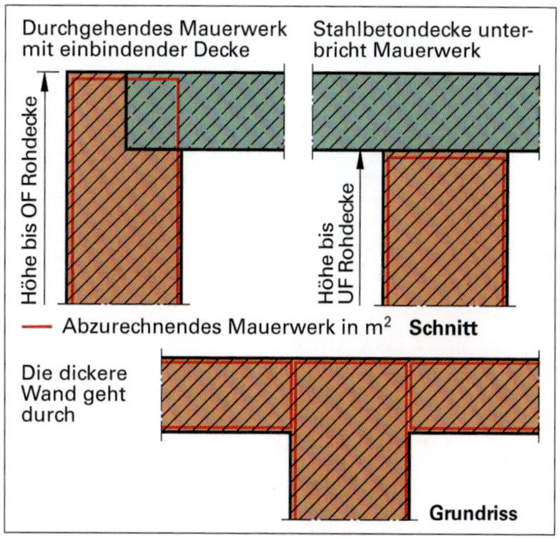

Abb. 5.49: Abrechnungsgrundsätze

Beispiel

Abrechnung von Bruchsteinmauerwerk in m^3

Die abgebildete Mauer soll 45 cm dick aus Bruchsteinen errichtet und allseitig ausgefugt werden. Zu berechnen sind

a) das Volumen der Mauer;
b) der Bedarf an Bruchsteinen und Mauermörtel;
c) die auszufugende Fläche;
d) der Bedarf an Fugenmörtel

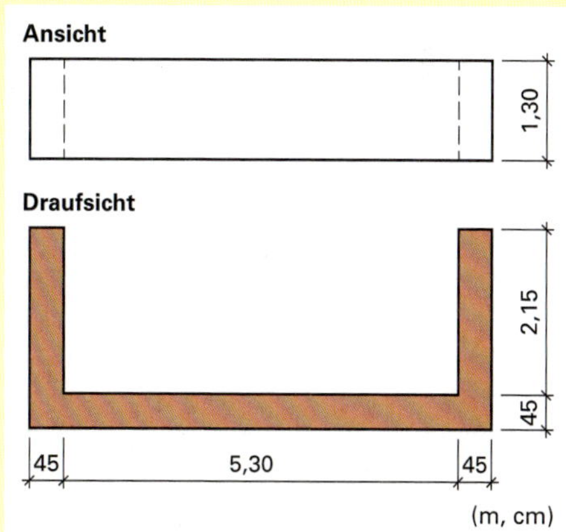

Lösung

a) Mauervolumen:
$[5{,}30\ m + 2 \cdot (2{,}60\ m - 0{,}45\ m)] \cdot 0{,}45\ m \cdot 1{,}30\ m$
$= 5{,}616\ m^3$

b) Laut Materialangaben des Lieferanten benötigt man ja m^3 Mauerwerk 1,25 m^3 lose Bruchsteine und 380 ℓ Mörtel:
$5{,}616 \cdot 1{,}25\ m^3 = 7{,}020\ m^3$ lose Bruchsteine
$5{,}616 \cdot 380\ \ell = 2135\ \ell$ Mauermörtel

5

c) Mauerfläche:
$2 \cdot [5{,}30\ m + 2{,}60\ m + (2{,}60\ m - 0{,}45\ m)] \cdot 1{,}30\ m = 26{,}13\ m^2$

Ausfugen von Mauerwerk aus künstlichen Steinen	
Steinformat	Bedarf an Fugenmörtel je m^2 in ℓ
DF	7
NF	5,5
2DF	4
Natursteinmauerwerk	
Bedarf für 1 m^3 Bruchsteinmauerwerk	
1,25 m^3 lose Bruchsteine	380 Liter Mauermörtel
Bedarf für 1 m^2 Mauerfläche	15 ℓ Fugenmörtel

d) Laut Materialangaben des Lieferanten je m^2 15 ℓ Fugenmörtel:
$26{,}13 \cdot 15\ ℓ = 392\ ℓ$ Fugenmörtel

Beispiel

Abrechnung von Mauerwerk aus 2DF-Steinen

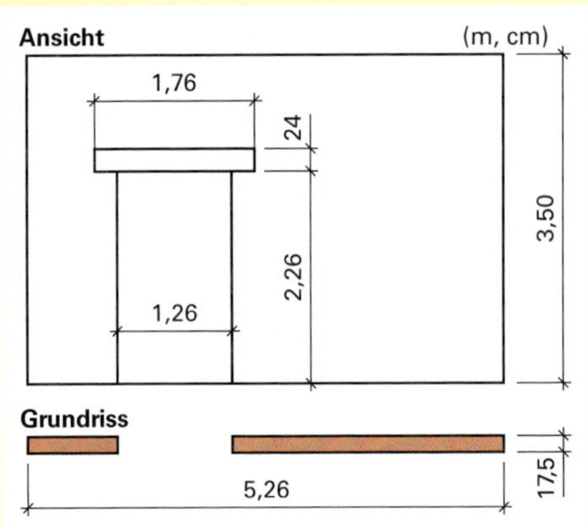

Die oben abgebildete Mauer soll aus 2DF-Steinen errichtet werden. Zu berechnen sind
a) das Volumen des Mauerwerks (Fensteröffnung und Öffnungsüberdeckung sind abzuziehen) in m^3 und
b) der Stein- und Mörtelbedarf.

Lösung

a) Volumen des Mauerwerks:
$(5{,}49\ m \cdot 3{,}00\ m - 2{,}51\ m \cdot 1{,}76\ m - 3{,}26\ m \cdot 0{,}365\ m) \cdot 0{,}365\ m = 3{,}964\ m^3$

b) Nach Tabelle sind je m^3 272 Steine und 225 ℓ Mörtel erforderlich:
$3{,}964 \cdot 272 = 1079$ 2DF-Steine
$3{,}964 \cdot 225\ ℓ = 890\ ℓ$ Mörtel

Beispiel

Abrechnung von Mauerwerk aus 3DF-Steinen

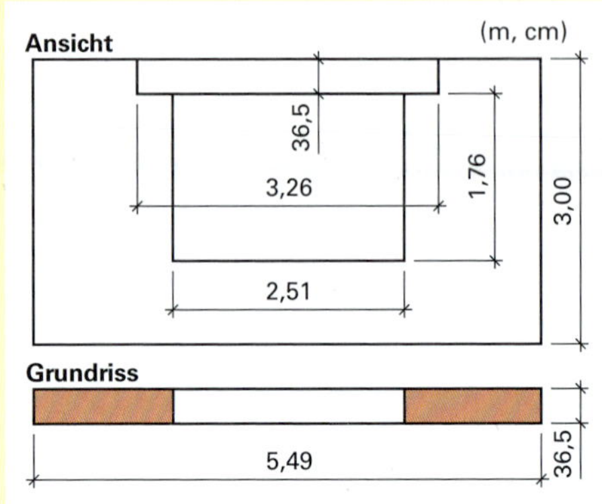

Die oben dargestellte Wand soll 17,5 cm dick aus 3DF-Steinen hergestellt werden. Zu berechnen sind
a) die Fläche des Mauerwerks (Türöffnung und Öffnungsüberdeckung sind abzuziehen) und
b) der Stein- und Mörtelbedarf.

Lösung

a) Mauerfläche:
$5{,}26\ m \cdot 3{,}50\ m - 1{,}26\ m \cdot 2{,}26\ m - 1{,}76\ m \cdot 0{,}24\ m = 15{,}14\ m^2$

b) Nach Tabelle werden je m^2 33 3DF-Steine und 29 ℓ Mörtel benötigt:
$15{,}14 \cdot 33 = 500$ 3DF-Steine
$15{,}14 \cdot 29\ ℓ = 440\ ℓ$ Mörtel

5.9 Mauerwerksnachweise für Kellerwände

Voraussetzung für den Mauerwerksnachweis ist die Kenntnis der anstehenden Lasten an der Wand.

Der Arbeitsaufwand für die Nachweise kann dadurch vereinfacht werden, indem jeweils für Außenwand und Innenwand die höchst beanspruchte Wand nachgewiesen wird.

Bei der Außenwand ist dies im Regelfall die Wand mit der höchsten Erdanschüttung und einer geringen Auflast.

Nachweis von Kellerinnenwänden

Kellerinnenwände können ebenso wie die Kelleraußenwände mit dem **allgemeinen Verfahren** nach DIN EN 1996-1-1/Na oder nach dem **vereinfachten Verfahren** nach DIN EN 1996-3/NA nachgewiesen werden.

Sind bestimmte Bedingungen (z. B. höchstens 3 Geschosse) erfüllt kann nach Anhang A der DIN EN 1996-3 mit weiteren Vereinfachungen gerechnet werden, z. B. dem stark vereinfachten Nachweis.

Es ist stets nachzuweisen, dass die einwirkende Normalkraft kleiner gleich der Traglast der Wand ist.

$N_{Ed} \leq N_{Rd}$ oder $N_{Ed}/N_{Rd} \leq 1$

Der Nachweis ist für den Wandkopf, die Wandmitte und den Wandfuss zu führen. Aus Vereinfachungsgründen wird der Wandfuß mit dem Minimalwert des Traglastfaktors ϕ_1 und ϕ_2 nachgewiesen.

Für die Traglast kann gerechnet werden mit

$$N_{Ed} = 1{,}35 \cdot N_{Gk} + 1{,}5 \cdot N_{Qk}$$

Bei Hochbauten mit Stahlbetondecken und Nutzlasten $q_k \leq 3{,}0$ kN/m² mit

$$N_{Ed} = 1{,}4 \cdot (N_{Gk} + N_{Qk})$$

Der Tragwiderstand N_{RD} ist zu berechnen mit

$N_{RD} = \phi \cdot f_d \cdot A$ ϕ Traglastfaktor

Zu unterscheiden sind die Werte ϕ_1 und ϕ_2. Es ist der kleinste Wert der Werte ϕ für den Nachweis anzusetzen.

Teilsicherheitsbeiwerte
Ständige und vorübergehende Einwirkungen $\gamma = 1{,}5$

$f_d = \zeta \cdot \frac{f_k}{\gamma_M}$ mit $\zeta = 0{,}85$

ζ berücksichtigt die Dauerstandsfestigkeit des Mauerwerks
f_k ist die charakteristische Druckfestigkeit des Mauerwerks.
γ_M ist der Teilsicherheitsbeiwert für Mauerwerk
A ist die Querschnittsfläche der zu berechnenden Wand.

f_d ist der Bemessungswert der Mauerwerksdruckfestigkeit. Bei Wandquerschnitten kleiner 0,1 m² ist der Wert für f_d mit dem Faktor 0,8 zu multiplizieren. Das entspricht einer Verringerung um 20 %.

Durch den Traglastfaktor ϕ_1 wird die ausmittige Belastung durch das Deckenauflager, durch ϕ_2 die Knickgefahr berücksichtigt.

Außengewöhnliche Einwirkung $\gamma = 1{,}3$

Bei Wandquerschnitten mit $A \leq 0{,}1$ m² ist der Wert f_d = mit dem Faktor 0,8 zu reduzieren.

Beanspruchte Wandquerschnitte mit $A < 0{,}04$ m² sind nicht zulässig.

Wichtig für die Berechnung und die Auswahl des Verfahrens ist die Berechnung der Knicklänge für die Wandschlankheit (h_{ef} Knicklänge, t Wanddicke).

$\lambda = \frac{h_{ef}}{t}$ (Wandschlankheit)

Vorausetzung für den vereinfachten Nachweis: $\lambda \leq 27$

Vorausetzung für den stark vereinfachten Nachweis: $\lambda \leq 21$

Vereinfachter Mauerwerksnachweis

Folgende Bedingungen müssen nach DIN EN 1996-3/NA eingehalten werden.:

- für die Höhe h des Gebäudes über Gelände muss gelten: $h \leq 20$ m
- für die Stützweiten l der Decken muss gelten: $l \leq 6{,}00$ m (Zentrierleisten einsetzen wenn $l > 6{,}00$ m)
- Die Auflagertiefe a der Decke muss mindestens die halbe Wanddicke ($t/2$) oder größer 10 cm betragen.
- Bei Wanddicken $t \geq 36{,}5$ cm darf a auf $0{,}45 \cdot t$ verringert werden.
- Das Überbindemaß muss $l_{ol} \geq 0{,}4 \cdot$ Steinhöhe bzw. $l_{ol} \geq 4{,}5$ cm betragen.
- die Bedingungen der Tabelle 5.50 sind einzuhalten

Für den Nachweis sind folgende Fälle zu unterscheiden:

1. Endauflager einer Decke mit/ohne Auflast
2. Endauflager mit Auflast (Geschoßdecke)
3. Zwischenauflager Geschoßdecke und Dachdecke

Ermittlung von ϕ_1

Bei Endauflagern gilt bei Gebäuden mit höchstens drei Geschossen und einer Mauerwerksdruckfestigkeit

$f_k \geq 1{,}8$ kN/mm² $\phi_1 = 1{,}6 - \frac{l}{6} \leq 0{,}9 \cdot \frac{a}{t}$

$f_k < 1{,}8$ kN/mm² $\phi_1 = 1{,}6 - \frac{l}{5} \leq 0{,}9 \cdot \frac{a}{t}$

Tabelle 5.50: Bedingungen für vereinfachtes Verfahren

	Bauteil	Wanddicke *t* [cm]	Lichte Geschosshöhe *h* [m]	Nutzlast der Decke [kN/m²]	Gebäudehöhe/ Anzahl der Geschosse	Abstand der aussteifenden Querwände e_q
1	Innenwände ≤	≤ 11,5 < 24	≤ 2,75	≤ 5,0	≤ 20 m	keine Einschränkung
2		≥ 24	keine Einschränkung			
3	Einschalige Außenwände	≥ 11,5 < 17,5	≤ 2,75		Nur für eingeschossige Garagen	
4		≥ 17,5 < 24			≤ 20 m	
5		≥ 24	≤ 12 · t			
6	Tragschale zweischaliger Außenwände und Zweischalige Haustrennwände	≥ 11,5 < 17,5	≤ 2,75	≤ 3,0 inkl. Trennwandzuschlag	≤ 2 Vollgeschosse + ausgebautes Dachgeschoss	e_q ≤ 4,5 m Randabstand von einer Öffnung *e* ≤ 2,0 m
7		≥ 17,5 < 24		≤ 5,0	≤ 20 m	keine Einschränkung
8		≤ 24	≤ 12 · *t*			

Bei Dachdecken (Decken über dem obersten Geschoss mit geringen Auflasten gilt: $\phi_1 = 0{,}333$

Wird die Auflagerkraft durch Zentierung eingeleitet gilt bei teilweise aufliegender Deckenplatte:

$$\phi_1 = 0{,}9 \cdot \frac{a}{t}$$

Bei Zwischenauflagern liegt die Decke voll auf, es gilt: $\phi_1 = 0{,}9$

Ermittlung von ϕ_2

Für zweiseitig gehaltende Wände gilt:

$$\phi_2 = 0{,}85 \cdot \frac{a}{t} - 0{,}0011 \cdot \left[\frac{h_{ef}}{t}\right]^2$$

h_{ef} Knicklänge in m, $h_{ef} = \rho \cdot h$
ρ Abminderungsfaktor nach Tabelle

Tabelle 5.51: Abminderungswerte ρ für Knicklänge

Wanddicke *t* [cm]	Abminderungswert ρ	Mindestauflagertiefe *a* [cm]
≤ 17,5	0,75	*a* = *t*
17,5 < *t* ≤ 24	0,90	*a* = *t*
17,5 < *t* ≤ 25	0,90	*a* = *t*
> 25	1,00	*a* ≥ 17,5

Stark vereinfachtes Verfahren nach DIN EN 1996-3 Anhang A

Es müssen folgende Anwendungsbedingungen vorliegen:

- Nicht mehr als drei Geschosse über Geländehöhe
- Die lichte Geschosshöhe ≤ 3,00 m
- Die kleinste Gebäudeabmessung ≥ 1/3 der Gebäudehöhe
- Wandhöhen ≤ 2,75 m
- Wandschlankheit $\lambda \leq 2\ 1$
- Auflagertiefe der teilaufliegenden Decke $a \geq (2/3) \cdot t$ mindestens 8,5 cm
- Mauerdruckfestigkeit ≥ 1,8 N/mm²
- Deckenauflagertiefe $a \geq \max\ (2/3) \cdot t$
  wenn $a < t$, dann $t \geq 30$ cm
  $q_k \leq 5$ kN/m² bzw. 3 kN/m²

Beim stark vereinfachten Verfahren (lichte Geschosshöhe ≤ 3,00 m, kleinste Gebäudeabmessung mindestens 1/3 der Gebäudehöhe, Wände sind rechtwinklig zur Wandhöhe gehalten) kann der Traglastfaktor in Abhängigkeit von der Schlankheit der Wand angesetzt werden. In der Regel wird der Traglastfaktor für $h_{ef}/t \leq 18$ mit $\phi = 0{,}5$ und für $h_{ef}/t \leq 21$ mit $\phi = 0{,}33$ angesetzt.

Beispiel

Kellerinnenwand (vereinfachtes Verfahren)
Material KSL 12 – 1,8 NMIII $f_k = 5{,}6$ mm²
$N_g = 110$ kN/m, $N_q = 46$ kN/m

Deckenspannweite links $l = 5{,}50$ m
Deckenspannweite rechts $l = 6{,}00$ m
Wanddicke $t = 17{,}5$ cm, $h = 2{,}60$ m,
beidseitig Putz, zweiseitig gehalten

Die Bedingungen für den vereinfachten Nachweis sind eingehalten.

Für den Nachweis der Innenwand ist nur die Knicksicherheit nachzuweisen.

Für zweiseitig gehaltende Wände gilt:

$$\phi_2 = 0{,}85 \cdot \frac{a}{t} - 0{,}0011 \cdot \left(\frac{h_{ef}}{t}\right)^2$$

h_{ef} Knicklänge im m $\quad$ $\boldsymbol{h_{ef} = \rho \cdot h}$
$\rho = 0{,}75$, da $t = 17{,}5$ cm und $a = t$
$h_{ef} = 0{,}75 \cdot 2{,}6 = 1{,}95$ m

$\lambda = 1{,}95/0{,}175 = 11{,}1$

$$\phi_2 = 0{,}85 \cdot \frac{0{,}175}{0{,}175} - 0{,}0011 \cdot \left(\frac{1{,}95}{0{,}175}\right)^2$$

$\phi_2 = 0{,}85 \cdot 1 - 0{,}0011 \cdot 124{,}2$
$\phi_2 = 0{,}85 - 0{,}14$
$\phi_2 = 0{,}71$

$$f_d = 0{,}85 \cdot \frac{5{,}6}{1{,}5} = 3{,}17 \text{ N/mm}^2$$

$N_{Rd} = \phi \cdot f_d \cdot A$
$N_{Rd} = 0{,}71 \cdot 3{,}17 \cdot 175 \cdot 1000$
$N_{Rd} = 394287 \text{ N} = 394{,}3$ kN

Eigenlast der Wand mit Putz am Wandfuss:
$N_g = (0{,}175 \cdot 16 + 0{,}03 \cdot 18) \cdot 2{,}6 = 8{,}7$ kN
$N_d = (110 + 8{,}7) \cdot 1{,}35 + 46 \cdot 1{,}5 = 229{,}2$ kN

$\boldsymbol{N_{Ed} \le N_{Rd}}$ oder $\boldsymbol{\frac{N_{Ed}}{N_{Rd}} \le 1}$

$\frac{229{,}2}{394{,}3} = 0{,}58 < 1$ Nachweis erfüllt

In vielen Fällen lässt sich die Tragfähigkeit einer Kellerinnenwand mit dem stark vereinfachten Nachweis nachweisen.

Sind für das obige Zahlenbeispiel die Bedingungen für das **stark vereinfachte Verfahren** eingehalten sieht der Nachweis wie folgt aus:

Es muss gelten: $n_{Rd} = c_a \cdot f_d \cdot t$

mit $c_a = 0{,}7$ für $\lambda \le 10$,

$c_a = 0{,}5$ für $10 < \lambda \le 18$ bzw.

$c_a = 0{,}33$ für $\lambda \le 21$

Bei stark vereinfachten Verfahren wird die Schlankheit mit dem Faktor c_a erfasst, und nicht ϕ_2 ermittelt.

Beispiel

Kellerinnenwand (stark vereinfachtes Verfahren)
Material KSL 12–1,8 NMIII $f_k = 5{,}6$ mm²
$N_g = 110$ kN/m und $N_q = 46$ kN/m

Deckenspannweite links $l = 5{,}50$ m
Deckenspannweite rechts $l = 6{,}00$ m
Wanddicke $t = 17{,}5$ cm, $h = 2{,}60$ m,
beidseitig Putz, zweiseitig gehalten

Für den Nachweis der Innenwand ist nur die Knicksicherheit nachzuweisen. Für zweiseitig gehaltende Wände gilt:

h_{ef} = Knicklänge im m und $h_{ef} = \rho \cdot h$
$\rho = 0{,}75$ da $t = 17{,}5$ cm und $a = t$
$h_{ef} = 0{,}75 \cdot 2{,}6 = 1{,}95$ m und $\lambda = 1{,}95/0{,}175 = 11{,}1$
$c_a = 0{,}5$

$f_d = 0{,}85 \cdot 5{,}6/1{,}5 = 3{,}17$ N/mm²
$N_{Rd} = c_a \cdot f_d \cdot A$
$N_{Rd} = 0{,}5 \cdot 3{,}17 \cdot 175 \cdot 1000$ N
$N_{Rd} = 277375 \text{ N} \Rightarrow N_{Rd} = 277{,}4$ kN

Eigenlast der Wand mit Putz am Wandfuß:
$N_g = (0{,}175 \cdot 16 + 0{,}03 \cdot 18) \cdot 2{,}6 = 8{,}7$ kN
$N_d = (110 + 8{,}7) \cdot 1{,}35 + 46 \cdot 1{,}5 = 229{,}2$ kN
$N_{Ed} \le N_{Rd}$ oder $N_{Ed}/N_{Rd} \le 1$
$229{,}2/277{,}4 = 0{,}83 < 1$ Nachweis erfüllt

5

Nachweis der Kelleraußenwand

Ein statischer Nachweis der Kelleraußenwand kann mit dem vereinfachten Verfahren nach DIN EN 1996-3/NA oder dem allgemeinen Verfahren nach DIN EN 1996-1-1/NA geführt werden. Bei den Rechenverfahren wird die Bogentragfähigkeit der Kellerwand angesetzt.

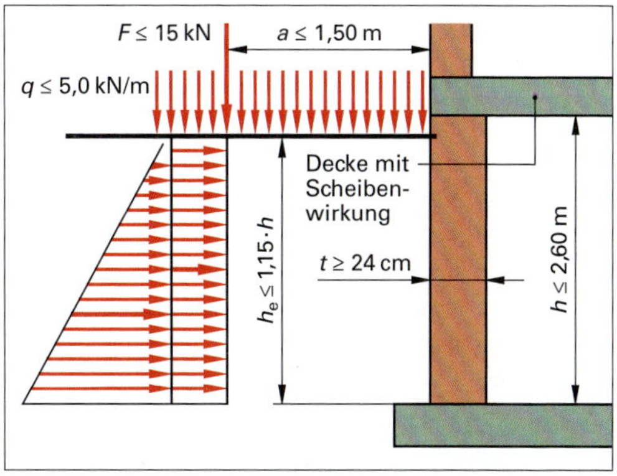

Abb. 5.52: Bedingungen für Nachweis Kelleraußenwand

Bedingungen für den vereinfachten Nachweis von Kellerwänden (vgl. Abb. 5.52).

- Verkehrslast im Außenbereich $q_k \leq 5$ kN/m²
- die Kellerdecke wirkt als Scheibe
- die Mindestwanddicke ist $t \geq 24$ cm
- die lichte Höhe des Kellergeschosses (h) ist kleiner gleich 2,60 m
- die Anschütthöhe des Erdreichs ($h_e \leq 1{,}15 \cdot h$)
- keine ansteigende Geländeoberfläche
- kein Wasserdruck auf die Wand
- die Querkraft am Wandfuß kann aufgenommen werden (Reibungskoeffizient ≥ 0,6)
- keine Einzellast größer als 15 kN im Abstand kleiner 1,5 m von der Außenwand
- Charakteristische Verkehrslast im Bereich der Keller außenwand nicht größer als 5 kN/m²
- die Verfüllung und Verdichtung des Arbeitsraums
- für die Auflast N_{Ed}, der Kelleraußenwand in halber Anschütthöhe wird die nachstehende Bedingung erfüllt.

($n_{Ed,min}$) $N_{Ed,min} \geq (\gamma \cdot h \cdot h_e^2) / (\beta \cdot t)$

t Wanddicke, h_e Anschüttungshöhe $\leq 1{,}15 \cdot h$
h Lichte Höhe der Kellerwand
γ Wichte der Erdanschüttung
β Faktor zur Berücksichtigung der Tragwirkung

$\beta = 20$ für $\frac{b_c}{h} \geq 2$

$\beta = 60 - 20 \cdot b_c/h$ für $1 < \frac{b_c}{h} < 2$

$\beta = 40$ für $\frac{b_c}{h} \leq 1$

b_c Achsabstand der aussteifenden Querwände

In halber Kellerwandhöhe ist die maximale Normalkraftbeanspruchung nicht größer, als sich nach der der Formel ergibt.

$N_{Ed,max} \leq (t \cdot f_d) / 3$ [kN/m]

Im Bereich von Terrassen mit fehlenden Auflasten durch Mauerwerk wird die Bedingung des vereinfachten Nachweises nicht eingehalten werden können.

Lässt sich der Nachweis nach dem vereinfachten Verfahren nicht erbringen, kann ein Statiker mit dem allgemeinen Verfahren versuchen die Standfestigkeit nachzuweisen.

Für den Nachweis von Kellerinnenwänden bieten sich drei Nachweisverfahren an.

Beispiel

Nachweis Kelleraußenwand

Die Bedingungen für den Nachweis sind eingehalten.
Material KSL 12-1,6 NMIIIa, $f_k = 6{,}3$ mm²
$N_g = 38$ kN/m, $N_q = 27$ kN/m, $\gamma = 18$ kN/m³
Aussteifende Wände im Abstand $b_c = 4{,}50$ m

Wanddicke $t = 36{,}5$ cm, $h = 2{,}60$ m,
beidseitig Putz, zweiseitig gehalten

Die Bedingungen für den vereinfachten Nachweis sind eingehalten.
Die Belastung in der halben Höhe der Kellerwand muss größer als $N_{Ed,min}$ und kleiner als $N_{Ed,max}$ sein.

$b_c < 2 \cdot h \Rightarrow 4{,}50 < 2 \cdot 2{,}6$ damit

$$\beta = 60 - 20 \cdot \frac{4{,}5}{2{,}6} \quad \Rightarrow \quad \beta = 25{,}4$$

$$f_d = 0{,}85 \cdot \frac{6{,}3}{1{,}5} = 3{,}57 \text{ N/mm}^2$$

$$N_{Ed,min} \geq \frac{\gamma \cdot h \cdot h_e^2}{\beta \cdot t}$$

$$N_{Ed,min} = \frac{18 \cdot 2{,}6 \cdot 2{,}5^2}{25{,}4 \cdot 0{,}365} \quad \Rightarrow \quad N_{Ed,min} = 31{,}5 \text{ kN}$$

$$N_{Ed,max} = t \cdot \frac{f_d}{3}$$

$$N_{Ed,max} = 365 \cdot \frac{3{,}57}{3} = 434{,}4 \text{ kN}$$

Belastung in halber Wandhöhe
Eigenlast Wand

$g_d = [1{,}3 \cdot (0{,}365 \cdot 17 + 0{,}03 \cdot 18)] \cdot 1{,}35$
$g_d = 11{,}8$ kN
$N_{Ed} = 1{,}4 \cdot (38 + 27) + 11{,}8 = 102{,}8$ kN

$\mathbf{N_{Ed,min} < N_{Ed} < N_{Ed,max}}$
31,5 < 102,8 < 434,4

5.10 Standardleistungsverzeichnis

Das Leistungsverzeichnis soll nur solche Angaben enthalten, die für den Bieter für die Preisfindung von Bedeutung sind. Deshalb brauchen nach § 9 Nr. 13 VOB/A auch Leistungen, die nach den Technischen Vertragsbedingungen zu der geforderten Leistung gehören, nicht im Leistungsverzeichnis aufgeführt zu werden. In den Vergabehandbüchern wird dazu deutlich herausgestellt:

Es sind ausschließlich Art und Umfang der zu erbringenden Leistungen sowie alle die Ausführung der Leistung beeinflussenden Umstände zu beschreiben sind. Alle anderen Angaben, wie z. B. Zahlungsweise, Sicherheitsleistungen, zu Verjährungsfristen für Mängelansprüche usw. gehören in die der Leistungsbeschreibung vorgeschalteten Vertragsbedingungen. Ebenso sind Wiederholungen oder Abweichungen von den Allgemeinen und Zusätzlichen Technischen Vertragsbedingungen zu vermeiden.

Beispiel

Leistungsverzeichnis Kurz- und Langtext
Projekt: 1012 Generalsanierung Realschule Bonn
LV : 02.4 Rohbauarbeiten BA IV Turnhalle
OZ
Leistungsbeschreibung
Menge ME
Einheitspreis in Euro
Gesamtbetrag in Euro

Sichtmauerwerk 4,000 m^2...... ....

1.3.40. KS-Mauerwerk neu 11,5

Innenmauerwerk aus Kalksandstein, Wandstärke 11,5 cm Festigkeitsklasse 12, Rohdichte 1,8, Mörtelgruppe nach DIN EN 998-2, als feuerbeständiges Mauerwerk in F 90 Qualität nach DIN 4102, liefern und einbauen.
Das Mauerwerk ist raumhoch aufzumauern bis auf max. 3,30 m. Die erforderliche Gerüststellung ist einzurechnen. Oberflächen geeignet für spätere bauseitige Aufbringung von Wandfliesen auf Kalkzementputz. Das Anlegen der ersten Steinschicht hat grundsätzlich mit Zementmörtel MG III (M 10) zu erfolgen. Die Kimmschicht wird nicht gesondert berechnet, sondern ist in den m^2 Preis einzukalkulieren. Erforderliche Passsteine sind mit einer Steinsäge zu schneiden. Verbindung der Wände untereinander in Stumpfstoßtechnik incl. geeignetes Edelstahlankerblech in jeder Lagerfuge. Die Stumpfstoßanschlussfuge ist satt zu vermörteln.

Die Ziegel- und Kalksandsteinindustrie bieten Ausschreibungstexte auf der Basis des digitalen StLB-Bau zur Erzeugung individueller Leistungsverzeichnisse an.

5.11 Kellerlichtschächte

Kellerlichtschächte dienen der Belichtung und Beleuchtung von Räumen unter der Erdgleiche (z. B. im Keller).

Kellerlichtschächte werden in gemauerter oder betonierter Ausführung wegen der hohen Herstellungskosten (dem hohem Arbeitsaufwand) nur noch hergestellt, wenn große Abmessungen oder besondere Anforderungen (z. B. hinsichtlich der Überfahrbarkeit) dies erfordern. Technische Probleme bestehen dann hinsichtlich der einwandfreien Verfüllung und Verdichtung sowie der Wandabdichtung unterhalb der auskragenden Auflagerplatte.

Für kleinere Ausführungen, den typischen Kellerfenstern im Ein- oder Mehrfamilienhaus, werden heute fast ausschließlich vorgefertigte Lichtschächte aus glasfaserverstärktem Kunststoff (GFK) (vgl. Abb. 5.53) oder aus Polypropylen (PP) neben U-förmigen Betonfertigteilen (vgl. Abb. 5.54) eingebaut. Entwässerungsabläufe und Gitterrostabdeckungen gehören bei den GFK- und PP-Bauprodukten zum Lieferprogramm. Abmessungen bis 2,00 m Länge und 1,50 m Höhe sind im Handel erhältlich.

Bei den an der Wand befestigten U-förmigen Betonfertigteilen wird i.d.R. der Boden offen belassen und mit Grobkies befüllt. Grundsätzlich sollte die Lichtschachtsohle ca. 15 cm tiefer als die Fensterbrüstung liegen (Spritzschutz) und entwässert werden.

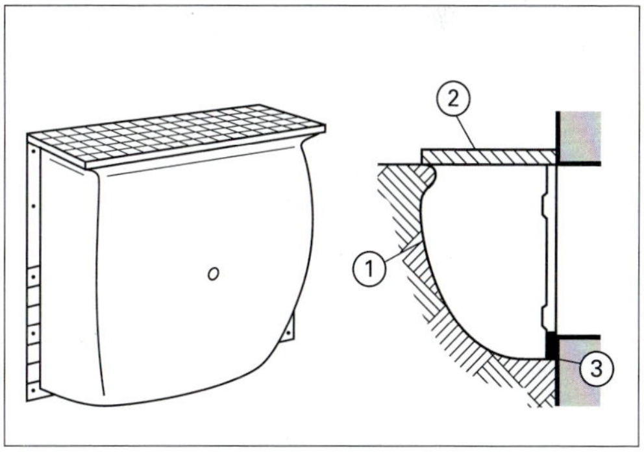

Abb. 5.53: Kunststoff-Lichtschacht
1) GFK-Schale, 2) Gitterrost, 3) Dichtungsband

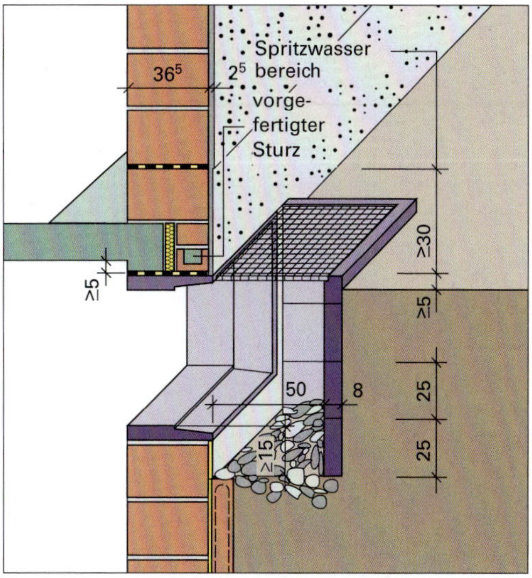

Abb. 5.54: Kellerlichtschacht als U-formiges Fertigteil

Aufgaben zum LF 5 Planen eines Kellergeschosses

Hinweis: Für die Ermittlung des Baustoffbedarfs verwenden Sie Werte aus Tabellenbüchern oder Angaben aus dem Baustoffkatalogen. Die Quelle ist stets anzugeben.

1. Für die 24er Innenwand ist der Baustoffbedarf zu ermitteln.
   a) 24er Mauerwerk in m^2 und m^3
   b) Stck. Steine 2 D F
   c) Liter Mörtel

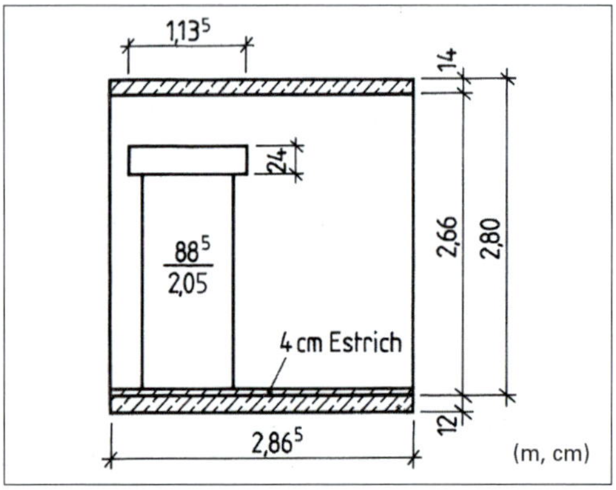

2. Die in im Grundriss dargestellte Garage soll in KS-2DF und hydraulischem Kalkmörtel 1:3 erstellt werden. Berechnen Sie:
   a) die m^2 24er Mauerwerk
   b) den Bedarf an Steinen 2DF
   c) den Bedarf an Kalk und Sand in (ℓ)

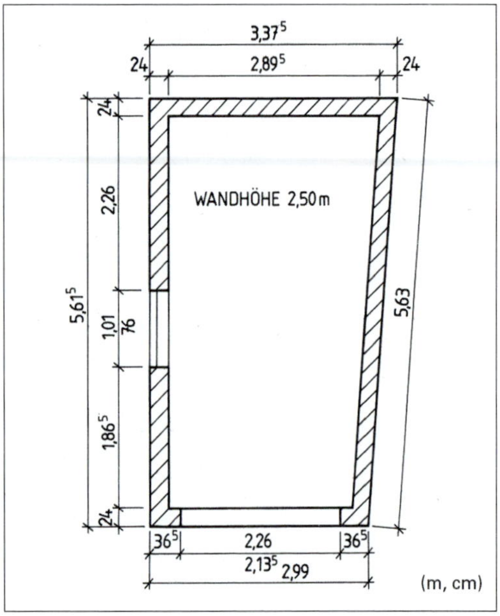

3. Der Rauminhalt der Mauernische ist für den Abzug in der Abrechnung nach m^3 zu berechnen.

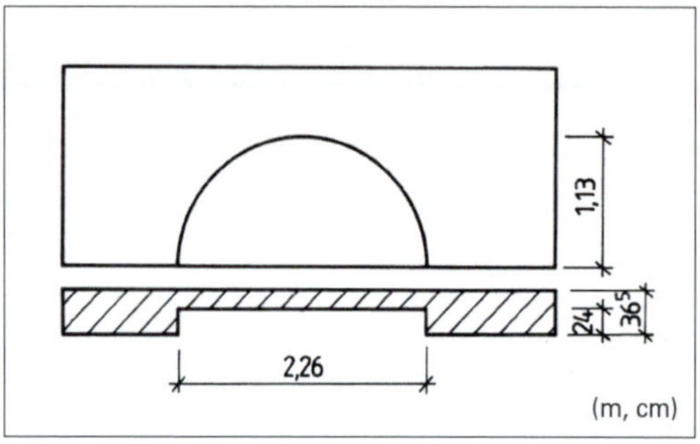

4. Berechnen Sie die gegebenen Achtelmetermaße in Nennmaße um und für die Maße a bis m die Achtelmeter und die Nennmaße.

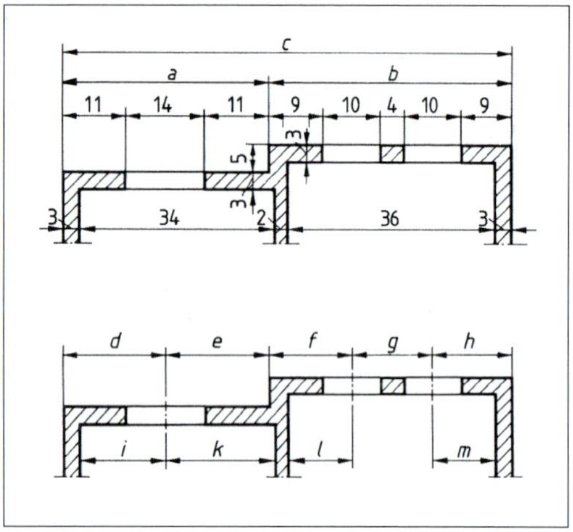

5. Erklären Sie die Berechnung der Nennmaße aus den Baurichtmaßen.
6. Aus welchen Maßen setzt sich ein Schichtmaß zusammen?
7. Welcher Zusammenhang besteht zwischen Schichtmaß und Mauerhöhe?
8. Berechnen Sie das Anbaumaß für 7, 15, 43, 17,5 am.
9. Berechnen Sie das Außenmaß für 9, 14, 37, 21,5 am.
10. Berechnen Sie das Innenmaß für 12, 18, 19,5, 28 am.
11. Welche Mauerhöhen ergeben 37, 22, 17, 28 Schichten NF (DF, 2 DF, 3 DF)?

12. Wie viel Schichten DF (NF, 2 DF) erfordert eine Mauerhöhe von a) 3,00 m, b) 2,75 m, c) 3,25 m?
13. Wie viel Steine NF (DF, 2 DF, 3 DF) und wie viel ℓ Mörtel sind für
    a) 46,58 m^2, b) 3,45 m^2,
    c) 108,20 m^2, d) 78,50 m^2
    Mauerwerk erforderlich?
14. Was besagt der Ausdruck Mauerverband?
15. Geben Sie das Unterscheidungsmerkmal für den Block- und Kreuzverband an.
16. Erklären Sie den umgeworfenen Verband. Wann ist er anzuwenden?
17. Beschreiben Sie die statische Beanspruchung einer Wand a) als Scheibe, b) als Platte.
18. Vergleichen Sie freistehende Wände mit 2-, 3- und 4-seitig gehaltenen Wänden.
19. Welche Regeln gelten für die Dicke und Länge aussteifender Wände?
20. Beschreiben Sie Zweck und Vorteile der Stumpfstoßtechnik.
21. Was verstehen Sie unter tragenden und nicht tragenden Wänden?
22. Welche konstruktiven Maßnahmen gelten als Ersatz für aussteifende Wände?
23. Unterscheiden Sie Ringbalken und Ringanker nach Funktion und Konstruktion.
24. Welche Mindestabmessungen sind für Mauerpfeiler einzuhalten?
25. Was verstehen Sie unter der Wandhöhe h_s und der Knicklänge h_k?
26. Worauf beziehen sich die Abminderungsfaktoren ϕ_1, ϕ_2?
27. Erklären Sie den Begriff „Kurze Wände".
28. Berechnen Sie den Abminderungsfaktor eines 2,75 m hohen Mauerpfeilers mit den Querschnittsmaßen 24 cm × 24 cm (Mittelauflager eines Mehrfeldbalkens).
29. Unter welchen Bedingungen darf der statische Nachweis gegen Erddruck bei Kelleraußenwänden entfallen?
30. Welche Bauarten werden bei einem Keller unterschieden?
31. Welche Aufgaben erfüllen die Kelleraußenwände?
32. Welche Faktoren bestimmen die Tragfähigkeit einer Kelleraußenwand?
33. Welche Aufgabe hat die Kellerdecke in Verbindung mit den Kelleraußenwänden?
34. Von welchen Faktoren ist die Wanddicke einer Kelleraußenwand aus Mauerwerk abhängig?
35. Erklären Sie die Bezeichnung KSL 12 1,2 8DF (240)
36. Welchen Vorteil hat der Kreuzverband gegenüber dem Blockverband?
37. Was kann die Ursache sein, wenn sich die Kelleraußenwand am Fußpunkt nach innen verschiebt?
38. Welche Wandarten werden im Mauerwerksbau unterschieden?
39. Wie breit darf die gesamte Schlitzbreite sein, bei einer Wandlänge von 1,75 m und einer Wanddicke von 24 cm.
40. Erklären Sie den Unterschied zwischen „weißer Wanne" und „schwarzer Wanne"!
41. Unterscheiden Sie die Begriffe „Stauwasser" und „Sickerwasser"!
42. Welche Mauerwerksnachweise werden unterschieden?
43. Welche Angaben werden benötigt um die Schlankheit einer Wand zu berechnen?
44. Eine Kellerinnenwand (h = 2,35 m, t = 17,5 cm) wird durch eine Einwirkung N_q = 83,6 kN/m belastet. Die Deckenspannweite beträgt links wie rechts 5,28 m.
    a) Wählen Sie Steinart und Mörtel und weisen Sie die Wand mit dem „vereinfachten Verfahren" nach.
    b) Prüfen Sie ob der Nachweis mit dem „stark vereinfachten Verfahren" möglich ist.
45. Wovon hängt die Anordung der horizontalen Sperrschichten in einer Kelleraußenwand ab?

Abbildung zu Aufgabe 46

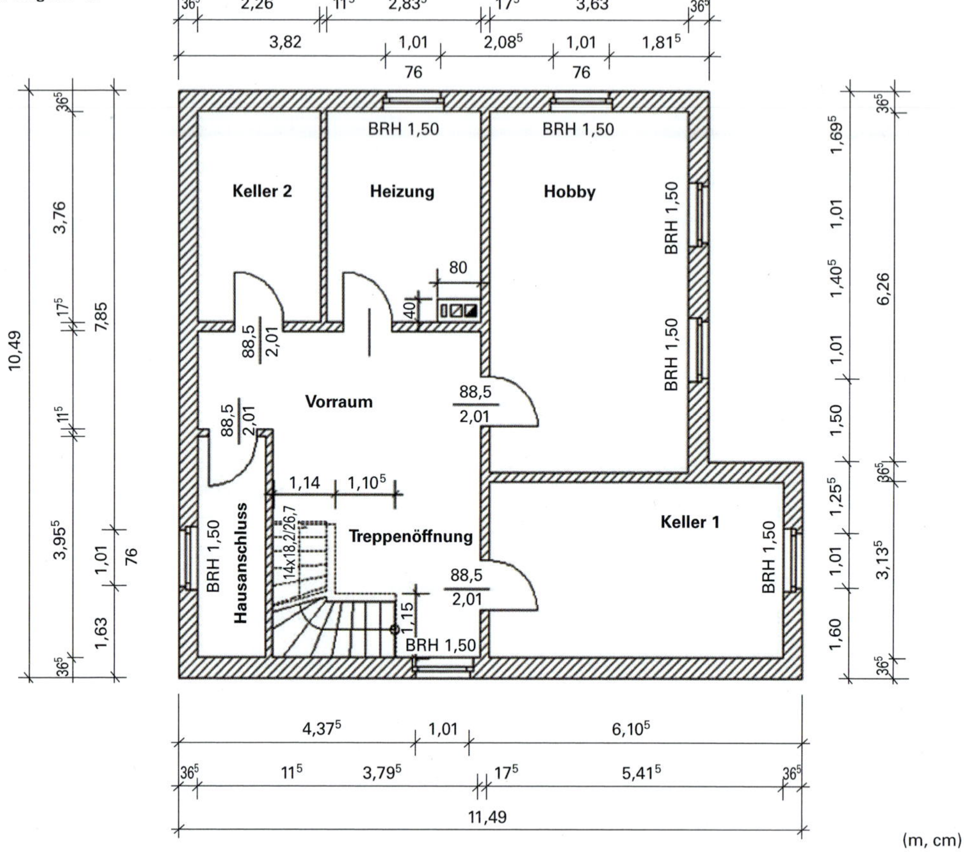

Projektaufgaben

46. Für das Kellergeschoss sollen berechnet werden:
    a) m³ 36,5er Außenmauerwerk – KSV – 2DF
    b) m² 17,5er Mauerwerk Tragende Innenwände – KSV – 2DF
    c) m² 11,5er Trennwände – 2DF

    Die Geschosshöhe beträgt 2,50 m, die Deckenstärke KG 16 cm. Fußbodenaufbau im Keller unter der Bodenplatte mit 25 cm Stahlbeton, Wärmedämmung 5 cm, Estrich 6 cm unter Fliesen.

47. Zeichnen Sie den Kellergrundriss des Einfamilienwohnhaus aus Aufgabe 46 im Maßstab 1:50 mit allen erforderlichen Maßen und Angaben.

48. Für das von Ihnen gezeichnete Kellergeschoss ist eine DIN-gerechte Abdichtungsmaßnahme, gegen Bodenfeuchtigkeit und nichtstauendes Sickerwasser, für die Außenwände und für den Kellerfußboden zu planen und zu zeichnen.
    a) Der vorhandene Baugrund ist vorwiegend bindiger, mittel bis schlecht durchlässiger Boden.
    b) Die Außenwände sollen aus 36,5 cm Kalksandsteinwänden bestehen, mit einem 2 cm starken 2-lagigem Außenputz, die Kellerdecke liegt mit 20 cm auf dem Außenmauerwerk auf.
    c) Die Gründung erfolgt entsprechend der Statik als Streifenfundamente. Die Streifenfundamente sind 50 cm breit und werden mittig belastet, die Höhe beträgt 40 cm.

    Zeichnen Sie einen senkrechten Schnitt durch die Kelleraußenwand und insbesondere durch den Sockelbereich incl. einer DIN-gerechten Abdichtungsmaßnahme im Maßstab 1:20 – m, cm.

LF 6 6 Konstruieren eines Stahlbetonbalkens

6.1 Stahlbetonbauteile

Jedes Bauwerk besteht aus einer Vielzahl von Bauteilen wie Balken, Stützen, Scheiben (Wänden) und Platten sowie der Dachkonstruktion (vgl. Abb. 6.1). Diese werden zu Tragwerkselementen zusammengefasst. Die Tragwerkselemente ergeben zusammen die Tragkonstruktion, die die statische, also die „lastabtragende“, Struktur eines Bauwerks bildet.

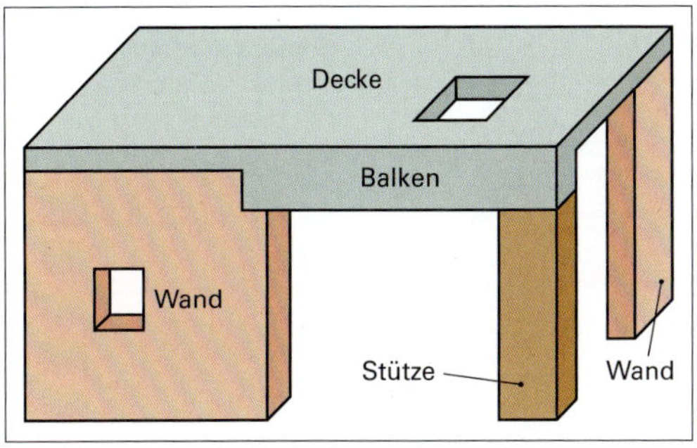

Abb. 6.1: Bauelemente des Stahlbetons

Die Wahl des geeigneten Baustoffes oder die Kombination von Baustoffen für die Herstellung eines bestimmten Bauteils wird durch verschiedene Faktoren bestimmt. Entscheidend für die Auswahl der Baumaterialien sind dabei statische (was muss das Bauteil „tragen“), bauphysikalische (welche Anforderungen werden an das Bauteil in Bezug auf Schall-, Wärme- und Brandschutz gestellt) und gestalterische Anforderungen (wie soll das Bauwerk aussehen). Die Berücksichtigung dieser Faktoren führt zur Wahl von bestimmten Baustoffen und Herstellungsverfahren.

Beton und Stahlbeton ist im heutigen Bauen ein in mehreren Bereichen übergreifender Baustoff.

Die im Folgenden aufgezeigten Inhalte und ausführlich dargestellten Beispiele sowie die Herleitung und Anwendung von Formeln sind Grundlagenkenntnisse beim Entwurf und bei der Planung von Stahlbetonbauteilen. Die Tabelle 6.2 stellt daher den komplexen Zusammenhang des LF 6 mit LF 7, LF 8, LF 11 A, LF 14 I dar. Die im LF 14 TSL ausgeführten Lerninhalte werden hier nicht dargestellt.

6

Tabelle 6.2: Beton und Stahlbeton in verschiedenen Lernfelder

Lernfeld (LF) 6: Konstruieren eines Stahlbetonbalkens (60 Unterrichtsstunden)

Zielformulierung: Die Schülerinnen und Schüler konstruieren unter Beachtung technischer Regelwerke einen Stahlbetonbalken aus Ortbeton. Sie informieren sich über die auf ein Bauwerk einwirkenden Lasten und stellen diese zusammen. Sie bestimmen für einen Einfeldträger (mit oder ohne Kragarm) die Auflager- und Schnittkräfte. Die Schülerinnen und Schüler beschreiben die Voraussetzungen für das Zusammenwirken von Betonstahl und Beton. Sie stellen die Querkraft- und die Momentenfläche dar und legen die Lage der Bewehrung fest. Die Schülerinnen und Schüler fertigen Bewehrungszeichnungen, berechnen die Stabstahllängen und erfassen die Bewehrung in Stahllisten.

Inhalte: Eigen- und Verkehrslasten, Auflagerpressungen, Schub- und Biegezugspannungen, Spannungs-Dehnungsdiagramm, Verbundwirkung, Verbundbereiche, Bewehrungsführung, Verankerungslänge, Betondeckung, Balkenschalung, fremdsprachliche Begriffe.

LF 4 Planen einer Gründung	LF 8 Planen einer Geschossdecke	LF 11 Entwickeln einer Außenwand	LF 14 Planen eines Stahlbetonbauwerkes
Streifenfundamente; Einzelfundamente; Anschlussbewehrung	Spannrichtung; Auflagertiefe; Stahlbetonvollplatte; Plattenbalken; Stahlbetonrippendecke; Zug- und Druckbewehrung; Übergreifungslängen; Bewehrungsstoß; Betonstahlmatten; Schneideskizzen	Ein- und zweischalige Außenwände aus Beton, Stahlbeton und Stahlleichtbeton; Fertigteile; Sturz, Ringanker, Ringbalken	Köcherfundament; Auflager; Einbindungen; Stützen; Konsolen; Deckenplatten; Plattenbalken; Stützenbewehrung; Schlankheit; Zugkraftdeckungslinie; Stahlbetonfertigteil; Spannbetonbinder; Spannverfahren; Verlege- und Fertigteilzeichnung
LF 7 Konstruieren von Treppen			
Stahlbetontreppen; geknickte Platten			
gemeinsame Lernfelder der Fachbildung		**Architektur**	**Ingenieurbau**

In diesem Kapitel wird die Konstruktion eines Balkens aus Stahlbeton behandelt. Solche Bauteile finden sich in nahezu jedem Bauwerk: im Wohnungsbau zur Überbrückung von Fenster und Garagenöffnungen (Stürze), als Elemente von Dachkonstruktionen im Industriebau (Binder) oder in den Deckenplatten großflächiger Büro- und Hallenbauwerke als sogenannte Unter- oder Überzüge als Teil von Plattenbalkendecken.

Die zeichnerische Darstellung solcher Bauteile in Schal- und Bewehrungsplänen sowie das Auflisten der Bewehrungsmengen in Stahl- und Biegelisten gehören zu den Aufgaben eines qualifizierten Bauzeichners. Die Zeichnungen entstehen in enger Zusammenarbeit mit einem Statiker, der die erforderlichen Bauteilabmessungen und Bewehrungsquerschnitte ermittelt.

Die Statik liefert die für die Bewehrung eines Balkens notwendigen Werte.

Bezeichnungen von Stahlbetonbauteilen

Grundsätzlich wird zwischen stabförmigen (Balken, Stützen) und flächenartigen (Platten, Scheiben) Bauteilen unterschieden. Die Bezeichnung richtet sich dabei nach der Richtung der Belastung, die auf das betrachtete Bauteil wirkt, und den Abmessungen des Bauteils.

Als Balken werden Bauteile mit einem Seitenverhältnis von $b < 5 \cdot h$ und $l \geq 3 \cdot h$, bei denen die Last senkrecht zur Bauteilachse angreift (vgl. Abb. 6.3) bezeichnet. Balken werden hauptsächlich auf Biegung beansprucht.

Bei Stützen hingegen erfolgt die Hauptbelastung in Richtung der senkrechten Bauteilachse (vgl. Abb. 6.4). Stützen werden in erste Linie auf Druck beansprucht.

Für Stützen gilt ebenfalls eine Begrenzung der Querschnittsabmessungen in einem Verhältnis von $b_{max}/d_{min} \leq 4$. Für Balken und Stützen gilt darüber hinaus, dass $l/h > 2$ sein muss.

Die Unterscheidung von Platten und Scheiben erfolgt ebenfalls in Abhängigkeit der Abmessungen und der Belastung. Bei Platten $l/h < 3 \cdot h$ und $b/h \geq 5$ steht die Last senkrecht auf der Plattenebene (vgl. Abb. 6.5), die Platte erfährt somit eine Biegebeanspruchung.

Bei Scheiben $h/b > 4$ verläuft sie parallel zur Bauteilebene (vgl. Abb. 6.6). Es liegen vorwiegend Druckbeanspruchungen vor. Darüber hinaus gibt es noch räumliche Tragwerke wie z. B. Schalen.

In Abhängigkeit der Hauptbelastungsrichtung und den Relationen der Abmessungen werden Bauteile als Balken, Stützen, Platten und Scheiben bezeichnet.

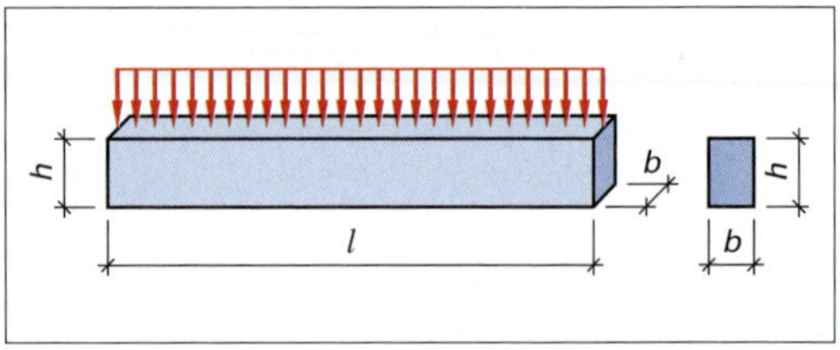

Abb. 6.3: Balken

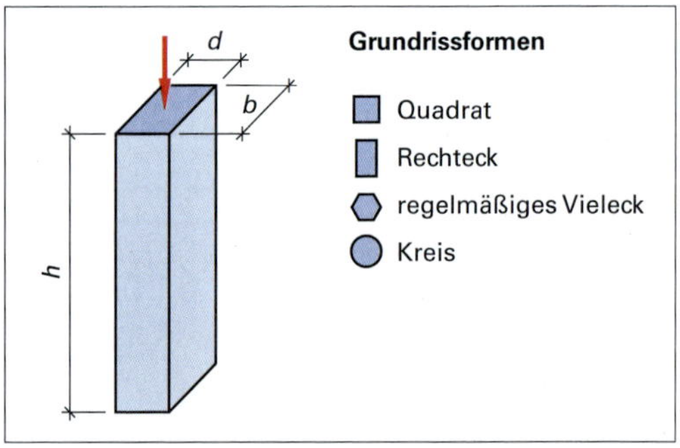

Abb. 6.4: Stütze

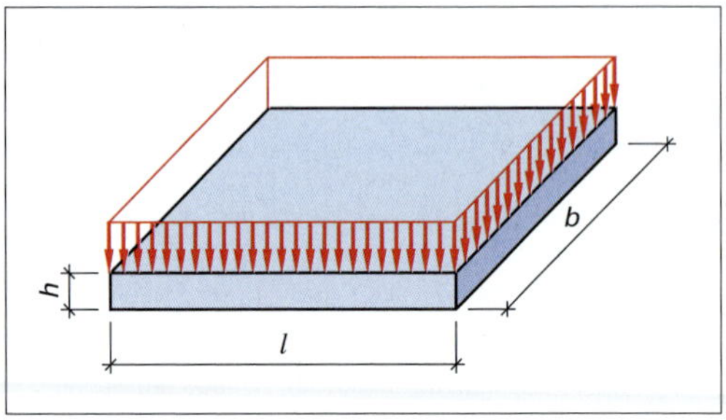

Abb. 6.5: Platte

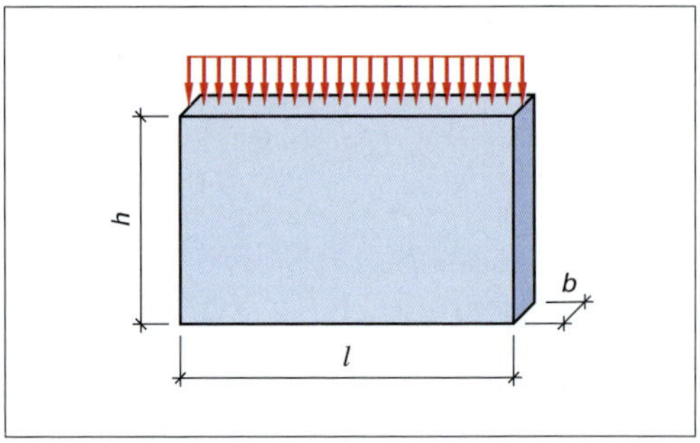

Abb. 6.6: Scheibe

6.2 Stahlbeton

Stahlbeton ist ein Verbundbaustoff aus den Baustoffen Beton und Betonstahl, der seine gute Tragfähigkeit durch das Zusammenwirken von Stahl und Beton erhält.

Der Beton nimmt dabei die im Bauteil auftretenden Druckspannungen auf, sorgt für den Korrosionsschutz und den Brandschutz des Betonstahls und verhindert ein Ausknicken der schlanken Betonstähle. Der Betonstahl nimmt die Zugspannungen auf und steuert die Rissbildung im Beton.

Ein weiterer Grund für die gute Verbundwirkung von Beton und Betonstahl ist der annähernd gleiche Wärmeausdehnungskoeffizient beider Baustoffe von jeweils

$\alpha_T = 10^{-6}\,K^{-1}$ oder $\alpha_T = 0{,}010$ mm/(m · K)

Der gleiche Wärmeausdehnungskoeffizient ist die Voraussetzung für die Bauweise Stahlbeton.

6.3 Verbundbedingungen

Durch Adhäsion an den Profilrippen des Stahls entsteht der Verbund zwischen Betonstahl und Beton. Durch den Verbund können die Kräfte im Stahl in den Beton eingeleitet werden. Verschmutzungen des Stahls z. B. durch Schalöl oder losen Rost beeinträchtigen die Verbundwirkung.

Je nach der Lage der Bewehrung im Bauteil werden für die Ermittlung der Verbundfestigkeiten zwei Verbundbereiche unterschieden:

- Verbundbereich I (gute Verbundbedingungen)
- Verbundbereich II (mäßige Verbundbedingungen).

Gute Verbundbedingungen gelten für alle Stäbe, die mit einem Winkel α zwischen 45° und 90° verlegt werden oder deren Winkel zwischen 0° und 45° liegt, wenn die Bauteildicke $h \leq 300$ mm ist, oder die weniger als 300 mm von der Unterkante bei einer Bauteildicke von weniger als 600mm oder mehr als 300 mm von der Oberkante des Bauteils liegen, wenn dieses eine Dicke von $h \geq 600$mm hat (vgl. Tabelle 6.7).

Für alle Stäbe, die nicht im guten Verbundbereich liegen, gelten die Werte für mäßigen Verbund. Ebenso gilt der mäßige Verbund für alle Bauteile, die in Gleitbauweise (z. B. Silos) hergestellt werden.

Tabelle 6.7: Bedingungen für guten Verbund

Lage des Stabes zur Waagerechten	Bauteildicke h [cm]	Stablage
0° bis 45°	$h \leq 30$	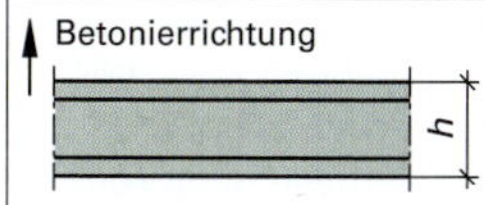 **alle Stäbe**
	$h > 30$ $h \leq 60$	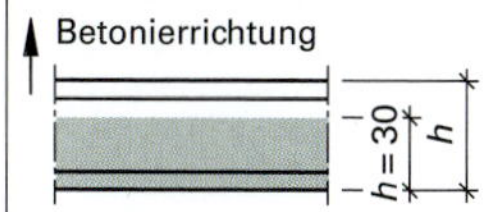 **alle Stäbe 30 cm von unten**
	$h > 60$	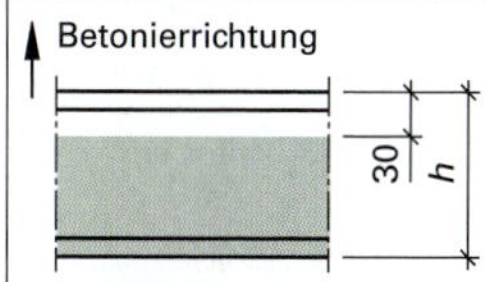 **alle Stäbe, die 30 cm von oben liegen**
45° bis 90°	ohne Begrenzung	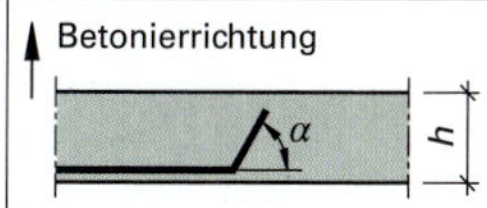 **alle Stäbe, mit 45° < α ≤ 90°**

Mit der Betonfestigkeitsklasse steigt auch die Verbundfestigkeit zwischen Beton und Betonstahl und es werden kürzere Verankerungslängen der Stähle möglich.

Die Verbundwirkung zwischen Beton und Betonstahl wird durch die Lage im Bauteil bestimmt.

6.4 Statische Grundkenntnisse zur Balkenstatik

Für die Konstruktion der Bewehrung der Bauteile müssen zunächst die äußeren Kräfte (Auflagerkräfte) berechnet werden. Nach Ermittlung der Auflagerreaktionen können dann die im Inneren des Bauteils wirkenden Kräfte (die Schnittgrößen) berechnen werden.

Es sind bei den inneren Kräften Normalkräfte, Querkräfte sowie Torsions- und Biegemomente zu unterscheiden. Diese verursachen Druck- und Zugspannungen innerhalb des Bauteilquerschnitts. Die Druckspannungen werden vom Beton aufgenommen, zur Aufnahme der Zugspannungen ist Bewehrung einzulegen.

6

Für einen Stahlbetonbalken können die Beanspruchungen relativ einfach berechnet werden, u.a. unter Benutzung von Tabellenwerten.

Das Verständnis wird erleichtert, wenn in der Statik die jeweiligen Zustandsflächen (Vertikalkräfte, Momente bzw. Zugkräfte) der Schnittgrößen zeichnerisch dargestellt worden sind.

Nachstehend sind die am Stahlbetonbalken gebräuchlichen Bezeichnungen dargestellt (vgl. Abb. 6.8).

h Balkenhöhe *b* Balkenbreite

d statische Höhe (Schwerpunkt der Stahleinlagen bis zum gedrückten Rand) l_i lichte Weite

l_{eff} Stützweite für die statische Berechnung

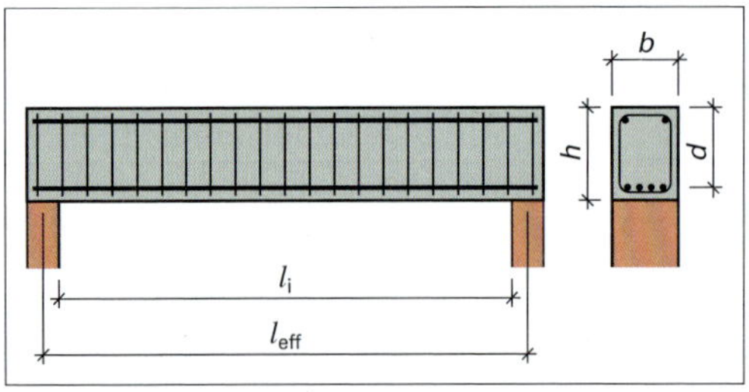

Abb. 6.8: Stahlbetonbalken

6

> Die Grundlage für die Bewehrung von Stahlbetonbalken ist die Kenntnis der Schnittgrößen aus der Statik.

Auflagerung von Stahlbetonbalken

Stahlbetonbalken können **direkt** oder **indirekt** gelagert sein (vgl. Abb. 6.9).

Bei einem direkten Auflager liegt der Stahlbeton auf einer Wand oder Stütze auf.

Indirekte Lagerung liegt vor, wenn der Stahlbetonbalken durch einen anderen Stahlbetonbalken unterstützt wird.

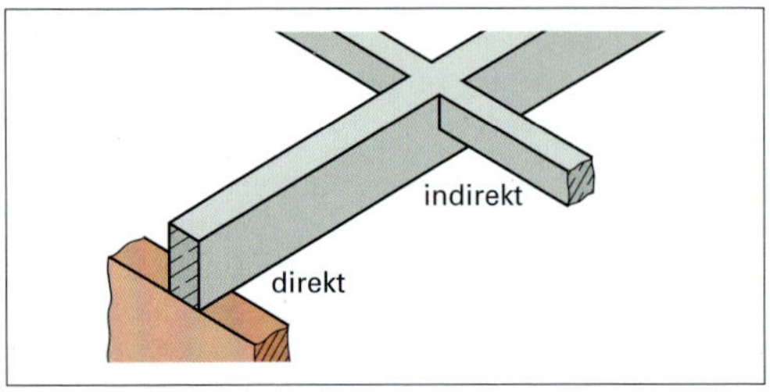

Abb. 6.9: Balkenauflager

Beanspruchung der Balkenauflager

Die Auflagerkräfte eines Stahlbetonbalkens erzeugen in der Auflagerfläche Druckspannungen. Diese Druckspannungen verteilen sich unter einem Winkel von 60° in dem darunterliegenden Mauerwerk.

Als Auflagertiefe von Balken deren Achse senkrecht zur stützenden Wand liegt, wird die Wandbreite (eventuell vermindert um das Maß einer Dämmung) angenommen (vgl. Abb. 6.10).

Bei Stahlbetonbalken in Längsrichtung einer Wand, wird in Abhängigkeit von der Balkenhöhe zunächst eine Auflagertiefe von *h*/2 angenommen, jedoch mindestens 10 cm (vgl. Abb. 6.11).

Um größere Ausmittigkeiten durch die Auflagerkraft im Auflager zu vermeiden, können Zentrierleisten eingebaut werden, um dadurch die Kantenpressungen zu verringern (vgl. Abb. 6.12).

Es ist stets der Nachweis zu führen, dass die Festigkeit des Auflagers nicht überschritten wird.

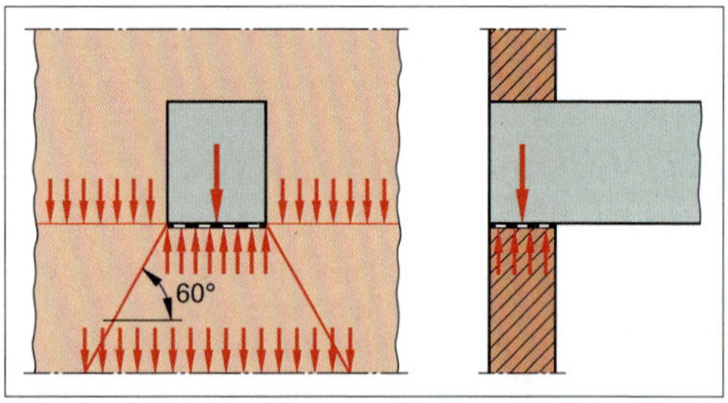

Abb. 6.10: Balkenauflager senkrecht zur Wand

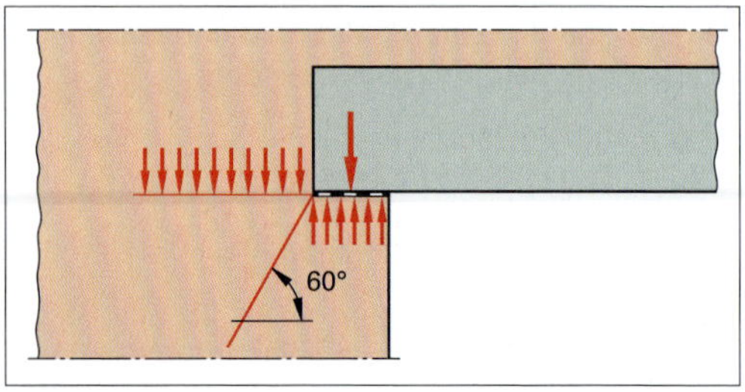

Abb. 6.11: Balkenauflager

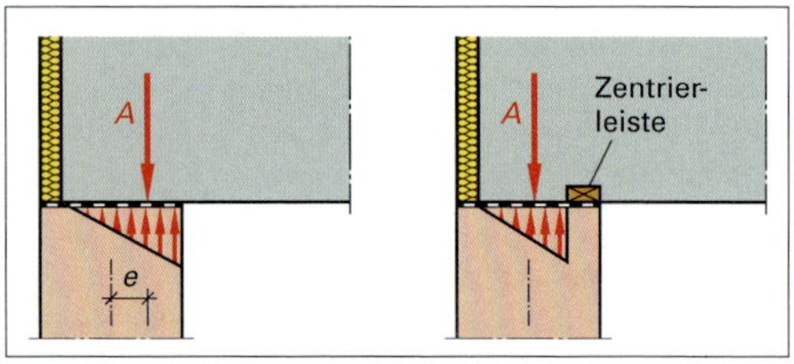

Abb. 6.12: Ausmitte am Auflager

Bei dem Nachweis darf die Auflagerkraft im Schwerpunkt der Auflagerfläche angesetzt werden.

$N_{Ed} \leq N_{Rd}$ mit $N_{Rd} = \alpha \cdot f_d \cdot A$

α Erhöhungsfaktor
$\alpha = 1{,}0$ im Allgemeinen
$\alpha = 1{,}3$ bei Teilflächenpressung rechtwinklig zur Wandebene
$\alpha = 1{,}3$ wenn $A \leq 2 \cdot d^2$ (d Wanddicke)
e Ausmitte der Auflagerfläche
ist $e \leq d/6$ dann gilt $a_1 > 3 \cdot l_1$

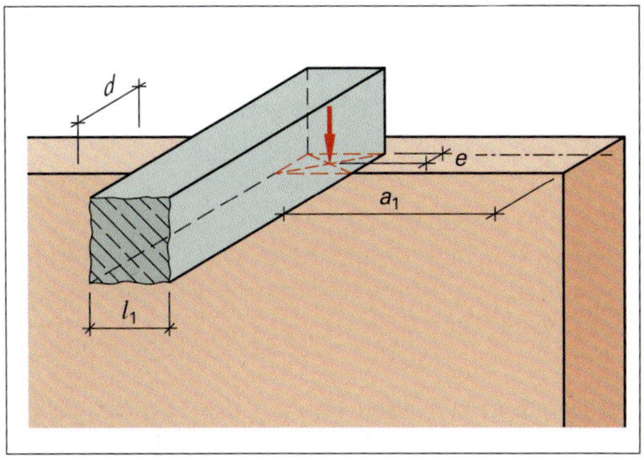

Abb. 6.13: Balken senkrecht zur Wand mit Teilflächenauflast

Der Bemessungswert der Mauerwerksdruckfestigkeit f_d wird wie folgt ermittelt: $f_d = \xi \cdot (f_k/\gamma_M)$

- f_d Bemessungswert (Designwert) der Druckfestigkeit
- ξ Dauerstandfaktor (in der Regel $\xi = 0{,}85$)
- f_k Charakteristischer Wert der Mauerwerksdruckfestigkeit
- γ_M Teilsicherheitsbeiwert (für ständig und vorübergehende Belastung 1,5; für außergewöhnliche Belastungen 1,3)

Beispiel

KS-R (P) 12-1,4-6 DF mit Normalmörtel NM III

$$f_k = 6{,}7 \text{ N/mm}^2 \Rightarrow f_d = \frac{0{,}85 \cdot 6{,}7}{1{,}5} = 3{,}8 \text{ N/mm}^2$$

Ist die zulässige Festigkeit bei einem Auflager aus Mauerwerk überschritten, kann die Tragfähigkeit durch eine höhere Steinfestigkeit in Verbindung mit der Mörtelfestigkeit erreicht werden.

Dazu gibt es die nachstehenden Möglichkeiten:

- Die Auflagerfläche vergrößern. Allerdings darf die Auflagertiefe nicht beliebig vergrößert werden. Auch ist dies nur möglich, wenn Balkenachse und Wandachse in gleicher Richtung verlaufen.
- Für das Auflager ein Mauerwerk mit einer höheren Festigkeit wählen.
- Steinfestigkeit erhöhen.
- Mörtelgruppe bzw. Mörtelklasse erhöhen.
- Steinfestigkeit und Mörtelgruppe bzw. Mörtel klasse erhöhen.

Die Auswahl sollte so erfolgen das keine Verwechselungsgefahr besteht.

Unter der Annahme einer Lastausbreitung unter 60° sind dann die notwendigen Abmessungen für das Auflager zu errechnen. Die Voraussetzung für die Lastausbreitung unter 60° muss durch den Mauerwerksverband (Überbindemaß) gegeben sein.

Bei Balkenauflagern senkrecht zur Wand ist die in der Mauerwerksfuge bereits vorhandene Beanspruchung zu berücksichtigen.

Bei Balken in Wandrichtung ist die Beanspruchung im Regelfall in der Auflagerlast bereits erfasst.

Der Nachweis der Balkenauflager ist stets ein lokaler Nachweis. Unabhängig davon ist der Nachweis für die Traglast für die Wand zu führen.

Die Tragfähigkeit eines Balkenauflagers ist stets nachzuweisen.

Beispiel

Balkenauflager rechtwinklig zur Wand
(vgl. Abb. 6.14).
Wand $d = 17{,}5$ cm; KSL 12; Mörtel NM II
$f_d = 2{,}21$ N/mm²
Stahlbetonbalken $l = 24$ cm vollaufliegend,
Auflagerlast $A_d = 140$ kN
Vorhandene Spannung aus der Wand
in Auflagerhöhe $\sigma_d = 0{,}41$ N/mm²

1. Ermittlung der durch die Auflagerfläche aufnehmbaren Traglast:

$$N_{Rd} = 1{,}3 \cdot 175 \cdot 240 \cdot (2{,}21 - 0{,}41) = 98{,}2 \text{ kN}$$

$$\frac{N_{Ed}}{N_{Rd}} = \frac{140{,}0}{98{,}2} = 1{,}42 > 1 \text{ nicht zulässig}$$

2. Berechnung der notwendigen Festigkeit f_d für das Auflagermauerwerk:

$$f_d = 0{,}41 + \frac{140000}{175 \cdot 240 \cdot 1{,}3} = 2{,}97 \text{ N/mm}^2$$

gewählt: KSL 12; Mörtel NM III mit $f_d = 3{,}17$ N/mm²

3. Nachweis der Traglast in der Auflagerfläche

$$N_{Rd} = 1{,}3 \cdot 175 \cdot 240 \cdot (3{,}17 - 0{,}41) = 150{,}7 \text{ kN}$$

$$\frac{N_{Ed}}{N_{Rd}} = \frac{140{,}0}{150{,}7} = 0{,}93 < 1$$

6

4. Berechnung der notwendigen Länge und daraus die notwendige Höhe für das Auflager

$_{\text{red}}f_{\text{d}} = 2{,}21 - 0{,}41 = 1{,}8 \text{ N/mm}^2$

$$_{\text{erf}}l = \frac{A_{\text{d}}}{d \cdot {}_{\text{red}}f_{\text{d}}}$$

$$l = 140000 \cdot (175 \cdot 1{,}8) = 444 \text{ mm}$$

$$h = \tan 60° \cdot \frac{444 - 240}{2} = 176 \text{ mm}$$

gewählt eine Schichthöhe 25 cm

$$\text{damit } l = 24 + 2 \cdot \frac{25}{1{,}73} = 52{,}9 \text{ cm}$$

$N_{\text{Rd}} = 175 \cdot 529 \cdot 1{,}8 = 166635 \text{ N}$ $\quad N_{\text{Rd}} = 166{,}6 \text{ kN}$

$$\frac{N_{\text{Ed}}}{N_{\text{Rd}}} = \frac{140{,}0}{166{,}6} = 0{,}84 < 1$$

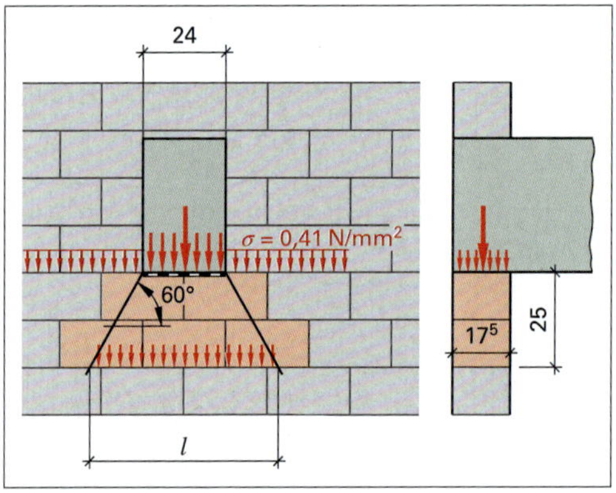

Abb. 6.14: Beispiel Balkenauflager

6.5 Beanspruchungen im Stahlbetonbalken

Ein Stahlbetonbalken wird in den meistens Fällen auf Biegung beansprucht. In Gegensatz zu Trägern aus homogenen Werkstoffen wie Stahl und Holz ergibt sich ein anderer Spannungsverlauf im Querschnitt des Balkens.

Stahlbeton ist ein inhomogener Baustoff. Beton und Stahl haben unterschiedliche Elastizitätsmodule und somit unterschiedliche Dehnungseigenschaften. Daraus ergibt sich, dass der Betonstahl bei gleicher Dehnung eine höhere Spannung aufnimmt als der Beton. Des Weiteren wird bei der Ermittlung der Spannungen davon ausgegangen, dass der Beton aufgrund seiner geringen Zugfestigkeit am Rand der Zugzone schon gerissen ist. Somit steht für die Aufnahme der Spannungen nicht die gleiche Fläche wie in der Druckzone zur Verfügung.

Daraus ergibt sich, dass die Spannungen in der Zugzone vollständig von der Bewehrung aufgenommen werden. In der Druckzone wirken Beton und Stahl zusammen. Für die Spannungen in der Druckzone wird näherungsweise ein Verlauf angesetzt, der sich aus einem Rechteck und einer Parabel zusammensetzt. Je nach Beanspruchung ändert sich die Höhe *x* der Druckzone (vgl. Abb. 6.15).

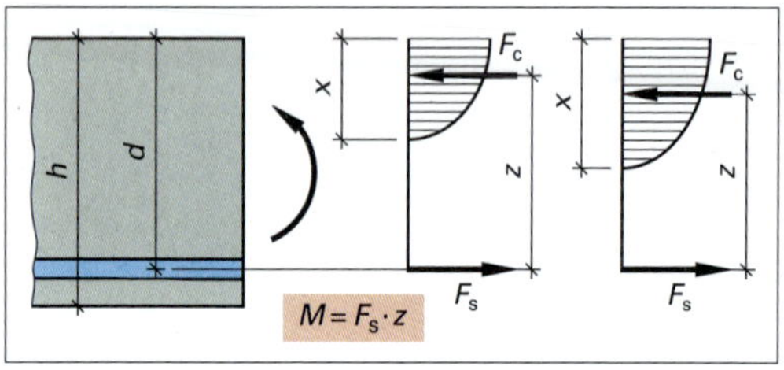

Abb. 6.15: Spannungserteilung im Balkenquerschnitt bei unterschiedlicher Höhe der Druckzone

Die bei der Biegung entstehenden Zugkräfte werden im Stahlbetonbalken vom Stahl aufgenommen, die Aufnahme der Druckkräfte übernimmt der Beton.

Der Abstand zwischen der auf der Druckzone liegenden Außenseite des Balkens und dem Schwerpunkt der Biegezugbewehrung wird als statische Nutzhöhe *d* bezeichnet, der Abstand zwischen dem Schwerpunkt der Druckzone und dem Schwerpunkt der Bewehrung als Hebelarm der inneren Kräfte *z* (dieser kann näherungsweise mit $0{,}85 \cdot d$ bis $0{,}9 \cdot d$ angenommen werden).

Eine größere statische Nutzhöhe führt somit zu einem geringeren Stahlbedarf. Allerdings ist die Konstruktionshöhe eines Bauteils in der Regel durch den Entwurfsverfasser vorgegeben bzw. durch die bauliche Nutzung festgelegt, sodass der Tragwerksplaner in der Festlegung der statischen Nutzhöhe eingeschränkt ist.

Die statische Höhe *d* ist für die Bemessung von Stahlbetonbalkenquerschnitten entscheidend.

6.6 Verformungen

Neben den genannten Schnittgrößen und Spannungen treten in jedem Bauteil unter Belastung (auch unter Eigengewicht) Verformungen auf (vgl. Abb. 6.16). Die Aufgabe des Tragwerksplaners ist es, diese möglichst gering zu halten, sodass eine uneingeschränkte Nutzung des Bauteils und somit auch des gesamten Bauwerks möglich ist. Diese Anforderung wird durch die Wahl geeigneter Baustoffe und Bauteilabmessungen erfüllt.

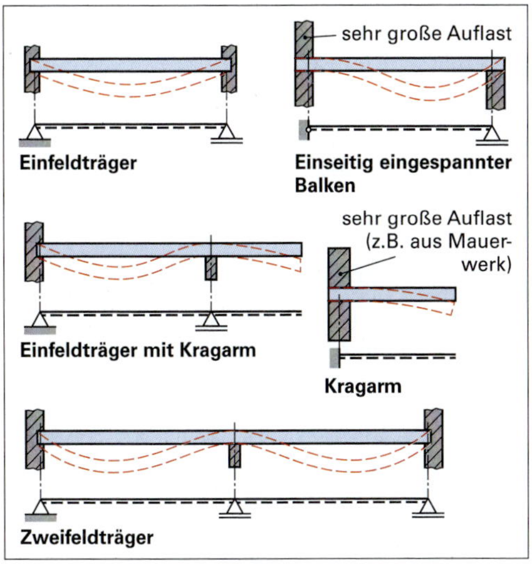

Abb. 6.16: Verformungszustände ausgewählter statischer Systeme unter Eigenlast

Um aufwendige Verformungsberechnungen zu vermeiden, müssen in Abhängigkeit von der effektiven Stützweite statische Höhen gewählt werden.

In der Fachliteratur werden in Abhängigkeit vom statischen System und der Grenzschlankheit λ_i-Werte zur Berechnung der erforderlichen statischen Höhe gelistet.

Bei Einbeziehung des Bewehrungsverhältnisses ($A_{s,vorh}/A_{s,erf}$ bzw. $a_{s,vorh}/a_{s,erf}$) können die Werte der Tabelle 6.17 exakter angepasst werden.

$\lambda_i = k_c \cdot \alpha_i \cdot l_{eff} / d$

Tabelle 6.17: Beiwerte λ_i für Balken (Platten)

$\lambda_i = k_c \cdot \alpha_i \cdot l_{eff} / d$	**l/250**	**l/500**
$l_i \leq 4{,}00$ m	28 (29)	16 (23)
$l_i \leq 7{,}00$ m	23 (24)	14 (18)
$l_i \leq 12{,}00$ m	19 (19)	13 (13)

Tabelle 6.18: α_i Werte

Statisches System	α_i
Einfeldträger	1,00
Endfeld Durchlaufträger	0,80
Innenfeld eines Balkens	0,7
Kragträger	2,5

Tabelle 6.19: Beiwerte k_c

Beton	k_c	**Beton**	k_c
C12/15	1,09	C35/45	0,91
C16/20	1,04	C40/50	0,89
C20/25	1,00	C45/55	0,87
C25/30	0,96	C50/60	0,8
C30/37	0,93		

Beispiel

Endfeld eines Durchlaufträgers $l_{eff} = 5{,}30$ m,
gefordert Durchbiegung kleiner $l/250$;
Beton C20/25

$l_i = 0{,}80 \cdot 5{,}30 = 4{,}24$ m

$\lambda_i = \frac{l_i}{d} \Rightarrow d = \frac{l_i}{\lambda_i} \Rightarrow d = \frac{424}{23} = 18{,}5$ cm

Für Stahlbetonbalken wird die Durchbiegung nach der Grenzschlankheit, im Gegensatz zu Stahlbetondecken, selten maßgebend, da sich statische Höhen ergeben, bei deren Ausführung die Betondruckkräfte im Stahlbetonbalken überschritten würden.

Die Durchbiegungsbeschränkung von Stahlbetonbalken wird über die statische Höhe geregelt.

Ist der Druckgurt eines Stahlbetonbalkens nicht durch die angrenzenden Decken gegen seitliches Ausweichen (Kippen) gehalten muss die Kippsicherheit (Biegedrillknicken) eingehalten werden.

Die Kippsicherheit ist gegeben, wenn folgende Bedingungen eingehalten werden:

Ständige Einwirkungen

$$b \geq \sqrt[4]{h \cdot \left(\frac{l}{50}\right)^3}$$

und $\frac{h}{b} \leq 2{,}5$

Vorübergehende Einwirkungen

$$b \geq \sqrt[4]{h \cdot \left(\frac{l}{70}\right)^3}$$

und $\frac{h}{b} \leq 3{,}5$

Schlanke Balkenquerschnitte ohne ausgesteifte Druckzone sind auf Kippen zu untersuchen.

Stahlbetonbalkenbewehrung

Der Einbau von Bewehrung ist an allen Stellen notwendig, an denen Zugspannungen im Bauteil auftreten. Die Bewehrungsstähle werden entsprechend der zur Bewehrungszeichnung gehörenden

6

Schneideskizze fertig gebogen auf die Baustelle geliefert oder vor Ort auf die entsprechende Länge geschnitten und in Form gebracht.

Die Bewehrung muss beim Einbau sauber sein. Schmutzreste oder sich lösender Rost würden die Verbundwirkung abmindern. Eine rostige Stahloberfläche ist für die Verbundwirkung allerdings von Vorteil, da sie zu einer größeren Oberfläche führt.

Die Bewehrung eines Stahlbetonbalkens besteht immer aus mindestens drei Bewehrungselementen:

- Die Tragstähle nehmen die Zugkräfte aus dem Biegemoment auf,
- die Bügel nehmen die Vertikalkräfte auf und
- die Montagestähle sorgen für den Zusammenhalt des Bewehrungskorbes.

Die Vertikalkräfte werden zunächst durch Bügel senkrecht zur Stabachse oder in Bezug auf die Stabachse geneigte Bügel aufgenommen. Sollten größere Vertikalkräfte auftreten reichen die Bügel nicht mehr aus um die Lasten abzutragen und es sind zusätzlich Schubstähle einzubauen (vgl. Abb. 6.20).

In der Regel sind die Schubstähle oder Schubzulagen unter 45° oder bei hohen Balken um 60° aufgebogen.

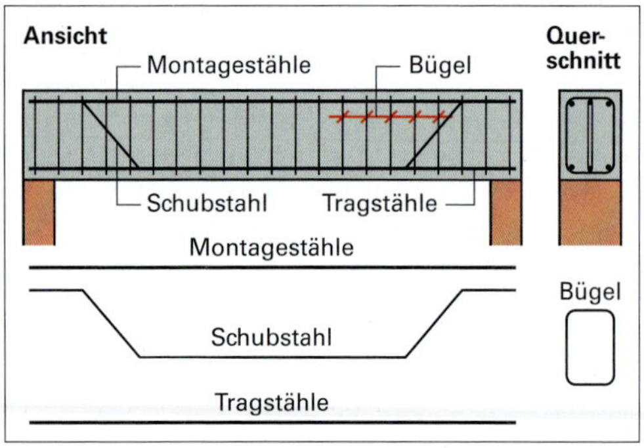

Abb. 6.20: Stahlbetonbalken mit Bewehrung

Für die Bewehrungsführung müssen die Längsstähle der unteren und bei Mehrfeldträger zusätzlich die oberen Längsstähle der Stützbewehrung festgelegt werden. Durch die Anpassung der Stahllängen an die vorhandenen Zugkräfte mittels der Zugkraftdeckungslinie kann bei hoch bewehrten Balken Stahl gespart werden. Dem gegenüber ist der erhöhte Konstruktionsaufwand abzuwägen.

Auch die Bügelbewehrung kann gestaffelt verlegt werden, d.h., die Bügelabstände können dem Verlauf der Vertikalkräfte angepasst verlegt werden. Es sind jedoch die Mindestbügelabstände zu beachten. Im auflagernahen Bereich werden die Bügelabstände dann enger gewählt, als in den Feldbereichen.

Die Bewehrung eines Stahlbetonbalkens besteht aus Montagestählen, Tragstählen, Schubstählen und Bügeln.

Formen der Bewehrungsstähle

Montagestähle (vgl. Abb. 6.21) werden als geradlinige Stähle ausgeführt. Als Durchmesser sind in Abhängigkeit von der weiteren Balkenbewehrung mindestens Stähle mit Durchmesser ≥ 10 mm zu wählen. Die Montagestähle liegen oben im Balken. Im Bereich von Stützen wird die Montagebewehrung als Tragbewehrung angerechnet.

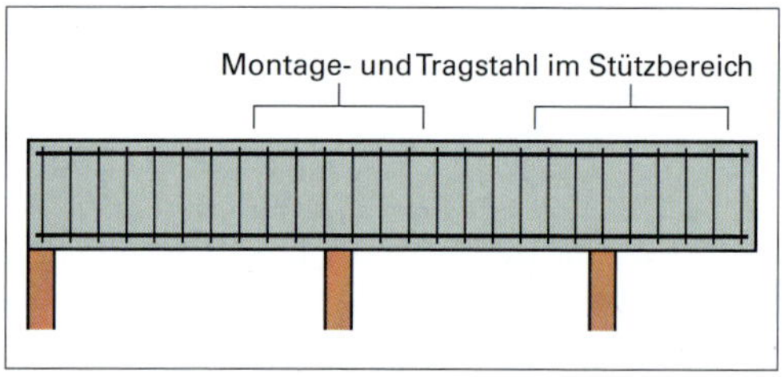

Abb. 6.21: Montagestähle

Tragstähle (vgl. Abb. 6.22) sind ebenfalls geradlinige Stähle die sich aber in der Form der Stabenden unterscheiden können. Ins besonders bei größeren Durchmessern ist die Verankerung mit einem geraden Stabende nicht immer möglich. Daher können die Stabenden mit Haken, Winkelhaken oder Schlaufen ausgeführt werden.

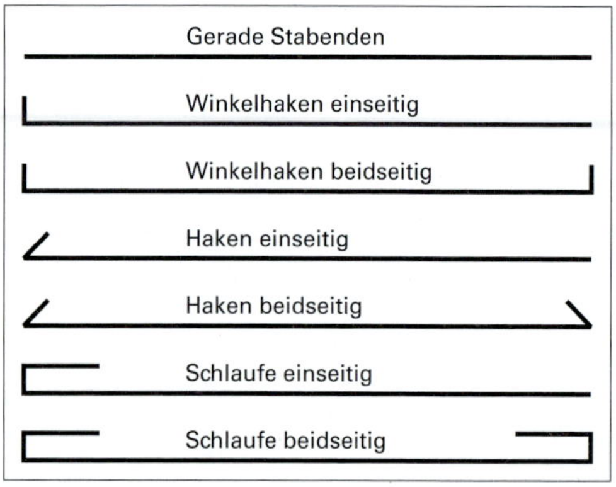

Abb. 6.22: Tragstähle

Die Zugfestigkeit f_{yd} von Betonstahl B500A und B500B beträgt 435 N/mm². Das entspricht einer Festigkeit von $f_{yd} = 43{,}5$ kN/cm².

Mit diesen Werten wird die Anzahl der notwendigen Bewehrungsstähle und deren Durchmesser berechnet.

Beispiel

Aufnehmbare Zugkraft für 5 ∅ 14
aus Tabellenbuch: 5 ∅ 14, entspricht $A = 7{,}7\ \text{cm}^2$
$F_d = 7{,}7 \cdot 43{,}5 = 334{,}95\ \text{kN}$

Bügel (vgl. Abb. 6.23) umschließen die Montage-, Trag- und Schubstähle. Nach Möglichkeit sind die Bügel in der Druckzone eines Balkens durch Haken oder Winkelhaken zu schließen. In der Zugzone sind die Bügel mit Winkelhaken zu schließen, wobei sich die Winkellängen mit der Länge l_o (Übergreifungslänge) übergreifen müssen.

Bügel werden je nach Beanspruchung zweischnittig oder vierschnittig eingebaut. In Abhängigkeit von der Betongüte ist eine Mindestbügelbewehrung notwendig.

Für den Fall der reinen Biegung wird die erforderliche Bügelbewehrung cm²/m nach Formel ermittelt. *Vz* ist die aufnehmbare Kraft für eine Bügelbewehrung von 1 cm²/m.

$$a_{sw,erf} = 0{,}019 \cdot \frac{V_{Ed}}{z} \quad \text{mit} \quad V_{Ed} = \frac{z}{0{,}019}$$

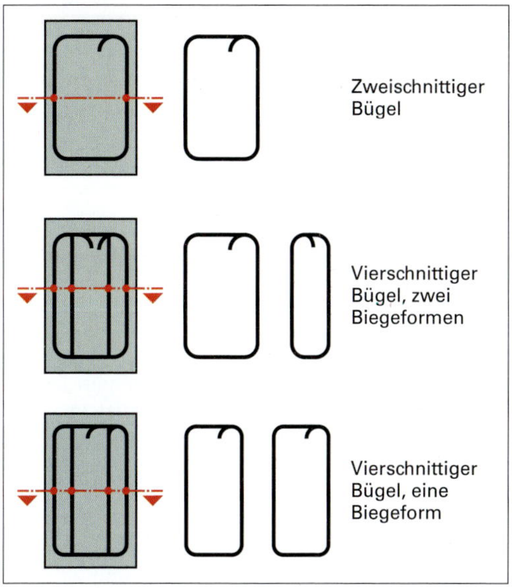

Abb. 6.23: Bügelformen

Für die Bewehrungsstähle sind unterschiedliche Biegeformen möglich.

Schubstähle (vgl. Abb. 6.24) sind Tragstähle die im Bereich der Auflager unter 45° ausgebogen werden und dann im oberen Balkenbereich verlaufen. Schubstähle werden eingebaut, wenn die Vertikalkräfte (Querkräfte) nicht mehr durch eine Bügelbewehrung aufgenommen werden können.

Bei hohen Balken wählt man die Aufbiegung unter 60°. Schubstähle können symmetrisch sein. Dann werden die Aufbiegungen beidseitig ausgeführt. Werden die Aufbiegungen nur einseitig hergestellt lässt sich durch verschwenken der Stähle auch eine symmetrische Bewehrung erzeugen.

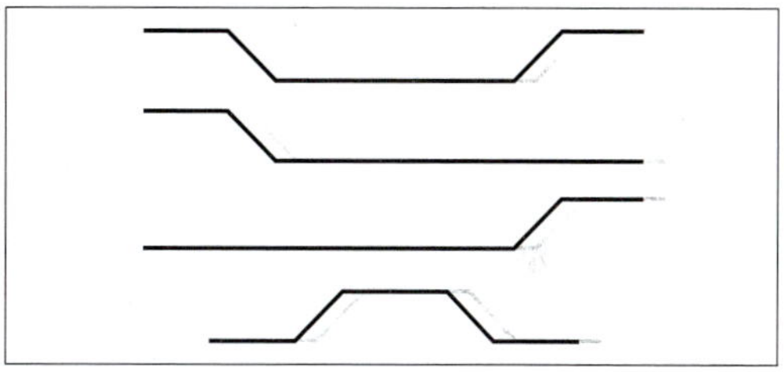

Abb. 6.24: Schubstahlformen

Sollen Tragstähle zur Schubkraftaufnahme aufgebogen werden, ist es vorteilhaft eine ungerade Anzahl von Tragstählen zu wählen. Die Lage der Schubstähle ist im Zusammenhang mit der Bügelbewehrung zu konstruieren (vgl. Abb. 6.25). Als Anhalt gilt für die erste auflagernahe Aufbiegung ein Abstand von der Auflagerlinie kleiner Balkenhöhe.

Außer bei hoch belasteten gedrungenen Balken kann die arbeitsaufwendige Herstellung und Montage von Schubstählen durch eine entsprechende Bügelbewehrung vermeiden werden.

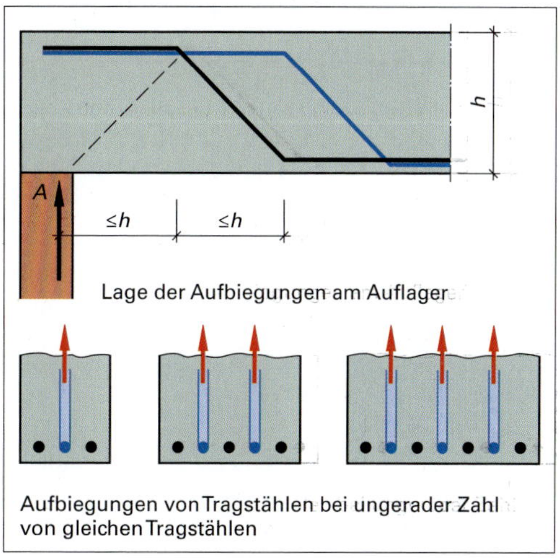

Abb. 6.25: Aufbiegungen

6.7 Regeln für die Bewehrungsausführung

Mindestbewehrung

Es ist bei Balken stets eine Mindestbewehrung einzubauen, die sicherstellen soll, dass der Stahl mindestens die Kräfte aufnehmen kann die beim Überschreiten der Betonzugfestigkeit auftreten. Ein Versagen des Bauteils würde sich dann durch Rissbildung im Zugzonenbereich ankündigen. Ein plötzliches Versagen des Betons wird damit ausgeschlossen.

Die Mindestbewehrung eines Balkens verhindert ein plötzliches Bauteilversagen.

Darüber hinaus gibt es einige Regeln, die schon bei der Planung der Bewehrung, und somit beim Erstellen der Bewehrungszeichnungen zu beachten sind.

Form und Länge der Bewehrungsformen sind abhängig von der Betondeckung und dem Biegerollendurchmesser. Aufgabe des Bauzeichners ist es, die Länge und Form der Bewehrung in Abhängigkeit dieser Anforderungen festzulegen. Darüber hinaus gibt es weitere Einflussfaktoren, die zur Bestimmung von Form und Länge maßgeblich sind.

Biegerollendurchmesser

An den Biegestellen des Betonstahls treten Kräfte auf, die zu Rissen in den Stäben und zu Betonabplatzungen im Bereich der Biegungen führen können.

Um diese negativen Auswirkungen zu vermeiden, ist das Einhalten bestimmter Mindestbiegerollendurchmesser d_{br} notwendig. Diese richten sich nach dem Stabdurchmesser, den Betoneigenschaften, der Art der Aufbiegung und dem Biegeverfahren.

Die Werte in Tabelle 6.26 gelten nur für einmaliges Biegen. Werden die Bewehrungsstähle hin- und zurückgebogen oder wird die Bewehrung nach dem Anschweißen von weiteren Stäben einmalig gebogen, gelten andere Werte.

Beim Biegen von Betonstahl ist ein Mindestbiegeradius in Abhängigkeit vom Stahldurchmesser einzuhalten.

Tabelle 6.26: Biegerollendurchmesser
(Normalbeton, B500A, Stabstahl)

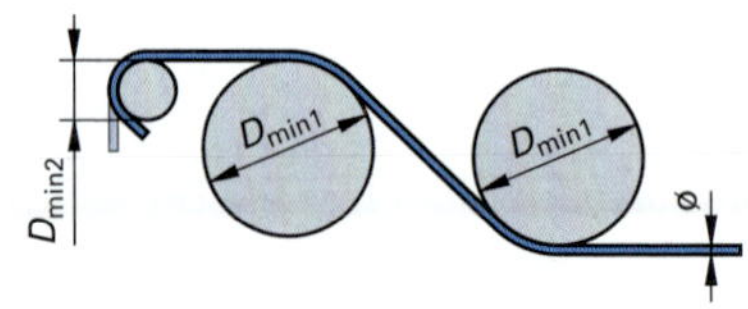

Haken, Winkelhaken, Schlaufen		Schräge Stäbe und andere gebogene Stäbe		
Stabdurchmesser d_s [mm]		Mindestmaß der seitlichen Betondeckung [mm]		
< 20	≥ 20	> 100 und $> 7 + d_s$	> 50 und $> 3 \cdot d_s$	≤ 50 und $\leq 3 \cdot d_s$
$4 \cdot d_s$	$7 \cdot d_s$	$10 \cdot d_s$	$15 \cdot d_s$	$20 \cdot d_s$

Stababstände

Den lichten Abstand zwischen den Stählen bezeichnet man mit *s*.

Für diesen Abstand sind bestimmte Mindestmaße erforderlich, um das Einbringen des Betons und eine ausreichende Verdichtung zu ermöglichen sowie eine ausreichende Verbundwirkung zu erzielen. Der Abstand *s* richtet sich nach dem Stahldurchmesser d_s oder nach dem Größtkorndurchmesser der Gesteinskörnung im Beton.

Tabelle 6.27: Stababstände paralleler Einzelstäbe

Größtkorn ∅	Stababstand s_n
$d_g \leq 16$ mm	$s_n \geq d_s$ und $s_n \geq 20$mm
$d_g > 16$mm	$s_n \geq d_g + 5$ mm

Die mögliche Anzahl der Stähle mit einem Durchmesser *d* in einer Lage des Balkens ist in Tabellenbüchern in Bezug auf die Balkenbreite unter Berücksichtigung von Betondeckung und Bügeldurchmesser angegeben.

Dieser Abstand ist auch bei der Anordnung einer mehrlagigen Bewehrung einzuhalten und wird dadurch erreicht, dass die Lagen durch einen waagerechten Stab voneinander getrennt werden. (vgl. Abb. 6.28) Bei einer solchen Ausführung ist darauf zu achten, dass die Stäbe der einzelnen Lagen übereinander liegen.

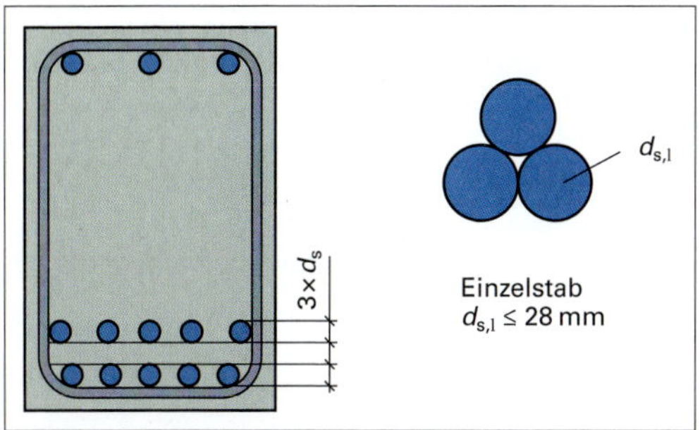

Abb. 6.28: Mehrlagige Bewehrung
a) Zweilagige Bewehrung b) Stabbündel

Beim Verlegen von Betonstahl ist ein Mindestabstand in Abhängigkeit vom Größtkorndurchmesser des Betons zwischen den Bewehrungsstählen einzuhalten, um die Verbundwirkung zu gewährleisten.

Vergleichsdurchmesser

Bei stark bewehrten Balken kann es vorkommen, dass zwei oder drei Einzelstäbe als Stabbündel eingebaut werden müssen.

Rechnerisch wird ein solches Stabbündel als ein Stab betrachtet. Für ein solches Stabbündel wird der Durchmesser der Einzelstäbe nicht aufsummiert, sondern es muss ein Vergleichsdurchmesser ermittelt werden.

$$d_{sv} = d_s \cdot \sqrt{n}$$

n Anzahl der Stähle
$d_{sv} \leq 36$ mm

Beispiel

Stabbündel aus 3 ∅ 16 mm ⇨
$d_{sv} = 16 \cdot \sqrt{3} = 28$ mm

Bei stark bewehrten Bauteilen können Stabbündel den Einbau aller notwendigen Stähle ermöglichen.

6.7.1 Verankerung der Längsbewehrung

Zur Vermeidung von Rissen und Betonabplatzungen sowie zur Gewährleistung eines ausreichenden Verbundes sind die Enden von Betonstählen im Beton zu verankern. Die Verankerungslänge ist abhängig von der Stahlsorte, der Verankerungsart, der Betondruckfestigkeit, der Lage der Bewehrung (Verbundbereich) sowie von der Art der Beanspruchung, d. h., ob der Stab auf Druck oder Zug belastet wird.

Zunächst ist der Grundwert der Verankerungslänge $l_{b,rqd}$ zu bestimmen. Das Grundmaß der Verankerung ist eine gerade Länge (vgl. Abb. 6.29).

$$l_{b,rqd} = \frac{d_s}{4} \cdot \frac{\sigma_{sd}}{f_{bd}} \quad \text{mit} \quad \sigma_{sd} \leq f_{yd}$$

d_s Stabdurchmesser in mm

f_{yd} Bemessungswert der Streckgrenze des Betonstahls in N/mm² (435 N/mm²)

f_{bd} Bemessungswert der Verbundspannung (In Abhängigkeit vom Verbundbereich und der Betonfestigkeit zwischen 1,2 N/mm² bis 4,3 N/mm²).

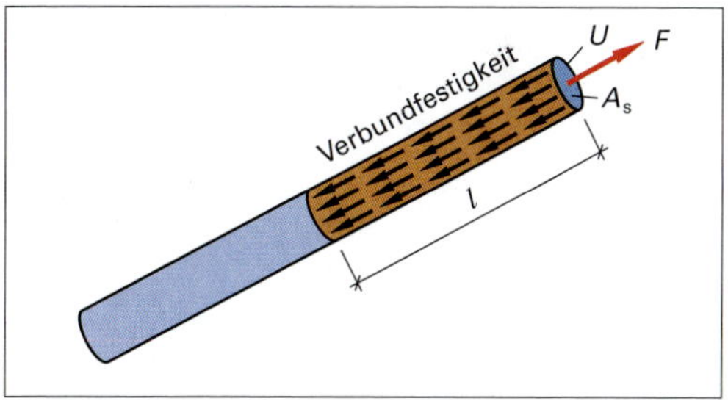

Abb. 6.29: Stahlbetonverbund

Herleitung der Formel

$$A_s \cdot \sigma = U \cdot l \cdot f_{bd}$$
$$\pi \cdot \frac{d^2}{4} \cdot \sigma = d \cdot \pi \cdot l \cdot f_{bd} \qquad \text{Umstellen nach } l$$
$$l = \frac{\pi \cdot d^2 \cdot \sigma}{4 \cdot f_{bd} \cdot d \cdot \pi} \quad \Rightarrow \quad l = \frac{d^2 \cdot \sigma}{4 \cdot f_{bd}}$$

Aus dem Grundwert der Verankerungslänge lässt sich dann in Abhängigkeit des Verhältnisses von erforderlicher Bewehrung ($A_{s,erf}$) zu vorhandener Bewehrung ($A_{s,vorh}$) sowie der Art und Ausbildung der Verankerung, die durch Beiwerte α_i berücksichtigt werden, die erforderliche Verankerungslänge l_{bd} ermitteln.

$$l_{bd} = \alpha_1 \cdot \alpha_2 \cdot \alpha_3 \cdot \alpha_4 \cdot \alpha_5 \cdot l_{b,rqd} \cdot \frac{A_{s,erf}}{A_{s,vorh}} \geq l_{b,min}$$

α_1 berücksichtigt die Ausbildung des Stabendes
α_2 berücksichtigt die Mindestbetondeckung
α_3 berücksichtigt eine vorhandene Querwehrung das Vorhandensein von Querstäben
α_5 berücksichtigt die Beanspruchung bei Querdruck bzw. Querzug

6

Das Mindestmaß der Verankerungslänge $l_{b,min}$ ist einzuhalten. Dieses beträgt für Zugstäbe

$$l_{b,min} = 0{,}3 \cdot \alpha_1 \cdot \alpha_4 \cdot l_{b,rqd} \geq 10 \cdot d_s$$

Für Druckstäbe gilt $l_{b,min} = 0{,}6 \cdot l_{b,rqd} \geq 10 \cdot d_s$

Die Verankerung kann mittels Haken, Winkelhaken, Schlaufen, angeschweißten Querstäben oder Ankerkörpern erfolgen. Bei geraden Stabenden wird die Verankerung durch eine entsprechende Stablänge realisiert.

Betonstähle sind grundsätzlich zu verankern.

Tabelle 6.30: Verankerungsarten für Betonstähle

Verankerungsart	**Beiwert α_i**	
	Zugstab	**Druckstab**
Gerades Stabende 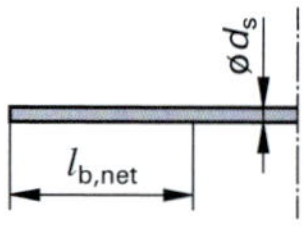	$\alpha_1 = 1{,}0$	$\alpha_1 = 1{,}0$
Gerades Stabende mit mindestens einem angeschweißten Querstab innerhalb l_{bd} 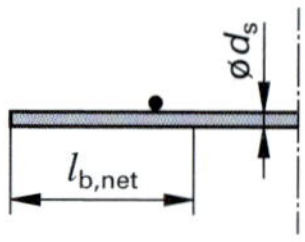	$\alpha_4 = 0{,}7$	$\alpha_4 = 0{,}7$
Gerade Stabenden mit mindestens zwei angeschweißten Stäben innerhalb von l_{bd} mit Stababstand $s < 100$ mm und $s \geq 5 \cdot \varnothing$ bzw. $s \geq 50$ mm. Nur zulässig, wenn $\varnothing \leq 16$ mm (bei Doppelstäben 12 mm)	$\alpha_4 = 0{,}5$	$\alpha_4 = 0{,}5$
Haken **Winkelhaken** **Schlaufen** 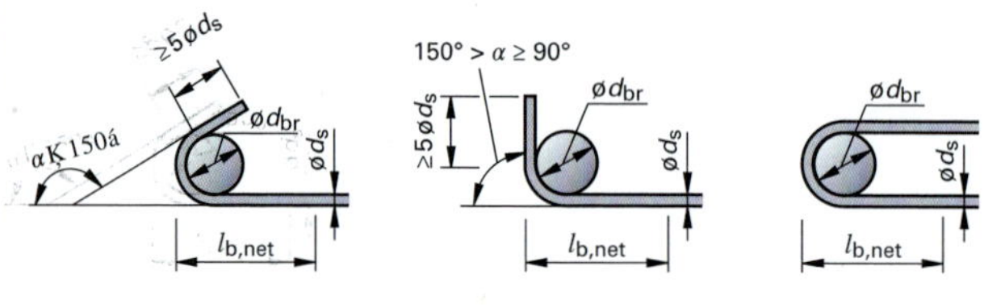	$\alpha_1 = 0{,}7$ (1,0) 0,5 bei Schlaufen mit $d_{br} \geq 15 \cdot d_s$	nicht zulässig
Haken **Winkelhaken** **Schlaufen** 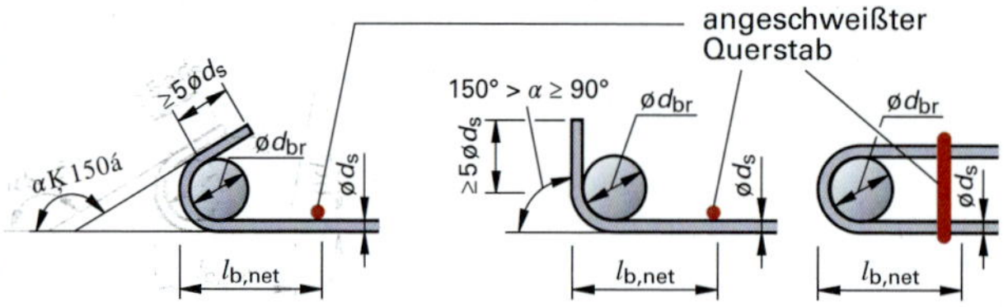	0,5 (0,7)	nicht zulässig
Mindestens ein angeschweißter Querstab innerhalb von l_b. Abstand vom Verankerungsbeginn mindestens $5 \cdot \varnothing$		
Die Werte in Klammern gelten: a) die Betondeckung im Krümmungsbereich ist $< 3 \cdot d_s$, b) es ist kein Querdruck vorhanden ist, c) keine enge Verbügelung vorhanden		

Beispiel

Verankerungslänge im Feld

Es ist das Maß l_{bd} für 5 ∅ 16 zu ermitteln. Die geraden Stabenden werden aus B500A ausgeführt und liegen als Biegezugbewehrung in einem 50 cm hohen Einfeldträger, der mit einem Beton der Festigkeitsklasse C20/25 betoniert wird.

Der Biegrollendurchmesser beträgt $4 \cdot d_s$, der erforderliche Bewehrungsquerschnitt an der Verankerungsstelle beträgt 8,53 cm².

$$l_{bd} = \alpha_1 \cdot \alpha_4 \cdot \alpha_5 \cdot l_{b,rqd} \cdot \frac{A_{s,erf}}{A_{s,vorh}} \geq l_{b,min}$$

$\alpha_4 \cdot \alpha_5$ nicht maßgebend für diesen Fall.

$$l_{bd} = 1{,}0 \cdot 75 \cdot \frac{8{,}53}{10{,}1} = 63{,}3 \geq l_{b,min} = 15{,}8\text{cm}$$

$$l_{b,min} = 0{,}3 \cdot 1{,}0 \cdot 75 = 22{,}5 \text{ cm} > 10 \cdot d_s$$

$$l_{bd} \geq l_{b,min}$$

An direkten End- und Zwischenauflagern ist die Bewehrung für gerade Stabenden wie auch für Haken und Winkelhaken mit einer Länge von mindestens $6 \cdot d_s$ zu verankern, im Verankerungsbereich indirekter End- und Zwischenauflager mit einer Länge von $10 \cdot d_s$.

Dabei sind bei Balken mindestens 25 % der maximalen Feldbewehrung im Auflagerbereich zu verankern (vgl. Abb. 6.31).

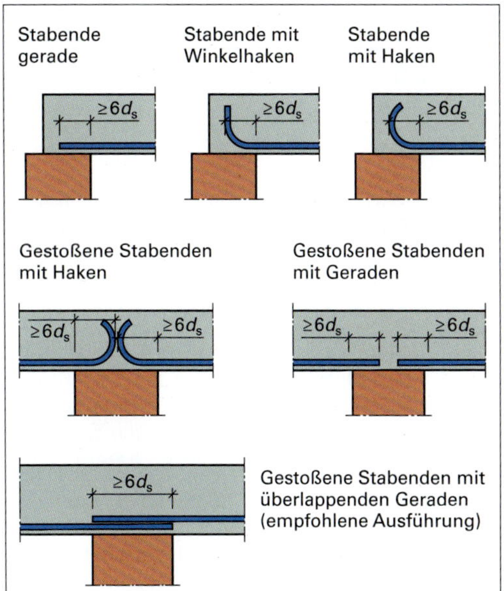

Abb. 6.31: Verankerung am End- und Zwischenauflager

Im Verankerungsbereich treten quer zur Stabrichtung Querzugspannungen auf. Diese sind durch eine Querbewehrung aufzunehmen. In Balken werden die Querzugspannungen durch die Bügelbewehrung aufgenommen, sodass keine zusätzliche Querbewehrung erforderlich wird. Für Stäbe mit einem Durchmesser d_s = 32 mm muss jedoch eine zusätzliche Querbewehrung eingelegt werden.

Die Verankerung von Betonstählen ist für die Kraftübertragung zwischen Beton und Stahl von großer Bedeutung.
Die Verankerungslänge ist abhängig von der Lage der Bewehrung, der Stahlsorte, der Betondruckfestigkeit, der Auflagersituation und der Art der Verankerung. Die Verankerungslänge muss genau berechnet werden.

6.7.2 Verankerung von Bügeln und Querkraftbewehrung

Die Verankerung der Bügel und Querkraftbewehrung (Schubbewehrung) kann durch Haken, Winkelhaken oder angeschweißte Querstäbe erfolgen (vgl. Abb. 6.32). Dabei muss die Verankerung in der Druckzone des Bauteilquerschnitts liegen und die Bügel müssen die Zugbewehrung umschließen.

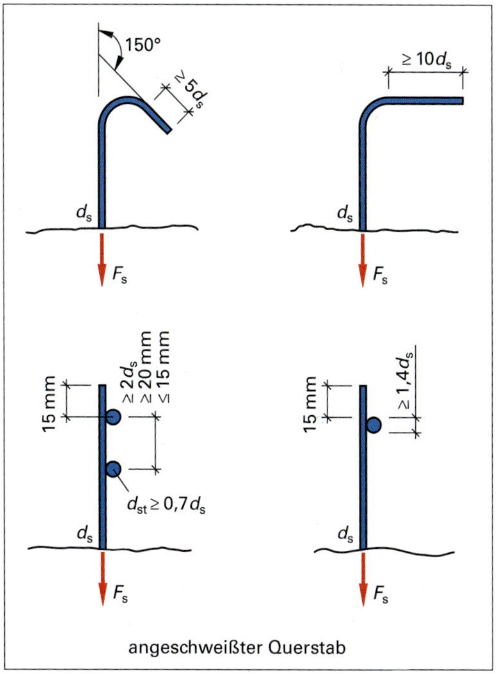

Abb. 6.32: Verankerung von Bügeln und Schubbewehrung

6

Kann der Bügel nicht so eingebaut werden, dass er mit Haken oder Winkelhaken in der Druckzone geschlossen wird, ist er mit einem Übergreifungsstoß zu schließen (vgl. Abb. 6.33).

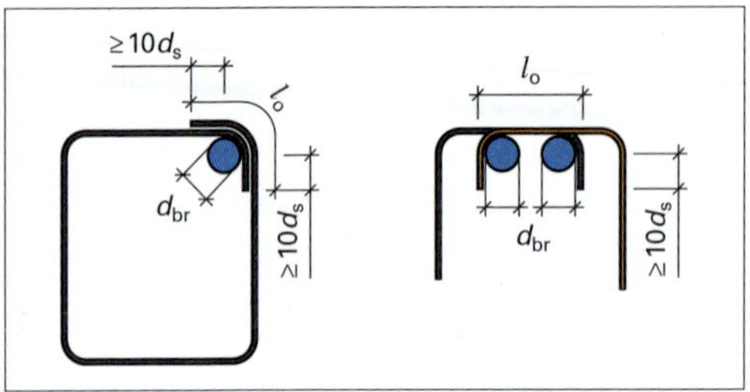

Abb. 6.33: Schließen der Bügel in der Zugzone

Die Bügel sind je nach Lage des Bügelschlosses in der Zugzone (ungünstig) oder Druckzone (günstig) unterschiedlich auszubilden.

6.7.3 Übergreifungsstöße

Um verschiedene Bewehrungsformen miteinander zu verbinden, oder bei Bauteilen deren Abmessungen die Lieferlänge des Betonstahls überschreiten, werden die Betonstähle hinter einander gelegt. Damit die Kraftübertragung von einem Stab zum anderen zu gewährleistet ist, müssen die Stäbe sich um ein bestimmtes Maß überlappen oder miteinander verbunden werden. Diese Bereiche werden Stöße genannt. Bei den Stößen werden indirekte und direkte Stöße (vgl. Abb. 6.35) unterschieden.

Indirekte Stöße

Übergreifungsstöße übertragen die Kräfte über den umgebenden Beton. Bei **direkten Stoßverbindungen** erfolgt die Kraftübertragung ausschließlich über den Stahl. Diese Stöße werden durch Schweißen oder mechanische Verbindungen hergestellt. Die Stoßarten gelten sowohl im Zug- als auch im Druckbereich. Die Ausführung eines **Kontaktstoßes** ist nur als Druckstoß zulässig.

Die erforderliche **Übergreifungslänge** l_0 errechnet sich aus dem Grundmaß der Verankerungslänge und Faktoren α_i zur Berücksichtigung der Stoßausbildung.

$$l_0 = \alpha_1 \cdot \alpha_5 \cdot \alpha_6 \cdot l_{b,rqd} \cdot \frac{A_{s,erf}}{A_{s,vorh}} \geq l_{o,min}$$

Der Mindestwert der Übergreifungslänge $l_{0,min}$ muss mindestens $\geq 15 \cdot d_s$ und ≥ 200 mm sein und wird wie folgt berechnet:

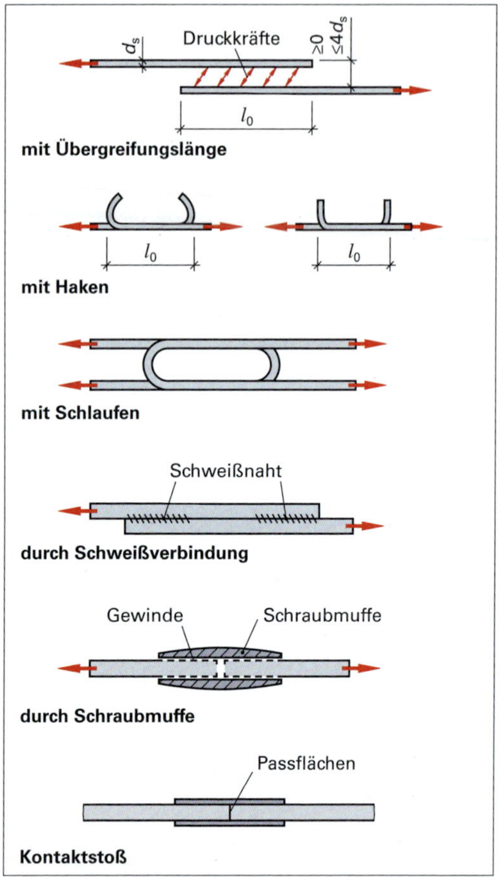

Abb. 6.34: Stoßverbindungen

$$l_{0,min} \geq 0{,}3 \cdot \alpha_1 \cdot \alpha_6 \cdot l_{b,rqd} \cdot \frac{A_{s,erf}}{A_{s,vorh}}$$

Der Wert α_1·berücksichtigt den Beiwert aus Tabelle 6.36, wobei angeschweißte Querstäbe nicht berücksichtigt werden dürfen. Der Faktor α_6 ergibt sich aus der Art des Stoßes und dem Anteil der ohne Längsversatz gestoßenen Stäbe.

Stöße sollten nach Möglichkeit in Längsrichtung versetzt ausgeführt werden, um eine Konzentration der Stöße an einer Stelle zu vermeiden (vgl. Abb. 6.35). Wird die Bewehrung ohne Längsversatz verlegt, wird dieses als Vollstoß bezeichnet.

Beträgt der Abstand der Stoßmitten mehr als das 1,3-fache der Übergreifungslänge, so ist der Längsversatz ausreichend. Der lichte Abstand der gestoßenen Stäbe darf nicht größer sein als $4 \cdot d_s$, der lichte Abstand zweier Stöße muss größer sein als 20 mm bzw. $2 \cdot d_s$.

6

Stöße von Betonstählen können als direkte oder indirekte Stoßverbindungen ausgebildet werden. Es werden Druck und Zugstoßverbindungen unterschieden. Die Übergreifungslängen sind genau zu berechnen.

Tabelle 6.35: Berücksichtigung des Stoßanteils durch den Beiwert α_6

a und c_1 (vgl. Abb. 6.36)	Beiwert α_6	
Anteil der ohne Längsversatz gestoßenen Stäbe im Querschnitt einer Bewehrungslage	≤ 33 %	> 33 %
Zugzonenstoß $\varnothing < 16$ mm $a \geq 8\,\varnothing$ und $c_1 \geq 4\,\varnothing$ $a < 8\,\varnothing$ oder $c_1 < 4\,\varnothing$	1,2	1,4
Zugzonenstoß $\varnothing \geq 16$ mm $a \geq 8\,\varnothing$ und $c_1 \geq 4\,\varnothing$ $a < 8\,\varnothing$ oder $c_1 < 4\,\varnothing$	1,4	2,0
Druckzonenstoß	1,0	1,0

Ähnlich wie im Bereich von Verankerungen, ist auch im Bereich von Übergreifungsstößen eine Querbewehrung erforderlich (vgl. Abb. 6.37). Für diese gilt, dass ihre Querschnittsfläche A_{st} nicht geringer sein darf als die Fläche A_s eines gestoßenen Stabes. Für die Ausbildung der Querbewehrung gelten in Abhängigkeit der Beanspruchung unterschiedliche Ausbildungsarten.

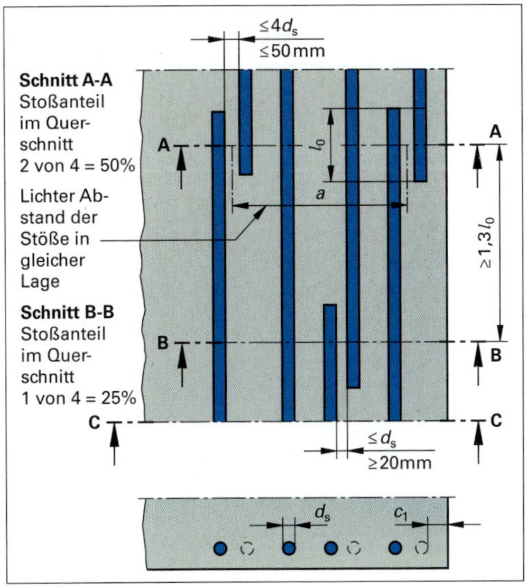

Abb. 6.36: Übergreifungsstoß

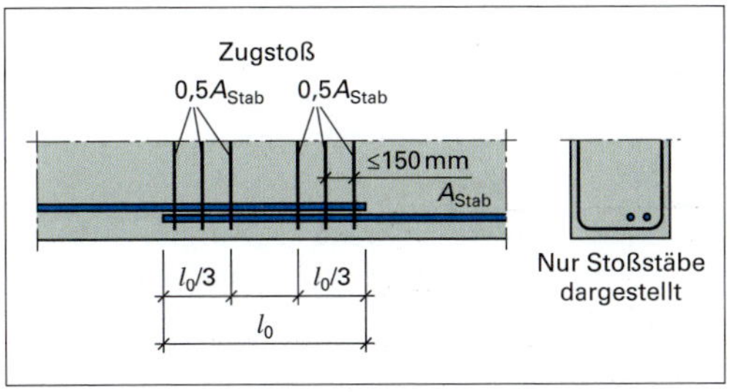

Abb. 6.37: Querbewehrung beim Übergreifungsstoß

Die Stöße von Tragstählen sind nach Möglichkeit mit Versatz auszubilden.

6.8 Betondeckung

Um eine gute Verbundwirkung zwischen Stahl und Beton zu gewährleisten und um einen dauerhaften Schutz der Bewehrung von Korrosion zu erreichen, ist eine ausreichende Ummantelung der Bewehrung mit Beton notwendig. Das Maß der Ummantelung wird als Betondeckung (vgl. Abb. 6.38) bezeichnet. Sie bezeichnet den Abstand von der Oberfläche der außenliegenden Bewehrung bis zur nächstgelegenen Oberfläche des Bauteils. Maßgebend für die Festlegung der Betondeckung sind die Umweltbedingungen, denen das Bauteil ausgesetzt ist. Diese werden durch die Expositionsklassen festgelegt.

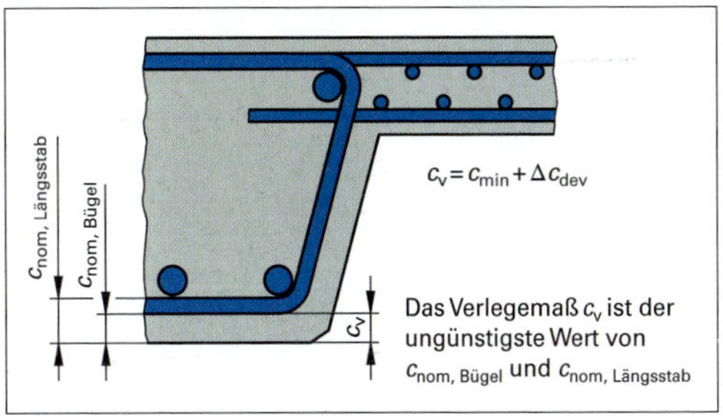

Abb. 6.38: Begriffe der Betondeckung

In Abhängigkeit der Expositionsklassen ergibt sich das **Mindestmaß der Betondeckung** c_{min} sowie eine Mindestbetonfestigkeitsklasse. Ist ein Bauteil mehreren Expositionsklassen ausgesetzt, wird die höchste Anforderung maßgebend. Zur Berücksichtigung von Ausführungstoleranzen ist das Mindestmaß um das Vorhaltemaß Δc_{dev} zu erhöhen, welches ebenfalls in Abhängigkeit der Expositionsklasse festzulegen ist. Das Mindestmaß c_{min} darf nicht kleiner sein als der Stabdurchmesser d_s oder der Vergleichsdurchmesser d_{sv}.

6

Das Vorhaltemaß Δc_{dev} ist um mindestens 10 mm, oder das Maß der Unebenheit zu erhöhen, wenn gegen unebene Flächen betoniert wird. Wird direkt gegen Erdreich betoniert, erhöht sich c_{dev} um 50 mm.

Das Maß der Betondeckung c_{nom} ergibt sich aus der Addition von c_{min} und Δc_{dev}. Auf Bewehrungsplänen ist das **Verlegemaß** c_V anzugeben. Dieses darf nicht kleiner gewählt werden als das Maß c_{nom}.

$c_{nom} = c_{min} + \Delta c_{dev}$ $\qquad$ $c_V \geq c_{nom}$

Nennmaß der Betondeckung	c_{nom}
Mindestbetondeckung	c_{min}
Verbundanforderung	$c_{min,b}$
Dauerhaftigkeitsanforderung	$c_{min,dur}$
Vorhaltemaß	Δc_{dev}
Verlegemaß	c_V
Sicherheitszuschlag	$\Delta c_{dur,gamma}$

Beispiel

Für einen Stahlbetonbalken, der das Einfahrtstor zu einem Industriebetrieb überbrückt, ist das Verlegemaß c_V zu bestimmen. Das Betriebsgelände der Firma wird im Winter regelmäßig gestreut, sodass Tausalze aufgewirbelt werden. Der Balken ist unverkleidet und nicht gegen Witterungseinflüsse geschützt. Für die Längsbewehrung sind Stabstähle mit ⌀16 mm vorgesehen, die Bügel werden mit ⌀12 mm ausgeführt.

Expositionsklassen: XC4 und XF2
Mindestbetonfestigkeitsklasse: C35/45

$c_{min} = 25$ mm und $\Delta c_{dev} = 15$ mm
$c_{nom} = 25 + 15 = 40$ mm $= c_V$ (für die Bügel)

$c_V = 40 + 12 = 52$ mm (für die Längsbewehrung)

Die hier behandelte Vorgehensweise zur Ermittlung der Betondeckung bezieht sich auf den Korrosionsschutz der Bewehrung. In Bezug auf den Brandschutz können mitunter andere Maße maßgeblich werden.

Eine ausreichende Betondeckung sichert den Verbund und schützt den Betonstahl vor Witterungseinflüssen und Brandeinwirkung. Sie ist abhängig von den Expositionsklassen, dem verwendeten Beton sowie dem Stabdurchmesser. Das Maß der Betondeckung ist auf Bewehrungsplänen anzugeben.

6

Abstandshalter für Balkenbewehrung

Die Bewehrungsstähle sind so einzubauen, dass sie sich beim Betreten und Betonieren nicht verschieben. Dazu werden in der Baupraxis sogenannte Abstandshalter verwendet. Diese sorgen dafür, dass der vorgegebene Abstand vom Bewehrungsstahl zur Schalung eingehalten wird.

Abb. 6.39: Beispiele Abstandshalter (Max Frank GmbH & Co. KG) (mögliche Materialien: Faserzement, Kunststoff, Stahl mit Fuß aus Kunststoff, als Einzelhalter, Ring- oder Plattenhalter, Abstandsböcke, Bügelkörbe)

Je nach Bauteil müssen die verwendeten Abstandshalter unterschiedliche Anforderungen erfüllen. Geprüfte Abstandshalter sind mit einer Kennzeichnung versehen, an der zu ersehen ist, ob der Abstandshalter für das Bauteil und dessen Beanspruchung geeignet ist.

DBV c L2 F/T/A D (Deutscher Beton Verein)

- c Betondeckung c_{nom} bzw. c_V
- L Leistungsklasse
- L1 keine erhöhten Anforderungen an Tragfähigkeit und Kippstabilität
- L2 Erhöhte Anforderungen an Tragfähigkeit und Kippstabilität

Besondere Anforderungen F/T/A
- F Erhöhter Frost-Tausalzwiderstand
- T Eignung für Bauteile mit erhöhten Temperaturbeanspruchungen
- A Erhöhter Wassereindringwiderstand, Widerstand gegen chemischen Angriff und Chloride
- D Erlaubter Stahldurchmesser

Einbauregel für Abstandshalter

In Längsrichtung sind Abstandhalter bei Balken in Abhängigkeit vom Längsstabdurchmesser wie folgt einzubauen:

- ∅10 $s = 0{,}25$ m
- ∅12 bis ∅20 $s = 0{,}50$ m
- ∅ > 20 $s = 0{,}75$ m

In Querrichtung hängt die Anzahl von der Höhe bzw. Breite des Balkens ab.

- *b* bzw. *h* bis 1,00 m 2 Stück
- b bzw. h über 1,00 m 3 Stück
- maximaler Abstand ≤ 0,50 m

Der Betonstahl ist so einzubauen, dass er beim Einbringen des Betons in seiner Lage stabil bleibt. Dazu werden Abstandshalter verwendet.

6.9 Bewehrungszeichnungen

Bewehrungszeichnungen sollen dem Baufacharbeiter auf der Baustelle ein einfaches Verlegen der Bewehrung ermöglichen. Dazu ist neben der sorgfältigen Planung der Bewehrungsführung eine übersichtliche und verständliche Darstellung der Bewehrung auf Bewehrungsplänen notwendig. Die Bewehrungspläne enthalten alle wichtigen Angaben zum Ablängen, Biegen und Verlegen der Bewehrung, Angaben zur Betondeckung und zum Biegerollendurchmesser sowie zu den verwendeten Baustoffen. Bewehrungspläne sind, wie andere Ausführungszeichnungen auch, i.d.R. maßstäblich darzustellen. Grundlage der Darstellung von Bewehrungselementen bildet die DIN EN ISO 3766. Danach darf die zeichnerische Darstellung auch unmaßstäblich erfolgen.

Tabelle 6.40: Vereinfachte Darstellung von Betonstabstahl

Bewehrungsstäbe	Ansicht	Schnitt	Gruppen gleicher Bewehrungsstäbe	
allgemein			Bewehrungsstäbe gleicher Positionsangabe bilden Gruppen und können bei Darstellung mindestens eines Bewehrungsstabes und einer dünnen, sich über den Verlegebereich der Stabgruppe erstreckenden Gruppenlinie gekennzeichnet werden. Um einen dem Verlegebereich zugehörigen Bewehrungsstab zu kennzeichnen, ist der Schnittpunkt von Bewehrungsstab und Gruppenlinie durch einen Kreis zu markieren.	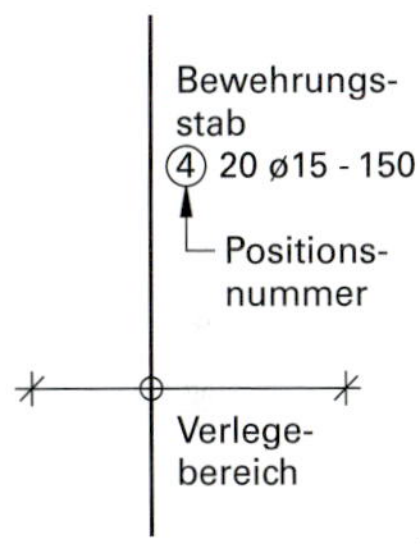
die bereits auf anderer Zeichnung dargestellt und positioniert wurden				
mit Endhaken als Winkelhaken als Rundhaken				
mit zusätzlicher Markierung der Stabenden durch Positionsnummern (ohne Kreis)	5 5 11 11			
mit gleicher Positionsangabe				
die rechtwinklig aus der Zeichenebene abgebogen sind			Gruppen gleicher Bewehrungsstäbe, jedoch unterschiedlicher Stababstände und Stückzahl sind innerhalb des Verlegebereiches entlang der Gruppenlinie als solche zu markieren.	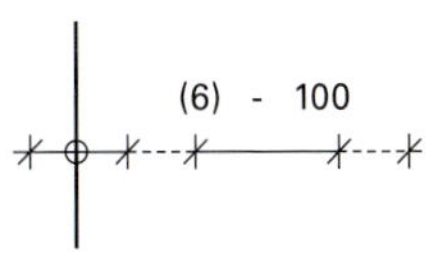
die rechtwinklig aus der Zeichenebene aufgebogen sind				
mit Aufbiegung < 90° die Knickkanten werden im Schnitt durch Querstriche markiert; der unten liegende Stabteil wird in mittelbreiter Volllinie gezeichnet			In der Praxis werden die Teilmaße der Bewehrung (Stabbewehrung) in cm angegeben und mit Spiegelstrichen (z. B. – 47^5 – statt 475) eingekleidet. Bei den Passmaßen ist stets abzurunden, z. B. $(350 - 12) \cdot \sqrt{2} = 475{,}2$; 475 mm (– 47^5 –) oder 470 mm (– 47 –).	

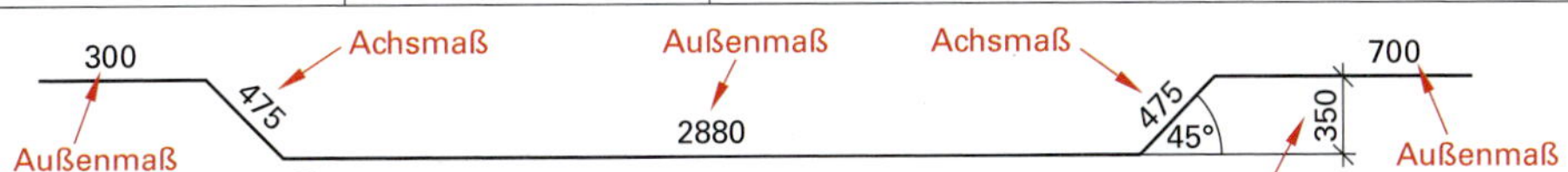

(10) 9 ø14 B500B, $l = 4{,}83$ m, $s = 20$ cm (200 mm)

Im Regelfall betragen die Maßstäbe 1:25 oder 1:20. Bei stark bewehrten Bauteilen (z. B. bei Knotenpunkten von Balken und Stützen) ist die Wahl eines größeren Maßstabes (1:10, 1:5 bis 1:1) sinnvoll. Für Tragwerksteile mit größeren Abmessungen wie Stahlbetonbinder oder Deckenplatten ist die Wahl eines kleineren Maßstabes, üblicherweise 1:50, seltener 1:100, möglich.

Alle Bauteile werden unter Angabe der Hauptmaße in ihren Umrissen dargestellt. Die Bewehrungsführung wird in Längs- und Querschnitten dargestellt. Bei flächenartigen Bauteilen kann zusätzlich die Darstellung einer Draufsicht notwendig werden. Die Bewehrung ist, dabei nach ihrer Lage getrennt, darzustellen.

Für die vereinfachte Darstellung von Betonstabstahl in Bewehrungszeichnungen gelten die folgenden Festlegungen. Die einzelnen Biegeformen können entweder durch konventionelle Bemaßung oder unter Verwendung eines Formblattes genauer beschrieben werden. Bei der konventionellen Bemaßung werden die einzelnen Teillängen und Biegewinkel bemaßt. In Abhängigkeit des Winkels werden die Stablängen für

- $\alpha < 90°$: zwischen den Tangentenschnittpunkten der Stabachse gemessen
- $\alpha = 90°$: zwischen den Schnittpunkten der äußeren Tangenten gemessen
- $\alpha > 90°$: wird der Biegewinkel in einen rechten und einen spitzen Winkel aufgeteilt, wobei der spitze Winkel über die Tangente der Stabachse und der rechte Winkel über die äußere Tangente vermaßt wird

Zusätzlich sind alle Maße, die die Biegeform nicht überschreiten darf (Zwangsmaße *z*), als Außenmaße anzutragen.

Für das Biegen der Stahlbetonbewehrung mit Hilfe von automatisierten Biegeanlagen werden die Bewehrungsformen mit zweistelligen Schlüsselnummern standardisiert.

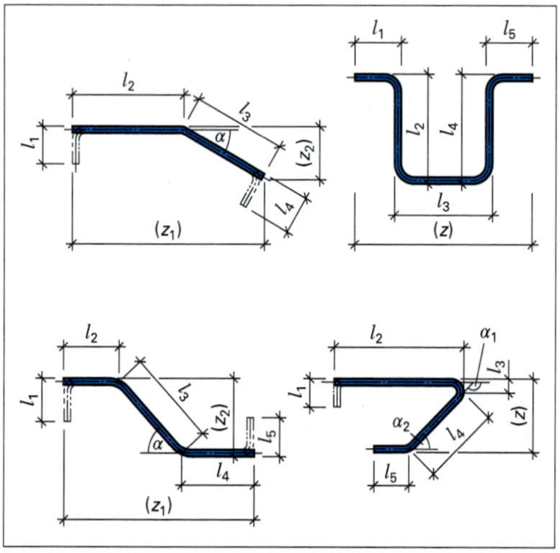

Abb. 6.41: Bemaßung von Biegeformen

Tabelle 6.42: Schlüsselnummern und Stabformen

Schlüsselnummer	Stabform	Schlüsselnummer	Stabform
00	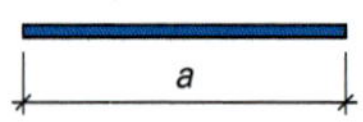	11	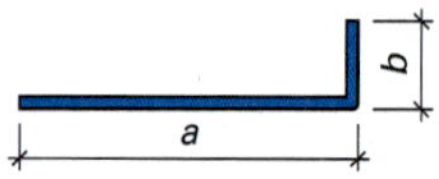
12	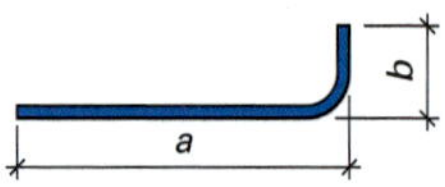	13	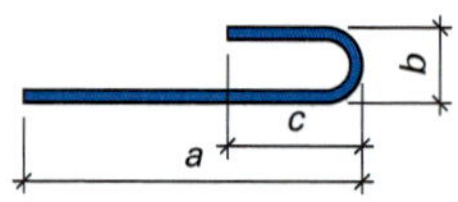
15	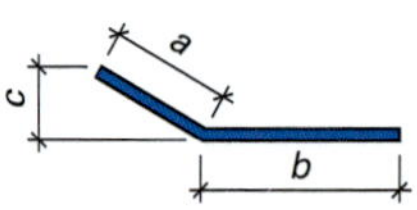	21	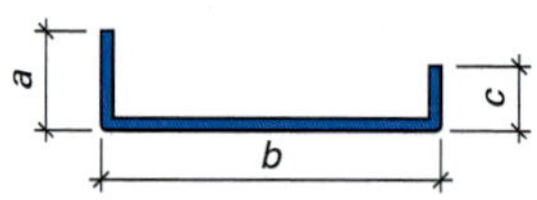

Tabelle 6.42: Schlüsselnummern und Stabformen (Fortsetzung)

25	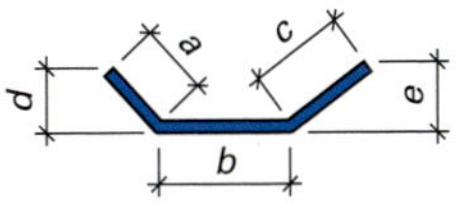	26	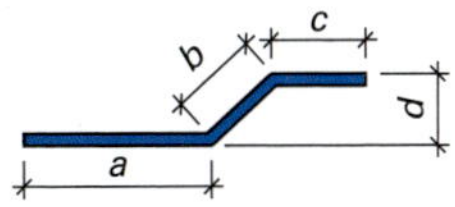
31	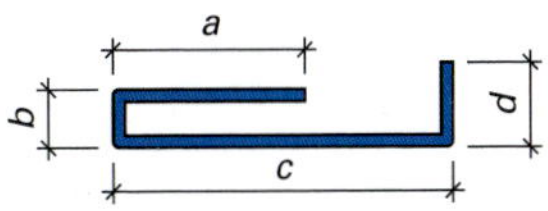	33	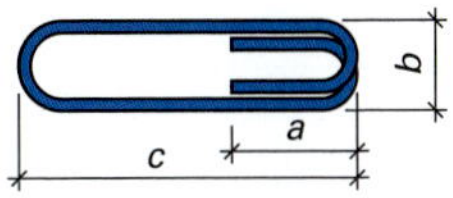
41	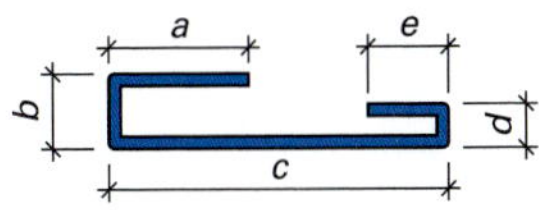	44	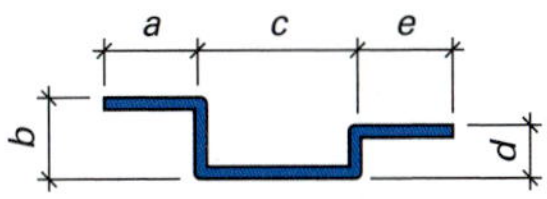
46	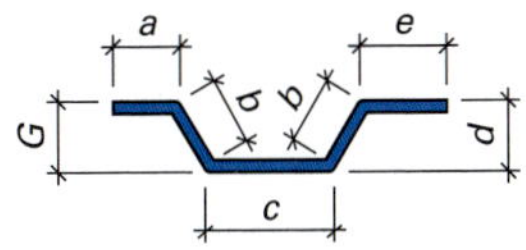	67	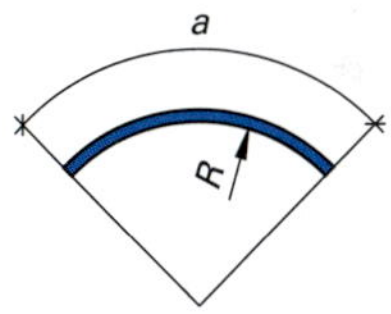
77		99	Alle anderen Formen und Winkel **99** ungenormte Stabform Stabformen müssen in der Zeichnung beschrieben werden, da nicht genormt.

6

Tabelle 6.43: Bedeutung der Schlüsselnummern

0 keine Biegung (erste Ziffer)	
0 gerader Stab (zweite Ziffer)	
1 eine Biegung	90° Bogen/Bögen mit vorgegebenem Radius. Alle Bögen in derselben Richtung
2 zwei Biegungen	90° Bogen/Bögen mit anzugebenem Radius. Alle Bögen in derselben Richtung
3 drei Biegungen	180° Bogen/Bögen mit ungenormtem Radius. Alle Bögen in derselben Richtung
4 vier Biegungen	90° Bogen/Bögen mit vorgegebenem Radius. Nicht alle Bögen in derselben Richtung
5 fünf Biegungen	Bögen < 90°. Alle in derselben Richtung gebogen
6 Biegungen	Bögen < 90°. Nicht alle in derselben Richtung gebogen
7 vollständige Windungen	Kreisabschnitt oder vollständige Windungen

Auf dem Bewehrungsplan werden die einzelnen Biegeformen ihrer Lage im Bauteil entsprechend über, neben oder unter der Ansicht bzw. dem Querschnitt dargestellt, sodass eine einfache Zuordnung zu der verlegten Form möglich ist. Diese Auszüge der Biegeformen werden fortlaufend mit einer Positionsnummer (dargestellt als Kreis) nummeriert.

Zusätzlich ist die gesamte Anzahl, der Stabdurchmesser (z. B. 3 ∅ 12) sowie die Gesamtlänge der Biegeform anzugeben. Bei gebogenen Stäben sind die Einzellängen zwischen den Biegestellen sowie die Biegewinkel an die Auszugsform anzutragen.

Wird eine Biegeform in großer Anzahl mit gleichen Abständen eingelegt (z. B. Bügel für die Querkraftbewehrung), so ist dieser Verlegeabstand zusätzlich anzugeben. Neben dem Auszug der Biegeform ist auch die verlegte Form eindeutig mit der entsprechenden Positionsnummer zu kennzeichen.

Für die Darstellung der Biegeformen auf dem Bewehrungsplan existieren drei verschiedene Darstellungsarten.

Bei **Darstellungsart 1** wird jede Biegeform im Bauteil maßstäblich und ihrer Lage entsprechend maßstäblich „herausgezogen" gezeichnet und vollständig vermaßt. Die Stahlauszüge liefern ausreichend Informationen für die Herstellung der Biegeformen, sodass eine separate Biegeliste nicht erstellt werden muss. Die benötigten Stahlmengen werden in einer Stahlliste zusammengefasst.

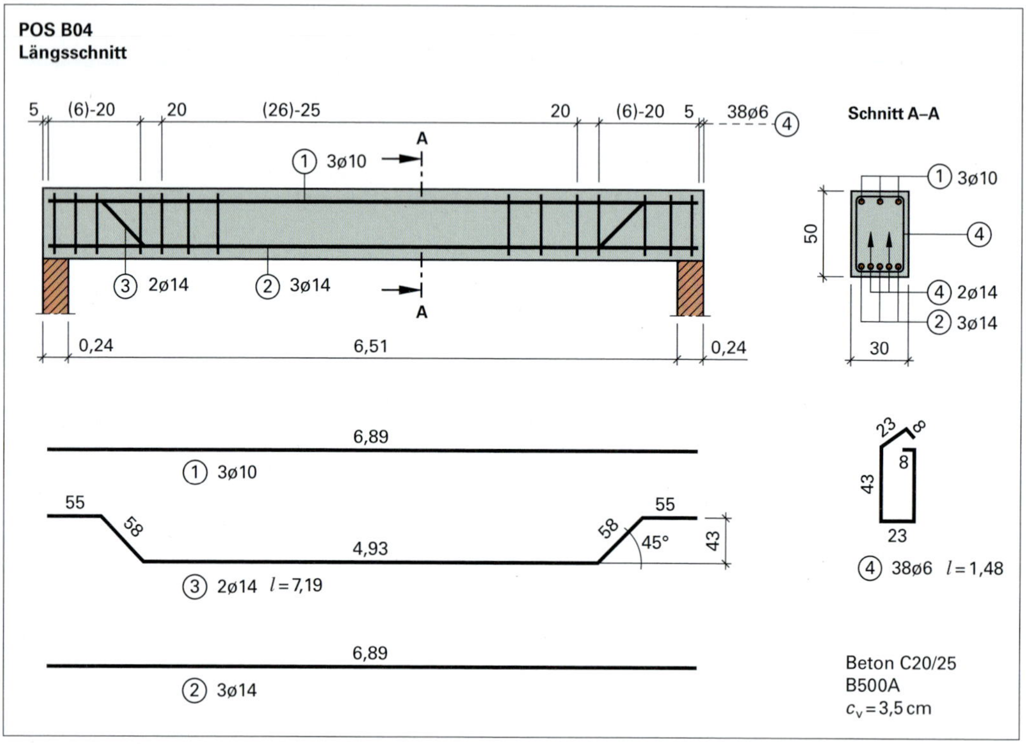

Abb. 6.44: Bewehrungsplan Darstellungsart 1

Tabelle 6.45: Stahlliste zu Darstellungsart 1

Stahlliste: Bauteil POS B04				Stahlbetonbalken Wohnen 1x ausführen							Stahl: B500A	
POS	Anzahl	Ø mm	Einzellänge [m]	Gesamtlänge [m]								
				Ø 6	Ø8	Ø10	Ø 12	Ø 14	Ø 16	Ø20	Ø 25	Ø28
1	3	10	6,89			20,67						
2	3	14	6,70					20,67				
3	2	14	7,19					14,38				
4	38	6	1,48	56,24								
Gesamtlänge in m je Ø				56,24		20,67		36,05				
Gewicht [kg/m] je Ø				0,222	0,395	0,617	0,888	1,21	2,01	2,47	3,85	4,83
Gesamtgewicht [kg] je Ø				12,49		12,75		42,41				
Gesamtgewicht [kg]				67,65								

In **Darstellungsart 2** werden die einzelnen Positionen im Bauteil ebenfalls maßstäblich dargestellt, wobei im Gegensatz zur Darstellungsart 1 die Stabenden markiert werden.

Die Stahlauszüge werden jedoch nicht maßstäblich gezeichnet, sondern nur skizzenhaft dargestellt und bemaßt.

Neben der Stahlliste ist ein Bewehrungsplan nach Darstellungsart 2 durch eine Biegeliste zu ergänzen, auf der neben den Längen und Gewichtsangaben jede Biegeform unmaßstäblich zu zeichnen und zu bemaßen ist.

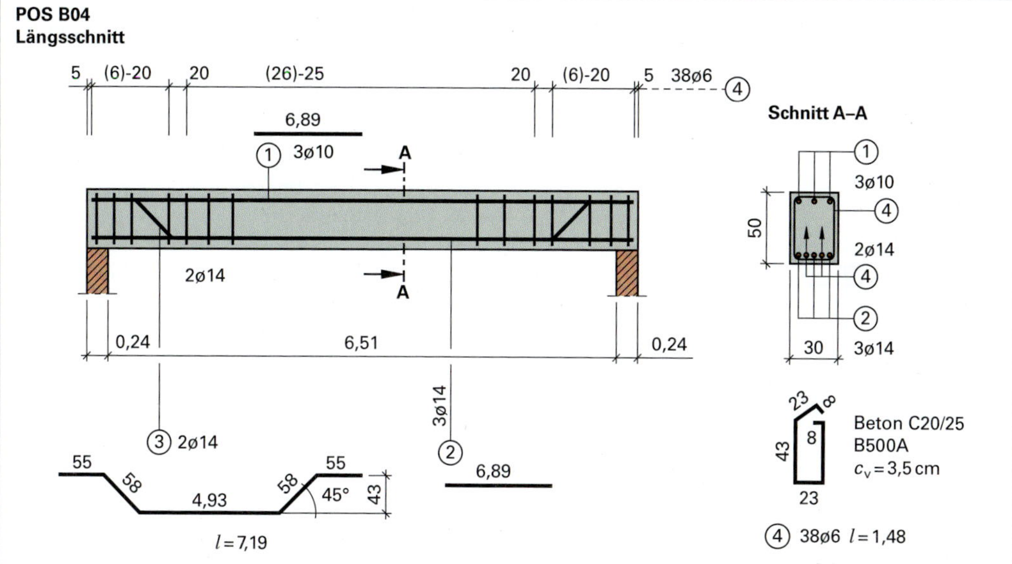

Abb. 6.46: Bewehrungsplan Darstellungsart 2

Tabelle 6.47: Stahlliste zu Darstellungsart 2

Stahlliste: Bauteil POS B04				Stahlbetonbalken Wohnen 1x ausführen			Stahl: B500A
POS	Anzahl	∅ mm	Einzellänge [m]	Gesamtlänge [m]			
				∅ 6	∅10	∅ 14	Biegeform
1	3	10	6,89		20,67		6,89
2	3	14	6,89			20,67	6,89
3	2	14	7,19			14,38	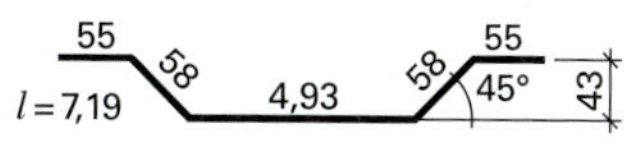 55 58 4,93 58 55 45° 43 l = 7,19
4	38	6	1,48	56,24			 23 8 43 8 23
Gesamtlänge in m je ∅				56,24	20,67	35,05	
Gewicht [kg/m] je ∅				0,222	0,617	1,21	
Gesamtgewicht [kg] je ∅				12,49	12,75	42,41	
Gesamtgewicht [kg]				67,65			

Bewehrungspläne nach **Darstellungsart 3** werden unter Verwendung der Formenliste aus Tabelle 6.42 erstellt. Wie in Darstellungsart 2 wird die Bewehrung im Bauteil maßstäblich dargestellt. Die einzelnen Bewehrungsstähle werden nicht maßstäblich, sondern nur skizziert herausgezogen.

Im Unterschied zu Darstellungsart 2 wird der skizzierte Auszug jedoch nicht vermaßt. Stattdessen wird die Positionsnummer durch die Schlüsselnummer der Biegeform ergänzt. Die Stahl- und Biegeliste eines solchen Bewehrungsplans ist durch eine Formenliste zu ergänzen, in der alle Angaben über Aufbiegungen, Biegerollendurchmesser und Einzellängen entsprechend der Schlüsselnummer anzugeben sind.

Auf allen Bewehrungsplänen ist die benötigte Stahlmenge in einer Stahlliste anzugeben. Sie enthält in tabellarischer Form Angaben über die Einzel- und Gesamtlänge der jeweiligen Positionen sowie über deren Durchmesser und Gewicht.

Je nach Anzahl der herzustellenden Stahlbetonbalken kann ein entsprechend angepasstes Formblatt zur Anwendung kommen.

Der Bewehrungsplan enthält alle Angaben, die zum Herstellen und Verlegen der Bewehrung notwendig sind. Neben der Angabe von Baustoffen, Biegerollendurchmesser und Betondeckung enthält er Informationen über die Geometrie der Biegeformen sowie über deren Anzahl, Länge und Durchmesser. Die benötigte Stahlmenge wird in einer Stahlliste erfasst.

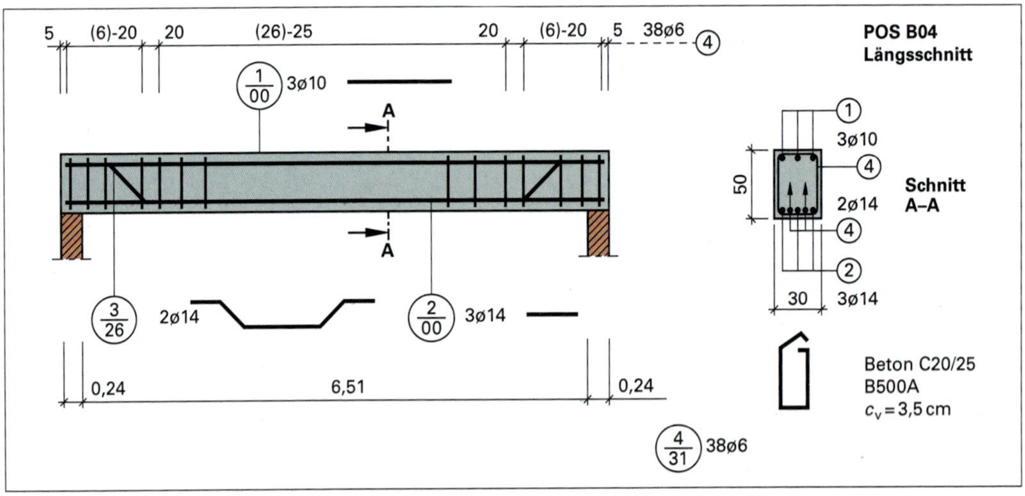

Abb. 6.48: Bewehrungsplan Darstellungsart 3

Tabelle 6.49: Stahliste zu Darstellungsart 3

Stahlliste: Bauteil POS B04				Stahlbetonbalken Wohnen 1x ausführen							Stahl: B500A	
POS	Anzahl	Ø mm	Einzellänge [m]	Gesamtlänge [m]			Längen [cm]					
				Ø 6	Ø10	Ø 14	a	b	c	d	h	
1	3	10	6,89		20,67		6,89					
2	3	14	6,89			20,67	6,89					
3	2	14	7,19			14,38	55	58	4,93	43		
4	38	6	1,48	56,24			43		23		8	
Gesamtlänge in m je Ø				56,24	20,67	35,05						
Gewicht [kg/m] je Ø				0,222	0,617	1,21						
Gesamtgewicht [kg] je Ø				12,49	12,75	42,41						
Gesamtgewicht [kg]				67,65								

Balkenformen/ Plattenbalken

Neben dem Rechteckbalken können Stahlbetonbalken auch trapezförmige Querschnitte oder Hohlkastenquerschnitte haben. Eine weitere Anwendung besteht in der Kombination von Balken und Decken. Wird der Balkenquerschnitt mit einer größeren Höhe als die Decke ausgeführt, wird dies als Unter- bzw. Überzug bezeichnet, befindet er sich in der Deckenebene, handelt es sich um einen deckengleichen Balken (vgl. Abb. 6.50).

Wird die Decke bei der statischen Berechnung für den Balken berücksichtigt, wird dieses Bauteil als **Plattenbalken** ausgezeichnet.

Eine solche Bauweise als Plattenbalken hat den Vorteil, dass der links und rechts neben dem Balken liegende Betonquerschnitt teilweise mit auf die Fläche der Betondruckzone angerechnet werden kann, was zu einem kleineren Bewehrungsanteil führen kann (vgl. Kapitel 19.6).

Eine wirtschaftliche Anwendung ist der Plattenbalken durch die Einbeziehung der Stahlbetondecke zur Aufnahme der Druckkräfte.

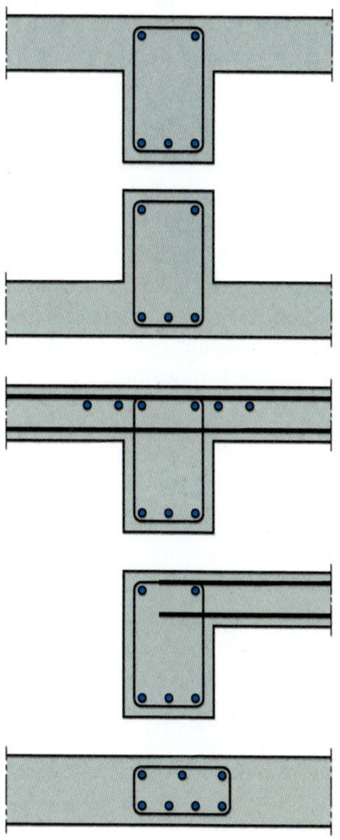

Abb. 6.50: Querschnittsformen Balken

6.10 Ausführungsbeispiele für Stahlbetonbalken

Entsprechend der vorgelegten statischen Berechnung und Bemessung wird der Stahlbetonbalken mit oder ohne aufgebogene Stäbe erstellt.

Die Abbildung 6.44 zeigt einen Stahlbetonunterzug mit großer Höhe von 50 cm mit Aufbiegungen und mit Bügelbewehrung.

Die Abbildung zeigt einen Stahlbetonbalken wie relativ häufig im Hochbau vorkommt. In jedem Fall ist die passgenaue Berechnung und Auszeichnung der Stäbe von besonderer Bedeutung. Ausgezeichnet wird dazu die Schnittlänge bei Aufbiegungen. Die Auszeichnung der Stäbe in der Zeichnung (Bemaßung) weicht in der Praxis häufig von der DIN EN ISO 3766 (Ersatz für DIN 1356-10) ab. Nach DIN EN ISO 3766 werden die Teillängen der Stäbe in mm angegeben. In der Praxis hat sich bewährt die Teilmaße der Bewehrung in cm anzugeben und mit Spiegelstrichen einzukleiden, z.B. statt 180 dann -18-.

6.11 Zugkraftdeckungslinie

Bei Bauteilen mit einem hohen Bewehrungsanteil oder bei der Herstellung mehrerer gleicher Bauteile kann mitunter sinnvoll sein, die Längsbewehrung zu staffeln, d. h. die Bewehrung nur bis zu den Stellen einzulegen, wo sie benötigt wird. Dies wird als **gestaffelte Bewehrung** bezeichnet. Dazu müssen die genauen Endpunkte der Bewehrung und die Verankerungslängen ermittelt werden.

Eine Möglichkeit dazu bietet die Zugkraftdeckungslinie. Als Grundsatz gilt: Die (an jeder Stelle) von der vorhandenen Bewehrung aufnehmbare Zugkraft muss mindestens so groß sein wie die an dieser Stelle vorhandene Zugkraft. Bei der zeichnerische Darstellung ist darauf zu achten, dass die Zugkraftlinie um ein Versatzmaß a_1 verschoben wird (vgl. Kapitel 19.6, LF 14 I „Entwerfen eines Stahlbetonbauwerks"), um den Einfluss der Querkraft zu berücksichtigen.

$z = d \cdot \xi$ und $a_1 = z \cdot 0{,}5$
$a_1 = 0{,}5 \cdot 0{,}9 \cdot d \cdot 1{,}2 = 0{,}54 \cdot d$
z Hebelarm der inneren Kräfte
allgemein/näherungsweise $z = 0{,}9 \cdot d$
1,2 berücksichtigt die (vorh.) Querkraft.

Die so entstandene Zugkraftlinie darf dann bei der zeichnerischen Darstellung nicht durch die Zugkraftdeckungslinie unterschritten werden. Der Punkt, an dem die Bewehrung nicht mehr erforderlich ist, heißt Endpunkt E. Ab hier muss die Bewehrung noch mit l_{bd} verankert werden.

6

6.12 Balkenschalung

Die Schalung ist maßgebend für die Form eines Bauteils. Je nach Bauteil und der gewünschten Oberfläche sind bestimmte Schalkonstruktionen möglich und erforderlich. Neben der Formgebung und der Oberflächengestaltung übernimmt die Schalung weitere wichtige Aufgaben:

- Die Schalung muss die Last des Frischbetons ohne wesentliche Verformungen aufnehmen, wobei zu beachten ist, dass sich der Frischbetondruck je nach Verdichtungsart unterschiedlich erhöht.
- Die Schalung muss besonders dicht sein, um ein Ausfließen des Feinmörtels zu verhindern, da sich sonst Kiesnester (vgl. Abb. 6.51) an der Oberfläche bilden, die neben dem Erscheinungsbild auch die Tragfähigkeit und die Widerstandsfähigkeit gegen Witterungseinflüsse mindern.

Die Schalkonstruktion besteht aus der Schalhaut, Verbindungsmitteln und ggf. einer Unterstützungskonstruktion mit Aussteifungen.

Aufgrund des hohen Arbeits- und Materialaufwandes sind die Wahl und die Planung einer geeigneten Schalkonstruktion von großer Bedeutung.

Abb. 6.51: Kiesnester infolge undichter Schalung

Es lassen sich zwei Arten von Schalungen unterscheiden: Schalung in handwerklicher (oder zimmermannsmäßiger) Ausführung und Systemschalungen. Systemschalungen bestehen aus vorgefertigten, industriell hergestellten Schalungselementen, die sich besonders zum Einschalen großer Flächen wie Wände oder Decken eignen. Für einzelne, kleinere Bauteile wie einfache Stahlbetonstürze und mitunter auch Treppen kommt zimmermannsmäßig hergestellte Schalung zum Einsatz.

Grundlage für die Schalarbeiten von Betonbauteilen stellen Schalpläne dar. Sie enthalten die Darstellung der Betonkonstruktion im geplanten Endzustand einschließlich einer vollständigen Bemaßung in Grundrissen und Schnitten. Des Weiteren enthalten sie Angaben über alle vorhandenen Arbeitsfugen, Sauberkeits- und Dämmschichten, Aussparungen, in den Beton einbindende Bauteile, wie z. B. Ankerschienen, die Beschaffenheit der Betonkanten und Betonoberflächen sowie über die Eigenschaften und die Zusammensetzung des Betons. Aufgrund der großen Verbreitung von Systemschalungen werden Schalpläne heute eher selten gezeichnet. Stattdessen lassen sich mit der von Schalungsherstellern entwickelten Software Schalungspläne erstellen, die genau auf die verwendeten Schalungselemente abgestimmt sind.

Eine zimmermannsmäßig hergestellte Balkenschalung (vgl. Abb. 6.52) besteht aus der auf Laschen (Schalter) genagelten Schalhaut, die durch mit Spannankern verschraubten Gurthölzer zusammengehalten wird. In gleichmäßigen Abständen auf einer Schalungsstütze befestigte Kanthölzer oder Rahmenträger bilden die Unterstützungskonstruktion. Das auf die Kanthölzer genagelte Drängbrett verhindert ein seitliches Ausweichen der Schalhaut im unteren Bereich des Balkens.

In der Darstellung nach Abbildung 6.52 ist die Balkenschalung mit der Schalung der Decke verbunden, wodurch ein Umkippen der Balkenschalung verhindert wird. Ist eine solche Verbindung nicht möglich, so ist die Schalung durch seitlich angebrachte Streben gegen ein Umkippen zu sichern. Die Abbildung zeigt den Schnitt durch die (systemlose) Balkenschalung für den Stahlbetonbalken wie in den Beispielen dargestellt.

Schalungssysteme für Stahlbetonbalken gibt es von einer Vielzahl von Herstellern. Eine Technik ist die Verwendung von Schalungszwingen, die an Trägern eingehängt werden und die Unterstützung für die untere Schalung und die Seitenschalung aus Platten bilden. Andere Systeme arbeiten mit Schalungteilen die das seitliche Abschalen vereinfachen. Exemplarisch zeigen die Abbildungen 6.53 und 6.54 die Systemschalungstechniken.

Die Schalungstechnik ist aufgrund der gestalterischen Anforderungen an Stahlbetonteilen zum bautechnischen Spezialgebiet geworden (vgl. Kapitel 8.10 und 16.10 sowie Tabelle 16.20 zu Ausschalfristen).

> Schal- und Schalungspläne werden im Rahmen der Arbeitsvorbereitung erstellt.
> Schalpläne zeigen das einzuschalende Bauteil in seiner Lage und seinen Abmessungen.
> Schalungspläne zeigen die Größe und die Form der Schalhaut, die Konstruktion und die Abmessungen der Unterstützung und der Aussteifung.

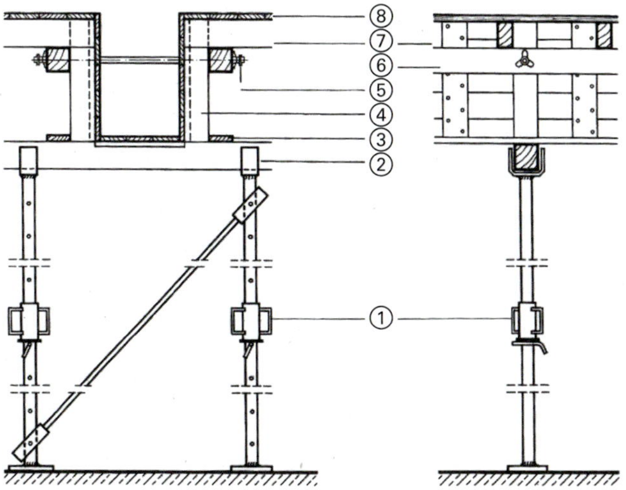

① ausziehbare Schalungsstütze (Baustützen nach DIN EN 1065 werden eingeteilt nach Auszugslänge zwischen 3,00 m und 5,50 m, Gewicht zwischen 10 kg und 35 kg sowie Tragfähigkeit von maximal 30 kN)

② Kantholzträger

③ Drängbrett

④ Laschen (Schalter)

⑤ Spannanker mit Abstandhalter

⑥ Gurtholz

⑦ Schalungsträger

⑧ Decken- und Unterzugschalung (Schalbretter oder Schaltafeln)

Abb. 6.52: Balkenschalung

Abb. 6.53: Balkenschalung (layher)

Abb. 6.54: Unterzugsschalung auf Trägern (Peri)

Beispiel

Anordnung des Schalhaut

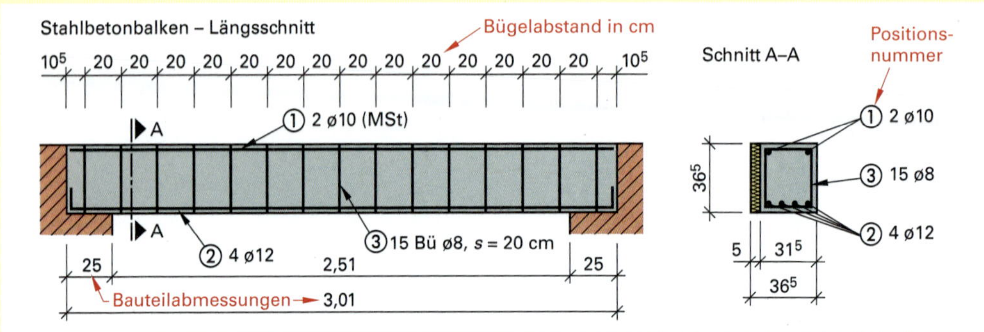

Schalungsauszug für einen Stahlbetonbalken

Bodenplatte	Länge	= Öffnungsmaß	– ca. 0,5 cm (zum Ausschalen)		
	l	= 251 cm	– 0,5 cm		= 250,5 cm
	Breite	= Balkenbreite		*b*	= 36,5 cm
	Laschenabstand max. 60 cm, Außenkantenabstand ca. 5 cm				
Seitenplatte	Länge	= Balkenlänge	+ 2 · seitlicher Anschlag		
	l	= 301 cm	+ 2 · 5 cm		= 311 cm
	Höhe	= Balkenhöhe	+ Brettdicke Bodenplatte		
	h	= 36,5 cm	+ 2,4 cm		= 38,9 cm; gewählt *h* = 39 cm
	Laschen wie Bodenplatte + ca. 5 cm von beiden Enden				

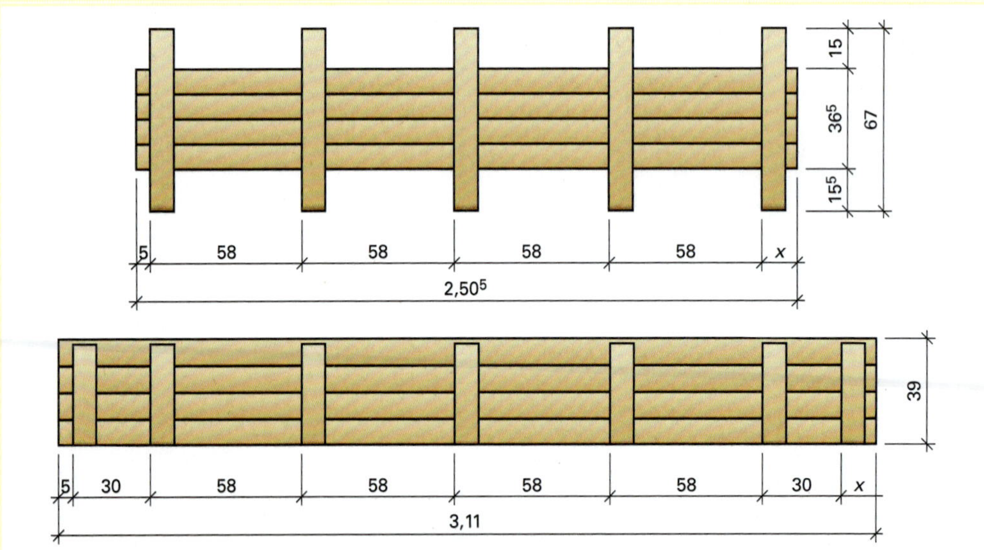

Die Schalhaut für den Stahlbetonbalken besteht aus den zwei Seitenschildern und dem Bodenschild. Für die Größe und Anordnung der Seitenschilder ist die Ausführung des Bodenschildes maßgebend. Entspricht dieses der Balkenbreite, so sind die Seitenschilder um eine Schalhautdicke höher als die Balkenhöher und stoßen von außer gegen das Bodenschild. Die Laschen des Bodenschides stehen um jeweils eine Schalhautdicke über.

Ist das Bodenschild breiter als die Balkenbreite, wird die Seitenschalung auf die Bodentafel aufgesetzt. Die Höhe der Seitenschilder entspricht dann der Balkenhöhe.

Beispiel

Herstellen eines Stahlbetonbalkens

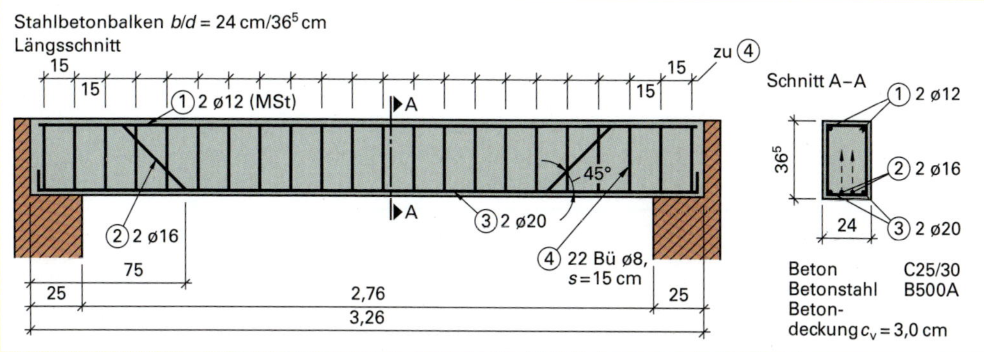

Zur Herstellung des Stahlbetonbalkens sind einige Vorüberlegungen und Berechnungen erforderlich:

1. Erstellen Sie einen Biegeplan (Stahlauszug). Die einzelnen Bewehrungselemente sind mit Positionsnummern zu versehen und vollständig zu bemaßen.
2. Bestimmen Sie das Gewicht der Bewehrung in kg.
3. Welche Arbeitsschritte sind zur Herstellung des Bewehrungskorbes durchzuführen?
4. Stellen Sie eine herkömmliche (systemlose) Balkenschalung im Schnitt dar. Benennen Sie die einzelnen Teile.
5. Berechnen Sie die nötige Betonmenge (m³) und die dafür erforderlichen Baustoffmengen. Für die Herstellung des Betons ist seine Zusammensetzung (für 1 m³ verdichteten Beton) vorgegeben: 340 kg Zement, 128 kg Wasser und 1822 kg Gesteinskörnung.

1. **Schnittlängenermittlung**

   Praxisgerecht ist eine Aufrundung der ermittelten Schnittlängen auf volle 5,0 cm, wenn das Übermaß in Verankerungs- oder Hakenlängen aufgefangen werden kann, ohne die erforderliche Betondeckung zu verringern.

   2∅12 (Gerade Stahleinlagen, Pos. 1)

   l = Balkenlänge – 2 · Betondeckung
   l = 326 cm – 2 · 3,0 cm
   l = 320 cm

   2∅16 (45° Aufgebogene Stahleinlagen, Pos. 2)

   Aufbiegehöhe =
   Bügelhöhe – 2 · Bügeldurchmesser
   h = 30,5 cm – 2 · 0,8 cm
   h = 28,9 cm, gewählt: h = 28,5 cm
   Grundmaß der Aufbiegelänge (bei 45 °)
   = Aufbiegehöhe – Stahldurchmesser
   a = 28,5 cm – 1,6 cm
   a = 26,9 cm
   Aufbiegelänge =
   Grundmaß der Aufbiegelänge · $\sqrt{2}$
   l = 26,9 cm · 1,414
   l = 38 cm

   2∅20 (Gerade Stahleinlagen mit Winkelhaken, Pos. 3)

   l = Balkenlänge – 2 · Betondeckung +
   2 · Hakenzuschlag
   l = 326 cm – 2 · 3,0 cm + 2 · 10 · 2,0 cm
   l = 360 cm

   22∅8 (Bügel mit Haken, Pos. 4)

   Bügelbreite = Balkenbreite – 2·Betondeckung
   b = 24 cm – 2 · 3,0 cm
   b = 18 cm
   Bügelhöhe = Balkenhöhe – 2·Betondeckung
   h = 36,5 cm – 2 · 3,0 cm
   h = 30,5 cm
   l = 2 · Bügelbreite + 2·Bügel höhe
   + 2 · Hakenzuschlag
   l = 2 · 18 cm + 2 · 30,5 cm + 2 · 10 · 0,8 cm
   l = 113 cm gewählt:
   l = 115 cm
   l = Balkenlänge – 2 · Betondeckung
   – 2 · Grundmaß der Aufbiegelänge
   + 2 · Aufbiegelänge
   l = 326 cm – 2 · 3,0 cm – 2 · 26,9 cm + 2 · 38 cm
   l = 342,2 cm gewählt: l = 340 cm
   Teillänge des Stabes in der Zugzone =
   Balkenlänge – 2 · 75 cm =
   326 cm – 150 cm = 176 cm
   Teillänge des Stabes in der Druckzone =
   (Schnittlänge – 2 · Aufbiegelänge – Teillänge Zugzone) : 2 =
   = (340 cm – 2 · 38 cm – 176 cm) : 2 = 44 cm

2. **Schnittlängenermittlung**

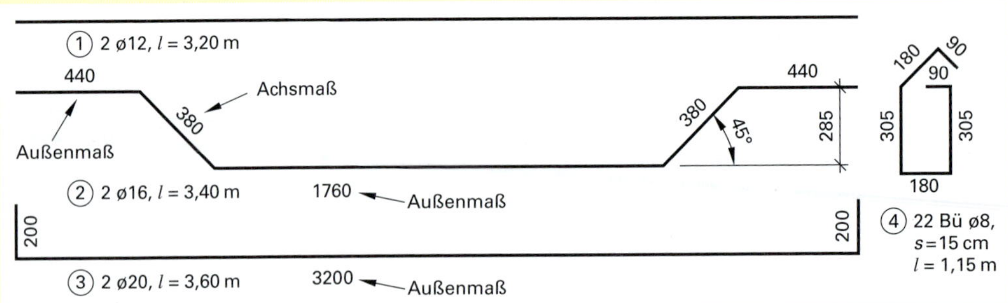

Gewichtsermittlung

Pos. 1	2 · 3,20 m · 0,888 kg/m	=	5,68 kg
Pos. 2	2 · 3,40 m · 1,58 kg/m	=	10,74 kg
Pos. 3	2 · 3,60 m · 2,47 kg/m	=	17,78 kg
Pos. 4	22 · 1,15 m · 0,395 kg/m	=	9,99 kg
	Gesamtgewicht		44,19 kg

3. **Arbeitsschritte Bewehrung**
Vorbereiten der Stahlpositionen 1 bis 4

- Schnittlängen ermitteln, anzeichnen und mit Bolzenschneider (bis ∅ 14 mm), Betonstahlschere oder -maschine zuschneiden.
- Mindestwerte der Biegerollendurchmesser einhalten:
  Pos. 2 Aufbiegung (seitliche Betondeckung $c_v > 5$ cm): 15 · 16 mm = 240 mm
  Pos. 3 Haken: 7 · 20 mm = 140 mm
  Pos. 4 Bügel: 4 · 8 mm = 32 mm
- Biegeriss: Bei Aufbiegungen auf der Rollenmitte, bei Haken und Bügeln eine Stabdicke vor der Biegerolle.

4. **Herstellen des Bewehrungskorbes**

- Montagestäbe Pos. 1 auf Montageböcke auflegen.
- Ersten Bügel nach 2,5 cm, dann die Bügelabstände *s* = 15 cm anreißen. Überprüfen, ob die letzte Markierung 2,5 cm vor dem Stahlende liegt.
- Bügel wechselseitig auf die Montagestäbe schieben und mit Bindedraht befestigen. Die Bügelschlösser liegen abwechselnd rechts und links oben.
- Tragstäbe Pos. 3 einschieben und in den unteren Bügelecken befestigen.
- Aufgebogene Stähle Pos. 2 einschieben und mit Abständen von etwa 3 cm an den Bügeln befestigen.
- Untere und seitliche Abstandhalter (je Seite zwei pro Meter) anbringen.

5. **Schnitt durch eine Balkenschalung**

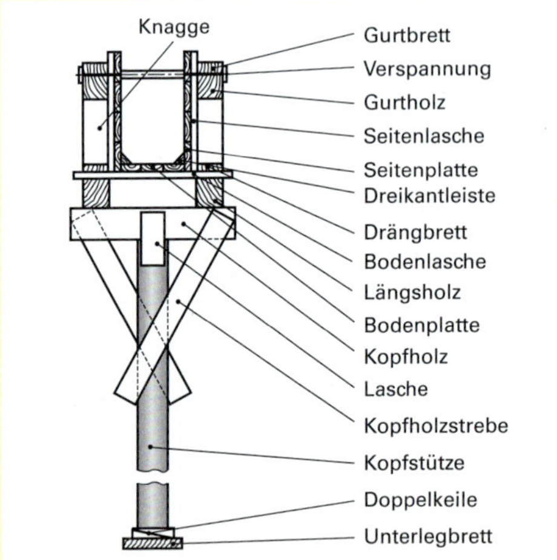

6. **Stützenbeton**

- Mengenermittlung
  $V_{Stütze} = l \cdot b \cdot h$
  $V_{Stütze} = 0{,}30\ m \cdot 0{,}30\ m \cdot 3{,}10\ m \Rightarrow$
  $V_{Stütze} = 0{,}279\ m^3$
- Transportbetonbestellung:
- Menge: 0,3 m^3
- Druckfestigkeit:
  C25/30 (Vorgabe des Planers)
- Expositionsklasse: Expositionsklassengruppe XF4 (Nach DIN EN 206-1/DIN 1045-2 lassen sich zur praktischen Vereinfachung Expositionsklassengruppen bilden, diese Klasse XF4 ist für Stützen geschlossener Parkhäuser und Tiefgaragen geeignet.)
- Chloridgehalt:
  Cl 0,40 (Beton mit Bewehrung)
- Größtkorn: 32 mm (Nenngröße deutlich kleiner als 1/5 der kleinsten Bauteilabmessung, überwiegender Anteil des Gemisches kleiner als Bewehrungsabstand und Betondeckung)
- Konsistenz: C3 (Übliche Transportkonsistenz für Kran und Pumpe)

Aufgaben zu LF 6 Konstruieren eines Stahlbetonbalkens

1. Wonach wird die Bezeichnung von Stahlbetonbauteilen unterscheiden?
2. Nennen Sie drei Gründe für das gute Zusammenwirken von Betonstahl und Beton!
3. Welche Voraussetzungen müssen erfüllt sein, um eine gute Verbundwirkung zu erzielen?
4. Welche Möglichkeiten der Verankerung gibt es?
5. Welche Bedingungen müssen vorliegen, damit ein guter Verbund vorliegt?
6. Erläutern Sie den Unterschied zwischen lichter Stützweite l_i und effektiver Stützweite l_{eff}.
7. Worauf ist beim Stoßen von Stäben zu achten?
8. Worauf ist beim Herstellen der Schalung zu achten?
9. Welche Möglichkeiten der Balkenauflager werden unterschieden?
10. Nennen Sie die einzelnen Bestandteile einer Balkenschalung und deren Funktion.
11. Warum ist die Einhaltung bestimmter Mindeststabstände für Stabstähle notwendig? Wovon sind diese abhängig?
12. Welche Aufgabe erfüllt die Betondeckung und von welchen Faktoren hängt ihre Größe ab?
13. Bestimmen Sie die Betondeckung c_{nom} für einen Stahlbetonbalken aus
    a) Beton C30/37 mit der Expositionsklasse XC3. Der Balken wird mit Bügeln ∅ 8 und Längsstäben ∅ 16 mm bewehrt.
    b) Beton C20/25 mit der Expositionsklasse XC4. Der Balken wird mit Bügeln ∅ 12 und Längsstäben ∅ 20 mm bewehrt.
14. Für einen Bewehrungsstoß ist die Übergreifungslänge zu ermitteln. Es sind folgende Angaben bekannt. 5 ∅ 20 mm mit einer Ausnutzung von 70 % in Beton C35/45.
    Die seitliche Betonüberdeckung beträgt 4,5 cm. Von den 5 Stäben werden 3 gestoßen. Die Stabenden werden nicht aufgebogen.
15. Ermitteln Sie das Verankerungsmaß der Stäbe in einem liegend betonierten, 60 cm hohen Stahlbetonbalken aus Beton C30/37 für:
    5 ∅ 16 in der unteren Lage (Endauflager) bei einem Verhältnis von
    $A_{s,erf} / A_{s,vorh} = 0{,}5$
    4 ∅ 12 in der oberen Lage (Stützbewehrung) bei einem Verhältnis von
    $A_{s,erf} / A_{s,vorh} = 0{,}8$
    jeweils als gerade Stabenden und alternativ als Winkelhaken. Es gelten die Mindestbiegerollendurchmesser.
16. Welche allgemeinen Angaben und welche Angaben über die ausgezogene Bewehrung muss ein Bewehrungsplan enthalten?
17. Ermitteln Sie das Gewicht eines Bewehrungskorbs bestehend aus:
    2 ∅ 10 $L = 6{,}60$ m; 5 ∅ 26 $L = 6{,}60$ m;
    45 ∅ 6 $L = 2{,}00$ m
18. Berechnen Sie den Vergleichsdurchmesser für ein Stabbündel aus 3 ∅ 16.
19. Ein Balkenquerschnitt $b/d = 39$ cm / 60 cm soll wie folgt bewehrt werden:
    Bügel ∅ 8, Tragstähle 8 ∅ 14 zweilagig Beton C25/30, Expositionslasse XC4
    a) Zeichnen Sie den Querschnitt mit Bewehrung (M 1:5 - m,cm)
    b) Berechnen Sie die statische Höhe *d*.
20. Berechnen Sie die Abmessungen für den aufgebogenen Stabstahl!

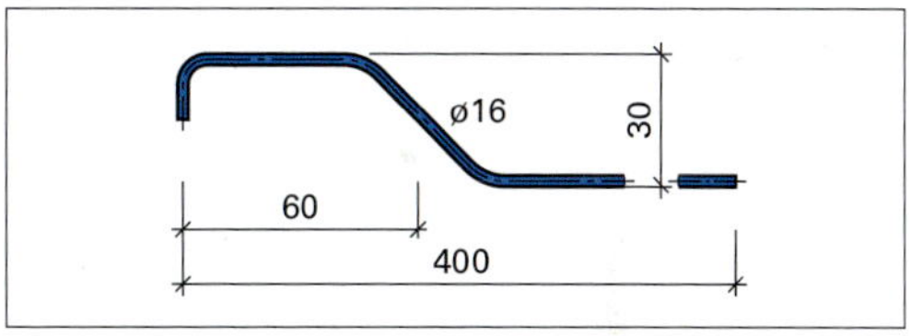

21. Für einen Bewehrungsstoß ist die Übergreifungslänge zu ermitteln. Es sind folgende Angaben bekannt. 5 ∅ 20 mit einer Ausnutzung von 70 % in Beton C35/45. Die seitliche Betonüberdeckung beträgt 4,5 cm. Von den 5 Stäben werden 3 gestoßen. Die Stabenden werden nicht aufgebogen.
22. Berechnen Sie die Einzellängen und die Gesamtlänge für den symmetrischen Schubstahl.

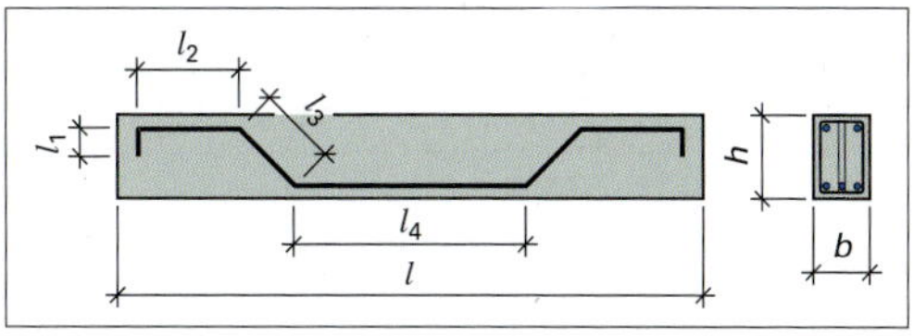

a) $b/h = 24/50$ [cm], $l = 3{,}50$ m, $l_2 = 0{,}75$ m, $c_v = 4$ cm, Bügel ∅ 6 mm, Schubstahl ∅ 12 mm
b) $b/h = 40/80$ [cm], $l = 4{,}23$ m, $l_2 = 1{,}20$ m, $c_v = 5$ cm Bügel ∅ 8 mm, Schubstahl ∅ 20 mm

6

23. Zeichnen Sie im Maßstab 1:20 – cm die Querschnitte für folgende Stahlbetonbalken und markierten Sie die Bereiche des guten Verbundes.
    a) $b / h = 40/80$ [cm] d) $b / h = 40/90$ [cm]
    b) $b / h = 100/18$ [cm] e) $b / h = 20/60$ [cm]
    c) $b / h = 25/50$ [cm] f) $b / h = 40/80$ [cm]

24. Erkläre die Begriffe und geben Sie die Werte für den Beton C30/37 an.
    a) f_{ck} b) f_{tm} c) f_{ctk}
    d) f_{bd} e) f_{yd}

25. a) Berechnen Sie die notwendigen Verankerungslängen für ein Endauflager.
    b) Um welche Länge verkürzt sich die Verankerungslänge, wenn eine um zwei Klassen höhere Betonfestigkeitsklasse gewählt wird?
    c) Wieviel Stähle müssen im Feld verlegt sein, wenn die Stähle am Auflager 30 % der Feldbewehrung sind.

	Beton	V_{Ed}	d	n	∅
		[kN]	[cm]		[mm]
a)	C20/25	222	56	4	20
b)	C20/25	154	50	4	14
c)	C25/30	143	44	6	12
d)	C25/30	104	24	3	16
e)	C35/45	305	34	2	20

26. Berechnen Sie die Stützweiten l_{eff}, l_i und die notwendigen statischen Höhen!

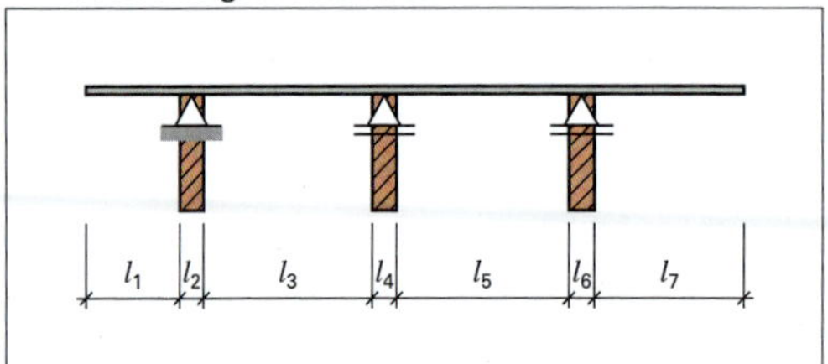

	l_1	l_2	l_3	l_4	l_5	l_6	l_7
a)	1,12	0,24	4,26	0,24	5,01	0,24	2,00
b)	0,00	0,18	4,01	0,12	5,14	0,24	1,50
c)	0,00	0.24	4,01	0,18	5,26	0,30	0,00
d)	0,00	0,24	3,76	0,24	3,50	0,24	1,50
Alle Maße in [m], Angabe 0,00 bedeutet ohne Kragarm							

27. Berechnen Sie die Auflagerbeanspruchung des Mauerwerks.
    Sollte eine Verstärkung notwendig sein, ermitteln Sie die Abmessung für das Auflagerpolster und wählen das Material für die Auflagerverstärkung.
    a) Wanddicke $d_w = 24$ cm;
       Auflagertiefe $t = 16$ cm
       Auflagerkraft $A = 250$ kN
       Mauerwerk: KSL – 10 – NM III
    b) Wanddicke $d_w = 17{,}5$ cm;
       Auflagertiefe $t = 20$ cm
       Auflagerkraft $A = 160$ kN
       Mauerwerk: KSL – 12 – NM II

Projektaufgaben

28. Zeichnen Sie für den dargestellen 2-Feld-Balken einen Bewehrungsplan nach Darstellungsart 1 mit entsprechender Stahlliste.
    Baustoff: Beton: C20/25
    Abmessungen $b/h/d = 24/48/43$ [cm]
    Betondeckung: $c_{nom} = 3{,}5$ cm
    Bewehrung: Feld 1: erf. $A_{s,l} = 4{,}4$ cm²
    Feld 2: erf. $A_{s,l} = 8{,}2$ cm²
    Stütze B: erf $A_{sl} = 4{,}4$ cm² $= 8{,}4$ cm²
    Bügel: Feld 1 links = 2,0 m²/m
    Feld 1 rechts = 7,6 cm²/m
    Feld 2 links = 7,6 cm²/m
    Feld 2 rechts = 3,0 cm²/m
    Stützbewehrung $l_{sl} = 2{,}32$ m
    $l_s = 4{,}10$ m

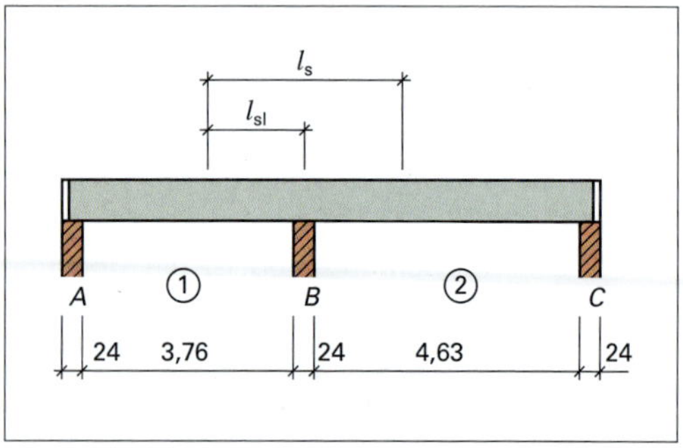

29. Es ist ein Bewehrungsplan für den Einfeldbalken im Maßstab M 1:20 – m, cm nach Darstellungsart 1 und Darstellungsart 2 zu zeichnen. Die Verankerung am Endauflager ist nachzuweisen.
    Aus der Statik: Beton C30/37, B500A,
    $b/h = 30$ cm/60 cm, $c_{nom} = 3{,}5$ cm
    $l_{net} = 5{,}76$ m, $a = 0{,}24$ m, $l_{eff} = 5{,}90$ m,
    $g_k = 25{,}2$ kN/m und $q_k = 12{,}3$ kN/m,
    $A_s = 10{,}5$ cm² und a_{sw} (Bügel) = 2,8 cm²/m

LF 7 7 Konstruieren von Treppen

Treppen dienen der Überwindung von Höhenunterschieden sowohl im Freien als auch in Gebäuden. Sie müssen sicher, bequem und ohne Gefahr begangen werden können. Dabei sind die Form, das Material und die Konstruktion der Treppe festzulegen. Ferner müssen die jeweiligen landesbaurechtlichen Vorschriften beachtet werden. Sind Treppen beispielsweise im Brandfall Teil des Fluchtweges, so werden sie in den Landesbauordnungen als notwendige Treppen bezeichnet.

Neben dem Brandschutz sind der Schallschutz und die Sicherheit beim Begehen von Treppen von erheblicher Bedeutung.

7.1 Definition, Einordnung und ideales Steigungsverhältnis

Eine Treppe besteht aus mindestens einem Treppenlauf, der die ununterbrochene Aufeinanderfolge von mindestens drei Stufen (Steigungen) besitzt.

Treppen in Gebäuden werden als unbewegliche, mit dem Gebäude fest verbundene Bauteile definiert.

Zur Überwindung von Höhendifferenzen zum Beispiel bei zwei Geschossen kann die Treppe als ein Bauteil zwischen einer Rampe und einer Leiter eingeordnet werden (vgl. Abb. 7.1).

Wie der Abbildung 7.1 zu entnehmen ist, kann in herkömmlichen Wohnhäusern die Geschosshöhe h von Oberkante Fertigfußboden (OKFF) bis Oberkante Fertigfußboden (OKFF), im darüberliegenden Geschoss mit $h = 2{,}75$ m veranschlagt werden. Die „ideale Steigungshöhe" s einer Stufe beträgt $s = 17$ cm und die „ideale Auftrittsbreite" a (Treppenauftritt a) einer Stufe wird mit $a = 29$ cm veranschlagt.

Das „ideale Steigungsverhältnis" SV einer herkömmlichen Geschosstreppe beträgt somit

$$SV = \frac{s}{a} = \frac{17\ \text{cm}}{29\ \text{cm}} \quad \text{üblich als 17/29.}$$

Bei einer üblichen Geschosshöhe für Wohnhäuser und Bürobauten von $h = 2{,}75$ m ergeben sich 16 Steigungen. Die Anzahl n der Steigungen ist also $n = 16$ (vgl. Beispiel Treppenberechnung).

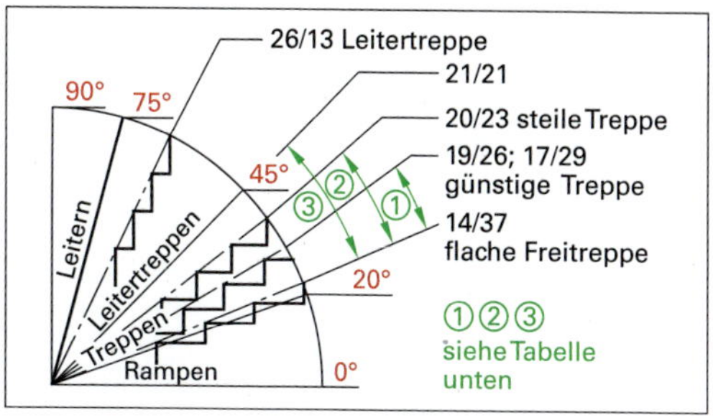

Abb. 7.1: Einordnung von Treppen
1) Baurechtlich notwendige Treppen
2) Baurechtlich nicht notwendige Treppen in Wohngebäuden bis zwei Wohnungen

Tabelle 7.2: Richtwerte für Wohnhaustreppen

Geschoss-höhe h	Steigungs-anzahl n	Steigungs-höhe s [cm]	Auftritts-anzahl $n-1$	Auftritts-breite a [cm]	Lauf-länge l [m]
2,25 m Kellertreppen	12	18,8	11	25,5	2,81
	13	17,3	12	28,4	3,41
2,75 m	14	19,6	13	23,7	3,08
	15	18,3	14	26,3	3,69
	16	17,2	15	28,6	4,29

7.2 Schrittmaß-, Sicherheits- und Bequemlichkeitsregel

Das „ideale Steigungsverhältnis" mit SV = 17/29 basiert auf Erfahrungen und Versuchen mit Personen beim Begehen einer Treppe. Diese Personen weisen durchschnittliche Körpergrößen bzw. Körpermaße auf und sollen die Treppen ohne großen Kraftaufwand sicher und bequem benutzen können.

Beim Begehen einer Treppe werden mit einem Schritt ein Auftritt a und zwei Steigungen s überwunden. Gegenüber einem Schritt in der Ebene mit rund 75 cm verkürzt sich das Schrittmaß beim Begehen von Treppen auf 59 cm bis 65 cm. Die Schrittmaßregel lautet:

2 Steigungen + 1 Auftritt = 59 cm bis 65 cm
$2 \cdot s + a = 63$ cm (üblicher Mittelwert)

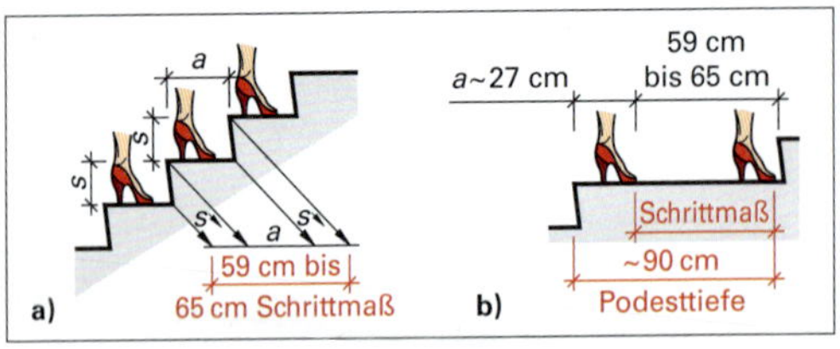

Abb. 7.3: Schrittmaßregel

Neben der Schrittmaßregel (aus der DIN 18065) existieren als Empfehlungen die

Sicherheitsregel $a + s = 46$ cm
Auftrittsbreite + Steigung = 46 cm (± 1 cm)

Bequemlichkeitsregel $a - s = 12$ cm
Auftrittsbreite - Steigung = 12 cm

Je stärker die rechnerischen Ergebnisse von der Sicherheitsregel und der Bequemlichkeitsregel abweichen, desto unsicherer bzw. unbequemer ist die Treppe.

Mit der Schrittmaßregel und dem idealen Steigungsverhältnis können die Anzahl der Steigungen, die Steigungshöhe, die Auftrittsbreite für alle Treppen bei einer gegebenen Geschoßhöhe ermittelt werden.

Beispiel

Gegeben ist die Geschoßhöhe $h = 2{,}75$ m.
Gesucht sind
a) die Anzahl der Steigungen n
b) die Steigungshöhe s
c) die Auftrittsbreite a
d) die Treppenneigung α in Grad

a) Anzahl der Steigungen (Stg oder STG)

$$n = \frac{\text{Geschoßhöhe } h}{\text{ideale Steigungshöhe } s} = \frac{275 \text{ cm}}{17\text{cm}}$$

$n = 16{,}1765$ gewählt $n = 16$ (n ist ganzzahlig)

b) Steigungshöhe $s = \dfrac{\text{Geschoßhöhe } h}{\text{Anzahl der Steigungen } n}$

$$s = \frac{275 \text{ cm}}{16} = 17{,}1875 \text{ cm}$$

$s = 17{,}2$ cm (praxisbezogen $s = 17^2$ cm)

c) Mit der umgestellten Schrittmaßregel $a = 63 \text{ cm} - 2s$ ergibt sich die Auftrittsbreite a
$a = 63 \text{ cm} - 2 \cdot 17{,}2 \text{ cm} = 28{,}6$ cm
Praxisbezogen auf ganze cm gerundet $a = 29$ cm.

Für die berechnete Treppe ergibt sich:
16 Stg $17^2/29$
Diese Angabe ist in Zeichnungen an der Treppe zu finden und baurechtlich erforderlich.

Die Treppenneigung α in Grad der berechneten Treppe lässt sich mit dem Tangens ermitteln:

$$\tan \alpha = \frac{\text{Gegenkathete } s}{\text{Ankathete } a}$$

$$\tan \alpha = \frac{17{,}2 \text{ cm}}{29 \text{ cm}} = 0{,}5931035 \quad \Rightarrow \quad \alpha = 30{,}67°$$

7.3 Begriffe und Maße in Normen und baurechtlichen Vorschriften

Die grundlegende Norm ist die **„DIN 18065, Gebäudetreppen – Begriffe, Messregeln, Hauptmaße“** vom März 2015.

Im Vorwort der Norm wird ausdrücklich auf den Bezug zur **Musterbauordnung (MBO)** und zu den **16 Landesbauordnungen (LBO)** hingewiesen. Die DIN 18065 wird sich als Technische Baubestimmung in jeder Landesbauordnung und ihren dazu erlassenen Rechtsverordnungen, den Durchführungsverordnungen, widerspiegeln.

Beispiel

Bauordnung für das Land Nordrhein-Westfalen BauO NRW 2018, § 34 und § 35

Zwischen den Landesbauordnungen untereinander und auch von den einzelnen Landesbauordnungen zur DIN 18065 gibt es Abweichungen.

Im Zweifelsfall gilt die jeweilige Landesbauordnung von dem Land in dem das Gebäude errichtet werden soll. Gesetze, Rechts- und Verwaltungsvorschriften haben Vorrang gegenüber der DIN 18065.

Auf die Sicherheit beim Begehen von Treppen bzw. die **notwendige Treppe als Rettungsweg** wird im Zusammenhang mit Kindern, Behinderten und älteren Personen, für die besondere Anforderungen bestehen, hingewiesen. Die „Deutsche Gesetzliche Unfallversicherung“ (DGUV) hat aufgrund der zahlreichen Treppenunfälle eine Information zu den Treppen herausgegeben. Auch für Versammlungsstätten, Geschäftshäuser, Krankenhäuser, Gaststätten, Schulbauten, Hochhäuser gelten Sondervorschriften der einzelnen Länder. Ferner kann das Arbeitsschutzrecht z. B. mit der Arbeitsstättenverordnung greifen.

Anforderungen an das barrierefreie Bauen werden in DIN 18040-1:2010-10 „Barrierefreies Bauen: Planungsgrundlagen – öffentliche Gebäude“ und in DIN 18040-2:2011-09 für Wohnungen definiert.

Begriffe nach DIN 18065

Treppen (vgl. Abb. 7.4)
Treppen sind ein „fest mit dem Bauwerk verbundenes, unbewegliches Bauteil, bestehend aus mindestens einem Treppenlauf zum Überwinden von Höhenunterschieden zwischen mindestens zwei unterschiedlichen Ebenen durch stufenweises Steigen."

Eine notwendige Treppe ist ein Rettungsweg im Sinne der Landesbauordnungen.

Treppenlauf 1
ist die ununterbrochene Aufeinanderfolge von mindestens drei Stufen (Steigungen).

Treppenlauflinie (Konstruktionslinie) 2
gibt den üblichen Weg der Benutzer im Gehbereich einer Treppe an.

Der Beginn der Treppenlauflinie an der Vorderkante der ersten Stufe wird in der Regel mit einem Kreis und das Ende der Treppenlauflinie an der Vorderkante der letzten Stufe mit einem Pfeil, der auch die Laufrichtung angibt, gekennzeichnet.

Die Treppenlauflinie liegt bis ein Meter Treppenbreite in der Mitte des Treppenlaufes, sonst 50 cm bis 60 cm vom Handlauf an der Freiwange entfernt (vgl. Abb. 7.5).

Treppenpodest 3
ist ein Treppenabsatz zu Beginn oder am Ende eines Treppenlaufes, der häufig Bestandteil der Geschossdecke ist.

Zwischenpodest 4
ist ein Treppenabsatz zwischen zwei Treppenläufen.

Treppenstufe 17
besteht aus Steigung *s* und Auftritt *a*.

Treppenantrittsstufe 15
ist die erste und unterste Stufe eines Treppenlaufes.

Treppenaustrittsstufe 16
ist die letzte und oberste Stufe eines Treppenlaufes.

Trittstufe 10
ist ein waagerechtes Stufenteil.

Setzstufe 11
ist ein lotrechtes Stufenteil.

Trittfläche 12
ist die betretbare waagerechte Oberfläche einer Stufe.

Kantenschutzprofile
(Stoßkanten) aus Kunststoff oder Metall verbessern die Sicherheit von Treppen mit glatten Trittflächen und schützen zugleich die Stufenkanten vor mechanischer Beschädigung.

Treppenauge 5
von Treppenläufen und Treppenpodesten und Treppengeländern umschlossener freier Raum.

Treppengeländer 7
ist eine Schutzeinrichtung gegen den Absturz an Treppenläufen.

Geländerstäbe (-pfosten)
sichern die Seitenstabilität des Geländers. Je nach Material und Konstruktion lassen sie sich in Massivstufen oder an den Seitenflächen von Wangen, Holmen oder Laufplatten verankern (vgl. Abb. 7.7).

Ab 1,00 m bis 12 m Absturzhöhe sind Geländer bzw. Umwehrungen mit mindestens 90 cm (bei Arbeitsstätten ≥ 1 m) Höhe anzuordnen. Bei einer Absturzhöhe > 12 m muss die Höhe mindestens 110 cm betragen.

Der Abstand zwischen senkrechten Geländersprossen und -teilen ist ≤ 12 cm und bei waagerechten Füllelementen in der Regel ≤ 2 cm (nicht genormt) anzuordnen, damit eine Gefährdung von Kleinkindern ausgeschlossen werden kann.

Umwehrung 27
ist eine Schutzeinrichtung gegen den Absturz an Treppenpodesten.

Treppenhandlauf 8
ist ein griffsicheres Bauteil als Gehhilfe am Treppengeländer und/oder an der Wand. Handlaufquerschnitte in griffgerechter Größe sind 4 cm bis 6 cm breit (vgl. Abb. 7.8).

Leichte Handläufe erfordern stützende Stabgeländer. Kräftige, biegesteife Formen können zusätzliche Füllungen aufnehmen (z. B. Sicherheitsglas).

Treppenwange
ist ein Bauteil, das den Lauf einer Treppe seitlich begrenzt. Unterschieden werden die Wandwange und die Frei- oder Lichtwange am Treppenauge.

Als Bauteil insbesondere bei Holztreppen tragen die Treppenwangen auch die Treppenstufen.

Die **Maßbegriffe** erklären wie die Maße mit besonderer Bedeutung, an verschiedenen Stellen einer Treppe zu messen sind.

Treppensteigung *s* 18
Der lotrechte Höhenabstand zwischen den Vorderkanten der Trittflächen benachbarter Stufen (auch Steigung oder Steigungshöhe genannt).

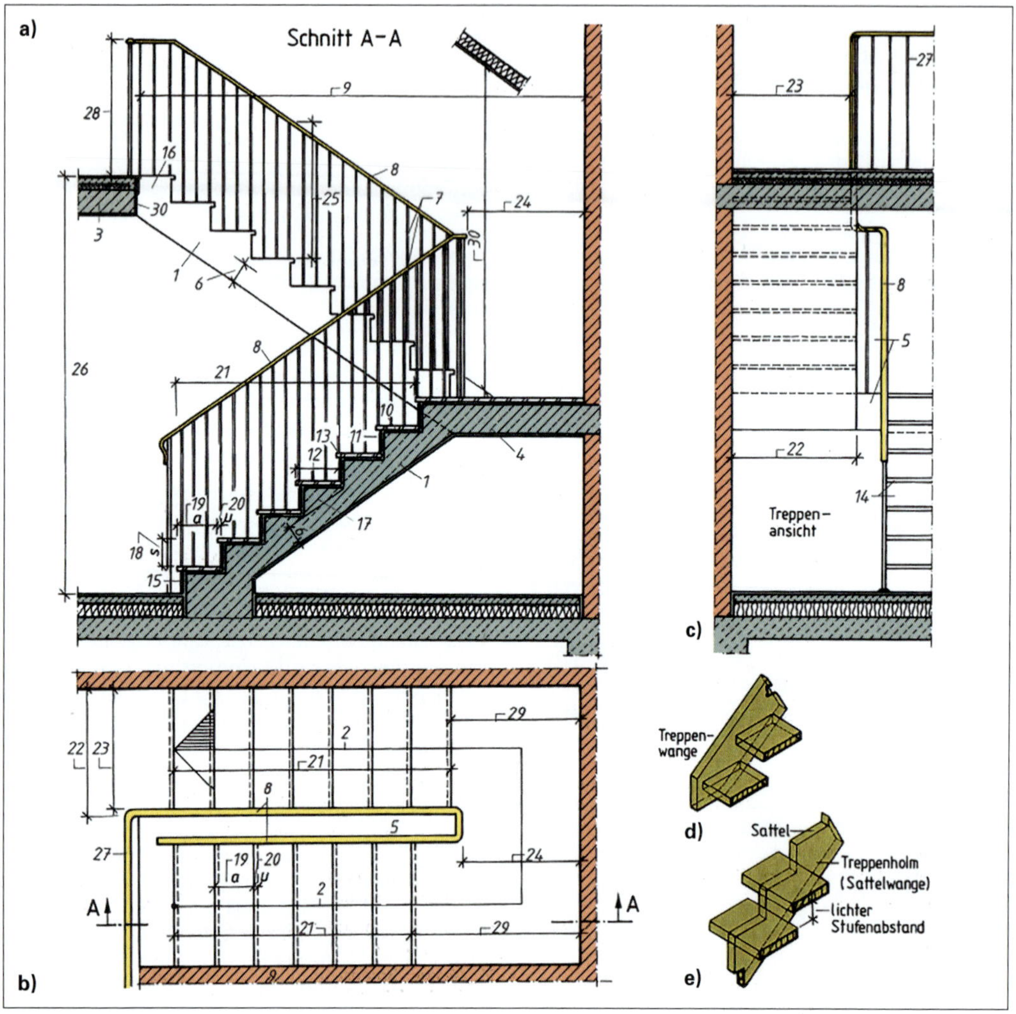

Abb. 7.4: Begriffe und Maße für Treppen
a) Schnittdarstellung einer Stahlbetontreppe, b) Treppengrundriss, c) Treppenansicht,
d) Treppenwange (halb gestemmte Holztreppe), e) Treppenholm (aufgesattelte Holztreppe)

Treppenauftritt *a* 19
Der waagerechte Abstand zwischen den Vorderkanten benachbarter Stufen (Auftrittsbreite genannt).

Steigungsverhältnis (vgl. Abb. 7.1)
Das Steigungsverhältnis

$$SV = \frac{\text{Steigung } s}{\text{Auftritt } a} \text{ mit } s \text{ und } a \text{ in cm}$$

entspricht der Treppenneigung. Die DIN fordert die unübliche Angabe von *s* und *a* in mm.

Unterschneidung *u* 20
Das waagerechte Maß, um das die Vorderkante einer Stufe über den Treppenauftritt *a* der darunterliegenden Stufe hervorspringt.

Treppenholme (vgl. Abb. 7.4e)
oder Tragholme tragen die Trittstufen. Unterschieden werden Einholmtreppen oder Zweiholmtreppen. Bei einer Holmtreppe werden die Trittstufen aufgesattelt.

Treppenöffnung oder Treppenloch 9
ist eine Aussparung in der Geschossdecke für Treppen.

Treppenlaufplatte 6
ist ein schräges Bauteil, das benachbarte Podeste in der Regel als tragende massive Stahlbetonplatte mit/ohne aufbetonierte Rohstufen verbindet.

Trittkante 13 und Stoßfläche 14

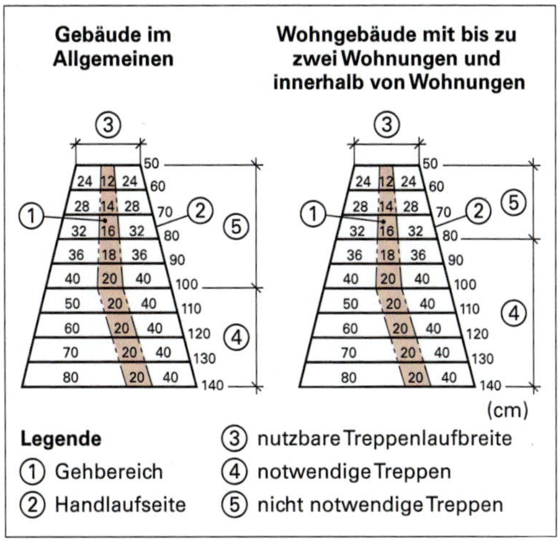

Abb. 7.5: Gehbereiche für gewendelte Treppen

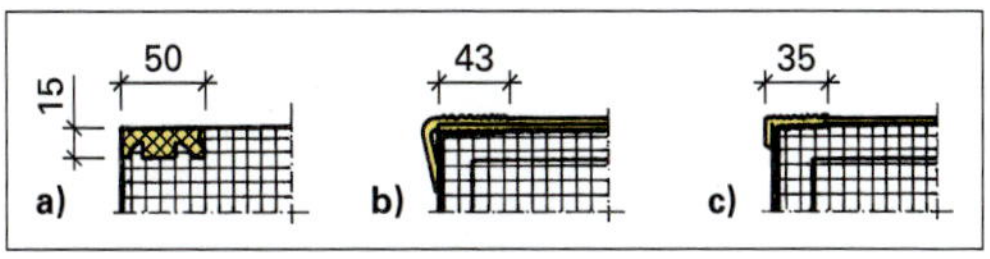

Abb. 7.6: Kantenschutzprofile
a) Kunststoffprofil für vorgefertigte Stufen,
b) geripptes Kunststoffprofil für 3 mm bis 4 mm Stufenbelag, c) Metall-Vorstoßschiene

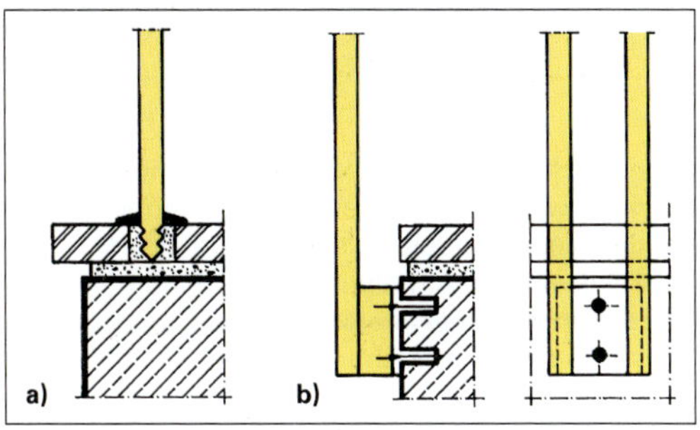

Abb. 7.7: Geländerbefestigung an Massivtreppen
a) im Bohrloch der Werksteinstufe,
b) mit dübelverschraubten Bolzen an der Laufplattenseite

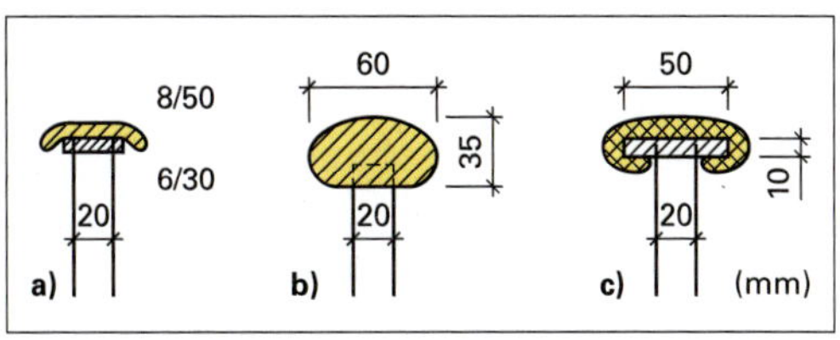

Abb. 7.8: Handlaufquerschnitt
a) aus Flachstahl mit Messingauflage,
b) aus Holz, c) aus Flachstahl mit Kunststoffauflage

Deckenspiegel 30
ist die sichtbare Deckenrandfläche in der Treppenöffnung.

Lichte Treppendurchgangshöhe 30
ist das lotrechtes Maß zwischen Stufenvorderkante(n) und Unterkante(n) darüberliegender Bauteile.

Lichter Stufenabstand
Das lotrechte Maß zwischen der Trittfläche einer Stufe und der Unterkante der darüberliegenden Stufe (vgl. Abb. 7.4).

Treppenlauflänge 21
Das Maß wird im Grundriss von Vorderkante der Antrittsstufe bis zur Vorderkante der Austrittstufe an der Lauflinie gemessen.

Treppenlaufbreite 22
Das Maß wird im Grundriss zwischen begrenzenden Oberflächen gemessen und stellt die Konstruktionsbreite der Treppe dar (vgl. Abb. 7.9c).

Nutzbare Treppenlaufbreite b_p 23
Das lichte Maß b_P wird in Handlaufhöhe zwischen den Innenkanten gegenüberliegender Handläufe oder zwischen Handlaufinnenkante und gegenüberliegender Wandfläche gemessen. Das Maß muss mindestens der Treppenlaufbreite entsprechen.

Podesttiefe *t* 29
Ist das lichte Fertigmaß zwischen Stufenvorderkante der Austrittsstufe und der Wandoberfläche.

Nutzbare Treppenpodesttiefe t_p 24
Das lichte Maß wird in Handlaufhöhe zwischen den Innenkanten gegenüberliegender Handläufe oder zwischen Handlaufinnenkante und gegenüberliegender Wandfläche ermittelt. Das Maß muss mindestens der Treppenlaufbreite entsprechen.

Treppengeländerhöhe 25
Das lotrechte Fertigmaß wird zwischen der Vorderkante einer Trittstufe und Oberkante des Handlaufs gemessen.

Umwehrungshöhe 28
Das lotrechte Fertigmaß zwischen Oberkante des Handlaufes der Umwehrung und der Oberkante des Fußbodens ermittelt (nicht genormt).

Geschosshöhe 26
Das Fertigmaß wird zwischen den Fußbodenoberkanten (OKFF) benachbarter Geschosse festgestellt (nicht genormt).

Die DIN 18065 legt die **Hauptmaße für Gebäude im Allgemeinen und für Wohngebäude mit bis zu zwei Wohnungen**, die sich weitgehend in den Landesbauordnungen wiederfinden, fest. Die Angaben erfolgt in mm. In der LBO werden die Maße wiederum praxisnah in m bzw. cm angegeben.

Tabelle 7.9: Hauptmaße für Gebäude im Allgemeinen für Wohngebäude mit bis zu zwei Wohnungen

		allgemein		bis zu zwei Wohnungen	
Treppenart	**min. nutzbare Laufbreite [cm]**	**Steigung *s* [cm]**	**Auftritt *a* [cm]**	**Steigung *s* [cm]**	**Auftritt *a* [cm]**
Baurechtlich notwendige Treppe	100	17^{+2}_{-3}	28^{+9}_{-2}	–	–
Baurechtlich nicht notwendige (zusätzliche) Treppe	50	17^{+4}_{-3}	28^{+9}_{-7}	17^{+4}_{-3}	28^{+9}_{-7}
Baurechtlich notwendige Treppe	80	–	–	17^{+3}_{-3}	28^{+9}_{-5}

Tabelle 7.10: Weitere Vorgaben aus der DIN (die in der Regel in die Landesbauordnungen eingeflossen sind)

a)	Die nutzbare Treppenpodestbreite b_p und Treppenpodesttiefe t_p muss mindestens der nutzbaren Treppenlaufbreite entsprechen.
b)	Der Auftritt bei Podesten beträgt mindestens 3 Auftritte ($3 \cdot a$) bzw. 2,5 Auftritte bei Wohngebäuden mit max. zwei Wohnungen.
c)	Nach 18 Steigungen ist für Gebäude im Allgemeinen ein Zwischenpodest anzuordnen.
d)	Die lichte Treppendurchgangshöhe muss ≥ 200 cm sein.
e)	Der Seitenabstand von Treppenläufen und Treppenpodesten zu Wänden bzw. Geländern muss ≤ 6 cm sein.
f)	Wenn keine Setzstufen im Treppenlauf vorhanden sind, muss die Unterscheidung $u \geq 3$ cm sein und der lichte Stufenabstand darf nicht größer als 12 cm sein.
h)	Der Abstand zwischen senkrechten Geländersprossen und Geländerteilen ist ≤ 12 cm und bei waagerechten Füllelementen in der Regel ≤ 2 cm (nicht genormt) anzuordnen, damit eine Gefährdung von Kleinkindern ausgeschlossen werden kann.
i)	Der lichte Abstand von Handläufen zu benachbarten Bauteilen muss ≥ 5 cm ausgebildet werden. Die Handläufe sind in einer Höhe von 80 cm bis 115 cm anzuordnen.

7

7.4 Planungsgrundlagen – Treppenarten und Stufenarten

Treppen können nach ihrer Lage, ihrem Baumaterial, ihrer Konstruktionsart, und ihrer Grundrissform unterteilt werden.

Treppenlage

Hinsichtlich der Lage lassen sich grundsätzlich Innentreppen und Außentreppen unterscheiden.

Innentreppen können weiter als Geschosstreppen in Kellergeschoss-, Erdgeschoss- und Dachgeschosstreppen eingeteilt werden. Ausgleichstreppen werden zwischen verschieden hohen Ebenen innerhalb eines Geschosses verwendet. Planungstechnisch sind steilere Treppen vorzuziehen, da sie weniger Raum beanspruchen und der Benutzer ihnen mehr Aufmerksamkeit schenkt als flacheren Treppen (vgl. Abb. 7.1). Bei Kellergeschoss- und Dachgeschosstreppen kann der Kreis der Benutzer hinsichtlich älterer Menschen und Kinder eingeschränkt werden. Bei allen anderen Innentreppen ist der Benutzerkreis ausschlaggebend. So sind beispielsweise in Altenheimen und Schulen flachere Treppen mit einer Steigungshöhe von $s = 15$ cm bis $s = 16$ cm angebracht.

Bei der Lage der Treppe in den Grundrissen ergeben sich häufig Zwangspunkte, die zu beachten sind und dadurch die Lage der Antrittsstufe bzw. Austrittsstufe bestimmen. Z.B. sollte die Austrittsstufe nicht direkt an den Öffnungsbereich einer Tür reichen (vgl. Abb. 7.11).

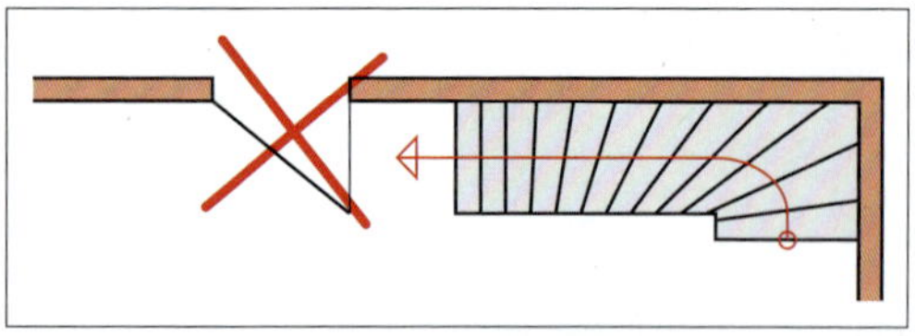

Abb. 7.11: Problemstellen bei Treppen

Vereinfacht wird die Planung durch gleiche Geschosshöhen und Fußbodenaufbauten in allen Geschossen. Gerade bei Kellergeschossen ändert sich häufig der Fußbodenaufbau und die Geschosshöhe gegenüber den anderen Geschossen.

Bei **Außentreppen** können die oben genannten Überlegungen auf Hauseingangstreppen und Kelleraußentreppen übertragen werden. Für Freitreppen zum Beispiel in Parkanlagen sind flache Treppen mit einer Steigungshöhe von 14 cm bis 15 cm zu empfehlen.

Baumaterial

Als Baumaterial für Treppen kommen hauptsächlich Stahlbeton, Stahl und Holz in Frage. Daneben werden auch Beton, Mauerwerk, Naturwerkstein und Betonwerkstein häufiger für Außentreppen verwendet. Aber auch Kombinationen dieser Baustoffe sowie andere Baumaterialien (z. B. Glas) sind möglich.

Treppen aus Stahlbeton sind in der Regel im Wohnungsbau, bei Büro- und Verwaltungsbauten anzutreffen. Für Planer sind sie eine kostengünstige und brandschutztechnisch gute Lösung.

Holztreppen werden im Ein- und Zweifamilienhausbau aus gestalterischen Gründen gern verwendet.

Stahltreppen werden meist in gewerblichen Bauten und als Nottreppen für Fluchtwege eingeplant.

Konstruktionsart

Als Tragwerke werden quer- und längsgespannte Laufplattentreppen, Treppen mit freitragenden Stufen sowie Tragbolzentreppen unterschieden.

Quer gespannte Laufplattentreppen aus Stahlbeton sind in statischer Hinsicht durch geringe Lasten eine gute planerische Lösung, aber schallschutztechnisch ist die Einbindung quer gespannter Treppen in die Treppenhauswände aufwendig.

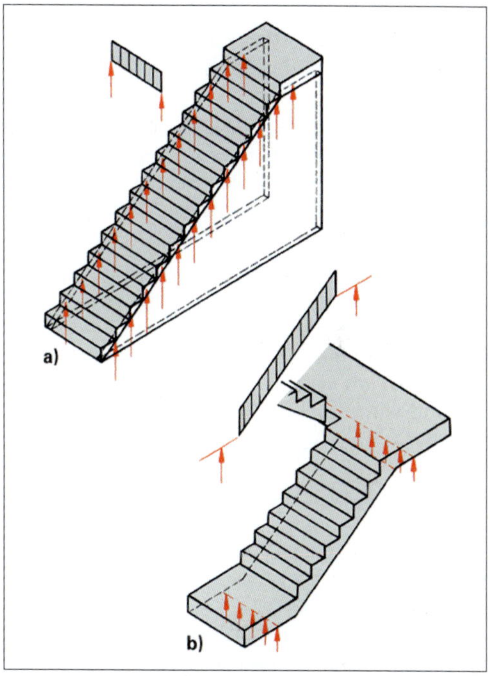

Abb. 7.12: Stahlbeton – Laufplattentreppen
a) quer gespannt, b) längs gespannt

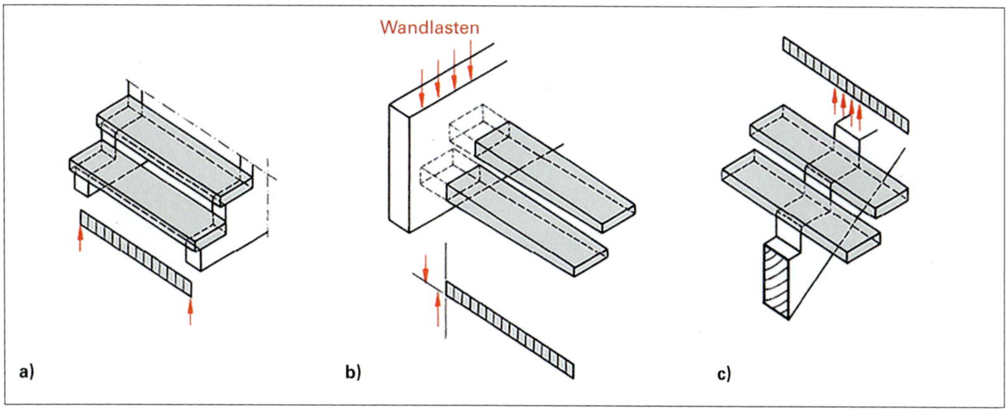

Abb. 7.13: Treppe mit selbsttragenden (biegefesten) Stufen
a) beidseitig gelagerte Stufen, b) einseitig gelagerte (eingespannte) Stufen, c) mittig gelagerte Stufen

Quergespannte Treppen sollten daher nicht im Geschosswohnungsbau gebaut werden. Für Kellertreppen und Kelleraußentreppen könnte sie mitunter wirtschaftlich sein, wenn die Stufen tragend ausgeführt und die Laufplatte damit entbehrlich wird (vgl. Abb. 7.12).

Darum werden meist **längs gespannte Treppen** aus Stahlbeton für Wohn- und Bürobauten verwendet (vgl. Abb. 7.12).

Für die **schallschutztechnische Lösung** wird die Einbindung der Stahlbeton-Laufplatten über Tronsolen angewendet. Tronsolen können als elastische Lager verstanden werden, die eine Weitergabe von Trittschall dämpfen (vgl. Kapitel 7.11).

Treppen können auch **mit selbsttragenden Stufen** geplant werden (vgl. Abb. 7.13). Die Lösungen a) und c) sind öfters bei Hauseingangstreppen zu finden, während die Lösung b) mit den eingespannten Stufen oft in Ein- und Zweifamilienhäusern gewählt wird. Treppen mit eingespannten Stufen lassen sich optisch gut in Räume integrieren, ohne dass die Treppe zu viel „Gewicht" im Raum erhält.

Tragbolzentreppen (vgl. Abb. 7.14) besitzen mit der DIN 18069 eine eigene Norm. Die Tragbolzentreppe bildet ohne stützende Wangen, Holme und aussteifende Setzstufen ein stabiles Tragwerk.
Die seitlich fest in die Stufen eingespannten Schraubenbolzen ergeben eine biegesteife Eckverbindung, so dass weitere Unterstützungen entfallen können. Tragbolzentreppen bestechen durch ihre optische Leichtigkeit.

7

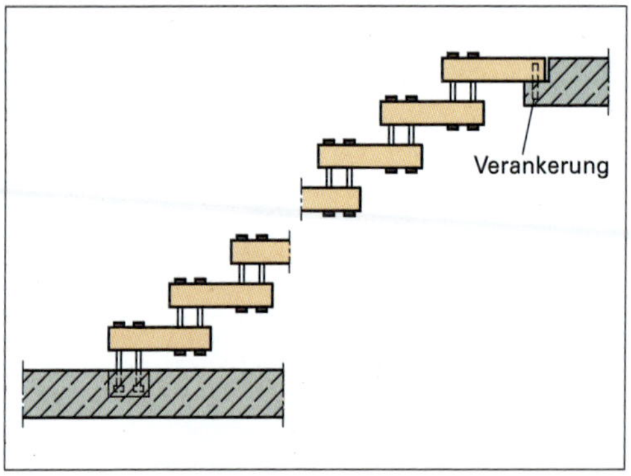

Abb. 7.14: Tragbolzentreppen

Grundrissform

Treppen können nach ihrer Grundrissform generell in Treppen mit geraden Läufen und gewendelten Läufen unterschieden werden. Abgewinkelte oder gewendelte Treppen werden nach ihrer Drehrichtung auch als Links- oder Rechtstreppen bezeichnet. **Treppen mit geraden Läufen** (vgl. Abb. 7.16) besitzen in der Regel gerade Lauflinien und gleichförmige Stufen. Sie können einen oder mehrere Läufe, ein oder mehrere Podeste, gleich oder gegenläufig und ein- oder zweimal abgewinkelt sein.

Treppen mit gewendelten Läufen (vgl. Abb. 7.17) weisen trapezförmige Stufen auf, die an den Wangen oft gerundet sind. Auch sie können einen oder mehrere Läufe sowie ein oder mehrere Podeste besitzen.

Bei **Wendeltreppen** gibt ein **Treppenauge** den Blick auf den Boden des darunterliegenden Geschosses frei.

Bei **Spindeltreppen** sind Stufen in der Mitte an einer Spindel befestigt, die den Blick auf den Boden des darunterliegenden Geschosses verwehrt.

Treppen mit gewendelten Läufen sind platzsparend. Gebräuchlich sind eher Treppen, die gerade und gewendelte Läufe kombinieren. Wie Abbildung 7.17 zeigt, werden bei diesen Treppen viertel- und halbgewendelte Treppen unterschieden.

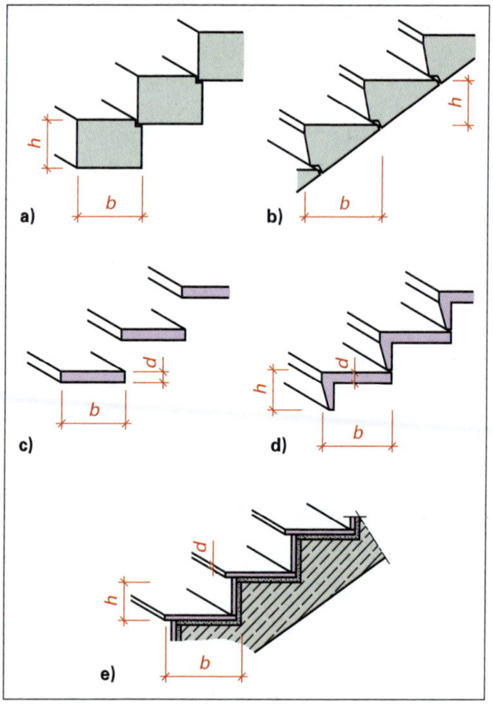

Abb. 7.15: Stufenarten nach der Querschnittsform
a) Blockstufe b) Keilstufe c) Plattenstufe
d) Winkelstufe e) L-Stufe

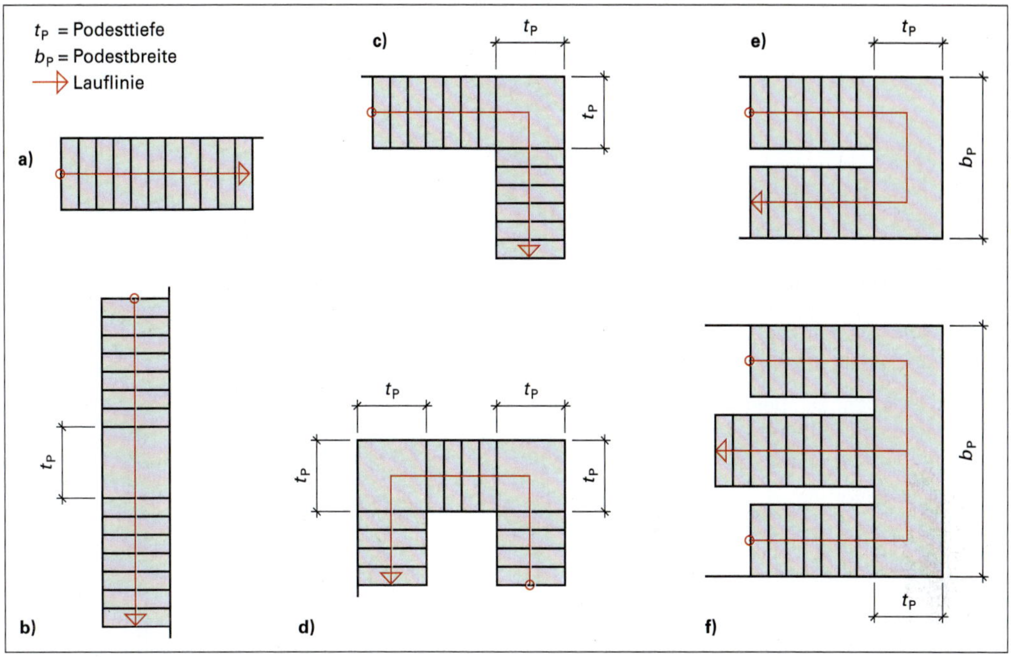

Abb. 7.16: Treppen mit geraden Läufen

a) gerade einläufige Treppe,
b) gerade zweiläufige Treppe mit Zwischenpodest,
c) zweiläufige, einmal abgewinkelte (Rechts-)Treppe mit Zwischenpodest,
d) dreiläufige, zweimal abgewinkelte (Links-)Treppe mit Zwischenpodesten (U-Treppe),
e) zweiläufige gegenläufige (Rechts-)Treppe mit Zwischenpodest (Halbpodest),
f) dreiläufige gegenläufige (Rechts-)Treppe mit Zwischenpodest

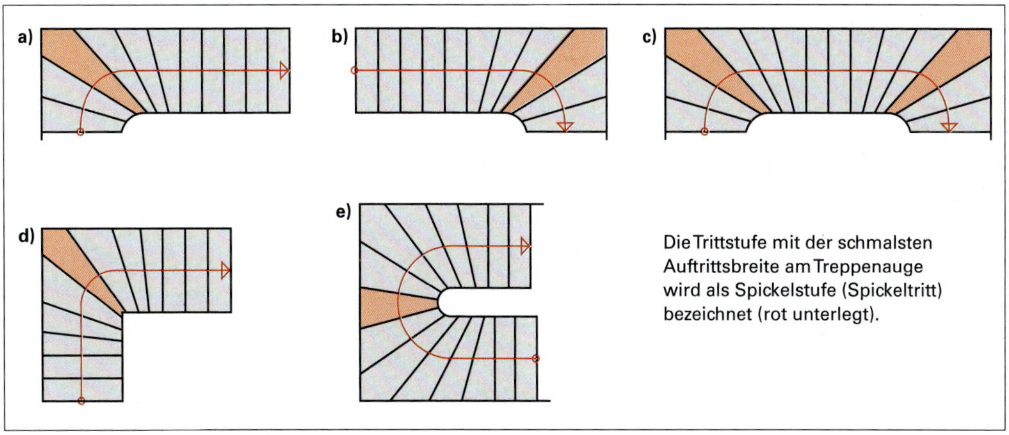

Abb. 7.17: Treppen mit geraden und gewendelten Laufteilen

a) einläufige, im Antritt viertelgewendelte Rechtstreppe,
b) einläufige, im Austritt viertelgewendelte Rechtstreppe,
c) einläufige, zweimal viertelgewendelte Rechtstreppe
e) einläufige, halb gewendelte (Rechts-)Treppe,
d) einläufige, gewinkelte viertelgewendelte Rechtstreppe

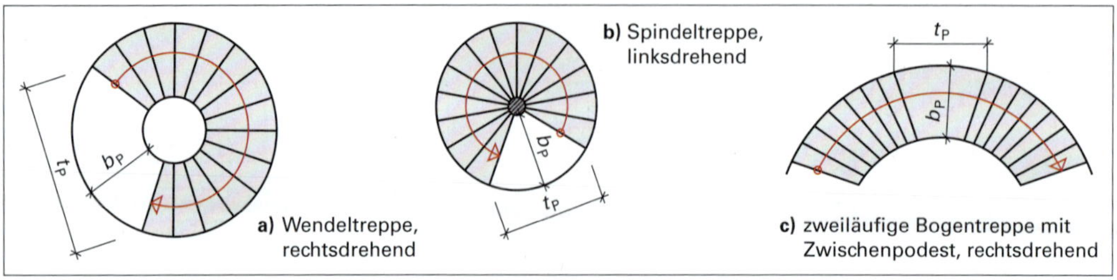

Abb. 7.18: Treppen mit gewendelten Läufen

7.5 Treppen in Bauzeichnungen

Treppen werden als Bestandteil von Gebäudegrundrissen und -schnitten sowie als Detail (Werkzeichnung) z. B. für den Treppenbauer gezeichnet.

Je nach Ausführung der Treppe sind zusätzliche Schalpläne für Massivtreppen und/oder Detailzeichnungen für den Treppenbauer (z.B. für Holztreppen) erforderlich.

Die Schnittlinien von Gebäudegrundrissen sind nach DIN 1356 i.d.R. durch die Treppe zu führen.

In Abbildung 7.21 sind die Vorgaben der DIN 1356 bezogen auf der Darstellung von Treppen in Grundrissen klar abzulesen:

- An die Lauflinie wird die Anzahl der Steigungen, hier z. B. 7 Stg und das Steigungsverhältnis hier z. B. 18^3/26 geschrieben.
- Der Treppenanfang wird mit einem Kreis, das Treppenende mit einem Pfeil gekennzeichnet.
- Der Schnitt durch die Treppe, wie auch durch andere wesentliche Bauteile, erfolgt in der Regel in einem Meter Höhe und ist mit einem (in vielen Bauzeichnungen sind auch zwei zu finden.) schrägen Strich eingezeichnet. Der aufgehende, nicht sichtbare Treppenteil nach dem Schnitt wird gepunktet dargestellt (vgl. Abb. 7.19).
- Wichtig ist auch die Darstellung der Höhenkoten für die Rohbauhöhe, hier ▼ – 0.12, und der Oberkante Fertigfußboden (OKFF), hier ▽ 0.00 in der Nähe des Antritts (bzw. gegebenenfalls auch des Austrittes).

In der Erdgeschosszeichnung wird der Austritt der Kellertreppe und der Antritt der Erdgeschosstreppe gezeichnet. Im obersten Geschoss ist im Regelfall die jeweilige Treppe vollständig dargestellt.

Für die Darstellung der Treppen in Bauzeichnungen sind neben der Normbeachtung, die Vorgaben der Landesbauordnung zu beachten.

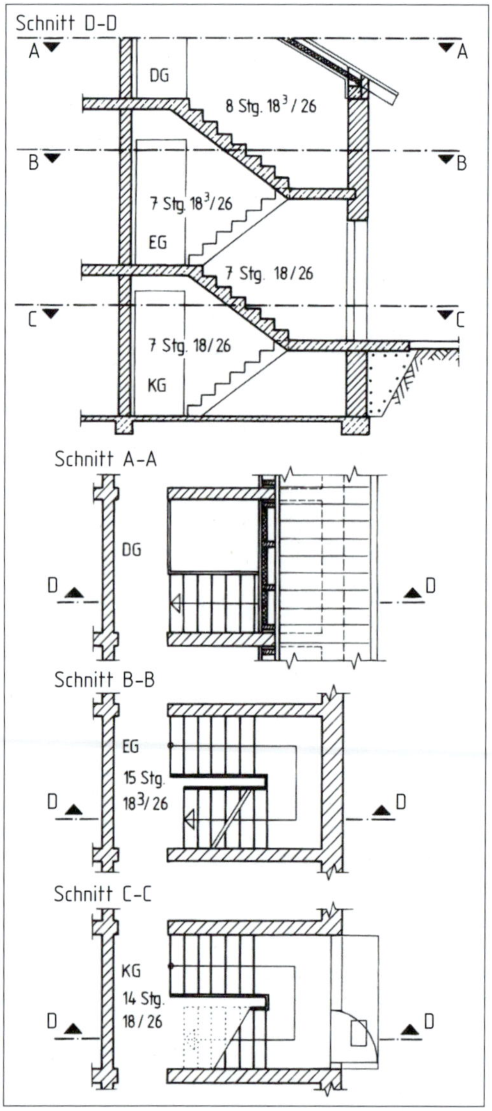

Abb. 7.19: Treppendarstellung in Geschosszeichnungen, Entwurfszeichnung, M 1:100

An der wohl häufigsten Treppe in der Praxis, die für Gebäude in Frage kommt, der **zweiläufigen, gegenläufigen Treppe mit Zwischenpodest** (vgl. Abb. 7.16) soll im Folgenden die mögliche Darstellung von Treppen in Bauzeichnungen vorgestellt werden. Dabei können die Darstellung in 2D oder 3D mit Treppenobjekten aus einem CAD-Programm erfolgen.

Im **Vorentwurf** (M 1:200) wird die Treppenanlage und -form, Lauflinie und Steigungsrichtung, Treppenläufe und Podeste im Schnitt (vgl. Abb. 7.19) Natürlich kann die Darstellung auch detaillierter ausgeführt werden, beispielsweise mit den einzelnen Stufen im Grundriss. Bedingt durch die Verwendung in Vorentwurfszeichnungen ist die Darstellung jedoch relativ frei.

Bauvorentwurfszeichnungen gemäß der Leistungsphase 2 (Vorplanung) nach § 33 der HOAI sind in der Regel auch in der Hand des Entwurfsverfassers bzw. Planungsberechtigten.

Im Entwurf bei **Baueingabezeichnungen** im Maßstab 1:100 müssen Grundriss und Schnitt der Treppe die Übereinstimmung mit LBO-Vorschriften erkennen lassen. Über die für den Vorentwurf genannten Angaben hinaus sind die Anzahl der Steigungen und das Steigungsverhältnis je Treppenlauf, Stufenteilung und -profil (im Schnitt) zu zeichnen bzw. anzugeben. Im Schnitt sind ferner Umwehrungen und Geländer mit den zugehörigen Höhenmaßen einzutragen, an kritischen Punkten unter Umständen auch das notwendige Maß für die lichte Treppendurchgangshöhe sowie das Maß der lichten Treppenlaufbreite im Grundriss.

Das Beispiel in Abbildung 7.19 zeigt den Ausschnitt aus einer Baueingabezeichnung für ein Wohnhaus. Zusätzliche Maße, beispielsweise die Geländerhöhe und der Abstand der senkrechten Geländerstreben, können gefordert werden.

In **Ausführungszeichnungen** im Maßstab 1: 50 sind die Stufen zu nummerieren sowie Unterschneidungen und/oder die Rohstufen als verdeckte Kanten einzuzeichnen. Ferner können Wand-, Decken- und Dachaufbau und weitere Details in der Zeichnung gefordert werden.

Die Ausführungszeichnung stellt den Schnitt A-A und den EG-Grundriss aus der Baueingabezeichnung dar. Hier ist der Aufbau der Kellersohle sowie der Kelleraußenwand vollständig eingezeichnet, während der Aufbau der Decken, der Außenwand und des Daches unvollständig sind.

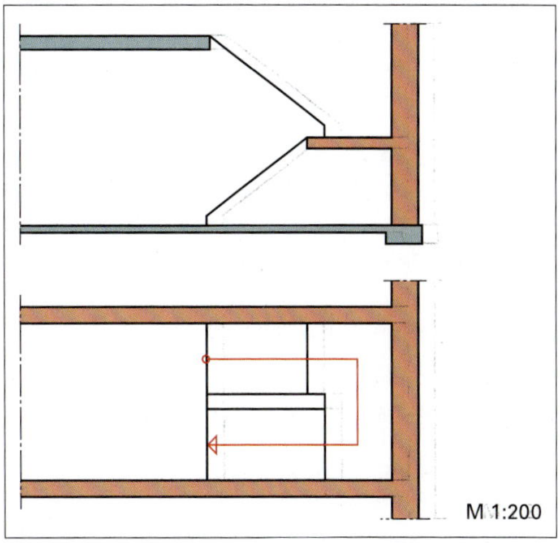

Abb. 7.20: Treppendarstellung im Vorentwurfsplan

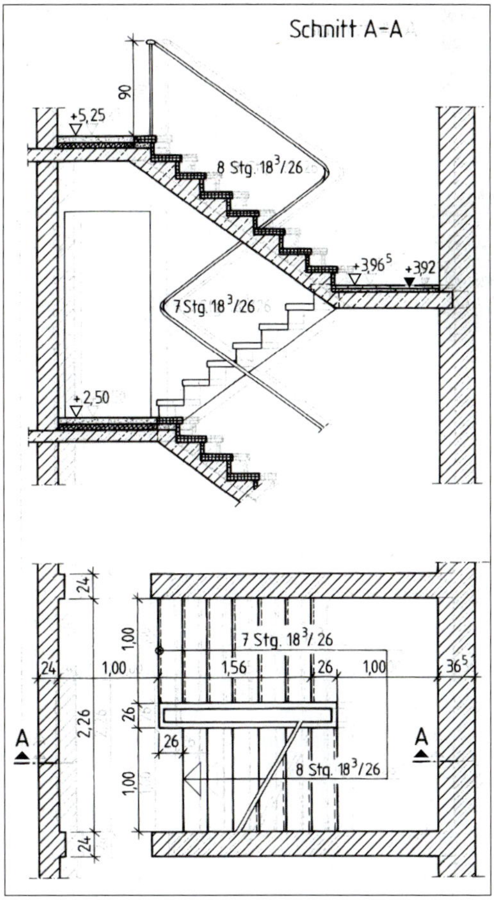

Abb. 7.21: Treppendarstellung im Ausführungsplan M 1:50 – m, cm

7.6 Treppenberechnungen

Ausgangspunkt für die Treppenberechnung ist üblicherweise die Schrittmaßregel

> 2 Steigungen + 1 Auftritt = 59 cm bis 65 cm
> $2 \cdot s + a = 63$ cm (üblicher Mittelwert)

und das **ideale Steigungsverhältnis 17/29.**

Damit lassen sich für gerade Treppenläufe bei gegebener **Geschosshöhe *H*** ermitteln:

a) die Anzahl der Steigungen (*n* Stg),
b) die Steigungshöhe *s*,
c) die Auftrittsbreite *a*,
d) das Steigungsverhältnis SV und
e) die Treppenneigung α.

Ferner kann die **Treppenlauflänge** $L = a \cdot (n-1)$ einfach festgestellt werden. In einem Treppenlauf ist stets eine Auftrittsbreite weniger als Steigungshöhen vorhanden, darum $(n-1)$.

> **Beispiel**
> Treppen mit 16 Stg $17^2/29$
> $L = 29\text{ cm} \cdot (16 - 1) = 435\text{ cm}$
> $L = 4{,}35\text{ m}$

Oft werden auch die **Höhen der Rohstufen s_R** nachgefragt. Dabei ergeben sich drei Varianten:

a) im Antritt

> $s_R = s$ + Fußbodenaufbau – Stufenbelag

b) im Treppenlauf

> $s_R = s$ (+ Stufenbelag – Stufenbelag)

c) im Austritt

> $s_R = s$ – Fußbodenaufbau + Stufenbelag

> **Beispiel**
> **Berechnung der Rohstufe**
> Treppenlauf mit 16 Stg 18/28 cm vom EG zum 1. OG in einem Wohnhaus. Der Fußbodenaufbau im EG beträgt 12 cm. Der Stufenbelag ist 4 cm dick. Der Fußbodenaufbau im 1. OG ist mit 14 cm angegeben.
>
> a) im Antritt
> $s_R = 18\text{ cm} + 12\text{ cm} - 4\text{ cm} = 26\text{ cm}$
> b) im Treppenlauf
> $s_R = 18\text{ cm} + 4\text{ cm} - 4\text{ cm} = 18\text{ cm}$
> c) im Austritt
> $s_R = 18\text{ cm} - 14\text{ cm} + 4\text{ cm} = 8\text{ cm}$

Wichtig ist die Berechnung des **Öffnungsmaßes $l_{öff}$** für das Treppenloch, das mit dem vorgeschriebenen Mindestmaß der **lichten Durchgangshöhe** $h \geq 2{,}00$ m nach DIN 18065 im wechselseitigem Bezug steht. Die lichte Durchgangshöhe *h* wird von der Vorderkante einer Stufe bis zur Unterkante der darüberliegenden Decke gemessen. Das Öffnungsmaß $l_{öff}$ ergibt sich über die Berechnung von ähnlichen Dreiecken (vgl. Abb. 7.22).

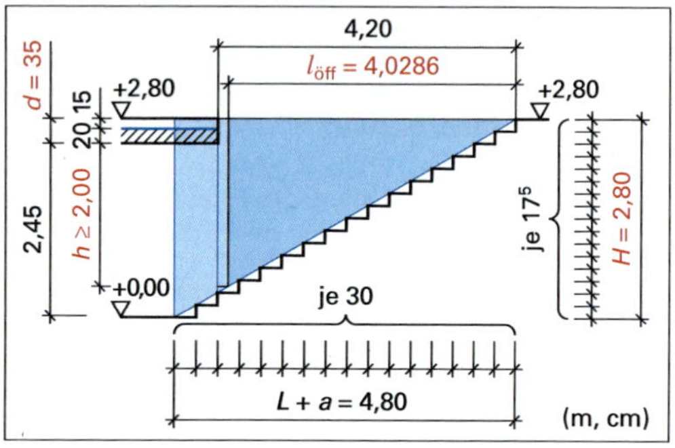

Abb. 7.22: Berechnung des Öffnungmaßes $l_{öff}$

Das große blaue Dreieck (vgl. Abb. 7.22) ergibt sich, indem eine Linie über die Stufenvorderkanten der Treppe vom Austritt bis zur Oberkante des Fertigfußbodens gelegt wird. Damit ergeben sich die Katheten des Dreieckes mit der Geschosshöhe *H* und der Treppenlauflänge *L* plus einer Auftrittsbreite *a*.

Das kleinere Dreieck im blauen Dreieck hat die Katheten lichte Durchgangshöhe $h \geq 2{,}00$ m plus der Deckendicke sowie das Öffnungsmaß des Treppenloches $l_{öff}$.

Mit dem Strahlensatz gilt:

$$\frac{\text{Geschosshöhe } H}{(\text{Lauflänge } L + \text{Auftrittsbreite } a)} = s/a$$

$$= \frac{(\text{lichte Durchgangshöhe } h + \text{Deckendicke } d)}{\text{Öffnungsmaß } l_{öff}}$$

> **Beispiel**
> Für die Treppe in Abbildung 7.22 mit dem Treppenlauf 16 Stg $17^5/30$ cm ergibt sich dann in Zentimetern:
>
> $$\frac{280\text{ cm}}{(450\text{ cm} + 30\text{ cm})} = \frac{(200\text{ cm} + 35\text{ cm})}{l_{öff}}$$
>
> $$l_{öff} = \frac{235\text{ cm} \cdot 480\text{ cm}}{280\text{ cm}} = 402{,}86\text{ cm}$$

Das vorgeschriebene lichte Durchgangsmaß $h \geq 2{,}00$ m liegt mitten in einer Stufe. Soll das Maß an der Vorderkante einer Stufe beginnen, so kann das Öffnungsmaß des Treppenloches $l_{öff}$ (vgl. Abb. 7.22) in Richtung des Treppenantrittes verlängert werden. Das Öffnungsmaß des Treppenloches beträgt dann $l_{öff} = 4{,}20$ m.

Schließlich können im Zusammenhang mit der Treppenberechnung noch rein geometrische Aufgaben auftauchen, wie die Berechnung des Flächeninhaltes A in m² einer Eckstufe.

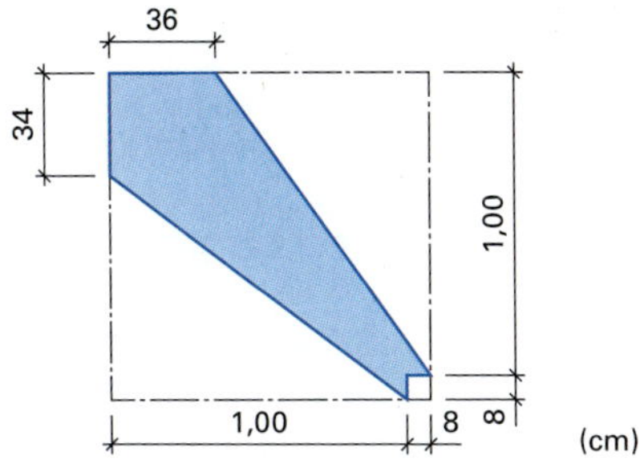

$A_{ges.} = A_{\square} - A_{kl.\square} - A_{\triangle} - A_{\triangle} = 108 \cdot 108 - 8 \cdot 8 - 0{,}5 \cdot 64 \cdot 100 - 0{,}5 \cdot 66 \cdot 100 = 5100\ cm^2$

Abb. 7.23: Berechnung der Fläche einer Eckstufe

7.7 Verziehen von Treppen

Das Verziehen von Treppen zu gewendelten Läufen steht im engen Zusammenhang mit zeichnerischen und rechnerischen Aufgaben. Gerade Treppenläufe benötigen lange Flure, die mit gewendelten Treppenläufen verkürzt werden können. Verschiedene Möglichkeiten der Wendelung von Treppen sind bereits im Kapitel 7.4 gezeigt.

Durch Wendelungen wird allerdings keine Reduzierung der Treppengrundrissfläche erreicht. Die benötigte Grundrissfläche erhöht sich mit jeder Viertelwendelung.

Die Auftrittsbreite verzogener Stufen verringert sich an der Freiwange zum Treppenauge. Da hier die Unfallgefahr steigt, schreibt die DIN 18065 hier eine **Mindestauftrittsbreite an der Freiwange von 10 cm** vor.

Für Wohngebäude mit maximal zwei Wohnungen reduziert sich die minimale Auftrittsbreite auf 5 cm.

Maßgebend ist die Abbildung 7.24 gemäß DIN 18065 mit x als kleinster Auftrittsbreite und „1“ als Freiwange bzw. der inneren Begrenzung der kleinsten Auftrittsbreite.

Ein häufiger Fall für gewendelte Treppen in Ein- und Zweifamilienhäusern dürfte die viertelgewendelte Treppe sein. In Reihenhäusern sind hingegen häufiger halbgewendelte Treppen eingebaut.

Für das Verziehen der Stufen existieren mehrere Methoden, wie die Evoluten- oder Fluchtlinienmethode, die Viertelkreis- bzw. Halbkreismethode und die Proportionalitätsmethode.

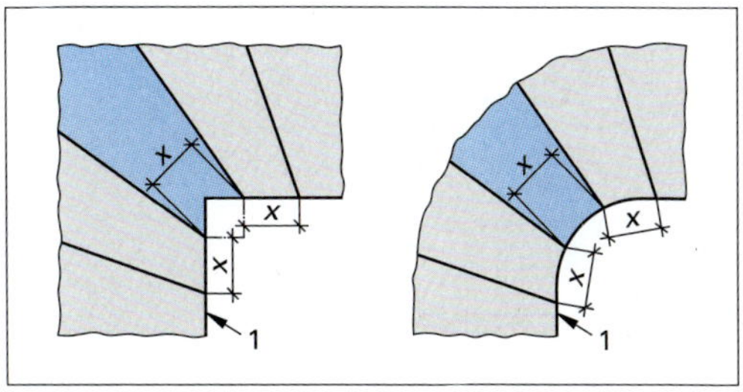

Abb. 7.24: Auftritt von Wendelstufen an der schmalsten Stelle

Grafisches Verziehen von Treppenstufen nach der Proportionalitätsmethode

1) Treppenwangen festlegen

Die Wand- oder Außenwange liegt in der Regel fest. Die Freiwange zum Treppenauge ergibt sich über die Treppenbreite $b = 80$ cm.

2) Stufenbreiten auf der Lauflinie einfügen

Die Lauflinie in Treppenmitte besteht aus einer waagerechten bzw. senkrechten Linie, die mit dem Bogen eines Viertelkreises verbunden werden. Der Mittelpunkt des Viertelkreises liegt im Eckpunkt der Freiwange.

Verziehung der Treppenstufen einer einviertelgewendelten Treppe.

Für eine Verziehung einer 1/4 Wendelung sind je nach Treppengeometrie im Regelfall 7 oder 9 Stufen zu verziehen.

Die Vorderkante einer Stufe sollte nicht in die Raumecke führen. Sonst wirken die Stufen zu schmal und bei Holztreppen sind die Eckverbindungen schwer auszuführen.

Wenn es die Platzverhältnisse erlauben wird eine symmetrische Verziehung der Stufen symmetrisch zur Spickelstufe angestrebt. Dazu wird die Antrittsstufe ausgehend von der Spickelstufe festgelegt (vgl. Abb. 7.25).

Ermöglicht die Lage der Stufenvorderkante der Antrittsstufe keine symmetrische Verziehung ist zu prüfen, ob noch eine Verziehung von der Antrittsstufe aus möglich ist (vgl. Abb. 7.26), dazu müssten vor der schmalsten Stufe mindestens drei Auftritte möglich sein.

Sind diese Verziehungen nicht möglich, muss eine Verziehung von der ersten Stufe aus vorgenommen werden (vgl. Abb.7.27).

7

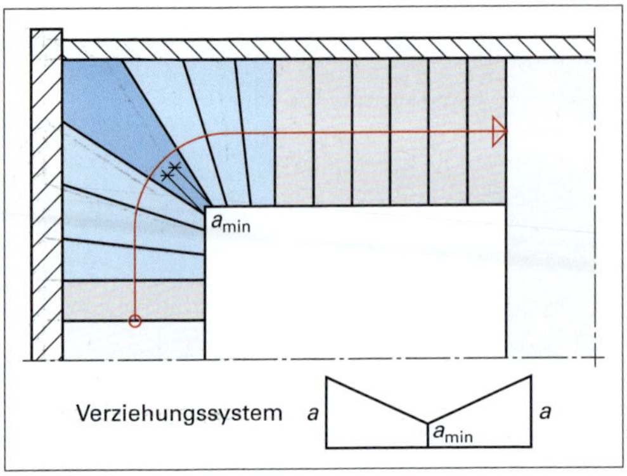

Abb. 7.25: Symmetrische Verziehung

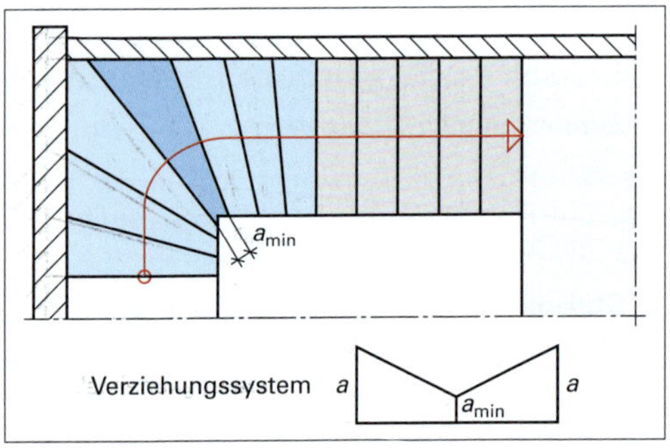

Abb. 7.26: Unsymmetrische Verziehung

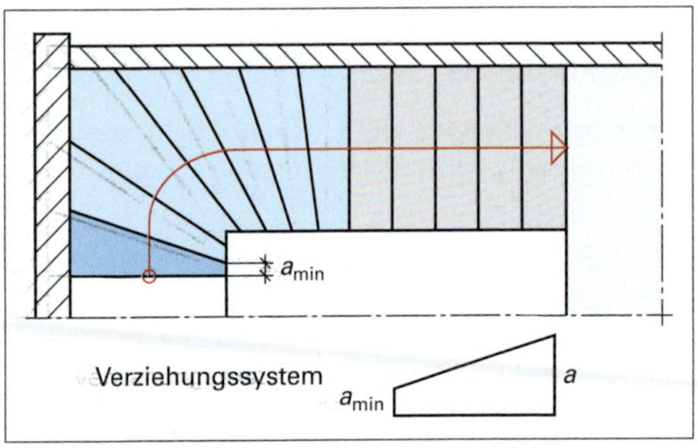

Abb. 7.27: Verziehung von der Antrittsstufe aus

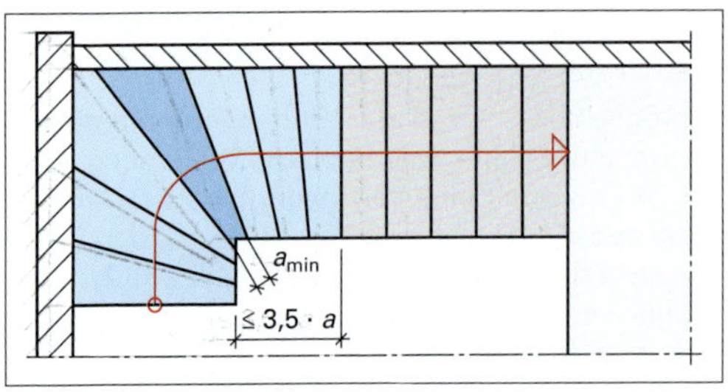

Abb. 7.28: Begrenzung der verzogenen Stufen

Wird die 1/4 gewendelte Treppe am Austritt verzogen, gelten die gleichen Konstruktionsgrundsätze. Der Bereich verzogener Stufen sollte nicht mehr als 3,5 · *a* im Bereich des geraden Laufes betragen (vgl. Abb. 7.28).

Der Mittelpunkt der Viertelkreisbögen wird häufig 15 cm bis 20 cm in das Treppenauge hineinverlegt, damit der Bogen auf der Lauflinie flacher verläuft und den menschlichen Gewohnheiten beim Begehen einer viertelgewendelten Treppe entgegenkommt (vgl. Abb. 7.29 und Abb. 7.31).

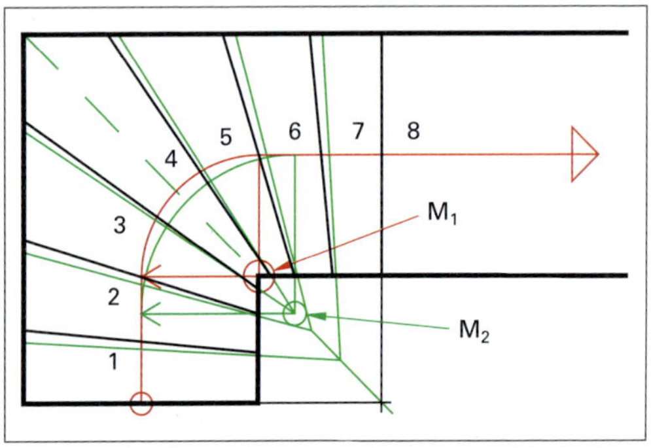

Abb. 7.29: Verlagerung des Mittelpunktes

Um den Anfangs- und den Endpunkt der Lauflinie zu erhalten, wird vom Eckpunkt der Außenwange eine Hilfslinie unter 45° über den Eckpunkt der Freiwange gelegt. Vom Schnittpunkt der Hilfslinie mit der Lauflinie ausgehend, wird mit der halben Auftrittsbreite *a* einer Stufe (nach links und nach rechts) die Sehne im Viertelkreis der Lauflinie eingezeichnet.

Von den beiden Sehnenendpunkten auf dem Viertelkreis werden jetzt mit dem Zirkel jeweils drei Auftrittsbreiten *a* nach links und nach rechts abgetragen. Die sieben verzogenen Stufen, deren Auftrittsbreite *a* auf der Lauflinie erhalten bleiben, liegen nun fest.

Ebenso die letzte gerade Stufenvorderkante vom Antritt aus und die erste gerade Stufenvorderkante zum Austritt hin. Da bereits die erste Stufe im Antritt verzogen wird, ist der Anfangspunkt der Lauflinie auf der letzten geraden Stufenvorderkante (Stufe 1) gefunden. Der Endpunkt der Lauflinie ergibt sich, wenn von der ersten geraden Stufenvorderkante (Stufe 8) sechs weitere Stufenbreiten auf der Lauflinie abgetragen werden.

3) Spickelstufe konstruieren

Die am stärksten verzogene, vierte Stufe wird von der Hilfslinie symmetrisch geteilt. Diese Stufe wird auch Spickelstufe genannt.

An der Freiwange der Spickelstufe wird über den Eckpunkt die Mindestauftrittsbreite unter 45° mit 5 cm nach links und nach rechts abgetragen, zusammen also 10 cm.

Die Verbindung der Endpunkte der Mindestauftrittsbreite mit den Sehnenendpunkten der Spickelstufe auf der Lauflinie ergibt die Stufenvorderkanten 4 und 5. Damit liegt die Spickelstufe fest.

4) Von der Spickelstufe ausgehend werden auf der Lauflinie die übrigen Auftrittsbreiten angetragen.

5) Verkürzung der Auftrittsbreiten an der Freiwange

Die Verlängerungen der Stufenvorderkanten 4 und 5 schneiden sich im Punkt A auf der Hilfslinie. Der Punkt B auf der Hilfslinie ist der Schnittpunkt der Verlängerung der geraden Stufenvorderkanten 1 und 8.

Die Strecke $\overline{AB}$ repräsentiert die Verkürzung der verzogenen Stufen 1 bis 3 bzw. 5 bis 7 an der Freiwange. Die Stufe 3 wird um 3 Teile, die Stufe 2 um 2 Teile und die Stufe 1 um 1 Teil verkürzt.

Auf einer beliebigen Hilfsgeraden im Winkel zu $\overline{AB}$ werden 7 Teile im Verhältnis 1:2:3 abgetragen. Durch die Parallele zu $\overline{BC}$ ergeben sich die Teilungspunkte. Damit wird die Strecke $\overline{AB}$ im Verhältnis 1:2:3 geteilt.

6) Verzogene Stufenkanten zeichnen

Die Linie von den Teilungspunkten auf der Strecke $\overline{AB}$ über die Stufenmarkierungen auf der Lauflinie liefert die gesuchten Stufenkanten für die Verziehung.

Rechnerisches Verziehen nach der Proportionalitätsmethode

Eine viertelgewendelte Treppe mit 14 Stg 18/28 cm soll nach dem rechnerischen Verfahren mit sieben Stufen verzogen werden.

Die Verkürzung der Stufen an der Innen- oder Freiwange resultiert aus der Differenz des Viertelkreisbogens auf der Lauflinie $b_1 = R \cdot \pi/2$ und des Viertelkreisbogens an der Freiwange $b_2 = r \cdot \pi/2$. Der Radius R entspricht hier der halben Treppenbreite $b/2$, also 40 cm.

Da in der vorliegenden viertelgewendelten Treppe der Mittelpunkt für den Bogenradius direkt im Eckpunkt liegt, beträgt die Länge für den Viertelkreisbogen b_2 an der Freiwange gleich null.

Formelmäßig ergibt sich:

$$\Delta b = b_1 - b_2 = R \cdot \frac{\pi}{2} - r \cdot \frac{\pi}{2}$$

mit $\Delta b = 40 \text{ cm} \cdot \frac{\pi}{2} - 0 \text{ cm} \cdot \frac{\pi}{2} = 62{,}83 \text{ cm}$

Die proportionale Verkürzung der Stufen an der Freiwange ergibt sich durch:

1. und 7. Stufe	um je 1 Teil ⇨	2 Teile
2. und 6. Stufe	um je 2 Teile ⇨	4 Teile
3. und 5. Stufe	um je 3 Teile ⇨	6 Teile
4. Stufe	um 4 Teile ⇨	4 Teile
Insgesamt ergeben sich	⇨	16 Teile

Bei sieben verzogenen Stufen ergeben sich stets 16 Teile.

Die 16 Teile entsprechen der Bogendifferenz Δb. Ein Teil kann nun leicht errechnet werden, in dem die Bogendifferenz Δb durch die 16 Teile dividiert wird.

$$\frac{\Delta b}{16 \text{ Teile}} = 1 \text{ Teil} \quad ⇨ \quad \frac{62{,}83 \text{ cm}}{16} = 3{,}93 \text{ cm}$$

Jetzt können die Auftrittsbreiten der Stufen an der Freiwange ermittelt werden, in dem die entsprechenden Teile von der Auftrittsbreite a einer Stufe abgezogen werden:

1. und 7. Stufe: 28 cm – 1 · 3,93 cm = 24,07 cm
2. und 6. Stufe: 28 cm – 2 · 3,93 cm = 20,14 cm
3. und 5. Stufe: 28 cm – 3 · 3,93 cm = 16,21 cm
4. Stufe: 28 cm – 4 · 3,93 cm = 12,28 cm

Schmalste Auftrittsbreite a' = 12,8 cm > 10 cm

Eine Überprüfung der schmalsten Auftrittsbreite a' kann mit folgender Formel erfolgen:

Schmalste Autrittsbreite a'

$$a' = a - \frac{y \cdot b \cdot \pi}{m + 1} \qquad \text{(Maße in cm)}$$

y Faktor, der die Art der Wendelung angibt:

bei viertelgewendelten Treppen	1
bei halbgewendelten Treppen	2
bei dreiviertelgewendelten Treppen	3
bei voll gewendelten Treppen	4

b Abstand der Lauflinie von der Innenkante der Freiwange oder der 15-cm-Hilfslinie
a Auftrittsbreite einer nicht verzogenen Stufe
a' schmalste Auftrittsbreite in cm
m Anzahl der zu verziehenden Stufen

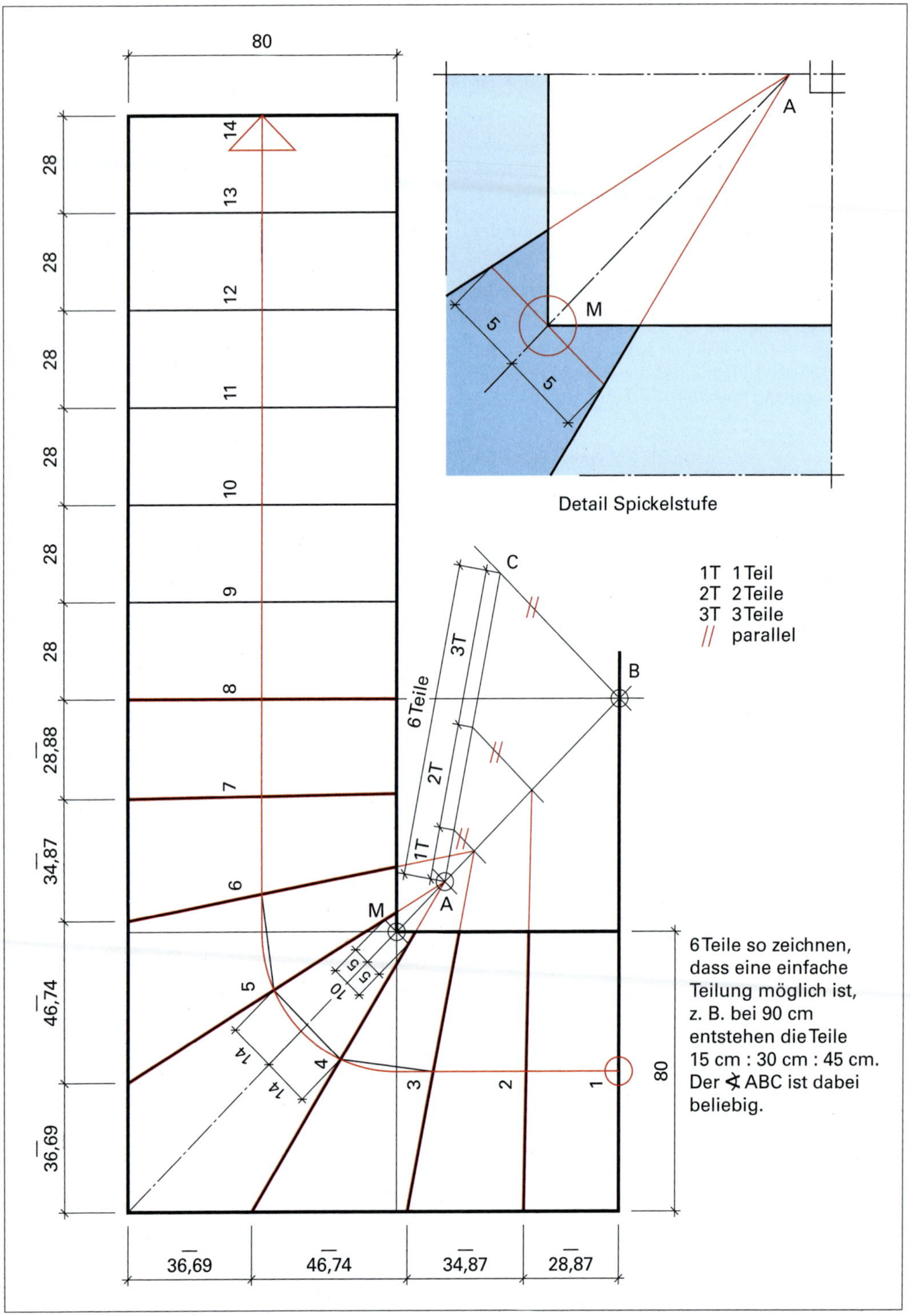

Abb. 7.30: Viertelgewendelte Treppe nach der grafischen Proportionalitätsmethode

In der Berechnung wurde gezeigt:

Mit der Auftrittsbreite der 4. Stufe von 12,28 cm wird die **Mindestauftrittsbreite an der Freiwange von 10 cm** nach DIN 18065 eingehalten.

In der Parxis wird der Mittelpunkt der Viertelkreisbögen häufig 15 cm bis 20 cm in das Treppenauge hineinverlegt. Den Zusammenhang zeigt Abbildung 7.31.

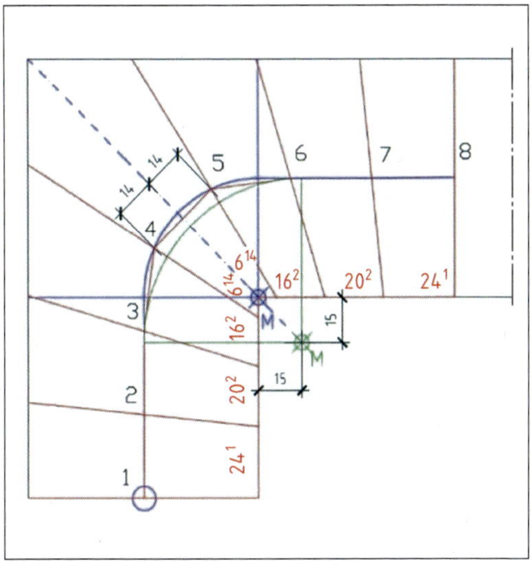

Abb. 7.31: Mittelpunkte der Viertelkreisbögen an der Freiwange

Das rechnerische Ergebnis der Auftrittsbreiten an der Freiwange ändert sich, wie das Beispiel (vgl. Abb. 7.29) mit einem um 15 cm in das Treppenauge hineinverlegten Mittelpunktes zeigt, dabei nicht. Mit $R = 40$ cm + 15 cm und $r = 0$ cm + 15 cm ergibt sich die gleiche Bogendifferenz Δb:

$$\Delta b = 55 \text{ cm} \cdot \frac{\pi}{2} - 15 \text{ cm} \cdot \frac{\pi}{2} = 62{,}83 \text{ cm}$$

Gegenüber der zeichnerischen Lösung der Proportionalitätsmethode mit der Auftrittsbreite $a' = 10$ cm an der Freiwange ergibt sich bei der rechnerischen Methode ein anderes aber auch DIN-gerechtes Ergebnis. Für den Treppenbauer ist ein dem Auge gefälliger Kurvenverlauf der Treppe in allen Ansichten wichtig.

Grafisches Verziehen nach der Evolutionsmethode

Die Evolutionsmethode ist für symmetrische und asymmetrische Verziehungen von Wendelungen geeignet.

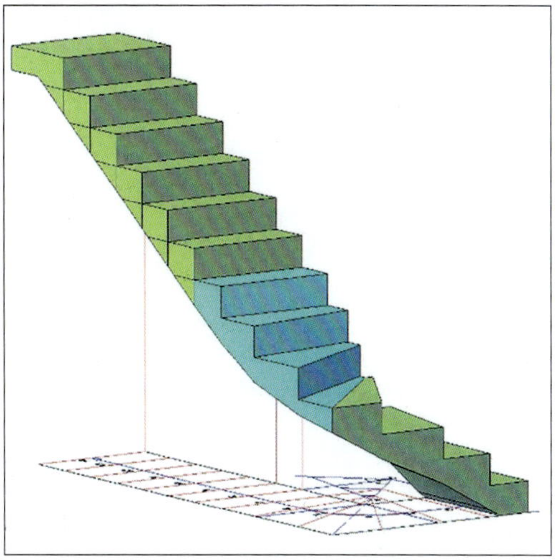

Abb. 7.32: 3D – Modell der Lösung mit der grafischen Proportionalitätsmethode

Abb. 7.33: 3D-Spindeltreppe

Zunächst wird die kleinste Auftrittsbreite von 10 cm an der Schmalseite der Eckstufe angetragen, dann die Eckstufe voll ausgezeichnet und die Stufenvorderkante und Stufenhinterkante über die Schmalseite hinaus verlängert. Auf der *x*- und *y*-Achse, die in den Vorderkanten der jeweils ersten und letzten geraden Stufe liegen (in der Regel die dritte von der Eckstufe aus), ergibt sich ein *x*- und ein *y*-Abschnitt.

Danach werden die Abschnitte in der erforderlichen Anzahl (hier je zweimal) an den Achsen aufgetragen und die gefundenen Teilungspunkte mit den zugehörigen Punkten der Lauflinie verbunden.

7

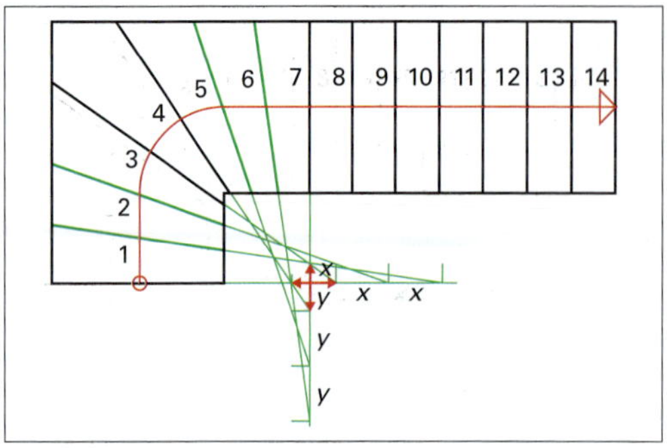

Abb. 7.34: Symmetrische Verziehung mit der Evolutionmethode

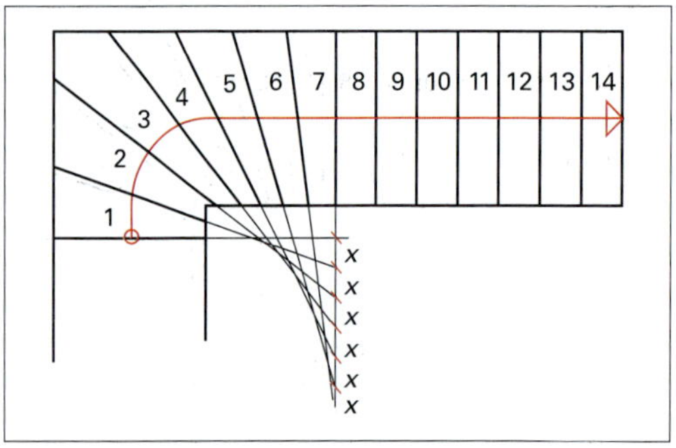

Abb. 7.35: Im Antritt verzogene Treppe mit der Evolutionsmethede

Verziehung von halbgewendelten Treppen

Halbgewendelte Treppen sollten in der Regel eine ungerade Anzahl von Wendelstufen haben (11 oder 13). In Treppenmitte fällt dann eine Spickelstufe an, die meist eine befriedigende Verteilung der Eckstufen ermöglicht. Bei sehr schmalem Treppenauge wird in der Regel auf eine Spickelstufe verzichtet. Bei der Planung ist der Platzbedarf für das Treppengeländer zu berücksichtigen. Wird das Treppengeländer seitlich angebracht, ist das Maß für das Treppenauge darauf anzupassen.

Ebenso wie bei 1/4 gewendelten Treppen lässt sich die Stufenverziehung bei 1/2 gewendelten Treppen mit der Proportionalitäts-, der Evoluten- und der Viertelkreismethode durchführen.

Lösung mit der Evoluten- oder Fluchtlinienmethode

Zunächst wird die Lauflinie gezeichnet, auf der die berechneten Stufenauftrittsbreiten in der erforderlichen Anzahl auftragen werden. In der Regel ist es vorteilhaft, eine keilförmige Stufe (Spickelstufe) mittig zur Mittelachse des Treppenauges anzuordnen, weil dann meist zu beiden Seiten eine günstige Verteilung der gewendelten Stufen möglich ist. Danach wird die Spickelstufe unter Berücksichtigung des Mindestauftritts (10 cm) am Treppenauge und die Fluchtlinien ihrer Vorder- und Hinterkante gezeichnet.

Auf der Fluchtlinie der Vorderkante der ersten geraden Stufe ergibt sich damit der Streckenabschnitt *x*. Nach Anzahl der geplanten Wendelstufen je Seite wird der Abstand *x* mehrfach abtragen. Mit den Verbindungslinien zwischen den Teilungspunkten der Flucht- und Lauflinie ergeben sich die Wendelstufen einer Treppenhälfte, sich spiegelbildlich auf die gegenüberliegende Seite übertragen werden (vgl. Abb. 7.36).

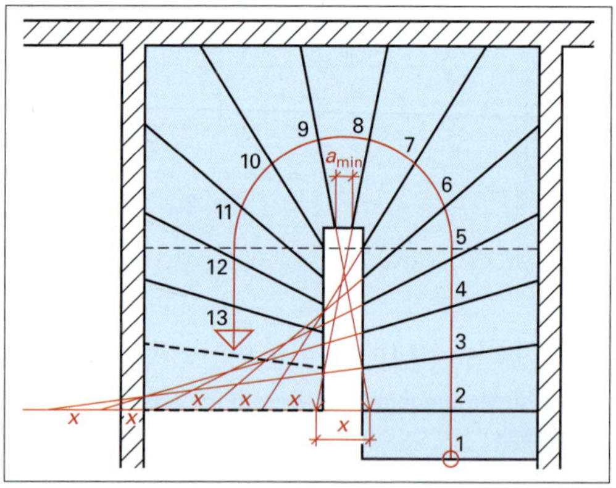

Abb. 7.36: Evolutenverfahren bei einer ½ gewendelter Treppe

Gleiches gilt für die Variante ohne Spickelstufe, die bei knapper Grundfläche und schmalem Treppenauge oft vorteilhafter ist.

Verziehung mit der Viertelkreismethode

Nachdem die Lauflinie der Treppe gezeichnet wurde, wird die schmalste Stufe (Spickelstufe) von der Symmetrieachse aus angetragen. Auf der Lauflinie wird der Auftritt a und an der Innenwange der minimale Auftritt a_{min} = 10 cm aufgetragen. Die Stufenkanten der Sprickelstufe mit Verlängerung auf die Symmetrieachse ergeben den Punkt B. Die Verlängerung der ersten geraden Stufenkante auf die Symmetrielinie ergibt den Punkt C. Im Punkt C als Mittelpunkt wird ein Viertelkreis mit den Radius $\overline{BC}$ gezeichnet. Der Bogen des Viertelkreises wird gleichmäßig in n-Teile geteilt. Wobei n die Anzahl der zu verziehenden Stufen einer Treppenseite ist.

Die Teilungspunkte werden auf die Symmetrieachse gefluchtet. Es entstehen die Stufenkanten, indem die Teilungspunkte auf der Lauflinie mit den Fußpunkten der Fluchtlinien, ausgehend von der Nachbarstufe der Spickelstufe, verbunden werden.

Nachdem die Wendelstufen einer Seite gezeichnet sind, werden die Stufen spiegelbildlich auf die andere Treppenseite übertragen.

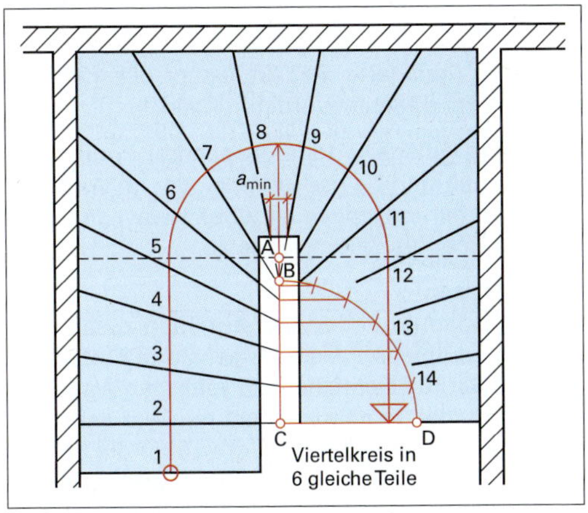

Abb. 7.37: Verziehung mit der Viertelkreismethode

Verzeihung mit Porportionalmethode

Abbildung 7.38 zeigt die Verziehung einer 1/2 gewendelten Treppe mit der Porportionalmethode. Das Vorgehen entspricht der Vorgehensweise wie bei der 1/4 gewendelten Treppe.

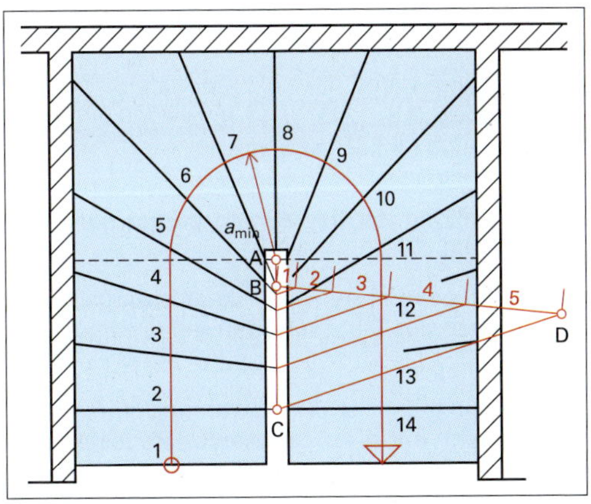

Abb. 7.38: Verziehung mit Proportionalmethode

Die Berechnung der viertelgewendelten Treppen ist sinngemäß auch für halbgewendelte anwendbar, doch werden hier häufig zeichnerische Lösungen bevorzugt.

7.8 Stahlbetontreppen

Die **zweiläufigen, gegenläufigen Treppen mit Zwischenpodest** aus Kapitel 7.5 sind in der Regel aus Stahlbeton.

Stahlbeton ermöglicht verschiedene Treppenformen und -tragwerke, hohe Tragfähigkeit und sicheren Brandschutz. Die Einschalarbeit ist allerdings aufwendig. Das Problem störender Trittschallübertragung (vgl. Kapitel 7.11) in mehrgeschossigen Wohngebäuden muss sehr sorgfältig gelöst werden.

Wenn die Bewehrung der Treppenläufe mit Betonstahl in den Vordergrund tritt, ist in erster Linie der Ingenieurbauzeichner gefragt. Die **Treppenläufe** können mit oder ohne aufbetonierte Rohstufen (Stufenkeile) in **Ortbeton** hergestellt oder als **Stahlbeton-Fertigteile** geliefert werden. Die Treppenläufe können **quer- oder längsgespannt** konstruiert werden.

Ortbetontreppenläufe werden meist als schräge Platten mit oder ohne aufbetonierte Rohstufen (Stufenkeile) konstruiert.

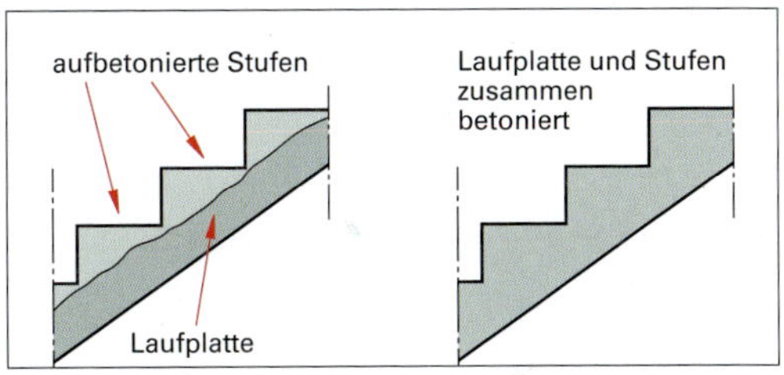

Abb. 7.39: Stufenausbildung

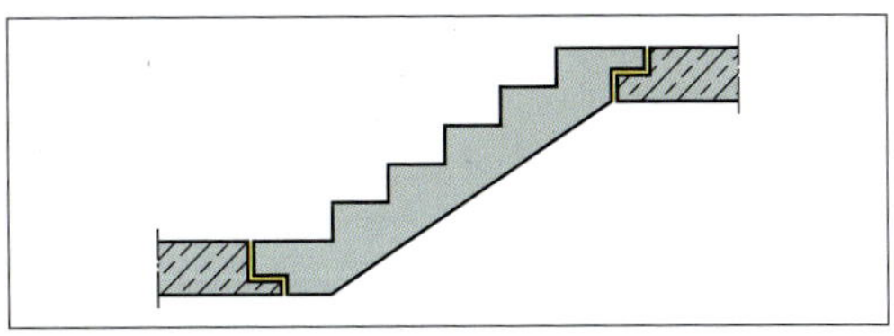

Abb. 7.40: Treppenlauf als Fertigteil

Quer gespannte Laufplatten (vgl. Abb. 7.40) erfordern wegen der kleineren Spannweiten geringere Plattendicken und Bewehrungsquerschnitte. Sie kommen schallschutztechnisch z. B. für Kellertreppen in Frage. Beidseitig gestützte Laufplatten sind besonders materialsparend, dafür aber arbeitsaufwendiger wegen der schrägen Wandauflager oder Tragholme. Einseitig gestützte Treppenläufe sind im Allgemeinen in seitliche Stahlbetonwände eingespannt, wobei bewehrte Treppenstufen zum Teil auf die Plattendicke anrechenbar sind oder als einzelne Kragbalken wirken.

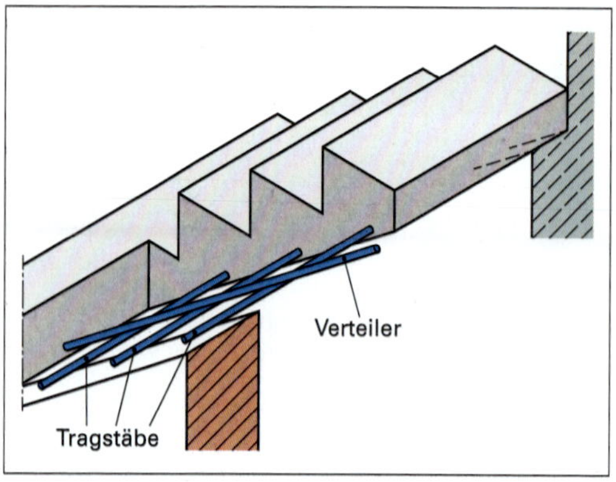

Abb. 7.41: Quergespannter Stahlbeton-Treppenlauf

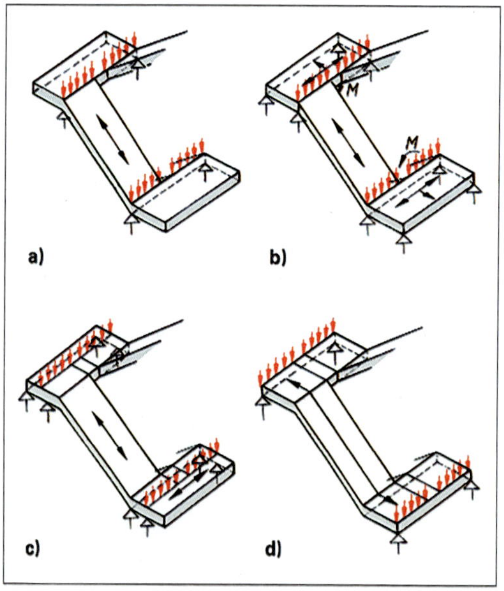

Abb. 7.42: Statische Lösungen für zweiläufige gegenläufige Geschosstreppen mit Zwischenpodesten
a) Treppenlauf lagert auf quergespannten Podestbalken
b) Treppenlauf lagert auf dem Rand einer dreiseitig gelagerten Platte
c) Treppenlauf lagert auf dem vorderen Podestdrittel (bzw. der vorderen Podesthälfte) einer quer gespannten
d) Treppenlauf und Podeste bilden eine zweimal geknickte Einfeldplatte (Faltwerk) mit Endauflagern an den äußeren Podesträndern

Längsgespannte Laufplatten (vgl. Abb. 7.42) ohne Einbindung in die Seitenwände werden schallschutztechnisch bevorzugt. Grundsätzlich sind für die längsgespannten Laufplatten vier Lösungsmöglichkeiten zu unterscheiden. Statisch werden die schrägliegenden Platten und das statisch komplizierte Faltwerk von Treppenlaufplatten mit gleich gespannten Podesten gern auf waagerechte Ersatzträger zurückgeführt.

Podestbalken
Podestbalken zur Aufnahme der Laufplatten-Auflagerkräfte schaffen klare statische Verhältnisse (Einfeldplatte auf Einfeldbalken gelagert), doch begrenzt der sichtbare, optisch störende Podestbalken die Anwendung dieser Konstruktion. In dickeren Podestplatten können deckengleiche Balken eingebaut werden.

Dreiseitig gelagerte Podestplatten übernehmen die Auflagerkräfte am vorderen Rand.

Zweiseitig gelagerte (quergespannte) Podestplatten übernehmen sie Podestmitte oder im vorderen Podestdrittel und tragen sie über etwa 1 m breite Streifen über die Seitenwände ab.

Podestplatten
Gleichgespannte Podestplatten bilden zusammen mit den Laufplatten zweifach geknickte Einfeldträger (Faltwerk). Es entfallen die seitlichen Wandauflager und bei Konstruktionen mit Wandabstand auch die möglichen Schallbrücken über die Seitenwände. Jedoch verlangt die Spannweite vergrößerte Konstruktionsdicken und Stahlquerschnitte.

Bewehrung
Die Bewehrung von längsgespannten Treppenlaufplatten ist mit der Problematik von einspringenden Ecken (Kehlen im Dachbereich) und ausspringenden Ecken (Grate im Dachbereich) verbunden. Die einspringenden Ecken der Platten sind nach dem Prinzip biegesteifer Ecken zu bewehren, um Betonabplatzungen oder Herauslösen von Bewehrungsstäben zu verhindern (vgl. Abb. 7.43).

Bewehrungsstäbe für einspringende Ecken werden (vgl. Abb. 7.43) stets auf der gegenüberliegenden Plattenseite verankert.

Die **Darstellung der Bewehrung** erfolgt nach DIN EN ISO 3766.

Verankerungsbereiche und **Verankerungslängen** $l_{bd,rqd}$ können aus Tabellenbücher entnommen werden.

In Abbildung 7.48 ist die Bewehrung einer Treppenlaufplatte mit gleichgespannten Podesten dargestellt. Zweiläufige Stahlbetontreppen mit quergespannten Podesten sind im LF 14 I (Kapitel 19) weiter erläutert.

In Abbildung 7.44 ist die Bewehrung einer Treppenlaufplatte mit quergespannten Podesten abgebildet. Zu beachten ist hier, dass die Verteiler aus der Treppenlaufplatte zu Tragstäben in den querge-

7

spannten Podesten werden und unten liegen. Folglich werden die Tragstäbe aus der Treppenlaufplatte zu Verteilern im Podest und liegen oben.

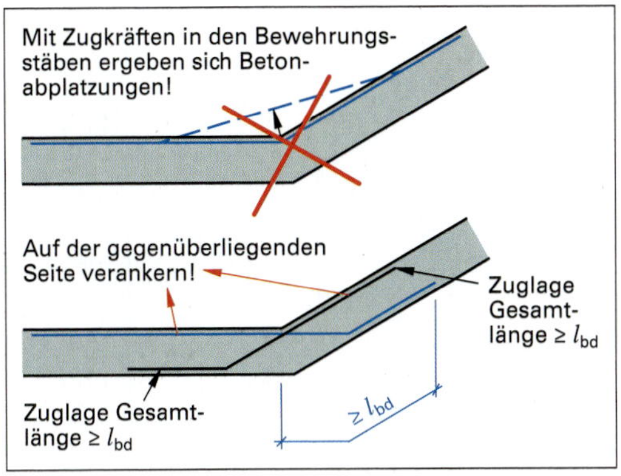

Abb. 7.43: Bewehrung – einspringende Ecke

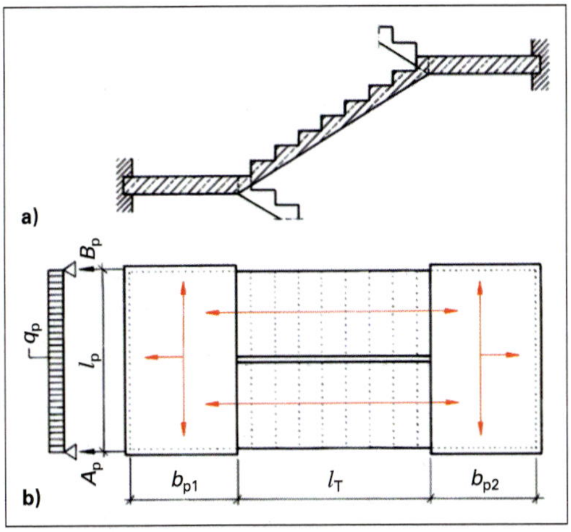

Abb. 7.44: Zweiläufige Stahlbetontreppe mit quergespannten Podesten im Schnitt
a) Spannrichtung der Treppenläufe und Podeste (als Untersicht betrachtet)
b) Prinzipskizze für Bewehrungsplan und -auszug

Für die richtige Bewehrungsführung an Knickstellen des Treppenlaufes ist die Kenntnis der Momentenbeanspruchung an der Knickstelle und die Lage der Knickstelle in Bezug auf eine Einspannbewehrung notwendig.

Wird der Treppenlauf in die Podeste eingespannt wird die untere Bewehrung im Knickbereich nach oben in die Podeste geführt.

Durch entsprechende Führung der Bewehrung wird ein Abplatzen des Betons oder ein Ausreißen der Bewehrung verhindert.

Die Lagebestimmung der Stäbe und Stabteile wird gekennzeichnet durch die Abkürzungen „o" für oben und „u" für unten im Bewehrungsauszug.

Detailpunkte der Massivtreppe

Vor jeder Treppenzeichnung muss der Fußbodenaufbau der Geschosse und eventueller Podeste, sowie der Belag der Treppenstufen bekannt sein. Nur damit ist eine fachgerechte Detailplanung der Treppe möglich.

Der Fußbodenaufbau der Geschosse wird sich jedoch stets in der Konstruktionshöhe von der Ausführung der Trittstufen unterscheiden.

Die Antrittsstufe hat bei einer Massivtreppe daher stets ein größeres Maß, als die Steigung *s*, da der Fußbodenaufbau im Regelfall stets größer als die Dicke des Trittstufenaufbaus ist. Bei der Konstruktion der Antrittsstufe des untersten Geschosses wird ein Auflager geplant, um die Schwächung der Laufplatte zu vermeiden (vgl. Abb. 7.45). Antrittsstufen, die von einer Decke ausgehen, erfordern durch den Höhensprung der Beläge eine Detailkonstruktion, die die Laufplattendicke nicht schwächt (vgl. Abb. 7.46)

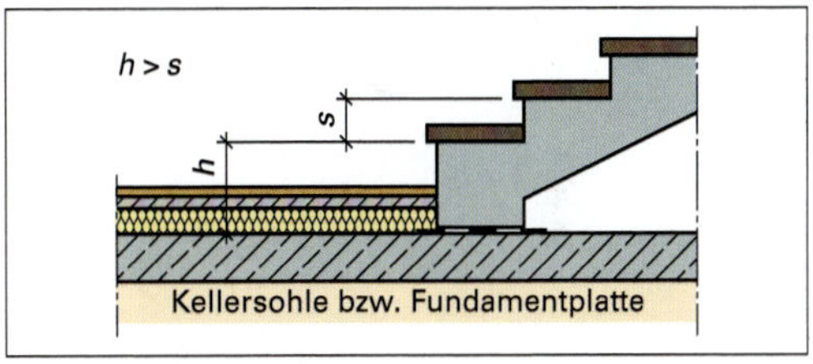

Abb. 7.45: Antrittsstufe Kellertreppe

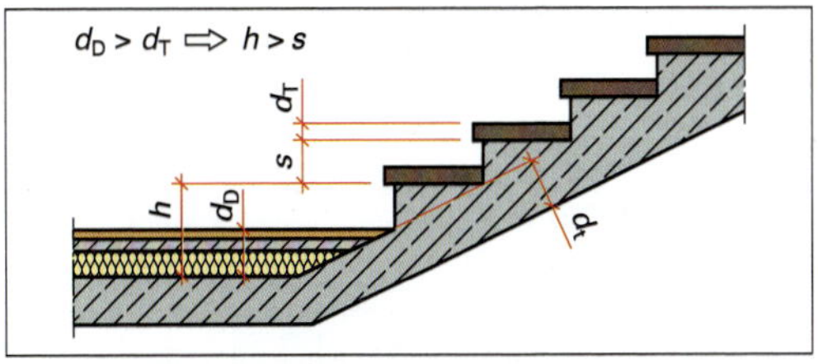

Abb. 7.46: Antrittsstufe an der Geschossdecke

Bei der Austrittsstufe an der Geschossdecke tritt ebenfalls ein Höhensprung auf, da auch hier die Fußbodenaufbauhöhe der Geschossdecke größer als der Trittstufenbelag ist. Da die Podestplattenhöhe im Regelfall nicht kleiner als die Laufplattenhöhe ist, kann die Laufplattenhöhe ungeschwächt durchgeführt werden.

Für die Ausführung der Aus- und Antrittsstufe an einem Podest gibt es verschiedene Möglichkeiten. Die Ausführungsmöglichkeiten hängen von den Zwangsbedingungen hinsichtlich Laufplatten- und Podestplattendicke ab. Zudem spielt die gewünschte Lage der Stufenkanten in der Draufsicht eine Rolle.

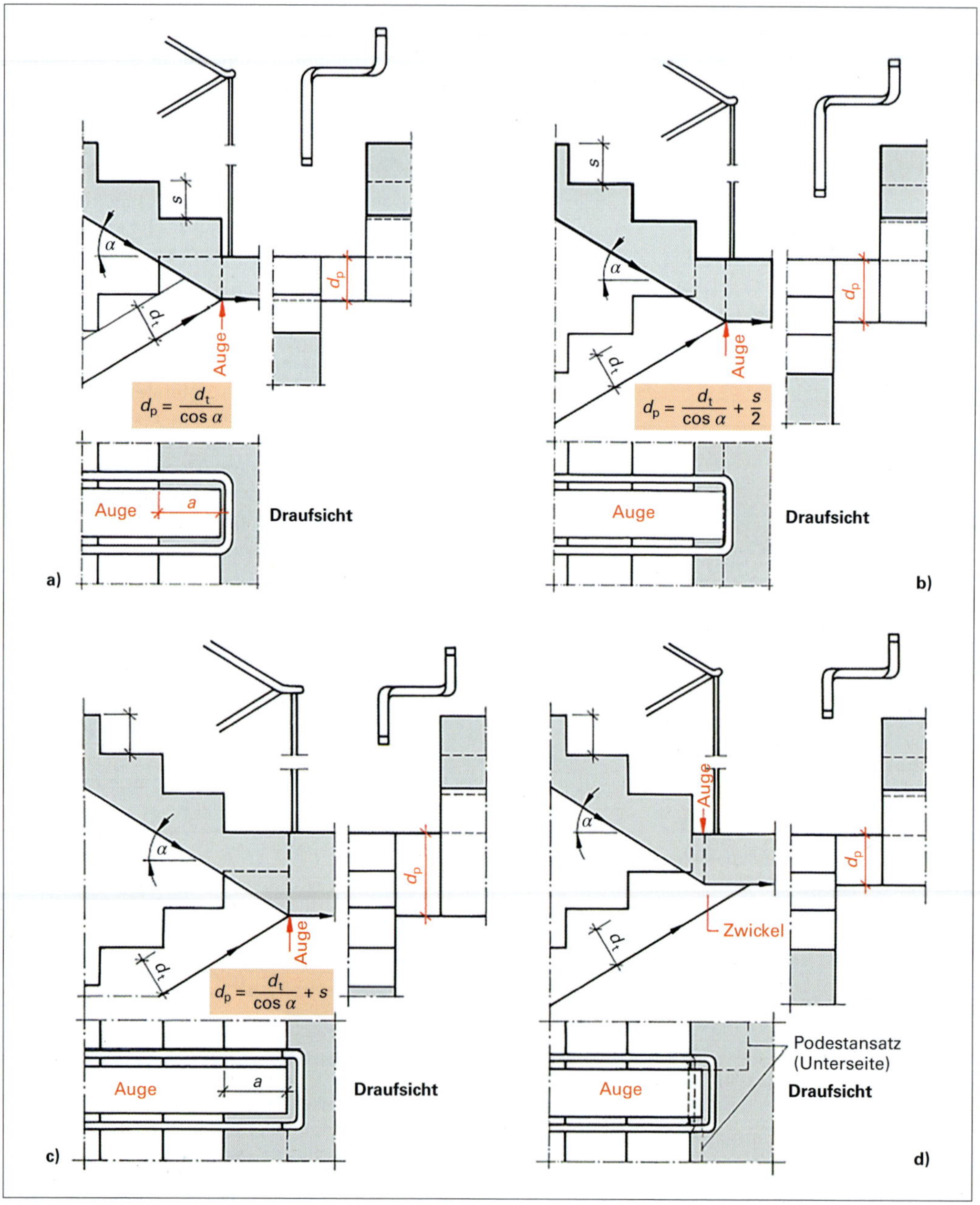

Abb. 7.47: Stufenanordnung am Podestrand
a) um das Maß *a* zurückversetzte Austrittstufe, b) Trittkanten der An- und Austrittstufen liegen übereinander, c) um das Maß *a* zurückversetzte Antrittsstufe, d) bei festliegender Podestdicke d_p und übereinanderliegenden Trittkanten am An- und Austritt sind versetzte Abknicklinien und Zwickel meist unvermeidbar

Längsschnitt/M 1:20 – cm (verkleinert)

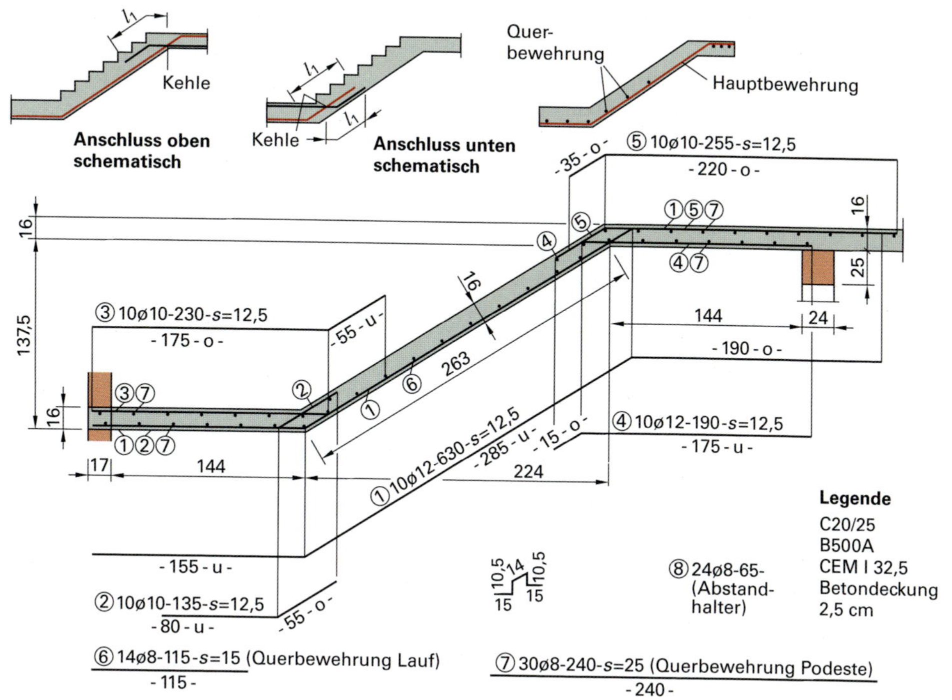

In der Regel werden nach DIN EN ISO 3766 bemaßt:

- die Bauteillängen in m, cm
- die Stablängen als Gesamtlänge in m
- die Stablängen als Teillängen in der Praxis in cm
- die Stabdurchmesser in mm
- die Stababstände in der Praxis in cm

Arbeitsfuge und Anschlussbewehrung
In der Praxis wird in der unteren Decke bzw. im unteren Podest Anschlussbewehrung für die Laufplattenbewehrung vorgesehen. In Abbildung 7.48 würde dann die Pos.① mit Anschlussbewehrung aus dem Podest heraus verlegt. Der Treppenlauf und das obere Podest werden mit der oberen Decke zusammen betoniert.

Abb. 7.48: Bewehrungszeichnung und Stahlauszug – Treppenlaufplatte mit gleichgespannten Podesten

7.9 Holztreppen

Holztreppen werden aufgrund der Schönheit und Leichtigkeit des Baustoffes Holz bevorzugt für Ein- und Zweifamilienhäuser. Der Brandschutz beschränkt über die Landesbauordnungen den Einbau von Holztreppen auf zwei Vollgeschosse.

Holztreppen decken das gesamte Spektrum der Formenvielfalt für Treppen ab. Vor allem raumsparende viertel- und halb gewendelte Treppen sowie Spindeltreppen werden heute von Treppenbaufirmen angeboten, die in der Regel von Tischlern/Schreinern (Baunebengewerbe) mit Hilfe von Treppenbauprogrammen hergestellt und dann eingebaut werden. Der Geltungsbereich für „Handwerkliche Holztreppen" (dem Regelwerk für Holztreppenbau, herausgegeben vom Bund Deutscher Zimmerermeister (BDZ) und dem Bundesinnungsverband des Tischlerhandwerks) ist auf eine maximale Treppenlaufbreite von 1,10 m und 18 Steigungen sowie einem maximalen Auflagerabstand von 4,75 m beschränkt.

Von der Konstruktion können bei den handwerklichen Holztreppen unterschieden werden:

- die **Wangentreppen** und
- die **aufgesattelten Treppen** (Holmtreppen)

Während für die Wangen und Holme häufig weichere Nadelhölzer zum Einsatz kommen, werden für die Trittstufen harte Laubhölzer bevorzugt.

Die Wangentreppen werden konstruktiv in

- die eingeschobene Treppe,
- die eingesägte Treppe,
- die halbgestemmte und
- die vollgestemmte Treppe unterteilt.

Die Maße für die Wangen- und Stufendicken sind dem Regelwerk „Handwerkliche Holztreppen" entnommen. Die Maße sind Mindestmaße. Als Anhaltswert für alle Treppenkonstruktionen kann für die „nutzbare Holm- bzw. Wangenhöhe = 1/20 Wangen- bzw. Holmlänge" angesetzt werden.

Eingeschobene Treppe (vgl. Abb. 7.49) werden zur Erhöhung der Raumstabilität mit zwei bis drei Treppenschrauben (Bolzen M10 oder M12) versehen.

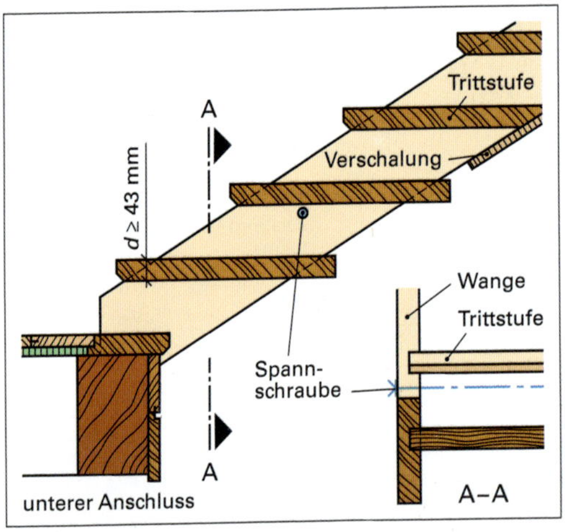

Abb. 7.49: Eingeschobene Treppen

Die eingesägte (eingeschnittene) Treppe (vgl. Abb. 7.50) weist bis auf die rechtwinklige, durchlaufende Nut die gleichen Merkmale wie die eingeschobene Treppe auf. Die Tragkraft dieser Treppe ist geringer.

Sowohl die eingeschobene als auch die eingesägte Treppe können unterseitig verschalt werden.

Bei der **gestemmten Treppe** (vgl. Abb. 7.48) sind die Wangendicken mit mindestens 4,5 cm und die Stufendicken mit 4,3 cm anzusetzen. Das obere und das untere Vorholzmaß (Besteckmaß) sollte wiederum 4 cm bis 5 cm betragen. Tritt- und Setzstufen werden 2 cm tief in die Wangen eingelassen. Die Höhe der Wangen sollte ≥ 27,5 cm sein.

Die Raumstabilität wird ebenfalls mit zwei bis drei Treppenschrauben gesichert.

Um das Treppenknarren zu verhindern wird zwischen der Oberkante der Setzstufe und der Un-

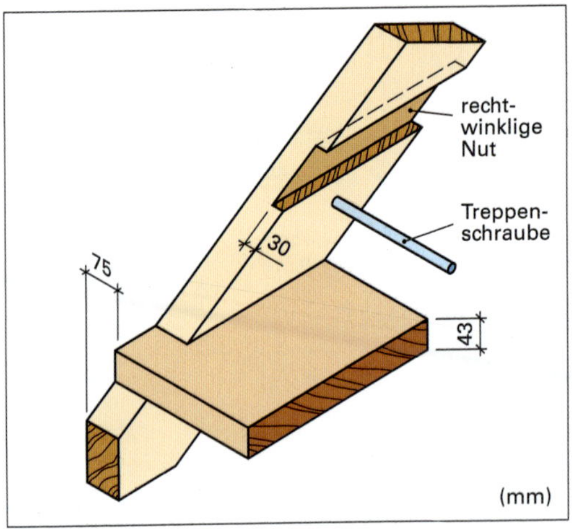

Abb. 7.50: Eingesägte (eingeschnittene) Treppen

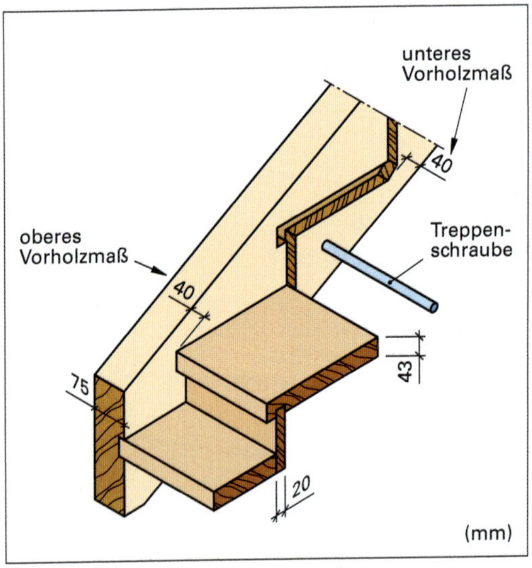

Abb. 7.51: Gestemmte Treppen

terkante der Trittstufe ein Zwischenraum von etwa 5 mm eingeplant. Statt einem Zwischenraum können aber auch elastische Massen vorgesehen werden.

Die **halb gestemmte Treppe** benötigt eine Wangendicke und eine Stufendicke von mindestens 5 cm. Auch hier sind wieder zwei bis drei Treppenschrauben einzuplanen, um die Raumstabilität zu gewährleisten.

Die **aufgesattelte Treppe** (vgl. Abb. 7.53) besteht aus Tragholmen und aufgesetzten (aufgesattelten), seitlich überstehenden Trittstufen. Setzstufen sind selten und wenn, dann eher bei älteren Treppen zu finden.

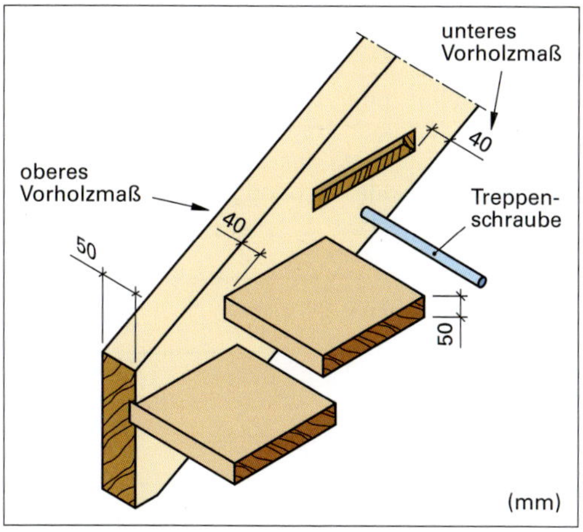

Abb. 7.52: Halb gestemmte Treppe

Die mindestens 5 cm dicken Trittstufen lagern auf den waagerechten, stufenförmigen Einschnitt in die Tragholme oder auf zusätzlich angebrachten Konsolen. Die Trittstufen können über Holzdübel oder verdeckte Schrauben an den Holmen fixiert werden. Die Holme sollten eine Dicke von mindestens 5,5 cm sowie eine Höhe von mindestens 16 cm aufweisen. Durch den stufenförmigen Einschnitt werden erheblich geschwächt.

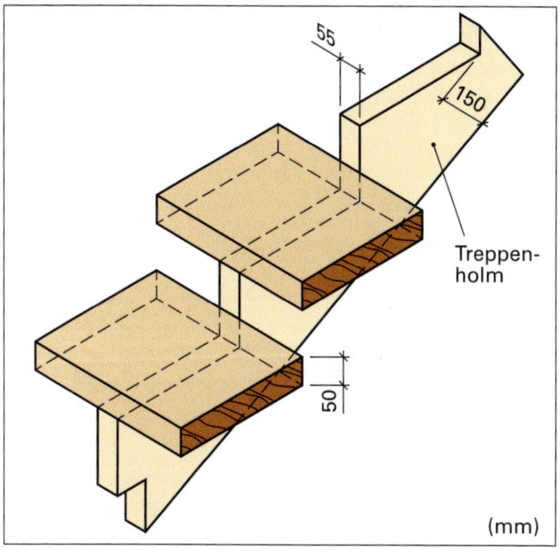

Abb. 7.53: Aufgesattelte Treppen

Holm- und Wangenauflager werden gern mit Hilfe von Stahlprofilen gelöst. Ähnlich wie bei Leitern, die unten unverschieblich gelagert oder oben fest eingehängt sind, wird ein festes Auflager benötigt.

Häufig wird das untere Auflager für die Wangen bzw. Holme als festes Auflager ausgebildet, z. B. durch ein Lagerprofil aus T-Stahl (vgl. Abb. 7.54).

Winkelprofile aus Stahl, die mit runden Zapfen (Dollen) versehen sind, sind für das feste untere Auflager die stabilisierende Lösung. Sie schließen sowohl horizontale Stützkräfte als auch die Spaltgefahr an den Wangen- und Holmenden aus. Das obere Auflager wird mit Hilfe eines L-Profils und Schrauben umgesetzt (vgl. Abb. 7.55).

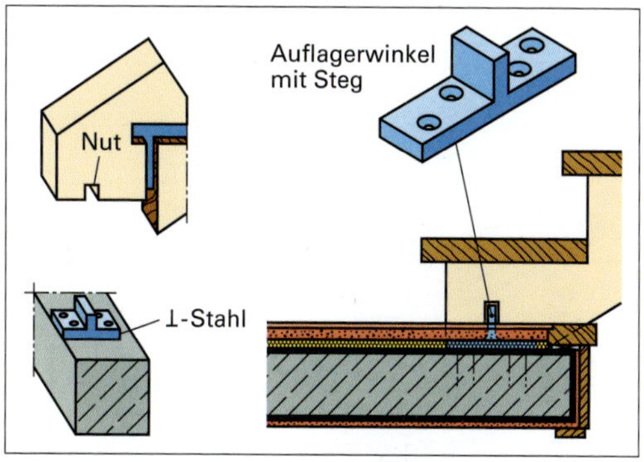

Abb. 7.54: Unteres Auflager mit T-Profil

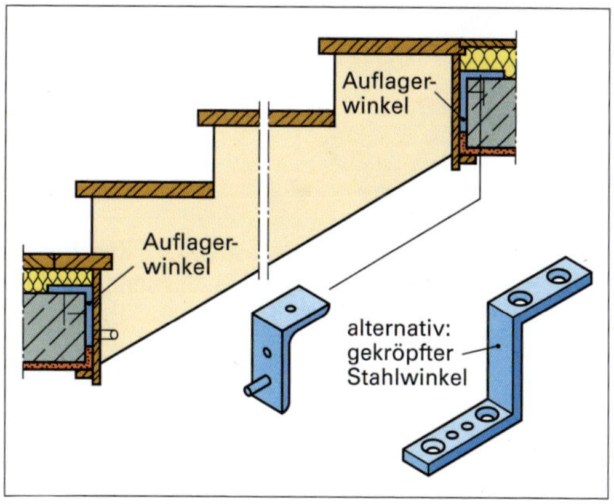

Abb. 7.55: Auflager mit L-Profilen

7.10 Stahltreppen

Stahltreppen haben längst die Grenzen des Industrie- und Gewerbebaues überwunden, wie die Merkblätter (155) für Innentreppen und (255) für Außentreppen des Stahl-Informations-Zentrums (www.stahl-online.de) belegen. Die Vorteile sind: hohe Tragfähigkeit bei geringer Eigenlast, einfache Verbindungsmöglichkeiten durch Schrauben und Schweißen, weitgehende Vorfertigung in der Werkstatt sowie einfache Demontage und daher Wiederverwendbarkeit an anderer Stelle. Nachteile wie Rostanfälligkeit und früher Stabilitätsverlust durch Feuer lassen sich durch vorbeugende Maßnahmen abschwächen.

7

Industrietreppen haben Trittstufen für den Außenbereich meist aus Gitterrosten und für den Innenbereich vorwiegend aus Riffel- oder Tränenblechtritten (vgl. Abb. 7.56).

Auf Setzstufen wird überwiegend verzichtet.

Die Konstruktionen von Stahltreppen (vgl. Abb. 7.57) können wie bei den Holztreppen in Wangen- und Ein-, Zweiholmtreppen sowie Spindeltreppen gegliedert werden.

Auf die Holme oder zwischen den Wangen aus [-, L- und I-förmigen Trägern bzw. aus Hohlprofilen werden Trittstufen aus Stahlblech, Naturstein, Werkstein, Holz oder Verbundglas montiert.

Abb. 7.56: Trittstufen für Systemtreppen im Industriebereich (Produktangaben)

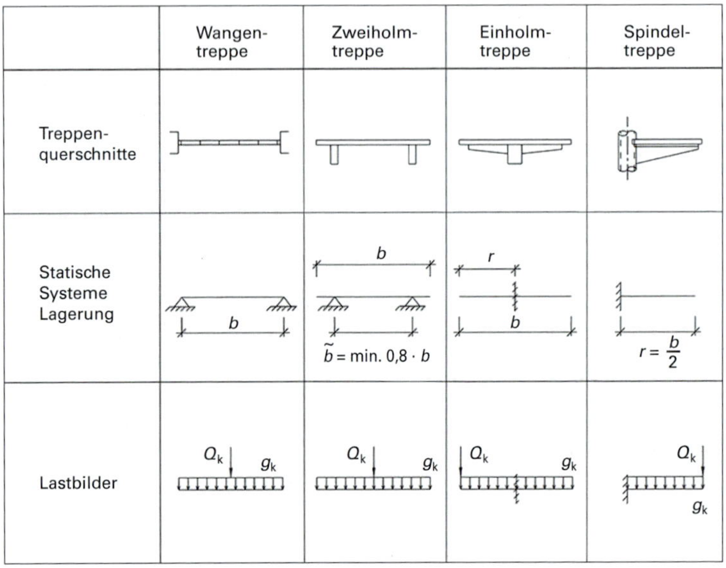

Abb. 7.57: Konstruktionen für Holz- und Stahltreppen (in Anlehnung an das Merkblatt 355 des Stahlinformations-Zentrums)

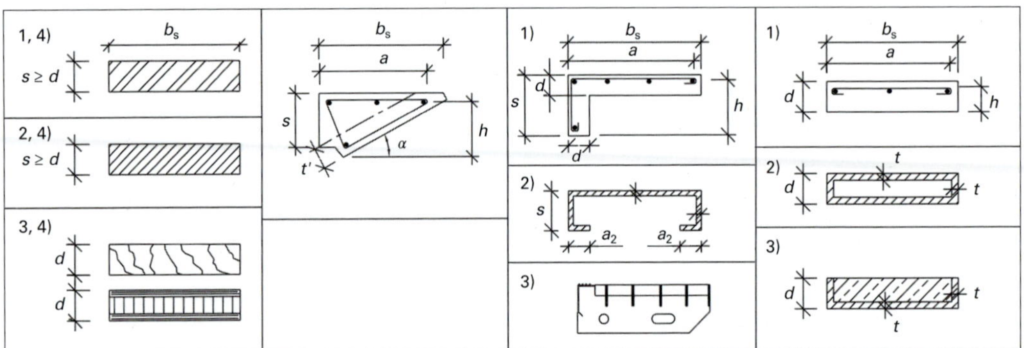

1) Naturstein	Stahlbeton	Stahlbeton	Stahlbeton
2) Betonwerkstein	Betonwerkstein	abgekantetes Stahlblech	Stahlblechkasten
3) Holz	Naturstein	Gitterrost	abgekantetes Stahlblech
4) Glas	Verbundsicherheitsglas (VSG)		

Abb. 7.58: Querschnitte von Trittstufe (in Anlehnung an das Merkblatt 355 des Stahl-Informationszentrums)

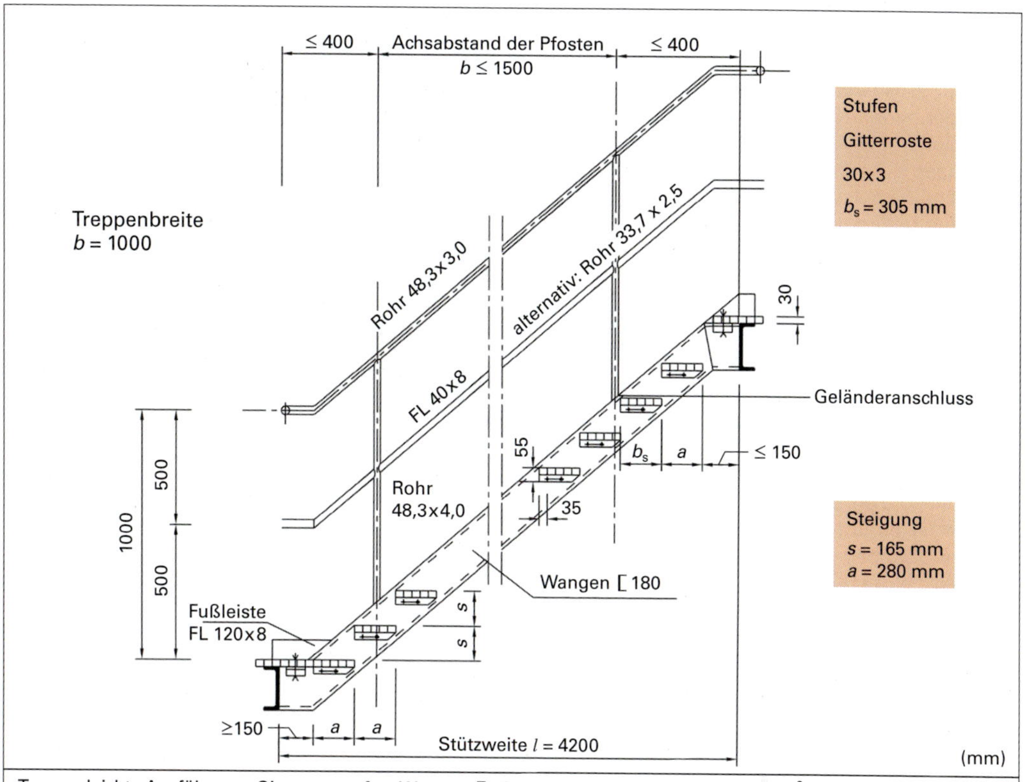

Treppe, leichte Ausführung, Gitterroststufen, Wangen [- Profil	$g_k \leq 1{,}0$ kN/m²	
Nicht ständige Einwirkung, lotrechte Nutzlast	$q_k \leq 3{,}0$ kN/m²	$Q_k \leq 2{,}0$ kN/m²
Nicht ständige Einwirkung, horizontale Nutzlast A, B1 ohne nennenswerten Publikumsverkehr		$q_k \leq 0{,}5$ kN/m²

Abb. 7.59: Wangentreppe in einer Wohnanlage
(in Anlehnung an das Merkblatt 355 des Stahl-Informations-Zentrums)

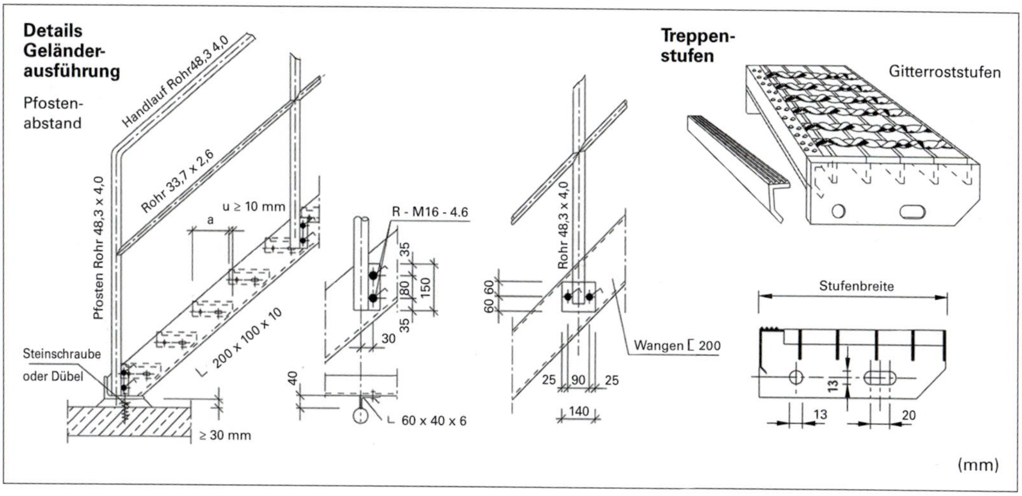

Abb. 7.60: Details zur Wangentreppe in einer Wohnanlage
(in Anlehnung an das Merkblatt 355 des Stahl-Informations-Zentrums)

7.11 Gemauerte Treppen

Gemauerte Treppen benötigen durch den hohen Abnutzungswiderstand Stufen aus Klinkermauerwerk oder harten Natursteinen wie beispielsweise Granit. Innerhalb von Gebäuden sind bei Neubauten Treppen z. B. mit gemauerten Wangen und Keilstufen aus Werkstein oder Naturstein selten zu finden. Raumbedarf und Gewicht sprechen dagegen. Als **Hauseingangstreppen** oder als **Freitreppen** in Garten -oder Parkanlagen sind gemauerte Treppen doch häufig anzutreffen. Hier ist neben einem hohen Abnutzungswiderstand noch die Forderung der Frostbeständigkeit zu beachten.

Hauseingangstreppen wie auch Kelleraußentreppen an unterkellerten Gebäuden liegen meist über dem angefüllten Boden des Baugrubenrands und sind daher durch Baugrubensetzungen besonders gefährdet. Die abreißsichere Konstruktion solcher Treppen ist darum ein wichtiger Planungsgrundsatz. Als Unterbau von Eingangstreppen kann ein grundrissgleicher Kellervorbau vorteilhaft sein, der sich gut als Anschluss- oder Abstellraum nutzen lässt (vgl. Abb. 7.61). Möglich sind auch Auskragungen der Kellerdecke, deren Wärmebrücke mit einem Bewehrungskorb verhindert werden kann.

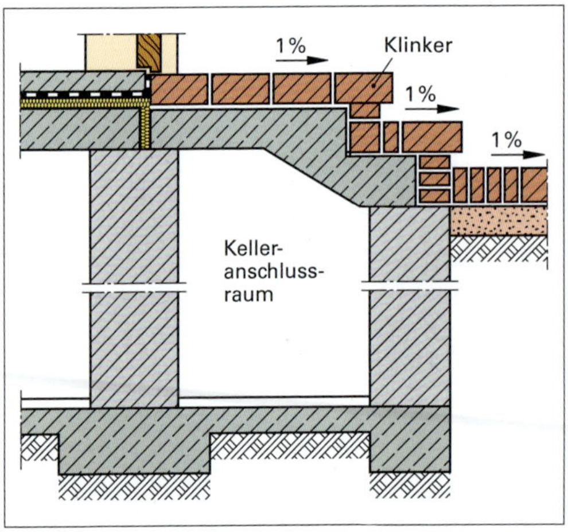

Abb. 7.61: Hauseingangstreppe

Bei vorgefertigten Stahlbetontreppen mit Klinkerbelag entfällt das aufwendige Aufmauern von Treppenstufen. Die Treppen sind nach der Montage sofort begehbar.

Die Steigungshöhe gemauerter Stufen ist unter Berücksichtigung der gewählten Steinformate festzulegen. Ein Gefälle von 1 % bis 2 % verhindert stehendes Regenwasser auf Stufen und Podesten. Gemauerte Außentreppen sind durch waagerechte und senkrechte Sperrschichten gegen Bodenfeuchtigkeit zu schützen, um Ausblühungen und Frostschäden sowie Feuchteübertragung in die Gebäudeaußenwand zu vermeiden.

Abb. 7.62: Ziegeltreppe

Freitreppen erhalten abgestufte Streifenfundamente für die Wangenmauern und ein weiteres unter der Antrittsstufe. Die anderen Stufen können auf verdichtetem Sandbett über treppenförmig ausgehobenem Untergrund wie in Abbildung 7.63, besser aber auf Magerbeton (vgl. Abb. 7.64) bzw. betonierter Laufplatte hergestellt werden.

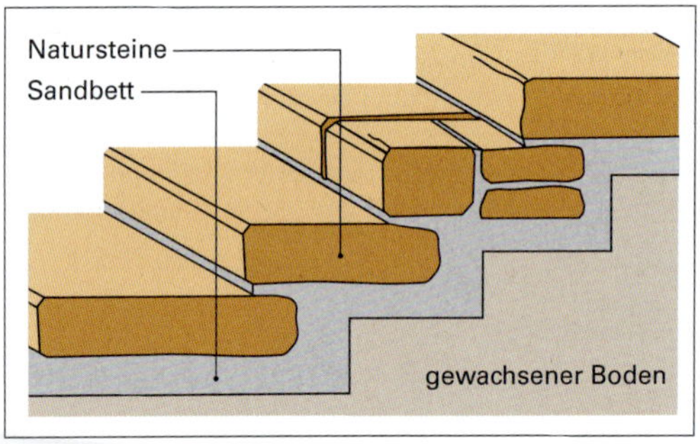

Abb. 7.63: Freitreppe mit Natursteinen im Sandbett

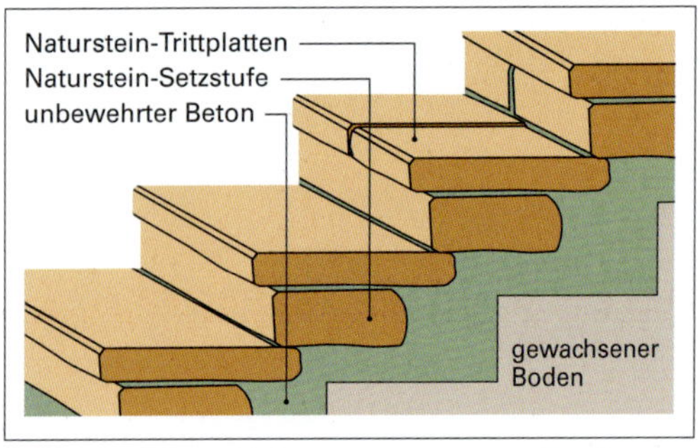

Abb. 7.64: Freitreppe mit Natursteinen auf Magerbeton

7.12 Trittschallschutz

Die Schallschutzanforderungen sind in der DIN 4109-1:2016-07 neu geregelt.

Eine Hilfe für die praxisgerechte Einschätzung bietet der Vergleich des Schallschutz-Niveaus aus Produktbeschreibungen und den Veröffentlichungen der DEGA (Deutsche Gesellschaft für Akustik e.V.) sowie des VDI (Verein der Ingenieur e.V.) (vgl. Abb. 7.65).

Die Trittschalldämmung ist die Schalldämmung von Trittschall. Dieser entsteht beim Begehen von Decken und Treppen. Nur die Mindestanforderungen im Sinne des Gesundheitsschutzes sind in DIN 4109 definiert. Die DIN 4109 berücksichtigt dabei die Schallübertragung über das trennende und über das flankierende Bauteil. Die Anforderungen an die Trittschalldämmung (Höchstwerte) sind vom Bauteil und von der Nutzung (des Gebäudes, der Wohnung) abhängig. Bei Treppen in Wohngebäuden darf der Trittschall maximal 53 dB betragen.

Wirksamer Trittschallschutz wird nur durch konsequente Trennung der Wände von allen angrenzenden Treppenteilen z. B. mit **Tronsolen** (vgl. Abb. 7.67 und Abb. 7.68) erreicht.

Bei Treppen-Fertigteilen werden auf die Konsolen der Podeste spezielle Lager gelegt, auf die die Treppenläufe aufgelagert werden. Dabei ist zwischen den Flanken des Treppenlaufes und der Treppenhauswand eine Fuge (≤ 6 cm) anzuordnen.

Für Treppen aus Ortbeton werden ebenfalls Konsolenbauteile verwendet, die in die Treppenhauswand eingebaut werden (Tronsolen). Die Lastabtragung des Treppenlaufes wird dann durch die Tronsolen gewährleistet (vgl. Abb. 7.68). Noch höhere Schallschutzwerte werden erreicht, wenn die Treppenhauswände zweischalig geplant und ausgeführt werden.

Im Treppenhaus mit Schallschutzanforderungen werden Treppenläufe vom restlichen Bauwerk entkoppelt.

Schallschutz-Niveaus im Vergleich

Qualitätsstufe	DEGA	VDI4100	DIN4109
sehr gut	A		
gut	B	SSt III	
befriedigend	C	SSt II	Erhöhter Schallschutz
Mindest-anforderung	D	SSt I	Mindest-anforderung

DEGA Deutsche Gesellschaft für Akustik e.V.
Empfehlung 103
„Schallschutz im Wohnungsbau – Schallschutzausweis" (Juni 2009),

VDI Verein der Ingenieure e.V.
VDI 4100
„Schallschutz im Hochbau – Beurteilung und Vorschläge für erhöhten Schallschutz" (Oktober 2012)

Abb. 7.66: Schallschutz-Niveau

Schöck Tronsolen

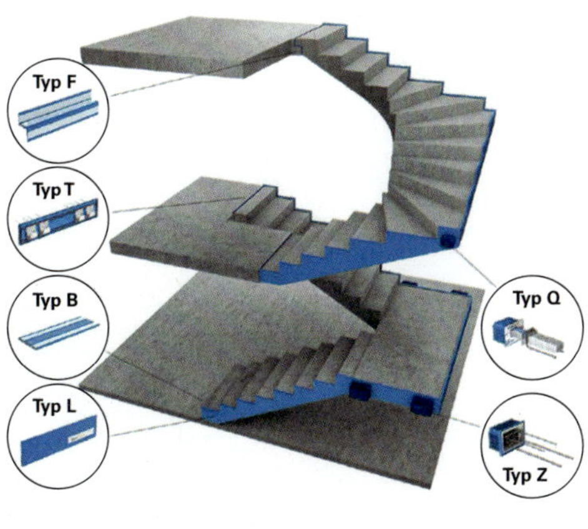

Abb. 7.65: Schallschutz mit Tronsolen

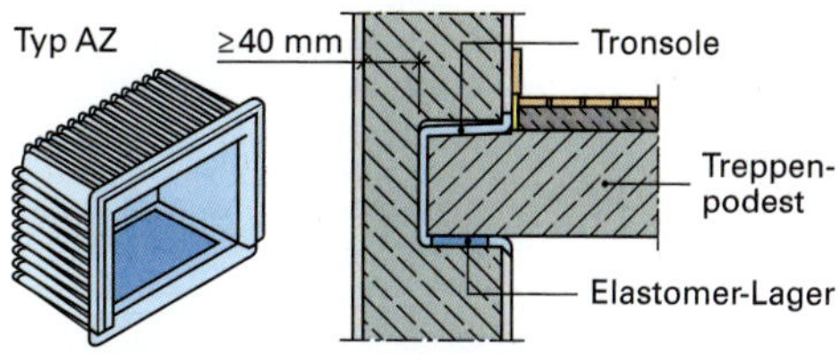

Trittschalldämmung im Gebäude gem. DIN 4109 rechnerisch erreichbar

Abb. 7.67: Tronsole, Podest/Wand

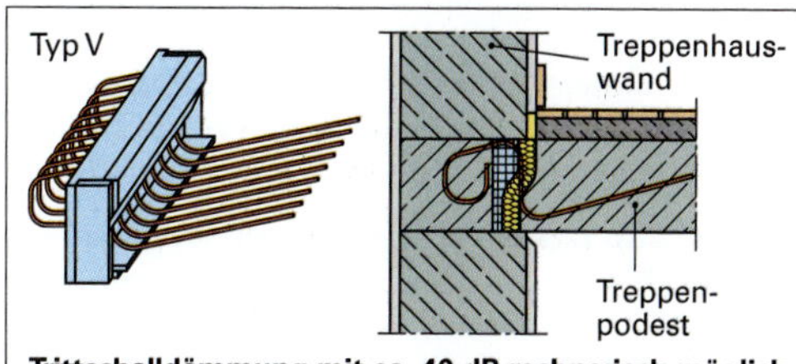

Trittschalldämmung mit ca. 40 dB rechnerisch möglich

Abb. 7.68: Tronsole, Podest/Wand

Aufgaben zum LF 7 Konstruieren von Treppen

1. Wie breit muss nach DIN 18065 die nutzbare Treppenlaufbreite mindestens sein?

2. Welche Vorschriften sind bei der Planung des Treppengeländers zu beachten?

3. Skizzieren Sie die Draufsicht auf eine zweiläufige gegenläufige Treppe mit Zwischenpodest.

4. Zeigen Sie anhand einer Skizze die Begriffe Trittstufe, Setzstufe, Trittkante, Trittfläche und Unterschneidung auf.

5. Berechnen Sie für die Geschosshöhen a) $H = 2{,}96$ m, b) $H = 2{,}62$ m und c) $H = 3{,}21$ m jeweils die Anzahl der Steigungen n, die Steigungshöhe s, die Auftrittsbreite a, die Treppenneigung α und die Lauflänge L.

6. Zeichnen Sie den Anschluss einer Kellertreppe an die EG-Decke als Detailzeichnung im Maßstab 1:10 – m, cm auf DIN A4 – hochkant.

7. Berechnen Sie das Öffnungsmaß des Treppenloches $l_{öff}$ für die folgenden geraden, einläufigen Treppenläufe, wenn die lichte Durchgangshöhe $h \geq 2$ m eingehalten wird und der Deckenaufbau $d = 26$ cm beträgt.
   a)16 Stg 16 / 28 cm, b) 15 Stg 19 / 26 cm und c) 17 Stg 172 / 29 cm.

8. Zeichnen Sie die viertelgewendelte Treppe aus Abbildung 7.30 mit sieben im Antritt verzogenen Stufen im M 1:10 – m, cm auf DIN A4.

9. Zeichnen Sie das Treppenhaus aus der Abbildung 7.21 als Ausführungszeichnung im Maßstab 1:50 – m, cm auf DIN A3 – hochkant.

10. Zeichnen Sie den Bewehrungsplan der Treppenlaufplatte mit gleichgespannten Podesten der Abbildung 7.44 im Maßstab 1:25 – m, cm mit Stahlliste auf DIN A3-Querformat.

11. **Was ist ein Treppenlauf?**
    (a) Bauteil einer Treppe, bestehend aus Steigung und Auftritt
    (b) Für die Treppe vorgesehener Raum
    (c) Treppengeländer als Schutzeinrichtung gegen Absturz
    (d) Ununterbrochene Folge von mindestens drei Treppenstufen zwischen zwei Ebenen
    (e) Bauteil, das Stufen trägt oder unterstützt

12. **Wie wird das mit x gekennzeichnete Maß genannt?**
    (a) Treppenhöhe
    (b) Treppensteigung
    (c) Lichter Stufenabstand
    (d) Stufenhöhe
    (e) Lichte Treppendurchgangshöhe

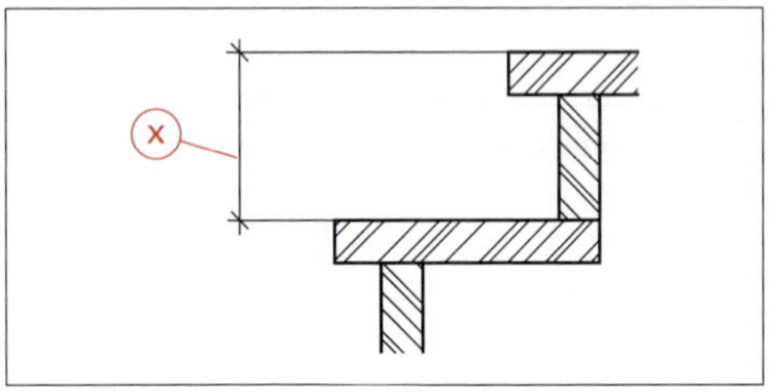

13. **Was ist das Treppenloch?**
    (a) Aussparung in der Geschossdecke für die Treppe
    (b) Tragendes Bauteil in der Mitte einer Spindeltreppe
    (c) Für die Treppe vorgesehener Raum
    (d) Von Treppenläufen umschlossener freier Raum
    (e) Treppenabsatz zwischen zwei Treppenläufen

14. **Als nutzbare Treppenbreite wird bezeichnet ...**
    (a) das Maß von Wandwangenaußenkante bis Lichtwangenaußenkante
    (b) das Maß von Wand bis Lichtwangenaußenkante
    (c) das lichte Fertigmaß zwischen Wand und Handlaufinnenkante
    (d) das lichte Fertigmaß zwischen Wandwangeninnenkante und Lichtwangeninnenkante
    (e) das lichte Fertigmaß zwischen Wand und Lichtwangeninnenkante

15. **Um welche Treppenkonstruktion handelt es sich bei der dargestellten Holztreppe?**
    (a) Blocktreppe
    (b) Eingeschobene Treppe
    (c) Aufgesetzte Treppe
    (d) Aufgesattelte Treppe
    (e) Gestemmte Treppe

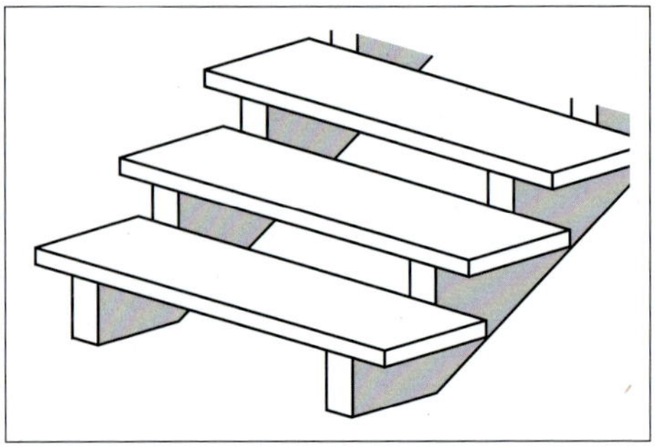

16. **Welches Maß muss zur Berechnung der Konstruktionsmaße bei jeder Geschosstreppe gegeben sein?**
ⓐ Treppenlauflänge
ⓒ Treppenauftritt
ⓓ Geschosshöhe
ⓔ Treppensteigung
ⓕ Zahl der Steigungen

17. **Wie wird die erste (unterste) Stufe eines Treppenlaufes genannt?**
ⓐ Antrittsstufe
ⓑ Unterstufe
ⓒ Setzstufe
ⓓ Austrittsstufe
ⓔ Anfangsstufe

18. **Die Abbildung zeigt eine Treppenstufe in der Draufsicht. Welche Maße beschreiben die Stufenbreite und die Stufenlänge?**
ⓐ Länge *a*, Breite *b*
ⓑ Länge *a*, Breite *g*
ⓒ Länge *d*, Breite *e*
ⓓ Länge *f*, Breite *b*
ⓔ Länge *f*, Breite *g*

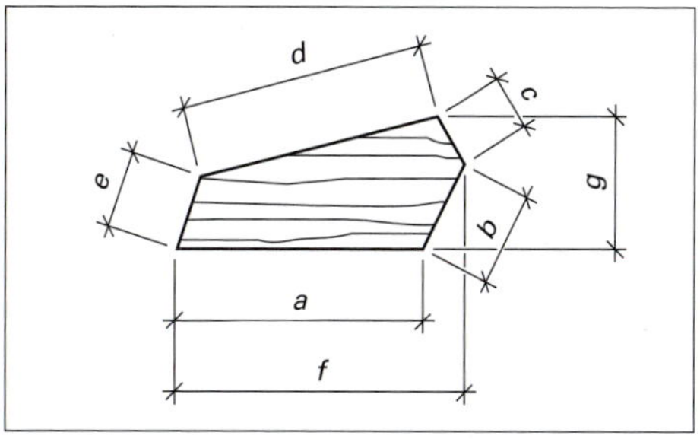

19. **Wie viele Auftritte hat eine zweiläufige, gegenläufige Treppe mit Zwischenpodest bei 18 Steigungen?**
ⓐ 16 Auftritte
ⓑ 17 Auftritte
ⓒ 18 Auftritte
ⓓ 19 Auftritte
ⓔ 20 Auftritte

20. **Welche Bauart einer Holztreppe ist dargestellt?**
ⓐ Eingeschobene Treppe
ⓑ Eingeschnittene Treppe
ⓒ Aufgesattelte Treppe
ⓓ Vollgestemmte Treppe
ⓔ Halbgestemmte Treppe

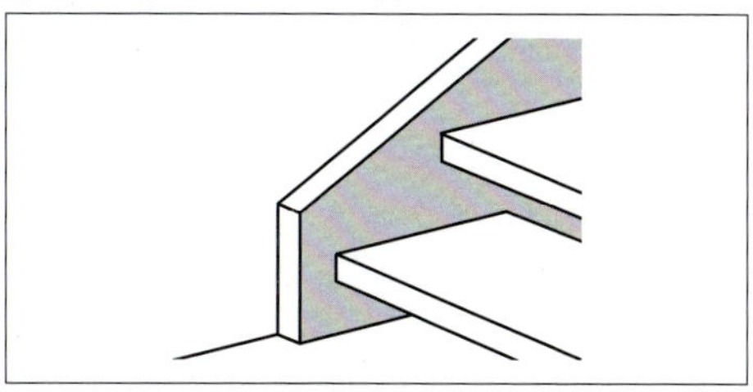

21. **Welche Treppe benötigt ein Zwischenpodest?**
ⓐ 7 Steigungen, 18/29
ⓑ 12 Steigungen, $19^2/26$
ⓒ 14 Steigungen, $18^3/27$
ⓓ 17 Steigungen, 21/23
ⓔ 20 Steigungen, $17^2/29$

22. **Das Steigungsverhältnis (Steigung *s*, Auftritt *a*) kann mithilfe der Schrittmaßregel geplant werden:**
ⓐ $2s + a = 59$ cm bis 65 cm
ⓑ $2a + s = 59$ cm bis 65 cm
ⓒ $2a + 2s = 59$ cm bis 65 cm
ⓓ $a + s = 59$ cm bis 65 cm
ⓔ $2s + a/2 = 59$ cm bis 65 cm

23. **Welche Treppenart zeigt die Draufsicht?**
ⓐ Zweiläufige gerade Treppe mit Zwischenpodest
ⓑ Zweiläufige gewinkelte Treppe mit Zwischenpodest
ⓒ Zweiläufige gegenläufige Treppe mit Zwischenpodest
ⓓ Dreiläufige gegenläufige Treppe mit Zwischenpodest
ⓔ Dreiläufige zweimal abgewinkelte Treppe mit Podest

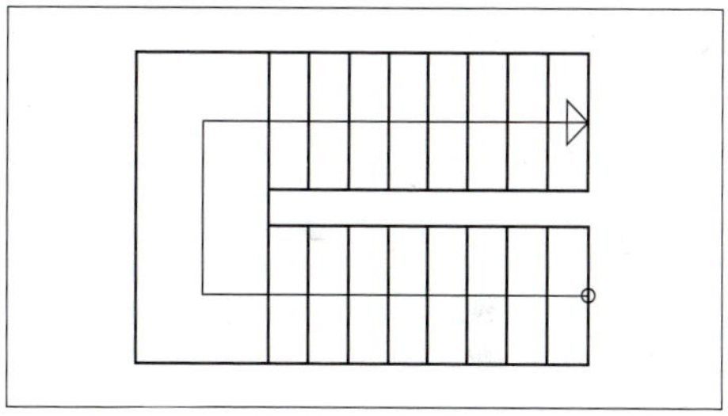

24. Berechnen Sie *b* beim abgebildeten Holm einer aufgesattelten Treppe.

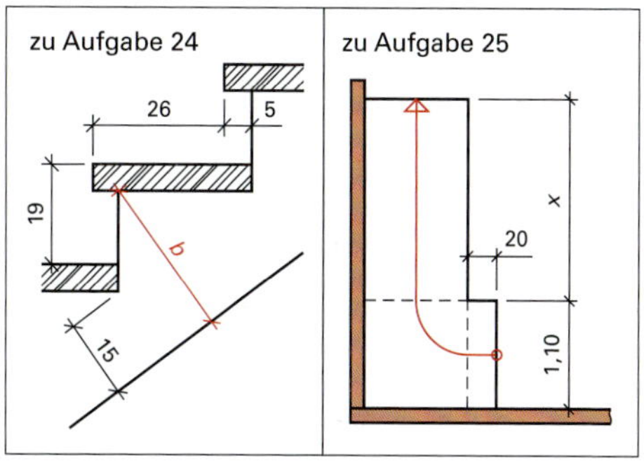

25. Berechnen Sie die fehlenden Maße für die Treppengrundrisszeichnungen (Treppen in Wohngebäuden), nachdem Sie das Steigungsverhältnis gewählt haben (Geschosshöhe $H = 2{,}83$ m).

26. Zeichnen Sie die Treppengrundrisse (Treppen in Wohngebäuden) jeweils mit dem Evolutenverfahren und der Proportionalitätsmethode, nachdem Sie ein Steigungsverhältnis gewählt haben (Geschosshöhe $H = 2{,}75$ m).

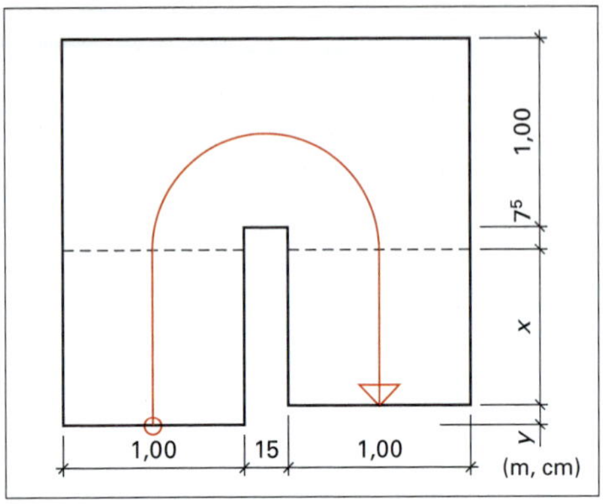

27. **Treppe in einem Einfamilienhaus**
In dem Einfamilienhaus ist die Treppenanlage vom Erdgeschoss bis zum Obergeschoss zu planen und darzustellen. Die Größe des Treppenraums im Erdgeschoss und im Obergeschoss ist aus den Grundrissen ersichtlich. Der Grundriss des Erdgeschosses kann bis auf die 24 cm dicke Tragwand in der Mitte des Gebäudes selbst eingeteilt werden. Im Obergeschoss ist zur Erschließung der Räume eine rechtwinklig angeordnete Galerie vorgesehen.

Planungshinweise

Fußbodenhöhe UG –2,60 m	
Deckendicken über UG und EG	$h = 20$ cm
Fußbodenaufbau	
im UG	$h = 10$ cm
im EG	$h = 12$ cm
im OG	$h = 8$ cm
Treppenbelag von UG	
zu EG (Stein)	$h = 5$ cm
von EG zu OG (Kunststoff)	$h = 1{,}5$ cm
Dicke des Treppenlaufs	$h = 20$ cm
Breite des Treppenlaufs	$b = 1{,}10$ m

Fehlende Maße und Angaben sind selbst zu wählen.
Die Zeichnungen sind normgerecht zu bemaßen und zu beschriften.
Form und Gestaltung der Treppe ist vom Planverfasser festzulegen.

a) Berechnen Sie alle Maße der Treppenanlage.
b) Zeichnen Sie einen Grundriss und einen Schnitt durch die gesamte Treppenanlage im Maßstab 1:25 – m, cm
c) Zeichnen Sie einen Schnitt im Maßstab 1:10 – m, cm durch drei Stufen am Antritt oder Austritt mit Angaben zur Konstruktion und Gestaltung des Treppengeländers.

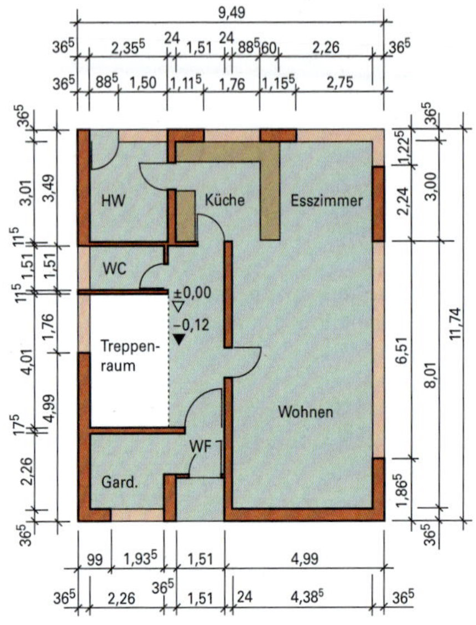

Grundriss Erdgeschoss

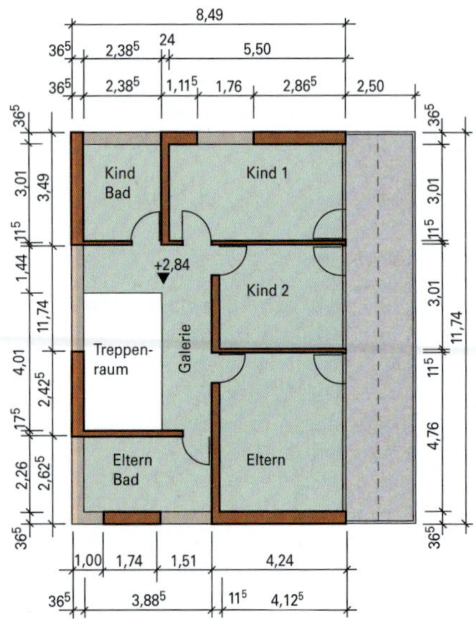

Grundriss Obergeschoss (m, cm)

8 Planen einer Geschossdecke

8.1 Aufgaben einer Geschossdecke

Decken tragen als Geschossdecken oder auch als Dachdecken die Verkehrslasten aus der Nutzung auf die Unterkonstruktion, in der Regel auf Wände, Balken und Stützen ab. Die Decken übernehmen im Rahmen der räumlichen Stabilität die Verteilung und Weiterleitung von horizontalen Lasten über Reibungskräfte am Wandkopf auf die Längswände.

Zudem werden Installation bei größeren Gebäuden z. B. Schulen und Verwaltungsbauten an der Decke geführt bzw. in der Decke verlegt.

Auf und unter der Rohdeckenkonstruktion, die im Normalfall die Tragfunktion übernimmt, werden Deckenauflagen und eventuell Unterdecken angebracht, die die weiteren Funktionen übernehmen sollen. Sie erfüllen zugleich die Funktion eines Raumabschlusses.

Damit müssen Decken auch bauphysikalische Anforderungen erfüllen, die sich aus Brandschutz, Schallschutz und Wärmeschutz ergeben. Diese Anforderungen an die Decke können durch unterschiedliche Konstruktion der Schichten des Deckenaufbaus erfüllt werden.

Neben den Anforderungen aus der Tragfunktion muss die Deckenkonstruktion die bauphysikalischen Anforderungen des Brandschutzes, des Schall- und des Wärmeschutzes erfüllen.

8.2 Deckenkonstruktionen

Als Deckenkonstruktion werden Plattenkonstruktionen, Plattenbalken, Rippendecken oder Balkendecken bezeichnet. Als Material kommen Beton und Stahlbeton, Holz und Stahl sowie Verbundlösungen aus Holz-Beton oder Stahl-Beton zur Ausführung.

In statischer Hinsicht wird die Wahl der Deckenkonstruktion im Wesentlichen von der Grundrissgeometrie und der Nutzung und der daraus resultierenden Belastung der Decke bestimmt. Eine gute und wirtschaftliche Deckenkonstruktion ist nur im Zusammenhang mit einer sinnvoll auf das Deckensystem abgestimmten Planung der Unterstützungskonstruktion möglich. Die Anordnung der tragenden Wände oder Unterzüge in Abstimmung auf das gewählte Deckensystem und dessen Tragfähigkeit ist dabei von entscheidender Bedeutung.

Bei Betondecken sind möglichst Deckenfeldgrößen anzustreben, die zu einer gleichartigen Bewehrung führen. Lange und kurze Stützweiten im Wechsel führen zu einem hohen Materialverbrauch und sind in der Regel unwirtschaftlich.

Decken sind im Regelfall ebene waagerechte Systeme. Es können jedoch auch Höhenversprünge durch Ebenenversatz auftreten, die nicht durch getrennte Deckensysteme ersetzt werden können (vgl. Abb. 8.2). Durch den Höhenversprung ist eine Unterstützung durch Wände nicht notwendig. Allerdings bedingt der Höhenversprung einer Decke einen erhöhten Bewehrungsaufwand.

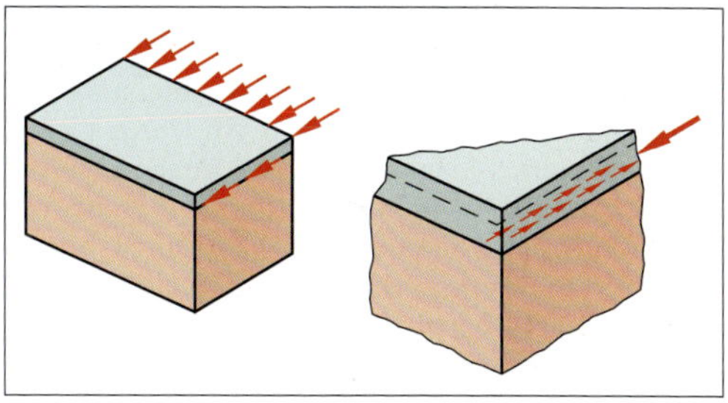

Abb. 8.1: Aussteifungsfunktion einer Decke

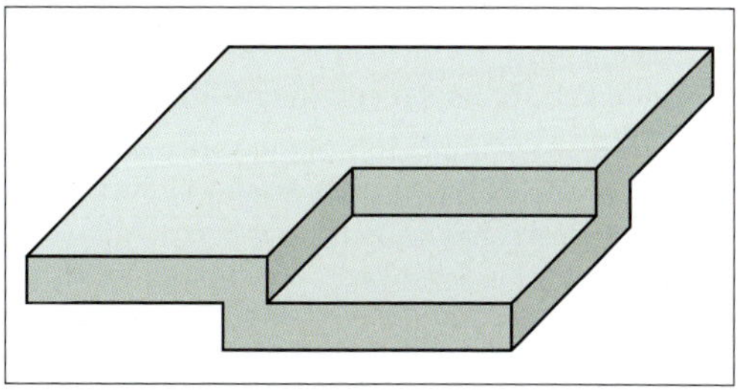

Abb. 8.2: Höhenversprung einer Decke

Im individuellen Massivwohnungsbau kommen meistens Stahlbetonvollplatten als Fertigdeckenplatten mit Aufbeton zur Ausführung.

Bei der Auswahl der Deckenkonstruktion sind die Einbau- bzw. Herstellungsbedingungen zu beachten. So sind bestimmte Konstruktionen z. B. im Bereich der Altbaurenovierung nicht möglich, wenn die Konstruktionsgewichte zu hoch sind.

8.3 Massive Deckensysteme

8.3.1 Ziegeldecken

Ziegeldecken werden aus speziellen Deckenziegeln in Verbindung mit Ziegelträgern oder auch Holzbalken von verschiedenen Ziegelwerken hergestellt. Die Deckenziegel können auf einer Deckenschalung ausgelegt werden und die Rippen und eventueller Aufbeton lokal aufgebracht werden. Es gibt Deckenziegel für teilvermörtelbare und für vollvermörtelbare Stoßfugen. Die Stoßfugen können einseitig oder beidseitig angeordnet sein (vgl. Abb. 8.3 und Abb. 8.4). Wirtschaftlicher ist jedoch die Anwendung der Deckenziegel als Elementdecke.

Als Ziegelelementdecken werden die Decken werksmäßig in Breiten von 1,00 m bis 2,50 m vorgefertigt. Je nach Belastung und verwendeten Deckenziegel sind Spannweiten der Decke bis 7,00 m bei Nutzlasten von 5,00 kN/m² herstellbar, ohne dass eine Unterstützung benötigt wird (vgl. Abb. 8.5).

Eine weitere Möglichkeit ist die Konstruktion mit Einhängeziegel als **Ziegel-Einhängedecke**.

Bei den Ziegelelementdecken werden zuerst in einem Abstand von i.d.R. 62,5 cm vorgefertigte Träger (Filigran-Gitterträger) aus ausbetonierten Ziegelschalen verlegt. In die Trager werden danach spezielle Deckenziegel eingehängt. Durch Aufbeton und Anordnung von Querrippen aus Beton wird die Tragfähigkeit der Ziegeleinhängedecken, wenn notwendig, gesteigert. Auch diese Deckenkonstruktion kann in Ziegelwerken vorgefertigt werden um die Montage zu vereinfachen. Als Träger für die Einhängeziegel sind auch Holzbalken möglich.

Ziegeldecken können ausgeführt werden als:

- Balkendecke ohne oder mit bis zu 3 cm Aufbeton. Zulässige Nutzlast bis 5 kN/m²
- Rippendecke mit mindestens 5 cm Aufbeton, Nutzlasten bis 5,0 kN/m². Die Rippendecke hat durch die Aufbetonschicht eine bessere Querverteilung der Lasten und eine bessere aussteifende Wirkung gegenüber der Balkendecke.
- Plattenbalkendecke mit mindestens 7 cm Aufbeton. Zulässig sind bei 7 cm Aufbeton Nutzlasten von 12,5 kN/m², bei 12 cm Aufbeton 15 kN/m². Diese Decken sind für die Aufnahme von leichten Trennwänden in beliebiger Anordnung auf der Decke geeignet.

Im Auflagerbereich der Ziegeldecken sind je nach Belastung mit Stabstahl bewehrte Vollbetonstreifen erforderlich.

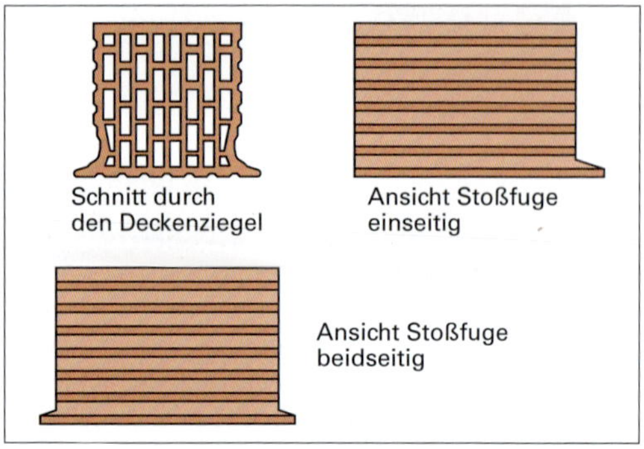

Abb. 8.3: Deckenziegel mit vollvermörtelter Stoßfugen

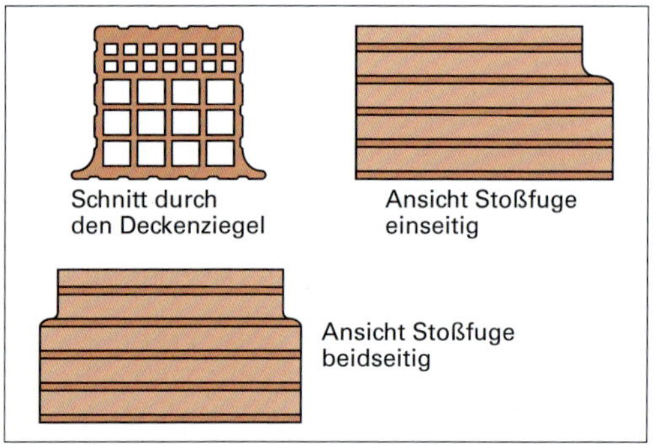

Abb. 8.4: Deckenziegel mit teilvermörtelter Stoßfugen

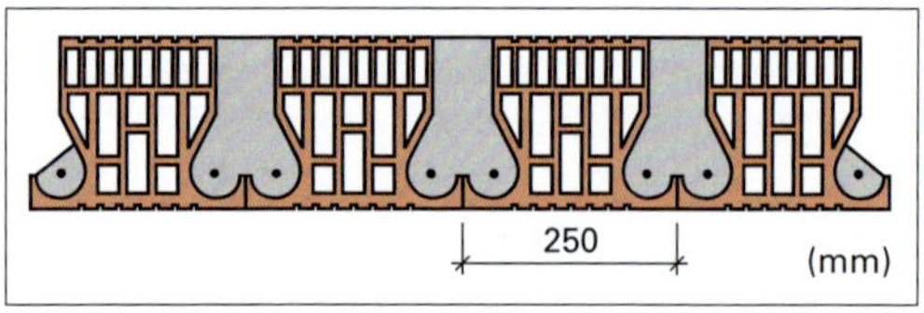

Abb. 8.5: Ziegelelementdecke

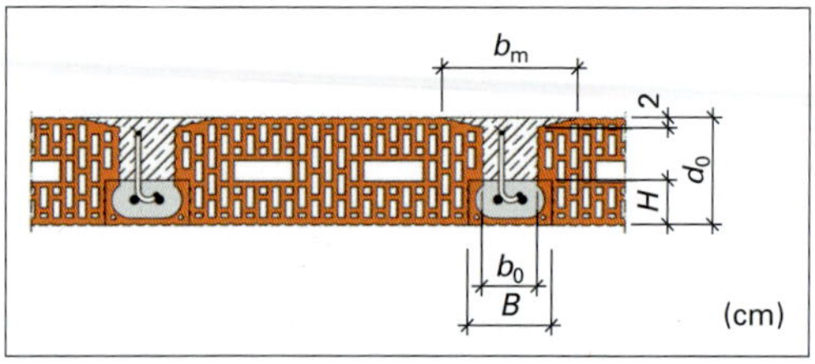

Abb. 8.6: Ziegelelementdecke

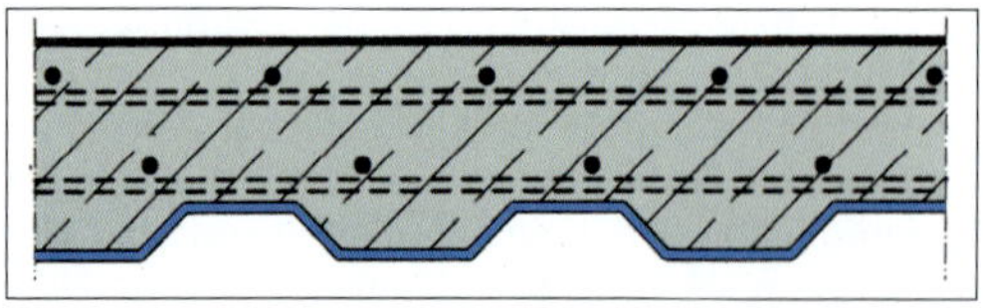

Abb. 8.7: Trapezstahldecke

8.3.2 Stahlbetondecken

Trapezstahldecken

Trapezstahldecken sind massive Decken, bei denen Stahltrapezbleche als verlorene Schalung verwendet werden (vgl. Abb. 8.7). In Verbindung mit Stahlträgern und Setzbolzen wirkt die Betondecke als Verbunddecke, d.h. die Trapezbleche übernehmen im Wesentlichen Zugkräfte, während die Deckenplatte die Druckkräfte aufnimmt.

Balkendecken

Balkendecken bestehen aus einzelnen Stahlbetonbalkenbalken, die dicht nebeneinander verlegt und mit einer mindestens 4 cm dicken Schicht aus Überbeton versehen werden. Der Überbeton erhält eine Querbewehrung, die für die ausreichende Querverteilung der Lasten auf mehrere Balken sorgt und dadurch unterschiedliche Durchbiegungen der Balken verhindert (vgl. Abb. 8.9).

Eine andere Art der Balkendecke wird mit Zwischenbauteilen hergestellt. Dabei werden die Balken mit gleichbleibendem Achsabstand verlegt (häufig 50 cm oder 62,5 cm). Der Querschnitt des Balkens ist so gewählt, dass er genügend Auflager für die Zwischenbauteile bietet. Die Zwischenbauteile sind meist Fertigteile aus Leichtbeton, können aber auch aus Stahlbeton oder gebranntem Ton bestehen. Die Balken sind so ausgelegt, dass sie die Last eines Balkenfelds aufnehmen. Die Zwischenbauteile sind statisch unwirksam und nur für die Verteilung der Last auf die Stahlbetonbalken erforderlich. Auch bei dieser Deckenart ist das Aufbringen einer Ortbetondruckschicht empfehlenswert, aber nicht nötig (vgl. Abb. 8.10).

Bei den Balkendecken entfällt das aufwendige Einschalen; eine einfache Unterstützungskonstruktion reicht aus. Balken und Zwischenbauteile sind schnell und leicht zu verlegen. Sie werden deshalb gern bei kleineren Baustellen, bei denen kein Baukran eingesetzt wird, verwendet.

Bei den Balkendecken sind nur die einzelnen Balken statisch wirksam. Zwischenbauteile und Ortbetonschicht verteilen die Lasten auf die benachbarten Balken. Balkendecken werden häufig bei kleinen Bauvorhaben eingebaut.

Plattenbalkendecken

Wenn große Spannweiten zu überbrücken sind, wird eine Massivdecke infolge ihrer erforderlichen Dicke und damit der Eigenlast unwirtschaftlich. Daraus folgt, dass Zwischenauflager eingeplant werden müssten. Deshalb werden Unterzüge als Auflager eingeplant. Wenn die Unterzüge so konstruiert werden, dass sie mit den Deckenplatten zusammenwirken, wird dies als Plattenbalkendecke (vgl. Abb. 8.11) benannt.

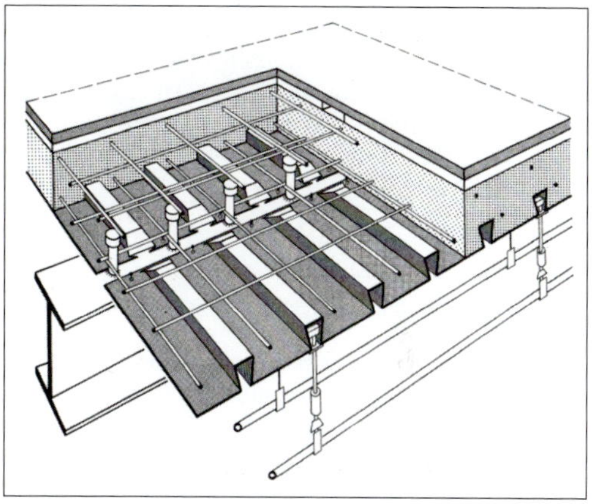

Abb. 8.8: Stahlblech-Verbunddecke (Hoesch)

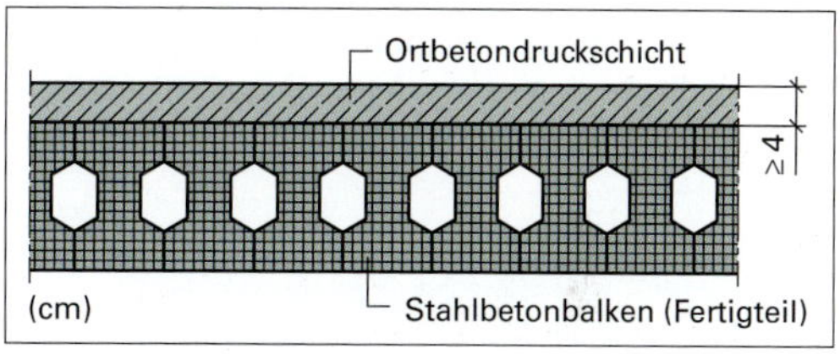

Abb. 8.9: Balkendecke ohne Zwischenbauteile

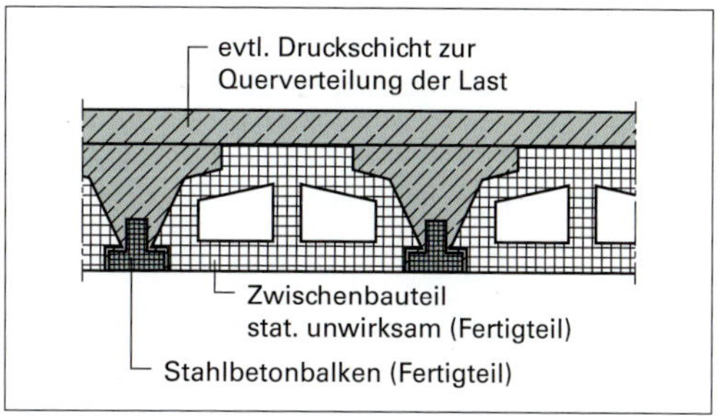

Abb. 8.10: Balkendecke mit Zwischenbauteile

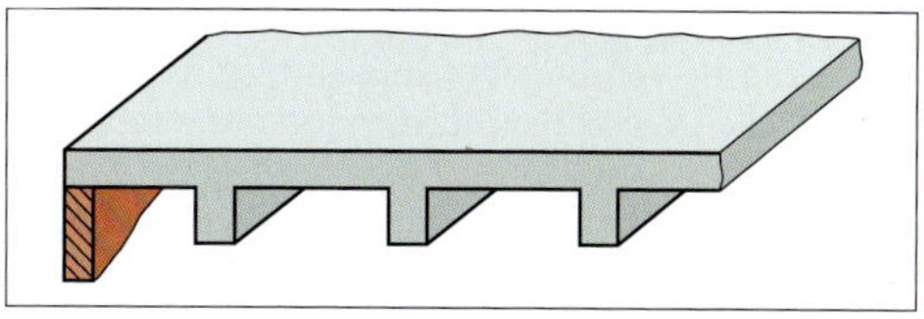

Abb. 8.11: Plattenbalkendecke

Ein Plattenbalkensystem besteht damit aus Stahlbetonbalken in der Haupttragrichtung und Deckenplatten in der Nebentragrichtung.

Ebenso ist ein System mit Haupt- und Nebenbalken und einer verbindenden Deckenplatte möglich (vgl. Abb. 8.12).

Abb. 8.12: Plattenbalken-System – Untersicht

In beiden Konstruktionsvarianten übertragen die Deckenplatten die Lasten auf die Balken. Durch die Mitwirkung der Deckenplatte in Verbindung mit dem Balkenquerschnitt vergrößert sich die zur Verfügung stehende Druck- bzw. Zugzone. Die mitwirkende Balkenbreite wird in der Statik in Abhängigkeit von der Geometrie festgelegt.

Plattenbalkendecken können auch mit Füllkörpern hergestellt werden. Damit kann eine glatte Deckenuntersicht erreicht werden (vgl. Abb. 8.13).

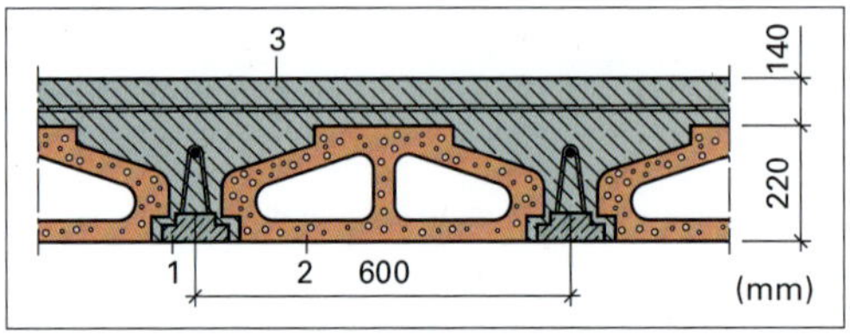

Abb. 8.13: Plattenbalkendecke mit Füllkörpern
1) vorgefertigte Balken, 2) Deckenziegel statisch mitwirkend oder statisch nicht mitwirkend, 3) Aufbeton/Druckplatte mit Querbewehrung

Die mitwirkende Plattenbreite b_m kann vereinfacht mit einem Drittel der Feldstützweite l_0 abgeschätzt werden.

Der Plattenbalken ist statisch günstig, weil in seinem oberen Teil für die Druckkraftaufnahme der verhältnismäßig große Deckenquerschnitt zusätzlich zur Verfügung steht und die Zugkraftaufnahme durch die Bewehrung im Steg erfolgt. Vouten erweitern die Druckzone und verringern die rechnerische Plattenstützweite. Der verringerte Stahlbedarf zahlt sich des höheren Schalungsaufwands wegen jedoch selten aus. Allerdings verbessern Vouten die Krafteinleitung und das Zusammenwirken von Balken und Platte (vgl. LF 14 I, Kapitel 19).

Plattenbalken sind durch das Zusammenwirken von Balken und Platte statisch günstige Systeme, die große Stützweiten überbrücken können. Sie finden überwiegend im Industriebau und bei Parkhäusern Anwendung.

Rippendecken

Bei Rippendecken handelt es sich im Prinzip um Plattenbalkendecken mit geringeren Abmessungen. Sie können ein oder zweiachsig gespannt werden. Einachsig gespannte Rippendecken erfordern eine Mindestquerbewehrung (vgl. Abb.8.14). Die Füllkörper können je nach Konstruktion nichttragend oder auch mittragend sein.

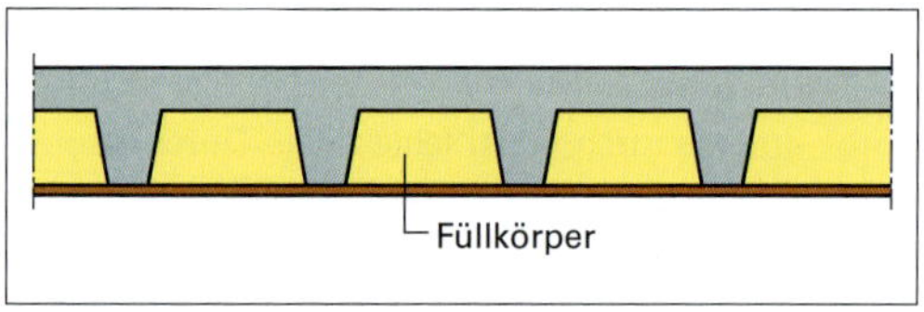

Abb. 8.14: Rippendecke

Abb. 8.15: Kassettendecke – Untersicht

Die Bewehrung in den Längsrippen ist gleichmäßig zu verteilen, Bügel sind erforderlich. Zweiachsig gespannte Rippendecken werden (wegen ihrer Untersicht) als Kassettendecken bezeichnet.

Bei Rippendecken ist der Schalungsaufwand beträchtlich. Deshalb wird besonders gern Stahlschalung verwendet. Eine andere Möglichkeit besteht in der Anordnung von Füllkörpern (Zwischenbauteilen). Sie können statisch wirksam sein, also z. T. mittragen. Dann erfordern sie keine zusätzliche Aufbetonplatte. Sie können aber auch statisch unwirksam sein und wirken dann wie eine verlorene Schalung. Außerdem sorgen sie für eine glatte Deckenuntersicht.

Rippendecken mit Füllkörpern gleichen den Balkendecken mit Zwischenbauteilen. Rippen und Zwischenbauteile sind oft Fertigteile.

Rippendecken sind Plattenbalkendecken mit kleineren Abmessungen. Sie können oder zweiachsig gespannt sein. Füllkörper erleichtern das Einschalen.

Pilzdecken

Pilzdecken heißen Deckenplatten, die punktförmig auf Stützen aufgelagert sind. Sie sind zweckmäßig für große, leicht überschaubare Räume. Die Deckendicke muss mindestens 15 cm betragen. Um eine Lastabtragung auf die Stütze zu gewährleisten, sind stets kreuzweise bewehrte Platten erforderlich. Bei punktförmiger Auflagerung besteht die Gefahr des Durchstanzens. Dies wird durch einen breiteren Stützenkopf (der Pilzkopf vergrößert die Durchstanzfläche und damit den Widerstand gegen das Durchstanzen) verhindert. Diesen außenliegenden Stützenkopfverstärkungen verdankt die Deckenart ihren Namen.

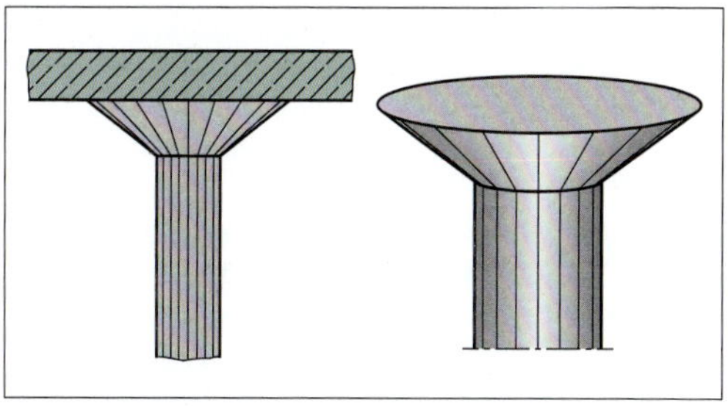

Abb. 8.16: Pilzdeckenkopfverstärkung

Infrage kommt auch eine entsprechende Bewehrung zwischen Stützenkopf und aufliegender Deckenplatte (innen liegende Stützenkopfverstärkung). Außenliegende Stützenkopfverstärkungen erfordern einen erhöhten Schalungsaufwand, innen liegende mehr und schwierigere Bewehrung sowie unter Umständen eine dickere Deckenplatte um die Stützkräfte aus der Decke sicher in die Stütze zu leiten.

Pilzdecken sind punktförmig auf Stützen gelagert, zweiachsig gespannte Deckenplatten. Außen- oder innenliegende Stützenkopfverstärkungen verhindern das Durchstanzen der Stütze.

Flachdecken

Flachdecken sind punktförmig auf Stützen gelagerte Deckenplatten. Aufgrund der punktweisen Lagerung müssen die Decken so ausgeführt werden, dass ein Durchstanzen an den Auflagerungspunkten nicht möglich ist. Dazu wird Durchstanzbewehrung eingelegt.

Die Deckenfelder müssen annähernd quadratisch sein, um eine günstige Lasteintragung zu ermöglichen. Flachdecken lassen sich wirtschaftlich herstellen, wenn die Stützen nicht im Grundriss stören, da keine Balkenschalung notwendig ist, und nur eine durchgehende Decke zu schalen ist.

Größere Feldweiten lassen sich durch Verwendung von Füllkörpern im Feldbereich erreichen.

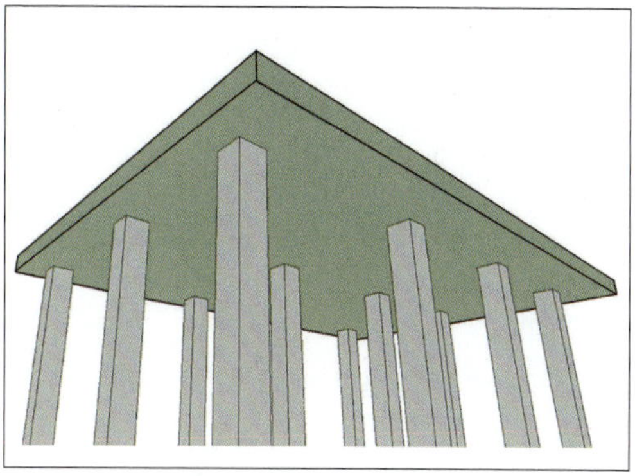

Abb. 8.17: Flachdecke

Stahlbetonvollplatten

Bei der Stahlbetonvollplatte wird die Decke auf der Deckenschalung in Ortbetonbauweise hergestellt. Die Decke wird mit Betonstahl in Abhängigkeit von Tragsystem und Belastung bewehrt, wobei untere und obere Bewehrung eingebaut werden muss.

Für diese Deckenbauweise müssen die Deckenflächen und der Deckenrand eingeschalt werden (vgl. Kapitel 8.10).

Stahlbetonplatten als Fertigelemente mit statisch mitwirkender Ortbetonergänzung

Bei diesen Decken werden werkmäßig vorgefertigte 4 cm bis 5 cm dicke Deckenelemente mit Stahlgitterträgern auf Montagejochen verlegt. Das Fertigelement enthält bereits die untere Bewehrung für eine einachsige Tragwirkung. Weitere untere Bewehrung und die obere Bewehrung müssen noch vor Ort eingebaut werden. Bei zweiachsig gespannten Platten muss die Bewehrung der zweiten Tragrichtung mit Stabstählen nach Verlegung der Deckenplatten erfolgen (vgl. Abb. 8.19).

8

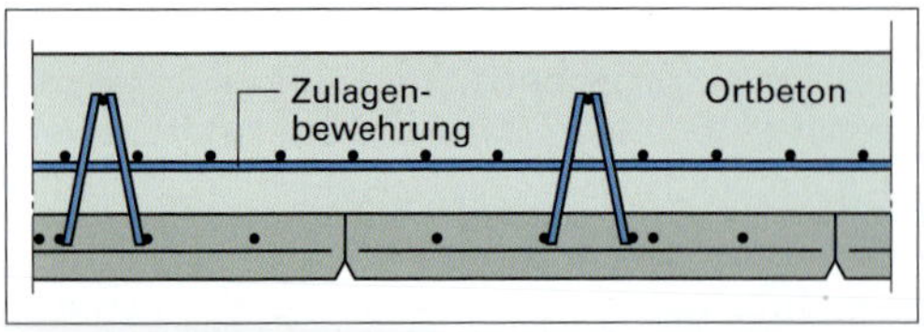

Abb. 8.18: Stahlbetonelementplatte mit Ortbetonergänzung im Querschnitt

Abb. 8.19: Stahlbetonelementplatte zur Ortbetonergänzung

Durch die werkmäßige Herstellung entsteht eine glatte Untersicht der Decke, so dass Putzarbeiten entfallen können und nur die Deckenfugen gespachtelt werden müssen, falls keine untere Deckenbekleidung geplant wurde.

Bei diesem System entfällt die flächige Deckenschalung. Es ist nur der Deckenrand einzuschalen, sowie die Montageunterstützung zur Verlegung der Platten einzubauen. Mit speziellen Gitterträgern sind Montagestützweiten bis zu 5,25 m möglich.

8

Wirtschaftlich sind einachsig gespannte Stahlbetonvollplattendecken bei üblicher Belastung bis ungefähr $l_i \leq 6{,}00$ m und bei zweiachsig gespannten Decken bis $l_i \leq 7{,}00$ m.

Bei größeren Spannweiten werden die Beanspruchungen aus dem Eigengewicht der Decke im Verhältnis zur aufnehmbaren Nutzlast zu groß.

Vollbetonmassivdecken werden überwiegend mit Elementdeckensystemen hergestellt.

Spannbetondecken

Spannbetondecken werden als Spannbetonmassivdecken, als Spannbetonhohldielendecke oder auch als Isodecke im Verbund mit PS-Schaum an der Unterseite der Decke als Fertigteile hergestellt (vgl. Abb. 8.20) (Spannbetonprinzip vgl. LF 14 I).

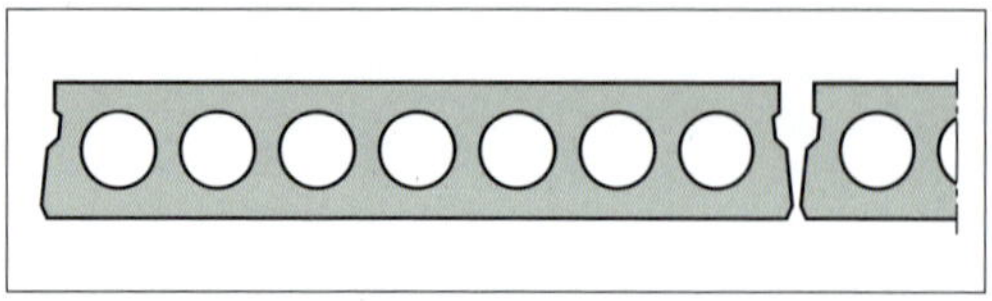

Abb. 8.20: Spannbetondeckenelemente

Alle Decken aus Spannbeton können daher direkt nach der Verlegung belastet werden. Die Decken gibt es in Deckendicken von 15 cm bis 40 cm. Im Wohnungsbau sind mit diesen Decken Spannweiten bis zu 14,50 m möglich.

8.4 Tragverhalten von Deckenplatten

Als Platten werden in der Statik Flächentragelemente bezeichnet, bei denen die Breite fünfmal größer ist als die Höhe. Die üblichen Deckenkonstruktionen sind in der Regel Plattensysteme.

Bauelemente sind Platten, wenn dessen kleinste Stützweite mindestens das Dreifache der Bauteildicke beträgt mit einer Bauteilbreite von mindestens der fünffachen Bauteildicke.

Bei Platten bildet die Unterstützung des Plattenrandes, das statische System und die Lastabtragungsrichtung(en) ein Unterscheidungskriterium.

Die Stützung einer Platte kann linienförmig, punktförmig oder unterbrochen sein. Wände bilden eine linienförmige Unterstützung, Stützen werden als punktweise Stützung angesehen (vgl. Abb. 8.21).

Nach der Anzahl der aufgelagerten Seiten werden zweiseitig, dreiseitig und vierseitig gelagerte Platten (vgl. Abb. 8.23) unterschieden.

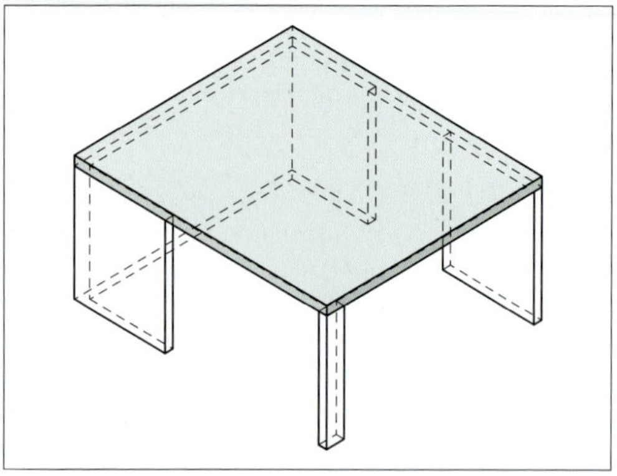

Abb. 8.21: Decke mit unterschiedlichen Lagerungen

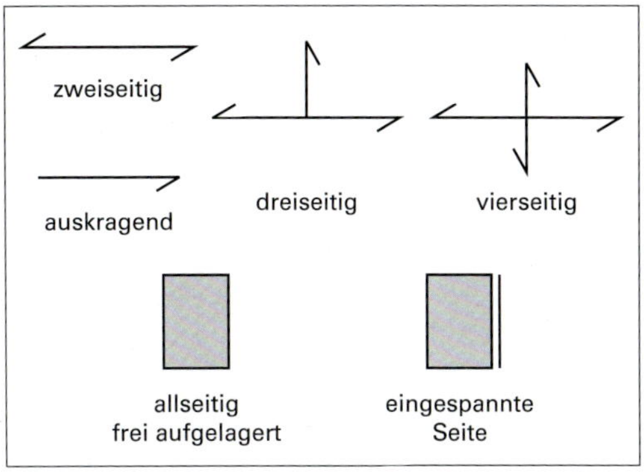

Abb. 8.22: Tragrichtung von Platten

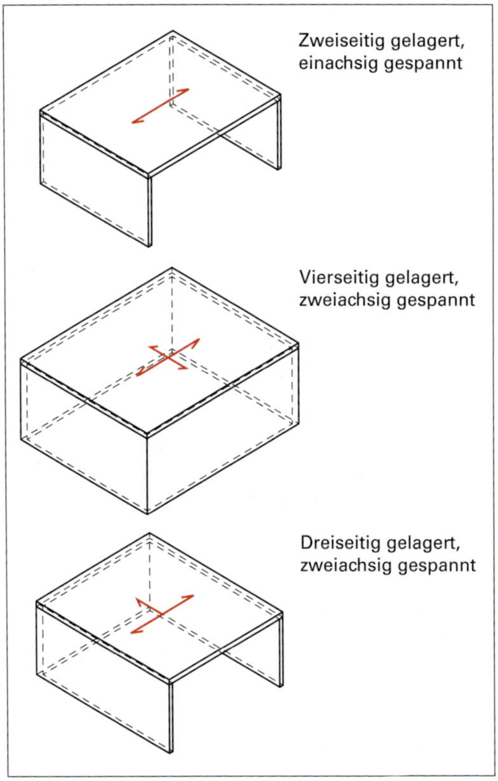

Abb. 8.23: Lagerungsbedingungen einer Decke

Nach der Tragrichtung werden einachsig und zweiachsig gespannte Platten (vgl. Abb. 8.24) unterschieden.

Platten werden auch nach ihrer geometrischen Grundrissform als Quadrat-, Rechteck-, Dreiecks, Kreisplatte usw. bezeichnet.

Nach dem statischen System werden Einfeldplatte und Durchlaufplatte (Zweifeldplatte, Dreifeldplatte, usw.) unterschieden.

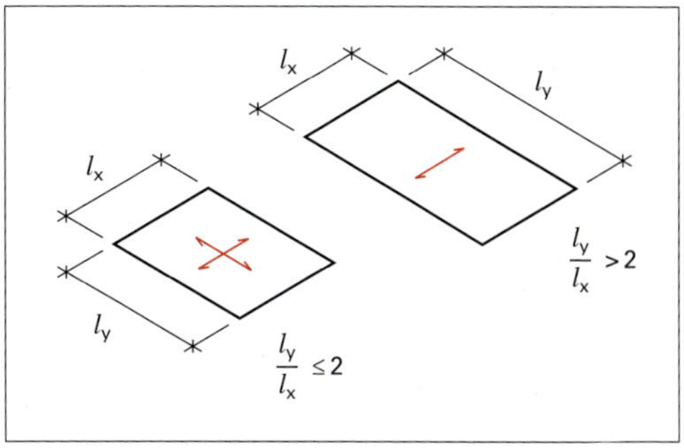

Abb. 8.24: Tragrichtung von Platten mit Spannweiten

Deckenplatten werden nach Stützung, Tragrichtung, Grundrissform und statischem System benannt.

Einachsig gespannte Platten

Einachsig gespannte Platten tragen die Lasten überwiegend in nur einer Richtung ab. Platten sollten einachsig konstruiert werden, wenn folgendes Verhältnis besteht

$\frac{l_y}{l_x} \geq 2$	l_y längere Seite, l_x kurze Spannrichtung

Zweiachsig gespannte Platte

Zweiachsig gespannte Platten tragen die Last in beide Richtungen ab. Zweiachsig gespannte Platten müssen dreiseitig oder vierseitig gelagert sein. Der größere Anteil der Last wird in Richtung der kleineren Stützweite abgetragen. Dies ist die Haupttragrichtung. Daher sollte die Bewehrung in der Haupttragrichtung (kurze Spannweite) außen liegen.

Platten sind als zweiachsig tragend anzunehmen, wenn die größere Stützweite nicht größer ist als das doppelte der kleineren Stützweite.

Platten sind zweiachsig zu konstruieren, wenn	$\frac{\max l}{\min l} \geq 2{,}0$

Für die Berechnung der Stützweite l_{eff} von Platten gelten die gleichen Annahmen wie bei den Balken hinsichtlich der Endauflager, Einspannungen und Mittelauflager (vgl. Abb. 8.25).

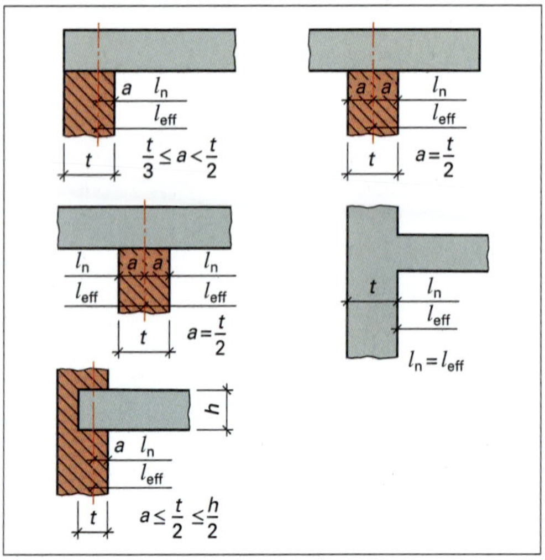

Abb. 8.25: Ermittlung von Stützweiten

Die Lagerungsbedingungen der Einzelplattenränder können unterschiedlich sein (vgl. Abb. 8.25 und Abb. 8.26). Zu unterscheiden sind:

Frei drehbare Lagerung
Die Decke kann sich am Auflager verformen.

Voll eingespannter Rand
Die Verformung wird durch Einspannung/Auflasten verhindert.

Teilweise eingespannter Rand
Eine Verdrehung des Deckenrandes ist mit Einschränkungen möglich.

Freier Rand nicht aufgelagert
Der Deckenrand liegt frei.

Die Auflagerung kann **direkt** auf Mauerwerkswände oder Betonwände erfolgen oder **indirekt** auf Stahlbetonbalken oder Stahlträger (vgl. Abb. 8.26).

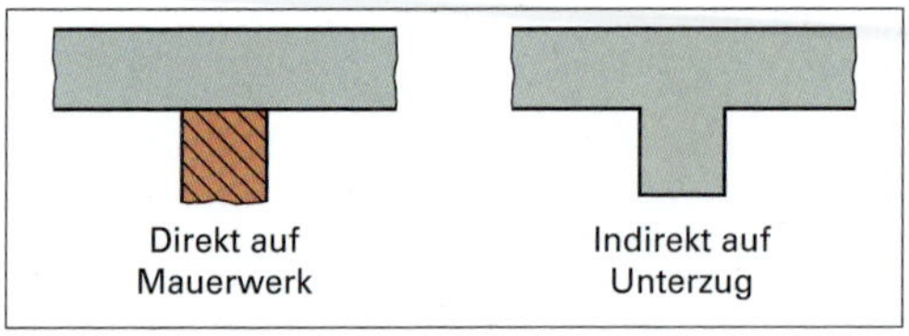

Abb. 8.26: Auflager von Deckenplatten

Die Durchbiegung von Platten darf einen bestimmen Wert nicht überschritten, wenn die Gebrauchstauglichkeit gegeben sein soll. Die zulässigen Werte für den Durchhang im allgemeinen Fall dürfen den Wert $l_{eff}/250$ nicht überschreiten. Im Zusammenhang mit der Verformung sind die Begriffe Überhöhung, Durchhang und Durchbiegung zu unterscheiden (vgl. Abb. 8.28).

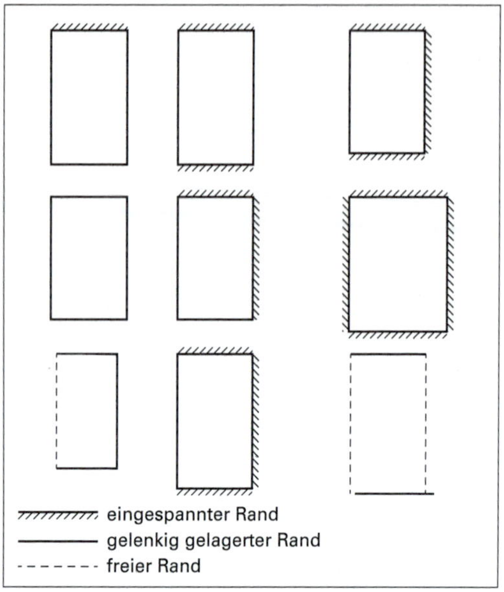

Abb. 8.27: Darstellung der Lagerungsarten von Deckenplatten

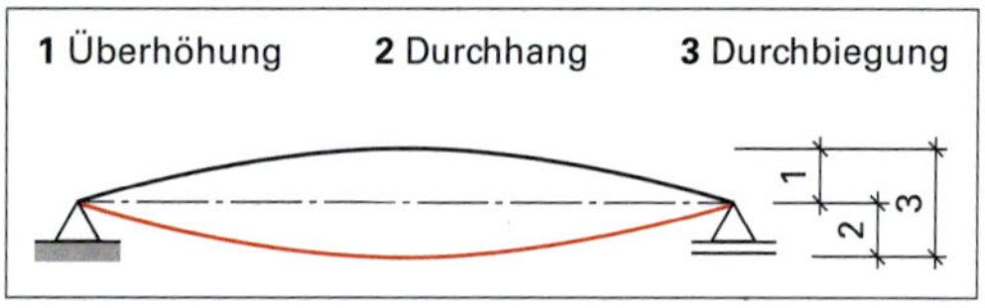

Abb. 8.28: Durchbiegung Begriffe

Durchhangsbegrenzung (bezogen auf Ausgangsnulllinie) $_{max} f = \frac{l_{eff}}{250}$

Wenn verformungsempfindliche Elemente die Decke belasten (z. B. Verglasungen) soll der Wert $_{max} f = l_{eff}/500$ für die Durchbiegung (incl. Überhöhung) nicht überschritten werden.

Statt einer Durchbiegungsberechnung für den Wert

$_{max} f = \frac{l_{eff}}{500}$ bzw. $_{max} f = \frac{l_{eff}}{250}$

kann durch einen indirekten Nachweis der zulässige Grenzwert für die Biegeschlankheit l_{eff}/d ermittelt werden.

In Abhängigkeit vom Zugbewehrungsgrad, der Betonfestigkeitsklasse, der Stahlspannung und der Stützweitenbedingung (erfasst durch den Beiwert K zur näherungsweisen Bestimmung der Abstände der Momentennullpunkte in Abhängigkeit von der Systemstützweite) kann der Grenzwert der Biegeschlankheit l_{eff}/d ermittelt werden.

Tabelle 8.29: Beiwerte K und zulässige Biegeschlankheit nach statischen System

Statisches System	K	Bewehrungsgrad 1,5 %	0,5 %
Kragarm	K = 0,4	$l/d = 6$	$l/d = 8$
beidseitig gelenkig gelagert	K = 1,0	$l/d = 14$	$l/d = 20$
einseitig eingespannt	K = 1,3	$l/d = 18$	$l/d = 26$
beidseitig eingespannt	K = 1,5	$l/d = 20$	$l/d = 30$
Flachdecken Innenfeld	K = 1,2	$l/d = 17$	$l/d = 24$
Die Stützweiten bei durchlaufenden Systemen dürfen nicht mehr als 25 % voneinander abweichen.			

Die Mindestwerte für die Biegeschlankheit müssen jedoch eingehalten werden. Sie entsprechen den Werten der „alten" DIN 1045.

$\frac{l_i}{d} \le 35$ mit $l_i = \alpha \cdot l_{eff}$ mit d statische Höhe

Für l wird bei zweiachsig gespannten Platten die kleinste der Stützweiten angenommen, bei dreiseitig gelagerten Platten wird die Richtung des freien Randes angenommen.

In der Tabelle 8.29 sind exemplarisch Werte für C30/37 und einer Stahlspannung von 310 N/mm² angegeben.

Beispiel

Die Deckenhöhe einer Decke einseitig eingespannt mit $l_{eff} = 4{,}36$ m soll ermittelt werden (Bewehrungsgrad 0,2 %).

Lösung

$\frac{436}{d} = 26$ ⇨ $d = 436/26$ ⇨ $d = 16{,}8$ cm

Die Biegeschlankheit nach EC2 führt gegenüber den alten Werten der DIN 1045 zu höheren Werten der statischen Höhe. In der EC 2 sind Formeln für die genauere Berechnung in Abhängigkeit von Bewehrungsgrad und Betonfestigkeit angegeben. Bei hohen Anforderungen an die Verformung sollte folgendes Verhältnis eingehalten werden:

$\frac{l_i^2}{d} \le 150$ mit l_i Abstand der Momentennullpunkte

Daraus folgt, dass bei Decken mit mehr als 4,20 m Spannweite die Verformungsempfindlichkeit besonders zu beachten ist.

Die statische Höhe einer Decke ist vom Bewehrungsgrad und der Stützweite abhängig.

Für Werte l/d muss gelten:
Allgemeinen $l/d \le K \cdot 35$
Verformungsempfindliche Bauteile
$l/d \le K^2 \cdot (150/l)$ bzw. $d \ge l^2/(K^2 \cdot 150)$

Beispiel

Eine Stahlbetondecke $b/h/d = 100/18/16$ cm ist mit einer Rechteckmatte R424A bewehrt.
Der Bewehrungsgrad (auch Referenzbewehrungsgrad) ρ beträgt:
$\rho = 4{,}24/(16 \cdot 100) = 0{,}00265$
d.h. 0,265 %,
damit ist das Bauteil geringfügig beansprucht

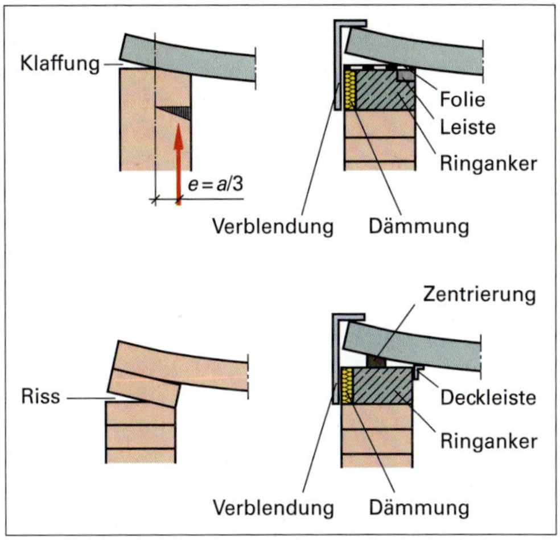

Abb. 8.30: Zentrierung am Deckenauflager

Unabhängig von den Deckendicken in Abhängigkeit von der Stützweite benötigen Stahlbetonvollplatten eine Mindestdicke von $h \ge 7$cm.

Für Platten mit Querkraftbewehrung ist eine Deckendicke $h \ge 16$ cm und für Platten mit Durchstanzbewehrung (Pilzdecken) eine Deckenhöhe von $h \ge 20$ cm gefordert.

Baupraktisch und aus Schall- und Brandschutzanforderungen werden Platten jedoch mindestens mit einer Höhe $h \ge 15$ cm ausgeführt.

Am Endauflager einer Platte ist die Auswirkung der Plattendurchbiegung zu beachten. Sollen zu große Kantenpressungen vermieden werden, sind Zentrierleisten oder Folie mit Zentriereinlage unter der Decke auf der Wand anzuordnen (vgl. Abb. 8.30). Gerade bei Wänden mit $d \le 24$ cm und ungleichen Spannweiten bzw. Endauflagerungen müssen Kantenpressungen vermieden werden. Generell sollte bei der Deckenauflagerung auf Mauerwerk eine Zwischenlage aus geeigneter Folie oder Bitumenpappe eingebaut werden.

Wird auf die Trennlage verzichtet, besteht die Gefahr, dass an der Mauerwerksecke Risse ausgelöst durch die Verformungen der Decke aus Kriechen und Schwinden sowie Temperaturbelastungen auftreten.

Es werden einachsig und zweiachsig gespannte Platten unterschieden. Die Durchbiegung wird in Abhängigkeit von Spannweite und Anforderungen an die Verformung begrenzt.

Beide Systeme können als Einfeld- oder Mehrfelddecken ausgeführt werden.

Übliche Deckensysteme können als Kombination aus solchen Einzelplattensystemen behandelt werden. Bei komplexeren Deckensystemen mit zusätzlichen Einzel- und Linienlasten auf der Decke und größeren Öffnungen empfiehlt sich die Konstruktion mit Hilfe von FEM (Finite Element Methode). Mit der FEM-Methode lassen sich die Beanspruchungen von komplexen Deckentragsystemen mit nicht einfachen Lasten erfassen und für die Erstellung von Bewehrungsplänen verwenden.

8.5 Grundlagen der Bewehrung von Stahlbetondeckenplatten

8.5.1 Einachsig gespannte Platten

Platten sind grundsätzlich zu bewehren. Dabei ist im Regelfall eine untere Bewehrung in Achsrichtungen der Platte erforderlich und eine obere Bewehrung im Randbereich und im Eckbereich der Platten sowie über den Innenstützungen, sofern diese im Plattensystem vorhanden sind (vgl. Abb. 8.31).

Die Bewehrung besteht aus der Hauptbewehrung in Tragrichtung (unten und oben) und der Querbewehrung senkrecht zur Hauptbewehrung.

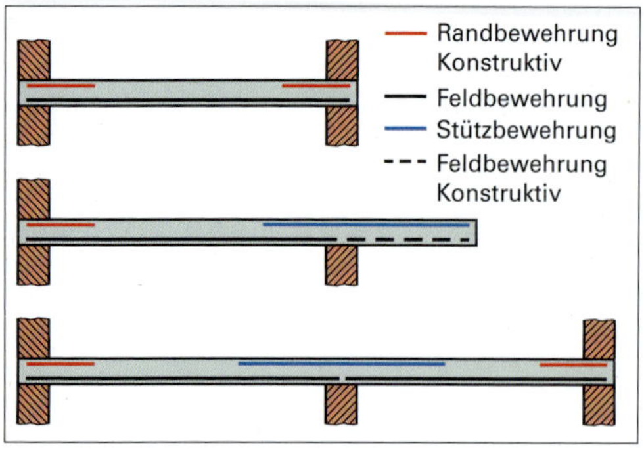

Abb. 8.31: Bewehrungsprinzip von Deckenplatten

Der maximale Abstand der Tragstähle ist in Abhängigkeit von der Bauteildicke *h* festgelegt.

Es gelten für

$h \leq 25$ cm, $s \leq 25$ cm und $h \leq 15$ cm, $s \leq 15$ cm

Zwischenwerte sind linear zu interpolieren. Der Abstand der Stabbewehrung wird auch mit s_l benannt.

Für die Bewehrungsstähle ist ein Mindestabstand *a* und ein Höchstabstand einzuhalten, um eine ausreichende Betonumhüllung zu gewährleisten, sofern das Größkorn für den Beton richtig gewählt wurde (Größkorn kleiner als der Stababstand).

$a \geq 2 \text{ cm} \geq d_s$ mit d_s Stabdurchmesser

Bei üblichen Plattendicken im Hochbau zwischen 15 cm bis 25 cm Dicke entspricht der Höchstabstand der Bewehrungsstäbe der Plattendicke *h*.

Der Stababstand der Stabstahlbewehrung muss kleiner sein als die Plattendicke.

Als Querbewehrung ist 1/5 der Tragbewehrung mit einem Stababstand von $s \leq 25$ cm einzubauen.

Es sind mindestens 50 % der Feldbewehrung zum Auflager zu führen und dort zu verankern mit

$\left(\frac{2}{3}\right) \cdot l_{bd,dir} \geq 6{,}7 \cdot d_s$ für direkte Auflager

$l_{bd,indir} \geq 10 \cdot d_s$ für indirekte Auflager

In Abhängigkeit von Betonfestigkeitsklasse und Querschnitt ist eine Mindestbewehrung einzubauen. Die Mindestbewehrung wird so bemessen, dass die Betonzugfestigkeit abgesichert ist. Wird die Betonzugfestigkeit überschritten, nimmt die Stahlbewehrung die Zugkraft auf.

Die Bewehrung darf bei Platten maximal (auch bei Übergreifungsstößen) 8 % des Betonquerschnitts nicht überschreiten. Das Versatzmaß bei Platten ohne Querkraftbewehrung beträgt

$a_1 = 1{,}0 \cdot d$ mit a_1 Versatzmaß

Das Versatzmaß a_1 ist der Zugkraftzuwachs der konstruktiv berücksichtigt wird (vgl. LF 14 I, Kapitel 19).

Freie Ränder von Platten sind zur besseren Lastverteilung von Einzellasten und zur Absicherung von Belastungen aus Schwinden des Betons und wechselnden Temperaturen mit einer Randbewehrung aus Steckbügeln zu versehen (vgl. Abb. 8.32).

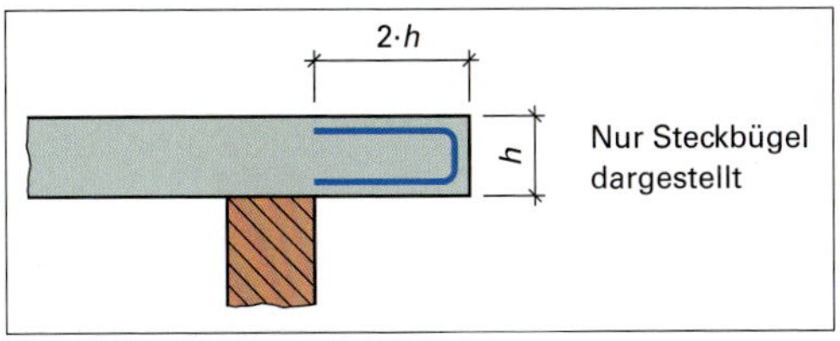

Abb. 8.32: Steckbügel am Plattenrand

Empfohlene Querschnitte für Steckbügel:
$h \leq 30$ cm mit $a_s \geq 1{,}25$ cm²/m
$h > 30$ cm mit $a_s \geq 3{,}5$ cm²/m

Freie Plattenränder sind mit Steckbügeln zu bewehren.

Abreißbewehrung/Randbewehrung

Bei Auflagerung der Decke auf Unterzügen, die parallel zu der Spannrichtung der Decke verlaufen, besteht die Gefahr der Rissbildung an der Oberseite der rechnerisch nicht berücksichtigten Unterstützung. Daher ist in diesen Fällen Abreißbewehrung in Höhe von 60 % der unteren Feldbewehrung im Bereich von $\geq l_x/4$ beiderseits der Unterstützung anzuordnen (vgl. Abb. 8.33).

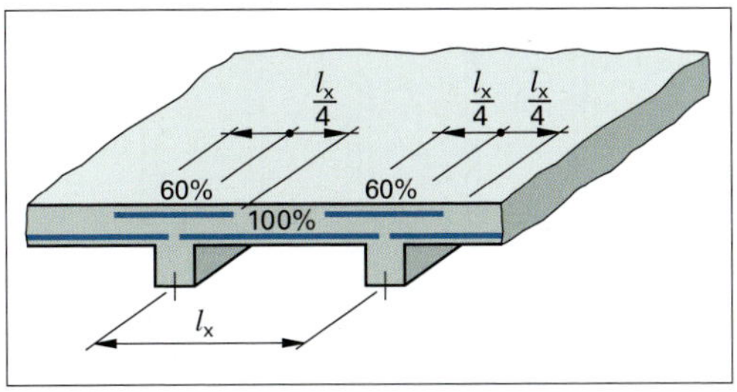

Abb. 8.33: Abreißbewehrung

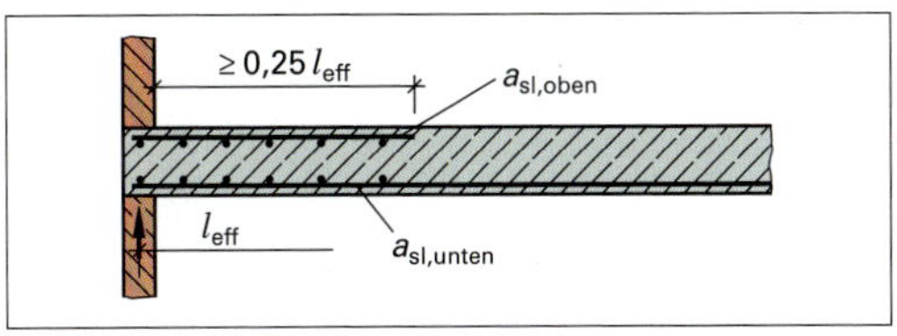

Abb. 8.34: Randbewehrung

Auch am Endauflager von Platten sollte bei nicht berücksichtigter Einspannung der Decke konstruktiv Bewehrung von 25 % der Feldbewehrung im Bereich $0{,}25 \cdot l_{eff}$ von Auflagervorderkante eingebaut werden (vgl. Abb. 8.34).

Am Rand von Stahlbetonplatten ist konstruktiv Einspannbewehrung oder Abreißbewehrung erforderlich.

8.6 Bewehrung von Deckenplatten mit Betonstahlmatten

Die Bewehrung von Platten wird heute vorwiegend mit Betonstahlmatten vorgenommen.

Betonstahl für Matten wird ebenso wie Betonstabstahl als B500A (normale Duktilität) oder als B500B (hohe Duktilität) geliefert.

Bei beiden Stahlsorten sind die charakteristischen und Designfestigkeiten gleich. Sie betragen:

- $f_{yk} = 500$ N/mm²
- $f_{yd} = 435$ N/mm² (43,5 kN/cm²)

Bei üblichen Hochbauten wie Ein- und Mehrfamilienhäusern werden meist Lagermatten verwendet. Bei den Lagermatten werden Q-Matten und R-Matten unterschieden. Die R-Matten sind für einachsige Bewehrungen gedacht, mit Q-Matten werden zweiachsig konstruierte Decken bewehrt.

Tabelle 8.35: Betonstahllagermatten

Q-Matten	R-Matten	Abmessungen [m]
Q188	R188	6,00 x 2,30
Q257	R257	6,00 x 2,30
Q335	R335	6,00 x 2,30
Q424	R424	6,00 x 2,30
Q524	R524	6,00 x 2,30
Q626	-----	6,00 x 2,35

R Rechteckmatte, Maschen 15 cm x 25 cm
Q Quadratmatte, Maschen 15 cm x 25 cm,
Ausnahme Q636, Maschen 10 cm x 12,5 cm
Die Mattenbezeichnung gibt den Stahlquerschnitt in [mm²] pro 1 Meter Mattenbreite an.

Beispiel

R257 Rechteckmatte,
Stahlquerschnitt der Betonstahllagermatte
257 mm²/m

Die notwendigen Überdeckungsstöße können Bemessungstabellen entnommen werden, oder aber auch inviduell berechnet werden. In den Tabellen sind Überdeckungslängen in [cm] und in Überdeckungsmaschen angegeben.

Beispiel

R257A; Bereich guter Verbund; C25/30, Längsstoß,
1 (29) d.h. eine Masche oder mindestens 29 cm,
1 Masche entspricht 25 cm mit Überstand je 12,5 cm Längenzugabe 50 cm

Die untere Feldbewehrung einachsig gespannter Platten, wird in der Regel mit R-Matten vorgenommen (vgl. Abb. 8.36).

Der Längsstab der Matten wird dabei in Richtung der kleinsten Stützweite verlegt. Bei zweiachsig gespannten Platten kommen im Regelfall Q-Matten zum Einsatz. Die obere Bewehrung (Stützbewehrung) lässt sich ebenfalls mit R-Matten erreichen. Lediglich bei sich kreuzender Stützbewehrung sollten Q-Matten im Kreuzungspunkt verlegt werden.

Sind die Mattenlängen in Tragrichtung nicht lang genug, müssen die Matten gestoßen werden. Die Stöße sind so anzuordnen, dass möglichst nicht mehr als drei Matten aufeinanderliegen (vgl. Abb. 8.37).

Eine weitere Möglichkeit bei den Mattenstößen Stahl zu sparen, besteht durch die Verwendung von Vorratsmatten.

Vorratsmatten sind Q-Matten bei denen die Überstände so ausgeführt sind, dass bei Beton C20/25 und gutem Verbund ein Ebenenstoß möglich ist. Die Mattenquerschnitte entsprechen den Q-Matten mit Bezeichnung B, z.B. B188, B257, B335.

Sollten die Stahlquerschnitte mit Lagermatten und Listenmatten nicht mehr wirtschaftlich erreichbar sein, können Platten auch mit Betonstabstahl bewehrt werden. Als günstiger Stahldurchmesser sollte 1/10 der Deckendicke als Durchmesser der Stabstäbe gewählt werden. Auf aufgebogene Stähle zur Querkraftaufnahme sollte aus Kostengründen möglichst verzichtet werden. Dazu muss dann die Platte dicker ausgeführt werden, um die Querkraftbeanspruchung zu reduzieren.

Bei der Bewehrung von Stahlbetonplatten sind die Anforderungen aus dem Brandschutz an die Bewehrung zu beachten. In Abhängigkeit von der Feuerwiderstandsklasse (F 30 bis F 90, entsprechend REI 30 bis REI 90) werden Mindestdicken und Achsabstände der Bewehrung in der Zugzone gefordert (vgl. Tabelle 8.38 und Abb. 8.39).

Deckenplatten werden mit Lager oder Listenmatten bewehrt.

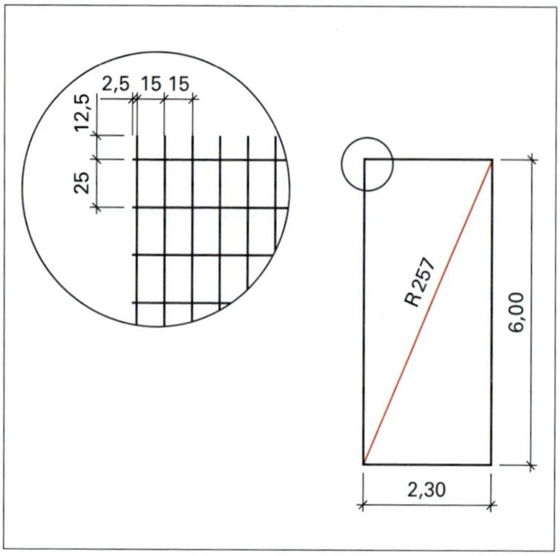

Abb. 8.36: Prinzip Lagermatte R

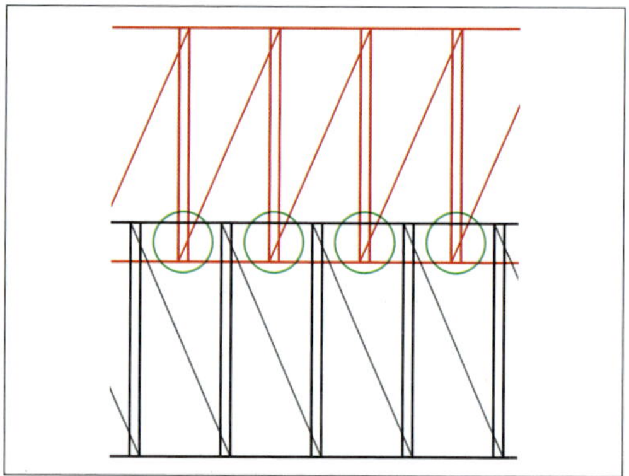

Abb. 8.37: Prinzip Mattenstoß

Tabelle 8.38: Mindestachsabstand der Feldbewehrung [mm] vom Plattenrand

l_y l_x	F 30	F 60	F 90
	Mindestabstand *a*		
Plattendicke *h* [mm]	60	80	100
1-achsig gespannte Platten[1)]	10	20	30
2-achsig gespannte Platten, dreiseitig gelagert	10	20	30
2-achsig gespannte Platten, $l_y/l_x < 1,5$	10	10	15
2-achsig gespannte Platten, $1,5 \leq l_y/l_x < 2$	10	15	20

[1)] gilt auch für durchlaufende, eingespannte und punktweise gestützte Platten aus Normalbeton mit Stütz- und Einspannbewehrung.

Tabelle 8.39: Mindestdicke von Platten [mm] in Abhängigkeit der Feuerwiderstandsklasse

	F 30-A	F 60-A	F 90-A
Mindestdicke von Platten mit Estrich	80	80	100
mindest Deckendicke *h* bei schwimmenden Estrich (Dämmstoffklasse A)	80	80	80
Punktförmig gestützte Platten mit Stützenkopfverstärkung	150	150	150
Punktförmig gestützte Platten ohne Stützenkopfverstärkung	150	200	200

Bei der Bewehrungswahl für eine Stahlbetondecke sind die Brandschutzanforderungen zu beachten.

8.7 Grundsätze der Plandarstellung

Als Übersicht über die zu bewehrenden Bauelemente dient der Positionsplan der Statik. Im Positionsplan sind die Positionen der statischen Berechnung gekennzeichnet. Positionspläne enthalten die wichtigsten Abmessungen des Bauwerks.

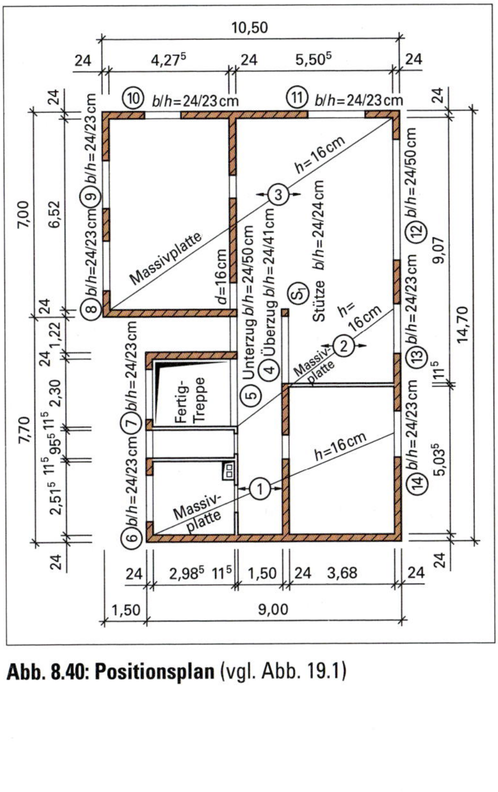

Abb. 8.40: Positionsplan (vgl. Abb. 19.1)

Im Regelfall die Abmessungen der Querschnitte von Balken, Stützen und Trägern. Bei Sohlplatten und Deckenplatten wird die Spannrichtung durch Pfeile und die Deckendicke angegeben (vgl. Abb. 8.40).

Zu den Positionen ist in der Statik die notwendige Bewehrung anzugeben.

Die Abmessungen der Decke werden mit allen zur Herstellung erforderlichen Maßen in einem Schalplan dargestellt. Die Schalpläne dienen für die Einschalung der Beton-, Stahlbeton- und Spannbetonteile. Im Schalplan müssen Angaben enthalten sein über:

- Arbeitsfugen und Fugenbänder
- Sauberkeitsschichten, Sperr-, Gleit- und Dämmschichten
- Aussparungen, Durchbrüche und Schlitze
- Auflager der Betonbauteile
- Einbauteile
- Ausbildung der Oberflächen
- Angaben zu den verwendeten Baustoffen

Schalpläne werden in der Regel als Grundrisszeichnung Typ B erstellt. Bei geometrisch einfachen Decken kann auf einen Schalplan verzichtet werden, dann sind alle zur Herstellung notwendigen Maße in den Bewehrungsplan aufzunehmen.

Nach den Angaben aus der Statik der Decke wird ein Bewehrungsplan für die Decke gezeichnet.

Im Bewehrungsplan einer Decke werden die untere Bewehrung und die obere Bewehrung getrennt in Draufsicht und Schnitt dargestellt. Der Maßstab ist im Regelfall M 1:50. Wenn die Deckenbewehrung aus Betonstahlmatten besteht, können erforderliche Stabstahlbewehrungen im Mattenplan mit dargestellt werden (vgl. Abb. 8.41).

Sollte bei Decken sehr viel Einzelstabbewehrung erforderlich sein, können auch gesonderte Pläne für die Stabstahlbewehrung sinnvoll sein.

Zu unterscheiden sind Positions-, Schal- und Bewehrungspläne.

Zu den Verlegeplänen der Bewehrung gehören bei den Mattenbewehrungsplänen Schneideskizzen im Maßstab M 1:100.

In den Schneideskizzen wird jede Mattenposition mit ihren Abmessungen dargestellt. Die Stabstähle werden zusätzlich in Stahllisten erfasst. Werden die Bewehrungspläne mit CAD-Programmen erstellt, werden die zugehörigen Schneideskizzen und Stahllisten automatisch mitgeführt (vgl. Abb. 8.42).

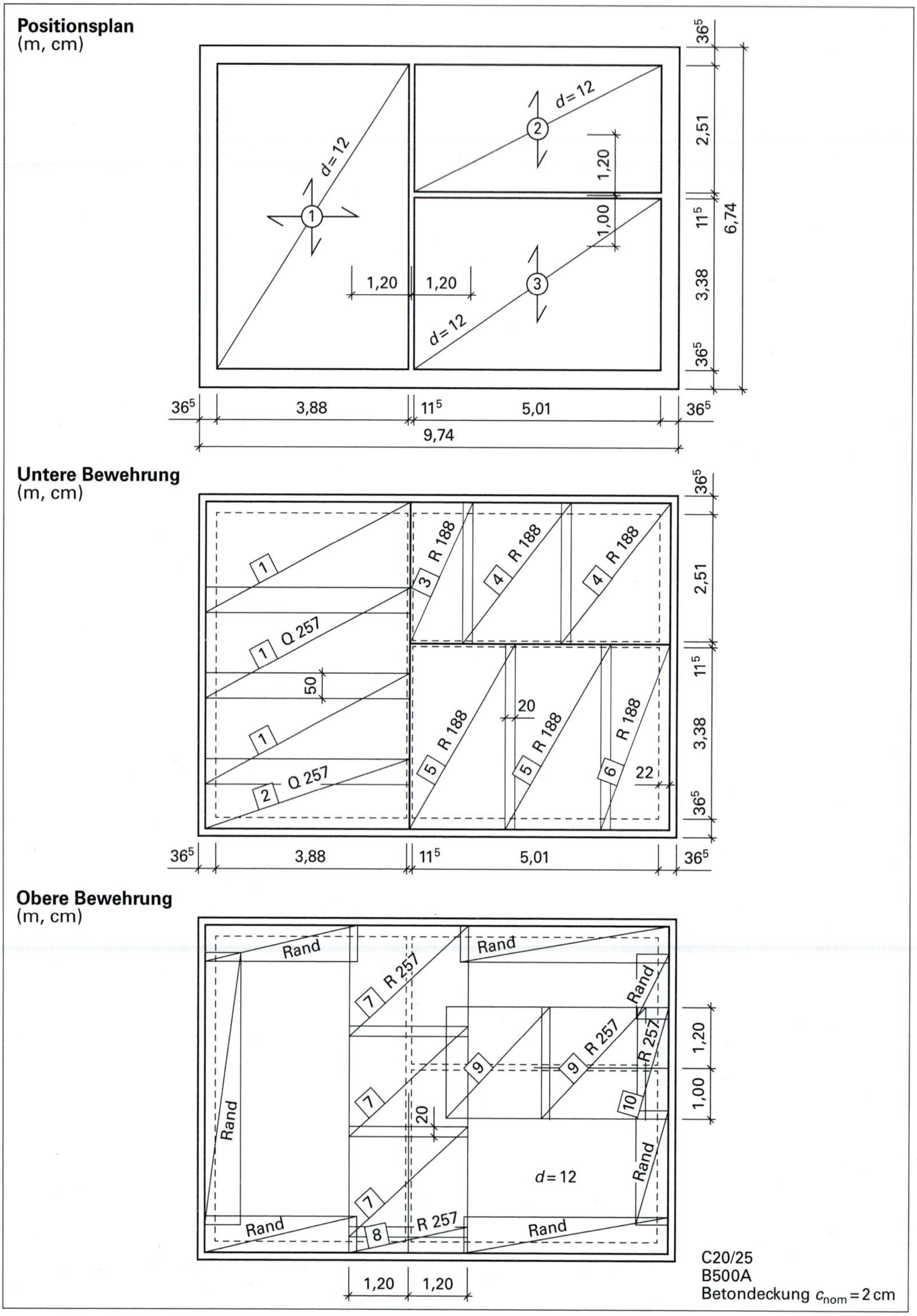

Abb. 8.41: Bewehrungsplan Kellerdecke mit Positionsplan

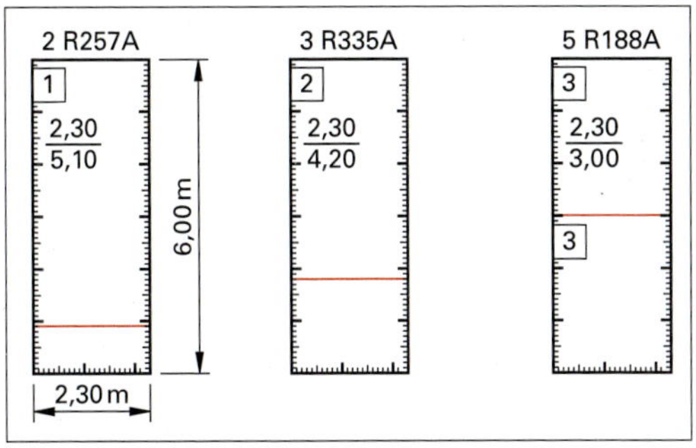

Abb. 8.42: Ausschnitt Schneideskizze

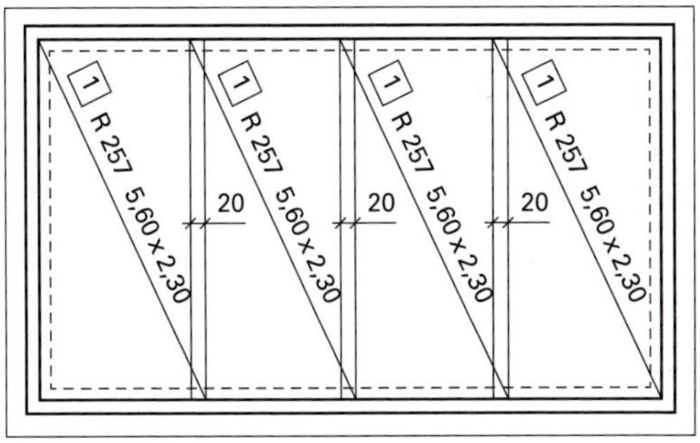

Abb. 8.43: Einzelmattendarstellung

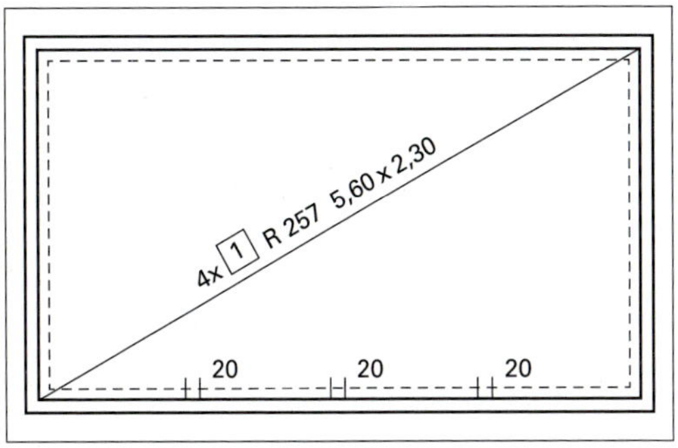

Abb. 8.44: Darstellung mit Mattengruppe

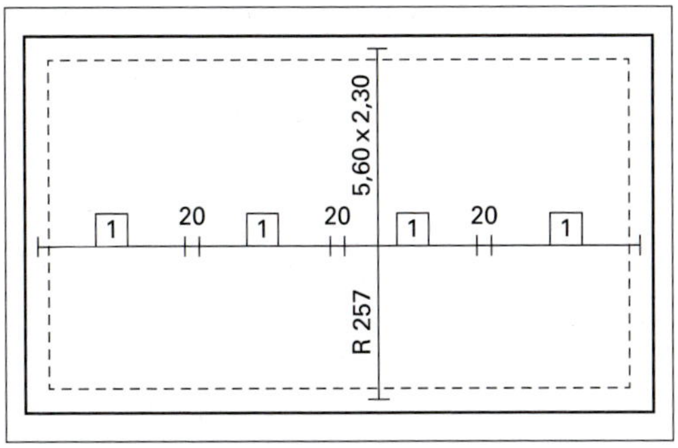

Abb. 8.45: Achsbezogene Darstellung

Darstellung der Bewehrung mit Bewehrungsmatten

Für die Darstellung der Mattenbewehrung gibt es drei Möglichkeiten.

Einzelmattendarstellung
Die Matten werden mit ihren Umrissen maßstäblich gezeichnet und mit einer Diagonallinie dargestellt. Die Position der Matte wird in ein Quadrat an die Diagonale geschrieben (vgl. Abb. 8.43).

Mattengruppen
Matten gleicher Position werden mit den äußeren Umrandungen dargestellt. Der Gesamtbereich wird durch eine Diagonallinie gekennzeichnet. Stöße der Matten werden ansatzweise dargestellt und vermaßt (vgl. Abb. 8.44).

Achsdarstellung
Die Achsen von Mattengruppen werden in Breite und Länge dargestellt. Stöße werden angedeutet und bemaßt (vgl. Abb. 8.45).

Einachsig gespannte Rechteckplatte

Einachsig gespannte Platten werden mit R-Matten bewehrt. Die Tragstähle der Matten werden parallel zur Spannrichtung verlegt. Ist die Mattenlänge kleiner als die notwendige Bewehrungslänge, müssen die Tragstähle der Matten gestoßen werden (Tragstoß) (vgl. Abb. 8.46).

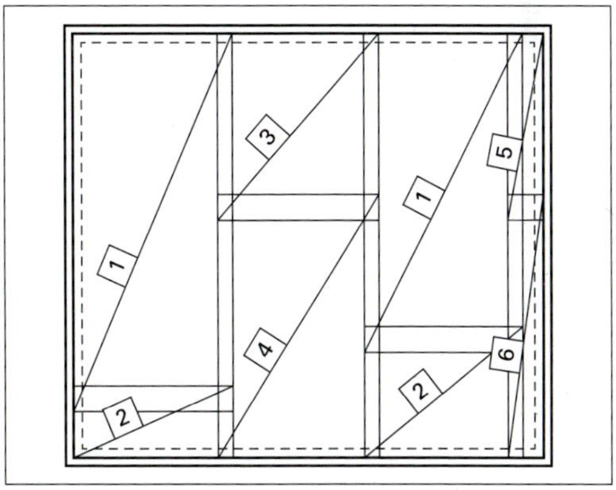

Abb. 8.46: Mattenlage mit Tragstoß

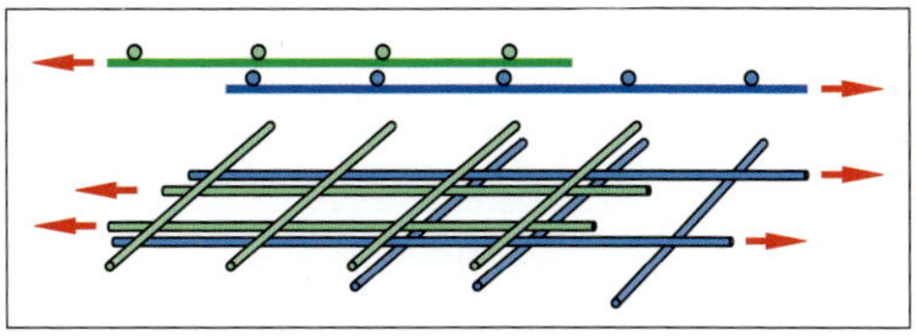

Abb. 8.47: Bezeichnung von Mattenstößen

8

Zu unterscheiden sind bei den Mattenstößen der Einebenenstoß und der Zweiebenenstoß.

Einebenenstoß: Beim Einebenenstoß liegen die Tragstähle in einer Ebene.

Zweiebenenstoß (Regelstoß): Beim Zweiebenenstoß liegen die Tragstähle durch die Querbewehrung getrennt in unterschiedlichen Ebenen (vgl. Abb. 8.47).

Bei Betonstahlmatten dürfen Vollstöße ausgeführt werden, solange der Querschnitt a_s unter 12,0 cm²/m bleibt.

Bei $a_s \geq 12$ cm² dürfen nur 60 % der Matten gestoßen werden und nur wenn die Matten die inneren Matten einer mehrlagigen Bewehrung sind.

Die Tragstöße sind in jeder Mattenreihe zu versetzen.

In Querrichtung werden die Matten ebenfalls überdeckt (Verteilerstoß). Um schmale nicht mehr verwertbare Mattenreste zu vermeiden, kann die Breite des Verteilerstoßes größer als notwendig gewählt werden.

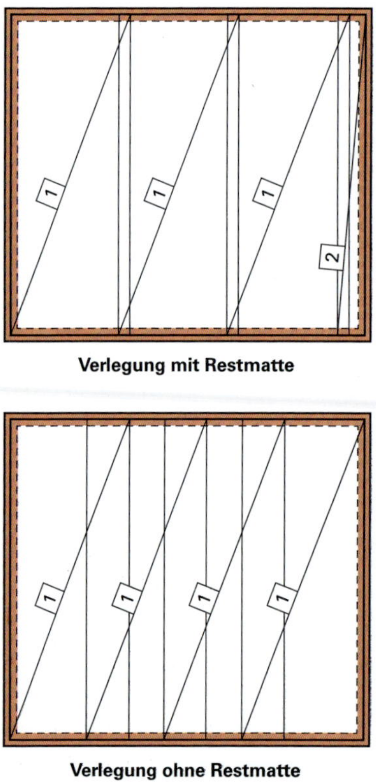

Abb. 8.48: Verteilerstoß von R-Matten

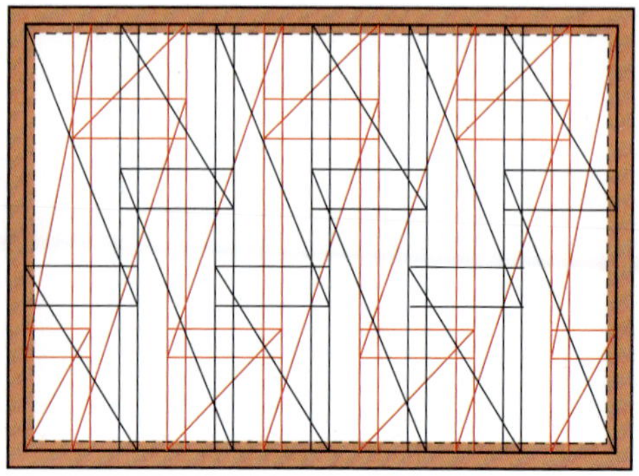

Abb. 8.49: Zweilagige Mattenbewehrung (Schema)

Lässt sich der erforderliche Stahlquerschnitt nicht mehr mit einer Mattenlage erreichen, wird eine zweite Mattenlage angeordnet.

Die Tragstöße müssen dabei um mindestens das 1,3-fache der Übergreifungslänge versetzt werden (vgl. Abb. 8.49).

Gestaffelte Bewehrung

Da der gesamte Stahlquerschnitt nur an der Stelle der maximalen Beanspruchung erforderlich ist, und sich die Beanspruchung im Feld zum Rand hin abbaut, kann zum Rand hin der Mattenquerschnitt verringert bzw. in Randbereichen auf die zweite Mattenlage verzichtet werden. Zweilagige Bewehrungen sollten nicht ausgeführt werden, wenn der Querschnitt mit einer Mattenlage erreicht werden kann. Die Stahlersparnis wird durch den erhöhten Arbeitsaufwand aufgezehrt.

Bei der Anordnung einer zweiten Mattenlage wird nach Art der Anordnung Zulagebewehrung oder verschränkte Bewehrung unterschieden. Auch hier sind die Matten durch Versetzen der Stöße so anzuordnen, dass sich die Stöße der Mattenlagen nicht überlappen. Die verschränkte Bewehrung ist dann eine Möglichkeit die Längsbewehrung ohne Mattenstoß auszuführen, wenn die Traglänge größer ist als die Länge der zweckmäßig gewählten Matte (vgl. Abb. 8.50).

Obere Bewehrung – Randbewehrung
(vgl. auch Abreißbewehrung)

An den oberen Rändern der Platte ist rechtwinklig zum Rand eine Bewehrung von 25 % der Feldbewehrung auf einer Breite von $0{,}25 \cdot l_x$ gemessen von der Innenkante des Auflagers einzubauen, sofern es sich nicht um eine frei aufliegende Dachdecke handelt.

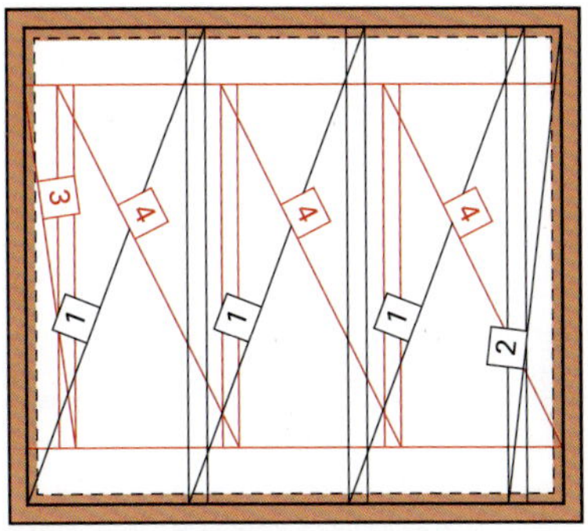

Einachsig gespannte Decke. Zweilagig bewehrt mit Zulagematten (R-Matten)

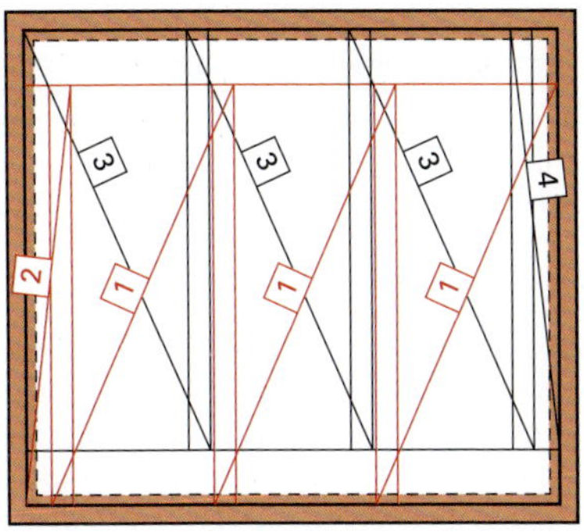

Einachsig gespannte Decke. Zweilagig bewehrt mit verschränkten Matten (R-Matten)

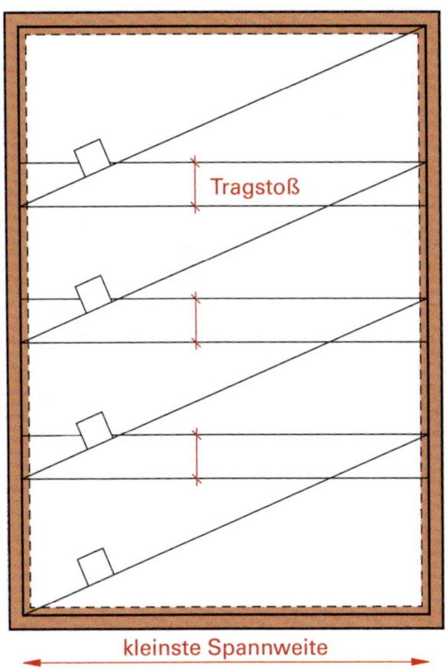

Zweiachsig gespannte Decke. Einlagig bewehrt mit Q-Matte

Abb. 8.50: Gestaffelte Bewehrung

Obere Bewehrung-Drillbewehrung

Wenn sich eine Platte unter Belastung in Plattenmitte durchbiegt, heben die Ecken der Platte an der Ecke ab. Die Abhebekräfte müssen durch Auflast oder Verankerung aufgenommen werden. Soll das Abheben verhindert werden, muss an den freien Rändern der Platte im Bereich $0{,}3 \cdot l_x$ Drillbewehrung eingebaut werden (vgl. Abb. 8.51). Der Querschnitt der Drillbewehrung entspricht der Feldbewehrung.

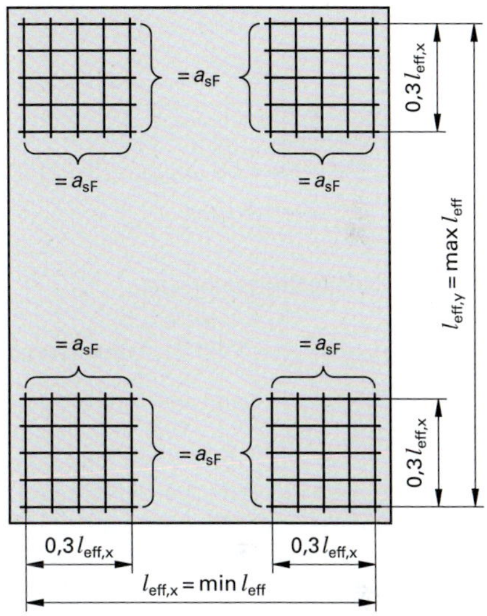

Abb. 8.51: Anordnung Drillbewehrung

Die Tragstähle für die Drillbewehrung verlaufen senkrecht zum gelenkig gelagerten Rand.

Durch Anordnung von Sollbruchstellen oder durch nicht Betonieren der Ecke kann das Abheben der Ränder eingeschränkt werden.

Bei eingespannten Rändern ändert sich die Drillbewehrung (vgl. Abb. 8.52)

Ecke mit frei aufliegenden Rändern:
volle Drillbewehrung
Ecke mit einem eingespannten und einem frei aufliegenden Rand:
halbe Eckbewehrung rechtwinklig zum freien Rand.
Ecke mit zwei eingespannten Rändern:
keine Eckbewehrung notwendig.

Drillbewehrung vermindert die Pattendurchbiegung.

8

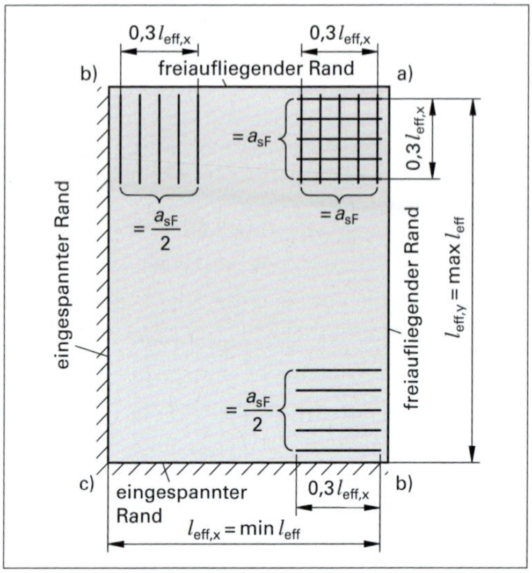

Abb. 8.52: Sonderfälle Drillbewehrung

Obere Bewehrung - Stützbewehrung

Durch die Statik ist die Lage und Anordnung der Stützbewehrung festgelegt. Die Stützmomente bei Platten reichen circa 0,2 · l_x ins Feld. Die genauen Werte liefert die statische Berechnung. Die Stützbewehrung ist einachsig rechtwinklig zur Unterstützungslinie anzuordnen. Sie wird daher mit R-Matten ausgeführt (vgl. Abb. 8.53).

Wird bei der gesamten Länge der Stützbewehrung nur eine halbe Mattenlänge benötigt, lässt sich die Stützbewehrung einfach herstellen. Ist die notwendige Stützbewehrung länger als eine halbe Mattenlänge, kann die Stützbewehrung als gestaffelte Bewehrung in Zulagetechnik oder verschränkt verlegt werden (vgl. Abb. 8.54).

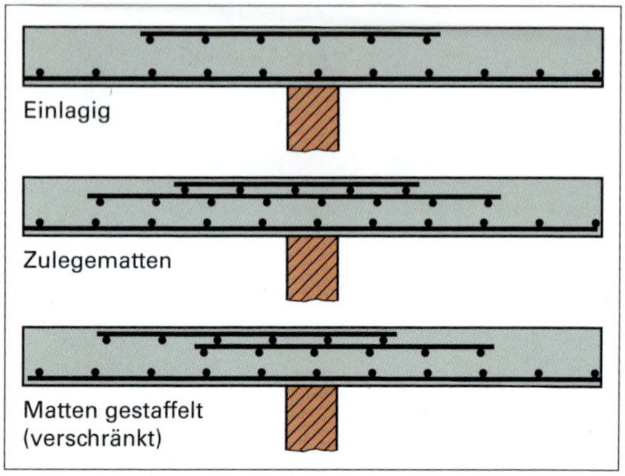

Abb. 8.54: Varianten Stützbewehrung

Im Kreuzungsbereich von Unterstützungen können Q-Matten zur Anwendung kommen. Hier kommt es auf eine geschickte Anordnung der Matten an, um zu vermeiden das vier Matten übereinanderliegen. Dies wird in der Regel dadurch erreicht, dass Verteilerstöße durch die zweite Mattenlage übernommen werden. Dies Verfahren ist zulässig, da die notwen-

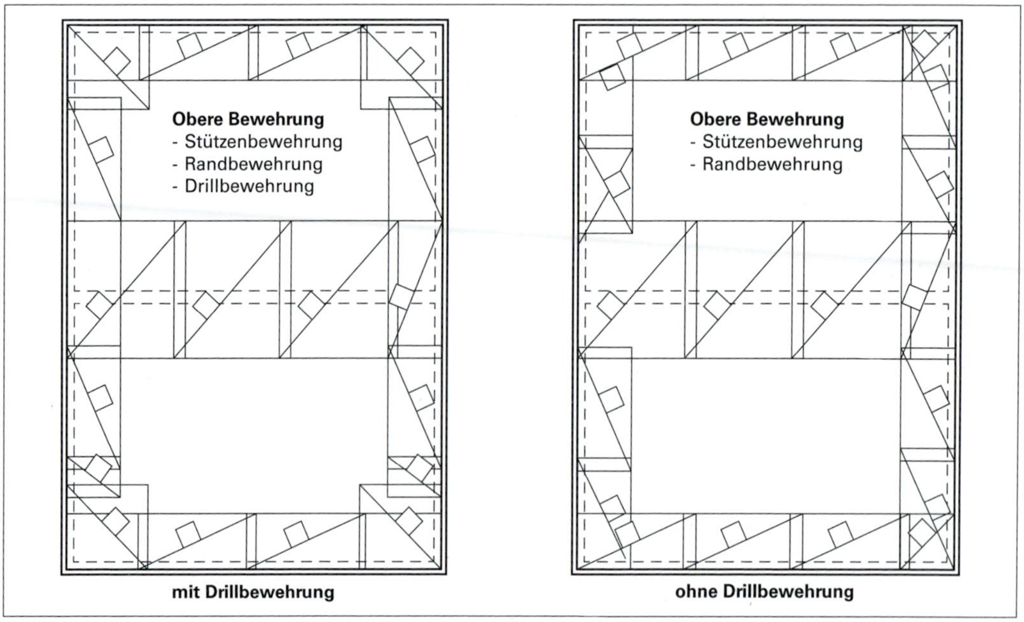

Abb. 8.53: Obere Bewehrung

dige Bewehrung im Eckbereich geringer beansprucht ist als in Stützmitte, jedoch mit demselben Stahlquerschnitt ausgeführt wird (vgl. Abb. 8.55).

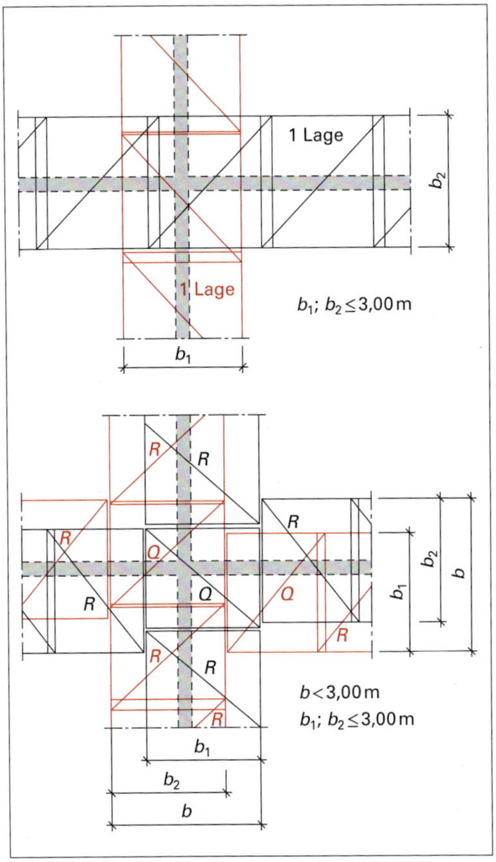

Abb. 8.55: Stützbewehrung an Wandkreuzungen

Die obere Bewehrung ist Stützbewehrung, Randbewehrung und /oder Drillbewehrung.

Bewehrung mit Listenmatten

Wenn sich bei der Bewehrung von Deckenplatten mit Lagermatten viele Tragstöße ergeben und es sich um größere Flächen bzw. sich wiederholende Geschossdecken handelt sollte die Bewehrung mit Listenmatten geprüft werden. Bei diesen Matten können Stablage und Stablänge durch den Besteller angegeben werden und damit an die statischen Notwendigkeiten angepasst werden.

Listenmatten werden in Breiten von 1,85 m bis 4,00 m und Längen von 4,00 m bis 14,00 m gefertigt. Damit lassen sich besonders bei großen Spannweiten Stoßüberdeckungen und damit Stahl einsparen.

Bewehrung mit Vorratsmatten

Eine weitere Möglichkeit bei den Mattenstößen Stahl zu sparen, besteht durch die Verwendung von Vorratsmatten (vgl. Abb. 8.56).

Vorratsmatten sind Q-Matten bei denen die Überstände so ausgeführt sind, dass bei Beton C20/25 und gutem Verbund ein Ebenenstoß möglich ist.

Mattenquerschnitte wie entsprechende Q-Matten mit Bezeichnung B (vgl. Abb. 8.56).

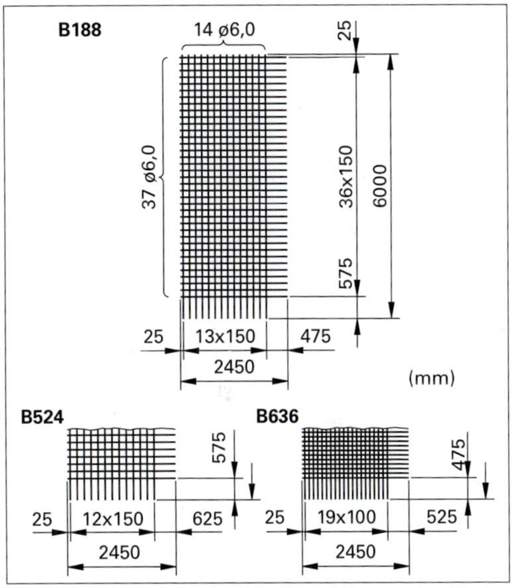

Abb. 8.56: Prinzip Vorratsmatte

BAMtec Bewehrung

Eine weitere Bewehrungsmöglichkeit für Platten ist die „BAMtec“ Bewehrung. Nach der Berechnung mit FEM Programmen wird die Bewehrung mit Stabstählen für jede Tragrichtung getrennt hergestellt und durch dünne Querstähle verbunden. Die verbundenen Tragstähle werden dann aufgewickelt. Auf der Baustelle werden die Tragstahlrollen auf die Schalung gelegt und abgewickelt. Damit entfällt das Einmessen und Verlegen der Einzelstahlbewehrung.

Stahlbetondecken können bewehrt werden mit: Lagermatten – Listenmatten – Vorratsmatten – Stabstahl – BAMtec Bewehrung

Querkraftbewehrung

Querkraftbewehrung wird bei hoch beanspruchten Platten erforderlich. Die erforderliche Bewehrung wird durch aufgebogene Stähle im Auflagerbereich der Platte vorgenommen (vgl. Abb. 8.59). Nach Möglichkeit sollte versucht werden, die Querkraftbewehrung durch eine Querschnittserhöhung und höhere Betonfestigkeit zu vermeiden. Im Regelfall lässt sich die Decke dann auch nicht mehr mit Matten bewehren, sondern für die Tragbewehrung ist ebenfalls Stabstahl erforderlich um die geforderten Stahlquerschnittswerte zu erreichen.

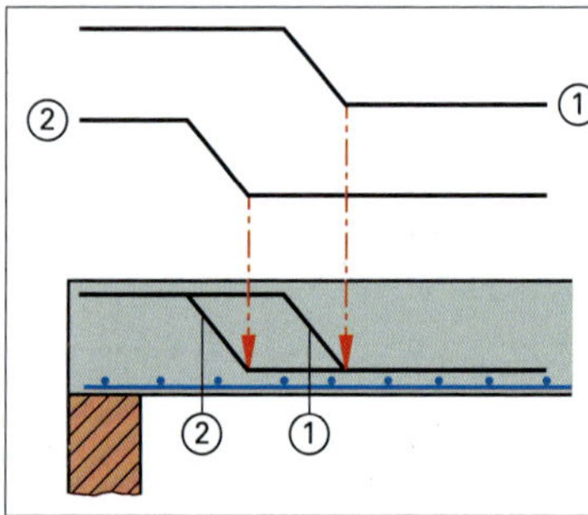

Abb. 8.57: Zusätzliche Querkraftbewehrung

Hoch belastete Deckenplatten erfordern zusätzliche Querkraftbewehrungen durch auflagernahe Aufbiegungen aus Stabstahlzulagen.

Mattenstöße

Die Übergreifungslängen von Betonstahlmatten werden aus dem Grundmaß der Verankerungslänge abgeleitet.

$$l_0 = l_{b,rqd} \cdot \alpha_7 \cdot \left(\frac{A_{s,erf}}{A_{s,vorh}}\right) \geq l_{0,min}$$

$l_{b,rqd}$ Grundmaß der Verankerungslänge
α_7 Beiwert zur Berücksichtigung des Mattenquerschnitts

$$\alpha_7 = 0{,}4 + \left(\frac{A_{s,vorh}}{8}\right) \geq 1 \leq 2$$

$A_{s,erf}$ erforderliche Querschnitt
$A_{s,vorh}$ vorhandener Querschnittsfläche im Stoßquerschnitt in cm²/m
$l_{s,min}$ Mindeswert der Übergreifungslänge
s_q Abstand der (angeschweißten) Querstäbe

$$l_{s,min} = 0{,}3 \cdot \alpha_7 \cdot l_{b,rqd} \geq s_q \geq 200 \text{ mm}$$

Übergreifungslängen der Querstäbe (Verteiler) müssen mindestens zwei Längsstäbe erfassen.

In Abhängigkeit vom Stabdurchmesser gelten folgende Mindestwerte mit s_l Stababstand der Längsstäbe:

$\varnothing \leq 6$ mm:	$l_{0,q} \geq 150$ mm und $\geq s_l$
6 mm $< \varnothing \leq 8{,}5$ mm	$l_{0,q} \geq 250$ mm und $\geq s_l$
8,5 mm $< \varnothing \leq 12$ mm	$l_{0,q} \geq 350$ mm und $\geq s_l$
$\varnothing > 12$ mm:	$l_{0,q} = 500$ mm und $\geq s_l$

Die Längen der Übergreifungsstöße sind für verschiedene Betonqualitäten, Verbundbereiche und Matten tabelliert. Damit wird das Berechnen der Übergreifungslängen erleichtert.

Für die Verankerung an Auflagern gilt:

Endauflager direkt	$l_{b,dir} = (2/3) \cdot l_{bd} \geq 6{,}7 \cdot d_s$
Endauflager indirekt	$l_{b,ind} = l_{bd} \geq 10 \cdot d_s$
Zwischenauflager	$l \geq 6 \cdot d_s$

Grundsätzlich ist die Bewehrung so weit wie im Rahmen der Betondeckung möglich, über die Auflager zu führen.

Die Verankerungslängen an den Auflagern erfordern Nachweise.

8.8 Sonderfälle der Bewehrung

Als Sonderfall wird die dreiseitig gelagerte Platte betrachtet.

Dreiseitig gelagerte Platten ergeben sich u.a. bei Loggien im Wohnungsbau.

Die Bewehrung einer dreiseitigen Platte ist abhängig von den Lagerungsbedingungen und der Belastung abhängig. Der freie Rand ist mit Steckbügel einzufassen. Am freien Randbereich ist obere Bewehrung einzulegen (vgl. Abb. 8.58).

Kragplatten werden grundsätzlich oben bewehrt. Unten wird eine konstruktive Bewehrung eingelegt. Kragplatten als Balkone sind zur Vermeidung von Energieverlusten thermisch von der Deckenplatte zu trennen. Hierzu werden Einbauteile eingeplant, die die Kräfte über Stähle übertragen, und die Kragplatte durch eine Dämmschicht von der Decke trennen (vgl. Abb. 8.59).

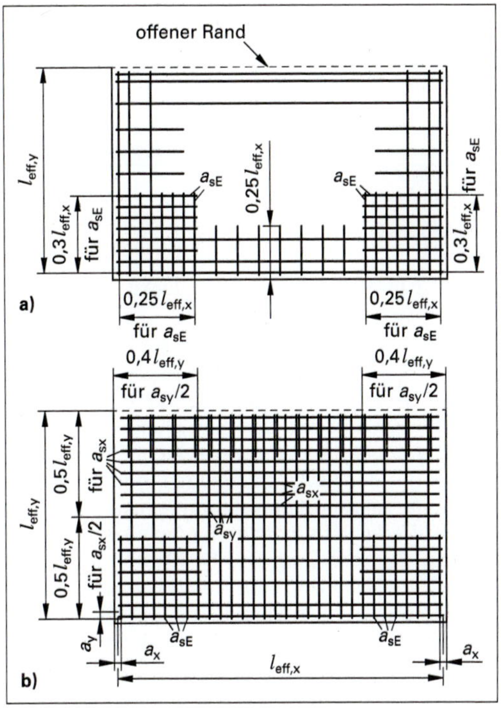

Abb. 8.58: Dreiseitig gelagerte Platte

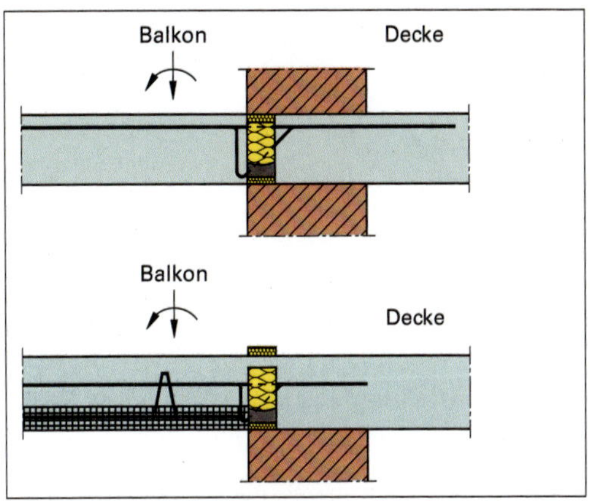

Abb. 8.59: Kragplattenanschluß

Bewehrung bei Deckenöffnungen

Bei Deckendurchbrüchen mit Breiten kleiner als 0,2 · l_{min} sollte auf jeder Seite des Durchbruches der Fehlquerschnitt zugelegt werden. Bei größeren Durchbrüchen mit erheblicher Schwächung des Querschnittes sind statische Nachweise erforderlich. Diagonalstäbe in den Ecken dienen der Rissevermeidung (vgl. Abb. 8.60).

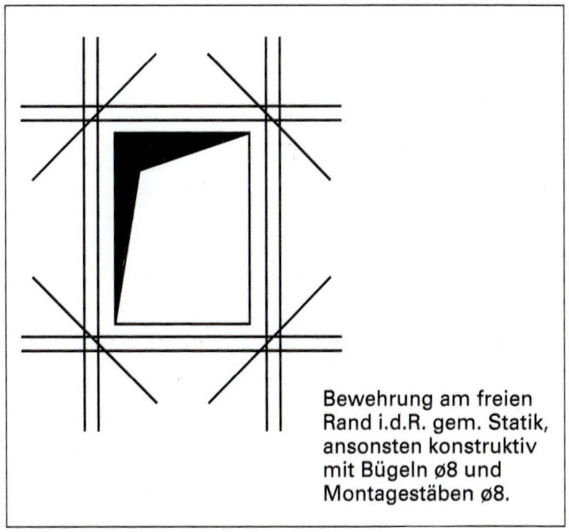

Abb. 8.60: Zulagebewehrung bei Öffnung in der Decke

Deckenöffnungen erfordern Zulagebewehrungen aus Stabstahl.

Deckengleiche Balken

Deckengleiche Unterzüge werden dann erforderlich, wenn die Stützung der Decke durch Wandöffnungen unterbrochen wird. Bei unterbrochener Stützung am Endauflager darf die Feldbewehrung nicht gestaffelt werden. In Abhängigkeit von der Länge der unterbrochenen Stützung sind drei Fälle zu unterscheiden:

Länge ≤ 7 · Deckenhöhe
: Es werden konstruktiv Zulagen oben und unten gewählt (2Ø10 bzw. 2Ø12). Die obere Bewehrung muss ausreichend weit über den Auflagerand geführt werden ~0,6 · l

Länge > 7 · Deckenhöhe ≤ 15 · Deckenhöhe
: Es wird ein Blindbalken eingebaut mit unterer und oberer Zulagebewehrung, eventuell mit Bügelbewehrung. Im Bereich der Auflager wird die Stützbewehrung verstärkt.

Länge > 15 · Deckenhöhe
: Diese Deckenbalken sind statisch nachzuweisen. Es können keine Konstruktionsregeln angegeben werden.

Je nach Belastung und Spannweite der Decke werden Unterzüge, Überzüge oder deckengleiche/höhengleiche Balken statisch eingeplant (vgl. LF 14 I, Kapitel 19.6 Plattenbalken).

8

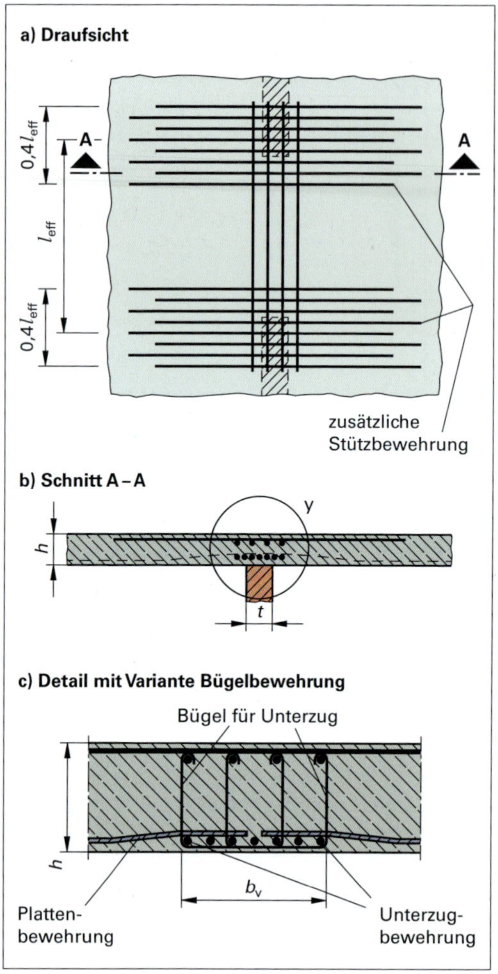

Abb. 8.61: Deckengleicher Balken

> Die Bewehrung deckengleicher Balken richtet sich nach der Stützweite in Relation zur Deckenhöhe.

Ringanker

Ringanker dienen der Aufnahme von Zugspannungen verursacht durch unregelmäßige Wandbelastungen und unregelmäßigen Setzungen. Sie werden im Randbereich der Decke verlegt. Die Bewehrung besteht aus mindestens 2 Betonstählen mit Ø 10 mm. Stöße der Ringankerbewehrung sind als Tragstöße auszubilden (vgl. Abb. 8.62). Die Ausführung von Ringankern und Ringbalken ist in LF 11 A, Kapitel 11.2, für zweiseitig gehaltene Wände beschrieben.

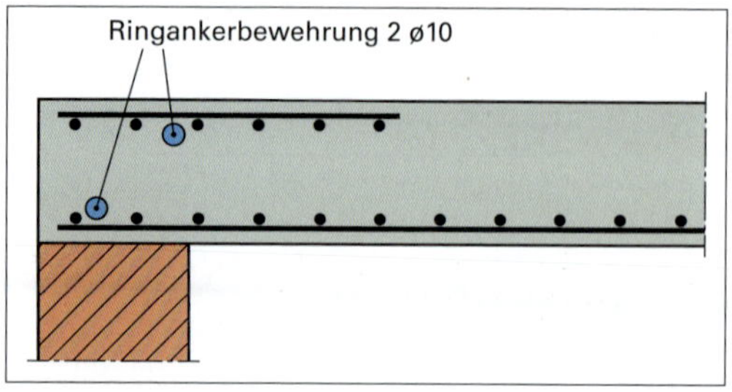

Abb. 8.62: Ringankerbewehrung in Decke

Anschlussbewehrung

Bei der Bewehrung der Decken ist die Bewehrung der anderen mit der Decke verbundenen Betonbauteile zu beachten. Entweder ist die Bewehrung bereits mit der Decke einzubauen, oder es ist sogenannte Anschlussbewehrung einzubauen. Die mit der Decke verbundenen Bauteile können sein, Wände, Stützen, Drempel, Stahlbetonbalken als Unter- oder Oberzug und Stahlbetontreppen. Bei Stahlbetondecken in Verbindung mit Stahlbetontreppen in Ortbetonbauweise ist es sinnvoll, die zur Geschossdecke führen Treppe mit der Decke zu betonieren, und für die von der Geschossdecke nach oben abgehende Treppe Anschlussbewehrung vorzusehen (vgl. Abb. 8.63).

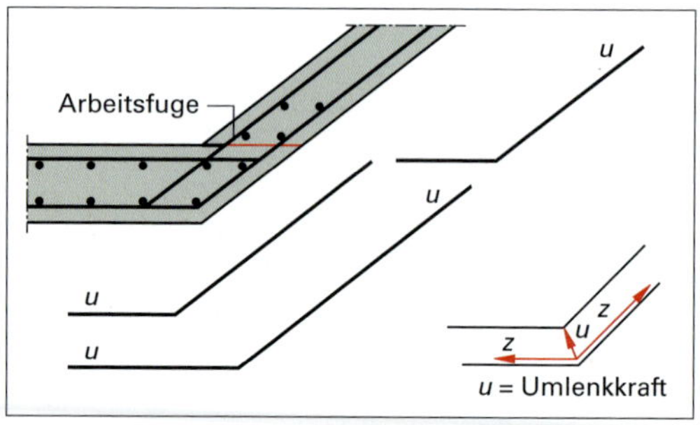

Abb. 8.63: Anschlussbewehrung für eine Treppe
(vgl. LF 7 und LF 14 I, Kapitel 19)

> Bei der Bewehrung von Decken ist die Anschlussbewehrung zu berücksichtigen.

8.9 Lastabtragung aus Decken

Die Lastabtragung erfolgt bei zweiachsig gespannten Platten hauptsächlich in Richtung der kurzen Spannweite. Zur Abschätzung der Belastungen aus der Platte in Abhängigkeit von Geometrie und Lagerungsart dienen folgende Annahmen über die Lastanteile aus der Platte bei Rechteckplatten. Bevor die Einteilung geplant wird, ist zu klären, wie die Deckenplatte am Rand gehalten ist (vgl. Abb. 8.66).

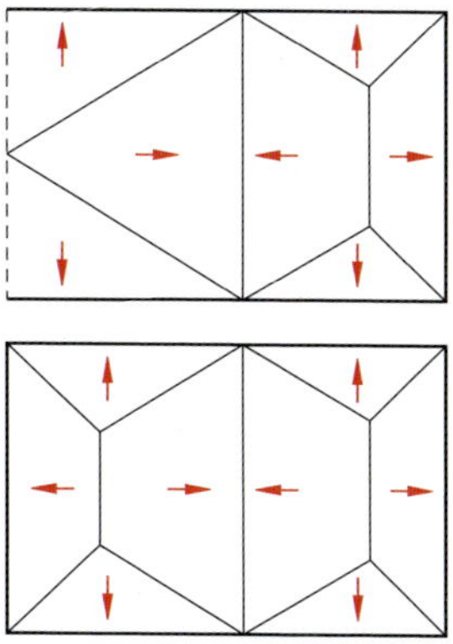

Abb. 8.64: Lastabtragung von Platten

Zwischen gleichen Randbedingungen verläuft die Aufteilungslinie unter 45° (Winkelhalbierende). Zwischen eingespannten Rand und frei drehbar gelagertem Rand wird der rechte Winkel in 60° und 30° unterteilt. Der Winkel von 60° ist zum eingespannten Rand hin anzunehmen. Bei anderen Winkeln ist im Verhältnis 2:1 entsprechend zu interpolieren (vgl. Abb. 8.65).

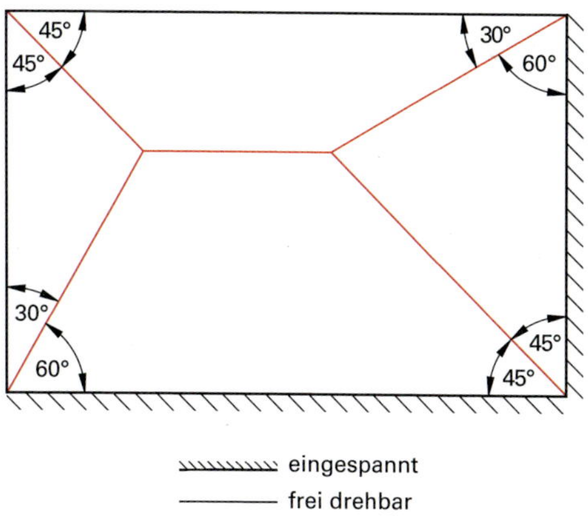

Abb. 8.65: Lasteinzugsbereiche

Für die Lastabtragung von Betondeckenplatten auf die Unterstützung müssen die Lagerungsbedingungen geklärt sein.

8.10 Schalungen und Herstellung von Decken

Schalung ist ein wesentlicher Kostenfaktor bei der Herstellung von Stahlbetondecken. Schon bei der Planung ist zu bedenken, dass die geschossweise Änderungen viel Aufwand erfordern. Die Verwendung von modernen Deckenschalungssystemen (Systemdeckenschalungen) ist hinsichtlich des Kosten- und Zeitdruckes unverzichtbar.

Wenn Elementdecken verwendet werden beschränkt sich das Einschalen der Deckenflächen auf das Einschalen der mit den Decken verbundenen Balken und Unterzüge sowie das Herstellen der Deckenrandschalung (vgl. Abb. 8.66 und Abb. 8.67). Die Elemente können mitunter sogar stützungsfrei verlegt werden, wenn die Auflager tragfähig genug sind. Sonst sind nur Rähme erforderlich auf die die Elemente verlegt werden. Die Rähme werden wiederum auf Stützen gelegt.

Wird die Decke in Ortbeton hergestellt, werden Schaltafel und Schalungsträger verwendet. Auf Stützen mit Kopfgabeln werden Längsträger gelegt, auf die wiederum Querträger zur Aufnahme der Schaltafeln gelegt werden (vgl. Abb. 8.67).

Wenn Dreibeinstützen verwendet werden, entfällt das Verschwerten der Stützen untereinander (vgl. Abb. 8.69).

Jeder Plattenstoß muss auf einem Querträger liegen, damit die Platte beim Betreten nicht kippt. Lücken, die mit Schaltafeln nicht geschlossen werden können, werden mit Brettschalung und oder Stahltafeln geschlossen.

Für die Seitenrandschalung werden am Günstigsten vorgefertigte Deckenrandelemente verwendet, um den Schalungsaufwand in der Höhe zu sparen, oder es werden Deckenrandsteine aus dem jeweiligen Steinmaterial als Deckenrand vorgesehen.

Vor dem Einbau der Bewehrung wird Trennmittel zum späteren leichteren Ausschalen auf die Schalung aufgebracht. Die Bewehrung ist mit den notwendigen Abstandhaltern für die obere und untere Bewehrung einzubauen.

Vor dem Betonieren ist die Schalung auf ihre Standsicherheit hin zu überprüfen. Holzschalungen werden vor dem Betonieren vorgenässt, damit sich eventuelle Fugen im Holz schließen.

Es sind Markierungen anzubringen, um die exakte Deckenhöhe an jeder Stelle zu gewährleisten.

8

Abb. 8.66: Deckenschalung

Abb. 8.67: Deckenrandschalung

Abb. 8.68: Deckenschalungssystem (Peri)

Nach dem Betoniervorgang sind die Decken entsprechend den Witterungsbedingungen nachzubehandeln und vor schädlichen Einflüssen wie

- Extremen Temperaturen
- Erschütterungen
- Belastungen z.B. Steinstapel zu schützen.

Abb. 8.69: Deckenschalung (Dreibeinstützen, Peri)

Die Nachbehandlungsdauer hängt vom Verlauf der Außentemperatur, der Expositionsklasse und er Festigkeitsentwicklung des Betons ab. Mögliche Maßnahmen sind:

- Beton mit Folien abdecken
- Wasserspeichernde Abdeckungen aufbringen
- Nachbehandlungsmittel aufbringen
- Decke feucht halten (z. B. Besprühen mit Wasser)

Die Mindestdauer der Nachbehandlung kann bis zu 14 Tagen notwendig sein (vgl. Tabelle 8.70).

Gerade bei Stahlbetondecken mit ihrer großen Oberfläche im Vergleich zu Stützen und Balken ist eine sorgfältige Nachbehandlung Voraussetzung, um insbesondere die Tragfähigkeit sicherzustellen.

Tabelle 8.70: Richtwerte für die Nachbehandlungsdauer (in Tagen)

Frischbetontemperatur t [°C] zum Betonierzeitpunkt	Festigkeitsentwicklung des Betons		
	schnell	mittel	langsam
$t \geq 15$	1	2	4
$15 > t \geq 10$	2	4	7
$10 > t \geq 5$	4	8	14

Betonbauteile dürfen erst ausgeschalt werden, wenn der Beton eine ausreichende Festigkeit erreicht hat. Die Beurteilung obliegt der Bauleitung vor Ort. Die DIN 1045 (1988) und das Merkblatt des Deutschen Beton- und Bautechnik-Vereins e. V. (DBV) „Betonschalungen und Ausschalfristen" (2013) enthalten Anhaltswerte in Abhängigkeit von der Festigkeitsklasse des Zementes, z. B.:
CEM 32,5N 8 Tage (20 Tage bei $l > 6{,}00$ m)
CEM 32,5R 5 Tage (10 Tage bei $l > 6{,}00$ m)
CEM 42,5R und höher 3 Tage (6 Tage).

Aufgaben zum LF 8 Planen einer Geschossdecke

1. Nennen Sie verschiedene Decken aus Ziegelmaterial.
2. Welche Möglichkeiten der Mattendarstellung gibt es?
3. Erkläre die Bedeutung der Bezeichnung Q131A.
4. Welche Arten der Auflagerung werden bei Decken unterschieden?
5. Welche Faktoren beeinflußen die Deckenhöhe?
6. Welche Deckenarten sind für große Spannweiten geeignet?
7. Berechnen Sie die statisch notwendige Bewehrung am Endauflager einer Stahlbetondecke. $b/h/d$=100/18/15 [cm], V_{Ed} = 21,5 kN
8. Berechnen Sie die notwendige Verankerungslänge $l_{b,dir}$ für folgende Angaben.

	V_{Ed}	$b/h/d$ [cm]	Beton	$_{vorh}A_s$
a)	54 kN	100/18/14	C30/37	R257
b)	87 kN	100/22/19	C20/25	Q524
c)	35 kN	100/16/13	C25/30	R188
d)	110 kN	100/20/16	C35/45	Q424

9. Beschreiben Sie die Konstruktion einer Flachdecke?
10. Skizzieren Sie den Querschnitt einer Plattenbalkendecke?
11. Welche Vorteile bieten Elementdecken mit Aufbeton?
12. Wonach richtet sich die Deckendicke von Stahlbetonmassivdecken?
13. Welche Möglichkeiten der Mattendarstellung gibt es?
14. Welche Angaben enthält ein Positionsplan?
15. Welche Bewehrung ist an freien Plattenrändern vorzusehen?
16. Nennen Sie vier Beispiele für Plattenbezeichnungen!
17. Was ist der Unterschied zwischen Lagermatten und Listenmatten?
18. Erklären Sie den Begriff Randsparmatte.
19. Wie und wo wird Drillbewehrung angeordnet?
20. Beschreiben Sie eine Möglichkeit für die Einschalung einer Stahlbetondecke als Ortbetondecke.
21. Welche Dinge sind vor dem Betonieren einer Decke zu beachten?
22. Welche Angaben muss ein Deckenbewehrungsplan mindestens enthalten?
23. Welche Bedingungen müssen für den Brandschutz von Decken beachtet werden?
24. Skizzieren Sie die Bewehrung eines freien Plattenrandes!
25. Welche Vorteile hat eine Ziegelbalkendecke mit Aufbetonschicht?
26. Wodurch erreicht ein Plattenbalken eine höhere Tragfähigkeit gegenüber einem Balken?
27. Berechnen Sie die erforderlichen Deckendicken. Durchlaufende Vierfelddecke im Wohnungsbau. Alle Auflager aus Mauerwerk. Lichte Weiten: l_1 = 4,51 m; l_2 = 4,26 m; l_3 = 4,76 m; l = 5,01 m
28. Beschreiben Sie die notwendigen Arbeitsschritte vom Einschalen einer Stahlbetondecke aus Ortbeton als Kellerdecke.
29. Zeichnen Sie den Bewehrungsplan (untere und obere Bewehrung) für das Deckensystem.
   Angaben zur oberen Bewehrung:
   Länge der Stützbewehrung ins jeweilige Feld: $0{,}2 \cdot l_x + l_b + a_1$ Drillbewehrung in den Plattenecken
   Planen Sie die
   a) Bewehrung mit Lagermatten,
   b) Bewehrung mit Listenmatten und
   c) Erstellen Sie die jeweilige Schneideskizzen und vergleichen Sie den Stahlbedarf.

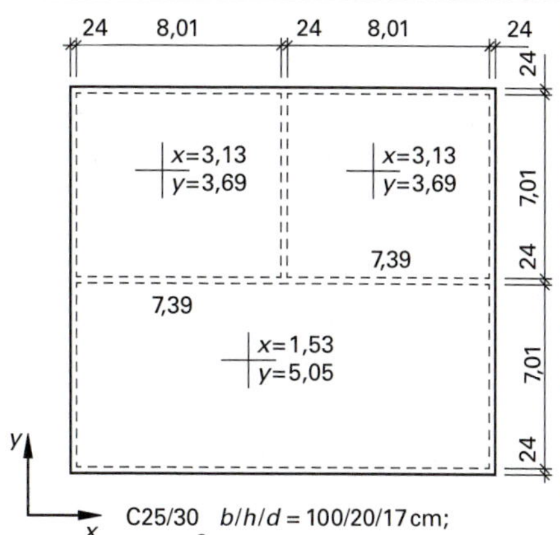

C25/30 $b/h/d$ = 100/20/17 cm; c_{nom} = 2 cm (m, cm)

30. Für eine Decke mit $h = 22$ cm ist nach Statik eine zweilagige Mattenbewehrung aus 2 x R335 vorgesehen. Welche Stabstahlbewehrung ist zu wählen, wenn die Mattenbewehrung durch Stahlstahl ersetzt wird?

31. Eine Stahlbetondecke $b = 7{,}52$ m wird mit Matten R335 bewehrt. Auf der Deckenbreite sind Verteilerstöße von 20 cm geplant.
    a) Welche Restmattenbreite ergibt sich?
    b) Welche Verteilerstöße ergeben sich, wenn nur ganze Matten verlegt werden?

32. Zeichnen Sie den Bewehrungsplan für die Decke einer Garagenanlage und erstellen Sie die Schneideskizzen.
    Beton C20/25, $c_{nom} = 3$cm, $b/h/d = 100/18/15$ [cm]
    Angaben zur Bewehrung:
    Feld 1 und 5: $a_{sx} = 2{,}15$ cm², $a_{sy} = 1{,}8$ cm²
    Feld 2, 3, 4: $a_{sx} = 1{,}82$ cm², $a_{sy} = 1{,}8$ cm²
    Stütze 1 – 2 und 4 – 5: $a_{sx} = 2{,}7$ cm²
    Stütze 2 – 3 und 3 – 4: $a_{sx} = 2{,}23$ cm²

Garagenanlage (zu Aufgabe 32)

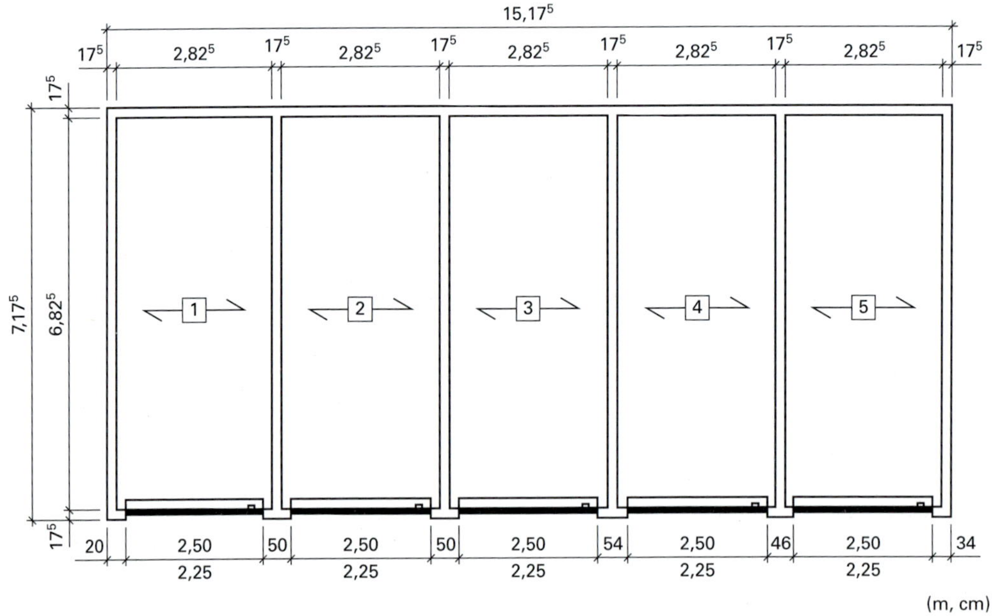

Projektaufgaben

33. Deckenbewehrung
    a) Zeichnen Sie den Bewehrungsplan der oberen und unteren Bewehrung für die Deckenkonstruktion (Schalplan auf der Folgeseite). Erstellen Sie die Stahllisten. Die Decken über dem Büro und der Werkstatt sind durch eine durchgehende Fuge getrennt.
    b) Zeichnen Sie den Schalplan für die Deckenkonstruktion.
    c) Zeichnen Sie die Details der Deckenauflager.

34. Erstellen Sie nach dem Beispieltext eines Leistungsverzeichnisses ein Leistungsverzeichnis mit Angaben der Massen aus Aufgabe 33.

Angaben aus der Statik zur Deckenbewehrung (zu Aufgabe 33)

A_s-Werte

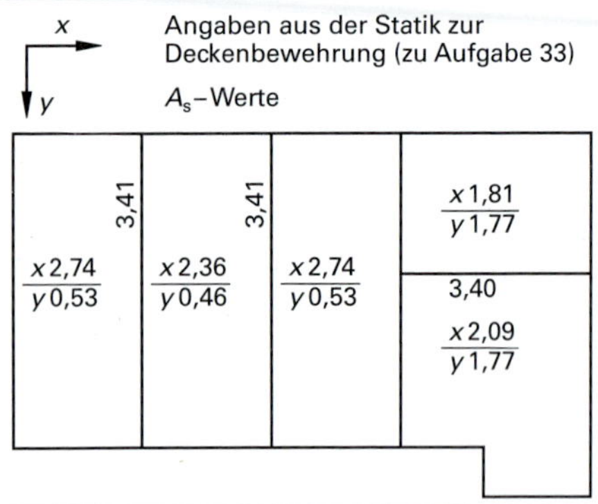

Deckenplan (zu Aufgabe 33)

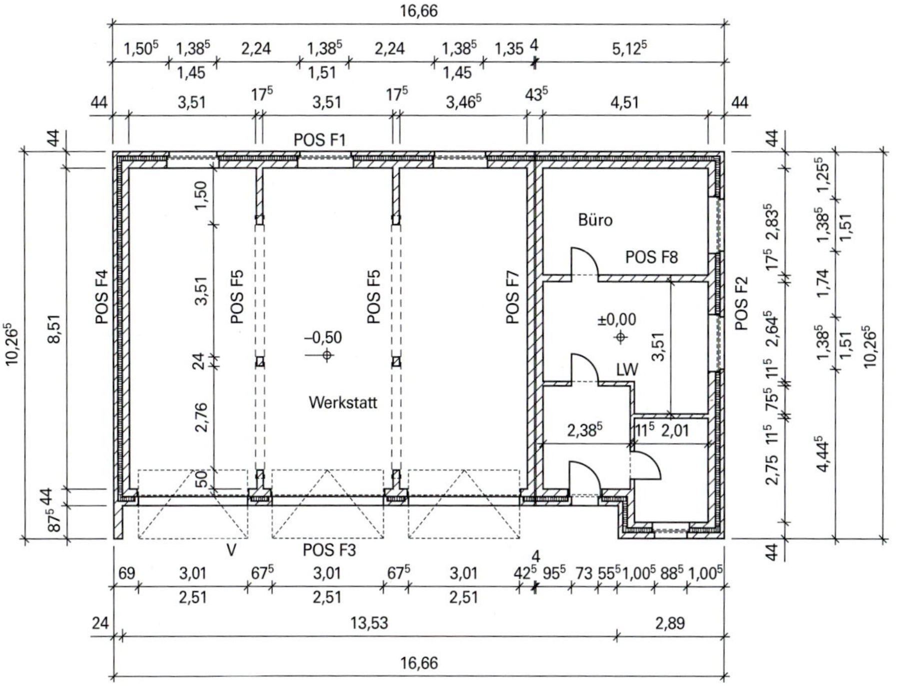

(m, cm)

Beispieltexte eines Leistungsverzeichnisses Stahlbeton (zu Aufgabe 33 und Aufgabe 34)

33.1	kg
	Betonstahlmatten als Bewehrung für die Deckenplatte der Pos. 3, schneiden und verlegen.
	Betonstahlsorte B500A(M)
	L./M.: . . . €/ . . . €
33.2	m²
	Schalung für die Decke der Pos. 3. herstellen, vorhalten und beseitigen. Die Flächen und Kanten sind nach dem Ausschalen zu entgraten.
	L./M.: . . . €/ . . . €
33.3	m³
	Stahlbeton-Stützen des Kellergeschosses herstellen. *b*/*d* = 30/30 [cm]; *l* = 2,20 m
	Betonfestigkeitsklasse C25/30
	L./M.: . . . €/ . . . €

33.4	m
	Stahlbeton-Stützen des Kellergeschosses herstellen. *b*/*d* = 30/30 [cm]; *l* = 2,20 m
	Betonfestigkeitsklasse C25/30
	L./M.: . . . €/ . . . €
33.5	Stück
	Stahlbeton-Stützen des Kellergeschosses herstellen. *b*/*d* = 30/30 [cm]; *l* = 2,20 m
	Betonfestigkeitsklasse C25/30
	L./M.: . . . €/ . . . €
33.6	m²
	Schalung für die Stützen der Pos. 3. herstellen, vorhalten und beseitigen. Die Ecken sind durch Einbauen von Dreikantleisten abzufasen. Die Flächen und Kanten sind nach dem Ausschalen zu entgraten.
	L./M.: . . . €/ . . . €

8

33.7	kg
	Betonstabstahl als Bewehrung für die Stützen im KG der Pos. 3, schneiden, biegen und verlegen.
	d = 6 mm bis 20 mm
	Betonstahlsorte B500A (S)
	L./M.: . . . €/ . . . €
33.8	m³
	Stahlbeton-Unterzüge des Kellergeschosses herstellen. *b/d* = 30/45 [cm]
	Betonfestigkeitsklasse_________
	L./M.: . . . €/ . . . €

33.9	m²
	Schalung für die Unterzüge der Pos. 3. herstellen, vorhalten und beseitigen. Die unteren Ecken sind durch Einbauen von Dreikantleisten abzufasen. Die Flächen und Kanten sind nach dem Ausschalen zu entgraten.
	L./M.: . . . €/ . . . €
33.10	kg
	Betonstabstahl als Bewehrung für die Unterzüge im KG der Pos. 3, schneiden, biegen und verlegen.
	d = 6 mm bis 25 mm
	Betonstahlsorte B500A (S)
	L./M.: . . . €/ . . . €

35. Zeichnen Sie nach den Angaben die Stützbewehrungen.

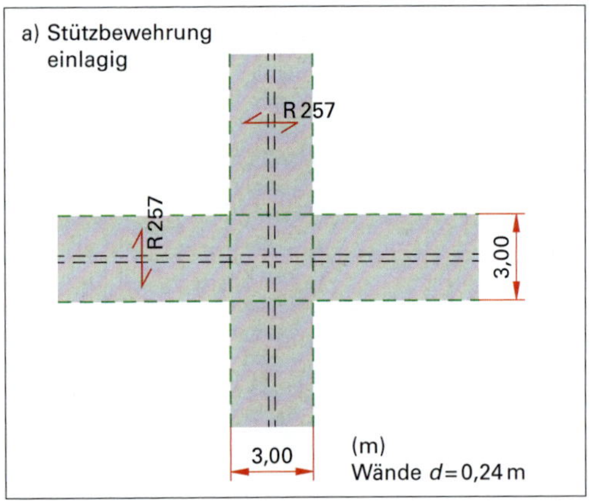

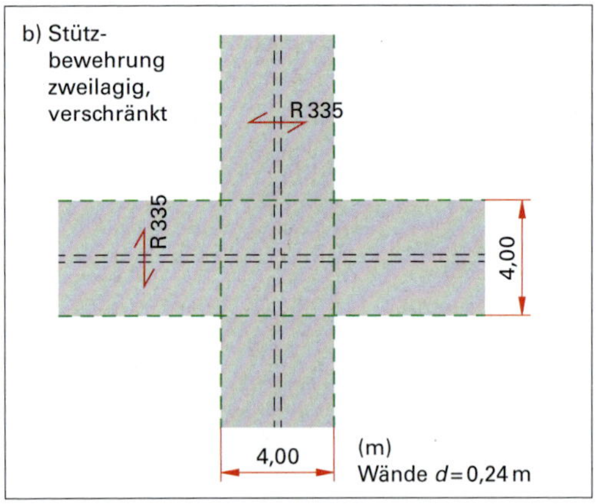

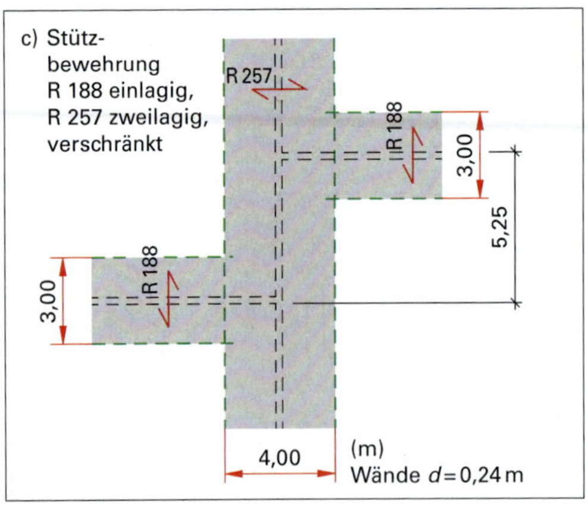

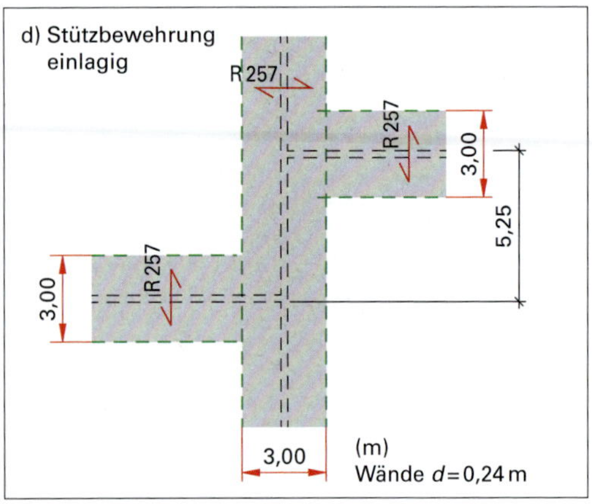

LF 9 # 9 Entwerfen eines Dachtragwerkes

In diesem Kapitel werden die zimmermannsmäßigen Dachkonstruktionen aus Holz behandelt. Die Konstruktionen sind für Dächer der üblichen Wohn- und Geschäftshausgrundnisse geeignet.

9.1 Dachformen

Werden die Luftbilder von bebauten Gebieten betrachtet, wird deutlich, wie unterschiedlich die Bedachung von Gebäuden konstruiert worden ist (vgl. Abb. 9.1). Besonders in Innenstadtbereichen wird dies deutlich, da hier über die Jahrzehnte hinweg gebaut, angebaut und ausgebaut wurde.

Abb. 9.1: Dachlandschaften

In Neubaugebieten hingegen hält sich die Anzahl der unterschiedlichen Dachformen, auch durch die Festlegungen im Bebauungsplan, in Grenzen.

An Abbildung 9.2 sind verschiedene Dachformen für rechteckige Grundrisse mit ebenen Dachflächen angegeben (weitere Dachformen: einhüftiges Satteldach. Sheddach, Sägezahndach).

Für das fachliche Verständnis ist es notwendig, die Fachbezeichnungen bei den Hausdächern zu kennen (vgl. Abb. 9.3).

Neben einfachen Dachformen existieren Dachformen als Kombinationen von einfachen Grundformen.

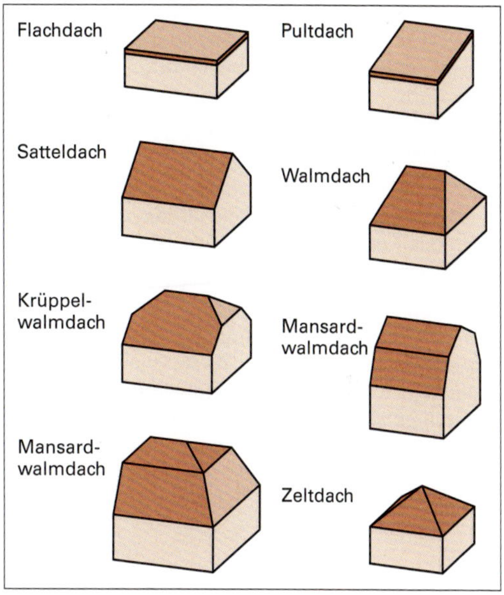

Abb. 9.2: Dachformen

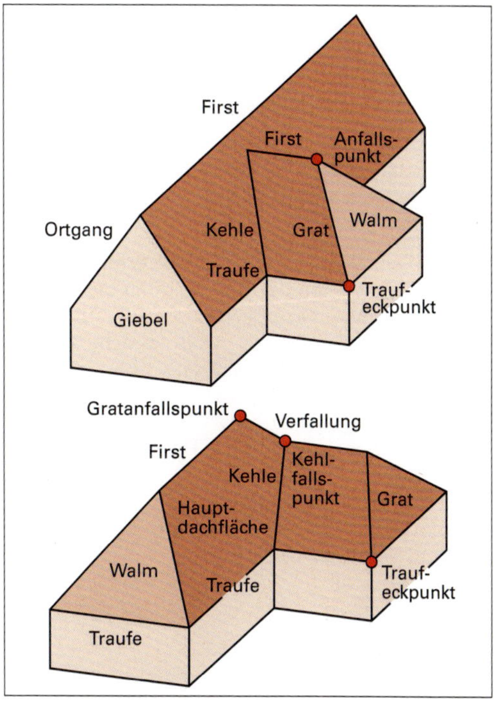

Abb. 9.3: Bezeichnungen

9

9.2 Dachausbauten

Um die Nutzungsmöglichkeiten im Dachraum zu erweitern, können Dachausbauten als Gauben, Erker oder Zwerggiebel der Dachform hinzugefügt werden (vgl. Abb 9.4). Dachausbauten erweitern die Nutzungsmöglichkeiten im Dachraum. Sie sorgen für notwendige Raumbelichtung.

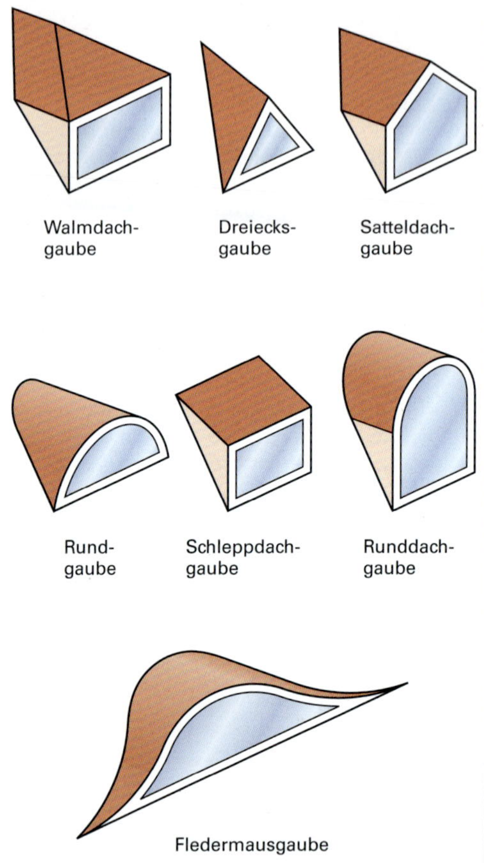

Abb. 9.4: Dachausbauten

9.3 Belastung von Dächern

Die Dachkonstruktionen müssen dauerhaft ihren Zweck erfüllen. Die Standsicherheit ist dabei ein wichtiges Kriterium.

Dazu muss die Konstruktion die Belastungen aus Eigen- und Nutzlasten, sowie die Belastungen und Beanspruchungen aus Schneelasten und Windlasten aushalten. Neben der Ausbildung der Konstruktion ist es ebenso wichtig die Konstruktion vor Schädlingsbefall zu schützen. Auch Fehler in der Abdichtung und der Anordnung von Ausbauelementen gefährden langfristig die Standsicherheit der Konstruktion und die bauphysikalischen Eigenschaften des Daches.

9.3.1 Schneelasten

Um die Schneelastwerte auf dem Boden zu bestimmen, existiert eine Schneezonenkarte für die Bundesrepublik. Aus dieser Karte ist für jeden Ort der charakteristische Wert s_k in Abhängigkeit von der Geländehöhe über Meeresniveau zu errechnen.

Für bestimmte Gebiete z.B. Oberharz, Norddeutsches Tiefland u.a. sind die Werte bei den zuständigen Stellen einzuholen, bzw. weitere Nachweise zu führen.

Um die Schneelast für ein Dach zu ermitteln, wird in Abhängigkeit von der Dachneigung die Schneelast s_k mit einem Formbeiwert μ multipliziert. Die so ermittelte Schneelast wirkt lotrecht auf die Grundrissprojektion des Daches.

Beispiel

Hannover, Schneelastzone 2; Höhe 53 m; Dachneigung 38°

$$s_k = 0{,}19 + 0{,}91 \cdot \left[\frac{53 + 140}{760}\right]^2$$

$$s_k = 0{,}25 \text{ damit } s_k = 0{,}65 \text{ kN/m}^2$$

$$\mu = 0{,}8 \cdot \frac{60° - 38°}{30°}$$

$$\mu = 0{,}8 \cdot \frac{22°}{30°} \quad \Rightarrow \mu = 0{,}59$$

$$s_i = 0{,}59 \cdot 0{,}65 \quad \Rightarrow s_i = 0{,}38 \text{ kN/m}^2$$

Tabelle 9.5: Charakteristische Wert s_k

Schneelastzone	Formel für s_k
Zone 1 $h \leq 400$ m ü. NHN $s_k \geq 0{,}65$ kN/m²	$0{,}19 + 0{,}91 \cdot \left[\frac{h + 140}{760}\right]^2$
Zone 2 $H \leq 285$ m ü. NHN $s_k \geq 0{,}85$ kN/m²	$0{,}25 + 1{,}91 \cdot \left[\frac{h + 140}{760}\right]^2$
Zone 3 $H \leq 255$ m ü. NHN $s_k \geq 1{,}10$ kN/m²	$0{,}31 + 2{,}91 \cdot \left[\frac{h + 140}{760}\right]^2$
Für die Zonen 1a und 2a sind die Werte der Zone 1 und Zone 2 um 25 % zu erhöhen	

Schneelasten sind von geografischer Lage und Höhenlage abhängig.

9.3.2 Windlasten

Für die Ermittlung der Belastung aus Wind ist zu unterscheiden ob es sich um geschlossene Baukörper oder um Baukörper handelt, bei dem auch innen Windlasten auftreten können.

Die Einwirkung der Windlast ist auf die Hauptachsen des Bauwerks zu beziehen, im Regelfall rechtwinklig zu den Wand-, bzw. Dachflächen (vgl. Abb. 9.9).

Bei geneigten Dachflächen erzeugt der Wind je nach Dachneigung und Windangriffsrichtung Winddruck oder Windsog. Für Flachdächer, Pultdächer, Sattel und Trogdächer sowie Walmdächer können die unterschiedlichen Werte den Tabellen der Norm entnommen werden.

Die unterschiedliche Belastung einer Dachfläche an Traufe, Ortgang, First und Grat wird durch unterschiedliche Beiwerte für diese Bereiche berücksichtigt.

Deutschland ist in vier Windzonen unterteilt. In Abhängigkeit von der Gebäudehöhe über Grund gelten unterschiedliche Basiswindgeschwindigkeiten $v_{b,0}$ mit denen der Basisgeschwindigkeitsdruck $q_{b,0}$ für die Windzonen berechnet wird.

Für die praktische Berechnung wird der Böengeschwindigkeitsdruck benötigt, der aus dem Basiswindgeschwindigkeitsdruck abhängig von der Topografie und Bodenrauigkeit bestimmt wird.

Für die Berechnung sind dafür vier Geländekategorien und zwei Mischprofile (Übergänge zwischen Geländeprofilen) definiert. Bis 25 m Höhe darf der Böengeschwindigkeitsdruck vereinfacht nach den Werten der Tabelle 9.10 angenommen werden.

$q = \frac{v^2}{1600}$ mit v in m/s q in kN/m²

Der auf die Außen- oder Innenfläche wirkende Winddruck w_e bzw. w_i wird mit dem aerodynamischen Beiwert c_{pe} (Außendruck) und c_{pi} (Innendruck) nach der Bauwerksgeometrie und dem Böengeschwindigkeitdruck q_p berechnet. Für die Berechnung wird die Dachfläche in unterschiedliche Bereiche eingeteilt. Zusätzlich wird für die Werte c_{pe} nach der Größe der Lasteinzugsfläche unterschieden (vgl. Tabelle 9.12). Die DIN EN 1991-1-4/NA führt für Pult-, Sattel- und Walmdächer differenziert nach dem Neigungswinkel weitere Beiwerte auf.

$A \leq 1$ m² $\quad$ 1 m² $< A \leq 10$ m² $\quad A > 10$ m²

Tabelle 9.6: Formbeiwert μ für flache und geneigte Dächer

$s_i = \mu \cdot s_k$	$0° \leq \alpha \leq 30°$	08
	$30° < \alpha < 60°$	$0{,}8\,(60° - \alpha)/30°$
	$\alpha \geq 60°$	0

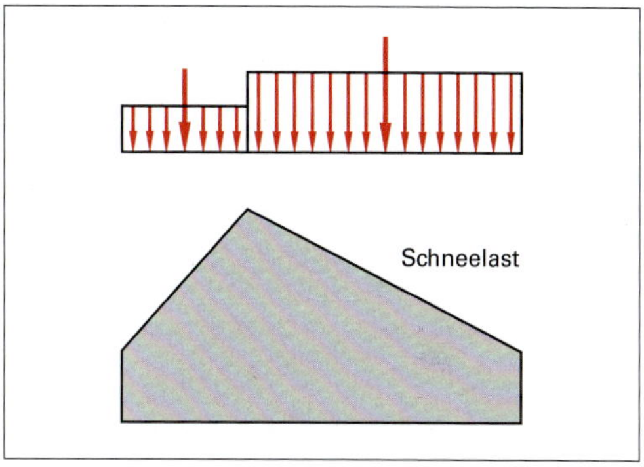

Abb. 9.7: Schneelast am Satteldach

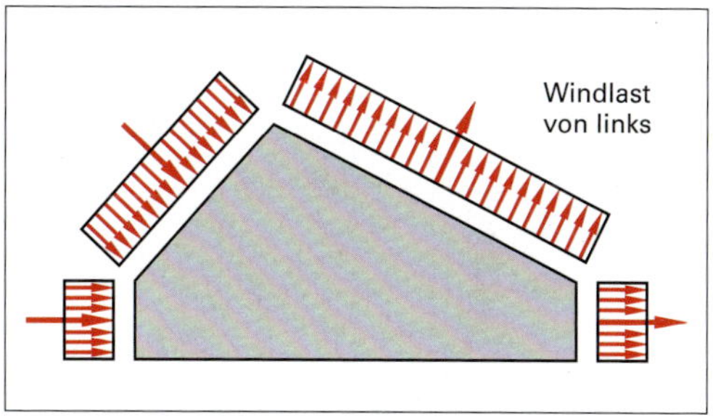

Abb. 9.8: Windlasten

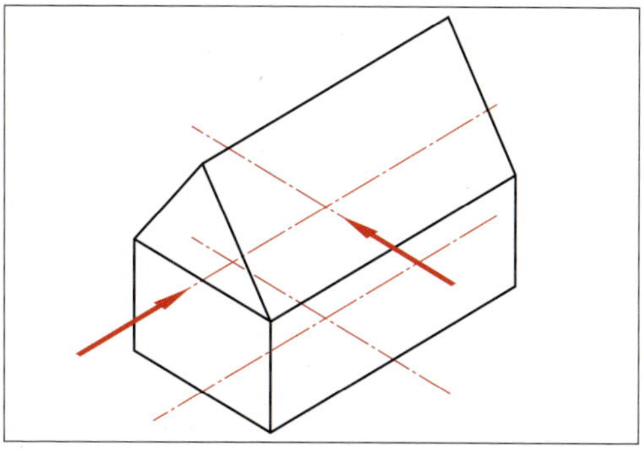

Abb. 9.9: Hauptachsen eines Bauwerks

Tabelle 9.10: Vereinfachte Annahmen für Böengeschwindigkeit			
Windzone	Geschwindkeitsdruck q_p [kN/m²] für Gebäudehöhen h [m]		
	$h \leq 10$	$10 < h \leq 18$	$18 < h \leq 25$
1 Binnenland	0,50	0,65	0,75
2 Binnenland	0,65	0,80	0,90
2 Küste und Ostseeinsel	0,85	1,00	1,10
3 Binnenland	0,80	0,95	1,10
3 Küste und Ostseeinsel	1,05	1,20	1,30
4 Binnenland	0,95	1,15	1,30
4 Küste	1,25	1,40	1,55
der Nord- und Ostsee und Ostseeinseln			
4 Nordseeinseln	1,40	Gebäudehöhe $h \leq 10$ m	

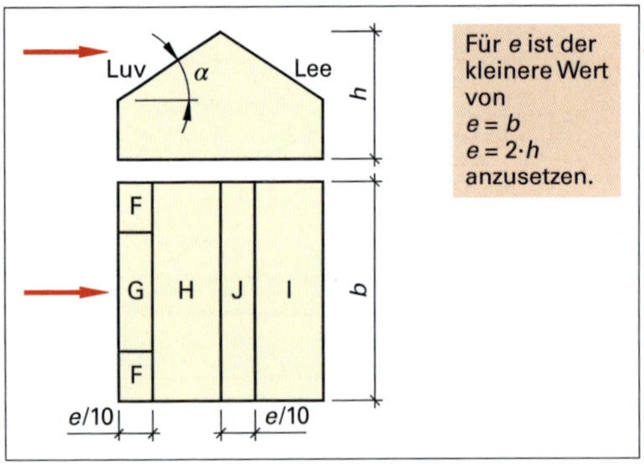

Abb. 9.11: Bereiche für Winddruck und Windsog

Tabelle 9.12: Außendruckbeiwerte für Satteldach			
α	Bereich	$c_{pe,10}$	$c_{pe,1}$
30°	F	− 0,5	− 1,5
		+ 0,7	
	G	− 0,5	− 1,5
		0,7	
	H	− 0,2	
		+ 0,4	
	I	− 0,4	− 0,5
		0,0[1]	
	J	− 0,5	
		0,0	

[1] Die Werte Null sind angegeben um Zwischenwerte zu interpolieren.

Die Werte für $A > 10$ m² werden für die Berechnung des Tragwerkes angewendet. Die Werte der Flächen unter 10 m² müssen für den Nachweis der Verkleidungen und Verankerungen eingesetzt werden.

Die entsprechenden Werte sind für die unterschiedlichen Dachformen in Tabellenbüchern angegeben. Bei Dachneigungen bis 45° muss mit Druck- (positive Werte) und Sogkräften (negative Werte) gerechnet werden. Der jeweils ungünstigte Fall ist für die unterschiedlichen Nachweise anzunehmen.

Beispiel

Satteldach 30°, $h = 8{,}50$ m, Windzone 3, Binnenland, Rechnung mit 0,8 kN/m²

Bereich F:
(Sog) $w_e = c_{pe,10} \cdot q_p = -0{,}5 \cdot 0{,}8 = -0{,}40$ kN/m²
(Sog) $w_e = c_{pe,1} \cdot q_p = -1{,}5 \cdot 0{,}8 = -1{,}20$ kN/m²
(Druck) $w_e = c_{pe,10} \cdot q_p = +0{,}7 \cdot 0{,}8 = +0{,}56$ kN/m²
Bereich G:
(Sog) $w_e = c_{pe,10} \cdot q_p = -0{,}5 \cdot 0{,}8 = -0{,}40$ kN/m²
(Sog) $w_e = c_{pe,1} \cdot q_p = -1{,}5 \cdot 0{,}8 = -1{,}20$ kN/m²
(Druck) $w_e = c_{pe,10} \cdot q_p = +0{,}7 \cdot 0{,}8 = +0{,}56$ kN/m²
Bereich H:
(Sog) $w_e = c_{pe,10} \cdot q_p = -0{,}2 \cdot 0{,}8 = -0{,}16$ kN/m²
(Sog) $w_e = c_{pe,1} \cdot q_p = -0{,}2 \cdot 0{,}8 = -0{,}16$ kN/m²
(Druck) $w_e = c_{pe,10} \cdot q_p = +0{,}4 \cdot 0{,}8 = +0{,}32$ kN/m²
Bereich I:
(Sog) $w_e = c_{pe,10} \cdot q_p = -0{,}4 \cdot 0{,}8 = -0{,}32$ kN/m²
(Sog) $w_e = c_{pe,1} \cdot q_p = -0{,}4 \cdot 0{,}8 = -0{,}32$ kN/m²
(Druck) $w_e = c_{pe,10} \cdot q_p = +0{,}0 \cdot 0{,}8 = +0{,}0$ kN/m²
Bereich J:
(Sog) $w_e = c_{pe,10} \cdot q_p = -0{,}5 \cdot 0{,}8 = -0{,}40$ kN/m²
(Sog) $w_e = c_{pe,1} \cdot q_p = -0{,}5 \cdot 0{,}8 = -0{,}40$ kN/m²
(Druck) $w_e = c_{pe,10} \cdot q_p = +0{,}0 \cdot 0{,}8 = +0{,}0$ kN/m²

Für die Windlastermittlung sind neben der Belastung aus Winddruck und Windsog die Windlastverteilung an dem Gebäude zu ermitteln.

Windlasten und Schneelasten können in manchen Fällen zusammen auf die Dachkonstruktion einwirken. Daher sind grundsätzlich die Kombinationen Wind- und Schneelasten zu untersuchen.

Beispiel

Satteldach 25°, $h = 9{,}00$ m, Windzone 2, Binnenland
gesucht: $c_{pe,10}$ für Bereich G, Druck $c_{pe,10}$
Werte aus Tabellenbüchern:
$c_{pe,10}$ für 15° = + 0,2
$c_{pe,10}$ für 30° = + 0,7
$c_{pe,10}$ für 25° $= 0{,}2 + \frac{0{,}5 \cdot 10}{15} = 0{,}53$

Der ungünstigste Fall ist dann für die Bemessung des Bauteils anzunehmen. Kombination für ein Satteldach mit ungleichen Neigungen (vgl. Abb. 9.13):

LK1: links volle Schneelast, rechts volle Schneelast, keine Windeinwirkung

LK2: links halbe Schneelast, rechts volle Schneelast, Windeinwirkung

LK3: links volle Schneelast, rechts halbe Schneelast, Windeinwirkung

Diese Lastkombinationen sind für Wind von rechts, für Wind von links und für Wind auf den Giebel zu betrachten. Wenn zudem bei Dächern mit Neigungen unter 45° für jede Windrichtung Druck und Sogwerte zu untersuchen sind ergeben sich bereits 18 Lastfallkombinationen. Damit erscheint eine Handrechnung nicht wirklich wirtschaftlich.

Es ist die gleichzeitige Einwirkung von Schnee- und Windlasten zu untersuchen.

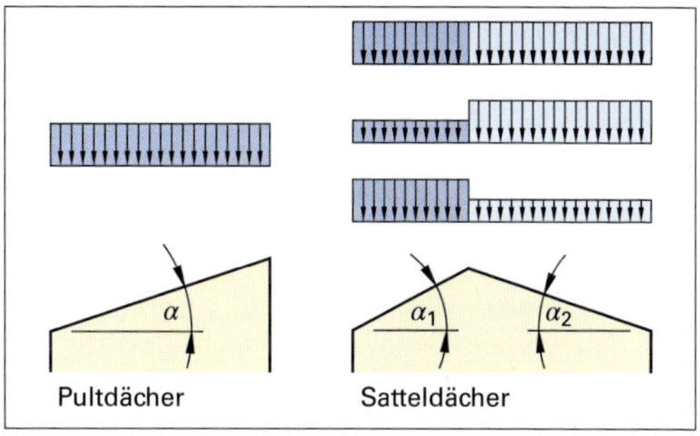

Abb. 9.13: Ungünstiger Lastfall bei Satteldächern

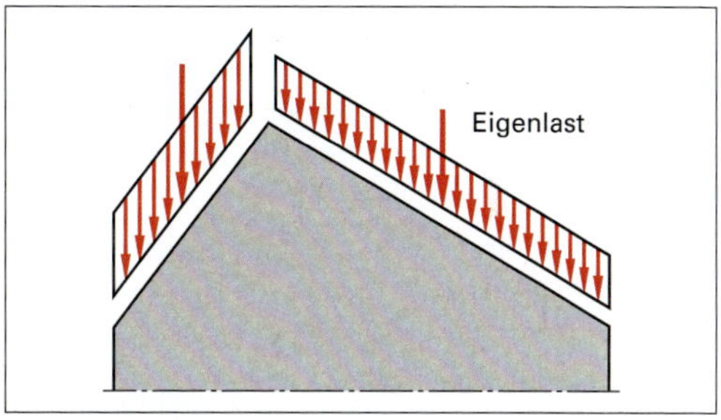

Abb. 9.14: Eigenlasten

9.3.3 Eigenlasten

Die Eigenlasten resultieren aus der Dachkonstruktion, der Bedachung und den Lasten die aus dem Dachausbau resultieren. Die Eigenlasten wirken lotrecht auf die Dachfläche (vgl. Abb. 9.14).

Beispiel

Eigenlast eines Sparrens 8/18 [cm], Sparrenabstand $a \leq 0{,}70$ m; Dachneigung $\alpha = 50°$

Sparren 8/18

$g_k = 0{,}064$ kN/m

für 1,00 m Breite

$g_k = \dfrac{0{,}064}{0{,}7}$

$g_k = 0{,}091$ kN/m

bezogen auf Grundriss

$\bar{g}_k = \dfrac{0{,}091}{\cos 50°}$

$\bar{g}_k = 0{,}14$ kN/m

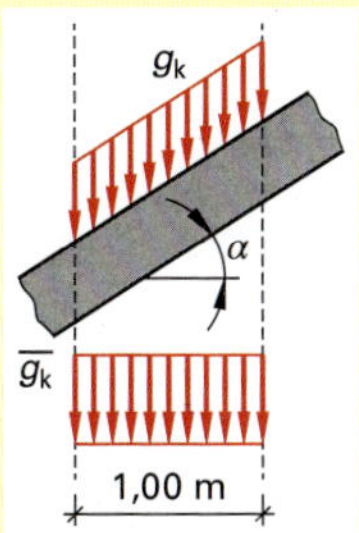

Durch die Neigung der Sparren erhöht sich, bezogen auf die Grundfläche, das Eigengewicht des Holzquerschnittes.

9.3.4 Nutzlasten

Nutzlasten wirken wie Eigenlasten lotrecht.

Sollen Flachdächer als Balkon genutzt werden, sind sie für Nutzlasten von 4,0 kN/m² zu berechnen.

Soll bei großen Dächern die Ebene über den Zangen oder Kehlbalken zu Wohnzwecken dienen, ist mit 2,0 kN/m² zu rechnen, da nicht von einer Querverteilung der Last ausgegangen werden kann.

Ist der Dachboden lediglich Spitzboden und wird nicht für Wohnzwecke genutzt und die lichte Höhe ist kleiner 1,80 m kann mit 1,0 kN/m² gerechnet werden.

Generell ist stets für alle Tragglieder zu prüfen, ob eine Mannlast (1,0 kN) aufgenommen werden kann.

Dazu ist unter Außerachtlassung der Wind- und Schneelasten die Mannlast in der ungünstigen Laststellung anzunehmen. Die Dachlatten müssen eine Last von 1 kN, als Belastung durch zwei Einzellasten in den Viertelpunkten von 0,5 kN aufnehmen können (vgl. LF 13 I, Kapitel 18).

Tabelle 9.15: Dachlatten

Abmessungen [mm]	Max. Stützweite	Sortierklasse	Nägel
24/48[1]	≤ 70 cm	S13	31 × 60
30/50	≤ 80 cm	S10	31 × 75
40/60	≤ 100 cm	S10	31 × 100

[1] Dachlattenabstand ≤ 17 cm

9.4 Bauholz

9.4.1 Wirtschaftliche und ökologische Bedeutung des Holzbaus

Mit dem Baustoff Holz können Bauteile wirtschaftlich erstellt werden. Außerdem wird bei der Herstellung, Verarbeitung und Entsorgung von Holz vergleichsweise wenig Energie verbraucht. Da Holz ein verhältnismäßig geringes Gewicht hat und fast überall verfügbar ist, bleibt auch der Energieverbrauch beim Transport gering. Durch die Weiterverarbeitung von Restholz zu Holzwerkstoffen wird Abfall weitgehend vermieden.

Der Einsatz von Holz im Bauwesen ist aus der Sicht des **Umweltschutzes** auch deshalb sinnvoll, weil Holz ein **nachwachsender Rohstoff** ist und dadurch auf andere Rohstoffe, deren Vorrat begrenzt ist, verzichtet werden kann.

Die Erhaltung und Pflege des Waldes hat nicht nur wirtschaftliche Bedeutung, sondern ist auch ökologisch notwendig. Wälder wirken daran mit, den Lebensraum für Menschen, Tiere und Pflanzen zu erhalten und leisten damit einen wichtigen Beitrag zum Schutz der Umwelt. Neben der **Nutz- und Schutzfunktion** dient der Wald auch als Erholungsraum für den Menschen (vgl. Abb. 9.16).

Wälder sind zur Erhaltung des ökologischen Gleichgewichtes erforderlich, da sie zur Reinhaltung der Luft und zur Verbesserung des Klimas sowie zum Schutz der Landschaft maßgeblich beitragen.

- Bäume binden Kohlenstoff durch Aufnahme von CO_2 und Abgabe von Sauerstoff an die Luft. Der CO_2-Anteil der Atmosphäre und damit der Treibhauseffekt wird verringert.
- Der Wald bindet Ruß- und Staubteilchen.
- Der Oberboden wird vor Abtragung durch Naturkräfte (Erosion) geschützt und damit eine Verkarstung verhindert.
- Die Entstehung von Schnee- und Geröllawinen wird eingeschränkt.
- Wald hält die Bodenfeuchtigkeit lange und gibt das Wasser nur langsam ab. Das bewirkt ein ausgeglichenes Klima und vermeidet das Absinken des Grundwasserspiegels.
- Die Gefahr von Überschwemmungen wird eingeschränkt.

Holz ist ein ökologisch wertvoller Baustoff.

9.4.2 Wachstum und Aufbau des Holzes

Der Baum bildet seine zum Wachstum notwendigen Aufbaustoffe selbst. Dazu nimmt er durch Spaltöffnungen an der Unterseite der Blätter Kohlenstoffdioxid auf. Außerdem entnimmt er dem Boden durch die Saugkraft der Wurzeln Wasser und leitet es bis in die Blätter. Der Wassertransport erfolgt durch den Sog, der durch die Verdunstung des Wassers in den Blättern entsteht und durch Diffusion und Kapillarwirkung unterstützt wird. Das Wasser enthält Nährsalze und Spurenelemente, wie z. B. Stickstoff, Phosphor, Kalium, Calcium, Magnesium und Eisen, die zum Aufbau organischer Stoffe und zum Wachstum des Baumes erforderlich sind (vgl. Abb. 9.17).

Abb. 9.16: Bedeutung des Waldes

Abb. 9.17: Ernährung des Baumes

Der Baum wandelt mit Hilfe des Blattgrüns (Chlorophyll) und des Sonnenlichtes Wasser und Kohlenstoffdioxid in Zucker und Stärke um und gibt dabei Sauerstoff ab. Zusammen mit den Nährsalzen werden daraus Zellulose und andere organische Stoffe wie Lignin, Harze und Fette gebildet. Die chemische Umwandlung der aufgenommenen Stoffe in organische Stoffe heißt Assimilation bzw. Photosynthese; dabei ist Sonnenenergie erforderlich.

Das Wachstum der Bäume beginnt in unseren Breitengraden im Frühjahr und dauert bis zum Spätsommer und Herbst. Während der Wintermonate ruht das Wachstum (vgl. Abb. 9.18).

Die Holzmasse der Nadelhölzer besteht vor allem aus den Tracheiden. Diese Zellen, die nur bei Nadelhölzern vorkommen, geben dem Holz die Festigkeit und übernehmen die Saftleitung aufwärts. Sie sind langgestreckt und bilden etwa 95% der Holzmasse.

Laubhölzer haben neben Stütz- und Speicherzellen spezielle langgestreckte Leitzellen, die den Saft leiten und auch als Tracheen, Gefäße oder Poren bezeichnet werden.

Im Bast werden in Siebzellen bzw. Siebröhren die Aufbaustoffe abwärts zu den Wachstumszonen und in die Speicherzellen von Ästen, Stamm und Wurzeln geleitet. Die Bastschicht bildet nach außen die Rinde, deren abgestorbene Teile als Borke bezeichnet werden (vgl. Abb. 9.18).

Die beim Dickenwachstum gebildeten Holzzellen umschließen ringförmig die abgestorbene Markröhre, aus der sich der Baum entwickelt hat. Die im Frühjahr und Frühsommer entstandenen Holzzellen sind weiträumig, dünnwandig und von heller Farbe (Frühholz). Das Holz ist deshalb weich und leicht. Die im Spätsommer gebildeten Zellen sind dickwandig, engräumig und von dunkler Farbe (Spätholz). Das Spätholz ist deshalb entsprechend härter und schwerer als das Frühholz. Das gesamte Dickenwachstum eines Jahres wird als Jahrring bezeichnet. An der Zahl der Jahrringe lässt sich das Alter eines Baumes bestimmen, wenn diese am Stammquerschnitt dicht über dem Boden gezählt werden (vgl. Abb. 9.19).

Das Holz der äußeren Jahrringe ermöglicht die Saft- bzw. Wasserführung des Baumes und wird als **Splintholz** bezeichnet.

Bäume, die neben dem Splintholz auch Kernholz (Farbkernholz) aufweisen, werden als **Kernholzbäume** bezeichnet. Zu den Kernholzbäumen zählen z.B. Kiefer, Lärche und Eiche (vgl. Abb. 9.20).

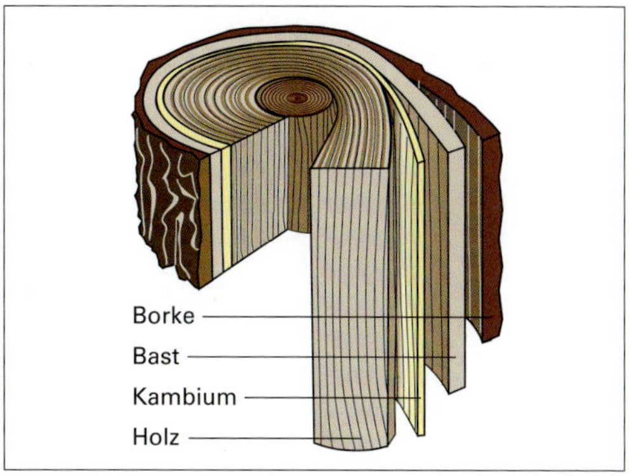

Abb. 9.18: Dickenwachstum

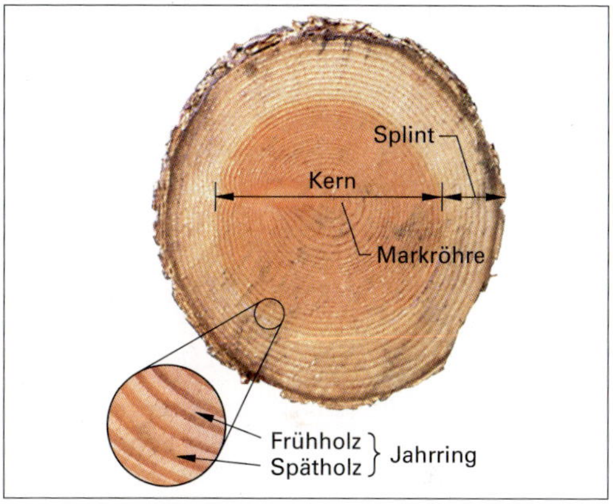

Abb. 9.19: Stammquerschnitt mit Jahrringen

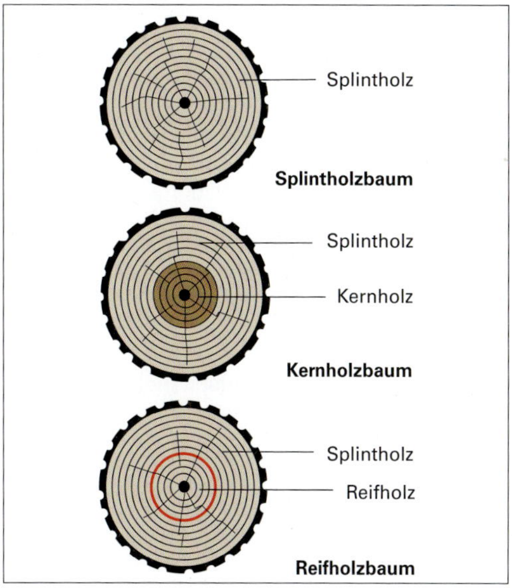

Abb. 9.20: Splintholzanteil von Bäumen

9

Bei manchen Baumarten geht das Splintholz vom Mark bis zum Kambium durch. Zu diesen gleichmäßig harten **Splintholzbäumen** gehören z. B. Weißbuche, Linde, Birke und Ahorn.

Beim Wachstum des Baumes wird Sauerstoff erzeugt und Kohlendioxid gebunden.

9.4.3 Eigenschaften des Holzes

Der Naturbaustoff Holz ist vielseitig verwendbar. Dabei sind jedoch die sehr unterschiedlichen Eigenschaften des Holzes zu beachten. Bei der Holzauswahl müssen je nach Verwendungszweck insbesondere technische Eigenschaften wie Dauerhaftigkeit, Rohdichte, Härte, Festigkeit und das „Arbeiten des Holzes" berücksichtigt werden. Diese Eigenschaften sind hauptsächlich von den Wuchsbedingungen und der Holzart abhängig.

Dauerhaftigkeit

Werkgerecht verarbeitetes Holz ist sehr dauerhaft. Bei häufigem Wechsel von Feuchtigkeit und Trockenheit wird die Dauerhaftigkeit allerdings wesentlich herabgesetzt. Dagegen hat Holz, das unter Wasser verbaut wird, eine lange Lebensdauer.

Grundsätzlich ist Kernholz dauerhafter als Splintholz, da für die Dauerhaftigkeit vorrangig die Inhaltsstoffe maßgebend sind, die im Kernholz vorhanden sind. Die Dauerhaftigkeit des Holzes wird hauptsächlich durch Pilze und Insekten eingeschränkt und ist je nach Holzart sehr unterschiedlich (vgl. Tabelle 9.21).

Rohdichte

Unter der Rohdichte des Holzes wird die Dichte des Holzes einschließlich seiner Zellhohlräume verstanden. Diese ist von der Holzart und dem jeweiligen Feuchtegehalt des Holzes abhängig. Im Allgemeinen werden die Werte der Rohdichte von lufttrockenem Holz angegeben (vgl. Tabelle 9.22).

Härte

Die Härte beschreibt den Widerstand, den das Holz dem Eindringen eines anderen Körpers, z. B. einer Werkzeugschneide, entgegensetzt. Bearbeitbarkeit und Abrieb sind demnach von der Härte abhängig.

Holz ist umso härter, je größer die Rohdichte und je kleiner sein Feuchtegehalt ist. Langsam gewachsenes Holz mit dickwandigen Zellen ist in der Regel härter als schnell gewachsenes Holz. Splintholz ist weicher als Kernholz.

Tabelle 9.21: Dauerhaftigkeit verschiedener Holzarten

Dauerhaftigkeit	Holzarten
sehr dauerhaft	Robinie, Teak
dauerhaft	Eiche, Eibe
mäßig dauerhaft	Lärche, Kiefer
wenig dauerhaft	Tanne, Fichte
nicht dauerhaft	Birke, Pappel, Buche, Esche

Tabelle 9.22: Rohdichte verschiedener Holzarten

Holzart	kg/dm³	Holzart	kg/dm³
Fichte, Tanne	0,47	Eiche	0,67
Kiefer	0,52	Rotbuche	0,69
Lärche	0,59	Weißbuche	0,77
Esche	0,69	Ahorn	0,64

Tabelle 9.23: Härte verschiedener Holzarten

Weichhölzer		Harthölzer	
sehr weich	weich	hart	sehr hart
Pappel Linde Balsa	Fichte Tanne Kiefer Lärche	Ahorn Eiche Esche Rotbuche	Weißbuche

In der Praxis wird zwischen Harthölzern und Weichhölzern unterschieden (vgl. Tabelle 9.23).

Festigkeit

Unter Festigkeit des Holzes wird der Widerstand gegen Verformung durch äußere Einwirkungen verstanden. Die Festigkeit des Holzes nimmt, wie die Härte, in der Regel mit steigender Rohdichte zu und mit zunehmender Holzfeuchte ab. Unregelmäßiger Wuchs, Astigkeit und Risse mindern die Festigkeit des Holzes.

Je nach Belastungsart werden insbesondere Druck- und Zugfestigkeit längs und quer zur Faser sowie Biege- und Schub- bzw. Scherfestigkeit ausgewiesen. Beginnt bei einer dieser Beanspruchungen eine Zerstörung des Holzgefüges, ist die Festigkeitsgrenze überschritten. In der Produktnorm DIN EN 338 sind hierfür **charakteristische Festigkeitskennwerte** angegeben. Sie berücksichtigen die Qualität des Holzes, gemäß den Sortierklassen nach DIN 4074.

9

Um die Tragfähigkeit von Bauteilen aus Holz zu berechnen, werden nach der Holzbaunorm DIN EN 1995 charakteristische Festigkeitskennwerte durch Division mit Teilsicherheitsbeiwerten abgemindert. Zusätzlich werden bei der Ermittlung der **Bemessungswerte** die Lasteinwirkungsdauer und die Klimabedingungen, d.h. die Nutzungsklassen berücksichtigt.

Arbeiten des Holzes

Holz kann Feuchtigkeit abgeben und Feuchtigkeit aufnehmen. Zwischen der Holzfeuchte und der relativen Luftfeuchte stellt sich ein Ausgleich ein. Der Zustand, bei dem Holz weder Feuchtigkeit aufnimmt noch abgibt, wird als Feuchtegleichgewicht definiert.

Frisch eingeschlagenes Holz enthält je nach Holzart, Standort und Alter eines Baumes zwischen 50 % und mehr als 100 % Wasser, bezogen auf die trockene Holzmasse. Beträgt die Holzfeuchte je nach Holzart etwa 23 % bis 35 %, so wird dieser Feuchtebereich als Fasersättigungsbereich bezeichnet.

Wenn das Wasser aus den Fasern abgegeben wird, also unterhalb der Fasersättigung von etwa 30 % Holzfeuchte, verringert sich das Volumen des Holzes, das Holz schwindet. Dabei ändert sich auch die Form des Holzes und das Holz kann sich werfen bzw. verziehen sowie reißen (vgl. Abb. 9.24). Bei Aufnahme von Feuchtigkeit vergrößert sich das Volumen des Holzes wieder, es quillt. Schwinden und Quellen werden als Arbeiten des Holzes bezeichnet.

Das Schwinden erfolgt nicht in allen Richtungen gleichmäßig. Der maximale Schwund, von Fasersättigung bis darrtrocknen, beträgt in Richtung des Faserverlaufs (längs bzw. axial) etwa 0,1 % bis 0,3 %, in Richtung der Holzstrahlen (radial) rund 5 % und in Richtung der Jahrringe (tangential) ungefähr 10 % (vgl. Abb. 9.25). Dies sind jedoch nur Durchschnittswerte.

Rechenwerte für Schwind- und Quellmaße sind der DIN EN 1995-1-1/NA oder der DIN 68100 zu entnehmen und beziehen sich auf das differentielle Schwindmaß V in % je % Holzfeuchteänderung. Ausgangswert ist die Holzfeuchte nach DIN 52184 von $u = 12$ % bzw. $u = 17$ %.

Damit keine Schäden durch starkes Schwinden und Quellen nach dem Einbau des Holzes auftreten, sollte die Holzfeuchte beim Einbau etwa der seiner späteren Nutzung entsprechen (vgl. Tabelle 9.38).

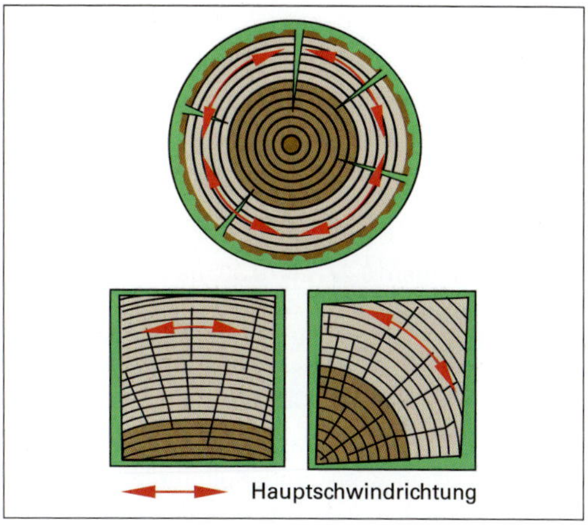

Abb. 9.24: Schwinden von Rundhölzern und Kanthölzern

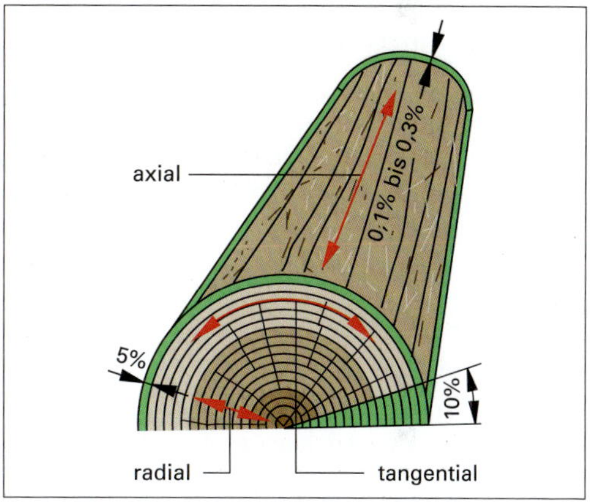

Abb. 9.25: Maximale Größenänderung durch Schwund bei einer Trocknung von 30 % auf 0 % Holzfeuchte

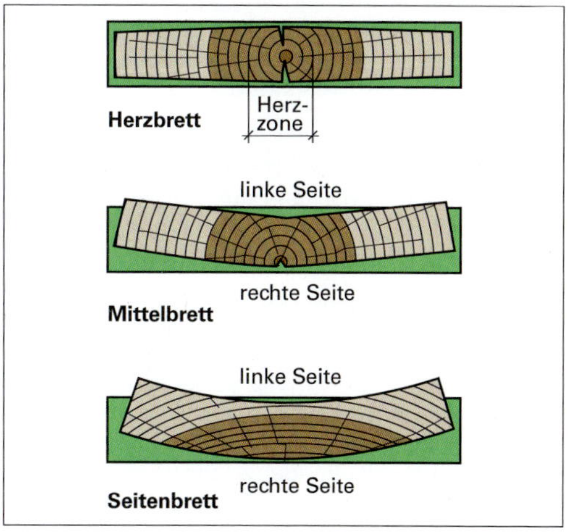

Abb. 9.26: Schwundformen von Brettern und Bohlen

9

9.4.4 Holzarten

Die gebräuchlichsten **europäischen Nadelholzarten** Fichte, Tanne, Kiefer und Lärche haben teilweise ähnliche Eigenschaften. Sie lassen sich leicht trocknen und gut bearbeiten, schwinden wenig bis mäßig und haben ein gutes Stehvermögen. Außerdem sind sie leicht, elastisch und fest.

Die Abbildungen 9.27 bis 9.33 benennen neben dem Schnittbild das Kurzzeichen nach DIN 13556, die Rohdichte in g/cm^3 und die Dauerhaftigkeitsklasse nach DIN EN 350 sowie den Elastizitätsmodul im N/mm^2 nach DIN 68364.

Fichtenholz hat nur einen geringen Farbunterschied zwischen Kern- und Splintholz und weist häufig Harzgallen auf. Die Astquerschnitte sind meist oval (vgl. Abb. 9.27). Das Holz ist weich, nur mäßig witterungsfest und nicht beständig gegen Pilze und Insekten. Fichtenholz ist das häufigste Bau- und Konstruktionsholz.

Tannenholz ist langfaserig und häufig grobjährig. Es ist nicht harzig und hat deshalb keine Harzgallen. Seine gehobelten Flächen haben ein mattes Aussehen. Die meist runden Äste sind dunkler und härter als die der Fichte (vgl. Abb. 9.28).

Tannenholz ist chemisch beständig, jedoch nicht witterungsfest und wird von Insekten und Pilzen befallen. Es ist mäßig gut zu imprägnieren. Das Holz wird wie Fichtenholz eingesetzt.

Kiefernholz zeigt eine markante Zeichnung. Das Kernholz dunkelt stark nach und ist deutlich vom Splintholz zu unterscheiden. Gehobeltes Kiefernholz ist matt bis wachsig glänzend. Es ist sehr harzig und fühlt sich fettig an (vgl. Abb. 9.29). Kiefernholz ist sehr gut zu bearbeiten. Aufgrund des Harzgehaltes ist das Kernholz ziemlich dauerhaft. Das Holz eignet sich besonders für Fenster, Türen, Tore, Masten, Rammpfähle, Schwellen, Treppen, Fußböden und Holzwerkstoffe.

Lärchenholz hat eine sehr lebhafte Zeichnung, da vor allem im breiten rötlichen Kernholz der farbliche Unterschied zwischen Früh- und Spätholz auffallend groß ist. Gehobelte Flächen haben ein teils mattes, teils glänzendes Aussehen (vgl. Abb. 9.30).

Lärchenholz wird selten von Insekten und Pilzen befallen. Es ist besonders gut für Bauteile im Außenbereich geeignet.

Europäische Laubhölzer sind sehr vielfältig und unterscheiden sich im Aussehen und den Eigenschaften erheblich. Im Bauwesen werden häufig harte, feste Hölzer wie Eiche, Esche und Buche verwendet.

PCAB
0,46
4
11000

Abb. 9.27: Fichtenholz

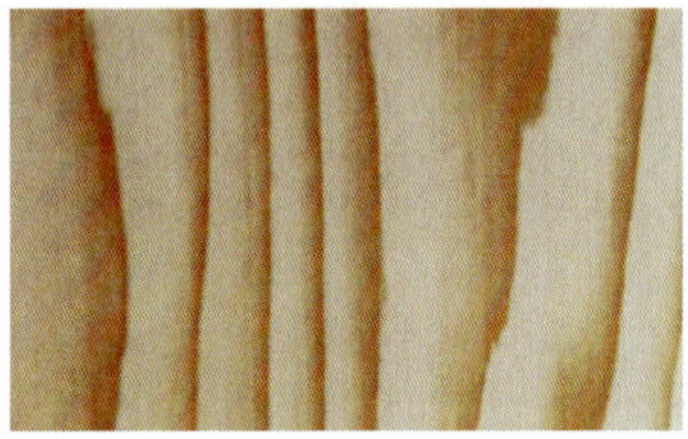

ABAL
0,46
4
10000

Abb. 9.28: Tannenholz

PNSY
0,52
3 ... 4
9000

Abb. 9.29: Kiefernholz

LADC
0,60
3 ... 4
13800

Abb. 9.30: Lärchenholz

QCXE
0,71
2 ... 4
13000

Abb. 9.31: Eichenholz

Abb. 9.32: Eschenholz

Abb. 9.33: Rotbuchenholz

Eichenholz hat einen gelbbraunen bis lederbraunen, stark nachdunkelnden Kern und einen schmalen grauweißen Splint (vgl. Abb. 9.31).

Eichenkernholz ist hart, schwer, sehr fest, elastisch und dauerhaft. Es schwindet mäßig und hat ein gutes Stehvermögen. Eichenholz wird als Bauholz, für Türen, Tore, Fenster, Treppen, Fußböden sowie im Brücken- und Wasserbau eingesetzt.

Eschenholz ist grobporig und markant gestreift oder gefladert. Splint- und Kernholz sind meist gleich weißlich bis gelblich gefärbt (vgl. Abb. 9.32).

Eschenholz wird als Massivholz und Furnier im Innenausbau, z. B. für Wand- und Deckenverkleidungen, Treppen und Parkett verwendet.

Rotbuchenholz hat frisch eingeschnitten eine gelbweiße Farbe, die gelbbraun nachdunkelt.

Rotbuchenholz ist hart, fest und zäh. Es lässt sich gut verarbeiten, beizen und imprägnieren; gedämpft ist es sehr gut zu biegen. Rotbuchenholz wird vielseitig eingesetzt. Es wird für Treppen, Parkett, Holzpflaster und Bahnschwellen verwendet.

Holzarten werden in Laub- und Nadelhölzer unterschieden.

9.4.5 Handelsformen des Holzes

Im Bauwesen wird vor allem Vollholz der Nadelholzarten Fichte, Tanne, Kiefer und Lärche als Schnittholz verwendet. Bei höheren Anforderungen an Güte und Tragfähigkeit werden häufig Konstruktionsvollholz und Brettschichtholz verbaut. Für großflächige Beplankungen setzt man oft Holzwerkstoffe ein.

Tabelle 9.34: Schnittholzeinteilung nach DIN 4074

Holzerzeugnis	Dicke d bzw. Höhe h	Breite b
Latte	$d \leq 40$ mm	$b < 80$ mm
Brett	$d \leq 40$ mm	$b \geq 80$ mm
Bohle	$d > 40$ mm	$b > 3 \cdot d$
Kantholz	$b \leq h \leq 3 \cdot b$	$b > 40$ mm

Schnittholz

Nadelschnitthölzer mit einer Mindestdicke von 6 mm, deren Querschnitte nach der Tragfähigkeit bemessen werden, sind in DIN 4074, Teil 1 aufgeführt. Nach den Abmessungen wird dieses Schnittholz in Latten, Bretter, Bohlen und Kanthölzer eingeteilt (vgl. Abb. 9.35). Die Bezeichnung Kanthölzer schließt bei dieser Einteilung die herkömmlichen Bezeichnungen Balken für große Kantholzquerschnitte sowie Kreuzhölzer (Rahmen) mit ein.

Übliche Kantholzquerschnitte mit Maßen von z. B. 4/6, 10/10, 12/12 oder 8/16 Zentimetern werden häufig als Vorratskantholz gehandelt.

Die Tragfähigkeit des Schnittholzes wird nach DIN 4074 mithilfe von Sortiermerkmalen festgestellt. Sortiermerkmale sind z. B. Äste, Jahrringbreite, Faserneigung, Risse, Verfärbungen, Druckholz, Insektenfraß durch Frischholzinsekten, Mistelbefall, Krümmung, Markröhre und die Querschnittsschwächung durch Baumkante. Die zulässige Baumkante muss frei von Rinde und Bast sein.

Aufgrund von festgelegten Sortierkriterien für die genannten Merkmale werden Kanthölzer bei der visuellen Sortierung (nach Augenschein) in die Sortierklassen S7, S10 und S13 eingeteilt. Wird die visuelle Sortierung durch Sortierapparate unterstützt, so ist eine Schnittholzsortierung in die Klasse S15 möglich.

Hochkant biegebeanspruchte Bretter und Bohlen werden wie Kanthölzer sortiert und erhalten die Zusatzbezeichnung K, z. B. S10 K. Für Latten gibt es nur die Sortierklassen S10 und S13. Trocken sortiertes Schnittholz, mit einer Holzfeuchte bis 20 %, erhält den Zusatz TS, z. B. S13 TS.

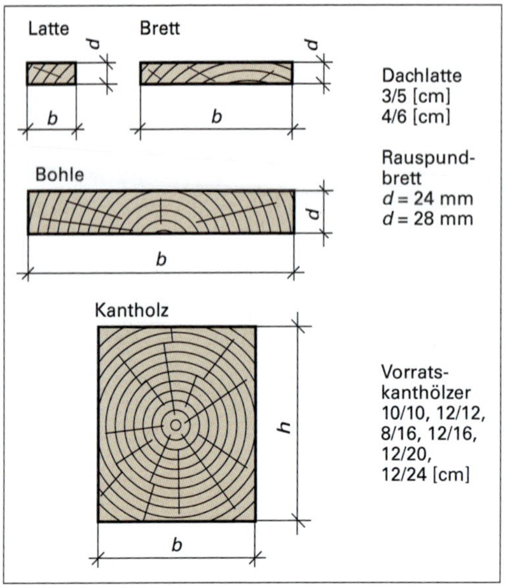

Abb. 9.35: Schnittholz nach DIN 4074

Tabelle 9.36: Standardquerschnitte für Konstruktionsvollholz

Dicke in mm	Breite in mm						
	100	120	140	160	180	200	240
60							
80							
100							
120							
140							

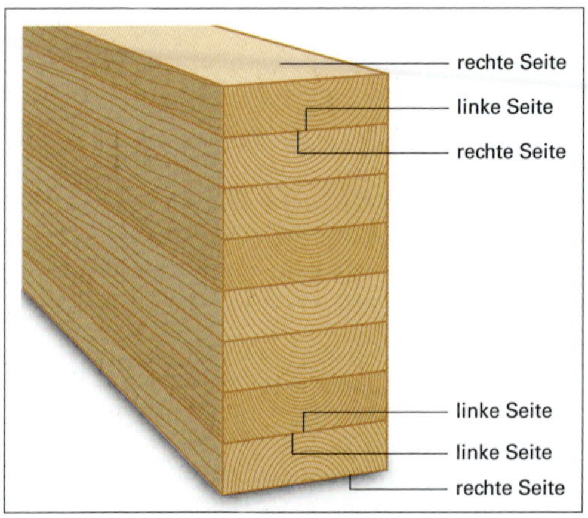

Abb. 9.37: Rechte und linke Brettseiten bei Brettschichtholz

Konstruktionsvollholz

Um moderne Holzkonstruktionen, insbesondere sichtbare Holzbauteile aus Vollholz, wirtschaftlich und mangelfrei herstellen zu können, haben die Vereinigung Deutscher Sägewerksverbände und der Bund Deutscher Zimmermeister das Bauprodukt **Konstruktionsvollholz** (KVH) geschaffen. Konstruktionsvollholz ist ein güteüberwachtes Schnittholz aus Nadelholz der Sortierklasse S10, an das gegenüber DIN 4074 zusätzliche oder erhöhte Anforderungen gestellt werden. Solche Anforderungen sind beispielsweise eine Holzfeuchte von etwa 15 %, herzfreier oder herzgetrennter Einschnitt, Beschränkung von Rissbreiten und Baumkanten sowie für sichtbaren Einbau eine gehobelte und gefaste Oberfläche (KVH Si). Die hohe Qualität wird durch Aussägen von Fehlstellen und Verklebung mittels Keilzinkenstoß erreicht. Um eine Vorratshaltung und eine rasche Lieferung zu ermöglichen, wird Konstruktionsvollholz in standardisierten Querschnitten produziert (vgl. Tabelle 9.36).

Brettschichtholz

Brettschichtholz (BS-Holz) besteht aus mindestens drei Nadelholzbrettern, zumeist Fichtenholz, deren Breitflächen so miteinander verklebt sind, dass jeweils eine linke und eine rechte Seitenfläche aneinanderliegen. Das Brett, dessen linke Seite bei dieser Abfolge außen liegen würde, muss jedoch bei Verwendung in Nutzungsklasse (NKL) 3 gewendet werden, da dort zur Verringerung der Rissbildung nur rechte Brettflächen außen liegen dürfen. Brettschichtholz hat eine gute Formbeständigkeit, höhere Festigkeitswerte als Vollholz sowie eine gestalterisch wirkende, schwindrissarme Oberfläche. Es wird in Breiten bis 26 cm und Querschnittshöhen von bis zu 3 m hergestellt (vgl. Abb. 9.37).

Tabelle 9.38: Nutzungsklassen

NKL	Klimabedingungen
1	**Trockenbereich:** 20° C Einbaufeuchte und relative Luftfeuchte selten > 65 %, z. B. in geschlossenen, beheizten Bauwerken
2	**Feuchtbereich:** 20° C Einbaufeuchte und relative Luftfeuchte selten > 85 %, z. B. bei überdachten offenen Bauwerken
3	**Außenbereich:** höhere Holzfeuchten als in NKL 2, z. B. bei der Witterung ausgesetzten Konstruktionen, Einbaufeuchte 25 %

Schnittholz, Konstruktionsvollholz und Brettschnittholz sind die Handelsformen des Holzes.

9

Holzwerkstoffe

Der natürliche Werkstoff Holz weist häufig Unregelmäßigkeiten im Gefüge und auch je nach Faserrichtung unterschiedliche Eigenschaften auf. Damit eine hohe Holzausnutzung und für die jeweiligen Verwendungszwecke bestmögliche Eigenschaften erreicht werden, muss der Rohstoff Vollholz beispielsweise durch Schälen, Messern, Hobeln, Zerspanen oder Zerfasern aufbereitet werden. Daraus werden in der Regel unter Zugabe von Klebstoffen oder anderen Bindemitteln unter Druck Holzwerkstoffe hergestellt. Durch diesen Aufbau wird das Quellen und Schwinden häufig eingeschränkt. Dies ermöglicht großflächige Bauteile. Holzwerkstoffe im Bauwesen müssen je nach Anwendungsbereich unterschiedlich feuchtebeständig sein. Die Verwendbarkeit von Holzwerkstoffen bei unterschiedlichen Klimabedingungen wird durch die Zuordnung zu **Nutzungsklassen** (NKL) zum Ausdruck gebracht (vgl. Tabelle 9.38).

Für unterschiedliche Anwendungsbereiche bietet die Holzindustrie plattenförmige Holzwerkstoffe an.

Sperrholzplatten (DIN EN 313-2, DIN EN 636)			
	**Furniersperrholz** aus einer ungeraden Zahl kreuzweise verleimter Furnierlagen, symmetrischer Aufbau biegefest, formbeständig für Beplankungen von Holzhäusern, Innenausbau, Schalhaut		**Stäbchensperrholz** Mittellage aus schmalen Stäben mit stehenden Jahrringen, außen Sperrfurniere Platten für alle drei Nutzungsklassen lieferbar für Beplankungen, Schalhaut
Spanplatten (DIN EN 309, DIN EN 312, DIN EN 300)			
	**Flachpressplatte** Holzspäne mit Kunstharz, ein- oder mehrschichtiger Aufbau Plattentypen P4, P6 für NK1 Plattentypen P5, P7 für NK 1 u. 2 für Wand- und Deckenverkleidungen, Fußböden		**Langspanplatten/ OSB-Platten** Langspäne mit Kunstharz große Biegefestigkeit in Längsrichtung für oft auch sichtbare Beplankungen, Fertighausbau, Fußböden
Faserplatten (DIN EN 316, DIN EN 622)			
	**Poröse Holzfaserplatten** lockeres Gefüge mit Bitumenzugabe feuchtebeständig für Wärmedämmung an Dach und Wand, Schalldämmung		**Harte Holzfaserplatten** dünne Platten mit glatter Vorderfläche und rückseitiger Siebnarbe, große Rohdichte für nichttragende Beplankungen, Verkleidungen, Sperrtüren, kunstharzvergütet als Schalhaut
Mineralisch gebundene Platten (DIN EN 633, DIN EN 492, DIN EN 13168)			
	**Zementgebundene Flachpressplatten** Nadelholzspäne und Zement als Bindemittel für tragende und aussteifende Beplankungen bei höherer Feuchtebelastung		**Holzwolleleichtbauplatten** Holzwolle mit Zement oder Magnesit als Bindemittel, häufig mit Mittellage aus Hartschaum als Mehrschichtplatte für Wärme- und Schalldämmung, als Putzträger

Abb. 9.39: Aufbau und Verwendung von Holzwerkstoffen (Beispiele)

9

9.4.6 Holzschädlinge und Holzschutz

Holz kann von **Pilzen** und von **Insekten** befallen werden. Der Befall ist meist nicht nur ein Schönheitsfehler, sondern bewirkt auch einen Verlust an Festigkeit des Holzes, der bis zur Zerstörung führen kann.

Maßnahmen, die den Befall und die Zerstörung des Holzes und der Holzwerkstoffe verhindern, werden als vorbeugender Holzschutz bezeichnet. Die wichtigsten vorbeugenden Maßnahmen sind neben der richtigen Holzauswahl, Holztrocknung und Lagerung das werkgerechte Einbauen, allgemein als konstruktiver Holzschutz oder baulicher Holzschutz ausgewiesen. Die zusätzliche Verwendung von Holzschutzmitteln führt zum chemischen Holzschutz.

Holzzerstörende Pilze

Pilze können ihre zum Leben notwendigen Aufbaustoffe nicht selbst erzeugen, da sie kein Blattgrün

Echter Hausschwamm

Tannenblättling

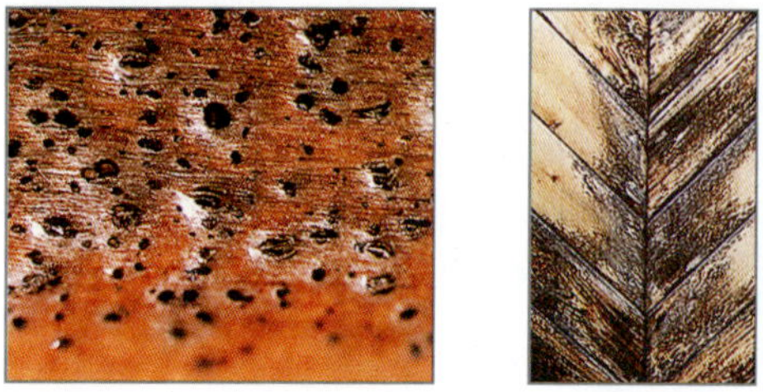

Bläuepilz

Abb. 9.40: Pilze und ihr Schadensbild

Hausbockkäfer (verkleinert)

Gewöhnlicher Nagekäfer (vergrößert)

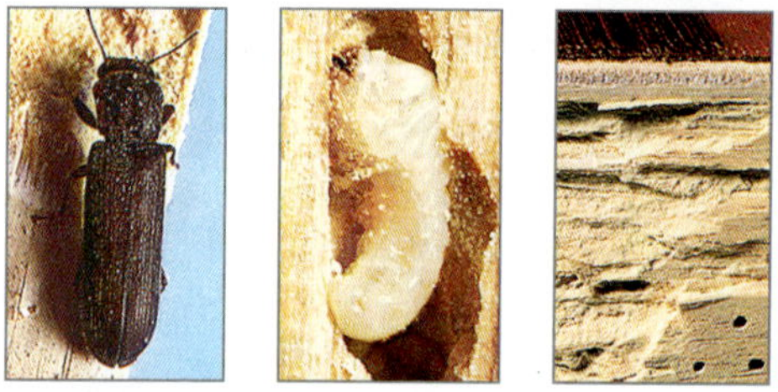

Splintholzkäfer (vergrößert)

Vollinsekten und Larven sowie ihr Schadensbild

Abb. 9.41: Holzzerstörende Insekten

besitzen. Sie sind auf die organischen Stoffe anderer Pflanzen angewiesen. Pilze können zwar auf Sonnenlicht verzichten, benötigen jedoch zu ihrer Entwicklung ausreichend Feuchtigkeit und Wärme (vgl. Abb. 9.40).

Bei Pilzen werden die Sporen, aus denen sie entstehen, die Fruchtkörper, in denen die Sporen gebildet werden und die Pilzkörper unterschieden. Letztere sind meist hautartige Gebilde mit einem Geflecht von wurzelartigen Fäden und Strängen, dem Myzelgeflecht, mit deren Hilfe die Pilze ihre Nahrung dem befallenen Holz entziehen.

Pilze, die verarbeitetes Holz befallen, werden auch als **Gebäudepilze** bezeichnet. Sie zerstören das Lignin (Weißfäule oder Korrosionsfäule) oder die Zellulose (Braun- oder Destruktionsfäule).

Der gefährlichste Pilz am verarbeiteten Holz ist der **Echte Hausschwamm,** da er nach einem Befall sehr zählebig ist und längere Zeit Nahrungs-, Feuchtigkeits- und Wärmemangel überstehen kann.

9

Holzzerstörende Insekten

Holzzerstörende Insekten am gelagerten und verarbeiteten Holz sind verschiedene Käfer- und Wespenarten. Durch ihren Fraß mindern sie den technischen Wert des Holzes oder zerstören es völlig. Die Schäden werden durch die Larven der Käfer und Wespen verursacht.

Der bis zu 22 mm große **Hausbock** gilt als der gefährlichste Schädling des Bauholzes (vgl. Abb. 9.41).

Von den vielen Arten der Nage-, Klopf- oder Pochkäfer ist der etwa 3 mm bis 5 mm große gewöhnliche Nagekäfer der gefährlichste (vgl. Abb. 9.41). Dieser befindet sich in Laub- und Nadelhölzern, jedoch meist nur im Splintholz.

Zu den 3 mm bis 6 mm großen Splintholzkäfern zählen der Parkettkäfer und der Braune Splintholzkäfer (vgl. Abb. 9.41). Sie befallen in der Regel nur den Splint von Laubhölzern.

Holz kann durch Insekten und Pilze zerstört werden.

Konstruktiver Holzschutz

Vorbeugender konstruktiver Holzschutz besteht vor allem in der Verwendung von Holz, das gesund, frei von Rinde und Bast sowie ausreichend trocken ist. Außerdem muss zum Schutz gegen Schädlingsbefall durch geeignete konstruktive Maßnahmen eine spätere Durchfeuchtung ausgeschlossen werden. Das ist erreichbar, indem der Zutritt von Feuchtigkeit verhindert oder die rasche Ableitung des Wassers bzw. eine Austrocknung des Bauteils ermöglicht wird.

Wird Holz im Freien verwendet, sollte es so verbaut werden, dass es nach Möglichkeit vor Niederschlägen geschützt ist. Genügend große Dachüberstände, zurückspringende Sockel und die Überdeckung des sehr saugfähigen Hirnholzes, beispielsweise bei Sparren- und Pfettenköpfen, sind notwendige Maßnahmen. Zum Schutz vor Spritzwasser muss der Abstand vom Boden zu Pfosten und anderen Holzbauteilen mindestens 30 cm betragen. Ist der Schutz vor Regenwasser nicht möglich, sollten Bauweisen gewählt werden, bei denen das Wasser schnell und vollständig ablaufen kann. Dies wird z. B. durch geeignete Profile sowie abgeschrägte Unterkanten bei Außenverschalungen und Wassernasen bei vorspringenden Holzbauteilen erreicht.

Konstruktiver Holzschutz bedeutet Schutz vor Feuchtigkeit durch:

- Einbau von trockenem Holz,
- Schutz vor Niederschlägen und Spritzwasser sowie vor kapillarer Feuchte,
- Verhinderung von Tauwasserbildung und
- ausreichende Belüftung.

Chemischer Holzschutz

Nach DIN 68800 müssen Holzbauteile, die zur Standsicherheit beitragen und besonders gefährdet sind, zusätzlich zu den baulichen Maßnahmen mit chemischen Holzschutzmitteln geschützt werden. Zu den besonders gefährdeten Bauteilen zählen z. B. solche in Außenbereichen und in feuchten Räumen. Nach dem Anwendungsbereich und damit dem Maß der Gefährdung sind die Bauteile in die **Gebrauchsklassen** 0 bis 5 eingeteilt und damit die Anforderungen an den Holzschutz festgelegt. Holzteile, die durch Niederschläge, Spritzwasser oder dergleichen beansprucht werden, gehören zu den Gebrauchsklassen 3 bis 5, solche ohne diese Beanspruchungen zu den Gebrauchsklassen 0 bis 2.

Holz, das in Innenräumen verbaut ist und ständig trocken bleibt, wird unter bestimmten Voraussetzungen der Gebrauchsklasse 0 zugeordnet. Für dieses Holz ist kein vorbeugender chemischer Holzschutz erforderlich. Bei Einhaltung von baulichen Maßnahmen nach DIN 68800-2 gilt dies bis zur Gebrauchsklasse 3.1 (keine Bewitterung, keine Feuchtigkeit oder schnelle Rücktrocknung der Bauteile) ebenfalls. Dies gilt auch bei Verwendung von bestimmten splintarmen oder splintfreien Farbkernhölzern mit hoher Dauerhaftigkeit.

Die Wirksamkeit der Holzschutzmittel gegen holzzerstörende Insekten und holzzerstörende Pilze wird in Kurzform in Prüfprädikaten beschrieben (vgl. Abb. 9.42).

Chemische Holzschutzmittel, auch Imprägnierungsmittel genannt, enthalten biozide Wirkstoffe, d. h. sie wirken als Berührungs-, Atmungs- und Fraßgifte. Es dürfen deshalb nur solche Holzschutzmittel angewendet werden, die nach dem Biozidrecht verkehrsfähig sind. Dies setzt voraus, dass die Wirksamkeit der Holzschutzmittel von einer Materialprüfanstalt nachgewiesen wurde. Außerdem muss die gesundheitliche Unbedenklichkeit bei vorschriftsgemäßer Anwendung überprüft sein. Geprüfte Holzschutzmittel für den vorbeugenden Holzschutz von tragenden und aussteifenden Bauteilen sind in einer Zulassung/CE-Kennzeichnung beschrieben.

Iv	gegen **I**nsekten **v**orbeugend wirksam,
P	gegen **P**ilze vorbeugend wirksam,
W	auch für Holz, das der **W**itterung ausgesetzt ist, jedoch nicht im ständigen Erdkontakt und nicht im ständigen Kontakt mit Wasser,
E	auch für Holz, das **e**xtremer Beanspruchung ausgesetzt ist (im ständigen Erdkontakt und/oder im ständigen Kontakt mit Wasser sowie bei Schmutzablagerungen in Rissen und Fugen).
B	gegen Ver**b**lauung an verarbeitetem Holz wirksam

Abb. 9.42: Prüfprädikate

Die Risikobewertung hinsichtlich der Gesundheitsgefahren und der Umweltbelastung sowie die Zulassung oder Registrierung von chemischen Holzschutzmitteln erfolgt durch die Bundesanstalt für Arbeitsschutz und Arbeitsmedizin. Da Holzschutzmittel giftige Stoffe enthalten, müssen auf dem Gebinde und in einem Sicherheitsdatenblatt **Gefahrenhinweise** (**H**-Sätze) und **Sicherheitshinweise** (**P**-Sätze) gemäß der Gefahrstoffverordnung vorhanden sein, die Vorgaben für die Verarbeitung und Verwendung machen. Diese Angaben über Verarbeitung, Einsatzbereich, die notwendige Schutzkleidung sowie die Entsorgung der Reste und Gebinde sind zwingend einzuhalten.

Beim Arbeiten mit chemischen Holzschutzmitteln sind die Arbeitsschutzbestimmungen zu beachten und einzuhalten.

9.5 Holzverbindungen

Holz eignet sich zur Herstellung von tragenden und raumabschließenden Holzkonstruktionen für Wände, Decken und Dächer. Dazu werden beispielsweise Kanthölzer, Bohlen oder Bretter miteinander verbunden, z. B. mit Längsverbindungen, Eckverbindungen sowie Abzweigungen und Kreuzungen. Die unverschiebliche Verbindung von verschiedenen Hölzern werden als Knotenpunkt, die zu verbindenden Hölzer als Stäbe benannt. Die Stäbe und Knotenpunkte müssen auftretende Kräfte aufnehmen können.

Anschlüsse können mit zimmermannsmäßigen Verbindungen ausgeführt werden. Zusätzlich können diese mit Schraubenbolzen oder Nägeln gesichert sein (vgl. Abb. 9.43).

Verbindungen mit Dübeln, Stahlblechen und Stahlblechformteilen sowie tragende Schrauben- oder Nagelverbindungen werden als ingenieurmäßige Verbindungen oder als mechanische Verbindungen im Holzbau bezeichnet (ingenieurmäßige Verbindungen werden im Kapitel LF 12 I „Planen einer Halle" (Kapitel 17) näher beschrieben).

Zimmermannsmäßige Holzverbindungen

Kreuzung: Sparren/Schwelle
Eckverbindung: Schwellen
Abzweigung: Schwellen/Stiel

Längsverbindung: Pfettenstoß

Ingenieurmäßige Holzverbindungen

Knotenpunkt

Balkenanschluss

Abb. 9.43: Holzverbindungen

Zimmermannsmäßige Verbindungen

Zimmerer haben traditionell die Hölzer so bearbeitet, dass die Anschlüsse durch ihre Form dazu geeignet waren, Kräfte zu übertragen. Diese Anschlüsse, die auch heute noch verwendet werden, werden als zimmermannsmäßige Holzverbindungen bezeichnet.

Längsverbindungen werden meist über Auflagern angeordnet und als **Blattstoß,** seltener als **Zapfenblatt** ausgeführt (vgl. Abb. 9.44).

Eckverbindungen werden nötig, wenn zwei Bauhölzer an einer Ecke rechtwinklig oder annähernd rechtwinklig in einer Ebene zusammentreffen. Gebräuchliche Eckverbindungen sind der **Scherzapfen,** das glatte **Eckblatt** und das **Druckblatt.** Soll das Hirnholz, beispielsweise aus Gründen des konstruktiven Holzschutzes, vollständig verdeckt sein, können **Eckblätter** auch verdeckt ausgebildet werden.

Mit dem Scherzapfen oder mit dem glatten Eckblatt werden aufliegende oder auskragende Enden von Pfetten und Sparren verbunden. Zur Sicherung der Verbindungen können Nägel oder Schraubenbolzen verwendet werden. Das Druckblatt hat schräg ineinander greifende Flächen. Es eignet sich besonders zur Verbindung belasteter, voll aufliegender Schwellen (vgl. Abb. 9.46).

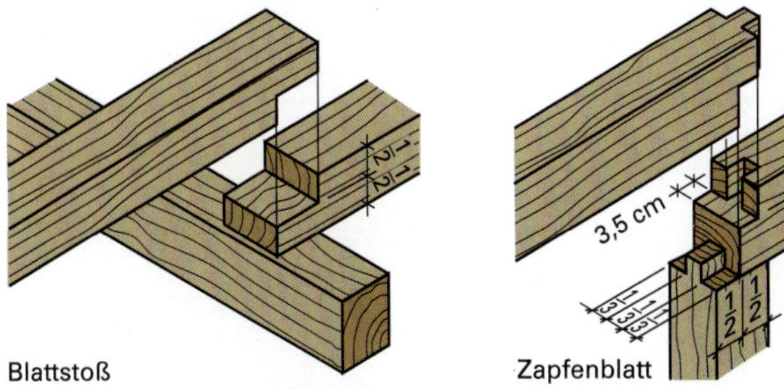

Das Blatt greift beiderseitig durch die halbe Holzhöhe. Ober- und Unterseite der verblatteten Hölzer liegen bündig.

Abb. 9.44: Längsverbindungen

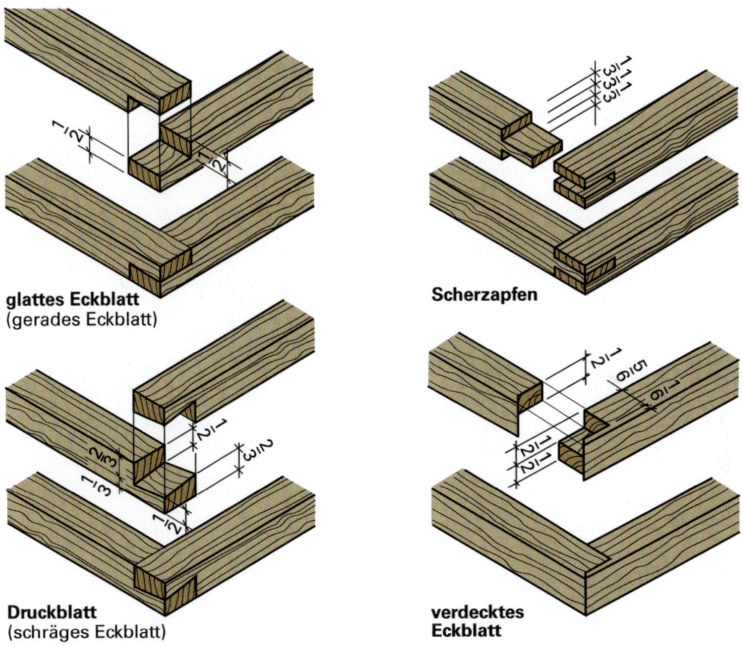

Abb. 9.45: Eckverbindungen

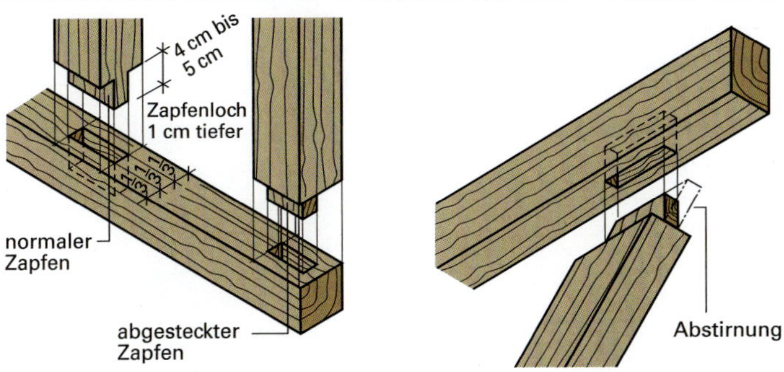

Wenn Hölzer im Kreuzungspunkt enden, werden diese mit einem Zapfen in der Lage gesichert.

Abb. 9.46: Abzweigungen (Zapfen)

9

Bei der Abzweigung wird ein recht- oder spitzwinklig auftreffendes Kantholz meist oberflächengleich mit einem anderen verbunden. Bei herkömmlicher Holzbauweise werden dazu hauptsächlich die Verzapfung, bei Druckstäben den Versatz und bei untergeordneten Konstruktionen auch das Blatt verwendet.

Bei der Verzapfung ist zu unterscheiden zwischen dem normalen, über die ganze Holzbreite reichenden Zapfen und dem abgesteckten Zapfen, der für Verbindungen an Holzenden angewendet wird (vgl. Abb. 9.46).

Der **Versatz** ist eine Abzweigung, bei der ein spitzwinklig auftreffender Druckstab durch eine oder mehrere Passflächen an seiner Stirnseite mit dem anderen Holz verbunden wird. Nach Zahl und Lage der Passflächen ist der Stirnversatz, der Rück- bzw. Fersenversatz und der doppelte Versatz zu unterscheiden.

Beim **Stirnversatz** erhält der aufnehmende Stab eine keilförmige Ausklinkung, in die der Druckstab eingepasst wird (vgl. Abb. 9.46). Die Stirnfläche soll dabei in der Winkelhalbierenden des stumpfen Außenwinkels liegen. Die gleiche Richtung soll auch der Heftbolzen haben, der die Verbindung gegen seitliches Verschieben sichert.

Durch die eingeleitete Druckkraft wird das vor der Versatzfläche liegende Vorholz auf Abscheren beansprucht (vgl. Abb. 9.47). Da die Bemessungswerte der Festigkeit auf Abscheren in Faserrichtung verhältnismäßig gering sind, muss die Vorholzlänge (Scherfläche) entsprechend groß sein. Da außerdem mit der Bildung von Trockenrissen gerechnet werden muss, sollte die Vorholzlänge nur in Ausnahmefällen 20 cm unterschreiten.

9

Eine Vergrößerung der Scherfläche wird beim **Rück-** oder **Fersenversatz** (vgl. Abb. 9.48) erreicht. Die Versatzfläche wird beim Fersenversatz rechtwinklig zur Unterfläche des Druckstabs angeschnitten. Dadurch entsteht jedoch ein außermittiger Anschluss und für den Druckstab die Gefahr des Aufspaltens. Deshalb darf beim Fersenversatz die freie Schnittfläche des Druckstabes nicht aufsitzen, sondern muss eine Fuge aufweisen.

Ein **doppelter Versatz** setzt sich aus einem Stirn- und einem Fersenversatz zusammen. Der Fersenversatz muss aber mindestens 1 cm tiefer eingelassen werden, damit dessen Scherfläche unter der des Stirnversatzes liegt.

Kreuzungen können, sofern die Querschnittsschwächung keine Rolle spielt, als oberflächengleiche Kreuzungen voll **überblattet** werden (vgl. Abb. 9.49).

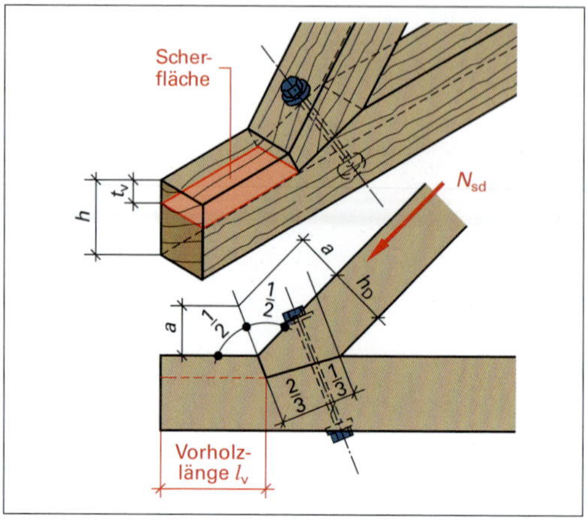

Abb. 9.47: Stirnversatz

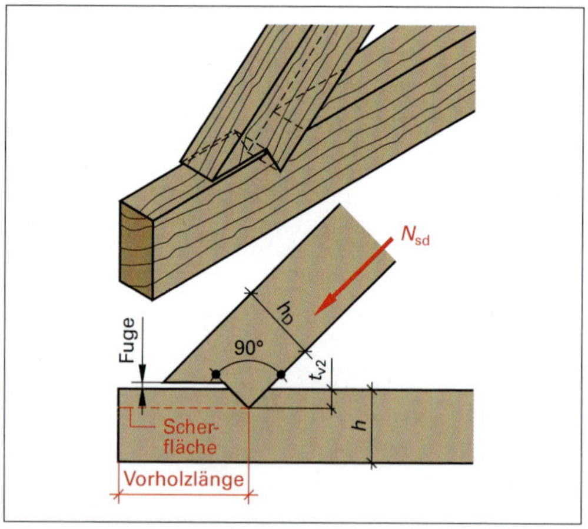

Abb. 9.48: Fersenversatz

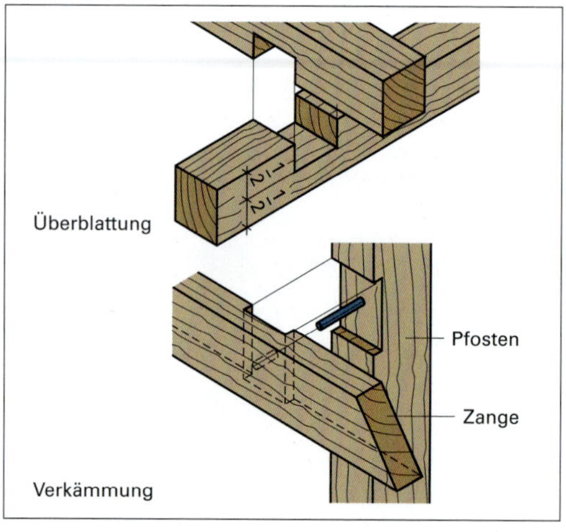

Abb. 9.49: Kreuzungen

Seitlich anliegende, zum Teil auch aufliegende Hölzer bekommen ebenfalls einen festen Sitz, wenn sie verkämmt werden (vgl. Abb. 9.49). Dazu werden die Berührungsflächen beider Hölzer nur 1,5 cm bis 2 cm tief ausgeblattet. Die Verbindung ist unverschieblich und wird in der Regel durch einen Schraubenbolzen zusammengehalten.

Bei Kreuzungen von geneigten mit waagerechten Hölzern, wie sie hauptsächlich bei Sparren mit Pfetten vorkommen, erhalten die Sparren einen der Neigung entsprechenden Einschnitt, der als Kerve (Kerbe, Sattel) bezeichnet wird. Bei Sparrenhöhen von 16 cm bis 20 cm beträgt die Tiefe von Sparrenkerven 2,5 cm bis 3,5 cm. Zur Befestigung dient ein Nagel, der mindestens 12 cm (Haftlänge) in die Pfette eindringen sollte oder Sparrenpfettenanker.

Zimmermannsmäßige Holzverbindungen sind für die Aufnahme von Druckkräften gut geeignet. Um größere Zugkräfte anzuschließen müssen die Verbindungen mit Nägeln und Bolzen ergänzt werden.

Die Berechnungsgrundlagen für Holzbauten sind in LF 13 I (Kapitel 18) weiter ausgeführt.

9.6 Dachtragwerke

Bei den Tragwerken sind Gespärredächer und Pfettendächer zu unterscheiden. Dies sind klassische zimmermannsmäßige Dachkonstruktionen. Durch die bei heutigen Neubauten im Wohnungsbau größere Hausbreiten und Drempelkonstruktionen um den Dachraum zu erweitern, können die klassischen Konstruktionen nicht immer einfach konstruiert werden.

Als Material für die Dachkonstruktionen kommen im Regelfall Nadelholzer als Bauschnitthölzer zur Anwendung. Aufgrund erhöhter Anforderungen an Formstabilität und Rissfreiheit wird Nadelholz (NH) als Konstruktionsvollholz (KVH) eingesetzt. Die unterschiedlichen Querschnitte werden nach DIN 4074/DIN EN 68365 als Kantholz, Bohle, Brett oder Latte bezeichnet (vgl. Tabelle 9.35).

Dachtragwerke als Zimmermannskonstruktion mit dem Material Bauschnittholz, Konstruktionsvollholz sowie Duo- und Triobalken sind das einfache Sparrendach, das Sparrendach mit Kehlbalken, das Pfettendach, das Pfettendach mit Sprengwerk, das Pfettendach mit liegendem Stuhl, das Hängewerkdach und das Hängewerkdach mit doppelten Hängewerk.

9.6.1 Pultdach

Das einfachste geneigte Dachtragwerk ist das Pultdach. Beim Pultdach liegt der geneigte Sparren am Fußpunkt auf einer Fußpfette (Schwelle) und am Firstpunkt auf der Firstpfette (Schwelle) auf. Als Fuß- oder Firstpfette wird ein Kantholz bezeichnet das die Belastungen aus den Sparren auf eine Unterstützung abträgt. Als Schwelle wird das Kantholz bezeichnet, wenn es in seiner ganzen Länge aufliegt.

Die Schwellen werden bei Betondecken und Stahlbetondrempeln mit Bolzen M16 und einer zugehörigen Unterlegscheibe verankert. Im Normalfall ist ein Abstand der Bolzen von 2,00 m im Eckbereich (*b*/8) von 1,00 m ausreichend (vgl. Abb. 9.51).

Liegt die Schwelle auf den Balken einer Holzbalkendecke auf, werden zweckmäßig Holzverbinder aus Stahlblech z.B. Sparrenpfettenanker (vgl. Abb. 9.53) verwendet.

Durch die Verankerung der Schwelle/Fußpfette wird die Dachkonstruktionen gegen abhebende Windkräfte gesichert.

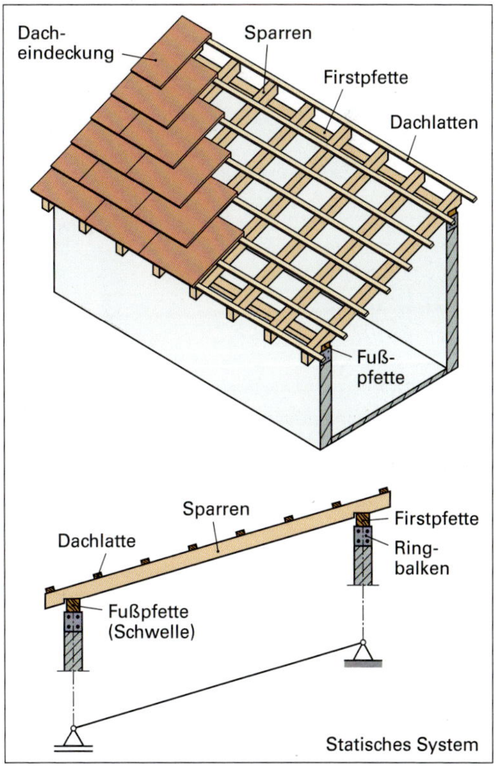

Abb. 9.50: Pultdach

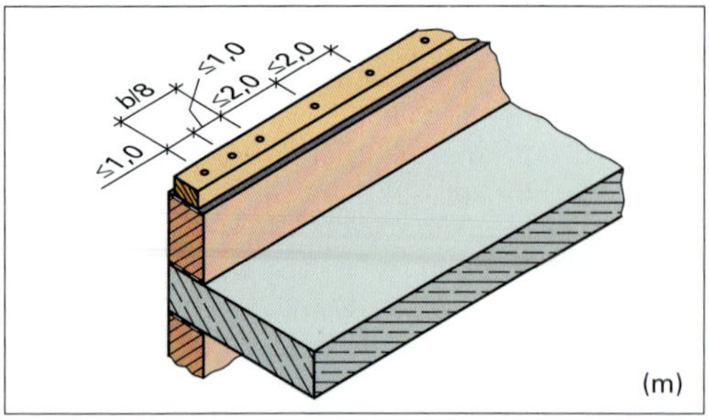

Abb. 9.51: Schwellenverankerung (*b* Hausbreite)

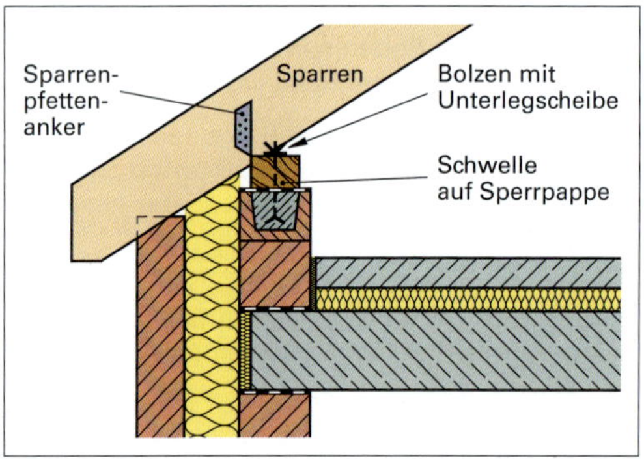

Abb. 9.52: Fußpunkt Pultdach

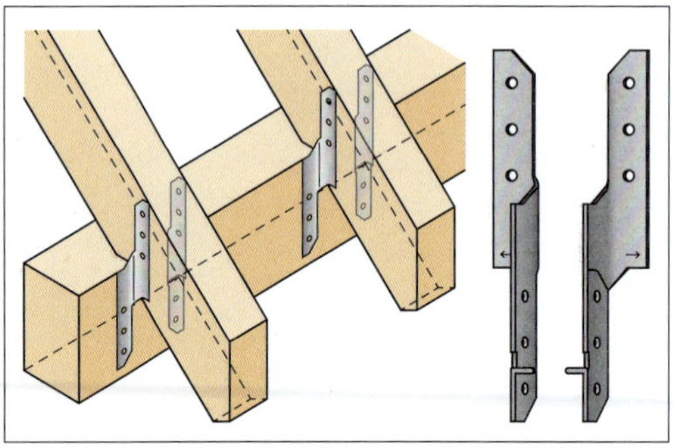

Abb. 9.53: Sparrenpfettenanker (Simpson – Strong)

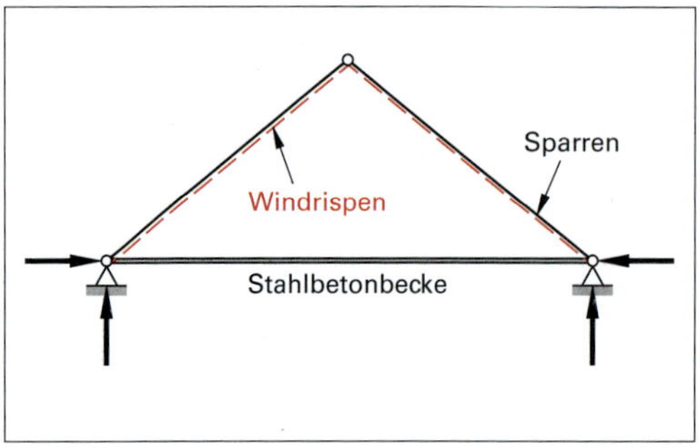

Abb. 9.54: Statisches System Sparrendach

9.6.2 Sparrendach

Sparrendächer sind für rechtwinklige Grundrisse geeignet, bei denen ein Stützenfreier Dachraum vorgesehen ist. Die Möglichkeiten von Dachausbauten sind allerdings bei den Gespärredächern beschränkt, da bei der Auswechselung von Sparren die benachbarten Sparren die Lasten mit übernehmen müssen. Problemlos ist nur die Auswechselung eines Sparrens.

Die Sparren werden auf den Pfetten aufgeklaut und mit Sparrenpfettenankern und Ankernägeln befestigt. Dazu werden zwei, bei größeren Kräften vier, Sparrenpfettenanker benötigt.

Zwei Sparren (ein Gespärre) bilden im Querschnitt in Verbindung mit der Decke ein unverschiebliches Dreieck (vgl. Abb. 9.54).

Die Standsicherheit in Längsrichtung wird durch Windrispen, die vom First zum Fußpunkt verlaufen erreicht. Als Windrispen werden Holzbohlen, die diagonal unter die Sparren genagelt werden, verwendet. Dies ist im Zusammenhang mit der Lattung und der Begrenzung des Verhältnises von Sparrenbreite zu Sparrenhöhe $b/h \leq 3$ möglich. Die bessere Variante ist die Verwendung von Windrispenbändern aus Stahlblech die mit Ankernägeln auf die Sparren genagelt werden. Dadurch wird der Einbau einer Zwischensparrendämmung nicht erschwert. Die Windrispenbänder werden auf Zug beansprucht. Damit ein durchhängen vermieden wird, sind sie zu spannen. Die Länge der Windrispen ist aufgrund der Temperaturschwankungen und der daraus resultiereden Längenänderung zu begrenzen. Windrispen sollten vorzugweise kreuzförmig angeordnet werden.

Windrispen bilden zusammen mit dem Firstholz unverschiebliche Dreiecke (vgl. Abb. 9.55).

Die Verankerungspunkte der Windrispen sind so auszubilden, dass die Kräfte sicher aufgenommen werden können. Um die Nagelfläche zu vergrößern können Seitenhölzer seitlich an den Sparren genagelt werden.

Dazu ist der Sparren und die Schwelle am Verankerungspunkt gegen die abhebenden Kräfte zu sichern. Beihölzer zwischen den Sparren stützen den durch horizontale Kräfte beanspruchten Sparren ab.

Je nach der Größe der Dachfläche gibt es unterschiedliche Möglichkeiten für die Anordnung der Windrispen.

Die Längsaussteifung eines Daches erfolgt durch Windrispen.

9

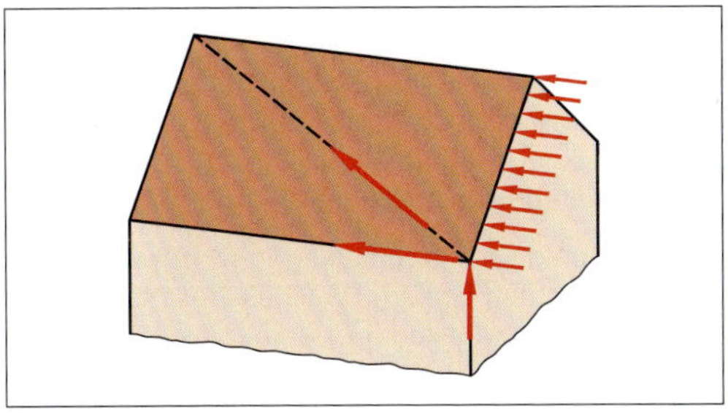

Abb. 9.55: System Windrispe

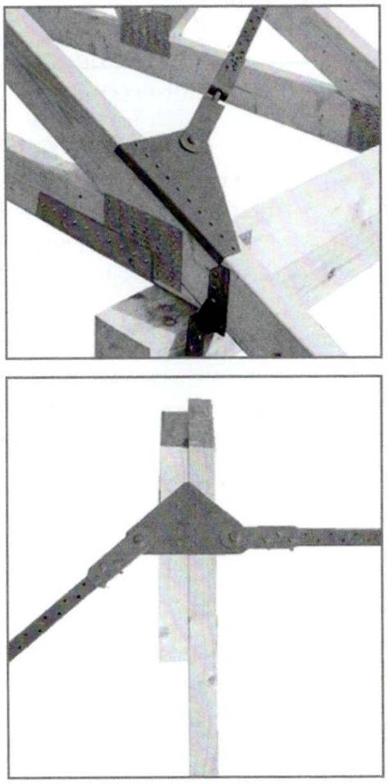

Abb. 9.56: Verankerung Windrispenbänder (Simpson-strong)

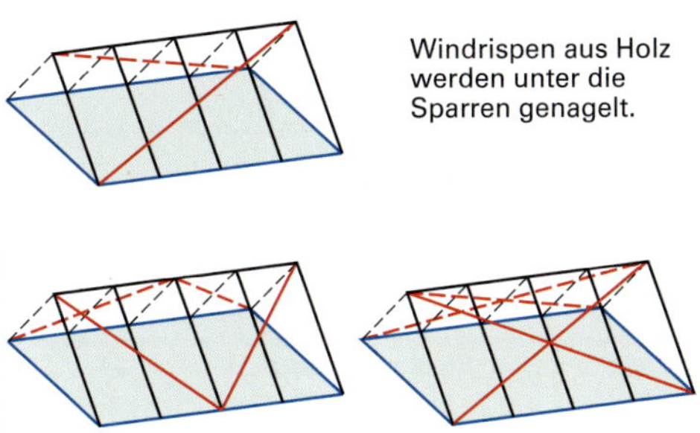

Abb. 9.57: Anordnung von Windrispen im Sparrendach

Eine weitere Möglichkeit der Längsaussteifung bei Gespärredächern ist die Verschalung mit einer Bretterlage. Wenn die Bretter nicht durch Stifte schubfest verbunden sind, werden sie diagonal mit je 2 Nägeln auf die Sparren genagelt.

Auch eine ganzflächige Beplankung mit Plattenwerkstoffen aus Holz, vorzugsweise OSB–Platten, kann die Stabilität in Längsrichtung gewährleisten. Soll die schubfeste Ausführung bei der Verschalung und Beplankung erspart werden, sind Windrispen auf die Verschalung oder Beplankung aufzubringen.

Ein Gespärre besteht aus zwei gegenüberliegenden Sparren, die gegeneinander geneigt sind. Am First werden die Sparren verbunden. Dazu gibt es verschiedene Möglichkeiten.

Die Ausführung mit Firstholz ist zu bevorzugen, da die Längsstabilität durch das Firstholz gut gewährleistet ist. Auch das Richten des Sparrendaches wird erleichtert, wenn die Sparren auf das zuerst aufgestellte und provisorisch gesicherte Firstholz aufgelegt werden. Zusammen mit den Windrispen gewährleistet das Firstholz die Längsstabilität.

Beim Sparrendach entstehen durch **vertikale** Belastungen **horizontale** Auflagerreaktionen, die am Fußpunkt durch die Deckenkonstruktion aufgenommen werden müssen. Je geringer die Dachneigung, desto größer sind die Horizontalkräfte (vgl. Abb. 9.59).

Die entstehenden Horizontalkräfte werden bei Betondecken durch eine Widerlagerkonstruktion aufgenommen. Bei Holzbalkendecken wird die Horizontalkraft des Sparrens durch eine Versatzkonstruktion in den Deckenbalken geleitet.

Für die Konstruktion des Fußpunktes sind wie beim Firstpunkt (vgl. Abb. 9.58 und Abb. 9.59) verschiedene Ausführungen möglich.

Aus vertikalen Kräften entstehen beim Gespärredach vertikale und **horizontale** Auflagerreaktionen.

Bei Sparrenlängen von ungefähr 4,50 m, je nach Dachneigung, kann ein Sparrendach wirtschaftlich sein. Für Hausbreiten von mehr als ca. 7,00 m wird ein Sparrendach unwirtschaftlich. Der Sparrenabstand wird je nach Belastung und Dachausbau zwischen 60 cm und 1,00 m gewählt.

Der Sparrenabstand bestimmt die Querschnitte der Dachlatten. Dachlatten sind mit mindestens 2 Nägeln auf jedem Sparren zu befestigen. Typische Querschnitte für Dachlatten sind 24/48 (heute i.d.R. nur noch bei denkmalgeschützten Gebäuden, S13), 30/50 und 40/60 [mm] mit der Sortierklasse S10.

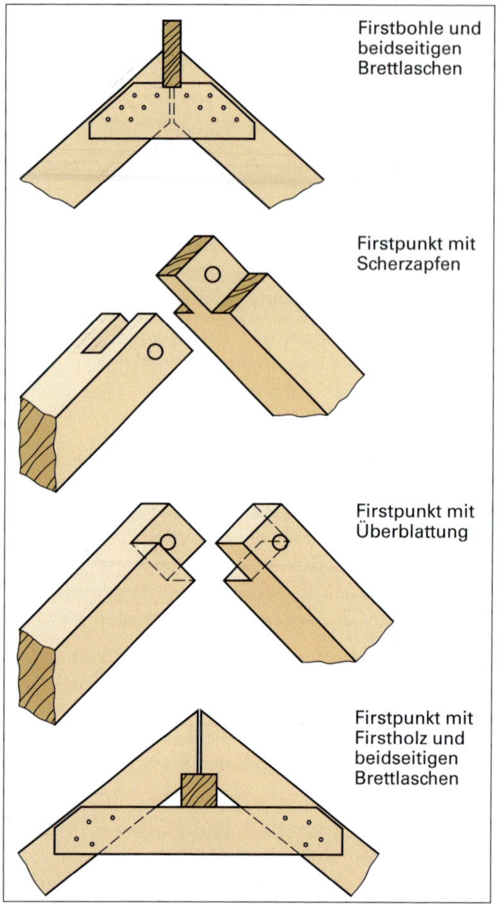

Abb. 9.58: Firstausbildungen beim Sparrendach

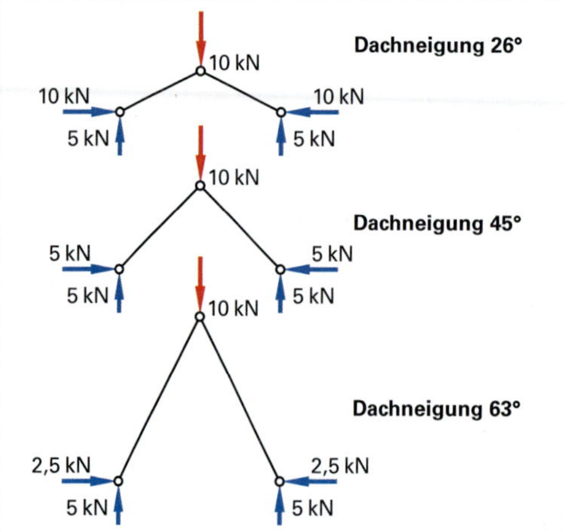

Abb. 9.59: Dachneigung und Horizontalkräfte (Zahlenbeispiel)

9.6.3 Kehlbalkendach

Kehlbalkendächer ermöglichen breitere Grundrisse mit einem Gespärredach stützenfrei zu überbrücken. Zur Unterstützung der längeren Sparren werden Kehlbalken eingebaut (vgl. Abb. 9.61).

Die Höhenlage der Kehlbalken wird durch die gewünschte lichte Höhe im Dachgeschoss bestimmt. Wird das Verhältnis von h_u/h kleiner als 0,45 könnte es notwendig sein wie bei großen Kehlbalkendächern einen weiteren Kehlbalken (Hahnenbalken) einzubauen.

Die Kehlbalken werden auf Druck beansprucht. Damit muss die Knicksicherheit nachgewiesen werden. Wenn notwendig wird die Knicklänge durch einen Längsverband in Kehlbalkenebene reduziert.

Werden die Giebelwände nicht durch Querwände ausgesteift, muss der Verband in Kehlbalkenebene die Kräfte in Verbindung mit den Windrispen auf die Außenwände ableiten. Dazu werden Wandanker benötigt, die am Verbindungspunkt Giebel – Längsholz angebracht werden.

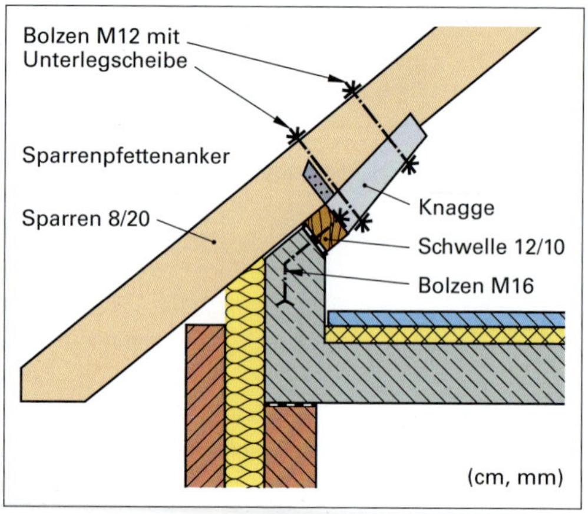

Abb. 9.60: Fußpunktausbildung

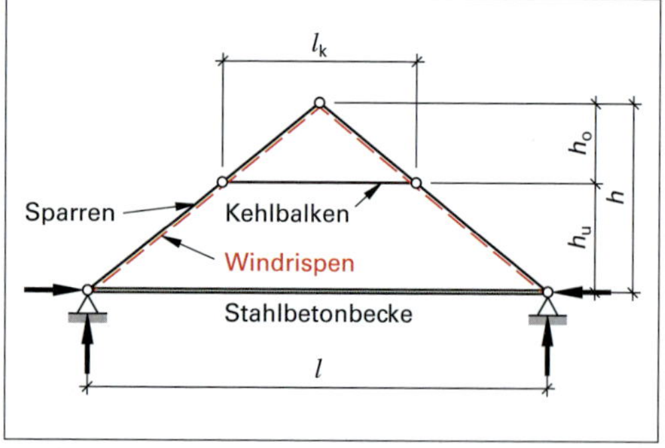

Abb. 9.61: System Kehlbalkendach

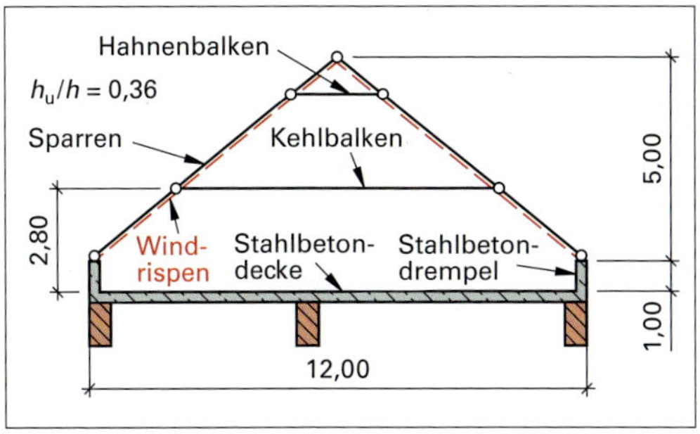

Abb. 9.62: Kehlbalkendach System (verschieblich)

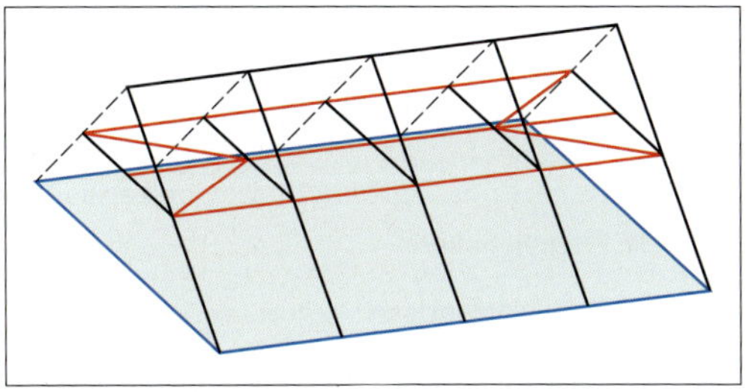

Abb. 9.63: Knickverband in Kehlbalkenebene
(Windrispen nicht dargestellt)

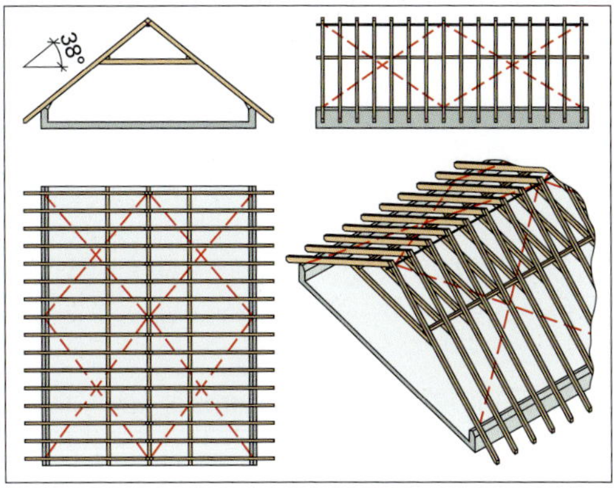

Abb. 9.64: Kehlbalkendach

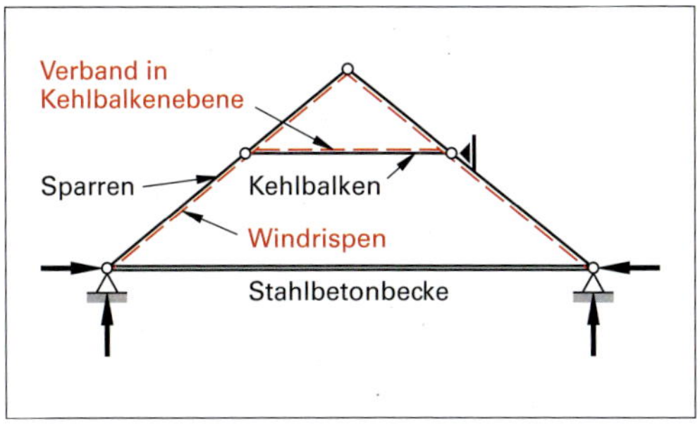

Abb. 9.65: Kehlbalkendach System (unverschieblich)

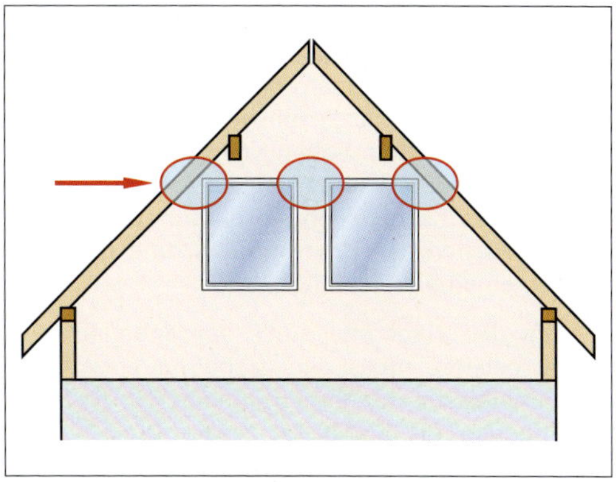

Abb. 9.66: Horizontallasten am Giebel

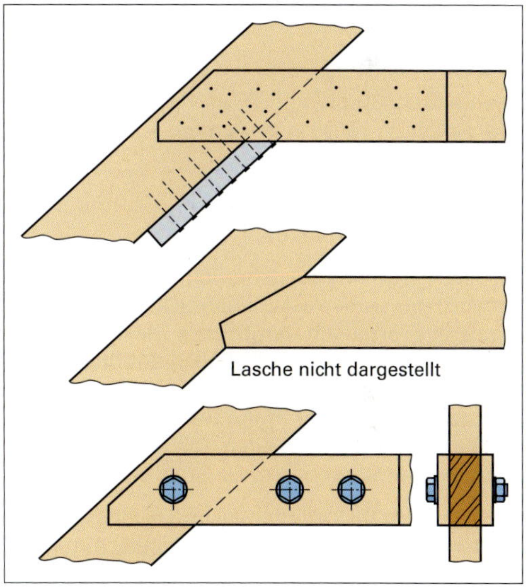

Abb. 9.67: Details Kehlbalkenanschluss

Fußpunkt und Firstpunkt können wie beim Sparrendach ausgebildet werden.

Unterschieden wird beim Kehlbalkendach zwischen einem unverschieblichen und einem verschieblichen Kehlbalkendach. Beim unverschieblichen Kehlbalkendach wird in der Kehlbalkenebene eine unverschiebliche Scheibe ausgebildet. Damit werden die Horizontalkräfte über den Verband in der Kehlbalkenebne auf die Giebelwände abgeleitet und die Durchbiegung des Sparrens verringert.

Der Kehlbalken wird einteilig oder zweiteilig ausgebildet. Der Anschluss an den Sparren erfolgt durch beidseitig Brettlaschen und Nägel. Da aufgrund der Kehlbalkenkräfte und der daraus erforderlichen Nagelanzahl und Nagelabstände die Nägel kaum in der Anschlussfläche unterzubringen

9

sind, empfiehlt sich der Anschluss mittels Bolzen und Dübel oder der Kehlbalken wird auf eine unter dem Kehlbalken am Sparren angenagelte Knagge aufgelegt und durch die seitlichen Brettlaschen nur konstruktiv gehalten. Sollen Knaggen und Brettlaschen vermieden werden, ist die Verbindung mit Blechlaschen herzustellen. Verbindungen mit Versatz schwächen den Sparrenquerschnitt und sind nicht zu empfehlen (vgl. Abb. 9.67).

Werden die Windkräfte durch Verbände auf den Giebel geleitet, muss das Giebelmauerwerk die Horizontallasten aufnehmen können. Durch Fensteröffnungen im Giebel ist dies mitunter nicht gegeben. Dann kann die Stabilität durch Stahlbetonbalken auf dem Mauerwerk hergestellt werden (vgl. Abb. 9.66). Dazu ist sind die Verbandshölzer am Stahlbetonbalken oder am Mauerwerk zu verankern.

Kehlbalkendächer können unverschieblich oder verschieblich konstruiert werden.

9.6.4 Pfettendächer

Bei Pfettendächern entstehen durch vertikale Lasten auch nur vertikale Auflagerreaktionen. Nur die Windkräfte erzeugen horizontale Beanspruchungen. Die tragenden Sparren liegen auf Pfetten auf, die ihrerseits auf Querwänden oder Stützen aufliegen. Je nach Lage der Pfette werden Fuß-, Mittel- und Firstpfette unterschieden. Die Pfette in Verbindung mit den Stützen wird als Stuhl bezeichnet.

Nach der Anzahl der Pfetten im Dachquerschnitt werden die Pfettendächer als Pfettendach mit einfach-, zweifach- oder dreifach stehenden Stuhl bezeichnet (vgl. Abb. 9.68).

Andere Bezeichnungen sind auch ein-, zwei- oder dreistieliges Pfettendach. Soll beim Pfettendach der Dachraum möglichst stützenfrei ausgebaut werden oder können die Stiellasten nicht durch die Deckenkonstruktion aufgenommen werden, können Pfettendächer mit „liegendem Stuhl" gebaut werden.

Einstielige Pfettendächer sind für Hausbreiten von 8,00 m günstig. Zweistielige Pfettendächer bis 12,00 m und mit dreistieligen Pfettendächern sind Hausbreiten bis zu 16,00 m zu überdachen.

Pfettendächer ermöglichen flexible Dachkonstruktionen. Unterschiedliche Traufhöhen, versetzte Firstlinien, beliebige Dachausbauten sind möglich. Klassische Pfettendächer sind abgestrebte Pfettendächer im Gegensatz zu strebenlosen Pfettendächern (vgl. Abb. 9.69).

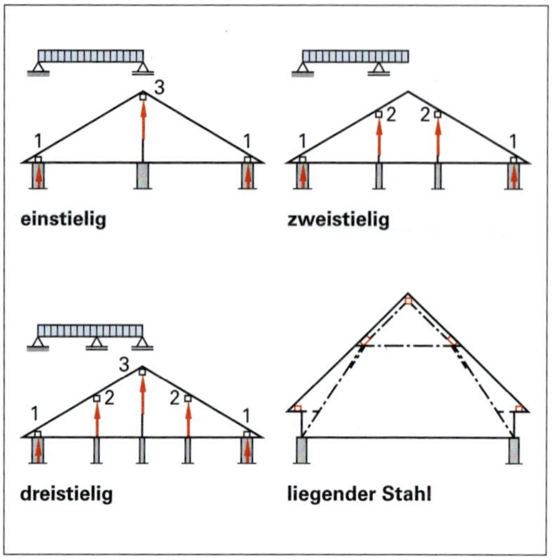

Abb. 9.68: Pfettendächer

Strebenloses Pfettendach

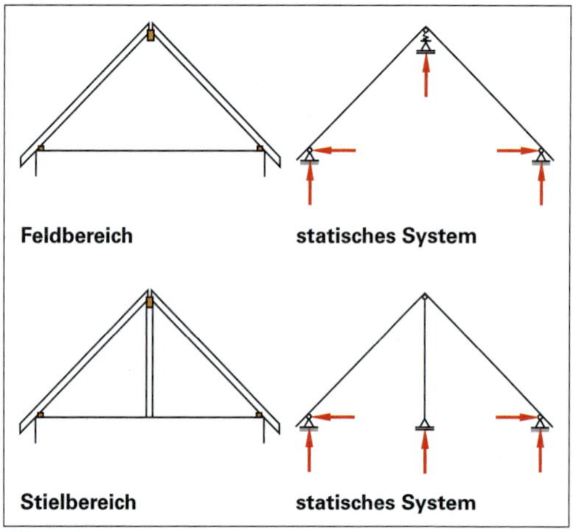

Abb. 9.69: Einstieliges strebenloses Pfettendach

Beim strebenlosen Pfettendach wird das feste Auflager an der Schwelle angenommen. Bei der Auflagerung der Sparren an der Mittelpfette bzw. Firstpfette wird eine waagerechte Verschieblichkeit angenommen. Damit wird die gesamte Horizontalkraft aus Wind an der Schwelle aufgenommen. First- und Mittelpfetten erhalten nur vertikale Kräfte für die Biegebeanspruchung. Ein wirtschaftlicher Abstand der Stiele beträge ca. 4,50 m. Am Firstpunkt dürfen die Sparren keinen Kontakt mit dem gegenüberliegenden Sparren haben. Es ist ein Luftspalt zu lassen um keine Horizontalkräfte unkontrolliert einzuleiten.

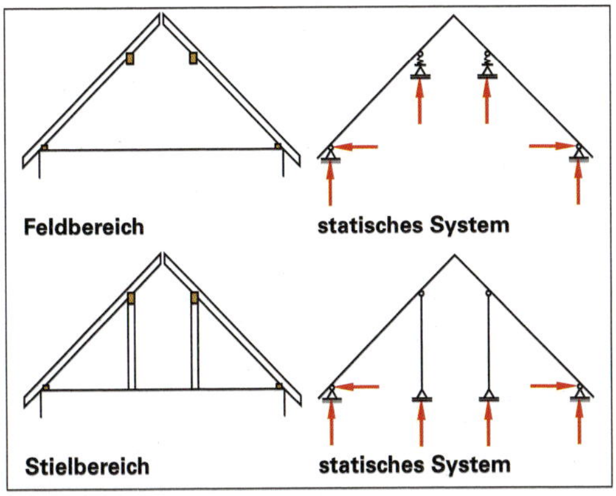

Abb. 9.70: Zweistieliges strebenloses Pfettendach

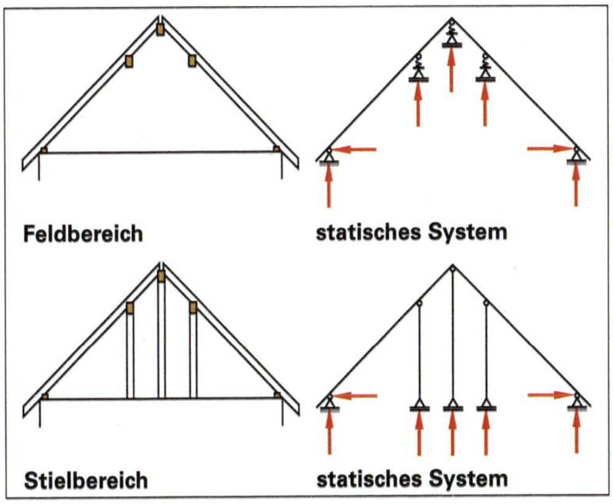

Abb. 9.71: Dreistieliges strebenloses Pfettendach

Abgestrebte Pfettendächer

Beim abgestebten Pfettendach übernimmt die Mittelpfette die Aufnahme der Horizontalkräfte. Damit muss das untere Lager an der Schwelle nur Verikalkräfte aufnehmen und eventuelle Drempel werden nicht auf Biegung belastet. Die Mittelpfette wird jedoch in zwei Achsrichtungen auf Biegung beansprucht (Doppelbiegung).

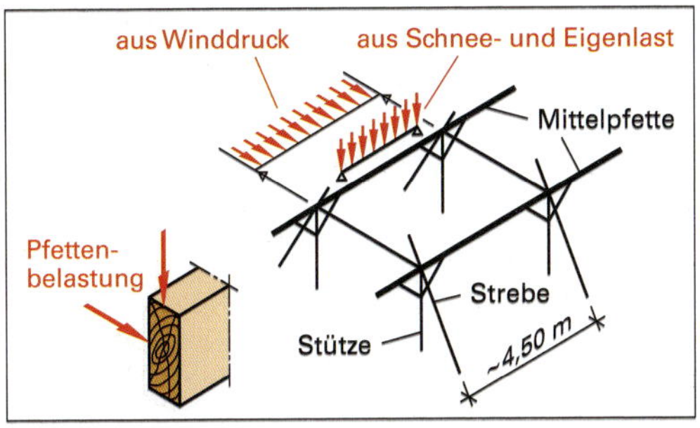

Abb. 9.72: Lastabtragung über Pfette und Strebenbock

Während die Stiele die Vertikalkräfte der Mittelpfetten im Abstand von zirka 4,50 m aufnehmen, werden die Horizontalkräfte durch Streben im Verbund mit den Stielen und beim zimmermannsmäßigen Abbund mittels Spannriegel in die Decke geleitet. Mit ingenieurmäßigen Verbindungen (Blechformteile) lassen sich zug- und druckfeste Verbindungen herstellen. Zimmermannmäßige Konstruktionen sind meistens so konstruiert das die Hölzer auf Druck beansprucht werden, da sich durch zimmermannsmäßige Verbindungen Druckkräfte gut übertragen lassen (vgl. Abb. 9.73).

Abb. 9.73: Klassisches Pfettendach

Bei klassischem Pfettendach wird die Längsaussteifung durch die Pfette und Stiele in Verbindung mit Kopfbändern und Streben erreicht (vgl. Abb. 9.74). Da Kopfbänder und Streben die Freizügigkeit im Dachraum einengen, werden stattdessen wie bei Sparrendächern Windrispen verwendet.

Beim abgestrebten Pfettendach übernehmen die Strebenböcke die Queraussteifung.

Lässt sich die Pfette nicht wegen der begrenzten Holzlänge nicht aus einem Holz herstellen, wird die Pfette als Gelenkpfette konstruiert (vgl. Abb. 9.75).

Ist ein Holzquerschnitt für die Pfettenbelastung nicht ausreichend kann die Pfette durch U-Stahlprofile (vgl. Abb. 9.76) einseitig oder auch beidseitig verstärken. Dazu wird das Stahlprofil durch einen einseitigen Einpressdübel (vgl. Abb. 9.77) in Verbindung mit einem Bolzen und Unterlegscheibe (vgl. Kapitel 9.5) mit dem Holzquerschnitt verbunden.

Die Anzahl der Gelenke darf maximal der Anzahl der Innenstützen entsprechen. Die Ausbildung kann zimmermannsmäßig durch ein Blatt oder schräges Blatt, oder mit Blechformverbindern (vgl. Kapitel 9.5) erfolgen.

Gelenkpfetten ermöglichen Pfetten bei größeren Längen im Dach.

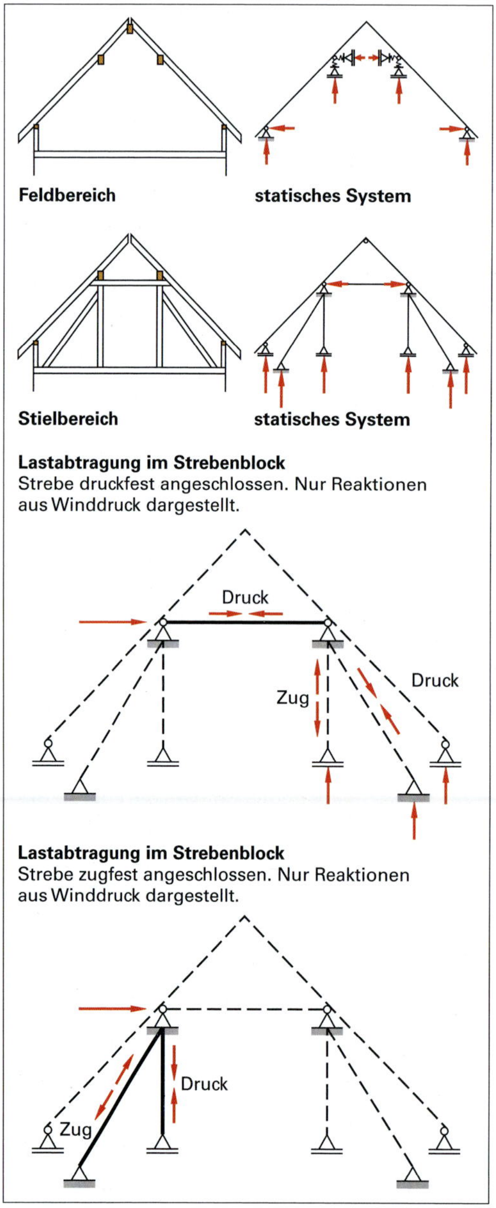

Abb. 9.74: Pfettendachsysteme

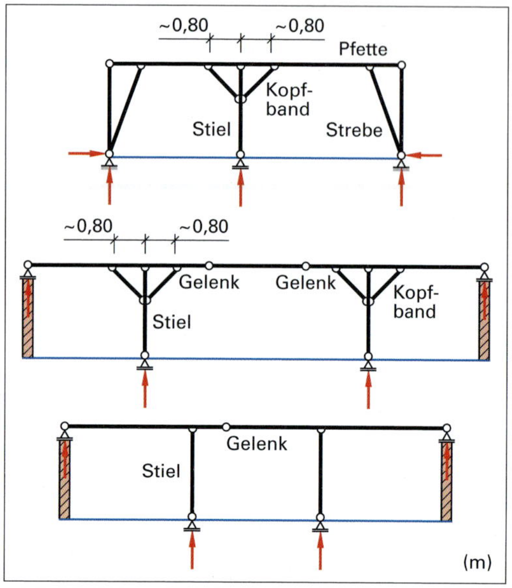

Abb. 9.75: Verschiedene Ausbildungen Pfettenstrang

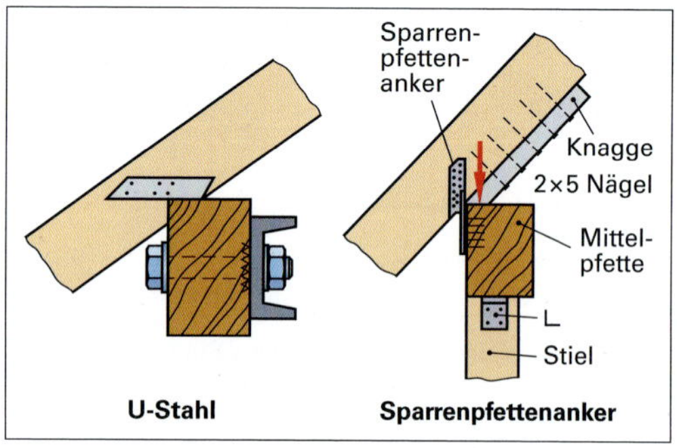

Abb. 9.76: Pfettenverstärkung

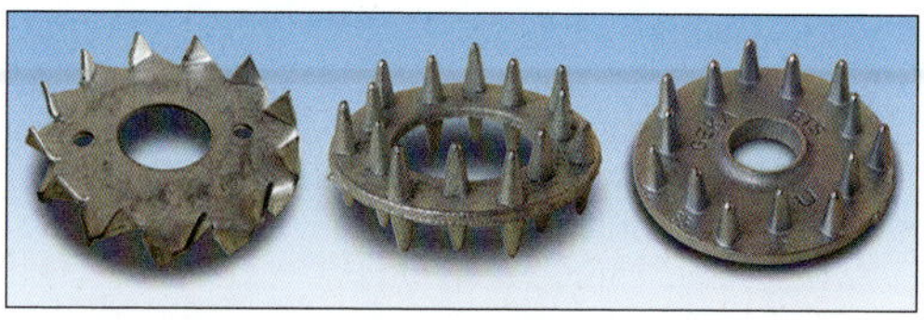

Abb. 9.77: Dübel besonderer Bauart (Einpressdübel)

Ist die Pfette als Gelenk eingehängt, erschwert dies die Montage des Pfettenstrangs. Wird die Pfette aufgelegt kann ein Klemmbolzen die Rissgefahr am Gelenk verhindern (vgl. Abb. 9.80).

Wenn auch beim Pfettendach ein stützenloser Dachraum gewünscht wird, oder die Stielstellungen die Grundrissplanungen stören, werden Stahlrahmen eingebaut, auf denen dann die Pfetten aufliegen (vgl. Abb. 9.81).

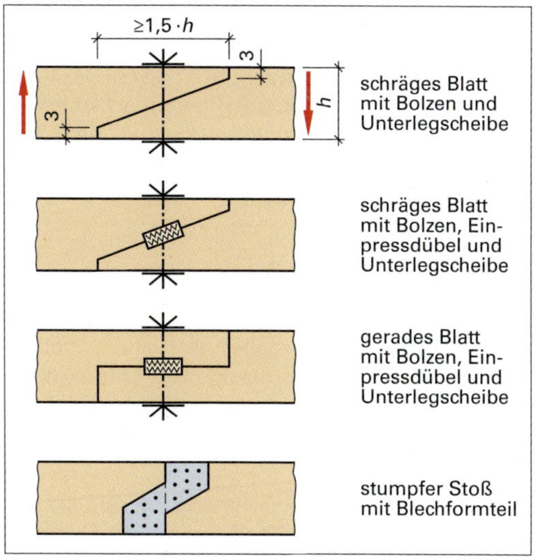

Abb. 9.78: Gelenkausbildungen

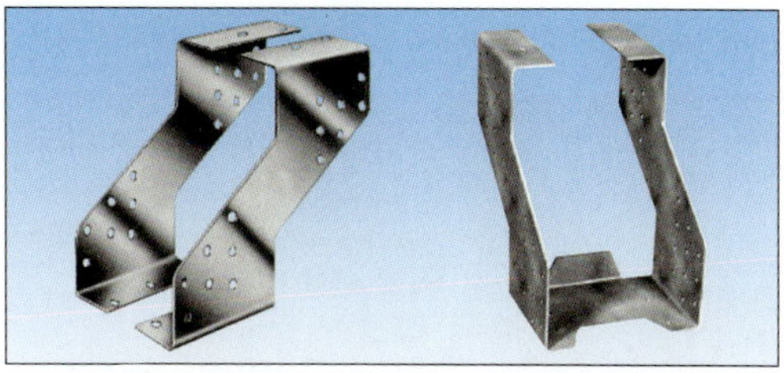

Abb. 9.79: Blechformverbinder (Simpson-Stronk-Tie)

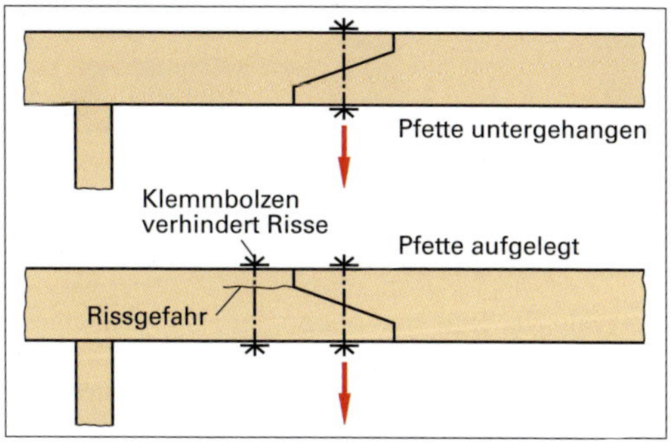

Abb. 9.80: Gelenk mit schrägem Blatt

Abb. 9.81: Stahlrahmen

Stahlrahmen im Dach ermöglichen freie Dachräume auch beim Pfettendach.

Pfettendach mit Firstgelenk

Aufgrund der heute üblichen Drempel und der Notwendigkeit in Höhe der Pfetten eine Decke einzubauen um auch eventuell den Boden unter dem First nutzen zu können kommt eine Mischkonstruktion zum Einsatz.

Abb. 9.82: Dachausbau mit Drempel

Der Drempel wird durch Stahlbetonstützen im Mauerwerk verstärkt. Dadurch können auch Horizontalkräfte aufgenommen werden. Zwischen allen Sparren werden Zangen unter die Pfette ge-

9

hangen und konstruktiv mit den Sparren verbunden. Der Firstpunkt wird wie beim Sparren- oder Kehlbalkendach ausgebildet. Die Längsaussteifung wird mit Windrispenbändern gewährleistet.

Das Dach wird als Pfettendach mit Firstgelenk betrachtet.

Ein Pfettendach mit Firstgelenk mit untergehangen Zangen ist die gängige Dachkonstruktion, die auch Dachausbauten ermöglicht.

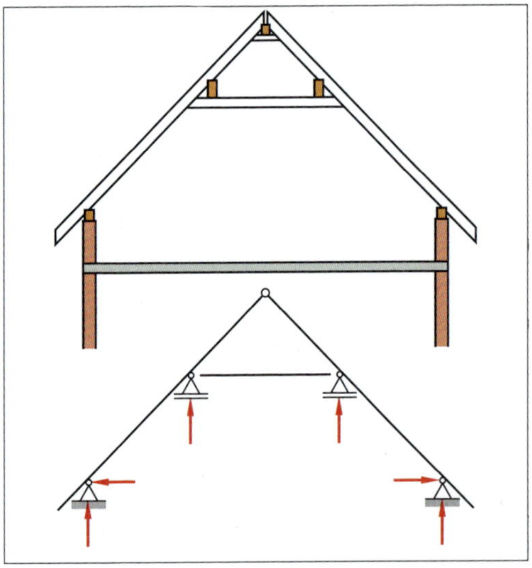

Abb. 9.83: Pfettendach mit Firstgelenk

9.6.5 Sparrenauswechselung

Bei der Sparreneinteilung über dem Grundriss ist die Lage von Schornsteinen (vgl. Abb. 9.84), Dachflächenfenstern und eventuellen Dachausbauten zu berücksichtigen. Es ist nicht immer möglich die Auswechselung von Sparren und /oder Kehlbalken zu vermeiden.

Abb. 9.84: Schornsteinauswechselung

Bei Sparren- und Kehlbalkendach ist die Auswechselung eines Sparrens problemlos möglich. Sollten größere Öffnungen, wie zum Beispiel bei Dachgauben notwendig sein, ist eine Pfettendachkonstruktion vorzuziehen, alternativ auch eine Mischkonstruktion (im Gaubenbereich Pfettendach, sonst Kehlbalkendach).

9.6.6 Ortgangsparren

Für den Ortgang sind bei den Dächern unterschiedliche Möglichkeiten machbar. Bei einem Pfettendach ist zu prüfen, ob die Pfettenköpfe sichtbar sein sollen. Bei sichtbaren Pfettenköpfen wird der Ortgangsparren wie ein Normalsparren aufgebracht.

Sollen die Pfettenköpfe nicht sichtbar sein, ist wie beim Sparren oder Kehlbalkendach ein Flugsparren zu konstruieren. Der Flugsparren wird mit Auslegerhölzern, die auf dem Giebelmauerwerk aufliegen, und durch die letzten zwei Normalsparren gehalten (vgl. Abb. 9.85).

Abb. 9.85: Flugsparren

9.6.7 Walmdächer

Bei Walmdächern sind neben der Hauptdachfläche auch eine Nebendachfläche oder auch alle Dachflächen geneigt. Walmdächer werden im Normalfall als Pfettendächer konstruiert. Wenn die erforderlichen Stiele im Dachraum stören, können Stahlrahmen eingefügt werden (vgl. Abb. 9.81).

Abb. 9.86: Walmdachformen (Beispiele)

Bei gleichen Dachneigungen aller Dachflächen verlaufen die Grat- und Kehllinien in der Winkelhalbierenden. Ist der Walmwinkel größer als der Neigungswinkel der Hauptdachfläche rückt der Anfallspunkt nach außen.

Besondere Hölzer im Walmdach sind die Grat – Kehlsparren und Schifter. Die Schifter sind die Hölzer die von der Schwelle bis zu dem Gratsparren oder vom Kehlsparren zur Firstpfette verlaufen (vgl. Abb. 9.87).

Unterschiedliche Dachneigungen zwischen Walmflächen und Hauptdachflächen führen zu unterschiedlich tiefen Dachüberständen. Sollen gleiche Überstände erreicht werden, muss die Schwelle für den Walm höher gelegt werden, sofern die Walmfläche steiler als die Hauptdachfläche ist (vgl. Abb. 9.88).

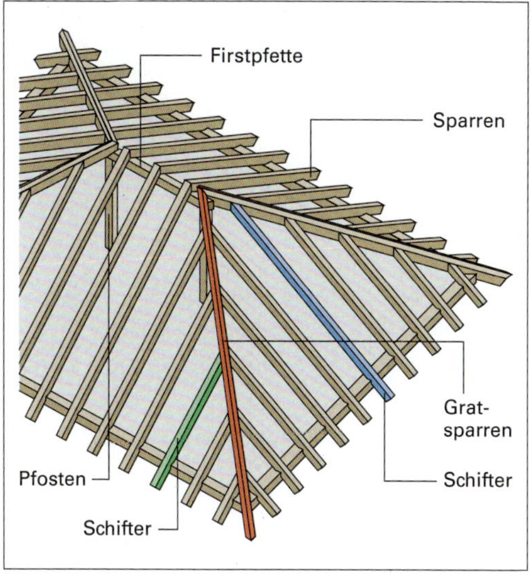

Abb. 9.87: Gratsparren und Schifter

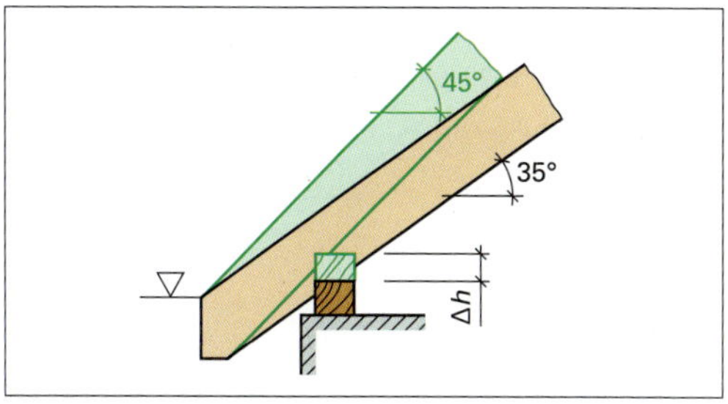

Abb. 9.88: Ungleiche Höhenlage der Schwellen (um gleiche Dachüberstände zu erreichen)

Walmdächer werden als Pfettendächer ausgeführt.

9.7 Berechnungen im Dach

Grundlage für Längenberechnungen ist die Berechnung von Systemlängen aufgrund der Vorgabewerte aus der Planung.

Im Regelfall sind nachstehende Werte gegeben:

- Hausbreite
- Dachwinkel
- Drempelhöhe
- Traufhöhe/Sparrenanschnittspunkt
- Sparrenabstand
- Dachüberstand

Die Längenberechnungen erfordern die Beherrschung von: ⇨ Winkelfunktionen
⇨ Satz des Pythagoras ⇨ Strahlensätze

Mit den ermittelten Längen lässt sich dann eine Holzliste erstellen.

Dazu sind zunächst die Systemlängen zu berechnen. Die Systemlängen sind allerdings nicht die exakten Längen der Hölzer. Je nach Ausbildung und Verbindungsart vergrößert sich die Holzlänge. Die Abbundprogramme der Holzbauprogramme leisten diese exakten Berechnungen. Sollen aufwendige Berechnungen vermieden werden, sind der Querschnitt oder nur die Detailpunkte maßstäblich (z.B: M 1:10) zu zeichnen und die gewünschten Maße aus der Zeichnung abzugreifen.

Erstellen einer Holzliste

Mit den ermittelten Längen lässt sich dann eine Holzliste erstellen. Holzlisten sind Stücklisten, die zu Bereitstellung des Holzes und zu Abrechnungen von Holzbauarbeiten dienen können. Sie können analog oder mit Hilfe von PC-Programmen erstellt werden.

Setzt ein Zimmereibetrieb ein CAD-System ein, werden Holzlisten durch das CAD-Programm erstellt, mit dem das Dach konstruiert wurde. Abbundarbeiten werden nach Metern [m] oder in Kubikmetern [m³] abgerechnet (VOB/C, DIN 18334).

Beispiel

Holzliste
Tabellarische Zusammenfassung der zu erstellenden Holzbauteile incl. Angabe über Anzahl, Einzellängen, lfd m gesamt, Breite, Höhe, Volumen (vgl. beispielhafte Holzliste auf der Folgeseite)

9

Pos	Bezeichnung	Quer-schnitt	Anzahl	Einzel-länge	Gesamtlänge nach Querschnitt in cm			
					10/12	8/18	14/22	8/20
1	Schwelle	10/12	2	10,40	20,80			
2	Sparren	8/18	32	6,15		196,80		
3	Pfette	14/22	2	11,40			22,80	
4	Kehlbalken	8/20	16	4,40				70,40
	Länge pro Querschnitt in m				20,80	196,80	22,80	70,40
	m³/m				0,012	0,072	0,189	0,016
	m³ pro Querschnitt				0,250	14,170	4,309	1,126
	m³ gesamt				19,855			

Es ergibt sich stets die Frage an welcher Stelle die Auflagerpunkte für das Pfetten- oder Gespärredach anzunehmen sind. Sinnvoll ist als vertikale Bezugslinie die Mitte der tragenden Außenwand anzunehmen. Damit kann unter Berücksichtigung der Wandkonstruktion und des waagerechten Dachüberstands die Sparrenlänge berechnet oder einfach zeichnerisch bestimmt werden.

Bei der Ermittlung der Sparrenlänge ist der Dachaufbau oberhalb des Sparrens und die geplante Dachdeckung zu berücksichtigen. Bei kurzen Sparren und Dachsteinen die nur ein geringes Verschiebemaß besitzen, lässt sich durch gute Planung eine passgenaue Dachdeckung erreichen. (vgl. Abb. 9.88).

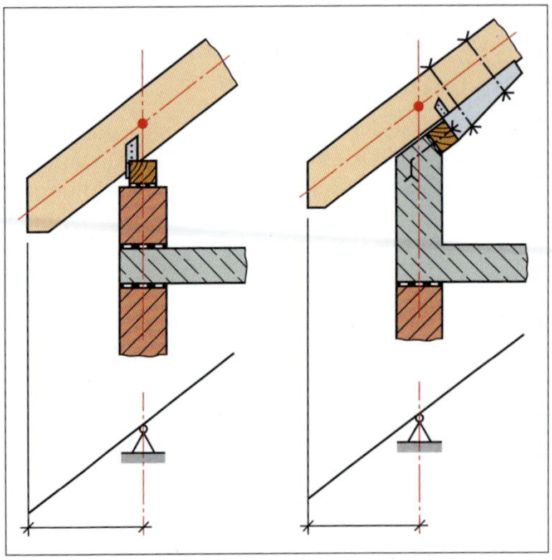

Abb. 9.89: Systemlinien Fußpunkt

Systemabmessungen lassen sich zeichnerisch und rechnerisch ermitteln.

Beispiel

Berechnung der Systemlängen im Kehlbalkendach

Aus den Planungsvorgaben sind Hausbreite, Drempelhöhe, Dachüberstand und Kehlbalkenhöhe festgelegt. Die restlichen Maße sind zu berechnen.

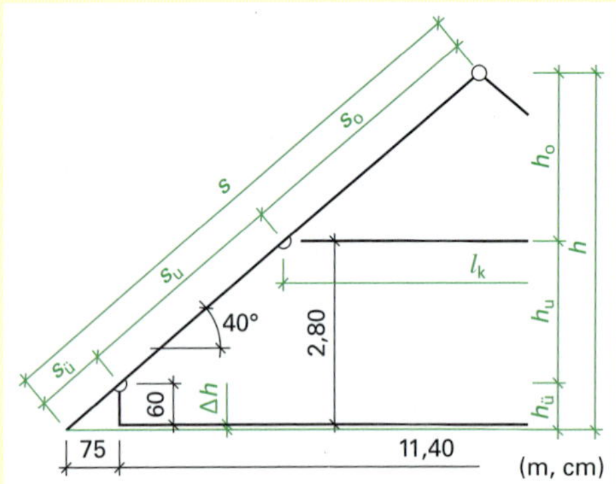

$h_ü = \tan 40° \cdot 0{,}75 = 0{,}63$ cm

$\Delta h = 0{,}63$ cm $- 60$ cm $= 0{,}03$ m

$h_u = 2{,}80\text{ m} - 0{,}60\text{ m} = 2{,}20\text{ m}$

$$l_k = 11{,}40\text{ m} - 2 \cdot \frac{2{,}20\text{ m}}{\tan 40°} = 6{,}16\text{ m}$$

$h = 5{,}70\text{ m} \cdot \tan 40° + 0{,}63\text{ m} = 5{,}41\text{ m}$

$h_o = 5{,}41\text{ m} - 2{,}20\text{ m} - 0{,}63\text{ m} = 2{,}58\text{ m}$

$$s_ü = \frac{0{,}629\text{ m}}{\sin 40°} = 0{,}978\text{ m}$$

$$s_u = \frac{2{,}20\text{ m}}{\sin 40°} = 3{,}42\text{ m}$$

$$s_o = \frac{2{,}58\text{ m}}{\sin 40°} = 4{,}01\text{ m}$$

$$s = \frac{5{,}41\text{ m}}{\sin 40°} = 8{,}42\text{ m}$$

Hinweis: Es ist natürlich möglich die Werte in anderer Reihenfolge und durch die Verwendung anderer Winkelfunktionen bzw. durch Anwendung des Satzes des Pythagoras zu berechnen.

Beispiel

Längenberechnungen im Walmdach

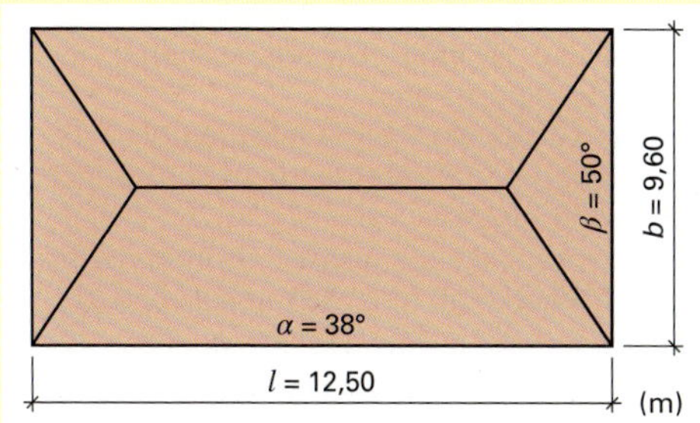

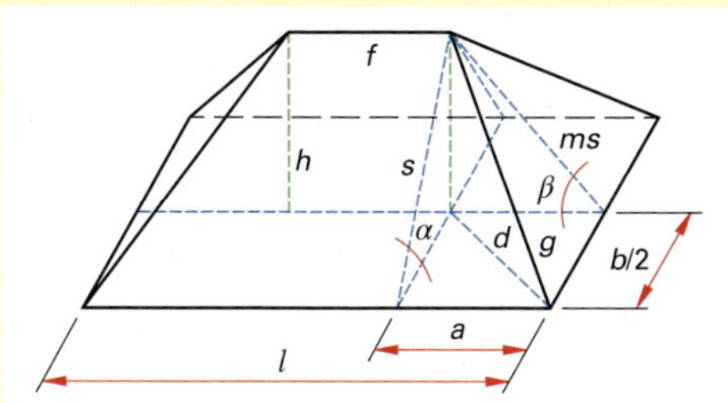

(in der Rechnung ohne Einheit)

$h = \tan \alpha \cdot \frac{b}{2}$

$h = \tan 38° \cdot \frac{9{,}60}{2}$

$h = 3{,}75$ m

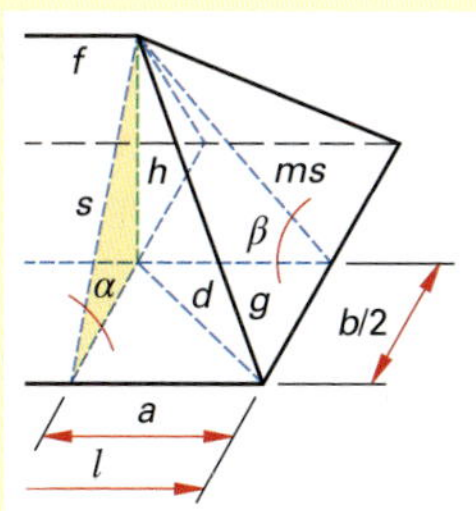

$s = \sqrt{(4{,}8^2 + 3{,}75^2)}$

$s = \sqrt{(23{,}04 + 14{,}06)}$

$s = \sqrt{(37{,}10)}$

$s = 6{,}09$ m

$a = \frac{h}{\tan \beta}$

$a = \frac{3{,}75}{\tan 50°}$

$a = 3{,}14$ m

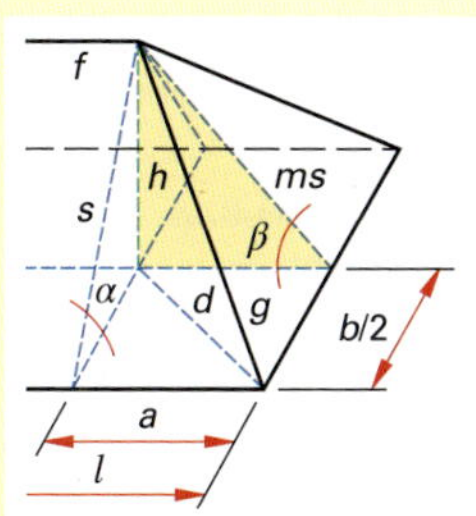

$m_s = \sqrt{a^2 + h^2}$

$m_s = \sqrt{3{,}14^2 + 3{,}75^2}$

$m_s = 4{,}89$ m

$g = \sqrt{s^2 + a^2}$

$g = \sqrt{6{,}09^2 + 3{,}14^2}$

$g = 6{,}85$ m

$f = l - 2 \cdot a$

$f = 12{,}5 - 2 \cdot 3{,}14$

$f = 6{,}32$ m

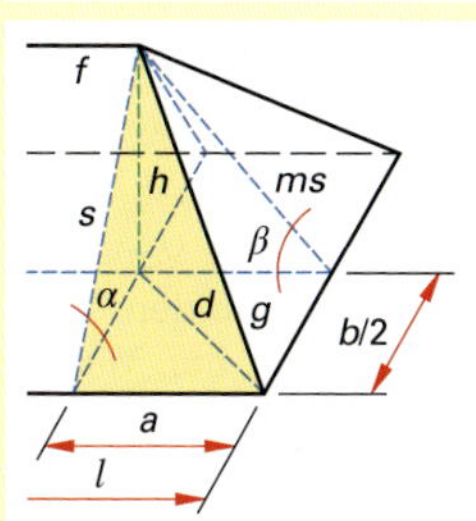

Beispiel

Berechnung der Walmdachflächen

Hauptdachfläche $A_H = (l + f) \cdot \frac{m_s}{2}$

$A_H = (12{,}5 + 6{,}32) \cdot 6{,}09 \quad \Rightarrow \quad A_H = 57{,}31\ \text{m}^2$

Walmfläche $A_W = b \cdot \frac{m_s}{2}$

$A_W = 9{,}60 \cdot \frac{4{,}89}{2} \quad \Rightarrow \quad A_W = 23{,}47\ \text{m}^2$

Beispiel

Berechnung von Schifterlängen

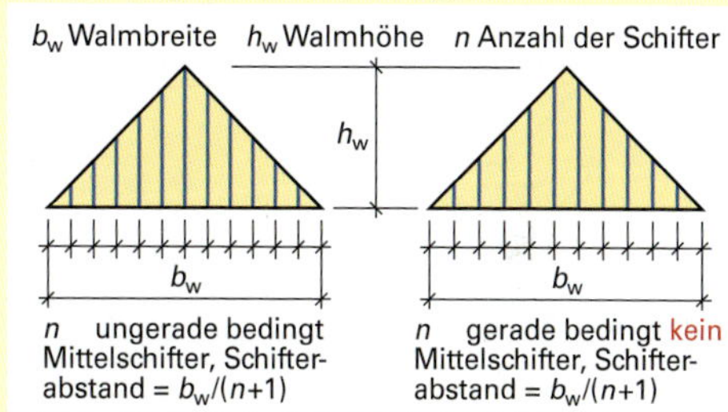

$b_w = 11{,}50$ m, $h_w = 12{,}70$ m

Anzahl der Schifter $n = 16$

Abstand $= \frac{11{,}50\ \text{m}}{17} = 0{,}676$ m

Schifterlängen

$\tan \alpha = \frac{12{,}70\ \text{m}}{\frac{11{,}50\ \text{m}}{2}} = 2{,}2087 \quad \Rightarrow \quad \alpha = 65{,}7°$

$s_1 = 0{,}676 \cdot 1 \cdot 2{,}2087 = 1{,}49$ m

$s_2 = 0{,}676 \cdot 2 \cdot 2{,}2087 = 2{,}99$ m

$s_3 = 0{,}676 \cdot 3 \cdot 2{,}2087 = 4{,}48$ m

$s_4 = 0{,}676 \cdot 4 \cdot 2{,}2087 = 5{,}97$ m

$s_5 = 0{,}676 \cdot 5 \cdot 2{,}2087 = 7{,}47$ m

$s_6 = 0{,}676 \cdot 6 \cdot 2{,}2087 = 8{,}96$ m

$s_7 = 0{,}676 \cdot 7 \cdot 2{,}2087 = 10{,}45$ m

9.8 Walmdachausmittlungen

Eine Walmdachausmittlung zeigt die zeichnerische Ermittlung der Dachflächen. In Draufsichten, Ansichten und Schnitten lassen sich nicht die wahren Längen von Längen (Grate, Kehlen) und Flächen ermitteln. Auch bei der Draufsicht auf ein Walmdach mit unterschiedlichen Neigungen von Hauptdachflächen und Walmen muss die Lage der Anfallspunkte über die Dreitafelprojektion konstruiert werden.

Im Sonderfall das alle Dachflächen (Hauptdachflächen, Nebendachflächen, Walme) die gleiche Neigung haben, ist die Draufsicht ausgehend vom Grundriss ohne weitere Ansichten zu zeichnen.

Bei gleichen Neigungen verlaufen Grate und Kehlen in der Winkelhalbierenden (vgl. Abb. 9.90).

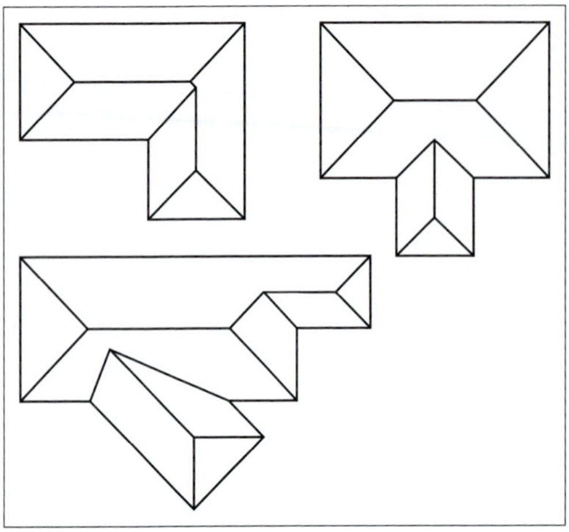

Abb. 9.90: Grundrisse Walmdach mit gleichen Dachneigungen

Zeichnerische Walmdachausmittlung

Grundlage für die zeichnerische Ermittlung ist die Darstellung des Gebäudes in der Dreitafelprojektion. Vorgehensweise zur zeichnerischen Ermittlung der Dachflächen (vgl. Abb. 9.91) in der Dreitafelprojektion:

- ⇨ Umriss Grundriss zeichnen
- ⇨ Dachquerschnitte Haupt- und Nebendächer zeichnen
- ⇨ Firstlinien zeichnen
- ⇨ Walmneigungen antragen
- ⇨ in Ansicht und Grundriss Anfallspunkte festlegen

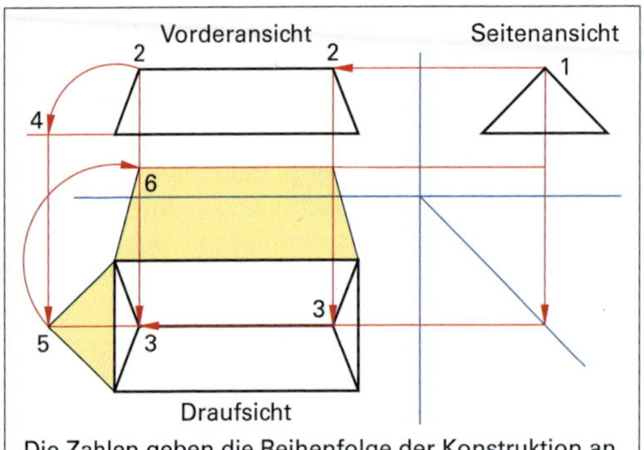

Die Zahlen geben die Reihenfolge der Konstruktion an.

Abb. 9.91: Beispiel Walmdachausmittlung

Wahre Größen der Walmflächen

Vorgehensweise zur zeichnerischen Ermittlung der wahren Größen:

- ⇨ Höhe der Walme /Dachdeckerhöhe) in den Grundriss projizieren
- ⇨ wahre Größe der Walme zeichnen
- ⇨ Gratlänge und Projektion des Anfallspunkt zum Schnitt bringen
- ⇨ es ergeben sich die wahren Größen der Hauptdachflächen (vgl. Abb. 9.91 und Abb. 9.92).

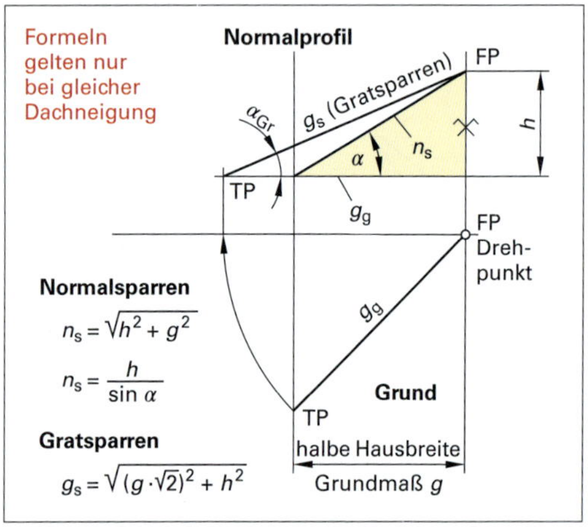

Abb. 9.92: Konstruktion der Gratlinie (wahre Länge)

Grundlage für Längenberechnungen ist die Berechnung von Systemlängen aufgrund der Vorgabewerte aus der Planung, wie Hausbreite, Dachwinkel, Drempelhöhe bzw. Traufhöhe. Die aufgeführten Formeln gelten dabei nur, wenn die Hauptdachfläche und der Walm die gleiche Dachneigung haben.

Die wahren bzw. wirklichen Längen von schrägen Konstruktions- und Dachteilen und Flächen am Dach können zeichnerisch (Dachausmittlung) oder rechnerisch ermittelt werden.

Grundsätze der Dachausmittlung

(1) gleiche Traufhöhe, gleiche Dachneigung und rechtwinkliger oder schrägwinkliger Grundriss:

Die zugehörige Verschneidungslinie liegt in der Winkelhalbierenden. Parallele Traufen haben parallel dazu in der Mitte eine Verschneidungslinie (Firstlinie).

(2) gleiche Traufhöhe, unterschiedliche Dachneigungen und rechtwinkliger oder schrägwinkliger Grundriss:

Die Verschneidungslinie liegt nicht mehr in der Winkelhalbierenden. Die Richtung der Verschneidungslinien ist über die Höhenlinien zu ermitteln. Dazu ist das Profil (vgl. Abb. 9.92) aufzuzeichnen.

(3) ungleiche Traufhöhe, unterschiedliche Dachneigungen und rechtwinkliger oder schrägwinkliger Grundriss:
Für die einzelnen Dachflächen ist zunächst eine gemeinsame Ausgangshöhe zu ermitteln. Die Grundmaße sind aus dem Profil zu ermitteln.

9.9 Zeichnungen für Dachkonstruktionen

Soll die Ausführung der Dachkonstruktion nicht den Entscheidungen während des Richtens überlassen werden, ist die Dachkonstruktion in Querschnitt, Längsschnitt und Draufsicht darzustellen (vgl. Abb. 9.93).

Ebenso ist die Ausführung der Detailpunkte anzugeben und zeichnerisch darzustellen.

Soll der Querschnitt der Dachkonstruktion gezeichnet werden, ist das Vorgehen von den Vorgaben des Bebauungsplans abhängig.

Liegt keine Einschränkung der Traufhöhe bzw. Sparrenanschnittspunkt seitens des Bebauungsplans vor, kann der Fußpunkt von „unten her" entwickelt werden.

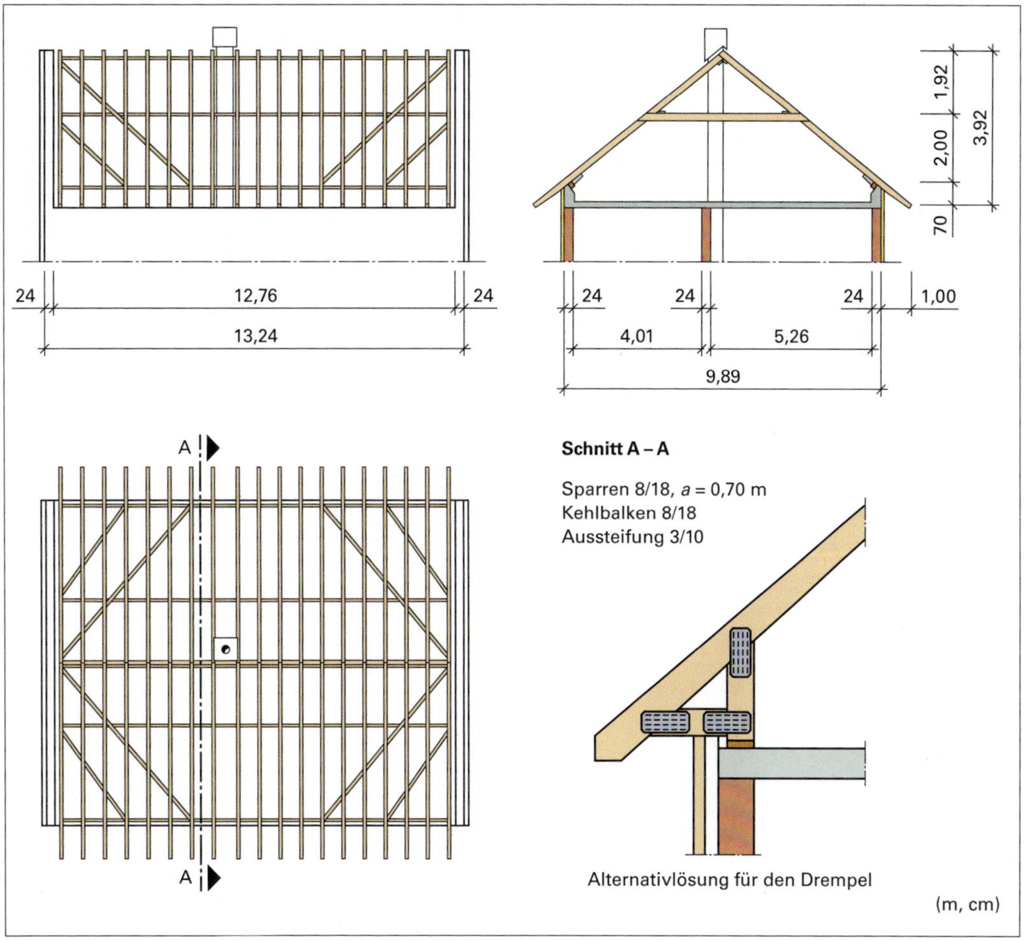

Abb. 9.93: Zeichnung Kehlbalkendach

Beispiel

Schwellenkonstruktion, Sparrenhöhe nicht begrenzt

① 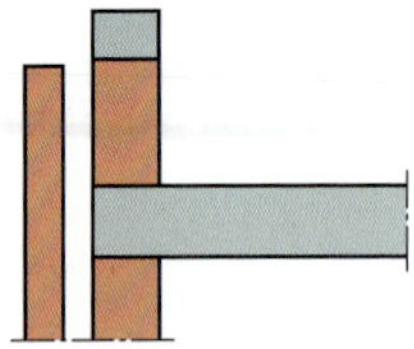
Unterkonstruktion zeichnen

② 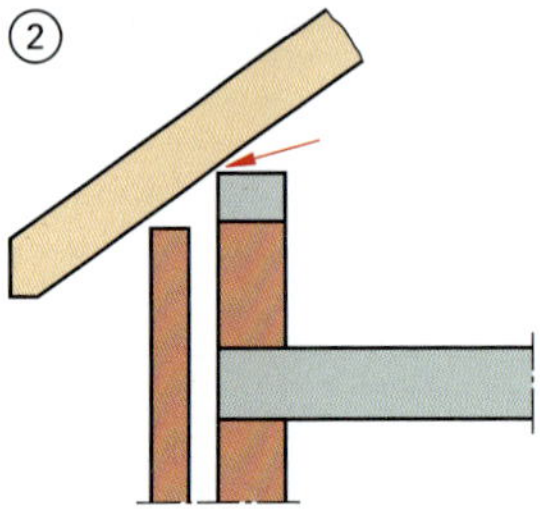
Sparren einzeichnen (Abstand nach Neigung variieren)

③ 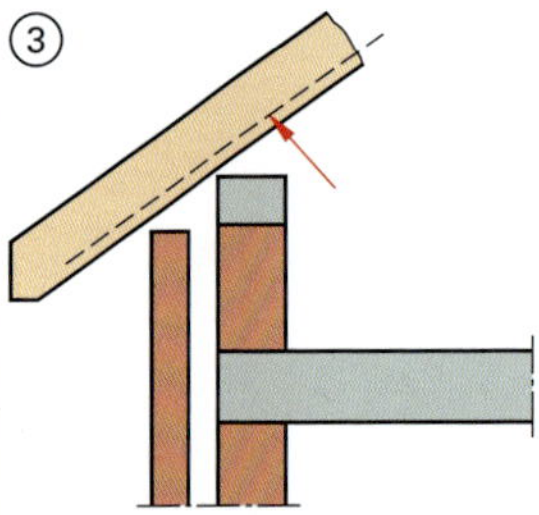
Obholz antragen

④ 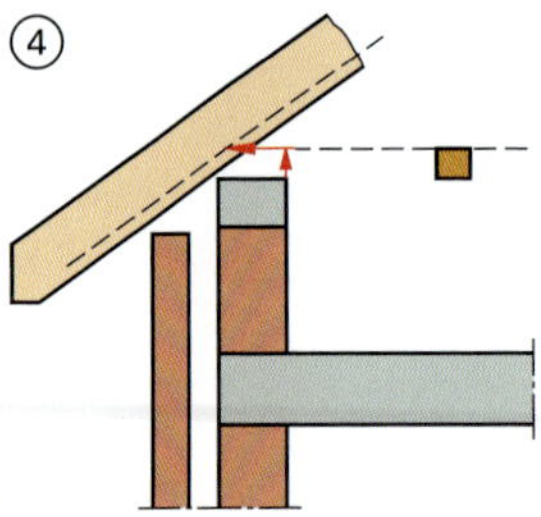
Schwellenhöhe antragen und mit Obholzhöhe schneiden

⑤ 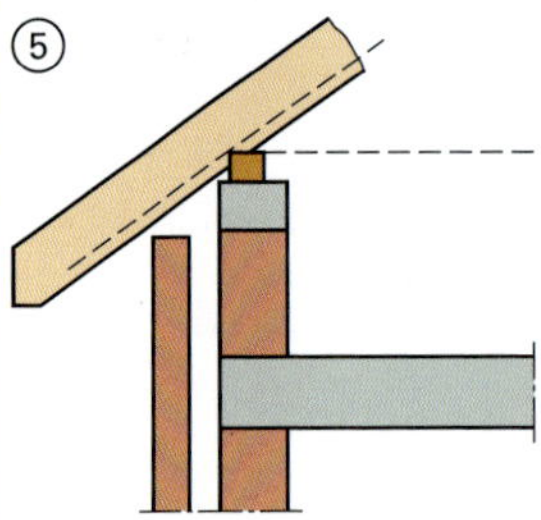
Schwelle einzeichnen

Ist es notwendig die Höhe auszunutzen, wird der Fußpunkt von der Oberkante der Dachkonstruktion, bzw. Oberkante Sparren aus konstruiert.

Beispiel

Schwellenkonstruktion, Höhe der Sparrenlage gegeben

① 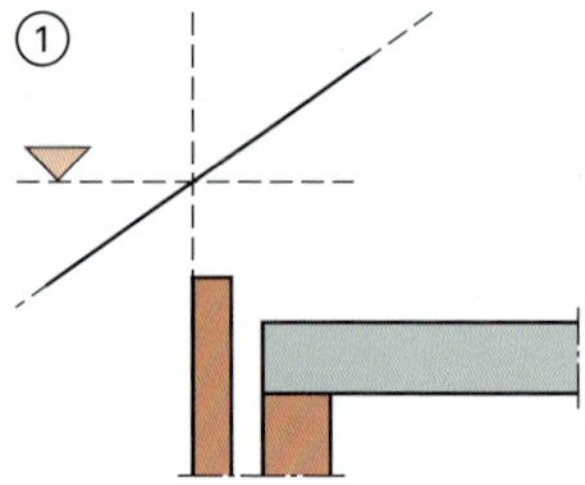
Schnittpunkt Oberkante Sparren mit gewünschter Höhe und Außenkante bestimmen. Konstruktion ohne Drempel ergänzen.

② 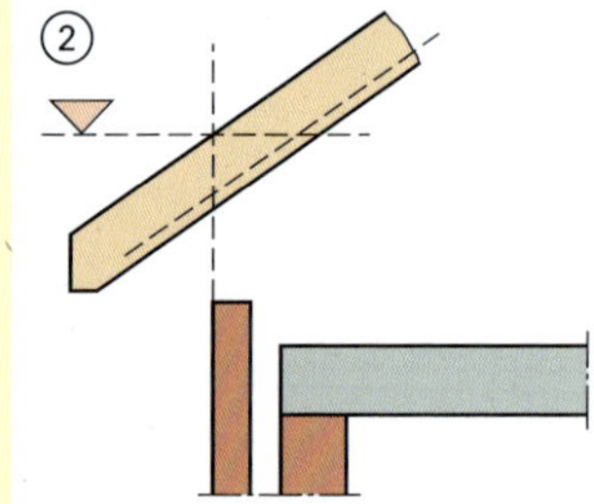
Sparren zeichnen und Obholzlinie einzeichnen

③ 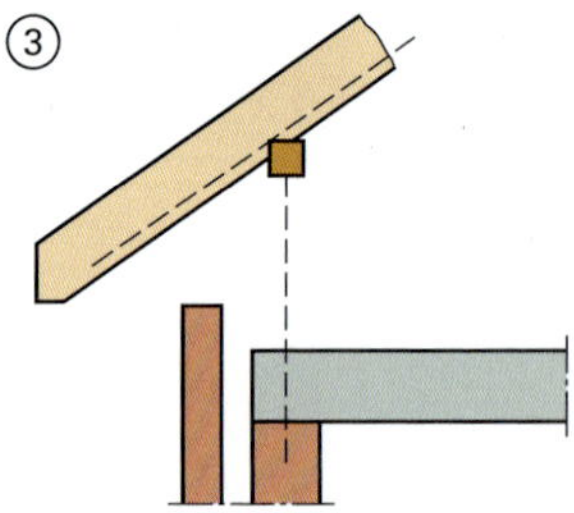
Schwellenlage über der tragenden Wand bestimmen und zeichnen. Bei steilen Dachneigungen rückt die Schwelle nach außen.

④ 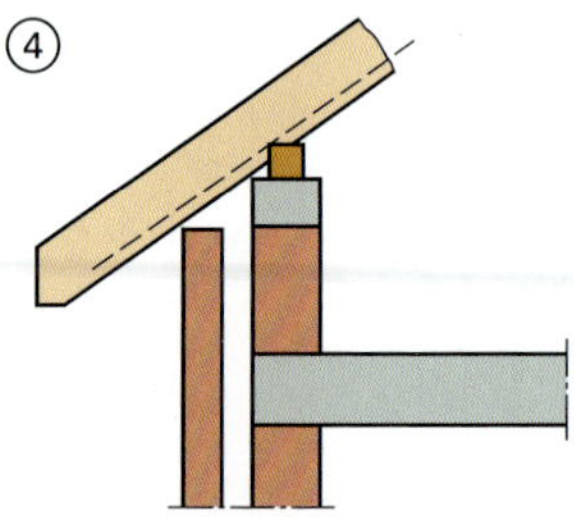
Drempelkonstruktion vervollständigen

⑤ 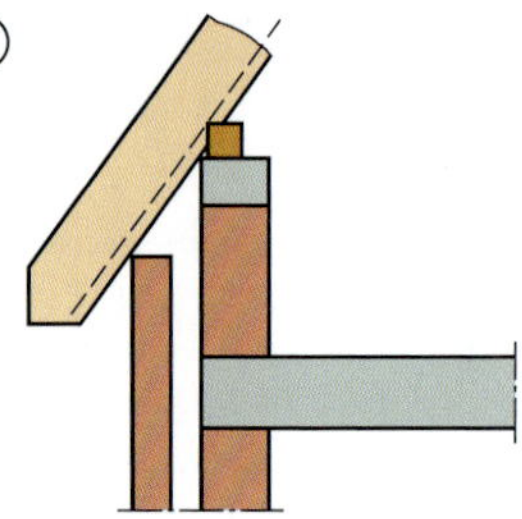
Schwellenlage bei großer Sparrenneigung

9.10 Durchdringungen und Verschmelzungen

Durchdringen sich Körper, so entstehen an den Stoßstellen (auch Durchdringungspunkte bzw. Verschmelzungspunkte genannt) neue Kanten (auch Durchdringungslinien bzw. Durchdringungskurven genannt). Drei grundsätzliche Fälle sind zu unterscheiden:

- Durchdringung ebenflächiger Körper
- Durchdringung krummflächiger und ebenflächiger Körper
- Durchdringung krummflächiger Körper

In der Theorie lässt sich die Durchdringung von ebenen Körpern auf die Ermittlung des Durchstoßpunktes einer Geraden durch eine Fläche zurückführen. Die Abbildung 9.94 zeigt in der Aufgabenstellung ein Dreieck mit den Eckpunkten A, B und C sowie eine Gerade *g* in der Draufsicht sowie in der Vorderansicht. Zur Lösung wird die Draufsicht als Ausgangslage genommen. Die Gerade *g* schneidet die Dreiecksseite *a* im Punkt Q. Die Schnittpunkte P und Q werden in die Vorderansicht auf die entsprechenden Seiten des Dreiecks gelotet. Die Verbindung von P und Q ergibt die Strecke *f*. Der Schnittpunkt S von der Geraden *f* mit der Geraden *g* ist der gesuchte Durchstoßpunkt in der Vorderansicht. Durch Herunterloten des Punktes S aus der Vorderansicht auf die Gerade *g* ergibt sich der Durchstoßpunkt S in der Draufsicht.

Wird in der Vorderansicht begonnen, ergeben sich die Punkte R und T. Hier schneidet dann in der Draufsicht die Strecke *e* die Gerade *g* im Durchstoßpunkt S.

Ergeben sich keine Schnittpunkte, so durchstößt die Gerade die Dreiecksfläche nicht.

In der Praxis ergeben sich Aufgabenstellungen für Durchdringungen und Verschmelzungen im Bereich der Dachgestaltung hinsichtlich des Schornsteins oder bei der Formgebung für Dachrinnen und Fallrohre, im Ingenieurbau insbesondere bei der Durchführung von Rohrleitungen und bei Wasserbauwerken sowie in der modernen Architektur beim Ineinanderwirken verschiedener Baukörper.

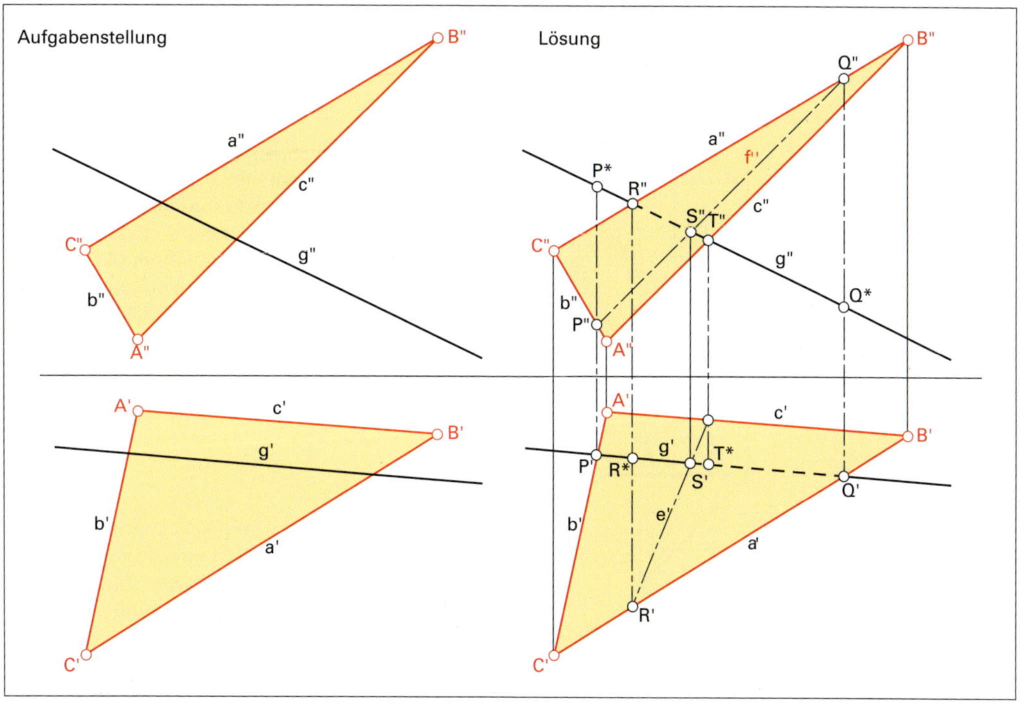

Abb. 9.94: Durchdringung Fläche – Gerade

Durchdringen sich ebenflächige Körper, so entstehen als Durchdringungsfigurationen gerade Linien. Hat ein oder haben beide Körper gekrümmte Flächen entstehen Kurven.

Für die Ermittlung der Durchstoßpunkte bieten sich mehrere Verfahren an.

- Hilfsebenenverfahren (Hilfsschnitte werden parallel zur Projektionsebene geführt)
- Mantellinienverfahren (vgl. Abb. 9.96)
- Hilfskegelverfahren (Drehkörper liegen in derselben Ebene, Achsen schneiden sich)

Am einfachen Beispiel der schiefwinkligen Prismendurchdringung (vgl. Abb. 9.95) wird das Mantellinienverfahren und Hilfsebenenverfahren angewendet. Die Körperkanten der unregelmäßigen Vierkantprismen liegen schiefwinklig zueinander, die Prismenkanten befinden sich in der Ebene parallel zur Aufrissebene. Die Durchstoßpunkte 1 bis 4 können auf Ordnungslinien direkt in die Ansicht übertragen werden. Durch den Punkt A und den Punkt C wird jeweils eine Hilfsebene gelegt.

Die geradlinigen Verbindungen der zusammengehörigen Durchstoßpunkte ergeben die Durchdringungskanten und abschließend die Durchdringungsfigur (hier Verschmelzungsfigur). Die Sichtbarkeit der einzelnen Kanten ist zu beachten.

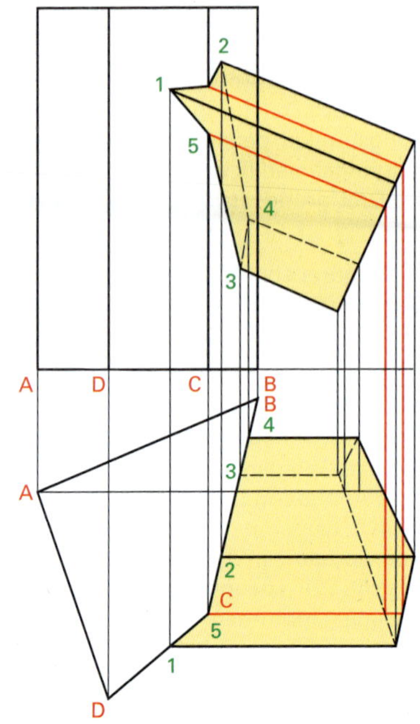

Abb. 9.95: Schiefwinklige Prismendurchdringung

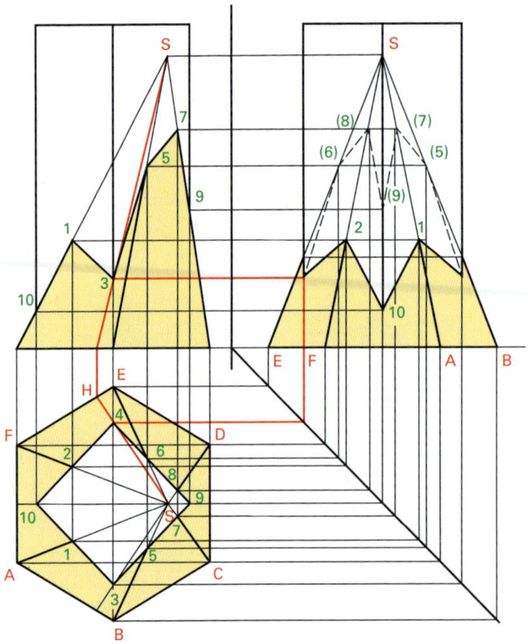

Die Durchstoßpunkte 1 und 2 können über die Mantellinie bzw. über den Grat der Pyramide ermittelt werden. Zur Bestimmung des Durchstoßpunktes 3 und 4 wird eine Schnittgerade *s* von 4 nach S gelegt, deren Verlängerung auf der Geraden $\overline{EF}$ ergibt den Hilfspunkt H für die Mantellinie bzw. den Pyramidengrat. Die Mantellinie $\overline{HS}$ schneidet die Prismenkante.

Hinweis:
Punkte in der Draufsicht können mit einem Querstrich ['] gekennzeichnet werden, in der Ansicht und Seitenansicht entsprechend mit ["] und ['"]. Verdeckte Punkte werden in Klammern ( ) gesetzt. Obenliegende Punkte derselben Kante können mit einem Fußzeiger [h] für hoch oder [o] für oben belegt werden.

Abb. 9.96: Durchdringung Pyramide – Prisma

Aufgaben zum LF 9 Entwerfen eines Dachtragwerkes

1. Berechnen Sie die Belastungen durch Schnee und Wind. Standort Dortmund.

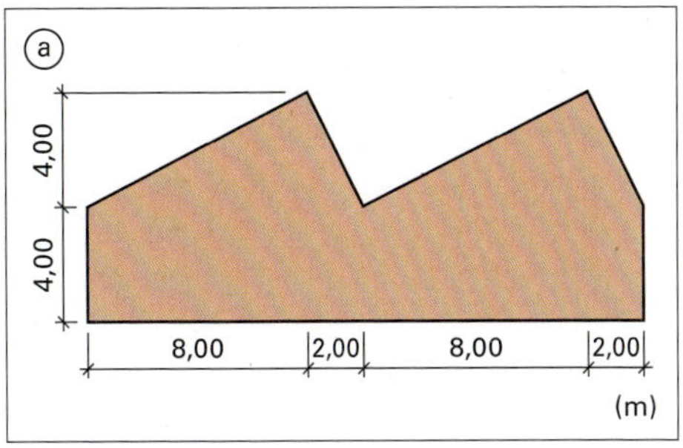

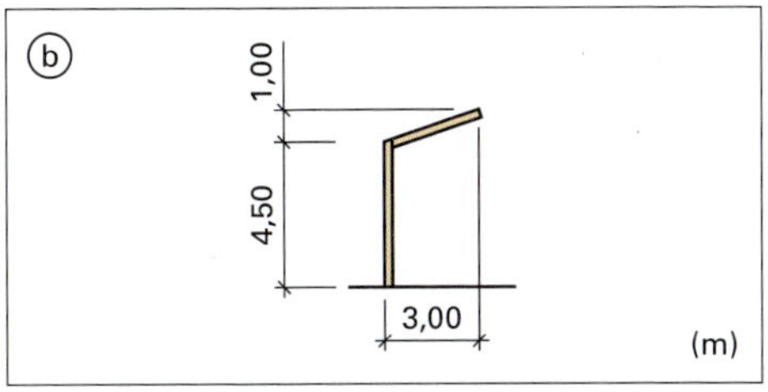

2. Beschreiben Sie das Sparren- und Kehlbalkendach und skizzieren Sie Anschlussmöglichkeiten für den First, Fußpunkt und den Kehlbalken.
3. Erklären Sie die Anordnung des Hahnenbalkens.
4. Nennen Sie Vor- und Nachteile von Sparren- und Kehlbalkendächer.
5. Skizzieren und beschreiben Sie die Lastabtragung beim Pfettendach.
6. Wodurch wird die Längsaussteifung des Pfettendaches gewährleistet?
7. Beschreiben Sie die Anschlusskonstruktion zwischen Sparren und Pfetten.
8. Was verstehen Sie unter Grat, Kehle, Ortgang, Dachbruchlinie und Anfallspunkt?
9. Wie kannn eine Quer- und Längsaussteifung beim Sparren- und Kehlbalkendach erreicht werden?
10. Welchen Nachteil hat die Längsaussteifung durch Kopfbänder beim Pfettendach?
11. Die Erhaltung des Waldes und die Nutzung des Holzes ist ökologisch und ökonomisch sinnvoll.
    a) Begründen Sie diese Behauptung.
    b) Erarbeiten Sie im Team einen Vortrag über das Bauen mit Holz als Konstruktionselement.
12. Berechnen Sie die Systemlängen im Dach und erstellen Sie die Holzliste.

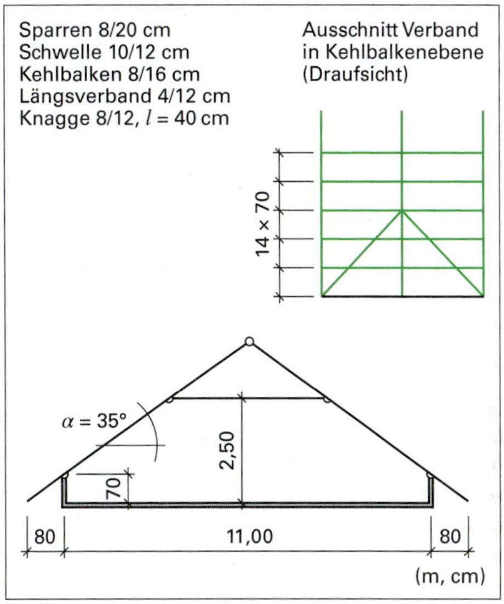

13. Entwerfen Sie für den gegebenen Dachgrundriss (Grundriss Dachgeschoss vgl. Folgeseite) eine Pfettendachkonstruktion.
    Aus der Statik sind folgende Holzabmessungen bekannt:
    a) Sparren 8/20 cm,
    b) Schwelle 12/10 cm,
    c) Firstpfette 10/10 cm,
    d) Mittelpfette 14/24 cm
    Die Dachüberstände an der Traufe sollen 60 cm und an den Giebeln 50 cm betragen.
    Weitere Planungsangaben:
    Dachflächenfenster 134 cm x 140 cm,
    Schornstein 43 cm/43 cm

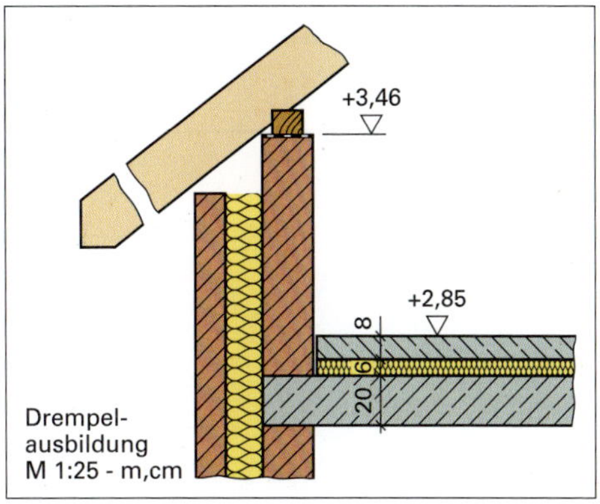

Grundriss Dachgeschoss M 1:100 - m, cm (verkleinert) (zu Aufgabe 13)

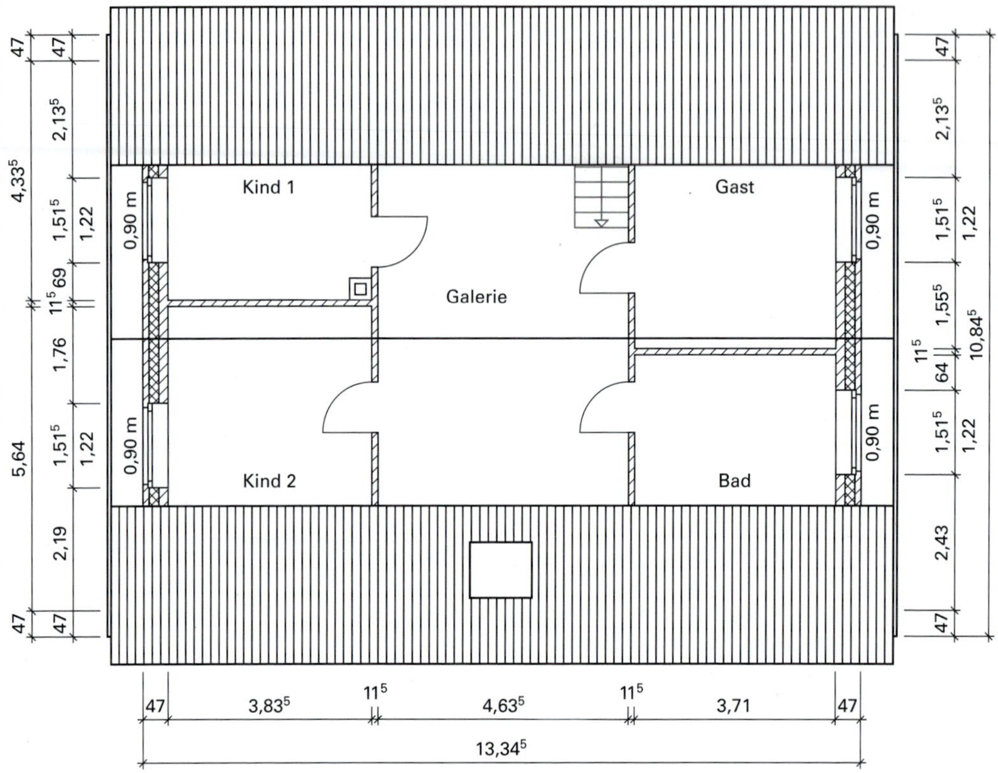

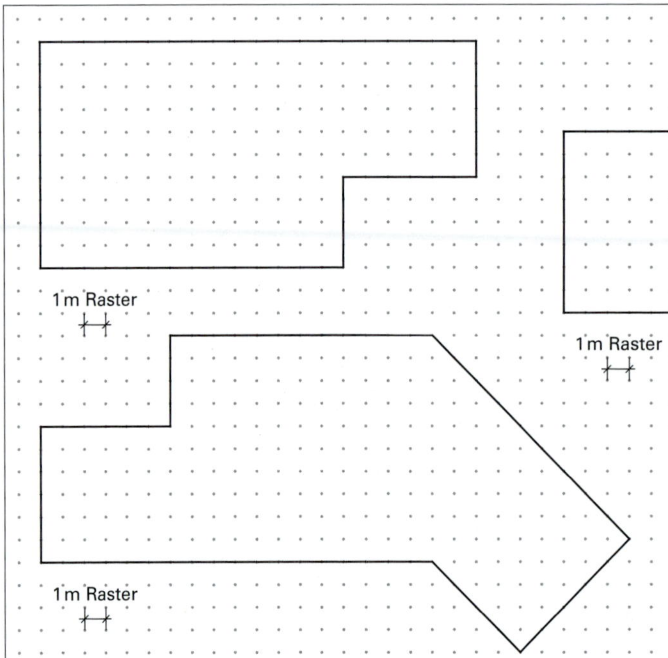

14. Gegeben sind die Grundrisse von Walmdächern.
    a) Zeichnen Sie die Grundrisse (alle Neigung gleich)
    b) Berechnen Sie die Längen von Graten, Kehlen und Normalsparren. Dachneigung jeweils 40°

D Baustile

Im Laufe der Jahrhunderte entstanden Bauwerke, deren Gestaltung dem jeweiligen Zeitgeist und den damaligen technischen Möglichkeiten entsprachen. Bauwerke mit ähnlichen Merkmalen werden einem Baustil zugeordnet.

Antike

Vorbild für die Baukunst in Deutschland waren die Bauwerke des Altertums im Mittelmeerraum, insbesondere der Griechen und Römer, auch Antike (700 v. Chr. bis 450 n. Chr.) genannt.

Merkmale dieses Baustils sind ebenmäßige Bauwerke aus Natursteinen mit Balken, die auf Säulen ruhen. Nach ihrer Form werden **dorische, ionische** und **korinthische Säulen** unterschieden (vgl. Abb. D 1). In der späten Phase der römischen Baukunst entstanden der **Rundbogen,** das **Tonnengewölbe** und die **Kuppel** (vgl. Abb. D 2).

Romanik

Mit der Stilepoche der Romanik wird die Baukunst des Frühmittelalters beschrieben. Sie umfasst etwa den Zeitraum von **1000** bis **1250.** Der Name weist bereits darauf hin, dass Elemente der römischen Architektur wie Rundbogen, Pfeiler, Säule und Gewölbe übernommen wurden. In romanischen Kirchen wechseln sich häufig runde und eckige Pfeiler ab (Stützenwechsel). Frühe Formen des Pfeilerabschlusses sind Pilzkapitelle, spätere **Würfelkapitelle** sowie Zier- und Figurenkapitelle. Beim **Säulenportal** werden abgestufte Rundbögen durch Säulen gestützt (vgl. Abb. D 3).

ionische Säule

dorisches Säulenkapitell

korintische Säule

Abb. D 1: Antike Säulenformen

Meist haben romanische Kirchen die Bauform der Basilika, d. h. sie bestehen aus einem höheren Mittelschiff und niedrigeren Seitenschiffen. Die Fenster des Mittelschiffes werden Obergaden genannt (vgl. Abb. D4).

Porta Nigra in Trier, 2. Jahrhundert

Aula Regia, frühes 4. Jahrhundert, Trier

Abb. D 2: Römische Bauwerke

romanisches Fenster

romanisches Säulenportal

Würfelkapitell

Pilzkapitell mit Ornamentfries

Stützenwechsel mit Zierkapitellen

Abb. D 3: Stilelemente der Romanik

Dreischiffige Pfeilerbasilika: Dom in Speyer

Klosterkirche Maria Laach

Abb. D 4: Bauwerke der Romanik

Tabelle D 5: Typen und Benennung sakraler Bauten

Saalkirche	einschiffig, nicht durch Stützen unterteilt	Kathedrale	lat. cathedra: Bischofsstuhl
Hallenkirche	mehrschiffig, mit annähernd gleicher Höhe der Schiffe unter gemeinsamem Dach	Münster	lat. monasterium: Kloster
Zentralbauten	mit kreisrundem, quadratischem oder polygonalem Grundriss	Basilika	altgriechisch basilika: königlich, Königshalle oder Gerichtshalle, Ehrentitel für Kirchengebäude

Gotik

In der Zeit des Spätmittelalters, ab etwa **1250** bis **1500**, entwickelte sich eine Stilrichtung, die zunächst als barbarisch (gotisch, vom ital. gotico: fremdartig, barbarisch) verunglimpft wurde. Da Handwerk und Handel in dieser Zeit einen Aufschwung erlebten, entstanden in der Gotik prachtvolle Bürgerhäuser und Kirchen (vgl. Abb. D6).

Typische Merkmale der Gotik (in Frankreich: opus francigenum) sind die Betonung der Senkrechten sowie ausdrucksstarke Steinmetzarbeiten an der reich geschmückten Fassade. Stilmittel sind hohe **Spitzbogenfenster** mit **Maßwerksformen** wie Dreipass oder Vierpass sowie Rosettenfenster.

Ulmer Münster

Kirchenschiff der Kathedrale von Reims

Abb. D 6: Bauwerke der Gotik

D

Gewölbe sind als filigrane Netz-, Stern-, Fächer- oder Kreuzrippengewölbe ausgeführt, deren senkrechte Lasten über Bögen und Rippen auf sogenannte Dienste und weiter auf Bündelpfeiler, abgeleitet werden. Horizontalkräfte aus Dachkonstruktion und Gewölbe werden bei frühgotischen Kirchen durch scheibenförmige Strebemauern abgetragen. Seit der Hochgotik dienen dazu Strebewerke aus Strebebögen, Strebepfeilern und Fialen.

Als **Fialen** werden schlanke Ziertürmchen, die mit blattförmigen Krabben und der Kreuzblume geschmückt sind (vgl. Abb. D7) bezeichnet.

In Nordostdeutschland entwickelte sich unter dem Einfluss der Hanse eine von Ziegel- und Klinkermauerwerk geprägte Architektur, die **Backsteingotik** (vgl. Abb. D8).

Spitzbogenfenster - Drei- und Vierpass

Strebewerk mit Strebebögen, Strebepfeiler, Fialen mit Krabben und Kreuzblumen

Netzgewölbe

Abb. D 7: Stilelemente der Gotik

Uenglinger Tor, Stendal

Alter Schwede, Wismar

St. Georgen, Wismar

Kreuzrippengewölbe, Lübeck

Abb. D 8: Backsteingotik

Renaissance

In der ersten Epoche der Neuzeit von etwa **1500** bis **1600** entstand unter italienischem Einfluss eine Wiederbelebung antiker Bauformen. Die Waagerechte wird wieder stärker betont. Bauwerke weisen regelmäßig gegliederte Wandflächen auf. Diese entstehen durch Gesimse und vorstehende säulenartige Wandpfeiler, sogenannte Pilaster (lat. pila: Pfeiler, Teilpfeiler) (vgl. Abb. D9).

Weitere Merkmale sind betonte Giebel mit Voluten (lat. volutum: gerollt), Wände mit Säulen und Gesimsfiguren sowie Wandreliefs. Die rechteckigen Fenster tragen oft aufgesetzte Segment- oder Dreiecksgiebel. In Deutschland gibt es viele Bauwerke, bei denen die Stilelemente der Renaissance, entgegen dem klassischen Vorbild, sehr üppig und überladen gestaltet sind. Beispiele hierfür gibt es sowohl in Süddeutschland, insbesondere aber auch an der Weser (vgl. Abb. D 10).

Giebel mit Gesimsen, Pilastern und Voluten

Fenster mit Dreiecksgiebel

Abb. D 9: Bauwerke der Renaissance

Pilaster und Wandreliefs

Schmuckfassade in Heidelberg

„Weserrenaissance"

Abb. D 10: Stilelemente der Renaissance

Barock, Rokoko

Barocke Bauwerke, die etwa zwischen **1600** bis **1750** entstanden, haben im Grundriss und im Aufriss überwiegend geschwungene Formen. Diesem Merkmal verdankt der Barock auch seinen Namen, denn die portugiesische Bezeichnung „barocco" steht für „schiefrund". Die Gliederung der Bauwerke ist jedoch sehr streng symmetrisch (vgl. Abb. D 11).

Der Wunsch, Macht und Stärke zu zeigen, führte zu äußerst prunkvollen Bauwerken. Die Fassaden sind stark profiliert und weisen oft ausladende Gesimse und mächtige Säulen oder Halbsäulen auf. Im Bauwerk sind großräumige Treppenanlagen und eine prächtige Innenraumausstattung üblich. Es herrscht meist eine geradezu überschwängliche Vielfalt an Formen und Farben, z. B. durch Bauplastiken, Bandelwerk (symmetrisches Flächenornament) und die Verwendung von wertvollen, oft polierten, Materialien wie Marmor, Glas, Edelmetalle, Stuck und Edelhölzer. Auch die Fenster sind vielförmig gestaltet und reich verziert (vgl. Abb. D 12).

Während des Spätbarock, von etwa **1730** bis **1780,** der auch Rokoko genannt wird, sind die Gestaltungselemente leichter, heiterer und unsymmetrisch, wie die Rocaille, ein muschelförmiges Ornament, das der Stilrichtung ihren Namen gibt (vgl. Abb. D 12 und Abb. D 13).

Fenster des Barock | Fenster des Rokoko | Rokokosäule

Abb. D 11: Stilelemente des Barock und Rokoko

Residenz, Würzburg | Barocke Fassade, Vierzehnheiligen

Abb. D 12: Bauwerke des Barock

Käppele, Würzburg | Rokokoinnenraum, Vierzehnheiligen

Abb. D 13: Rokokokirchen

D

Klassizismus

Etwa zwischen **1750** bis **1850** entstanden unter dem Einfluss der Aufklärung und der französischen Revolution, Bauwerke mit klaren geometrischen Formen. Die Gestaltung geht, wie in der Renaissance, auf das klassische Altertum zurück. Als Vorbild dienten die Bauwerke der griechisch-römischen Antike. Gerade Linien, rechte Winkel und harmonische Verhältnisse sind Grundprinzipien. Die Bauwerke wirken durch ihre strenge Gliederung kühl und monumental. Lastabtragende Säulenfronten mit dorischen oder ionischen Kapitellen sowie Dreiecksgiebel erinnern an griechische Tempelbauten (vgl. Abb. D 14).

Die Fassadengliederung erfolgt durch Lisenen und Gesimse. Kirchen haben häufig eine zentrale Kuppel. Als Schmuck sind Kanneluren (lat. canna: Rinne, Auskehlung), Ornamente und Reliefs mit antiken Motiven wie Girlanden, Urnen, aber auch figürliche Darstellungen üblich (vgl. Abb. D 15).

Schauspielhaus, Berlin

Brandenburger Tor, Berlin

Jenischhaus, Hamburg

Grabkapelle Württemberg, Rotenberg

Abb. D 14: Bauwerke des Klassizismus

Neue Wache, Berlin

Elisabethenkirche, Nürnberg

Abb. D 15: Stilelemente und Schmuckformen des Klassizismus

Historismus und Jugendstil

In der zweiten Hälfte des 19. Jahrhunderts wurden in der Zeit des Historismus die Baustile vergangener Epochen kopiert und neu interpretiert. Gekennzeichnet wurde diese Architektur mit der Vorsilbe „Neu" oder „Neo", z. B. als Neoromanik oder Neugotik. Die Bauweise ab 1871 mit üppig dekorierten Fassaden wird auch als **Gründerstil** bezeichnet (vgl. Abb. D 16).

In der Zeit von etwa **1890** bis **1910** entwickelte sich der Jugendstil als eine alle künstlerischen Bereiche umfassende Stilform. Wesentliches Merkmal des Jugendstils ist die Bauornamentik, die ihre Formen der Natur entnimmt (vgl. Abb. D 17). Die funktionale Sachlichkeit des Jugendstils bildet den Einstieg für die Neuzeit und die Moderne.

Neurenaissance: Semperoper, Dresden

Gründerzeitvilla, Baden-Baden

Abb. D 16: Bauwerke des Historismus

Jugenstilfassade

Mathildenhöhe, Darmstadt

Jugendstilgiebel

Abb. D 17: Bauwerke des Jugendstils

Neuzeit

Die Neuzeit, damit wird die Zeit ab dem 20. Jahrhundert beschrieben, kann nicht in einem Stil zusammengefasst werden. Vom 1907 entstandenen Deutschen Werkbund und dem 1919 in Weimar (später Dessau und Berlin) als Kunstschule gegründeten Bauhaus gingen Strömungen aus, die heute als „Funktionalismus", „Neue Sachlichkeit" oder „Klassische Moderne" bezeichnet werden.

Der Protest gegen die rückwärtsgewandten Imitationsstile des Historismus führte zu neuem Denken und zu neuer Formensprache. Die Trennung zwischen Architekten, Künstlern und dem Handwerk wurde aufgehoben. Das Ziel war Qualitätsarbeit, weg von der industriellen Massenproduktion. Ein wichtiges Merkmal des Bauens war die funktionale Sachlichkeit, die in dem Leitgedanken „Die Form folgt der Funktion" zum Ausdruck kam. Die Nutzung der Gebäude ist häufig von außen erkennbar (z. B. Fagus-Werke in Alfeld, Nds. Fabrikgebäude, Schuhleistenfabrik, 1911) (vgl. auch Abb. D 18).

Im Bauhausmanifest stellte Gropius als wichtigste Forderung die Zusammenarbeit von Handwerkern und Künstlern heraus. Hinsichtlich der Farbenlehre gestaltete Wassily Kandinsky die Zuordnung der drei Grundfarben Gelb, Rot und Blau zu den drei Grundflächen Dreieck, Quadrat und Kreis sowie den räumlichen Formen Tetraeder, Kubus und Kugel. Johannes Itten entwarf die Farbenkugel bzw. den Farbkreis und setzt die Grundfarben Rot, Blau und Gelb in das Zentrum umgeben von den zwölf Tonen (Gelb, Orange, Zinnober, Kamin, Purpur, Purpurviolett, Blauviolett, Ultramarin, Cyanblau, Blaugrün, Grün, Gelbgrün) aufgeteilt in sieben Lichtstufen.

Heute wird i.d.R. das additive Farbsystem (RGB) bzw. das subtraktive Farbsystem (CMYK) verwendet. Die Abkürzung RGB steht für die Farben R Rot, G Grün und B Blau. Dabei werden durch Addieren von Anteilen der drei Grundfarben beliebige Farbtöne gemischt. Die Abkürzung CMYK steht für die Farben C Cyan, M Magenta, Y Yellow und K Schwarz.

Bauhaus, Dessau

- Bauhaus 1919 bis 1933
- Henry van de Velde entwickelte das Gebäude der Großherzoglichen Kunstschule in Weimar, 1919 zog das Bauhaus ein.
- Lyonel Feininger schuf den Holzschnitt einer Kathedrale für das Titelbild des Bauhausmanifestes, 1919.
- Feininger, Kandinsky und Klee entwickelten eine neue Formlehre.
- Walter Gropius entwickelte eine didaktisch-schematische Darstellung des Unterrichts, 1922.

Bauhaus-Archiv, Berlin

Scharoun-Haus, Weißenhofsiedlung, Stuttgart

Kirche von Le Corbusier, Ronchamp

Abb. D 18: Bauwerke der Klassischen Moderne

Moderne

Als Moderne (ab 1850) wird die Architektur der vergangenen Jahrzehnte und der Gegenwart bezeichnet (vgl. Abb. D 19). Sie ist gekennzeichnet von klaren, oft kubischen Formen, neuen Raumkonzepten und Konstruktionsprinzipien, beispielsweise dem Spannbetonbau und der Glasarchitektur.

Neuartige Baustoffe, wie hochfester sowie selbstverdichtender Beton, Kunststoffe, wetterfester Baustahl (COR-TEN Stahl), Aluminium und Verbundbaustoffe schaffen neuen Gestaltungsspielraum. Die Möglichkeit mit aufwendigen EDV-Programmen und großer Rechnerleistung hochgradig statisch unbestimmte Tragwerke zu realisieren sowie die unter dem Klimawandel erzwungene Notwendigkeit zur Energieeffizienz führen zu neuer Formensprache (gleichbedeutend mit Stilelementen eines Bauwerks).

Jüdisches Museum, Berlin

Ludwig-Erhard-Haus, Berlin

Stadthaus, Ulm

Reichtagskuppel, Berlin

Mercedes-Benz-Museum, Stuttgart

Innenansicht des Museums

Abb. D 19: Bauwerke der Moderne

Entwicklung seit 1980

Der **Dekonstruktivismus** (seit ca. 1988, teilweise schon ab 1980 in den USA) ist eine architektonische Stilrichtung, der die Postmoderne ablöst. Dabei sollen in der Architektur die Strukturen einer neuartigen Konstruktion entzogen werden. Der Rückgriff auf die einfachen geometrischen Formen wie Zylinder und Pyramide und die Abwendung von den Regeln und Werten der Harmonie kennzeichnen diese neue Stilrichtung. Einheit und Stabilität werden abgelöst durch eine ungleiche Struktur der Ornamente. Mitbegründer dieser Stilrichtung sind die Architekten Frank Gehry und Daniel Liebeskind (vgl. Abb. D 20 und Abb. D 21).

Die klassischen architektonischen Kategorien wie Symmetrie und Reihung sind dem Dekonstruktivismus fern. Den Architekten geht es vielmehr um das Deutlichmachen einer atektonischen Ausprägung des Gebäudes. Ähnlich wie in der Literatur werden dabei offene und geschlossene Formen einer gegenseitigen Dynamik benannt. Ein gutes Beispiel ist das Zentralgebäude mit Audimax (nicht rechtwinklige und ineinander verschobene Fassaden und Räume mit schmalen Öffnungen) der Leuphana Universität in Lüneburg. Dieser Kunstraum wurde in die vorhandenen örtlichen Hörsaal- und Bibliotheksbauten aus den 1990er Jahren innerhalb der Kasernenbauten aus den späten 1930er Jahren integriert.

Fast zeitgleich beschäftigten sich Architekten and insbesondere Städteplaner mit der **„Stadt der kurzen Wege"**. Das entscheidende Element des Konzeptes der Stadt der kurzen Wege ist die Wohnraumverdichtung sowie die Multifunktionalität des Stadtquartiers. So forderte das Europäische Parlament 2008 die Erarbeitung nachhaltiger Mobilitätsplanung unter Einbeziehung der Betroffenen.

Dabei spielt die Farbgestaltung von Räumen für das städtische Wohnen eine stets wechselnde (bedeutende) Rolle. Farben, genauer gesagt das äußere repräsentative, dekorative Erscheinungsbild, treten einerseits immer mehr in den Hintergrund und andererseits tun sich im Zuge der Umsetzung der Wärmeschutzverordnung neue Gestaltungs- und Farbräume auf. Großzügige Verglasungen sind dabei ein Gestaltungselement moderner Architektur.

So ist z. B. die Bestuhlung im ansonsten grauen Betonbau des Zentralgebäudes der Universität Lüneburg tiefrot und stark betont. Verwaltungsgebäude erscheinen trotz ihrer Komplexität mithilfe großzügiger Gestaltungselemente und farblichen Heraushebung weiterhin transparent. Dabei sind die Einflussfaktoren für die Farbgestaltung (subjektiv, also vom Menschen abhängig und objektiv, vom Menschen unabhängig) mit den Epochen gewandert. Heute ist die Fassadengestaltung an Einzelgebäuden oder an ganzen Gebäudekomplexen wie Straßenzüge oder Gemeindeplätzen durchaus im Kontext zu der politischen Gemeinde und deren Verordnungen zu sehen.

Für die weitere Entwicklung der Baustile und des Bauten im Allgemeinen sind neben den Normen, Verordnungen und Richtlinien (den anerkannten Regeln der Technik) insbesondere folgende sonstige Rechtsbereiche relevant:

- rechtliche Grundlagen des Denkmalschutzes (die Organisation obliegt den Bundesländern, es existiert keine Rahmengesetzgebung des Bundes),
- Genehmigungspflicht und Genehmigungsfreiheit (die geltenden Bestimmungen sind in der Landesbauordnung verankert),
- Eigentums- und Bestandsschutz (der Schutz des Eigentums ist im GG verankert, wird jedoch durch die Baugesetzgebung der Länder und die Verordnungen der Kommunen stark eingeschränkt),
- Nachbarschaftsrecht (in den Bundesländern verschieden in Gesetzen und Verordnungen verankert).

Abb. D 20: Zentralgebäude Universität Lüneburg; Entwurf von Daniel Liebeskind, 2017

Abb. D 21: Entwurf von Frank Gehry, 1989

D

E Fachmathematik

Das lernfeldübergreifende Kapitel Fachmathematik baut auf den Inhalten der allgemein bildenden Schulen auf, wiederholt Grundsätzliches und führt mit kurzen Erläuterungen, Tabellen und Formeln zu den Aufgaben wie sie im Bauwesen üblich sind. Tabellen wie **Mathematische und geometrische Zeichen, Griechisches und deutsches Alphabet, Römische Zahlzeichen, Einheiten und Umwandlung von Einheiten** sind vorweg gestellt.

Tabelle E1: Mathematische und geometrische Zeichen

$+$	plus	$\parallel$	parallel zu	$\int_a^b f(x)\,dx$	Integral über $f(x)\,dx$ von a bis b
$-$	minus	$\perp$	orthogonal zu	i oder j	Imaginäre Einheit, $i^2 = j^2 = -1$
$\cdot$	mal	$\uparrow\uparrow$	gleichsinnig parallel	exp	Exponentialfunktion $\exp x = e^x$
:/—	durch	$\uparrow\downarrow$	gegensinnig parallel	log	Logarithmus
$=$	gleich	$\Delta(ABC)$	Dreieck *ABC*	lg	dekadischer Logarithmus
$\neq$	ungleich	$\cong$	kongruent zu	lb	binärer Logarithmus
$=_{def}$	definitionsgemäß gleich	$\sim$	proportional zu	ln	natürlicher Logarithmus
$\approx$	ungefähr gleich	$\sphericalangle(g,h)$	Winkel zwischen *g* und *h*	sin	Sinus
$\triangleq$	entspricht	$\overline{AB}$	Strecke von *A* nach *B*	cos	Kosinus
$<$	kleiner als	$d(A,B)$	Abstand von *A* nach *B*	tan	Tangens
$>$	größer als	$\odot(P,r)$	Kreis um *P* mit Radius *r*	cot	Kotangens
$\leq$	kleiner oder gleich	$f \cong g$	*f* ist asymptotisch gleich *g*	arcsin	Arcussinus
$\geq$	größer oder gleich	$f(x)$	Funktion der Veränderlichen *x*	arcos	Arcuskosinus
$<<$	klein gegen	Δf	Delta *f*, Differenz zweier Werte	arctan	Arcustangens
$>>$	groß gegen	$\sum_{i=1}^{i=n}$	Summe von; Summe aller	arccot	Arcuskotangens
∞	unendlich		$i = 1$, erster Summand; $i = n$, letzter Summand	⦜	rechter Winkel
π	pi, $\pi = 3{,}14159\ldots$			*m*	Steigung
e	e = 2,71828...	$\mathbb{N}^*$	Menge der natürlichen,	$\sphericalangle$	Winkel
$\sqrt{\ }$	Quadratwurzel aus	$\mathbb{Z}$, $\mathbb{Q}$	ganzen, rationalen und	*A*	Fläche
$\sqrt[n]{\ }$	*n*-te Wurzel aus	$\mathbb{R}$	reellen Zahlen	*V*	Volumen
[x]	größte ganze Zahl kleiner oder gleich *x*	$\{\ldots\}$	Menge der Elemente ...		
		Ø, {}	leere Menge		

Tabelle E2: Griechisches Alphabet

Α α	*Β β*	*Γ γ*	*Δ δ*	*Ε ε*	*Ζ ζ*	*Η η*	*Θ ϑ*	*Ι ι*	*Κ κ*	*Λ λ*	*Μ μ*
Alpha	Beta	Gamma	Delta	Epsilon	Zeta	Eta	Theta	Iota	Kappa	Lambda	My
Ν ν	*Ξ ξ*	*Ο ο*	*Π π*	*Ρ ϱ*	*Σ σ*	*Τ τ*	*Υ υ*	*Φ φ*	*Χ χ*	*Ψ ψ*	*Ω ω*
Ny	Xi	Omikron	Pi	Rho	Sigma	Tau	Ypsilon	Phi	Chi	Psi	Omega

Tabelle E 3: Römische Zahlzeichen

I = 1	VI = 6	XX = 20	LXX = 70
II = 2	VII = 7	XXX = 30	LXXX = 80
III = 3	VIII = 8	XL = 40	XC = 90
IV = 4	IX = 9	L = 50	C = 100
V = 5	X = 10	LX = 60	CX = 110
D = 500	**Beispiele**	CMXC = 990	CMXCIX = 999
M = 1 000		253 = CCLIII	1996 = MCMXCVI

Tabelle E 4: Einheiten

Längeneinheiten 1 km = 1 000 m 1 m = 10 dm = 100 cm = 1 000 mm 1 dm = 10 cm = 100 mm 1 cm = 10 mm	Umrechnungsfaktor 1 000 bzw. 10 **Beispiele** 13 m = 0,013 km 1,52 m = 15,2 dm = 152 cm
Flächeneinheiten 1 km² = 100 ha = 10 000 a = 1 000 000 m² 1 ha = 100 a = 10 000 m² 1 a = 100 m² 1 m² = 100 dm² = 10 000 cm² = 1 000 000 mm² 1 dm² = 100 cm² = 10 000 mm² 1 cm² = 100 mm²	Umrechnungsfaktor 100 **Beispiele** 3,5 a = 350 m² 172,5 ha = 1,725 km² 2,50 m² = 250 dm² = 25 000 cm²
Volumeneinheiten 1 m³ = 1 000 dm³ = 1 000 000 cm³ = 1 000 000 000 mm³ 1 dm³ = 1 000 cm³ = 1 000 000 mm³ 1 cm³ = 1 000 mm³ 1 dm³ = 1 ℓ (Liter)	Umrechnungsfaktor 1 000 **Beispiele** 1 570 cm³ = 1,57 dm³ 0,75 m³ = 750 dm³
Besondere Einheiten 1 km² = 100 ha; 1 ha = 100 a; 1 a = 100 m² 1 ℓ = 1 dm³; 1 hℓ = 100 ℓ; 1 Zoll (") = 2,54 cm	1 Morgen = 25 a
Winkeleinheiten „Altgrad“: Vollwinkel = 360° 1° (1 Grad) = 60′ (Minuten) 1′ (1 Minute) = 60″ (Sekunden) „Neugrad“: Vollwinkel = 400 gon 1 gon (Gon) = 100 cgon (Zentigon) 1 cgon = 10 mgon (Milligon)	Umrechnungsfaktor $1° = \frac{10}{9}$ gon = 1,11 ... gon 1 gon = $\frac{9}{10}$° = 0,9° **Beispiele** 210 cgon = 2,1 gon; 75° = 83,25 gon
Masseeinheiten 1 t = 1 000 kg 1 kg = 1 000 g 1 g = 1 000 mg	Umrechnungsfaktor 1 000 **Beispiele** 75,5 t = 75 500 kg; 253,6 g = 0,2536 kg
Dichteeinheiten 1 g/cm³ = 1 kg/dm³ = 1 t/m³	Umrechnungsfaktor 1 **Beispiel** 2,33 g/cm³ = 2,33 kg/dm³ = 2,33 t/m³
Wichte (Wichteeinheiten kN/m³, N/m³) Die Wichte γ, auch spezifisches Gewicht genannt, ist das Verhältnis der Gewichtskraft eines Körpers zu seinem Volumen (ortsabhängig).	**Beispiel** Baustoffwerte Rohdichte 1800 kN/m³ Wichte 18 kN/m² je cm Dicke Wichte 18 kN/m² · 100 = 1800 kN/m³

E

E 1 Längen, Stationen, Höhen

Längen

Im Bauwesen werden die üblichen Längeneinheiten verwendet:

- km für die Länge von Straßen, Baulosen usw.,
- m für die Länge von Wegen, Breite von Straßen, Tiefe von Baugruben, Maße von größeren Bauteilen usw.,
- dm bei der Teilung von Nivellierlatten,
- cm für die Bemessung von Bauteilen (auf der Baustelle üblich, allerdings in Abweichung zu mm-Angaben in den DIN-Normen),
- mm für Rohrdurchmesser, Wanddicken von Rohren, Fugendicken usw.,
- am-Angaben in Hochbauzeichnungen mit Mauerwerksbau.

In der Praxis wiederholen sich zwei Gruppen von Aufgaben:

- Eine Längeneinheit muss in eine andere umgerechnet werden;
- unterschiedliche Längeneinheiten sind zu addieren/subtrahieren.

Für die Umrechnung gilt:

1 km = 1 000 m
1 m = 10 dm
1 dm = 10 cm
1 cm = 10 mm

Umrechnungszahl = 1000 (km → m); Umrechnungszahl = 10 (m → dm → cm → mm)

Beispiel

Straßenlänge von 3,567 km = 3 567 m
Nivellierablesung 14,66 dm = 1,466 m
Rohrdurchmesser 200 mm = 20 cm
Bordsteinlänge 1 250 mm = 1,25 m
Außenwand 9,99 m = 999 cm
BSH-Binder 6,30 m = 6300 mm
8 am ≙ 8 · 12,5 cm = 1,00 m

Zum Addieren oder Subtrahieren unterschiedlicher Längeneinheiten müssen erst alle Werte in die gleiche Einheit umgewandelt werden.

Zu wählen ist die Einheit, die als Zielwert verlangt ist.

Eine Einheit im Sinne der DIN 1301-1 ist die Einheit einer physikalischen Größe. Beim Rechnen mit physikalischen Größen wird alles als Größe betrachtet, was sich als Produkt von Zahlenwert und Einheit ausdrücken lässt.

Beispiel

Physikalische Größe der Bordsteinlänge (Länge):
l = 1,25 m Zahlenwert von l ist 1,25;
Einheit von l ist m.

Beispiel

Welche Konstruktionshöhe in m hat ein Kontrollschacht, der aus 20 cm Betonsohle, 0,75 m Schachtunterteil, 1 Schachtring 50 cm, 1 Konus 60 cm, 1 Auflagering 0,8 dm, 1 Rahmen von 18 cm und 2 Mörtelfugen je 20 mm besteht?

Lösung

Betonsohle	20 cm	= 0,20 m
Schachtunterteil	0,75 m	= 0,75 m
Schachtring	50 cm	= 0,50 m
Konus	60 cm	= 0,60 m
Auflagering	0,8 dm	= 0,08 m
Rahmen	18 cm	= 0,18 m
Mörtelfugen	40 mm	= 0,04 m
Konstruktionshöhe		2,35 m

Stationen

Die Stationierung von Straßen und Bauabschnitten unterteilt die Straße in regelmäßige Abschnitte (um z. B. Kilometersteine zu setzen = Kilometrierung) bzw. bezeichnet wichtige Stellen, an denen ein Bogen beginnt oder endet, ein Durchlass kreuzt oder eine Nebenstraße einmündet. Üblich ist diese Art der Angabe (beginnend bei 0 + 000):

Stat. 3 + 165,75

d. h. 3 km und 165,75 m (also 165 m und 75 cm) oder 3 165,75 m von Beginn der Stationierung.

Bei kürzeren Baustellen (z. B. in der Stadt) wird ohne die Kilometerangabe stationiert. Immer häufiger werden drei Stellen hinter dem Komma (also auch mm) angegeben; dies hängt mit der sehr genauen Messung elektronischer Messgeräte zusammen. Die Angabe lautet dann z. B. 158,739 m.

Zu bestimmten Stationen müssen Längen addiert bzw. davon subtrahiert werden.

Beispiel

Stat. 1 + 055,50 + 25,3 m
= Stat. 1 + 055,50
\+ 025,30 m
= Stat. 1 + 080,80

Nicht die Begriffe Station und die Länge verwechseln. Sie sind an „Stat." und „m" zu erkennen.

E

Bestimmung der Höhenlage

Eine Höhenmessung (Nivellement) dient der Bestimmung des Höhenunterschiedes zweier Punkte oder der Höhenlage (bezogen auf Normalhöhennull **NHN**) eines Punktes.

Bei **NHN-Höhen** wird in ähnlicher Weise addiert/subtrahiert. Dabei darf das + der Höhenangabe über NHN nicht mit dem Additionszeichen verwechselt werden. Gleiches gilt für – (unter NHN) und das Subtraktionszeichen.

Die Zeichen + und – haben beim Berechnen von NHN-Höhen unterschiedliche Bedeutungen. Besser ist die Schreibweise „über" bzw. „unter" NHN.

Beispiel

Die Geländehöhe liegt auf NHN + 50,65 m, die Grabentiefe ist 2,25 m. Welche NHN-Höhe hat die Grabensohle?

50,65 m über NHN (Höhenangabe für Gelände)
– 2,25 m (Längenmaß für Grabentiefe)
48,40 m über NHN (Höhenangabe für Grabensohle)

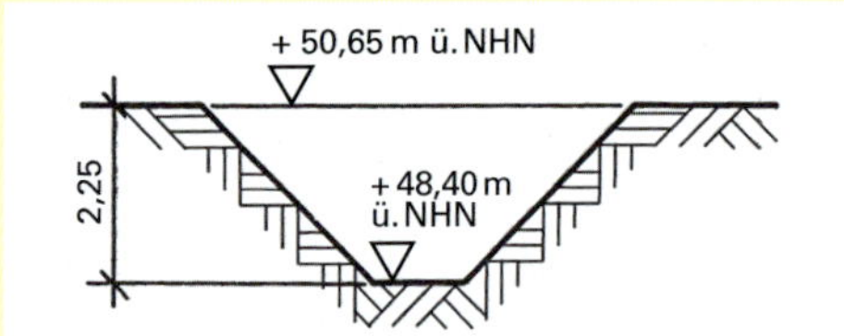

▽ ▼ **Höhenkote**

Die Höhenangabe besteht aus Höhenkote, Pfeil, Maßbegrenzungslinie und Maßzahl.

Längenangaben nach DIN 1356

In Bauzeichnungen können Längen nach DIN 1356 wie folgt angegeben werden:
m oder **cm** oder **mm** oder **m, cm.**

1,49 ≙ 1,49 m 88^5 ≙ 88,5 cm 24 ≙ 24 cm

Maßordnung im Hochbau

Bauteile sind so zu bemaßen, dass ihre Baurichtmaße im Verband Baunormzahlen ergeben. Rohbaurichtmaße sind in der DIN 4172 festgelegt, wobei 1 am (Achtelmeter) 12,5 cm entspricht. Rohbaurichtmaße sind Maße aus den Steinmaßen plus den Fugen. Rohbaunennmaße sind die realen Maße der Bauteile.

E

Aufgaben zu Teilkapitel E 1

1. Ergänzen Sie die Tabelle.

	km	m	dm	cm	mm
a)		1,25			
b)				1 050	
c)	0,07				
d)					5 355

2. Welche Breite hat eine Fahrbahn, die aus 10 cm Tiefbord, 5,57 m Asphalt, 2 Reihen Betonsteinen 16 cm/16 cm und 2 Fugen von je 5 mm besteht?

3. a) Wie viel m beträgt ein Rohrdurchmesser DN 300?
   b) Wie viel m ist eine Ablesung an der Nivellierlatte von 15,36?
   c) Wie viel km ist die Weglänge von 1 625,50 m?
   d) Wie viel m (und cm) beträgt eine Fugendicke von 5 mm?
   e) Welche Maße in mm hat ein Bordstein HB 15 cm x 30 cm?

4. Addieren/subtrahieren Sie:
   a) Stat. 0 + 650 + 25 m,
   b) Stat. 3 + 075,5 + 2,25 m,
   c) Stat. 1 + 945 – 65 m

5. Berechnen Sie die neuen NHN-Höhen.
   a) NHN + 9,565 + Ablesung 1,46 m
   b) Ziellinie + 165,654 m über NHN Ablesung 16,53 dm
   c) – 0,605 m ü. NHN + 2,355m

6. Zwischen zwei Stahlbetonpfeilern soll ein Lattenzaun aus 105 mm breiten Latten ertellt werden. Die lichte Weite beträge 4,24 m.
   a) Wie groß muss der Zwischenraum gewählt werden, wenn nur 27 Latten zur Verfügung stehen?
   b) Wieviel Latten werden benötigt, wenn ein Zwischenraum von ≈ 4,5 cm gewählt wird?

7. In eine Gebäudeaußenwand von 11,99 m sollen bei einer Renovierung drei Fenster angelegt werden. Zwei Fenster haben eine Länge von 1,26 m, das andere Fenster ist 2,76 m lang. Fertigen Sie eine Skizze und berechnen Sie:
   a) eine Bemaßung, so dass die Außenwand symmetrisch aufgeteilt ist;
   b) eine Bemaßung, so dass die Achsabstände der Fenster gleich sind.

E2 Neigungen

Auf der Baustelle werden die Begriffe Neigung (besonders bei Flächen, z. B. bei Dächern-RDN, Regeldachneigung), häufiger Gefälle (bei Rohrleitungen) und selten Steigung benutzt.

Neigungen können als Verhältnis (1 : n), als Prozentsatz (z. B. 45 %) oder als Winkelmaß (z. B. $\alpha = 30°$) angegeben werden.

Die Verhältnisrechnung (1 : n) wird auch beim Rechnen mit Maßstäben (z. B. M 1:50, d. h. 1,00 m wirkliche Länge wird als 2 cm dargestellt) benötigt.

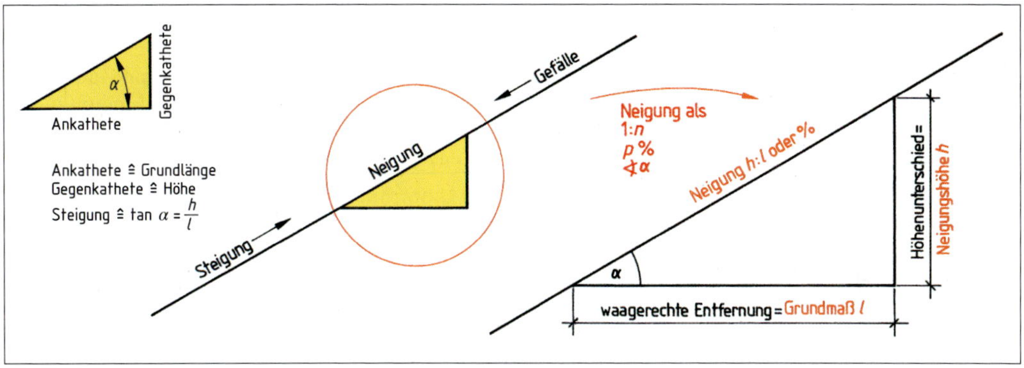

Abb. E5: Steigungsangabe (Berechnung am rechtwinkligen Dreieck)

Neigungswinkel

$\sphericalangle\ \alpha$ [°]

Dachneigung, Böschung (Baugruben, Leitungsgräben), u. a.

Beispiel

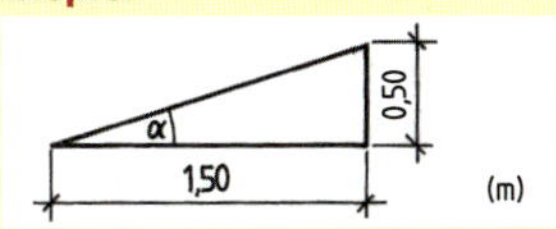

Der Neigungswinkel α ergibt sich aus Gegenkathete und Ankathete mit der Winkelfunktion.

$$\tan \alpha = \frac{h}{l}$$

Beispiel

$$\tan \alpha = \frac{0{,}50 \text{ m}}{1{,}50 \text{ m}} = 0{,}333$$

$$\alpha = 18° \ 5'$$

Umstellen der Gleichung

gesucht: h	gesucht: l
$h = \tan \alpha \cdot l$	$l = \frac{h}{\tan \alpha}$

Verhältniszahl

1 : n oder h : l

Gefälle in Rohrleitungen, Böschungen von Straßen u. a.

Beispiel

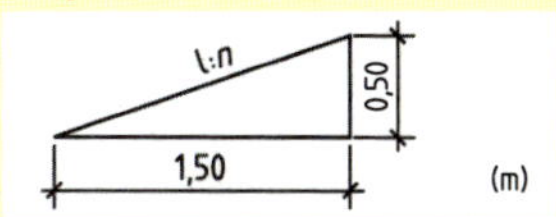

Das Neigungsverhältnis 1 : n ergibt sich h : l.

$$1 : n = h : l$$

Beispiel

$$\frac{1}{n} = \frac{0{,}50 \text{ m}}{1{,}50 \text{ m}} \qquad n = \frac{1{,}50 \text{ m}}{0{,}50 \text{ m}} = 3$$

$$1 : n = 1 : 3$$

Umstellen der Gleichung

gesucht: h	gesucht: l
$h = \frac{l}{n}$	$l = n \cdot h$

Prozentsatz

p [%]

Quer- und Längsneigung von Straßen u. a.

Beispiel

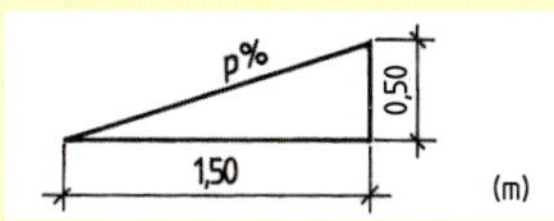

Den Prozentsatz p errechnet man aus dem Grundmaß l = 100 % und dem Prozentwert h.

$$p = \frac{100\,\% \cdot h}{l}$$

Beispiel

$$p = \frac{100\,\% \cdot 0{,}50 \text{ m}}{1{,}50 \text{ m}}$$

$$p = 33\ ^1/_3\ \%$$

Umstellen der Gleichung

gesucht: h	gesucht: l
$l = \frac{p \cdot l}{100\,\%}$	$l = \frac{100\,\% \cdot h}{p}$

E

Beispielhafte Aufgabenstellung im Straßenbau

Die Breite oder Länge (eines Gehwegs, eines Platzes) und die Querneigung $q\%$ sind bekannt. Wie viel cm Neigungshöhe sind anzulegen? Die Neigungshöhe in cm entspricht dem Prozentwert (hier Δh für Höhenunterschied).

$$\Delta h = \frac{q \cdot l}{100\,\%}$$ q in %, l und Δh in m

Vereinfachung

Neigungshöhe = Prozentsatz · Länge = ... cm Neigungshöhe auf 100 cm Grundmaß

1 % = 1 cm Neigungshöhe/100 cm Grundmaß

also: 1 % = 1 cm/m 3 % = 3 cm/m 0,5 % = 0,5 cm/m

Beispiel

Wie viel cm Neigungshöhe hat eine Fahrbahn von 6,00 m Breite bei 2,5 % Querneigung?

Lösung

$$\Delta h = \frac{2{,}5\,\% \cdot 6{,}00\text{ m}}{100\,\%} = 0{,}15\text{ m}$$

oder vereinfacht
2,5 % auf 6,00 m ⇒ 2,5 · 6,00 ⇒ Δh = 15 cm

Beispiel

2 % auf 4,50 m = 0,02 · 4,50 m = 0,09 m
vereinfacht 2 · 4,50 = 9 cm Neigungshöhe

Beispielhafte Aufgabenstellung im Hochbau

Bei Dächern sind die Breite einer Dachkonstruktion und die Dachneigung (RDN) in Grad bekannt. Die Länge der Sparren ist zu berechnen.

Bei Baugruben ist die Böschungsneigung als Verhältniszahl z. B. 1:1,5 (33,5°) oder als Gradzahl z. B. steifer feinkörniger Boden 60° (1:0,577) angegeben.

Neben diesen üblichen Angaben sind auch Neigungsangaben in ‰ (Promille) und in mm/m üblich. Sie werden bei Rohrleitungen oder Bordrinnen verwendet.

Die Umrechnung der Neigungsangaben erklärt Tabelle E6. Das Umrechnen eines Neigungswinkels in Verhältniszahl oder Prozentzahl ist nur über die Winkelfunktion tan möglich und wird in Teilkapitel E3 erläutert.

Beispiel

α ⇒	p[%] ⇒	1 : n
1°	1,75	1 : 57,3
2°	3,49	1 : 28,6
0,57°	1	1 : 100
1,15°	2	1 : 50

Tabelle E6: Umrechnungen von Neigungsangaben

Nr.	Umrechnen von	→	in	Umrechnungshilfen	Beispiele
1	%	→	‰	(%) · 10	1 (%) = 10 ‰
2	%	→	1 : n	100 : (%)	n = 8 (%) → 1 : 12,5
3	%	→	mm/m	(%) · 10	0,5 (%) = 5 mm/m
4	‰	→	%	(‰) : 10	6,6 (‰) = 0,66 %
5	‰	→	1 : n	1 000 : (‰)	1 000 : 7,5 (‰) → n = 133,3
6	‰	→	mm/m	(‰) ≙ mm/m	5 ‰ ≙ 5 mm/m
7	1 : n	→	%	100 : n	1 : 8 → 100 : 8 = 12,5 %
8	1 : n	→	‰	1 000 : n	1 : 200 → 1 000 : 200 = 5 ‰
9	1 : n	→	mm/m	1 000 : n	1 : 500 → 1 000 : 500 = 2 mm/m
10	mm/m	→	%	(mm/m) : 10	4 (mm/m) : 10 = 0,4 %
11	mm/m	→	‰	(mm/m) ≙ ‰	7 (mm/m) ≙ 7 ‰
12	mm/m	→	1 : n	1 000 : (mm/m)	1 000 : 2,5 (mm/m) → 1 : 400

Schrägneigung

Im Querneigungsband werden die Höhen der Fahrbahnränder bezogen auf die Fahrbahnachse dargestellt. Aus Querneigung und Längsneigung ergibt sich die Schrägneigung.

Beispiel

Wie groß ist die Schrägneigung bei $q = 1{,}5\ \%$ und $s = 2{,}0\ \%$?

$$p = \sqrt{1{,}5^2 + 2{,}0^2} = \sqrt{2{,}25 + 4{,}00} \Rightarrow p = \sqrt{6{,}25}$$

$$p = 2{,}5\ \%$$

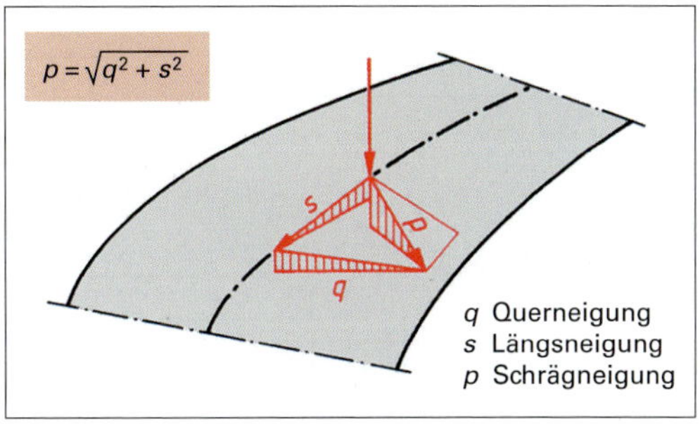

Abb. E7: Berechnung der Schrägneigung.

Dachneigungen

Beispiel

Der Giebel eines Mansardendaches hat das skizzierte Aussehen. Berechnen Sie a) die Dachhöhe *h*; b) die Neigung der Dachschräge.

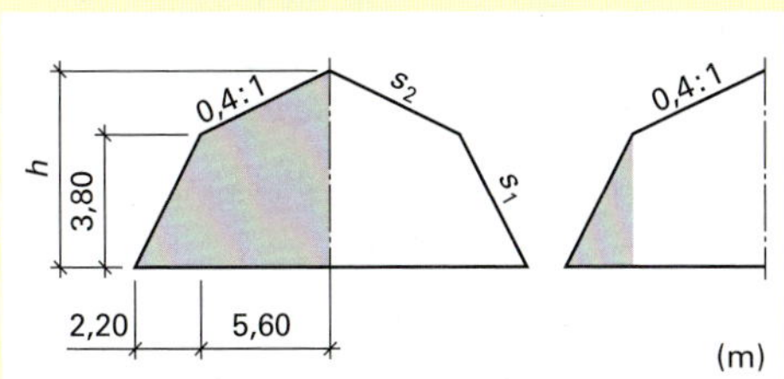

Lösung

zu a) Berechnung von *h*:

$0{,}4 : 1 = h_2 : 5{,}60$ m

$h_2 = 0{,}4 \cdot 5{,}60$ m $\Rightarrow h_2 = 2{,}24$ m

$h = 3{,}80$ m $+ 2{,}24$ m $\Rightarrow h = 6{,}04$ m

zu b) Berechnung der Neigung s_1:

$3{,}80$ m $: 2{,}20$ m $= 1 : n$

$$n = \frac{2{,}20\text{ m}}{3{,}80\text{ m}}$$ **Neigung 1 : 0,58**

Neigung 1:0,58 (genauer 0,5789) entspricht einer Dachneigung von 30°.

Aufgaben zu Teilkapitel E2

1. Rechnen Sie die folgenden Neigungsangaben um.
   a) 6% in 1: *n*, ‰, mm/m
   b) 1 : 250 in %, ‰, mm/m
   c) 5 mm/m in %, ‰, 1 : *n*
   d) 15‰ in 1: *n*, %, mm/m

2. Berechnen Sie die Neigungshöhe
   a) der Querneigung, b) der Längsneigung.

a) Breite m	*q* %	b) Länge m	*s* %
3,75	1,5	8,50	2,0
2,50	2,0	12,00	0,5
7,75	2,5	32,00	1,43
1,75	3,0	15,75	0,3

3. Ermitteln Sie die Neigungsverhältnisse.
   a) $h = 3{,}00$ m, $l = 4{,}50$ m
   b) $h = 1{,}50$ m, $l = 0{,}75$ m
   c) $h = 2{,}00$ m, $l = 3{,}50$ m
   d) $h = 1{,}50$ m, $l = 1{,}00$ m

4. Ergänzen Sie die fehlenden Werte in den Abb. a) bis k).

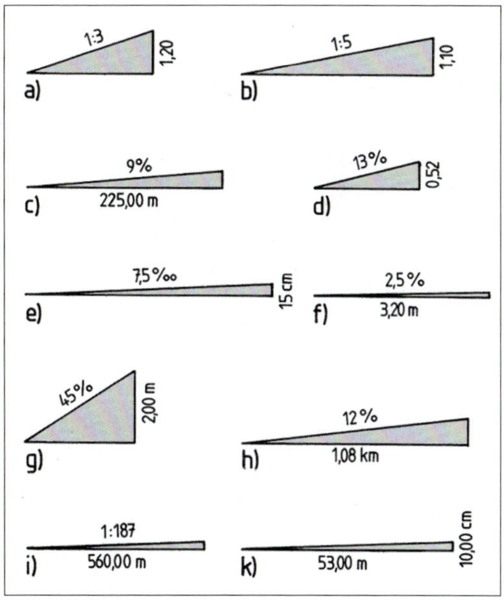

5. In einem Entwässerungsplan ist für alle Grundleitungen ein Gefälle von 2,5% angegeben. Berechnen Sie den Höhenunterschied für eine mit 9,85 m vermaßte Grundleitung.

E

6. a) Eine Muldenrinne hat auf 26,00 m Länge 39 cm Neigungshöhe. Wie viel % Gefälle sind eingebaut?
   b) Um wie viel cm fällt eine Rohrleitung innerhalb einer Haltung von 52,00 m bei 0,2 % Gefälle?

7. Vergleichen Sie die Höhe der Punkte *B*, *C* und *D* gegenüber dem tiefsten Punkt *A* in der Abbildung.

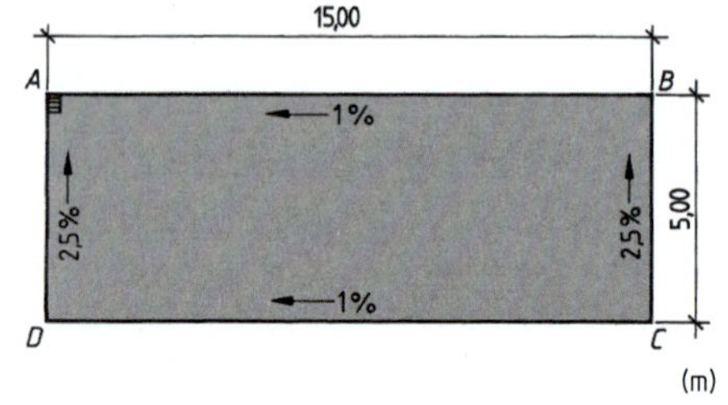

8. Berechnen Sie die Punkte *B*, *C* und *D* in Bezug auf die angegebene NHN-Höhe bei *A* (Straßenablauf) in der untenstehenden Abbildung. Bestimmen Sie außerdem die Ablesungen für den Bau eines Platzes bei einer Instrumentenhöhe des Nivelliers von + 10,050 m ü. NHN.

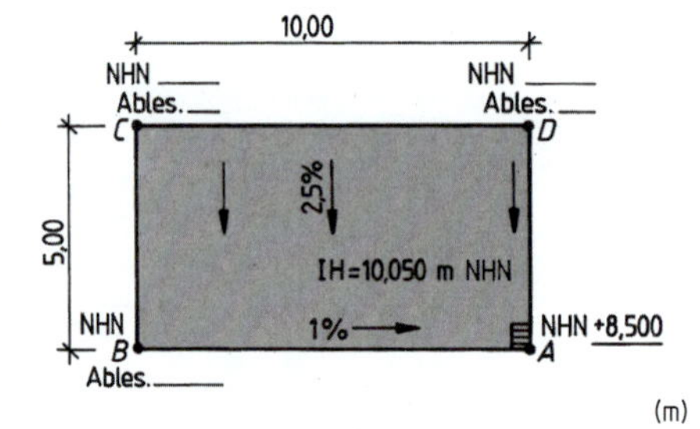

9. Zeichnen Sie den untenstehenden Wendehammer im Maßstab 1 : 200 und bestimmen Sie die Deckenhöhe für die wichtigen Eckpunkte.

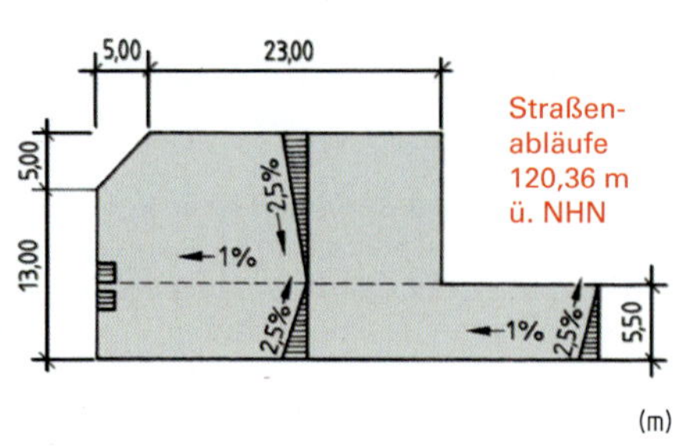

10. Bestimmen Sie aus den gegebenen Werten der Rohrsohle die Höhendifferenz und die Gefälleangaben in %, 1 : *n* und mm/m.

Haltung	Länge m	RS − + m NHN	RS = + m NHN	Höhendifferenz
238 ← 240	50,00	2,20 −	2,00	
240 ← 242	15,00	2,20 −	2,15	
251 ← 253	50,00	1,92 −	1,67	

11. Entlang eines Berghanges soll ein 83,00 m langer Einschnitt des skizzierten Querschnittes angelegt werden. Berechnen Sie
    a) die Längen *a*, *b* und *c*;
    b) die Gesamtneigung 1 : *n*.

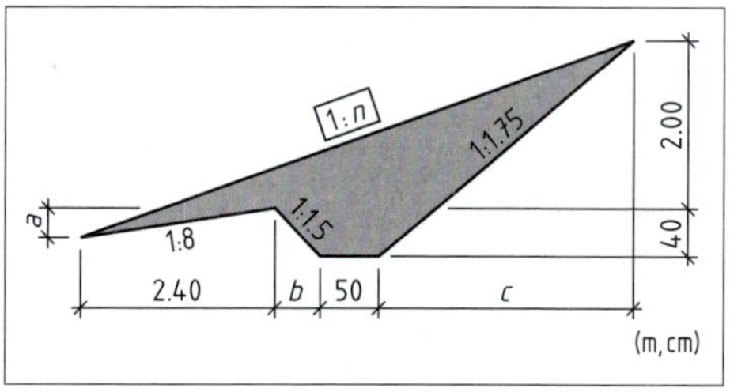

12. Berechnen Sie die gegebenen wahren Längen für den Maßstab 1 : 5; 1 : 2,5; 1 : 2; 1 : 200; 1 : 1000 und 2 : 1.

a) 56,8 m	b) 120,00 m	c) 34 m
d) 120 dm	e) 453 mm	f) 19,99 m

13. In welchem Maßstab ist die Länge 10,01 m gezeichnet, wenn aus der Zeichnung 2,5 cm (20 cm) ausgemessen werden.

14. Ein Gebäude hat die Abmessungen 19,99 m/ 34,49 m. Welches Papierformat benötigen Sie, um den Grundriss für eine
    a) Entwurfszeichnung (M 1 : 100),
    b) Ausführungszeichnung (M 1 : 50) anlegen zu können?

15. Gegeben sei die untenstehende Skizze. Berechnen Sie
    a) die Länge der Strecke a, b und c und
    b) den Flächeninhalt A des Querschnittes.

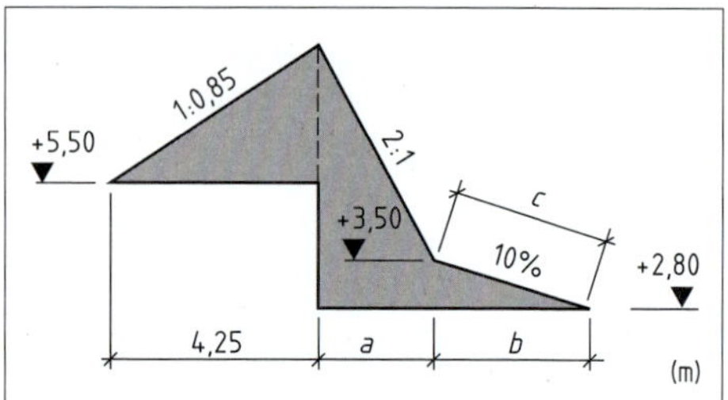

E

E3 Winkel, Bogenlängen, Winkelfunktionen

Beim Erschließen von Grundstücken, beim Einmessen einer Baugrube und/oder beim Richten eines Daches müssen Winkel abgesteckt werden.

Im Straßenbau müssen Winkel abgesteckt werden, weil Straßen unter einem bestimmten Winkel einmünden oder zusammengeführt werden. In Kurven treffen die Tangenten unter einem Tangentenschnittwinkel zusammen. Ähnliches gilt für das Zusammenführen bzw. Abknicken von Rohrleitungen.

Die Längen der Bögen, die z. B. als Bordsteinbögen zu setzen sind, richten sich nach den Winkeln und Radien. Für die Vermessungsarbeiten an diesen Bögen sind Absteckdaten zu berechnen oder Tabellen zu entnehmen. Dazu werden Winkelfunktionen benötigt. Mit ihnen können die Neigungswinkel für Neigungen berechnet werden, die üblicherweise in Prozent oder im Verhältnis angegeben sind.

Winkel

Winkel werden in der Regel in Grad (°) angegeben. Im Vermessungswesen dagegen in Gon. Nivellierinstrumente haben meist eine Gon-Teilung. So ist es unerlässlich, von Grad nach Gon und umgekehrt umzurechnen.

Beim Umrechnen von „Altgrad“ (Grad-°) in „Neugrad“ (Gon-gon) ist mit 10/9 zu multiplizieren, beim Umrechnen von Gon in Grad ist mit 9/10 zu multiplizieren.

Beispiel

Eine Straßenzusammenführung unter $\alpha = 80°$ soll mit einem Nivellierinstrument abgesteckt werden, dessen Horizontalkreis eine Gon-Teilung hat.

$$\alpha = \frac{80° \cdot 100\ \text{gon}}{90°} = 88{,}88\ \text{gon} \qquad \text{kurz: } 80 \cdot \frac{10}{9}$$

Beispiel

Am Nivellierinstrument ist ein Winkel von 142,5 gon abgelesen worden. Welchem Winkel in Grad entspricht er?

$$\alpha = \frac{142{,}5\ \text{gon} \cdot 90°}{100\ \text{gon}} = 128{,}25° \qquad \text{kurz: } 142{,}5 \cdot \frac{9}{10}$$

Abb. E8: Warnhinweise auf starkes Straßengefälle bzw. Steigungen

Bei Taschenrechnern ist mit Grad („Altgrad“) oder Gon („Neugrad“) zu rechnen. Der Rechner ist entsprechend den englischen Abkürzungen GRA oder GRD für die Gon-Rechnung bzw. DEG für die Grad-Rechnung umzuschalten. Bei Rechnern mit deutschen Bezeichnungen gelten die (Tasten-)Bezeichnungen GRAD und GON.

Tabelle E9: Umwandlung von Altgrad und Gon

Grad		Minuten		Sekunden	Gon		Zentigon		Milligon	**Umwandlung**
1°	=	60′	=	3600″	1 gon	=	100 cgon	=	1000 mgon	$90° = 100$ gon
		1′	=	60″			1 cgon	=	10 mgon	$1° = \frac{100}{90}$ gon $= 10/9$ gon
							(0,01 gon)		(0,001 gon)	$100\ \text{gon} = 90°$
Schreibweise: z. B. 40°18′40″					z. B. 127,148 gon					$1\ \text{gon} = \frac{90°}{100} = \left(\frac{9}{100}\right)°$

Grad (°)	1	10	20	30	45	60	90	120	150	180	270	360
gon	1	11,11	22,22	33,33	50	66,67	100	133,33	166,67	200	300	400

Tabelle E 10: Winkelarten

Vollwinkel Kreis	Halbkreis	rechter Winkel Viertelkreis	Achtelkreis
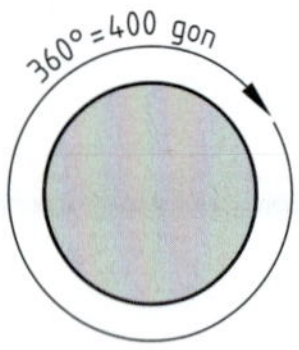	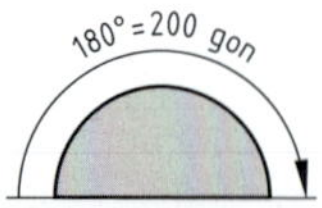		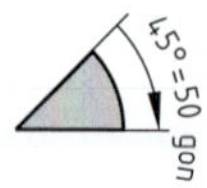
spitzer Winkel	rechter Winkel	stumpfer Winkel	gestreckter Winkel
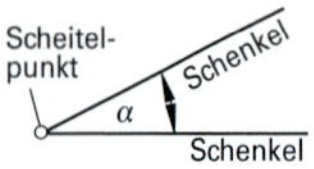	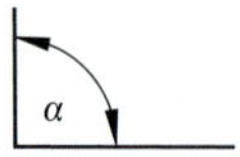	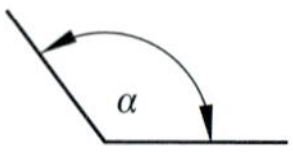	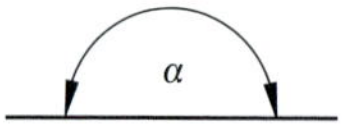
$\alpha < 90°$ $\alpha < 100$ gon	$\alpha = 90° = 100$ gon	$90° < \alpha < 180°$ $100 \text{ gon} < \alpha < 200$ gon	$\alpha = 180° = 200$ gon

Tabelle E 11: Umrechnungstabelle Grad – Gon – Rad (Bogenmaß)

Grad	Rad	Gon	Rad	Rad	Grad	Gon
1	0,0175	1	0,0157	0,1	5,73	6,37
2	0,0349	2	0,0314	0,2	11,46	12,73
3	0,0524	3	0,0471	0,3	17,19	19,10
4	0,0698	4	0,0628	0,4	22,92	25,46
5	0,0873	5	0,0785	0,5	28,65	31,83
6	0,1047	6	0,0942	0,6	34,38	38,20
7	0,1222	7	0,1100	0,7	40,10	44,56
8	0,1396	8	0,1257	0,8	45,84	50,93
9	0,1571	9	0,1414	0,9	51,57	57,30
10	0,1745	10	0,1571	1,0	57,30	63,66
20	0,3491	20	0,3142	1,2	68,75	76,39
30	0,5236	30	0,4712	1,4	80,21	89,13
40	0,6981	40	0,6283	1,6	91,67	101,90
50	0,8727	50	0,7854	1,8	103,10	114,60
60	1,0472	60	0,9425	2,0	114,60	127,30
70	1,2217	70	1,0996	2,2	126,10	140,10
80	1,3963	80	1,2566	2,4	137,50	152,80
90	1,5708	90	1,4137	2,6	149,00	165,50
100	1,7453	100	1,5708	2,8	160,40	178,30
120	2,0944	126	1,9635	3,0	171,90	191,00
140	2,4435	150	2,3562	3,2	183,30	203,70
160	2,7925	175	2,7489	3,4	194,80	216,50
180	3,1416	200	3,1416	3,6	206,30	229,20

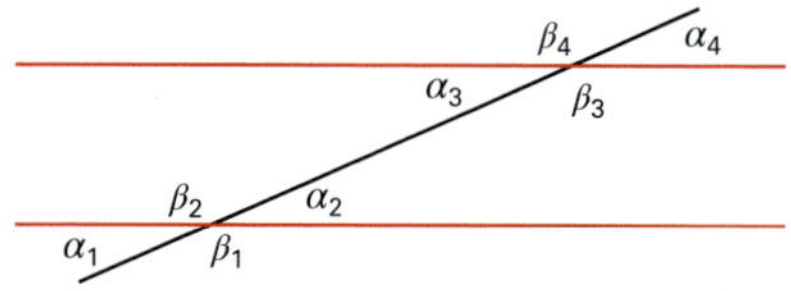

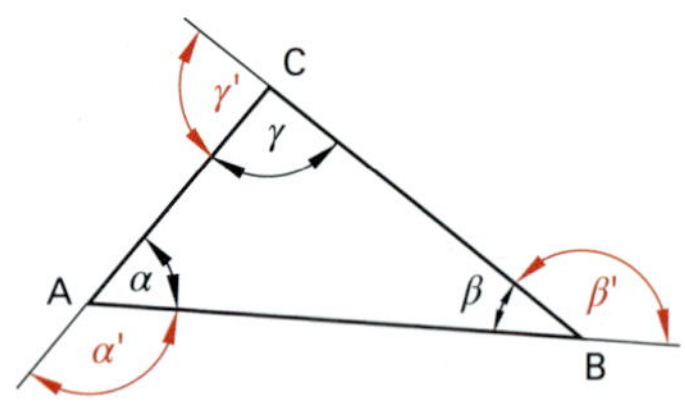

Scheitelwinkel sind gleich groß.
Scheitelwinkel liegen am Winkelscheitel einander gegenüber.

$$\alpha_1 = \alpha_2 \quad | \quad \alpha_3 = \alpha_4$$

Wechselwinkel sind gleich groß.
Wechselwinkel an geschnittenen Parallelen liegen dem Winkel auf der anderen Seite gegenüber.

$$\alpha_1 = \alpha_4 \quad | \quad \beta_1 = \beta_4$$

Stufenwinkel sind gleich groß.
Stufenwinkel liegen auf der anderen Stufe der gleichen Seite der Geraden.

$$\alpha_1 = \alpha_3 \quad | \quad \beta_1 = \beta_3$$

Nebenwinkel ergänzen sich zu 180°.
Nebenwinkel sind Nachbarwinkel auf derselben Seite der Parallelen.

$$\alpha_1 + \beta_1 = 180° \quad | \quad \alpha_4 + \beta_4 = 180°$$

Außenwinkel
α', β' und γ' sind Außenwinkel des Dreiecks ABC.

Bogenlänge

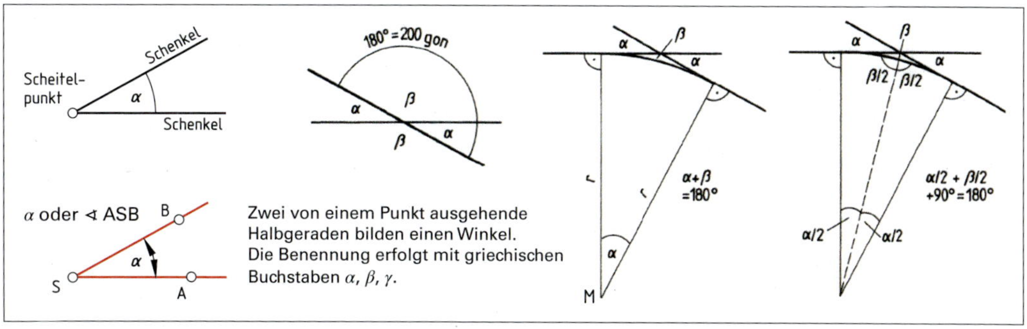

Abb. E 12: Winkel und Bogenlänge

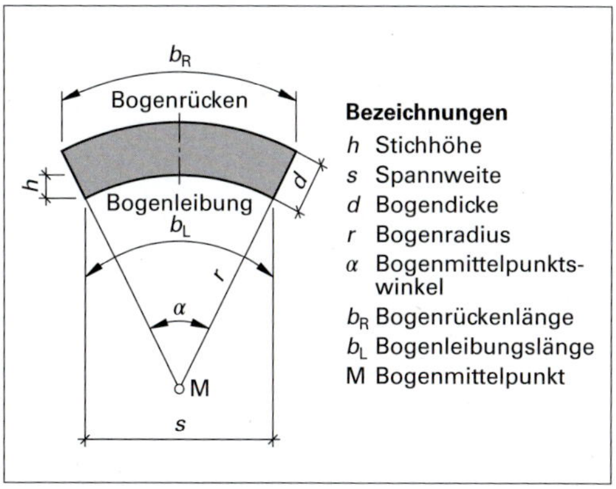

Abb. E 13: Segmentbogen

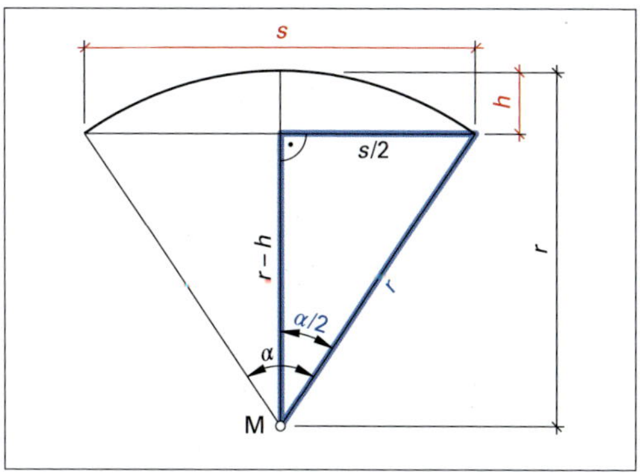

Abb. E 14: Stichhöhe und Spannweite

Die Bogenlänge (b) ist ein Teil des Kreisumfangs (U). Die Bogenlänge am Fahrbahnrand wird z. B. für die Bestellung und Abrechnung von (Kurven-) Bordsteinen benötigt. Nur in seltenen Fällen (z. B. bei einer kreisrunden Verkehrsinsel) ist die Bogenlänge gleich dem Kreisumfang.

$U = 2 \cdot r \cdot \pi$ oder mit $2 \cdot r = d$ folgt
$U = d \cdot \pi$

Ist der Winkel < 360° (400 gon), beträgt die Bogenlänge nur einen Teil des Kreisumfangs.

$$b = \frac{2 \cdot r \cdot \pi \cdot \alpha°}{360°} \quad \text{oder} \quad b = \frac{d \cdot \pi \cdot \alpha°}{360°}$$

oder $$b = \frac{2 \cdot r \cdot \pi \cdot \alpha \text{ gon}}{400 \text{ gon}}$$

Beispiel

Welche Länge hat ein Flachbordstein FB 20 als Kurvenstein mit $r = 0{,}75$ m und $\alpha = 35°$?

$$b = \frac{2 \cdot 0{,}75 \text{ m} \cdot \pi \cdot 35°}{360°} = 0{,}46 \text{ m}$$

Kreisbogen

Mauerbögen für kreisförmige Wandöffnungen werden ähnlich eingeteilt wie Rundbögen. Beachtet werden muss jedoch, dass beim Kreisbogen Schichtenzahl und Fugenzahl gleich sind. Es darf auch eine gerade Schichtenzahl gewählt werden.

Die **Stichhöhe *h*** des Segmentbogens wird in cm oder als Bruchteil der **Spannweite *s*** angegeben. Sie soll 1/6 bis 1/12 der Spannweite betragen. Die Bogenlinie des Segmentbogens ist ein Teil einer Kreislinie. Für die Bogeneinteilung müssen der Radius und der Mittelpunktswinkel des Bogens bestimmt werden.

$$r = \frac{s^2}{8 \cdot h} + \frac{h}{2} \qquad s = 2 \cdot r \cdot \sin\left(\frac{\alpha}{2}\right)$$

Lehrsatz des Pythagoras

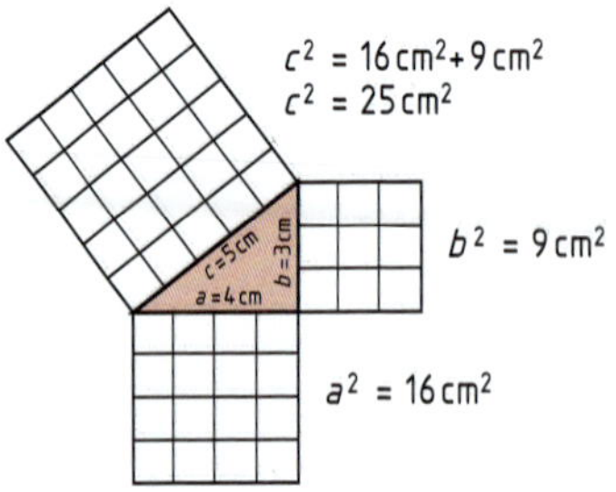

In einem rechtwinkligen Dreieck ist das Quadrat über der Hypothenuse (*c*) gleich der Summe der Quadrate über den Katheten (*a* und *b*).

$$c^2 = a^2 + b^2$$

$$c = \sqrt{a^2 + b^2} \qquad a = \sqrt{c^2 - b^2} \qquad b = \sqrt{c^2 - a^2}$$

Abb. E15: Lehrsatz des Pythagoras

Nach den Formeln $c^2 = a^2 + b^2$ und $c = \sqrt{a^2 + b^2}$ bzw. den Umstellungen $a^2 = c^2 - b^2$ und $b^2 = c^2 - a^2$ lässt sich eine unbekannte Seitenlänge im rechtwinkligen Dreieck berechnen, wenn die anderen beiden Seitenlängen bekannt sind.

In Ergänzung zu dem Satz des Pythagoras gelten im rechtwinkligen Dreieck die Sätze von Euklid.

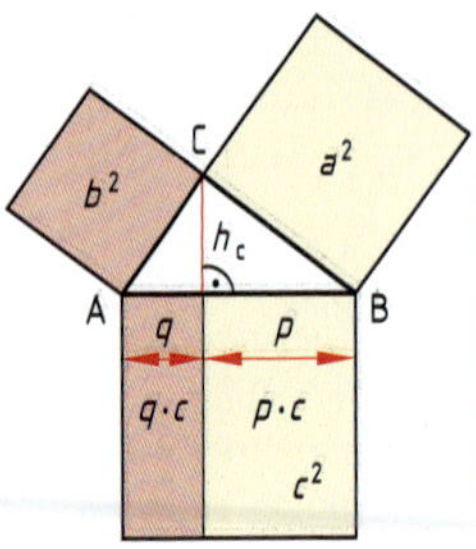

$$a^2 = c \cdot p$$

$$b^2 = c \cdot q$$

$$a^2 + b^2 = c \cdot (p + q) = c^2$$

Abb. E16: Kathetensatz des Euklid

$$h^2 = p \cdot q$$

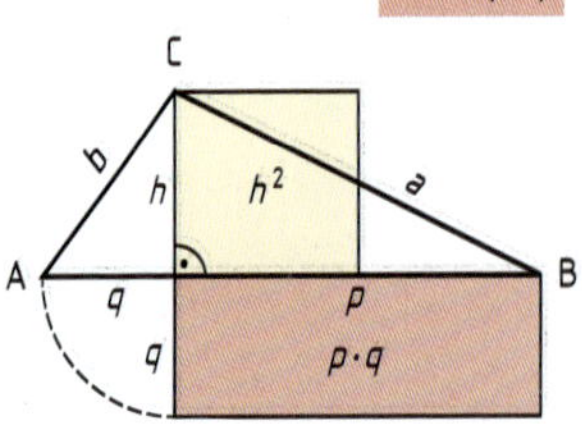

$$p = \frac{a^2 - b^2 + c^2}{2 \cdot c}$$

$$q = \frac{-a^2 + b^2 + c^2}{2 \cdot c}$$

$$h = \sqrt{a^2 - p^2}$$

$$h = \sqrt{b^2 - q^2}$$

Abb. E17: Höhensatz des Euklid

Winkelfunktionen

Mit Hilfe der Winkelfunktionen können aus Seiten und Winkeln die restlichen Größen eines rechtwinkligen Dreiecks ermittelt werden. Dabei müssen entweder zwei Seiten bekannt sein, um einen Winkel auszurechnen, oder ein Winkel und eine Seite bekannt sein, um eine Seite zu ermitteln. Die Winkelfunktionen („trigonometrische Funktionen") sind die Seitenverhältnisse im rechtwinkligen Dreieck. Es werden mehrere solcher Funktionen unterschieden – je nachdem, welche Seiten zu welchem Winkel ins Verhältnis gesetzt werden.

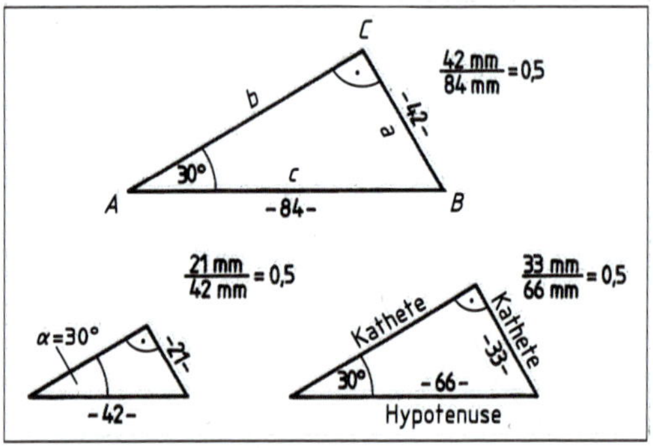

Abb. E18: Benennungen im Dreieck

Strahlen- und Ähnlichkeitssätze

Strahlensätze

Werden zwei Strahlen von Parallelen geschnitten, so verhalten sich die Abschnitte

1. auf dem einen Strahl wie die gleich liegenden Abschnitte auf dem anderen Strahl
2. auf den Parallelen zueinander, wie die vom Scheitel *S* aus gemessenen zugehörigen Strahlenabschnitte

Dreiecke sind ähnlich, wenn sie in zwei Winkeln übereinstimmen. Die Flächeninhalte ähnlicher Flächen verhalten sich zueinander wie die Quadrate der Längen gleich liegender Strecken.

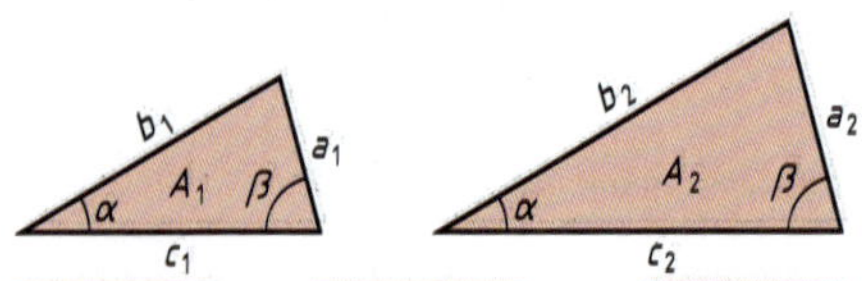

$$\frac{A_1}{A_2} = \left(\frac{a_1}{a_2}\right)^2 \qquad \frac{A_1}{A_2} = \left(\frac{b_1}{b_2}\right)^2 \qquad \frac{A_1}{A_2} = \left(\frac{c_1}{c_2}\right)^2$$

Abb. E19: Ähnlichkeitssätze für Flächen

E

Trigonometrie

Die Trigonometrie (griechisch: Dreiecksmessung) befasst sich mit der Berechnung von Seitenlängen und Winkeln im Dreieck. Diese Berechnungen der Seiten und Winkel eines rechtwinkligen Dreiecks erfolgt mit den Winkelfunktionen: Sinus (sin), Kosinus (cos) und Tangens (tan). Die Werte für cot, sec und cosec sind die Kehrwerte der Werte von tan, sin und cos.

Tabelle E 20: Winkelfunktionen im rechtwinkligen Dreieck			Einheitskreis
Sinus **sin** 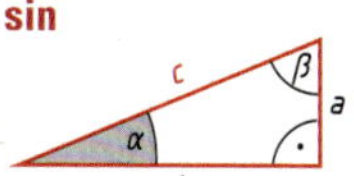	**Kosinus** **cos** 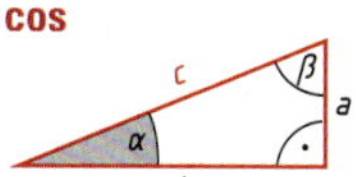	**Tangens** **tan** 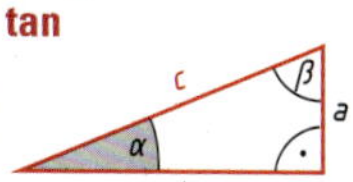	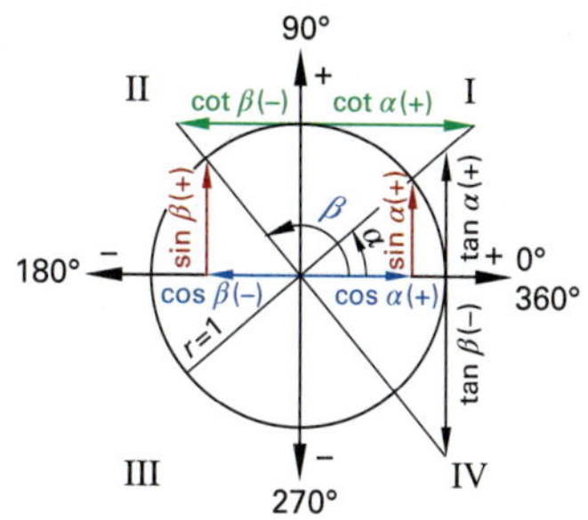
$\text{Sinus} = \frac{\text{Gegenkathete}}{\text{Hypotenuse}}$ bezogen auf α $\sin\alpha = \frac{a}{c}$ bezogen auf β $\sin\beta = \frac{b}{c}$	$\text{Kosinus} = \frac{\text{Ankathete}}{\text{Hypotenuse}}$ bezogen auf α $\cos\alpha = \frac{b}{c}$ bezogen auf β $\cos\beta = \frac{a}{c}$	$\text{Tangens} = \frac{\text{Gegenkathete}}{\text{Ankathete}}$ bezogen auf α $\tan\alpha = \frac{a}{b}$ bezogen auf β $\tan\beta = \frac{b}{a}$	

Beispiele

Zahlenwerte nach obenstehender Tabelle.

$\sin\alpha = \frac{2{,}45\text{ m}}{5{,}66\text{ m}}$ $\qquad$ $\cos\beta = \frac{2{,}45\text{ m}}{5{,}66\text{ m}}$

$\sin\alpha = 0{,}4329$ $\qquad$ $\cos\beta = 0{,}4329$

$\alpha = 25{,}65°$ $\qquad$ $\beta = 64{,}35°$

$\tan\alpha = \frac{2{,}45\text{ m}}{5{,}10\text{ m}}$ $\qquad$ $\cot\beta = \frac{2{,}45\text{ m}}{5{,}10\text{ m}}$

$\tan\alpha = 0{,}4804$ $\qquad$ $\cot\beta = 0{,}4804$

$\alpha = 25{,}66°$ $\qquad$ $\beta = 64{,}34°$

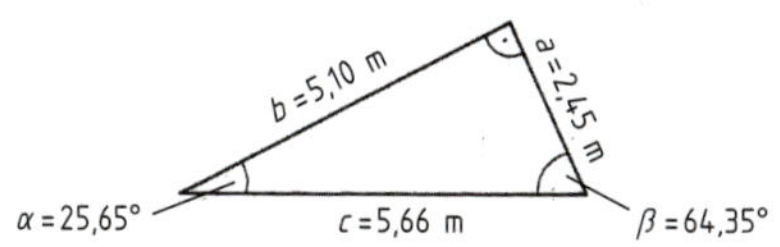

Aus den Beispielen ist der Zusammenhang zwischen sin und cos, tan und cot abzulesen. Der Sinus- bzw. Tangenswert eines Winkels entspricht dem Kosinus- bzw. Kotangenswert des Ergänzungswinkels, jeweils im rechtwinkligen Dreieck.

$\sin\alpha = \frac{\sin\alpha}{\sin\beta} = \cos\beta$ $\qquad$ $\tan\beta = \frac{b}{a} = \cot\alpha$

Sinussatz und Kosinussatz

Trigonometrische Funktionen helfen auch Berechnungen an beliebigen (schiefwinkligen) Dreiecken durchzuführen. Sind drei Größen und davon mindestens eine Seitenlänge bekannt, können die anderen Größen (Winkel und Seitenlängen) berechnet werden, z. B.:

$$\frac{\sin\alpha}{\sin\beta} = \frac{a}{b} \quad \Rightarrow \quad a = \frac{\sin\alpha}{\sin\beta} \cdot b$$

Tabelle E 21: Sinussatz und Kosinussatz		
Sinussatz	**Kosinussatz**	**Flächenformeln, Heron'sche Formel**
$\frac{a}{\sin\alpha} = \frac{b}{\sin\beta} = \frac{c}{\sin\gamma}$ $a : b : c = \sin\alpha : \sin\beta : \sin\gamma$	$a^2 = b^2 + c^2 - 2 \cdot b \cdot c \cdot \cos\alpha$ $b^2 = c^2 + a^2 - 2 \cdot c \cdot a \cdot \cos\beta$ $c^2 = a^2 + b^2 - 2 \cdot a \cdot b \cdot \cos\gamma$	$A = \sqrt{s \cdot (s-a) \cdot (s-b) \cdot (s-c)}$ mit $s = \frac{1}{2} \cdot (a+b+c)$ $A = \frac{1}{2} \cdot a \cdot b \cdot \sin\gamma$

Tabelle E 22: Beziehung zwischen den Funktionen für gleiche Winkel (vgl. Einheitskreis, Tabelle E 20)			
$\sin^2\alpha + \cos^2\alpha = 1$ $\sin(90° - \alpha) = \cos\alpha$ $\sin(180° - \alpha) = \sin\alpha$	$\tan\alpha \cdot \cot\alpha = 1$ $\cos(90° - \alpha) = \sin\alpha$ $\cos(180° - \alpha) = -\cos\alpha$	$\tan\alpha = \frac{\sin\alpha}{\cos\alpha}$ $\tan(90° - \alpha) = \cot\alpha$ $\tan(180° - \alpha) = -\tan\alpha$	$\cot\alpha = \frac{\cos\alpha}{\sin\alpha}$ $\cot(90° - \alpha) = \tan\alpha$ $\cot(180° - \alpha) = -\cot\alpha$

E

Aufgaben zu Teilkapitel E3

Beispiel

Eine Erdböschung hat auf 1,50 m Grundmaß eine Steigung von 0,50 m, also ein Neigungsverhältnis von 1 : 3. Welcher Neigungswinkel liegt vor?

$\tan \alpha = \frac{0{,}50 \text{ m}}{1{,}50 \text{ m}} = 0{,}3333...$

Tabelle: 0,33... liegt zwischen 18° 20′ und 18° 30′
$\rightarrow$ = **18° 26′**

Rechner: 0,3333 INV tan = 18,433°

(oder statt INV Taste SHIFT)

1. In einem Lageplan sind die folgenden Winkel angegeben, die mit einem modernen Nivelliergerät in gon abgesteckt werden sollen: 60°, 110°, 125°, 35°. Rechnen Sie um.

2. Bei einem Polygonzug (das könnte z.B. der Verlauf einer Rohrleitung sein) sind die Winkel in gon aufgenommen worden und müssen für eine Bestandszeichnung in Grad umgerechnet werden.

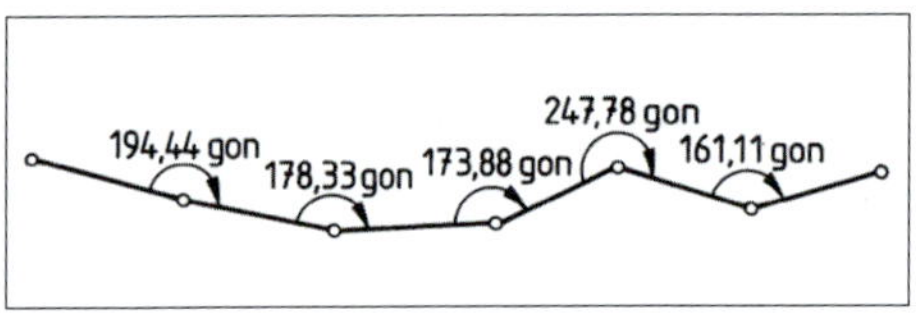

3. Ergänzen Sie die fehlenden Winkel in Grad und rechnen Sie alle in gon um.

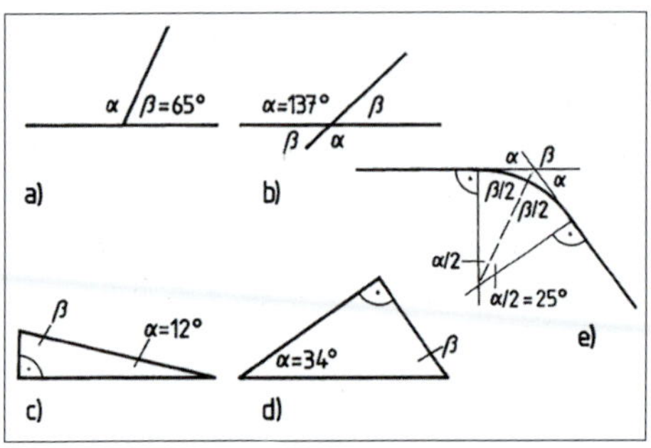

4. In einer Fußgängerzone sind Blumeninseln, eingefasst mit Hochbordsteinen, in den Durchmessern 2,00 m, 3,00 m, 4,00 m, 6,00 m und 8,00 m eingebaut worden. Wie viel lfdm Hochbord werden jeweils gesetzt und abgerechnet?

5. Kurvenbordsteine werden trotz unterschiedlicher Radien meist mit 78 cm Bogenlänge hergestellt. Wie groß ist der zugehörige Winkel in Grad, wenn der Radius 0,50 m, 1,00 m, 2,00 m, 5,00 m und 8,00 m beträgt? Rechnen Sie mit 78,5 cm.

6. Runde Verkehrsinsel gemäß Aufgabe 7. Wie viel m Bordstein sind nötig?

7. Straßeneinmündung gemäß Abbildung.
   a) Wie viel lfdm Bordstein ergeben sich?
   b) Wie viele Bogensteine werden benötigt?
   c) Wie groß ist die Fläche?

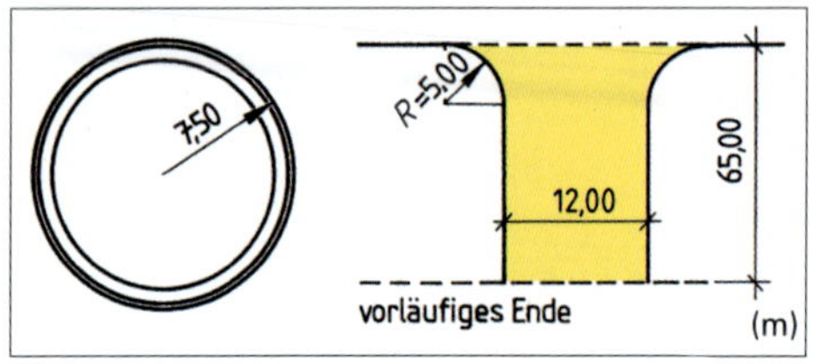

8. Wendekreis gemäß Abbildung. Wie viel m Kurvenbordstein sind erforderlich? Berechnen Sie die colorierte Fläche.

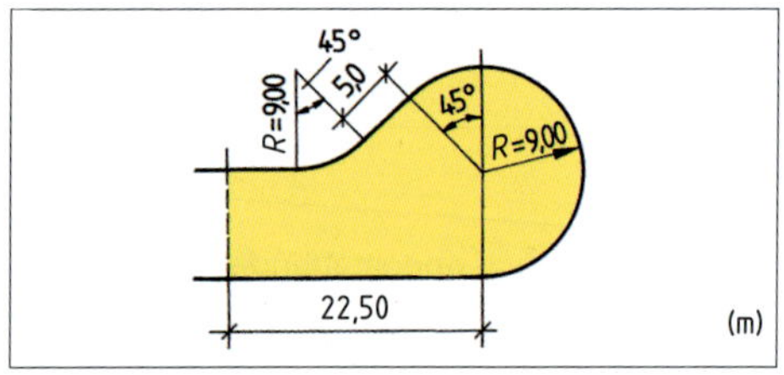

9. Die Achse einer Straße verläuft ab Station 1 + 010 (Bogenanfang) als Kreisbogen mit $R = 250{,}00$ m. Der Mittelpunktswinkel α beträgt 66,67 gon. Bei welcher Station liegt das Bogenende?

10. Der Bogen eines Flachgewölbes hat die dargestellte Form. Berechnen Sie:
    a) den Bogenradius,
    b) die Bogenleibungslänge,
    c) die Spannweite und
    d) die Stichhöhe.

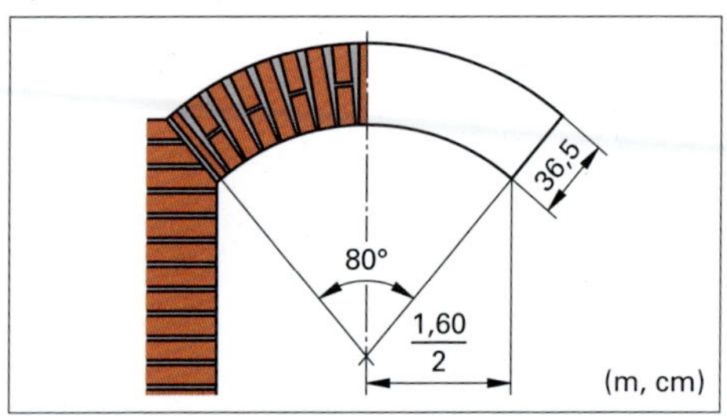

11. Ein Segmentbogen hat die Spannweite (Sehne) s und die Stichhöhe (Bogenhöhe) $h = (1/12) \cdot s$.
    a) Entwickeln Sie eine Formel für den Bogenradius r.
    b) Berechnen Sie den Radius r und die Bogenlänge b für $s = 3{,}20$ m.

12. Von dem dargestellten Grundstück soll die schraffierte Fläche für Straßenbaumaßnahmen abgetreten werden. Berechnen Sie die Seitenlänge des veränderten Grundstücks.

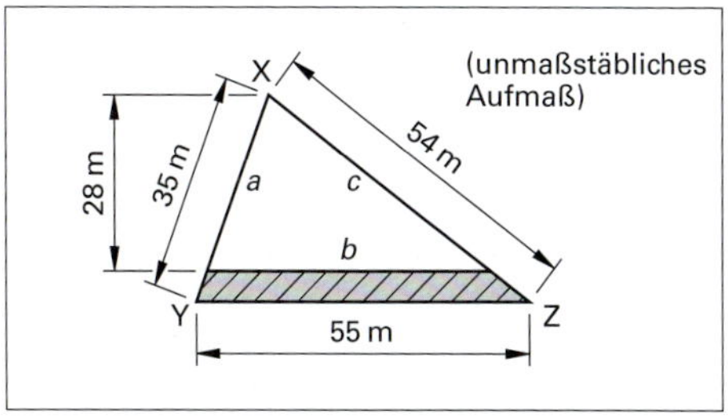

13. Für den dargestellten rechtwinkligen Dachbinder ist das Stützmaß $2 \cdot x$, die Höhe y und die Strebenmaße CD und AC zu berechnen.

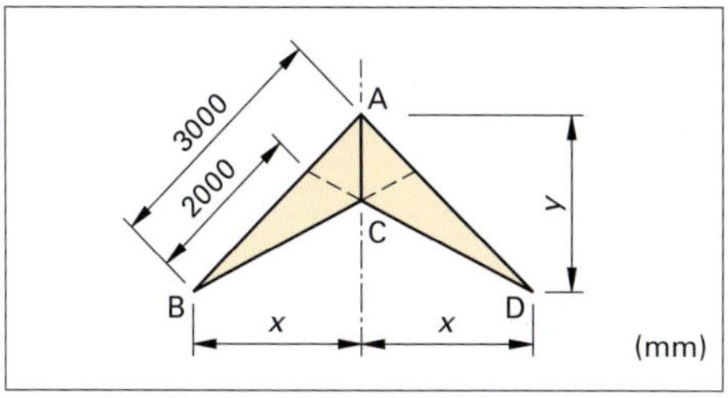

14. Von dem rechts dargestellten Dachbinder sind alle Systemmaße (Obergurt, Untergurt, Streben) und die Winkelgrößen zu berechnen.

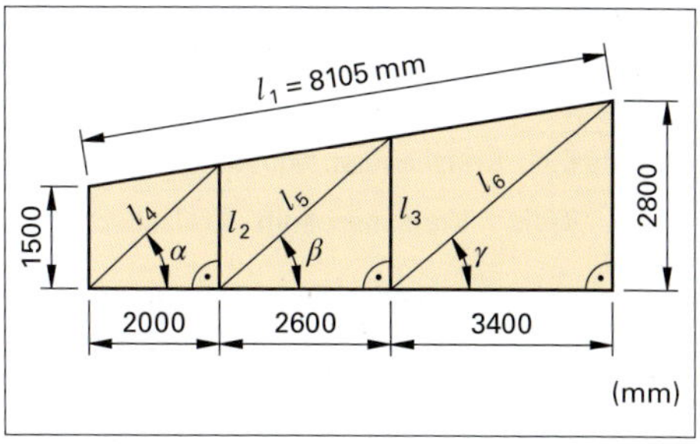

15. Für den dargestellten Dachbinder ist die Sparrenseite s_1, s_2 und s_3 zu berechnen.

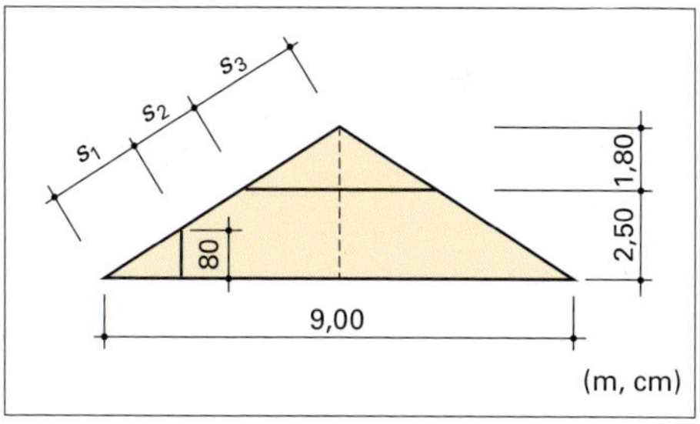

E4 Flächen

Die Berechnung von Flächen hat im Bauwesen eine zentrale Bedeutung. Die Flächenberechnung ist für Massenermittlung und Bestellung, Aufmaß und Abrechnung unerlässlich.

Flächeninhalte von Dreiecken und regelmäßigen Vierecken sind das Produkt aus Grundlänge x Höhe, werden nach der Formel $A = l \cdot h$ oder einer davon abgeleiteten Formel berechnet. In einigen Formelsammlungen werden die Seiten mit *g* bzw. *a, b, c* benannt.

Die für die Flächenberechnung maßgebliche Höhe steht senkrecht auf der Grundlinie oder deren Verlängerung. In dieser Beziehung wird die Höhe im Dreieck, die auf der Seite *c* (oder deren Verlängerung) steht mit h_c bezeichnet. Der Flächeninhalt eines Dreiecks lässt sich auch mit den drei Seiten *a*, *b* und *c* berechnen.

$$A = \sqrt{s \cdot (s-a) \cdot (s-b) \cdot (s-c)}$$

$$\text{mit } s = \frac{1}{2} \cdot (a+b+c)$$

Tabelle E23: Flächeninhalte von Dreiecken und Vierecken

Quadrat	Rechteck	Trapez	Rhombus (Raute)	Parallelogramm (Rhomboid)	Dreiecke

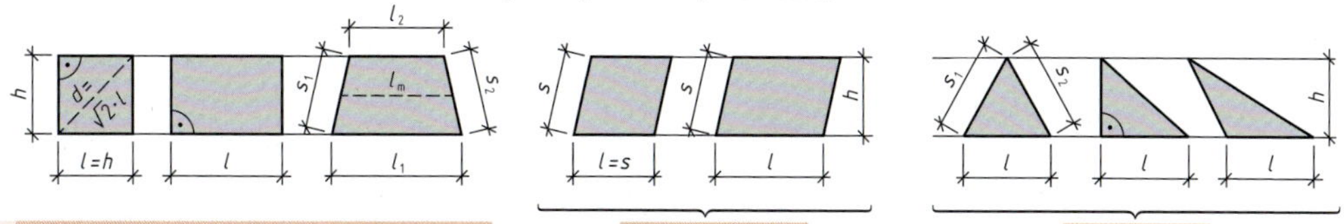

Quadrat	Rechteck	Trapez	Rhombus, Parallelogramm	Dreiecke
$A = l \cdot h$ $A = l^2$	$A = l \cdot h$	$A = \frac{l_1 + l_2}{2} \cdot h$	$A = l \cdot h$	$A = \frac{l \cdot h}{2}$

Kreisflächen werden mit *r* (Radius) oder *d* (Durchmesser) berechnet. Zu berechnen sind entweder der Flächeninhalt *A* (vgl. Tabelle E 24) oder die Kreislinie *b* bzw. der Umfang *U*.

$U = 2 \cdot r \cdot \pi$ oder $U = d \cdot \pi$

Regelmäßige Vielecke (*n*-Ecke) lassen sich in *n* gleichgroße Flächen (Dreiecke) zerlegen. Bei hoher Eckenzahl nähert sich der Flächeninhalt dem eines Kreises mit dem Radius *R* an. Die Berechnung erfolgt nach Tabelle E 25.

Tabelle E 24: Kreisflächen, Kreisteile und Ellipse

Kreis	Kreisausschnitt	Kreisabschnitt	Kreisring	Ellipse	Regelmäßiges Vieleck

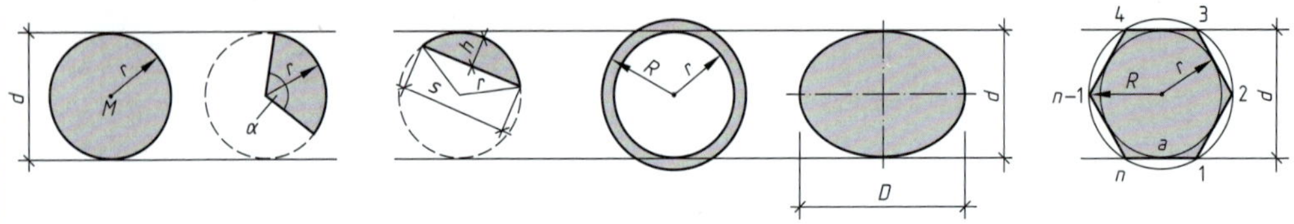

Kreis	Kreisausschnitt	Kreisabschnitt	Kreisring	Ellipse	Regelmäßiges Vieleck
$A = r^2 \cdot \pi$ $A = \frac{d^2 \cdot \pi}{4}$	$A = \frac{r^2 \cdot \pi \cdot \alpha}{360°}$	$A \approx \frac{2}{3} \cdot s \cdot h$ genau: $A = \frac{r^2 \cdot \pi \cdot \alpha}{360°} - \frac{s \cdot (r-h)}{2}$	$A = (R^2 - r^2) \cdot \pi$ $A = (D^2 - d^2) \cdot \frac{\pi}{4}$	$A = D \cdot d \cdot \frac{\pi}{4}$	$A = 0{,}5 \cdot n \cdot a \cdot r$

Tabelle E 25: Regelmäßige *n*-Ecke (Vielecke)

n	$\frac{A}{a^2}$	$\frac{A}{R^2}$	$\frac{A}{r^2}$	$\frac{a}{R}$	$\frac{a}{r}$	$\frac{R}{a}$	$\frac{R}{r}$	$\frac{r}{a}$	$\frac{r}{R}$
3	0,4330	1,2990	5,1962	1,7321	3,4641	0,5774	2,0000	0,2887	0,5000
4	1,0000	2,0000	4,0000	1,4142	2,0000	0,7071	1,4142	0,5000	0,7071
5	1,7205	2,3776	3,6327	1,1756	1,4531	0,8507	1,2361	0,6882	0,8090
6	2,5981	2,5981	3,4641	1,0000	1,1547	1,0000	1,1547	0,8660	0,8660
7	3,6339	2,7364	3,3710	0,8678	0,9631	1,1524	1,1099	1,0383	0,9010
8	4,8284	2,8284	3,3137	0,7654	0,8284	1,3066	1,0824	1,2071	0,9239
10	7,6942	2,9389	3,2492	0,6180	0,6498	1,6180	1,0515	1,5388	0,9511
12	11,196	3,0000	3,2154	0,5176	0,5359	1,9319	1,0353	1,8660	0,9659

Einmündungsfläche

Beim Berechnen von Einmündungsflächen hilft die Berechnung von Quadrat und Kreis.

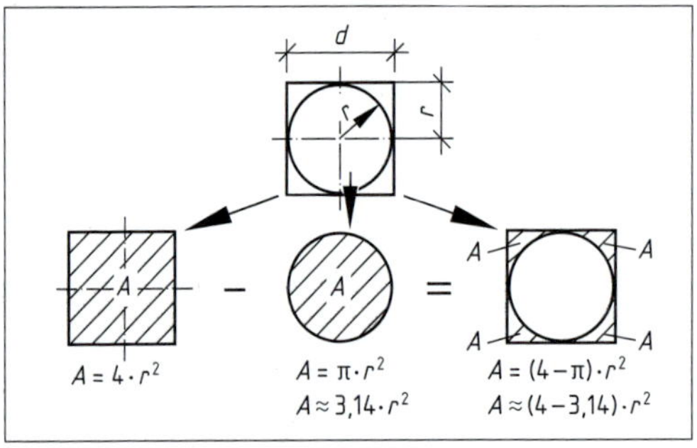

Abb. E 26: Einmündungsflächen

Beispiel

Wie groß ist die (gepunktete) Fahrbahnfläche?

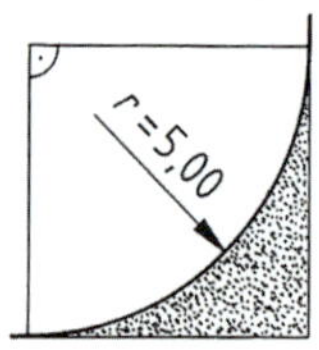

$$A = r^2 - \frac{\pi \cdot r^2}{4}$$

$$A = r^2 - \frac{(4-\pi) \cdot r^2}{4} \approx$$

$$\frac{(4 - 3{,}14) \cdot 5{,}00^2}{4} = 5{,}37 \text{ m}^2$$

Beim Aufmaß und Abrechnen von komplizierten Flächen werden in der Praxis Näherungsformeln verwendet oder die Aufmaßfläche in einzelne Flächen, z. B. Trapeze und Kreisabschnitt, Rechteck, Quadrat und Viertelkreis unterteilt.

Beispiel

Berechnen einer Einmündungsfläche „Trompete"

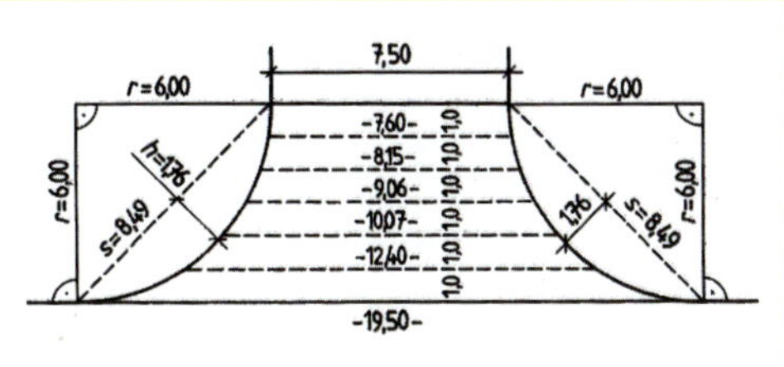

1. Möglichkeit (genau) $A = ▭ - 2\,◺$

$$A = l \cdot h - 2 \cdot \frac{r^2 \cdot \pi}{4}$$

$$A = 19{,}50 \cdot 6{,}00 - 2 \cdot \frac{6{,}00^2 \cdot \pi}{4} = 60{,}45\ \text{m}^2$$

2. Möglichkeit (genau) $A = ⏢ - 2\,◠$

$$A = \frac{l_1 + l_2}{2} \cdot h - 2 \cdot \frac{r^2 \cdot \pi}{4} - \left[\frac{s \cdot (r-h)}{2}\right]$$

$$A = \frac{19{,}50 + 7{,}50}{2} \cdot 6{,}00$$

$$-2 \cdot \left[\frac{6{,}00^2 \cdot \pi}{4} - \frac{8{,}49 \cdot (6{,}00 - 1{,}76)}{2}\right] = 60{,}45\ \text{m}^2$$

3. Möglichkeit (angenähert) $A \approx ⏢ - 2\,◠$

$$A \approx \frac{l_1 + l_2}{2} \cdot h - 2 \cdot \frac{2}{3} \cdot s \cdot h$$

$$A \approx \frac{19{,}50 + 7{,}50}{2} \cdot 6{,}00 - 2 \cdot \frac{2}{3} \cdot 8{,}49 \cdot 1{,}76$$

$$\approx 61{,}08\ \text{m}^2$$

4. Möglichkeit (angenähert) $A \approx 6\,⏢$

$$A \approx 6 \cdot \frac{l_1 + l_2}{2} \cdot h \quad \Rightarrow A = \frac{h}{2} \cdot \Sigma l$$

$$A \approx \frac{1{,}00}{2} \cdot (7{,}50 + 7{,}60 + 7{,}60 + 8{,}15 + 8{,}15$$
$$+ 9{,}06 + 9{,}06 + 10{,}07 + 10{,}07 + 12{,}40$$
$$+ 12{,}40 + 19{,}50) \approx 61{,}78\ \text{m}^2$$

Beispiel

An einer Straßeneinmündung wurde für das Versetzen von Kurvenbordsteinen *BA* und *BE* eingemessen. Mit einer Kontrollmessung der Sehne soll die Richtigkeit geprüft werden.

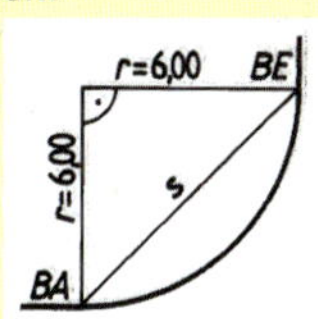

$$s = \sqrt{r^2 + r^2}$$

$$s = \sqrt{36{,}00 + 36{,}00} = 8{,}485\ \text{m}$$

oder: $s = \sqrt{2} \cdot r = 8{,}485\ \text{m}$

Befestigungsflächen werden üblicherweise nach m^2 abgerechnet. Vereinzelt kann es aber auch notwendig sein, (zunächst) in einer anderen Flächeneinheit zu rechnen, z. B.

- bei Querschnitten von Bordsteinen mit Betonbettung und Betonrückenstützen in cm^2;
- bei Stahlbewehrung, Druckberechnungen u. a.;
- bei Grundstücksflächen in Ar oder Hektar.

Mulde

Straßenmulden, Muldenrinnen und Pflastermulden haben die Form eines Kreis- oder Segmentabschnittes.

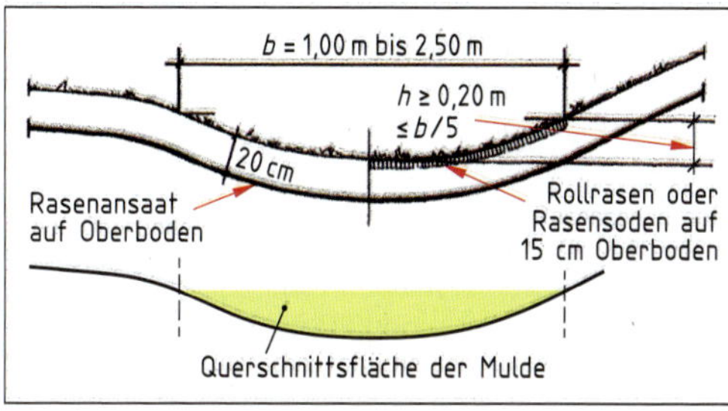

Abb. E 27: Regelform der Rasenmulde

Flächeninhalt der Mulde $A \approx \frac{2}{3} \cdot b \cdot h$

Umfang und Flächeninhalt eckiger Flächen

Der Umfang eckiger Flächen ist immer die Summe der umschließenden Seiten. Zum Ermitteln unbekannter Seiten dient der Lehrsatz des Pythagoras, die Winkelfunktionen oder der Sinussatz bzw. Kosinussatz.

Für die Flächeninhaltsberechnung sind mehrere Berechnungsmethoden möglich (vgl. Abb. E 29). Die Fläche kann durch ein rechtwinkliges Koordinatensystem eingegrenzt werden.

***n*-Eck mit Koordinaten**

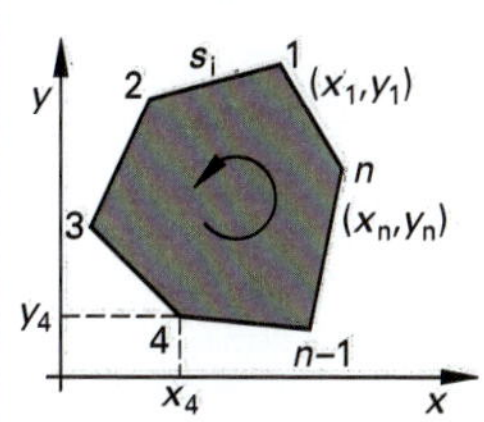

A	Fläche
s_i	Seitenlängen
(x_i,y_i)	Koordinaten der Eckpunkte (i = 1, 2, ..., n)
U	Umfang

Eckpunktenummerierung im Gegenuhrzeigersinn

Abb. E 28: *n*-eck mit Koordinaten (Mathematik)

Flächenberechnung unregelmäßiger Vielecke (zusammengesetzter Flächen)

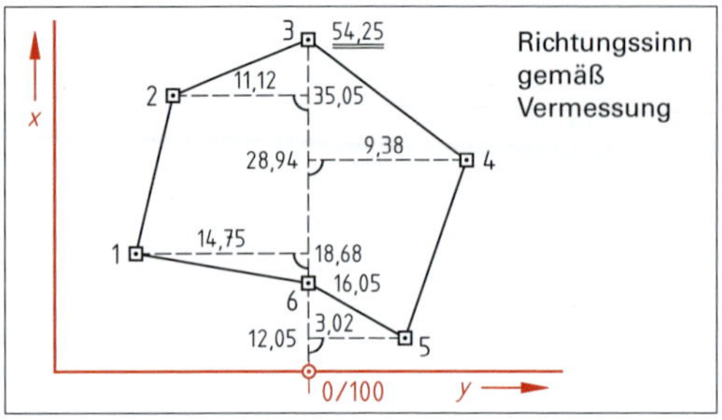

Abb. E29: Orthogonal aufgemessenes Flurstück

Mehrere Berechnungsmethoden sind möglich

a) mittels Dreiecken und Trapezen (Zwischenberechnung der Schnittpunkte erforderlich)
b) mittels Ausgleichtrapezen und verschränkten Dreiecken bzw. Trapezen
c) durch Umschließung zu einem Rechteck unter Abzug der überzähligen Flächeninhalte
d) mittels der Gauß'schen Flächenformel

Berechnung der Fläche mit der Gauß'schen Flächenformel

Querschnittsfläche $2 \cdot A = \Sigma\, y_i \cdot (x_{i-1} - x_{i+1})$

Punkt	y	$x_{-1} - x_{i+1}$	$2 \cdot A$
1	– 14,75	16,05 – 35,05	+ 280,250
2	– 11,12	18,68 – 54,25	+ 395,538
3	0	35,05 – 28,94	0
4	+ 9,38	54,25 – 12,05	+ 395,836
5	+ 3,02	28,94 – 16,05	+ 38,927
6	0	12,05 – 18,68	0
$A = 555{,}3$ m²			1 110,552

mit i + 1 ist der Nachfolgepunkt des Punktes i
mit i – 1 ist der Vorgängerpunkt des Punkte i
Nummerierung der Punkte im Uhrzeigersinn

Beispielrechnung für das Geländeprofil Einschnitt

$2 \cdot A_{ges} = A_1 + A_2 + A_3 + A_4$
$A_1 = [0 + (13{,}55 - 11{,}00)] \cdot [-2{,}00 - (-4{,}13)]$
$A_2 = [(13{,}55 - 11{,}00) + (-11{,}05 - (-14{,}00)] \cdot [0 - (-2{,}00]$
$A_3 = [(14{,}00 - 11{,}05) + (14{,}50 - 11{,}00)] \cdot [2{,}00 - 0]$
$A_4 = [(14{,}50 - 11{,}00) + 0] \cdot [5{,}83 - 2{,}00]$
$2 \cdot A_{ges} = 5{,}4315 + 11{,}00 + 12{,}90 + 13{,}405 = 42{,}7365$
($2 \cdot A$ berechnet, Querschnittsangaben in m² auf zwei Nachkommastellen gerundet) $A_{ges} = 21{,}37$ m²

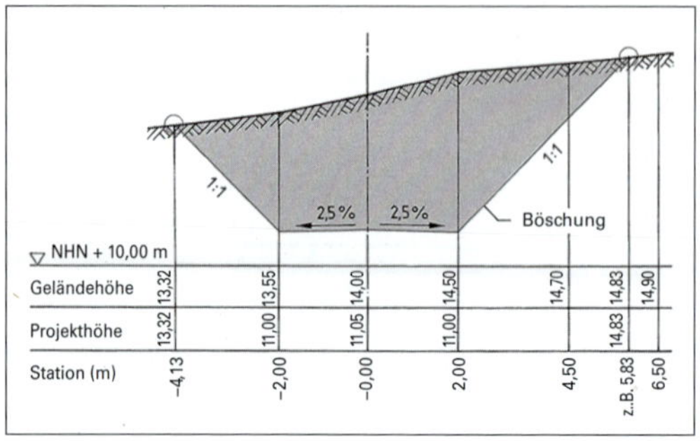

Abb. E30: Querschnittsfläche eines Einschnittes (Gauß-/Elling-Verfahren)

Berechnung der Fläche mit der Umschließungsmethode

A_o = (14,75 + 9,38) · (54,25 – 12,05) = 1018,286
A_I = (14, 75 – 11, 12) · (54,25 – 35,05) = 69,696
A_{II} = 0,5 · (11,12) · (54,25 – 35,05) = 106,752
A_{III} = 0,5 · (9,38) · (54,25 – 28,94) = 118,704
A_{IV} = 0,5 · (9,83 – 3,02) · (28,94 – 12,05) = 53,710
A_V = 0,5 · (3,02) · (16,05 – 12,05) = 6,040
A_{VI} = (14,75) · (16,05 – 12,05) = 59,000
A_{VII} = 0,5 · (14,75) · (18,68 – 16,05) = 19,396
A_{VIII} = 0,5 · (14,74 – 11,12) · (35,05 – 18,68) = 29,712
A = 1018,286 – 463,010 = 555,276 → A = 555,3 m²

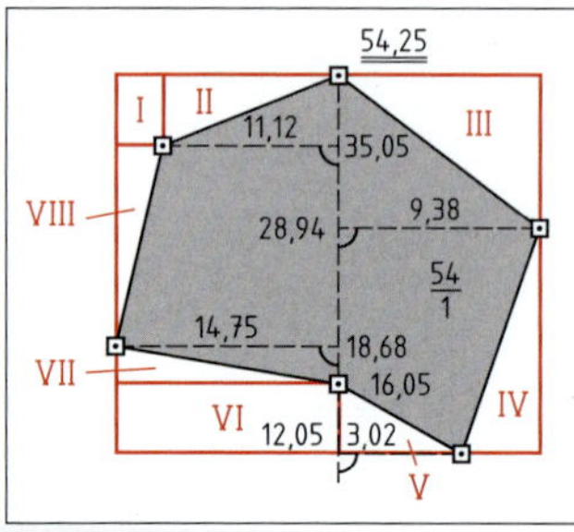

Die dargestellte Fläche wurde mit dem kleinstmöglichen Rechteck umschrieben. Die Flächen I bis VIII werden von der Fläche A_0 des Gesamtrechteckes subtrahiert.

Flächenberechnung aus Koordinaten

Sind von einem *n*-Eck die Koordinaten der Eckpunkte bekannt, lässt sich die Fläche mit den Gaußschen Flächenformeln (Dreiecksformeln, Trapezformeln) berechnen. Bei der Benutzung der Formeln ist das zugrunde gelegte Achsenkreuz (Mathematik – linksherum positiv oder Vermessung – rechtsherum positiv) zu beachten.

Die Herleitung der Formeln folgt aus der Zerlegung des *n*-Ecks in *n*-Trapeze bzw. 2 · *n* Dreiecke auf eine Achse des Koordinatensystems und Summierung der Trapezflächen. Die Punkte werden im jeweiligen positiven Drehsinn fortlaufend nummeriert. Wird der Umfahrungssinn bei der Punktnummerierung eingehalten, ergeben sich die positiven und negativen Teiltrapezflächen für die Summenbildung korrekt.

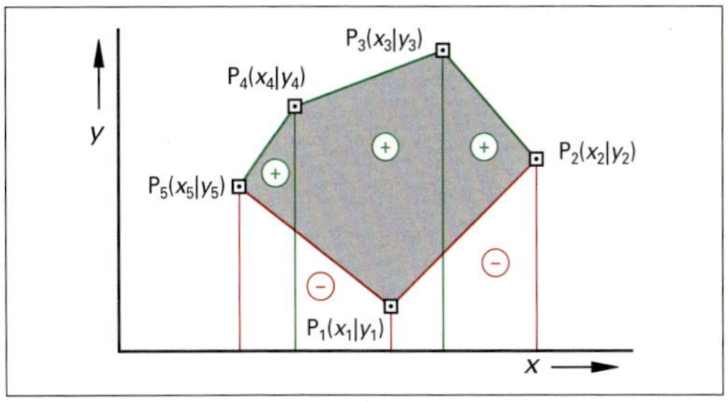

Abb. E31: Trapezteilflächen für ein 5-Eck

Je nachdem auf welche Achse die Zerlegung erfolgt, bzw. welches Achsensystem zugrunde gelegt wird gelten die entsprechenden Formeln.

Bezug x-Achse

$$2 \cdot A = \sum_{i=1}^{i=n} (y_1 + y_{i+1}) \cdot (x_1 - x_{i+1}) \qquad \text{Trapezformel}$$

$$2 \cdot A = \sum_{i=1}^{i=n} y_1 \cdot (x_{i-1} - x_{i+1}) \qquad \text{Dreiecksformel}$$

Bezug y-Achse

$$2 \cdot A = \sum_{i=1}^{i=n} (x_i + x_{i+1}) \cdot (y_{i+1} - y_i) \qquad \text{Trapezformel}$$

$$2 \cdot A = \sum_{i=1}^{i=n} x_i \cdot (y_{i+1} - y_{i+1}) \qquad \text{Dreiecksformel}$$

Auch für die Berechnung von Hohlkörpern und auseinanderliegenden Flächen lassen sich die Gaußschen Formeln anwenden. Dazu wird die Fläche an einer Stelle aufgetrennt und folgt dem Linienzug.

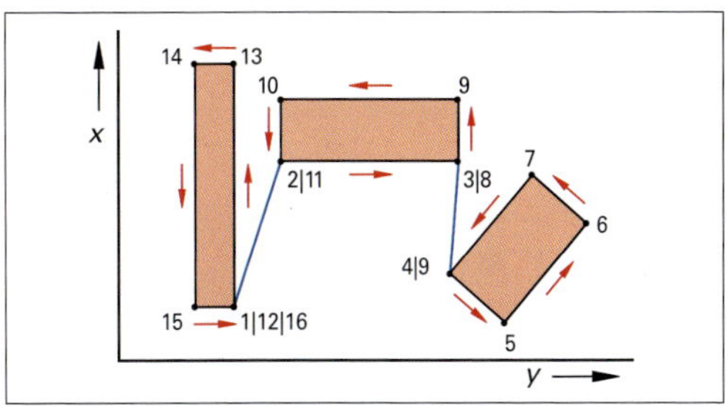

Abb. E32: Punktfolge bei auseinanderliegenden Flächen (Beispiel)

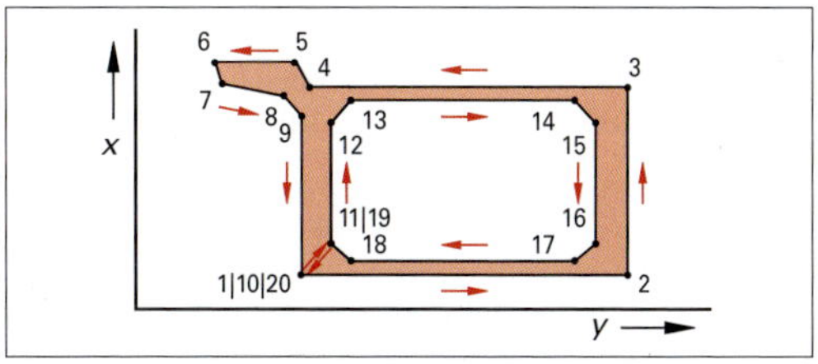

Abb. E33: Punktfolge für einen Hohlkörper (Beispiel)

Ausgleichstrapeze, verschränkte Trapeze bei einer orthogonal aufgemessenen Fläche

Ist das Maß für den Schnittpunkt zwischen der Messlinie und der Grenzlinie nicht bekannt, kann mit Ausgleichstrapezen gerechnet werden. Dabei ergibt die Differenz der gebildeten ähnlichen Dreiecke die Trapezfläche.

Die Trapezfläche wird abgezogen, wenn sie sich außerhalb bildet (vgl. Abb. E 34, Fläche A_3).

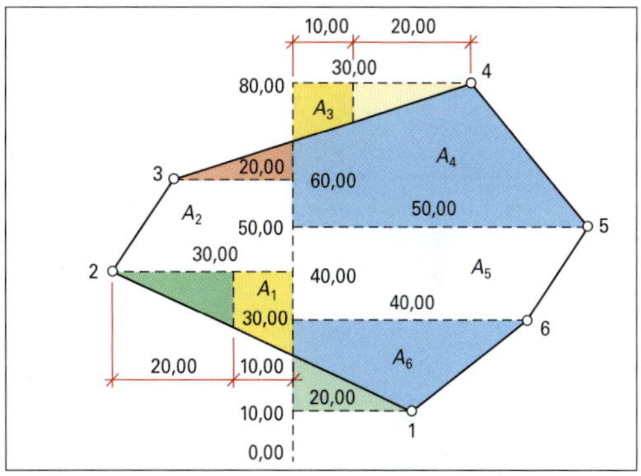

Abb. E34: Orthogonal aufgenommene Fläche

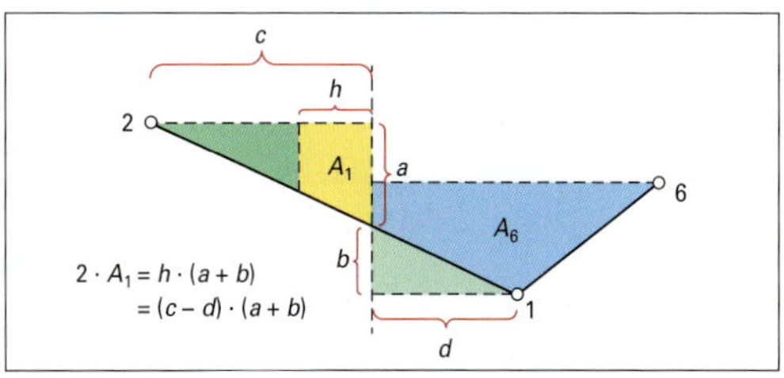

Abb. E35: Rechenformeln für ein verschränktes Trapez

Beispiel

Für Abb. E 34 ergibt sich der Wert für das Ausgleichstrapez A_1 zu:

$2 \cdot A_1 = (30{,}00 - 20{,}00) \cdot (40{,}00\text{-}10{,}00)$

$2 \cdot A_1 = (10{,}00 \cdot 30{,}00) = 300{,}00\ m^2$

E

Aufgaben zu Teilkapitel E 4

1. Berechnen Sie die mit Ⓐ bezeichneten Flächen in den Aufmaßsituationen 1a) bis 1g).

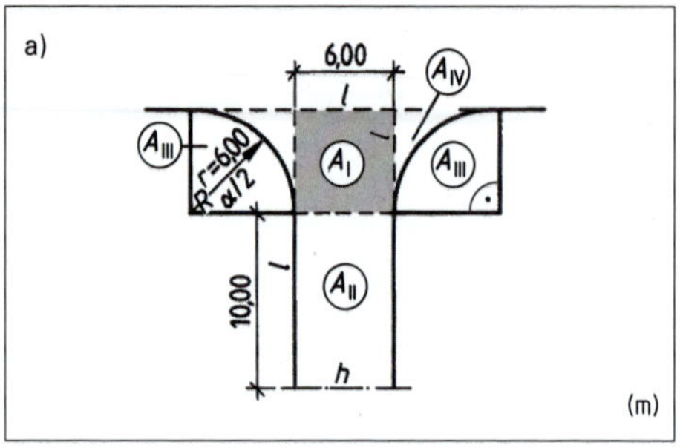

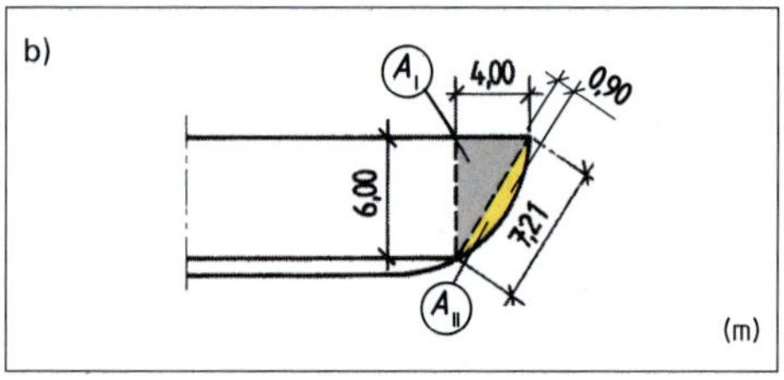

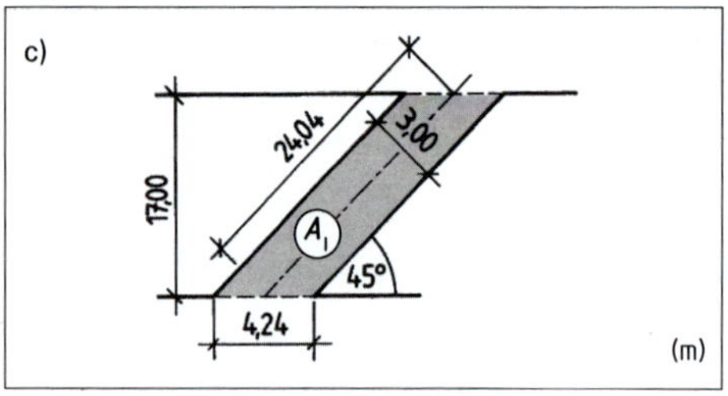

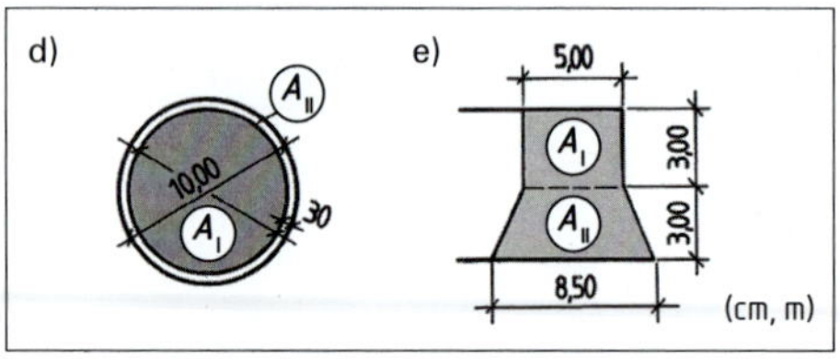

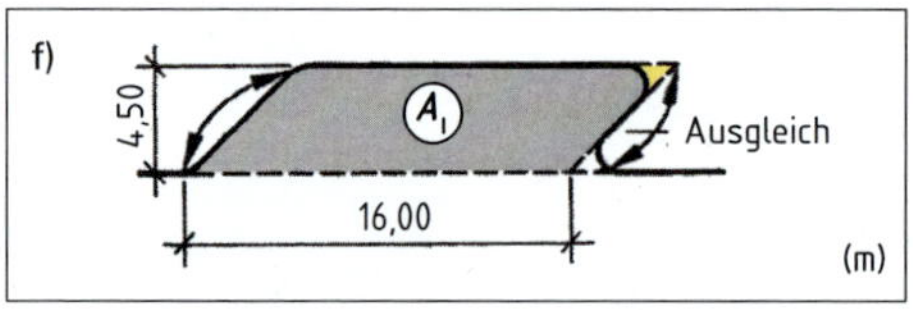

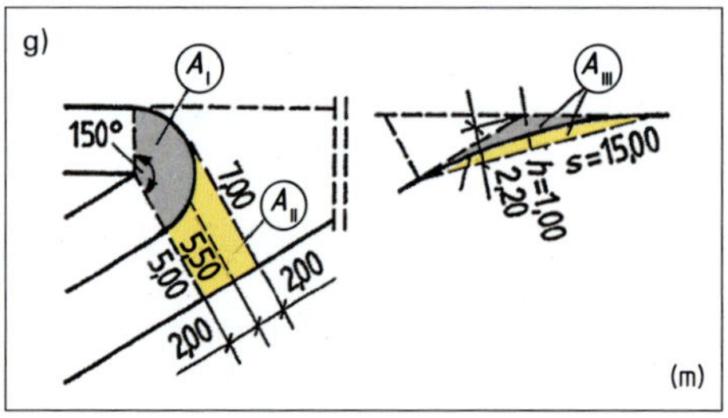

2. Wie viel m² Pflaster wurden für die 4 schrägen Einstellplätze hergestellt?

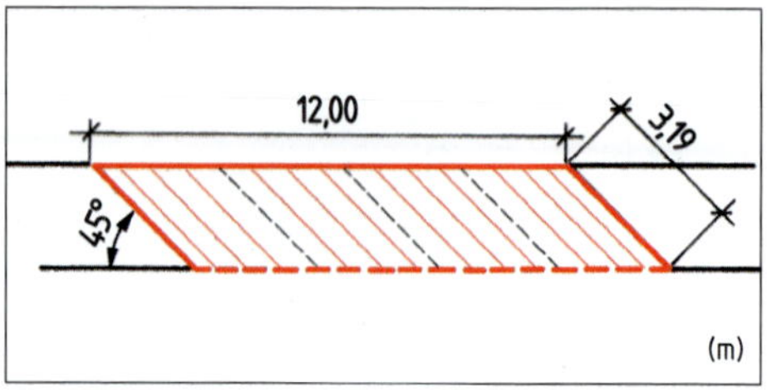

3. Wie viel m² hat die schraffierte „Trompete"?

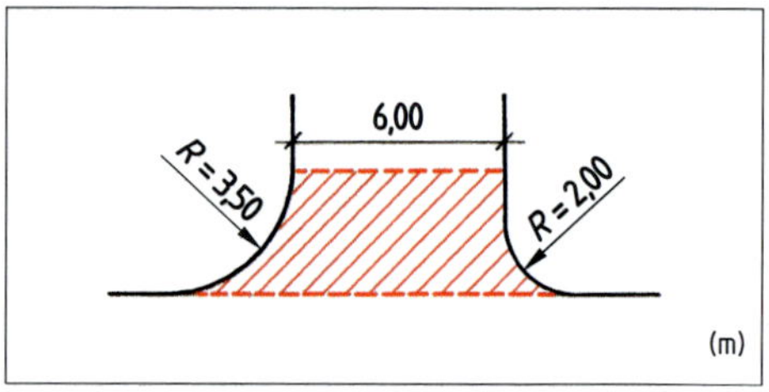

4. Straße und Gehweg verlaufen in einer Kurve. Wie groß ist die Gehwegfläche in der Kurve?

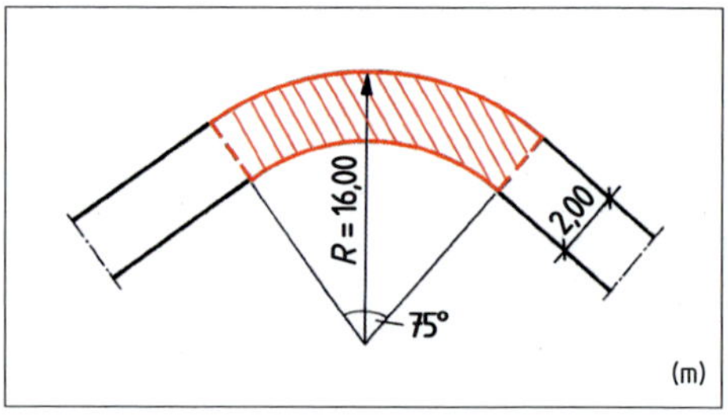

5. Berechnen Sie den Flächeninhalt der Kreisfläche, wenn folgende Abmessungen gegeben sind:

a) $r = 65$ cm	b) $r = 45$ cm	c) $r = 4$ dm
d) $d = 45$ cm	e) $d = 22$ cm	f) $d = 56$ dm
g) $U = 123$ cm	h) $U = 7{,}56$ cm	i) $U = 67$ cm

6. Berechnen Sie die aufgemessene Trompete mit Hilfe der Näherungsformel.

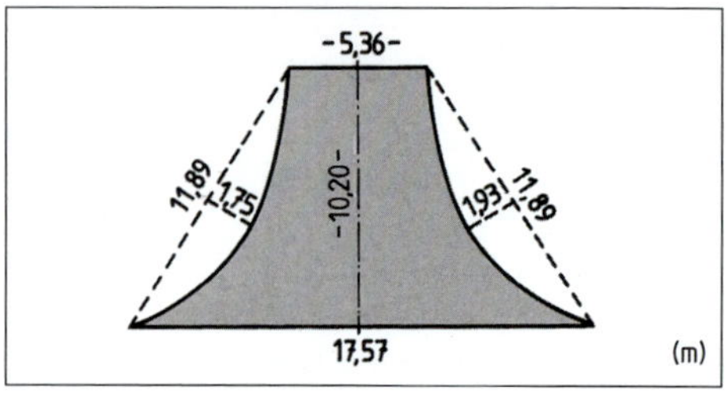

7. Wie groß ist das rot umrandete Einzugsgebiet des Straßenablaufs im Wendekreis?

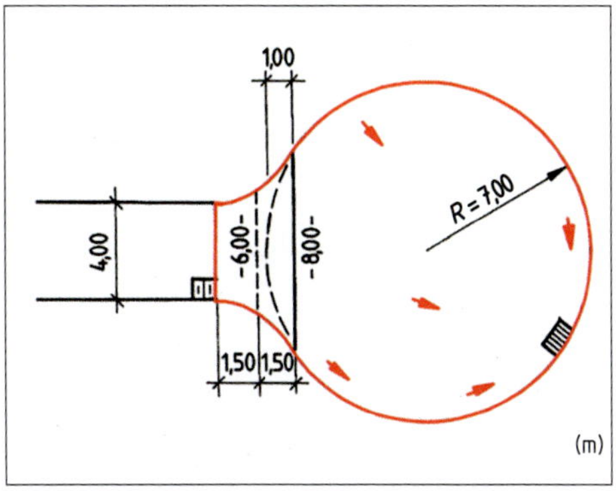

8. Eine Straßen-Erdmulde in Form eines Kreisabschnittes von 1,50 m Breite und B/5 Tiefe wird ausgehoben. Berechnen Sie die Querschnittsfläche a) nach der Näherungsformel,
b) mit $r = 1{,}05$ m und $\alpha = 90°$ nach der genauen Formel.

9. In einem geneigten Gelände wurde für einen Straßenneubau Boden abgetragen und aufgetragen. Wie groß sind
a) die Abtragsfläche,
b) die Auftragsfläche?

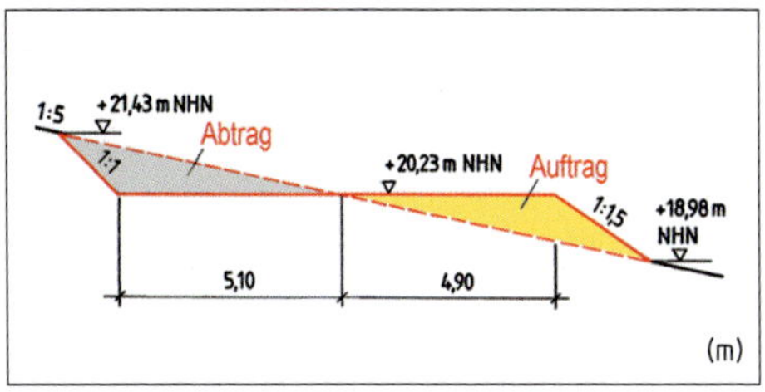

10. Welchen Querschnitt hat der Graben in geneigtem Gelände? Wie groß ist das Maß *x* und das Maß *y*?

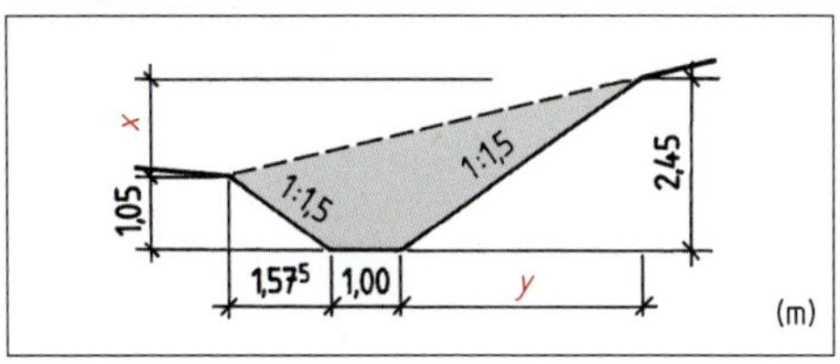

11. Wie groß ist der Flächeninhalt eines Kreisringes mit folgenden Abmessungen (*D* äußerer Durchmesser, *d* innerer Durchmesser):
a) $D = 12$ dm; $d = 11{,}5$ dm
b) $D = 4{,}45$ m; $d = 4{,}40$ m
c) $D = 70$ cm; $U_d = 188{,}5$ cm
d) $D = 67$ cm; $U_d = 197{,}9$ cm

12. Ein kreisunder Schacht soll aus Ringziegeln gemauert werden. a) Welchen Flächeninhalt hat der Mauerquerschnitt? b) Wie groß ist der innere Umfang des Mauerwerks?

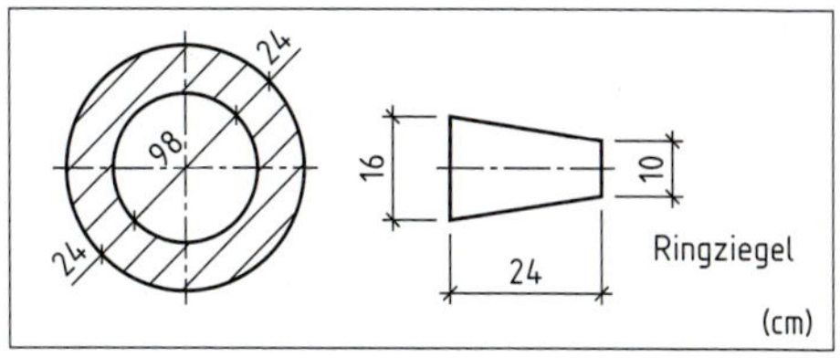

13. Berechnen Sie den Flächeninhalt und die Bogenlänge eines Kreisausschnittes mit folgenden Abmessungen:
a) $r = 12$ cm; $\alpha = 45°$ b) $r = 3{,}1416$ m; $\alpha = 90°$

14. Berechnen Sie den Flächeninhalt für die dargestellte Fläche für $d = 45$ cm (66 cm).

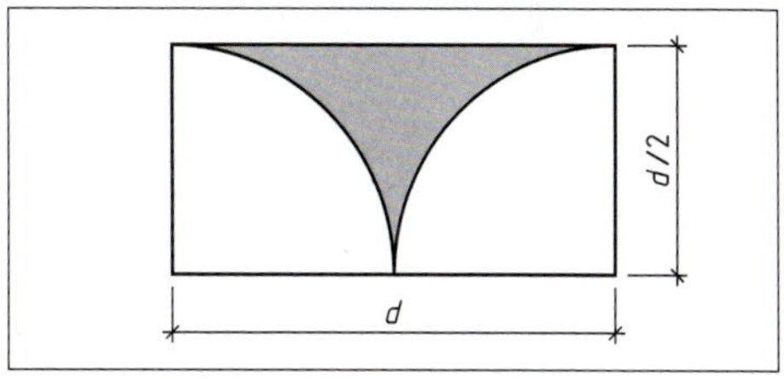

15. Wir groß ist der Flächeninhalt und die Breite *b* der gekennzeichneten Fläche?

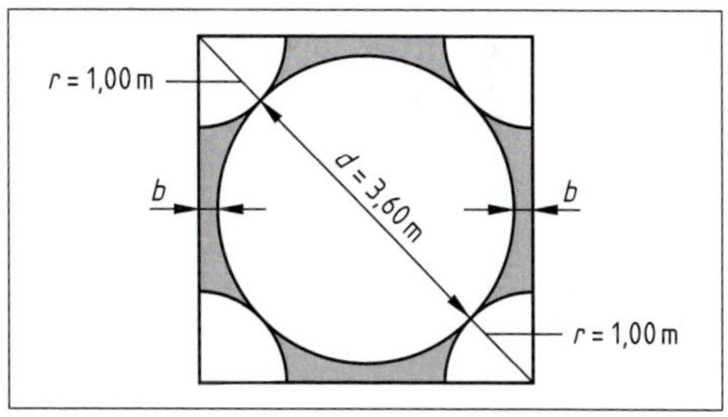

16. Gegeben sei die untenstehende Abbildung. Berechnen Sie
a) die allgemeine Formel zur Berechnung von *x*,
b) den Zahlenwert von *x*, wenn $d = 100$ cm beträgt und
c) den Flächeninhalt der inneren Kreisflächen.

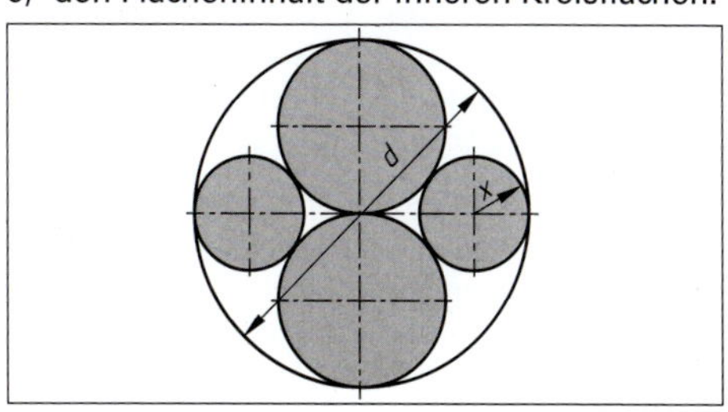

E

E5 Körper

Die Körper- oder Volumenberechnung ist im Bauwesen von großer Wichtigkeit, um die Massen von Baugruben, Gräben, Bodenmieten, Dämmen und Deichen, Wällen, Rampen, Auskofferungen usw. zu ermitteln. Genauer ist zwischen vier Körpergruppen zu unterscheiden: prismatischen, spitzen, stumpfen und runden Körpern.

Prismatische Körper

Prismatische Körper (z. B. Würfel, Quader, Zylinder) haben gleich große, parallel liegende Grund- und Deckflächen. Beispiele im Straßen- und Erdbau: Auskofferungen, Leitungs- und Rohrgräben, Straßengräben, Mulden, Lärmschutzwälle und Dämme. Alle haben einen gleichbleibenden Querschnitt. Die Berechnungsformel lautet:

$V = A \cdot h_K$ (vgl. Abb. E36)

Würfel sind selten. Zufällig kann ein Fundamentaushub oder ein Pflasterstein Würfelform haben. Sinngemäß gilt die gleiche Berechnungsformel.

Spitze Körper

Bei spitzen Körpern wie Pyramiden und Kegeln laufen die Mantelflächen zu einer Spitze zusammen. Sie kommen im Tiefbau selten vor, können jedoch beim Abkippen, Ausbaggern und Lagern von Böden, Kies und Tragschichtmaterial manchmal angenommen werden. Häufiger sind Kegel und Pyramiden Teil zusammengesetzter Baukörper wie Dachkörper, Rampen oder Baugruben. Unabhängig von der Grundfläche *A* gilt für spitze Körper die Formel:

$V = \frac{A \cdot h_K}{3}$ (vgl. Tabelle E36)

Stumpfe Körper

Bei stumpfen Körpern wie Pyramiden- und Kegelstumpf sind die parallelen Grund- und Deckflächen nicht gleich groß („gekürzte" Pyramiden bzw. Kegel). Manchmal kommen sie als Baugruben mit geböschten Wänden, als Pyramidenstümpfe, Obelisken, Pontons oder Rampen vor.

Die Berechnungsformeln für Rampen werden in Abbildung E 44 ausführlich dargestellt. Die dort aufgeführte Näherungsformel ist nach DIN 18300/VOB für die Mengenermittlung bei der Abrechnung zulässig.

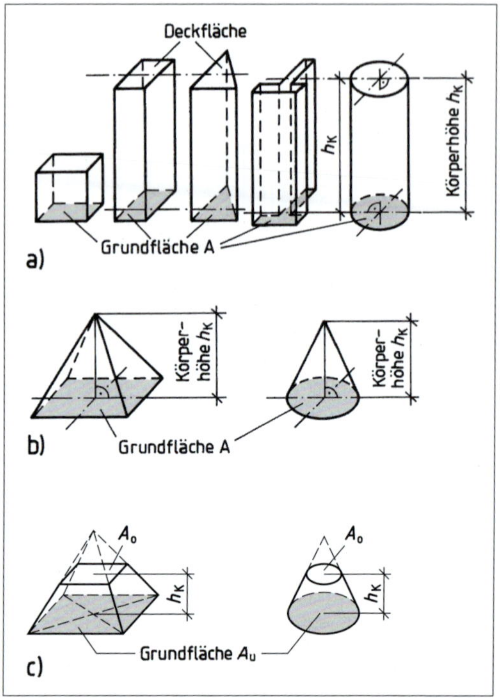

Abb. E36: Körpergruppen
a) prismatische, b) spitze, c) stumpfe

Kugeln

Kugeln kommen im Bauwesen seltener vor.

Tabelle E37: Kugel

Körper	Oberfläche	Volumen
Kugel 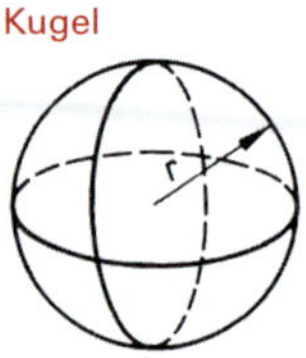	$A = 4 \cdot r^2 \cdot \pi$	$V = \frac{4}{3} \cdot r^3 \cdot \pi$

Beispiel

Ein kreisrunder Findling in einer Kiesgrube hat einen Durchmesser von 50 cm

$A = 4 \cdot 25^2 \cdot \pi$

$A = 0{,}785\ m^2$ (Oberfläche)

$V = \frac{4}{3} \cdot 0{,}25^3 \cdot \pi$

$V = 0{,}065\ m^3$

Tabelle E38: Prismatische Körper

Körper (h_k = Körperhöhe)	Fläche	Volumen	**Beispiele**
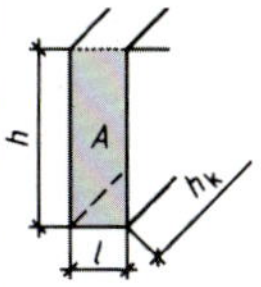 **Graben mit rechteckigem Querschnitt**	$A = l \cdot h$	$V = A \cdot h_k$ (h_k = Länge des Grabens)	Ein Rohrgraben von 45,00 m Länge ist 80 cm breit und 2,25 m tief $A = 0{,}80\ \text{m} \cdot 2{,}25\ \text{m} = 1{,}80\ \text{m}^2$ $V = 1{,}80\ \text{m}^2 \cdot 45{,}00\ \text{m} = 81{,}00\ \text{m}^3$
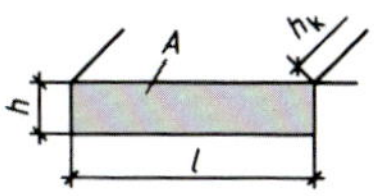 **Auskofferung mit rechteckigem Querschnitt**	$A = l \cdot h$	$V = A \cdot h_k$ (h_k = Länge der Auskofferung)	Eine Auskofferung von 220,00 m Länge ist 40 cm tief und 6,00 m breit. $A = 0{,}40\ \text{m} \cdot 6{,}00\ \text{m} = 2{,}40\ \text{m}^2$ $V = 2{,}40\ \text{m}^2 \cdot 220{,}00\ \text{m} = 528{,}00\ \text{m}^3$
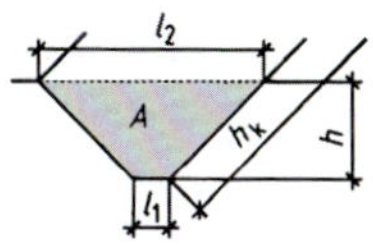 **Graben mit geneigten Grabenwänden, also trapezförmigem Querschnitt**	$A = \frac{l_1 + l_2}{2} \cdot h$	$V = A \cdot h_k$ (h_k Länge des Grabens)	Ein Straßengraben mit einer Sohlbreite von 60 cm hat eine obere Breite von 3,00 m, bei 1,20 m Tiefe und 150,00 m Länge. $A = \frac{0{,}60\ \text{m} + 3{,}00\ \text{m}}{2} \cdot 1{,}20\ \text{m} = 2{,}16\ \text{m}^2$ $V = 2{,}16\ \text{m}^2 \cdot 150{,}00\ \text{m} = 324{,}0\ \text{m}^3$
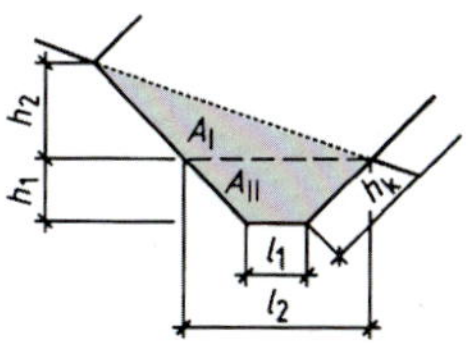 **Graben in geneigtem Gelände mit zusammengesetztem Querschnitt**	A_{II} = Trapez $A_{II} = \frac{l_1 + l_2}{2} \cdot h_1$ A_I = Dreieck $A_I = \frac{l_1 + h_2}{2}$	$V = (A_I + A_{II}) \cdot h_k$ (h_k = Länge des Einschnitts)	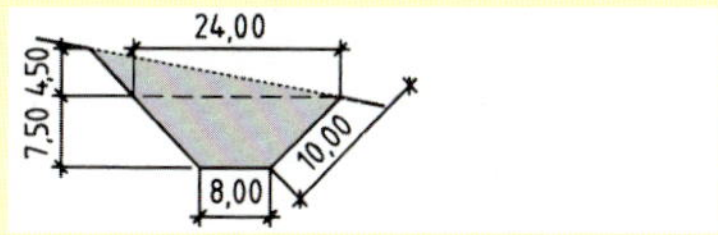 $A_I = \frac{24{,}00\ \text{m} \cdot 4{,}50\ \text{m}}{2} = 54{,}00\ \text{m}^2$ $A_{II} = \frac{8{,}00\ \text{m} + 24{,}00\ \text{m}}{2} \cdot 7{,}50\ \text{m} = 120{,}00\ \text{m}^2$ $V = (120{,}00\ \text{m}^2 + 54{,}00\ \text{m}^2) \cdot 10{,}00\ \text{m}$ $V = 1\,740{,}00\ \text{m}^3$
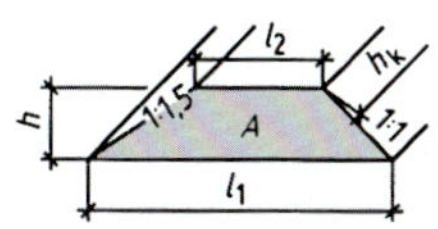 **Wall mit unterschiedlich geneigten Böschungen** Bei der Volumenberechnung von Gräben, Auskofferungen oder Wällen werden hier die Flächenformeln konsequent angewendet, obgleich es wünschenswert wäre, *l* durch *b* und h_k durch *l* zu ersetzen	$A = \frac{l_1 + l_2}{2} \cdot h$	$V = A \cdot h_k$ (h_k = Länge des Walls)	Ein Lärmschutzwall hat eine Höhe von 2,50 m und eine Kronenbreite von 1,00 m. Die Böschungen sind mit 1 : 1 bzw. 1 : 1,5 geneigt. Länge (h_k) = 120,00 m $l_1 = 2{,}50\ \text{m} \cdot 1 + 2{,}50\ \text{m} \cdot 1{,}5 + 1{,}00 = 7{,}25\ \text{m}$ $A = \frac{7{,}25 + 1{,}00}{2} \cdot 2{,}50 = 10{,}31\ \text{m}^2$ $V = 10{,}31\ \text{m}^2 \cdot 120{,}00\ \text{m} = 1\,237{,}20\ \text{m}^3$
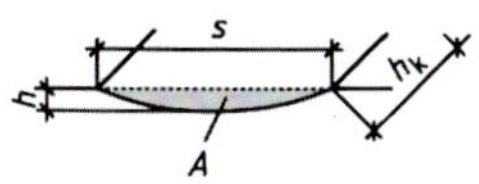 **Erdmulde mit Querschnittsform eines Kreisabschnitts**	Näherungsformel $A \approx \frac{2}{3} \cdot s \cdot h$	$V \approx A \cdot h_k$ (h_k = Länge der Mulde)	Eine Mulde ist 1,50 m breit, 30 cm tief $A \approx \frac{2}{3} \cdot 1{,}50\ \text{m} \cdot 0{,}30\ \text{m} \approx 0{,}30\ \text{m}^2$ Bei 250,00 m Länge: $V \approx 0{,}30\ \text{m}^2 \cdot 250{,}00\ \text{m} \approx 75{,}00\ \text{m}^3$
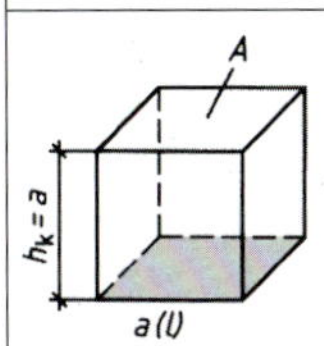 **Würfel mit gleichen Seitenlängen (*a*)**	$A = a \cdot a$ $A = a^2$ oder $A = l \cdot l$ $A = l^2$	$V = A \cdot h_k$ oder $V = a \cdot a \cdot a$ $V = a^3$	Ein Pflasterstein aus Schlacke hat die Maße 16 cm x 16 cm x 16 cm $A = 256\ \text{cm}^2 = 0{,}0256\ \text{m}^2$ $V = 256\ \text{cm}^2 \cdot 16\ \text{cm} = 4\,096\ \text{cm}^3$ $V = 4{,}096\ \text{dm}^3$

E

Tabelle E 39: Spitze Körper

Körper	Grundfläche	Volumen	Beispiele
Pyramide 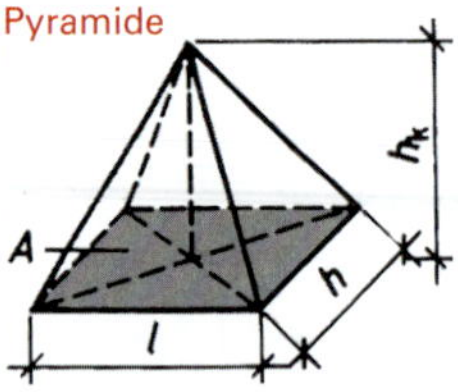	$A = l \cdot h$ (auch quadratische, rechteckige, dreieckige oder vieleckige Grundfläche möglich)	$V = \frac{A \cdot h_k}{3}$ (h_k = Körperhöhe, Pyramidenhöhe)	Bei einer Vorplatzgestaltung sind aus Beton und Pflaster 0,90 m hohe, quadratische (a = 1,80 m) Pyramiden gebaut worden. $A = 1{,}80\ \text{m} \cdot 1{,}80\ \text{m} = 3{,}24\ \text{m}^2$ $V = \frac{3{,}24\ \text{m}^2 \cdot 0{,}90\ \text{m}}{3} = 0{,}972\ \text{m}^3$
Kegel 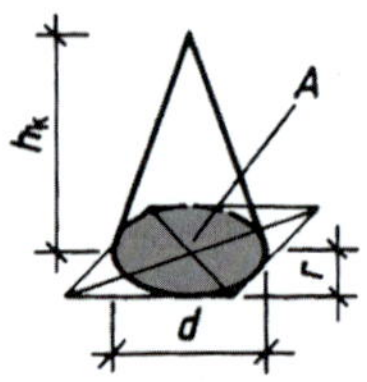	$A = r^2 \cdot \pi$ oder $A = \frac{d^2}{4} \cdot \pi$	$V = \frac{A \cdot h_k}{3}$ (h_k = Kegelhöhe)	Ein Bagger hat den Bodenaushub zu einem Kegel von 3,50 m Höhe bei einem Durchmesser von 7,50 m aufgeworfen. $A = \frac{(7{,}50\text{m})^2}{4} \cdot \pi = 44{,}179\ \text{m}^2$ $V = \frac{44{,}179\ \text{m}^2 \cdot 3{,}50\ \text{m}}{3} = 51{,}542\ \text{m}^3$

Tabelle E 40: Stumpfe Körper

Körper	Flächen	Volumen	Beispiele
Die Maße der Fläche A_0 werden mit l_0 und b_0, die der Fläche A_m mit l_m und b_m bezeichnet. statt l_0 auch l_1, statt l_u auch l_2, entspr. A_1 und A_2 Pyramidenstumpf 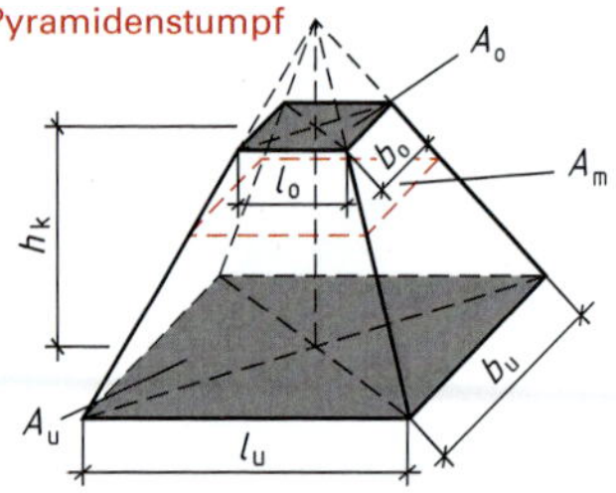 Voraussetzung $l_0/l_u = b_0/b_u$ im Beispiel 8,40 m/10,40 m $\approx$ 10,00 m/12,40 m $\approx$ 0,807	$A_u = l_u \cdot b_u$ $A_0 = l_0 \cdot b_0$ $A_m = l_m \cdot b_m$ $l_m = \frac{l_u + l_0}{2}$ $b_m = \frac{b_u + b_0}{2}$	Näherungsformel ① $V \approx h_k \cdot A_m$ Näherungsformel ② $V \approx \frac{h_k}{2} \cdot (A_u + A_0)$ Die Näherungsformel ② ergibt stets einen größeren Zahlenwert als die genaue Formel. genaue Formel ③ $V = \frac{h_k}{3} \cdot (A_u + A_0 + \sqrt{A_u \cdot A_0})$ genaue Formel ④ simpsonsche Formel $V = \frac{h_k}{6} \cdot (A_u + 4 \cdot A_m + A_0)$ mit $A_m = \frac{l_0 + l_u}{2} \cdot \frac{b_0 + b_u}{2}$	Eine Baugrube mit den Maßen 8,40 m × 10,00 m unten und 10,40 m × 12,40 m oben ist 2,00 m tief und soll berechnet werden. $A_u = 8{,}40 \times 10{,}00\ \text{m} = 84{,}00\ \text{m}^2$ $A_0 = 10{,}40 \times 12{,}40\ \text{m} = 128{,}96\ \text{m}^2$ $A_m = 9{,}40 \times 11{,}20\ \text{m} = 105{,}28\ \text{m}^2$ $V_1 \approx 105{,}28\ \text{m}^2 \cdot 2{,}00\ \text{m} \approx 210{,}56\ \text{m}^3$ $V_2 \approx \frac{2{,}00\ \text{m}}{2} \cdot (84{,}00\ \text{m}^2 + 128{,}96\ \text{m}^2)$ $V_2 \approx 212{,}96\ \text{m}^3$ $V_3 = \frac{2{,}00\ \text{m}}{3} \cdot (84{,}00\ \text{m}^2 + 128{,}96\ \text{m}^2 + \sqrt{84{,}00\ \text{m} \cdot 128{,}96\ \text{m}^2}) = 211{,}36\ \text{m}^3$ $V_4 = \frac{2{,}00\ \text{m}}{6} \cdot (84{,}00\ \text{m}^2 + 4 \cdot 105{,}28\ \text{m}^2 + 128{,}96\ \text{m}^2)$ $V = 211{,}36\ \text{m}^3$
Ponton (Baugrube mit gleichen Aushubhöhen 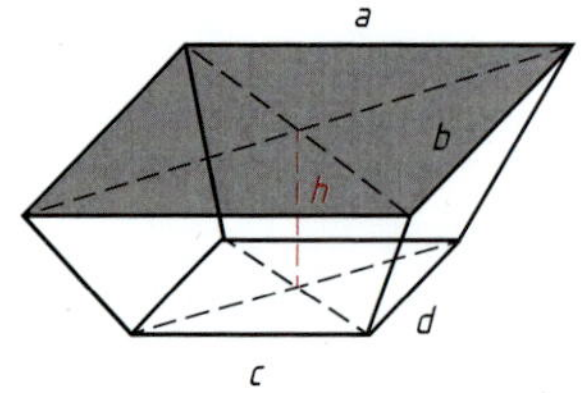		$A_u = l_u \cdot b_u = c \cdot d$ und $A_0 = l_0 \cdot b_0 = a \cdot b$ Näherungsformel $V \approx 0{,}5 \cdot (A_u + A_0) \cdot h$ genaue Formel $V = \frac{h}{6} \cdot [(a \cdot b) + (c \cdot d) + (a + c) \cdot (b + d)]$	Für die Baugrube nach Abb. E 43 ergibt sich $V \approx 1{,}80 \cdot 0{,}5 \cdot (7{,}50 \cdot 13{,}72 + 9{,}60 \cdot 15{,}82)$ $V \approx 1{,}80 \cdot 0{,}5 \cdot (254{,}77) \approx 229{,}3\ \text{m}^3$ $V = \frac{1{,}80}{6} \cdot [(9{,}60 \cdot 15{,}82) + (7{,}50 \cdot 13{,}72) + (9{,}60 + 7{,}50) \cdot (15{,}82 + 13{,}72)]$ $V = 227{,}97\ \text{m}^3$

Volumenberechnung unregelmäßiger Erdkörper

Volumenberechnung zusammengesetzte Körper am Beispiel der Baugrube.
Liegen Bauwerke unter dem Niveau der Erdoberfläche, müssen Baugruben ausgehoben werden. Die Neigungswinkel der Böschungen sind von der Bodenart abhängig. Zu beachten bleibt, dass der Oberboden (Mutterboden) vor dem Ausheben der Baugrube abzuschieben und zu Wiederverwertung in Mieten zu lagern ist. Die maßgebliche Baugrubentiefe verringert sich um das Maß der Abtragung.

Tabelle E 41: Berechnungsmöglichkeiten

1	Oberflächen im Gelände waagerecht, gleiche Aushubtiefe h, A_{unten} mit Seitenlängen c und d und A_{oben} mit Seitenlängen a und b sind Rechtecke	Ponton $V = (1/6) \cdot [a \cdot b + (a + c) \cdot (b + d) + c \cdot d] \cdot h$
2	Oberflächen im Gelände waagerecht, gleiche Aushubtiefe h, A_{unten} und A_{oben} sind beliebige Vierecke, vgl. Tabelle E 38	Simpsonsche Formel $V = (1/6) \cdot h \cdot (A_u + 4 \cdot A_m + A_o)$ oder Näherungsformel $V \approx 0{,}5 \cdot (A_u + A_o) \cdot h$
3	Oberfläche im geneigten Gelände, nicht parallele Flächen, verschiedene Aushubtiefen, A_{unten} und A_{oben} sind beliebige Vierecke	Näherungsformel $V \approx A \cdot h_m$ mit $A = 0{,}5 \cdot (A_u + A_o)$
Meist wird der Aushub nicht als Summe mehrerer Teilvolumen (vgl. Beispiel Abb. E 43) berechnet, sondern es finden Näherungsformeln Anwendung. Die hier genannten Näherungsformeln sind nach VOB/C zulässig.		

Berechnung des Volumens einer Baugrube

Baugrube im geneigten Gelände, obere und untere Fläche nicht parallel, unterschiedliche Höhen h_1, h_2, h_3 und h_4,

$$\left.\begin{array}{l} h_m = (1/4) \cdot (h_1 + h_2 + h_3 + h_4) \\ A = 0{,}5 \cdot (A_u + A_o) \end{array}\right\} V \approx A \cdot h_m$$

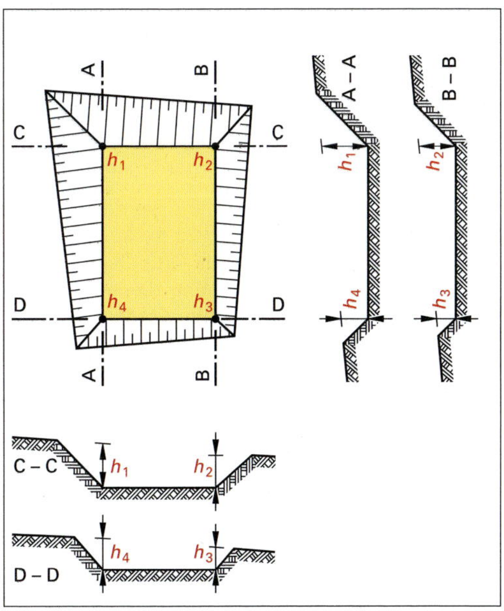

Abb. E 42: Baugrube im geneigten Gelände

Baugrube als Summe von Teilvolumen obere, und untere Fläche parallel, gleiche Höhe, hier unter Berücksichtigung der Abtragung des Oberbodens verbleibt $h = 1{,}80$

Volumen = Teilvolumen von Quader + 2 · Prisma_1 + 2 · Prisma_2 + 4 · Pyramide_3

mit unten angegebenen Maßen

$V = 186{,}25 + 14{,}25 + 26{,}07 + 2{,}66$

$V = 227{,}97\ m^3$

nach Näherungsformel $V = 229{,}30\ m^3$

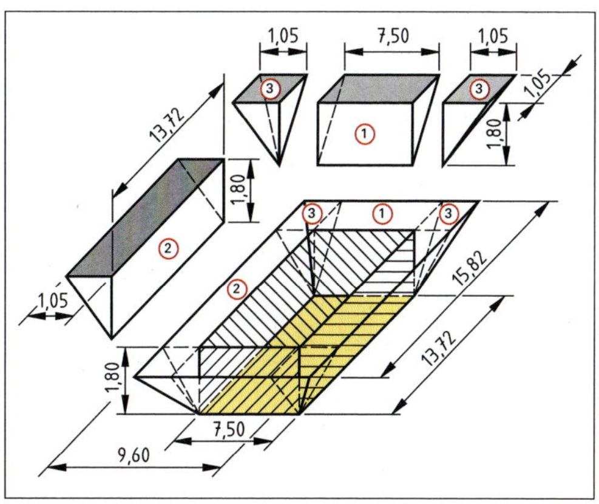

Abb. E 43: Aufteilung in Teilvolumen

Rampen

Rampen kommen im Straßen- und Tiefbau oft vor.

$1:m$ Steigung der Rampe
$1:n_1$ Steigung der Böschung

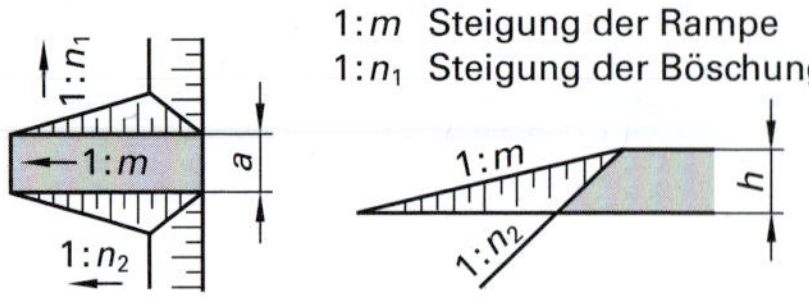

$$V = \frac{h^2}{6} \cdot \left(3 \cdot a + 2 \cdot n_1 \cdot h \cdot \frac{m-n_2}{m}\right) \cdot (m-n_2)$$

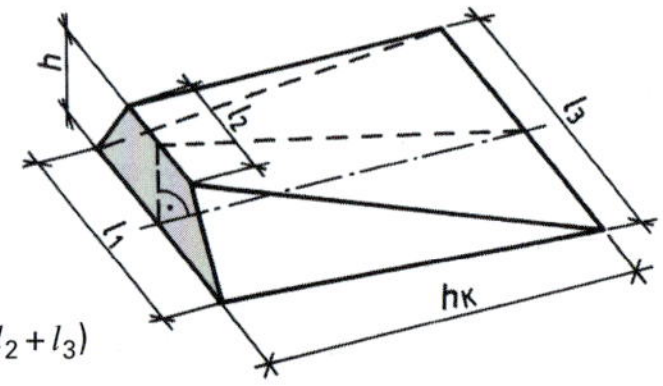

$$V = \frac{h_K \cdot h}{6} \cdot (l_1 + l_2 + l_3)$$

Sind die Längen l_1 und l_2 gleich, vereinfacht sich die Formel für eine Bodenmiete/Rampe.

$$V = \frac{h_K \cdot h}{6} \cdot (l_1 + 2 \cdot l_2)$$

Näherungsformel

$V \approx A \cdot l_m$

$A = h_K \cdot h \cdot 0{,}5$

$l_m = \frac{(l_1 + l_2 + l_3)}{3}$

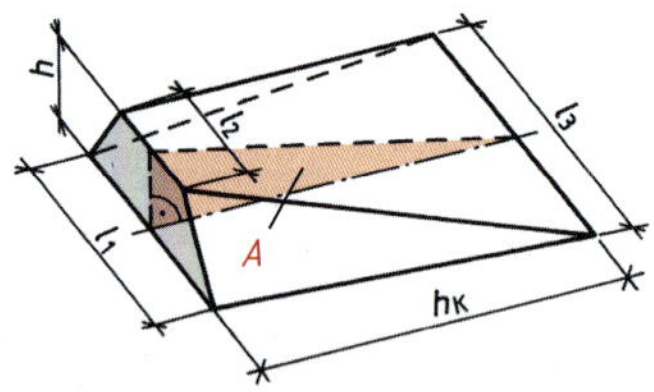

Abb. E 44: Berechnungsformeln für Rampen (Keil)

Beispiel

Wie viel m³ Boden enthält die Erdrampe?
Nach der Keilformel sind $l_1 = 7{,}00$ m, $l_2 = 3{,}00$ m, $l_3 = 3{,}00$ m, $h = 2{,}00$ m, $h_k = 20{,}00$ m

$$V = \frac{20{,}00\ \text{m}}{6} \cdot 2{,}00\ \text{m} \cdot (7{,}00\ \text{m} + 2 \cdot 3{,}00\ \text{m})$$

$V = 86{,}67\ \text{m}^3$

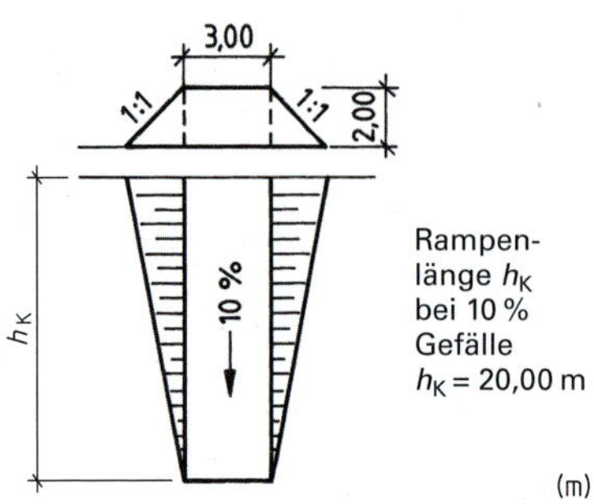

Zusammengesetzte Körper

Zusammengesetzte Körper, die zum Berechnen in einzelne berechenbare Körper zu zerlegen sind, werden besonders im Erdbau oft gebaut. Die Brückenrampe (vgl. Abb. E45) lässt sich z. B. in ein dreieckiges Prisma mit der Höhe $h_K = 8{,}75$ m, in zwei dreieckige Pyramiden mit $h_K = 25{,}00$ m und in zwei Viertelkegel mit $h_K = 2{,}50$ m zerlegen (oder in eine Rampe plus zwei Viertelkegel).

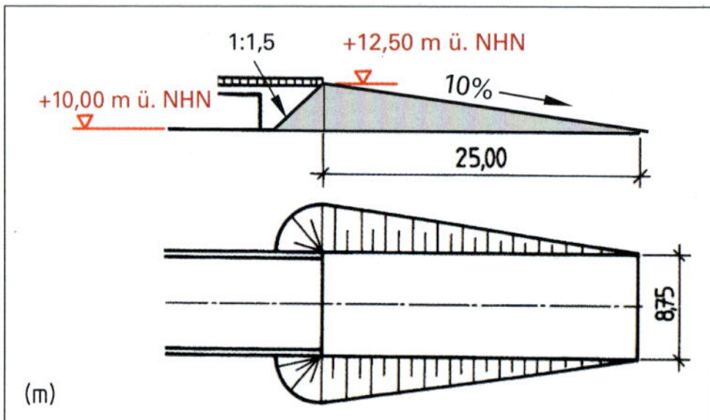

Abb. E 45: Berechnungsformen für Rampen

Erdkörper

Bei langen Erdkörpern wie Gräben und Dämmen mit wechselnden Querschnitten werden in regelmäßigen Abständen Querschnitte angelegt und deren Flächen berechnet. Jeweils zwei Querschnittsflächen werden gemittelt und mit dem Abstand multipliziert.

Straßendämme und Einschnitte, aber auch Erddämme oder Kanalquerschnitte, sind wegen des natürlichen Geländes unregelmäßige Körper, für die keine genauen Berechnungsformeln existieren. Nach der VOB Teil C ≙ DIN 18300 dürfen übliche Näherungsverfahren angewendet werden, wenn darüber sonst nichts vorgeschrieben ist.

Für die Berechnung der Volumina werden in regelmäßigen Abständen l (20 m, 25 m, 50 m, 100 m) Querprofile gezeichnet, die als Grundlage für den Bau und die Mengenberechnung dienen. Die Flächen der einzelnen Querprofile werden nach der Formel von Gauß berechnet.

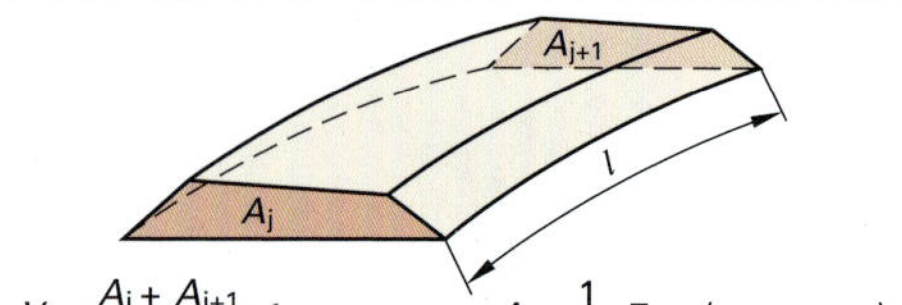

$$V = \frac{A_j + A_{j+1}}{2} \cdot l \qquad A_j = \frac{1}{2} \cdot \Sigma y_i \cdot (x_{i-1} - x_{i+1})$$

Abb. E 46: Näherungsverfahren bei unregelmäßigen Erdkörpern

Aufgaben zu Teilkapitel E5

1. Berechnen Sie die Grabenquerschnitte und den Bodenaushub für jeweils 50,00 m.

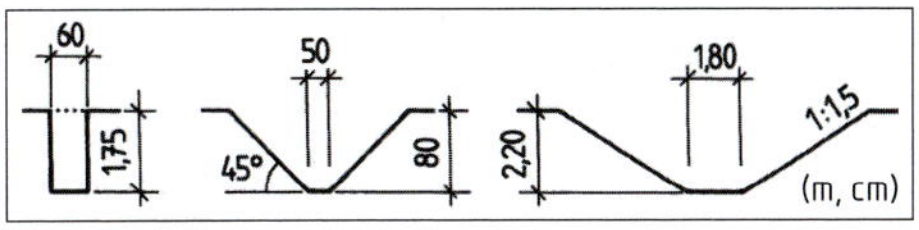

2. Ein Rohrgraben mit einer Sohlbreite von 80 cm ist unter 60° abgeböscht. Wie viel m³ Boden sind bei 4,25 m bzw. 3,75 m Tiefe und einer Haltungslänge von 55,00 m auszuheben (bei 60° $\Rightarrow b \approx (3/5) \cdot h$)?

3. In einem geneigten Gelände wird für einen Straßenneubau Boden abgetragen.
   a) Wie groß ist die Auftragsfläche?
   b) Wie groß ist die Abtragsfläche?
   c) Wie viel m³ Boden müssen von Stat. 0 + 125 bis Stat. 0 + 150 abgebaut und eingebaut werden?

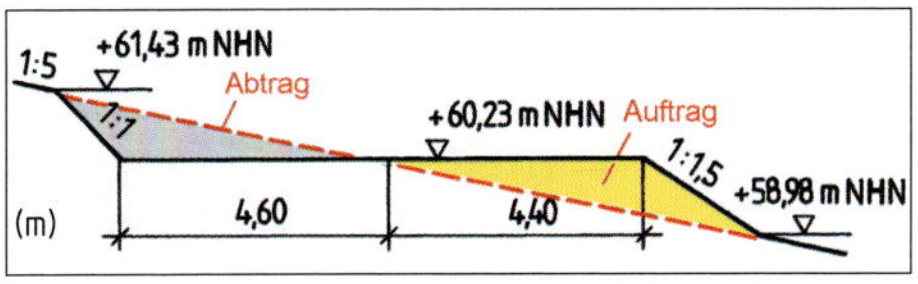

4. Wie viel m³ Boden sind für eine Mulde von 1,20 m Breite und B/5 Tiefe bei 75,00 m Länge auszuheben?

5. Ein Einschnitt in geneigtem Gelände hat auf 20,0 m Länge folgende Querschnittsmaße:

	l_1	l_2	h_1	h_2
Station 0	3,50 m	9,90 m	1,20 m	1,60 m
Station 10,00	3,50 m	10,50 m	1,50 m	1,45 m
Station 20,00	3,50 m	11,10 m	1,80 m	1,85 m

Berechnen Sie den Aushub (l_1, l_2 usw. vgl. Aufgabe 6).

6. Der Hanggraben von 52,00 m Länge hat die gezeigte Querschnittsform. Berechnen Sie den Bodenaushub.

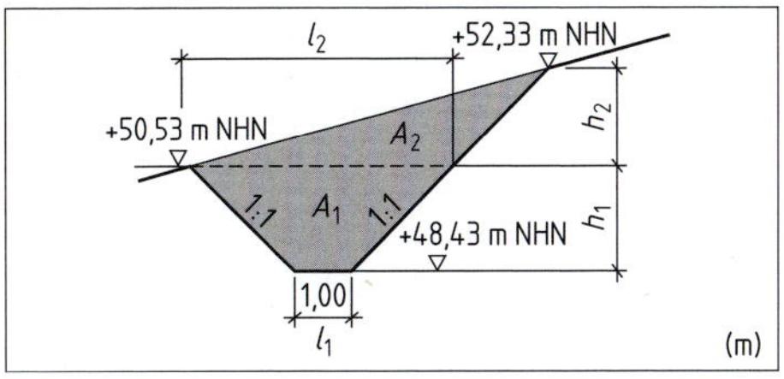

7. Neben der Autobahn wurde ein Lärmschutzwall von 85,00 m Länge gebaut. Die Wallkrone ist 1,20 m breit, der Wall 4,80 m hoch. Er hat Böschungen mit einer Neigung von 1 : 1,5. Wie viel Festboden hat er?

8. Berechnen Sie das Volumen der Mutterbodenmiete bei einer Höhe von 1,25 m.

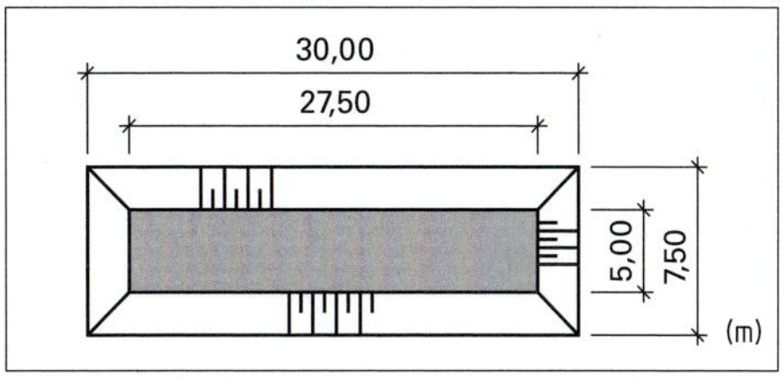

9. Die Baugrube ist allseitig mit Böschungen von 45° angelegt. Die Maße am oberen Baugrubenrand betragen 15,00 m x 11,00 m. Berechnen Sie den Aushub.

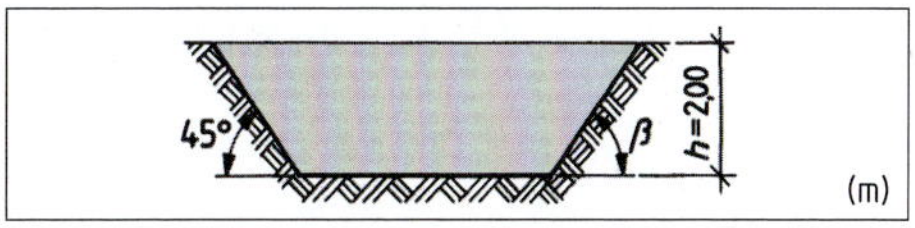

10. Berechnen Sie das Volumen für den Dammteil mit verschiedenen Formeln.

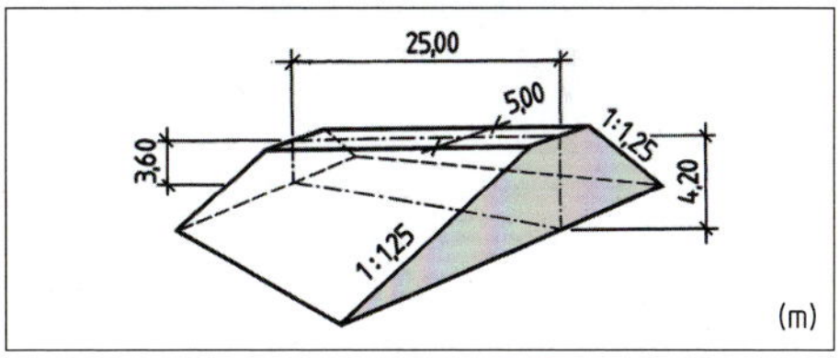

11. Berechnen Sie das Volumen der Rampe.

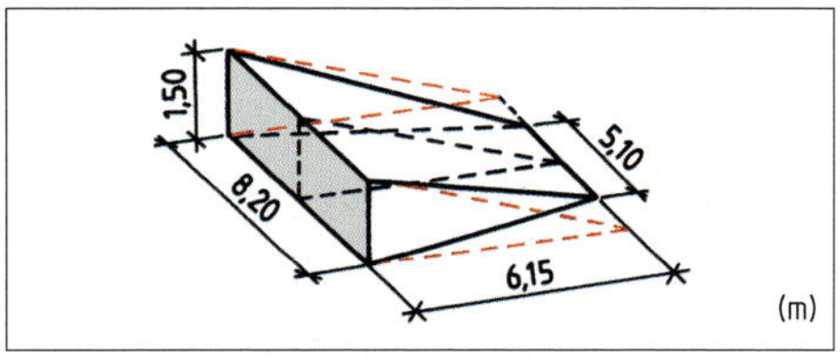

12. Eine Rampe fällt mit 8% Gefälle von einer Brücke ab. Bei einer Kronenbreite von 8,00 m beträgt die Schütthöhe an der Brücke 4,75 m. Die Rampenböschungen sind mit der Neigung 1 : 1,5 angelegt. Berechnen Sie das Volumen der Rampe und den Bodenbedarf bei 15% Auflockerung.

E

13. Die altägyptische Cheopspyramide hat eine quadratische Grundfläche von 233 m Seitenlänge und ist 146 m hoch. Wie viel m^3 Steinblöcke waren (ohne Berücksichtigung der Gänge und Grabkammern) für den Bau erforderlich?

14. Die Baugrube für einen Kontrollschacht ist oben und unten quadratisch:
   a) Wie groß ist b?
   b) Wie groß ist A_2?
   c) Wie groß ist A_1?
   d) Wie groß ist A_m?
   e) Wie groß ist V nach den beiden Näherungsformeln?
   f) Wie groß ist V nach den beiden genauen Formeln?

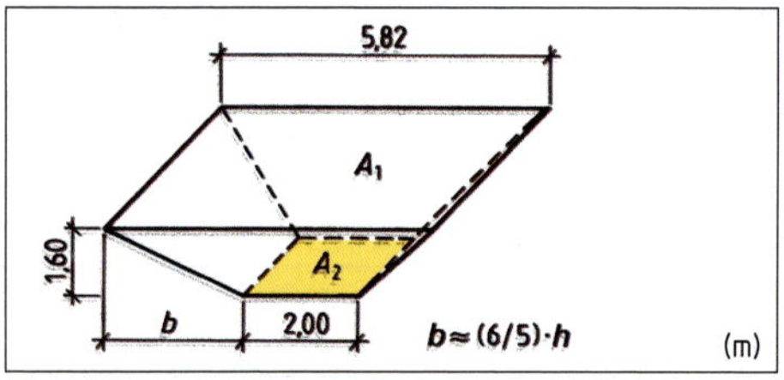

15. Zerlegen Sie die Brückenrampe aus Aufgabe 18 in Prisma, Pyramiden und Rampe. Berechnen Sie dann das Volumen.

16. Welches Volumen und welche Oberfläche haben die größten kreisrunden Steine in einer Kiesgeröllmischung 0/100 mm?

17. In Bodenklasse 5 (DIN 18300, gültig bis 2015) dürfen höchstens 30 % Steine von 0,01 m^3 bis 0,10 m^3 Rauminhalt enthalten sein. Um welche Durchmesser handelt es sich?

18. Berechnen Sie das Dammvolumen V_1 und Rampenvolumen V_2 mit genauen Formeln.

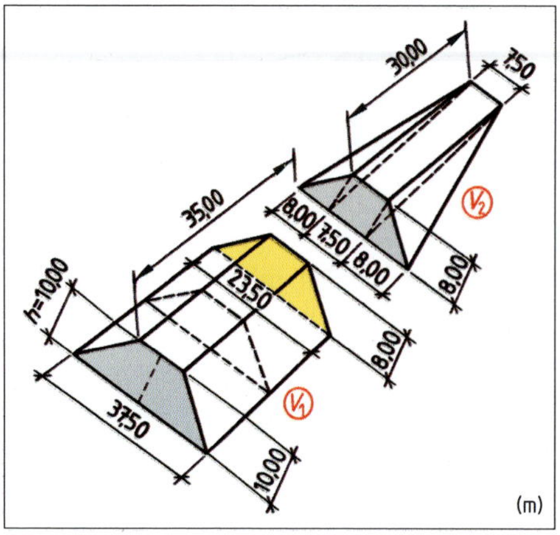

19. Ein Walmdach mit Anbau und mit ungleicher Dachneigung, aber gleicher Firsthöhe ist zu berechnen. Die Dachneigung des Anbaus beträgt 60 Grad.
   a) Wie hoch ist das Dach?
   b) Wie lang sind die Sparren?
   c) Wir groß ist die gesamte Dachfläche?

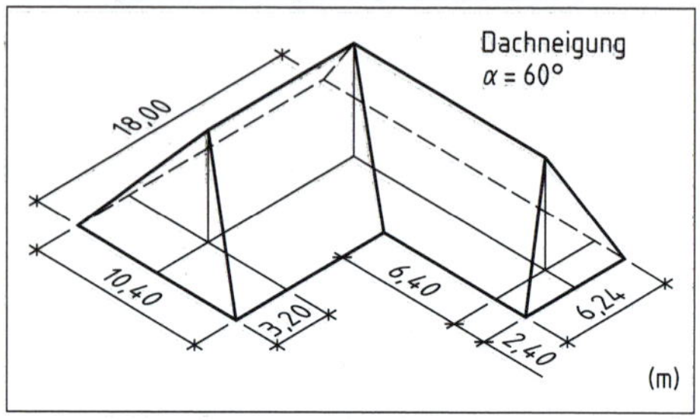

20. Für den dargestellen Körper sind das Volumen und die Oberfläche zu berechnen.

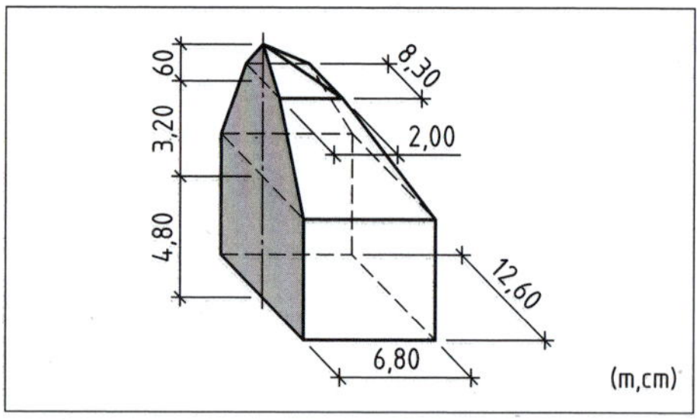

21. Berechnen Sie für das abgebildete Fundament
   a) das Volumen und
   b) die Länge der Grate.

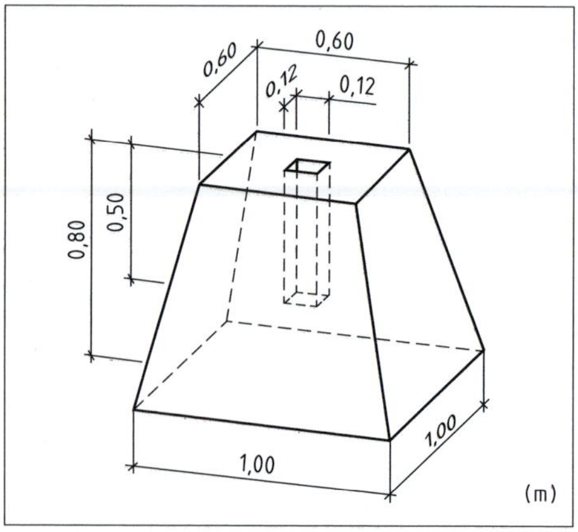

22. Die Grundfläche einer 7,30 m hohen Pyramide ist ein gleichseitiges Dreieck mit a = 2,70 m. Berechnen Sie
   a) das Volumen, b) die Mantelfläche und
   c) die Gradlänge s.

E6 Masse, Dichte, Kraft

Masse *m*

Masse ist die in einem Baustoff enthaltene Stoffmenge, die man mit einer Waage bestimmen kann (daher im allgemeinen Sprachgebrauch auch „Gewicht" genannt).

Einheiten sind t, kg und g
1 t = 1 000 kg, 1 kg = 1 000 g

Dichte ϱ

Die Dichte wird benötigt, um Stoffe vergleichen zu können. Sie gibt an, wie viel kg ein dm³ (ℓ), wie viel t ein m³ wiegt. Ein „leichter" Stoff hat eine geringere Dichte, ein „schwerer" eine große Dichte. Die Dichte ϱ (griech. Rho) ist das Verhältnis aus Masse und Volumen eines Körpers.

$$\text{Dichte} = \frac{\text{Masse}}{\text{Volumen}} \qquad \varrho = \frac{m}{V}$$

Im Bauwesen ist die Angabe in t/m³ üblich. Sind statt der Dichte die Masse oder das Volumen unbekannt, lauten die Gleichungen:

$$m = \varrho \cdot V \qquad V = \frac{m}{\varrho}$$

Im Bauwesen ist besonders zwischen Raumdichte und Schüttdichte zu unterscheiden.

- **Raumdichte ϱ_R**: Masse je Volumen einschließlich aller Hohlräume
- **Rohdichte ϱ_M**: Masse je Volumen ohne Poren und Hohlräumen (z. B. Boden, Beton und Asphalt in verdichtetem Zustand)
- **Schüttdichte ϱ_S**: Masse je Volumen einschließlich Poren, Hohl- und Zwischenräumen (z. B. Boden, Beton und Asphalt im aufgelockerten, unverdichteten Zustand)

Beispiel

Ein Lkw hat laut Lieferschein mit Wiegekarte 17,5 t Schottertragschicht abgeliefert. Die Lkw-Pritsche war bei 5,00 m × 2,40 m Länge und Breite 0,80 m hoch beladen. Wie hoch war die Schüttdichte?

$V = 5{,}00\ \text{m} \cdot 2{,}40\ \text{m} \cdot 0{,}80\ \text{m} = 9{,}60\ \text{m}^3$

$$\text{Schüttdichte} = \frac{17{,}5\ \text{t}}{9{,}60\ \text{m}^3} = 1{,}82\ \text{t/m}^3$$

Kräfte *F*

Die Anziehungskraft der Erde zieht die Masse eines Körpers mit der Fallbeschleunigung *g* an. Diese Kraft wird die Gewichtskraft F_G genannt.

$$F_G = m \cdot g$$

Die Gewichtskraft F_G für eine Masse von 1 kg beträgt bei der angenäherten Fallbeschleunigung von $g \approx 10\ \text{m/s}^2$ (genau: 9,81 m/s²)

Kräfte werden in Newton (N) angegeben:

$1\ \text{N} = 1\ \text{kg} \cdot 1\ \text{m/s}^2$.

1 Newton ist also die Kraft, die einen Körper von 1 kg Masse mit 1 m/s² beschleunigt. Die F_G für 1 kg mit normaler Fallbeschleunigung ist $F_G = 10$ N.

Einheiten sind MN, kN und N

1 MN (Meganewton) = 1 000 kN (Kilonewton)
1 kN = 1 000 N (Newton)

Beispiel

0,001 kN = 1 N	16500 N = 16,5 kN
5,63 MN = 5630 kN	0,4 MN = 400 kN

Beispiel

Wie groß ist die Gewichtskraft für 1,00 m² Autobahnbefestigung aus Beton von 22 cm Dicke?

$V = 10\ \text{dm} \cdot 10\ \text{dm} \cdot 2{,}2\ \text{dm} = 220\ \text{dm}^3$

$m = 2{,}4\ \text{kg/dm}^3 \cdot 220\ \text{dm}^3 = 528\ \text{kg}$

$F_G = 528\ \text{kg} \cdot 10\ \text{m/s}^2 = 5\,280\ \text{kg} \cdot \text{m/s}^2 = 5\,280\ \text{N} = 5{,}28\ \text{kN}$

Last

Als Last (Lastannahme) wird die auf 1 m³ (auch auf 1 m² je cm) bezogene Gewichtskraft bezeichnet.

Beispiel

Raumdichte von Asphaltbeton
2,35 t/m³ = 2 350 kg/m³

Gewichtskraft
$2\,350\ \text{kg} \cdot 10\ \text{m/s}^2 = 23\,500\ \text{kg} \cdot \text{m/s}^2$

Lastannahme
23 500 N/m³ = 23,5 kN/m³

In Tabellenbüchern sind die für die statische Berechnung bzw. Lastannahme notwendigen Wichten von Baustoffen aufgeführt. Die Werte sind nach DIN EN 1991-1-1 die charakteristische Werte der Wichten und Flächenlasten. Diese Werte sind von den Werten der Rohdichte für wärmetechnische Berechnungen zu unterscheiden.

E7 Lohnberechnung

Ob ein Spezialfacharbeiter im Stundenlohn oder im Akkord arbeitet, muss lohntechnisch unterschiedlich bewertet werden. Was der Facharbeiter am Tagesende „brutto“ oder „netto“ verdient hat, hängt nicht allein vom Entgeltsystem (Zeit- oder Leistungslohn) ab, sondern auch von den gesetzlichen Vorschriften und tariflichen Vereinbarungen sowie seinen persönlichen Daten. Als seinen Verdienst wird ohnehin nur das betrachtet, was „netto“ überwiesen (ausgezahlt) wird.

Bruttolohn

Der Bruttolohn ist das Ergebnis der gearbeiteten Zeit (Zeitlohn) oder der erstellten Leistung (Leistungslohn).

Zeitlohn

Beim Zeitlohn wird ein gleicher Lohnsatz je Zeiteinheit für eine Normalleistung gezahlt und zu einer Monatsabrechnung zusammengefasst:

€/h × Arbeitsstunde/Monat = Bruttomonatslohn

Üblich ist, dass Angestellte (also auch ein Auszubildener) nach €/Monat, Werkpoliere, Vorarbeiter, Facharbeiter und Ungelernte dagegen nach €/h bezahlt werden. Deshalb ist es nötig, die auf den Baustellen geleisteten Arbeitsstunden auf „Stundenzetteln“ oder mit einem entsprechenden Computerprogramm zu sammeln.

Die Höhe der Monats- bzw. Stundenlöhne ist in Tarifverträgen für die Bauwirtschaft („Lohntabellen“) festgelegt, kann aber auch in Einzelarbeitsverträgen zwischen Arbeitgeber und Arbeitnehmer vereinbart werden.

Je nach Ausbildung, Erfahrung und auszuübender Tätigkeit sind die im Bau Beschäftigten nach Lohngruppen eingestuft. Tabelle E 48 zeigt, dass sich der Gesamt-Tarifstundenlohn (GTL) aus dem Tariflohn (TL) und dem Bauzuschlag (BZ) zusammensetzt. Der Bauzuschlag (5,9 % des Tariflohns) wird gewährt zum Ausgleich der besonderen Belastungen, denen der Arbeitnehmer insbesondere durch den ständigen Wechsel der Baustelle (2,5 %) und die Abhängigkeit von der Witterung außerhalb der gesetzlichen Schlechtwetterzeit (2,9 %) sowie durch Lohn-Einbußen in der gesetzlichen Schlechtwetterzeit (0,5 %) ausgesetzt ist.

Zuschläge

Für tatsächlich geleistete Sonntags-, Feiertags- und Nachtarbeit gezahlte Zuschläge sind in folgender Höhe steuer- und beitragsfrei.

Tabelle E 47: Zuschläge auf den Grundlohn

Nachtarbeit von 20 Uhr bis 6 Uhr	25 %
Nachtarbeit Beginn 4 Uhr bis 6 Uhr	40 %
Sonntagsarbeit 0 Uhr bis 24 Uhr	50 %
Feiertagsarbeit 0 Uhr bis 24 Uhr	125 %
Arbeit am 24.12. ab 14 Uhr, 25.12., 26.12., 01.05.	150 %
Nachtarbeitszuschlag ist kumulitativ anzuwenden.	

Tabelle E 48: Tarifstundenlöhne der Lohngruppen nach dem geltenden Tarifvertrag

Lohngruppen nach Bundesrahmentarifvertrag für das Baugewerbe	ab 01.05.2017			ab 01.05.2018		
	TL	BZ	GTL	TL	BZ	GTL
Lohngruppe 6 ■ Werkpolier/Baumaschinen-Vorarbeiter	21,17 €	1,24 €	22,41 €	22,38	1,32	23,70
Lohngruppe 5 ■ Vorarbeiter/Baumaschinen-Vorarbeiter	19,34 €	1,14 €	20,48 €	20,44	1,21	21,65
Lohngruppe 4 (Bundesecklohn) ■ Spezialfacharbeiter	18,43 €	1,08 €	19,51 €	19,48	1,15	20,63
Lohngruppe 3 ■ Facharbeiter/Baugeräteführer/Berufskraftfahrer	16,87 €	1,00 €	17,87 €	17,83	1,05	18,88

Auszubildende der Stufenausbildung 01.05.2018	1. Ausbildungsjahr 850,00 €	2. Ausbildungsjahr 1 200,00 €	3. Ausbildungsjahr 1 475,00 €	Mindestausbildungsvergütung ab 2020 im ersten Ausbildungsjahr beträgt 515 €

Die Tabellen für die Tariflöhne, Sozialversicherungsabgaben und Monats-Lohnsteuer sind so gewählt, dass eine Berechnung der Beispiele nachvollzogen werden kann. Die ausgesuchten Aufgaben lassen sich mit diesen Tabellen lösen. Die akktuellen Lohntabellen (TL, BZ, GTL), Sozialversicherungsbeiträge (und individuelle Krankenkassenbeiträge) und die Steuertabellen (Monats-Lohnsteuer) lassen sich aus dem Internet downloaden. Z. B.:
https://www.lohnsteuertabelle.com.de
https://www.lohnsteuer.de/lohnsteuer/steuertabelle
https://www.imacc.de/sozialversicherungsbeträge
https://www.aubi-plus.de/berufe/strassenbau-181/gehalt
https://www.budau.com/unternehmer/downloads/lohntabelle.pdf
Die grundsätzliche Berechnung ändert sich dadurch nicht.

Leistungslohn

Beim Leistungslohn (auch Akkordlohn oder Stücklohn genannt) wird der Bruttolohn aus der geleisteten Menge und dem vereinbarten Leistungssatz berechnet. Die geleistete Menge wird durch ein Aufmaß (lfdm Bordstein, Betonstahl, m^2 Dacheindeckung, usw.) belegt. Der Leistungslohn kann als Geldakkord oder als Zeitakkord berechnet werden. Der Zeitakkord hat den Vorteil, dass er nicht bei jeder tariflichen (meist jährlichen) Lohnerhöhung neu bestimmt werden muss, weil die Vorgabezeiten lohnunabhängig sind.

Der Geldakkord ergibt sich aus der Arbeitsmenge und dem Akkordpreis.

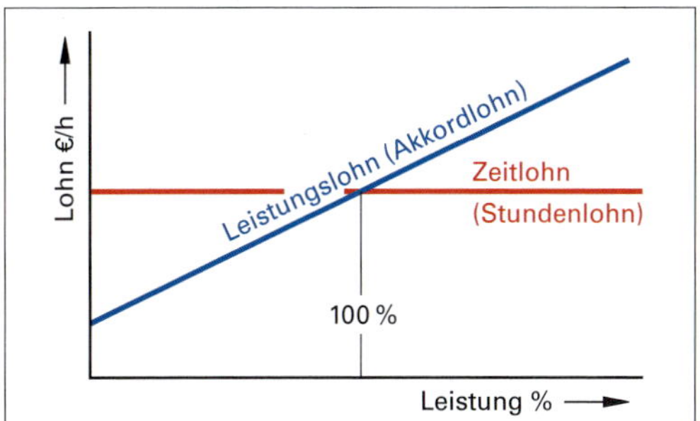

Abb. E 49: Leistungslohn

Zeitakkord

Als Leistungssatz (Bemessungssatz) wird eine Vorgabezeit in Minuten oder Stunden je Mengeneinheit festgelegt bzw. vereinbart. Dann ergibt sich der Bruttolohn so:

Vorgabezeit/Mengeneinheit × Arbeitsmenge = Zeitfaktor [h]
Zeitfaktor [h] × Geldfaktor [€/h] = Bruttoleistungslohn [€]

Die Differenz zwischen Leistungslohn und Zeitlohn heißt Überschuss oder Akkordüberschuss. Er beträgt im Beispiel
$9{,}62\,h - 8\,h = 1{,}62\,h$ bzw. $1{,}62\,h \times 19{,}51$ €/h = 31,61 €

Der Bruttolohn berechnet sich als Zeit- oder Leistungslohn (Akkord) in Geld- oder Zeitakkord.

Beim Leistungslohn wird grundsätzlich zwischen Einzelakkord und Gruppenakkord unterschieden. Der Gruppenakkord verhindert Eigeninteressen des Einzelnen und stärkt die Gemeinschaftsarbeit.

Akkordlohn kann als Einzel- oder Gruppenakkord verdient und berechnet werden. Der Überschuss beim Gruppenakkord wird im Verhältnis der Stundenlöhne verteilt.

Zulagen und Zuschläge

Es wird zwischen Zuschlägen und Zulagen unterschieden. Zulagen sind Leistungen des Arbeitgebers, die zusätzlich zum Grundlohn (Grundgehalt) gezahlt werden. Dazu zählen:

- Erschwerniszulagen
- Leistungszulagen
- Funktionszulagen
- Sozialzulagen
- Wechselschichtzulagen

Diese Zulagen sind steuer- und betragspflichtiger Arbeitslohn.

Erschwerniszulagen

Erschwerniszulagen werden als Ausgleich für besondere Belastungen gewährt (Schmutz, Erschütterung, Hitze, Gefahren, usw.). Mögliche Einteilung:

- Arbeiten mit hohen körperlichen Belastungen
- Arbeiten mit besonders starken Umgebungseinflüssen (Lärm, Hitze-/Kälteeinwirkung)
- Gesundheitsschädliche und gefährliche Arbeiten (erhöhte Unfallgefahr)

E

Steuerpflichtige Zulagen

Steuerpflichtige Zulagen zum Bruttolohn können sein:

- Erschwerniszulagen (z. B. für Schmutzarbeiten, hohe oder heiße Arbeiten, Erschütterungsarbeiten). Sie betragen je nach Art zwischen 0,35 €/h und 71,60 €/h (z. B. bei Taucherarbeiten).
- Fahrkostenabgeltung, Verpflegungszuschuss, Auslösung, Reisekosten und 13. Monatsgehalt sind im Gegensatz zu den erstgenannten Zulagen nur z.T. steuerpflichtig.
- Vermögenswirksame Leistungen (vL) sind lohnsteuerpflichtig. Tariflich ist vereinbart, dass z. B. der Arbeitgeber je Arbeitsstunde 0,13 € zahlt, wenn der Arbeitnehmer gleichzeitig 0,02 € vermögenswirksam anlegt. Bei Monatslöhnen für Poliere, Schachtmeister und Auszubildende betragen die Leistungen 23,52 € bei 3,07 € Eigenleistung.

Arbeitgeber und Arbeitnehmer zahlen von KV, RV, PfV und AV je die Hälfte (nur bei KV kann der Arbeitnehmeranteil etwas höher sein).

Der normale steuerpflichtige Bruttolohn erhöht sich oft durch Zuschläge, Zuschüsse und vermögenswirksame Leistungen.

Nettolohn

Der Nettolohn ergibt sich, wenn vom Bruttolohn die gesetzlichen Abzüge abgezogen werden für

- Lohnsteuer (LSt) sowie Solidaritätszuschlag,
- Kirchensteuer (KiSt) bei Zugehörigkeit zu einer Religionsgemeinschaft,
- Beiträge zu Sozialversicherungen (SozV), und zwar Pflegeversicherung (PfV), Krankenversicherung (KV), Rentenversicherung (RV) und Arbeitslosenversicherung (AV).

Lohnsteuer

Der Steuerabzug ergibt sich aus der Lohnsteuertabelle. Maßgebend sind die in der Lohnsteuerkarte vermerkte Steuerklasse, der Familienstand mit Kinderzahl und (lohnsteuerfreie) Freibeträge. Zusätzlich zur Lohnsteuer wird der Solidaritätszuschlag (SolZ) in Höhe von 5,5 % der Lohnsteuer abgezogen (ab 2021 gelten einige Ausnahmen).

Kirchensteuer

Die Kirchensteuer beträgt in Baden-Württemberg, Bayern, Bremen und Hamburg 8 %, in den anderen Bundesländern 9 % der jeweiligen Lohnsteuer.

Sozialversicherungen

Vergleichswerte sind in der Tabelle E 50 angegeben.

Tabelle E 50: Sozialversicherungsbeiträge

Sozialversicherung	Allgemeiner Beitragssatz 2015	Arbeitnehmer davon	Arbeitgeber davon	Allgemeiner Beitragssatz 2019	Arbeitnehmer davon	Arbeitgeber davon
Krankenversicherung KV	15,5 %	8,2 %	7,3 %	14,6 %	7,3 %	7,3 %
Pflegeversicherung PfV	2,05 %	1,025 %	1,025 %	3,05 %	1,525 %	1,525 %
(Sachsen)		1,525 %	0,525 %			
Rentenversicherung RV	18,9 %	9,45 %	9,45 %	18,6 %	9,3 %	9,3 %
Arbeitslosenversicherung AV	3,0 %	1,5 %	1,5 %	2,5 %	1,25 %	1,25 %
Unfallversicherung UV	Nach Gefahrklassen	Nur Arbeitgeber		Nur Arbeitgeber		Nach Gefahrklasse

Beispiel

Wie hoch ist der Nettoverdienst eines Angestellten mit brutto 2 780,15 €, wenn auf seiner LSt-Karte Steuerklasse III (ohne Kinder) eingetragen ist, er in Hessen wohnt, evangelisch ist und seine Krankenkasse 14,9 % Beitrag erhebt?

	I, IV	**476,50**	26,20	38,12	42,88
	II	**442,25**	24,32	35,38	39,80
2780,99	III	**207,16**	9,03	16,57	18,64

Bruttolohn		=	2 780,15 €
– LSt laut Tab. 14.58		=	– 207,16 €
– SolZ		=	– 9,03 €
– KiSt	9,00 %	=	– 18,64 €
– RV	9,45 %	=	– 262,72 €
– KV	8,20 %	=	– 227,97 €
– AV	1,50 %	=	– 41,70 €
– PfV	1,025 %	=	– 28,50 €
Nettolohn			1 984,43 €

Tabelle E 51: Auszug aus der Monats-Lohnsteuertabelle

Lohn/ Gehalt bis €*	Abzüge an Lohnsteuer, Solidaritätszuschlag (SolZ) und Kirchensteuer (8 %, 9 %) in den Steuerklassen										
	Lohnsteuerklasse	LSt	I–IV ohne Kinderfreibeträge SolZ	8 %	9 %			LSt	I–IV ohne Kinderfreibeträge SolZ	8 %	9 %
2 750,99	I, IV	**467,33**	25,70	37,38	42,05	2 768,99	I, IV	**472,83**	26,–	37,82	42,55
	II	**433,25**	23,82	34,66	38,99		II	**438,66**	24,12	35,09	39,47
	III	**198,66**	7,33	15,89	17,87		III	**203,83**	8,36	16,30	18,34
	V	**863,91**	47,51	69,11	77,75		V	**871,41**	47,92	69,71	78,42
	VI	**896,08**	49,28	71,68	80,64		VI	**903,66**	49,70	72,29	81,32
2 753,99	I, IV	**468,25**	25,75	37,46	42,14	2 771,99	I, IV	**473,75**	26,05	37,90	42,63
	II	**434,16**	23,87	34,73	39,07		II	**439,58**	24,17	35,16	39,56
	III	**199,50**	7,50	15,96	17,95		III	**204,66**	8,53	16,37	18,41
	V	**865,16**	47,58	69,21	77,86		V	**872,75**	48,–	69,82	78,54
	VI	**897,33**	49,35	71,78	80,75		VI	**904,91**	49,77	72,39	81,44
2 756,99	I, IV	**469,16**	25,80	37,53	42,22	2 774,99	I, IV	**474,66**	26,10	37,97	42,71
	II	**435,–**	23,92	34,80	39,15		II	**440,41**	24,22	35,23	39,63
	III	**200,33**	7,66	16,02	18,02		III	**205,50**	8,70	16,44	18,49
	V	**866,41**	47,65	69,31	77,97		V	**874,–**	48,07	69,92	78,66
	VI	**898,58**	49,42	71,88	80,87		VI	**906,16**	49,83	72,49	81,55
2 759,99	I, IV	**470,08**	25,85	37,60	42,30	2 777,99	I, IV	**475,58**	26,15	38,04	42,80
	II	**435,91**	23,97	34,87	39,23		II	**441,33**	24,27	35,30	39,71
	III	**201,16**	7,83	16,09	18,10		III	**206,33**	8,86	16,50	18,56
	V	**867,66**	47,72	69,41	78,08		V	**875,25**	48,13	70,02	78,77
	VI	**899,83**	49,49	71,98	80,98		VI	**907,41**	49,90	72,59	81,66
2 762,99	I, IV	**471,–**	25,90	37,68	42,39	2 780,99	I, IV	**476,50**	26,20	38,12	42,88
	II	**436,83**	24,02	34,94	39,31		II	**442,25**	24,32	35,38	39,80
	III	**202,–**	8,–	16,16	18,18		III	**207,16**	9,03	16,57	18,64
	V	**868,91**	47,79	69,51	78,20		V	**876,50**	48,20	70,12	78,88
	VI	**901,16**	49,56	72,09	81,10		VI	**908,66**	49,97	72,69	81,77
2 765,99	I, IV	**471,91**	25,95	37,75	42,47	2 783,99	I, IV	**477,41**	26,25	38,19	42,96
	II	**437,75**	24,07	35,02	39,39		II	**443,16**	24,37	35,45	39,88
	III	**203,–**	8,20	16,24	18,27		III	**208,–**	9,20	16,64	18,72
	V	**870,16**	47,85	69,61	78,31		V	**877,75**	8,27	70,22	78,99
	VI	**902,41**	49,63	72,19	81,21		VI	**909,91**	50,04	72,79	81,89

Der Lohnsteuerabzug lässt sich vermindern, wenn sich der Arbeitnehmer Freibeträge vom Finanzamt anerkennen und in die LSt-Karte eintragen lässt. Die endgültige Höhe der Lohnsteuer wird im Lohnsteuer-Jahresausgleich festgestellt.

Freibeträge können für die **Werbungskosten** aus der Arbeitnehmertätigkeit, für **Sonderausgaben** oder für **außergewöhnliche Belastungen** (z. B. Krankheits- und Pflegekosten) für maximal zwei Steuerjahre beantragt werden.

Beispiele für **Werbungskosten**:

- Aufwendungen für Wege zwischen Wohnung und Tätigkeitsstätte (Entfernungspauschale)
- Aufwendungen für Arbeitsmittel
- doppelte Haushaltsführung
- Beiträge zu Berufsverbänden
- berufliche Fortbildungskosten

Beispiel

Eine Angestellte im Architekturbüro hat in ihrer LSt-Karte (Lohnsteuerklasse III) einen Freibetrag von 100,– € eintragen lassen, der im Lohnsteuer-Jahresausgleich verrechnet werden muss. Ihr Lohnsteuerabzug beträgt dann laut Steuertabelle:

Bruttolohn	=	2 877,99 €
– Freibetrag	=	100,00 €
lohnsteuerpflichtig	=	2 777,99 €
Lohnsteuer	=	206,33 €

Der Bruttolohn vermindert sich durch Abzüge für Lohn- und Kirchensteuer, Solidaritätszuschlag und Sozialversicherungen zum Nettolohn.

E

E8 Kalkulation

Bei der Kalkulation geht es darum, die Kosten von Bauleistungen für die Erstellung eines Angebotes im Voraus (Angebotskalkulation) zu erfassen. Die kalkulierten Preise der Teilleistungen, die im Leistungsverzeichnis einer Ausschreibung aufgeführt sind, sollen addiert ein Angebot ergeben, das einerseits so niedrig ist, dass man gegen die Konkurrenz die Arbeit erhält. Andererseits soll es jedoch so hoch sein, dass es alle entstehenden Kosten der Bauausführung deckt und einen Gewinn ergibt. Beim Kalkulieren können viele Kosten (z. B. des Materials) errechnet werden. Andere Kosten, z. B. Lohnkosten, sind sehr schwer im Voraus zu bestimmen, sie sind zu schätzen oder besser aus der Erfahrung anzunehmen.

Unmittelbare Kosten der Teilleistungen + **Mittelbare Kosten der Teilleistungen** + **Wagnis und Gewinn** + **Mehrwertsteuer (Umsatz-)** = **Angebotssumme**

Unmittelbare Kosten der Teilleistungen

Stoffkosten Material

Baustoffe (Pflastersteine, Beton, Fertigteile) Bauhilfsstoffe (Schalung, Nägel, Dichtungsmittel) Betriebsstoffe (Benzin)

Lohnkosten

Löhne (Zeit- oder Leistungslöhne) der Poliere, Facharbeiter, Helfer Maschinisten und Auszubildenden

Lohnzusatzkosten wie Soziallöhne (z. B. Feiertage, gesetzliche Sozialkosten, -versicherungen), tarifliche Sozialkosten (Urlaubsgeld, Lohnausgleich, Berufsausbildung usw.),

Lohnnebenkosten (Fahrtkosten, Auslösung usw.) und lohnbedingte Zuschläge (für Mehrarbeit, Erschwernisse usw.)

Mittelbare Kosten der Teilleistungen

Gemeinkosten der Baustelle

Geräte- und Maschinenkosten (Abschreibung, Verzinsung, Reparatur) Werkzeuge und Kleingeräte Baustelleneinrichtung Allg. Baustellenkosten (Büro) Sozialversicherungsanteile

Sonderposten (Zinsen, Versicherungen)

Allgemeine Geschäftskosten

Betriebsleitung (Unternehmerlohn) Verwaltung (Gehälter, Betriebsgebäude, Bürokosten, Pkw, Telefon) Werkstatt und Bauhof (Löhne, Maschinen) Steuern (Gewerbe-)Versicherungen Beiträge (Innung, IHK)

Prämien

Werbung

Rechtskosten

Wagnis und Gewinn

Gewinn (für technische und organisatorische Leistungen des Unternehmers, Verzinsung des Betriebskapitals) Wagnis (Kalkulations-, Preis-, Gewährleistungs-, allg. Verlustwagnis)

= Nettoangebotssumme

= Bruttoangebotssumme

Stoffkosten	15,00 EUR
+ Lohn- und Lohnzusatzkosten 0,22 h/m² x 46,00 EUR/h	10,12 EUR
+ Gemeinkosten der Baustelle 15 % von 10,12 EUR	1,52 EUR
= Herstellungskosten (ohne Stoffkosten)	11,64 EUR
+ Allgemeine Geschäftskosten 10 % von 11,64 EUR	1,16 EUR
= Selbstkosten	12,80 EUR
+ Wagnis und Gewinn 5 % von 12,80 EUR	0,64 EUR
= Nettoangebotspreis (einschl. Stoffkosten)	28,44 EUR
+ Mehrwertsteuer 19 % von 28,44	5,40 EUR
= Bruttoangebotspreis	33,84 EUR

Anmerkungen

Es sind jeweils nur wenige Beispiele zu Lohnkosten, Stoffkosten usw. genannt.

Stoff- und Lohnkosten werden häufig ungenau als Herstellkosten bezeichnet.

Als Selbstkosten werden oft die Netto-Angebotssummen ohne Wagnis und Gewinn bezeichnet.

Abb. E52: Zusammensetzung einer Angebotssumme

E

Die Kosten der Erfassung eines Bauwerkes gliedern sich in:

- **Einzelkosten der Teilleistungen**
  Das sind alle Kosten, die den einzelnen Positionen des Leistungsverzeichnisses direkt zuzuordnen sind. Dazu gehören Lohn- und Materialkosten, meist aber auch die Kosten für Abschreibung, Verzinsung und Reparatur von Großmaschinen (Gerätekosten).
- **Gemeinkosten der Baustelle**
  Das sind alle allgemeinen Kosten, die auf einer (dieser) Baustelle entstehen, aber nicht genau aufgeteilt oder zugeordnet werden können. Dazu gehören Kosten der Baustelleneinrichtung (wenn keine gesonderte Position im LV), Gerätekosten (sofern nicht als Einzelkosten der Teilleistung berechnet), Kosten für Werkzeuge und Kleingeräte, Baustellengehälter, Kosten für die technische Bearbeitung, Kontrolle, Ver- und Entsorgung der Baustelle usw.
- **Allgemeine Geschäftskosten**
  Das sind alle Kosten, die nicht für die einzelne Teilleistung oder die einzelne Baustelle entstehen, sondern für den Gesamtbetrieb. Es sind folglich Kosten, die auch auf alle Bauaufträge eines Jahres anteilmäßig verteilt werden müssen. Dazu gehören: Kosten für Geschäftsführung, allgemeine und technische Verwaltung (Personal für Buchhaltung, Einkauf, technische Leitung), Bauhof und Fuhrpark, Ausbildung, Werbung, Versicherungen und vieles andere.
- **Wagnis und Gewinn**
  Mit einem Zuschlag für Wagnis und Gewinn sowie für die Verzinsung des eingesetzten Kapitals soll das allgemeine Unternehmenswagnis, also alle Risiken, die sich aus Preis, Konjunktur, Auftragslage, Gewährleistung, Bauverfahren, Wetter usw. ergeben, abgedeckt werden. Ein Gewinn ist notwendig, um Rücklagen zu bilden, Neuinvestitionen oder Modernisierungen durchzuführen, den Fortbestand des Unternehmens zu sichern.

Einzelkosten der Teilleistungen	(EKT)
+ Gemeinkosten der Baustelle	(GK)
= Herstellkosten	
+ Allgemeine Geschäftskosten	(AGK)
= Selbstkosten	
+ Wagnis und Gewinn	(W + G)
= Netto-Angebotssumme	
+ Umsatzsteuer (Mehrwertsteuer)	(MwSt)
= Brutto-Angebotssumme	

Abb. E 53: Kostenermittlung

Bei den in der Bauwirtschaft üblichen Kalkulationsverfahren werden die Gemeinkosten der Baustelle, die Allgemeinen Geschäftskosten sowie Wagnis und Gewinn meist den Einzelkosten der Teilleistungen zugeschlagen. Zu unterscheiden sind:

- Kalkulation über die Endsumme (Umlagekalkulation):
  Hierbei werden die Gemeinkosten der Baustelle jeweils für jede Baustelle genau ermittelt. Aus den einzelnen Kostengruppen ergibt sich zunächst die Angebotsendsumme (Gesamtsumme), die mit Hilfe eines Zuschlag-Satzes für die einzelnen Kostengruppen (Gemeinkosten der Baustelle usw.) in Einzelpreise unterteilt wird.
- Kalkulation mit vorbestimmten Zuschlägen (Zuschlagskalkulation):
  Gemeinkosten der Baustelle, Allgemeine Geschäftskosten sowie Wagnis und Gewinn werden jährlich im Gesamtbetrieb ermittelt und mit einem Zuschlag auf die Teilleistungen aller Arbeiten und Bauvorhaben eines Jahres verteilt.

Die Zuschlagskalkulation ist bei den kleineren und mittelgroßen Betrieben und allen „normalen" Baustellen üblich.

Lohnkosten

Der Lohn wird als Zeitlohn oder Leistungslohn angenommen. Zum Zeitlohn als Gesamt-Tarifstundenlohn (Grundlohn = 100 %) kommen hinzu:

- Gesetzliche Löhne (Feiertage, Krankheitstage usw.) mit ca. 15 %,
- Tarifliche Soziallöhne (Urlaub, Urlaubsgeld, Zusatzversorgung, Zuschläge, Weihnachtsgeld usw.) mit ca. 25 %,
- Gesetzliche Sozialkosten des Arbeitgebers (Renten-, Arbeitslosen-, Kranken-, Unfall-, Pflegeversicherung) mit 30 % bis 35 %,
- Lohnnebenkosten (Fahrgeld, Auslösung usw.) mit ca. 15 %,
- Lohngebundene Kosten (Haftpflicht usw.) mit ca. 4 %.

Alle Lohnzusatzkosten zusammen ergeben je nach Betrieb, Art der Baustelle usw. einen Zuschlag von 80 % bis 110 % auf den Grundlohn.

Tabelle E54: Nettoangebotspreis (ohne MwSt) für eine Teilleistung
(aus einem Angebot 09/2008)

Pos	Stl-Nr.	Menge AE	Einheitspreis in EUR	Gesamtbetrag in EUR
01.06.018.	115 137 3041 1205	630 m^2	22,64	14 263,20
	Betonsteinpflasterdecke herstellen. Ausführung in Geh- oder Radwegflächen. Betonpflastersteine DIN EN 1338 (100/200/80 mm), mit Fase. Nutzfläche = ungefärbt. Steine im Läuferverband verlegen. Bettungsmaterial = Brechsand-Splitt-Gemisch. Fugenmaterial = Brechsand-Splitt-Gemisch 0/5.			

Beispiel

Mit welchem Lohn muss für einen Spezialfacharbeiter bei 95 % Lohnzuschlag gerechnet werden?

Tariflohn (2015, West)	17,61 €
+ Bauzuschlag	1,03 €
= Gesamt-Tarifstundenlohn	18,64 €
+ 95 % Lohnzusatzkosten	17,71 €
= Kalkulationslohn	36,35 €

Mittellohn

Da an der Erstellung eines Bauwerks oder der Ausführung der Teilleistungen immer mehrere Mitarbeiter (mit unterschiedlichen Löhnen) beteiligt sind, wird meist mit einem Mittellohn kalkuliert. Der Mittellohn kann mit oder ohne Aufsichtspersonal (Schachtmeister/Polier/Ingenieur/Architekt) berechnet werden, je nachdem, ob die Aufsichtsperson aktiv an der Ausführung beteiligt ist oder ob sein Lohn/Gehalt in die Gemeinkosten der Baustelle eingerechnet wird.

Zuschlagssätze

Der Anteil der Gemeinkosten der Baustelle an den Herstellkosten kann von Betrieb zu Betrieb, von Baustelle zu Baustelle stark schwanken. Er hängt auch davon ab, ob Gerätekosten, Baustelleneinrichtung und -sicherung, Kosten für das Aufsichtspersonal usw. bereits als Einzelkosten der Teilleistungen berechnet sind oder nicht. Ein Zuschlag für die Gemeinkosten der Baustelle von 10 % bis 20 % der Lohnkosten zu den Einzelkosten der Teilleistungen ergibt die Herstellungskosten.

Mit einem Zuschlag von 10 % bis 15 % der Herstellungskosten für die Allgemeinen Geschäftkosten entstehen die Selbstkosten. Mit z. B. 5 % der Selbstkosten für Wagnis und Gewinn ergibt sich der Nettoangebotspreis (ohne Mehrwertsteuer).

Beispiel

Wie hoch ist der Mittellohn (ohne Lohnzuschläge) für eine Kolonne aus einem Bauvorarbeiter, zwei Gesellen (Spezialbau-Facharbeiter), einem Baufacharbeiter und einem Baufachwerker?

1 Vorarbeiter	19,57 €
2 Gesellen	37,28 €
1 Facharbeiter	17,07 €
1 Fachwerker	16,62 €
	90,54 €
Mittellohn (90,54 € : 5)	18,11 €

Beispiel

Wie viel % der Angebotssumme entsprechen 10 % Allgemeine Geschäftskosten und 5 % Wagnis und Gewinn der Herstellkosten?

$$\text{Zuschlag} = \frac{(10 + 5)}{(100 - 15)} = 17{,}65$$

entspricht 17,65 % Zuschlag

Werden alle „gemeinen" Kosten (GK, AGK, W + G) auf die Lohnkosten bezogen, so ergibt sich je nach Betrieb ein Gesamtzuschlag auf den Gesamt-Tarifstundenlohn (oder den Mittellohn der Baustelle) von 150 % bis 190 %.

Beispiel

Wie hoch muss eine Baufirma eine Gesellenstunde anbieten, wenn ihr Gesamtzuschlag notwendigerweise bei 170 % liegt?

Stundenlohn	18,64 €
+ 170 % von 18,04 €	31,69 €
Angebotsstunde	50,33 €

E

Werden lohnbedingte Zuschläge (z. B. für Überstunden) und Lohnnebenkosten (z. B. Fahrtkosten) direkt in einen Baustellen-Mittellohn eingerechnet, so wird der Gesamtzuschlag auf den Mittellohn geringer sein.

Häufig wird auch ein Teil der Gemeinkosten auf das Material verteilt, was dann den Gesamtzuschlag auf den Lohn verringert.

Beispiel

Eine Baufirma kauft Baustoffe für 30,– €/m² frei Baustelle ohne MwSt ein. Sie kalkuliert mit 5 % Verlust und Bruch und mit einem Gemeinkostenzuschlag von 10 %.

Einkaufspreis	30,00 €/m²
Verlust/Bruch 5 % von 30,00	1,50 €/m²
	31,50 €/m²
Gemeinkosten 10 % von 31,50	3,15 €/m²
Materialpreis für die Kalkulation	34,65 €/m²

Einzelkosten der Teilleistungen

Einzelkosten der Teilleistungen werden aus Lohn-, Material- und Gerätekosten errechnet. Dabei muss als wichtigste Größe der Zeitaufwand pro Mengeneinheit angenommen, kalkuliert werden. Wichtiger und richtiger als empfohlene Stundenansätze sind betriebseigene Erfahrungswerte aus der Nachkalkulation.

Beispiel

Zum Aushub einer Baugrube ist ein Hydraulikbagger vorgesehen. Das Gerät löst und lädt stündlich 25 m³ Boden. Die Gerätekosten je Betriebsstunde betragen 75,00 €, die Zuschläge für die Gemeinkosten der Baustelle betragen 15 %, die der allgemeinen Geschäftskosten 10 % und die für Wagnis und Gewinn 3 %.

Berechnung des Einheitspreises

Einzelkosten der Teilleistung lösen und laden von 1 m³ Aushub 75,00 €/h : 25 m³/h = 3,00 €/m³
Zuschlag für Gemeinkosten der Baustelle
3,00 €/m³ · 0,15 = 0,45 €/m³
Herstellungskosten = 3,45 €/m³

Allgemeine Geschäftskosten
3,45 €/m³ · 0,10 = 0,35 €/m³
Selbstkosten = 3,80 €/m³

Wagnis und Gewinn 3,80 €/m³ · 0,03 = 0,11 €/m³
Einheitspreis (Netto) = 3,91 €/m³

Beispiel

Für folgende Position eines Angebotes vom 02.09.2019 ist der Angebotspreis für 1 m² bei einem Baustellen-Mittellohn von 18,11 €/h und einem betrieblichen Gesamtzuschlag von 165 % zu ermitteln

Pos. 4.07

150 m² Gehwegplatten aus Beton verlegen.
Material
Einschichtig mit gebrochenem Felsgestein und quarzhaltigem Natursand in den Abmessungen 35 cm × 35 cm × 6 cm, gem. DIN.
Rechtwinklig zum Rand mit durchlaufender Fuge verlegen, in Radien entsprechend zuschneiden. Bettung aus Pflastersand 3 cm dick herstellen und mit Pflastersand einschlämmen, Einbauten mit Klein- bzw. Mosaikpflaster grau einpassen.
Für 1 m² ....

Materialkosten	
Gehwegplatten frei Baustelle	9,80 €
Verlust/Bruch 5 % von 9,80 €	0,49 €
Pflastersand (Bettung und Einschlämmen) 0,07 m³/m² × 12,00 €/m³	0,84 €
Lohnkosten	
0,45 h/m² · 18,43 €/h (LG 4, 2018)	8,29 €
165 % von 8,29 €	13,68 €
Netto-Angebotspreis	33,24 €
Im Leistungsverzeichnis erscheint: 150 m² Gehwegplatten ... für 1 m² 33,24 €	4986,00 €

Kalkulatorische Kosten

Kalkulatorische Kosten sind Kosten, denen kein direkter Aufwand zugeordnet werden kann. Diese dienen dazu, die Kostenrechnung in ihrer Genauigkeit zu verbessern.

Zu den kalkulatorischen Kosten zählen:

- die kalkulatorische Miete (unabhängig von der realen Mietsituation, auch wenn keine Miete anfällt)
- der kalkulatorische Unternehmerlohn
- die kalkulatorische Abschreibung/Zinsen (auch für Eigenkapital)
- das kalkulatorische Wagnis (z. B. Entwicklungs-Wagnis, Preisverfall)

Kalkulatorische Kosten können nur aufgerechnet werden, wenn die konjunkturelle Situation dies zulässt. Gewinn und Verlust wird unabhängig von den kalkulatorischen Kosten ausgewiesen.

E9 Gleichungen und Gleichungssysteme

Gleichungen bestehen aus Termen, die mit einem Gleichheitszeichen verbunden sind. Ein Term ist eine sinnvolle Kombination von Zahlen, Variablen und Rechenzeichen (Operatoren).

$a_n x^n + a_{n-1} x^{n-1} + \ldots + a_2 x^2 + a_1 x + a_0$
für $n = 1$ folgt $a_1 x + a_0$ Gleichung 1. Grades
für $n = 2$ folgt $a_2 x^2 + a_1 x + a_0$ Gleichung 2. Grades
mit den Koeffizienten a, den Variablen x und $n \in \mathbb{N}$,

Es werden Zahlengleichungen bzw. Größengleichungen [identische Gleichungen, Identität, z. B. 30,00 m + 24 cm = 30,24 m oder das Binomen $(a + b)^2 = a^2 + 2ab + b^2$] sowie Formeln und Bestimmungsgleichungen [z. B. Flächeninhaltsformel $A = a \cdot b$ und Gleichung $x + 5 = 33$, mit den Variablen a, b bzw. x, y, z] unterschieden.

Bestimmungsgleichungen werden weiter in algebraische und transzendente Gleichungen unterschieden.

In einer algebraischen Gleichung werden mit der oder den Unbekannten (Variablen) nur algebraische Rechenoperationen vorgenommen ($+, -, \cdot, :, \sqrt{}, a^b$).

Beispiele

$x^3 + x^2 + x - 12 = 0$ oder $9x - 7 = 4 \cdot \sqrt{16}$

Alle Bestimmungsgleichungen, die nicht algebraisch sind, nennt man transzendent.

Beispiele

$\sin(x) + 4 = 4{,}8$ oder $\sin^2 x + \cos^2 x = 1$

Eine Bestimmungsgleichung wird durch Äquivalenzumformung gelöst. Eine Äquivalenzumformung ist eine Umformung bei der die Lösungsmenge der Gleichung nicht verändert wird.

Äquivalenzumformungen sind Addieren, Subtrahieren, Multiplikation mit Werten ungleich Null und Division durch Werte ungleich Null.

Zu beiden Seiten einer Gleichung kann ein Wert addiert oder subtrahiert werden. Beide Seiten können mit dem gleichen Faktor multipliziert werden.

Beispiele

Das Potenzieren ist keine Äquivalenzumformung.
$x = 4 \quad | \,()^2$ nur 4 ist Lösung dieser Gleichung
$x^2 = 16 \quad -4^2 = 16$ und $4^2 = 16$
Nach dem Quadrieren ist auch –4 Lösung der umgeformten Gleichung.
Wenn nach dem Quadrieren einer Gleichung die Lösung berechnet worden ist, ist stets die PROBE in der Ausgangsgleichung vorzunehmen.

Beispiele

$x/3 + 5 = 6 + 2x$ | Multiplizieren mit 3
$x + 15 = 18 + 6v$ | $-6x$
$-5x + 15 = 18$ | -15
$-5x = 3$ | $:-5$
$x = -3/5$

Funktionsgleichungen

Zur Angabe einer Funktionsgleichung gehört stets die Angabe für welche Zahlen die Funktionsgleichung gelten soll (Definitionsbereich).

Bei einer Funktionsgleichung kann zu jedem x-Wert eindeutig ein y-Wert (Funktionswert) berechnet werden. Durch eine Funktion wird jedem Wert einer Definitionsmenge (unabhängige Variable; x-Wert) durch eine Zuordnungsvorschrift (Funktionsgleichung) eindeutig ein Wert (abhängige Variable; y-Wert) einer Wertemenge zugeordnet.

Funktionen werden in der Technik durch eine Funktionsgleichung, eine Wertetabelle oder durch einen Funktionsgraphen angegeben.

Beispiele

$f(x) = 2x + 4 \quad \mathbb{D} = \{x \mid 4 \leq x \leq 8\}$

Wertetabelle

x	4	5	6	7	8
y	12	14	16	18	20

Funktionsgraph im kartesischem Koordinatensystem

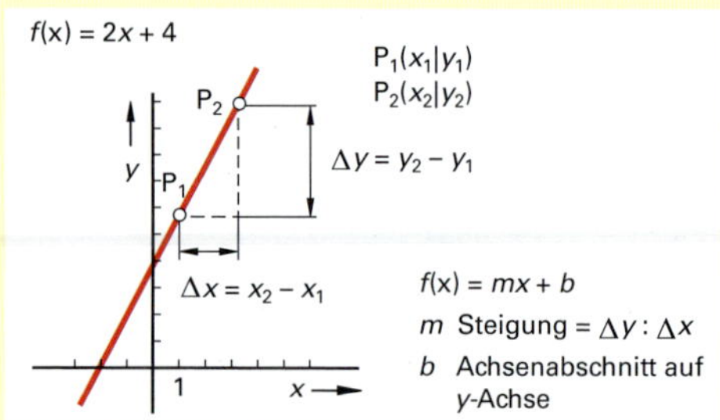

Für die Darstellung des Funktionsgraphen wird das kartesische Koordinatensystem verwendet. Im kartesischen Koordinatensystem wird jeder Punkt der Ebene eindeutig durch einen x-Wert (waagerecht, Abszisse) und einen y-Wert (senkrecht, Ordinate) angegeben (vgl. Beispiel). Im Polarkoordinatensystem wird jeder Punkt durch eine Winkelangabe und eine Streckenangabe bestimmt (vgl. im Kapitel C Vermessung Abb. C 21).

Gleichung 1. Grades

(lineare Gleichung mit einer Variablen)

Normalform:	$ax + b = 0$ oder $a_1x + a_0 = 0$
Konstanten:	a, b mit $a \neq 0$; Variable x
Lösung:	$x = b/a$

Beispiel

$$4\,(x+1) - 1 = 15 + 8x \quad | \text{ Klammer lösen}$$
$$4x + 4 - 1 = 16 + 8x \quad | -8x$$
$$4x + 4 - 1 - 8x = 15 \quad | -15$$
$$4x + 4 - 1 - 8x - 15 = 0 \quad | \text{ Zusammenfassen}$$
$$-4x - 12 = 0 \cdot (-1) \quad |$$
$$4x + 12 = 0$$

Lösung: $x = -3$

Lineare Gleichungssysteme

(lineare Gleichungen mit zwei Variablen)

Ein lineares Gleichungssystem (LGS) ist ein System von zwei oder mehreren linearen Gleichungen mit mindestens zwei Variablen. Um die beiden Variablen (x_1, x_2 oder auch x, y) zu bestimmen, bedarf es zweier von einander unabhängigen Gleichungen (bei n Variablen dann n unabhängige Gleichungen).

Ein solches System zu lösen heißt, die Variablen so zu bestimmen, dass diese die Gleichungen des Systems gleichermaßen erfüllen. Übliche Lösungsverfahren sind das Einsetzungsverfahren, das Additionsverfahren sowie das Gleichsetzungsverfahren.

Beispiel

(1) $2x + 3y - 17 = 6x + 9y$
(2) $4 \cdot (x - 3y) = 8$

Lösung mittels Einsetzungsverfahren
Gleichung (2) durch Umformen und Zusammenfassen nach v auflösen und in ungeformte Gleichung (1) einsetzen.

(1) $2x + 3y - 17 = 6x + 9y - 19 \;|\; \underbrace{-(6x + 9y - 19)}$ Rechenvorschrift für linke und rechte Seite

(1') $-4x - 6y + 2 = 0$

(2) $4\,(x - 3y) = 8 \quad | (-4x)$
$4x - 12y = 8 \quad | : (-12)$
$-12y = 8 - 4x$

(2') $y = -\frac{2}{3} + \frac{1}{3}x$

(2') in (1') $-4x - 6(-\frac{2}{3} + \frac{1}{3}x) + 2 = 0$
$-4x + 4 - 2x + 2 = 0$
$-6x + 6 = 0 \quad | (-6)$
$-6x = -6 \quad | : (-6)$
$x = 1$

in (2') eingesetzt $y = -\frac{2}{3} + \frac{1}{3} \Rightarrow y = -\frac{1}{3}$

Beispiel

Lösung mittels Gleichsetzungsverfahren
System aus zwei Gleichungen mit zwei Variablen. Beide Gleichungen werden nach der gleichen Variablen aufgelöst und anschließend gleichgesetzt (Gleichsetzungsverfahren).

$x = 4y - 2$ und $x - 3y = 5$
$x = 5 + 3y$

Terme gleichsetzen
$4y - 2 = 5 + 3y$
Gleichung nach y auflösen
$y = 7$ und $x = 26$

Beispiel

Lösung mittels Additionsverfahren
System aus zwei Gleichungen mit zwei Variablen. Durch Addition bzw. Subtraktion der beiden Gleichungen wird eine Variable eliminiert. Falls erforderlich müssen die Gleichungen vorher mit geschickt gewählten Zahlen multipliziert werden (Additionsverfahren).

$3x + y = 5$ und $2x - 2y = 6$
$6x + 2y = 10$
Addition der beiden Terme
$6x + 2y = 10$
$\underline{2x - 2y = 6}$
$8x = 16$
$x = 2$ und $y = -1$

Sonderfall

System aus zwei Gleichungen mit zwei Variablen. Eine Gleichung ist quadratisch, eine ist linear. Das Einsetzungsverfahren führt zum Ziel.

$\mathbf{x^2 + y^2 = 25}$ und $\mathbf{x + y = 7}$
$x = 7 - y$

Term für x einsetzen
$(7 - y)^2 + y^2 = 25 \Rightarrow y^2 - 7y + 12 = 0$

quadratische Gleichung nach y auflösen
$\mathbf{y = 4}$ oder $\mathbf{y = 3}$
$\mathbf{x = 3}$ oder $\mathbf{x = 4}$

Sonderfall

System aus zwei Gleichungen mit zwei Variablen. Beide Gleichungen sind reinquadratisch. Das Additionsverfahren führt zum Ziel.

$\mathbf{9x^2 - 2y^2 = 18}$ und $\mathbf{5x^2 + 3y^2 = 47}$
$27x^2 - 6y^2 = 54$ $\quad 10x^2 + 6y^2 = 94$
Addition der beiden Terme
$27x^2 - 6y^2 = 54$
$\underline{10x^2 + 6y^2 = 94}$
$37x^2 = 148$
$\mathbf{x = 2}$ oder $\mathbf{x = -2}$
$\mathbf{y = 3}$ oder $\mathbf{y = -3}$

Gleichung 2. Grades
(quadratische Gleichung mit einer Variablen)

Normierte Form: $x^2 + px + q = 0$
oder $a_2x^2 + a_1x + a_0 = 0$
Konstanten: p und q; Variable: x
Lösung (p, q-Formel)

$$x_{1/2} = -\frac{p}{2} \pm \sqrt{\left(\frac{p}{2}\right)^2 - q}$$

Beispiele

$3x^2 + 4x - 4 = 5 - 2x$ | $1 + 2x - 5$
$3x^2 + 6x - 9 = 0$ | $:3$
$x^2 + 2x - 3 = 0$ | Normierte Form

$$x_1 = -\frac{2}{2} + \sqrt{\left(\frac{2}{2}\right)^2 - (-3)}$$

$x_1 = -\frac{2}{2} + \sqrt{4} = 1$ $\quad$ $x_2 = -\frac{2}{2} - \sqrt{4} = -3$

$x^2 - 4x = 0 \Rightarrow x \cdot (x - 4) = 0$
$x_1 = 0$ und $x_2 = +4$
$3 \cdot (x - 1) \cdot (x + 3) = 0 \Rightarrow x_1 = 1$ und $x_2 = -3$
oder $3x^2 + 6x - 9 = 0$

Für die Lösung der quadratischen Gleichung gelten die **Wurzelsätze von Vieta.**

$$x_1 + x_2 = -p \quad \text{und} \quad x_1 \cdot x_2 = q$$

Ist x_1 und x_2 errechnet, ermöglichen die Wurzelsätze eine Rechenkontrolle der Lösung. Ist bereits eine Lösung der quadratischen Gleichung in der normierte Form (d.h. vor dem x^2 steht die Konstante 1) bekannt, wird die andere mit den Wurzelsätzen von Vieta berechnet.

Bruchgleichungen

Wenn in einer Gleichung die Variable im Nenner vorkommt, heißt diese Gleichung Bruchgleichung. Da die Division durch Null nicht definiert ist, darf x nur so gewählt werden, dass keiner der Nenner Null wird.

Beispiel

$\frac{1}{x} + \frac{2}{2 - x} = 5$ mit $\mathbb{D} = \mathbb{R} \setminus \{0,2\}$

$x \neq 0$ und $x \neq 2$, d.h. die Zahlen 0 und 2 gehören nicht zum Definitionsbereich $\mathbb{D}$ (Grundmenge $\mathbb{G}$, im Regelfall $\mathbb{G} = \mathbb{R}$).

Ungleichungen

Ungleichungen sind Aussageformen, die durch Verbindung zweier Terme mit einem der nachfolgenden aufgeführten Zeichen entstehen:
≤ (gleich oder kleiner), < (kleiner),
≥ (gleich oder größer), > (größer),

Ungleichungen werden gelöst wie Gleichungen. Eine Ausnahme ist zu beachten: Bei der Multiplikation mit Werten < 0 ändert sich das Relationszeichen. Bei Multiplikation mit Termen die die Variable enthalten, sind Fallunterscheidungen $x > 0$ und $x < 0$ notwendig.

Aufgaben zum Teilkapitel E 9

1. Berechnen Sie x (mit Probe).
   a) $3x = 48{,}6$ e) $0{,}25x = 35$
   b) $5x + 2{,}5x = 37{,}5$ f) $0{,}125x + 25 = 37{,}5$
   c) $4x = 98 - 3x$ g) $10 \cdot (x - 2) = 6x + 8$
   d) $9x = 90 - 3x$ h) $5x = 64 + 3x/7$

2. Berechnen Sie x und die dazugehörige Einheit.
   a) $1{,}500$ m + $0{,}750$ m + x = 3125 mm
   b) $5 \cdot 1{,}01$ m + $6x$ = $5{,}77$ m
   c) 96 cm² /x = 16 m
   d) $(x/3) \cdot 35$ cm $\cdot$ 25 cm = 4375 cm³

3. Berechnen Sie die Variablen x und y.
   a) $6x + 3y = 9$ und $-2y + x = 7$
   b) $x + y = 7$ und $x - y = 1$
   c) $15x + 2y = 126$ und $3x - 4y = 12$

4. Berechnen Sie x und legen Sie den Definitionsbereich fest.
   a) $5/x = 9$ b) $7/x + 4/3 = (23 - x)/3x - 1/x$
   c) $(2x + 4)/3 : (9x - 5)/4$

5. Berechnen sie die Lösungen der quadratischen Gleichungen. Beachten Sie, dass die zweite Wurzel aus einer negativen Zahl keine reelle Lösung ergibt.
   a) $x^2 - 12x = 0$ c) $3x^2 - 33x = -30$
   b) $x^2 - 0{,}5x = 0$ d) $x^2 - x - 2 = 0$

6. Lösen Sie folgende Ungleichungen
   a) $2x + 3 < 5$ b) $x + 4 \geq 2x + 1$

7. Berechnen Sie die Systemlängen a, b, c, d und e.

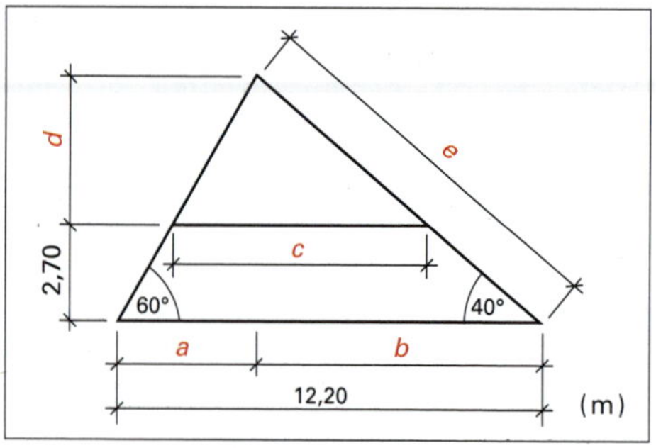

8. Berechnen Sie die Länge t.

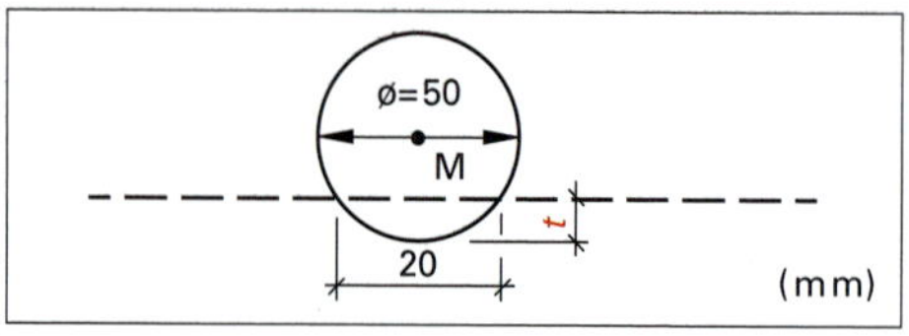

F Grundlagen der Statik

F1 Kräfte

Tragkonstruktionen und Bauteile sind Körper die sich verformen lassen. Jeder Körper besitzt eine Masse, die infolge der Erdanziehung ein Gewicht hat. Die Gewichtskraft eines Körpers ist die von der Erdanziehung ausgeübte Kraft.

Die Kraftwirkung versucht den Körper zu bewegen. Wird die Bewegung verhindert, z. B. durch Unterstützung des Körpers, verformt sich der Körper.

Die Wirkung einer Kraft erzeugt Bewegung und Verformung.

Die Einheit der Kraft ist im Internationalen Einheitensystem eine abgeleitete Größe. Die Einheit für die Kraft ist das Newton [N].

1 N ist die Kraft, die einem Körper mit der Masse 1 kg die Beschleunigung 1 m/s^2 verleiht.

Mit der Erdbeschleunigung von 9,80665 m/s^2 (~10 m/s^2) ergibt sich die Gewichtskraft eines Körpers mit der Masse 1 kg zu 10 N.

Beispiel

Verdeutlichung von Kraftgrößen
Handwerker mit Tasche
Masse = 100 kg ≙ 1 000 N = 1 kN
Kleinwagen
Masse = 1,0 t = 1 000 kg ≙ 10 000 N = 10 kN
Mittelklasse PKW
Masse = 1,5 t = 1 500 kg ≙ 15 000 N = 15 kN

Eine Kraft ist eindeutig bestimmt durch Betrag, Richtung, Richtungssinn und Angriffspunkt.

Eine Kraft wird dargestellt durch eine Strecke mit Pfeil („Kraftvektor"). Die Größe der Kraft wird durch die Länge der Strecke zeichnerisch dargestellt (Kräftemaßstab z. B. 1 cm = 1 kN) nachdem ein Kräftemaßstab gewählt wurde. Die Richtung der Kraft wird durch die Pfeilspitze angegeben (vgl. Abb. F 1).

Die Lage der Kraft wird durch die Wirkungslinie der Kraft gegeben. Für die Untersuchung von Gleichgewichtszuständen kann die Kraft auf der Wirkungslinie verschoben werden. Für die örtliche Reaktion ist jedoch der Angriffspunkt der Kraft entscheidend (vgl. Abb. F 2).

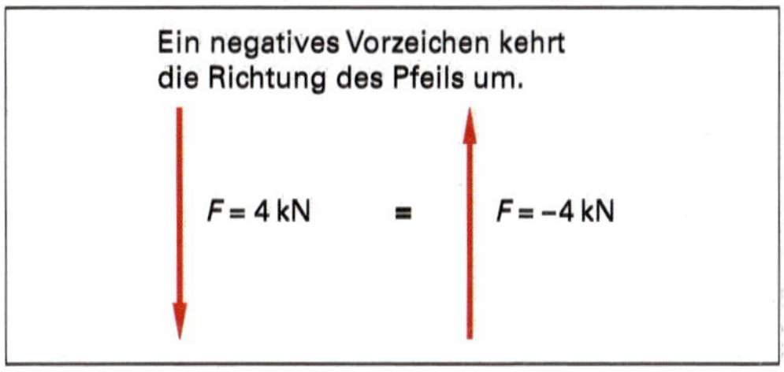

Abb. F 1: Vorzeichenreglung der Kräfte

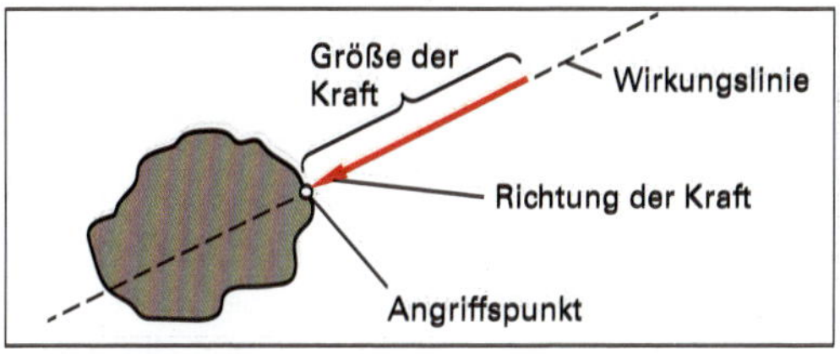

Abb. F 2: Definition einer Kraft

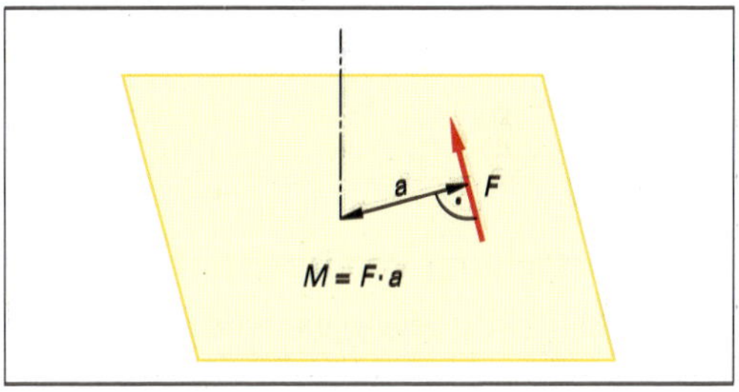

Abb. F 3: Momentenbegriff

Wird die Größe einer Kraft durch eine Zahl angegeben ist der tatsächliche Richtungssinn der Kraft durch Pfeilspitze und Vorzeichen bestimmt. Ein negatives Vorzeichen kehrt die Pfeilspitze um.

Die Darstellung der Kräfte erfolgt mit Kraftpfeilen. Die Kraft ist ein Vektor (gerichtete Größe).

F2 Momente

F2.1 Momentenbegriff

Eine Kraft erzeugt um eine Achse eine Drehung, wenn es über einen Hebelarm mit der Achse verbunden ist. In ebenen Systemen steht die Achse senkrecht auf der Ebene der Kräfte. Die Drehwirkung wird in der Mechanik als Moment bezeichnet (vgl. Abb. F 3).

Moment = Kraft · Hebelarm $M = F \cdot a$

Der Hebelarm ist stets der kleinste Abstand vom Drehpunkt zur Wirkungslinie der Kraft. Der Hebelarm steht daher stets senkrecht zur Wirkungslinie (vgl. Abb. F 4). Wird das Lot vom Drehpunkt auf die Wirkungslinie der Kraft gefällt, ergibt sich der für die Momentenwirkung maßgebliche Hebelarm.

Für Momente sind in der Bautechnik je nach Anwendung unterschiedliche Kombinationen von Krafteinheit und Längeneinheit gebräuchlich.

Gebräuchliche Momenteneinheiten in der Baumechanik sind: **N · mm, kN · cm, kN · m; MN · m**

Schreibweise in der Praxis:
Nmm, kNcm, kNm und MNm; ohne Punkt zwischen den Einheiten

Die Einheiten können jederzeit in die gewünschten Einheiten umgerechnet werden. Dabei wird schrittweise vorgegangen, indem z. B. zuerst die Länge und dann die Kraft in die gewünschte Einheit umgerechnet wird.

Beispiel

N · mm umrechnen in kN · cm
235 N · mm = 23,5 N · cm = 0,0235 kN · cm

F2.2 Darstellung von Momenten

Um ein Moment darzustellen, wird ein gebogener Pfeil benutzt. Ebenso wie bei der Darstellung von Kräften bestimmt auch hier die Richtung der Pfeilspitze und das Vorzeichen die Momentendrehrichtung.

Eine weitere Möglichkeit ist die Darstellung durch einen Vektor mit doppelter Pfeilspitze. Dabei ist die Drehung in Richtung der Pfeile im Uhrzeigersinn zu sehen. Der Vektor steht dabei senkrecht auf der Ebene.

F2.3 Versatzmoment

Für Berechnungen kann eine Kraft parallel zur ursprünglichen Lage um eine Länge zur Seite versetzt werden. Es entsteht dadurch ein zusätzliches Moment von der Größe Moment = Kraft · Länge. Die Belastung für den Körper ändert sich dadurch nicht.

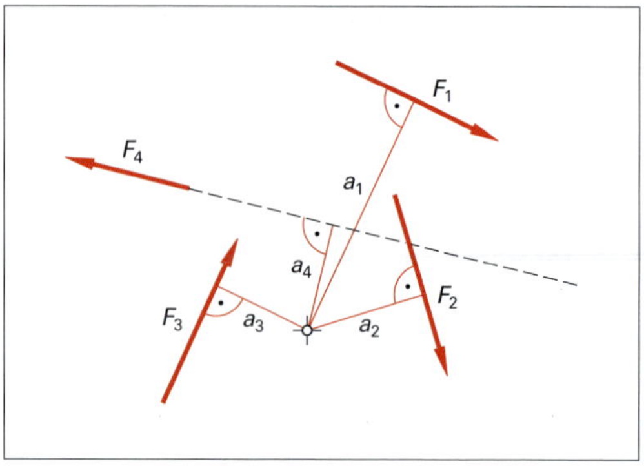

Abb. F 4: Ermittlung des Hebelarms

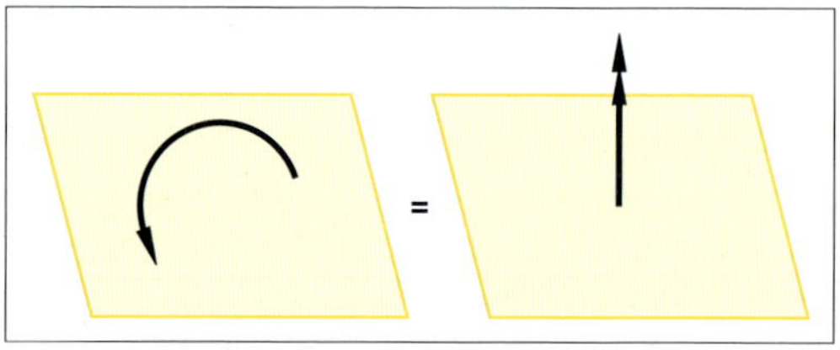

Abb. F 5: Darstellung von Momenten

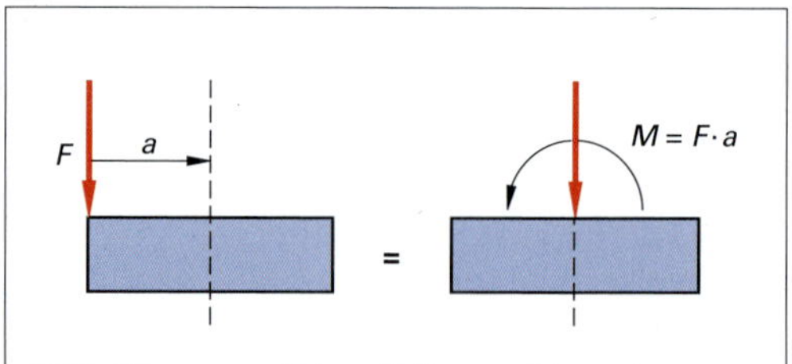

Kräfte können parallel zur Seite versetzt werden, wenn das entstehende Versatzmoment berücksichtigt wird.

Abb. F 6: Versatzmoment

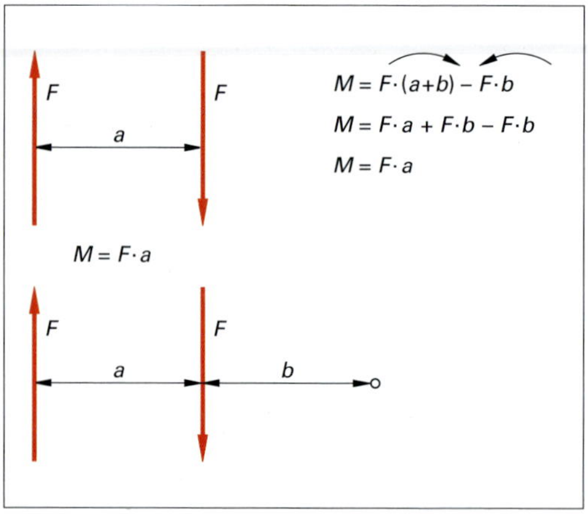

Abb. F 7: Kräftepaar

F2.4 Begriffsdefinition Kräftepaar

Wirken zwei gleichgroße Kräfte in einem definierten Abstand in entgegengesetzter Richtung, existiert ein Kräftepaar.

Ein Kräftepaar erzeugt in der Kraftebene eine Momentenwirkung. Das entstehende Moment ist um jeden beliebigen Drehpunkt in der Ebene gleich groß (vgl. Abb. F 7).

Beispiel

$M = 20{,}00\ \text{kN} \cdot \text{m}$
Kräftepaar
mit $F = 5{,}00$ kN und $a = 10{,}00$ m

Ein Kräftepaar erzeugt auf der Ebene ein Moment. Ein Moment kann in ein Kräftepaar verwandet werden.

F3 Statische Systeme

Für die statische Berechnung wird die reale Bauteilsituation auf ein möglichst einfaches Modell reduziert, welches die tatsächlich vorhandenen Bedingungen möglichst genau beschreibt. Dazu wird ein statisches System des betrachteten Bauteils abgebildet und, wenn möglich, aus Vereinfachungsgründen ein ebenes System angesetzt.

Dabei werden einfache Symbole und Bezeichnungen zur Darstellung eines solchen Systems gewählt. Balken, Stützen und Stäbe werden als Strecken gezeichnet und mit Ziffern bezeichnet.

Die Auflager werden von links nach rechts mit Großbuchstaben, beginnend mit *A*, *B* usw. (vgl. Abb. F 8) bezeichnet.

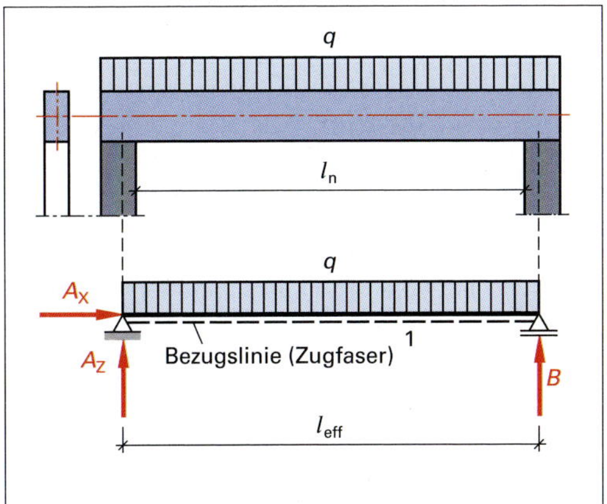

Abb. F8: Statisches System- Balken auf zwei Stützen

Für die statische Berechnung wird eine Konstruktion in ein statisches System überführt.

F3.1 Stabachse und Achsenkreuz

Als Stabachse wird die Verbindungslinie der Querschnittsschwerpunkte eines Stabes angenommen. Der Querschnitt ist stets senkrecht zur Stabachse.

Um sich im Raum zu orientieren, ist in der Mechanik ein Achsenkreuz festgelegt. Bei der Abbildung der Konstruktionen auf eine Ebene wird in der Statik vorzugsweise die durch die *x*-Achse und *z*-Achse erzeugte Ebene angenommen. Damit ergeben sich für die Querschnittsachsen die *y*-Achse und die *z*-Achse (vgl. Abb. F 9).

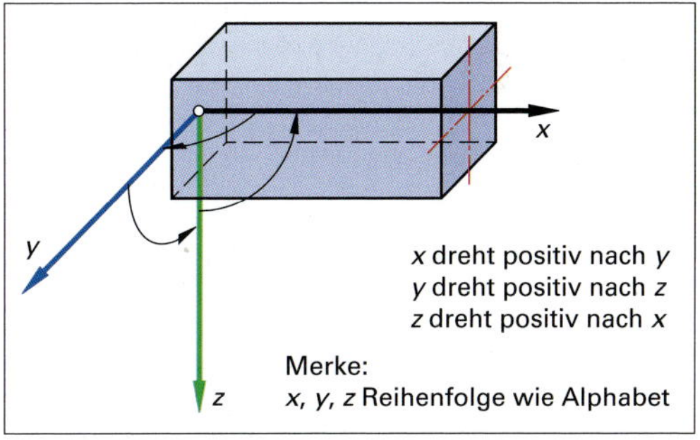

Abb. F9: Achsenkreuz Statik

Für ebene Systeme ist in der Statik die *x-z* Ebene der Normalfall Die Querschnittachsen sind die *y*-Achse und die *z*-Achse.

F3.2 Lagerarten und Einspannung

Auflager werden durch bestimmte Symbole und Großbuchstaben eindeutig gekennzeichnet.

Um zu verdeutlichen, dass an den Auflagerstellen eine gelenkige Lagerung und damit eine Verdrehung möglich ist, kann das Lager zusätzlich mit einem Kreis dargestellt werden.

Es werden drei verschiedene Lagerarten unterschieden, die alle unterschiedlichen Kräfte aufnehmen können und unterschiedliche Verdrehungen zulassen (vgl. Abb. F 10).

Eingespanntes Lager

Ein eingespanntes Lager liegt dann vor, wenn z. B. ein auskragender Balken fest mit einer Wand verbunden ist oder eine mögliche Verdrehung durch eine hohe Auflast verhindert wird.

Symbol	Lagerart
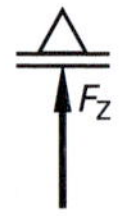	Das **bewegliche Lager** (Gleitlager) kann nur Kräfte aufnehmen, die senkrecht zu seiner Lagerebene wirken. Momente werden durch das bewegliche Lager nicht aufgenommen. Eine Verdrehung des Lagers ist möglich.
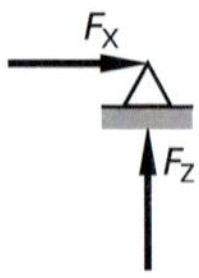	Das **feste Lager** nimmt Kräfte senkrecht und parallel zu seiner Lagerebene auf. Momente werden durch das feste Lager nicht aufgenommen. Eine Verdrehung des Lagers ist möglich.
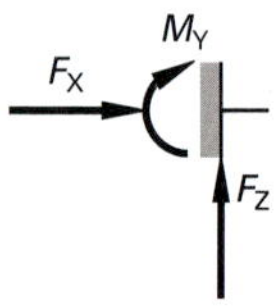	Das **eingespannte Lager** nimmt Kräfte senkrecht und parallel zu seiner Lagerebene auf. Zusätzlich kann das eingespannte Lager auch ein Moment aufnehmen. Eine Verdrehung des Lagers ist nicht möglich.

Abb. F 10: Lagerarten

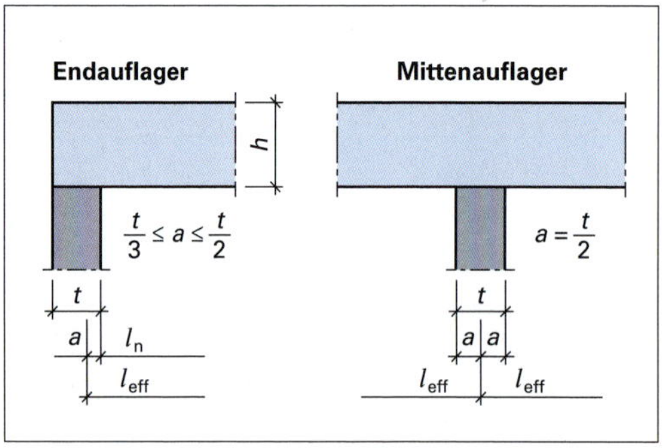

Abb. F 11: Bestimmung der effektiven Stützweite

Beschränkt sich die räumliche Ausdehnung des statischen Systems auf die *x*- und *z*-Richtung, wird das als **ebenes System** bezeichnet.

Die Situation eines Bauteils wird durch ein statisches System skizziert, in dem alle Einwirkungen und Abmessungen sowie die Auflager eingetragen werden. Es werden Gleitlager, Festlager und eingespannte Lager unterschieden.

F 3.3 Stützweiten

Die tatsächliche Stützweite unterscheidet sich von der Stützweite l_{eff} die im Statischen System verwendet wird. Dies stellt eine weitere Vereinfachung beim Übergang von der realen Bauteilsituation zum Statischen System dar, die aus der Annahme resultiert, dass sich der Balken bei Endauflagern unter den Einwirkungen verdreht und nicht mit seiner gesamten Fläche aufliegt und der Balken bei Zwischenauflagern unter den Einwirkungen zu beiden Seiten annähernd gleichstark verdreht (vgl. Abb. F 11).

Daraus ergeben sich die dargestellten Näherungen für die Ermittlung der effektiven Stützweite l_{eff} (je nach Material-/Konstrukions-Norm ist eine Benennung auch als l_{ef} bzw. $l = 1{,}05 \cdot w$ möglich).

Die effektive Stützweite zwischen zwei Auflagern berechnet sich somit wie folgt:

$$l_{eff} = l_n + a_1 + a_2$$

In der Praxis wird der Auflagerpunkt am Endauflager ohne Einspannung in der Regel mit $(1/3) \cdot t$ angenommen, ansonsten mit $(1/2) \cdot t$.

Beispiel

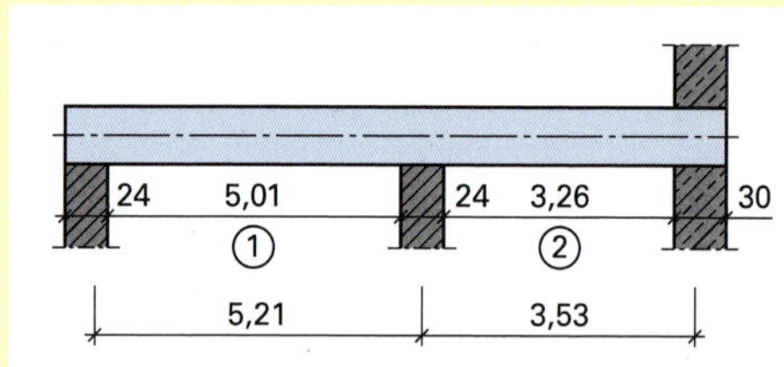

$l_1 = 5{,}01 + 0{,}24\,/3 + 0{,}24\,/2 = 5{,}21$ m
$l_2 = 3{,}26 + 0{,}24\,/2 + 0{,}30\,/2 = 3{,}53$ m

Aus den lichten Weiten sind für die statischen Berechnungen die effektiven Stützweiten zu ermitteln.

F 4 Belastung von Bauwerken

F 4.1 Einwirkungen

Die auf ein Bauwerk wirkenden Lasten werden als Einzel-, Strecken- oder Flächenlasten idealisiert (vgl. Abb. F 12).

In EC werden sämtliche Lastannahmen für Eigenlasten, Nutzlasten, Schnee- und Windlasten geregelt. In Tabellen werden die für Berechnungen zu verwendenden Werte in kN/m³ (z. B. Beton, Mauerwerk, Boden) oder kN/m² (z. B. Putze, Schnee, Wind) angegeben.

Die angegebenen Werte sind charakteristische Lasten. Für statische Nachweise müssen sie in Designlasten umgerechnet werden.

F

Die Ordinaten von Strecken- und Flächenlasten werden mit kleinen Buchstaben bezeichnet. Einzellasten werden mit Großbuchstaben bezeichnet.

Eigenlasten G [kN] oder g [kN/m²] oder [kN/m]
Nutzlasten Q [kN] oder q [kN/m²] oder [kN/m]

Eigenlast + Nutzlast = Gesamtlast
$g + q = r$ [kN/m²] oder [kN/m]

Für die Bezeichnung der Lasten in Stabachsenrichtung bei Stützen wird auch N verwendet.

Durch einen Fußzeiger wird angegeben, ob es sich um charakteristische Lasten (G_k, Q_k, N_k) oder um Designlasten (G_d, Q_d, N_d) handelt.

Für statische Nachweise sind charakteristische Lasten (Einwirkungen) in Designlasten umzurechnen.

Bei den Einwirkungen werden zwei verschiedene Lastarten unterschieden:

Ständige Einwirkungen
Ständige Einwirkungen beziehen sich auf die Eigenlasten von Bauteilen und Baustoffen sowie auf die Belastung durch Erd- und Wasserdruck. Diese wirken immer auf ein Bauteil ein und sind in ihrer Größe und dem Ort, an dem sie wirken, nicht veränderlich.

Veränderliche Einwirkungen
Zu den veränderlichen Einwirkungen zählen neben Temperatureinwirkungen und Baugrundsetzungen vor allem die Einwirkungen aus Nutzlasten, Verkehrslasten sowie Schnee-, Eis- und Windlasten. Die veränderlichen Einwirkungen belasten ein Bauteil oder Bauwerk nur vorübergehend. Veränderliche Einwirkungen können an verschiedenen Orten mit unterschiedlichen Größen wirken. Veränderliche Einwirkungen werden mit Q bezeichnet, wenn sie als Einzellast wirken, mit q, wenn es sich um Strecken- oder Flächenlasten handelt.

Zur Ermittlung der gesamten Einwirkungen für statische Berechnungen wird im Allgemeinen die Summe aller ständigen Einwirkungen mit der Summe aller ungünstig wirkenden veränderlichen Einwirkungen zusammengefasst. Daraus resultieren verschiedene Lastfälle, die für die Bemessung an verschiedenen Stellen des Bauteils maßgebend werden (vgl. Abb. F 13).

In den Anwendungsnormen sind für die Ermittlung der Einwirkungskombination auch Vereinfachungsregeln möglich.

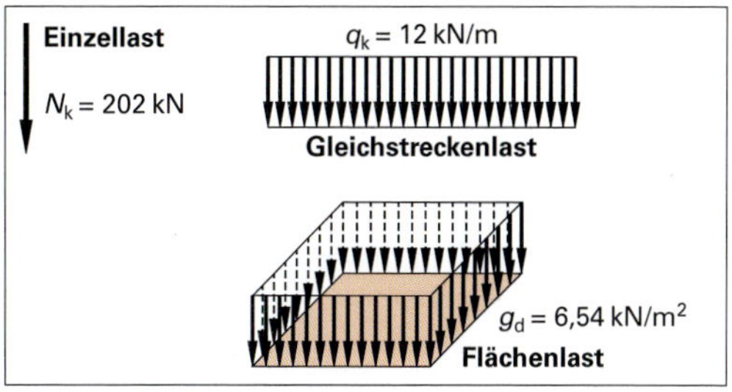

Abb. F12: Einwirkungsarten

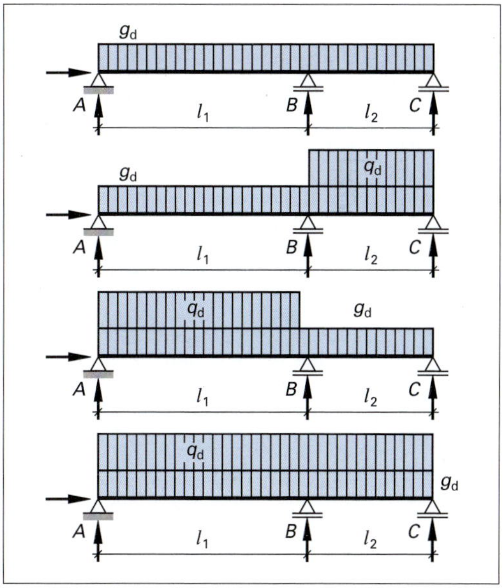

Abb. F13: Einwirkungskombinationen für einen Zweifeldträger

Einwirkungen (Lasten) werden in ständige Einwirkungen und veränderliche Einwirkungen unterschieden.

F4.2 Sicherheitskonzept nach Eurocode 0, Grundlagen der Tragwerksplanung

Für die Ermittlung von Lasteinwirkungen und Tragwiderständen gilt zusätzlich der **EC 1 Einwirkungen auf Tragwerke**. Die Norm enthält ein Sicherheitskonzept, bei dem Einwirkungen mit bestimmten Faktoren (Teilsicherheitsbeiwerte) erhöht und Tragwiderstände mit bestimmten Faktoren abgemindert werden.

F

Ziel des Konzeptes ist die Ermöglichung einer möglichst wirtschaftlichen Planung, Konstruktion und Ausführung. Es wird davon ausgegangen, dass bestimmte Zustände (sogenannte Grenzzustände) bei der vorgegebenen Nutzung eines Gebäudes nicht überschritten werden. Dieses Sicherheitskonzept findet in den gültigen Mauerwerks-, Beton, Stahl-, Stahlbeton- ,Grundbau- und Holzbaunormen seine Anwendung.

Genaue Angaben zu den Teilsicherheitsbeiwerten sind in den entsprechenden Normen dieser Bauarten und auszugsweise in Tabellenbüchern zu finden.

Einwirkungen und Teilsicherheitsbeiwerte sind in Anwendungsnormen geregelt.

Grundsätzlich wird unterschieden zwischen dem **Grenzzustand der Tragfähigkeit (GZT**) und dem **Grenzzustand der Gebrauchstauglichkeit (GZG).**

Der Grenzzustand der Tragfähigkeit erfasst Zustände, die rechnerisch zum Tragwerksversagen (z. B. Einsturz) führen.

Der Grenzzustand der Gebrauchstauglichkeit deckt Zustände ab, die die festgelegten Nutzungsanforderungen des Bauwerks oder Bauteils überschreiten. Dazu zählt die Begrenzung von Rissbreiten, Spannungen und Verformungen.

Die Teilsicherheitsbeiwerte richten sich nach der Art der Einwirkung und ihrer Auswirkung auf das betrachtete Tragwerksteil. Sämtliche Teilsicherheitsbeiwerte werden mit γ abgekürzt und je nach Art der Einwirkung mit einem Index versehen. Unterschieden werden **charakteristische Lasten** (Index k), wenn die Teilsicherheitsbeiwerte noch nicht eingerechnet sind, und **Designlasten** (Index d), wenn die Teilsicherheitsbeiwerte berücksichtigt sind.

Tabelle F14: Teilsicherheitswerte für Einwirkungen

Auswirkung	ständige γ_G	veränderliche γ_Q
günstig	1,0	0
ungünstig	1,35	1,5

Tabelle F15: Teilsicherheitsbeiwerte γ_M für Tragwiderstände

(M für Material)	Beton	Betonstahl	Holz
Ständig und vorübergehend	1,50	1,15	1,3
außergewöhnlich	1,30	1,00	1,0

Für Nachweise sind ausgehend von den charakteristischen Einwirkungen (Lasten) die Designeinwirkungen zu ermitteln.

F4.3 Nachweisverfahren

Aufgrund der einwirkenden Belastung sind die Tragfähigkeit und die Gebrauchstauglichkeit des Bauwerks nachzuweisen.

Der Nachweis für den Grenzzustand der Tragfähigkeit (GZT) ist wie folgt zu führen:

$$E_d \leq R_d \quad \text{oder} \quad E_d / R_d \leq 1$$

E_d ist der Bemessungswert der Beanspruchung.
R_d ist der Bemessungswert des Tragwiderstandes

Um die Designeinwirkungen zu erhalten, werden die charakteristischen Einwirkungen mit den Teilsicherheitsbeiwerten multipliziert.

Der Bemessungswert der Beanspruchung E_d ergibt sich durch Multiplikation der charakteristischen Lasten mit dem Teilsicherheitsbeiwert γ.

$$E_d = E_k \cdot \gamma$$

Der Bemessungswert des Tragwiderstandes (Designwiderstand) R_d errechnet sich durch Division der charakteristischen Materialfestigkeit durch den Teilsicherheitsbeiwert des Materials.

$$R_d = R_k / \gamma$$

Eigenlasten und veränderliche Lasten sind miteinander nach Regeln zu kombinieren, um die ungünstigsten Einwirkungen (Beanspruchungen) zu ermitteln.

Die Kombinationsregeln sind für die verschiedenen Einwirkungen (Beanspruchungsfälle) unterschiedlich.

Grundsätzlich werden auch die Einwirkungen (Beanspruchungen) für die Tragfähigkeit anders ermittelt, als die Einwirkungen (Beanspruchungen) für die Gebrauchstauglichkeit (z. B. Durchbiegungen).

Für die folgenden Einwirkungskombinationen sind in der Norm die Rechenverfahren angegeben.

Nachweis der Tragfähigkeit

- Ständige und vorübergehende Beanspruchung
- Außergewöhnliche Beanspruchung

Nachweis der Gebrauchstauglichkeit

- Nachweis im Grenzzustand der Gebrauchstauglichkeit quasi-ständige Kombination
- Nachweis im Grenzzustand der Gebrauchstauglichkeit seltene Kombination
- Nachweis im Grenzzustand der Gebrauchstauglichkeit häufige Kombination

Mit dem Nachweis, dass die zulässige Durchbiegung nicht überschritten ist, wird zugleich gezeigt, dass die Annahme eines unverformten Systems möglich ist.

Für Baukonstruktionen sind stets die Nachweise der Tragfähigkeit und der Gebrauchstauglichkeit zu führen.

Treten mehrere veränderliche Einwirkungen gleichzeitig auf, so müssen mehrere Einwirkungskombinationen gerechnet werden.

Dazu werden nicht immer alle Einwirkungen mit voller Größe berücksichtigt, sondern abwechselnd wird ab der zweiten veränderlichen Einwirkung jede weitere Einwirkung mit einem unterschiedlichen Kombinationsbeiwert abgemindert berücksichtigt.

Neben der Eigenlast durch das Eigengewicht (ständige Einwirkung) wird zunächst eine vorübergehende Beanspruchung (z. B. Nutzlast) als Leiteinwirkung mit der vollen Designlast berechnet.

Die weitern vorübergehenden Designlasten der Einwirkungen (z. B. Schnee, Wind) werden je nach Kategorie mit dem Faktor Ψ abgemindert und aufsummiert.

Beispiel

Nachweis E_d, GZT Hochbau, Beton, Aufenthaltsfläche Dach
Charakteristische Einwirkungen
$g_k = 12{,}00$ kN/m; $q_k = 6{,}00$ kN/m; $s_k = 2{,}4$ kN/m
Designeinwirkungen
$g_d = 1{,}35 \cdot 12{,}00$ kN/m; $q_d = 1{,}5 \cdot 6{,}00$ kN/m;
$s_d = 1{,}5 \cdot 2{,}4$ kN/m

Kombination 1 (Leiteinwirkung Nutzlast)
Nutzlast voll, Schneelast abgemindert $\Psi_0 = 0{,}5$
$E_d = 1{,}35 \cdot 12{,}00 \text{ kN/m} + 1{,}5 \cdot 6{,}00 \text{ kN/m} + 0{,}5 \cdot 1{,}5 \cdot 2{,}4 \text{ kN/m} = 27{,}00 \text{ kN/m}$

Kombination 2 (Leiteinwirkung Schneelast)
Schneelast voll, Nutzlast abgemindert $\Psi_0 = 0{,}7$
$E_d = 1{,}35 \cdot 12{,}00 \text{ kN/m} + 1{,}5 \cdot 2{,}4 \text{ kN/m} + 0{,}7 \cdot 1{,}5 \cdot 6{,}00 \text{ kN/m} = 26{,}1 \text{ kN/m}$

Kombination 1 maßgebend

Nachdem mit jeder veränderlichen Einwirkung als Leiteinwirkung die Kombination errechnet wurde, wird die ungünstigste Kombination maßgebend für die Bemessung.

Sind neben den ständigen Einwirkungen mehrere veränderliche Einwirkungen zu berücksichtigen, müssen Einwirkungskombinationen gerechnet werden, um die ungünstigste Kombination (maßgebende Kombination) zu ermitteln.

F5 Kraftsysteme

Es werden zentrale und dezentrale Kraftsysteme unterschieden.

F5.1 Zentrale Kraftsysteme

Bei einem zentralen Kraftsystem greifen alle Kräfte in einem Punkt des Körpers an. Sie können alle auf einer Wirkungslinie liegen oder aus verschiedenen Richtungen angreifen (vgl. Abb. F16).

Kräfte mit gemeinsamer Wirkungslinie

Zwei oder mehrere Kräfte, die auf einer Wirkungslinie an einem Körper angreifen, können durch Addieren und Subtraktion zu einer Kraft zusammengefasst werden. Diese Kraft wird Resultierende Kraft genannt. Die Addition und Subtraktion kann zeichnerisch (vgl. Beispiel) oder rechnerisch erfolgen. Die Wirkung der Resultierenden entspricht der Wirkung der Einzelkräfte.

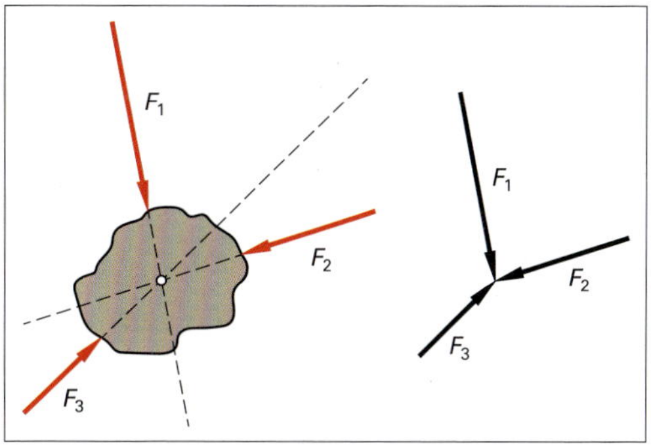

Abb. F16: Zentrales Kraftsystem

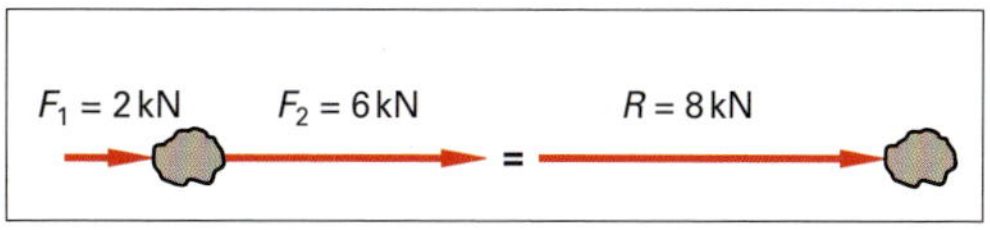

Abb. F17: Kräfte auf gemeinsamer Wirkungslinie

Beispiel

Ermittlung der Resultierenden der Kräfte F_1 bis F_4
$F_1 = 4{,}2$ kN; $F_2 = -5{,}1$ kN;
$F_3 = -6{,}7$ kN; $F_4 = 8{,}4$ kN

Rechnerische Ermittlung der Resultierenden
$R = 4{,}2\ \text{kN} - 5{,}1\ \text{kN} - 6{,}7\ \text{kN} + 8{,}4\ \text{kN} = 0{,}8\ \text{kN}$

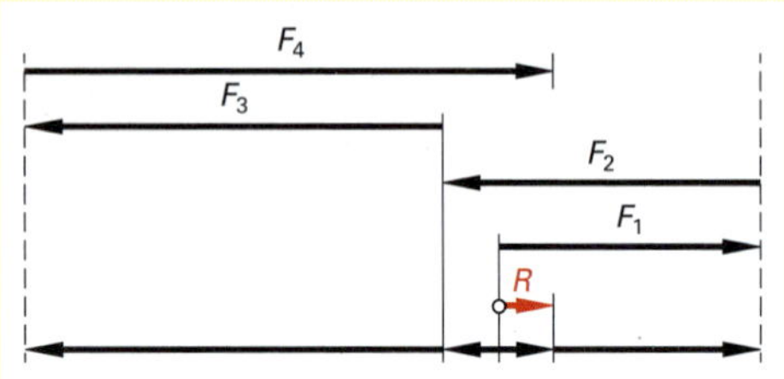

Zeichnerische Ermittlung der Resultierenden

Kräfte mit einem gemeinsamen Schnittpunkt mit verschiedenen Wirkungslinien

Durch die Einzelkräfte wird der Körper jeweils in Richtung der jeweiligen Kraft bewegt. Für die Gesamtwirkung ist die Reihenfolge des Einwirkens nicht von Bedeutung.

Ermittlung der Resultierenden (zeichnerisch)

- Lageplan der Kräfte zeichnen.
- Ausgangspunkt markieren.
- Wirkungslinie der ersten Kraft (Reihenfolge beliebig) am Ausgangspunkt in Kraftrichtung antragen und Kraft im Kräftemaßstab darauf abtragen. Pfeilspitze (Richtung) antragen.
  z. B. MdK 1 cm ≙ 100 kN
  oder ├──┤ ≙ 100 kN
  oder MdK = 100 kN/cm
- Nächste Kraft am Endpunkt der ersten Kraft antragen, dazu Richtung aus dem Lageplan übernehmen und dann wieder Kraft im Kräftemaßstab darauf abtragen. Falls weitere Kräfte vorhanden sind, genau wie vorher, bis zur letzten Kraft fortfahren.
- Die Verbindungslinie vom Ausgangspunkt bis zur Pfeilspitze der zuletzt gezeichneten Kraft ist die Resultierende.
- Winkel der Resultierenden durch Messung bestimmen. Größe der Resultierenden abmessen und durch Multiplikation mit der Maßstabszahl der Kraft die Größe der Resultierenden berechnen.
- Es ist sorgfältig und exakt zu zeichnen, damit keine zu großen Ungenauigkeiten entstehen.

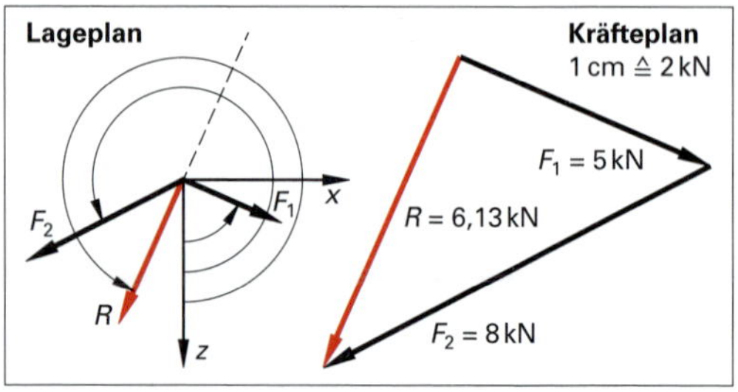

Abb. F18: Zentrales Kraftsystem Resultierende

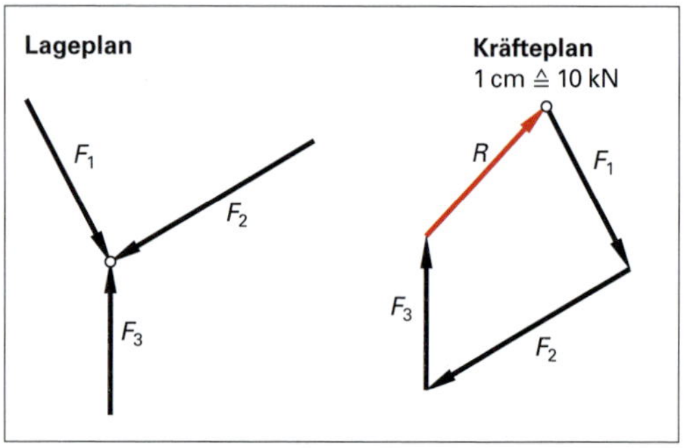

Abb. F19: Ermittlung der Resultierenden

Ermittlung der Resultierenden (rechnerisch)

Nach Wahl eines Achsensystems wird jede Kraft in eine waagerechte und in eine senkrechte Komponente zerlegt.

Als Achsensystem wird das in der Statik verwendete Achsensystem angenommen. Als Ebene wird die *x–z* Ebene gewählt (*x* entspricht waagerecht, *z* entspricht senkrecht)

$$F_x = F \cdot \sin \alpha \quad \text{und} \quad F_z = F \cdot \cos \alpha$$

Die Resultierende ergibt sich nach dem Satz des Pythagoras zu:

$$R = \sqrt{F_x^2 + F_z^2 + 2 \cdot F_x \cdot F_z \cdot \cos \alpha}$$

Der Winkel der Resultierenden lässt sich über den arctan ermitteln:

$$\tan \alpha = F_x / F_z \quad \Rightarrow \quad \alpha = \arctan\,(F_x / F_z)$$

Ist der Tangens eines Winkels bekannt, lässt sich der zugehörige Winkel nicht eindeutig aus dem errechneten Wert bestimmen. Es sind mathematisch immer zwei Winkel möglich. Der zutreffende Winkel kann mit Hilfe der Vorzeichen der Komponenten F_x und F_z ermittelt werden (vgl. Tabelle F 20).

Tabelle F20: Winkel der Resultierenden aufgrund der Vorzeichen	
Vorzeichnen der Kräfte	α
$\sum F_x$ positiv und $\sum F_z$ positiv	0° bis 90°
$\sum F_x$ positiv und $\sum F_z$ negativ	90° bis 180°
$\sum F_x$ negativ und $\sum F_z$ positiv	180° bis 270°
$\sum F_x$ negativ und $\sum F_z$ negativ	270° bis 360°

Beispiel

gegeben: $F_1 = 5$ kN, $\alpha = 60°$; $F_2 = 8$ kN; $\alpha = 290°$
gesucht: Größe und Winkel der Resultierenden

$F_{1x} = F_1 \cdot \sin 60° = 5 \text{ kN} \cdot 0{,}8660 = 4{,}33 \text{ kN}$

$F_{2x} = F_2 \cdot \sin 290° = 8 \text{ kN} \cdot (-0{,}9397) = -7{,}52 \text{ kN}$
$F_{1z} = F_1 \cdot \cos 60° = 5 \text{ kN} \cdot 0{,}5 = 2{,}5 \text{ kN}$
$F_{2z} = F_2 \cdot \cos 290° = 8 \text{ kN} \cdot 0{,}3420 = 2{,}74 \text{ kN}$
$\sum F_x = 4{,}33 \text{ kN} - 7{,}52 \text{ kN} = -3{,}19 \text{ kN}$
$\sum F_z = 2{,}5 \text{ kN} + 2{,}74 \text{ kN} = 5{,}24 \text{ kN}$
$R = \sqrt{(-3{,}192 \text{ kN})^2 + (5{,}242 \text{ kN})^2} = 6{,}13 \text{ kN}$

tan (–3,19/5,24) = –0,6088

⇨ (α zwischen 180° und 270°)
arctan (–3,19/5,24) = –31,3°
da F_x negativ und F_z ⇨ positiv $\alpha = 148{,}7°$
Bei mehreren Kräften ist eine tabellarische Rechnung vorteilhaft.

Parallelogramm der Kräfte

Bei einem zentralen Kraftsystem mit zwei Kräften entsteht bei der zeichnerischen Ermittlung der Resultierenden ein Parallelogramm, wenn beide Lösungsmöglichkeiten (zuerst F_1 dann F_2 oder zuerst F_2 dann F_1) angetragen werden (vgl. Abb. F 21).

Im zentralen Kraftsystem kann die Resultierede zeichnerisch oder rechnerisch ermittelt werden.

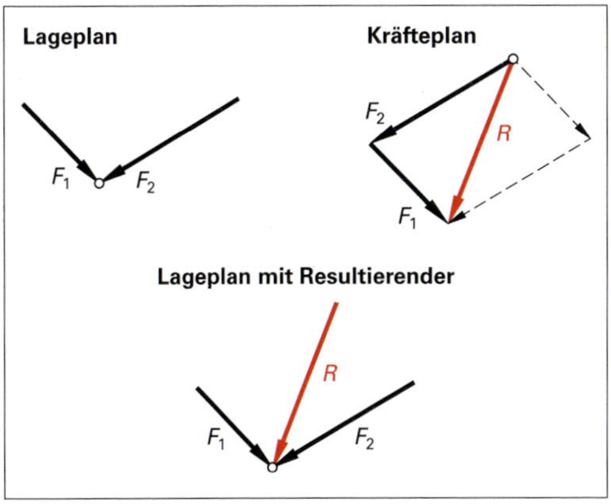

Abb. F21: Parallelogramm der Kräfte

Gleichgewicht beim zentralen Kraftsystem

Gleichgewicht ist immer dann vorhanden, wenn ein Körper in seiner Lage bleibt (in Ruhe bleibt). Gleichgewicht im zentralen Kraftsystem ist immer dann gegeben, wenn:

- die Summe der Horizontalkräfte Null ist
- die Summe der Vertikalkräfte Null ist.

Wenn in einem zentralen Kraftsystem die Resultierende NULL wird bzw. ist, herrscht in dem Kraftsystem Gleichgewicht, d. h., es findet keine Verschiebung und keine Verdrehung statt.

Damit lässt sich immer die Kraft bestimmen, die bei dem Wirken von mehreren Kräften auf einen Punkt erforderlich ist, um das Gleichgewicht herzustellen. Dies ist jeweils die Resultierende mit umgekehrtem Richtungssinn (vgl. Abb. F 22).

Wird die Resultierende im zentralen Kraftsystem Null, herrscht Gleichgewicht.

Zerlegen einer Kraft in zwei Teilkräfte

Ebenso kann die Wirkung einer Kraft als die Wirkung von zwei Teilkräften dargestellt werden. Sind die Resultierende und die Wirkungslinien von zwei Kräften bekannt, lässt sich die Größe der Teilkräfte zeichnerisch bestimmen (vgl. Abb. F 23).

Die rechnerische Lösung führt auf ein Gleichungssystem mit zwei Unbekannten F_1 und F_2 (vgl. Kapitel E 9).

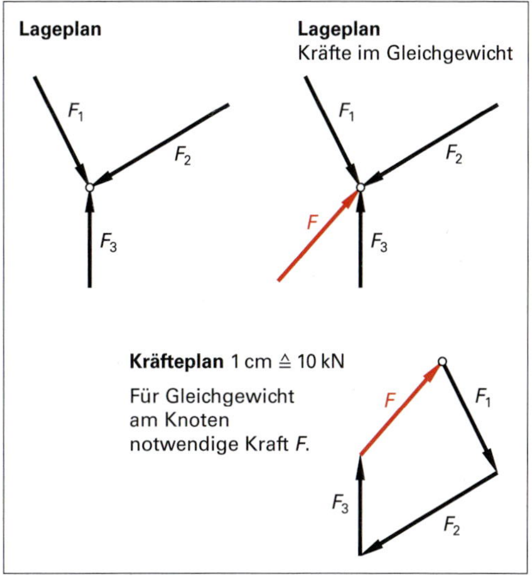

Abb. F22: Gleichgewicht

Beispiel

Zerlegung einer Kraft
Rechnerische Lösung
$F = 2{,}00$ kN
$\tan\alpha = 1{,}00\ \text{m} / 4{,}00\ \text{m} = 0{,}25 \quad \Rightarrow \alpha = 14°$
$\tan\beta = 1{,}00\ \text{m} / 2{,}00\ \text{m} = 0{,}5 \quad \Rightarrow \beta = 26{,}3°$

I	$S_1 \cdot \sin 14° + S_2 \cdot \sin 26{,}6° = 2$
II	$- S_1 \cdot \cos 14° + S_2 \cdot \cos 26{,}6° = 0$
I	$S_1 \cdot 0{,}242 + S_2 \cdot 0{,}448 = 2$
II	$- S_1 \cdot 0{,}97 + S_2 \cdot 0{,}894 = 0$
I	$S_1 \cdot 1 + S_2 \cdot 1{,}851 = 8{,}264$
II	$- S_1 \cdot 1 + S_2 \cdot 0{,}922 = 0$
I–II	$S_2 \cdot 2{,}77 = 8{,}264$
	$S_2 = 2{,}78 \quad \approx \quad 2{,}8$ kN
	$S_1 = 8{,}264 - 2{,}78 \cdot 1{,}851$
	$S_1 = 3{,}11 \quad \approx \quad 3{,}1$ kN

Zeichnerische Lösung
1. Lageplan zeichnen
2. Kräfteplan zeichnen

Gesamtkraft im Kräfteplan zeichnen.
Eine Wirkungslinie der gewünschten Teilkraft durch den Anfangspunkt der Gesamtkraft zeichnen, die andere Wirkungslinie durch den Endpunkt der Gesamtkraft zeichnen. Die Richtung wird aus dem Lageplan übernommen. Die Pfeilspitzen an die Kräfte so antragen, dass die Pfeilspitze einer Kraft auf den Anfangspunkt der Gesamtkraft zeigt. Größe der Teilkräfte ermitteln.

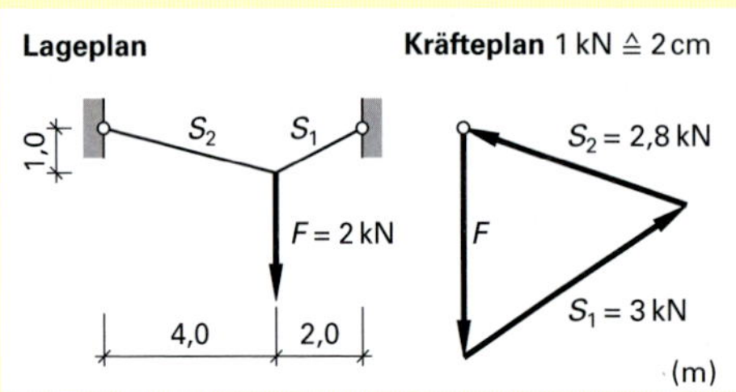

Eine Kraft kann in zwei Teilkräfte zerlegt werden.

F 5.2 Dezentrales Kraftsystem

Beim dezentralen (allgemeinen) Kraftsystem wirken alle Kräfte in einer Ebene, schneiden sich aber nicht alle in einem Punkt. Haben zwei Kräfte einen gemeinsamen Schnittpunkt lässt sich die Resultierende dieser Kräfte ermitteln. Hat die Resultierende wiederum einen gemeinsamen Schnittpunkt mit einer weiteren Kraft, lässt sich auch hier wieder die Resultierende ermitteln. Dies kann eventuell solange durchgeführt werden bis die Gesamtresultierende bestimmt ist (vgl. Abb. F23).

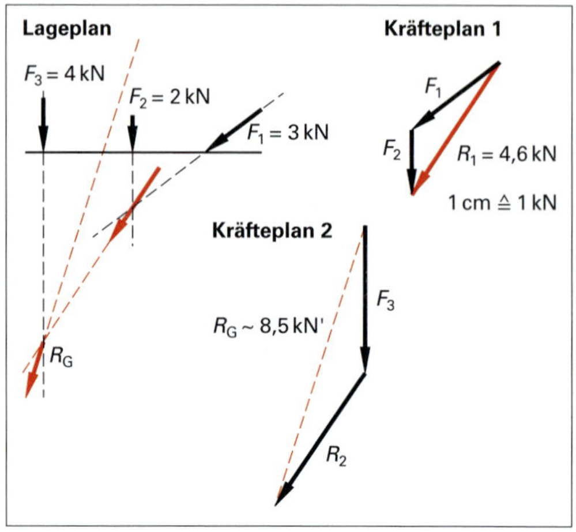

Abb. F23: Dezentrales Kraftsystem

Sind alle Kräfte parallel, lässt sich die Resultierende zeichnerisch mittels Pol und Seileckkonstruktion bestimmen.

Ermittlung der Resultierenden mit Pol und Seileck:

Lösungsgang

1. Lageplan und Kräfteplan zeichnen.

Es wird die Resultierende im Kräfteplan ermittelt ($F_1 + F_2 + F_3$).

2. Im Kräfteplan wird ein Pol gewählt und eingezeichnet. Poleck zeichnen, indem vom Pol die Hilfskräfte S_1 bis S_4 als Polstrahlen eingezeichnet werden.

3. Seileck zeichnen.

Auf der Wirkungslinie von F_1 wird ein beliebiger Punkt gewählt, durch den die Seilstrahlen S_1 und S_2 gezeichnet werden (Parallelverschiebung).

S_1, S_2 und F_1 bilden im Poleck ein Dreieck, daher gehen die Seilstrahlen S_1 und S_2 durch einen Punkt auf der Wirkungslinie von F_1.

4. Durch den Schnittpunkt des Seilstrahl S_2 mit der Wirkungslinie von F_2 wird der Seilstrahl S_3 angetragen.

5. S_2, S_3 und F_2 bilden im Kräfteplan ein Dreieck, daher gehen die Seilstrahlen im Lageplan durch einen Punkt. Durch den Schnittpunkt von S_3 mit F_3 wird der Seilstrahl S_4 angetragen.

6. Durch den Schnittpunkt von S_1 mit S_4 geht die Resultierende, da die Resultierende mit S_1 und S_4 im Kräfteplan ein Dreieck bildet (vgl. Abb. F 24).

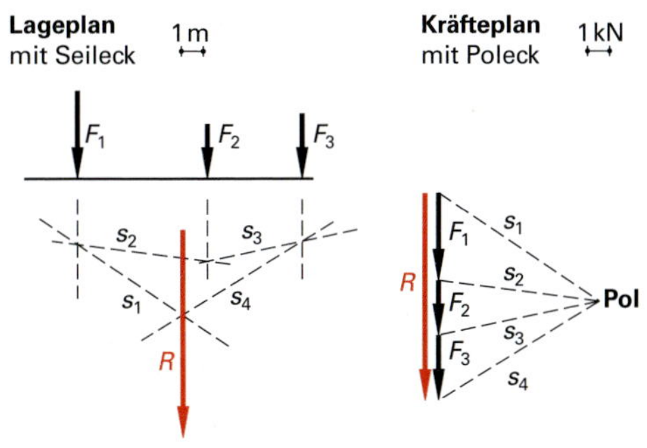

Abb. F24: Resultierende bei parallelen Kräften

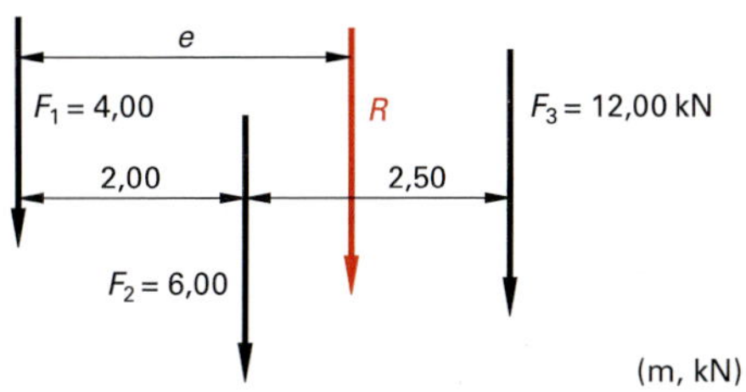

$R = 4{,}00\ \text{kN} + 6\ \text{kN} + 12{,}00\ \text{kN} = 22{,}00\ \text{kN} = \Sigma F$

$e = \Sigma M / \Sigma F$

$e = (4{,}00\ \text{kN} \cdot 0\ \text{m} + 6{,}00\ \text{kN} \cdot 2{,}00\ \text{m} + 12{,}00\ \text{kN} \cdot 4{,}50\ \text{m}) / 22{,}00\ \text{kN}$

$e = 66\ \text{kN·m} / 22{,}00\ \text{kN} \Rightarrow e = 3{,}00\ \text{m}$

Abb. F25: Ermittlung der Resultierenden bei parallelen Kräften

Ermittlung der Resultierenden

Rechnerisch lässt sich die Resultierende von zueinander parallelen Kräften wie folgt bestimmen:

Lösungsgedanke ist die Erkenntnis, dass die Resultierende um einen Drehpunkt dasselbe Moment erzeugen muss, wie das Gesamtmoment aller Einzelkräfte (vgl. Abb. F 25).

Wird ein beliebiger Bezugspunkt (Drehpunkt) auf der Ebene gewählt, werden die Momente aller Kräfte um diesen Punkt berechnet. Das errechnete Moment wird dann durch die Summe aller Kräfte geteilt. Es ergibt sich der Hebelarm *e*. Die Rechenarbeit wird erleichtert, wenn der Drehpunkt in den Angriffspunkt der äußersten linken Kraft gelegt wird.

Gleichgewicht beim dezentralen Kraftsystem

Die Bedingungen des zentralen Kraftsystems zur Ermittlung des Gleichgewichts reichen hier nicht mehr aus. Beim dezentralen Kraftsystem müssen die Kräfte so wirken, dass keine Verdrehung des Körpers um einen Punkt möglich ist.

Dazu wird der Begriff des Moments einer Kraft benötigt.

Gleichgewicht im dezentralen Kraftsystem ist immer dann gegeben, wenn:

- die Summe der Horizontalkräfte Null ist,
- die Summe der Vertikalkräfte Null ist und
- die Summe der Momente um jeden Punkt der Ebene Null ist (vgl. Abb. F 26).

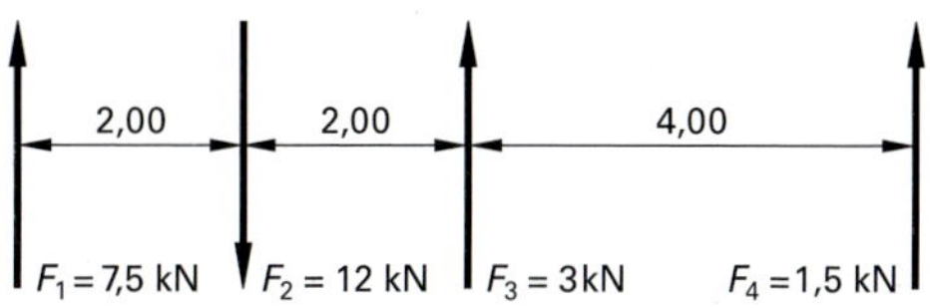

$\Sigma H = 0 \quad \Sigma V = 0 \quad \Sigma M = 0$

$\Sigma V = 0 \qquad \Sigma V = -7{,}50 + 12{,}00 - 3{,}00 - 1{,}50 = 0$

$\Sigma M = 0 \qquad 12 \cdot 2{,}00 = 3{,}00 \cdot 4{,}00 + 1{,}50 \cdot 8{,}00$

$24{,}00 = 12{,}00 + 12{,}00$

$24 - 24 = 0$

In der Praxis wird der Rechengang ohne Einheiten aufgeschrieben.

Abb. F26: Gleichgewicht dezentrales Kraftsystem

F6 Hebelgesetze

Die Kenntnis der Hebelgesetze ist die Berechnung von Auflagerreaktionen und Schnittgrößen Voraussetzung. Es sind einseitige und zweiseitige Hebel zu unterscheiden.

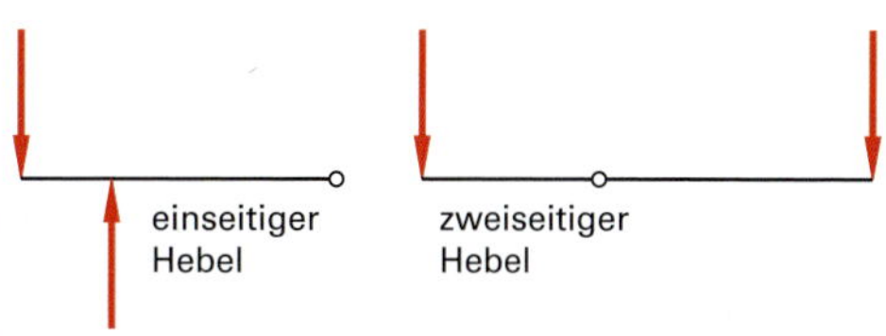

Abb. F27: Hebelarten

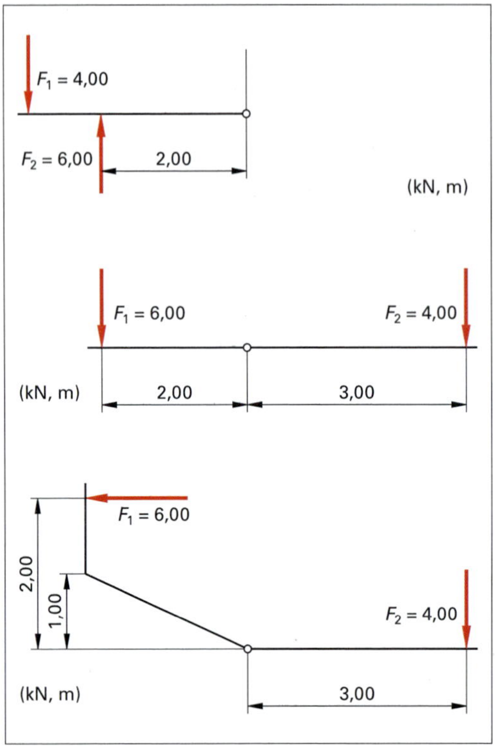

Abb. F28: Gleichgewicht am ein- und zweiseitigen Hebel

Der Hebelarm steht stets senkrecht zur Wirkungslinie der Kraft.

Der Drehpunkt des einseitigen Hebels liegt am Ende des Hebels. Beim zweiseitigen Hebel befindet sich der Drehpunkt zwischen den Hebelenden. Je nach Richtungssinn erzeugen die Kräfte am Hebel links- oder rechtsdrehende Kräfte (vgl. Abb. F 27).

Am Hebel herrscht Gleichgewicht, wenn die Summe der Momente um den Drehpunkt Null ergibt. Oder anders formuliert, wenn die Summe der rechtsdrehenden Momente gleich der Summe der linksdrehenden Momente ist (vgl. Abb. F 28).

Rechtsdrehendes Moment dreht im Uhrzeigersinn (Positives Moment). Linksdrehendes Moment dreht gegen den Uhrzeigersinn (Negatives Moment).

$\Sigma M = 0$ $\Sigma M_R = \Sigma M_L$

Anmerkung: Diese Vorzeichenregung entspricht nicht der Vorzeichenreglung im Achsensystem.

F7 Berechnung von Auflagerkräften und Schnittgrößen

Die Lasten, die von außen auf ein Bauteil einwirken, führen

- zu Kräften und Momenten, die an den Stellen auftreten, wo das Bauteil mit anderen Bauteilen verbunden ist oder auf diesen aufliegt (Lagerreaktionen oder Auflagerkräfte) und
- zu Kräften und Momenten im Inneren des Bauteils (Schnittgrößen).

F7.1 Ermittlung von Auflagerkräften

Statisch bestimmte Systeme

Für die Berechnung werden statisch bestimmte und statisch unbestimmte Systeme unterschieden.

Systeme, bei denen die Anzahl der Unbekannten (Auflagerkraft, Einspannmoment) gleich der Anzahl der verfügbaren Gleichgewichtsbedingungen ist, heißen statisch bestimmte Systeme (vgl. Abb. F 29). Statisch bestimmte Systeme lassen sich mit den Gleichgewichtsbedingungen der Ebene berechnen. Statisch bestimmte Systeme dürfen maximal drei Lagerungsbedingungen aufweisen. Soll das System stabil sein, dürfen sich die Wirkungslinien der Auflagerkräfte nicht in einem Punkt schneiden.

Bei einem **statisch bestimmen System** ist die Berechnung von Auflagerreaktionen und Schnittgrößen durch Lösen einer linearen Gleichung mit einer Unbekannten möglich.

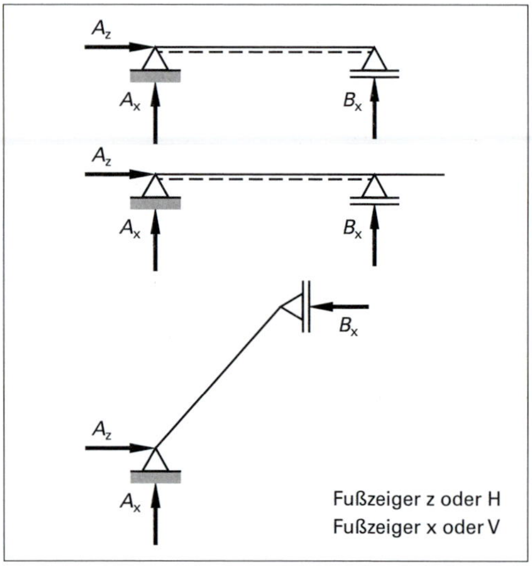

Abb. F29: Statisch bestimmte Systeme

Das heißt, dass die Summe aller Kräfte und die Summe aller Momente an einem System gleich Null sein muss.

Mit diesen Bedingungen lassen sich u. a. die Auflagerkräfte für einen Balken auf zwei Stützen berechnen.

Zunächst werden alle bekannten Einwirkungen sowie sämtliche mögliche Lagerreaktionen in das statische System eingetragen. Anschließend werden die benötigten Gleichgewichtsbedingungen unter Berücksichtigung aller Kräfte und Momente formuliert. Daraus resultieren drei Gleichungen, mit deren Hilfe sich die gesuchten Lagerreaktionen ermitteln lassen.

Gleichgewichtsbedingungen der Ebene

① Die Summe aller Horizontalkräfte muss Null sein.

② Die Summe aller Vertikalkräfte muss Null sein.

③ Die Summe aller Momente um jeden Punkt der Ebene muss Null sein.

$\sum F_x = 0$ $\sum F_z = 0$ $\sum M_y = 0$

Auflagerreaktionen statisch bestimmter Systeme lassen sich mit den Gleichgewichtbedingungen der Ebene berechnen.

Die Vorgehensweise bei der Berechnung der Auflagerkräfte ist wie folgt:

Streckenlasten sind in Einzellasten umzurechnen.

Wirken neben horizontal und vertikal wirkenden Kräften (Einwirkungen) schräge Kräfte sind diese in eine Horizontal und eine Vertikalkomponente zu zerlegen.

Damit sind für die Berechnung nur vertikale und horizontale Kräfte zu berücksichtigen. Zur Kenntlichmachung der Kraftkomponenten können Fußzeiger bei der Kraftbezeichnung die Achsrichtungen x und z, oder die Fußzeiger V und H verwendet werden.

Der Schnittpunkt der Wirkungslinie zweier Auflagerkräfte bestimmt den Drehpunkt für die eine Momentenbedingung. Bei einfachen Systemen ist dies das feste Lager. Die aufzustellende Gleichung enthält somit nur eine Unbekannte, die gesuchte Auflagerlast.

Die positive Drehrichtung wird durch das Moment der gesuchten Auflagerkraft vorgegeben.

Nachdem die Auflagerkraft berechnet worden ist, können die beiden anderen Unbekannten durch die Gleichgewichtsbedingungen $\sum H = 0$ und $\sum V = 0$ ermittelt werden. Alternativ kann auch eine weitere Momentenbedingung mit dem Drehpunkt um das bewegliche Lager gewählt werden.

Ergibt sich bei der Berechnung der Auflagerkraft ein negativer Wert, bedeutet dies: Die angenommene Richtung der Auflagerkraft ist umzukehren.

Die Rechnung ist stets zu kontrollieren. Dazu wird als Kontrollbedingung die bei der Berechnung nicht verwendete Gleichgewichtsbedingung genutzt.

Beispiel

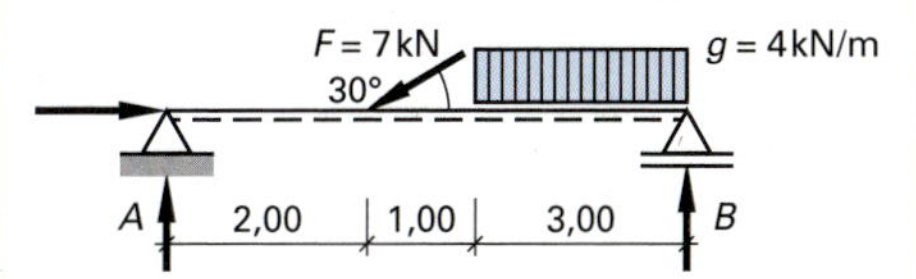

Kraft F zerlegen in F_V und F_H
$F_V = 7\text{ kN} \cdot \sin 30° = 3{,}5\text{ kN}$
$F_H = 7\text{ kN} \cdot \cos 30° = 6{,}1\text{ kN}$

Gleichstreckenlast g in Einzellast umwandeln
$G = 4{,}0\text{ kN/m} \cdot 3{,}00\text{ m} = 12\text{ kN}$

Bedingung $\sum M_A = 0$

$B \cdot 6{,}00\text{ m} - 3{,}50\text{ kN} \cdot 2{,}00\text{ m} - 12\text{ kN} \cdot 4{,}50\text{ m} = 0$
$B \cdot 6{,}00\text{ m} - 7{,}00\text{ kN} \cdot \text{m} - 54{,}00\text{ kN} \cdot \text{m} = 0$
$B \cdot 6{,}00\text{ m} = +7{,}00\text{ kN} \cdot \text{m} + 54{,}00\text{ kN} \cdot \text{m}$
$B \cdot 6{,}00\text{ m} = 61{,}00\text{ kN} \cdot \text{m}$
$B = 61{,}00\text{ kN} \cdot \text{m} / 6{,}00\text{ m} \Rightarrow B = 10{,}17\text{ kN}$

Bedingung $\sum M_B = 0$

(Rechnung praxisnah ohne Einheiten)
$A_V \cdot 6{,}00 - 3{,}5 \cdot 4{,}00 - 12 \cdot 1{,}50 = 0$
$A_V \cdot 6{,}00 - 14{,}00 - 18{,}00 = 0$
$A_V \cdot 6{,}00 - 14{,}00 - 18{,}00 = 0$
$A_V \cdot 6{,}00 = 14{,}00 + 18{,}00$
$A_V \cdot 6{,}00 = 32{,}00$
$A_V = 32{,}00/6{,}00 \Rightarrow A_V = 5{,}33\text{ kN}$

$\sum H = 0$

$A_H - 3{,}50 = 0$
$A_H = 3{,}50\text{ kN}$

Kontrolle

$\sum V = 0$
$3{,}50 + 12{,}0 = 10{,}17 + 5{,}33$
$15{,}5\text{ kN} = 15{,}5\text{ kN}$

Statische bestimmte Systeme mit Nebenbedingungen

Die Gleichgewichtsbedingungen reichen bei den statisch bestimmten Systemen mit Nebenbedingungen für die Berechnung der Auflagerkräfte nicht aus. Durch die konstruktive Ausbildung von

F

Stellen im System werden einige innere Kräfte (Schnittgrößen) zu Null. Durch Anordnung von Gelenken ($M = 0$) wird eine weitere Bedingung für die Berechnung der Auflagerreaktionen (vgl. Abb. F 31) ausgewiesen.

Statisch unbestimmte Systeme

Erhöht sich die Anzahl der Auflager in einem System, so ist eine Berechnung der Auflagerkräfte nicht mehr ohne weiteres möglich, da sich die Anzahl der unbekannten Kräfte, die am statischen System wirken, mit jedem weiteren Lager erhöht, die Anzahl der Gleichgewichtsbedingungen aber gleichbleibt (vgl. Abb. F 31).

Systeme, bei denen die Anzahl der unbekannten gleich der Anzahl der verfügbaren Gleichgewichtsbedingungen ist, heißen statisch bestimmte Systeme. Gibt es mehr Unbekannte als Gleichgewichtsbedingungen, wird dies als statisch unbestimmtes System bezeichnet. Diese lassen sich, im Gegensatz zu den statisch bestimmten Systemen, nur mithilfe komplexer baustatischer Verfahren oder mithilfe der EDV berechnen.

Für Standardfälle sind die für Konstruktion notwendigen Größen in Tabellenwerken angegeben.

> Für die Berechnung von Auflagerrektionen werden unterschieden: Statisch bestimmte Systeme und statisch unbestimmte Systeme.

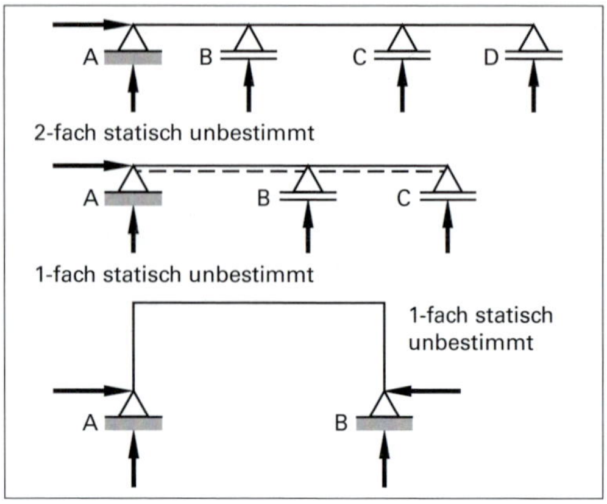

Abb. F30: Statisch unbestimmte Systeme

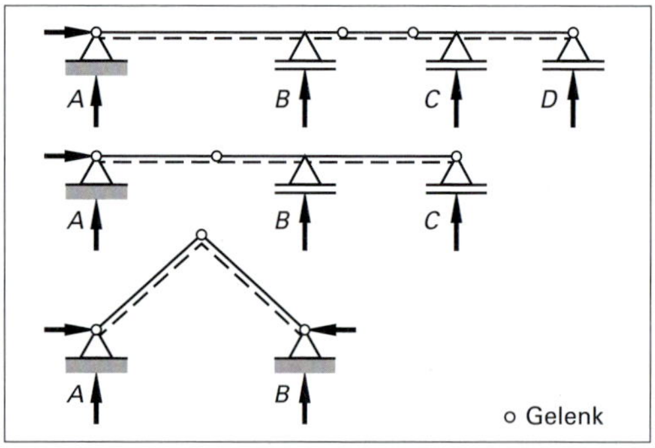

Abb. F31: Statisch bestimmte Systeme mit Nebenbedingungen

F7.2 Ermittlung von Schnittgrößen

Um Systeme zu bemessen d. h. die erforderlichen Querschnitte zu bestimmen ist die Berechnung der Kräfte und Momente notwendig, die innerhalb des Bauteils wirken. Diese werden als Schnittgrößen bezeichnet.

Zur genaueren Unterscheidung dieser Kräfte und Momente wird für das betrachtete Bauteil ein Koordinatensystem festgelegt. Dies ermöglicht eine eindeutige Unterscheidung der inneren Kräfte (vgl. Abb. F 32).

Somit können in jedem beliebigen Querschnitt eines Bauteils drei verschiedene Kräfte und drei verschiedene Momente auftreten.

Ausgehend von diesem System werden Kräfte in *x*-Richtung (Normalkräfte *N*), Kräfte in *y*- und *z*-Richtung (Querkräfte *V*), Biegemomente, die um die *y*- oder *z*-Achse drehen (M_y und M_z), sowie Torsionsmomente (M_x), die um die *x*-Achse drehen, unterschieden. Diese „inneren Kräfte" werden als Schnittgrößen bezeichnet.

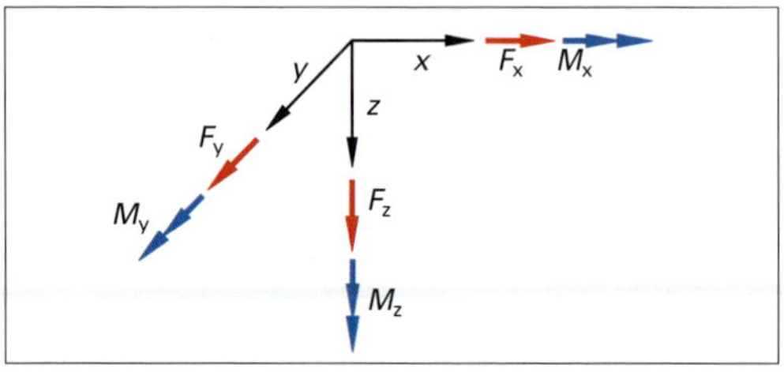

Abb. F32: Kräfte und Momente im Koordinatensystem

Zur Berechnung der Schnittgrößen an einer bestimmten Stelle wird das Bauteil an dieser Stelle „geschnitten". Somit liegen zwei Schnittufer vor, an denen Normalkräfte, Querkräfte und Momente freigeschnitten werden (vgl. Abb. F 33).

Ebenso wie bei Berechnung der Lagerreaktionen äußeres Gleichgewicht vorliegt, muss bei der Betrachtung der beiden Schnittufer Gleichgewicht herrschen, d. h. die Summe der Kräfte an beiden Schnittufern muss Null sein. Gleiches gilt für die Summe der Momente.

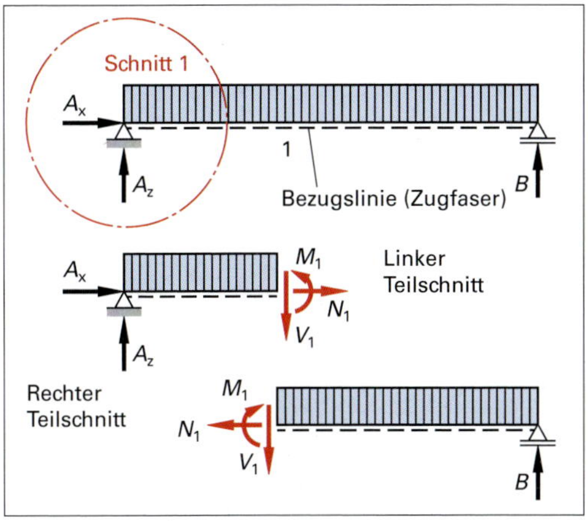

Abb. F33: Schnittgrößen

Zur Vorzeichendefinition der Schnittgrößen wird das statische System um die Bezugslinie (Zugfaser) ergänzt. Diese wird im statischen System auf der dem Betrachter zugewandten Seite eingezeichnet. Die Vorzeichen der Schnittgrößen sind in Pfeilrichtung positiv. Positive Normalkräfte bedeuten Zugkräfte – negative Druckkräfte. Momente sind dann positiv, wenn sie auf der Seite der Bezugslinie Zug erzeugen.

Ähnlich wie bei der Ermittlung der Auflagerkräfte können auch die Schnittgrößen mit Hilfe der Gleichgewichtsbedingungen ermittelt werden. Auf diese Weise lassen sich die Schnittgrößen an jeder beliebigen Stelle des Systems berechnen. Diese können dann in einer Tabelle zusammengefasst und grafisch (ggf. maßstäblich) dargestellt werden.

In Tabellenwerken stehen Formeln für die Auflagerreaktionen und Schnittgrößen, wenn die Rechnung für ein System mit allgemeinen Buchstaben durchgeführt wird. Für die Dimensionierung im einfachen Fällen sind nur die maximalen Werte für Auflagerkräfte und Momente erforderlich.

Beispiel

Einfeldträger mit Einzellast

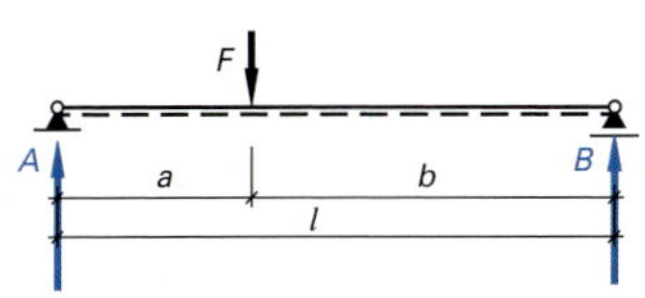

Formel für Auflagereaktionen $A = \frac{F \cdot b}{l}$ $B = \frac{F \cdot a}{l}$

$F = 14{,}0$ kN; $l = 6{,}60$ m, $a = 2{,}60$ m; $b = 4{,}00$ m
$A = 14{,}00 \cdot 4{,}00/6{,}60 = 8{,}48$ kN
$B = 14{,}00 \cdot 2{,}60/6{,}60 = 5{,}52$ kN

Beispiel

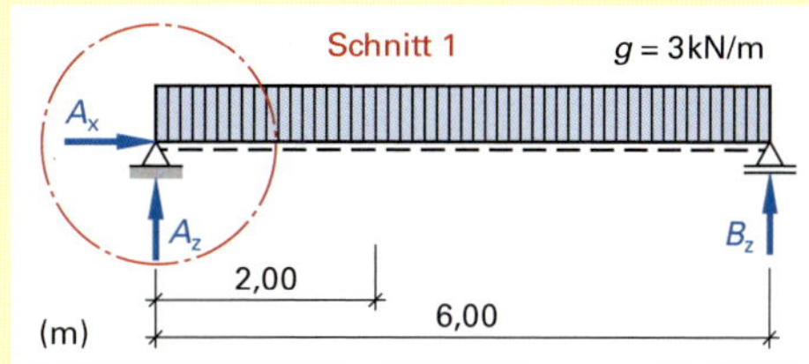

Lagerreaktionen

$\Sigma F_x = 0$ $A_x + 0 = 0 \Rightarrow A_x = 0$

$\curvearrowleft^+ \Sigma M_A = 0$ $-B_z \cdot 6{,}00 + 3 \cdot 6{,}00 \cdot 3{,}00 = 0$

$B_z = 9$ kN $A_z = B_z$

Schnittgrößen an einem Schnittufer

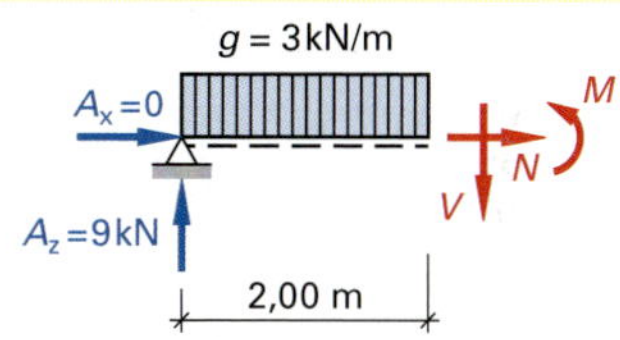

Gleichgewichtsbedingungen

$\Sigma F_x = 0$ $\Sigma F_z = 0$ $\Sigma M = 0$

Normalkraft

$\Sigma F_x = 0: \; A_x + N = 0 \;\; \Rightarrow 0 + N = 0 \;\; \Rightarrow \;\; N = 0$

Querkraft

$\Sigma F_z = 0$ $V - A_x + 3 \cdot 2{,}00 = 0$

$\Rightarrow V = A_z - 3 \cdot 2{,}00 = 9 - 6 = 3$ kN

Moment

$\Sigma M = 0$ $M - A_z \cdot 2{,}00 + 3 \cdot 2{,}00 \cdot 1{,}00 = 0$

$M = 18 - 6 = 12$ kN·m

(Schnittgrößen 2,00 m rechts von Lager A
$N = 0$ $V = 3$ kN $M = 12$ kN·m

Stelle [m]	***N*** [kN]	***V*** [kN]	***M*** [kN · m]
0,00	0	+9,0	0
1,00	0	+6,0	+7,5
2,00	0	+3,0	+12,0
3,00	0	0	+13,5
4,00	0	–3,0	+12,0
5,00	0	–6,0	+7,5
6,00		–9,0	0

F7.3 Schnittgrößen ausgewählter Systeme

Bei Betrachtung einiger Systeme mit ihren *Q* und *M*-Flächen können Gesetzmäßigkeiten, deren Kenntnis die Berechnung erleichtert, aufgestellt werden.

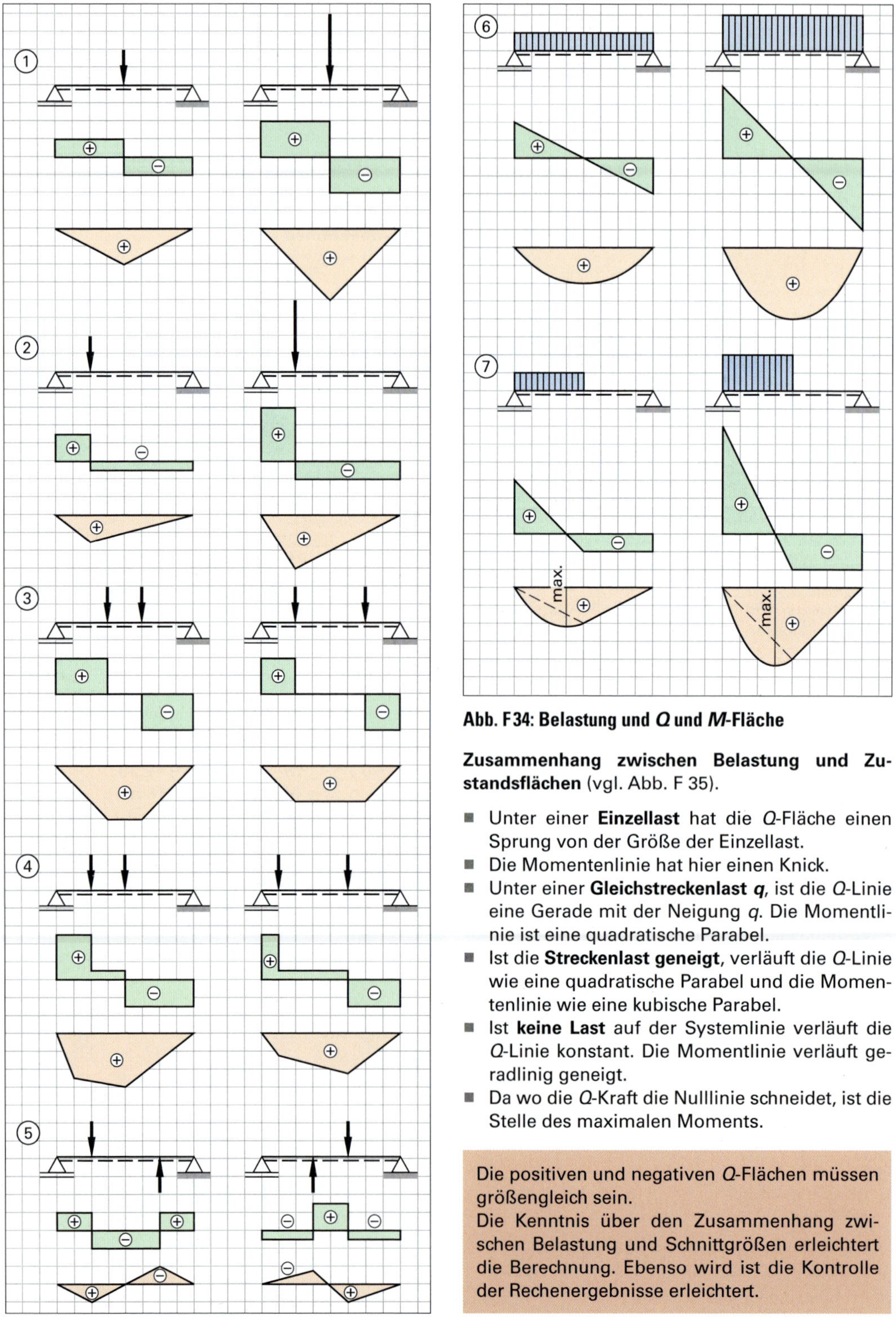

Abb. F34: Belastung und *Q* und *M*-Fläche

Zusammenhang zwischen Belastung und Zustandsflächen (vgl. Abb. F 35).

- Unter einer **Einzellast** hat die *Q*-Fläche einen Sprung von der Größe der Einzellast.
- Die Momentenlinie hat hier einen Knick.
- Unter einer **Gleichstreckenlast *q***, ist die *Q*-Linie eine Gerade mit der Neigung *q*. Die Momentlinie ist eine quadratische Parabel.
- Ist die **Streckenlast geneigt**, verläuft die *Q*-Linie wie eine quadratische Parabel und die Momentenlinie wie eine kubische Parabel.
- Ist **keine Last** auf der Systemlinie verläuft die *Q*-Linie konstant. Die Momentlinie verläuft geradlinig geneigt.
- Da wo die *Q*-Kraft die Nulllinie schneidet, ist die Stelle des maximalen Moments.

Die positiven und negativen *Q*-Flächen müssen größengleich sein.
Die Kenntnis über den Zusammenhang zwischen Belastung und Schnittgrößen erleichtert die Berechnung. Ebenso wird ist die Kontrolle der Rechenergebnisse erleichtert.

F

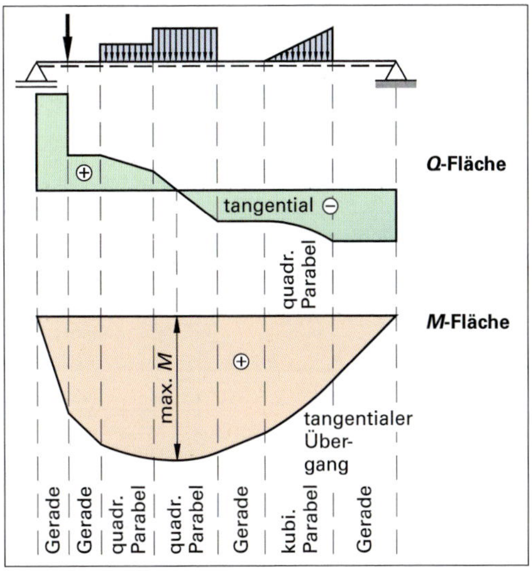

Abb. F35: Zusammenhang zwischen Zustandsflächen

F8 Spannungen

Durch die Einwirkung von Kräften auf ein Bauteil wird ein Bauteil beansprucht. Im Inneren des Bauteils entstehen Spannungen, die je nach Bauteil und Belastung unterschiedlich auftreten. In Spannungsberechnungen fließt die Festigkeit und Struktur des Materials ein. Homogene Materialien sind theoretisch einfacher zu betrachten als inhomogene Materialien wie Stahlbeton oder Verbundkonstruktionen Beton-Holz usw.

Für die Berechnung von Festigkeiten (Spannungen) ist u.a. die Kenntnis der Flächenschwerpunkte erforderlich.

Die Festigkeit ist die innere Widerstandskraft eines Körpers, die der Körper einer äußeren Belastung entgegensetzt.

Daher sind im Zusammenhang mit Festigkeitsberechnungen die entsprechenden Normen des Grundbaus, Holzbaus, Stahlbaues und des Stahlbetonbaus usw. zu beachten.

Ist die Beanspruchung größer als die Festigkeit, die das Material aushalten kann, bricht der Körper. Diese Festigkeit wird Bruchfestigkeit genannt. Die zulässige Festigkeit für ein Material wird aus der charakteristischen Festigkeit durch die Division mit einem Teilsicherheitsbeiwert (Gamma) ermittelt. Die vorhandenen Festigkeiten müssen immer kleiner oder höchstens gleich der Designfestigkeit (zulässige Festigkeit) sein.

F8.1 Zugfestigkeit

Wirkt eine Kraft lotrecht zur Querschnittsfläche in Richtung der Stabachse vom Querschnitt weg gerichtet, entstehen Zugspannungen die theoretisch gleichmäßig über den Querschnitt verteilt angenommen werden. Die Kraft muss dazu im Schwerpunkt angreifen (vgl. Abb. F 36).

Andernfalls entstehen zusätzlich Biegespannungen.

$$\text{Spannung} = \frac{\text{Kraft}}{\text{Fläche}} \qquad \sigma = \frac{F}{A} \qquad \text{oder} \qquad \sigma = \frac{N}{A}$$

Berechnet werden die Spannungen im Normalfall mit den Einheiten N und mm bzw. mm^2 oder MN und m^2.

Bei Gründungen sind zur Spannungsberechnung auch kN und m^2 gebräuchlich.

F8.2 Druckspannungen

Wirkt eine Kraft lotrecht zur Querschnittsfläche in Richtung der Stabachse zum Querschnitt gerichtet, entstehen Druckspannungen, die theoretisch gleichmäßig über den Querschnitt verteilt angenommen werden. Die Kraft muss dazu im Schwerpunkt angreifen (vgl. Abb. F 37).

Andernfalls entstehen zusätzlich Biegespannungen.

Bei druckbeanspruchten Bauteilen insbesondere Stützen und Pfeilern ist der Stabilitätsfall Knicken im Zusammenhang mit der Druckbeanspruchung zu untersuchen.

Mit Druck- und Zugspannungen gehen immer auch entsprechende Verformungen (Längsdehnung/ Querdehnung) einher. Wird ein Bauteil gedrückt folgt daraus Verkürzung und Verbreiterung. Wird ein Bauteil gezogen folgt daraus Verlängerung und Verkleinerung des Querschnittes.

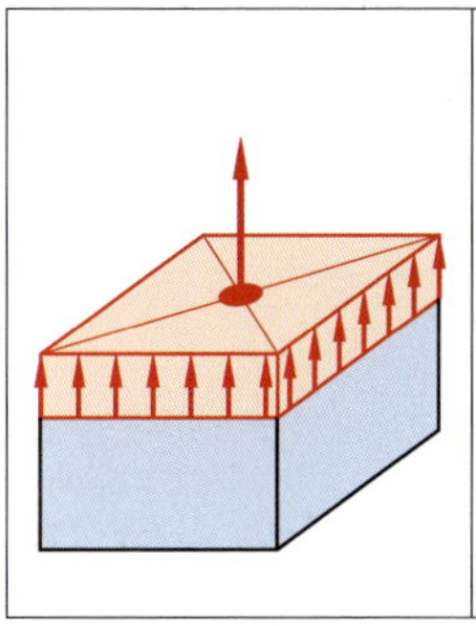

Abb. F36: Zugspannung

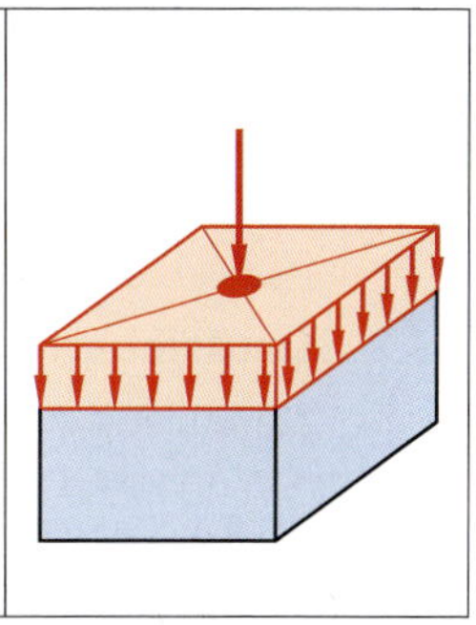

Abb. F37: Druckspannung

F

F8.3 Biegespannungen

Wirkt eine Kraft senkrecht zur Stabachse, entstehen Biegespannungen im Stab. Der Biegespannungsverlauf wird bei homogen Material geradlinig verteilt über den Querschnitt angenommen. Der obere Rand wird gestaucht und der untere Rand gezogen.

Spannung = $\frac{\text{Biegemoment}}{\text{Widerstandsmoment}}$ $\sigma = \frac{M}{W}$ $\sigma = \frac{M \cdot e}{I}$

e Abstand Schwerpunkt – Querschnittsrand
W Widerstandsmoment, *I* Flächenmoment

Beispiel

Profil T100 $M = 400$ kN · cm
Querschnittswerte $I = 179$ cm^4
und $e_{oben} = 2{,}74$ cm und $e_{unten} = 7{,}26$ cm

Spannung am oberen Rand
$\sigma = 400$ kN · cm · 2,74 cm /179 cm^4 = 6,1 kN/cm^2

Spannung am oberen Rand
$\sigma = 400$ kN · cm · 7,26 cm /179 cm^4 = 16,2 kN/cm^2

Im Schwerpunkt des Stabes ist die Spannung Null (Nulllinie) (vgl. Abb. F 38). An den Querschnittsrändern treten die größten Spannungen auf.

Wirken auf einen Balken oder Stab Druckkräfte und Kräfte die Biegespannungen erzeugen, überlagern sich die Spannungen. Es entstehen schiefe Spannungskörper.

F8.4 Scherspannungen

Wirkt eine Kraft parallel zur Querschnittsfläche entstehen Scher- oder Schubspannungen, deren Verteilung über den Querschnitt je nach Material und Querschnitt unterschiedlich angenommen wird.

F9 Stabilität

Neben den Spannungen die für die Festigkeitsberechnungen erforderlich sind, spielt die Stabilität eine Rolle. Stabilitätsfälle sind Knicken, Kippen und Beulen.

F9.1 Standsicherheit

In der Bautechnik ist die Standsicherheit eines Baukörpers Voraussetzung für eine sichere Nutzung. Unterschieden wird bei den auf den Körper wirkenden Kräften zwischen den Kräften die zur Standsicherheit beitragen, und den Kräften die den Körper aus dem Gleichgewicht bringen wollen.

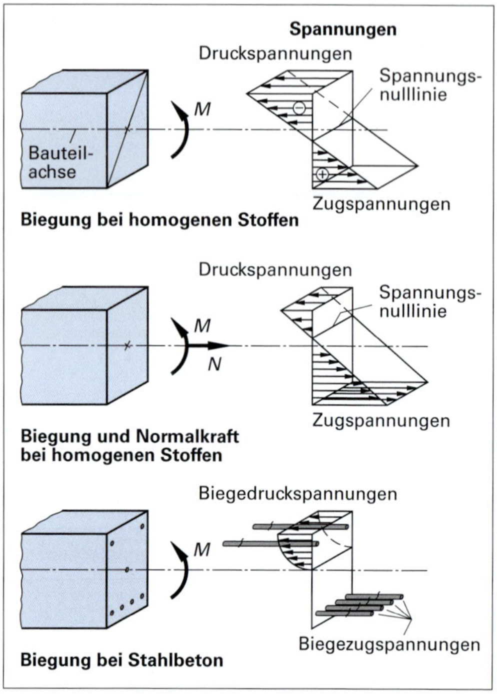

Abb. F38: Spannungen im Querschnitt

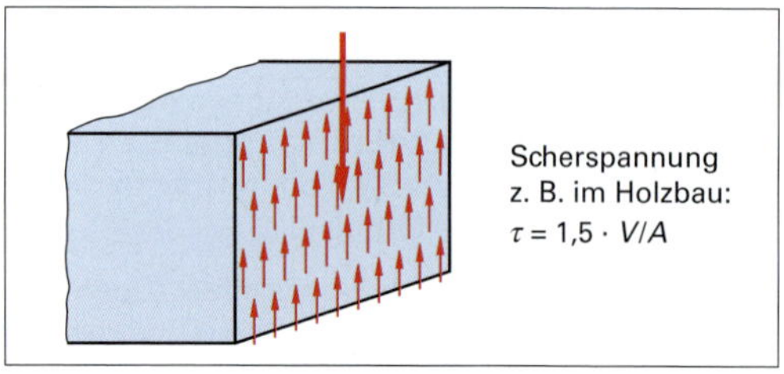

Abb. F39: Scherspannungen

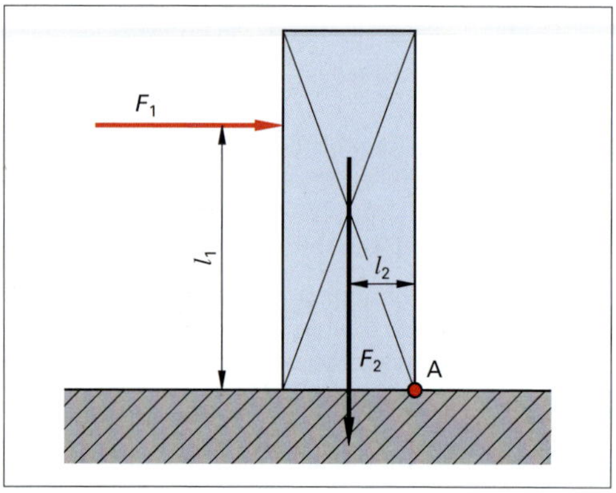

Abb. F40: Standsicherheit

Auf den Körper wirken die Kräfte F_1 und F_2. Je nach Größe der Kräfte und der Hebelarme kippt der Körper um den Punkt A oder er bleibt in seiner Lage (vgl. Abb. F 38).

Soll die Standsicherheit gegeben sein, muss das Standmoment 1,5-fach größer als das Kippmoment sein. Ist das Standmoment gleich dem Kippmoment befindet sich der Körper im labilen Zustand.

Zusätzlich ist zu prüfen, ob die Sicherheit gegen Gleiten gegeben ist. Dazu darf der Reibungswiderstand in der Standfuge nicht überschritten werden.

Um die Kippsicherheit zu gewährleisten muss das Standmoment 1,5-fach größer sein als das Kippmoment.

F9.2 Schwerpunkte von Flächen

Für die Berechnung von Spannungen und für die Standsicherheit ist die Kenntnis des Flächenschwerpunktes von Bedeutung. Die Lage des Schwerpunktes kann für die Grundflächen Rechteck, Dreieck, Kreis usw. aus Tabellen entnommen werden.

In der Mechanik vereinfacht die Kenntnis des Dreiecks Schwerpunktes auf jeweils $h/3$ die Berechnungen erheblich.

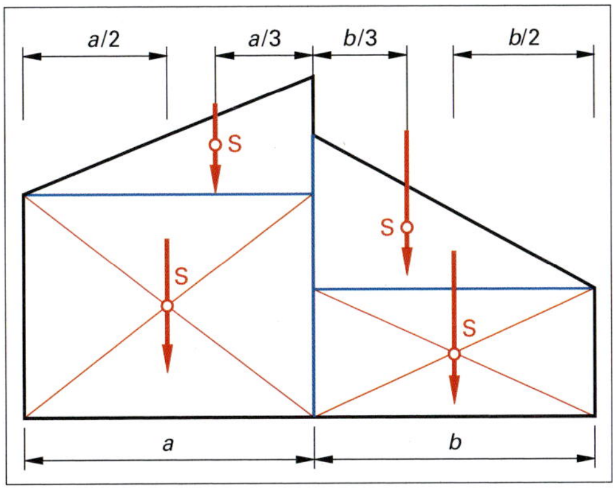

Abb. F41: Schwerpunktlage bei Streckenlasten

Für aus einfachen Flächen zusammengesetzte lässt sich die Lage des Schwerpunktes berechnen. Dazu werden die Flächenmomente aller Teilflächen in Bezug auf eine Bezugsachse ermittelt (vgl. Abb. F 40).

Der Abstand des Schwerpunktes ergibt sich indem die Summe der Flächenmomente durch die Gesamtfläche dividiert wird.

Dies geschieht getrennt für jede Achsrichtung.

Beispiel

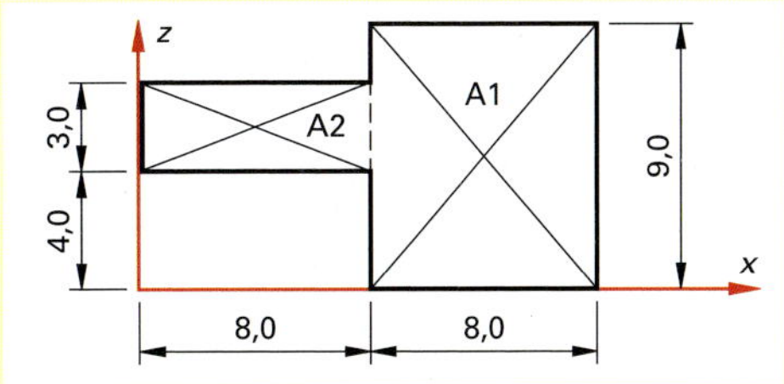

Flächenermittlung (ohne Einheiten)
$A_1 = 8 \cdot 9 = 72$
$A_2 = 3 \cdot 8 = 24$
gesamte Fläche $A = 96$

Schwerpunktsabstände der Teilflächen
Abstand Schwerpunkt von A_1 zur waagerechten Bezugsachse 4,5
Abstand Schwerpunkt von A_2 zur waagerechten Bezugsachse 5,5
Abstand Schwerpunkt von A_1 zur senkrechten Bezugsachse 12
Abstand Schwerpunkt von A_2 zur senkrechten Bezugsachse 4

$e_z = (72 \cdot 4{,}5 + 24 \cdot 5{,}5)/96 = 4{,}75$

$e_x = (72 \cdot 12 + 24 \cdot 4)/96 = 10$

Die Lage des Schwerpunktes ist für die Standsicherheitsberechnungen und Festigkeitsberechnungen Voraussetzung.

F9.3 Stabilitätsfall Knicken

Unter Knicken wird das seitliche Ausweichen eines Stabes bei Druckbelastung verstanden. In Abhängigkeit vom Werkstoff werden unterschiedliche Knicknachweise geführt.

Je nach der Lagerung des Stabes an seinen Stabenden werden vier Knickfälle nach Euler unterschieden.

Durch die Knickfälle wird die unterschiedliche Verformungsmöglichkeit des gedrückten Stabes erfasst. Die Knicklänge s_k ist die Länge über die der druckbeanspruchte Stab frei ausknicken kann (vgl. Abb. F 41). Je größer die Knicklänge desto geringer die aufnehmbare Belastung für den Stab.

Die Lagerungsarten für die Stabenden sind gelenkig und eingespannt.

Die Knickgefährdung eines Stabes wird aufgrund der Schlankheit λ des Stabes beurteilt.

F

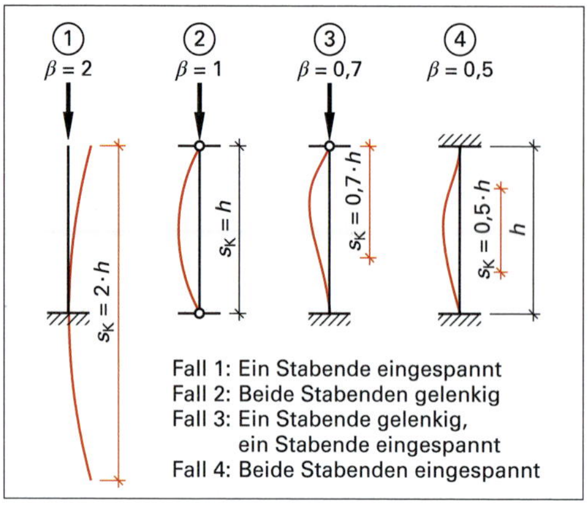

Abb. F42: Knickfälle nach Euler

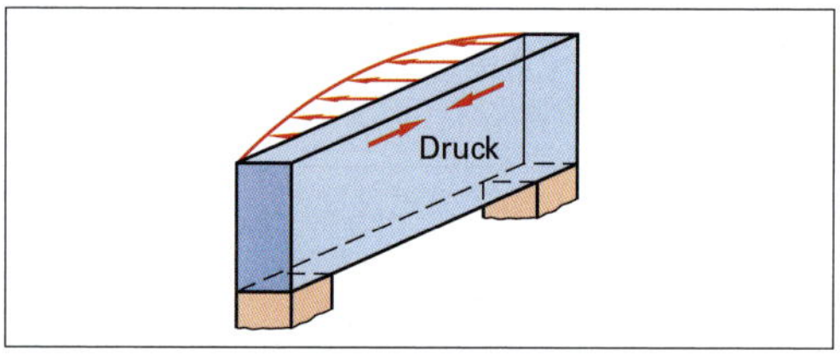

Abb. F43: Kippen eines Trägers

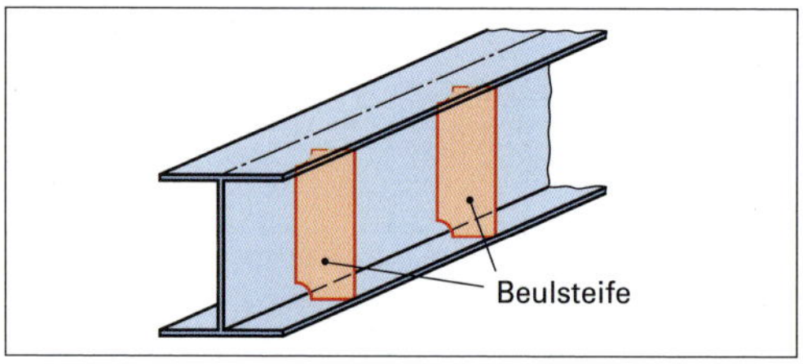

Abb. F44: Beulen eines Trägers

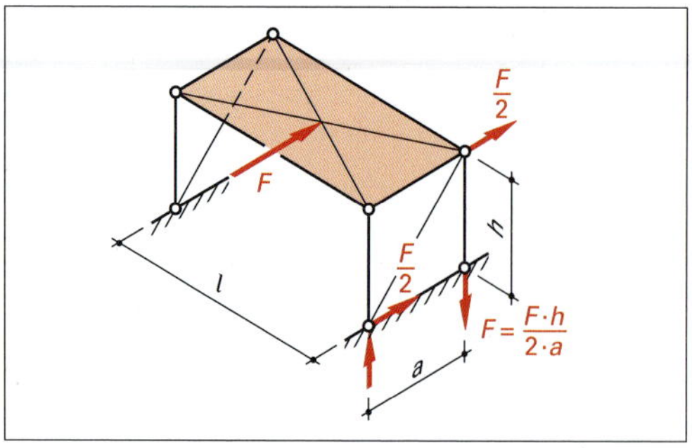

Abb. F45: Lastverfolgung

Die Schlankheit ist im Mauerwerksbau definiert als

Schlankheit = Knicklänge / Wanddicke $\lambda = s_k / d$

Im Stahlbetonbau, Holzbau und Stahlbau ist die Schlankheit λ definiert als $\lambda = s_k / i$

wobei i der Trägheitsradius ist. $i = \sqrt{I / A}$

Die Werte für i können den Querschnittstabellen in Tabellenbüchern entnommen werden. Bei unsymmetrischen Querschnitten sind die Werte für jede Querschnittsachse getrennt zu betrachten.

Je größer die Schlankheit, desto geringer werden die zugehörigen Festigkeiten angesetzt.

Für die Berechnung der Schlankheit ist die Kenntnis der Eulerfälle Voraussetzung.

F9.4 Stabilitätsfall Kippen

Im Zusammenhang mit der Biegebeanspruchung eines Stabes sind die Stabilitätsfälle Kippen und Beulen zu untersuchen.

Insbesonders schlanke hohe Stäbe sind auf Kippen zu untersuchen. Die Stege von Stahlträgern sind bei Biegebeanspruchungen zusätzlich beulgefährdet. In den jeweiligen Fachnormen sind die notwendigen Nachweisverfahren angegeben.

Unter Kippen (Biegedrillkippen) wird das seitliche Ausweichen der Druckzone eines auf Biegung beanspruchten Stabes (Trägers oder Balken) (vgl. Abb. F 43) verstanden. Das Kippen kann durch Aussteifung der Druckzone (Obergurt) verhindert werden.

F9.5 Stabilitätsfall Beulen

Unter Beulen wird das Ausweichen von Platten aus ihrer Ebene verstanden. Die Stege hoher Träger sind gegen Beulen mit Beulsteifen zu sichern (vgl. Abb. F 44).

Neben den Festigkeitsberechnungen sind stets die Stabilitätsbetrachungen vorzunehmen.

F9.6 Räumliche Stabilität

Die gängigen statischen Nachweise werden aus Vereinfachungsgründen an ebenen Systemen geführt. Da die Baukonstruktionen aber immer räumliche Gebilde sind, ist zu prüfen in wieweit sich die ebenen Systeme beeinflussen, d. h. aus der Belastung anderer Ebenen folgt eine Belastung der betrachteten Ebene (vgl. Abb. F 45). Diese ist besonders bei der Stabilität von Fachwerken und Hallensystemen zu beachten.

F

Aufgaben zum Kapitel F Grundlagen der Statik

1. Berechnen Sie das Moment um den Punkt B.

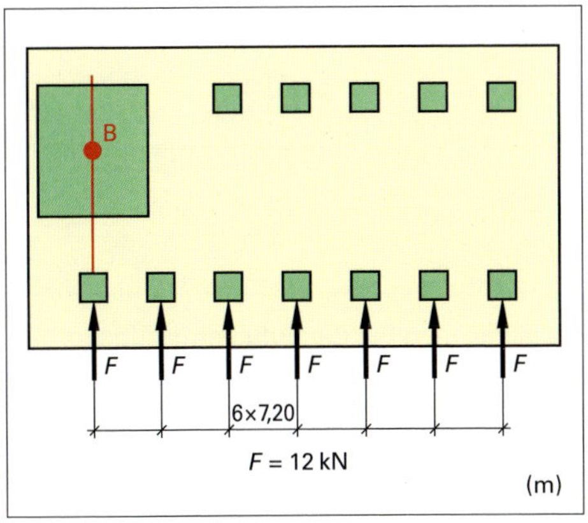

2. Berechnen Sie das Moment um den Punkt A.

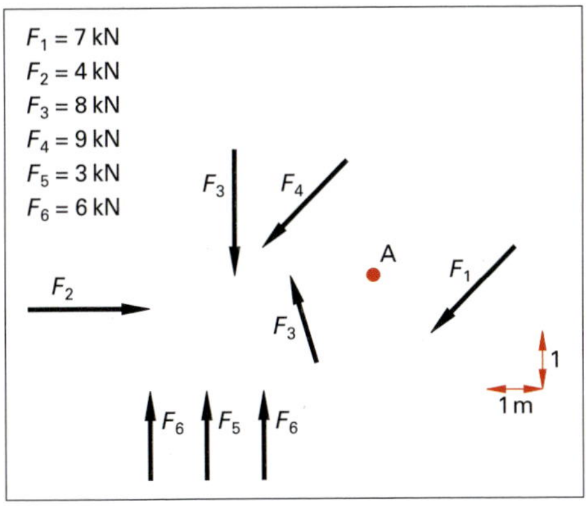

3. Ermitteln Sie Stabkräft S_1 (rechnerisch und zeichnerisch). Wie groß sind die Auflagerkräfte?

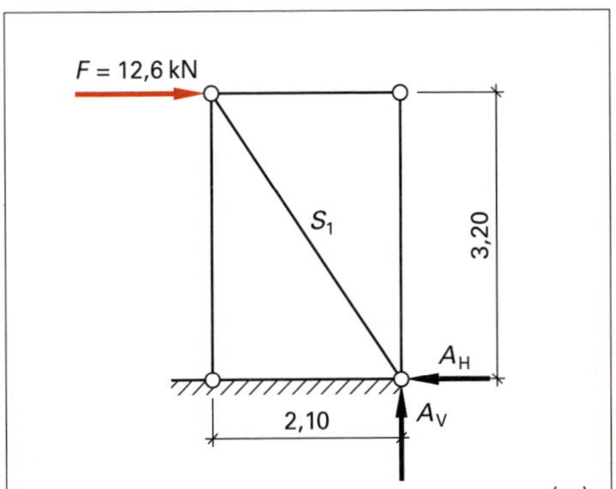

4. Ermitteln Sie Stabkräfte S_1 und S_2 (rechnerisch und zeichnerisch).

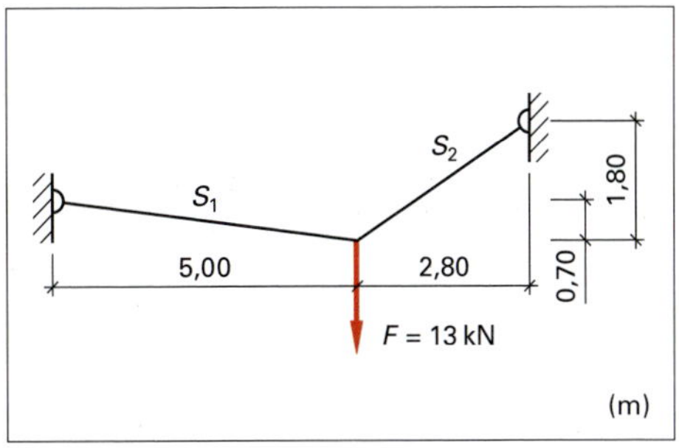

5. Ermitteln Sie Stabkräfte S_1 und S_2 (rechnerisch und zeichnerisch).
   a) $F_1 = 12$ kN, $\alpha = 30°$
   b) $F_1 = 8$ kN, $\alpha = 40°$
   c) $F_1 = 1$ kN, $\alpha = 110°$

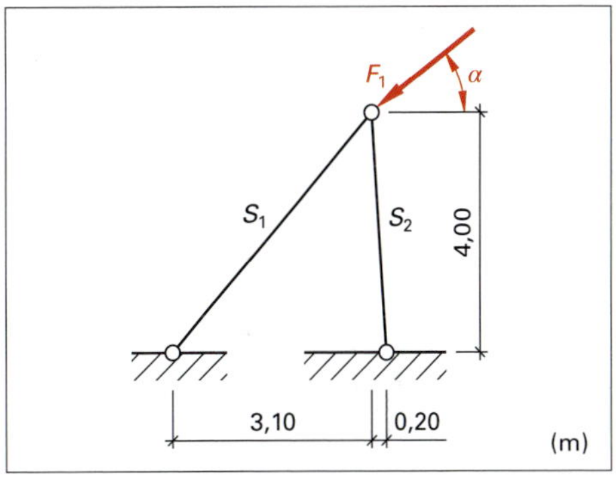

6. Ermitteln Sie Lage und Größe der Resultierenden.
   a) $F_1 = 12$ kN, $F_2 = 4$ kN
   b) $F_1 = 2$ kN, $F_2 = 16$ kN
   c) $F_1 = -5$ kN, $F_2 = 8$ kN

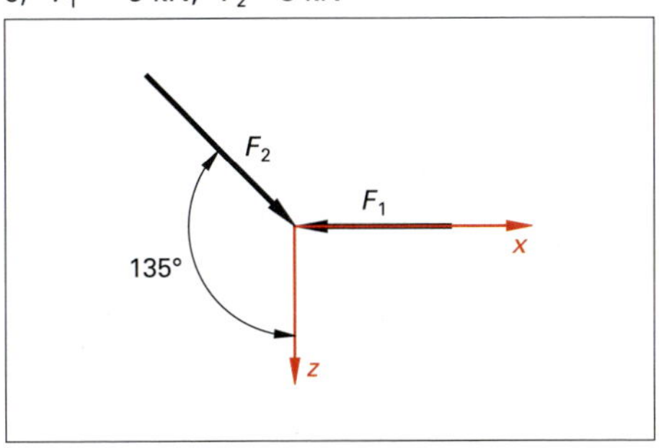

7. Ermitteln Sie zeichnerisch die Lage und die Größe der Resultierenden. Größenangaben wie Aufgabe 8.

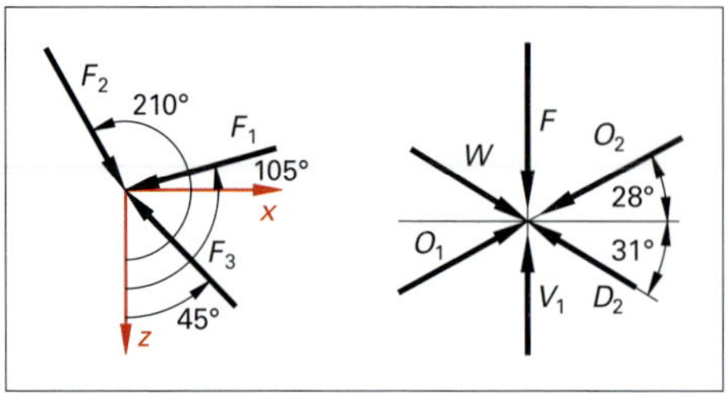

8. Ermitteln Sie rechnerrisch die Lage und die Größe der Resultierenden.
$F_1 = 5$ kN; $F_2 = 7$ kN; $F_3 = 3$ kN; $F = 3$ kN; $W = 0{,}6$ kN; $O_1 = 16$ kN; $O_2 = 14$ kN; $V_1 = 14$ kN; $D_2 = 2{,}2$ kN

9. Ermitteln Sie rechnerisch und zeichnerisch die Lage und die Größe der Resultierenden.

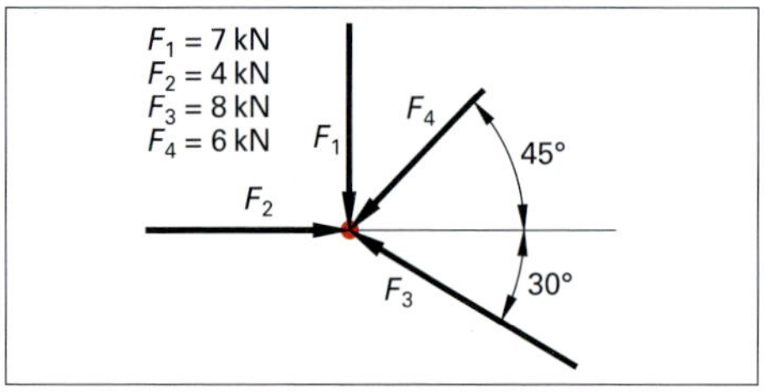

10. Ermitteln Sie die Lage und die Größe der Resultierenden.

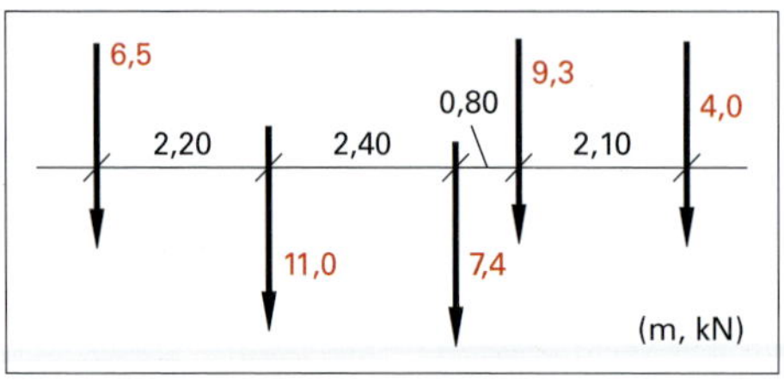

11. Ermitteln Sie rechnerisch und zeichnerisch die Lage und die Größe der Resultierenden.

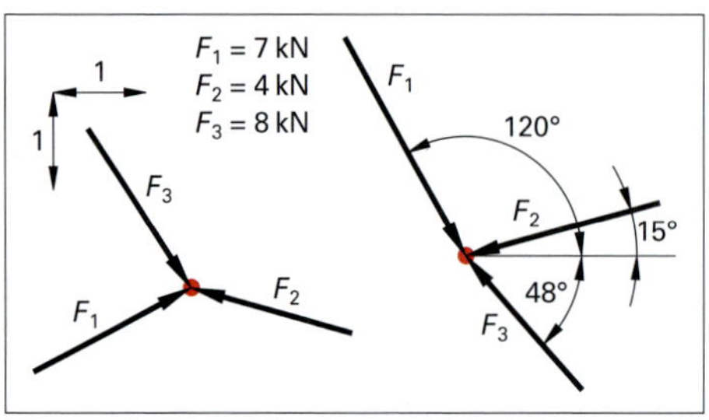

12. Berechnen Sie die Streckenlasten in Einzellasten (Ersatzlasten) um und ermitteln Sie die Lage der Resultierenden.
$q_1 = 7$ kN/m; $q_2 = 12$ kN/m; $q_3 = 9$ kN/m

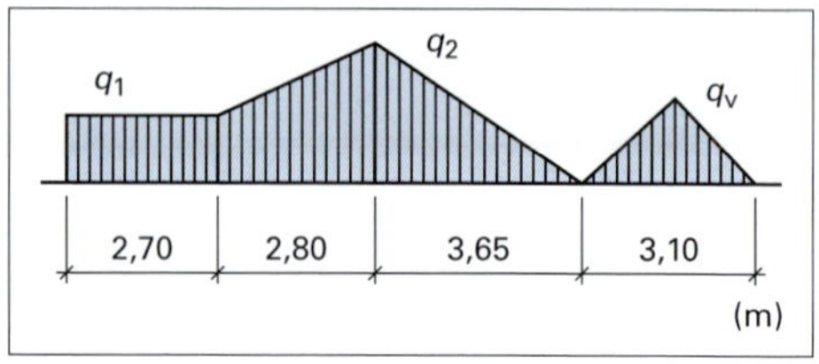

13. Berechnen Sie die Auflagerreaktionen.
a)

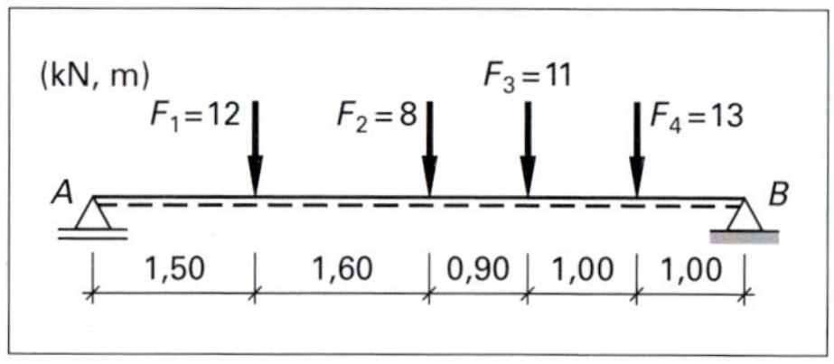

b)

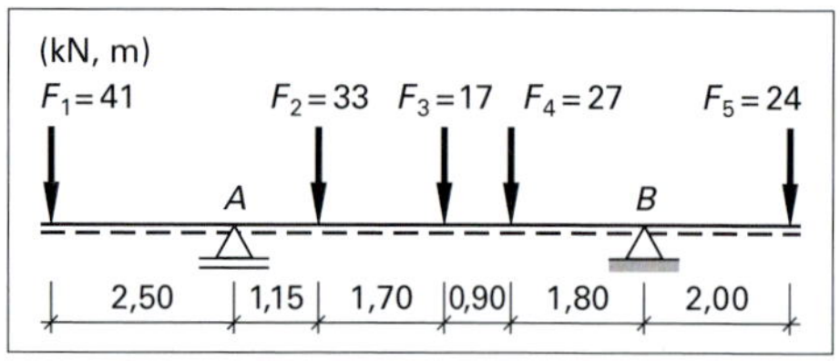

c)

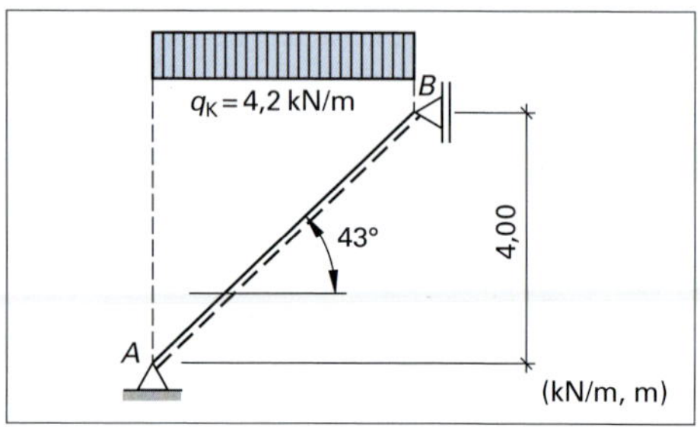

d)

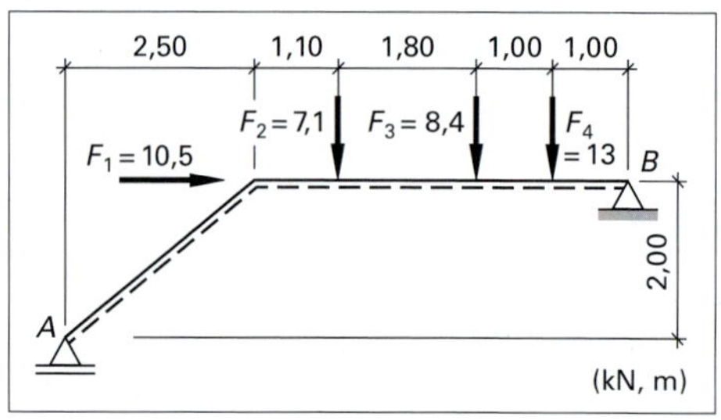

F

14. Berechnen Sie die Auflagerreaktionen und Schnittgrößen. Wählen Sie:
    Maßstab der Längen 1:100
    Maßstab der Kräfte: 1 cm = 1 kN bzw. 1 kN/m
    Querkraftfläche
    Maßstab: 2 kN = 1cm
    Maßstab der Kräfte: 1 cm = 1 kN bzw. 1 kN/m
    Momentenfläche
    Maßstab: 2 kN · m = 1cm

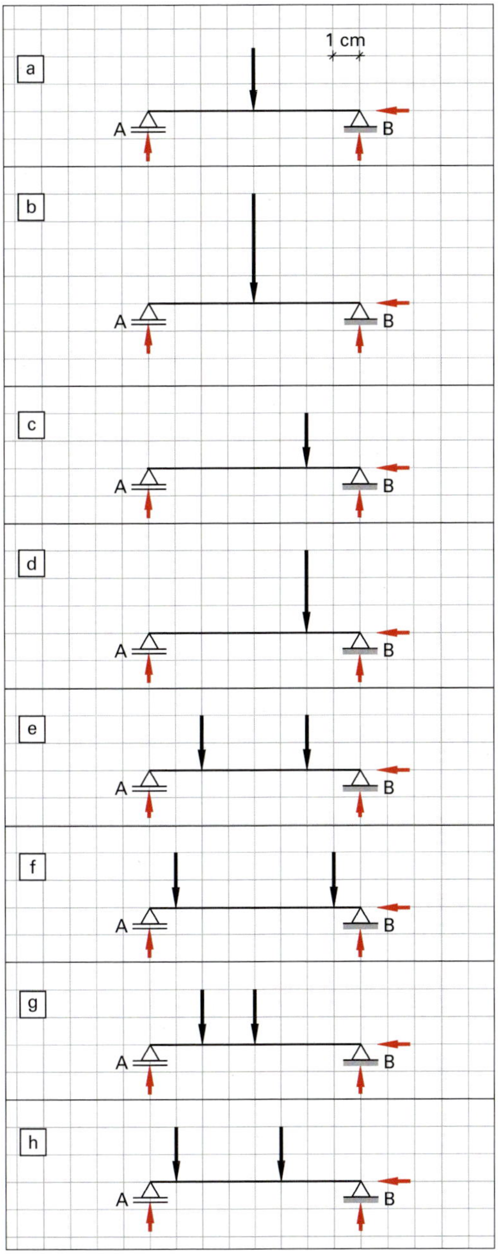

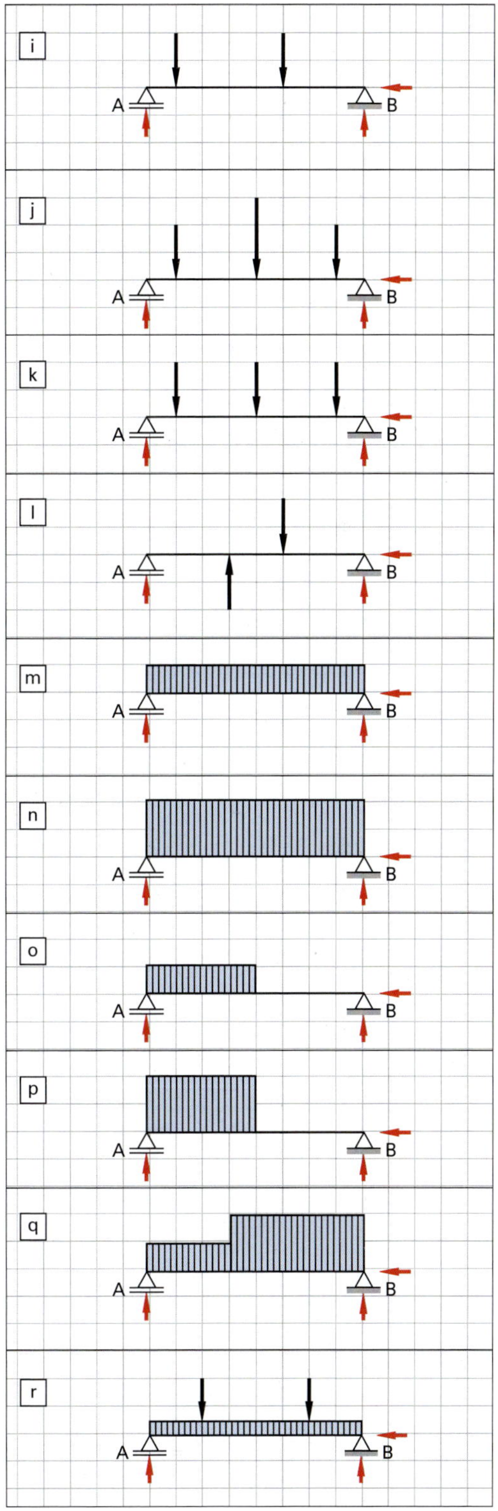

15. Wie groß darf die Kraft G_k angesetzt werden, damit
    a) die Auflagerkraft $A = 24$ kN nicht überschreitet?
    b) die Auflagerkraft $B = 31$ kN beträgt.

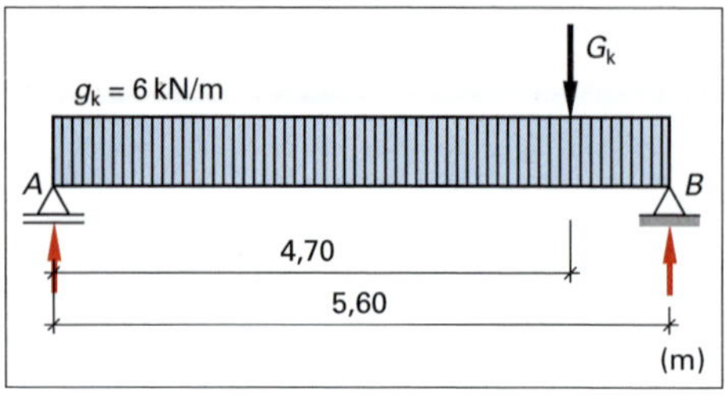

16. In welchen Abstand x vom Lager A muss die Kraft G_k mindestens stehen, damit
    a) die Auflagerkraft $A = 25$ kN nicht überschreitet?
    b) die Auflagerkraft $B = 28$ kN beträgt

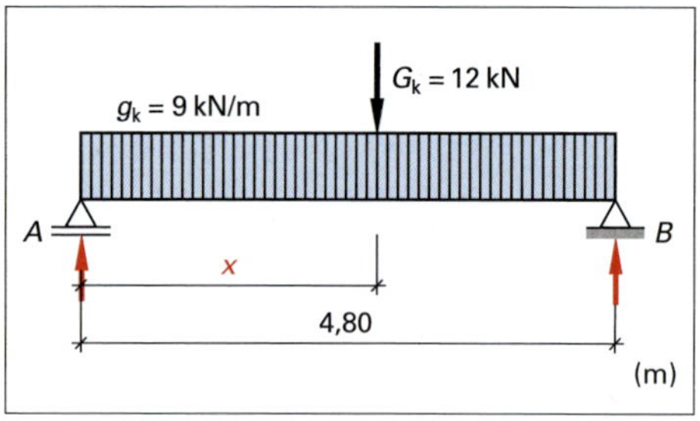

17. Wie groß kann die Belastung q_k auf dem Kragarm werden
    a) damit die Auflagerkraft A nicht negativ wird?
    b) damit bei der Auflagerkraft $B = 70$ kN nicht überschritten werden?

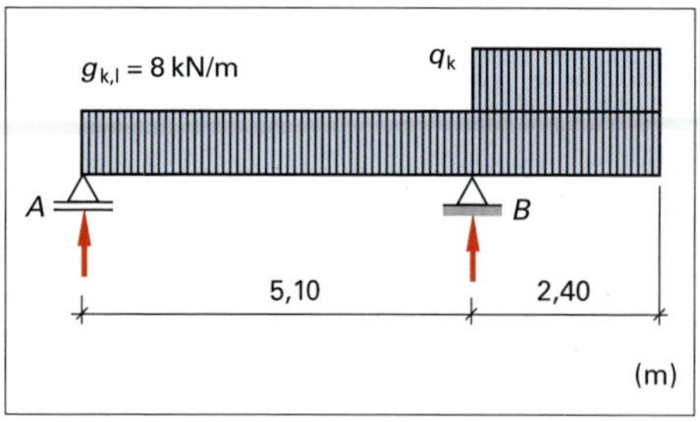

18. Prüfen Sie ob die Standsicherheit gegeben ist.

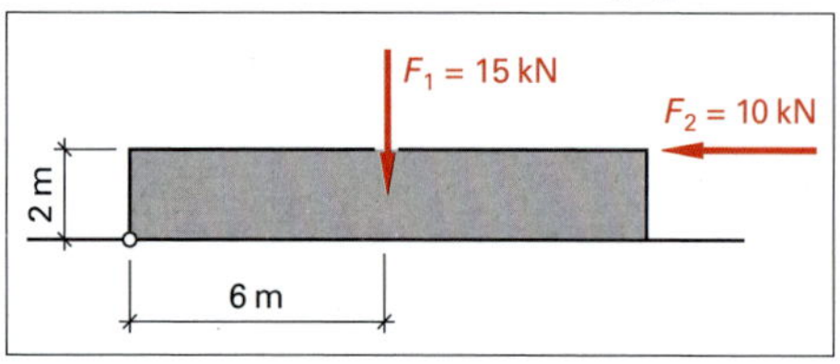

19. Berechnen Sie den Schwerpunkt der Flächen (ohne Einheiten).

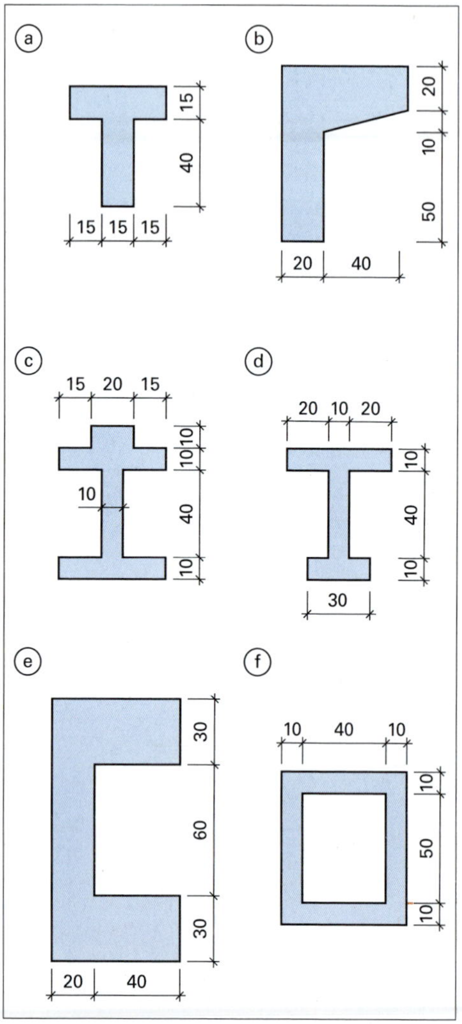

20. Prüfen Sie, ob die Stützwand dem Erddruck standhalten kann.

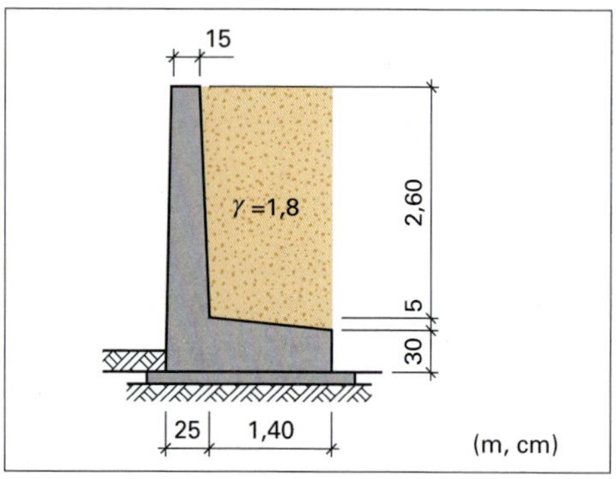

F

G Projektarbeit im Lernfeld

G 1 Projektverlauf

Im Unterricht nach Lernfeldern wird überwiegend praxisbezogen gearbeitet. Ähnlich wie bei der Abwicklung eines Kundenauftrags sind alle Arbeitsschritte von der Arbeitsvorbereitung bis zur Qualitätskontrolle durchzuführen (vgl. Abb. G 1).

Die Auszubildenden sollen dabei lernen, anhand eines Arbeitsauftrags, im Unterricht Projekt genannt, ihre Kompetenzen einzubringen, um das Projekt allein oder im Team bearbeiten zu können.

Arbeiten auf der Baustelle	Projektarbeit im Lernfeld
• Auftragserteilung • Arbeitsvorbereitung • Materialbedarfsermittlung • Bauzeitenplanung • Bestellung	• Aufgabenstellung • Arbeitsplatz einrichten • Zeitlichen Rahmen abstecken • Arbeitsablauf abstimmen
• Lieferung • Absprachen • Zusammenfügen • Handarbeit • Maschineneinsatz • Erkennen von Gefahren • Unfallverhütungsmaßnahmen	• Informationen sammeln • Bücher und Prospekte studieren • Lösungen suchen • Zeichnungen fertigen • Beschreiben, Berechnen • Auswirkungen auf die Umwelt erkennen • Modelle bauen
• Qualitätskontrolle • Beseitigung von Mängeln • Bauabnahme	• Dokumentation der Ergebnisse • Ergebnisse präsentieren • Bewerten und Korrigieren

Abb. G 1: Vergleich von Baustelle und Projekt

Zur Erarbeitung oder Vertiefung des Unterrichtsstoffes eines Lernfeldes kann eine Projektaufgabe gestellt werden, die wie ein Kundenauftrag abläuft. Ein Projekt umfasst alle zur Ausführung einer Arbeit notwendigen Planungs- und Arbeitsschritte.

Beim Lernfeldunterricht werden von den Auszubildenden besondere Selbstständigkeit, Ideen, Eigeninitiative, Sorgfalt und Fleiß erwartet. Bei der Arbeit innerhalb einer Gruppe wird Teamfähigkeit benötigt. Insgesamt soll die Fach-, Sozial- und Personalkompetenz gefördert werden.

Zur **Durchführung eines Projektes** ist es von Vorteil, schrittweise vorzugehen und den Projektverlauf Punkt für Punkt abzuarbeiten.

Projektvorbereitung

Projektbearbeitung

Projektergebnisse

Der Unterricht orientiert sich an dem Modell der vollständigen Handlung. Um das Profil der beruflichen Handlungsfähigkeit zu fördern und zu festigen, wird ein Methodenrepertoire benötigt. Ebenso sind für die Bewertung von Arbeitsprozessen und Arbeitsergebnissen Regeln und Bewertungskriterien zu beachten. Grundsätzlich ist eine schriftliche Dokumentation der Projektarbeit notwendig.

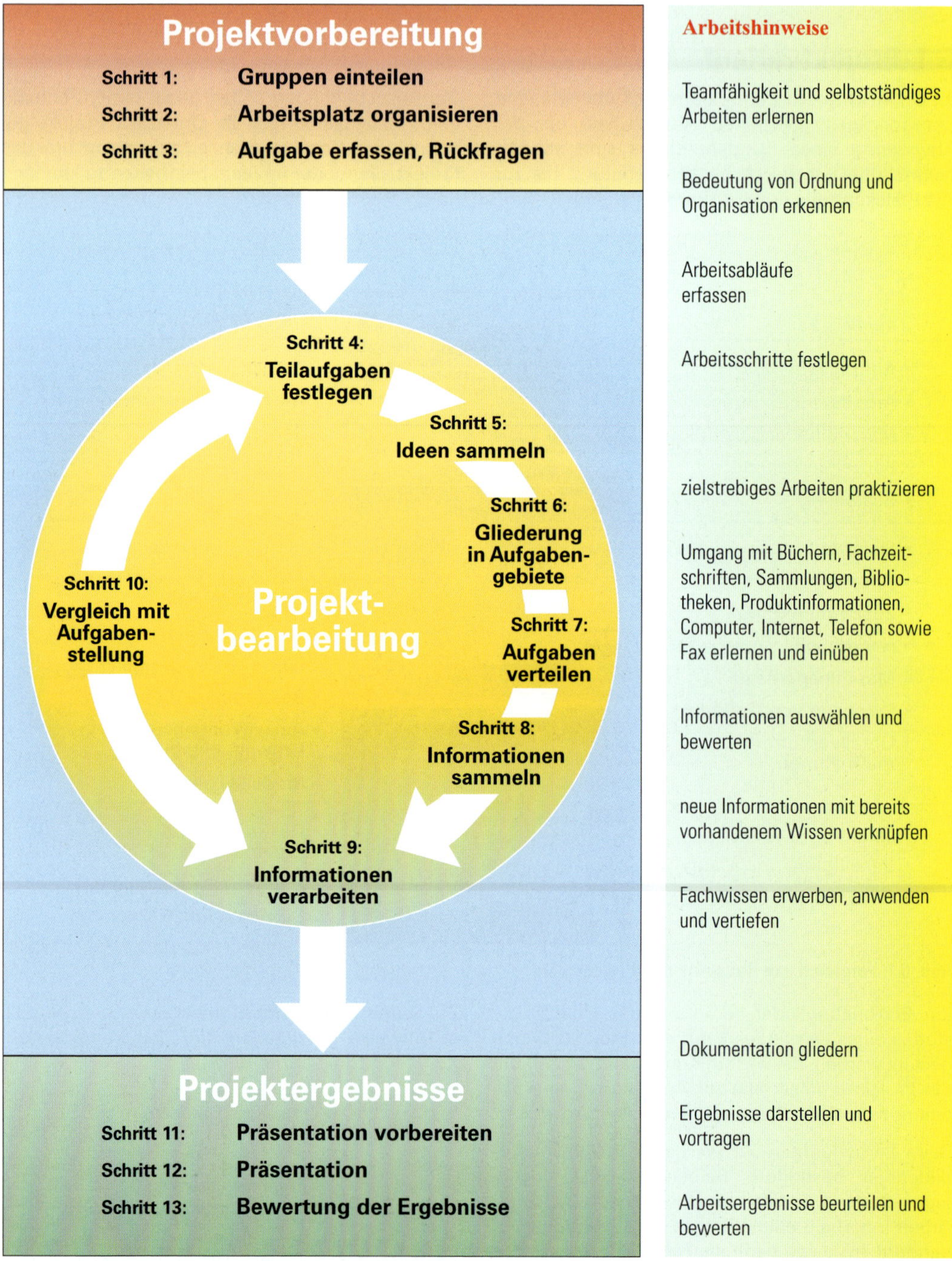

Abb. G 2: Darstellung des Projektverlaufs in einzelnen Schritten

G 2 Projektvorbereitung

Bei der Durchführung eines Projekts muss von Anfang an jeder Arbeitsschritt in einem Protokoll dokumentiert werden. Die Dokumentation soll dazu beitragen, den Projektverlauf später überprüfen und bei weiteren Projekten aus den Erfahrungen lernen zu können.

Auch für die Ausführung eines Auftrags wird eine tägliche Dokumentation der geleisteten Arbeiten und der getroffenen Absprachen erstellt, die später als Grundlage für die Abrechnung, die Lohnzahlung und Nachkalkulation zur Verfügung steht.

Im Protokoll wird aufgeschrieben,

- welche Aufgaben erledigt werden,
- wie viel Zeit die einzelnen Arbeiten in Anspruch nehmen,
- wer bestimmte Aufgaben erledigt hat oder noch erledigen muss,
- welche Termine zur Erledigung von Teilaufgaben einzuhalten sind,
- wann die Präsentation der Ergebnisse erfolgen soll und
- welche Probleme bei der Bearbeitung aufgetreten sind.

Für das Protokoll zum Projektverlauf kann ein Formular, ein Word-Dokument oder eine Excel-Tabelle verwendet werden (vgl. Abb. G 3).

Protokoll		Lernfeld	
Aufgabe		Klasse	Gruppe
Teilnehmer			
Vorbereitung			
Teamsprecher bestimmen			
Protokollführer bestimmen			
Arbeitsplatz einrichten	☐ Tische ☐ PC ☐ Papier ☐ Bücher ☐ Anschauungsmaterialien ☐ Sonstiges		
Festgelegte Zeiten		Bemerkungen	
Projektbeginn:			
Zwischenberichte			
Präsentation:			
Abgabe der Dokumentation			
Klassenarbeit			
Sonstiges			
Gruppeninterne Veranstaltungen/Termine			

Abb. G 3: Verlaufsprotokoll

Schritt 1: Gruppen einteilen
Gruppengröße

Als Gruppengröße haben sich 3 bis 4 Teilnehmer als günstig erwiesen. Sie ist abhängig von der

- Größe der Klasse,
- Erfahrung mit Gruppenarbeit und
- Aufgabenstellung.

Zusammensetzung der Gruppen

Die Zusammensetzung der Gruppen kann von den Auszubildenden selbst organisiert, von den Lehrkräften vorgegeben oder ausgelost werden. Folgende Interessen und Umstände können auch berücksichtigt werden:

- Gegenseitiges Verstehen
- Sitzordnung
- Bisherige Zusammenarbeit im Betrieb oder in der Werkstatt
- Begabungen, Neigungen, Leistung
- Mitfahrgelegenheiten

Die Gruppenmitglieder sollen lernen, auch in beliebig zusammengesetzten Gruppen Ergebnisse zu erzielen. Auch in kurzzeitig eingerichteten Arbeitsgruppen kommt es darauf an, dass jeder seinen Beitrag zum Gelingen einer Aufgabe leistet.

Schritt 2: Arbeitsplatz organisieren

Eine gute Arbeitsumgebung ist Vorraussetzung für störungsfreies Arbeiten. Vor allem bei Gruppenarbeit muss auf einen geordneten Arbeitsplatz geachtet werden (vgl. Abb. G 4). Dazu gehören

- eine Arbeitsfläche (Gruppentisch),
- bereitgelegtes Zeichenmaterial, Schreibzeug, Taschenrechner,
- Fachbücher, Informationsblätter, Tabellenbuch,
- digitale Medien sowie
- Zugang zur Werkstatt, zum Labor oder zum Sammlungsraum.

Für die Ordnung am Arbeitsplatz und die Bereithaltung der Arbeitsmittel ist jedes Gruppenmitglied selbst verantwortlich.

Gruppentisch

Modellbau in der Werkstatt

Computerarbeitsplatz

Abb. G 4: Arbeitsumgebung bei der Projektarbeit

Schritt 3: Aufgaben erfassen

Häufig ist der Umfang der zu erbringenden Leistungen in der Aufgabenstellung nicht erkennbar, z. B. bei der Formulierung „Planen einer Geschossdecke für ein Ferienhaus". Sind die Angaben unvollständig, so sind diese zu erfragen oder von den Schülerinnen und Schülern selbständig festzulegen. Erst wenn Ziele und Umfang des Projektes erkannt sind, kann mit der Durchführung der Aufgabe begonnen werden.

Durch Fragen kann geklärt werden, welche Vorgaben zu beachten sind:

- Welche bautechnischen Vorgaben müssen bei der Planung eines Bauteils beachtet werden?
- Welche Baustoffe, Werkzeuge und Arbeitstechniken sind festgelegt, welche sollen von den Schülerinnen und Schülern selbst gewählt werden?
- Wie viel Zeit und welche Mittel stehen für die Lösung der Projektaufgabe zur Verfügung?
- Wie und wann sollen die Ergebnisse präsentiert werden?

Die Antworten auf diese Fragen sind zu dokumentieren, damit sie bei der späteren Bearbeitung zur Verfügung stehen (vgl. Abb. G5).

Vorgaben für das Projekt

Maße: ....
....
Nutzung
Konstruktion: ....
....
Lastannahmen: ....
....

Abb. G 5: Vorgaben für ein Projekt

Stichworte zu Lernfeld 1

A	Ausführungszeichnung
B	Bauaufgaben
B	Baugesetzbuch
B	Baunutzungsverordnung
C	....
D	....
...	
H	HOAI

Abb. G 6: ABC-Methode

G 3 Projektbearbeitung

Schritt 4: Teilaufgaben festlegen

In der Aufgabenstellung sind Ziele formuliert, die im Projekt erarbeitet werden sollen. Zur Erreichung dieser Ziele müssen die Schüler und Schülerinnen Teilaufgaben festlegen. Dazu gehören z. B.:

- Werkpläne, Skizzen, Ausführungszeichnung, Details, Modelle,
- Planung von Arbeitsabläufen, Zeiteinteilung, Protokolle,
- Beschreibungen von Bauteilen, Konstruktionen und Funktionen,
- Hinweise auf Gefahren und Schutzmaßnahmen,
- Berechnungen, Bestellscheine, Baustofflisten und Werkzeuglisten.

Schritt 5: Ideen sammeln

Die Festlegung von Teilaufgaben hilft, das Projekt zu gliedern. Damit eine inhaltliche Gliederung entsteht und alle Aspekte eines Projektes beachtet werden, muss Vorarbeit geleistet werden. Dazu werden zunächst stichwortartig Ideen gesammelt.

Stichworte zu einem Thema findet man im Sachwortverzeichnis oder im Inhaltsverzeichnis von Fachbüchern. Weitere Methoden der Ideensammlung sind z. B.

- Brainstorming,
- ABC-Methode,
- Kartenmethode und
- Mindmap.

Beim **Brainstorming** werden alle Gedanken aufgeschrieben, die spontan zu einem Thema eingebracht werden. Erst wenn viele Begriffe gefunden wurden, werden sie geprüft und geordnet.

Bei der **ABC-Methode** wird zu jedem Buchstaben des Alphabets ein Begriff gesucht, der mit dem Thema zu tun hat (vgl. Abb. G6).

Bei der **Kartenmethode** wird jeder Gedanke zum Thema auf eine Karte geschrieben und unsortiert an die Pinnwand geheftet. Die Karten können dann Teilaufgaben zugeordnet werden (vgl. Abb. G7).

Abb. G 7: Gedanken unsortiert an der Pinnwand

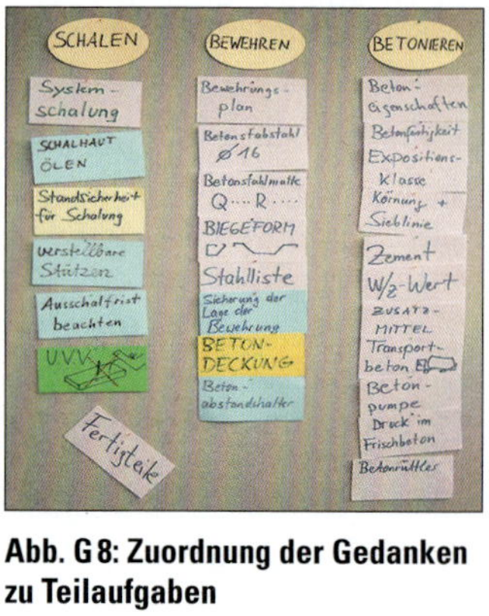

Abb. G 8: Zuordnung der Gedanken zu Teilaufgaben

G

Bei der **Mindmap-Methode** werden Ideen in einer Baumstruktur vernetzt dargestellt. Stichworte zum Thema werden wie Äste angefügt. Zu jedem neuen Wort passen wieder andere Stichworte, die als weitere Äste ein baumartiges Bild entstehen lassen (vgl. Abb. G 9). Die bildhafte Darstellung bei der Mindmap-Methode lenkt die Gedanken zu neuen Ideen, die zu den einzelnen Begriffen passen.

Wird eine **Mindmap** mit einem **PC-Programm** erstellt, so können jederzeit auch Änderungen vorgenommen und verschiedene Darstellungen auswählt werden.

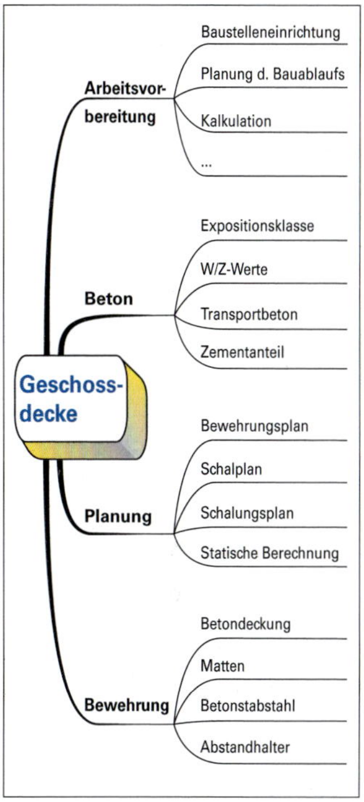

Abb. G 9: Mindmap (Ausschnitt)

Schritt 6: Gliederung in Aufgabengebiete

Um den Überblick zu wahren und um die Projektaufgabe weiter zu bearbeiten, müssen die notierten Ideen und Begriffe nach Themen und Unterthemen geordnet werden. So entsteht eine Gliederung in Aufgabengebiete, die auch für die Gliederung einer schriftlichen Dokumentation des Projektes übernommen werden kann. Die Aufgabengebiete können nun von den Gruppenmitgliedern bearbeitet werden.

Bei einer einfachen Gliederung werden die Themen nach den Inhalten angeordnet: Zeichnungen, Tabellen, Beschreibungen oder Berechnungen werden jeweils zusammengefasst (vgl. Tabelle G 10).

Bei der Gliederung nach Arbeitsschritten werden alle Zeichnungen, Berechnungen und sonstigen Unterlagen einem Arbeitsschritt zugeordnet.

Bei der Gliederung nach Bauteilen werden alle Zeichnungen, Berechnungen und sonstige Unterlagen dem jeweiligen Bauteil zugeordnet.

Tabelle G 10: Übersicht über verschiedene Gliederungsarten (Beispiele)

Gliederung nach Inhalten	Gliederung nach Arbeitsschritten	weitere Gliederung (Bauteil)
Übersicht Deckensysteme: Holzdecken, Ziegeldecken, Stahlbetondecken, Fertigteilsysteme **Art der Deckenkonstruktion:** Tragfunktion, bauphysikalische Anforderungen	Lesen der statischen Berechnung, Festlegung des Materials, Alternativen zum Material, Alternativen zur statischen Berechnung, zeichnerische Darstellung Details, Stahl- bzw. Holzliste (Materialliste), Archivierungsmöglichkeiten	Geschossdecke aus Stahlbeton, Stahlbeton (Druckfestigkeitsklasse, Expositionsklasse), Bewehrung (Mattenbewehrung, Betonstabstähle), Bewehrungsführung (einachsig gespannt, zweiachsig gespannt), Aussparungen, Auflagerung, Ringbalken, Ringanker,

Schritt 7: Aufgaben verteilen

Durch die Gliederung entstehen Bereiche, die als Teilaufgaben in Einzel- oder Partnerarbeit ausgeführt werden können.

Auch wenn diese Aufgaben von Einzelnen durchgeführt werden, soll sich das Team immer wieder austauschen, beobachten, kritisieren und motivieren. Jeder bringt seine Ergebnisse wie bei einem Puzzle in die gemeinsame Arbeit ein, auch kleine Beiträge sind wichtig für das Erreichen des Projektzieles.

Bei der Aufgabenverteilung muss darauf geachtet werden, dass jedes Gruppen-/Teammitglied im Laufe des Schuljahres alle wichtigen Aufgaben einmal übernimmt und einübt (vgl. Abb. G 11). Die aktive Beteiligung ermöglicht Erfolgserlebnisse, stärkt das Selbstbewusstsein und fördert Methodenkompetenz ebenso wie Fachkompetenz.

Wichtige Aufgaben bei der Projektbearbeitung

- Arbeitsschritte festlegen
- Informationen beschaffen
- Zeichnungen erstellen
- Berechnungen durchführen
- Arbeitsverfahren beschreiben
- Gruppenordner führen
- Ergebnisse präsentieren

Abb. G 11: Aufgaben für alle Schülerinnen und Schüler

Schritt 8: Informationen sammeln

Nach der Verteilung der Aufgaben müssen Informationen zu den verschiedenen Bereichen beschafft werden, die für die Ausführung der Arbeit notwendig sind (vgl. Abb. G 12). Dies können beispielsweise sein:

- Anforderungen an das Bauteil
- Bauteilabmessungen
- Ausführungsregeln
- Baustoffeigenschaften
- Beschaffungsmöglichkeiten und Liefergrößen
- Arbeitsverfahren und Fertigungstechniken

Als Hilfsmittel können gedruckte und digitale Medien genutzt werden. Es gibt verschiedene Möglichkeiten, vertiefende Informationen zu einem Thema zu finden (vgl. Tabelle G 13).

Wenn mehrere Gruppen das gleiche Projekt bearbeiten, so ist ein Austausch von Informationen für alle Beteiligten von Vorteil. Hierzu eignet sich die Einrichtung von Expertengruppen.

In jeder Stammgruppe (Projektgruppe) sind den Teilnehmern verschiedene Aufgaben zugewiesen; sie sind die Experten in einem Bereich. Nun können sich aus allen Gruppen die Teilnehmer mit gleichen Aufgaben in einer dafür eingerichteten Expertengruppe zu einem Informationsaustausch treffen. Es können gleichzeitig mehrere Expertengruppen gebildet werden. Nach dem Informationsaustausch kehren alle wieder in ihre Stammgruppe zurück und bringen die neuen Informationen in die Stammgruppe ein.

Tabelle G 13: Wege zu vertiefenden Informationen

Nachdenken	▪ über bisher in Schule und Betrieb Gelerntes ▪ über Erfahrungen auf der Baustelle
Nachfragen	▪ bei Mitschülern, Kollegen oder Lehrern ▪ bei Baufirmen und Lieferanten
Nachschlagen	▪ im Fachbuch oder Tabellenbuch ▪ in Zeitschriften und Büchern ▪ in Nachschlagewerken
Nachsehen	▪ in Prospekten und Software von Firmen ▪ auf Internetseiten
Nachprüfen	▪ durch Versuche im Baulabor ▪ bei der Arbeit im Büro

Durch diesen Gruppenwechsel können in jeder Gruppe neue Erkenntnisse gewonnen werden. Außerdem kann so jeder für seine Gruppe Verantwortung übernehmen und lernen, Informationen weiterzugeben und vorzutragen.

Die Expertengruppen können Lehrkräfte oder andere Fachleute einbeziehen, um unklare Sachverhalte zu diskutieren oder Hilfestellung zu bekommen.

Schritt 9: Informationen verarbeiten

Informationen sind nur nützlich, wenn sie verarbeitet werden. Dies erfolgt schrittweise. Das dazugehörige Methodenrepertoire beim „Selbstorganisieren Lernen" (SOL) bzw. beim „Eigenverantwortlichen Arbeiten" (EVA) ist umfangreich und je nach technischen und organisatorischen Möglichkeiten sehr variabel.

Nachdenken und notieren

Nachfragen beim Bauleiter

Nachschlagen im Fachbuch

Nachsehen im Internet

Überprüfen auf der Baustelle

Abb. G 12: Wege zu Informationen

Auswählen

- Unterstreichen von Begriffen oder wichtigen Sätzen schon beim ersten Durchlesen einer Informationsquelle
- Notieren der Fundorte von Informationen, um bei Bedarf nähere Einzelheiten nachschlagen zu können (z. B. Buchtitel mit Seitenangabe oder Adressen von Internetseiten, vgl. Abb. G 20)
- Auswählen von wichtigen Details für das Projekt aus der Fülle von Informationen (Ausschneiden, Kopieren, Fotografieren)
- Gezieltes Suchen nach Begriffen und Details
- Konzentrieren auf das Wesentliche

Reflektieren

- Mitteilen von Teilergebnissen in der Gruppe oder Vortragen von Zwischenberichten vor der Klasse
- Gemeinsames Prüfen von Alternativen für eine Lösung
- Anpassen von Informationen aus Büchern oder aus dem Internet an die Aufgabenstellung, Kürzen oder gegebenenfalls Ergänzen von übernommenen Texten
- Verbessern der Ergebnisse durch Rückfragen, Korrekturen und Kritik der Mitschüler
- Erzielen neuer Erkenntnisse durch Austausch mit Experten

Überprüfen

- Vergleichen von Informationen aus Büchern mit Erfahrungen auf der Baustelle
- Diskutieren von Ergebnissen, Eingehen auf kritische Rückfragen
- Durchführen von Versuchen zum Überprüfen von Lösungen
- Überprüfen der Ergebnisse auf Vollständigkeit und Übereinstimmung mit den Vorgaben
- Nachmessen von Ergebnissen und Vergleichen mit den Vorgaben, z. B. Maße in Zeichnungen, Tabellenwerte
- Erkennen und Vermeiden von unklaren Beschreibungen oder missverständlichen Informationen

Umformen

- Formulieren von Erklärungen und Informationen mit eigenen Worten zum besseren Verständnis
- Nutzen von Formeln, Baustoffangaben und Tabellenwerten, z. B. zur Berechnung von Kräften, Flächen, Rauminhalten und Massen
- Zeichnerisches Darstellen von Konstruktionen und Bauteilen
- Sortieren und Gliedern von Informationen für ein übersichtliches Darstellen der Ergebnisse
- Zuordnen von Details und Teilaufgaben zu Projektzielen, Erstellen von Übersichtsplänen und Zusammenfassungen

Darstellen

- Beachten der Wirkung auf den Betrachter, z. B. Interesse wecken, Überblick verschaffen, zum Nachdenken motivieren
- Einsetzen von wirkungsvollen Medien und Darstellungsarten
- Anstreben von Verständlichkeit und ansprechender Gestaltung
- Visualisieren, auch als Ergänzung bei mündlichem Vortrag

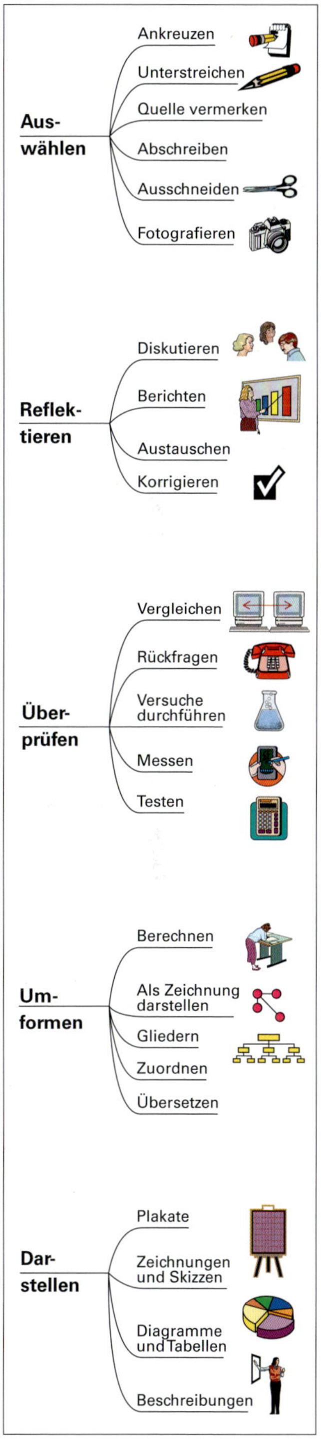

Abb. G 14: Informationsverarbeitung

Behalten

Wissen muss bei Bedarf abrufbereit sein. Es ist notwendig, einige Informationen im Gedächtnis zu behalten. Bei Informationen ist es oft ausreichend, den Ort zu kennen, wo diese zu finden sind.

Das Gedächtnis kann durch Gedächtnistraining und Gedächtnisstützen verbessert werden (vgl. Abb. G 16). Folgende Übungen sind hilfreich:

- Mehrfaches Lesen eines Textes, auch lautes Lesen,
- Umformen von Informationen als Wiederholung in anderen Worten oder in anderer Darstellung und
- Verknüpfung von Informationen mit Bildern, Bewegungen, Musik, Formen oder Begriffen, z. B. auch durch ein Flussdiagramm.

Um sich die Orte von Informationen merken zu können, ist es wichtig, ein gutes Ablagesystem zu haben. Professionell wird das in Bibliotheken und Archiven durchgeführt. Privat ist es notwendig, Dokumente, Informationen und Unterlagen so zu ordnen, dass ein gezieltes Suchen möglich ist.

Um in Dokumenten Informationen bei Bedarf wieder zu finden, sind folgende Regeln hilfreich:

- Erstellen eines Inhaltsverzeichnisses, Bild und Quellenverzeichnisses und bei großen Dokumenten Erstellen eines Sachwortverzeichnisses
- Hervorheben von wichtigen Begriffen durch Unterstreichungen oder durch auffälligen Druck
- Anfügen von untergeordneten Informationen als Anlage

Um im Computer gespeicherte Informationen leichter zu finden, hat sich Folgendes bewährt:

- Einrichten von Ordnern und Unterordnern
- Verwendung von aussagekräftigen Namen für Dateien und Ordner
- Nutzen der Suchfunktion bei unbekanntem Dateinamen oder Ordnern
- Erstellen von Links zu Internetseiten

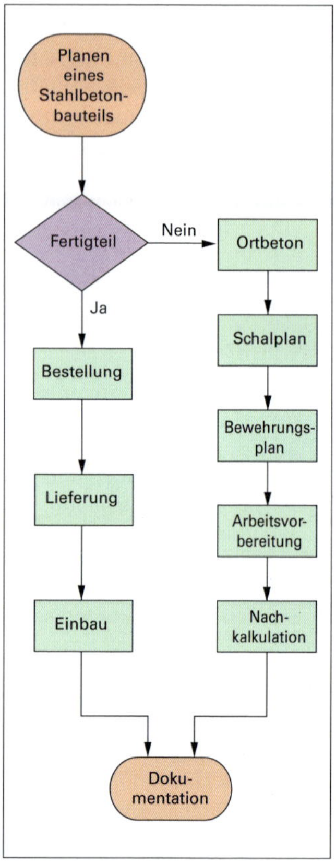

Abb. G 15: Darstellung eines Arbeitsablaufs in einem Flussdiagramm

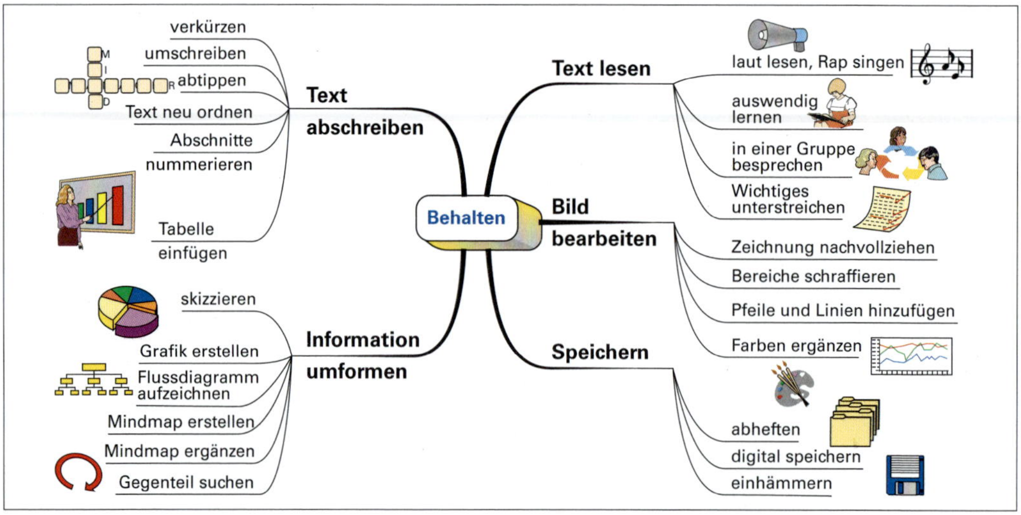

Abb. G 16: Methoden zum Behalten von Informationen

Schritt 10: Vergleich mit der Aufgabenstellung

Während der Projektbearbeitung werden die Ergebnisse immer wieder mit den Vorgaben und den Projekten verglichen.

Zu prüfen ist, ob

- alle Fragen beantwortet wurden,
- die Projektziele erreicht sind, die bei der Aufgabenstellung vorgegeben oder als Teilaufgaben festgelegt wurden und
- alle Informationen für die Präsentation bereitgestellt sind.

Die Projektbearbeitung beginnt mit „Teilaufgaben festlegen". Auch wenn die Aufgabenstellung bereits Projektziele vorgibt, liegt es doch am Bearbeitungsteam, wie diese genau beschreiben und welcher Schwierigkeitsgrad angestrebt wird. Der Umfang und die Qualität der Lösungen müssen der vorgegebenen Zeit entsprechen (vgl. Tabelle G 17).

Tabelle G 17: Ergebnisse

bei viel Zeit	bei wenig Zeit
Exakte Zeichnung	Skizze
Kostenberechnung	Schätzung von Kosten
Ausführliche Beschreibung	Stichworte
Modell oder Materialproben	Bilder oder Zeichnungen
Prospekte und Kopien als Anlagen	Hinweise auf weitere Informationsquellen

G 4 Projektergebnisse

Schritt 11: Präsentation vorbereiten

Mit der Projektbearbeitung wird hauptsächlich Fachwissen erworben und zielgerichtete Teamarbeit eingeübt. Mit der Präsentation der Ergebnisse sollen folgende Ziele erreicht werden:

- Dokumentation der Arbeitsergebnisse für die Bewertung der Schülerleistungen und für die eigenen Unterlagen
- Weitergabe der erarbeiteten Ergebnisse und Informationen an die Mitschüler und Mitschülerinnen
- Erlernen und üben von Präsentationsformen

Präsentationsformen

Für die Präsentation vor der Klasse stehen verschiedene Präsentationsformen zur Verfügung, z. B. ein mündlicher Vortrag, Bildprojektionen oder Versuchsdurchführungen.

Kriterien für die Wahl der Präsentationsform sind

- die erwünschte Wirkung bei den Zuhörern und deren Erwartung, z. B. Sachlichkeit, Fachkompetenz und Seriosität, aber auch Humor,
- der erwartete Umfang und die Dauer der Präsentation, z. B. ob alle Ergebnisse vorgetragen oder ob nur ein Überblick gegeben wird, ob auf die Dokumentation verwiesen oder ob schriftliche Unterlagen verteilt werden,
- die Vorbereitungszeit, die sich danach richtet, ob z. B. die Form der Präsentation vorgegeben ist oder frei gewählt werden kann, ob die Präsentation als Stegreifübung geplant ist oder ob genügend Zeit auch für einen Probelauf bleibt,
- die verfügbaren Medien wie z. B. Tafel, Plakate, Modelle, Bildschirmprojektion und die Medienkompetenz der Gruppenmitglieder.

Projektordner

- Deckblatt mit Projekt-Thema und Namen der Bearbeiter
- Inhaltsangabe, Register und Seitenangaben (vgl. Abb. G 18)
- Aufgabenstellung
- Beschreibung von Arbeitsabläufen und Arbeitstechniken
- Konstruktionsbeschreibungen mit Verbindungen und weiteren Details
- Angaben zu Geräten, Werkzeugen und Maschinen
- Baustoffangaben, Baustoffberechnungen, Lieferbedingungen
- Produktinformationen der Herstellerfirmen
- Zeichnungen, Skizzen, Fotos
- Fotos von erstellten Plakaten, Wandtafeln und Modellen
- Versuchsbeschreibungen und Versuchsergebnisse
- Nachweise der Qualitätsprüfungen
- Maßnahmen zur Unfallverhütung
- Angaben zur Umweltbeeinflussung einer Baumaßnahme
- Protokolle der Gruppenarbeit
- Literaturhinweise, Bildquellenverzeichnisse (vgl. Abb. G 20)

Ein digitaler Projektordner kann ebenso nach diesen Einteilungen organisiert werden. Die Dateien sind dabei sinnvoll zu benennen und nach Bearbeiter und Datum zu strukturieren. Kommerzielle Programme erleichtern die Projektablage bzw. Projektdokumentation.

Hilfen für die Präsentation

Die Präsentation muss geplant werden (vgl. Abb. G 19).

Ergebnisse sollten frei vorgetragen und nicht vorgelesen werden. Aber dennoch sind ein Vorbereitungsblatt oder ein Stichwortzettel bereitzuhalten.

Probelauf

Ungeübten Rednern hilft es, wenn sie sich zunächst selbst den Vortrag halten – also laut sprechen, was sie später in der Klasse sagen wollen.

Die Gruppenmitglieder sollen sich ihre Berichte auch gegenseitig vortragen, damit es bei der Präsentation keine ungeplanten Wiederholungen gibt und keine wichtigen Aspekte vergessen werden.

Auch der Einsatz von Medien soll eingeübt werden, um Schwierigkeiten rechtzeitig zu erkennen und um Pannen bei der Präsentation zu vermeiden.

Schritt 12: Präsentation

Der gesamte Projektverlauf ist wichtig für die Schüler. Die Präsentation ist das Ziel und der Höhepunkt des Projektverlaufs. Zur Präsentation zählen

- das Vorstellen der Ergebnisse vor der Klasse,
- die Übergabe der schriftlichen Dokumentation und
- gegebenenfalls die Abgabe von elektronischen Datenträgern.

Im beruflichen Alltag ist die Präsentation der geleisteten Arbeit oft entscheidend für die Berücksichtigung bei neuen Aufträgen oder für die Auftragserteilung. Daher soll bereits im Unterricht gelernt werden, Ergebnisse wirkungsvoll zu präsentieren und zu gestalten.

Merkzettel bei der Präsentation als Höhepunkt:

- Klassenzimmer vorbereiten
- Gäste einladen
- Medien fachgerecht einsetzen
- Schrift und Visualisierung ausreichend groß bemessen
- angenehme Lautstärke wählen
- angemessene Kleidung tragen
- auf persönliches Auftreten achten
- Selbstdisziplin zeigen

Auch wenn die Präsentation gut vorbereitet ist, darf sich Lampenfieber bemerkbar machen. Viele geübte Redner und Schauspieler gestehen, dass sie vor jedem Auftritt Lampenfieber spüren; erst dadurch können sie volle Leistung erbringen.

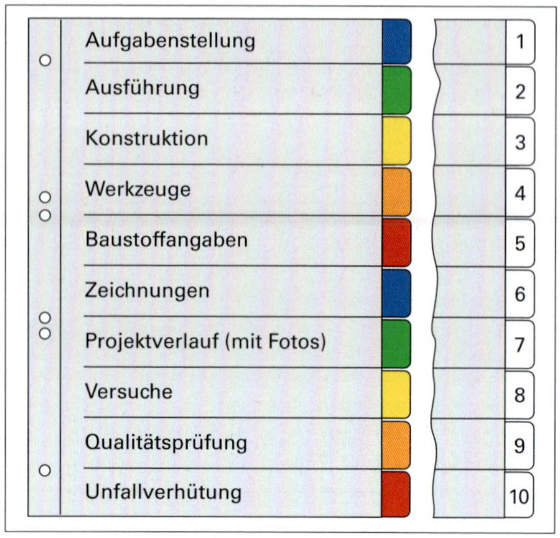

Abb. G 18: Register im Gruppenordner

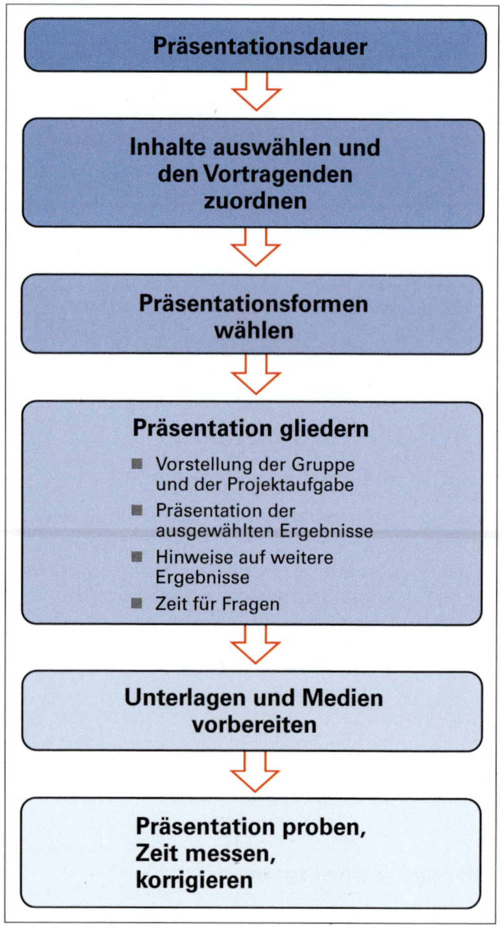

Abb. G 19: Vorbereitung der Präsentation

„Übung macht den Meister", das gilt auch für das Reden und Auftreten vor der Klasse und vor Publikum. In der Schule kann eingeübt werden, was später in entscheidender Situation bewältigt werden muss. Aber es gibt auch Tipps und Tricks, wie mit Lampenfieber umgegangen werden kann, damit es nicht zu einer lähmenden Redeangst kommt.

Tipps gegen Redeangst

- Inhalte gut vorbereiten
- Die ersten Sätze der Rede auswendig lernen
- Allein vor dem Spiegel oder vor der Gruppe laut üben
- Vor dem Auftritt Entspannungsübungen machen, gut durchatmen
- Laut und deutlich reden
- Keine Angst vor Kniezittern – der Redner kann es fühlen, der Zuhörer aber nicht sehen
- Lampenfieber zulassen, es verhilft zu natürlicher Spannung, die uns zu Höchstleistungen treibt

Lampenfieber ist nützlich

Wer Lampenfieber hat, spürt eine leichte nervöse Anspannung, weil der Körper Adrenalin produziert. Die Aufmerksamkeit läuft auf Hochtouren und die Sinne sind geschärft. Diese natürliche Spannung hilft dabei, Höchstleistungen zu vollbringen, weil so Konzentration gesichert ist.

Schritt 13: Bewertung der Ergebnisse

Die Bewertung der Projektarbeit wird von den Schülern selbst und von den Lehrern vorgenommen. Kritik und Lob sollen dazu führen, Stärken und Schwächen zu erkennen, um auch zukünftige Aufgaben gut lösen zu können.

Die fachliche Richtigkeit und die Präsentation der Ergebnisse wird nach vorher festgelegten Kriterien benotet. Die Gewichtung der einzelnen Kriterien richtet sich nach der Aufgabenstellung und den Vereinbarungen mit der Klasse (vgl. Tabelle G 22, Tabelle G 23 und Tabelle G 24).

Nicht nur die Projektergebnisse, auch der Projektverlauf kann bewertet werden. Dabei werden folgende Kompetenzbereiche untersucht:

- Fachkompetenz → zielerreichendes fachliches Lernen
- Methodenkompetenz → methodisch-strategisches Lernen
- Sozialkompetenz → sozial-kommunikatives Lernen
- Lernkompetenz → individuelles Lernen, Selbsteinschätzung

Projektarbeit ist Teamarbeit und fordert die Gruppe heraus, sich mit sich selbst zu beschäftigen.

DIN EN 1992-1-1/NA: 2013-04, Bemessung und Konstruktion von Stahlbeton- und Spannbetontragwerken

DIN (EN für Europäische Norm) – Teil/Nationaler Anhang – Ausgabedatum (Jahr-Monat) – Benennung mit Unterteilung
(V für Vornorm) (evtl. Bbl. für Beiblatt)

Peschel, Peter; u.a.: Tabellenbuch Bautechnik; Verlag Europa-Lehrmittel, Haan-Gruiten 2021, 16. Auflage

Ehrmann, Walter; Nutsch, Wolfgang: Der Holztreppenbau; Verlag Europa-Lehrmittel, Haan-Gruiten 2000, 3. Auflage

Autoren

Titel
(evtl. in: Fachzeitschrift für den Holzbau)

Verlag, Auflage und Jahr

Abb. G 20: Bibliographische Angaben nach DIN 1505 (Literaturquellen)

Tabelle G 21: Überblick über Präsentationsformen und Medieneinsatz

Präsentation		Besonderheiten	Einsatzmöglichkeiten
Mündlicher Vortrag	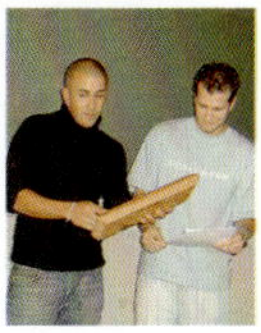	■ Geringer Aufwand für die Vorbereitung ■ Von Stimmung und Lampenfieber beeinflussbar ■ Kann durch Zwischenfragen lebhaft werden ■ Sehr kurze oder längere Vorträge möglich ■ Vortrag im Team möglich	■ Als Ergänzung zu jeder Präsentationsform möglich ■ Zwischenberichte ■ Wirkungsvolles und einfaches Werkzeug für gute Redner

G

Tabelle G 21: Überblick über Präsentationsformen und Medieneinsatz (Fortsetzung)

Präsentation		Besonderheiten	Einsatzmöglichkeiten
Folien am Overhead-Projektor (OP)		■ Folien können gut vorbereitet werden ■ Erfahrung im Umgang mit Overhead-Projektor nötig ■ Folien lassen sich am Overhead-Projektor ergänzen ■ Viele Informationen können schnell gezeigt werden ■ Vorsicht: zu viele Folien und Informationen überfordern die Zuhörer	■ Effektive Ergänzung zu mündlichem Vortrag ■ Überblick über umfangreiche Informationen ■ Gemeinsames Ausfüllen von Arbeitsvorlagen, z. B. Arbeitsblätter
Tafelanschrieb		■ Flexibel und leicht zu verändern ■ Mit wenig Übung zu erlernen ■ Kann nur bedingt vorbereitet werden ■ Tafelanschrieb steht später als Dokument nur zur Verfügung, wenn er abgeschrieben wurde	■ Darstellung von Abläufen und Zusammenhängen ■ Skizzen und Erklärungen ■ Verschaffen eines Überblicks und Setzen von Schwerpunkten
Plakate und Wandtapeten		■ Gute Vorbereitung möglich und nötig ■ Bei und nach der Präsentation vielseitig einsetzbar ■ Kann begrenzt ergänzt und korrigiert werden	■ Alternative zu digitalen Medien ■ Einfache Beschaffung der Medien
Diavortrag		■ Verdunkelung notwendig ■ Vorbereitungen oft umständlich ■ Unterbrechungen sehr störend ■ Konzentration der Zuschauer auf die gezeigten Bilder gewährleistet ■ Ergänzung durch Tonbildschau möglich	■ Höhepunkt einer längeren Präsentation ■ Zusammenfassung von Ergebnissen mit viel Bildmaterial
PC-Präsentationen		■ Kann alle anderen Medien ersetzen ■ Vorraussetzung ist die Beherrschung der entsprechenden Soft- und Hardware ■ Relativ einfache Vorbereitung für erfahrene PC-Nutzer ■ Kurzer Einsatz und Unterbrechungen möglich ■ Ausdruck als Prospekt möglich ■ Bestehende Dateien aus anderen Programmen können verwendet werden	■ Jederzeit einsetzbar statt Folien, Dia, Film, Tafel oder Plakaten, wenn die technischen Vorraussetzungen gegeben sind: a) PC mit Beamer oder mit großem Bildschirm b) Digitale Tafel
Modelle, Materialproben		■ Vorbereitung nötig, manchmal sehr zeitaufwändig ■ Sehr gute Veranschaulichung ■ Konzentration auf wesentliche Merkmale möglich ■ Wirklichkeitsnah und leicht nachvollziehbar ■ Lagerung der Modelle und Materialproben kann problematisch sein	■ Zur Präsentation von Ergebnissen, die Konstruktionen, Formen oder Baustoffeigenschaften beinhalten ■ Betastbar, als Anschauungsmaterial auch später verfügbar
Versuchsdurchführung		■ Vorbereitung und Räumlichkeiten notwendig ■ Risiko des Gelingens ■ Oft zeitaufwändig bei der Durchführung ■ Spannend und interessant für die Zuschauer	■ Zur Präsentation von Ergebnissen, die Reaktionen oder Eigenschaften begründen oder beweisen sollen
Einbezug der Teilnehmer		■ Gespräch mit den Teilnehmern ■ Fragen an die Teilnehmer	■ publikumswirksam

Tabelle G 22: Vorschlag eines Auswertungsbogens für die Bewertung der Projektergebnisse (Ausschnitt)				
Bewertung	**Details**	**Erreichbare Punkte**		**Gruppe**
Optische Gestaltung	Sauberkeit und Gestaltung des Gruppenordners	**10**		......
Formaler Aufbau/Gliederung	Deckblatt/Vollständigkeit	(4)		☐
	Inhaltsverzeichnis/Übersichtlichkeit/Seitenzahlen/ Register	(8)		☐
	Verlaufsprotokoll	(8)		☐
	Gesamtpunkte	**20**		......
Inhalte/Informationsverarbeitung	Konzentration auf das, Wesentliche/Gewichtung, Ausführlichkeit der gesuchten Ergebnisse, Anpassung an die Aufgabenstellung, Bewertung und Auswahl, Eigenbeitrag, Originalität	**20**		......
Zeichnungen und Berechnungen	Bemaßung, Beschriftung, Übersichtlichkeit, Rechenergebnisse	**25**		......
Präsentation	Kontakt zum Zuhörer	(3)		☐

Tabelle G 23: Anzustrebende Zielvorgaben für Fach- und Methoden-Kompetenzen	
Fachkompetenz	**Methodenkompetenz**
■ Arbeitsabläufe erfassen ■ Festlegung von Problemlösungsschritten bzw. Arbeitsschritten ■ Beachtung von Normen und Vorschriften ■ Zielgerichtetes Arbeiten ■ Sachgerechte Darstellung von Lernergebnissen ■ Erfolgreiche Nutzung von Fachbüchern ■ Bewertung von Arbeitsergebnissen	■ Beschaffung und zielgerichtete Auswahl von Informationsmaterialien ■ Anwendung von Methoden zur Strukturierung der Projektaufgabe ■ Anwendung von Methoden zur Gliederung der Projektdokumentation ■ Fachgerechter Umgang mit verschiedenen Medien

Bezogen auf ein Gespräch mit dem Bauherrn gelten Erscheinungsbild, Auftreten, Verständlichkeit der Sprache, Mimik, Gestik, Gesprächsaufbau, Argumentation, Originalität der Präsentation, Sauberkeit der Darstellung, Verbindlichkeit und die Beantwortung von Fragen als Bewertungskriterien.

Tabelle G 24: Anzustrebende Zielvorgaben für Sozial- und Lern-Kompetenzen	
Sozialkompetenz	**Lernkompetenz**
■ Einhalten von vereinbarten Verhaltensregeln ■ Übernahme von Verantwortung ■ Zurückstellung von eigenen Interessen gegenüber den Gruppenzielen ■ Zuverlässiges, rücksichtsvolles Handeln ■ Bereitschaft zum Arbeiten nach festgelegter Aufgabenteilung	■ Erkennenlassen von Lern- und Einsatzwilligkeit ■ Selbstkritischer Umgang mit eigenen Stärken und Schwächen ■ Sinnvolles Festlegen von Schwerpunkten ■ Sorgsamer Umgang mit Medien und Materialien ■ Konstruktives Nachfragen und Hinterfragen

Aus folgendem Verhalten lassen sich bei der Projektbearbeitung Rückschlüsse auf die Kompetenzen ziehen:

- Zeitplanung und Organisation des Arbeitsplatzes
- Umgangsformen der Gruppenmitglieder
- Einhalten der Zeitvorgaben und der Verhaltensregeln
- Umgang mit Medien
- Selbstständiges Arbeiten
- Konfliktbewältigung
- Durchsetzungsvermögen
- Motivation und Unterstützung der Mitschüler
- Spaß an der Arbeit, Ausdauer, Zielstrebigkeit
- Konzentration, Stressbewältigung

Für die einzelnen Kompetenzen sind Ziele formuliert, die angestrebt werden sollen (vgl. Tabelle G 23 und Tabelle G 24).

Spinnenanalyse

Ein gutes Hilfsmittel für die Beurteilung bietet die Spinnenanalyse. Am Beispiel einer Außenwand ist hier eine mögliche Auswertung dargestellt. Die Kriterien dazu sind in der Regal in einer Prüfung vorgegeben, in der Praxis, bei einem Projekt aber selbst zu definieren.

Abschließend ist in Abbildung G 27 eine einfache Bewertung von Fachkompetenz, Methodenkompetenz und Sozialkompetenz dargestellt.

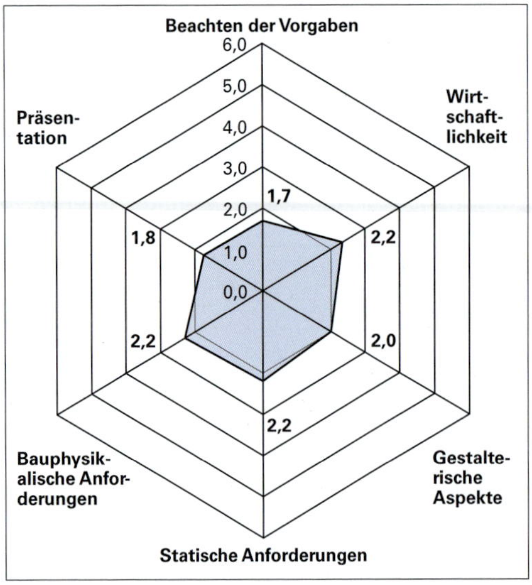

Abb. G 25: Beispiel eines Spinnenanalyse
für das Projekt „Beurteilen einer Außenwand"

Tabelle G 26: Auswertungstabelle

Kriterien	Teilnehmer		
	1	2	3
Beachten der Vorgaben	2,0	2,0	1,0
Wirtschaftlichkeit	2,0	2,0	2,0
Gestalterische Aspekte	2,0	3,0	1,0
Statische Anforderungen	3,0	3,0	2,0
Bauphysikalische Anforderungen	2,0	2,0	2,0
Präsentation	2,0	2,0	1,0
Endnote	2,2	2,3	1,0
Durchschnittsnote *n*-Personen			

Tabelle G 27: Lehrer bewertet Team

Projekt	Name		Datum
Inhalt	hat Fachwissen		
	ist kreativ		
	kann Wesentliches erkennen		
	gibt Zusammenfassung		
Sozialkompetenz	kooperiert		
	Handlungen sind teamorientiert		
	ist kritikfähig		
	hat sinnvolle Zeiteinteilung		
Methodenkompetenzen	benutzt Internet, Bücher, graph. Darstellungen		
	arbeitet ausdauernd/zielgerichtet		
	arbeitet konzentriert/arbeitsteilig		
	arbeitet selbstständig		
+ vorhanden	(+) in Ansätzen vorhanden	– nicht vorhanden	

Auch ein Bewertungsbogen TEAM bewertet TEAM ist sinnvoll. Eine Einteilung/Bewertung zu der Frage „hat im TEAM mitgearbeitet" könnte lauten: immer und sehr gut, fast immer und gut, unterschiedlich gut, ein wenig, nicht.

10 Erstellen eines Bauantrags

Im LF 1 und LF 2 sind die planerischen Grundlagen zum Flächennutzungsplan und zum Bebauungsplan, die Baugesetzgebung sowie das Baustoffrecycling und das ökologische Bauen bearbeitet worden. Im Kapitel B sind die zeichnerischen Grundlagen aufbereitet worden.
Im LF 10 geht es darum Bauantragsunterlagen zusammenzustellen und das Baugenehmigungsverfahren, die Bauüberwachung sowie die Bauabnahme zu erläutern. Die Kostenplanung und Kostenschätzung sind dabei Grundlagen für die Berücksichtigung der finanziellen Möglichkeiten des Bauherrn.

10.1 Projektmanagement

Die DIN-Normenreihe DIN 69901 (vgl. Abb. 10.1) bezeichnet Vorhaben, die durch Einmaligkeit der Bedingungen in der Gesamtheit gekennzeichnet sind, als Projekte. Bauprojekte sind insbesondere interdisziplinär, einmal, neuartig und bringen Veränderungen mit sich. Bauprojekte sollen erfolgreich abgeschlossen werden. Dennoch sind es oft Mängel im Projektmanagement und der Projektleitung, die zu Schwierigkeiten oder zum Scheitern des Bauprojektes führen können.

Die Projektleitung hat daher die Aufgabe zielgerichtet zu führen und Projekte erfolgreich zu initiieren, zu definieren, zu koordinieren, zu steuern und abzuschließen.

Die DIN 69901-5 definiert dazu die Begriffe: Als Projektmanagement wird das Initiieren, Planen, Steuern, Kontrollieren und Abschließen von Projekten bezeichnet.

Die Projektsteuerung im Bauwesen ist seit den 70er Jahren eine eigenständige Leistungsdisziplin bei großen Bauvorhaben. Der Ausschuss der Verbände und Kammern der Ingenieure und Architekten für die Honorarordnung (AHO) hat dazu einen eigenen Vorschlag zur Strukturierung der Projektmanagementphasen und der Honorierung unterbreitet. Dieser weicht von der Struktur der HOAI (vgl. Abb. 10.2) ab. So umfasst die Projektstufe Planung nach AHO Teile der Projektphasen 2, 4, und 6 nach HOAI (vgl. Abb. 10.1 und Abb. 10.2).

DIN 69901: Projektmanagement – Projektmanagementsysteme: 2009-01

Teil 1: Grundlagen

Teil 2: Prozesse, Prozessmodell

Teil 3: Methoden

Teil 4: Daten, Datenmodelle

Teil 5: Begriffe

Projektstufe 2: Planung

A: Organisation, Information, Koordinierung und Dokumentation

B: Qualitäten und Quantitäten

C: Kosten und Finanzen

D: Termine, Kapazitäten und Logistik

E: Verträge und Versicherungen

Abb. 10.1: DIN-Normenreihe DIN 69901

Grundleistungen/Projektphasen für Objektplanung für Gebäude (G) und Innenräume (I) gemäß § 34 HOAI, Anlage 10.1	Bewertungen in [%]	
	G	**I**
1. Grundlagenermittlung, Voraussetzungen zur Lösung der Bauaufgabe, Ortstermin	2	2
2. Vorplanung, Kostenschätzung, Genehmigungsfähigkeit, Projekt- und Planungsvorbereitung	7	7
3. Entwurfsplanung, Entwurfszeichnungen 1:100, Objektbeschreibung, Kostenberechnung	15	15
4. Genehmigungsplanung, Bauvorlage	3	2
5. Ausführungsplanung, Ausführungszeichnungen 1:50 bis 1:1	25	30
6. Vorbereitung der Vergabe, Leistungsverzeichnis	10	7
7. Mitwirkung bei der Vergabe, Einholen, Prüfen, Bewerten von Angeboten, Kostenanschlag	4	3
8. Objektüberwachung und Dokumentation, Terminplanung, Kostenfestsetzung, Objektübergabe	32	32
9. Objektbetreuung, Mangelbeseitigung, Dokumentation	2	2

Abb. 10.2: Leistungsumfang nach HOAI

Die Honorarordnung für Architekten und Ingenieure (**HOAI**) ist eine Verordnung des Bundes zur Regelung der Honorare für Architekten- und Ingenieurleistungen in Deutschland in den Bereichen Architektur, Stadtplanung und Bauwesen (ausgenommen sind Ingenieurleistungen der Umweltverträglichkeit, Bauphysik, Bodenmechanik und Vermessung). In Bezug auf die HOAI (gültige Fassung: 2013-07, geändert durch Verordnung vom 02.12.2020 m.W.v. 01.01.2021) hat die EU-Kommission ein Vertragsverletzungsverfahren gegen Deutschland eingeleitet. Der Europäische Gerichtshof (EuGH) hat im Juli 2019 entschieden, dass die Mindest- und Höchstsätze der Honorar- und Gebührenordnung (§ 34-1 HOAI) gegen geltendes Recht (im Sinne der Niederlassungsfreiheit) verstoßen. Die Bundesregierung ist verpflichtet, das Urteil umzusetzen. Die Verbindlichkeit der Honorartafel (der Mindest- und Höchstsätze) ist in direkter Folge aus dem Urteil aufgehoben.

10.2 Nachhaltigkeit und Digitalisierung

Die heutigen Bauaktivitäten sind beeinflusst durch regionale und überregionale Akteure, durch inspirierende, motivierende Vernetzung, durch Digitalisierung (CAD, digitaler Bauantrag, digitales Standardleistungsbuch, digitale Auftragsvergabe, BIM) sowie durch eine ganzheitliche Nachhaltigkeit.

Nachhaltigkeit

Der Triple Botton Line Ansatz (das klassische Drei-Säulen-Modell) basiert auf der Annahme, dass die drei Säulen Ökologie, Ökonomie und Gesellschaft (engl. social) im Gleichgewicht zu einander stehen. Die ökologische Säule beinhaltet das eigene Handeln in Bezug auf die Umwelt, die ökonomische Säule betrachtet den wirtschaftlichen Erfolg und die gesellschaftliche Dimension, die soziale Säule, zielt auf die Mitarbeiter, Kunden und Stakeholder (Anspruchsberechtigte) ab. Um die Umsetzung und Erfüllung nachhaltiger Zielvorgaben bei Bauobjekten dokumentieren zu können, existiert eine Vielzahl von Zertifizierungssystemen sowohl für Neubauten wie für Immobilien im Bestand. In allen Fällen sind die ausgewiesenen Prozesse zu optimieren. Dazu gibt es verschiedene Methoden die verwendeten Instrumente zur Verbesserung und Überwachung der Nachhaltigkeit zu integrieren. Das Controlling von Nachhaltigkeit weist dazu i.d.R. zwei Möglichkeiten aus:

a) Das operative Controlling orientiert sich an den Zahlen und Ergebnissen der Vergangenheit und Gegenwart im Rahmen struktureller und organisatorische Regelungen.
b) Das strategische Controlling orientiert sich an den Erfolgspotenzialen und den Entwicklungs- und Einflussfaktoren.

Digitalisierung und Vernetzung

Die Bauplanung hat zum Ziel, ein Bauobjekt zu entwickeln und es in Plänen und Berechnungen darzustellen. Bauherren, Architekten, Ingenieure, Baufirmen, Objektmanager, private Objektbetreuer und die staatliche Bauaufsicht müssen dabei Zusammenarbeiten um die anstehenden Fragen in technischer, organisatorischer und rechtlicher Hinsicht zu klären. Die einschlägigen baurechtliche Bestimmungen werden vom Bund, den Ländern und den Kommunen erlassen (vgl. Kapitel 10.3). Im öffentlichen Bereich findet das digitale Verfahren bei Bauanträgen (vgl. Abb. 10.3), Ausschreibung, Auftragsvergabe und Rechnungslegung vermehrt Anwendung.

Weiterentwicklungen des Projektmanagement sind das Building Information Modeling (BIM, vgl. Kapitel 2.2) und das digitale Leistungsverzeichnis (Standardleistungsbuch StLB Dynamische Baudaten, vgl. Kapitel 1.4).

Abb. 10.3: Digitales Verfahren zum Bauantrag

10.3 Bauantrag und Baugenehmigung

Die Gesamtplanung einer Baumaßnahme gliedert sich in die Phase der eigentlichen Bauplanung und in die Phase der Baudurchführung. In der Schnittstelle beider Phasen befindet sich das Baugenehmigungsverfahren (vgl. Abb. 10.4).

Der Bauantrag wird auch als Baueingabe, Baugesuch oder Bauvorlage bezeichnet. Grundsätzlich ist jede bauliche Maßnahme (Neubau, Bauen im Bestand, Abbruch eines bestehenden Gebäudes) genehmigungspflichtig.

Der Bauantrag ist vollständig und i.d.R. in 3-facher Ausfertigung vorzulegen.

Baurechtliche Grundlagen

Das Bauantrags- und Baugenehmigungsverfahren ist in der Landesbauordnung (vgl. Abb. 10.5) bzw. Bauordnung der Länder geregelt. Diese können durch Verordnungen (Bauvorlagenverordnung, Verfahrensverordnung, Durchführungsverordnung) detaillierter beschrieben werden.

Grundsätzlich gilt:
Die Errichtung, die Nutzungsänderung, die Änderung und der Abbruch baulicher Einrichtungen bedürfen der Baugenehmigung. Die Baugenehmigung ist zu erteilen, wenn dem Bauvorhaben keine öffentlich-rechtlichen Vorschriften entgegenstehen.

Der Entwurfsverfasser muss über eine Bauvorlagenberechtigung verfügen.

Über die **große Bauvorlageberechtigung** (für alle Bauwerke) verfügt insbesondere:

- wer die geschützte Berufsbezeichnung Architekt trägt (Voraussetzung ist die Mitgliedschaft in einer Architektenkammer) und
- wer die Berufsbezeichnung Bauingenieur trägt und in einer Ingenieurkammer in eine Liste der Bauvorlageberechtigten Ingenieure eingetragen ist.

Die **kleine Bauvorlageberechtigung** gilt in den Bundesländern Bayern, Baden-Württemberg, Berlin, Hamburg, Bremen, Hessen, Niedersachsen und Schleswig-Holstein für:

- Handwerksmeister des Bauhauptgewerbes (Maurer, Zimmerer, Betonbauer), Bautechniker sowie Absolventen der Studiengänge Architektur, Innenarchitektur und Bauingenieurwesen, auch wenn letztere nicht in der Liste der Bauvorlageberechtigten geführt werden. Dies gilt für Bauanträge für Wohngebäude mit max. 2 Wohneinheiten und insgesamt max. 200 m² Wohnfläche, eingeschossige gewerbliche Gebäude bis max. 200 m² Bruttogeschossfläche und 3,00 m Wandhöhe, kleinere landwirtschaftliche Betriebsgebäude (Gebäudeklassen 1 bis 3) bis 200 m² Brutto-Grundfläche des Erdgeschosses, Garagen bis 200 m² Nutzfläche.
- Innenarchitekten, die diese Berufsbezeichnung führen dürfen für Bauvorhaben die mit dem einschlägigen Berufsfeld verbunden sind.

Zu unterscheiden sind die Rechtsbegriffe:

Bauordnungsrecht
Die Gesetzgeberzuständigkeit liegt bei den einzelnen Bundesländern. Um in der föderalen Struktur in Deutschland ein gewisses Maß an Gleichlauf zu gewähren, werden vom Bund (als Ergebnis der Bauministerkonferenz) Mustergesetze und Musterverordnungen herausgegeben. Den einzelnen Bundesländern steht es frei, davon abzuweichen. Das formale Bauordnungsrecht beinhaltet Vorschriften zum Baugenehmigungsverfahren. Das materielle Bauordnungsrecht regelt die Verwendung der Baustoffe und den Brandschutz.

Bauplanungsrecht
Die Gesetzgeberzuständigkeit liegt beim Bund (z.B. BauGB, BauNVO). Durch Bauleitpläne (Flächennutzungsplan, Bebauungsplan) legt die (politische) Gemeinde die geltenden Anforderungen an Bauvorhaben fest. Aus dem Flächennutzungsplan ist der Bebauungsplan zu entwickeln. Die im Bebauungsplan konkretisierten Vorgaben sind im Baugenehmigungsverfahren anzuwenden.

Raumordnungsrecht
Der Bund hat mit dem Bauordnungsrecht Regelungen (z.B. für die Ansiedlung von Kraftwerken, Industrieanlagen, großflächige Einzelhandelsbetriebe) erlassen, die durch die Länder konkretisiert werden können. Daneben existieren in den einzelnen Bundesländern Raumordnungspläne und weitere bei der Bauleitplanung zu beachtende Vorgaben. Dadurch wird das Planungsrecht der (politischen) Gemeinde eingeschränkt. Die Gemeinden sind bei ihrer Bauleitplanung an die Ziele der Raumordnung gebunden, daher ist ein Abweichen nicht zulässig.

Ziel des Bauordnungsrechts ist es, dass die baulichen Anlagen so errichtet, erhalten bzw. verändert werden, dass davon keine Gefahren für die öffentliche Sicherheit und Ordnung ausgeht.

<table>
<tr><td rowspan="7">Bauplanung</td><th>Planungsstufen</th><th>Hochbau (A)</th><th>Ingenieurbau (I)</th><th>Tief-, Straßen- und Landschaftsbau (TSL)</th></tr>
<tr><td>1. Grundlagenermittlung
Klären der Aufgabenstellung, Auswählen der an der Planung Beteiligten</td><td colspan="3">Zusammenstellung planungswirksamer Grundlagen rechtlicher und technischer Art
Auswahl der Fachingenieure, Ideenskizzen, Ausführungskonzepte</td></tr>
<tr><td rowspan="2">2. Vorplanung
Generaler Entwurf
Erarbeiten von Lösungsmöglichkeiten und Konzepten
Einbeziehen von Leistungen der Fachingenieure
Vorverhandlung mit Behörden
Ermitteln der Kosten</td><td>Vorentwurf mit Alternativen unter Berücksichtigung der Funktion und der Bauphysik</td><td>Vorentwurf in statisch-konstruktiver Hinsicht unter Berücksichtigung der Standsicherheit</td><td>Entwurf in tief- und straßenbautechnischer Hinsicht unter Berücksichtigung ökologischer Zusammenhänge</td></tr>
<tr><td colspan="2">Kostenschätzung nach DIN 276 Kostenvoranschlag</td><td></td></tr>
<tr><td rowspan="2">3. Entwurfsplanung
Vorentwurf
Durcharbeiten des Planungskonzeptes mit Projektbeschreibung
Zusammenfassen der Entwurfsunterlagen
Zusammenstellen der Kosten</td><td>Darstellung des Gesamtentwurfes ggf. mit Detailplänen
Optimierung der Varianten/Alternativen</td><td>Erarbeiten der Tragwerkslösung
Überschlägige statische Berechnung
Festlegen von Hauptbauteilabmessungen</td><td>Erarbeiten des Lage- und Höhenplanes mit Knotenpunkten, Landschaftsplänen und Kunstbauwerken</td></tr>
<tr><td colspan="2">Kostenberechnung nach DIN 276</td><td>Kostenanschlag mit Finanzierungsplan</td></tr>
<tr><td>4. Genehmigungsplanung
Bauentwurf
Hauptentwurf
Vervollständigen der Planunterlagen
Beschreibungen und Berechnungen unter Verwendung der Beiträge von Fachingenieuren
Erarbeiten und Einreichen der für die Genehmigung erforderlichen Vorlagen</td><td colspan="2">Bauantrag mit Baubeschreibung
Angaben über Feuerungsanlagen
Lageplan schriftlicher Teil
Lageplan zeichnerischer Teil
Bauvorlagezeichnungen
Standsicherheitsnachweis
Nachweis entsprechend der Verordnung über energiesparenden Wärmeschutz und energiesparende Anlagetechnik bei Gebäuden (Energieeinsparverordnung – EnEV)
Grundstücksentwässerungsplan, Bodenerkundung
Statistischer Erhebungsbogen Sonderpläne
Sonstige Anlagen und Nachweise</td><td>Tief- und Straßenbauplanung mit:
Erläuterungsbericht
Übersichtskarte
Kostenanschlag
Finanzierungsplan
Bemessung des Querschnitts mit Plandarstellung
Lageplan, Höhenplan
Bodenerkundung
Sonderpläne
Entwurf von Kunstbauwerken</td></tr>
<tr><td>BAU-PRO-JEKT</td><td>Genehmigungsverfahren in baurechtlicher und bautechnischer Hinsicht</td><td colspan="2">Baugenehmigung mit Baufreigabe</td><td>Planfeststellung mit Genehmigungsvermerk</td></tr>
<tr><td rowspan="4">Baudurchführung</td><td>5. Ausführungsplanung
Darstellen des Objektes mit allen für die Ausführung erforderlichen Angaben
Einbeziehen der Beiträge von Fachingenieuren</td><td colspan="2">Erstellen von Ausführungs- und Detailzeichnungen
Darstellen der Konstruktionen mit Einbau- und Verlegeanleitung
Aufstellen von Stahl- oder Stücklisten</td><td>Durcharbeiten der Sonderpläne
Erstellen der Ausführungs- und Konstruktionspläne für Kunstbauwerke</td></tr>
<tr><td>6. Vorbereiten und Mitwirken bei der Vergabe
Aufstellen von Leistungsbeschreibungen
Angebotsbearbeitung</td><td colspan="3">Ermitteln und Zusammenstellen von Mengen
Erstellen der Leistungsverzeichnisse nach Leistungsbereichen
Erstellen des Kostenanschlages aus Einheits- oder Pauschalpreisen der Angebote</td></tr>
<tr><td>7. Objektüberwachung
Überwachen der Ausführung des Objektes
Abnahme von Bauleistungen
Übergabe des Objektes</td><td colspan="3">Ausführungsüberwachung in Bezug auf Übereinstimmung mit der Baugenehmigung, Ausführungsplanung, Leistungsbeschreibung und einschlägigen Vorschriften
Überwachen der Bauzeiten
Führen des Bautagebuches</td></tr>
<tr><td>8. Objektbetreuung und Dokumentation
Objektbegehung zur Mängelbeseitigung
Mitwirken bei der Freigabe von Sicherheitsleistungen</td><td colspan="3">Mängelbeseitigung innerhalb der Gewährleistungsfristen
Zusammenstellung der Planliste und Fotodokumentation
Aufbereiten und Ermitteln von Kostenrichtwerten</td></tr>
</table>

Abb. 10.4: Phasen der Bauplanung mit Baudurchführung

Tabelle 10.5: Gliederung der Landesbauordnung von Baden-Württemberg (LBO)

Teil	Vorschriften (Auszug)	Inhalt (Auszug)
1. Teil Allgemeine Vorschriften	■ Abgrenzung des Anwendungsbereiches der Bauordnung ■ Klären der Begriffe zu baulichen Anlagen ■ Festlegung allgemeiner Anforderungen	■ Die LBO gilt für alle baulichen Anlagen, mit Einschränkungen, z. B. bei öffentlichen Verkehrsanlagen. ■ Bauliche Anlagen sind mit dem Erdboden verbundene, aus Baustoffen und Bauteilen hergestellte Anlagen.
2. Teil Das Grundstück und seine Bebauung	■ Aussagen über die Bebaubarkeit von Grundstücken ■ Grundlagen zur Ermittlung von Abstandsflächen ■ Festlegung der Höhenlage baulicher Anlagen	■ Gebäude dürfen nur errichtet werden, wenn das Grundstück nach öffentlich-rechtlichen Vorschriften bebaubar ist, wenn es an einer öffentlichen Verkehrsfläche liegt oder die Zufahrt öffentlich-rechtlich gesichert ist.
3. Teil Allgemeine Anforderungen an die Bauausführung	■ Aussagen über die Gestaltung baulicher Anlagen ■ Bedingungen zum Betrieb der Baustelle bei der Bauausführung ■ Hinweise zur Standsicherheit, dem Erschütterungs-, Wärme-, Schall- und Brandschutz	■ Bauliche Anlagen sind so zu gestalten, dass das Verhältnis von Baumassen und Bauteilen zueinander nicht verunstaltend wirkt und das gesamte Straßen-, Orts- oder Landschaftsbild durch deren Gestaltung nicht beeinträchtigt wird. ■ Erhaltungspflicht von Bepflanzungen aus ökologischen Gründen. ■ Jede bauliche Anlage muss für sich allein standsicher und dauerhaft sein.
4. Teil Bauprodukte und Bauarten	■ Bestimmungen über die Verwendung von Bauprodukten ■ Regelung der allgemeinen bauaufsichtlichen Zulassung sowie der Verwendbarkeit von Bauprodukten und Bauarten im Einzelfall ■ Anerkennung von Prüf-, Zertifizierungs- und Überwachungsstellen	■ Bauprodukte dürfen nur verwendet werden, wenn sie dem Bauproduktengesetz, der für die EG gültigen Produktenrichtlinie oder den Verwaltungsvorschriften Technische Baubestimmungen entsprechen. ■ Für nicht geregelte Bauprodukte oder Bauarten ist eine allgemeine bauaufsichtliche Zulassung oder eine Zustimmung im Einzelfall erforderlich.
5. Teil Der Bau und seine Teile	■ Regelungen zum Brandschutz von Wänden, Decken, Stützen und Dächern ■ Aussagen über die Verkehrs-, Betriebs- und Brandsicherheit von Treppen, Fluren, Gängen, Rampen und Aufzugsanlagen ■ Aussagen über die Betriebs- und Brandsicherheit von Feuerungsanlagen	■ Wände, Decken, Stützen und Dächer müssen entsprechend den Erfordernissen des Brandschutzes widerstandsfähig gegen Feuer sein. ■ Brandwände müssen so beschaffen und angeordnet sein, dass sie bei einem Brand ihre Standsicherheit nicht verlieren und der Verbreitung von Feuer entgegenwirken.
6. Teil Einzelne Räume, Wohnungen und besondere Anlagen	■ Mindestanforderungen an Aufenthaltsräume, Wohnungen, Toilettenräume und Bäder ■ Schaffung notwendiger Stellplätze und Garagen ■ Barrierefreie Anlagen	■ Mindestmaße für lichte Raumhöhen, notwendige Fenster sowie Anforderungen an Aufenthaltsräume in Unter- und Dachgeschossen sind einzuhalten. ■ Festlegung der Anzahl der Stellplätze für Wohnungen und sonstige Nutzungen. ■ Anlagen und Einrichtungen sollen ohne fremde Hilfe für einen bestimmten Personenkreis wie kleine Kinder oder behinderte Menschen benutzbar sein.
7. Teil Am Bau Beteiligte, Baurechtsbehörden	■ Aufgaben und Abgrenzung der Rechte und Pflichten des Bauherrn, des Entwurfsverfassers, des Unternehmers und des Bauleiters ■ Aufbau, Aufgaben, Befugnisse und Zuständigkeit der Baurechtsbehörden	■ Der Bauherr hat zur Vorbereitung, Überwachung und Ausführung eines Bauvorhabens einen geeigneten Entwurfsverfasser, Unternehmer und Bauleiter zu bestellen. ■ Die Baurechtsbehörden haben zu überwachen, dass die baurechtlichen Vorschriften über die Errichtung und den Abbruch von baulichen Anlagen eingehalten und die erlassenen Anordnungen befolgt werden.
8. Teil Verwaltungsverfahren, Baulasten	■ Festlegung der genehmigungspflichtigen Vorhaben, der verfahrensfreien Vorhaben, des Kenntnisgabeverfahrens und des vereinfachten Baugenehmigungsverfahrens ■ Vorgaben zum Bauantragsverfahren, den Bauvorlagen und der Baugenehmigung ■ Angaben zur Bauüberwachung, den Bauabnahmen und der Übernahme von Baulasten nahmen und der Übernahme von Baulasten	■ Genehmigungspflichtige Vorhaben bedürfen der Baugenehmigung. ■ Verfahrensfreie Vorhaben, wie z. B. Gebäude ohne Aufenthaltsräume oder Schuppen, dürfen eine festgelegte Größenordnung nicht überschreiten. ■ Beim Kenntnisgabeverfahren ist das Vorhaben mit den entsprechenden Bauvorlagen der Gemeinde lediglich zur Kenntnis zu geben.
9. Teil Rechtsvorschriften, Ordnungswidrigkeiten, Übergangs- und Schlussvorschriften	■ Abstecken des Befugnis- und Bestimmungsrahmens der Baurechtsbehörden ■ Festsetzung örtlicher Bauvorschriften durch die Gemeinde ■ Ahndung von Ordnungswidrigkeiten ■ Überprüfung bestehender oder begonnener baulicher Anlagen auf eine Anpassung an die geltende Bauordnung	■ Die Gemeinde kann durch Satzung, wie z. B. Bauvorschriften über die äußere Gestaltung von Gebäuden, die Zulässigkeit von Werbeanlagen oder die Festlegungen zur Wahrung der erhaltenswerten Eigenart eines Ortsteiles festlegen. ■ Bei wesentlicher Änderung bestehender Bauteile oder baulicher Anlagen kann die Anpassung an die neue Bauordnung verlangt werden.

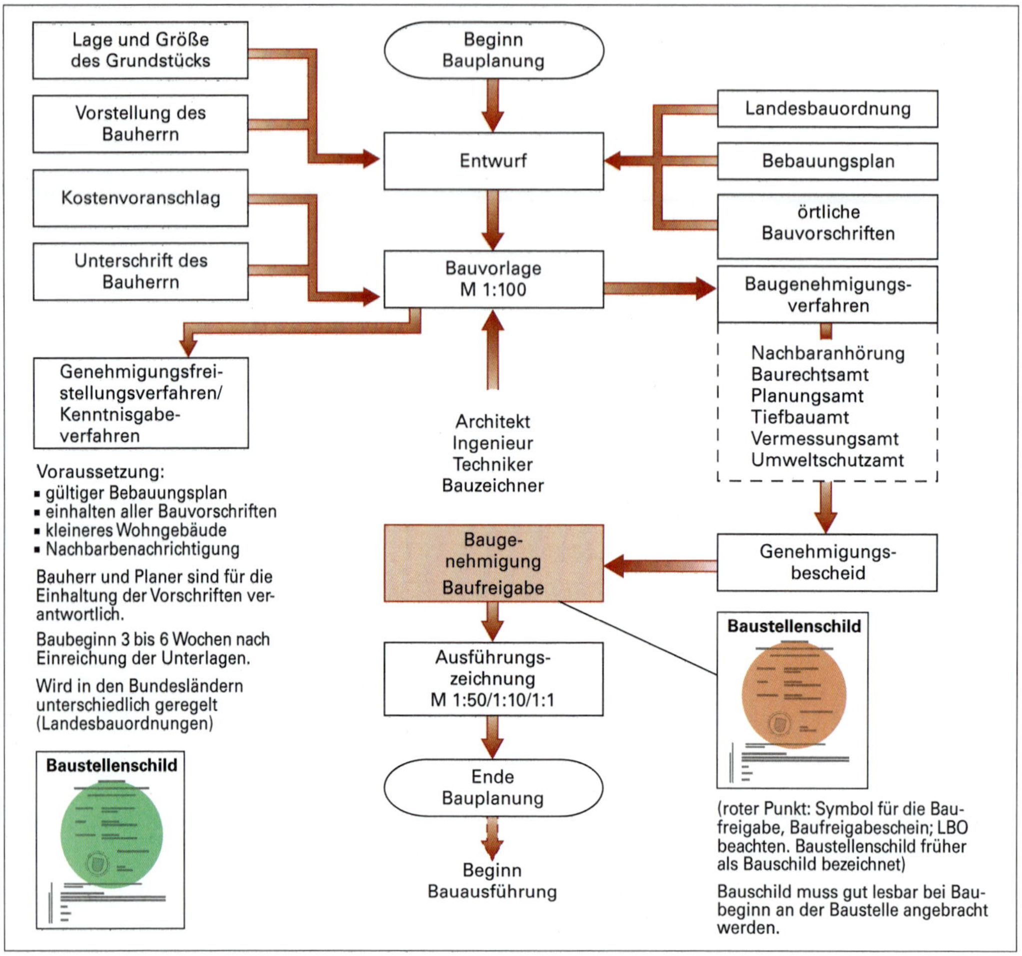

Abb. 10.6: Darstellung des Planungsablaufs

Bauplanung

Bauvorhaben müssen sorgfältig geplant werden. Die Planung wird von Architekten, Ingenieuren und Bautechnikern auf der Grundlage der behördlichen Vorschriften und der einschlägigen DIN-Normen unter Beteiligung des Bauherrn durchgeführt. Die Abbildung 10.6 zeigt den grundsätzlichen Planungsablauf. Der Bauantrag muss alle für die Prüfung erforderlichen Vorlagen enthalten (vgl. Tabelle 10.7). Je nach Bauobjekt und Standort können weitere Unterlagen erforderlich sein (z.B. Brandschutzkonzept). Ein Brandschutzkonzept dient dem baulichen Nachweis, dass für die Genehmigungsplanung der erforderliche Brandschutz eingehalten wird. Z.B. soll in NRW ein Brandschutzkonzept gem. § 58 Abs. 3 BauO NRW durch einen staatlich anerkannten Sachverständigen erstellt werden.

Tabelle 10.7: Checkliste zur Bauvorlage

unterschriebener Bauantragsvordruck	Nachweis der gesicherten Erschließung
Übersichtsplan	Wärmeschutzberechnung (EnEV, neu: GEG)
amtlicher evtl. nur einfacher Lageplan	Wohn- und Nutzflächenberechnung
Entwurf 1:100 mit Grundrissen, Schnitten, Ansichten	Berechnung des umbauten Raumes
Standsicherheitsnachweis (Statik)	Kostenschätzung nach DIN 276
Grundstücksentwässerung	Baubeschreibung
Stellplatznachweis, zeichnerisch und rechnerisch	Erhebungsbogen zur Statistik
	Evtl. Antrag auf Befreiung

Grundriss Erdgeschoss, M 1:100 – m, cm

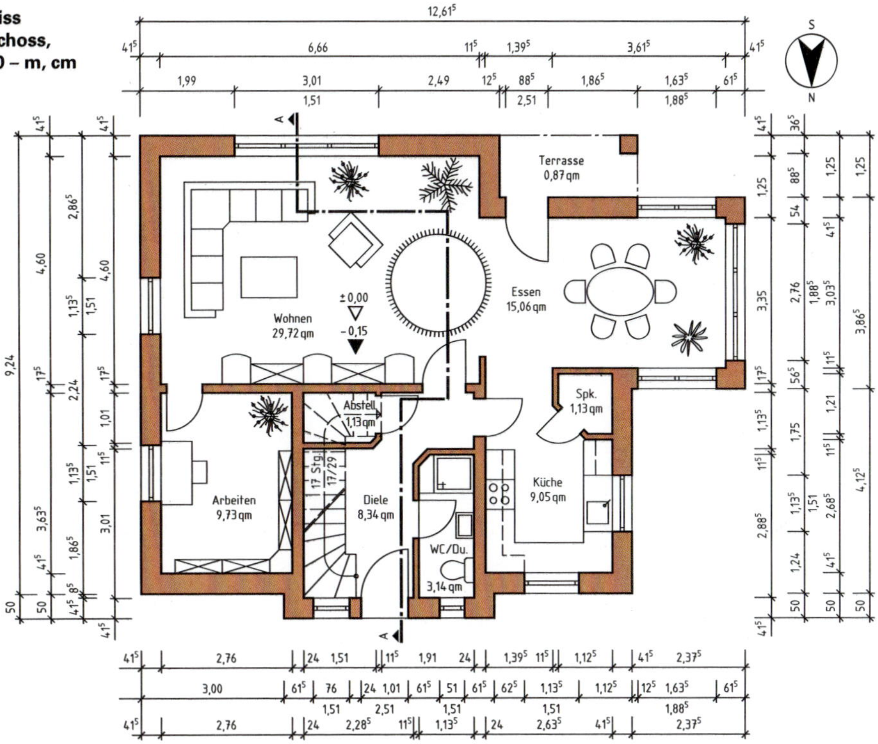

Grundris Dachgeschoss, M 1:100 – m, cm

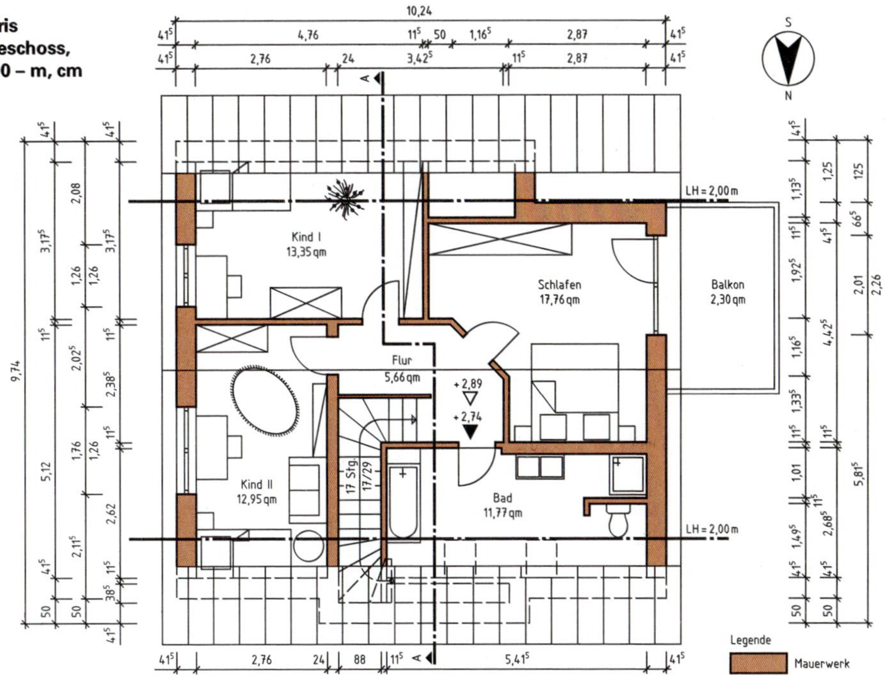

Abb. 10.8: Unterlagen für den Bauantrag, Grundriss Erdgeschoss, Grundriss Dachgeschoss

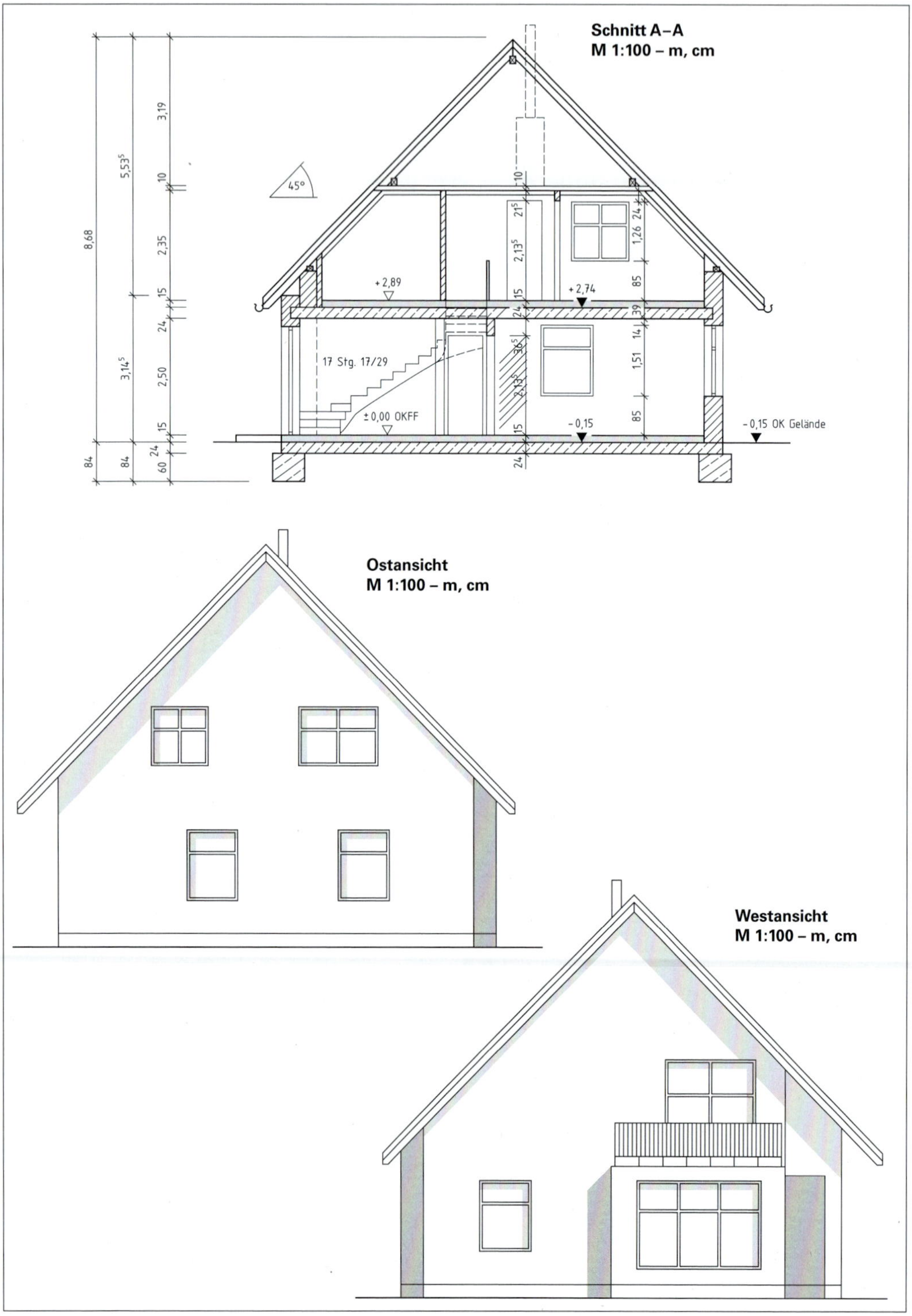

Abb. 10.9: Unterlagen für den Bauantrag Schnitt, Ostansicht, Westansicht

Legende

Technische Daten, Höhen:
OK Sohlplatte = OK Gelände = –0,15 m
OKFF EG = 0,00 m
OK Rohdecke DG = +2,74 m
OKFF DG = +2,89 m
Technische Daten, Baustoffe:
Stahlbeton-Sohlplatte C30/37
EG – Decke *d* = 24 cm
Streifenfundament C25/30
50 cm × 60 cm, frostfrei gegründet

Technische Daten
Dach: Dachneigung 45°
Pfettendachstuhl
gemauerter Drempel *h* = 80 cm
ab OK Rohdecke DG
Heizung:
Gastherme, im Spitzboden
untergebracht

Baustoffe
- ☐ Mauerwerk
- ☐ Fußbodenaufbau
- ☐ Beton/Stahlbeton
- ☐ Holz

(Schraffur oder farbliches Anlegen möglich)

Abb. 10.10: Unterlagen für den Bauantrag Nordansicht, Südansicht

Lageplan M 1:500 – m

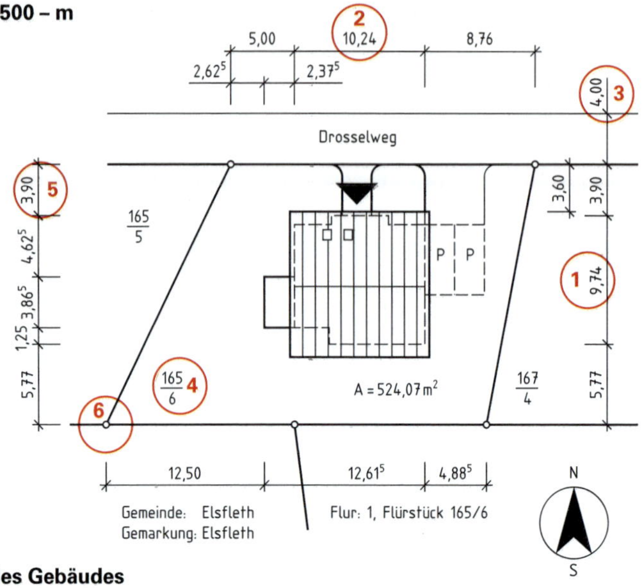

Grundfläche des Gebäudes

$A = 12{,}615 \cdot 9{,}24 + 0{,}5 \cdot 4{,}365 - 2{,}25 \cdot 1{,}25 - 4{,}125 \cdot 2{,}375 = 106{,}14 \text{ m}^2$
(Terrasse wird mitberechnet, da sie überdacht ist.)

(1) Gebäudebreite 10,24 m

(2) Gebäudetiefe 9,74 m

(3) Bürgersteig/-weg mit Angabe der Breite

(4) Benennung des Grundstückes im Flurbuch (Kataster)

(5) Abstand zu Straße/zum Weg 1 H (Traufhöhe) = ca. 3,50 m
Schrägdach: Durchstoßpunkt Außenwand/Dach
3,50 m > 3,00 m (NBauO) gewählt 3,60 m

(6) Grenzstein

Abb. 10.11: Unterlagen für den Bauantrag Lageplan, etwas verkleinert, ca. 1:600

Berechnung der Grenzabstände

Der Grenzabstand wird in der LBO festgelegt, z.B. Niedersachsen, NBauO, Teil II §7 Grenzabstände:

1) Gebäude müssen mit allen auf ihren Außenflächen oberhalb der Geländeoberfläche gelegenen Punkten von den Grenzen des Baugrundstücks Abstand halten. Der Abstand ist zur nächsten Lotrechten über der Grenzlinie zu messen. Er richtet sich jeweils nach der Höhe des Punktes über der Geländeoberfläche (H). Der Abstand darf auf volle 10 cm abgerundet werden.

3) Der Abstand beträgt 1 H, mindestens 3,00 m. Die Wandhöhe H ist das Maß von der Geländeoberfläche bis zum Schnittpunkt der Wand mit der Dachhaut oder bis zum oberen Abschluss der Wand. Die Regelung der Grenzabstände ist in den Bundesländern unterschiedlich.

Berechnung zum Vollgeschoss

Die Definition eines Vollgeschosses wird in der LBO festgelegt. z.B. Niedersachsen, NBauO, Teil I § 2 Begriffe:

(4) Ein Vollgeschoss ist ein Geschoss, das mindestens über die Hälfte seiner Grundfläche eine lichte Höhe von 2,20 m oder mehr hat und dessen Deckenunterseite im Mittel mindestens 1,40 m über der Geländeoberfläche liegt. Ein oberstes Geschoss ist nur dann ein Vollgeschoss, wenn die im Satz 1 genannte Höhe über mehr als 2/3 der Grundfläche des darunterliegenden Geschosses hat.

Für Abbildung 10.8 bis 10.10 gilt:
Fläche im Dachgeschoss, $h_l \geq 2{,}20$ m
$6{,}14 \text{ m} \cdot 10{,}24 \text{ m} = 62{,}87 \text{ m}^2$ [6,14 m bzgl. 2 m-Linie]
Grundfläche Erdgeschoss
$106{,}14 \text{ m}^2 \cdot 2/3 = 70{,}76 \text{ m}^2$
$70{,}76 \text{ m}^2 > 62{,}87 \text{ m}^2 \Rightarrow$ kein Vollgeschoss

10.3.1 Unterlagen für den Bauantrag

Bauanträge sind Bestandteil der Landesbauordnung (LBO), die in erster Linie über ihre Vorschriften die öffentliche Sicherheit und Ordnung garantieren. Der Bauantrag ist ein weiteres wichtiges Glied in der Kette für ein geordnetes und nachvollziehbares Genehmigungsverfahren, wie es die LBO fordert.

Die Abbildungen 10.8 bis 10.11 zeigen die Entwurfszeichnungen (vorgeschrieben im Maßstab 1:100) und den Lageplan (Maßstab 1:500 oder 1:1000).

Der dargestellte Erdgeschoss-Grundriss enthält mehr Angaben als für einen Bauantrag nötig (z.B. Möbel, vollständige Raumbemaßung).

Für Bauzeichnerinnen/Bauzeichner stellt der Bauantrag mit der geforderten Zusammenstellung aller wesentlichen Unterlagen einen brauchbaren Überblick für ein Bauprojekt dar. Bauanträge können i.d.R. aus dem Internet bei den Städten und Gemeinden heruntergeladen werden.

10.3.2 Baugenehmigungsverfahren

Das Baugenehmigungsverfahren, z.B. in Baden-Württemberg, erfolgt nach den Vorgaben der Landesbauordnung. Es wird mit dem **Einreichen des Bauantrags** einschließlich der Bauvorlagen bei der Gemeinde des Bauortes eingeleitet und endet mit der **Baugenehmigung** durch die Baurechtsbehörde. Die Gültigkeit einer Baugenehmigung ist auf 3 Jahre begrenzt. Mit der Bauausführung darf jedoch erst dann begonnen werden, wenn der **Baufreigabeschein** ausgestellt ist. Im Rahmen der **Bauabnahmen** durch die Baurechtsbehörde werden die Abnahme bestimmter Bauteile oder Bauarbeiten sowie die Abnahme der baulichen Anlagen nach ihrer Fertigstellung durchgeführt (vgl. Abb. 10.12).

Weiterhin regelt die LBO das **Kenntnisgabeverfahren** und das **Vereinfachte Baugenehmigungsverfahren.** Bei beiden Verfahren reicht der Bauherr die Bauvorlagen bei der Gemeinde ein. Sofern keine Hindernisgründe vorhanden sind, kann beim Kenntnisgabeverfahren nach 2 Wochen mit dem Bau begonnen werden. Bei Vorhaben im Vereinfachten Baugenehmigungsverfahren, bei dem lediglich ausgewählte Vorschriften von der Baurechtsbehörde geprüft werden, darf der Baubeginn erst nach Erteilung des Baufreigabescheins erfolgen. Die Verfahren gelten insbesondere für Wohngebäude im Geltungsbereich eines qualifizierten Bebauungsplanes. Die öffentlich-rechtlichen Bauvorschriften sind auch hier einzuhalten. Die erforderlichen Bauvorlagen werden in der **Verfahrensverordnung** (LBO VVO) festgelegt. Danach sind z.B. für ein Hochbauvorhaben mit dem Bauantrag der Lageplan, die Bauzeichnungen, die Baubeschreibung, der Standsicherheitsnachweis und die anderen bautechnischen Nachweise, z.B. der Wärmeschutznachweis sowie die Darstellung der Grundstücksentwässerung, vorzulegen.

Der **Lageplan** (M 1: 500) besteht aus einem zeichnerischen Teil als Auszug aus dem Liegenschaftskataster und einem schriftlichen Teil. Im zeichnerischen Teil sind insbesondere die bestehenden und geplanten baulichen Anlagen auf dem Grundstück und den Nachbargrundstücken darzustellen. Dabei sind für die geplanten Anlagen die Abmessungen, Höhenlage, Grenz- und Gebäudeabstände sowie

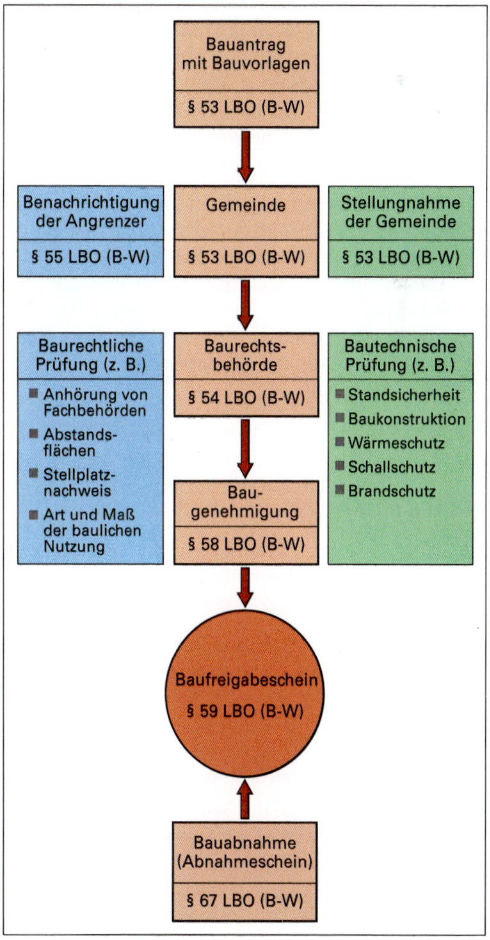

Abb. 10.12: Baugenehmigungsverfahren in Baden-Württemberg

Zufahrten anzugeben. Weiterhin sind Ver- und Entsorgungsleitungen und Anlagen zur Aufnahme und Beseitigung von Abwasser darzustellen. Der schriftliche Teil beinhaltet z.B. die Bezeichnung des Grundstückes und der Nachbargrundstücke mit Angaben der Eigentümer, **Baulasten,** soweit sich öffentlich-rechtliche Verpflichtungen des angrenzenden Grundstückseigentümers ergeben, Festsetzungen des Bebauungsplanes insbesondere die Berechnung der Flächenbeanspruchung des Grundstückes nach Grundflächen-, Geschossflächen- oder Baumassenzahl für vorhandene und geplante Anlagen.

In den **Bauzeichnungen** (M 1:100) sind die Grundrisse aller Geschosse mit Angabe der vorgesehenen Nutzung der Räume darzustellen, wobei Treppen, Schornsteine, Feuerstätten, Behälter für brennbare Flüssigkeiten, Aufzugschächte, Aborte, Badewannen und Duschen einzuzeichnen sind. Weiterhin sind die Schnitte mit Geschosshöhen, Treppenverlauf und Geländedarstellung sowie die Ansichten mit Wandhöhen, Dachneigung und Firsthöhen Bestandteil der Bauzeichnungen. In allen Bauzeichnungen sind die wesentlichen Maße, Baustoffe und Konstruktionsarten anzugeben.

Die **Baubeschreibung** erläutert das Bauvorhaben insbesondere in Bezug auf die Konstruktion mit Zuordnung in die zutreffende **Gebäudeklasse** (GKL) als Grundlage für das Brandschutzkonzept, die Feuerungsanlagen, die haustechnischen Anlagen und die Nutzung. Weiterhin sind die **Berechnungen** des umbauten Raumes und der Grundflächen nach DIN 277 beizufügen.

Die **Statik** (Standsicherheitsnachweis/Bemessung) enthält für das gesamte Bauvorhaben die Darstellung der Tragkonstruktion mit den erforderlichen Berechnungen/Nachweisen.

Der Nachweis zum **Wärmeschutz** (Gebäudeenergiegesetz GEG), zum **Schallschutz** und zum **Brandschutz** ist ebenfalls beizufügen.

Besteht Unklarheit, ob aus baurechtlichen oder planungsrechtlichen Gründen ein Bauvorhaben überhaupt Aussicht auf eine Genehmigung (evtl. mit Auflagen) hat, kann ein schriftlicher Bescheid, der Bauvorbescheid, zu einzelnen Fragen bei der Baugenehmigungsbehörde beantragt werden.

> Merkblätter, Antragsformulare und Hinweise zum digitalen Verfahren zum Bauantrag und Baugenehmigungsverfahren sind bei den Bauämtern zu erhalten bzw. von diesen bereits ins Internet gestellt.

U.a. werden in den Unterlagen die Begriffe Baulasten (öffentlich-rechtliche Verpflichtungen wie z.B. Wegebaulast), Baufenster (nicht baurechtlich definierter Begriff, gibt den Flächenbereich auf einem Grundstück an, der bebaut werden darf), Teilungserklärung (Frage, ob eine große Parzelle geteilt werden darf), gemeindliche Vorkaufsrechte, Veränderungssperre und Zurückstellung (wichtige Verfahrensinstrumente einer Gemeinde um unerwünschte Veränderungen der Eigentumsverhältnisse zu verhindern) angesprochen, die durch den Architekten und evtl. durch Fachanwälte für den Bauherren in Zusammenarbeit mit dem Gemeinden zu klären sind.

10.4 Baukosten

Die Baukosten werden nach DIN 276 ermittelt. Sie sind vielen Faktoren wie Region, Standort, Lage, Konjunktur und Standard usw. unterworfen. Für den Bauherrn sind Kostenüberschreitungen meist nur in geringem Umfang tragbar. Die reinen Baukosten werden deshalb in den einzelnen Leistungsphasen nach der Honorarordnung für Leistungen der Architekten und Ingenieure (HOAI) ermittelt. Die Leistungsphasen werden unterteilt in: Grundlagenermittlung, Vorplanung, Entwurfs- und Genehmigungsplanung, Ausführungsplanung, Vorbereitung der Vergabe, Mitwirkung bei der Vergabe, Objektüberwachung und Objektbetreuung bzw. Dokumentation (vgl. Abb. 10.2).

Zu unterscheiden sind fünf Verfahren zur Kostenermittlung:

- Der Kostenüberschlag ist eine sehr grobe Ermittlung der Gesamtkosten. Die Berechnung erfolgt aufgrund von Kennwerten für Bruttogrundflächen oder Bruttorauminhalten.
- Die **Kostenschätzung** ist in der Berechnung genauer. Das Ergebnis wird erreicht über Kennwerte der Kosten von Bauelementen, wie z.B. Baugrube, Fundamente, Außenmauerwerk, Innenmauerwerk, Decken, Dach, Fenster usw.
- Die **Kostenberechnung** wird erstellt aus den zur Verfügung stehenden Planungsdaten nach DIN 276. Die Grundlage der Ermittlungen geben Kennwerte über Ausführungsarten der einzelnen Bauteile.
- Der **Kostenanschlag** bezieht Werte aus dem Leistungsverzeichnis in die Kostenberechnung mit ein und übernimmt so eine erste Kostenkontrolle während der Bauausführung.
- Die **Kostenfeststellung** wird durch die Abrechnung nach Fertigstellung des Bauwerks errechnet.

Die auf der Grundlage einer Kostenfeststellung ermittelten Kostenrichtwerte, wie z.B. Kosten je Flächeneinheit (€/m^2 NF), Kosten je Rauminhalt (€/m^3 BRI) oder Kosten je Nutzungseinheit (€/Wohnung), können wiederum bei Kostenschätzungen für ähnliche Bauwerke eingesetzt werden. Dabei ist jedoch zu beachten, dass die Richtwerte dem sich ändernden Kostengefüge der Wirtschaft, z.B. infolge von Preissteigerung, angepasst oder fortgeschrieben werden.

Die Kostenermittlung wird nach Kostengruppen gegliedert. Dazu liegen Formblätter und digitale „Kostenrechner" vor. Die Kommunen haben i.d.R. ein Onlineservice eingerichtet.

Kostengruppen

Kosten des Baugrundstückes
(Gruppe 100: Grundstück)

- Wert des Grundstückes
  richtet sich nach dem Verkehrswert zum Zeitpunkt der Kostenermittlung; ist abhängig von der Lage, der Grundstücksgröße, der Bebaubarkeit, der Verkehrslage, der Wohnlage, der Nachbarschaft, von Gewerbefläche und Geschäftshäusern, den Umwelteinflüssen, der Erschließung.
- Erwerb (Kauf) des Grundstückes
  beinhaltet auch alle Nebenkosten wie Maklergebühr, Gutachtergebühren, Grunderwerbssteuer, Gebühren für notarielle Beurkundungen, Kosten für Vermessungs- und Katasterunterlagen.
- Freimachen des Grundstückes (rechtlicher, finanzieller Aspekt) bedingt Kosten für Miet- oder Pachtablösungen, Abfindungszahlungen, Beschränkung wie z.B. das Wegerecht.

Kosten der Erschließung
(Gruppe 200: Vorbereitende Maßnahmen)

- Herrichtung des Grundstückes (sächlicher Aspekt, Dienstleistungen) bedingt Kosten für die Tätigkeiten wie Roden, Abtrennen von Versorgungsleitungen, genehmigte Abbrucharbeiten.
- Öffentliche Erschließung bedingt anteilige Kosten für die Herstellung von Wegen, Straßen, Versorgungsleitungen, Grünflächen und öffentliche Anlagen.
- Nicht öffentliche Erschließung bedingt Kosten, auch wenn ohne öffentlich-rechtliche Verpflichtung oder ohne Beauftragung Maßnahmen durchgeführt werden, um diese zu einem späteren Zeitpunkt in den Gebrauch der Allgemeinheit zu überführen.

Kosten des Bauwerks
(Gruppe 300: Baukonstruktionen)

- Baukonstruktionen bedingen Kosten für die Bauleistungen der gesamten Rohbau- und Ausbaumaßnahmen des Bauwerks einschließlich der Baustelleneinrichtung.
- Besondere Bauausführungen bedingen Kosten z.B. für Aufwendungen für besondere Gründungen, Gebäudeabdichtungen und Luftschutzanlagen.

Bauwerk-Technische Anlagen
(Gruppe 400: Technische Anlagen)

- für alle beweglichen oder festen technischen Anlagen, die zur Ingebrauchnahme des Bauwerks erforderlich sind.
- Installationen bedingen Kosten hinsichtlich lüftungstechnischer Anlagen, Heizungs- und Brauchwasseranlagen, Blitzschutzanlagen, elektrischer Kabel und Leitungsanlagen, Gas-, Wasser- und Abwasseranlagen, Fernmeldetechniken.
- Zentrale Betriebstechnik bedingt Kosten für die Teile technischer Anlagen, die zum Betrieb der Installationen erforderlich sind, z.B. Behälter, Pumpen, Filter, Regeltechnik, Aufbereitungsanlagen, Rauchgasentstauber, Wärmetauscher, Raumlufttechnik, Abfallbeseitigungsanlagen.
- Betriebliche Einbauten bedingen Kosten für alle mit dem Bauwerk fest verbundenen Einbauten, z.B. feste Kücheneinrichtungen, Laboreinrichtungen und Einbauten im Zusammenhang mit den Installationen und der Betriebstechnik.

Kosten der Außenanlagen
(Gruppe 500: Außenanlagen)

- z.B. Einfriedungen, Geländegestaltung, Geländeaufbereitung, Versorgungsanlagen auf dem Grundstück, Baukunst im Freien, Gartenzonen, Tiergehege, Verkehrsanlagen, Grünanlagen.

Kosten für zusätzliche Maßnahmen
(Gruppe 600: Ausstattung und Kunstwerke)

- die bei der Herstellung des Bauwerks verursacht werden, für besondere Sicherheitsmaßnahmen, Schutzmaßnahmen und Witterungseinflüsse, Kosten für besondere Ausstattung und Kunstwerke.

Baunebenkosten
(Gruppe 700: Baunebenkosten)

- für die Planung, Durchführung und Bauaufsicht gemäß Vergütungsgrundlage bzw. Baugebührenordnung sowie Gutachten, Beratung, Kunst am Bau, Finanzierung.

Finanzierung
(Gruppe 800: Kosten für die Finanzierungsplanung)

10

10.5 Grundflächen und Rauminhalte

Das Baurecht kennt verschiedene Bauwerksflächen, deren Berechnung für die unterschiedlichsten Verwendungen eingesetzt werden.

Die Wohnflächenberechnung ist nicht einheitlich geregelt. In der Praxis findet überwiegend die bereits Ende 1999 ungültig gewordene DIN 283 Anwendung sowie die II. Berechnungsverordnung – eigentlich nur für sozial geförderten Wohnraum kreiert. Seit dem 1. Januar 2004 gilt zudem die neue, für geförderten Wohnraum gültige Verordnung zur Berechnung von Wohnflächen (WoFlV). Hier werden alle Berechnungsverordnungen vorgestellt.

Wohn- und Nutzflächenberechnung nach DIN 283

Für Bauanträge oder Finanzierungspläne sind Wohn- und Nutzflächenberechnungen erforderlich. Wohnfläche ist die anrechenbare Grundfläche von Wohnungen. Als Nutzfläche wird die im Zusammenhang mit einer Wohnung stehenden Grundflächen von Wirtschaftsräumen und gewerblichen Räumen bezeichnet.

Die Bemaßung in einem Grundriss besteht immer aus Rohbaumaßen. Die Grundflächen für die Wohn- und Nutzflächen sind dagegen aus Fertigmaße zu berechnen, also den lichten Maßen zwischen den Wänden. Zur Vereinfachung werden von der Rohbaufläche 3 % für die Putzflächen abgezogen.

$$\text{Rohbaufläche} \cdot 0{,}97 = \text{Wohn- oder Nutzfläche}$$

Die Grundflächen sind für jeden Raum einzeln zu berechnen und getrennt nach Wohn-, Schlaf-, Nebenräumen und Küchen zusammenzufassen.

Zur Grundfläche gehören

- Fenster- und Wandnischen, die bis zum Fußboden herunterreichen und mehr als 13 cm tief sind
- Erker, Wandschränke, Einbaumöbel von ≥ 0,5 m² Grundfläche
- Raumteile unter Treppen, sofern die lichte Höhe ≥ 2,00 m beträgt
- Grundflächen von offenen Kaminen, Heizkörpern, Öfen

Nicht zur Grundfläche gehören

- Türnischen
- Fenster- und Wandnischen, die ≤ 13 cm tief sind
- Schornsteine und Vorlagen mit einer Grundfläche von > 0,1 m²
- freistehende Pfeiler und Säulen mit > 0,1 m² Grundfläche
- Treppen und Podeste

Nach ihrer lichten Höhe sind die ermittelten Grundflächen bei der Wohnflächen- und Nutzflächenberechnung unterschiedlich anzurechnen (vgl. Tabelle 10.13).

Tabelle 10.13: Ermittelte Grundflächen bei der Wohn- und Nutzflächenberechnung

	lichte Höhe	anrechenbar
Räume und Raumteile	≥ 2,00 m	voll
Räume und Raumteile, nicht ausreichend beheizbare Wintergärten	> 1,00 m und < 2,00 m	zur Hälfte
Hauslauben, Loggien, Balkone, gedeckte Freisitze	–	zu einem Viertel
Raumteile, nicht gedeckte Terrassen, Freisitze	≤ 1,00 m	–

Beispiel

Für den dargestellten Grundriss ist die Wohnflächenberechnung nach DIN 283 durchzuführen.

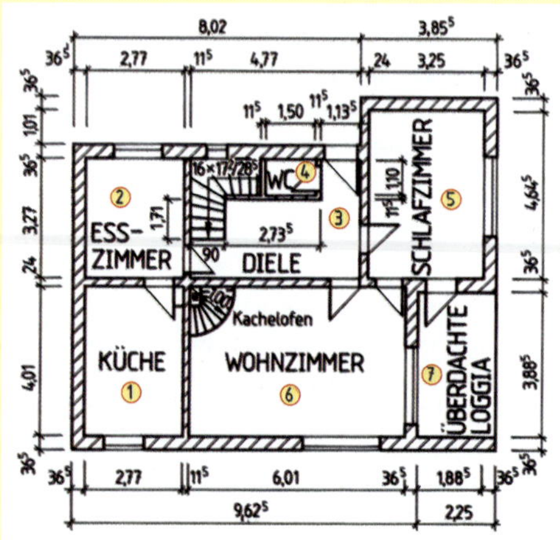

Lösung

Wohn- und Schlafräume	46,08 m²
Küche	10,77 m²
Nebenräume	13,14 m²

Beispielhafte Rechenansätze vgl. tabellarische Aufstellung auf der Folgeseite.

Raum-Nr.	Ansätze Erdgeschosswohnung	Wohn- und Schlafräume [m²]	Küche [m²]	Nebenräume [m²]
①	2,77 · 4,01 · 0,97		10,77	
②	2,77 · 3,27 · 0,97	8,79		
③	[4,77 · 3,27 – (0,90 + 2,735) · (1,10 + 0,115) – 0,90 · 1,71] · 0,97			9,35
④	1,50 · 1,10 · 0,97			1,60
⑤	4,645 · 3,25 · 0,97	14,64		
⑥	3,885 · 6,01 · 0,97	22,65		
⑦	2,25 · 3,885 · 0,25			2,19
		46,08	10,77	13,14
	Summe 69,99 m²			

Verordnung zur Berechnung der Wohnfläche (WoFlV)

Da die Verordnung in einzelne Paragraphen gegliedert ist, wird sie vereinfacht beschrieben. Die Wohnfläche einer Wohnung umfasst die Grundflächen der Räume, die ausschließlich zu dieser Wohnung gehören. Die Wohnfläche eines Wohnheims umfasst die Grundflächen der Räume, die zur alleinigen und gemeinschaftlichen Nutzung durch die Bewohner bestimmt sind.

Zur Wohnfläche gehören auch die Grundflächen von:

- Wintergärten, Schwimmbädern und ähnlichen nach allen Seiten geschlossenen Räumen sowie
- Balkone, Loggien, Dachgärten und Terrassen,

wenn sie ausschließlich zu der Wohnung oder dem Wohnheim gehören.

Zur Wohnfläche gehören nicht die Grundflächen folgender Räume:

- Zubehörräume, insbesondere:
  a) Kellerräume,
  b) Abstellräume und Kellerersatzräume außerhalb der Wohnung
  c) Waschküchen
  d) Bodenräume
  e) Trockenräume
  f) Heizungsräume und
  g) Garagen
- Räume, die nicht den an ihre Nutzung zu stellenden Anforderungen des Bauordnungsrechts der Länder genügen, sowie
- Geschäftsräume

Die Grundfläche ist nach den lichten Maßen zwischen den Bauteilen zu ermitteln; dabei ist von der Vorderkante der Bekleidung (Putz) der Bauteile auszugehen. Bei fehlenden begrenzenden Bauteilen ist der bauliche Abschluss zu Grunde zu legen.

Bei der Ermittlung der Grundfläche sind namentlich einzubeziehen die Grundfläche von

a) Tür- und Fensterbekleidungen sowie Tür- und Fensterumrahmungen,

b) Fuß-, Socken- und Schrammleisten,

c) fest eingebauten Gegenständen, wie z.B. Öfen, Heiz- und Klimageräten, Herden, Bade- oder Duschwannen,

d) freiliegende Installationen,

e) Einbaumöbeln und

f) nicht ortsgebundenen, versetzbaren Raumteiler.

Bei der Ermittlung der Grundflächen bleiben außer Betracht die Grundflächen von

a) Schornsteinen, Vormauerungen, Bekleidungen, freistehenden Pfeilern und Säulen, wenn sie eine Höhe von mehr als 1,50 m aufweisen und ihre Grundfläche mehr als 0,1 m² beträgt,

b) Treppen mit über drei Steigungen und deren Treppenabsätze,

c) Türnischen und

d) Fenster- und offenen Wandnischen, die nicht bis zum Fußboden herunterreichen oder bis zum Fußboden herunterreichen und 0,13 m oder weniger tief sind.

Mit Mauervorlagen unter 1,50 m Höhe sind hauptsächlich in Bad und Duschräumen die sanitären Vorwandinstallationen gemeint. Sie dienen als Ablagefläche und diese Grundflächen sind anrechenbar.

Die Grundfläche ist durch Ausmessung im fertig gestellten Wohnraum oder auf Grund einer Bauzeichnung zu ermitteln. Wird die Grundfläche auf Grund einer Bauzeichnung ermittelt, muss diese

a) für ein Genehmigungs-, Anzeige-, Genehmigungsfreistellungs- oder ähnliches Verfahren nach dem Bauordnungsrecht der Länder gefertigt oder, wenn ein bauordnungsrechtliches Verfahren nicht erforderlich ist, für ein solches geeignet sein und

b) die Ermittlung der lichten Maße zwischen den Bauteilen ermöglichen.

Ist die Grundfläche nach einer Bauzeichnung ermittelt worden und ist abweichend von dieser Bauzeichnung gebaut worden, ist die Grundfläche durch Ausmessung im fertig gestellten Wohnraum oder auf Grund einer berichtigten Bauzeichnung neu zu ermitteln.

Nach ihrer lichten Höhe sind die ermittelten Grundflächen bei der Wohnflächenberechnung unterschiedlich anzurechnen. Grundflächen

① von Räumen und Raumteilen mit einer lichten Höhe von mindestens zwei Metern sind vollständig

② von Räumen und Raumteilen mit einer lichten Höhe von mindestens einem Meter und weniger als zwei Metern sind zur Hälfte

③ von unbeheizbaren Wintergärten, Schwimmbädern und ähnlichen nach allen Seiten geschlossenen Räumen sind zur Hälfte

④ von Balkonen, Loggien, Dachgärten und Terrassen sind in der Regel zu einem Viertel, höchstens jedoch zur Hälfte, anzurechnen.

Zweite Berechnungsverordnung (II BV)

Mit dieser zweiten Berechnungsverordnung regelt der Gesetzgeber die Förderung im öffentlichen und steuerbegünstigten Wohnungsbau.

Die Flächenberechnung erfolgt unabhängig von Mauervorsprüngen, Einbauten, Fußleisten oder ähnlichem nach den lichten Maßen zwischen den Wänden – dabei handelt es sich um die „so genannten" Fertigmaße.

Schornsteine, Mauervorsprünge, freitragende Pfeiler oder Säulen und ähnliche Bauteile werden von den so errechneten Fertigmaßen nur dann abgezogen, wenn sie vom Boden bis zur Decke reichen und ihre Grundfläche mehr als 0,1 m^2 beträgt.

Zu den Fertigmaßen werden Fenster- und Wandnischen nur dann hinzugerechnet, wenn diese bis zum Boden reichen und mehr als 13 cm tief sind.

Erker oder Wandschränke werden nur dann zur Wohnfläche gezählt, wenn ihre Grundfläche mindestens 0,5 m^2 misst.

Nebenräume wie Keller, Waschküchen oder Trockenräume gehören nicht zur Wohnfläche, ebenso wenig Abstellräume außerhalb der Wohnung, Garagen oder Dachböden.

Treppen innerhalb von Wohnungen mit bis zu drei Steigungen (Stufen) gehören zur Wohnfläche, Treppen (inkl. Podeste) mit mehr als drei Stufen dagegen nicht.

Raumteile, deren lichte Höhe weniger als 1 m beträgt (Dachschrägen) zählen nicht zur Wohnfläche. Wenn deren lichte Höhe allerdings 1 m bis 2 m beträgt, zählen sie zur Hälfte zur Wohnfläche.

Raumteile unter Treppen zählen nur soweit zur Wohnfläche, als sie eine lichte Höhe von mindestens 2 m haben müssen.

Schwimmbäder, Wintergärten und ähnliche nach allen Seiten geschlossenen Räume zählen zur Hälfte zur Wohnfläche

Balkone, Loggien, Freisitze, Dachterrassen können bis zur Hälfte ihrer Fläche der Wohnfläche angerechnet werden. Dies gilt nur, wenn sie ausschließlich einer Wohnung zur Verfügung stehen. Gemeinsam mit anderen Wohnungen genutzte Freisitze zählen daher nicht zur Wohnfläche. Bei Gebäuden mit einer abgeschlossenen oder zwei nicht abgeschlossenen Wohnungen sind pauschale Abzüge von der Wohnfläche von bis zu 10 % der ermittelten Grundfläche der Wohnungen zulässig. Bei einem Gebäude mit einer abgeschlossenen und einer nicht abgeschlossenen Wohnung ist ein Abzug von 10 % der Fläche der nicht abgeschlossenen Wohnung möglich.

Die hinsichtlich Balkonen oder dem 10 %-Abzug einmal gewählte Anrechnungsart kann allerdings nur für das gesamte Gebäude einheitlich gewählt werden und ist später für alle Berechnungsarten bindend.

Ein Abzug von 3 % für Putz ist nur dann möglich, wenn die Berechnung aus den Rohbaumaßen erfolgt ist, nicht aber bei einer Berechnung aus den lichten Maßen (Fertigmaßen).

Grundflächen und Rauminhalte nach DIN 277

Um Klarheit und eine einheitliche Vorgehensweise für die Kostenplanung zu ermöglichen, wurde die DIN 276:2018-12 (für Hochbau, Ingenieurbau, Infrastruktur- und Freiflächen) und die DIN 277: 2016-01 (für Grundflächen und Rauminhalte im Hochbau) neu gefasst.

Grundflächen

Bei den Grundflächen wird zwischen Brutto-Grundfläche (BGF), Konstruktions-Grundfläche (KGF), Netto-Raumfläche (NRF), Nutzfläche (NUF), Technikfläche (TF) und Verkehrsfläche (VF) unterschieden. Diese Flächen werden durch Addition oder Subtraktion von Teilflächen ermittelt.

Bei der Ermittlung von Grundflächen und Rauminhalten sind die Lage, die Bewertung und die Abgrenzung von Teilflächen zu beachten.

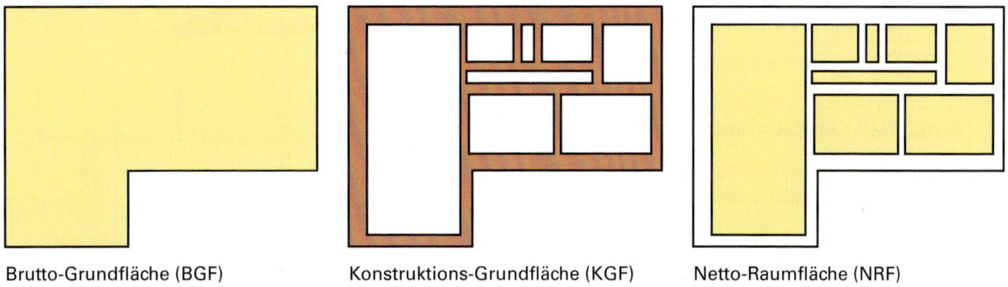

BGF - KGF = NRF

NRF = NUF + TF + VF

TF: z.B. Installationsschacht
VF: z.B. Treppenraum, Flur

NUF Nutzfläche
TF Technikfläche
VF Verkehrsfläche

Abb. 10.14: Übersicht über die Grundflächen

Lage von Flächen

Schräg liegende Flächen werden in ihren lotrechten Projektionen auf eine waagerechte Ebene gemessen.

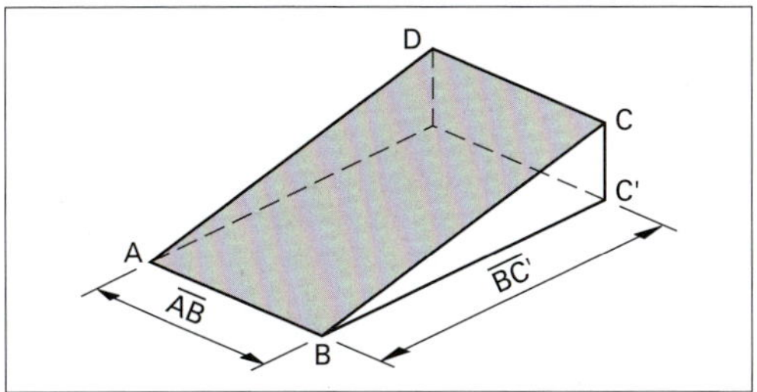

Abb. 10.15: Lage von Flächen

Bewertung von Flächen

Grundrissflächen werden nach der Art und den Merkmalen der unterschiedlichen Raumumschließung getrennt ermittelt.

Rauminhalte

Bei den Rauminhalten wird wie bei den Grundflächen in Brutto-Rauminhalt (BRI) und Netto-Rauminhalt (NRI) unterschieden.

Der Brutto-Rauminhalt wird als Produkt der Brutto-Raumfläche und der maßgebenden Höhe bestimmt.

Brutto-Rauminhalt =
Brutto-Raumfläche · maßgebende Höhe

Für einen Kostenvergleich und für Kostenermittlung hat der Netto-Rauminhalt keine Bedeutung. Er gilt vor allem als Bemessungsgrundlage für betriebstechnische Anlagen wie Heizung, Lüftung und Klimatisierung.

Die Brutto-Rauminhalte müssen wie die Grundflächen – nach Art ihrer Umgrenzung – unterschiedlich und in nachstehender Reihenfolge getrennt ermittelt werden.

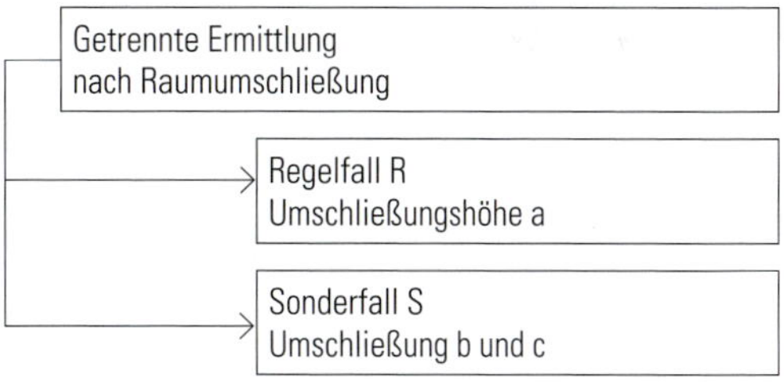

Kommt es bei der Berechnung und Ausweisung von Flächen, im Rahmen eines Genehmigungsverfahrens, zu Sonder- und Einzelfällen, die nicht allgemein beantwortet werden können, empfiehlt sich die frühzeitige Kontaktaufnahme mit der unteren Bauaufsichtsbehörde.

Im Gegensatz zur BauNVO werden nach DIN 277 alle vorhandenen Grundflächen erfasst, einschließlich der unterhalb der Geländeoberfläche. Im Bebauungsplan können Festsetzungen für das Maß der baulichen Nutzung für Teile baulicher Anlagen oberhalb und unterhalb der Geländeoberfläche getroffen werden.

Tabelle 10.16: Merkmale der Umschließung		
R	**Regelfall der Raumumschließung**	
a	Brutto-Rauminhalte von allseitig umschlossenen und überdeckten Bauwerken	
S	**Sonderfall der Raumumschließung**	
b	Brutto-Rauminhalte von nicht allseitig in voller Höhe umschlossenen, jedoch überdeckten Bauwerken	
c	Brutto-Rauminhalte von Bauwerken, die umschlossen, jedoch nicht überdeckt sind	
Als Höhe wird angesetzt		
a_1	im untersten Geschoss	**Höhe** = Raumhöhe + Dicke der begrenzenden unteren und oberen Bauteile
a_2	im Normalgeschoss	**Höhe** = Raumhöhe + Dicke des begrenzenden oberen Bauteils
a_3	im Dachgeschoss	**Höhe** = Raumhöhe + Dicke der begrenzenden unteren und oberen Bauteile
a_4	in Geschossen, deren Unterfläche zugleich Außenfläche ist	**Höhe** = Raumhöhe + Dicke der begrenzenden unteren und oberen Bauteile
b_1	im untersten Geschoss	**Höhe** = Raumhöhe + Dicke des unteren Bauteils (Decke/Sohle)
b_2	zwischen allseitig umschlossenen und überdeckten Geschossen	**Höhe** = Raumhöhe
b_3	in Geschossen, unter nicht allseitig umschlossenen Geschossen, und in Geschossen, deren Unterfläche zugleich Außenfläche ist	**Höhe** = Raumhöhe des oberen Bauteils (Decke/Dach)
b_4	in Geschossen, unter nicht allseitig umschlossenen Geschossen	**Höhe** = Raumhöhe + Dicke der begrenzenden unteren und oberen Bauteile (Decken)
b_5	in eingeschossigen Bauwerken	**Höhe** = Raumhöhe + Dicke der begrenzenden unteren und oberen Bauteile
c_1	über einem Geschoss	**Höhe** = lichte Höhe des umschließenden Bauteils
c_2	auskragende Teile	**Höhe** = Gesamthöhe des umschließenden Bauteils
c_3	unterer Balkon	**Höhe** = Raumhöhe + Dicke der begrenzenden Bauteile

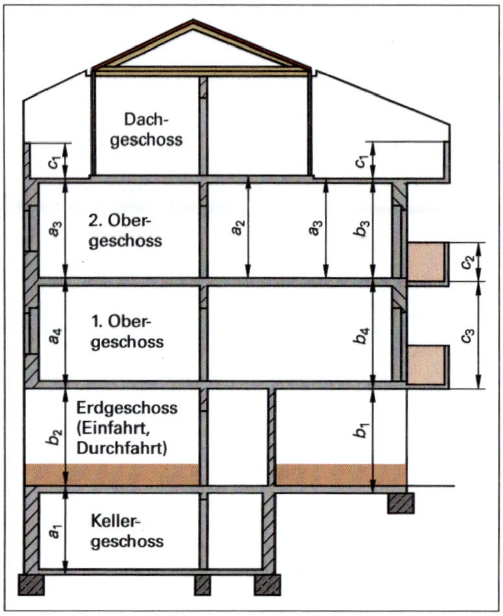

Abb. 10.17: Brutto-Rauminhalte nach Merkmal der Raumumschließung

10.6 Bauüberwachung und Bauabnahme

Wie in Kapitel 10.1 beschrieben wird die **Objektüberwachung** (Bauüberwachung) in den meisten Fällen vom Baubeginn bis zur Abnahme vom Planverfasser übernommen.

Grundsätzlich kann diese Projektsteuerung aber auch separat vergeben werden. Durch die überwachende und steuernde bzw. koordinierende Funktion ist dafür Sorge zu tragen, dass die Ausführung des Bauvorhabens den Vorgaben entspricht.

Der Baufortschritt (Projektfortschritt) ist zu dokumentieren, Fotos dienen zur Beweissicherung von Schäden und angetroffenen Zuständen.

	Termin	**Kosten**	**Ressourcen (Technik)**
kritische Abweichung	⬇	○	○
geringe Abweichung	○	⇧	○
keine Abweichung	○	○	●

Abb. 10.18: Bericht zum Baufortschritt

Bei der Bauabnahme handelt es sich um die Bestätigung der baurechtlichen und bautechnischen Mangelfreiheit des Gebäudes oder einer erbrachten Bauausführung durch die Bauaufsichtsbehörde als Rohbau- oder Schlussabnahme.

Bei der **Rohbauabnahme** wird nach einem durch den Bauherrn eingereichten Antrag nach Fertigstellung des Rohbaus eine Prüfung durch die Baugenehmigungsbehörde vorgenommen. Der Rohbau gilt als fertiggestellt, wenn alle statisch notwendigen Bauteile, Hausschornsteine, Dachkonstruktionen sowie Schallschutz, Wärmeschutz und Brandschutz beurteilt werden können.

Die **Schlussabnahme** erfolgt nach Fertigstellung aller für die Errichtung des Bauwerks erforderlichen Baumaßnahmen und wenn eine Bescheinigung über die Funktionsfähigkeit der Heizungs- und Kaminanlagen vorliegt.

Die Abnahme mit ihren rechtsgeschäftlichen Folgen ist abzugrenzen von anderen Formen einer Begehung bzw. Leistungsfeststellung. Letztere haben nicht die Wirkungen einer Abnahme nach § 640 BGB bzw. § 12 VOB/B. Die rechtsgeschäftliche Abnahme, die zwischen Auftraggeber und Auftragnehmer stattfindet, ist strikt abzugrenzen von anderen Formen gemeinsamer Feststellungen am Bau. Der Auftraggeber muss das Werk des Auftragnehmers als vertragsgemäß billigen.

Die Abnahme durch behördliche Vertreter, die es im Einzelfall nach einigen Landesbauordnungen gibt, ist mit der rechtsgeschäftlichen Abnahme nicht identisch. Abgesehen davon, dass diejenige Person, die die Abnahme erklärt, nicht personenidentisch mit dem Auftraggeber ist, ist auch das Protokoll anders. Im Rahmen einer derartigen Prüfung wird lediglich darüber befunden, ob das Bauwerk den öffentlich-rechtlichen Vorschriften entspricht. Es findet keine Prüfung danach statt, ob das aufgrund des Bauvertrages geschuldete Leistungs-Soll erbracht wurde.

Die Abnahme ist in § 12 der VOB/B beschrieben und ist fristengebunden (12 Tages-Frist nach Aufforderung). Eine stillschweigende Abnahme (z.B. durch Nutzung des Gebäudes oder durch Zahlung der Schlussrechnung) oder eine fiktive Abnahme (wenn nach schriftlicher Mitteilung des Auftragnehmers an den Bauherrn die Frist von 12 Werktagen überschritten ist) sollte vermieden werden.

Mit der Abnahme beginnt die Verjährungfrist für Mängelansprüche zu laufen.
Die Verjährungsfrist beträgt für Bauwerke nach VOB 4 Jahre bzw. nach BGB 5 Jahre, für Reparaturen 2 Jahre.

Über die Abnahme sollte ein Protokoll erstellt werden. Folgendes sollte aufgeführt sein:

- Titel „förmliche Abnahme von Bauleistungen nach VOB Teil B § 12"
- Benennung der Baumaßnahme mit Anschrift der Baustelle und Namen des Bauherrn
- Adresse des Auftragnehmers
- Nummer und Datum des Bauvertrages
- Bezeichnung der abzunehmenden Leistung z.B. Rohbauarbeiten
- Benennung der Teilnehmer der Abnahme
- Datum des Beginns der Bauleistung und deren Fertigstellung
- exakte Benennung der bei der Abnahme festgestellten Mängel
- Datum und Ort der Abnahme
- zeitlich angemessene Terminvorgabe für die Beseitigung der festgestellten Mängel
- Unterschrift des Abnahmeprotokolls durch Auftraggeber und Auftragnehmer.

Aufgaben zum LF 10 A Erstellen eines Bauantrags

1. Erklären Sie die Begriffe: a) Bauflucht, b) Baulinie, c) Bauwich, d) Baufenster
2. Welche Inhalte hat ein zeichnerischer Lageplan?
3. Beschreiben Sie, was in einem schriftlichen Lageplan steht.
4. Welche Zeichnungen gehören zum Bauantrag?
5. Nennen Sie Verfahren zur Kostenermittlung.
6. Was verstehen Sie unter Kostengruppen und erläutern Sie eine Kostengruppe exemplarisch.
7. Welche Möglichkeiten gibt es, ein Bauvorhaben genehmigen zu lassen?
8. Was sind Baulasten und wann wird eine Teilungserklärung benötigt?
9. Skizzieren Sie für den Bauherren anhand eines einfachen Quaders
   a) den Regelfall der Raumumschließung von Bauwerken und
   b) die Sonderfälle der Raumumschließung von Bauwerken.

10. Erstellen Sie einen Bauantrag für ein Einfamilienhaus.

Für das Einfamilienwohnhaus ist auf Grundlage der Vorentwurfsplanung, der geltenden Bauordnung oder Landesbauordnung sowie den entsprechenden Planungs- und Ausführungsnormen der Bauantrag einzureichen. Diesem sind die erforderlichen Bauvorlagen für das Genehmigungsverfahren beizufügen. Alle Bauvorlagen können in elektronischer Form erstellt und vorgelegt werden.

Fertigen der Bauzeichnungen
Für die Genehmigungsplanung des Einfamilienhauses sind die erforderlichen Entwurfszeichnungen im Maßstab 1:100 zu fertigen. Dafür sind alle Grundrisse und Ansichten sowie der Schnitt auf Grundlage der Vorentwurfszeichnungen mit den Gebäudeabmessungen, den Raum- und Bauteilmaßen darzustellen.

Erstellen der Baubeschreibung
Für die Baubeschreibung sind die folgenden Hinweise zur Bauausführung zu beachten. Diese sind eigenständig zu ergänzen, projektbezogen festzulegen sowie in den Entwurfszeichnungen darzustellen.

Hinweise zur Bauausführung

Untergeschoss
Bodenplatte: Beton (konstruktiv bewehrt), Perimeterdämmung, Dränung

Fußboden: Abdichtung, Estrich und Belag entsprechend Raumnutzung

Außenwände: Stahlbeton, Abdichtung, Perimeterdämmung, Systemfenster mit Lichtschacht, Innenputz oder Anstrich je nach Raumnutzung

Innenwände: Mauerwerk nach Wahl, Türabmessungen und Türanordnung nach Vorplanung, Innenputz oder Anstrich entsprechend Raumnutzung

Decke: Stahlbeton-Plattendecke mit vorgefertigten Elementen

Treppe: Stahlbeton-Fertigteiltreppe als Laufplattentreppe

Schornstein: System-Schornstein, 3-schalig als Rauchgasschornstein

Erdgeschoss
Außenwände: Wärmedämmung des Mauerwerks nach Wahl, Wärmedämmverbundsystem, Holz-Aluminiumfenster, Alu-Rollladen, Wandinnenputz als Lehmputz

Innenwände, Decke, Treppe: Ausführung entsprechend UG

Fußboden: Estrich auf Dämmschicht als Heizestrich, Belag nach Raumnutzung

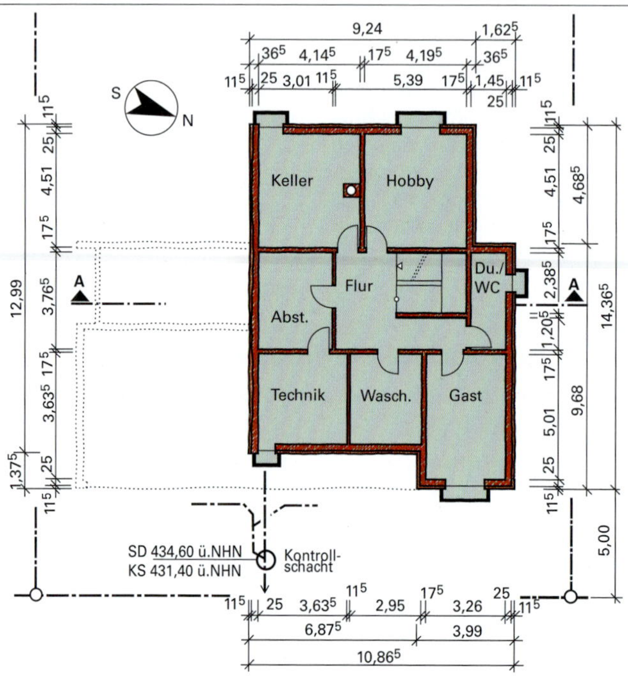

Grundriss Untergeschoss

Dachaufbau
Flachdachbereich: Planung nach Flachdachrichtlinie als Warmdach mit Kiesschüttung, Terrassenbereich mit Betonplatten im Kiesbett

Dachgeschoss
Außenwände, Innenwände, Decke, Boden, Flachdach: Ausführung entsprechend EG

Haustechnik
Erdgasbetriebenes Heizsystem mit Brennwerttechnik und Heizkreisen für Heizkörper und Fußbodenheizung. Solarkollektoren zur Warmwasserbereitung und Heizungsunterstützung

Planen der Grundstücksentwässerung
Der Abwasseranschluss an das örtliche Entwässerungssystem erfolgt unter Beachtung der Abwassersatzung der Kommune.
Der Entwässerungsplan mit Darstellung der KG-Ebene im Maßstab 1 : 100 ist zu zeichnen.

Erstellen der Berechnungen
Es sind die Wohn- und Nutzflächenberechnung, die Berechnung des umbauten Raumes und die Kostenschätzung zu erstellen.

Erstellen des Energieausweises
Die Berechnung des Energiebedarfs und die Erstellung des Energieausweises auf Grundlage der Vorgaben des Gebäudeenergiegesetzes GEG wird durch Fachingenieure erbracht und ist nicht Bestandteil der Aufgabe.

Bautechnische Nachweise
Die erforderlichen Nachweise wie z. B. der Standsicherheitsnachweis werden durch Fachingenieure erbracht und sind nicht Bestandteil der Aufgabe.

Ausarbeiten des Objektbuches
Bei der Erarbeitung der Vorlagen für die Entwurfsplanung sind bereits Festlegungen für die Bauausführung zu treffen. Diese betreffen sowohl die Bereiche des Rohbaus, des Ausbaus, der Technischen Gebäudeausstattung als auch der Freianlagen.

Planungshinweise

Parallel zur Bearbeitung des Bauantrags sind eine konzepthafte Objektbeschreibung mit Quellenverweisen (Normen, Richtlinien, Produkten, Hersteller) sowie Detailskizzen anzufertigen, die bei der späteren Ausführungsplanung und Leistungsbeschreibung zu berücksichtigen sind. Diese Ausarbeitung ist in einem Objektbuch zusammenzustellen.

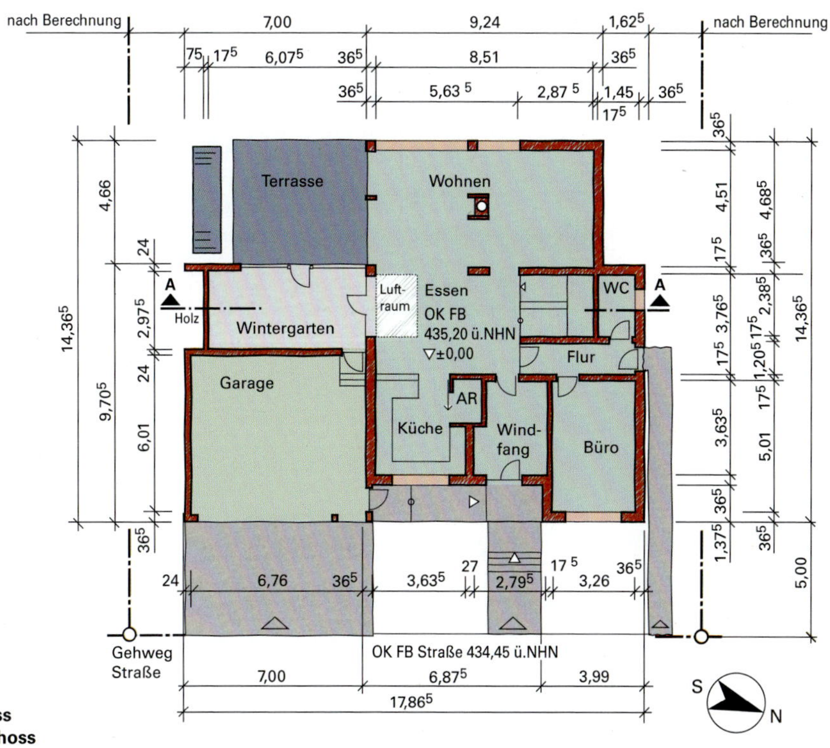

Grundriss Erdgeschoss

Grundriss Obergeschoss

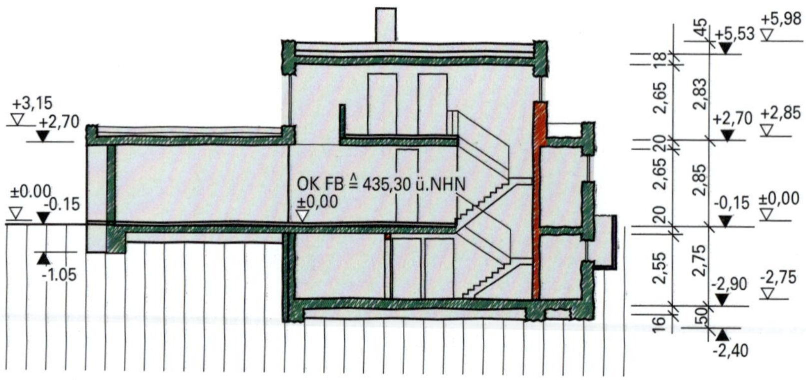

Schnitt A-A

Ansicht von Osten

LF 11 A

11 Entwickeln einer Außenwand

Für ein mehrstöckiges Büro-, Wohngebäude oder Hallen für Veranstaltungen soll eine Außenwand mit künstlichen Mauersteinen (LF 11 A) bzw. Beton/Stahlbeton (LF 11 I) geplant werden. Die Außenwand ist unter statischen, bauphysikalischen, ökologischen sowie ökonomischen Gesichtspunkten zu entwickeln. Dabei sind die Konstruktion und die Materialen der Außenwand festzulegen.

Für die Bemessung, Konstruktion und Ausführung von Mauerwerk (MW) ist die DIN EN 1996 (EC 6) mit den zugehörigen Nationalen Anhängen (NA) zu beachten.

Die DIN EN 1992 (EC 2) mit den zugehörigen Nationalen Anhängen ist für (Stahl-) Betonwände heranzuziehen.

Bauphysikalisch sind der Wärmeschutz im Zusammenhang mit dem Feuchteschutz der Schallschutz und der Brandschutz zu berücksichtigen.

Beim Wärmeschutz ist der Mindestwärmeschutz nach DIN 4108 und der erhöhte Wärmeschutz nach dem Gebäudeenergiegesetz (GEG) zu berücksichtigen. Neben dem Brandschutz nach DIN 4102 im Zusammenhang mit den einschlägigen Landesbauordnungen spielt der Schallschutz nach DIN 4109 eine maßgebliche Rolle.

Im LF 11 A wird der Wärmeschutz sowie der Feuchteschutz exemplarisch dargestellt, der Schallschutz und Brandschutz werden im LF 14 „Ausbau eines Geschosses" aufgearbeitet.

Das LF 11 greift für die Vertiefungsrichtungen Architektur und Ingenieurbau auf eine Reihe von Lernfeldern aus dem ersten und zweiten Ausbildungsjahr zurück:

Vorangestellt wurden im ersten Ausbildungsjahrjahr das

Lernfeld 4 „Planen einer Gründung" mit den Lerninhalten aus dem Bereich Baustoffe (Zement, Gesteinskörnung, *w/z*-Wert, Konsistenz, Betondichte, Betondruckfestigkeit, Expositionsklassen)

Lernfeld 5 „Planen eines Kellergeschosses" mit den Lerninhalten aus dem Bereich Baustoffe (Künstliche Mauersteine, Mauer- und Putzmörtel, Maßordnung im Hochbau, Mauerwerksverbände), Bemessung (Bemessung der Kelleraußenwand) und Feuchteschutz (Bauwerksabdichtungen)

Abb. 11.1: Außenwandgestaltung

Im zweiten Ausbildungsjahr wurden erarbeitet das

Lernfeld 6 „Konstruieren eines Stahlbetonbalkens" mit den Lerninhalten aus dem Bereich Bewehrung Stabstahl, Spannungs-Dehnungs-Diagramm, Verankerung, Verbund, Betondeckung, Schalung

Lernfeld 8 „Planen einer Geschossdecke" mit den Lerninhalten aus dem Bereich Bewehrung Matten, Schneideskizzen, Stöße

Im allgemeinen Bereich **Kapitel F „Grundlagen der Statik"** wurden die Lerninhalte Kraft, Last, Druck, Zug, Biegung, Schub und Spannung bearbeitet.

11.1 Aufgaben und Aufbau von Außenwänden

Außenwände unterliegen wie kaum ein anderes Bauteil vielen Einwirkungen:

An erster Stelle sind hier Lasten in Form von Eigenlasten und Verkehrslasten wie Wind-, Schnee- und Nutzlasten zu nennen.

Durch die Witterung werden Außenwände Temperaturspannungen, Feuchtewechsel und UV-Einstrahlung ausgesetzt.

Chemische Belastungen entstehen durch Schadstoffe in der Luft und Reinigungsmittel.

Dazu kommen der Luftschall und in Unglücksfällen die Brandbelastung.

Aus diesen Einwirkungen entstehen die Aufgaben von bzw. die Anforderungen an Außenwände:

- Standsicherheit und Dauerhaftigkeit
- Wärmeschutz im Winter und im Sommer
- Feuchte- und Witterungsschutz
- Brandschutz
- Schallschutz
- Gesundheitsschutz für die Gebäudenutzer

Darüber hinaus sollen Außenwände optisch ansprechend, ökonomisch und ökologisch sein.

Die vielfältigen Aufgaben von Außenwänden haben zu einem unterschiedlichen Aufbau von Außenwänden geführt. Der Aufbau von Außenwänden unterscheidet sich je nach der Verwendung der Außenwand für verschiedene Gebäudearten.

Außenwände für Wohngebäude können als einschaliges oder zweischaliges Mauerwerk ausgeführt werden (vgl. Abb. 11.2).

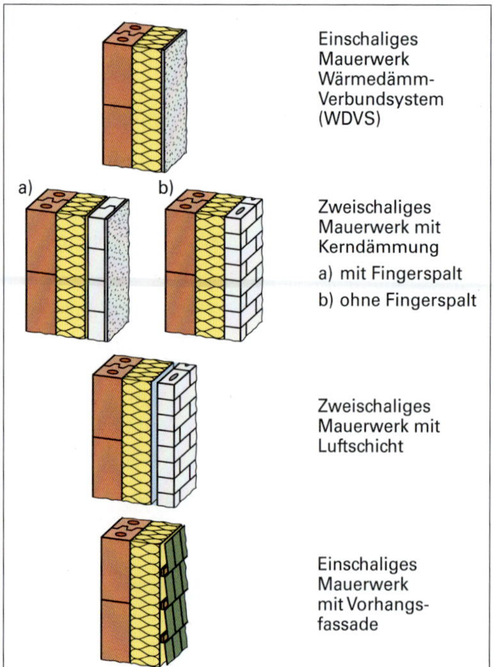

Abb. 11.2: Aufbau von Außenwänden

Für Wohngebäude mit denkmalgeschützten Fassaden und Hallen für Versammlungen kommen **Außenwände mit Innendämmung** in Frage. Dazu ist eine spezifische bauphysikalische Berechnung erforderlich, insbesondere um einer Schimmelbildung vorzubeugen.

Für **unbeheizte Gebäude** sind die einschaligen Wandaufbauten und der zweischalige Wandaufbau nach Abbildung 11.3 möglich.

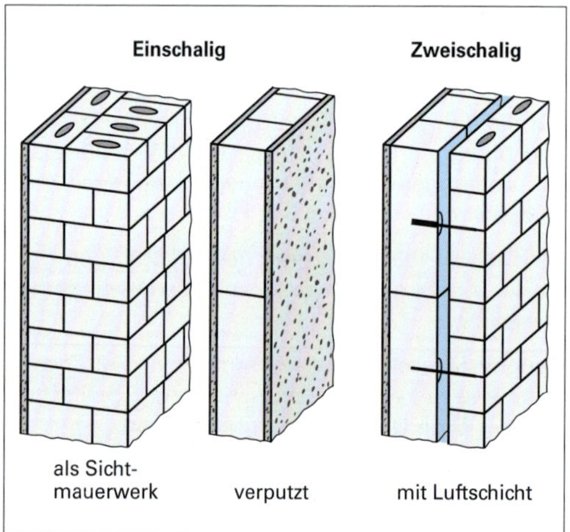

Abb. 11.3: Außenwände für unbeheizte Gebäude

Für alle Wandaufbauten gilt:
Die einzelnen Schichten einer Außenwand müssen eine oder mehrere der genannten Aufgaben der Außenwand wahrnehmen.

Folgende Schichten einer Außenwand sind zu nennen:

- die Schale bzw. die Innenschale bei zwei schaligen Wänden aus Mauerwerk oder Beton,
- der Innen- bzw. der Außenputz (DIN 18550),
- die Dämmung,
- die Luftschicht bei zweischaligen Wänden,
- die Vormauerschale aus Mauerwerk oder Beton bei zweischaligen Wänden und
- die Vorhangsfassade (DIN 18515 oder DIN 18516) bei einschaligen Wänden.

Hinweis
Außenwände aus Fachwerk bzw. andere Holzkonstruktionen werden im LF 14 „Ausbau eines Geschosses" behandelt. Die Lerninhalte für den Schwerpunkt Ingenieurbau, z. B. Wände aus Beton und vorgefertigten Tragelementen, werden im LF 11 I, Kapitel 16, weiter ausgeführt.

11.2 Tragende Mauerwerkswände

Die Standsicherheit von Außenwänden ist nach § 12 der Musterbauordnung (MBO) dauerhaft zu gewährleisten.

Bei zweischaligen Wänden ist die Innenschale für die Standsicherheit bzw. Tragfähigkeit zuständig.

Wände und damit auch Außenwände sind durch lotrechte Kräfte (Eigen- und Verkehrslasten) als Wandscheibe knickgefährdet.

Wände sind durch horizontale Kräfte (z. B. Windkräfte) als Wandplatte kippgefährdet (vgl. Abb. 11.4).

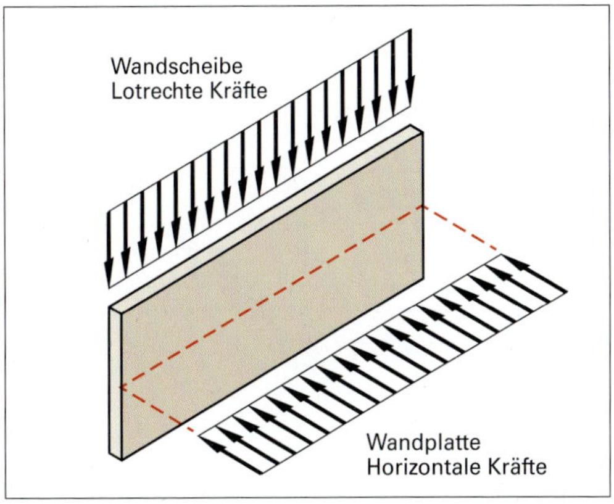

Abb. 11.4: Knicken und Kippen

Um die Tragfähigkeit und damit die Knick- und Kippsicherheit von Außenwänden zu gewährleisten, kann die Aussteifung tragender Wände durch aussteifende Deckenplatten und aussteifende Querwände gesichert werden.

Dahinter steckt die Idee der „raumstabilen Zellen (Kartenhaus)". An den vier Rändern der Wand in Abbildung 11.4 werden aussteifende Decken und (Quer-)Wände angeordnet (vgl. Abb. 11.5).

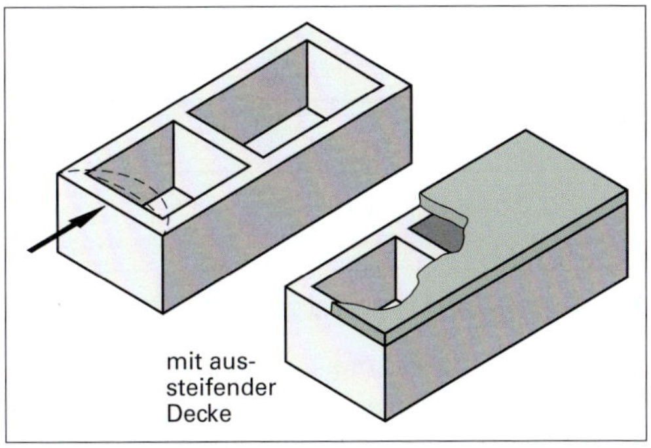

Abb. 11.5: Aussteifende Wände und aussteifende Decke

Neben dem Überschreiten der Tragfähigkeit bezogen auf den Wandquerschnitt am Wandkopf oder am Wandfuß, ist bei schlanken Mauerwerkswänden ein Versagen durch Knicken in der Wandhöhenmitte zu verhindern.

Die Knicksicherheit ist auch davon abhängig wie die Wand an ihren Rändern durch aussteifende Deckenscheiben und/oder aussteifende Querwände gehalten ist. Unterschieden werden freistehende (einseitig gehaltene) Wände und zwei-, drei-, und vierseitig gegänzt Wände.

11.2.1 Zweiseitig gehaltene Wände

Die Bemessung erfolgt im Regelfall für zweiseitig durch aussteifende Decken gehaltene Wände.

Aussteifende Decken sind Massivdecken, meist Stahlbetondecken. Aussteifende Decken können beispielsweise bei Holzbalkendecken durch einen Ringbalken ersetzt werden.

Ringbalken sind sozusagen Stahlbetonbalken (können aber auch aus Holz oder Stahl bestehen), die über allen tragenden und aussteifenden Wänden angeordnet werden. Sie nehmen Biegemomente z. B. aus Windkräften auf, wenn:

- Decken ohne Scheibenwirkung (Holzbalkendecken) vorliegen oder
- Gleitschichten unter Deckenauflagern von Decken angeordnet werden müssen (vgl. Abb. 11.6).

Wie Abbildung 11.6 zeigt, ist es z. B. bei Holzbalkendecken zweckmäßig Ringbalken in U-Schalen unterzubringen.

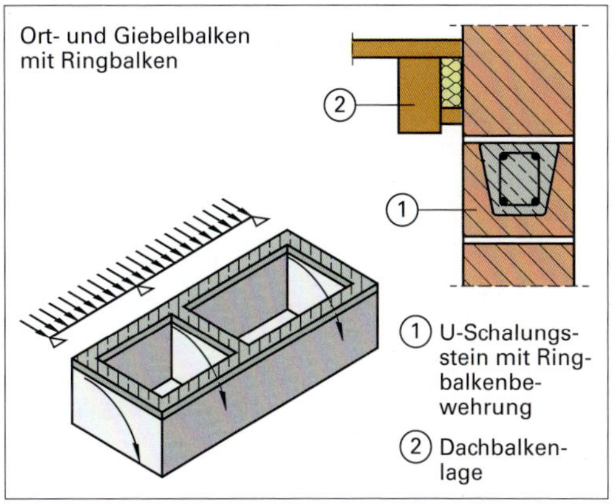

Abb. 11.6: Ringbalken über allen tragenden und aussteifenden Wänden

Ringanker sind nach der nicht mehr gültigen DIN 1053-1 anzuordnen, wenn

- Bauten mehr als zwei Vollgeschosse,
- Bautenlängen über 18 m,
- Wände große Öffnungen (≥ 60 % auf die Wandlänge bezogen bzw. die Fensterbreiten mit mehr als 2/3 der Geschoßhöhe 40 % der Wandlänge übersteigen) oder
- Bauten ungünstige Baugrundverhältnisse aufweisen.

Im EC 6 sind vergleichbare Regelungen nicht mehr enthalten. Es wird aber empfohlen diese bewährten Regeln beizubehalten.

Ringanker müssen eine Zugkraft von mindestens 45 kN aufnehmen können, damit sie die folgenden Aufgaben erfüllen können:

a) Einen umlaufenden Ring zum Zusammenhalten der Wände bilden.
b) Die Scheibenwirkung der vertikalen Wände sicherstellen.
c) Als Teil der Bewehrung der aussteifenden Deckenplatte wirken.

Ringanker sind mit einer Mindestquerschnittsfläche von 150 mm² oder 2 ∅ 10 mm B500A zu bewehren.

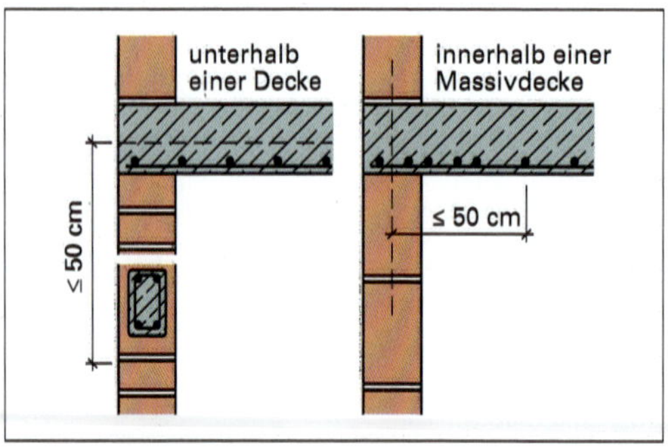

Abb. 11.7: Anordnung von Ringankern

Der Ringanker darf sich nicht mehr als 50 cm von der Mittelachse der Decke (z. B. bei der Zusammenführung mit Fensterstürzen) befinden. Die vorhandene Bewehrung in einer Stahlbetondecke darf von der Wandmitte aus 50 cm in die Decke hinein angerechnet werden (vgl. Abb. 11.7).

11.2.2 Drei und vierseitig gehaltene Wände

Aussteifende Wände, Querwände, an den seitlichen Rändern der auszusteifenden Wand ergeben drei- oder vierseitig gehaltene Wände.

Aussteifende Wände müssen die folgenden Kriterien erfüllen:

- Wanddicke $t \geq 11{,}5$ cm bzw. $\geq \frac{1}{3}$ der Dicke der auszusteifenden Wand
- Wandlänge $l_w \geq \frac{1}{5} \cdot h$

  lichte Geschosshöhe h; bei Öffnungen in den Querwänden müssen die Bedingungen nach Abbildung 11.9 eingehalten werden
- aus dem gleichen Baumaterial wie die auszusteifende Wand sein
- Querwand und auszusteifende Wand im Verband hochziehen oder bei stumpfen Stößen mit Flachstahlankern aus Edelstahl nach Abbildung 11.8 verbinden

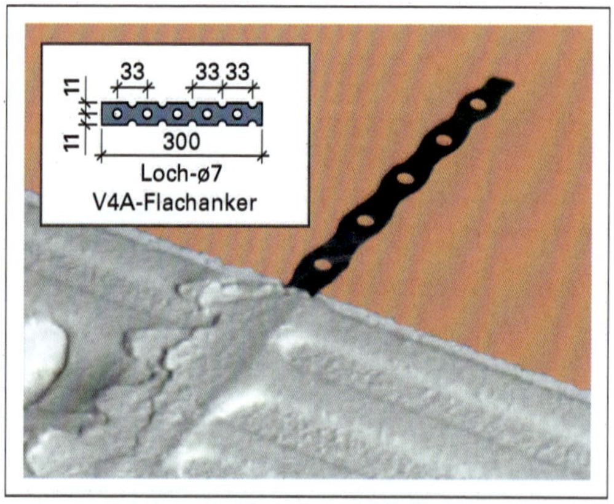

Abb. 11.8: Edelstahl-Flachanker bei stumpfen Stößen
Verschiedene Systeme möglich, nicht rostender Stahl

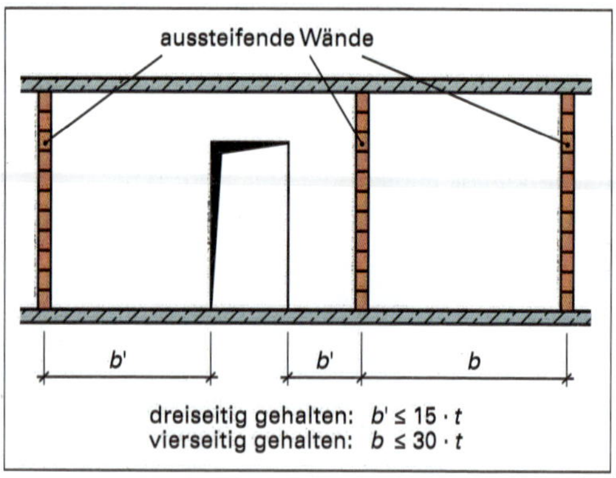

Abb. 11.9: drei- und vierseitig gehaltene Wände

Damit eine Wand als drei- oder vierseitig gehalten bezeichnet werden kann, dürfen die Abstände der aussteifenden Querwände die Maße für b und b' nach Abbildung 11.9 nicht überschreiten.

Durch **Nischen und Schlitze** darf die Standsicherheit von Wänden nicht gefährdet werden. Die Begrenzung von horizontalen und vertikalen Schlitzen und vertikalen Aussparungen kann tabellarisch beispielsweise in Tabellenbüchern abgelesen werden (vgl. LF 5, Kapitel 5.6).

11.2.3 Vereinfachtes Bemessungsverfahren

Das einfache Bemessungsverfahren nach DIN EN 1996-3/NA für zweiseitig gehaltene Wände ist bereits im LF 5 „Planen eines Kellergeschosses" umfassend behandelt. Das vereinfachte Verfahren darf angewendet werden, wenn die Bedingungen nach Tabelle 5.50 erfüllt sind.

Die für den Nachweis wichtigen Formeln sind hier nochmals aufgeführt. Wichtig ist zwischen dem Bemessungswert der Druckfestigkeit f_d und der charakteristischen Druckfestigkeit f_k zu unterscheiden.

Die aufnehmbare Normalkraft N_{Rd} wird bestimmt mit der Formel

$$N_{Rd} = \Phi \cdot A \cdot f_d \quad \text{mit} \quad f_d = \zeta \cdot \frac{f_k}{\gamma_M}$$

wobei

- f_d der Bemessungswert der Druckfestigkeit des Mauerwerks ist.
  Bei Wandquerschnitten $A \leq 0{,}1\ m^2$, ist die Bemessungsdruckfestigkeit des Mauerwerks f_d mit dem Faktor 0,8 zu verringern. Wandquerschnitte mit $A < 0{,}04\ m^2$ sind unzulässig.
- f_k die charakteristische Druckfestigkeit des Mauerwerks ist.
- γ_M der materialbezogener Teilsicherheitsbeiwert für Mauerwerk $\gamma_M = 1{,}5$ gilt.
- ζ der Beiwert ζ berücksichtigt festigkeitsmindernde Langzeiteinflüsse auf das Mauerwerk. In der Regel beträgt $\zeta = 0{,}85$ und als Kurzzeitwert 1,00
- A die Bruttoquerschnittsfläche eines Wandabschnittes (Wanddicke $t \cdot$ Wandlänge l) abzüglich vorhandener Schlitze und Aussparungen ist.
- Φ der Traglastfaktor ein Abminderungsfaktor für Lastexzentrizitäten Φ_1 und ein Abminderungsfaktor zur Berücksichtigung des Knickens Φ_2 ist. Der kleinere der beiden Werte Φ_1 oder Φ_2 gilt.

Die **charakteristische** Druckfestigkeit des Mauerwerks f_k aus künstlichen Steinen und Mauermörtel wird tabellarisch abgelesen. Beispielhaft wird hier eine Tabelle für Normalmörtel wiedergegeben.

Tabelle 11.10: Druckspannung f_k für Vollsteine mit Normalmörtel (NM) bzw. Mörtelklasse (M)

Steinfestigkeitsklasse	Grundwerte der zul. Druckspannung f_k [N/mm²] für Einsteinmauerwerk aus Vollziegeln und Kalksand-Voll- und Blocksteinen mit NM			
	Mörtelgruppe			
	NM II	**NM IIa**	**NM III**	**NM IIIa**
	M2,5	**M5**	**M10**	**M20**
4	2,8	–	–	–
6	3,6	4,0	–	–
8	4,2	4,7	–	–
10	4,8	5,4	6,0	–
12	5,4	6,0	6,7	7,5
16	6,4	7,1	8,0	8,9
20	7,2	8,1	9,1	10,1
28	8,8	9,9	11,0	12,4
36	10,2	11,4	12,7	14,3
48	10,2	11,4	15,1	16,9
60	10,2	11,4	15,1	16,9

Für den Knicksicherheitsnachweis von Druckstäben werden, die Lagerungsbedingungen an den Stabenden über die Knicklänge h_{ef} erfasst. Das Knickproblem kann so auf den Eulerfall II des gelenkig gelagerten Ersatzstabes zurückgeführt werden. Dieses Prinzip lässt sich auch auf mehrseitig gehaltene Wände übertragen.

Wände im Wohnungsbau bzw. im Geschoßbau sind in der Regel zwischen den Stahlbetondecken (aussteifende Deckenplatten) zweiseitig gehalten. Durch zusätzliche aussteifende Wände können Wände auch drei- oder vierseitig gehalten sein. Drei- und vierseitige gehaltene Wände werden hier statisch nicht behandelt.

Da im Mauerwerksbau das Ausknicken der Wände nur zwischen den Geschossdecken erfolgen kann, genügt es beim Knicken die lichte Geschosshöhe h zwischen den Decken anzusetzen.

Im Verhältnis zur effektiven Wandhöhe h_{ef}, das ist für Wände mit einer Wanddicke $t > 25$ cm die lichte Geschosshöhe h, ist die Wanddicke t gering.

Dieses Verhältnis wird als Schlankheit λ der Wand bezeichnet (vgl. Eulerfall II, vgl. Kapitel F 9.3).

$$\lambda = \frac{h_{ef}}{t}$$

Bei der Anwendung mit den **stark vereinfachten Traglastwerten** nach DIN EN 1996-3/NA im Anhang A muss die Schlankheit $\lambda < 21$ sein.

Werden die zusätzlich zu den Anwendungsgrenzen in Tabelle 5.50 die nachfolgenden Bedingungen eingehalten, so können die Traglastbeiwerte Φ_1 und Φ_2 wieder zu Φ zusammengefasst werden. Zusammengefasst können die zusätzlichen Bedingungen für stark vereinfachte Traglastwerte Φ nach DIN EN 1996-3/NA im Anhang A wie folgt benannt werden:

- Schlankheit $\lambda = \frac{h_{ef}}{t} < 21$
- Maximal 3 Geschosse über OK Gelände
- Lichte Geschosshöhe $\leq 3{,}00$ m
- Kleinste Gebäudeabmessung $\geq \frac{1}{3}$ der Gebäudehöhe
- Deckenauflagertiefe $a \geq \frac{2}{3} \cdot t$
- Wanddicke $t \geq 36{,}5$ cm, wenn $\frac{a}{t} < 1$

Wenn $\frac{h_{ef}}{t} \leq 18$ dann ist $\Phi = 0{,}50$ und

wenn $\frac{h_{ef}}{t} > 18$ und $\frac{h_{ef}}{t} \leq 21$ bzw. die oberste Massivdecke die Dachdecke ist, dann gilt $\Phi = 0{,}33$.

Beispiel

Nachweis einer Außenwand mit dem stark vereinfachten Verfahren.

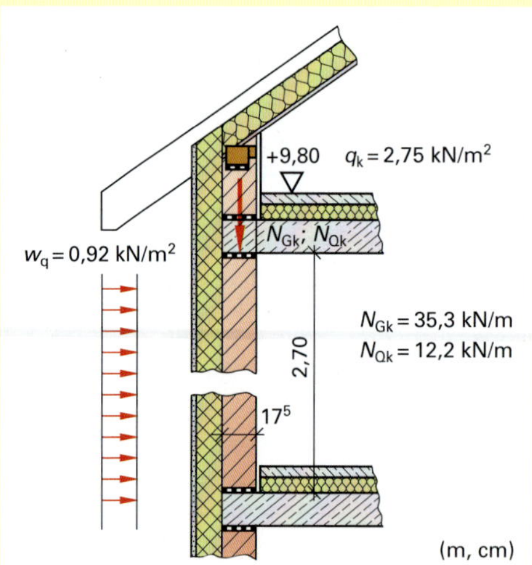

Die Voraussetzungen für das stark vereinfachte Verfahren sind eingehalten.

$N_{Gk} = 35{,}3$ kN/m $\quad N_{Qk} = 12{,}2$ kN/m

KSL 12 – 1,4; Mörtelklasse M5, $\gamma = 16$ kN/m³,

$f_k = 5{,}0$ mm², $f_d = 0{,}85 \cdot 5{,}0/1{,}5 = 2{,}83$ N/mm²

Aus Vereinfachung wird die Einwirkung am Wandfuß berechnet.

$N_{Ed} = 1{,}4 \cdot (35{,}3 + 12{,}2) + 0{,}175 \cdot 16 \cdot 2{,}70$

$N_{Ed} = 66{,}5 + 7{,}56 = 74{,}5$ kN/m

$N_{Rd} = c_A \cdot A \cdot f_d = 0{,}33 \cdot 17{,}5 \cdot 100 \cdot 0{,}283 = 163{,}4$ kN/m

$N_{Ed}/N_{Rd} = 74{,}5/163{,}4 = 0{,}46 \leq 1$

Um der Belastung aus Winddruck und Windsog widerstehen zu können, muss eine Mindestauflast der Außenwand gegeben sein. Die notwendige Auflast wird mit dem vereinfachten Verfahren mit folgender Formel ermittelt:

$$N_{Ed} = \frac{3 \cdot q_{Ewd} \cdot h^2 \cdot b}{16 \cdot \left(a - \frac{h}{300}\right)}$$

q_{Ewd}	Design Windlast [kN/m²]
h	lichte Geschosshöhe [m]
N_{Ed}	kleinste vertikale Belastung in Wandhöhenmitte [kN/m]
b	Wandbreite [m]
a	Auflagertiefe der Decke [m]

$N_{Rd} = 1{,}0 \cdot 35{,}3 + 0{,}175 \cdot 16 \cdot (2{,}7/2) = 39{,}1$ kN/m

$N_{Ed} = 3 \cdot 0{,}92 \cdot 2{,}7^2 \cdot 1{,}0/16 \cdot (0{,}175 \cdot 2{,}7/300)$

$N_{Ed} = 7{,}6$ kN/m

$N_{Ed}/N_{Rd} = 7{,}6/39{,}1 = 0{,}19 \leq 1$

Bei den üblichen Gebäuden aus Mauerwerk mit aussteifenden Decken und Querwänden in den Windzonen 1 bis 3 ist der Nachweis stets eingehalten und dadurch entbehrlich. Gebäude in Windzone 4 und auf den Inseln sowie hohe Gebäude mit großen belasteten Außenwandflächen erfordern einen Nachweis der Standsicherheit.

Hinweise zu den Formelzeichen im Bemessungsbeispiel

Lateinische Großbuchstaben, kursiv

N	Normalkraft
N	Normalkraft je Längeneinheit (auch *n*)
F	Einwirkung

Lateinische Kleinbuchstaben, kursiv

n	Normalkraft je Flächeneinheit
n	Normalkraft je Längeneinheit (auch *N*)
f	Festigkeit

Indizes (Fußzeiger), gerade

k	charakteristischer Wert
d	Bemessungswert
Rd	Bemessungswiderstand
Ed	Bemessungswert der Beanspruchung

Einfacher ist der tabellarische Nachweis mit der nachfolgenden Tabelle 11.11 zur „Berechnung der zulässigen Normalkraft n_{Rd} [kN/m] bzw. N_{Rd} [kN]".

Mit den gegebenen Werten:

lichte Wandhöhe $h = 2{,}50$ m, Wanddicke $t = 17{,}5$ cm,

voll aufliegende Decke $\frac{a}{t} = 1{,}0$,

Deckenspannweite $l_f = l_{ef} = 5{,}50$ m wird der Wert 67 abgelesen und mit dem Tabellenwert $f_k = 5{,}4$ N/mm² aus Tabelle 11.11 multipliziert $n_{Rd} = 67 \cdot 5{,}4 = 361{,}8$ kN/m. Werden die 361,8 kN/m mit 1,00 m Wandlänge multipliziert, ergibt sich $N_{Rd} = 361{,}8$ kN.

Tabelle 11.11: Berechnung der zulässigen Normalkraft n_{Rd}

			Tabellenwerte zur Berechnung der zulässigen Normalkraft n_{Rd} [kN/m] = Tabellenwert · f_k [N/mm²]						
Lichte Wandhöhe [m]	Wanddicke *t* [cm]	Innenwand	Außenwand – Geschossdecke					Außenwand – Dachdecke	
			Vollaufliegende Decke $a/t = 1{,}0$				$a/t = 2/3$	$a/t = 1{,}0$	$a/t = 2/3$
Deckenspannweite l_{ef}			≤ 4,50 m	5,00 m	5,50 m	6,00 m	≤ 6,00 m	≤ 6,00 m	≤ 6,00 m
h ≤ 2,50	**11,5**	36	36				n.z.	21	n.z.
	15,0	57	57			51	21	28	21
	17,5	71	71		67	59	33	33	33
	20,0	80	80		77	68	44	37	37
	24,0	102	102		92	81	60	45	45
	30,0	131	131	130	116	102	82	56	56
	36,5	165	165	158	141	124	105	68	68
h ≤ 2,75	**11,5**	32	32				n.z.	21	n.z.
	15,0	54	54			51	16	28	16
	17,5	69	69		67	59	28	33	28
	20,0	77	77		77	68	40	37	37
	24,0	99	99		92	81	56	45	45
	30,0	128	128		116	102	79	56	56
	36,5	162	162	158	141	124	103	68	68
h ≤ 3,00	**24,0**	96	n.z. (nicht zulässig)				n.z.	n.z.	n.z.
	30,0	125	125		116	102	79	56	56
	36,5	160	160	158	141	124	100	68	68
h ≤ 3,25	**24,0**	93	n.z.				n.z.	n.z.	n.z.
	30,0	122	122		116	102	76	56	56
	36,5	157	157		141	124	97	68	68
h ≤ 3,50	**24,0**	89	n.z.				n.z.	n.z.	n.z.
	30,0	119	119		116	102	69	56	56
	36,5	154	154		141	124	95	68 68	68
h ≤ 3,75	**24,0**	86	n.z.				n.z.	n.z.	n.z.
	30,0	115	n.z.				n.z.	n.z.	n.z.
	36,5	151	151		141	124	92	68	68

11.3 Wärmeschutz und Feuchteschutz

Unter Wärmeschutz werden hier die Maßnahmen zur Verringerung der Wärmeübertragung zwischen Räumen und der Außenluft (vgl. Abb. 11.12) und zwischen Räumen mit verschiedenen Raumtemperaturen aufgezeigt. Im Teilkapitel Feuchteschutz werden Maßnahmen beschrieben, um Außenwände hinsichtlich des Feuchteschutzes bewerten und entwickeln zu können.

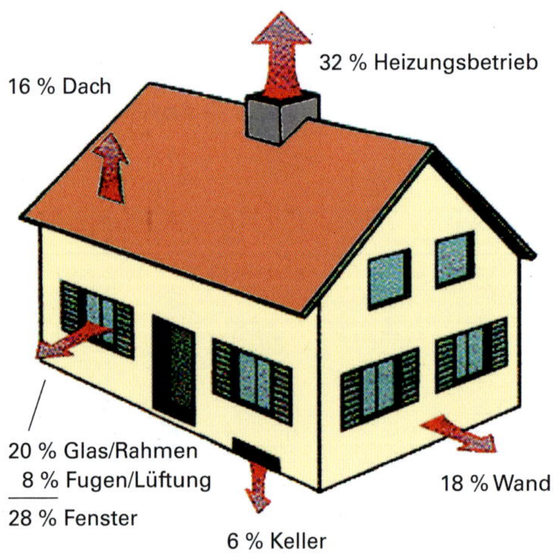

Abb. 11.12: Wärmeverluste

11.3.1 Dämmstoffe

Unter Dämmen werden Maßnahmen gegen Temperatureinflüssen sowie Schalleinwirkungen verstanden. Eine Auswahl von Dämmstoffen ist in der Tabelle 11.13 unter Benennung der Eigenschaften und Verwendung gelistet. Es gibt Dämmstoffe die nur zur Wärmedämmung oder nur zur Schallschutz eingesetzt werden oder die sich für beide Schutzmaßnahmen eignen.

Die erforderlichen wärmeschutztechnischen Rechenwerte sind in der DIN 4108-4, der DIN EN 10456, DIN EN 12524 sowie der DIN EN 13161 bis DIN EN 13171 vorgegeben. Die dort angegebenen Rechenwerte der Rohdichte dürfen nicht mit den in DIN EN 1991-1-1 angegebenen Wichten gleichzeitig verwendet werden. Darüber hinaus ist zwischen dem Nennwert λ_D und dem Bemessungswert λ sowie zwischen Wärmeleitfähigkeitsgruppen (WLG) und Wärmeleitstufen (WLS) zu unterscheiden. Die einschlägigen Werte (vgl. Tabelle 11.13 und Abb. 11.14) sind in umfassender Ausführung in Tabellenbüchern gelistet, verbindlich sind die DIN-Normen und die Bestimmungen selbst.

Bei der Auswahl geeigneter Dämmstoffe sind zu den zusätzlich gewünschten Eigenschaften auch die Verarbeitbarkeit und weitere Eigenschaften (wie z. B. Druckbelastbarkeit) zu berücksichtigen (vgl. Abb. 11.14 und Tabelle 11.15). Die Anwendungstypen werden mit Kurzzeichen gekennzeichnet, welche die Anwendung und die Produkteigenschaften enthalten.

Tabelle 11.13: Dämmstoffe

Anorganische Dämmstoffe (Auszug aus DIN 4108 und DIN EN ISO 10456)

Dämmstoffart (Kurzform nach DIN)	Rohdichte ρ kg/m³	Wärmeleitfähigkeit λ in W/(m · K)	Wasserdampfdiffusionswiderstandszahl μ	Bestandteile und Herstellung	Eigenschaften	Verwendung
1. Porige Dämmstoffe						
Blähglimmer (Vermiculite)	100	0,07	3	Abfallglimmer durch Hitze gebläht	hitze-, alterungs-, säure-, laugenbeständig	Leichtzuschlag für feuerdämmende Ummantelung
Blähperlit (EPB)	100	0,046 bis 0,072	5	aufgeblähtes, vulkanisches, siliciumhaltiges Gestein	schimmelfest, alterungsbeständig, nicht brennbar	Leichtzuschlag für Estriche und Dämmplatten
Blähton	300 bis 700	0,095 bis 0,140	3	mit organischen Bestandteilen angereicherter Ton, zu Kügelchen granuliert, bei 1200 °C gebrannt, Tonkügelchen aufgebläht	leicht, druckfest, wärmedämmend, säurelaugen-, feuerbeständig, frostsicher, umweltverträglich	Wärmedämmung, Brandschutz, als Schüttung, als Leichtzuschlag für Mauersteine, Betone und Mörtel
Schaumglas (CG)	100 bis 150	0,038 bis 0,057	dampfdicht	geschlossenzelliges, aufgeschäumtes Glas in Plattenform	unbrennbar, wärmedämmend, dampfdicht, korrosionsbeständig, alterungsbeständig	Wärmedämmung, Feuchtigkeitsschutz

Tabelle 11.13: Dämmstoffe (Fortsetzung)

Anorganische Dämmstoffe (Auszug aus DIN 4108 und DIN EN ISO 10456)

Dämmstoffart (Kurzform nach DIN)	Rohdichte ρ kg/m³	Wärmeleitfähigkeit λ in W/(m·K)	Wasserdampfdiffusionswiderstandszahl μ	Bestandteile und Herstellung	Eigenschaften	Verwendung
2. Faserige Dämmstoffe						
Mineralwolle in Form von Matten, Filzen, Platten	8 bis 500	0,031 bis 0,052	1	dünne Fasern aus geschmolzenem Glas, geschmolzenem Kalkstein und Mergel, geschmolzener Hochofenschlacke, Filze und Platten mit Phenolharz gebunden, Platten auch bituminiert oder einseitig mit Aluminiumfolie	leicht, wärmedämmend, schallschluckend, nicht brennbar, alterungsbeständig, fäulnisfest, nicht Krebs erregend	Wärme- und Luftschalldämmung bei Wänden, Decken, Dächern, Brandschutz Wärme- und Trittschalldämmung unter schwimmenden Estrichen zum Ausstopfen von Hohlräumen
Fiber-Silikat-Platten	870 450	0,175 0,083	8	aus Silikaten, Mineralfasern und Zement	nicht brennbar, wärmedämmend, hygroskopisch, fäulnisfest	Brandschutz, feuerfeste Ummantelung von Stahl, Wärmedämmung

Blähglimmer

Blähperlit

Blähton

Schaumglas

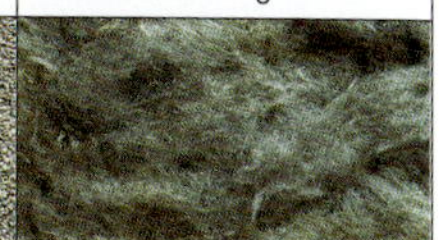
Mineralwollefilz

Organische Dämmstoffe (Auszug aus DIN 4108 und DIN EN ISO 10456)

Dämmstoffart (Kurzform nach DIN)	Rohdichte ρ kg/m³	Wärmeleitfähigkeit λ in W/(m·K)	Wasserdampfdiffusionswiderstandszahl μ	Bestandteile und Herstellung	Eigenschaften	Verwendung
1. Porige Dämmstoffe						
Expandierter Kork (ICB)	80 bis 500	0,049 bis 0,068	5/10	Korkschrot wird durch Erhitzen aufgebläht und zusammengebacken, ohne oder mit Bitumen	schall- und wärmedämmend, geringe Feuchtigkeitsaufnahme, fäulnisfest	Tritt- und Körperschalldämmung, Wärme dämmung, Kühlhausbau
Expandierter Polystyrolschaum (EPS)[1]	10 bis 50	0,031 bis 0,052	20/100	in Blöcken, Platten oder Formteilen geschäumt, als Partikelschaum, als Extruderschaum	entflammbar oder schwer entflammbar, alterungsbeständig, verrottungsfest, maßhaltig	Wärmedämmung, Trittschalldämmung, bewehrt als frei tragende Dachelemente, Dämmschicht in Sandwichplatten
Extrudierter Polystyrolschaum (XPS)[2]	20 bis 65	0,023 bis 0,046	80/250			
Polyurethan-Hartschaum (PUR)	28 bis 55	0,02 bis 0,04	40/200	in Blöcken, Platten oder Formteilen geschäumt, als Ortschaum in Kanälen und unter Dächern	wärmedämmend, bei Temperaturschwankungen nicht maßhaltig, alterungsbeständig	Wärmedämmung

Korkplatte

Polystyrol-Hartschaum

PS-Extruderschaum

PUR-Schaum

Holzwolle-Leichtbauplatte

[1] Der Ausgangsstoff für EPS ist der Kunststoff Polystyrol. Dieser wird als Granulat mit Wasserdampf und einem Treibmittel behandelt, wobei sich die Granulat-Körner um das 20- bis 50-fache Volumen aufblähen, das heißt ausdehnen, also expandieren.

[2] Dieses Verfahren wird eingesetzt zur Herstellung von Halbwerkzeugen (so werden Folien, Tafeln, Rohre, Ummantelungen und Profile benannt, die noch weiterverarbeitet werden müssen). Mit der Weiterverarbeitung entsteht der Gebrauchsgegenstand, z. B. Thermoplaste in Pulver- oder Granulatform.

Tabelle 11.13: Dämmstoffe (Fortsetzung)

Organische Dämmstoffe (Auszug aus DIN 4108 und DIN EN ISO 10456)

Dämmstoffart (Kurzform nach DIN)	Rohdichte ρ kg/m³	Wärmeleitfähigkeit λ in W/(m · K)	Wasserdampfdiffusionswiderstandszahl μ	Bestandteile und Herstellung	Eigenschaften	Verwendung
2. Faserige Dämmstoffe (ökologische Dämmstoffe)						
Holzwolle-Leichtbauplatten (WW)	360 bis 460	0,063 bis 0,105	2/5	langfaserige Holzwolle mit mineralischen Bindemitteln (Magnesit, Zement, Gips) gebunden	biegefest, raumbeständig, gut verarbeitbar, nicht wetterfest, schwerentflammbar, verputzt schalldämmend, unverputzt schallschluckend, wärmedämmend, gute Putzhaftung	wärmedämmende Putzträger für Wände, Decken, Dächer, verputzt als schalldämmende Vorsatzschale oder für Leichtbauwände, unverputzt für Schallschluckung, verlorene Schalung im Stahlbetonbau
Holzwolle-Mehrschichtplatten (WWC) mit expandiertem Polystyrolschaum		0,031 bis 0,052	20/50	Schaumkunststoffplatten (z. B. Styropor) ein- oder zweiseitig mit Holzwolleleichtbauplatten beplankt		
Holzwolle-Deckschicht	460 bis 650	0,12 bis 0,17	2/5			
Holzfaser-Dämmplatten (WF)	250	0,034 bis 0,063	5	mit Kunstharz gebundene Holzfasern in Plattenform, bituminiert oder nicht bituminiert	leicht, wärmedämmend, schallschluckend, trittfest	Wärmedämmung bei Decken und Dächern, bituminiert für Trockenböden, Akustikplatten
Cellulosefaser-Dämmstoffe Flockenschüttung Platten	40 bis 80	0,045	1 bis 2	wieder verwertbares Zeitungspapier wird zerfasert, gegen Schädlingsbefall mit Borsalz behandelt und gepresst	wärmedämmend, diffusionsoffen, schallabsorbierend, geruchsneutral, normal entflammbar	zur Wärmedämmung als lose Schüttung, als eingeblasene Dämmschicht in geschlossene Hohlräume, als Platten
Schafwolle Bahnen Platten	16 bis 80	0,030 bis 0,045	1 bis 3	Schafwollefasern werden zu Bahnen und Platten verfilzt unter Zugabe von Borsalz als Mottenfraßgift	wärmedämmend, trittschalldämmend	als Matten zur Wärmedämmung, als Filze und Platten zur Trittschalldämmung
Kokosfaser Rollfilze Dämmplatten	85	0,045	1	Herstellung von Matten und Platten aus Kokosfasern, mit Flammschutzmitteln behandelt	geruchsneutral, wärmedämmend, trittschalldämmend	Wärmedämmung, Trittschalldämmung
Schilf	225	0,055	2	aus Schilf gepresste Platten, $d < 10$ cm	feuchte-, schimmel- und fäulnisresistent	Dachdämmung, Außenwanddämmung

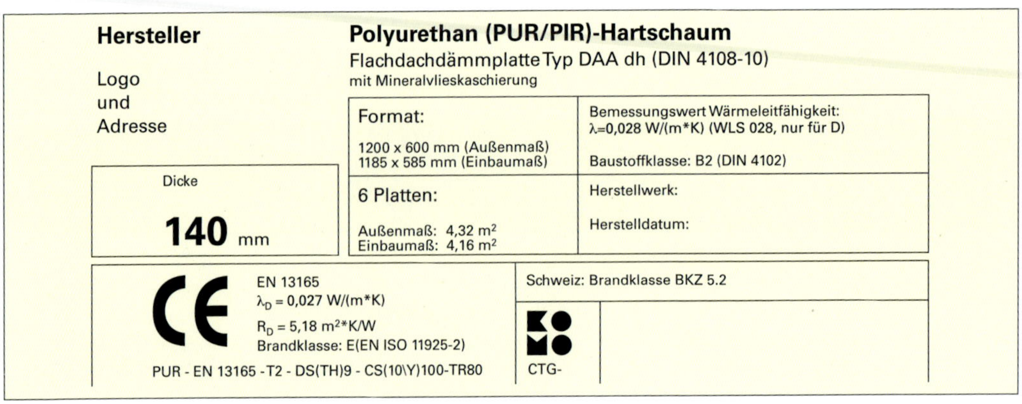

Abb. 11.14: Normgerechte Kennzeichnung von Dämmstoffen

Der Nachweis, dass ein Dämmstoff den Sicherheits- und Gesundheitsanforderungen der Europäischen Gemeinschaft entspricht, wird durch das **CE-Zeichen** erbracht, das auf dem Etikett oder der Verpackung angegeben wird (vgl. Abb. 11.14). Außerdem ist dort der Nennwert der Wärmeleitfähigkeit λ_D nach DIN 4108-10 aufgedruckt. Bei der Berechnung der Wärmeleitfähigkeit von Dämmstoffen dürfen jedoch nicht diese Nennwerte angesetzt werden, sondern es müssen Bemessungswerte λ bzw. λ_B, beispielsweise nach DIN 4108-4, herangezogen werden.

Tabelle 11.15: Anwendungstypen von Dämmstoffen

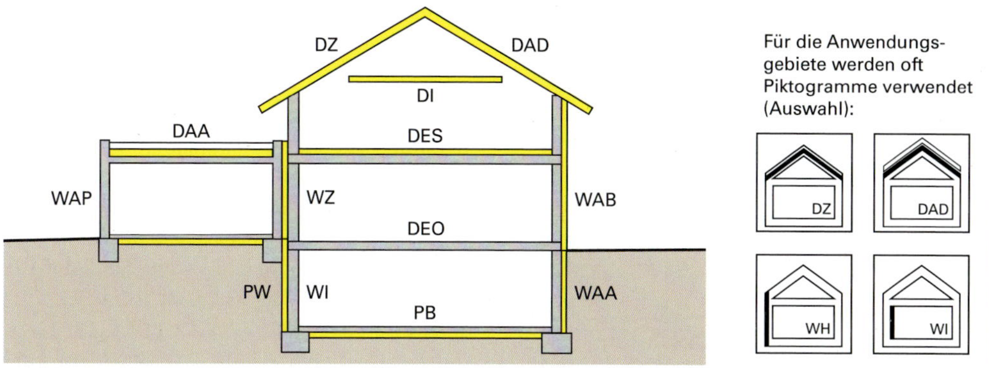

Kurzzeichen	Anwendungsbeispiele	Produkteigenschaften
PW wd	Außenliegende Wärmedämmung von **W**änden gegen Erdreich (**P**erimeterdämmung)	**W**asseraufnahme durch flüssiges Wasser und/oder **D**iffusion
PB ds	Außenliegende Wärmedämmung unter **B**odenplatte gegen Erdreich (**P**erimeterdämmung)	**D**ruckbelastbarkeit **s**ehr hohe
WTH sg	Dämmung zwischen **H**aus**t**renn**w**änden	**S**challdämmung **g**eringe Zusammendrückbarkeit
WAP zh	**A**ußendämmung der **W**and unter **P**utz	**Z**ugfestigkeit **h**ohe
WI wk	**I**nnendämmung der **W**and	Anforderungen an die **W**asseraufnahme **k**eine
WAB	**A**ußendämmung der **W**and hintes **B**ekleidung	
WAA	**A**ußendämmung der **W**and hintes **A**bdichtung	
WZ	**K**erndämmung **Z**weischaliges **W**ände	
WH	**D**ämmung von **H**olzrahmen und **H**olztafelbauweise (Wände)	
WTR	**D**ämmung von **R**aum**t**renn**w**änden	
DES sm	Innendämmung der **D**ecke unter **E**strich mit Tritt**s**challdämmung	**S**challdämmung **m**ittlere Zusammendrückbarkeit
DAD dk	**A**ußendämmung von **D**ach oder Decke, Dämmung unter **D**eckungen	**D**ruckbelastbarkeit **k**eine
DAA dh	**A**ußendämmung von **D**ach oder Decke, Dämmung unter **A**bdichtung	**D**ruckbelastbarkeit **h**ohe
DUK	**A**ußendämmung **U**m**k**erdach	
DZ	**Z**wischensparren**d**ämmung	
DI	**I**nnendämmung, **D**ämmung unter der **T**ragkonstruktion	
DEO	**D**ämmung ohne **S**challschutzanforderung (**D**ecke/**D**ach)	
DES	**D**ämmung mit **S**challschutzanforderung	

11

Tabelle 11.16: Wärmeleitfähigkeit verschiedener Baustoffe (Auszug)

Baustoffe	Rohdichte ρ kg/m³	Wärmeleitfähigkeit λ W/(m·K)
Beton		
Normalbeton	2400	2,00
Leichtbeton	1000	0,49
Mauerwerk		
Vollziegel, Lochziegel	1200	0,50
Leichthochlochziegel, Typ W	700	0,21
Vollklinker	2000	0,96
Kalksand-Vollsteine	1800	0,99
Kalksand-Lochsteine	1400	0,70
Leichtbeton-Vollsteine	1200	0,54
Porenbetonsteine	600	0,19
Putz, Estrich, Mörtel		
Kalkputz, Kalkzementputz	1800	1,00
Zementmörtel	2000	1,60
Kalkgipsputz	1400	0,70
Gipsputz	1200	0,51
Kunstharzputz	1100	0,70
Zementestrich	2000	1,40
Gussasphaltestrich	2300	0,90
Gipsbaustoffe		
Gipswandbauplatten	1200	0,58
Gipsplatten	800	0,25
Holz und Holzwerkstoffe		
Hartholz (KVH)	700	0,18
Weichholz (KVH)	500	0,13
Sperrholz	700	0,17
Holzspanplatte	600	0,14
Holzspanplatte, hart (HB)	800	0,18
Holzspanplatte, porös (SB)	250	0,07

11.3.2 Wärmeschutztechnische Berechnungsgrundlagen

Für die wärme-, feuchteschutztechnischen und energetischen Anforderungen sind zwei Regelwerke zu beachten.

Die **DIN 4108** Wärmeschutz und Energie-Einsparung in Gebäuden (früher Wärmeschutz im Hochbau) besteht aus folgenden Teilen:

- DIN 4108 Beiblatt 2, Wärmeschutz und Energie-Einsparung in Gebäuden, Wärmebrücken, Planungs- und Ausführungsbeispiele
- DIN 4108-2, Mindestanforderungen
- DIN 4108-3, Klimabedingter Feuchteschutz; Anforderungen, Berechnungsverfahren und Hinweise für Planung und Ausführung
- DIN 4108-4, Wärme- und feuchteschutztechnische Bemessungswerte
- DIN 4108-6, Berechnung des Jahresheizwärme- und des Jahresheizenergiebedarfs
- DIN 4108-7, Luftdichtheit von Gebäuden – Anforderungen, Planungs- und Ausführungsempfehlungen sowie Beispiele
- DIN-Fachbericht 4108-8 (Technische Regel)
- DIN 4108-8, Vermeidung von Schimmelwachstum in Wohngebäuden (DIN SPEC 4108-8)
- DIN 4108-10, Anwendungsbezogene Anforderungen an Wärmedämmstoffe – Werkmäßig hergestellte Wärmedämmstoffe

Das Gebäudeenergiegesetz (GEG: 2020-08) löst das Energieeinsparungsgesetz (EnEG), die Energieeinsparverordnung (EnEV) und das Erneuerbare-Energien-Wärmegesetz (EEWärmeG) ab.

Durch das GEG soll die Energieeffizienz und der Klimaschutz bei Gebäuden wirtschaftlich, sozial und umweltfreundlich durch Entbürokratisierung und Vereinfachung umgesetzt werden.

Zugleich sind mit dem GEG die europäischen Vorgaben (EU-Richtlinien) umgesetzt. Auch das GEG arbeitet wie die bisherige EnEV mit einem Referenzgebäude (neu: Modellgebäudeverfahren für Wohngebäude). Nach dem GEG muss ein Gebäude folgende Anforderungen erfüllen:

- **Jahres-Primärenergiebedarf**, nicht höher als 75 % des Referenzgebäudes.
- **Wärmeschutz**, Transmissionswärmeverlust nicht höher als der Wert des Referenzgebäudes.
- **Wärmebrücken**, so gering wie möglich.
- **Dichtheit** der Gebäudehülle muss gegeben sein.
- Der **Mindestwärmeschutz** nach DIN 4108-2: 2013-02 und DIN 4108-3: 2018-10 ist zu erfüllen.
- **Hitzeschutz**, der sommerliche Wärmeschutz muss nachgewiesen werden.

Erfüllt ein Wohngebäude bestimmte Bedingungen und entspricht es den Varianten des GEG, ist auch ein Nachweis ohne Berechnungen möglich.

Die Berechnungen zum Wärmeschutz sind komplex und werden i.d.R. durch Fachbetriebe mithilfe von EDV-Programmen durchgeführt. Die grundlegenden Begriffe, Formeln und Berechnungen werden im Folgenden dargestellt.

Wärmeleitfähigkeit λ

Jeder Baustoff besitzt eine bestimmte Wärmeleitfähigkeit. So weisen z.B. Metalle eine sehr hohe Wärmeleitfähigkeit auf und leichte poröse Stoffe eine sehr geringe. Die physikalische Größe dafür ist der Bemessungswert der Wärmeleitfähigkeit λ (klein Lambda) in [W/(m·K)]. Er gibt die Wärmemenge in Watt an, die in einer Sekunde durch 1 m² einer 1 m dicken Stoffschicht geleitet wird, wenn die beiden gegenüberliegenden Oberflächen einen Temperaturunterschied von 1 K (1 °C) aufweisen. Es findet ein Wärmestrom *q* von der wärmeren zur kälteren Seite statt, dabei wird in den Stoffschichten eines Bauteils Wärme durch Leitung von einer Baustoffschicht zur nächsten befördert.

Wärmedurchlasswiderstand *R*

Der Wärmedurchlasswiderstand *R* wird als Quotient aus der Schichtdicke des Baustoffs und dem Bemessungswert der Wärmeleitfähigkeit berechnet. Bei geschichteten Wänden setzt sich der gesamte Wärmedämmwert aus den Wärmedurchlasswiderständen der einzelnen Schichten zusammen.

$$R = \frac{d_1}{\lambda_1} + \frac{d_2}{\lambda_2} + \ldots + \frac{d_n}{\lambda_n} \quad [\text{m}^2 \cdot \text{K/W}]$$

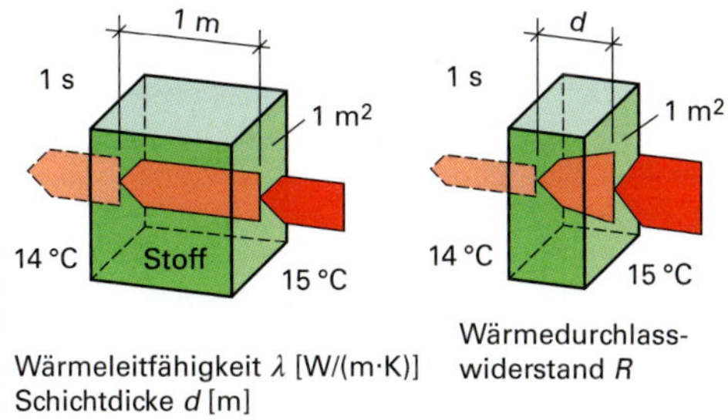

Abb. 11.17: Darstellung der Wärmeleitfähigkeit und des Wärmedurchlasskoeffizienten

Wärmeübergangswiderstände R_{si} und R_{se}

An der Grenzschicht zwischen Innen- bzw. Außenluft wird beim Wärmeübergang von der Luft zur Wand eine Temperaturreduzierung hervorgerufen. Von der leicht bewegten Luft wird dabei Wärme an die Wandoberflächen übertragen. Daran ist auch die Wärmeleitung in den angrenzenden Luftschichten gemäß DIN EN ISO 6946 beteiligt.

Erfasst wird dieser Wärmeaustausch durch den Wärmeübergangswiderstand R_s. Die Rechenwerte der Wärmeübergangswiderstände sind auf der Innen- und Außenseite der Wand zu berücksichtigen.

Tabelle 11.18: Wärmedurchlasswiderstand R_g [m²·K/W] von ruhenden Luftschichten

Dicke der Luftschicht	Richtung des Wärmestroms aufwärts	horizontal	abwärts
0 mm	0	0	0
5 mm	0,11	0,11	0,11
7 mm	0,13	0,13	0,13
10 mm	0,15	0,15	0,15
15 mm	0,16	0,17	0,17
25 mm	0,16	0,18	0,19
50 mm	0,16	0,18	0,21
100 mm	0,16	0,18	0,22
300 mm	0,16	0,18	0,23
Zwischenwerte können interpoliert werden.			
Für Bauteile mit Luftschichten über 300 mm Dicke sollte kein Wärmedurchlasswiderstand angesetzt, sondern die Wärmeströme mittels einer Wärmebilanz berechnet werden.			

Die Innenseiten von Wandflächen werden mit dem Index *i* für intern- bzw. raumseitig versehen. Auf der Außenseite erhält er den Index *e* für extern.

- Bei Außenbauteilen mit **stark belüftetem** Gefachebereich erbringen die Bauteile zwischen der Luftschicht und der Außenluft keinen wesentlichen Anteil zum Wärmeschutz. Sie werden beim rechnerischen Ansatz nicht berücksichtigt. Hier ist $R_{se} = R_{si} = 0{,}125$ m²·K/W.
- **Schwach belüftet** ist eine Luftschicht, wenn die Verbindungsöffnungen 1500 mm²/m² nicht übersteigen. Für solche Luftschichten darf für den Wärmedurchgangswiderstand R_g die Hälfte des entsprechenden Tabellenwertes angesetzt werden, allerdings nur bis zum maximal regulären Tabellenwert 0,15 m²·K/W.
- Bei **zweischaligem Mauerwerk** nach DIN EN 1996-1-1/NA dürfen Luftschicht und Vorsatzschale in die Berechnung mit einbezogen werden. Die Luftschicht (Hinterlüftung) wird als ruhend eingestuft, wenn die Verbindungsöffnung 500 mm²/m nicht überschreitet.
  Empfohlen wird, Luftschicht und Vorsatzschale nicht zu berücksichtigen und mit $R_{se} = R_{si} = 0{,}125$ m²·K/W zu rechnen.

Wärmeübergangskoeffizient *h* (heat)

Als Wärmeübergangskoeffizienten *h* wird die Wärmemenge verstanden, die pro Sekunde zwischen

1 m² einer Oberfläche eines festen Stoffes und der ihn berührenden Luft ausgetauscht wird, wenn der Temperaturunterschied zwischen Luft und Stoffoberfläche 1 K beträgt. Dabei wird zwischen einem inneren und äußeren Wärmeübergang unterschieden (Werte vgl. DIN oder Tabellenbücher).

$$\frac{1}{h_i} = R_{si} \qquad \frac{1}{h_e} = R_{se} \qquad [W/(m^2 \cdot K)]$$

Wärmedurchgangswiderstand R_T

Werden der innere und der äußere Wärmeübergangswiderstand zum Dämmwert der Wand hinzugezählt, so ergibt sich der Wärmedurchgangswiderstand:

$$R_T = R_{si} + R + R_{se} \qquad [m^2 \cdot K/W]$$

Wärmedurchgangskoeffizient *U*-Wert

Nach der Ermittlung des Wärmedurchgangswiderstandes kann der Wärmedurchgangskoeffizient *U* durch Bildung des Kehrwertes bestimmt werden. Der Wärmedurchgangskoeffizient, auch U-Wert genannt, dient der Berechnung des Transmissionswärmebedarfs nach dem Gebäudeenergiegesetz.

$$U = \frac{1}{R_T} \qquad [W/(m^2 \cdot K)]$$

Spezifischer Transmissionswärmeverlust H_T

Der spezifische Transmissionswärmeverlust H_T [W/(m²·K)] kann als spezifischer Wärmestrom vom beheizten Raum zur äußeren Umgebung definiert werden. In die Berechnung fließen als wichtigste Parameter sämtliche Bauteilflächen der wärmetauschenden Gebäudehülle und deren U-Werte ein. Des Weiteren wird der Einfluss von Wärmebrücken berücksichtigt.

Tabelle 11.19: Höchstwerte des spezifischen Transmissionswärmeverlustes bezogen auf die Wärme übertragende Umfassungsfläche eines Referenzwohngebäudes*

Bauteile	*U*-Wert
Außenwand, Geschossdecke gegen Außenluft	$U = 0{,}21$ W/(m²·K)
Außenwand gegen Erdreich, Bodenplatte, Wände und Decken zu unbeheizten Räumen	$U = 0{,}30$ W/(m²·K)
Dach, oberste Geschossdecke, Wände zu Abseiten $g = 60$ %	$U = 0{,}20$ W/(m²·K)
Fenster, Fenstertüren $g = 60$ %	$U = 1{,}30$ W/(m²·K)
Dachflächenfenster $g = 60$ %	$U = 1{,}40$ W/(m²·K)
Lichtkuppeln $g = 60$ %	$U = 2{,}00$ W/(m²·K)
Außentüren	$U = 1{,}80$ W/(m²·K)

* Ein Referenzgebäude ist ein entwurfsgleiches Gebäude mit gleicher Geometrie, Gebäudenutzfläche und Ausrichtung, übereinstimmend mit vorgegebener Ausführung von Gebäudehülle und Anlagentechnik.

Wärmespeicherfähigkeit *Q*

Die Wärmespeicherfähigkeit von Bauteilen ist wichtig, um einer übermäßigen Erwärmung oder Auskühlung entgegen zu wirken. Ihr kommt z. B. dann Bedeutung zu, wenn die Innenraum-Temperatur nicht mehr konstant gehalten werden kann. Bei geringer Wärmespeicherfähigkeit von raumumschließenden Bauteilen kann die Temperatur der inneren Wandoberfläche bei Heizungsunterbrechung binnen kurzer Zeit stark absinken. Hinsichtlich der Wirkung der Wärmespeicherfähigkeit auf den Heizwärmebedarf ist prinzipiell zwischen zwei gegenläufigen Phänomenen zu unterscheiden: Bei instationärem Heizbetrieb, wie z. B. einer Nacht- und Wochenendabsenkung bzw. -schaltung, kühlt ein Gebäude mit geringerer Wärmespeicherfähigkeit rascher aus als ein Gebäude mit hoher Speicherfähigkeit. Die Raumtemperaturen werden dadurch im Mittel gegenüber einem Gebäude mit hoher Wärmespeicherfähigkeit abgesenkt und es stellen sich niedrigere Transmissions- und Lüftungswärmeverluste ein. Demgegenüber führen rasch ansteigende Sonneneinstrahlungsintensitäten oder interne Wärmequellen zu Wärmegewinnen, die die Heizlast erheblich mindern und auch komplett kompensieren können. Bei Gebäuden mit geringer Wärmespeicherfähigkeit treten dadurch höhere Temperaturüberschreitungen (Überheizung) auf als bei Gebäuden mit einer hohen Wärmespeicherfähigkeit. Hieraus resultieren im Tagesmittel und über die Heizperiode gerechnet höhere mittlere Raumtemperaturen, die bei Gebäuden mit geringer Wärmespeicherfähigkeit zu größeren Transmissions- und Lüftungswärmeverlusten führen, d. h., die Energiegewinne können weniger gut genutzt werden als Gebäuden mit höherer wärmespeicherfähigen Materialien.

Die Art der Bauweise hat Einfluss auf die Fähigkeit, Wärmeenergie aufzunehmen und wieder abzugeben. Vereinfacht gesagt, je schwerer die Konstruktion ist, umso langsamer ist die Reaktion auf Temperaturveränderungen in der angrenzenden Raumluft.

Tabelle 11.20: Wärmespeicherfähigkeit

Ziegelrohdichte [kg/dm³]	Wärmespeicherfähigkeit Q in kJ/(m²·K) bei Wanddicken [cm] von				
	11,5	17,5	24,0	30,0	36,5
0,7	81	123	168	210	256
0,8	92	140	192	240	292
0,9	104	158	216	270	329
1.0	115	175	240	300	365
1,2	138	210	288	360	438
1.4	161	245	336	420	511
1,6	184	280	384	480	584

Bei beidseitigem 1,5 cm dickem Putz sind jeweils 51 kJ/(m²·K) hinzuzurechnen.

Dichte Baustoffe verfügen über eine gute Wärmespeicherfähigkeit, wodurch angenehme Raumtemperaturen auch im Sommer gewährleistet werden können.

11.3.3 Wärmebrücken

Eine Wärmebrücke kennzeichnet den Bereich einer Konstruktion (Schwachstelle), bei dem im Vergleich zu angrenzenden Flächen in Richtung des Temperaturgefälles ein höherer Wärmestrom (Wärmedurchgang) zu verzeichnen ist. Diese Stellen sind eine „Brücke" für die durchgehende Wärme, die zur kälteren Seite geht. Die Oberflächentemperatur ist an den Wärmebrücken niedriger als an den angrenzenden Flächen. Wenn sie gar unter die Taupunkttemperatur der Raumluft absinkt, kommt es zu einem Tauwasserniederschlag. Die Auswirkungen der Wärmebrücken sind umso geringer,

- je kleiner die Ausdehnung der Wärmebrücke,
- je größer der Abstand von Wärmebrücke zu Wärmebrücke und
- je größer deren Überdeckung durch wärmeleitende Stoffe ist.

Wärmebrücken werden entsprechend ihrer Entstehung in folgende Gruppen eingeteilt:

- geometrische Wärmebrücken
- konstruktive Wärmebrücken und
- materialbedingte Wärmebrücken

Geometrischbedingte Wärmebrücken

Aufgrund der geometrischen Verhältnisse ist bei der Gebäudeecke die Erwärmungsfläche an der Innenseite und die Auskühlfläche an der Außenseite unterschiedlich groß. Durch die Ausweitung des Wärmestroms kommt es zu einer Abkühlung der Innenflächen. Die Oberflächentemperatur in den Innenecken ist niedriger als an den geraden Wand- und Deckenflächen. Verstärkt wird diese Erscheinung noch durch eine größere Luftbewegung an der Außenecke (Windwirbel) und eine geringere Luftbewegung an der Innenecke (schwächere Luftzirkulation) gegenüber den ebenen Wandflächen. Die geringere oder fehlende Luftzirkulation hinter Vorhängen, Schränken, Bildern usw. bewirkt ebenfalls ein Absinken der Oberflächentemperatur an der Wandinnenseite.

Konstruktionsbedingte Wärmebrücken

Konstruktionsbedingte Wärmebrücken entstehen häufig durch die Kombination und den Anschluss verschiedener Bauelemente. So kann es dann sein, dass die Wand und die Decke eine gute Wärmedämmung besitzen, dass aber der Anschlusspunkt ungünstig gewählt wurde. Besonders gefährdet sind Kragplatten, auskragende Träger oder andere Bauteile, die die wärmedämmende Schicht durchstoßen. Die Anschlüsse der Fenster und Türen an die Leibungen und die Stürze werden als Wärmebrücken bezeichnet, ebenso nicht gedämmte Rollladenkästen oder eventuell eingebaute Heizkörpernischen (vgl. Abb. 11.21).

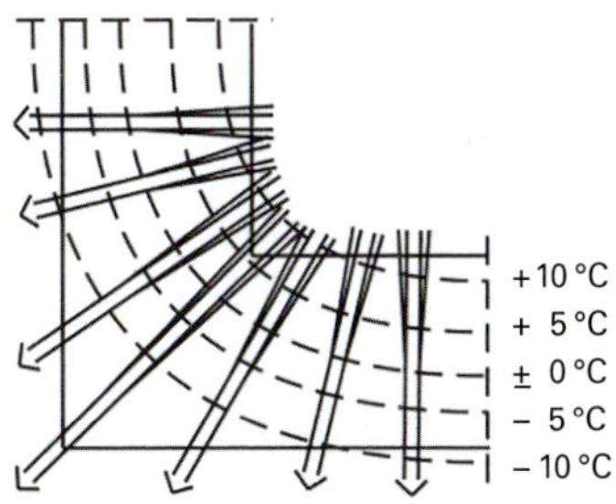

Wärmebrücken an den Außenecken
Die Linien gleicher Temperatur zeigen die Unterkühlung der inneren Raumecken.

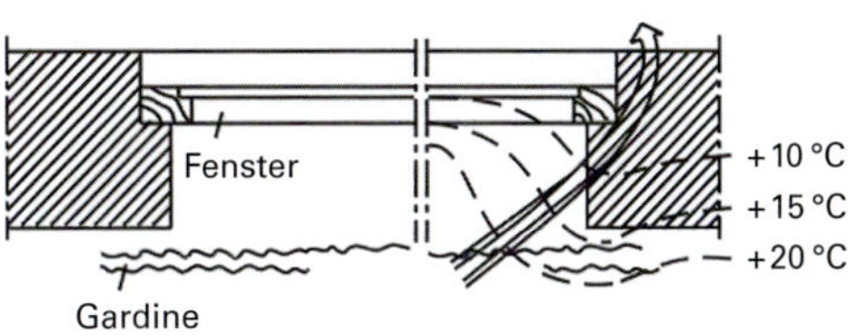

Wärmebrücken an Fenstern
Absinken der Innentemperatur durch fehlende Luftzirkulation bei Gardinen.

Abb. 11.21: Geometrisch bedingte Wärmebrücken

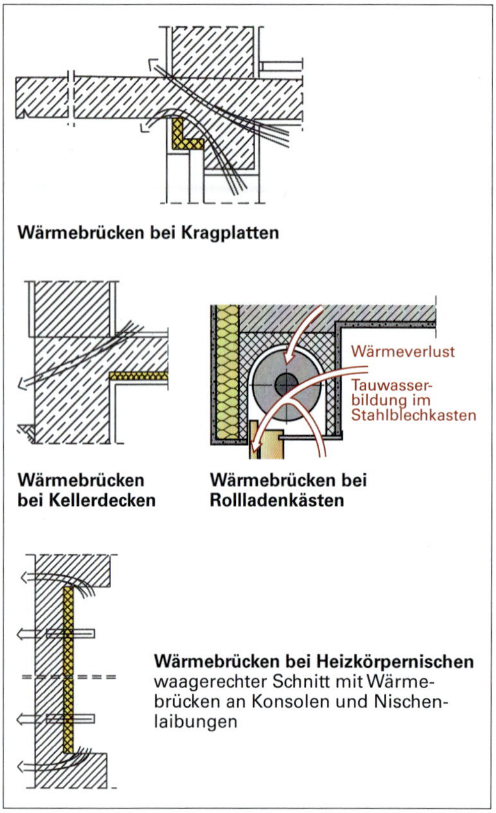

Abb. 11.22: Konstruktionsbedingte Wärmebrücken

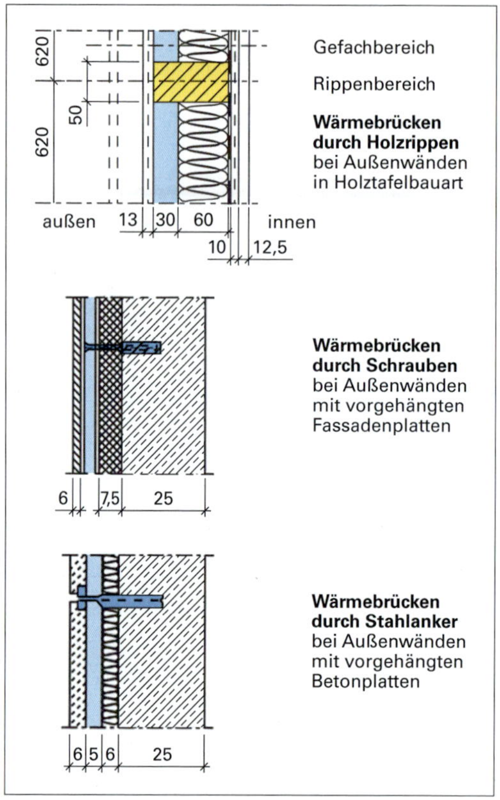

Abb. 11.23: Materialbedingte Wärmebrücken

Materialbedingte Wärmebrücken

Bauteile mit verschiedenen Wärmedämmwerten durch nebeneinanderliegende unterschiedliche Konstruktionsteile (z.B. Fachwerkwände, Holzbalkendecken oder Fertigteildecken) weisen unter Umständen materialbedingte Wärmebrücken auf. Besonders kritische Wärmebrücken sind bei mehrschichtigen Außenwandplatten durch die Verankerung der Außenschale vorhanden, wenn die Anker die Dämmschicht durchstoßen.

11.3.4 Luftdichtheit

Die Wirksamkeit der Wärmedämmung eines Gebäudes wird durch die Luftdichtheit der Bauteile insbesondere an den Anschlusspunkten unterschiedlicher Gewerke beeinflusst. Mit zunehmenden Wärmeschutzanforderungen erlangt auch die Luftdichtheit der Gebäudehülle wachsende Bedeutung. Die Berechnungsverfahren des GEG berücksichtigen durch die Ermittlung des spezifischen Lüftungswärmeverlustes numerisch den „Dichtheitsgrad" eines Gebäudes.

Massive Ziegelwandkonstruktionen sind von Haus aus dicht, wenn sie mit mindestens einer Nassputzschicht versehen sind. Die Dichtheitsebene wird dabei in der Regel durch den Innenputzauftrag hergestellt.

Die Luftdichtheit eines Gebäudes wird durch den Luftwechsel beschrieben. Die Richtwerte für den Luftwechsel sind in der DIN 4108-7 angegeben. Die Funktion der Luftdichtungen wird mit Hilfe des so genannten Blower-Door-Tests nachgewiesen. Dabei wird im Gebäude mit Hilfe eines Ventilators ein Über- oder Unterdruck von 50 Pa erzeugt und durch den einzublasenden oder abzusaugenden Luftstrom der Luftwechsel ermittelt.

Prinzipieller Ablauf der Messung (DIN EN 13829)

- Rundgang durch das Gebäude und Aufnahme der Raumgeometrie
- temporäres Abdichten von Funktionsöffnungen: wie z.B. Dunstabzugshauben, Kamin, Lüftungsöffnungen in Bädern
- Aufbau und Start der Messeinrichtung
- Aufnahme der Messwerte und Leckageortung
- Erstellen eines Berichts bzw. Gutachtens

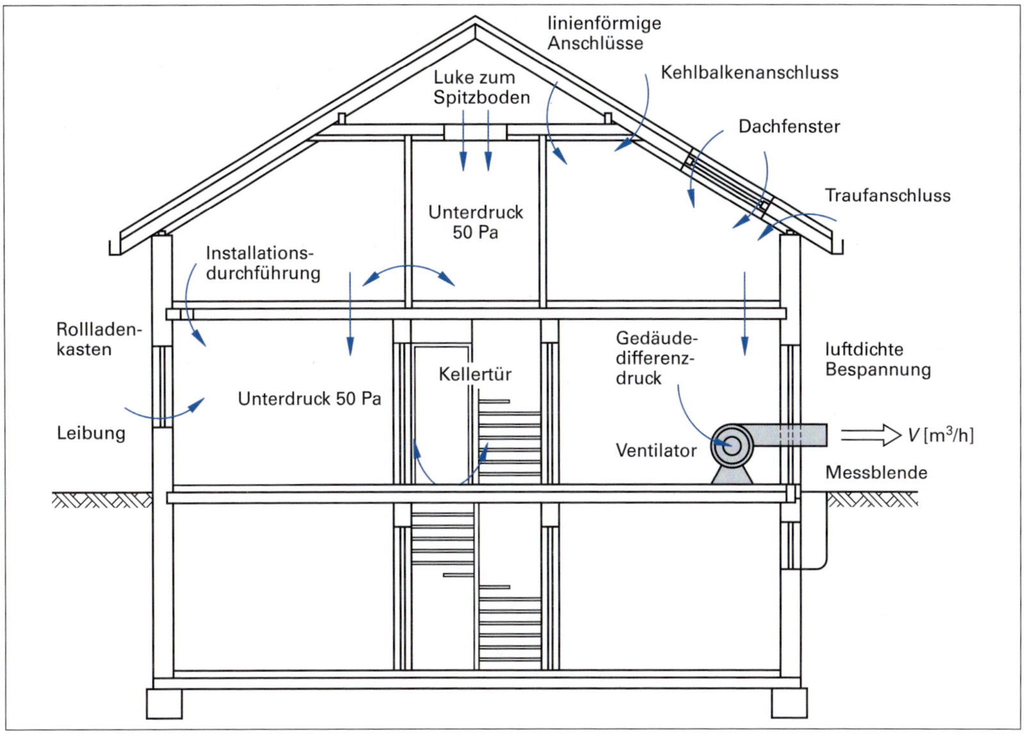

Abb. 11.24: Prüfung des Luftdichheit (Leckageratewege, Luftwechselrate n_{50} = Volumenstrom/Gebäudevolumen)

Gute Gründe für eine Luftdichtigkeit

- Vermeidung von Bauschäden
- Vermeidung von Zugluft
- Reduzierung der Heizkosten
- Voraussetzung für optimalen Betrieb von Lüftungsanlagen
- Verbesserung des Schallschutzes
- Schutz vor Stoffeintrag (Schimmel, Mineralfasern) und Geruchsbelastungen
- vermindert Austrocknen und Staubbelastung der Raumluft während der Heizperiode

11.3.5 Sommerlicher Wärmeschutz

Die DIN 4108-2 und das GEG fordern gleichermaßen bei Gebäuden den Nachweis für die Begrenzung des Sonneneintragskennwertes *S*, d.h. dass durch bauliche Maßnahmen nicht unzumutbare Temperaturbedingungen im Gebäude entstehen.

Der Nachweis ist dabei nur zu führen, wenn bezogen auf die jeweilige Grundfläche der Flächenanteil der Fensterflächen, gegliedert nach Orientierung und Neigungswinkel der Fenster, Grenzwerte zwischen 7 % und 15 % überschreiten und bezogen auf die Gebäudenutzfläche (Netto-Grundrissfläche) der Fensterflächenanteil ≥ 35 % beträgt.

Darüber hinaus sind ausgebaute Dachgeschosse, mit bzw. ohne Fenster, besonders überhitzungsgefährdet, weil großflächige Dachflächen eine äußere Oberflächentemperatur um 70 °C erreichen können.

Grundsätzlich ist der sommerliche Wärmeeingang von folgenden Einflussfaktoren abhängig:

- Stand des Gebäudes
- Flächenanteile der Fenster
- Neigung und Orientierung der Fenster
- Energiedurchlässigkeit *g* der transparenten Bauteile (Fenster) und umschließenden Bauteilen
- Lüftung der Räume (nächtliche Lüftung)

11.4 Feuchteschutztechnische Berechnungsgrundlagen

Wasser ist die Hauptursache von Bauschäden. Feuchte in Bauteilen mindert die Wärmedämmung und verschlechtert das Raumklima. Es muss sichergestellt sein, dass in einem Bauteil auf Dauer keine unzulässige Feuchtigkeitsanreicherung stattfindet. In Wohnungen entsteht nutzungsbedingt immer Feuchtigkeit, die als Wasserdampf oder in flüssiger Form auf die Bauteile einwirkt.

Feuchtigkeit in Bauteilen kann entstehen durch:

- Baufeuchte während der Herstellung (z.B. Anmachwasser von Mörtel und Beton)
- Tauwasser auf Bauteiloberflächen durch Kondensation von Wasserdampf im Gebäudeinneren bei zu geringer Wärmedämmung
- Tauwasser im Bauteil durch Wasserdampfdiffusion bei Unterschreitung des Taupunkts
- mangelnden Schutz gegen Schlagregen
- mangelhafte Bauwerksabdichtung im Untergeschoss
- durch Schäden an wasserführenden Leitungen

Feuchtigkeit kann die Wärmedämmwirkung eines Baustoffes stark herabsetzen. Für das thermische Verhalten einer Wandkonstruktion ist daher nicht allein die Wärmedämmung entscheidend, sondern auch das Beibehalten der Wärmedämmeigenschaften der Baustoffe unter Feuchtigkeitseinfluss.

Da eine Außenwand durch Witterungseinflüsse und ggf. Tauwasseranfall immer feucht werden kann, ist ein schnelles Trocknungsverhalten der Konstruktion von entscheidender Bedeutung. Ziegelmauerwerk entfeuchtet sich aufgrund seiner Kapillarleitfähigkeit schneller als grobporiges Material, wie Porenbeton oder sehr dichtes Material, wie Schwerbeton oder Kalksandstein.

Wasserdampf als gasförmiges Wasser befindet sich fast überall in der Luft und in lufthaltigen porigen Stoffen. Je wärmer die Luft, desto mehr Wasserdampf kann aufgenommen werden. Jeder Lufttemperatur kann daher ein bestimmtes maximales Wasseraufnahmevermögen zugeordnet werden.

Wasserdampfdiffusion bedeutet Bewegung der Wasserdampfmoleküle durch ein Gas (z.B. Luft) oder einen porösen Stoff hindurch, wenn zwischen den beiden Seiten des Stoffs eine unterschiedliche Dampfdichte, beschrieben durch den Wasserdampfteildruck, also ein Teildruckunterschied, herrscht.

Tauwasser (Kondenswasser) entsteht dann, wenn sich Wasserdampf, z.B. in Luft oder porösen Stoffen, unter eine bestimmte Temperatur, den Taupunkt (besser Taupunkttemperatur) θ_s (Theta), abkühlt. Diese Taupunkttemperatur hängt von der Lufttemperatur θ und der im Stoff vorhandenen Wasserdampfmenge, bei Luft also der Luftfeuchtigkeit, ab. Luft, die sich am Taupunkt befindet, gilt als „gesättigt" und damit ist eine relative Luftfeuchte von 100 % erreicht. Die sich in ihr befindliche Wasserdampfmenge kann nicht weiter erhöht werden und das Wasser ändert seinen Aggregatzustand. Jede weitere Temperaturverringerung führt zum Ausfall von Kondensat, auch Tauwasser genannt. Wasserdampfmenge wird i.d.R. über den von ihr erzeugten Anteil am gesamten Luftdruck (Wasserdampfteildruck p in Pascal) [Pa] gemessen. Der Teildruck des Wasserdampfes bei Taupunkttemperaturen heißt Wasserdampfsättigungsdruck p_s. Er hängt nur von der Temperatur ab. Diese Abhängigkeit ist der DIN 4108-3 und Tabellenbüchern zu entnehmen (vgl. Tabelle 11.25).

Beispiel:

Bei einer Temperatur von 0 °C sind in einem Wasserdampf-Luft-Gemisch von 1 m³ bei 100 % relativer Feuchtigkeit 4,9 g Wasser enthalten. Bei Erwärmung auf z.B. 20 °C tritt ohne weitere Feuchtigkeitsaufnahme eine Verringerung der relativen Luftfeuchtigkeit ein. Bei dieser Temperatur wäre die Luft in der Lage, bei 100 % relativer Feuchtigkeit maximal 17,3 g, also 12,4 g mehr Wasser aufzunehmen. Da bei der Erwärmung keine Feuchtigkeit zugeführt wurde, entsprechen die aus der kalten Luft enthaltenen 4,9 g nun einer relativen Luftfeuchtigkeit von 28 %.

Tabelle 11.25: Wasserdampfsättigungsmenge [g/m³]

θ_L	c_s	θ_L	c_s
– 20 °C	0,88	5 °C	6,80
– 15 °C	1,38	10 °C	9,40
– 10 °C	2,14	15 °C	12,80
– 5 °C	3,24	20 °C	17,30
– 0 °C	4,84	30 °C	30,00

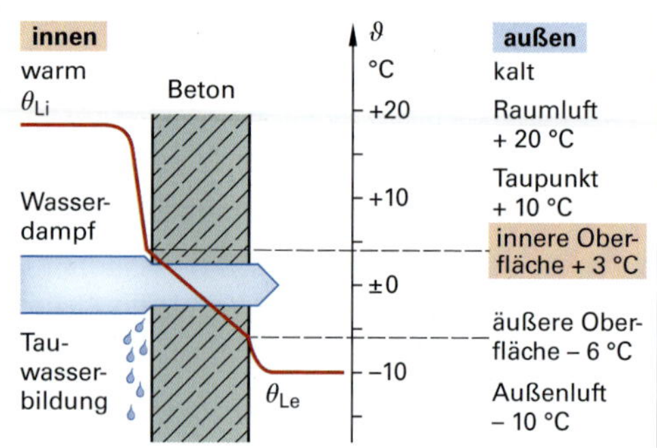

Bei unzureichender Ausführung der Wärmedämmung kann es an den Innenseiten der Außenwände zu Tauwasserbildung kommen.

Abb. 11.26: Tauwasserbildung

Bei 100 % relativer Luftfeuchtigkeit kondensiert der Wasserdampf der Luft zu Tauwasser. Ansteigende Temperaturen verringern die relative Luftfeuchte, abfallende erhöhen sie. Bei 100 % relativer Luftfeuchte ist die Taupunkttemperatur erreicht. Die Lage der Taupunkttemperatur innerhalb eines Bauteils wird Taupunkt(ebene) genannt. Warme Luft trägt mehr Wasserdampf als kalte und hat daher einen höheren Wasserdampfdruck. Dieser sucht stets den Ausgleich mit dem geringeren Dampfdruck. Darum diffundiert in der kalten Jahreszeit der Wasserdampf aus den erwärmten Räumen durch die Außenbauteile nach außen.

Bei Abkühlung des Wasserdampfes an oder in den Bauteilen steigt der Wasserdampfdruck an und bei Überschreitung des Sättigungsdrucks bzw. bei Unterschreiten der Taupunkttemperatur fällt der Wasserdampf als Tauwasser aus. Tauwasserbildung ist in der Regel unschädlich, wenn folgende Bedingungen eingehalten werden:

- Tauwasser muss wieder verdunsten können.
- Von Tauwasser betroffene Bauteile dürfen dadurch nicht geschädigt werden.
- Bei Dach- und Wand-Konstruktionen darf eine Tauwassermenge von insgesamt 1 kg/m² je Tauperiode nicht überschritten werden.
- Die Tauwassermenge an Berührungsflächen von Bauteilen oder Baustoffschichten mit geringer Kapillarporosität muss auf höchstens 0,5 kg/m² je Tauperiode begrenzt bleiben.

Bei Dächern werden zwei konstruktive Möglichkeiten zur Verhinderung schädigenden Tauwasseranfalls ausgeführt:

- Nichtbelüftete Dächer:
  Einbau einer Dampfsperrschicht unter der Wärmedämmung (Raumseite)
- Belüftete Dächer:
  belüfteter Raum über der Dämmschicht

Die feuchtetechnische Untersuchung wird nach DIN EN ISO 13788 und DIN 4108-3 geführt. Dabei ist der geografische Standort mit den vom Deutschen Wetterdienst (DWD) ausgewiesenen Mitteltemeraturen zu berücksichtigen und die Monats-Bilanz von Tauwasserbildung in der Tauperiode und Tauwasserverlust aufzustellen.

Das Monats-Bilanzverfahren nennt keine festen Randbedingungen hinsichtlich der Tauperiode bzw. der Verdunstungsperiode, sondern stellt, beginnend mit dem Monat, in dem Tauwasser anfällt, die monatliche Feuchtemenge der Verdunstungsmenge gegenüber.

Im Perioden-Bilanzverfahren wird das Jahr in eine Tauperiode und eine Verdunstungsperiode eingeteilt (vgl. Tabelle 11.27) und benennt für Decken bzw. Dächer den Sättigungsdampfdruck (Dampfteildruck). Für die Verdunstungsperiode werden keine Temperaturen und Luftfeuchten angegeben.

Für die Berechnung des Tauwasserausfalls sind die Klimabedingungen in DIN1408 festgelegt.

<table>
<tr><th colspan="5">Tabelle 11.27: Klimabedingungen</th></tr>
<tr><th colspan="5">Klimabedingungen für das Perioden-Bilanzverfahren</th></tr>
<tr><td colspan="5">■ Tauperiode $t_c = 90\ d = 2160\ h = 7{,}776 \cdot 10^6\ s$
ca. Dezember bis Februar, 90 Tage</td></tr>
<tr><th colspan="2">Temperatur</th><th colspan="2">Relative Luftfeuchtigkeit</th><th>Wasserdampfteildruck</th></tr>
<tr><td>innen</td><td>20 °C</td><td colspan="2">50 %</td><td>1 168 Pa</td></tr>
<tr><td>außen</td><td>– 5 °C</td><td colspan="2">80 %</td><td>321 Pa</td></tr>
<tr><td colspan="5">■ Verdunstungsperiode $t_{ev} = 90\ d = 2160\ h = 7{,}776 \cdot 10^6\ s$
ca. Juni bis August, 90 Tage</td></tr>
<tr><th colspan="2">Wasserdampfteildruck</th><th>Innenklima</th><th>Außenklima</th><th>$p_i = p_e =$ 1200 Pa</th></tr>
<tr><td colspan="2">Decken</td><td colspan="2">unter nicht ausgebauten Dachräumen</td><td>1700 Pa</td></tr>
<tr><td colspan="2">Dächer</td><td colspan="2">die gegen Außenluft abschließen</td><td>2000 Pa</td></tr>
<tr><td colspan="2">Wände</td><td colspan="2">die gegen Außenluft abschließen</td><td>1700 Pa</td></tr>
<tr><td colspan="5">■ Der s_d-Wert von ruhenden Luftschichten ist konstant mit 0,01 m anzusetzen.</td></tr>
</table>

Der Dampfdruckverlauf durch ein Bauteil kann grafisch nach dem „Glaser-Verfahren" (Glaserdiagramm) dargestellt werden (vgl. Abb. 11.28). Danach kann der Ausfall von Tauwasser im Bauteil abgeschätzt werden. Voraussetzung sind Temperatur- und Druckunterschiede auf beiden Seiten des Bauteils, so dass ein Diffusionsstrom von der höheren zur niedrigeren Konzentration stattfindet. Der Teildruck kann dabei unter Umständen den Sättigungsdruck annehmen, d. h., die beiden Kurven berühren sich. Erreicht der Teildruckverlauf den Sättigungsbereich, ist die maximale Aufnahmefähigkeit für Wasserdampf erreicht und Wasser fällt als Kondensat im Bauteil aus. Die zulässigen Kondensatmengen sind nach Art und Funktion der Bauteile in DIN 4108-3 festgelegt.

Die Abbildung 11.28 verdeutlicht das Berechnungsverfahren und die grafische Auswertung.

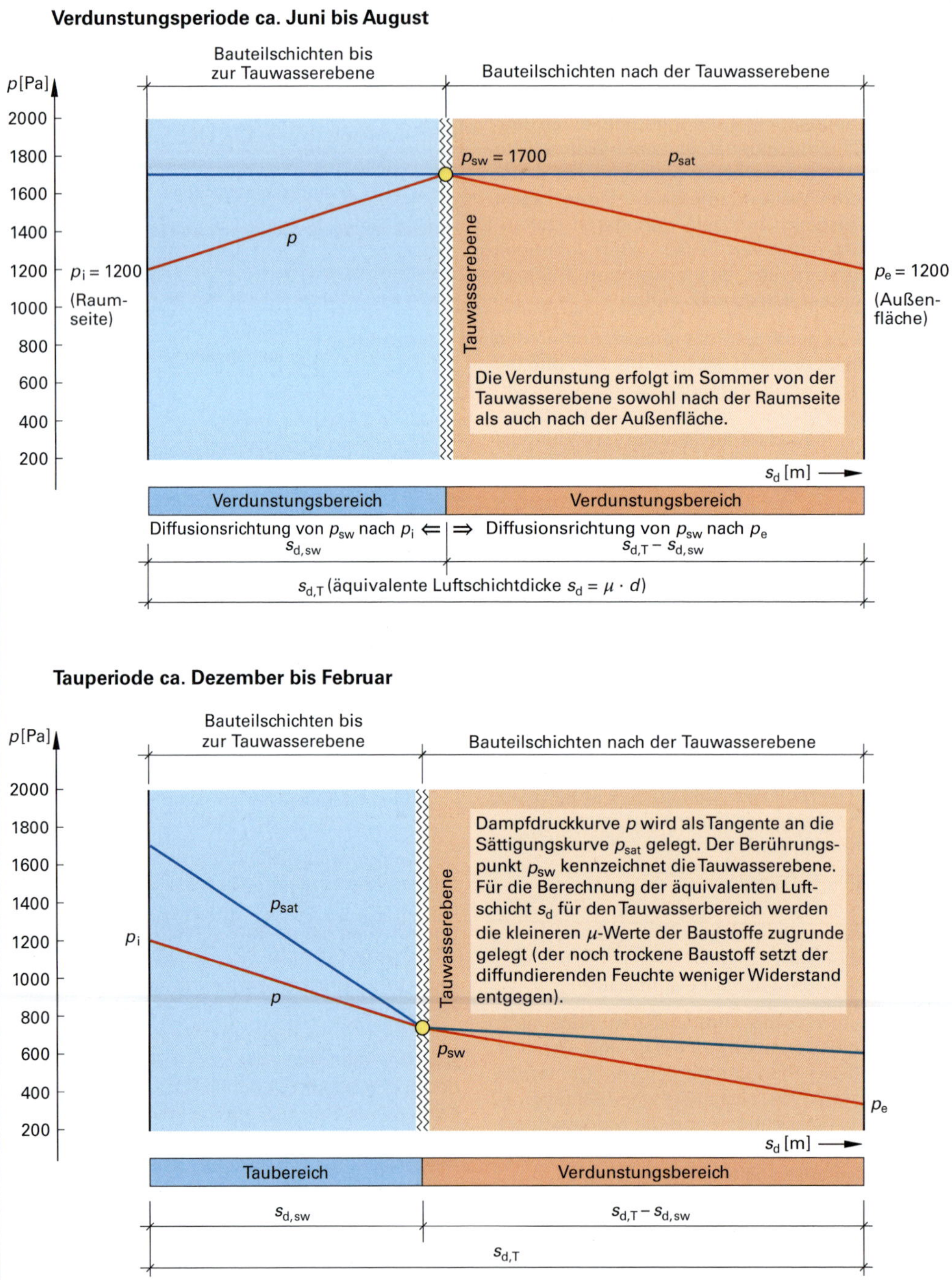

Die Hauptforderung der DIN 4108-3 besagt, dass die Verdunstungsmenge $m_{W,V}$ stets größer sein muss als die Tauwassermenge $m_{W,T}$.

Abb. 11.28: Glaserdiagramm (Verfahren nach DIN 4108 in Anlehnung an seinen Entwickler Helmuth Glaser)

Um die Tauwassermenge $m_{W,T}$ und die Verdunstungswassermenge $m_{W,V}$ berechnen zu können, ist der Temperaturverlauf im Bauwerk zu bestimmen. Der von der Temperatur abhängige Wasserdampfsättigungsdruck ist zu ermitteln (vgl. Tabelle 11.29). Die Diffusionswiderstände der einzelnen Bauteilschichten sind zu berechnen und die äquivalenten Luftschichten s_d maßstabsgerecht dazustellen. Die Wasserdampfsättigungsdrücke p_s sind an die Schichten anzutragen und zu verbinden.

Tabelle 11.29: Wasserdampfsättigungsdruck p_s in Pa

Temperatur in °C	,0	,5	,9
30	4241	4364	4464
25	3166	3261	3340
20	2337	2410	2470
15	1704	1760	1806
14	1598	1650	1693
13	1497	1547	1587
12	1402	1449	1487
11	1312	1356	1393
10	1227	1269	1303
9	1147	1187	1219
8	1072	1109	1140
7	1001	1036	1065
6	935	967	994
5	872	903	928
1	656	680	700
0	611	633	652
−0	611	586	567
−1	562	539	521
−5	401	384	371
−10	259	248	239
Zwischenwerte können interpoliert werden.			

Beispiel

Interpolation von p_s für 18 °C
$x_0 = 20$ °C mit $p_s = y_0 = 2337$ Pa
$x_1 = 15$ °C mit $p_s = y_1 = 1704$ Pa
gesucht: $p_s = y$ für $x = 18$ °C

$y = y_0 + (y_1 - y_0) : (x_1 - x_0) \cdot (x - x_0)$

$y = 2337 + (1704 - 2337) : (15 - 20) \cdot (18 - 20)$
$y = 2337 - 253 = 2084$
Tabellenwert der DIN für 18 °C ist 2063 Pa.

Hauptforderung

$$m_{W,V} > m_{W,T}$$

Die zusätzlichen Forderungen sind ebenfalls einzuhalten.

$$m_{W,T} = t_T\,(g_i - g_e) \qquad m_{W,V} = t_T\,(g_i + g_e)$$

$$g_i = \frac{p_i - p_{sw}}{Z_i} \qquad g_e = \frac{p_{sw} - p_e}{Z_e}$$

m flächenbezogene Wassermasse [kg/m²]
g Wasserdampf-Diffusionsstromdichte [kg/m² · h] $t_c = t_T$ und $t_{ev} = t_V$ [h]
Z [m² · h · Pa/kg] (vgl. Folgeseite)

Beispiel

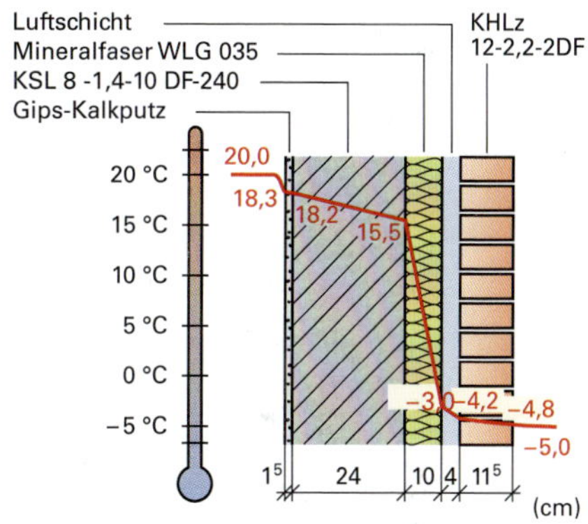

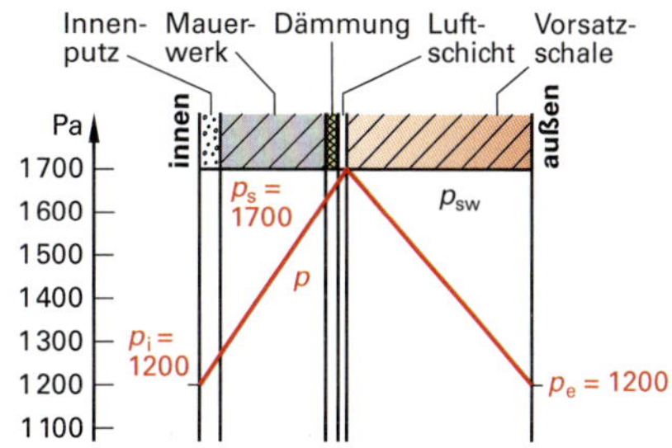

Glaser-Diagramm-Verdunstungsperiode

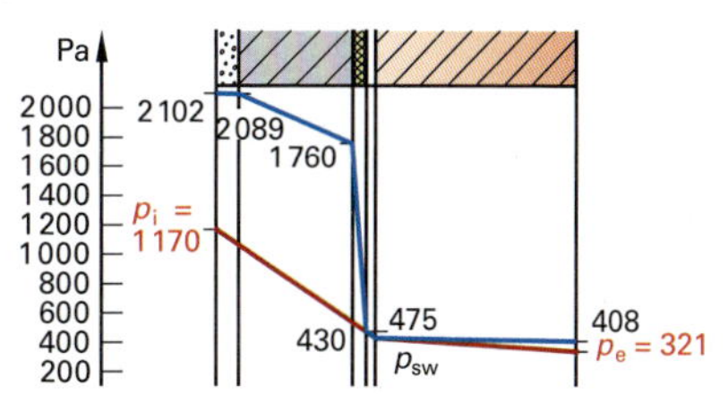

Glaser-Diagramm-Tauperiode

Für die Formeln g_i und g_e ist bei der Verdunstungsperiode die gegenläufige Diffusionsstromrichtung zu beachten (also zum Raum $p_{sw} - p_i$ bzw. $p_{sw} - p_e$).

$$Z = 1{,}5 \cdot 10^6\,(\mu_1 \cdot d_1 + \mu_2 \cdot d_2 + \ldots + \mu_n \cdot d_n)$$
bei mehrteiligen Bauteilen aus der Dicke der Bauteile und der Wasserdampf-Diffusionswiderstandszahl

Tauwassergefährdung

Der heute geforderte erhöhte Wärmeschutz wirkt sich bei richtiger Anwendung (z. B. Schichtenfolge) auch durch eine verringerte Gefahr von Tauwasserbildung (Kondensations-, Kondenswasser) an und in Außenbauteilen aus. Bei bestimmten Dämmmethoden (z. B. Innen- und Kerndämmung) und besonders auch bei nachträglichen Wärmeschutzmaßnahmen (z. B. Fenstereinbau, Altbausanierung) kann es zu örtlichen Unterkühlungen an und in Bauteilen oder zu hohen Luftfeuchten, also Tauwasserbildung, kommen, wobei Folgeschäden, wie Schimmelpilzbildung und Korrosion nicht auszuschließen sind. Nicht nur bei winterlichen Temperaturen, sondern besonders in der Übergangszeit ist die Tauwassergefahr besonders groß.

Beispiel

Temperatur an der Innenwand

$\theta_{Li} = 20\ °C$ $\quad q = 6{,}5\ W/m^2$ $\quad \Delta\theta = q \cdot d/\lambda$

$R_{si} = 0{,}25\ W/(m^2 \cdot K)$ für Wärmebrücken

$\theta_{oi} = 20\ °C - 6{,}5\ W/m^2 / 0{,}25\ m^2 \cdot K/W$

$\theta_{Li} = 20\ °C - 1{,}7\ °C = 18{,}3\ °C$

Die Standsicherheit der Bauteile ist nicht gefährdet, wenn zusätzliche Bedingungen erfüllt sind:

- Bei Dach- und Wandkonstruktionen darf eine Tauwassermenge von insgesamt 1,0 kg/m² nicht überschritten werden.
- Tritt Tauwasser an Berührungsflächen von kapillar nicht wasseraufnahmefähigen Schichten auf, so darf zur Begrenzung des Ablaufens oder Abtropfens eine Tauwassermenge von 0,5 kg/m² nicht überschritten werden.
- Bei Holz ist eine Erhöhung des massebezogenen Feuchtigkeitsgehaltes um mehr als 5 %, bei Holzwerkstoffen um mehr als 3 % unzulässig.

11.5 Ein- und zweischaliges Außenmauerwerk

11.5.1 Zweischaliges Mauerwerk

Zweischaliges Mauerwerk wird mit Luftschicht, mit Luftschicht und Wärmedämmung, mit Kerndämmung und mit Putzschicht konstruiert.

Allgemeine Konstruktionsregeln gelten für alle vier in Abbildung 11.32 genannten Wandarten:

- Allein die Innenschale gilt als tragende Wand (Aufnahme von Wand- und Deckenlasten).
- **Wanddicke** der Außenschale ≥ 9 cm, der Innenschale ≥ 11,5 cm.
- **Mauerpfeiler** der Wandaußenschalen sind ≥ 24 cm lang.
- **Abfangungen** der Außenschale richten sich nach der Schalendicke. 11,5 cm dicke Außenschalen sind nach etwa 12 m Wandhöhe abzufangen. Außenschalen mit $d < 11{,}5$ cm haben eine zulässige Gesamthöhe von ≤ 20 m. Abfangungen sind in Höhenabständen von etwa 6,00 m vorzusehen. Bei ≤ 2 Vollgeschossen darf ein Giebeldreieck bis 4,00 m Höhe hinzugerechnet werden.
- **Drahtanker** aus nichtrostendem Stahl (DIN EN 845-1) verbinden die durch Windbeanspruchung gefährdete Außenschale mit der Innenschale. Verteilung, Mindestanzahl und Durchmesser der Drahtanker richten sich nach DIN EN 1991-1-4/NA. Abtropfscheiben verhindern den Übergang von Außenfeuchtigkeit auf die Innenschale, zusätzliche Krallenplatten fixieren plattenförmige Dämmschichten. Abweichende Verankerungsformen und -arten sind zulässig, bedürfen jedoch der Zulassung.

Tabelle 11.30: Mindestanzahl von Drahtankern je m² Wandfläche

Windzonen DIN EN 1991-1-4/NA	Gebäudehöhe		
	$h \leq 10$ m	10 m < h $h \leq 18$ m	18 m < h $h \leq 25$ m
I bis **III**, **IV** im Binnenland	7 (5 bei I, II Binnen)	7 (5 bei I)	7
IV an Nord- und Ostsee, Ostseeinseln	7	8	8
IV Nordsee-inseln	8	9	–

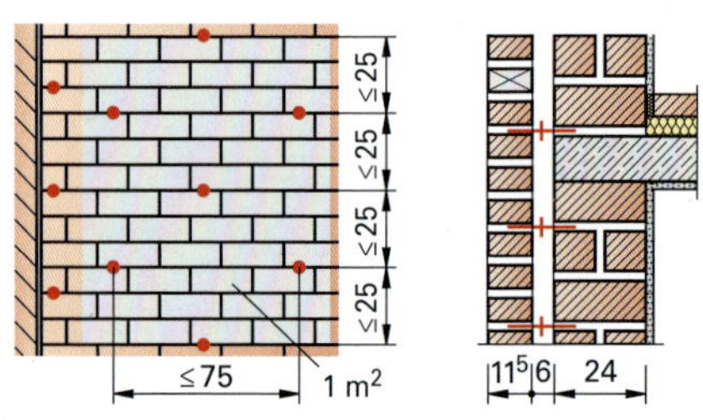

Verankerung der Außenschale mit der Innenschale

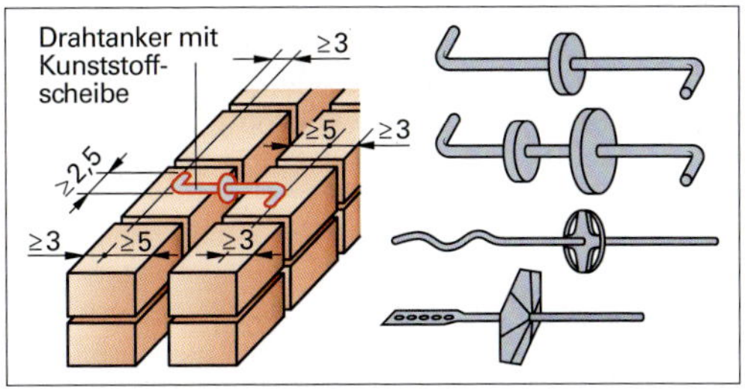

Abb. 11.31: Drahtanker

- **Auflagerung und Überstand der Wand**
  Die Außenschale liegt mit dem vollen Querschnitt auf der Unterkonstruktion. 11,5 cm dicke Wandschalen dürfen 2,5 cm überstehen. Zulässig sind auch 4 cm, wenn nicht mehr als 2 Vollgeschosse erstellt bzw. abgefangen werden. Nur 1,5 cm Überstand ist bei Außenschalen von $d < 11{,}5$ cm zulässig und nur dann, wenn nicht mehr als 2 Geschosse erstellt werden, einschließlich eines bis zu 4 m hohen Giebeldreiecks.
- **Sperrschichten**
  wirken gegen aufsteigende Feuchtigkeit, vor allem jedoch gegen den Übertritt von Außenfeuchtigkeit auf die Innenschale.
  Die Außenwandabdichtung bzw. Gleitfolie soll rückstauende Schlagregenfeuchte von der Außenschale fernhalten. Sie ist deshalb entlang der Sockellinie bzw. am Beginn der Luftschicht, über Fenster- und Türstürzen, im Bereich der Fenstersohlbänke sowie oberhalb der Abfangungen anzuordnen. Sie wird in der Außenschale verlegt, an der Außenseite der Innenschale > 15 cm hochgeführt und dort befestigt. Über Öffnungen reicht sie als Hangsperre bis Unterkante Verblendersturz.
  Senkrechte Sperrschichten unterbrechen die Feuchtigkeitsbrücken der Wandschalen im Bereich der Fenster- und Türleibungen.
- **Dehnungsfugen**
  Die Außenschale des zweischaligen Mauerwerks ist hohen Temperaturunterschieden ausgesetzt, besonders bei Mauerwerk mit zusätzlicher Dämmschicht. Ausgleichende Dehnungsfugen an den Gebäudeecken, wenn nötig auch entlang der Öffnungsleibungen, mindern die Gefahr der Rissebildung. Richtwerte für Dehnungsfugenabstände:
  8 m bei KS-Vormauersteinen,
  10 m bis 12 m bei Vormauerziegeln
  Als Füllmaterial dienen elastische Stoffe (Kitte, Bänder, spezielle Fugenprofile). Gleiches gilt für elastische Anschlussfugen zwischen dem oberen Rand der Außenschale und der Abfangkonstruktion. Sie sollen ungewollte Formänderungen in vertikaler Richtung ausgleichen.

Zweischaliges Mauerwerk
Ⓐ mit Putzschicht ohne Luftschicht
Ⓑ mit Luftschicht und Wärmedämmung
Ⓒ mit Luftschicht
Ⓓ mit Wärmedämmung ohne Luftschicht

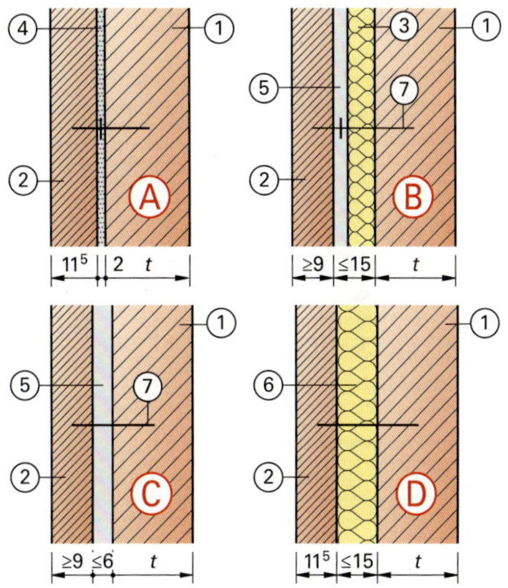

① Innenschale t
zusätzliche Bedingung, wenn t = 11,5 cm:
a) maximal 2 Vollgeschosse zuzüglich ausgebautem Dachgeschoss
b) Verkehrslast einschließlich Zuschlag für unbelastete Trennwände $q \leq 3$ kN/m^2
c) Abstand der aussteifenden Querwände $e \leq 4{,}50$ m bzw. Randabstand ≤ 2,0 m

② Außenschale aus Vormauersteinen bzw. Hintermauersteinen mit Außenputz
③ Dämmplatten, Luftschicht ≥ 4 cm für Ⓑ, wenn Mauermörtel einseitig abgestrichen
④ 2 cm Putzschicht in Mörtelgruppe II oder II a
⑤ Luftschicht 6 cm ≤ t_L ≤ 15 cm, vgl. auch ③
⑥ Kerndämmung nach bauaufsichtlicher Zulassung, Außenschale ≥ 115 mm
⑦ Drahtanker mit und ohne Klemm- und Abtropfscheibe, Verankerung in Leichtmörtel mit LM 36 möglich

Die Luftschicht darf 10 cm über dem Gelände beginnen und muss von dort bis zum Dach ohne Unterbrechung hochgeführt werden. Die Außenschalen sind jeweils unten und oben mit Lüftungsöffnungen zu versehen: für 20 m^2 Wandfläche jeweils unten und oben mindestens 7500 mm^2 (bei Kerndämmung unten 5000 mm^2) Öffnungsfläche als offene Stoßfugen oder Lüftungssteine.

Abb. 11.32: Außenmauerwerk

Gotischer Verband
(ein Läufer und ein Binder wechseln sich ab)

Märkischer Verband
(zwei Läufer wechseln sich mit einem Binder ab)

Läuferverband 1/4-Stein-Überdeckung

Läuferverband "Wilder Verband"

Läuferverband 1/2-Stein-Überdeckung

Abb. 11.33: Zierverbände

Die nichttragende Außenschale eines zweischaligen Verblendmauerwerks kann mit unterschiedlichen Verbandsmustern erstellt werden. Die folgenden Abbildungen 11.33 zeigen einige Möglichkeiten für die Ausführung. Die Verbände stammen aus unterschiedlichen Stilepochen. Auch treten die Zierverbände unterschiedlich häufig in den Landesteilen auf. Der ½-steinige Läuferverband bietet die größte Risssicherheit durch sein größeres Überbindemaß gegenüber den anderen Zierverbänden. Zierverbände mit einem hohen Kopfanteil sind besonders für die Ausmauerung von 24er Wänden geeignet. Für ½-steinige Wände werden zweckmäßig die Läuferverbände eingesetzt.

Je nach der Größe und der Ausdehnung der zu verblendenden Mauerwerksflächen werden vertikale und horizontale Fugen angeordnet, um Rissbildung durch Temperaturbeanspruchung und statische Belastung zu verhindern. Bei kerngedämmtem Mauerwerk ist der Dehnungsfugenabstand gegenüber Luftschichtmauerwerk kleiner zu halten.

Unter Fensteröffnungen kann es durch die Belastungsunterschiede zu Rissen in der Verblendschale kommen. Durch Anordnung von vertikalen Fugen im Brüstungsbereich wird die Rissbildung verhindert (vgl. Abb. 11.35).

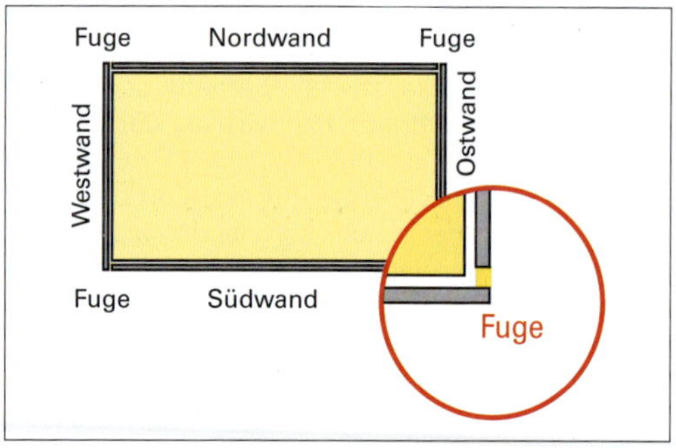

Abb. 11.34: Anordnung vertikaler Dehnfugen bei Verblendschalen

Abb. 11.35: Vertikale Fugen im Brüstungsbereich

Wird die Lüftungsebene einer zweischaligen Außenwand durch Fensterbrüstungen und Sturzkonstruktionen (Rollladenkästen) unterbrochen, ist unterhalb und oberhalb der Fensterkonstruktionen durch in den Stoßfugen angeordnete Öffnungen die Abluft bzw. Zuluft zu gewährleisten.

Durch eine Sperrschicht oberhalb des Rollladenkastens wird eine Durchfeuchtung des Rollladenkastens durch Kondensation in der Luftschichtebene verhindert.

Überdeckung von Öffnungen in der Verblendschale

Die Ausbildung von Stürzen in der Verblendschale kann auf unterschiedliche Weise vorgenommen werden.

Öffnungen im Verblendmauerwerk erfordern die Abfangung des Verblendmauerwerks durch Winkelstähle (Winkelkonsolanker) unter dem Sturzmauerwerk.

Voraussetzung ist hier die exakte Fugenlage um den Winkelträger einzubauen (vgl. Abb. 11.36). Bei größeren Öffnungweiten muss der Winkelträger durch Tragkonsolen an der Stahlbetondecke befestigt werden um die Stützweiten zu reduzieren.

Soll der Verband durchlaufen, ist es zwingend einen Winkelstahl einzubauen, der den Halt für die untere Mauerwerksschicht bildet. Geringe Stützweiten lassen sich auch ohne eine Abfangung mit einem Winkelstahl durch scheitrechte Stürze überbrücken (vgl. Abb. 11.37).

Abb. 11.36: Abfangung des Verblendmauerwerks mit Winkelstahl

Abb. 11.37: Abfangung des Verblendmauerwerks mit scheitrechtem Sturzmauerwerk

Auch bei scheitrechten Sturzausbildungen ist der Einbau eines Winkelstahls zur Sicherung zu empfehlen (vgl. Abb. 11.39).

Für die Belastung von Stürzen kann eine dreieckige Belastungsfigur angenommen werden, sofern eine Gewölbewirkung gegeben ist. Abbildung 11.38 liefert Anhaltswerte zur Überprüfung der Gewölbewirkung. Oberhalb des Belastungsdreiecks und seitlich muss in Abhängigkeit von der Öffnungsweite das Mauerwerk die Kräfte aus der Gewölbewirkung aufnehmen können. Dazu sind Mindestabmessungen erforderlich.

Bei großen und hohen Verblendfassaden ist es sinnvoll an der Außenschale eines Gebäudes Gerüstanker einzubauen. So können im Bedarfsfall Gerüste sicher verankert werden.

Horizontale Dehnfugen bei mehrgeschossigen Bauten werden unter der Abfangkonstruktion der Verbendschale angeordnet.

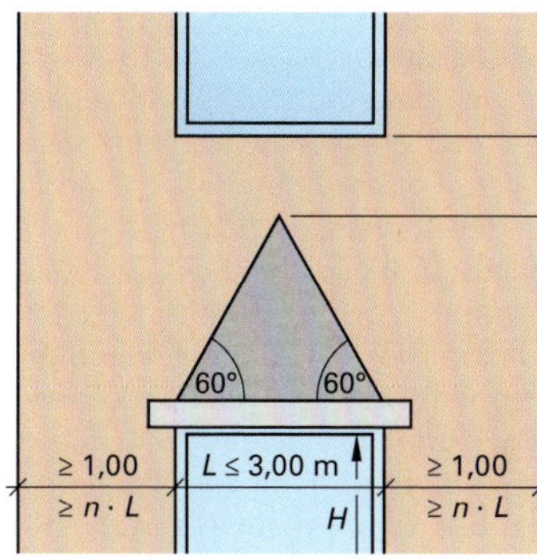

H/L	n
1,2	n = 0,5
2,0	n = 0,7
3,6	n = 1,0

Abb. 11.38: Gewölbewirkung

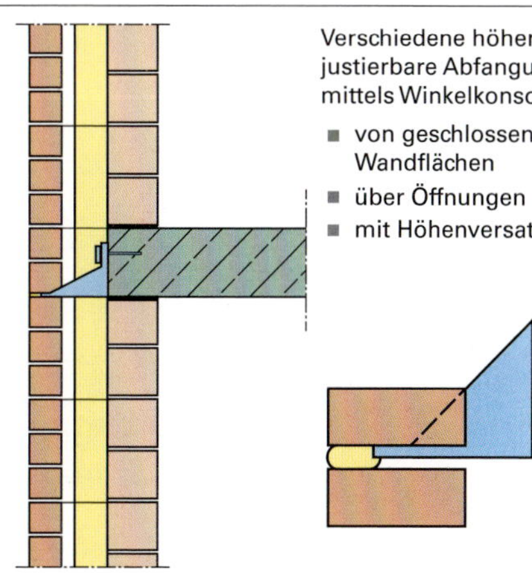

Abb. 11.39: Abfangung der Verblendschale

Zweischalige Außenwände mit Kerndämmung

Die Außenwandkonstruktionen mit Kerndämmung haben sich inzwischen auch in schlagregenreichen Gebieten bewährt. Der Verzicht auf die Luftschicht ermöglicht gegenüber der zuvor beschriebenen Konstruktion mehr Wärmeschutz bzw. mehr Wohnfläche. Es entfällt auch das Problem unerwünschter Mörtelansammlungen im Bereich der Belüftungs- bzw. Entwässerungsfugen. Feuchtigkeitskontakt zur Wärmedämmschicht, sowohl infolge Schlagregens als auch durch Kondensatfeuchte des nach außen diffundierenden Wasserdampfs während der Winterzeit, wird in Kauf genommen. Zweischalige Außenwände mit Wärmedämmung und Luftschicht werden heute oft energetisch nachgebessert. Dazu wird in die Luftschicht nachträglich wärmedämmendes Material eingeblasen. Das Material muss den Anforderungen an eine Kerndämmung genügen. Die ergänzenden Konstruktionsregeln berücksichtigen diesen Umstand:

- **Wärmedämmschicht**
  Zulässig sind nur dauerhaft wasserabweisende Dämmstoffe (z. B. entsprechende Platten aus Schaumkunststoff oder Mineralfaser, Granulate und Schüttungen sowie Ortschäume).
- Die **Außenwandschale** soll so dicht, wie es das Vermauern erlaubt, vor der Dämmung errichtet werden und aus möglichst diffusionsoffenem Material bestehen. Glasierte Steine müssen erhöhten Frostwiderstand aufweisen. Schüttbare Dämmstoffe (z. B. Hyperlite) erhalten entlang der unteren Z-Sperre grobkörniges Material als Entwässerungshilfe.
- Die **Entwässerungsöffnungen** in der Außenschale (z. B. in Form von offenen Stoßfugen) sollen je 20 m^2 Wandfläche (Fenster und Türen eingerechnet) $\geq 50\ cm^2$ allein im Fußpunktbereich aufweisen (vgl. Abb. 11.40).

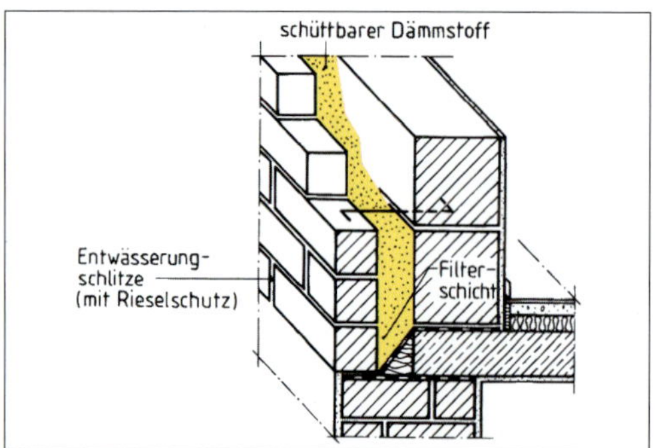

Abb. 11.40: Kerngedämmte Außenwand ohne Luftschicht

- **Schutzmaßnahmen gegen Ausrieseln** im Bereich der Entwässerungsöffnungen sind bei Verwendung schüttbarer Dämmstoffe zu treffen.
- Die **Wanddicke der Außenschale** beträgt abweichend von den bisherigen Ausführungen $\geq 11{,}5$ cm.
- **Lichter Wandschalenabstand** ≤ 15 cm, bei gesondertem Nachweis der Wandanker auch > 15 cm.
- Die **Temperaturbelastung** in der Außenschale des kerngedämmten Mauerwerks vergrößert sich, weil ein wirksamer Temperaturausgleich mit der Wandinnenschale durch Wärmeabgabe im Sommer und Wärmeaufnahme im Winter kaum stattfinden kann. Die Beachtung der genannten Dehnungsfugenabstände ist daher unerlässlich.

Die unterschiedlichen Konstruktionsarten und Verwendungsbereiche erfordern noch kurze Begriffserläuterungen spezieller Ausführungen.

Haustrennwände

Zweischalige Haustrennwände werden i.d.R. als nebeneinanderstehende einschalige biegesteife Trennwände mit durchgehender Fuge (> 2 cm) ausgeführt. Diese müssen neben der Standfestigkeit noch wesentliche Schall- und Brandschutzauflagen erfüllen. Die Fuge ist lückenlos von der OK Fundament bis zur Dachhaut zu führen. Die vollwertige Trennung lässt sich durch den Einbau zweilagig und mit versetzten Stößen angeordneter weicher Faserdämm-/Mineralfaserplatten erreichen. Erfahrungen und Untersuchungen zum Schallschutz haben ergeben, dass der vergrößerte Schalenabstand bei gleichbleibender Flächenmasse den R'_w-Wert entscheidend verbessert.

Komplextrennwände

Komplextrennwände sind Wände die versicherungsrechtlich definiert sind. Wesentlich ist zu beachten, dass die Wände und auch die aussteifenden Bauteile für F 180 definiert sind und die Stoßbeanspruchung von 4 kN·m gesichert ist. Erst in jüngster Zeit werden auch für Türen T 120 angeboten und eingebaut.

Komplextrennwände sind weder im Baurecht aufgeführt, noch werden dazu Anforderungen bzw. Angaben in der DIN 4102-4 gemacht.

Nach Angaben der Versicherer werden einschalige 36,5 cm bzw. 2 · 24 cm dicke Wände aus Mauerziegeln oder Kalksandsteinen mit der Mörtelgruppe II, IIa bzw. III als Komplextrennwände gelistet (Merkblatt 2234-S1, VdS).

Gebäudeabschlusswände/ Gebäudetrennwände

Die Begriffe Gebäudeabschluss- und Gebäudetrennwände werden in den LBO und MBO § 30 definiert. Gebäudetrennwände werden erstellt um Brandabschnitte zu errichten (z. B. alle 40 m). Die Ausbildung erfolgt mindestens mit F 90 Türen, als Wand auch in der Kombination F 90 + F 30.

Gebäudeabschlusswände sind nach den bauaufsichtlichen Bestimmungen als Brandwände auszuführen. Die jeweilige Feuerwiderstandsklasse ergibt sich in Abhängigkeit des Gebäudes bezogen auf die Geschossanzahl.

Brandwände

Die Anforderungen an Brandwänden ist in den LBO und der MBO § 30 erläutert. Brandwände werden z. B. auf Grundstücksgrenzen oder zur Bildung von Brandabschnitte in bestimmten Abständen erforderlich. Es werden innere und äußere Brandwände unterschieden. Brandwände müssen aus nichtbrennbaren Baustoffen der Baustoffklasse A1 oder A2 bestehen und einer Brandbeanspruchung von 90 Minuten standhalten.

11.5.2 Einschalige Wände

Einschaliges Mauerwerk ist über die gesamte Wanddicke als tragfähiges Mauerwerk herzustellen. Einschalige Außenwände werden wegen der erforderlichen größeren Wanddicke auch in Verbindung mit einer Wärmedämmung i.d.R. aus großformatigen Steinen erstellt. Die Wände können als Hintermauerwerk oder als Sichtmauerwerk erstellt werden (einschalige Innenwände werden im LF 14 „Ausbauen eines Geschosses" behandelt).

Verblendmauerwerk, das mit dem Hintermauerwerk im Verbund ausgeführt wird, wird als Sichtmauerwerk bezeichnet. Nach DIN EN 1996-2 muss Sichtmauerwerk aus frostbeständigen Steinen bestehen, aus Gründen der Schlagregensicherheit je Mauerschicht mindestens zwei Steinreihen aufweisen zwischen denen eine durchgehende, schichtweise versetzte, hohlraumfreie, vermörtelte 2 cm dicke Längsfuge verläuft. Die Mindestwanddicke beträgt 31 cm (30 cm + 1 cm für die verbreiterte Fuge) bei geringer Schlagregenbeanspruchung (vgl. Abb. 11.41).

Einschalige Wände mit zusätzlicher Wärmedämmung, die aus Steinen lediglich nach statisch-konstruktiven Anforderungen geplant werden, erhalten eine zusätzlich außen aufgebrachte Wär-

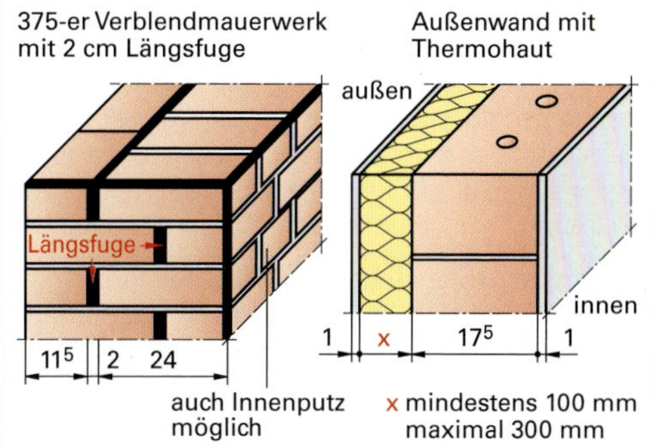

Abb. 11.41: Einschalige Außenwände

medämmung, aus Hartschaum, Mineralwolle oder Mineraldämmplatten mit zement- oder kunstharzgebundenen Dünnputzen. Diese Systeme, von den Herstellern als komplette Systeme angeboten, ist als Wärmedämmverbundsysteme (WDVS) definiert. Sie stellen nach vergleichenden Untersuchungen eine recht kostengünstige Lösung dar. Dabei wirkt sich auch die relativ geringe Wanddicke im Hinblick auf den insgesamt umbauten Raum vorteilhaft aus.

Wärmedämmverbundsysteme (WDVS) (auch als Thermohaut oder Vollwärmeschutz bezeichnet) dienen einerseits der äußeren Wärmedämmung von Bauwerken und andererseits der Gestaltung von Fassaden. WDV-Systeme bestehen aus plattenförmigen Dämmschichten, einer darauf aufgebrachten Armierungsschicht und einer abschließenden Beschichtung (als Oberputz oder Edelputz bezeichnet). Nachfolgend werden Konstruktionsmöglichkeiten vorgestellt, aus denen nicht nur der konstruktive Aufbau zu erkennen ist, sondern auch gleich der entsprechende U-Wert der Wand errechnet wurde.

Wird für die Außenfassade ein Wärmedämmverbundsystem geplant, sind die Vorschriften des Brandschutzes hinsichtlich der Ausführung zu beachten. In Abhängigkeit von der Gebäudeklasse
GKL 1, GKL 2, GKL 3 geringe Höhe $h \leq 7$ m
GKL 4 mittlere Höhe (7 m $< h \leq$ 13 m)
GKL 5 Hochhäuser $h > 22$ m
und der Nutzung und der Lage des Gebäudes werden Anforderungen hinsichtlich der Brennbarkeit der Materialien (normal entflammbar (E), schwer entflammbar (A2, B, C), nicht brennbar (A1, A2), vgl. Kapitel 14.1) an die Dämmstoffe gestellt.

Dabei werden folgende Brandfälle unterschieden:
- Brand eines Nachbargebäudes
- Brand außerhalb des Gebäudes (Sockelbrand)
- Brand innerhalb des Gebäudes (Raumbrand)

Um den Brandschutz zu gewährleisten werden für Wärmedämmverbundsysteme aus EPS Brandriegel für die Fassade vorgeschrieben. Für Wärmedämmverbundsysteme mit Dicken von 10 cm < *d* ≤ 30 cm auf massiven mineralischen Untergrund mit Putzschicht gilt für die Ausbildung des Brandschutzes:

- An der Unterkante des WDS-Systems max. 90 cm über der Geländeoberkante wird ein Sockelriegel angeordnet.
- In Höhe der Erdgeschossdecke wird der Erdgeschossriegel eingebaut. Der maximale Abstand zum Sockelriegel darf 3,00 m nicht überschreiten.
- Alle zwei Geschosse bzw. mindestens nach 8,00 m Abstand zum Erdgeschossriegel sind Zusatzbrandriegel einzubauen.
- Ab dem vierten Geschoss kann ein Sturzschutz über den Öffnungen alternativ zu einem Brandriegel die Brandschutzanforderung erfüllen.
- Am oberen Rand des WDS-Systems ist am Übergang zu den brennbaren Flächen (z.B. Dach) ein Abschlussriegel anzuordnen. Der Riegel muss maximal 1,00 m unter den beanspruchten Flächen angeordnet sein.
- Die notwendige Höhe der Brandriegel beträgt mindestens 0,20 m. Für Brandriegel und Sturzriegel wird nicht brennbares Material aus Mineralwolle mit mineralischen Klebern verwendet. Auch möglich sind PU-Materialien.

Für andere Ausführungen der WDV-Systeme und andere Dämmstoffdicken sind die entsprechenden zusätzlichen Anforderungen einzuhalten.

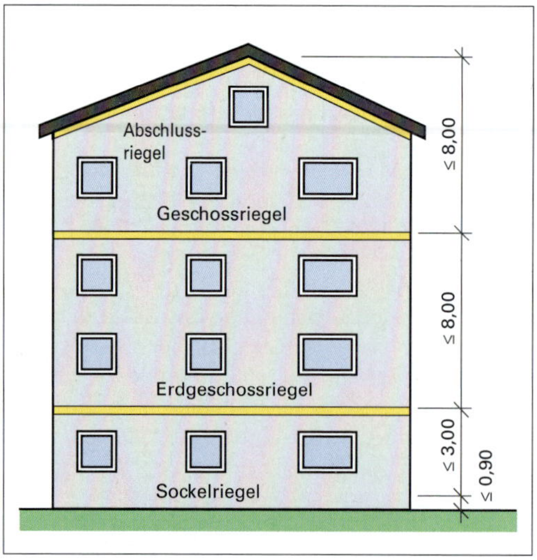

Abb. 11.42: Riegelanordnung (Brandschutz)

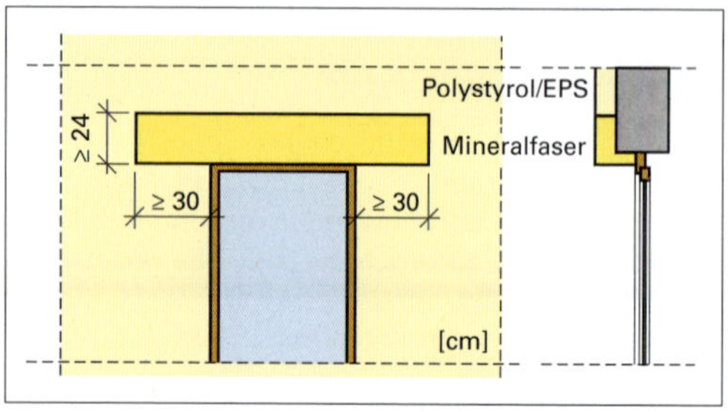

Abb. 11.43: Ausbildung von Brandschutz im Sturzbereich einer Öffnung (Fenster in Wandebene)

Soll ein WDV-System in der Gebäudesanierung zur Anwendung kommen, ist zu prüfen ob eine Anbringung mittels Klebetechnik möglich ist. Sollte dies nicht der Fall sein, lassen sich die Wärmedämmplatten mit Dübeln an der Fassade befestigen.

Die Platten des Wärmedämmverbundsystems sind nach den Angaben der Hersteller im Verband zu verarbeiten. Für Eck- und Fensterbereich sind Verlegefehler zu vermeiden (vgl. Abb. 11.44).

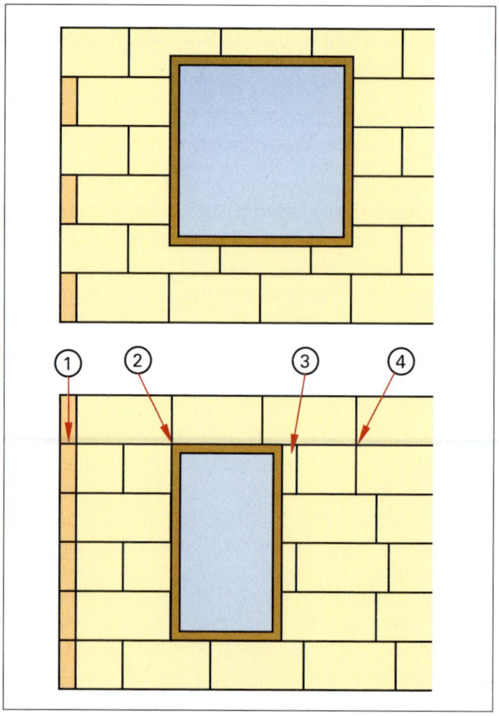

Abb. 11.44: Fehler bei der Anbringung von WDVS-Platten ① Kein Eckverband ② Kreuzfuge an Fensterecke ③ Randstück zu schmal ④ Kreuzfuge in der Fläche

Beispiele

Einschalige Außenwände mit Außendämmung

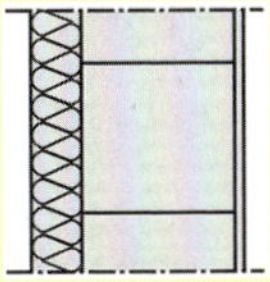

Wärmedämmverbundsystem 6 cm,
$\lambda = 0{,}035$ W/(m·K)
Planziegel
Innenputz 1,5 cm
Kalkgips, $\lambda = 0{,}70$ W/(m·K)

Wandstärke in cm	Konstruktionsdicke in cm	U_{AW}-Wert in W/(m²·K) bei λ-Ziegel			
		0,12	0,14	0,16	0,18
17,5	25,0	–	0,317	–	0,347
24,0	31,5	0,256	0,276	–	0,309
30,0	37,5	0,234	0,247	0,265	–

Berechnung für 24 cm Wandstärke

$U = 1/R_T$ mit $R_T = R_{si} + R + R_{se}$

$$R = \frac{0{,}024}{0{,}12} + \frac{0{,}06}{0{,}035} + \frac{10{,}015}{0{,}70}$$

$R = 3{,}735$ $R_T = 3{,}903$

mit $U = \frac{1}{R_T}$ $U = 0{,}256$ W/(m²·K)

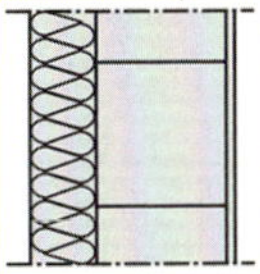

Wärmedämmverbundsystem
12 cm, $\lambda = 0{,}035$ W/(m·K)
Planziegel
Innenputz 1,5 cm Kalkgips,
$\lambda = 0{,}70$ W/(m·K)

Wandstärke in cm	Konstruktionsdicke in cm	U_{AW}-Wert in W/(m²·K) bei λ-Ziegel			
		0,12	0,14	0,16	0,18
17,5	31,0	–	0,212	–	0,225
24,0	37,5	0,215	0,229	–	0,209
30,0	43,5	0,170	0,181	0,189	–

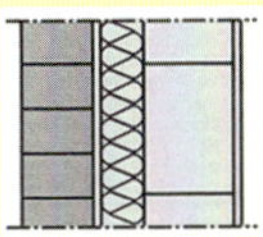

Verblender 11,5 cm, Rohdichte 1,6 kg/dm³, $\lambda = 0{,}68$ W/(m·K)
Drahtanker gem. DIN Ø 4 mm
Kerndämmung 8 cm
WLG 0,35, $\lambda = 0{,}035$ W/(m·K)
Planziegel
Innenputz 1,5 cm
Kalkgips, $\lambda = 0{,}70$ W/(m·K)

Wandstärke in cm	Konstruktionsdicke in cm	U_{AW}-Wert in W/(m²·K) bei λ-Ziegel			
		0,12	0,14	0,16	0,18
17,5	39,5	–	0,247	–	0,265
24,0	46,5	0,215	0,229	–	0,242
30,0	51,0	0,196	0,209	0,221	–

11.5.3 Wände aus Lehm

Der Lehmbau und Lehmputz findet im Zusammenhang mit dem ökologischen Bauen und der Erhaltung alter Bausubstanz neue Beachtung. Zu unterscheiden sind:

- Lehmziegelbau (ungebrannte Lehmziegel, Grünlinge)
- in Schalung eingebrachter, aufgearbeiteter Lehm (Stampflehmbau)
- Lehmstrangbauweise (für Innenwände)

Lehmputze werden über Lehmsteinmauerwerk und Lehmfüllungen (oder Fachwerkwänden) aufgezogen. Der lehmgebundene Mörtel besteht meist aus Lehm, Quarzsand und Kalkhydratteig. Industriell werden Strohlehm-Leichtelemente mit verbessertem Schwundverhalten, einer Rohdichte von ca. 650 kg/m³ bis 850 kg/m³ in den Formaten 16/24/30 und 12/24/30 [cm] hergestellt.

11.6 Mauer- und Putzmörtel

Die Bedeutung des Mörtels für die Güte des Mauerwerks wird häufig unterschätzt, obwohl der Fugenanteil von Mauerflächen bis zu 20 % betragen kann und mangelhafte Fugen die Hauptursache von Mauerwerksschäden sind.

Bestandteile des Mörtels sind Sand, Bindemittel und Wasser, zum Teil noch Zusatzstoffe (max. 15 Vol.-% des Sandes, z. B. Baukalk, Gesteinsmehle, Trass) und Zusatzmittel wie Luftporenbildner, Verflüssiger, Dichtungsmittel, Erstarrungsbeschleuniger und -verzögerer, ferner haftverbessernde Stoffe für den Stein-/Mörtelverbund.

Mörtelarten werden unterschieden nach der Herstellung, Zusammensetzung und bestimmten technischen Eigenschaften wie (z. B. Festigkeit, Wärmeleitfähigkeit, Dichte).

Nach der Herstellung wird Baustellenmörtel und Werkmauermörtel unterschieden.

Baustellenmörtel

Für seine Herstellung sind besondere Lagerungsbedingungen und genaue Abmessvorrichtungen für die Mörtelbestandteile auf der Baustelle vorgeschrieben.

Werkmörtel

- **Werk-Frischmörtel** (Nassmörtel) wird gebrauchsfähig in verarbeitbarer Konsistenz geliefert (kellenfertig). Er enthält bereits alle notwendigen Mörtelbestandteile.

- **Werk-Trockenmörtel** muss mit dem Mischer und durch Zugabe der erforderlichen Wassermenge zu einer kellengerecht verarbeitbaren Konsistenz aufbereitet werden.

Nach der Zusammensetzung, Dichte und Wärmeleitfähigkeit wird unterschieden zwischen Normalmörtel, Leichtmörtel und Dünnbettmörtel.

Normalmörtel haben eine Trockenrohdichte von ≥ 1,5 kg/dm³, die meist mit dichten Zuschlägen sicher erreicht wird. Sie werden in den Mörtelgruppen I, II, IIa, III und IIIa hergestellt. Mindestwerte bestehen zur Druckfestigkeit, neuerdings auch zur Haftscherfestigkeit.

Leichtmörtel haben eine Trockenrohdichte von < 1,5 kg/dm³, die durch Mitverwendung poriger Zuschläge erreicht wird. Zu unterscheiden sind die Mörtelgruppen LM 21 und LM 36.

Dünnbettmörtel sind Werk-Trockenmörtel aus dichten Zuschlägen mit ≤ 1 mm Größtkorn, Zement sowie Zusatzmitteln und Zusatzstoffen. Sie gleichen der Mörtelgruppe III.

Tabelle 11.45: Mörtel- und Fugendruckfestigkeit (zusätzlich in der DIN 18580 gefordert)

Mörtelart	Kurzzeichen	Mörtelgruppen DIN 1053	Mörtelklassen[1] DIN EN 998-2 DIN V 18550	Fugendruckfestigkeit (N/mm²) nach 28 Tagen		
				Verfahren I	Verfahren II Verfahren II	Verfahren III
Normalmauermörtel	NM	MG I	M1	–	–	–
		MG II	M2,5	1,25	2,5	1,75
		MG IIa	M5	2,5	5,0	3,5
		MG III	M10 (M15)	5,0	10,0 (15,0)	7,0
		MG IIIa	M20	10,0	20,0	14,0
			Md	mit Eignungsprüfung ≥ 25,0 (Stufen von 5 N/mm²)		
Leichtmauermörtel	LM	LM 21	M5	2,5	5,0	3,5
		LM 36	M5	2,5	5,0	3,5
Dünnbettmörtel	DM	MG III	M10	[1] Das verwendete Bindemittel hat bei den Mörtelklassen keine einschränkende Bedeutung.		

Tabelle 11.46: Anforderungen an die Mörteleigenschaften

Mörtelgruppen	Trockenrohdichte kg/m³	Wärmeleitfähigkeit W/(m·K)	Haftscherfestigkeit[3] Anfangswert N/mm²	Haftscherfestigkeit[3] Mittel N/mm²	Chloridgehalt M.-%	Verarbeitungszeit	Korrigierbarkeitszeit	Brandverhaltensklasse
Normalmauermörtel (NM)								
I	≥ 1500	–	–	–	≤ 0,1	(Kalkmörtel)		A1
II		–	≥ 0,04	≥ 0,10		(Kalkzementmörtel)		A1
IIa		–	≥ 0,08	≥ 0,20		(Kalkzementmörtel)		A1
III		–	≥ 0,10	≥ 0,25		(Zementmörtel)		A1
IIIa		–	≥ 0,12	≥ 0,30		(Zementmörtel)		A1
Leichtmauermörtel (LM)								
LM 21	≤ 700	≤ 0,21[1] ≤ 0,18[2]	≥ 0,08	≥ 0,20	≤ 0,1	(Bestandteile: Perlite, Blähton, Zement, Baukalk, Zusätze)		A1
LM 36	> 700 ≤ 1000	≤ 0,36[1] ≤ 0,27[2]	≥ 0,08	≥ 0,20				A1
Dünnbettmörtel (DM)								
DM	≥ 1500	–	≥ 0,20	≥ 0,50	≤ 0,1	≥ 4 h	≥ 7 min.	A1

[1] λ_R Rechenwert, [2] $\lambda_{10,tr}$ Messwert bei einer Durchschnittstemperatur von 10 °C in trockenem Zustand.
[3] Prüfung nach DIN EN 1052-3 für die charakteristische Anfangsscherfestigkeit, nach DIN 18555-5 für Mittelwert.

Putzmörtel

Putzmörtel ist ein Gemisch aus einem oder mehreren Bindemitteln, Gesteinskörnungen sowie Wasser (und ggf. mit Zusätzen). Putzmörtel wird als Werkputzmörtel oder werkmäßig hergestellter Mörtel nach Güteprüfung bzw. Eignungsprüfung hergestellt und geliefert. Putz soll Gebäude von außen vor Witterungseinflüssen schützen. Die Ausführung ist in DIN EN 13914 und ergänzend in DIN 18550-1 geregelt.

Tabelle 11.47: Putzmörtel (DIN EN 998-1)

Druckfestigkeit	Nomdruckfestigkeit	Hauptbindemittel
CS I	0,5 N/mm^2 bis 2,5 N/mm^2	Luftkalk
CS II	1,5 N/mm^2 bis 5,0 N/mm^2	Hydraulischer Kalk
CS III	3,5 N/mm^2 bis 7,5 N/mm^2	Baukalk und Zement
CS IV	≥ 6 N/mm^2	Zement

Die DIN EN 998-1 unterscheidet folgende Putzmörtel und Abkürzungen:

- GP Normalputzmörtel
- CR Edelputzmörtel
- LW Leichtputzmörtel
- T Wärmeputzmörtel
- OC Einlagenputzmörtel
- R Sanierputzmörtel

Die nationale Ausführungsnorm DIN 18550-1 benennt weiterhin folgende Putzmörtel: Luftkalkmörtel, Wasserkalkmörtel, Mörtel mit hydraulischem Kalk, Kalkzementmörtel, Zementmörtel und Gipsmörtel (vgl. Tabelle 11.47).

11.7 Anforderungen an den Wärmeschutz

Bei der Nachweisführung nach dem Gebäudeenergiegesetz (GEG) für den Primärenergiebedarf eines Gebäudes werden Wohngebäude und Nichtwohngebäude unterschieden.

Zu den Wohngebäuden zählen auch Wohnheime, Alten- und Pflegeheime. Alle Gebäude, die nicht zu Wohnzwecken dienen, fallen in die Kategorie Nichtwohngebäude, z. B. Verwaltungsgebäude, Bürogebäude, Kaufhäuser und Einkaufsmärkte, Kindergärten, Hotels, Gaststätten, Schulen usw.
Für Wohngebäude sind zwei Nachweismethoden möglich:

- nach DIN V 18599 energetische Bewertung von Gebäuden (allgemeines Bilanzierungsverfahren, Begriffe, Zonierung und Bewertung der Energieträger).
- nach DIN V 4108-6 Wärmeschutz und Energieeinsparung in Gebäuden (Berechnung des Jahresheizwärme- und des Jahresheizenergiebedarfs) in Verbindung mit der Vornorm DIN V 4701-10 (energetische Bewertung heiz- und raumlufttechnischer Anlagen, Heizung, Trinkwassererwärmung, Lüftung).

Nach der Vornorm DIN V 4108-6 wird die Gebäudehülle und nach DIN V 4701 die Anlagentechnik nachgewiesen. In der Norm ist das genaue Verfahren „Monatsbilanzverfahren" und das vereinfachte Verfahren „Jahresbilanz-Verfahren" beschrieben.

Für Nichtwohngebäude wird der Wärmeenergiebedarf nach der Vornorm DIN V 18599 (energetische Bewertung von Gebäuden) berechnet.

Der Nachweis des Primär-Energiergiebedarfs wird sinnvollerweise mit einem EDV-Programm durchgeführt. Am Markt existieren verschiedene, auch kostenlose Programme, mit denen unter anderem der Nachweis für Wohngebäude geführt werden kann.

Beim Referenzverfahren werden Anforderungen an den Jahresprimärenergiebedarf und den spezifischen Transmissionswärmeverlust gestellt.

Nach der beabsichtigten Gebäudegeometrie (Volumen, Hüllfläche, Ausrichtung des Gebäudes) wird das Gebäude beim Referenzverfahren mit einer Ausführung ausgestattet die mindestens den Anforderungen des Referenzgebäudes hinsichtlich der Konstruktionsteile Wand, Decke, Dach, Fenster und Türen entsprechen muss.

Die Ermittlung des Jahresprimärenergiebedarfs dieses Referenzgebäudes gibt den Wert vor, der vom tatsächlichen Gebäude nicht überschritten werden darf. Dies wird im Regelfall erreicht, wenn die entsprechenden Gebäudekomponenten gleich oder besser ausgeführt werden. Es ist darauf zu achten, dass auch der spezifische Transmissionswärmeverlust H'_T nicht überschritten wird.

Tabelle 11.48: Maximalwerte des Transmissionswärmeverlustes H'_T

Gebäude frei stehend $A_N \leq 350$ m²	0,40 W/ (m²·K)
Gebäude frei stehend $A_N > 350$ m²	0,50 W/ (m²·K)
Angebaute Doppelhaushälfte, Reihenendhaus	0,45 W/ (m²·K)
Reihenmittelhaus	0,65 W/ (m²·K)
Erweiterung	0,65 W/ (m²·K)

Im Folgenden werden die wichtigsten beim Nachweis eines Wohngebäudes zu berücksichtigen Einflüsse der rechnerischen Erfassung angegeben.

Beheiztes Gebäudevolumen (V_e) berechnen.

Gebäudenutzfläche aus dem Gebäudevolumen herleiten ($A_N = 0{,}32 \cdot V_e$).

Transmissionswärmeverluste der Gebäudehüllflächen berechnen ($\sum A \cdot U \cdot F_x$).

Dazu wird die jeweilige Fläche mit dem U-Wert und einem Korrekturfaktor F_x multipliziert.

Die Verluste durch Wärmebrücken (H_{WB}) können durch pauschale Zuschläge oder durch exaktere Nachweise berücksichtigt werden.

Transmissionswärmeverluste (H_T):

$$H_T = \sum A \cdot U \cdot F_x + H_{WB}$$

Luftvolumen als Grundlage für die Ermittlung des Lüftungswärmeverlustes ermitteln. Dies geschieht durch Verringerung des Gebäudevolumens um die Konstruktionsmasse.

Der **Lüftungswärmeverlust** (H_V) ergibt sich in Abhängigkeit von der Luftdichtigkeit und dem Vorhandensein oder Nichtvorhandensein einer mechanischen Abluftanlage mit oder ohne Wärmerückgewinnung.

Unter Berücksichtigung **solarer Wärmegewinne** durch transparente Bauteile und opaker Bauteile fließen die solaren Wärmegewinne in die Rechnung ein.

Zusätzlich lassen sich solare Wärmegewinne durch transparente Bauteile (Fenster) in Abhängigkeit von der Himmelsrichtung und Neigung der bestrahlten Fläche ermitteln. Für die Flächen werden die Rohbaumaße angesetzt. Solare Wärmegewinne über opake Bauteile, d.h. nicht transparente Bauteile, werden von den Transmissionswärmeverlusten der Bauteile abgezogen.

Werden dann noch die **internen Wärmegewinne** erfasst, kann der Jahresheizwärmebedarf berechnet werden.

Mit der **Anlagenaufwandszahl** e_p ergibt sich dann der Primärenergiebedarf (Q''_p), der auf die Hüllfläche (H'_T) bezogene Transmissionswärmeverlust und der Endenergiebedarf.

Der **sommerliche Wärmeschutz** ist ebenfalls nachzuweisen. Wohngebäude sollten möglichst ohne Kühlanlagentechnik auskommen. Der Nachweis wird über raumbezogene Sonneneintragwerte *S* geführt.

Die umfassenden Tabellen sind in Tabellenbüchen aufgelistet. Verbindlich sind die DIN-Normen und das GEG selbst.

Beispiel

Es ist der Wärmedurchlasskoeffizient Λ für eine unverputzte Lochziegelwand, Rohdichte ρ = 1600 kg/m³ in der Dicke d = 36,5 cm zu berechnen. Wärmeleitfähigkeit λ_R für Lochziegel mit Rohdichte ρ = 1600 kg/m³ λ = 0,68 W/(m·K)

Wärmedurchlasskoeffizient

$$\Lambda = \frac{\lambda_R}{d} = \frac{0{,}68}{0{,}365} = 1{,}68 \frac{\text{W}}{\text{m}^2 \cdot \text{K}}$$

Hinweis: Der Wärmedurchlasskoeffizient ist in der neuen Norm nicht mehr definiert.
Zur Beurteilung der Wärmedämmfähigkeit eines Bauteils wird der Wärmedurchlasswiderstand R in m²·K/W als Kehrwert des Wärmedurchlasskoeffizienten Λ ermittelt.

Beispiel

Der Wärmeschutz der abgebildeten Außenwand ist zu beurteilen. Zu berechnen sind:
a) den Wärmedurchlasswiderstand R und
b) den Wärmedurchgangskoeffizienten U.

Wärmeleitfähigkeiten

λ_R Kalkgipsputz = 0,70 W/(m·K)
λ_R Kalksand-Lochsteine (ϱ = 1200 kg/m³) = 0,56 W/(m·K)
λ_R Vollklinker (ϱ = 1800 kg/m³) = 0,81 W/(m·K)

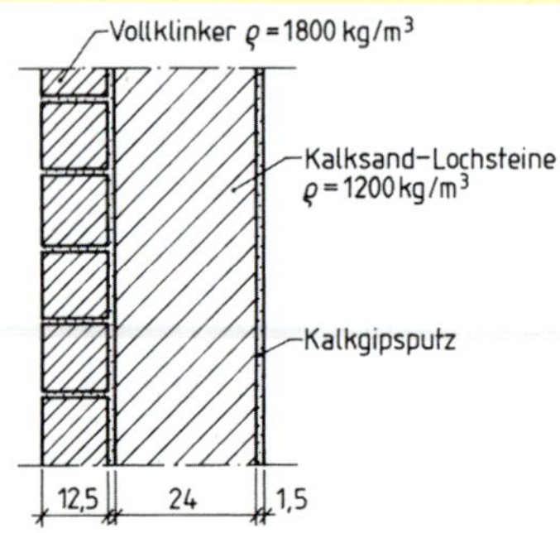

Maximal zulässiger Wärmedurchgangskoeffizient

U = 0,21 W/(m²·K)

$$R = \frac{0{,}015}{0{,}70} + \frac{0{,}24}{0{,}56} + \frac{0{,}125}{0{,}81} = 0{,}60 \text{ m}^2 \cdot \text{K/W}$$

$$R_T = 0{,}04 + 0{,}60 + 0{,}13 = 0{,}77 \text{ m}^2 \cdot \text{K/W}$$

$$U = \frac{1}{0{,}77} = 1{,}30 \text{ W/(m}^2 \cdot \text{K)} > U_{max}$$

Der geforderte Mindestwärmeschutz wird also durch diese Außenwand nicht erfüllt.

Beispiel

Es ist der Wärmedurchlasskoeffizient Λ für eine unverputzte Lochziegelwand, Rohdichte $\sigma = 1600\ kg/m^3$ in der Dicke $d = 30$ cm zu berechnen. Wärmeleitfähigkeit λ_R für Lochziegel mit Rohdichte $\varrho = 1600\ kg/m^3$ und $\lambda = 0{,}68$ W/(m·K)

Wärmedurchlasskoeffizient

$$\Lambda = \frac{\lambda_R}{d} = \frac{0{,}68}{0{,}30} = 2{,}27\ \frac{W}{m^2 \cdot K}$$

Wärmedurchlasswiderstand

$$\frac{1}{\Lambda} = \frac{1}{2{,}27} = 0{,}44\ \frac{m^2 \cdot K}{W}$$

$$\text{oder } R = \frac{d}{\lambda_R} = \frac{0{,}30}{0{,}68} = 0{,}44\ \frac{m^2 \cdot K}{W}$$

Beispiel

Ist der Wärmeverlust einer 36,5 cm dicken Außenwand aus Leichtbeton-Vollsteinen größer oder kleiner als bei einer Außenwand in der gleichen Dicke aus Blähton-Vollblöcken $\varrho = 800\ kg/m^2$?

Wärmeleitfähigkeiten

λ_R Leichtbeton-Vollsteine = 0,40 W/(m·K)
λ_R Blähton-Vollblöcke = 0,31 W/(m·K)

Wärmeübergangswiderstände

Außenwand $R_{si} = 0{,}13\ m^2 \cdot K/W$,
$R_{se} = 0{,}04\ m^2 \cdot K/W$

Wärmedurchgangskoeffizient

$$U = \frac{1}{R_{si} + R + R_{sa}}$$

Leichtbeton-Vollsteine

$$U = \frac{1}{0{,}13 + \frac{0{,}365}{0{,}40} + 0{,}04} = 0{,}92\ W/(m^2 \cdot K)$$

Blähton-Vollblöcke

$$U = \frac{1}{0{,}13 + \frac{0{,}365}{0{,}31} + 0{,}04} = 0{,}74\ W/(m^2 \cdot K)$$

Die 36,5 cm breite Außenwand aus Leichtbeton-Vollsteinen hat den höheren Wärmeverlust.

Darstellen des Temperaturverlaufs mehrschichtiger Bauteile.

Für die Beurteilung, ob eine Außenwand- oder Dachkonstruktion bauphysikalisch einwandfrei funktioniert, ist der Temperaturverlauf durch das Bauteil auszuweisen. Dazu sind an jeder Stelle der Konstruktion die vorhandenen Temperaturen zu berechnen. Dabei definiert die DIN in der Heizperiode eine Rauminnentemperatur von 20 °C und eine Außentemperatur von –5 °C.

Beispiel

Die Wandkonstruktion ist maßstäblich darzustellen. An den Schichtkanten und den Wandoberflächen sind die Temperaturen zu ermitteln.

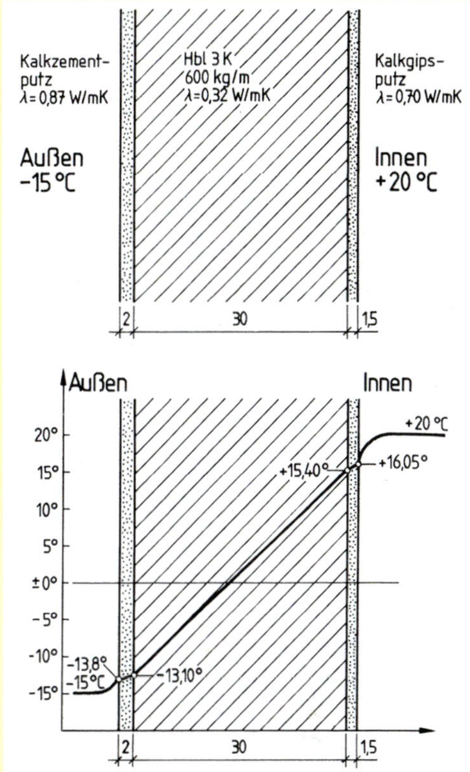

Schicht	Schichtdicke d [m]	Wärmeleitfähigkeit λ [W/(m·K)]	R [m²·K/W]	$\Delta\vartheta$ [K]	ϑ an Schichtfuge [°C]
Innenluft	–	–	$R_{si} = 0{,}13$	3,95	20,00
Innenputz	0,015	0,70	0,0214	0,65	16,05
Mauerwerk	0,3	0,32	0,938	28,50	15,40
Außenputz	0,02	0,87	0,023	0,70	– 13,10 – 13,80
Außenluft	–	–	$R_{se} = 0{,}04$	1,20	– 15,00
			$R_T = \sum 1{,}152$		$\sum 35°$

Wärmestrom q, Temperaturverlauf ϑ

$q = U \cdot (\vartheta_{Li} - \vartheta_{Le})$ [W/m²] $\quad \Delta\vartheta = q \cdot \frac{d}{\lambda}$

L Luftschicht, statt ϑ auch θ üblich,
e (außen) exterior, i (innen) interior

11

Bauteile mit Luftschichten

Haben Bauteile Luftschichten, wie z. B. mehrschalige Mauerwerkswände, muss beim Ermitteln des Wärmeschutzes der Wärmedurchlasswiderstand der Luftschicht mit berücksichtigt werden.

Die Werte gelten für Luftschichten, die nicht mit der Außenluft in Verbindung stehen (z. B. bei Isolierglasscheiben) und für Luftschichten bei mehrschaligem Mauerwerk.

Beispiel

Sind a) der Wärmedurchlasswiderstand R_T und b) der Wärmedurchgangskoeffizient U für die zweischalige Mauerwerkswand zulässig?

Wärmeleitfähigkeiten

λ_R Kalkgipsputz = 0,70 W/(m·K)
λ_R Kalksand-Vollsteine (ϱ = 1800 kg/m³) = 0,99 W/(m·K)
λ_R Dämmplatten WLFG 040 = 0,04 W/(m·K)
λ_R Klinker (ϱ = 1800 kg/m³) = 0,81 W/(m·K)

Wärmeübergangswiderstände Außenwand

R_{si} = 0,125 m²·K/W, R_{se} = 0,04 m²·K/W

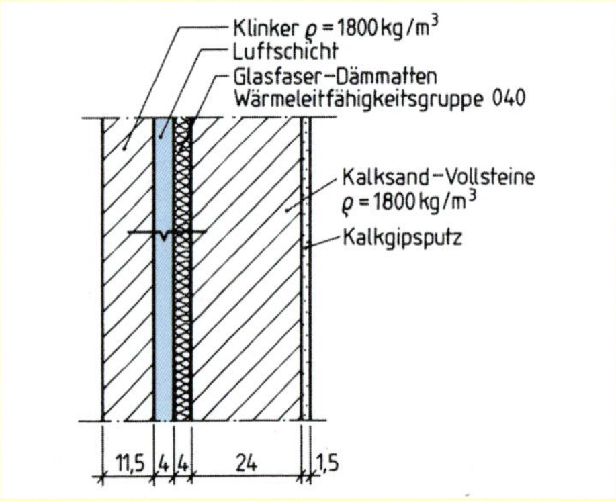

Wärmedurchlasswiderstand

Luftschicht 40 mm dick R_g = 0,17 m²·K/W
Erf. Wärmedurchlasswiderstand Außenwände
R = 1,20 m²·K/W

Vorhandener Wärmedurchlasswiderstand und Wärmedurchgangskoeffizient

$$a)\ R = \frac{0{,}015}{0{,}70} + \frac{0{,}24}{0{,}99} + \frac{0{,}04}{0{,}04} + 0{,}17 + = \frac{0{,}115}{0{,}81}$$

$$= 1{,}58\ \text{m}^2\cdot\text{K/W} > 1{,}20\ \text{m}^2\cdot\text{K/W}$$

$$b)\ U = \frac{1}{0{,}125 + 1{,}58 + 0{,}04} = 0{,}57\ \text{W/(m}^2\cdot\text{K)}$$

< maximal zulässiger Wärmedurchgangskoeffizient 0,21 W/(m²·K)
Der geforderte Mindestwärmeschutz wird durch diese Mauerwerkswand nicht erfüllt.

11.8 Niedrigenergie- und Passivhäuser

Ein Niedrigenergiehaus besitzt einen besonders niedrigen Energiebedarf (Gas, Heizöl, Strom) für die Raumwärme und die Wasserversorgung. Das Passivhaus ist die konsequente Weiterentwicklung des Niedrigenergiehauses. Wesentliche Kriterien des Passivhauses sind:

- Heizwärmebedarf ≤ 15 kW·h/(m²·a) der Vergleichswert beim Niedrigenergiehaus liegt bei 70 kW·h/(m²·a)
- Heizlast < 10 kW/m²
- Luftdichtheit ≤ 0,6
- Primärenergiebedarf ≤ 120 kW·h/(m²·a)

Die zentrale Forderung ist die Luftdichtheit. Eine ausreichende Frischluft ist mit einer kontrollierten Lüftungsanlage zu erreichen. Die Frischluft sollte über eine Zuluftöffnung, die 2 m bis 3 m über dem Straßenniveau liegt, angesaugt werden.

Ein Entwurfskriterium für das Passivhaus ist die Südausrichtung und die kompakte Bauweise, also das Verhältnis von Außenfläche zu Volumen (anzustreben ist für Einfamilienhäuser ein A/V-Verhältnis < 0,8).

Schwerpunkt bei der Energieeinsparung im Passivhaus ist die Verringerung der Energieverluste durch Transmission und Lüftung.

Die Fenster werden bei Passivhäusern meist dreifach verglast, haben ausgewählte, unterschiedliche Schichten zu jedem Scheibenzwischenraum und diese sind mit dem Edelgas gefüllt.

11.9 Fenster und Türen in Außenwänden

Fenster, Fenstertüren und Haustüren ermöglichen den optischen Kontakt zur Außenwelt lassen Licht und Sonne (auch Sonnenwärme) ins Haus und lüften den Raum. Zugleich schützen sie gegen Kälte, Regen, Wind und Lärm, in begrenztem Umfang auch gegen Feuer und Einbruch.

Die **Hausfassade** wird wesentlich von Größe, Format, Gestaltung und Verteilung der Fenster bestimmt. Abbildung 11.49 zeigt eine Fassade mit harmonisch eingefügten Fenstern (senkrecht gestellt, einheitliche und wohl dimensionierte Größen, gleich große Fensterpfeiler, Sprossenteilung).

Durch eine große Zahl von Vorschriften und Normungen sind Fenster zu einem komplizierten, komplexen Bauteil geworden, dessen konstruktive Einzelheiten bei fast allen Ausführungsarten weitgehend durch den Hersteller festgelegt werden.

Bauaufsichtliche Vorschriften

Mindestanforderungen an Fenster bzw. an die Belichtung von Räumen durch Tageslicht sind in den Landesbauordnungen festgelegt.

Planung

Die Lage von Fenstern innerhalb des Grundrisses wird vielfach durch die Fassadengestaltung des Gebäudes vorgegeben. Sie sollte bei der Gesamtplanung jedoch auch von der jeweiligen Innenraumgestaltung aus betrachtet werden. Ähnlich wie bei der Planung von Türen ist die Nutzung und Einrichtung des Raumes zu berücksichtigen.

Die Größe der Fenster und Türen ist von vielen Faktoren abhängig (vgl. Abb. 11.50). Die Anforderungen hinsichtlich des Mindest-Tageslichtquotienten sind abhängig von der Verbauung (Lage zu gegenüberliegenden Bauwerken), von der Größe der Verglasungsfläche, der Lichtdurchlässigkeit, der Reflexion der Verglasung sowie von der Lage des Fensters zur Himmelsrichtung.

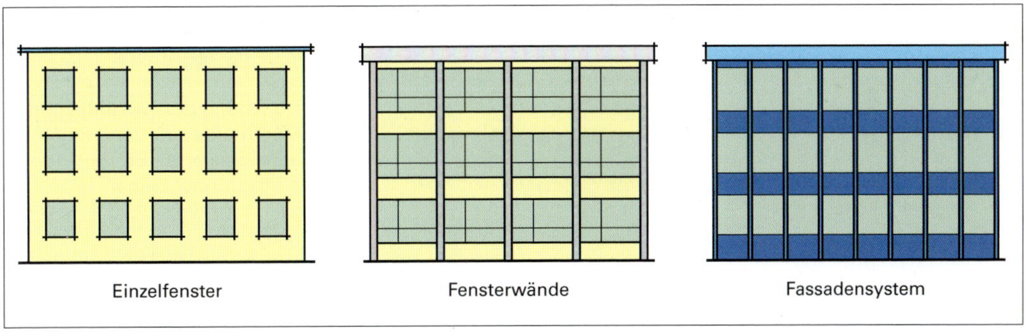

Abb. 11.49: Fenster in der Fassade

Bauphysikalisch betrachtet sind die Fenster Teile der Außenwände. Mit diesen gemeinsam müssen für das Bauwerk die Anforderungen an den Wärme- und Schallschutz erfüllt werden.

Die Anforderungen an den Wärmeschutz sind mit dem Gebäudeenergiegesetz neu definiert. Bei den hier erforderlichen Nachweisen spielt der Fensterflächenanteil (> oder ≤ als 30 % der Fassadenfläche) eine bedeutende Rolle und sollte daher bereits in einem frühen Planungsstadium in Betracht gezogen werden.

Für den winterlichen und sommerlichen Wärmeschutz ist insbesondere die Lage der Fenster zur Himmelsrichtung ausschlaggebend. Nordfenster sind in unserer geographischen Breite in dieser Hinsicht unproblematisch. Durch Westfenster erhalten Räume besonders viel Strahlungsenergie und müssen daher in der Regel einen Sonnenschutz haben, der jedoch wegen des flachen Einfallswinkels der Sonnenstrahlen schwierig zu gewährleisten ist. Bei Ostfenstern ist die Erwärmung wegen der morgendlichen Kühle weniger lästig. Südfenster werden bedingt durch den großen Einfallswinkel der Sonnenstrahlen im Sommer relativ wenig aufgeheizt, so dass einfache Sonnenschutzvorrichtungen bereits wirksam sein können.

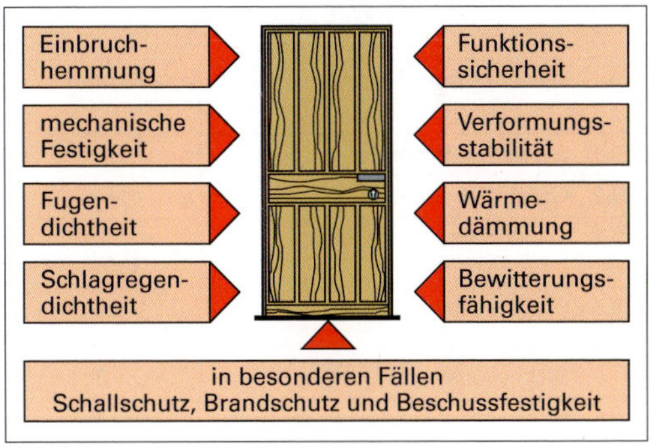

Abb. 11.50: Technische Anforderungen an Fenster und Haustüren

11.9.1 Anforderungen an Fenster

Fenster sind heute hochentwickelte Bauelemente mit sehr hohen Ansprüchen an Materialien und Ausführungsqualität.

Für Fenster und Fenstertüren, Rahmen von Fenstern und Fenstertüren, für Rollladenkästen und Mehrscheiben-Isoliergläser gibt es auf der Grundlage der EU-Bauproduktenverordnung zahlreiche Richtlinien für Qualitätsanforderungen. Die Bauprodukte sind entsprechend zu kennzeichnen (vgl.

Abb. 11.51 Leistungserklärung und CE-Kennzeichnung).

Die **Gebrauchstauglichkeit** des Fensters muss dem vorgesehenen Verwendungszweck gemäß geplant werden. Die technischen Anforderungen richten sich vorwiegend nach Lage, Geschoss und Raumnutzung. Optimal konstruierte Fenster für unterschiedliche Zwecke und Beanspruchungen können daher in Detail und Ausstattung sehr verschieden sein.

Außer den allgemein gültigen Normen, Richtlinien und Verordnungen dienen die **Beanspruchungsgruppen** zur zielsicheren Planung und Beschreibung der Fensterkonstruktion. Sie begrenzen bestimmte Belastungsbereiche des Fensters (z.B. Wind und Schlagregen) und fordern entsprechende Konstruktionsmerkmale. Deshalb sind sie im Leistungsverzeichnis anzugeben.

Leistungserklärung
LE/DoP-Nr. 001/CPR/2013-07-01

1. Kenncode des Produkttyps: HM-4711
2. Ident.-Nr.: 130701/HM-4711/743
3. Verwendungszweck: Fenster im Wohnungs- und Nichtwohnungsbau
4. Hersteller: Fenster- und Türenhersteller GmbH, Fabrikstr. 123, D-35123 Musterstadt (Deutschland)
5. Bevollmächtigter: ./.
6. System zur Bewertung der Leistungsbeständigkeit: 3
7. Harmonisierte Norm: EN 14351-1:2006 + A1:2010
8. Notifizierte Stelle: Institut XYZ NB-Nr. 9999 hat als notifiziertes Prüflabor im System 3 die Erstprüfungen für die wesentlichen Merkmale nach 9.1, 9.3, 9.4, 9.6 bis 9.10 durchgeführt und die Prüf- und Klassifizierungsberichte ausgestellt.

9. Wesentliches Merkmal	Leistung	Harmonisierte techn. Spezifikation	
9.1 Schlagregendichtheit	7A	4.5	EN 14351-1:2006 + A1:2010
9.2 Gefährliche Substanzen	–	4.6	
9.3 Widerstandsfähigkeit gegen Windlasten	C3/B4	4.2	
9.4 Stoßfestigkeit	2	4.7	
9.5 Tragfähigkeit von Sicherheitsvorrichtungen	C3/B4	4.8	
9.6 Höhe	2100 mm	4.9	
9.7 Schallschutz	32 dB (–1; –5)	4.11	
9.8 Wärmedurchgangskoeffizienten	1,3 W/(m²·K)	4.12	
9.9 Strahlungseigenschaften – Gesamtenergiedurchlassgrad – Lichttransmissionsgrad	 0,55 0,75	4.13	
9.10 Luftdurchlässigkeit	4	4.14	

10. Die Leistung des Produkts gemäß den Nummern 1 und 2 entspricht der erklärten Leistung nach Nummer 9.

Verantwortlich für die Herstellung ist allein der Hersteller gemäß Nummer 4.

Unterzeichnet für den Hersteller und im Namen des Herstellers von:

Musterstadt, den 01.07.2019 NN (techn. Leiter)

Inhalt der Leistungserklärung

- Nr. 1 ... 8
  Angaben zur Leistungserklärung nach EU-Bauproduktverordnung
- Nr. 9
  Auflistung der wesentlichen Merkmale nach den harmonisierten EU-Normen mit zumindest einer Leistungsklasse/Leistungswert
- Nr. 10
  Angaben zur Leistungserklärung nach der EU-Bauproduktverordnung

CE-Kennzeichen

CE

13

Fenster- und Türenhersteller GmbH
Fabrikstr. 123
D-35123 Musterstadt
Deutschland

Fenster Modell HM-4711
LE/DoP-Nr. 001/CPR/2013-07-01
EN 14351-1:2006 + A1:2010
Fenster im Wohnungs- und Nichtwohnungsbau

Auflistung der wesentlichen Merkmale wie bei der Leistungserklärung

Erstprüfung durchgeführt und Klassifizierungsberichte erstellt durch Institut NB-Nr. 9999

Abb. 11.51: Leistungserklärung und CE- Kennzeichnung von einem Fenster

Schlagregendichtheit

Die **Schlagregendichtheit** beschreibt den Schutz des Fensters gegen das Eindringen von Regenwasser ins Gebäudeinnere bei gegebener Windstärke.

Die Schlagregendichtheit ist abhängig von:

- Ausbildung der Falze zwischen Blend- und Flügelrahmen,
- Art und Lage der Falzdichtung
- Entwässerung des Falzraumes (Entwässerungsöffnungen mindestens 5 · 20 mm oder Bohrungen Ø 8 mm, Abstand < 30 cm)
- Druckausgleich zwischen Außenluft und Falzraum.

Luftdurchlässigkeit

Während Rahmen und Verglasung kleinerer Fenster in niedrigen, einfachen Gebäuden nach Erfahrungsregeln dimensioniert werden können, müssen für die Bemessung größerer Fenster insbesondere in den oberen Geschossen von hohen Gebäuden genaue Berechnungen zugrunde gelegt werden. Dadurch muss gewährleistet werden, dass die Luftdurchlässigkeit innerhalb zulässiger Grenzen bleibt und die Verglasung durch Staudruck nicht überbeansprucht oder sogar zerstört werden kann.

Unabhängig vom Rahmenmaterial werden für die Luftdurchlässigkeit in DIN EN 12207 Klassifizierungen vorgenommen.

Das GEG legt fest, dass die wärmeübertragenden Umfassungsflächen neu zu errichtenden Gebäude einschließlich ihrer Fugen entsprechend dem Stand der Technik luftundurchlässig abzudichten sind. Dabei muss jedoch „der zum Zweck der Gesundheit und Beheizung erforderliche Mindestluftwechsel sichergestellt sein". Werden dazu andere Lüftungseinrichtungen als Fenster verwendet, müssen diese einstellbar und leicht regulierbar sein und in geschlossenen Zustand den geforderten Klassen der Fugendurchlässigkeit der Fenster entsprechen.

Für eine konsequente Kontrolle der Gebäudelüftung steht bereits eine Integration der Fenster in die gesamte Haustechnik zur Verfügung. Eine manuelle Öffnung der Fenster muss eine Rückmeldung an die Heizungssteuerung und eine automatische Drosselung der betreffenden Raumheizkörper zur Folge haben. Eine Kombination mit automatischem Öffnen und Schließen der Fenster auf Grund von Messungen von CO_2-Gehalt bzw. Raumfeuchte oder Schadstoffkonzentrationen ist technisch möglich. Zentrale Abluftanlagen können derart gesteuerte Fenster als Zuluftelemente nutzen und durch Wärmerückgewinnung eine Minimierung der Lüftungs-Wärmeverluste bewirken.

Festzuhalten ist, dass für die Fugendichtigkeit nicht nur im Hinblick auf das Gebäudeenergiegesetz sondern auch für den Wärme- und Schallschutz von Fenstern und Fenstertüren die einwandfreie Ausbildung der Bauwerksanschlüsse (vgl. Abb. 11.52) mit entscheiden ist.

Widerstandsfähigkeit bei Windlast

Je nach Einsatzbedingungen wie z.B. geographischer Einsatzort, Geländesituation und Einbauhöhe sind Rahmen, Verglasung und Bauwerksanschlüsse von Fenster und Fenstertüren erheblichen Belastungen durch Winddruck und Windsog ausgesetzt. Eine wesentliche Rolle spielt dabei die Rahmendurchbiegung der Fenster.

Wärmeschutz

Der Wärmedurchgangskoeffizient U_w von Fenster wird nach DIN EN ISO 10077 gemeinsam für Rahmen und Verglasung ermittelt und nicht mehr wie bisher nach Rahmengruppen. Der U-Wert ist abhängig von der Fensterfläche und setzt sich zusammen aus den Werten für den Fensterrahmen (U_f), die Verglasung (U_g) und dem Wert des linearen Wärmedurchgangskoeffizienten (ψ) für die Glasrandzone.

Der Randverbund von Mehrscheiben-Isolierverglasungen stellt im Vergleich zur Scheibenmitte eine Wärmebrücke dar. Bei der Ermittlung des Gesamt-Wärmedurchgangskoeffizienten wird daher der Übergangsbereich zwischen Verglasung und Rahmen durch einen linearen Wärmedurchgangskoeffizienten berücksichtigt. Der durch Prüfung ermittelte Wert für ψ ist abhängig von der Art des Scheibenrandverbundes, der Einstandtiefe der Verglasung in Glasfalz und von der Materialart des Fensters. Die Werte für ψ liegen bei konventioneller Ausführung mit Aluminium-Abstandhalter von 0,07 W/(m·K) bis 0,08 W/(m·K) und bei thermisch getrennten Abstandhaltern bei etwas 0,04 W/(m·K).

Im GEG sind verschiedene Mindestwerte für den Wärmedurchgangskoeffizienten vorgeschrieben:

Beim Ersatz von Bauteilen (Erneuerung) ist bei Gebäuden mit normalen Innentemperaturen für Außenfenster und Außentüren ein Wärmedurchgangskoeffizient von $U_{max} = 1{,}3\ W/(m^2 \cdot K)$ und beim Ersatz von Verglasungen ein $U_{max} = 1{,}1\ W/(m^2 \cdot K)$ einzuhalten.

Der Wärmedurchlasswiderstand der Fensterrahmen wird erhöht durch Kombination der Rahmen mit Wärmedämmstoffen oder bei Kunststoff- und Aluminiumfenstern durch sehr feingliedrige Profile. Wärmebrücken entstehen durch Wetterschutzschienen, durch neuartige Dichtungsprofile, wärmetechnisch verbesserte Kantenausbildung von Isoliergläsern.

Tauwasserschutz und Einbauebene

Raumfeuchte entsteht vor allem durch die Feuchtigkeitsabgabe von Menschen, Tieren und Pflanzen, durch Wasserdampfentwicklung in Bädern und Küchen und durch Restfeuchte in Baumaterialien.

Weil die Raumluftfeuchte durch die raumabschließenden Bauteile von der wärmeren zur kälteren Bauteilseite diffundiert bzw. durch die Fugen durchströmt und dabei an den Taupunktgrenzen kondensiert, bildet sich Tauwasser vor allem an allen Schwachstellen der Wärmedämmung. Dazu gehören vor allem fehlerhafte Anschlüsse zwischen Fenstern und Außenwänden und bei schlecht gedämmten Fensterkonstruktionen der Zwischenraum von Flügel- und Blendrahmen sowie Glasfalzräume und Verglasungsränder. Auf Dauer kann es infolge von ständigem Tauwasserausfall zu gesundheitsschädigender Schimmelpilzbildung an den betroffenen Stellen kommen. Bisher konnte davon ausgegangen werden, dass sich vorübergehende übermäßige Raumluftfeuchten durch Undichtigkeiten der Fenster und Bauanschlussfugen bis zu einem gewissen Maß ausgleichen. Die mit dem GEG beabsichtigte Energieeinsparung kann vor allem durch Vermeidung von Undichtigkeiten an den Fenstern und durch die Reduzierung von Lüftungswärmeverlusten erreicht werden.

Bei einer für Wohnräume typischen Raumtemperatur von z. B. 20 °C, einer Außentemperatur von –5 °C und einer relativen Raumluftfeuchte von 50 % liegt die Taupunkttemperatur bei +9,3 °C. Um Kondensatbildung zu vermeiden, muss dafür gesorgt werden, dass an den Fenstern, insbesondere im Bereich der Bauwerksanschlüsse Oberflächentemperaturen von +12,6 °C nicht unterschritten werden.

Je nach ermittelter Taupunkttemperatur (Beispiel +10 °C) muss die Isothermenlinie für +10 °C ununterbrochen innerhalb der Wände bzw. der Fensterkonstruktion und der Verglasung verlaufen. Bei homogenem Außenwandmaterial ist mit Tauwasserbildung zu rechnen, wenn die Fenster zu weit außen eingebaut werden. Ein einwandfreier Fenstereinbau ist daher fast nur möglich, wenn der Leibungsbereich durch eine zusätzliche Wärmedämmung geschützt wird.

Die Wahl der Einbauebene prägt das Erscheinungsbild des Fensters innerhalb der Fassade und im Innenraum erheblich. Gestalterische Absichten müssen mit den bauphysikalischen Gegebenheiten abgestimmt werden (vgl. Abb. 11.52).

Schallschutz

Gegen Geräuscheinwirkung von außen müssen Fenster eine ausreichende Luftschall-Dämmwirkung haben. Von Einfluss sind neben dem Schall-Einfallswinkel die Dicke, der Abstand und die Einbauart der Glasscheiben sowie die Anschlüsse der Fenster an das Bauwerk.

Übliche Zweischeiben-Isolierverglasungen ergeben wegen des relativ dünnen eingeschlossenen Luftpolsters und der damit verbundenen Resonanzerscheinung ohne zusätzliche Maßnahmen keine entscheidende Verbesserung der Schalldämmwirkung. Durch größeren Scheibenabstand und verschieden dicke Scheiben kann eine deutliche Verbesserung erzielt werden.

Erheblichen Einfluss auf die Schalldämmung von Fenstern hat die Fugendichtigkeit. Neben der Fugendichtigkeit zwischen Flügel- und Blendrahmen ist auf dichte, mit dauerelastischem Material ausgefüllte Fugen zwischen Blendrahmen und Bauwerk zu achten. Gute Verankerung am Bauwerk in Verbindung mit guten Verriegelungssystemen verbessern zudem den Schalldämmwert (vgl. Abb. 11.52).

Die besten Ergebnisse können erzielt werden bei Doppelfenstern mit getrennten Blendrahmen, mit Kastenfenstern bei denen die Kastenleibung mit schallschluckendem Material bekleidet ist.

Bauwerksanschluss

Die Gebäudeanschlussfuge muss wechselnde Formänderungen des Wand- und Rahmenmaterials schadlos ausgleichen können. Temperaturbedingte Formänderungen wirken besonders bei Aluminiumfenstern, Schwind- und Quellverformungen bei Holzfenstern. Süd- und Südwestfassaden sind stärker gefährdet als die anderen, vor allem solche mit dunklen Außenfarben und großformatigen Elementen.

Die Anschlussfugen zwischen Fenstern und Bauwerk werden von außen beansprucht durch Schlagregen, durch Winddruck und -sog mit den dadurch wirkenden Durchbiegungen der Fensterelemente, durch Schall und UV-Strahlung.

Anschlussausbildung	mit vorkomprimiertem Dichtungsband und mit Dichtstoffen	
Abdichtung außen stumpfer Anschlag	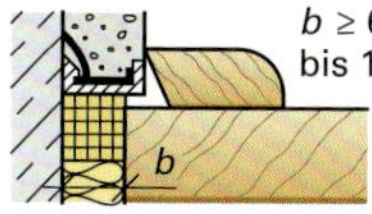	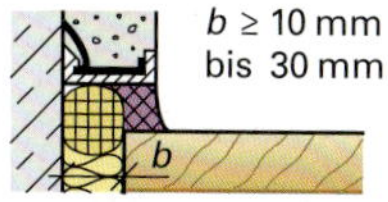
Innenanschlag	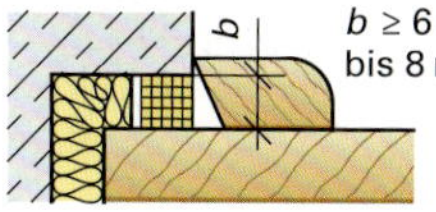	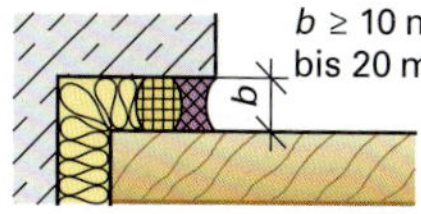
auf dem Mauerwerk ■ Durch Klötze oder Konsolen für vertikale Lastabtragung sorgen. ■ Auf raumseitig luftdichten Anschluss achten.	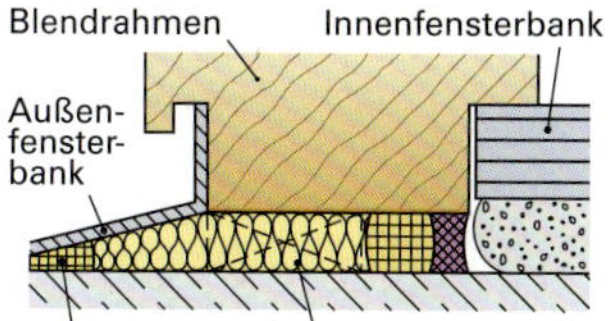 Anschluss Fensterbank innen - außen	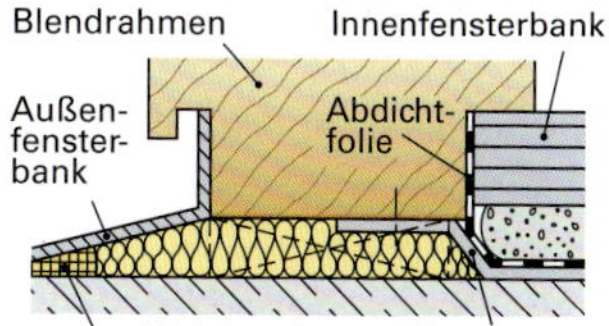 Anschluss Fensterbank innen - außen
z. T. auf dem Mauerwerk ■ Dampfdiffusionsdichtes Klebeband innen, vliesbeschichtet zum späteren Verputzen (im seitlichen und oberen Leibungsbereich). ■ Dampfdiffusionsdichtes Klebeband außen (Schlagregendichtigkeit).	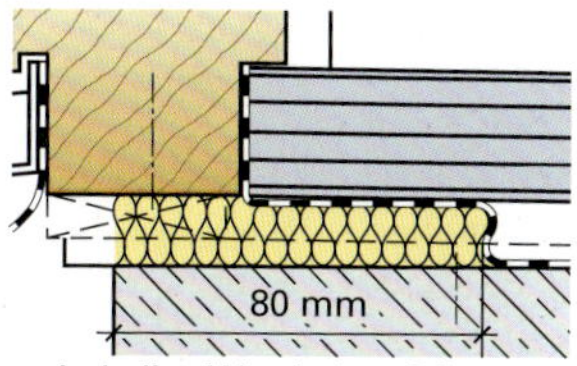 zweischalige Wand ohne Dämmung	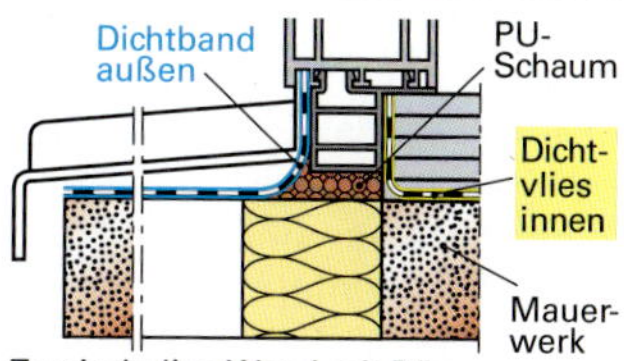 Zweischalige Wand mit Dämmung und Luftschicht
z. T. auf dem Mauerwerk ■ Bei Hochlochziegeln Kellenglattstrich auf allen horizontalen Flächen, um luftdichte Haftung des Klebebandes zu gewährleisten.	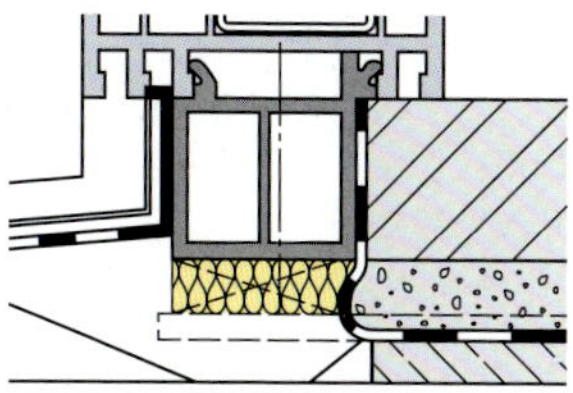 mit Stützkonsole	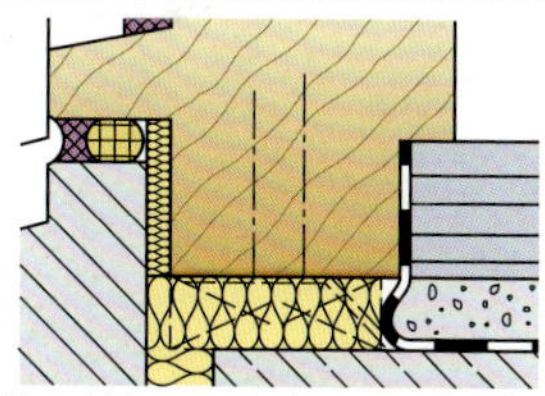 Kunst-Naturstein innen und außen
im Fachwerk ■ Dampfdiffusionsdichtes Klebeband in den Ecken als Lasche ausbilden, um evtl. Bewegungen aus dem Bauwerk aufzufangen und dauerhafte Luftdichtheit zu gewährleisten.	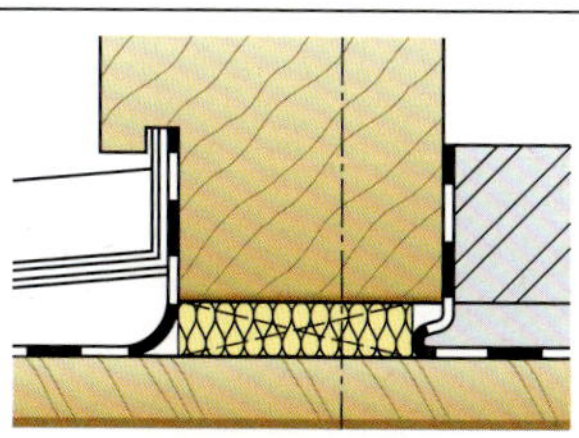	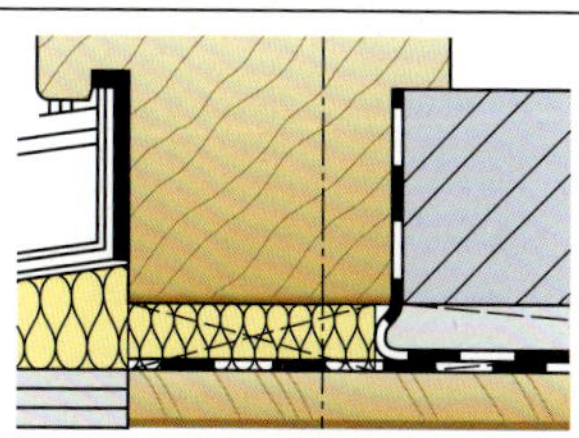
Holzfenstertür auf dem Mauerwerk ■ Im Außenbereich auf ausreichende Neigung der Bauteile und der angrenzenden Bodenbeläge achten, damit Regenwasser ungehindert abfließen kann.	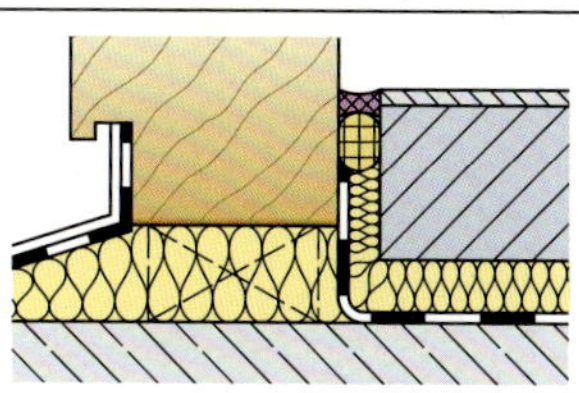 Anschluss Fußboden	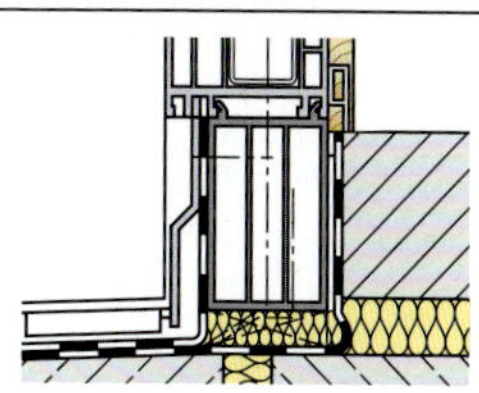 Anschluss Fußboden

Abb. 11.52: Anschlussausbildung

11

11.9.2 Verglasung

Die für die Verglasung von Fenstern in Frage kommenden Glasarten werden nach Lieferformen und Qualitäten unterschieden. Verglasung ist dabei der zusammenfassende Begriff für die Verglasungseinheit, den aufnehmenden Rahmen mit den Glasfalzen, den Beanspruchungsgruppen, den Dichtstoffen und den Verglasungssystemen.

Folgende Glasarten sind zu benennen:
Fensterglas, Antikglas, Drahtglas, Drahtornamentglas, Gussglas, Kathedralglas, Opakglas, Ornamentglas, Spiegelglas, Kristallglas.

Funktionsgläser sind:
Entspiegeltes Glas, Brandschutzglas, Einscheibensicherheitsglas (ESG), Verbundsicherheitsglas (VSG), Mehrscheiben-Isolierglas, 2-fach-Wärmeschutzglas, 3-fach-Wärmeschutzglas, Sonnenschutzglas und Schallschutzglas.

Die Verglasungssysteme sind in DIN 18545 beschrieben. Unterschieden werden Einfachfenster (EV) mit Einscheibenglas, Einfachfenster (IV) mit Mehrscheiben-Isolierglas und Verbundfenster (DV) mit Einscheiben- und/oder Mehrscheiben-Isolierglas. Wichtige Informationen dazu sind der DIN und der ift-Richtlinie (Institut für Fenstertechnik e.V., kurz ift Rosenheim) zu entnehmen.

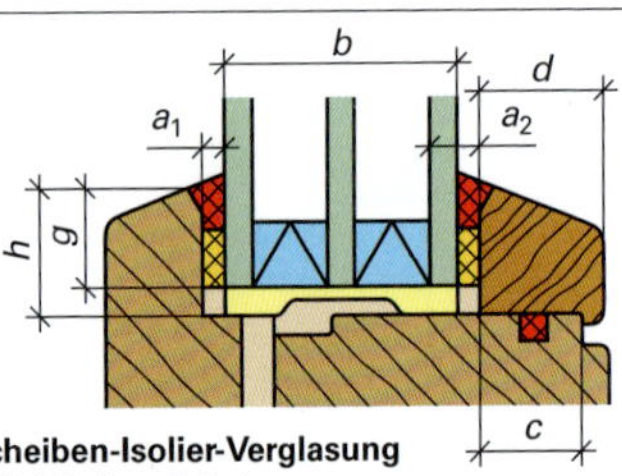

Mehrscheiben-Isolier-Verglasung
gültig für Werkstoff Holz

- a_1 äußere Dichtstoffdicke
  bis Kantenlänge 2000 = 3 mm
  von Ktl. 2000 bis 3000 = 4 mm
  von Ktl. 3000 bis 4000 = 5 mm
- a_2 innere Dichtstoffdicke ist wie a_1 bis 1 mm erlaubt
- b Dicke der Verglasungseinheit
- c Auflagerbreite der Glashalteleiste
  min. 12 mm geschraubt
  min. 14 mm genagelt
- d Breite der Glashalteleiste
- g Glaseinstand ca. 2/3 der Glasfalzhöhe, in der Regel 12 bis 14 mm, max. 20 mm bei Kantenlänge ≤ 500 mm Reduktion auf 11 mm
- h Glasfalzhöhe; bei Kanten ≤ 500 mm min. 14 mm in der Regel 18 mm bis 20 mm, bis 25 mm werden bei wärmebrückenoptimierten Systemen toleriert

Abb. 11.53: Mehrfach-Isolierverglasung für den Werkstoff Holz (DIN 18545)

11.9.3 Fenster und Fensterarten

DIN 18050 bestimmt außer Fenstergrößen und Maueröffnungsmaßen die Anschlagarten für Fenster (vgl. Abb. 11.54).

- **Anschlagart** 1 (Innenanschlag) ermöglicht den Fenstereinbau ohne Gerüst, bietet Schutz für Blendrahmen, Anstrich und Abdichtung sowie ausreichend Platz für Beschläge und Rollläden.
- **Anschlagart** 2 (Außenanschlag) erfordert für den Fensterein- und -ausbau ein Gerüst und aus Platzgründen für den Beschlag breite Blendrahmenhölzer. Die Nähe zur Fassadenaußenfläche erschwert den Witterungsschutz und die Dichtung der Anschlussfugen.
- **Anschlagart** 3 (anschlaglose Öffnung) ergibt sich meist bei einschaligen Außenwänden aus großformatigen Hintermauersteinen.

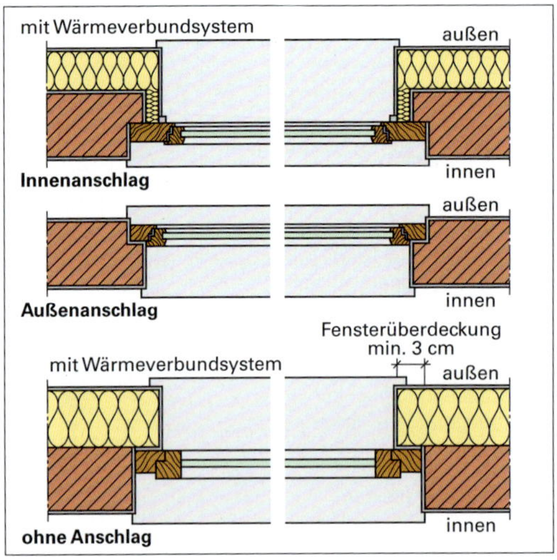

Abb. 11.54: Anschlagsarten

Die Normbezeichnung für Holzfenster verdeutlichen die folgenden Beispiele.

Beispiel Einfachfenster

Holzfenster	DIN 68121	IV 78	92	-2
Benennung	DIN	Profilkennzeichen	Profilbreite	Zahl der Falzabdichtungen

Beispiel Verbundfenster

Holzfenster	DIN 68121	DV 32/44-	-51/78	-1
Benennung	DIN	Profilkennzeichen	Profilbreite	Zahl der Falzabdichtungen

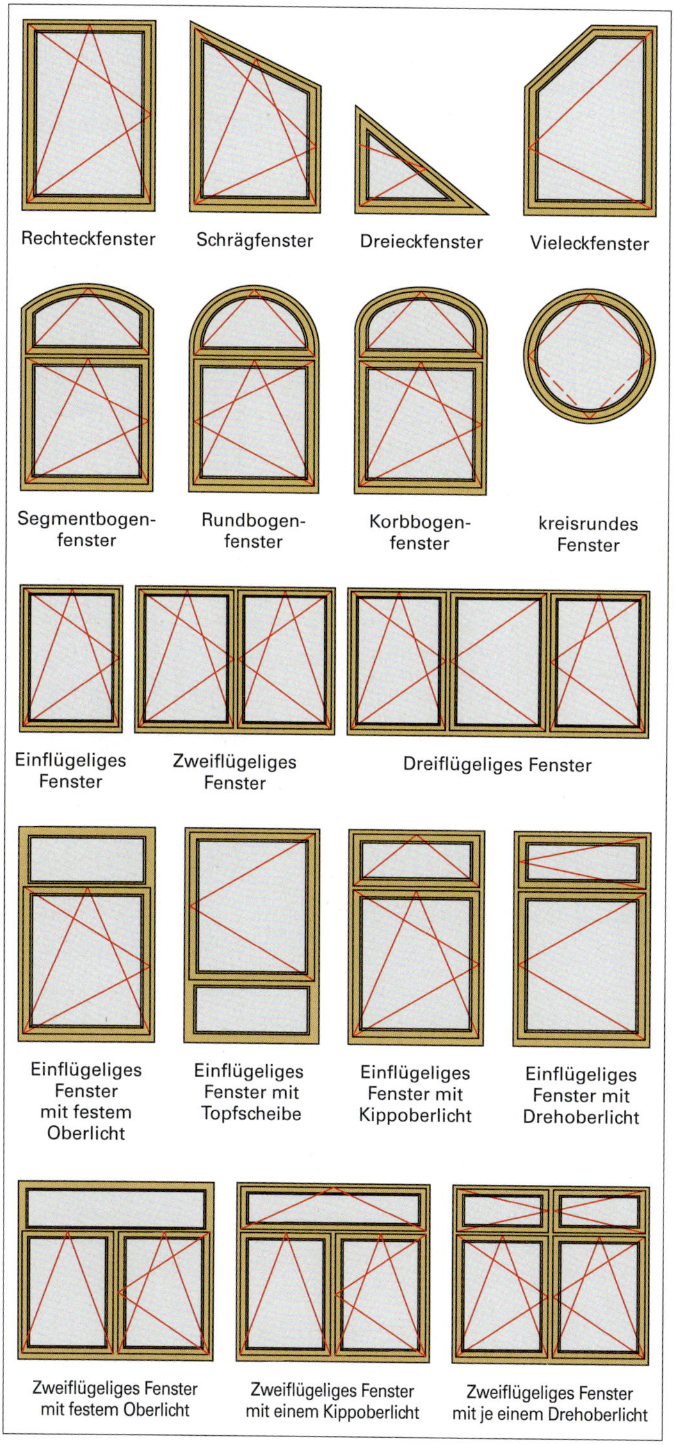

Abb. 11.55: Fensterformen

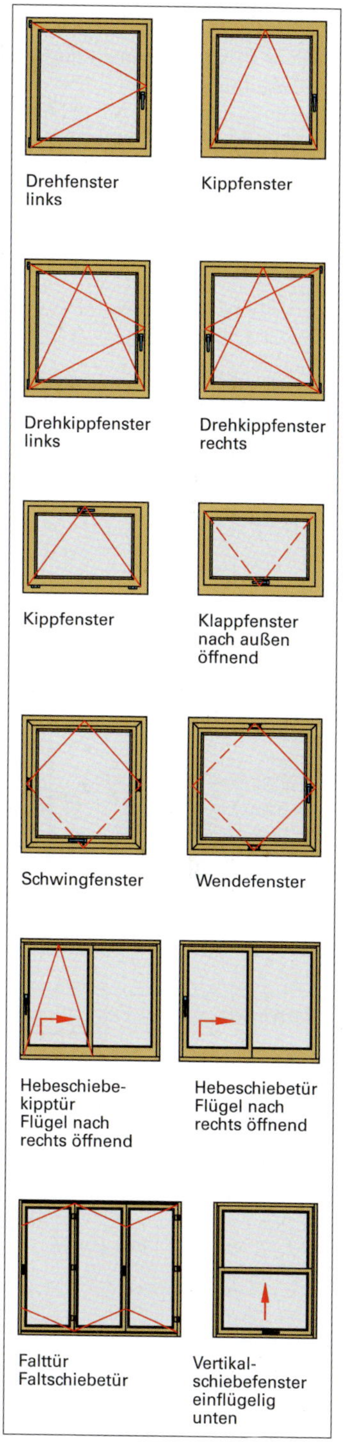

Abb. 11.56: Bezeichnung nach der Öffnungsart

Werkstoffe für Fensterrahmen

Als Werkstoffe für Fensterrahmen sind Holz, Kunststoff, Aluminium und Stahl gebräuchlich. Diese Werkstoffe kommen auch im Verbund zum Einsatz, z. B. Holz-Aluminium-Fenster (vgl. Abb. 11.57).

Benennung der Fensterteile

Blendrahmen. Flügelrahmen, Pfosten (Setzholz), Riegel (Kämper), Sprosse

Die Bezeichnungen am Holzfenster sind in Abbildung 11.58 aufgeführt.

Kunststofffenster

Kunststofffenster (PVC)
Rahmen und Flügel versetzt
Material: Hart-PVC
DIN EN 12608
Typ PVC-U
Beanspruchungsgruppe DIN 18 055: C
a-Wert < 0,1 $m^3/(h \cdot m)$
$U_{w,\,BW}$ = 1,3 $W/(m^2 \cdot K)$
Stahlprofil passend zu den Hohlkammern ist sendzimierverzinkt

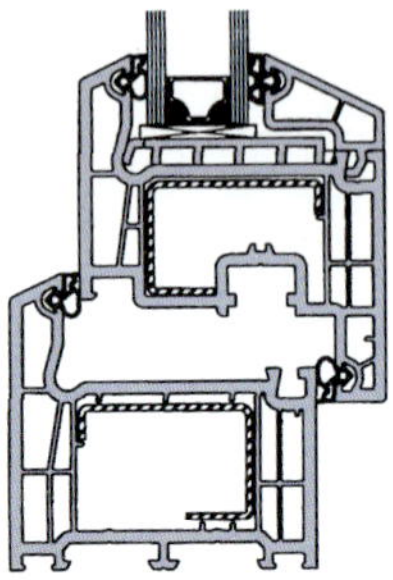

Kunststofffenster (PVC)
Rahmen und Flügel bündig
Material: Hart-PVC
DIN EN 12608
Typ PVC-U
Beanspruchungsgruppe DIN 18 055: C
a-Wert < 0,1 $m^3/(h \cdot m)$
$U_{w,\,BW}$ = 1,0 $W/(m^2 \cdot K)$
Stahlprofil passend zu den Hohlkammern ist sendzimierverzinkt

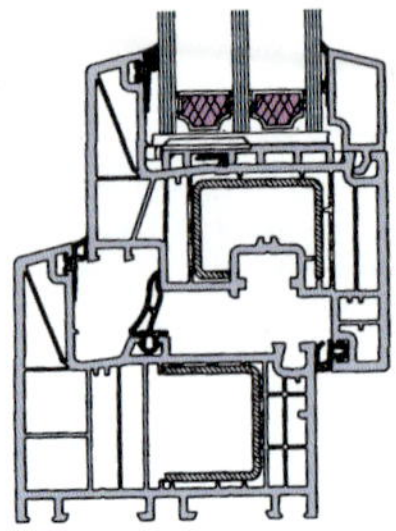

Aluminiumfenster

Aluminiumfenster
Rahmen und Flügel versetzt
Wärmedämmkonstruktion
Material: Aluminium
AlMgSi 0,5 F 22
Beanspruchungsgruppe DIN 18 055: C
a-Wert < 0,1 $m^3/(h \cdot m)$
$U_{w,\,BW}$ = 2,2 $W/(m^2 \cdot K)$

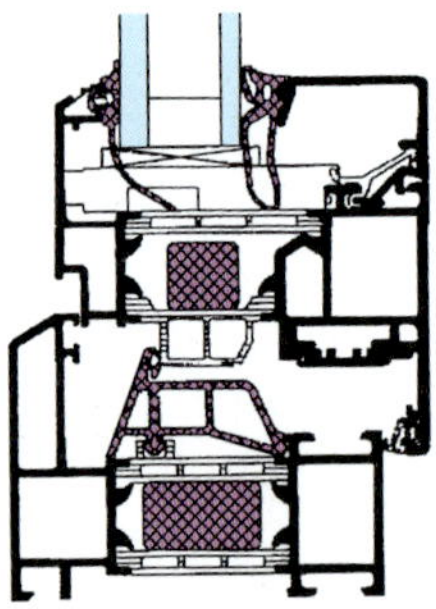

Aluminiumfenster
Rahmen und Flügel bündig
Wärmedämmkonstruktion
Material: Aluminium
AlMgSi 0,5 F 22
Beanspruchungsgruppe DIN 18 055: C
a-Wert < 0,1 $m^3/(h \cdot m)$
$U_{w,\,BW}$ = 2,2 $W/(m^2 \cdot K)$

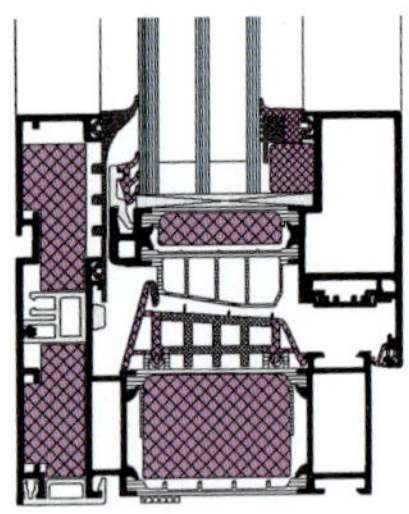

Verbundkonstruktion (Aluminium-Holzfenster)

Holzfensterprofil
DIN 68 121
mit vorgesetzter Aluminium-Blende
Rahmen und Flügel versetzt

Holzrahmenfenster sind robust, besitzen gute wärmedämmende Eigenschaften und heben den optischen Eindruck. Aluminium ist leicht, dennoch stabil und wartungsfrei. Kombiniert werden diese Materialien zu Aluminium-Holzfenster-Rahmen.

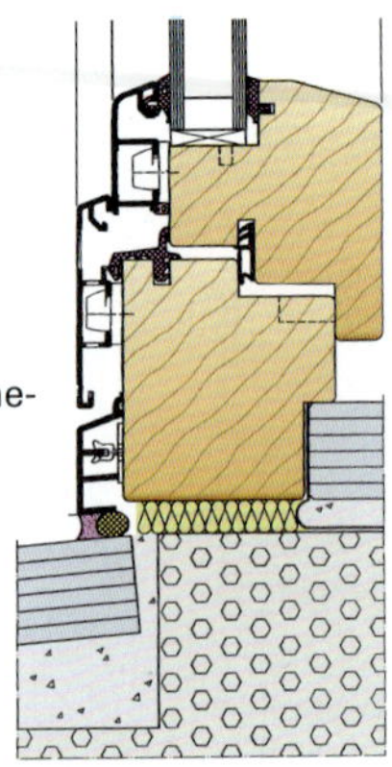

Holzfensterprofil
DIN 68 121
mit vorgesetzter Aluminium-Blende
Rahmen und Flügel bündig

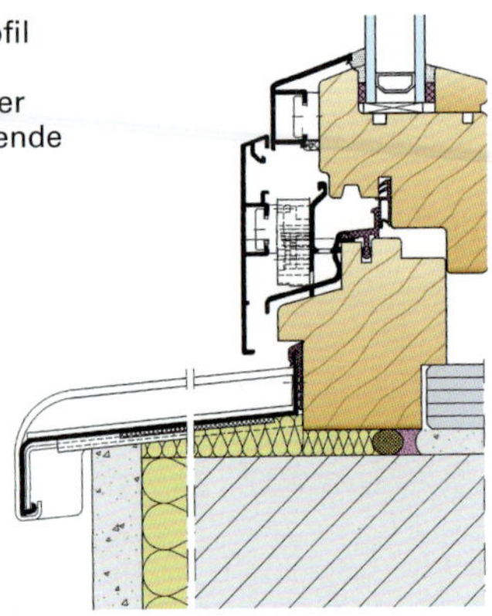

Abb. 11.57: Werkstoffe für Fensterrahmen

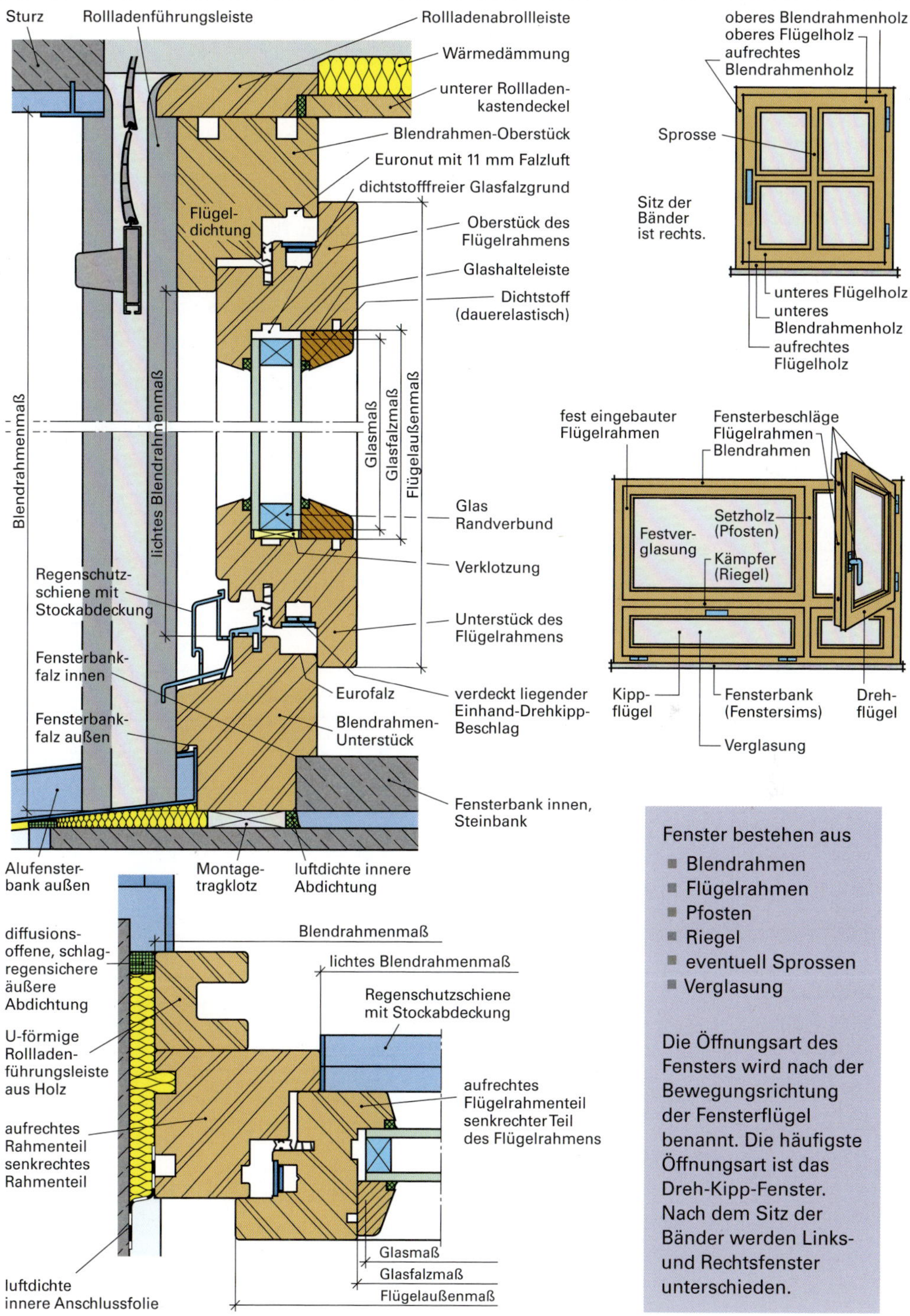

Fenster bestehen aus
- Blendrahmen
- Flügelrahmen
- Pfosten
- Riegel
- eventuell Sprossen
- Verglasung

Die Öffnungsart des Fensters wird nach der Bewegungsrichtung der Fensterflügel benannt. Die häufigste Öffnungsart ist das Dreh-Kipp-Fenster. Nach dem Sitz der Bänder werden Links- und Rechtsfenster unterschieden.

Abb. 11.58: Bezeichnungen am Holzfenster

11.9.4 Türen

Türen schaffen Zugang zu Räumen und Gebäuden. Außentüren bieten außerdem Schutz gegen Witterung, Wärmeverlust Lärmbelästigung und Einbruch. Die Redewendung „die Schwelle des Hauses übertreten" beschreibt die Tür auch als Grenze zwischen öffentlichem und privatem Raum. Meist bestehen Türen aus dem beweglichen Türblatt, dem befestigten Türrahmen und den Beschlägen (Bänder, Griffe, Schloss). Türarten werden unterschieden nach verschiedenen Gesichtspunkten:

Außentüren, besonders Hauseingangstüren, sind Blickfang und Gestaltungselemente der Fassade. Baustil- und landschaftstypische, häufig kunstvoll verzierte Türen sind vor allem an alten Gebäuden vorzufinden.

Konstruktion

Außentüren sind nicht genormt. In ihrer Beanspruchung gleichen sie Fenstern. Die dafür in Kapitel 11.9.1 beschriebenen Ausführungen der Rahmenbefestigung, Verglasung, Regensicherheit, Anschluss- und Falzdichtung gelten daher entsprechend. Haustüren sind etwa 1 m breit und schlagen nach innen auf, an Gebäuden mit größeren Menschenansammlungen auch nach außen (z. B. Schulen, Gaststätten, Theater).

Nach dem Sitz der Bänder werden Links- und Rechtstüren unterschieden. Sind bei einer Tür von der Seite gesehen, nach der sie geöffnet wird, die Bänder z. B. an der linken Seite angebracht, wird sie als Linkstür bezeichnet.

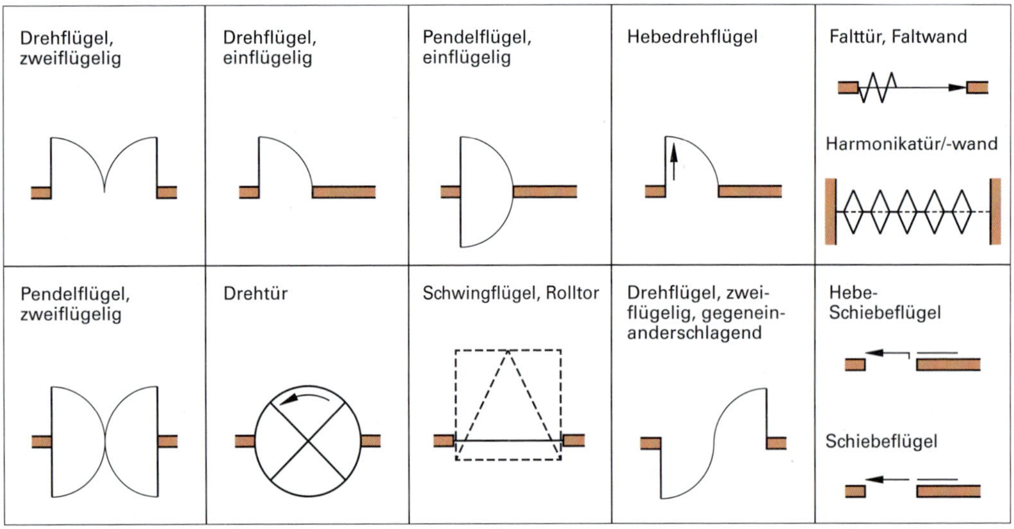

Abb. 11.59: Türarten und Bewegungsrichtung

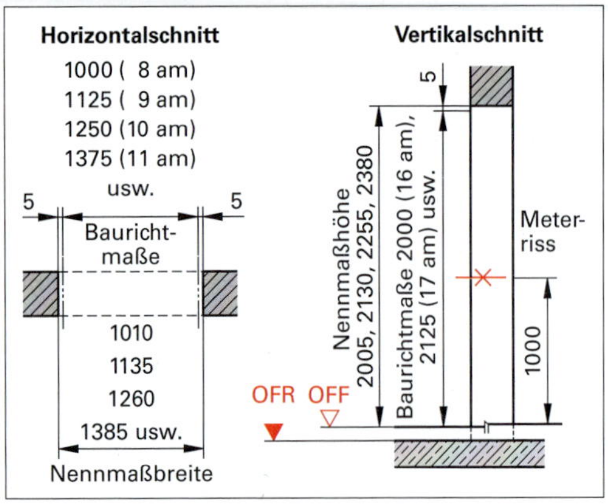

Abb. 11.60: Maß der Wandöffnung für Türen

Einbruchhemmende Türen gewinnen immer mehr an Bedeutung. Dies sind Türen, die dem Täter beim Eindringversuch während einer bestimmten Zeit mechanischen Widerstand entgegensetzen. Das Anforderungsniveau (RC 1 – geringer Schutz – bis RC 6 – starker Schutz –) für diese Widerstände ist die DIN EN 1627 festgelegt.

Aufgaben zum LF 11 Entwickeln einer Außenwand

sind für den Schwerpunkt Architektur und den Schwerpunkt Ingenieurbau im Kapitel 16 geschlossen aufgeführt.

12 Planen einer Halle

Hallen sind überwiegend eingeschossige Bauten mit weitgespannten Konstruktionen und großen Raumhöhen. Spannweiten und Raumhöhen richten sich nach der Funktion und Nutzung der Halle, z. B. als

- Werks- und Industriehalle, Lagerhalle
- Einkaufshalle, Mehrzweckhalle
- Messehalle, Flugzeughalle, Bahnhofshalle
- Sporthalle, Veranstaltungshalle

Hallentragwerke als Standardhallen werden in Holzbau-, Stahlbau-, Stahlbetonbau- und Spannbetonbauweise errichtet. Wichtige Planungs- und Entwurfskriterien sind:

- Wirtschaftlichkeit, Unterhaltsaufwand
- Dauerhaftigkeit, Aussteifung
- Einwirkungen incl. Sonderlasten
- Gestalterische Aspekte
- Fertigung, Transport, Montage
- Brand- und Wärmeschutz
- Logistik (An- und Abfahrtswege)

Im LF 12 A „Planen einer Halle“ werden die für alle Hallen geltenden Grundsätze erläutert. Dazu wird auf das LF 9 „Entwerfen eines Dachtragwerks“ zurückgegriffen. Dort ist der Baustoff Holz näher behandelt. Abschließend werden im LF 12 A Gestaltungsformen und Leistungsmerkmale für einen Wintergarten dargestellt.

Im LF 12 I „Planen einer Halle“ (Kapitel 17) werden Ausführungen für Hallen aus Holz, Hallen aus Stahl und Hallen aus Stahlbetonfertigteilen dargestellt.

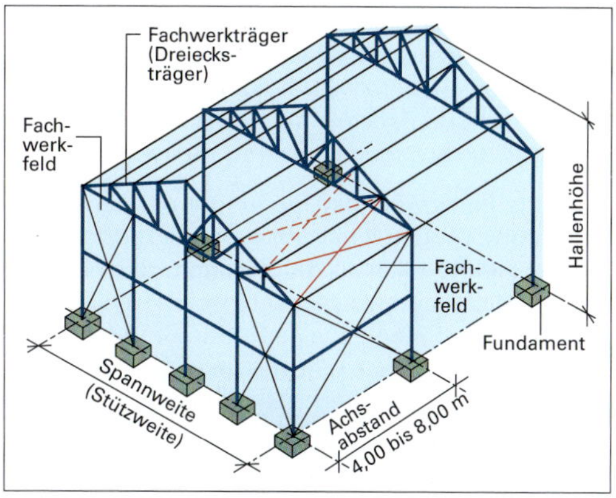

Abb. 12.1: Halle in Fachwerkbauweise (Dreiecksbildung der Fachwerkfelder, Längsverband angedeutet)

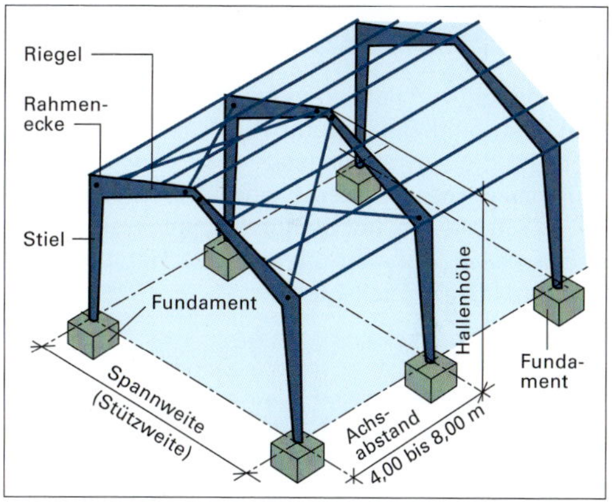

Abb. 12.2: Halle in Rahmenbauweise

12.1 Planung von Hallen

Hallen sind Bauwerke die eine große Fläche überwiegend stützenfrei überbrücken. Die Verwendungszwecke von Hallen sind vielfältig.

Beispiele (vgl. Abb. 12.3)

Historische und neue Hallenbauten

- Halle der ehemaligen Munitionsfabrik in Karlsruhe, Stahlbetonskelettbau
- Neue Nationalgalerie, Potsdam, Stahlkonstruktion
- Lok-Halle, heute Veranstaltungshalle, Göttingen, Stahlkonstruktion, Ziegelfassade
- Neues Clouth-Quartier, Köln, Stahlkonstruktion, Ziegelfassade

Abb. 12.3: Bahnsteighallendach, Dresden

Je nach Verwendungszweck ergeben sich damit unterschiedliche Anforderungen an die bauliche Ausführung einer Halle und somit unterschiedlich komplexe Ausführungen.

Der Gesichtspunkt einer möglichen Erweiterung in der Breite oder Länge ist ein Punkt der bei der Planung schon beachtet werden sollte. Größere Hallen sind in Brandabschnitte zu unterteilen, um im Brandfall die Schadensräume zu begrenzen.

Wichtige Punkte bei der Planung einer Halle sind die Anforderungen hinsichtlich der Grundrissform, der geforderten lichten Raumhöhen, der notwendigen Belichtung, der geplanten Einbauten (Kranbahn, Installationen), des baulichen Brandschutzes und des notwendigen Wärme- und Schallschutzes.

Die Form der Halle wird sich nach der Nutzung und den Funktionsabläufen der geplanten Nutzung richten, ebenso wie die Ausführung der Bauelemente.

Bei der Planung von Hallen ist neben vielen Punkten insbesondere der Brandschutz zu beachten.

Unabhängig von den individuellen baulichen Möglichkeiten sind Bausysteme für Hallen entwickelt worden, die ein rationelles Planen und Bauen ermöglichen. Diese Systeme sind im Holzbau ebenso im Stahl- und im Stahlbetonbau/Fertigteilbau gebräuchlich. Daneben bieten viele Hersteller sogenannte Systemhallen an.

Systemhallen gibt es von verschiedenen Herstellern in Holz-, Stahl- und Stahlbetonbauweise.

Systemhallen sind Hallen aus standardisierten Elementen, die sich je nach Anforderungen variieren lassen. Für größere Objekte kann die Entwicklung objektbezogener Fertigelemente sinnvoll sein. Systeme aus Stahlbeton wird dabei als Stahlbetonskelettbau, Systeme aus Stahl als Stahlskelettbau benannt.

Werden Hallen mit Holzbinder geplant ist es wirtschaftlich die Stützen in Stahlbeton zu erstellen, da die Herstellung von Holzstützen für große Lasten aufwändig ist.

12.2 Hallentypen

Hallen werden unterschieden nach

- Material (Holz-, Stahl-, Stahlbetonhallen,
- Dachform (Satteldach, Pultdach, ...),
- Verwendungsart (Sporthallen, Ausstellungshallen, Veranstaltungshallen usw.),
- Tragsystemen (Stützen-Bindersysteme oder Rahmensysteme, Hallenbinder und Hallenrahmen können Vollwandsysteme oder Fachwerksysteme sein),
- Anzahl der Stockwerke (einstöckige, zweistöckige Hallen) und
- Anzahl der aneinandergebauten Hallen (einschiffige, zweischiffige Hallen usw.).

An Hallen können seitliche Anbauten und Überdachungen z. B. für überdachte Laderampen angebaut sein. Für viele Hallen ist der Einbau von Kranbahnen zu berücksichtigen.

Daneben gibt es eine Reihe weiterer Tragsysteme wie z. B. Raum- und Flächentragwerke. Eine besondere Art der Industriehallen sind Sheddachhallen oder Hallen mit schalenförmigen Tragsystemen.

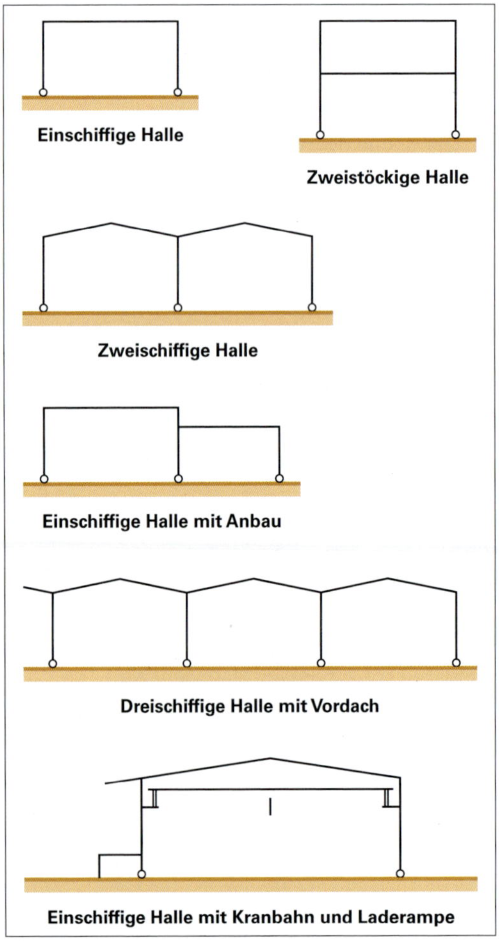

Abb. 12.4: Typische Hallenquerschnitte

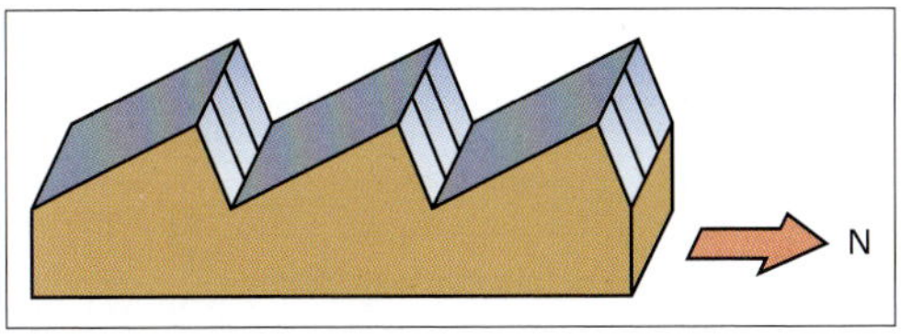

Abb. 12.5: Sheddachhalle

Sheddächer werden häufig gewählt, wenn in den Hallen eine natürliche Belichtung gegeben sein soll (vgl. Abb. 12.5). Werden die Fenster nach Norden ausgerichtet, kann man mitunter auf den Einbau eines Blendschutzes verzichten.

Wenn Hallen mit einer normalen Regenrinne an der Traufe geplant werden, ist die Entwässerung unproblematisch. Wird die Traufe mit Attika ausgearbeitet, ist die Entwässerung der Dachfläche im Zusammenhang mit der Dachdichtung sorgfältig zu planen. Da großflächige Hallen immer auch eine Versiegelung von Flächen darstellen, ist zu prüfen, in wieweit eine Ausgleichsmaßnahme bzw. eine Versickerung des Dachflächenwassers stattfinden kann.

Es werden aus allen Materialien Systemhallen angeboten.

12.3 Planungsgrundlagen für Hallen

Das Bauen mit werksmäßig vorgefertigten Elementen ist sinnvoll nur möglich, wenn sich Planer und Hersteller auf ein Planungsraster verständigen und bei der Herstellung von Elementen vorgegebene und bei der Planung zu berücksichtigende Toleranzen nicht überschritten werden.

12.3.1 Modulsystem

Beim Bauen mit Fertigteilen wird die Modulordnung nach DIN 18000 bevorzugt. Im Gegensatz zur Maßordnung im Hochbau DIN 4172 mit dem Ausgangsmaß Achtelmeter (12,5 cm) liegt der Modulordnung das Maß M = 10 cm zugrunde. Die Baumaße nach der Modulordnung lassen sich häufiger in ganze Millimeter teilen, was den verstellbaren Einschalvorrichtungen im Betonfertigteilbau entgegenkommt (vgl. Abb. 12.6).

Das Grundmodul M = 10 cm ist das kleinste gemeinsame Vielfache der modularen Baumaße. Es gilt als Maßsprung für Geschosshöhen und Türbreiten. Multimodule (vgl. Tabelle 12.7) sind genormte ganzzahlige Vielfache des Grundmoduls und dienen als Maßsprung für Abstände von Gebäudeachsen.

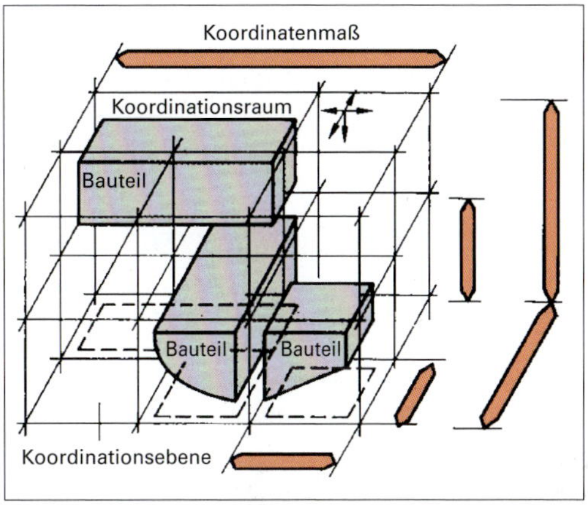

Abb. 12.6: Koordinationsräume und Koordinationsebenen nach des Modulordnung

Tabelle 12.7: Modulordnung

Grundmodul M (10 cm)			
3M	**6M**	**12M**	**30M**
30 cm	**60 cm**	**120 cm**	**300 cm**

Koordinationsebenen sind Bezugsebenen und bestehen aus einem kreuzweise angeordneten System von Gebäudeachsen. Sie erleichtern die Verständigung über alle Fragen der Lage und Bemessung von Bauteilen.

Koordinationsräume sind von Bezugsebenen umschlossen und dienen der maßlichen Einordnung von Bauteilen. Die Achs- und Koordinationsmaße sind modular (Vielfache von Multimodulen), die Konstruktionsmaße dagegen nicht, weil die Fugen und Toleranzmaße noch abzuziehen sind.

Eingeordnet werden die Bauteile nach dem Grenz- oder Achsbezug oder daraus abgewandelten Bezugsformen (vgl. Abb. 12.8).

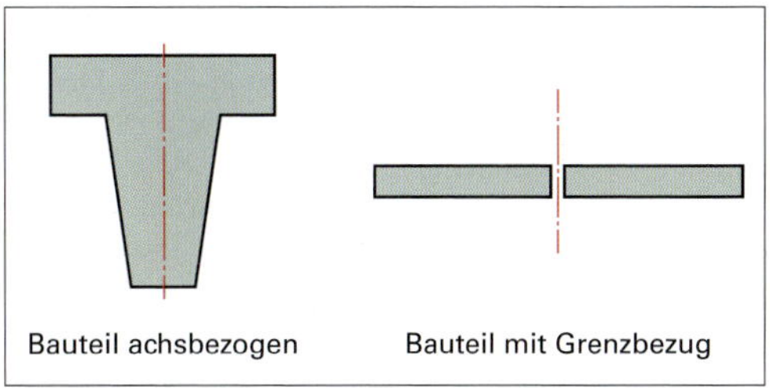

Abb. 12.8: Bezug von Bauteilen

Für die Einordnung der Bauteile sind vier Fälle zu unterscheiden:

- in allen drei Dimensionen Grenzbezug (kubische Bauteile, Raumzellen)
- Grenzbezug in zwei Dimensionen, in einer Dimension Achsbezug (flächige Bauteile, Wände und Decken)
- in einer Dimension Grenzbezug, in zwei Dimensionen (Träger, Stützen)
- in drei Dimensionen, Achsbezug (punktförmiges Bauteil, Knotenpunktverbinder)

Bei der Festlegung des Rasters ist je nach Material die Anordnung der Trägerlagen abzustimmen, um eine optimale Konstruktion zu erzielen. Ein Optimierungsziel ist es, eine vorgegebene Fläche mit minimalem Materialverbrauch zu überdecken.

12.3.2 Transport und Montage

Die werkmäßige Herstellung der Bauelemente für Hallen bringt Vorteile für die Herstellung, hat jedoch den Nachteil, dass die Bauteile zur Baustelle transportiert und dort in ihre endgültige Lage gebracht werden müssen. Daher sind die Bedingungen, die sich hinsichtlich der maximalen Abmessungen und der maximalen Gewichte für Transport und Montage ergeben, bei der Planung der Bauteile zu berücksichtigen.

Ebenso spielen die Kosten des Transports eine Rolle bei der Frage, ob sich eine geplante Konstruktion wirtschaftlich verwirklichen lässt. Auch die Situation für die Montage auf der Baustelle, insbesondere die Möglichkeit, schwere Bauteile mit Kränen montieren zu können, spielt eine entscheidende Rolle.

Für den Straßentransport sind Bedingungen hinsichtlich der Abmessungen und Gewichte einzuhalten.

Die Transport- und Montagebedingungen sind bei der Planung eines Bauvorhabens mit Fertigteilen zu beachten.

12.3.3 Belastung einer Halle

Eine Halle hat neben den Eigenlasten die Belastungen aus Schnee und Wind aufzunehmen. Durch die in der Regel flach geneigten Dächer treten in den Randbereichen und in den Eckbereichen erhebliche Windsogbelastungen auf. Bei offenen Hallen oder Hallen mit großen Toren wird der Windsog noch durch den Winddruck und Windsog im Inneren der Halle verstärkt und ist bei der Auslegung der Befestigungselemente zu beachten (vgl. Abb. 12.9).

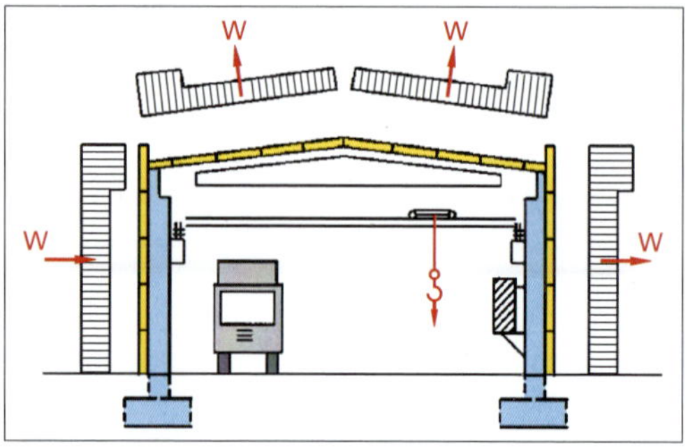

Abb. 12.9: Belastung einer Halle

Bei den Dimensionen der Tragelemente einer Halle sind ebenfalls die Kräfte zu berücksichtigen die sich durch ungewollte Schiefstellungen und Montageungenauigkeiten ergeben.

12.3.4 Stabilität einer Halle

Ein Bauwerk ist dann stabil, wenn in der Vertikalen drei Scheiben in mindestens zwei Richtungen vorhanden sind, die sich nicht in einem Punkt schneiden (vgl. Abb. 12.10). Die Wandscheiben müssen so angeordnet werden das Kräfte aus jeder Richtung aufgenommen werden können. Zusätzlich müssen die Wände Momente aufnehmen können. Dazu sind im Normalfall zwei parallel zueinanderstehende Wände notwendig (vgl. Abb. 12.10).

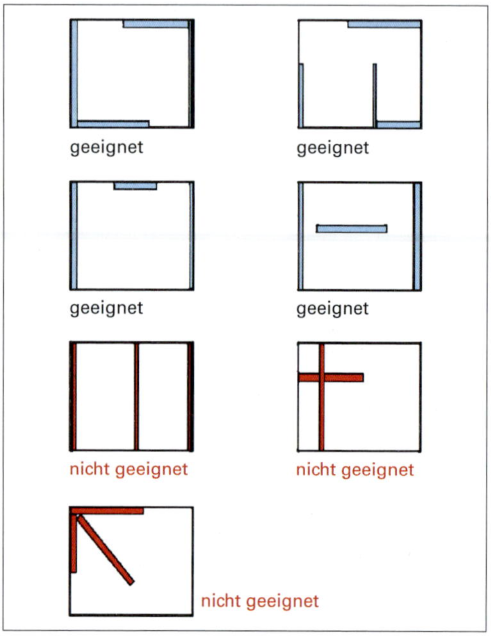

Abb. 12.10: Anordnung von Wandscheiben

Bei einer allseitig geschlossenen Halle werden die senkrecht auf die Längswand wirkenden Horizontallasten über die Dachscheibe oder Fachwerkverbände auf die Giebelwände übertragen. Die entsprechenden Horizontallasten auf die Giebelwände werden in der gleichen Weise über die Längswände abgeleitet. Somit sind bei einer Halle die aussteifenden Wandebenen oder Verbände in den Außenwänden angeordnet (vgl. Abb. 12.11).

Bei einer einseitig offenen Halle stehen nur drei Wandebenen zur Ableitung zur Verfügung. Die Horizontalkraft, die in der offenen Ebene wirkt, wird über Verbände oder die Deckenscheibe in die in ihrer Richtung stehende Wandscheibe geleitet, das dabei entstehende Kräftepaar wird über die parallel angeordneten Wände abgeleitet (vgl. Abb. 12.12 und Abb. 12.13).

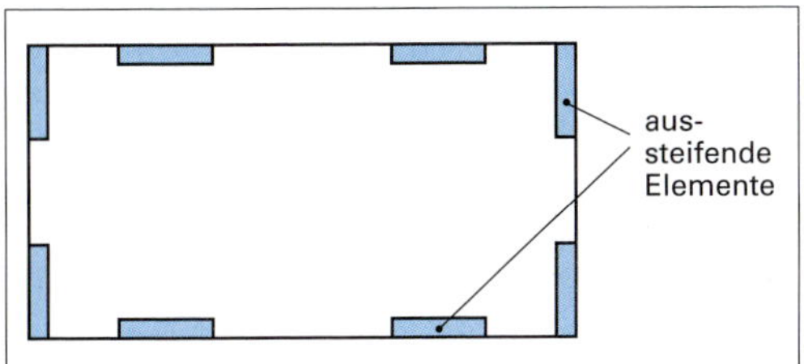

Abb. 12.11: Wandscheiben in Längs- und Giebelwände

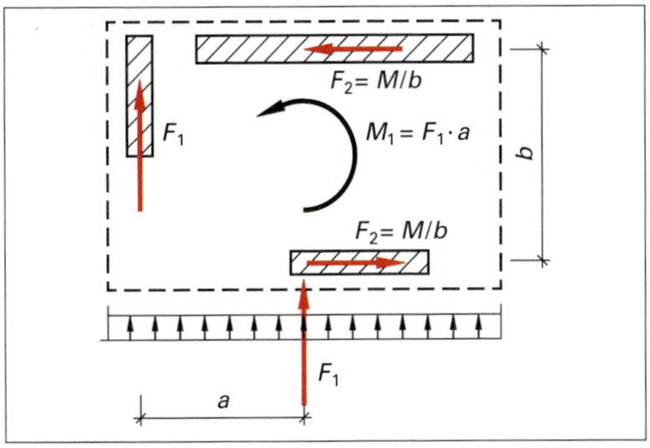

Abb. 12.12: Belastung von Wandscheiben einer einseitig offenen Halle

Bei einem Hallensystem mit Bindern auf Pendelstützen werden die Kräfte in Längsrichtung über die Fachwerksverbände der Dachebene im zweiten Binderfeld auf die Längswände übertragen und dort durch die Zugdiagonalen abgeleitet (vgl. Abb. 12.14).

Die Kräfte aus der Querrichtung am Stützenkopf müssen durch den Verband an der Hallenlängsseite auf die Giebelwände übertragen werden. Dort leiten ebenfalls die Zugdiagonalen in den Außenfeldern die Lasten in die Fundamente.

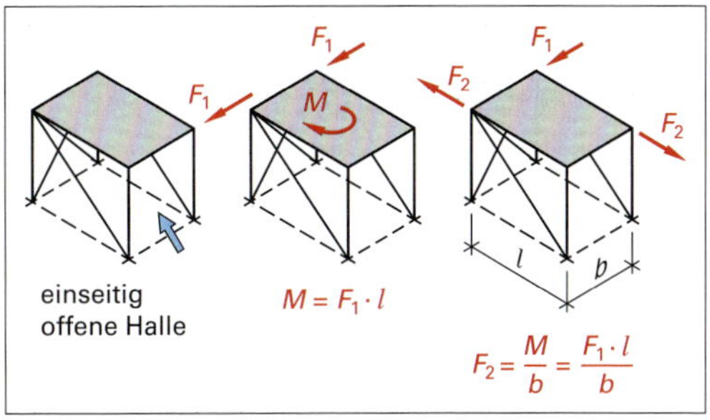

Abb. 12.13: Belastung von Wandscheiben

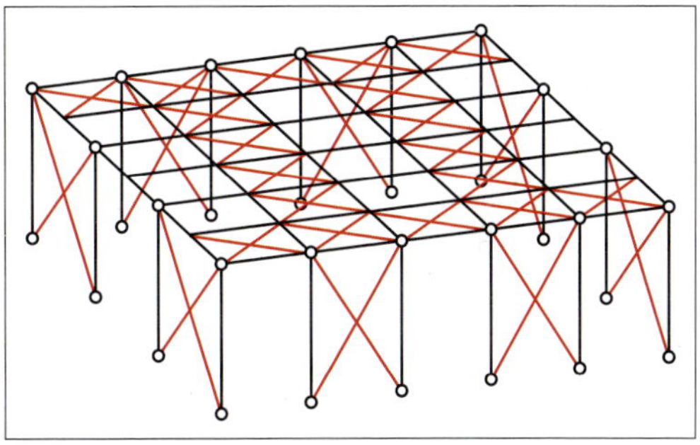

Abb. 12.14: Halle mit Pendelstützen
(Hallensystem mit Bindern auf Pendelstützen)

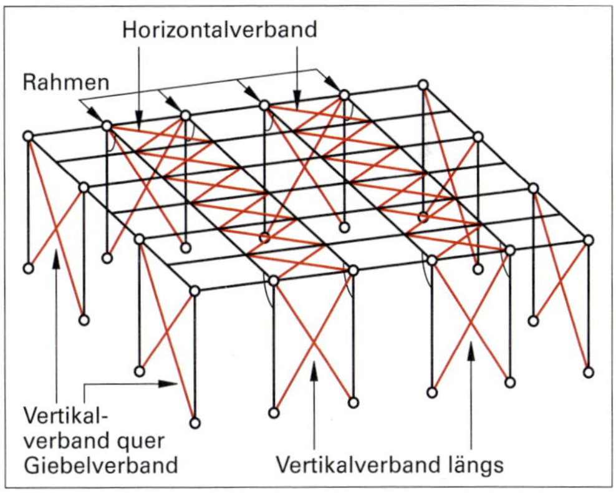

Abb. 12.15: System einer Halle mit Rahmen und Giebelwandverband

Bei einem Hallensystem mit Rahmen und Giebelwand werden die Kräfte aus der Querrichtung durch die Rahmen in die Fundamente geleitet. Wobei die Kräfte auf die äußeren (Rand-) Stützen abweichend dazu über die Zugdiagonalen (den Giebelverband) auf die Fundamente abgeleitet werden.

Statt der Dreiecksverbände in den Feldern der Außenwand zwischen den Stützen kann die aussteifende Wirkung auch durch andere Aussteifungskonstruktionen erreicht werden (vgl. Abb. 12.16). Sollen in den Verbandsfeldern Öffnungen für Türen, Tore oder Fenster notwendig sein, lassen sich auch hier Verbandsformen einbauen, die die Öffnungen möglich machen (vgl. Abb. 12.17).

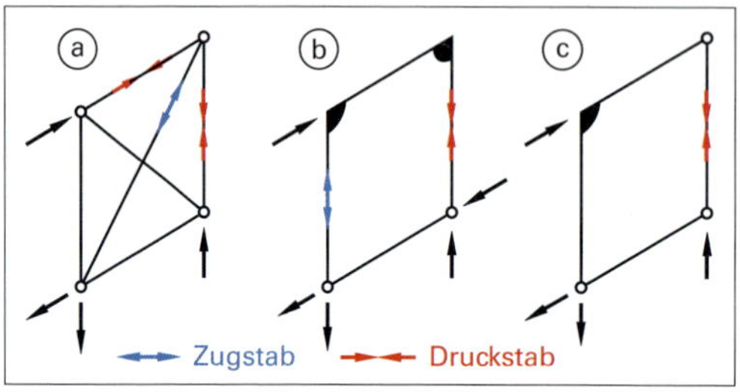

Abb. 12.16: Aussteifungskonstruktionen
a) Zugdiagonalen, b) Rahmen, c) Einhüftiger Rahmen

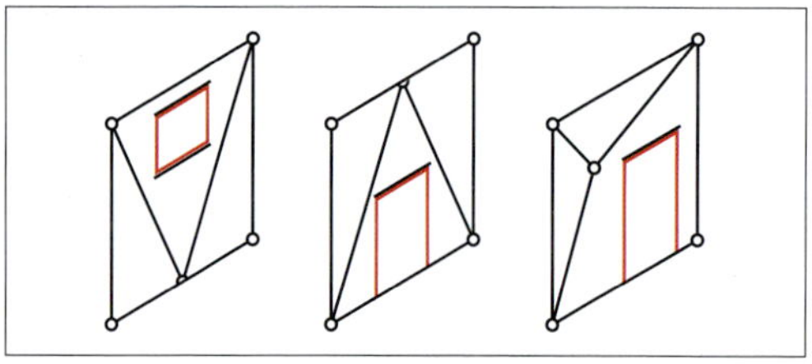

Abb. 12.17: Verbandsformen für Öffnungen

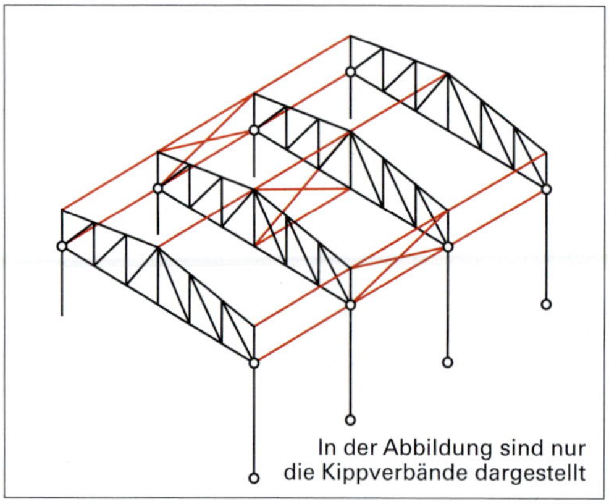

Abb. 12.18: Fachwerkbinder mit Längsverband zur Kippsicherung

Die Fachwerkverbände, die in der Dachebene angeordnet sind, um die Horizontalkräfte abzuleiten, übernehmen gleichzeitig die Aufgabe, den Obergurt des Binders oder Rahmens, wenn nötig, auszusteifen und so am Kippen zu hindern (vgl. Abb. 12.18).

Wenn Binder auf Stützen ohne Haltung aufgesetzt werden, sind die Binder durch Längsverbände am Kippen zu hindern.

Hallen werden durch Dachverbände und Verbände in den Längs- und Querwänden ausgesteift.

12.4 Elemente einer Halle

Die Bauelemente einer Halle sind Dachelemente, Wandelemente, Pfetten, Wandriegel, Binder, Stützen, bzw. Rahmen, Verbände und Fundamente. Je nach Bauweise der Hallen wird die Giebelwand einer Halle anders ausgebildet als der Normalquerschnitt. Daher sind Giebelstützen und Giebelbinder im Gegensatz zur Normalstütze und Normalbindern bzw. Rahmen zu unterscheiden. Alle diese Elemente wirken zusammen, um die auf das Bauwerk wirkenden Lasten in die Fundamente abzuleiten.

Bauelemente einer Halle sind Fundamente, Stützen Binder, Rahmen, Pfetten und Verbände.

12.4.1 Dachelemente

Die Dachelemente tragen die vertikalen Lasten auf Pfetten ab, die wiederum die Last auf die Binder abtragen. Die Binder leiten die Lasten über die Stützen auf die Fundamente.

Die Dachkonstruktion muss so ausgebildet sein, dass die Horizontallasten, die am Dachrand über Traufe und Ortgang eingeleitet werden, ebenso wie die Seitenkräfte z. B. aus der Kippbeanspruchung auf die Längs- und Giebelwände übertragen werden.

Bei der Konstruktion eines Hallendaches gibt es prinzipiell zwei Möglichkeiten:

1. Dachelemente wirken nicht als Scheibe

In der Pfettenebene oder in der Obergurtebene der Binder oder Rahmenriegel werden unter Einbeziehung der Pfetten Fachwerkverbände eingebaut, die die aussteifende Wirkung übernehmen. Die Dachelemente tragen nur vertikale Lasten ab. Je nach Konstruktion der Halle sind unterschiedliche Verbände notwendig.

Alternativ werden die Dachelemente so bemessen, dass sie ohne die Unterstützung von Pfetten in der Lage sind, die Lasten direkt auf die Binder abzutragen.

2. Ausbildung des Daches als tragende Scheibe

Bei dieser Konstruktion werden die Dachelemente, in der Regel Trapezbleche oder Beton- oder Leichtbetondachplatten, so miteinander verbunden, dass die gesamte Dachfläche als Scheibe wirkt.

Ebenso ist es möglich, nur bestimmte Dachfelder als Scheibe auszubilden. Dazu werden die Felder als Scheibe ausgebildet, in denen sonst die Fachwerkverbände angeordnet sind (vgl. Abb. 12.19).

Wenn eine Scheibenwirkung gegeben ist, können die sonst in der Dachebene notwendigen Verbände entfallen.

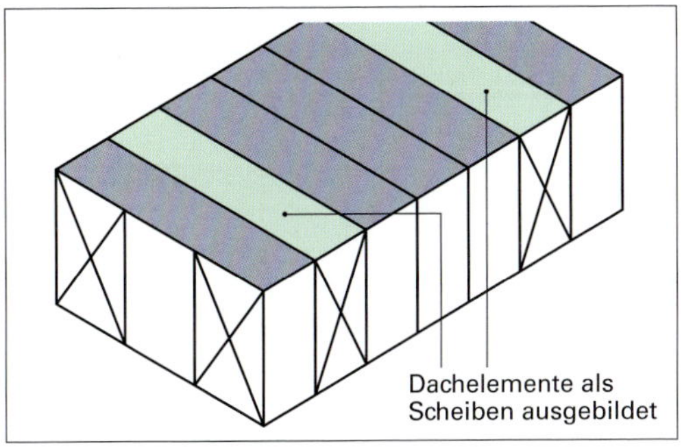

Abb. 12.19: Dachelemente als Scheibe

Vollbetonplatten

Hallendächer aus Stahlbetonvollplatten sind nur sinnvoll, wenn sie als vorgefertigte Elemente eingebaut werden. Sie können als Einfeld- oder Durchlaufdecken ausgebildet werden.

Spannbetondielen

Spannbetonhohlplatten werden für Spannweiten bis zu 18,00 m (Spannweite = 40 · Elementdicke) bei Deckendicken von 100 mm bis 320 mm in Breiten von 1,20 m hergestellt. Bei der Verwendung von Spannbetonhohldielen entfallen aufwändige Schalarbeiten. Die Deckenelemente sind mit Ortbeton in den Fugen und Randbereichen zu vergießen. Notwendige Auflagertiefen auf Stahl oder Stahlbeton sind mindestens 50 mm, auf Mauerwerk mindestens 70 mm, jedoch muss die Auflagertiefe mindestens 1/125 der Stützweite betragen.

Die Vorteile der Spannbetonhohldielen gegenüber anderen Dachelementen liegen in der Möglichkeit größere Spannweiten zu überbrücken (vgl. Abb. 12.20).

Abb. 12.20: Spannbetonhohldielendecke

Porenbetondachplatten

Eine häufig angewandte Konstruktion bei Hallendächern ist die Verwendung von Porenbetondachplatten. Porenbetondachplatten werden in Dicken von 100 mm bis 300 mm und Breiten bis 75 cm aus Leichtbeton hergestellt und können bis zirka 6,20 m bei Nutzlasten von bis zu 4 kN/m² gespannt werden. Die Brandschutzklasse F 90 ist durch entsprechende Betondeckung problemlos zu erreichen.

Durch konstruktive Maßnahmen bei der Bauausführung und bei der Montage können die Dachplatten zu einer aussteifenden Dachscheibe zusammengefasst werden. Ebenso können die Dachelemente die Kippaussteifung von Unterzügen und Pfetten übernehmen. Um die Scheibenwirkung zu erreichen, müssen Platten mit Fugen verwendet werden. Die Fugen werden mit Stabstahl bewehrt und anschließend vergossen.

Für die Ausbildung der Fugen an den Längsseiten der Deckenplatten gibt es unterschiedliche Möglichkeiten (vgl. Abb. 12.21).

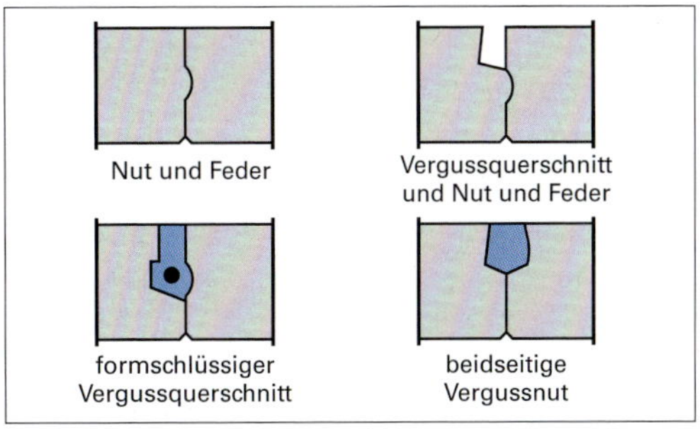

Abb. 12.21: Beispiele für Fugenausbildung von Porenbetondachplatten

Die Auflagerungstiefe a der Porenbetondachplatten muss auf Holz, Beton und Stahl mindestens $a \geq 50$ mm bzw. $a \geq l_{eff}/80$ betragen. Bei Brandschutzanforderung von F 90 muss dagegen auf Holzträgern $a \geq 110$ mm betragen (vgl. Abb. 12.22).

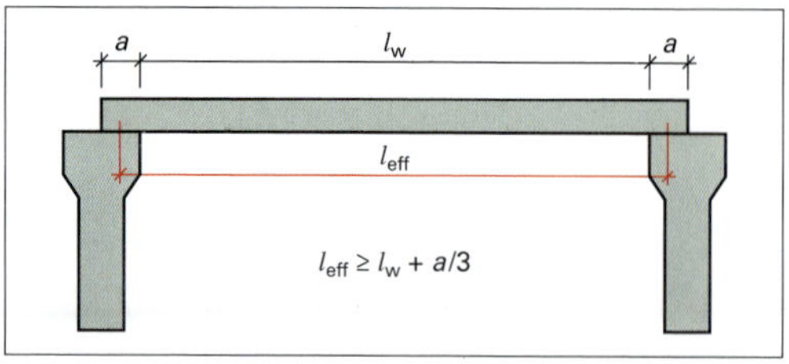

Abb. 12.22: Auflagerung von Porenbetondachplatten

Auf Betonbindern und Betonpfetten werden zur Befestigung der Dachelemente Ankerschienen durchgängig oder stückweise eingebaut. In diese Ankerschienen werden die Verankerungsbleche eingesetzt, die dann an die Dachelemente genagelt werden.

Auf Stahlträgern werden Haltebleche auf den Trägerflansch geschweißt und mit Stabstahlbewehrung gehalten oder es werden Hakennagellaschen verwendet.

Porenbetondächer können als nicht belüftete oder belüftete Konstruktion mit herkömmlichen Eindeckungen ausgeführt werden.

Werden Öffnungen in der Dachfläche benötigt, z. B. für Lichtkuppeln müssen die Dachplattenelemente ausgewechselt werden. Dazu werden Wechsel aus Stahl verwendet, die die Lasten aus der unterbrochenen Dachplatte auf die benachbarten Platten ableiten.

Massive Deckenelemente erleichtern durch Fugenverband die Ausbildung des Daches als aussteifende Scheibe. Damit können Verbände in Dachebene entfallen.

Profilbleche/Trapezprofile

Mit Trapezblechen können einschalige, einschalig wärmegedämmte und zweischalig wärmegedämmte Dächer hergestellt werden (vgl. Abb. 12.23).

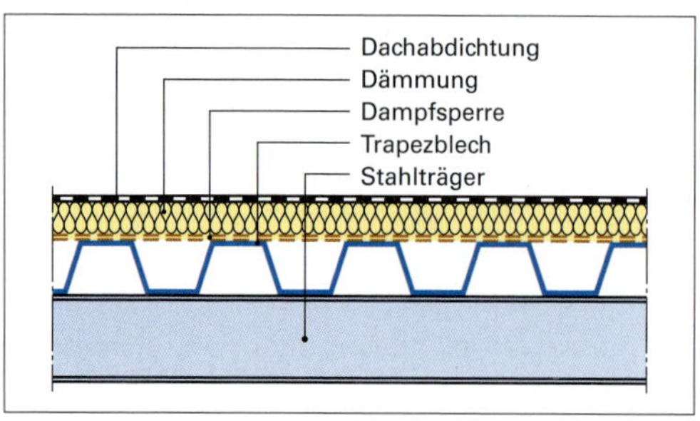

Abb. 12.23: Schichtaufbau für ein Trapezdach

Wenn Trapezbleche am Längsrand nicht auf Trägern aufgelegt werden können, sind die Profilbleche am Rand zu versteifen. Zur Versteifung können Profile ($t > 1$ mm) angeschraubt oder angenietet werden, oder es werden Randprofile oder Auflagerwinkel eingesetzt. Trapezprofile gibt es mit unterschiedlichen Profilausprägungen die auch Einfluss auf die Tragfähigkeit haben (vgl. Abb. 12.24).

Trapezbleche können als Einfeldträger oder als Durchlaufträger verwendet werden. Um die Durchlaufträgerwirkung zu erreichen werden die Trapezbleche im Auflagerbereich zirka 800 mm bzw. $0{,}1 \cdot L_l$ überlappend verlegt.

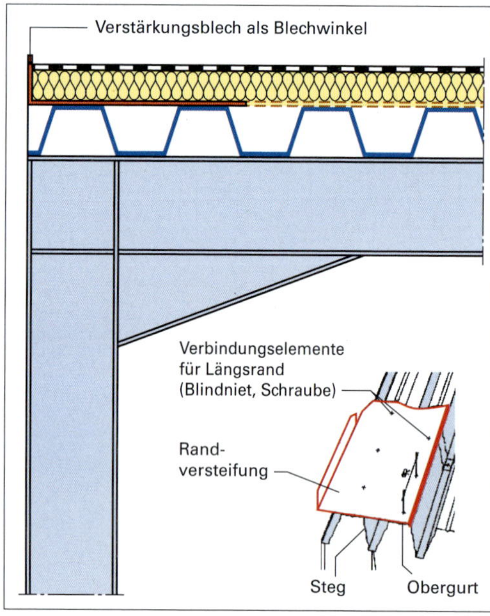

Abb. 12.24: Randverstärkung für Trapezblech

Die Auflagertiefen müssen bei Stahl- und Stahlbetonkonstruktionen am Endauflager 40 mm und als Zwischenauflager 60 mm betragen. Die Befestigung auf den Bindern oder Pfetten kann z. B. bei Betonbindern durch Verschraubung in einbetonierte Hohlprofile, unterfütterte Flachstähle oder Ankerprofilen erfolgen. Auf Stahlträgern werden die Trapezbleche durch Schrauben befestigt.

Bei der Verlegung von Trapezprofilen werden Positiv- und Negativlagen unterschieden. Bei der Positivlage werden die Profilränder unten gestoßen bei der Negativlage wird der Profilrand oben gestoßen (vgl. Abb. 12.25). Positivlagen werden bei Dächern mit Wärmedämmung auf den Trapezblechen gewählt, während Negativlagen bei einer nackten Dachhaut aus Trapezblechen angebracht sind.

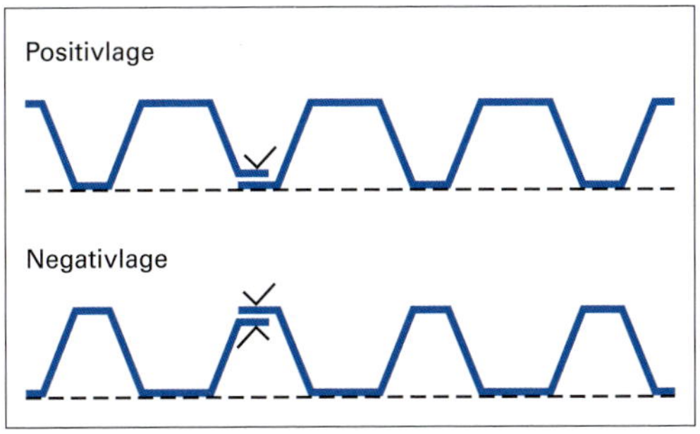

Abb. 12.25: Profillagen von Trapezprofilen

Trapezbleche gibt von verschiedenen Herstellern, abgestimmt auf den Verwendungszweck und den damit notwendigen Abmessungen hinsichtlich der Blechstärke, Profilausbildung und Profilabmessungen.

Insbesondere bieten Hersteller Trapezblechausführungen an, bei den die Problematik der Schallentwicklung bei Regen beachtet wird.

12.4.2 Pfetten

Auf den Pfetten einer Halle wird die Dachhaut befestigt. Für die Konstruktion von Pfetten sind verschiedene Konstruktionssysteme gebräuchlich. Unterschieden werden nach dem statischen System:

- Statisch bestimmte Systeme
- Statisch unbestimmte Systeme

Statisch unbestimmten Systeme sind hinsichtlich der Verformungsbedingungen aus Temperatur und Stützensenkungen zu untersuchen.

Statisch bestimmte Systeme sind:
Einfeldpfetten (vgl. Abb. 12.26) werden bei gleichen Spannweiten gleich ausgeführt. Sie sind einfach herzustellen und zu montieren.

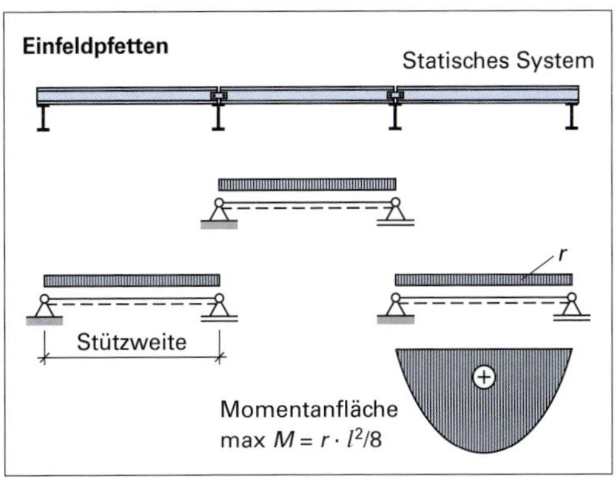

Abb. 12.26: Einfeldpfette

Gelenkpfetten sind statisch bestimmte Konstruktionen, die von der Bemessung her ähnliche Querschnitte wie Durchlaufpfetten ergeben, allerdings müssen in den Feldern Gelenke ausgebildet werden. Die Anzahl der Gelenke entspricht der Anzahl der Innenstützen des Durchlaufträgers. Für die Lage der Gelenke existieren Werte, die dem Konstrukteur eine sinnvolle Anordnung der Gelenke erlauben. Nach Möglichkeit werden die Gelenke so angeordnet, dass die Feldmomente den Stützmomenten entsprechen.

Die Gelenke dürfen nicht im Bereich von Verbänden angeordnet werden. Die Anordnung der Gelenke kann in unterschiedlicher Weise erfolgen, dabei ist auf eine sinnvolle Montagemöglichkeit zu achten (vgl. Abb. 12.27 und Abb. 12.28).

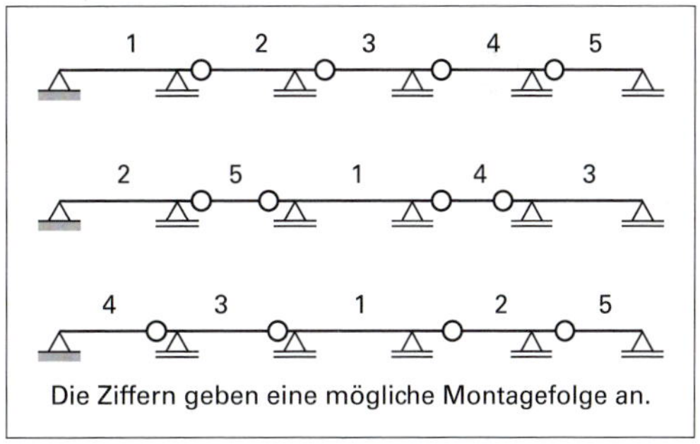

Abb. 12.27: Gelenkanordnung

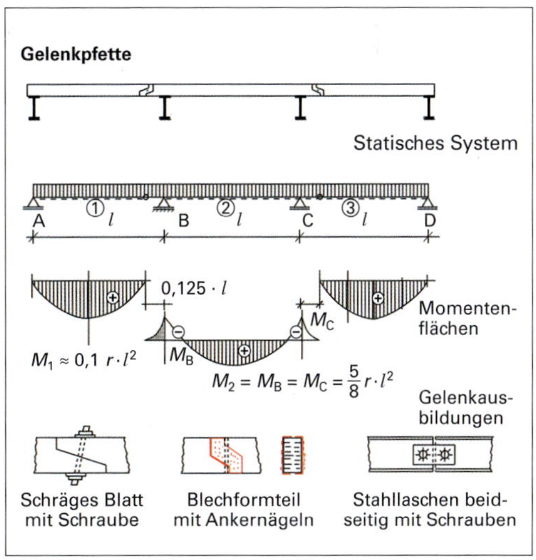

Abb. 12.28: Gelenkpfette

Durchlaufpfetten können aufgrund der geringeren Durchbiegung bei gleicher Stützweite wie Einfeldpfetten mit kleineren Querschnitten ausgeführt werden.

Bei gleicher Stützweite ist bei Durchlaufpfetten in den Endfeldern ein größerer Querschnitt erforderlich. Alternativ könnte die Stützweite für das Endfeld kleiner geplant werden um den gleichen Querschnitt in allen Feldern zu gewährleisten.

Koppelpfetten sind vom Prinzip her Durchlaufpfetten. Koppelpfetten lassen sich wirtschaftlich nur mit Kanthölzern oder Balken aus Holz ausführen. Die Koppelpfetten werden mit einem Überstand (der Übergreifungslänge) über die Stützung hinweg verlegt. Die Pfetten werden jeweils am Übergreifungsende durch Nagelung oder Schraubenbolzen miteinander verbunden um die Durchlaufwirkung zu gewährleisten. Die Übergreifungslängen beträgt je nach statischem System ca. $0{,}1 \cdot l$ bis $0{,}17 \cdot l$ (vgl. Abb. 12.29).

Bei geneigten Hallendächern ergibt sich eine Schräglage der Pfetten, daher müssen die Pfetten so befestigt werden, dass ein Kippen nicht möglich ist. Dies geschieht durch Blechformtele bei Holzkonstruktionen und durch gebogene Flachstähle und Schrauben bei Stahlkonstruktionen.

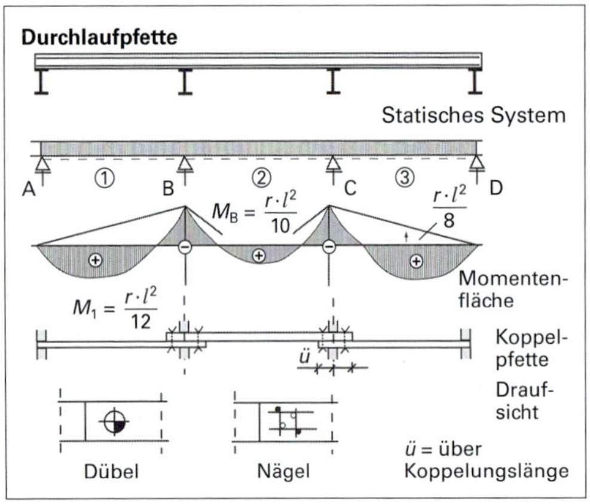

Abb. 12.29: Koppelpfette

Abb. 12.30: Sicherung geneigter Pfetten

Bei Pfetten werden unterschieden:
Einfeldpfetten und Gelnkpfetten sowie Durchlaufpfetten und Koppelpfetten.

12.4.3 Binder

Binder sind Träger die auf Stützen aufgelegt werden. Binder werden nach unterschiedlichen Kriterien benannt.

Nach der Dachform:
Satteldachbinder, Pultdachbinder.

Nach der geometrischen Form:
Dreieckbinder, Trapezbinder, Doppeltrapezbinder, Rechteckbinder.

Nach dem Material:
Bretterbinder, Kantholzbinder, Leimholzbinder, Stahlbinder, Spannbetonbinder.

Nach dem System:
Fachwerkbinder, Vollwandbinder.

Nach dem Verbindungsmittel:
Nagelbinder, Greimbinder, Leimbinder.

Je nach System und Bauart und Binderabstand sind unterschiedlich große Spannweiten erreichbar. Übliche Binderabstände liegen zwischen 5,00 m bis 7,20 m (vgl. Abb. 12.31).

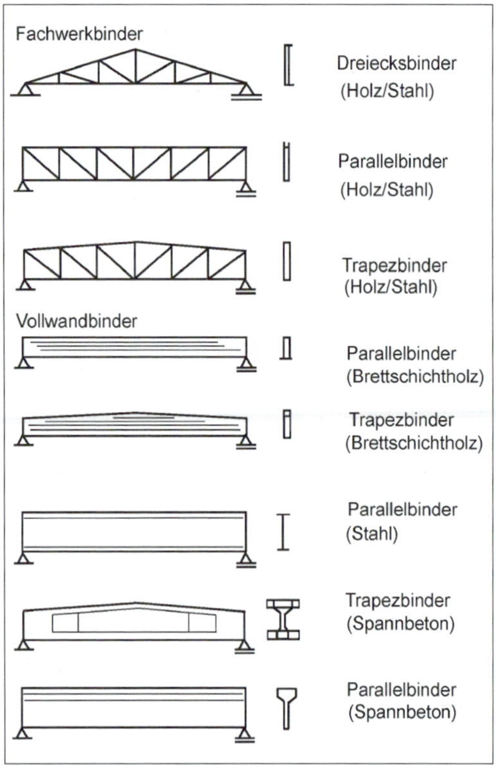

Abb. 12.31: Bindersysteme

12.4.4 Stützen

Die Stützen tragen die Binder. Zusätzlich müssen sie eventuelle Lasten aus den Einbauten der Halle (Kranbahn) aufnehmen. Im Regelfall nehmen sie die Windlasten die auf die Außenwand wirken über die Wandriegel auf.

Zusätzlich erhalten Stützen Lasten aus der Verbandwirkung der Längsaussteifung.

Bei den Stützen werden Pendelstützen und eingespannte Stützen unterschieden. In Fundamenten eingespannte Stützen bieten Vorteile bei der Montage der Halle, da eingespannte Stützen in der Lage sind Horizontalkräfte ohne zusätzliche Verbände aufzunehmen. Eingespannte Stützen können insbesonders die Queraussteifung einer Halle übernehmen.

Erst bei hohen Stützen ist die Verformung eingespannter Stützen am Stützenkopf zu groß (vgl. Abb. 12.32).

Die Konstruktion von eingespannten Stützenfüßen zur Aufnahme hoher Lasten ist jedoch besonders im Holzbau sehr aufwändig.

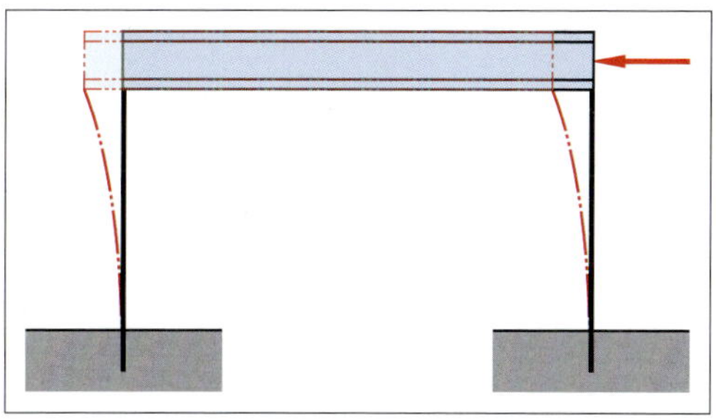

Abb. 12.32: Verformung eingespannter Stützen bei Queraussteifung

Pendelstützen sind einfach herzustellen, erfordern jedoch Aussteifungen in zwei Achsen um stabil zu sein. Hallen mit Pendelstützen erfordern daher immer einen Längsverband in der Dachebene an der Hallenseite (Diagonalverband, vgl. Abb. 12.14). Während der Montage müssen die Stützen zudem durch Montageverbände gehalten werden, bis die planmäßigen Verbände eingebaut sind.

Der zur Horizontalaussteifung im Skelettbau häufig verwendete Diagonalverband besteht aus Zugstäben. Der nicht belastete Stab wird schlaff eingebaut und i.d.R. mit Spannschlössern vorgespannt. Die Diagonalverbände können, statisch betrachtet, die aussteifende Wirkung von Wand- oder Deckenscheiben übernehmen.

12.4.5 Rahmen

Rahmen sind Bauelemente bei den die Stütze mit einem Binder biegefest verbunden ist. Der senkrechte Teil des Rahmens wird als Stiel, der waagerechte oder geneigte Teil als Riegel bezeichnet. Rahmen haben den Vorteil gegenüber Stütze-Binder-Systemen, dass sie keine Verbände zur Aussteifung in der Rahmenebene benötigen. Der Rahmen übernimmt die Queraussteifung der Halle.

Damit können die Verbände zur Queraussteifung an der Längsseite der Halle entfallen.

Rahmen werden als Vollwandsysteme oder als Fachwerkrahmen gebaut (vgl. Abb. 12.31).

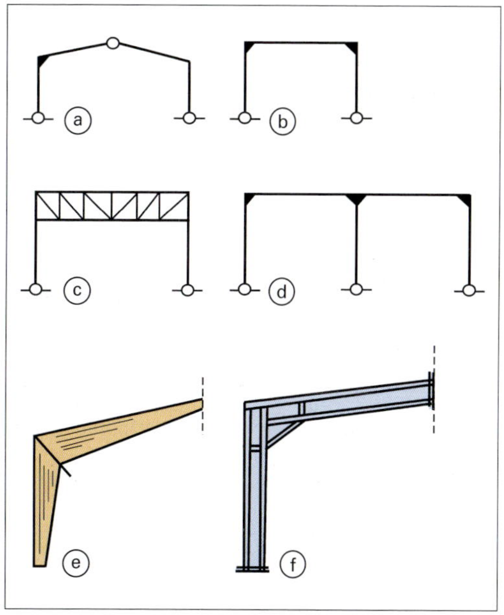

Abb. 12.33: Rahmensysteme, a) Dreigelenkrahmen, b) Zweigelenkrahmen Fachwerkrahmen, d) Zweifeldrahmen, e) Leimholzrahmen, f) Stahlrahmen

Bei einstöckigen Hallen kommen häufig Zweigelenk- oder Dreigelenkrahmen zur Anwendung. Im Holz- und besonders im Stahlbau sind Rahmen häufig vorkommende Konstruktionen. Im Stahlbetonfertigteilbau sind Rahmenkonstruktionen in der Herstellung zu aufwändig, daher wird im Stahlbetonskelettbau im Allgemeinen nicht mit Rahmen konstruiert.

Für die Queraussteifung einer Halle sind Rahmen eine wirtschaftliche und konstruktiv gute Lösung.

12.4.6 Außenwandkonstruktionen

Für die Außenwand einer Halle sind neben den ebenfalls möglichen klassischen Materialien Bauelemente entwickelt worden, die eine rationelle den Anforderungen entsprechende Bekleidung ermöglichen. Dabei können Konstruktionen mit und ohne Dämmung zur Anwendung kommen. Bei nahezu allen Wandelementen ist die Anordnung vor, zwischen und hinter der Stützenachse möglich.

Einige Möglichkeiten im Überblick:

- Ausmauerung mit Sichtmauerwerk
- Ausmauerung und Verkleidung mit Natursteinplatten
- Verwendung von Porenbetonwandtafeln mit und ohne Bekleidung
- Verkleidung mit einschaligen Stahltrapezprofilen
- Verkleidung mit Metallelementen aus Kupfer und Zink
- Verkleidung mit nichtrostendem Stahl
- Verkleidung aus wetterfestem Stahl (z.B. COR-TEN)
- Verkleidung mit zweischaligen wärmegedämmten Stahltrapezprofilen
- Verkleidung mit wärmegedämmten Stahlsandwichelementen
- Verkleidung mit Faserzementwellplatten
- Verkleidung mit Holzwerkstoffe/Holzschalungen
- Verkleidung mit Einscheibensicherheitsglas
- Verkleidung mit Photovoltaikelementen
- Verkleidung aus Leichtmetall und Kunststoffen (z.B. Alucobond)

Einige Außenwandelemente können horizontal oder vertikal angeordnet sein. Stark profilierte Elemente sollen nur in senkrechter Weise angebracht werden, um den Wasserablauf zu ermöglichen.

Bei entsprechender Dimensionierung und geringer Hallenhöhe können die vertikalen Elemente ohne Unterstützung durch Wandriegel vom Fundament bis zur Traufe eingebaut werden. Wenn keine Wandriegel notwendig sind, wird die Windlast direkt auf die Traufe und das Fundament geleitet (vgl. Abb. 12.34).

Horizontale Wandelemente sind besonders sinnvoll, wenn das Element nicht zusätzlich vertikal abgestützt werden muss. Wenn die Wandelemente so tragfähig sind, dass sie ihr Eigengewicht direkt auf das Fundament abgeben, leiten die Wandelemente nur Windlasten auf die Stützen weiter (vgl. Abb. 12.34). Andernfalls muss jedes Element tragfähig an der Unterkonstruktion befestig werden.

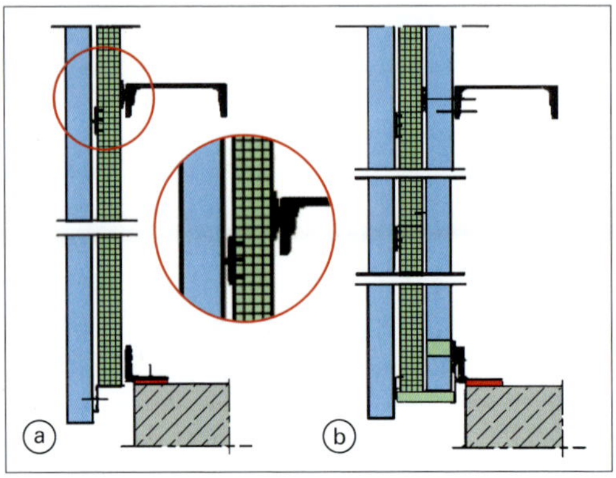

Abb. 12.34: Wandelemente a) horizontal, b) vertikal (nach Arbeitshilfen Bauen mit Stahl)

Die angebotenen Materialien ermöglichen dem Planer alle Möglichkeiten der Fassadengestaltung.

Die Außenwände einer Halle können mit unterschiedlichen Materialen und Bauelementen rationell und kreativ gestaltet werden.

Ausfachung aus Mauerwerk

Für nichttragende und tragende Außenwände können ohne rechnerischen Nachweis für Wanddicken von 11,5 cm bis 30 cm die zulässigen Größtwerte der Ausfachungsfläche in Abhängigkeit von der Höhe über Gelände, der Haltung der Wand (dreiseitig, vierseitig), der Mauerwerksart und dem Verhältniswert h/l aus Tabellen (vgl. Tabelle 12.35). abgelesen werden. Mörtel der Mörtelgruppen IIa, III und IIIa sind zu verwenden.

Tabelle 12.35: Größtwerte der Ausfachungsfläche *A*

Dreiseitig gehalten, oberer Rand frei, Normalmauermörtel			
Wanddicke t	h/l $\leq 0{,}5$	h/l $= 1{,}0$	h/l $\geq 2{,}0$
24 cm	$A = 16$ m²	$A = 20$ m²	$A = 30$ m²

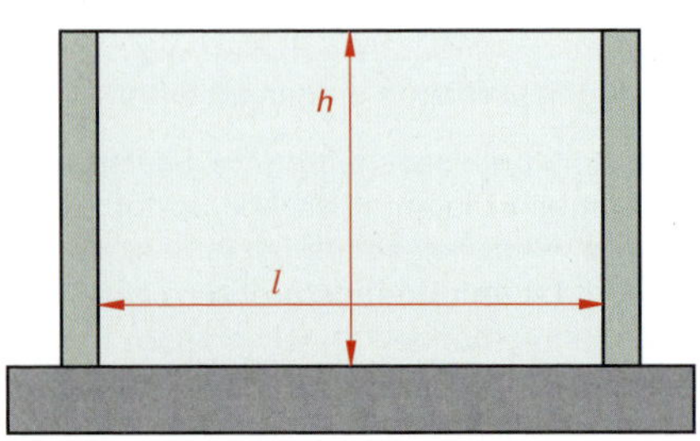

Beispiel

Gesucht Ausfachungsgröße, 24 cm Wand nach Tabelle 12.35, $h = 3{,}60$ m und $l = 6{,}00$ m

$\frac{h}{l} = \frac{3{,}60}{6{,}00} = 0{,}60 \Rightarrow$

Interpolation

$A_{Tab} = 16{,}00 + \frac{(20{,}00 - 16{,}00)}{0{,}5} \cdot 0{,}1 =$

$A_{Tab} = 16{,}80\ m^2$

$A_{Wand} = 3{,}60 \cdot 6{,}00 = 21{,}6\ m^2$ nicht zulässig

Beispiel

Welche Abmessungen sind für einen Wert $h/l = 2{,}0$ möglich?

24 cm Wand nach Tabelle 12.35

Für $h/l = 2{,}0 \Rightarrow$ zul. $A_{Tab} = 30\ m^2$

mit h doppelt so groß wie l folgt

$l \cdot 2 \cdot l = 30 \Rightarrow 2 \cdot l^2 = 30 \Rightarrow l^2 = \frac{30}{2}$

$l^2 = 15 \quad \Rightarrow l = \sqrt{15}$

$l = 3{,}87$ m damit $h = 2 \cdot l = 2 \cdot 3{,}87$ m $= 7{,}75$ m

Kontrolle: $A = 3{,}87\ m \cdot 7{,}75\ m = 30{,}00\ m^2$

Wenn die Wandgefache einer Halle ausgemauert werden sollten, sind die Gefachemaße auf die Maßordnung im Mauerwerksbau abzustimmen.

Anschlüsse übertragen die Windlasten von der ausfachenden Wand auf die Skelettbauteile.

Das Ausfachungsmauerwerk hat im Regelfall außer seinem Eigengewicht nur Windlasten aufzunehmen. Daher wird es als nichttragendes Mauerwerk behandelt. Die Mauerwerkswände sind durch geeignete Verbindungen kraftschlüssig mit den Stützen/Riegeln der Halle zu verbinden. Am Fußpunkt geschieht dies durch die Reibungskräfte in der Fuge. Die Verwendung einer nackten Bitumenbahn unterhalb der ersten Mauerwerksschicht ermöglicht die Bewegung der Wand in der Längsrichtung z.B. aus Temperaturbelastungen. Seitliche Anschlüsse werden elastisch und gleitend ausgeführt, d.h. die Ausdehnungsmöglichkeit in vertikaler Richtung soll nicht behindert werden (vgl. Abb. 12.36).

Auch der obere Wandanschluss gewährleistet durch gleitende und elastische Ausbildung spannungsfreie Formänderungen. Der ca. 2 cm große Abstand zwischen oberem Randbalken und Ausfachungsmauerwerk soll unbeabsichtigte Wandbelastungen infolge der Durchbiegung der oberen Wandriegel verhindern.

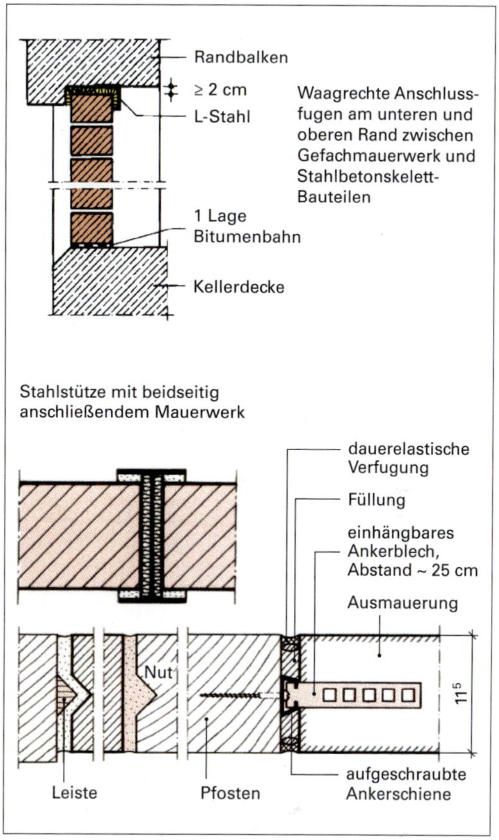

Abb. 12.36: Beispiele für Mauerwerksanschlüsse

Die Tragfähigkeit des Mauerwerks kann durch Bewehrung in den Lagerfugen erhöht werden.

Das Mauerwerk kann auch als Tragkonstruktion für eine Verkleidung mit anderen Elementen dienen.

Ein Vorteil der Ausmauerung von Wandgefachen liegt im guten Schall- und Brandschutz der massiven Wand.

Ausfachungen aus Mauerwerk gewährleisten einen guten Schall- und Brandschutz.

Porenbetonwände

Porenbetonplatten können liegend oder stehend zwischen oder vor den Stützen angeordnet werden (vgl. Abb. 12.37) und erfüllen i.d.R. die Anforderungen an den Wärmeschutz (z.B. Wärmeleitfähigkeitswerte unbewehrter und bewehrter Wandtafeln $\lambda_B = 0{,}10$ W/(m·K) bis $\lambda_B = 0{,}17$ W/(m·K) möglich).

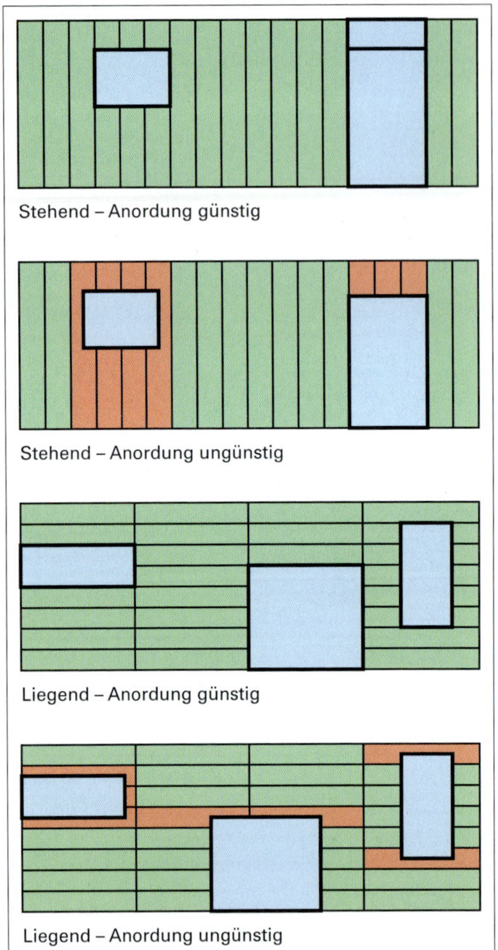

Abb. 12.37: Anordnung von Wandplatten

Die Plattendicke beträgt zwischen 100 mm und 300 mm bei Breiten von 500 mm bis 750 mm. Die Plattenlängen können im Normalfall bis 7,50 m betragen.

Bei punktförmiger Befestigung müssen die Platten bei einer Wandhöhe von mehr als 12 m abgefangen werden. Wenn sie seitlich durchgehend befestigt werden sind bis 20 m Wandhöhe keine Abfangwinkel erforderlich.

Bei den Wandplatten werden normale Wandplatten von Sturzwandplatten und Brüstungsplatten unterschieden (vgl. Abb. 12.38). Normale Wandplatten werden für die Belastung aus Eigengewicht und für eine Horizontale Belastung aus Wind bemessen.

Sturzwandplatten müssen zusätzlich die Horizontallasten aus Wind der angeschlagenen Fenster, Türen, Tore oder Lichtbänder aufnehmen.

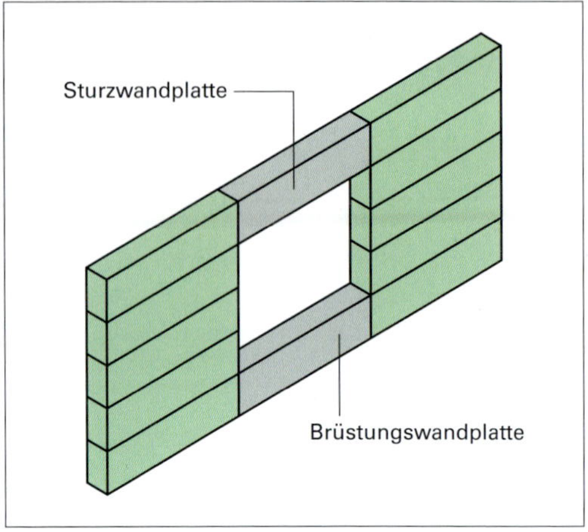

Abb. 12.38: Wandelemente

Bei den Brüstungswandplatten kommt zu diesen Lasten noch die Belastung aus der Auflast der Öffnungselemente dazu.

Bei der Gestaltung der Außenwand werden wirtschaftliche Lösungen erreicht, wenn die Öffnungen auf die Elementlängen und Elementhöhen abgestimmt sind. Sollten sich gewünschte Öffnungshöhen nicht mit den Standardhöhen verwirklichen lassen müssen Passplatten verwendet werden.

Zur Gestaltung der Fassade existieren verschiedene liegende Elemente die im Stützenbereich vor den Wandelementen angeordnet werden können.

Die stehenden Wandplatten werden ohne zusätzliche Befestigung am Fußpunkt in ein Mörtelbett auf den Sockel gesetzt.

Wirtschaftlich sind stehende Wandelemente aus Porenbeton, da keine zusätzlichen Wandriegel eingebaut werden müssen.

Die Wandelemente übertragen die Winddruckkräfte durch Kontakt auf die Tragkonstruktion. Für die Aufnahme der Windsogkräfte müssen Verankerungselemente eingesetzt werden. Die Verankerungselemente werden in Stützen eingebauten Ankerschienen eingehängt und durch Nagelung mit den Wandplatten verbunden (vgl. Abb. 12.39).

Wenn die Porenbetonwände nicht mit einer Verkleidung versehen werden, müssen die Elemente mit einem Beschichtungssystem versehen werden.

Für Porenbeton sind z. B. Acryl- oder Silikatbeschichtungen geeignet.

Porenbetonwände bieten einen guten Wärmeschutz und viele Gestaltungsmöglichkeiten.

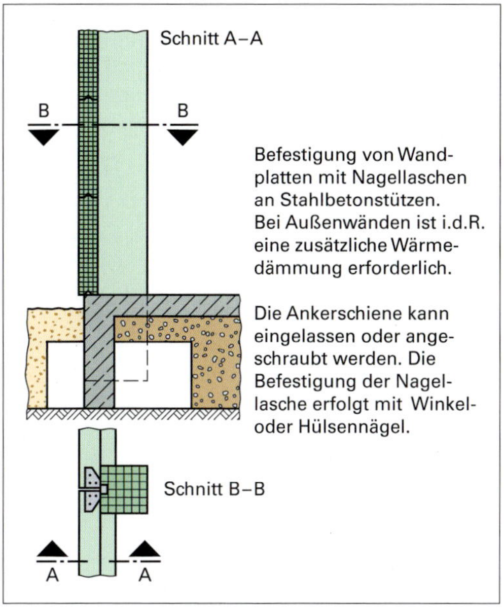

Abb. 12.39: Liegende Porenbetonwandplatten

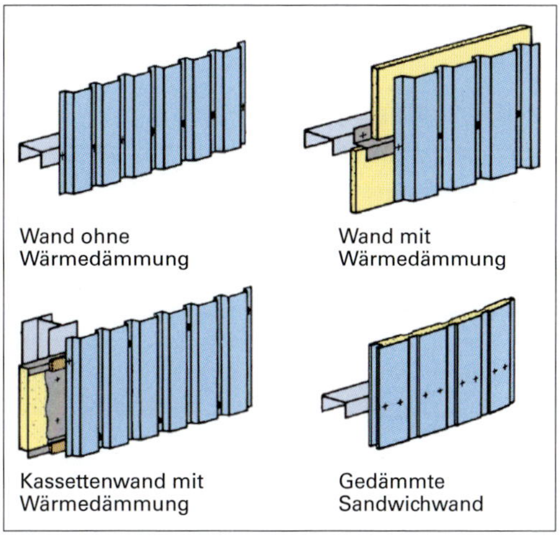

Abb. 12.40: Aufbau verschiedener Profilblechwände

Profilblechwände

Der Aufbau der kann den bauphysikalischen Anforderungen angepasst werden indem Profilbleche mit oder ohne Wärmedämmung verwendet werden.

Es können Konstruktionen aus Trapezprofilen, Kassettenelementen und Sandwichelementen hergestellt werden. Bei der Ausführung einer wärmegedämmten Wandkonstruktion ist das Problem der „Wärmebrücken" bei der Befestigung der Elemente zu berücksichtigen. Durch Verwendung geeigneter Zwischenlagen kann der Wärmeverlust minimiert werden (vgl. Abb. 12.40).

Trapezprofile

Bei der einschaligen nicht wärmegedämmten Wand werden die Trapezprofile direkt auf die Stahlunterkonstruktion geschraubt.

Um eine Wärmedämmung mit Trapezprofilen zu erreichen, wird zwischen der Stahlunterkonstruktion und dem Trapezblech eine Wärmedämmschicht eingebaut. Höhere Anforderungen an den Wärme-, Brand- und Schallschutz können durch eine zweischalige Ausführung erreicht werden.

Trapezprofile werden meist nach der Höhe des Profils bezeichnet. Trapezprofil 135/310/0,75 (Profilhöhe/Rippenbreite/Blechdicke).

Kassettenwand

Eine Kassettenwand ist eine zweischalige hinterlüftete wärmegedämmte Wand. Die Kassetten werden durch Kaltverformung aus einem Stahlband hergestellt.

Dadurch, dass die Kassetten innen von Stütze zu Stütze waagerecht verlegt werden, bilden sie zugleich die Wandriegel an den die vertikal angeordneten Kassetten der Außenhaut befestigt werden. Lediglich im Bereich von Toren und Fenster werden zusätzlich Riegel benötigt (vgl. Abb. 12.41).

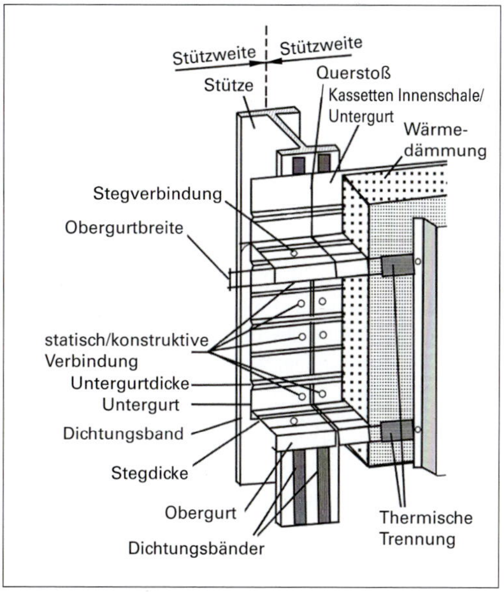

Abb. 12.41: Kassettenwand (IFBS)

Sandwichelemente

Sandwichelemente bestehen aus zwei dünnen Blechen, die mit einem Kern aus Hartschaum oder Mineralwolle einen tragenden Verbundquerschnitt bilden. Mit Sandwichelementen kann in einem Arbeitsgang eine Innenverkleidung, Wärmedämmung und Außenhaut hergestellt werden (vgl. Abb. 12.42).

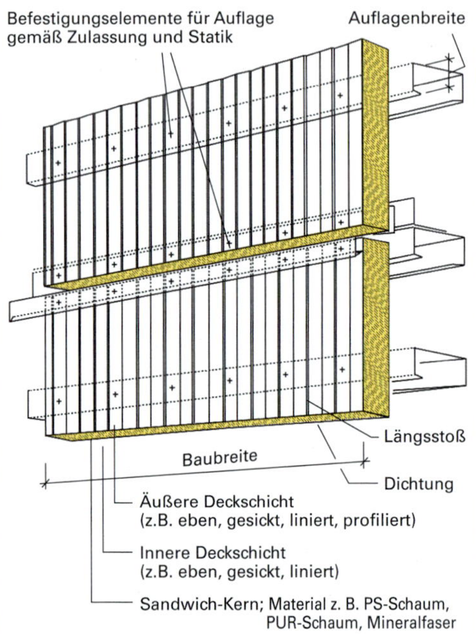

Abb. 12.42: Sandwichelement (IFBS)

Wände aus Profilblechen bieten bei geringen Eigengewicht für gedämmte und ungedämmte Hallenwände vielfältige Anwendungen.

12.4.7 Fundamente

Die Hauptlasten einer Halle werden über die Stützen bzw. Rahmenstiele auf die Fundamente abgegeben. Die Stützen werden über Einzelfundamente gegründet. Bei eingespannten Betonstützen sind Block- oder Hülsenfundamente die Standardlösung. Diese Fundamente müssen durch die Einspannung der Stützen auch Momente aus der Windbelastung aufnehmen.

Für die Gründung der Wände werden Streifenfundamente zwischen die Einzelelemente eingebaut. Sind aufgrund leichter Wandelemente und Befestigung an den Stützen keine großen Streifenfundamente erforderlich, müssen Frostschürzen eingebaut werden, um ein Unterfrieren der Sohlplatte zu verhindern. Streifenfundamente oder Frostschürzen für Hallenaußenwände können auch als Betonfertigteile hergestellt werden (vgl. Abb. 12.43).

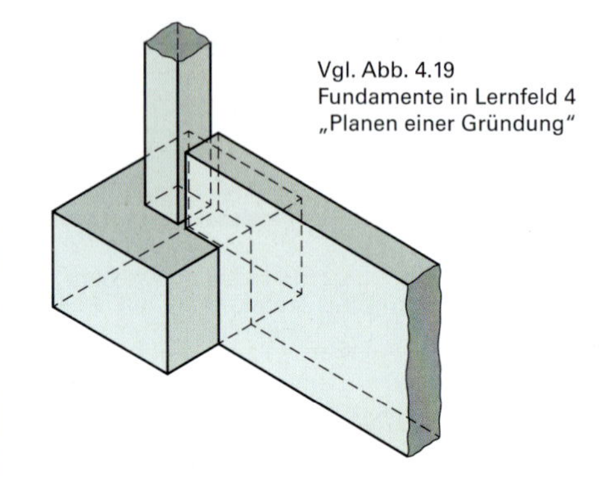

Abb. 12.43: Fundamente

Die Gründung bei Hallen besteht aus Einzelfundamenten und Streifenfundamenten.

12.4.8 Hallenböden

Hallenböden müssen waagerecht und mit ebener Oberfläche hergestellt werden. Zugleich müssen sie eine hohe Verschleißfestigkeit aufweisen, da sie unterschiedlichen mechanischen Belastungen ausgesetzt sind. Bei Belastung in Hallen mit Fahrverkehr oder Gabelstablerbetrieb ist zwangsläufig eine höhere Beanspruchung zu erwarten als in Hallen ohne Fahrzeugverkehr. Daneben können Temperaturbeanspruchungen und chemische Beanspruchungen aus der Nutzung auftreten. Die Konstruktion und Dimensionierung des Hallenbodens müssen sich daher nach der Nutzung und der daraus resultierenden Belastung richten. Für die Anforderungen eines Hallenbodens ist Beton der geeignete Werkstoff. Neben der Bewehrung der Bodenplatten bei hoher Beanspruchung ist der Einsatz von Faserbeton angebracht.

Für die Beanspruchung ist die Expositionsklasse, die Betonfestigkeit und die Größe der Radlast maßgebend. Bei Werten von 10 kN bis 100 kN variiert die Höhe der Bodenplatte von 14 cm bis 26 cm.

Grundsätzlich besteht ein Betonboden aus den Schichten Verschleißschicht, Betonplatte, Tragschicht und Untergrund. Wird die Oberfläche des Betons speziell bearbeitet kann mitunter die Verschleißschicht z. B. Estrich entfallen.

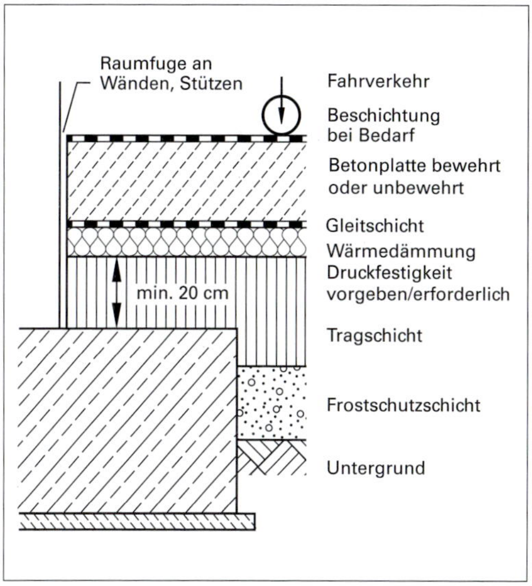

Abb. 12.44: Prinzipieller Aufbau eines Hallenbodens

Auf einen tragfähigen Untergrund wird in Abhängigkeit von der Belastungsdauer und Belastungsgröße (Fahrzeug pro Tag, Radlast usw., Regallasten, Maschinenbeanspruchungen) die Tragschicht aus Kies und Schotter oder zementgebunden aus Sand und Kies ähnlich einem Straßenoberbau hergestellt. Sollte der Untergrund nicht tragfähig sein müssen Bodenverbesserungsmaßnahmen zur Erzielung der Tragfähigkeit vorgenommen werden.

Die Betonplatte muss ausreichend dick sein damit sie, um ähnlich wie eine Fahrbahndecke, unbewehrt hergestellt werden kann. Nur bei sehr hohen Einzellasten und hohen Druckspannungen ist eine Bewehrung notwendig.

Durch die Anordnung einer Gleitschicht (z. B. PE Kunststoff-Folie, $d \geq 0{,}2$ mm, 2-lagig) zwischen Tragschicht und Bodenpatte werden Bewegungen der Betonplatte ermöglicht und damit die Reibungskräfte reduziert (vgl. Abb. 12.44).

Die Dicke der Bodenplatte einer Halle ist von der Höhe der Einzellasten und der Intensität des Fahrverkehrs abhängig.

Durch Dehn- oder Bewegungsfugen, den so genannten Raumfugen, wird die Betonplatte von den angrenzenden Elementen (Stützen, Wänden, Treppen, Schächten usw.) getrennt. Raumfugen sind in ganzer Bauteildicke durchgehende Fugen.

Bei einspringenden Ecken kann zur Rissevermeidung bei hoher Beanspruchung eine Zulagebewehrung eingebaut werden (vgl. Abb. 12.45).

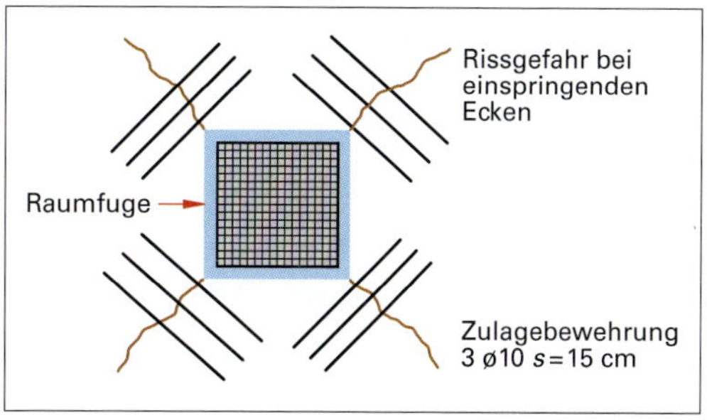

Abb. 12.45: Zulagebewehrung an einspringenden Ecken

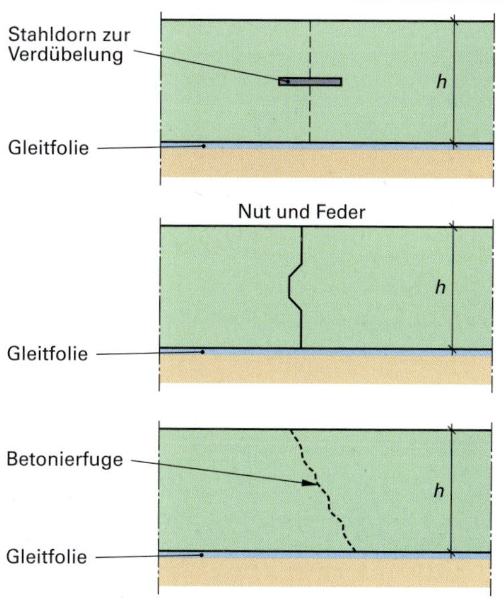

Arbeitsfugen ergeben sich aus dem jeweiligen Arbeitsfortschritt. Für einen ausreichend festen und dichten Zusammenschluss der Betonschichten ist zu sorgen.

Abb. 12.46: Arbeitsfugenausbildung

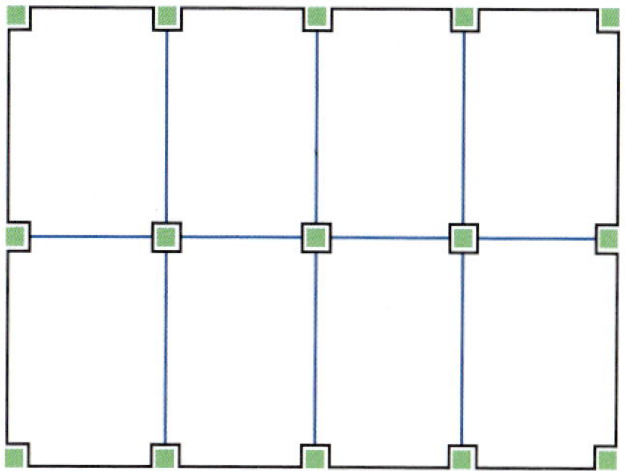

Abb. 12.47: Fugenanordnung

12

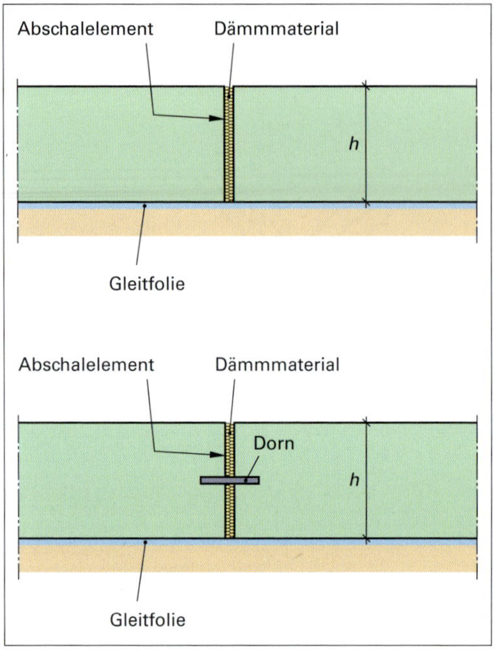

Abb. 12.48: Ausbildung von Raumfugen

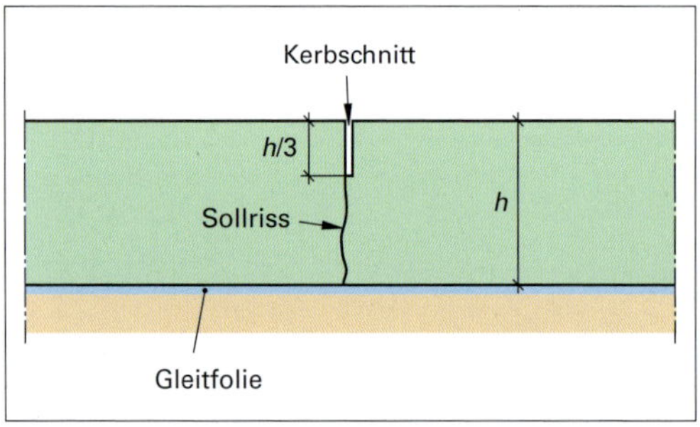

Abb. 12.49: Ausbildung von Scheinfugen

Bei großen Betonflächen werden Raumfugen auch in der Fläche zur Unterteilung eingebaut. Raumfugen ermöglichen die Ausdehnung der Bodenplatte (vgl. Abb. 12.48).

Scheinfugen als Sollbruchstelle unterteilen die Betonplatte in möglichst quadratische oder rechteckige Abschnitte (Seitenverhältnis Länge/Breite ≤ 1,5). Durch Scheinfugen soll die willkürliche Rissbildung vermieden werden. Der maximale Scheinfugenabstand sollte das 30-fache der Plattendicke *h* nicht überschreiten.

Scheinfugen werden durch Einschnitte von 1/4 bis 1/3 der Plattendicke in den erhärtenden Beton hergestellt (vgl. Abb. 12.49). Fugen in der Bodenplatte sollen sich kreuzen und nicht gegeneinander versetzt werden. Besteht bei Raumfugen die Gefahr der unterschiedlichen Setzung kann ein Höhenversatz durch Einbau von Verdübelungselementen verhindert werden.

Kann die Bodenplatte nicht durchgängig betoniert werden, sind Arbeitsfugen einzubauen (vgl. Abb. 12.46). Diese sind so einzubauen, dass sich die Abschnitte nicht gegeneinander in der Höhe verschieben.

An Wänden, Pfeilern, Türleibungen und anderen aufgehenden Bauteilen sind schalldämmende Randstreifen (Randfugen) anzuordnen. Die Randfugen sind mindestens 5 mm dick und müssen vom tragenden Untergrund bis zur Oberfläche des Belages reichen. Randfugen sind besonders bei Zementestrichen (vgl. LF 14 A, Kapitel 14.5) einzubauen.

Eine Betonplatte als Hallenboden ist durch Raumfugen von der angrenzenden Konstruktion zu trennen und durch rechtwinklig angeordnete Scheinfugen in Abschnitte zu unterteilen.

12.5 Wintergärten

Wintergärten sind verglaste hallenähnliche Vorbauten i. d. R. mit Schrägverglasung an bestehenden Gebäuden. Diese erbringen mehrfachen Nutzen:

- Wärmegewinn durch passive Solarenergie
- naturverbundene, helle, zusätzliche Räume
- gestalterische, optische Aufwertung des Gebäudes

Der Wintergarten sollte ganzjährig nutzbar sein. Für eine energiesparende Bauweise sind folgende Planungspunkte zu bedenken:

- Wärmedämmverglasung mit $U_g \leq 1{,}3\,W/(m^2 \cdot K)$
- Beheizung in den kalten Monaten
- Temperatur im Innenbereich zwischen + 4 °C und + 30 °C
- ausreichende Be- und Entlüftung
- für die Selbstreinigung der Dachfläche darf eine Dachneigung von 10° nicht unterschritten werden (Empfehlung RDN ≥ 20°)
- Innenliegende oder außenliegende Beschattung gegen Überhitzung

Für beheizte Wintergärten sind die Anforderungen des GEG zu beachten.

Das GEG definiert an Wintergärten keine Anforderungen, wenn folgende Bedingungen erfüllt sind:

- die nach ihrer Zweckbestimmung nicht oder auf Innentemperaturen von weniger als 12 °C beheizt werden,
- die weniger als vier Monate im Jahr unter Einsatz von Energie beheizt werden oder
- Wintergärten an Gebäuden, die für eine begrenzte jährliche Nutzungsdauer bestimmt sind, wenn der zu erwartende Energieverbrauch weniger als 25 % des zu erwartenden Energieverbrauchs bei ganzjähriger Nutzung beträgt.

Freistehende kleine Wintergärten:

Werden bei zu errichtenden kleinen freistehenden Wintergärten (bis 50 m^2 zusammenhängender Nutzfläche) von den Außenbauteilen der Wärmedurchgangskoeffizienten $U = 0{,}21\ W/(m^2 \cdot K)$ der Außenbauteile eingehalten, gelten die übrigen Anforderungen des GEG an den Wintergarten als erfüllt.

Die Anforderungen aus den allgemein anerkannten Regeln der Technik, insbesondere die Pflicht zur Einhaltung des Mindestwärmeschutzes nach DIN 4108-2 werden davon nicht berührt.

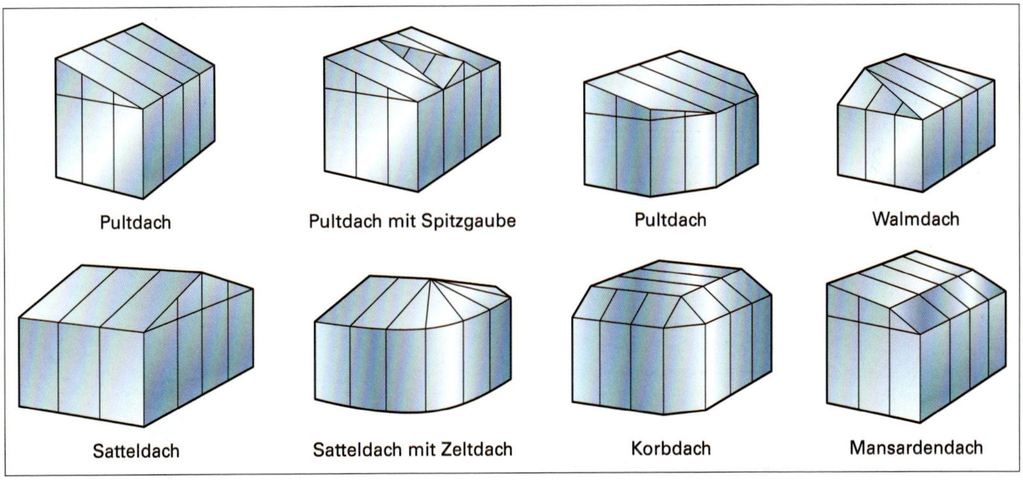

Abb. 12.50: Gestaltungsformen

<table>
<tr><th colspan="10">Tabelle 12.51: Leistungsmerkmale für Wintergärten (Auswahl)</th></tr>
<tr><th>Eigenschaft</th><th colspan="9">Klassifizierung</th></tr>
<tr><td>Standsicherheit</td><td colspan="9">Eigenlast, Windlast, Schneelast, Verankerung, Aussteifung, Durchbiegungsbegrenzung
DIN EN 1991, DIN EN 1995-1, DIN EN 12210, TRGI</td></tr>
<tr><td>Beheizung</td><td colspan="3">Beheizung geplant,
ganzjährige Nutzung</td><td colspan="4">Beheizung vorhanden
ohne Frostverhinderung</td><td colspan="2">Beheizung vorhanden
mit Frostverhinderung</td></tr>
<tr><td>Energieeinsparverordnung</td><td colspan="3">Beheizung geplant,
noch ohne Heizung</td><td colspan="4">Nachweis über
Einzelbauteilverfahren</td><td colspan="2">Berechnung der
Energiebilanz</td></tr>
<tr><td>Windlast
DIN EN 12211</td><td>1</td><td colspan="2">2</td><td colspan="2">3</td><td colspan="2">4</td><td>5</td><td>6</td></tr>
<tr><td>Rahmendurchbiegung
DIN EN 12210</td><td colspan="3">A
(≤ l/150)</td><td colspan="4">B
(≤ l/200)</td><td colspan="2">C
(≤ l/300)</td></tr>
<tr><td>Luftdurchlässigkeit
(DIN EN 12207)</td><td colspan="2">A1</td><td colspan="2">A2</td><td colspan="2">A3</td><td colspan="2">A4</td><td>AExxx</td></tr>
<tr><td>Schlagregendichtigkeit
(DIN EN 12208)</td><td colspan="2">R4</td><td colspan="2">R5</td><td colspan="2">R6</td><td colspan="2">R7</td><td>RExxx</td></tr>
<tr><td colspan="10">(DIN EN) in Anlehnung TRGI: Technische Richtlinien des Glaserhandwerks. Weitere Anforderungen ergeben sich für die beweglichen Bauteile (Fenster, Tür). In der DIN EN 1090 sind die Anforderungen an die Stahl- und Aluminiumkonstruktion beschrieben.</td></tr>
</table>

Werkstoffe

- Wärmegedämmte Aluminium-Strangpress-Profile werden im Metallbau häufig eingesetzt. Sie sind korrosionsbeständig, leicht und gut zu verarbeiten.
- Wärmegedämmte Stahlprofile haben gegenüber den Aluminiumprofilen eine höhere Festigkeit und Steifigkeit und bieten besseren Brandschutz. In Kombination mit Aluminium Deckschalen lassen sich diese durch Pulverbeschichtung farblich vielfältig gestalten.
- Holz-Aluminium-Verbund-Konstruktionen bieten mehrere Vorteile. Die Holzprofile sorgen im Innenbereich für eine wohnliche Atmosphäre und übernehmen die Tragfunktion, die Aluminiumdeckschale macht die Konstruktion wetterfest und pflegeleicht.
- Glasscheiben: Bei Überkopfverglasung muss die untere Scheibe aus Verbundsicherheitsglas (VSG), die obere Scheibe ein Einscheibensicherheitsglas (ESG) sein.

Konstruktion

Die tragende Konstruktion erfolgt in Elementbauweise oder Pfosten-Riegel-Bauweise. Die Abbildungen 12.52 bis 12.54 zeigen den oberen Wandanschluss mit angesetztem Wetterschenkel gegen Schlagregen, den Traufbereich mit abgekantetem Aluminiumblech als durchgehenden Wetterschutz (Durchfeuchtungsschutz) und den Fußpunkt.

Sonnenschutz

In der Regel wird die Außenhülle des Wintergartens aus bauphysikalischen und optischen Gründen überwiegend aus Glas hergestellt. Um die Sonnenenergie als (zusätzliche) Wärmequelle zu nutzen, wird eine Ausrichtung in Süd- oder Südwestlage bevorzugt. Auch bei einem Einbau von Glas mit einer verbesserten Wärmedämmung kann es zu unerwünschtem Aufheizen (Treibhauseffekt, Glashauseffekt) kommen. Zudem blendet das einfallende Licht. Der Einbau von Sonnenschutzgläsern, Sonnenschutzanlagen und eines Lüftungssystems sind anzuraten. Besonders wirkungsvoll ist eine Dachlüftung mit automatisierten Lüftungsöffnungen.

Aufgaben zum LF 12 Planen einer Halle

sind für den Schwerpunkt Architektur und den Schwerpunkt Ingenieurbau im Kapitel 17 geschlossen aufgeführt.

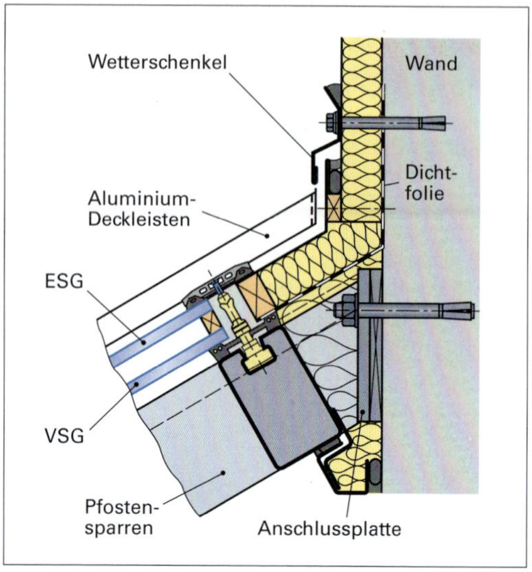

Abb. 12.52: Oberer Wandabschluss

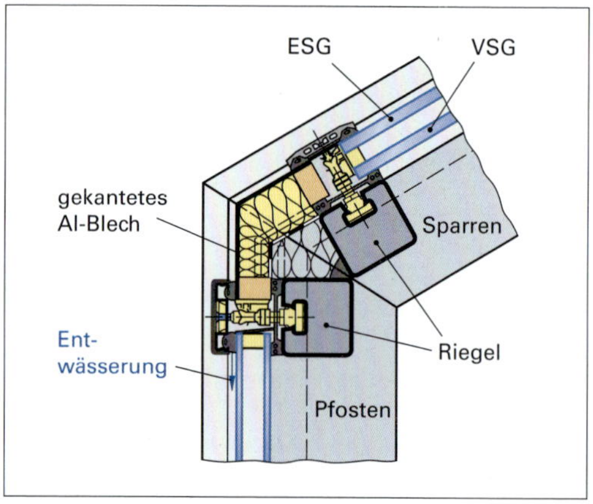

Abb. 12.53: Traufausbildung

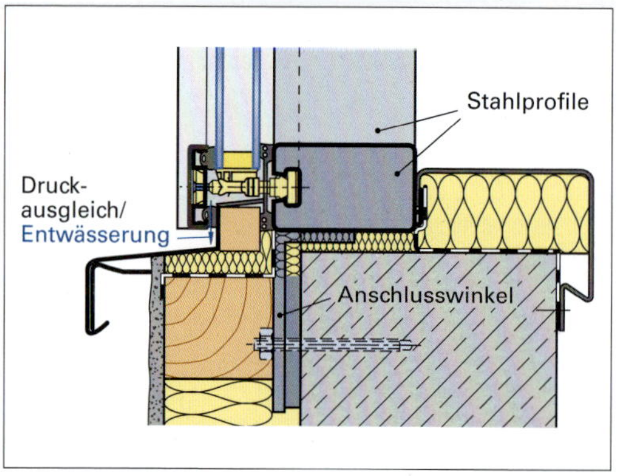

Abb. 12.54: Ausbildung Fußbereich

LF 13 A 13 Konstruieren eines Dachaufbaues

Dächer haben durch ihre Variantenvielfalt und Gestaltung hohen Einfluss für den Gesamteindruck eines Gebäudes und die städtebaulichen Gebäudetypologie.

Aus dem LF 9 „Entwerfen eines Dachtragwerks“ sind die Anforderungen, Aufgaben und Entwurfsgrundlagen für geneigte Dächer und der Werkstoff Holz sowie die zimmermannsmäßigen Holzverbindungen bekannt.

Zur eindeutigen Kennzeichnung eines Daches gehören folgende Angaben:

- Dachgrundriss
- Dachtragwerk
- Dachdeckmaterial und Deckungsart
- Dachentwässerung
- Dachform
- Dachneigung

Die Abbildung 13.1 zeigt mögliche Dacheindeckungen für unterschiedliche Dachneigungen.

Bei der Dachhaut (Dachdeckmaterial und Deckart) ist je nach Dachneigung zwischen einer Dacheindeckung und Dachabdichtung zu unterscheiden.

Dachdeckung aus mit Fugen verlegten Dachsteinen, Dachziegel oder Dachplatten erfordern deutlich höhere Dachneigung, die i.d.R. von einem Dachtragwerk getragen werden. Die Dachtragwerke Sparrendach, Kehlbalkendach, Pfettendächer in den verschiedener Ausführung sowie Hänge- und Sprengewerk sind im LF 9 erläutert, die Fachwerkträger mit den erforderlichen statischen Berechnungen und den ingenieurmäßigen Holzverbindungen werden im Lernfeld 13 I (Kapitel 17) vertieft dargestellt.

Die Materialen zur Dachdeckung werden im LF 13 A erläutert.

Dachabdichtungen aus geschlossenen, fugenlos verlegten Bahnen können ohne oder mit geringer Neigung von 0° bis 5° (entsprechend bis ca. 9 %) auf flachen Tragwerken flächig verlegt werden.

Im LF 13 A wird für Flachdächer bzw. flachgeneigte Dächer unter bauphysikalischen, gestalterischen, ökologischen und ökonomischen Gesichtspunkten jeweils der Dachaufbau mit geeigneten Baustoffen entwickelt und in Detailzeichnungen dargestellt. Dachrand bzw. Attika, First, Traufe und Entwässerung sind zu berücksichtigen.

Da heute zur besseren wirtschaftlichen Ausnutzung des Gebäudes (des umbauten Raumes, vgl. LF 10 A, Kapitel 10.5) aber auch aus gestalterischen, innenarchitektonischen Gründen der Dachraum unter eine geneigten Dachfläche zum Wohnen genutzt wird, sind im LF 13 A auch der Ausbau von Dachräumen mit Gauben, Dachflächenfenstern sowie Dachrinnen und Regenfallrohre erläutert.

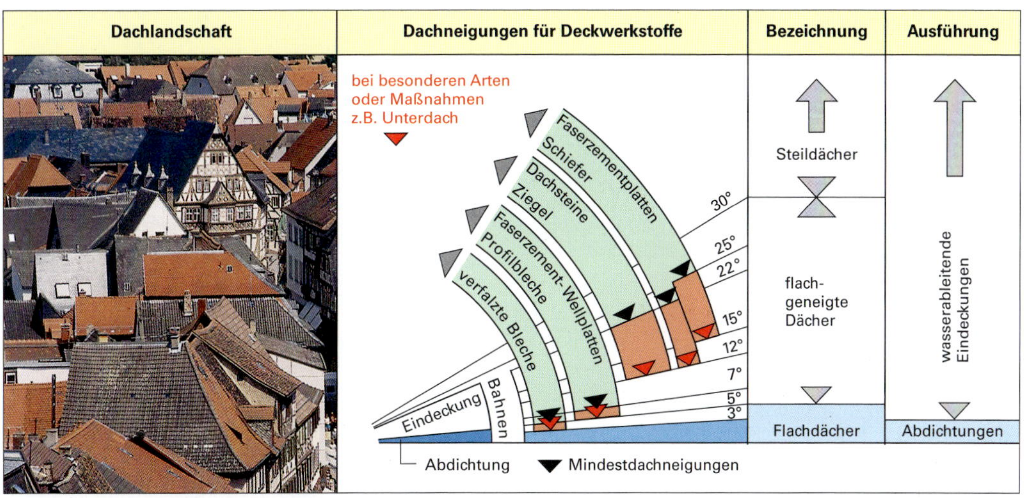

Abb. 13.1: Dachneigungen und Dachlandschaft

13.1 Grundsätzliches zum Ausbau von Dachräumen

Die wichtigste Funktion von Dächern, die des Witterungsschutzes, findet Ausdruck in der alten Wortbedeutung von Dach: schützende Hülle. Dachräume die zum Wohnen genutzt werden müssen darüber hinaus allen Anforderungen an den Wärme-, Feuchte-, Schall- und Brandschutz genügen.

13.1.1 Wärmeschutz

Bei ausgebauten Dachgeschossen muss der Wärmeschutz den gesamten Dachraum lückenlos umschließen. Der erforderliche Wärmeschutz ist nach DIN 4108 in Verbindung mit dem GEG zu planen und zu berechnen.

Die Anordnung der Wärmeschutzschichten hängt von der Art des Daches ab. Beim belüfteten oder unbelüfteten Steildach kann die Wärmedämmung auf dem Sparren, zwischen den Sparren (mit oder ohne hinterlüfteter Unterspannbahn) oder unter den Sparren angebracht werden (vgl. Abb. 13.2).

Beim belüfteten Flachdach wird wird die Wärmedämmung entweder auf der Stahlbetondecke oder über der unteren (inneren) Deckenverkleidung eingebaut. Beim unbelüfteten Flachdach wird neben der hinreichenden Wärmedämmung noch die Anordnung einer Dampfsperre hinsichtlich der Gefahr derTauwasserbildung benötigt.

Für die Dämmung dürfen nur Dämmstoffe verwendet werden, die mindestens die Brandschutzanforderungen der Baustoffklasse B2 entsprechen (normal entflammbar) (vgl.Tabelle 13.3). Die Baustoffe sind in der DIN 4108-4, DIN ISO EN 10456 und DIN EN 13162 bis DIN EN 13171 aufgelistet und werden in Wärmeleitstufen (WLS) in 0,001-Schritten eingeteilt.

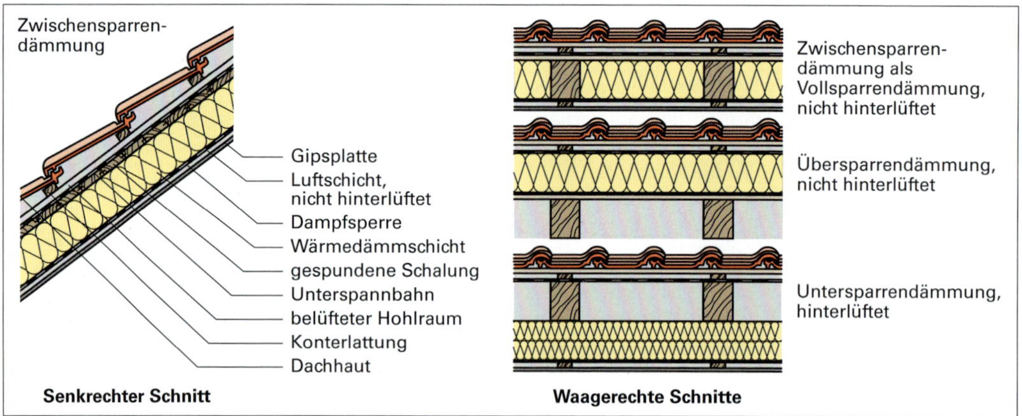

Abb. 13.2: Wärmedämmschichten bei Dächern

Tabelle 13.3: Wärmedämmstoffe		
Baustoff (Auswahl)	**Nennwert λ_D W/(m·K)**	**μ (dimensionslos)**
Expandierter Polystyrolschaum	0,030 … 0,050	20/100
Polyurethan Hartschaum (PUR)	0,020… 0,040	40/200
Expandierter Kork (ICB)	0,040… 0,055	5/10
Holzfaserdämmstoff	0,07… 0,14	3/5… 12/20
Blähperlite (EPB)	0,045… 0,065	5
μ Wasserdampfdiffusionswiderstand		

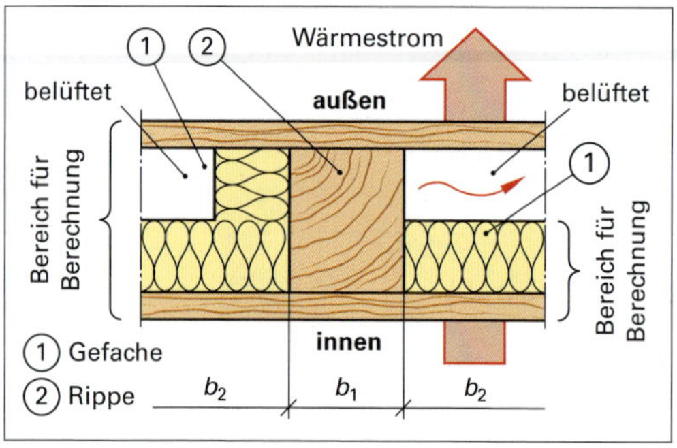

Abb. 13.4: Rippen und Gefache

Rippen und Gefache

Da der Dachaufbau in Gefachebereich und Sparrenbereich gegliedert ist, ist der mittlere Wärmedurchgangskoeffizient U zu berechnen. Der Referenzwert für ein Dach beträgt nach GEG $U = 0{,}20$ W/(m²·K). Die Rippenhöhe ist in Abhängigkeit von der Anordnung der Dämmschicht zu berücksichtigen (vgl. Abb. 13.4). D. h., der Sparren darf nur in der Dicke der Dämmschicht wärmetechnisch berücksichtigt werden.

Beispiel

Dachaufbau:
Gipsplatte $d = 1{,}5$ cm, Sparren 10 cm/18 cm mit Achsabstand 75 cm,
Lattung 2,4 cm/4,8 cm, Mineralwolle 0,035 W/(m·K), Holzschalung $d = 24$ mm,

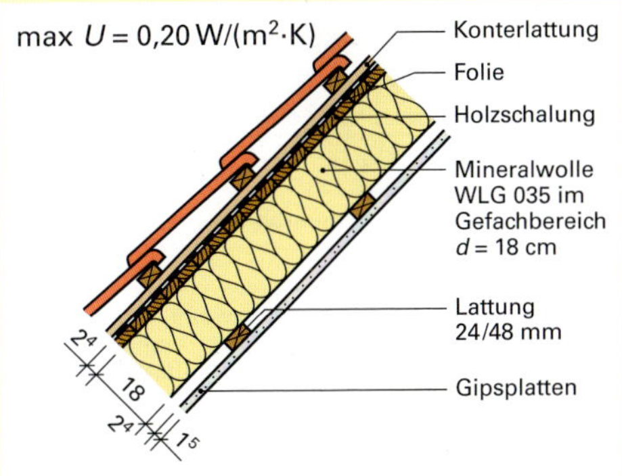

Gefachebereich

$$R_{T1} = 0{,}10 + \frac{0{,}015}{0{,}25} + 0{,}16 + \frac{0{,}18}{0{,}035} + \frac{0{,}024}{0{,}13} + 0{,}043$$

$$R_{T1} = 5{,}69\ \text{m}^2\cdot\text{K/W} \quad \Rightarrow \quad U_{T1} = 0{,}176\ \text{W/(m}^2\cdot\text{K)}$$

Sparrenbereich

$$R_{T2} = 0{,}10 + \frac{0{,}015}{0{,}25} + 0{,}16 + \frac{0{,}18}{0{,}13} + \frac{0{,}024}{0{,}13} + 0{,}043$$

$$R_{T2} = 1{,}93\ \text{m}^2\cdot\text{K/W} \quad \Rightarrow \quad U_{T2} = 0{,}517\ \text{W/(m}^2\cdot\text{K)}$$

$$U_{m,D} = \frac{U_1 \cdot b_1 + U_2 \cdot b_2}{(b_1 + b_2)}$$

$$U_{m,D} = \frac{0{,}176 \cdot 0{,}65 + 0{,}517 \cdot 0{,}10}{0{,}75}$$

$$U_{m,D} = 0{,}22\ \text{W/(m}^2\cdot\text{K)} > 0{,}20\ \text{W/(m}^2\cdot\text{K)}$$

Der Referenzwert wird überschritten. Es ist eine Aufdämmung erforderlich, z.B. mit 10 cm PUR 0,040 W/(m·K). Alternativ wäre eine Ausführung mit Sparren 10 cm/20 cm (konstruktiv) oder eine Untersparrendämmung möglich. Die Luftschicht ist als ruhende Luftschicht nach DIN EN ISO 6946 bewertet worden.

13.1.2 Luftdichtheit

Luftströmungen durch Bauteile hindurch und undichte Fugen an Bauteilanschlüssen führen zu Zugerscheinungen und Lüftungsverlusten. Dies ist durch Einbau von Luftdichtheitsschichten zu verhindern. Gebräuchlich sind Folien, Dichtungsbänder und Dichtungsmassen (vgl. Abb. 13.5). Die Luftdichtheit des Daches (eines Gebäudes) wird durch den Luftwechsel beschrieben. Die Richtwerte sind in der DIN 4108 gelistet und werden nach GEG im vereinfachten Jahresbilanzverfahren berücksichtigt. Auf die Luftdichtheit bei An- und Abschlüssen von Durchdringungen (z.B. Wand/Dach, Schornstein/Dach, Entlüftungsrohr/Dach) sowie bei Installationen ist besonders zu achten. Dennoch ist aus Gründen der Hygiene, zur Zuführung von Verbrennungsluft und zur Begrenzung der Raumfeuchte ein Luftwechsel von 0,5 h^{-1} durch eine Lüftungsanlage oder durch Fensterlüftung sicherzustellen.

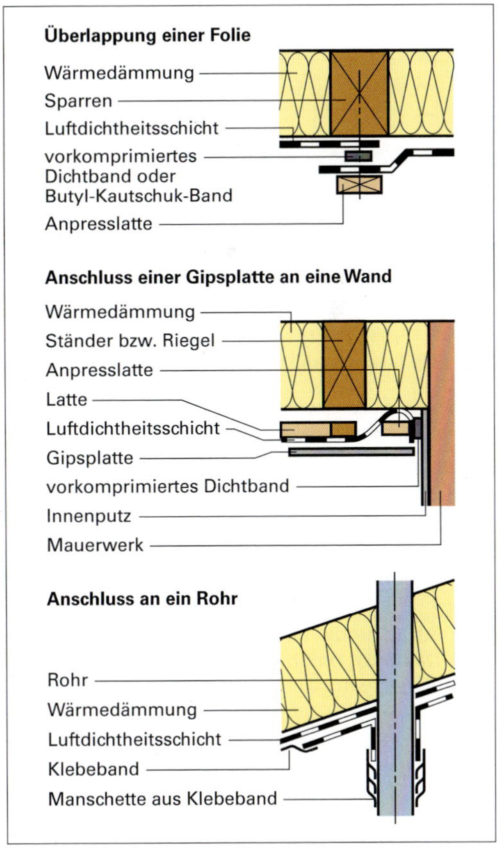

Abb. 13.5: Anschlüsse von Luftdichtheitsschichten

13

13.1.3 Feuchteschutz

Bei normaler Raumnutzung entsteht in Aufenthaltsräumen Wasserdampf, der die Tendenz hat, durch die Gebäudeaußenhülle nach außen zu diffundieren (Diffusion), wenn ein Dampfdruckgefälle von innen nach außen besteht. Dabei dringt Wasserdampf je nach der Dampfdurchlässigkeit der Bauteile in diese ein.

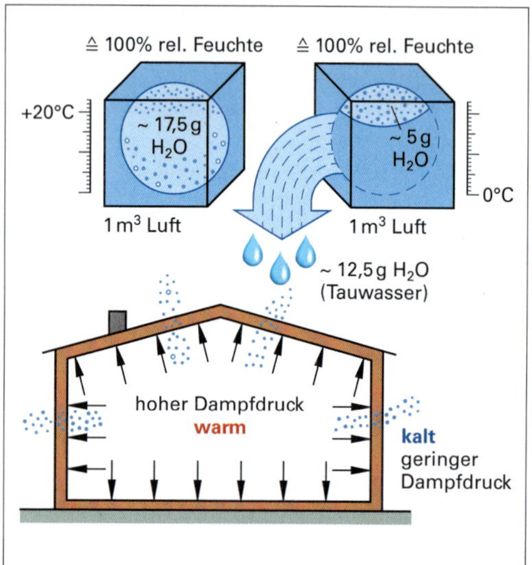

Lufttemperatur maximal	Wasserdampfmenge g/m³ Luft	(≅ 100 % relative Luftfeuchte)
+ 20	17,5	**~ 12,5 g Tauwasser**
0	~ 5,0	

Abb. 13.6: Tauwasserbildung

Die feuchteschutztechnischen Berechnungen und Konstruktionsprinzipien bei Dächern erfolgen wie in LF 11 A (Kapitel 11. 4) für Wände ausgeführt.

Die Abbildung 13.7 zeigt einige beispielhafte Ausführungen hinsichtlich der Wasserdampfdiffusion bei Dächern. Das belüftete Dach (Kaltdach) (vgl. Abb. 13.7 a, b und c) hat zwischen Wärmedämmschicht und Dachhaut einen Zwischenraum, durch den der diffundierende Wasserdampf abgeführt wird. Das nicht belüftete Dach (Warmdach) benötigt auf der warmen Seite der Wärmedämmung eine Dampfsperre (vgl. Abb. 13.7 d), damit eine Tauwasserbildung unter der kalten Seite der Wärmedämmung vermieden wird. Beim Umkehrdach (vgl. Abb. 13.7 e) wird die Dachhaut unterhalb der Wärmedämmschicht verlegt. Die Anordnung einer besonderen Dampfsperre ist nicht erforderlich, weil die Dachhaut als Dampfsperre wirkt.

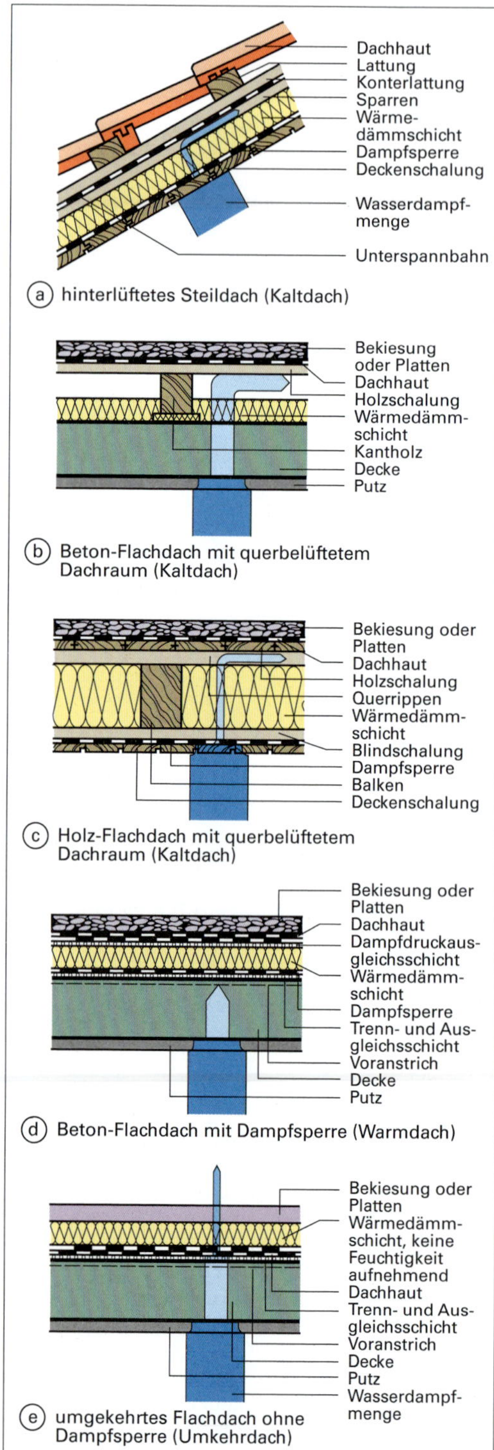

Abb. 13.7: Wasserdampfdiffusion bei Dächern

13.1.4 Längenänderung infolge von Temperaturunterschieden

Baukörper erfahren durch von Wärmeenergie eine (Volumen- bzw.) Längenveränderung, d.h. die Bauteile (Baustoffe) dehnen sich bei Erwärmung aus und ziehen sich bei Abkühlung zusammen. Die Volumenveränderung spielt im Bauwesen keine entscheidende Rolle. Das folgende Beispiel bezieht sich auf die Ausführung eines Flachdaches. Ausgangspunkt der Berechnung ist die jeweilige Einbautemperatur des Baustoffes bzw. des Bauteils, im Beispiel die der Stahlbetondecke.

Durch die Anordnung der Wärmedämmschicht an der Außenseite bleibt die Temperaturdifferenz und die damit einhergehenden Spannungen gering. Bei gleichen Dachaufbau, aber mit der Anordnung der Wärmedämmschicht auf der Innenseite würde sich die gesamte Temperaturdifferenz auf ca. 90 °C erhöhen und somit erhebliche Spannungen in der Betondecke erzeugen.

$\Delta l = \alpha_\vartheta \cdot \lambda_0 \cdot \Delta\vartheta$

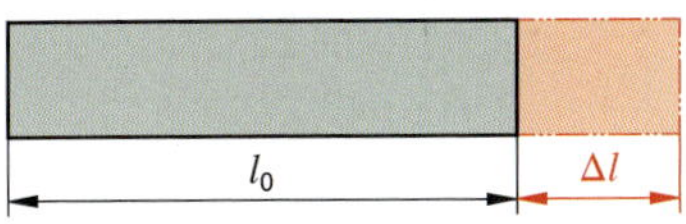

Δl Längenänderung
α_ϑ Längenausdehnungskoeffizient in $\frac{1}{K}$ oder $\frac{1}{°C}$
λ_0 ursprüngliche Länge
$\Delta\vartheta$ Temperaturänderung (+ Erwärmung, – Abkühlung)

Beispiel

Dachaufbau
Flachdach: Dämmung außen,
Länge 8,50 m, Betoniertemperatur +19 °C
Klimadaten:
Winter: $\vartheta_e = -15$ °C, $\vartheta_i = +20$ °C
Sommer: $\vartheta_e = +80$ °C

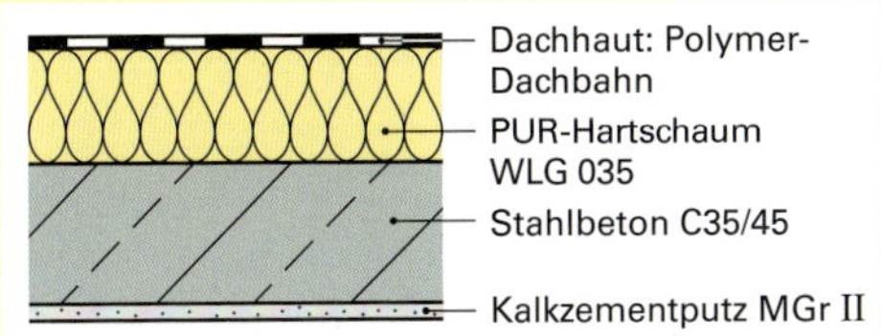

① DIN-Nachweis
② Nachweis nach der Energie-Einspar-Verordnung
③ Temperaturverlauf: Sommer – Winter
④ Längenänderung infolge Temperatureinfluss
⑤ Spannungen (Druck und Zug) durch die thermische Beanspruchung

① $R = \sum \frac{d}{\lambda} = \frac{d_1}{\lambda_1} + \frac{d_2}{\lambda_2} + \frac{d_3}{\lambda_3}$

$= \frac{0{,}02}{1{,}0} + \frac{0{,}18}{2{,}5} + \frac{0{,}16}{0{,}035}$

$R = 4{,}66\ m^2 \cdot K/W > \text{erf. } R = 1{,}20\ m^2 \cdot K/W$

② $R_T = R_{si} + R + R_{se}$

$= 0{,}100 + 4{,}663 + 0{,}043 = 4{,}806\ m^2 \cdot K/W$

$U = 0{,}21\ W/(m^2 \cdot K) < \text{zul. } U = 0{,}20\ W/(m^2 \cdot K)$

$\Rightarrow$ Forderung in etwa erfüllt

③ $R_T = R_{si} + \frac{d}{\lambda} = \frac{d_1}{\lambda_1} + \frac{d_2}{\lambda_2} + \frac{d_3}{\lambda_3} + R_{se}$

$= 0{,}100 + \frac{0{,}02}{1{,}0} + \frac{0{,}18}{2{,}5} + \frac{0{,}16}{0{,}035} + 0{,}043$

$R_T = 4{,}806\ \frac{m^2 \cdot K}{W} \triangleq \Delta\vartheta = [80-(-15)] = 95$ °C

Sommer: $\Delta\vartheta = 60$ °C

1,3 °C	0,2 °C	0,9 °C	57,1 °C	0,5 °C

Winter: $\Delta\vartheta = 35$ °C

0,7 °C	0,2 °C	0,5 °C	33,3 °C	0,3 °C

④ Betoniertemperatur +19 °C
Winter: min $\vartheta = 18{,}8$ °C
$\Rightarrow$ in der statisch neutralen Zone $\Rightarrow \Delta\vartheta = 0{,}2$ °C
Sommer: max $\vartheta = 21{,}9$ °C
$\Rightarrow$ in der statisch neutralen Zone $\Rightarrow \Delta\vartheta = 2{,}9$ °C
Winter:
$\Delta l = 8{,}50\ m \cdot 0{,}000\,012\ m/(m \cdot °C) \cdot 0{,}2\ °C$
$\Delta l = 0{,}000\,0204\ m \approx 0{,}02$ mm Schrumpfung

Sommer:
$\Delta l = 8{,}50\ m \cdot 0{,}000\,012\ m/(m \cdot °C) \cdot 2{,}9\ °C$
$\Delta l = 0{,}0002958\ m \approx 0{,}30$ mm Dehnung

gesamte Längenänderung:
$\Delta l = 0{,}02\ mm + 0{,}30\ mm = 0{,}32\ mm$

⑤ Spannung
$\Delta l : l_0 = \sigma : E \Rightarrow \quad \sigma = \frac{\Delta l}{l_0} \cdot E$
Winter:
$0{,}02\ mm : 8500\ mm = \sigma : 34\,000\ N/mm^2$
$\sigma = 0{,}08\ N/mm^2$
Sommer:
$0{,}30\ mm : 8500\ mm = \sigma : 34\,000\ N/mm^2$
$\sigma = 1{,}2\ N/mm^2$

Folgerung
Sowohl die Längenänderung als auch die auftretenden Spannungen sind bautechnisch unbedenklich.

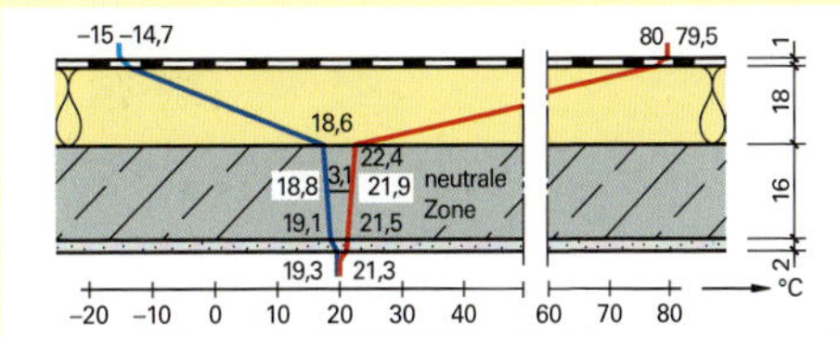

13.1.5 Wärmebrücken

Mit Wärmebrücken werden kleinere Flächenanteile in der Außenhülle bezeichnet, die im Gesamtsystem einen unverhältnismäßig hohen Wärmeverlust aufweisen. Durch die dadurch entstehenden Temperaturunterschiede kann sich an der Bauteiloberfläche Tauwasser bilden, das zu einem Schadensbild wie Pilze oder Schimmel führen kann. Die Abbildung 13.8 zeigt dazu eine Prinzipskizze zur Vermeidung von verstärktem Wärmeabfluss in der Raumecke eines Flachdaches, die Abbildung 13.9 dazu eine durchkonstruierte Lösung für die Traufe eines Flachdaches.

13.1.6 Schallschutz

Die Schallschutzmaßnahmen richten sich in Art und Umfang nach der Nutzung des Dachraumes und entscheidend hinsichtlich des zu erwartenden Außenlärmpegels. Anforderungen an den Schallschutz müssen Dächer dann erfüllen, wenn sie gleichzeitig obere Raumbegrenzung sind.

Allgemeine Voraussetzungen für einen guten Schallschutz sind

- möglichst dichte, schwere Dachdeckung,
- Verwendung weicher Dämmmaterialien,
- Vermeidung von Schallbrücken und
- Dachfenster mit annähert gleichen Schalldämmwert wie die Dachflächen.

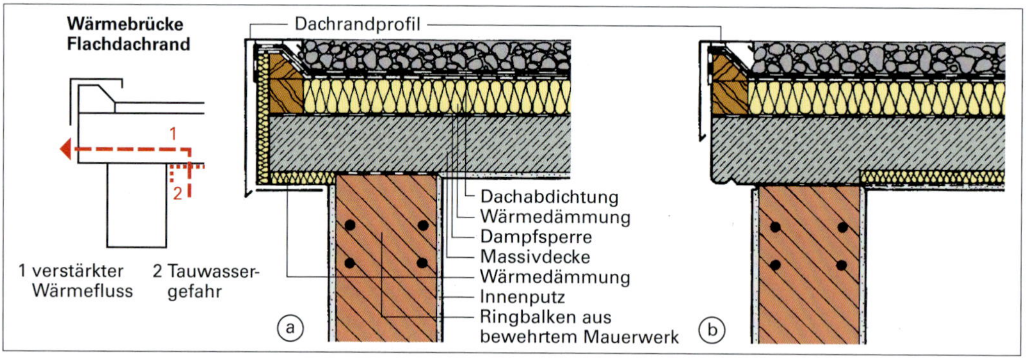

Abb. 13.8: Prinzipskizzen, Wärmebrücken beim Flachdach, a) gesamter Flachdachrand gedämmt, b) zusätzliche Dämmung eines Streifens der Massivdecke innen im Auflagerbereich

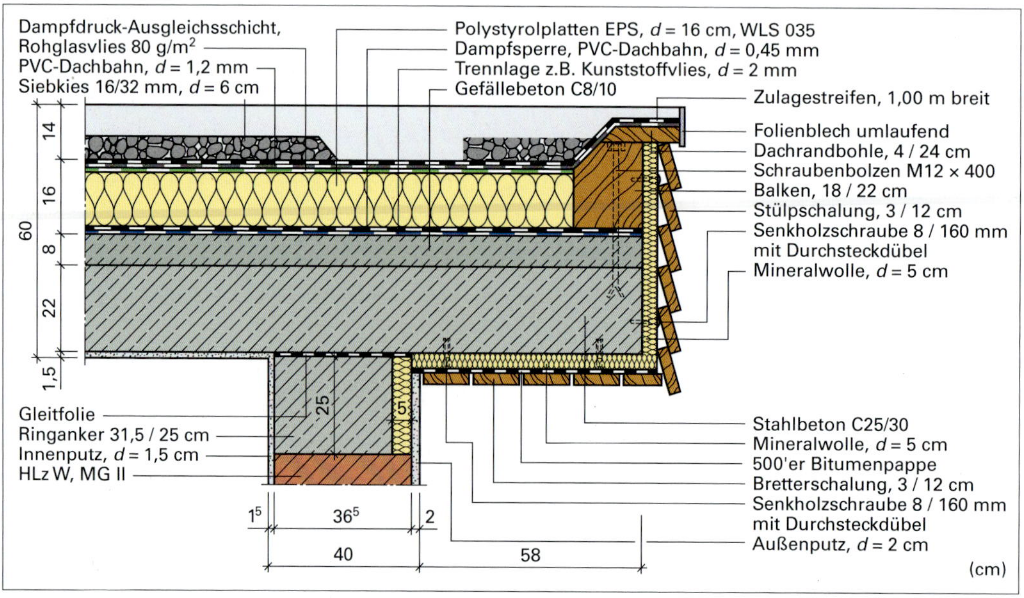

Abb. 13.9: Konstruktive Durchdringung eines Traufrandes

13.1.7 Brandschutz

Für ausgebaute Dachgeschosse gelten die gleichen Anforderungen wie für Wohnungen in normalen Vollgeschossen.

Anforderungen des Brandschutzes werden in den Landesbauordnungen unterschiedlich geregelt. Allerdings gibt es folgende grundlegende Gemeinsamkeiten:

- Bedachungen müssen widerstandsfähig gegen Flugfeuer und strahlende Wärme sein (harte Bedachung)
- An Gebäuden mit weicher Bedachung sind besondere Anforderungen zu stellen. Diese Gebäude dürfen nicht mehr als zwei Geschosse haben und sie müssen besondere Abstände zu Nachbargebäuden einhalten.
- Dachvorsprünge, -gesimse, -aufbauten, Glasdächer und Oberlichter dürfen Brandüberschlag auf andere Gebäude nicht begünstigen oder zulassen.
- Für die Wärmedämmung dürfen nur Baustoffe ab der Brennbarkeitsklasse B2 (DIN 4102) verwendet werden.
- Räume, Nebenräume und Flure sind durch feuerfeste Bauteile mindestens der Feuerwiderstandsklasse REI 30 (F 30) (DIN EN 13501) abzuschließen.
- Wohnungstrennwände müssen feuerbeständig hergestellt werden und mindestens REI 90 (F 90) entsprechen.

13.1.8 Abgasanlagen

Abgasanlagen (Schornsteine) sind senkrechte Schächte oder Rohre in oder an Gebäuden, die Abgase (Rauchgase) einer oder mehrerer Feuerstätten schadlos über das Dach ins Freie ableiten. Schornsteine müssen dicht, feuchtigkeitsunempfindlich, standsicher und widerstandsfähig gegen Hitze, Abgase, Säuren und Rußbrand sein. Kehrmöglichkeiten sind einzuplanen.

Grundlegende Bauvorschriften sind die Bestimmungen in der Landesbauordnung, das Bundesimmissionsgesetz und die Technische Anleitung zur Reinhaltung der Luft.

Bauprodukte für Abgasanlagen werden entsprechend ihrer Feuerwiderstandsdauer in Feuerwiderstandsklassen L 90 (EI 90 nach DIN EN 13501) bis L 120 (EI 120) eingestuft und müssen mit dem CE-Zeichen gekennzeichnet sein.

Der Zahlenwert der Feuerwiderstandsklasse L gibt die Zeitspanne in Minuten an, die eine Abgasanlage bei Feuer mindestens widerstehen muss.

Die Außenflächen von Schornsteinen müssen nach der Feuerungsverordnung von Holzbalken einen Mindestabstand von 20 mm haben (vgl. Abb. 13.10). Die Schornsteinmündungen müssen das Dach überragen (vgl. Abb. 13.11), die wirksame Höhe von der Abgaseinführung bis zur Mündung soll mindestens 4 m betragen. Abweichungen davon sind nach DIN und LBO nachzuweisen.

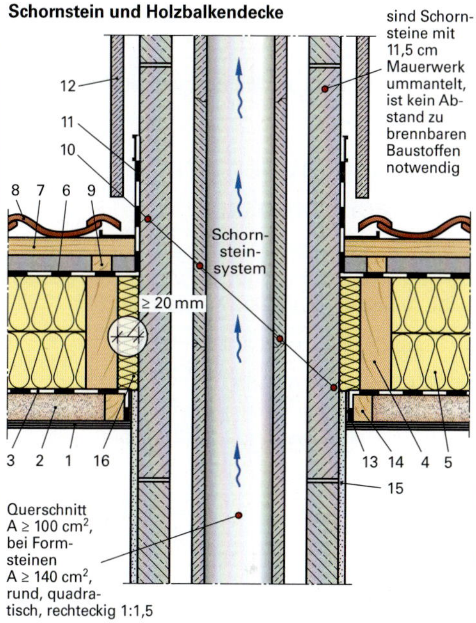

Legende

1 Gipsplatte
2 PS-Schaum
3 Dampfsperre, auch aus ALU-Folie oder PE-Pappe möglich
4 Dachsparren 8 cm / 16 cm
5 Mineralfaser
6 Unterspannbahn
7 Lattung 4 cm / 6 cm
8 Dachziegel
9 Konterlattung
10 zweischaliger Schornstein (Schornsteinsystem)
11 Abdeckblech mit Anschlussstreifen
12 Schornsteinkopf-Haube
13 Fugen-Dichtungsband
14 Ausgleichslattung
15 Innenputz
16 Dämmplatte 2 cm

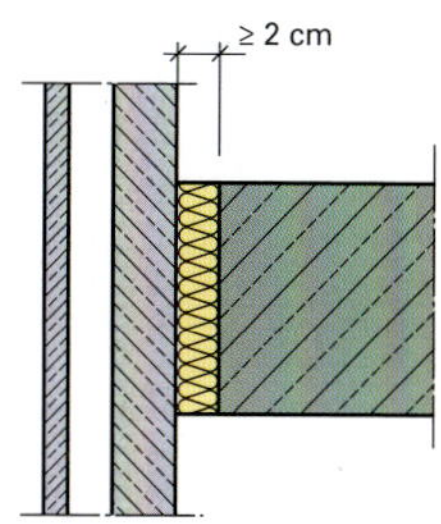

Schornsteinführung durch eine Stahlbetondecke (Auszug)

Abb. 13.10: Dach- bzw. Deckendurchführung von Schornsteinen

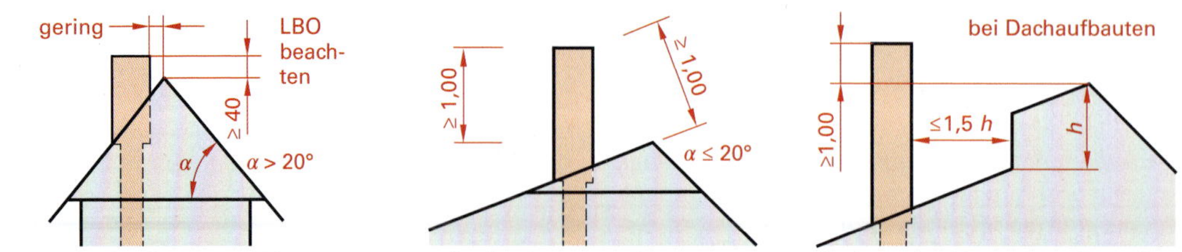

Dachneigung $\alpha > 20°$
bei weicher Bedachung
Abstand ≥ 80 cm

Dachneigung $\alpha \leq 20°$
bei Gasfeuerstätten ≤ 50 kW
Abstand ≥ 40 cm

Horizontaler Abstand von Bauteilen aus brennbaren Stoffen bzw. Dachaufbauten

Abb. 13.11: Abstände der Mündungen von Abgasanlagen

13.2 Dachgauben und Dachflächenfenster

Dachgauben werden zur Belichtung und Belüftung von Dachwohnräumen gebaut und bieten gestalterische Aspekte für die Dachlandschaft.

Die Höhe der Gaube ist abhängig von

- der Höhe der Brüstung,
- der Neigung der Dachgaubenfläche und
- der Konstruktionsdicke des Dachaufbaues (vgl. Abb. 13.12 und Abb. 13.13).

Beim nachträglichen Ausbau des Dachraums und Einbau von Gauben ist die örtliche Bausatzung zu beachten. I.d.R. ist das Dachgeschoss nicht als Vollgeschoss ausgewiesen und damit werden übergroße Gauben ausgeschlossen. Hinsichtlich der Entwässerung der Dachflächen sind insbesondere bei einer Schleppgaube besondere Vorplanungen notwendig. Dazu kann an der Stirnseite eine entsprechend dimensionierte Regenrinne eingeplant werden. Bei anderen Gaubenarten wird das Regenwasser seitlich an der Gaube auf die Dachfläche abgeführt.

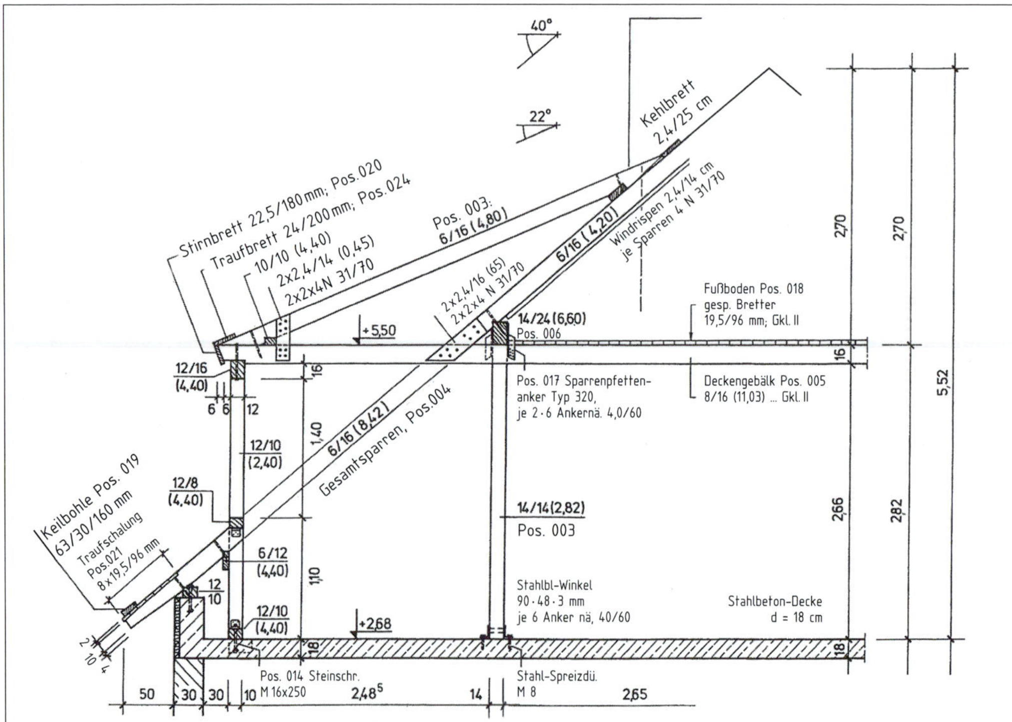

Abb. 13.12: Gaubenkonstruktion

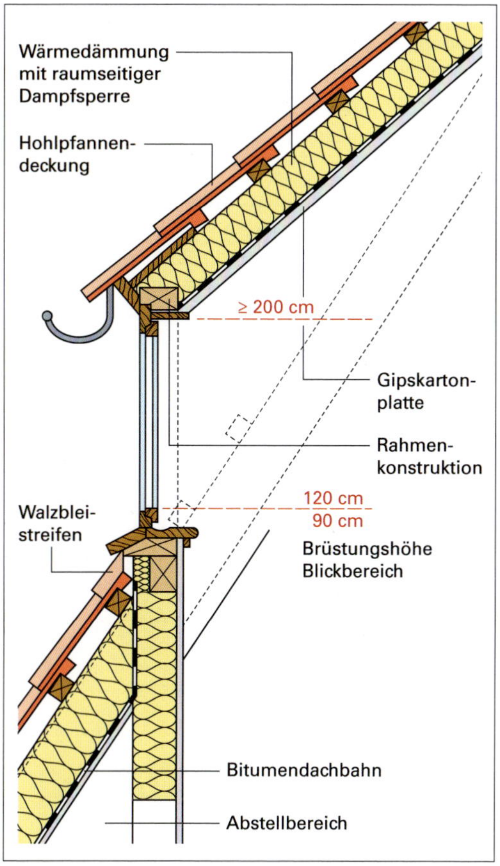

Abb. 13.13: Konstruktionsdetail Schleppgaube

Dachflächenfenster werden für den Ausbau des Dachgeschosses verwendet, wenn Dachaufbauten wie Dachgaben nicht zulässig sind. Durch den Einbau von Dachflächenfenstern ist es möglich, Räume im Dachgeschoss ausreichend mit Tageslicht und Frischluft zu versorgen. Die Fenstergröße richtet sich nach der Nutzung des Raumes. Dachflächenfenster (DFF) werden in verschiedenen Formaten geliefert. Die Einzellänge sollte 1,60 m nicht überschreiten. Die handelsüblichen Angaben geben dabei die Außenmaße Breite x Höhe an.

Als Öffnungsmöglichkeiten werden angeboten:

- Schwingfenster
- Klappfenster
- Klapp-Schiebe-DFF
- Klapp-Schwing-DFF
- Zweiflügelige Dachflächenfenster

Bei der Planung muss der freie Zugang zum Fenster berücksichtigt werden, d. h. dass die Oberkante des Fensters bei mindestens 2,00 m liegen muss (vgl. Abb. 13.14). Die Blickhöhe im Sitzen und im Stehen ist in Abbildung 13.15 ausgewiesen, wobei eine Brüstungshöhe von etwa 0,85 m bis 0,90 m erforderlich ist.

Hinsichtlich des Wärmeschutzes und des Schallschutzes sollte ein U-Wert von $U_w = 1{,}0\ \text{W/(m}^2\cdot\text{K)}$ bis $U_w = 1{,}4\ \text{W/(m}^2\cdot\text{K)}$ vorhanden sein und das bewertete Schalldämmmaß R_w zwischen $R_w = 32$ db und $R_w = 42$ db liegen.

Die jeweilige LBO ist zu beachten, zum einen wenn ein zweiter Rettungsweg ausgewiesen ist, zum anderen hinsichtlich etwaiger Mindestgrößen der Rohbauöffnungen. Nach der MBO soll die Rohbauöffnung für ein Dachflächenfenster in ausgebauten Dachgeschossen 1/8 bis 1/10 der anrechenbaren Grundrissfläche aufweisen.

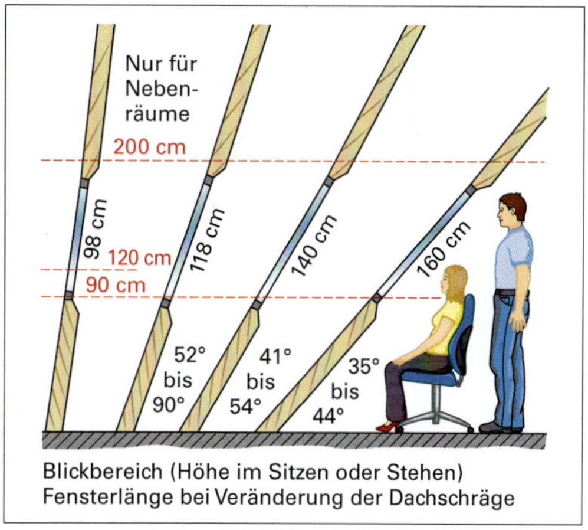

Abb. 13.14: Ermittlung der DFF-Länge

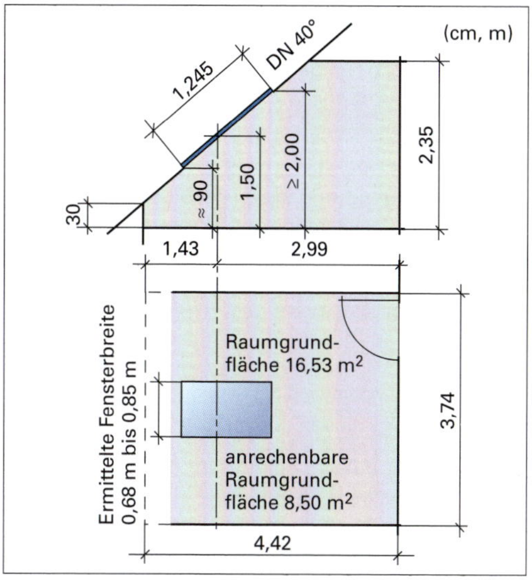

Abb. 13.15: Ermittlung der DFF-Größe

13.3 Dachaufbau

Beim Dachaufbau werden für genutzte und nicht genutzte Dachflächen nicht belüftete Dächer mit den Konstruktionsarten Warmdach und Umkehrdach sowie belüftete Dächer mit der Konstruktionsart Kaltdach unterschieden.

Belüftetes Dach

Das bauphysikalische Problem im Dachbau besteht vor allem in der Durchfeuchtungsgefahr für Holzbauteile und Dämmschichten infolge Tauwasserbildung (Wasserdampfkondensation) während der kalten Jahreszeit. Tauwasser führt auf Dauer zu Bauschäden, Heizenergieverlusten und gesundheitsgefährdendem Gebäudeklima. Bauphysikalisch begründete Problemlösungen bieten das belüftete Dach (Kaltdach) und das unbelüftete Dach (Warmdach).

Das belüftete Dach (Kaltdach) hat zwischen Dachhaut und Dämmung einen Luftraum (Kaltraum) mit Be- und Entlüftungsöffnungen an den Dachrändern. Aus den bewohnten Räumen soll der Wasserdampf die innenliegenden Dachschichten durchdringen und im Luftraum unterhalb der Dachhaut nach außen abgeführt werden. Die Fähigkeit der Luft, bei Erwärmung mehr Wasserdampf aufnehmen zu können, kommt dem belüfteten Dach gerade in der kritischen kalten Jahreszeit zugute: Die eingeströmte Kaltluft kann sich im Dachraum erwärmen, zusätzlich Wasserdampf aufnehmen und ihn durch die Entlüftungsöffnungen nach draußen führen. Das belüftete Dach hat gleichsam eine eingebaute, von bauphysikalischen Gegebenheiten gesteuerte Trocknungsvorrichtung. Dies ist zugleich seine empfindliche Schwachstelle, denn eine Störung oder gar Unterbrechung der Dachbelüftung über längere Zeit führt zwangsläufig zu Durchfeuchtungsschäden.

Das nicht ausgebaute Satteldach bietet grundsätzlich bessere Belüftungsmöglichkeiten als das ausgebaute, das steile wiederum bessere als das flach geneigte. Beim nicht ausgebauten Satteldach tritt der Luftstrom durch die Belüftungsschlitze an der Traufe in den Dachraum und verlässt ihn wieder durch Dachentlüfter in Firstnähe oder durch spezielle, mörtelfrei verlegte Lüftungsfirste (vgl. Abb. 13.52). Der Auftrieb der im Dachraum erwärmten Luft begünstigt diesen Vorgang.

Beim ausgebauten belüfteten Satteldach verlässt nur in etwa 1/3 aller Fälle die eingeströmte Luft den Dachraum durch die Firstentlüftung. Die Hauptmenge des an der Luvseite (windzugewandte Seite) aufstrebenden Luftstroms lenkt der Wind an den Firstentlüftern vorbei nach unten ab. So verlässt der größte Teil das Dach auf der Leeseite (windabgewandte Seite) abwärts durch die Entlüftungsöffnungen der Traufe.

Unterdächer oder Unterspannbahnen schützen die Dachausbauschichten gegen Flugschnee, Staub und Regen.

Ausgebaute Dächer ohne innere Luftschicht sind gestattet (z. B. bei Dämmschichtdicken bis OK-Sparren), wenn der innere s_d-Wert ≥ 2,0 m durchgehend eingehalten wird und auf der Außenseite eine Dämmschichtabdeckung mit $s_d \leq 0{,}3$ m gewährleistet ist. Es genügt dann die durch Konterlattung hergestellte äußere Luftschicht (vgl. Abb. 13.16).

Ist ein innerer s_d-Wert von 100 m durchgehend vorhanden, können alle diese Vorschriften für die Belüftung der inneren Luftschicht entfallen. Unerlässlich bleibt jedoch die mit Konterlatten hergestellte äußere Luftschicht über der zusätzlichen Maßnahme (Unterspannbahn, Unterdach), um Feuchte aus Flugschnee, -regen oder abtropfendem Kondenswasser von der Dachhaut sicher nach draußen zu leiten.

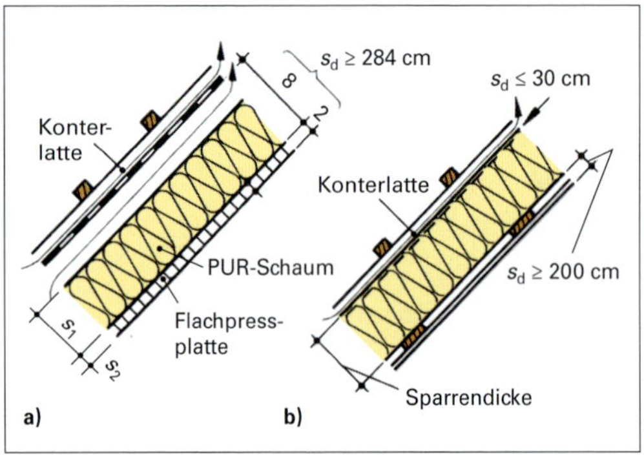

Abb. 13.16: Ausgebaute Dachgeschosse
a) Ausbauschichten, b) Dachschrägen mit vollgedämmten Sparrenfeldern

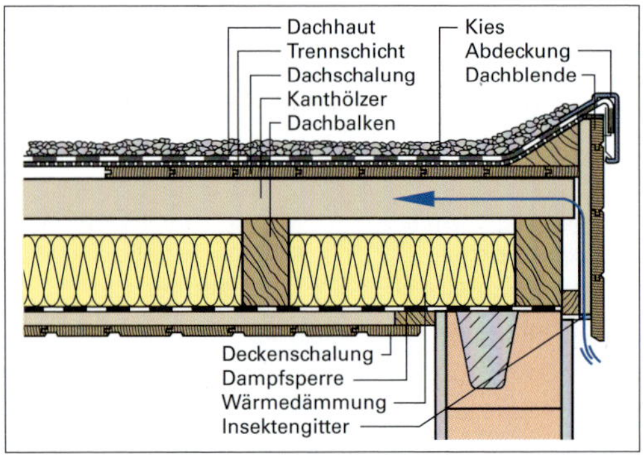

Abb. 13.17: Belüftetes Flachdach

Belüftete Flachdächer haben keinen strömungsfördernden thermischen Auftrieb. DIN 4108 fordert deshalb für Dächer mit ≤ 10° Neigung ≥ 5 cm Luftschichthöhe und für gegenüberliegende Traufseiten Belüftungsquerschnitte von je ≥ 2 % der gesamten Dachgrundrissfläche (vgl. Abb. 13.17).

Zusätzliche Sicherheit fordert DIN 4108 auch durch erhöhte Mindestwerte für die diffusionsäquivalente Luftschichtdicke der Ausbauschichten. Die Flachdachrichtlinien empfehlen, die Mindestwerte zur Belüftung von Dächern sowie die vorgegebenen s_d-Werte nach DIN aus Gründen der Funktionssicherheit zu überschreiten.

Nicht belüftetes Dach

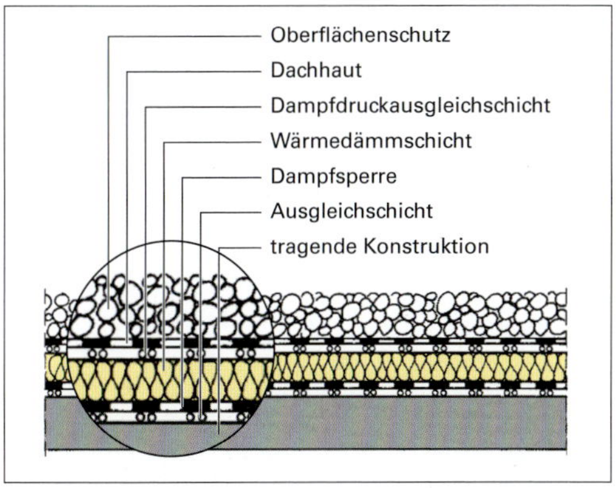

Abb. 13.18: Aufbau eines nicht durchlüfteten einschaligen Daches (schematisch)

Beim nicht belüfteten Dach entfällt die wasserdampfableitende, strömende Luftschicht zwischen Dämmung und Dachhaut, so dass der gesamte einschalige Dachquerschnitt von innen her durchwärmt werden kann (daher Warmdach). Flachdächer werden häufig nach diesem Prinzip konstruiert. Das Problem der Tauwasser-Durchfeuchtung während der kalten Jahreszeit kann hier nur gelöst werden, indem die Wasserdampfdiffusion bereits auf der warmen Dachseite – also unterhalb der Dämmschicht – wirksam unterbrochen wird.

Die **Dampfsperre** ist daher der bauphysikalisch wesentliche Bestandteil des nicht belüfteten Daches. Dichte, durch Schmelzprozesse entstandene Stoffe (Metall, Glas, Kunststoffe, Bitumen) eignen sich besonders dafür. Sie werden in Bahnen oder Planen gefertigt. Die Wärmedämmung soll die Taupunktebene deutlich über die Dampfsperre hinaus nach außen verlagern, wo Wasserdampf der Dampfsperre wegen gar nicht erst hingelangen kann.

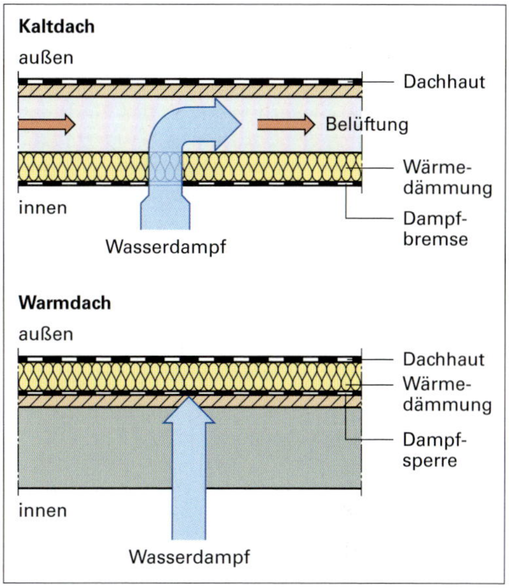

Abb. 13.19: Prinzip Kaltdach – Warmdach

Umkehrdach

Das **Umkehrdach** (Insulated roof membrane assembly) gleicht aus bauphysikalischer Sicht dem nicht belüfteten Dach, denn auch hier wird der Dampfdurchgang auf der warmen Dachseite unterbrochen. Jedoch liegt die Dachhaut auf der umgekehrten Seite, nämlich unter der Dämmschicht, wo sie zugleich die Funktion der Dampfsperre übernimmt. Hochwertige, wasserundurchlässige, witterungsbeständige und verrottungsfeste Spezial-Dämmplatten aus extruder expandiertem Hartschaum (z. B. Styrodur®, Roofmate®) bleiben auch ohne äußere Dachhaut funktionsfähig und schützen zugleich die untere Dachabdichtung vor UV-Strahlung und die Massivdecke vor größeren Temperaturspannungen (vgl. Beispiel Längenänderung).

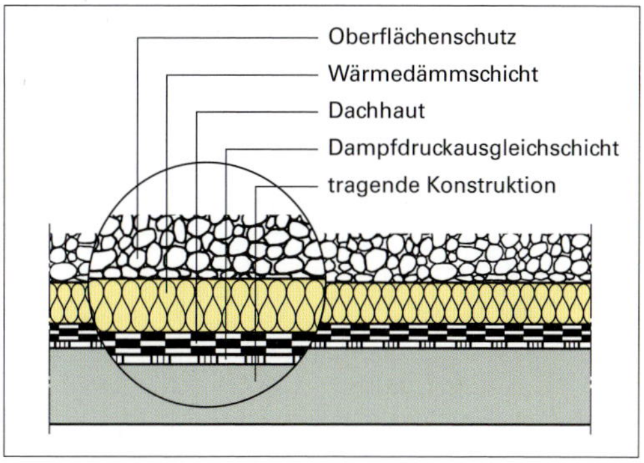

Abb. 13.20: Umkehrdach

13.4 Dachdeckungen

Die Dachdeckung hat bei Steildächern vor allem die Aufgabe, Niederschlagwasser sicher abzuleiten und ausreichend Sicherheit gegen das Eindringen von Wasser durch Winddruck oder Flugschnee zu gewährleisten. Sie muss regensicher, wetterbeständig, feuerbeständig und kostengünstig in Herstellung und Unterhaltung sein.

Traditionelle Dachdeckungen erfüllen bei nicht ausgebauten Dachräumen ohne besondere Vorkehrungen die Forderung nach Durchlüftung und Ableitung von Wasserdampf. Nach Werkstoff und Decktechnik sind zu unterscheiden:

- Ziegeldächer
- Betondachstein-Dächer
- Schieferdächer
- Schindeldächer
- Gründächer
- Stroh- und Rohr-(Reet-, Ried-)Dächer
- Wellplattendächer
- Pappdächer
- Metalldächer

Deckungen mit Ziegeln und Dachsteinen erfolgen auf Lattungen. Der Dachlattenquerschnitt hängt vom Gewicht der Deckungsart und vom Sparrenabstand ab.

Eindeckungen mit Schiefer, Blechen oder Dichtungsbahnen erfordern eine mindestens 24 mm dicke Vollschalung.

Die Regensicherheit einer Dachdeckung kann bei erhöhten Anforderungen (für ausgebaute Dachgeschosse oder bei Unterschreitung der RDN) durch Unterspannbahnen, Unterdeckbahnen oder Unterdeckplatten hergestellt werden.

- Unterspannbahnen werden über die Sparrenfelder gespannt und mit den Konterlatten auf den Sparren befestigt (Höhen- und Seitenüberdeckung von 10 cm).
- Unterdeckbahnen werden vollflächig, z. B. auf der Holzschalung aufgebracht.
- Unterdeckplatten werden als Holzfaserplatten IL mit verfalzter Unterdeckung angeboten.

Für die unterschiedlichen Deckungsarten sind Mindestdachneigungen festgelegt.

Tabelle 13.21: Regeldachneigung und Eindeckung

Deckungsart	Schiefer	Faserzement
Deutsche Deckung	≥ 25°	≥ 25°
Bogenschnitt	≥ 25°	≥ 25°
Altdeutsche Deckung	≥ 25°	
Schuppendeckung	≥ 25°	
Rhombusdeckung		≥ 30°
Doppeldeckung		≥ 25°
Rechteckdoppeldeckung	≥ 22°	
Waagerechte Deckung		≥ 30°
Spitzwinkeldeckung	≥ 30°	
Spitzschablonendeckung		≥ 30°
Flachdachsteine, Flachkremper, Flachdachziegel		≥ 22°
Dachsteine (tief liegender Längsfalz) Doppelmuldenziegel, Glattziegel		≥ 25°
Doppelmuldenfalz-, Reform-, Verschiebziegel, Biberschwanzziegel und Dachsteine in Biberform, Reformziegel I		≥ 30°
Strangfalzziegel, Krempziegel, Aufschnittdeckung mit Hohlpfannen		≥ 35°
Vorschnittdeckung mit Hohlpfannen, Einfachdeckung Mönch und Nonne		≥ 40°
Regeldachneigung ≙ Mindestdachneigung		

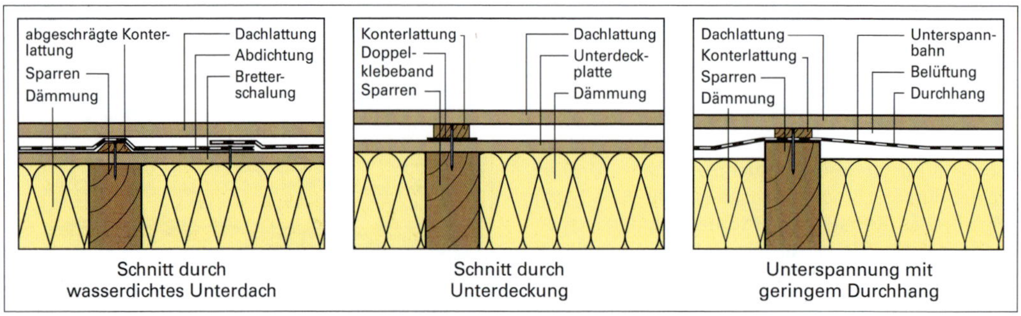

Abb. 13.22: Unterschiedliche Unterkonstruktionen des Dachaufbaus

13.4.1 Dachziegel

Dachziegel sind Deckwerkstoffe aus gebranntem Ton. Sie sind grobkeramisch. Sie werden nach Form, Abmessung, Falzbildung, Überdeckungsbereich und Art der Herstellung (Strangdachziegel, Pressziegel und Formziegel) unterschieden.

Strangziegel werden auf so genannten Strangpressen hergestellt. Zu ihnen zählen Biberschwanzziegel, Ziegel ohne Falz (Hohlpfannen) und seitlich verfalzte Strangziegel.

Pressdachziegel werden auf so genannten Stempelpressen hergestellt. Beispiele hierfür sind Falzziegel, Doppelmuldenfalzziegel, Krempziegel, Reformziegel und Flachdachziegel. Pressdachziegel, deren Kopf- und Fußverfalzung eine Höhenverschiebung von mindestens 3 cm ermöglichen, werden Verschiebeziegel genannt. Diese werden verwendet, wenn die Unterkonstruktion und der damit verbundene Lattenabstand schon vorhanden ist.

Formziegel sind Sonderziegel, die die jeweiligen Flächenziegel ergänzen (z. B. First-, rechter und linker Ortgangziegel oder Lüftungsziegel).

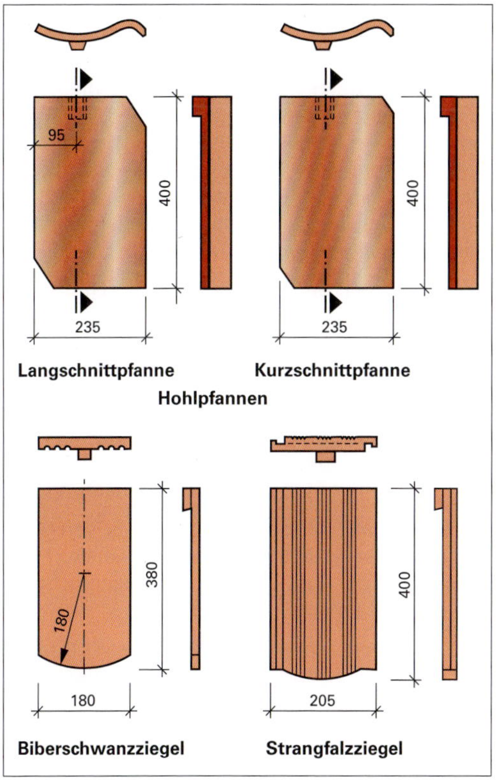

Abb. 13.23: Strangdachziegel

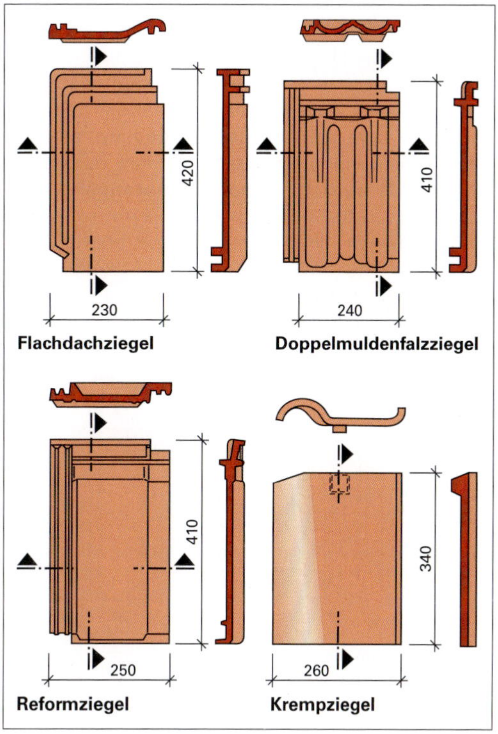

Abb. 13.24: Pressdachziegel

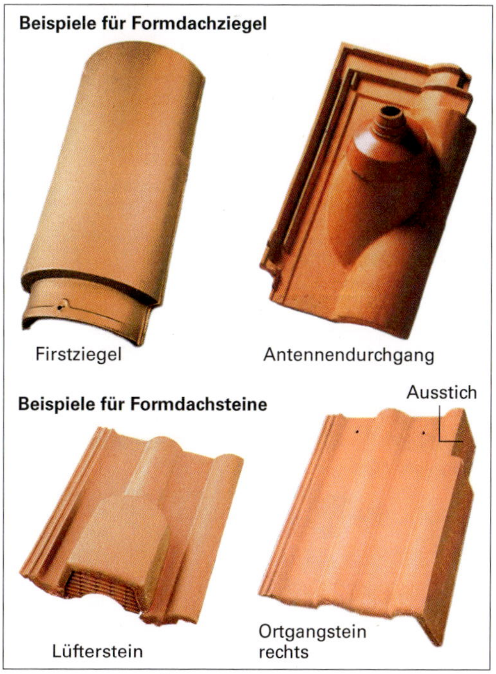

Abb. 13.25: Formdachsteine

13.4.2 Dachsteine

Dachsteine werden aus Quarzsand und Portlandzement hergestellt. Die Oberfläche kann glatt oder rau sein. Durch Zugabe von verschiedenen Stoffen wird eine unterschiedliche Farbgebung erreicht. Dachsteine können mit oder ohne Falz hergestellt werden. Sie werden mit halbkreisförmigen Mittelwulst, zickzackförmig gefaltet, mit symmetrischen oder asymmetrischen Wellen und als ebene Dachsteine hergestellt. Wie die Dachziegel werden auch bei den Dachsteinen Sonderformen aber auch Systembauteile für z. B. Lüftungen angeboten.

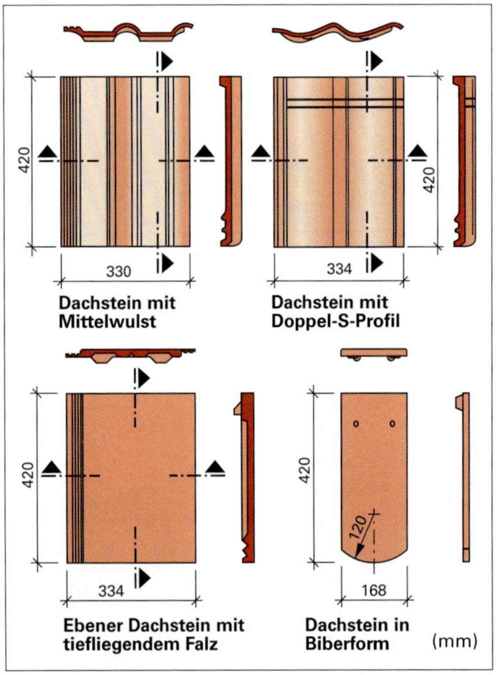

Abb. 13.26: Dachsteine

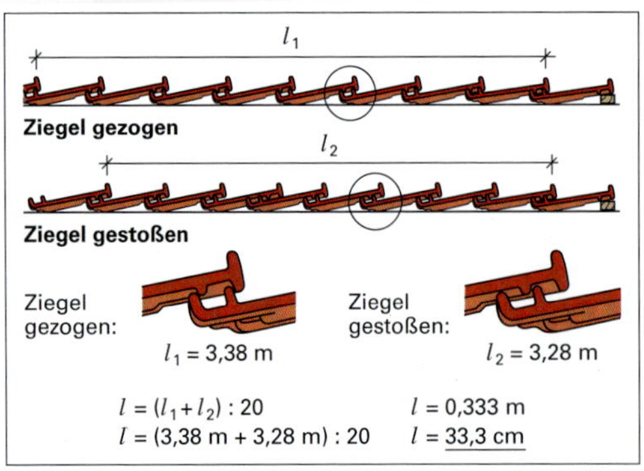

Abb. 13.27: Ermitteln des Lattenabstandes bei Dachziegeln mit Kopffalz

Es gibt unterschiedliche Arten von Deckung für Dachziegel und Dachstein. Im Folgenden werden nur einige näher erläutert.

Bei der Deckung mit Dachziegeln und Dachsteinen werden verschiedene Deckarten unterschieden. Bevor mit dem Eindecken begonnen wird, werden der Lattenabstand und die Deckbreite ermittelt. Hierbei ist die seitliche und die Höhenüberdeckung zu berücksichtigen.

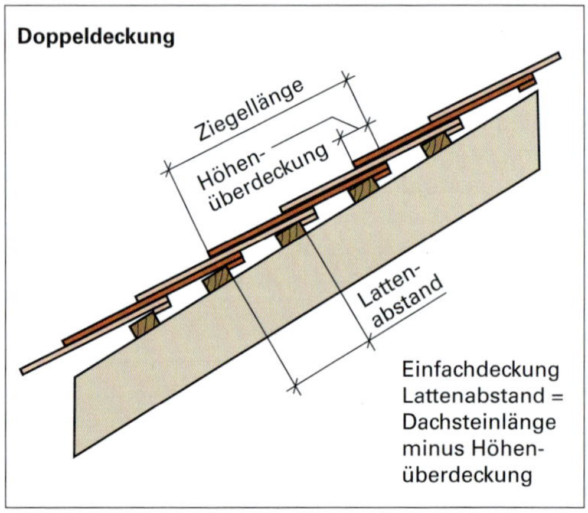

Abb. 13.28: Lattenabstand

Der Lattenabstand (Lattmaß) wird von Oberkante zu Oberkante Dachlatte gemessen. Bei Dachziegeln mit Kopffalz muss der Lattenabstand so groß sein, dass die Kopfverfalzung einwandfrei ineinandergreift. Die Maße der Dachziegel können um einige Millimeter abweichen, deshalb muss der Lattenabstand ermittelt werden (vgl. Abb. 13.27).

Bei Dachziegeln ohne Kopffalz richtet sich der Lattenabstand nach der Ziegellänge und der Höhenüberdeckung.

Das Mindestmaß für die Höhenüberdeckung ist für die verschiedenen Deckungsarten in Abhängigkeit von der Dachneigung festgelegt. Das Maß des Mindestlattenabstandes ergibt sich aus der Ziellänge minus das Maß der Höhenüberdeckung.

Die Entfernung der obersten Dachlatte vom First hängt von der Art der Ziegel/Dachsteine, des Firststeines und der Dachneigung ab. Meistens ergibt sich ein Maß zwischen 2 cm bis 7 cm.

Die Deckbreite von Dachsteinen beträgt meist 30 cm, der linke Ortgangstein bzw. Schlussstein hat dann eine Deckbreite von 33 cm. Die First- bzw. Trauflänge entspricht bei ganzen Dachsteinen einem Vielfachen von 30 cm zuzüglich 33 cm. So beträgt z. B. die Länge bei 41 Dachsteinen
$40 \cdot 0{,}30\text{ m} + 33\text{ cm} = 12{,}33\text{ m}$.

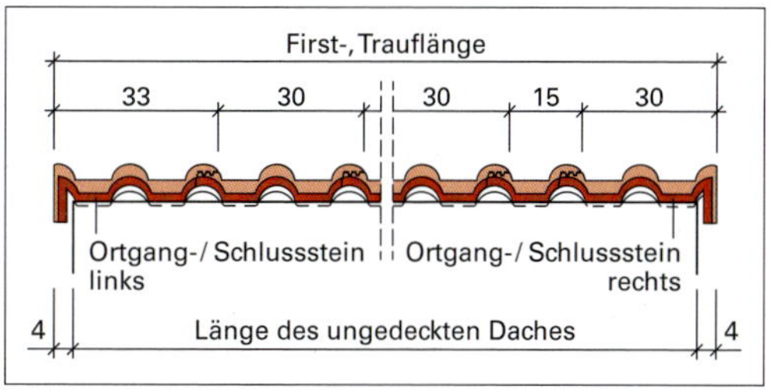

Abb. 13.29: Deckbreite bei Dachsteinen

13.4.3 Deckarten

Die wichtigsten Deckarten sind Falzziegel- und Falzpfannendeckung, die Deckung mit Biberschwanzziegeln, die Strangfalzziegeldeckung, die Hohlpfannendeckung, die Mönch-Nonnen-Deckung und die Deckung mit Dachsteinen.

Die Einfachdeckung erfolgt, indem eine Ziegelschicht nur mit der darunter liegenden Schicht überdeckt wird. Das Eindecken erfolgt hierbei in einzelnen Reihen von der Traufe zum First. Es werden auf jeder Lattenreihe drei bis vier Ziegel verlegt. Sinnvoll ist es, die einzelnen Gänge um jeweils einen Ziegel zu versetzen, um das Eindecken am Vierziegeleck zu erleichtern.

Doppeldeckungen oder Kronendeckungen erfolgen mit den so genannten Biberschwanzziegeln und Dachsteinen in Biberschwanzform. Bei der Doppeldeckung wird die Deckung im Verband vorgenommen. Die Längsfugen jeder Deckenreihe (Deckgebinde) werden um eine halbe Ziegelbreite gegenseitig versetzt angeordnet. Die Deckgebinde überdecken hierbei das darunter liegende vollständig.

Bei der Kronendeckung besteht jedes Deckgebinde aus zwei Ziegellagen. Hierbei hängt die untere Lage an der Dachlatte, die daraufliegende an der oberen Ziegelkante der darunter liegenden Lage. Die Längsfugen müssen bei beiden Lagen um eine halbe Ziegelbreite gegeneinander versetzt angeordnet werden.

Schiefer sind Umwandlungsgesteine aus tonigen Sedimenten. Schiefer ist durch sein paralleles Gefüge leicht in dünne, ebenmäßige Platten zu spalten. Die Plattenstärke beträgt ca. 5 mm. Schiefer wird in unterschiedlichen Standardformaten geliefert und ist meist schon verlegefertig gelocht. Es gibt allerdings keine Sonderformen. Hierfür wird Rohschiefer verwendet, der direkt auf der Baustelle zugeschnitten wird. Schiefer ist blaugrau bis schwarz.

Faserzement-Dachplatten werden aus Zement, Wasser, Fasern aus Kunststoff und/oder Zellulose,

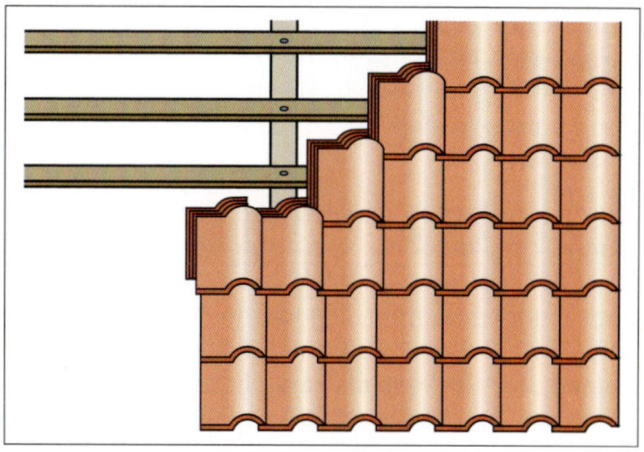

Abb. 13.30: Deckung mit Flachdachziegel

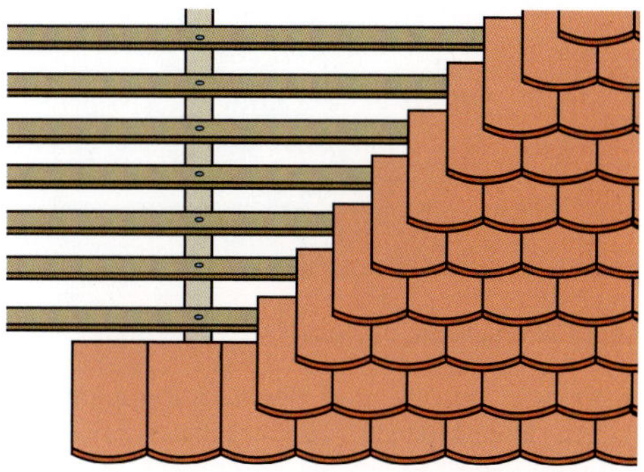

Biberschwanz-Doppeldeckung

Biberschwanz-Kronendeckung

Abb. 13.31: Deckung mit Biberschwanzziegel und Dachsteinen in Biberform

eventuell Zuschlägen und Farbstoffen hergestellt. Sie sind wie Schiefer ebene kleinformatige, verlegefertige gelochte Platten mit einer Dicke von 4 mm. Sie werden in verschiedenen Farben und Oberflächen hergestellt.

Schiefer und Faserzementplatten werden auf einer Holzschalung von mindestens 24 mm Dicken oder auf Dachlatten mit korrosionsgeschützten Stiften befestigt. Zusätzlich werden die Platten mit

Plattenhaken oder Plattenklammern befestigt. Die Holzschalungen müssen mit geeigneten Dachbahnen vorgedeckt werden. Wenn die Regeldachneigung unterschritten wird, muss ein Unterdach verwendet werden.

Bei der Deutschen Deckung werden quadratische Platten, mit einer Kantenlänge von 25 cm oder 30 cm (Faserzementplatten auch 40 cm), mit Bogenschnitt verwendet. Die Ränder der Platten werden als Kopf, Brust, Fuß und Rücken, die Ecken am Auslauf des Rückens als Ferse bezeichnet.

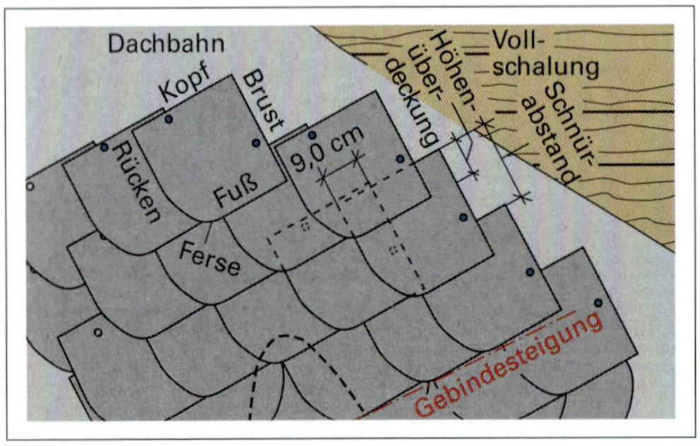

Abb. 13.32: Deutsche Deckung

Zur Doppeldeckung und Rechteckdoppeldeckung werden quadratische oder rechteckige Platten verwendet (h = 30 cm bis 60 cm; b = 20 cm bis 40 cm). Die Platten werden im regelmäßigen Verband verlegt. Die Deckgebinde müssen das darunterliegende komplett überlagern und greifen um das Maß der Höhenüberdeckung auf das übernächste Gebinde über. Die Höhendeckung liegt, je nach Dachneigung und Plattengröße, bei 6 cm bis 12 cm.

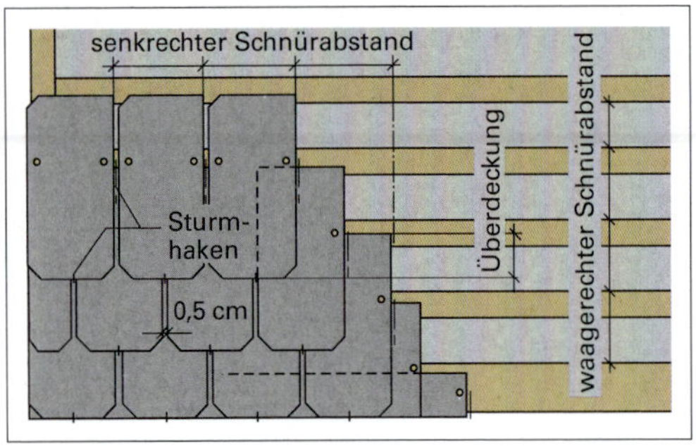

Abb. 13.33: Doppeldeckung

Die waagerechte Deckung wird nur mit Faserplatten mit den Abmessungen 60 cm × 30 cm verlegt. Hierbei laufen die Längskanten in Traufrichtung. Je nach Dachneigung liegt die Höhenüberdeckung bei 8 cm bis 10 cm und die Seitenüberdeckung bei 9 cm bis 12 cm.

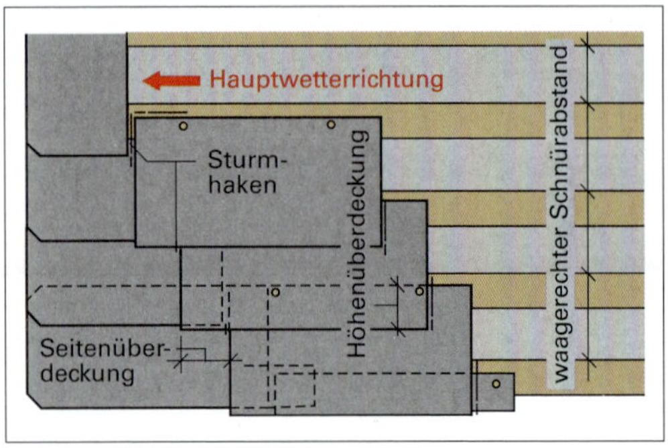

Abb. 13.34: Waagerechte Deckung

Die Spitzwinkeldeckung (rautenförmiger Schiefer) bzw. Spitzschablonendeckung (quadratische Faserzementplatten) erfolgt im halben Verband mit Stoßfuge. Die Platten weisen jeweils zwei gegenüberliegende gestutzte Spitzen auf. Bei der Ausführung muss nicht auf die Wetterseite geachtet werden.

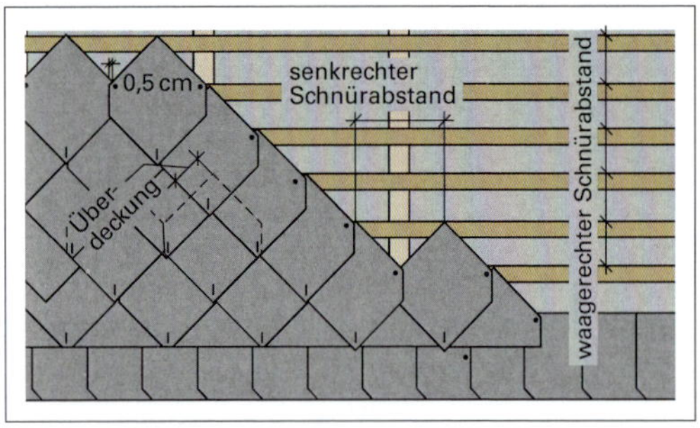

Abb. 13.35: Spitzwinkeldeckung

Faserzement-Wellplatten sind profilierte Tafeln. Diese großformatigen Platten weisen auf Grund ihrer Wellung eine hohe Tragfähigkeit auf. Diese Platten gibt es als Standardwellplatten ohne Lochung und mit Lochung für die Befestigung. Sie werden in unterschiedlichen Profilen und Formaten hergestellt.

Diese Platten können auf Pfetten aus Holz oder Stahlprofilen und auf Stahlbetonträgern verlegt werden. Die Deckbreite ist abhängig von der Seitenüberdeckung, die je nach Profil unterschiedlich ist. Außerdem muss auf die Höhenüberdeckung (ca. 20 cm) und den Auflagerabstand geachtet werden.

Verfalzte Bleche werden aus Kupfer, Aluminium, Titan-Zink oder verzinktem und beschichtetem Stahl hergestellt. Es wird zwischen Blechbändern und Blechtafeln unterschieden. Die Blechbänder können bis zu 14 m lang und 1 m breit sein. Blechtafel sind meist 1 m × 2 m. Bei der Deckung werden die Bleche an den senkrecht zur Traufe liegenden Stößen aufgekantet und übereinander gefalzt. Die recht dichten Fugen liegen bis zu 35 mm über der Dachoberfläche. Somit ist eine Mindestneigung von 3° schon ausreichend. Wenn Querfalze erforderlich sind, muss eine Mindestdachneigung von 5° eingehalten werden.

Bitumen-Dachbahnen und **Bitumen-Dachdichtungsbahnen** benötigen einen besonderen Oberflächenschutz, um die Sonnenstrahlen von der Dachhaut abzuhalten. Die Bahnen werden mit einer Bestreuung aus z. B. Schiefersplitt geliefert. Die Verlegung erfolgt in der Regel mit einer zweilagigen Deckung. Die erste Lage wird stellenweise aufgenagelt oder geklebt, die zweite aus Bitumen-Dachbahnen vollflächig aufgeklebt.

13.5 Flachdach

Flachdächer haben Dachneigungen bis 5°, flachgeneigte Dächer von 5° bis 25°. Die Dachhaut flachgeneigter Dächer kann, die der Flachdächer muss als Abdichtung ausgeführt werden. Eine Übersicht über die genormten Dachbahnen vermitteln die Tabellen 13.36.

Die Dachneigung bestimmt Zahl, Art und Aufbau der Dachschichten sowie die Ausbildung wichtiger Detailpunkte. Bitumige abgedichtete Dächer sollen möglichst ≥ 2° Dachneigung erhalten.

Die Dachschichten des nicht belüfteten Daches richten sich nach Untergrund, Material, Gebäudehöhe und Dachnutzung.

Tabelle 13.36: Genormte Bitumenbahnen (DIN SPEC 20000–201)

Trägereinlage	Bitumen-Dachbahnen	Bitumen-Dachdichtungsbahnen	Bitumen-Schweißbahnen	Polymerbitumen-Dachdichtungsbahnen	Polymerbitumen-Schweißbahnen
Glasgewebe	–	G 200 DD	G 200 S4 G 200 S5	PYE-G 200 DD	PYE-G 200 S4 PYP-G 200 S4 PYE-G 200 S5 PYP-G 200 S5
Polyesterfaservlies	–	PV 200 DD	PV 200 S5	PYE-PV 200 DD	PYE-PV 200 S5 PYP-PV 200 S5
Glasvlies Bitumendachbahn	V13	–	V60S4	–	–

DIN-Norm	Titel: Dachbahn	Titel: Dichtungsbahn	Bezeichnung	Nenndicke
7864-1	Elastomerbahnen für Abdichtungen		z. B. EPDM, CR, IIR	1,2 mm
16729[1]	Kunststoff-Dachbahnen und -Dichtungsbahnen aus Ethylencopolymerisat-Bitumen		ECB	1,5 mm
16730[1]	Kunststoff-Dachbahnen aus weichmacherhaltigem Polyvinylchlorid, nicht bitumenverträglich	–	PVC-P-NB	1,2 mm
16731[1]	Kunststoff-Dachbahnen aus Polyisobutylen, einseitig kaschiert	–	PIB	2,5 mm
16734[1] [1] zurückgezogen	Kunststoff-Dachbahnen aus weichmacherhaltigem Polyvinylchlorid mit Verstärkung aus synthetischen Fasern, nicht bitumenverträglich	–	PVC-P-NB-V-PW	1,2 mm
16736 (2015-12)	Kunststoff-Dachbahnen und -Dichtungsbahnen aus chloriertem Polyethylen, einseitig kaschiert		PE-C-K-PV	1,2 mm
16737 (2016-09)	Kunststoff-Dachbahnen und -Dichtungsbahnen aus chloriertem Polyethylen mit einer Gewebeeinlage		PE-C-E-PW	1,2 mm

Tabelle 13.36: Genormte Bitumenbahnen (DIN SPEC 20000–201, Fortsetzung)

DIN Norm		Dichtungsbahn	Bezeichnung	Nenndicke
16935[1)]	–	Kunststoff-Dichtungsbahnen aus Polyisobutylen	PIB	1,5 mm
16937 (2016-09)	–	Kunststoff-Dichtungsbahnen aus weichmacherhaltigem Polyvinylchlorid, bitumen-verträglich	PVC-P-BV	1,2 mm
16938 (2016-04)	–	Kunststoff-Dichtungsbahnen aus weichmacherhaltigem Polyvinylchlorid, nicht bitumenverträglich	PVC-P-NB	1,2 mm

Kurzzeichen

G	Glasgewebe	oder	GW	Glasgewebe
PV	Polyestervlies	oder	GV	Glasvlies
V	Glasvlies			
PYE	Polymerbitumen, modifiziert mit thermoplastischen Elastomeren			
PYP	Polymerbitumen, modifiziert mit thermoplastischen Kunststoffen			
200	Flächengewicht der Trägereinlage, z. B. 200 g/m² (nicht V13)			
DD	Dachdichtungsbahn			

S4/S5	Schweißbahn mit 4 mm bzw. 5 mm Dicke		
K	kaschiert	BV	bitumenverträglich
NB	nicht bitumenverträglich		
PPV	Polypropylenvlies	PW	Polyestergewebe

Was ist eine DIN SPEC?

DIN SPEC ist ein Konsortialstandard, der innerhalb kurzer Zeit in kleinen Arbeitsgruppen erstellt wird und nicht der Konsenspflicht unterliegt. DIN sorgt dafür, dass eine DIN SPEC nicht geltenden Normen und Standards widerspricht.

Der **Voranstrich** auf besenreiner Betonoberfläche besteht aus Bitumenlösung oder -emulsion und ist die erste vorbereitende Maßnahme auf Massivdächern. Er bindet vorhandenen Staub und verbessert die Haftfähigkeit der Deckenoberfläche.

Ausgleichsschichten bestehen meist aus gelochten Glasvlies-Bitumen-Dachbahnen mit grob besandeter Unterseite (LV-Bahnen). Geeignet sind auch punktförmig verklebte oder lose verlegte grobbesandete Bahnen. Punktverklebte Dampfsperrbahnen mit dichten Stößen ersparen die Ausgleichsschicht.

Lochglasvlies-Bitumenbahnen werden lose verlegt. Die darauf geklebte Dampfsperrbahn erhält über die Löcher der ersten (LV-)Bahn punktförmige Haftung zur Decke. Die gelochte Bahn bietet der Dampfsperrbahn eine materialgerechte Klebefläche. Sie überbrückt geringe Spannungsrisse und Dehnungen innerhalb der Massivdecke. Außerdem ermöglicht sie das gleichmäßige Verteilen und Entspannen stellenweise eingedrungenen Wasserdampfes im Bereich der unverklebten Flächen. Durch Kontakt zur Außenluft an den Dachrändern trocknet auch Feuchtigkeit im Dachrandbereich aus.

Tabelle 13.37: Beanspruchungs- und Eigenschaftsklassen

Abdichtungssystem ⇒ Beanspruchungsart				Abdichtungsbahn[1)] ⇒ Eigenschaftsklassen			
thermisch		mechanisch		thermisch		mechanisch	
A: hoch	B: mäßig	I: hoch	II: mäßig	h_{th} hoch	m_{th} mäßig	h_{me} hoch	m_{me} mäßig
Beanspruchungsklassen / Beispiele				**Eigenschaftsklassen / Beispiele**			
IA	**IIA**	**IB**	**IIB**	**E1:** h_{th}/h_{me}	**E2:** h_{th}/m_{me}	**E3:** m_{th}/h_{me}	**E4:** m_{th}/m_{me}
Industriedach	Wohnungsbau	Gründach	Wohnungsbau	PYE PV 200 S5	G200 S4	PYE V60 S4	V60 S4

[1)] Bei **Abdichtungsbahnen** werden 4 **Anwendungstypen** unterschieden: **DE** ⇒ für einlagige Dachabdichtung, **DO** ⇒ für die Oberlage einer mehrlagigen Dachabdichtung, **DU** ⇒ für die untere Lage einer mehrlagigen Dachabdichtung, **DZ** ⇒ für die Zwischenlage einer mehrlagigen Dachabdichtung

Tabelle 13.38: Abdichtung mit Bitumen- und Polymerbitumenbahnen (DIN 18531-3)

Anwendungsklasse	Anwendungsbereich	Geplantes Gefälle	Einwirkungsklasse	Stoffe nach DIN 18531-2	
				Lagen	**Erforderliche Eigenschaftsklasse**
K1	nicht genutzte Dächer	≥ 2 %	IA, IB, IIA, IIB	zwei	obere Lage: E1 untere Lage: E2
			IIA, IIB	zwei	obere Lage: E1 untere Lage: E4
			IA, IB, IIA, IIB	eine	E1[c]
		< 2 %	IA, IB, IIA, IIB	zwei	obere Lage: E1 untere Lage: E1
	genutzte Dächer	≥ 2 %	IB	zwei	obere Lage: E1 untere Lage: E2
		< 2 %	IB	zwei	obere Lage: E1 untere Lage: E1
K2	nicht genutzte Dächer	≥ 2 %	IA, IB, IIA, IIB	zwei	obere Lage: E1 untere Lage: E1
	genutzte Dächer	≥ 2 %	IB	zwei	obere Lage: E1 untere Lage: E1

Tabelle 13.39: Abdichtung mit Kunststoff und Elastomerbahnen (DIN 18531-3)

Anwendungsklasse	Anwendungsbereich	Geplantes Gefälle	Einwirkungsklasse	Stoffe nach DIN 18531-2							
				Mindestnenndicke d_{ff} [mm]							
				ECB	**EVA**	**FPO**	**PIB**	**PVC-P**	**TPE**	**EPDM**	**EPDM**
K1	nicht genutzte Dächer	≥ 2 %	IA, IB, IIA, IIB	2,0	1,2	1,2	1,5	1,2	1,2	1,3	1,1
		< 2 %	IA, IB, IIA, IIB	2,3	1,5	1,5	1,5[b]	1,5	1,5	1,6	1,3
	genutzte Dächer	≥ 2 %	IB	2,0	1,5	1,5	1,5	1,5	1,5	1,6	1,3
		< 2 %	IB	2,3	1,5	1,5	1,5	1,5	1,5	1,6	1,5
K2	nicht genutzte Dächer	≥ 2 %[c]	IA, IB, IIA, IIB	2,3	1,5	1,5	1,5[b]	1,5	1,5	1,6	1,3
	genutzte Dächer	≥ 2 %[d]	IB	2,3	1,5	1,5	1,5	1,5	1,5	1,6	1,5

Anwendungsklasse K1 (Standardanforderungen/ übliche Anforderungen)
Das Mindestgefälle beträgt 2 %. Allerdings gibt es die Möglichkeit, in begründeten Fällen von dieser Empfehlung abzuweichen. Normvorgabe: „Dächer der Anwendungsklasse K1 können auch ohne Gefälle geplant werden, wenn die Auswahl der Abdichtung die Anforderungen der Anwendungsklasse K2 erfüllt."

Anwendungsklasse K2 (Dachabdichtung mit erhöhten Anforderungen)
Voraussetzung in der Klasse K2 ist ein Gefälle von 2 %, in Kehlen mindestens 1 %. Bei genutzten Dächern ist bei Kunststoffbahnen (Mindestdicke 1,5 mm) z.B. die Art der Schutzlage anzupassen.

Anwendungsklasse K2 bei begrünten Dächern (Dachabdichtung mit erhöhten Anforderungen)
Bei intensiv begrünten K2-Dächern ist bei einer Anstaubewässerung bis 100 mm ein geringeres geplantes Gefälle als 2 % zulässig, sofern dies bei der Materialauswahl und der Ausführungsart berücksichtigt wird.

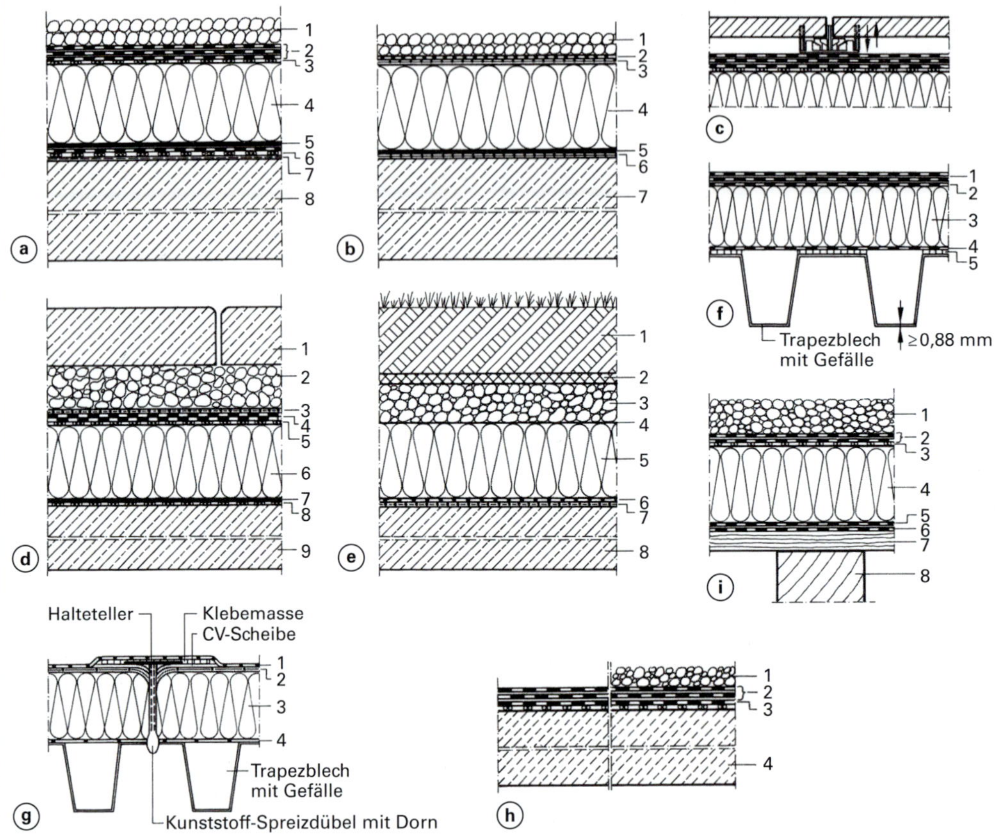

ⓐ Aufbau des nicht belüfteten Flachdachs (Warmdach) mit bitumigen Dachhautschichten

1 Rollkies (≥ 5 cm)
2 Dachabdichtung
3 Dampfdruck-Ausgleichsschicht
4 Dämmschicht
5 Dampfsperre
6 Ausgleichsschicht
7 Voranstrich
8 Stahlbetondecke

ⓑ Nicht belüftete Dach mit einlagiger Dachabdichtung aus Kunststoff

1 Rollkies
2 Kunststoff-Dachbahn (lose verlegt)
3 Trennlage (Kunststoffgewebe)
4 Dämmschicht
5 Dampfsperre (lose)
6 Trennlage (z. B. Glasvlies)
7 Stahlbetonplatte

ⓒ Höhenverstellbare Stelzlager für Terrassenplatten auf Flachdächern

ⓓ Schwerer befahrbarer Dachbelag auf Drainschicht

1 Stahlbeton oder Verbundsteine
2 Drainschicht oder 2 x Gleitfolien
3 Trennlage (z. B. Gewebe)
4 Dachabdichtung
5 Ausgleichsschicht
6 Dämmschicht (z. B. Kork)
7 Dampfsperre (lose)
8 Ausgleichsschicht (eventuell)
9 Stahlbetonplatte

ⓔ Umkehrdach nur für extensiv begrünte Dächer geeignet

1 Vegetationsschicht in durchlässigem Substrat
2 Filterschicht (-vlies)
3 Drainschicht (z. B. PS-Drainplatte)
4 Schutzvlies, diffusionsoffen
5 Dämmung (z. B. R+M)
6 RMB-Plane (lose verlegt)
7 Trennlage
8 Stahlbetonplatte

ⓕ Bituminös verklebte Dachschichten widerstehendem Windsog an Dächern aus Trapezblech

1 Dachabdichtung
2 Kaschierungslagen
3 rollbare, bitumenbahnkaschierte Dämmschicht
4 Dampfsperre (hoch reißfest)
5 Bitumenkleberschicht

ⓖ Unverklebte Kunststoffbahnen über Trapezblechen sind durch Tellerdübel zu sichern

1 Kunststoff-Dachbahn
2 Trennlage
3 Mineralfaser-Dämmplatte
4 Dampfsperre

ⓗ Dicke Stahl-Leichtbetondecken sind auch ohne Dampfsperre funktionsfähig

1 Kieslage (16/32) oder Schiefersplitt
2 Dachabdichtung
3 Dampfdruck-Ausgleichsschicht
4 Stahl-Leichtbeton

Abb. 13.40: Dachdetails 1

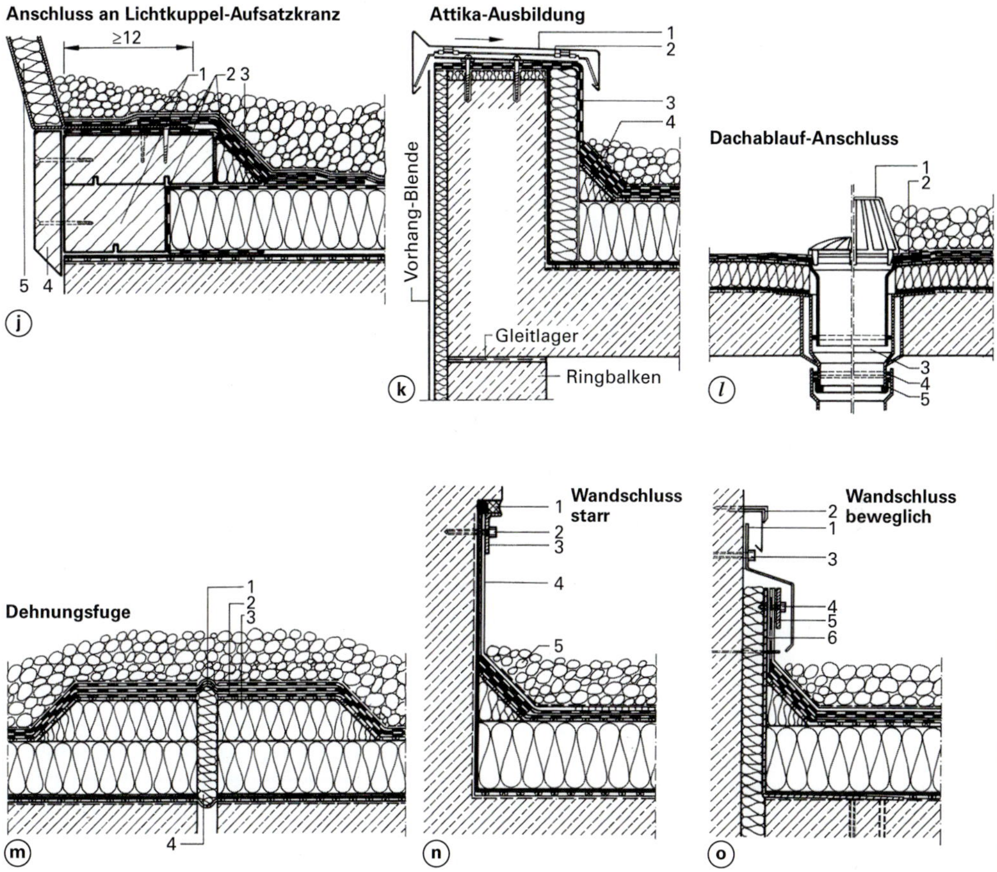

ⓘ Das leichte nicht belüftete Dach ermöglicht Dachdecken mit sichtbarer Balkenlage (Abbildung auf der Vorseite)

1 Rollkies (5 cm) oder Schiefersplitt
2 Dachabdichtung
3 Kaschierung (Bitumendachbahn)
4 ausrollbare, bitumenbahnkaschierte Polystyrol-Dämmschicht
5 Alu-Dachdichtungsbahn als Dampfsperre, vollverklebt
6 genagelte Bitumendachbahn
7 Dachschalung (2,2 cm), gehobelt
8 Balkenlage, dreiseitig gehobelt

ⓙ Lichtkuppeln werden auf erhöhte Randbohlen montiert

1 Randbohlen
2 Verstärkungsstreifen
3 Dreikantleisten
4 Deckbrett
5 Kunststoff-Aufsatzkranz (*h* = 300 mm)

ⓚ Attika-Dachrandabschluss mit Blechabdeckung

1 Abdeckung (z. B. Alu L)
2 Halter
3 Anschlussabdichtung
4 Keil 60 mm/60 mm

ⓛ Der Ablauf ist am Tiefpunkt des Daches anzuordnen

1 Laub- oder Kiesfang
2 Klebeflansch
3 Ablaufkörper wärmegedämmt
4 Rollring
5 Lippendichtung

ⓜ Dehnungsfugen sollten über die wasserführende Ebene herausgehoben werden

1 Polymerbitumenbahn
2 Schaumstoff-Rundprofil
3 zusätzliche Dämmplatte
4 Trennstreifen

ⓝ Starrer Wandanschluss

1 Versiegelung
2 Schlüsselschraube
3 Klemmschiene
4 Anschlussabdichtung
5 Keil 60 mm/60 mm

ⓞ Beweglicher Wandanschluss

1 Versiegelung
2 Kappstreifen
3 Schlüsselschraube
4 Klemmschiene, angeschraubt
5 Anschlussdichtung
6 Stahlwinkel, in Stahlbetondecke festgeschraubt

Abb. 13.41: Dachdetails 2

13

Hochbeanspruchbare Dampfsperren bestehen vorzugsweise aus bitumigen Dachbahnen mit Aluminiumband- und Glasvlies- oder -gewebeeinlage. Geeignet sind auch Bahnen mit Gewebe- oder Glasvlieseinlage, ferner PE- und PVC-(weich)-Bahnen mit Kaschierung aus Bitumenpappe (vgl. Tabelle 13.36).

Dämmschichten aus Glasschaum (z. B. Foam-Glas), in Bitumen verlegt, ersetzen die Dampfsperre. Beim Umkehrdach reicht die Dachabdichtung als Dampfsperre, weil austretender Wasserdampf darüber ungehindert entweichen kann. Gefahrenpunkte ergeben sich bei allen Anschlüssen der Dampfsperrbahn an Dachdurchbrüchen (z. B. Schornsteine, Rohre, Lichtkuppeln).

Die Wärmedämmschicht erspart Heizenergie, mindert die Temperaturunterschiede von Massivdecken und die Gefahr von Rissbildungen. Die einschalige, unbelüftete Flachdachkonstruktion (Warmdach) erfordert je nach Nutzlast druckbeanspruchbare Wärmedämmstoffe der verschiedenen Anwendungstypen (vgl. Tabelle 13.37).

Dämmplatten sind mit dichten und versetzten Stößen anzuordnen. Je nach Erfordernis werden sie lose verlegt, vollflächig, flecken- oder streifenweise verklebt oder mechanisch befestigt. Extrudierte Polystyrol-Hartschaumplatten erhalten wegen möglicher Formänderungen stets eine vollflächige lose Trennschicht als Abdeckung (z. B. gewebeverstärktes Ölpapier, Natronkraftpapier). Rollbare Dämmlagen aus Polystyrolstreifen liefern mit ihrer kaschierten Bitumendachbahn zugleich die erste Dachabdichtungslage.

Die Dampfdruck-Ausgleichsschicht zwischen Dämmung und Dachabdichtung gleicht den Druck des Wasserdampfs aus, der sich während der Abdichtungsarbeiten oder aus Fehlstellen der Dampfsperre gebildet hat. Nur Dampfdruck-Ausgleichsschichten mit Verbindung zur Außenluft an den Dachrändern sind zweckgerecht. Wie bei der unteren Ausgleichsschicht eignen sich auch hier die gelochten Glasvlies-Bitumenbahnen. In diffusionsoffenen mineralischen Faserdämmplatten (z. B. Steinwolle) stellt sich ausreichender Dampfdruckausgleich bereits in der Dämmschicht ein. Eine Dampfdruck-Ausgleichsschicht kann daher entfallen, ebenso bei lose aufgelegter Dachabdichtung z. B. aus Kunststoffplanen. Trennlagen aus Bitumen- oder Natronkraftpapier, lose aufgelegt, werden zwischen Schaumstoff-Dämmplatten und bitumingen Dachabdichtungen empfohlen, um Verwerfungen durch schwind- und temperaturbedingte Formänderungen zu vermeiden.

13.6 Dachabdichtung

Die Dachabdichtung wirkt als wasserdichte äußere Dachhaut.

Abdichtungen aus bitumigen Bahnen nach Tabelle 13.36 sind meist vollflächig geklebt und mehrlagig auszuführen. Eine Lage darf aus geeigneten bitumenbeständigen hochpolymeren Bahnen (Kunststoffbahnen) bestehen und als untere, mittlere oder obere Lage angeordnet sein. Wurzeleinwuchs an bepflanzten Dächern gefährdet bitumige Abdichtungen. Bahnen und Massen mit speziellen Zusätzen (z. B. Preventol) bieten hier die notwendige Sicherheit.

Wegen zu erwartender thermischer Verformungen dürfen Bitumenbahnen mit Metallbandeinlage nicht für die Dachhaut verwendet werden. Bitumenbahnen mit Rohfilzeinlage sind für Dachabdichtungen ungeeignet.

Abdichtungen aus hochpolymeren Stoffen werden mit Einzelbahnen bis 2 mm Dicke aus passend vorgefertigten Planen oder als Beschichtungen aus polymerisierenden oder abtrocknenden Flüssigkeiten (meist mit Einlage eines verstärkenden Trägerstoffs) hergestellt. Mehrlagige Kunststoffabdichtungen sind aus klebetechnischen Gründen nicht ausführbar. Reine Kunststoffabdichtungen sind daher einlagig und lose verlegt. Die Gefahrenpunkte gegenüber der mehrlagigen bitumigen Abdichtung liegen bei den Nahtverbindungen und in der Beanspruchung auf Durchstanzen, die Vorteile beim Auffinden und Reparieren von Schadstellen.

Plastomere (Thermoplaste) bleiben durch die Zugabe flüchtiger Lösungsmittel (Weichmacher) auch bei niedrigen Temperaturen bis zu – 30 °C dauerhaft elastisch. Die gleichen Lösungsmittel ermöglichen quellverschweißte Nahtverbindungen.

PIB-Bahnen (Polyisobutylen) sind licht- und UV-beständig, reißfest (bis 400 %) und nicht beständig gegen UV-Strahlung. PVC-Bahnen (Polyvinylchlorid) werden für Planendeckung bevorzugt.

ECB-Bahnen (Äthylen-Copolymerisation) mit eingelagertem Bitumen sind reißfest, sehr dehnfähig (bis 500 %) und bitumenverträglich. Sie verbinden die günstigen Eigenschaften des Bitumens (Plastizität, Dichtwirkung, Witterungsbeständigkeit) mit der hohen Zähigkeit eines thermoplastischen Kunststoffs. Die bitumigen Bestandteile verbessern die Flexibilität bei tiefen, die Kunststoffanteile die Standfestigkeit bei hohen Temperaturen.

Elastomere (Kautschuk-Elastomerbahnen) haben lose vernetzte Moleküle. Sie sind daher von Natur aus hochelastisch, ferner dehnfähig (bis 650 %), einreißfest bis 3 N/mm², sehr dampfdicht und sehr widerstandsfähig gegen Witterungseinflüsse, ferner gegen chemisch aggressive Stoffe und gegen Durchstanzen. Ihre Molekularstruktur bleibt zwischen – 40 °C und 100 °C stabil. Nahtverbindungen erfolgen durch spezielle Kleber, Vulkanisieren oder Klebebänder. Planen werden meist lose verlegt, Bahnen lassen sich mit speziellen Bitumen auch verkleben.

Der **Oberflächenschutz** mindert den Alterungsprozess der Dachhaut infolge ultravioletter Strahlung, Feuchtigkeits- und Temperaturwechsel. Dunkle, ungeschützte Dachflächen verzeichnen Temperaturunterschiede bis 80 °C. Heller Oberflächenschutz reflektiert einen wesentlichen Teil der Sonneneinstrahlung.

Leichter Oberflächenschutz kann aus Splitt, Granulat oder Beschichtungen bestehen. Polymerbitumenbahnen (PYE) müssen, Elastomerbitumenbahnen (PYP) können solche Schutzschichten erhalten.

Schwerer Oberflächenschutz aus Kiesschüttungen (0 bis 15/30 mm) ab 5 cm Dicke ist besonders wirksam, denn er bietet zugleich Widerstand gegen mechanische Beanspruchungen und Abheben lose verlegter Dachhaut infolge Windsog. Zugleich erfüllt er wesentliche Brandschutzvorschriften.

Mechanische Befestigungen sollen Sogkräfte aus Wind aufnehmen. Sie sind an allen Dachrändern und Dehnungsfugen durch Schrauben oder Nageln von Metallbändern und Profilen vorzusehen. Notwendig sind sie bei Dächern aus Trapezprofilblechen sowie unter bestimmten Bedingungen bei Dämmungen aus Hartschaum.

Gegen Abheben infolge Windsog werden die Dachabdichtungen durch Auflast, Verklebung und mechanische Befestigungen gesichert. Dabei sind die Randbereiche vor allem an den Ecken besonders gefährdet.

Genutzte Dachflächen für einfache Beanspruchung dienen dem Personenaufenthalt, schwere Beanspruchung liegt bei befahrbaren oder bepflanzten Dächern vor. In einfachen Fällen genügen großformatige Plattenbeläge (≥ 3 cm dick) auf höhenverstellbaren und gegen Eindrücken und Durchstanzen gesicherten Stelzlagern als Oberflächenschutz. Schwere Schutzschichten aus mörtelverlegten Platten, Beton, Kies, Mutterboden oder Filterplatten sind durch Trennlagen (z. B. PE-Folie) von der Dachabdichtung zu trennen. Umkehrdächer erhalten mit den schweren Belägen zugleich die notwendige Sicherheit gegen Abheben und Aufschwimmen der Dämmplatten. Anschlussbeispiele sind in der Abbildung 13.41 dargestellt.

13.7 Gründach

Galten Gründächer noch vor einigen Jahren als Luxus und ausgefallene Idee von Bauherren, bekommt diese Art des Daches immer mehr an ökologischer Bedeutung. Durch die fortschreitende Bebauung der Landschaft werden die natürlichen Lebensräume immer geringer. Das Klima in der Stadt ist im Gegensatz zum Klima auf dem Land dadurch gekennzeichnet, dass es in den Städten, gerade im Sommer, wesentlich wärmer ist als auf dem Land, da die Sonnenenergie nur durch Grünflächen aufgenommen und positiv umgesetzt werden kann. Daraus ergibt sich die Notwendigkeit von Gründächern gerade für den Städtebau. Ein Gründach kann als Flachdach, flach geneigtes oder geneigtes Dach ausgebildet werden.

Unterschieden werden extensiv und intensive Dachbepflanzungen (vgl. Kapitel 24.10).

Dachbegrünungen und -bepflanzungen erfordern besonders hochwertige Abdichtungen. Alle Anschlussbereiche sind zur besseren Entwässerung und Wartung von Begrünung freizuhalten und durch groben Kies oder Plattenbelag zu ersetzen.

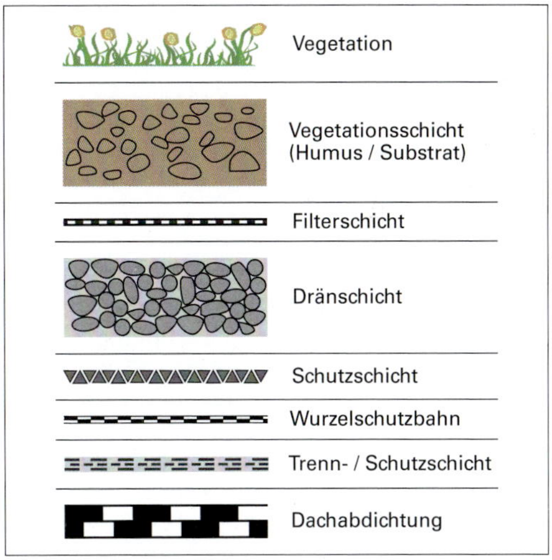

Abb. 13.42: Standardaufbau eines begrünten Daches

Extensive Begrünungen (bis etwa 15 cm Wuchshöhe) verlangen nur relativ dünnen Schichtenaufbau und gelten als Alternative zur Bekiesung.

Intensive Begrünungen für Pflanzen mit dickerem Bodenaufbau erfordern ständige Pflege und besondere Nachweise bei der Planung.

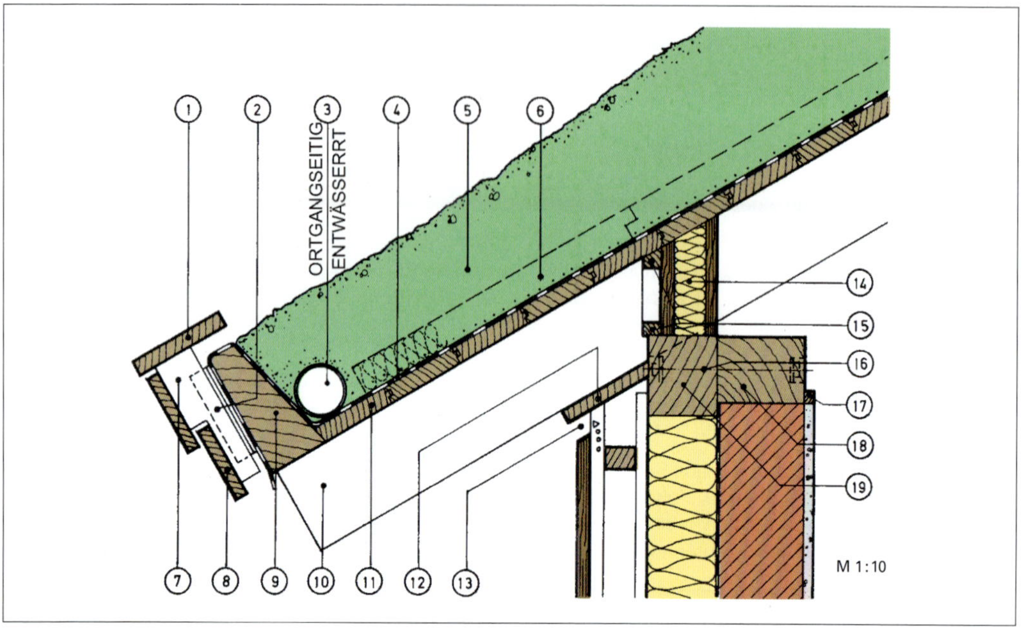

Abb. 13.43: Geneigtes Gründach: Traufdetail
Die darunter befindliche Gebäudewand ist eine zweischalige Konstruktion mit Außendämmung und hinterlüfteter Wetterschale aus Holzbrettern. 1 Traufdeckbrett, 2 Eckverbinder, 3 Dränrohr über giebelseitigen Wasserspeier entwässert, 4 vorkonfektionierte Dichtungsbahn mit Wurzelschutz, 5 Erdsubstrat, 6 ggfs. zusätzliche Wärmedämmung nach dem Prinzip des Umkehrdaches, 7 Zahnbrett, 8 Traufschalung, 9 Randbohle, 10 Sparren, 11 NF-Schalung, 12 Deckbrett für Hinterlüftung, 13 Luftspalt, 14 Füllpaneel mit Dämmung, 15 Deckleiste, 16 Verbindungsbolzen für Kantholzkonstruktion, 17 Putzabschlussleiste, 18 und 19 Kantholzrähme für Sparrenauflager bzw. oberer Wandabschluss

Intensivbegrünung

Bei der Intensivbegrünung können fast alle Pflanzen verwendet werden, die auch in „normalen" Gärten vorkommen. Auf diesen Gründächern können, Gräser, Rasen, Stauden und auch kleine Bäume wachsen. Außerdem können Sitzplätze und Wasserflächen eingebaut werden. Des Weiteren ist es möglich, das Dach als Gemüsegarten zu nutzen. Hierbei ist allerdings darauf zu achten, dass die Aufbaudicke zwischen 25 cm und 100 cm beträgt, um die Standsicherheit von Pflanzen zu gewährleisten. Ist nur eine Rasenfläche vorgesehen, kann der Aufbau auch nur 15 cm bis 20 cm betragen. Voraussetzung für eine Intensivbegrünung ist die Berücksichtigung bei der statischen Berechnung. Nur wenn die Dachkonstruktion auf die zusätzlichen Lasten ausgerichtet ist, kann eine solche Dachbegrünung aufgebaut werden.

Bei Neubauten werden diese Mehrbelastung schon von vornherein mit einberechnet. Damit sind die daraus entstehenden Mehrkosten der Konstruktion eher gering. Die meisten vorhandenen Bauten haben diese Vorraussetzung nicht und müssten daher mit einem extremen Aufwand und den damit verbundenen Kosten „umgerüstet" werden. Grundsätzlich gilt die Intensivbegrünung nur auf geringer Neigung (bis 10°) angelegt werden dürfen, da bei höherer Neigung und den oben genannten Aufbaudicken eine Erosionsgefahr besteht.

Die Intensivbegrünung stellt die hochwertigste Form der Dachbegrünung dar, ist aber zugleich die kosten- und zeitintensivste Form.

Eine einfache Intensivbegrünung ist daher eine gute Alternative. Bei dieser Form wird auf höhere Sträucher bzw. Bäume verzichtet. Die daraus entstehende Aufbauhöhe liegt bei 15 cm bis 25 cm Dicke und ergibt eine Nutzlast von 0,18 kN/m^2 bis 0,30 kN/m^2. Das typische Beispiel für eine solche Begrünung ist das Grasdach. Dieses Dach braucht meist nur einmal im Jahr gemäht werden und muss nur bei längeren Trockenperioden zusätzlich bewässert werden. Diese Gründächer können auf Dächern mit einer Neigung von 20° bis 25° vorgesehen werden.

Extensivbegrünung

Extensivdächer haben im Gegensatz zu Intensivdächern eine geringere Schichtdicke (5 cm bis 15 cm) und eine Nutzlast von 0,6 kN/m² bis 2,4 kN/m². Der Unterschied liegt vor allem in der Nutzung und der Pflege. Während Intensivbegrünung eine ständige Pflege bedürfen, ist bei einer Extensivbegrünung eher darauf zu achten, Pflanzen zu verwenden die keinerlei Pflege bedürfen. Die Extensivbegrünung kann nur dann erfolgreich sein, wenn die Auswahl der Pflanzen auf den Standort abgestimmt sind.

Grundsätzlich kann eine Vielzahl von Pflanzen verwendet werden, um eine Monokultur zu vermeiden. Dabei sind Extensivbegrünungen als Alternative zu Bekiesungen zu verstehen, die nicht die Vorstellung eines schönen Gartens erfüllen sollen.

Abb. 13.44: Extensivbegrünung aus heimischen Pflanzenarten, vorwiegend Sedum-Arten, Färberkamille und Gräser

Abb. 13.45: Extensiv-Schrägdach mit großer Artenfülle

13.8 Traufe, Ortgang, First

Traufe und Ortgang können sowohl ohne als auch mit Überstand ausgebildet werden. Dachüberstände (Dachvorsprünge) haben sich in vieler Hinsicht als zweckmäßig erwiesen.

Die Dachüberstände schützen das Gebäude vor Regen, Schnee und Hagelschlag. Im Sommer schützen sie vor starker Sonneneinstrahlung.

Nicht zuletzt prägen die Dachüberstände auch den Gesamteindruck eines Hauses. Die Art des Dachvorsprungs lässt auch oft auf die Dachkonstruktion erkennen.

Durch Traufe und Ortgang erhalten Gebäude ihren Stil und ihren besonderen Charakter.

Die Ausbildung der Dachüberstände ist regional verschieden. In Regionen mit viel Regen oder viel Schneefall sind die Dachüberstände größer ausgebildet als in klimatisch milderen Regionen.

Die **Traufe** ist der horizontale untere und äußere Abschluss von Dachflächen.

Vor allem bei steileren Dächern oder bei mehrgeschossigen Gebäuden kann der Dachüberstand sehr knapp gehalten werden. Hier wird häufig ein massives (gemauertes oder betoniertes) Gesims ausgebildet.

Flachere Dächer und Dächer von ein- oder zweigeschossigen Häusern erhalten in der Regel einen Dachüberstand durch auskragende Sparren. Die Sparren können im Bereich des Überstandes unten sichtbar oder verschalt sein. Grundsätzlich muss darauf geachtet werden, dass bei ausgebauten Dachgeschossen zwischen der Dämmschicht und der Dachschalung sowie im Bereich der Dachlattung eine gut funktionierende Belüftung vorhanden ist.

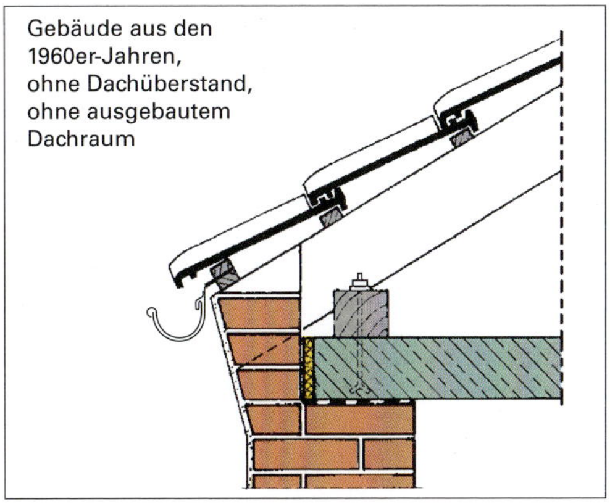

Abb. 13.46: Gemauertes Gesims

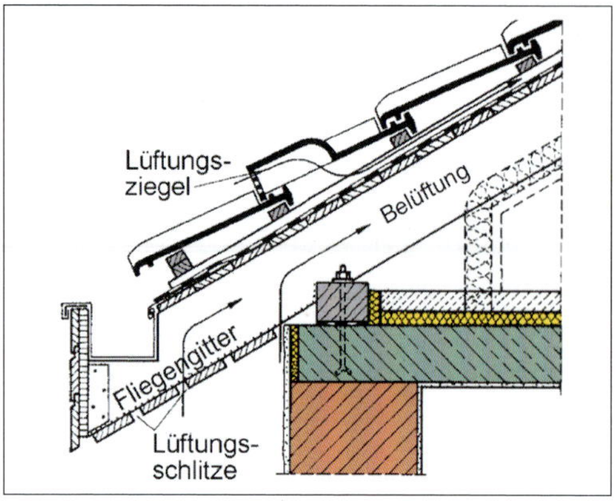

Abb. 13.47: Dachüberstand an der Traufe

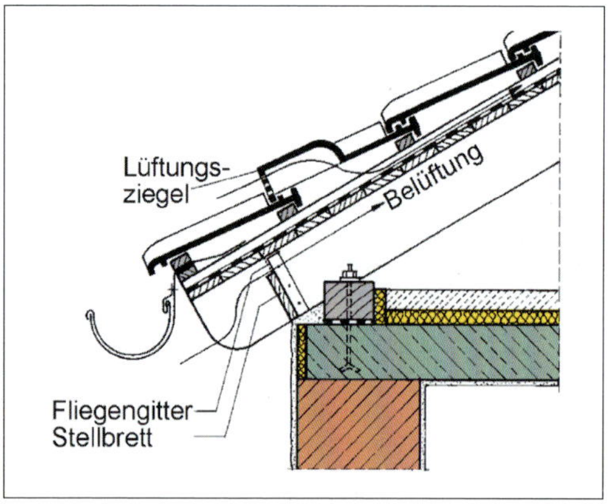

Abb. 13.48: Dachüberstand
an der Traufe mit sichtbaren Sparrenköpfen

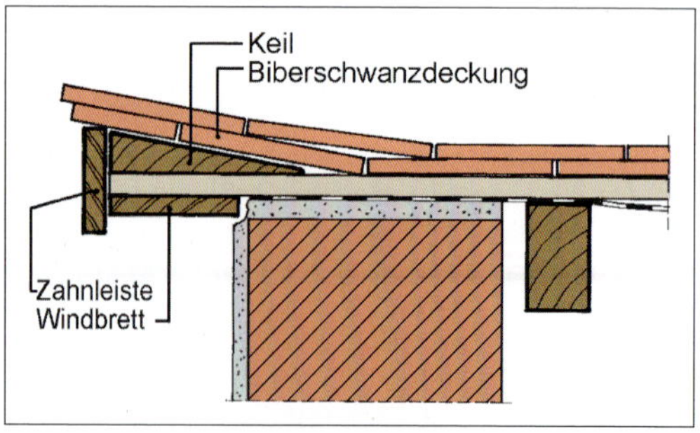

Abb. 13.49: Ortgang mit Zahnleiste

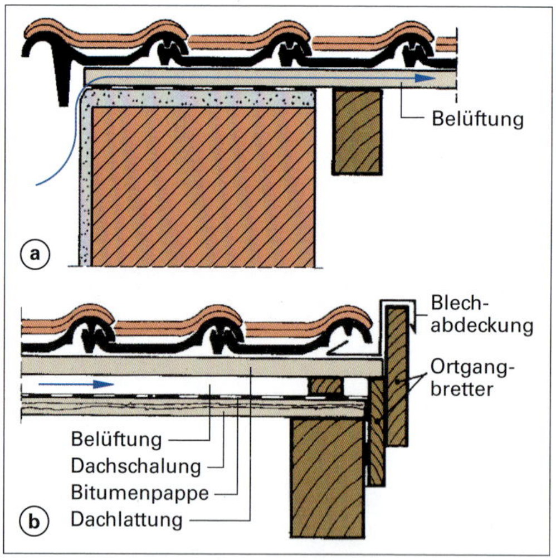

Abb. 13.50: Ausbildung Ortgang ⓐ Ortgang ohne Dachüberstand mit Ortgangziegeln und Querbelüftung ⓑ Ortgang bei Dachüberstand mit Ortgangbrettern

Der **Ortgang** ist der seitlicher Dachabschluss am Giebelmauerwerk.

An den Ortgängen sind Ausbildungen ohne und mit Ortgangüberstände möglich. Hier ist aber nicht nur die Dachform ausschlaggebend, sondern auch die Dachkonstruktion. Zum Beispiel ist bei Sparren- und Kehlbalkendächern ein größerer Ortgangüberstand fast unmöglich.

Pfettendächer ermöglichen einen Ortgangüberstand ohne weiteres durch auskragende Pfetten. Hier kann durch eine Verstärkung der auskragenden Pfetten ein Überstand im Giebelbereich zur Balkonüberdachung erreichen werden.

Für Ortgänge – im Bereich des Dachabschlusses – sind in der Regel drei unterschiedliche Ausführungen möglich (vgl. Abb. 13.50):

- Ortgangziegel oder Ortgangstein
- Ortgangbrett
- Zahnleiste (bei Biberschwanzdeckung)

An den Ortgängen können die letzten Deckreihen in Mörtel auf dem Giebelmauerwerk verlegt und durch Klammern, Haken o. Ä. gegen Sturm gesichert werden. Der Anschluss zum Giebelmauerwerk kann durch den Außenputz gebildet werden. Da dieser Abschluss nicht immer sauber hergestellt wird, ist es ratsam die Zahnleiste und das Windbrett als Übergang vorzusehen.

Zu jedem Dachdeckungsmaterial bieten die Hersteller auch entsprechende Ortgangziegel oder -steine an. Diese Formsteine bilden einen sauberen Abschluss der normalerweise keine Pflege bedarf. Allerdings ist auch die Ausbildung durch Ortgangbretter möglich.

Der **First** ist der horizontale obere Abschluss von Dächern. Er bedarf einer besonderen konstruktiven Gestaltung, da er windexponiert (dem Wind ausgesetzt) ist, als höchste Stelle des Dachs. Er hat die Entlüftung des Daches zu gewährleisten und mit seiner Kontur bestimmt er das Erscheinungsbild des Gebäudes mit. Für Firste von Ziegel- und Dachsteindeckungen gibt es besondere Formziegel (Firstziegel bzw. Firststeine). Sie können trocken (Trockenfirst) oder in Mörtel verlegt werden. Für Trockenfirste gibt es extra Befestigungssysteme. Schiefer-, Schindel-, Reet- und Strohdeckungen erfordern besondere Firstausbildungen.

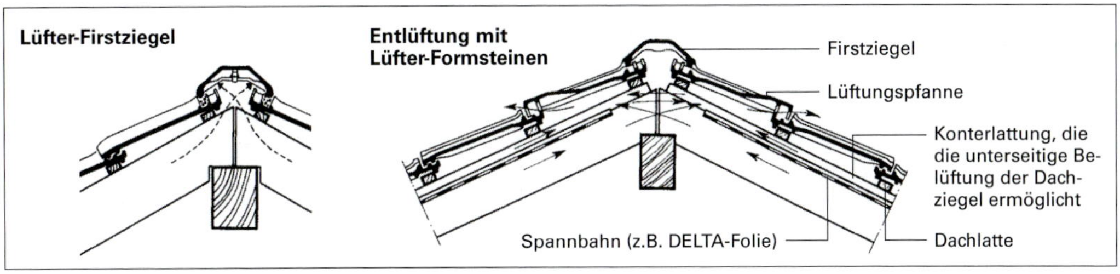

Abb. 13.51: Firstentlüftung

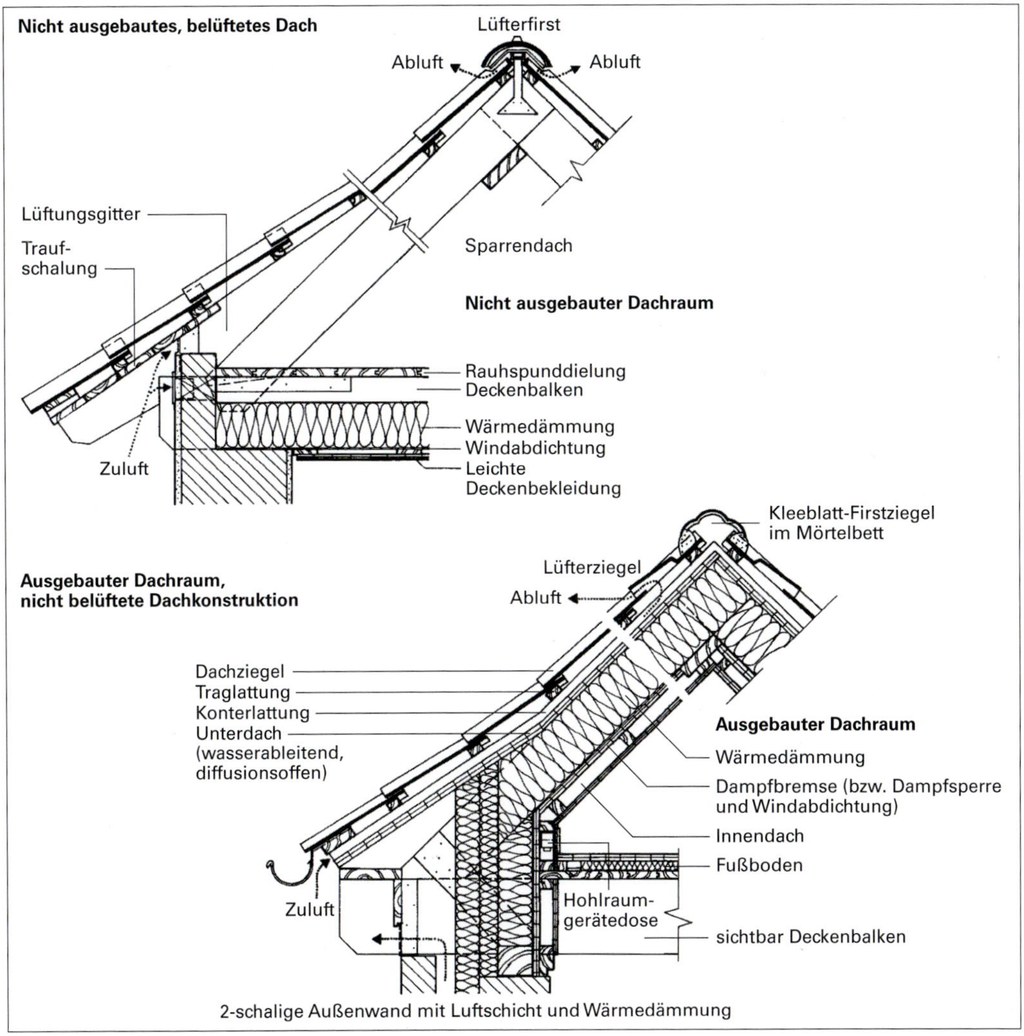

Abb. 13.52: Lüftung eines nichtausgebauten Pfettendachs

13.9 Dachrinnen und Regenfallrohre

Niederschlagswasser, das über die geneigte Dachfläche abfließt, wird gesammelt in Kehlen und Dachrinnen durch Fallrohre in die Regenwasserentwässerung (in Ausnahmen in Zisternen oder Versickerungsanlagen) abgeleitet. Dachrinnen und Regenfallrohre beeinflussen durchaus die Gestaltung der Fassade, was insbesondere an historischen Gebäuden und in touristischen Region deutlich wird. Dabei dürfen Dachrinnen nicht über die Grundstücksgrenze hinwegreichen. Diese Anforderungen führen bei der Planung zu Lösungen, bei denen die Dachrinne verdeckt eingebaut wird (vgl. Abb. 13.54, Standrinne oder aufliegende Rinne). Demgegenüber werden Dachrinnen meist als vorgehängte Rinne am Traufgesims ausgeführt (vgl. Abb. 13.53, Hängerinne).

Berechnung des Regenwasserabflusses

Die Berechnung der Dachentwässerung ist in DIN EN 12056 geregelt. Berechnungsfaktoren für den Regenwasserabfluss sind die Regenspende, die wirksame Dachfläche, ein Sicherheitsbeiwert (SF) bezogen auf die Art der Rinnengestaltung und der Abflussbeiwert (für Dächer generell 1,0).

Der Regenwasserabfluss Q eines Daches berechnet sich damit nach folgender Gleichung:

$$Q = (r/10000) \cdot C \cdot A \cdot SF$$

mit
- Q Regenwasserabfluss in Liter/Sekunde (ℓ/s)
- r Regenspende in ℓ/(s·ha)
- C Abflussbeiwert (Dachflächen C = 1,00)
- A wirksame Dachfläche in m^2
- SF Sicherheitsfaktor

- Die DIN EN 12056-3 listet Situationen der Schutzbedürftigkeit auf und ordnet diesen folgende Sicherheitsfaktoren (SF) zu:
- vorgehängte Dachrinne 1,0
- vorgehängte Dachrinne, überfließendes Wasser 1,5
- innenliegende Rinnen 2,0
- Gefahr von Wassereinbruch bei Verstopfungen bzw. ungewöhnlichem Starkregen 2,0
- innenliegende Rinne, außergewöhnlicher Schutz erforderlich (Museum, Krankenhaus) 3,0

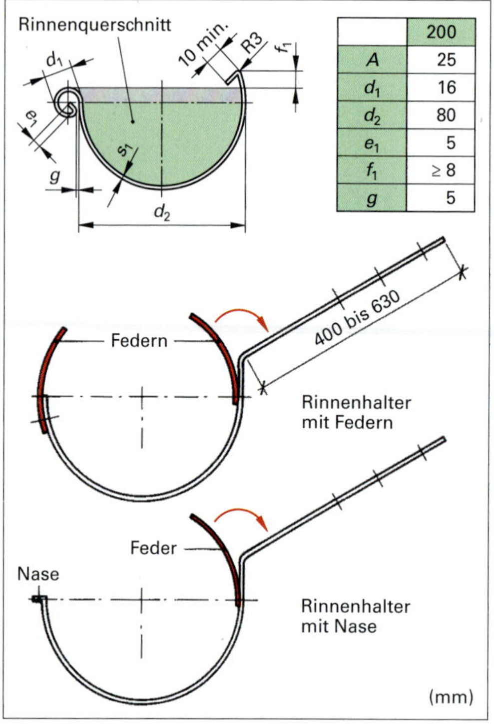

	200
A	25
d_1	16
d_2	80
e_1	5
f_1	≥ 8
g	5

Abb. 13.53: Halbrunde Hängedachrinne

Dachflächen werden über Dachrinnen entwässert, die an der niedrigsten Dachlinie (Traufe) mit Gefälle von etwa 0,5 cm auf 100 cm angeordnet werden. Am häufigsten werden halbrunde Hängedachrinnen verwendet. In der Abbildung 13.53 sind ein Rinnenquerschnitt sowie Zubehörteile für die Befestigung der Rinne dargestellt. Die Wulst dient der Rinnenaussteifung, sie wird bei Rinnenhaltern mit Nase über diese Vorsprünge gekantet. Die etwa 15 mm breiten Federn werden zur Befestigung der Rinne über den Falz und eventuell die Wulst gebogen. Allerdings muss eine Dehnmöglichkeit der Rinne gewahrt bleiben. Der zur Wandseite hin liegende Falz dient ebenfalls der Rinnenaussteifung, jedoch auch dem Einhängen von Traufblechen.

Kastenrinnen werden häufig auf einem Gesims oder Dachüberstand liegend angeordnet.

Regenfallrohre führen das Wasser aus der Rinne ab. Sie haben untereinander einen Abstand von 10,0 m bis 12,0 m. Runde Regenfallrohre werden am häufigsten verwendet. Sie sind in 2,0 m Längen im Handel erhältlich. Die Fallrohre werden durch Rohrschellen vorwiegend senkrecht an den Wänden befestigt. Um die Entfernung zwischen Rinne und Wand zu überbrücken, können Bögen (60° und 45°) eingebaut werden (vgl. Abb. 13.55 und Abb. 13.56).

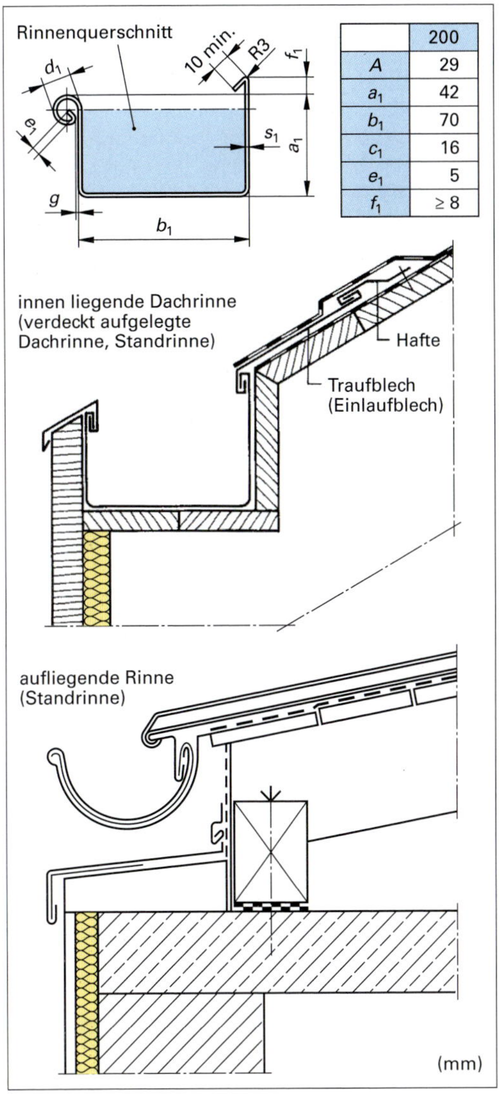

Abb. 13.54: Sonderformen für Dachrinnen

Die Berechnung zur Bestimmung des Rinnenquerschnittes erfolgt in Tabellen, die die Länge der Dachrinne, die örtliche Regenspende und die Dachgrundfläche berücksichtigen. Die Tabellen sind den „Regeln für die Dachdeckung" herausgegeben von Deutschen Dachdeckerhandwerk oder auszugsweise in Tabellenbüchern veröffentlicht. Die Tabelle 13.57 zeigt eine grobe Näherung für einen optimalen Wasserabfluss.

Die Werkstoffanforderungen für Dachrinnen und Fallrohre aus Metallblech sind in DIN 612 festgelegt, z. B. für Titanzink, Aluminium oder Aluminiumlegierungen, Kupferblech, veredeltes Stahlblech mit oder ohne Beschichtung sowie nichtrostendes Stahlblech.

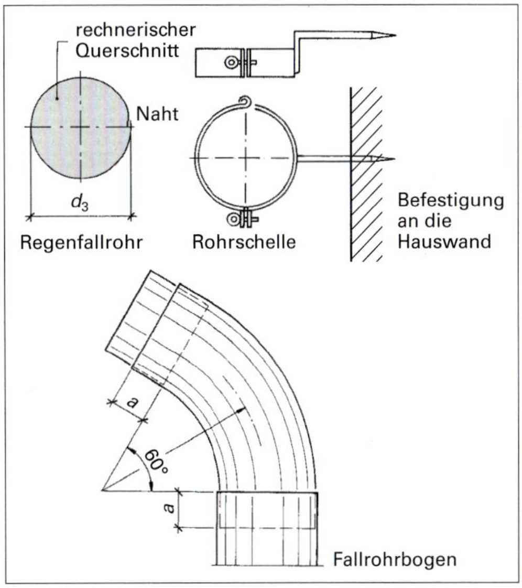

Abb. 13.55: Rundes Regenfallrohr

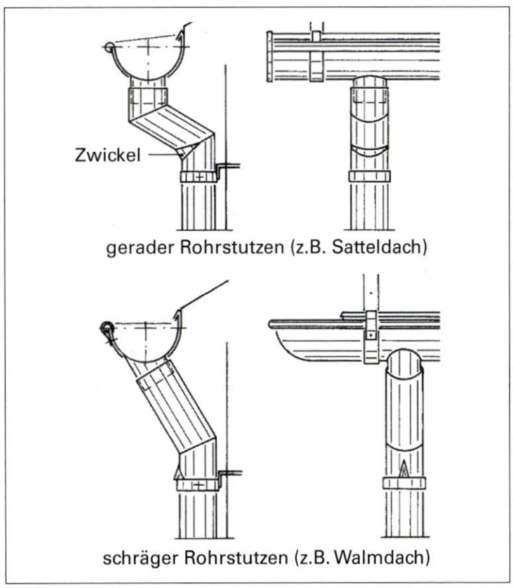

Abb. 13.56: Fallrohranschlüsse

Tabelle 13.57: Auswahl der Dachrinnengröße

Grundfläche des Daches	Nenngröße	d_2	Fallrohr-∅
bis 25 m²	200 mm	80 mm	60 mm
bis 50 m²	250 mm	105 mm	80 mm
bis 100 m²	280 mm	127 mm	100 mm
bis 150 m²	333 mm	153 mm	120 mm

Aufgaben zum LF 13 A Konstruieren eines Dachaufbaues

1. Erfragen Sie bei der örtlichen Baugenehmigungsbehörde die Vorgaben für Dachgauben in einen ausgesuchten Wohnviertel.

2. Welche Vorteile haben Dachgauben gegenüber Dachflächenfenstern?

3. Nennen Sie verschiedene Öffnungsarten bei Dachflächenfenstern und skizzieren Sie diese schematisch auf.

4. In einen Satteldach mit der Dachneigung von 40° soll nachträglich ein Dachflächenfenster eingebaut werden. Die Sparren haben einen lichten Abstand von 70 cm, die Glasfläche des DFF soll mindestens 1,00 m² betragen. Ermitteln Sie geeignete, handelsübliche Ausführungen und skizzieren Sie die Einbauabmessungen.

5. Welcher bauphysikalischer Unterschied besteht bei Flachdächern zwischen einem Kaltdach und einem Warmdach.

6. Benennen Sie die einzelnen Schichten und deren Aufgaben eines belüfteten Flachdaches und ermitteln Sie handelsübliche Bauprodukte.

7. Benennen Sie die einzelnen Schichten und deren Aufgaben eines nicht belüfteten Flachdaches und ermitteln Sie handelsübliche Bauprodukte.

8. Welche Dachdeckungsmaterialen eignen sich besonders gut für ein Einfamiliendoppelhaus mit Pfettendach bei einer Dachneigung von 40°.

9. Welcher rechnerische Zusammenhang besteht zwischen der Ziegeldeckung und der Sparrenlänge?

10. Die Dachdecke eines Einfamilienhauses (Stahlbeton d = 18 cm) mit umlaufender Betonattika (h = 45 cm oberhalb der Rohdecke) erhält ein Flachdachaufbau als Warmdach mit Wärmedämmung als Gefälldachsystem, Bitumen- und Folienabdichtung sowie 5 cm Kiesschüttung.
    a) Berechnen Sie die Mindestdicke der Wärmedämmschicht.
    b) Konstruieren Sie den Detailpunkt Anschluss Stahlbetondecke/Attika. Hinsichtlich der evtl. Wärmebrücke recherchieren Sie mögliche Ausführungskonstruktionen im Internet. Wählen Sie mindestens zwei Ausführungsbeispiele und beschreiben Sie Vor- und Nachteile der Konstruktion.
    Berechnen Sie aufgrund der gewählten Konstruktion des Warmdaches, einer Einbautemperatur der Dachdecke von 19 °C und der Klimadaten (Sommer 80 °C, Winter –15 °C) die Längenänderungen.
    c) Welche Auswirkungen hat die in b) berechnete Längenänderung für das Auflager Mauerwerk/ Stahlbetondecke sowie für die vorgehängte Wandschale?

11. Zeichnen Sie für ein belüftetes Pfettendach First- und Traufpunkt im Maßstab M 1:10 – cm. Planungshinweise: Sparren 8/18 cm, Dachneigung 30°, Traufüberstand ca. 60 cm.

12. Was besagt die Regeldachneigung?

13. Der Wärmewiderstand für das dargestellte Dachgeschoss ist an der ungünstigsten Stelle und im Mittel zu berechnen und mit dem Mindestanforderungen zu vergleichen. Da der Referenzwert $U \leq 0{,}20\ \mathrm{W/(m^2 \cdot K)}$ nicht erreicht wird soll die Dämmung auf Sparrenhöhe vergrößert werden.
    a) Wird der Referenzwert damit erreicht?
    b) Was bedeutet diese Konstruktionsänderung für den Dachaufbau?
    c) Wählen Sie eine alternative, belüftete Dachkonstruktion.

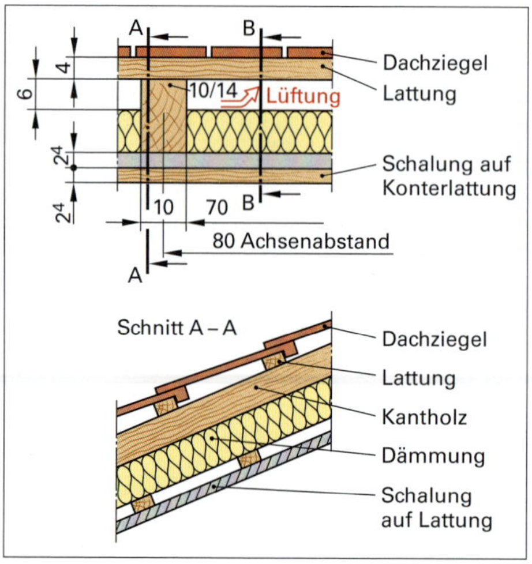

14. Unterscheiden Sie Dachziegel und Dachsteine nach Herstellung, Form und Eindeckung.

15. Benennen Sie Materialien für eine Dachhaut (Abdichtung) eines Fachdaches.

16. Beschreiben Sie die Aufgaben von Dachüberständen.

LF 14 A 14 Ausbau eines Geschosses

Im LF 14 A werden die nach Fertigstellung des Rohbaus geplanten Ausbauarbeiten erläutert. Dazu werden die notwendigen Maßnahmen des Schall- und Brandschutzes bei der jeweiligen Ausbaukonstruktion angesprochen.

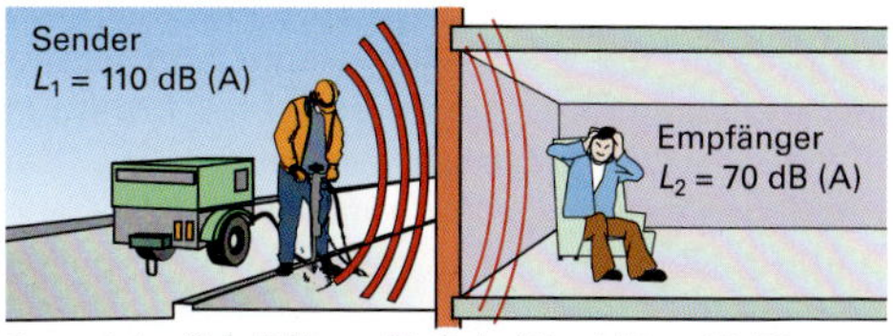

Bewertetes Schalldämm-Maß der Wand $R'_W \approx 40$ dB. Je größer R'_W, desto besser.

Abb. 14.1: Luftschalldämmung

14.1 Allgemeine Grundsätze zum Ausbau eines Geschosses

Als Beispiel eines typischen Geschossausbaues gilt folgende Konstruktionsaufgabe:

Für ein Dachgeschoss eines Einfamilienhauses soll abweichend von der Vorentwurfsplanung eine Holzbalkendecke gebaut werden. Die Holzbalken sollen sichtbar bleiben und somit ein raumgestaltendes Element für das Obergeschoss werden. Der Ausbau des Geschosses erfolgt teilweise im Trockenbauverfahren.

14.1.1 Schallschutz

Unter Schallschutz werden nach DIN 4109 Maßnahmen gegen die Schallentstehung und gegen die Schallübertragung (Sekundärmaßnahmen) ausgewiesen. Bei den Sekundärmaßnahmen wird in Schalldämmung und Schallabsorption unterschieden. Unter Schalldämmung wird der Widerstand von Bauteilen (im Geschoss u. a. die Trennwände, die Geschossdecken, die Innentüren) gegen den Durchgang von Schallenergie bezeichnet. Nach der Art der Schallausbreitung wird die Luftschalldämmung und die Körperschalldämmung (Trittschalldämmung) unterschieden.

Luftschalldämmung

Um einen ausreichenden Luftschallschutz zu gewährleisten sind in der DIN 4109 je nach Raum und räumlicher Anordnung Mindestwerte vorgeschrieben. Darüber hinaus wird der erhöhte Schallschutz z. B. in der DIN SPEC 91314 und in den VDI-Richtlinien ausgewiesen.

Zur Beurteilung wird das bewertete Schalldämmmaß R'_w bzw. $R'_{w,res}$ verwendet. Die Einheit ist dB (Dezibel).

Je höher der Wert R'_w desto besser ist die Schalldämmung.

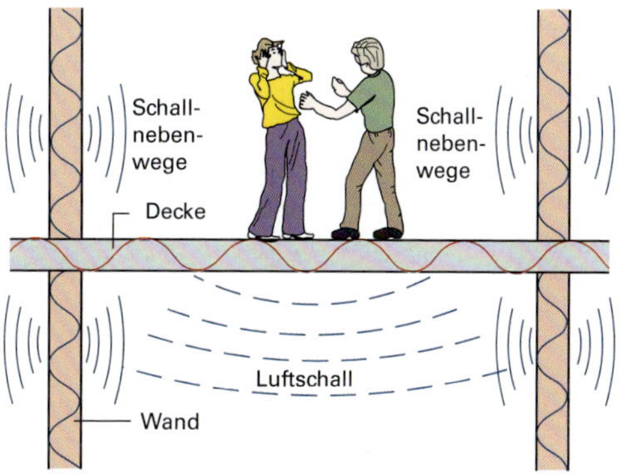

Abb. 14.2: Entstehung von Trittschall

Tabelle 14.3: Anforderungen nach DIN 4109

Schutzbedürftige Aufenthaltsräume (Auszug, Angaben nach VDI in Klammern)	R'_w [dB]	$L'_{n,w}$ [dB]
Wohnungstrenndecken	54 (59)	≤ 50
Trenndecken zwischen fremden Arbeitsräumen	54	≤ 53 (≤ 44)
Türen in Aufenthaltsräumen	37	---
Treppenläufe	---	≤ 53 (≤ 42)
Wohnungstrennwände	53	---

Trittschalldämmung

Zur Beurteilung des Trittschalls wird der bewertete Normtrittschallpegel $L'_{n,w}$ verwendet. Die in der Norm ausgewiesenen Werte sind Höchstwerte. Die Einheit ist dB.

Darüber hinaus kann der Trittschallschutz einer Geschossdecke durch die Konstruktion des Fußbodenaufbaues (schwimmender Estrich, federnde Bodenbelege) verbessert werden. Dazu wurde das Trittschallverbesserungsmaß ΔL_w eingeführt.

Grundsätzlich beruht der Schallschutz auf Erfahrungswerten, die auch die Planung und Ausführung mitbestimmen. Mithin erfolgt die Ermittlung des bewerteten Luftschalldämmmaß ohne bauakustische Eignungsprüfung mithilfe von in Tabellen und Ausführungsbeispielen zusammengestellter Angaben.

14.1.2 Brandschutz

Im Rahmen der europäischen Harmonisierung der Normen ist für die deutsche Brandschutznorm DIN 4102 mit den bisherigen Klassifizierungssystem und dem europäischen System der EURO-Klassen eine Koexistenzperiode (ist neu zu definieren, vormals geplant bis November 2019) vereinbart worden. In der Übergangszeit konnte wahlweise mit der deutschen oder europäischen Norm gearbeitet werden. Für Innentüren (und Fenster) gilt jedoch weiterhin (noch) das deutsche Normenwerk. Die Tabellen 14.4 bis 14.9 zeigen die brandschutztechnische Zuordnung der Baustoffe und Bauprodukte in der deutschen und europäischen Fassung.

Die Betrachtungen des europäischen Regelwerkes sind umfänglicher. Neben den Baustoffen (Bauprodukten) A1, A2, B, C, D, E und F wird die Entzündbarkeit (Feuerwiderstandskriterien) und die Flammenausbreitung (Rauchentwicklung) klassifiziert.

Der entsprechende Brandschutznachweis im Rahmen der bauordnungsrechtlichen Genehmigungsfähigkeit ist unter Bezug auf die MBO nach landesrechtlichen Vorgaben zu führen. Die Bewertung erfolgt in fünf Gebäudeklassen (GKL) (vgl. Tabelle 14.10). Trennwände können der Gebäudeklasse GKL 1 (ohne besondere Anforderungen) oder der GKL 2 (feuerhemmend, F 30 bzw. EI 30) zugeordnet werden. Für Geschossdecken im obersten Geschoss werden in der GKL 1 und der GKL 2 keine Anforderungen aufgeführt, hinsichtlich eventueller Öffnungen ist aber F 30 bzw. EI 30 vorgeschrieben. Allgemein sind Decken in der GKL 2 feuerhemmend als F 30-B bzw. REI 30 auszuführen.

Zum vorbeugenden (abwehrenden) Brandschutz gehören Brandmelder, Löschvorrichtungen und Rettungswege. Der erste Rettungsweg muss über Treppen und Flure ins Freie führen, der zweite Rettungsweg kann auch über mit Rettungsgeräten erreichbare Stellen erfolgen. Rettungswege von Versammlungsstätten und Beherbergungsstätten

Tabelle 14.4: Baustoffklassen nach DIN 4102

<table>
<tr><th colspan="2">Baustoffklasse</th><th>Bauaufsichtliche Benennung</th><th>Beispiele</th></tr>
<tr><td rowspan="3">nichtbrennbare Stoffe</td><td>A1</td><td>ohne brennbare Bestandteile</td><td>Gips, Kalk, Zement, Steine, Beton, Glas, Stahl, Perlite, Schaumglas, Steinwolle</td></tr>
<tr><td></td><td>mit brennbaren Bestandteilen (< 1 %)</td><td>Kalziumsilikatplatten, Fibersilikatplatten</td></tr>
<tr><td>A2</td><td>mit brennbaren Bestandteilen</td><td>Gipsplatten, faserverstärkte Gipsplatten, Glasfaserdämmstoffe mit Übereinstimmungszeichen</td></tr>
<tr><td rowspan="3">brennbare Stoffe</td><td>B1</td><td>schwer entflammbare Baustoffe</td><td>Gipsplatten mit gelochter Oberfläche, Holzwolleleichtbauplatten, Eichenparkett, zementgebundene Spanplatten</td></tr>
<tr><td>B2</td><td>normal entflammbare Baustoffe</td><td>Holz und Holzwerkstoffe mit $\rho \geq 400$ kg/m^3 und über 2 mm Dicke, Gips-Verbundplatten, PVC</td></tr>
<tr><td>B3</td><td>leicht entflammbare Baustoffe</td><td>Papier, Holzwolle, Holz bis 2 mm Dicke</td></tr>
</table>

Tabelle 14.5: Euroklassen für Bauprodukte nach DIN EN 13501-1 und die Zuordnung zu den Baustoffklassen nach DIN 4102-1

<table>
<tr><th>Hauptklassen</th><th colspan="3">Unterklassen</th><th>Baustoffklasse</th></tr>
<tr><td>A1</td><td colspan="3">A1</td><td>A1</td></tr>
<tr><td rowspan="2">A2</td><td colspan="3">A2-s1, d0</td><td>A2</td></tr>
<tr><td>A2-s2, d0
A2-s3, d0</td><td>A2-s1, d1
A2-s2, d1
A2-s3, d1</td><td>A2-s1, d2
A2-s2, d2
A2-s3, d2</td><td rowspan="3">B1</td></tr>
<tr><td>B</td><td>B-s1, d0
B-s2, d0
B-s3, d0</td><td>B-s1, d1
B-s2, d1
B-s3, d1</td><td>B-s1, d2
B-s2, d2
B-s3, d2</td></tr>
<tr><td>C</td><td>C-s1, d0
C-s2, d0
C-s3, d0</td><td>C-s1, d1
C-s2, d1
C-s3, d1</td><td>C-s1, d2
C-s2, d2
C-s3, d2</td></tr>
<tr><td>D</td><td>D-s1, d0
D-s2, d0
D-s3, d0</td><td>D-s1, d1
D-s2, d1
D-s3, d1</td><td>D-s1, d2
D-s2, d2
D-s3, d2</td><td rowspan="2">B2</td></tr>
<tr><td>E</td><td colspan="3">E-d2</td></tr>
<tr><td>F</td><td colspan="3">Keine Leistung festgestellt</td><td>B3</td></tr>
</table>

müssen besondere Anforderungen erfüllen. Neben der MBO sind die Versammlungsstättenverordnung (MVStättV) bzw. die Beherbergungsstättenverordnung (MBeVO) sowie die jeweilige LBO zu beachten.

Tabelle 14.6: Bedeutung der Unterklassen nach DIN EN 13501-1

Rauchentwicklungsgrad (SMOGRA in m^2/s^2)		
gering = s1	mittel = s2	hoch = s3
Brennendes Abtropfen oder Abfallen		
nicht zutreffend = d0	gering = d1	stark = d2

Tabelle 14.7: Feuerwiderstandsklassen nach DIN 4102

Feuerwiderstandsdauer in Minuten	Feuerwiderstandsklassen für		
	Wände, Decken, Stützen, Unterzüge, Treppen	Nichttragende Außenwände, Brüstungen, Schürzen	Feuerschutzabschlüsse (Türen, Tore, Klappen, Rollläden)
≥ 30 ≥ 60	F 30 F 60	W 30 W 60	T 30 T 60
≥ 90 ≥ 120	F 90 F 120	W 90 W 120	T 90 T 120
≥ 180	F 180	W 180	T 180

Tabelle 14.8: Beispiele für Feuerwiderstandsklassen mit Angabe der Brennbarkeit der Bauteile

Kurzbezeichnung	Benennung
F 90-A	Feuerwiderstandsklasse F 90 aus nichtbrennbaren Baustoffen
F 30-B	Feuerwiderstandsklasse F 30 aus brennbaren Baustoffen
W 60-AB	Feuerwiderstandsklasse W 60 in den wesentlichen Teilen aus nichtbrennbaren Baustoffen
F 90-AB	Feuerwiderstandsklasse F 90 in den wesentlichen Teilen aus nichtbrennbaren Baustoffen

Beispiel

B-s1, d0 bedeutet schwer entflammbar, Rauchentwicklung gering, ohne brennendes Abtropfen entspricht B1 der DIN 4102
EI 90-M bedeutet 90 Minuten Feuerwiderstand für eine nichttragende Trockenbauwand

Tabelle 14.9: Feuerwiderstandskriterien nach europäischer Normung

Kurzzeichen	Kriterien
R	Erhalt der Tragfähigkeit und Standsicherheit
E	Erhalt des Raumabschlusses
I	Wärmedämmung bzw. Temperaturerhöhung
W	Begrenzung des Wärmestrahlungsdurchtritts
M	Erhöhte mechanische Festigkeit bei Stoßbeanspruchung von Wänden

Tabelle 14.10: Gebäudeklassen

GKL1	freistehendes Gebäude, ≤ 7 m Höhe, ≤ 2 Nutzungseinheiten, ≤ 400 m^2, oder freistehende landwirtschaftlich oder forstwirtschaftliche Gebäude
GKL2	Gebäude mit direktem Nachbargebäude (Reihenhaus), ≤ 7 m Höhe, ≤ 2 Nutzungseinheiten, ≤ 400 m^2
GKL3	sonstige Gebäude bis 7 m Höhe
GKL4	Gebäude bis 13 m Höhe, mehrere Nutzungseinheiten mit bis zu 400 m^2
GKL5	sonstige Gebäude, einschließlich unterirdische Gebäude

14.2 Nichttragende Innenwände

Nichttragende Innenwände sind Raumtrennwände, die keine statische Funktion zu erfüllen haben. Sie können entfernt werden ohne dass die Standsicherheit der Baukonstruktion beeinträchtigt wird. Grundlage für die Planung und die Ausführung nicht tragender Innenwände sind die DIN 4103-1 (Nichttragende innere Trennwände – Anforderungen und Ausführung) und zahlreiche Fachveröffentlichungen der Bauproduktenhersteller sowie gutachterliche Stellungnahmen.

14.2.1 Einschalige nichttragende Trennwände

Einschalige nichttragende Trennwände können in Wanddicken von 5 cm bis 24 cm aus verschiedenen Bauprodukten -teilweise im Verband- hergestellt werden.

Als Bauprodukte kommen in Frage:

- Ziegel (DIN 105-100)
- Kalksandstein (DIN 106-100 -zurückgezogen, ersetzt durch DIN SPEC 20000-404)
- Porenbeton (DIN 4165, DIN V 4165, DIN EN 7714)

- Hohlwandbauplatten (DIN 18148) und Wandbauplatten (DIN 18162) aus Leichtbeton
- Wandbauplatten aus Gips (DIN 863)
- Glasbausteinwände (DIN 4242)

Beim Ausbau von Geschossen sind Raumbegrenzungsflächen nötig, die zur Gewährleistung eines angenehmen Raumklimas vorübergehend Feuchtigkeit aufnehmen können.

Nach DIN 4103 sind leichte Trennwände als nichttragende Wände bis 150 kg/m² Flächenmasse begrenzt. Sie haben vorwiegend raumbildende (also keine statischen oder aussteifende) Aufgaben und erreichen ihre Standfestigkeit erst durch den Anschluss an die angrenzenden Wände und Decken oder durch konstruktive Ersatzmaßnahmen. Für Belastungen aus der Raumnutzung gelten Mindestanforderungen (z. B. für die Aufnahme von Konsollasten oder stoßartigen Belastungen durch Menschengedränge).

Systeme

Leichte Trennwände können fest eingebaut oder versetzbar ausgebildet sein sowie ein- oder mehrschalig ausgeführt werden. Zusätzliche Anforderungen hinsichtlich Brand-, Wärme-, Feuchtigkeits- und Schallschutz werden durch entsprechende konstruktive Gestaltung gelöst.

Fest eingebaute Trennwände

Fest eingebaute Trennwände bestehen aus Mauerwerk in Dicken von 5 cm bis 11,5 cm. Besonders eignen sich Porenbeton-Plansteine und Porenbeton-Planbauplatten. Geeignet sind auch zweischalige Leichtwände aus Holzwolle-Leichtbauplatten mit Mineralwollekern. Risssicherheit ist nur durch Rücksichtnahme auf die Formänderungen der angrenzenden Decken und Wände oder durch ausreichende Wanddicken erreichbar. Das Merkblatt „Grenzabmessungen" der Deutschen Gesellschaft für Mauerwerksbau enthält dazu nähere Angaben. Im Wohnungsbau genügt wegen der geringen Deckenspannweiten meist der starre Wand- und Deckenanschluss durch Mörtelfugen (vgl. Abb. 14.12). Größere Spannweiten erfordern gleitende Anschlüsse. Die gemauerten Leichtwände bieten ausreichenden Brand-, jedoch geringen Wärme- und Schallschutz.

Die Belastung der Decken durch unbelastete Trennwände wird vereinfacht durch einen Zuschlag zur Nutzlast berücksichtigt (vgl. Tabelle 14. 11).

Das Wandgewicht darf dabei 5 kN/m nicht überschreiten. Bei Nutzlasten $q > 5$ kN/m² kann der Trennwandzuschlag entfallen. Diese Nutzlasten werden in der Statik berücksichtigt.

Tabelle 14.11: Trennwandzuschläge

Wandgewicht mit Putz und Bekleidung	≤ 3 kN/m	0,8 kN/m²
	> 3 kN/m	1,2 kN/m²

Starrer Anschluss (Fußpunkt)

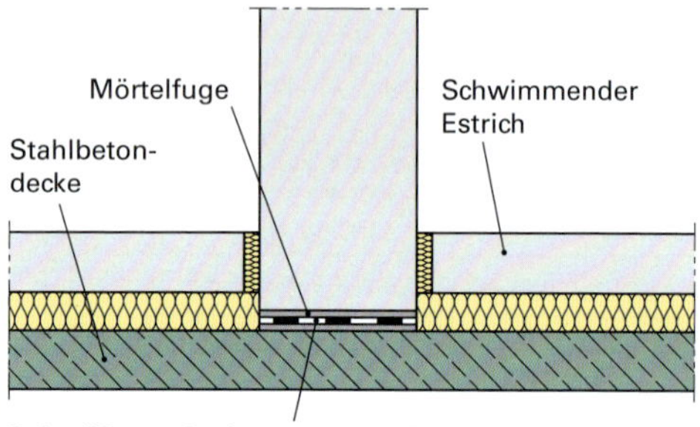

Bei größeren Deckenspannweiten wird eine Folie eingelegt, um bei Durchbiegung der Decke Abriss der unteren Steinlagen zu verhindern.

Gleitender Anschluss (Wandpunkt)

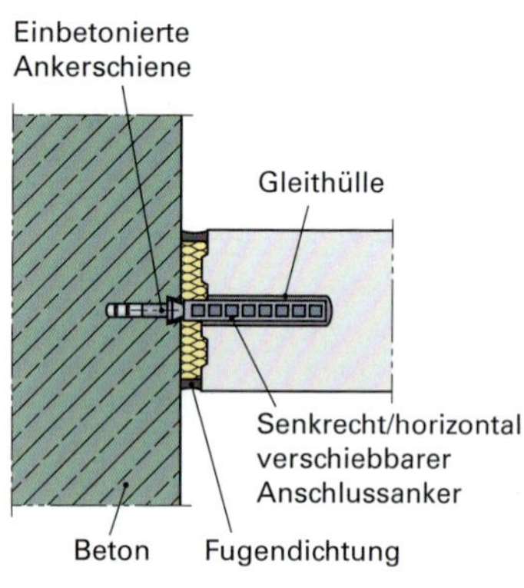

Dämmschicht
Bei Anforderungen an den Brandschutz: Baustoffklasse A, Schmelzpunkt > 1000 °C, Rohdichte ≥ 30 kg/m³

Abb. 14.12: Gemauerte Leichtbauwände

14.2.2 Mehrschalige leichte Montagewände

Mehrschalige leichte Montagewände bzw. leichte Trennwände in Ständerbauart bestehen aus Holzstützen, vermehrt jedoch aus Metallprofilständern in Aluminium oder korrosionsgeschütztem Blech (vgl. Abb. 14.13 und Abb. 14.14). Die beidseitige Beplankung wird aus Profilholzbrettern, Gipskarton oder Holzwerkstoffplatten hergestellt. Die Schalldämmung kann trotz geringer Flächenmasse hervorragende Werte erreichen. Sie beruht auf dem Prinzip der „biegeweichen Schalen", die ein Schwingungssystem (Federmassesystem) bilden. Dazu eignen sich biegeweiche Platten mit Grenzfrequenzen oberhalb von 2000 Hz, z. B. Gipskartonplatten bis 18 mm Dicke, auch in mehreren Lagen; Holzwerkstoffplatten bis 16 mm Dicke, Stahlbleche bis 2 mm und Glasplatten bis 6 mm Dicke.

Konstruktionsgrundsätze

Schalltechnisch günstige Konstruktionen leichter Trennwände in Ständerbauart haben

- großen Schalenabstand (Luftschichtdicke),
- biegeweiche Schalen mit großer Flächenmasse (nur doppelte Beplankung bleibt weitgehend biegeweich, gleich dicke einfache Beplankung verschlechtert den Schallschutz erheblich),
- schallschluckende Zwischenlagen z. B. aus Mineralwolleplatten in > 2-facher Dicke des Zwischenraums. Sie verbessern den Schallschutz um 10 dB bis 15 dB,
- zweischalige Doppelwände mit zwei völlig getrennten Ständerreihen.

Schallbrücken

Schallbrücken über flankierenden Bauteilen (angrenzende Wände und Decken) wirken sich um so störender aus, je besser die Trennwand den Schall abhält. Senkrechte Trennfugen in der Beplankung der flankierenden Wand unterbrechen die Schallausbreitung am Wandstoß ebenso wie Mineralwollefüllung und/oder völlige Abschottung sowie zweilagige Beplankung der flankierenden Wand (vgl. Abb. 14.15). Grundsätzlich ist auch im Bereich von Deckenbekleidungen bzw. abgehängten Decken sinngemäß zu verfahren. Durchgehend verlegter schwimmender Estrich leitet vor allem den Trittschall in die Nachbarräume, viel stärker als Verbundestrich mit Textilbelag. Böden aus schwimmend verlegten Spanplatten müssen vor der Trennwand enden.

Zudem verschlechtern Risse, Löcher, fehlende und fehlerhafte Fugenvermörtelung sowie teilweise fehlende Trennstreifen die Schalldämmung.

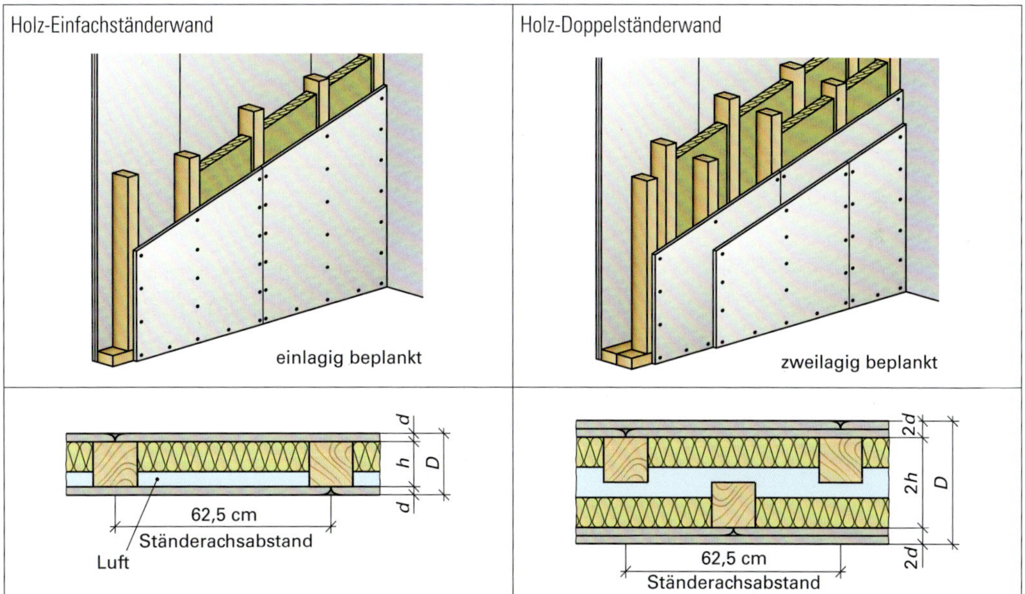

	Holz-Einfachständerwand		Holz-Doppelständerwand	
Holzständer *b*/*h* in mm Wandhöhe (DIN 4103-4)	60 × 60 3,10 m	60 × 80 4,10 m	(2 ×) 60 × 60 3,10 m	60 × 80 4,10 m
Beplankung (GKF) *d*	12,5 mm		2 × 12,5 mm	
R_W, R [db]	37	39	59	
k-Wert [W/(m²·K)]	0,71	0,54	0,44	
Dämmschicht	40 mm	60 mm	2 × 40 mm	

Abb. 14.13: Holzständerwände

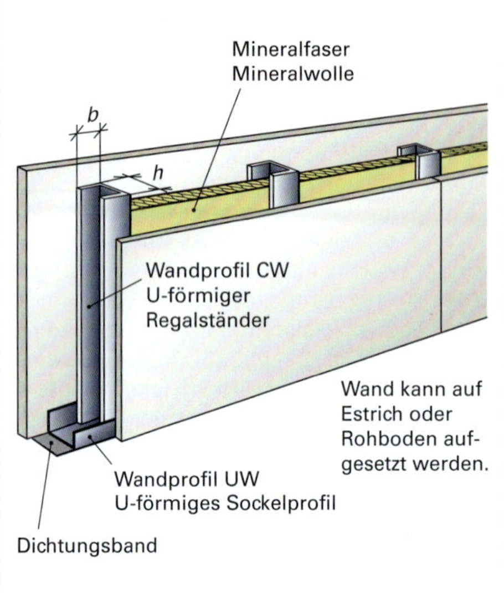

Profilarten (DIN 18 182-1) (Maße in mm)

Regelprofil	Kurzzeichen	Steghöhe	Flanschbreite
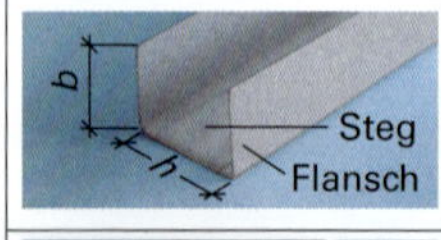	UW 50 UW 75 UW 100 UW 125	50 75 100 125	40
	CW 50 CW 75 CW 100 CW 125	48,8 73,8 98,8 123,8	50
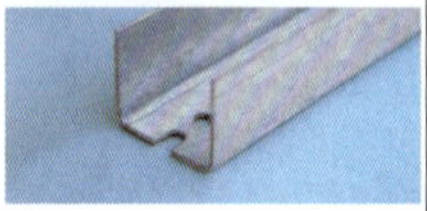	UA 50 UA 75 UA 100 UA 125	48,8 73,8 98,8 123,8	40
	LWi 60	60	60

Abb. 14.14: Trennwand mit Metallprofilständer

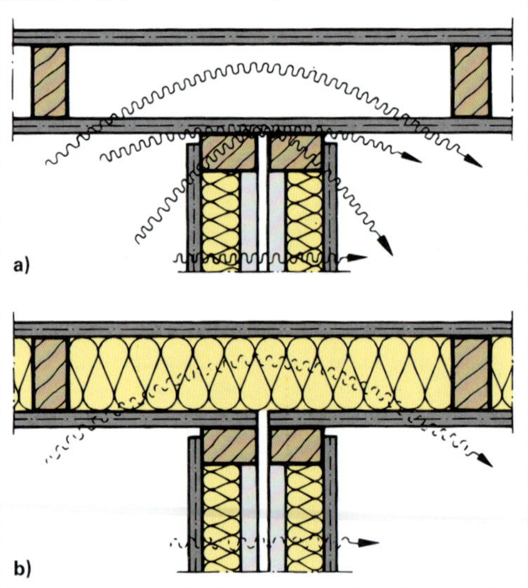

Abb. 14.15: Trennwände
a) Schallbrücke und b) Verbesserungsmöglichkeit

Beispiel einer Dämmstoffbezeichnung

DIN 18165 – MWP – T20 – 035 – A2 – 25/20

MW	Mineralfaser, Mineralwolle
P	Plattenform
T	trittschallgeeignet
20	dynamische Steifigkeit 20 MN/m³
035	Wärmeleitfähigkeitsgruppe
A2	Brandverhalten, nicht brennbar
25/20	Dicke in mm im unbelasteten Zustand bzw. belasteten Einbauzustand

Leichte Trennwände haben < 150 kg/m² Flächenmasse, sind kosten- und platzsparend. Die Schalldämmung der beidseitig beplankten Wände in Ständerbauart ist viel wirksamer als die der gemauerten. Sie beruht auf dem Prinzip der biegeweichen Schalen. Schalldämpfend und wärmedämmend zugleich wirken Mineralwolleplatten mit Schalenzwischenraum, Schutz gegen Brandgefahr bieten Gipskartonbeplankungen.

14.2.3 Trennwände mit Unterkonstruktionen in Holzbauart

Die Unterkonstruktionen in Holzbauart können aus Vollholz bestehen, besser wäre jedoch aus verleimtem Holz oder aus Flachpressplatten.

Die erforderlichen Mindestquerschnitte für die Stiele – Abstand 62,5 cm – sind in Anhängigkeit vom Einbaubereich und Wandhöhe in Tabelle 14.16 vorgeschlagen.

Bei einer Ausführung nach Abbildung 14.18 können leichte Trennwände in Holzbauart lediglich für eine einfache Raumunterteilung dienen. Sie werden bei Längen bis zu 5 m mit Holzschrauben ∅ < 6 mm an die benachbarten Bauteile angedübelt. Leichte Konsollasten können – ausgenommen bei Bretterschalungen – bei geeigneten Befestigungsmitteln an jeder Stelle angeschlossen werden.

Tabelle 14.16: Erforderliche Mindestquerschnitte *b*/*h* für Holzstiele oder Holzrippen
Bei einem Achsabstand: *a* = 625 mm in Abhängigkeit von Einbaubereich, Wandhöhe und Wandkonstruktion

Einbaubereich nach DIN 4103-1	**geringe Menschenansammlung**			**große Menschenansammlung**		
Wandhöhe *H* [mm]	2600	3100	4100	2600	3100	4100
Wandkonstruktion	Mindestquerschnitte *b*/*h* [mm]					
Beliebige Bekleidung[1]	60/60		60/80	60/80		
Beidseitige Beplankung aus Holzwerkstoffe[2] oder Gipsbauplatten[3], mechanisch verbunden[4]	40/40	40/60	40/80	40/60	40/60	40/80
Beidseitige Beplankung aus Holzwerkstoffen, geleimt[5]	30/40	30/60	30/80	30/40	30/60	30/80
Einseitige Beplankung aus Holzwerkstoffe[5] oder Gipsbauplatten, mechanisch verbunden	40/60		60/50	60/60		

[1] z. B. Bretterschalung [2] genormte Holzwerkstoffe und mineralisch gebundene Flachpressplatten [3] Gipsbauplatten DIN 18180 und Gipsfaserplatten [4] Nägel, Klammern, Schrauben; e > 80, $d < 200\ d$ [5] Wände mit einseitiger, aufgeleimter Beplankung aus Holzwerkstoffplatten können wegen der zu erwartenden, klimatisch bedingten Formänderungen (Aufwölben der Wände) allgemein nicht empfohlen werden.

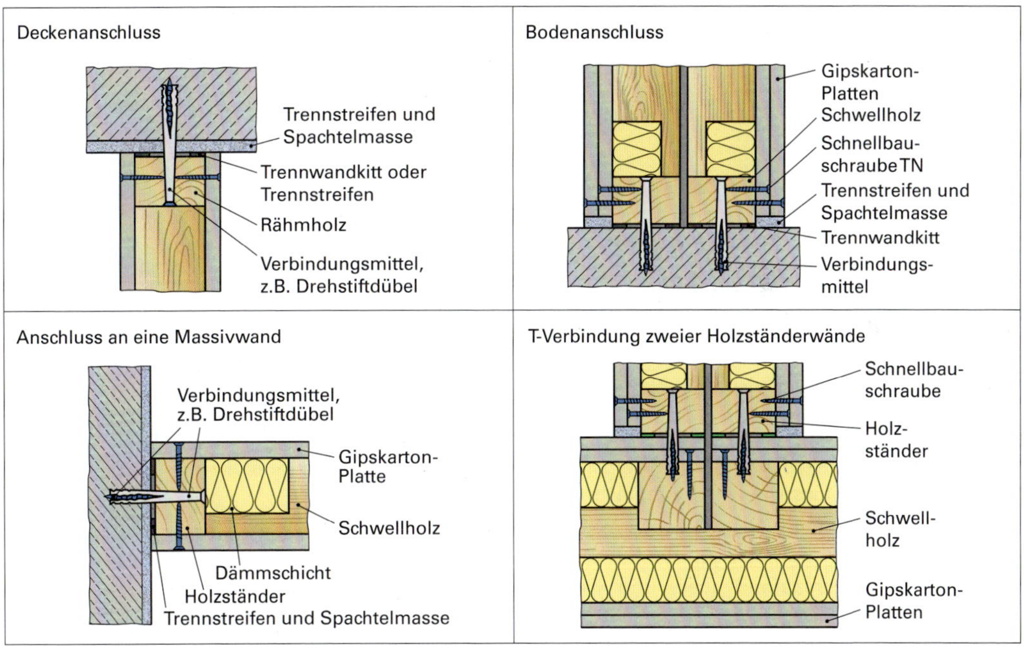

Abb. 14.17: Wandanschlüsse von Holzständerwänder

14.2.4 Trennwände mit Unterkonstruktionen aus Metallprofilen

Trennwände mit Unterkonstruktionen aus Metallprofilen werden im Innenausbau bevorzugt verwendet. Derartige Wände mit Beplankungen aus Gipskartonplatten sind in DIN 18183 genormt.

Unterschieden werden Einfachständerwände, Doppelständerwände und Vorsatzschalen.

Die Unterkonstruktionen bestehen aus verzinkten Stahlprofilen (vgl. Abb. 14.14). Dabei sind die UW-Profile für Decken- und Bodenanschlüsse, die CW-Profile für die Ständer vorgesehen. In die Wandhohlräume werden zur Schalldämmung Platten aus Mineralwolle (Steinwolle, Glaswolle) eingebracht. Dabei gilt: Je höher der Füllgrad des Hohlraumes ist, desto höher ist die Verbesserung der Schalldämmung. Zur vollen Nutzung der schallschutztechnischen Leistungsfähigkeit von

Ständerwänden sollte eine 80-%ige bis 100-%ige Hohlraumfüllung angestrebt werden.

Bei der Beplankung der Ständerwände sind die Stöße der Plattenlagen zu versetzen. Dazu wird bei einer einlagigen Beplankung an einer Seite die Beplankung mit einer halben Platte begonnen. Bei einer zweilagigen Beplankung ist dieses Prinzip ebenfalls anzuwenden (vgl. Abb. 14.18). Die bei hohen Wänden auftretenden Horizontalstöße sind stets um 40 cm zu versetzen. Kreuzfugen in den Plattenlagen sind nicht erlaubt.

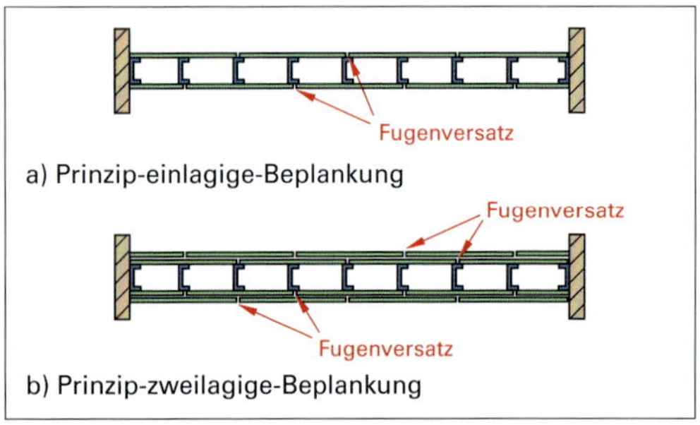

Abb. 14.18: Beplankung

Die Ständer werden nur in das Deckenprofil eingestellt und dürfen nicht mit dem Deckenprofil verschraubt werden. Nur so belasten Deckendurchbiegungen nicht die Wandkonstruktion. Bei Türbreiten bis 88,5 cm und Türblattgewichten ≤ 25 kg können übliche CW-Profile für die Türzargen und als Türsturz ein UW-Profil verwendet werden.

Sind diese Bedingungen nicht eingehalten, müssen für den Türeinbau verstärkte Profile (UA-Profile) verwendet werden. UA-Profile dürfen nicht in die UW-Profile eingestellt werden. Die Befestigung erfolgt durch Anschlusswinkel mit Langlöchern direkt an der Decke bzw. am Boden.

Bei der Beplankung darf der Plattenstoß an der Türzarge nicht durchlaufend ausgeführt werden (vgl. Abb. 14.19).

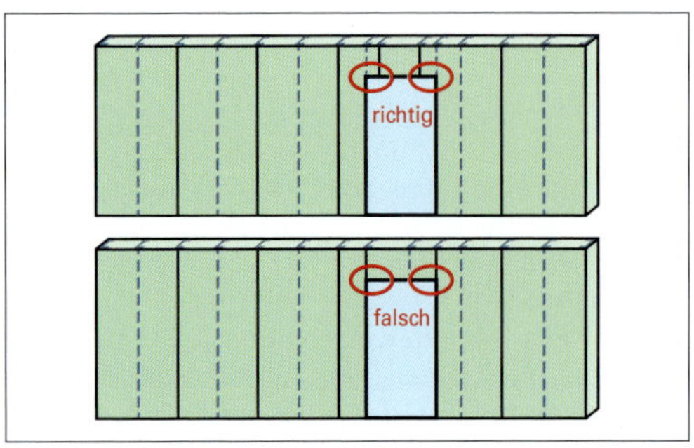

Abb. 14.19: Stoßausbildung im Türbereich

Voraussetzung für gute Schalldämmwerte von Ständerwänden ist das „Feder-Masse-System". Dieses System entsteht durch die Kopplung von zwei Schalen (Gipskartonplatten) durch eine verbindende „Feder" (z. B. Metallständer). Je besser die akustische Entkopplung der einzelnen Schalen einer Ständerwand ist, desto besser ist auch ihr Schallschutz.

Die führenden Gipskartonplattenhersteller haben auf Grund der durch die Gewichtsreduzierung von Gipskartonplatten aufgetretenen Schalldämmprobleme sowohl die Standard-CW-Profile verändert als auch die besonders federnden Spezialständer-Profile MW entwickelt. Die neuen CW-Profile sind stärker profiliert, wodurch die federnde Wirkung der Ständer und damit die Entkopplung der einzelnen Schalen verstärkt wird.

Der Abstand der einzelnen Gipskartonplattenschalen hat erheblichen Einfluss auf den Schallschutz der Ständerwände. Je größer der Abstand der Schalen untereinander ist, um so niedriger ist auch die Resonanzfrequenz (vgl. Abb. 14.20).

Eine weitere Verbesserung der Schalldämmung wird ermöglicht durch eine dreilagige Beplankung unterschiedlicher Dicke. Bewegungsfugen des Rohbaus müssen mit in die Konstruktion der Ständerwände aufgenommen werden. Bei durchlaufenden Wänden sind im Abstand von ca. 15 m Bewegungsfugen notwendig (vgl. Abb. 14.21).

In der Altbausanierung kommen Metallständer-Vorsatzschalen zur Ausführung. Sind hier größere Konsollasten zu berücksichtigen, kommen verstärkte Konstruktionen mit versetzt angeordneten oder verstärkten Ständern in Frage. Hier sind Nachfragen bei den Herstellern erforderlich.

Für flexible Raumnutzung haben sich auch umsetzbare Stahl-Elemente in Schalenbauweise etabliert. Sie bestehen aus Stahlelementen in Schalenbauweise, einer verzinkten Metallunterkonstruktion und 1 mm dicken, allseitig umgekanteten Stahlblechschalen, in die 9,5 mm dicke Gipsplatten eingeklemmt sind. Die Oberfläche ist einbrennlackiert und zum Schutz vor Beschädigungen bei Transport und Montage mit einer Schutzfolie versehen. Die Stahlblechschalen werden über Klemmständer miteinander verbunden. Der Wandhohlraum kann mit Dämmstoff ausgekleidet werden oder für Installationen genutzt werden. Das Rastermaß ist flexibel von 100 mm bis 1250 mm und kann damit den jeweiligen Bauwerksbedürfnissen angepasst werden.

Der Preis für die Schuttentsorgung ist in den letzten Jahren gestiegen. Dies führte zur Entwicklung einer komplett wiederverwendbaren Gipskarton-Ständerwand. Die Wand kann mehrere Male wieder auf- und abgebaut werden.

Beispiel CW 50 + 50/160

Eine Doppelständerwand besteht aus der Unterkonstruktion mit in zwei parallelen Ebenene angeordneten Ständern, die auf den Außenseiten mit Gipsplatten beplankt sind.

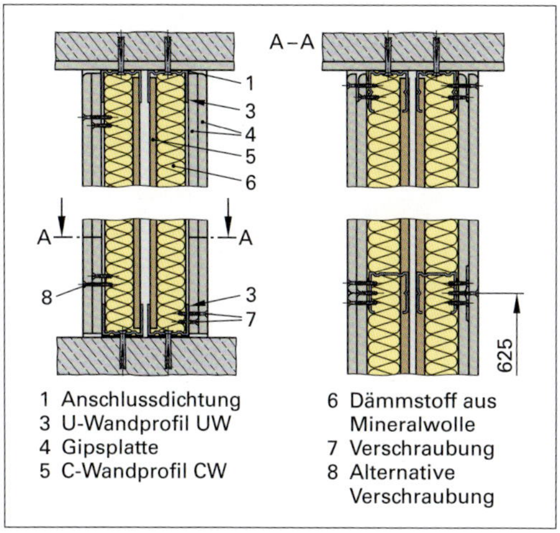

Abb. 14.20: Metallständerwand

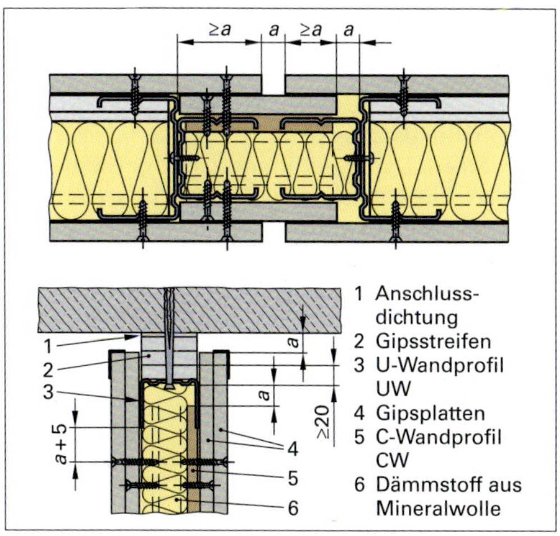

Abb. 14.21: Bewegungsfugen

14.2.5 Anschlussdetails

Montagewände müssen so ausgeführt und an flankierende Bauteile angeschlossen werden, dass die Anforderungen an den Schallschutz, den Wärmeschutz und den Brandschutz erfüllt werden. Wichtige Ausführungsdetails hierbei sind der Fußbodenanschluss, der Deckenanschluss, der Wandanschluss sowie Wandöffnungen, beispielsweise für Türen.

Sind von angrenzenden Bauteilen Verformungen zu erwarten, müssen Bauteilanschlüsse so hergestellt werden, dass sich diese Verformungen schadensfrei einstellen können. Zum Ausgleich von horizontalen Längenänderungen können Bewegungsfugen bzw. Dehnfugen erforderlich werden.

Besondere Kenntnisse sind auch beim Dachausbau, bei der Herstellung von Vorsatzschalen, z. B. als Installationswand, sowie bei Stützenbekleidungen erforderlich.

Fußbodenanschluss

Anschlüsse an Fußboden, Decke und Wand sind aus bauphysikalischen Gründen, insbesondere wegen des Schallschutzes, dicht auszuführen. Dazu werden auf die Rückseite von Randhölzern oder Randprofilen Trennwandkitt oder Dichtungsbänder aufgebracht und die Anschlussfugen mit Fugenfüller oder dauerelastischem Kitt verschlossen (vgl. Abb. 14.22).

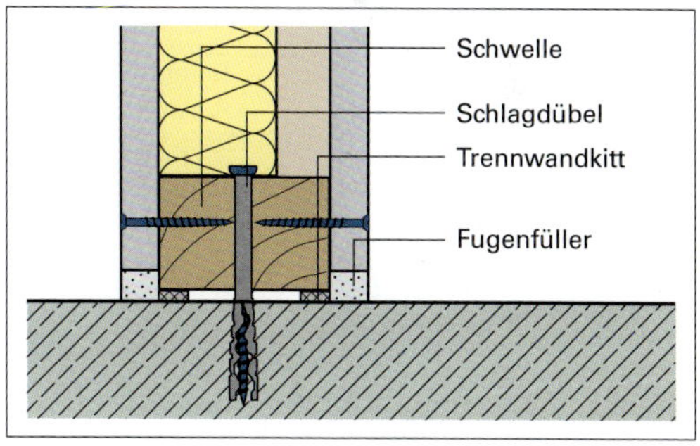

Abb. 14.22: Dicht ausgeführter Fußbodenanschluss

Verbundestriche eignen sich zur Montage von leichten Trennwänden, da sie zusammen mit einer Massivdecke nur eine geringe Schall-Längsleitung aufweisen. Bei geringen Anforderungen an den Schallschutz können Montagewände aber auch auf schwimmenden Estrich gestellt werden. Gussasphaltestrich verhält sich dabei schalltechnisch günstiger als Zement- oder Calciumsulfatestrich. Ein verbesserter Schallschutz wird erreicht bei einem Fußbodenanschluss auf einem durchlaufenden schwimmenden Estrich durch die Anordnung einer akustisch wirksamen Trennfuge (vgl. Abb. 14.23).

Der beste Schallschutz wird erreicht, wenn ein schwimmender Estrich im Trennwandbereich ausgespart und die Montagewand auf dem Rohboden angeordnet wird (vgl. Abb.14.24). Diese konstruktive Trennung ist auch bei schwimmendem Fertigteil-Estrich über Holzbalkendecken zweckmäßig. Die Montagewand sollte hierbei aus Gründen des Brandschutzes direkt über einem Deckenbalken angeordnet sein (vgl. Abb. 14.25).

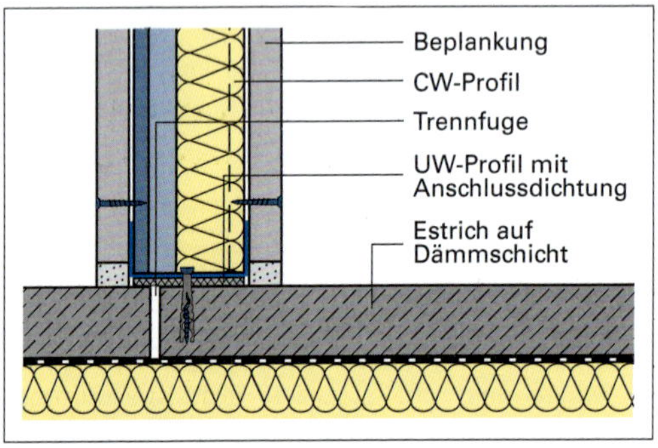

Abb. 14.23: Schwimmender Estrich mit Trennfuge

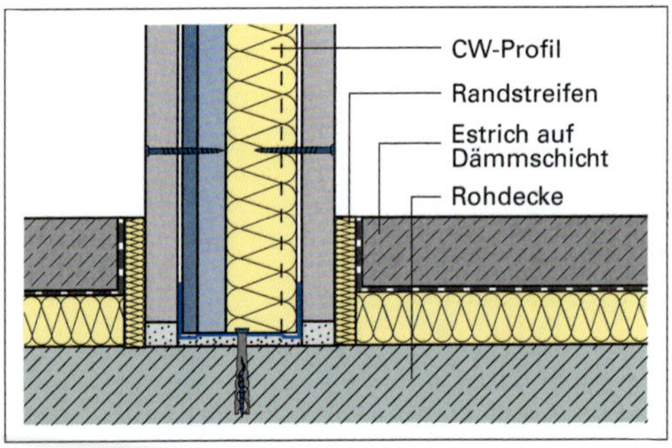

Abb. 14.24: Trennwandanschluss mit konstruktiv getrenntem schwimmenden Estrich

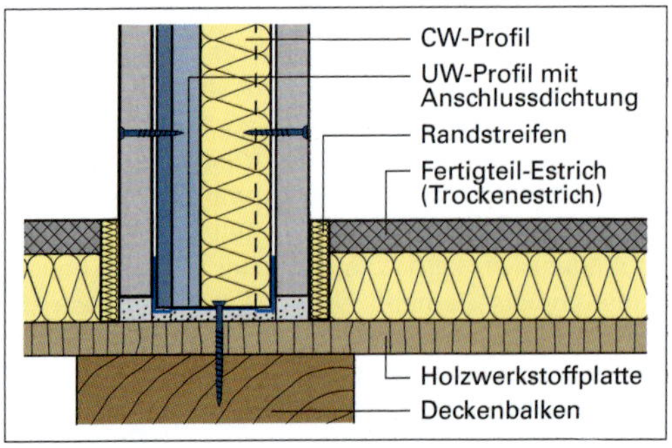

Abb. 14.25: Montagewand auf einer Holzbalkendecke

Deckenanschluss

Die Ausführung des Deckenanschlusses ist neben den Anforderungen an den Schall- und Brandschutz auch von der zu erwartenden Durchbiegung der Decke abhängig.

Ist nur eine geringe Deckendurchbiegung zu erwarten, wird diese beispielsweise durch einen 10 mm dicken Mineralfaserstreifen als Anschlussdichtung und eine elastische Fuge ausgeglichen. Außerdem kann die Beplankung ausschließlich an den CW-Profilen verschraubt werden, die etwa 20 mm gekürzt eingestellt sind (vgl. Abb. 14.26).

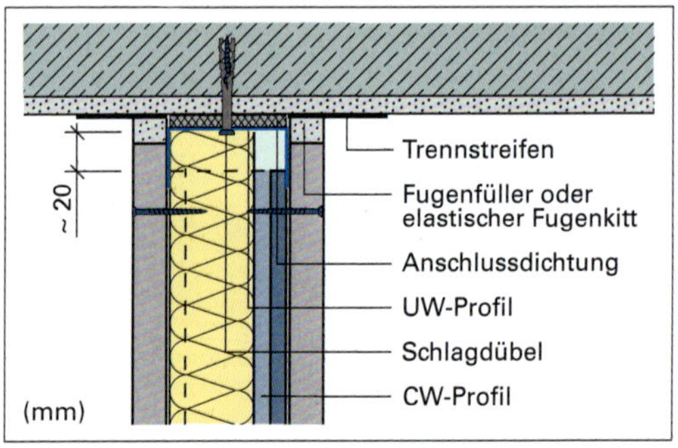

Abb. 14.26: Deckenanschluss

Ist infolge von Lasteinwirkungen mit einer Durchbiegung von mehr als 10 mm zu rechnen, muss der Deckenanschluss gleitend erfolgen. Die entsprechende Bewegungsfuge wird mit Gipsplattenstreifen ausgebildet, mit denen das UW-Profil aufgefüttert wird (vgl. Abb. 14.27). Diese Plattenstreifen sind um mindestens 20 mm mit der Beplankung zu überdecken. Damit der Brandschutz gewährleistet ist, darf die entstehende Schattenfuge ebenfalls 20 mm nicht überschreiten, und die Trennwanddichtung muss aus nichtbrennbaren Baustoffen bestehen. In die freie Kante von Gipsplattenbeplankungen wird ein Kantenschutzprofil eingespachtelt.

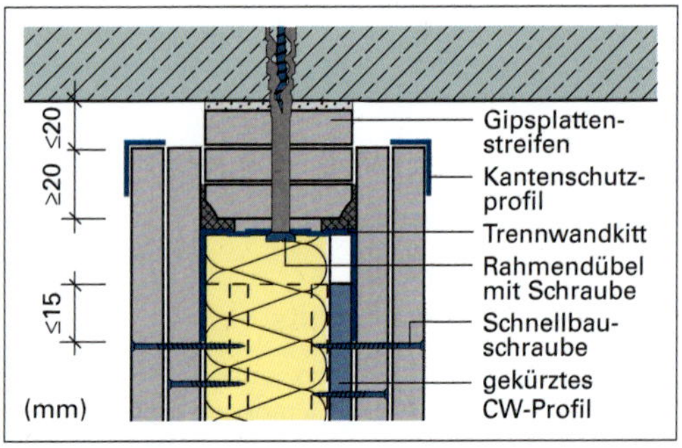

Abb. 14.27: Gleitender Deckenanschluss

Bei gleitenden Deckenanschlüssen sind die CW-Profile entsprechend zu kürzen. Sie müssen jedoch noch wenigstens 15 mm in das UW-Profil eingreifen.

Wandanschluss

Der Wandanschluss an eine geputzte Massivwand oder an eine Sichtbetonwand erfolgt wie der Deckenanschluss. Ein Trennstreifen oder ein Bewehrungsstreifen (Fugendeckstreifen), der nicht übereck eingespachtelt wird, bewirkt die Trennung von Massivwand und Montagewand.

Da ein Wandanschluss an eine durchlaufende Montagewand schalltechnisch ungünstig ist, sollte die Beplankung der flankierenden Wand durch eine Fuge akustisch getrennt werden (vgl. Abb. 14.28). Noch günstiger ist es, die Schalllängsleitung der durchlaufenden Wand durch die Verwendung von Inneneckprofilen (LW-Profilen) zu unterbrechen (vgl. Abb. 14.28).

Wandecken bei Montagewänden können mit CW-Profilen oder mit einem CW-Profil und einem LW-Profil ausgebildet werden. In die Beplankung der Außenecken ist als Schutz vor Beschädigung ein Kantenschutzprofil einzuspachteln. In die Innenecken wird ebenfalls ein Bewehrungsstreifen eingespachtelt.

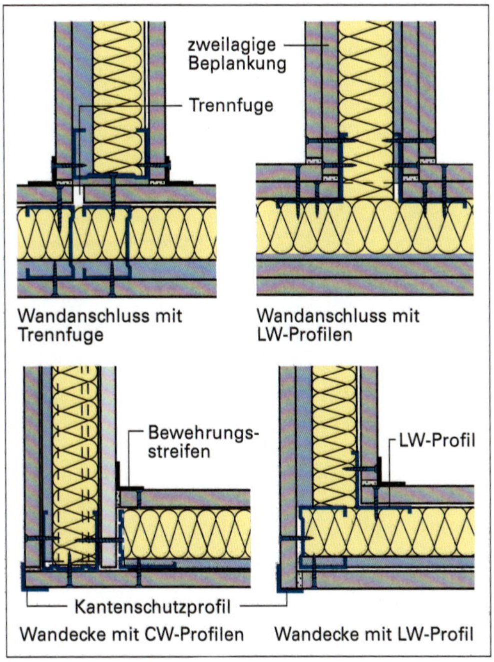

Abb. 14.28: Anschlüsse an Montagewände

14.2.6 Trennwände zur Aufnahme von Installationen

Wände zur Aufnahme von Installationen (Installationswände) beruhen auf dem Konstruktionsprinzip der Doppelständerwände. Die Wand dient zur Aufnahme von Versorgungs- und Entsorgungsleitungen. Die Wanddicke wird durch die zu installierenden , einzubauenden Leitungen vorgegeben. Dabei wird der Abstand der Ständerreihen so bemessen, dass im Wandhohlraum die entsprechenden Einbauten, evtl. Traversalen sowie Tragständer für die Sanitäreinheit (vgl. Abb. 14.29) untergebracht werden können.

Besondere Anforderungen treten auf durch

- hohe Konsollasten (große Sanitärgeräte),
- Verformung der Beplankung (Wandbeläge),
- Feuchtebelastung (Luftfeuchtigkeit, Spritzwasser) und
- Körperschallübertragung (Leitungsgeräusche).

Folgende konstruktive Maßnahmen sind u. a. mitzubedenken:

- Verringerung der Ständerabstände,
- Auswahl besonderer Profile für wandhängende Lasten,
- Mehrfachbeplankung und
- Beplankung mit imprägnierten Bauplatten.

Die Befestigung der Tragkonstruktion sollte ohne Zwischenlage kraftschlüssig mit Schwerlastdübeln auf der Rohdecke erfolgen. Eine Befestigung auf schwimmendem Estrich oder direkt auf einem Balken der Holzbalkendecke sollte nicht erfolgen. Bei Holzbalkendecken ist daher ein zusätzlicher Wechselbalken einzuplanen.

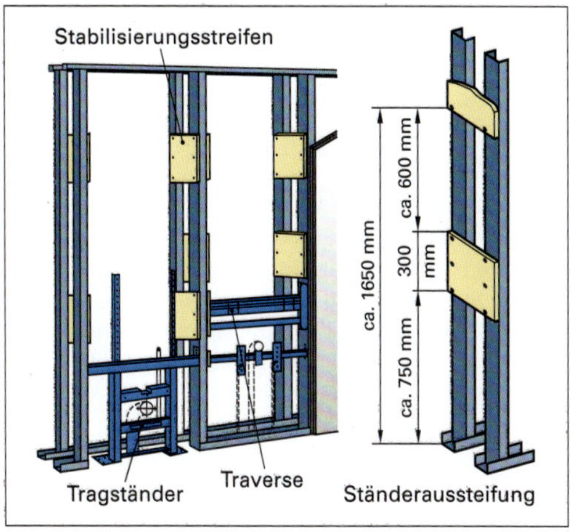

Abb. 14.29: Aufbau einer Installationswand

14

14.3 Gips und Gipsbaustoffe

Gips ist nach EN 13279 ein nichthydraulisches Bindemittel für Putz- und Estrichmörtel und natürlich für die unterschiedlichen Gipsbauplatten. Er erhärtet an der Luft, indem er das vorher „herausgebrannte" Kristallwasser über das Anmachwasser wieder aufnimmt.

Chemisch gesehen, ist Gips ein Calciumsulfat ($CaSo_4$) = schwefelsaurer Kalk in Gestalt eines Minerals, bestehend aus farblosen Kristallen.

Gipsstein ist ein dichter, heller Naturstein. Er entsteht im Wasser als Sedimentgestein, lagert sich in Buchten und Becken in mächtigen Schichten ab, z. B. in Nord- und Mitteldeutschland.

Brennen

Die Herstellung der verschiedenen Baugipse läuft nach einem bestimmten Kreislauf ab, ähnlich wie beim Kalk. Je nach gewünschter Baugipssorte wird das Rohmaterial nach geeignetem Verfahren zerkleinert, in Drehöfen, Großkochern oder Röstbändern gebrannt und anschließend gemahlen.

Durch die unterschiedlichen Brennstufen und den daraus folgenden unterschiedlichen Temperaturen werden mit dem entsprechenden Wasserentzug unterschiedliche Hydratstufen des Calciumsulfats erzeugt.

Anmachen

Der gebrannte und gemahlene Baugips wird mit 30 % bis 55 % Wasser zu Gipsbrei vermischt. Wichtig ist: Gips muss in das Anmachwasser eingestreut werden, sonst bilden sich Gipsknollen.

Erhärten

Mit Einsetzen des Versteifens beginnt der Gips, das ausgetriebene Kristallwasser wieder aufzunehmen. So entsteht z. B. aus dem Halbhydrat Stuckgips unter Wärmeentwicklung das Doppelhydrat Gipsstein. Das Volumen des Gipses dehnt sich um 1 % bis 2 % aus.

Gips erhärtet durch Auskristallisieren einer übersättigten Lösung. Es entstehen nadelförmige Kristalle, die sich ständig vermehren und sich zu einem filzartigen Gefüge miteinander verkrallen. Das überschüssige Anmachwasser verdunstet und hinterlässt im Kristallgefüge des Festgipses feinste Hohlräume.

Eigenschaften der Gipse

Gips „atmet":
Der feste Gips kann bei steigender Luftfeuchtigkeit eine verhältnismäßig große Wassermenge aufnehmen, die er bei sinkender Umgebungsfeuchte wieder abgibt. Ursache hierfür ist das filzartige Kristallgefüge.

Gips ist nicht wasserbeständig:
Wird fester Gips längere Zeit unter Wasser gelagert, wird er weich, sein Volumen verringert sich. Der Gips löst sich in Wasser auf. Er ist nicht geeignet für Bauteile, die ständiger Wassereinwirkung ausgesetzt sind.

Gips schwindet nicht:
Beim Erhärten schwindet Gips nicht, braucht also nicht abgemagert zu werden. Es lassen sich dadurch besonders glatte Putze herstellen. Bei der Versteifung und Verfestigung des Gipses ist eine geringe Volumenzunahme festzustellen. Hohlräume (z. B. Dübellöcher) werden fest ausgepresst und Haken, Anker oder Dübel erhalten einen festen Sitz.

Gips fördert die Rostbildung:
Wie bereits festgestellt, enthält Baugips einen bestimmten Anteil an Schwefel. Wenn Baugips, somit der Schwefelanteil, mit Wasser in Verbindung gebracht wird, begünstigt der Gipsbrei das Rosten von Metallteilen.

Gips ist haftfähig:
Gips zeigt besonders gute Haftfähigkeit aus den unterschiedlichsten Untergründen. Sehr gut haftet er auf glatten Flächen, schlecht wirken sich auf die Haftfähigkeit saugende Untergründe aus.

Gips ist feuerhemmend:
Gips entflammt nicht, da Kristallwasser in ihm gebunden ist. Bei Hitzeeinwirkung tritt Kristallwasser aus und es bildet sich ein schützender Wasserdampfschleier.

Zusammengefasst heißt das, Gips ist atmungsaktiv, gut haftend, feuerhemmend, wärmedämmend, nicht raumbeständig, fördert aber Rostbildung und fault in dauerhaft feuchten Räumen.

14.3.1 Gipsbinder und Gips-Trockenmörtel

Gipsbinder ist ein nicht hydraulisches Bindemittel für Putz- und Mauermörtel. Ist Gips das Hauptbindemittel gilt für die Putzmörtelgruppe P IV (Baugipse mit oder ohne Anteile an Baukalk) die DIN EN 998-1 und DIN EN 13279-1. Für die Gips-Trockenmörtel und Gipsbinder gibt es die in Tabelle 14.30 dargestellten Arten und Kurzzeichen.

Die Planung und Ausführung von Innenputz ist in der DIN EN 13914 und ergänzend in der DIN 18550 geregelt. Mit Innenputz werden ebene Flächen an Decken und Wänden hergestellt. Die feuchtigkeitsregulierende Eigenschaft fördert die Behaglichkeit in den Innenräumen. Innenputz sollen

- wasserdurchlässig,
- eben,
- kapillar saugend,
- bei Feuchträumen beständig gegen langzeitig einwirkende Feuchtigkeit und
- als Untergrund für Beschichtungen geeignet sein.

Gipsputz (P IV) genügt den meisten der genannten Eigenschaften, sollte aber in Feuchträumen nicht verarbeitet werden. Bäder in Wohnungen werden nicht als Feuchträume, Großküchen hingegen werden als Feuchträume ausgewiesen.

Obwohl die Flächen im Bad einschließlich der Wandflächen immer wieder feucht werden und sich dort regelmäßig Kondenswasser bildet, gilt dieser Bereich (nach DIN 18550) nicht als Feucht- oder Nassraum. In Nassräumen entstehen so große Wassermengen, dass sie über einen Fußbodenabfluss abgeleitet werden müssen. Im Badezimmer einer Wohnung entsteht dagegen nur eine übliche und durchschnittliche Luftfeuchtigkeit. Durch Spritzwasser oder Wasserdampf, wie er im Badezimmer entsteht, wird Gipsputz nicht beeinträchtigt.

Vorteile für einen Gipsputz im Bad sind die vielen farblichen Gestaltungsmöglichkeiten. Bei der Materialwahl der Farben müssen einige Grundsätze beachten, so wird z. B. mit Dispersionsfarbe der Putz verschlossen und kann die Raumfeuchtigkeit nicht regulieren. Als Untergrund für Fliesen ist der Gipsputz uneingeschränkt verwendbar.

14.3.2 Gipsbaustoffelemente

Die leichte Formbarkeit und die kurze Versteifungs- und Erhärtungszeit von gipsgebundenen Baustoffen stellen günstige Voraussetzungen für die Produktion von Bauteilen dar. Dazu kommt, dass die Festigkeiten, welche diese Elemente sowohl mit als auch ohne Füllstoffe oder Zuschläge erreichen, den Anforderungen der Praxis gut entsprechen.

Gipsbauplatten werden aus schnell versteifendem Gips (z. B. Stuckgips) hergestellt. Das Bindemittel wird dabei maschinell mit Wasser angemacht. Beim Anmachen können besondere Zusätze zur Regulierung der Abbindezeit oder zur Erzielung besonderer Platteneigenschaften (z. B. Fasern oder Porenbildner) zugemischt werden. Die gemischte Masse erhält dann die ihr zugewiesene Form und wird anschließend künstlich getrocknet. Der Trockengang, bei dem das überschüssige Anmachwasser des Gipsbreis langsam aus dem Gipskern ausgetrieben wird, ist für die Qualität der Platten ausschlaggebend. Beim Abbinden bildet sich eine chemisch dem natürlichen Gipsstein entsprechende feste Masse.

Gipsbauplatten dürfen nicht einem länger währenden Wasserangriff ausgesetzt werden, weil ihr Gefüge zerstört werden würde. Damit ist die Verwendung diese Platten für den Innenausbau festgelegt. Allerdings tritt keine nachteilige Beeinflussung der Gipsbauplatten durch hohe Luftfeuchtigkeit ein, wenn sie die Gelegenheit bekommt zu trocknen.

Arten der Gipsbauplatten

Gipskartonplatten sind werksmäßig als 1250 mm breites endloses Band gefertigt, danach auf die gewünschte Länge und ggfs. auch Breite geschnitten. Dünne Platten, deren Kern im Wesentlichen aus Gips besteht, werden auf deren Flächen und Längskanten mit einem festhaftenden dem Verwendungszweck entsprechenden Karton ummantelt.

Die besonderen Merkmale der Gipskartonplatten sind:

- geringes Gewicht
- gute Festigkeit
- große Elastizität
- idealer Anstrichgrund
- gute Wärmedämmung, Wärmeleitfähigkeit 0,21 W/(m·K)
- günstige Biegeweichheit
- leicht zu bearbeiten durch Sägen, Schneiden, Fräsen, Bohren und durch Nageln, Schrauben und Leimen gut auf dem Untergrund zu befestigen

Gipskartonplatten (Gipsplatten) stehen dem Verbraucher in mehreren Plattenarten und Lieferformen zur Verfügung (vgl. Abb. 14.31 und Abb. 14.32).

Beispiel

Gipsplatten im Innenbereich

Im Innenbereich können Gipsplatten direkt an senkrecht stehende Leichtbauplatten (z. B. HWL-Platten) mittels Ansetzgips befestigt werden. Für den Ausbau ergeben sich damit verkürzte Montage- und Trockenzeiten. Mehrschichten-Leichtbauplatten aus Hartschaum (HS-ML) eignen sich aufgrund der hohen Steifigkeit weniger als Ansatzfläche.

Tabelle 14.30: Arten von Gipsbindern und Gips-Trockenmörteln (KZ = Kurzzeichen) (DIN EN 13279-1)					
Gipsbinder (A)	**KZ**	**Gips-Trockenmörtel (B)**	**KZ**	**Gips-Trockenmörtel für besondere Zwecke (C)**	**KZ**
Gipsbinder zur Direktverwendung oder Weiterverarbeitung (Trockenpulver-Produkte)	A1	Gips-Putztrockenmörtel	B1	Gips-Trockenmörtel für faserverstärkte Gipselemente	C1
		gipshaltiger Putztrockenmörtel	B2	Gips-Mauermörtel	C2
Gipsbinder zur Direktverwendung auf der Baustelle	A2	Gipskalk-Putztrockenmörtel	B3	Akustikputz-Gips-Trockenmörtel	C3
		Gipsleicht-Putztrockenmörtel	B4		
Gipsbinder zur Weiterverarbeitung (z. B. Gips-Wandbauplatten, Gipsplatten, Gipselemete für Unterdecken)	A3	gipshaltiger Leicht-Putztrockenmörtel	B5	Wärmedämmputz-Gips-Trockenmörtel	C4
		Gipskalkleicht-Putztrockenmörtel	B6	Brandschutz-Gips-Trockenmörtel	C5
		Gips-Trockenmörtel für Putz mit erhöhter Oberflächenhärte	B7	Dünnlagenputz-Gips-Trockenmörtel	C6
B1 … B6: Biegezugfestigkeit ≥ 1,0 N/mm², Druckfestigkeit ≥ 2,0 N/mm²					

Tabelle 14.31: Gipsplatten nach Plattentypen nach DIN EN 520 und Plattenarten DIN 18180 (Beispiele)			
Plattentyp/-art	**Leistungsmerkmale**	**Verwendung**	**Anwendungsbereich**
Gipsplatte Typ A	Gipsplatte ohne besondere Leistungsmerkmale	■ Beplankung von Montagewänden ■ Bekleidung von abgehängten Decken (Montagedecken) ■ Bekleidung von Wänden und Decken als Trockenputz	in Innenräumen aller Art ohne besondere Anforderungen
Bauplatten (GKB)	z. B. zur Aufnahme dekorativer Beschichtungen		
Gipsplatte Typ H	Gipsplatte mit reduzierter Wasseraufnahmefähigkeit	■ wie zuvor beschrieben, jedoch mit Anforderungen an den Feuchteschutz durch verzögertes bzw. begrenztes Wasseraufnahmevermögen	in Räumen im Kellergeschoss, in Feuchträumen wie Küchen und Bäder
Bauplatten – imprägniert (GKB)			
Gipsplatte Typ E (nur DIN EN 520)	Gipsplatte für Beplankungen	■ Beplankung der Außenwandelemente ohne dauernde Außenbewitterung ■ Anforderung an reduzierte Wasseraufnahmefähigkeit und geringe Wasserdampfdurchlässigkeit	bei Außenwänden im Holz- oder Stahlfertigteilbau, in Garagen und Durchfahrten
Gipsplatte Typ F	Gipsplatte mit verbessertem Gefügezusammenhalt des Kerns bei hohen Temperaturen	■ wie bei Gipsplatte Typ A beschrieben, jedoch mit Anforderungen an den baulichen Brandschutz bezüglich Feuerwiderstandsdauer der Bauteile	in Innenräumen aller Art im Dachgeschoss, in Fluren und Treppenhäusern oder in Heizräumen
Feuerschutzplatten (GKF)			
Gipsplatte Typ P	Putzträgerplatte	■ als Putzträger, perforiert, für Nassputz an Wänden und Decken	in Innenräumen aller Art
Putzträgerplatten (GKP)			
Sowohl die DIN EN 520 wie auch die DIN 18180 verwenden den Begriff „Gipsplatten“. Geläufig sind i.d.R. die Begriffe „Gipskartonplatten“ und die Produktbezeichnung „Rigips-Platten“.			

Wandbauplatten aus Gips

Als Wandbaustoffe dienen leichte Wandbauplatten, die aus Gips mit oder ohne Zusatz von anorganischen Füllstoffen hergestellt werden. Platten, die zur Verbesserung der Wärmedämmung oder zur Gewichtsverminderung mit porenbildenden Zusätzen hergestellt werden, werden als Porengipsplatten bezeichnet. Sie werden nach ihrer Rohdichte unterschieden.

Wandbauplatten aus Gips haben ebene Flächen, Die stoß- und Lagerfugen sind meist an je zwei Seiten mit Nuten bzw. Federn ausgestattet, wodurch das Versetzen erleichtert und die Standsicherheit der Wand erhöht wird.

Die Wandbauplatten werden insbesondere für leichte Trennwände verwendet, aber auch für Ummantelungen, Vorsatzschalen, Ausfachungen und ähnliches. Für die Verbindung der Einzelplatten werden vornehmlich Fugen- und Spachtelgips verwendet. Nach dem Verspachteln der Fugen sind die Wände im Allgemeinen malerfertig.

In Räumen mit vorübergehend starkem Feuchtigkeitsanfall (z. B. Küchen, Bäder) empfiehlt sich der Einsatz von Gips-Wandbauplatten, die durch entsprechende Zusätze eine verzögerte Wasseraufnahme aufweisen. Diese Platten werden von den Herstellern unter dem Begriff „Hydro-Platten" angeboten und haben eine grünliche Einfärbung.

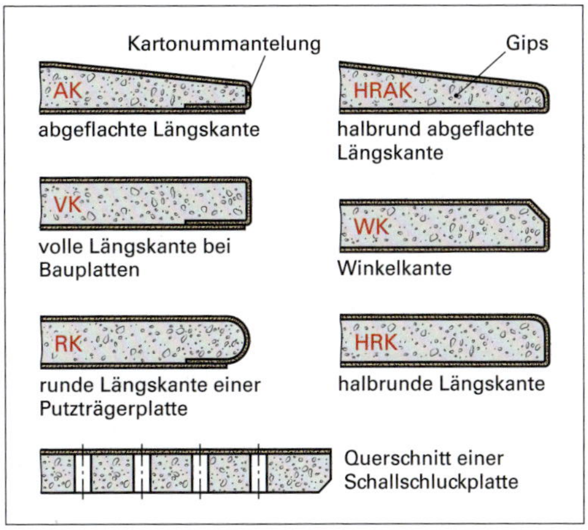

Abb. 14.32: Kantenausbildung von Gipsplatten

Gipsplattenwände bieten im Hinblick auf ihr verhältnismäßig niedriges Gewicht und ihre geringe Dicke einen äußerst wirksamen Brandschutz. Nach DIN 4102 sind Wände aus Gips- und Porengips-Wandbauplatten nach DIN 18163 ohne Putz bereits ab 8 cm Dicke den Feuerwiderstandsklassen F 60-A, F 90-A und F 120-A zugeordnet und sind damit feuerbeständig. Ab 10 cm Dicke erfüllen diese Wände bis 7 m Höhe bei entsprechender Ausführung sogar die Anforderungen der Feuerwiderstandklasse F 180-A und sind somit „hochfeuerbeständig" im Sinne der Normung.

Deckenplatten aus Gips

Deckenplatten aus Gips sind in der DIN 18169 genormt. Es handelt sich hierbei um vorgefertigte, trocken verlegbare Platten mit einem Randwulst an der Rückseite. In der wannenartigen rückseitigen Vertiefung können zusätzlich Verstärkungsrippen angeordnet werden. Der Gipskörper der Platten kann geschlossen oder mit durchgehenden Öffnungen versehen sein.

Die Deckenplatten sind nicht brennbar und tragen wegen der den Gipsbaustoffen eigenen mikroporigen Struktur des abgebundenen Gipses trotz ihrer augenscheinlich glatten und dichten Oberfläche zur Regulierung der Raumluftfeuchtigkeit bei. Diesen Platten wird auch ein beachtlicher Schallschluckgrad zugeordnet.

Die Platten sind in der Regel quadratisch und rechtwinklig. Die Kantenlänge beträgt 625 mm, 600 mm oder 500 mm.

Gipskarton-Verbundplatten

Gipskarton-Verbundplatten bestehen aus 9,5 mm bzw. 12,5 mm dicken Gipskarton-Bauplatten die werksmäßig mit Dämmstoffplatten aus Polystyrol-Hartschaum, Polyurethan-Hartschaum oder Mineralfaserplatten verbunden sind. Die Dicke des Dämmstoffes liegt zwischen 20 cm und 60 mm.

Gipskarton-Verbundplatten sind in der Regel großformatig und rechtwinklig; dabei gelten 1250 mm Breite und 2500 mm Länge als Regelmaße.

Gipskarton-Verbundplatten werden als Wand- und Deckenbekleidungen verwendet. Verbundplatten mit Mineralfaserplatten werden sowohl für Schallsschutz- als auch für Wärmedämmzwecke eingesetzt. Die Platten mit Schaumkunststoffen werden ausschließlich für den Wärmeschutz eingesetzt.

Gipsfaserplatten (GF)

Gipsfaserplatten werden aus einem Gemisch aus Gips und Zellulosefasern hergestellt. Bei der Herstellung werden die beiden Stoffe innig miteinander vermischt. Durch Zugabe von Wasser sowie der anschließenden Verpressung unter hohem

14

Druck entsteht eine homogene Platte. Die Zellulosefasern bewehren die Platten vollständig. Dieses Gefüge verleiht dem Produkt eine gute Festigkeit und Zähigkeit und dennoch eine gute Elastizität. Die Platten sind zudem formbeständig und wie alle Gipsbaustoffe atmungsaktiv. Sie bieten wie alle anderen Gipsplatten auch einen guten Brandschutz.

Sie können in jeder gewünschten Dicke hergestellt oder durch Schleifen auf jede gewünschte Dicke gebracht werden.

Gipsfaserplatten werden grundsätzlich im Innenausbau in den selben Anwendungsbereichen wie die Gipskarton-Bauplatten verwendet. Ein weiteres Anwendungsgebiet liegt in der werksmäßigen Weiterverarbeitung, z. B. zu Trockenunterboden-Platten und -Verbundelementen, zu Paneelen und zu Industrieplatten für Beschichtungen.

14.4 Holzbalkendecke

Holzbalkendecken sind im normalen Wohnungsbau von den Massivdecken verdrängt worden. Ihren Vorteilen – geringes Gewicht, Vorfertigung mit trockenem Einbau, gute Wärmedämmung – stehen als Nachteil die schwierige Schalldämmung sowie der erforderliche Aufwand für den Brandschutz gegenüber. Holzbalkendecken kommen nur noch für einfache, kleinere Bauvorhaben und als Decken über dem obersten Geschoss in Frage. Flachdächer und Holzskelett-Fertigbauweisen kommen ebenfalls noch für diese Deckenart in Betracht.

Decken in Holzbauweise werden in traditioneller Weise aus Vollholzbalken ausgeführt. Zudem spielen Holzbalkendecken bei nachträglichen Dachgeschossausbauten und bei den Sanierungsaufgaben eine Rolle.

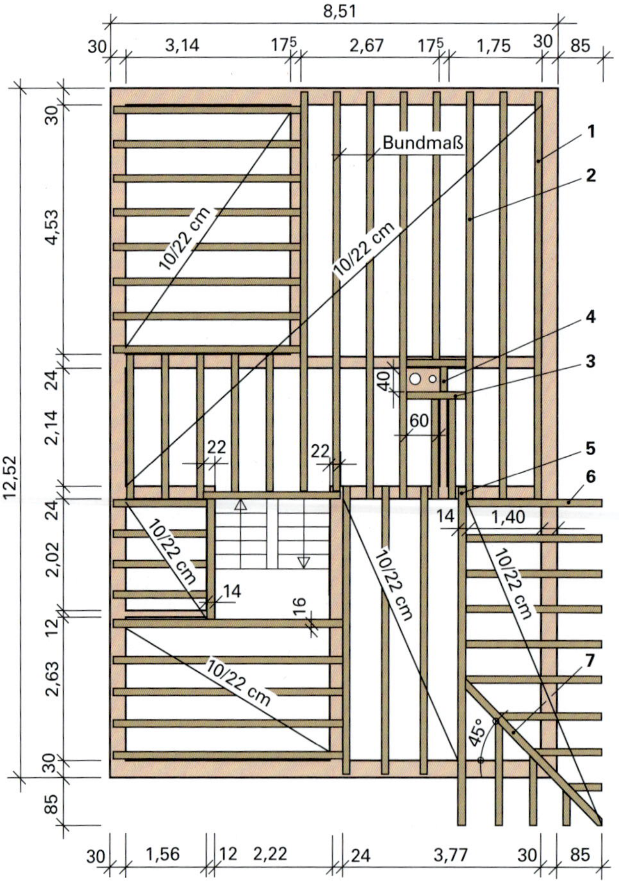

1 Streichbalken werden parallel zu aufgehenden Wänden mit mindestens 2 cm Abstand verlegt.

2 Zwischenbalken

3 Wechselbalken (Schornsteinwechsel) umfassen Öffnungen

4 Füllbalken dienen zur zusätzlichen Befestigung für den Deckenaufbau

5 Bundbalken werden als Anschlussbalken für den Stichbalken genutzt

6 Stichbalken verlaufen meist rechtwinklig zur Balkenbinderachse

7 Eck-Stichbalken

Die Deckenbalkenquerschnitte (z.B. 6/18) für Einfeldträger richten sich nach der Nutzlast (z.B. $q_k = 2{,}0$ kN/m²), der Spannweite l (z.B. 3,00 m) und den Achsmaßen (z.B. 62,5 cm) bei einer Eigenlast i.d.R. $g_k = 1{,}75$ kN/m².

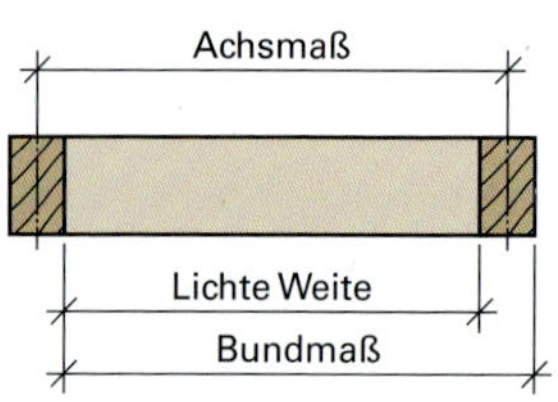

Abb. 14.33: Balkenlage

Holzbalkenlage

Die Holzbalkenlage (vgl. Abb. 14.33) ist der tragende Teil der Decke. Es werden unterscheiden:

- Zwischen- oder Geschossbalkenlagen, die zwei Vollgeschosse voneinander trennen
- Im Flachdachbau Dachbalkenlagen über dem obersten Geschoss
- Kehlbalkenlagen innerhalb des Dachgerüstes; sie bilden den oberen Abschluss der Dachgeschossräume

Die Balken dienen Fußböden als Auflager, an der Unterseite werden Putzdecken oder andere Unterdeckenflächen befestigt. Auf diese Konstruktionen muss bei der Balkenanordnung Rücksicht genommen werden.

Bei der Planung ist darauf zu achten, dass die Balken möglichst in Richtung der kürzeren Spannweite angeordnet sind.

Konstruktive Details

Die Balken einer Decke werden überwiegend auf Biegung beansprucht. Der erforderliche Balkenquerschnitt wird in der statischen Berechnung ausgewiesen, ebenso der Balkenabstand (Achsabstand) oder alternativ dazu der lichte Abstand zwischen den Balken und die Spannweite.

In vielen Fällen wird der Balkenquerschnitt nicht durch die Festigkeit, sondern durch die zulässige Durchbiegung bestimmt.

Bei Balken für Holzbalkendecken ersetzt zunehmend Konstruktionsvollholz (KVH) die Deckenbalken aus Vollholz. Bei höheren Beanspruchungen und größeren Spannweiten bietet sich die Verwendung von Brettschichtholz an.

Als Material für Holzbalkendecken ist Vollholz, Konstruktionsvollholz oder Brettschichtholz geeignet.

Sollen die Holzbalken einer Balkenlage verbunden werden, wie z.B. bei Wechselhölzern oder Stichbalken führen die zimmermannsmäßigen Zapfenverbindungen (einfacher Zapfen, Zapfen mit schräger oder gerader Brust) zu einem Tragfähigkeitsverlust für den betroffenen Holzbalken (vgl. Abb. 14.34).

Sind Tragfähigkeitsverluste zu vermeiden kommen ingenieurmäßige Holzverbindungen aus Blechformteilen zur Anwendung. Je nach verwendetem Verbindungmittel lassen sich sichtbare oder auch verdeckte Verbindungen von Holzbalken herstellen (vgl. Abb. 14.35).

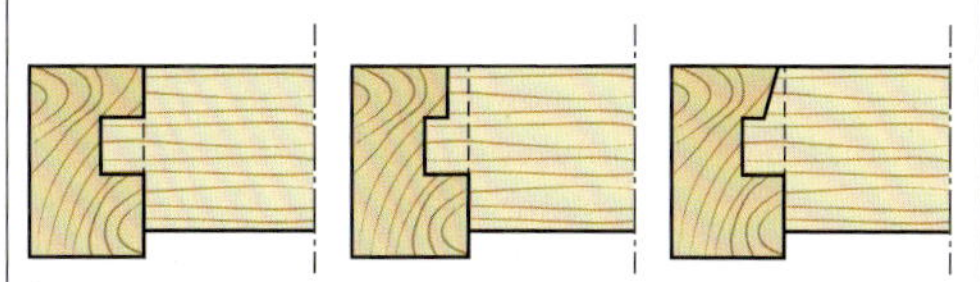

Abb. 14.34: Zapfenverbindungen für Balken

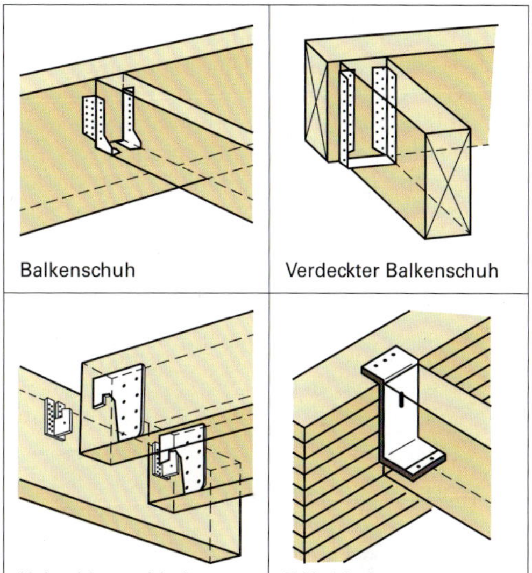

Abb. 14.35: Holzverbinder für Balken
(Simpson Strong-Tie)

Die Verbindung von Balken einer Balkenlage kann durch zimmermannsmäßige Zapfenverbindungen, oder durch ingenieurmäßige Blechformverbinder erfolgen.

Die Balken werden bei einer Holzrahmenwand mit Dollen oder Winkelverbinder auf einem Rahmenholz befestigt (vgl. Abb. 14.36). Bei üblicher Auflage auf Mauerwerk oder auf dem Ringbalken wird mindestens jeder vierte Balken durch Stahlblechwinkel, Profilanker oder Stahlanker befestigt (vgl. Abb. 14.37). Die Auflagertiefe der Holzbalken auf Massivwände sollte mindestens 15 cm betragen.

Einfache Holzbalkendecken haben i.d.R. ein zu geringes Eigengewicht um einen ausreichenden Schallschutz zu erreichen. Der wirksame Schallschutz ($R'_{w,res} \geq 53$ dB, $L'_{n,w} \leq 52$ dB) wird durch einen mehrteiligen Schichtenaufbau des Fußbodens und durch die Entkoppelung erreicht (vgl. Abb. 14.38).

Zur besseren Schalldämmung müssen der obere Bereich (Fußboden) und der untere Bereich (Unterseite) einer Decke von den Balken entkoppelt (keine feste Verbindung) werden. Der Randabstand Bodenplatte zu den Wänden sollte ≥ 15 mm betragen und mit Dämmstreifen ausgefüllt sein. Die unteren Decken- und Wandanschlüsse müssen dauerelastisch abgedichtet werden.

Insbesondere bei den Anschlüssen und Auflagerung sind neben den statischen und konstruktiven Herausforderungen (vgl. Abb. 14.37) die Notwendigkeiten des Wärmeschutzes (z. B. hinsichtlich konstruktiver Wärmebrücken) und des Schallschutzes (z. B. hinsichtlich der Übertragungswege) zu bedenken. Mit mehrschaligen Holzbalkendecken (vgl. Abb. 14.38) wird ein erhöhter Schallschutz nach DIN (z. B. $R'_{w,res} \geq 56$ dB) erreicht. Der Trittschallschutz wird durch die Entkopplung der Deckenoberseite von der Tragdecke und einer Hohlraumdämpfung erreicht.

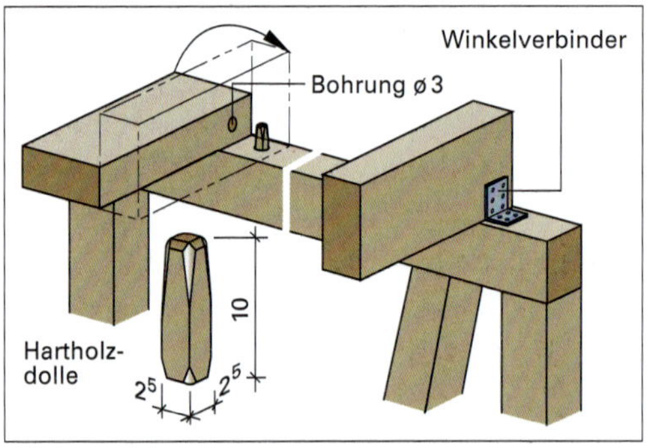

Abb. 14.36: Balkenanschluss mit Dollen (historische Gebäude, Denkmalschutz) und Winkelverbinder

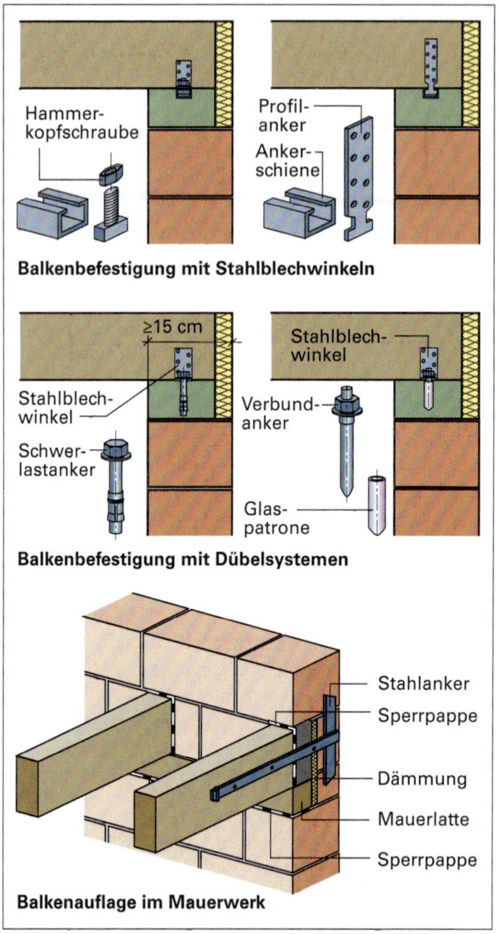

Abb. 14.37: Verankerung von Holzbalkendecken

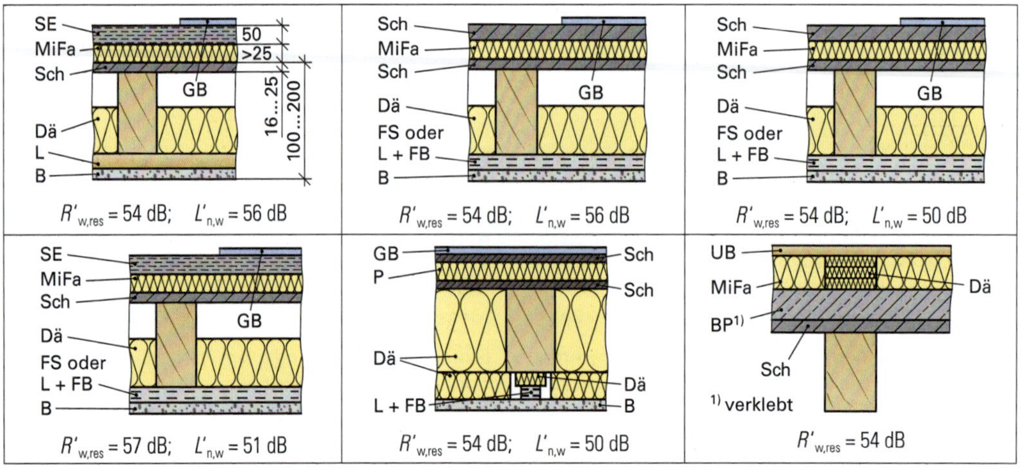

Abb. 14.38: Wärme- und Schallschutz bei Holzbalkendecken (Beispiel)

Der Brandschutz muss mindestens die Feuerwiderstandsklasse F 30 B bzw. REI 30 aufweisen. Dann eignen sich aus brandschutztechnischer Sicht für die Beplankung (B) Gipsplatten, faserverstärkte Gipsplatten und Calciumsilikatplatten (wenn F 90 gefordert wird). Konstruktionen in F 30 bzw. F 60 können mit Bekleidungen aus Holzwerksstoffplatten mit einer Rohdichte $\rho \geq 600$ kg/m^3 ausgeführt werden (vgl. Abb. 14.39).

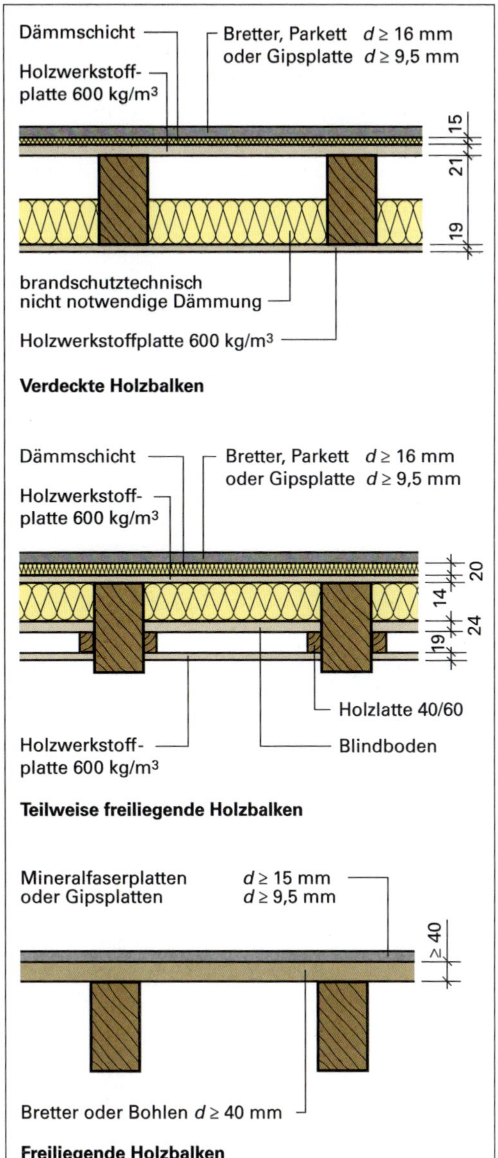

Abb. 14.39: Brandschutz bei Holzbalkendecken (Beispiele)

14.5 Deckenauflagen (Bodensysteme)

Nach DIN 4109 wird der Fußboden mit seinen Bauarten mit dem Begriff „Deckenauflagen“ beschrieben. Für die Ausführung der Deckenauflagen sind verschiedene Bodensysteme entwickelt worden. Bei der Auswahl eines geeigneten Bodensystems sind zu erwartende Bedingungen und allgemeine Anforderungen zu berücksichtigen:

- Art und Eigenschaft der Rohdecke
- Lastübertragung und Verteilung auf die darunterliegende Rohdecke
- Schallschutztechnische und wärmeschutztechnische Anforderungen
- Feuchteschutzanforderungen
- Integration von Bodenheizsystemen
- Möglichkeiten der Einbindung von Rohrsystemen der Haustechnik

14.5.1 Holzfußböden

Holzfußböden werden bei Betondecken auf Lagerhölzern, auf Holzbalkendecken und auf alten Fußbodenbelägen verlegt. Sie können direkt verlegt und befestigt oder schwimmend aufgebracht werden. Eventuelle Unebenheiten müssen vor dem Aufbringen ausgeglichen werden. Holzfußböden sind fußwarm, elektrostatisch wenig aufladbar, auftrittsympatisch und ergeben einen warmen (gemütlichen) Raumeindruck. Folgende Bodenarten sind üblich:

- Einfacher Dielenfußboden (gespundene Bretter, einseitig gehobelt , meist aus Fichten- oder Kiefernholz)
- Riemenfußboden (etwa 100 mm breite Bretter als Langriemen/Raumlänge oder Kurzriemen)
- Trockenunterboden (aus OSB- oder P5 Flachpressplatten (Spanplatten), darauf kann Parkett, Linoleum oder Teppichboden verlegt werden)
- Parkettboden (aus Parkettstäbe, Parkettriemen, Parkettdielen, Parkettplatten oder Mosaikparkett), Massivholzparkett, Hochkant-Lamellenparkett, Fertigparkett
- Laminatboden (aus Span- oder Faserplatten, die auf der Wohnseite mit Kunststofffolien oder gehärter Acrylatschicht beschichtet sind)
- Pflaster-Holzfußboden (aus Einzelklötzen oder als vorgefertigte Verlegeeinheit), Holzpflaster (imprägniert oder nicht imprägniert)

14.5.2 Estriche

In Einfamilienhäusern, im Geschosswohnungsbau, beim Um- und Sanierungsbau sowie beim Ausbau großflächiger Räume ist Estrich ein an Bedeutung gewinnendes Bodensystem. Estrich ist ein Bauteil (Mörtelschicht), das auf die tragenden Decke direkt als Verbundestrich, durch eine Folie getrennt als Estrich auf Trennschicht oder durch eine elastische Dämmung getrennt als schwimmender Estrich verlegt wird (vgl. Abb. 14.41).

Nach dem verwendeten Bindemittel wird Estrich unterschieden in:

- Calciumsulfatestrich (CA) (schwimmender und Verbundestrich im Wohnungsbau), auch als (CAF) Calciumsulfatfließestrich
- Gussasphaltestrich (AS) (Einsatz z.B. bei Bauwerkssanierung, benötigt eine feuchtigkeitsfreie Unterlage)
- Kunstharzestrich (SR) (z.B: Nutzestrich bei Kfz-Nutzung, hohe Festigkeit, geringe Konstruktionshöhe)
- Zementestrich (CT) (Einsatz in allen Nutzungsbereichen, auch als Fließestrich (CTF), mit Natursteinkörnung und geschliffener Oberfläche als Terrazzo bezeichnet)

Die Eigenschaftsklassen sind in Tabelle 14.40 aufgeführt.

Tabelle 14.40: Estrichmörtel, Estrichmassen; Eigenschaftsklassen nach DIN EN 13813 (Auszug)

Eigenschaft, Abkürzung, Einheit	Eigenschaftsklassen Beispiel gemäß Prüfnorm
Druckfestigkeit **C** (Compression) N/mm²	C5; C7; C12; C16; C20; C25; C30; C40; C50; C60; C70; **C20** Druckfestigkeit 20 N/mm²
Biegezugfestigkeit **F** (Flexural) N/mm²	F1; F2 ...F7; F10; F15 ... F50 **F10** Biegezugfestigkeit 10 N/mm²
Verschleißwiderstand nach Böhme **A** (Abrasion) cm³/50 cm²	A22; A15; A12; A9; A6; A3; A1,5 **A9** Abriebmenge 9 cm³/50 cm²
Eindringtiefe als Maß für die Härte **IC** (Identation Cube) 1/10-mm-Werte	IC10; IC15; IC40; IC100 **IC15** Eindringtiefe 1,5 mm

Nach der Einbaukonstruktion wird unterschieden in:

Verbundestrich (V)
wird im Verbund mit dem tragenden Untergrund hergestellt. Wird bei Räumen die gegen das Erdreich angrenzen, die unbewohnt und i.d.R. unbeheizt sind (z.B. Kellerräume, Garagen) verlegt (vgl. Abb. 14.41). Bezeichnung für Zementestrich:

Estrich DIN 18560 - CT - C30 - F5 - A15 - V35
mit Druckfestigkeit von 30 N/mm², Biegezugfestigkeitsklasse mit 5 N/mm² und 35 cm Estrichdicke

Estriche auf Trennschicht (T)
sind Estriche die durch eine Zwischenlage (z.B. PE-Folie mit $d \geq 0{,}1$ mm) von der Rohdecke getrennt sind. Diese Estriche werden bei Räumen und Anlagen im Außenbereich (z.B. Balkone, Dachterrassen) verlegt (vgl. Abb. 14.41). Bezeichnung:

Estrich DIN 18560 - AS – IC15 - T25
Gussasphaltestrich, Härteklasse F5-mittel, Estrichdicke 25 mm auf Trennschicht

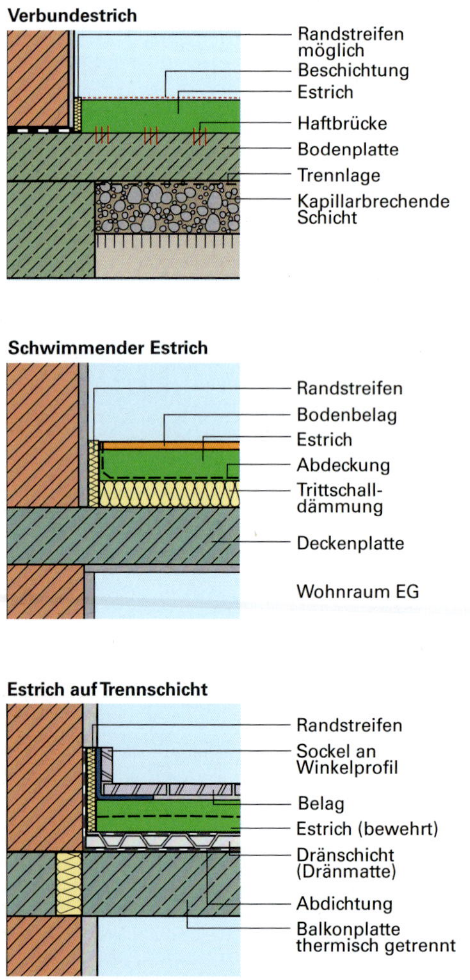

Abb. 14.41: Estrich-Verlegearten

Schwimmender Estrich

Zur Wärme- und Schalldämmung werden unter dem Estrich ausgewählte Dämmplatten eingebaut. Zu den angrenzenden Wänden besteht keine unmittelbare Verbindung. (vgl. Abb. 14.41). Der Randstreifen der Dämmung soll möglichst auf der (Zwischen-) Dämmung aufliegen. Die Dämmstoffe müssen hinsichtlich der Trittschalldämmung ein ausreichendes Federungsvermögen haben, das durch die dynamische Steifigkeit der Dämmschicht ausgewiesen wird. Diese ist um so besser, je elastischer und dicker der Dämmstoff ist. Die Mindestdruckfestigkeit des Dämmstoffes ist zu beachten. Die Dämmstoffe werden mit einer Schrenzlage (Spezialpapier) abgedeckt.

Heizestrich
Heizestrich ist ein Estrich, der Heizelemente einer Fußbodenheizung aufnehmen muss. Je nach der Lage der Heizelemente werden nach DIN 18560 drei Bauarten bei den Heizestrichen unterschieden:

Bauart A: Das Heizelement befindet sich im Estrich.

Bauart B: Das Heizelement befindet sich in der Dämmschicht. Die Dämmschichtelemente müssen für die Aufnahme der Elemente vorbereitet sein.

Bauart C: Die Heizelemente befinden sich in einer eigens für die Heizelemente eingebauten Estrichschicht (vgl. Abb. 14.42).

Alle Heizelemente müssen mindestens von 45 mm Estrich überdeckt werden.

Bei Heizestrichen sind zudem die Vorschriften und Ausführungshinweise des Heizungsherstellers zu beachten.

Bei Heizestrichen ist ein mindestens 8 mm dicker Randstreifen einzubauen, der eine horizontale Verschiebung von 5 mm ermöglicht. Im Bereich von Türen sind 10 mm breite Bewegungsfugen anzuordnen. Die Seitenlänge sollte 6,50 m bei einer max. Estrichfeldgröße von 40 m² nicht überschreiten.

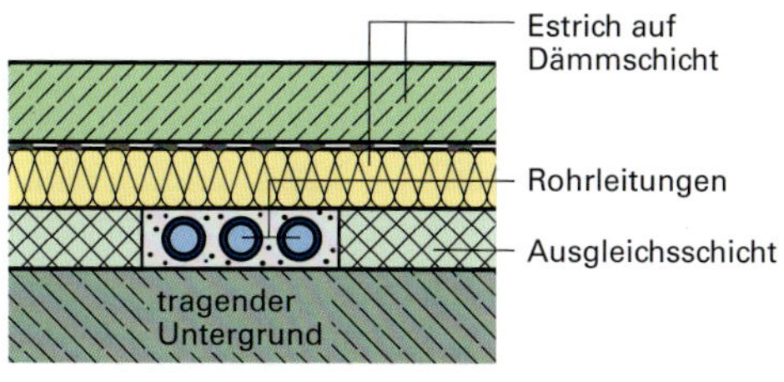

Eingebaute Rohrleitungen

Abb. 14.42: Eingebaute Rohrleitungen

14.5.3 Trockenunterböden (Trockenestrich)

Trockenunterböden sind in Trockenbauweise ohne Hohlraum verlegte tragfähige Deckenauflagen, wie Bodenbeplankung auf Holzbalkendecken, schwimmend verlegter Trockenunterboden und Trockenunterboden auf einer Ausgleichsschicht auf Beton.

Folgende Plattenwerkstoffe eignen sich als Trockenunterbodensystem:

- Trockenunterbodenelemente aus Gipsplatten
- Trockenunterbodenelemente aus Gipsplatten mit aufkaschierter Dämmschicht
- Trockenunterbodenelemente aus Holzwerkstoffen, die vor Ort verleimt werden
- Gipsfaser-Trockenunterboden
- Holzspanplatten
- zementgebundene Holzspanplatten
- Spanplatten mit Nut und Feder

14.5.4 Hohlraumboden

Der Hohlraumboden nach DIN EN 13213 ist geeignet für Gebäude, in denen eine auswechselbare E-Installation, Kabel für die EDV und Schwachstromkabel in den Bodenaufbau integriert werden sollen. Die Böden können mit einer geringen Höhe z. B. mit Hohlraumboden-Schalungselemente auf der Basis feuerschutzimprägnierter Platten mit einer Dicke von 15 mm auf Stützfüßen oder vorgefertigter PVC-Formplatten gefertigt werden. Hohlraumboden kann bei entsprechender Raumhöhe auch nachträglich eingebaut werden.

14.5.5 Doppelboden

Das System Doppelboden wird eingeplant wo hohe Anforderungen an den Einbau der Installationen gestellt werden und die größeren Installationsquerschnitte eine Einbauhöhe bis zu 1250 mm erfordern. Gebäudebeispiel sind Hörsäle, Veranstaltungsräume und Kinos. Die Unterkonstruktion besteht meist aus metallischen, höherverstellbaren Stützen aus Stahl, Aluminium oder Metallkombinationen. Das Stützenraster sollte 600 mm nicht überschreiten (vgl. Abb. 14.42).

14.6 Wandverkleidungen und Deckenverkleidungen

Für das Bekleiden von Wänden und Decken gibt es optische (Raumeindrücke verändern) wie konstruktive (Verbesserung der Akustik) Gründe.

14

Als Wandverkleidung sind Verstäbung, Verbretterung, Rahmentäfelung und Plattentäfelung aus Vollholz, Holzwerkstoffen, Platten aus Kunststoff, Gips oder Metall gebräuchlich.

Als Deckenverkleidung werden leichte Bekleidungen bis zu einer Eigenlast von 50 kg/m² in der DIN 18168 beschrieben. Die Deckenbefestigung erfolgt direkt an der Rohdecke. Die tragenden Teile wie Verankerungselemente, Abhänger, Unterkonstruktion und Verbindungselemente müssen fest und sicher verbaut sein (vgl. Abb. 14.44).

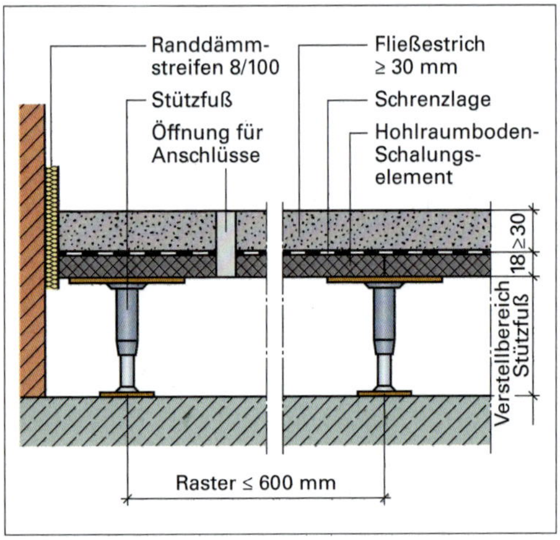

Abb. 14.43: Doppelboden mit Stützfüßen aus Metall

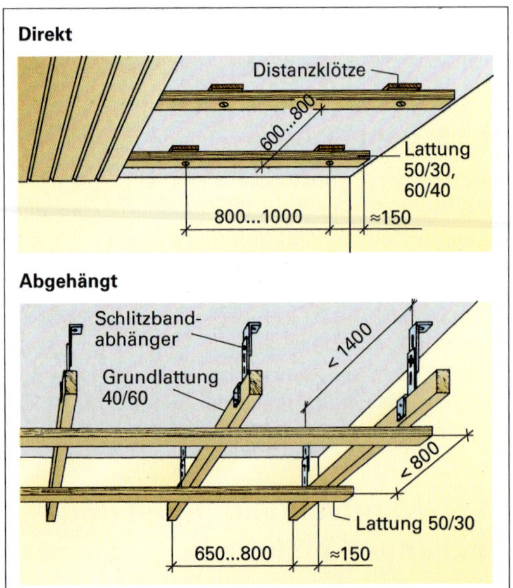

Abb. 14.44: Unterkonstruktion, direkt an der Rohdecke befestigt, indirekt von der Rohdecke abgehängt

14.7 Innentüren

Grundrisslage und Drehrichtung der Innentüren beeinflussen die nutzbare Grundfläche eines Raumes. DIN 18101 enthält verbindliche Maße und Abmessungen für Maueröffnungen, Türblätter und Zargen. Die Türöffnungsbreite wird entspechend nach der Raumnutzung geplant. Im Wohnungsbau reichen 87,5 cm als Baurichtmaß, für Nebenräume auch 75 oder 62,5 cm (bei gemauerten Wänden gilt das zugehörige Nennmaß). Im Verwaltungs- und Schulbau sind es mindestens 100 cm, im Krankenhausbau wegen des Bettentransports 112,5 cm.

Die Türöffnungshöhe reicht von Unterkante Türsturz bis Oberkante fertiger Fußboden. Sie muss dem Handwerker ebenso wie die geplante Gesamtdicke des Fußbodenbelags schon für die Rohbauarbeiten bekannt sein (eventuell Hinweis in der Zeichenlegende). Als Normalhöhe gilt das Richtmaß 200 cm, bei gemauerten Wänden 200,5 cm. Weitere Normhöhen sind 212,5 cm, 225 cm und 187,5 cm – bei Mauerwerk jeweils 0,5 cm mehr (vgl. Abb. 14.45).

Vom jeweiligen Verwendungszweck hängen Größe, Material und Konstruktion des Türblattes, die Art der Türrahmenausbildung und die Ausstattung des Türelements mit Beschlägen ab. Sowohl Außen- als auch Innentüren können aus Holz, Aluminium, Stahl, Kunststoff oder Glas hergestellt werden. Im Normalfall schlagen Türen nach innen, also in den Raum, auf. Halten sich viele Menschen gleichzeitig in Räumen auf, müssen die Türen nach außen aufgehen, als so genannte Fluchttüren. Das Gleiche gilt für Eingangstüren großer bzw. öffentlicher Gebäude. Bei der Planung von Türen ist neben der Aufschlagrichtung, auch auf die Raumnutzung bezogen, die richtige Lage wichtig (vgl. Abb. 14.46).

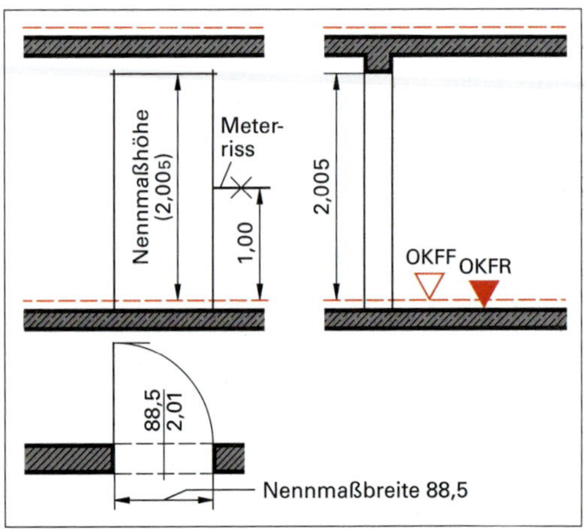

Abb. 14.45: Maße und Drehrichtung in Bauzeichnungen

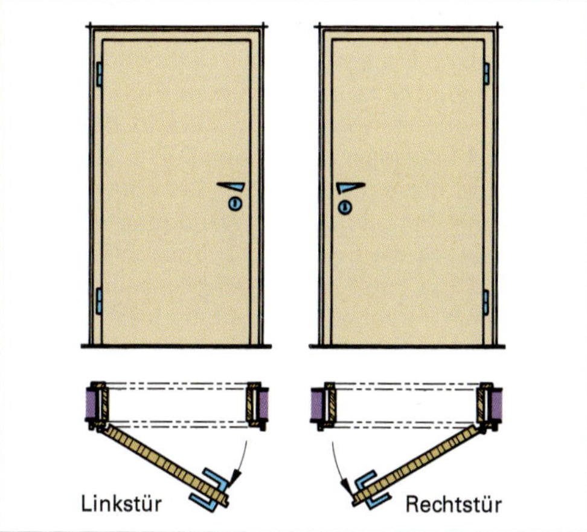

Abb. 14.46: Links- und Rechtsbezeichnung bei Türen

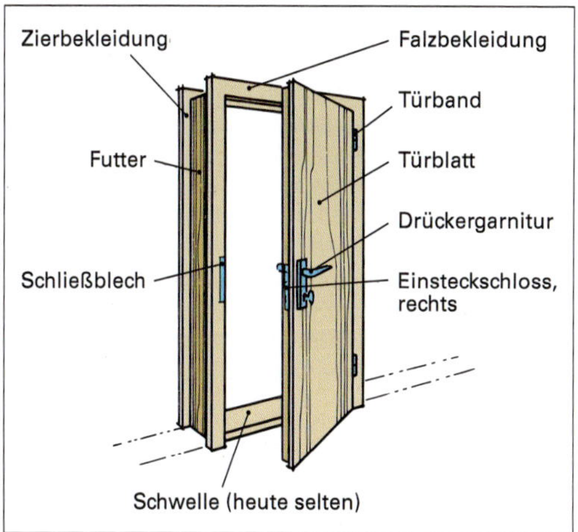

Abb. 14.47: Teile einer Tür mit Futter und Bekleidungen

Es gibt viele Möglichkeiten, Türen zu unterscheiden. Eine Einteilung kann erfolgen nach:

- Bewegungsrichtung als Drehflügeltür, Schiebetür, Pendeltür usw. Zu Türen zählen auch ganze Elemente, wie Faltwände, Schiebewände usw.
- Sitz der Bänder als Rechts- oder Linkstür. Hierbei sind, die Tür von der Raumseite betrachtet, die Bänder an der linken oder rechten Seite angebracht (vgl. Abb. 14.46)
- Die Türrahmenausbildung kann als Blendrahmentür, Blockrahmentür, Zargentür oder Tür mit Futterrahmen und Bekleidung erfolgen.
- Die Ausführung der Türblätter geschieht als Latten- und Brettertüren, Sperrtüren, Rahmentüren und aufgedoppelte Türen.

Türelemente aus Holz und Holzwerkstoffen

Türelemente aus Holz und Holzwerkstoffen werden heutzutage als Serienfertigung hergestellt, selten in Einzelanfertigung. Jede Tür besteht aus zwei Teilen: einer fest an der Wand verankerten Türzarge – auch Türrahmen genannt – und einem beweglichen Teil, dem Türblatt. Von der Art, wie Türzargen ausgebildet sind und in der Wandöffnung befestigt sind, hängt es weitgehend ab, welchen Belastungen und Anforderungen die Tür genügt, wie geräuscharm und dicht sie schließt und wie die Türansicht im Ganzen wirkt.

In jedem Fall muss die Türzarge mit der Wand unverrückbar fest verbunden sein, da an ihr der Türflügel angeschlagen ist und somit auch die Lasten über die Zarge abgetragen werden.

14

Türen mit Blendrahmen

Blendrahmen sind aus einem rechteckigen Vollholzquerschnitt. Blendrahmen können entweder in einen Mauerfalz, vor eine Wandfläche oder ohne Anschlag in eine Maueröffnung einsetzen und mit Rohrdübeln (Spreizdübeln) oder Ankerlaschen am Mauerwerk befestigt werden. Das übliche Mauerfalzmaß beträgt 62,5 mm (1/4 Stein) in der Breite und 125 mm (1/2 Stein) in der Tiefe.

Blendrahmen werden vor allem bei Hauseingangs-, Windfang-, Wohnungsabschluss- und Kellertüren verwendet.

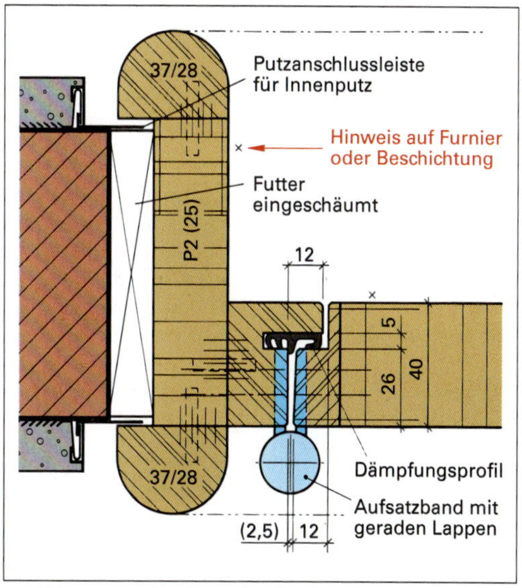

Abb. 14.48: Zargenrahmentür, bündig überfälzt

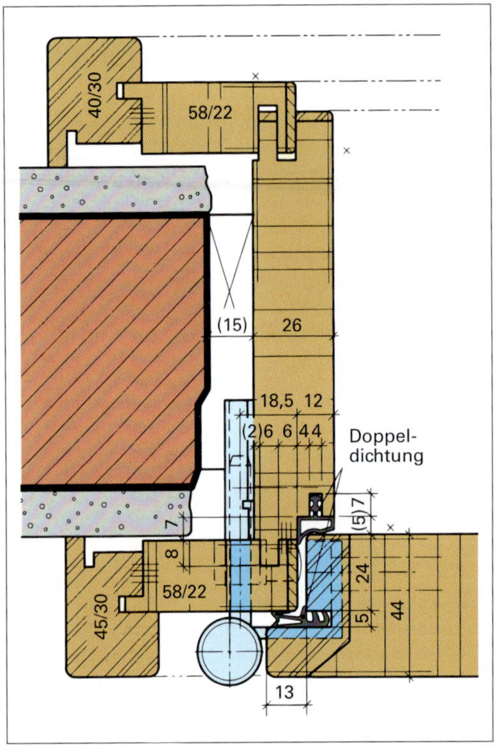

Abb. 14.49: Futterrahmentür mit Bekleidungen

Türen mit Zargenrahmen

Zargenrahmen decken die Leibungen der Wandfläche vollflächig ab.

Die Zargentiefe entspricht der Wanddicke. Der Einbau der Zargen erfolgt, nachdem der Innenputz getrocknet ist. Es ist selbstverständlich möglich, die Zargenkanten auch über den angrenzenden Wandflächen überstehen zu lassen.

Üblicherweise wird der Zargenrahmen aus Holzwerkstoffen mit Vollholzanleimer hergestellt (Kantenschutz) und entweder sichtbar oder unsichtbar an der Leibung befestigt. Umlaufende Trenn- bzw. Schattenfugen können mit Putzschienen aus verzinktem Stahlblech oder Deckleisten aus Holz hergestellt werden. Zargenrahmenkonstruktionen eignen sich für Innentüren in sturzhoher und raumhoher Ausführung.

Zum Einsatz kommen z.B.: Trockenbauzargen (Schnellbauzargen) in Form von einteiligen oder dreiteiligen Stahlzargen. Stahlzargen bestehen üblicherweise aus 1,5 mm oder 2,0 mm dickem Stahlblech.

Türen mit Futter und Bekleidungen

Die mit dem Mauerwerk fest verbundenen Teile bestehen aus dem so genannten Futter und einer Falz- und Zierbekleidung. Wie in der Abbildung 14.49 ausgezeichnet, entspricht die Breite des Futters die der Wanddicke. Der Futterrahmen deckt somit die Leibung der Wandöffnung vollflächig ab. Durch die beidseitig aufgebrachte Bekleidung wird die Fuge zwischen Türfutter und Wand geschlossen. Futter und Bekleidung bilden zusammen einen Falz, in den das Türblatt – gefälzt oder ungefälzt – einschlägt.

Diese Konstruktionen eignen sich für Innentüren, die auch raumhoch sein können.

Türzargen aus Metall

Metallzargen sind das allgemein verwendete Ausbauelement. Metallzargen gibt es in vielfältigen Formen und Ausführungen. Die Wahl der richtigen Zarge wird bestimmt durch die jeweilige Wandbauart: Mauerwerk, Ständerwerk, Gipsdielenwände. Diese Wandbauarten stellen unterschiedliche Anforderungen an die Konstruktion, die Verankerung, und den Einbau der Metallzarge. Natürlich bleiben dabei auch die Anforderungen an den Schall- und Brandschutz nicht unberücksichtigt. Die Auswahl richtet sich aber auch danach, ob die Zarge gleich im Rohbaustadium oder nachträglich in die fertige Öffnung eingebaut werden soll.

Als wesentliche Auswahlkriterien gelten:

- weitgehende Unempfindlichkeit gegen Stöße, Feuchtigkeit und Temperatureinflüsse
- jeweils wahlweise DIN-linke oder DIN-rechte Verwendbarkeit
- Einbau entweder im Rohbau (bei der Wandherstellung) oder nachträglich als oberflächenfertiges Ausbauelement
- kraftschlüssige Verbindung zwischen Zarge und der jeweiligen Wandbauart sowie rationelle Montage durch ausgereifte Verankerungssysteme
- ausreichend hohe Tragfähigkeit und Stabilität auch bei schweren Türblättern
- geräuscharmer und dichter Türverschluss durch Zargen- oder Türblattdichtung
- dauerhafter Korrosionsschutz durch den Einbau feuerverzinkter Stahlbleche mit serienmäßiger Grundlackierung
- Angebot von Sonderzargen für besondere Zwecke und Funktionen
- relativ günstige Herstellungskosten durch Serienfertigung (Standardzargen)

Türblätter

Das Türblatt ist der bewegliche Teil eines Türelementes, das die Öffnung schließt und in der Regel nach innen bzw. zum Raum hin aufgeht. Türblätter gibt es in einer Vielzahl von Formen, Oberflächengestaltung, Materialien und Konstruktionen unterschiedlichster Hersteller.

Nach ihrem Einsatzort wird unterschieden in

- Außentüren → Hauseingangstüren
- Innentüren → Wohn- und Objektbereich
- Sondertüren → Wohnungsabschlusstüren, Nass- und Feuchtraumtüren
- Schutztüren → Feuer-, Rauch-, Schallschutztüren

Innentürblätter können aus Vollholz oder Holzwerkstoffen, wie z.B. Sperr-, Span- und Faserholzplatten, herstellt sein. Das Zusammenfügen von Vollholz-Rahmenfriesen erfolgt durch gestemmte Zapfen mit Nutzapfen (ältere Bauart). Im industriellen Türrahmenbau hat sich die Dübelverbindung durchgesetzt. Die Füllungen werden auch aus den schon genannten Materialien hergestellt.

Türblattkonstruktionen von Sperrtüren

Sperrtürblätter bestehen im Wesentlichen aus einem Rahmen, der Einlage und den beidseitigen Deckplatten aus Holzwerkstoffen.

Sperrtürblätter sind glatte Türblätter aus Rahmen, Einlage und Deckplatten. Die vorwiegend industriell hergestellen Türblätter werden häufig mit Edelholzfurnieren, Schichtpressstoffplatten oder Folien sowie mit Oberflächenbehandlung geliefert. Sie können mit Glasausschnitten, Briefschlitzen (heute eher unüblich) und Spionloch versehen sein.

Für Sperrtürblätter sind in der DIN 68706-1 Konstruktionsmerkmale festgelegt. Für die einzelnen Türgruppen gelten sehr unterschiedliche technische Anforderungen, die bezüglich ihres konstruktiven Aufbaus zu beachten sind.

Nach der Art der Mittellagenausbildung (Einlage) werden folgende Hauptgruppen unterschieden:

- Kompakttürblätter (Volltürblätter) aus beispielsweise Vollspan- oder Röhrenspanplatten, Stabsperrholzplatten (Tischlerplatten), Mehrschichteinlagen aus Holzfaser-, Holzspan-, Mineralfaser-, Gipskartonplatten usw.
- Hohlraumtürblätter aus beispielsweise hochkant stehenden waben-, raster-, spiral-, wellen oder stegförmig verleimten Karton-, Furnierholz-, Holzfaser- oder Holzspanplattenstreifen
- Sandwichtürblätter (Schalentürblätter) beispielsweise mit schall- und wärmedämmenden Dämmstoffeinlagen aus Mineralwolle oder Polyurethanschaum

14.8 Platten und Fliesen

Keramische Erzeugnisse werden auf unterschiedliche Weise in der Innenarchitektur verwendet: als Boden- oder Wandfliese und als Ofenkacheln.

Einteilung der keramischen Erzeugnisse

Als Keramik werden Produkte bezeichnet, die aus Ton hergestellt und anschließend gebrannt werden. Die früher handwerklich hergestellte Keramik wird heute als Massenware in großer Stückzahl und gleich bleibender Qualität hergestellt.

Trockengepresste keramische Fliesen mit mittlerer Wasseraufnahme gehören nach der Klassifizierung zu der Gruppe BII a bzw. BII b; Fliesen mit hoher Wasseraufnahme zur Gruppe BIII (vgl. Tabelle 14.51).

Diese Fliesen sind gekennzeichnet durch einen feinkörnigen, kristallinen, porösen Scherben mit einer Wasseraufnahme von mehr als 10 Gew.-%. Der Scherben (Rückseite) der Steingutfliese ist hell, die Irdengutfliese hat einen farbigen Scherben.

Tabelle 14.50: Formgebungsverfahren

Formgebung	Bezeichnung
Verfahren A	Stranggepresste keramische Fliesen und Platten
Verfahren B	Trockengepresste keramische Fliesen und Platten
Andere Verfahren	z. B. gegossene Fliesen und Platten

Tabelle 14.51: Wasseraufnahmegruppen

Gruppe	Wasseraufnahme (E_b)
I	niedrige Wasseraufnahme $E_b \leq 3$ %
II II a II b	mittlere Wasseraufnahme 3 % $< E_b \leq 6$ % 6 % $< E_b \leq 10$ %
III	hohe Wasseraufnahme $E_b > 10$ %

14

Trockengepresste keramische Fliesen nach DIN EN 176 mit niedriger Wasseraufnahme gehören nach der Klassifizierung zur Gruppe BI. Steinzeugfliesen sind gekennzeichnet durch einen feinkörnigen, kristallinen, dichtgesinterten Scherben, der höchstens 3 Gew.-% Wasser aufnimmt.

Tabelle 14.52: Klassifizierung von Fliesen und Platten für Bodenbeläge

Klasse	Beanspruchung durch kratzende Verschmutzung	Anwendungsbereich
1	ohne kratzende Verschmutzung	Wohnbereich: Schlafraum, Bad
2	gelegentliche kratzende Verschmutzung	Wohnbereich: Wohnräume außer Küchen und Dielen
3	häufige kratzende Verschmutzung	Wohnbereich, Objektbereich: Gesamter Wohnbereich, Balkone, Hotelbäder
4	regelmäßige kratzende Verschmutzung	Objektbereich: Eingänge, Büros, Verkaufsräume
5	starke kratzende Verschmutzung	Objektbereich: Gaststätten, Schalterhallen, Kaufhäuser

Tabelle 14.53: Modulare Vorzugsmaße (Beispiele)

Fliesen- und Plattenarten	Vorzugsmaß (Koordinierungsmaß) in cm	Herstellmaß (Werkmaß) in mm
Spaltplatten	30 x 30	290 x 290 x 15
	25 x 25	240 x 240 x 11
	15 x 15	140 x 140 x 11
	25 x 12,5	240 x 115 x 11
Fliesen und Platten aus Steinzeug und Steingut	30 x 30	294 x 294 x 8
	20 x 20	194 x 194 x 8
	15 x 15	144 x 144 x 8
	10 x 10	97,5 x 97,5 x 8
Mosaik	5 x 5	48 x 48 x 6
Bodenklinkerplatten	25 x 25	240 x 240 x 25
	25 x 12,5	240 x 115 x 25
Die Abmessungen der genormten Formen werden in modularen Vorzugsmaßen (Koordinierungsmaß), die bei allen Herstellern gleich sind oder im herstellerbezogenen Herstellmaß gefertigt		

Tabelle 14.54: Fugenbreiten

Fliesen- und Plattenarten	Seitenlänge	Fugenbreite
Trockengepresst	bis 10 cm über 10 cm	1 mm bis 3 mm 2 mm bis 8 mm
Stranggepresst	bis 30 cm über 30 cm	4 mm bis 8 mm ≥ 10 mm
Bodenklinkerplatten	für alle Seitenlängen	8 mm bis 15 mm

Stranggepresste keramische Platten (Spaltplatten) nach DIN EN 121 oder DIN EN 186-1 mit niedriger Wasseraufnahme gehören nach der Klassifizierung zur Gruppe AI, mit mittlerer Wasseraufnahme zur Gruppe AII a.

Spaltplatten gehören demnach in die Gruppe der Steinzeugprodukte.

Fliesenmörtel und Fliesenkleber werden eingeteilt in:

- Dickbettmörtel 15 mm bis 50 mm dick und
- Dünnbettmaterialien bis 6 mm dick.

Ansetzen im Dickbett

Die klassische Verlegemethode ist das Ansetzen im Dickbett. Der Vorteil der Dickbettverlegung liegt darin, dass sie erlaubt, Unebenheiten im Untergrund auszugleichen. Es setzt einen haftfähigen Untergrund voraus. Vor dem Verlegen werden die Fliesen kurz in sauberes Wasser getaucht, worauf rückseitig mit einer Kelle der Verlegemörtel etwa 2,5 cm hoch aufgetragen wird. Die Kanten werden ringsum mit der Kelle angeschrägt. Auf diese Weise entsteht der nötige „Verdrängungsraum" für das Andrücken und Ausrichten der einzelnen Fliesen. Sie werden mit dem Hammerstiel angeklopft. Dabei wird der Zementleim in die Poren des Scherbens gedrückt. Beim Erhärten bilden sich Zementdübel, die eine mechanische Verankerung sowohl zwischen Mörtel und Untergrund als auch zwischen Fliese und Mörtel herstellen.

Für das Ansetzen und Verlegen der Fliesen und Platten im Dickbettverfahren wird Zementmörtel verwendet. Als Bindemittel dient Zement und als Gesteinskörnung Sand in der Korngruppe 0/4. Der Sand ist das „tragende Gerüst" des Mörtels und der Zement bindet alle Korngrößen aneinander.

Um den Dickbettmörtel herzustellen, eignen sich besonders folgende Zemente:

- CEM I Portlandzement
- CEM II/A-P, CEM II/B-P Portlandpuzzolanzement
- CEM III/A, CEM III/B Hochofenzement

Der Anschluss an eine zweite Wand kann unterschiedlich erfolgen.

- Bei Uni-Fliesen, einheitlichem Untergrundmaterial und kurzen Wandstücken kann die Eckfliese oder ein Reststreifen sich hinter die vorhandene Eckfliese schieben, die Eckfuge wird dann starr vermörtelt (vgl. Abb. 14.55).
- Bei Uni-Fliesen, verschiedenen Untergrundmaterialien, wie z. B. Beton/Bims, bei langen Wänden ist es erforderlich, eine Belagtrennung bis auf den Ansetzgrund zu führen. Die entstandene Fuge wird dauerelastisch ausgespritzt (vgl. Abb. 14.55).
- Bei Dekorfliesen können in den Ecken geschnittene Teilfliesen aufeinandertreffen. Sie dürfen nicht hintergeschoben werden, weil sonst das Muster unterbrochen wird. Die Ecke kann starr vermörtelt oder mit einer Anschlussfuge versehen werden.

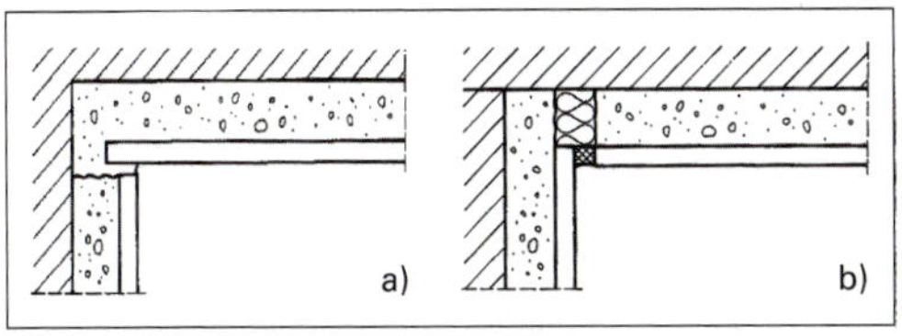

Abb. 14.55: Wandanschlüsse a) Wandanschluss starr, b) Ecke mit elastischer Anschlussfuge

Ansetzen mit Dünnbettmaterialien

Das Verlegen der Fliesen im Dünnbett setzt einen ebenen biegesteifen Untergrund voraus. Bei Baustellenestrichen und Beton ist die Belegereife zu prüfen. In Abhängigkeit von der Estrichart und dem geplanten Bodenbelag sind für die Feuchtigkeit des Estrichs CM-Grenzwerte zu unterschreiten bzw. einzuhalten.

Tabelle 14.56: CM-Werte für Estriche	
Zement-Estriche	1,8 CM-% bis 2,0 CM-%
Calciumsulfat-Estriche Fließ-Estriche	0,3 CM-% bis 0,5 CM-%

Die gültige Norm für Fliesenkleber (DIN EN 12004) unterscheidet zementhaltige (hydraulisch erhärtende) Kleber nach der Haftzugfestigkeit in C1 und C2 und nach der Biegezugfestigkeit in S1 und S2 Kleber. Neben den Dispersionsklebstoffen (ein gebrauchsfertiges Gemisch aus organischen Bindemitteln) D1 und D2 sind auch Reaktionsharzklebstoffe R1 und R2 genormt.

Durch Kennbuchstaben werden Verarbeitungseigenschaften der zementhaltigen und Reaktionsharz-Klebematerialien ausgewiesen.

T verringertes Abrutschen (thixotrop)
E verlängerte kleboffene Zeit (extended open time)
F schnelles Abbinden bei zementhaltigen Klebern (fast setting)

Beispiele

für Bezeichnungen von Fliesenklebern
C2 FTE   C2 TE S1

Keramische Beläge lassen sich mit Zement-, Dispersions- oder Reaktionsharzkleben verlegen.

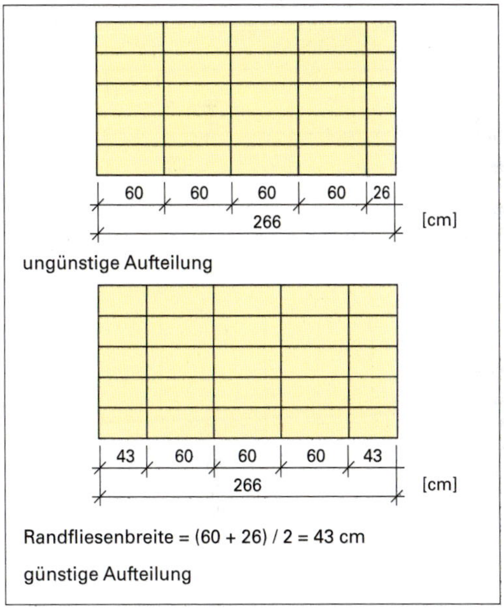

Abb. 14.57: Einteilung Fliesenspiegel (Beispiel)

Um Fliesen im Dünnbett zu verlegen wird der Klebemörtel und mit einem Zahnspachtel aufgetragen. In das aufgetragene Klebebett werden dann die Fliesen eingelegt. Fugenabstände und Zahnung richten sich nach den Abmessungen der Fliesen.

Fugen im Estrich sind in den Fliesenbelag zu übernehmen.

Die Verlegung von Fliesen in Räumen und Flächen mit Feuchtigkeitsbelastungen erfordert vor dem Verlegen der Fliesen eine fachgerechte Abdichtung des Untergrundes. Insbesondere wie Ecken, Kanten und Rohrdurchbrüche sind sorgfältig abzudichten, um ein Hinterlaufen des Fliesenbelags zu verhindern. Die Ausführung richtet sich nach den Wassereindringklassen der DIN 18534 (Abdichtung in Innenräumen).

Ideal für die Dichtigkeit ist es, wenn die Durchbrüche für Leitungen der Armaturen sich in der Fliese und nicht im Bereich einer Fuge anordnen lassen. Allerdings ist dann bereits in der Planungsphase die Lage der Sanitärobjekte mit dem gewünschten Fliesenmuster abzugleichen.

Bei der Verlegung der Wandfliesen sind unsymmetrische Flieseneinteilung und schmale Randfliesen zu vermeiden. Ergibt sich bei der Einteilung eine schmale Teilfliese (kleiner halbe Fliesenbreite), wird die Breite der Teilfliese zu einer vollen Fliesenbreite addiert und dieses Maß durch zwei dividiert.

Es entstehen zwei Randfliesen mit einer Teilfliesenbreite größer einer halben Fliesenbreite und damit ein symmetrisches Fliesenbild (vgl. Abb. 14.57).

Fliesen und Platten können in unterschiedlichen Mustern verlegt werden (vgl. Abb. 14.58).

Fliesenbeläge in Feuchträumen erfordern Abdichtungsmaßnahmen vor dem Verlegen.

Gleichförmigkeit
Die einfachsten Muster entstehen beim Verlegen von gleichen Formen im Fugenschnitt, z. B. bei Quadraten und Rechtecken.

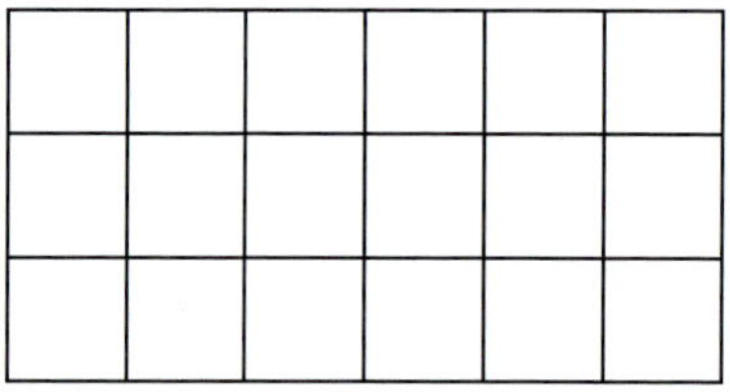

a) Quadrate

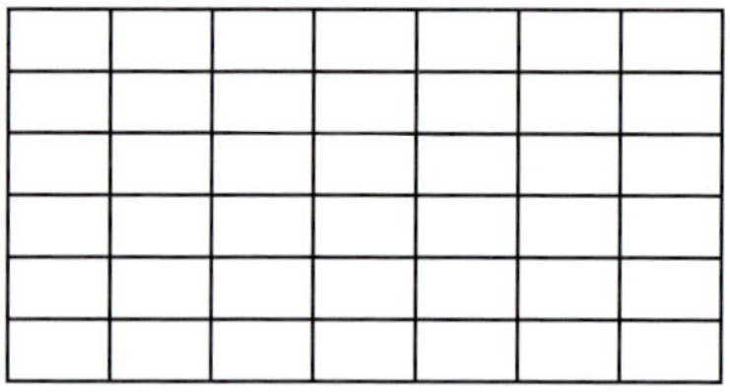

b) Rechtecke

Gleiche Formen, Quadrate und Rechtecke im Fugenschnitt

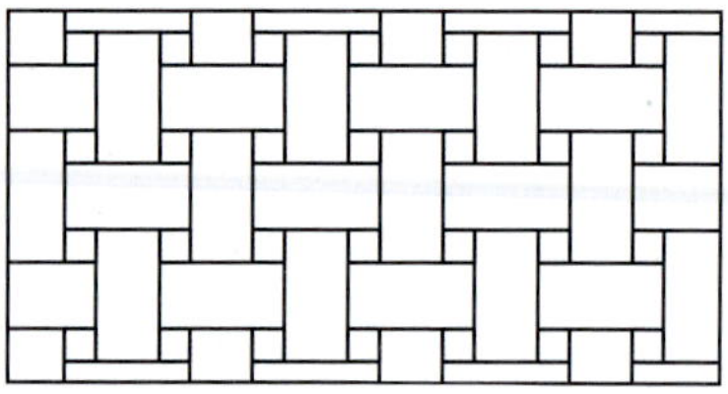

a) Gewebtes Muster

Gewebtes Muster durch Wechsel

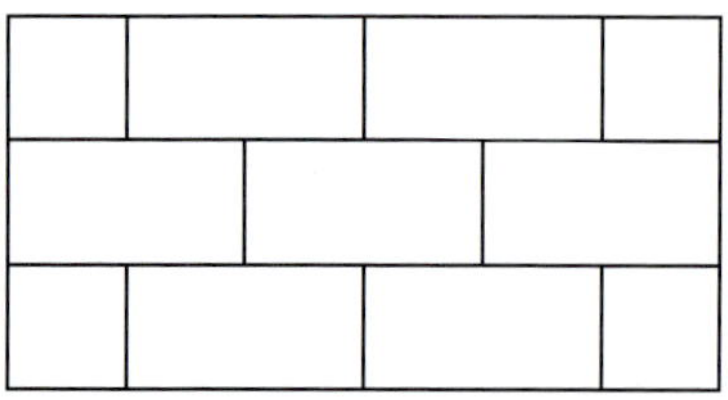

Halbverband Fugen um 1/2 Länge versetzt

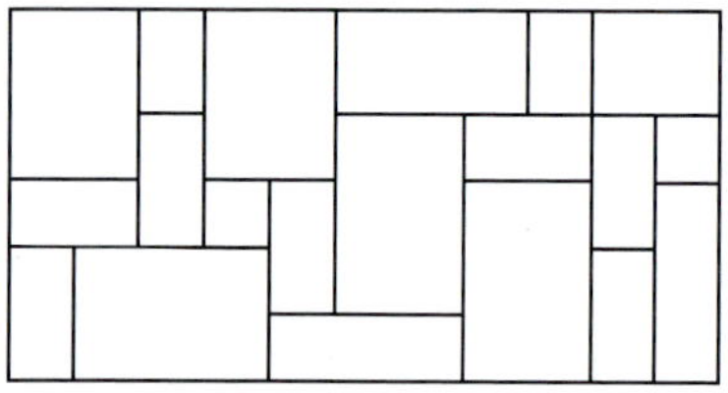

Römischer Verband

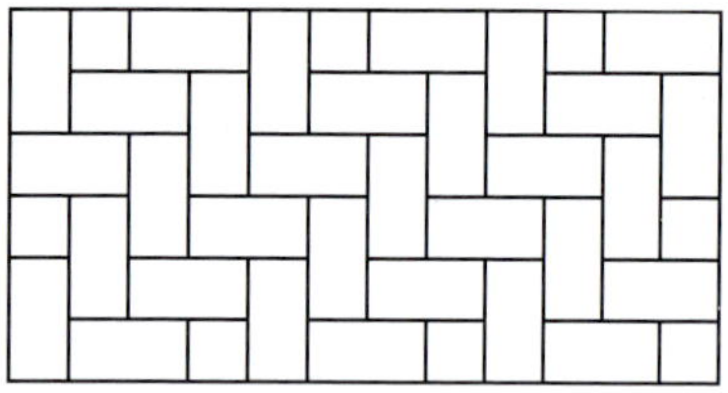

Fischgrätverband

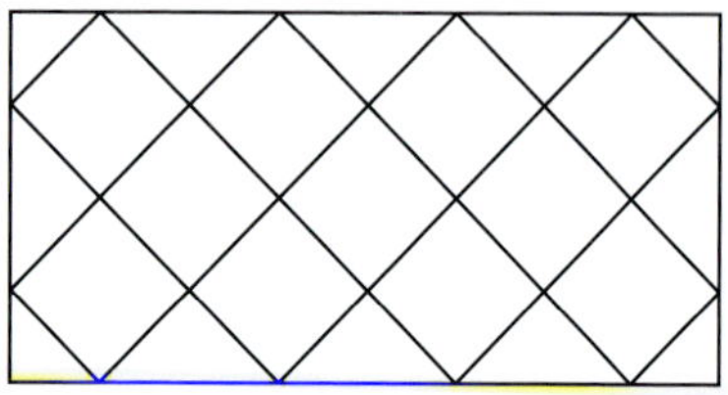

Diagonalverband

Bewegung/Dynamik
Form und Format wechseln beim Verlegen in Bahnen. Der Belag erhält hier eine Bewegung in Querrichtung.

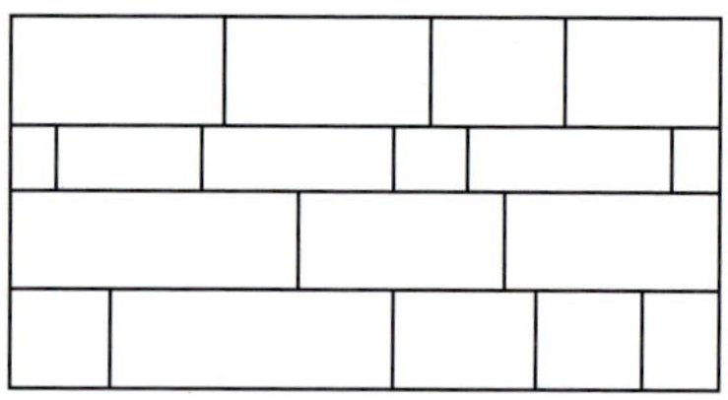

Unterschiedlich große Platten, verlegen in Bahnen

Abb. 14.58: Verlegemuster

Aufgaben zum LF 14 A Ausbau eines Geschosses

1. Welche Wände können als Trockenbauwände aus Gipsplatten errichtet werden?
2. Welche Eigenschaften weisen Gipse auf?
3. Welche Arten von Gipsplatten werden unter schieden?
4. Beschreiben Sie den Aufbau einer Einfachständerwand.
5. Zu welcher Baustoffklasse hinsichtlich des Brandschutzes gehören Gipsplatten?
6. Aus welchen Materialien kann eine Unterkonstruktion bestehen?
7. Welche Metallprofile werden für Ständer benutzt?
8. Nennen Sie die Kurzbezeichnungen für die Plattenarten a) Gips-Bauplatte und b) Gips-Bauplatte imprägniert.
9. Welche besonderen Merkmale werden Gipsplatten zugeschrieben?
10. Nennen und beschreiben Sie die Vorteile des Trockenestrichs.
11. Die Materialien für den Trockenestrich werden nach Plattenwerkstoffen unterschieden. Nennen Sie die unterschiedlichen Materialien.
12. Welche Anforderungen werden an Trockenestrichplatten gestellt?
13. Nennen und beschreiben Sie die Normmaße für die Innentür-Öffnungen.
14. Beschreiben Sie die Begriffe Rechtstür und Linkstür.
15. Beschreiben Sie Aufbau und Wirkung schwimmender Estriche.
16. Wie lassen sich Holzbalkendecken durch Fußbodenkonstruktionen gegen Trittschallübertragung schützen?
17. Welcher Höchstwert gilt für die Flächenmasse leichter Trennwände?
18. Unter welchen Bedingungen sind gleitende Anschlüsse für leichte Trennwände vorzusehen?
19. Woraus bestehen leichte Trennwände in Ständerbauart?
20. Beschreiben Sie wie der Schallschutz leichter Trennwände verbessert werden kann.
21. Unterscheiden Sie Deckenbekleidung und Unterdecken.
22. Nennen Sie die tragenden Teile der Deckenbekleidung sowie ihren Zweck.
23. Wann werden keramische Platten als Fliesen bezeichnet.
24. In welche Güteklassen werden Fliesen gegliedert?
25. Nennen Sie drei Estrichkonstruktionen, beschreiben Sie die Verwendung und skizzieren Sie den Detailpunkt Fußboden – Wand.
26. Bewerten Sie die einschalig ausgebildete Holzbalkendecke hinsichtlich des Schallschutzes.

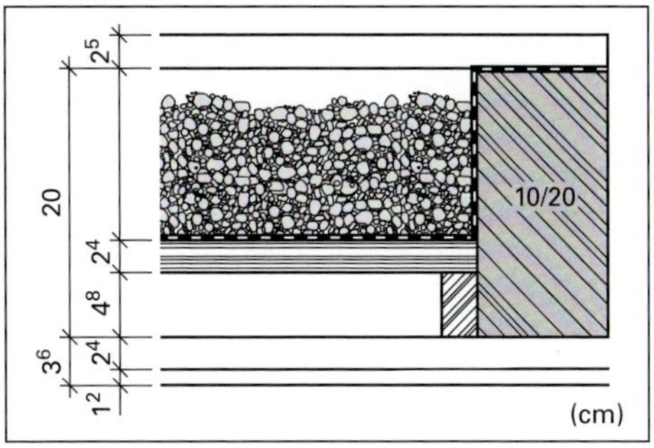

27. Über eine Geschosslänge $l = 11{,}24$ m ist die Balkenlage einer Holzbalkendecke gleichmäßig zu verteilen. Plandaten: Balkenbreite 10 cm, Wand dicke d = 36,5 cm, angenommenes Bundmaß $e = 70$ cm. Berechnen Sie die Anzahl der Bunde und das genaue Bundmaß.
28. Die dargestellte Wohnhaus-Geschossdecke wird als Holzbalkendecke ausgeführt. Die Länge der Balkenauflager beträgt 15 cm, die Zapflänge 5 cm. Die Holzliste ist zu erstellen und der Holzbedarf in m^3 zu ermitteln.

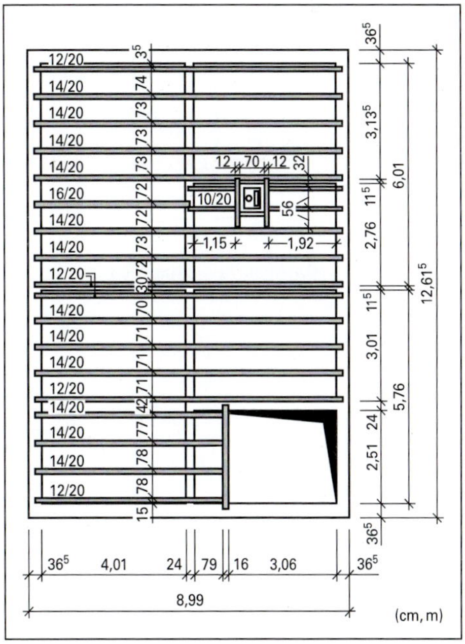

29. **Projektaufgabe**
Planen Sie den Dachgeschossausbau des vorgegebenen Mehrfamilienwohnhauses mit zwei Wohneinheiten. Der Plan stellt eine mögliche Raumplanung vor.
Die Decke über dem Dachgeschoss soll als begehbare Holzbalkendecke ausgebildet werden. Der Raum im Spitzbodenbereich kann eventuell als Schlafgeschoss genutzt werden.
Für den Ausbau sind Leichtwände zu wählen und Konstruktionen vorzuschlagen. Der Fußboden ist als Trockenboden einzuplanen.
Zeichnen Sie den Dachgeschossgrundriss im Maßstab 1:50 – m, cm. Berechnen Sie die erforderlichen Teilabmessungen nach Ihren Vorgaben, z. B. für die Flurbreite von 1,76 m.
Zeichnen Sie den Dachgeschossquerschnitt im Maßstab 1:50 - m, cm und vermaßen Sie die sogenannt 2 m – Linie.
Fertigen Sie für die Bodenfliesen in Küche und Bad einen Verlegeplan und berechnen Sie den Materialbedarf für drei Fliesenformate.

Fliesenmaße [cm]	Stück je m²
10 x 10	98
30 x 30	11
20 x 40	13

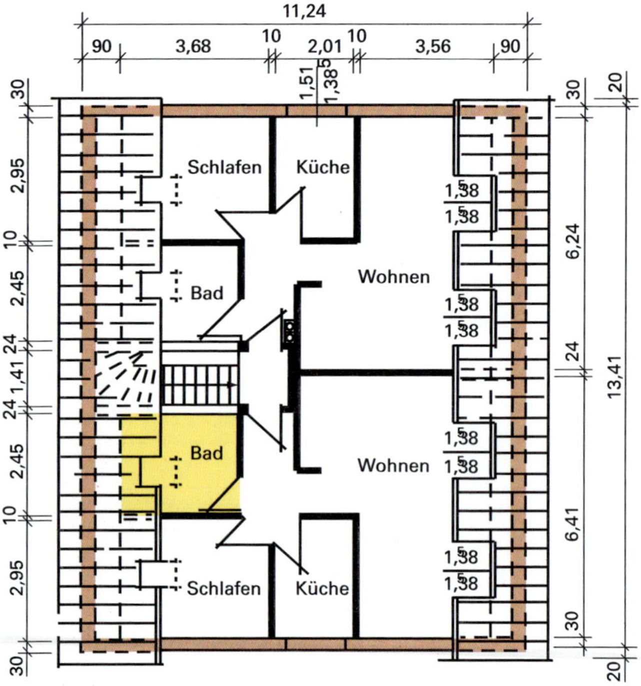

Dachgeschossgrundriss
M 1:100 – m, cm
(verkleinert)

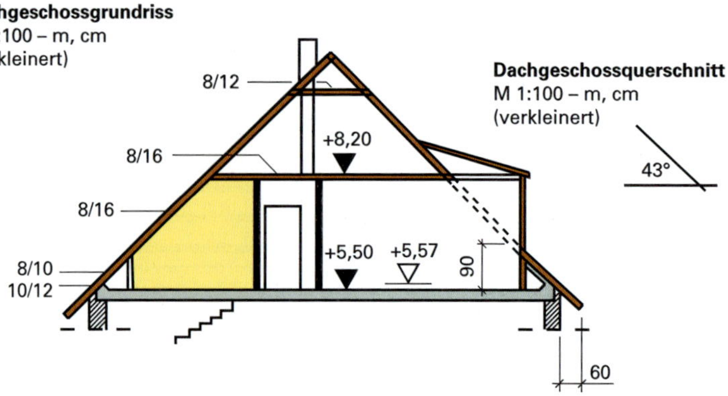

Dachgeschossquerschnitt
M 1:100 – m, cm
(verkleinert)

15 Sichern eines Bauwerkes

Wenn neue Bauwerke in der Nachbarschaft von vorhandenen Bauwerken erstellt werden sollen und die Abständen und Höhenlagen der neuen Gründung mit den Lasteinflussbereichen der vorhandenen Gründung zu unverträglichen Überschneidungen führen, ist das vorhandene Gebäude zu sichern (vgl. Abb. 15.1).

Bevor jedoch mit den Baumaßnahmen begonnen wird, ist der vorhandene Baubestand dokumentarisch festzuhalten. Insbesondere sind bereits vorhandene Bauschäden, Risse usw. zu dokumentieren. Durch die Dokumentation kann bei eventuellen Streitfällen über entstandene Schäden durch die neue Bebauung der Bauzustand vor der Baumaßnahme nachgewiesen werden. Auch in allen Fällen, bei denen der Grundwasserstand verändert werden kann, ist eine dokumentarische Bestandsaufnahme der vorhandenen Bausubstanz in der Nachbarschaft des geplanten Neubaus dringend anzuraten.

Bei besonders durch Erschütterung gefährdeten Bauten in der Umgebung können Erschütterungsmeßgeräte eingesetzt werden. Diese zeigen auf elektronischen Weg jede noch so kleinste Erschütterung an.

Im LF 10 I werden die Planungen für Unterfangungen, für Gründungen unter Berücksichtigung von besonderen Belastungen und Schwergewichts- sowie Winkelstützmauern erläutert.

15.1 Vorgesetzte Wände

Vorgesetzte Wände können als Bohrpfahl-, Schlitz- oder Spundwand ausgeführt werden. Bei all diesen Techniken wird das vorhandene Erdreich unter dem Fundament bei der Herstellung dieser Wände nicht gestört. Diese Bauweisen sind nur geeignet, wenn der benötigte Platz neben dem bestehenden Gebäude vorhanden ist.

Bei Bohrpfahl und Schlitzwänden entfällt die beim Einbau von Spundwänden entstehende Beeinträchtigung der Umgebung durch Rammen (Lärm) und Rütteln (Erschütterungen), anderseits muss der durch die Stützflüssigkeit verunreinigte Bodenaushub der nicht recycelbar ist, auf Deponien entsorgt werden. Je nach Platzverhältnissen müssen vorhandene Fundamente durch vorgesetzte Wände oder durch Unterfangungen in ihrer Lage gesichert werden.

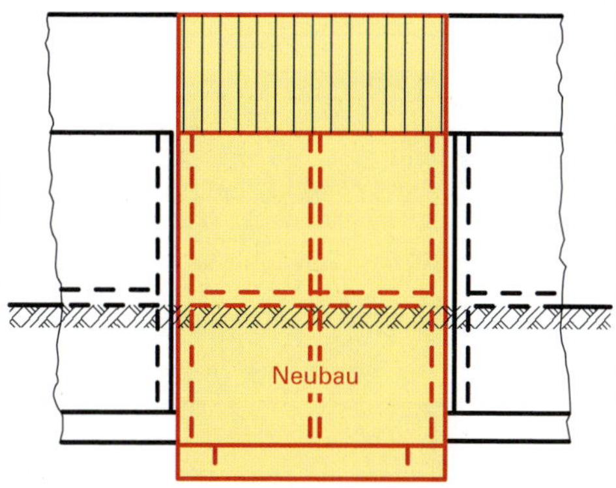

Abb. 15.1: Grenzbebauung

15.1.1 Bohrpfahlwand

Die Bohrpfahlwand eignet sich ebenfalls zur Sicherung großer Tiefen und wird unter anderem gern bei der Gründung von Brückenpfeilern verwendet. Oft wird sie als Bestandteil des späteren Bauwerks (z.B. bei Tiefgaragen) geplant und hergestellt. Die einzelnen Bohrpfähle können mit Abstand, sich berührend oder überschneidend hergestellt werden (sie müssen aus Stahlbeton bestehen) (vgl. Abb. 15.2 und Abb. 15.3).

Bei den Bohrpfahlwänden sind drei Ausführungen üblich:

- tangierende Bohrpfahlwände
- überschnittene Bohrpfahlwände
- aufgelöste Bohrpfahlwände

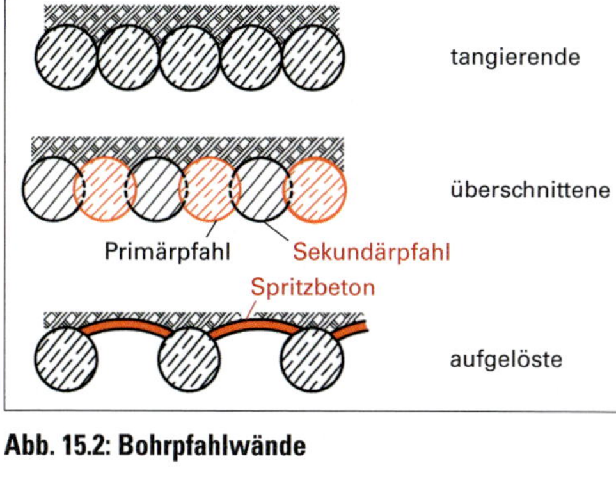

Abb. 15.2: Bohrpfahlwände

15

Bei einer Bohrpfahlwand werden Bohrpfähle eng aneinandergesetzt. Wenn sich die Bohrpfähle überschneiden, wird von einer überschnittenen Bohrpfahlwand gesprochen. Der Überschnitt beträgt 10 % bis 15 % des Durchmessers, jedoch mindestens 10 cm. Als Achsabstand wird ca. 0,875 · *d* gewählt (*d* Pfahldurchmesser).

Abb. 15.3: Stahlbetonpfahl (vor dem Betoniervorgang)

Zuerst werden die unbewehrten Primärpfähle hergestellt. Zwischen die unbewehrten Primärpfähle werden dann nach wenigen Tagen (die Betonfestigkeit sollte zwischen 3 N/mm^2 bis 10 N/mm^2 liegen) die bewehrten Sekundärpfähle eingebaut, wobei die Primärpfähle angeschnitten werden. Mit überschnittenen Bohrpfahlwänden lässt sich eine nahezu wasserabdichtende Baugrube herstellen.

Tangierende Bohrpfahlwände werden herstellungsbedingt mit einem Abstand zwischen den Pfählen von 2 cm bis 10 cm hergestellt.

Für diese Ausführung ist eine vorherige Überprüfung des evtl. anstehenden Grundwassers notwendig. Bei günstigen Bodenverhältnissen (d. h. ohne drückendes Grundwasser) kann auch eine aufgelöste Betonpfahlwand ausgeführt werden.

Aufgelöste Bohrpfahlwände sind bewehrte Bohrpfähle mit Zwischenraum. Fortschreitend mit dem Aushub zwischen den Bohrpfählen wird der Zwischenraum gesichert, im Allgemeinen mit Spritzbeton. Wird der Beton bewehrt, kann er auf Biegung beansprucht werden, ansonsten muss ein Gewölbe ausgebildet werden.

Die Herstellung der Bohrpfähle geschieht, indem einerseits verrohrte Bohrlöcher, ggfs. mit Hilfe von stützenden Betonitsuspensionen eingebracht werden, anderseits die Stützflüssigkeit im Boden so eingestellt wird, sodass keine Verrohrung erforderlich ist.

Abb. 15.4: Bohrpfahlwand mit Verankerung

Nach Einbau der Bewehrung wird (unter Herausziehen der Verrohrung) der Bohrpfahl ausbetoniert. Die Bewehrung von Bohrpfählen geschieht mit Längsstählen und Wendelbewehrung anstelle von Bügeln.

Bei größerer Höhe werden die Bohrpfähle verankert (vgl. Abb. 15.4). Bohrpfahlwände können im Gegensatz zu Schlitzwänden auch mit Neigung ausgeführt werden. Bohrpfahlwände können nicht wiederverwendet werden.

15.1.2 Schlitzwand

Die Schlitzwand besteht aus Stahlbeton und wird ebenfalls oft als ein Bestandteil des zu errichtenden Bauwerks geplant und ausgeführt. Schlitzwände sind mindestens 40 cm stark. Die Herstellung der Schlitzwand lässt sich in mehrere Phasen einteilen (vgl. Abb. 15.5). Nachdem eine Leitwand zur Führung des Seilbaggers oder des Fräsers hergestellt wurde, wird ein Schlitz bis zur gewünschten Tiefe ausgehoben. Der Einsturz des Schlitzes wird durch eine Stützflüssigkeit (in der Regel Bentonit) verhindert. Nach dem Einbringen des Bewehrungskorbes wird die Schlitzwandlamelle betoniert.

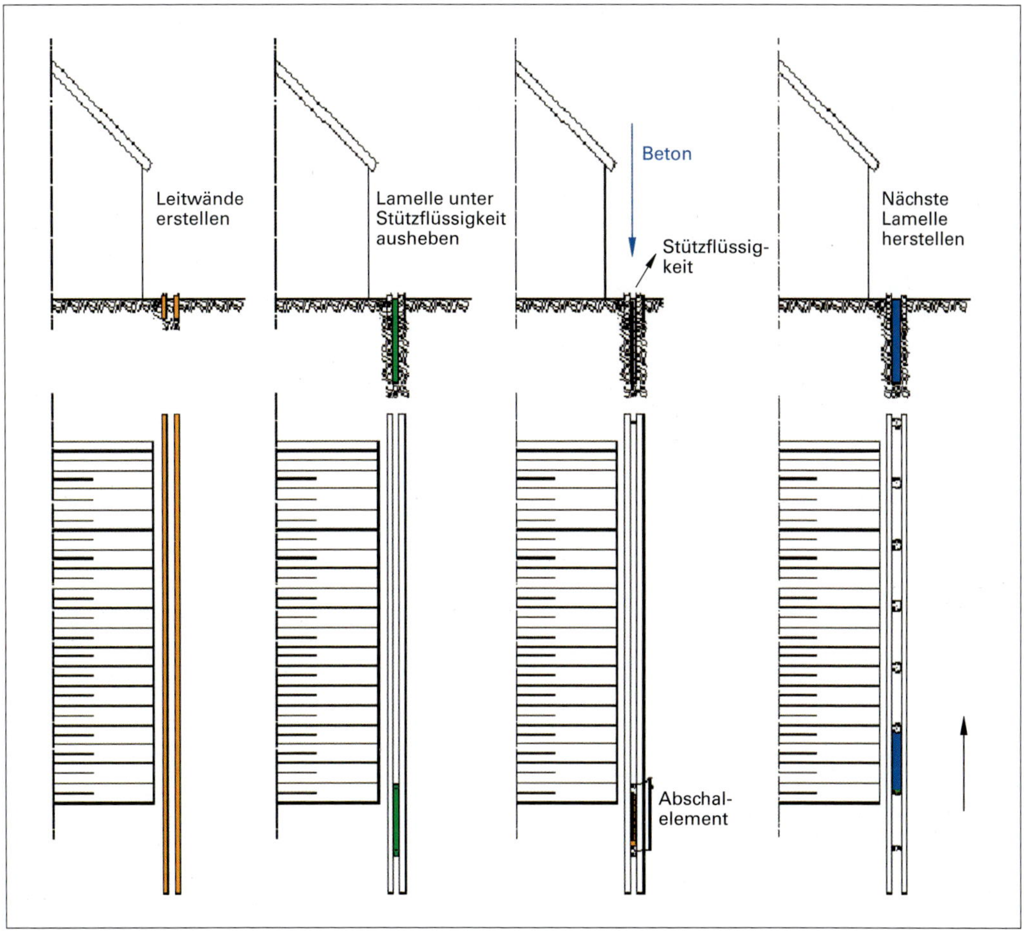

Abb. 15.5: Schlitzwandherstellung

Die Schlitzwand wie auch die Bohrpfahlwand eignen sich besonders gut, wenn eine baugrubennahe setzungsempfindliche Bebauung vorhanden ist. Beide gelten im Gegensatz zum Träger-Bohlen-Verbau als verformungsarm. Die umliegende Bebauung wird somit nur unwesentlich bzw. überhaupt nicht in Mitleidenschaft gezogen. Auftretende Verformungen infolge des Erddrucks lassen sich durch Rückverankerungen in das Erdreich verringern.

Allerdings sind die Kosten für die Herstellung von einer Schlitzwand und einer Bohrpfahlwand im Vergleich zum Träger-Bohlen-Verbau deutlich höher.

Schlitzwände zur Sicherung von Bauwerken werden abschnittsweise hergestellt. Schlitzwände können nur senkrecht hergestellt werden

15.1.3 Trägerbohlenwände

Bei einer Trägerbohlenwand werden I-Träger in Abständen in das Erdreich gerammt. Zwischen die I-Träger werden vorlaufend mit dem Aushub Bohlen eingebaut und verkeilt.

Die Profilwahl richtet sich ebenso wie die Wahl der Trägerabstände und Bohlenstärke nach den statischen Erfordernissen.

Bei hohen Wänden können durch eine Gurtung aus U-Profilen und Rückverankerung im Erdreich kleinere I-Profile gewählt werden.

Zu unterscheiden sind drei Verbauarten:

- Berliner Verbau (nicht wasserdichter Verbau)
- Essener Verbau (hohe Flexibilität bei querenden Rohrleitungen)
- Hamburger Verbau (wird bei schwerem Baugrund und drückendem Wasser verwendet)

Trägerbohlenwand mit Aussteifung

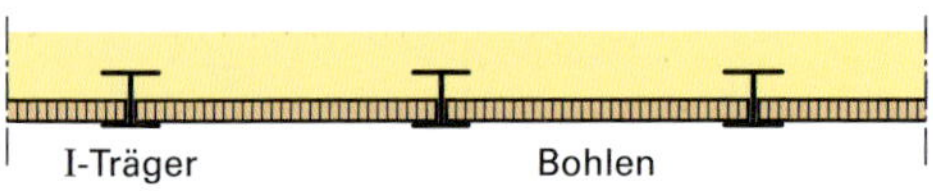

Trägerbohlenwand Berliner Verbau (Draufsicht)

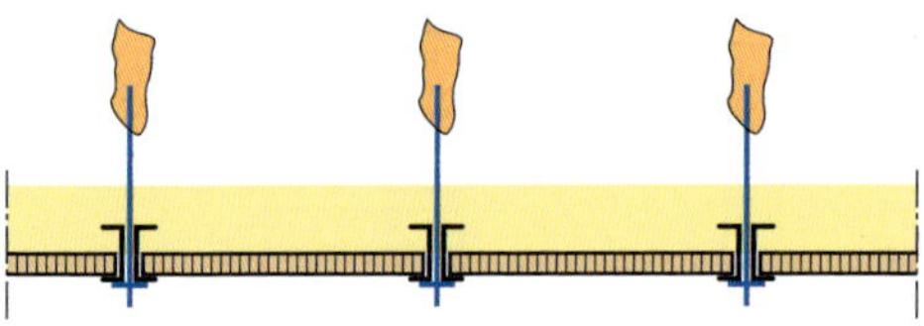

Trägerbohlenwand Essener Verbau (Draufsicht) **mit Verankerung**

Abb. 15.6: Trägerbohlenwand

Beim Berliner Verbau liegen die Bohlen zwischen den I-Trägern. Beim Essener Verbau werden statt der I-Träger zwei mit Stahllaschen verbundene U-Profile verwendet. Zwischen den U-Profilen lässt sich dann eine Verankerung ohne zusätzliche Gurte einbringen (vgl. Abb. 15.6).

Die Bohlen beim Hamburger Verbau liegen vor den I-Trägern und werden mit Hakenplatten hinter den Flanschen verankert. Diese Bauart wird jedoch nur noch selten angewandt.

15.1.4 Spundwände

Spundwände werden aus trapezförmigen Spundbohlen aus Stahl hergestellt. Gängige Profile sind:

- Tafelprofile
- Leichtprofile
- Kanaldielen
- System Larssen U-Profile
- System Hoesch Z-Profile

Spundwandprofile werden von verschiedenen Herstellern angeboten (vgl. Abb. 15.7 und Abb. 15.8; ThyssenKrupp GfT Baustahl; ArcelorMittal, Hoesch GmbH).

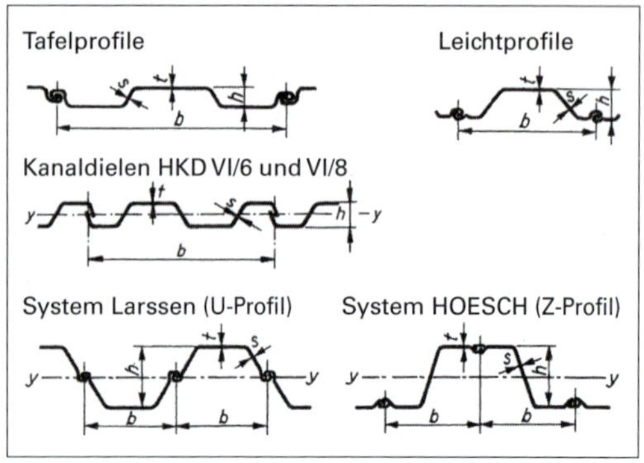

Abb. 15.7: Spundwandprofile

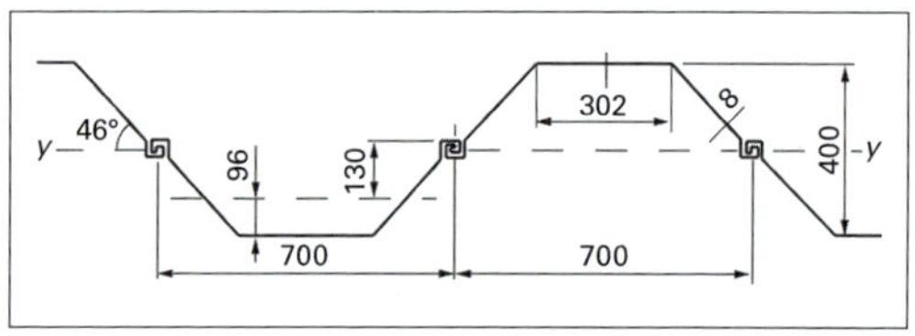

Abb. 15.8: Larssen Spundwandprofil

Die Spundbohlen greifen an ihren Rändern durch Schlösser ineinander. Die Spundbohlen werden nacheinander in der erforderlichen Länge in den Boden gerammt. Soll das Rammen vermieden werden, lassen sich Spundbohlen auch durch Einrütteln oder Einpressen in den Boden einbringen. Das Einpressen ist nahezu erschütterungsfrei und belastet die Umwelt deutlich weniger als die Rammtechnik. Allerdings sind die Kosten höher als bei der Rammtechnik. Bei schwierigen Bodenverhältnissen kann durch Spülen die Reibung bei Einbringen der Spundwandprofile vermindert werden. Dadurch ist weniger Rammkraft erforderlich.

Ebenso lassen sich Spundbohlen in Verbindung mit Schlitzwänden herstellen. Damit entstehen nahezu wasserdichte Wände. Nur in den Boden eingebrachte Spundbohlen können wiederverwendet werden, indem die Spundbohle wieder aus dem Boden gezogen wird.

In Moorboden, Torf und Schlick sowie in Sanden und locker gelagertem Kies lässt sich leicht rammen. Aufwendiger wird das Rammen in dicht gelagerten Sanden und Feinkies sowie steifen Lehm und Ton. Schwere Rammarbeit muss verrichtet werden, wenn in dicht gelagerten Kiesen und festen bindigen Böden gerammt werden muss.

Spundwände können gerammt, eingepresst und eigerüttelt mit oder ohne Spülhilfe hergestellt werden.

Wenn Spundwände eingebaut werden müssen, muss der Einfluss des Einbauverfahrens auf die vorhandene Bebauung geprüft werden. Durch den Ramm- oder Einrüttelvorgang entsteht zudem nicht unerheblicher Baulärm.

In Abhängigkeit von der Bodenart und der eventuellen Mehrfachverwendung ist die Stahlsorte der Spundbohlen zu wählen (DIN EN 10248-1):

- S240 GP für leichte Böden (240 N/mm² mind. Streckgrenze)
- S270 für mehrmaliges Rammen in leichten und mittelschwer rammbaren Böden, einmaliges Rammen in schwer rammbaren Böden
- S335 GP für mittelschwere bis schwer rammbare Böden und für mehrmalige Verwendung der Spundbohle

Bei Spundwänden werden verankerte und nicht verankerte Spundwände unterschieden. Unverankerte Spundwände sind eingespannte Systeme, die ein stärkeres Spundwandprofil benötigen. Die Rammtiefe der Spundwand muss so berechnet werden, dass das Einspannmoment aufgenommen werden kann. Grundlagen für die Bemessung sind DIN EN 1997-1: 2014-12, DIN EN 1997-1-NA1: 2010-12 und die nationale Restnorm DIN 1054: 2010-12. Die Ausführung von Spundwandkonstruktionen ist in DIN EN 12063 geregelt.

Unverankerte Spundwände sind nur zweckmäßig bei geringen Höhen (vgl. Abb. 15.9 bis Abb. 15.11).

Auflasten am Rand führen ebenso wie ansteigendes Gelände zu einer erhöhten Belastung der Spundwand. Eine weitere Anwendung der unverankerten Spundwand ist der Einbau in einen Dammkern, z. B. als Hochwasserschutz oder als Dichtungsbauwerk.

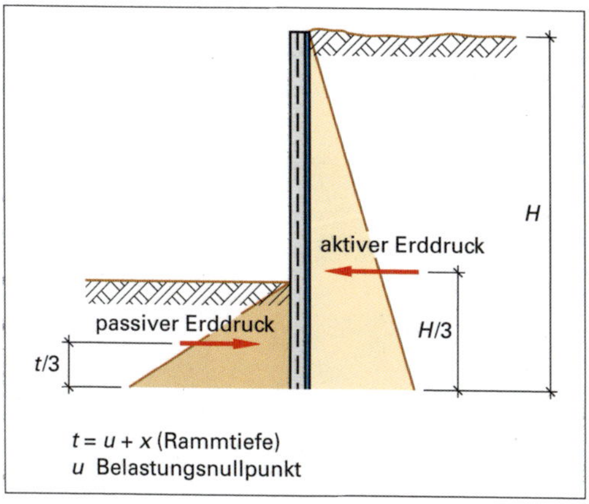

Abb. 15.9: Unverankerte Spundwand,
vereinfachtes Belastungssystem mit Auflast

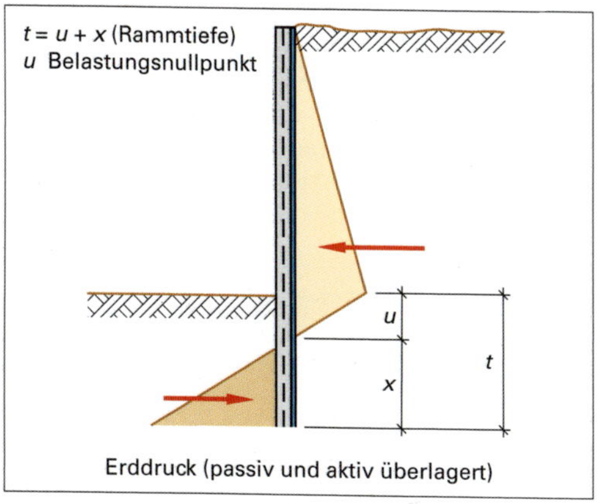

Abb. 15.10: Unverankerte Spundwand,
vereinfachtes Belastungssystem

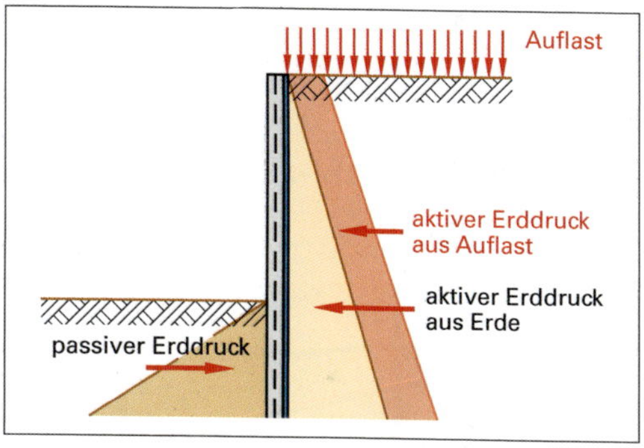

Abb. 15.11: Unverankerte Spundwand
(Belastung für Berechnung)

Wenn Spundwände im Erdreich verankert werden, kann die Konstruktion gerade bei großen Höhenunterschieden wirtschaftlicher ausgeführt werden, da die Beanspruchung der Spundwandquerschnitte deutlich geringer ist. Die Verankerungen stellen für die Berechnung ein Auflager dar. In sofern ist die Konstruktion mit rückwärtiger Verankerung trotz der zusätzlichen Kosten für die Verankerung günstiger.

Für die Verankerung von Spundwänden gibt es mehrere konstruktive Möglichkeiten.

Verankerung mit Ankerplatten
Der Ankerstahl mündet in einer Ankerplatte aus Stahl oder Beton (vgl. Abb. 15.12).

Verankerung an Verankerungswand
Die Ankerstähle werden an einer Spundwand verankert. Dies ist zweckmäßig, wenn das Baugelände so beschaffen ist, dass das Rammen der zur Verankerung dienenden Spundwand möglich ist (vgl. Abb. 15.13).

Verpressanker

Bei einem Verpressanker wird in ein Bohrrohr ein Stahlzugglied eingebracht, das im hinteren Teil mit Verpressmörtel umhüllt wird. Die Tragfähigkeit des Ankers wird nach dem Erhärten des Verpressmörtels durch Spannen des Stahls geprüft. Verpressanker werden nur auf Zug beansprucht (vgl. Abb. 15.14).

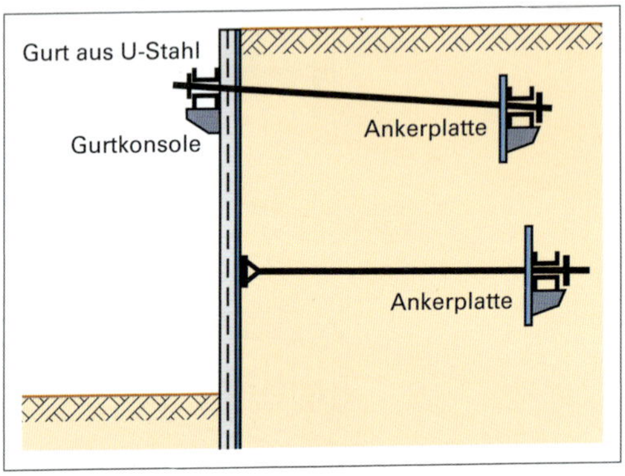

Abb. 15.12: Verankerung einer Spundwand mit Ankerplatten

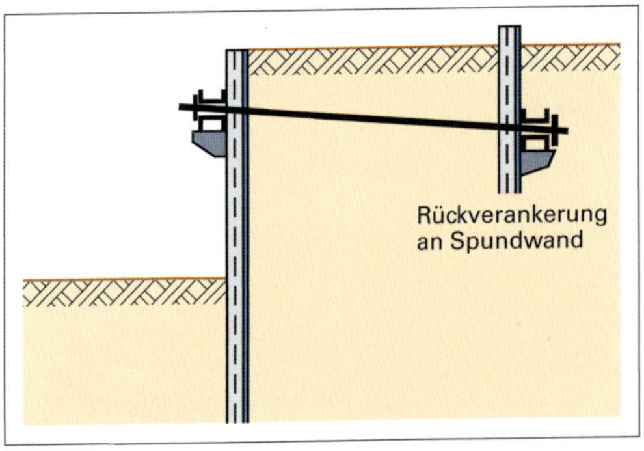

Abb. 15.13: Verankerung einer Spundwand mit Verankerungswand

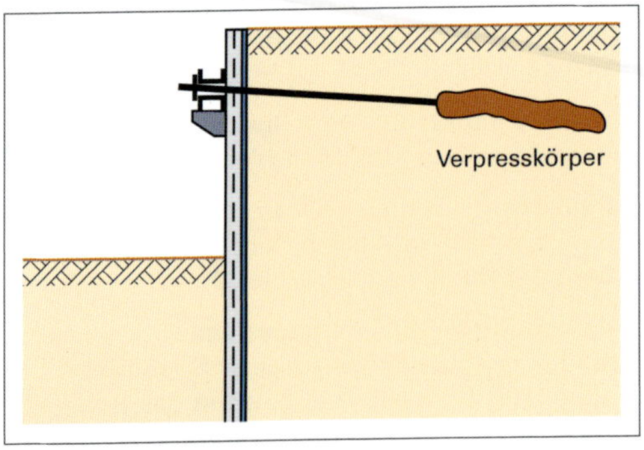

Abb. 15.14: Verankerung einer Spundwand an rückwärtigem Verpresskörper

Rammverpresspfähle

Rammverpresspfähle werden da eingesetzt, wo andere Verpresspfähle aufgrund des notwendigen Abstandes zu Gebäuden nicht eingesetzt werden können.

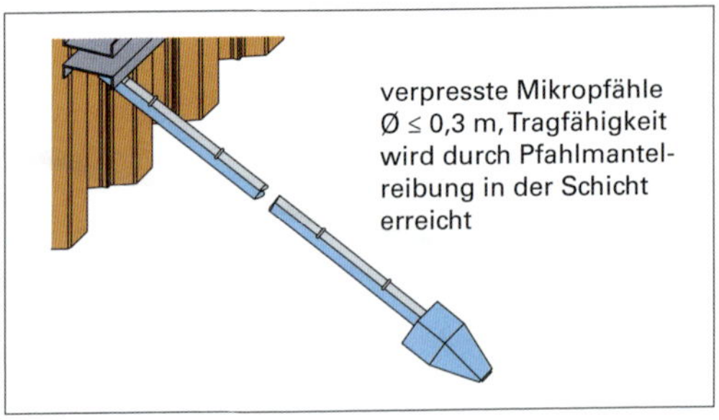

Abb. 15.15: Rammverpresspfahl
(Anker Schroeder ASDO GmbH)

Die Verankerung der Spundwände kann bei hohen Spundwänden auch mehrfach in unterschiedlichen Höhen erfolgen.

Die Verankerung geschieht luftseitig oder erdseitig durch Rundstahlanker, die zwischen dem Gurt, bestehend aus zwei U-Stählen, durchgeführt und mit Mutter und Unterlagsplatten verankert werden. Die U-Stähle werden auf angeschweißten Gurtkonsolen aufgelegt. Durch die Gurte wird die Spundwand zugleich in Längsrichtung ausgesteift (vgl. Abb. 10.15).

Spundwände werden als freistehende und verankerte Spundwände gebaut. Spundwandkonstruktionen können wieder zurückgebaut werden

Wird die Spundwand nicht nur temporär für einen Bauzustand benötigt, sondern ist Bestandteil eines bleibenden Bauwerks, wird auf den Kopf der Spundwand ein Spundwandholm aus Stahl oder Stahlbeton aufgebraucht. Ein Spundwandholm erleichtert zudem das Ausrichten der Spundwand (vgl. Abb. 15.17).

Abb. 15.16: Spundwandverankerung
(Anker Schroeder ASDO GmbH)

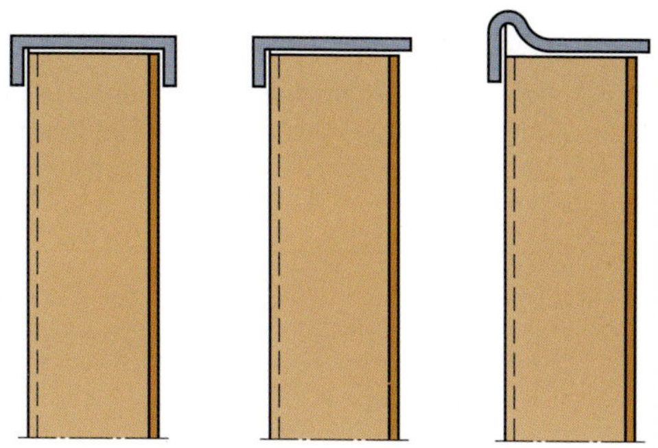

Holme als Abdeckung oder als Kantenschutz einer dauerhaft eingebauten Spundwand werden i.d.R. nach Aufmaß voll verschweißt oder voll verschraubt eingebaut.

Abb. 15.17: Ausführungen Spundwandholm

15.2 Unterfangungen

Bei den Unterfangungen werden herkömmliche Unterfangungen, Verfestigungsinjektionen und Unterfangungen mit Düsenstrahlverfahren unterschieden.

Unterfangungen sind notwendig, wenn der Boden neben oder unter dem vorhandenen Fundament entfernt werden muss, um ein neues Fundament auf einer tieferen Ebene zu gründen, das vorhandene Fundament tiefer zu gründen bzw. das vorhandene Fundament zu unterfahren, z. B. für einen Tunnel. Ein Auswahlkriterium für die Unterfangungstechnik ist die Frage, ob in dem vorhandenen Bauwerk ebenfalls unterstützende Bauarbeiten durchgeführt werden können.

15.2.1 Herkömmliche Unterfangung

Bei einer herkömmlichen Unterfangung wird das vorhandene Fundament von der neuen Baugrube aus abschnittsweise freigelegt. Dazu wird das zu unterfangende Fundament in maximal $b = 1{,}25$ m breite Teilstücke unterteilt. Die am stärksten belasteten Wandteile müssen zuerst unterfangen werden. Zwischen den freigelegten Wandteilen muss mindestens ein Bereich von $3 \cdot b$ verbleiben. Durch Gewölbebewirkung muss die vorhandene Wand die Lasten auf die noch tragfähigen Fundamentbereiche abtragen.

Von der Baugrube aus werden die maximalen 1,25 m breiten Stichgräben hergestellt. Die Stichgräben sind je nach Aushubtiefe und Bodenart durch Verbau zu sichern (vgl. Abb. 15.18).

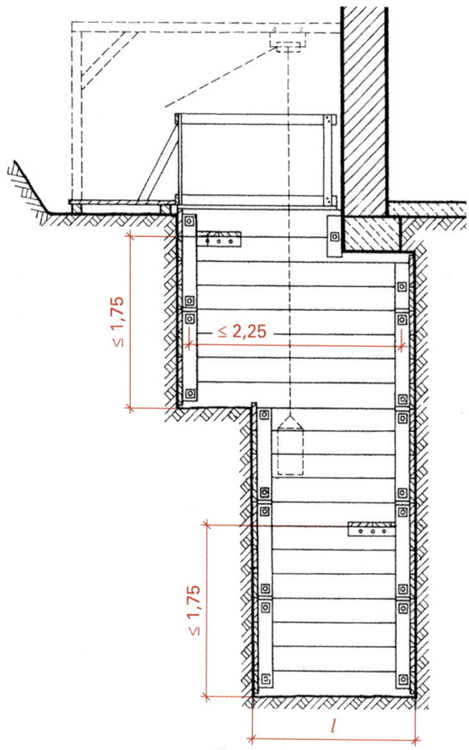

Abb. 15.18: Schacht zur Vorbereitung einer Unterfangung

Das Maß 1,25 m beinhaltet bereits den für den Verbau benötigten Platz. Nach Fertigstellung der Unterfangungen im ersten Takt werden taktweise die weiteren Fundamentbereiche unterfangen. Zuletzt werden die Eckbereiche ausgeführt. Hierbei ist die Hausecke eventuell durch Steifen zu sichern, falls sich keine Gewölbebewirkung ausbilden kann (vgl. Abb. 15.20).

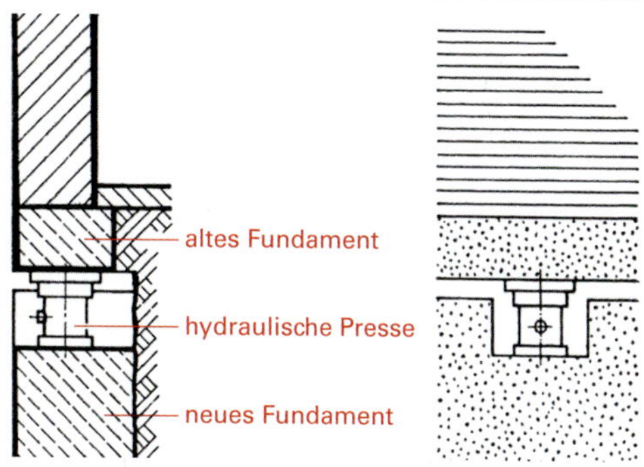

Abb. 15.19: Vorbelastung von Fundamenten

Vor dem Ausfüllen der Fuge zwischen altem und neuem Fundament sollten die neuen Fundamente mit Hilfe von hydraulischen Pressen vorbelastet werden. Das neue Fundment muss die durch die Pressen erzeugte Belastung durch entsprechende Bewehrung aufnehmen können.

Anschließend wird die Fuge ausgepresst. Nach Erhärten werden die Pressen ausgebaut.

Können Räume in dem vorhandenen Gebäude für Bauarbeiten genutzt werden, kann ein Fundament durch Querträger, die auf Hilfsfundamenten ruhen, abgefangen werden.

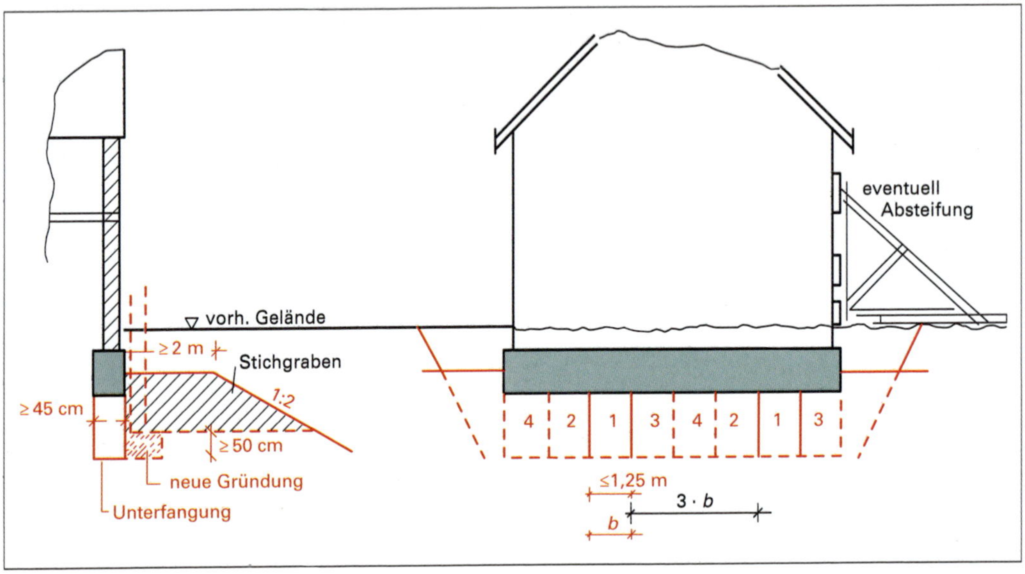

Abb. 15.20: Arbeitsschritte Unterfangung

15.2.2 Verfestigung durch Injektionen

Für die Verfestigung von Boden unter vorhandenen Fundamenten zur Sanierung oder zur Unterfangung werden Injektionsverfahren angewendet. Bei diesem Verfahren werden Injektionslanzen in den Boden eingebracht, durch die die Verteilung der Bindemittel zur Verfestigung vorgenommen wird. Injektionsmittel sind z. B. Zementleim, Bitumen oder chemische Lösungen. Die Injektionstiefen und Richtungen werden so gewählt, dass ein Fundamentkörper ähnlich einer Schwergewichtsmauer entsteht. Bei Höhen von mehr als 2 m bis 3 m sind die Injektionswände zu verankern (vgl. Abb. 15.21).

Für die Bauausführung sind die Bohrlochabstände, Bohrlochneigungen, Injektionsdurchmesser und die Bohrlochfolge in einem Injektionsplan festzulegen.

Die geplanten Werte sind ggfs. vor Baubeginn in Probeinjektionen zu überprüfen.

Bodeninjektionen dienen auch zur Böschungssicherung und zur nachträglichen Bodenverfestigung. Injektionen können mit verschiedenen Verfahren durchgeführt werden.

Injektionsverfahren ermöglichen Unterfangungen bei großen Höhenunterschieden. Als Injektionsmittel werden Zemente, Zement-Betonitmischungen, Chemikalien (wie Silikate und Kunstharze) und Ultrafeinzemente eingesetzt.

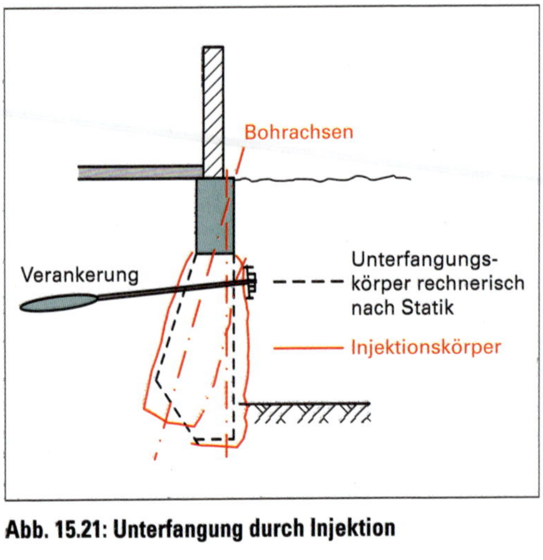

Abb. 15.21: Unterfangung durch Injektion

15.2.3 Düsenstrahlverfahren

Beim Düsenstrahlverfahren wird der Boden mit einer speziellen Mörtelmischung verfestigt. Mit einem Schneidstrahl aus Wasser und Zementsuspension wird in einem Bohrloch der anstehende Boden aufgeschnitten. Beim Hochziehen des Bohrgestänges wird unter hohem Druck Zementsuspension eingebracht. Dabei entstehen tragfähige Betonsäulen. Durch Steuerung des Düsenstrahls können verschiedene geometrische Formen erzeugt werden. Der Düsenstrahl kann je nach Bodenart bis zu 2,50 m den Baugrund verfestigen (vgl. Abb. 15.22).

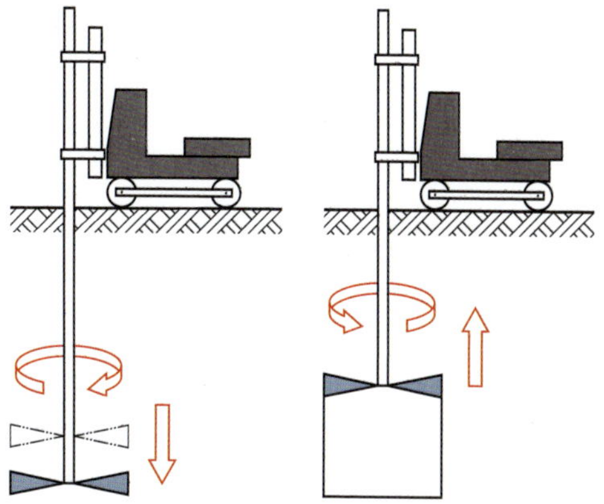

Abteufen des Injektionsgestänges auf die erforderliche Tiefe z. B. im Spülverfahren mit Wasser oder Zementsuspension.

Im Spülverfahren das Injektionsgestänge auf die erforderliche Tiefe bringen.

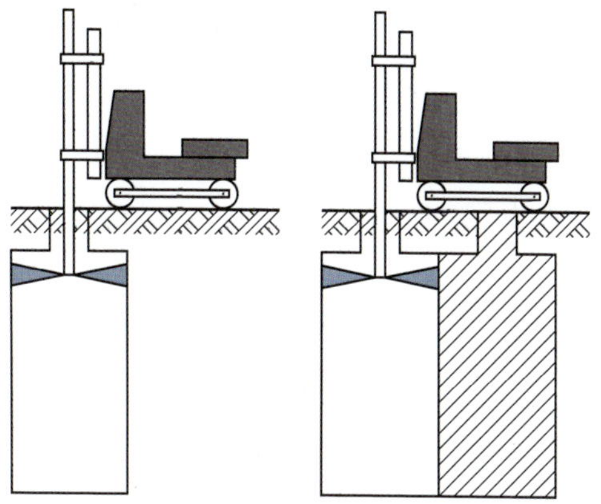

Durch rotierende Schneidstrahlen und Vermischung des Bodens mit Suspensionen bei gleichzeitigem Hochziehen des Injektionsgestänges entstehen tragfähige Betonsäulen.

Durch nebeneinander stehende Säulen entsteht eine Wand.

Abb. 15.22: Düsenstrahlverfahren

15.3 Abfangungen von Erdreich durch Stützwände

Erdreich kann durch Schwergewichtswände, Winkelstützwände und Systemwandkonstruktionen aus Betonfertigteilen abgefangen werden.

Für die Dimensionierung aller Wände sind die anstehenden oder neu eingebrachten Böden, die Geländeneigung und die Belastung im Randbereich der Wand entscheidend.

Schwergewichtswände

Schwergewichtswände müssen so ausgeführt werden, dass das Standmoment durch das Eigengewicht der Wand ausreicht, um die notwendige Sicherheit zu erreichen. Das gelingt im Wesentlichen nur durch relativ dicke Wände aus Mauerwerk oder Beton. Vorteilhaft sind an der Vorderseite leicht nach vorn geneigte Wände. Die Wanddicke beträgt je nach Rohdichte des Materials ca. $0{,}4 \cdot h$ bis $0{,}6 \cdot h$.

Schwergewichtswände werden zur Abstützung und Absicherung von Böschungen bei halbwegs standfestem Boden eingesetzt. Im Gegensatz zu Winkelstützwänden entstehen weniger Bodenbewegungsarbeiten (vgl. Abb. 15.23).

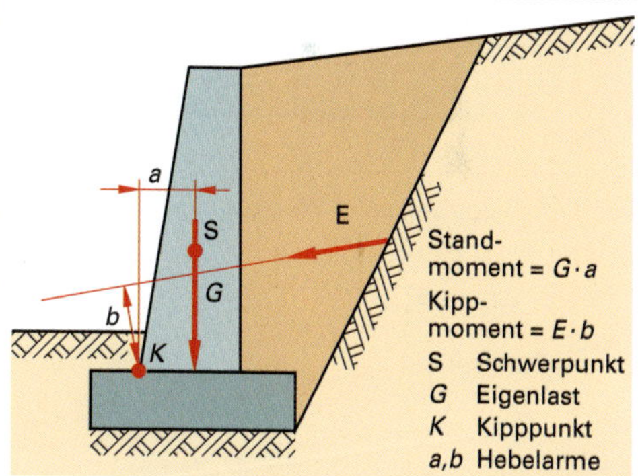

Standsicher wenn Standmoment ≥ 1,5 · Kippmoment

Abb. 15.23: Schwergewichtswand

Winkelstützwände

Winkelstützwände nutzen neben ihrem Eigengewicht die Auflast des Erdreichs zur Erhöhung des Standmomentes. Die Wände müssen standsicher und gleitsicher ausgeführt werden. Winkelstützwände werden auch als Bauelemente aus Fertigbeton hergestellt. Bei Winkelstützwänden sind Entwässerungsöffnungen am Wandfuß vorzusehen, um das Wasser, das sich eventuell hinter der Wand sammelt, abzuleiten. Die Winkelstützwände sind auf tragfähigem, frostsicherem Untergrund oder Fundamenten einzubauen (vgl. Abb. 16.8).

Die **Standsicherheit** einer Stützwand wird dadurch erreicht, dass das Standmoment aus Eigenlast und Auflast größer sein muss, als das Kippmoment aus dem Erddruck. Der Erddruck kann durch eine geneigte Rückwand reduziert werden. Für die Belastungen aus Erddruck sind unterschiedliche Annahmen über die Erddruckverteilung möglich. Stark vereinfacht lässt sich der Erddruck als Dreiecklast bzw. bei Auflasten als Trapezlast annehmen. Ein vorderer Sporn erhöht die Standsicherheit (vgl. Abb. 15.24).

Neben der Standsicherheit ist die Gleitsicherheit nachzuweisen.

Bei geringer Auflast und großer Horizontalkraft kann sonst die Wand horizontale Verschiebungen erleiden. Die Gleitsicherheit lässt sich durch eine schräge Gleitfuge erhöhen (vgl. Abb. 15.25).

15

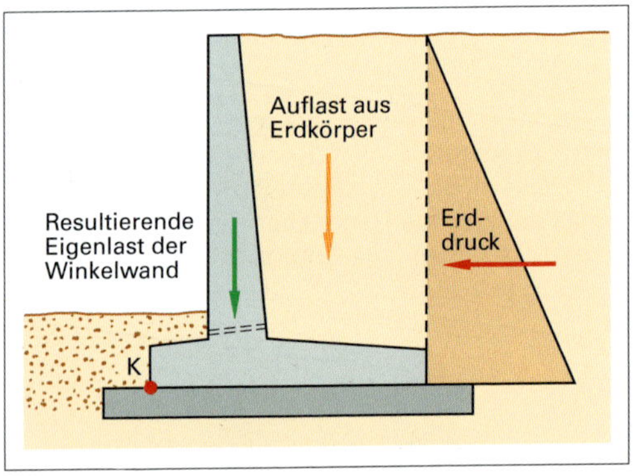

Abb. 15.24: Belastung einer Winkelstützwand

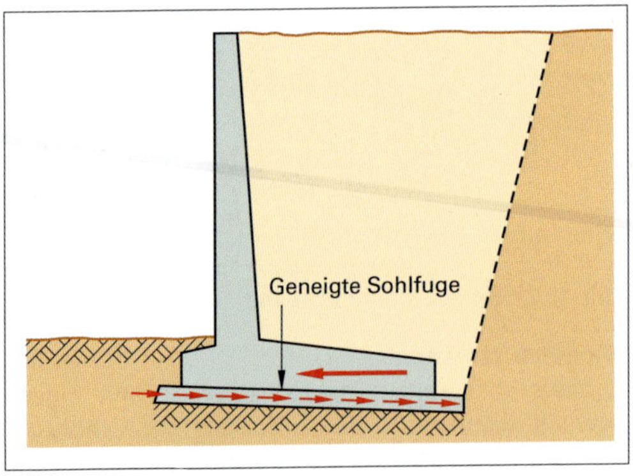

Abb. 15.25: Geneigte Gleitfuge

Soll Wasserdruck auf die Stützwand vermieden werden, ist hinter der Wand eine Entwässerung vorzusehen. Alternativ, oder auch zusätzlich, können am Wandfuß Entwässerungsschlitze oder Entwässerungsrohre zu Entwässerung vorgesehen werden (vgl. Abb. 15.26).

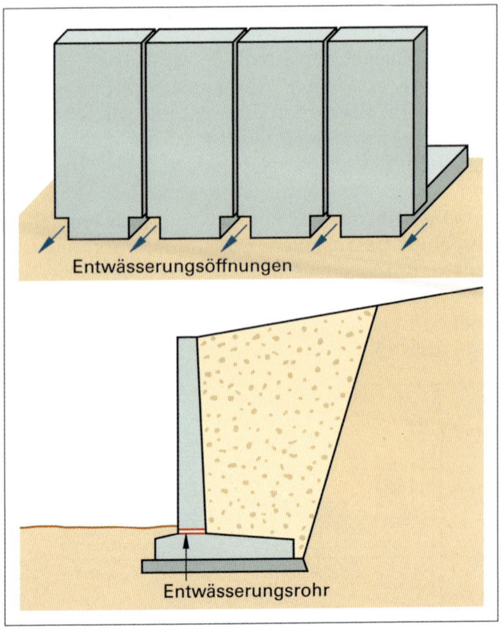

Abb. 15.26: Entwässerungsmöglichkeiten für Winkelstützwand

Bewehrungsführung bei Winkelstützwänden

Das Bewehrungsprinzip für Winkelstützwänden ist in Abb. 15.27 dargestellt. Die Aufbiegung unter 45° verhindert die Rissbildung in der Innenecke. Als Querschnitt sind dafür 50 % der Wandbewehrung zu wählen. Die Bewehrung in Abbildung 15.27 ist mit Anschlussbewehrung konstruiert (vgl. Kapitel 16.2.3). Es können Stabstähle oder auch Betonstahlmatten verwendet werden.

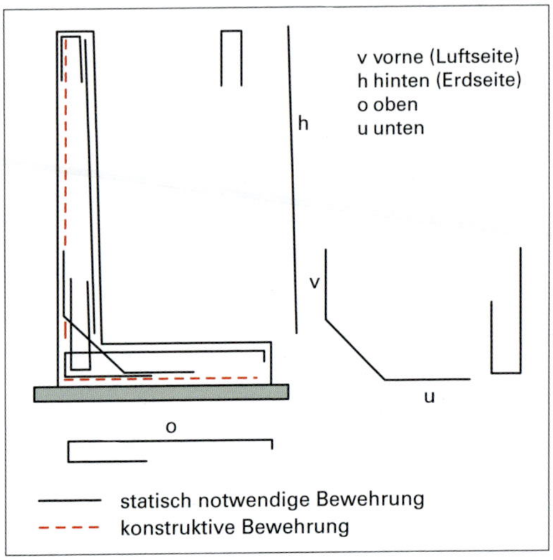

Abb. 15.27: Bewehrungsprinzip Winkelstützwand

Mit Winkelstützwänden lassen sich Erdlasten aus Geländeversprüngen abfangen. Sie werden auf Biegung beansprucht und entsprechend bewehrt. Die Kippsicherheit und Gleitsicherheit müssen nachgewiesen werden.

In Wänden die auf ein bereits erhärtetes Fundament betoniert werden besteht die Gefahr von Trennrissen. Die Trennrisse verlaufen bei niedrigen Wänden anders als bei hohen Wänden (vgl. Abb. 10.27).

Durch eine geschickte Betonierreihenfolge oder durch Anordnung von Fugen kann die Gefahr der Rissbildung verringert werden. Die Zwangsbeanspruchung ist ggfs. durch die Statik zu erfassen. Horizontale Bewehrungslagen nehmen bei geeigneter Bewehrung die Zwangsspannungen auf und reduzieren die Rissweite. Die zulässige Rissweite ist von der Expositionsklasse abhängig.

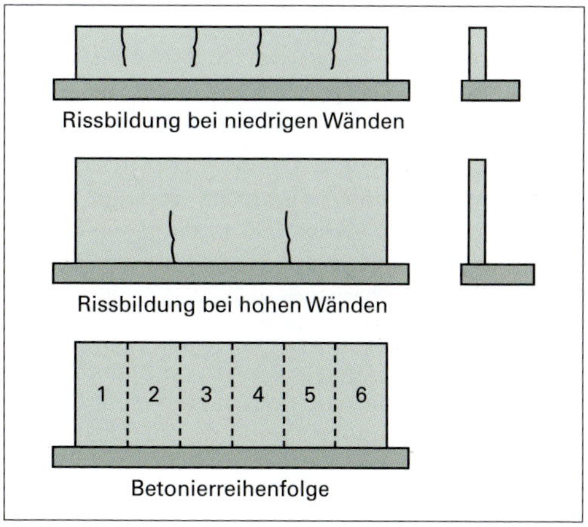

Abb. 15.28: Rissbildung bei Wänden

Die Fugenabstände sind abhängig von den Bauteilabmessungen (Bauteillänge und -höhe und -dicke).

Ebenso beeinflusst der Beton und die Außentemperatur und die Frischbetontemperatur das Rissverhalten.

Hinweise zu Fugenabständen:

- Arbeitsfugen < 2,5 × Bauteilhöhe
- Scheinfugen < 2 × Bauteilhöhe

Bei der Bewehrung von Wänden ist die Rissbildung zu beachten. Durch konstruktive Maßnahmen (Scheinfugen, Rissbewehrung, Betonierabschnitte) lässt sich die Rissbildung auf ein kontrollierbares Maß reduzieren.

15.4 Standsicherheitsnachweis für Winkelstützwände

Winkelstützwände aus Schwerbeton oder Stahlbeton sind Bauwerke, auf die durch Erddruck Horizontalkräfte und Biegemomente wirken. Hier sind zwei Sicherheitsnachweise zu führen:

- Nachweis der Standsicherheit der gesamten Stützwand (äußere Sicherheit)
- Nachweis der Tragsicherheit (innere Sicherheit)

Beispiele

für das Versagen der äußeren Sicherheit bei einer Winkelstützwand sind:
- Versagen durch Kippen
- Versagen durch Gleiten
- Versagen durch Geländebruch

Beispiele

für das Versagen der inneren Sicherheit bei einer Winkelstützwand sind:
- Bruch an der Einspannstelle der Wand auf der Erdreichseite
- Bruch des erdreichseitigen Sporns an der Unterseite der Sohlplatte

Bei der Berechnung des Erddruckes auf schwachgeneigte oder senkrechte Winkelstützwände wird die Coulomb`sche Erddrucktheorie vorausgesetzt. Danach kann sich die Wand geringfügig bewegen, so dass sich hinter der Wand eine ebene Gleitfläche ausbildet. Dann kann die Erddruckkraft E_g in diesen einfachen Fällen in 1/3 der Wandhöhe *h* wirkend angenommen werden. Für die Belastung auf der Geländeoberfläche ist eine großflächige Nutzlast *q* anzusetzen, die als horizontal wirkende Kraft E_q auf 1/2 der Wandhöhe *h* angenommen wird (vgl. Abb. 15.29).

Die Standsicherheit der Stützmauer auf den Punkt K bezogen (vgl. Abb. 15.23) ist gegeben, wenn das

Standmoment ≥ 1,5 · Kippmoment beträgt.

Dazu ist der Schwerpunkt der Stützmauer zu berechnen. Die Abbildung 15.30 zeigt zwei typische Querschnitte für Stützmauern. Dabei kann der Querschnitt i.d.R. in Dreiecke und Rechtecke unterteilt werden. Der Schwerpunkt lässt sich dann zeichnerisch oder/und rechnerisch bestimmen.

Die Einwirkungen G_i sind abhängig von den Wichten der Baustoffe, z.B. Schwerbeton mit $\rho \geq 26$ kN/m³ oder Stahlbeton mit $\rho = 25$ kN/m³, der Erddruck von den Bodenkennwerten, z.B. Sand mit $\gamma = 16$ kN/m³ und Reibungswinkel $\varphi' = 33°$.

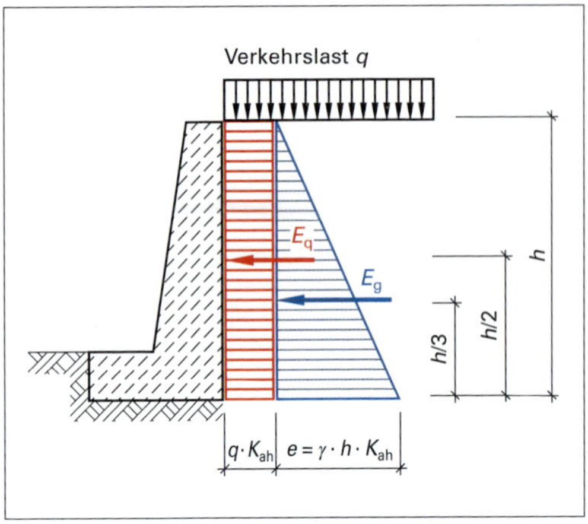

Abb. 15.29: Schwergewichtsmauer

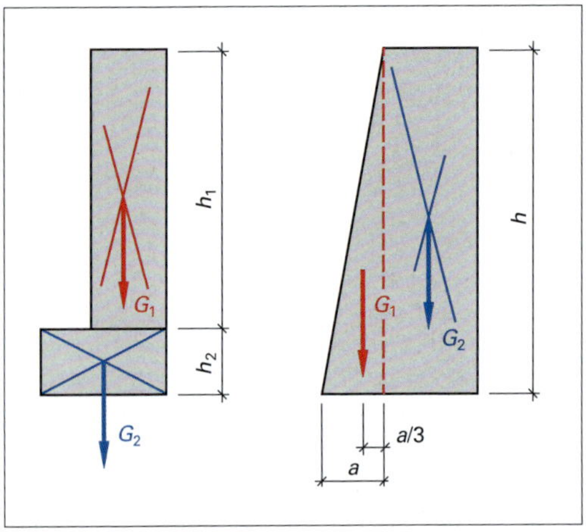

Abb. 15.30: Schwerpunktermittlung

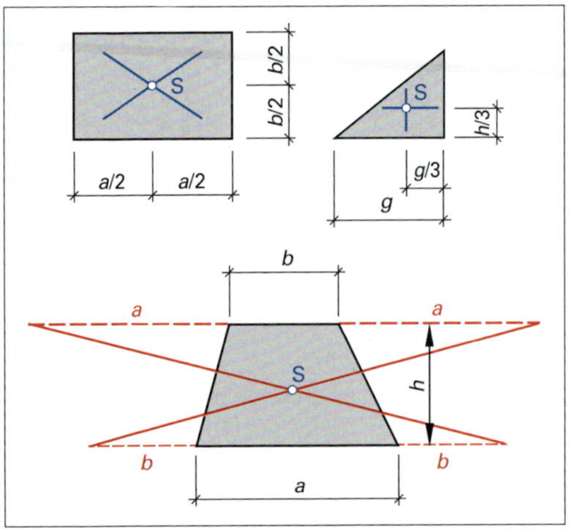

Abb. 15.31: Flächenschwerpunkte

15.5 Tiefgründungen

Gut geeigneter Baugrund steht in der Bundesrepublik nicht unbegrenzt zur Verfügung. Zunehmend werden Bauobjekte dort geplant, wo tragfähiger Boden erst in großer Tiefe ansteht, sodass sich Flachgründungen nicht verwirklichen lassen.

Wenn außerdem Bodenverbesserungs- oder Bodenaustauschmaßnahmen keine Lösung bieten, bleiben oft nur noch Tiefgründungen übrig. Tiefgründungen können je nach Anforderung als Pfahl-, Brunnen- oder Senkkastengründung ausgeführt werden.

15.5.1 Pfahlgründungen

Pfahlgründungen sind die älteste Art der Tiefgründung. Sie wurden schon im Altertum gewählt, wenn Menschen ihre Hütten aus Sicherheitsgründen im unwegsamen Gelände oder im Wasser errichteten (vgl. Abb. 15.32).

Im Gegensatz zu früher, wo ausschließlich Holzpfähle verwendet wurden, überwiegen heute Beton-, Stahlbeton-, Spannbeton- und Stahlpfähle (im Straßenbau auch Kiespfähle).

Holz kommt nur noch in Betracht, wenn die Pfähle ständig im Wasser stehen und somit gegen Fäulnis geschützt sind, oder wenn es sich um vorübergehende Bauten handelt, bei denen die Lebensdauer eine untergeordnete Rolle spielt.

Bei den Pfahlgründungen werden nach der Lastabtragung der Pfähle zwei Konstruktionsarten unterschieden. In Abhängigkeit von der Tiefenlage des tragfähigen Bodens gibt es stehende und schwebende Pfahlgründungen.

Abb. 15.32: Pfahlbauten am Bodensee

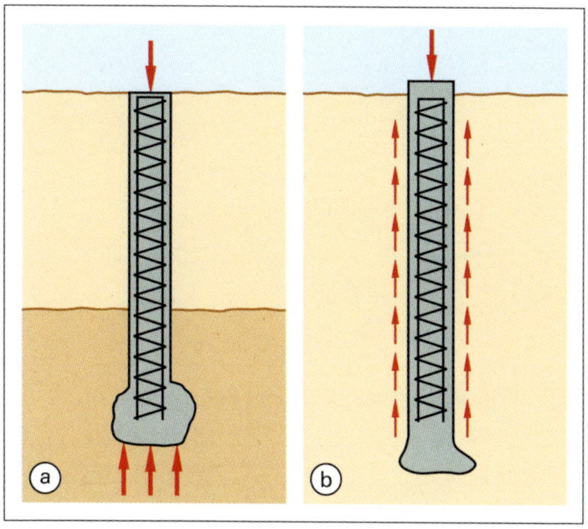

Abb. 15.33: Pfahlgündung, a) stehende, b) schwebende

Stehende Pfähle
Stehende Pfähle leiten die Lasten bis zu einer tragfähigen Schicht. Die Last wird über Spitzendruck in den Boden eingeleitet. Um die Spitzendruckkraft an der Lastabtragung des Pfahls zu erhöhen, werden oftmals Fußverbreiterungen vorgenommen. Stehende Pfahlgründungen können nur ausgeführt werden, wenn tragfähigen Bodenschichten durch die Pfahllängen erreichbar sind (vgl. Abb. 15.33).

Schwebende Pfähle
Schwebende Pfähle werden angewendet, wenn tragfähige Bodenschichten in wirtschaftlich erreichbarer Tiefe nicht anzutreffen sind.

Dadurch das Spitzendruckkräfte nicht wirksam werden können, müssen die Lasten durch Mantelreibung über die gesamte Pfahllänge an den Boden abgeben werden. Die aufnehmbare Mantelreibungskraft des Pfahles hängt von der Oberflächenbeschaffenheit des Pfahls, der Größe der Pfahloberfläche und der Art des vorhandenen Bodens ab, daher sind für schwebende Pfahlgründungen möglichst raue Pfähle zu wählen, am Besten Bohrpfähle aus Beton oder Stahlbeton (vgl. Abb. 15.33).

Pfahlkräfte werden über Spitzendruck- und Mantelreibung in den Boden geleitet.

Verdrängungspfähle als Rammpfähle eignen sich vorzüglich für schwebende Pfahlgründungen, da bei dem Einrammen der Pfähle das Erdreich verdrängt und die Mantelreibung dadurch vergrößert wird. Jedoch ist eine Rammung aufgrund der zu erwartenden Erschütterungen und der Lärmbelästigung nicht in allen Arbeitsumgebungen gewünscht bzw. möglich.

Eine Rammpfahltechnik ist die Anwendung von Ortbetonrammpfählen. Hierbei wird ein Stahlrohr mit Fußplatte in den Boden getrieben. Nach Erreichen der notwendigen Tiefe wird der Bewehrungskorb eingestellt und der Beton vor Ort eingebracht. Das Stahlrohr wird gezogen, wobei die Fußplatte im Erdreich verbleibt (vgl. Abb. 15.34). Bei kontaminierten Böden entfällt durch Verdrängungspfähle die Entsorgung der Böden.

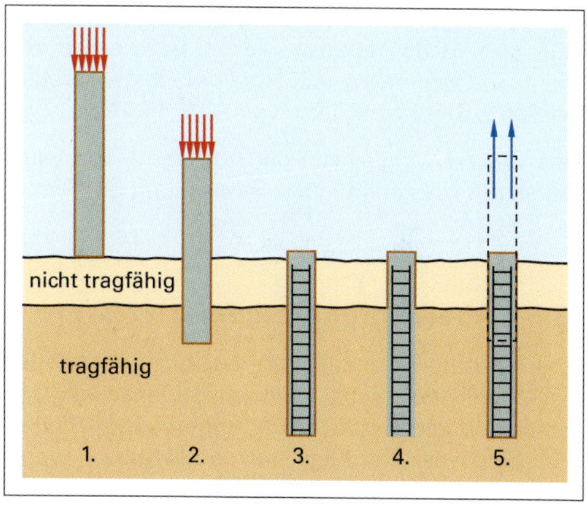

Abb. 15.34: Ortbetonrammpfahl als Verdrängungspfahl

Bei der Herstellung von Bohrpfählen wird mit oder ohne Verrohrung das Bohrloch mit Beton oder Stahlbeton gefüllt. Die Bohrverfahren arbeiten dabei mit Teilverdrängung oder Vollverdrängung des Bodens. Eine Pfahlkonstruktion sind die Schneckenortbetonpfähle. Bei diesem Verfahren wird das Bohrloch ohne Verrohrung durch eine Bohrschnecke erstellt.

Pfähle werden nach Herstellung in Bohrpfähle und Verdrängungspfähle unterschieden.

Die Pfahldurchmesser und Pfahllängen variieren je nach Anforderung.

Zwischen Durchmessern von 0,15 m bis 3,00 m und Pfahllängen von bis zu 40 m. Es wird mindestens Beton der Festigkeitsklasse C30/37 benötigt. Die Betondeckung muss 6 cm bei Durchmessern größer 60 cm betragen, sonst mindestens 5 cm.

Pfähle ergeben im Zusammenhang mit Platten-, Balken- oder Einzelfundamenten einen Pfahlrost (vgl. Abb. 15.36).

Pfahlgründungen können je nach Anforderung hinsichtlich Verfahren, Durchmesser und Tiefe variiert werden.

Die Pfähle können geradlinig bei schmalen oder versetzt bei breiteren Streifenfundamenten angeordnet werden. Pfähle unter Einzelfundamenten oder Fundamentplatten sind so anzuordnen, dass sie möglichst gleichmäßig belastet werden, d.h. symmetrisch zum Angriffspunkt der Belastung.

Der Pfahlrost lässt sich hierbei mit dem System der Pilzdecke vergleichen. Wenn auch Horizontallasten von der Gründung aufzunehmen sind, empfiehlt sich die Anordnung von Schrägpfählen (vgl. Abb. 15.35), ebenso wie bei Bauwerken, die allein zum Abfangen von Horizontallasten erstellt werden z.B. Stützmauern (vgl. Abb. 15.37).

Eine weitere Möglichkeit der Aufnahme von Horizontalkräften besteht in der Bemessung der Pfähle auf Biegung.

15

15.5.2 Pfeilergründungen

Pfeilergründungen erlauben bei nicht zu großer Mächtigkeit der nichttragenden Bodenschicht die verschiedenen Flächengründungen. Die Pfeilergründung ist allerdings nur anwendbar, wenn überwiegend vertikale Belastungen aus dem Gebäude abzutragen sind.

Die Pfeiler bestehen meist aus Beton oder Stahlbeton, manchmal aus Stahl, vereinzelt auch aus Mauerwerk. Am Pfeilerfuß sind nach Möglichkeit Verbreiterungen vorzusehen, um eine größere Lastverteilung auf den Baugrund zu erzielen.

Die Herstellung der Pfeiler ist von der Baugrubensicherung abhängig. Am Einfachsten ist die Errichtung innerhalb einer abgeböschten Baugrube (vgl. Abb. 15.38).

Pfeilergründungen können Pfahlgründungen bei geringen Aushubarbeiten ersetzen.

15.5.3 Brunnengründungen

Brunnengründungen kommen häufig bei offenen Schächten, Kläranlagen und Brückenpfeilern vor. Dabei werden offene Brunnenringe (Fertigteile) durch Bodenentnahme im Innern des Ringes gleichmäßig abgesenkt.

Um die entgegenwirkende Reibung zu verringern, wird während des Abteufens thixotrope Flüssigkeit zwischen die Außenwand des Brunnenrings und das umgebende Erdreich gepresst (vgl. Abb. 15.39). Die Form der Brunnen ist häufig rund, doch gibt es auch rechteckige Querschnitte.

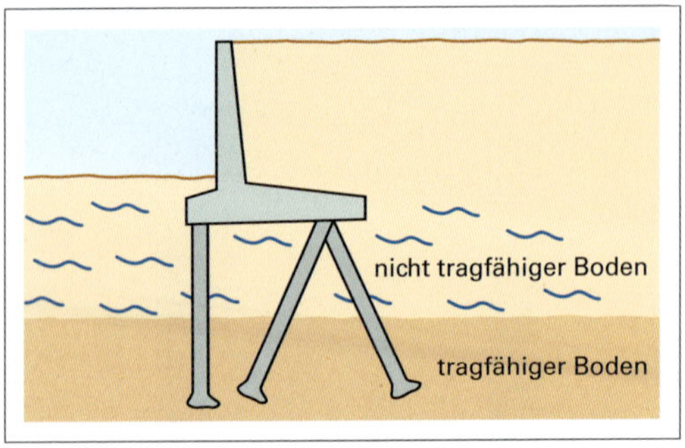

Abb. 15.35: Winkelstützwand mit Schrägpfählen

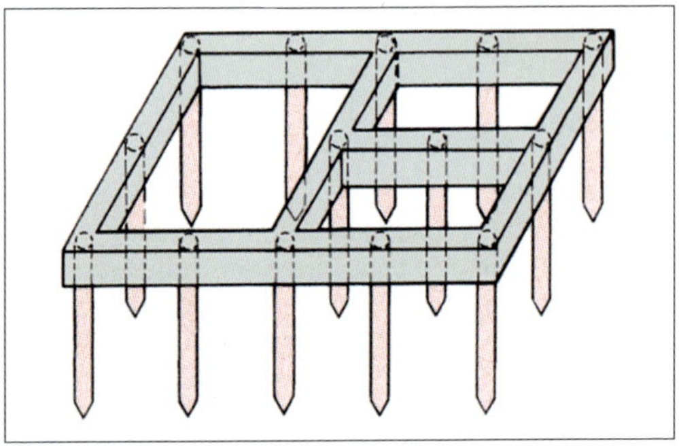

Abb. 15.36: Pfahlrost

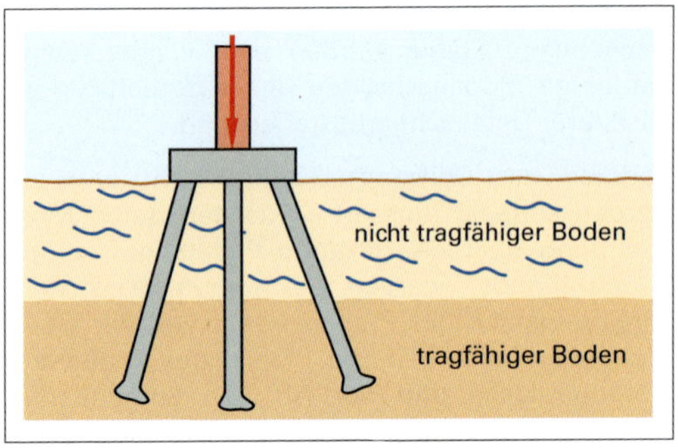

Abb. 15.37: Fundament mit Schrägpfählen

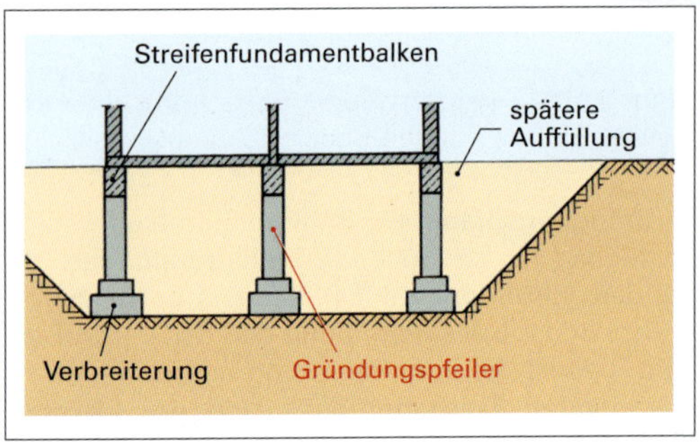

Abb. 15.38: Pfeilergründung

Wichtig ist, dass die Querschnitte nicht unsymmetrisch sind, denn diese Teile sind nicht gleichmäßig genug abzusenken. Nach Erreichen der vorgesehenen Gründungstiefe wird eine Gründungsplatte geschüttet, die die Lasten ausreichend verteilt (vgl. Abb. 15.40).

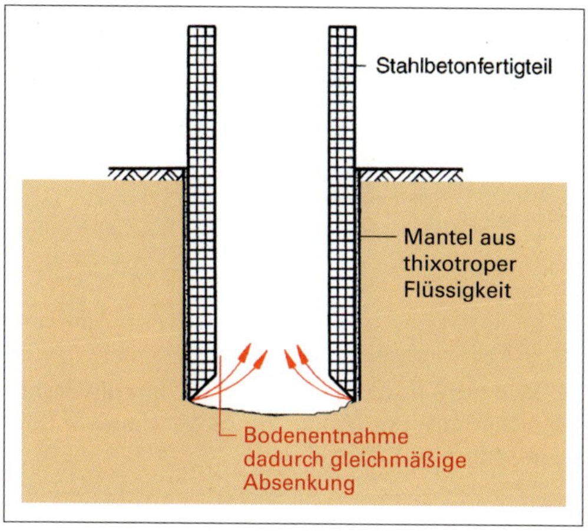

Abb. 15.39: Brunnenabsenkung

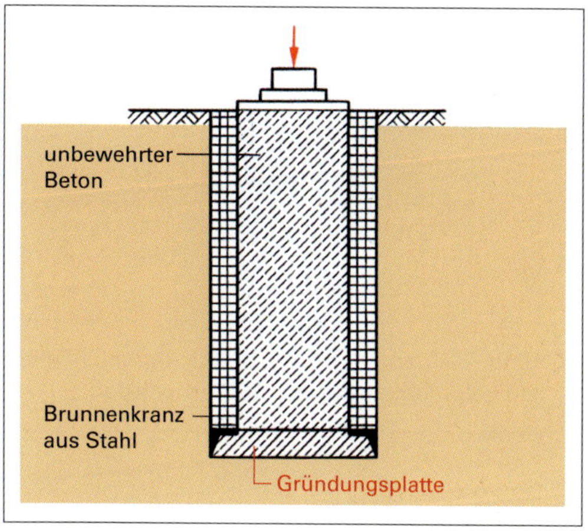

Abb. 15.40: Brunnengründung

15.5.4 Druckluftgründungen

Druckluftgründungen sind bei Arbeiten unter Wasser erforderlich. Dies kann im Grundwasserbereich wie auch im offenen Wasser der Fall sein. Abgesenkt werden die Caissons wie offene Senkkästen (Brunnen) durch Materialentnahme am Fuß des Bauteils entweder nass durch Spülung oder trocken durch Ausbaggerung von Hand oder mit Maschinen.

Das Wasser muss durch einen größeren Luftdruck im Senkkasten außen gehalten werden. Bei großen Senkkästen werden wegen der unterschiedlichen Ein- und Ausschleusungszeiten für Menschen und Material auch getrennte Schleusen verwendet. Der Arbeitsvorgang muss langsam und gleichmäßig unter messtechnischer Überwachung vor sich gehen. Durch thixotrope Flüssigkeit wird auch hier die Mantelreibung verringert. Nach Beendigung der Absenkung wird der Arbeitsraum so ausbetoniert, dass er Verbindung mit dem Senkkasten bekommt und so ein großes Gegengewicht zum Auftrieb bildet.

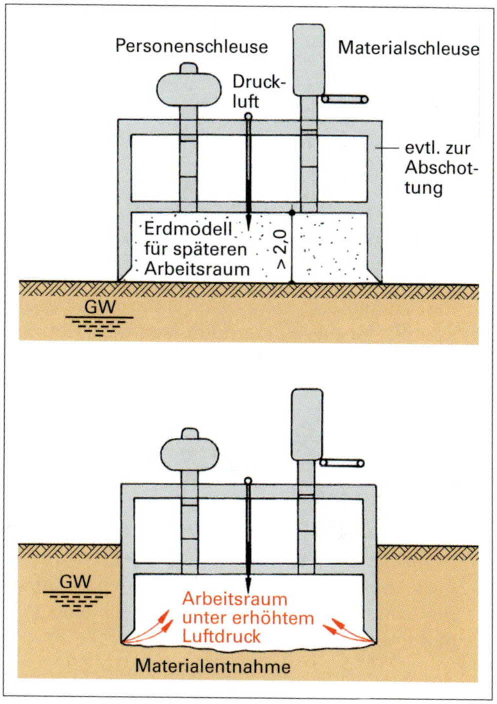

Abb. 15.41: Prinzip der Druckluftgründung

Druckluftgründungen sind wegen der schwierigen Arbeiten und hohen Sicherheitsanforderungen sehr kostspielig. Sie werden deshalb nur angewendet, wenn die Senkkästen gleichzeitig als Bauwerk oder Bauteil dienen (wie z. B. im U-Bahn-, Tunnel- oder Brückenbau) (vgl. Abb. 10.41).

Pfeiler-, Brunnen- und Druckluftgründungen bieten die Möglichkeit, Flächengründungen ohne Wasserhaltung bis in große Tiefen hinabzubringen. Wegen der hohen Kosten ist ihr Anwendungsgebiet überwiegend auf große Ingenieur- und Wasserbauwerke beschränkt.

Senkkastengründungen (Chaissongründungen) ermöglichen Gründungen im Wasser.

Aufgaben zum LF 10 I Sichern eines Bauwerkes

1. Welche Maßnahmen sind vor Beginn der Abfangungsarbeiten durchzuführen?
2. Welche Arten von Bohrpfahlwänden werden unterschieden?
3. Beschreiben Sie den Arbeitsablauf bei der Herstellung einer Schlitzwand.
4. Welchen Nachteil hat die Verwendung von Stützflüssigkeiten bei Bohrpfahlwänden?
5. Welche Vorteile haben Bohrpfahlwände gegenüber Schlitzwänden?
6. Welche Einbringverfahren werden beim Einbau von Spundwandprofilen unterschieden?
7. Welche Möglichkeiten der Verankerung einer Spundwand gibt es?
8. Wie breit dürfen die Unterfangungsabschnitte bei einer herkömmlichen Unterfangung gewählt werden?
9. Die Abbildung zeigt die Unterfangungsabschnitte für ein Fundament. Nummerieren Sie die Abschnitte für den zeitlichen Ablauf der Herstellung.

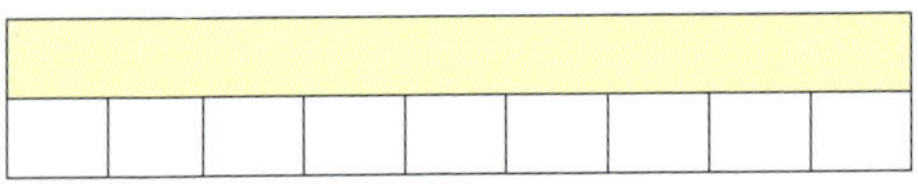

10. Es ist eine Bohrpfahlwand von 22 m Länge herzustellen. Die Bohrpfähle haben einen Durchmesser von 60 cm bei einer Tiefe von 4,20 m. Berechnen Sie den Betonbedarf für eine tangierende Bohrpfahlwand.
11. Beschreiben Sie das Vorgehen bei einer Unterfangung mit dem Düsenstrahlverfahren.
12. Welchen Vorteil hat der Essener Verbau gegenüber dem Berliner Verbau?
13. Welchen Grund hat die Anordnung von schrägen Pfählen?
14. Für einen Bohrpfahl ∅ 0,60 m gilt ein Wert für den Mantelreibungswiderstand von 0,12 MN/m^2.
    a) Welche Belastung kann der Pfahl aufnehmen, wenn eine wirksame Länge von 3,75 m im Boden angenommen wird?
    b) Um wieviel Prozent erhöht sich die Tragfähigkeit, wenn aufgrund einer Probelastung der Wert für den Mantelreibungswiderstand um 20 % erhöht werden kann?
15. Prüfen Sie die Standsicherheit für die skizzierte Winkelstützwand (Elementbreite 1,25 m).

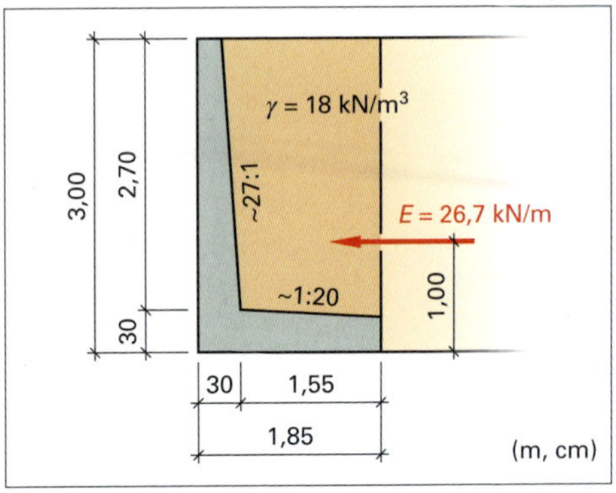

16. Wie groß muss das Maß *b* sein, um die Standsicherheit der Wand zu gewährleisten (Elementbreite 1,25 m)?

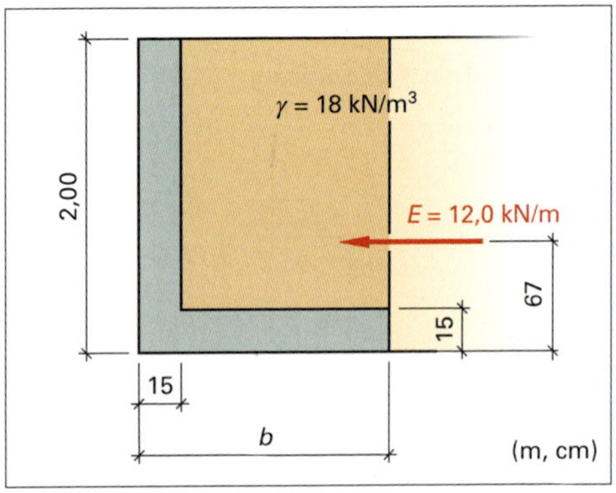

17. Eine Tiefgarageneinfahrt soll durch Winkelstützelemente seitlich gesichert werden.

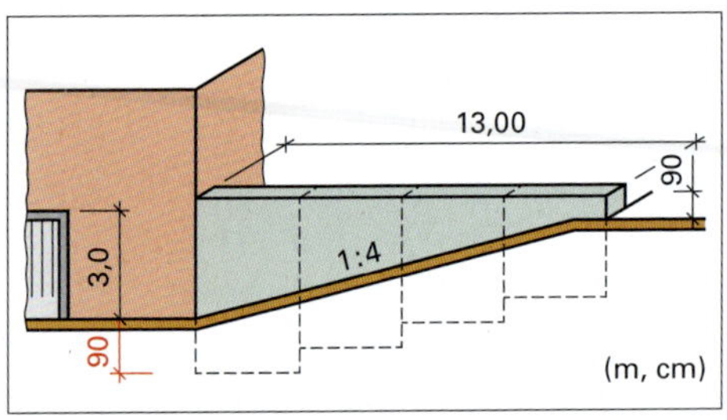

    a) Wählen Sie unter der Zuhilfenahme der Tabelle Aufgabe 19 die Abmessungen für die Elemente.
    b) Zeichnen Sie den Querschnitt der gewählten Elemente im M 1:50 - m, cm.
    c) Berechnen Sie für jedes Element das Transportgewicht.

18. In einer Baulücke soll zwischen zwei vorhandenen nicht unterkellerten Gebäuden ein teilunterkellertes Reihenhaus gebaut werden. Dazu sind die Fundamente der vorhandenen Gebäude zu unterfangen. Der vorhandene Boden ist überwiegend grober Kiessand.
    a) Planen und beschreiben Sie die Arbeitsschritte beginnend mit der Freimachung des Geländes bis zur Betonierung der Fundamentplatte für das Reihenhaus.
    b) Erstellen Sie einen Plan für die Unterfangung des Fundaments unter Haus A.
    c) Zeichnen Sie die Bewehrungspläne für die Fundamentplatte des Teilkellers. Beton C25/30; h = 25 cm;

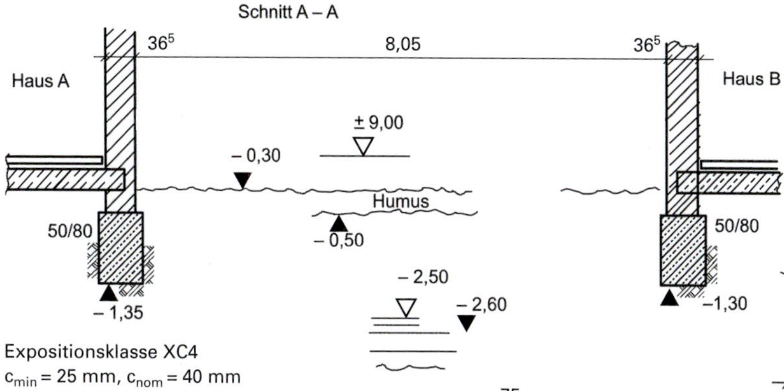

Expositionsklasse XC4
c_{min} = 25 mm, c_{nom} = 40 mm

Angaben zur Bewehrung:
Obere durchgehend Q188 A
Bewehrung unter Wänden R377A
(bzw. 2x R188A)
Breite der Stützbewehrung 3,20 m
Untere Bewehrung Q188
Anschlussbewehrung für
Kelleraußenwand aus Stahlbeton
Ø 6 mm, a = 20 cm.
Kellerwand als Elementwand d = 25 cm
Elementplattendicke jeweils 5 cm

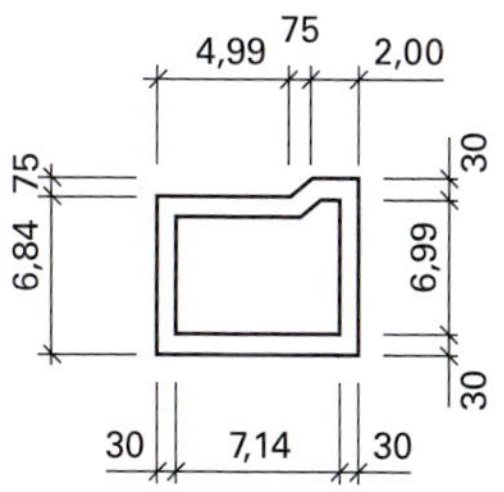

Fundamentplatte

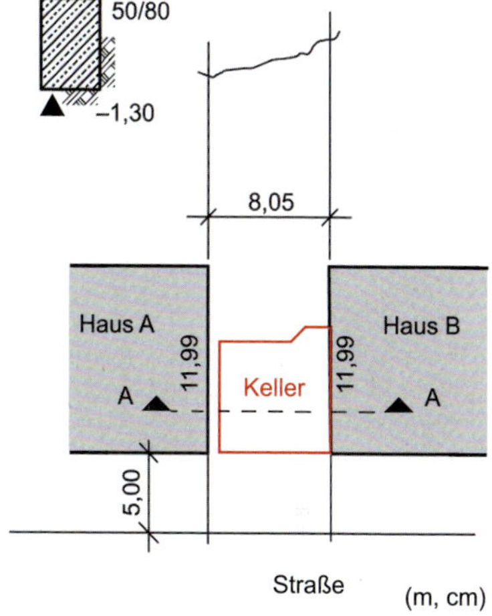

(m, cm)

19. An einem Hang soll durch eine Winkelstützwand ein geplanter Parkplatz gesichert werden. Planen Sie die Winkelstützwand aus Fertigbetonelementen. Orientieren Sie sich an den Wandabmessungen der Tabelle (auf der Folgeseite). Die Wandelemente sollen nicht schwerer als 2800 kg sein.
    a) Erstellen Sie Ausführungszeichnungen (Draufsicht, Ansichten und Schnitte) der Winkelstützwand am Parkplatz mit der gewählten Elementeinteilung im Maßstab 1:50 -m, cm
    b) Zeichnen Sie die benötigten Winkelwandelemente im Maßstab 1:20 -m, cm.
    c) Ermitteln Sie den Betonbedarf und das Transportgewicht für die Stützwandelemente.
    d) Berechnen Sie die Lage des Schwerpunktes für die einzelnen Elemente nach den Abmessungen der Tabelle.

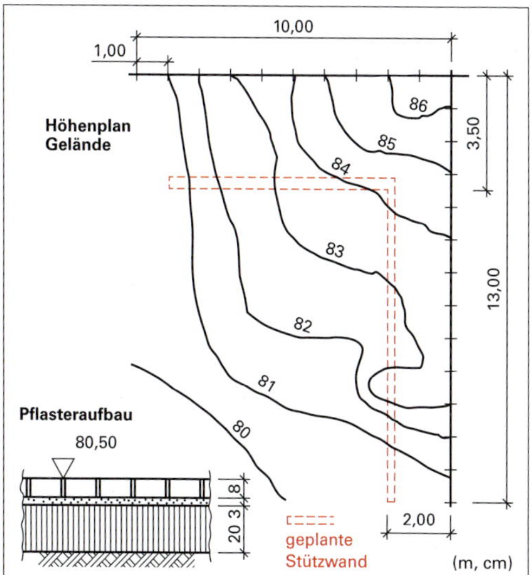

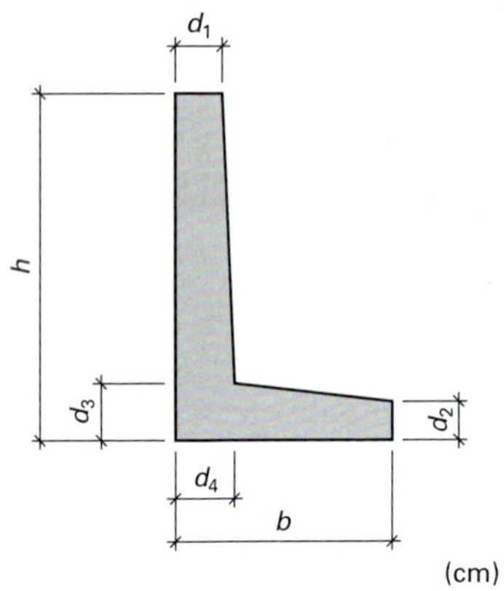

Winkelstützwand, Aufgabe 17 und Aufgabe 19

h	50	100	150	175	200	250	300	400
b	35	75	90	110	120	155	185	250
d_1	15	15	15	15	15	15	15	15
d_2	15	15	20	20	20	25	25	25
d_3	20	20	25	25	25	30	30	30
d_4	20	20	25	25	20	25	30	30

15

20. Zeichnen Sie den Bewehrungsplan für die Winkelstützwand aus Ortbeton.
Wandlänge l = 5,0 m. (Maßstab 1:20 – m, cm)
Beton C30/37; XC4, XF4, c_{min} = 25 mm; Δc = 15 mm; c_{nom} = 40 mm Betonstahl B500A als Stabstahl bzw. Mattenstahl
Angaben zur statisch notwendigen Bewehrung
Schnitt I – I A_s = 1,5 cm²/m
Schnitt II – II A_s = 4,1 cm²/m
Schnitt III – III A_s = 2,7 cm²/m
Schnitt IV – IV A_s = 5,6 cm²/m
Schnitt V – V A_s = 3,2 cm²/m

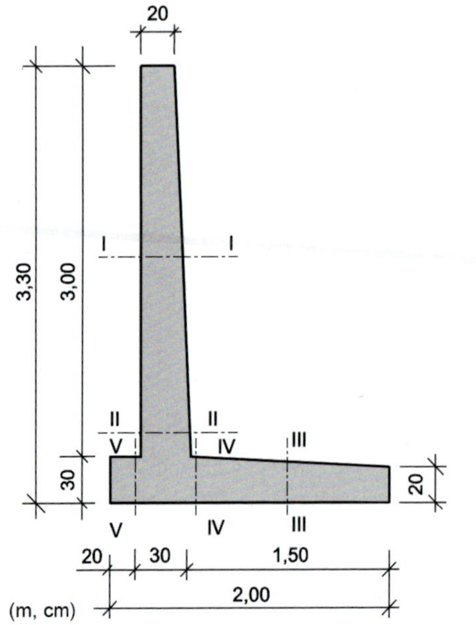

21. Berechnen Sie für die skizzierte Schwergewichtswand die Lage und Größe der Resultierenden in der Fuge A-A (Fundamentoberkante) und in der Fuge B-B (Bodenfuge).
Prüfen Sie ob die Standsicherheit gegeben ist. Skizzieren Sie die Spannungverteilung in der Bodenfuge.

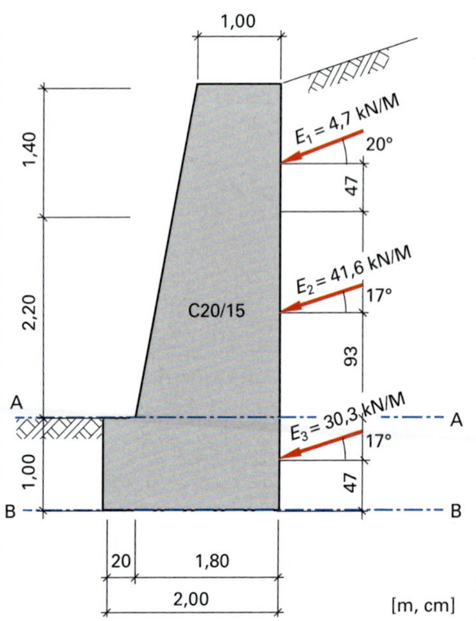

22. Recherchieren Sie die gängigen Spundwandprofile anhand von Produktinformationen und prüfen Sie, ob eine einschlägige DIN, DIN EN oder bauaufsichtliche Zulassung vorliegt.

LF 11 I 16 Entwickeln einer Außenwand

Im LF 11 I werden konstruktive Alternativen für eine Außenwand mit tragender Schale aus Beton bzw. Stahlbeton entwickelt. Zudem werden die im LF 8 „Planen einer Geschossdecke" beschriebenen Inhalte zur Schalung ergänzt.

Statische Grundaussagen, die für die Bemessung unbewehrter Wände benötigt werden, z. B. die Berechnung der Schlankheit, werden auch in Kapitel F, Grundlagen der Statik, erläutert.

Die Ausführungen zur Bewehrung von Stahlbetonbauteilen werden im LF 8 „Planen einer Geschossdecke" grundlegend erläutert und im LF 14 I „Planen eines Stahlbetonbauwerkes" (Kapitel 19) nochmals vertieft.

> Wände sind scheibenartige Bauteile, die überwiegend auf Druck beansprucht werden. Das Verhältnis der Querschnittsabmessungen Breite *b* zur Dicke *h* muss für Wände größer als 4 sein.
> $b/h > 4$ ⇨ Wand $b/h \leq 4$ ⇨ Stütze

Anmerkung
Im Beton- und Stahlbetonbau (EC2) werden die Wandhöhe bzw. die Stützenhöhe mit *l* bezeichnet.

16.1 Unbewehrte Wände

Wände aus Ortbeton mit einer Druckfestigkeitsklasse von C12/15 oder höher gemäß DIN EN 1992-1-1/NA haben in der Regel eine höhere Tragfähigkeit als gemauerte Wände.

Darüber hinaus sind unbewehrte Wände einfacher zu betonieren als bewehrte Wände. Schon beim Einbringen des Betons entstehen bei bewehrten Wänden, die weniger als 30 cm dick sind erhebliche Herausforderungen.

Die Vorteile unbewehrter Wände gegenüber bewehrten Wänden lassen sich zusammenfassen:

- kostengünstiger
- materialeinsparend (kein Betonstahl)
- zeiteinsparend (kein Einbau von Bewehrung)
- schmale Querschnitte (keine Betondeckung für die Bewehrung)

Auch eine Anschlussbewehrung vom Fundament oder von der Sohlplatte in die unbewehrte Wand ist bei Druckbeanspruchung nicht notwendig. Konstruktiv kann bei Außenwänden eine horizontale Bewehrung zur Vermeidung von Schwind- und Temperaturrissen erforderlich werden.

Abb. 16.1: Stahlbetonaußenwand

Voraussetzungen für unbewehrte Wände

Für unbewehrte Wände aus Normalbeton (C) und Leichtbeton (LC, Light Concrete) sind die Mindestdicken nach Tabelle 16.2 einzuhalten.

Tabelle 16.2: Mindestdicken

Mindestdicken [cm] der Wand		Decken nicht durchlaufend	Decken durchlaufend
C12/15 bzw. LC12/13	Ortbeton	20 cm	14 cm
ab C16/20 bzw. ab LC 16/18	Ortbeton	14 cm	12 cm
	Fertigteil	12 cm	10 cm

Bei allen druckbeanspruchten Bauteilen sind im Beton- und Stahlbetonbau drei Fälle für die Bemessung zu unterscheiden bzw. nachzuweisen:

- die zulässige Druckbeanspruchung,
- der Knicksicherheitsnachweis und
- die Teilflächenbelastung infolge konzentrierter Lasteinleitung.

Die Teilflächenbelastung wird hier nicht weiterverfolgt.

Für die Bemessung der zulässigen Druckbeanspruchung muss festgestellt werden, ob das Bauteil (die Wand) schlank oder gedrungen ist.

Bei gedrungenen Bauteilen kann auf eine Untersuchung am verformten System (Theorie II. Ordnung) verzichtet werden.

Die hier behandelten unbewehrten Betonwände sind gedrungen und erfüllen die folgenden Bedingungen:

- Für höher beanspruchte Querschnitte

$$n_{Ed} = \frac{N_{ed}}{(A_c \cdot f_{cd,pl})} \geq 0{,}41 \Rightarrow \lambda_{lim} = 25$$

- Für weniger beanspruchte Querschnitte

$$n_{Ed} = \frac{N_{ed}}{(A_c \cdot f_{cd,pl})} < 0{,}41 \Rightarrow \lambda_{lim} = 16/\sqrt{n_{Ed}}$$

mit

n_{Ed} die dimensionslose, bezogene Normalkraft (als Druckkraft positiv)
N_{ed} Bemessungswert der Druckkraft in MN
A_c Querschnittsfläche des Bauteiles in m²
$f_{cd,pl}$ Bemessungswert der Betondruckfestigkeit (z. B. für C16/29 Tabellenwert $f_{cd,pl} = 7{,}5$ N/mm²)
λ_{lim} Grenzwert der Schlankheit

16

Generell ist die **Schlankheit** λ von unbewehrten Betonwänden wie im Mauerwerksbau zu begrenzen. Für unbewehrte Betonwände muss die **Schlankheit** $\lambda \leq 86$ sein.

Anmerkung
Die Bezeichnungen im Beton- und Stahlbetonbau (EC 2) sind anders als im Mauerwerksbau.

Für rechteckige Querschnitte gilt:

$$l = l_0 \cdot \frac{\sqrt{2}}{h_w} \leq 86 \qquad \text{mit}$$

l_0 Ersatzstablänge in m, wobei $l_0 = b \cdot l_w$
β Beiwert für die Eulerfälle. Für den Normalfall (Pendelstütze) oben und unten gehalten gilt $\beta = 1{,}0$ (vgl. Abb. 16.3)
l_w Wandhöhe in m, h_w Wanddicke in m

Aus $l = l_0 \cdot \frac{\sqrt{12}}{h_w} \leq 86$ ergibt sich, dass das Verhältnis $\frac{l_0}{h_w} \leq 25$ sein muss.

Bemessung unbewehrter Wände

Die hier untersuchte unbewehrte Betonwand soll sich in einem unverschieblichen ausgesteiften Tragwerk befinden. Für die Bemessung von unbewehrten Wänden muss die aufnehmbare Normal- bzw. Druckkraft n_{Rd} größer sein als die vorhandene Normal- bzw. Druckkraft n_{Ed} (in MN/m, ebenfalls auf 1 m Länge bezogen): $n_{Rd} \geq n_{Ed}$

Beispiel

Unbewehrte Betonwand nach DIN EN 1992-1-1/NA
Gegeben ist eine mittig belastete Betonwand aus C16/20, die durch aussteifende Deckenplatten gehalten ist. Die lichte Geschosshöhe soll l_w = 2,55 m betragen. Die Wand wird nach der Statik mit n_{Ed} = 0,5 MN/m belastet. Der Beiwert $\Phi = 0{,}9$ gilt für die ausmittige Lasteinleitung.

Lösungsweg

1. Ersatzstablänge l_0 bestimmen: $l_0 = \beta \cdot l_w$
   $\Rightarrow l_0 = 1{,}0 \cdot 2{,}55 \text{ m} = 2{,}55 \text{ m}$
2. Erforderliche Mindestwanddicke h_w für $\lambda \leq 86$ über $\frac{l_0}{h_w} \leq 25$ ermitteln:
   $h_w = \frac{l_0}{25} \Rightarrow h_w = \frac{2{,}55 \text{ m}}{25} = 0{,}102 \text{ m}$
   ⇨ gewählt $h_w = 0{,}24$ m
3. Bezogene Längskraft n_{vorh} mit $n_{vorh} = \frac{N_{ed}}{(A_c \cdot f_{cd,pl})}$ berechnen
   $n_{vorh} = \frac{0{,}5 \text{ MN/m}}{1{,}00 \text{ m} \cdot 0{,}24 \text{ m} \cdot 7{,}5 \text{ MN/m}^2}$
   $n_{vorh} = 0{,}28 \Rightarrow n_{vorh} < 0{,}41$
   ⇨ weniger belasteter Querschnitt $\lambda_{lim} = 16/\sqrt{n_{Ed}}$
4. Für die Grenzschlankheit λ_{lim} gilt
   $\lambda_{im} = 16/\sqrt{0{,}28} \Rightarrow \lambda_{lim} = 31$
5. Die vorhandene Schlankheit $\lambda_{vorh} = l_0 \cdot \sqrt{12}/h_w$ mit der Grenzschlankheit λ_{lim} vergleichen: $\lambda_{vorh} \leq \lambda_{lim}$
   $\Rightarrow \lambda_{vorh} = 2{,}55 \text{ m} \cdot \sqrt{12}/0{,}24 \text{ m} = 37$
   ⇨ 37 ≤ 40 ⇨ Betonwand ist gedrungen und die Bemessung ist hinreichend.

Für die aufnehmbare Normal- bzw. Druckkraft n_{Rd} gilt: $n_{Rd} = \Phi \cdot h_w \cdot f_{cd,pl}$ mit

n_{Rd} aufnehmbare Normalkraft in MN pro lfd. Meter Wandlänge
Φ Beiwert für die ausmittige Lasteinleitung
h_w Wanddicke in m
$f_{cd,pl}$ Bemessungswert der Betonfestigkeitsklasse in MN/m²

Nachweis, dass die aufnehmbare Normal- bzw. Druckkraft n_{Rd} größer als die vorhandene einwirkende Normal- bzw. Druckkraft n_{Ed} ist:
$n_{Rd} = \Phi \cdot h_w \cdot f_{cd,pl} \Rightarrow$
$n_{Rd} = 0{,}9 \cdot 0{,}24 \text{ m} \cdot 7{,}5 \text{ MN/m}^2 = 1{,}62 \text{ MN/m}$
$\Rightarrow 1{,}62 \text{ MN/m} \geq 0{,}5 \text{ MN/m}$ ⇨ Nachweis erfüllt

Die Schlankheit λ eines Druckgliedes ergibt sich aus der Knicklänge l bezogen auf den Flächenträgheitsradius i des Betonquerschnittes. Die Schlankheit unbewehrter Wände sollte den Wert 86 nicht überschreiten.

Durch Umrechnung aus

$$i = \sqrt{\frac{I_C}{A_C}} \Rightarrow i = \sqrt{\frac{b \cdot h^3}{12 \cdot b \cdot h}} = h / \sqrt{12} = 0{,}289 \cdot h$$

$I_C = \dfrac{b \cdot h^3}{12}$ Flächenmoment 2.Grades [cm^4]

$A_C = b \cdot h$ Querschnittsfläche [cm^2]

Die Länge, über die die Wand ausknicken kann wird als Ersatz- oder Knicklänge bezeichnet. Ist die Lagerart bestimmt (idealisiert als frei, frei drehbar oder eingespannt) lassen sich die Knicklängen l_0 bestimmen. Für die hier aufgeführten Beispiel wird die Idealform Eulerfall 2 angenommen. In der Praxis liegen die idealisierten Lagerformen oft nicht vor. Dann ist das Gesamtsystem zu untersuchen. Abbildung 16.3 zeigt die vier Knickfälle nach Euler.

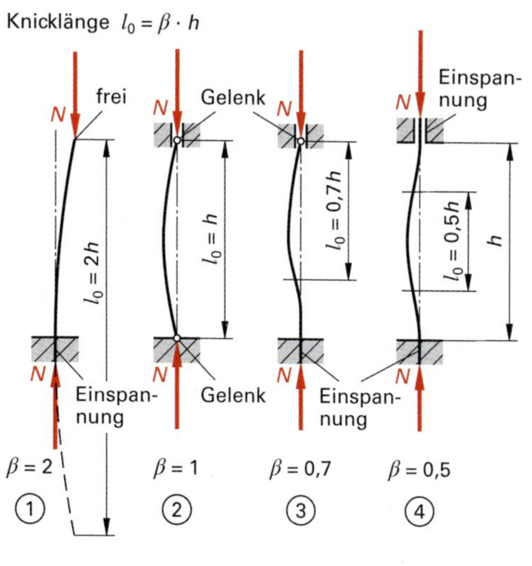

① unten eingespannt, oben frei, ② unten und oben gehalten, ③ unten eingespannt, oben gehalten; ④ unten und oben eingespannt

Abb. 16.3: Eulerfälle

16.2 Stahlbetonwände

16.2.1 Einordnung von Stahlbetonwänden

Stahlbetonwände sind scheibenartige Bauteile, soweit sie überwiegend auf Druck beansprucht werden. Wandelt sich die Belastung beispielsweise durch Erddruck vorwiegend in Biegung um, werden die Stahlbetonwände als Platten (LF 14 I „Planen eines Stahlbetonbauwerks") behandelt.

Wird bei gedrungenen Stahlbetonwänden die Mindestquerschnittsfläche der Bewehrung $a_{sv,min}$ kleiner als 0,15 % · a_c der Betonquerschnittsfläche, so gelten sie als unbewehrte Wände.

Wird die zulässige Betondruckfestigkeit zu mehr als 30 % ausgenutzt oder sind die Wände als schlank einzustufen, verdoppelt sich die Mindestquerschnittsfläche der Bewehrung auf $a_{s,min} = 0{,}3\ \% \cdot a_c$.

Die hier behandelten Stahlbetonwände sind gedrungen und erfüllen die in Kapitel 16.1 genannten Bedingungen.

Wie bei den unbewehrten Betonwänden sind Mindestdicken einzuhalten.

Tabelle 16.4: Mindestdicken für Stahlbetonwände

Mindestdicken [cm]		Decken nicht durchlaufend	Decken durchlaufend
ab C16/20 bzw. ab LC16/18	Ortbeton	12	10
	Fertigteil	10	8

Im Leistungsverzeichnis sollte bei der Ausschreibung berücksichtigt werden, dass Stahlbetonwände mit Dicken unter 30 cm schwer zu betonieren sind.

16.2.2 Knickgefahr bei Stahlbetonwänden

Gegenüber Stützen ist, die auf die Wanddicke h_w bezogene Knickgefahr, weniger davon abhängig wie die Wand oben und unten gelagert ist. Sondern die Knickgefahr ist vielmehr davon abhängig, ob die Wand zwei-, drei- oder vierseitig an ihren Rändern gehalten wird. Für das zweiseitige Halten einer Wand sind i.d.R. (vgl. Kapitel 11.2, Mauerwerkswände) aussteifende Deckenplatten verantwortlich. Drei- und vierseitig gehaltene Wände ergeben sich durch (zusätzlich zu den aussteifenden Deckenplatten) angeordnete aussteifende Wände an den Rändern rechts und links.

Drei- und vierseitig gehaltene Wände werden hier nicht weiterverfolgt.

16

Die von den unbewehrten Wänden bekannte Ersatzstablänge l_0 ergibt sich wieder aus der Formel:

$l_0 = \beta \cdot l_w$ mit β Knickbeiwert, l_w Wandhöhe in m

Für den **Regelfall** der zweiseitig gehaltenen Wand ist $\beta = 1{,}0$. Wird die Wand oben und unten mittels Bewehrung biegesteif verbunden, darf $\beta = 0{,}85$ eingesetzt werden.

16.2.3 Bewehrung von Stahlbetonwänden

Die Bewehrung kann mit Stabstählen (vgl. LF 6 „Konstruieren eines Stahlbetonbalkens") erfolgen oder / und mit Betonstahlmatten (vgl. LF 8 „Planen einer Geschossdecke").

Die Betondeckung ist wie bei allen Stahlbetonbauteilen zu beachten. Ebenso gelten die allgemeinen Bewehrungsregeln. Das rechtwinklige Bewehrungsnetz sollte an beiden Wandseiten identisch sein. Das Bewehrungsnetz besteht aus der vertikalen Druck- oder Hauptbewehrung und der waagerechten Querbewehrung.

Die **Querbewehrung** d_{sq} (mindestens Durchmesser 6 mm, Höchstabstand 35 cm, $d_{sq} \geq 0{,}25 \cdot d_{sl}$ in besonderen Fällen $a_{sq} \geq 0{,}5 \cdot a_{sl}$) hat die Aufgaben:

- Schwind- und Temperaturrissen entgegenzuwirken,
- das Ausknicken der Haupt- oder Druckbewehrung zu vermeiden und
- die Lasten zu verteilen.

Die vertikale Druck- oder **Hauptbewehrung** d_{sl} wird in der Regel innerhalb der waagerechten Querbewehrung angeordnet (vgl. Abb. 16.5). Wenn die Tragstäbe einen Durchmesser $\varnothing \leq 16$ mm und eine Betondeckung $\geq 2\ \varnothing$ aufweisen dürfen sie auch außen positioniert werden. Bei Betonstahlmatten dürfen die Tragstäbe stets außen stehen (vgl. Abb. 16.7).

Die auf 1,00 m Wandlänge bezogene Höchstquerschnittsfläche der Bewehrung $a_{s,max}$ muss kleiner als die folgenden Werte sein:

- $a_{s,max}$ $\leq 0{,}02\ \% \cdot a_c$ Wände ohne Verbügelung
- $a_{s,max}$ $\leq 0{,}04\ \% \cdot a_c$ Wände mit Verbügelung
- $a_{s,tot}$ $\leq 0{,}08\ \% \cdot a_c$ bei Übergreifungsstößen

Der Abstand s_{sl} der vertikalen Hauptbewehrung muss die Werte nach Tabellen 16.12 einhalten $s_{sl} \leq 2 \cdot h_w \leq 30$ cm.

Freie (ungestützten) Ränder von Wänden werden nach Abbildung 16.6 mit U-Bügel (**Steckbügel**) konstruktiv bewehrt. Steckbügel sind im Inneren der Wand mit $0{,}5 \cdot l_{b,rqd}$ zu verankern. Die Grenzwerte $l_{b,rqd}$ sind von der Lage der Bewehrung und der Betonfestigkeitsklasse abhängig und Tabellenwerken oder der DIN selbst zu entnehmen.

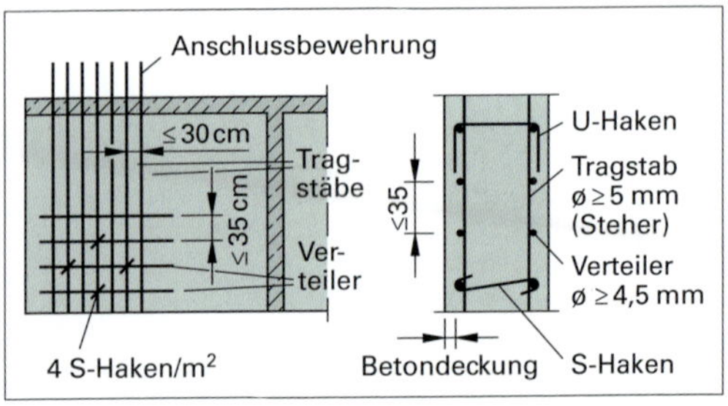

Abb. 16.5: Stababstände bei der Wandbewehrung

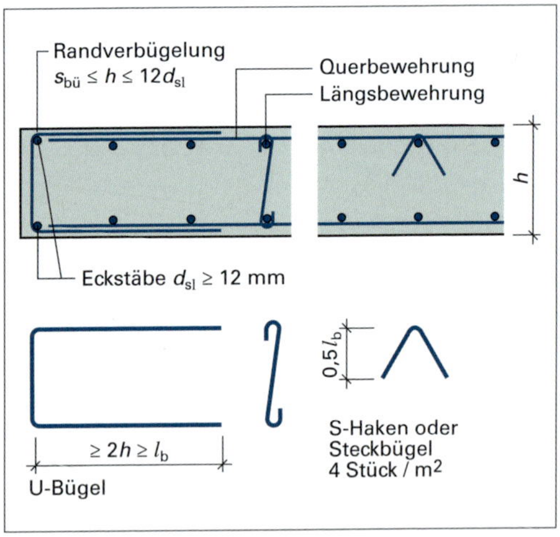

Abb. 16.6: Wandbewehrung für freie Ränder

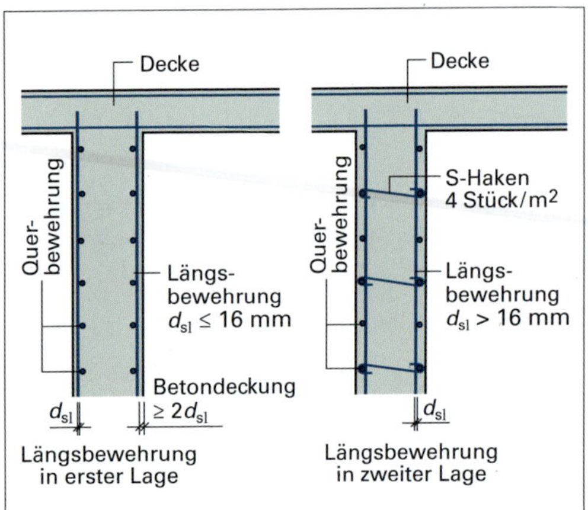

Abb. 16.7: Lage der Hauptbewehrung

Winkelstützwand

Die **Hauptbewehrung** der Wand ist lotrecht stehend, die der Sohlbewehrung liegt in Querrichtung. Durchmesser und Abstände der Bewehrungsstäbe werden der Statik entnommen. Größtabstände im Bereich der größten Biegebeanspruchung sind einzuhalten. Sie dürfen 25 cm bei einer Bauteildicke $h \geq 25$ cm und 15 cm bei einer Bauteildicke $h \leq 15$ cm nicht überschreiten.

Die **Querbewehrung** verläuft rechtwinklig zur Hauptbewehrung. Diese muss mindestens 20 % des Querschnitts der Hauptbewehrung betragen. Die Querbewehrung ist im Abstand $s_q \leq 25$ cm anzuordnen.

Die **konstruktive Bewehrung** befindet sich an der Luftseite (nicht mit Boden bedeckte Seite) der Stützwand und in der Sohlplatte unten. Hierfür eignet sich besonders eine Bewehrung aus Betonstahlmatten mit quadratischen Feldern (Q-Matte). Außerdem muss am oberen Wandabschluss eine Randbewehrung aus zwei Stäben, z. B. mit je 14 mm Durchmesser, angeordnet und durch Steckbügel gesichert werden. Die Bewehrung der aufgehenden Wand wird meist durch S-Haken oder Bügel verbunden. In der Sohlplatte werden zur Sicherung der oberen Bewehrungslage Unterstützungen eingebaut (vgl. Abb. 16.8).

Bei Stützwänden mit größerer Höhe muss die Bewehrung getrennt in Sohlbewehrung mit Anschlussbewehrung und Wandbewehrung eingebaut werden. Die Anschlussbewehrung muss dabei so weit über OK-Sohlplatte ragen, dass das Übergreifungsmaß l_s mit der Wandbewehrung eingehalten ist. Es entspricht in der Regel dem Verankerungsmaß $l_{b,rqd}$.

Werden Stützwände durch Fugen getrennt und mit Fugenbändern geschlossen, muss der Fugenbandbereich zusätzlich mit Bügeln umwehrt werden (vgl. Abb. 16.9).

Allgemein dienen **Stützwände** (bewehrt als Winkelstützwand, unbewehrt als Schwergewichtswand, vgl. Kapitel 15.4) zur Abstützung des Erdreiches. Eine Winkelstützwand besteht aus einer Sohlplatte (Fuß) und einer aufgehenden Wand(Aufgehendes) die biegesteif miteinander verbunden sind. Die Fußverbreiterung über die Dicke der Wand hinaus wird als Sporn bezeichnet. Diese Verbreiterung verbessert die Kippsicherheit. Berechnungen und Abbildungen zur Kippsicherheit sind im Kapitel 15.4 und Kapitel F 9 dargestellt.

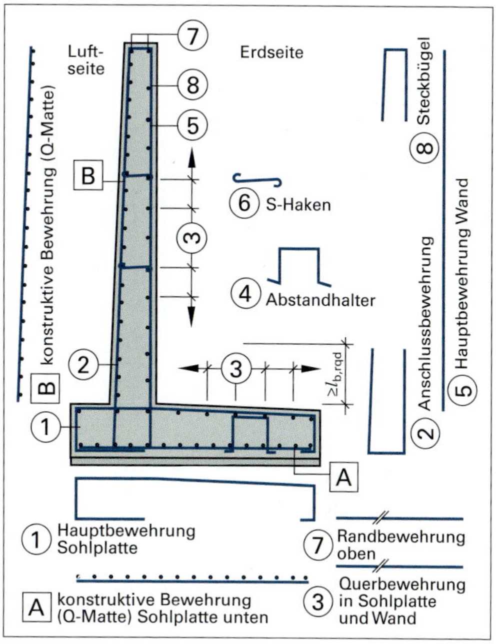

Abb. 16.8: Bewehrung einer Stahlbetonwand

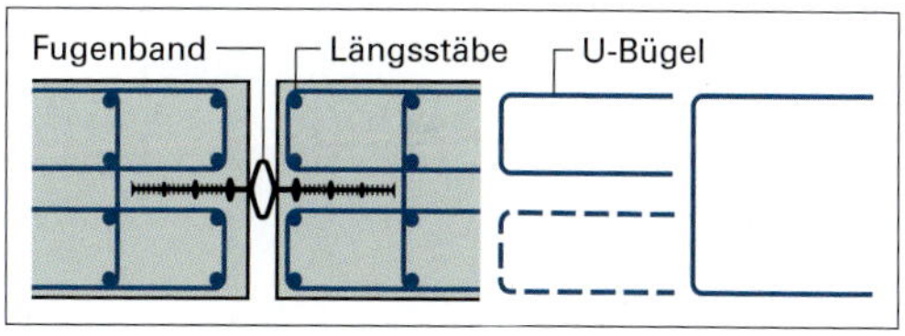

Abb. 16.9: Wandbewehrung mit Steckbügeln

Wand mit Aussparungen

Insbesondere die Wandecken und Ränder der Aussparungen bedürfen einer konstruktiven Bewehrung. I.d.R. wird diese in der Statik/Bemessung mit angegeben. Abbildung 16.10 zeigt im Zusammenhang mit der Bewehrung der Stahlbetonwand nach Abbildung 16.8 eine konstruktive Lösung. Der Mindestdurchmesser sollte 12 mm betragen, der Höchstabstand gleich der Wanddicke d oder dem 12-fachen Durchmesser der Steckbügel sein. Darüber hinaus erfordern Wandecken und die Einbindung von Querwänden eine Zusatzbewehrung (vgl. Abb. 16.11). Konstruktiv sollte ein Mindestdurchmesser von 8 mm und ein Höchstabstand von 20 cm beachtet werden.

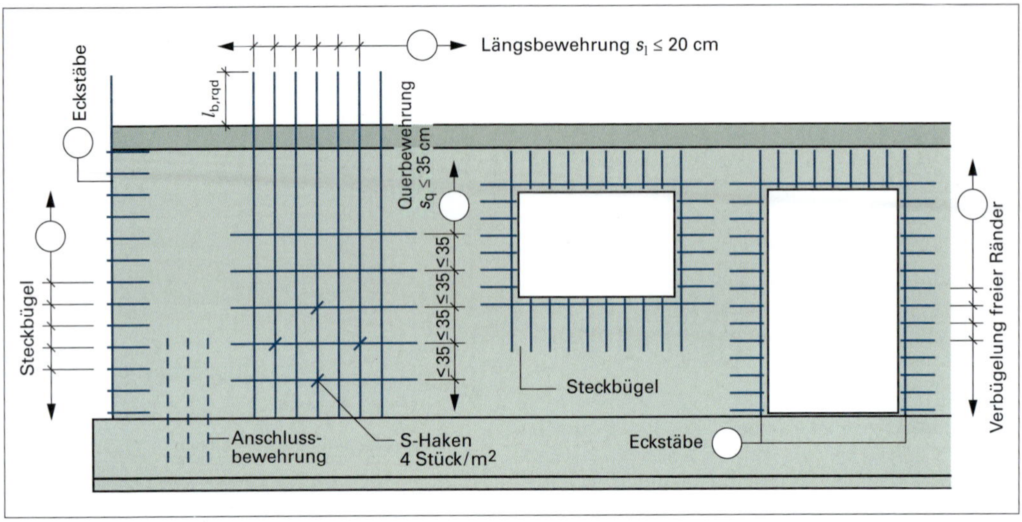

Abb. 16.10: Bewehrung einer Stahlbetonwand
am Beispiel einer Kellerwand

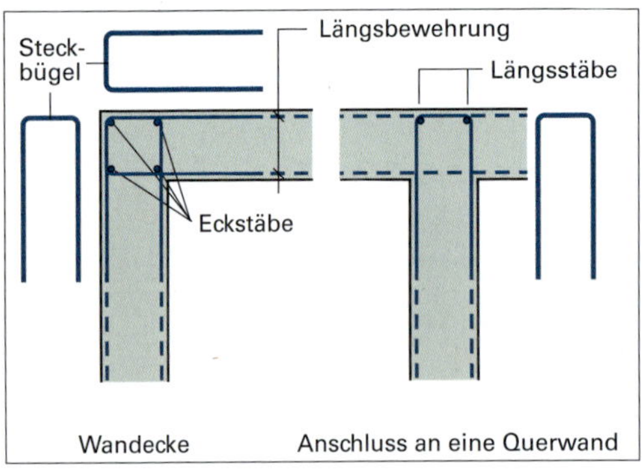

Abb. 16.11: Wandbewehrung mit Steckbügeln

Tabelle 16.12: Bewehrungsrichtlinien für Stahlbetonwände:
Längsbewehrung: Mindestdurchmesser $d_{sl} \geq 8$ mm, $s_l \leq 30$ cm $\leq 2 \cdot h$ (*h* Wanddicke) Stababstand $s_l \leq 30$ cm, je Wandseite.
Querbewehrung: $d_{sq} \geq 0{,}25 \cdot d_{sl}$, Abstand ≤ 35 cm.
Verankerung der außenliegenden Bewehrungsstäbe beider Wandseiten durch vier versetzt angeordnete S-Haken je m²-Wandfläche, bei dicken Wänden vorzugsweise mit Steckbügeln. S-Haken können bei Tragstäben mit $d_s \geq 14$ mm entfallen, wenn die Betondeckung mindestens $2 \cdot d_s$ beträgt.
Zulagebewehrung z. B. an Wandenden, Türen und Fenstern durch U-förmige Steckbügel und Eckstäbe.

16.3 Leichtbetonwände

Im Gegensatz zum gefügedichten Normalbeton gibt es vier unterschiedlichen Arten von Leichtbeton (vgl. Abb. 16.13).

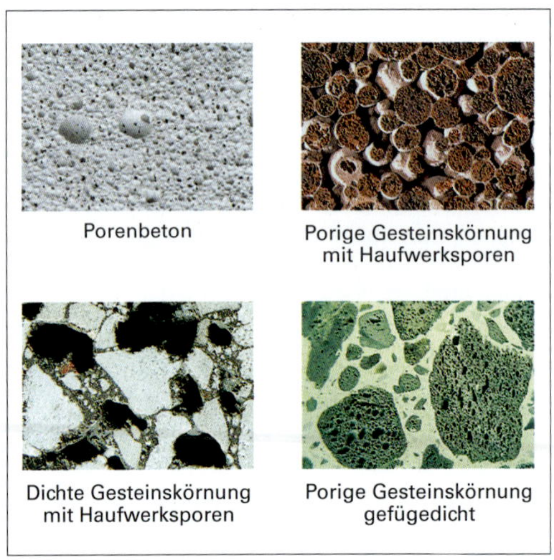

Abb. 16.13: Leichtbetonarten

16.3.1 Porenbeton

Verwendung

Porenbeton (DIN EN 771-4 und DIN V 20000-404, DIN V 4165-100, DIN 4166) wird zur Herstellung von unbewehrten künstlichen Mauersteinen (bekannt dürfte z. B. die Marke Ytong® sein) sowie für bewehrte Wand-, Decken- und Dachplatten verwendet.

Herstellung

Porenbeton wird industriell aus Quarzsand, Zement, Wasser und Aluminiumpulver hergestellt. Das Aluminiumpulver dient zum Erzeugen der Poren von etwa 0,5 mm bis 1,5 mm Größe.

Die Formen werden nach dem Ansteifen mit Stahldrähten herausgeschnitten. Danach erfolgt in Härtekesseln 6 bis 12 Stunden lang eine Härtung mit Wasserdampf bei 190 °C und einem Druck von 12 bar.

Die Bewehrung für Wand-, Decken- und Dachplatten besteht aus korrosionsgeschützten Betonstahlmatten.

Eigenschaften und Bearbeitung:

Eine geringe Rohdichte von 350 kg/m³ bis zu 1000 kg/m³ bei einer Festigkeit von 2 N/mm² bis zu 8 N/mm² bieten auch praxisaffinen Laien im wahrsten Sinne des Wortes leicht zu verarbeitende Baustoffe. Eine Wärmeleitfähigkeit von 0,09 W/(m·K) ermöglicht einen hochgedämmten Wohnungsbau. Dämmstoffe weisen eine Wärmeleitfähigkeit ≤ 0,10 W/(m·K) auf. Außenwände aus Porenbeton müssen allerdings in geeigneter Weise vor Feuchtigkeit geschützt werden.

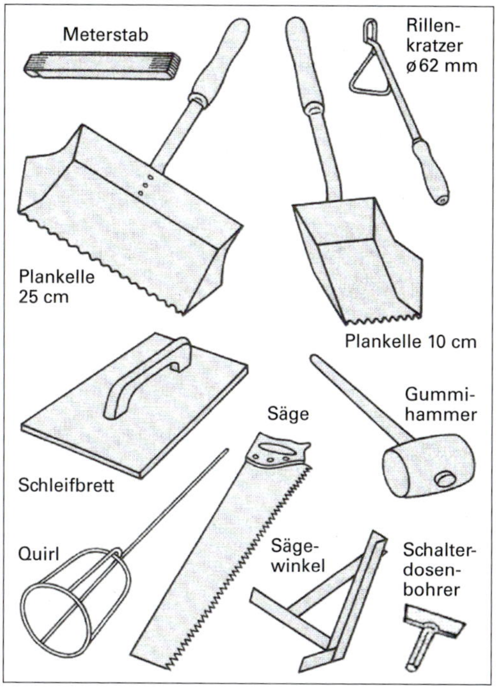

Abb. 16.14: Spezialwerkzeuge zur Bearbeitung von Porenbeton

Durch entsprechendes Zubehör- und Ergänzungsteile wie Stürze und Rollladenkästen ebenso wie verschiedene Putze und Abdichtungen ergibt sich ein komplettes Bausystem. Mit den entsprechenden Spezialwerkzeugen (vgl. Abb. 16.14) lässt sich Porenbeton leicht bearbeiten und verarbeiten.

16.3.2 Leichtbeton mit Haufwerksporen

Unterscheiden lässt sich nach Abbildung 16.13 haufwerksporiger Leichtbeton mit poriger Gesteinskörnung und haufwerksporiger Leichtbeton mit dichter Gesteinskörnung.

Herstellung

Bei dieser Art von Leichtbeton umhüllt der Zementleim nur die einzelnen Körner der Gesteinskörnung. Auf diese Weise entsteht ein Beton mit Haufwerksporigkeit, der viele Hohlräume aufweist. Erhöhen lässt sich der Volumengehalt an Haufwerksporen mit einkörniger Gesteinskörnung. Als leichte Gesteinskörnung werden hauptsächlich Blähton, Blähschiefer und Naturbims nach DIN EN 13055-1 verwendet, die einen hohen Anteil an Eigenporen besitzen. Es kann auch Gesteinskörnung mit dichtem Gefüge zugemischt werden.

16

Eigenschaften und Verwendung

Mit haufwerksporigem Leichtbeton werden je nach der verwendeten Gesteinskörnung Festigkeiten von etwa 2 N/mm² bis 20 N/mm² erzielt. Damit können im Geschossbau tragende Wände mit einer nennenswerten Wärmedämmung hochgezogen werden (z. B. als Mauersteine im Dünnbettmörtel oder als Leichtbeton unter Verwendung von Blähton mit $\lambda = 0{,}13$ W/(m·K).

Weiter wird haufwerksporiger Leichtbeton für Fertigteile nach DIN EN 1520 und DIN 4213, bei Wandplatten für leichte Trennwände nach DIN 18 148 und DIN 18 162 und Stahlbetondielen für Dachplatten und Deckenplatten nach DIN 1520 und DIN 4213 verwendet.

Haufwerksporiger Leichtbeton ist wie Porenbeton vor Feuchtigkeitsaufnahme zu schützen. Stahleinlagen müssen z. B. mit einer Feuerverzinkung versehen werden.

16.3.3 Porenleichtbeton (Schaumbeton)

Porenleichtbeton (nicht in Abb.16.13 dargestellt) ist in den Normen nicht erfasst. Für die Verwendung von Porenleichtbeton bzw. Bauteilen aus Porenleichtbeton sind bauaufsichtliche Zulassungen notwendig.

Herstellung

Auf Baustellen kann Porenleichtbeton mit Schaumbildner und Wasser in Schaumgeräten hergestellt werden. Die erzeugte Porosierung wird dann einem Bindemittel zugemischt.

Im Werk können die erhöhten Luftgehalte für Porenleichtbeton auch durch eine höhere Dosierung von Luftporen (LP)-Bildnern oder Schaumbildnern erzielt werden. Anhängig vom Verwendungszweck des Porenleichtbetons wird dichte oder porige Gesteinskörnung verwendet.

Eigenschaften und Verwendung

In fließfähiger Konsistenz wird Porenleichtbeton beispielsweise für wärmedämmende Bauteile gebraucht. Die Rohdichte schwankt zwischen 400 kg/m³ und 2000 kg/m³ und die Festigkeit kann zwischen 1 kN/mm² und 25 N/mm² liegen.

Auch bei Porenleichtbeton ist für eine etwaige Bewehrung Korrosionsschutz vorzusehen.

16.3.4 Gefügedichter Leichtbeton mit Kornporosität (Konstruktionsleichtbeton)

Dieser gefügedichte Leichtbeton entspricht in seiner Zusammensetzung dem Normalbeton. Er ist demnach in DIN EN 1992-1-1/NA und DIN EN 206 / DIN 1045-2 geregelt.

Herstellung

Durch leichte Gesteinskörnungen mit geringer Rohdichte kann das Eigengewicht des Leichtbetons entsprechend reduziert werden. Sonst sind die Hohlräume zwischen den Gesteinskörnern wie beim Normalbeton vollständig vom Zementleim ausgefüllt.

Gefügedichter Leichtbeton weist nach DIN eine Rohdichte von 800 kg/m³ bis 2000 kg/m³ auf.

Die große Bandbreite bei der Rohdichte hat zu den Rohdichteklassen nach Tabelle 16.15 geführt.

Dabei bleibt zu beachten, dass die Werte der Rohdichte für wärmeschutztechnische Berechnungen nach DIN 4108-4 bzw. DIN EN 12524 ausgewiesen sind. Die charakteristischen Werte zur Lastermittlung (Wichten) aber nach DIN EN 1991-1 aufgeführt sind.

Tabelle 16.15: Rohdichteklassen von Leichtbeton

Rohdichteklassen	Rohdichtebereich	charakteristischer Wert zur Lastermittlung	
		unbewehrt	bewehrt
	[kg/m³]		
D 1,0	≥ 800 und ≤ 1000	1050	1150
D 1,2	> 1000 und ≤ 1200	1250	1350
D 1,4	> 1200 und ≤ 1400	1450	1550
D 1,6	> 1400 und ≤ 1600	1650	1750
D 1,8	> 1600 und ≤ 1800	1850	1950
D 2,0	> 1800 und ≤ 2000	2050	2150

Leichte Gesteinskörnung

Die Rohdichteklassen werden über leichte Gesteinskörnungen aus Blähton, Blähglas, Blähschiefer und Naturbims nach DIN EN 13055 erreicht.

Blähton und Blähschiefer

Die Rohstoffe für aus natürlichen Vorkommen werden Drehöfen gesintert. Dabei entsteht um die bis 16 mm großen Körner eine dichte, glasige Sinterhaut, die eine hohe Festigkeit aufweist. Da diese Sinterhaut relativ schwer ist, sind stark gesinterte Gesteinskörnungen aus Blähton und Blähschiefer schwerer als schwach gesinterte. Aus einer höheren Festigkeit der leichten Gesteinskörnung folgt also auch eine höhere Rohdichte. Die Sinterhaut verringert darüber hinaus das Saugen von Wasser.

Blähglas

Blähglas wird wie Blähton und Blähschiefer durch Aufschäumen von gebrochenen und fein gemahlen Altglas in einem Ofen bei bis zu 900 °C erzeugt.

Das so entstandene Bauprodukt darf als ökologisch und schadstofffrei bezeichnet werden. Blähglas zeichnet sich weiter durch Druckfestigkeit, und Beständigkeit gegen Säuren und Laugen sowie Frostbeständigkeit aus. Die Wärmeleitfähigkeit darf mit hervorragenden $\lambda = 0{,}07$ W/(m·K) angegeben werden.

Naturbims

Naturbims ist ein sehr leichtes, vulkanisches Gestein, das bis zu 85 % aus Luft in Form fein verteilter Poren besteht und hat deshalb ein geringes Gewicht. Der große Vorteil von Naturbims ist seine natürliche Entstehung. Folglich muss keine Energie zur Herstellung von Naturbims aufgebracht werden.

Festigkeit

Abhängig von der verwendeten Gesteinskörnung und dem Zement können nach Tabelle 16.24 beim Leichtbeton Festigkeiten wie beim Normalbeton erreicht werden.

Tabelle 16.16: Festigkeitsklassen von Leichtbeton

Leichtbeton	$f_{ck,cyl}$ [N/mm²]	$f_{ck,cube}$ [N/mm²]
LC 8/9	8	9
LC 12/13	12	13
LC 16/18	16	18
LC 20/22	20	22
LC 25/28	25	28
LC 30/33	30	33
LC 35/38	35	38
LC 40/44	40	44
LC 45/50	45	50
LC 50/55	50	55
LC 55/60	55	60
LC 60/66	60	66
LC 70/77	70	77
LC 80/88	80	88

Im Gegensatz zum Normalbeton, wo die Festigkeit der Gesteinskörnung weit über der des Zementsteins liegt, kann beim gefügedichten Leichtbeton der Zementstein die größere Festigkeit aufweisen. Daher müssen an den Zementstein des Leichtbetons höhere Forderungen gestellt werden.

Die Wasserzementwert-Festsetzung ist beim gefügedichten Leichtbeton nur bedingt gültig.

Wärmeleitfähigkeit

Die Rechenwerte für die Wärmeleitfähigkeit von gefügedichten Leichtbeton liegen nach Tabelle 16.17 zwischen 0,44 W/(m·K) und 1,35 W/(m·K).

Tabelle 16.17: Wärmeleitfähigkeit von Leichtbeton

Rohdichteklassen	Rohdichtebereich [kg/m³]	Wärmeleitfähigkeit λ [W/(m·K)]
D 1,0	≤ 900 ≤ 1000	0,44 0,49
D 1,2	≤ 1100 ≤ 1200	0,55 0,62
D 1,4	≤ 1300 ≤ 1400	0,70 0,79
D 1,6	≤ 1500 ≤ 1600	0,89 1,00
D 1,8	≤ 1800	1,15
D 2,0	≤ 2000	1,35

Eigenschaften und Verwendung

Die Konsistenz von Leichtbetons sollte plastisch (F2) sein, da weicherer Leichtbeton dazu neigt sich zu entmischen. Verbessernd wirken Stabilisierer (ST) als Betonzusatzmittel (vgl. Kapitel 16.4). Auch als selbstverdichtender Beton (SVB) kann Leichtbeton hergestellt werden.

Eine Gewichtsverminderung von 600 kg/m³ bis 1000 kg/m³ gegenüber Normalbeton bei vergleichbarer Festigkeit und Dauerhaftigkeit macht gefügedichten Leichtbeton als Baustoff für alle Stahl- und Spannbetonbauwerke überlegenswert.

16.4 Betonzusätze

Zu unterscheiden sind Betonzusatzstoffe und Betonzusatzmittel (vgl. Zement-Merkblatt B3).

Betonzusatzstoffe

Betonzusatzstoffe werden in größeren Mengen hinzugefügt und müssen bei der Stoffraumrechnung berücksichtigt werden.

Betonzusatzstoffe werden nach DIN EN 206-1 in zwei Typen unterteilt:

Zusatzstoffe vom Typ I (nahezu inaktive Zusatzstoffe) wie beispielsweise Quarzmehl oder Pigmente gehen mit Zement und Wasser keine Reaktion ein und sind somit nicht an der Hydratation beteiligt. Quarzmehl verbessert den Kornaufbau und die Verarbeitbarkeit. Pigmente ermöglichen die Herstellung von farbigen Betonen.

Zusatzstoffe vom Typ II (puzzolanische oder latent hydraulische Zusatzstoffe) wie Trass (natürliches Puzzolan) oder Flugasche (künstliches Puzzolan) bilden bei der Hydratation zementsteinähnliche Produkte. Sie müssen auf den Zementgehalt und den Wasserzementwert angerechnet werden.

Betonzusatzmittel

Betonzusatzmittel werden in geringen Mengen maximal 50 ml bzw. 50 g pro kg Zement bei Beton, Stahlbeton und Spannbeton zugegeben. Betonzusatzmittel haben keinen Einfluss auf den Stoffraum. Die Ausführung ist in DIN 1045-2 geregelt.

Betonzusatzmittel sollen zur Verbesserung der Frisch- und Festbetoneigenschaften über ihre chemische und / oder physikalische Wirkung beitragen. Betonzusatzmittel sollen wie Fließmittel (FM) die Verarbeitbarkeit, wie Verzögerer (VZ) das Erstarren, wie Dichtungsmittel (DM) die Wasseraufnahme verhindern oder wie Luftporenbildner (LP) den Frostwiderstand positiv beeinflussen.

16

16.5 Schalung

Bei der Herstellung von Beton-, Leichtbeton- und Stahlbetonwänden ist der Einsatz von Systemschalungen die Regel. Herkömmlich (konventionell) hergestellte Schalung oder systemlose Schalung (vgl. LF 6 „Konstruieren eines Stahlbetonbalkens") kommt aufgrund des hohen Arbeitsaufwandes nur bei kleinen Bauvorhaben in Frage (vgl. Abb.16.18). Zimmermannsmäßig hergestellte Wandschalungen bestehen aus einer Schalhaut aus waagerechten Schalbrettern oder Schaltafeln, die in gleichmäßigen Abständen gegen senkrecht stehende Kanthölzer genagelt werden. Je nach Beanspruchung (Dicke und Höhe der Wand) beträgt der Abstand der Kanthölzer zwischen 40 cm und 60 cm. Am Fuß der Wandschalung werden die Kanthölzer gegen auf dem Boden befestigte Drängbretter gesetzt, um ein seitliches Ausweichen der Schalung zu verhindern. Über die gesamte Wandhöhe werden in gleichmäßigen Abständen Gurthölzer befestigt und mit Spannankern gegeneinander verspannt. Der Abstand zwischen den Schalungsoberflächen wird durch Abstandshalter aus Kunststoff eingehalten.

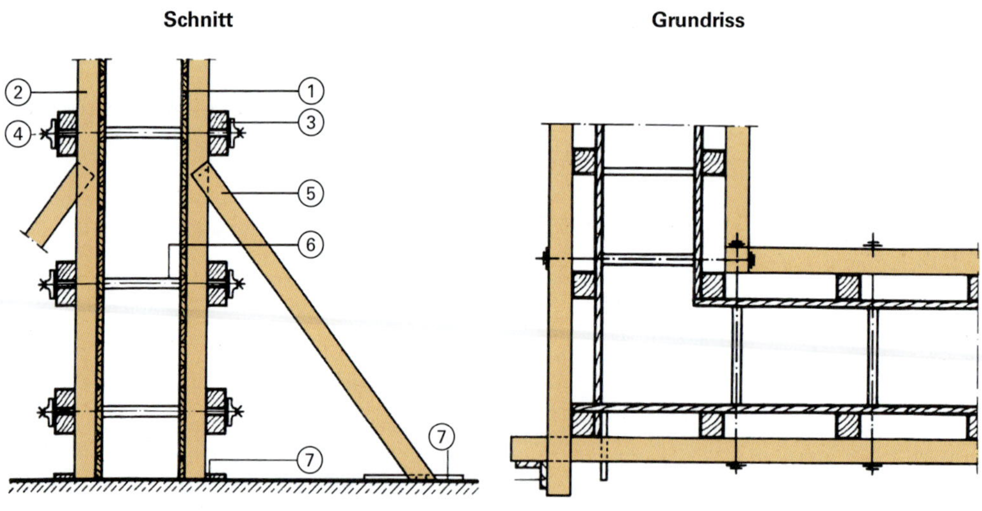

(1) Bretterschalung oder Schaltafeln
(2) senkrechte Kantholzträger
(3) Kantholzriegel (1- oder 2-lagig)
(4) Spannanker
(5) Strebe
(6) Abstandhalter
(7) Drängbrett

Die herkömmlich hergestellte Schalung besteht aus den Materialien (1) bis (7). I.d.R. erstellt der Zimmermann bei kleinen Bauvorhaben vor Ort einen Schalplan (vgl. Beispiel im LF 6 für einen Stahlbetonbalken).

Abb. 16.18: Wandschalung in zimmermannsmäßiger Ausführung

Systemschalungen können 70- bis 100-mal eingesetzt werden. Sie erfordern aber auch geschultes Personal. Für den Einsatz von Systemschalungen werden mit CAD-Programmen Schalpläne erstellt, nach denen die Schalarbeiten ausgeführt werden können. Für das Einschalen von großflächigen Wänden kommen meist Rahmen- und Trägerschalungen in Frage.

Rahmenschalungen nach Abbildung 16.19 bestehen aus Stahl- oder für leichte Schalungen aus Aluminiumrahmen mit aussteifenden Querprofilen (vgl. Abb. 16.21).

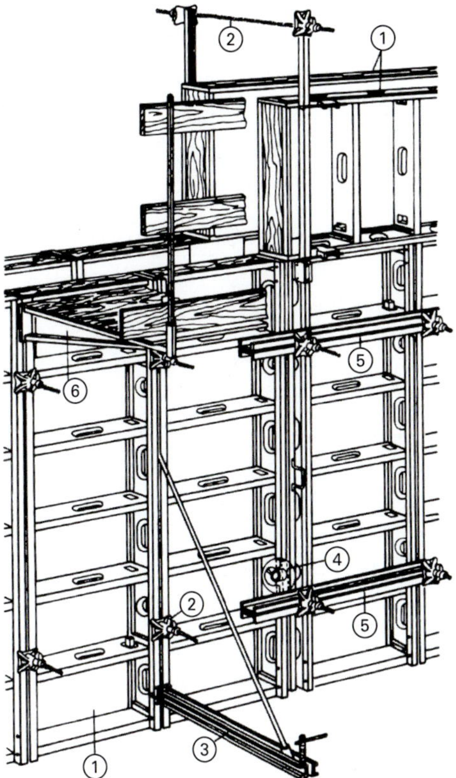

(1) Rahmenelement, bestehend aus beschichteter Schalplatte, Rand- und Feldaussteifung aus verschiedenen Spezial-Blechprofilen
(2) Spannanker
(3) justierbare Kippsicherung
(4) Stoßverbindung der Schalelemente
(5) zusätzliches Richt- bzw. Aussteifungsprofil
(6) Auslegerkonsole für Arbeitsgerüst

Abb. 16.19: Rahmenschalung (Hünnebeck)

Als aufgeschraubte Schalungsplatten werden meist genormte, 20 mm bis 25 mm dicke Sperrholzplatten eingesetzt. Rahmen und Schalungsplatten bilden ein Schalungselement (vgl. Abb. 16.21).

Bei **Trägerschalungen** in Abbildung 16.22 bilden senkrecht angeordneten Vollwand- oder Gitterträgern aus Holz oder Stahl die Unterstützung der Schalhaut. Im unteren und oberen Drittel der Trägerschalung steifen quer zu den Trägern liegende Stahlgurte die Schalungselemente (vgl. Abb. 16.23) aus.

Trägerschalungen, aber auch Rahmenschalungen, ermöglichen ebenfalls gekrümmte Wandelemente.

Mit beiden Schalungsarten lassen sich mit wenigen Standardelementen wechselnde Wandhöhen und -längen einschalen. Besonders ausgebildete Kupplungen sorgen für eine fugendichte, zug- und druckfeste Verbindung der Elemente. Für die Ausbildung von Innen- und Außenecken sowie für den Längenausgleich stehen Zusatzelemente zur Verfügung. Aufgrund der hohen Biegefestigkeit und Formbeständigkeit können die Elemente hohe Schalungsdrücke aushalten und kommen mit wenigen Spannteilen aus.

Für die Verspannung werden in der Regel Schalungsanker mit Schraubverschluss nach Abbildung 16.24 verwendet.

Auch die Betontrennmittel werden in der Regel systemkonform von den Schalungsherstellern angeboten.

Ausschalfristen

Die DIN EN 1992-1-1 macht zu den Ausschalfristen keine Angaben. **Anhaltswerte** finden sich in der früheren DIN 1045-3/NA 2.

Weitere Anhaltswerte liefert das Merkblatt für Betonschalungen und Ausschalfristen des Deutschen Beton Vereins (DBV), das für Balken, Stürze, Ringbalken und Platten mit einer Spannweite ≤ 6 m gilt.

Tabelle 16.20: Ausschalfristen Anhaltswerte nach DIN 1045

Zementfestigkeitsklasse MN/m²	Wände, Stützen, seitliche Schalung von Balken	Deckenplatten	Weitgespannte Decken, Balken, Rahmen
32,5 N	3 Tage	8 Tage	20 Tage
32,5 R	2 Tage	5 Tage	10 Tage
42,5 N	2 Tage	5Tage	10 Tage
42,5 R 52,5	1 Tag	3 Tage	6 Tage

Abb. 16.21: Rahmenschalung – System Peri

Abb. 16.22: Trägerschalung – System Peri

Abb. 16.23: Schalungselement – System Peri

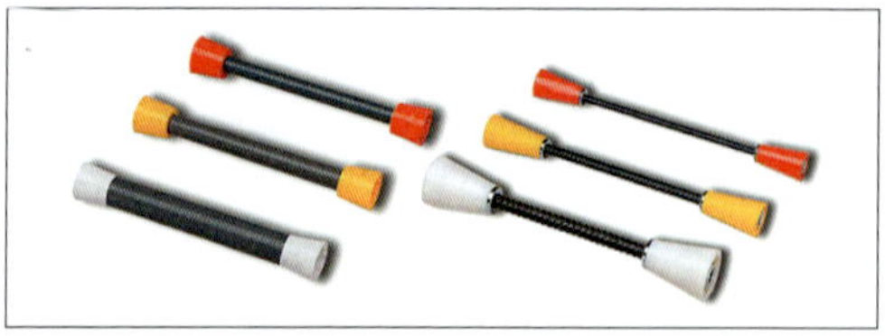

Abb. 16.24: Schalungsanker – System Peri

Tabelle 16.25: Ausschalfristen DBV-Merkblatt			
Bauteil-temperatur[1]	Festigkeitsentwicklung $r = f_{cm,2d}/f_{cm,28d}$ [2] schnell $r \geq 0{,}5$	mittel $r \geq 0{,}3$	langsam $r \geq 0{,}15$
≥ 15 °C	4 Tage	8 Tage	14 Tage
< 15 °C bis ≥ 5 °C	6 Tage	12 Tage	20 Tage

[1] Bei Lufttemperaturen < 5 °C ist die Ausschalfrist um die Tage zu verlängern, an den die Temperatur unter 5 °C lag.
[2] Verhältnis der 2 Tage zur 28 Tage Druckfestigkeit

Tabelle 16.26: Grenzabweichungen in mm (DIN 18 202)

Bezug zum Bauwerk	Nennmaße in m ≤ 3 ≤ 6	> 3 ≤ 15	> 6 ≤ 30	> 15	> 30
Maße im Grundriss, z. B. Längen, Breiten, Achs- und Rastermaß	± 12	± 16	± 20	± 24	± 30
Maße im Aufriss, z. B. Geschosshöhen	± 16	± 16	± 20	± 30	± 30
Lichte Maße im Grundriss, z. B. zwischen Stützen	± 16	± 20	± 24	± 30	–
Lichte Maße im Aufriss z. B. unter Decken	± 20	± 20	± 20	–	–
Öffnungen mit nicht oberflächenfertigen Leibungen	± 12	± 16	–	–	–
Öffnungen mit oberflächenfertigen Leibungen	± 10	± 12	–	–	–

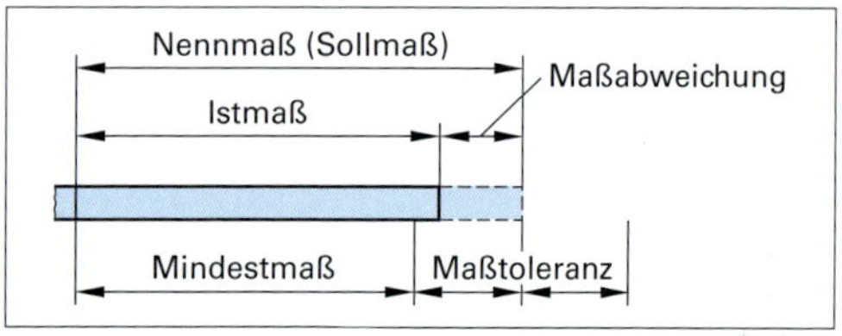

Abb. 16.27: Maßtoleranzen

Maßtoleranzen

Für Maßtoleranzen bei Wänden aus Beton gilt die DIN 18202. Bei Wänden von 10 m Länge darf die Abweichung hier maximal 2 cm betragen. Eine Genauere Übersicht gibt Tabelle 16.26.

Die Grenzabweichung ist die Differenz zwischen Höchstmaß und Nennmaß oder zwischen Mindestmaß und Nennmaß. Die Grenzabweichung ist als (+) als Verlängerung und (-) als Verkürzung zu betrachten.

16.6 Wandoberflächen und Einbauteile

Stahlbetonoberflächen, die nach Fertigstellung nicht weiter verkleidet werden und für den Betrachter frei einsehbar sind, werden als **Sichtbeton** bezeichnet. Das Aussehen dieser Flächen kann schon bei der Herstellung oder im Nachhinein durch verschiedene Verfahren beeinflusst werden.

Entscheidend für das Aussehen der fertigen Oberfläche ist zum einen die Oberflächenbeschaffenheit der verwendeten Schalhaut. Durch den Einsatz von Leisten oder durch das Einfräsen der Schalhaut lassen sich Vertiefungen bzw. Erhöhungen in der Betonfläche erzielen. Das farbliche Erscheinungsbild kann durch die Wahl der Zementart, durch die Verwendung von farbigen Gesteinskörnungen sowie durch den Einsatz von Farbpigmenten beeinflusst werden. Im erhärteten Zustand kann die Oberfläche durch bestimmte Strahl-, Spritz- oder Polierverfahren gestaltet werden.

Zur Festlegung einer Sichtbetonfläche sind folgende Anforderungen zu beschreiben (Hinweise im Merkblatt Sichtbeton vom DBZ, Deutscher Beton- und Bautechnik Verein e.V., und BDZ, Bundesverband der Deutschen Zementindustrie e.V.) (vgl. Tabelle 16.28):

- Sichtbetonklasse (SB1, SB2, SB3, SB4)
- Oberflächenbearbeitung der Schalhaut
- Anker und Ankerlöcher
- Ausbildung der Kanten und Ecken
- Fugen (Lage, Verlauf, Breite)
- Schalungs- und Schalungssysteme
- Ausbildung von Schalungsstößen
- geometrische Oberflächengliederung
- Farbtongebung (mit und ohne Anstrich)
- Oberfläche der angrenzenden Bauteile

Stahlbetonwände als Sichtbetonwände lassen sich durch verschiedene Herstellungsverfahren architektonisch gestalten.

Für die nachträgliche Verkleidung von Betonwänden bestehen ebenfalls verschiedene Möglichkeiten. Dazu werden Stahlformteile an bzw. im Beton befestigt, an die sich jede beliebige Art von Wandverkleidung befestigen lässt.

Unterschieden wird zwischen Verankerungen, die auf der Schalung befestigt und mit in die Wand einbetoniert, und solchen, die nachträglich auf der Wand befestigt werden. Bei den einbetonierten Verankerungen werden am Häufigsten so genannte Ankerschienen verwendet. Dabei handelt es sich um an einer Seite offene Stahlprofile, an deren Rückseite Verankerungselemente angeschweißt sind. Diese werden auf der Schalung befestigt und oberflächenbündig einbetoniert. Nach dem Ausschalen können daran mit Hilfe spezieller Schrauben entsprechende Konstruktionsteile zur Befestigung von Fassadenelementen montiert werden.

Der Einsatz von Ankerschienen erfordert eine genaue Vorplanung, da die Lage der Schienen schon bei der Betonage festgelegt werden muss. Auf diese Art können auch andere Bauteile in die Wand eingebaut werden (z. B. Tronsolen in Treppenhauswänden).

Bei Gebäude muss mit Maßtoleranzen gerechnet werden. Um Fassadenteile und Elemente vorfertigen zu können sind Befestigungsmittel erforderlich, die die Maß-, Lot- und Fluchtfehler ausgleichen. Dazu sind Elemente hilfreich, die eine dreidimensionale Justierung ermöglichen. Es gilt im Wesentlichen drei Möglichkeiten der Fassadenbefestigung (vgl. Abb. 16.29).

- Die Fassadenpfosten sind unten als unverschiebliches Auflager (Festlager) aufgestellt. Loslager und Festlager folgen im Wechsel.
- Die Fassadenpfosten sind oben aufgehängt. Der Pfostenfestpunkt befindet sich als Festpunkt an der Decke eines Geschosses.
- Die einzelnen Elemente sind unverschieblich gelagert. Einschiebelemente verbinden die Einzelelemente.

Der Bauherr entscheidet gemeinsam mit seinem Architekten, ob gewöhnlich vorausgesetzte Eigenschaften an die Betonoberflächen gestellt werden oder ob besondere Anforderungen gewünscht sind.

Die besonderen Anforderungen an die Betonoberfläche sind vom Architekten festzulegen. Die Leistungsbeschreibung kann sich auf die Ausführung im Sinne der VOB/B beziehen. Dies betrifft meist Angaben zur Art und Zusammensetzung des Betons, zu Art und Zustand der Schalung oder der Nachbehandlung und des Schutzes der Sichtbetonflächen.

16

Anderseits können die Anforderungen an die fertige Sichtbetonansichtsfläche zum Beispiel nach dem DBV-Merkblatt festlegt werden. Diese Methode vereinfacht die Feststellung der Mangelhaftigkeit erheblich. Das DBV-Merkblatt Sichtbeton bietet mit den darin definierten vier Sichtbetonklassen (SB1 bis SB4) eine Möglichkeit, das erwartete Aussehen der Sichtbetonoberflächen zu beschreiben. Dabei stellen einen wesentlichen Erfolgsfaktor für das Gelingen von Sichtbeton Erprobungsflächen dar.

Tabelle 16.28: Anforderung an geschalte Sichtbetonflächen

<table>
<tr><th colspan="2" rowspan="3">Sicht-beton-klasse</th><th rowspan="3">Beispiel
1) saugende Schalhaut
2) nicht saugende Schalhaut</th><th colspan="9">Anforderungen an geschalte Sichtbetonflächen</th></tr>
<tr><th rowspan="2">Textur</th><th colspan="2">Porigkeit</th><th colspan="2">Farbtongleich-mäßigkeit</th><th rowspan="2">Eben-heit</th><th rowspan="2">Schal-haut-fugen</th><th rowspan="2">Erpro-bungs-fläche</th><th rowspan="2">Schal-haut-klasse</th></tr>
<tr><th>s[1]</th><th>ns[2]</th><th>s[1]</th><th>ns[2]</th></tr>
<tr><td rowspan="4">Anforderungen an Sichtbeton: geringe</td><td>SB1</td><td>Betonflächen mit geringen gestalterischen Anforderungen, z. B.: Kellerwände oder Bereiche mit vorwiegend gewerbl. Nutzung</td><td>T1</td><td colspan="2">P1</td><td>FT1</td><td>FT1</td><td>E1</td><td>AF1</td><td>frei-gestellt</td><td>SHK1</td></tr>
<tr><td>SB2</td><td>Betonflächen mit normalen gestalterischen Anforderungen, z. B.: Treppenhausräume, Stützwände</td><td>T2</td><td>P2</td><td>P1</td><td>FT2</td><td>FT2</td><td>E1</td><td>AF2</td><td>emp-fohlen</td><td>SHK2</td></tr>
<tr><td>SB3</td><td>Betonflächen mit hohen gestalterischen Anforderungen, z. B.: Fassaden im Hochbau</td><td>T2</td><td>P3</td><td>P2</td><td>FT2</td><td>FT2</td><td>E2</td><td>AF3</td><td>dring. emp-fohlen</td><td>SHK2</td></tr>
<tr><td>SB4</td><td>Betonflächen mit besonders hoher gestalterischer Bedeutung, repräsentative Bauteile im Hochbau</td><td>T3</td><td>P4</td><td>P3</td><td>FT3</td><td>FT2</td><td>E3</td><td>AF4</td><td>erfor-derlich</td><td>SHK3</td></tr>
</table>

(Seitenbeschriftung: Anforderungen an Sichtbeton – geringe (SB1), normale (SB2), besondere (SB3, SB4))

T1	Weitgehend geschlossene Zementleim- bzw. Mörtelfläche. In den Schalelementstößen ausgetretener Zementleim/Feinmörtel bis ca. 20 mm Breite und ca. 10 mm Tiefe zulässig. Rahmenabdruck des Schalelements zulassen.
T2	Geschlossene und weitgehend einheitliche Betonfläche. In den Schalelementstößen ausgetretener Zementleim/Feinmörtel bis ca. 10 mm Breite und ca. 5 mm Tiefe zulässig. Versatz der Elementstöße bis ca. 5 mm Tiefe zulässig, Höhe verbleibender Grate bis ca. 5 mm zulässig. Rahmenabdruck des Schalelements zulassen.
T3	Glatte, geschlossene und weitgehend einheitliche Betonfläche. In den Schalelementstößen ausgetretener Zementleim/Feinmörtel bis ca. 3 mm zulässig. Feine, technisch unvermeidbare Grate bis ca. 3 mm zulässig. Weitere Anforderungen sind detailliert festzulegen.
SHK1 **SB1**	■ Bohrlöcher → Mit Kunststoffstöpsel zu verschließen ■ Nagel- und Schraublöcher, Kratzer → Zulässig ■ Beschädigung der Schalhaut durch Innenrüttler → Zulässig ■ Betonreste → In Vertiefungen (Nagellöchern, Kratern etc.) zulässig ■ Zementschleier, Reparaturstellen, Aufquellen der Schalhaut → Zulässig
SHK2 **SB2** **SB3**	■ Bohrlöcher, Kratzer → Als Reparaturstellen zulässig ■ Nagel- und Schraublöcher → Ohne Absplitterungen zulässig ■ Beschädigung der Schalhaut durch Innenrüttler → Nicht zulässig, nach Absprache mit dem Auftraggeber ggf. zulässig ■ Kratzer → Nicht zulässig ■ Betonreste → Zulässig ■ Zementschleier, Reparaturstellen, Aufquellen der Schalhaut im Schraub- bzw. Nagelbereich → Nicht zulässig, nach Absprache mit dem Auftraggeber ggf. zulässig
SHK3 **SB4**	■ Bohrlöcher, Betonreste → Nicht zulässig ■ Nagel- und Schraublöcher, Kratzer → Als Reparaturstellen in Abstimmung mit dem Auftraggeber ■ Zementschleier, Reparaturstellen, Aufquellen der Schalhaut im Schraub- bzw. Nagelbereich → Nicht zulässig

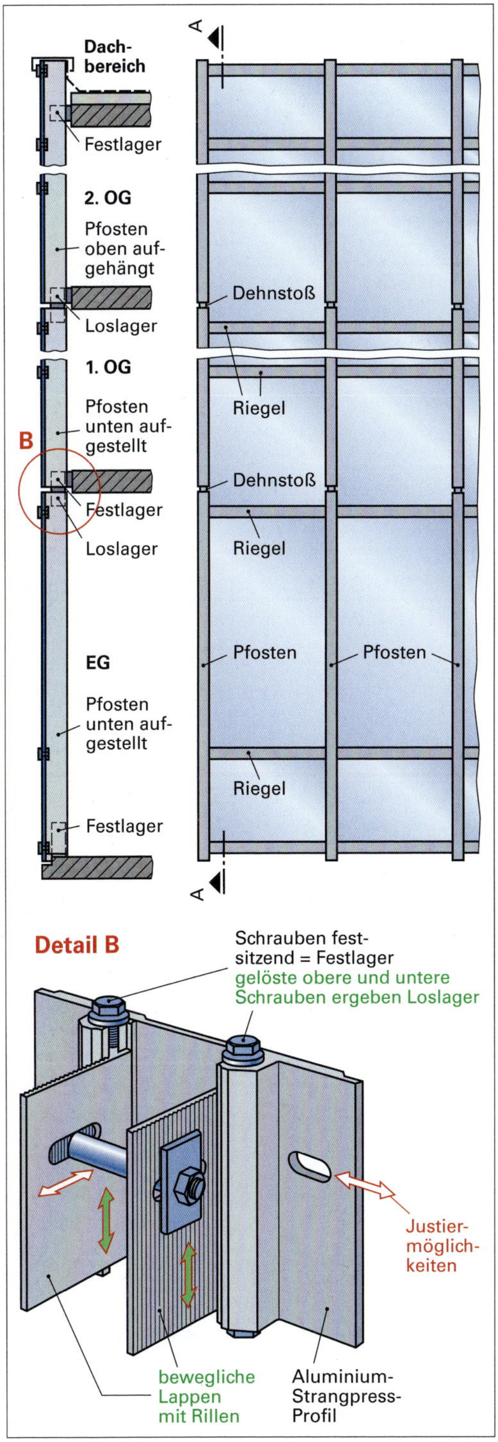

Abb. 16.29: Fassadenbefestigung
mit oben hängenden bzw. unten aufgestellten Pfosten

16.7 Aufmaß und Abrechnung

Nach VOB Teil B hat der Auftragnehmer seine Leistungen prüfbar abzurechnen. Im Teil C der VOB sind dazu die allgemeinen technischen Vertragsbedingungen (ATV) für Bauleistungen ausgeführt.

Die Abrechnung der Bauleistungen erfolgt nach Aufmaß. Das Aufmaß soll auf der Grundlage der Konstruktionszeichnung erfolgen. Nur wenn keine Zeichnungen vorliegen (z.B. Renovierungsarbeiten) oder die Leistungen in den Zeichnungen nicht dargestellt sind (z.B. Nachträge), wird vom Auftragnehmer und Auftraggeber gemeinsam örtlich aufgemessen.

Konstruktionsmaße sind die in den Bauzeichnungen angegeben Maße für den Rohbau. Die Abrechnung für die Gewerke Mauerarbeiten, Beton- und Stahlbetonarbeiten sowie für die Ausbaugewerke (z.B. Putz, Fliesen, Fußböden) erfolgt nach diesen Maßen, obwohl die Längen und Breiten und damit die Flächen beispielsweise durch den Wandaufbau (z.B. Putz) kleiner sind.

In den ATV sind die Abrechnungseinheiten für die jeweilige Leistungsposition angegeben. Die Tabellen zeigen einen Ausschnitt der Vorgaben an. Verbindlich ist die jeweilige VOB (z. zt. Ausgabe September 2019).

Tabelle 16.30: Abrechnung von Mauerarbeiten

Bauteil	**Abrechnungseinheiten**	**Abrechnungsgrundsätze** (Auswahl, DIN 18330)	
Mauerwerk (Hintermauerwerk)	m^2	Maße der Fläche getrennt nach Bauarten und Dicken	
Verblendmauerwerk (Dämmschicht)	m^2	Maße der Außenseite der Außenschale	
Nachträgliche Verfugung	m^2	Maße der Fläche	
Höhe des Mauerwerks	m^2	Durchgehendes Mauerwerk mit einbindender Decke	Stahlbetondecke unterbricht Mauerwerk
Durchdringungen	m^2	Die dickere Wand geht durch	
Öffnungen		über 2,5 m^2 Einzelfläche werden abgezogen	

16

Abrechnung

Die Allgemeinen Technischen Vertragsbedingungen für Bauleistungen (ATV) beschreiben in DIN 18299 die Grundlagen der Abrechnung und in den Normen 18300 und folgenden die spezifischen Abrechnungskriterien.

In DIN 18331 sind Beton- und Stahlbetonarbeiten geregelt. Ergänzend zur ATV DIN 18299, Abschnitt Abrechnung, gilt:

5.1 Beton und Stahlbeton mit oder ohne Schalung

5.1.1 Allgemeines

5.1.1.1 Der Ermittlung der Leistung
Es sind grundsätzlich die Bauteilmasse (möglichst Zeichnungsmaße) zugrunde zu legen.
5.1.1.2 Durch die Bewehrung, z. B. Betonstabstähle, verdrängten Betonmassen werden nicht abgezogen.
5.1.1.3 Bauteile, die in ihrem Querschnitt eine abgeschrägte oder profilierte Kopffläche aufweisen, z.B. Bauteile mit Ausklinkungen, werden mit den Maßen ihrer größeren Ansichtsfläche abgerechnet.
5.1.1.4 ....
5.1.1.5 Geneigt liegende oder gekrümmte Decken werden mit ihren tatsächlichen Maßen gerechnet.
5.1.1.6 Decken werden zwischen den äußeren Begrenzungsflächen gerechnet. Eingebaute Dämmstoffschichten und dergleichen werden übermessen.

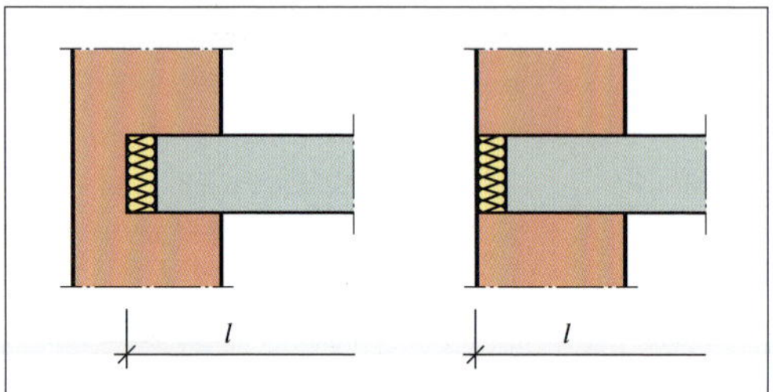

Abb. 16.31: Deckenbegrenzung

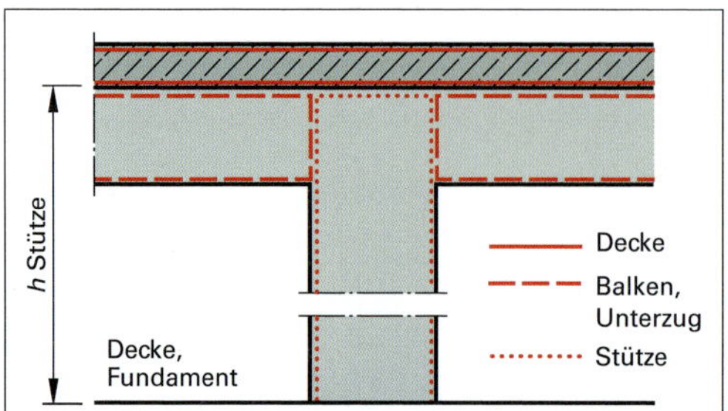

Abb. 16.32: Begrenzungsflächen für Decken, Wände und Stützen

16

Tabelle 16.33: Abrechnung von Beton- und Stahlbetonarbeiten

Bauteil	**Abrechnungseinheiten**	**Abrechnungsgrundsätze** (Auswahl, VOB/C, DIN 18331)
Massige Bauteile, z. B. Fundamente, Stützwände	m^3	Abrechnung getrennt nach Bauart und Maßen Volumen aus tatsächlichen Abmessungen errechnen
Wände/Wanddurchdringungen	m^2	Es wird nur eine Wand, und zwar die dickere, durchgehend abgerechnet.
Stützen	m Stück	Längen von OF Decke bis UF Decke (bis UF Balken, falls Balken breiter als Stütze); tatsächliche Abmessungen
Balken	m Stück	Längen bis zu den Stützen (vgl. Abb. 16.32), falls die Balken breiter als die Stützen sind, wird über die Stützen durchgemessen; tatsächliche Abmessungen
Deckenplatten	m^2	Tatsächliche Abmessungen, äußere Begrenzungen
Durchdringungen von Stütze, Balken, Decke Breite Stütze = Breite Balken		Der Beton wird nur einmal abgerechnet, und zwar bei gleicher Betongüte gemäß der Zeichnung:
Öffnungen Einbindungen Durchdringungen	m^3 m^2	Abzug bei Einzelgröße über 0,5 m^3 Abzug bei Einzelgröße über 2,5 m^2 Die Herstellung von Öffnungen ist eine besondere Leistung.
■ Schalung falls getrennt ausgeschrieben	m^2	Abwicklung der geschalten Fläche einschließlich der Außenfläche von Öffnungen, Öffnungen in den geschalten Flächen > 2,5 m^2 werden abgezogen.
■ Betonstahl stets getrennt ausschreiben	kg, t	Gewicht nach den Ausführungszeichnungen (Stahlliste), Bindedraht und Verschnitt werden nicht abgerechnet, jedoch Verschnitt > 10 % bei Betonstahlmatten

Aufgaben zum LF 11 A + I Entwickeln einer Außenwand, Schwerpunkt Architektur und Schwerpunkt Ingenieurbau

1. In welcher Dicke [cm] müssen die Bauteilschichten aus den angegebenen Baustoffen sein, damit sie den gleichen Wärmedurchlasswiderstand von 30 cm Gasbeton-Blocksteinen $\rho = 800$ kg/m^3 haben?
   a) Kalksand-Lochsteine $\rho = 1200$ kg/m^3
   b) Leichtbeton $\rho = 1200$ kg/m^3
   c) Schaumglas WLFG 050
   d) Nadelholz $\rho = 600$ kg/m^3

2. Wie viel cm dick sind die Kalksand-Vollsteine ρ = 1800 kg/m^3 einer Treppenraumwand mit beidseitigem Kalkgipsputz d = 1,5 cm zu mauern, die einen Wärmedurchlasswiderstand R = 0,25 m^2·K/W haben muss?

3. Vergleichen Sie die Wärmedämmfähigkeit der beiden Außenwandkonstruktionen aus Vollziegeln und aus Bimsvollsteinen, indem Sie die Wärmedurchlasswiderstände R berechnen.

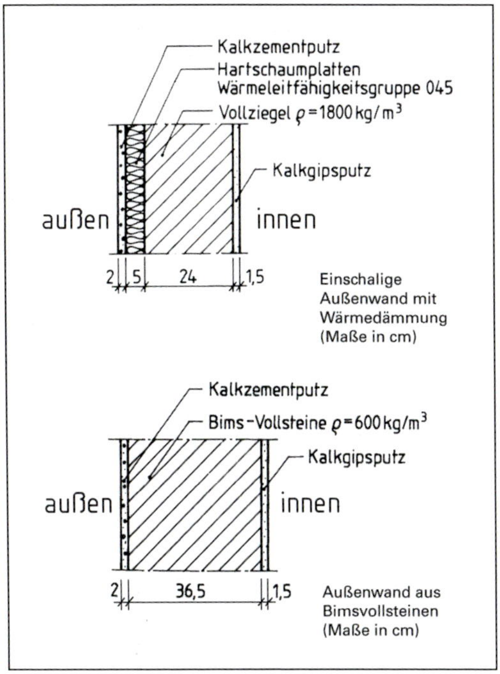

Einschalige Außenwand mit Wärmedämmung (Maße in cm)

Außenwand aus Bimsvollsteinen (Maße in cm)

4. Nennen Sie die wichtigsten Merkmale für ein Niedrigenergiehaus. Gliedern Sie die Reihenfolge der Maßnahmen so, wie sie unter energiesparenden und wirtschaftlichen Gesichtspunkten geplant und umgesetzt werden sollten.

5. Wie groß ist der Wärmedurchlasswiderstand R der Außenwand mit Vorhangfassade aus Basaltplatten? Stellen Sie auch den Temperaturverlauf in der Konstruktion dar.

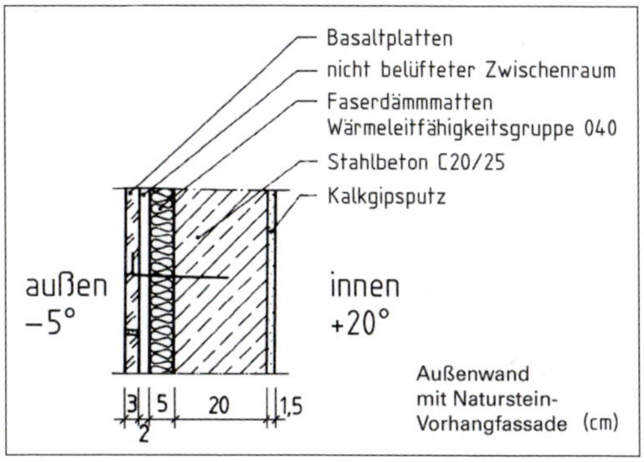

Außenwand mit Naturstein-Vorhangfassade (cm)

6. a) Berechnen und vergleichen Sie den Wärmedurchlasswiderstand R der Heizkörpernische mit dem der Außenwand.
   b) Wie viel cm dick müssten die Hartschaumplatten sein, wenn die Heizkörpernische einen doppelt so großen Wärmedurchlasswiderstand R haben soll wie die Außenwand?

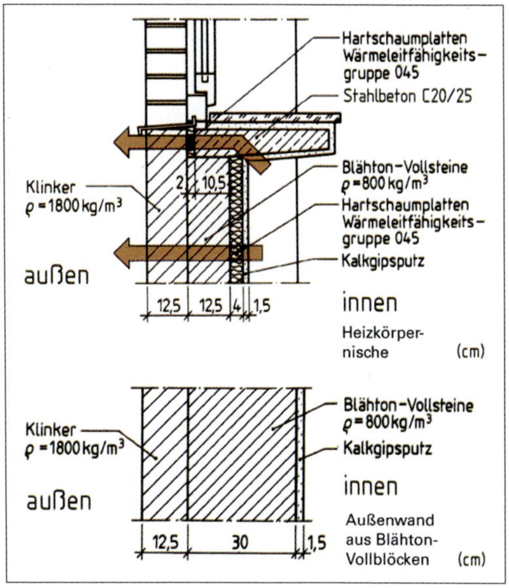

Heizkörpernische (cm)

Außenwand aus Blähton-Vollblöcken (cm)

7. Weshalb ist bei gleichem Wärmeschutz der Heizwärmebedarf bei Mehrfamilienhäusern meist deutlich geringer als bei Einfamilienhäusern?

8. Bei Niedrigenergiehäusern sollte auf Anlagen zur Wohnungslüftung nicht verzichtet werden. Begründen Sie weshalb.
9. Erklären Sie die Anschlagarten für Maueröffnungen.
10. Wodurch unterscheiden sich Einfach- und Doppelfenster?
11. Wie können Fenster wirksam gegen Schlagregen und Fugendurchlässigkeit abgedichtet werden?
12. Wovon hängt der U_F-Wert eines Fensters ab?
13. Wie wird bei Wärmeschutzberechnungen die Lage der Fenster zu unterschiedlichen Himmelsrichtungen berücksichtigt?
14. Wie werden fachgerechte Bauwerksanschlüsse von Fenstern hergestellt?
15. Was verstehen Sie unter der Einordnung der Dämmmaterialien in unterschiedliche WLG?
16. Nach welchen Kriterien wählen Sie das „richtige Dämmmaterial" für eine Außenwand aus?
17. Welcher Teil der zweischaligen Außenwände darf als Deckenauflager genutzt werden?
18. Vergleichen Sie die zweischaligen Außenwände mit und ohne Luftschicht (Ausführung, Schalendicken, Wärme- und Schlagregenschutz).
19. Wodurch unterscheiden sich Putzmörtel P II und P III?
20. Nennen Sie Zweck und Ausführungsbestimmungen für Drahtanker in zweischaligen Außenwänden (Material, Form, Verteilung, Querschnitt).
21. Welche Vorschriften gelten für Be- und Entlüftungsmaßnahmen an zweischaligen Außenwänden? Für welche Außenwände genügen Entwässerungsschlitze in der Wandaußenschale?
22. An welchen Wandteilen des zweischaligen Außenmauerwerks sind Sperrschichten vorzusehen?
23. Wie weit darf die Außenschale zweischaliger Wände nach außen überstehen?
24. An welchen Wandteilen der zweischaligen Außenwände sind Dehnungsfugen vorzusehen?
25. Haustrennwände werden vorzugsweise zweischalig und mit Trennschicht aus Mineralfaserplatten hergestellt. Skizzieren und begründen Sie eine Konstruktion zweier Haustrennwände.
26. Unterscheiden Sie Baustellenmörtel und Werkmörtel.
27. Nennen Sie die Mörtelgruppen für Normal-, Leicht- und Dünnbettmörtel.
28. Nennen Sie Zusatzstoffe und Zusatzmittel und deren Zweck bei der Betonherstellung.
29. Vergleichen Sie die Befestigung der Fassadenbekleidungen bei hinterlüfteten und nicht hinterlüfteten Wandkonstruktionen.
30. Nennen Sie typische Leichtbetonzuschläge.
31. Machen Sie den Unterschied zwischen konstruktivem und wärmedämmendem Leichtbeton deutlich.
32. Unter welchen Voraussetzungen kann wärmedämmender Leichtbeton für Außenbauteile verwendet werden?
33. Welche Bedeutung haben Porenbetone im Bauwesen?
34. Welche Möglichkeiten zur Verringerung der Rohdichte kennen Sie bei Leichtbeton?
35. Was ist bei der Bewehrung von Wandöffnungen zu beachten?
36. Aus welchen Teilen ist eine Schalung grundsätzlich aufgebaut?
37. Worin liegt der Vorteil bei der Verwendung von Schalelementen gegenüber dem Einsatz von zimmermannsmäßig hergestellter Schalung?
38. Beschreiben Sie die Aufgaben der einzelnen Konstruktionselemente bei einer zimmermannsmäßig hergestellten Schalung.
39. Beschreiben Sie den Unterschied zwischen einer Träger- und einer Rahmenschalung.
40. Wodurch lässt sich das Aussehen von Sichtbetonflächen beeinflussen?
41. Die Außenwände des in der Grundrisszeichnung (vgl. Seite 587) dargestellten Kellers sollen unter Beibehaltung der Kelleraußenmaße mit Elementwänden aus Stahlbeton hergestellt werden.

Angaben zur Ausführung:
Fundamentplatte h = 20 cm, Oberkante Rohbeton –2,75 m. Kellerfenster 101/76 [cm], großes Fenster 201/101 [cm], Oberkante –0,50 m. Die Grundrisslage ist nicht vorgegeben. Die Fenster 101/76 [cm] sollen bereits in die Wandelemente eingebaut werden.

Die Elementhöhe beträgt außen 2,68 m und innen 2,49 m, eine Elementbreite von bis zu 6,00 m ist möglich. Die Abdichtung zur Fundamentplatte in der Arbeitsfuge erfolgt mit einem Fugenblech 250 mm × 1,5 mm. Die Elementdicke beträgt insgesamt 30 cm, die Dicke der Fertigteilplatten jeweils 6 cm.

a) Zeichnen Sie den Kellergrundriss mit neuen Maßen und Einteilung der Elemente (M 1:50 – m, cm). Fertigen Sie eine Elementliste an.
b) Zeichnen Sie Details der Wandecken (M 1:20 – m, cm).
c) Wie viel m^3 Beton werden zum Ausbetonieren der Kellerwand benötigt?

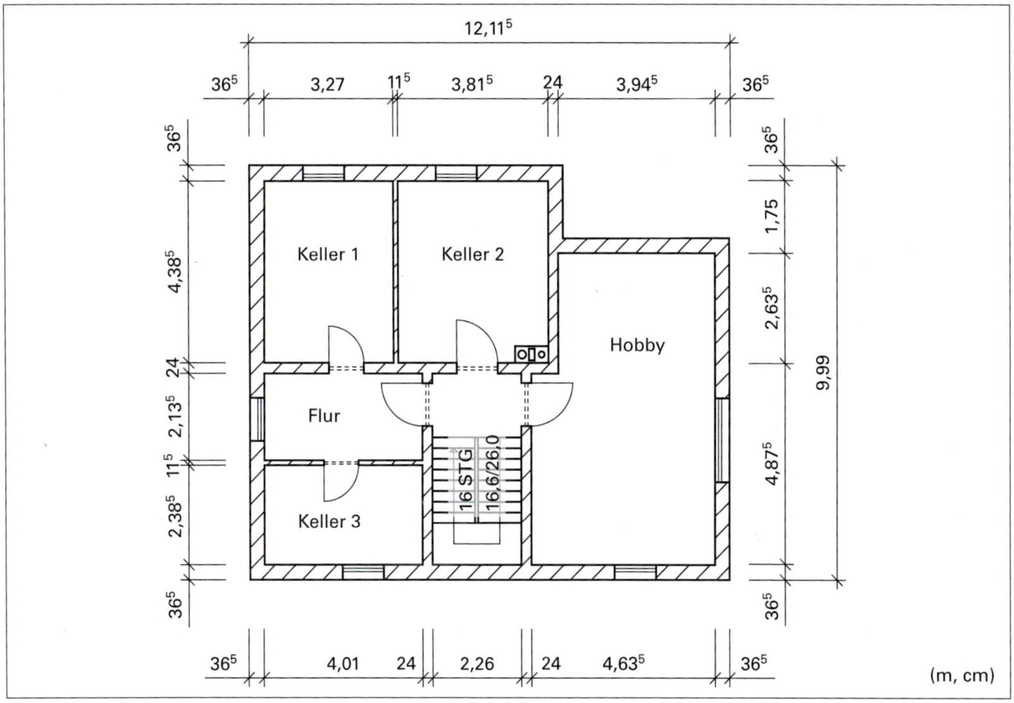

42. Für die Außenwand eines Wohngebäudes (vgl. Seite 588) soll aus Schallschutzgründen eine Stahlbetonwand zur Ausführung kommen.

1. Entwerfen Sie den Aufbau einer Wandkonstruktion mit einer tragenden Innenschale aus Stahlbeton. Zeichnen Sie den Querschnitt der Wand mit Brüstung- und Sturz- und Fensterdetails.
2. Zeichnen Sie den Bewehrungsplan für die Erdgeschosswand.

Angaben zur Ausführung:
Wanddicke h = 25 cm, Beton C25/30, Expositionsklasse XC1, c_{nom} = 20 mm, Betonstahl B500A

Bewehrung über den Öffnungen 3∅12 als Zulage, Eckzulagen ∅12, Längsbewehrung 6 cm^2/m je Seite, Dicke der Geschossdecken h = 18 cm. Die Geländeoberkante liegt bei –0,20 m.

43. Für ein Wohngebäude sind die Kellerwände abzurechnen. Die Wandhöhe beträgt 2,20 m. Die Stürze über den Öffnungen bleiben unberücksichtigt.
Es sind abzurechnen:
a) die Umfassungswände aus Stahlbeton nach m^2 und m^3,
b) die Innenwände aus Mauerwerk nach m^2.

44. Berechnen Sie den Temperaturverlauf durch eine 20 cm dicke Leichtbetonwand mit einem 2 cm dicken Kalkzement-Innenputz, einem 2 cm dicken Zement-Außenputz beschichtet mit einem 0,5 cm dicken Kunstharzputz. Wählen Sie die Klimabedingungen nach DIN 4108-3.

Außenwand eines Wohngebäudes
(Aufgabe 42)

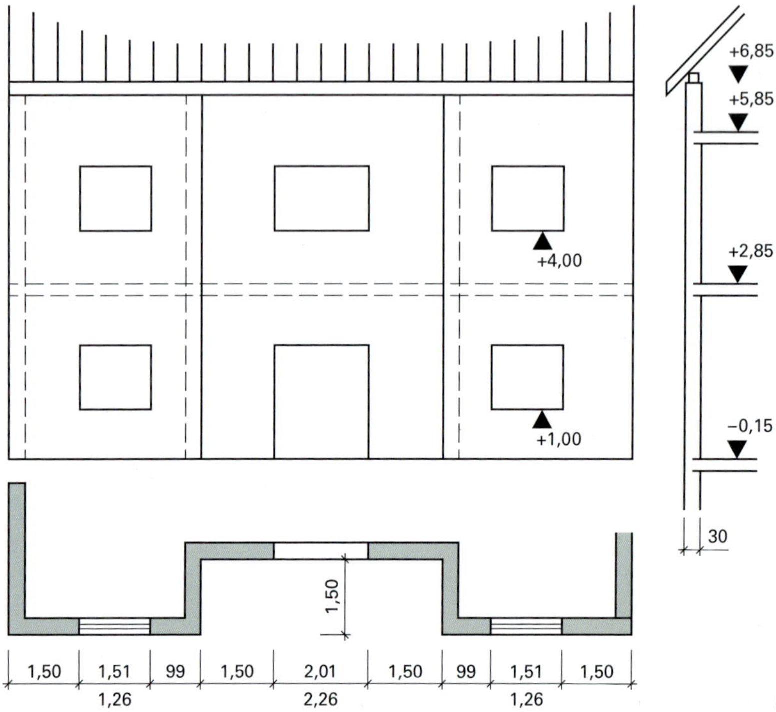

Kellergeschoss eines
Wohngebäudes
(Aufgabe 43)

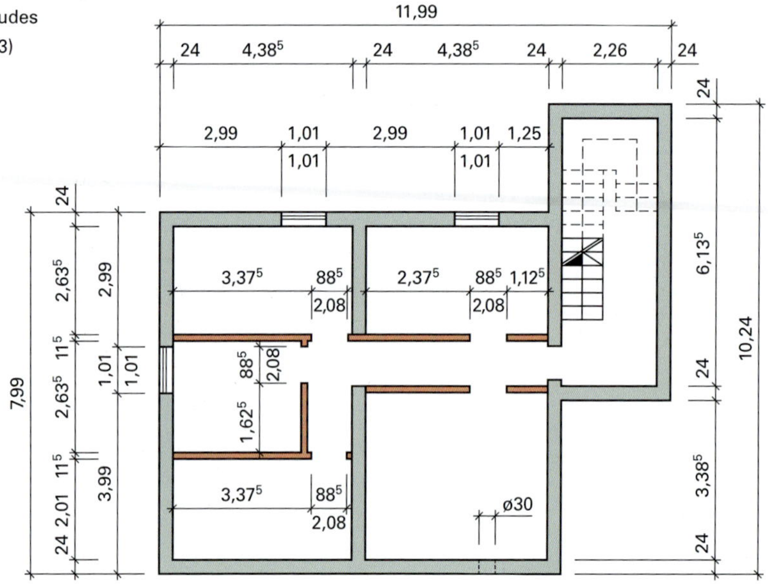

17 Planen einer Halle

Im LF 12 I (Kapitel 17) werden konstruktive Durchdringungen für Hallen aus Holz, aus Stahl sowie aus Beton-, Stahlbeton und Spannbetonfertigteilen erläutert. Die ingenieurmäßigen Verbindungen werden hier ausführlich dargestellt. Ein Bezug zu den LF der Grundstufe, zum LF 12 A „Planen einer Halle" (Grundlagen) sowie zum LF 11 I „Entwickeln einer Außenwand" (Fassaden) und hinsichtlich der Hallen aus Holz zum LF 13 I „Konstruieren eines Daches" (statische Grundlagen) ist aus baupraktischer Sicht unvermeidbar.

Abb. 17.1: Halle in Holzbauweise

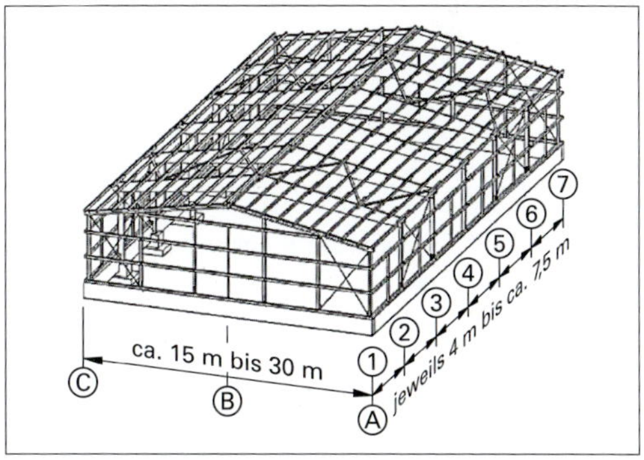

Abb. 17.2: Halle in Holzbauweise, Parallelprojektion

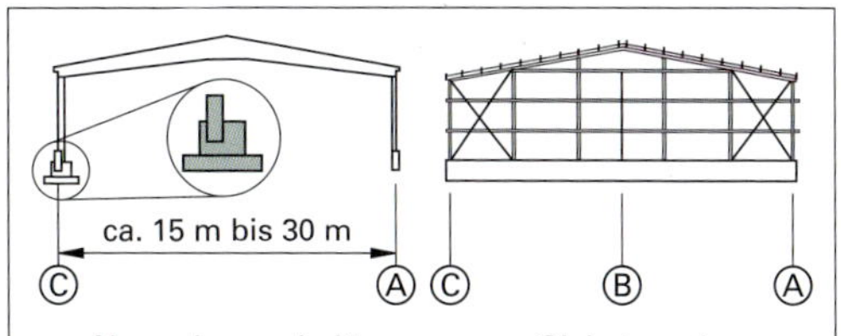

Abb. 17.3: Holzhalle, Giebelwand und Querschnitt

17.1 Hallen aus Holz

Der ingenieurmäßige Holzbau hat sich aus dem zimmermannsmäßigen Holzbau entwickelt. Entscheidend für die Entwicklung war die Verwendung von Stahlverbindungselementen für die Knotenpunkte der Holzkonstruktionen.

Durch die Verwendung von Brettschichtholzträgern bei Binder- und Rahmenkonstruktionen wurden größere Spannweiten möglich als bei klassischen Hänge- und Sprengwerken. Neue Verbindungsmittel wie Einpressdübel, Stabdübel und Stahlblechverbindungselemente machten wirtschaftliche Fachwerkkonstruktionen möglich.

Als Verbindungsmittel für Holzelemente werden Nägel, Schrauben, Dübel, Stabdübel und Blechformteile in Verbindung mit Rillennägeln verwendet. Daneben gibt es für viele Zwecke Spezialverbindungselemente (z. B. Hakenplatten), die eine wirtschaftliche und elegante Konstruktionen ermöglichen.

Für alle Verbindungsmittel (Nagel-, Bolzen-, Passbolzen- und Stabdübelverbindungen geregelt in DIN EN 1995-1-1/NA) sind die Tragfähigkeitswerte und die Werte für einzuhaltende Abstände der Verbindungsmittel untereinander einzuhalten. Die Werte sind in Tabellenbüchern (Tragfähigkeitswerte auch auszugsweise in Kapitel 18, LF 13 I) und verbindlich in der Norm selbst angegeben.

Im Holzbau kommen einerseits Leimbinder und andererseits Fachwerkbinder aus Kanthölzern zum Einsatz. Eine Bauweise bei Fachwerkbindern aus Kanthölzern ist die Greimbauweise (vgl. Abb. 17.4). Bei dieser Bauweise werden Kanthölzer gleicher Dicke an den Verbindungsstellen eingeschlitzt. In die Schlitze werden Blechformteile eingeschoben, danach wird der Anschlusspunkt ausgenagelt.

Werden die Binderabstände kleiner gewählt und andererseits damit schmalere Holzquerschnitte möglich, werden die stumpf gestoßenen Fachwerkhölzer durch Einpressnagelplatten verbunden. Die Nagelplatten werden dazu von beiden Seiten auf die zu verbindenden Hölzer gepresst (vgl. Abb. 17.5).

Die Verbindung der Konstruktionshölzer geschieht im Ingenieurholzbau durch vorgefertigte Verbindungsmittel aus Stahl.

Rahmenkonstruktionen

Rahmen vereinigen das Dach- und Wandtragwerk in einer Konstruktion. Aus statischen und transporttechnischen Gründen sind sie meist als Dreigelenkkonstruktion geplant. Die biegesteifen Ecken ersparen zusätzliche Queraussteifungskonstruktionen. Dank fortgeschrittener Holztechnik sind Tragwerke für weitgespannte Hallen möglich. Nahezu beliebige Holzquerschnitte und vielfältige, auch gekrümmte Rahmenteile lassen sich mit geleimtem Brettschichtholz (Leimbinder) herstellen, andere sind als Fachwerkrahmen gefertigt (vgl. Abb. 17.6 und Abb. 17.7).

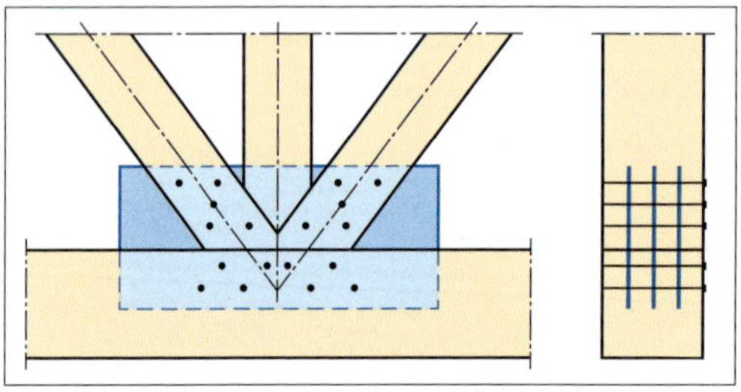

Abb. 17.4: Kantholzknoten mit Greimbauweise
(Knotenbleche in Fachwerkbindern, Patent von Walther Greim)

Abb. 17.5: Kantholzknoten mit Nagelplatten
(Nagelplatten, Patent von John Calvin Jureit)

Aussteifung

Horizontalverbände sichern die Unverschieblichkeit der Dachfläche, Vertikalverbände übertragen die Lasten aus der Dachebene in die Fundamente.

Horizontalverbände bestehen aus knickfesten Windrispen, gekreuzten Zugbändern, Fachwerken oder Scheiben.

Die vertikale Aussteifung eines Bauwerks ist möglich durch Zugdiagonalen, Windböcke, eingespannte Stützen, Fachwerke, Rahmen, Scheiben oder auch Massivkerne (z. B. Treppenhausschächte aus Stahlbeton).

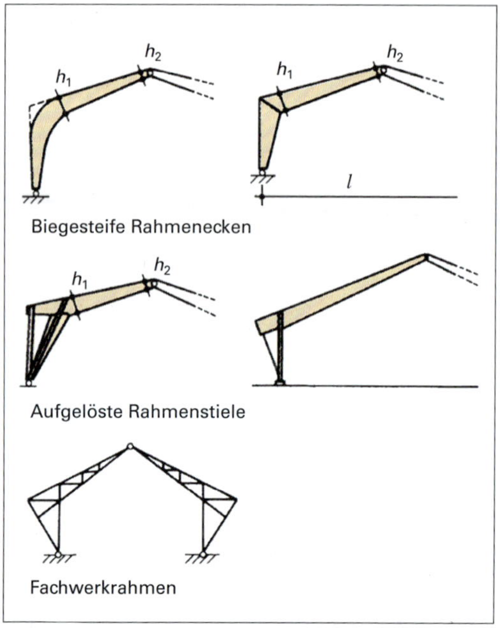

Abb. 17.6: Rahmenbauweisen

Abb. 17.7: Querschnittsformen, Brettschichtbinder

Windverbände leiten die Windlasten in die Fundamente, Aussteifungsverbände sichern die Standfestigkeit des Gesamttragwerks und der Einzelteile gegen Kippen und Knicken. Die notwendigen Aussteifungsmaßnahmen dienen meist beiden Zwecken.

Für die Aussteifungen benennt EC 5/NA folgende Voraussetzungen:

- Kontinuierlicher Verbund zwischen Rippen und Beplankung mit stiftförmigen Verbindungsmitteln.
- Rippen und Beplankungen sind steif/fest. Dies wird i.d.R. durch die üblichen Beplankungsmaterialen wie z. B. OSB-/Span- oder Dreischichtplatten gewährleistet.

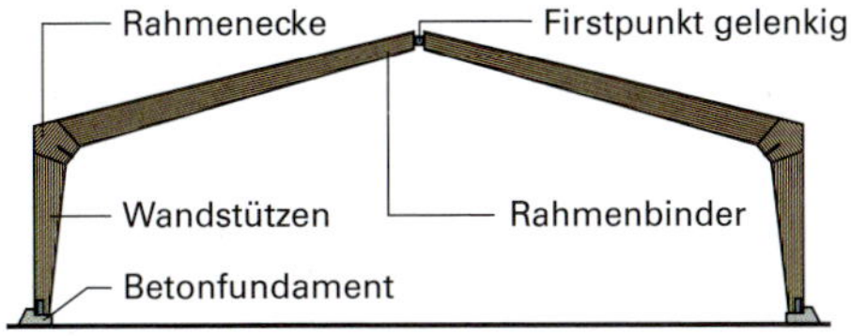

Rahmenbinder (Biegesteife Ecke als
a) gedübelte Rahmenecke
b) keilgezinkte Rahmenecke)

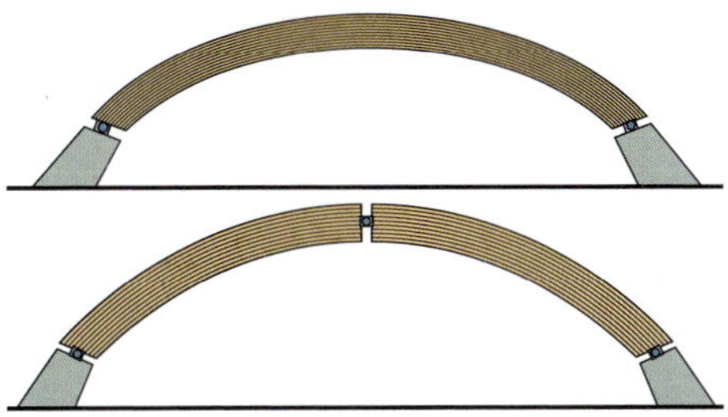

Bogenbinder

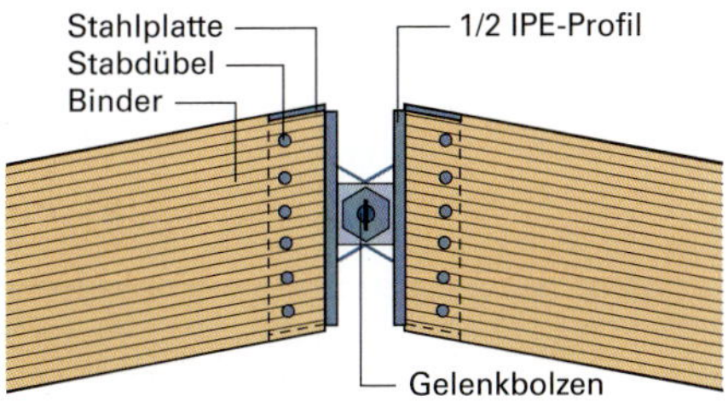

Firstpunkt (Firstpunkt gelenkig, alternativ keilverzinkt als biegesteifer Firstpunkt)

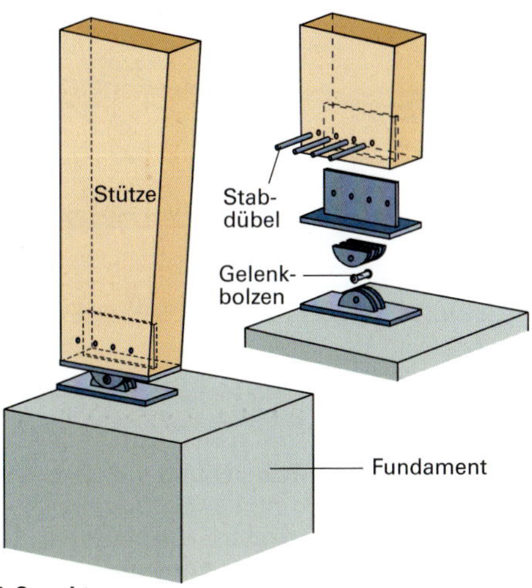

Fußpunkt

Abb. 17.8: Details Brettschichtrahmen

Dachbinder

Dachbinder sind Dachtragwerke, denen Wände, Balken und Stützen als Auflager dienen. Sie überbrücken größere Stützweiten.

Vollwandbinder aus Brettschichtholz in gerader, gekrümmter, abgeknickter oder gerundeter Form zeichnen sich durch ansprechendes Aussehen, hohe Stabilität und ausreichende Anschlussflächen aus.

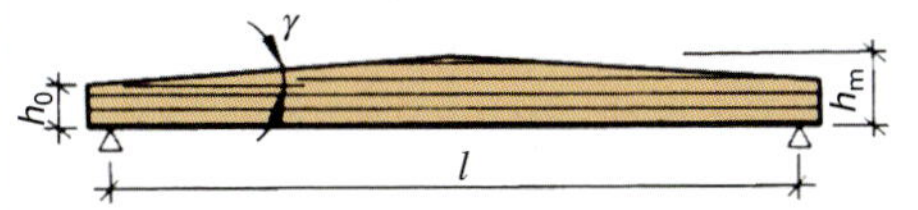

Gerader Untergurt

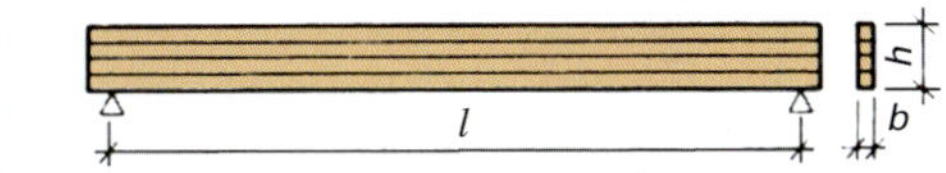

Parallelträger

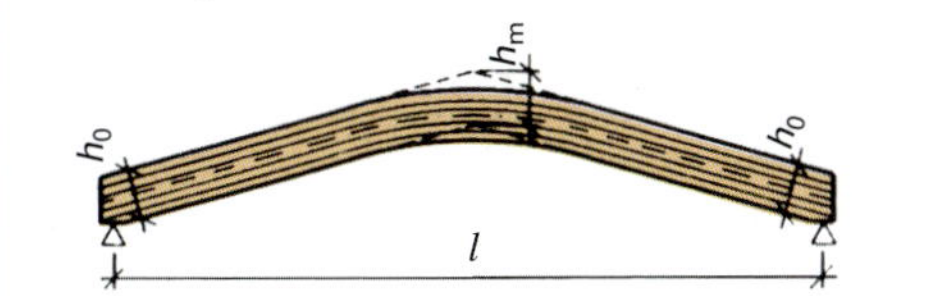

Gekrümmter Untergurt

Abb. 17.9: Binderformen

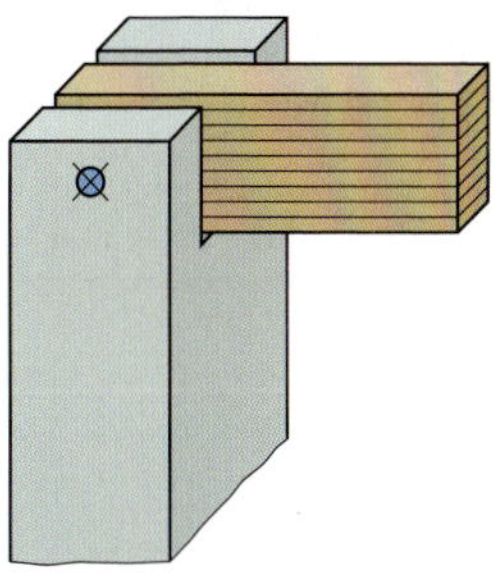

Abb. 17.10: Leimbinder auf Stahlstütze

Aus Brandschutzgründen dienen häufig Stahlbetonfertigteilstützen als Binderauflager (vgl. Abb.17.48). Fachwerkbinder sind leichter und je nach Zweck in Parallel-, Trapez- oder Dreiecksform gefertigt (vgl. Abb. 17.11). Systemträger in Fachwerkbauweise haben statisch günstige I-Querschnitte (vgl. Kapitel 18.5).

Die gleichmäßig verteilten Knoten der Obergurte nehmen zugleich die dachhauttragenden Querhölzer (Pfetten) und die jeweils anteiligen Dachlasten auf.

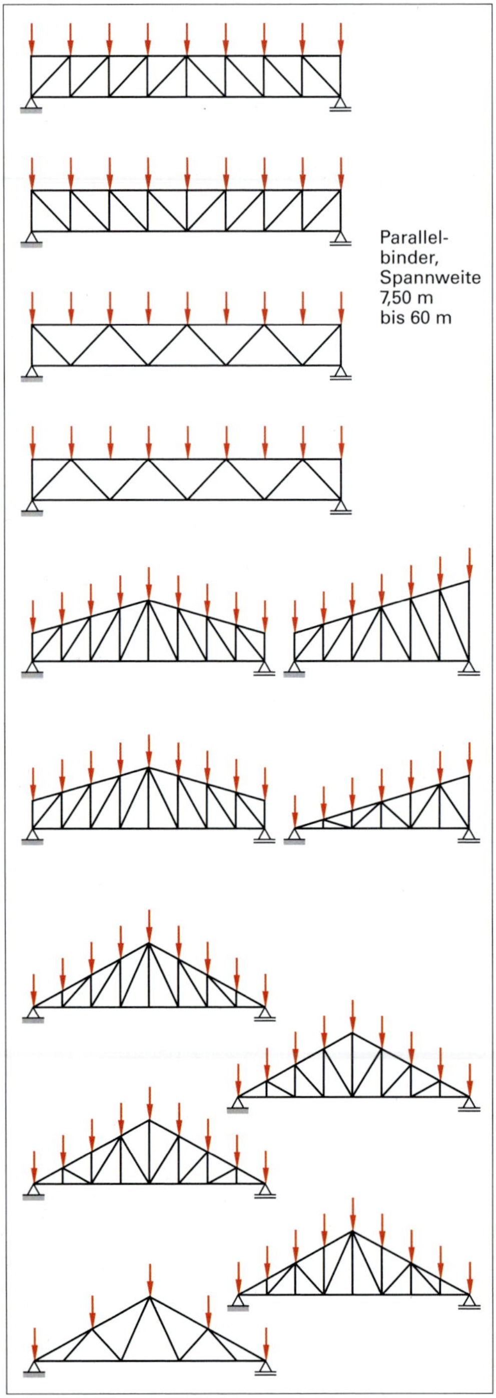

Abb. 17.11: Fachwerksysteme

Alle auftretenden Dachlasten sind in den Obergurtknoten zu Einzelkräften zusammengefasst. Sie beanspruchen die Stäbe nur auf Zug oder Knickung (nicht auf Biegung). Die Stabkräfte der Zugstäbe erhalten positive Vorzeichen, die der Druckstäbe negative. Obergurtstäbe erhalten in der Regel Druck, Untergurtstäbe Zug, Diagonal- und Vertikalstäbe je nach Lage und Richtung Druck oder Zug.

Zum Auflager hin geneigte Stäbe sind in der Regel Druckstäbe.

Bezeichnet werden die Stäbe durch Großbuchstaben und Stab-Nr. vom linken Auflager an mit O_1, O_2... im Obergurt, U_1, U_2... im Untergurt, V_1, V_2... und D_1, D_2... für die Vertikal- und Diagonalstäbe. Bei symmetrischer Anordnung sind die entsprechenden Stäbe der gegenüberliegenden Binderhälfte mit $O_{1'}$, $U_{1'}$, $D_{1'}$ und $V_{1'}$ benannt (vgl. Abb. 17.12).

> In Fachwerk werden Druck- und Zugstäbe unterschieden. Die Stäbe werden je nach Lage und Richtung in Obergurt-, Untergurt-, Vertikal- und Diagonalstäbe unterschieden.

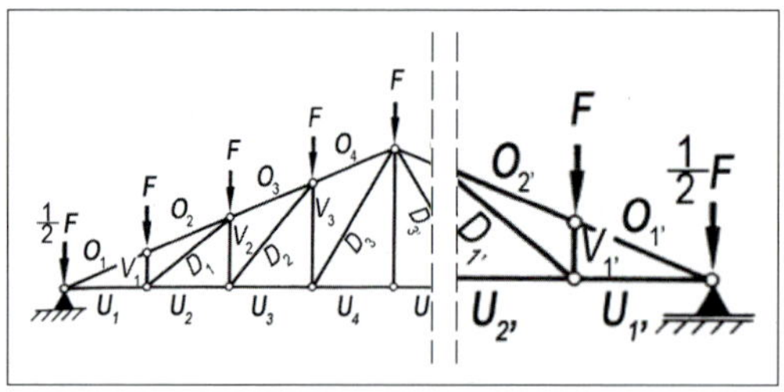

Abb. 17.12: Beispiel für Stabbezeichnungen

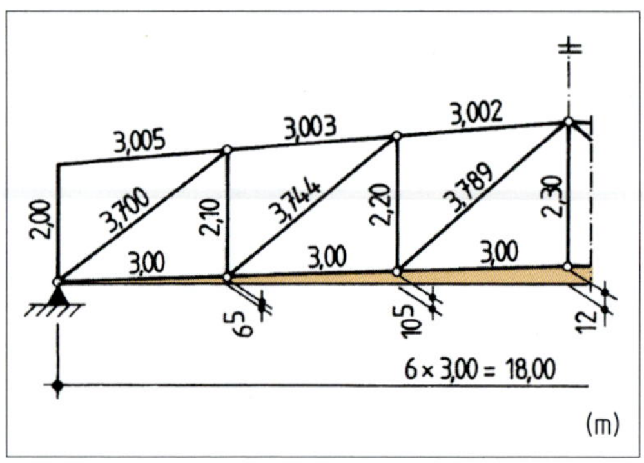

Abb. 17.13: Überhöhung der Fachwerkbinder

Die lastabhängige Durchbiegung der Fachwerkbinder vergrößert sich durch das Schwinden des Holzes, besonders aber durch die Nachgiebigkeit der Verbindungsmittel. Eine angemessene Überhöhung beim Konstruieren des Binders ist daher geboten (vgl. Abb. 17.13).

Konstruktive Grundsätze

Die Systemskizze (vgl. Abb. 17.14) eines Binders stellt die Mittelachsen der Stabhölzer dar. Davon abweichende (exzentrische) Stablagen erhöhen die Knickgefahr. Zentrisch angeordnete, möglichst aber gleichmäßig um die Knoten gelagerte Verbindungsmittel werden der rechnerischen Annahme der Knoten als Gelenke am Besten gerecht. Bei Brettbindern mag eine nachgiebige Einspannung der Stäbe durch die größeren Nagelanschlussflächen unbedenklich sein, bei Kantholzbindern mit größeren Stabkräften sollte diese vermieden werden.

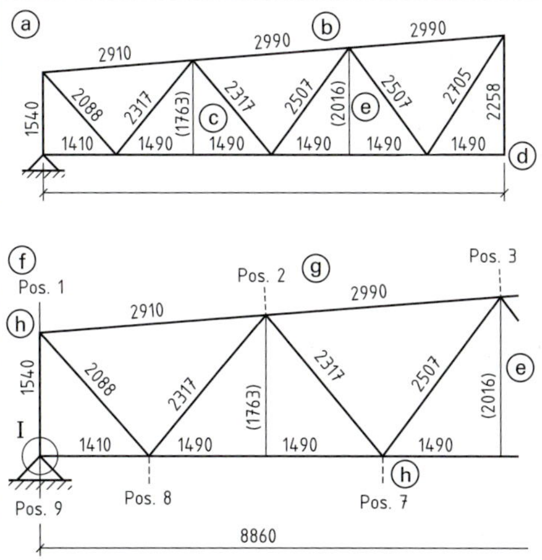

Schematische Darstellung

ⓐ Zusammengebaute Tragwerke werden maßstäblich schematisch als Systemzeichnung dargestellt.

ⓑ Stäbe werden als breite Volllinien gezeichnet. Ihre Schwerelinien müssen mit den Systemlinien des Tragwerkes zusammenfallen.

ⓒ Die Abstände der Bezugspunkte werden direkt an die Stäbe geschrieben.

ⓓ Geschlossene Maßketten sind zugelassen.

ⓔ Maße für den Ausgleich von Summentoleranzen bzw. Hilfsmaße werden in Klammern (...) gesetzt.

Erweiterte schematische Darstellung

ⓕ Die Systemzeichnung kann durch weitere Daten ergänzt werden.

ⓖ Knotenpunkte werden mit Positionsnummern versehen, die den Vorsatz „Pos." erhalten, mindestens doppelt so hoch sind wie die Maßzahlen und im Uhrzeigersinn angeordnet werden.

ⓗ Die Bezugslinien der Zahlen stehen senkrecht auf den Stäben und werden bei durchlaufenden Stäben als Strichlinien gezeichnet.

Abb. 17.14: Beispiele für Systemträger

Tragverhalten von Fachwerksystemen

Fachwerksysteme setzten sich aus einer Vielzahl gelenkig miteinander verbundener Stäbe zusammen. Die Systeme sind so konstruiert, dass Belastungen immer nur in den Knotenpunkten angreifen. Somit ergibt sich ein System aus Stäben, die ausschließlich auf Druck oder Zug beansprucht werden. Wirken Belastungen auch außerhalb der Knotenpunkte auf das Fachwerk, so ergibt sich zusätzlich eine Biegebeanspruchung der Stäbe. Dieser Effekt ist bei Fachwerksystemen zumeist nicht gewünscht, so dass die Konstruktion so auszubilden ist, dass die Lasten nur in den Knotenpunkten angreifen.

Zur Ermittlung der Stabkräfte werden die einzelnen Knoten nacheinander betrachtet. Auch in Fachwerken gilt, dass die Summe aller Kräfte, die an einem Knoten wirken, gleich Null sein muss. Mit dieser Bedingung lassen sich die Kräfte in den Stäben ermitteln.

Beginnend mit der Ermittlung der Auflagerkräfte werden die Stabkräfte nacheinander berechnet, wobei mit einem Knoten begonnen wird, für den sich die Stabkräfte eindeutig ermitteln lassen. Für die Ermittlung der Stabkräfte in den Diagonalen wird die Wirkungsrichtung der Kraft mit Hilfe der Winkelfunktionen in einen in x-Richtung wirkenden Kraftanteil und einen in z-Richtung wirkenden Kraftanteil aufgeteilt. Alle unbekannten Kräfte werden als vom Knoten weg gerichtet angenommen. Haben die Stabkräfte ein negatives Vorzeichen, so handelt es sich um **Druckstäbe**, bei positiven Vorzeichen handelt es sich um einen **Zugstab**. Einige Stäbe werden gar nicht beansprucht. Diese Stäbe werden als **Nullstäbe** bezeichnet. Laufen die Diagonalen auf das Auflager zu, handelt es sich im Allgemeinen um Druckstäbe, laufen sie in den Knoten über dem Auflager, sind es Zugstäbe. Der Obergurt erfährt eine Druckbeanspruchung, der Untergurt eine Zugbeanspruchung. In den Vertikalen wirken Druckkräfte. Aufgrund der Druckbeanspruchung des Obergurtes muss dieser durch Verbände seitlich gehalten werden, um ein Kippen des Trägers zu verhindern.

Die Stäbe in einem Fachwerk werden durch Normalkräfte als Zug- und Druckkräfte beansprucht. In einen Fachwerkträger können verschiedene Stäbe bei bestimmten Laststellungen weder Zug- noch Druckkräfte erhalten, d. h. die Längskräfte dieser Stäbe sind Null. Diese Stäbe werden als Nullstäbe bezeichnet. Die Stabkräfte lassen sich durch Kraftzerlegung ermitteln. Mit Kenntnis der Stabkräfte können die Verbindungen bemessen werden.

Beispiel Berechnung von Stabkräften im Fachwerk mit dem Knotenschnittverfahren

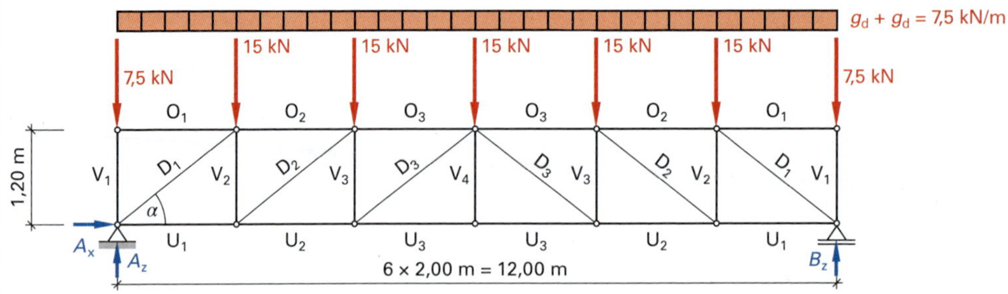

Berechnung zur Geometrie

Winkel α der Diagonalen

$\tan \alpha = 1{,}20 / 2{,}00 = 0{,}60$

$\Rightarrow \alpha = 31°$

$\Rightarrow \sin \alpha = 0{,}515$

$\Rightarrow \cos \alpha = 0{,}857$

Vor der Berechnung der Stabkräfte sind die Nullstäbe zu bestimmen.
Nullstäbe sind: O_1 und V_4

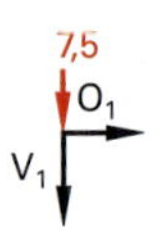

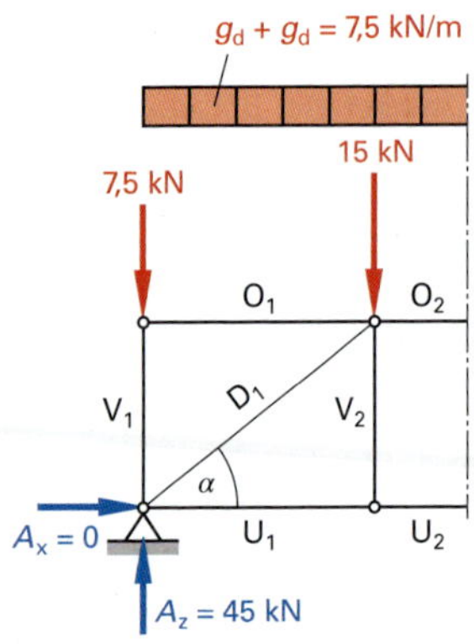

Lagerkräfte

Symmetrie in System und Belastung

$A_z = B_z \;= (g_d + g_d) \cdot l/2$

$A_z = 7{,}5 \cdot 12{,}00/2$

$A_z = 45\ \text{kN}$

$A_x = 0$

$A_z = A_v \quad A_x = A_H$

Knoten $O_1 - V_1$

$\sum F_x = 0$

$\sum F_z = 0$

$\sum F_x = O_1 + 0 = 0$

$\Rightarrow O_1 = 0$

$\sum F_z = 7{,}5 + V_1 = 0 \Rightarrow V_1 = -7{,}5\ \text{kN}$ (Druck)

Knoten $U_1 - V_2 - D_2 - U_2$

$\sum F_z = 0$

$-22{,}5 - D_2 \cdot \sin 31° = 0$

$D_2 = -22{,}5/\sin 31°$

$D_2 = -43{,}7\ \text{kN}$ (Druck)

$\sum F_x = 0$

$U_2 - 62{,}4 + D_2 \cdot \cos 31° = 0$

$U_2 = 62{,}4 + 43{,}7 \cdot \cos 31°$

$U_2 = 99{,}9\ \text{kN}$ (Zug)

Knoten $V_1 - D_1 - U_1$

$\sum F_z = 0 = V_1 - A_z - D_{1,z} = 0$

$= 7{,}5 - 45 - D_{1,z} \cdot \sin \alpha = 0$

$D_{1,z} = 7{,}5 - 45 = -37{,}5/ \sin \alpha$

$D_{1,z} = 0{,}514 \cdot D_1 \Rightarrow D_1 = \dfrac{D_{1,z}}{0{,}515}$

$D_1 = \dfrac{-37{,}5}{0{,}515} = -72{,}8\ \text{kN}$ (Druck)

$\sum F_x = 0 = U_1 + D_1 \cdot \cos \alpha = 0$

$= U_1 + 0{,}857 \cdot D_1$

$\Rightarrow U_1 = -0{,}857 \cdot D_1$

$U_1 = -0{,}857 \cdot (-72{,}8)$

$U_1 = 62{,}4\ \text{kN}$ (Zug)

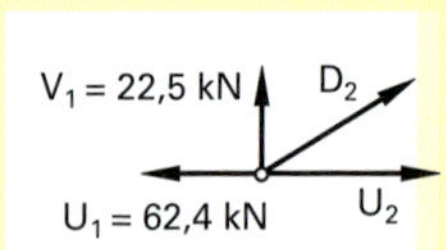

Weiter Stabkräfte

$O_2 = -62{,}4\ \text{kN}$ (Druck)

$V_2 = 22{,}5\ \text{kN}$ (Zug)

$O_3 = 99{,}9\ \text{kN}$ (Druck)

$V_3 = 7{,}5\ \text{kN}$ (Zug)

$D_3 = -14{,}6\ \text{kN}$ (Druck)

$U_3 = 112{,}5\ \text{kN}$ (Zug)

Nagelbinder

Eine besondere Bauart als Fachwerkbinder sind Nagelbinder.

Nagelbinder bestehen aus mindestens 24 mm dicken Brettern, meist zweiteiligen Ober- und Untergurten und einteiligen Füllstäben. Jede Nagelverbindung hat nach DIN EN 10230-1 (Durchmesser und Lage) sowie DIN EN 14592 (bisher DIN 1151) wenigstens 4 runde Nägel. Wegen der Spaltgefahr richten sich die Nagelgrößen nach dem jeweils dünneren Brett. Mindestabstandsmaße gelten für die Nägel einer Nagelreihe, die Nagelreihen untereinander, den beanspruchten und unbeanspruchten sowie für den seitlichen Rand (vgl. Abb. 17.15).

Nagelabstände sollten möglichst gleichmäßig verteilt und beim Planen und Herstellen durch ein

Nagelraster kenntlich gemacht werden. Die entsprechenden Werte sind in Tabellenbüchern angegeben. Die jeweiligen Abstände werden in Abhängigkeit vom Nageldurchmesser ermittelt. Zudem wird unterschieden, ob die Nägel vorgebohrt oder nicht vorgebohrt eingebaut werden. Auch wird die Faserrichtung des Holzes berücksichtigt.

Bei Nagelverbindungen werden einschnittige und mehrschnittige Nagelverbindungen unterschieden. Um die Tragfähigkeit einer Schnittfläche zu gewährleisten muss zudem eine Mindesteinschlagtiefe gegeben sein (vgl. Abb. 17.15)

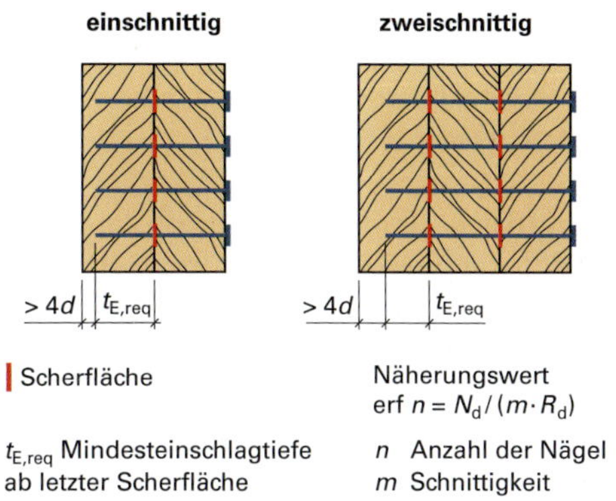

Abb. 17.15: Nagelscherflächen

Tabelle 17.16: Abstände für Nagelverbindungen

Kleinste Nagelabstände (DIN EN 1995-1-1) für Hölzer $\varrho \leq 420$ kg/m³

Beschreibung	Abstand	nicht vorgebohrt (nvb)	vorgebohrt (vb)
untereinander II der Kraftrichtung	a_1 II	$10^{1)} \cdot d$ *$12 \cdot d$*	$5^{1)} \cdot d$
	a_2 ⊥	$5 \cdot d$	$4 \cdot d$
vom beanspruchten Rand II der Kraftrichtung	$a_{3,t}$ II	$15^{1)} \cdot d$	$12^{1)} \cdot d$
	$a_{4,t}$ ⊥	$7^{2)} \cdot d$ *$10^{2)} \cdot d$*	$5^{2)} \cdot d$ *$7^{2)} \cdot d$*
vom unbeanspruchten Rand II der Kraftrichtung	$a_{3,c}$ II	*$10 \cdot d$*	*$7 \cdot d$*
	$a_{4,c}$ ⊥	$5 \cdot d$	$3 \cdot d$

II parallel in Faserrichtung [1] bei $\alpha = 0$
⊥ rechtwinklig zur Faserrichtung [2] bei $\alpha = 90°$

Tabelle 17.16: Abstände (Fortsetzung)

Gerade: Werte gelten für Nägel mit $d < 5$ mm.

Kursiv: Werte gelten für Nägel mit $d \geq 5$ mm

α Winkel zwischen Kraft- und Faserrichtung

d Durchmesser des Nagels ⇁ Faserrichtung

a_1 parallel zur Faserrichtung

a_2 rechtwinklig zur Faserrichtung

$a_{3,t}$ beanspruchtes Hirnholzende

$a_{3,c}$ unbeanspruchtes Hirnholzende

$a_{4,t}$ beanspruchter Rand

$a_{4,c}$ unbeanspruchter Rand

Schreibweise II, ⊥ im EC 5 nicht mehr vorgesehen, dort für II Index c, 0, d und für ⊥ Index c, 90, d.

Verbindungsmittelabstände (Nägel, Schrauben)

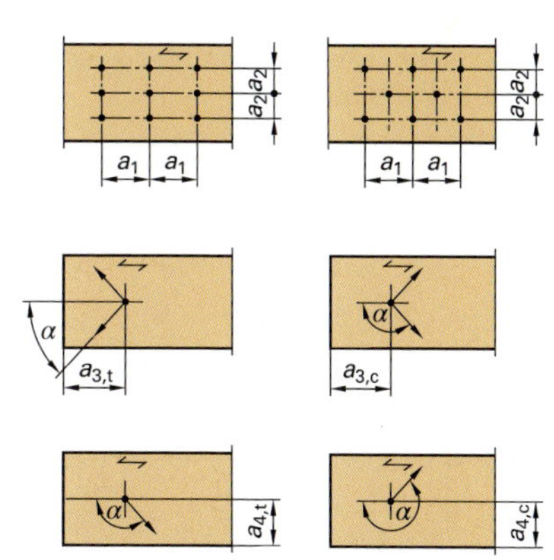

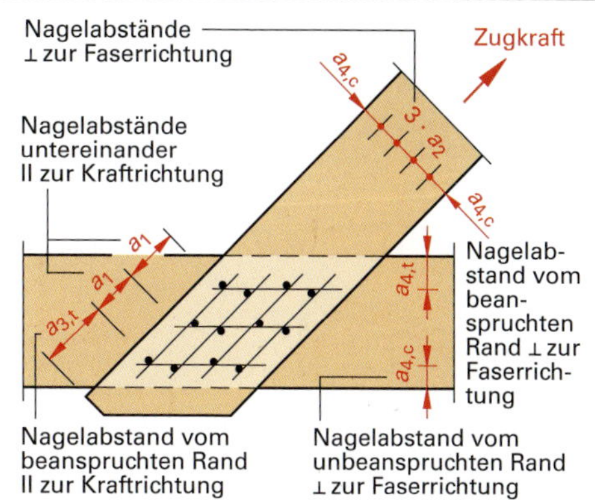

Für Bolzen-, Passbolzen- und Stabdübelverbindungen sind entsprechende Werte für einzuhaltende Abstände in Tabellenbüchern angegeben (vgl. Kapitel 18.5). Verbindlich ist auch hier die DIN EN 1995-1-1 mit dem Nationalen Anhang und den Änderungen A1 und A2 (2014-07).

17

Bei dem Anreißen eines Nagelbildes wird folgende Vorgehensweise empfohlen:

1. Waagerechte und senkrechte Risslinien antragen. Dabei sind die Mindestabstände in Abhängigkeit von Faser- und Kraftrichtung einzuhalten.
2. Den ersten Nagel (oben links) oberhalb und links vom Kreuzungspunkt der Risslinien anzeichnen. Die Nägel auf der waagerechten Risslinie einzeichnen, abwechselnd unterhalb und oberhalb der Risslinie, aber stets links. Die Nägel auf den senkrechten Risslinien unterhalb der ersten waagerechten Nagelreihe anzeichnen. Nägel bei der ersten (linken) senkrechten Risslinie immer oberhalb der waagerechten Risslinien, jetzt rechts und links der Risslinie versetzt. Bei der zweiten senkrechten Risslinie alle Nägel unterhalb der Risslinie, nach wie vor rechts und links versetzt. Die weiteren Risslinien abwechselnd wie erste und zweite senkrechte Risslinie (vgl. Abb. 17.17).

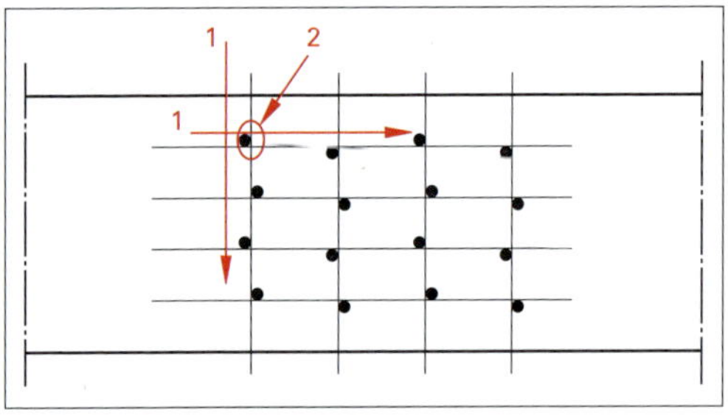

Abb. 17.17: Rissbild für Nagelraster

Nägel sind in Nagelreihen stets versetzt anzuordnen, um ein Spalten des Holzes zu verhindern. Vorbohren ermöglicht die Nagelabstände zu verringern.

Mehrschnittige Nagelverbindungen tragen das entsprechende Mehrfache von einschnittigen und sind deshalb wirtschaftlicher. Binder mit stumpf zusammengefügten und durch Knotenplatten aus Blech oder Furnierholz verbundenen Hölzern sind rationeller und preiswerter als mehrteilige Konstruktionen. Dachbinder mit kräftigen Stabhölzern (Kantholzbinder) und höher belastbaren Holzverbindern (Dübel) ergeben stabilere Konstruktionen mit größerer Tragkraft als vergleichbare Nagelbinder. Ausführungsrichtlinien für alle Dübeltypen und -größen enthalten die Tabellenbücher.

Planungsgerechte Gelenke von hoher Tragkraft ergeben Gelenkbolzenverbindungen (vgl. Abb. 17.18).

Eine Übersicht der gebräuchlichen Verbindungsmittel einschließlich ihrer zeichnerischen Darstellung zeigt Tabelle 17.19.

Die Queraussteifung der Dachbinder ist durch die Konstruktion der Dachbinder gegeben. Ihre Längsaussteifung erfolgt je nach Erfordernis in der bereits erwähnten Art durch diagonal an geordnete Windrispen, fachwerkartige Windverbände oder Scheiben aus vollflächig aufgenagelten Sperrholz oder Spanplatten.

Dachbinder eignen sich als Dachtragwerk für große Spannweiten. Es gibt Vollholz- und Fachwerkbinder sowie Systemträger mit aufgelösten Querschnitten.
Mehrteilige Fachwerkknoten werden durch Nägel und/oder Dübel (auch Schrauben) verbunden, hochbelastete Knoten durch Gelenkbolzen.
Knotenplatten aus Blech oder Furnierholz erleichtern das Herstellen der Stabanschlüsse.

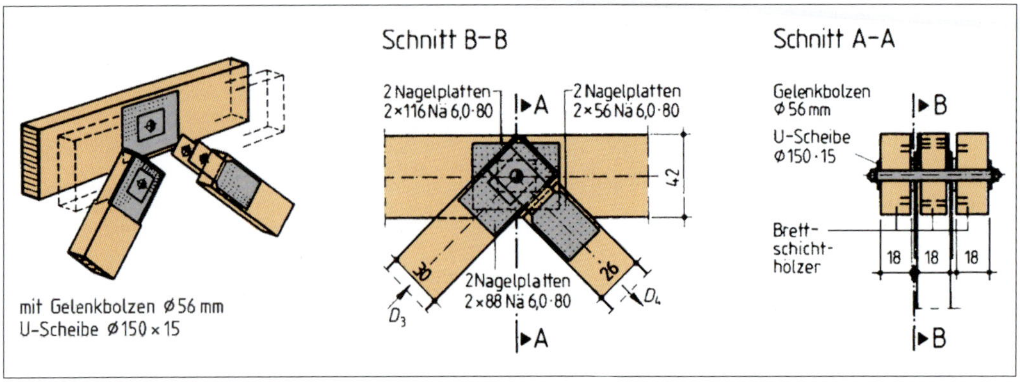

Abb. 17.18: Gelenkbolzenverbindung

Tabelle 17.19: Holzverbindungsmittel (vgl. Kapitel 18, LF 13 I Konstruieren eines Daches)		
Symbol und Benennung	**Darstellung und Bezeichnung**	
	auf Konstruktionsplänen (Ingenieurplänen)	**auf Ausführungszeichnungen** (Werkstattzeichnungen)
Schraubbolzen M Sechskantschrauben nach DIN 601[1)] für tragende Verbindungen, mit runden Scheiben nach DIN 1052-10 und DIN 931 ersetzt durch DIN EN ISO 4014 [1)] zurückgezogene DIN	Anzahl, Gewindekurzzeichen M und Nenn-∅ in mm (Scheibenabmessungen, falls abweichend von DIN 1052-10) 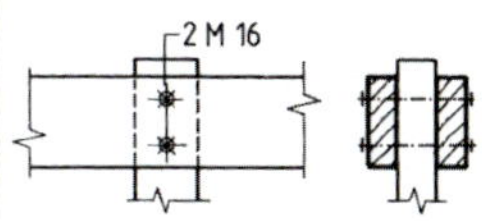	wie links, ergänzt durch Bolzenlänge in mm 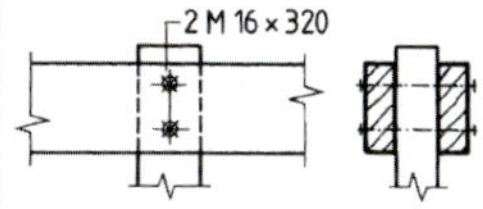
Passbolzen PB Stabdübel mit Kopf und Mutter oder beidseitigen Muttern, mit runden Scheiben nach DIN 440	Anzahl, Kurzbezeichnung PB, Nenn-∅ in mm (Scheibenabmessungen, falls abweichend von DIN 440) 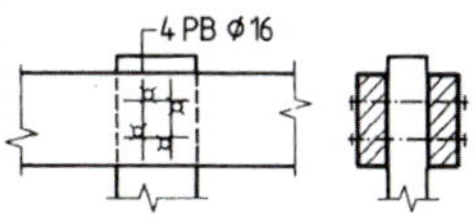	wie links, ergänzt durch Passbolzenlänge in mm (Gewindebezeichnung, falls abweichende Nenn-∅ 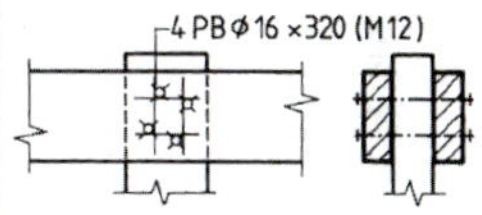
Dübel besonderer Bauart Dü Typen A bis D nach DIN EN 1995-1-1, DIN EN 912 einschl. Verbolzung: ∅ 40 mm bis 55 mm ∅ 56 mm bis 70 mm ∅ 71 mm bis 85 mm ∅ 86 mm bis 100 mm Nennmaße über 100 mm 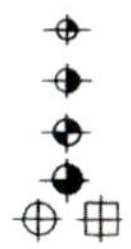	Anzahl, Kurzbezeichnung Du, Dübelnennmaße in mm – Typ A bis E (Bolzen- und Scheibenabmessungen, falls abweichend) 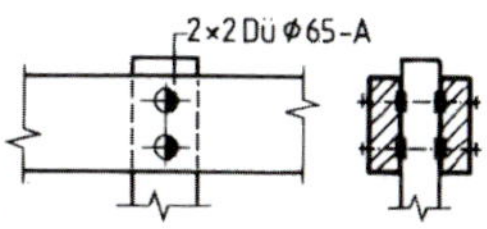	wie links, ergänzt durch Anzahl, Bezeichnung und Länge der zugehörigen Schraubenbolzen 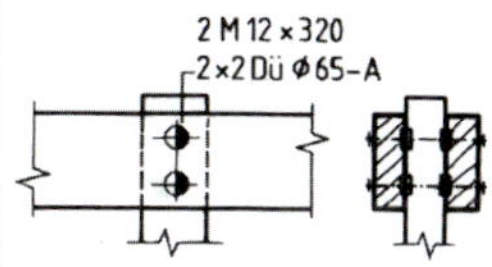
Stabdübel Sdü nach DIN EN 1995-1-1	Anzahl, Kurzbezeichnung Sdü, Nenn-∅ in mm 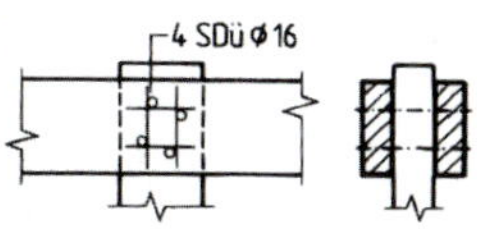	wie links, ergänzt durch Stabdübellänge in mm 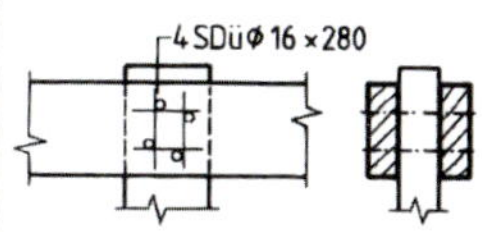
Sechskant-Holzschrauben Sr nach DIN 571 (aus Stahl) bzw. Holzschrauben A Schlüsselschrauben, mit runden Scheiben nach DIN 440	Anzahl, Kurzbezeichnung Sr, Nenn-∅ mal Länge in mm – A (Scheibenabmessungen, falls abweichend von DIN 440) Darstellung wie rechts	wie links, ergänzt durch Stabdübellänge in mm 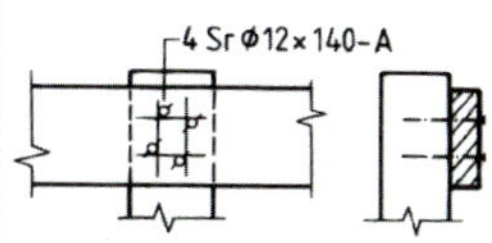
Holzschrauben Sr Halbrundholzschrauben nach DIN 96 (Typ B) oder Senkholzschrauben nach DIN 97 (Typ C) aus Stahl	Anzahl, Kurzbezeichnung Sr, Nenn-∅ mal Länge in mm – B oder C Darstellung wie rechts	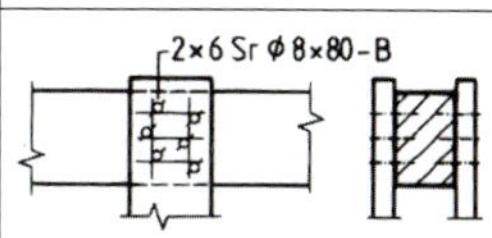
Nägel Na runde Drahtstifte nach DIN 1151[1)], DIN EN 10230-1 aus Stahl oder runde Maschinendrahtstifte nach DIN 1143-1[1)]	Anzahl, Kurzbezeichnung Na, Nenn-∅ in 1/10 mm mal Länge in mm, ggfs vb = vorgebohrt Darstellung wie rechts nvb = nicht vorgebohrt	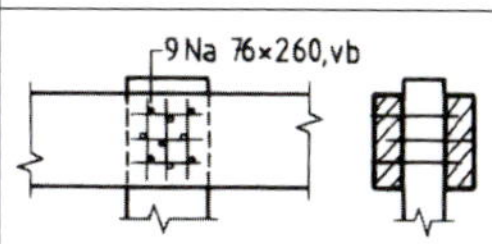

17

Tabelle 17.19: Holzverbindungsmittel (vgl. Kapitel 18, LF 13 I Konstruieren eines Daches, Fortsetzung)		
Symbol und Benennung	**auf Konstruktionsplänen**	**auf Ausführungszeichnungen**
Sondernägel SNa, RNa nach DIN 1052-10 Sna = Schraubennagel Rna = Rillennagel	Anzahl, Kurzbezeichnung SNa oder RNa, Nenn-∅ mal Länge in mm – Tragfähigkeitsklasse I bis III, ggfs. vb = vorgebohrt	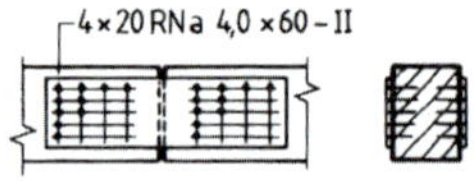
Klammern KL aus Stahldraht nach DIN 1052-10 (beharzt)	Kurzbezeichnung Kl, Nenn-∅ mal Länge in mm – Klammerabstand *e* in cm Darstellung wie rechts	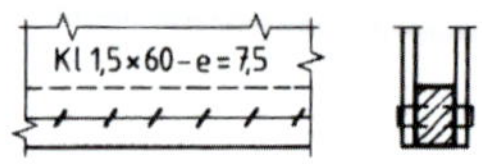
Nagelplatten NaPl nach DIN 1052-10 aus feuerverzinktem oder korrosionsbeständigem Stahlblech	Anzahl, Kurzbezeichnung NaPl, Abmessungen *b* · *l* in mm (Plattentyp, Fabrikat) Darstellung wie rechts	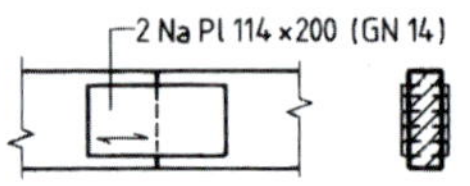

17.2 Hallen aus Stahl

Die Vorteile des Stahlhallenbaus liegen in der passgenauen Vorfertigung der Elemente sowie der leichten nachträglichen Veränderbarkeit von Konstruktionen und der Demontage bzw. des Um- und Erweiterungsbaus. Demgegenüber stehen die erhöhten Aufwendungen für den Brandschutz der tragenden Konstruktionsteile und der Aufwand für den Korrosionsschutz.

Ein Stahlskelett besteht aus senkrechten Stützen und waagerechten Trägern. Die Aussteifungen erfolgen durch Deckenplatten oder liegende Fachwerkverbände. Die Abbildung 17.20 zeigt eine einfache Flachdachhalle, die in fünf Reihen gegliedert ist, die Hallenbreite in vier Feldern.

Die Abbildung 17.21 zeigt die Konstruktionselemente einer Satteldachhalle mit Zweigelenkrahmen. Die Windkräfte auf die Giebelwand A – E werden von den Wänden und den Wandriegel an den Rahmen sowie die Zugstangen abgegeben und auf die Fundamente abgeleitet. Die Pfetten haben die Aufgabe die Dachlasten (Schnee, Wind, Belastung durch Renovierungsarbeiten) an die Rahmenbinder abzugeben. Wird die Pfette als Durchlaufpfette geplant und ausgeführt, lassen sich die Durchbiegungen gering halten.

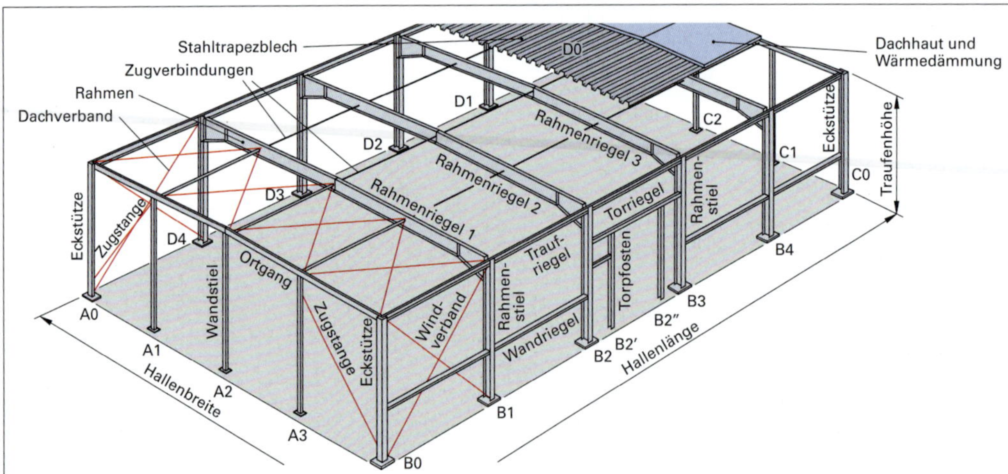

Abb. 17.20: Gerüst einer Flachdachhalle

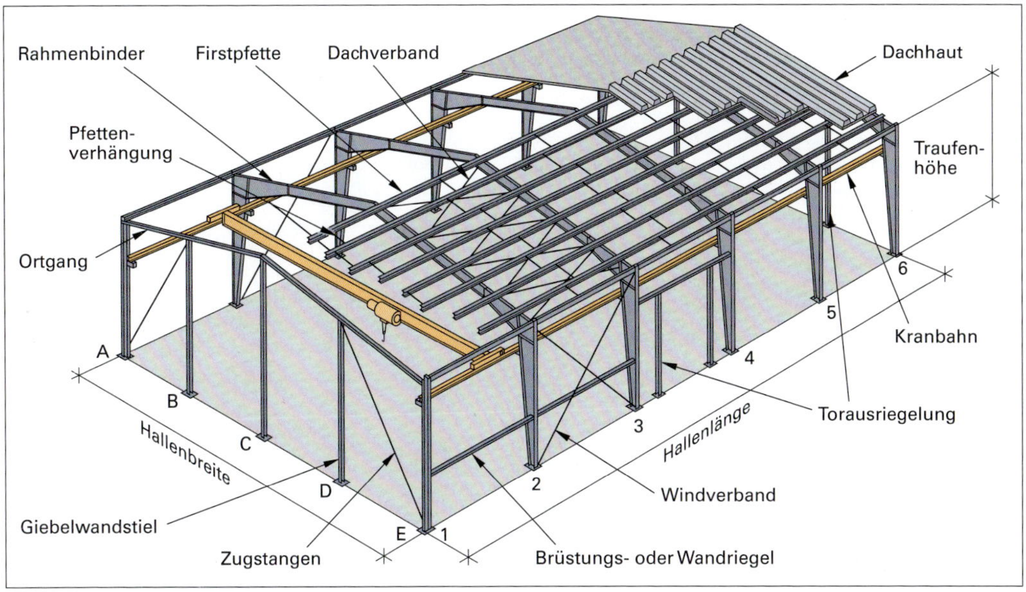

Abb. 17.21: Satteldachhalle mit Zweigelenkrahmen

Walzprofile

Walzprofile werden nach ihrer Querschnittsform benannt. Es gibt folgende Profilreihen die im Stahlbau Verwendung finden.

- I-Reihe nach DIN 1025-1
- I-PE-Reihe nach DIN 1025-5 mittelbreite I-Träger
- HEA-Reihe nach DIN 1025-3 breite I-Träger, leichte Ausführung
- HEB breite I-Träger, verstärkte Ausführung
- HEM-Reihe DIN 1025-4, breite I-Träger, verstärkt
- HD-Reihe Breitflansch-Stützenprofile
- U-Stahl DIN 1026-1 rundkantig
- UPE U-Stahl mit parallelen Flanschflächen
- Gleichschenkliger Winkelstahl
- Ungleichschenkliger Winkelstahl
- Breitflachstahl BrFl DIN 59200-10x100
- S235JRG2
- Gleichschenkeliger T-Stahl
- Rundkantiger breitfüßiger T-Stahl
- Halbierte I-Träger
- Hohlprofile (quadratisch, rechteckig, kreisförmig)
- Kreisförmige Hohlprofile
- Rundkantiger Z-Stahl Z100 DIN 1027- S235JR
- Trapezprofile
- Kranschienen DIN 536-1 und DIN 536-2

Bei der Konstruktion mit Stahlprofilen ist darauf zu achten, dass die Profile so angeordnet werden, das sich möglichst keine Feuchtigkeitsansammlungen bilden können. Ebenso ist darauf zu achten, dass die Bauteile sich problemlos feuerverzinken lassen.

Brandschutz

Der Brandschutz von Stahlprofilen kann durch Beschichtungssysteme oder auch durch spezielle Stahlsorten erreicht werden. Ebenso ist die Ummantelung mit Putz, Beton oder Trockenbauelementen möglich.

Für die Brandbeanspruchung ist das Verhältnis Umfang zu Querschnittsfläche *U*/*A* kennzeichnend. In Abhängigkeit von dem Wert *U*/*A* sind die Bekleidungsdicken für die gewünschte Feuerwiderstandsdauer in Abhängigkeit vom Material zu bestimmen.

Beispiel

Berechnung der Bekleidungsdicke *d* für eine vierseitig beflammte Stütze, Profil HEB 240, gefordert F 90

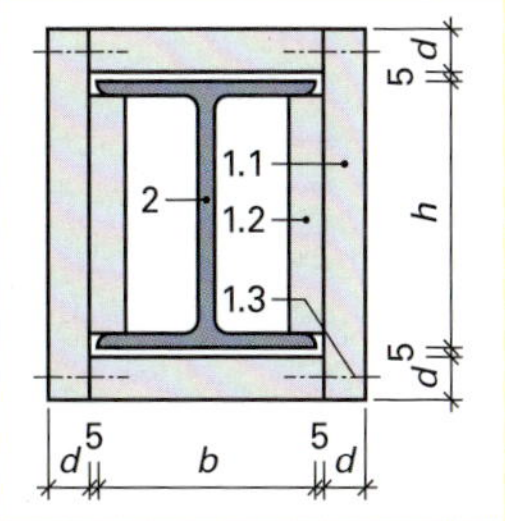

gesucht: U/A [m^{-1}]

$h = 240$ mm; $b = 240$ mm, $A = 106$ cm²

Rechnung in Einheit Meter [m]

$U = 2 \cdot h + 2 \cdot b = 2 \cdot 0{,}24 + 2 \cdot 0{,}24 =$

$U = 0{,}96$ m $\qquad A = 0{,}016$ m²

$U/A = 0{,}96 / 0{,}0106 = 90{,}6\ m^{-1}$

Tabellenwert < 170 (vgl. Tabelle 17.22)

Beispiel

Dreiseitig beflammter Deckenträger,
Profil HEB 240; gefordert F 90
$U = 2 \cdot h + 1 \cdot b = 2 \cdot 0{,}20 + 1 \cdot 0{,}10 =$
$U = 0{,}50$ m $\quad A = 0{,}00285$ m²
$U/A = 0{,}50/0{,}00285 = 175$ m⁻¹
Tabellenwert < 240 (vgl. Tabelle 17.22)

Tabelle 17.22: Mindest-Bekleidungsdicken *d* [mm] bezogen auf *U/A* (Anhaltswerte)

F 30	*U/A*	≤ 300	≤ 300	≤ 300
F 60	*U/A*	≤ 300	≤ 300	≤ 300
F 90	*U/A*	≤ 75	≤ 170	≤ 240
F 120	*U/A*	---	≤ 68	≤ 94
[mm]	*d*	15	20	25
Dicken ≥ 30 mm sind mehrlagig aufzubauen, für F 120 ab *U/A* ≤ 130				

Stahlprofile sind gegen Brand durch Ummantelung oder einen Spezialanstrich zu schützen.

17.2.1 Verbindungen

Die Stahlprofile können durch Schweißen oder durch Verschrauben miteinander verbunden werden. Nietverbindungen sind für die Verbindung von Walzprofilen nicht mehr gebräuchlich. Schraubenverbindungen werden vor allem für Montageverbindungen auf der Baustelle vorteilhaft angewendet. Werkstattstöße werden meist geschweißt. Bei den Verschraubungen werden verschiedene Möglichkeiten unterschieden, die sich nach dem Lochspiel der Schraube und der Vorspannung unterscheiden.

- **SL** Scher-Lochleibungsverbindungen
- **SLP** Scher-Lochleibungsverbindungen-Paßverbindungen
- **SLV** planmäßige vorgespannte Scher-Lochleibungs-Verbindungen (vgl. Abb. 17.23)
- **SLVP** planmäßige vorgespannte Scher-Lochleibungs-Paßverbindungen
- **GV** gleitfeste planmäßige vorgespannte Verbindungen
- **GVP** gleitfeste-planmäßig vorgespannte Passverbindungen

Die Standardverbindung im Hochbau bei vorwiegend ruhender Belastung sind die SL Verbindungen. Hierbei wird die Kraft über die Lochleibung übertragen.

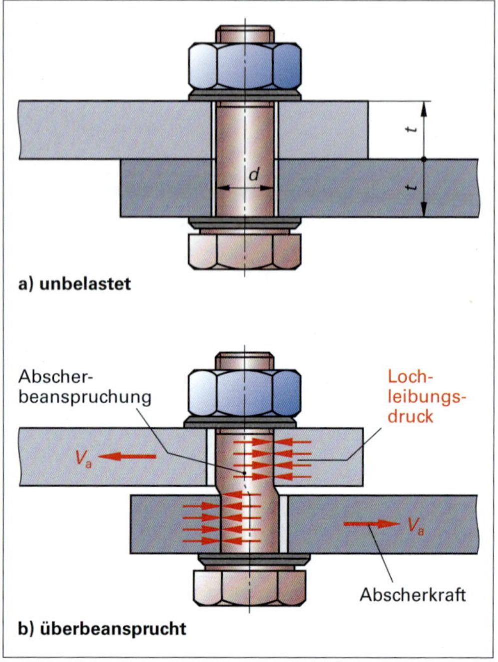

Abb. 17.23: Scher-Lochleibungsverbindung

Diese Verbindungsart kann auch vorgespannt (SLV) oder mit Passschrauben (SLP) oder beides (SLVP) ausgeführt werden. Insbesondere bei dynamischen Lasten in Schraubenlängsachse ist das Vorspannen der Verbindung erforderlich. Bei den GV Verbindungen werden die Kräfte zusätzlich über Reibungskräfte zwischen den Stählen übertragen. Dazu müssen die Kontaktflächen durch Strahlen oder zugelassene Anstriche gleitfest gemacht werden. Durch das Anziehen der Schrauben werden dann Kräfte senkrecht zur Schraubenachse übertragen.

Für die Schrauben und Nietverbindungen sind Rand- und Lochabstände in Abhängigkeit von Lochdurchmesser d_L und Stahldicke t nach DIN 18800-1 einzuhalten.

In Profiltabellen sind die Werte für die kleinsten und größten Randabstände und Lochabstände in Abhängigkeit von Lochdurchmesser, Stahldicke und Richtung der Kraft angegeben (vgl. Abb. 17.25).

Zu unterscheiden sind Rohe Schrauben und vorgespannte Schrauben.

Die Walzprofile dürfen nur an bestimmten Stellen mit begrenzten Bohrungen für Verschraubungen geschwächt werden. Die entsprechenden Werte sind den Profiltabellen zu entnehmen (vgl. Abb. 17.24).

Tabelle 17.24: Symbole für eingebaute Schrauben und Niete (senkrecht zur Zeichenebene)

Schraube oder Niet DIN ISO 5261	Symbol für eingebaute Schraube oder Niet: nicht gesenkt	Senkung auf der Vorderseite	Senkung auf der Rückseite	Symbol für Senkniet, Senkung auf beiden Seiten
in der Werkstatt eingebaut	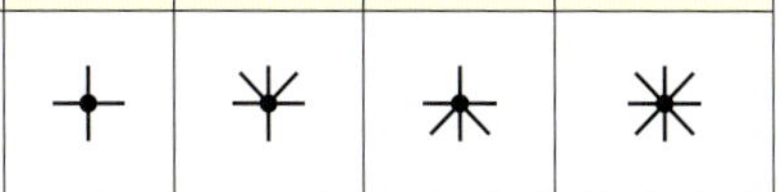			
auf der Baustelle eingebaut	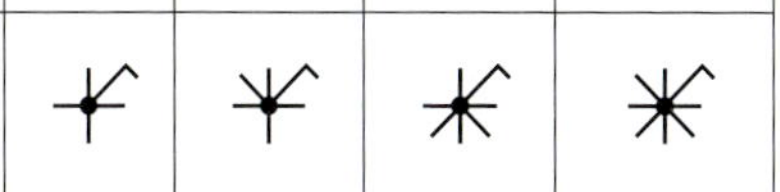			
auf der Baustelle eingebaut und eingebaut	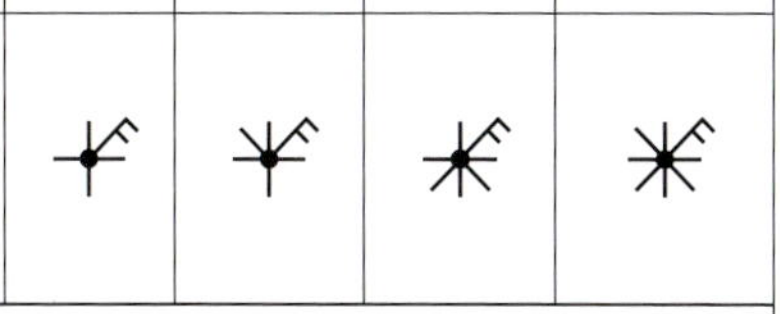			

Die Symbole für Löcher sind ohne Punkt in der Mitte auszuführen.

Bezeichnung nach DIN EN 10025

I-Profil DIN 1025-3-S235JR - HE 300 A zu unterscheiden von HEB-Reihe, HEM-Reihe und HEAA-Reihe

Anreißmaße
HEA 300
$d \leq 28$ mm
w_1, $w_2 = 120$ mm
$w_3 = 45$ mm
$c = 41$ mm
$e = 208$ mm
$h = 290$ mm
$b = 300$ mm

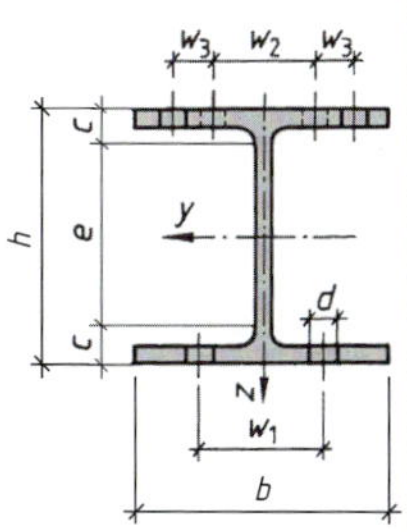

Abb. 17.25: Beispiel Anreißmaße

Für die Darstellung der Schrauben gibt es genormte Sinnbilder. Zusätzlichen wird durch Symbole angegeben ob die Schraube auf der Baustelle oder werkstattmäßig eingebaut wird (Sinnbilder vgl. Abb. 17.24 und Abb. 17.26).

Schraubverbindungen sind lösbar, Nietverbindungen sind unlösbar und werden heute durch Schweißverbindungen ersetzt.

Stahlprofile dürfen nur an festgelegten Stellen gebohrt werden.

Tabelle 17.26: Symbole für Schrauben und Niete (parallel zur Zeichenebene)

Schraube oder Niet DIN ISO 5261	Symbol für eingebaute Schraube oder Niet: nicht gesenkt	Senkung auf einer Seite	Symbol für Senkniet, Senkung auf beiden Seiten	Symbol für Schraube mit Lageangabe der Mutter
in der Werkstatt eingebaut	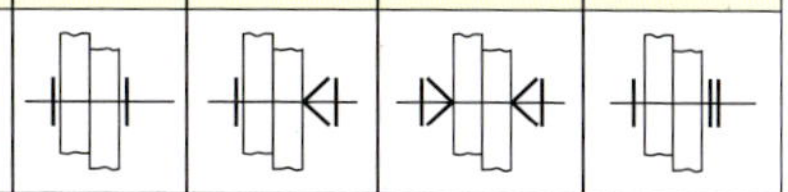			
auf der Baustelle eingebaut	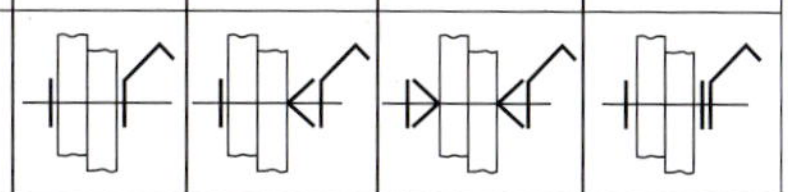			
auf der Baustelle gebohrt und eingebaut	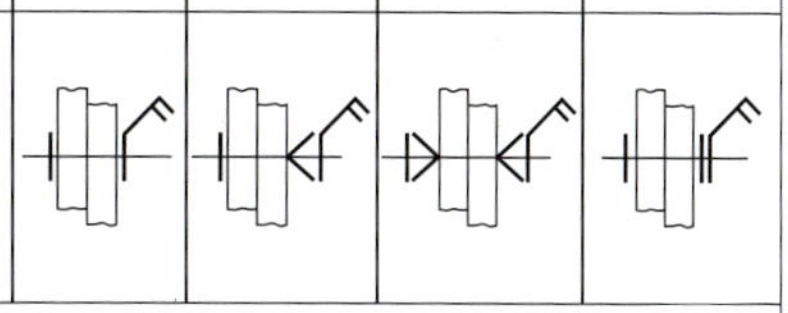			

Bei den Sinnbildern wird die horizontale Linie mit einer schmalen Volllinie, die anderen Elemente mit einer breiten Volllinie gekennzeichnet.

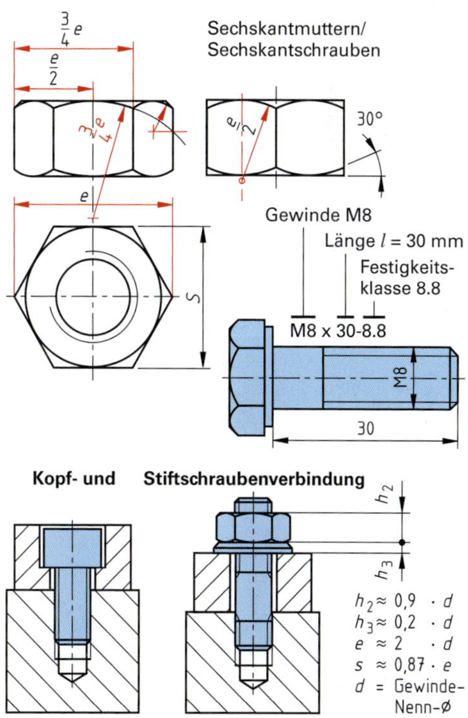

Abb. 17.27: Darstellung von Schraubenverbindungen

17

Schweißverbindungen

Stahlteile lassen sich durch Schweißen einfach verbinden. Schweißarbeiten werden am Besten in der Werkstatt ausgeführt.

Je nachdem welche Stahlteile in welcher Anordnung zu verbinden sind, werden verschiedene Schweißnähte angewendet. Die Schweißnahtdicke ist von den zu verschweißenden Stahldicken abhängig. Für jede Schweißnaht ist die Schweißnahtart, die Schweißnahtdicke und die Länge der Naht anzugeben (vgl. Abb. 17.29).

Die folgende Übersicht (Abb. 17.28) zeigt eine Auswahl gebräuchlicher Schweißnahttypen.

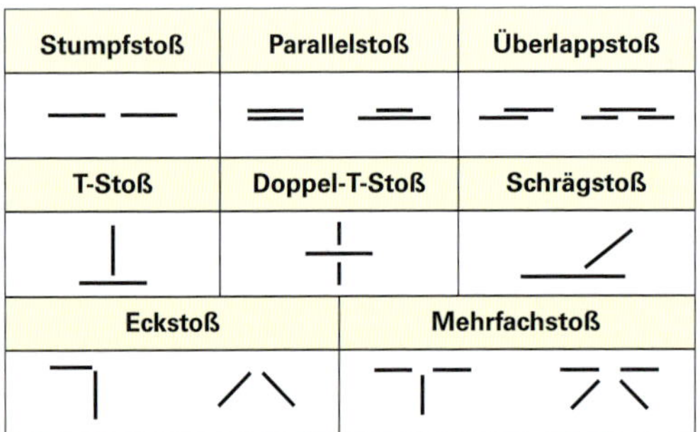

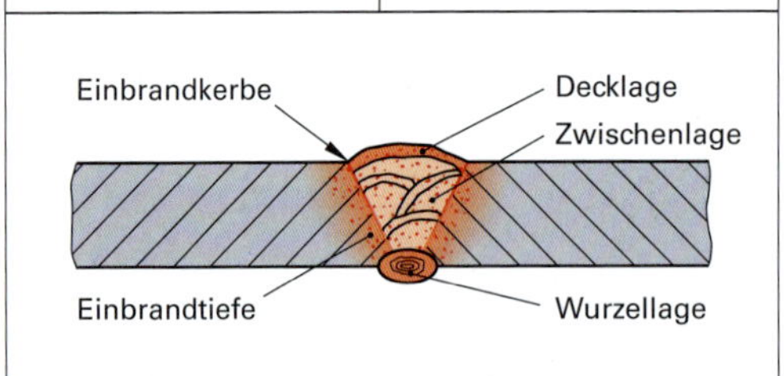

Fugenformen	Benennung	Werkstückdicke *s* in mm	Spaltbreite *b* in mm	Symbol
	Bördelnaht	bis 2		⟆⟅
	I-Naht	2 bis 8	0 bis $\frac{s}{2}$	ǁ
40°...60°	V-Naht	3 bis 10	0 bis 3	V
40°...60°	X-Naht	über 10	0 bis 4	X
≈8°	U-Naht	über 30	0 bis 3	Y
	Kehlnaht			◺

Abb. 17.28: Symbole für Schweißnähte

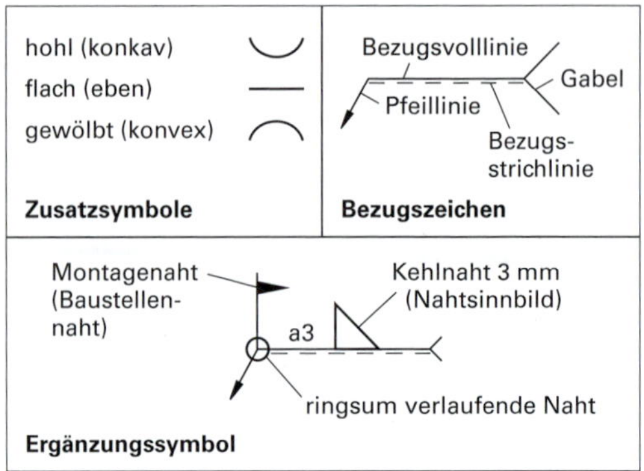

Jedem Symbol können Maße zugeordnet werden. Hauptmaße für die Nahtdicke sind vor dem Symbol und Längenmaße hinter dem Symbol einzutragen. Die Pfeilseite ist die Seite des Stoßes. Der Schweißplan (auch Schweißfolgeplan) ist ein technologischer Arbeitsplan, in dem alle wesentlichen Anweisungen zum Schweißen enthalten sind.

Abb. 17.29: Ergänzungssymbole nach DIN EN 22553

Bei der Ausbildung der Verbindungen ist die auftretende Verformung, z. B. Längenänderung zu berücksichtigen. Bei Schraubenverbindungen kann durch die Anordnung von Langlöchern der Verformung Rechnung getragen werden. Ansonsten sind die Verformungen aus Temperaturänderungen bei der Detailkonstruktion zu berücksichtigen.

Bei der Konstruktion von Stahlverbindungen ist die Temperaturbelastung zu beachten.

Stegblechstöße von I-Trägern

Die Stege von I-Trägern werden durch beidseitige Stahllaschen aus Flachstahl mittels ein- oder mehrreihiger Schrauben verbunden (vgl. Abb. 17.30).

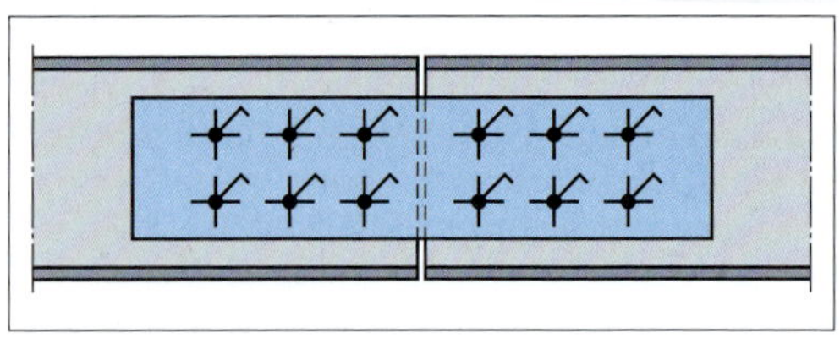

Abb. 17.30: Stegblechstoß

Querkraftbeanspruchte Trägeranschlüsse

Mit Anschlusswinkel lassen sich Träger an Stützen und Riegel anschließen. Daneben gibt es als Anschlussmittel Steglaschen, Stirnplatte und Knaggenauflager (vgl. Abb. 17.31).

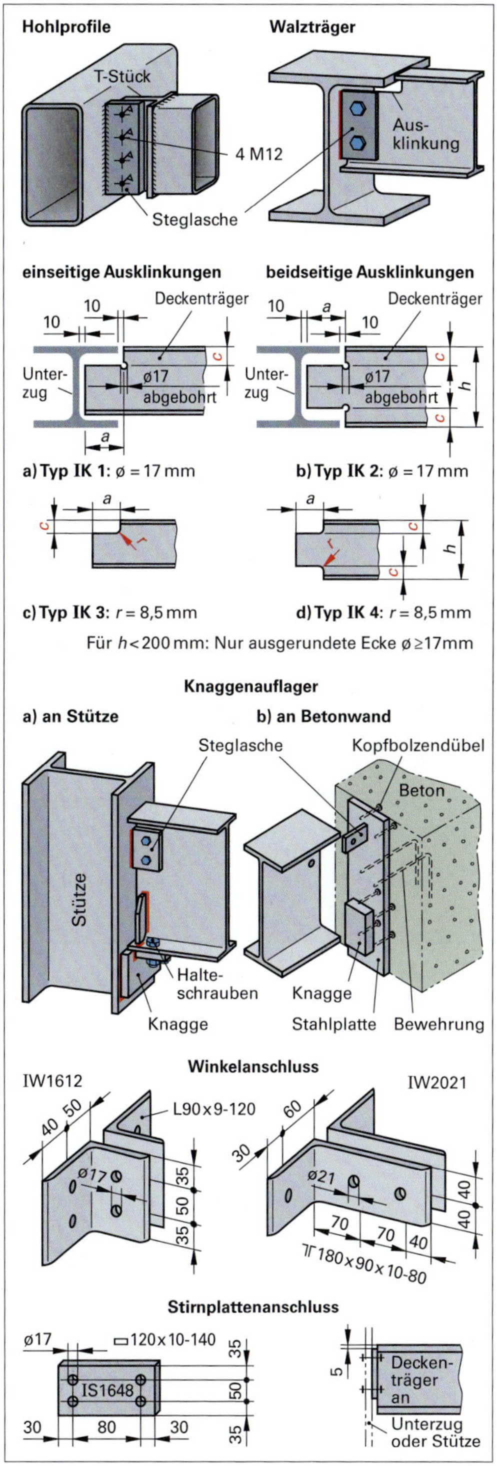

Abb. 17.31: Trägeranschlüsse

Biegesteife Stirnplatten Anschlüsse mit gleitfest verspannten Verbindungen

Bei dieser Verbindungsart ist es möglich Momente zu übertragen. Damit kann diese Stoßart an Rahmenecken und in Riegelmitten zur Anwendung kommen, wenn aus Montage und Transportgründen Rahmenstiele und Rahmenriegel getrennt werden müssen (vgl. Abb.17.32).

Mit der Verbindung nach Abbildung 17.33 können Momente in die Stütze übertragen werden.

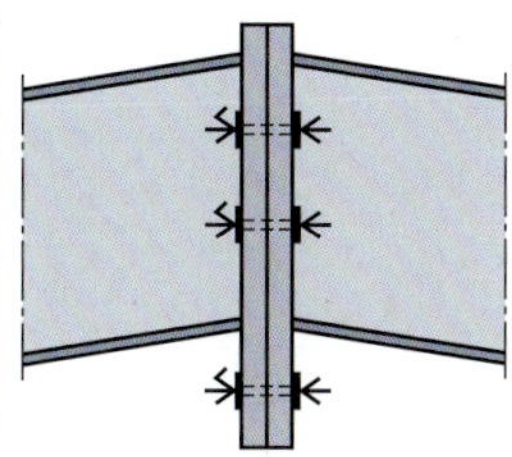

GV- und GVP-Verbindungen sind sowohl für statische wie auch für dynamische Belastungen geeignet. Der so gebildete Kraftschluss ist weniger nachgiebig als der Formschluss der SL-Verbindung.

Abb. 17.32: Stirnplattenanschluss in Rahmenmitte

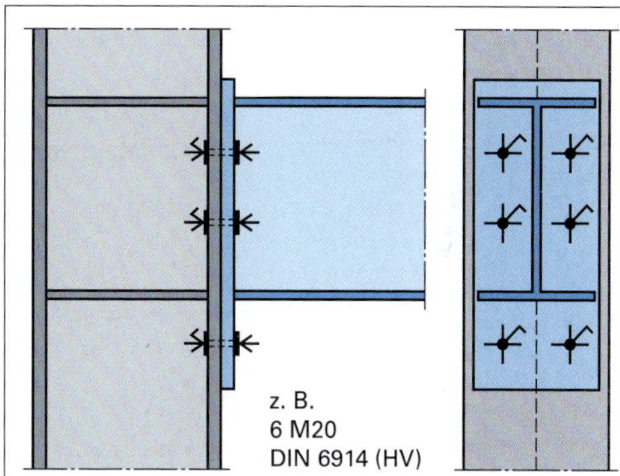

Abb. 17.33: Stirnplattenanschluss an Stütze
(rippenlos oder ausgesteift)

Für die Verbindung von Stahlprofilen wird im Regelfall mit typisierten Verbindungen gearbeitet.

17.2.2 Bauelemente einer Stahlhalle

Die Abbildungen 17.20 und 17.21 zeigen die im Folgenden beschriebenen Bauelemente. Die Bedachung, die Wandkonstruktion sowie die Wandbekleidung als vorgestellte oder eingehängte Fassade ist nicht dargestellt.

Pfetten

Als Profile für Pfetten werden I-Profile, Z-Profile und U-Profile verwendet (vgl. Abb. 17.34). Stahlpfetten werden wirtschaftlich als Durchlaufpfetten ausgebildet, indem die Pfettenprofile auf dem oberen Flansch der Binder oder Riegel verlegt werden. Als Einfeldpfetten können die Pfetten auch in der Binderebene verlegt werden. Dazu muss jedoch der obere Flansch ausgenommen werden (vgl. Abb. 17.35).

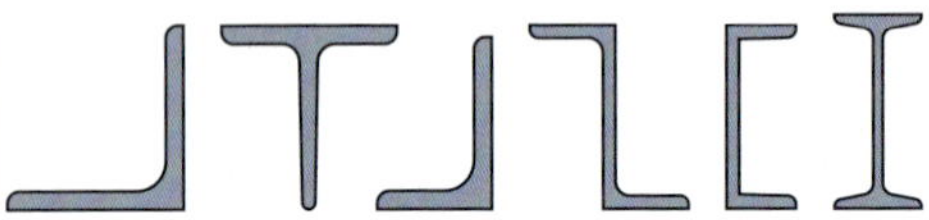

schematisch dargestellt:
gleichschenkliger Winkel nach DIN EN 10056-1,
gleichschenkliger T-Stahl nach DIN EN 10055,
ungleichschenkliger Winkel nach DIN EN 10056-1,
Z-Stahl nach DIN 1027, U-Profil nach DIN 1026-1,
schmaler I-Träger nach DIN 1025-1

Abb. 17.34: Pfettenprofile

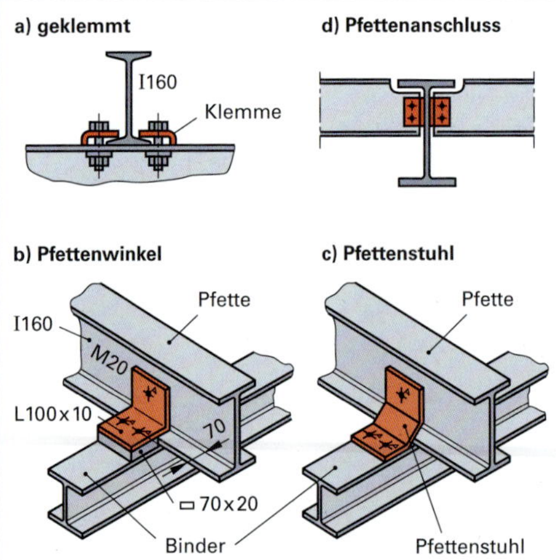

Abb. 17.35: Pfettenbefestigungen

Wandriegel

An den Wandriegeln werden die Wandelemente befestigt. Gängige Wandriegelprofile sind U-Profile und Z-Profile. Die Riegel können außen an den Stützen oder zwischen den Stützen angebracht werden. Die Befestigung geschieht durch Anschrauben an die an den Stützen angeschweißten Flachbleche oder Winkel oder direkt an den Stützenflansch.

Stützen

Als Stützen kommen je nach Belastung unterschiedliche schwere I-Profile zur Anwendung. Am Fuß der Stütze wird eine Fußplatte aus Flachstahl angebracht, mit der durch Schrauben die Stütze im Fundament befestigt wird (vgl. Abb. 17.36).

Je nach Belastung wird der Stützenfuß unterschiedlich ausgeführt.

Die Verbindung von Stützen mit Trägern geschieht ebenfalls über angeschweißte Kopfplatten und Verschraubung im Trägerflansch.

Bei hohen Belastungen sind in die Flansche der Träger Aussteifungsbleche einzuschweißen.

Wenngleich bei Hallenbauten Stahlstützen meist nicht eingespannt konstruiert werden, sind eingespannte Stützen auch im Stahlbau möglich (siehe Abb.17.37). Dabei werden die Befestigungsschrauben mit Ankerplatten an einbetonierte U-Stähle verankert.

Abb. 17.36: Stützenfuß

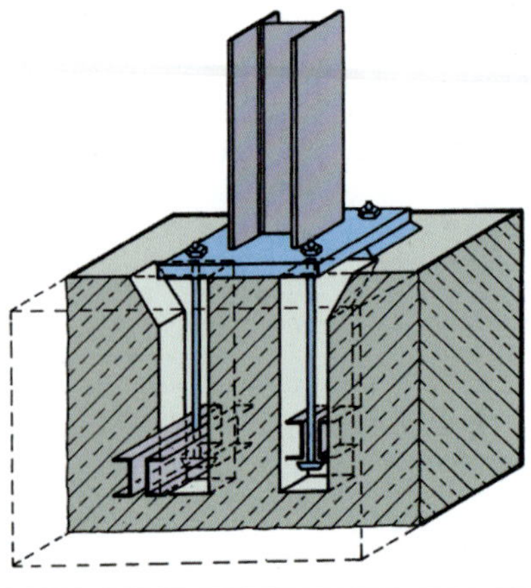

Abb. 17.37: Eingespannte Stahlstütze

17

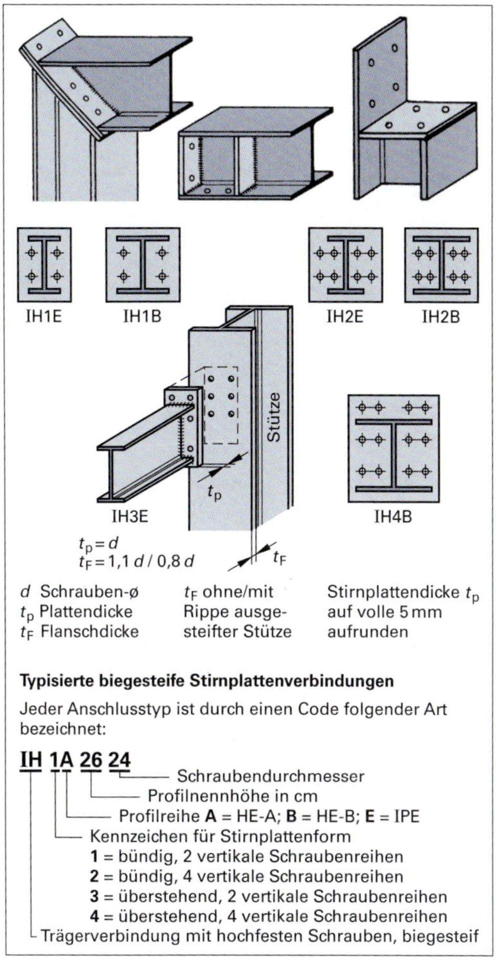

Abb. 17.38: Biegesteife Verbindungen

Rahmen können aus Standardprofilen gefertigt werden, oder auch aus Bandstahl individuell gefertigt werden. Je nach Transport und Montagemöglichkeiten kann die Rahmenecke oder auch die Rahmenmitte als lösbare Verbindung ausgeführt werden. Da die Rahmenecke die Stelle mit der höchsten Beanspruchung ist, wird der Querschnitt im Eckbereich häufig verstärkt. Damit kann dann der Riegel mit einem kleineren Profil ausgeführt werden. Für die Ausbildung des Rahmeneckpunktes gibt es unterschiedliche Möglichkeiten (vgl. Abb. 17.38 und Abb. 17.39).

Verbände

Verbände sind im Regelfall so angeordnet, dass die Diagonalen auf Zug beansprucht werden. Daher sind Zugstangen aus Rundstahl oder L-Stahl ausreichend. Da die Richtung der Zugbeanspruchung wechseln kann, müssen die Zugstangen immer kreuzweise angeordnet werden. Für die Zugstangen werden Spannglieder vorgesehen, um die Zugstangen so zu spannen, damit sie Zugkräfte aufnehmen können, ohne damit erst horizontale Verformungen auftreten müssen.

Die Verbandsstähle werden im Allgemeinen über angeschweißte Knotenbleche mit den Stützen verbunden (vgl. Abb. 17.40). Die Rundstähle können auch durch Bohrungen durch die Stütze geführt werden, um dann rückwärtig verschraubt zu werden. Durch die rückwärtige Verschraubung kann das Spannglied entfallen, da die Spannung durch das richtige Anziehen der Schraubenmutter erzeugt werden kann.

Abb. 17.39: Stahlrahmen mit Randträger

Abb. 17.40: Rundstahlanschluss eines Verbandsstabs

Eine Halle kann durch Verbände, durch eingespannte Stützen, durch Schächte, durch Abspannungen, durch stabile Wandscheiben oder durch Rahmen ausgesteift werden.

Die Bauelemente einer Stahlhalle sind: Fundamente, Stützen und Binder /Rahmen, Dachelemente auf Pfetten, Wandelemente an Riegeln und Verbände aus Rund- oder Winkelstahl.

17.2.3 Wände/Wandverkleidungen

Wände von Stahlbauten sind im Sinne der Bauordnung nichttragende Wände, die dem Wetterschutz und dem Raumabschluss dienen. Zur Aussteifung können Wände gesondert bemessen werden, ansonsten müssen Wände statisch nur die Windkräfte auf die Unterkonstruktion/Tragkonstruktion übertragen. Es können folgende Bauarten zur Anwendung kommen:

- einschalige, nicht wärmegedämmte Wände
- einschalige, wärmegedämmte Wände
- zweischalige, gedämmte Wände
- Sandwichwände (zweiseitig Stahlblech, Kern aus Polyurethan-Hartschaum, vgl. Abb. 17.42)
- Wandbekleidung (profilierte Bleche)

Einschalige, nicht wärmegedämmte Wände können aus Trapezblechen, Wellblechen oder Faserzementplatten bestehen, die i.d.R. bei nicht beheizten Gebäuden (Hallen) direkt auf die Stahlunterkonstruktion montiert werden.

Einschalige, wärmegedämmte Wände erhalten zwischen der Innenseite der Trapezprofile und der Stahlunterkonstruktion eine Wärmedämmschicht.

Die Befestigung der Wandelemente an der Tragkonstruktion erfolgt mit bauaufsichtlich zugelassenen Verbindungsmitteln. Für Wandelemente ist heute die verdeckte Befestigung in der Längsfüge üblich.

Die Deckbleche für die Wand- und Deckengestaltung gibt es in unterschiedlicher Oberflächengeometrie (u.a. auch als Gestaltungselement genutzt, vgl. Abb. 17.41). Dabei werden für stärker belastete Dachelemente meist trapezförmige Elemente verwendet, für den geringer belasteten Wandbereich meist linierte und/oder gesickte Außenbleche mit glatten Innenblechen eingeplant. Diese Wandelemente können horizontal wie vertikal montiert werden.

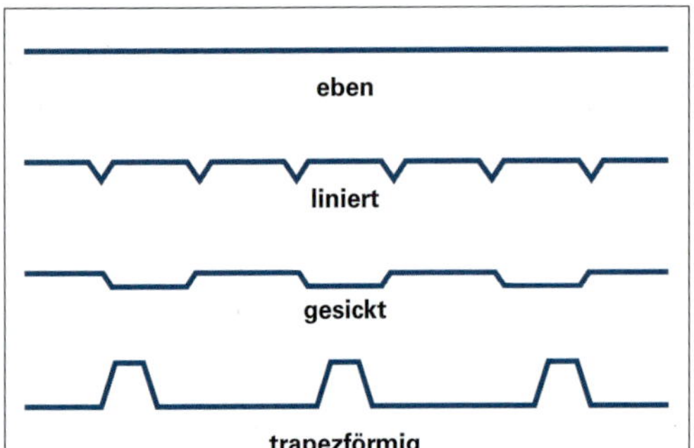

Abb. 17.41: Oberflächengeometrien

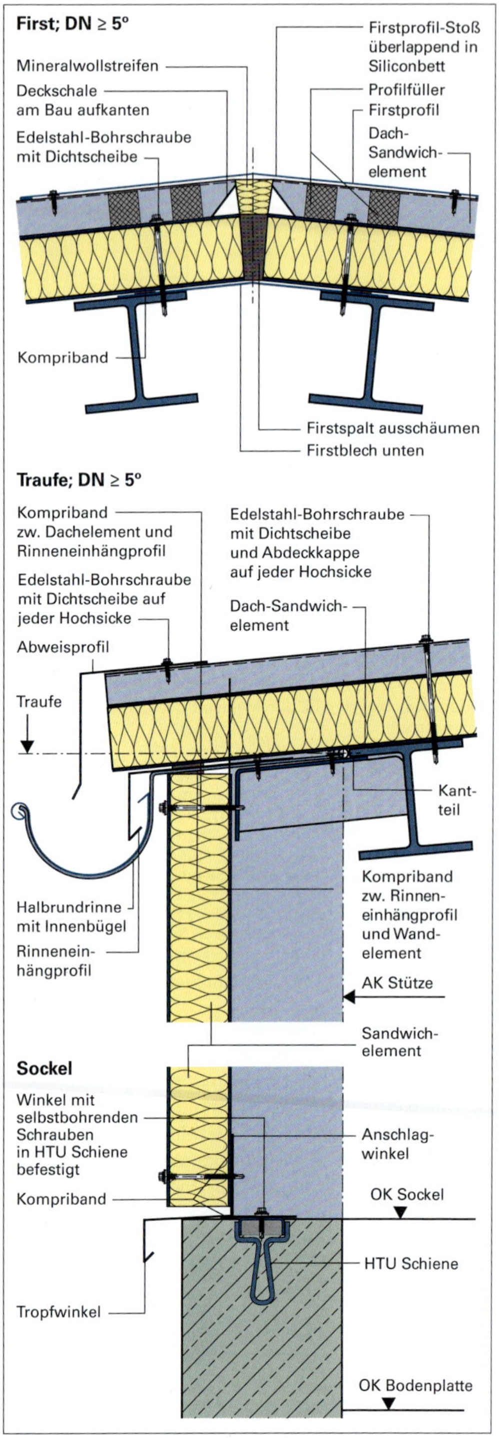

Abb. 17.42: Sandwichelement
mit Wand- und Dachdarstellung

17.3 Hallen aus Stahlbeton

Für die Hallenkonstruktionen als Betonfertigteilbauwerk werden Bauwerke und Gebäudebauteile aus vorgefertigten Stahlbeton- oder Spannbetonelementen zusammengefügt. Dabei kommt der Montage bzw. den Verbindungen der Fertigteilelemente in der Auflager-/ Knotenpunkten besondere Bedeutung zu.

Die Tragkonstruktion einer Stahlbetonhalle besteht aus in Köcherfundamenten oder Blockfundamenten eingespannten Stützen, auf die Spannbetonbinder verlegt werden (vgl. Abb. 17.43).

Zwischen den Bindern werden Pfetten zur Aufnahme der Dachelemente verlegt oder die Dachelemente werden ohne Pfetten direkt von Binder zu Binder verlegt. Die Außenwände können mit jedem Außenwandsystem versehen werden. Durch die eingespannten Stützen entfallen die sonst bei Hallen üblichen Verbände.

Bei großen Hallen oder bei mehrstöckigen Hallen ist die Stabilität zumindest während der Montage gegeben. Aussteifende Wandelemente können dann anschließend nach der Montage zur Stabilität beitragen.

Bei der Erstellung von Bauwerken mit Betonfertigteilen wird hauptsächlich zwischen Skelettbauweise und Tafelbauweise unterschieden. Die Skelettbauweise wird meist für großräumige Gebäude, wie Lager-, Industrie, Verkaufshallen mit veränderbarem Grundriss angewendet. Die Tafelbauweise wird bei Systembauten, wie Bürogebäude, Schulen, Verwaltungsgebäude, Messehallen eingesetzt. Es werden selbsttragende Wand- und Deckensysteme verwendet, die so aneinander, nebeneinander und übereinander angeordnet werden, dass nach Verguss der Stöße standfeste Verbindungen entstehen.

Abb. 17.43: Stahlbetonskelettbau
(Fachvereinigung Deutscher Betonfertigteilbau e. V.)

Typenprogramme

Die Fachvereinigung Fertigteilbau und die Bundesfachabteilung Fertigbau haben für den Stahlbetonskelettbau ein Typenprogramm für die Standardelemente einer Halle, mit dem sich die Standardhallen wirtschaftlich herstellen lassen, entwickelt. Das Typenprogramm umfasst folgende Bauteile:

- Stützenquerschnitte
- Unterzüge und Riegel
- L und I Unterzüge
- Deckenplatten
- TT- Deckenplatten
- T - Binder
- I - Binder
- Pfetten
- Wandelemente

Für diese Typen liegen für die verschiedenen standardisierten Abmessungen auch Tragfähigkeitstabellen vor (vgl. Tabellenbücher bzw. Produktangebote). Damit wird die Vorplanung wesentlich erleichtert.

Ein Typenprogramm erleichtert die Entwurfsplanung von Gebäuden aus Stahlbetonfertigteilen.

17.3.1 Skelettbauweise

Fundamente

Die Fundamente werden in Ortbeton hergestellt oder anbetoniert an einer Stütze als Fertigteil zusammen mit der Stütze angeliefert. Ortbetonfundamente sind Köcher- und Blockfundamente.

Im Regelfall werden die Köcher oberhalb des eigentlichen Fundamentes angeordnet, können aber bei ausreichender Fundamenthöhe in das Fundament eingelassen werden. Diese Konstruktion wird als Blockfundament bezeichnet und hat sich aus dem Köcherfundament entwickelt (vgl. Abb. 17.44).

Die Stütze erhält einen profilierten Fuß (Zahntiefe > 1 cm), das Fundament eine verlorene Wellblechschalung. Der Vorteil besteht in der Möglichkeit, flacher zu gründen, zudem ist der Schalungs- und Bewehrungsaufwand (vgl. Kapitel 19, LF 14 I „Planen eines Stahlbetonbauwerkes") geringer. Die einbindende Tiefe muss mindestens $1{,}5 \cdot d$ (Dicke der Stütze) betragen.

Sind die Köcher- oder Bockfundament fertiggestellt, werden die Stützen in die Köcher eingesetzt (vgl. Abb. 17.45).

Hierbei ist auf genaues Ausrichten der Stützen zu achten, da sich schon geringe Maßabweichungen zu statischen Größen addieren, die die Stabilität des Bauwerks gefährden können.

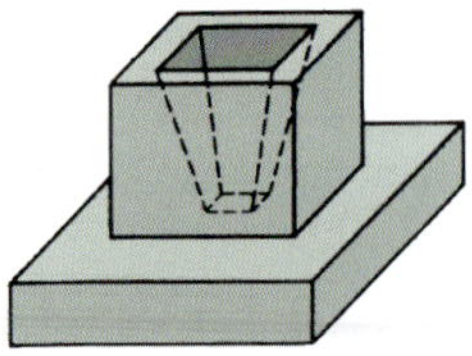

abgetrepptes Köcherfundament aus Ortbeton oder als Fertigteil

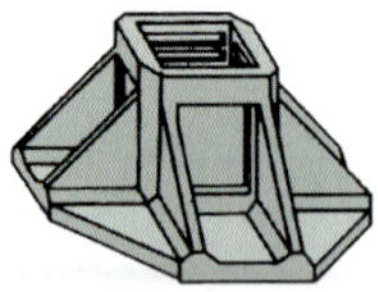

Fertigteilfundament

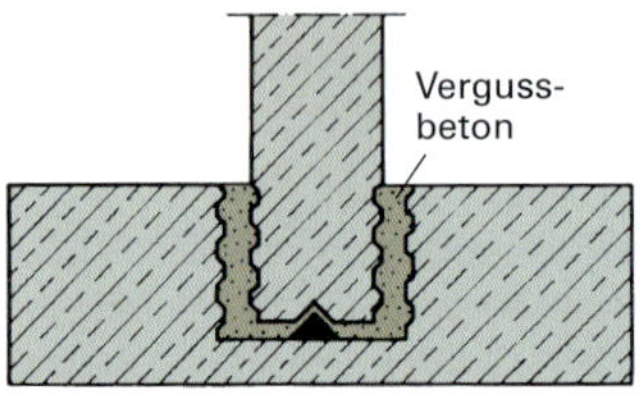

Blockfundament oder als Fertigteil

Fertigteilstütze

Stützenköcher

Abb. 17.44: Blockfundament

Anschließend wird der Zwischenraum mit Vergussbeton gefüllt, um den Verbund Stütze-Fundament zu gewährleisten.

Auch die an den Stützen anbetonierten Fundamente erhalten durch nachträglichen Verguss die notwendige Verbindung mit dem Unterbeton. Dazu werden im Fundament Vergussrohre eingebaut.

Für die Fertigteilfundamente liegen die Außenabmessungen aufgrund der Tranporteinschränkungen bei maximal 3,00 m x 3,50 m.

Einzelfundamente werden in Verbindung mit einer Stütze, als Bock- oder Köcherfundament hergestellt.

Stützen

Stützen leiten Kräfte aus dem Bauwerk in die Fundamente. Wegen der verschiedenen Anwendungsbereiche (Eckstützen, Geschossstützen u.a.) ist eine Standardisierung nur für bestimmte Stützenabmessungen sinnvoll. Die Höhen betragen 4,00 bis 8,00 m (vgl. Abb. 17.46).

Runde Stützen müssen in einer stehenden Schalung hergestellt werden. Damit sind die Höhen begrenzt und mehrgeschossige Stützen ausgeschlossen.

Um die Vorteile des Systembaus zu nutzen, sollten die Anschluss- und Auflagerpunkte standardisiert werden. Die Auflagerbereiche sind für Unterzüge und Binder einheitlich zu gestalten. Ebenso können Fassadenelemente/Fertigteilträger auf Konsolen der Stützen aufgelagert werden. Die Lasteinleitung erfolgt normalerweise direkt von oben über das Lager. Lager sind so anzuordnen, dass die Lagerfläche vollständig im Bereich der Bewehrung (vgl. Kapitel 19, LF 14 I „Planen eines Stahlbetonbauwerkes") liegen.

Bei mehrgeschossigen Bauten werden die Geschossbalken auf die mit den Stützen hergestellten Konsolen aufgelegt. Je nach Anzahl der benötigten Auflagerpunkte sind auch mehrere Konsolen an einer Stütze möglich.

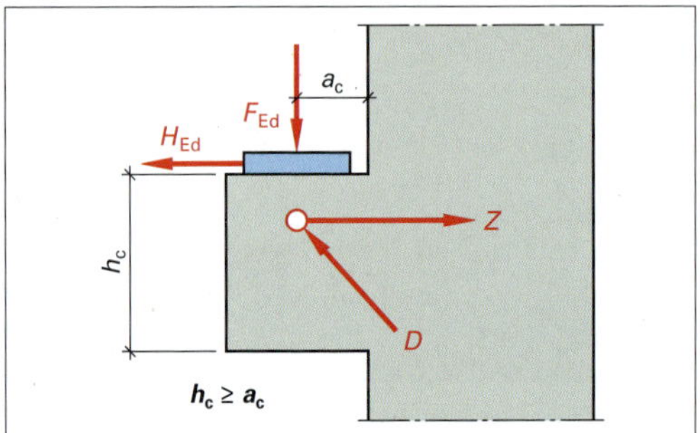

Abb. 17.45: Auflager mit Kräfteverlauf

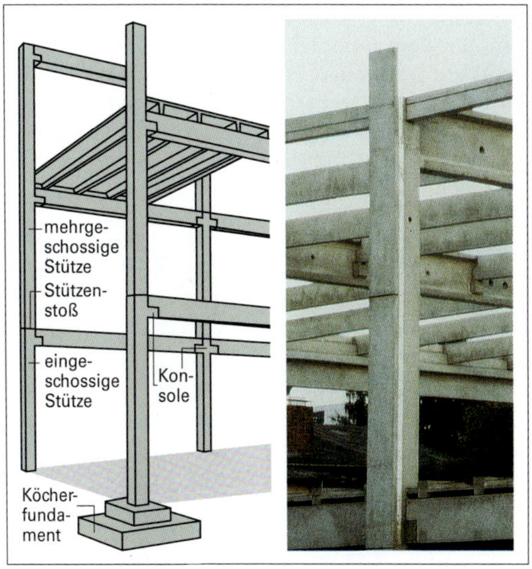

Abb. 17.46: Stützen für Skelettbauweise

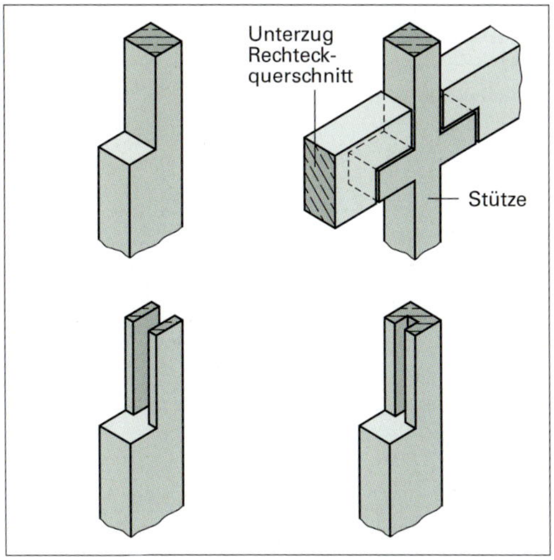

Abb. 17.47: Stützenköpfformen und Auflagerkonsole

Binder

Bei Bindern werden zwei Querschnittsformen – T- und I-Binder – und drei Ansichtsformen – Parallel-, Satteldach- und Pultdachbinder – unterschieden.

Im Auflagerbereich wird der Querschnitt verbreitet, falls am Auflager hohe Vertikalkräfte auftreten (vgl. Abb. 17.50).

Unter Verwendung von Spannbeton können Dachbinder Stützweiten von bis zu 50 m wirtschaftlich überbrücken.

Unterzüge und Riegel werden in verschiedenen Querschnitten verbaut. Balken mit Linienkonsolen ermöglichen die einfache Auflagerung von Querträgern (vgl. Abb. 17.51).

Dach- und Deckenplatten werden als Plattenbalken (Π-Platte, vgl. Abb. 17.52), Vollplatte oder Spannbetonhohlplatte geliefert. Bei den Π-Platten und Betondeckenplatten gibt es auch Ausführungen für einen späteren Aufbeton als Ortbeton.

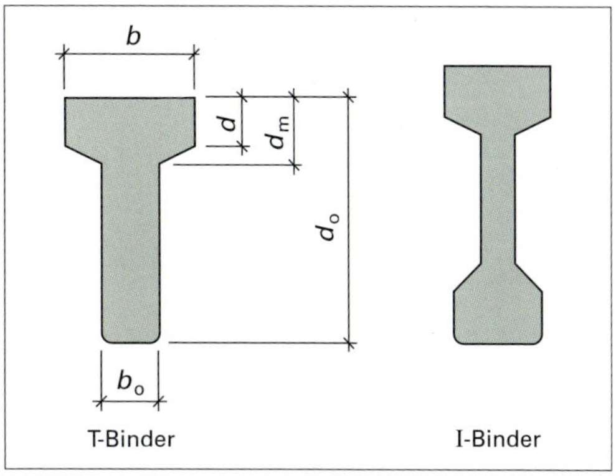

Abb. 17.48: Binderquerschnittsformen

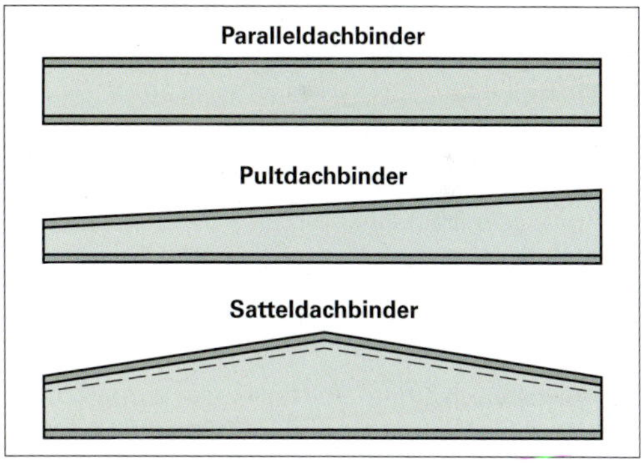

Abb. 17.49: Binderformen

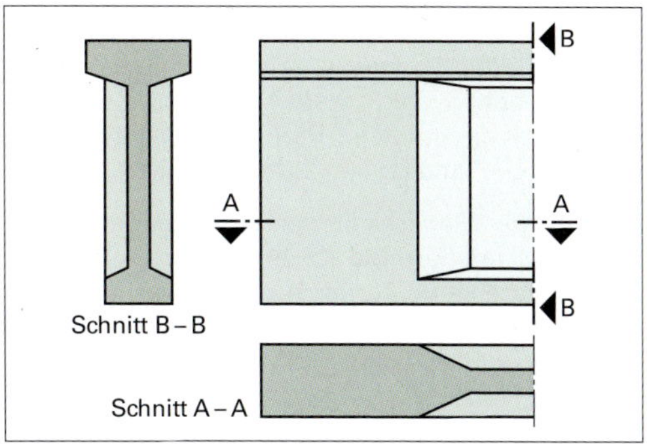

Abb. 17.50: Verstärkter Binderauflagerbereich

17

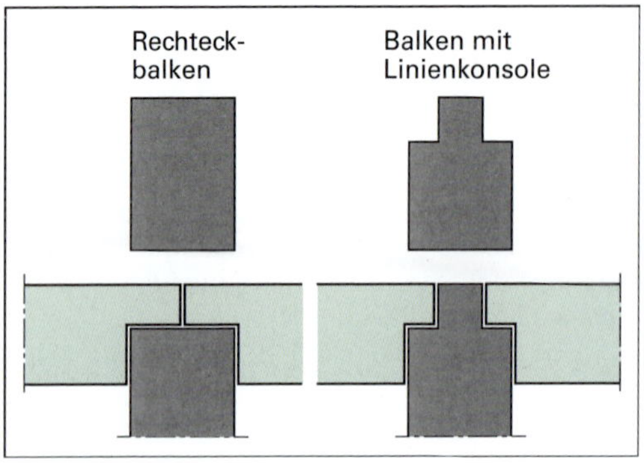

Abb. 17.51: Balkenquerschnitte

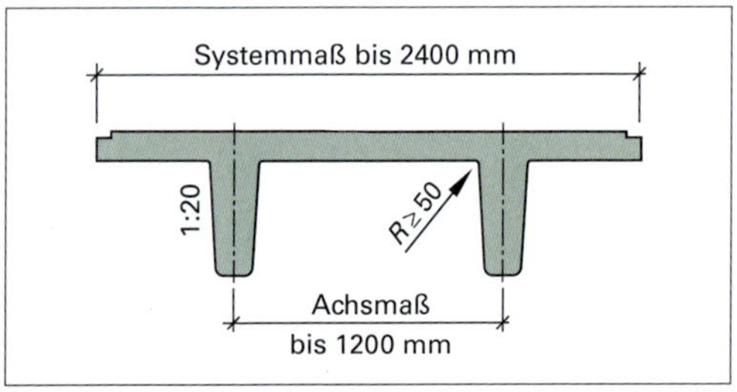

Abb. 17.52: TT - Deckenplatte

17.3.2 Tafelbauweise

Bei der Tafelbauweise werden Außenwand-, Innenwand und Deckentafeln unterschieden.

Außenwandtafeln sind zur verbesserten Wärmedämmung mit mehrschichtigem Aufbau (Sandwichtafeln) auszuführen.

Innenwandtafel sind einschalig und werden aus Stahlbeton oder Stahlleichtbeton hergestellt.

Deckentafeln werden als teilweise vorgefertigte Plattenelemente erstellt und vor Ort mit einer Betonschicht geschlossen verbunden.

Wandtafeln sind möglichst geschosshoch und raumgroß als Großtafeln herzustellen.

Die Großtafeln können aus Normal- oder Leichtbeton bestehen, die Fassadenverkleidung aus verschiedenen Betontafeln, Profilblechen oder anderen leichten Platten.

Als weitere Möglichkeit der Fassadengestaltung bieten sich tafelförmige auf das Raster abgestimmte Sandwichelemente an. Aus bauphysikalischen Gründen wird eine Sandwichplatte mit Kerndämmung ausgeführt. Eine Sandwichplatte besteht aus drei Schichten:

- Innere Tragschicht
- Äußere Vorsatzschale
- Dämmschicht

Die Bewehrung der inneren und äußeren Schicht wird vor dem Betonieren durch Verbundanker aus Edelstahl verbunden. Für die Verbundanker existieren von den Herstellern unterschiedliche Lösungsmöglichkeiten. Neben den Verbundankern sind Traganker für die Montage der Platten mittels Kran vorzusehen (vgl. Abb. 17.53).

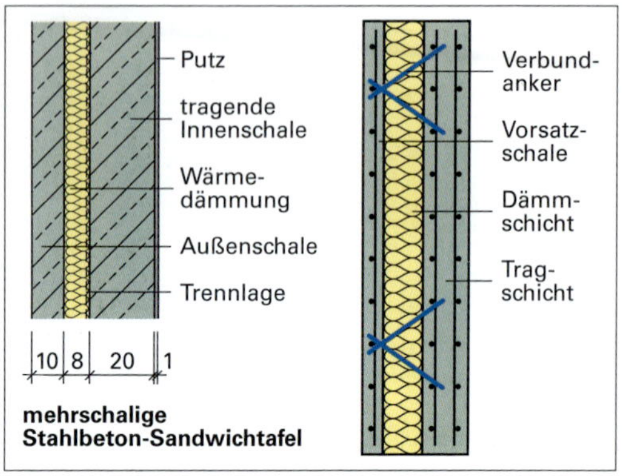

Abb. 17.53: Sandwichelement

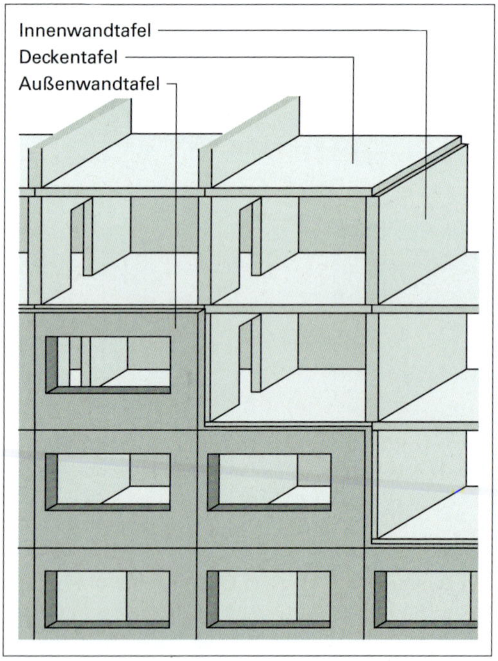

Abb. 17.54: Tafelbauweise

Das Typenprogramm der Betonfertigteilindustrie erleichtert die Planung von Bauten aus Stahlbetonfertigteilen.

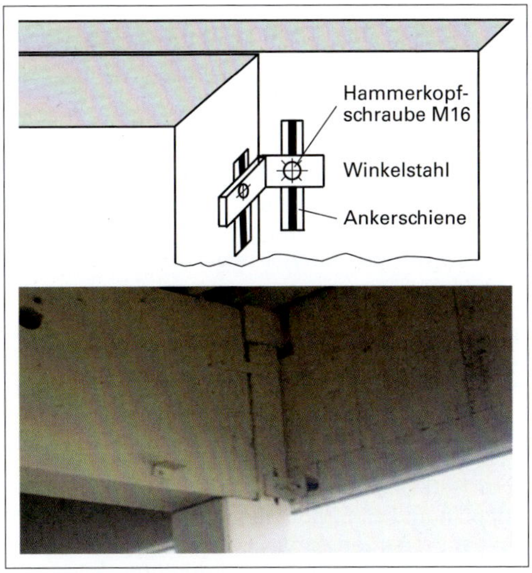

Abb. 17.55: Verankerung einer Fassadenplatte

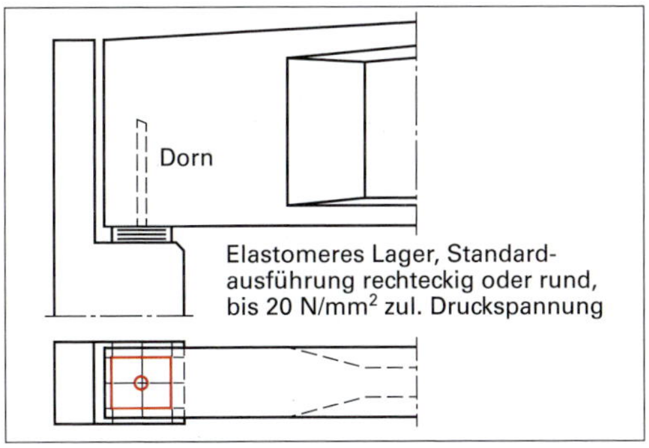

Abb. 17.56: Elastometres Lager (vgl. Abb. 17.50)

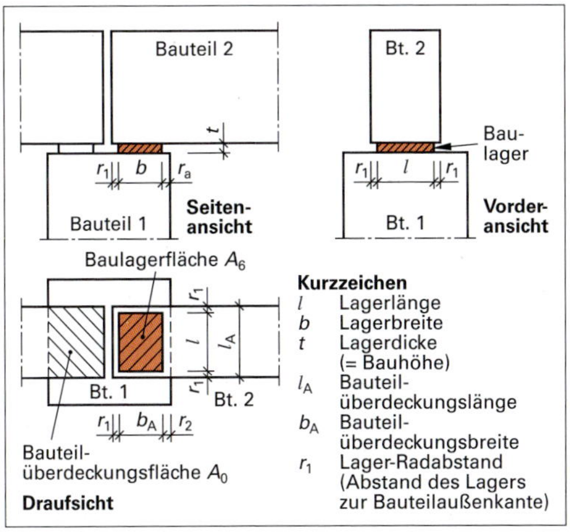

Abb. 17.57: Ausbildung eines elastometren Lagers

Verankerung und Lager

Die Verbindung der Fertigteile erfolgt durch Stahleinbauteile. Dazu werden in den zu verbindenden Fertigteilen Ankerschienen einbetoniert. Mit Stahlwinkel oder Stahllaschen und Schrauben lassen sich dann die Fertigteile verbinden (vgl. Abb. 17.55).

Binder und Balken können durch Stahldollen, die in Hülsen eingreifen, mit Stützen verbunden werden. Bei größeren Auflagerkräften werden elastomere Lager verwendet, um die Beanspruchung aus den Verformungen zu verringern. Elastomere Lager müssen Vertikalverformungen (Stauchungen), horizontale Verformungen (Verschiebungen) und Winkelverdrehungen aufnehmen können (vgl. Abb. 17.56 und Abb. 17.57).

Die Lager werden aufgrund der Belastungswerte und Verformungswerte gewählt. Für elastomere Lager gibt es je nach Beanspruchung Ausführungen als unbewehrte Elastomerlager oder stahlbewehrte Elastomerlager. Die Lage der elastomeren Lager ist nach den Einbauvorschriften auf die Bewehrung abzustimmen.

Für die Verbindung der Betonfertigteile untereinander werden Verbindungselemente aus Stahl benötigt.

17.3.3 Elementwände

Als Elementwand werden zwei Fertigteilplatten bezeichnet, die durch Gitterträger auf Abstand gehalten werden. Diese Elemente weisen jeweils nach außen eine Sichtseite und zum Zwischenraum hin eine raue Seite auf (vgl. Abb. 17.58). Nach der Montage der Platten auf der Baustelle wird der Zwischenraum mit Ortbeton verfüllt und damit eine massive Betonwand ohne aufwendige Schalung hergestellt. Die fertige Wand wirkt statisch als Verbundbauteil. Elementwände lassen sich jedem Grundriss anpassen.

Die **Konstruktion von Elementwänden** ist durch eine allgemeine bauaufsichtliche Zulassung geregelt. In dieser Zulassung sind die Dicke der Fertigteilplatten, die gesamte Wanddicke und die Abmessungen der Gitterträger beschrieben. Die Dicke der Fertigteilplatten beträgt je nach Expositionsklasse und der erforderlichen Betondeckung zwischen 5 cm und 8 cm. Die Verfüllung mit Ortbeton ist mindestens 10 cm, bei Verwendung von Fließbeton mindestens 7 cm dick. Daraus ergibt sich in der Praxis für die Elementwand eine Mindestdicke von 20 cm. Die Gitterträger werden in einem Achsabstand von höchstens 62,5 cm verlegt; zu den bei-

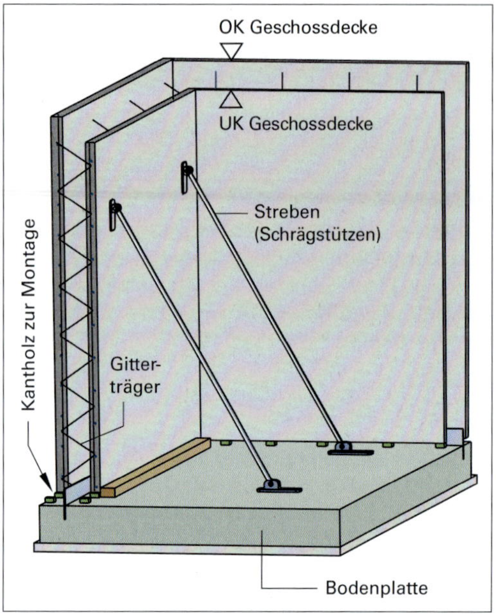

Abb. 17.58: Elementwand mit Gitterträgern im Montagezustand

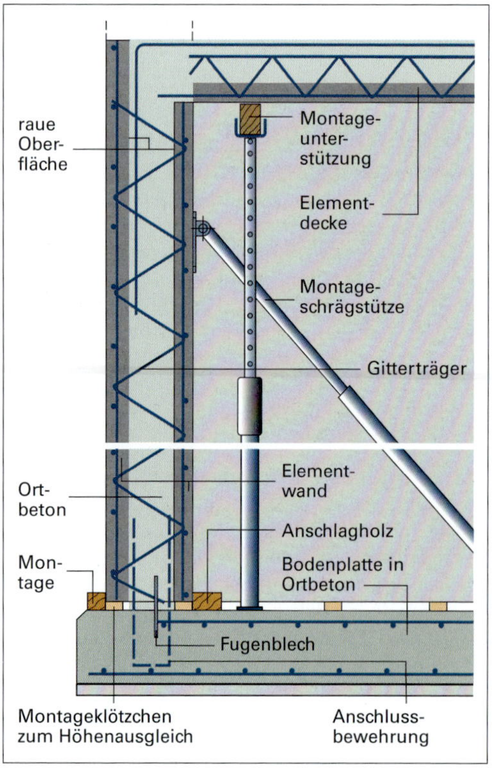

Abb. 17.59: Elementwand mit Elementdecke

den Fertigteilrändern gilt der halbe Achsabstand. Daraus ergibt sich beim Einbau von 4 Gitterträgern eine Fertigungsbreite von 2,50 m.

Unbewehrte Elementwände erfordern zur Aufnahme des Frischbetondrucks beim Einbringen des Ortbetons sowie zur Sicherung bei Transport und Montage eine Mindestbewehrung, die aus Gitterträgern und einer Plattenbewehrung besteht. Elementwände werden in Längen von 2,50 m bis 14,00 m hergestellt.

Bewehrte Wände haben die Bewehrung ganz oder teilweise in den Fertigteilplatten. An Plattenstößen und Wandecken werden aufgrund festgelegter Konstruktionsregeln Bügel im Ortbetonkern eingebaut. Wenn keine Zugkräfte auftreten ist eine Anschlussbewehrung entbehrlich.

Vom Hersteller der Elementwände sind ein **Versetzplan** und eine **Montageanleitung** mitzuliefern. Vor dem Versetzen ist die Ebenheit der Boden- bzw. Deckenplatte auf Genauigkeit zu prüfen.

Das Versetzen der Elementwände sollte möglichst an einer Außenecke beginnen. Jedes Element ist mit mindestens 2 Schrägstützen zu sichern (vgl. Abb. 17.59). Auf Ebenheit an den Stößen und Einhaltung der Maße, z. B. der Geschosshöhen, ist zu achten. Zur Sicherung gegen Aufweiten der Ecken sind Stahlwinkel anzubringen.

17.4 Transport zur Baustelle

Hallenteile sind i.d.R. mit Kraftfahrzeugen zur Baustelle zu transportieren. Die Teile können stehend, hängend oder flach liegend transportiert werden.

Nach der Straßenverkehrs-Zulassungs-Ordnung (StVZVO), Abschnitt B, § 32, sind die Abmessungen von Fahrzeugen und Fahrzeugkombinationen festgelegt. Die Fahrzeugbreite ist nach der DIN ISO 612 zu ermitteln. Bei Überschreitung der in der Verordnung festgelegten Maße sind Ausnahmeregelungen zu beantragen. Diese sind bei den zuständigen Stellen, i.d.R. bei den Gemeindeverwaltungen, einzuholen. Mit den Genehmigungen sind Kosten und Transport- und Sicherheitsauflagen verbunden.

Auszug aus der StVZVO

Bei Kraftfahrzeugen darf die höchstzulässige Breite von 2,55 m, Länge von 12,00 m und Höhe von 4,00 m nicht überschritten werden.

Eigenständige Regelungen gibt es für Sattelzüge (Länge bis 15,50 m, unter besonderen Voraussetzungen bis 16,50 m) und für Zugmaschinen mit Anhängern (Länge bis 18,75 m).

Aufgaben zum LF 12 A + I Planen einer Halle, Schwerpunkt Architektur und Schwerpunkt Ingenieurbau

1. Welche Punkte sind bei der Planung einer Halle zu berücksichtigen?
2. Welche statischen Systeme für Pfetten gibt es?
3. Welche Profile werden bei Stahlpfetten verwendet?
4. Was bedeutet die Bezeichnung S235?
5. Skizzieren Sie verschiedene Ausbildung von Rahmenecken aus Stahl.
6. Welche Vorteile haben eingespannte Stützen?
7. Welche Schraubenverbindungen werden unterschieden?
8. Welche Verbände sind für eine Halle mit Pendelstützen und Bindern erforderlich?
9. Welche Möglichkeiten gibt es bei der Anwendung von Porenbetonwandplatten?
10. Aus welchen Schichten wird ein Hallenboden aufgebaut?
11. Welche Befestigungsmöglichkeiten gibt es für Porenbetonwandplatten an Stahlstützen?
12. Nennen Sie Schweißnahtverbindungen.
13. Ein Vollwandbinder aus BSH der Festigkeitsklasse GL24h hat eine Spannweite von l = 5,00 m sowie einen Querschnitt von 18 cm/36 cm und wird mit einer mittig angreifenden Druckkraft $F_{c,0,d}$ = 650 kN belastet.
    Berechnen Sie die Druckspannung $\sigma_{c,0,d}$ und vergleichen diese mit dem Bemessungswert im Regelfall.
14. An einem unterspannten Binder aus Brettschichtholz GL28h mit einer Querschnittsabmessung von 10 cm/16 cm und einer Spannweite von l = 6,50 m wirken in den Unterspannungen aus S235 JR Zugkräfte von $F_{u,d}$ = 100 kN.
    Berechnen Sie die Zugspannungen $\sigma_{u,d,F}$ im Stabstahl (St 37-2) mit d_S = 20 mm.

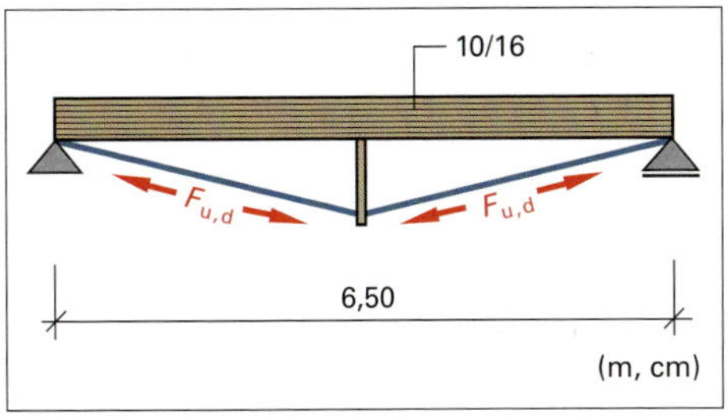

15. Ein Fachwerkbinder ist durch Zangen aus Vollholz NH C30 ausgesteift. Die Zangen haben die Abmessungen 8 cm/16 cm. Die einwirkende Zugkraft beträgt $F_{t,0,d}$ = 120 kN.
    Berechnen Sie die Zugspannung $\sigma_{t,0,d}$ in den Zangen und vergleichen diese mit der Bemessungsfestigkeit $f_{t,0,d}$ bei einer langen Lasteinwirkungsdauer.

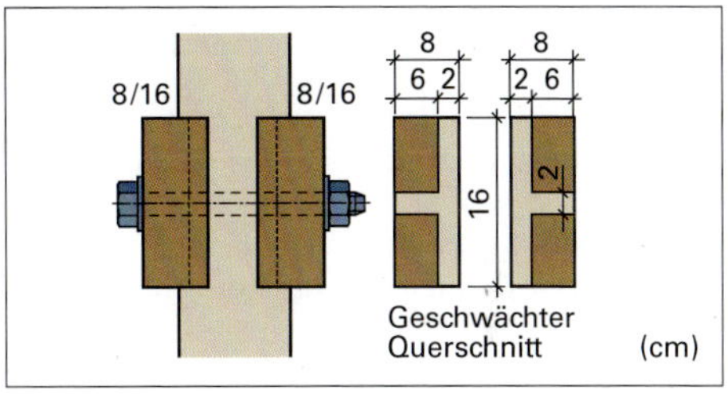

16. Die Werkskizze einer Stahlbauhalle soll Ihnen als Vorlage für eine Schnittzeichnung im Maßstab M 1:20 - m, cm und einer Detailzeichnung für die Aussteifungen nach Detail A und Anschlüsse nach Detail B, beide im Maßstab M 1:5 - mm dienen. Fertigen Sie die Zeichnungen.

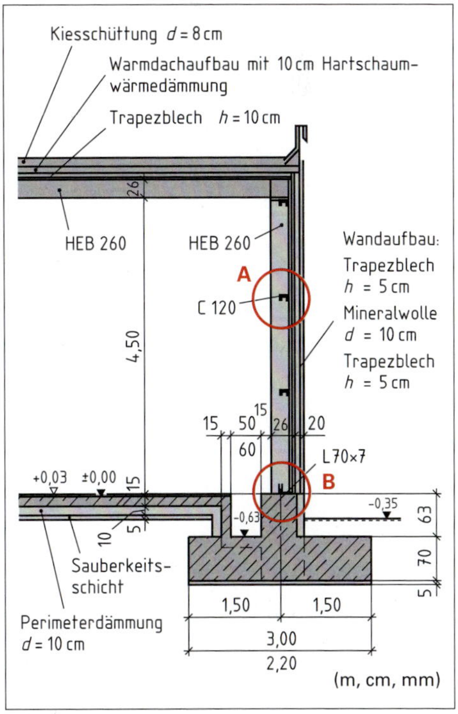

17. Projektaufgabe
   Eine Lager- und Ausstellungshalle ist nach dem in der Skizze angegebenen Angaben zu planen. Für die Tragkonstruktion sollen Betonfertigteile (T-Binder 40 cm/100 cm) verwendet werden. Als Dach- und Wandelemente sollen Porenbetonplatten verwendet werden. Der weitere Aufbau der Dach- und Wandkonstruktion ist frei wählbar.
   In Achse 1 ist ein Fensterband mit einer Fensterhöhe von 1,50 m UK-Sturz 2,50 m mit einem Eingangselement 3,00 m × 2,50 m anzuordnen.
   In Achse A ist zwischen Achse 2 und 5 ein Fensterband mit einer Fensterhöhe von 1,50 m UK Sturz 4,50 m einzuplanen.
   In Achse A ist zwischen Achse 2 und 3 und zwischen Achse 4 und 5 jeweils eine zweiflügelige Tür 3,00 m × 2,50 m einzuplanen.
   In Achse D ein Eingangsbereich mit Fensterfront 12,00 m × 2,50 m.

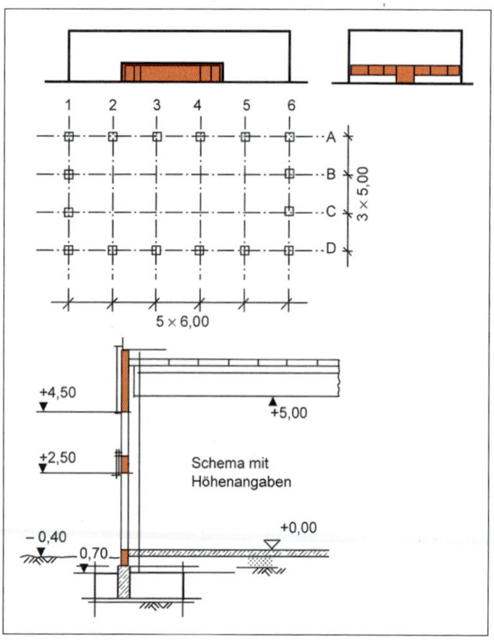

Angaben zur Konstruktion als Anhaltswerte für die Planung

Dach: Porenbetondachplatten h = 15 cm max L = 300 cm mit Pfetten
Porenbetondachplatten h = 25 cm max L = 600 cm ohne Pfetten (Nut und Feder)

Wand: Porenbetonplatten liegend mit Attika d = 200 mm, Plattenbreite wahlweise 500; 625; 750 [mm]
Konsolplatte aus Flachstahl 400 × 150 × 12 mm oder Winkelstahl L 150 × 100 × 14 [mm], l = 400 mm

Fundamente: Fundamente in Achse A und D Blockfundamente 300 × 200 × 90 [cm] mit Köcheraussparung unten 55 × 50 [cm], oben 60 × 55 [cm], Tiefe 65 cm
Fundamente für Giebelstützen 200 × 150 × 90 [cm] mit Köcheraussparung unten 50 × 40 [cm], oben 55 × 45 [cm], Tiefe 65 cm
Streifenfundament für Wand b = 40 cm; Fundamentplatte h = 25 cm

Betonfertigteile: Trapezpfetten; Binder: Parallel-Binder oder Satteldachbinder 5 % Neigung bei einer Traufhöhe von 80 cm
Binderauflager auf Elastomerlager D = 5 mm mit Haltedorn ∅ 28 mm;
Stützen Längswand 45 × 40 [cm];
Giebelstützen 30 × 40 [cm];
Traufriegel am Giebel b/h = 50 × 20 [cm]

a) Entscheiden Sie sich für eine Außenwandkonstruktion und skizzieren Sie den geplanten Wandaufbau.
b) Fertigen Sie einen Gestaltungsentwurf für die Hallenfassade in Achse D und die Giebelwand an (M 1:100 - m, cm).
c) Fertigen Sie Zeichnungen an, aus denen Ihre gewählte Tragkonstruktion ersichtlich ist.
d) Zeichnen Sie den Querschnitt durch die Außenwand M 1:20 - m, cm.
e) Zeichnen Sie die Elementeinteilung für die Außenwand in Achse D.
f) Erstellen Sie eine Elementliste für die Betonfertigteile (Pfetten, Binder, Balken, Stützen) und stellen Sie jedes Bauteil dar.
g) Erstellen Sie eine Elementliste für die Dachelemente. Zeichnen Sie exemplarisch ein Element!
h) Erstellen Sie eine Elementliste für die Wandelemente. Zeichnen Sie exemplarisch ein Element!
i) Zeichnen Sie Details von Sockel, Traufe und Fensteröffnungen.
j) Zeichnen Sie eine Perspektivansicht der Halle (vgl. Kapitel 24.14, Kapitel B3.4 und B3.5).
k) Konstruieren Sie den I-Binder aus C30/37 mit einer Gesamthöhe von 100 cm, einer Stegdicke von 19 cm, einer Deckbreite von 40 cm und einer Deckhöhe von 20 cm mit Vouten 1:2,5. Ermitteln Sie dazu die Eigenlast.

18. Projektaufgabe
Entwerfen Sie eine Stahlhalle als Fahrzeughalle nach dem in der Skizze angegebenen Systemmaßen und Angaben.
Zeichnen Sie die Tragkonstruktion anhand der Werte aus einer Vorbemessung. Dach und Wand sollen unter Verwendung von Trapezprofilen ausgeführt werden.
Entscheiden Sie sich für eine Außenwandkonstruktion und skizzieren Sie den geplanten Wandaufbau.
Fertigen Sie einen Gestaltungsentwurf für die Hallenfassade in Achse E an (M 1:100 - m, cm).
Zeichnen Sie den Querschnitt durch die Außenwand M 1:20 - m, cm.
Zeichnen Sie Details:
Pfettenauflager, Rahmenecke, Fußpunkt Rahmen,
Vertikalverband Längswand, Ansicht Giebelwandkonstruktion, Detail Traufe
Zeichnen Sie den Fundamentplan
M 1:50 - m, cm.
Zeichnen Sie Grundriss und Ansichten
M 1:100 - m, cm.

Angaben zur Hallengeometrie
Hallenbreite 4 × 4,50 m = 18,00 m Achsmaße,
Traufhöhe Außenmaß Profil 6,00 m,
Firsthöhe Außenmaß Profil 8,00 m,
Hallentore in Achse E 4,00 m × 4,50 m (Rolltore),
in Achse A ist ein Fensterband mit einer Fensterhöhe von 1,50 m zwischen Achse 2 und Achse 3 anzuordnen. Sturzhöhe 5,00 m,
in den Giebelwänden ist ein Fensterband
13,50 m × 1,50 m einzuplanen,
zusätzlich sind in den Giebelwände zwei Türen 1,00 m × 2,25 m vorzusehen, diese Türen sind auch in Achse E in den Außenfeldern einzubauen,
Die Geländehöhe beträgt – 0,20 m.

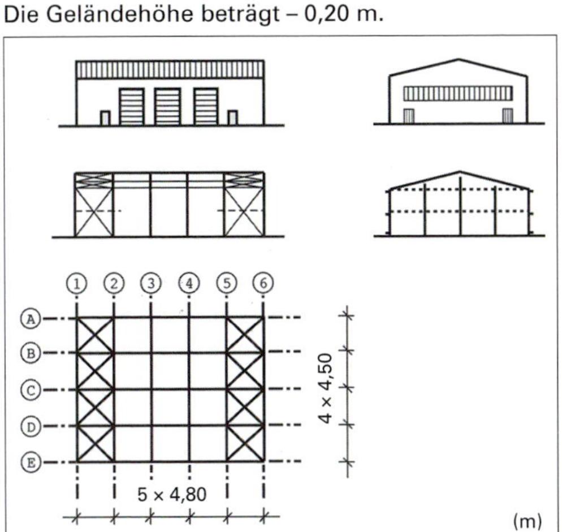

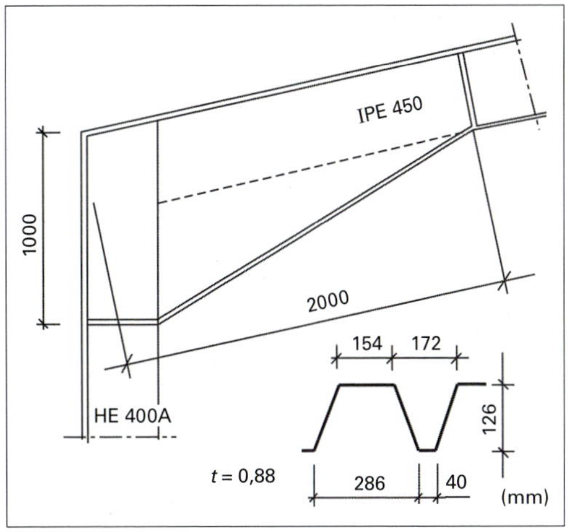

Angaben zur Stahlkonstruktion
Für die Konstruktion liegen folgende Werte der Vorbemessung vor:

Dreigelenkrahmen
Riegel IPE 450, Stiel: HEA400,
Schweißnahtdicke Stütze-Riegel 8 mm,
Rippenblech-Stütze und Rippenblech-Riegel nach aktuellen Lieferprogrammen,
Zuglasche aus verlängertem Riegelgurt mit Schweißnaht 3 mm

Rahmenfirstpunkt
als Gelenkausbildung mit zwei Stirnplatten
190 × 521 × 35 [mm] mit 4 M24 – 10.9 HVR,
Überstand oben 30 mm, Schraubenrandabstand 95,3 mm und 40 mm,
Schweißnähte an Stegen: Kehlnähte 3 mm;
Naht am Flansch: Kehlnaht 6 mm

Fußpunkt
Fußplatte Rahmenstiel 20 × 450 × 450 [mm], Befestigung mit 2 M16, Kehlnähte 3 mm, 20 mm untermörtelt.

Pfetten und Riegel
Pfetten HEA 200 als Einfeldträger Befestigung mit 2 × M12, Wandriegel Traufe U-180; Wandmitte IPE200 (als Einfeldträger) Fußpunkt mit Winkelstahl,
Dach Trapezprofil 126/286/0,88 [mm]
Wand Trapezprofil 40/183/1,0 [mm],
Giebelriegel IPE 180 mit Giebelstützen HEA 260,
Längsverband Rundstahl M16,
Fundamente Einzelfundamente in Längsachse 1,00 m × 0,60 m; Streifenfundament/Frostschürze $b = 0{,}30$ m

Giebelwand Streifenfundament $b = 0{,}30$ m; Fundamentplatte $h = 0{,}25$ m

19. Zeichnen Sie die Ansichten aus Richtung A und B im Maßstab 1:20 - cm, m.
Fertigen Sie eine dimetrische Parallelprojektion an.

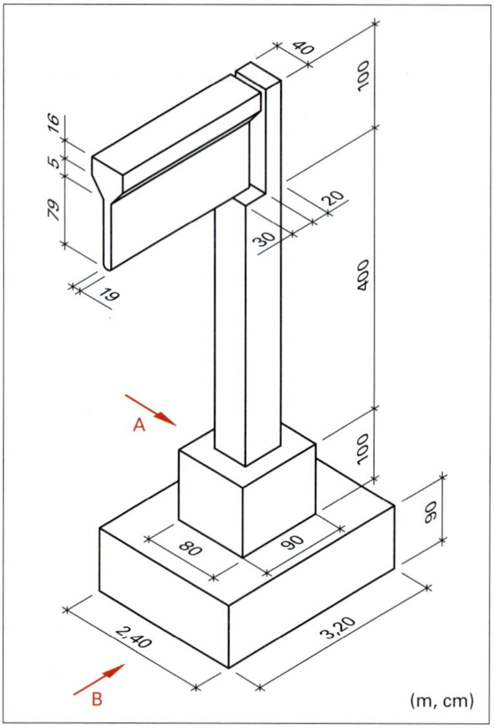

20. Berechnen Sie die Länge (in mm) der Stäbe D_1, D_2 und V_1 für den skizzierten Fachwerkträger aus BSH GL 28h.

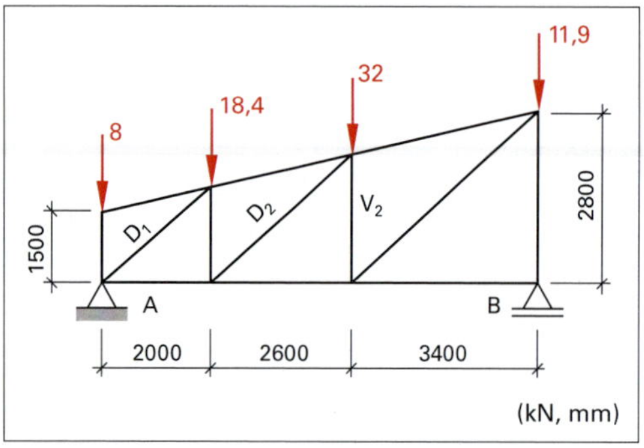

21. Zeichen Sie nach der Skizze die Ansicht im Maßstab M 1:20 - cm, m.

Angaben zu den Bauteilen, zu Aufgabe 21
Dachplatten $b = 1{,}00$ m, $h = 18$ cm, $L = 5{,}00$ m
Stütze 40/40 [cm]
Wandtafel $d = 15$ cm, $b = 6{,}00$ m, $h = 1{,}50$ m
Fundament $b/h/t = 150/100/60$ [cm]

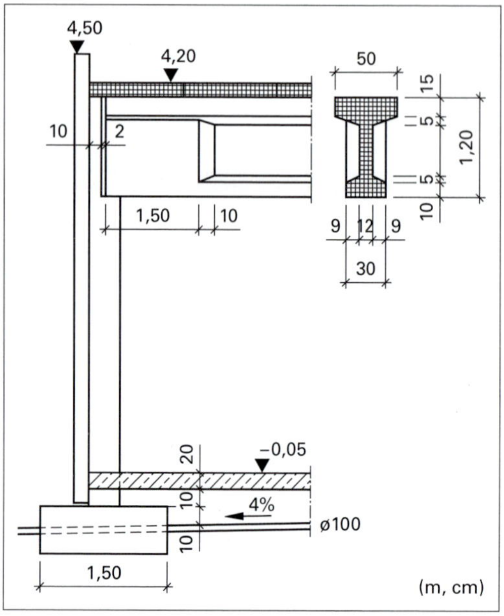

22. Zeichnen Sie das Stützendetail im Maßstab M 1:20 - cm, m.
Skizzieren Sie eine Parallelprojektion des Binders für eine Länge von 6,00 m.

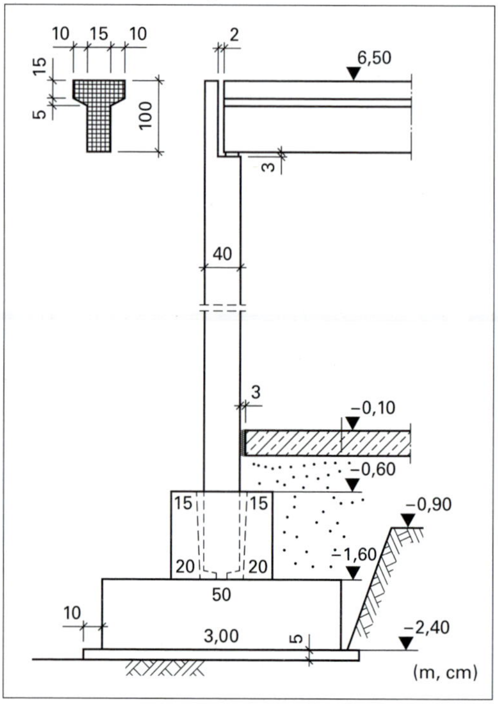

18 Konstruieren eines Daches

Für ein Gebäude mit rechtwinkligem Grundriss und großer Spannweite soll ein geeignetes Dach erstellt werden. Einschränkend soll die Dachkonstruktion aus einem Fachwerksystem bestehen. Das Fachwerksystem ist nach den Methoden des Ingenieurholzbaues zu konstruieren.

Fachwerksysteme (vgl. Abb. 18.1) zeichnen sich durch ein geringeres Eigengewicht gegenüber Vollwandträgern aus. Fachwerksysteme aus Stahl sind für besondere Anforderungen (z. B. mehrgliedriger Dachraum über unregelmäßigem Grundriss) geeignet (aber in den Rahmenrichtlinien nicht vorgesehen und werden hier auch nicht behandelt). Stahlbeton wird aufgrund des großen Gewichtes und des Schalungsaufwandes selten für Fachwerksysteme verwendet wird. Die im Hallenbau verwendeten Betonfertigteilelemente sind bereits im LF 12 I „Planen einer Halle" erläutert.

Im LF 9 „Entwerfen eines Dachtragwerkes" wird bereits auf den Werkstoff Holz und die im Wohnungsbau üblichen Dachtragwerke eingegangen. Im LF 12 I „Planen einer Halle" sind verschiedene Binderformen und das Tragverhalten am Beispiel eines Parallelbinders erläutert.

Holzbauwerke werden nach DIN EN 1995-1-1/NA „Bemessung und Konstruktion von Holzbauwerken" und EC 5 ausgeführt. Das heißt, die Tragfähigkeit der Konstruktion wird beurteilt. Hierzu wird die Grenze der Tragfähigkeit und die Grenze der Gebrauchsfähigkeit betrachtet.

Im LF 13 I (Kapitel 18) werden die Fachwerksysteme hinsichtlich der statischen Berechnung, die Bemessungsergebnisse (i. d. R. werden die Bemessungsergebnisse aus der statischen Berechnung übernommen) und die Detailzeichnungen der Knotenpunkte erläutert. Die Einführung in die Bemessung von Holzbauteilen erläutert die Berechnungsverfahren.

18.1 Systemträger

Sparren aus Vollholz sind nur bis rund 5 m Länge einsetzbar. Bei größeren Spannweiten im Dachtragwerk kann Vollholz durch Brettschichtholz (vgl. Abb. 18.1) oder durch geleimte, gewichteinsparende Vollwandbinder mit I-Profil (Doppel-T-Träger) ersetzt werden.

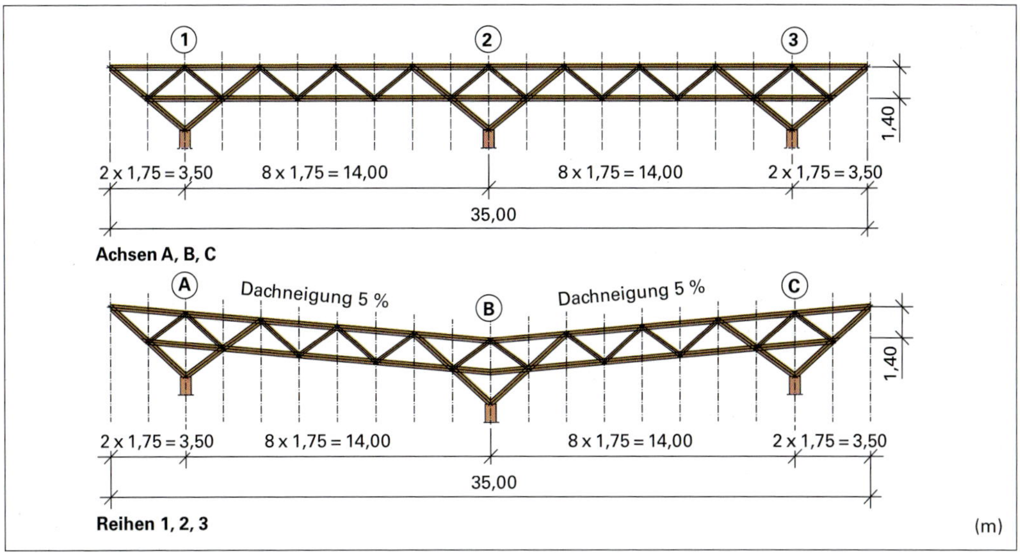

Abb. 18.1: Fachwerk-Durchlaufträger zur Überdachung einer 35,00 m x 35,00 m großen Lagerhalle

Abb. 18.2: Gitterträger bzw. Systemträger, a) gezapft, verleimt (System DSB), b) keilgezinkt, verleimt (System Trigonit), c) mit durchgenagelten Verbindungsblechen in Schlitzen (System Greim), d) mit aufgepressten Nagelplatten (System Gangnail)

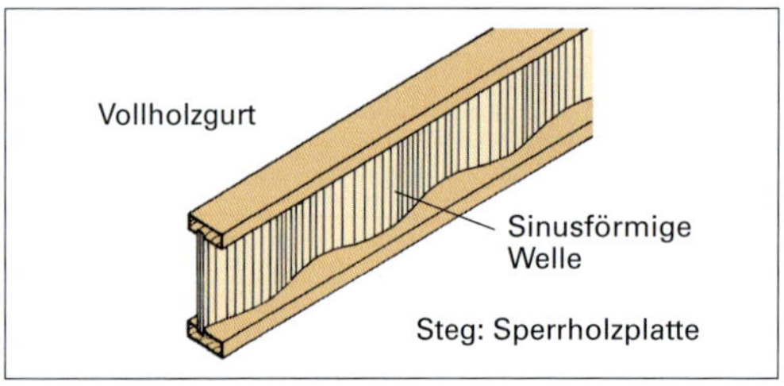

Abb. 18.3: Wellstegträger

18

Eine leichte Art dieser Vollwandbinder mit I-Profil sind die Wellstegträger mit 4 mm bis 7 mm dickem, verleimtem Sperrholz als Steg (vgl. Abb. 18.2a), der in Vollholzgurte aus keilverzinkten Kanthölzern eingeleimt ist. Die Ersparnis an Vollholz beträgt 50 % bis 60 %. Die sinus-förmige Welle im Steg erschwert das Ausbeulen. Die in den 50-iger Jahren entwickelten Wellstegträger aus Holz mit einer Höhe von 24 cm bis 60 cm und einer Spannweite bis 12 m werden heute meist bei Bauten im Bestand angetroffen.

Zu den verleimten Systemträgern gehört auch die Dreieckstrebenbauweise (DSB) (vgl. Abb. 18.2a), die Höhen von 30 cm bis 1 m und Spannweiten bis 20 m bei Parallel- und Trapezträgern ermöglicht. In die querschnittsgeschwächten Ober- und Untergurte sind unter 45° bis 60° Diagonalen mit geleimten Zapfenverbindungen eingefügt.

Während Systemträger eher bei Bauten im Bestand anzutreffen sind, werden die **Greimbauweise** und die **Konstruktionen mit Nagelplatten** auch heute für weitgespannte Fachwerkträger verwendet.

Systemträger, auch **Gitterträger** genannt, in Fachwerkbauweise haben statisch günstige I-Profile als Querschnitt.

Ein weiterer Vertreter der Gitterträger ist der **Trigonit-Träger** (vgl. Abb. 18.2b). Die Gurte bestehen aus zwei bis drei Brettern (z. B.: 2,8 cm) oder Bohlen (z. B.: 5 cm/12 cm), die mit Keilzinkung verbunden werden. Die mit Keilzinkung verbundenen Streben werden durch Nagelung an die Gurte angeschlossen.

Bei einer Trägerhöhe von 30 cm bis 80 cm sind Spannweiten von 15 m möglich.

Bei der **Greimbauweise** (vgl. Abb. 18.2c) kommt eine Stahlblech-Holz-Nagelverbindung zur Anwendung. In Querschnitten aus Vollholz oder Brettschichtholz werden feuerverzinkte Stahlbleche mit 1,0 mm bis 1,75 mm Dicke als Knotenbleche in maximal 2 mm dicke Sägeschlitze eingefügt. Die Nägel (Drahtstifte) mit Durchmessern von 2,5 mm bis 4,2 mm werden ohne Vorbohren durchgenagelt. Die Nägel sind in Faserrichtung des Holzes versetzt anzuordnen. Die Nagelabstände können tabellarisch ermittelt werden. In der Regel erfolgt die Nagelung beidseitig. Durch die innenliegenden Bleche wird die Schnittigkeit der Nägel und damit die Tragkraft erhöht. Mit 18 cm breiten Kanthölzern und 6 innenliegenden Blechen und bis zu 60 Nägeln pro Knotenpunkt kann eine Spannweite von 30 m erzielt werden. Nachteilig bei der Greimbauweise ist der geringe Feuerwiderstand.

Dieser Nachteil für das Brandverhalten gilt auch für **Systemträger mit aufgepressten Nagelplatten** (vgl. Abb. 18.2d) deren Vorläufer bereits 1891 als „Zackenblech" patentiert wurden. Die in Deutschland erfundene Technologie gelangte im 2. Weltkrieg in die USA und wurde unter dem Markennamen „Gangnail" sozusagen reimportiert.

Nagelplatten, Stahlbleche mit nagelförmigen Ausstanzungen ein- oder zweiseitig rechtwinklig herausgebogen, werden mit hydraulischen Pressen in die Hölzer gepresst.

18.2 Fachwerkträger

Fachwerke werden in der Statik als ebene Stabwerke definiert. Die geraden, starren Stäbe werden nur durch Normalkräfte, also Druck- oder Zugkräfte, beansprucht. An den Punkten, wo die Stäbe aufeinandertreffen, den **Knoten**, werden **idealisiert Gelenke** angenommen. Die (statischen, gedanklichen) Fehler, die durch die idealisierten Gelenke entstehen, können in der Praxis vernachlässigt werden. An Gelenken werden keine Momente übertragen.

Ein Fachwerk besteht aus unverschieblichen Dreiecken. Auch bei gelenkiger Verbindung ist ein Dreieck unverschieblich (vgl. Abb. 18.4).

Wie der Abbildung 18.4 zu entnehmen ist, sind Fachwerke analog zum Einfeldträger statisch bestimmt gelagert. Das Bildungsgesetz für statisch bestimmte Fachwerke lautet: $\boldsymbol{s = 2 \cdot k - a}$
a Anzahl der Auflager, bei statisch bestimmt $a = 3$

Beispiel

Mit dem einfachen Dreieck in Abb. 18.4 lässt sich das Bildungsgesetz überprüfen:
$s = 2 \cdot 3 - 3 = 3$ Stäbe

Spreng- und Hängewerke lassen sich als Fachwerke berechnen. Beim Sprengwerk in Abbildung 18.5 ergibt sich mit dem Bildungsgesetz:
$s = 2 \cdot 4 - 3 = 5$ Stäbe

Dieser Sachverhalt ändert sich beim Hängewerk nicht, da hier nur die äußere Kraft F_2 aus der Deckenlast hinzukommt.

Die Kraft F beim Sprengwerk bzw. die Kräfte F_1 und F_2 beim Hängewerk können als Ersatz-Einzellasten, die für Dachlasten bzw. Deckenlasten angesetzt werden. Die Einzellasten werden stets in die Knoten eingeleitet.

18.2.1 Rittersche Schnittverfahren

Fachwerke bzw. Spreng- und Hängewerke können mit dem Ritterschen Schnittverfahren berechnet werden. Für die Berechnung ist es sinnvoll die Knoten zu nummerieren. Die Stäbe werden zweckmäßig mit den gebräuchlichen Bezeichnungen bei Fachwerken versehen:

U Untergurtstab, V Vertikalstab, D Diagonalstab, O Obergurtstab

Anhand der Abbildung 18.6 soll im Folgenden der übliche Berechnungsweg beispielhaft dargestellt werden.

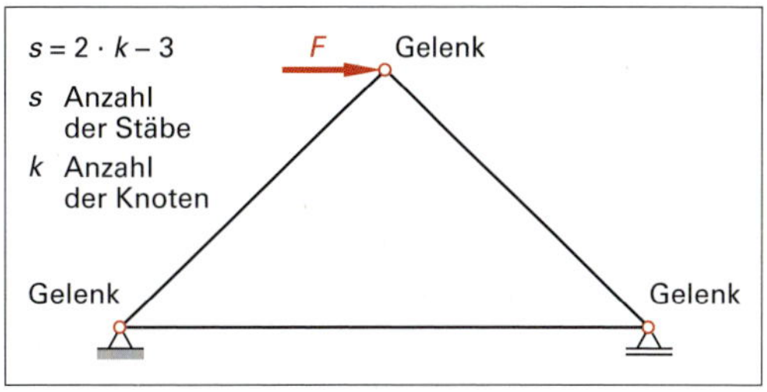

Abb. 18.4: Unverschiebliches Dreieck

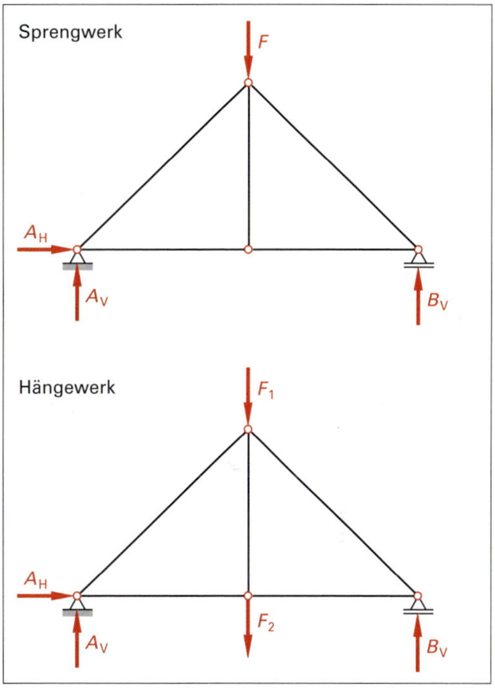

Abb. 18.5: Spreng- und Hängewerk

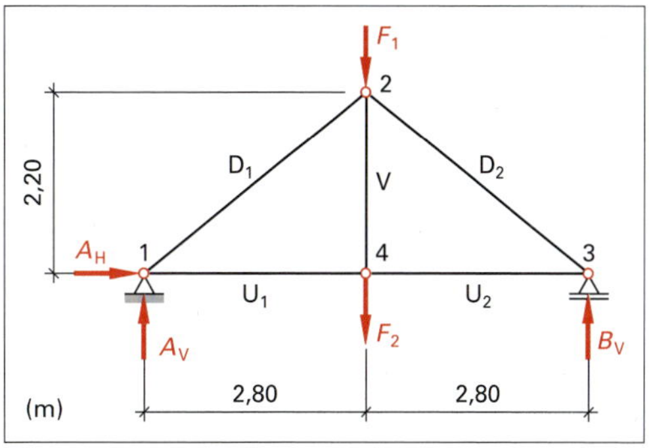

Abb. 18.6: Hängewerk, Bemaßung und Benennung

Beispiel zu Abbildung 18.6

$F_1 = 50$ kN und $F_2 = 20$ kN

Die Auflagerreaktionen A_V, A_H und B_V werden wie üblich mit den drei Gleichgewichtsbedingungen ermittelt.

$\Sigma V = 0 \Rightarrow A_V + B_V - 50 \text{ kN} - 20 \text{ kN} = 0$

Aufgrund der Symmetrie des Hängewerks folgt

$A_V = B_V = \frac{70 \text{ kN}}{2} = 35 \text{ kN}$

Da keine äußere horizontale Belastung vorliegt, ist $A_H = 0$ kN.

Die Normalkräfte (Druck oder Zug) in den Stäben ergeben sich, durch Annahme der Verformung des Hängewerks durch die äußeren Lasten. Die Diagonalstäbe werden auf Druck, die Untergurtstäbe und der Vertikalstab werden auf Zug beansprucht. Für die Bemessung der Stäbe werden die Werte der Druck- bzw. Zugkräfte in den Stäben gebraucht.

Mit dem Ritterschen Schnittverfahren werden gedankliche Schnitte durch die Stäbe so gelegt, dass nicht mehr als drei Stäbe geschnitten werden. Die äußeren und inneren Kräfte der geschnittenen Stäbe sind dabei wieder im Gleichgewicht. Die Summe der Kräfte ist also Null.

Der **Schnitt 1 – 1** wird durch den Knoten 2 so gelegt, dass der Stab U_1 geschnitten wird. Die inneren Kräfte werden als Zugkräfte angesetzt, so dass positive Ergebnisse Zugkräfte und negative Ergebnisse Druckkräfte bei der Berechnung ergeben.

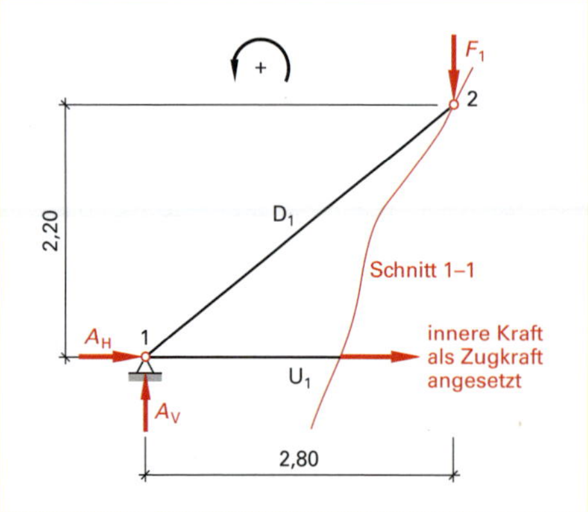

Mit der Summe der Momente (linksdrehend = positiv) um Knoten 2 folgt:

$\Sigma M_2 = 0 \Rightarrow U_1 \cdot 2{,}20 - 35 \cdot 2{,}80 = 0$

$U_1 = \frac{35 \cdot 2{,}80}{2{,}20}$

$U_1 = 44{,}6$ kN

Bei den Zwischenrechnungen werden hier – wie in der Praxis üblich – die Einheiten weggelassen.

Mit dem **Schnitt 2-2** durch den Knoten 4 und dem Diagonalstab D_1 kann der Stab D_1 errechnet werden. Allerdings muss dafür der Hebelarm von Knoten 4 auf den Stab D_1 ermittelt werden.

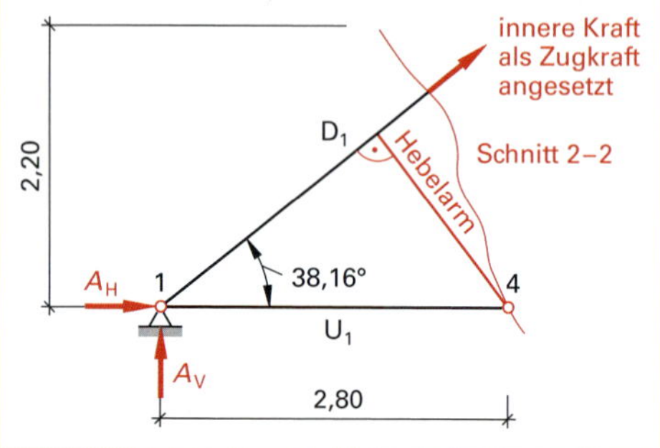

Der Winkel zwischen D_1 und U_1 ergibt sich aus

$\tan \alpha = \frac{2{,}20}{2{,}80} \Rightarrow \alpha = 38{,}16°$.

Somit errechnet sich der Hebelarm für D_1 mit $\sin \alpha \cdot 2{,}80 \text{ m} = 1{,}73 \text{ m}$.

Summe der Momente um Knoten 4:

$\Sigma M_4 = 0 = -D_1 \cdot 1{,}73 - A_V \cdot 2{,}80$

$D_1 = 35 \cdot \frac{2{,}80}{1{,}73} \Rightarrow$

$D_1 = -56{,}66$ kN (Druckstab)

D_1 lässt sich auch berechnen mit

$U_1 / \cos \alpha = \frac{|44{,}6|}{\cos 38{,}16°} = |56{,}66|$ kN

Der Vertikalstab V lässt sich mit dem **Schnitt 3-3** durch den Knoten 3 ermitteln.

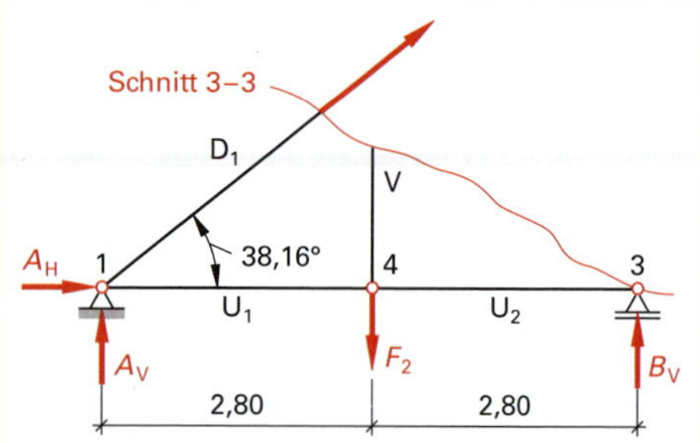

Für den Hebelarm 2 ergibt sich mit $\sin 38{,}16° \cdot 2 \cdot 2{,}80 = 3{,}46$ m

Summe der Momente um Knoten 3:

$\Sigma M_3 = 0 \Rightarrow -V \cdot 2{,}80 - A_V \cdot 5{,}60 - D_1 \cdot 3{,}46 + F_2 \cdot 2{,}80 = 0$

$V \cdot 2{,}80 = -35 \cdot 5{,}60 + 56{,}66 \cdot 3{,}46 + 20 \cdot 2{,}80$

$V \cdot 2{,}80 = -196 + 196 + 20 \cdot 2{,}80$

$V = 20$ kN

Folgende Überlegung führt auch ohne Berechnung zum Ziel:

Würde die Kraft F_2 im Beispiel entfallen, läge ein Hängewerk vor. Der Vertikalstab V wäre unbelasteter Schwebepfosten und somit ein „Nullstab". Das Erkennen von Nullstäben wird noch nachfolgend behandelt.

Mit dem unverschieblichen Dreieck aus Abbildung 18.4 als Ausgangspunkt lassen sich durch Hinzufügen von stets zwei Stäben und einem Knoten statisch bestimmte Fachwerke entwickeln.

Die üblichen Spannweiten bei Fachwerkträgern liegen zwischen 10,00 m und 40,00 m bei einer Höhe von etwa 1/10 der Spannweite.

Bei dem in Abbildung 18.7 dargestellten **Parallelbinder** sind die zugefügten zwei Stäbe und der Knoten in verschiedenen Grüntönen dargestellt. Die beiden Stäbe und der Knoten an den beiden Enden des Fachwerkträgers sind rot eingezeichnet.

In Analogie zu Stahlbetonbalken, Holzbalken oder Stahlträgern kann bei der in Abbildung 18.7 gegebenen Laststellung angenommen werden, dass im Obergurt Druckkräfte und im Untergurt Zugkräfte anzutreffen sind. Mit dem Ritterschen Schnittverfahren kann nachgewiesen werden, das bezogen auf die Laststellung bei zur Mitte fallenden Diagonalstäben Zugkräfte und bei zur Mitte steigenden Diagonalstäben Druckkräfte vorliegen.

Für die beispielhafte Berechnung werden die Stäbe farbig gekennzeichnet. Die beiden roten Stäbe O_5 und V_2 am rechten Auflager *B* sind, da der äußere Knoten nicht belastet wird, reine Füllstäbe. Sie sind statisch nicht erforderlich, also Nullstäbe.

Am linken Auflager *A* wird der Knoten durch die senkrechte Last *F* beansprucht, so dass der Stab V_1 diese Last aufnimmt. Der Stab O_1 erhält keine Last und ist folglich ein Nullstab.

Beispiel

Berechnung eines Parallelbinder mit dem Ritterschen Schnittverfahren
Abmessungen:
Länge l =12,00 m, Höhe h = 2,00 m, Raster 1,50 m

Neigung der Diagonalstäbe

$$\tan \alpha = \frac{2{,}00}{1{,}50} \Rightarrow \alpha = 53{,}13°$$

Äußere Kräfte:
F = 16 kN (alle Kräfte sind gleich groß)

Auflagerreaktionen

$$\text{aus } \Sigma M_B = 0 \Rightarrow A_V = \frac{576}{12{,}00} = 48 \text{ kN}$$

$$\text{aus } \Sigma M_A = 0 \Rightarrow B_V = \frac{384}{12{,}00} = 32 \text{ kN}$$

$$\Rightarrow \quad A_H = 0 \text{ kN}$$

Die **einzelnen Schnitte** für das Rittersche Schnittverfahren sind in Abbildung 18.7 rot eingezeichnet.

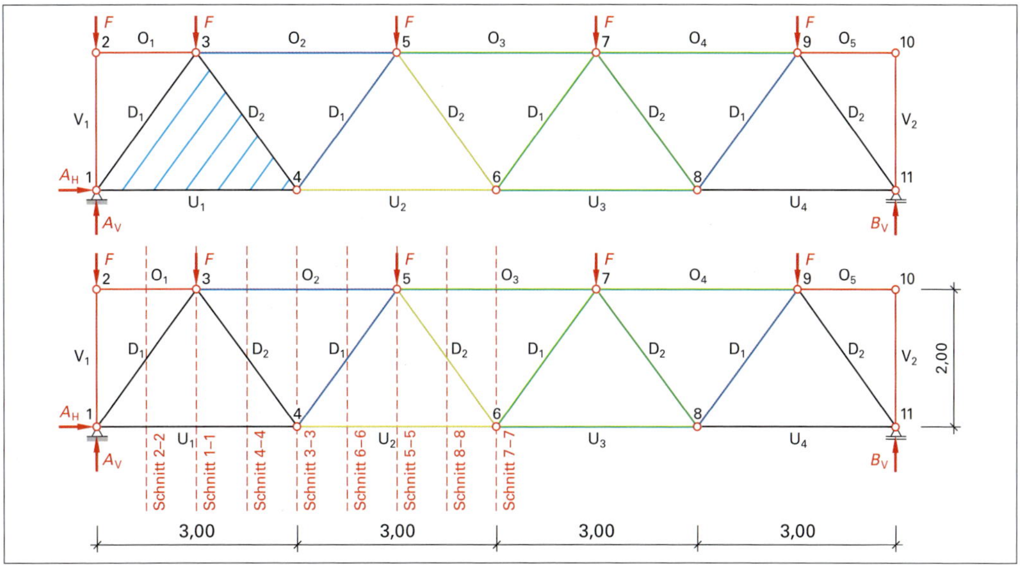

Abb. 18.7: Fachwerk – Parallelbinder, Ritterschen Schnittverfahren

Beispiel (Fortsetzung)

Schnitt 1-1
Summe der Momente um Knoten 3:
$\Sigma M_{(3)} = 0$
$0 = +U_1 \cdot 2{,}00 - A_V \cdot 1{,}50 + F \cdot 1{,}50$
$U_1 = 24$ kN (Zugstab)

Schnitt 2-2
$\uparrow \Sigma V = 0 \Rightarrow D_1 \cdot \sin\alpha + A_V - F = 0$
$$-D_1 = \frac{A_V - F}{\sin\alpha} \quad \Rightarrow \quad -D_1 = \frac{48 - 16}{\sin 53{,}13°}$$
$D_1 = -40$ kN Druckstab – zur Mitte steigend

Schnitt 3-3
Summe der Momente um Knoten 4:
$\Sigma M_{(4)} = 0$
$-O_2 \cdot 2{,}00 - A_V \cdot 3{,}00 + F \cdot 3{,}00 + F \cdot 1{,}50 = 0$
$O_2 \cdot 2{,}00 = -48 \cdot 3{,}00 + 16 \cdot 3{,}00 + 16 \cdot 1{,}50$
$$O_2 = \frac{(-144 + 48 + 24)}{2{,}00}$$
$O_2 = -36$ kN (Druckstab)

Schnitt 4-4
$\Sigma V = 0 = A_V - F - F - D_2 \cdot \sin\alpha$
$$D_2 = \frac{(A_V - F - F)}{\sin\alpha} \quad \Rightarrow \quad D_2 = \frac{(48 - 16 - 16)}{\sin 53{,}13°}$$
$D_2 = 20$ kN (Zugstab – zur Mitte fallend)

Schnitt 5-5
Summe der Momente um Knoten 5:
$\Sigma M_{(5)} = 0$
$+U_2 \cdot 2{,}00 - A_V \cdot 4{,}50 + F \cdot 4{,}50 + F \cdot 3{,}00 = 0$
$U_2 \cdot 2{,}00 = 48 \cdot 4{,}50 - 16 \cdot 4{,}50 - 16 \cdot 3{,}00$
$$U_2 = \frac{(216 - 72 - 48)}{2{,}00} \quad \Rightarrow \quad U_2 = 48 \text{ kN (Zugstab)}$$

Schnitt 6-6
$\uparrow \Sigma V = 0 = A_V - F - F + D_3 \cdot \sin\alpha$
$$-D_3 = \frac{(A_V - F - F)}{\sin\alpha} \quad \Rightarrow \quad -D_3 = \frac{(48 - 16 - 16)}{\sin 53{,}13°}$$
$D_3 = -20$ kN (Druckstab – zur Mitte steigend)

Schnitt 7-7
Summe der Momente um Knoten 6:
$\Sigma M_{(6)} = 0$
$-O_3 \cdot 2{,}00 - A_V \cdot 6{,}00 + F \cdot 6{,}00 + F \cdot 4{,}50$
$+ F \cdot 1{,}50 = 0$
$O_3 \cdot 2{,}00 = -48 \cdot 6{,}00 + 16 \cdot 6{,}00$
$+ 16 \cdot 4{,}50 + 16 \cdot 1{,}50$
$O_3 = -48$ kN (Druckstab)
$O_4 = O_2$

Erkennen von Nullstäben

Unbelastete Knoten mit 2 Stäben ⇨ beide Stäbe sind Nullstäbe.

Belasteter Knoten mit 2 Stäben ⇨ liegt die Wirkungslinie der Last in der Richtung des einen Stabes, so ist der andere Stab ein Nullstab.

Haben an einem dreistabigen Knoten zwei Stäbe eine gemeinsame Wirkungslinie, so ist der dritte Stab ein Nullstab.

Würden in die Knoten 3 bis 9 des Parallelbinders in Abbildung 18.7 senkrechte Füllstäbe eingebaut, so wären all diese Vertikalstäbe mit Blick auf das Hängewerk Nullstäbe.

Ist die Resultierende aller Kräfte in einem Knoten Null, sind die Kräfte im Gleichgewicht.

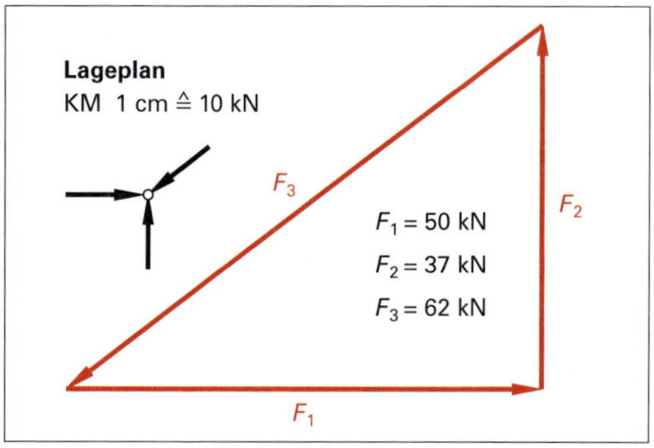

Abb. 18.8: Geschlossenes Krafteck

18.2.2 Knotenschnittverfahren

Beim Knotenschnittverfahren wird in einem Fachwerk jeder Fachwerkknoten freigeschnitten und für sich betrachtet.

Wenn alle am Knoten wirkenden Kräfte im Gleichgewicht sein sollen, muss das jeweilige Krafteck (vgl. Abb. 18.8) geschlossen sein.

Bei der Reihenfolge der Lösung ist die Vorgehensweise so, dass an jedem Knoten nur zwei unbekannte Kräfte wirken dürfen. Die Bestimmung der Stabkräfte geschieht zweckmäßigerweise zeichnerisch.

Am Beispiel eines Fachwerkbinders wird das Verfahren gezeigt.

Die sich im Kräfteplan ergebenen Kraftrichtungen (Pfeilspitzen) werden in den Knotenlageplan übertragen. Zeigt eine Pfeilspitze zum Knotengelenk, bedeutet dies „Druckstab". Zeigt die Pfeilspitze vom Knoten weg, bedeutet dies einen Zugstab.

Es erhöht die Übersicht, die bereits bestimmten Druck- und Zugkräfte in die Systemskizze des Fachwerks einzutragen.

Die ermittelten Kraftrichtungen (Pfeilspitzen) werden für die Ermittlung der Kräfte an dem nächsten Knoten übernommen, wo nur zwei Stabkräfte zu bestimmen sind.

Beispiel Fachwerk – Dreiecksbinder

Die äußeren Kräfte F_1 bis F_5 sollen jeweils 12 kN betragen. Somit ergibt sich für die Auflagerreaktionen:

$$V_A = V_B = \frac{(F_1 + F_2 + F_3 + F_4 + F_5)}{2} = 30\text{ kN}$$

$H_A = 0$ kN (keine horizontalen Kräfte)

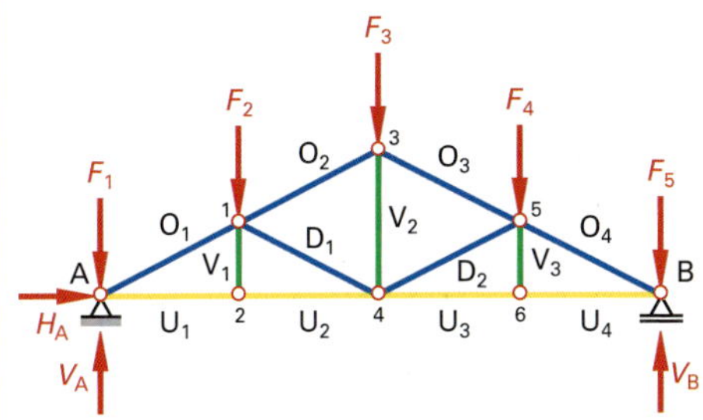

Als **Kräftemaßstab** wird hier **10 kN = 1 cm** gewählt.

Das **Krafteck** am Auflager – **Knoten A** – kann gezeichnet werden. Die resultierende vertikale Kraft aus $V_A - F_1$ mit 18 kN wird zunächst aufgezeichnet. Durch den Pfeilanfang von $V_A - F_1$ wird die Wirkungslinie der inneren Kraft U_1 und durch die Pfeilspitze wird die Wirkungslinie der inneren Kraft O_1 gelegt. Der Schnittpunkt der beiden Wirkungslinien ergibt mit dem Pfeilanfang die gesuchte Kraft U_1 und mit der Pfeilspitze die gesuchte innere Kraft O_1.

Die äußeren Kräfte sind aus Übersichtsgründen in den Abbildungen rot, die Druckkräfte grün und die Zugkräfte blau dargestellt.

Für das **Krafteck** am **Knoten 1** muss die innere Druckkraft O_1 ein zweites Mal gezeichnet werden. Dabei ist es zweckmäßig sich die Pfeilspitzen der jeweiligen Druck- bzw. äußeren Kräfte auf den Knoten wirkend vorzustellen. Dem entsprechend ist die innere Druckkraft O_1 andersherum eingezeichnet.

Die äußere senkrechte Kraft F_2 wird an die Pfeilspitze von O_1 gehängt. Die Wirkungslinie der inneren Druckkraft O_2 wird als Parallele durch die Pfeilspitze von F_2 eingefügt. Die Wirkungslinie der inneren Kraft D_1 durch die Pfeilspitze von O_2 sollte durch das Pfeilende O_1 gehen.

Da das Krafteck wieder geschlossen sein muss, ist D_1 auch eine Druckkraft.

Krafteck am Knoten A

KM 1 cm ≙ 10 kN

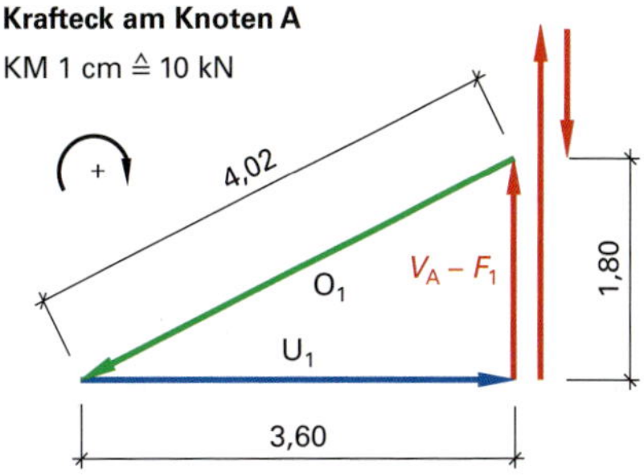

Knoten A

(Pfeilspitzen übertragen)

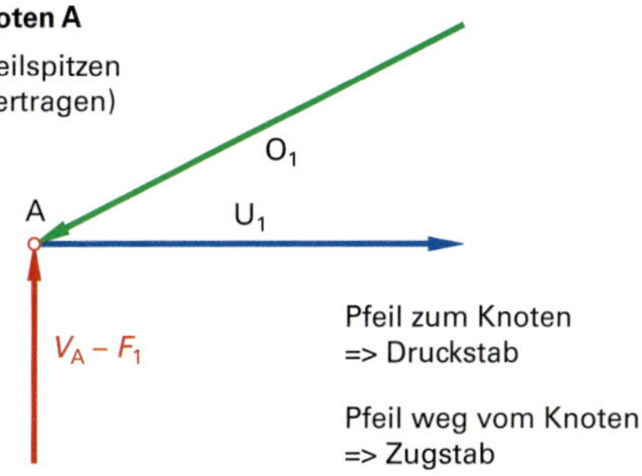

Krafteck am Knoten 1

(O_1 bekannt)

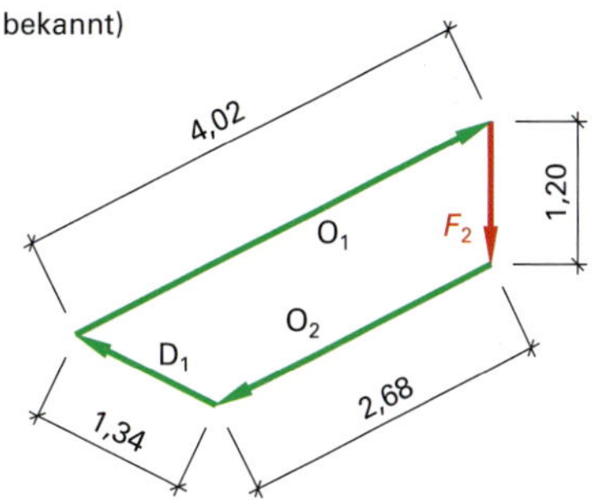

Knoten 1

($V_1 = O$)

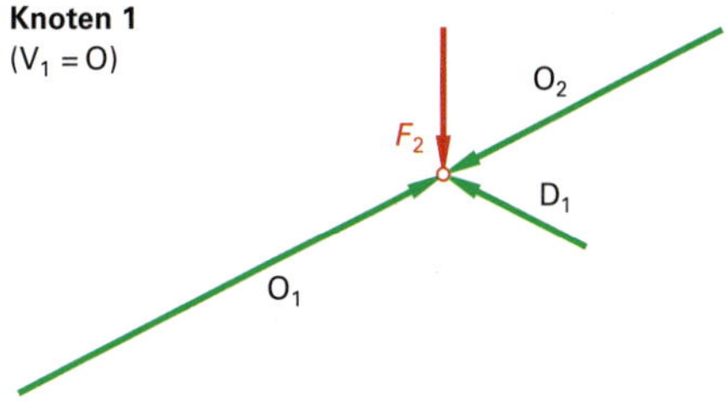

Beispiel (Fortsetzung)

Für das **Krafteck** am **Knoten 3** wird die innere Druckkraft O_2 ein zweites Mal gebraucht und gemäß der Wirkung auf den Knoten 3 andersherum angesetzt.
Die äußere Kraft F_3 wird wieder an die Pfeilspitze der Druckkraft O_2 angesetzt. Die Wirkungslinie von O_3, die aufgrund der Symmetrie des Binders eine Druckkraft gleicher Größe wie O_2 sein muss, wird durch die Pfeilspitze von F_3 gelegt. Damit ergibt sich die Vertikalkraft V_2 als Zugkraft und schließt das Krafteck am Knoten 3.

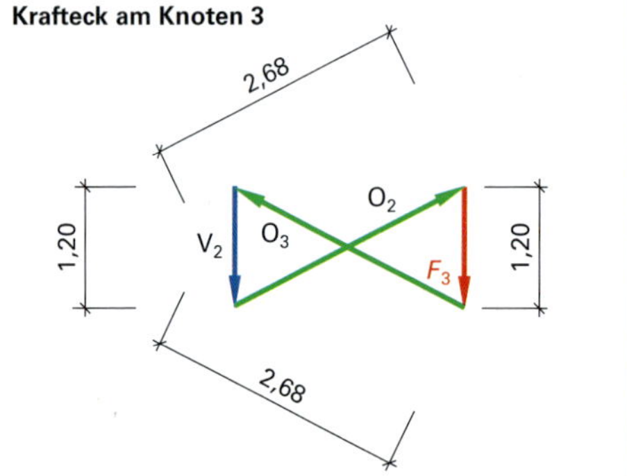

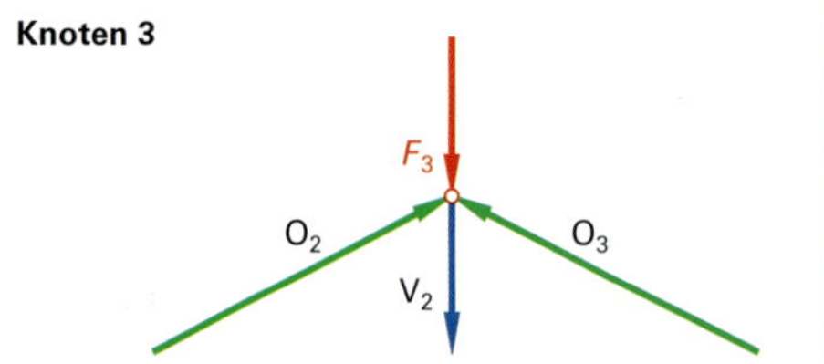

Da am Knoten 2 keine Kräfte eingeleitet werden, wird die Zugkraft in U_1 auf den Stab U_2 mit gleichem Betrag übertragen. Der Stab V_1 ist analog zum Hängewerk ein Nullstab.

Aufgrund der **Symmetrie** des Fachwerkbinders ergibt sich für die Stäbe der rechten Seite:

$U_4 = U_3 = U_2 = U_1 = 36$ kN (Zug)

$O_4 = O_1 = -40{,}3$ kN (Druck)

$O_3 = O_2 = -26{,}9$ kN (Druck)

$V_3 = V_1 = 0$ kN (Nullstab)

$D_2 = D_1 = -13{,}5$ kN (Druck)

18.2.3 Cremonaplan

Bei Ermittlung der Stabkräfte mit dem Knotenschnittverfahren müssen ständig neue Knotenschnitte erstellt werden. In einem Cremonaplan werden alle Kraftecke vereinfacht in einem Kräfteplan zusammengefasst. Wie bei allen Verfahren sind zunächst die Auflagerkräfte zu bestimmen.

Es wird ein „Umfahrungssinn" für jedes Krafteck festgelegt (Uhrzeigersinn bzw. gegen Uhrzeigersinn). Der Umfahrungssinn gilt auch für die äußeren Kräfte (Belastung, Auflagerreaktionen).

Das äußere Krafteck wird gezeichnet. Die Kräfte sind so anzutragen, wie es der festgelegte Umfahrungssinn vorgibt.

Das sich ergebene Krafteck muss geschlossen sein.

Es wird ein maßstäblicher Lageplan gezeichnet, um die Richtungen der Wirkungslinien der Stabkräfte für den Kräfteplan übernehmen zu können. Sollten bei großen Spannweiten des Fachwerks durch den zu wählenden Maßstab die Stäbe nur klein abgebildet sein, kann mit einer „Richtungsspinne" gearbeitet werden, um die Genauigkeit für den Cremonaplan zu erhöhen.

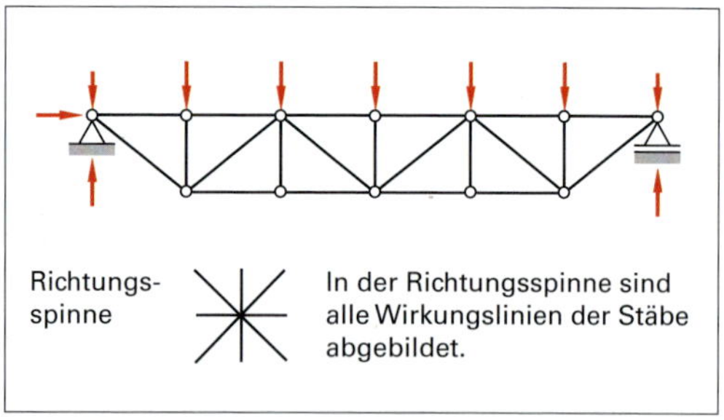

Abb. 18.9: Fachwerk mit Richtungsspinne

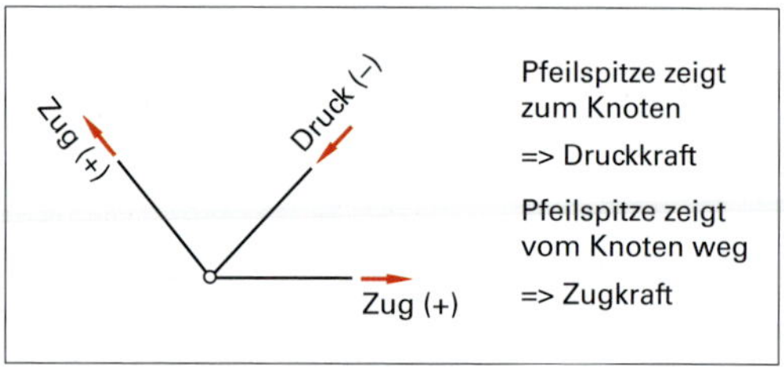

Abb. 18.10: Druck- und Zugkräfte

Bevor die Stabkräfte zu bestimmen sind, ist es von Vorteil die eventuellen Nullstäbe des Fachwerks zu kennzeichnen. Ebenfalls ist es nowendig alle Knoten und Stäbe des Fachwerks zu bezeichnen.

Während der Ermittlung der Stabkräfte werden die Ergebnisse aus dem Kräfteplan als Pfeilspitzen in den Lageplan übertragen.

Druckkräfte können auch mit einem „Minus"-Zeichen gekenzeichnet werden und Zugkräfte mit einem „Plus"-Zeichen.

Bei Symmetrie von Belastung und System eines Fachwerks ist es nicht notwendig den Cremonaplan vollständig zu erstellen, da alle Stabkräfte bekannt sind, wenn der Cremonaplan bis zur Symmetrielinie erstellt wurde.

Die im Kräfteplan ermittelten Stabkräfte werden fortlaufend in eine Tabelle eingetragen.

Wird der Cremonaplan vollständig gezeichnet, lässt sich am zuletzt gezeichneten Krafteck die Genauigkeit ablesen. Das letzte Krafteck muss exakt geschlossen sein.

Beispiel

Für das skizzierte Fachwerke sind die Stabkräfte zu bestimmen.

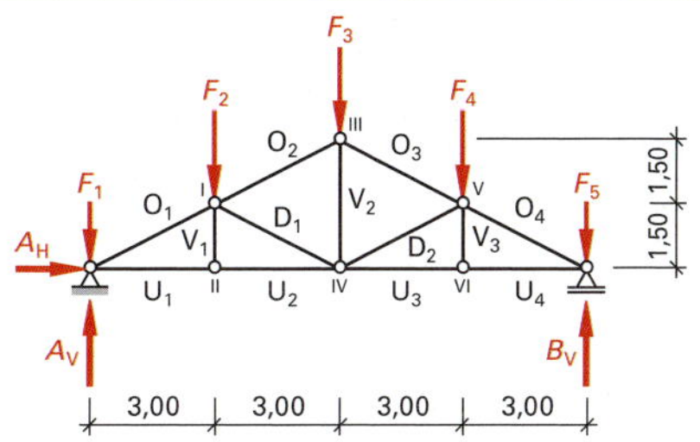

$F_1 = F_5 = 5{,}0$ kN $\quad F_2 = F_3 = F_4 = 10{,}0$ kN (m)

1. Berechnung der Auflagerreaktionen
$A_V = B_V = (5{,}0 \cdot 12{,}0 + 10{,}0 \cdot 9{,}0 + 10{,}0 \cdot 6{,}0 + 10{,}0 \cdot 3{,}0)/12$
$A_V = B_V = 20$ kN $\qquad A_H = 0$ kN

2. Bestimmung der Nullstäbe
V_1 und V_3 sind Nullstäbe.

3. Lageplan zeichnen, Umlaufsinn festlegen und Kräfteplan der äußeren Kräfte zeichnen. Tabelle für die Stabkräfte vorbereiten, dabei Symmetrie ausnutzen.

Lageplan und Kräfteplan der äußeren Kräfte

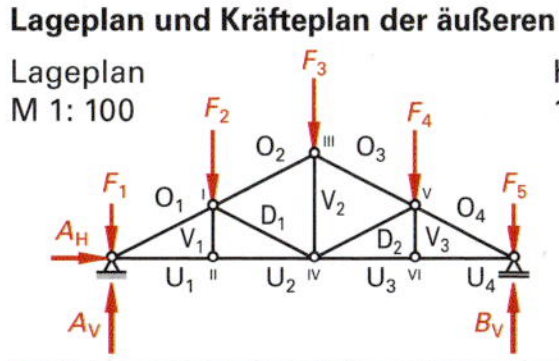

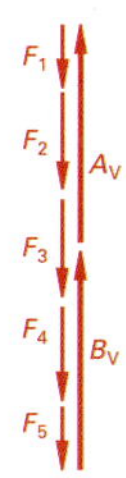

Tabelle der Stabkräfte [kN]			
U_1	U_2	U_3	U_4
O_1	O_2	O_3	O_4
V_1	V_2	V_3	
0		0	
D_1	D_2		

4. Ausgehend vom Knoten A wird die Kraftecke in der Reihenfolge des gewählten Umlaufsinns dargestellt. Die Größe der jeweiligen Stabkraft ergibt sich aus dem Kräftemaßstab.

Kräfteplan am Knoten A

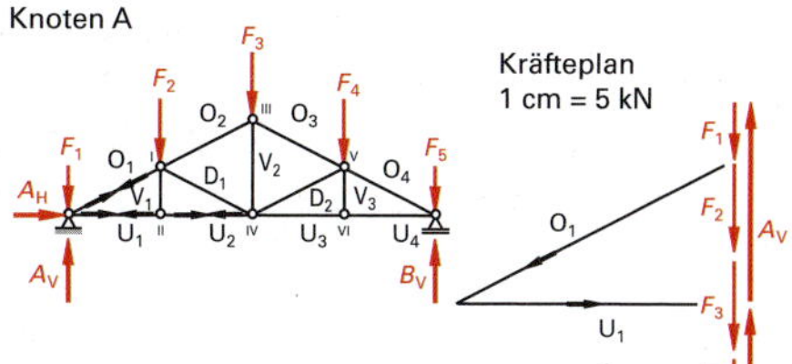

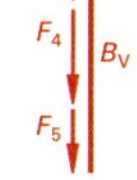

Tabelle der Stabkräfte [kN]			
U_1	U_2	U_3	U_4
+30,0	+30,0		
O_1	O_2	O_3	O_4
-33,5			
V_1	V_2	V_3	
0		0	
D_1	D_2		

Die Pfeilspitzen der Stäbe aus dem Kräfteplan werden in den Lageplan übertragen und auch an das andere Stabende angetragen. Die ermittelten Größen der Stabkraft werden in die Tabelle eingetragen.

Nach dem Knoten A wird der Knoten I betrachtet, da hier nach der Ermittlung von O_1 nur noch zwei unbekannte Stabkräfte anliegen.

Kräfteplan am Knoten I

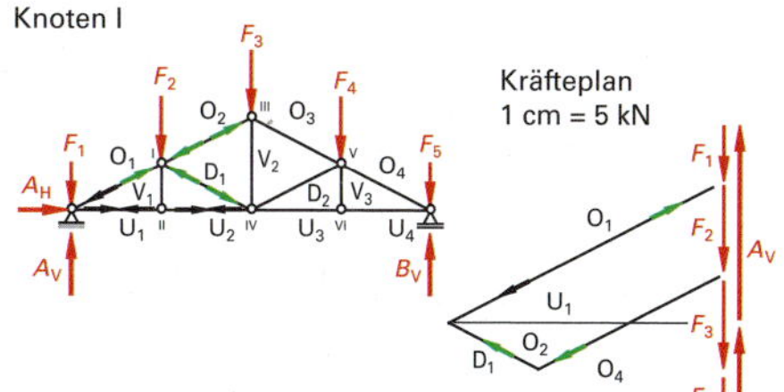

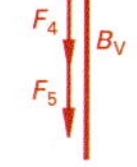

Tabelle der Stabkräfte [kN]			
U_1	U_2	U_3	U_4
+30,0	+30,0		
O_1	O_2	O_3	O_4
-33,5	-22,4		
V_1	V_2	V_3	
0	+10,0	0	
D_1	D_2		
-11,2			

Beispiel (Fortsetzung)

Ein Kräfteplan am Knoten II braucht nicht gezeichnet werden, da V_1 ein Nullstab ist ergibt sich $U_2 = U_{2'}$

Abschließend wird der Knoten III betrachtet.

Kräfteplan am Knoten III

Knoten III

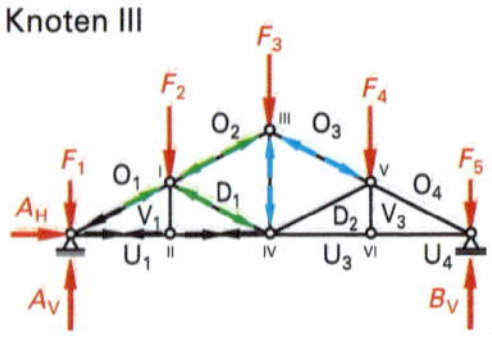

Kräfteplan
1 cm = 5 kN

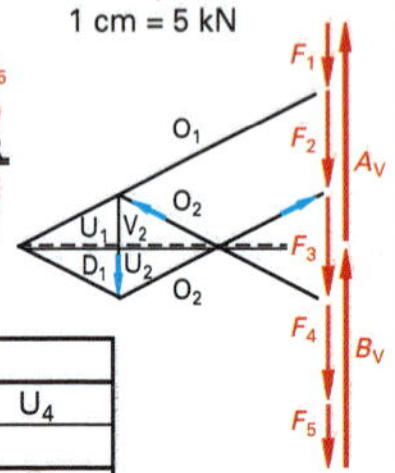

Tabelle der Stabkräfte [kN]			
U_1	U_2	U_3	U_4
+30,0	+30,0		
O_1	O_2	O_3	O_4
-33,5	-22,4	-22,4	
V_1	V_2	V_3	
0	+10,0	0	
D_1	D_2		
-11,2			

Aufgrund der Symmetrie sind jetzt alle Stabkräfte bekannt. Die Betrachtung der weiteren Knoten IV, V und B wird durchgeführt, um einen vollständigen Cremonaplan zu zeigen.

Kräfteplan am Knoten IV

Knoten IV

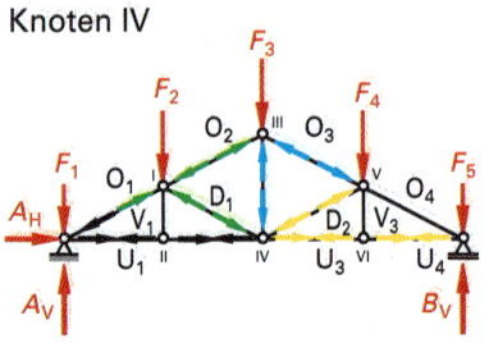

Kräfteplan
1 cm = 5 kN

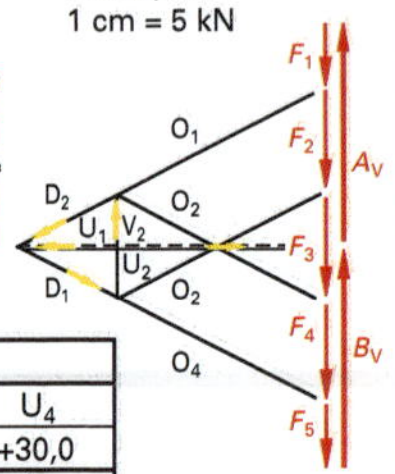

Tabelle der Stabkräfte [kN]			
U_1	U_2	U_3	U_4
+30,0	+30,0	+30,0	+30,0
O_1	O_2	O_3	O_4
-33,5	-22,4	-22,4	
V_1	V_2	V_3	
0	+10,0	0	
D_1	D_2		
-11,2	-11,2		

Die Kräftepläne für die äußeren Kräfte, am Knoten A, am Knoten I, am Knoten III, am Knoten IV und am Knoten V sind hier verkleinert dargestellt. Der Kräfteplan am Knoten B (vollständiger Cremonaplan) ist im Maßstab der Kräfte 1 cm = 5 kN gezeichnet.

Kräfteplan am Knoten V

Knoten V

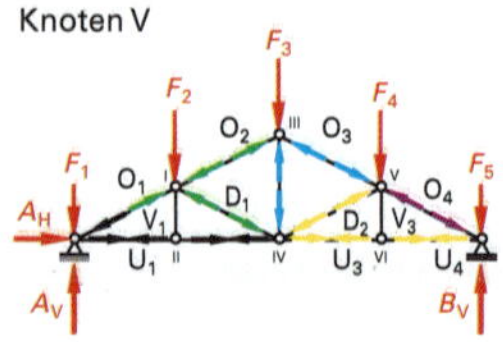

Kräfteplan
1 cm = 5 kN

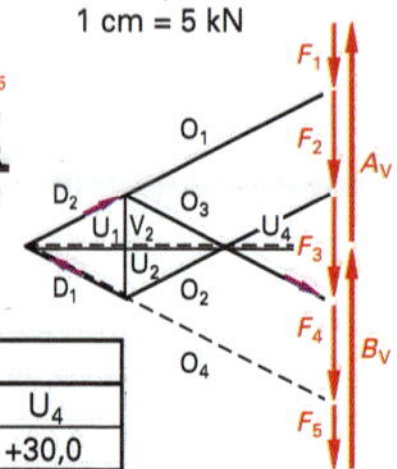

Tabelle der Stabkräfte [kN]			
U_1	U_2	U_3	U_4
+30,0	+30,0	+30,0	+30,0
O_1	O_2	O_3	O_4
-33,5	-22,4	-22,4	-33,5
V_1	V_2	V_3	
0	+10,0	0	
D_1	D_2		
-11,2	-11,2		

Kräfteplan am Knoten B

Knoten B

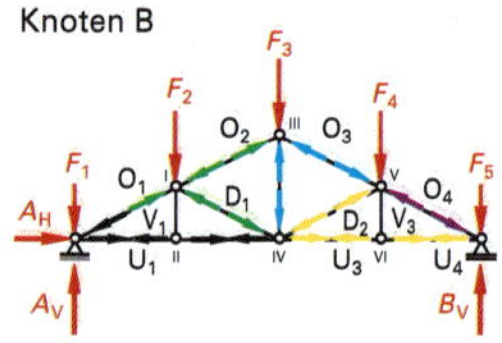

Tabelle der Stabkräfte [kN]			
U_1	U_2	U_3	U_4
+30,0	+30,0	+30,0	+30,0
O_1	O_2	O_3	O_4
-33,5	-22,4	-22,4	-33,5
V_1	V_2	V_3	
0	+10,0	0	
D_1	D_2		
-11,2	-11,2		

Kräfteplan
1 cm = 5 kN

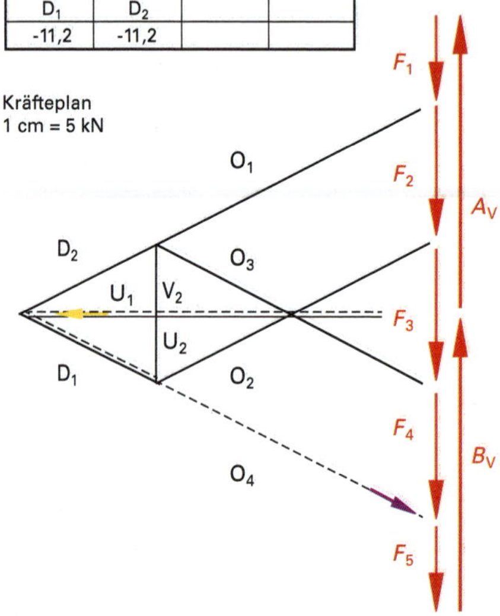

18.3 Formen von Fachwerkträgern

Unterschiedliche Formen an Fachwerkträgern ergeben sich wie in den Abbildungen 18.11 bis 18.20 dargestellt aus der Gurtform, der geometrischen Form und der Anordnung der Füllstäbe.

Unterscheidung nach der Gurtform

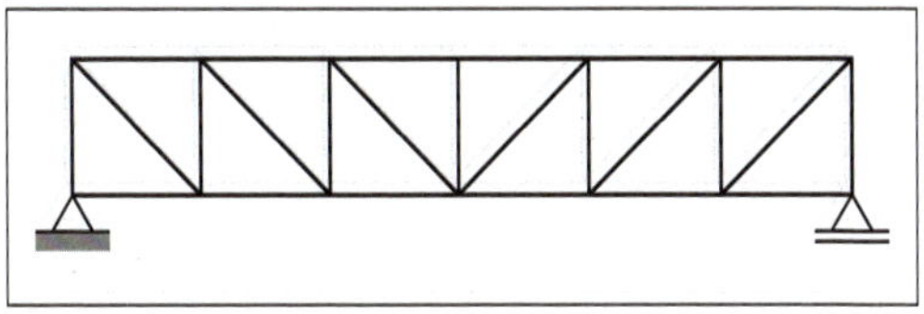

Abb. 18.11: Parallelträger mit fallenden Diagonalen

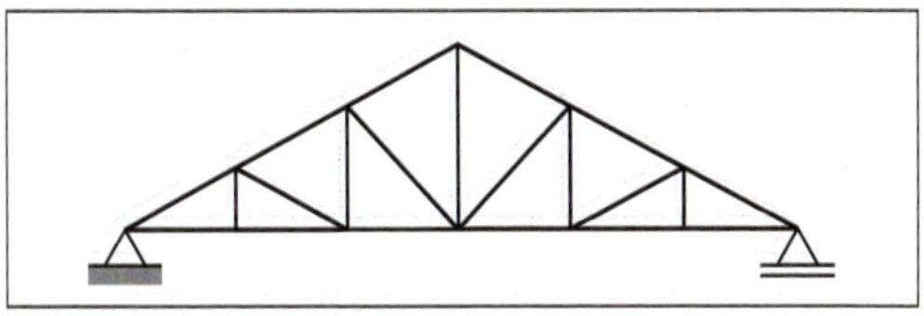

Abb. 18.12: Dreieck- / Satteldachträger

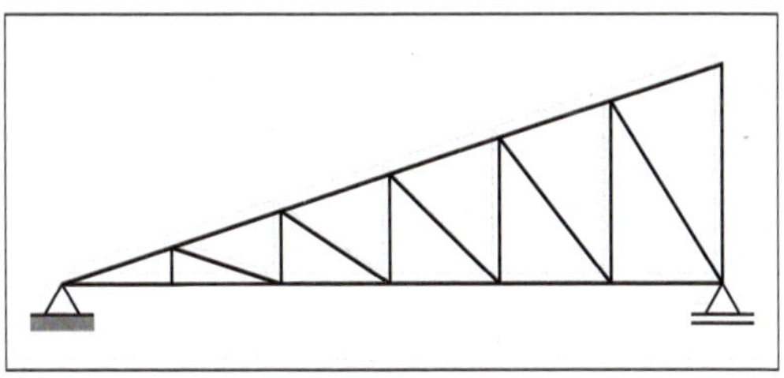

Abb. 18.13: Dreieck- / Pultdachträger

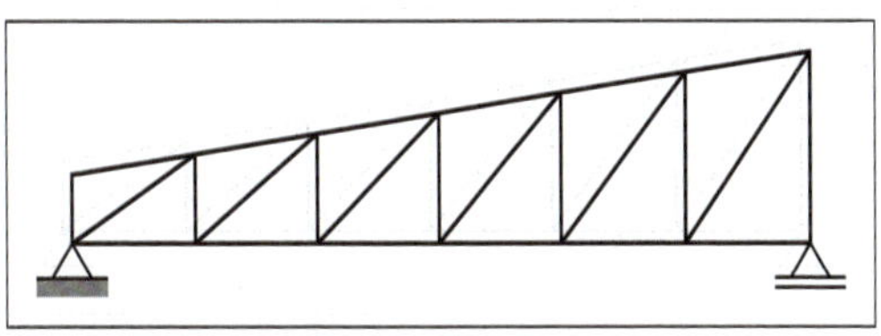

Abb. 18.14: Trapezträger

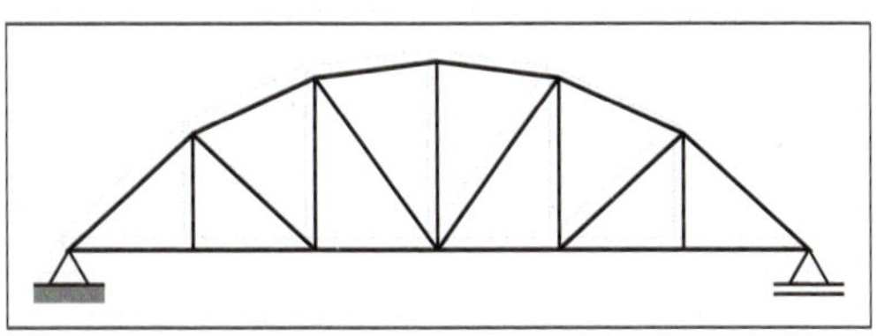

Abb. 18.15: Bogenträger

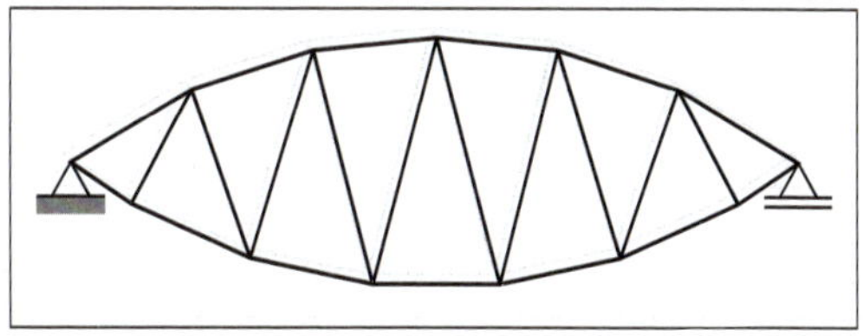

Abb. 18.16: Fischbauchträger

Unterscheidung nach der Anordnung der Füllstäbe

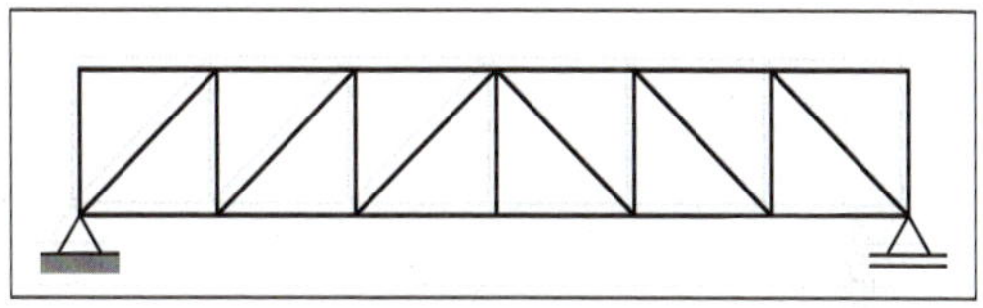

Abb. 18.17: Parallelträger mit steigenden Diagonalen

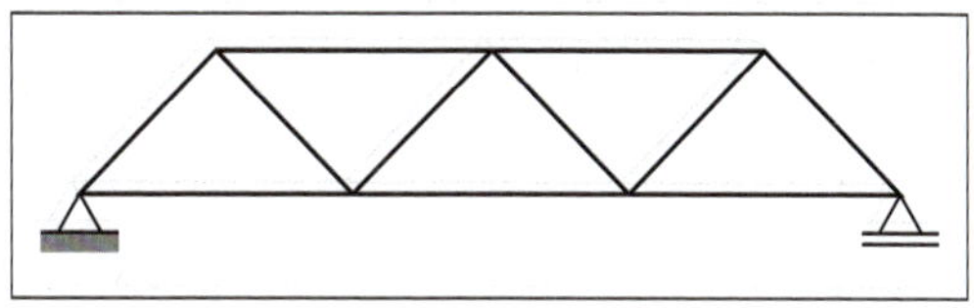

Abb. 18.18: Strebenfachwerkträger

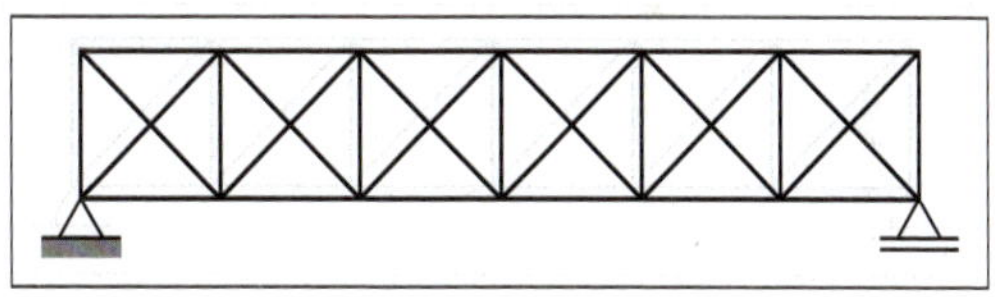

Abb. 18.19: Parallelträger mit gekreuzten Diagonalen (Andreaskreuz)

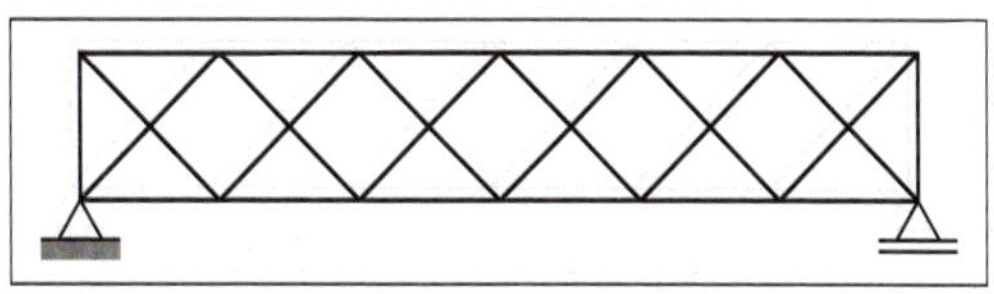

Abb. 18.20: Parallelträger – Rautenfachwerk

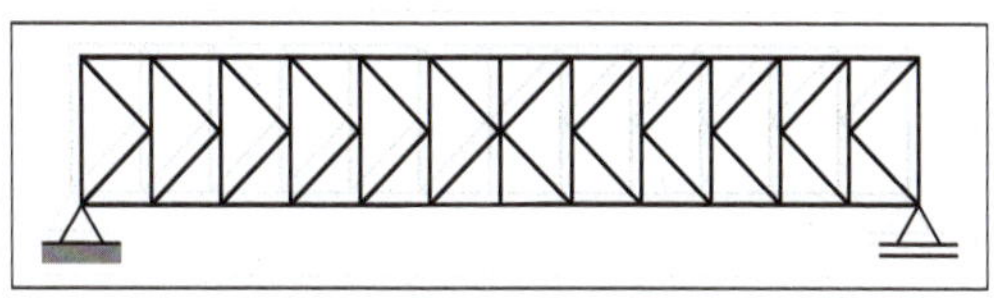

Abb. 18.21: Parallelträger – K-Fachwerk

Weitere Formen und Einteilungen von Fachwerkträgern sind in Kapitel 17, Abb. 17.11, dargestellt.

18.4 Bemessung von Holzbauwerken

Holzbauteile werden nach DIN EN 1995-1-1 bemessen, d.h. ihre Tragfähigkeit wird rechnerisch beurteilt. Hierzu wird sowohl die Grenze der **Tragfähigkeit** des Bauteils als auch die Grenze der **Gebrauchstauglichkeit** (vgl. Tabelle 18.22) betrachtet.

Bei der Betrachtung der Tragfähigkeit werden die Einwirkungen (Lasten) mit Sicherheitsbeiwerten erhöht und so der Bemessungswert der Beanspruchung ermittelt. Außerdem wird der Bemessungswert der Beanspruchbarkeit ermittelt, indem die Festigkeiten des Baustoffes mit Sicherheitsbeiwerten reduziert wird. Dann werden die so ermittelten Bemessungswerte miteinander verglichen. Die Tragfähigkeit des Bauteils ist nachgewiesen, wenn der Bemessungswert der Beanspruchung kleiner ist als der Bemessungswert der Beanspruchbarkeit.

Die Gebrauchstauglichkeit wird im Allgemeinen durch die Begrenzung der Durchbiegungen nachgewiesen.

Bezeichnungen nach DIN EN 1995-1-1

Die Formelzeichen in der DIN EN 1995-1-1 bestehen normalerweise aus einem Hauptsymbol und einem oder mehreren Fußzeigern, die das jeweilige Hauptsymbol näher kennzeichnen.

Als Hauptsymbole werden verwendet:

große lateinische Buchstaben (kursiv), wie z.B.
A für Querschnittsfläche, Anschlussfläche, Faktor
E für allgemeine Einwirkung, Elastizitätsmodul
F für Kraft, Einzellast
G für ständige Einwirkung, Schubmodul
M für Moment, Biegemoment
N für Normalkraft
Q für veränderliche Einwirkung
R für Widerstand, Tragwiderstand, Tragfähigkeit
X für allgemeine Baustoffeigenschaft

kleine lateinische Buchstaben (kursiv), wie z.B.
b für Querschnittsbreite, Querschnittsdicke
f für Festigkeit
h für Querschnittshöhe, Querschnittsdicke
l für Länge allgemein
u, v, w für Verformung, Durchbiegung
x, y, z für Koordinaten

oder griechische Buchstaben (kursiv), z.B.
γ für Teilsicherheits-, Abminderungsbeiwert
δ für Dachneigung, Strebenneigungswinkel
σ für Spannung
ψ für Beiwerte

Tabelle 18.22: Bemessung von Holzbauteilen

	im Grenzzustand der Tragfähigkeit	im Grenzzustand der Gebrauchstauglichkeit
Anforderungen	Sicherheit von Personen Sicherheit und Standfestigkeit des Tragwerks	Wohlbefinden von Personen Funktion und Erscheinungsbild des Gebäudes
Nachweiskriterien	Verlust der Festigkeit und Lagesicherheit Versagen durch Materialermüdung	Verformungen und Rissbildung Schäden durch Materialermüdung
Einwirkungen	Bemessungswert, z.B. Schnittgrößen	Bemessungswert, z.B. Verformungen
Widerstand	Bemessungswert, z.B. Materialfestigkeit, Querschnittswiderstand	Bemessungswert, z.B. Grenzwerte für Rissbreiten, Verformungen

Fußzeiger (gerade) sind z.B.
G für ständige Einwirkung
M für Material, Baustoff, Biegemoment
Q für veränderliche Einwirkung
c für Druck, Knicken, Dübel besonderer Bauart
d für Bemessungswert
k für charakteristischer Wert
m für Biegung, Kippen
n für netto
t für Zug, Torsion
ef für wirksam
red für abgeminderter Wert, Abminderung
0 für in Faserrichtung
90 für rechtwinklig zur Faserrichtung
α für Winkel zur Faserrichtung
mod für Modifikation
mean für mittlerer Wert

Beispiel

für zusammengesetzte Formelzeichen:
F_k charakteristischer Wert einer Einwirkung
$F_{t,90,d}$ Bemessungswert einer Zugkraft rechtwinklig zur Faserrichtung
b_{ef} wirksame (effektive) Querschnittsbreite
k_{red} Abminderungsbeiwert
γ_M Teilsicherheitsbeiwert für einen Baustoff
$\sigma_{c,\alpha,d}$ Bemessungswert der Druckspannung unter Winkel α zur Faserrichtung
A_{ef} wirksame Querschnittsfläche
$E_{0,mean}$ mittleres Elastizitätsmodul in Faserrichtung

18.4.1 Beanspruchbarkeit

Bei der Beurteilung der Tragfähigkeit eines Binders wird die, durch Einwirkungen entstehende Beanspruchung mit der Beanspruchbarkeit verglichen (vgl. Abb. 18.23).

Der **Bemessungswert der Beanspruchung** E_d (vgl. Abb. 18.23) ist eine Bauteilspannung, die aus den Schnittgrößen für die allgemeinen Nachweise, wie z.B. Druckspannungs- und Zugspannungsnachweis ermittelt wird.

Die **Beanspruchbarkeit** R_d eines Baustoffs ergibt sich aus der charakteristischen Festigkeit R_k. Diese wird durch den Teilsicherheitsbeiwert γ_M dividiert und dann mit dem Modifikationsbeiwert k_{mod} multipliziert. Der Wert von γ_M beträgt für Holz- und Holzwerkstoffe 1,3. Die so ermittelte Beanspruchbarkeit R_d entspricht dem Bemessungswert der Festigkeit f_d des betreffenden Baustoffs.

Die Festigkeit des Holzes nimmt mit zunehmender Lasteinwirkungsdauer und Holzfeuchte ab. Aus diesem Grunde wird die Festigkeit des Baustoffs mit dem Modifikationsbeiwert k_{mod} abgemindert (vgl. Tabelle 18.24).

Die Klassen der **Lasteinwirkungsdauer (KLED)** werden unterteilt nach der Zeit, in der eine Last auf ein Bauteil einwirkt. Bei Lastfallkombinationen ist die kürzeste Belastungsdauer maßgebend.

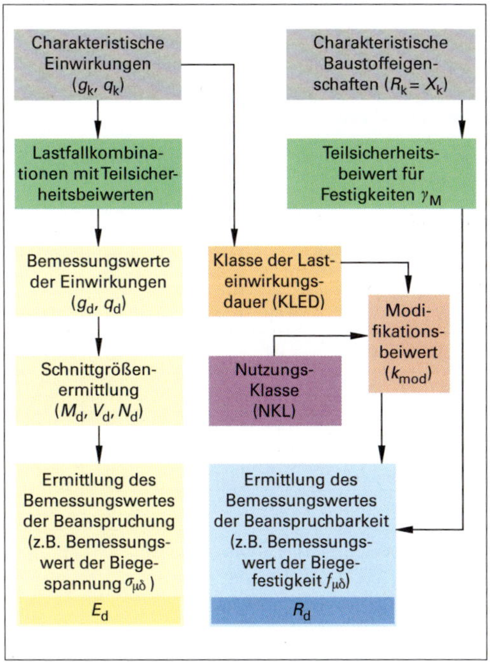

Abb. 18.23: Ermittlung der Bemessungswerte

Die **Nutzungsklasse (NKL)** ist eine Kennzahl für die klimatischen Verhältnisse, denen ein Bauteil oder ein Bauwerk während seiner Nutzungsdauer ausgesetzt ist. Die Nutzungsklassen werden wie folgt unterteilt:

Nutzungsklasse 1: Bauteile in allseitig geschlossenen und beheizten Bauwerken.

Nutzungsklasse 2: Bauteile in überdachten offenen Bauwerken.

Nutzungsklasse 3: Konstruktionen, die der Witterung ausgesetzt sind.

Tabelle 18.24: Rechenwerte für die Modifikationsbeiwerte k_{mod} für Vollholz und Brettschichtholz

Klasse der Lasteinwirkungsdauer	Beispiele	Nutzungsklasse 1	Nutzungsklasse 2	Nutzungsklasse 3
ständig (> 10 Jahre)	Eigenlasten	0,60	0,60	0,50
lang (6 Monate bis 10 Jahre)	Eigenlasten mit lotrechten Nutzlasten bei Anhäufungen von Gütern in Lagerhäusern	0,70	0,70	0,55
mittel (1 Woche bis 6 Monate) Regelfall	**Eigenlasten mit regelmäßigen Verkehrslasten auf Decken, wie sie in Wohn-, Büro- und Ladenflächen vorkommen**	**0,80**	**0,80**	**0,65**
kurz (< 1 Woche)	Eigenlasten mit horizontalen Nutzlasten bei Brüstungen, Geländern und Absperrungen	0,90	0,90	0,70
sehr kurz (< 1 Minute)	Anprall von Fahrzeugen oder Kränen	1,10	1,10	0,90

Für den Nachweis der **Tragfähigkeit** werden rechnerisch vergrößerte Einwirkungen (Lasten) mit rechnerisch reduzierten Widerständen (Baustofffestigkeiten) verglichen. Die **Gebrauchstauglichkeit** wird im Allgemeinen durch die Begrenzung der Durchbiegungen nachgewiesen.

Bei der Bemessung von Holzbauteilen werden Einwirkungen E mit Widerständen R verglichen. Die Formel hierfür lautet allgemein:

$$E_d \leq R_d \quad \text{oder} \quad \frac{E_d}{R_d} \leq 1 \quad \text{mit} \quad R_d = k_{mod} \cdot \frac{R_k}{\gamma_M}$$

E_d Bemessungswert der Einwirkung
R_d Bemessungswert des Widerstands
k_{mod} Modifikationsbeiwert, abhängig von Lasteinwirkungsdauer (KLED) und Nutzungsklasse (NKL)
R_k charakteristischer Wert des Widerstands
γ_M Teilsicherheitsbeiwert 1,3 für Holz

18.4.2 Druckspannungsnachweis

Druckspannung längs zur Faser

$$\sigma_{c,0,d} \leq f_{c,0,d} \quad \text{oder} \quad \frac{\sigma_{c,0,d}}{f_{c,0,d}} \leq 1$$

Druckspannung quer zur Faser

$$\sigma_{c,90,d} \leq f_{c,90,d} \quad \text{oder} \quad \frac{\sigma_{c,90,d}}{f_{c,90,d}} \leq 1$$

$$\sigma_{c,x,d} = \frac{F_{c,x,d}}{A_{ef}} \qquad A_{ef} = \frac{F_{c,x,d}}{\sigma_{c,x,d}}$$

$\sigma_{c,x,d}$ Bemessungswert der Druckspannung
$f_{c,x,d}$ Bemessungswert der Druckfestigkeit
$F_{c,x,d}$ Bemessungswert der Druckkraft
A_{ef} wirksame Querdruckfläche
$\sigma_{c,0,d}$ Druckspannung in Faserrichtung
$\sigma_{c,90,d}$ Druckspannung rechtwinklig zur Faserrichtung

Beispiel

Ein im Wohnraum stehender, kurzer quadratischer Pfosten aus Vollholz (Nadelholz) C24 mit der Seitenlänge von 10 cm überträgt in Faserrichtung eine Druckkraft $F_{c,0,d}$ von 49,3 kN auf eine Stahlbetondecke.

a) Wie groß ist die Druckspannung $\sigma_{c,0,d}$ in N/mm²?
b) Wie groß muss die Fläche A_{ef} der Holzstütze in cm² bei KLED mittel mindestens sein?

Lösung:

a) $\sigma_{c,0,d} = \frac{F_{c,0,d}}{A_{ef}}$ $\qquad \sigma_{c,0,d} = \frac{49300}{10000}$

$\sigma_{c,0,d} = 4{,}93 \text{ N/mm}^2$

b) $A_{ef} = \frac{F_{c,0,d}}{\sigma_{c,0,d}}$ $\qquad A_{ef} = \frac{49300}{12{,}92 \cdot 100}$

$A_{ef} = 38{,}16 \text{ cm}^2$

Tabelle 18.25: Bemessungswerte der Festigkeit f_d in N/mm² für Vollholz aus Nadelholz, Nutzungsklasse 1 und 2, KLED mittel

Festigkeiten	C24	C30
Biegung $f_{m,d}$	14,76	18,46
Zug parallel zur Faser $f_{t,0,d}$	8,92	11,69
Zug rechtwinklig zur Faser $f_{t,90,d}$	0,246	
Druck parallel zur Faser $f_{c,0,d}$	12,92	14,15
Druck rechtwinklig zur Faser $f_{c,90,d}$	1,54	1,66
Schub und Torsion $f_{v,d}$	1,23	

Tabelle 18.26: Bemessungswerte der Festigkeit f_d in N/mm² für Vollholz aus Laubholz, Nutzungsklasse 1 und 2, KLED mittel

Festigkeiten	D30	D35	D40
Biegung $f_{m,d}$	18,46	21,53	24,61
Zug parallel zur Faser $f_{t,0,d}$	11,07	12,92	14,76
Zug rechtwinklig zur Faser $f_{t,90,d}$	0,308		
Druck parallel zur Faser $f_{c,0,d}$	14,15	15,38	16,00
Druck rechtwinklig zur Faser $f_{c,90,d}$	4,92	5,17	5,42
Schub und Torsion $f_{v,d}$	1,85	2,09	2,34

Tabelle 18.27: Bemessungswerte der Druckfestigkeit $f_{c,\alpha,d}$ in N/mm² für Vollholz aus Nadel- und Laubholz, Nutzungsklasse 1 und 2, KLED mittel

Winkel α	Druck im Winkel α zur Faserrichtung des Holzes				
	Nadelholz		Laubholz		
	C24	C30	D30	D35	D40
0°	12,92	14,15	14,15	15,38	16,00
15°	9,03	9,49	8,88	9,90	10,76
30°	4,70	4,94	5,78	6,48	7,14
45°	2,79	2,98	4,75	5,28	5,79
60°	1,98	2,13	4,56	4,97	5,37
75°	1,63	1,76	4,76	5,06	5,36
90°	1,53	1,66	4,92	5,16	5,41

Für andere KLED sind die Werte zu multiplizieren mit: ständig: 0,750; lang: 0,875; kurz: 1,125

18

Auflagerdruck und Schwellendruck

Bei den Nachweisen von Druckbeanspruchungen rechtwinklig zur Faserrichtung wird nach EC 5 zwischen Schwellendruck und Auflagerdruck unterschieden.

- Auflagerdruck
  Das Holz wird nur auf einer Seite gedrückt (z.B. Auflager eines Einfeldträgers).
- Schwellendruck
  Die eingeleitete Druckkraft wird durch das Schwellenholz durchgeleitet (z.B. Stiel auf Schwelle).

In beiden Fällen darf die Kontaktfläche auf jeder Seite um 30 mm erweitert werden (vgl. Abb. 18.28).

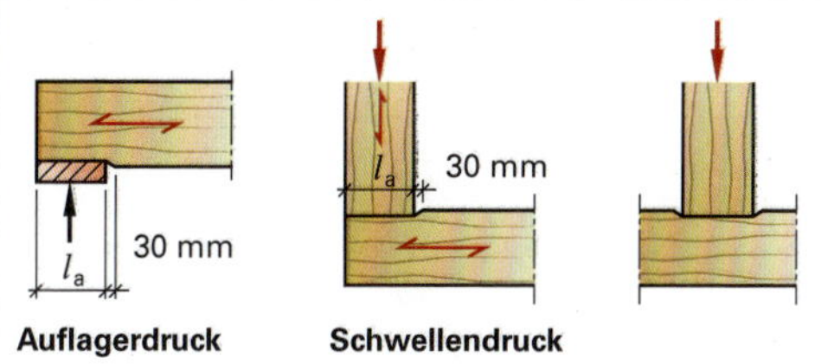

Abb. 18.28: Druckbeanspruchung

18.4.3 Zugspannungsnachweis

Zugspannung längs zur Faser
$\sigma_{t,0,d} \leq f_{t,0,d}$ oder $\sigma_{t,0,d}/f_{t,0,d} \leq 1$

Zugspannung quer zur Faser
$\sigma_{t,90,d} \leq f_{t,90,d}$ oder $\sigma_{t,90,d}/f_{t,90,d} \leq 1$

$\sigma_{t,x,d} = \frac{F_{t,x,d}}{A_n}$ $A_n = \frac{F_{t,x,d}}{\sigma_{t,x,d}}$

Tabelle 18.29: Bemessungswerte der Festigkeit f_d in N/mm² für homogenes Brettschichtholz, Nutzungsklasse 1 und 2, KLED mittel

Festigkeiten	GL24h	GL28h	GL32h	GL36h
Biegung $f_{m,d}$	14,76	17,23	19,69	22,15
Zug parellel zur Faser $f_{t,0,d}$	10,15	12,00	13,84	16,00
Zug rechtwinklig zur Faser $f_{t,90,d}$	0,308			
Druck parallel zur Faser $f_{c,0,d}$	14,76	16,30	17,84	19,07
Druck rechtwinklig zur Faser $f_{c,90,d}$	1,66	1,84	2,03	2,21
Schub und Torsion $f_{v,d}$	1,54			

Tabelle 18.30: Bemessungswerte der Druckfestigkeit $f_{c,\alpha,d}$ in N/mm² für homogenes Brettschichtholz, Nutzungsklasse 1 und 2, KLED mittel

Winkel α	Druck im Winkel a zur Faserrichtung des Holzes			
	GL24h	GL28h	GL32h	GL36h
0°	14,76	16,30	17,84	19,07
15°	10,73	11,43	12,05	12,53
30°	5,39	5,81	6,19	6,53
45°	3,10	3,40	3,68	3,95
60°	2,16	2,39	2,61	2,84
75°	1,77	1,96	2,16	2,35
90°	1,66	1,84	2,03	2,21

$\sigma_{t,x,d}$ Bemessungswert der Zugspannung
$f_{t,x,d}$ Bemessungswert der Zugfestigkeit
$F_{c,x,d}$ Bemessungswert der Zugkraft
A_n Nettoquerschnittsfläche

Beispiel

Eine Zugkraft $F_{t,0,d}$ von 65 kN beansprucht den Untergurt eines Fachwerkbinders mit KLED mittel. Der Untergurt aus homogenem Brettschichtholz GL24h hat eine Querschnittsfläche A von 12 cm/10 cm.

a) Wie groß ist die Zugspannung $\sigma_{t,0,d}$ in Faserrichtung in N/mm²?
b) Wie groß muss die Querschnittsfläche A des Zugstabs in mm² sein, wenn die Bemessungsfestigkeit $f_{t,0,d}$ gerade erreicht wird?

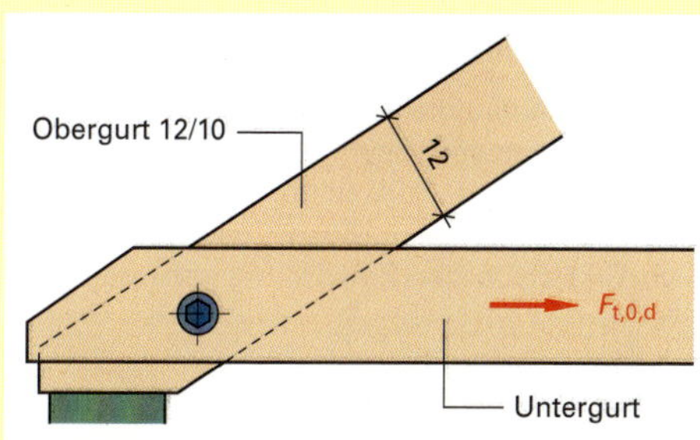

a) $\sigma_{t,0,d} = \frac{F_{t,0,d}}{A}$ $\sigma_{t,0,d} = \frac{65000}{12000}$

$\sigma_{t,0} = 5{,}42$ N/mm²

b) $A = \frac{F_{t,0,d}}{\sigma_{t,0,d}}$ $A = \frac{65000}{10{,}15}$

$A = 6403{,}94$ mm² ≈ 64 cm²

18

18.4.4 Biegespannungen

Auf Biegung beanspruchte Bauteile sind z. B. Balken, Decken, Träger, Stürze und Pfetten. Sie müssen sowohl Biegezug- als auch Biegedruckkräfte aufnehmen. Bei der Biegespannung σ_B haben, im Gegensatz zur reinen Zug- und Druckspannung, die **Querschnittsform** und das **Verhältnis von Breite *b* zu Höhe *h*** eines Bauteils eine besondere Bedeutung. Ursache dafür sind die Kenngrößen wie Widerstandsmoment *W* und Flächenmoment 2. Grades *I*. Beim rechteckigen Balkenquerschnitt sind dies:

Widerstandsmoment $W = \frac{b \cdot h^2}{6}$

Flächenmoment 2. Grades $I = \frac{b \cdot h^3}{12}$

Da bei der Berechnung des Flächenmoments 2. Grades die Querschnittshöhe in der 3. Potenz ($h \cdot h \cdot h$) steht, ist es zweckmäßig, für biegebeanspruchte Bauteile stehende Querschnitte zu verwenden.

Die Biegespannung σ_B ist der Quotient aus Momentenbelastung *M* und Widerstandsmoment *W*.

$\sigma_m = \frac{M}{W}$ $M = \sigma_m \cdot W$ $W = \frac{M}{\sigma_m}$

mit *W* in m^3 *M* in $MN \cdot m$ σ_m in $\frac{MN}{m^2}$

Je größer das Widerstandsmoment, desto geringer die Biegespannung bei gleicher Belastung.

18.4.5 Gebrauchstauglichkeit

Die Gebrauchstauglichkeit wird im Allgemeinen durch den Nachweis bzw. durch die Begrenzung der Durchbiegung (zulässige Durchbiegung *w*, früher *f*) nachgewiesen. Dieser Nachweis wird mit den charakteristischen Einwirkung geführt. Es gilt:

$w_{vorh} \leq w_{zul}$ bzw. $w_{vorh} / w_{zul} \leq 1$

Als Empfehlung für die Anfangsverformung (vgl. Abb. 18.29) w_{inst} gilt:

$w_{zul} \leq l/300$ bis $l/500$

Für den Einfeldträger gilt:

$w_{inst} = (g_k + q_k) \cdot 5 \cdot l^4 / (384 \cdot E \cdot I)$

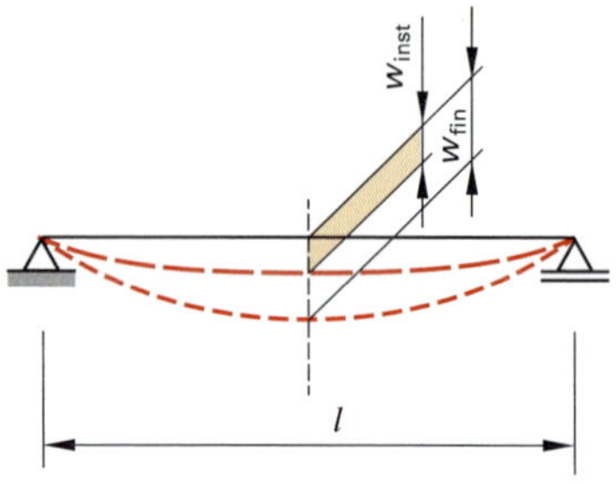

w_{inst}: Anfangsdurchbiegung, direkt nach Aufbringen der Last

w_{fin}: Enddurchbiegung, stellt sich im Laufe der Zeit ein

Abb. 18.31: Durchbiegung

Für die Durchbiegung eines Balkens ist das Flächenmoment 2. Grades maßgebend. Je größer das Flächenmoment 2. Grades, desto geringer die Durchbiegung bei gleicher Belastung. Balken mit hochkant stehenden Querschnitten tragen Biegebelastungen besser und sind biegefester als liegende Querschnitte.

18.5 Mechanische Verbindungsmittel bei Fachwerkträgern

Die mechanischen Verbindungsmittel oder ingenieurmäßigen Holzverbindungen sind im Rahmen der Dachtragwerke und der Hallentragwerke schon benannt worden.

Bei Pfettendächern sowie Spreng- und Hängewerken sind Nägel, Holzverbinder (Blechformteile) und Dübel besonderer Bauart mit Klemm- oder Heftbolzen häufig anzutreffen.

Für Fachwerkträger sind auch Passbolzen und Stabdübel aus Stahl, Edelstahl oder verzinkt neben den oben genannten Verbindungsmitteln gebräuchlich. Schrauben sind dagegen selten bei Fachwerkträgern anzutreffen.

Zimmermannsmäßige Anschlüsse sind bei Druckflächen in Form von einfachen oder doppelten Versätzen üblich.

Wesentlich bei der Verwendung von mechanischen Verbindungsmitteln ist, die zur Verfügung stehende Fläche für die Anschlusskraft zu berücksichtigen. Bei der Bemessung der Holzquerschnitte ist meist diese Anschlussfläche bei den Knoten maßgeblich.

In Abbildung 18.32 ist die erforderliche Fläche für einen Zugstoß mit den verschiedenen mechani-

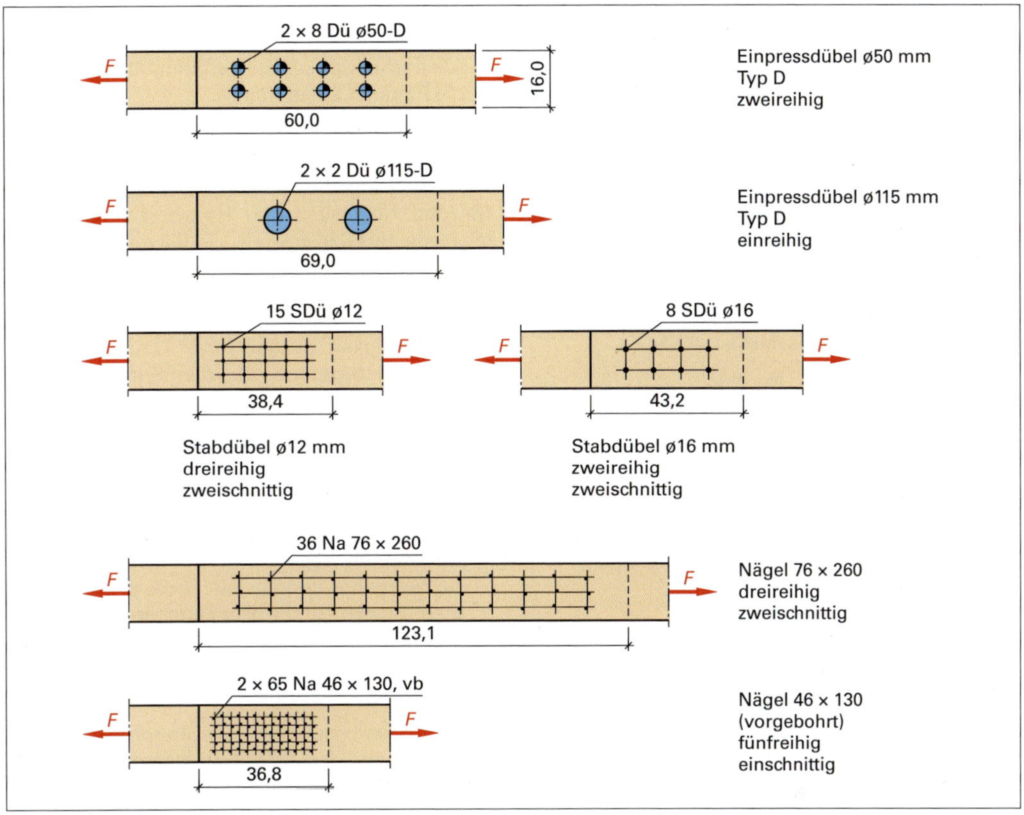

Abb. 18.32: Erforderliche Anschlussfläche

schen Verbindungsmittel dargestellt. Dabei bleibt die Höhe *h* des Gurtes und die einwirkende Zugkraft gleichgroß. Die dazugehörige Länge *l* beträgt je nach dem gewählten mechanischen Verbindungsmittel zwischen 36,8 cm und 123,1 cm.

Bei der Ausführung mit Kanthölzern sind als Querschnitte für **einteilige Obergurte** 14 cm/16 cm bis 16 cm/18 cm (Angabe auch üblich als 14/16 cm bzw. 16/18 cm, immer als Breite/Höhe) für **zweiteilige Obergurte** 2 x 10 cm/12 cm bis 2 x 12 cm/20 cm gebräuchlich. Als Druckstab ist der Obergurt gegen Ausknicken zu sichern.

Die Querschnitte der Zugstäbe im Untergurt liegen häufig bei 10 cm/20 cm bis 16 cm/20 cm.

Pfosten und Diagonalen weisen öfters quadratischen Querschnitt, z. B. 12 cm/12 cm auf. Als Druckstäbe können die Diagonalen auch bis 12 cm/24 cm aufweisen.

Stiftförmige Verbindungsmittel bei Fachwerkträgern

Die Berechnung mit stiftförmigen Verbindungsmitteln wie Nägel (Na bzw. Nä), Stabdübel (SDü) und Passbolzen (PBo) erfolgt nach dem Nationalen Anhang (NA) der DIN EN 1995 1-1/NA.

Die Tragfähigkeit der stiftförmigen Verbindungsmittel ist dabei abhängig von

- der Geometrie der Verbindung (Dicke der Holzbauteile t_{req} in mm, Durchmesser in mm),
- der Lochleibungsfestigkeit des Holzes,
- der Stahlgüte des Stiftes (Stahl S235) und
- dem Ausziehwiderstand des Verbindungsmittels.

Nagelverbindung

Nägel sind in der DIN EN 1592 geregelt. Die bisherigen geometrischen Vorgaben der DIN EN 10230-1 sind entfallen, werden aber zumindest für Durchmesser- und Längenangaben noch anzutreffen sein.

Die Abstände für Nägel sind in Kapitel 17, Tabelle 17.16, aufgeführt und die Beschreibung der Abstände hinsichtlich der beanspruchten Randlage sind in der dazugehörigen Abbildung dargestellt.

18

Unterschieden werden bei der Berechnung glattschäftige und profilierte Nägel (vgl. Abb. 18.34). Profilierte Nägel sind Sondernägel (SoNa) wie Rillennägel (Anker-/Kammnägel) oder Schraubnägel (Sparrennägel). Hinsichtlich der Tragfähigkeit auf Herausziehen werden die Sondernägel noch in drei Klassen eingeteilt.

Für jede Nagelverbindung sind statisch mindestens zwei Nägel erforderlich.

Tabelle 18.33: Vor- und Nachteile von Nägeln

Vorteile	Nachteile
Schnell, einfach, sofort belastbar, sauber, maschinell, berechenbar	Spaltgefahr, Bearbeitbarkeit, Ausziehwiderstand, Nachgiebigkeit, Rosten, nicht im Hirnholz verwendbar

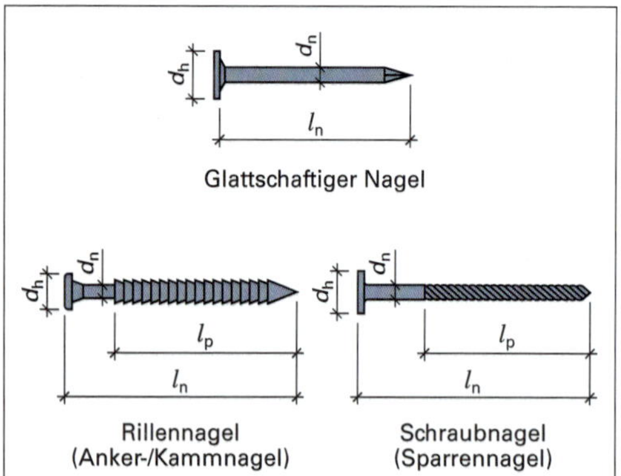

Abb. 18.34: Für Nagelverbindungen verwendete Nägel

Hinweis
Die Nageldurchmesser wird in der Literatur unterschiedlich mit „d" oder „d_n" angegeben. In einigen Werken wird sowohl die Mindestholzdicke t_{req} als auch die Mindesteindringtiefe t_{Ereq} eines Nagels mit t_{req} bezeichnet.

Auch die Abkürzung für Nägel in Bauzeichnungen ist mit „Na" oder „Nä" unterschiedlich.

Zeichnerische Darstellung
Eine häufige Anwendung ist die einschnittige Nagelverbindung zwischen einem Kantholz und einer Brettlasche.

Vorüberlegungen

- Nägel entsprechen einem Keil, der über Lochleibungsdruck / Haftreibung im Holz gehalten wird.
- Die Nägel werden rechtwinkelig zum Schaft auf Abscheren beansprucht.
- Mehrschnittige Nagelverbindungen erhöhen die Tragkraft eines Nagels.
- Nägel mit $d_n < 5$mm sind bezogen auf die Nagelabstände günstiger.

Voraussetzungen
Für den Normalfall von Holz-Holzverbindungen mit Nadelholz C24 sowie $k_{mod} = 0{,}8$ und $\gamma = 1{,}1$ können die Abstände aus der Tabelle 17.16 (Kapitel 17) oder aus Tabellenbüchern bzw. aus der Norm selbst entnommen werden. Die Tabelle 18.35 listet die Tragfähigkeit ausgewählter Nagelabmessungen unter Bezugnahme auf die Mindestdicke des Anschlussholzes auf.

Die Abbildung 18.36 zeigt nach Angaben der Statik für eine Verbindungskonstruktion Kantholz von 10 cm/14 cm mit einer Lasche von 4 cm/15 cm bei einer Zugkraft $F = 8{,}25$ kN.

- Vorgebohrte Nägel (vb) vermindern gegenüber nichtvorgebohrten Nägeln (nvb) die erforderlichen Nagelabstände. Der Durchmesser der vorgebohrten Löcher soll etwa $0{,}9 \cdot d_n$ betragen.
- Die Nägel sind auf die zur Verfügung stehende Holzfläche symmetrisch zu verteilen.

Ein möglicher Lösungsweg zu Überprüfung, ob die Nagelabstände den Anforderungen der Norm entsprechen ist im Folgenden erläutert und stellt abschließend in Abbildung 18.36 eine Musterlösung vor.

① Überprüfen der Mindestholzdicke
Die Mindestholzdicke $t_{req} \geq 9 \cdot d_n$ muss größer bzw. gleich 9-mal der Nageldicke d_n sein (Liegt die Mindestholzdicke t_{req} zwischen $4 \cdot d_n$ und $9 \cdot d_n$ ist die Tragfähigkeit der Nagelverbindung dem Faktor t_{vorh}/t_{req} abzumindern).

② Gewählter Nagel 4,2 x 100 [mm]
⇨ $t_{req} \geq 9 \cdot 4{,}2$ mm $\geq 37{,}8$ mm
Vorhandene Holzdicke $t_{vorh} = 40$ mm
(Lasche 4/15) ⇨ $t_{req} = 37{,}8$ mm $< t_{vorh} = 40$ mm

③ Überprüfen der Mindesteinschlagtiefe
Die Mindesteinschlagtiefe $t_{E,req} \geq 9 \cdot d_n$ muss ebenfalls größer bzw. gleich 9-mal der Nageldicke d_n sein. Sonst muss die Tragfähigkeit der Nagelverbindung wie bei der Mindestholzdicke mit dem Faktor $t_{E,vorh}$ / $t_{E,req}$ abgemindert werden.
⇨ $t_{E,req} \geq 9 \cdot 4{,}2$ mm $\geq 37{,}8$ mm
Vorhandene Einschlagtiefe
$t_{E,vorh} = 100$ mm (Nagellänge) – 40 mm (Lasche)
= 60 mm (Lasche 4/15)
⇨ $t_{E,req} = 37{,}8$ mm $< t_{E,vorh} = 60$ mm
$>$ min $t_{E,req} = 4 \cdot d_n = 16{,}8$ mm

Tabelle 18.35: Bemessungswert der Nageltragfähigkeit pro Scherfuge (DIN EN 1995-1-1/NA)

Nagelabmessung	Mindesteinschlagtiefe t_{Ereq}	Mindestholzdicke bei Randabständen $a_{3,t(c)} < 10 \cdot d$ t_{req}	$a_{3,t(c)} \geq 10 \cdot d$ $\geq 14 \cdot d$ t_{req}	Tragfähigkeit R_d	Mindestholzdicke t_{req}	Tragfähigkeit R_d	
$d \times l$		NH (nvb)	NH + KI (nvb)	(nvb)	(vb)	(vb)	l, l_n Nagellänge
mm × mm	mm	mm	mm	N	mm	N	d, d_n Nageldurchmesser
2,0 × 30/40/45	18	28	24	233	24	255	nvb nicht vorgebohrt
2,2 × 30/40/50	20	31	24	273	24	302	vb vorgebohrt NH Nadelholz
2,4 × 30/40/50	22	34	24	313	24	353	KI Kiefer
2,7 × 40/50/60	24	38	24	380	24	436	R_d Bemessungswert der Tragfähigkeit
3,0 × 50/60/70/80	27	42	24	453	27	532	von einschnittigen
3,4 × 60/70/80/90	31	48	24	557	31	657	Holznägeln
3,8 × 70/80/100	34	53	27	669	34	801	Für andere Nadelholz-Festigkeitsklassen
4,2 × 90/100/110	38	59	29	789	38	958	sind die Werte
4,6 × 90/100/120	41	64	32	917	41	1125	entsprechend umzurechnen.
5,0 × 100/120/140	45	70	35	1052	45	1305	Rohdichte
5,5 × 140	50	77	39	1231	50	1545	$\varrho_k > 350$ kg/m³ und
6,0 × 150/160/180	54	84	42	1422	54	1803	Stahlzugfestigkeit $f_{u,k} = 600$ N/mm² dann
7,0 × 200	63	107	53	1833	63	2367	$R_d (\varrho_k > 350) = R_d \cdot k_R$
8,0 × 280	72	130	65	2285	72	2994	$k_R = \sqrt{\varrho_k/350}$

④ **Anzahl n der Nägel**
n = vorh $F / (m \cdot R_d)$
vorh. F = 8,25 kN = 8250 N
Schnittigkeit m = 1, Tragfähigkeit R_d eines Nagels aus Tab. 18.35 für $d_n = d$ = 4,2 mm (nvb) ablesen.
Tragfähigkeit R_d = 789 N
⇨ 8250 N / (1 · 789 N) = 10,46 Nägel
gewählt: 12 Nägel (Symmetrie)

⑤ **Verteilung der Nägel**
In die 15 cm Höhe der Lasche lassen sich gut 4 Nagellinien mit jeweils 3 cm Abstand vom Rand bzw. untereinander (als Spalten) einfügen. Für die 14 cm Höhe des Kantholzes müssen dann 3 horizontale Nagellinien (als Zeilen) angeordnet werden, um die 12 Nägel (4 × 3 Nagellinien) unterzubringen.

Vom oberen belasteten Rand des Kantholzes ist nach Tabelle 17.16 quer zur Faser für Nägel < 5 mm ein Abstand > 7 · d_n einzuhalten.
⇨ 7 · 4,2 mm = 29,4 mm
⇨ gewählter Abstand 3 cm

Vom unteren nicht belasteten Rand des Kantholzes ist nach Tabelle 17.16 (Kapitel 17) ein Abstand von 5 · d_n erforderlich.
⇨ 5 · 4,2 mm = 21 mm
⇨ gewählter Abstand 2,6 cm

Damit ergibt sich für die mittlere Nagellinie (als Zeile) ein Abstand von der oberen und unteren Nagellinie von (14 cm – 3 cm – 2,6 cm) / 2 = 4,2 cm

Der untere belastete Rand der Lasche erfordert in Faserrichtung einen Abstand von
15 · d_n = 15 · 4,2 mm = 63 mm

Die Lasche kann also nicht bündig mit der Unterseite des Kantholzes abschließen. Die 2,6 cm Abstand der Nagellinie von der Unterseite des Kantholzes ergeben bezogen auf die unter 60° geneigte Lasche nur (2,6 cm / sin 60°) rund 3 cm. Damit die erforderlichen 6,3 cm erfüllt werden, wird wie in der Abbildung 18.36 zu sehen ein Überstand der Lasche von 5 cm von der Unterseite des Kantholzes vorgesehen.

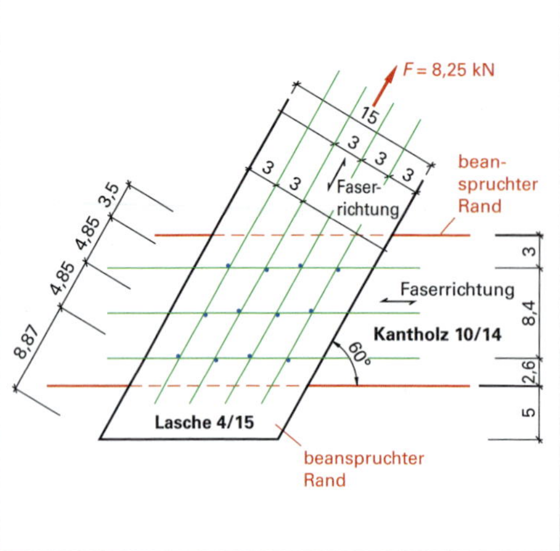

Abb. 18.36: Nagelverbindung
Nagelverbindung DIN EN 1995 1-1/NA,
Maßstab 1:2 – cm, 12 Na 4,3 × 100 mm

Die Dimensionierung von Holzbauteilen, Knoten- und Verbindungsmittel erfolgen in der Regel durch den Statiker. Die entsprechenden Knotenpunkte sind in Bauzeichnungen darzustellen. Dazu ist die Kenntnis von Mindest- und Höchstabständen für die verschiedenen Verbindungsmittel nach DIN EN 1995 1-1/NA bzw. nach EC 5 von Bedeutung.

18

Stabdübelverbindungen

Stabdübel SDü sind glatte, zylindrische Stahlstäbe, die in Bohrlöcher mit gleichem Durchmesser eingetrieben werden. Sie werden in den Durchmessern d = 6 mm bis 30 mm, verwendet. Vorzugsmaße sind 8, 10, 12, 16, 20 und 24 [mm] Durchmesser. Die vorrätigen Lieferlängen für den ∅ 16 mm betragen z. B. 120 mm bis 250 mm.

Stabdübel SDü werden für Anschlüsse mit eingeschlitzten Stahlteilen im Holz oder für Holz-Holz-Anschlüsse verwendet.

Stabdübel werden rechtwinklig zur Stabachse belastet. Stabdübelverbindungen können ein- oder mehrschnittig ausgeführt werden, wobei mindestens 2 Stabdübel bzw. mindestens 4 Scherflächen je Verbindung vorhanden sein müssen.

Die Stabdübel werden in der Regel aus Stahl S235JR gefertigt. Die Darstellung in Bauzeichnungen ist in Abbildung 18.38 ablesbar.

S Stähle für den Stahlbau
235 Mindeststreckgrenze 235 N/mm²
JR oder JG Gruppe 1, Zusatzsymbole

Abb. 18.37: Stabdübel

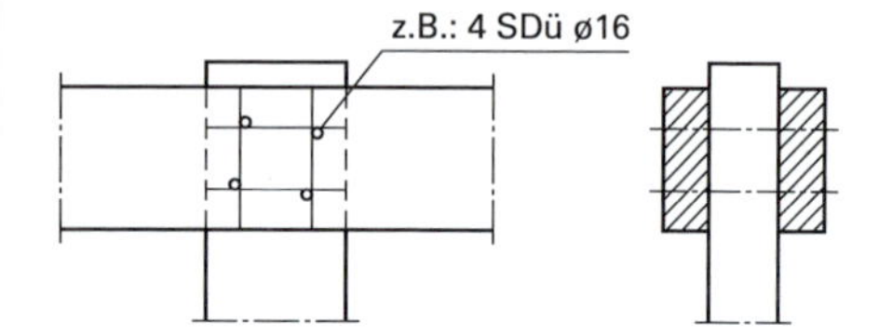

Abb. 18.38: Stabdübel in Bauzeichnungen

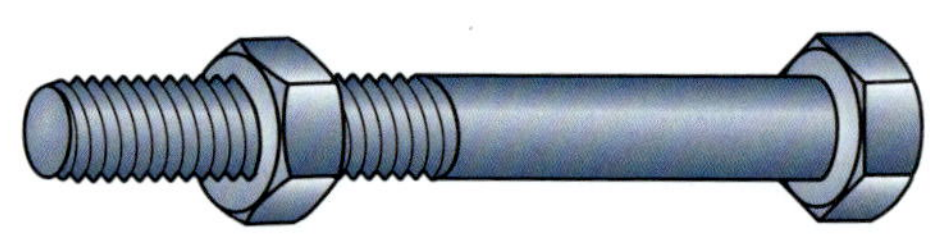

Abb. 18.39: Passbolzen

Tabelle 18.40: Mindestabstände für Stabdübel SDü nach EC 5 (bei $\alpha = 0°$ und für Hölzer mit $\rho = 420$ kg/m³)

Beschreibung	Abstand	Stets im Holz vorgebohrt
untereinander	a_1 parallel (II) zur Faserrichtung	$5 \cdot d$
	a_2 rechtwinklig (⊥) zur Faserrichtung	$3 \cdot d$
vom beanspruchten Rand	$a_{3,t}$ parallel (II) zur Faserrichtung	$7 \cdot d$
	$a_{4,t}$ rechtwinklig (⊥) zur Faserrichtung	$4 \cdot d$
vom unbeanspruchten Rand	$a_{3,c}$ parallel (II) zur Faserrichtung	$3 \cdot d$
	$a_{4,c}$ rechtwinklig (⊥) zur Faserrichtung	$3 \cdot d$

d Durchmesser des Stabdübels. Die Werte gelten auch für Passbolzen PBo.
α Winkel zwischen Kraft- und Faserrichtung. Die Schreibweise II bzw. ⊥ ist im EC 5 nicht mehr vorgesehen, da steht stattdessen der Index c,0,d bzw. c,90,d

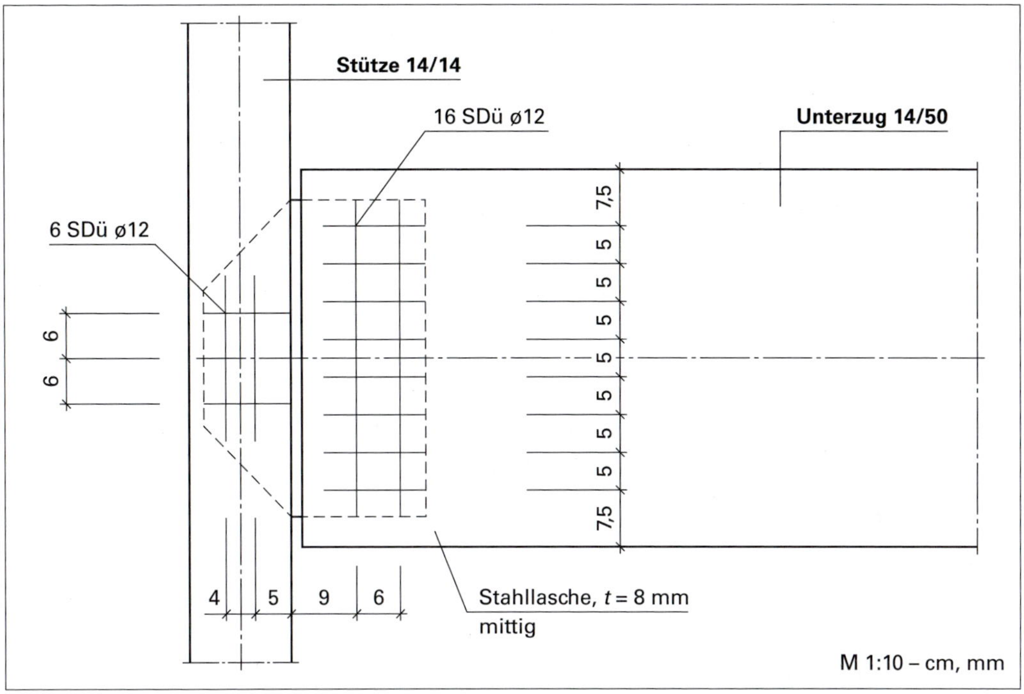

Abb. 18.41: Passbolzenverbindung, Auszug aus der Statik

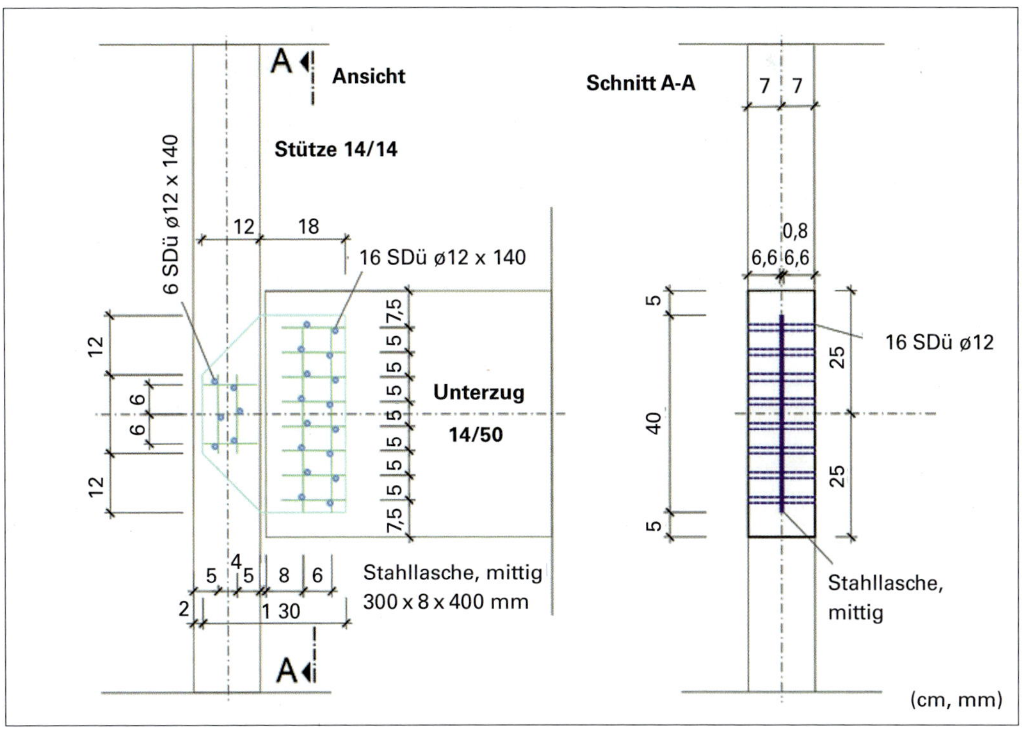

Abb. 18.42: Bauzeichnung nach Vorgabe der Statik

18

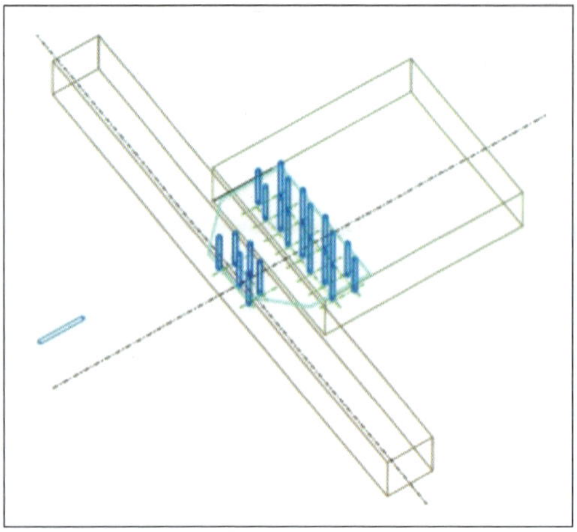

Abb. 18.43: 3D – Drahtmodell

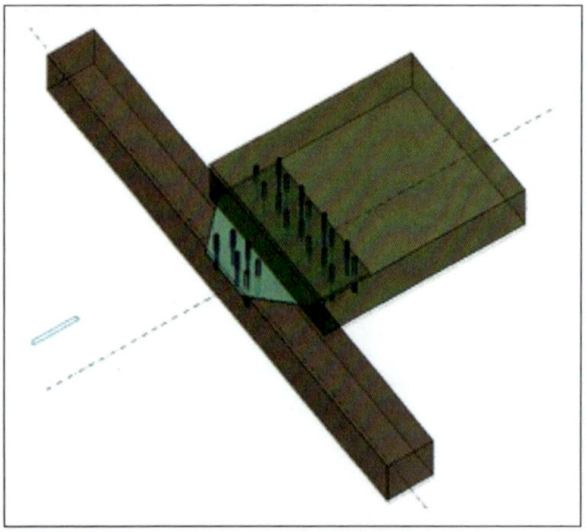

Abb. 18.44: 3D – Röntgenansicht

Dübel besonderer Bauart und Klemmbolzen

Dübel besonderer Bauart sind Verbindungsmittel aus Metall, mit denen eben anliegende Kanthölzer kraftschlüssig verbunden werden können. Sie dürfen auch in rechtwinklig leicht abgeschrägt verlaufende Hirnholzflächen eingebaut und zur Übertragung von Auflagerkräften herangezogen werden. Dübel besonderer Bauart dürfen nur verwendet werden, wenn die Dicke der Seitenhölzer mindestens dem 2,25- bis 3,75-fachen der Einbindetiefe des Dübels entspricht. Dübelverbindungen werden vorwiegend auf Druck und Abscheren beansprucht. Alle Verbindungen mit Dübeln besonderer Bauart müssen durch nachziehbare Schraubenbolzen aus Stahl zusammengehalten werden, wobei jeder Dübel durch einen Bolzen gesichert sein muss. Die Bolzen sind so anzuziehen, dass die Unterlagscheiben vollflächig am Holz anliegen. Durch Schwinden des Holzes kann ein Nachziehen der Bolzen erforderlich werden. Die Holzbaunorm lässt als Sicherung der Dübelverbindung unter bestimmten Voraussetzungen auch Gewindestangen, Holzschrauben oder Sondernägel zu.

Dübel besonderer Bauart sind in der DIN EN 912 genormt. Unterschieden werden Ringdübel, Scheibendübel und Scheibendübel mit Zähnen.

Ringdübel (Einlassdübel) werden in passgenaue, zumeist ausgefräste Vertiefungen der zu verbindenden Hölzer eingelegt. Ringdübel sind zweiseitige Dübel besonderer Bauart, aus Aluminium-Gusslegierung mit linsenförmigem Querschnitt. Mit Ringdübeln werden Hölzer untereinander verbunden. Sie sind als Dübeltyp A genormt. Der gebräuchlichste Ringdübel ist der Typ A1 (vgl. Abb. 18.45).

Scheibendübel (Einlassdübel, einseitig) werden wie Ringdübel hergestellt und benutzt, sind aber einseitige Dübel besonderer Bauart. Sie werden für die Verbindung von Holz mit Stahlbauteilen verwendet. Sie werden in der Norm als Dübeltyp B bezeichnet. Der gebräuchlichste Dübel ist der Typ B1 (vgl. Abb. 18.45).

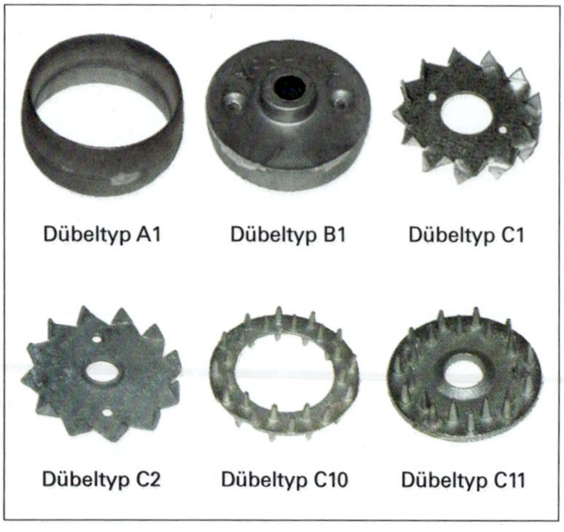

Abb. 18.45: Dübel besonderes Bauart

Scheibendübel mit Zähnen (Einpressdübel) sind in der Norm als Dübeltyp C bezeichnet. Sie bestehen aus einer Scheibe, die mit dreieckförmigen Zähnen entlang des Scheibenrandes oder mit kegelförmigen Dornen auf der Scheibe besetzt sind. Scheibendübel mit Zähnen werden als ein- oder zweiseitige Dübel besonderer Bauart aus kaltgewalzten Stahlbändern oder aus Temperguss hergestellt. Bei der Verwendung von Scheibendübeln und

Scheibendübeln mit Zähnen sind die sogenannte Dübelfehlfläche und auch die Bohrlöcher für die Verbolzung als Querschnittsschwächung des Konstruktionsholzes zu berücksichtigen. Die gebräuchlichsten Scheibendübel mit Zähnen sind die Typen C1, C2, C10 und C11.

Zweiseitige Dübel besonderer Bauart sind immer in beide Kontaktflächen der Holzteile gleich tief einzulassen oder einzupressen.

In Konstruktionszeichnungen wird die Dübelgröße durch Symbole dargestellt (vgl. Tabelle 18.46).

Tabelle 18.46: Zeichensymbole für Dübel besonderer Bauart

 ø40 mm bis ø55 mm	 ø56 mm bis ø70 mm
 ø71 mm bis ø85 mm	 ø86 mm bis ø100 mm
 Nennmaße > 100 mm	

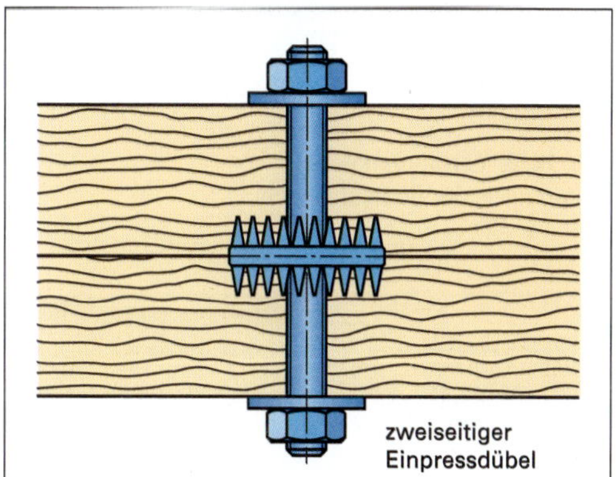

Abb. 18.47: Zweiseitiger Scheibendübel

Die tragend anzusetzenden Heft- oder Klemmbolzen Abbildung 18.47 (mit Scheibendübel Typ C10) nehmen in ihrer Achse Zugkräfte auf.

Die Heft- oder Klemmbolzen bestehen aus einer Gewindestange M16 bzw. M20 (vgl. Abb. 18.47) Sechskantmuttern (vgl. Abb. 18.48) und rohen Unterlegscheiben (vgl. Abb. 18.49).

Gewindestangen werden nur mit 1 m, 2 m bzw. 3 m Länge geliefert.

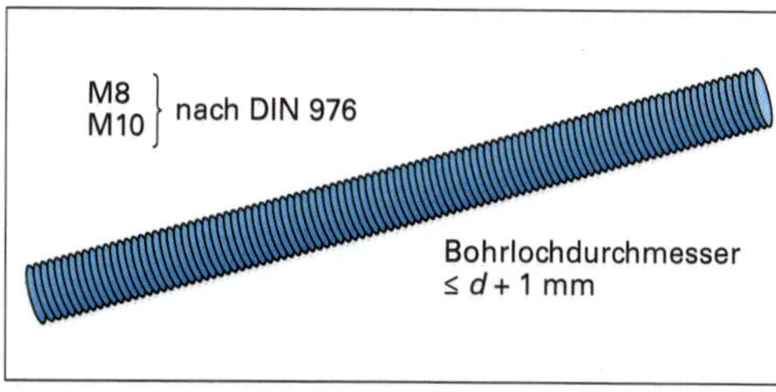

Abb. 18.48: Gewindestangen (Gewindebolzen)

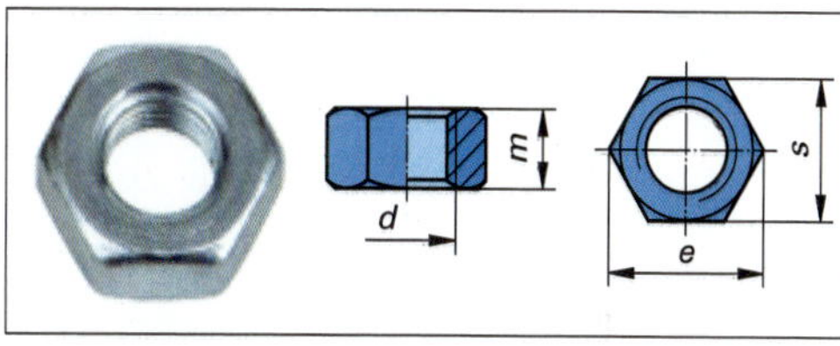

Abb. 18.49: Sechskantmutter

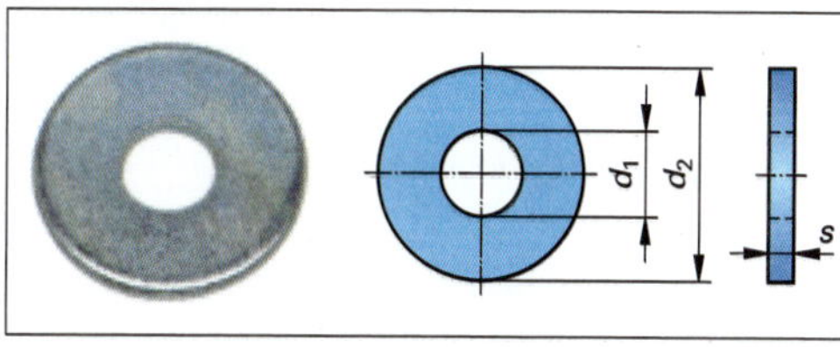

Abb. 18.50: rohe Unterlegscheibe

Die Sechskantmuttern in Abb. 18.46 nach DIN 934/DIN EN ISO 4032 weisen für M16 die Maße:
$d = 16$ mm, $m = 13$ mm, $s = 24$ mm
und für M20 die Maße:
$d = 20$ mm, $m = 16$ mm, $s = 30$ mm auf.

Die rohen Unterlegscheiben (vgl. Abb. 18.50) nach DIN 440 besitzen die Maße für M16:
$d_1 = 18$ mm, $d_2 = 58$ mm und $s = 5$ mm
sowie für M20:
$d_1 = 23$ mm, $d_2 = 68$ mm und $s = 5$ mm.

Die Scheibendübel, Sechskantmuttern und Unterlegscheiben lassen sich als 3D-Modelle für die gängigen CAD-Programme im Internet downloaden.

Doppelter Versatz

Die Versatzarten sind im Kapitel 9.5 erläutert und Stirnversatz und Fersenversatz zeichnerisch abgebildet. In der Abbildung 18.53 wird der dargestellte Holzbinderknoten mit einem doppelten Versatz ausgeführt. Für die Ausführung gilt der EC 5. Die Verbindungen sind möglichst symmetrisch zur Stabachse anzuordnen. Dabei wird die seitliche Lagesicherung durch Bolzen (vgl. Abb. 18.54) oder durch Sondernägel bzw. Zapfen gesichert.

doppelter Versatz

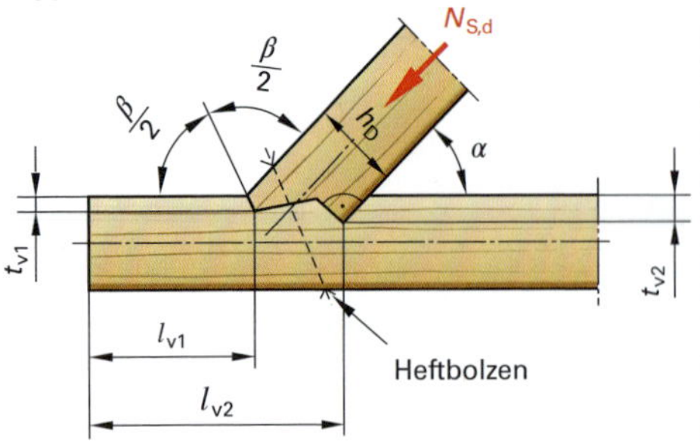

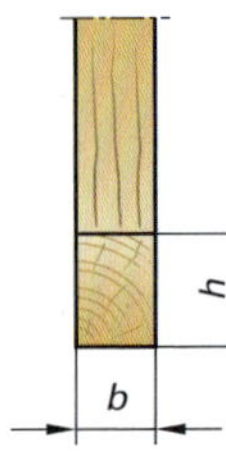

$R_{D,d} = R_{S,d} + R_{F,d}$

$R_{D,d} = b \cdot t_{v1} \cdot f_{c,0,d} \cdot k_S + b \cdot t_{v2} \cdot f_{c,0,d} \cdot k_F$

$N_{S,d} / R_{S,d} \leq 1$ bzw. $N_{D,d} / R_{D,d} \leq 1$

$l_{v1} \geq N_{S,d} \cdot \cos\alpha / (b \cdot f_{v,d})$

$l_{v2} \geq N_{S,d} \cdot \cos\alpha / (b \cdot f_{v,d})$

Versatztiefe $t_v = t_{v2} \leq h/6$ bis $h/4$
$t_{v1} = 0{,}8 \cdot t_{v2} \leq t_{v2} - 10$ mm

Versatztiefe bei zweiseitigem Einschnitt je Seite
$t_v \leq h/6$

Vorholzlänge $l_v = l_{v1} \geq 200$ mm; höchst anrechenbare
Vorholzlänge $l_v = 8 \cdot t_v$ sowie $l_{v1} = 8 \cdot t_{v1}$

Abb. 18.51: Doppelter Versatz und Formeln

Tabelle 18.52: Zulässige Versatztiefen t_v bzw. t_{v2} (Strebenneigung α)

α	≤ 50°	51°	52°	53°	54°	55°
t_v/h	0,250	0,242	0,233	0,225	0,217	0,209
α		56°	57°	58°	59°	≥ 60°
t_v/h		0,200	0,192	0,184	0,175	0,167

Tabelle 18.53: Versatzbeiwerte k_S und k_F für C24

α	15°	20°	25°	30°	35°	40°
k_S	0,976	0,958	0,937	0,912	0,886	0,860
k_F	0,881	0,808	0,736	0,671	0,620	0,582
α	45°	50°	55°	60°	65°	
k_S	0,835	0,812	0,792	0,775	0,763	
k_F	0,560	0,553	0,564	0,596	0,658	

Die Abbildungen 18.54 und 18.55 zeigen die Darstellung des Holzbinderknotens aus der Bauzeichnung nach Abbildung 18.56 als 3D-Model.

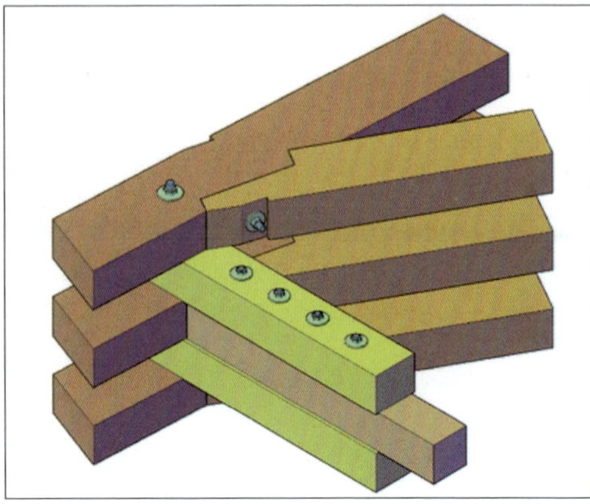

Abb. 18.54: Holzbinderknoten als 3D-Modell

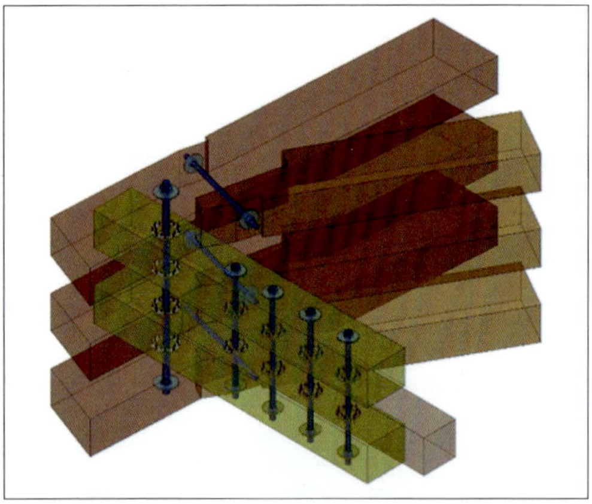

Abb. 18.55: Holzbinderknoten
3D-Modell in der Röntgenansicht

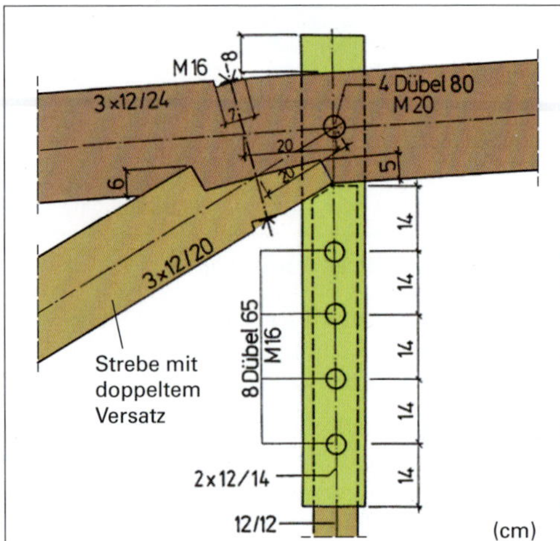

Abb. 18.56: Skizze zum Holzbinderknoten

18.6 Konstruktionsdetails am Dach

18.6.1 Sparrendach

Die vier Bauteile des traditionellen Sparrendaches mit rein zimmermannsmäßigen Verbindungen sind in Abbildung 18.57 der Vorderansicht des Sparrendaches abzulesen.

Die Vorteile des Sparrendaches sind der freie Dachraum, der geringe Holzverbrauch und darüber hinaus ist es das einfachste Dachtragwerk.

Die Nachteile des Sparrendaches sind eine auf 7 m bis 8 m beschränkte Gebäudebreite. Bei der Mindestdachneigung von $\alpha \geq 25°$ ergibt sich bei einer Gebäudebreite von 8 m eine Sparrenlänge von rund 4,41 m. Die maximale Sparrenlänge sollte 4,50 m nicht überschreiten.

Die einzuhaltenden Abmessungen werden weiter unten erklärt. Daneben ist die Beschränkung für Dachfenster und Gauben auf zwei Felder zwischen den Sparren ein Nachteil. Die Breite der Felder liegt meist zwischen 60 cm und 90 cm. In der Abbildung 18.57 sind es 68,5 cm. In der Regel wird aber das Achsmaß von Sparrenmitte nach Sparrenmitte angegeben, so dass hier 68,5 cm + 16 cm = 84,5 cm vorliegen. Die auf Zug belasteten Deckenbalken bzw. der zugbeanspruchte Dachboden schränken die architektonische Planung weiter ein.

Stirnversatz

Der Fußpunkt des Sparrendaches aus der Abbildung 18.57 wird als Stirnversatz statisch berechnet / nachgewiesen. Die benötigten Formeln sind im Beispiel mit aufgeführt, in Tabellenbüchern praxisbezogen und in der DIN EN 1995-1-1 ausführlich dargestellt.

Beispiel

Gegeben sind Abmessungen zum Stirnversatz
Schwelle $b/h = 16$ cm/24 cm
Sparren $b/h = 8$ cm/18 cm
Dachneigung $\alpha = 40°$
Druckkraft $N_{S,d} = 49{,}35$ kN,
wobei N hier als Normalkraft (genauer Druckraft) steht, der Index S für Sparren (Strebe) und der Index d für Bemessung.

Für Nadelholz C24 können die, für die Berechnung notwendigen Festigkeitswerte,
Druck $f_{c,0,d} = 12{,}9$ N/mm²
und
Schub $f_{v,d} = 1{,}23$ N/mm²
aus Tabellen entnommen werden.

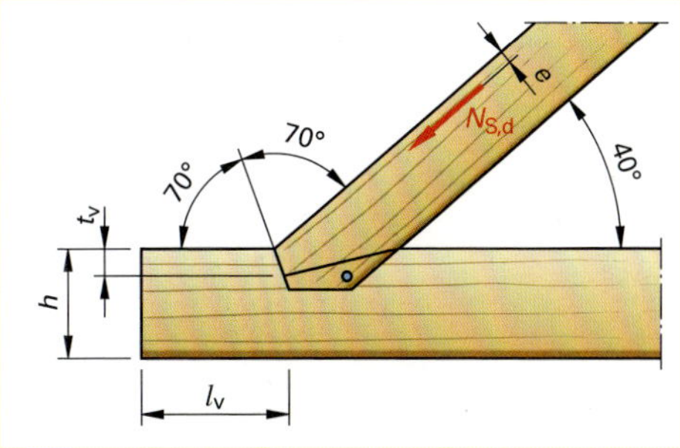

Gesucht wird die Versatztiefe t_v
Die erforderliche Versatztiefe erf. t_v wird rechnerisch mit den folgenden Formeln ermittelt.

$$\text{erf. } t_v = \frac{N_{S,d}}{b \cdot f_{SV,d}} \quad \text{oder} \quad \text{erf. } t_v = \frac{N_{S,d}}{b \cdot f_{c,0,d} \cdot k_s}$$

Wobei die Ersatzdruckfestigkeit $f_{SV,d}$ in N/mm² tabellarisch in Abhängigkeit von der Dachneigung und der Holzfestigkeitsklasse abgelesen werden kann.
Ersatzdruckfestigkeit $f_{SV,d}$ entspricht der Druckfestigkeit $f_{c,0,d}$ multipliziert mit dem Beiwert k_s für den Stirnversatz.

$$f_{SV,d} = f_{c,0,d} \cdot k_s$$

Auch der Beiwert k_s kann wieder tabellarisch (vgl. Tabelle 18.53) bestimmt werden.

$f_{SV,d}$ für C24 mit Dachneigung α			
30°	11,8 N/mm²	50°	10,5 N/mm²
40°	11,1 N/mm²	60°	10,0 N/mm²

Damit ergeben sich für den Stirnversatz

mit $\text{erf. } t_v = \frac{N_{S,d}}{b \cdot f_{SV,d}}$

$$\text{erf. } t_v = \frac{49350}{160 \cdot 11{,}1 \text{ N/mm}^2}$$

erf. $t_v = 27{,}8$ mm $= 2{,}78$ cm oder mit

$$\text{erf. } t_v = \frac{N_{S,d}}{b \cdot f_{c,0,d} \cdot k_s}$$

$$\text{erf. } t_v = \frac{49350}{160 \cdot 12{,}9 \cdot 0{,}86}$$

erf. $t_v = 27{,}8$ mm $= 2{,}8$ cm

Konstruktiv wird für die Versatztiefe t_v gefordert,
Dachneigung $\leq 50°$ $t_v \leq h/4$ der Schwelle
Dachneigung $\leq 60°$ $t_v \leq h/6$ der Schwelle
Zwischenwerte können geradlinig interpoliert werden. Damit ergibt sich bei $\alpha = 40°$
zul. $t_v \leq h/4 \leq 24$ cm/4 ≤ 6 cm
Die Versatztiefe t_v kann also zwischen
erf. $t_v = 2{,}8$ cm (3 cm) und zul. $t_v \leq 6$ cm liegen.

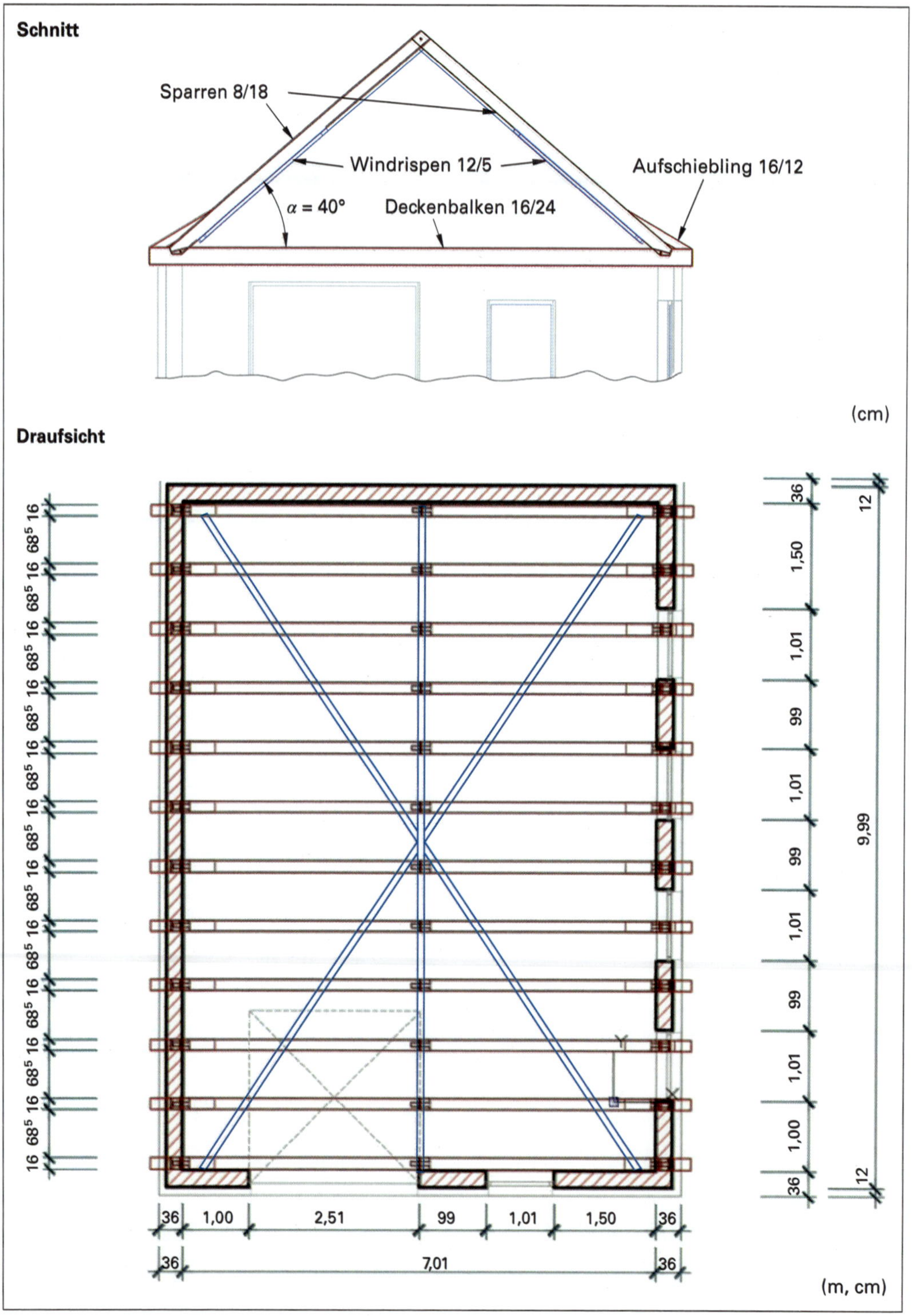

Abb. 18.57: Sparrendach – Draufsicht Sparrendach und Grundriss der Außenwände

18

18.6.2 Kehlbalkendach

Abmessungen

Bei Gebäudebreiten über 8 m ergeben sich Sparrenlängen von mehr als 4,50 m. Dann wird die Durchbiegung der Sparren zu groß. Um die Durchbiegung abzumindern, wird ein Kehlbalken eingebaut.

Am günstigsten wäre die Anordnung des Kehlbalkens in der Mitte der Sparren, da hier die Durchbiegung am größten ist. Bei ausgebauten Dachgeschossen wird die Lage des Kehlbalkens aber durch die Geschosshöhe bestimmt.

Auf jeden Fall sollte die Sparrenlänge unterhalb des Kehlbalkens geringer als 4,50 m sein. Über dem Kehlbalken kann die Sparrenlänge bis 3,50 m lang sein.

First- und Traufpunkt

Der Firstpunkt wird beim Kehlbalkendach wie beim Sparrendach konstruktiv ausgebildet. Die Lösungen vom Sparrendach (vgl. Abb. 18.57) können auch beim Kehlbalkendach angewendet werden.

Die Nägel in den Brettlaschen sind hier nicht eingezeichnet. Die Brettlasche kann auch durch ein Lochblech (Blechformteil) ersetzt werden.

Die Lochbleche werden aus verzinkten Blechen mit 1,5 mm bis 3 mm Dicke hergestellt. Der Lochdurchmesser für die Nägel weist 5 mm auf. Zur Befestigung der Blechformteile am Holz werden spezielle Kammnägel verwendet.

Das auf die Sparren genagelte 2 mm dicke Windrispenband sichert die Längsaussteifung des Daches.

Der Traufpunkt über einen Drempel (Kniestock) aus Stahlbeton ist ebenfalls mit ingenieurmäßigen Holzverbindern gelöst. Der mit 4 cm ausgeklinkte Sparren überträgt die Kräfte mit zwei Einpressdübeln besonderer Bauart auf eine Knagge (Stemmklotz). Sparren und Knagge sind mit zwei Klemmbolzen verbunden. Die Knagge gibt die Kräfte an die Schwelle auf dem Stahlbetondrempel weiter. Die Schwelle ist mit Ankerschrauben am Stahlbetondrempel der Stahlbeton-Deckenplatte befestigt.

Sparrenpfettenanker zwischen Schwelle und Sparren, beidseitig angebracht, sichern die Dachkonstruktion gegen Abheben durch Windkräfte.

Die Queraussteifung ist wie beim Sparrendach über den Dreigelenkrahmen abgesichert.

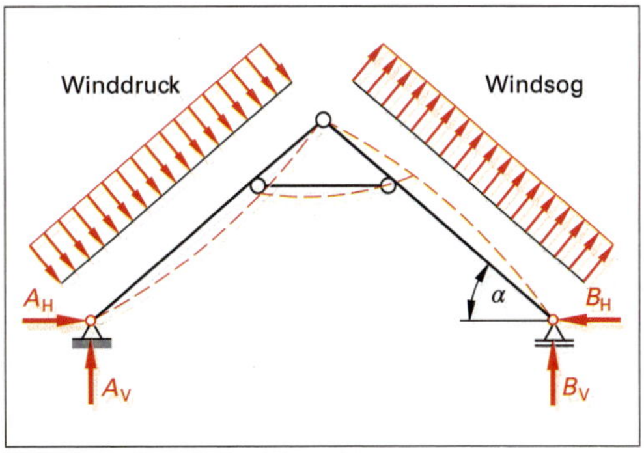

Abb. 18.58: Verformung durch Wind
beim verschieblichen Kehlbalkendach

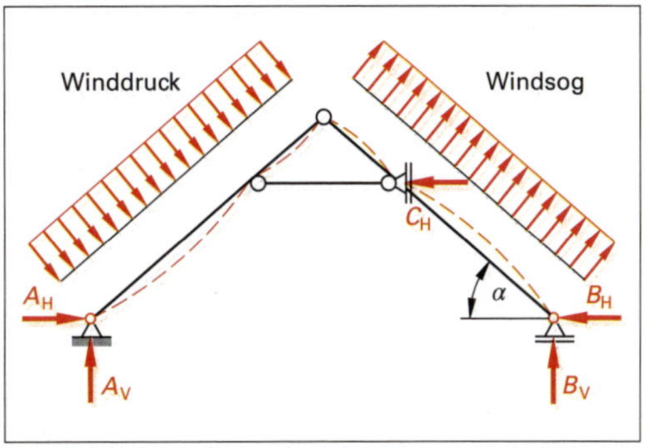

Abb. 18.59: Verformung durch Wind
beim unverschieblichen Kehlbalkendach

Kehlbalkenanschluss

Einteilige Kehlbalken aus Kanthölzern wurden früher über Versatz und Zapfen zugfest am Sparren angeschlossen. Heute werden Knaggen z. B. aus 3 cm dicken Brettern unter die Sparren genagelt und die Kehlbalken dann seitlich mit genagelten Brettlaschen oder Blechformteilen (Blechlaschen) am Sparren zugfest gesichert. Bei diesen Nagelverbindungen zwischen Kehlbalken und Sparren sind keine Querschnittsschwächungen der Hölzer mehr zu verzeichnen. Bei geringer beanspruchten Verbindungen können die beim Ausbau störenden Holzknaggen auch entfallen.

Statik beim Kehlbalkendach

Wie beim Sparrendach bildet jedes Sparrenpaar mit der Stahlbetondecke als Zugband einen Dreigelenkrahmen. Die Stahlbetondecke kann auch durch einen Deckenbalken aus Holz ersetzt werden. Die Sparren sind auch hier miteinander am Firstpunkt und mit der Stahlbetondecke gelenkig verbunden. Durch das Hinzufügen des ebenfalls gelenkig angeschlossenen Kehlbalkens ergibt sich ein statisch unbestimmtes System.

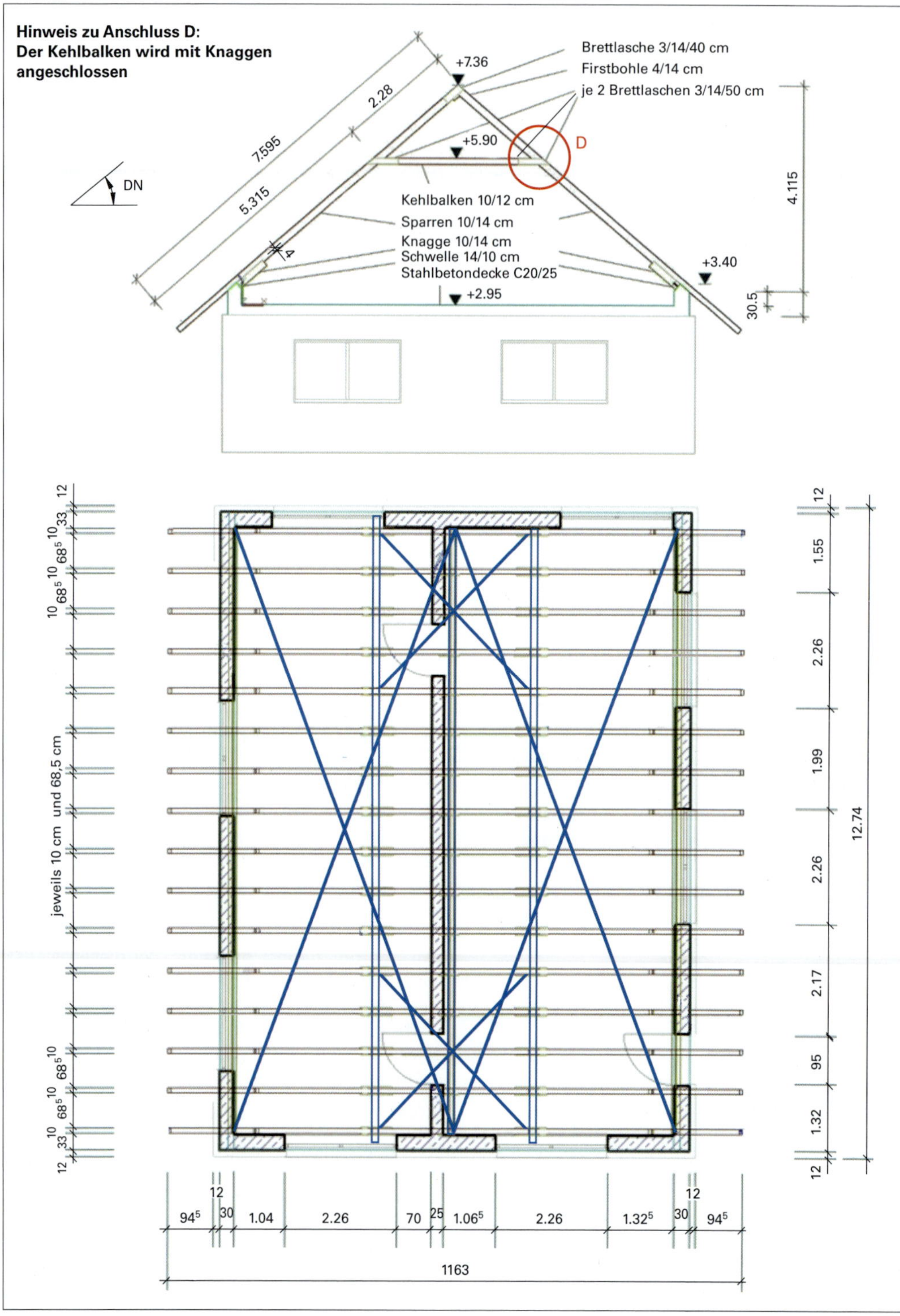

Abb. 18.60: Kehlbalkendach (als CAD-Zeichnung)

Der Kehlbalken wirkt wie ein horizontales Zwischenlager, wenn die Lasten symmetrisch sind. Die Verformungen entsprechen dann einem Zweifeldträger.

Bei unsymmetrischen Windlasten zeigt sich, dass das System verschieblich ist. Sparren und Kehlbalken verformen wie in Abbildung 18.58 dargestellt.

Wird die Kehlbalkenlage als Scheibe beispielsweise durch eine ausreichend dicke Schalung auf den Kehlbalken ausgebildet, entsteht ein unverschiebliches System (vgl. Abb. 18.59). Die Verformungen fallen dann geringer aus. Dazu muss die Scheibe durch die Giebel oder durch Querwände gehalten werden.

Wird der Dachraum (Spitzboden) über der Kehlbalkenlage genutzt, entstehen zusätzliche Lasten wie bei Decken von Wohnräumen. Um diese Lasten sicher abzuleiten, können Stuhlpfetten und Stuhlpfosten unter dem Kehlbalken eingefügt werden. Das Wort „Stuhl" leitet sich aus dem altdeutschen Wort „Gestell" ab. Um den freien Dachraum unter dem Kehlbalken zu erhalten, können die Stuhlpfosten auch parallel zu den Sparren angeordnet werden. Dieser liegende Stuhl ist häufig in historischen Dachräumen zu finden.

18.6.3 Pfettendach

Pfettendächer sind in erster Linie für flachere Dächer bis 35° Dachneigung geeignet, können aber auch für steilere Dächer verwendet werden.

Statik und Abmessungen

Die Sparren (Nebenträger) werden bei den Pfettendächern überwiegend auf Biegung beansprucht. Sie geben die Dachlasten und ihr Eigengewicht an die Pfetten (Hauptträger) weiter. Die Pfetten können als Unterzüge aufgefasst werden.

Die Sparren werden beim Pfettendach mit einfach stehendem bzw. liegendem Stuhl als Einfeldträger bzw. als Einfeldträger mit Kragarm bei entsprechend großen Dachüberstand gerechnet. Beim zweifach stehenden und liegenden Stuhl sind die Sparren als Einfeldträger mit einem oder zwei Kragarmen anzusehen. Beim dreifach stehendem sowie liegendem Stuhl werden die Sparren als Zweifeldträger mit oder ohne Kragarm berechnet

Die Querschnittsabmessungen der Sparren sind heute eher energetischen als statischen Gesichtspunkten geschuldet. Sparrenhöhen von 24 cm und mehr sind bei der heute erforderlichen Dämmung keine Seltenheit. Wie bei den Sparren- und Kehlbalkendächern sollte die Stützweite 4,50 m nicht übersteigen. Die Länge der Kragarme sollten zur Beschränkung der Verformungen $l_{Krag} \leq 0{,}4 \cdot l_{Feld}$ (Feldlänge zwischen den Pfetten) nicht überschreiten.

In der Regel wird die Verbindung zwischen Fußpfette und Sparren als festes Auflager ausgebildet, so dass hier die Windkräfte eingeleitet werden können. Die anderen Auflager sind verschieblich und können nur vertikale Kräfte aufnehmen. Die Belastung der Sparren erfolgt wie bei den Sparrendächern beschrieben.

Die Pfetten werden in der Regel als Mehrfeldträger gerechnet. Sie lagern auf den Giebelwänden und bei größeren Hauslängen auch auf den tragenden Querwänden parallel zu den Giebelwänden.

Zwischen den Giebelwänden bzw. Querwänden werden im Abstand von ≤ 4,50 m Pfosten (Stützen) unter den Pfetten variabel angeordnet. Die Pfosten werden in der Regel statisch als Pendelstützen gerechnet. Für die Pfosten ist auch der Knicknachweis zu führen. Für Pendelstützen gilt der Fall 2 nach Euler, der Normalfall.

Zwischen den Pfetten und Pfosten sichern meist Kopfbänder (Pfettenstrang) die Längsaussteifung der Dachkonstruktion.

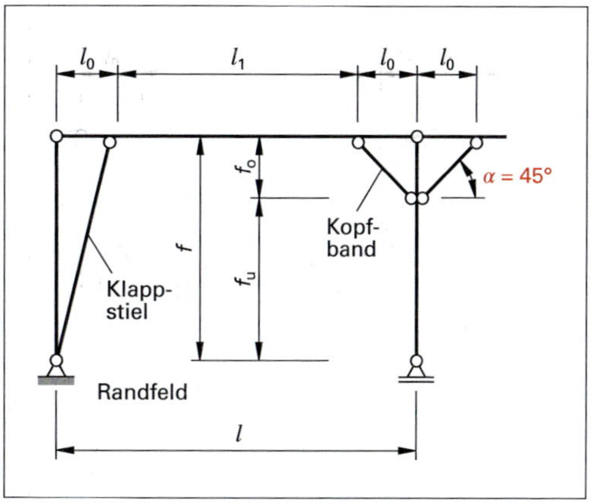

Abb. 18.61: Pfettenstrang (Längsaussteifung)

Windrispen können somit als Längsaussteifung entfallen.

Die Pfosten übertragen die Dachlasten punktförmig auf die Dachdecke. Mit der Anordnung von Schwellen unter den Pfosten können die Punktlasten auf mehrere Balken bei Holzbalkendecken bzw. auf eine größere Fläche bei Massivdecken verteilt werden. Die Schwellen stellen neben Pfosten und Kopfbändern allerdings ein weiteres Hindernis für den Dachausbau dar.

18

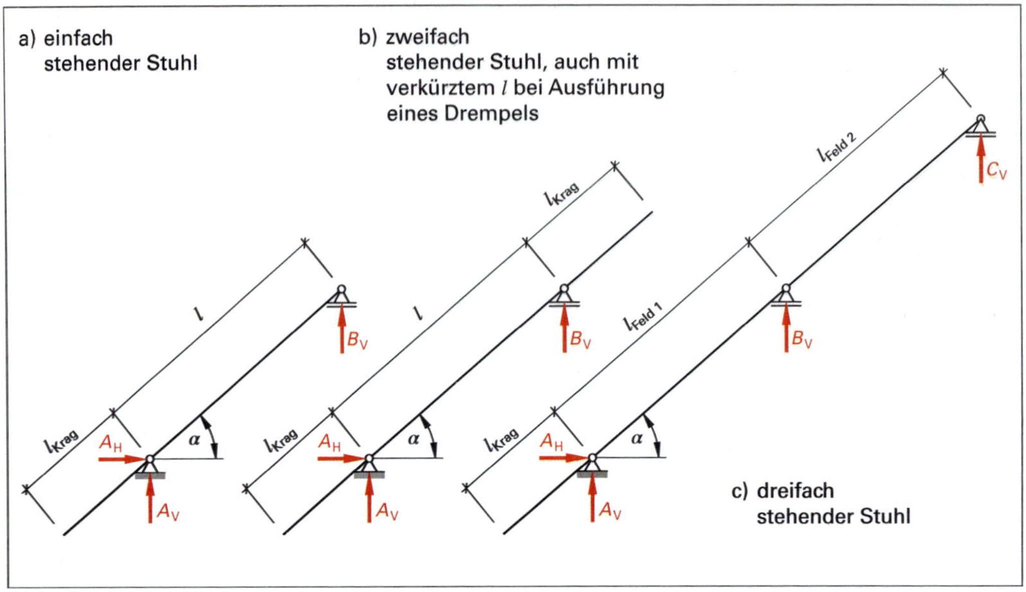

Abb. 18.62: statische Systeme der Sparren beim Pfettendach

Wenn bei der Planung unter den Pfosten tragende Wände vorgesehen werden, können die Schwellen entfallen.

Zwischen den Pfosten können die Sparren entkoppelt werden. Sie brauchen nicht mehr wie bei Sparren- und Kehlbalkendächern ein Gespärre, ein Sparrenpaar bilden, das am Firstpunkt gelenkig verbunden ist. Sondern sie können entkoppelt, also versetzt angeordnet werden. Jede Dachfläche bildet ein eigenes Tragsystem. Durchbrüche in der Dachebene wie Schornsteine, Gauben und Dachfenster können gegenüber Sparren- und Kehlbalkendächern wesentlich leichter realisiert werden.

Anschlüsse am Beispiel eines Pfettendaches mit einfach stehendem Stuhl

Am Beispiel des Pfettendaches mit einfach stehendem Stuhl in der Abbildung 18.63 sollen die Anschlüsse der Sparren an die First- und Fußpfette erläutert werden. Die Giebelwände und damit die Auflagerung der Firstpfette auf den Giebelwänden sind in der Abbildung nicht eingezeichnet.

Anschluss der Sparren an der Firstpfette

Der Sparren wird mit einer 3 cm bis 4 cm tiefen Kerve auf der Pfette aufgeklaut. Gesichert wird die Lage des Sparrens mit einem Sparrennagel oder bei höheren Windlasten mit einem Sparrenpfettenanker Die Gelenkwirkung der hier konstruktiv ausgeführten Überblattung der Sparren könnte auch entfallen und wird statisch nicht berücksichtigt.

Anschluss der Sparren an der Fußpfette

Die Fußpfette wird auf einer Sperrschicht, hier Bitumenpappe R 500, mit Ankerschrauben im Abstand von ≤ 2 m in der Stahlbetondecke befestigt. Übliche Größen für die Ankerschrauben im Wohnungsbau sind M12 und M16. Die Sparren werden wie bei der Firstpfette mit 3 cm bis 4 cm tiefen Kerven auf den Fußpfetten aufgeklaut. Die Sicherung der Sparren gegen Abheben erfolgt wiederum mit Sparrennägeln oder Sparrenpfettenankern. Im Traufdetail in Abbildung 18.64 wurde die in den Sparren eingelassene gespundete Schalung (Nut und Feder) im Traufbereich mit dargestellt. Ferner sind auch die Traufbohle und die Dachlattung hinzugefügt worden.

Beispiel Sparrenauflager mit Kerve

Die in der Kontaktfläche A_{et} auftretenden Druckspannungen in der Pfette und im Sparren sind nachzuweisen.

$A_{et} = (b_s + 2 \cdot 3{,}0\ \text{cm}) \cdot l_x$

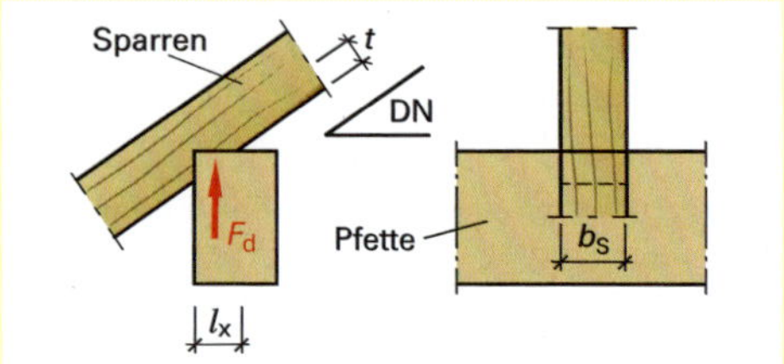

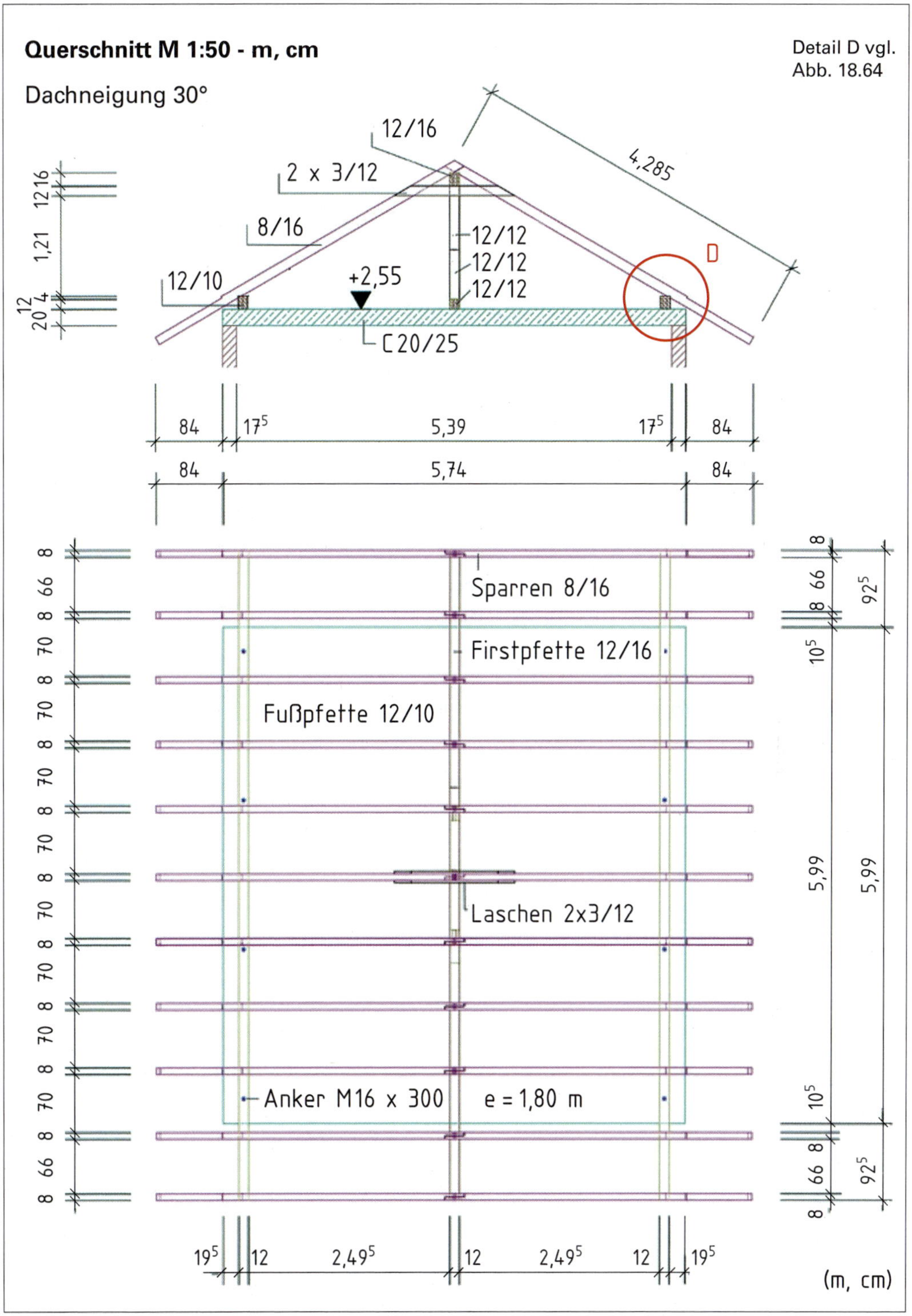

Abb. 18.63: Querschnitt (Pfettendach mit einfach stehendem Stuhl als CAD-Zeichnung)

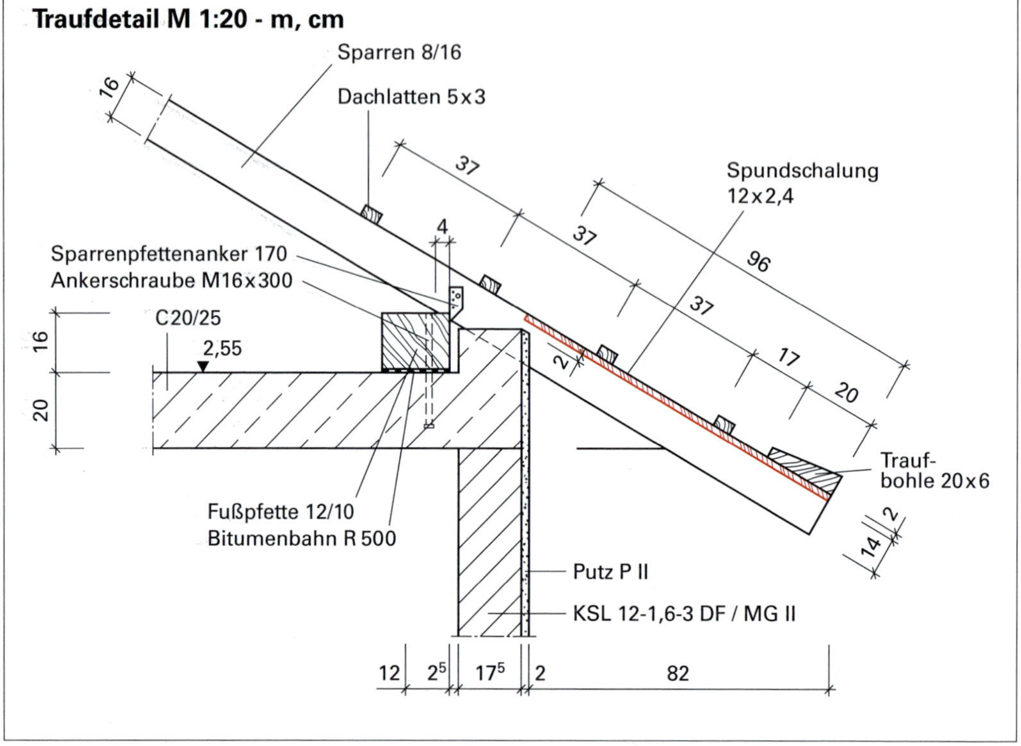

Abb. 18.64: Traufdetail – Pfettendach mit einfach stehendem Stuhl

Aufgaben zum LF 13 I Konstruieren eines Daches

1. Worin liegt der Unterschied zwischen Vollholz- und Brettschichtholzquerschnitten?
2. Welche Formen von Dachbinder aus Brettschichtholz werden unterschieden?
3. Was ist der Vorteil von zusammengesetzten Querschnitten gegenüber Vollholzquerschnitten?
4. Nennen Sie verschiedene Möglichkeiten zur Herstellung eines Gitterträgers.
5. Nennen Sie verschiedene Arten von Fachwerkträgern.
6. Beschreiben Sie das grundsätzliche Tragverhalten eines Fachwerks.
7. Was wird unter dem Begriff „Nullstab" verstanden?
8. Ermitteln Sie die Stabkräfte in den Stäben:
   a) V_1 und U_1 b) V_1 und D_2 c) V_1 und D_1

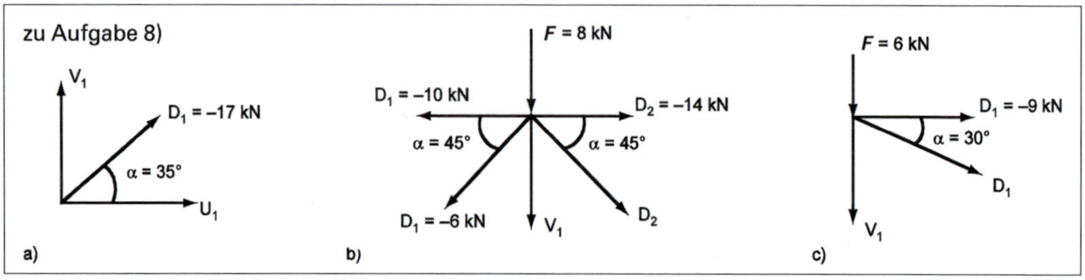

9. Welche Faktoren spielen bei der Bemessung von Holztragwerken eine Rolle?
10. Nennen Sie die verschiedenen stiftförmigen Verbindungsmittel.
11. Welche beiden Beanspruchungsarten werden bei stiftförmigen Verbindungsmitteln unterschieden?
12. Erläutern Sie den Begriff „zweischnittige Verbindung".
13. Warum müssen bei der Konstruktion von Anschlüssen und Verbindungspunkten bestimmte Mindestabstände zwischen den Verbindungsmitteln und zu den Rändern eingehalten werden?
14. Was ist der Unterschied zwischen einseitigen und zweiseitigen Dübeln? Welche Anschlüsse lassen sich mit ihnen herstellen?
15. Welche Typen von Dübeln besonderer Bauart werden unterschieden?
16. Wodurch werden Passbolzen und Stabdübel unterschieden?
17. In dem skizzierten Anschluss sollen zwei auf Druck beanspruchte Streben unter einem Winkel von 45° an einen Untergurt angeschlossen werden.
Dazu wird eine 22 mm starke Sperrholzplatte in den Gurt eingelassen. Die Verbindung ist mit den angegebenen Nägeln herzustellen.
Zeichnen Sie das Nagelbild und bestimmen Sie die sich ergebenden Holzabmessungen sowie die Größe der Sperrholzplatte.

zu Aufgabe 17)

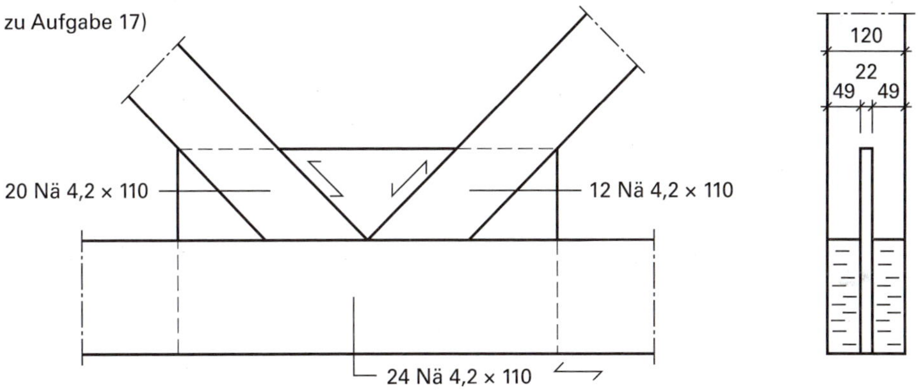

18. Skizzieren, beschriften und bemaßen Sie den Firstpunkt eines Pfettendaches mit 40° Dachneigung ohne Befestigungsmittel im Querschnitt.
Gegeben sind:
Firstpfette 18 cm/24 cm, Sparren 10 cm/24 cm, Kerve (Klaue) 3 cm tief in den Sparren eingelassen, Pfosten (Stütze) 18 cm/18 cm, Firstzangen 2 x 4 cm/16 cm.
19. Ermitteln Sie die Eindringtiefe s in mm eines 280-iger Sparrennagels in eine Mittelpfette 16 cm/24 cm, wenn die Mittelpfette senkrecht 5 cm tief in den Sparren eingelassen ist (Kerve). Die Dachneigung beträgt 40° und der Sparren weist einen Querschnitt von 10 cm/22 cm auf.
Berechnen Sie die Kontaktfläche A_{ef} für das Sparrenauflager. Dabei darf die Kontaktfläche in der Breite um 2 x 3,0 cm erweitert werden (vgl. Abb. 18.28).

zu Aufgabe 19)

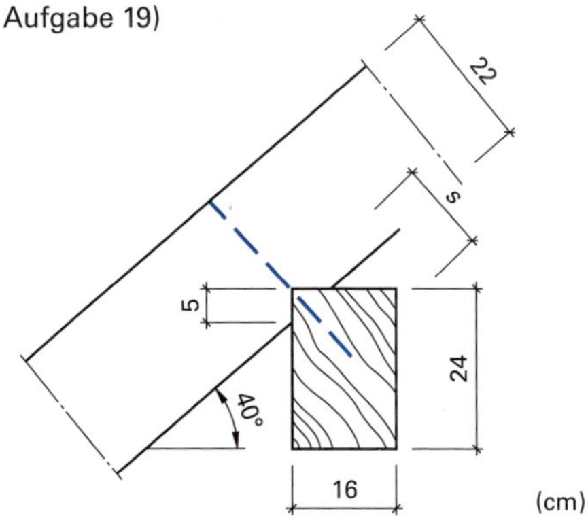

20. Berechnen Sie die Druckfestigkeit σ_D in N/mm² an der schmalsten Stelle des Pfostens mit den Abmessungen in der Abbildung. Führen Sie einen zusätzlichen Nachweis bei einer Sicherung der Kopfbänder mit einem Bolzen M20.

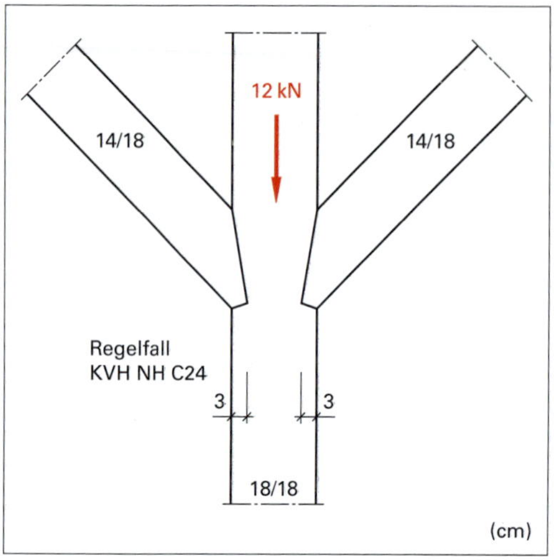

21. Berechnen Sie die Länge der Diagonalstäbe S_1 bis S_3.

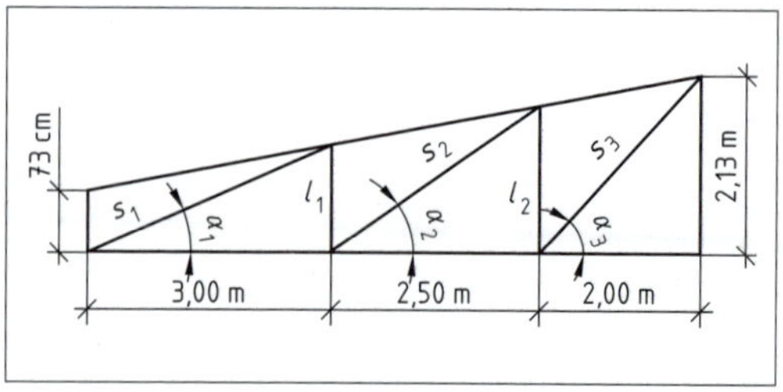

22. Berechnen Sie die Länge des Obergurtes O und der Vertikalstäbe V_1 und V_2.

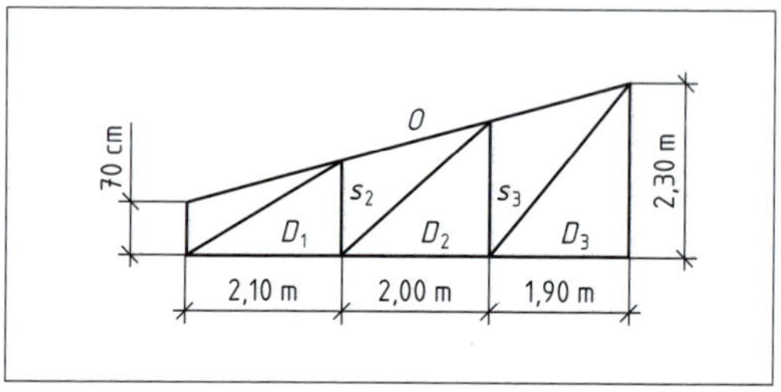

23. **Projektaufgabe**

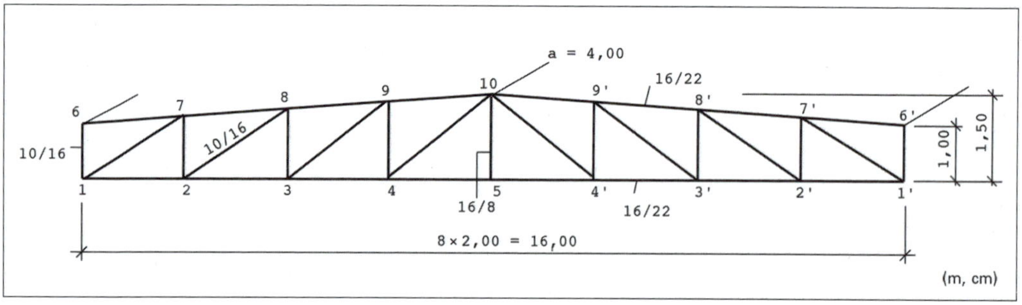

Die Skizze zeigt die Achsabmessungen eines trapezförmigen Satteldachbinders. Ermitteln Sie die genauen Längen der einzelnen Stäbe und zeichnen Sie diese im Maßstab 1:10. Erstellen Sie zudem eine vollständige Holzliste. Der Träger wird mit Überhöhung ausgeführt.

Die Verbindungen werden mit in das Holz eingelassenen Stahlblechen und Stabdübeln als zweischnittige Verbindung ausgeführt. Stellen Sie den Knoten 3 unter Verwendung der folgenden Verbindungsmittel mit allen Maßen und Verbindungsmitteln maßstäblich dar.

Anschluss Stab 3-9 an Stab 2-3-4 mit 4 Sdü ∅ 12 je Stab.

Anschluss Stab 8-3 an Stab 2-3-4 mit 4 Sdü ∅ 10 je Stab.

Knoten	Δh
2 und 2′	2,5 cm
3 und 3′	insgesamt 3,5 cm
4 und 4′	insgesamt 4,3 cm
5 und 5′	insgesamt 5,0 cm

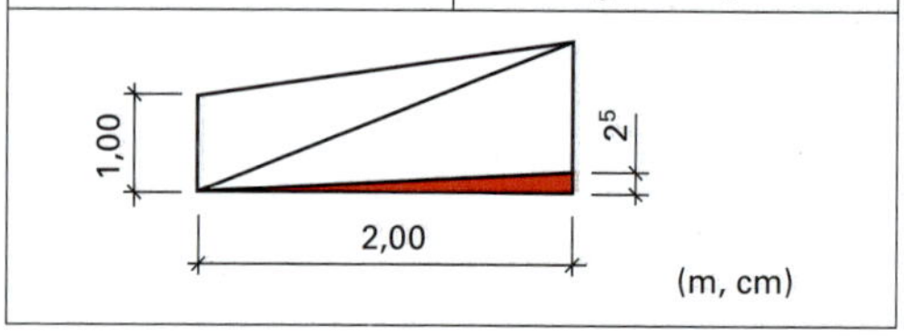

Überprüfen Sie, ob die vorhandenen Holzabmessungen ausreichend sind und erhöhen Sie diese gegebenenfalls.

LF 14 I 19 Planen eines Stahlbetonbauwerkes

Im LF 14 I (Kapitel 19) werden die Grundlagen für das Planen, Entwerfen, Berechnen und Konstruieren mit Stahlbeton vertieft, um für die wesentlichen Bauteile, wie Fundamente, Wände, Stützen, Konsolen, Auflager, Treppen, Decken und Binder Konstruktions- und Bewehrungszeichnungen fertigen können.

Im LF 4 „Planen einer Gründung" sind bereits der Baustoff Beton, im LF 6 „Konstruieren eines Stahlbetonbalkens" die Grundsätze der Verbundwirkung von Beton und Stahl sowie die allgemeinen Bewehrungsregeln, im LF 8 „Planen einer Geschossdecke" das Bewehren mit Baustahlmatten und im LF 12 I „Planen einer Halle" Bauelemente als Stahlbetonfertigteil erläutert.

Bei der Durchführung einer Konstruktionsaufgabe ist der Planer gezwungen, das Bauwerk in einzelne Elemente und Tragwerke zu zerlegen. Dazu werden Positionspläne angefertigt, in denen die zu berechnenden Bauteile gekennzeichnet sind (vgl. Abb. 19.1 und Abb. 8.40). An den gedachten Schnittstellen zwischen den Einzelteilen werden die Lagerbedingungen idealisiert. Eine Änderung der Lagerbedingungen führt zu Veränderung bei den Größen der Schnittkräfte und damit i.d.R. zu Veränderungen in der Bemessung. Dabei gehört neben der Sicherheit des Bauwerks (Tragfähigkeit) heute auch der Nachweis der Gebrauchstauglichkeit und der Dauerhaftigkeit. Die Wirtschaftlichkeit ist dabei mit zu bedenken. Grundlage der Ausführungen ist die DIN EN 1992-1-1/NA „Bemessung und Konstruktion von Stahlbeton- und Spannbetontragwerken". Auf die Bemessung für den Brandfall wird hier nicht eingegangen.

Die gesamte Konstruktionsplanung wird allgemein als Tragwerksplanung bezeichnet. Die dort ausgeführten Berechnungen werden als Statik/ Statische Berechnung/Bemessung ausgewiesen.

19.1 Fundamente

Als Fundamente für Geschossbauten kommen die gleichen Konstruktionen wie bei Hallen zur Anwendung, also Einzelfundamente, Blockfundamente, Köcherfundamente und Streifenfundamente. Außer im Bauzustand müssen die Fundamente in der Regel keine großen Momente in Gebäudequerrichtung aufnehmen, da bei guter Konstruktion hierfür Wandscheiben zur Verfügung stehen.

Die Konstruktion von Einzelfundamenten wurde schon im LF4 „Planen einer Gründung" erläutert. Daher werden hier nur die Bewehrung von Block- und Köcherfundamenten behandelt.

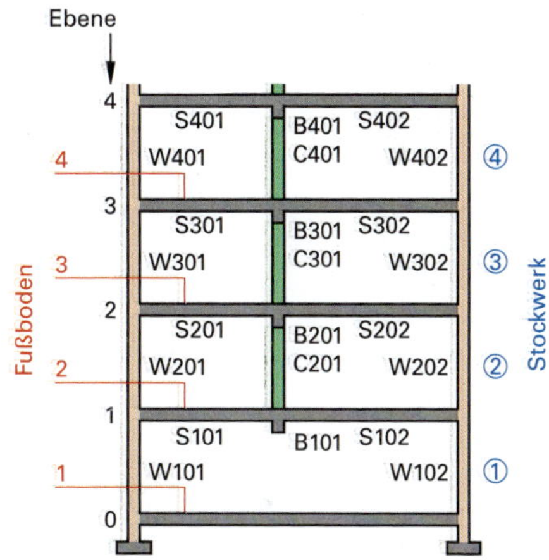

Beispiele für die Bezeichnung von Stützen, Platten, Wänden und Balken

Stockwerk beschreibt den Raum, der durch den Abstand zwischen zwei aufeinanderfolgenden Ebenen, begrenzt durch Fußböden, Decken und Wände – einschließlich der Bauteildicken –, begrenzt wird.

Treppen werden den Stockwerken zugeordnet.

Ebenen beschreiben den Übergang zwischen zwei aufeinanderfolgenden Stockwerken.

Fußböden werden von unten nach oben in Übereinstimmung mit den Stockwerken ausgezeichnet.

Stützen, Platten, Wände und Balken erhalten eine Hauptbezeichnung nach Buchstaben und eine Zusatzbezeichnung durch Zahlen.

Stützen (Columns)	**C 201** (Stockwerk 2, Stütze 1)
Platten (Slabs)	**S 305** (Stockwerk 3, Platte 5)
Wände (Walls)	**W 004** (Stockwerk 0, Wand 4)
Balken (Beams)	**B 111** (Stockwerk 1, Balken 11)

Abb. 19.1: Positionsplan

Blockfundamente

Blockfundamente werden zunächst so konstruiert wie Einzelfundamente. Die Längskraft und das Moment aus der Stütze am Stützenfuß müssen über einen profilierten Becher (Profiltiefe ≥ 1 cm) in den Fundamentköcher eingeleitet werden (vgl. Abb. 19.2).

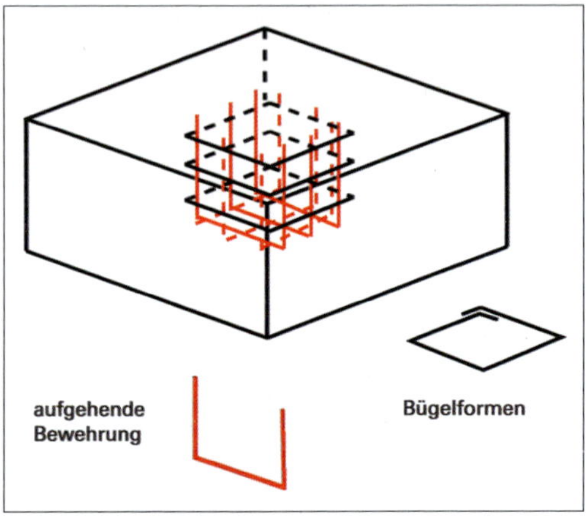

Abb. 19.2: Bewehrungsprinzip Blockfundament

Der Füllbeton für die Fuge muss die gleiche Festigkeit wie der Fundamentbeton aufweisen. Die Fugenbreite ist so zu wählen, dass der Toleranzausgleich zwischen Stütze und Fundament ermöglicht wird. Im Regelfall unten 5 cm und oben 7 m bis 8 cm. Die Einbindetiefe der Stütze sollte ≥ 1,5 × Stützenbreite betragen. Zur Weiterleitung der Kräfte aus dem Fugenverbund werden um die Stützenhülse vertikale Stehbügel angeordnet, die durch horizontale Bügel gesichert werden müssen.

Eine Möglichkeit, die Köcher zu sparen, ist die Verwendung von Fundamentankern oder Stützenfüßen. Bei dieser Konstruktion wird die Stütze über in Stützenfuß und Fundament einbetonierte Stahlteile bei der Montage verschraubt (vgl. Abb. 19.3).

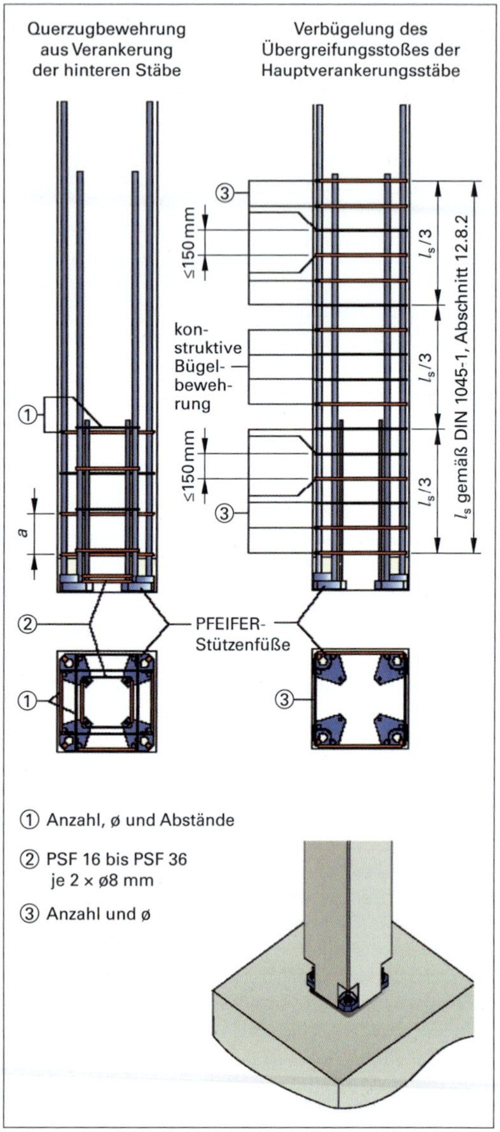

Abb. 19.3: Einspannung von Stützen mit Stützenfüßen

Köcherfundamente

Köcherfundamente dienen ebenso wie Blockfundamente zur Aufnahme von Stützen mit Momentenbeanspruchung. Die Bewehrungsform richtet sich nach der Höhe der Momentenbeanspruchung.

Köcherfundamente können auch als Betonfertigteil hergestellt werden und auf einer Sauberkeitsschicht versetzt werden.

Wände zwischen Stützen und Innenwände werden in üblicher Weise auf Streifenfundamente gegründet.

Bewehrungsführung

(am Beispiel der Abbildung 19.6)

Die Anordnung der Längsbewehrung kann gleichmäßig erfolgen, wenn die Fundamentbreite b_y nicht größer als das 3-fache der Köcherbreite $b_{Köy}$ ist. Die aufgehenden Köcherwände sollen eine Wanddicke $h_{Kö}$ von mindestens 1/3 der Köcherweite (Größe der Öffnung) $w_{Kö}$ haben. Die Bewehrung ist bis an den Fundamentrand durchzuführen und dort mit Winkelhaken zu verankern.

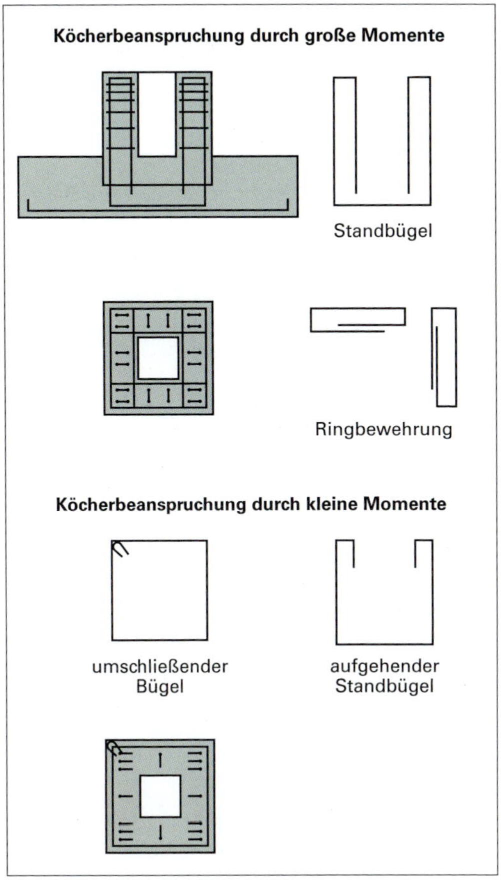

Abb. 19.4: Bewehrung von Köcherfundamenten

Abb. 19.5: Köcherfundamentschalung
(MSL-Schalungssysteme)

Die Querbewehrung A_{Sy} ist auf einer Länge von der 3-fachen Köcherbreite $b_{Köx}$ wie die Längsbewehrung (Hauptbewehrung) zu verlegen. An den Rändern bzw. auf der verbleibenen Restlänge links und rechts genügt eine Querbewehrung von 20 % der Hauptbewehrung.

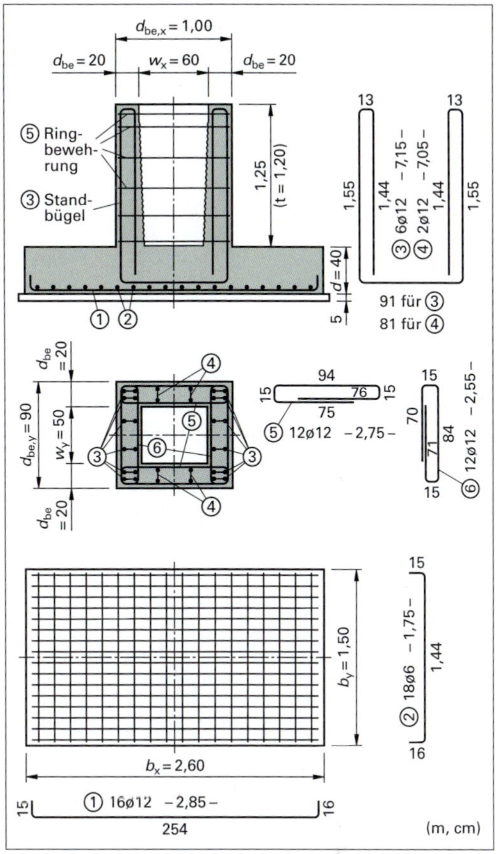

Abb. 19.6: Bewehrung Köcherfundament

19.2 Stützen

Rechteckstützen oder Rundstützen werden nach der Lage im Gebäude unterscheiden in Außenstützen, Eckstützen, Giebelstützen und Innenstützen. Geht die Stützenlänge über mehr als ein Geschoss ergeben sich Geschossstützen. Als Stützen können Bauteile betrachtet werden, bei denen das Verhältnis der Querschnittsabmessungen $b/d < 4$ ist.

Innenstützen werden überwiegend auf Druck beansprucht. Bei Außenstützen in der Wand kommt zu der Druckbeanspruchung noch eine Beanspruchung auf Biegung in Richtung einer Achse (einachsige Biegung) hinzu, bei Eckstützen wird die Stütze zusätzlich zur Druckbeanspruchung in Richtung beider Achsen auf Biegung beansprucht. Die Tragfähigkeit einer Stütze hängt von der Schlankheit der Stütze ab. Die Schlankheit der Stütze errechnet sich aus der Knicklänge dividiert durch den Trägheitsradius.

Der Trägheitsradius i ist ein Querschnittswert

$$i = \sqrt{\frac{I}{A}} = \sqrt{\frac{b \cdot h^3}{12 \cdot b \cdot h}} \Rightarrow i = 0{,}289 \cdot h$$

Die Schlankheit einer Stütze muss für jede Achsrichtung untersucht werden.

Nach Art der Bewehrung werden bügelbewehrte Stützen und umschnürte Stützen (vgl. Abb. 19.7) unterschieden.

Bügelbewehrte Stützen

Die Mindeststützenbreite b muss ≥ 20 cm bei Ortbetonstützen und bei Fertigbetonstützen ≥ 12 cm sein. Die Bewehrung von Stützen besteht aus Längsstählen und Bügeln.

Die **Längsstähle** sind gleichmäßig über den Querschnitt anzuordnen. Der Abstand der Längsstäbe darf 30 cm nicht übersteigen. Bei Stützenabmessungen $b \leq 40$ cm ist ein Bewehrungsstab je Ecke ausreichend. Der Durchmesser der Längsstähle muss mindestens 12 mm betragen.

In jeder Ecke dürfen bis zu 5 Längsstähle bis zu einem Abstand des 15-fachen Bügeldurchmessers durch einen Bügel gesichert werden. Sollten weitere Längsstäbe erforderlich sein sind diese durch Zwischenbügel zu sichern. Der Abstand der Zwischenbügel $s'_{bü}$ darf dabei das Doppelte des normalen Bügelabstands $s_{bü}$ betragen (vgl. Abb. 19.8).

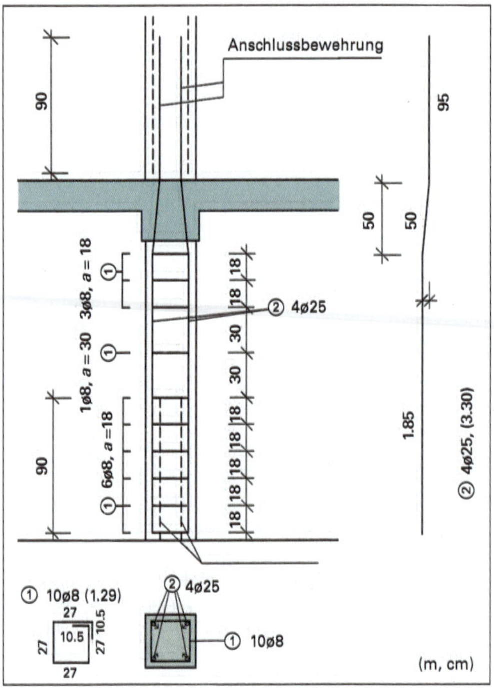

Abb. 19.7: Stützenbewehrung
(als CAD-Zeicnung, z. B. 10.5 in cm statt 10[5])

Der Stahlquerschnitt $A_{s,min}$ einer Stütze ist mindestens für 15 % der Druckkraft zu bemessen. N_{Ed} ist die vom Querschnitt aufzunehmende Normalkraft (Druckkraft).

$$A_{s,min} = 0{,}15 \cdot \frac{N_{Ed}}{f_{yd}} \qquad (N_{Ed} \text{ positiv einsetzen})$$

$$f_{yd} = f_{yk}/\gamma_s = \frac{500}{1{,}15} \qquad f_{yd} = 434{,}8 \text{ N/mm}^2 \text{ für B500A}$$

Eine Stütze darf höchstens einen Bewehrungsgrad von 9 % der Stützenquerschnittsfläche aufweisen. Dies gibt auch in den Stoßbereichen einer Stütze.

Die Druckstäbe der Stützen sind in den angrenzenden Bauteilen zu verankern.

Im Bereich von Unterzügen und Fundamenten gehen die Bügel durch, d. h., auch in diesen Bereichen werden Bügel angeordnet.

Die Bewehrung von Stahlbetonstützen besteht aus Längsstählen und Bügeln. Die Längsstähle müssen mindestens den Durchmesser 12 mm haben.
Es gibt eine Mindestbewehrung und eine Höchstbewehrung in Abhängigkeit von der Querschnittsfläche.

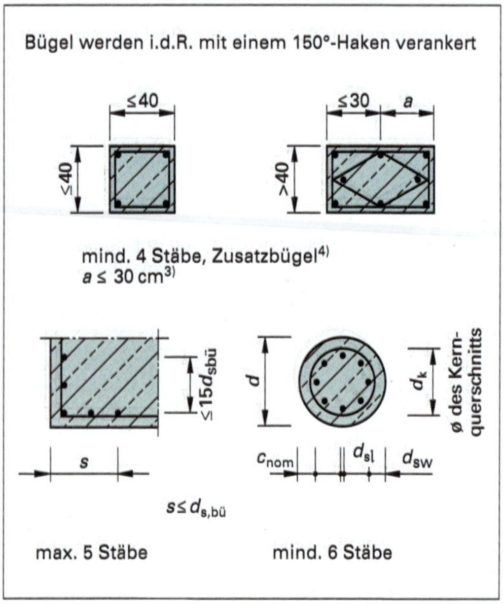

Abb. 19.8: Anordnung von Bügel

Bügel und Bügelabstände

Die Bügeldurchmesser müssen mindestens 6 mm (bei Matten 5 mm) betragen und größer als $d_{sl}/4$ sein.

Bügeldurchmesser mit 6 mm sind daher ausreichend für Längsstäbe bis einschließlich 20 mm. Für Längsstäbe mit größerem Durchmesser müssen Bügel mit 8 mm Durchmesser verwendet werden.

Der Abstand der Bügel untereinander ist von der Lage in der Stütze und den Bauteilen abhängig, in die die Stütze einbindet.

Im „Normalbereich" gilt für die Bügelabstände:

$s_{bü} \leq 12 \cdot d_{sl}$	$s_{bü} \leq 30$ cm	$s'_{bü} \leq 2 \cdot s_{bü}$

$s'_{bü}$ gilt für den Zwischenbügelabstand

Bei Stabbündeln ist nicht mit d_{sl}, sondern mit dem Vergleichsdurchmesser d_s zu rechnen.

Beispiel

Nach DIN bestehen Stabbündel aus zwei bis drei Einzelstäben, die auf der Baustelle zusammengerödelt werden können.

Einzelstabdurchmesser $d_{s,l} \leq 28$ mm
Vergleichsdurchmesser $d_{sn} = d_s \cdot \sqrt{n_b} \leq 55$ mm

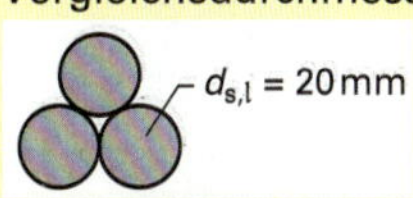

n Anzahl der Einzelstäbe
$d_{sn} = 20 \text{ mm} \cdot \sqrt{3}$
$= 34{,}6$ mm

n_b Anzahl der Bewehrungsstäbe

Bei allen Nachweisen wird der Vergleichsdurchmesser d eingesetzt, auch bei der Begrenzung des Mindestabstandes.

Über und unter Balken und Decken ist der Bügelabstand auf einer Höhe gleich der größten Stützenbreite auf 0,6 des normalen Abstandes zu verringern. Die engeren Bügel sind auch im Inneren des Balkens zu verlegen. Diese Reglung gilt auch im Bereich von Übergreifungsstößen sofern der Durchmesser der Längsstäbe ≥ 14 mm beträgt.

Werden die Längsstähle der Stützenbewehrung gekröpft (vgl. Abb. 19.9), sind im Bereich der Knickstellen Zusatzbügel zur Aufnahme der Umlenkkräfte aufzunehmen.

Bügelbewehrte Stützen müssen mindestens vier Längsstähle haben. Sie sind mit geschlossenen Bügeln gegen Ausknicken zu sichern.

Umschnürte Stützen

Umschnürte Stützen sind Druckglieder mit kreisförmigem oder regelmäßig vieleckigem Querschnitt. Bei dieser Stützenform werden die Längsstähle durch eine spiralförmige Verbügelung gehalten, sozusagen umschnürt. Dadurch verbessert sich die Tragfähigkeit der Stütze wesentlich. Die Bewehrung besteht aus mindestens sechs Stabstählen, die gleichmäßig auf dem Umfang zu verteilen sind. Die Mindestdurchmesser gelten wie bei bügelbewehrten Stützen. Die Wirksamkeit der Umschnürung ist von der Ganghöhe der Wendelung abhängig. Sie darf nicht größer als 8 cm bzw. ein Fünftel des Kerndurchmessers betragen. Bei Anschlüssen zwischen zwei Wendelungen sind Winkelhaken nach innen anzuordnen.

Umschnürte Stützen werden mit einer Wendelbewehrung anstelle von Bügel hergestellt. Die Ganghöhe darf maximal 8 cm betragen.

Stoßausbildung

Die Längsstöße von Stählen bei der Stützenbewehrung von Geschossstützen sind vorzugsweise oberhalb der Decke anzuordnen., da sich hier Arbeitsfugen ergeben. Die Übergreifungslänge ergibt sich nach DIN EN 1992-1-1 im Verbundbereich I.

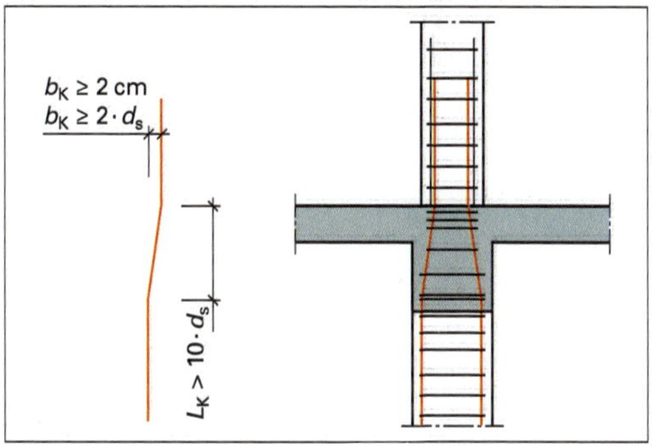

Abb. 19.9: Gekröpfte Längsstähle
(bei Querschnittswechsel)

Ein Vollstoß der Längsbewehrung ist bis zu einem Bewehrungsgrad von 4,5 % möglich. Bei Bewehrungsgraden von mehr als 4,5 % müssen die Stöße versetzt werden. Bei Bewehrungsgraden zwischen 4,5 % und 6 % ist es günstig, die Hälfte der Längsbewehrung über zwei Geschosse zu führen.

Die Bewehrung von Stützen wird im Normalfall geschossweise mit Stützenstößen hergestellt.

19.3 Konsolen

Konsolen sind auskragende Bauteile, bei denen der Abstand von der Einspannstelle bis zur Laststelle kleiner ist als die Bauteilhöhe der Konsole. Konsolen können quaderförmig oder abgeschrägt ausgeführt werden. Die Konsolabmessungen sollten so gewählt werden, dass sich vom Auflager aus eine Druckstrebe unter 45° ausbilden kann.

Die Zugkraft am oberen Konsolenrand wird mit Bewehrungsschlaufen mit dem Querschnitt A_s am oberen Rand der Konsole verlegt und an der Rückseite der Stütze verankert. Sollte die Bewehrung nicht einlagig auszuführen sein, sind die Bewehrungsschlaufen im oberen Bereich der Konsole anzuordnen.

In Abhängigkeit von dem Lasteinleitungspunkt zur Stütze im Verhältnis zur Konsolhöhe werden die Bügel in der Konsole waagerecht oder senkrecht angeordnet. Wenn die Entfernung von der Last bis zum Stützenrand weniger als die Hälfte der Konsolhöhe beträgt werden horizontale Bügel für $\geq 0{,}5 \cdot A_s$ eingebaut. Ist die Last mehr als die halbe Höhe der Konsole vom Stützenrand entfernt, werden senkrechte Bügel eingebaut ($0{,}7 \cdot A_s$). Die Bügelbewehrung soll die auftretenden Querzugspannungen aufnehmen. Die äußere Kante des Lagers muss vor dem Stahl der Schlaufe liegen.

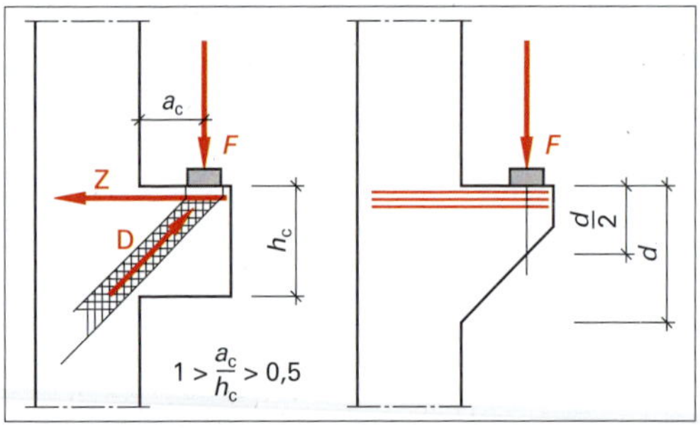

Abb. 19.10: Konsolabmessungen in Abhängigkeit von der Druckstrebe

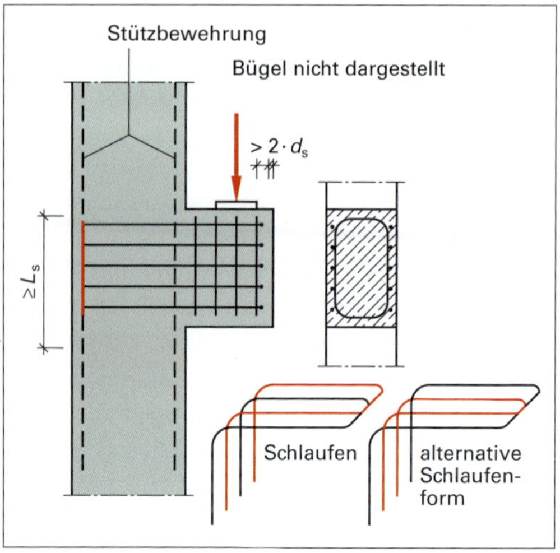

Abb. 19.11: Konsolbewehrung

Abb. 19.12: Stahlbetonkonsole

19.4 Wände

Als Wände können unbewehrte Wände, bewehrte Wände, Wände aus Leichtbeton und im Betonskelettbau Elementwände eingesetzt werden (vgl. Kapitel 16, LF 11 I). Die Bauteile müssen mit Anschlussbewehrung versehen sein, damit sich die Wandelemente mit den Stützen und Decken verbinden lassen. Dazu ist bei Elementwänden eine entsprechende Fugenausbildung nötig. Nachdem die Elemente in ihrer Lage fixiert sind, werden die Fugen kraftschlüssig vergossen.

Bei Elementwänden ist die Außenschale mindestens 7 cm dick und kann einlagig bewehrt werden. Bei Verwendung als Brüstungs- und Sturzplatten werden die Sandwichelemente an der Konstruktion befestigt. Bei Verwendung als Wandelement wird die innere Schale als tragende Stahlbetonwand ausgebildet (vgl. Kapitel 17, Elementwände).

Auf diese Wände können dann Deckenelemente aufgelegt werden. Decken- und Wandelemente sind durch Anschlussstähle zu verbinden. In den Sandwichelementen sind Transportanker einzubauen. Vorteilhaft sind ebenfalls Verstellmöglichkeiten in mehreren Achsen zur Erleichterung einer passgenauen Montage.

Öffnungen in Stahlbetonwänden

Im Bereich von Wandöffnungen sind konstruktive Stahleinlagen um die Öffnung herum einzulegen (**Auswechselstäbe**). Bei druckbeanspruchten Wänden werden die Auswechselstäbe im Abstand der Betondeckung um die Öffnung gelegt, wobei zu jeder Seite mindestens 25 % der durch die Öffnung entfallenden Bewehrung einzulegen und zu verankern sind. Die in Abbildung 19.13 dargestellte konstruktive Randbewehrung (Bewehrung an freien Rändern) bleibt davon unberührt. Bei innenliegenden Wänden wird i. d. R. auf die Randeinfassung verzichtet.

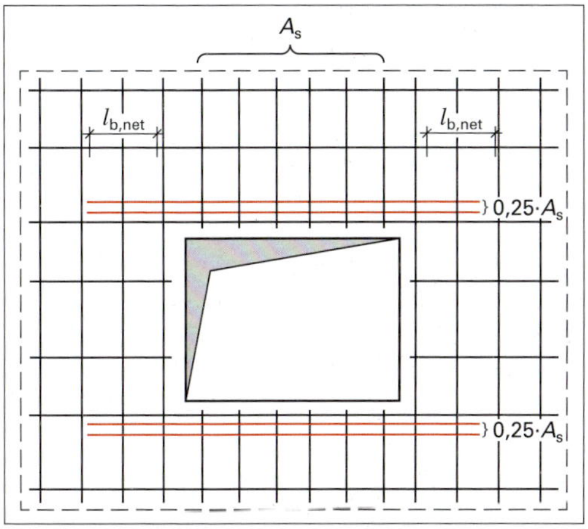

Abb. 19.13: Bewehrungsführungen bei Wandöffnungen

Bewehrung von Bauteilen mit veränderlicher Höhe

Für trapezförmige Wände und andere Bauteile mit veränderliche Breite oder Höhe gibt es die Möglichkeit eine einzelne Biegeform mit unterschiedlichen Biegelängen in so genannten X-Listen zusammenzufassen. Ein Anwendungsbeispiel dafür ist die lotrechte Bewehrung einer Widerlagerwand im Brückenbau. Der Vorteil bei der Verwendung von X-Listen besteht in einer übersichtlichen Darstellung auf dem Bewehrungsplan (vgl. Abb. 19.14).

Neben geraden Stäben oder Winkelhaken können auch Bügel mit X-Maßen ausgeführt werden. Bei der Verwendung von X-Maßen sind in jedem Fall die einzelnen Längen zusammen mit dem Auszug der entsprechenden Position anzugeben.

Bauteile mit veränderlicher Höhe werden mit Bügeln oder Längsstählen mit so genannten X-Maßen bewehrt.

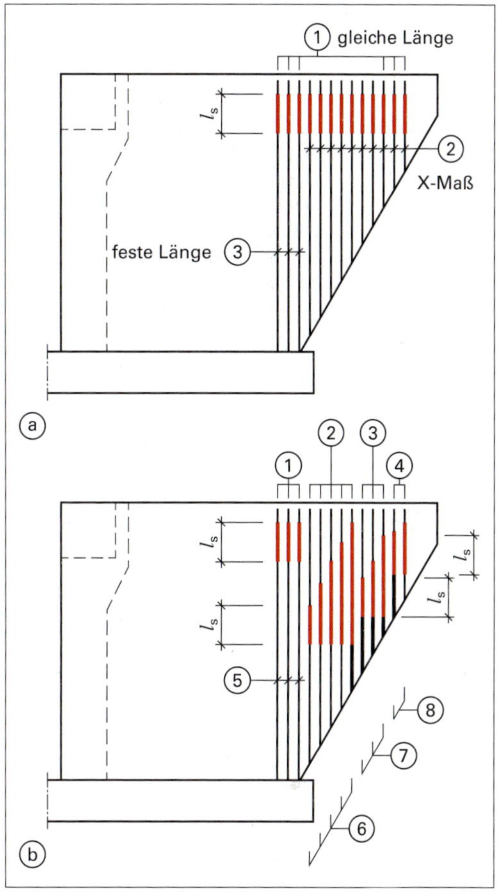

Abb. 19.14: Schematische Darstellung der lotrechten Bewehrung einer Widerlagerwand
a) mit X-Maßen, b) mit erhöhter Übergreifungslänge

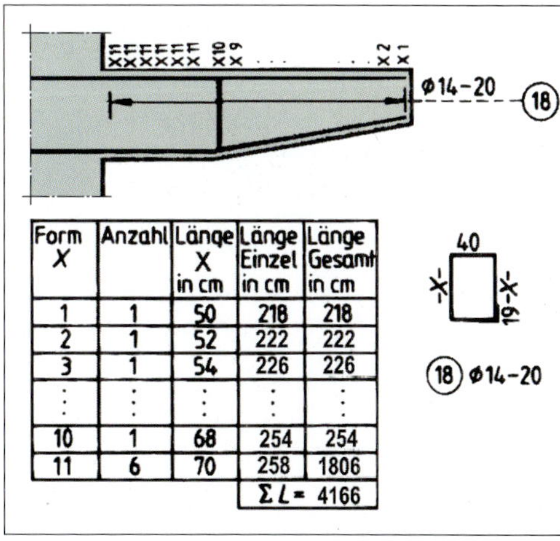

Form X	Anzahl	Länge X in cm	Länge Einzel in cm	Länge Gesamt in cm
1	1	50	218	218
2	1	52	222	222
3	1	54	226	226
⋮	⋮	⋮	⋮	⋮
10	1	68	254	254
11	6	70	258	1806
			Σ L = 4166	

Abb. 19.15: X-Liste für Bügel

19

19.5 Treppenplatten

Als Platten werden ebene Flächentragwerke (Geschossdecken, Treppenläufen) betrachtet, die senkrecht zu ihrer Ebene belastet werden. Die Lastabtragung erfolgt meist linienförmig auf Wänden oder Balken. Zu unterscheiden sind

- einachsig gespannte Platten
- einachsig gespannte Durchlaufplatten
- zweiachsig gespannte Platten
- zweiachsig gespant Durchlaufplatten

Im Folgenden wird die Bewehrungsführung für eine Treppe mit quergespannten Podesten erläutert. Grundlagen der Bemessung und Bewehrung von Treppenläufen sind im LF 7 „Konstruieren von Treppen" vorgestellt. Entsprechend dem statischen Tragverhalten werden Treppenläufe wie folgt unterschieden:

- längsgespannte Treppen mit gleichgespannten Podesten (vgl. Abb. 7.48, Kapitel 7)
- längsgespannte Treppen mit quergespannte Podesten (vgl. Abb. 19.28 und Abb. 7.44)
- quergespannte Treppenplatten
- auskragende Treppenplatten bzw. Treppenstufen
- freitragende Wendeltreppen

Die einfachste Lastabtragung erfolgt, wenn der Treppenlauf quer zur Laufrichtung gespant ist, also links und rechts unterstützt wird (aufliegt). Die Bemessung erfolgt vereinfacht für die kleinste Plattendicke. Für den Abstand der Hauptbewehrung gilt für Platten unter 25 cm Dicke $s_{max} \leq 15$ cm, für Platten ab 25 cm Dicke $s_{max} \leq 25$ cm.

Die Abbildung 19.16 zeigt die Bewehrungsführung einer Treppenlaufplatte mit quer gespannten Podesten. Dabei wird die Hauptbewehrung der Treppenlaufplatte in der quergespannten Podestplatte verankert. Alternativ zu einer gleichmäßigen Verteilung der Hauptbewehrung (Pos. 4) der Podestplatte ist eine auf das vordere Drittel bezogene verstärkte Bewehrung anzulegen (z. B. mit halben Abstand der Hauptbewehrung).

Bei der Berechnung der quergespannten Treppenplatten (als schrägliegende Platten) ist bei der Ermittlung der Einwirkungen die Neigung α der Treppe zu berücksichtigen. Die Einwirkungen g_d und q_d sind nach g_{Td} und q_{Td} umzurechnen (vgl. Abb. 19.17). Für die Umrechnung auf 1,00 m^2 Grundfläche sind die Werte g_d und q_d durch den Kosinuswert der Treppensteigung α zu dividieren, z. B. für α berechnet aus tan α – s/a (Steigung/Auftritt) kann der Wert cos α berechnet werden.

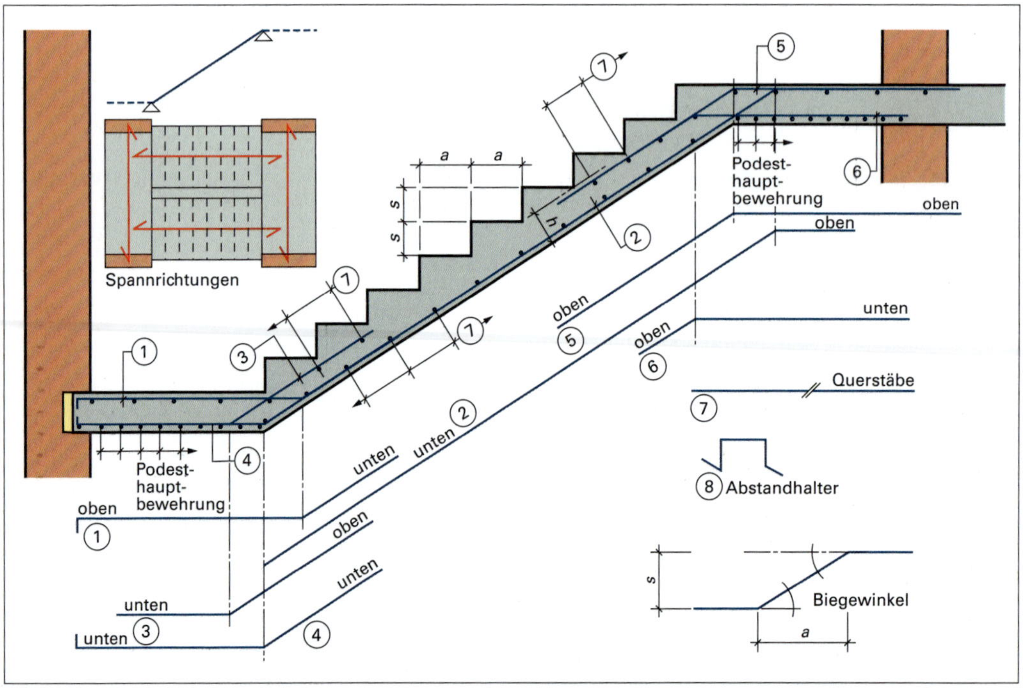

Abb. 19.16: Bewehrung einer Treppenlaufplatte mit quer gespannten Podesten (Bewehrungsführung für Treppenplatten mit Podesten bei Ausführung einer Arbeitsfuge zwischen unterem Podest und Laufplatte)

Die längsgespannte Treppenlaufplatte ist als schrägliegende Platte zu konstruieren. Bei den quergespannten Podesten ist die Podestbewehrung am Endauflager zu verankern. Zusätzlich ist dort eine obere Bewehrung mit $A_{sq} = 0{,}25 \cdot A_s$ (25 % der Hauptbewehrung) einzuplanen. Die Bewehrung der Laufplatte orientiert sich an der Stützweite der Treppenlaufplatte als $l_{eff} = l_T + b_{Pl}/3 + b_{Pr}/3$, also die waagerecht gemessene Länge der Treppenlaufplatte unter Einbeziehung um jeweils 1/3 der Podestbreite (vgl. Abb. 19.17). Die Berechnung als dreiseitig gelagerte Platte lohnt meist bei kurzen Spannweiten des Podestes nicht; die Bemessung der Podeste kann als einseitig gespannte Platte erfolgen.

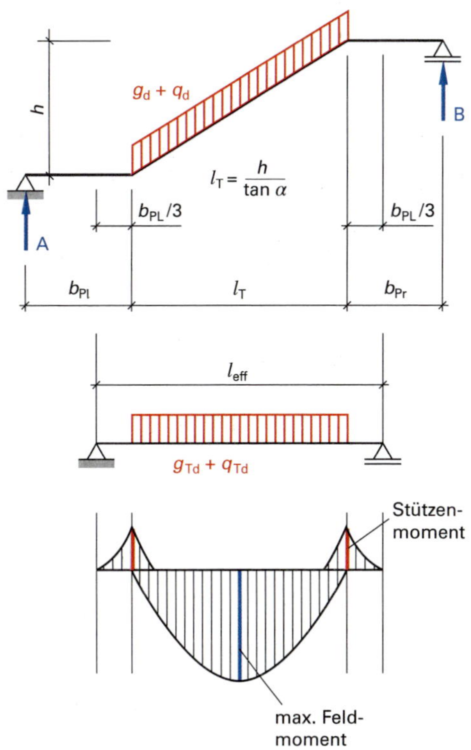

Abb. 19.17: Spannweite der Treppenlaufplatten

19.6 Plattenbalken

Decken haben wie im LF 8 „Planen einer Geschossdecke" dargestellt vielfältige Aufgaben. Im Tragwerksystem sollen Platten (Decken) die vertikalen Lasten zu den Unterzügen, Wänden und Stützen ableiten. Je nach Belastung und Spannweite der Decke werden Unterzüge, Überzüge oder deckengleiche (höhengleiche) Balken statisch eingeplant. Eine besondere Form ist der Plattenbalken, der im Querschnitt aus einer Stahlbetonvolldecke mit unterseitigem Stahlbetonbalken besteht.

Die Tragfähigkeit eines rechteckigen Balkens nimmt mit dem Quadrat aus der Höhe und im gleichen Verhältnis (linear) mit der Breite zu.

Beispiel

Doppelte Breite ⇨ Doppelte Momententragfähigkeit
Doppelte Höhe ⇨ Vierfache Momententragfähigkeit

Balken mit einer Breite mit $b > 4 \cdot h$ sind als Platten zu bemessen, wobei mit $b/h > 5$ eine Querbewehrung erforderlich ist. Dabei sollte der Balkenquerschnitt so bemessen werden, dass in der Biegedruckzone kein Stahl für die Aufnahme der Druckkraft notwendig wird.

Bewehrungsführung

In der Regel wird für die Längsbewehrung ein Durchmesser ≤ 28 mm gewählt. Bei Verlegung in zwei Lagen, sind die Stäbe übereinander anzuordnen, um ausreichend Platz für eine Verdichtung zu gewährleisten. Die Plattenbewehrung (Oberflächenbewehrung) kann aus Betonstahlmatten hergestellt werden und wird i. d. R. außerhalb der den Balken umschließenden Bügel angeordnet (vgl. Abb. 19.18). Die Bügelbewehrung muss die Biegezugbewehrung und die Biegedruckzone umschließen. Die Bügelhaken dürfen nach innen oder nach außen (in die Decke) geschlossen (gebogen) werden. Die Abbildung 19.19 zeigt eine mögliche Bügelanordnung mit und ohne Zulagebewehrung.

Neben der Rechteckform des Balkens sind auch Querschnittsformen mit veränderlicher Breite (Trapezform) oder als I Querschnitt denkbar (vgl. Abb. 19.20).

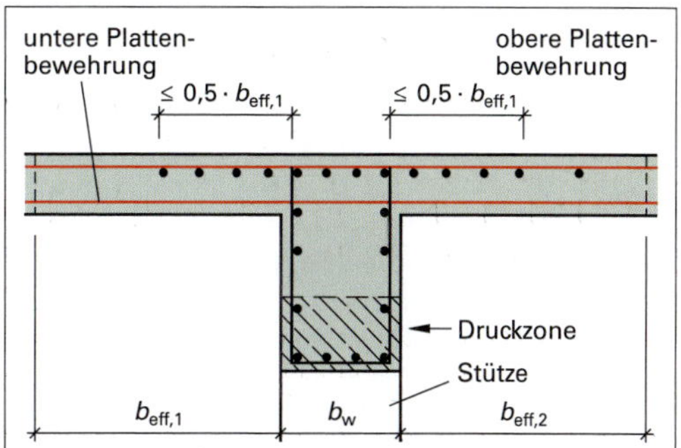

Abb. 19.18: Bewehrung für Plattenbalken mit obenliegender Zugzone über Stütze

19

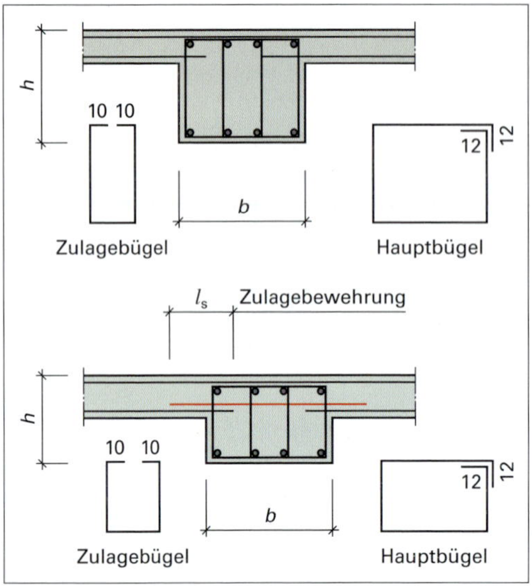

Abb. 19.19: Bügelanordnung (in Querrichtung)

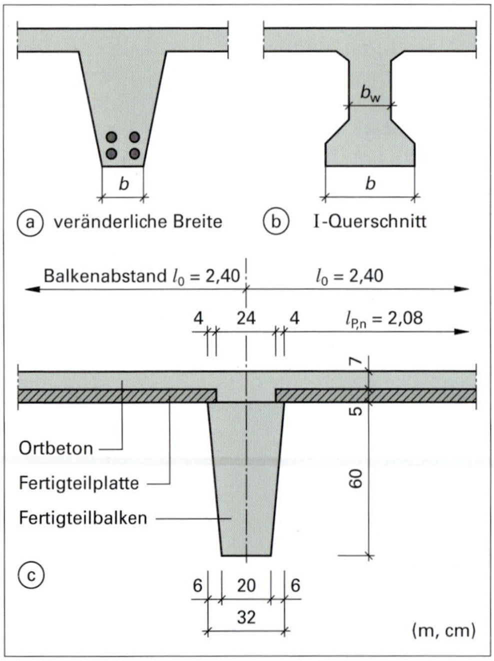

Abb. 19.20: Weitere Querschnittsformen für Plattenbalken a) Trapezform, b) I-Querschnitt, c) Ausführung mit Fertigteilplatte

Beispiele für Plattenbalken mit schlankem Querschnitt $b_{eff}/b_w > 5$ sind Fertigteilbalken mit Doppel-T-Profil (oft als π-Platte bezeichnet). Bei gedrungenen Plattenbalken $b_{eff}/b_w \leq 5$ wird eine Ersatzbreite b_i für die Bemessung ermittelt.

19.7 Zugkraftdeckungslinie

Bei Bauteilen mit einem hohen Bewehrungsanteil oder bei der Herstellung mehrerer gleicher Bauteile kann mitunter sinnvoll sein, die Längsbewehrung zu staffeln, d. h. die Bewehrung nur bis zu den Stellen einzulegen, wo sie benötigt wird. Dies wird als **gestaffelte Bewehrung** bezeichnet. Dazu müssen die genauen Endpunkte der Bewehrung und die Verankerungslängen ermittelt werden. Das Verfahren wird im Folgenden näher beschrieben und ist zur zeichnerisch richtigen Umsetzung der Verankerungslängen wichtig. Eine Möglichkeit dazu bietet die Zugkraftdeckungslinie. Dazu müssen die Grenzmomentenlinien für das Bauteil bekannt sein, die sich bei Durchlauf- oder Kragträgern aus unterschiedlichen Laststellungen ergeben. Durch Division der Momente durch den Hebelarm der inneren Kräfte z ergibt sich eine, dem Momentenverlauf ähnliche Linie, die F_{Ed} – Linie, wobei für z näherungsweise $0{,}9 \cdot d$ angesetzt werden darf.

Um die die M/z-Linie zu zeichnen gibt es zwei Vorgehensweisen:

1. Die Grenzmomentenlinie wird nach den Angaben der Statik in einem Momentenmaßstab z. B. 1 cm = 10 kN·m gezeichnet.
   Anschließend wird der Momentenmaßstab in einen Kräftemaßstab umgerechnet. Die Werte werden an die Momentenskala geschrieben, oder es wird eine neue Skala für den Kräftemaßstab gezeichnet.
   Dies Verfahren ist dann vorteilhaft anzuwenden, wenn auf eine bereits vorhandene Momentenlinie, z. B. aus dem Statikausdruck zurückgegriffen werden kann.
2. Wird die M/z-Linie im Kräftemaßstab, gezeichnet, so sind die Momentenwerte der Statik durch den Hebelarm der inneren Kräfte (z) zu dividieren.
   Liegt keine gezeichnete Momentenlinie vor, ist diese Methode zu bevorzugen.

Die M/z-Linie stellt zwar eine Kraft dar, gibt jedoch noch nicht den Verlauf der Zugkräfte an. Da diese Kräfte aus den Momenten errechnet werden, ergibt sich z. B. am Auflager A die Zugkraft Null, da das Moment an dieser Stelle auch Null ist. Dieses entspricht jedoch nicht dem wirklichen Kraftverlauf im Träger.

Am Auflager ist stets eine Zugkraft (Z_A) vorhanden. Wird sich das Tragverhalten eines Balkens als Fachwerkmodell oder Bogenmodell (vgl. Abb. 19.23) vergichen, so ergibt sich, dass am Auflager eine Zugkraft vorhanden sein muss.

Beispiel

Einfeldträger mit Gleichstreckenlast
max $M = 210$ kN·m und $z = 0{,}40$ m

$$F_{\text{sd,max}} = \frac{210}{0{,}40} = 525 \text{ kN}$$

Gewählt:
Maßstab für Momente: 1 cm = 50 kN
Entspricht einem Maßstab für Kräfte
50 : 0,40 = 125 ⇒ 1 cm ≙ 125 kN

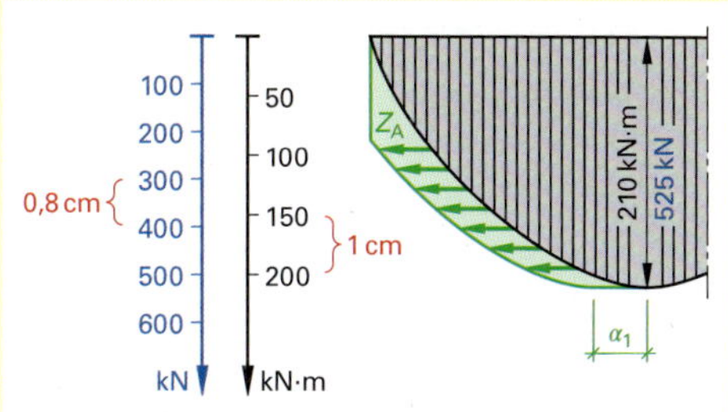

Die Zugkräfte ergeben sich nun durch Verschiebung der M/z-Linie in Richtung der Auflager um das Versatzmaß a_1 in waagerechter Richtung (vgl. Abb. 19.25).

Das Versatzmaß ist abhängig von der Neigung der Schubbewehrung und der Neigung der Betondruckstreben. Es kann näherungsweise mit $0{,}5 \cdot d$ berechnet werden. Damit ergibt sich die Zugkraftlinie F_{sd}.

Diese Zugkraft (vgl. Beispiel) muss nun abgedeckt werden. Dazu wird diejenige Zugkraft berechnet, die ein Stahl mit dem gewählten Durchmesser aufnehmen kann (1 cm² Betonstahl B500A kann eine Zugkraft von 500/1,15 = 434,8 N/mm² aufnehmen, 434,8 N/mm² = 43,48 kN/cm²).

Beispiel

1 ⌀12 mit $A_s = 1{,}13$ cm² kann somit
1,13 × 43,48 = 49,1 kN aufnehmen.

Werden die aufnehmbaren Kräfte im Kräftemaßstab angetragen und eine Waagerechte gezeichnet, ergibt sich ein Schnittpunkt dieser Linie mit der Zugkraftlinie, wo ein weiterer Stahl erforderlich ist und wo dieser beginnen und enden muss. Allerdings muss der Stahl von diesen Schnittpunkten aus noch verankert werden. Dazu ist das Maß l_{bd} zu ermitteln und der Stablänge zuzuschlagen.

l_{bd} ist die erforderliche Verankerungslänge. Die Verankerung wird als gerades Stabende ausgeführt (vgl. LF 6, Kapitel 6.7).

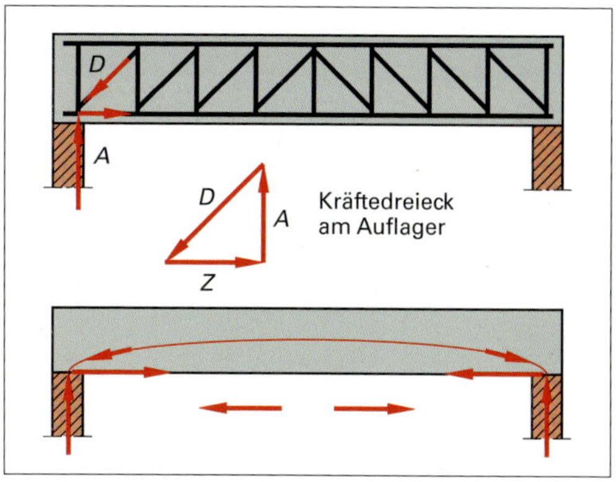

Abb. 19.21: Tragmodelle für Stahlbetonbalken

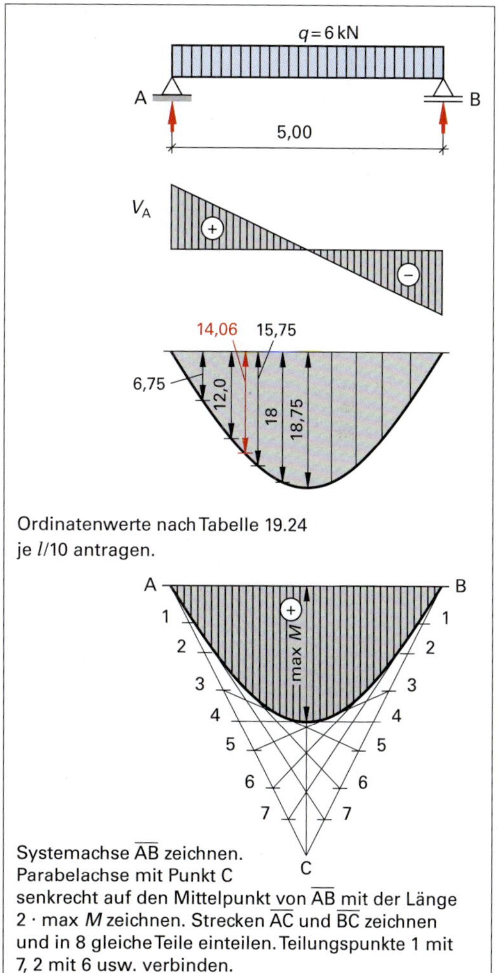

Abb. 19.22: Beispiel Parabelkonstruktionen für M-Linie bei Gleichstreckenlast

19

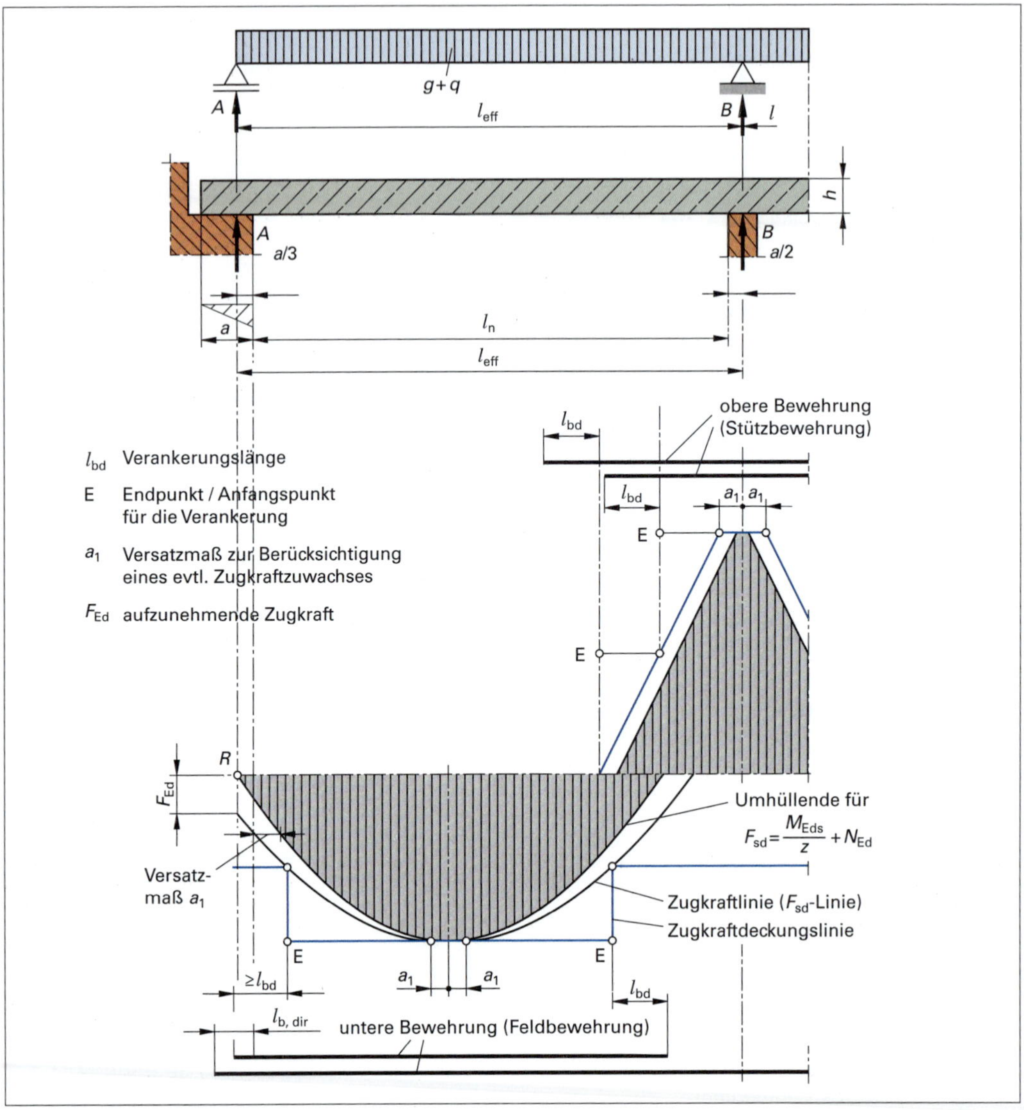

Abb. 19.23: Zugkraftdeckungslinie

Konstruktion der Momentenlinie bei Gleichstreckenlasten

Für die Konstruktion der Momentenlinie von statisch bestimmten und statisch unbestimmten Trägern ist die Kenntnis der Momentenlinie eines Einfeldträgers mit Gleichstreckenlast Voraussetzung.

Die Auflagerkräfte sind $A = B = q \cdot \frac{l}{2}$

Das maximale Moment beträgt bei diesem System in der Mitte des Trägers $_{\max} M = q \cdot \frac{l^2}{8}$.

Damit lässt sich die Querkraftlinie und die Momentlinie einfach zeichnen. Die Stelle von max M ist die Trägermitte.

Zum Zeichnen der Momentenlinie wendet man die Tangentenmethode/Hüllkonstruktion der Parabelkonstruktion an (vgl. Abb. 19.22).

Alternativ lässt sich die Parabel auch in den Zehntelpunkten ausgehend von der Grundlinie zeichnen, indem die Werte als Faktoren des maximalen Momentes $q \cdot l^2/8$ (vgl. Tabelle 19.24) angetragen werden.

Tabelle 19.24: Faktoren für Momentenparabel		
Stelle x	**x**	**Moment M an Stelle x**
$0{,}1 \cdot l$	0,36	$0{,}36 \cdot q \cdot l^2/8$
$0{,}2 \cdot l$	0,64	$0{,}64 \cdot q \cdot l^2/8$
$0{,}25 \cdot l$	0,75	$0{,}75 \cdot q \cdot l^2/8$
$0{,}3 \cdot l$	0,84	$0{,}84 \cdot q \cdot l^2/8$
$0{,}4 \cdot l$	0,96	$0{,}96 \cdot q \cdot l^2/8$
$0{,}5 \cdot l$	1,00	$1{,}0 \cdot q \cdot l^2/8$
Merke: Im Viertelspunkt beträgt das Moment Dreiviertel des Moments in der Mitte. x Parabelfaktor		

Für Durchlaufträger und Einfeldträger mit Kragarm(en) kann die Momentenlinie gezeichnet werden, wenn die Stützmomente bekannt sind.

Nach dem Auftragen der Stützmomente werden die den Feldbelastungen entsprechenden Parabeln eingehängt.

Beispiel

Dreifeldträger mit Gleichstreckenlast

L1 : L2 : L3 = 4,00 m : 6,00 m : 5,00 m; q = 10 kN/m

Aus der Statik werden die Werte für die Stützmomente M_B und M_C entnommen und im Maßstab der Momente z. B. 1cm = 4 kN·m aufgetragen.

$M_B = -25{,}5$ kN·m; $M_C = -31{,}8$ kN·m

Es wird eine Linie beginnend im Auflager A über M_B und M_C zum Auflager D gezeichnet.
Für jedes Feld werden die Werte

$q \cdot \frac{l^2}{8}$ und $0{,}75 \cdot q \cdot \frac{l^2}{8}$ errechnet.

für Feld 1: $10 \text{ kN/m} \cdot \frac{(4{,}00 \text{ m})^2}{8} = 20{,}00 \text{ kN·m}$

für Feld 2: $10 \text{ kN/m} \cdot \frac{(6{,}00 \text{ m})^2}{8} = 45{,}00 \text{ kN·m}$

für Feld 3: $10 \text{ kN/m} \cdot \frac{(5{,}00 \text{ m})^2}{8} = 31{,}25 \text{ kN·m}$

Ausgehend von der Linie wird in den Feldern bei den Stellen $0{,}25 \cdot l$, $0{,}5 \cdot l$ und $0{,}75 \cdot l$ die errechneten Ordinatenwerte der Parabel angetragen.

Ordinaten der Parabeln			
x	Feld 1	Feld 2	Feld3
$0{,}25 \cdot l$	15,00	33,75	23,44
$0{,}5 \cdot l$	20,00	45,00	31,25
$0{,}75 \cdot l$	15,00	33,75	23,44

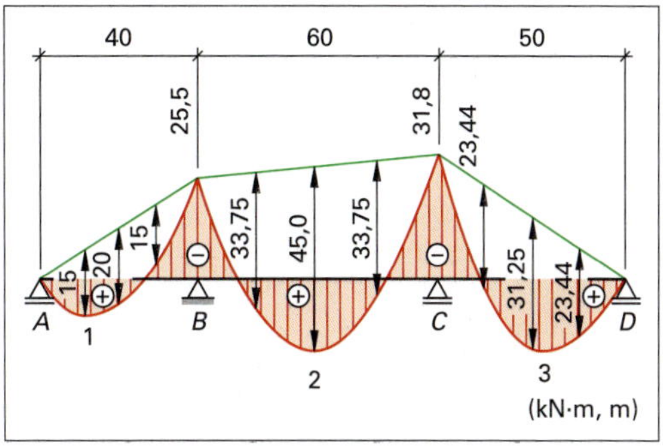

Abb. 19.25: Momentenlinienkonstruktion
(beispielbezogene Darstellung)

Schubkraftdeckung

Für die Deckung der im Stahlbetonbalken austretenden Vertikalkräfte (Querkräfte), die Schubspannungen bewirken, ist die Kenntnis der Grenzquerkraftlinie Voraussetzung. An dieser Linie kann die Bügelbewehrung abgestuft konstruiert werden. Ebenso wie bei der Konstruktion der M/z-Linie gibt es auch hierbei zwei unterschiedliche Vorgehensarten.

Methode 1

Mit den Werten der Statik und die Grenzquerkraftlinie gezeichnet.

Die Linie wird über die Balkenlänge maßstäblich in einem sinnvollen Kräftemaßstab aufgetragen.

Bei direkter Lagerung kann die Vertikalkraft für die Bemessung reduziert werden. Dazu ist die Vertikalkraft im Abstand d von der Auflagervorderkante als maßgebende Kraft für die Bemessung der maximalen Bügelbewehrung zu berechnen (vgl. Abb. 19.26).

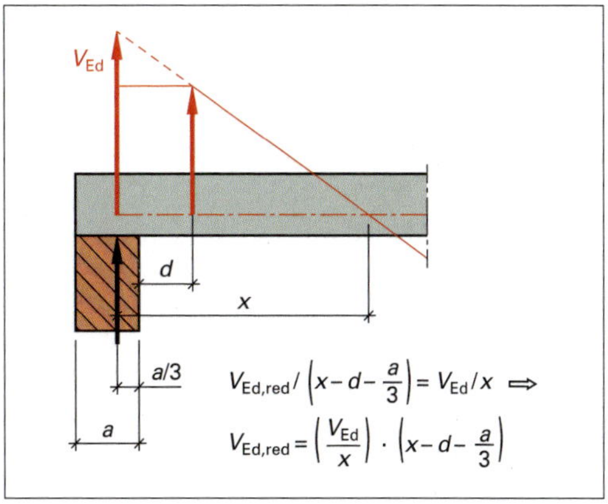

Abb. 19.26: Reduzierung der Vertikalkraft am Auflager

19

Mit der maßgeblichen Kraft $V_{Ed,red}$ wird der notwendige Bügelquerschnitt berechnet. Die Kraft wird dann im Kräftemaßstab an der Grenzquerkraftlinie angetragen.

Danach kann die durch die Mindestbügelbewehrung aufnehmbare Kraft angetragen werden. Bei der Mindestbügelbewehrung ist zu beachten, in wieweit die Ausnutzung der maximalen Querkrafttragfähigkeit gegeben ist.

Der Ausnutzungsgrad $V_{Ed}/V_{Rd,max}$ stellt zusätzliche Bedingungen an den Abstand der Bügel.

Tabelle 19.27: Mindestbügelbewehrung (lotrechte Bügel, in Abhängigkeit von der Bauteilbreite b)

Betonfestigkeitsklasse	$a_{sw,min} / b$ [cm²/(m · cm)]	Betonfestigkeitsklasse	$a_{sw,min} / b$ [cm²/(m · cm)]
C12/15	0,051	C35/45	0,102
C16/20	0,061	C40/50	0,112
C20/25	0,070	C45/55	0,121
C25/30	0,083	C50/60	0,131
C30/37	0,093		

Tabelle 19.28: Bügelabstände für Beton ≤ C50/60

Querkraftausnutzung	**Längsabstand**	**Querabstand**
$V_{Ed} \leq 0{,}3 \cdot V_{Rd,max}$	$0{,}7 \cdot h < 30$ cm	h bzw. 80 cm
$0{,}3 \cdot V_{RD,max} < V_{Ed} \leq 0{,}6 \cdot V_{Rd,max}$	$0{,}5 \cdot h < 20$ cm	h bzw. 60 cm
$V_{Ed} > 0{,}6 \cdot V_{Rd,max}$	$0{,}25 \cdot h < 20$ cm	

Ein Bügelabstand braucht bei Balken $h < 20$ cm nicht kleiner als 15 cm sein, wenn gilt $V_{Ed} \leq V_{Rd,c}$. Für die Berechnung von $V_{Rd,max}$ kann hier $\cot \theta = 1{,}2$ angesetzt werden.

Beispiel

Mindestbügelbewehrung

Stahlbetonbalken C25/30; $b = 25$ cm; $h = 50$ cm
$V_{Ed} = 121$ kN; $V_{Rd,max} = 456$ kN

Mindestbügelbewehrung:
$a_{sw,min} = 0{,}083 \cdot 25 = 2{,}08$ cm²/m
gewählt ∅ 6, $s = 25$ cm

Bügelabstand prüfen:

$$V_{Ed} / V_{Rd,max} = \frac{121}{456} = 0{,}27 < 0{,}3$$

$s = 0{,}7 \cdot 50 = 35$ cm ⇒ gew. $s = 30$ cm

Die gewählte Bügelbewehrung erfüllt die Bedingungen für die Mindestbügelbewehrung.

Methode 2

Hier wird für a_s als Maßstab [cm²/m] gewählt. Die für V_{Ed} ermittelten Bügelquerschnitte werden angetragen. Damit kann die Linie, die die erforderlichen Bügelquerschnitte darstellt, gezeichnet werden. Soll die Bügelbewehrung abgestuft verlegt werden, ist zunächst der Querschnitt der Mindestbügelbewehrung anzutragen.

Der Wert wird maßstäblich angetragen. Die weiteren Bewehrungswerte sind danach anzutragen.

Beispiel

Einfeldträger mit Gleichstreckenlast

Schubbewehrung nur durch Bügel
$b/h/d = 40/80/75$ [cm] Beton C25/30 $a = 0{,}24$ m
$V_{Ed} = 245$ kN $< 0{,}3 \cdot V_{Rd,max}$

$$\text{erf } a_{sw} = \frac{245}{(43{,}5 \cdot 0{,}9 \cdot 0{,}75 \cdot 1{,}2)} = 6{,}95 \text{ cm}^2/\text{m}$$

$V_{Ed,red} = 186{,}9$ kN

$$\text{erf } a_{sw} = \frac{186{,}9}{(43{,}5 \cdot 0{,}9 \cdot 0{,}75 \cdot 1{,}2)} = 5{,}3 \text{ cm}^2/\text{m}$$

gewählt ∅ 6, $s = 10$ cm, $a_{sw} = 5{,}65$ cm²/m

Mindestbügelbewehrung

$a_{sw,min} = 0{,}083 \cdot 40 = 3{,}32$ cm²/m

gewählt ∅ 6, $s = 15$ cm, $a_{sw} = 3{,}77$ cm²/m

Maximaler Bügelabstand
$s_{l,max} = 0{,}7 \cdot 80 = 56$ cm bzw. 30 cm eingehalten

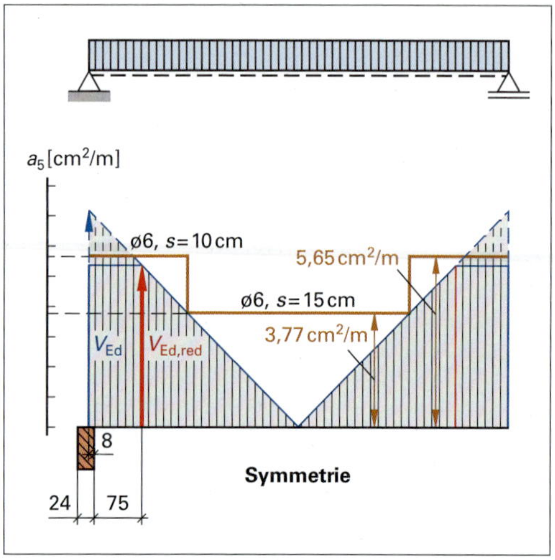

Abb. 19.29: Schubkraftdeckung durch Bügel

Der Nachweis Tragfähigkeit von Stahlbetonbauteilen erfolgt in der statischen Berechnung.

Belastung von Stahlbetonbalken

In einer statischen Berechnung wird die Tragfähigkeit und die Gebrauchstauglichkeit aufgrund der Beanspruchung durch ständige Einwirkungen (Eigenlasten) und veränderliche Einwirkungen (Nutzlasten, Verkehrslasten, Schnee, Wind, Baugrundsetzungen und Sonstige) nachgewiesen.

Die Übersicht in der statischen Berechnung wird erreicht, indem jedem Bauteil eine Positionsnummer zugewiesen wird. Das Inhaltverzeichnis der statischen Berechnung gliedert sich nach den Positionsnummern. Die Reihenfolge der Positionsnummern folgt im Regelfall Geschossweise dem Lastabtrag im Bauwerk.

Zur Übersicht dient ein Positionsplan als Anlage zur Statik.

Für jeden Stahlbetonbalken sind die ungünstigsten Einwirkungen aufzustellen und die daraus maßgebenden resultierenden Beanspruchungen für die Bemessung zu errechnen. Für die Bemessung wird stets die größten/kleinsten Werte der Stützmomente M_S und der Feldmomente M_F mit den jeweiligen Auflagerkräften und Momentennullpunkten. Sind die Stützmomente eines Trägersystems bekannt, lassen sich damit die zugehörigen Auflagerkräfte und Vertikalkräfte unter Anwendung der Gleichgewichtsbedingungen berechnen.

Für einen Einfeldbalken (Träger auf 2 Stützen) ist die ungünstigste Einwirkung in einfachen Fällen des Hochbaus Eigenlast und Nutzlast.

Für Stahlbetonbalken über mehrere Felder sind allerdings unterschiedliche „Lastfälle" (Kombination aus ständigen und veränderlichen Einwirkungen) zu betrachten. Damit wird berücksichtigt, dass nicht immer zusätzlich zur Eigenlast im Feld auch eine veränderliche Einwirkung das Feld belastet. Eine „Vollbelastung" aller Felder mit ständigen und veränderlichen Einwirkungen liefert für die maßgeblichen Nachweisgrößen nicht immer die maximalen bzw. minimalen Werte.

Aufwändig wird die Berechnung durch die Berücksichtigung der Teilsicherheitsbeiwerte mit denen berücksichtig wird ob die jeweilige Belastung günstig oder ungünstig wirkt.

Für eine günstige ständige Einwirkung beträgt der Teilsicherheitsbeiwert $\gamma_G = 1{,}0$. Bei ungünstiger Wirkung muss die ständige Einwirkung mit $\gamma_G = 1{,}35$ beaufschlagt werden. Für die veränderlichen Einwirkungen wird im ungünstigen Fall mit $\gamma_Q = 1{,}5$ und im günstigen Fall mit $\gamma_Q = 0$ gerechnet.

Mit diesen Teilsicherheitsbeiwerten werden aus den charakteristischen Werten die Designwerte der Einwirkungen wie folgt ermittelt:

$$g_d = 1{,}35 \cdot g_k \text{ oder } g_d = 1{,}0 \cdot g_k \text{ und } q_d = 1{,}5 \cdot q_k$$

In Fällen des üblichen Hochbaus braucht eine feldweise ungünstige Einwirkung der Eigenlast nicht berücksichtigt werden.

Dann ergeben sich neben dem Lastfall „Eigenlast" in Abhängigkeit von der Anzahl der Felder und Kragarme unterschiedliche Lastfälle für die alle für die Bemessung erforderlichen Werte zu errechnen sind. Werden bei Mehrfeldträgern bzw. Einfeldträgern mit Kragarm(en) die Momentenwerte der Stützmomente zeichnerisch aufgetragen, kann die Momentenlinie gezeichnet werden. Damit wird über die *M/Z*-Linie die Zugkraftlinie als Grundlage für die Bewehrungsführung der Biegebewehrung ermittelt.

In Abbildung 19.30 sind für einige gängige Tragsysteme die notwendigen Lastfälle zur Berechnung der Bemessungswerte angegeben. Dabei lässt sich feststellen: Minimale Stützmomente ergeben sich, indem die Felder links und rechts neben der Stütze Volllast ($r = g + q$) erhalten. Daneben wechselt ein Feld mit minimaler Belastung (g) mit einem Feld unter Volllast r ab. Maximale Feldmomente ergeben sich mit Volllast (r) im betrachteten Feld, dann wechselt eine minimalle Last (g) im Nachbarfeld mit einer Volllast (r) ab.

Hinweis:
In Tabellenbücher werden die Formel häufig in traditioneller/herkömmlicher Weise aufgelistet, z.B. für das Feldmoment eines Einzelträgers ohne Kragarm mit $M_{max} = ql^2/8$. Dabei wird auf das Multiplikationszeichen zwischen q und l^2 verzichtet und andererseits bei Mehrfeldträgern für die ungünstige Laststellung als veränderliche Einwirkung q ausgewiesen.

Herkömmliche Bezeichnung:
g Eigenlast, *p* Verkehrslast,
⇒ Gesamtlast $q = g + p$
Neue Benennungen nach Euro-Code:
g ständige Einwirkung (Eigenlast),
q veränderliche Einwirkung (Verkehrslast),
⇒ Volllast $r = g + q$

19

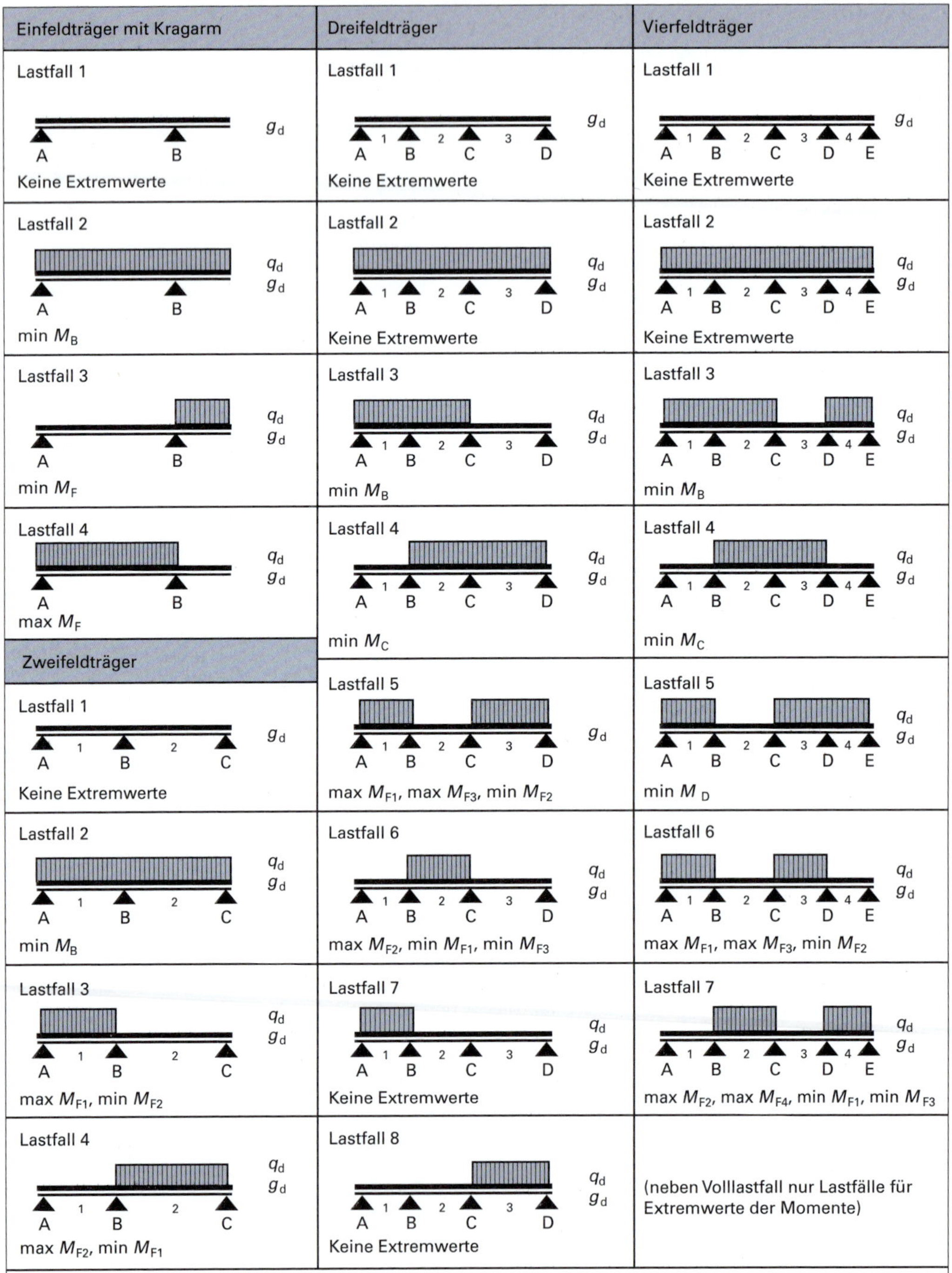

Die Tabelle gilt mit den Laststellungen auch bei ungleichen Stützweiten. Hier ist nur die Anordnung der Last entscheidend. In Tabellenwerken werden quantitativ das Feld- und Stützenmoment ausgewiesen, dann gilt $l > 0{,}8 \cdot \max l$.

Abb. 19.30: Lastfälle bei verschiedenen Trägersystemen mit gleichen/ungleichen Stützweiten

19

Beispiel

Einfeldträger mit Kragarm

Für einen Stahlbetonträger mit Kragarm sollen die Krag- und Feldmomente grafisch bestimmt werden. Die Kragmomente werden allein aus der Kragarmbelastung ohne Einfluss der Feldbelastung getrennt nach Eigen- und Volllast berechnet. Danach werden die jeweiligen Feldmomente am Ersatzsystem als frei aufliegende Einfeldträger berechnet. Diese werden als M_0-Momente bezeichnet und sind auf die Schlusslinie bezogen. Als Schlusslinie wird die Verbindungslinie des Kragmoments mit dem abliegenden Auflager bezeichnet. Anschließend werden zu den einzelnen Lastfällen die Momentenlinien in Parabelform aufgezeichnet. Die Bauteillängen werden entsprechend dem Maßstab der Bewehrungszeichnung waagerecht auf der Stabachse oder Nulllinie aufgezeichnet. Senkrecht zur Stabachse als Ordinate werden die Größen der Momente abgetragen. Der Kräftemaßstab wird so gewählt, dass sich eine übersichtliche Darstellung ergibt und Werte aus der Zeichnung entnommen werden können. Ein Biegemoment ist positiv (+), wenn es an der Unterseite Zug erzeugt; ein Biegemoment ist negativ (–), wenn es an der Oberseite Zug erzeugt. Das größte Moment an der Unterseite wird mit max M bezeichnet, das größte an der Oberseite mit min M. Werden die Momentenlinien der einzelnen Lastfälle in einem Schaubild gezeichnet, ergibt sich die umhüllende **Momentengrenzlinie.**

Kragmoment

$M_B = -\frac{g \cdot l_{Krag}^2}{2}$ bzw. $-\frac{(g+q) \cdot l_{Krag}^2}{2}$

M_B bei Eigenlast $\quad M_B = -\frac{50{,}7 \cdot (1{,}90)^2}{2}$

$M_B = -\frac{1}{2} \cdot g \cdot l_{Krag}^2 \quad M_B = -91{,}514 \text{ kN·m}$

M_B bei Volllast $\quad M_B = -\frac{95{,}3 \cdot (1{,}90)^2}{2}$

$M_B = -\frac{1}{2} \cdot (g+q) \cdot l_{Krag}^2 \quad M_B = -172{,}02 \text{ kN·m}$

Feldmoment

$M = -\frac{g \cdot l^2}{8}$ bzw. $\quad M = -\frac{(g+q) \cdot l^2}{8}$

M_0 bei Eigenlast $\quad M_0 = -\frac{50{,}7 \cdot (5{,}50)^2}{8}$

$M_0 = -\frac{1}{8} \cdot g \cdot l^2 \quad M_0 = -191{,}709 \text{ kN·m}$

M_0 bei Volllast $\quad M_0 = -\frac{95{,}3 \cdot (5{,}50)^2}{2}$

$M_0 = -\frac{1}{8} \cdot (g+q) \cdot l^2 \quad M_0 = -360{,}36 \text{ kN·m}$

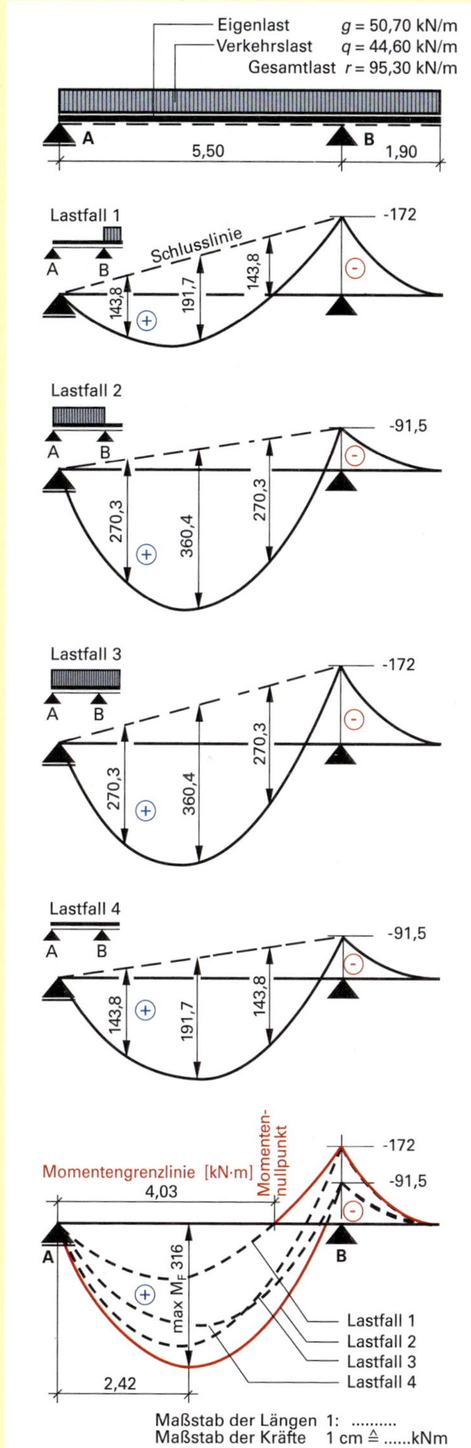

Faktoren für die Bestimmung der Parabelordinate im Feld l = 5,50 m													
Ordinatenabstände	0,00	0,10	0,20	0,25	0,30	0,40	0,50	0,60	0,70	0,75	0,80	0,90	1,00
Parabelfaktoren	**0,00**	**0,36**	**0,64**	**0,75**	**0,84**	**0,96**	**1,00**	**0,96**	**0,84**	**0,75**	**0,64**	**0,36**	**0,00**
infolge g	0,00	69,0	122,7	143,8	161,0	184,0	191,7	184,0	161,0	143,8	122,7	69,0	0,00
infolge $g + q$	0,00	129,7	230,6	270,3	302,7	345,9	360,4	345,9	302,7	270,3	230,6	129,7	0,00
Abstand x [m]	0,00	0,55	1,10	1,375	1,65	2,20	2,75	3,30	1,65	1,375	1,10	4,95	5,50

Beispiel

Zweifeldträger

Für einen Zweifeldträger mit unterschiedlichen Stützweiten sind die Momentenlinien für die einzelnen Lastfälle und die Momentengrenzlinie zu bestimmen.

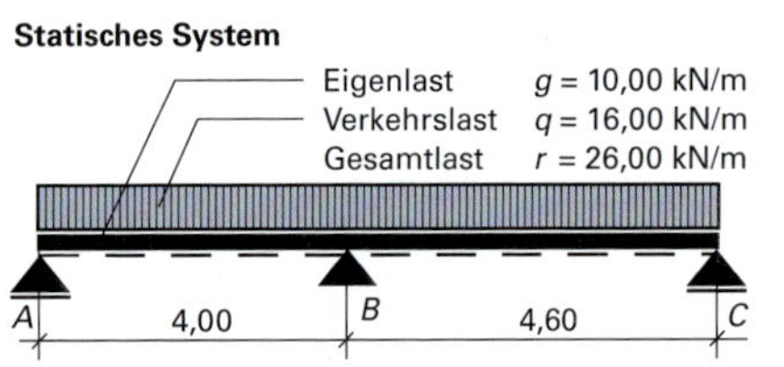

Zur Berechnung der Stützmomente M_B ist das Stützweitenverhältnis $l_1 : l_2$ zu bilden, wobei mit l_1 immer die kleinere Stützweite bezeichnet wird. Mit dem Stützweitenverhältnis lassen sich die Stützmomente bestimmen. Zwischenwerte sind linear zu interpolieren.

Stützmoment M_0 = Tafelwert · l_1^2

Tafelwert des entsprechenden Lastfalls aus Tabellenbüchern

Lastfall 1 $M_B = -(0{,}147 \cdot 10\ \text{kN·m/m} + 0{,}058 \cdot 16\ \text{kN·m/m}) \cdot (4{,}00\ \text{m})^2$

$M_B = -38{,}4\ \text{kN·m/m}$

Lastfall 2 $M_B = -(0{,}147 \cdot 10\ \text{kN·m/m} + 0{,}088 \cdot 16\ \text{kN·m/m}) \cdot (4{,}00\ \text{m})^2$

$M_B = -46{,}1\ \text{kN·m/m}$

Lastfall 3 $M_B = -\,0{,}147 \cdot 26\ \text{kN·m/m} \cdot (4{,}00\ \text{m})^2$

$M_B = -\,61{,}2\ \text{kN·m/m}$

Lastfall 4 $M_B = -\,0{,}147 \cdot 10\ \text{kN·m/m} \cdot (4{,}00\ \text{m})^2$

$M_B = -\,23{,}5\ \text{kN·m/m}$

Die Feldmomente werden mit den bekannten Parabelordinaten ermittelt.

Für die Zeichnung der Momentenlinien entspricht der Maßstab der Längen (MdL) in der Regel dem Maßstab der Bewehrungszeichnung. Der Kräftemaßstab (KM) ist so zu wählen, dass die Zeichnung ausreichend groß ist und Werte aus der Zeichnung entnommen werden können.

Tafelwerte zur Berechnung der Stützmomente für Zweifeldträger			
Stützweitenverhältnis	Lastfall Volllast/ Eigenlast	Lastfall Feld 2 Verkehrslast	Lastfall Feld 1 Verkehrslast
$l_1 : l_2$	M_B	M_B	M_B
1 : 1,00	−0,125	−0,063	−0,063
1 : 1,10	−0,139	−0,079	−0,060
1 : 1,15	−0,147	−0,088	−0,058
1 : 1,20	−0,155	−0,098	−0,057
1 : 1,30	−0,174	−0,119	−0,054
1 : 1,40	−0,195	−0,143	−0,052
1 : 1,50	−0,219	−0,169	−0,050
1 : 1,60	−0,245	−0,197	−0,048
1 : 1,70	−0,274	−0,228	−0,046
1 : 1,80	−0,305	−0,260	−0,045
1 : 1,90	−0,339	−0,296	−0,043
1 : 2,00	−0,375	−0,333	−0,042

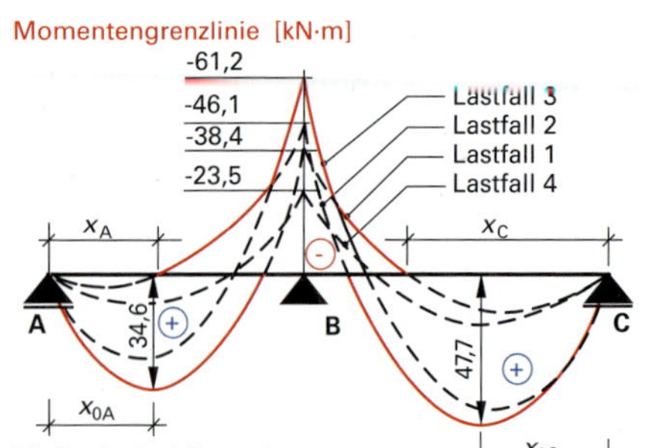

Maßstab der Längen1: ....
Maßstab der Kräfte 1 cm ≙ ......kNm
Nullstellen bei der Querkraftfläche entsprechen dem Abstand für das max M, z. B. $x_{0A} = V_A / r$

Momentengrenzlinien Zweifeldträger

19.8 Fugen und Verbindungsmittel

Unabhängig von der Herstellung sind alle Bauteile Längen- und Volumenänderungen ausgesetzt. Beim Zusammenfügen unterschiedliches Bauteile, teilweise aus unterschiedlicher Herstellung und Baustoffen, ergeben sich Fugen und Auforderungen an eine dauerhafte Verbindung.

Unterzüge und Stützen

Unterzüge und Stützen werden mittels Dollen ineinander gehängt, die die Unterzüge im Auflagerbereich zentrieren. Zwischen den zu verbindenden Fertigteilen ist eine Fuge aus hochfestem Mörtel oder Polyesterharz auszubilden. Es kann auch ein unbewehrtes Elastomerelager angeordnet werden, doch ist unbedingt auf direkten Lastabtrag zu achten. Das Auflager gleicht Unebenheiten aus und verhindert Kantenabplatzungen. Stützenstöße sind unrationell und darum möglichst wenig zu verwenden. Besser sind mehrgeschossige Stützen, bei denen die Mörtelfuge die gesamte Stützenlast überträgt. Neuere Kunstharzmörtel oder Elastomerelager erfüllen diese Forderungen. Bei sehr hoher Belastung können Stahlplatten die Stützenlasten übertragen.

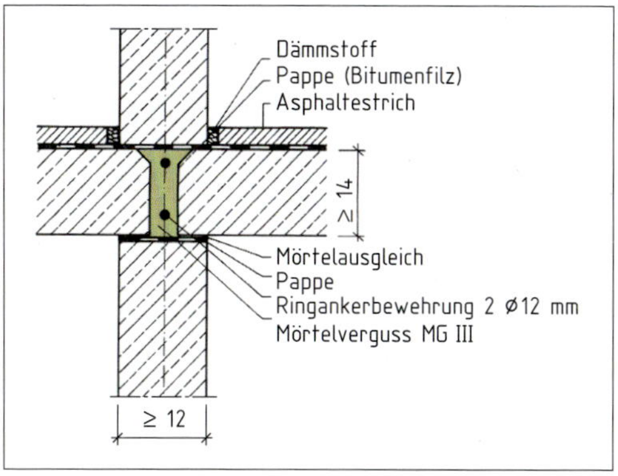

Abb. 19.31: Mittelauflager zwischen Porenbetonwand und Deckenelement

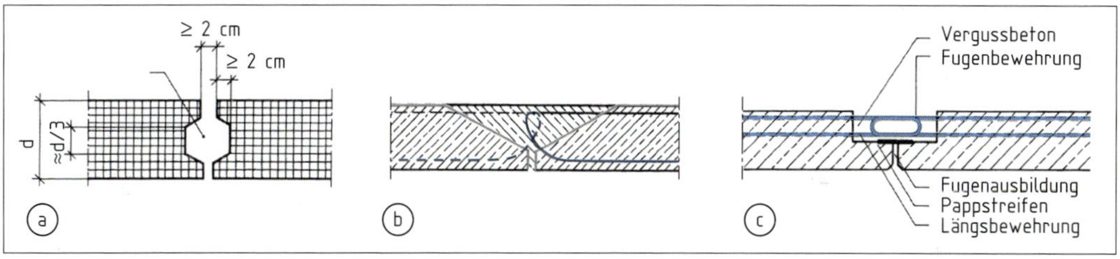

Abb. 19.32: Verbindung der Deckenplatten. a) Vergusskammern zwischen Deckenplatten ohne Bewehrung, b) Querbewehrung eines Plattenstoßes, c) Plattenverbindung mit Bewehrungsschlaufen

Deckenplatten

Deckenplatten, die aus einzelnen Fertigteilen zusammengesetzt sind, werden so verbunden, dass bei Belastung einzelner Platten keine Höhendifferenzen (Durchbiegungen) zu benachbarten Platten auftreten können. Das heißt, sie müssen Querkräfte über die Stöße übertragen (vgl. Abb. 19.32). Die Auflager der Decken auf die Wandtafeln werden bei gering belasteten Platten trocken, bei stärker belasteten Platten mit einer ausgleichenden Schicht aus Mörtel, Pappe, Filz oder Kunststoffen ausgebildet. Um die Schubfestigkeit der Platten zu verbessern, können die Ränder in Trapezform gezahnt (profiliert) werden (vgl. Abb. 19.33). Die Zugfestigkeit gewährleisten hervorstehende Bewehrungsstähle (Schlaufen, Haken, vgl. Abb. 19.32c). Eine weitere Verbindungsmöglichkeit bildet die auf die Bewehrungsstähle aufgeschweißte Stahlplatte (vgl. Abb. 19.34).

Wände

Tragende und aussteifende Wände dürfen nur aus geschosshohen Elementen zusammengesetzt werden. Die Mindestdicke beträgt 8 cm. Müssen aus konstruktiven Gründen mehrere Fertigteilwände, die der Steifigkeit des Bauwerks dienen, zusammengesetzt werden, sind die Kräfte in den Fugen nachzuweisen. Bei Hochhäusern sind alle aussteifenden und tragenden Wände am oberen und unteren Rand mit den anschließenden Deckenteilen zu verbinden.

Die senkrechte Verbindung erfolgt mit Vergusskammern, teilweise bewehrt (vgl. Abb. 19.32). Im Großtafelbau werden die übereinander stehenden Außenwandtafeln mit Dollen und Vergusskanälen Verankert. Wandelemente werden auch auf eine ausgleichende Mörtelfuge abgesetzt. Etwaige Ungenauigkeiten lassen sich dabei ausgleichen.

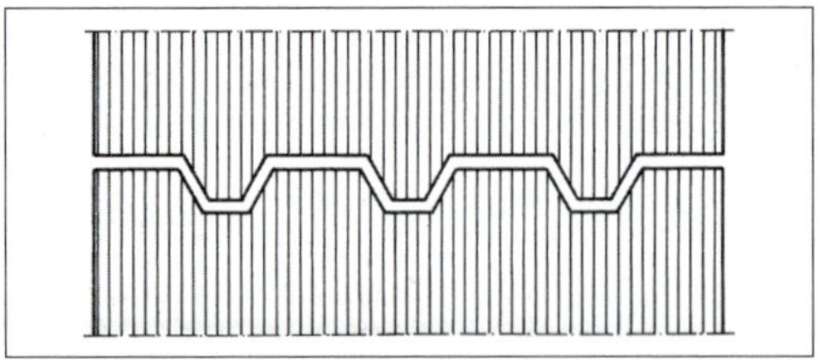

Abb. 19.33: Trapezförmige Randausbildung von Deckenplatten

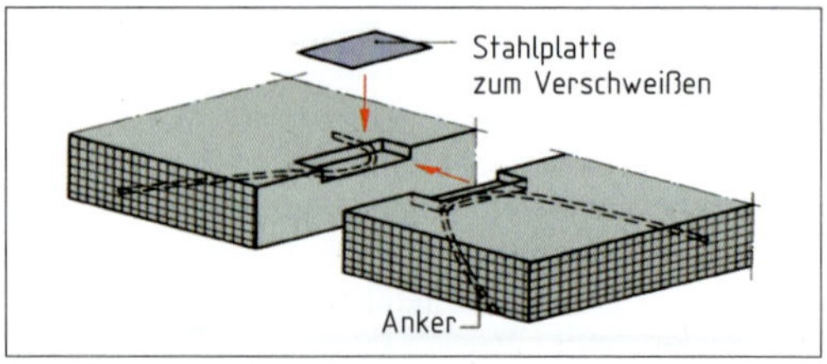

Abb. 19.34: Schweißverbindung gestoßener Deckenplatten

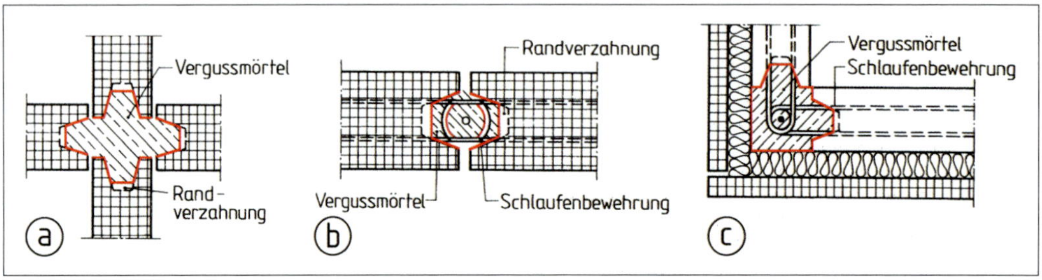

Abb. 19.35: Wandtafelstöße
a) unbewehrt, b) bewehrt, c) Eckverbindung bewehrt

Fugen

Als Fuge wird ein Zwischenraum zwischen zwei Bauteilen oder Bauwerken bezeichnet, die an einander gestoßen werden, ohne miteinander kraftschlüssig verbunden zu sein. Es werden Bewegungsfugen, Setzungsfugen, Scheinfugen und Arbeitsfugen unterschieden. Darüber hinaus gibt es zwei Fugenanordnungen im Montagebau: die waagerechte, belastete Fuge, die eine einwandfreie Kraftübertragung auf andere Bauteile ermöglichen muss, und die senkrechte, unbelastete Fuge. Alle Fugen müssen den Ausdehnungen infolge Temperaturschwankungen widerstehen und den bauphysikalischen Anforderungen entsprechen (Wärme, Kälte, Schall, Feuchte, Brandschutz).

Die Fuge mit adhärierendem Dichtstoff (in der Fuge haftender Dichtstoff) ist einfach herzustellen und stellt nur geringe Anforderungen an die Wandkonstruktion.

Elastische Klemmprofile sind selten im Fertigteilbau. Die Empfindlichkeit gegenüber Toleranzen ist zu groß. Der Einbau ist witterungsunabhängig.

Die offene Fuge ist sehr langzeitbeständig und lässt sich unabhängig vom Wetter herstellen (vgl. Abb. 19.37a). Jedoch stellt diese Horizontalfuge sehr große Anforderungen an die Formgebung der Seitenränder von Fertigteilen. Die Gefahr einer Beschädigung beim Transport oder bei der Montage ist erheblich.

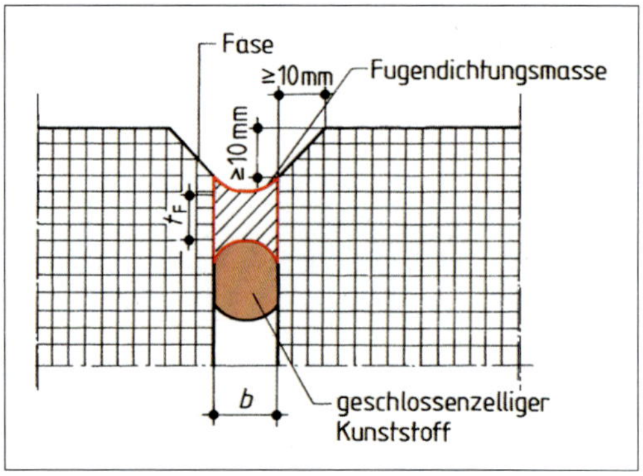

Abb. 19.36: Fugenabdichtung mit adhärierendem Dichtstoff (Mindestabmessungen)

Die belüftete Fuge hat sich als Vertikalfuge seit langem bewährt. Ihre druckausgleichende Konstruktion verhindert durch eine Regensperre das Eindringen von Schlagregen. Ein Druckausgleichsraum ist mit der Außenluft verbunden, so dass Druckdifferenzen ausgeschlossen sind, die den Regen zum Rauminnern treiben würden (vgl. Abb. 19.37b).

Diese Konstruktion ist auch unempfindlich gegenüber Toleranzen; sie ermöglicht einen witterungsunabhängigen Einbau und ist dauerhaft. Die lose eingezogene, leicht auswechselbare Regensperre muss aus beständigem Kunststoff (Neoprene) bestehen. Waagerechte Fugen werden als Schwellenfugen konstruiert (vgl. Abb. 19.38).

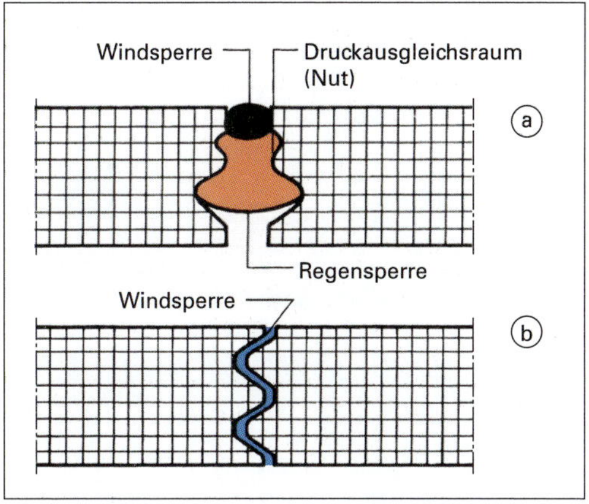

Abb. 19.37: Fugenkonstruktionen a) Offene Fuge mit Windsperre b) Prinzip der belüfteten Fuge

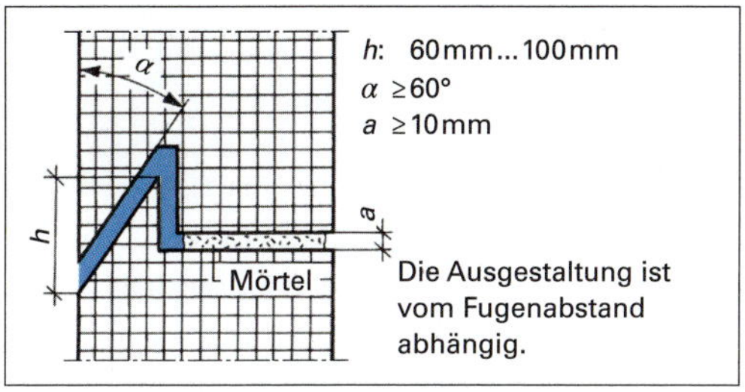

Abb. 19.38: Aufbau einer Schwellenfuge

Tabelle 19.39: Anhaltswerte für Fugenbreiten

Fugenabstand	[m]	< 2	> 2 < 4	> 4 < 6	> 6 bis 8
Fugenbreite *b*	[mm]	15	20	25	30
Tiefe *t*	[mm]	30	40	50	60

Im Folgenden werden die Fugen hinsichtlich der Aufgaben in tragenden Bauteilen beschrieben.

Bewegungsfugen
Bei langen Bauwerken mit besonderer Beanspruchung ist zu klären, ob Bewegungsfugen erforderlich sind. Die Beanspruchungen können durch Setzungsunterschiede, Witterungseinflüsse und z. B. Erschütterungen im Umfeld des Bauwerkes entstehen. Bewegungsfugen (Dehnfugen) sind konstruktiv so auszuführen, dass eine vollständige Trennung erfolgt.

Setzungsfugen
Zur Verringerung von Zwangskräften infolge unterschiedlicher Setzungen sind die Gebäudeteile voneinander zu trennen. Die Fugenausbildung ist nur wenige Millimeter breit und muss durch das gesamte Bauwerk geführt werden.

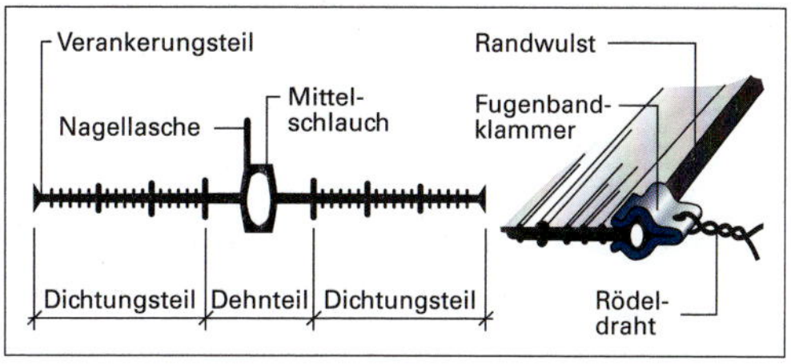

Abb. 19.40: Dehnfugenband

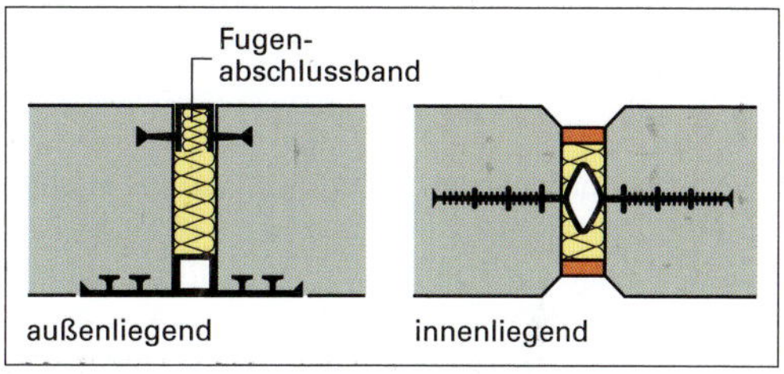

Abb. 19.41: Anordnung von Dehnfugenbändern

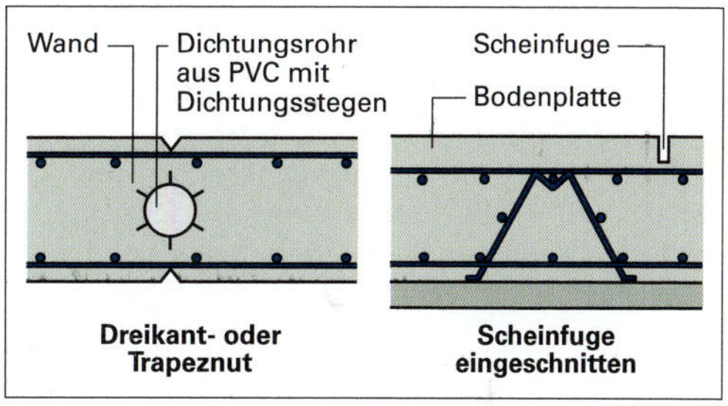

Abb. 19.42: Ausbildung von Scheinfugen

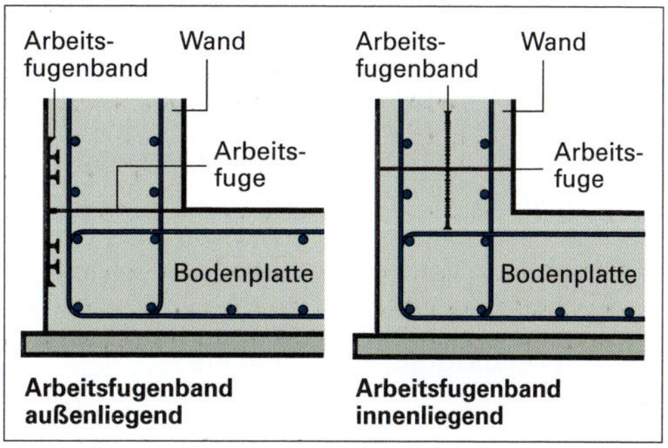

Abb. 19.43: Anordnung von Arbeitsfugen (schematisch)

Arbeitsfugen
Werden Betonierarbeiten aus arbeitstechnischen oder betrieblichen Gründen unterbrochen oder bei einem Wechsel der Baustoffe entstehen Arbeitsfugen. Arbeitsfugen sind ungewollte Fugen und möglichst zu vermeiden. Andererseits sind derartige Unterbrechungen und Baustoffwechsel planbar bzw. im Vorhinein bekannt.

19

Scheinfugen
Wenn der Beton bei längeren Bauteilen und beim Abkühlen infolge des Abklingens der Hydrationswärme daran gehindert wird, sich zu verkürzen, entstehen Zwangsspannungen. Die Scheinfuge soll daher dort angeordnet werden, wo die Zwangsspannung abgebaut werden soll. Dazu ist ein Sollrissquerschnitt anzuordnen, also eine Querschnittsschwächung die ein planmäßiges Reißen ermöglicht (vgl. Abb. 19.42). Das Entstehen schädliche Risse wird dadurch vermieden.

19.9 Spannbeton

Beim Verbundbaustoff Stahlbeton wird künstlich eine Aufgabenverteilung zwischen Beton und Stahleinlagen vorgenommen. Vereinfacht wurde bisher immer dem Beton die Aufnahme der Druckkräfte und dem Stahl die Aufnahme der Zugkräfte zugewiesen. Bedingt durch die Beschränkung der Rissbreite ist es nicht möglich die maximale Zugspannung des Stahls auszunutzen. Die Dehnung des Stahls ist bei Erreichen der maximalen Zugspannung so groß, dass Risse im Beton auftreten und die Dauerhaftigkeit nicht mehr gewährleistet ist. Auch der Betonquerschnitt lässt sich nur annähernd zur Hälfte nutzen, weil in der anderen Hälfte Zugspannungen auftreten, die allein dem Betonstahl zugewiesen werden. Schon allein aus wirtschaftlichen Gründen wäre es wünschenswert, sowohl den Betonquerschnitt als auch den Betonstahl voll auszunutzen.

Hier bietet das Verfahren des Spannbetons einen ökonomischen Ausweg. Das gesamte Betonbauteil wird bei diesem Verfahren durch vorgespannte Spannstähle so stark unter Druck gesetzt, dass Zugspannungen im Betonquerschnitt kaum noch auftreten. Im Unterschied zum herkömmlichen Stahlbetonbau erhält der Stahl beim Spannbetonbau schon Zugspannungen, bevor das Bauteil überhaupt belastet wird, wird einmal von dem Eigengewicht abgesehen.

Vorspannen mit sofortigem Verbund

Stahl ist ein elastischer Baustoff, der sich dehnen lässt und nach Fortfall der Last wieder zusammenzieht. Wird Stahl gespannt, zum Verbund mit Beton ummantelt und gelöst, versucht sich der Stahl wieder zusammenzuziehen. Dabei muss sich der Beton mit dem Stahl zusammen bewegen und wird so durch die Vorspannkraft unter Druck gesetzt. Damit ist der Zustand der Vorspannung erreicht, bei dem der Beton nur auf Druck und der Stahl nur auf Zug beansprucht werden.

Brückenüberbau

Fahrbahnplatte

Abb. 19.44: Brückenüberbau und Fahrbahnplatte

Tabelle 19.45: Spannstahl (Auszug)
Stabstähle St 1050 … 1350 N/mm^2 ∅ 15 … 36 mm rund **Drähte** St 1500 … 1800 N/mm^2 ∅ 5 … 16 mm rund; oval; rechteckig **Litzen** St 1600 … 1800 N/mm^2 ∅ 5,2 … 7,5 mm 3 Drähte verlitzt ∅ 7,0 … 18,0 mm 7 Drähte verlitzt
Europäische Sortenbezeichnung Y Spannstahl, Q vergütet, C kaltgezogen; z. B. Y 835 C

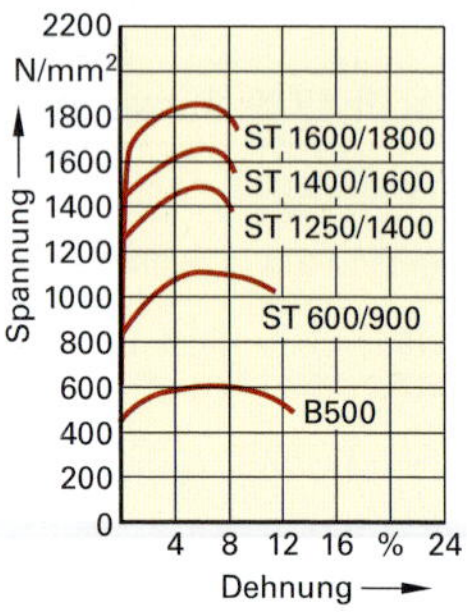

In der Praxis wird dieses Verfahren überwiegend im Fertigteilbau gewählt. Es wird ein festes Spannbett verwendet, worin die Spannglieder vorgespannt werden. Anschließend wird geschüttet und verdichtet. Sobald der Beton ausreichende Festigkeit erreicht hat, kann die Vorspannung an den Widerlagern gelöst werden, und die Spannung des sich zusammenziehenden Spannstahls überträgt sich direkt auf den Beton (vgl. Abb. 19.45).

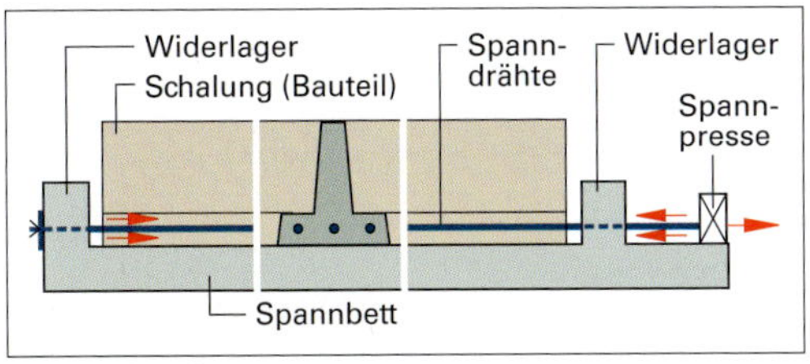

Abb. 19.46: Vorspannen im Spannbett

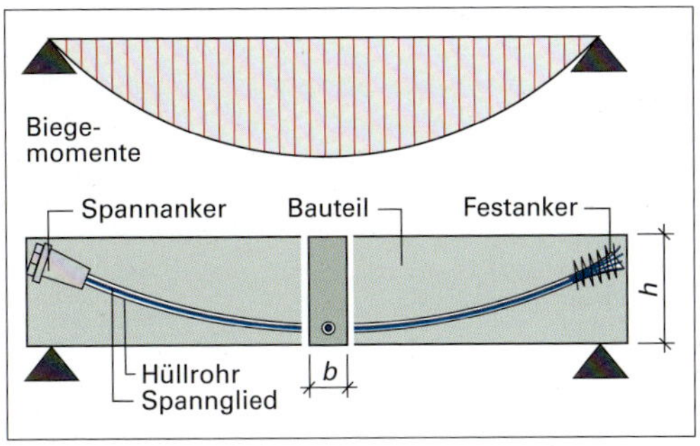

Abb. 19.47: Vorspannen mit nachträglichem Verbund

Vorspannen mit nachträglichem Verbund

Dazu kann ein Balkenmodell mit innen befindlichem Leerrohr dienen. Durch das Leerrohr wird ein Stahl gezogen, an dessen Ende eine Flügelschraube immer fester angezogen wird, wodurch der Stahl auf Zug beansprucht wird. Das Balkenmodell dagegen wird zusammengedrückt, also auf Druck beansprucht. Sind die Hohlräume zwischen Stahl und Leerrohr verfüllt, kann die Flügelschraube entfernt werden, ohne dass dies an den Spannungsverhältnissen etwas ändert.

Dieses Verfahren wird auf den Baustellen (z. B. im Brückenbau) bevorzugt. Die Spannglieder werden, zunächst lose in Blechhülsen liegend, in der Schalung an der vorgesehenen Stelle verlegt. An den Enden sind Verankerungselemente vorzusehen. Nach dem Betonieren und Erhärten des Bauteils werden die Spannstähle gespannt, wobei das Bauteil als Widerlager benutzt wird. Mit einem Spezialeinpressmörtel werden Hohlräume zwischen Spannstahl und Hülse lückenlos verpresst.

Hat der Mörtel seine Festigkeit erreicht, können die hydraulischen Pressen vom Bauteil gelöst werden, und der sich zusammenziehen wollende Stahl überträgt indirekt über Einpressmörtel und Hülse die Spannungen auf den Beton (vgl. Abb. 19.47).

Spannungsüberlagerung

Um sich die Spannungsüberlagerung vorzustellen, eignen sich am Besten die Spannungsdiagramme für die einzelnen Belastungszustände, die leicht an einem Einfeldbalken zu erläutern sind. Beim normalen Balken treten infolge Belastung im oberen Teil Druck und im unteren Teil Zugkräfte auf. Aufgrund der Vorspannung – allerdings ohne Berücksichtigung der Eigenlast – entstehen über den ganzen Querschnitt gleichmäßig verteilte Druckspannungen. Die Überlagerung beider Beanspruchungen ergibt einen unterschiedlich stark auf Druck beanspruchten Querschnitt (vgl. Abb. 19.48).

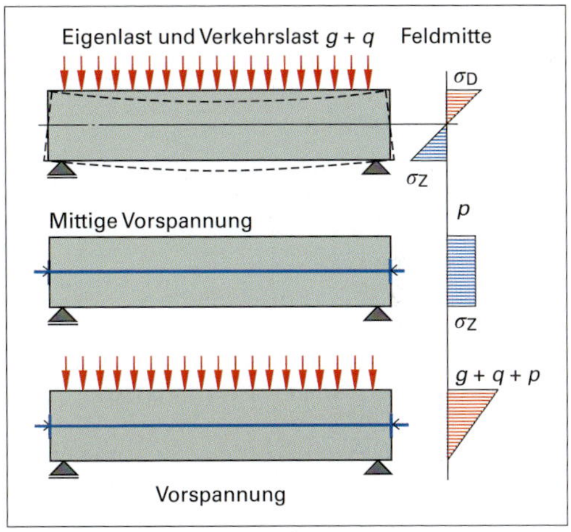

Abb. 19.48: Spannungsüberlagerung
bei mittiger Vorspannung, Anordnung in der Schwerachse des Bauteils, dadurch im gesamten Bauteil ein gleichmäßiger Druck, unter den Einwirkungen baut sich in der Zugzone die Druckspannung ganz bzw. teilweise ab, in der Druckzone entsteht zusätzlicher Druck

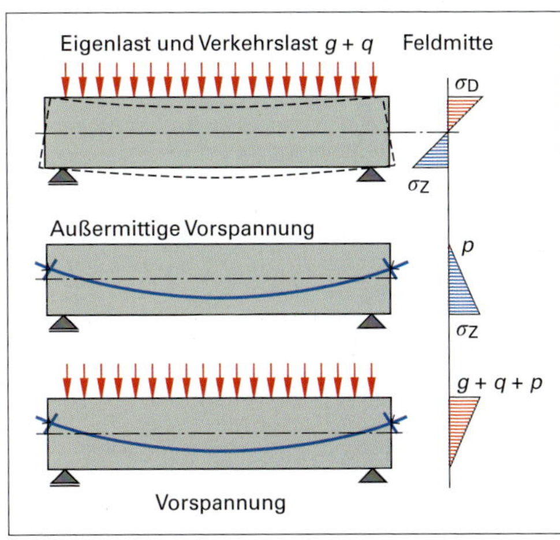

Abb. 19.49: Spannungsüberlagerung
bei außermittiger Vorspannung, z. B. bei stark biegebeanspruchten Bauteilen

Wenn Eigenlast und Auflasten als Konstante angenommen werden, kann durch die Lage des Spannglieds sogar die Spannungsverteilung im gesamten Querschnitt konstant gehalten werden, wodurch sich der Betonquerschnitt noch besser ausnutzen lässt. Bei mittig liegendem Spannglied wird, wie bereits erläutert, eine konstante Druckspannung im gesamten Betonquerschnitt erhalten. Wird das Spannglied weiter nach oben bzw. nach unten verlegt, ändert sich der Spannungsverlauf aufgrund der Vorspannung (vgl. Abb. 19.49). Daraus folgt, dass die Spanngliedlage in Abhängigkeit von der Beanspruchung des Bauteils variabel gestaltet werden kann.

Biegebeanspruchte Bauteile werden zweckmäßigerweise außenmittig vorgespannt. Bauteile, die auf Druck oder Zug beansprucht werden, müssen mittig vorgespannt werden.

Tabelle 19.50: Mindestbetonfestigkeiten f_{cmj} [MN/m²] beim Vorspannen

Betonfestigkeitsklasse	C25/30	C30/37	C35/45	C40/50
Zylinderdruckfestigkeit beim Teilvorspannen	13	15	17	19
Zylinderdruckfestigkeit beim endgültigen Vorspannen	26	30	34	38

Spannbeton wird im Brücken- und Behälterbau bevorzugt angewendet. Bauteile mit großen Spannweiten und außergewöhnlichen Formen sind technisch gut lösbar.
Im Geschossbau kommen Spannbetonbinder, Spannbetonbalken und Deckenelemente aus Spannbeton zur Anwendung.

Aufgaben zum LF 14 I Planen eines Stahlbetonbauwerkes

1. Erklären Sie das Prinzip der Spannbetonbewehrung.
2. Welche Spannverfahren werden unterschieden?
3. Für welche Bauteile wird Spannbeton verwendet?
4. Aus welchen Elementen bestehen Stahlbetonskelettbauten?
5. Skizzieren Sie die Ausbildung eines Köchers für ein Blockfundament für eine Stütze 30 cm × 40 cm.
6. Wie errechnet sich bei Stahlbetonstützen die Schlankheit der Stütze?
7. Welcher Bewehrungsquerschnitt ist bei einer Stütze mit den Querschnittsabmessungen 40 cm × 40 cm bei Annahme eines Vollstoßes der Bewehrung möglich?
8. Skizzieren Sie die Bewehrung für eine Stütze 45 cm × 45 cm mit erf. $A_s = 21$ cm².
9. Skizzieren Sie zwei mögliche Fugenausbildungen für die Verbindung von Deckentafeln.
10. Berechnen Sie die Übergreifungslänge für eine Stützenanschlussbewehrung mit 4 ∅ 20 bei erf $A_s = 10{,}5$ cm² Beton C30/37.
11. Ein Stahlbetonbalken ist als Abfangträger in einer Halle angeordnet und beidseitig auf Mauerwerk aufgelagert. Erstellen Sie den Bewehrungsplan nach den Angaben der Statik im Maßstab 1:20 – m, cm einschließlich einer Stahlliste.
Überprüfen Sie zusätzlich die Auflagerbeanspruchung in der Wand für
KSL – 1,6 – 12 – MG III bei einer Auflagertiefe von 24 cm.
Aus der Statik sind folgende Angaben bekannt:
Baustoffe: Beton C20/25
$c_{nom} = 4{,}5$ cm
Betonstahl B500A
Abmessungen: $b/h/d = 24/50/44$ [cm]
Belastung: $g_k = 27{,}1$ kN/m, $q_k = 7{,}5$ kN/m
Feldmoment: $M_{yd} = 227$ kN·m
$\Rightarrow_{erf} A_s = 13{,}6$ cm²
Auflager A: $V_{ed} = 121{,}7$ kN
$\Rightarrow A_{s,Bü} = 2{,}99$ m²/m

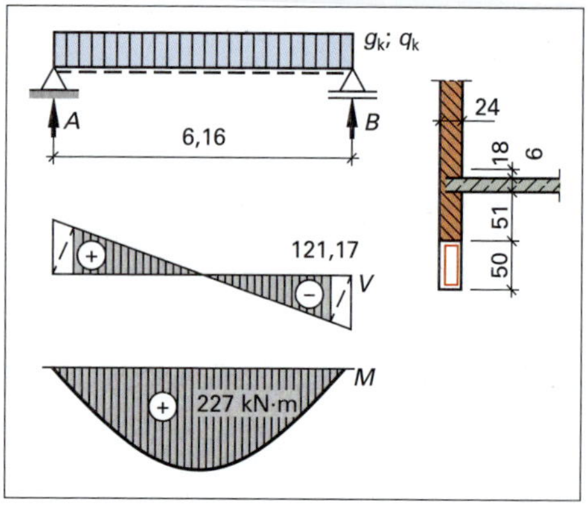

12. **Projektaufgabe**
    Die Aufgabe umspannt LF 12 I und LF 14 I.
    Eine Fahrzeughalle mit Bürotrakt ist nach dem in der Skizze angegebenen Angaben zu planen. Für die Tragkonstruktion sollen Betonfertigteile verwendet werden. Als Dach- und Wandelemente sollen Porenbetonplatten verwendet werden. Im Verwaltungsteil sind die Porenbetonelemente zu verkleiden oder alternativ Sandwichelemente zu verwenden.
    Der Aufbau der Dach- und Wandkonstruktion ist frei wählbar. Sofern keine Materialien angeben sind, sind sie sinnvoll zu wählen.
    Die Stützen im Erdgeschoss im Verwaltungsteil sind nur eingeschossig. Das Obergeschoss im Verwaltungsteil bleibt stützenfrei. Das Deckenfeld zwischen Achse C-D und 4-5 entfällt. Hier soll eine Treppenanlage mit Galerie eingebaut werden. Die Fahrzeughalle ist von dem Verwaltungsbereich durch eine Brandwand zu trennen.

Angaben zu Öffnungen
In Achse 6 ist ein Fensterband 9,60 m × 1,25 m, UK-Sturz 5,75 m anzuordnen. Ebenso ein Fensterband mit gleicher Breite und einer Höhe von 1,50 m mit UK-Sturz 2,50 m.
In Achse D einzuplanen: Zwei Rolltore 4,00 m × 4,50 m, eine Tür 1,00 m × 2,25 m zwischen Achse 2 und Achse 3.
Zwischen Achse 4 und Achse 5 sind Fensterelemente (Höhen wie Fenster Giebelwand) mit einer Breite von 9,00 m einzuplanen. Im Erdgeschoss ist in die Fensterfront zwischen Achse 4 und Achse 5 ein Eingangselement (2,25 m × 2,25 m) zu integrieren.
In Achse A ist zwischen Achse 2 und 3 und zwischen Achse 4 und 5 jeweils eine zweiflügelige Tür 2,25 m × 2,25 m einzuplanen.
Im Hallenbereich Fahrzeuge sind in Achse A in jedem Feld Fenster 3,60 m × 2,00 m UK-Sturz = 4,50 m einzuplanen.

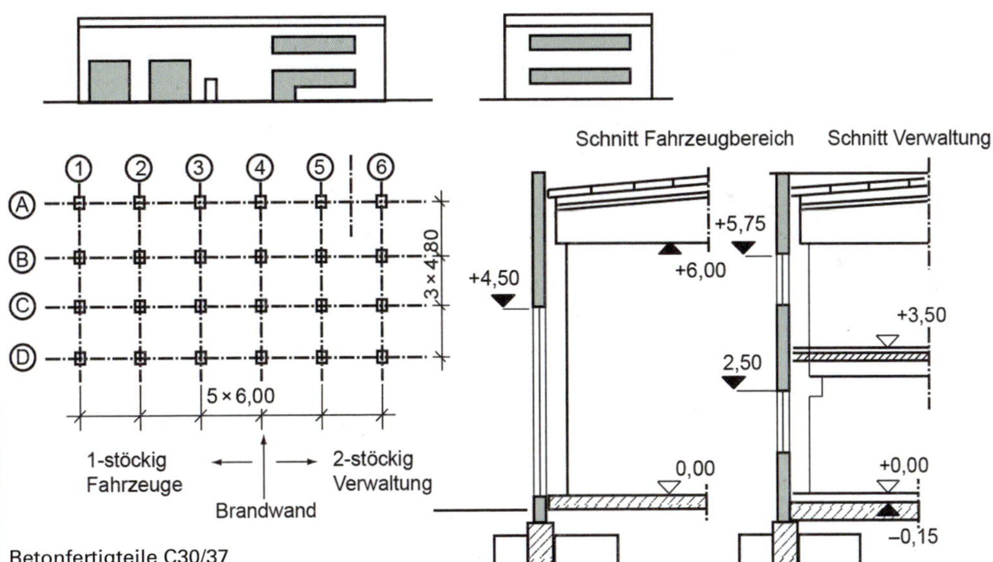

Betonfertigteile C30/37
Planskizzen Halle

Angaben zur Konstruktion als Anhaltswerte
Porenbetondachplatten $h = 15$ cm, max $L = 300$ cm mit Pfetten, Porenbetondachplatten $h = 25$ cm, max $L = 600$ cm ohne Pfetten, Fundamentbeton C20/25

Fundamente
Fundamente in Achse A und D:
Blockfundamente 300 cm × 200 cm × 90 cm mit Köcheraussparung unten 55 cm × 50 cm; oben 60 cm × 55 cm; Tiefe 65 cm

Fundamente für Giebelstützen Achse 1:
2,00 m × 1,50 m × 0,90 m mit Köcheraussparung unten 0,50 m × 0,40 m; oben 0,55 m × 0,45 m; Tiefe 0,65 m

Fundamente für Giebelstützen Achse 6:
2,00 m × 1,50 m × 0,90 m mit Köcheraussparung unten 0,50 m × 0,40 m; oben 0,55 m × 0,45 m; Tiefe 0,65 m (Die Lage ergibt sich aus der Beanspruchung.)

Fundamente Innenstützen:
1,60 m × 1,60 m × 0,90 m mit Köcheraussparung unten 0,50 m × 0,50 m; oben 0,55 m × 0,55 m; Tiefe 0,65 m

Streifenfundament unter Brandwand b = 0,60 m, Streifenfundament für Außenwand b = 40 cm, Fundamentplatte h = 25 cm

Trapezpfetten
Parallel-Binder oder Satteldachbinder 5 % Neigung; Traufhöhe 80 cm

Außenstützen Längswand 45 cm × 40 cm,
Innenstützen 40 cm × 40 cm,
Giebelstützen 30 cm × 40 cm

Deckenplatten vogespannten Hohlplatten
L = 6,00 m d = 18 cm; L = 4,80 m, d = 14 cm

Unterzüge L = 6,00 m b/h = 40 cm/50 cm; L = 4,80 m, b/h = 30 cm/40 cm, Auflagerung auf Konsolen

Traufriegel am Giebel b/h = 50 cm × 20 cm

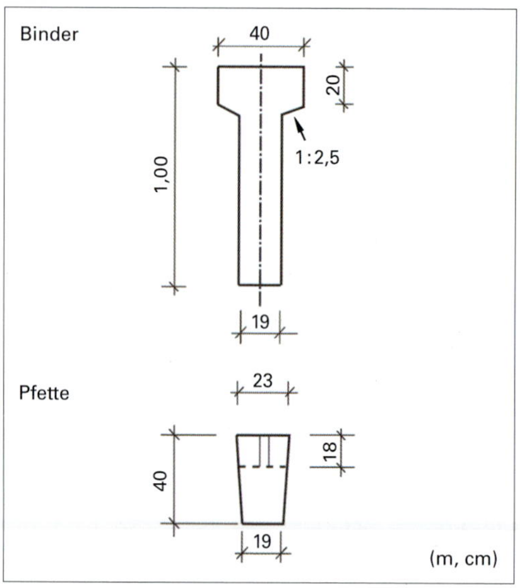

- Entscheiden Sie sich für eine Außenwandkonstruktion und skizzieren Sie den geplanten Wandaufbau.
- Fertigen Sie einen Gestaltungsentwurf für die Hallenfassade in Achse D und die Giebelwand in Achse 6 an (M 1:100 - m, cm).
- Fertigen Sie Zeichnungen an, aus denen die gewählte Tragkonstruktion ersichtlich ist.
- Zeichnen Sie den Querschnitt durch die Außenwand (Fahrzeugbereich/Verwaltungsbereich).
- Erstellen Sie eine Elementliste für die Betonfertigteile (Pfetten, Binder, Balken, Stützen) und stellen Sie jedes Bauteil dar.
- Berechnen Sie die Eigenlast der Betonfertigteile (z.B. in kN/m).
- Zeichnen Sie Details von Sockel, Traufe und Fensteröffnungen.
- Zeichnen Sie den Fundamentplan.
- Zeichnen Sie den Bewehrungsplan für die Außenwandstütze 45 cm × 40 cm.
- Zeichnen Sie den Bewehrungsplan für die Giebelstütze in Achse 1 von der Form wie Außenwandstütze. Bewehrung 6, ∅ 16, Bügel ∅ 8 s = 18 cm.
- Zeichnen Sie den Bewehrungsplan für das Blockfundament A|2
  Standbügel in Querrichtung 6 ∅ 12,
  Standbügel in Längsrichtung 3 ∅ 12,
  Horizontalbügel 6 ∅ 10.
  Angaben zur Bewehrung: Fundament Bewehrung unten in jeder Richtung A_s = 30 cm² Bewehrung in Bewehrungsstreifen staffeln.
  Fundamentbewehrung oben konstruktiv gesamt 10 cm² je Richtung.
- Zeichnen Sie die Bewehrung für eine Konsole.
  Konsolbreite 30 cm, Konsoltiefe 30 cm, Konsolhöhe 40 cm, Elastomerlager b = 15 cm, h = 0,5 cm mittig,
  Stütze 40 cm × 40 cm, Bewehrung 12 ∅ 16 mm.
  Schlaufen erf A_s = 4,8 cm²,
  Bügelquerschnitt 3,4 cm².

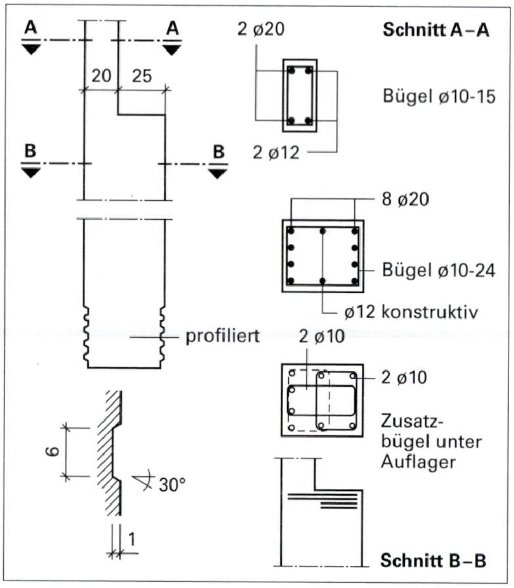

LF 10 TSL 20 Ausarbeiten eines Straßenentwurfs

Straßen sind Verkehrswege, die dem Transport von Personen und Gütern dienen. Die Verkehrsplanung hat das Ziel, den Anforderungen entsprechende Verkehrsräume nach verkehrstechnischen, bautechnischen, wirtschaftlichen und umweltverträglichen Gesichtspunkten zu gestalten.

20.1 Klassifizierung und Standardisierung der Straßen

Das bundesdeutsche Straßenverkehrsnetz hat bei Zunahme des Fahrzeugbestandes (vgl. Tabelle 20.1) trotz leicht verminderter Netzlänge (vgl. Tabelle 20.2) erhöhte Fahrleistungen (vgl. Tabelle 20.3) zu verkraften. Dennoch weisen die Unfallzahlen (vgl. Abb. 20.4) einen weiterhin sinkenden Trend auf.

Veränderungen in der statistischen Erfassung ergeben im Vergleich der Jahre immer leichte Verschiebungen. Fahrleistungen werden alle 5 Jahre manuell an ausgewählten Straßen und mit Hilfe von etwa 1500 automatischen Zählstellen (je zur Hälfte an Autobahnen und Bundesstraßen) ermittelt.

Jeder Straßenkilometer hat seine ganz speziellen Aufgaben zu erfüllen und muss dementsprechend ausgeführt werden. Neben der rein zahlenmäßigen Verkehrsbeanspruchung sind die tonnenmäßige Belastung und die witterungs- bzw. umweltbedingten Einflüsse maßgebend für den gesamten Straßenquerschnitt und -aufbau. Selbstverständlich muss dieser auch die Sicherheit und Leichtigkeit (wenig Unfälle und wenig Staus) des Straßenverkehrs gewährleisten. Letztlich soll das Straßenbauwerk unter wirtschaftlichen Gesichtspunkten geplant und gebaut werden, wobei eine Nutzungsdauer von 30 Jahren ohne strukturelle Schädigung angesetzt wird.

Für die Gestaltung und Langlebigkeit einer Straße sind folgende Fragen zu klären:

Wie viele Pkw nutzen die Straße? Wie hoch wird der Schwerverkehrsanteil? Kann oder muss ein Parkstreifen angeordnet werden? Wie ist der Fußgänger- und Radverkehr zu führen? Besitzt der Straßenraum eine Aufenthaltsfunktion?

Die Zunahme im Verbrauch von Bodenfläche für Siedlungs- und Verkehrsflächen hat sich in den letzten Jahren verringert. Das statistische Bundesamt gibt für den 25.11.2015 die Flächen wie folgt an:

Von den 357.376 km² Gesamtfläche Deutschlands entfallen 52 % auf landwirtschaftliche Flächen, 31 % auf Waldgebiete, ~3 % auf Wasserflächen. 14 % beanspruchen die Siedlungs- und Verkehrsflächen (mit Grünanlagen, Sportflächen, Entwässerungseinrichtungen), wovon 5 % Verkehrsflächen darstellen.

Tabelle 20.1: Fahrzeugbestand in Deutschland, Stand 1.1.2019 nach „Statistisches Bundesamt" (Anzahl in Tausend)

Pkw	47 100
Krafträder	4 400
Kraftomnibusse, Lastkraftwagen	5 800
Kfz-Anhänger	7 500
zugelassene Fahrzeuge	64 800
Bestand zum Vorjahr	+ 1,7 %
Fahrzeugdichte	~ 700 Kfz / 1 000 Ew

Tabelle 20.2: Überörtliches Straßennetz in Deutschland nach „Statistisches Bundesamt" zum 1.1.2019 in km

Autobahnen	13 140
Bundesstraßen	37 890
Landesstraßen	86 950
Kreisstraßen	92 020
Gesamtes überörtliches Netz	rd. 230 000
Gemeindestraßen	geschätzt bis 480 000

Tabelle 20.3: Jahresfahrleistungen in Millionen km nach „Bundesanstalt für Straßenwesen" (BASt) für 2018

Personenkraftwagen	631 000
Krafträder	9 740
Lastkraftwagen	66 000
Zugmaschinen	20 970
Kraftominbusse	4 487
sonstige Fahrzeuge	~ 4 000

Regionale und überregionale Straßennetze umfassen alle Straßen und Wege für den Personen- und Güterverkehr.

Belastungsklassen

Der Ausbau einer Straße wird durch den aufzunehmenden Verkehr und den Baugrund bestimmt. Ob Pkw, Lkw, Bus, Radfahrer oder Fußgänger, ob rollend, haltend, parkend oder spielend: Jeder Verkehrsteilnehmer nutzt den Straßenraum für seine Zwecke. Um hierfür die richtige Funktion zu besitzen, muss jede Straße mit den dazugehörenden Verkehrsflächen in Länge, Breite, Höhe und Aufbaudicke passend geplant werden.

Eine Straße soll gebrauchstauglich und wirtschaftlich sein. Da eine gute Tragfähigkeit zur Vermeidung von Schäden eine zentrale Anforderung ist, wurde für die Dimensionierung der Schichtdicken im Straßenaufbau durch die RStO 12 eine „Dimensionierungsrelevante Beanspruchung = B" eingeführt. Der Wert B stellt dabei kein reales Verkehrsaufkommen dar, sondern einen auf Grundlage vieler Einzelwerte ermittelten „Vergleichswert" für die Beanspruchung von Verkehrsflächen in Millionen 10t-Achsübergängen. Erfasste Einzelwerte sind unter anderem: Verkehrsstärke des Schwerverkehrs, Achszahlfaktor, Fahrstreifenbreitenfaktor, Fahrstreifenfaktor, Steigungsfaktor, Nutzungszeitraum (i. d. R. 30 Jahre) oder Zuwachsfaktor. Mit diesem Wert B ist dann die Belastungsklasse (Bk) der Straße zu ermitteln. Hieraus wiederum folgen nach RStO standardisierte Schichtfolgen und Schichtdicken.

Dabei wurde die ehemalige Einteilung der Verkehrsbelastung von Straßen in Bauklassen gemäß RStO, mit der RStO 12 durch die Einteilung in Belastungsklassen abgelöst.

20

RStO 12
Richtlinien für die Standardisierung des Oberbaues von Verkehrsflächen aus dem Jahre 2012. Ziel der RStO ist die Planung und Bemessung eines frostsicheren und tragfähigen Oberbaues.

Neben der standardisierten Bauweise nach RStO können insbesondere Sonderverkehrsflächen nach den Richtlinien zur rechnerischen Dimensionierung des Oberbaues, hier RDO Asphalt oder RDO Beton, bemessen werden.

Dazu wurden in der Vergangenheit Computerprogramme entwickelt: PaDesTo (Pavement Design Tool) für Asphaltbauweisen und AWD-Stako für Betonbauweisen sowie das Programm „BISAR" zur Bemessung von Mehrschichtsystemen.

In der Regel erfolgt aber die Bemessung von Verkehrsflächenbefestigungen in Deutschland mit Hilfe empirischer Verfahren.

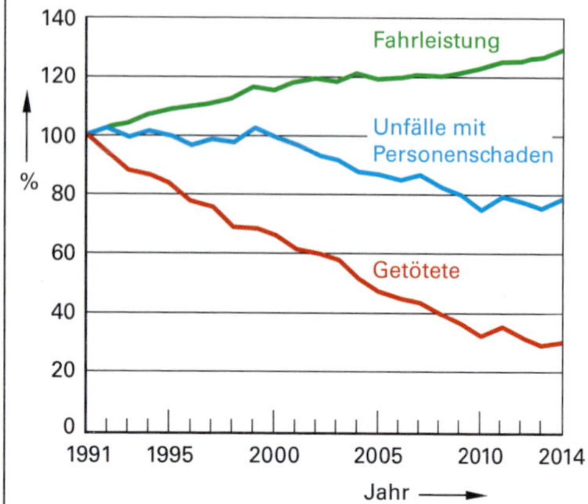

Abb. 20.4: Verkehrs- und Unfalldaten, Kurzzusammenstellung der Entwicklung in Deutschland
(Bundesanstalt für Straßenwesen, September 2015)

Tabelle 20.5: Klassifizierung der Straßen und Wege

Überörtliche Straßen	Örtliche (Gemeinde-) Straßen	Ländliche Wege
Bundesfernstraßen a) Bundesautobahnen b) Bundesstraßen	innerorts a) Hauptverkehrsstraßen b) Verkehrsstraßen c) Sammelstraßen d) Anlieger-(Wohn-)Straßen	Landwirtschaftliche Wege a) Hauptwirtschaftswege b) Wirtschaftswege
Landesstraßen Staatsstraßen[1] Landstraßen 1. Ordnung[2] Kreisstraßen Landstraßen 2. Ordnung[3] Ortsdurchfahrten[4]	außerorts a) Verbindungsstraßen b) sonstige Außerortsstraßen c) Ortsverbindungsstraßen[5]	Forstwirtschaftliche Wege a) Hauptwege b) Zubringerwege c) Rückwege Wege in Rebanlagen und Sonderkulturen

[1] Bayern und Sachsen
[2] Saarland und Thüringen
[3] Saarland
[4] in Gemeinden, Einwohnerzahl je nach Bundesland von 20 000 bis 80 000
[5] Straßenklasse zwischen überörtlicher Straße und Gemeindestraße

Die Wahl der Belastungsklasse muss sich an der Schwerverkehrsbelastung orientieren.

Für Kreuzungen und Einmündungen ist der am höchsten belastete Fahrstreifen maßgebend.

In Kreisverkehren ist zusätzlich die nächst höhere Belastungsklasse zu wählen.

Fußgängerzonen mit Schwerverkehr bei Lieferungen werden ausgebaut wie Hauptgeschäftsstraßen oder örtliche Geschäftsstraßen.

Für Verkehrsflächen der Bk3,2 bis Bk100 gilt immer die Annahme der „besonderen Beanspruchung" (z.B. Spurfahren, enge Kurvenfahrt, häufige Brems- und Beschleunigungsvorgänge). Hierauf sind die Dicke des Oberbaues, die Wahl der Bauweise, der Baustoffe und ihre Zusammensetzung abzustimmen.

Oberbau

Der Oberbau einer Straße muss aber neben der Tragfähigkeit auch deren Frostsicherheit gewährleisten. Daher müssen alle Schichten in Material und Dicke so aufeinander abgestimmt sein, dass sowohl die Verkehrslasten aufgenommen und nach unten hin zum Planum abgetragen werden als auch die Verformungen durch Frost aus Richtung des Planums nach oben hin keine Schäden anrichten können. Daher ist die Dicke des Oberbaues abhängig von der Verkehrsbelastung und den vorhandenen Böden unterhalb des Planums. Die standardisierten Vorschläge der RStO zur Gesamtdicke, Schichten- und Materialfolge des Oberbaues sollen die Anforderungen zu Tragfähigkeit und Frostsicherheit erfüllen.

Tabelle 20.6: Dimensionierungsrelevante Beanspruchung „B" und zugewiesene Belastungsklasse

Äquivalente 10t-Achs-übergänge in Millionen	Belastungs-klasse Bk	Bauklasse (alt)
über 100	Bemessungen nach RDO empfohlen	
über 32	Bk100	alt: SV
über 10 bis 32	Bk32	alt: I
über 3,2 bis 10	Bk10	alt: II
über 1,8 bis 3,2	Bk3,2	alt: III
über 1,0 bis 1,8	Bk1,8	
über 0,3 bis 1,0	Bk1,0	alt: IV
bis 0,3	Bk0,3	alt: V, VI

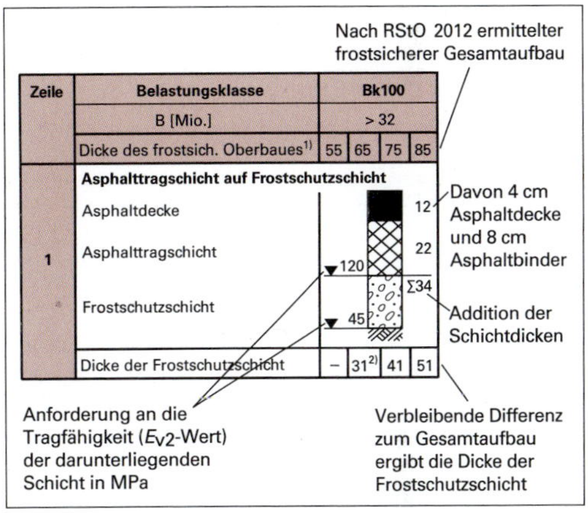

Abb. 20.7: Beispielaufbau nach RStO 2012, Tafel 1, Zeile 1 (vgl. Kapitel 21)

Tabelle 20.8: Zuordnung der Belastungsklassen nach Entwurfssituation der RASt, nach Belastung der Busverkehrsflächen und nach Verkehrsarten auf Neben- und Rastanlagen sowie Abstellflächen

Entwurfssituation und Straßenkategorie	Belastungs-klasse Bk	Busverkehrsflächen	Neben- und Rastanlagen
Anbaufreie Straße VS II, VS III	Bk10 bis Bk100	über 1400 Busse pro Tag = Bk100	Nahe Autobahnen: Verkehrs- und Abstellflächen auf Neben- und Rastanlagen = mind. Bk10
Verbindungsstraße und örtliche Einkaufsstraße HS III, HS IV	Bk3,2 oder Bk10	425 bis 1400 Busse/Tag = Bk32	
Industriestraße HS IV, ES IV, ES V	Bk3,2 bis Bk100	130 bis 425 Busse/Tag = Bk10	Schwerverkehr: Verkehrs- und Abstellflächen = Bk3,2 bis Bk10
Gewerbestraße HS IV, ES IV, ES V	Bk1,8 bis Bk100		
Hauptgeschäftsstraße und örtliche Geschäftsstraße HS IV, ES IV	Bk1,8 bis Bk10	65 bis 130 Busse/Tag = Bk3,2	Verkehrsflächen für Pkw und gering Lkw = Bk0,3 bis Bk1,8
Dörfliche Hauptstraße und Quartierstraße HS IV, ES IV	Bk1,0 bis Bk3,2	bis 65 Busse pro Tag = Bk1,8	Pkw-Abstellflächen = Bk0,3
Sammelstraße ES IV	Bk1,0 bis 3,2	unter 15 Busse pro Tag ist eine niedrigere Bk möglich	Abstellflächen mit nicht ständigem Schwerverkehr = Bk1,0 oder Bk1,8
Wohnstraße ES V	Bk0,3 oder Bk1,0		
Wohnweg ES V	Bk0,3		

Tabelle 20.9: Ausgangswerte für die Bestimmung der Mindestdicke des frostsicheren Oberbaus

Für Frostempfindlichkeitsklasse F2 gering bis mittel frostempfindliche Böden		Für Frostempfindlichkeitsklasse F3 sehr frostempfindliche Böden	
Bk0,3	40 cm Mindestdicke	Bk0,3	50 cm Mindestdicke
Bk1,0 bis Bk3,2	50 cm Mindestdicke	Bk1,0 bis Bk3,2	60 cm Mindestdicke
Bk10 bis Bk100	55 cm Mindestdicke	Bk10 bis Bk100	65 cm Mindestdicke
Bei Rad- und Gehwegen beträgt die Mindestdicke des frostsicheren Oberbaus 30 cm.			

Zu dieser Mindestdicke werden für die jeweils vorliegenden örtlichen Verhältnisse noch Mehr- oder Minderdicken angerechnet, um die endgültige frostsichere Oberbaudicke zu ermitteln (vgl. Kapitel 21).

Beispiel

Bk100 auf F3-Böden und wegen der ungünstigen Lage (Einschnitt, Wasser und Frosteinwirkung) eine Mehrdicke von 20 cm.

Mindestdicke	= 65 cm
Mehrdicke	= 20 cm
Gesamtdicke des frostsicheren Oberbaues	= 85 cm

Für diese Gesamtdicke bieten die RStO verschiedene Aufbauten für die Belastungsklasse an.

Im Bereich der Asphalt- und Betondecken gelten diese als weitgehend technisch gleichwertig und können somit nach regionalen Gesichtspunkten (örtliche Erfahrung, verfügbare Baustoffe, Kosten der Materialien) ausgewählt werden. Nach RStO wären somit zum Beispiel folgende Aufbauten für Bk100 möglich (vgl. Abb. 20.10 und umfassende Tabellen in Kapitel 21). Die cm-Angaben sind die Dicken der jeweiligen Schicht, die Angabe ▼ ist der E_{v2}-Mindestwert (Verformungsmodul) in MPa (1 MPa = 1 MN/m²).

Zeile 1 und Zeile 2.3 der Tabelle für Asphaltdecken bieten jeweils einen Aufbau mit 12 cm Asphaltdecke. Unterschiede liegen dann in der Dicke der Asphalt-Tragschicht sowie der darunter liegenden zweiten und ersten Tragschicht.

Zeile 1.1 und 3.2 für Betondecken haben unterschiedlich dicke Decken von 27 cm bzw. 29 cm mit oder ohne Vliesstoff auf unterschiedlichen Tragschichten.

Vorschriften, Bestimmungen, Merkblätter, Prüfvorschriften und technische Lieferbedingungen werden von der Forschungsgesellschaft für das Straßen- und Verkehrswesen (FGSV-Verlag, www.fgsv-verlag.de) herausgegeben.

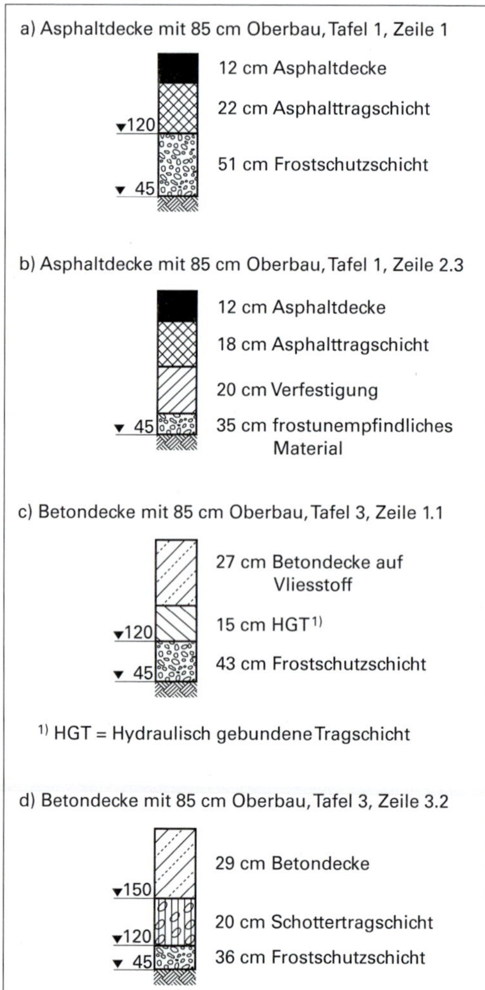

Abb. 20.10: Bauweisen für Fahrbahndecken
Beispiele für standardisierten Oberbau nach RStO 12 Belastungsklasse Bk100

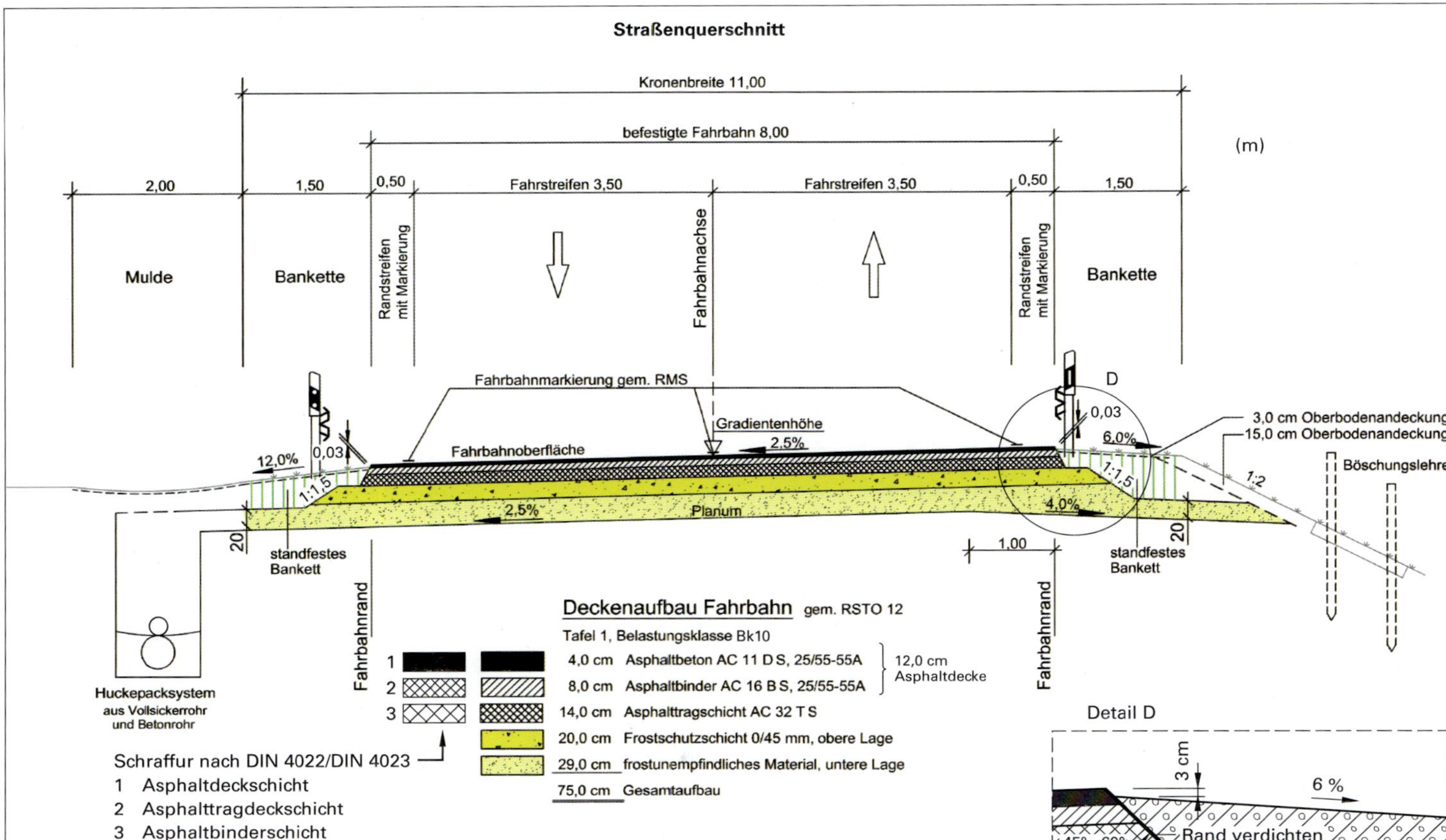

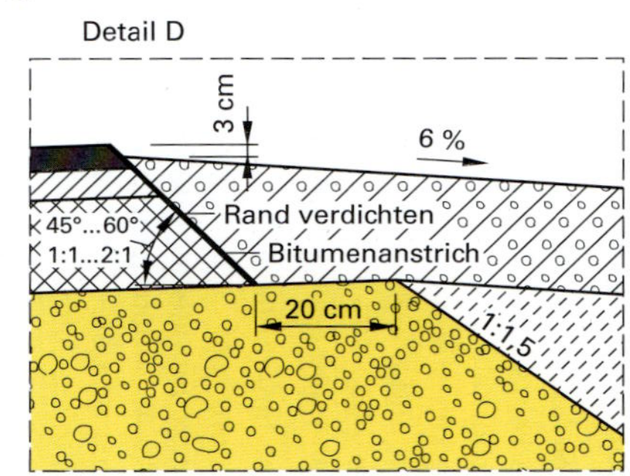

- Die Bankette setzt beidseitig 3 cm unter Fahrbahnoberfläche an, um die Entwässerung zu verbessern bzw. den Bewuchs durch Rasenfilz zu verhindern.
- Die tiefliegende Bankette erhält zur Entwässerung ein Gefälle von 12 %, die hochliegende nur 6 % nach außen.
- Für die Bankette wird Schotterrasen oder grobkörniges Kies-Sandgemisch empfohlen, um die Unfallursache „weiche Bankette“ zu beseitigen.
- Die Frostschutzschicht entwässert beidseitig auf dem Planum als 20 cm dicke Flächendrainage.
- Die Frostschutzschicht ist wegen besserer Verdichtung 20 cm breiter als die Asphalttragschicht.

Abb. 20.11: Bezeichnungen am Straßenquerschnitt und Oberbau (Beispiel: Regelquerschnitt RQ 11 nach RAL)

Straßenraum

Der Ausbau einer Straße muss zur Aufnahme des Verkehrs nicht nur die Tragfähigkeit und Frostsicherheit gewährleisten, sondern auch sichere Verkehrsräume für alle Verkehrsteilnehmer anbieten und alle Nutzungsansprüche angemessen befriedigen sowie die Interaktion zwischen Straßenraum und Seitenraum herstellen.

Der innerörtliche Straßenraum ist ein öffentlicher Raum, der unterschiedlichste Zwecke erfüllen muss. Ein idealer Straßenraum wäre in der Lage, alle Anforderungen und Bedürfnisse zu erfüllen. Dies ist unter Berücksichtigung der örtlichen Verhältnisse und bei unterschiedlichen Ansprüchen der Nutzer nicht immer möglich. Zur Beurteilung der Verträglichkeit wurde daher eine Methode **(Verträglichkeit Straßenraum)** entwickelt. Grundlegend sind beispielweise die Oberflächengestaltung (Materialwahl, Farbe) von Verkehrsflächen (Typisierung, Funktion, Verkehrsbelastung, Lage, Bebauungsstruktur) und Aufenthaltsflächen (Beleuchtung, Bepflanzung, Gestaltungselemente).

Die neuen Entwurfsregelwerke folgen der EU-Forderung nach stärkerer Standardisierung durch selbsterklärende Straßentypen, die durch die Verkehrsteilnehmer so angenommen werden sollen, wie es der Planer erwartet. Folgen wird daraus eine leichte Wiedererkennbarkeit von Verkehrssituationen mit größerer Verhaltenskonstanz und damit eine höhere Verkehrssicherheit.

Entwurfsregelwerke
RIN
Richtlinien für integrierte Netzgestaltung

RAA **R**ichtlinien für die **A**nlage von **A**utobahnen	**RAL** **R**ichtlinien für die **A**nlage von **L**andstraßen
RASt **R**ichtlinien für die **A**nlage von **St**adtstraßen	**RLW** **R**ichtlinien für den ländlichen **W**egebau

Abb. 20.12: Entwurfsregelwerke

Ausgangspunkt der funktionalen Gliederung bildet das System der Zentralen Orte. Je nach Bedeutung der zentralen Versorgungsfunktionen und der Größe des Versorgungsbereiches unterscheiden die RIN Zentren verschiedener Stufen:

- Metropolregionen (MR) mit internationaler bzw. nationaler Ausstrahlung,
- Oberzentren (OZ) als Verwaltungs-, Versorgungs-, Kultur- und Wirtschaftszentren für die spezialisierte Versorgung,
- Mittelzentren (MZ) als Zentren zur Deckung des gehobenen Bedarfs bzw. des selteneren spezialisierten Bedarfs sowie als Schwerpunkte für Gewerbe, Industrie und Dienstleistungen und
- Grundzentren (GZ) als Zentren der Grundversorgung zur Deckung des täglichen Bedarfs für den Nahbereich.

Verkehrsraum

Jeder Verkehrsraum ist mit Sicherheitszuschlägen in Breiten und Höhen so zu planen, dass z. B. Lkw, Pkw, Fahrradfahrer, Fußgänger, fließender oder ruhender Verkehr genügend Lichtraum zur sicheren Teilnahme am Verkehr erhalten (vgl. Abb. 20.13). Randstreifen mit Markierungen oder Randbefestigungen mit Entwässerungsrinnen und Bordsteinen sollen bauliche Befestigungen der Fahrstreifen bewirken und gleichzeitig die Sicherheit der Verkehrsteilnehmer fördern.

Nach Möglichkeit sollen für jede Art von Verkehr getrennte Verkehrsräume geschaffen werden, die durch Sicherheitsräume gegeneinander abgesichert sind. Nach der Straßenverkehrszulassungsordnung (siehe StVZO § 32) dürfen Kraftfahrzeuge maximale Abmessungen von 2,55 m Breite und 4,00 m Höhe haben (Kühlfahrzeuge 2,60 m mal 4,00 m) bei bis zu 18,75 m Lastzuglänge. Hinzu kommen als oberer Bewegungsspielraum 0,25 m und als seitlicher Bewegungsspielraum 1,20 m bei Autobahnen, sonst 0,95 m (bei regelmäßigem Schwerverkehr) bzw. 0,70 m bei nicht regelmäßigem Schwerverkehr.

Der obere Sicherheitsraum beträgt 0,25 m. Die Mindestdurchfahrtshöhe beträgt 4,50 m, für Neubauten von Autobahnbrücken 4,70 m.

In der Breite werden die befahrbaren Räume über Entwässerungsrinnen oder Randstreifen zugerechnet. In gleicher Weise setzt sich der Verkehrsraum für Rad- und Fußgängerverkehr zusammen, die Höhe beträgt hier 2,25 m, die Regelbreite 2,50 m, in bebauten Gebieten mindestens 1,50 m.

Für die Regelquerschnitte ist ein Fahrstreifen mit regelmäßigem Schwerverkehr bei Autobahnen (äußere Fahrstreifen) 3,75 m, sonst 3,50 m bzw. 3,25 m (auch Überholfahrstreifen) breit.

Die befestigten Randstreifen sind 50 cm, in einstreifigen Abschnitten von sonst dreistreifigen Straßen und bei Autobahnen 75 cm breit.

Bankette sind mit 1,50 m auszuführen, in Einschnitten neben Mulden können sie auf 1,00 m verringert werden. Seitenstreifen/Standstreifen an Autobahnen sind 2,50 m und bei Stadtautobahnen 2,00 m breit herzustellen (vgl. Kapitel 20.4).

Die in den RAA – RAL – RASt festgelegten Querschnitte sollen neben ausreichender Verbindungsqualität und Qualität des Verkehrsablaufes die Sicherheit der Verkehrsteilnehmer und die Funktionalität der jeweiligen Straßenräume herstellen und sowohl ökologisch als auch ökonomisch vertretbare Angebote darstellen.

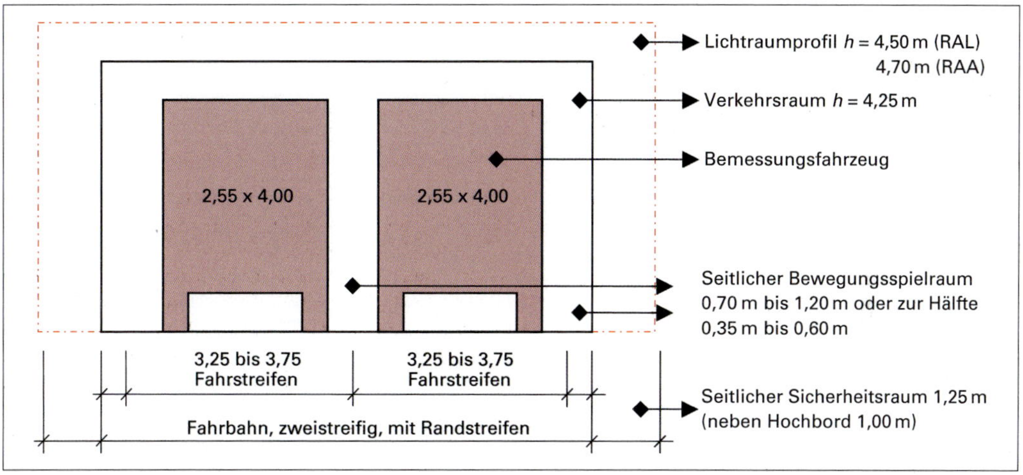

Abb. 20.13: Lichtraumprofil und Verkehrsraum

Tabelle 20.14: Vorgeschriebene oder empfohlene (Regel-)Querschnitte

	Merkmale	Funktion/Bezeichnung	(Regel)Querschnitte
RAA (Autobahnen) Ausgabe 2008	anbaufrei zweibahnig planfreie Knotenpunkte außerhalb und innerhalb bebauter Gebiete	Fernautobahn Überregionalautobahn autobahnähnliche Straße Stadtautobahn	RQ 43,5 RQ 38,5 RQ 36 RQ 31,5 RQ 31 RQ 25 RQ 28
RAL (Landstraßen) Ausgabe 2012	kurze zweibahnige Abschnitte möglich anbaufrei einbahnig planfrei oder plangleich außerhalb bebauter Gebiete	großräumig (z. B. Bundesstraßen) überregional (z. B. Landes- bzw. Staatsstraßen) regional (z. B. Kreisstraßen) nahräumig (z. B. Gemeindestraßen)	RQ 21 (bei sehr hohen Belastungen, zweibahnig mit Mittelstreifen), RQ 15,5 (einbahnig, dreistreifig, wechselseitiger Überholfahrstreifen), RQ 11,5+ (einbahnig zweistreifig, abschnittsweise dreistreifig), RQ 11, RQ 9
RASt (Stadtstraßen) Ausgabe 2006	anbaufrei angebaut Erschließungsstraßen	Hauptverkehrsstraßen (z. B. Verbindungsstraße) (z. B. örtliche Geschäftsstraße, Gewerbestraße) Erschließungsstraßen (z. B. Wohnweg, Sammelstraße) Weitere Bezeichnungen: Wohnstraße, Quartierstraße, dörfliche Hauptstraße, örtliche Einfahrtsstraße, Industriestraße	Von 4,00 m breiten Fahrgassen für Begegnung Rad/Pkw ohne ÖPNV über zweistreifige 6,50 m für Linienbusverkehr bis 7,00 m Fahrbahnen, zweistreifig, Linienbus und v_{zul} = 70 km/h.

20.2 Technische Regelwerke für den Straßen- und Tiefbau

Abkürzung	Vollständige Bezeichnung	Beispiel
VOB VOB/A VOB/B VOB/C	Vergabe- und Vertragsordnung für Bauleistungen	Teil A: Allgemeine Bestimmungen für die Vergabe von Bauleistungen (DIN 1960) Teil B: Allgemeine Vertragsbedingungen für die Ausführung von Bauleistungen (DIN 1961) Teil C: Allgemeine Technische Vertragsbedingungen für Bauleistungen ATV (DIN 18 299: 2019-09, u. a.)
DIN	Deutsche Norm (Deutsches Institut für Normung e. V.)	DIN 18 503 Pflasterklinker – Anforderungen und Prüfverfahren
DIN EN	Deutsche und Europäische Norm	DIN EN 1338 Pflastersteine aus Beton – Anforderungen und Prüfverfahren
DIN ISO	Deutsche und Internationale Norm	DIN ISO 9 245 Erdbaumaschinen – Leistung der Maschinen
E DIN	DIN-Entwurf	DIN 19 708: 2015-11-Entwurf Bodenbeschaffenheit – Ermittlung der Erosionsgefährdung
V DIN	Vornorm	V DIN 4017 Baugrund; Berechnung des Grundbruchwiderstandes von Flachgründungen; ersetzt durch DIN 4017: 2006-03
Beiblatt	Beiblatt zur Norm	DIN 4017 Beiblatt 1: 2006-11 Baugrund
ZTV	Zusätzliche Technische Vertragsbedingungen	ZTV Pflaster-StB 06: Zusätzliche Technische Vertragsbedingungen und Richtlinien zur Herstellung von Pflasterdecken, Plattenbelägen und Einfassungen
ATV VOB/C	Allgemeine Technische Vertragsbedingungen für Bauleistungen	ATV DIN 18 300: 2019-09 Erdarbeiten
TL	Technische Lieferbedingungen	TL Gestein-StB 04 (Ausgabe 2004/Fassung 2007); Technische Lieferbedingungen für Gesteinskörnungen im Straßenbau
TP	Technische Prüfvorschriften	TP Gestein-StB – Ausgabe 2017; Technische Prüfvorschriften für Gesteinskörnungen im Straßenbau
M	Merkblatt	M FG 2013: Merkblatt für Flächenbefestigungen mit Großformaten
R	Richtlinien	RStO 12, Ausgabe 2012; Richtlinien für die Standardisierung des Oberbaues von Verkehrsflächen
E	Empfehlungen	EAR 05; Empfehlungen für Anlagen des ruhenden Verkehrs
H	Hinweise	HNL-S; Hinweise zur Berücksichtigung des Naturschutzes und der Landschaftspflege beim Bundesfernstraßenbau
AL	Arbeitsanleitung	ALP A-StB; Arbeitsanleitung zur Prüfung von Asphalt
TA	Technische Anleitung	TA Luft; Technische Anleitung zur Reinhaltung der Luft
STLK	Standardleistungskatalog	... für den Straßen- und Brückenbau; STLK-StB

Abb. 20.15: Technische Regelwerke – Abkürzungen und Beispiele

20

Technische Regelwerke im weitesten Sinne sind alle technischen Vertragsbedingungen, Richtlinien, Merkblätter, Hinweise und Arbeitspapiere. Insbesondere gelten die Normen des DIN (Deutsches Institut für Normung e.V.) – allgemein als DIN-Normen bezeichnet – sowie Europäische Normen (EN) als technische Regelwerke, mit denen Qualitätssicherung, Sicherheit und Rationalisierung erreicht und eine Verständigung in Wirtschaft, Technik, Wissenschaft, Verwaltung und Öffentlichkeit ermöglicht werden. Die „Allgemeinen Technischen Vertragsbedingungen (ATV), VOB/C" bestehen aus den DIN 18299 bis DIN 18459 und schließen viele weitere DIN-Normen ein. Aber auch Zusätzliche Technische Vertragsbedingungen (ZTV) sowie Technische Lieferbedingungen (TL) und Technische Prüfbedingungen (TP) werden häufig als Ergänzung bzw. Einschränkung der Normen im Bauvertrag vereinbart. Merkblätter, Richtlinien und Hinweise der Forschungsgesellschaft für Straßen- und

Verkehrswesen e.V. (FGSV) – meist vom zuständigen Bundesministerium für Verkehr eingeführt oder empfohlen – regeln, beschreiben oder erläutern die Straßenbautechnik. Sie können ebenfalls vertraglich vereinbart werden.

Auch Standardleistungstexte, die in Buchform oder in digitaler Form als Standardleistungskatalog (STLK) für den Straßen- und Brückenbau (STLK S-B) oder als Standardleistungsbuch für das Bauwesen (StLB) vorliegen, können als Technische Regelwerke angesehen werden.

DEUTSCHE NORM Dezember 2015

	Einbau und Prüfung von Abwasserleitungen und -kanälen Deutsche Fassung EN 1610 : 2015-12	**DIN** **EN 1610**

ICS 13.060.30 **Ersatz für DIN EN 1610 : 1997-10**

Deskriptoren: Abwasserleitung, Abwasserkanal, Begriffe, Verlegung, Prüfung

Construction and testing of drains and sewers;
German version EN 1610 : 2015

Mise en oeuvre et essai des branchements et collecteurs d'assainissement;
Version allemande EN 1610 : 2015

Die Europäische Norm EN 1610 : 2015-12 hat den Status einer Deutschen Norm.

Abb. 20.16: „Kopf" einer europäischen Norm

VOB C
Allgemeine Technische Vertragsbedingungen für Bauleistungen
ATV

Verkehrswegebauarbeiten; Pflasterdecken und Plattenbeläge, Einfassungen

- DIN 18318 -
Ausgabe 2019 – 09

Aufgestellt: *Deutscher Verdingungsausschuß für Bauleistungen (DVA), Hauptausschuß Tiefbau*
Eingeführt: *Bundesminister für Verkehr, Allg. Rundschreiben Straßenbau Nr. 21/1996 vom 22. Juli 1996 - StB 12/70.11.00/21 Va 96^x)*
Veröffentlicht: *Beuth Verlag, Berlin - Juni 1996*
Ersetzt: *ATV - DIN 18318 - Ausgabe Dezember 1992*

Richtlinien für die Anlage von Autobahnen
RAA

Ausgabe 2008

Aufgestellt: *Forschungsgesellschaft für Straßen- und Verkehrswesen (FGSV), Arbeitsgruppe „Straßenentwurf"*
Veröffentlicht: *FGSV Verlag, Köln - FGSV 202/R 1*
Ersetzt: *Die Teile, die Autobahnen und Stadtautobahnen betreffen, in den folgenden Regelwerken: RAL-K-2, AH-RAL-K-2, RAS-K-2-B, RAS-Q, RAS-L*
Kommentar: *Vorträge des FGSV-Kolloquiums „RAA" am 4. Juni 2008 in Kassel (s. www.fgsv-verlag.de/Katalog/Technische Regelwerke /Straßenentwurf/RASt/PDF-Dokumente)*

Platten aus Naturstein für Außenbereiche
Anforderungen und Prüfverfahren

DIN EN 1341
Ausgabe April 2002

Berichtigung 1
Ausgabe Juni 2006

Aufgestellt: *CEN/TC 178 „Pflastersteine, Platten und Bordsteine"/DIN NABau 005-10-01 AA*
Veröffentlicht: *Beuth Verlag, Berlin*
Ersetzt: *Ausgabe März 2000*

Zusätzliche Technische Vertragsbedingungen und Richtlinien
zur Herstellung von
Pflasterdecken, Plattenbelägen und Einfassungen

ZTV Pflaster-StB 06
Ausgabe 2006

Aufgestellt: *Forschungsgesellschaft für Straßen- und Verkehrswesen (FGSV), Arbeitsgruppe „Mineralstoffe im Straßenbau"*
Bekanntgemacht: *BMVBS Allgemeines Rundschreiben Straßenbau Nr. 23/2006 vom 29. August 2006 - S 17/7182.8/3^a)*
Korrekturen: *Juli 2008 (nachstehend berücksichtigt)*
Veröffentlicht: *FGSV-Verlag, Köln - FGSV 699*
Ersetzt: *ZTV P-StB, Ausgabe 2000*

Merkblatt für die Verwertung von pechhaltigen Straßenausbaustoffen und von Asphaltgranulat in bitumengebundenen Tragschichten durch Kaltaufbereitung in Mischanlagen

M VB-K

Ausgabe 2007

Technische Lieferbedingungen für Asphaltgranulat

TL AG-StB 06

Ausgabe 2006

Aufgestellt: *Forschungsgesellschaft für Straßen- und Verkehrswesen e.V. (FGSV), Arbeitsgruppe „Asphaltstraßen"*
Veröffentlicht: *FGSV Verlag, Köln - FGSV 749*
Ersetzt: *TL AG-StB, Ausgabe 2001*

Abb. 20.17: Beispiele für technische Regelwerke;
die unterschiedliche Art des Regelwerks ist hier durch das Gelbraster verdeutlicht.
Hinweis: Für die VOB erscheinen regelmäßig Ergänzungs- und Änderungsbände, z. B. VOB/C, DIN 18318: 2019-09 (Ausgabedatum Jahr 2019, Monat 09)

20.3 Straßennetz, Verkehrsplanung und Planungsschritte

Aufgaben einer Verkehrsbeziehung können historisch entstanden oder durch Zukunftsplanungen zugewiesen worden sein. So sind alte Handelswege und Heerwege bis in die heutige Zeit genutzt vorhanden oder neue Verkehrsbeziehungen sollen zukünftig Funktionen übernehmen, die

- dem Menschen die Nutzung des angebotenen Raumes aus verschiedenen Anlässen ermöglichen (Aufenthaltsfunktion),
- den Verkehr bis zum einzelnen Grundstück führen (Erschließungsfunktion),
- Verkehrsbewegungen eines begrenzten Gebietes zusammenfassen, weiterleiten und wieder verteilen (Sammelfunktion),
- entfernte Gebiete verbinden (Verbindungsfunktion).

Unser Straßennetz (vgl. Tabelle 20.2) erhält Aufgaben aus der kommunalen Planung einer Gemeinde, der regionalen Planung eines Kreises oder Bundeslandes oder der überregionalen bundes- und gar europaweiten Planung für Fernstraßennetze.

Verkehrsplanung

Verkehrsplanung soll ermöglichen, dass der Personen- und Güterverkehr schnell, bequem, mit geringsten Bau- und Unterhaltungskosten und mit wenig Umweltbelastung sowie -schädigung erfolgt.

Um dieses erreichen zu können, müssen verlässliche Planungsdaten erhoben werden. Verkehrszählungen können die Verkehrsstärke nach Quelle und Ziel, nach Fahrstrecke und Verkehrsmittel aufgliedern. Künftige – von Politik und Wirtschaft geforderte – Entwicklungen im Fahrzeugbau oder Wirtschaftsgebieten müssen in Vorausschätzungen ebenso einfließen. Alle Überlegungen schlagen sich dann nieder in Entwurfsvorgaben wie z. B. dem Bundesfernstraßenbedarfsplan, dem Verkehrsentwicklungsplan eines Landkreises oder letztendlich dem Straßenraumentwurf.

Die Verkehrsplanung hat zum Ziel, den Anforderungen entsprechende Verkehrsräume nach verkehrstechnischen, bautechnischen, wirtschaftlichen und umweltverträglichen Gesichtspunkten zu gestalten.

Als Folge dieser hier nicht näher zu beschreibenden sehr umfangreichen und schwierigen Vorgänge werden

- Anfangs- und Endpunkte des Bauvorhabens festgelegt,
- mögliche Linienführungen (Trassen) ermittelt und mit beteiligten Behörden sowie Verbänden abgestimmt,
- verschiedene Trassen entworfen und verkehrs- sowie bautechnisch beurteilt,
- Querschnittszeichnungen und vereinfachte Höhenpläne erstellt,
- die Kosten nach Anteil der Erd- und Befestigungsarbeiten, Kunstbauten und Ausstattung überschlagen.

Straßenbaulastträger

Straßenbaulastträger sind verantwortlich für die Aufgaben und daraus entstehenden Kosten, die mit Bau, Unterhaltung, Erneuerung oder Instandsetzung zusammenhängen. Die Finanzierung des öffentlichen Straßenbaues wird in Haushaltsplänen festgelegt und geregelt. Die Straßenbaulastträger können eigenverantwortlich Planungen durchführen oder sie an private Ingenieurbüros vergeben.

Tabelle 20.18: Straßenbaulastträger

Straße	Kürzel	Träger
Bundesautobahn Bundesfernstraßen	A B	Bundesrepublik Deutschland[1]
Landesstraßen Landstraßen 1. Ordnung Staatsstraßen	L S	Bundesland[2] Freistaat
Kreisstraßen Landstraßen 2. Ordnung	K	Landkreise[2], kreisfreie Städte
Gemeindestraßen und -wege		Kommunen (Gemeinden)

[1] Städte mit > 80 000 Einwohnern für die Ortsdurchfahrt
[2] Städte mit > 20 000 Einwohnern für die Ortsdurchfahrt

Planungsgrundlagen

Eine wesentliche Planungsgrundlage ist die Richtlinie zum Planungsprozess und für die einheitliche Gestaltung von Entwurfsunterlagen im Straßenbau (RE, Ausgabe 2012). Die RE 2012 gliedert sich in Teil I Planungsprozess und Teil II Entwurfsunterlagen und erfasst die Bereiche Vorplanung und Genehmigungsplanung.

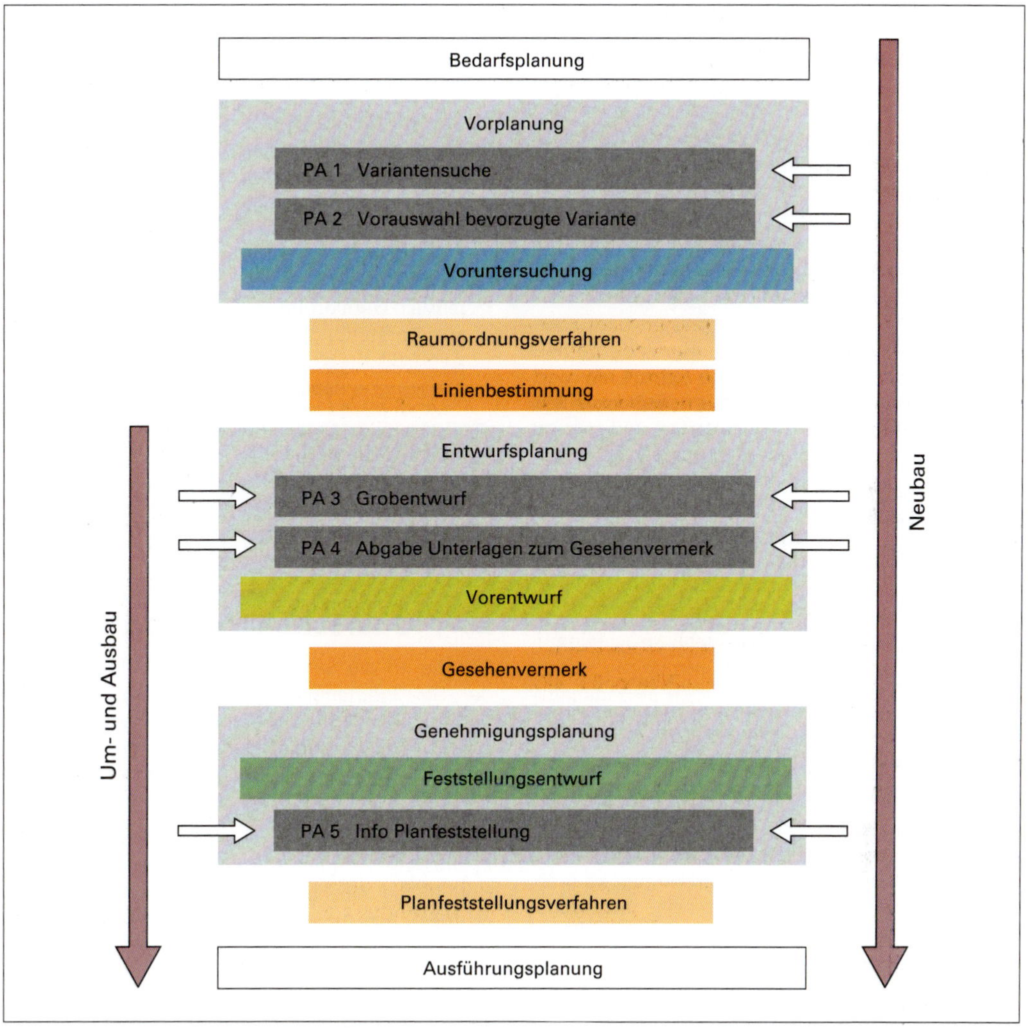

Abb. 20.19: Planungsprozess: Planungsstufen mit ihren Ergebnissen, durchzuführende Verfahren und Projektabstimmungen (PA)

Die Anwendung der RE 2012 dient der Qualitätssicherung in der Straßenplanung. Der Geltungsbereich bezieht sich auf den Neu-, Um- und Ausbau von Bundesfernstraßen. Die Anwendung der RE ist aber auch bei Straßenbaumaßnahmen anderer Baulastträger geeignet.

Die RE enthalten 24 Entwurfsunterlagen in 4 Teilen:

Teil A: Vorhabenbeschreibung (Nr. 1) als zentraler Erläuterungsbericht, der die Ergebnisse aller Abwägungen, Berechnungen und Fachbeiträge zusammenfassend nichttechnisch und allgemeinverständlich wiedergibt.
Teil B: Planteil (Nr. 2 bis 13) mit Übersichtskarte, Übersichtslageplan, Übersichtshöhenplan, Lage- und Höhenplan, Plänen zum Immissionsschutz, der Entwässerung, den landschaftspflegerischen Maßnahmen, dem Grunderwerb, ein Bauwerksverzeichnis, Aussagen zu Widmung, Umstufung oder Einziehung sowie die Kostenermittlung.
Teil C: Anhang (Nr. 14 bis 21) mit Ermittlung der Belastungsklasse und des Regelquerschnittes, Bauwerksskizzen der Ingenieurbauwerke, besondere Pläne sowie immissionstechnische, wassertechnische, umweltfachliche und bodenkundliche Untersuchungen.
Teil D: Nachweise (Nr. 22 bis 24) zur Verkehrsqualität, zur Verkehrssicherheit und Wirtschaftlichkeit.

Vorplanung

Die Vorplanung basiert auf den Ergebnissen topografischer, geologischer und hydrologischer Gegebenheiten, bei denen die Einflüsse des Geländes, der Bodenverhältnisse und der Wasserverhältnisse auf das Bauvorhaben ebenso berücksichtigt werden wie die Vorgaben aus Flächennutzungsplänen, Verkehrsprognosen oder einer Umweltverträglichkeitsstudie. Ergebnis der Vorplanung sollen der Ausbauquerschnitt und die Linienbestimmung sein, mit der die Trasse der künftigen Straße festgelegt wird.

Vorentwurf

Der Vorentwurf entsteht aus der mit Behörden und Verbänden abgestimmten Vorplanung und arbeitet die maßgebenden Teile genauer aus:

- Erläuterungsbericht zur Baumaßnahme
- Übersichtskarte
- Finanzierungsplan
- Bodenerkundungen
- Lage- und Höhenpläne, Querschnitte

Mit dem Vorentwurf sind die Ausbaugeschwindigkeiten, Querneigungen und Krümmungen festgelegt. Die ermittelten Kosten werden in Haushaltspläne übernommen.

Planfeststellungsverfahren

In einem Planfeststellungsverfahren werden die Planungen auch der Öffentlichkeit zugänglich gemacht, so dass betroffene Bürger nach Einsichtnahme ihre Einwendungen vorbringen können. Alle Einwände müssen geklärt sein, im Zweifel können Verwaltungsgerichte im Prozess entscheiden. Danach gelten die Pläne als festgestellt = Planfeststellungsbeschluss.

Bauentwurf

Der endgültige Bauentwurf führt die Pläne des Planfeststellungsbeschlusses baureif aus, er enthält alle für die Ausschreibung und Vergabe notwendigen Angaben. Die Bauausführungspläne haben größere Maßstäbe und enthalten viele Detaildarstellungen besonders wichtiger Punkte in der Baumaßnahme:

- Übersichtskarte mit Angabe der Baumaße im Straßennetz, Maßstab 1 : 5000 bis 1 : 50000,
- Ausbauquerschnitt als lotrechter Schnitt rechtwinklig zur Straßenachse, Maßstab 1 : 50 oder auch 1 : 100,
- Lageplan (Grundriss oder Draufsicht) im Maßstab 1 : 250, 1 : 500 oder 1 : 1000,
- Höhenplan als lotrechter Schnitt entlang der Straßenachse. Der Längenmaßstab gleicht dem des zugehörenden Lageplanes, die Höhen sind jedoch 10fach größer dargestellt.
  $M\ 1 : \frac{250}{25}$ oder $1 : \frac{500}{50}$ oder $1 : \frac{1000}{100}$
  (immer Maßstab der Länge/Maßstab der Höhe),
- Deckenhöhenplan (Lageplan mit Deckenhöhen) für schwierige Punkte, z. B. Einmündungen,
- landschaftspflegerischer Begleitplan zur Darstellung der Eingriffe in den Naturhaushalt und das Landschaftsbild sowie der geplanten Ersatzmaßnahmen,
- je nach Bauvorhaben sind noch spezielle Pläne zur Darstellung von z. B. Knotenpunkten, Regenrückhaltebecken, Beschilderungen oder Absteckungen notwendig.

Der Ausführungsentwurf ist nach Planfeststellungsverfahren, Anhörungen und Bekanntmachung verbindlich. Alle Maße, Baustoffe oder Gestaltungsvorgaben sind einzuhalten.

20.4 Querschnittsgestaltung

Für die an die Straßen gestellten Ansprüche hat der Straßenplaner einen Straßenquerschnitt zu entwickeln, der einen sicheren Verkehr, einen zügigen Verkehrsablauf und eine lange Lebensdauer ergibt. Dazu nimmt die Interaktion zwischen Verkehrsraum und Seitenraum eine wesentliche Rolle ein.

Es müssen Maße gefunden werden, die für die Breiten der einzelnen Bestandteile des Verkehrsraumes allen Ansprüchen genügen können. Nach der Richtlinie für integrierte Netzgestaltung (RIN, Ausgabe 2009) wird die Verbindungsfunktion festgestellt. Nach der Verbindungsfunktion, einer konzeptionellen Verkehrsnetzgestaltung mit raumordnerischen Ansätzen und umwelt- und landschaftsbezogenen Planzielen, ergeben sich die notwendigen Breiten und der entsprechende Aufbau.

Ziel ist das Schaffen eines Bauwerkes Straße, welches über ca. 30 Jahre den Verkehr möglichst umfeld-(umwelt-)schonend bewältigen kann.

Im Folgenden werden die Regelquerschnitte für Autobahnen (nach RAA), für Landstraßen (nach RAL) und für Stadtstraßen (nach RASt) näher erläutert. Dabei sind die Begriffe einerseits Regelquerschnitt und andererseits Ausbauquerschnitt (unter Verwendung der Regelquerschnitte und der Bauweisen für Asphalt, Beton sowie Pflaster- und Plattenbefestigungen) zu unterscheiden (vgl. LF 11 TSL, Kapitel 21.1).

Tabelle 20.20: Straßenkategorien nach Richtlinien für Integrierte Netzgestaltung (RIN 2009)

Kategoriengruppe / Verbindungsfunktionsstufe		Autobahnen	Landstraßen	anbaufreie Hauptverkehrsstraßen	angebaute Hauptverkehrsstraßen	Erschließungsstraßen
		AS	LS	VS	HS	ES
kontinental	0	AS 0		–	–	–
großräumig	I	AS I	LS I = EKL 1		–	–
überregional	II	AS II	LS II = EKL 2	VS II		–
regional	III	–	LS III = EKL 3	VS III	HS III	
nahräumig	IV	–	LS IV = EKL 4	–	HS IV	ES IV
kleinräumig	V	–	LS V	–	–	ES V

AS I	unproblematisch, Bezeichnung der Kategorie
	problematisch aufgrund von Konflikten aus Funktionsüberlagerungen
–	nicht vorkommend oder nicht vertretbar

Der Entwurf der Straßen erfolgt auf der Grundlage unterschiedlicher Richtlinien:

	Richtlinien für die Anlage von Autobahnen (**RAA**, Ausgabe 2008)
	Richtlinien für die Anlage von Landstraßen (**RAL**, Ausgabe 2012)
	Richtlinien für die Anlage von Stadtstraßen **(RASt 06)**
EKL	Den Straßenkategorien LS I bis LS IV werden Entwurfsklassen zugeordnet **(EKL)**

20.4.1 Richtlinien für die Anlage von Autobahnen – RAA

Autobahnen sind anbaufreie mindestens zweibahnige Straßen mit planfreien Knotenpunkten außerhalb oder innerhalb bebauter Gebiete.

Die Autobahnen sollen eine angemessene Reisegeschwindigkeit bei hoher Qualität des Verkehrsablaufes ermöglichen.

Dazu müssen die Querschnitte auch für die hoch belasteten Zeiten ausreichend dimensioniert sein und ausreichend Raum für Betriebsdienste, Bauwerksprüfung sowie für baubedingte Verkehrsführungen bereithalten.

Die bisherige Entwurfsgeschwindigkeit v_e ist entfallen. Alle Entwurfsgrundsätze orientieren sich nun an den Entwurfsklassen.

Tabelle 20.21: Entwurfsklassen und Gestaltungsmerkmale

Straßenkategorie	**AS 0/AS I**		**AS II**		
Lage zu bebauten Gebieten	außerhalb oder innerhalb		außerhalb	außerhalb oder innerhalb	innerhalb
Straßenwidmung	BAB	nicht BAB		BAB	alle
Bezeichnung	Fernautobahn	Autobahnähnliche Straße		Überregionalautobahn	Stadtautobahn
Entwurfsklasse	**EKA 1A**	**EKA 2**		**EKA 1B**	**EKA 3**
Wegweisung	blau	gelb		blau	blau/gelb
Berechnungsgeschwindigkeit bei Nässe für die Entwurfselemente	130 km/h	100 km/h		120 km/h	80 km/h

Tabelle 20.22: Querschnittsabmessungen von Autobahnen

Querschnitt RQ [m]	43,5	36	31	28	38,5	31,5	25
Entwurfsklasse	**EKA 1**	**EKA 1**	**EKA 1**	**EKA 2**	**EKA 3**	**EKA 3**	**EKA 3**
Anzahl der Fahrstreifen	4 + 4	3 + 3	2 + 2	2 + 2	4 + 4	3 + 3	2 + 2
Randstreifen in m innen/außen	0,75 / 0,50	0,75 / 0,50	0,75 / 0,75	0,50 / 0,50	0,50 / 0,50	0,50 / 0,50	0,50 / 0,50
Mittelstreifen in m	4,00	4,00	4,00	4,00	2,50	2,50	2,50
Seiten- oder Standstreifen in m	2,50	2,50	3,00	2,50	2,00	2,00	2,00
Bankette in m	1,50	1,50	1,50	1,50	1,50	1,50	1,50
Fahrstreifenanzahl und Breite je Streifen	innen 2 je 3,50 m außen 2 je 3,75 m	innen 2 je 3,50 m außen 1 mit 3,75 m	2 je 3,75 m	2 je 3,50 m	innen 2 je 3,25 m außen 2 je 3,50 m	innen 2 je 3,25 m außen 1 mit 3,50 m	innen 1 mit 3,25 m außen 1 mit 3,50 m

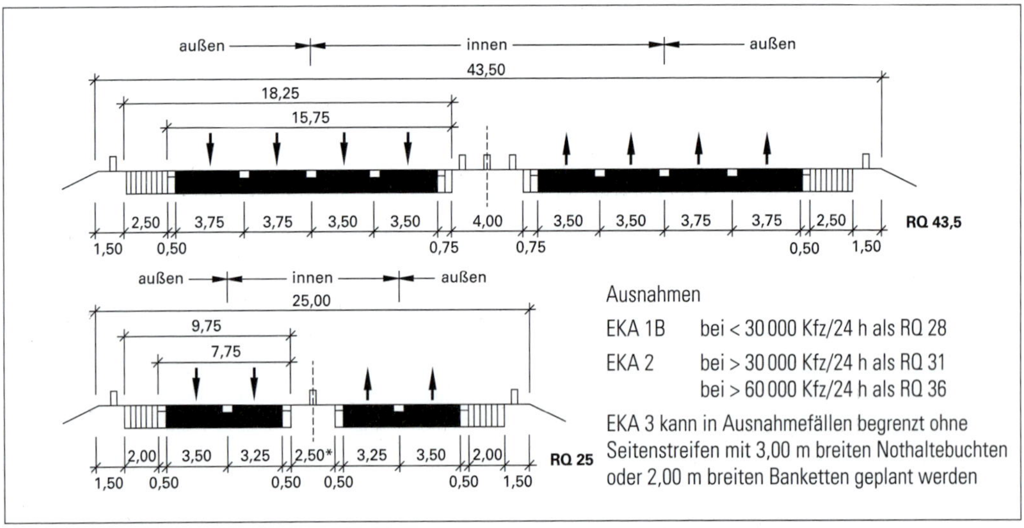

Abb. 20.23: Beispiele für RQ 43,5 und RQ 25 (Regelquerschnitt)

20.4.2 Richtlinien für die Anlage von Landstraßen – RAL

Landstraßen dieser Richtlinie sind anbaufreie einbahnige Straßen mit planfreien oder plangleichen Knotenpunkten außerhalb bebauter Gebiete. Bis 15 km Länge können auch zweibahnige Abschnitte als Landstraßen gelten, längere werden nach den RAA geplant.

Somit können die RAL für Bundes-, Landes-, Staats-, Kreis- oder Gemeindestraßen gelten.

Ziel der RAL ist die Standardisierung von Straßen zum Zwecke einer sicheren und funktionsgerechten Verkehrsführung. Die RAL bietet trotzdem keine geschlossenen Lösungen und lässt dem Planer Ermessensspielraum.

Zu den fünf Kategorien nach RIN (vgl. Tabelle 20.20) werden vier Entwurfsklassen angeboten, die aus der Funktion im Netz heraus bestimmt sind. Sie sollen eine Einheitlichkeit der Straßen einer Kategorie fördern, Straßen unterschiedlicher Kategorie dabei deutlich unterscheidbar machen.

Die Kategorie LS V wird nach den Richtlinien für den Ländlichen Wegebau (RLW) geplant.

Die RAL sind in den Entwurfsstufen Vorplanung, Entwurfsplanung, Genehmigungsplanung und Ausführungsplanung anwendbar (vgl. Abb. 20.19).

Tabelle 20.24: Grundsätzliche Gestaltungsmerkmale der Entwurfsklassen (RAL 2012)

Entwurfsklasse EKL Straßenkategorie	Entwurfs- und Betriebsmerkmale					Führung auf der Strecke				Führung im Teilknotenpunkt
	Planerisch angemessene Geschwindigkeit	Betriebsform	Querschnitt RQ [m]	Gesicherte Überholabschnitte	Führung des Radverkehrs	Linienführung	Empfohlener Radienbereich R [m]	Höchstlängsneigung max s [%]	Empfohlener HK [m] HW [m] und min T [m]	Bevorzugte Lösung
EKL 1 LS I	110 km/h	Kraftfahrstraße	15,5	~ 40 %	Straßenunabhängig	sehr gestreckt	≥ 500	4,5	HK ≥ 8000 HW ≥ 4000 T ≥ 100	Ein- und Ausfädeln
EKL 2 LS II	100 km/h	Allg. Verkehr	11,5+	≥ 20 %	Straßenunabhängig/ fahrbahnbegleitend	Gestreckt	400 bis 900	5,5	HK ≥ 6000 HW ≥ 3500 T ≥ 85	Ein- und Abbiegen, sowie Kreuzen mit Lichtsignalanlage
EKL 3 LS III	90 km/h	Allg. Verkehr	11	keine	Fahrbahnbegleitend oder auf der Fahrbahn	Angepasst	300 bis 600	6,5	HK ≥ 5000 HW ≥ 3000 T ≥ 70	Ein- und Abbiegen, sowie Kreuzen mit oder ohne Lichtsignalanlage
EKL 4 LS IV	70 km/h	Allg. Verkehr	9	keine	Auf der Fahrbahn	sehr angepasst	200 bis 400	8,0	HK ≥ 3000 HW ≥ 2000 T ≥ 55	Ein- und Abbiegen, sowie Kreuzen ohne Lichtsignalanlage
Straßen der EKL 1 bis EKL 3 mit sehr hohen Verkehrsbelastungen (> 15 000 Kfz/24 h) sollten als Kraftfahrstraße zweibahnig mit RQ 21 und Mindeststandard nach EKL 2 entworfen werden.										

Tabelle 20.25: Querschnittsabmessungen für Landstraßen (RQ in m)

Regelquerschnitt	RQ 21	RQ 15,5	RQ 11,5+	RQ 11	RQ 9
Entwurfsklasse	EKL 1 bis 3 (mind. EKL 2)	EKL 1	EKL 2	EKL 3	EKL 4
Verkehrsbelastung	≥ 15 000 Kfz/24 h (> 30 000 Planung nach RAA)	≤ 20 000 Kfz/24 h	≤ 17 000 Kfz/24 h	≤ 15 000 Kfz/24 h	≤ 3000 Kfz/24 h und ≤ 150 Lkw/24 h
Fahrbahn	zweibahnig (bis ca. 15 km Länge, sonst RAA)	einbahnig dreistreifig	einbahnig zweistreifig/ dreistreifig	einbahnig zweistreifig	einbahnig
Fahrstreifen	2 × 3,50 m	2 × 3,50 m	2 × 3,50 m	2 × 3,50 m	1 × 5,00 m
Überholfahrstreifen	2 × 3,25 m	durchgängig 1 × 3,25 m wechselseitig 1 000 m bis 2 000 m lang	1 × 3,25 m auf ca. 20 % der Strecke | Überholverbot, nicht länger als 3 500 m	ohne, Nutzung des Gegenfahrstreifens	ohne
Randstreifen	4 × 0,50 m	0,50 m neben zwei Fahrstreifen, 0,75 m am dritten Fahrstreifen	2 × 0,50 m für zweistreifige Abschnitte, 0,75 m außen am dritten Fahrstreifen	2 × 0,50 m	2 × 0,50 m
Mittelstreifen	2,50 m bauliche Trennung	1,00 m breite Sperrfläche	0,50 m breite ununterbrochene Doppellinie	ohne, Trennung der Streifen mit durchbrochener Leitlinie	ohne
Breite Bankette	1,50 m				
Besondere Regelungen	Kraftfahrstraße, 2,50 m breite und 50 m lange Nothaltebuchten im Abstand von 500 m bis 1 000 m	Kraftfahrstraße, in den einstreifigen Bereichen Nothaltebuchten anlegen	möglichst als Kraftfahrtstraße planen	bei weniger als 5 000 Kfz/24 h und < 300 Lkw/24 h Fahrstreifenbreiten bis zu ≥ 3,00 m möglich	

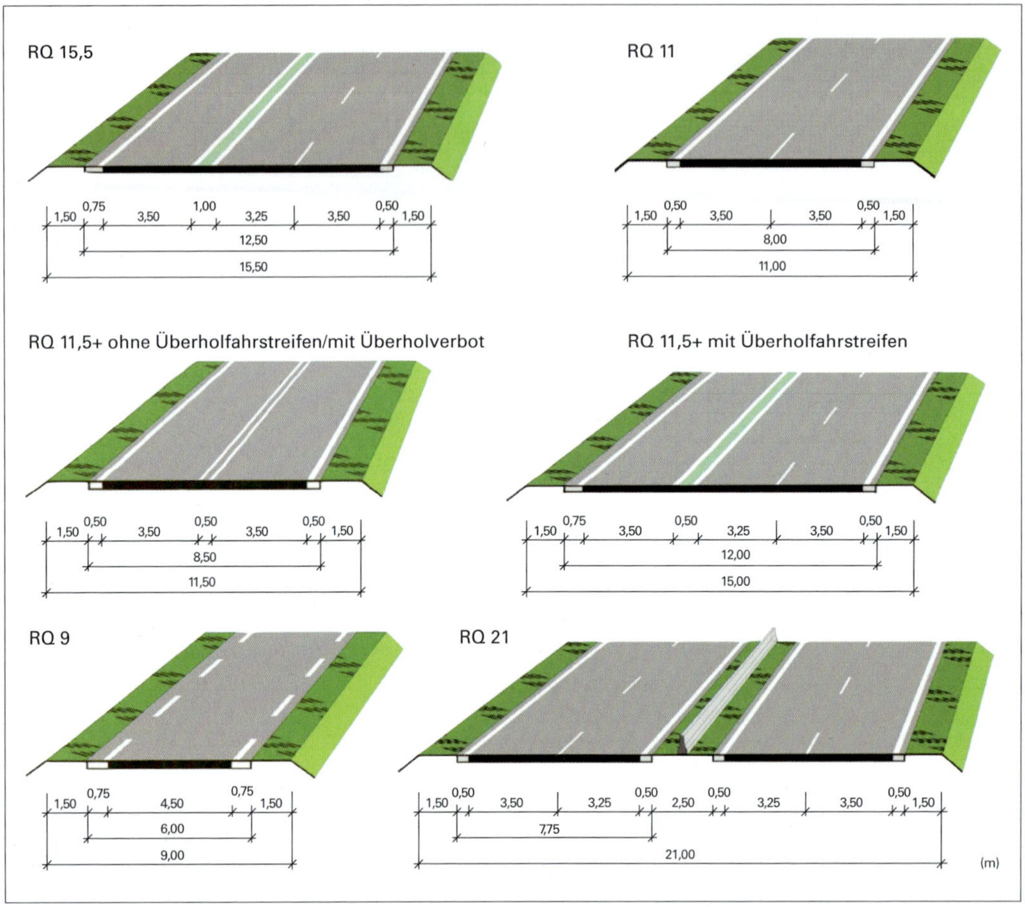

Abb. 20.26: Regelquerschnitte, Beispiele nach RAL

Bestandteile der **Fahrbahn** sind die Fahrstreifen mit den Überholfahrstreifen, die Randstreifen und die verkehrstechnischen Mittelstreifen.

Vom Schwerverkehr regelmäßig befahrene **Fahrstreifen** werden 3,50 m breit. Vom Schwerverkehr nicht regelmäßig genutzte **Überholfahrstreifen** werden nur 3,25 m breit.

Randstreifen stabilisieren die Straßenkonstruktion am Fahrbahnrand und nehmen die Fahrbahnbegrenzungslinien als Breitstrich auf. Randstreifen sind 50 cm breit, in einstreifigen Bereichen von dreistreifigen Straßen 75 cm, um etwas Breite zu gewinnen.

Bauliche Mittelstreifen sind 2,50 m breit, regelmäßig ohne Bepflanzung und nehmen Fahrzeug-Rückhaltesysteme, Verkehrszeichen und Blendschutzeinrichtungen auf.

Verkehrstechnische Mittelstreifen trennen bei einbahnigen Straßen die Fahrtrichtungen durch Sperrflächenmarkierungen oder eine auffällige farbliche Oberflächengestaltung. Sie sind 1,00 m breit und können durch weitere Einrichtungen wie überfahrbare Schwellen bis 6 cm Höhe unterstützt werden.

Bankette sind regelmäßig 1,50 m breit und können in Einschnitten auf 1,00 m verringert werden. Sie nehmen Verkehrszeichen, Leiteinrichtungen und Fahrzeug-Rückhaltesysteme auf. Zudem dienen sie als Arbeitsraum für den Straßenbetriebsdienst. Daher sind sie standfest auszubilden, was auch Unfallschäden durch von Fahrbahnen abkommende Fahrzeuge vermindert. Dazu werden nach ZTV E-StB 17 Böden GU oder GT mit Größtkorn 32 mm oder Schotterrasen mit 15 % Oberbodenanteil eingebaut.

Rasenmulden dienen neben den Böschungen der flächenhaften Versickerung von Oberflächenwasser gemäß RAS-Ew. Sollte dies ausnahmsweise unmöglich sein, sind an Landstraßen auch offene Rinnen als **Bord-, Pendel- oder Spitzrinnen** geeignet. Diese liegen dann grundsätzlich außerhalb der Fahrbahn und sind in der Breite zu Lasten der Bankette oder des Mittelstreifens anzurechnen. Bordrinnen der EKL 4 können auch innerhalb der Fahrbahn liegen (vgl. Kapitel 21.5, Straßenentwässerung).

Rad-/Gehwege werden aus Kostengründen regelmäßig einseitig angelegt. Sie sind 2,50 m breit. Sie sollen unter Nutzung der natürlichen Geländeform – notfalls mit wechselndem Abstand zur Fahrbahn – so angelegt sein, dass Radfahrer durch den Kfz-Verkehr nicht unzumutbar geblendet werden.

Der seitliche Trennstreifen muss dabei mindestens 1,75 m breit sein, Bankette neben Rad-/Gehwegen sind 0,50 m breit.

Auf Brücken ist eine Breite von 2,50 m für Rad-/Gehwege zwischen Geländer und Schutzeinrichtung zur Fahrbahn erforderlich.

Bei **Böschungen** mit einer Höhe von mehr als 6,00 m kann eine **Berme** als befahrbarer Unterhaltungsweg erforderlich sein.

Der Übergang Böschung/Gelände ist auszurunden, wobei sich die Ausrundung durch Kreisbögen aus den Tangentenlängen nach Abbildung 2.28 ergibt.

Gründe für eine Böschung können bessere Landschaftseinpassung, wenig standfester Boden sowie verbesserter Lärmschutz sein.

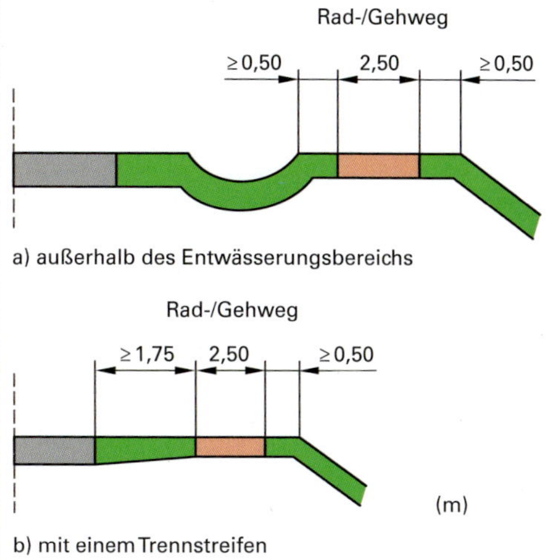

Abb. 20.27: Lage und Maße fahrbahnnaher Rad-/Gehwege nach RAL

In begrenzten Verhältnissen sind auch kürzere Tangentenlängen möglich, mitunter muss auch auf eine Ausrundung verzichtet werden.

Am Böschungsfuß sind Entwässerungsmulden nach RAS-Ew zur Versickerung von Oberflächenwasser unterzubringen.

Die Regelböschungsneigung beträgt bei einer Böschungshöhe $h \geq 2{,}00$ m nach RAL **1 : *n* = 1 : 1,5** (vgl. Abb. 2.28). Abweichend davon werden Böschungen mit $h < 2{,}00$ m mit gleichmäßiger Böschungsbreite von $b = 3{,}00$ m ausgeführt.

Böschungshöhe	$h \geq 2{,}00$ m	$h < 2{,}00$ m
Damm	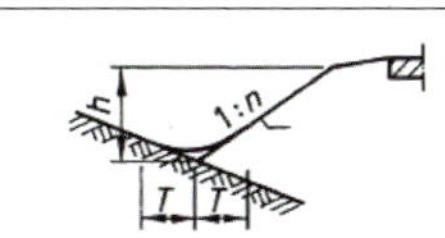	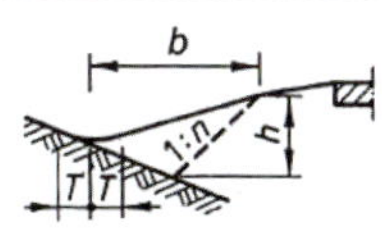
Einschnitt	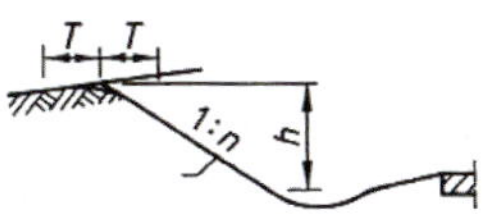	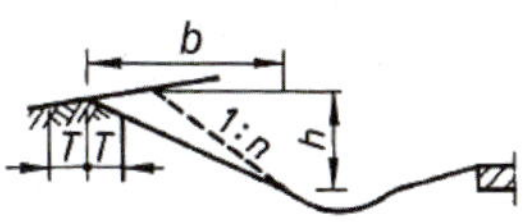
Tangentenlänge der Ausrundung	$T = 3{,}00$ m	$T = 1{,}5 \cdot h$
Regelböschung	Neigung $h : l = 1 : 1{,}5$	Breite $b = 3{,}00$ m

Abb. 20.28: Ausbildung von Regelböschungen nach RAL

Beispiel

Berechnung des Neigungsverhältnisses

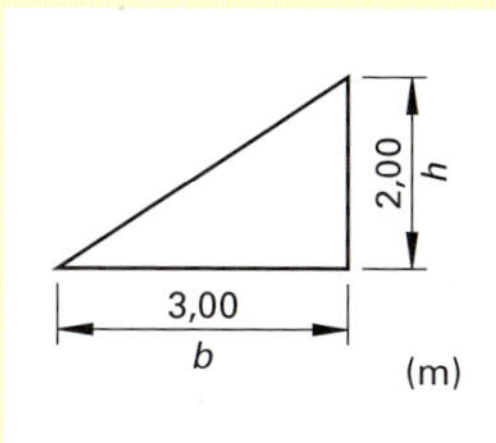

$h : b = 2{,}00 \text{ m} : 3{,}00 \text{ m}$
$1 : n = 1 : 1{,}5$

20

20.4.3 Richtlinien für die Anlage von Stadtstraßen – RASt

Die RASt gelten für die Kategoriengruppen VS bis ES nach RIN (vgl. Tabelle 20.29).

Bei der Planung von **Stadtstraßen** (innerörtlichen Straßen) bildet das Bauen im Bestand eigene Problembereiche aus. Dem zur Folge bieten die RASt empfohlene Lösungen für typische Straßenraumentwürfe, lassen aber gleichzeitig individuelle Entwürfe zu, da neue Stadtstraßen häufig in alte Verkehrsräume (alter Bestand) einzupassen und an alte Bebauung (alter Bestand) anzupassen sind. Die städtebauliche Bemessung des Straßenraumes hat dann vorhandene Breiten mit erwünschten Proportionen

- Rad-/Gehweg ▪ mit 30 %
- Fahrbahn ▪ 40 %
- Rad-/Gehweg ▪ 30 %

und geforderten Fahrbahnbreiten abzugleichen.

Tabelle 20.29: Gestaltungsmerkmale und Kategoriengruppen für Stadtstraßen

Kategoriengruppe	Verknüpfung von Straßen gleicher oder mit Straßen übergeordneter Kategorien in Knotenpunkten				Entwurfssituation und Straßenkategorie
VS	anbaufrei	einbahnig und zweibahnig	50 km/h und 70 km/h	Plangleiche Knotenpunkte mit Lichtsignalanlage oder Kreisverkehr	Anbaufreie Straße VS II, VS III
HS	angebaut	einbahnig und zweibahnig	50 km/h		Verbindungsstraße HS III, HS IV Örtliche Einfahrtsstraße HS III, HS IV
					Hauptgeschäftsstraße HS IV, ES IV Örtliche Geschäftsstraße HS IV, ES IV Dörfliche Hauptstraße HS IV, ES IV Industriestraße ES IV, ES V, (HS IV) Gewerbestraße ES IV, ES V, (HS IV) Quartierstraße ES IV, HS IV
ES	angebaut	einbahnig	häufig 30 km/h	Plangleiche Knotenpunkte ohne Lichtsignalanlage	Sammelstraße ES IV Wohnstraße ES V Wohnweg ES V

Die Ermittlung eines empfohlenen Querschnittes nach RASt erfolgt unter Abwägung von Nutzungsansprüchen:

- des Fußgängerverkehrs und Aufenthalts,
- des Radverkehrs und
- des ruhenden Verkehrs.

Es erfolgen Prüfungen der Fragen

- Wie und in welchem Umfang findet Öffentlicher-Personen-Nah-Verkehr (ÖPNV) statt?
- Welche Stärke hat der Kraftfahrzeugverkehr je Stunde (Kfz/h)?
- Welche Breite zwischen Gebäuden ergibt die verfügbare Straßenraumbreite?

Breiten- bzw. Flächenreserven sind dem Fußgängerverkehr und Aufenthalt zuzuschlagen.

Steht weniger Raum zur Verfügung, so kann eher ein kleinerer Querschnitt oder der Verzicht auf z. B. einen Parkstreifen geprüft als die Reduzierung von Abmessungen in den empfohlenen Querschnitten vorgenommen werden.

Tabelle 20.30: Straßenbegleitende Radwege

	Regelbreite	Sicherheitstrennstreifen
Einrichtungs-Radweg	2,00 m (1,60 m bei geringer Belastung)	0,75 m zu angrenzender Fahrbahn oder Längsparkstreifen (0,50 m ohne Einbauten bei geringer Belastung) 1,10 m bei Senkrecht- oder Schrägparkständen (Überhangstreifen anrechenbar)
Zweirichtungs-Radweg	2,50 m (2,00 m bei geringer Belastung)	0,75 m

Der Radverkehr wird bei < 400 Kfz/h auf der Fahrbahn geführt, bei 400 Kfz/h bis 1000 Kfz/h auf Schutzstreifen von 1,50 m Breite (Ausnahme 1,25 m), bei > 1000 Kfz/h sind Radfahrstreifen oder Radwege zu bevorzugen.

Symmetrische Querschnitte überwiegen in der Praxis, asymmetrische Lösungen können analog entwickelt werden.

Die wichtigsten Entwurfsgrundsätze betreffen

- die Bemessung der Fahrbahnen mit/ohne ÖPNV,
- die Führung des Radverkehrs,
- die Funktionen der Seitenräume einschließlich Parken,
- die sichere Überquerbarkeit,
- die Straßenraumgestaltung durch die Straßenraumproportionen.

Daraus resultieren folgende Entwurfsgrundsätze:

Im **Mischungsprinzip** für Verkehrsstreifen < 400 Kfz/h und maximal 30 km/h wird versucht, mehrere Nutzungen durch unterschiedliche Verkehrsteilnehmer möglichst verträglich zu machen. Hierbei erfolgt eine höhengleiche Ausbildung des gesamten Verkehrsraumes.

Beim **Trennungsprinzip** wird baulich eine abgetrennte Fahrbahn geschaffen, in der Regel durch Borde, Bordrinnen oder Rinnen. Bei Verzicht auf Hochborde sollten die Verkehrsflächen ausreichend groß und eine Geschwindigkeitsreduzierung vorgenommen sein.

Die **Fahrbahn** muss deutlich von den Seitenräumen abgesetzt sein. Das kann durch Borde, Bordrinnen und Muldenrinnen erreicht werden. Diese Rinnen sind befahrbar und werden der Fahrbahn zugerechnet (der Fahrbahnrand liegt an der Bordansicht). Muldenrinnen sind in Erschließungsstraßen und an schwach belasteten Hauptverkehrsstraßen zur Trennung der Fahrbahn von Seitenräumen geeignet. Pendel- und Spitzrinnen (vgl. Kapitel 21.5, Abb. 21.32) sind nicht Bestandteil der Fahrbahn, sie gelten als nicht befahrbar.

Gehwege erhalten 2,50 m als Mindestbreite, die nur bei engen dörflichen Hauptstraßen auf 1,50 m abgemindert und in Hauptgeschäftsstraßen bis auf 5,00 m vergrößert wird.

Radfahrstreifen von 1,60 m Breite sind durch einen ununterbrochenen Breitstrich (0,25 m) von der in gleicher Höhe verlaufenden Kfz-Fahrbahn getrennt. 1,00 m Breite muss hiervon ohne Einbauten wie Rinnen und Abläufe nutzbar sein.

Tabelle 20.31: Empfohlene Fahrbahnbreiten[1] [m] für zweistreifige Fahrbahnen (1400 Kfz/h bis 2200 Kfz/h)

Anwendung	Hauptverkehrsstraßen	Erschließungsstraßen	Neben Fahrbahnteilern
Regelfall	6,50 m	4,50 m bis 5,50 m	
mit Linienbusverkehr	6,50 m	6,50 m	
geringer Linienbusverkehr, geringer Nutzungsanspruch	6,00 m	6,00 m	
geringe Anzahl Lkw-Begegnungen	5,50 m (bei verminderter Geschwindigkeit)	–	
große Anzahl von Begegnungen Bus/Bus, Lkw/Lkw oder Bus/Lkw	7,00 m	–	
Schutzstreifen für Radfahrer	7,50 m bei beidseitig 1,50 m Schutzstreifen 7,00 m bei engen Verhältnissen mit beidseitig 1,25 m Schutzstreifen	–	
Begegnung Lkw/Lkw neben haltendem Lkw	Überbreiten 9,00 m bis 10,00 m		
starker Lkw- bzw. Linienbusverkehr neben haltendem Pkw	Überbreiten 8,50 m		
Regelfall an Hauptverkehrsstraßen	[1] RASt 06, Abschnitt 6.1.1.2, Tafel 7 und Tafel 8		3,00 m bis 3,50 m
bei Linienbusverkehr			mind. 3,25 m
landwirtschaftlicher Verkehr, Schwer- und Großraumtransporte			3,75 m
im Militärgrundnetz			4,00 m bis 4,75 m (eventuell auch nur einseitig)
Fahrzeuge des Winterdienstes			Einzelfallprüfung

Radfahrwege sind von der Fahrbahn oder von Parkstreifen durch Sicherheitstrennstreifen abgesetzt und verlaufen in gleicher Höhe (ohne höhenmäßige Abgrenzung) wie die Gehwege, sind dabei aber taktil und optisch (> 30 cm) vom Gehweg zu trennen.

Vierstreifige Fahrbahnen mit Mittelstreifen bestehen aus zwei zweistreifigen Richtungsfahrbahnen, die in ihren Breiten jeweils (vgl. Tabelle 20.31) von 5,50 m bis 7,00 m geplant werden können.

Analog ergeben sich bei vierstreifigen Fahrbahnen ohne Mittelstreifen (ohne bauliche Richtungstrennung) Fahrbahnbreiten von 13,00 m und 12,00 m. Sie sind nur anwendbar bei erheblich eingeschränkter verfügbarer Fläche und geringen Bus- sowie Schwerverkehrsstärken.

Einstreifige Fahrbahnen (Einbahnstraßen) erhalten im Regelfall als Hauptverkehrsstraße eine Breite von 4,25 m (mind. 3,00), als Erschließungsstraße 3,50 m (mind. 3,00 m). In beiden Fällen nutzen Radfahrer die Fahrbahn.

Hauptverkehrsstraßen mit **Schutzstreifen** für Radfahrer werden 2,25 m + 1,50 m = 3,75 m breit. Dabei gilt auf den Schutzstreifen Halteverbot.

Anliegerfahrbahnen im Trennungsprinzip erhalten mit Lieferverkehr 4,75 m und **Anliegerfahrgassen** im Mischungsprinzip bei Nutzung der Nebenflächen für Liefern und Parken 3,00 m.

Die Parkraumplanung ist Teil der Verkehrsplanung und damit Teil der Stadtplanung für die Bereiche Parken, Liefern, Laden, Fahrradparken, E-Bike Parken, P+R sowie Güterumschlag. Unterschiedliche Regelwerke wie Landesbauordnung, Straßenverkehrsgesetze wie auch Richtlinien für den Landschaftsbau finden hier ihre Anwendung. Richtungsweisend sind die Empfehlungen für die Anlagen des ruhenden Verkehrs EAR 05 (der FGSV).

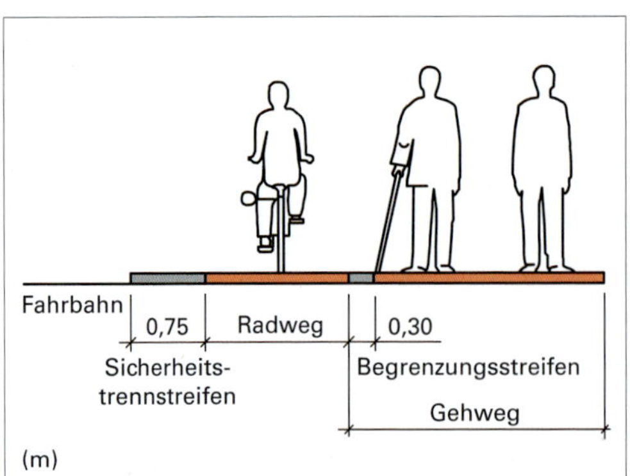

Abb. 20.32: Höhengleiche Ausführung Rad-/Gehweg

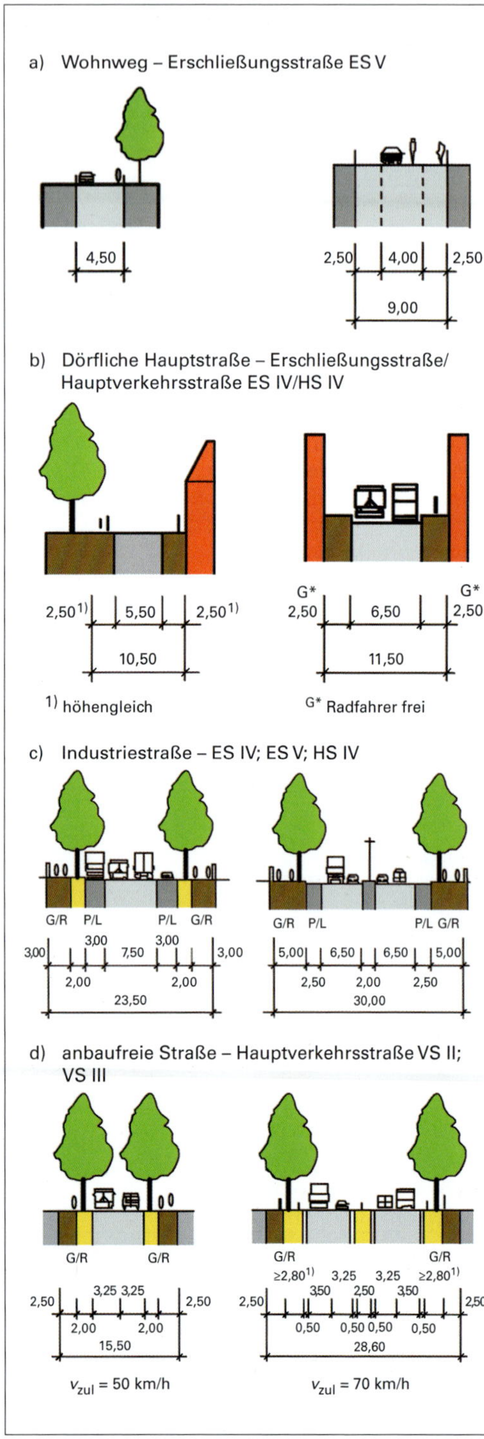

Abb. 20.33: Beispiele für Querschnitte nach RASt, Abmessungen in m (unmaßstäblich)

Tabelle 20.34: Anlagen des ruhenden Verkehrs nach RASt

	Aufstellwinkel α [gon]	α [°]	Tiefe ab Fahrgassenrand[2] t–$ü$ [m]	Breite des Überhangstreifens $ü$ [m]	Breite des Parkstands b [m]	Straßenfrontlänge l [m] beim Einparken vorwärts	rückwärts	Fahrstteifen bzw. Fahrbahnbreite g [m] beim Einparken vorwärts	rückwärts
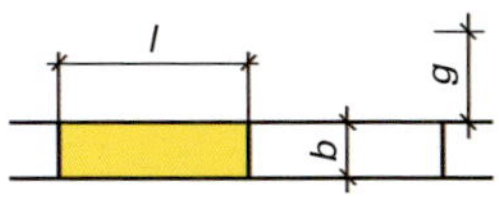	0	0			2,00 2,30[4]	6,70[1]	5,70 5,20[2]	3,25	3,50
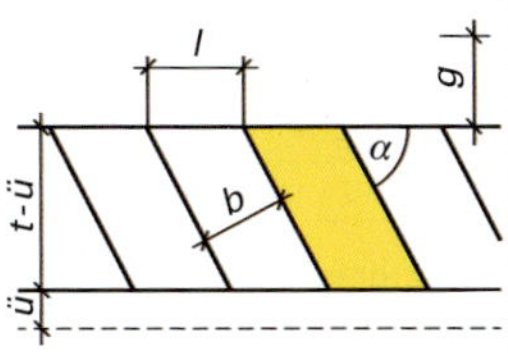	50	45	4,15 (4,60)	0,70	2,50	3,54		3,00	
	60	54	4,45 (4,81)	0,70	2,50	3,09		3,50	
	70	63	4,60 (4,89)	0,70	2,50	2,81		4,00	
	80	72	4,65 (4,83)	0,70	2,50	2,63		4,50	
	90	81	4,55 (4,63)	0,70	2,50	2,53		5,25	
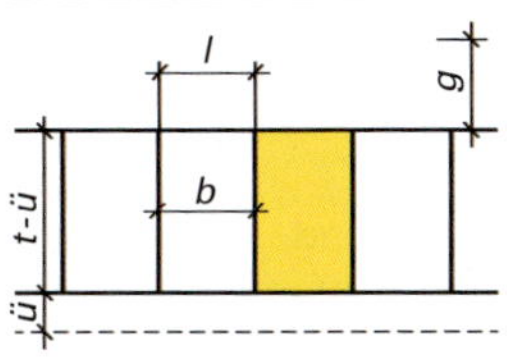	100	90	4,30	0,70	2,50	2,50	2,50	6,00	4,50
			5,00						

1) In Sonderfällen, z. B. um Behinderungen im Radverkehr beim Rückwärtseinparken zu vermeiden
2) Durchschnittswert ohne Markierung 3) Berechnung von der RAST abweichenden Werte in ( ). 4) an einer Wand

Parkstände für Rollstuhl benutzende Pkw-Fahrer sind 3,50 m auszuführen. Es ist auf barrierefreie Anschlüsse Parkstand/Gehweg zu achten (Vorstand der Borde max. 3 cm, Flächengefälle max. 3 %).

Lieferfahrzeuge benötigen bei Längsaufstellung in Parkbuchten Breiten von 2,30 m bis 2,50 m, Lkw 3,00 m, Omnibusse können bis 3,50 m beanspruchen bei bis zu 21,00 m Länge für den Gelenkbus.

Bei Senkrecht- bzw. Schrägaufstellung in Parkbuchten ist ein Zwischenstreifen von 75 cm Breite zwischen Fahrbahnrand und Parkbucht zweckmäßig zur

- Verbesserung der Sicht auf die Parkstände,
- Erhöhung der Erkennbarkeit ein- und ausparkender Fahrzeuge,
- sicheren Überquerung der Fahrbahn.

Alle Richtlinien und Empfehlungen geben Maße für die Gestaltung eines Querschnittes vor, welche aus der Beachtung von Verkehrssicherheit, Verkehrsablauf, Wirtschaftlichkeit und Umweltschutz entstanden sind.

20.5 Ausbauquerschnitte

Der Ausbauquerschnitt führt den Vorentwurf weiter. Während im Vorentwurf z. B. für Erschließungspläne der Maßstab 1 : 100 ausreichend ist, werden jetzt genauere Darstellungen erforderlich.

Ausbauquerschnitte im Maßstab 1 : 50 (Details auch 1 : 10 oder 1 : 20) enthalten neben der Breite auch den Fahrbahnoberbau mit allen Materialien, Dicken und Neigungen.

Auch die meisten im Leistungsverzeichnis beschriebenen Arbeiten (Positionen) sind darin zu erkennen und daraus zu verstehen, die Abrechnung erbrachter Leistungen wird erleichtert.

So enthält der Ausbauquerschnitt die Unterteilung der Straßen in ihre Verkehrsflächen mit Breiten, Querneigungen, Randausbildungen.

Ausbauquerschnitte werden in Kapitel 21 näher beschrieben. Eine Definition der Begriffe Regelquerschnitt, (Straßen-)Querschnitt und Ausbauquerschnitt werden ebenso dort vorangestellt.

20.6 Lagepläne

Lagepläne sind Draufsichten oder Grundrisse aus der Vogelperspektive. Sie sollen eine möglichst umfassende Vorstellung vom Verlauf, den Örtlichkeiten, der Lage im Gelände und den erforderlichen Bauwerken vermitteln. Gegenüber alten sind neuere Lagepläne inhaltsreicher, die Vorgaben genauer.

Neben der geplanten Straße und deren Trassierungselementen enthält der Lageplan auch Informationen zu den Grundstücken und Flurgrenzen, Bebauung und Flächennutzung sowie bestehende Verkehrswege und Geländepunkte. Um den Lageplan nicht mit Informationen zu überfrachten, werden für die Darstellung z. B. der Flächeninanspruchnahme (Grunderwerb), der Entwässerung, dem Verlauf von Versorgungsleitungen, ggf. der schalltechnischen Untersuchung, dem landschaftspflegerischen Fachbeitrag, Deckenhöhenpläne, Beschilderung, etc. gesonderte Lagepläne erstellt, die in einem Entwurf als entsprechende Anhänge gekennzeichnet sind.

Die Lagepläne im Straßenbau haben meistens die Maßstäbe 1 : 250 bis zu 1 : 5000 als Übersichtslageplan. Die Darstellungen unterliegen stark einem Zeitwandel (z. B. CAD-Software).

Entwurfselemente

Die Linie einer Straße als Grundlage für den Bauentwurf ergibt sich aus den unterschiedlichen Anforderungen: Ungünstige geologische oder hydraulische Verhältnisse, politisch nicht erwünschte oder gerade erwünschte Nähe zu Orten führen zur Entwicklung einer fast immer nicht geradlinigen Trasse. Die abgestimmte Linie muss nun zu einer Achse vom Ausgangspunkt A zum Zielort B geformt werden. Dazu werden die Entwurfs- (oder Trassierungs-)elemente benutzt (vgl. Abb. 20.35): Für eine Gerade wird der Radius $R = \infty$ (unendlich) eingeführt, eine Kurve mit gleichbleibendem Radius wird mit R und Radiusangabe in m benannt, ein Übergangsbogen (eine Klothoide) zwischen einer Geraden und einem Kreisbogen erhält den Parameter A mit Größe in m. So können Richtungsänderungen durch gut fahrbare Kurven vorgenommen werden.

Die Achse der Straße kann nun stationiert werden, für eine Bauzeit wird die Länge der Straße mit einer eigenen Schreibweise in 20 m-Schritte (Stationen) unterteilt.

Baubeginn ist häufig die Station
0 + 000,000 = 0 km + 000 m, 00 cm, 0 mm.

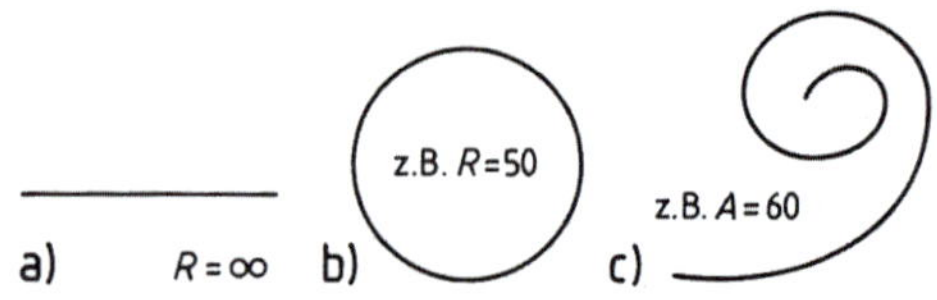

a) Gerade b) Kreisbogen c) Übergangsbogen

Anwendungsformen von Übergangsbögen

- Einfache Klothoide: Verbindung von Gerade mit Kreisbogen
- Wendeklothoide: Verbindung zweier Kreisbögen
- Eiklothoide

Abb. 20.35: Entwurfselemente (Element der Trasse)

Betrachtet wird die Straße stets – unabhängig von der tatsächlichen Fahrtrichtung – in aufsteigender Stationierung mit der Folge, dass aus dieser Sicht auch festgelegt wird

- links ist der linke Fahrbahnrand,
- rechts ist der rechte Fahrbahnrand,
- eine Kurve nach links ist eine Linkskurve,
- eine Kurve nach rechts ist eine Rechtskurve,
- wo beim Ausbauquerschnitt links/rechts ist.

Die zeichnerische Darstellung des Lageplanes beginnt unabhängig von der Himmelsrichtung bis auf wenige Ausnahmen immer links mit der niedrigen Station und endet rechts mit der hohen Station, der Nordpfeil sollte nie vergessen werden. Die fertig stationierte Achse bildet die Grundlage für den Höhenplan.

Alle im Lageplan abgebildeten Maße sind waagerechte Maße, da in einer Draufsicht nur das waagerechte Abbild der Längen darzustellen ist. Das gilt auch für schräg liegende Böschungsflächen.

Elemente der Trasse im Lageplan sind Geraden, Kreisbögen und Übergangsbögen.

Die Abbildung 20.36 zeigt einen Ausschnitt aus einem Lageplan. Die dabei verwendeten Planzeichen sind als Legende extra herausgestellt. Eine Ergänzung der Planzeichen ist in der Abbildung 20.37 dargestellt. Die Re 2012 (neuste Ausgabe 2019) stellt vielfältige Planzeichen in Farbe, Buchstaben, Ziffern und Schraffuren zur Verfügung. Darüber hinaus geben die Bundesländer Richtlinien für die zeichnerische Darstellung heraus.

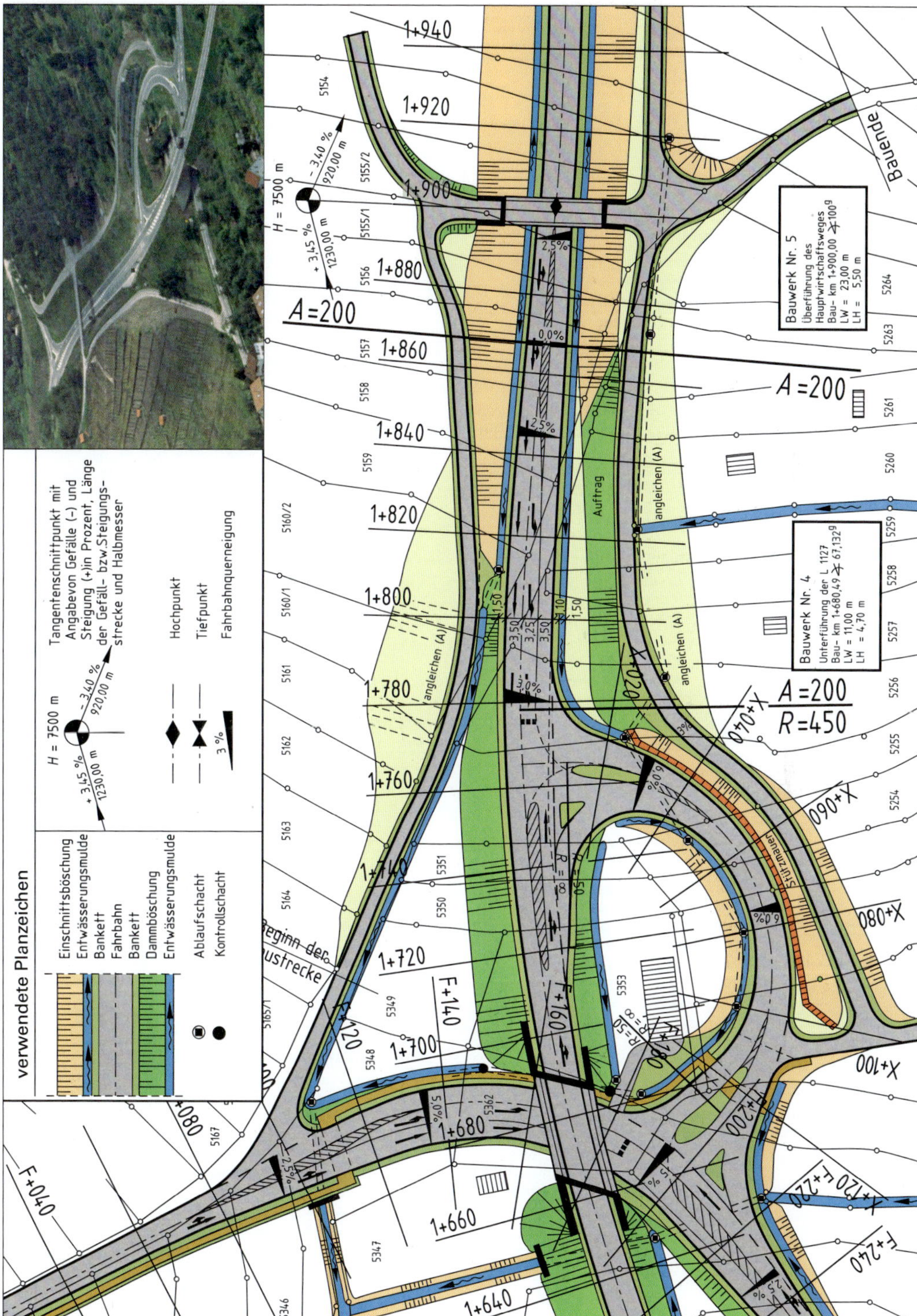

Abb. 20.36: Ausschnitt aus einem Lageplan (vgl. Abb. 20.55: Ausschnitt Höhenplan)

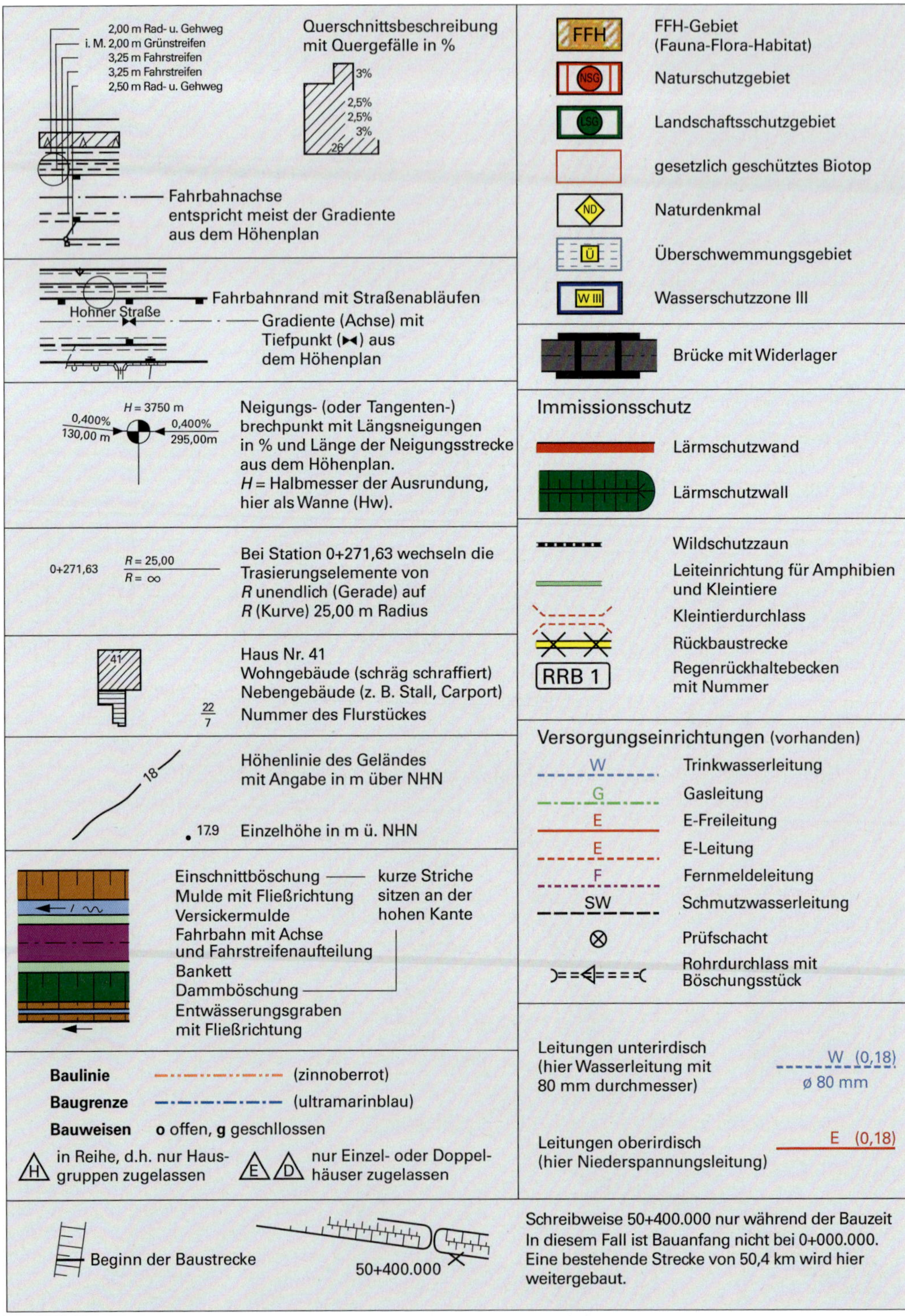

Abb. 20.37: Bestandteile von Lageplänen (Beispiele für Abkürzungen und Schraffuren, vgl. Abb. 20.36)

20.6.1 Entwurfselemente des Lageplanes

Geraden

Die Geraden haben nicht zu unterschätzende Auswirkungen auf die Geschwindigkeit und das weitere Fahrverhalten der Verkehrsteilnehmer.

Sie bieten als Entwurfselement Vorteile bei

- der Anpassung an Ebenen oder weite Täler,
- der Gestaltung einsehbarer Ein- und Ausfahrten, Knotenpunkten oder Nebenanlagen.

Lange Geraden wirken nachteilig durch

- das Verleiten zu hohen Geschwindigkeiten,
- die Vermittlung von Eintönigkeit und folgend der Ermüdung und
- das Erschweren der Einschätzung von Entfernungen und gefahrenen Geschwindigkeiten anderer Verkehrsteilnehmer.

Daher empfehlen die RAA die Länge von Geraden auf max. $L_G = 2000$ m zu begrenzen.

Der Übergang auf andere an die Gerade anschließende Entwurfselemente wird harmonischer, je größer diese gewählt werden.

Zwischengeraden zwischen gleichsinnig gekrümmten Kurven sollen als eigenständiges Element erkannt werden und daher min. $L_G = 400$ m betragen, falls gleichsinnig gekrümmte Kurven nicht besser völlig vermieden werden können.

Kreisbögen

Die Kreisbögen (vgl. Abb. 20.43) sollen auf die umfeldprägenden Elemente (z. B. Topografie, Straßenräume, Flächennutzung, Landschaftsschutz, Linienführung) abgestimmt sein. Eine kontinuierliche und sichere Geschwindigkeit wird durch eine harmonische Linienführung ermöglicht, bei der aufeinanderfolgende Kreisbogenradien (Kurven) in der Größe abgestimmt sind. Daher soll die Bedingung $R_1/R_2 \leq 1{,}5$ immer dann eingehalten werden, wenn $R_1 \leq 1500$ m ist.

Auf Autobahnen ohne Begrenzung der Höchstgeschwindigkeit soll wegen der zu erwartenden hohen Geschwindigkeit nach einer Geraden mit $L_G > 500$ m der Kurvenradius min. $R \geq 1300$ m betragen.

Bei Flachbögen mit einer Winkeländerung der Kurve von < 10 gon muss bei der Elementfolge Gerade – Kreisbogen – Gerade die Kreisbogenlänge L_{min} = 300 m betragen. Hier darf auf (vgl. Abb. 20.43) Klothoiden verzichtet werden.

Übergangsbögen

Übergangsbögen (Klothoiden) werden zwischen Geraden und Kreisbögen sowie zwischen Kreisbögen angeordnet.

Das Bildungsgesetz der Klothoiden lautet:

$$A^2 = R \cdot L$$

A Parameter der Klothoide [m]
R Radius am Klothoidenende = Kreisbogenradius [m]
L Länge der Klothoide [m] vom Wendepunkt bis Radius *R*

Nach der Formel $A^2 = R \cdot L$ lässt sich unter Vorgabe von $R = 65$ und $A = 50$ die Länge der Klothoide errechnen. Diese Länge wird benötigt, um von einer Geraden gleichmäßig auf einen Kurvenradius von $R = 65$ einzulenken (vgl. Musteraufgaben zu LF 10 TSL).

Bei der Trassierung mit Klothoiden sollte beachtet werden: Die Größe von *A* muss zwischen *R/3* und *R* liegen.

Die Achse des Lageplanes ist die Grundlage für alle folgenden Bauplanungen und legt die Straße in Länge, Verlauf und Kurvigkeit fest.

Klothoiden sind für Autobahnen erforderlich und sie ermöglichen

- ein allmähliches Ein- und Auslenken bei Kurvenfahrten mit Anpassung an die Fliehkräfte (Zentrifugalkräfte) und
- eine optimale gleichmäßige und nicht geknickte Linienführung vor und nach Kurven.

Zudem sollen sie den Verwindungsbereich zwischen unterschiedlichen Querneigungen aufnehmen.

Es gilt für den Klothoidenparameter:

$$R/3 \leq A \leq R$$

$$\left.\begin{array}{lll} A = \frac{R}{3} & \Rightarrow & \tau = 3{,}537^{gon} \\ A = R & \Rightarrow & \tau = 31{,}831^{gon} \end{array}\right\} \text{Richtungsänderung}$$

Die einfache Klothoide bildet den Übergang zwischen einer Geraden und einem Kreisbogen.

Die Wendeklothoide (vgl. Abb. 20.42) besteht aus zwei gegensinnig gekrümmten Klothoidenästen, die in ihrem Nullpunkt aneinander stoßen. Für beide Äste gelten Gesetze der einfachen Klothoide, doch sollten beide Parameter annähernd die gleiche Größe besitzen. Bei ungleichen Größen sollte bei $A_2 \leq 300$ m folgendes Verhältnis eingehalten werden.

$$A_1 \leq 1{,}5 \cdot A_2$$

Die Eiklothoide (vgl. Abb. 20.42) verbindet zwei gleichsinnig gekrümmte Radien unterschiedlicher Größe. Die vollen Kreise dürfen sich nicht berühren, müssen ineinander liegen und dürfen keinen gemeinsamen Mittelpunkt haben. Die Richtungsänderung muss dabei $\tau \geq 3{,}5$ gon betragen.

Konstruktion der Klothoide

Um zwischen Gerade und Kreisbogen eine Klothoide anzuordnen, muss der Kreisbogen von der Geraden um das Maß ΔR abgerückt werden. Am Anfang des Übergangsbogens bildet die Gerade die Tangente an die Klothoide. An diesem Punkt hat die Klothoide den Radius $R = \infty$. Die Länge der Klothoide reicht bis zum Übergangsbogenende, an dem die Klothoide tangential in den Kreisbogen übergeht. An diesem Punkt $P_{ÜE}$ hat die Klothoide den gleichen Krümmungsradius wie der Kreisbogen. Die Anfangstangente im Übergangsbogenanfang bildet mit der Endtangente im Kreisbogenanfang den Tangentenwinkel τ (vgl. Abb. 20.43).

Hinweis zu Eckausrundungen

Um den Übergang von der Geraden in den Kreisbogen fahrtechnisch günstiger zu gestalten, werden bei Knotenpunkten häufig dreiteilige Korbbögen eingebaut. Korbbögen werden gebaut, weil die Räder mehrachsiger Fahrzeuge (oder von Fahrzeugen mit Anhängern) entgegen der vorderen Achse einen kleineren Radius durchfahren. Diese Kurvenkonstruktion wird als Schleppkurve bezeichnet.

Radienverhältnisse (in Anlehnung an FGSV, 2001) der Korbbogenfolge: $R_1 : R_2 : R_1 = 2:1:3$

mit $R_1 = R_E$ Vorbogenradius [m]
$R_2 = R_H$ Hauptbogenradius [m]
$R_3 = R_A$ Auslaufbogenradius [m]
$R_1 \rightarrow$ Richtungsänderung 17,5 gon
$R_2 \rightarrow$ Richtungsänderung 60 gon bzw. Restgonzahl bei schiefwinkligen Anschlüssen
$R_3 \rightarrow$ Richtungsänderung 22,5 gon

Ermittlung der Querneigung bei Autobahnen

Die Querneigung bezeichnet die Neigung der Fahrbahnoberfläche rechtwinklig zur Straßenachse. Als Formelzeichen wird der Buchstabe „q" verwendet, die Angabe erfolgt immer in Prozent.

Durch die Querneigung soll das Oberflächenwasser auf kurzem Wege von der Fahrbahnoberfläche abfließen, um den Straßenkörper vor eindringender Feuchtigkeit zu schützen und Wasseransammlungen bzw. deren Folgen (Aquaplaning, Sprühfahnen- oder Glatteisbildung) zu verhindern.

Die Mindestquerneigung beträgt min q.
Die Höchstquerneigung ist begrenzt auf max q.

min $q = 2{,}5$ % max $q = 6{,}0$ %

Kreisbögen erhalten aus fahrdynamischen Gründen i. d. R. eine Querneigung zur Bogeninnenseite („positive Querneigung"). Bei höheren Geschwindigkeiten werden größere Querneigungen gebaut, um den Fliehkräften entgegenzuwirken. Die Ermittlung der radienabhängigen Querneigung wird für Autobahnen mittels Abbildung 20.38 durchgeführt. Dabei sollen die ermittelten Werte jeweils auf 0,5 % aufgerundet werden.

Eine maximale Schrägneigung (resultierende Neigung aus Längs- und Querneigung) von $p = 9{,}0$ % ist einzuhalten, um ein Abrutschen von Fahrzeugen bei Winterglätte zu vermeiden.

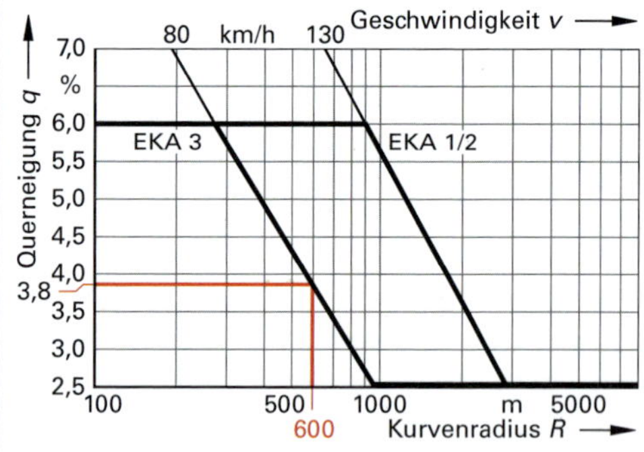

Abb. 20.38: ONomogramm zur Ermittlung der Querneigung in Abhängigkeit von Geschwindigkeit und Kurvenradius für Autobahnen

Tabelle 20.39: Kreisbögen- und Klothoidengröße nach RAA

Entwurfsklasse	min R [m] bei max $q = 6$ % zur Kurveninnenseite	min L [m] für min R	min A [m]
EKA 1 A	900	75	300
EKA 1 B	720		240
EKA 2	470	55	160
EKA 3	280		90

Entwurfsklasse	min R [m] bei $q = 2{,}5$ % zur Kurvenaußenseite	zul. v_{nass} [km/h]
EKA 1 A	4000	–
EKA 1 B	3200	120
EKA 2	1900	100
EKA 3	1050	80

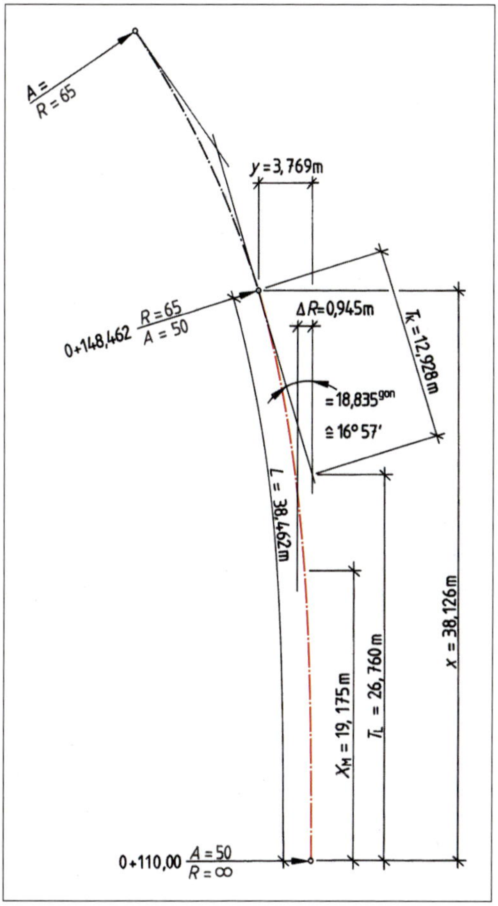

Abb. 20.40: Konstruktion einer Klothoide/ Übergangsbogen

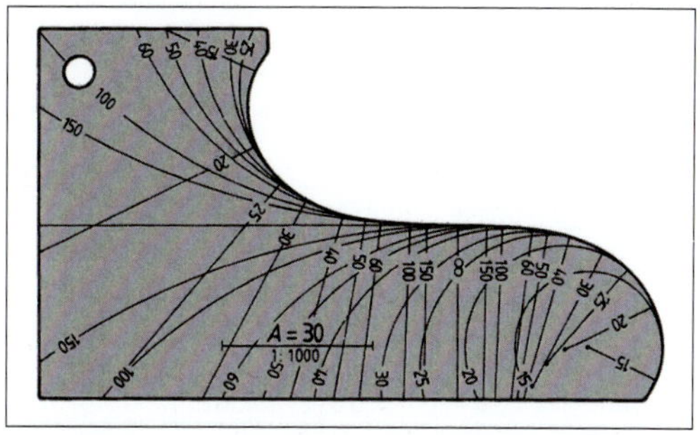

Abb. 20.41: Klothoidenlineal *A* = 30 für den Maßstab im M 1 : 1000 (vgl. Tabelle 20.44)

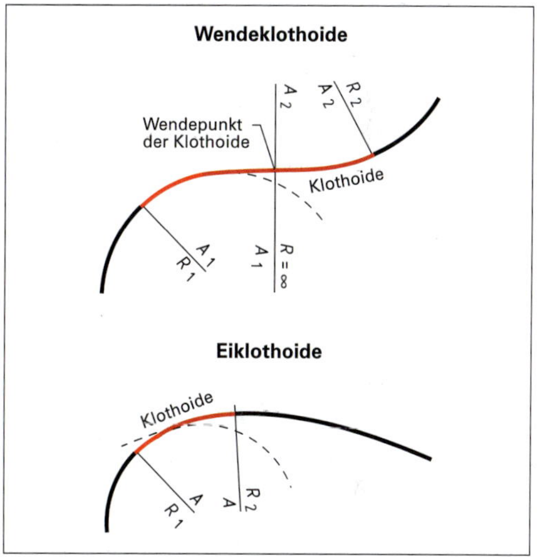

Abb. 20.42: Anwendungsmöglichkeiten der Klothoide

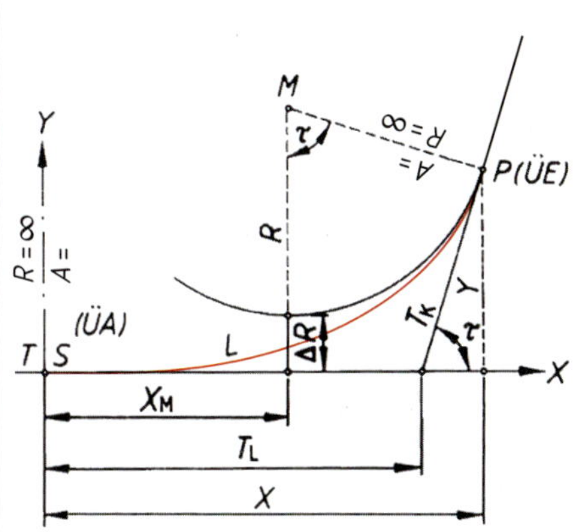

Konstruktionswerte der Klothoide

ΔR	Tangentenabrückung (Einrückmaß)
X, Y	Koordinaten eines beliebigen Klothoidenpunkts
X_M, Y_M	Koordinaten des Krümmungsmittelpunkts
T_K, T_L	kurze und lange Tangente an die Klothoide
τ	Tangentenwinkel der Klothoide (Richtungsänderung) Angabe in gon
L	Länge des Klothoidenasts
ÜA, ÜE	Übergangsbogen Anfang und Ende
R	Radius des Hauptbogens
M	Mittelpunkt des Hauptbogens

$$\Delta R = \frac{L^2}{24\,R} \qquad \tau^{\text{gon}} = \frac{L}{2\,R} \cdot \frac{200^{\text{gon}}}{\pi}$$

Abb. 20.43: Konstruktionswerte der Klothoide

20

Tabelle 20.44: Auszug aus einer Klothoidentafel für $A = 50$

$A^2 = 2500$ $\frac{1}{A} = 0{,}020\,000\,000$ $A = 50$

L	τ^{gon}	$\tau°$	R	ΔR	X_M	X	Y	T_K	T_L	L
12,500	1,989	1 47 26	200	0,033	6,150	12,499	0,130	4,167	8,334	12,500
16,667	3,537	3 10 59	150	0,077	8,332	16,662	0,309	5,557	11,113	16,667
20,833	5,526	4 58 25	120	0,151	10,414	20,818	0,603	6,949	13,894	20,833
22,727	6,577	5 55 08	110	0,196	11,360	22,703	0,782	7,584	15,160	22,727
25,000	7,958	7 09 43	100	0,260	12,494	24,961	1,041	8,346	16,680	25,000
27,778	9,824	8 50 31	90	0,357	13,878	27,712	1,426	9,280	18,542	27,778
29,412	11,014	9 54 46	85	0,424	14,691	29,324	1,693	9,832	19,639	29,412
31,250	12,434	11 11 26	80	0,508	15,605	31,131	2,029	10,455	20,875	31,250
33,333	14,147	12 43 57	75	0,616	16,639	33,169	2,460	11,164	22,280	33,333
35,714	16,240	14 36 59	70	0,757	17,819	35,483	3,023	11,979	23,891	35,714
38,462	18,835	16 57 05	65	0,945	19,175	38,126	3,769	12,928	25,760	38,462
41,667	22,105	19 53 40	60	1,200	20,750	41,167	4,781	14,050	27,955	41,667
45,455	26,307	23 40 33	55	1,556	22,599	44,685	6,185	15,402	30,579	45,455
50,000	31,831	28 38 52	50	2,065	24,793	48,764	8,186	17,074	33,781	50,000
55,555	39,298	35 22 04	45	2,819	27,429	53,476	11,124	19,218	37,804	55,555
62,500	49,736	44 45 44	40	3,981	30,625	58,792	15,580	22,126	43,082	62,500
71,429	64,961	58 27 54	35	5,853	34,510	64,341	22,547	26,454	50,505	71,429
83,333	88,419	79 34 39	30	9,007	39,127	68,632	33,580	34,143	62,455	83,333
100,00	127,324	114 35 30	25	14,478	44,027	66,760	49,881	54,857	89,588	100,000

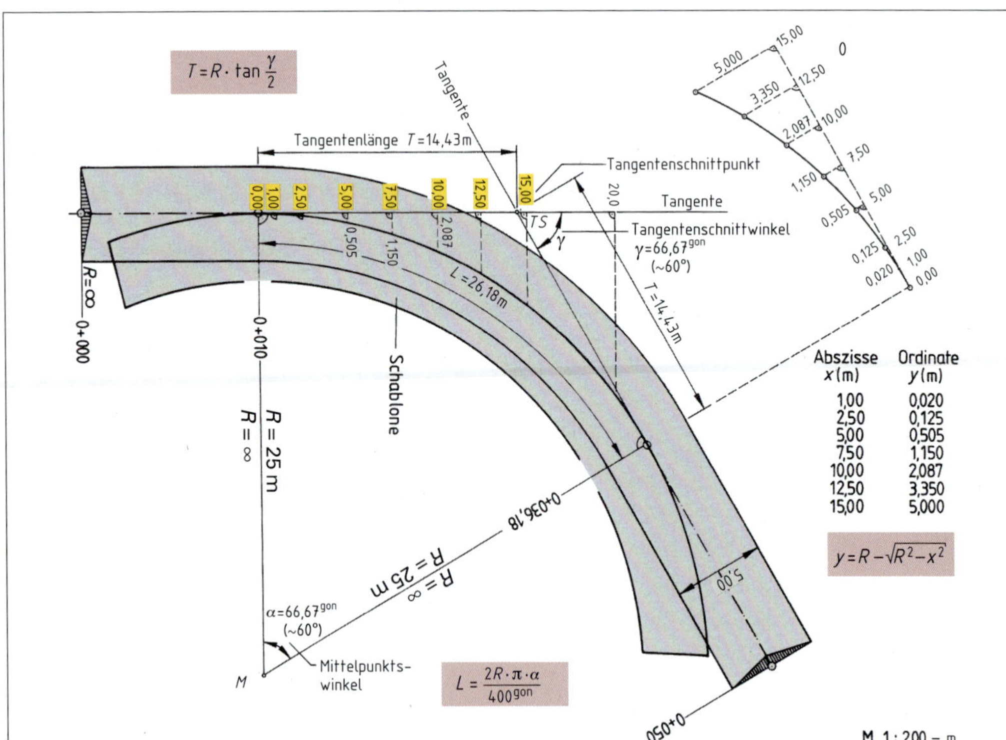

Abb. 20.45: Bogenkonstruktion ohne Klothoide, Trassierungselemente Gerade – Radius – Gerade
Hinweis: Die Bemaßung und Beschriftung erfolgt in Straßenrichtung/Stationierungsrichtung.

Beispiel

Theorie und Praxis einer Bogenkonstruktion/Konstruktionsanleitung

Soll eine Straßenachse den geradlinigen Verlauf verlassen und um einen bestimmten Winkel (Tangentenschnittwinkel) abknicken, so muss dieser Knick ausgerundet werden. Nach Abbildung 20.45 erfolgt dieses mittels eines Kreisbogens.

Zeichnen Sie die Tangenten in einem Maßstab 1:200 und einem Tangentenschnittwinkel von 66,67 gon (60°). Auf der Baustelle werden die geraden Fluchten bis zum Tangentenschnittpunkt (TS) abgesteckt.

Berechnen Sie die Tangentenlänge und messen Sie diese von TS aus entlang beider Tangenten ab, Sie erhalten BA (Bogenanfang) und BE (Bogenende). Für die Baustelle verfahren Sie mit den Originalmaßen genau gleich, und Sie haben die Punkte, wo der Radius beginnt und endet. Berechnen Sie die Bogenlänge zwischen BA und BE und ergänzen Sie die Zeichnungen mit $R = \infty$ bei 0 + 000, legen Sie dabei 0 + 010 an BA an. In der Praxis erhalten Sie die genaue Länge für die Stationierung.

Messen Sie nun von BA und BE aus jeweils die je nach Bogengröße frei gewählten x-Werte entlang der Tangenten ein.

Zu jedem *x*-Wert gehört ein passender zu berechnender *y*-Wert, der rechtwinklig am zugehörenden *x*-Wert Richtung Bogen einzumessen ist. Die Enden der/-Werte ergeben die Bogenpunkte für die Achse (oder den Fahrbahnrand am Bordstein). Verbinden Sie die Punkte zum Bogen.

Die Tangentenlänge *T* wird errechnet nach $T = R \cdot \tan(\gamma/2) = 25{,}00\ \text{m} \cdot \tan(66{,}67\ \text{gon}/2) = 14{,}43\ \text{m}$

Die Bogenlänge *L* wird errechnet nach
$L = (2 \cdot R \cdot \pi \cdot \alpha)/400\ \text{gon} = (2 \cdot 25{,}00 \cdot 3{,}14 \cdot 66{,}67\ \text{gon})/400\ \text{gon} = 26{,}18\ \text{m}$

Die *y*-Werte ergeben sich aus $y = R - \sqrt{R^2 - x^2} = 25{,}00 - \sqrt{625{,}00 - 100{,}00} = 25{,}00 - 22{,}913 = 2{,}087\ \text{m}$

Die *y*-Werte können auch den Kreisbogentafeln (vgl. Tabelle 20.46) entnommen werden.

Tabelle 20.46: Kreisbogen *y*-Werte für *R* bei *x* (alles in m)

y = winkelrechter Abstand (Ordinate) des Bogenpunkts P von der Tangente
x = Entfernung (Abszisse) des Fußpunkts D der Ordinate vom BA oder BE aus

↓x R→	5,00	6,00	7,50	8,00	9,00	10,00	12,00	15,00	16,00	18,00	20,00
1,00	0,10	0,08	0,07	0,06	0,06	0,05	0,04	0,03	0,03	0,03	0,03
2,00	0,42	0,34	0,27	0,25	0,23	0,20	0,17	0,13	0,13	0,11	0,10
3,00	1,00	0,80	0,63	0,58	0,51	0,46	0,38	0,30	0,28	0,25	0,23
4,00	2,00	1,53	1,16	1,07	0,94	0,83	0,69	0,54	0,51	0,45	0,40
5,00	5,00	2,68	1,91	1,76	1,51	1,34	1,09	0,86	0,80	0,71	0,64
6,00	–	6,00	3,00	2,71	2,29	2,00	1,61	1,25	1,17	1,03	0,92
7,00	–	–	4,81	4,13	3,34	2,86	2,25	1,73	1,61	1,42	1,27
8,00	–	–	–	8,00	4,88	4,00	3,06	2,31	2,14	1,88	1,67
9,00	–	–	–	–	9,00	5,64	4,06	3,00	2,77	2,41	2,14
10,00	–	–	–	–	–	10,00	5,37	3,82	3,51	3,03	2,68
12,00	–	–	–	–	–	–	12,00	6,00	5,42	4,58	4,00
20,00	–	–	–	–	–	–	–	–	–	–	20,00
↓x R→	25,00	30,00	35,00	40,00	45,00	50,00	60,00	70,00	80,00	90,00	100,00
5,00	0,51	0,42	0,36	0,31	0,28	0,25	0,21	0,18	0,16	0,14	0,13
10,00	2,09	1,72	1,46	1,27	1,13	1,01	0,84	0,72	0,63	0,56	0,50
15,00	5,00	4,02	3,38	2,92	2,57	2,30	1,19	1,63	1,42	1,26	1,13
20,00	10,00	7,64	6,28	5,36	4,69	4,17	3,43	2,92	2,54	2,25	2,02
25,00	25,00	13,42	10,51	8,78	7,58	6,70	5,46	4,62	4,01	3,54	3,18
30,00	–	30,00	16,97	13,54	11,46	10,00	8,04	6,75	5,84	5,15	4,61
35,00	–	–	35,00	20,64	16,72	14,29	11,27	9,38	8,06	7,08	6,33
40,00	–			40,00	24,38	20,00	15,28	12,55	10,72	9,38	8,35
45,00	–				45,00	28,21	20,31	16,38	13,86	12,06	10,70
50,00	–				–	50,00	26,83	21,01	17,55	15,17	13,40
60,00	–	–	–	–	–	–	60,00	33,94	27,86	22,92	20,00

20

20.6.2 Entwurfselemente des Lageplanes nach RAL

Die RAL teilt die negative Einschätzung der RAA bei der Beurteilung von Geraden und betont zusätzlich die erhöhte Blendgefahr sowie die Verleitung zum Überholen. Dies gilt auch für die Wahl zu großer Radien, wobei sehr gestreckte Linien entstehen.

Geraden sollen daher auf max L_G = 1500 m begrenzt werden.

Für **Kreisbögen** gelten die in Tabelle 20.48 empfohlenen Werte. Eine Wahl größerer Radien ist sehr gut mit der Gesamtwirkung des Straßenraumes und der Verkehrssicherheit abzustimmen.

Damit die Radien als eigenständiges Element wahrgenommen werden, sollten sie eine bestimmte Kreisbogenlänge erhalten. Die Radien dürfen bei begründeten Ausnahmen um maximal 15 % unterschritten werden.

Sind Geraden zwischen gleichsinnig gekrümmten Kurven nicht zu vermeiden, sollte die Zwischengerade mindestens 600 m bei EKL 1 bis EKL 3 und mindestens 400 m Länge bei EKL 4 erhalten.

Übergangsbögen sind grundsätzlich erforderlich zwischen Geraden und Kreisbögen. Ein Verzicht darf nur erfolgen bei

- Radien $R > 1000$ m,
- Flachbögen $\gamma < 10$ gon Richtungsänderungswinkel.

Es gilt $A^2 = R \times L$ ebenso wie $R/3 \leq A \leq R$.

Um die Anrampung der Fahrbahnränder ohne Überschreitung der maximalen Anrampungsneigung max Δs (%) vollständig innerhalb des Übergangsbogens herstellen zu können, gilt

$$\min A = \sqrt{\frac{a \cdot (q_e - q_a)}{\max \Delta s} \cdot R}$$

a [m]	Abstand Fahrbahnrand zur Drehachse der Fahrbahn
q_e [%]	Querneigung am Klothoidenende
q_a [%]	Querneigung am Klothoidenanfang
max Δs [%]	maximale Anrampungsneigung
min A	auf volle Zehnerwerte aufrunden

Folgen mehrere Radien aufeinander, so ist deren Größe ausgewogen zu wählen, damit die Verkehrssicherheit gewährleistet bleibt (vgl. Abb. 20.49).

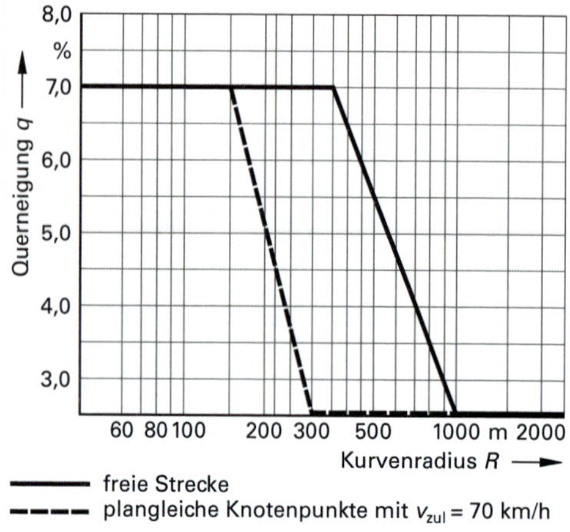

Abb. 20.47: Nomogramm zur Ermittlung der Querneigung in Abhängigkeit von Geschwindigkeit und Kurvenradius für Landstraßen

Tabelle 20.48: Empfohlene Radien und Kreisbogenlängen nach RAL

Entwurfsklasse	Radienbereiche R [m]	Mindestlängen von Kreisbögen min L [m]
EKL 1	≥ 500	70
EKL 2	400 bis 900	60
EKL 3	300 bis 600	50
EKL 4	200 bis 400	40

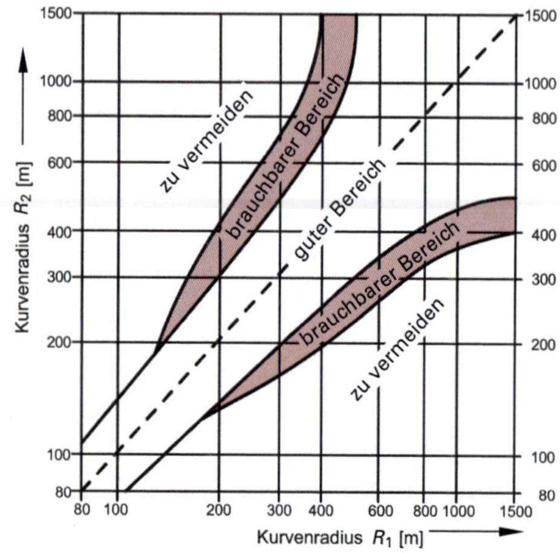

Für EKL 1 und 2 ist der gute Bereich zu planen.
Für EKL 3 ist gut anzustreben, brauchbar aber genügend.
Für EKL 4 ist generell brauchbar ausreichend.

Abb. 20.49: Verhältnis von Radienfolgen nach RAL

20.6.3 Lageplanelemente nach RASt

Bei **Stadtstraßen** tritt die Bedeutung der Entwurfselemente für Lage- und Höhenpläne gegenüber dem straßenräumlichen Eindruck und dessen Einfluss auf die Fahrgeschwindigkeit zurück.

In **angebauten Straßen** soll ein Kurvenmindestradius min $R \geq 10$ m nicht unterschritten werden.

Tabelle 20.50: Entwurfselemente des Lageplanes für anbaufreie Straßen nach RASt 06

Entwurfselemente des Lageplanes	Grenzwerte v_{zul}	
	50 km/h	70 km/h
Kurvenmindestradius min *R*	80 m	190 m
Klothoidenmindestparameter min *A*	50 m	90 m
Kurvenmindestradius min *R* bei Querneigung zur Kurvenaußenseite (negative Querneigung)	250 m	700 m

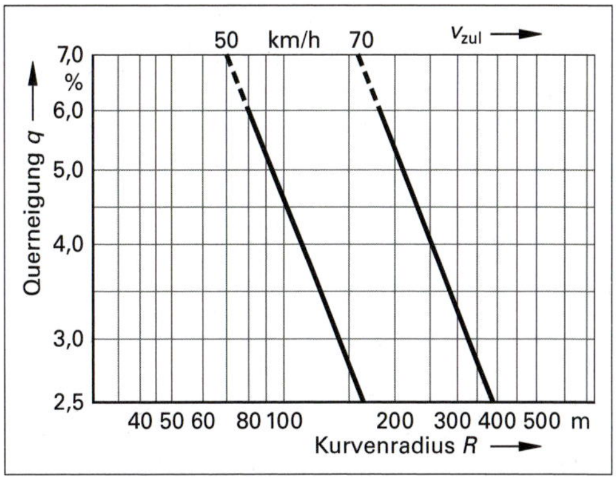

Abb. 20.51: Nomogramm zur Ermittlung der Querneigung in Abhängigkeit von Geschwindigkeit und Kurvenradius für Stadtstraßen für min $q = 2{,}5$ % und max $q = 6{,}0$ %

Der Höhenplan zeigt als Längsschnitt in der Fahrbahnachse die Höhenlage der Straße mit allen Steigungen, Neigungen, Kuppen oder Wannen im Vergleich zum Gelände.

20.7 Höhenpläne

Höhenpläne werden oft auch als Längsschnitte oder Längsprofile bezeichnet. Es sind lotrechte Schnitte entlang der (abgewickelten) Fahrbahnachse. Höhenpläne entstehen somit auf der Grundlage der Stationierung des Lageplanes und erhalten auch den gleichen Maßstab der Länge des Lageplanes. Die Höhen des Höhenplanes werden demgegenüber 10-fach größer gezeichnet, damit alle noch so kleinen Höhen- oder Neigungsdifferenzen deutlicher hervortreten.

Die Maßstäbe der Höhenpläne in Länge/Höhe sind dann 1 : 250/25 (selten), 1 : 500/50 oder 1 : 1000/100.

Für die Höhenpläne muss das zu bebauende Gelände in 20 m-Stationen entlang der Fahrbahnachse (und auch rechtwinklig dazu nach links und rechts) höhenmäßig in m NHN erfasst sein. Diese Höhen werden von einer Bezugshöhe aus im Höhenplan eingezeichnet und erzeugen ein Abbild des Geländes.

In dieses Gelände hinein wird der höhenmäßige Verlauf der Straße (die Gradiente) konstruiert und mit m NHN-Höhen im Plan eingezeichnet.

Es können auch weitere Bauwerke im Höhenplan erscheinen, z. B. Rohrleitungen oder Straßenmulden am Dammfuß.

Gradienten

Die Gradiente im Höhenplan entsteht durch das Aneinanderfügen von Geraden und Kreisbögen ähnlich wie im Lageplan, hier nur in der Höhe. Im Regelfall ist die neu zu planende Straße mit ihrer Anfangs- und Endhöhe festgelegt. Der Planer versucht die Gradiente so zu legen, dass möglichst wenig Erdmassen für Damm- oder Einschnittsbereiche zu bewegen sind. Dies fördert die Wirtschaftlichkeit des Bauwerkes ebenso wie die Umweltverträglichkeit. Kreuzende Verkehrswege oder andere Bedingungen (z. B. Wasserläufe) können aber auch eine bestimmte Höhenlage der Gradiente erforderlich machen. Weiterhin hat die Nutzungsart der Straße (z. B. durch Schwerlastverkehr) Einfluss auf die Steigungen/Neigungen, Haltesichtweiten bestimmen Kuppenausrundungen, zur Entwässerung sind bestimmte Neigungen vorteilhaft. Lange geradlinige Steigungen (+*s*) oder Neigungen (–*s*) schneiden sich in Brechpunkten.

Diese Geraden werden auch als Tangenten bezeichnet. Sie erzeugen im Brechpunkt einen Knick, der nun ausgerundet werden muss (vgl. Abb. 20.52), und es entsteht je nach Neigung eine Kuppe oder eine Wanne. Durch Auswahl unterschiedlicher Gefällegrößen in den Tangenten, mit verschiedenen Ausrundungshalbmessern, mit Verlagerung des Brechpunktes in Station oder Höhe kann die Höhenlage der Gradiente verändert oder bestimmten

Forderungen angepasst werden. Die endgültige Gradiente verläuft dann

- als Einschnitt tiefer als das Gelände und
- auf einem Damm höher als das Gelände.

Die Entwurfselemente des Höhenplans sind die Gradienten, die Längsneigungen der Straße und die Kuppen- und Wannenausrundung.

Tabelle 20.52: Bestandteile des Höhenplanes mit Beispielen

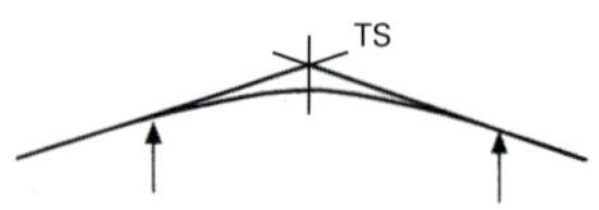	Gradiente (Höhenlinie der Trasse in der Fahrbahnachse) mit Anfang und Ende der Ausrundungen
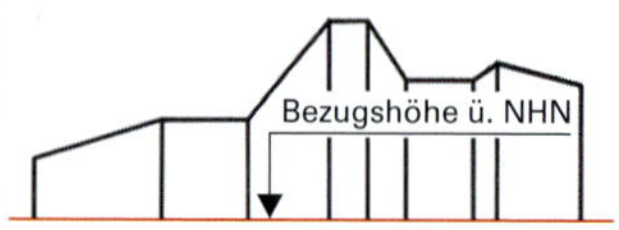	Höhenlinie des Geländes in der Fahrbahnachse mit Bezugshöhe
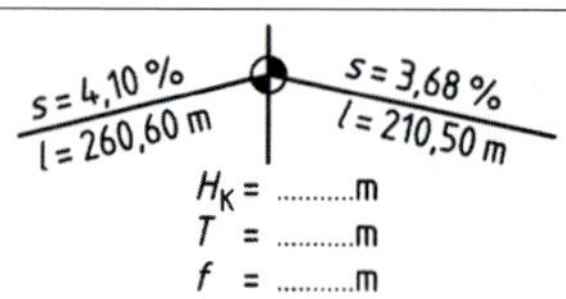	Neigungsband (Steigungsband) mit Längen und Neigung in % der anschließenden Gradienten (bis zum nächsten Gradientenbrechpunkt) sowie den Werten der Kuppen- oder Wannenausrundungen
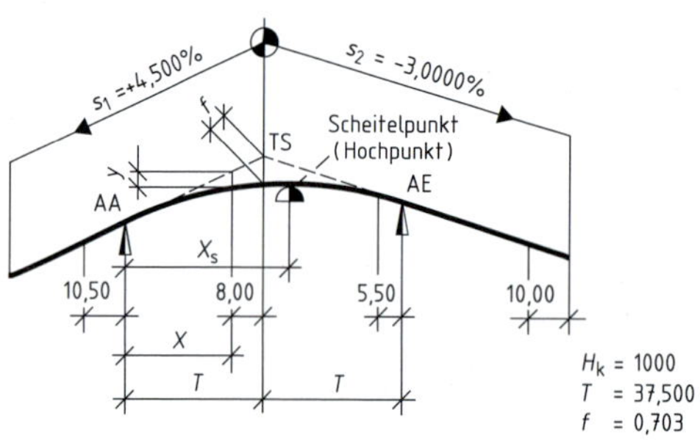	Kuppen- oder Wannenausrundung mit den Werten *H* (Halbmesser für Kuppen bzw. Wannenausrundungen, H_k und H_w), *T* (Tangentenlänge der Ausrundung) und *f* (Höhenunterschied der Ausrundung, Stichmaß) **Vorzeichenregelung für die Formeln** Ausrundungshalbmesser Kuppe H_k mit negatives Vorzeichen in den Formeln rechnen. Ausrundungshalbmesser Wanne H_w mit positiven Vorzeichen in den Formeln rechnen.
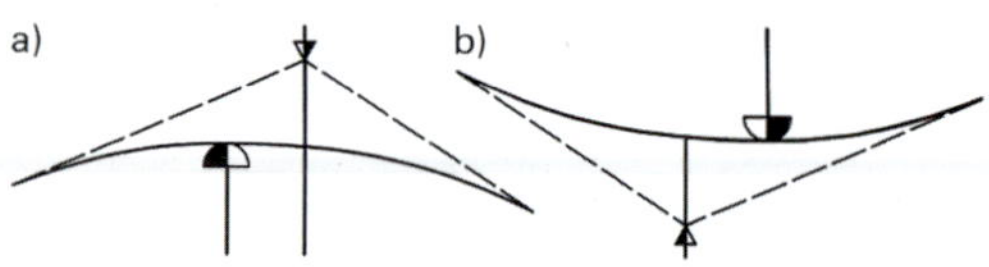	a) Hochpunkt einer Kuppenausrundung b) Tiefpunkt einer Wannenausrundung
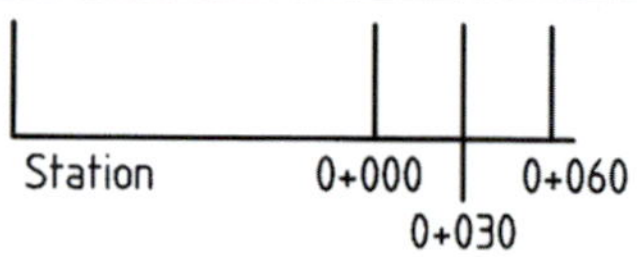	Stationierung der Trasse (km + m)
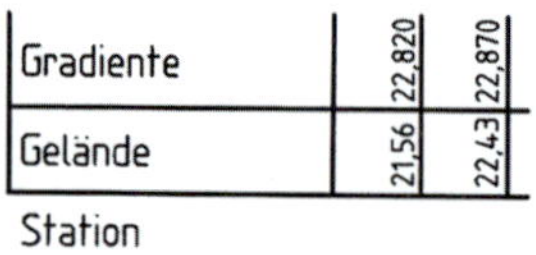	NHN-Höhen für die Gradiente, das Gelände, ggf. auch für Rohrleitungen, Gräben usw.

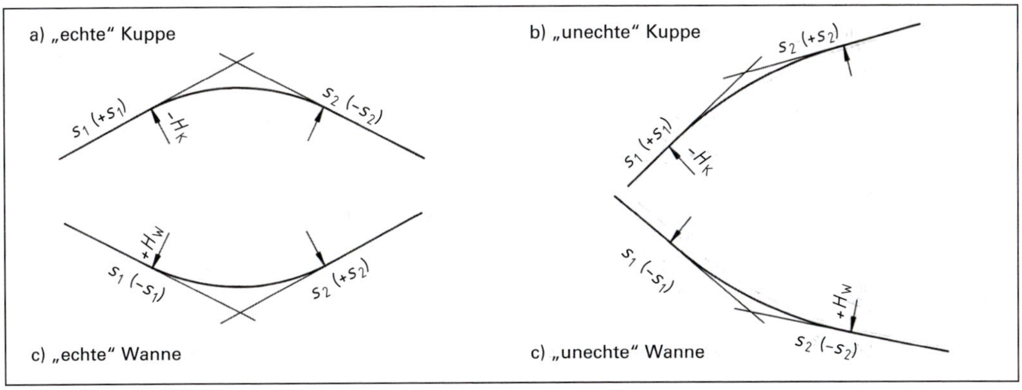

Abb. 20.53: Vorzeichenregelungen für Kuppen- und Wannenausrundungen (vgl. Tabelle 20.52)

Tabelle 20.54: Formeln zur Berechnung von Höhenplänen

	bekannte Werte
Längsneigung s der Tangenten in % $s = \frac{h_2 - h_1}{l_2 - l_1} \cdot 100\,\% = \frac{\Delta h}{\Delta l} \cdot 100\,\%$	m NHN und Station der Brechpunkte Δh Höhenunterschied Δl Abstand der Höhenpunkte
Tangentenlänge T $T = \frac{H}{2} \cdot \frac{s_2 - s_1}{100} = \frac{H}{2} \cdot \frac{m}{100}$	Halbmesser und Tangentenneigungen $m = s_2 - s_1$
Stichmaß f $f = \frac{T^2}{2 \cdot H} = \frac{T}{4} \cdot \frac{s_2 - s_1}{100} = \frac{H}{8} \cdot \left(\frac{s_2 - s_1}{100}\right)^2$	T und H oder T und s oder H und s Kuppen- und Wannenausrundung die bei einem Neigungs- oder Steigungswechsel notwendig sind, werden formal durch einen Kreisbogen mit dem Halbmesser H_k bzw. H_w ausgerundet. Aus Vereinfachungsgründen wird für die verwendeten Formeln eine Parabel $y = x^2/(2 \cdot H)$ als Nährung für den theoretischen Kreisbogen eingesetzt. Angesichts der relativ kleinen Steigungen und Neigungen und der großen Halbmesser kann in der Praxis mit den sich ergebenden minimalen Abweichungen (unterhalb Millimeterbereich) gearbeitet werden.
Ordinate y an beliebiger Stelle im Bereich der Ausrundung $y(x) = \frac{s_1}{100} \cdot x + \frac{x^2}{2 \cdot H}$	
Längsneigung $s(x)$ in einem bestimmten Punkt $s(x) = s_1 + \frac{x}{H}$	
Tiefpunkt einer Wanne $x_W = \frac{-s_1 \cdot H}{100}$	
Hochpunkt einer Kuppe $x_K = \frac{+s_1 \cdot H}{100}$	
Einhaltung vorgegebener Höhen $T = \frac{4 \cdot f}{\left(\frac{s_2 - s_1}{100}\right)}$ $H = \frac{2 \cdot T}{\left(\frac{s_2 - s_1}{100}\right)}$	f aus Differenz der Tangentenhöhe und geforderten Höhe und dazu s
Tangentenhöhe an beiliebiger Stelle außerhalb einer Ausrundung $H(x) = H_A + \frac{s}{100} \cdot l(x)$	H_A Höhe des Tangentenschnittpunktes $l(x)$ Abstand vom Tangentenschnittpunkt
Anmerkung: Unbedingt die Vorzeichenregelungen nach Abb. 20.52 einhalten!	

In der Abbildung 20.55 sind neben der Gradiente auch das Krümmungs- und Querneigungsband dargestellt. Bei der Konstruktion der Gradiente wurde aufgrund des bewegten Urgeländes eine Unterführung (Bauwerk Nr. 4) sowie eine Brücke (Bauwerk Nr. 5) von evtl. querenden Nebenstrecken notwendig. Die parallel verlaufenden Entwässerungseinrichtungen werden links und rechts der Achse dargestellt. Auf- und Abtrag erhalten entsprechend farbige Darstellung und gleichen sich in etwa aus. Als Anschnitt wird ein Erdbauwerk bezeichnet, bei dem die Straße einseitig eingeschnitten in das Gelände und mit der anderen Seite als Damm über dem Gelände liegt. Nach dem Prinzip des Massenausgleichs soll die Gradiente eine ökonomische und ökologische Lösung anbieten, die auch bautechnisch möglichst viele Vorteile bietet.

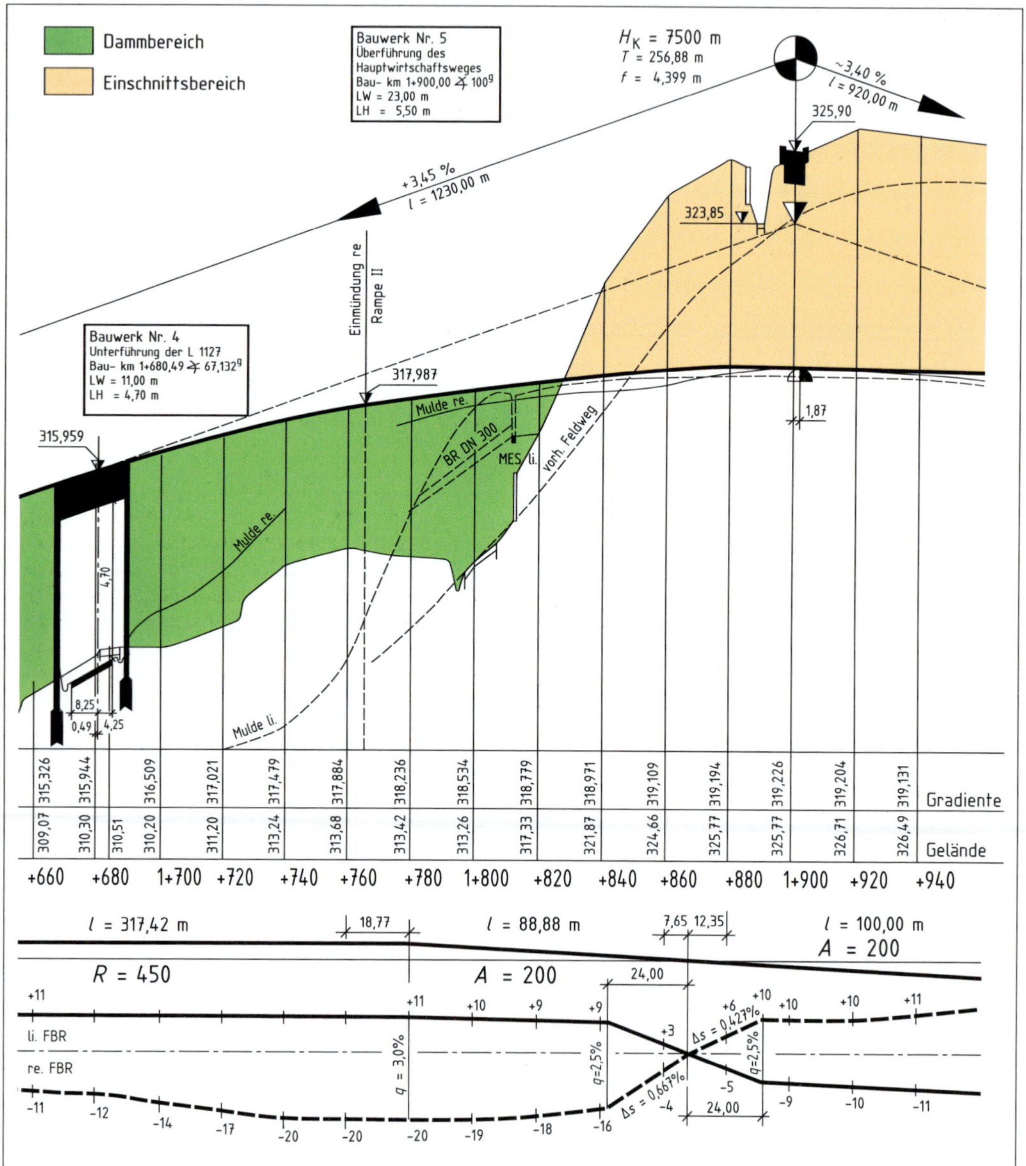

Abb. 20.55: Ausschnitt aus einem Höhenplan mit Krümmungsband und Höhendifferenzen am Fahrbahnrand (FBR)
Hinweis: Der Höhenplan passt zum Lageplan Abb. 20.36. Die Auf- und Abfahrtfahrbahn ist zu beachten.

Beispiel

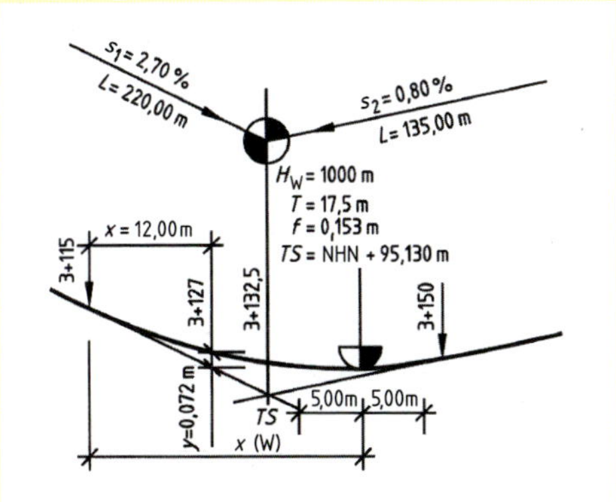

Berechnung einer Wannenausrundung mit H_W = 1 000 m

$s_2 - s_1 = +0{,}80\,\% - (-2{,}70\,\%) = +3{,}50\,\%$

$$T = \frac{1000\,\text{m}}{2} \cdot \frac{3{,}50\,\%}{100\,\%} = 17{,}50\,\text{m}$$

$$f = \frac{(17{,}50\,\text{m})^2}{2 \cdot 1000\,\text{m}} = 0{,}153\,\text{m}$$

$$y = \frac{(12{,}00\,\text{m})^2}{2 \cdot 1000\,\text{m}} = 0{,}072\,\text{m}$$

Gradientenhöhe bei 3 + 127 von TS aus:

$$\Delta h = \frac{5{,}50\,\text{m} \cdot 2{,}70\,\%}{100\,\%} = 0{,}149\,\text{m}$$

+ 95,130 m NHN	+ 92,279 m NHN
+ 0,149 m	+ 0,072 m
+ 92,279 m NHN	+ 92,351 m NHN Gradientenhöhe

Beispiel

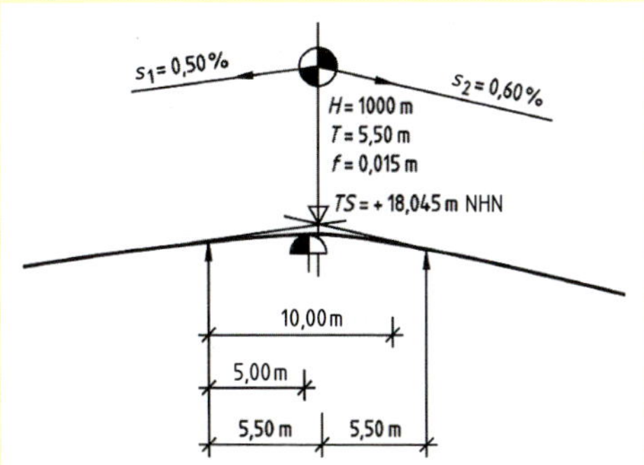

Berechnung einer Kuppenausrundung mit H_K = 1 000 m

Wannentiefpunkt vom Ausrundungsanfang

$$x(\text{W}) = \frac{-2{,}70\,\% \cdot 1000\,\text{m}}{100\,\%} = 27{,}00\,\text{m}$$

$$T = \frac{1000\,\text{m}}{2} \cdot \frac{1{,}10\,\%}{100\,\%} = 5{,}50\,\text{m}$$

$$f = \frac{(5{,}50\,\text{m})^2}{2 \cdot 1000\,\text{m}} = 0{,}015\,\text{m}$$

Kuppenhochpunkt

$$x(\text{K}) = \frac{0{,}50\,\% \cdot 1000\,\text{m}}{100\,\%} = 5{,}00\,\text{m}$$

Der Hoch- bzw. Tiefpunkt einer Kuppe bzw. Wanne liegt nur bei beidseitig gleich großen Neigungen an der gleichen Station wie TS. Bei ungleich großen Neigungen wandert dieser Punkt Richtung kleinere Neigung.

Tabelle 20.56: Grenzwerte des Höhenplanes

	Entwurfsklasse	max s [%]	min H_K [m]	min H_W [m]	min T [m]		Entwurfsklasse	max s [%]	min H_K [m]	min H_W [m]	min T [m]
nach RAA	EKA 1A	4,0	13 000	8 800	150	nach RAL	EKL 1	4,5	≥ 8 000	≥ 4 000	100
	EKA 1B	4,5	10 000	5 700	120		EKL 2	5,5	≥ 6 000	≥ 3 500	85
	EKA 2	4,5	5 000	4 000	100		EKL 3	6,5	≥ 5 000	≥ 3 000	70
	EKA 3	6,0	3 000	2 600	100		EKL 4	8,0	≥ 3 000	≥ 2 000	55

nach RASt	V_{zul} = 50 km/h	V_{zul} = 70 km/h	Verwindungsstrecken für beliebige Entwurfsgeschwindigkeit
min H_K [m]	900	2 200	min s [%] ≥ 0,7 % Verwindungsstrecken für
min H_W [m]	500	1 200	ohne Hochbord 0,7 %; $s - \Delta s \geq 0{,}2\,\%$ mit Hochbord 0,5 %; $s - \Delta s \geq 0{,}5\,\%$
Höchstlängsneigung max s [%]	8,0 Ausnahme 12,0	6,0 Ausnahme 8,0	

Zur Einhaltung einer harmonischen Linienführung und Gewährleistung der Haltesichtweite auch unter Bauwerken soll der Wannenhalbmesser gleich oder größer des halben Kuppenhalbmessers sein ($H_W \geq 0{,}5\ H_K$).

Zur Gewährleistung der Entwässerung sollte die **Mindestlängsneigung** min $s \geq 0{,}7\,\%$ betragen.

Die maximale **Schrägneigung** p (vgl. Abb. 20.57) nach RAA liegt bei 9 % und wird berechnet mit:

$$p = \sqrt{s^2 + q^2}$$

s Längsneigung
q Querneigung
p Schrägneigung

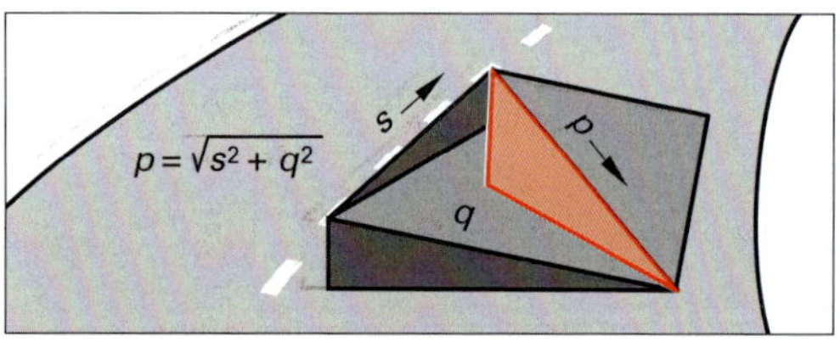

Abb. 20.57: Schrägneigung *s*

Die RAS – Ew bestimmen die Größe der Mindestschrägneigung mit $p \geq 0{,}5\,\%$.

Nach RAL kann max p bis auf 10 % vergrößert werden. Dazu sind Längsneigungen $s > 6\,\%$ zu vermeiden, in plangleichen Knotenpunkten 4 % als Längsneigung anzustreben.

In Verwindungsstrecken zwischen gegensinnigen Querneigungen soll min s aus baulichen Gründen mindestens 1 %, besser aber 1,5 % (vgl. Tabelle 2.56), betragen. Zudem gilt: $s - \Delta s \geq 0{,}2\,\%$

Diese Differenz zwischen der Längs- und der Anrampungsneigung soll eine bessere Entwässerung gewährleisten.

Krümmungsband

Das Krümmungsband entsteht aus dem Lageplan. Die hier aufeinanderfolgenden Trassierungselemente mit ihren Stationen werden in eine schematische Darstellung umgesetzt, die unterhalb des Höhenplanes gezeichnet wird. Im Höhenplan ist dann die Abfolge der Kurven und ihre Gestaltung mit Radien oder Klothoiden nachzuvollziehen. Es gelten einige grundsätzliche Abmachungen:

- die Krümmung wird mit einem frei gewählten Faktor (meist zum kleinsten Radius passend) berechnet und
- Rechtskurven werden nach oben, Linkskurven nach unten von einer Bezugslinie dargestellt.

Bei der Darstellung von Kurven im Krümmungsband wird deutlich, dass nach einer Geraden beim Einlenken in einen konstanten Radius eine heftige Lenkbewegung erforderlich wird, die umso größer ausfällt, je kleiner (enger) der Radius ist. Da diese Lenkbewegung die Fahrsicherheit insbesondere bei höheren Geschwindigkeiten beeinträchtigt, werden hier Klothoiden eingesetzt, die aus der Geraden heraus eine langsam zunehmende Einlenkbewegung bis in den Kurvenradius ermöglichen. Die Klothoiden stellen sich daher im Krümmungsband als an- oder absteigende Linie dar.

Das Krümmungsband gibt im Höhenplan die Trassierungselemente des Lageplanes in Größe, Verlauf und Station an.

Beispiel

Berechnung zur Darstellung eines Krümmungsbandes mit unterschiedlichen Radien:

$K = \frac{1}{R} \cdot F$ mit $F = 2000$ gilt

$K = \frac{1}{300} \cdot 2000 = 6{,}7$ mm

K Krümmung in mm
R Radius in m
F Faktor

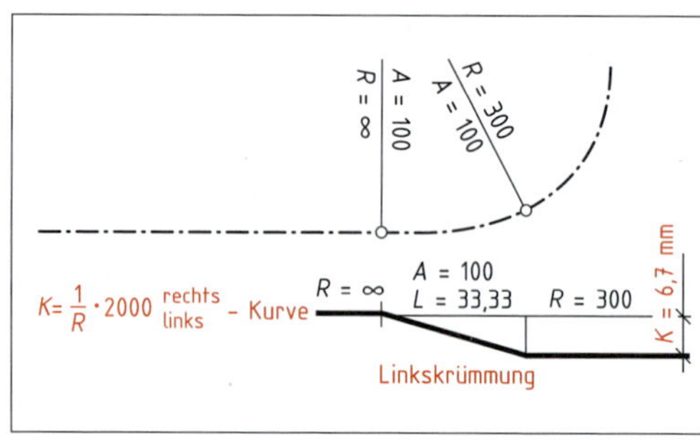

Abb. 20.58: Darstellung zum Berechnungsbeispiel

In der Abbildung 20.55 (Ausschnitt aus einem Höhenplan) sind Querneigungsband und Krümmungsband dargestellt. Die errechneten Höhendifferenzen werden in beliebigen Maßstab (z. B. M 1:10) von der Bezugslinie (Strich-Punkt-Linie) abgetragen. Linker und rechter Fahrbahnrand werden durch unterschiedliche Linienarten dargestellt (z. B. linker Fahrbahnrand als Volllinie, rechter Fahrbahnrand als Strichlinie).

Querneigungsband

Das Querneigungsband ist ebenso wie das Krümmungsband unterhalb des Höhenplanes eingezeichnet. Die Höhe der Fahrbahnränder wird entsprechend der Querneigung und der Fahrstreifenbreiten gegenüber der Bezugslinie (meist der Fahrbahnachse) grafisch aufgetragen. Die Stationierung wird aus dem Lageplan bzw. dem Höhenplan abgeleitet. Aus dem Querneigungsband sind für die Entwässerung notwendige Angaben ersichtlich. So hat eine Straße in einer Geraden möglicherweise ein Dachprofil (vgl. Abb. 20.59), welches in einer folgenden Kurve zur Aufnahme von Fliehkräften in ein einseitiges Gefälle zur Kurveninnenseite wechselt. Schließt sich eine gegenläufige Kurve an, wechselt auch das Quergefälle zur anderen Fahrbahnseite.

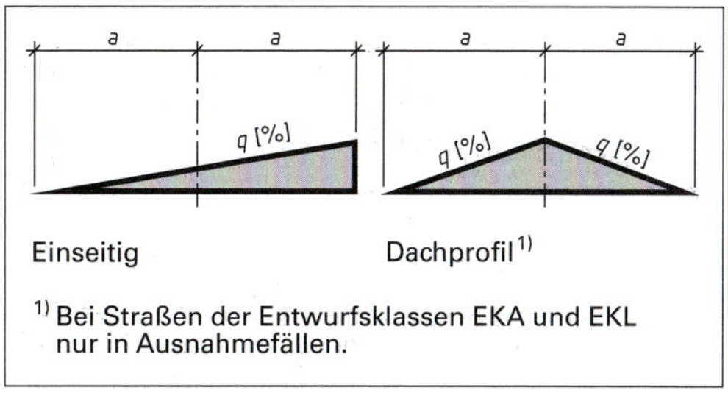

Abb. 20.59: Querneigung in der Geraden. Die Querneigung ist abhängig vom Kurvenradius und der Entwurfsgeschwindigkeit zu bemessen (vgl. Abb. 2.61).

Verwindung

Als Verwindung wird der Wechsel der Querneigung um eine Drehachse, meist um die Fahrbahnmitte, in Ausnahmen um den Fahrbahnrand (vgl. Abb. 20.60) bezeichnet. Dazu wird auf einer bestimmten Strecke der Fahrbahnrand angerampt und die Fahrbahnfläche verwunden (vgl. Abb. 20.61). Ist ein Übergangsbogen vorhanden, so erfolgt die Anrampung innerhalb dieser Klothoide. Während das Längsgefälle der Straße am Fahrbahnrand und in der Achse im Allgemeinen gleich ist, verändert sich durch die Anrampung des Fahrbahnrandes dessen Längsgefälle.

Diese Veränderung des Längsgefälles wird Anrampungsneigung Δs, die Mindestlänge der Verwindungsstrecke wird mit min L_V bezeichnet (Formeln vgl. Abb. 20.61).

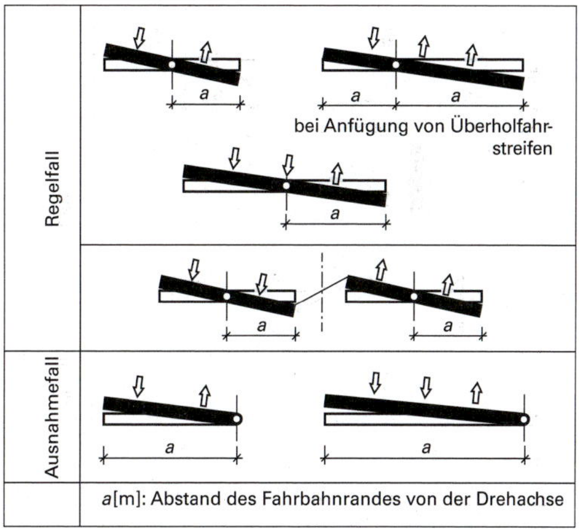

Abb. 20.60: Drehachsen der Fahrbahn in Verwindungsstrecken

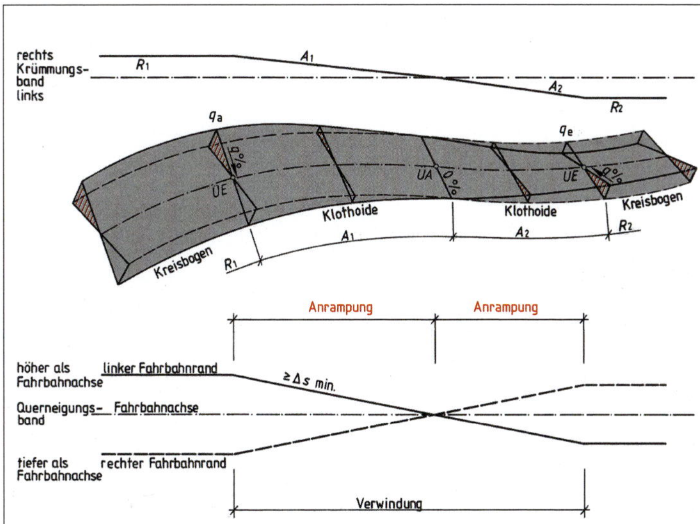

$$\Delta s = -\frac{q_e - q_a}{L_V} \cdot a$$

Δs Anrampungsneigung [%]

q_e Querneigung am Ende der Verwindung [%]

q_a Querneigung am Anfang der Verwindung [%]

a Abstand Fahrbahnrand zur Drehachse [m]

L Länge der Verwindungsstrecke [m]

Als Mindestlänge für die Anrampung gilt:

$$\min L_V = \frac{q_e - q_a}{\max \Delta s} \cdot a$$

Abb. 20.61: Anrampung und Verwindung im Bereich der Klothoide

20

Bei der Verwindung darf in den Bereichen von + min q (2,5 %) bis – min q (%) der Wert von min Δs (%) nicht unterschritten werden. In dem Fall müsste eine geteilte Verwindung mit restlicher Anrampung Δs (%) < min Δs (%) erfolgen.

Diese max Δs-Werte sollen einen zu raschen Anstieg der Querneigung vermeiden. Sie passen zu den nach RAL empfohlenen Radienbereichen und Klothoidenparametern (vgl. Tabelle 20.47). Alle Maßnahmen sollen die Wasserfilmdicke auf der Fahrbahnoberfläche unter 2 mm Dicke halten.

Tabelle 20.62: Grenzwerte der Anrampungsneigung Δs nach RAA

Entwurfsklasse	min Δs [%] bei $q = 2{,}5\,\%$	max Δs [%] bei $a < 4{,}00$ m	max Δs [%] bei $a \geq 4{,}00$ m
EKA 1 und EKA 2	$0{,}10 \cdot a$	$0{,}225 \cdot a$	0,9
EKA 3		$0{,}25 \cdot a$	1,0
Bedingung: max Δs (%) $\geq$ min Δs (%)			

Tabelle 20.63: Grenzwerte der Anrampungsneigung Δs nach RAL

Entwurfsklasse	min Δs [%] bei $q \leq 2{,}5\,\%$	max Δs [%]
EKL 1, EKL 2	$0{,}10 \cdot a$	0,8
EKL 3		1,0
EKL 4		1,5
a = Abstand [m] von der Drehachse zum Fahrbahnrand Bedingung: max Δs (%) $\geq$ min Δs (%)		

Tabelle 20.64: Grenzwerte der Anrampungsneigung

Δs nach RASt	$V_{zul} = 50$ km/h	$V_{zul} = 70$ km/h
Mindestquerneigung min q	2,5 %	
Kurven – Höchstquerneigung max q_K	6,0 % (7,0 %)	
Anrampungshöchstneigung max Δs	$0{,}50\,\% \cdot a$ 2,0 % bei $a \geq 4{,}00$ m	$0{,}40\,\% \cdot a$ 1,6 % bei $a \geq 4{,}00$ m
Anrampungsmindestneigung min Δs	$0{,}10\,\% \cdot a$	

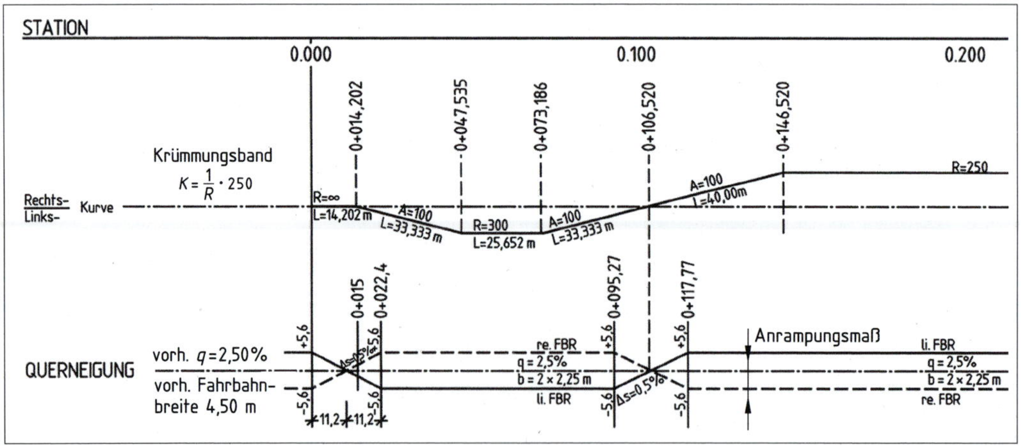

Abb. 20.65: Beispiel für ein Krümmungs- und Querneigungsband

Das Querneigungsband zeigt den Verlauf der Fahrbahnränder im Vergleich zur Drehachse – meist die Fahrbahnachse – an. Die tieferliegenden Fahrbahnränder werden gestrichelt dargestellt und die Höhen mit negativem Vorzeichen versehen. Ändern sich die Höhen der Fahrbahnränder zur Achse hin, entsteht die Anrampung (Verwindung). In der Abbildung 20.65:

$2 \cdot 5{,}6$ cm = 11,2 cm
entspricht 4,50 m $\cdot$ 2,5 % = 11,25 cm

20.8 Räumliche Linienführung

Der räumliche Verlauf einer Straße hat einen wesentlichen Einfluss auf das Fahrverhalten und die Verkehrssicherheit. Durch die Überlagerung von horizontalen (Lageplan) und vertikalen (Höhenplan) Entwurfselementen entstehen Raumelemente und Raumelementfolgen. Die räumliche Linienführung ist dann befriedigend, wenn die Wendepunkte im Lage- und Höhenplan ungefähr an der gleichen Stelle liegen und die Anzahl der Wendepunkte übereinstimmt.

Fehler bei der Bildung von Raumelementfolgen führen zu Defiziten bei der Verkehrssicherheit und dem Fahrverhalten. Bei Neubaumaßnahmen sollten Defizite hinsichtlich des **Sichtschattens** und des verdeckten Kurvenbeginns vermieden werden.

Sichtschatten treten dann auf, wenn der Kraftfahrer (Augpunkthöhe $h_a = 1$ m) über eine Strecke von mindestens 75 m einen Abschnitt des Fahrbahnrandes im vorausliegenden Fahrraum (600 m) nicht erkennen kann. Besonders kritisch sind Sichtschattentiefen dort, wo für Überholvorgänge der Gegenverkehrs-Fahrstreifen genutzt werden muss.

Ein **verdeckter Kurvenbeginn** liegt dann vor, wenn aus einer Entfernung von 75 m vor dem Kurvenbeginn im Lageplan eine Richtungsänderung von 3,5 gon nicht einsehbar ist.

Die Überprüfung der räumlichen Linienführung erfolgt in drei Schritten:

① Überprüfung, ob durch Umplanung eine Abstimmung der Lage der Wendepunkt möglich ist (Standardraumelemente)

② Überprüfung, ob Kurvenanfänge und der Verlauf des Fahrbahnbandes rechtzeitig und ausreichend erkannt werden können

③ Überprüfung auf gestalterische Defizite

Lageplanelement	Höhenplanelement	Räumliche Linienführung
Gerade	 Gerade	 Gerade mit konstanter Längsneigung
Gerade	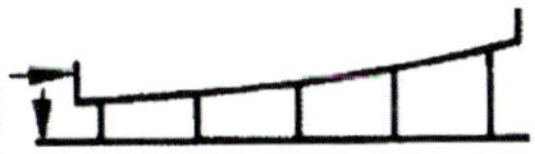 Bogen	 gerade Wanne
Gerade	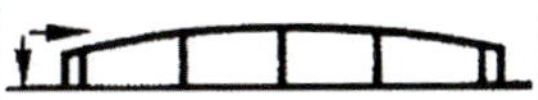 Bogen	 gerade Kuppe
 Bogen	 Gerade	 Kurve mit konstanter Längsneigung
 Bogen	 Bogen	 gekrümmte Wanne
 Bogen	 Bogen	 gekümmte Kuppe

Tabelle 20.66: Beispiele für eine gute räumliche Linienführung

20

20.9 Knotenpunkte

Bei der Ausbildung von Knotenpunkten im öffentlichen Straßennetz ist die Verträglichkeit der Entwurfsklassen (EKL) der an der Verknüpfung beteiligten Straßen eine wichtige Grundvoraussetzung. Für Straßen einer bestimmten Entwurfsklasse sind in der Regel nur bestimmte Knotenpunktarten vorgesehen. In begründeten Ausnahmefällen, zum Beispiel aufgrund von speziellen verkehrlichen Erfordernissen oder örtlichen Gegebenheiten, kann die Wahl einer abweichenden Knotenpunktform jedoch zweckmäßiger sein.

Knotenpunkte werden nach der baulichen Grundform und der Betriebsform unterschieden. Die bauliche Grundform wird bestimmt von der Führung der Verkehrsströme im Knotenpunkt. Mögliche Grundformen sind **plangleich, teilplangleich/teilplanfrei** oder auch **planfrei**. Eine besondere Grundform stellt der **Kreisverkehr** dar. Die Betriebsform regelt die Vorfahrtsregelung im Knotenpunkt. Dies kann mittels Verkehrszeichen oder auch durch eine Lichtsignalanlage geschehen.

Anforderungen

Knotenpunkte sollen in ihrer Ausgestaltung eine sichere Führung der durchfahrenden, der ein- und abbiegenden sowie der querenden Verkehrsströme gewährleisten. Hierfür sind die Faktoren **Erkennbarkeit**, **Übersichtlichkeit** und **Begreifbarkeit** der Verkehrsführung und Vorfahrtsregelung von entscheidender Bedeutung. Eine frühzeitige Erkennbarkeit wird erreicht, wenn Knotenpunkte nicht in Kuppen-, sondern in Wannenlage angeordnet werden. Auch ankündigende Verkehrszeichen, Leiteinrichtungen oder eine auf den Knotenpunkt hinweisende Gestaltung des Seitenraums kann die frühe Erkennbarkeit verbessern. Für eine möglichst gute Übersichtlichkeit und Begreifbarkeit im Knotenpunkt sollten ausreichend große Flächen und gute Sichtverhältnisse vorhanden sein. Anhand der Richtung und der Stärke der zu verknüpfenden Verkehrsströme wird die Funktionalität eines Knotenpunktes beim Neu- oder Umbau bereits im Rahmen der Planung rechnerisch nachgewiesen. Hierbei spielt auch die erreichbare **Verkehrsqualität**, d. h. möglichst geringe Wartezeiten, eine wichtige Rolle.

Grundformen

Ein **plangleicher Knotenpunkt** ist aus baulicher Sicht die einfachste Grundform eines Knotenpunkts. Er verbindet zwei Straßen auf einer gemeinsamen Ebene. Die Vorfahrtsregelung erfolgt dabei mit Verkehrszeichen oder durch eine Lichtsignalanlage.

Die Verknüpfung von Straßen auf unterschiedlichen Ebenen erfolgt über **planfreie Knotenpunkte**. Zur Anwendung kommt diese Grundform, wenn eine Straße der EKL 1 mit einer Autobahn oder mit einer anderen Straße der EKL 1 verbunden wird (vgl. Tabelle 20.67). Der Wechsel von einer Straße auf die andere erfolgt über durchgehende Verbindungsrampen. Für die Einordnung in den fließenden Verkehr sind Verflechtungsbereiche vorgesehen, in denen der durchgehende Verkehr vorfahrtberechtigt ist.

Zusätzliche Varianten der planfreien Verbindung von Straßen sind der **teilplangleiche** und der **teilplanfreie Knotenpunkt**. Diese Grundformen verbinden ebenfalls zwei Straßen in unterschiedlichen Ebenen und der Wechsel zwischen den Straßen erfolgt über Rampen. Bei der **teilplangleichen** Verbindung schließen die Rampen jedoch jeweils mit einem plangleichen Teilknotenpunkt an die zu verknüpfenden Straßen an. Der Anschluss an eine Straße der EKL 2 muss dabei aus Sicherheitsgründen grundsätzlich durch eine Lichtsignalanlage geregelt werden. Bei der **teilplanfreien** Verbindung erfolgt der Anschluss an die untergeordnete Straße durch vorfahrtsgeregelte Einmündungen. Diese Einmündungen können durch Verkehrszeichen oder mittels Lichtsignalanlage geregelt werden. Auch die Anordnung eines Kreisverkehrs ist möglich.

Kreisverkehre

Kreisverkehre stellen eine Sonderform des planfreien Knotenpunkts ohne Lichtsignalanlage dar. Diese Form der Verknüpfung ist besonders geeignet, wenn die Verkehrsstärken der beteiligten Straßen ungefähr gleich groß sind. Im Kreisverkehr ist in der Regel die Kreisfahrbahn bevorrechtigt. Die Vorfahrtsregelung erfolgt durch Verkehrszeichen, in Ausnahmefällen auch mittels einer Lichtsignalanlage. Die Mittelinsel eines Kreisverkehrs ist in der Regel nicht überfahrbar. Ausnahmen bilden Kreisverkehre, bei denen die Mittelinsel von Bussen oder Schwerlastverkehr überfahren werden.

Unter der vorgesehenen Verkehrsbelastung stellt ein Kreisverkehr eine sehr leistungsfähige Knotenpunktform dar, weil vor allem in verkehrsarmen Zeiten keine unnötigen Wartezeiten entstehen. Bei Bedarf können zur Erhöhung der Leistungsfähigkeit baulich getrennte Abbiegefahrbahnen (Bypass) oder zusätzliche Fahrspuren auf der Kreisfahrbahn angeboten werden. Gegenüber einer plangleichen Einmündung oder Kreuzung besitzt ein Kreisverkehr eine sehr simple Vorfahrtsregelung mit einer nur sehr geringen Anzahl möglicher Konfliktpunkte (vgl. Abb. 20.68). Für eine gute Erkennbarkeit und Übersichtlichkeit sind der Außendurchmesser des Kreisverkehrs und die Breite der Kreisfahrbahn ausreichend groß zu bemessen. Die Kreisverkehrsinsel soll überhöht ausgebildet werden, so dass diese vom Verkehr bereits früh wahrgenommen wird.

Tabelle 20.67: Regeleinsatzbereiche von Knotenpunktarten und zugehörige Vorfahrtsberechtigung nach RAL

übergeordnete Straße / untergeordnete Straße	EKL 1	EKL 2	EKL 3	EKL 4
EKL 1	planfrei, planfrei			
EKL 2	teilplanfrei, planfrei	teilplangleich, plangleich		
EKL 3	teilplanfrei, teilplanfrei, teilplanfrei	teilplangleich, teilplangleich, plangleich	plangleich, Kreisverkehr, plangleich, Kreisverkehr	
EKL 4	Nicht zu vertreten	Nicht zu empfehlen *	plangleich, Kreisverkehr, plangleich, Kreisverkehr	plangleich, plangleich

Legende:
- Lichtsignalanlage mit Linksabbiegerschutz
- Einsatz der Lichtsignalanlage prüfen

Die übergeordnete Straße ist senkrecht dargestellt. Die vorfahrtberechtigte Straße ist als Breitstrich dargestellt.

* Wenn in zu begründenden Ausnahmefällen eine Straße der EKL 4 angeschlossen werden muss, so ist der Anschluss wie der einer Straße der EKL 3 auszubilden.

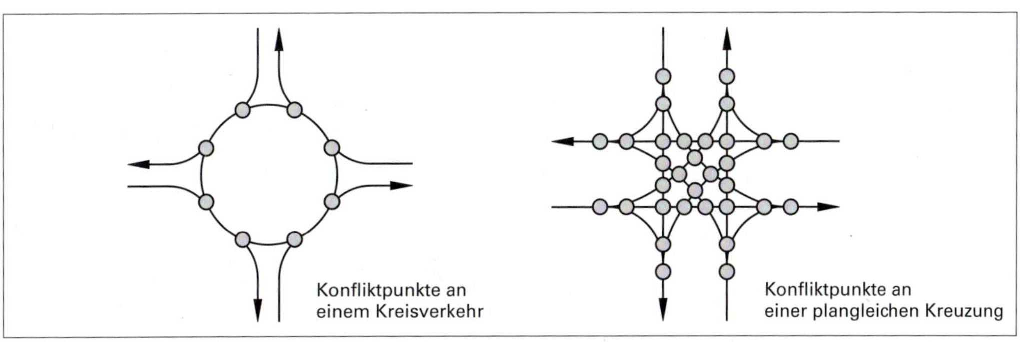

Abb. 20.68: Konfliktpunkte an Knotenpunkten nach dem Merkblatt für die Anlage von Kreisverkehren

20

20.10 Straßenbau und Umwelt

Unser Straßen- und Wegenetz beansprucht eine große Fläche unseres dicht besiedelten Landes. Der Verkehr auf befestigten Straßen, Wegen und Plätzen hat vielerlei Auswirkungen auf die umgebende Natur, also auf Boden, Luft, Klima, Tiere und Pflanzen, sowie uns Menschen. Lärm und Luftverschmutzung beeinträchtigen Gesundheit und Wohlbefinden.

Mit der Bevölkerungsdichte und dem Wohlstand steigt auch die Zahl der Straßenfahrzeuge und damit wiederum steigen die Einflüsse und Gefahren. Diese Erkenntnisse haben sich erst in den letzten Jahrzehnten durchgesetzt.

Die Erkenntnis, dass alles getan werden muss, um die Natur in ihrer Vielfalt zu erhalten, fordert auch von den Straßenplanern Einsicht und Rücksicht. Dies drückt sich heute auch in vielen Planungsvorschriften (z. B. Richtlinie für die landschaftpflegerische Begleitplanung im Straßenbau, RLBP, Ausgabe 2011) und Planungsgesetzen aus.

Das Bundesnaturschutzgesetz legt in seiner Eingriffsregelung bei Planung und Ausführung des Neu- und Ausbaus von Bundesfernstraßen fest, dass zunächst

- die den **Eingriff** in den Naturhaushalt auslösenden Faktoren ermittelt und dargestellt werden,
- dann nach **Vermeidung** und **Verminderung** gefragt wird bzw. unvermeidbare Beeinträchtigungen dargestellt werden und
- dann für ausgleichbare Beeinträchtigungen **Ausgleichsmaßnahmen** bzw. für unvermeidbare Beeinträchtigungen **Ersatzmaßnahmen** ermittelt werden.

Der Naturschutz findet seine Berücksichtigung in der Planung, im Einzelnen

- in der Bedarfsplanung,
- in der Linienfindung,
- in der Entwurfsaufstellung und
- in der Ausführungsplanung.

Der Naturschutz muss aber genauso in der anschließenden Bauausführung, im Betrieb sowie in der Erhaltung und evtl. Sanierung berücksichtigt werden.

Alle Planungsdaten gehen in eine Umweltverträglichkeits-Prüfung (UVP) ein, die nach dem UVP-Gesetz für alle Bundesfernstraßen vorgeschrieben ist, für alle Straßen der Länder, Kreise und Kommunen nach eigenen Vorschriften sinngemäß auch durchgeführt wird. So schreibt z. B. das „Straßen- und Wegegesetz für Schleswig-Holstein" (wie die Straßen- und Wegegesetze der anderen Bundesländer auch) für den Bau oder die Änderung von Landes-, Kreis- und Gemeindestraßen eine Planfeststellung oder ein Planfeststellungsverfahren (mit Ausnahmen) vor.

Eine Umweltverträglichkeitsprüfung erstellt eine Umweltverträglichkeitsstudie; diese

- ermittelt,
- beschreibt und
- bewertet die Auswirkungen einer geplanten Straße auf Menschen, Pflanzen, Tiere, Boden, Wasser, Luft, Klima und Landschaft (Kultur- und Sachgüter).

Die Maßnahmen des Naturschutzes und der Landschaftspflege, also die notwendigen Gestaltungs-, Ausgleichs- und Ersatzmaßnahmen, werden in einem Landschaftspflegerischen Begleitplan (LBP) dargestellt (Abb. 20.70 und Abb. 20.71).

Über den LPB hinaus können Lärmschutzwälle und Lärmschutzwände (vgl. Abb. 20.69) sowie geräuscharme Deckenarten (z. B. porenreicher „Flüsterasphalt", offenporiger Asphalt) Lärmbelästigungen in angrenzenden Wohngebieten vermindern, Tunnel und Brücken für Frösche, Kröten, Otter und Wild die Auswirkungen zerschnittener Biotope verringern und eine Vielzahl von Entwässerungsmaßnahmen für einen guten Grundwasserhaushalt sorgen.

Das in den letzten Jahren und Jahrzehnten veränderte und entwickelte Umweltgewissen hat nicht nur das Verständnis für die Rücksicht auf Umwelt und Natur (vgl. Abb. 20.72) beim Straßenbau erhöht, es hat auch neue Arbeitsgebiete und Aufträge gebracht: einen verstärkten Radwegebau, den Bau von Wanderwegen, Fußgängerzonen und verkehrsberuhigte Straßen.

Abb. 20.69: Lärmschutzwand zwischen Wohngebiet und Bundesstraße

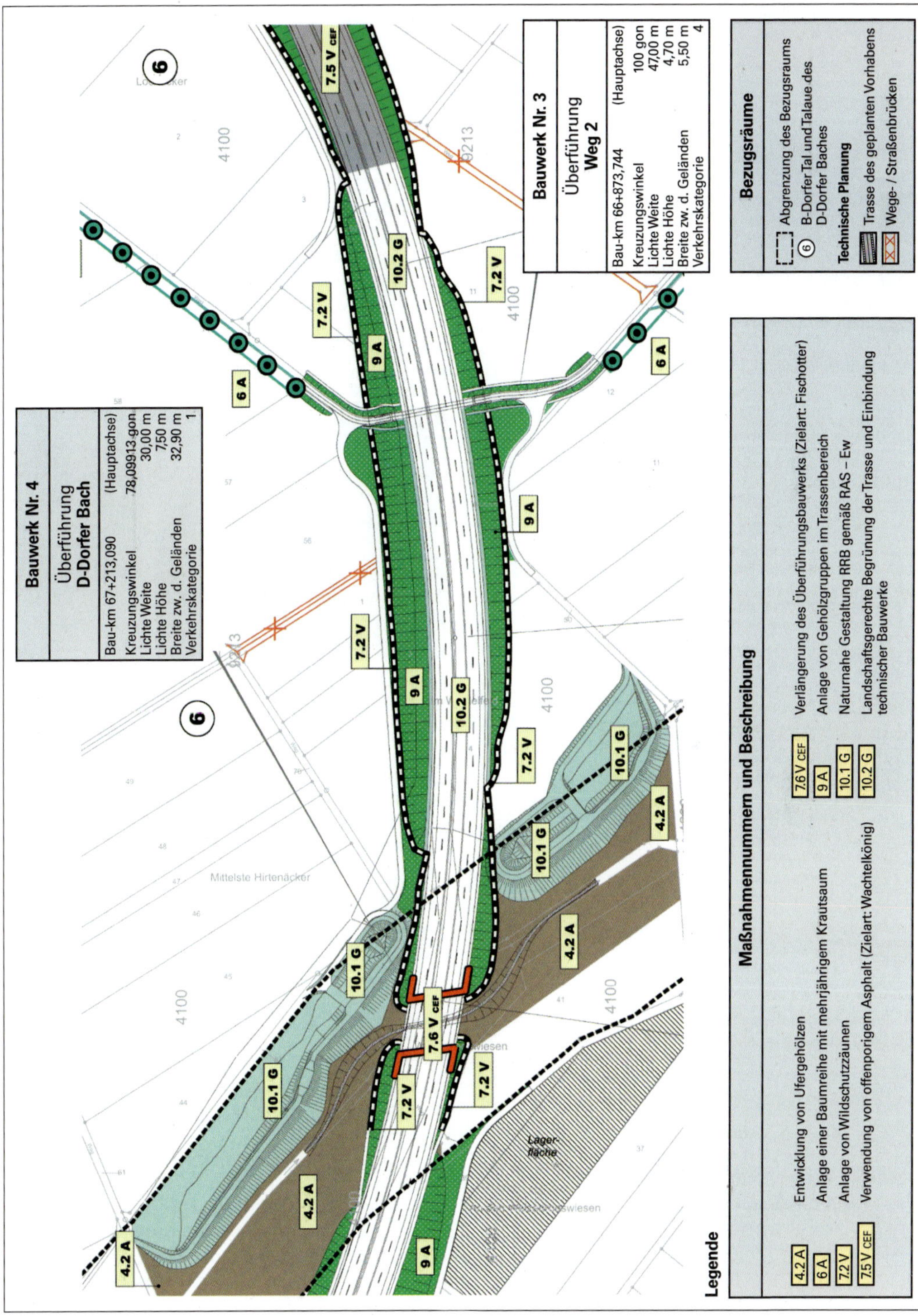

Abb. 20.70: Musterkarte eines Maßnahmenplans im Zuge der Landschaftspflegerischen Begleitplanung

Vermeidungsmaßnahmen

Offenporiger Asphalt

Begrenzung des Baufeldes

Leit- und Sperreinrichtungen

Amphibien- / Wildschutzzaun

Wildschutzzaun

Überführungshilfe für Fledermäuse

Querungshilfen

Überführungsbauwerk

Ausgleichs- und Ersatzmaßnahmen

Anlage

Flächige Gehölzpflanzung

Gruppenweise Gehölzpflanzung

Aufforstung naturnaher Waldrand

Anlage Extensivgrünland

Anlage einer Baumreihe (mit Grunderwerbs-darstellung)

Entwicklung

Entwicklung eines Ufergehölzes

Grünlandextensivierung

Gestaltungsmaßnahmen

naturnahe Gestaltung RRB

Maßnahmen im Trassenbereich (ohne Kompensationswirkung)

Maßnahmenkennung

1.3 A CEF

- Index
- Maßnahmentyp
- Nr. Einzelmaßnahme
- Nr. Komplexmaßnahme

Erläuterung Maßnahmentyp

V	Vermeidungsmaßnahme
A	Ausgleichsmaßnahme
E	Erstzmaßnahme
G	Gestaltungsmaßname

Erläuterung Index

CEF	Artenschutzrechtliche Maßnahme zur Erhaltung der ökologischen Funktion der Fortpflanzungs- und Ruhestätten (continuous ecological functionality)
FCS	Artenschutzrechtliche kompensatorische Maßnahme zur Sicherung eines günstigen Erholungszustands (favourable conversation status)

Maßnahmennummer und Beschreibung

Waldentwicklungsmaßnahmen im Wald östlich X-Stadt

1.1 A	Entwicklung eines naturnahen Waldrandes
1.2 A	Umbau eines jungen Buchenmischwaldes zu lichtem Eichenwald
1.3 E	Aufforstung und Entwicklung von lichtem Eichenmischwald
1.4 E	Aufforstung und Entwicklung von naturnahem Eichenmischwald

Waldumbaumaßnahmen im östlichen A-Dorfer Wald

2.1 E	Entwicklung von naturnahmen Buchenwald
2.2 A	Umbau von Nadelwald zu naturnahem Eichenmischwald
2.3 A CEF	Entwicklung und Erhalt eines Buchen- / Eichenaltholzbestandes (Zielarten: Braunes Langohr, Mittelspecht, Rehfußkauz)
2.4 A FCS	Anlage eines Stillgewässers (Zielart: Kammmolch)
2.5 A	Aufforstung eines naturnahen Waldrandes
2.6 A	Entwicklung eines naturnahen Waldrandes
2.7 E	Aufforstung und Entwicklung von naturnahem Eichenmischwald

Waldumbaumaßnahmen im südlichen A-Dorfer Wald

3.1 E	Entwicklung von naturnahmen Eichenwald
3.2 A	Umbau von Nadelwald zu naturnahem Eichenmischwald
3.3 A	Entwicklung von Extensivgrünland

Grünlandextensivierung am Nasenberg

4.1 A FCS	Anlage von Extensivgrünland (Zielart: Dunkler Wiesenknopfbläuling)
4.2 A	Entwicklung von Ufergehölzen
4.3 A FCS	Extensivierung von bestehendem Grünland (Zielart: Dunkler Wiesenknopfbläuling)
4.4 A	Entwicklung von Extensivgrünland
4.5 A CEF	Entwicklung von Extensivgrünland (Zielart: Wachtelkönig)
4.6 A CEF	Anlage von Extensivgrünland (Zielart: Wachtelkönig)

Grünlandextensivierung bei C-Dorf

5.1 A	Entwicklung von Extensivgrünland
5.2 A	Anlage von Extensivgrünland

Vermeidungsmaßnahmen

7.1 A	Anlage von Schutzzäunen zur Baufeldbegrenzung
7.3 A CEF	Anlage einer Überflughilfe (Zielart: Kleine Bartfledermaus)
7.4 A CEF	Anlage von Amphibien- / Wildschutzzäunen (Zielart: Kammmolch)

Ersatzmaßnahmen im Trassenbereich

8 E	Anlage von flächigen Gehölzpflanzungen im Trassenbereich (Offenland)

Biotoptypen

Einzelbaum, Baumgruppen / Baumreihe
6360 – Nadelmischbestand

Ackerland
4100 – Nadelmischbestand

Verkehrsfläche
9213 – Sonstige Straße

Abb. 20.71: Zeichenerklärung zur Musterkarte des Maßnahmenplans (vgl. Abb. 20.70)

Abb. 20.72: Straßenschilder
Der Straßenverkehr muss Rücksicht auf die Natur nehmen und sich selbst vor Unfällen schützen.

Die Forderungen nach sauberem Grundwasser und sauberen Gewässern bis hin zu den Meeren hat den Bau von Abwassersystemen bis in die kleinste Gemeinde hinein forciert.

Gerade Bau und Sanierung von Abwasserleitungen machen den Planer zum aktiven Umweltschützer. Umweltbewusstes Planen ist schon in der Arbeitsvorbereitung, z. B. bei der Baustelleneinrichtung, in vielfältiger Hinsicht möglich und notwendig:

- Schutt und Abfälle dürfen nicht wild entsorgt werden,
- Dieselkraftstoff darf nicht in das Erdreich gelangen,
- Oberboden (Mutterboden) muss schonend behandelt werden,
- Bäume und alle Vegetation ist zu schützen,
- Lärm und Gestank sind zu vermeiden oder zu vermindern. Kraftfahrzeuge und Baumaschinen verursachen Lärm. Motorengeräusche und Rollgeräusche sowie Arbeitsgeräusche ergeben einen Schallpegel. Dieser wird je nach Höhe als belästigend oder als störend empfunden und kann gesundheitsschädlich sein.

- Wenn möglich sind Recyclingbaustoffe einzusetzen. Dazu gehört die Verwendung von Altasphalt in neuem Asphaltmischgut, die Verwendung von Beton- und Mauerwerkabbruch als Recyclingschotter sowie der Einbau von Müllverbrennungsasche als Tragschichtmaterial.

Abb. 20.73: Beginn eines Verkehrsverbots zur Verminderung schädlicher Luftverunreinigungen in einer Zone (links Z 270.1), Ende (rechts Z 270.2)

20.11 Erdbauwerke

Keine Straße kann sich völlig dem vorhandenen Gelände anpassen. Deshalb sind immer Bodenauftrag und Bodenabtrag notwendig. Innerhalb einer Straßenbaumaßnahme oder eines Abschnittes (Baulos) wird versucht, die Bodenmassen von Auftrag und Abtrag auszugleichen.

Aus dem Verlauf des Geländes im Vergleich zur geplanten Gradiente im Höhenplan (vgl. Kapitel 10.7, Abb. 20.55) lässt sich erkennen, ob ein Ausgleich möglich ist.

Im Querprofil bezeichnet die Böschung die Höhe der Straße in Bezug auf die Geländehöhe. Liegt die Gradiente höher als das Gelände befindet sich die Straße auf einem Damm, liegt das Gelände höher als die Gradiente befindet sich die Straße in einem Einschnitt.

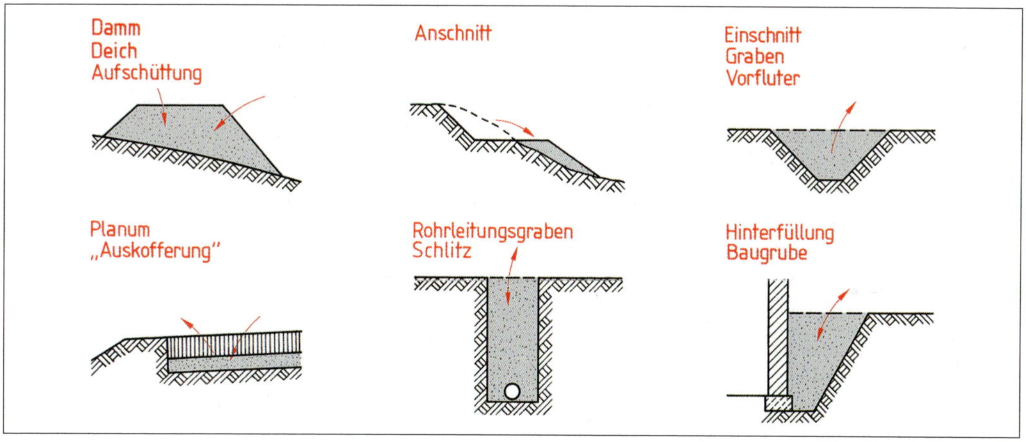

Abb. 20.74: Typische Erdbauwerke, bei denen Boden abgetragen und/oder aufgetragen wird.

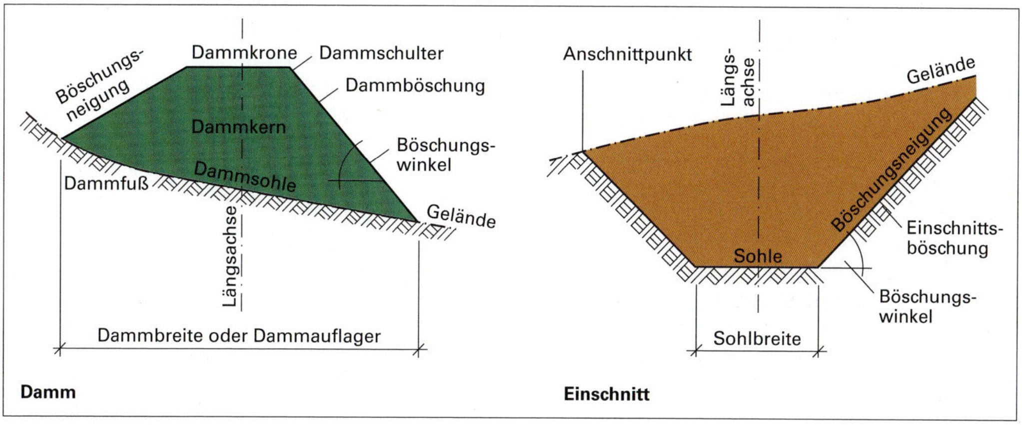

Abb. 20.75: Bezeichnungen im Erdbau

20

Damm: aufgeschütteter fester Erdkörper als Unterbau von Straßen, Eisenbahnstrecken usw.; außerdem Staudämme, Deiche (Hochwasser) und Flussdämme.

Einschnitt: in die Geländeoberfläche eingeschnittene schluchtartige Vertiefung zur Aufnahme eines linienförmigen Bauwerks, z. B. eines Verkehrsweges.

Anschnitt: Erdbauwerk, das bergseitig in das Gelände eingeschnitten und talseitig aufgeschüttet ist.

Planum

Planum ist nach den ZTVE die bearbeitete Oberfläche des Untergrundes bei Einschnitten oder des Unterbaues bei Dämmen. Auf das Planum folgt der Oberbau.

Das Planum ist somit die Grenzfläche zwischen dem darunterliegenden Erdbau und dem darauf folgenden Straßenbau. Dieses Planum kann mit Ausnahme von Mutterboden (Oberboden) und fließenden Bodenarten auf allen Böden hergestellt werden.

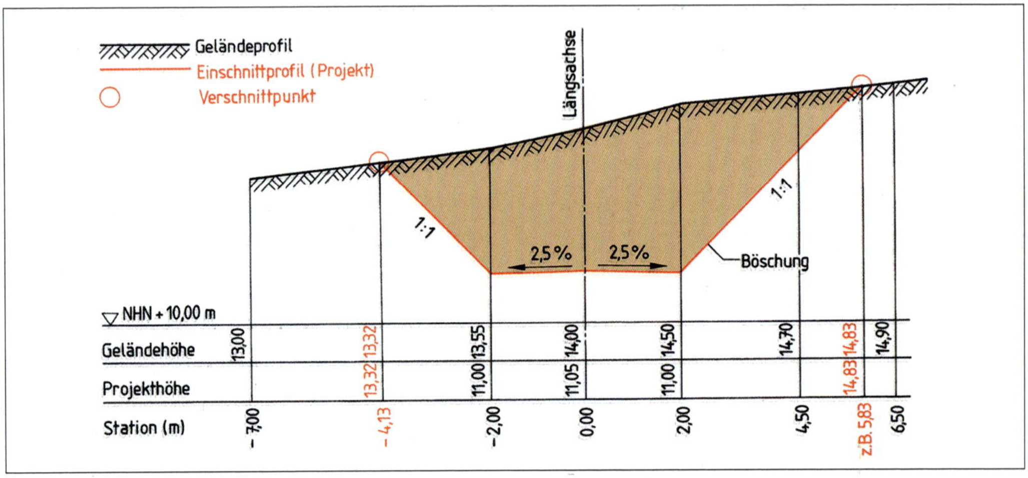

Abb. 20.76: Querprofile in Einschnitt

Berechnung des Bodenabtrags und des Bodenauftrags

Für die Berechnung der Erdmassen nach Raummaß ist es erforderlich, den vorhandenen Zustand (also das Gelände), z. B. in Form von Querprofilen, aufzumessen. Werden in diese Geländeprofile die Profile der Erdkörper der Straße (Kunstprofile) eingezeichnet, entstehen Auf- und Abtragflächen aus einzelnen Rechtecken, Quadraten, Trapezen oder Dreiecken.

Bodenabtrag und Bodenauftrag werden in m² für das jeweilige Profil berechnet und ergeben multipliziert mit der jeweiligen Länge, dem Abstand zwischen den berechneten Profilen, die Bodenbewegung in m³ feste Masse.

Die hier aufgeführte Berechnung ist nach DIN 18300, Absatz 5, als übliches Näherungsverfahren zulässig (vgl. genaue Berechnung in Kapitel E, Abb. E28 und Beispiel $A_{ges} = 21{,}37\ m^2$).

Beispiel

Berechnung der Querschnittsfläche des Einschnittes (vgl. Abb. 20.76)

Dreieck links

$A_1 = [-2{,}00\ m - (-4{,}13\ m)] \cdot (13{,}55\ m - 11{,}00\ m) \cdot 0{,}5$

$A_1 = 2{,}13\ m \cdot 2{,}55\ m \cdot 0{,}5$

$A_1 = 2{,}72\ m^2$ (gerundet)

Trapez mittig, Gefälle von 2,5 % vernachlässigt

$A_2 = [2{,}00\ m - (-2{,}00\ m)] \cdot [(13{,}55\ m - 11{,}00\ m) + (14{,}50\ m - 11{,}00\ m)] \cdot 0{,}5$

$A_2 = 4{,}00\ m \cdot (2{,}55\ m + 3{,}50\ m) \cdot 0{,}5$

$A_2 = 12{,}10\ m^2$

Dreieck rechts

$A_3 = (5{,}83\ m - 2{,}00\ m) \cdot (14{,}50\ m - 11{,}00\ m) \cdot 0{,}5$

$A_3 = 3{,}83\ m \cdot 3{,}50\ m \cdot 0{,}5$

$A_3 = 6{,}71\ m^2$ (gerundet)

$A = 2{,}72\ m^2 + 12{,}10\ m^2 + 6{,}71\ m^2$

$A = 21{,}53\ m^2$

Bodenab- und -auftrag werden in m² für das jeweilige Profil berechnet und ergeben multipliziert mit der Länge (Abstände zwischen den einzelnen Profilen) die Bodenbewegung in m³.

Aufgaben zum LF 10 TSL Ausarbeiten eines Straßenentwurfs

1. a) Welchem Straßennetz gehören die Straßen Ihrer nächsten Umgebung an?
   b) Wer ist der dortige Straßenbaulastträger?
2. Welche Aufgaben haben Straßenbaulastträger?
3. Welche Daten und Verhältnisse müssen untersucht werden bzw. bekannt sein, um einen Vorentwurf zu erstellen?
4. Mit welchem letzten Schritt endet das Planfeststellungsverfahren?
5. Welche Pläne machen üblicherweise den Bauentwurf aus?
6. Nach welchen Merkmalen werden Straßenquerschnitte unterschieden?
7. Aus welchen Bestandteilen kann ein Straßenquerschnitt bestehen?
8. Wonach richten sich die Breiten der Straßen?
9. Welche Elemente enthalten jeweils der Regelquerschnitt, der Ausbauquerschnitt und ein Querprofil?
10. Welche wichtigen Einzelheiten enthält der Lageplan einer Straße?
11. Erläutern Sie die Begriffe
    a) Trasse und
    b) Regelböschung.
12. Wie werden die Baustoffe für den Aufbau einer Asphaltbefestigung schraffiert und dargestellt?
13. Aus welchen (Trassierungs-)Elementen besteht die Trasse?
14. Welche Bedeutung hat die Entwurfsgeschwindigkeit für die Planung einer Straße?
15. a) Welche Merkmale hat eine (jede) Klothoide?
    b) Welche Aufgaben erfüllt sie als Trassierungselement?
16. Wie heißt das Bildungsgesetz der Klothoide?
17. Welche für die Bauausführung wichtigen Daten enthält der Höhenplan?
18. Welche Maßstäbe sind für Höhenpläne üblich?
19. Was ist eine Gradiente?
20. a) Was versteht der Straßenplaner unter Kuppen- und Wannenausrundungen?
    b) Nach welchen Kriterien werden die Halbmesser gewählt?
21. Was wird im Krümmungsband des Höhenplans dargestellt?
22. Wozu dient ein Querneigungsband?
23. Berechnen Sie die Tangentenlängen T für
    a) $\gamma = 50°$ und $R = 50{,}00$ m;
    b) $\gamma = 70°$ und $R = 25{,}00$ m;
    c) $\gamma = 80$ gon und $R = 100{,}00$ m.
24. Für eine Bogenkonstruktion mit einem Radius $R = 12{,}00$ m fehlen die Ordinaten y für $x = 2{,}00$ m und $x = 4{,}00$ m. Berechnen Sie die y-Werte.
25. Welchen Parameter A haben die Klothoiden mit
    a) $L = 50{,}00$ m und $R = 18{,}00$ m;
    b) $L = 161{,}33$ m und $R = 300{,}00$ m;
    c) $L = 22{,}50$ m und $R = 40{,}00$ m?
26. Berechnen Sie die Kuppenausrundungen (T, f) für
    a) $H = 6000$ m; $+ s_1 = 1{,}5\,\%$, $- s_2 = 4{,}5\,\%$;
    b) $H = 2000$ m; $+ s_1 = 7\,\%$, $+ s_1 = 2\,\%$.
27. Berechnen Sie die Wannenausrundungen (T, f) für
    a) $H = 500$ m; $- s_1 = 4\,\%$, $+ s_2 = 4\,\%$;
    b) $H = 1000$ m; $- s_1 = 2\,\%$, $s_1 = 0\,\%$.
28. Mit welchem Maß wird ein Radius $R = 75{,}00$ m und einem Faktor 2500 im Krümmungsband gezeichnet?
29. Zeichnen Sie die Trasse einer Wohnstraße im Lageplan (M 1 : 500) auf DIN A4 quer für folgenden Verlauf:
    a) rechtwinkliger Abschluss (0 + 000) an eine Hauptstraße;
    b) 25 m gerader Verlauf;
    c) Rechtskurve mit $R = 35{,}00$ m und $\gamma = 16°$;
    d) Gerade 45,00 m;
    e) Rechtskurve mit $R = 50{,}00$ m und $\gamma = 42°$;
    f) Gerade 22,00 m.
    Stationieren Sie die Trasse an Baubeginn, an den Trassierungselementen und am Bauende.
30. Erklären sie den Begriff „anbaufreie Strasse".
31. Welche Aufgaben erfüllt der Übergangsbogen in der Planung einer Trasse?
32. Skizzieren Sie vier unterschiedliche Möglichkeiten für die „Kuppen- bzw „Wannenausrundung".
33. Erklären Sie den Begriff „Planum"!

20

34. Berechnen Sie die Werte für die Kuppenausrundung für $H_K = 600$ m.

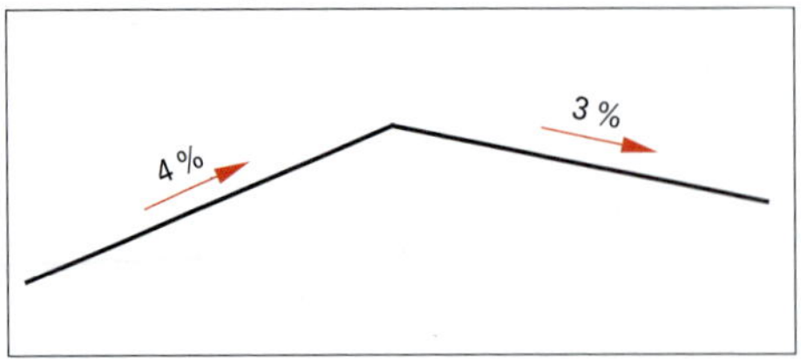

35. Berechnen Sie die Absteckmaße für den Bogen!

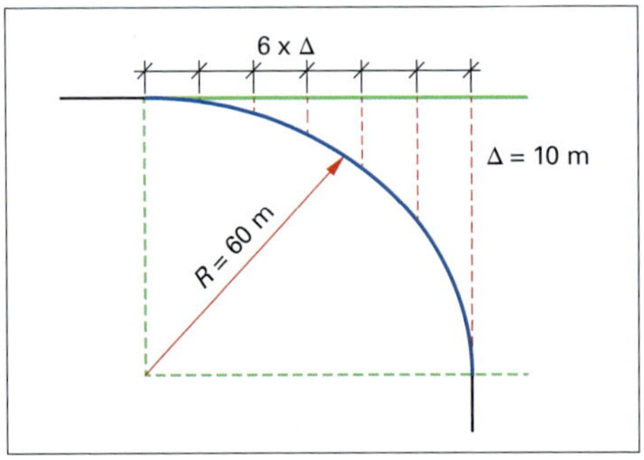

36. Berechnen Sie jeweils die fehlenden Werte für die Trassierung.

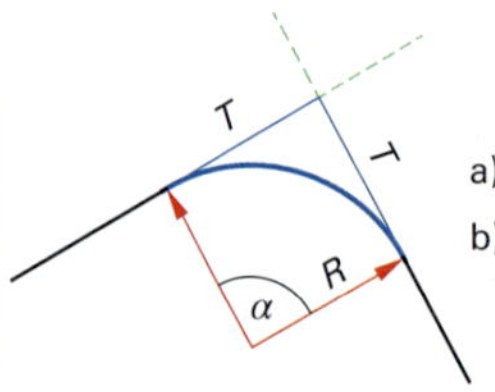

a) $T = 6{,}10$ m, $\alpha = 50°$

b) $T = 32$ m, $R = 120$ m

37. An welcher Station hat die Kuppe die Steigung Null?
Welche Höhe hat die Gradiente an dieser Stelle?

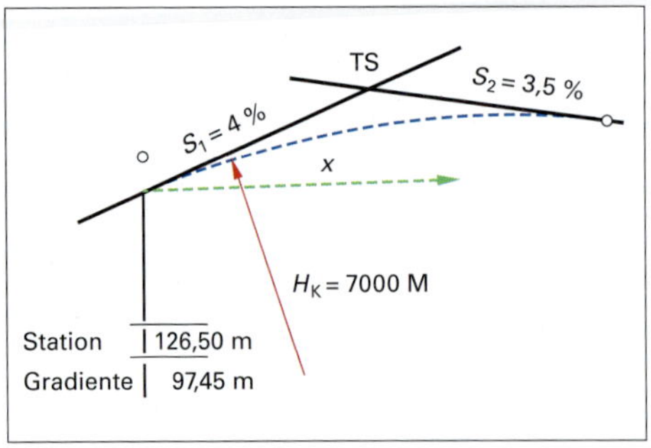

38. Zwischen den Kuppenausrundungen soll ein Wannenhalbmesser so bestimmt werden, ohne dass eine Zwischengerade entsteht. Berechnen Sie die Werte für die Stationen und Gradiente, sowie die Scheitelpunkte der Ausrundungen.

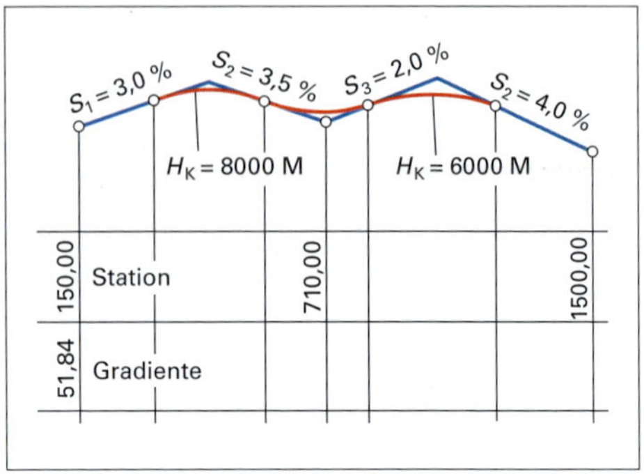

39. Berechnen Sie die fehlenden Werte x und y für den Böschungsschnitt.

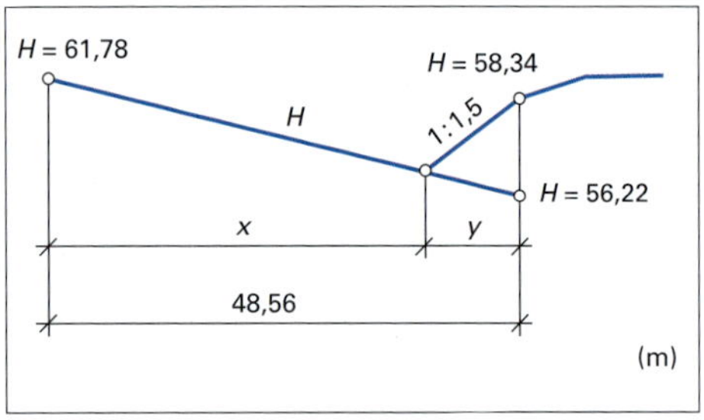

40. a) Ordnen Sie den Streckenabschnitten die Angaben zu: R_1; R_2; A_1; A_2; A_3 mit folgende Relationen $R_1 < R_2$; $A_1 < A_2 < A_3$

b) In welchen Streckenabschnitten liegt eine Linkskrümmung vor?

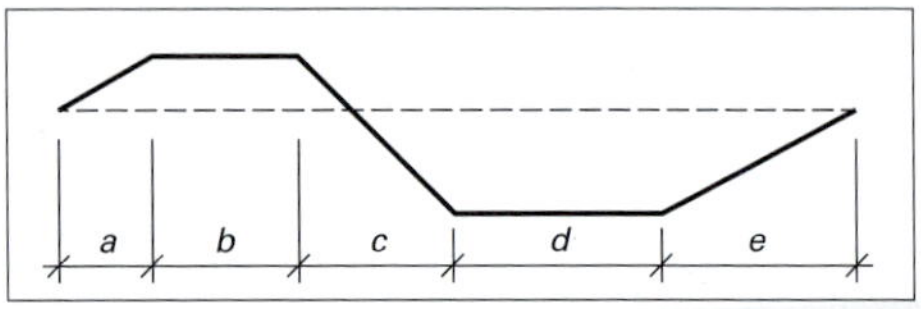

41. Berechnen Sie die Länge der Trassierungselemente und die Stationen der Elementübergänge

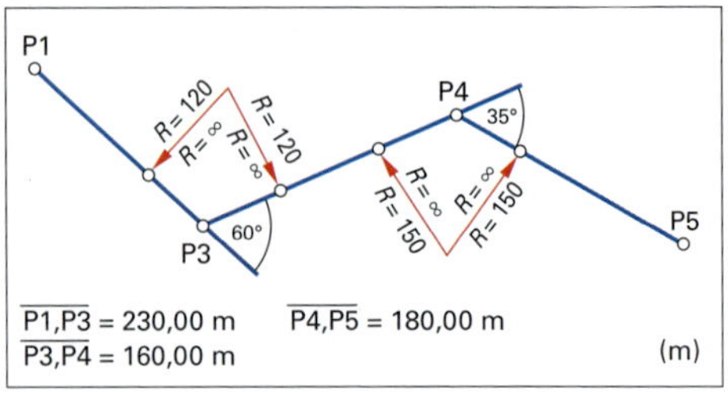

42. **Musteraufgabe**
Für ein Regelquerschnitt im Gelände ist die Zeichnung mit Festlegung des Schnittpunktes der Böschungneigung mit dem Gelände darzustellen und zu berechnen.

Lösungsansatz
Ist ein Punkt auf dem geneigten Gelände und ein Punkt der geradlinigen Böschung bekannt, lässt sich der Schnittpunkt berechnen. Unter Beachtung des Vorzeichnens der Höhendifferenz lässt sich der Schnittpunkt zweier Geraden (z. B. Böschung – Gelände) für alle vorkommenden Fälle berechnen.

$$x = \frac{\frac{s_2 \cdot l}{100} + \Delta h}{\frac{s_1 - s_2}{100}} \qquad s_1 \text{ und } s_2 \text{ als Prozentzahl}$$

Eleganter kann statt mit den Prozentzahlen mit den Steigungswerten (Dezimalzahlen) gerechnet werden, z. B. für 4,5 % gilt 4,5 zu 100 (4,5 : 100) ⇒ 0,045.

Damit: $x = \dfrac{-s_2 \cdot l + \Delta h}{s_1 - s_2}$

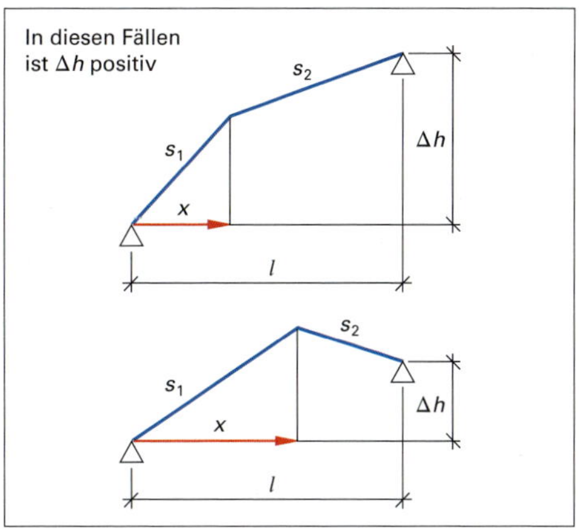

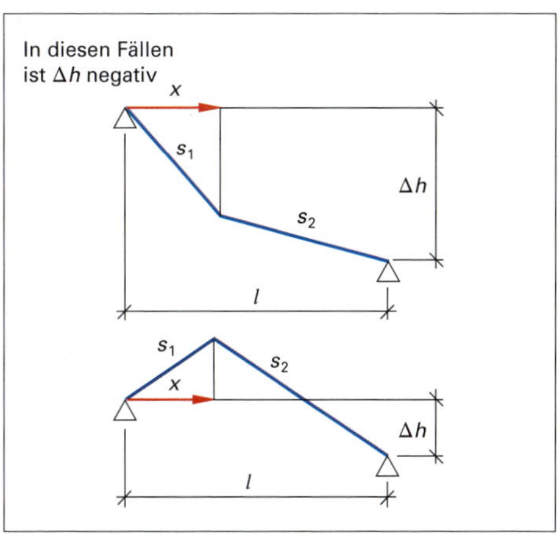

43. **Musteraufgabe**
Eine Klothoide für die Elementfolge
Gerade – Klothoide $A = 50$ – Kreis $R = 70$ – Klothoide $A = 50$ – Gerade mit $\gamma = 40°$
ist zu berechnen.

Lösungsansatz
Die notwendigen Werte für die Konstruktion werden aus einer Klothoidentafel (vgl. Tabelle 20.44) abgelesen.
Um den Mittelpunkt für den Bogenradius zu bestimmen wird zunächst die Tangentenlänge T mit dem Radius $R + \Delta R$ berechnet.

$T = (R + \Delta R) \cdot \tan(\gamma/2)$

$T = (70{,}00 + 0{,}757) \cdot \tan(40/2)$

$T = 25{,}753$ m

Die Bogenlänge ergibt sich damit zu
$L_B = 2 \cdot \pi \cdot 70 \cdot 40/360 = 48{,}869$ m

Die Tangentenlänge T wird von TS auf den Geraden abgetragen. Durch Errichten der Senkrechten in den Endpunkten wird der Mittelpunkt für den Ausrundungsradius R bestimmt. Von diesem Punkt aus trägt wird der Wert x_m = 17,819 m nach links an. Es ergibt sich der Anfangspunkt des Übergangsbogens $Ü_A$.
Der Endpunkt des Übergangsbogens $Ü_{AE}$ ergibt sich indem von $Ü_A$ der Wert $x = 35{,}483$ m nach rechts und den Wert $y = 3{,}023$ m senkrecht dazu abgetragen wird. Der Klothoidenwinkel τ wird mit 14,6° abgelesen.
Damit lässt sich der verbleibende Winkel und die neue Bogenlänge für den Kreisbogen ermitteln:

$\gamma_K = 60 - 2 \cdot 16{,}24 = 27{,}52°$

$L_B = 2 \cdot \pi \cdot 70 \cdot 27{,}52/360 = 33{,}622$ m

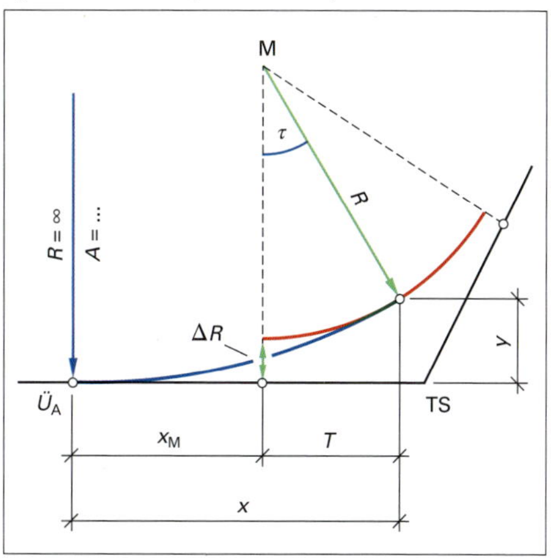

44. Im Rahmen von Neubaumaßnahmen ist die Anlage eines Kreisverkehrs zu planen. Konstruieren Sie den Kreisverkehr in geeignetem Maßstab.

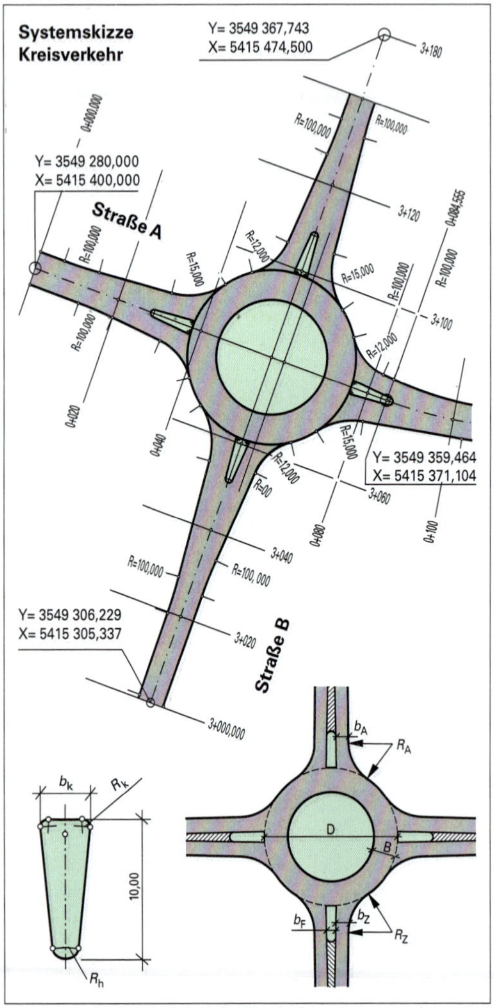

Planungshinweise

Straße A

Achsverlauf gerade von 0+000 bis 0+084,555, anschließend Kreisbogen R = 100 m linksgekrümmt

Die Achse der Straße A kreuzt bei Station 0+057 im Winkel von 100^{gon} den Streckenzug der Straße B.

Kreuzung mit Straße **B** bei 0+057 Fahrbahnbreite 3,75 m + 3,75 m = 7,50 m

Straße B

Achsverlauf gerade von 3+000 bis 3+180

Kreuzung mit Straße **A** bei 3+080

Fahrbahnbreite 3,50 m + 3,50 m = 7,00 m

Kreisverkehr

Außendurchmesser D = 38 m

Kreisfahrbahnbreite B = 6,50 m

Fahrstreifenbreiten

Knotenpunktszufahrt b_Z = 4,00 m

Knotenpunktsausfahrt b_A = 4,50 m

Ausrundungsradien

Knotenpunktszufahrt R_Z = 12 m

Knotenpunktsausfahrt R_A = 15 m

Fahrbahnteiler

Breite b_K = 3,00 m

Länge des Fahrbahnteilers 10 m

Ausrundungsradius

am Kreis R_k = 0,50 m,

am Ende R_h = 0,75 m

Anpassung an die parallelen Fahrbahnränder mit Gerade und Ausrundung mit R = 100 m

45. Berechnen Sie die Anrampungsneigung Δs in % für das dargestellte Querneigungsband.

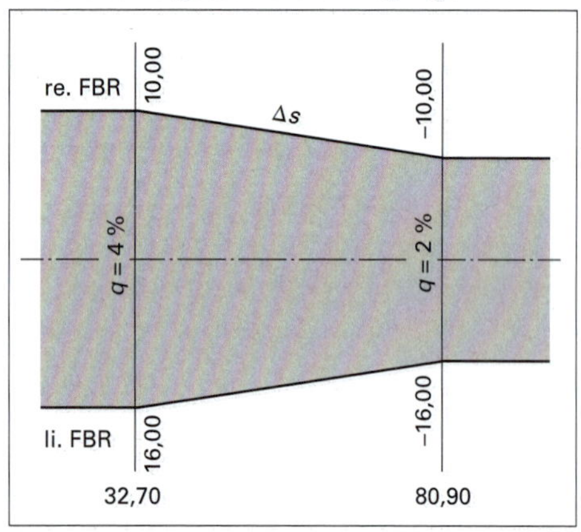

46. Berechnen Sie für den dargestellten Damm
   a) die Steigungsverhältnisse der Böschungen und
   b) den Bodenauftrag (Flächeninhalt A) als Näherungswert.

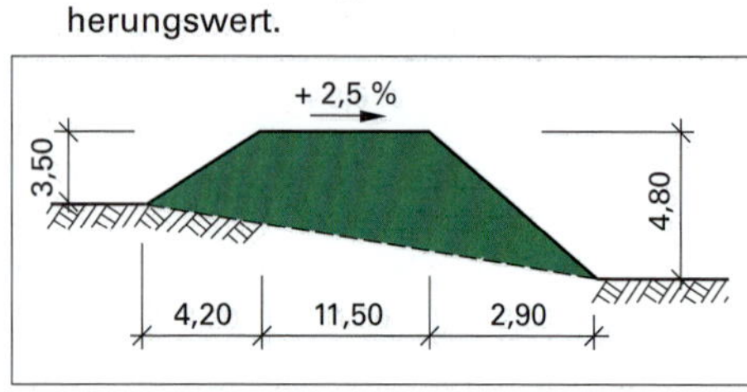

20

LF 11 TSL 21 Konstruieren eines Straßenoberbaus

Die Konstruktion des Straßenoberbaus muss auf die Trassierungselemente der Straße im Grundriss und Aufriss abgestimmt sein. Sie ist abhängig von der Straßenkategorie und der Entwurfssituation (vgl. Kapitel 20.1). In den Richtlinien für die Anlage von Landstraßen (RAL) und in den Richtlinien für die Anlage von Autobahnen (RAA) werden **Regelquerschnitte** genannt (vgl. Kapitel 20.4, Abb. 20.26). Regelquerschnitte geben die Breiten und die Anordnung der Stand-, Fahr-, Überhol- und Trennstreifen sowie Bankette zueinander an.

Die Konstruktion des Straßenaufbaus, abhängig von den lokalen Untergrundverhältnisse, der Belastungsklasse sowie den Tragschichten unter Berücksichtigung der Wirtschaftlichkeit, wird im **Ausbauquerschnitt** dargestellt.

Der Aufbau der Straße wird unterteilt in den Untergrund, den Unterbau und den Oberbau. Die allgemeinen Begriffe sind in Abbildung 21.1 verdeutlicht und in Abb. 21.2 für eine bitumengebundene Bauweise spezifiziert.

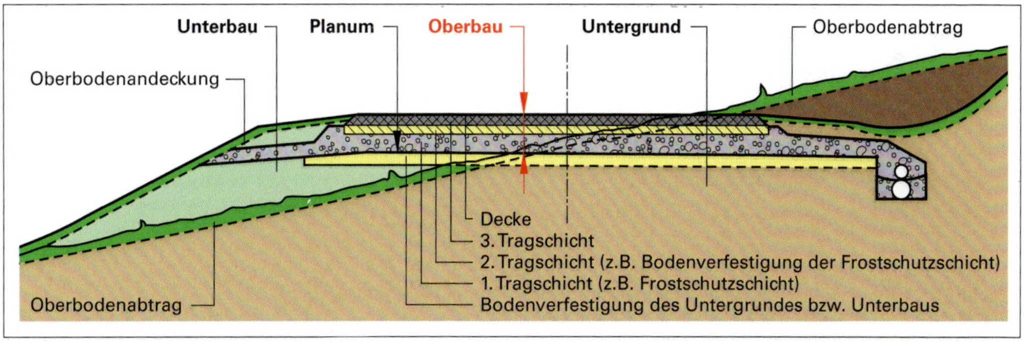

Abb. 21.1: Begriffe des Straßenaufbaus

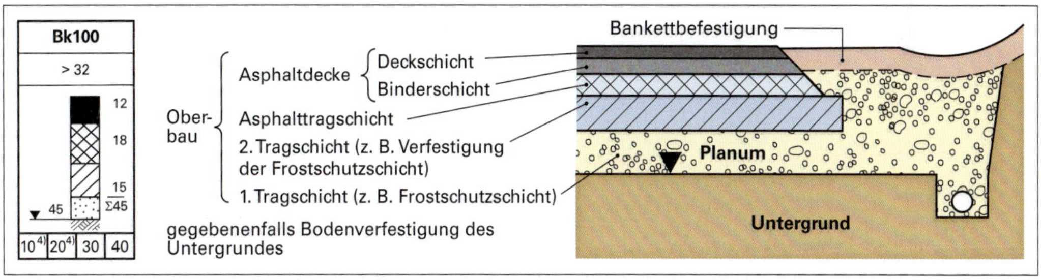

Abb. 21.2: Prinzipieller Straßenaufbau, bitumengebundene Bauweise

Der **Ausbauquerschnitt** beinhaltet die Regelbreiten der Fahrbahn, der Bankette, eventueller Mulden, der Böschungen sowie der Rad- und Gehwege. Der Straßenoberbau wird mit allen Deck- und Tragschichten hinsichtlich deren Dicke und deren Materialien entsprechend der Belastungsklasse dargestellt. Ausbauquerschnitte von Stadtstraßen enthalten die Einfassung und Borde hinsichtlich deren Art und deren Abmessung. Ausbauquerschnitte von Landstraßen beinhalten auch die Abböschungen und die Verbreiterung der Tragschicht, damit sich aus diesen Maßen die Abrechnungsmengen berechnen lassen. Die Darstellung der Entwässerung der Oberfläche erfolgt durch die Angabe der Regelquerneigung sowie eventueller Rinnen. Für die Entwässerung des Planums werden bei wasserundurchlässigem Untergrund dessen Querneigung sowie bei Einschnitten (heutzutage) die Sicker- und Vorflutleitungen (früher Gräben) dargestellt.

Ein **Straßenquerschnitt** zeigt die Regelausbildung im Schnitt rechtwinklig zur Straßenachse mit ausgewählten Angaben aus dem Ausbauquerschnitt. Der Begriff wird norm- und verordnungsunabhängig benutzt.

21.1 Aufbau der Straße

21.1.1 Untergrund

Der Untergrund ist der natürlich anstehende (vorhandene) Boden. Er ist Unterlage für den weiteren Aufbau der Straße. Ist die Tragfähigkeit des Untergrundes nicht gegeben bzw. nicht ausreichend ist eine Verbesserung erforderlich.

Übersicht Bodenarten

Die Einteilung der Bodenarten (Lockergesteine) ergibt sich nach folgenden Merkmalen (DIN 18196):

- Korngrößenbereich
- plastische Eigenschaften
- Korngrößenverteilung
- Organische Bestandteile

Die Korngrößenbereiche sind definiert

- Feinstkorn oder Ton $\leq 0{,}002$ mm
- Schluffkorn $> 0{,}002$ mm bis 0,06 mm
- Sandkorn $> 0{,}06$ mm bis 2 mm
- Kieskorn (Grant) > 2 mm bis 63 mm
- Steine > 63 mm

Bindiger Boden
Bindige Böden bestehen zu über 15 % aus feinsten stabförmigen oder plättchenförmigen Teilchen, bzw. mit dem bloßen Auge nicht mehr zu erkennenden Einzelkörnern mit einem Durchmesser kleiner 0,06 mm. Sie bilden eine zusammenhängende Masse, deren Zustand sich je nach Wassergehalt ändert.

Nicht bindiger Boden
Nichtbindige Böden stehen zu 85 % aus Einzelkörnern mit einem Durchmesser größer als 0,06 mm. Die Kornform ist überwiegend rund und kugelig. Die Einzelkörner sind so groß und schwer, dass ein evtl. bestehender Wasserfilm durchgedrückt wird. Das bedeutet, die einzelnen Körner berühren sich unmittelbar. Bei nichtbindigen Böden ist die Tragfähigkeit von der inneren Reibung abhängig. Wird ein nichtbindiger Boden belastet, werden die Körner in eine etwas engere Lage gedrückt. Die Setzungsdauer ist nur kurz und die Setzungstiefe ist als niedrig zu bezeichnen.

Organische Bestandteile
Organische Bestandteile sind Beimengungen von Pflanzen, die dem Boden meist eine dunkle Farbe geben.

Tabelle 21.3: Kurzzeichen der Bodengruppen (für bautechnische Zwecke)

Haupt- und Nebenbestandteile	bodenphysikalische Eigenschaften	
G Kies (Grand) S Sand U Schluff T Ton O Organische Beimengungen H Torf (Humus) F Mudde (Faulschlamm) K Kalk	W weitgestufte Korngrößenverteilung ($C_U \geq 6$) E enggestufte Korngrößenverteilung ($C_U \leq 6$) I intermittierend gestufte K. ($C_U \geq 6$) L leicht plastisch ($w_L \leq 35$ Gew.-%) M mittelplastisch (35 Gew.-% $< w_L \leq 50$ Gew.-%) A ausgeprägt plastisch ($w_L > 50$ Gew.-%) N nicht bis kaum zersetzter Torf Z zersetzter Torf	Der erste Kennbuchstabe gibt den Hauptbestandteil an, der zweite Kennbuchstabe den Nebenbestandteil oder eine bodenphysikalische Eigenschaft (z. B.: SE = Sand, enggestuft). Ungleichförmigkeitszahl $C_U \triangleq U$ w_L = Wassergehalt Fließgrenze
Anmerkung: C_U = Ungleichförmigkeitszahl grobkörniger Böden $C_U = d_{60}/d_{10}$ mit d Korndurchmesser		

21

Übersicht Bodenuntersuchungen

Der anstehende Boden wird vor der Planung durch Schürfe, Bohrungen und/oder Sondierungen erkundet. Darüber hinaus gibt es Verfahren zur Prüfung der im Straßenbau eingesetzten Böden und Gesteinskörnungen hinsichtlich der Verdichtung und Tragfähigkeit.

Bodenerkundungen und genaue Bodenuntersuchungen sind für die Planung notwendig, um die Boden- und Grundwasserverhältnisse und das spätere Verhalten des Bodens unter Verkehrsbelastungen einschätzen zu können.

Mit den Untersuchungen des Bodens als künftiger Baugrund soll, stark vereinfacht gesagt, festgestellt werden:

- welche Böden in welcher Schichtdicke und Folge vorliegen (Schichtenverlauf, Schichtenprofil),
- welche Eigenschaften die Böden aufgrund ihrer Zusammensetzung als Baugrund und bei evtl. Weiterverwendung als Baustoff haben (Tragfähigkeit, Lösbarkeit, Frostverhalten, Dichte),
- ob Grundwasser vorhanden ist.

Um dieses festzustellen, gibt es eine Vielzahl von Prüf- und Untersuchungsverfahren, die z. B. in den „Technischen Prüfvorschriften für Boden und Fels im Straßenbau" (TP BF-StB) und der DIN EN ISO 17892-1 beschrieben sind. In den DIN 4020, DIN 4023 und DIN EN ISO 22475-1 sind Bodenuntersuchungen, Bodenentnahme und zeichnerische Darstellung für bautechnische Zwecke beschrieben (vgl. LF 3, Kapitel 3.1 bis 3.6).

Neben der bodenmechanischen, also den physikalischen Eigenschaften, werden heute auch die chemischen Eigenschaften untersucht. Da bei den meisten Bauvorhaben auch die Abfuhr von Bodenmaterial (z. B. als verdrängte Masse) notwendig ist, wird der Boden auf evtl. vorhandene Altlasten, d. h. Kontaminationen, untersucht. Durch die Einführung der Homogenbereiche ist die Bestimmung einiger Parameter für jedes Bauvorhaben je nach geotechnischer Kategorie und Bauaufgabe vorgeschrieben.

Die einfachsten und schnellsten Verfahren zur Felduntersuchung, die der Bodenerkundung dienen, sind in Tabelle 21.4 kurz dargestellt.

Korngrößenverteilung

Ein wesentlicher Untersuchungsfaktor ist, die Massenanteile der jeweiligen Korngrößen, also die Bodenzusammensetzung, zu kennen.

Siebprobe

Um die Zusammensetzung eines Bodens kennenzulernen, muss eine Bodenprobe durch Zerkleinern, Sieben, Aufschlämmen usw. zerlegt werden. Die Massenanteile der Korngrößen über 0,063 mm werden durch Sieben ermittelt.

Die getrocknete Probe ist frei von Feinbestandteilen (Schlämmkorn) < 0,063 mm (meist 0,06 mm). Die Feinbestandteile sind nass abgetrennt worden.

Der Siebsatz wird nach Bedarf zusammen gestellt aus den nach DIN ISO 3310-1 genormten Sieben mit den Maschenweiten 0,063 mm, 0,125 mm, 0,25 mm, 0,5 mm, 1,0 mm, 2,0 mm sowie den Quadratlochsieben (nach DIN ISO 3310-2) 4 mm, 8 mm, 16 mm, 31,5 mm und 63 mm einschließlich Auffanggefäß und Deckel.

Die Massen der Rückstände werden jeweils gewogen, in Masse-% (bezogen auf die Gesamttrockenmasse) errechnet und in Siebdurchgänge umgerechnet (vgl. Beispiel). Aus den berechneten Siebdurchgängen lässt sich eine Körnungslinie (Sieblinie) zeichnen.

Für die Bestimmung der Feinanteile < 0,063 mm ist eine Schlämmanalyse (Sedimentation) nach DIN 18123 notwendig.

Das Prinzip der Sieblinien ist im LF 4 „Planung einer Gründung", Kapitel 4.3, das Tragverhalten von Bodenarten und eine typische Kornverteilungskurve ist im LF 3 „Erschließen eines Baugrundstückes", Kapitel 3.6, erörtert.

Beispiel

Korngrößenverteilung durch Siebung											m_{dA} = 10914,5 g
Siebweite in mm	45,0	31,5	16,0	8,0	4,0	2,0	1,0	0,500	0,250	0,125	< 0,125
Siebrückstand in g	0,0	215,3	364,5	608,3	910,4	911,3	890,8	861,5	890,5	503,2	4758,7
Siebrückstand in %	0,0	2,0	3,3	5,6	8,3	8,3	8,2	7,9	8,2	4,6	43,6
Siebdurchgang in %	100,0	98,0	94,7	89,1	80,8	72,5	64,3	56,4	48,2	43,6	

Tabelle 21.4: Verfahren der Baugrunduntersuchung

Untersuchung	**allgemein**	**Aufschluss über**		
		Zusammensetzung	**Tragfähigkeit**	**Schichtdicke**
als Schürfung (Schürfgrube)	einfach, begrenzte Tiefe	ersichtlich	kann aus Zusammensetzung abgeleitet werden	ersichtlich
als Entnahme mit Schlitzsonde	schnell, einfach	ersichtlich, aber gestörte Bodenprobe	wie oben	gestört ersichtlich
als Bohrung	aufwendig, teuer	ersichtlich	wie oben	ersichtlich
mit leichter Rammsonde	schnell, einfach	kann nur vermutet werden	aus Schlagzahl ableitbar	kann nur vermutet werden

21.1.2 Unterbau

Liegt die Straße im Damm, so ist der Baukörper mit geeignetem Boden lagenweise aufzuschütten und zu verdichten. Je nach Bodenart kann hier die Beimengung von Bindemitteln erforderlich sein.

Übersicht Bodenverbesserungen

Bodenbehandlungen umfassen nach ZTV E-StB 17 sowohl die Bodenverbesserungen als auch die Bodenverfestigungen, da jeweils Böden so verändert werden, dass geforderte oder erwünschte Eigenschaften erreichbar sind.

Bodenverbesserungen (alt: Bodenvermörtelung, Bodenstabilisierung) erzielen durch den Einsatz von Bindemitteln wie auch durch das Einarbeiten geeigneter Böden oder Baustoffe (mechanische Bodenverbesserung) eine Verbesserung der Einbaufähigkeit und Verdichtbarkeit von Böden ebenso wie die Verbesserung des Erosionswiderstandes und des Witterungsschutzes, meist durch Reduktion des Wassergehaltes und Strukturverbesserung des Bodens. Sie erleichtern die Ausführung von Bauarbeiten.

Qualifizierte Bodenverbesserungen ergeben Verbesserungen bei der Verdichtbarkeit der Böden. Sie erhöhen nach ZTV E die Tragfähigkeit, die Scherfestigkeit, den Erosionswiderstand und verringern gleichzeitig die Verformungen sowie die Frostempfindlichkeit.

Daraus folgend können geeignete Böden nach qualifizierter Verbesserung statt in Frostempfindlichkeitsklasse F3 z.B. in Böden F2 eingestuft werden, was wiederum positive Folgen für die Bemessung des frostsicheren Oberbaues nach RStO hat. Gleiches gilt bei Einbau einer 25 cm dicken qualifizierten Bodenverbesserung, wenn auf dem Planum ein Verformungsmodul E_{v2} = 70 MN/m² nachgewiesen wird.

Als Bindemittel für Bodenverbesserungen finden Kalke nach DIN EN 459-1 Anwendung, z.B. ungelöschte Luftkalke DL 85-Q oder CL 90-Q und Kalkhydrate DL 85-S oder CL 90-S mit ≤ 85 % bzw. 90 % Gehalt an CaO + MgO. Die Erhärtung tritt nur an der Luft mit Kohlenstoffdioxid ein. Hydraulische Kalke wie HL 5 oder natürliche hydraulische Kalke wie NHL 3,5 erhärten auch unter Wasser.

Die Mindestdicke der verdichteten Schicht beträgt 20 cm. Die einzumischende Kalkmenge beträgt zwischen 2 Masse-% bis 4 Masse-%, bei qualifizierter Bodenverbesserung 3 Masse-% bis 5 Masse-% (Nachweis über Eignungsprüfung) und wird in der Regel im **Baumischverfahren** eingebracht. Dabei wird das Bindemittel auf dem zu verarbeitenden Boden verteilt und mittels einer Fräse zugemischt (vgl. Abb. 21.5).

Als **Tragschichten mit hydraulischen Bindemitteln** gelten nach den Zusätzlichen Technischen Vertragsbedingungen (ZTV) Beton-StB 07

- Verfestigungen
- Betontragschichten
- Hydraulisch gebundene Tragschichten (HGT)

Gemäß TL Beton-StB 07 sind hydraulische Bindemittel mit Wasser sowohl an der Luft als auch unter Wasser erhärtend und nach dem Abbinden wasserbeständig. Diese Eigenschaften weisen Zemente nach DIN EN 197 und DIN 1164 auf, ebenso hydraulische Boden- und Tragschichtbinder nach DIN 18506.

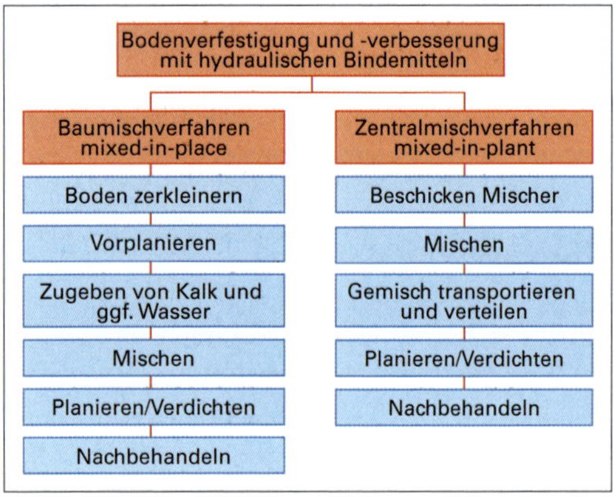

Abb. 21.5: Mischverfahren

Die **Bodenverfestigungen** erhöhen zusätzlich zu den Wirkungen einer Bodenverbesserung die Widerstandsfähigkeit von Böden gegen Beanspruchungen durch Verkehr und Klima.

Bindemittelzugaben erhöhen langfristig Tragfähigkeit, Frostbeständigkeit und Wasserunempfindlichkeit. Böden der Frostempfindlichkeitsklasse F3/F2 können dadurch in F1 klassifiziert werden. Der Bindemittelbedarf ist bei grobkörnigen Böden über die Druckfestigkeit und bei feinkörnigen/gemischtkörnigen Böden anhand des Frostversuches zu bestimmen. Dann kann die Bodenverfestigung als Tragschicht im Oberbau eingesetzt werden.

Diese Tragschichten können sowohl in direktem Verbund zur Betondecke als auch mit Vlieszwischenlage zur Trennung gebaut werden.

Da meist Zemente oder Tragschichtbinder Anwendung finden, beträgt die Bearbeitungszeit ab Beginn des Aufstreuens etwa 1,5 bis 2 Stunden. Die Sollhöhe darf um nicht mehr als ± 2 cm abweichen, Unebenheiten auf 4 m Messstrecke nicht größer als 2 cm sein.

Die Mindestdicke beträgt im verdichteten Zustand 15 cm. Eine Nachbehandlung muss ein 3-tägiges Feuchthalten gewährleisten.

Der Verdichtungsgrad D_{Pr} gibt für einen Boden das Maß der Verdichtung an. Der Bezugswert ist die durch den Proctorversuch nach DIN EN 13286 im Labor ermittelte Trockenrohdichte.

21.1.3 Planum

Die Oberfläche des Untergrundes wird als Planum bezeichnet. Dieses muss zur Ableitung des Oberflächenwassers eine Querneigung von mindestens 2,5 % haben, ansonsten ist die Querneigung der Fahrbahn maßgebend. Das Planum muss ausreichend tragfähig und eben sein. Die Abweichung soll den Sollhöhendarf ± 3 cm nicht überschreiten. Ist ein Feinplanum, wie z. B. unter einer Betonfahrbahn, zu erstellen, so darf die Abweichung nicht größer als ± 1 cm sein.

21.1.4 Oberbau

Der Oberbau der Fahrbahn besteht aus den Tragschichten und der Fahrbahndecke. Es wird unterschieden zwischen der flexiblen Bauweise, z. B. aus bitumengebundenen Schichten, und der starren Bauweise aus zementgebundenen Schichten. Flexible Schichten können plastische Verformungen in gewissem Umfang aufnehmen, ohne dass eine Zerstörung eintritt. Die Dicke des Oberbaus und seiner Schichten sind in den **R**ichtlinien für die **St**andardisierung des **O**berbaus von Verkehrsflächen **(RStO)** vorgegeben. Die Einstufung in die entsprechende **B**elastungs**k**lasse **(Bk)** hängt von der zu erwartenden Beanspruchung des Fahrbahnoberbaus durch eine 10-t-Achse ab. Die dimensionsrelevante Beanspruchung für den vorgesehenen Nutzungszeitraum wird aus der täglichen Verkehrsstärke des Schwerverkehrs, der allgemeinen Verkehrszunahme, der Anzahl der Fahrstreifen, der Fahrstreifenbreite, der Steigung der Straße und der zulässigen Achslastwerte der Schwerverkehrsfahrzeuge ermittelt. Nach Festlegung der Belastungsklasse ist ein geeigneter Schichtenaufbau zu wählen. Dabei sind die örtlich vorkommenden Baustoffe, z. B. Kies oder Schotter, in verschiedenen Kombinationen berücksichtigt. Es werden Fahrbahnaufbauten für bitumengebundene Bauweisen, für Zementbauweisen, für Pflasterbauweisen und für Geh- und Radwege beschrieben.

Der Oberbau muss in seiner gesamten Dicke frostsicher sein. Wasser kann von oben, seitlich oder durch kapillares Aufsteigen von unten in den Oberbau eindringen. Gefriert ein bindiger Boden, so entstehen an der Frostgrenze Eislinsen, die eine Hebung des Bodens zur Folge haben. Bei einem nicht frostsicheren Oberbau würde sich die Fahrbahndecke heben. Unter Verkehrsbelastung entstehen Frostschäden.

Die Frostempfindlichkeit der Böden wird in die Klassen F1, F2 und F3 unterteilt (vgl. Abb. 21.7).

Frostschutzschicht

Die Frostschutzschicht muss als kapillarbrechende Schicht das Aufsteigen von Wasser aus dem Untergrund oder Unterbau weitgehend verhindern und als Sickerschicht von oben eindringendes Wasser rasch absickern lassen. Frostschutzschichten sind aus frostunempfindlichen Mineralstoffen herzustellen, die auch in verdichtetem Zustand ausreichend durchlässig sind. Als Mineralstoffe werden ungebrochene Natursteine, z. B. Kies oder Sand, sowie gebrochene Natursteine wie Schotter, Splitt oder Brechsand verwendet. Der Kornanteil unter 0,063 mm Durchmesser darf höchstens einen Volumenanteil von 7,0 % haben. Mit der Frostschutzschicht werden auch die Neigungsdifferenzen zwischen der Fahrbahndecke und dem Planum ausgeglichen. Dabei ist darauf zu achten, dass an allen Stellen die Mindestdicke eingehalten wird.

Tragschichten

Die dynamisch wirkenden Belastungen aus dem rollenden Verkehr und die vorwiegend statisch wirkenden Verkehrskräfte aus dem ruhenden Verkehr bewirken in der Fahrbahnbefestigung Druck-, Zug- und Schubspannungen. Die Aufgabe der Tragschichten ist es, diese Spannungen aufzunehmen und auf die untergelagerten Schichten schadlos zu verteilen.

Unterschieden wird in Tragschichten ohne Bindemittel und Tragschichten mit Bindemitteln. Tragschichten ohne Bindemittel sind meist Kies- oder Schottertragschichten. Diese müssen ebenfalls frostsicher sein.

Tragschichten aus ungebundenem Mineralstoffgemisch werden nach einer Sieblinie zusammengesetzt und im Zentralmischverfahren hergestellt. Damit sich das Mineralstoffgemisch nicht entmischt und eine ausreichende Verdichtung erreicht wird, ist ein ausreichender Wassergehalt notwendig. Bedingt durch die Gleichartigkeit der Materialien wird die Frostschutzschicht und die Schotter- oder Kiestragschicht mitunter als **k**ombinierte **F**rost- und **T**ragschicht ausgebildet **(KFT)**.

Gebundene Tragschichten enthalten hydraulische oder bituminöse Bindemittel. Dies können hydraulisch gebundene Kiestragschichten, hydraulisch gebundene Schottertragschichten oder bituminöse Tragschichten mit unterschiedlicher Kornzusammensetzung sein.

Beispiel

In der Frosteinwirkungszone II wird eine Straße mit einer Belastungsklasse Bk1,0 geplant. Die zu bebauenden Böden sind gemischtkörnig mit 10 % Feinanteil. Die Abb. 21.7 beschreibt die Gesamtdicke des frostsicheren Oberbaues und zwei verschiedene Bauweisen.

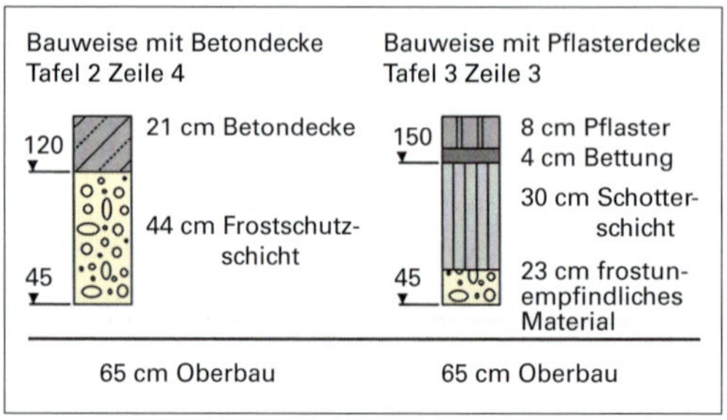

Abb. 21.6: Lösungsbeispiele nach RStO 12 für Bk1,0

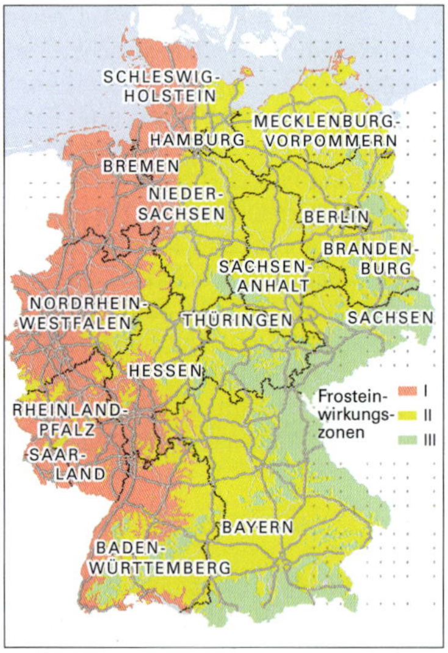

Frosteinwirkungszonen

Die Karte ist detailliert auf der Homepage der Bundesanstalt für Straßenwesen (www.bast.de) und des FGSV Verlages (www.fgsv-verlag.de) abrufbar.

Anmerkungen: Die Asphalt- und Betonbauweise gelten nach RStO als technisch gleichwertig.
Die Pflasterdecke wird als Belastungsklasse Bk1,0 für Sammelstraßen mit Großpflaster (Steinhöhe mind. 14 cm) und Fugenfüllung empfohlen (Merkblatt Pflasterdecken und Plattenbeläge aus Naturstein für Verkehrsflächen gemäß Deutscher Naturwerkstein Verband e. V.). Die geänderte Dicke im Pflaster gegenüber der RStO wird in der untersten Tragschicht ausgeglichen.

Frostempfindlichkeitsklasse	Dicke in cm bei Belastungsklasse		
	Bk100 bis Bk10	Bk3,2 bis Bk1,0	Bk0,3
F2	55	50	40
F3	65	60	50

F1 = grobkörnige Böden (Kiese und Sande)
F2 = gemischtkörnige Böden < 15 % Feinanteil und stark plastische Tone
F3 = gemischtkörniger Boden mit > 15 % Feinanteil, leicht plastische Tone und Schluffe

→ Ausgangswert (cm)
\+ Mehrdicken (cm)
− Minderdicken (cm)
= Gesamtdicke des frostsicheren Oberbaus

Örtliche Verhältnisse		A	B	C	D	E
Frosteinwirkung	Zone I	± 0 cm				
	Zone II	+ 5 cm				
	Zone III	+ 15 cm				
kleinräumige Klimaunterschiede	ungünstige Klimaeinflüsse z. B. durch Nordhang oder in Kammlagen von Gebirgen		+ 5 cm			
	keine besonderen Klimaeinflüsse		± 0 cm			
	günstige Klimaeinflüsse bei geschlossener seitlicher Bebauung entlang der Straße		− 5 cm			
Wasserverhältnisse im Untergrund	kein Grund- und Schichtenwasser bis in eine Tiefe von 1,50 m unter Planum			± 0 cm		
	Grund- und Schichtenwasser dauernd oder zeitweise höher als 1,50 m unter Planum			+ 5 cm		
Lage der Gradiente	Einschnitt, Anschnitt				+ 5 cm	
	Geländehöhe bis Damm ≤ 2,00 m				± 0 cm	
	Damm > 2,00 m				− 5 cm	
Entwässerung der Fahrbahn/ Ausführung der Randbereiche	Entwässerung der Fahrbahn über Mulden, Gräben bzw. Böschungen					± 0 cm
	Entwässerung der Fahrbahn und Randbereiche über Rinnen bzw. Abläufe und Rohrleitungen					− 5 cm

Abb. 21.7: Gesamtdicke des Oberbaues nach RStO 12

21.1.5 Deckschichten

Die Decke ist die oberste Schicht des Oberbaus. Sie muss eben, geräuscharm und griffig sein. Das eingebaute Material soll weitgehend verschleißfest und verformungsbeständig sein.

Bitumengebundene Bauweisen

Decken bei der bituminösen Bauweise sind aus Asphaltbeton oder aus Gussasphalt. Asphaltbeton ist in seiner Sieblinie so zusammengesetzt, dass die Bestandteile dicht gelagert sind. Für starke Verkehrsbelastungen wird der Splittanteil erhöht (splittreicher Asphaltbeton). Das Material wird mit Straßenbaufertigern heiß eingebaut und durch Walzen verdichtet (Walzbeton). Demgegenüber bedarf der Gussasphalt keiner Nachverdichtung. Es wird als heiße, gießbare Masse angeliefert und mit speziellen Fertigern oder von Hand eingebaut. Um eine griffige Oberfläche zu erhalten, wird der noch heiße Gussasphalt abgesplittet, der Splitt wird eingewalzt.

Bei starken Verkehrsbelastungen durch Schwerfahrzeuge treten die Schub-, Druck- und Zugkräfte in verstärktem Maß auf. Daher wird bei der bitumengebundenen Bauweise als Teil der Deckschicht eine Binderschicht eingebaut. Sie soll diese auftretenden Kräfte aufnehmen und ableiten. Einerseits verbindet sie die genannten Schichten und andererseits können mit dieser Schicht noch bestehende Unebenheiten ausgeglichen werden.

Die Bauweisen nach RStO sind in Abb. 21.9 dargestellt.

Betondecken

Betondecken sind im Vergleich zu Decken mit bitumengebundener Bauweise wesentlich verschleißfester und verformungsbeständiger. Zudem haben sie eine wesentlich höhere Lebensdauer. Betondecken werden überwiegend auf Autobahnen und sonstigen Flächen mit hohen Verkehrslasten erstellt. Die Erstellung und Wiederherstellung von Betondecken ist jedoch aufwendiger und teurer als bei Decken der bitumengebundenen Bauweise. Während bei der bitumengebundenen Bauweise der Verkehr nach dem Abwalzen der Deckschichten sofort wieder rollen kann, muss bei Betondecken der Erhärtungsvorgang beendet sein.

Die Bauweisen nach RStO sind in Abb. 21.10 dargestellt.

Pflasterdecken

Pflasterdecken sind die älteste Form der Fahrbahnbefestigung. Durch die Zunahme des Kraftfahrzeugverkehrs und der Entwicklung neuer, wirtschaftlicher Bauweisen wie z. B. der bituminösen oder der Zementbauweise, wurden Pflasterdecken als Fahrbahnbefestigung zunehmend verdrängt. Erst in der letzten Zeit werden Pflasterdecken für die Befestigung von Verkehrsflächen wieder erstellt, meist aus gestalterischen Gründen wie z. B. auf städtischen Plätzen, in Fußgängerzonen und auf Parkplätzen. Die Bauweisen nach RStO sind in Abb. 21.11 dargestellt.

Pflasterdecken können aus natürlichen oder aus künstlichen Steinen erstellt werden. Beim Natursteinpflaster wird in DIN EN 1342 je nach Größe der Steine unterschieden in Pflastersteine mit Nenndicke ≥ 120 mm, in Pflastersteine mit Nenndicke > 60 mm und < 120 mm sowie in Pflastersteine mit Nenndicke ≤ 60 mm (vgl. Abb. 21.8).

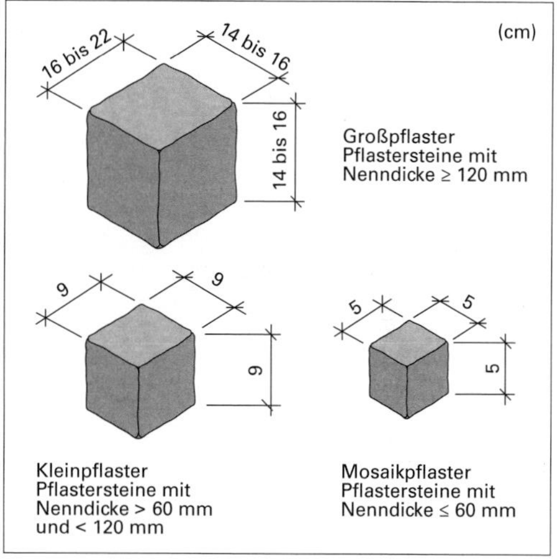

Abb. 21.8: Übliche Größen von Granitpflastersteinen

Als Gesteinsmaterial werden meist Granit oder Porphyr verwendet.

Pflaster aus künstlichen Steinen sind meist aus Beton und können eine rechteckige, quadratische oder eine beliebige geometrische Form haben. Sie sind meist 6 cm, 8 cm oder 10 cm dick. Als Pflastersteine eignen sich auch Klinker (Pflasterziegel).

Pflasterdecken werden in einer 4 cm dicken Sand- oder Kiessandbettung versetzt. Bei Pflaster aus künstlichen Steinen ist auch eine Splittbettung möglich. Auf Flächen mit großen Verkehrslasten wird das Pflaster in eine Bettung aus Kalk- oder Zementmörtel verlegt (vgl. Kapitel 24.3).

21

Tabelle 21.9: Bauweisen mit Asphaltdecke für Fahrbahnen auf F2- und F3-Untergrund/Unterbau

(Dickenangaben in cm; ▼ E_{v2} - Mindestwerte in MPa)

Zeile	Belastungsklasse	Bk100	Bk32	Bk10	Bk3,2	Bk1,8	Bk1,0	Bk0,3
	B [Mio.]	> 32	> 10 ... 32	> 3,2 ... 10	> 1,8 ... 3,2	> 1,0 ... 1,8	> 0,3 ... 1,0	≤ 0,3
	Dicke des frostsich. Oberbaus[1]	55 | 65 | 75 | 85	55 | 65 | 75 | 85	55 | 65 | 75 | 85	45 | 55 | 65 | 75	45 | 55 | 65 | 75	45 | 55 | 65 | 75	35 | 45 | 55 | 65
1	**Asphalttragschicht auf Frostschutzschicht** Asphaltdecke Asphalttragschicht Frostschutzschicht	12 22 ▼120 Σ 34 ▼45	12 18 ▼120 Σ 30 ▼45	12 14 ▼120 Σ 26 ▼45	10 12 ▼120 Σ 22 ▼45	4 16 ▼120 Σ 20 ▼45	4 14 ▼120 Σ 18 ▼45	4 10 }[6] ▼100 Σ14 ▼45
	Dicke der Frostschutzschicht	- | 31[2] | 41 | 51	25[3] | 35 | 45 | 55	29[3] | 39 | 49 | 59	- | 33[2] | 43 | 53	25[3] | 35 | 45 | 55	27 | 37 | 47 | 57	21 | 31 | 41 | 51
2.1	**Asphalttragschicht und Tragschicht mit hydraulischen Bindemitteln auf Frostschutzschicht bzw. Schicht aus frostunempfindlichem Material** Asphaltdecke Asphalttragschicht Hydraulisch gebundene Tragschicht (HGT) Frostschutzschicht	12 14 15 ▼120 Σ 41 ▼45	12 10 15 ▼120 Σ 37 ▼45	12 8 15 ▼120 Σ 35 ▼45				
	Dicke der Frostschutzschicht	- | - | 34[2] | 44	- | 28[3] | 38 | 48	- | 30[2] | 40 | 50				
2.2	Asphaltdecke Asphalttragschicht Verfestigung Schicht aus frostunempfindl. Material - weit- oder intermittierend gestuft gem. DIN 18196 -	12 18 15 ▼120 Σ 45 ▼45	12 14 15 ▼120 Σ 41 ▼45	12 10 15 Σ 37 ▼45	10 10 15 Σ 35 ▼45	4 12 15 Σ 31 ▼45	4 10 15 Σ 29 ▼45	4 10 15 Σ 29 ▼45
	Dicke der Schicht aus frostunempfindlichem Material	10[4] | 20[4] | 30 | 40	14[4] | 24 | 34 | 44	18[4] | 28 | 38 | 48	10[4] | 20 | 30 | 40	14[4] | 24 | 34 | 44	16[4] | 26 | 36 | 46	6[4] | 16[4] | 26 | 36
2.3	Asphaltdecke Asphalttragschicht Verfestigung Schicht aus frostunempfindlichem Material - enggestuft gem. DIN 18196 -	12 18 20 Σ 50 ▼45	12 14 20 Σ 46 ▼45	12 10 20 Σ 42 ▼45	10 10 20 Σ 40 ▼45	4 12 15 Σ 31 ▼45	4 10 15 Σ 29 ▼45	4 10 15 Σ 29 ▼45
	Dicke der Schicht aus frostunempfindlichem Material	5[4] | 15[4] | 25 | 35	9[4] | 19[4] | 29 | 39	13[4] | 23 | 33 | 43	5[4] | 15[4] | 25 | 35	14[4] | 24 | 34 | 44	16[4] | 26 | 36 | 46	6[4] | 26 | 36 | 46
3	**Asphalttragschicht und Schottertragschicht auf Frostschutzschicht** Asphaltdecke Asphalttragschicht Schottertragschicht[7] $E_{v2} \geq 150 (120)$ Frostschutzschicht	12 18 15 ▼150 ▼120 Σ 45 ▼45	12 14 15 ▼150 ▼120 Σ 41 ▼45	12 10 15 ▼150 ▼120 Σ 37 ▼45	10 10 15 ▼150 ▼120 Σ 35 ▼45	4 12 15 ▼150 ▼120 Σ 31 ▼45	4 10 15 ▼150 ▼120 Σ 29 ▼45	4 8 }[6] 15 ▼150 ▼120 Σ27 ▼45
	Dicke der Frostschutzschicht	- | - | 30[2] | 40	- | - | 34[2] | 44	- | 28[3] | 38 | 48	- | - | 30[2] | 40	- | 24[3] | 34 | 44	16[3] | 26 | 36 | 46	- | 18[3] | 28 | 38
4	**Asphalttragschicht und Kiestragschicht auf Frostschutzschicht** Asphaltdecke Asphalttragschicht Kiestragschicht $E_{v2} \geq 150 (120)$ Frostschutzschicht	12 18 20 ▼150 ▼120 Σ 50 ▼45	12 14 20 ▼150 ▼120 Σ 46 ▼45	12 10 20 ▼150 ▼120 Σ 42 ▼45	10 10 20 ▼150 ▼120 Σ 40 ▼45	4 12 20 ▼150 ▼120 Σ 36 ▼45	4 10 20 ▼150 ▼120 Σ 34 ▼45	4 8 }[6] 20 ▼150 ▼120 Σ34 ▼45
	Dicke der Frostschutzschicht	- | - | 25[3] | 35	- | - | 29[1] | 39	- | - | 33[2] | 43	- | - | 25[3] | 35	- | - | 29[2] | 39	- | 31[2] | 41 | 51	- | - | 23[2] | 33
5	**Asphalttragschicht und Schotter- oder Kiestragschicht auf Schicht aus frostunempfindlichem Material** Asphaltdecke Asphalttragschicht Schotter- oder Kiestragschicht Schicht aus frostunempfindlichem Material	12 18 ▼150 30[5] Σ 60 ▼45	12 14 ▼150 30[5] Σ 56 ▼45	12 10 ▼150 30[5] Σ 52 ▼45	10 10 ▼150 30[5] Σ 50 ▼45	4 12 ▼150 30[5] Σ 46 ▼45	4 10 ▼150 30[5] Σ 44 ▼45	4 8 }[6] ▼150 25[5] Σ37 ▼45
	Dicke der Schicht aus frostunempfindlichem Material	Ab 12 cm aus frostunempfindlichem Material, geringere Restdicke ist mit dem darüber liegenden Material auszugleichen						

1) Bei abweichenden Werten sind die Dicken der Frostschutzschicht bzw des frostunempfindlichen Materials durch Differenzbildung zu bestimmen

2) Mit rundkörnigen Gesteinskörnungen nur bei örtlicher Bewährung anwendbar

3) Nur mit gebrochenen Gesteinskörnungen und bei örtlicher Bewährung anwendbar

4) Nur auszuführen, wenn das frostunempfindliche Material und das zu verfestigende Material als eine Schicht eingebaut werden

5) Bei Kiestragschicht in Belastungsklassen BK3,2 bis Bk100 in 40 cm Dicke, in Belastungsklassen Bk0,3 und Bk1,0 in 30 cm Dicke

6) Alternativ: auch Asphalttragdeckschicht anwendbar

7) Alternativ: Abminderung der Asphalttragschicht um 2 cm bei 20 cm dicker Schottertragschicht und $E_{v2} \geq 180$ MPa (in Belastungsklasse Bk1,8 bis Bk100) bzw. $E_{v2} \geq 150$ MPa

21

Tabelle 21.10: Bauweisen mit Betondecke für Fahrbahnen auf F2- und F3-Untergrund/Unterbau

(Dickenangaben in cm; ▼ E_{v2} - Mindestwerte in MPa)

Zeile	Belastungsklasse	Bk100	Bk32	Bk10	Bk3,2	Bk1,8	Bk1,0	Bk0,3
	B [Mio.]	> 32	> 10 ... 32	> 3,2 ... 10	> 1,8 ... 3,2	> 1,0 ... 1,8	> 0,3 ... 1,0	≤ 0,3
	Dicke des frostsich. Oberbaus[1]	55 65 75 85	55 65 75 85	55 65 75 85	45 55 65 75	45 55 65 75	45 55 65 75	35 45 55 65
	Tragschicht mit hydraulischen Bindemitteln auf Frostschutzschicht bzw. Schicht aus frostunempfindlichem Material							
1.1	Betondecke Vliesstoff[8] Hydraulisch gebundene Tragschicht (HGT) Frostschutzschicht	▼120 ▼45 27 15 Σ 42	▼120 ▼45 26 15 Σ 41	▼120 ▼45 25 15 Σ 40	▼120 ▼45 24 15 Σ 39	▼120 ▼45 23 15 Σ 38		
	Dicke der Frostschutzschicht	- - 33[2] 43	- 24[3] 34 44	- 25[3] 35 45	- - 26[3] 36	- - 27[3] 37		
1.2	Betondecke Vliesstoff[8] Verfestigung Schicht aus frostunempfindl. Material - weit- oder intermittierend gestuft gem. DIN 18196 -	▼45 27 20 Σ 47	▼45 26 15 Σ 41	▼45 25 15 Σ 40	▼45 24 15 Σ 39	▼45 23 15 Σ 38		
	Dicke der Frostschutzschicht	8[4] 18[4] 28 38	14[4] 24 34 44	15[4] 25 35 45	6[4] 16 26 36	- - 27[3] 37		
1.3	Betondecke Vliesstoff[8] Verfestigung Schicht aus frostunempfindlichem Material - enggestuft gem. DIN 18196 -	▼45 27 25 Σ 52	▼45 26 20 Σ 46	▼45 25 20 Σ 45	▼45 24 20 Σ 44	▼45 23 20 Σ 43	▼45 20 15 Σ 35	▼45 20 15 Σ 35
	Dicke der Schicht aus frostunempfindlichem Material	3[4] 13[4] 23 33	9[4] 19[4] 29 39	10[4] 20[4] 30 40	1[4] 11[4] 21 31	2[4] 12[4] 22 32	10[4] 20 30 40	- 10[4] 20 30
	Asphalttragschicht auf Frostschutzschicht							
2	Betondecke Asphalttragschicht Frostschutzschicht	▼120 ▼45 26 10 Σ 36	▼120 ▼45 25 10 Σ 35	▼120 ▼45 24 10 Σ 34	▼120 ▼45 23 10 Σ 33	▼120 ▼45 22 8 Σ 30		
	Dicke der Frostschutzschicht	- 29 39[1] 49	- 30 40[1] 50	- 31 41[1] 51	- - 32[1] 42	- 25 35[1] 45		
	Schottertragschicht auf Schicht aus frostunempfindlichem Material							
3.1	Betondecke Schottertragschicht Schicht aus frostunempfindlichem Material	▼150 ▼45 29 30[18] Σ 59	▼150 ▼45 28 30[18] Σ 58	▼150 ▼45 27 30[18] Σ 57	▼150 ▼45 26 30[18] Σ 56	▼150 ▼45 24 30[18] Σ 54		
	Dicke der Schicht aus frostunempfindlichem Material	Ab 12 cm aus frostunempfindlichem Material, geringere Restdicke ist mit dem darüber liegenden Material auszugleichen						
	Schottertragschicht auf Frostschutzschicht							
3.2	Betondecke Schottertragschicht Frostschutzschicht	▼150 ▼120 ▼45 29 20 Σ 49	▼150 ▼120 ▼45 28 20 Σ 48	▼150 ▼120 ▼45 27 20 Σ 47	▼150 ▼120 ▼45 26 20 Σ 46	▼150 ▼120 ▼45 24 20 Σ 44		
	Dicke der Frostschutzschicht	- - 26[1] 36	- - 27[1] 37	- - 28[1] 38	- - 19[1] 29	- - 21[1] 31		
	Frostschutzschicht							
4	Betondecke Frostschutzschicht						▼120 ▼45 21 Σ 21	▼100 ▼45 21 Σ 21
	Dicke der Frostschutzschicht						24[3] 34 44 54	14[3] 24 34 44

[1] Bei abweichenden Werten sind die Dicken der Frostschutzschicht bzw des frostunempfindlichen Materials durch Differenzbildung zu bestimmen

[2] Mit rundkörnigen Gesteinskörnungen nur bei örtlicher Bewährung anwendbar

[3] Nur mit gebrochenen Gesteinskörnungen und bei örtlicher Bewährung anwendbar

[4] Nur auszuführen, wenn das frostunempfindliche Material und das zu verfestigende Material als eine Schicht eingebaut werden

[8] Anstelle des Vliesstoffes kann eine Asphaltzwischenschicht gewählt werden

[18] Bei örtlicher Bewährung 25 cm

Tabelle 21.11: Bauweisen mit Pflasterdecke für Fahrbahnen auf F2- und F3-Untergrund/Unterbau

(Dickenangaben in cm; ▼ E_{v2} - Mindestwerte in MPa)

Zeile	Belastungsklasse	Bk100	Bk32	Bk10	Bk3,2	Bk1,8	Bk1,0	Bk0,3
	B [Mio.]	> 32	> 10 … 32	> 3,2 … 10	> 1,8 … 3,2	> 1,0 … 1,8	> 0,3 … 1,0	≤ 0,3
	Dicke des frostsich. Oberbaus[1]	55 / 65 / 75 / 85	55 / 65 / 75 / 85	55 / 65 / 75 / 85	45 / 55 / 65 / 75	45 / 55 / 65 / 75	45 / 55 / 65 / 75	35 / 45 / 55 / 65
1	**Schottertragschicht auf Frostschutzschicht** Pflasterdecke[9] Schottertragschicht Frostschutzschicht				▼180[15]: 10 / 4 25 ▼120 Σ39 ▼45	▼150: 10 / 4 25 ▼120 Σ39 ▼45	▼150: 8 / 4 ▼120: 20 Σ32 ▼45	▼120: 8 / 4 ▼100: 15 Σ27 ▼45
	Dicke der Frostschutzschicht				- / - / 26[3] / 36	- / - / 26[3] / 36	- / - / 33[2] / 43	- / 18[3] / 28 / 38
2	**Kiestragschicht auf Frostschutzschicht** Pflasterdecke[9] Kiestragschicht Frostschutzschicht					▼150: 10 / 4 30 ▼120 Σ44 ▼45	▼150: 8 / 4 25 ▼120 Σ37 ▼45	▼120: 8 / 4 20 ▼100 Σ32 ▼45
	Dicke der Frostschutzschicht					- / - / - / 31[2]	- / - / 28[3] / 38	- / - / 23[2] / 33
3	**Schotter- oder Kiestragschicht auf Schicht aus frostunempfindlichem Material[13]** Pflasterdecke[9] Schotter- oder Kies-tragschicht Schicht aus frostun-empfindlichem Material				▼180[15]: 10 / 4 30[19] Σ44 ▼45	▼150: 10 / 4 30[11] Σ44 ▼45	▼150: 8 / 4 30[11] Σ42 ▼45	▼120: 8 / 4 25[11] Σ37 ▼45
	Dicke der Schicht aus frost-unempfindlichem Material	Ab 12 cm aus frostunempfindlichem Material, geringere Restdicke ist mit dem darüber liegenden Material auszugleichen						
4	**Asphalttragschicht auf Frostschutzschicht** Pflasterdecke[9] Wasserundurchlässige Asphalttragschicht[10] Frostschutzschicht				10 / 4 ▼120: 14 Σ28 ▼45	10 / 4 ▼120: 14 Σ28 ▼45	8 / 4 ▼120: 12 Σ24 ▼45	8 / 4 ▼100: 10 Σ22 ▼45
	Dicke der Frostschutzschicht				- / 27[3] / 37 / 47	- / 27[2] / 37 / 47	- / 31[2] / 41 / 51	- / 23[2] / 33 / 43
5	**Asphalttragschicht und Schottertragschicht auf Frostschutzschicht** Pflasterdecke[9] Wasserundurchlässige Asphalttragschicht[10] Schottertragschicht Frostschutzschicht				10 / 4 ▼150: 10 ▼120: 15 Σ39 ▼45	10 / 4 ▼150: 10 ▼120: 15 Σ39 ▼45	8 / 4 ▼150: 8 ▼120: 15 Σ35 ▼45	8 / 4 ▼120: 8 ▼100: 15 Σ35 ▼45
	Dicke der Frostschutzschicht				- / - / 26[3] / 36	- / - / 26[2] / 36	- / 20[2] / 30 / 40	- / - / 20[2] / 30
6	**Asphalttragschicht und Kiestragschicht auf Frostschutzschicht** Pflasterdecke[9] Wasserundurchlässige Asphalttragschicht[10] Schottertragschicht Frostschutzschicht				10 / 4 ▼150: 10 20 ▼120 Σ44 ▼45	10 / 4 ▼150: 10 20 ▼120 Σ44 ▼45	8 / 4 ▼150: 8 20 ▼120 Σ40 ▼45	8 / 4 ▼120: 8 20 ▼100 Σ40 ▼45
	Dicke der Frostschutzschicht				- / - / - / 31[2]	- / - / - / 31[2]	- / 25[3] / 35 / 45	- / - / 15[1] / 25
7	**Dränbetontragschicht auf Frostschutzschicht** Pflasterdecke[9] Dränbetontragschicht (DBT)[10] Frostschutzschicht				10 / 4 20 ▼120 Σ34 ▼45	10 / 4 20 ▼120 Σ34 ▼45	8 / 4 ▼120: 15 Σ27 ▼45	8 / 4 ▼100: 15 Σ27 ▼45
	Dicke der Frostschutzschicht				- / - / 31[2] / 41	- / - / 31[2] / 41	18[3] / 28 / 38 / 48	- / 18[2] / 28 / 38

1) Bei abweichenden Werten sind die Dicken der Frostschutzschicht bzw des frostunempfindlichen Materials durch Differenzbildung zu bestimmen

2) Mit rundkörnigen Gesteinskörnungen nur bei örtlicher Bewährung anwendbar

3) Nur mit gebrochenen Gesteinskörnungen und bei örtlicher Bewährung anwendbar

9) Abweichende Steindicke

10) Siehe ZTV Pflaster-StB

11) Bei Kiestragschicht in Belastungsklassen Bk1,8 und Bk3,2 in 40 cm Dicke, in Belastungsklassen Bk0,3 und Bk1,0 in 30 cm Dicke

13) Anwendung in Bk3,2 nur bei örtlicher Bewährung

15) Mit E_{v2} ≥ 150 MPa bei bewährten regionalen Bauweisen anwendbar

19) Nur Schottertragschicht

21

Tabelle 21.12: Bauweisen mit vollgebundenem Oberbau für Fahrbahnen auf F2- und F3-Untergrund/Unterbau

(Dickenangaben in cm; ▼ E_{v2} - Mindestwerte in MPa)

Zeile	Belastungsklasse	Bk100	Bk32	Bk10	Bk3,2	Bk1,8	Bk1,0	Bk0,3
	B [Mio.]	> 32	> 10 … 32	> 3,2 … 10	> 1,8 … 3,2	> 1,0 … 1,8	> 0,3 … 1,0	≤ 0,3
1	**Asphaltdecke und Asphalttragschicht auf Planum**[12]							
	Asphaltdecke	12	12	12	10	10	4	4
	Asphalttragschicht	34	30	26	26	24	26	22
		▼45 Σ46	▼45 Σ42	▼45 Σ38	▼45 Σ36	▼45 Σ34	▼45 Σ30	▼45 Σ26
2	**Betondecke und Tragschicht mit hydraulischen Bindemitteln auf Planum**[12]							
	Betondecke	27	26	25				
	Vliesstoff [8]							
	Tragschicht mit hydraulischen Bindemitteln	25	25	23				
		▼45 Σ52	▼45 Σ51	▼45 Σ48				

[8] Anstelle des Vliesstoffes kann eine Asphaltzwischenschicht gewählt werden
[12] Gegebenenfalls Bodenverfestigung

Tabelle 21.13: Bauweisen für Rad- und Gehwege auf F2- und F3-Untergrund/Unterbau
(vgl. Teilkapitel 24.5 und 24.7)

(Dickenangaben in cm; ▼ E_{v2} - Mindestwerte in MPa)

Zeile	Bauweisen	Asphalt		Beton		Pflaster (Plattenbelag)		ohne Bindemittel	
	Dicke des frostsicheren Oberbaus	30	40	30	40	30	40	30	40
1	**Asphaltdecke und Asphalttragschicht auf Planum**[12]								
	Decke	▼80[20] 10[6]		▼80[20] 12[17]		▼80[20] 8[14] / 4		▼120 4	
	Schotter- oder Kiestragschicht	15 Σ25		15 Σ27		15 Σ27		25 Σ29	
	Schicht aus frostunempfindlichem Material	▼45		▼45		▼45		▼45	
	Dicke der Schicht aus frostunempfindlichem Material	-	15	-	13	-	13	-	11
2	**ToB auf Planum**								
	Decke	▼80[20] 10[6] Σ10		▼80[20] 12[17] Σ12		▼80[20] 8[14] / 4 Σ12		▼120 4 Σ4	
	Schotter-, Kiestragschicht oder Frostschutzschicht	▼45		▼45		▼45		▼45	
	Dicke der Schotter-, Kiestragschicht oder Frostschutzschicht	20	30	18	28	18	28	26	36

[6] Asphaltragdeckschicht oder Asphalttrag- und Asphaltdeckschicht
[14] Auch geringe Dicke möglich
[16] Ab 12 cm aus frostunempfindlichem Material, geringere Restdicke ist mit dem darüber liegenden Material auszugleichen
[17] Bei einer 12 cm dicken Betondecke isst keine Verdübelung bzw. Verankerung möglich
[20] Bei Belastung durch Fahrzeuge (Wartung und Unterhaltung) E_{v2} ≥ 100 MPa

Tabelle 21.14: Erneuerung in Asphaltbauweise auf vorhandener Befestigung, Vorhandene Befestigung:
Bauweise mit Asphaltdecke oder nach ZTV BEB-StB entspannter Betondecke

(Dickenangaben in cm)

Zeile	Belastungsklasse	Bk100	Bk32	Bk10	Bk3,2	Bk1,8	Bk1,0	Bk0,3
	B [Mio.]	> 32	> 10 … 32	> 3,2 … 10	> 1,8 … 3,2	> 1,0 … 1,8	> 0,3 … 1,0	≤ 0,3
1	Asphaltdecke	Einzelfallbetrachtung			10	4	4	4
	Asphalttragschicht als Ausgleichsschicht				≥ 8	≥ 10	≥ 8	≥ 6
	vorhandene Befestigung				≥ 18	≥ 14	≥ 12	≥ 10

21.2 Fugen, Anker und Dübel bei Betonfahrbahnen

Fugen

Aufgrund des betonspezifischen Schwindens (Volumenabnahme beim Aushärten) werden im Beton Fugen geschnitten. Diese Fugen gehen nicht über die gesamte Dicke der Betonplatte, sondern sind nur wenige Zentimeter tief. Im Bereich direkt unter der Fuge wurde zuvor im Frischbeton in den Querfugen mehrere Dübel und in den Längsfugen mehrere Anker eingesetzt, um ein Auseinanderwandern der Platten zu verhindern. Fugen sind zur Vermeidung wilder Risse und zum Längenausgleich in der starren Betondecke anzuordnen. Durch die Fugen wird die Straßenfläche in einzelne Platten unterteilt.

Die **Plattengrößen** sollen in der Regel das 25-fache, bei quadratischen Platten das 30-fache, in Tunnelstrecken das 20-fache der Plattendicke nicht überschreiten. Die Kantenlänge darf aber nicht mehr als 7,50 m betragen. Bei einem Verhältnis Breite zu Länge kleiner 0,4 soll eine obere Betonstahlbewehrung angeordnet werden. Die Betondecke wird quer zur Fahrtrichtung durch Querfugen und in Fahrtrichtung durch Längsfugen unterteilt.

Querfugen
Die Querfugen können als Schein-, Press- oder Raumfugen ausgebildet werden. Querfugen verlaufen im Regelfall rechtwinklig zur Straßenachse und sollten rechtwinklig auf die Ränder treffen.

Scheinfugen
Die Scheinfugen als Querfugen sind Sollbruchstellen in der Betondecke. Durch nachträgliches Kerben von 25 % bis 30 % der Deckendicke entstehen geschwächte Betonquerschnitte, die das wilde Reißen verhindern. Zudem teilen die Scheinfugen die Betondecke in die Plattenlängen ein.

Pressfugen
Die Pressfugen als Querfugen trennen die Betondecke in ganzer Dicke, weil sie als „Arbeitsfuge" entstehen, z. B. als Tagesabschluss.

Die Betonkanten sind abzufasen (unter 45° abzuschrägen).

Fugenfüllstoffe finden Anwendung als:

- heiß verarbeitbare Fugenmassen,
- kalt verarbeitbare Fugenmassen der Belastungsklassen, A (normale Verkehrsflächen), B (z. B. Flugverkehrsflächen) oder C (z. B. Tankstellen) und bei
- Fugenprofilen.

Neben den Querfugen entstehen **Längsfugen** als Schein- oder Pressfugen. Pressfugen sind auch hier Arbeitsfugen, die z. B. durch „Nachholen" einer Richtungsfahrbahn gegenüber einem Haltestreifen (Standstreifen) entstehen. Längsscheinfugen teilen die Betonplatte in Längsrichtung in Plattenbreiten. Sie sind nachträglich durch Kerbschnitte von 40 % bis 45 % der Deckendicke herzustellen.

Der **Kerbschnitt** kann bei einer 27 cm dicken Betondecke für Querscheinfugen bei 3 mm Breite eine Tiefe von 90 mm erhalten. Längsscheinfugen bekommen einen Kerbschnitt von 3 mm Breite und maximal 110 mm Tiefe. Damit enden beide Schnitte oberhalb der im Beton liegenden Dübel und Anker (vgl. Aufgabe 19).

Querscheinfugen erhalten z. B. einen Fugenspalt von 8 mm Breite und 25 mm Tiefe, die Längsscheinfugen einen Fugenspalt von 6 mm Breite bei 15 mm Tiefe. Raumfugen erhalten einen Fugenspalt bis zu 20 mm Breite und 50 mm Tiefe.

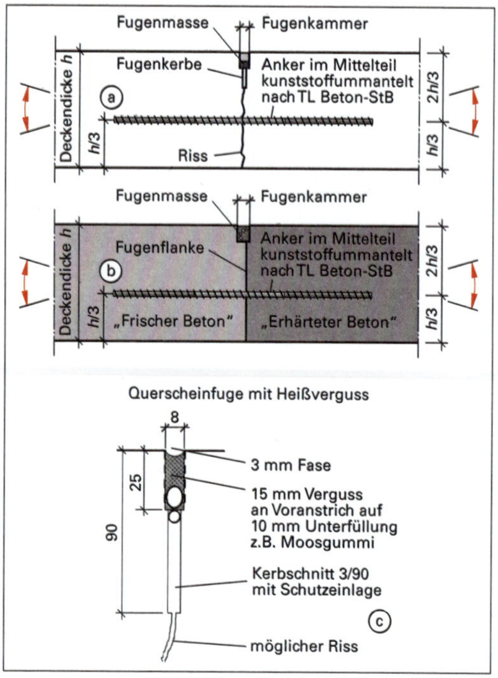

Abb. 21.15: Fugenausbildung
ⓐ Scheinfuge verankert
ⓑ Pressfuge veranker
ⓒ Querscheinfuge

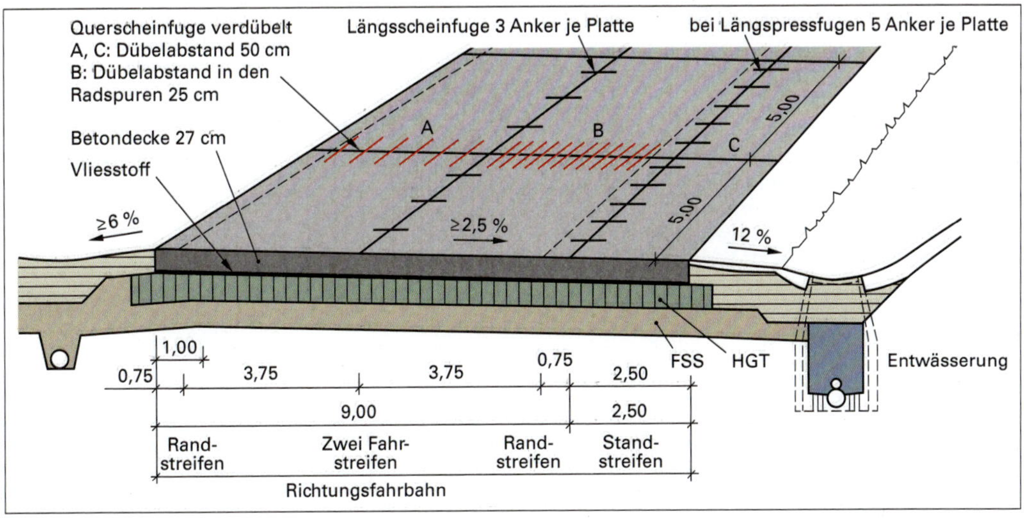

Abb. 21.16: Fugen und Dübelanordnungen bei einer Betonstraße

Bewehren von Fahrbahnplatten aus Beton

Die Bewehrung von Betonplatten verhindert wilde Risse oder ist statisch begründet. Der Beton ist druckfest genug, die Bewehrung nimmt Zug- und Biegezugkräfte auf.

Im Normalfall wird heute auf eine Bewehrung verzichtet, nur bei großen Plattenabmessungen (mehr als das 25-fache bzw. das 30-fache der Plattendicke), bei Endfeldern, Platten mit ungünstigen Zuschnitten oder Anschlussfeldern bei Einbauten ist Bewehrung notwendig.

Dann gelten nach TL Beton-StB 07:

- Verwendung von Betonstahl B500B
- Stahlmenge mittig in den Betonplatten mindestens 3 kg/m^2
- Überlappung von Betonstahlmatten längs 20 cm, quer 1 Masche

Heute werden auch als alternative Bewehrung Stahlfasern oder Makro-Kunststofffasern verwendet.

Dübel und Anker

Die Dübel und die Anker sollen bei den Belastungsklassen Bk100 bis Bk1,8 die einzelnen Betonplatten in ihrer Lage zueinander fixieren. An den Querfugen dienen Dübel zur Lastübertragung und Sicherung der Höhenlage der Platten.

Die **Dübel** liegen in Fahrtrichtung rechtwinklig in den Querfugen. Bei Fertigereinbau mit Dübelsetzgerät muss das Einrütteln in den verdichteten Unterbeton erfolgen. Der Abstand beträgt untereinander 25 cm, sie liegen in der Mitte der Plattendicke. Dübel bestehen aus glattem Rundstahl B500 A+G. Sie sind mindestens 50 cm lang und auf ganzer Länge mit 0,3 mm dicker Kunststoffbeschichtung ummantelt. Der Durchmesser beträgt 25 mm. Der glatte Dübel soll horizontale Längenänderungen der Platten zulassen, vertikale (höhenmäßige) Versetzungen sollen aber verhindert werden.

Die **Anker** liegen rechtwinklig zu den Längsfugen. 5 Anker je Platte sind einzubauen, auf gebundener Tragschicht 3 Anker je Platte. Bei Längsscheinfugen liegen sie im unteren Drittelpunkt der Platte, bei Längspressfugen in Plattenmitte. Anker bestehen aus geripptem Betonstahl B500B, haben bei Belastungsklasse Bk100 bis Bk1,8 20 mm Durchmesser und eine Länge von mindestens 80 cm. Anker sind mittig auf 20 cm Länge mit 0,3 mm dicker Kunststoffummantelung versehen. Ähnlich der Dübel erfolgt ihr Einbau mit dem Längsfugen-Ankersetzgerät.

Die gerippten Anker gehen einen Verbund mit dem Beton ein und verhindern ein horizontales Auseinanderwandern der Platten in Richtung Querneigung oder Fliehkraftrichtung.

Dübelhalter dienen zur Aufnahme und Lagesicherung von Querkraftdübeln und sind gemäß der Dübelanordnung in der Bodenplatte gekantet.

21

21.3 Straßenbaustoffe für den Oberbau

Die Straßenbaustoffe werden hier hinsichtlich ihrer Eigenschaften und Verwendung kurz beschrieben. Für die meisten Baustoffe gibt es europäische Normen, die in Deutschland als DIN EN herausgegeben werden. Das Anforderungsprofil für die verschiedenen Einsatzbereiche wird durch die technischen Lieferbedingungen (TL) festgelegt.

Gesteinskörnungen

Gesteinskörnungen kommen im Straßenoberbau als selbstständiger Baustoff in ungebundenen Trag- und Deckschichten oder als Bestandteil in Beton- und Asphaltdecken und darüber hinaus als Bettungs- und Verlegematerial bei Pflaster- und Einfassungsarbeiten vor (vgl. Tab. 21.18).

Tabelle 21.17: Gebrochene Mineralstoffe (Gesteinskörnungen) (Siebgrößen nach TL Gestein-StB)

Brechsand-Splitt-Gemisch, Splitt, Schotter „**Normal**"		Gesteinsmehl, Brechsand, Splitt	
Benennung/Bezeichnung der Lieferkörnungen		Benennung/Bezeichnung der Lieferkörnungen	
Brechsand-Splitt-Gemisch	0/5	Gesteinsmehl	0/0,09
Splitt	5/11	Brechsand	0/2
Splitt	11/22	Splitt	2/5
Splitt	22/32	Splitt	5/8
Schotter	32/45	Splitt	8/11
Schotter	45/56	Splitt	11/16
		Splitt	16/22

Tabelle 21.18: Lieferkörnungen/Korngruppen und Anforderungen für besondere Anwendungsbereiche

Asphalt und Oberflächenbehandlungen						**Schichten ohne Bindemittel**		
Asphalttragschicht Asphalttragdeckschicht		Asphaltbinder Asphaltbeton Splittmastixasphalt Gussasphalt Offenporiger Asphalt Dünne Schicht Kalt Asphaltmastix[1]		Oberflächenbehandlung G Körngrößenverteilung (Grading) C grobe Gesteinskörnung (coarse) F feine Gesteinskörnung (fine)			Frostschutzschicht Schottertragschicht Kiestragschicht Deckschicht	
						Korngruppe/Lieferkörnung *d/D* [mm/mm]		Kategorie
Korngruppe/Lieferkörnung *d/D* [mm/mm]	Kategorie	Korngruppe/Lieferkörnung *d/D* [mm/mm]	Kategorie	Korngruppe/Lieferkörnung *d/D* [mm/mm]	Kategorie	Gruppe 1	0/2	G_F 85
							0/4	G_F 85
							0/5	G_F 801
0/2	G_F 85	0/2	G_F 85	2/5	G_C 90/10	Gruppe 2	2/4	G_C 85/20
0/5	G_A 80	2/5	G_C 90/10	5/8	G_C 90/15		4/8	G_C 85/20
15/11	G_C 90/20	1/3	G_C 90/10				8/16	G_C 85/20
11/22	G_C 90/20	(Abstreumaterial)					32/63	G_C 85/20
22/32	G_C 90/20	5/8	G_C 90/15	Größtkorn für Asphaltdecke bzw. Tragdeckschicht 16 mm		Gruppe 3	5/11	G_C 80/20
18/16	G_C 85/20	811	G_C 90/15				11/22	G_C 80/20
16/32	G_C 85/20	11/16	G_C 90/15				22/32	G_C 80/20
		116/22	G_C 90/15				32/45	G_C 80/20
							45/56	G_C 80/20

Bitumige Bindemittel

Die Bezeichnung der verschiedenen Bitumensorten erfolgt nach der Penetration und besteht aus zwei Zahlen (z.B. 30/45). Nach DIN EN 12591 wird die Penetration bei θ = 25 °C in (1/10) mm-Angabe. Je größer die Eindringtiefe, um so weicher ist das Bitumen. Gängige Bitumensorten sind Straßenbaubitumen, Hartbitumen (HVB), Oxidationsbitumen (OB) und Fluxbitumen (FB).

Asphalt

Asphalt ist eine Mischung von Gesteinskörnungen und Bitumen. Je nach Zusammensetzung werden Gussasphalt (großer Bindemittelanteil) und Walzasphalt unterschieden. Je nach Einbaudicke haben die einzelnen Sorten ein angepasstes Größtkorn und verschiedene Verwendungen (vgl. Abb. 21.20). Die Abbildung 21.19 zeigt eine mögliche Zusammensetzung von Asphalt nach TL Asphalt.

Tabelle 21.19: Zusammensetzung von Asphalt (Auswahl nach TL Asphalt 07/2013)

Splittmastixasphalt SMA 8 S

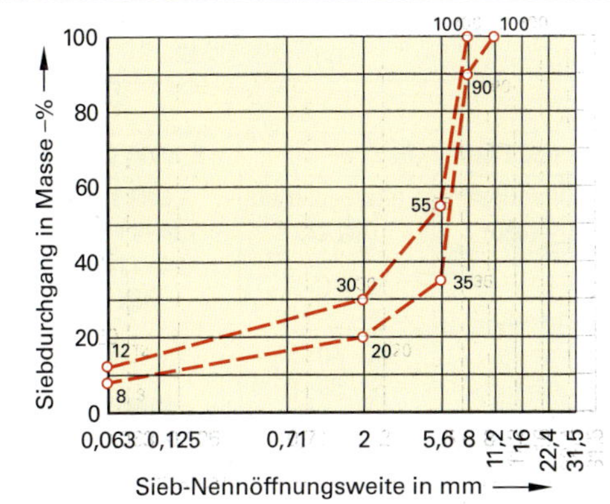

Gesteinskörnung	$C_{100/0}$; $C_{95/1}$; $C_{90/1}$ SZ_{18}/LA_{20}
Bindemittelgehalt:	> 7,2 Masse-%
Bindemittelsorte:	PmB 25/55-55 Bitumen 50/70
Bindemittelträger:	0,3 M.-% bis 1,5 M.-%
Hohlraumgehalt MPK:	2,5 Vol.-% bis 3,0 Vol.-%
Einbaudicke nach ZTV:	3,5 cm bis 4,0 cm
Einbaugewicht nach ZTV:	85 kg/m² bis 100 kg/m²
Verdichtungsgrad:	> 98,0 %
Hohlraumgehalt:	< 5,0 Vol.- % (eingebaut)
Anwendung:	Deckschichten von stark belasteten Straßen

Zement

Die verschiedenen Normenzemente nach DIN EN 197-1 oder DIN 1164-10 werden u. a. bei der Herstellung von Beton für Fahrbahndecken, für die Herstellung von Pflastersteinen sowie bei hydraulisch gebundenen Tragschichten und hydraulischen Verfestigungen verwendet.

Tabelle 21.20: Asphalt, Sorten und Anwendung

Sorte und Anwendung	Anwendung
Asphaltbeton (AC)	Deckschichten (D)
Asphaltbeton (AC)	Binderschichten (B)
Asphaltbeton (AC)	Tragschichten (T)
Splittmastixasphalt (SMA)	Deckschichten
Gussasphalt, Mastix A. (MA)	Deckschichten
Asphaltbeton (AC)	Tragdeckschichten (TD)
Poriger Asphalt (PA)	Deckschichten

Tabelle 21.21: Zemente im Straßenbau

Zementart	Anwendung
PZ CEM I, 32,5R	Betondecken, Betonpflastersteine, Hydraulisch gebundene Tragschichten
PZ CEM I 42,5 R	Frühfester Beton
HOZ CEM III/A 42,5, HOZ CEM III/B 42,5	Betondecken, Betonpflastersteine, Hydraulisch gebundene Tragschichten
Tragschichtbinder HRB	Bodenverfestigung, Hydraulisch gebundene Tragschichten

Beton

Der Fahrbahnbeton muss eine Mindestmenge an feinkörniger Gesteinskörnung enthalten, damit er gut verarbeitbar bleibt, nicht zum Entmischen neigt und ein geschlossenes Gefüge bildet. Bei zu großer Menge feinkörniger Anteile verschlechtern sich die mechanischen Eigenschaften. Mit den Expositionsklassen XF und XM werden die Umgebungsbedingungen „Betonangriff durch Frost ohne und mit Taumittel" und „Betonangriff durch Verschleißbeanspruchung" berücksichtigt (vgl. Abb. 21.22).

Tabelle 21.22: Anforderungen an den Fahrbahnbeton

Belastungsklasse		Expositionsklasse	Druckfestigkeitsklasse	Biegezugfestigkeitsklasse	erforderliche Korngruppen
Bk100 bis Bk1,8	Oberbeton Unterbeton	XF4, XM2 XF4	C30/37 LP	F4,5	0/2, 2/8 > 8 mm 0/4, 4/8, > 8 mm 0/2, ≤ 8 mm
Bk1,0 Bk0,3	Oberbeton Unterbeton	XF4, XM1 XF4	(C25/30 LP)	F3,5	0/4, > 4 mm

XF4 = Eine mit Taumitteln behandelte Verkehrsfläche bei hoher Wassersättigung in Verbindung mit XM2 = starker Verschleißbeanspruchung. Daher muss für den Beton die Mindestdruckfestigkeitsklasse C30/37 LP gewählt werden. Bei der Kombination XF4 mit XMI = mäßiger Verschleißbeanspruchung kann auch ein C25/30 LP eingebaut werden.

21

Pflastersteine

Pflaster-, Plattenbelege und Randeinfassungen lassen sich in folgende Arten einteilen:

- Pflastersteine und Platten aus Beton
- Pflasterklinker und Klinkerplatten
- Pflastersteine und Platten aus Naturstein
- Bordsteine und Einfassungssteine aus Beton
- Bordsteine aus Naturstein
- Bordrinnen- und Muldensteine aus Beton
- Betonerzeugnisse zur Flächenbefestigung

Tabelle 21.23: Maße für Pflastersteine in cm

Natursteinpflaster (*b* · *l* · *h*)			**Betonpflaster und Platten** (*b* · *l* · *h*)			**Klinker** (*b* · *l* · *h*)
Großpflaster DIN 18502	Kleinpflaster DIN 18502	Mosaik DIN 18502	Betonpflaster DIN 18501	Verbundpflaster DIN 18501	Gehwegplatten DIN 485	**DIN 18503** 24 · 11,8 · 7,1 24 · 11,8 · 5,2 **DIN 105** 24 · 11,5 · 5,2 24 · 11,5 · 7,1 **ungenormt** 20 · 10 · 7,1 19,5 · 9,2 · 8,5
b 12 bis 16 *l* 12 bis 22 *h* 13 bis 16	8 bis 10 8 bis 10 8 bis 10	4 bis 6 4 bis 6 4 bis 6	16 · 16 · 14 16 · 24 · 14 16 · 16 · 12 16 · 24 · 12 10 · 20 · 10 10 · 10 · 8	etwa 40 Formen *h*=6 *h*=10	30 · 30 · 4 35 · 35 · 5 40 · 40 · 5 50 · 50 · 6 + Ergänzungsplatten	

21.4 Randausbildung

Die Randausbildung an Straßen außerhalb bebauter Gebiete ohne Randeinfassung richtet sich nach dem Schichtenaufbau des Oberbaus.

Bis in die 1960-er Jahre erhielten Asphaltdecken einen gesonderten Randstreifen aus Beton. Die heutigen Regelquerschnitte geben Randstreifen bzw. befestigte Seitenstreifen vor. Um Randschäden in Form von Kantenabbrüchen oder Verdrückungen zu vermeiden werden bei anbaufreien Straßen die Ränder der Asphaltstraße abgeböscht.

Bei Betondecken werden die Randstreifen mit senkrechten Rändern hergestellt (vgl. Abb. 21.24).

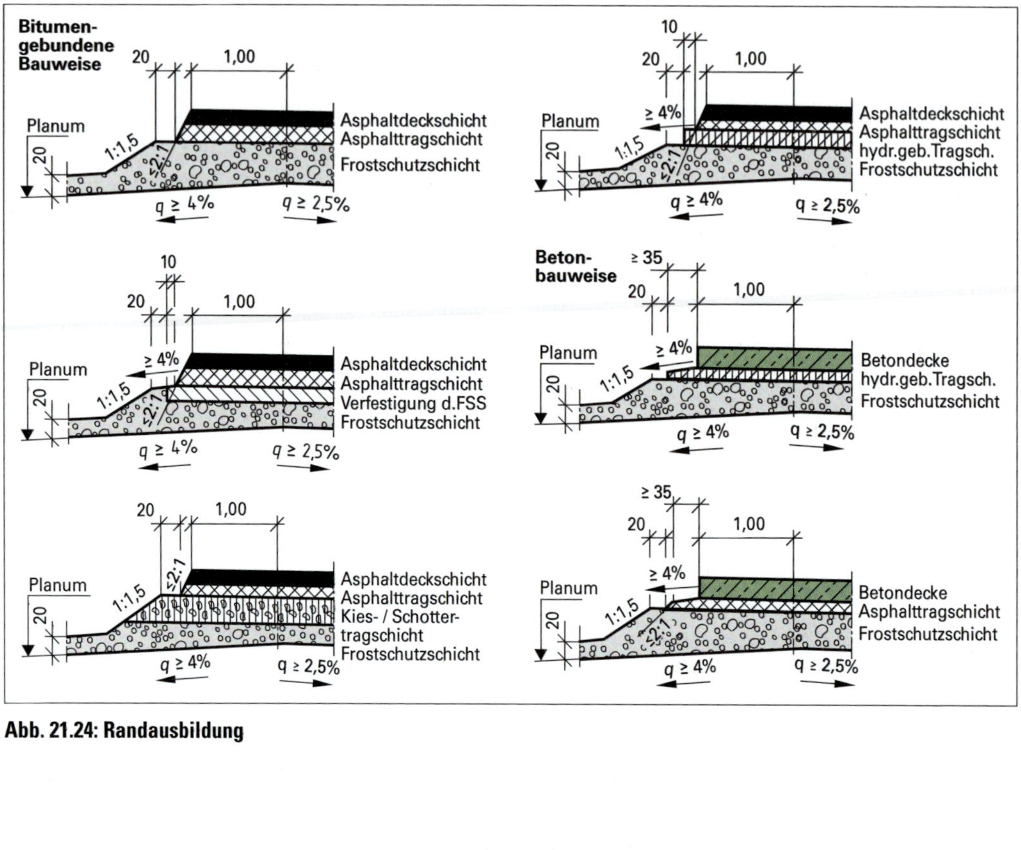

Abb. 21.24: Randausbildung

21.5 Straßenentwässerung

Alle zu befestigenden Verkehrsflächen müssen entwässert werden. Zugleich ist dafür zu sorgen, dass kein Wasser von angrenzenden, teilweise unbefestigten Flächen (Böschungen, Bankette) auf die Verkehrsfläche gelangt. Das auf der Oberfläche durch Regen, Schnee usw. anfallende Wasser heißt **Oberflächenwasser**. Es wird je nach Befestigung ganz oder teilweise erst zu Sickerwasser und später zu Grundwasser. Das in irgendeiner Form im Boden vorkommende Wasser heißt **Bodenwasser** (vgl. Abb. 21.25).

Die Befestigungen der Verkehrsflächen, besonders die Decken, werden als geschlossene (wasserundurchlässige) bzw. als mehr oder minder sickerfähige (wasserdurchlässige) Decken bezeichnet (vgl. Abb. 21.26). Sickerfähige Decken lassen je nach Material, Verdichtung, Querneigung und anfallender Wassermenge viel oder wenig Wasser durch. Sie sind durch Erosion (Erdabtragung), Frost und Tragfähigkeitsverluste stärker gefährdet als geschlossene Decken.

Der Abflussbeiwert ψ (auch C) einer Oberfläche (Gärten, Dächer, Zufahrten, Straßen, Bankette, Böschungen, etc.) beschreibt das Verhältnis von einer entstehenden Abflussmenge zur auftretenden Regenmenge. Der Abflussbeiwert wird Zahlenwerte zwischen 0,1 und 0,9 annehmen und kann nicht größer als 1,0 sein. Der Abflussbeiwert ist einheitslos. Die Einheit, in der die Abfluss- bzw. Niederschlagsmenge angegeben wird, ist in der Regel ℓ/(s · ha).

Es gibt drei Arten von Abflussbeiwerten.

Der Spitzenabflussbeiwert ψ_s dient zur Bemessung von Entwässerungskanälen und bedient sich der maximalen Abflussspende (max q) im Verhältnis zur maximalen Regenspende (max r) eines Regenereignisses.

Der Gesamtabflussbeiwert ψ_{ges} wird zur Bemessung von Regenwasserpumpwerken und Regenwasserbecken genutzt und ist definiert über das Verhältnis von der Gesamtabflussmenge zum Gesamtniederschlag eines Regenereignisses über einen definierten Zeitraum (Regendauer).

Der Jahresabflussbeiwert ψ_a wird z. B. zur Ermittlung des Energiebedarfs von Regenwasserpumpwerken und der Vorfluterbelastung in Mischsystemen verwendet (vgl. LF 13 TSL, Kapitel 23.1).

Bei kleineren Einzugsgebieten, im Zuge der Grundstücksentwässerung und im Straßenbau wird mit einem konstanten ψ gerechnet und ist abhängig von der Art und Zusammensetzung der Einzeloberflächen (vgl. Abb. 21.27 und Abb. 21.28).

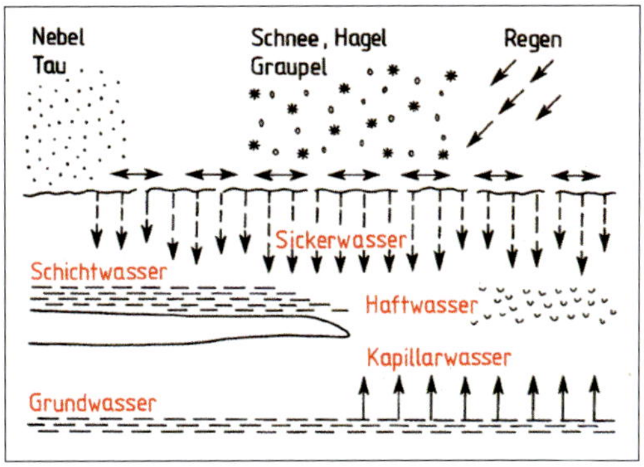

Abb. 21.25: Wasserarten im Boden

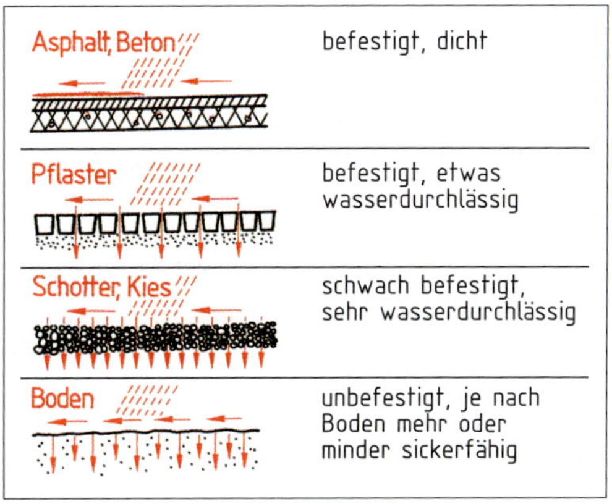

Abb. 21.26: Geschlossene und sickerfähige Decken

Soll ein Abflussbeiwert für einen Straßenabschnitt oder einer gemischten Fläche z. B. aus einem Bebauungsplan ermittelt werden, so ergibt sich die Berechnung eines Mittelwertes nach:

$$\psi = \frac{A_1 \cdot \psi_1 + A_2 \cdot \psi_2 + \ldots}{A_1 + A_2 + \ldots}$$

A_1, A_2 Teilflächen

ψ_1, ψ_1 zugehörige Abflussbeiwerte

Tabelle 21.27: Abflussbeiwerte
als Beispiel aus einer kommunalen Berechnung des abzuführenden Niederschlagswassers

	Abflussbeiwert ψ	**abgeleitete Niederschlagsmenge**
Asphalt-Betondecken	0,70	70 %
Pflaster Betonverbundsteine	0,60	60 %
Rasengittersteine Ungebundene Decken	0,20	20 %

Tabelle 21.28: Abflussbeiwerte
nach den Richtlinien für die Anlage von Straßen, Teil: Entwässerung (RAS-Ew)

	Spitzenabflussbeiwert ψ	Abgeleitete Niederschlagsmenge
Fahrbahnen	0,9	90 %
Befestigte horizontale Flächen	0,6 bis 0,9	60 % bis 90 %
Unbewachsene Felsböschungen aus gering geklüftetem Gestein	0,8	80 %

Entsprechend wird dann die Abflussmenge Q_r aus einem Regenereignis r berechnet:

$Q_r = \psi \cdot r_{x,n=y} \cdot A_E$ in Liter/Sekunde

Hierbei sind Q_r die Abflussmenge in ℓ/s, ψ der gemittelte Abflussbeiwert ohne Einheit, $r_{x,n=y}$ die Regenspende für den jeweiligen Berechnungsregen in ℓ/(s · ha) und A_E das Einzugsgebiet in ha.

Die Regenspende r ist die Regenwassermenge, die in einer festgelegten Zeit (z. B. $x = 15$ min) mit einer bestimmten Häufigkeit (z. B. $y = 1$ entspricht einmal im Jahr, $y = 0{,}5$ entspricht einmal alle 2 Jahre) auf eine bestimmte Fläche niedergeht, dargestellt in ℓ/(s · ha). Sie wird von der zuständigen Entwässerungsbehörde örtlich festgelegt bzw. wird der KOSTRA (**Ko**ordinierte **St**arkniederschlags**r**egionalisierungs und **-a**uswertungen) des Deutschen Wetterdienstes entnommen.

Das Oberflächenwasser muss von der Straßenoberfläche möglichst rasch und vollständig abgeleitet werden.

21

Straßenentwässerung außerhalb bebauter Gebiete

An anbaufreien Straßen außerhalb bebauter Gebiete wird die Fahrbahn meist über die angrenzenden Bankette in zu erstellende Straßenmulden entwässert. In Einschnittsbereichen ist eine Mulde erforderlich. Am Dammfuß oder in ebenem Gelände kann jedoch auf eine Mulde verzichtet werden, wenn das anschließende Gelände das anfallende Oberflächenwasser aufnehmen oder ableiten kann. Dies entspricht einer flächigen Entwässerung. Die Mulden sind je nach Fahrbahnquerschnitt von anfallender Wassermenge zwischen 1,0 m und 2,5 m breit.

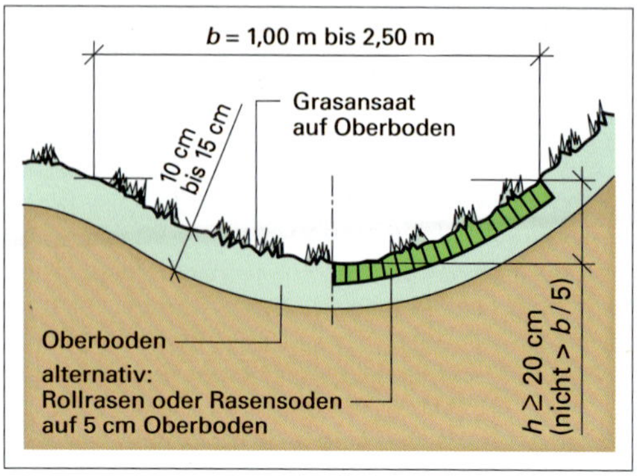

Abb. 21.29: Rasenmulde

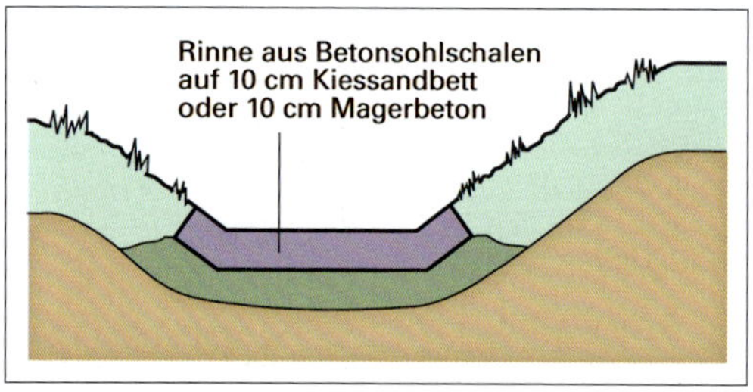

Abb. 21.30: Befestigung mit Sohlschalen

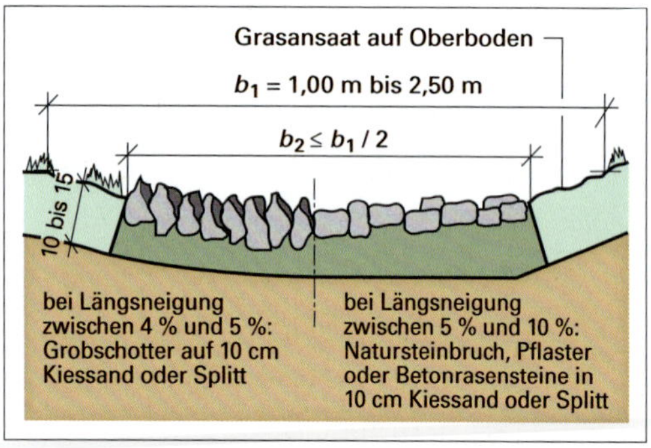

Abb. 21.31: Raue Sohlbefestigung

Das in Straßenmulden gesammelte Wasser wird einem geeigneten Vorfluter, z. B. einem Wassergraben, einem Bachlauf oder einem Kanal zugeführt. Auf eine ausreichende Längsneigung der Mulde ist zu achten.

Bei Muldenlängsneigungen zwischen 1 % und 4 % wird gewöhnlich eine Rasenmulde vorgesehen (vgl. Abb. 21.29). Bei Rasenmulden mit einer Längsneigung unter 1 % ist der Wasserabfluss nicht mehr gewährleistet. Die Muldensohle ist zu befestigen, z. B. mit Sohlschalen (vgl. Abb. 21.30). Ist die Muldenlängsneigung größer als 4 %, kann das Oberflächenwasser durch seine hohe Fließgeschwindigkeit Erosionen an der Mulde bewirken.

Zur Reduzierung der Fließgeschwindigkeit wird die Muldensohle mit einer rauen Sohlbefestigung aus Bruchsteinen, Betonrasensteinen oder rauem Pflaster versehen (vgl. Abb. 21.31).

Straßenentwässerung innerhalb bebauter Gebiete

Bei Straßen innerhalb bebauter Gebiete kann das Oberflächenwasser wegen der angrenzenden Bebauung nicht offen abgeführt werden. Das Wasser ist an den Rändern der befestigten Flächen in Rinnen zu sammeln und durch geeignete Entwässerungseinrichtungen, wie z. B. Straßenabläufe, direkt in den Kanal abzuleiten.

Bei der Entwässerung der Fahrbahn in Rinnen ist darauf zu achten, dass die Längsneigungen in den Rinnen größer als 0,5 % sind. Die Bordrinne wird aus einem Hochbord und einem Teil der Fahrbahnbefestigung gebildet und hat dieselbe Längs- und Querneigung wie die anschließenden Verkehrsflächen.

Aus gestalterischen Gründen kann die Rinne auch durch Großpflastersteine gebildet werden. Ist die Längsneigung am Fahrbahnrand kleiner als 0,5 %, kann entweder eine Pendelrinne oder in Sonderfällen eine Schlitzrinne mit angeformtem Hochbord verwendet werden (vgl. Abb. 21.32).

Bei der Pendelrinne ist zusätzlich zur Fahrbahnbreite ein Streifen mit einer Breite bis zu 50 cm anzulegen, in dem die Längsneigung zwischen den Hochpunkten und den Straßenabläufen ständig wechselt. Die Pendelrinne soll sich durch die Art ihrer Befestigung deutlich von der Fahrbahn unterscheiden.

Schlitzrinnen mit angeformtem Hochbord haben ein innen liegendes Längsgefälle, wodurch der Wasserabfluss gewährleistet wird. Aus gestalterischen Gründen und zur Trennung unterschiedlicher Verkehrsflächen können Muldenrinnen angelegt werden (vgl. Abb. 21.32).

Kastenrinnen und Schlitzrinnen werden zur Entwässerung von Flächen, z. B. von Parkplätzen oder Grundstückszufahrten, verwendet. Sie können mit und ohne innen liegendes Längsgefälle geliefert werden (vgl. Abb. 21.32). Schlitzrinnen sind für die Flächen, auf denen Fahrradverkehr stattfindet, ungeeignet.

Die gewählten Entwässerungseinrichtungen sind hinsichtlich ihrer Leistungsfähigkeit zu berechnen und den Erfordernissen anzupassen.

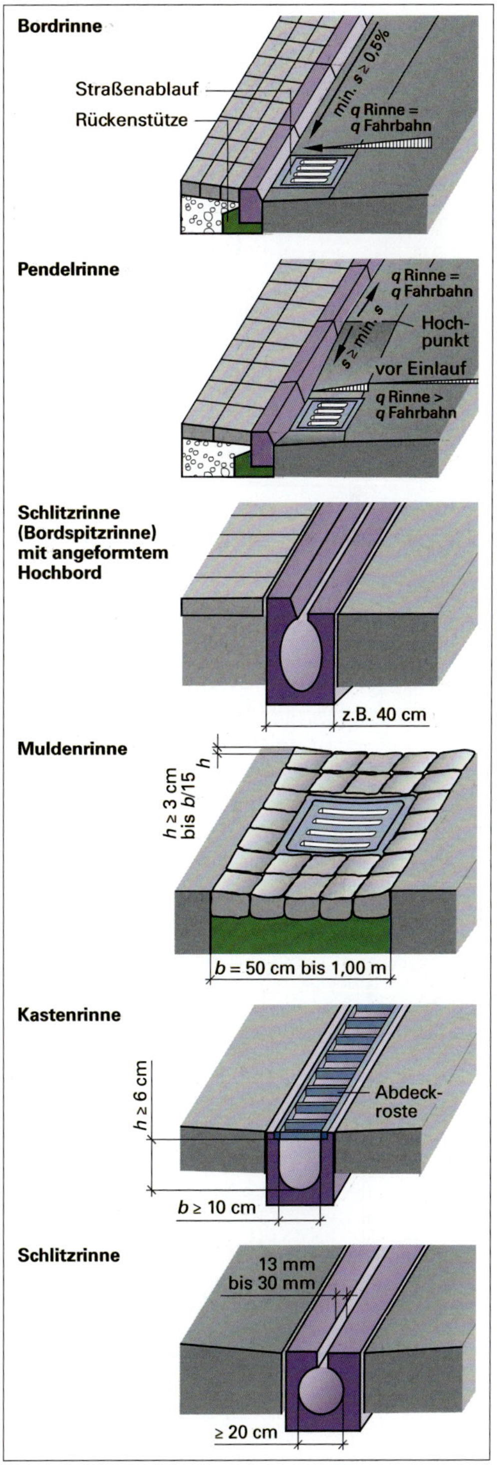

Abb. 21.32: Straßenrinnen

21

in Asphaltdecken

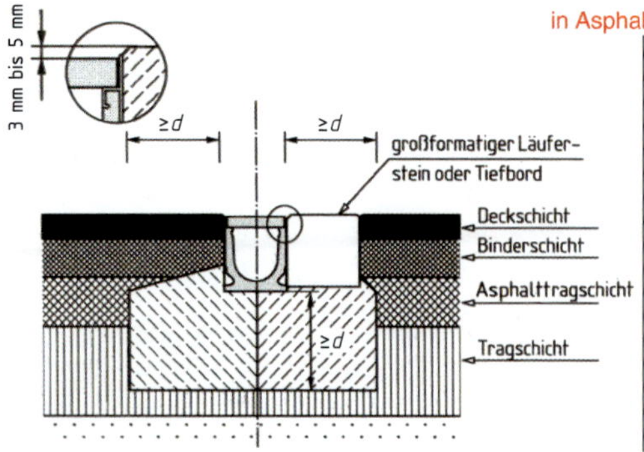

Belastungsklasse:	A 15	B 125	C 250
Betongüte nach EN 206-1	C12/15	C12/15	C20/25
Stärke/Breite *d* [cm]	10	10	15

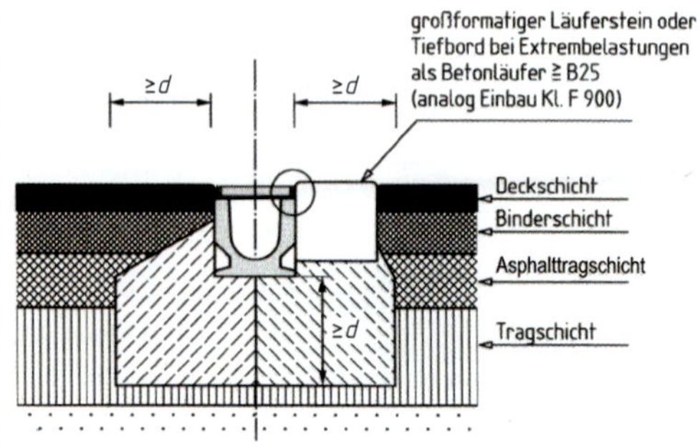

Belastungsklasse:	D 400	E 600	
Betongüte nach EN 206-1	C20/25	C20/25	
Stärke/Breite *d* [cm]	20	20	

in Pflasterdecken

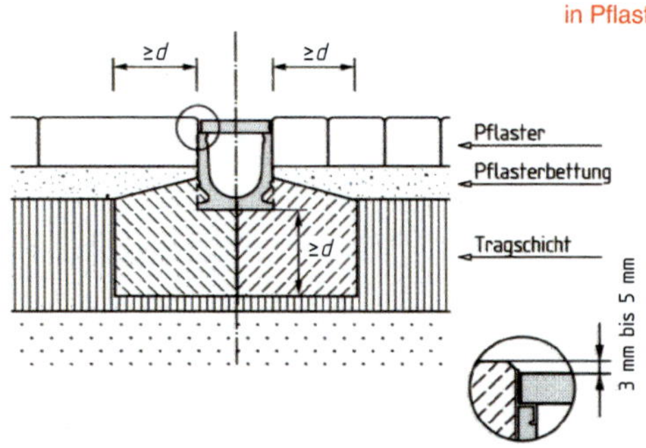

Belastungsklasse:	A 15	B 125	C 250
Betongüte nach EN 206-1	C12/15	C12/15	C20/25
Stärke/Breite *d* [cm]	10	10	15

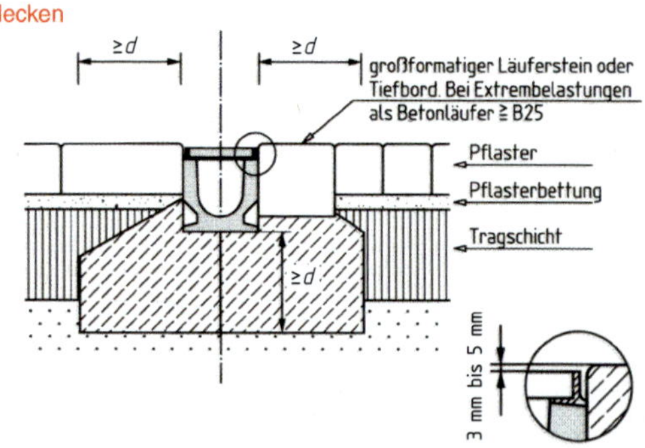

Belastungsklasse:	D 400	E 600	
Betongüte nach EN 206-1	C20/25	C20/25	
Stärke/Breite *d* [cm]	20	20	

in Betondecken

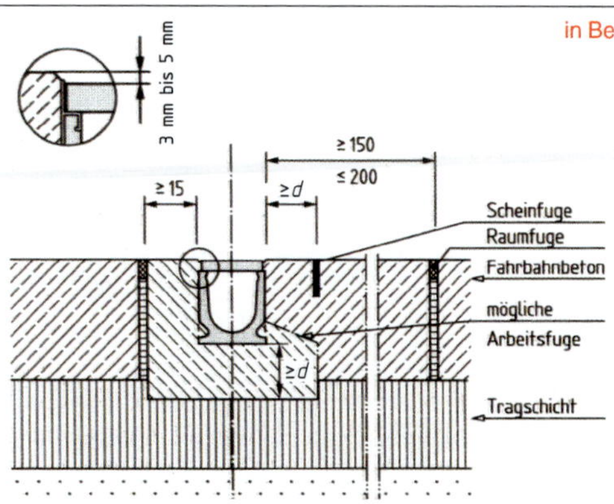

Belastungsklasse:	A 15	B 125	C 250
Betongüte nach EN 206-1	C12/15	C12/15	C20/25
Stärke/Breite *d* [cm]	10	10	15

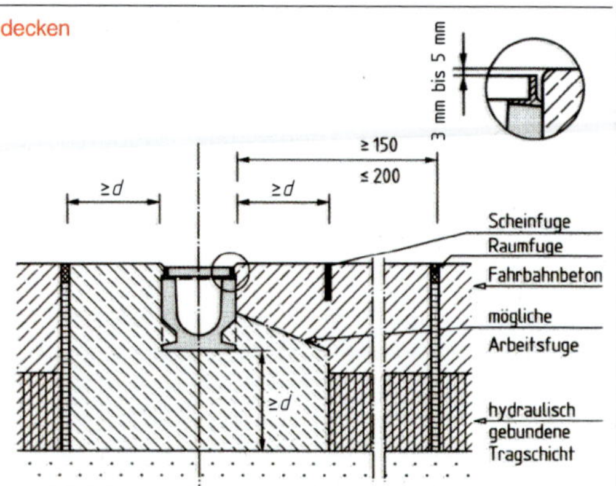

Belastungsklasse:	D 400	E 600	F 900
Betongüte nach EN 206-1	C20/25	C20/25	C20/25
Stärke/Breite *d* [cm]	20	20	25

Abb. 21.33: Einbaukonstruktionen von Kastenrinnen für verschiedene Decken
(von oben nach unten: Asphalt, Pflaster, Beton) und Belastungsklassen (links: A 15 bis C 250, rechts: D 400 bis F 900)

Sickeranlagen

Wasser aus dem Boden und aus dem Oberbau muss gesammelt und abgeleitet werden, wenn es zu Schäden am Straßenkörper führen kann. Die Ableitung erfolgt über Sickerschichten wie z. B. über die Frostschutzschicht, sowie über Sickeranlagen (vgl. Abb. 21.34), wie z. B. über die Sickerstränge (vgl. Abb. 21.35, Abb. 21.36, Abb. 21.37).

Die Filterkörper der Sickerstränge sind aus wasserdurchlässigen, verwitterungsbeständigen und filterstabilen Baustoffen wie z.B. Filterkies, zu erstellen.

Sickerstänge

Sickerstränge verlaufen längs der Fahrbahn, nehmen das Sickerwasser der Frostschutzschicht sowie das Wasser des angrenzenden Bodens auf und leiten es in das Gelände bzw. in einen Vorfluter, z.B. einen Kanal (vgl. Abb. 21.34). Sie bestehen aus einem Filterkörper und haben meist eine Sickerrohrleitung. Der Filterkörper kann einstufig oder mehrstufig aufgebaut sein (vgl. Abb. 21.36 und Abb. 21.35). Einstufige Filterkörper haben die gleiche Kornzusammensetzung, während bei mehrstufigen Filtern Mineralstoffe unterschiedlicher Kornzusammensetzung verwendet werden.

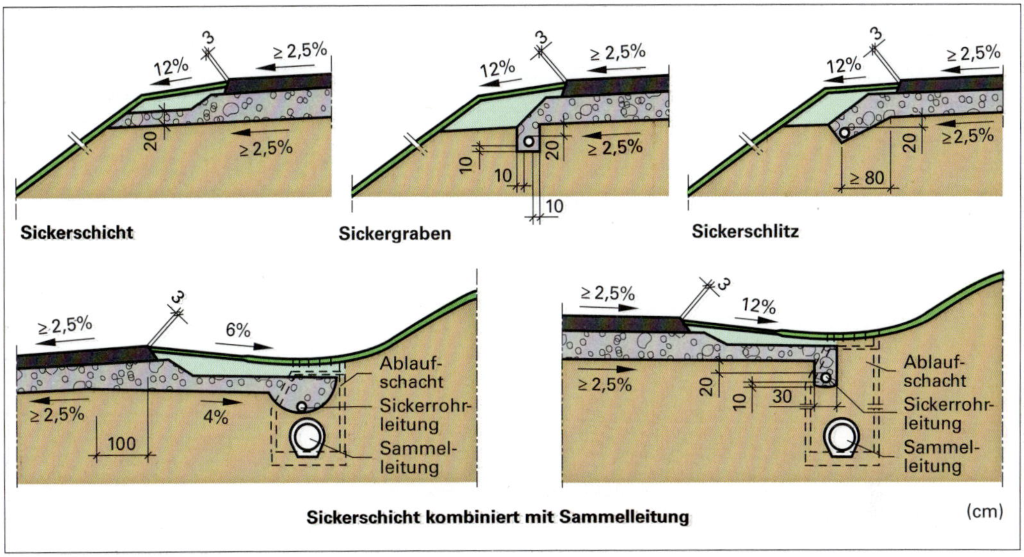

Abb. 21.34: Sickeranlagen

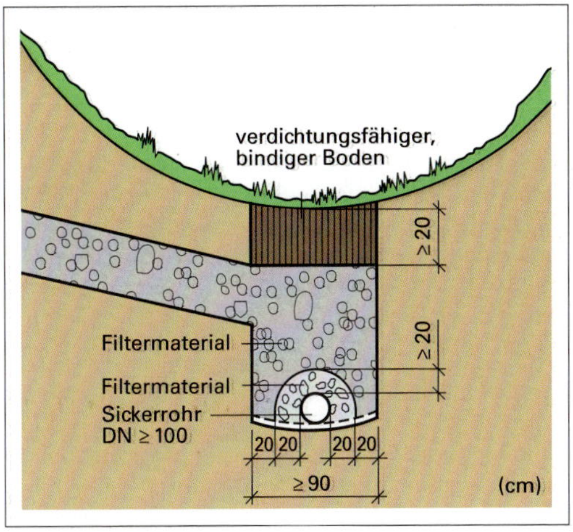

Abb. 21.35: Mehrstufiger Sickerstrang

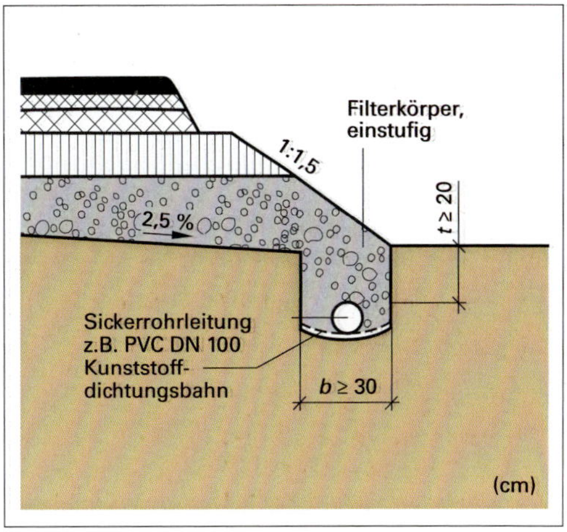

Abb. 21.36: Einstufiger Sickerstrang

Kunststoff-Sickerrohre (nach DIN 4262-1: 2009-10)

- R1 runde, gewellte Dränrohre
- R2 kreisrunde Rohre mit glatter Innenfläche und profilierter Außenfläche
- R3 kreisrunde Vollwandrohre mit homogenem Wandaufbau und glatter Innen- u. Außenfläche
- C1 tunnelförmige Rohre mit profilierter Innenfläche und glatter flacher Fließsohle
- C2 tunnelförmige Rohre mit glatter Innenfläche und glatter flacher Sohle

Abb. 21.37: Bezeichnung der verschiedenen Sickerrohrquerschnitte

Als Sickerrohre werden Kunststoff-, Beton- und Steinzeugrohre verwendet. Sie haben Öffnungen, meist Schlitze (Schlitzbreite 0,6 mm bis 0,8 mm), durch die das Wasser in die Leitung eindringen kann. Sickerstränge können entweder als Sickergraben, als keilförmiger Sickerschlitz oder zusammen mit der Sammelleitung für das Oberflächenwasser angelegt werden.

Eingesetzte Rohre müssen der DIN 4262-1 entsprechen (vgl. Abb. 21.37). Die Kunststoffrohre werden als PE und PVC-U in starrer und flexibler Ausführung angeboten. Der Durchmesser ist bei glatten Rohren 80 mm, i.d.R. aber 100 mm.

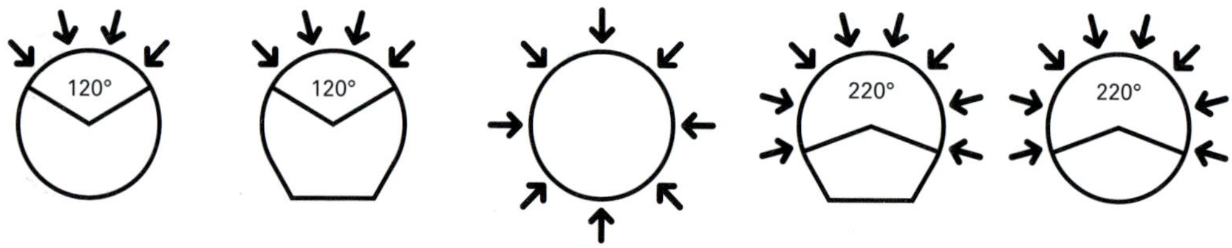

Abb. 21.38: Arten von Sickerrohren

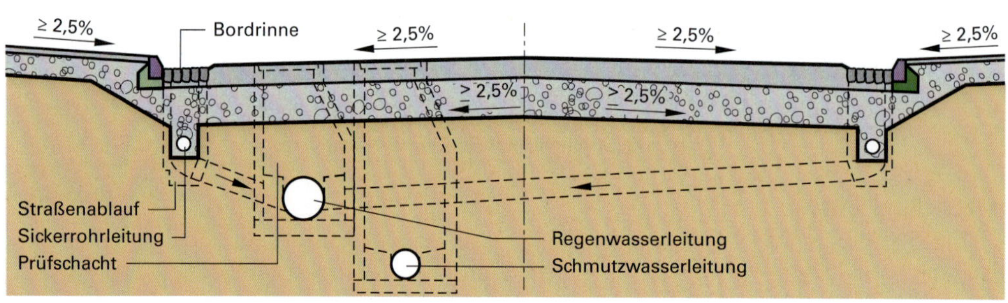

Abb. 21.39: Entwässerung einer Ortsstraße (Trennverfahren)

Das Sickerrohr muss mindestens 20 cm unter der angrenzenden Schicht (vgl. Abb. 21.35) und in Kombination mit der Sammelleitung mindestens 1,00 m außerhalb der befestigten Fahrbahndecke liegen (vgl. Abb. 21.36). Damit der Untergrund nicht durchweicht, muss das Planum ein Gefälle $q \geq 2{,}5$ % zum Sickerstrang haben.

Die Sickerrohre sind mit Filtermaterial zu überdecken oder mit Geotextilien zu ummanteln, damit die Filterwirkung erhalten bleibt.

Zur Wartung und Kontrolle der Rohrleitungen werden Kontrollschächte im Abstand zwischen 50 m und 80 m angelegt.

Die Abbildung 21.39 zeigt die Ableitung des Oberflächenwassers über die Sammelleitung im Trennverfahren. Der untere Teil dieser Sammelrohre wird dicht ausgebildet und im Scheitel auf maximal 1/4 des Rohrumfangs mit Löchern zum Drainieren durchlässig hergestellt.

In Abbildung 20.11 Straßenquerschnitt mit linksseitiger Mulde ist der Sickerstrang analog zur Abbildung 21.36 im Böschungsbereich angeordnet. Dabei liegt die Rohrleitung (Betonrohr) zur Abführung des eingelaufenen Wassers unter dem Vollsickerrohr. Das Verfahren wird als Huckepacksystem bezeichnet.

Aufgaben zum LF 11 TSL Konstruieren eines Straßenoberbaus

1. Wie groß ist die maximale Einbaudicke von Binderschichten?
① 6 cm ② 7 cm ③ 8 cm ④ 9 cm ⑤ 10 cm

2. Welcher Mineralstoff wird zur Herstellung von Binderschichten nicht verwendet?
① Splitt ② Natursand ③ Edelbrechsand ④ Kies ⑤ Gesteinsmehl

3. Wie heißt die Asphaltsorte aus Straßenbaubitumen und einem Mineralstoffgemisch mit Ausfallkörnung?
① Splittmastix-asphalt ② Gussasphalt ③ Bitumenlösung ④ Bitumenemulsion ⑤ Asphaltbeton

4. Welcher Begriff ist nach den Baunormen nicht mehr gültig?
① Asphaltstraße ② Teerstraße ③ Asphaltmastix ④ Betonstraße ⑤ Offenporiger Asphalt

5. Welche Schichten gehören zu einer Bitumendecke?
① Binderschicht und 1. Tragschicht
② Deckschicht und Binderschicht
③ Planum und Frostschutzschicht
④ Unterbau und Oberbau
⑤ 1. Tragschicht und 2. Tragschicht

6. Welches äußere Merkmal muss das Asphaltmischgut unmittelbar vor dem Einbau haben?
① Verkrustete Oberfläche
② Gelbe Dämpfe entweichen
③ Bräunliche Oberfläche
④ Bläuliche Dämpfe entweichen
⑤ Stumpfe Oberfläche

7. Welche Einbaudicke darf beim Herstellen von Deckschichten nicht überschritten werden?
① 2 cm ② 4 cm ③ 6 cm ④ 8 cm ⑤ 10 cm

8. Unterhalb von welcher Temperatur ist auf den Einbau von Asphaltbeton zu verzichten?
① 3 °C ② 4 °C ③ 5 °C ④ 6 °C ⑤ 7 °C

9. Wie breit soll höchstens ein Entwässerungsgraben ohne Sohlebefestigung (Regelform) sein?
① b = 30 cm ② b = 40 cm ③ b = 50 cm ④ b = 60 cm ⑤ b = 70 cm

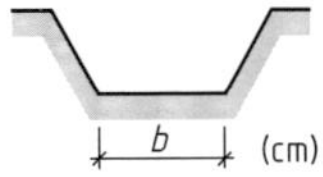

10. Wie wird die skizzierte Straßenrinne bezeichnet?
① Schlitzrinne ② Kastenrinne ③ Bordrinne ④ Pendelrinne ⑤ Muldenrinne

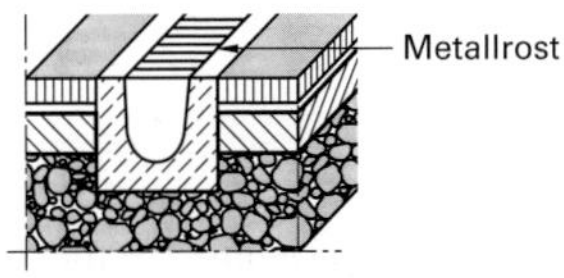

11. Nebenstehend ist eine Asphaltstraße dargestellt. An der Skizze sind die Straßenteile zu bezeichnen.

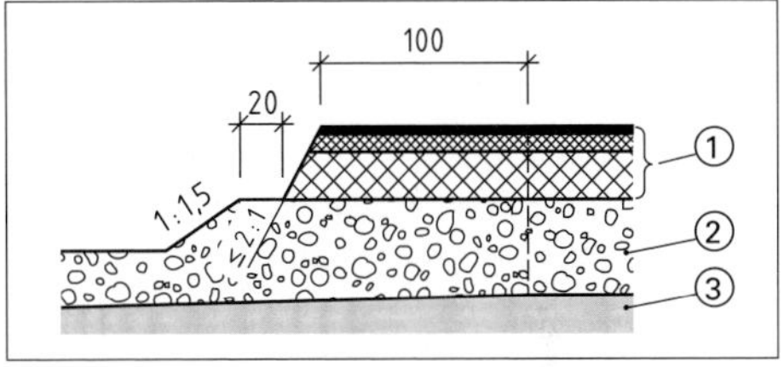

12. Die Skizze zeigt eine Fahrbahn mit bitumenhaltiger Decke nach RStO.
a) Was bedeutet die Abkürzung RStO?
b) Wie werden die einzelnen Schichten entsprechend der Schraffur an der Skizze benannt?

zu Aufgabe 12)

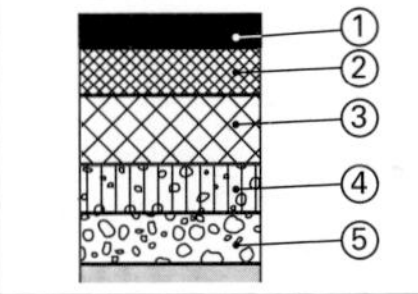

zu Aufgabe 13)

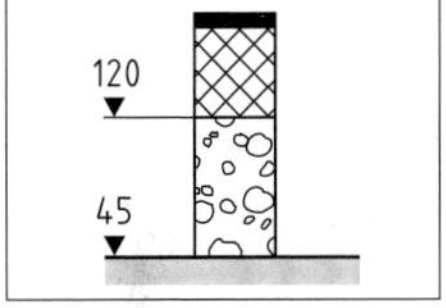

13. Welche Dicken haben die Straßenschichten bei einer Asphaltstraße mit bitumenhaltiger Tragschicht auf einer Frostschutzschicht, Belastungsklasse Bk1,8?

14. In welcher Breite b und Höhe h werden Entwässerungsmulden gebaut?
Wie groß ist das Längsgefälle J der Rasenmulden zu wählen?

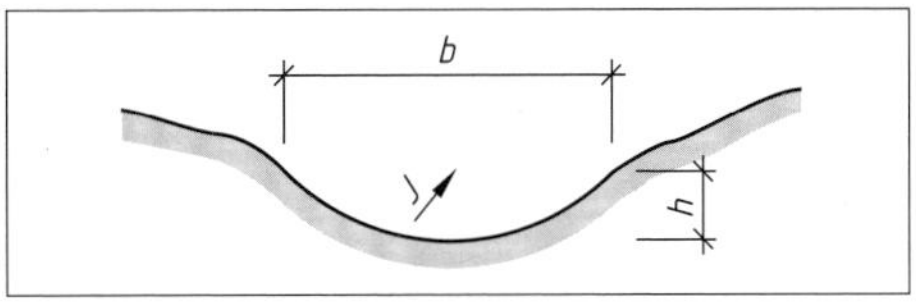

15. Bezeichnen Sie die Straßenteile ① bis ⑤!

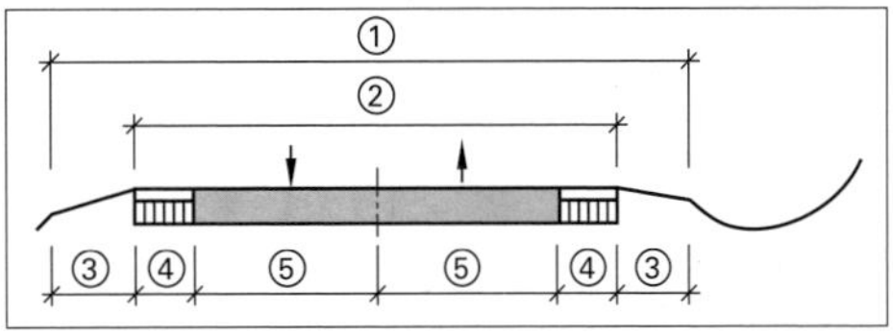

16. Wie heißen die Entwurfs- und Ausführungsgrundlagen für die Entwässerung von Straßen?

17. Wo werden Entwässerungsrinnen außerhalb von Ortschaften angeordnet?

18. **Asphaltbauweisen**
Zeichnen Sie die folgenden Befestigungen 1,0 m breit mit seitlicher Ausbildung ohne Randbefestigung im Maßstab 1: 10.
   a) 3,5 cm Gussasphalt MA 11 S
   8,5 cm Asphaltbinder AC 22 B S
   14 cm Asphalttragschicht:
   gebrochenes Korn > 70 Gew.-%
   15 cm Schottertragschicht 0/45
   29 cm Frostschutz GW
   b) 4 cm Asphaltbeton AC 11 D N
   10 cm Asphalttragschicht:
   gebrochenes Korn > 70 Gew.-%
   15 cm Schottertragschicht 0/45
   21 cm Frostschutz GW
   c) 125 kg/m² Asphaltbeton AC 11 D S
   125 kg/m² Asphaltbeton AC 16 B S
   125 kg/m² Asphalttragschicht
   20 cm Frostschutz (GW)
   30 cm Frostschutz

19. **Fahrbahndecke aus Beton**
An einer städtischen Hauptverkehrsstraße soll nachträglich eine Bushaltestelle für mehrere Buslinien eingerichtet werden. Die Bushaltestelle mit einer Einstieg-Ausstieg-Insel erhält eine Betondecke, die für den schweren Busverkehr am Besten geeignet ist.

20. **Schichten ohne Bindemittel**
Eine Stadt plant einen kombinierten Rad-/Fußweg als Wanderweg von 3,00 m oberer Breite und 1,25 km Länge entlang eines Flusslaufes aus Schichten ohne Bindemittel. Der anstehende Boden entspricht weitgehend einem Gemisch von Sand, Kies und Schluff (mittelschwer lösbare Bodenart), z. B. GU nach DIN 18196.
   a) Wie groß ist die Fläche, von der Oberboden abgetragen und das Untergrundplanum vorbereitet werden muss?
   b) Welchen Oberbau aus Schichten ohne Bindemittel mit welcher Schichtdicke empfehlen Sie?
   c) Bestimmen Sie die Materialmengen in Volumen und Masse, die angeliefert und eingebaut werden müssen.

21. Zeichnen Sie die Randausbildungen zu Abbildung 20.11 (LF 11 TSL, Kapitel 20.1) im Maßstab M 1:10 – m, cm. Die Bankette rechts soll dabei mit 6 % Gefälle als Schotterrasen oder Geröll mit Oberboden ausgebaut werden. Der Rand zu Asphalttragschicht soll dabei mit Bitumenanstrich gesichert werden. Der Böschungswinkel beträgt 45°.

zu Aufgabe 19)

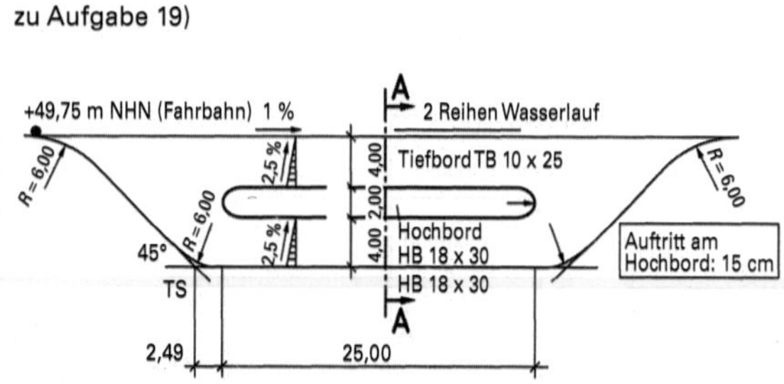

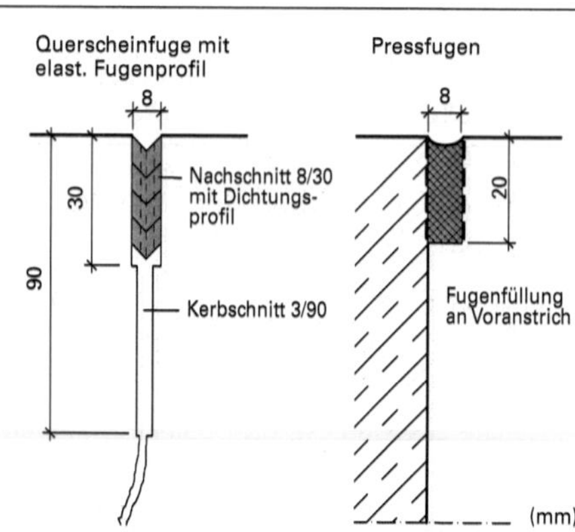

a) Zeichnen Sie die Bushaltestelle als Lageplan im Maßstab 1 : 200.
b) Teilen Sie die Betonfläche in einzelne Felder ein und legen Sie den Verlauf der Fugen fest.
c) Bezeichnen Sie die Art der Fugen, begründen Sie die Wahl der Fugenfüllung und markieren Sie die Fugen im Lageplan.
d) Bestimmen Sie den Oberbau der Fahrbahnbefestigung für die Belastungsklasse Bk3,2 über Boden F2 in ihrer Region.
e) Zeichnen Sie den Querschnitt A–A im Maßstab 1 : 50.
f) Überprüfen Sie die Neigungsverhältnisse der Oberflächenentwässerung und legen Sie die Lage der Straßenabläufe fest.
g) Legen Sie fest, wo eine Verdübelung bzw. Verankerung der Betonplatten vorgenommen werden muss. Bestimmen Sie Zahl und Lage der Dübel bzw. Anker.
h) Schlagen Sie für den Querschnitt A–A eine Befestigung des Fußwegs und der Halteinsel vor.

22 Planen einer Wasserversorgung

Ein wichtiges Teilgebiet des Tiefbaues ist die Wasserwirtschaft. Sie umfasst vorwiegend die Wasserversorgung und die Abwasserbeseitigung.

Die menschliche Nutzung von Wasser, die Wasserwirtschaft und insbesondere der Wasserbau ist eine ganzheitliche Herausforderung. Wasser ist nicht nur hohes Allgemeingut sondern auch begehrte Handelsware.

Wasser ist die Grundlage des menschlichen Lebens. Wasser ist nur begrenzt vorhanden und nicht vollständig erneuerbar.

Mensch, Flora sowie Fauna sind auf Wasser angewiesen. Rund 75 % der Erdoberfläche ist mit Wasser bedeckt: 84 % Meere und Ozeane, 15 % nicht transportierbares Grundwasser in großer Tiefe sowie 1 % anderweitiges Wasservorkommen. Nur ein sehr geringer Anteil der Wasservorkommen stehen dem Menschen unmittelbar als frisches, d. h. Trinkwasser zur Verfügung. Der Wasserverbrauch hat sich in den letzten 75 Jahren versechsfacht, er stieg damit fast doppelt so schnell wie die Weltbevölkerung. Höhere Industrialisierung, Klimaveränderungen und Umweltverschmutzung führen zusätzlich zur Verknappung des Wassers.

Das LF 12 TSL „Planen einer Wasserversorgung" und das LF 13 TSL „Planen einer Wasserentsorgung" sind eng miteinander verknüpft und greifen Inhalte von LF 3 „Erschließen eines Baugrundstückes" und LF 10 TSL „Ausarbeiten eines Straßenentwurfs" auf. So ist bei der Planung von Straßen zu bedenken, dass der öffentliche Straßenkörper nicht nur für den Transport von Verkehrsteilnehmern genutzt wird, sondern auch für eine Vielzahl an Medien zur Ver- und Entsorgung dient. Diese infrastrukturellen Systeme bestehen im Wesentlichen aus Rohrleitungen, Kabeln und Schächten. Den Bau von Abwasserleitungen führen i.d.R. Straßen- und Tiefbaufirmen aus, während Trinkwasser-, Gas- und Fernheizungsleitungen sowie Strom- und Telekommunikationsleitungen von Kabelbaufirmen gebaut werden.

22.1 Wasserversorgung

Die Hauptbestandteile einer Wasserversorgung bestehen aus der Wassergewinnung, der Wasseraufbereitung, den Förderanlagen, der Speicherung, dem Wassertransport, dem Trinkwassernetz und der Wasserverteilung (vgl. Abb. 22.2). Wasser wird unterschieden in

- Trinkwasser und
- Brauchwasser.

Brauchwasser kann je nach Verwendung eine geringere Qualität aufweisen.

Trinkwasser muss gesund, keimfrei, geruchlos, farblos, klar, wohlschmeckend und kühl sein. Das Trinkwasser sollte in genügender Menge und ausreichendem Druck bereitgestellt werden. Die Temperatur des Trinkwassers sollte zwischen 5 °C und 15 °C liegen, der Härtebereich mittel bis hart sein, sodass der Geschmack gut ist. Wasser sollte im Leitungsmaterial keine Korrosionsschäden hervorrufen.

Wassergewinnung

Für die Wassergewinnung werden die in der Natur vorkommenden oberirdischen und unterirdischen Wasser genutzt, wie Oberflächenwasser (Zisternen, Fließgewässer, Talsperren), Quellen (örtlich begrenzt austretendes Grundwasser) und Grundwasser (uferfiltriertes Grundwasser, in den Untergrund versickernder Niederschlag).

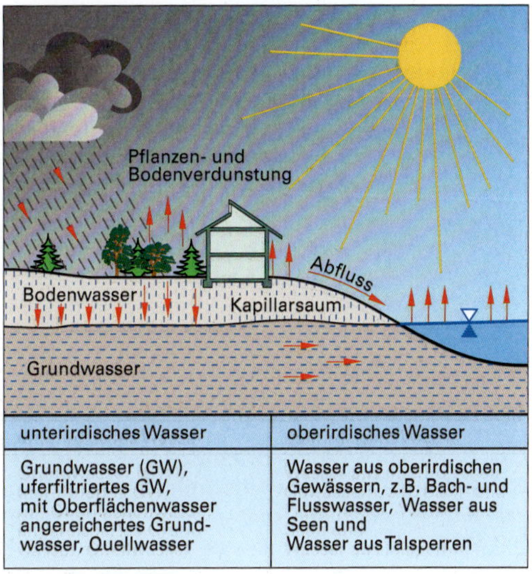

unterirdisches Wasser	oberirdisches Wasser
Grundwasser (GW), uferfiltriertes GW, mit Oberflächenwasser angereichertes Grundwasser, Quellwasser	Wasser aus oberirdischen Gewässern, z.B. Bach- und Flusswasser, Wasser aus Seen und Wasser aus Talsperren

Abb. 22.1: Wasserarten

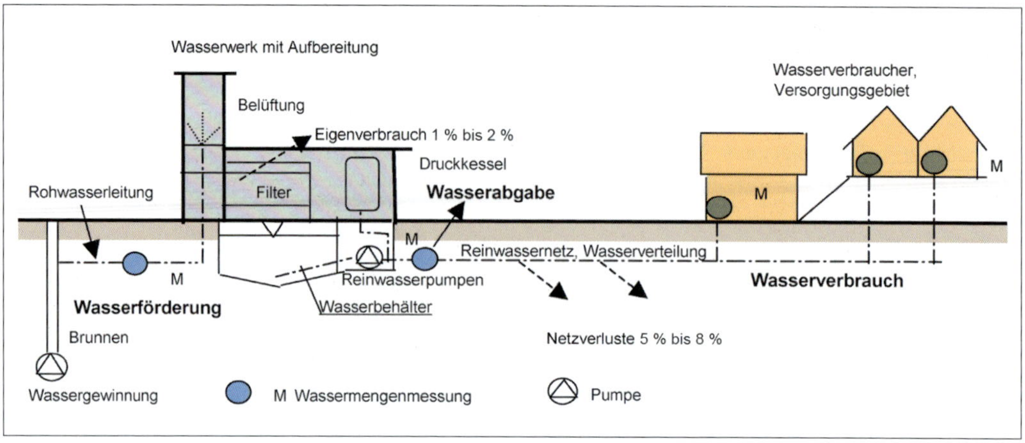

Abb. 22.2: Schematische Darstellung einer Wasserversorgung, Grundbegriffe

Zum Schutz des Wassers vor Verunreinigungen wird im Einzugsgebiet einer Trinkwassergewinnungsanlage ein Wasserschutzgebiet ausgewiesen. Festsetzung und Ausweisung erfolgt auf der Rechtsgrundlag des Wasserhaushaltsgesetzes (WHG). Beschränkungen können die örtliche Besiedlung und die landwirtschaftliche Nutzung (z. B: Nitratobergrenzen) betreffen. Wasserschutzgebiete werden in drei Zonen ausgewiesen (vgl. Abb. 22.3).

Der Wasserbedarf wird zu ca. 65 % aus Grundwasser, ca. 15 % aus Quellwasser und ca. 20 % aus stehenden oder fließenden oberirdischen Gewässern gedeckt.

Zone I	**(Fassungsbereich)** umfasst die unmittelbare Umgebung der Entnahmestelle, eine Bodennutzung ist nicht zulässig.
Zone II	**(engere Schutzzone)** wird in der Regel nach der sogenannten 50-Tage-Linie festgelegt, d. h. die Fließzeit vom äußeren Rand der Zone II bis zur Wasserfassung beträgt 50 Tage, mit dem Ziel, bakterielle Gefahren zu vermeiden.
Zone III	**(weitere Schutzzone)** markiert in der Regel die Umgrenzung des Einzugsbereiches der Wasserfassung mit dem Ziel, chemische Beeinträchtigungen der Wasserqualität zu verhindern.

Abb. 22.3: Wasserschutzgebiete

Gewinnung von unterirdischem Wasser

Die Erschließung des Grundwassers kann mit Bohrbrunnen, Horizontalfilterbrunnen und mit Sickerleitungen erfolgen und in besonderen Fällen mit Schachtbrunnen. Quellaustritte werden durch Quellfassungen gesichert. Die Anlagen müssen so erstellt werden, dass eine Verunreinigung des Wassers vermieden wird.

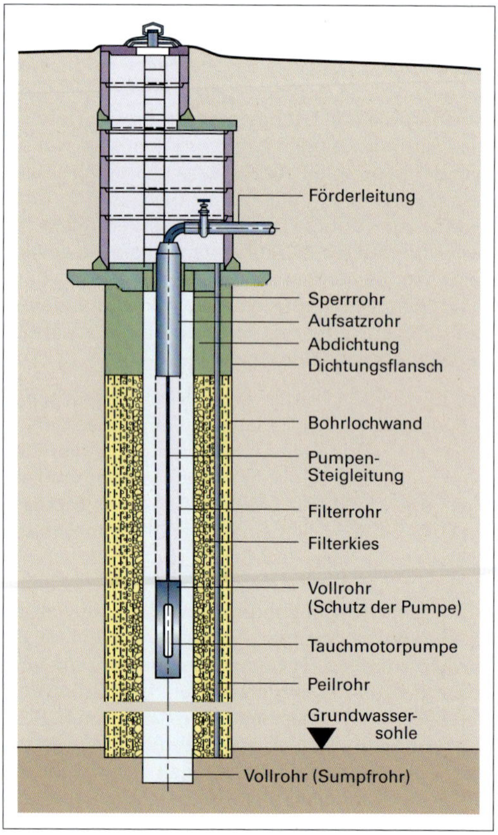

Abb. 22.4: Bohrbrunnen (Kiesfilterbrunnen)

Bohrbrunnen sind die häufigste Art der Grundwassererfassung. Sie eignen sich besonders, wenn die grundwasserführende Schicht große Mächtigkeit hat, in größeren Tiefen vorkommt oder sich über mehrere Grundwasserstockwerke erstreckt. Durch eine vertikale Bohrung, die als verrohrte Bohrung bis in die Grundwassersohle geführt wird, werden die wasserführenden Schichten aufgeschlossen. Bohrverfahren und Bohrfortschritt sind von den zu durchfahrenden Gesteinsschichten abhängig. Als Bohrverfahren werden meist das Trockenbohrverfahren oder das Spülbohrverfahren angewendet. Nach erfolgreich abgeschlossenem Dauerpumpversuch wird der Brunnen als Kiesfilterbrunnen ausgebaut. Ein Kiesfilterbrunnen besteht im Wesentlichen aus dem Filterrohr, dem Vollwandrohr mit Aufsatzrohr, Sumpfrohr und Rohrboden, den Filterkiesschichten, dem Sperrrohr, der Abdichtung gegen die Bohrlochwand, dem Brunnenkopf und dem Brunnenschacht mit den Entnahme- und Messeinrichtungen (vgl. Abb. 22.4). Über das gelochte oder geschlitzte Filterrohr wird Grundwasser entnommen. Damit eine sandfreie Entnahme im Dauerbetrieb möglich ist, wird um das Filterrohr eine ausreichend dicke Kiesschüttung, möglichst in zwei- oder dreifacher Kornabstufung eingebracht.

Horizontalfilterbrunnen werden meist angewendet, wenn die wasserführenden Schichten nicht zu tief liegen und nur geringe Mächtigkeit haben. Sie bestehen aus einem senkrechten Sammelschacht, von dem aus einzeln absperrbare Fassungsstränge aus Filterrohren radial in den Grundwasserleiter führen (vgl. Abb. 22.5).

Sickerleitungen werden bei flach liegenden Grundwasserleitern geringer Mächtigkeit angelegt. Sie werden aus gelochten oder geschlitzten Rohren, mit einer abgestuften Kies- oder Steinpackung umhüllt, meist in offener Baugrube hergestellt. Gegen Eindringen von Oberflächenwasser muss der Graben mit undurchlässigem Boden abgedeckt werden, sodass diese Schicht seitlich in das gewaschene Erdreich einbindet. An Knickpunkten und bei längeren Sickersträngen in bestimmten Abständen sind Kontrollschächte anzuordnen. Das anfallende Wasser wird einem Sammelschacht zugeleitet und dort entnommen.

Quellfassungen werden erst dann angelegt, wenn die Beschaffenheit des Wassers gleichbleibende Qualität aufweist und die Quellschüttung, auch während und nach einer Trockenzeit, ausreichend ist. Quellen werden in der Regel durch Sickerleitungen gefasst, die in einen wasserdichten Sammelschacht münden (vgl. Abb. 22.6). Dieser wird in einiger Entfernung zur Quelle angeordnet, damit die Quelle nicht beeinträchtigt wird. Der Sammelschacht nimmt das gewonnene Wasser in Kammern auf, die gleichzeitig als Sandfang dienen. Diese haben einen Überlauf und eine Grundablassleitung zur Entleerung. Die Wasserentnahme erfolgt mindestens 30 cm über der Kammersohle.

Bei der Baudurchführung muss gewährleistet sein, dass die natürlichen Verhältnisse so wenig wie möglich gestört werden sowie Wasserqualität und Quellschüttung nicht beeinträchtigt werden.

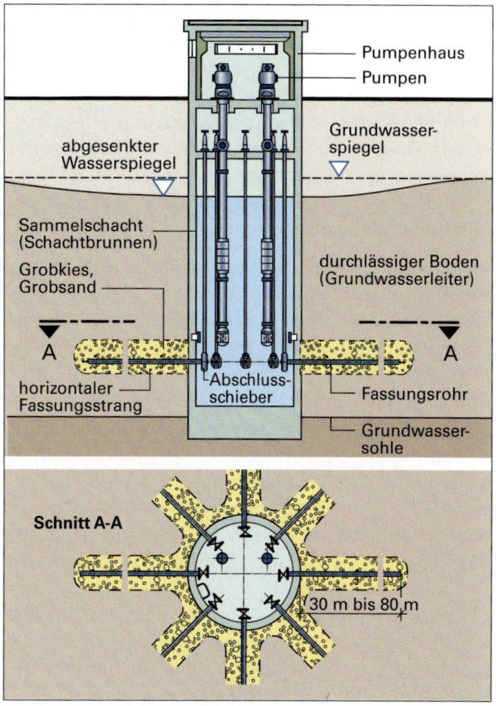

Abb. 22.5: Horizontalfilterbrunnen

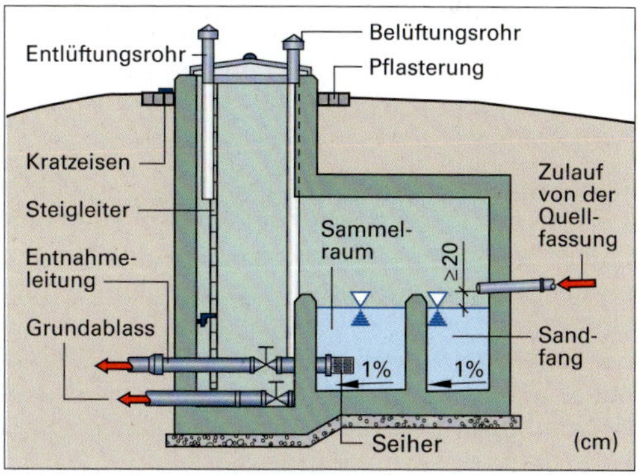

Abb. 22.6: Quellsammelschacht

Gewinnung von oberirdischem Wasser

Flusswasser ist dort zu entnehmen, wo die Verunreinigung möglichst gering ist, z. B. an Stellen mit großer Wassertiefe oder starker Strömung. Die günstigste Entnahmestelle ist durch eingehende Untersuchungen unter Berücksichtigung der Erfahrungen bei Hoch- und Niedrigwasser zu ermitteln.

In jedem Falle sind Stellen von Abwassereinleitungen, Mündungsbereiche belasteter Nebenflüsse, Badeanstalten, Schiffsliegeplätze und Hafenanlagen zu meiden.

Entnahmebauwerke sind so zu gestalten, dass Schwimmstoffe dem Einlauf weitgehend ferngehalten werden. In der Regel werden sie wegen der Zugangsmöglichkeit am Flussufer angeordnet. Bei größeren Flüssen kann die Wasserentnahme auch in der Flussmitte erfolgen. Dann muss die Anlage so gesichert sein, dass weder Schifffahrt noch Hochwasser, Treibgut und Treibeis Beschädigungen hervorrufen können.

Wasser aus Seen muss zur Einschränkung der Verunreinigungsgefahr in größerer Entfernung vom Ufer und in größerer Tiefe entnommen werden, jedoch genügend hoch über dem Seegrund. Die günstigste Entnahmestelle zur Erlangung möglichst schwebestoff- und keimarmen Wassers ist durch eingehende Untersuchungen unter Berücksichtigung der Seezuflüsse, der Strömungsverhältnisse und der Erfahrungen bei Hoch- und Niedrigwasser zu ermitteln. Der Entnahmekopf, der gegen das Eindringen von Fischen geschützt ist, wird 5 m bis 8 m über dem Seeboden angeordnet. Die Rohwasser-Entnahmeleitung wird meist auf dem Seeboden verlegt und führt zu dem unmittelbar am Ufer liegenden Entnahmebauwerk. Im Entnahmebauwerk sind Pumpen und Einrichtungen für die Spülung der Entnahmeleitung installiert.

Wasser aus Talsperren soll wie Wasser aus Seen weder an der Wasseroberfläche noch an der Talsperrensohle entnommen werden, sondern in der Tiefe, in der die größte Reinheit und eine möglichst gleichmäßige Temperatur vorherrschen (vgl. Abb. 22.8).

Talsperren werden unter Ausnutzung natürlicher Tallagen im Oberlauf von Flüssen erstellt und umfassen das Absperrbauwerk mit den Vorrichtungen für die Wasser- und Wasserprobenentnahme, dem Grundablass und der Hochwasserentlastung sowie das Staubecken und die Uferanlagen. Die Einläufe der Entnahmetürme liegen auf unterschiedlichen Höhen. Sohle und Wände des Stauraumes sollen weitgehend wasserundurchlässig sein.

Uferfiltriertes Grundwasser erfordert Fassungsanlagen (vgl. Abb. 22.9). Die zu gewinnende Wassermenge ist vor allem von der Durchlässigkeit der Gewässersohle und des Grundwasserleiters sowie vom Druckgefälle zwischen Oberflächenwasser- und Grundwasserspiegel abhängig. Die Fassungen müssen für eine ausreichende Reinigung des uferfiltrierten Grundwassers einen genügenden Abstand vom Ufer haben.

22

Bezüglich der Härte von Trinkwasser gibt es keine Grenzwerte in der Trinkwasserverordnung (TrinkwV: 2020-06, zusätzlich Arbeitsblatt DVGW - W 1020: 2018-03, www.dvgw.de). Die Tabelle 22.7 gilt daher nur als Anhaltswert und entspricht nicht dem Wasch- und Reinigungsmittelgesetz (WRMG) von 2007. Das WRMG unterscheidet die Wasserhärtebereiche (in Millimol Calciumcarbonat pro Liter):

- weich ≤ 1,5 mmol/ℓ (0 °dH bis 8,4 °dH)
- mittel > 1,5 bis 2,5 (über 8,4 °dH bis 14 °dH)
- hart > 2,5 (über 14 °dH)

Tabelle 22.7: Wasserhärtebereiche für Trinkwasser

Gesamthärte mmol/ℓ	Bezeichnung	Beurteilung
0 bis 0,71	sehr weich	geeignet
> 0,71 bis 1,42	weich	gut geeignet
> 1,42 bis 2,14	mittelhart	gut geeignet
> 2,14 bis 3,21	ziemlich hart	tragbar
> 3,21 bis 5,35	hart	tragbar
> 5,35	sehr hart	ungeeignet

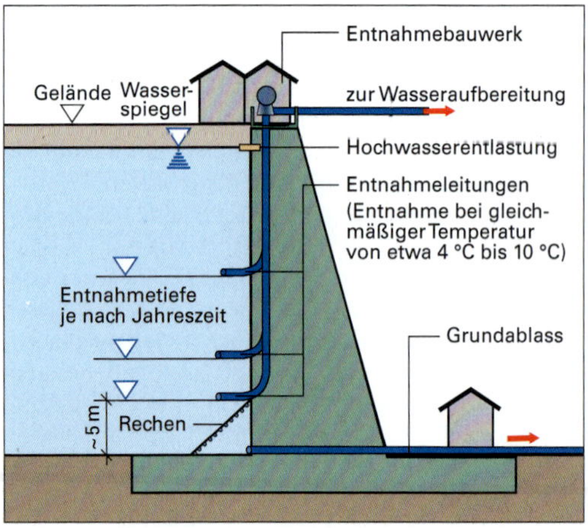

Abb. 22.8: Talsperre

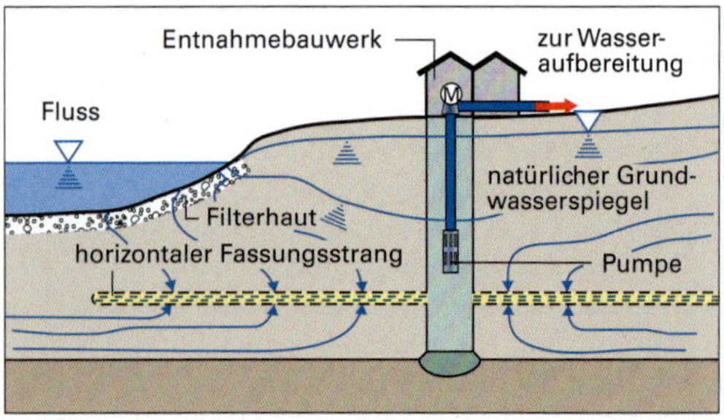

Abb. 22.9: Gewinnung von uferfiltriertem Grundwasser

Wasserbedarf

Für die Dimensionierung von Wasserversorgungseinrichtungen für Trinkwasser in Wohngebäuden, Verwaltungsgebäuden, Schulen, Hotels, Jugendherbergseinrichtungen, Krankenhäusern und landwirtschaftlichen Anlagen ist das Arbeitsblatt W 410 (Wasserbedarfszahlen) der Deutschen Vereinigung des Gas- und Wasserfaches (DVGW) heranzuziehen (vgl. auch Abb. 22.10).

Die Herstellung oder Änderung einer baulichen Anlage der Trinkwasserversorgung ist durch das Wasserversorgungsunternehmen (WVU) zu genehmigen. Im Einzelfall wird für eine Wohnung mit Bad und WC ein täglicher durchschnittlicher Wasserverbrauch pro Person von ca. 127 Liter (Stand 2019) angesetzt.

Tabelle 22.10: Durchschnittlicher Wasserverbrauch in Deutschland

Art des Verbrauchs	%	Liter pro Person	m^3 pro Jahr
Körperpflege	35	44	16,2
Toilette	31	39	14,4
Wäsche waschen	15	19	6,9
Geschirrspülen	6	8	2,8
Raumreinigung	4	5	1,9
Essen/Trinken	3	4	1,4
Garten/Balkon	2	3	0,9
sonstiges	4	5	1,9
Σ	100	127	46,6

In Deutschland kostet 1 Liter Trinkwasser im Durchschnitt 0,2 Cent. Dabei gibt es ein starkes Gefälle in der Preisgestaltung der (kommunalen) Versorgungsunternehmen (WVU) , das i.d.R. in der unterschiedlichen Wartungsintensität der Leitungsnetze begründet wird. Dazu wird eine Abwassergebühr erhoben.

Beispiel

Die statistischen Werte sind individuell anzupassen wie eine vereinfachte Beispielrechnung zeigt. Haushalt A: Zwei Personen, ganztägig berufstätig, Essen in der Firmenkantine, Toilettengänge außer Haus, ca. 12 Liter pro Person Wasserersparnis gegenüber Tabelle 22.10;
Haushalt B: zwei Personen, Rentner, ganztägig zu Hause, ca. 27 Liter pro Person Wassermehrverbrauch gegenüber Tabelle 22.10.

Tabelle 22.11: Verbrauchsgruppenbezogene Wasserbedarfswerte (DVGW, W 410)

Verbrauchergruppe/ Gebäudeart	Verbraucher/ Bezugsgröße	Mittelwerte	Spitzenfaktoren f_d	f_h
Krankenhäuser	Patienten und Beschäftige	0,34 m^3/(PB·d)	1,3	3,2
	Bettenanzahl	0,50 m^3/(BZ·d)		
Schulen	Schüler und Lehrer	0,006 m^3/(SL·d)	1,7	7,5
Verwaltungs- und Bürogebäude	Beschäftige	0,025 m^3/(B·d)	1,8	5,6
Hotels	Hotelgast Hotelzimmer	0,29 m^3/(G·d) 0,39 m^3/(HZ·d)	1,4	4,4
Landwirtschaftliche Anwesen	Großvichgleichwert	0,052 m^3/(GVGW·d)	1,5	7,6
Gewerbegebiete	Fläche Arbeitsplätze	2 m^3/(ha·d) 501/(AP·d)	1,8	5,6

Tabelle 22.12: Begriffe und Formelzeichen zum Wasserbedarf

Formelzeichen	Einheit	Erläuterungen
Q_a	m^3/a	Jährlicher Wasserverbrauch
Q_{dm}	m^3/d	Mittlerer Tagesbedarf = $Q_a/365 = q_{dm} \cdot E$
$Q_{d\,max}$	m^3/d	Höchster Tagesbedarf in Versorgungsgebieten von 0:00 bis 24:00 Uhr
Q_{hm}	m^3/h	Durchschnittlicher Stundenbedarf am Tage des mittleren Wasserbedarfs, $Q_{hm} = Q_{dm}/24 = Q_a/(365 \cdot 24)$
$Q_{h\,max}$	m^3/h	Höchster Stundenbedarf am Tage des höchsten Wasserbedarfs
q_{dm}	$1/(d \cdot E)$	Mittlerer einwohnerbezogener Tagesverbrauch
f_d	–	Tagespitzenfaktor = $Q_{d\,max}/Q_{dm}$
f_h	–	Stundenspitzenfaktor = $Q_{h\,max}/Q_{hm}$
t_B	s, min, h oder d	Bezugszeit, über den Tag kumulierte Zeit, auf die ein Spitzendurchfluss bezogen ist
ΣQ_R	m^3/h ℓ/s	Summendurchfluss
d_i bzw. d_a	mm	Innen- bzw. Außendurchmesser

22

Löschwasserbedarf

Der Löschwasserbedarf wird nach DVGW Arbeitsblatt W 405 zur Dimensionierung neuer und zur Nachprüfung bestehender Wasserversorgungsnetze angesetzt. Konkrete Auskünfte darüber, welche Entnahmestellen (Hydranten) für welche Löschwassermengen (Kapazitäten) unter welchen Bedingungen (Drücke) zur Verfügung stehen, erteilt das örtliche Versorgungsunternehmen, bzw. die Feuerwehr.

22.2 Wasserbereitstellung

Um die täglichen Schwankungen und Verbrauchsspitzen auszugleichen, muss Trinkwasser in Sammelbehältern (Wassertürmen) zwischengespeichert werden.

Wasserspeicherung

Die Wasserspeicherung ermöglicht einen Ausgleich bei unterschiedlichem Wasserverbrauch, sorgt für einen ausreichenden, gleichmäßigen Versorgungsdruck und verhindert Druckschwankungen im Versorgungsnetz. Außerdem ist eine Notversorgung bei Betriebstörungen und die Bereithaltung von Löschwasser gesichert.

Reinwasser wird ausschließlich in geschlossenen Behältern gespeichert. Am häufigsten werden Hochbehälter als künstliche Wasserspeicher erstellt. Der Inhalt ist im Wesentlichen auf den Wasserbedarf, die Förderleistung der Pumpen und die zeitliche Verbrauchsentnahme abzustimmen. Die freie Wasserspiegelhöhe über dem Versorgungsgebiet beeinflusst den Versorgungsdruck wesentlich. Hochbehälter können als Erdhochbehälter oder als Wassertürme ausgeführt werden.

Nach der Lage zum Versorgungsgebiet wird außerdem zwischen Tiefbehältern, Durchlaufbehältern und Gegenbehältern unterschieden. **Tiefbehälter** sind Wasserspeicher, die als Saugbehälter eines Pumpwerks für ein höher gelegenes Versorgungsgebiet dienen. **Durchlaufbehälter** sind Wasserspeicher, die zwischen Wasserwerk und dem Versorgungsgebiet liegen. Das gesamte, im zugehörigen Wasserversorgungsgebiet benötigte Wasser wird durch den Behälter geleitet. **Gegenbehälter** sind Wasserspeicher, die zwischen Wasserwerk und dem Versorgungsgebiet liegen. Sie sind nur als Hochbehälter möglich. Es gelangt nur der Teil des Wassers in den Speicher, der während der Pumpenlaufzeit von den Verbrauchern nicht abgenommen wird.

22

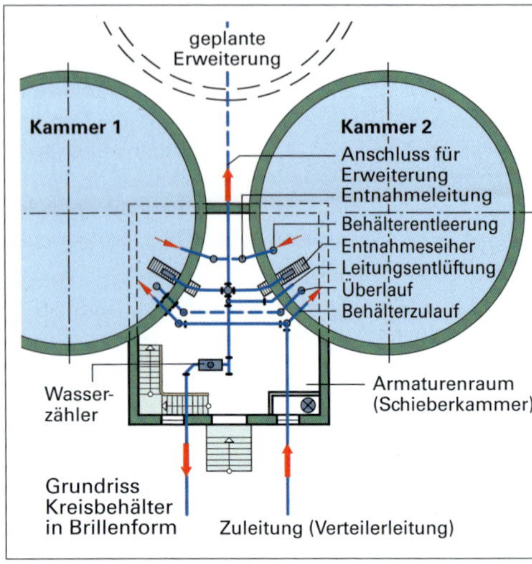

Abb. 22.13: Erdhochbehälter (schematisch)

Erdhochbehälter werden angeordnet, wenn in der Nähe des Versorgungsgebietes ein Gelände von ausreichender Höhenlage vorhanden ist. Sie werden so nah wie möglich am Versorgungsgebiet, überwiegend unter Gelände, erstellt und mit Erde überdeckt. Die Erdüberdeckung als Dämmungsschicht verhindert große Temperaturschwankungen. Erdhochbehälter sind die wirtschaftlichste und betriebssicherste Art der Wasserspeicherung.

Ein Erdhochbehälter besteht in der Regel aus den Wasserkammern und dem Armaturenraum, der auch als Schieberkammer bezeichnet wird (vgl. Abb. 22.13). Er wird als dichter Behälter aus Stahl- oder Spannbeton erstellt. Als Grundriss für die Wasserkammern werden meist Rechteck- oder Kreisformen gewählt. Zu- und Ableitungen in den Kammern müssen so angeordnet sein, dass eine Wasserumwälzung gewährleistet ist. Je nach Geländeform können Hochbehälter in Kreisform, z. B. mit konzentrisch angeordneten Wasserkammern, als Hochbehälter in Brillenform oder als Spiralwandbehälter gebaut werden. Für eine spätere Erweiterung ist ein entsprechender Platz vorzusehen.

Wassertürme werden dort gebaut, wo natürliche Erhebungen von ausreichender Höhe fehlen. Als günstiger Standort gilt ein hochgelegenes Gelände im Zentrum des Versorgungsgebietes. Ein Wasserturm besteht aus der Tragkonstruktion in Form eines Turmes, den Wasserkammern und den Bedienungsräumen. Der Turm kann in Stahlbeton-, Spannbeton- oder Stahlbauweise z. B. in Kugelform, Kelch- oder Pilzform und als aufgelöste Stützenkonstruktion ausgeführt werden. Das Fassungsvermögen der Kammern wird auf den unbedingt erforderlichen Inhalt begrenzt. Die Wasserkammern sind zum Schutz gegen Temperaturschwankungen zu dämmen.

Wasseraufbereitung

Die Aufbereitung zu Reinwasser setzt Untersuchungen des Rohwassers voraus. Chemische und physikalische Untersuchungen geben Aufschluss darüber, welche Stoffe im Wasser vorhanden sind und in welchen Mengen. Durch mikrobiologische und biologische Untersuchungen wird festgestellt, ob Viren, Bakterien, Kleinlebewesen und Pflanzen im Wasser enthalten sind. Nach den Untersuchungsergebnissen richten sich Art, Umfang und Reihenfolge der Aufbereitungsschritte.

Für die Trinkwasseraufbereitung werden physikalische, chemische und biologische Verfahren sowie Sonderverfahren, wie z. B. die UV-Bestrahlung, angewendet. Durch physikalische Verfahren werden ungelöste und kolloidal gelöste Stoffe entfernt. Chemische Verfahren dienen der Beseitigung gelöster Stoffe. Durch biologische und bakteriologische Verfahren werden unerwünschte und schädliche Bestandteile entfernt sowie die Entkeimung des Wassers vorgenommen. Meist werden die Verfahren in Kombination angewendet. Weitere Verfahren zur Wasseraufbereitung können notwendig sein.

Vorreinigung

Der Aufbereitung ist eine Vorreinigung durch Entfernen der ungelösten und kolloidal gelösten Stoffe vorgeschaltet. Dazu wird das Rohwasser durch Rechen- und Siebeeinrichtungen, Sandfänge und Vorklär- oder Absetzbecken abgeleitet. Feindisperse Trübstoffe und kolloide Stoffe können nicht allein durch Absetzen und Filtration ausgeschieden werden. Sie werden durch Zugabe von Chemikalien in eine abscheidbare Form gebracht.

Belüftung

Wenn unerwünschte Gase, wie aggressive Kohlensäure und Schwefelwasserstoff, ausgeschieden oder Sauerstoff in das Wasser eingetragen werden soll, erfolgt ein Gasaustausch (vgl. Abb. 22.14). Das Belüften des Wassers kann z. B. durch Rieselung, Kaskadenbelüftung und Druckbelüftung erfolgen.

Filtration

Die Filtration stellt das wichtigste Verfahren der Wasseraufbereitung dar. Dabei sollen die auszuscheidenden Stoffe in einem körnigen oder porösen Filter zurückgehalten werden. Zur Filtration werden z. B. Langsamfilter, Schnellfilter, Einschicht- und Mehrschichtfilter genutzt.

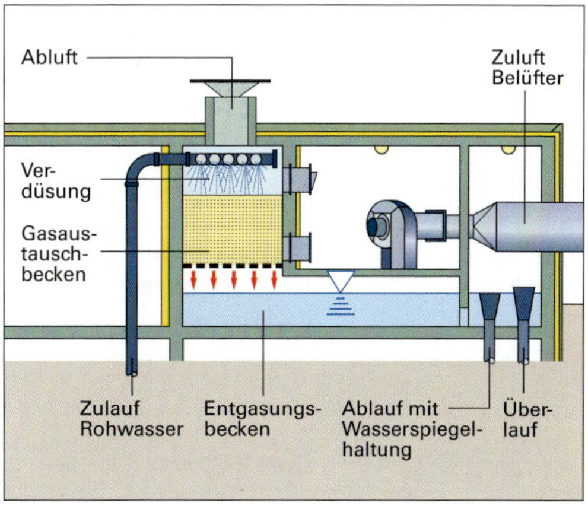

Abb. 22.14: Verdüsungsanlage

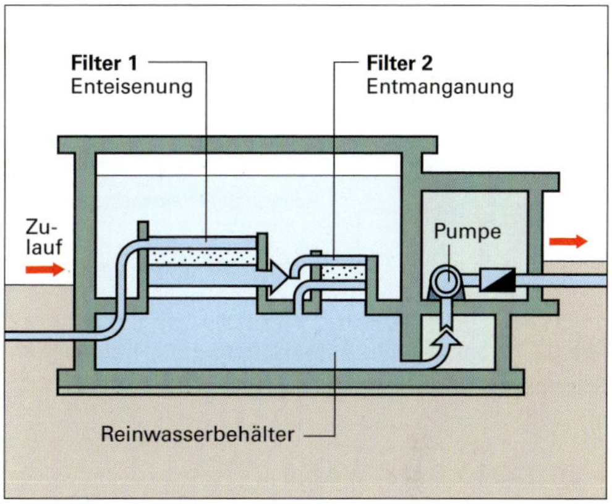

Abb. 22.15: Schnellfilter

Langsamfilter ahmen das Prinzip der natürlichen Bodenfiltration nach. Sie wirken physikalisch, chemisch und biologisch. Die Filterschichten aus Sand und Kies ermöglichen eine Filtergeschwindigkeit von 0,05 m/h bis 0,25 m/h. Der Filter muss durch Ersetzen der oberen Sandschicht gereinigt werden.

Schnellfilter mit Füllungen aus Sand und Kies oder anderen Filterstoffen werden wegen der höheren Filtergeschwindigkeit bevorzugt eingesetzt (vgl. Abb. 22.15). Diese beträgt z. B. bei Aktivkohle 20 m/h bis 45 m/h. Der Filter wird durch Rückspülen der gesamten Filterfüllung gereinigt.

Mehrschichtfilter sind Schnellfilter mit Füllungen aus Schichten von Filterstoffen, deren Dichten und Korngrößen so abgestimmt sind, dass bei der Filtration der Durchgang des Wassers von der grobkörnigen in die feinkörnige Schicht erfolgt. Der Aufbau des Filters bleibt bei der Rückspülung erhalten. Abbildung 22.16 zeigt ein einfaches Schema zur Aufbereitung von Wasser.

22

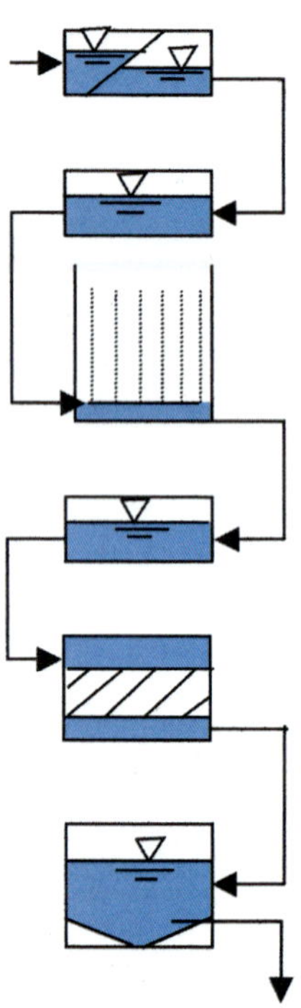

Abb. 22.16: Schema der Aufbereitung eines heimischen Rohwassers

Normative Verweise

Das Arbeitsblatt W 534 des Deutschen Vereins des Gas- und Wasserfachs (DVGW) enthält eine Auflistung der relevanten technischen Regeln der in der Sanitär- und Heizungsbranche verwendeten Rohrleitungen sowie zugehörigen Rohrverbindern und -verbindungen.

Der Schutz des Trinkwassers wird in der DIN EN 1717 sowie der nationalen Ergänzungsnorm DIN 1988-100 geregelt.

22

Die Planung von Trinkwasserinstallationen erfolgt nach der DIN EN 806 (europäischer Mindeststandard) sowie der nationalen Ergänzungsnorm DIN 1988-200 und die Berechnung nach DIN 1988-300.

In DIN EN 805 werden die Wasserversorgungssysteme beschrieben.

Zu allen gängigen Rohrwerkstoffen (vgl. Kapitel 22.3) liegen Rohrnormen des Deutschen Instituts für Normung (DIN) vor. Beispielsweise behandelt die DIN 50930-6 Rohre aus Kupfer, feuerverzinktem Stahl und anderen metallischen Werkstoffen in der Trinkwasserinstallation. Nach Einzelprüfung erhalten Hersteller für Rohre für Sanitärinstallationen ein DVGW-Zeichen. Das DVGW-Zeichen bedeutet im Allgemeinen, dass das Rohr die anerkannten Regeln der Technik erfüllt, so dass bei Verwendung kein Einzelnachweis nach MBO mehr geführt werden muss.

Schließlich sind bei der Installation gegebenenfalls VDE-/VDI-Vorschriften zu beachten.

Dimensionierung von Wasserleitungen

Zur Berechnung der Nennweite d_i von Wasserleitungen sind neben den in Kapitel 22.3 dargestellten Inhalten folgende Faktoren entscheidend:

Förderstrom Q [ℓ/s], Zahl der Abnehmer bzw. Nutzer EW [Einwohnerzahl], Verbrauchermenge VB, tägliche Betriebsdauer der Anlage BD [s/d], Fließgeschwindigkeit v [dm/s]

$$d_i = \sqrt{\frac{Q \cdot 4}{v \cdot \pi}} \quad \text{mit} \quad Q = \frac{EW \cdot VB}{BD}$$

Beispielrechnung zur Dimensionierung

Randbedinungen
Fließgeschwindigkeit $v = 18$ dm/s
Einwohnerzahl $EW = 40\,000$
tägl. Verbrauch $VB = 125$ ℓ/(EW·d)
tägl. Betriebsdauer $BD = 64\,800$ s/d (= 18 h)

Durch die Rechnung wird der Mindestinnendurchmesser ermittelt. Das gewählte Rohr muss innen größer als der errechnete Wert sein.
gew.: PE 100, d_a 315, SDR 11 (d_i = 258 mm)

$$Q = \frac{40\,000\ EW \cdot 125\ \ell/EW \cdot d}{64\,800\ s/d} = 77{,}16\ \ell/s$$

$$d_i = \sqrt{\frac{77{,}16\ \ell/s \cdot 4}{18\ dm/s \cdot \pi}} = 2{,}34\ dm = 234\ mm$$

PE	Polyethylenrohre
d_a	Außendurchmesser in mm; auch OD
d_i	Innendurchmesser in mm; auch ID (Inner Diameter)
s	Wanddicke 28,5 mm
SDR	Wanddickenverhältnis; SDR 11; 11 × 28,6

Bei der Erdverlegung ist dabei sicherzustellen, dass sich das Trinkwasser während des Durchflusses nicht erwärmt (Gefahr der Verkeimung) oder zu stark abkühlt (Gefahr der Eisbildung). Dies ist durch eine wärmeisolierte Versorgungsleitung (Mediumsrohr, Wärmedämmung, Schutzrohr, vgl. Abb. 22.17) und durch eine entsprechende Erdüberdeckung möglich. Die örtliche Mindestüberdeckung wird im Merkblatt W 397 des DVGW anhand von Tabellen ausgewiesen.

Für die Trinkwasserinstallation in Gebäuden regelt die DIN EN 806-3 ein vereinfachtes Verfahren. Es handelt sich hierbei um ein Belastungsverfahren, bei dem die Rohrdurchmesser in Abhängigkeit der Anzahl installierter Entnahmestellen (Belastungswert z. B. für einen Spülkasten 1 LU ≙ 0,1 ℓ/s, Badewannenlauf 4 LU) über Tabellen ermittelt werden. Parameter wie geodätische Höhe, Druckverlust und Mindestfließdruck finden keine Berücksichtigung. Daher ist das vereinfachte Verfahren nur für Wohngebäuden bis zu 6 Wohnungen zulässig. Die Berechnung erfolgt i.d.R. durch Fachbetriebe.

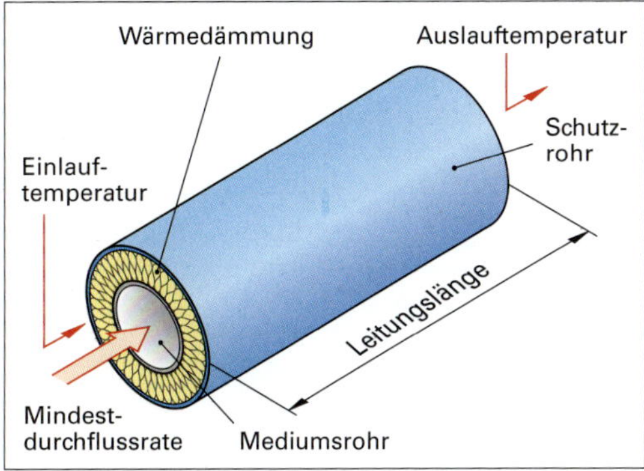

Abb. 22.17: Wärmeisoliertes Trinkwasserrohr

Beispiel

PE-X-Rohre, maximale Belastungswerte						
Belastumgswert	LU	**1**	**2**	**3**	**4**	**5**
Größter Einzelwert	LU					4
$d_a \times s$	mm	**12** × 1,7			**16** × 2,2	
d_i	mm	8,4			11,6	
Max. Rohrlänge l	m	13	4	9	5	4
Belastumgswert	LU	**8**	**16**	**35**		
Größter Einzelwert	LU	5	8			
$d_a \times s$	mm	**20** × 2,8	**25** × 3,5	**32** × 4,4		
d_i	mm	14,4	18,0	23,2		
Max. Rohrlänge l	m	keine Angabe				

Bei Anwendung des vereinfachten Verfahrens ist zu prüfen, ob der Mindestversorgungsdruck vom WVU ausreicht, um den Mindestfließdruck an jeder Entnahmestelle sicherzustellen. Der Mindestversorgungsdruck muss mindestens $R_V > 10$ hPa/m betragen. Der Nachweis kann in Tabellenform erfolgen (vgl. Tabelle 22.18).

Tabelle 22.18: Nachweis für den ausreichenden Mindestversorgungsdruck			**Beispiel**	
1	Versorgungsdruck	p_{minV}	3800	hpa
2	Druckverlust in der Hausanschlussleitung	Δp_{Hal}	800	hpa
3	Druckverlust in der Hauswasserzähler	Δp_{WZ}		hpa
4	Mindestdruck nach dem Hauswasserzähler	$p_{min, WZ}$	3000	hpa
5	Druckverlust aus geodätischem Höhenunterschied	Δp_{geo}	800	hpa
6	Druckverlust im Rückflussverhinderer	Δp_{RV}		
7	Druckverlust in Apparaten			
	Wohnungs- Wasserzähler	Δp_{WZ}	210	hpa
	Filter	Δp_{FIL}	210	hpa
	Enthärtungsanlage	Δp_{EH}		hpa
	Dosieranlage	Δp_{DOS}		hpa
	Trinkwasserwärmer	Δp_{TE}		hpa
	weitere Apparate	Δp_{AP}		hpa
8	Mindestfließdruck	p_{minFL}	500	hpa
9	Summe der Druckverluste 5 bis 8	$\sum \Delta p$	1720	hpa
10	verfügbar für Druckverlust aus Rohrreibung und Einzelwiderständen	$\sum(l \cdot R + Z)_V$	1280	hpa
11	geschätzter Anteil für Einzelwiderstände	a	40	%
12	verfügbar für Druckverlust aus Rohrreibung	Δp_R	512	hpa
13	Leitungslänge	l_{ges}	19	m
14	Mindestversorgungsdruck (Entnahmestelle)	R_V	27	hpa/m

22.3 Wasserverteilung

Die Verteilung des Wassers innerhalb eines Versorgungsgebietes erfolgt über ein Rohrnetz. Dieses Rohrnetz besteht aus verzweigten und vermaschten Zubringer-, Haupt-, Versorgungs- und Anschlussleitungen. Die Verlegung hat in frostfreier Tiefe zu erfolgen, wobei für die Verlegung (der Versorgungsleitungen allgemein) im Straßenquerschnitt bestimmte Räume vorbehalten sind (vgl. Abb. 22.22).

Für Entnahme von Wasser in größeren Mengen und zur Brandbekämpfung werden Entnahmestellen als Überflur- oder Unterflurhydranten (Hydrant, von altgriechisch hydōr, Wasser) in Abständen von ca. 100 m installiert.

Arten der Rohrverlegung

Beim **Verästelungsnetz** zweigen Nebenleitungen von einer Hauptleitung ab, die sich je nach Zahl und Lage der Straßen weiter verzweigen. Dadurch wird das Versorgungsgebiet durch blind endende Rohrleitungen erschlossen. Das Wasser kann stets nur in eine Richtung fließen. Dies hat den Vorteil, dass der Druck im Netz eindeutig berechenbar ist, da sich die Druckverluste aufeinander aufbauen und die Leitungslängen geringer sind. Verästelungsnetze sind aber unwirtschaftlich und unsicher im Betrieb, da die Endstränge häufig gespült werden müssen und sie im Winter durch Stagnation des Wassers häufig einfrieren. Bei Rohrschäden ist der gesamte dahinter liegende Netzteil drucklos.

Flanschformstücke			**Muffenformstücke**		
Abk.	Verwendung	Symbol	Abk.	Verwendung	Symbol
ALK	Sicherung von Entleerungsleitungen (Anschluss Flansch oder Muffe)	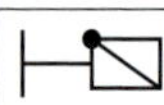	MMA	Einbindung eines Flanschrohres oder -formstücks an Muffenrohre (90°)	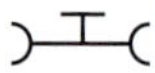
EN	Anschluss eines Hydranten mit Flansch an ein Muffenrohr	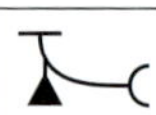	MMB	Einbindung eines Muffenrohres oder -formstücks an Muffenrohre (90°)	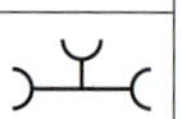
EU	Übergang von Flanschverbindung auf Muffenverbindung	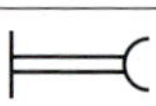	MMC	Einbindung eines Muffenrohres oder -formstücks an Muffenrohre (45°)	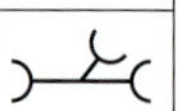
F	Einstecken des Spitzendes in eine Muffe zum Anschluss eines Flansches	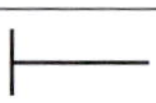	MMK	Richtungsänderung 11¼° bis 45° zwischen zwei Muffen	
FF	Verbindung zweier Flansche		MMQ	Richtungsänderung 90° zwischen zwei Muffen	
FFK	Richtungsänderung 11 1/4 bis 45° zwischen zwei Flanschen		MMR	Reduzierung der Nennweite zwischen zwei Muffen	
FFQ	Richtungsänderung 90° zwischen zwei Flanschen	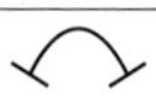	MUPA	Längenanpassung bei Muffenrohren (Muffenpassstück)	
FFR	Reduzierung der Nennweite zwischen zwei Flanschen	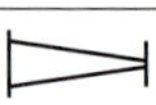	O	Abschluss der Leitung durch eine Kappe auf dem Spitzende	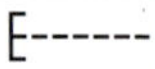
N	Anschluss eines Hydranten mit Flansch an ein Flanschrohr		P	Abschluss der Leitung durch einen Stopfen auf dem Muffenende	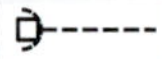
T	Einbindung eines Flanschrohres oder -formstücks an Flanschrohre	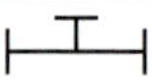	RRK	Rohrreinigungskästen (Anschluss Muffe oder Flansch)	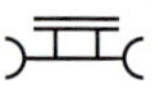
TT	Doppelte Einbindung von Flanschrohren- oder Formstücken an Flanschrohre	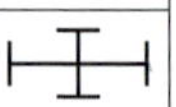			
X	Abschluss der Leitung durch Flansch	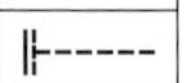	U	Muffe zum Überschieben	

Absperrarmaturen	Eigenschaften des Abschlusskörpers	Einsatz
Schieber	■ geradlinige Bewegung ■ nicht im Medienstrom, molchbar	■ Gas- und Wasserversorgung ■ kleine DN (bis ca. DN 300)
Klappe	■ dreht um Achse ■ im Medienstrom, nicht molchbar	■ Wasserversorgung ■ große DN (ab ca. DN 300)
Kugelhahn	■ dreht um Achse ■ nicht im Medienstrom, molchbar	■ vorrangig in der Gasversorgung Molch: Reinigungs-/Inspektionsgerät

Abb. 22.19: Formstücke und Sinnbilder (DIN EN 545)

Beim **Ringnetz** sind die Endpunkte der Hauptleitungen miteinander verbunden. Drücke können sich ausgleichen und die rückwärtige Versorgung bei Rohrschäden ist problemlos möglich. Rohrleitungen sind in geeigneten Abständen durch Schieber zu unterteilen, um wasserlose Strecken bei Rohrschäden klein zu halten. Der Erdeinbau erfolgt ohne Schacht. In langen Strecken sind Streckenschieber einzubauen.

Eine weitere Möglichkeit ergibt sich durch ein **Ringnetz mit Vermaschung**, wobei bei einer zu starken Vermaschung hohe Kosten und Stagnationszonen entstehen können (vgl. Abb. 22.21).

Zur **Berechnung der Rohrnetze** sind folgende Schritte erforderlich:

- Ermittlung der anzuschließenden Einwohner und Berechnung der maximal bereit zu stellenden sekündlichen **Wassermengen** [ℓ/s].
- Konzentration der Wassermengen in den **Knotenpunkten:** Hierzu wird bei gleichmäßiger Besiedlung des Versorgungsgebiets die Gesamtwassermenge durch die Gesamtlänge der Rohrleitungen geteilt.
- **Verästelungsnetz:** Aufsummierung der Knotenpunktswassermengen von den Endpunkten beginnend zum Wasserwerk hin. Hieraus ergeben sich die in den Rohren fließenden Rohrwassermengen. Nur auszuführen, wenn die örtlichen Verhältnisse ein Ringnetz nicht zulassen.
- **Ringnetz:** Abschätzung der in den Rohren fließenden Wassermengen unter Berücksichtigung der Knotenpunktsbedingung. Alle in den Knotenpunkt herein fließenden Wassermengen müssen so groß sein wie die heraus fließenden Wassermengen.

Der erforderliche Druck am Ausgang des Wasserwerks ergibt sich aus dem erforderlichen Wasserdruck am ungünstigsten Punkt des Wasserversorgungsnetzes zuzüglich des geodätischen Höhenunterschieds und der Druckverluste von dort bis zum Werk.

Tabelle 22.20: Abschätzung der Rohrdurchmesser anhand der Wassermengen

DN [mm]	100	125	150	200	250	300	400	500
max. Q [ℓ/s]	8	14	23	50	90	146	310	560
min. Q [ℓ/s]	1,6	2,5	3,5	6,3	10	14	25	39

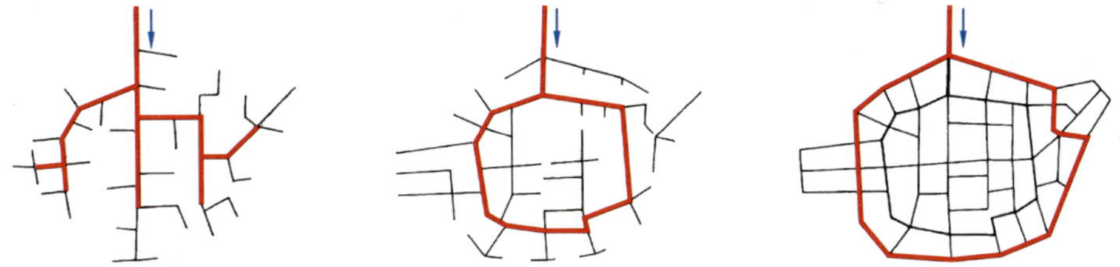

a) Verästelungsnetz b) Ringnetz c) Ringnetz mit Vermaschung

Abb. 22.21: Schematische Darstellung Arten der Rohrnetze

Verlegung der Versorgungsleitung

Innerhalb von Ortschaften werden Wasserleitungen (ebenso Strom-, Gas-, Telekommunikationsleitungen) i.d.R. im Straßenquerschnitt (vgl. Abb. 22.22) angeordnet werden. Außerhalb der Ortschaften sollen diese Leitungen am äußeren Rand des Straßenquerschnittes verlegt werden. Der Einbau soll in einem Sand- oder Kiesbett erfolgen, sodass die Auflagerung der Rohre möglichst gleichmäßig erfolgt.

So können die Auflagerspannungen gleichmäßig verteilt und die Tragfähigkeit (vgl. Kapitel 23.2) der Rohre gewährleistet werden.

Rohrmaterialien

Im Laufe der Jahrzehnte sind unterschiedliche Materialien zur Herstellung von Wasserleitungsrohren verwendet und weiterentwickelt worden. Blei- und Asbestzementleitungen werden heute nicht mehr verwendet.

Die Rohre müssen mechanischen sowie chemischen Beanspruchungen standhalten. Die Innenbeschichtungen müssen physiologisch unbedenklich sein und keine negativen Auswirkungen auf die menschliche Gesundheit haben.

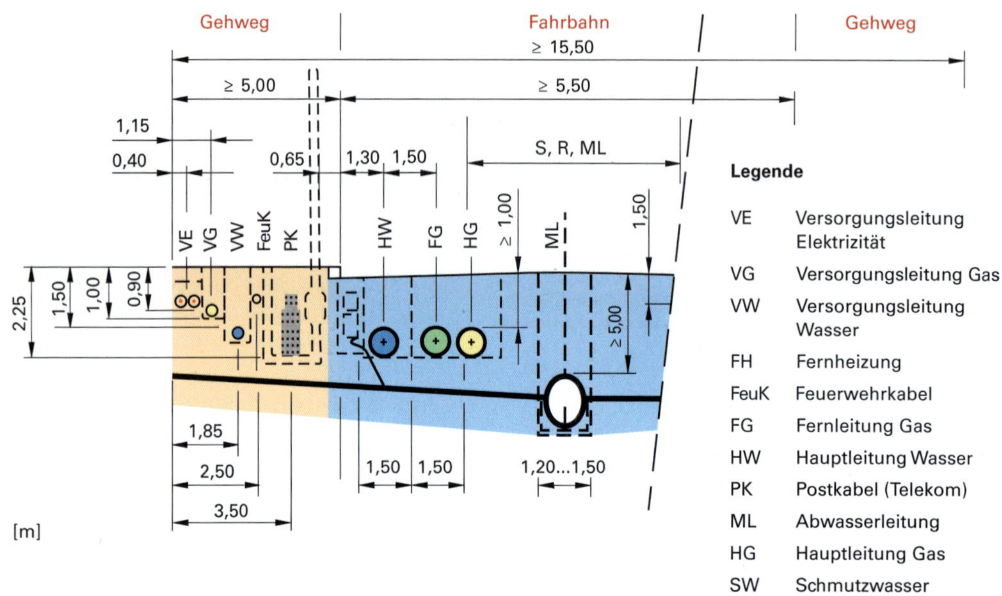

Hinweis
Der SW-/Mischwasserkanal sollte, um bei Kontrollarbeiten eine Vollsperrung der Straße zu vermeiden, nicht in der Fahrbahnmitte liegen.

Abb. 22.22: Querschnitt durch einen Straßenkörper mit den sich darin befindenden Versorgungsleitungen

Im Rohrleitungsbau werden sowohl Kunststoffe als auch metallische Werkstoffe als Rohrwerkstoff verwendet. Dabei können die verschiedenen Werkstoffe untereinander mit Übergangsstücken verbunden werden.

- Polyethylenrohre (PE)
- Polybutenrohr (PB Rohre)
- Polyvinylchloridrohre (PVC-C Rohre)
- Verbundrohre (PE-X, PE-MD)
- Feuerverzinkte Stahlrohre (St)
- Rohre aus nichtrostendem Stahl (St)
- Kupferrohre
- Duktilgussrohre (GJS)

22

Die Rohre werden mit den Nennweiten **DN** (DN entspricht dem lichten Durchmesser) bezeichnet. PE-Rohre und PVC-Rohre werden hinsichtlich des zulässigen Innendruckes vorrangig in kleineren Nennweiten (bis ca. DN 300) eingesetzt. Duktilgussrohre erlauben einen Einsatz unter schwierigen Verlegbedingungen, z.B. in Bergsenkungsgebieten, Stahlrohre werden bei größeren Drücken eingesetzt.

Nachträgliche Veränderungen der Wasserbeschaffenheit im Hinblick auf den Einfluss von Installationswerkstoffen sind u.a. in der Trinkwasserverordnung (TrinkwV) definiert. In dieser hat der Gesetzgeber für die verschiedensten Werkstoffe einzuhaltende Werte festgelegt.

Ergänzend sind neben der TrinkwV auch die DIN 50930 mit der Beschreibung von Einsatzbereichen für Werkstoffe im Trinkwasserbereich und die KTW-Empfehlungen (Leitlinie zur hygienischen Beurteilung von organischen Materialien im Kontakt mit Trinkwasser, www.bundesumweltamt.de) bzw. das DVGW-Arbeitsblatt W 270 mit der Beschreibung von Anforderungen an Kunststoffen heranzuziehen.

Für die Versorgung eines Siedlungsgebietes mit Wasserleitungen sind Rohrnetzpläne zu erstellen, die Lage der Leitungen, Maße, Verbindungen und Einbauteile sowie Angaben über Nennweiten und Werkstoffe nach DIN 2425-4 enthalten.

Hausanschlussleitungen

Die Rohrleitungsarten werden unterteilt in

- **Fernleitungen:** Rohrleitungen größerer Durchmesser und Längen ohne Hausanschlüsse zum Wassertransport.

- **Versorgungsleitungen:** Rohrleitungen kleinerer Durchmesser (DN 100, 125, 150) mit Hausanschlüssen zur Versorgung der anliegenden Verbraucher. In Straßen mit beidseitiger enger Bebauung werden Versorgungsleitungen in beide Bürgersteige gelegt, um zu häufige Straßenquerungen zu vermeiden.
- **Hausanschlüsse:** Hausanschlüsse werden durch Anbohrschellen an die Versorgungsleitungen angebunden. Sie können ohne Betriebsunterbrechung angeschlossen werden. Sie erhalten einen Hausanschlussschieber unmittelbar auf oder neben der Versorgungsleitung. Verwendetes Rohrmaterial PE-HD (Polyethylen), das auf Endlostrommeln angeliefert wird. Rohrweite DN 25, 40, 50. Verlegetiefe 1,50 m. Hausanschlussleitungen werden mit wasserdichter Mauerdurchführung in die Häuser gelegt. Im Haus wird ein geeichter Wasserzähler zwischen zwei Schiebern, davon einer mit Entleerung, eingebaut.

Rohre werden frostfrei mit 1,50 m Überdeckung verlegt. Bei größeren Rohrweiten kann die Überdeckung bis auf ca. 1,00 m verringert werden. Rohrenden, Rohreinmündungen und Richtungsänderungen sind wegen der auftretenden Kräfte durch Betonwiderlager zu sichern oder längskraftschlüssig auszuführen (vgl. Abb. 22.23 und Abb. 22.24).

Die DIN 18012 gilt als Plannungsgrundlage für den Hausanschlussraum. Dieser Raum enthält die Einführungen für die Ver- und Entsorgung mit den erforderlichen Ausschlusseinrichtungen und den Betriebseinrichtungen.

Die Wände von Hausanschlussräumen müssen mindestens der Feuerwiderstandsklasse F 30 nach DIN 4102-2 entsprechen. Wände, an denen Leitungen, Anschluss- und Betriebseinrichtungen befestigt werden, müssen den zu erwartenden Belastungen entsprechend ausgebildet sein.

Türen von Hausanschlussräumen müssen im Lichten mindestens 0,65 m breit und mindestens 1,95 m hoch sein. Hausanschlussräume mit Fernwärmeanschluss müssen eine Tür mit geschlossenem Türblatt haben. Sie müssen abschließbar sein. Die Zugänglichkeit, z. B. für Feuerwehr, Ver- und Entsorgungsunternehmen ist verbindlich zu regeln ist.

In Hausanschlussräumen mit Wasser- oder Fernwärmeanschluss ist eine den baulichen Voraussetzungen angepasste, ständig wirksame Entwässerungsmöglichkeit vorzusehen. Bodenabläufe, mit Absperrvorrichtung gegen Rückstau, sollten vorgesehen werden.

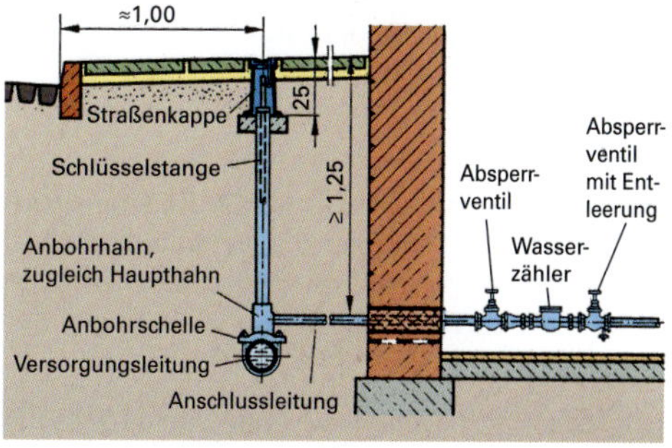

Abb. 22.23: Hausanschluss im Keller
für Anschlussleitungen aus PE mit S DN 25, Versorgungsleitungen im Fußweg, Wasserzähler im Hausanschlussraum (üblicher Maßstab 1:50)

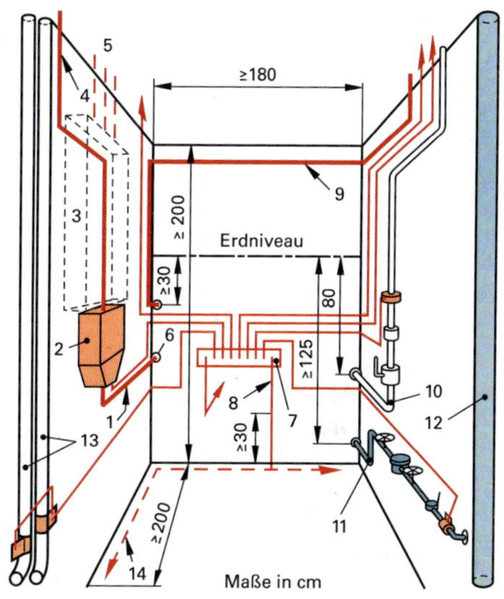

1 Hauseinführungsleitung
2 Hausanschlusskasten
3 Platz für Zählerschrank
4 Hauptleitung
5 Ableitungen von Messeinrichtungen zu den Stromkreisverteilern
6 Kabelschutzrohr
7 Haupterdungsschiene mit Verbindungsleitungen
8 Anschlussfahne des Fundamenteerders
9 Hausanschlussleitung für Fernmeldeeinrichtung
10 Hausanschlussleitung für Gas
11 Hausanschlussleitung für Wasser
12 Abwasserrohr
13 Heizungsrohr
14 Fundamenterder

Zählernischen nach VDE-AR-N 4101 und DIN 18015-1

Abb. 22.24: Hausanschlussraum

22

Hausanschlussräume müssen frostfrei gehalten werden. Die Raumtemperatur darf 30 °C nicht überschreiten, dabei muss sichergestellt sein, dass die Temperatur des Trinkwassers nicht über 25 °C ansteigen kann.

Anschlusseinrichtungen und Betriebseinrichtungen für die Strom- Starkstrom- und die Fernmeldeversorgung sollen nicht an der gleichen Wand wie die Einrichtungen für die Wasser-, Gas- und Fernwärmeversorgung angebracht sein.

Der Abstand zwischen den Leitungen und Einrichtungen der einzelnen Versorgungsträger muss mindestens 0,30 m betragen.

Sinnvoll ist für den Hausanschluss eine Mehrspartendurchführung einzuplanen. Eine Mehrspartendurchführung benötigt nur einen Durchbruch (vgl. LF 4 „Herstellung von Fundamenten", Kapitel 4.4).

Formstücke und Armaturen

Hydranten werden für die Rohrleitungsspülung und Feuerlöschversorgung in Abständen zwischen 100 m und 150 m eingebaut. Lage meist seitlich der Rohrleitung und ab DN 200 durch Schieber abgetrennt. Sie können als Unterflurhydranten nach DIN EN 14339 oder Überflurhydranten nach DIN EN 14384 eingebaut werden.

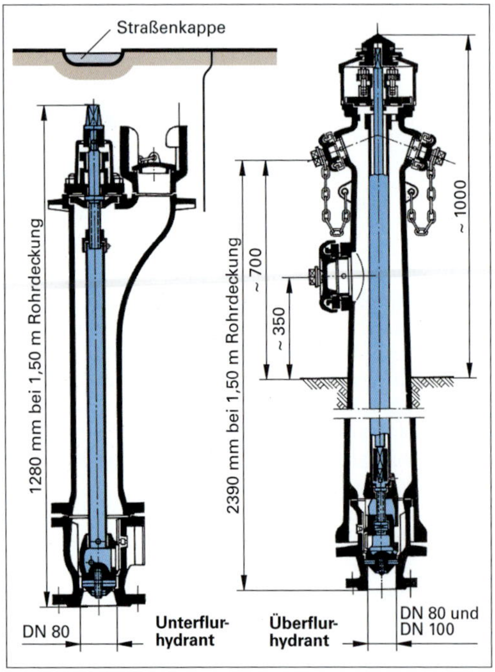

Abb. 22.25: Hydranten

Jedoch werden sie vorwiegend als Unterflurhydranten mit Hydrantenschlüssel zu öffnen und mit Klauenkupplung für Standrohr DN 80 oder DN 100 ausgebildet, da diese den Straßenverkehr nicht stören. Mindestrohrdurchmesser der Wasserversorgungsleitungen beträgt DN 100.

Für Schieber und Unterflurhydranten sind Hinweisschilder nach DIN 4066 gut sichtbar anzubringen (vgl. Abb. 22.26). Erläuterung zum Schild Hydrant: H Hydrant 100 DN Rohrleitung; 6 – 6,00 m Entfernung vor dem Schild; 3 – 3,00 m nach rechts

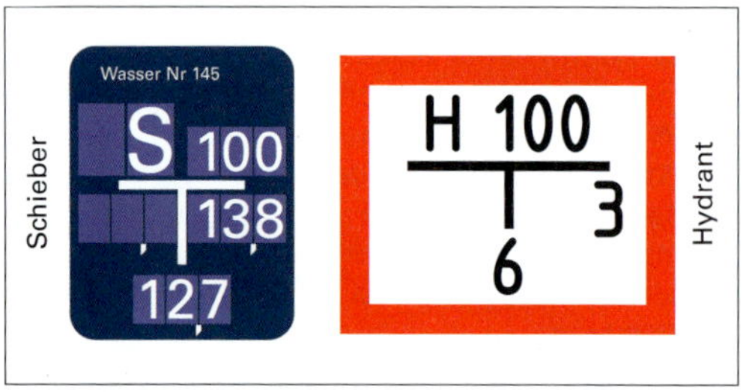

Abb. 22.26: Hinweisschild für die Feuerwehr

Formstücke sind Reduzierstücke für den Übergang von Rohren auf andere Lichtweiten, Abzweiger, Krümmer (Bögen), T-Stücke.

Armaturen werden (Schieber, Klappen, Hydranten, Hähne, Ventile) im Versorgungssystem benötigt, um z. B. Rohrleitungsabschnitte zu sperren, den Durchfluss zu regeln, die Löschwasserentnahme zu sichern oder um die Rohrleitungen zu entlüften.

Funktion und Einsatzgebiet einiger Armaturen:

- **Absperrschieber** sind in den Versorgungsleitungen an Abzweigen und auf geraden Rohrstücken im Abstand von < 500 m einzubauen.
- **Rückflussverhinderer** lassen das Wasser nur in eine Richtung fließen. Sie werden als Rückschlagklappen oder Rückschlagventile gebaut.
- **Be- und Entlüftungsventile** sind an geodätischen oder hydraulischen Hochpunkten erforderlich, sofern keine Selbstentlüftung stattfindet. Die Be- und Entlüftung erfolgt in der Regel durch selbsttätige Ventile. Im Stadtnetz erfolgt die Entlüftung durch die Wasserentnahme in den Häusern.
- **Einlaufseiher** sollen grobe Verunreinigungen zurückhalten. Einlaufseiher mit Fußventil sollen das Zurückfließen des Wassers verhindern.
- **Druckminderer** werden bei zu hohen Drücken, z. B. in der Hausinstallation, oder zwischen unterschiedlichen Druckzonen eingebaut.
- **Entlüftungsrohre** dienen zur Be- und Entlüftung u. a. von Hochbehältern, Schächten, Sammelschächten.

22

Aufgaben zum LF 12 TSL Planen einer Wasserversorgung

1. Welche Möglichkeiten der Wassergewinnung sind Ihnen bekannt und welche Anlagen befinden sich in Ihrer Region.
2. Nennen und beschreiben Sie die Hauptverfahren der Trinkwasseraufbereitung.
3. Welche Anforderung muss Trinkwasser erfüllen und wo sind diese definiert.
4. Ermitteln Sie den Wasserbedarf für eine Gemeinde von 7500 Einwohnern
   a) als Jahresbedarf,
   b) den maximalen Tagesbedarf und
   c) den maximalen Stundenbedarf.
5. Wie viel Liter pro Quadratmeter sind 6500 mm/m² Niederschlag?
   Hinweis:
   $1\,\ell/1\,m^2 \triangleq 1\,dm^3/1\,m^2 = 0{,}001\,m^3/1\,m^2 \triangleq 0{,}001\,m$
6. Warum müssen Trinkwasserleitungen unter Druck stehen. Gibt es Mindestwerte und wie kann der Druck optimiert werden.
   a) Prüfen Sie, welche Literatur Ihnen, z. B. im Ausbildungsbetrieb, zur Verfügung steht.
   b) Erfragen Sie bei Ihrem Versorgungsbetrieb Daten zu Wasserversorgung.
7. Nennen Sie die Rohrnetzsysteme und die Anordnung der Hauptleitungen. Beschreiben Sie die Vor- und Nachteile des jeweiligen Systems.
8. Erläutern Sie die Lage der Versorgungsleitungen im Gehweg. Erklären Sie die Abkürzungen VE, VG, VW, Feuk und PK.
9. Welche Wasserressourcen werden für die Trinkwasseraufbereitung genutzt.
10. Erarbeiten Sie einen Vorschlag zur Wassereinsparung und beschreiben Sie dazu die Vor- und Nachteile.
11. Welcher Mindestdurchmesser sollte bei der Wasserversorgung verwendet werden? Unterscheiden Sie nach Versorgungsleitungen und Hausanschlüssen.
12. Beim Neubau einer Landstraße von Brehmke nach Heiligenstadt wird der Kleikamp an die öffentliche Entwässerung an geschlossen. Die Schachttiefe bei Schacht 2 beträgt 1,35 m (Schachdeckelhöhe 75,12 m ü. HNH). Die Breite des Grabens beträgt 1,10 m. Ermitteln Sie die Schachtdeckelhöhen, die Sohlhöhen und das Volumen des Grabenaushubs.

Verwenden Sie folgende Tabelle:

Schacht	1	2	3	4
Deckel m ü. NHN				
Sohle m ü. NHN				
Tiefe [m]				
t mittel [m]				
Entfernung [m]				
Breite [m]				
Volumen [m³]				

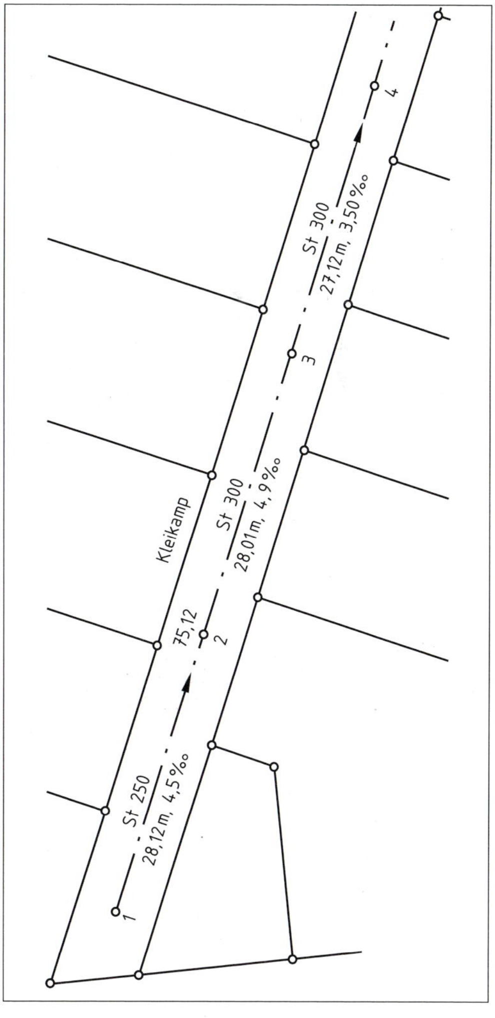

13. Eine Gemeinde betreibt für ihre Wasserversorgung einen Erdhochbehälter zur Wasserspeicherung und Druckerzeugung mit einer Kammer und einem angebauten Armaturenraum. Die bestehende Kammer mit einem Kuppeldach ist sanierungsbedürftig. An der Behälterwand soll innen eine Spritzbetonschicht, am Boden ein Verbundestrich als Zementestrich auf Haftbrücke aufgebracht werden. Der Wandfußpunkt wird mit Verstärkung ausgebildet (Detail X). Am oberen Ende der Spritzbetonschicht verhindert ein Abdeckprofil mit Lippendichtung das Hinterlaufen von Wasser.
   a) Zeichnen Sie den bestehenden Erdhochbehälter im Grundriss (M 1:100 oder M 1:50) und im Schnitt (M 1:50).
   b) Ermitteln Sie den Betonbedarf für den Verbundestrich des Behälterbodens und die Fläche der Haftbrücke.
   c) Berechnen Sie bei der Kammer den Betonbedarf für die 6 cm dicke Spritzbetonschicht der Wand bis zu einer Höhe von 25 cm über Wasserspiegel und für die Verstärkung am Wandfußpunkt sowie die Länge des zu bestellenden Abdeckprofils.

Planungshinweise
Kammer (Bestand)

Bodenplatte, Dicke	$h = 25$ cm
Streifenfundament (Detail X)	
Abmessungen	$b/h = 100$ cm/50 cm
Trennschicht (Folie)	
Sauberkeitsschicht	$d = 5$ cm
Kiesschicht	$d = 20$ cm
auf der Bodenplatte	
Haftbrücke aufbringen	
Zementestrich	$d = 6$ cm
Verstärkung am Wandfuß	
aus Zementestrich	$b/h = 50$ cm/81 cm
unter 60° abgeschrägten	
Wand in Stahlbeton	
Außendurchmesser	$D_A = 19{,}50$ m
Wanddicke	$h = 25$ cm
Wasserhöhe	$h_W = 5{,}00$ m
Wandhöhe	$H = 5{,}40$ m
Spritzbetonschicht	$d = 6$ cm
Kuppelradius innen	$R_i = 21{,}00$ m
Kuppelschale, Dicke	$h = 18$ cm
Kuppelschale, Höhe	$h' = 2{,}27$ m

Abdichtung der Außenflächen	
Erdüberdeckung	$h = 1{,}00$ m

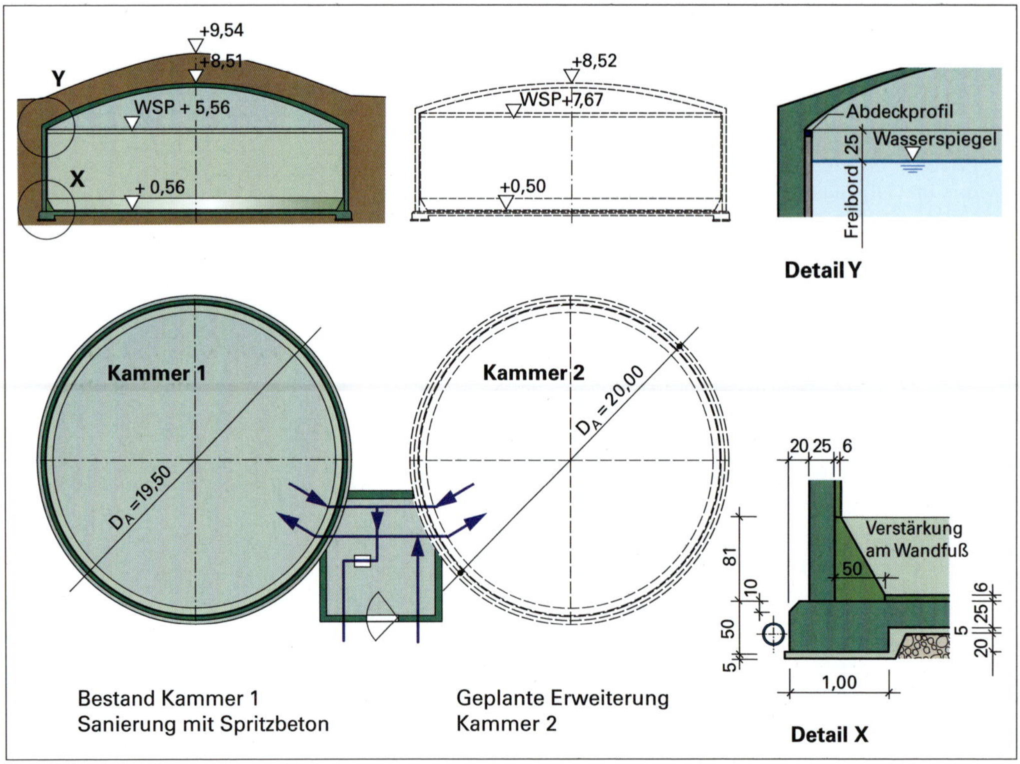

Bestand Kammer 1
Sanierung mit Spritzbeton

Geplante Erweiterung
Kammer 2

LF 13 TSL 23 Planen einer Wasserentsorgung

Nach dem Wasserrecht sind die Gemeinden zur Abwasserbeseitigung verpflichtet. I. d. R. übernehmen die öffentlichen (kommunalen) Entsorgungsbetriebe folgende Aufgaben:

- Abwasserüberwachung und Grundstücksentwässerung
- Kanalplanung und Kanalsanierung
- Bau und Betrieb der Abwasserreinigung

Das Umweltbundesamt (www.umweltbundesamt.de/daten/wasser/wasserwirtschaft; buergerservice@uba.de) benennt unter dem Stichwort „öffentliche Abwasserentsorgung" die Wasserbehandlung als Hauptziel. Danach ist es Ziel, „Gewässer durch Abwasser möglichst wenig zu belasten. Dabei fällt Klärschlamm an, der zumeist in getrockneter Form thermisch verwertet wird. Die Rückgewinnung und Wiederverwertung von Stoffen wie Phosphaten aus Abwasser und Klärschlamm wird zunehmend eine wichtige Rolle spielen".

Unter den Begriff Wasserentsorgung, Stadtentwässerung oder Kanalisation wird die Ableitung des in Siedlungen und Städten anfallenden Wassers verstanden, welches in **Schutzwasser (SW)** und (Niederschlagswasser) **Regenwasser (RW)** eingeteilt wird.

Trinkwasser wird durch den menschlichen Ge- und Verbrauch verschmutzt, aber auch abfließendes Regenwasser nimmt Schutzstoffe auf. Schmutzwasser ist in geschlossenen Rohrleitungen abzuleiten und vor Einleitung in ein Gewässer in einer Kläranlage zu reinigen. Auch Regenwasser ist i. d. R. zu reinigen, sei es durch Versickerung durch belebte Bodenzonen oder durch RW-Klärbecken (vgl. Abb. 23.1).

Ungereinigtes Abwasser darf nicht in die Flüsse und Seen gelangen. Die langfristige Sicherung der Trinkwasserversorgung, die Gesundheit und Hygiene, die Fischerei, der Naturschutz sowie der Erholungswert der Landschaft erfordern saubere Gewässer.

Für die Planung der entsprechenden Rohrnetze, die Auswahl der Baustoffe, die baulichen Konstruktionsdetail spielen neben der Verschmutzung des Wassers vor allem die Wassermengen eine wichtige Rolle. Die Inhalte des LF 13 TSL „Planen einer Wasserentsorgung" knüpfen an die Inhalte des LF 3 „Erschließen eines Baugrundstückes" und des LF 12 TSL „Planen einer Wasserversorgung" an. Die entsprechenden Berechnungsverfahren und Konstruktionsvorschriften werden im Folgenden erläutert.

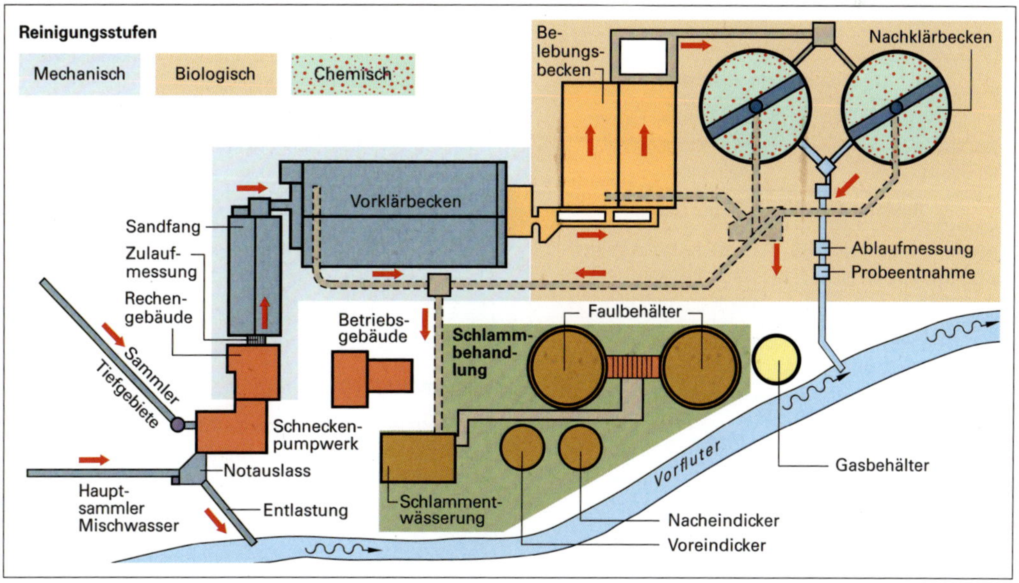

Abb. 23.1: Kläranlage (schematisch)

23.1 Beschaffenheit und Menge des Abwassers

Zum Schutzwasser zählen die häuslichen, gewerblichen und industriellen Abwasser. Der Verschmutzungsgrad des häuslichen Abwassers ist i. d. R. gleichbleibend. Die Menge ist im Wesentlichen von der Größe des Einzugsgebietes [ha] und dem Lebensstandard der Einwohner abhängig. Diese Menge wird aufgrund des Verbrauchs an Trinkwasser i. M. zwischen 125 ℓ bis 130 ℓ je Einwohner [EZ] und Tag [d] ermittelt.

Gewerbliches und industrielles Abwasser kann bezüglich der Verschmutzung und der Menge stark schwanken. Der Verschmutzungsgrad von industriellen Abwässern wird durch den Einwohnergleichwert [EW] angegeben. Dieser Wert gibt an, wie viele Einwohner (EZ) eine tägliche Abwassermenge mit dem derselben Schmutzfracht erzeugen würden. Schutzwasser und auch Regenwasser weisen darüber hinaus Schadstoffe auf (vgl. Tabelle 23.2).

Tabelle 23.2: Verunreinigungen des Wassers

Schmutzwasser	Regenwasser
anorganisch, absetzbar	
Sand, Verunreinigung	Reifenabrieb
anorganisch, nicht absetzbar	
Salze, Laugen, Säuren, Metall	Metalle, Säuren
organisch, absetzbar	
Fäkalien, Speisereste, Haare, Wurmeier	Tierkot, Holz, Laub
organisch, nicht absetzbar	
Urin, Seife, Tenside, Waschmittel, Krankheitserreger	Humusstoffe, Ölreste, Verunreinigungen nach Trockenheit
Reaktion (ph-Wert), Farbe, Geruch	
Reaktion: schwach alkalisch, Farbe: blaugrau bis grauschwärzlich, Geruch: fäkal	Reaktion: meist sauer Farbe: hellgrau Geruch: unauffällig
Summenparameter: Die Abwasserschmutzmenge wird durch die Menge an Sauerstoff charakterisiert, die nötig ist, das Abwasser in eine stabile, oxidierende Form zu überführen.	

Wassermengen

Für die Berechnung der Wassermengen wird zwischen Trockenwetterabfluss und Regenwasserabfluss unterschieden.

Schmutzwasserabfluss Q_T

Der Schmutzwasserabfluss $Q_T = Q_H + Q_G + Q_F$ bei Trockenwetter setzt sich zusammen aus dem häuslichen Schmutzwasser Q_H, dem betrieblichen Schmutzwasser Q_G und dem Fremdwasser Q_F. Der maximale stündliche Schmutzwasserabfluss Q_H [ℓ/(EZ·d)] schwankt im Tagesverlauf zwischen 1/16 bei großen Gemeinden und 1/8 bei kleinen Gemeinden des durchschnittlichen Tagesabfluss, i.M. ca. 1/14. Der kleingewerbliche Wasseranfall ist dabei berücksichtigt.

Der Fremdwasseranteil $Q_F = q_F \cdot A_{E,k}$ berechnet sich aus der Fremdwasserspende q_F [ℓ/(s·ha)] und der Fläche des Einzugsgebietes $A_{E,k}$ [ha] und wird beeinflusst durch Undichtigkeiten, Dränanschlüsse, Fehlanschlüsse, in Kanalschächten eindringendes Regenwasser und beabsichtigte Anschlüsse zur Kanalspülung.

Tabelle 23.3: Trockenwetterabfluss (Schmutzwasserabfluss) Q_T

häuslicher Schmutzwasserabfluss Q_H	
$Q_H = q_H \cdot ED \cdot A_{E,k}$ [ℓ/s]	
q_H	einwohnerspezifischer, häuslicher Spitzen-Schmutzwasserabfluss mit $q_H = 0{,}004$ [ℓ/(s·EZ)]
ED	Einwohnerdichte [ED/ha]; EZ Einwohnerzahl
$A_{E,k}$	Fläche des kanalisierten Einzugsgebietes [ha]
betrieblicher Schmutzwasserabfluss Q_G	
$Q_G = q_G \cdot A_{E,k}$ [ℓ/s]	
q_G	betrieblicher Schmutzwasserabfluss mit q_G zwischen 0,2 [ℓ/(s·ha)] (Betriebe mit geringem Wasserverbrauch) und 1,0 [ℓ/(s·ha)] (Betriebe mit großem Wasserverbrauch)
$A_{E,k}$	Fläche des kanalisierten Einzugsgebietes [ha]
Fremdwasserabfluss bei Trockenwetter Q_F	
$Q_F = q_F \cdot A_{E,k}$ [ℓ/s]	
q_F	Fremdwasserspende [ℓ/(s·ha)]
$A_{E,k}$	Fläche des kanalisierten Einzugsgebietes [ha]
Trockenwetterabfluss (auch: Schmutzwasserabfluss) Q_T	
$Q_T = Q_H + Q_G + Q_F$	

Regenwasserabfluss Q_R

Der Regenwasserabfluss beträgt ein Vielfaches der Schmutzwassermenge. Die Menge Q_R ist abhängig vom örtlichen Gelände und den meteorologischen Gegebenheiten. Der Abfluss ist abhängig von Neigung, Befestigungsart und Durchlässigkeit eines Einzugsgebietes. Diese Eigenschaften werden durch den Abflussbeiwert C (früher ψ) erfasst (vgl. Tabelle 23.4).

23

Tabelle 23.4: Regenwasserabfluss Q_R

$Q_R = r_{(D,T)} \cdot A \cdot C \cdot 1/10000$ [ℓ/s]		Näherungswerte für die Berechnungsregenspende r				
$r_{(D,T)}$	Berechnungsregenspende [ℓ/(s·ha)]	Region	D in min	$D = 5$	$D = 10$	$D = 15$
D	Regendauer (Dauer in min)	Norddeutschland	r in ℓ/(s·ha)	140	110	100
T	Jährlichkeit (Anzahl der Tage)	Westdeutschland		150	125	100
A	wirksame Niederschlagsfläche [m^2]	Ostdeutschland		160	125	100
C	Abflussbeiwert	Süddeutschland		195	145	120

Tabelle 23.5: Abflussbeiwerte (DIN 1986-100)

Art der Fläche Fläche mit Abfluss zum Entwässerungssystem	Spitzenabflussbeiwert C_s	mittlerer Abflussbeiwert C_m
Wasserundurchlässige Flächen		
■ **Dachflächen (Schrägdach)**		
Metall, Glas, Schiefer, Faserzement	1,00	0,90
Ziegel, Dachpappe	1,00	0,80
■ **Flachdach (bis 3° bzw. 5%)**		
Metall, Glas Faserzement, Dachpappe	1,00	0,90
Kiesschüttung	0,80	0,80
■ **begrünte Dachflächen**		
Extensivbergünung (> 5°)	0,70	0,40
Intensivbegrünung, ab 30 cm Aufbau (≤ 5°)	0,20	0,10
Extensivbegrünung, über 10 cm Aufbau (≤ 5°)	0,40	0,20
Extensivbegrünung, bis 10 cm Aufbau (≤ 5°)	0,50	0,30
■ **Verkehrsflächen (Straßen, Plätze, Zufahrten, Wege)**		
Betonflächen, Schwarzdecken (Asphalt)	1,00	0,90
befestigte Flächen mit Fugendichtung (Pflaster mit Verguss)	1,00	0,80
■ **Rampen**		
Neigung zum Gebäude, unabhängig von der Neigung und der Befestigungsart	1,00	1,00
Teildurchlässige und schwach ableitende Flächen		
■ **Verkehrflächen (Straßen, Plätze, Zufahrten, Wege)**		
Betonsteinpflaster, in Sand oder Schlacke verlegt, Flächen mit Platten	0,90	0,70
Pflasterflächen, mit Fugenanteil > 15 % z. B. 10 cm × 10 cm und kleiner oder fester	0,70	0,60
Kiesbelag wassergebundene Flächen	0,90	0,70
lockerer Kiesbelag, Schotterrasen z. B. Kinderspielplätze	0,30	0,20
Verbundsteine mit Sickerfugen, Sicker-/Drainsteine	0,40	0,25
Rasengittersteine (mit häufen Verkehrsbelastungen, z. B. Parkplatz)	0,40	0,20
Rasengittersteine (ohne häufen Verkehrsbelastungen, z. B. Feuerwehrzufahrt)	0,20	0,10
■ **Sportflächen mit Dränung**		
Kunstsoff-Flächen, Kunstsoffrasen	0,60	0,50
Tennenflächen	0,30	0,20
Rasenflächen	0,20	0,10
Wasserdurchlässige Flächen		
■ **Parkenlagen, Rasenflächen, Gärten**		
flaches Gelände, steiles Gelände	0,00	0,00

Aus den langjährigen Niederschlagsmessungen/-beobachtungen ergeben sich folgende Zusammenhänge:

- Je länger ein Regen dauert, desto geringer ist die Regenspende *r*.
- Je länger ein Regen dauert, desto höher ist die Summe des gefallenen Niederschlags *N*
- Je seltener ein Regen gleicher Dauer *d* registriert wird, desto höher ist seine Regenspende.

Die anzusetzende Regenspende *r* wird berechnet bezüglich der Dauer *d* (*D*) und der Häufigkeit *n* der Ereignisse pro Jahr (*T*). Dargestellt wird dies mit der Bezeichnung $r_{(D,T)}$. Bei einem Regenereignis mit einer Häufigkeit von 5 Jahren (*T*) und einer Dauer (*D*) von 5 Minuten erfolgt die Darstellung in der Form $r_{(5,5)}$ (vgl. Tabelle 23.4). Die Abb. 23.6 zeigt eine vereinfachte Karte der Regenspende. Genauere Daten sind über den Deutschen Wetter Dienst (DWD) zu erhalten.

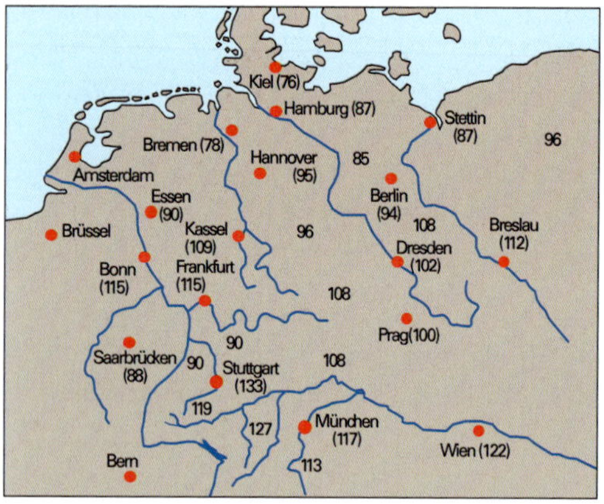

Abb. 23.6: Regenspende-Karte
(online verfügbar, KOSTRA_DWD, Rasterdaten in mm)

Tabelle 23.7: Bezeichnungen		
Regendauer	*d* (auch *D*)	min
Regenspende	*r*	ℓ/(s·ha)
Regenhöhe	*N*	mm ≙ ℓ/m² Niederschlag $N = r \cdot d \cdot 60/1000$
Regenhäufigkeit *n* (Anzahl der Ereignisse pro Jahr)		

Alle bebauten Flächen müssen entsprechend den behördlichen Bestimmungen entwässert werden, d.h. Abwasser muss in das öffentliche Kanalnetz eingeleitet werden.

23.2 Berechnungsverfahren für Schmutz- und Regenwasserkanalnetze

Schmutzwasser muss in Rohrleitungen gesammelt und zur Kläranlage geleitet werden. Regenwasser kann versickert werden, wenn es gering verschmutzt ist. In engen Verhältnissen oder bei wenig durchlässigem Untergrund ist eine Ableitung durch Rohrleitungen nötig. Stark verschmutztes Regenwasser muss durch Rohrleitungen zu Reinigungsanlagen abgeleitet werden.

An einen Schmutzwasserkanal mit Mindestdurchmesser DN 250 und Mindestgefälle können 3000 Einwohner angeschlossen werden. Daher ist die Berechnung der Rohrweiten bei weniger als 3000 angeschlossenen Einwohnern unnötig. Für größere Anschlusswerte muss eine Berechnung durchgeführt werden.

Inzwischen haben **EDV-Berechnungsverfahren** die Tabellenrechnungen bei größeren Kanalnetzen oder Netznachrechnungen weitgehend verdrängt. Mit ihnen können Einzugsgebietscharakteristika und Niederschläge sehr viel genauer nachgebildet werden. Unterschiedliche Niederschlagsverteilungen und der Einfluss von Rückhaltebecken, Pumpwerken, Überläufen usw. können simuliert werden. Zur Überprüfung der Ergebnisse sind Eichungsmessungen realer Niederschlags- und Abflussereignisse notwendig. Für kleinere Einzugsgebiete, bei denen die Fließzeit noch keine Rolle spielt, behalten die Tabellenberechnungen aber weiterhin ihre Bedeutung als einfaches wenig aufwändiges Verfahren.

Planungsschritte

① Einzugsgebiete festlegen

② Kanalverlauf meist den Straßen folgend einzeichnen (im Lageplan)

③ Schmutzwassermengen ermitteln

④ Regenwassermengen ermitteln

⑤ erforderliche Rohrweiten und Rohrgefälle ermitteln

Beispiel

Vorgaben für die Abbildung 23.8
Berechnungsregel $r_{15,5}$ = 130 ℓ/(s·ha), Einzugsgebiet mit der Größe [ha], Abflussbeiwert *C*, Bezeichnung der Flächen/Gebäude A bis E, Einzeichnung der Rohrleitung, Geländehöhen in m ü. NHN, Betriebsrauigkeit k_b = 1,5 mm.

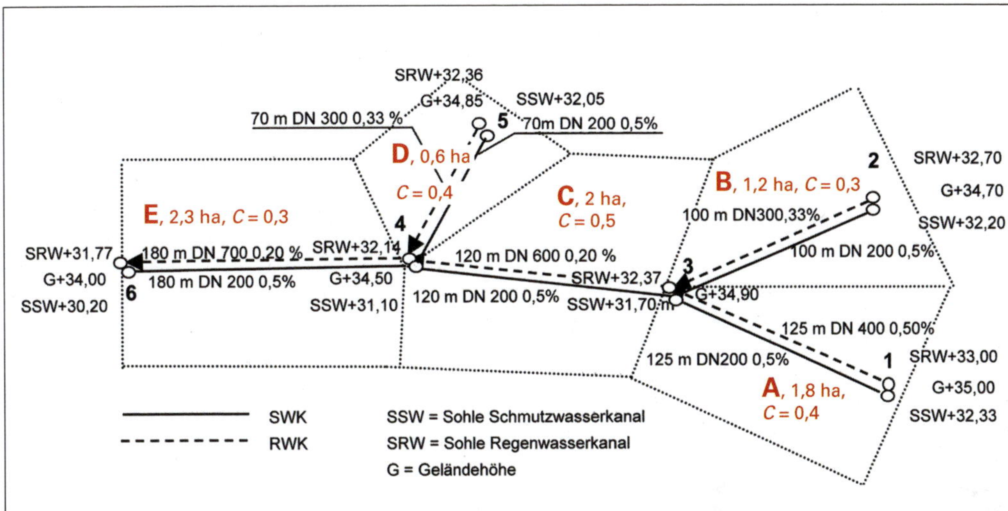

1	2	3	4	5	6	7	8	9	10	11	12	13	14	15	16
Gebiet	Strecke		Kanal-		Einzugsgebiet			$C \cdot r_{15} \cdot A_e$	$\Sigma(C \cdot r_{15} \cdot A_e)$	Zufl. von Gebieten	Geländegefälle J [%]	Rohrgefälle J[3] [%]	∅ [mm]	Vollfüllung	
	von	bis	L [m]	ΣL[1] [m]	A_e [ha]	ΣA_e[2] [ha]	C	[ℓ/s]	[ℓ/s]					Q_v [ℓ/s]	V_v [m/s]
A	1	3	125	125	1,8	1,8	0,4	93,6	93,6		0,08	0,50	400	148	0,83
B	2	3	100	100	1,2	1,2	0,3	46,8	46,8		– 0,2	0,33	300	56	0,80
C	3	4	120	245	2	5	0,5	130	270,4	A, B	0,33	0,20	600	273	0,97
D	5	4	70	70	0,6	0,6	0,4	31,2	31,2		0,5	0,33	300	56	0,80
E	4	6	180	425	2,3	7,9	0,3	89,7	391,3	C, D	0,28	0,20	700	410	1,07

[1] Es werden nur die längsten der hintereinander liegenden Kanäle addiert.
[2] Alle im Endschacht des Einzugsgebiets enthaltenen Flächen.
[3] Das Rohrgefälle ergibt sich aus einem Abgleich von Mindesttiefe und Mindestgefälle; um die Schachttiefe in Punkt 3 zu erreichen, muss z. B. der Kanal 1 bis 3 mit stärkerem Gefälle als notwendig verlegt werden.

9	$C \cdot \tau_{15,5} \cdot A_0 \cdot 1/10000$
10	Σ Zusammenläufende Kanäle

Abb. 23.8: Regenwasser-Kanalnetzes mit Einzugsgebieten (zum Beispiel auf der Vorseite)

Hydraulische Berechnung von Rohrleitungen

Für die Bemessung einzelner Rohrstrecken eines Kanalnetzes ist eine hydraulische und eine statische Berechnung erforderlich.

Durch die hydraulische Berechnung wird die Leistungsfähigkeit einer Rohrstrecke ermittelt. Diese ist durch die Abwassermenge Q in ℓ/s gekennzeichnet, die bei einem bestimmten Sohlgefälle und einer zugeordneten Fließgeschwindigkeit v in m/s abgeleitet werden kann. In die Berechnung geht außer der Abwassermenge die Betriebsrauigkeit k_b und der hydraulische Radius ein.

Die Abwassermenge ist abhängig von der Größe des Entsorgungsgebietes, der Menge des Trockenwetterabflusses, dem abzuleitenden Fremdwasser, dem Regenabfluss sowie dem Entwässerungsverfahren. Fremdwasser kann z. B. bei hohem Grundwasserstand in das Kanalnetz gelangen. Aus betrieblichen Gründen dürfen Mindestquerschnitte, z. B. DN 250 bei Schmutzwasserkanälen und DN 300 bei Regen- und Mischwasserkanälen, nicht unterschritten werden.

Die Betriebsrauigkeit berücksichtigt alle Einflüsse, die beim Betrieb der Rohrleitung Reibungswiderstände und somit Verluste an Leistungsfähigkeit beim Abfluss hervorrufen. Dazu gehören z. B. die

Rauigkeit der Rohrwandungen, unvermeidbare Abweichungen bei der Fertigung, Verlegung und Dichtung der Rohre, der Einfluss von Schächten und seitlichen Zuläufen, wie Hausanschlüsse und Straßenabläufe. Außerdem werden Verluste durch Ablagerungen berücksichtigt.

Der hydraulische Radius R ist das Verhältnis aus der durchflossenen Querschnittsfläche A und dem benetzten Umfang U. Bei geringer Füllhöhe entsteht eine kleine Querschnittsfläche und ein großer benetzter Umfang. Dies wirkt sich nachteilig auf die Fließgeschwindigkeit aus, da Ablagerungen begünstigt werden. Die Mindestfüllhöhe sollte deshalb etwa 3 cm betragen bzw. 9% des Durchmessers sein. Die hydraulische Berechnung erfolgt mit Hilfe von Tabellen oder EDV-Programmen. In den Tabellenbüchern sind die Begriffe und Formeln wie Flüssigkeitsbewegung in vollen Rohren, Gerinneströmung, Gerinnehydraulik, Freigefälleleitungen und Formel von Manning-Strickler näher erläutert.

Bei der Ermittlung der Leistungsfähigkeit einer Rohrstrecke wird zunächst angenommen, dass die gesamte Querschnittsfläche als Fließquerschnitt (Vollfüllung) genutzt wird. Abwasserkanäle sind nahezu immer teilgefüllt, d. h., es stellt sich je nach Füllhöhe eine Fließgeschwindigkeit v bei einer vorhandenen Abwassermenge Q ein. Beim Kreisquerschnitt ist bei einer Füllhöhe von 95% die Abwassermenge, die abgeführt werden kann, um 8% größer als bei Vollfüllung, da bei Füllung bis zum Scheitel wenig durchflossene Fläche bei viel benetztem Umfang hinzukommt. Die Fließgeschwindigkeiten verhalten sich ähnlich.

Beispiel

DN 300, $Q_{voll} = 343$ ℓ/s, $v_{voll} = 4{,}84$ m/s, Gefälle 1:10
DN 300, $Q_{voll} = 241$ ℓ/s, $v_{voll} = 3{,}42$ m/s, Gefälle 1:20

Statische Berechnung von Rohrleitungen

Durch die statische Berechnung wird die Standsicherheit von Rohrleitungen nachgewiesen. Abwasserkanäle werden meist als erdüberdeckte Rohrleitungen, seltener als Rohrbrücken hergestellt.

Erdverlegte Rohrleitungen werden z. B. durch ihre Eigenlast, das Gewicht der Wasserfüllung, der Erdauflast, dem seitlichen Erddruck und von der Belastung durch den Verkehr beansprucht. Liegen die Leitungen im Grundwasser, treten außerdem Auftriebskräfte auf. Der Nachweis der Standsicherheit der Rohre erfolgt z. B. durch Vergleich der vorhandenen Belastung mit der zulässigen Scheiteldruckfestigkeit. Die Scheiteldruckfestigkeit ist ein Kennwert für die Tragfähigkeit eines Rohres.

Durch die Art der Auflagerung der Rohre kann die Tragfähigkeit beeinflusst werden (vgl. Abb. 23.32). Die Auflagerung der Rohre kann auf Kiessand oder Beton erfolgen. Der Auflagerwinkel beträgt meist 90°. Je besser ein Rohr gelagert ist, umso größer ist seine Tragfähigkeit. Sehr tiefliegende Leitungen und Leitungen mit geringer Überdeckung unter schwerem Verkehr erfordern besondere Vorkehrungen, z. B. durch eine Betonummantelung.

23.3 Misch- und Trennsystem

Mischsystem (MS)

- Gemeinsame Ableitung von Regen- und Schmutzwasser. Da SW nur ca. 1 % des RW ausmacht, Berechnung wie RW-Kanal (lediglich für Teilfüllung wird SW-Anteil ermittelt).
- Entlastungseinrichtungen erforderlich: Regenüberläufe, Regenrückhaltebecken und Regenüberlaufbecken.
- Nur ein Kanal im Straßenkörper, nur ein Hausanschlusskanal. Beim Trockenwetterabfluss ergeben sich bei großen Rohrweiten Ablagerungen und eine Spülung ist erforderlich.

Trennsystem (TS)

- Schmutz- und Regenwasser in zwei getrennten Kanälen, meist im gleichen Rohrgraben verlegt. Zwei Hausanschlusskanäle (Gefahr von Falschanschlüssen). In den Schmutzwasserkanälen keine Entlastungseinrichtungen erforderlich.
- Bauwerke in den RW-Kanälen: Rückhaltebecken, Sandfänge, Klärbecken mit Regenüberläufen. Klärwerke können für eine gleichmäßige Auslastung berechnet werden.

Das Mischsystem hat Vorteile bei Hausanschlüssen und beim Kanalnetz (weniger Baukosten, keine Verwechslungsgefahr), Nachteile bei der Kläranlage (Mischwasserrückhaltebecken, Gefahr der hydraulischen Überlastung); insgesamt keine eindeutigen Präferenzen.

Misch- und Trennsystem (vgl. Abb. 23.9) sind in Deutschland sehr unterschiedlich verteilt; im Flachland überwiegt Trennsystem, im Bergland eher Mischsystem.

Modifiziertes Mischsystem

- Nicht behandlungsbedürftiges Niederschlagswasser wird vor Ort zum Versickern oder in Gräben abgeleitet.

23

Modifiziertes Trennsystem

- Verschmutztes Niederschlagswasser wird über einen separaten Regenwasserkanal einer Regenwasserbehandlungsanlage (Regenklärbecken, Bodenfilter) zugeführt.

Schmutz- und Regenwasser werden heute vorwiegend im Trennverfahren abgeleitet. In ländlichen Gebieten sind Mischwassersysteme und Klärteiche möglich.

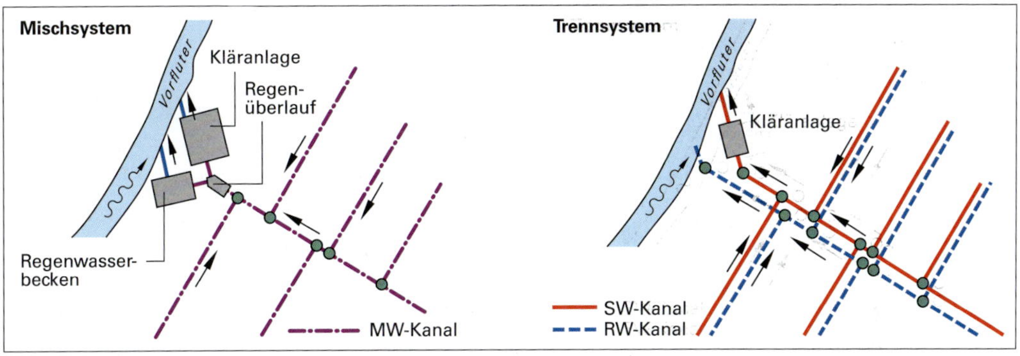

Abb. 23.9: Kanalisation (als Misch- und als Trennsystem)

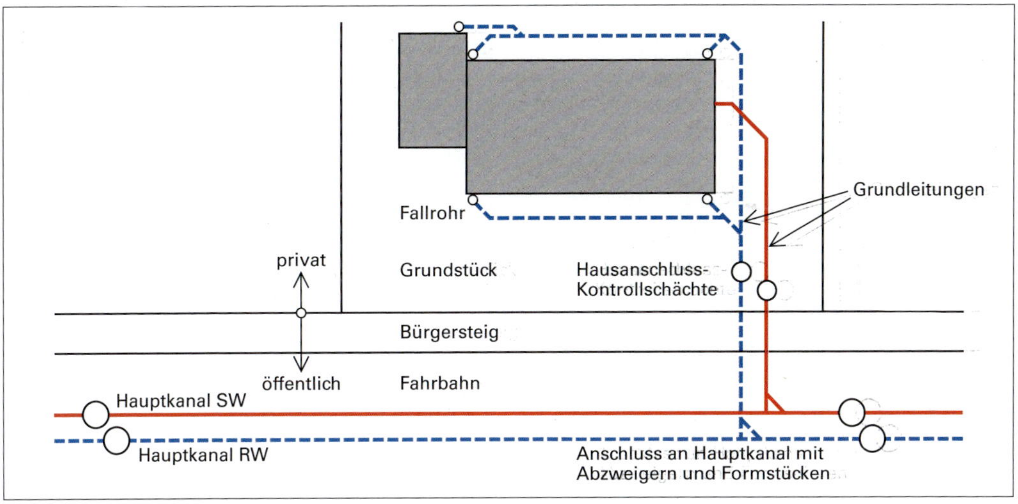

Abb. 23.10: Kanalführung bei Grundstücksentwässerung

23.4 Grundstücksentwässerung

Schmutz- und Regenwasser werden in der Regel mit DN 150 über Abzweiger und Formstücke an den Hauptkanal angeschlossen. Bei größerer Anschlussfläche müssen RW-Hausanschlüsse hydraulisch nachgewiesen werden. Einmessung der Abzweiger auf die benachbarten Schächte. Werden Neubaugebiete erschlossen und es sind noch keine Hausanschluss-Kontrollschächte gesetzt, so sind die Endpunkte der HA-Kanäle zu nivellieren und auf die benachbarten Schächte einzumessen.

HA-Kontrollschächte werden an der Grundstücksgrenze gesetzt. Ausführung z. B. als Betonschächte.
Baustoffe auf dem Grundstück für SW meist PVC-KG, seltener Steinzeug. Beton oder PVC-KG für RW. Mindestdurchmesser DN 100, Zwischenschächte nur bei Richtungsänderungen von 90°, sonst sind Bögen ≤ 45° zu verwenden.

Baugenehmigungsunterlagen

Zu den Baugenehmigungsunterlagen gehören:

- Lageplan (meist 1:500) mit Flurstücksbezeichnung und Gebäudeumrissen mit Grenzabständen sowie der vorhandenen Schmutz- und Regenwasserkanalisation.
- Geschossgrundriss mit Angabe aller Zapfstellen und Abläufe im M 1:100 (bei mehreren gleichen Geschossen genügt ein Grundriss. Der KG-Grundriss muss außerdem alle Fallrohre und Grundleitungen mit der jeweiligen Nennweitenangabe enthalten.
- Schnitt im Maßstab 1:100 mit Grund- und Anschlussleitungen sowie Revisionsschacht, Fall- und Entlüftungsleitungen. Die Nennweiten und das Gefälle der verschiedenen Rohrleitungen sind anzugeben und höhenmäßig bezogen auf NHN, festzulegen.

Die Entwässerungsanlagen sind in festgelegten Linienbreiten je nach gewähltem Maßstab zu zeichnen (vgl. Tabelle 23.11). Entwässerungszeichnungen sind nach Tabelle 23.12 farbig anzulegen. (vgl. Kapitel 3.10, Abb. 3.27 und Abb. 3.28). Zudem sind in Grundrissen und Schnitten – oft nach Vorgabe der örtlichen Genehmigungsbehörde) farbig anzulegen:

- Schmutzwasserleitungen in rot
- Niederschlagswasserleitungen in blau
- Mischwasserleitungen in braun
- Drainagewasserleitungen in lila
- Grundstücksentwässerungsanlagen in grau

Tabelle 23.11: Linienbreiten für Zeichnungen von Entwässerungsanlagen

Entwässerungsteile	Rohrleitungen
0,25 mm für den Maßstab 1:100; 0,5 mm für den Maßstab 1:50	0,5 mm für den Maßstab 1:100; 1,0 mm für den Maßstab 1:50

Tabelle 23.12: Farbige Darstellung in Entwässerungszeichnungen

vorhandene Anlagen	schwarz	Farbe
Wegfallende Leitungen und Bauteile	gelb durchstreichen	~~DN 150~~
Mauerwerk im Schnitt	rot	
Steinzeugrohre	braun	
Graugussrohre	blau	
Kunststoffrohre (und Bleirohre)	gelb	
Zinkrohre	zinnoberrot	
Beton- und Zementrohre	grau	

Bei der Verwendung von Planzeichen ist zwischen vorhandenen und geplanten Anlagen zu unterscheiden. Die Farbe grün ist nicht zu verwenden.

D1 Dachfläche Wohnhaus, Ziegel, 252,00 m², $C = 0{,}80$

D2 Dachfläche Garage, Bitumen, 73,40 m², $C = 0{,}80$

D3 Dachfläche, Glas, 26,60 m², $C = 0{,}80$

Z1 Zuwegung, Pflasterfläche, 110,40 m², $C = 0{,}80$

H1 Hoffläche, Pflaster, 9,20 m², $C = 0{,}80$

H2 Terrasse, Pflaster, 53,70 m², versickert, $C = 0{,}80$

H3 Terrasse, Pflaster, 76,40 m², versickert, $C = 0{,}80$

H4 Terrasse, Pflaster, 38,20 m², versickert, $C = 0{,}80$

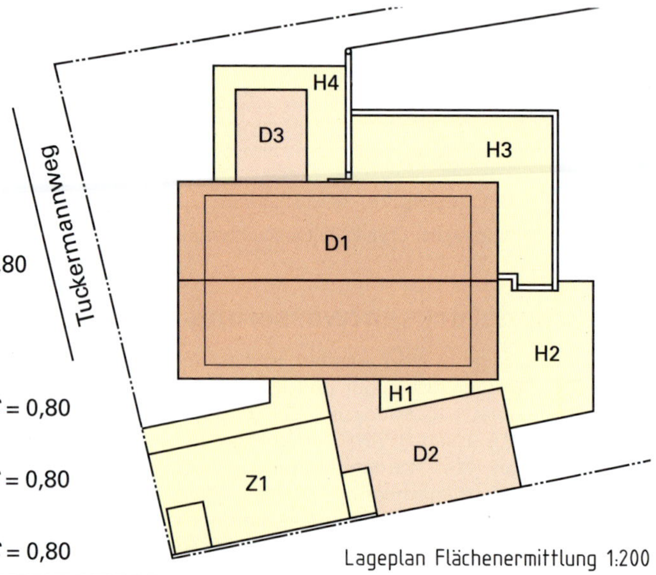

Abb. 23.13: Muster Entwässerungsgrundriss (schematisch)

23.5 Regenentlastungsanlagen

Versickerung von Regenwasser

Mit wachsendem Versiegelungsgrad erhöht sich der Spitzenabfluss drastisch und der ins Grundwasser gelangende Niederschlagsanteil verringert sich entsprechend. Die Folgen für die Gewässer sind:

- stark ansteigende Hochwasserspitzen
- Abschwemmen der Gewässerfauna bei Hochwasser
- Gewässerverschmutzung durch Schmutzeintrag aus der Regenwasserkanalisation
- Verringerung der Niedrigwasserabflüsse infolge nachlassender Versickerung und Speisung durch das Grundwasser

Diese Nachteile werden bei RW-Versickerung und Passage der belebten Bodenzone vermieden.

Wie beschrieben sind die Regenspenden kurzzeitiger Niederschläge sehr hoch. Mit längerer Regendauer nimmt ihre Intensität ab. Die Versickerung der Niederschläge ist dagegen zu jeder Zeit gleich bleibend und abhängig vom Durchlässigkeitsbeiwert k_f des Bodens. Stark durchlässige Böden (Mittelsand, Grobsand) können auch kurzzeitigen Starkregen ohne Zwischenspeicherung direkt versickern. Bei geringerer Bodendurchlässigkeit muss der nicht versickernde Teil des Abflusses so lange zwischengespeichert werden, bis die sich mit der Zeit verringernde Regenspende gleich der Versickerungsrate in den Untergrund ist. Die Differenz $\Sigma Q_{zu} - \Sigma Q_{ab}$ ergibt das erforderliche Speichervolumen V_{Sp}. Dieses ist mit der Zeit variabel und hat sein Maximum zu dem Zeitpunkt, wo sekundlicher Zufluss aus Niederschlag und sekundlicher Abfluss durch Versickerung gleich sind (vgl. Abb. 23.14) Zu unterscheiden sind die:

- Flächenversickerung (Regenwasser wird durch die durchlässige Oberfläche versickert, kein Speicher)
- wegbegleitende Sickermulden oder Sickerbecken (dienen zur Speicherung und Versickerung)
- Rigolensysteme mit oder ohne Abfluss durch Dränleitung
- Schachtversickerung (das Niederschlagswasser wird in einem durchlässigen Schacht zwischengespeichert und verzögert in den Untergrund abgegeben)

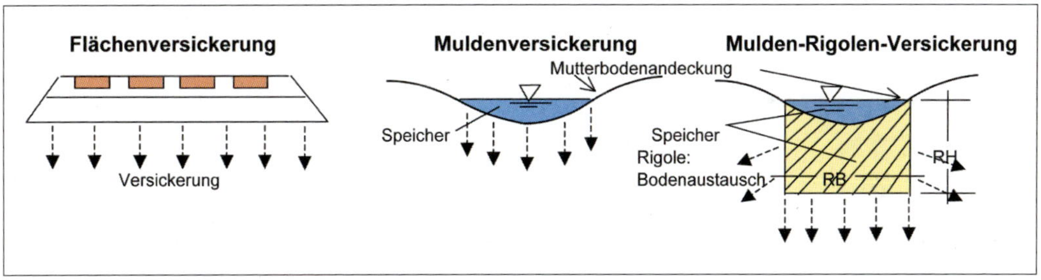

Abb. 23.14: Möglichkeiten der Versickerung

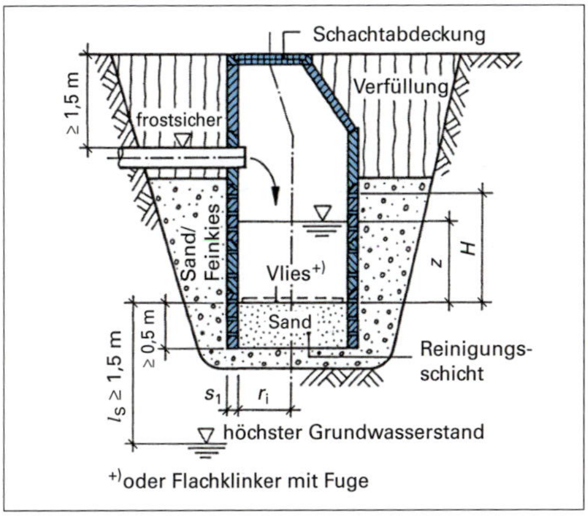

Abb. 23.15: Versickerungsschacht nach ATV-A

Bei $k_f < 5 \cdot 10^{-6}$ m/s (Lehm, Ton) wird in der Rigole der Mulden ein **Dränrohr** verlegt und an die Regenwasserkanalisation angeschlossen. Der Spitzenabfluss wird gedrosselt an den Kanal abgegeben **(Mulden-Rigolen-Versickerung)**.

Versickerung kann auch auf größeren bewachsenen **Sickerflächen** erfolgen, denen durch Gerinne oder Rohrleitungen das Regenwasser zugeführt wird.

Eine **Schachtversickerung** oder **unterirdische Versickerung über Dränrohre** sollte nur in Ausnahmefällen gewählt werden, da hier die belebte Bodenzone nicht passiert wird. Es ist dann ein **Absetzschacht** bzw. beim Anschluss gering befahrener Straßen oder Parkplätze ein Leichtstoffabscheider vorzuschalten.

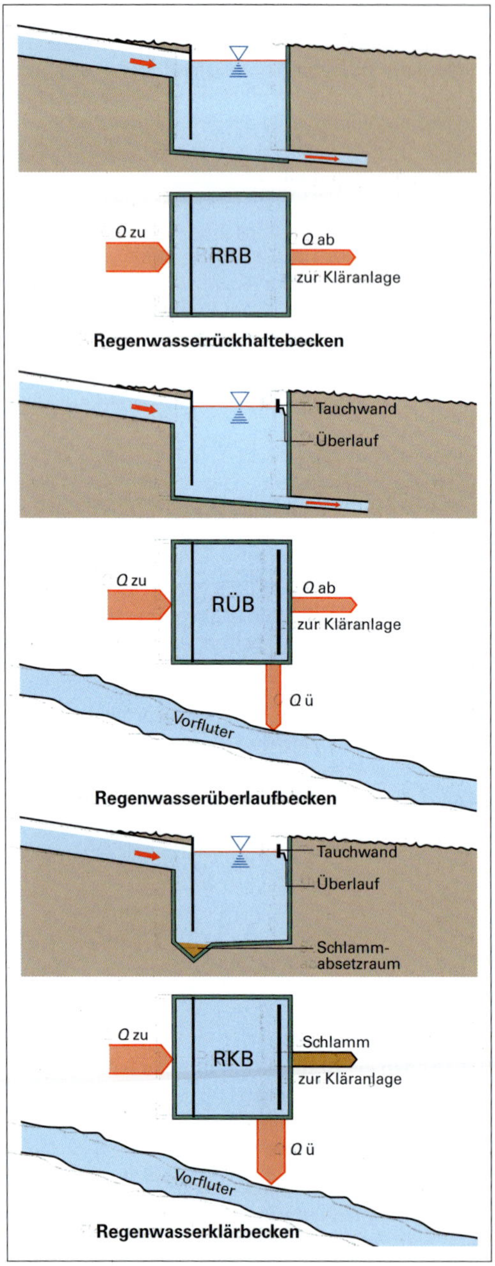

Abb. 23.16: Regenwasserbecken (schematisch)

Der Anschluss von Hausgrundstücken an die Versickerung ist möglich, allerdings sollten, soweit versickerungsfähiger Boden ansteht, ($k_f > 5 \cdot 10^{-6}$ m/s) bei Hausgrundstücken Regenwasser auf eigenem Grundstück versickern. Lediglich bei Versickerung über dränierte Rigole müssen die Hausgrundstücke angeschlossen werden.

Die Versickerung soll auch bei extremen Witterungsverhältnissen (z. B. gefrorener Untergrund und starkem Regen) funktionsfähig bleiben. Dies kann z. B. erreicht werden durch:

- Verlegung der Mulde mit **durchgängigem Gefälle** und Ableitung in ein Gewässer
- **Tiefpunktentwässerung** durch **Sickerschacht mit Rostabdeckung** über Sohle der Mulde, jedoch unter Straßenoberfläche
- **Regeneinlauf** (Noteinlauf) mit gleicher Höhenlage wie vor und Anschluss an Regenwasserkanal

Zur Verringerung des Oberflächenabflusses sollten Flächen wo immer möglich (und keine zu großen Verschmutzungen zu erwarten sind) eine sickerfähige Befestigung (z. B. Sickerpflaster) erhalten oder über Mulden/Rigolen entwässert werden.

Kanalnetzentlastungsbauwerke

Die beim Mischverfahren abzuleitenden Regenwassermengen übertreffen den Trockenwetterabfluss um ein Vielfaches. Würde die gesamte Mischwassermenge dem Hauptsammler, der Kläranlage oder dem Pumpwerk zugeführt, so müssten diese außerordentlich groß bemessen werden. Deshalb sind zur Entlastung eines Mischwassernetzes an geeigneten Stellen Regenentlastungsanlagen (RE) vorzusehen. Sie dienen der kurzzeitigen Zwischenspeicherung oder Ableitung kurzzeitig anfallender großer Wassermengen in das Gewässer (Vorfluter). Auch in Regenwasserkanalnetzen können Regenentlastungsanlagen erforderlich werden, z. B. zur Begrenzung der Rohrweiten. Zu Regenentlastungsanlagen gehören (vgl. Abb. 23.16):

- Regenwasserrückhaltebecken und Kanalstauräume (RRB)
- Regenwasserwasserüberläufe (RÜ)
- Regenwasserüberlaufbecken (RÜB)

Ziel eines **RRB** ist die Zwischenspeicherung extremer Abflüsse zur Vermeidung der Überlastung von Kanälen und Pumpwerken. Speicherraumberechnung als Differenz aus Summe zufließender und abfließender Regenwassermengen innerhalb der ungünstigsten Zeit. Abflussdrosselung durch Drosselleitung oder Schwimmerschieber oder Pumpwerk. Häufigkeit des Berechnungsregens je nach zu schützenden Objekten $n = 0{,}5$ bis $n = 0{,}1$.

Bei **Kanalstauräumen** wird das Speichervolumen durch Vergrößerung der Kanalabmessungen erreicht. Ziel eines **RÜ** ist die Abflussdrosselung auf den „kritischen" Abfluss Q_{krit} und Ableitung der darüber hinaus gehenden Wassermenge über den Überlauf in das Gewässer.

$$Q_{krit} = A_e \cdot C \cdot r_{krit}$$

Der kritische Regen r_{krit} liegt zwischen 7,5 ℓ/(s·ha) und 15 ℓ/(s·ha) abhängig von der Größe des Einzugsgebiets. RÜ ohne Speicher werden bei Mischwasserkanälen nicht mehr gebaut.

RÜB sind Kombinationen aus **RÜ** und **Speicherbecken.** Der RÜ ist vor dem Speicherbecken angeordnet. Das zu Beginn eines Regens stark verschmutzte Mischwasser wird im Speicherbecken gespeichert. Nur ein geringer Teil des Zuflusses zum Speicherbecken wird zur Kläranlage weiter geleitet (z.B. 4 ℓ/(s·ha)). Sobald das Speicherbecken gefüllt ist, wird der nicht weiter geleitete Mischwasseranteil bis zu 15 ℓ/(s·ha) mechanisch gereinigt über den Klärüberlauf (KÜ) des Speicherbeckens in das Gewässer abgeleitet. Darüber hinaus gehende Mischwassermengen, die dann bereits stark verdünnt sind, werden über den RÜ direkt ins Gewässer abgegeben.

Im Gegensatz zum einfachen RÜ wird das Gewässer durch ein RÜB besser gegen Verschmutzung geschützt.

Regenklärbecken (RKB) werden nur in Regenwasserkanalisationen angeordnet. Sie dienen zur mechanischen Klärung von leicht verunreinigtem Regenwasser vor Einleitung in das Gewässer. Sie sind in Sandfang und Absetzbecken aufgeteilt. Bemessung in der Regel auf Q_{krit}. Darüber hinaus gehende Regenwassermengen werden über einen RÜ ohne Klärung zum Gewässer umgeleitet.

Regenrückhaltebecken	**Regenüberläufe**	**Regenüberlaufbecken**	**Regenklärbecken**
RRB (DWA-ATV A 117)	RÜ (DWA-ATV A 128)	RÜB (DWA-ATV A 128)	RKB (DWA-ATV A 166)

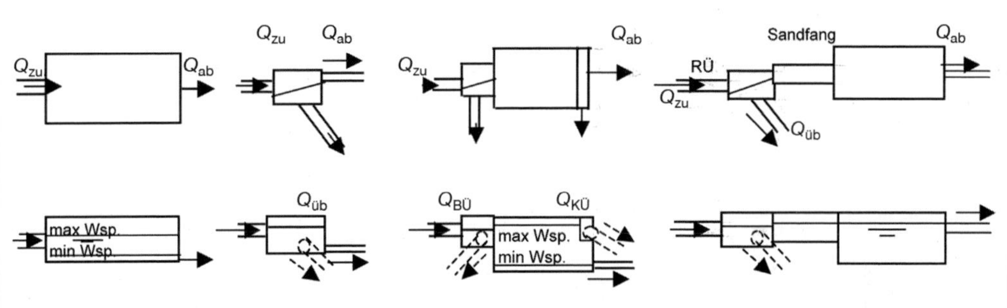

Zweck Zwischenspeicherung von Spitzenabflüssen zur Entlastung nachfolgender Kanäle oder Pumpwerke	Abtrennung von Abflussspitzen, die im weiteren Kanal nicht abgeführt werden können	Abtrennung und Zwischenspeicherung von Abflussspitzen	Klärung von Regenwasser (Sand, Schlamm, Schwimmstoffe) nur mechanische Klärung
Entwässerungssystem Regenwasserkanalisation (RWK) Mischwasserkanalisation (MWK)	Mischwasserkanalisation; auch Regenwasserkanalisation vor Regenklärbecken	Mischwasserkanalisation	Regenwasserkanalisation
Besondere Kennzeichen Kein Überlauf vorhanden; nur Zwischenspeicherung des Abflusses	RÜ in RWK zur Abtrennung des kritischen Abflusses Q_{krit}, der im Sandfang und RWK gereinigt wird. RÜ in MWK stets gemeinsam mit einem RÜB bauen zum Rückhalt des ersten stark verschmutzten Mischwassers	Q_{ab} (z.B. $2 \cdot Q_{TW}$) direkt in den nachfolgenden Kanal. Kleine Abflussspitzen nach Zwischenspeicherung ohne Überlauf in den Kanal. Größere Abflussspitzen nach mechanischer Klärung über Klärüberlauf KÜ ($Q_{KÜ}$) zum Gewässer. Große Abflussspitzen über Beckenüberlauf BÜ ($Q_{BÜ}$) zum Gewässer	Keine rechnerische Verminderung von Q_{ab} gegenüber Q_{zu}. RKB werden häufig mit RRB kombiniert auch zum Schutz des Gewässers vor hydraulischer Überlastung. Naturnahe Bauweise anstreben

Abb. 23.17: Regenentlastungsbauwerke
(DWA Deutsche Vereinigung für Wasserwirtschaft, Abwasser und Abfälle e.V.)

Mit Regenklär- und Regenrückhaltebecken lassen sich in naturnaher Bauweise wertvolle Feuchtbiotope schaffen.

Offene Gräben, die gleichzeitig als Sandfang dienen, können Regenwasserkanäle ersetzen. Sie haben größere Leistungsreserven als Kanäle.

Auslaufbauwerke werden an der Einleitungsstelle von Regen- oder geklärtem Abwasser in das Gewässer angeordnet. Sohlen und Böschungen sind vor Erosion zu schützen.

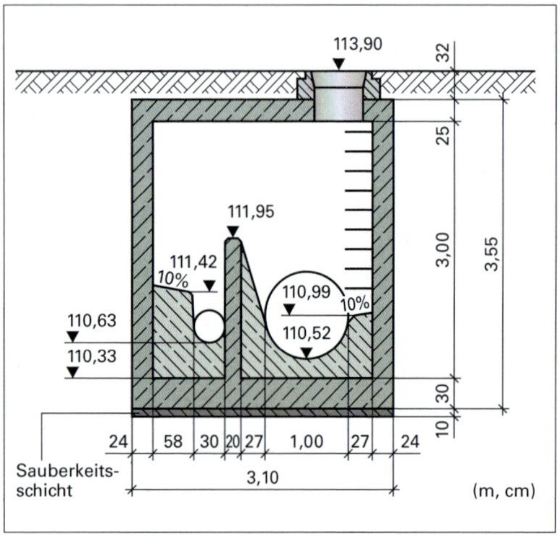

Abb. 23.18: Vertikalschnitt durch ein Regenwasserüberlaufbecken

23.6 Zeichnungsunterlagen

Entwässerungsentwurf

Der Entwässerungsentwurf fasst alle Vorüberlegungen und Berechnungen (also alle Daten der Rohrleitung und baulichen Einzelheiten) zu baureifen Plänen zusammen. Der Entwurf einer Ortsentwässerung enthält:

- **Erläuterungsbericht, Technische Berechnungen, Mengenermittlung, Kostenanschlag**
- **Übersichtskarte** (Messtischblatt) 1:25000 mit Kennzeichnung der Abgrenzungen des Entwässerungsgebiets,
- **Übersichtsplan** (Katasterkarte) 1:5000 mit Einzeichnung der Kanalleitungen und Sonderbauwerke
- **Lageplan** 1:1000 eventuell 1:500, mit Einzeichnung der **Kanalleitungen** mit Länge, Durchmesser, Gefälle, Baustoff, Fließrichtung, der **Schächte** mit Schachtsohl- und -deckelhöhe und Schachtnummer, **Druckrohrleitungen** mit Länge, Durchmesser, Baustoff, **Pumpwerke** und **sonstige Sonderbauwerke** wie Regenüberläufe, Rückhaltebecken und der Kläranlage
- **Längsschnitte** 1:1000/100 oder 1:500/50
- **Sonderbauwerke** (Pumpwerke, Rückhaltebecken usw.) 1:100, 1:50, 1:20 in Grundrissen und Schnitten
- **Kläranlage** in der Regel als Sonderentwurf
- **Detailzeichnungen**

Lageplan

Der Lageplan enthält alle zum Bau der Rohrleitungen erforderliche Angaben. Neben den Rohrleitungen enthält er auch die Katastergrenzen und Gebäude. Schmutz- und Regenwasserkanäle liegen in der Regel in der Fahrbahn. Die Kanäle sind so zu planen, dass jedes Grundstück einen Hausanschluss erhalten kann. RW- und SW-Kanal sollen möglichst auf dem gleichen Blatt eingezeichnet werden. Für die RW-Kanalisation sind die Einzugsgebiete mit Größe, Nummer und Abflussbeiwert einzuzeichnen. Die zeichnerische Darstellung ist nicht genormt. Üblich sind die in der Legende in Abb. 23.20 angegebenen Darstellungen. Für die Schachtnummerierungen ist ein folgerichtiges System zu wählen, das Verwechslungen ausschließt und EDV-tauglich ist.

Beispiel

Für den Ausschnitt aus dem Lageplan gemäß Abbildung 23.19 sind notwendige Ergänzungen zur Legende vorgenommen worden.

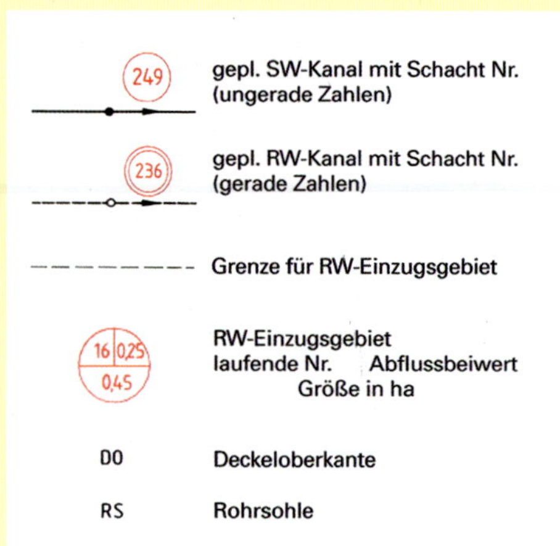

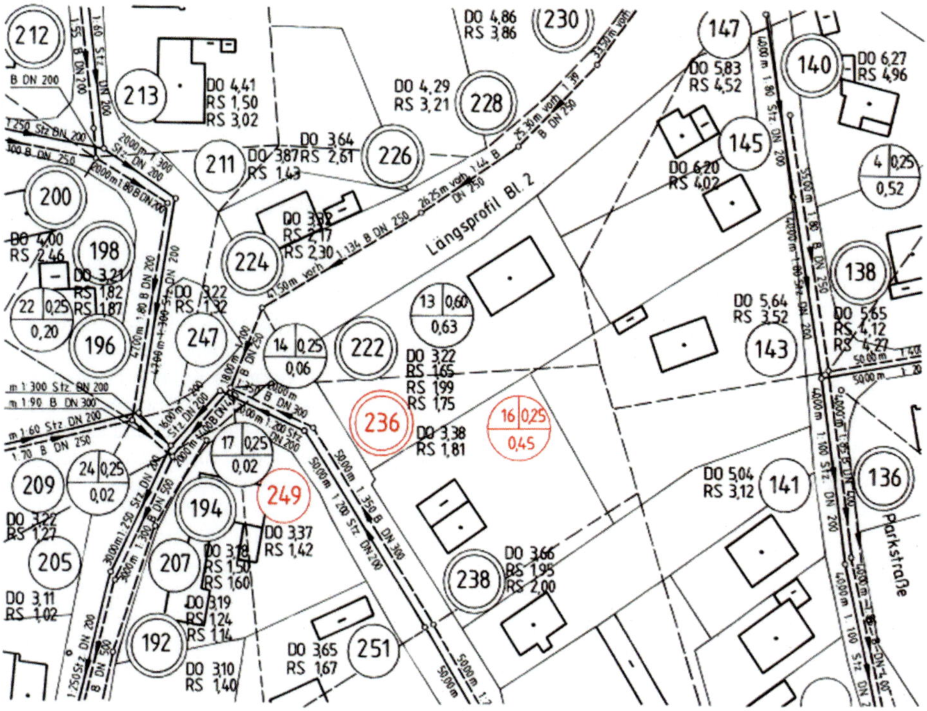

Abb. 23.19: Ausschnitt aus dem Lageplan einer Ortsentwässerung

geplante Schmutzwasserleitung mit Fließrichtung und Kontrollschacht (statt Leitung auch „Kanal“ oder „Siel“)

oder

geplante Regenwasserleitung

geplante Mischwasserleitung

Druckrohrleitung

S- R-

vorhandene Schmutz- bzw. Regenwasserleitung

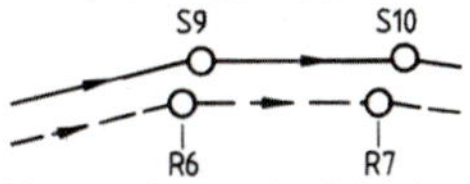

Nummerierung der Schächte in Fließrichtung (also vom Ende = höchsten Punkt der Leitung her) 1, 2 ...; zur besseren Unterscheidung evtl.

- S 9 = Schacht Nr. 9 der Schmutzwasserleitung usw. oder
- 1 bis 99 = Schmutzwasserschächte, 100 bis 199 = Regenwasserschächte

Angaben für jede Haltung:

- Länge der Haltung in m
- Material der Rohrleitung (Steinzeug, Beton, PVC)

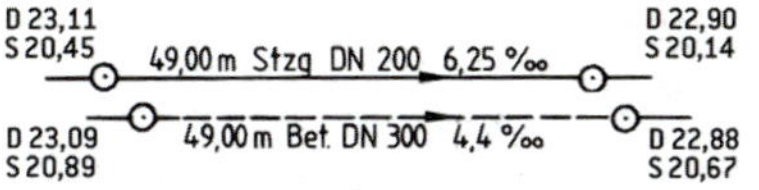

- Durchmesser (DN)
- Längsneigung in ‰, im Verhältnis (1: ...) oder in %

Der Lageplan enthält außerdem:

- Grundstücksgrenzen und Bebauung
- Straßengrenzen, evtl. mit Aufteilung in Fahrbahn, Gehweg usw.
- Lage durchgeführter Bohrungen zur Bodenuntersuchung
- Straßenname, Flurbezeichnungen u. ä.
- Regenwasser-Einzugsgebiete mit lfd. Nummerierung, Größe und Abflussbeiwert
- Höhenfestpunkte

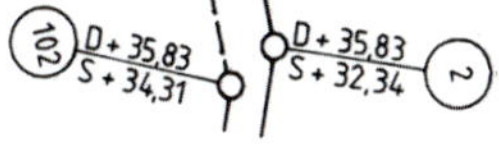

Höhenangaben ▼ (NHN-Höhen) bei Schacht ... (Kotierung)
D = Deckelhöhe oder Straßenhöhe
S = Sohlhöhe
oft auch: SS = Sohle Schmutzwasserleitung
SR = Sohle Regenwasserleitung
oder einfach RS = Rohrsohle

Abb. 23.20: Bestandteile des Lageplans einer Ortsentwässerung

23

Tiefenlage der Abwasserleitungen

Die Lage der Leitungen im Straßenkörper lässt sich im Lageplan M 1:1000 nicht genau festlegen, doch sind bei der Planung die in DIN 1998 festgelegten Richtlinien für das Einordnen von öffentlichen Versorgungsleitungen zu beachten.

Die Mindesttiefenlage bei Schmutz- und Mischwasserkanälen wird vorwiegend durch die Tiefenlage der Hausanschlussleitungen bestimmt. Alle Keller der angeschlossenen Grundstücke sollen ohne Pumpen entwässert werden können und selbst bei voller Auslastung der Kanäle darf kein Rückstau in die Keller der angeschlossenen Gebäude auftreten. Unter Berücksichtigung des Wasserspiegels im Hauptkanal bei voller Auslastung muss der Hausanschlusskanal ein ausreichendes Gefälle, in der Regel von 1:50 (2 %), erhalten.

Regenwasserkanäle liegen in der Regel höher als Schmutz- oder Mischwasserkanäle, da sie lediglich frostfrei und so tief verlegt sein müssen, dass sie den Beanspruchungen, z.B. aus dem Straßenverkehr, standhalten. Außerdem sind Abwasserkanäle unterhalb der frostfrei verlegten Rohrleitungen der Wasserversorgung, der Gas- und Fernheizleitungen sowie der Kabel, z.B. für Strom und Telefon, zu führen. Auch Boden- und Grundwasserverhältnisse können sich auf die Tiefenlage der Kanäle auswirken.

Gefälle der Abwässerleitungen

Die im Abwasser enthaltenen Schmutzstoffe, wie z.B. Fäkalien und Abfallstoffe der Küche, oder Sand, Kies und Schmutzstoffe der Straße haben das Bestreben sich auf der Kanalsohle abzusetzen. Die Spülwirkung des fließenden Abwassers bewirkt die Sauberhaltung der Leitungen. Dies wird als Schleppspannung des Wassers bezeichnet. Nach DIN 4049 ist der Begriff Schleppspannung wie folgt festgelegt: „Kraft des fließenden Wassers je Flächeneinheit der Gewässersohle, mit der es auf die Sohle wirkt und dort Geschiebe vorwärts bewegt." Die Schleppspannung wird hauptsächlich durch das Sohlgefälle beeinflusst. Sohlgefälle und Füllhöhe des Kanales wirken sich neben anderen Faktoren auf die Fließgeschwindigkeit des Abwassers aus.

Längsschnitte

Die Längsschnitte stellen die Höhenverhältnisse der Rohrleitung im Gelände dar. Es wird empfohlen SW- und RW-Kanäle gemeinsam darzustellen, um Konfliktpunkte bei Kanalkreuzungen erkennen zu können. Sämtliche Längenmaße in Lageplan und Längsschnitt messen von Mitte Schacht zu Mitte Schacht. Durch die zeichnerische Darstellung der Höhen und Längen in unterschiedlichen Maßstäben (z.B. Maßstab der Höhe MdH 1:50 und Maßstab der Länge MdL 1:500/Verhältnis 1:10) werden Höhen, Gefälle und Baugrubentiefe besonders deutlich. Der Längsschnitt enthält im Einzelnen (vgl. Abb. 22.23):

- die Leitungen mit Angaben der Sohlhöhen
- das Gelände bzw. die Straße mit Höhenangaben
- Gefälle, Fließrichtung, Rohrdurchmesser und Material der Rohrleitungen
- die Schächte mit den Schachtnummern, Schachtabständen, Haltungslängen
- Zufließende Rohrleitungen in der Ansicht
- die Bezugshöhe der zeichnerischen Darstellung
- ergänzende Angaben wie Straßennamen und Anschlussleitungen
- eventuell Bohrergebnisse oder Hinweise auf Böden oder Bodenklassen (vgl. LF 3, Abb. 3.5)

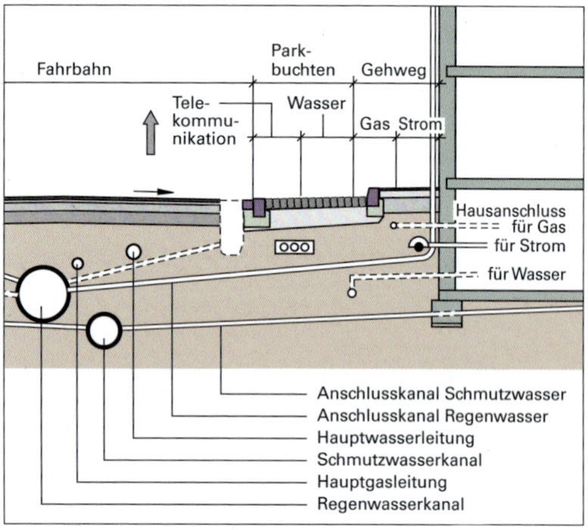

Abb. 23.21: Lage der Leitungen

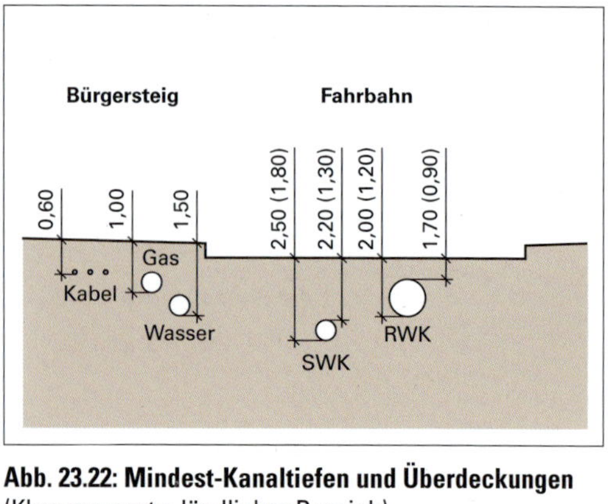

Abb. 23.22: Mindest-Kanaltiefen und Überdeckungen (Klammerwerte: ländlicher Bereich)

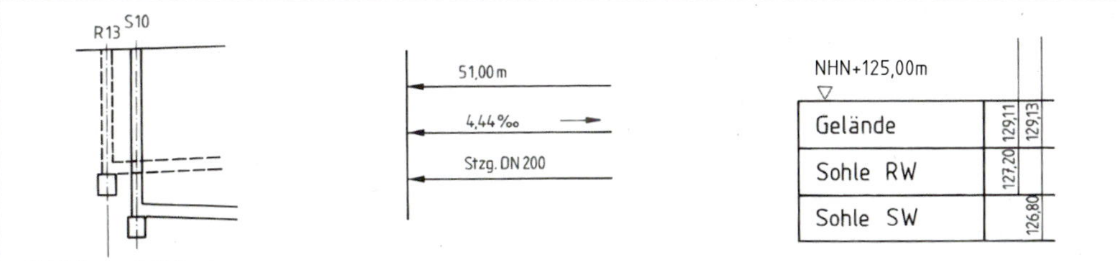

- Schächte mit Schachtnummerierung
- Gelände bzw. Straße (OF)
- Regenwasserleitung (gestrichelt)
- Schmutzwasserleitung

- Haltungslänge (von Mitte Schacht bis Mitte Schacht)
- Längsneigung in ‰, % oder im Verhältnis mit Fließrichtung
- Rohrdurchmesser und -material

- Bezugshöhe für die zeichnerische Darstellung
- NHN-Höhen des Geländes bzw. der Straße
- Sohlhöhe Regenwasserleitung (NHN)
- Sohlhöhe Schmutzwasserleitung (NHN)

Abb. 23.23: Bestandteile des Längsschnitts einer Schmutz- und Regenwasserleitung

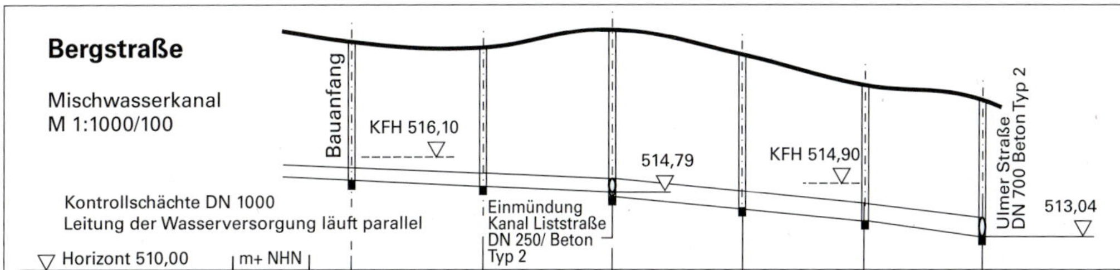

Schacht- Nummer		131		132		136		137		138		139
Haltungslänge	m		50,00		52,00		52,00		48,00		48,00	
Rohre- DN/ Baustoff	mm			300/Beton Typ 2				400/Beton Typ 2				500/Beton Typ 2
Straßen-/ Geländehöhen	m + NHN	518,15		518,36		518,81		517,78		516,73		516,35
Sohlhöhen	m + NHN	515,35		515,10		514,84 514,74		514,32		513,94 513,84		513,24 513,04
Sohlgefälle	‰		5,0		5,0		8,08		7,92		12,5	
Stationierung	m	0		50		102		154		202		250

Abb. 23.24: Längsschnitt (Ausschnitt)

Der Längsschnitt stellt die NHN-Höhen der Rohrleitung und des Geländes dar. Er wird mit unterschiedlichen Maßstäben für die Höhe (1 : 10 überhöht) und die Länge dargestellt.

Mindestgefälle und Nennweiten der Kanäle

Schmutzwasserkanal (SWK)
DN 200; in Ausnahmefällen DN 150;
DN 300 in Innenstädten,

Mindestgefälle innerhalb von Gebäuden
bis DN 100 1:50 entspricht 2 %
ab DN 125 1:66,7 entspricht 1,5 %
ab DN 150 1:66,7 entspricht 1,5 %
ab DN 200 1:0,5·DN

Regenwasserkanal (RWK)
DN 200 in Landgemeinden,
DN 300 in Städten und im Straßenbau.

Mindestgefälle innerhalb von Gebäuden i.d.R. 1:100 entspricht 1 %.

Außerhalb von Gebäuden beträgt das Mindestgefälle grundsätzlich 1:DN.

Ausnahmen sind zu begründen (z.B. können in Einzelfällen geringere Gefälle zugelassen werden, wenn die Fließgeschwindigkeit 0,5 m/s innerhalb von Gebäuden und 0,7 m/s außerhalb von Gebäuden nicht unterschreitet).

Liegt die Rohrleitung tiefer als die Mindesttiefe, wird so lange mit dem Mindestgefälle projektiert, bis die Mindesttiefe wieder erreicht ist (vgl. Lageplan).

Maximaltiefe
Abhängig von Baugrund und Grundwasserstand; im Allgemeinen nicht mehr als 5 m.

23.7 Rohrleitungen (Querschnittsformen und Materialien)

Die Rohre für RW- und SW-Kanäle unterscheiden sich nach **Querschnittsform**, Größe (Durchmesser DN), **Verbindung, Dichtung** sowie **Baustoff**. Größe und Querschnittsform hängen von der Wasserart und Wassermenge ab (vgl. Abb. 22.25).

Bei allen Materialien ist zu beachten, dass die angegebenen Nennweiten DN nicht immer dem Lichtdurchmesser lW entsprechen (Herstellerangaben sind zu beachten). Verschiedene Werkstoffe können untereinander mit Übergangsstücken verbunden werden (z. B. Steinzeug – PVC, PVC – GGG usw.).

Die vielfältigen Baustoffe, Eigenschaften, Anwendungsbereiche und Abmessungen lassen sich aus den Produktnormen, aus Tabellenbüchern und aus Produkt-/Herstellerangaben ermitteln.

Die Abbildung 3.25 im Kapitel 3 zeigt eine Auswahl der üblichen Rohrquerschnitte die in Gänze in der DIN 4263 und im Arbeitsblatt A 110 des DWA mit vielen Kennzahlen dargestellt sind.

Im Arbeitsblatt A 110 sind folgende genormte Querschnittsformen aufgeführt:

- Kreisquerschnitt
- gestreckter und überhöhter Kreisquerschnitt
- Eiquerschnitt
- überhöhter und breiter Eiquerschnitt
- gedrückter Eiquerschnitt

Tabelle 23.25: Rohrleitungsmaterialien und Normhinweise

DIN EN 295	Steinzeugrohre (Stzg) DN 100 bis DN 700 (1400)
DIN EN 1916	Betonrohre (B), Stahlbeton- und Spannbetonrohre DN 100 bis DN 1600 (4000 und mehr)
DIN EN 583	Faserzementrohre (FZ) DN 50 bis DN 200
DIN EN 1452 12201 1639	Kunststoffrohre (Polyvinylchloridrohre, Polyethylenrohre, glasfaserverstärkte Kunststoffrohre)
DIN EN 545 DIN 2460	Metallische Rohre (Duktilguss GJS, Stahl St)

- Maulquerschnitt
- überhöhter und gedrückter Maulquerschnitt
- gestauchter Maulquerschnitt
- Haubenquerschnitt
- Drachenquerschnitt

Die Abbildung 23.26 zeigt die Zeichnung eines Fußrohres. Die Vorteile von Fußrohren ist hauptsächlich in der Bauphase erkennbar, da die Rohre in der Solllage stabil liegen.

Die Abbildung 22.27 bietet dazu eine Auswahl von Kunststoffrohren nach Herstellerangaben, die Abbildung 23.28 beschreibt und benennt die Querschnittsformen von Betonrohren und die Formstücke aus Steinzeug.

d_1 Innendurchmesser (lichte Weite)
d_g Durchmesser Glocke
t_1 Wanddicke im Kämpfer
t_2 Wanddicke im Scheitel
t_3 Wanddicke in der Sohle
Muffen-Wanddicke
b Fußbreite
d_{so} Innendurchmesser der Muffe im Abstand l_m von der Muffenstirnfläche
l_{so} Muffentiefe
d_{sp} Außendurchmesser des Spitzendes im Abstand l_s vom Spitzendspiegel
l_{sp} Länge des Spitzendes (≥ l_{so} ist + 5 mm)
w Muffenspaltweite
l_m Abstand der Messstelle von der Muffenstirnfläche für die Messung von d_{so} (planmäßiger Sitz des Dichtmittels)
l_s Abstand der Messstelle vom Spitzendspiegel für die Messung von d_{sp} (planmäßiger Sitz des Dichtmittels)

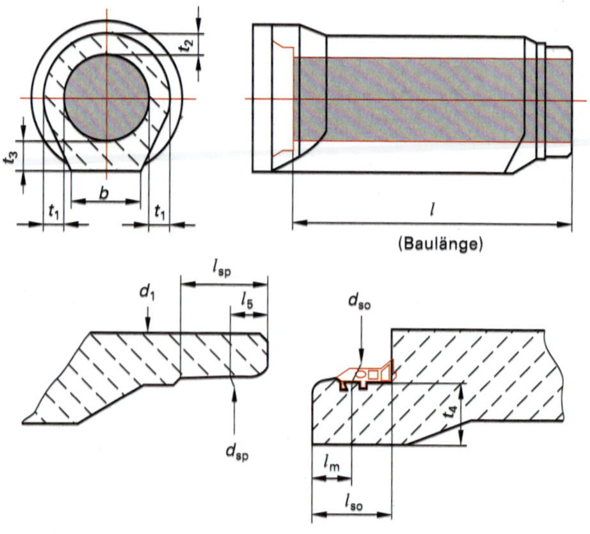

Abb. 23.26: Zeichnung eines Betonrohres mit Glocken auf den Verbindungen

Tabelle 23.27: Kunststoffrohre für Abwasser und Regenwasser mit Beispielen aus Herstellerangaben

GFK (UP-GF) DIN EN 14 364 DIN EN 1796	Glasfaserverstärkter (Duroplastischer) Verbundwerkstoff DN 150 bis DN 3600 Baulängen 3,00 m bis 12,00 m, Standard 6,00 m Einschichtsystem Farbe: hellgrau/braun aufmontierte Dichtung Dichte 1,5 kg/dm³ bis 1,8 kg/dm³ bis 20 SN[3]	
PVC-U DIN 19 534 DIN 19 531 DIN EN 1401	Polyvinylchlorid bis DN 600 S- und M-Rohre: orange/braun R-Rohre: blau[1] Baulängen 0,50 bis 5,00 m SDR[4] 34 und 41 SN 4 bis 12 Rohrkupplung SN 2 entspricht SDR 51 SN 4 entspricht SDR 41 SN 8 entspricht SDR 34	
PE-HD DIN EN 13 244 DIN EN 16 961 DIN 19 535 DIN 19 537	Polyethylen bis DN 450 verschiedene Verbindungs-Elemente Farbe: schwarz mit braunen Streifen Baulängen bis 12,00 m SDR 7,4 bis 33 SN bis 16	 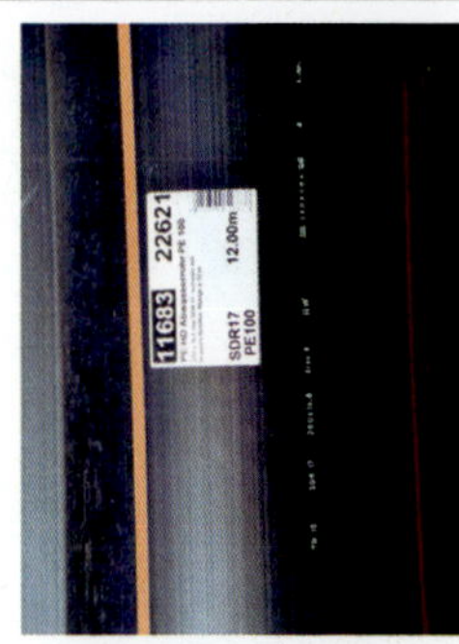
PP-HM[2] DIN EN 1852 DIN 16 961 DIN 19 560	Polypropylen DN 150 bis DN 630 Baulängen bis 6,00 m Farbe: rotbraun/weiß, grün, gelb Profilrohr/Vollwandrohr SN 8 bis 16 Gummidichtring, Dichtringe, Steckverbindung SN 2 entspricht SDR 41 SN 4 entspricht SDR 33 SN 8 entspricht SDR 23,4	 

[1] S = Schmutz-, M = Misch-, R = Regenwasserrohre [2] höherer Elastizitätsmodul [3] SN Ringsteifigkeit (Stiffness Number)
[4] SDR Ringsteifigkeit/nationale Klassifizierung

Betonrohre – Querschnittsformen
(DIN EN 1916)

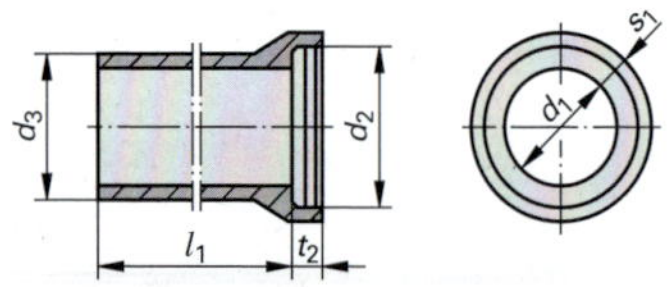

Kreisförmiges Rohr mit Muffe ohne Fuß
Typ1-B-K-GM

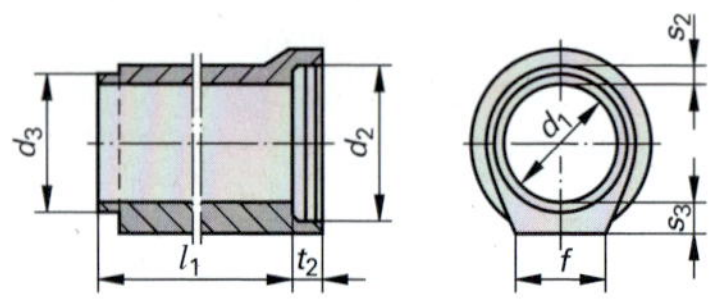

Kreisförmiges Rohr mit Muffe mit Fuß
Typ1-B-KF-GM

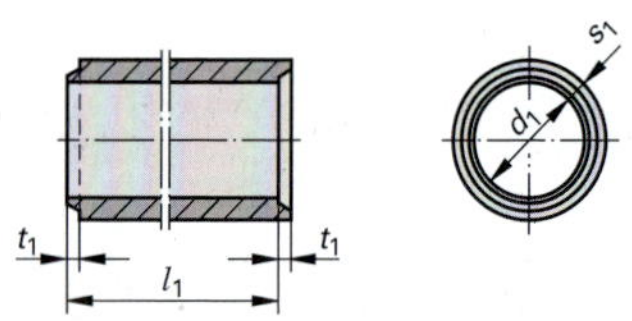

Kreisförmiges Rohr mit Falz ohne Fuß
Typ1-B-K-FM

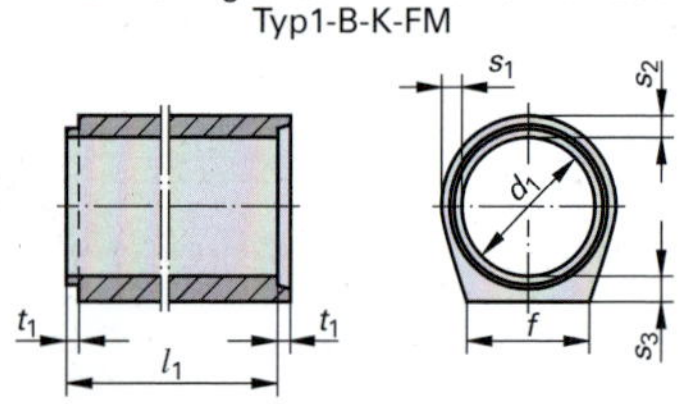

Kreisförmiges Rohr mit Falz mit Fuß
Typ1-B-KF-FM

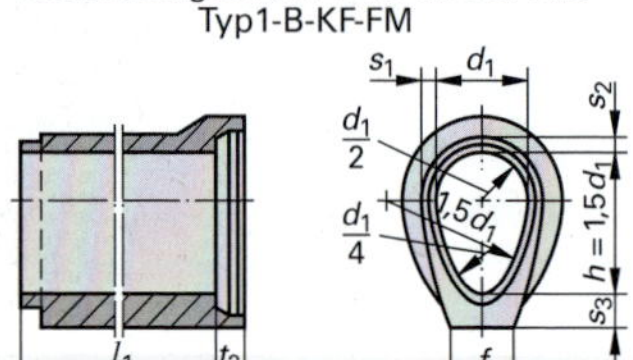

Eiförmiges Rohr mit Muffe, Typ1-B-E-GM

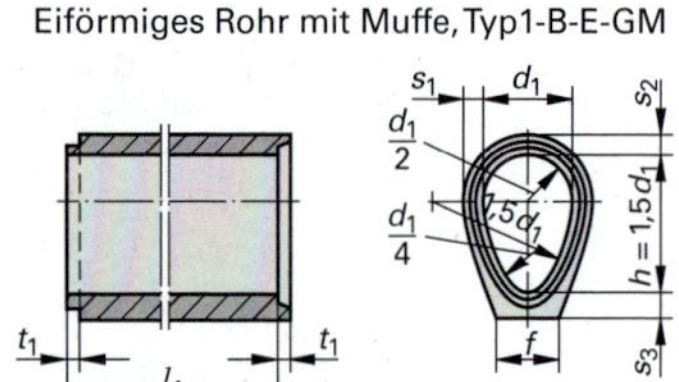

Eiförmiges Rohr mit Falz, Typ1-B-E-FM

Vollständige Bezeichnung eines Muffenrohr mit Fuß Betonrohr-
DIN EN 1916-Typ2-KF-6M-300 × 2500

Formstücke aus Steinzeug
(DIN EN 295-1)

Formstücke werden bei Entsorgungsleitungen zum Übergang der Nennweite, zum Zusammenführen zweier Leitungen oder zur Richtungsänderung eingesetzt.

Übergangsstücke (Baulänge 25 cm)
für die Veränderung der Nennweite von Leitungen

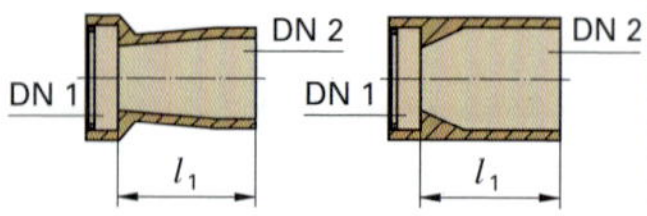

DN 1	DN 2	Steckmuffe	Verbindungs-system	Masse [kg/St]
100	125	L	F	6
100	150	L	F	7
125	150	L	F	8
150	200	L	F	11
150	200	LK	FC	11
200	250	LK	CC	15
200	250	KK	CC	15
250	300	KK	CC	21

Abschlussstück/Abzweige
(45° und 90° am Beispiel DN 150) für die Zusammenführung zweier Leitungen mit gleicher oder unterschiedlicher Nennweite im Winkel von 45° und 87,5°/90°

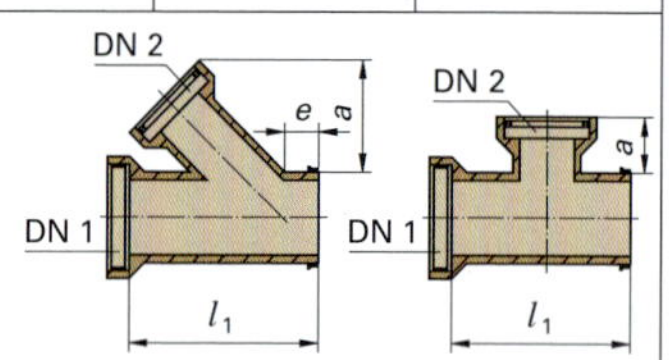

DN 1	Winkel	DN 2	Baulänge [cm]	Masse [kg/St]
150	**45°**	100	40	16
150	**45°**	125	40	18
150	**45°**	150	50	20
150	**90°**	150	50	18

Krümmer/Bögen
(15° und 90° am Beispiel DN 150) für die Richtungsänderung von Leitungen im Winkel von 15°, 30°, 45°, 87,5°/90°

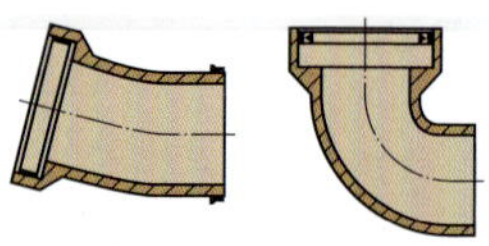

DN	Winkel	Steckmuffe	Verbindungs-system	Masse [kg/St]
150	**15° ± 3°**	L	F	10
150	**30° ± 4°**	L	F	10
150	**45° ± 5°**	L	F	10
150	**90° ± 5°**	L	F	10

Abb. 23.28: Betorohre und Steinzeugrohle

23.8 Bau von Abwasserkanälen

Beim Bau von Abwasserkanälen werden zwei Bauarten unterschieden:

- Offene Bauweise – hierbei wird für die Verlegung der Rohrleitungen der Graben geöffnet und nach der Rohrverlegung der Graben wieder verfüllt.
- Geschlossene Bauweise – dieses Bau verfahren beschreibt alle grabenlosen Bauweisen.

Offene Bauweisen

Der Bau der offenen Rohrleitungsgräben ist in Kapitel 3.11 (LF 3) beschrieben. Die DIN EN 1610 und die DIN 4124 (UVV) beschreiben die notwendigen Sicherungsmaßnahmen und geben die Grabenbreiten vor (vgl. Tabelle 23.29). Die Tabellenwerte der genannten Vorschriften sind nicht umfassend aufeinander abgestimmt. Die DIN EN 1610 (auch DWA-A 139) gilt für Abwasserleitungen und -kanäle. Die DIN 4124 gilt für Baugruben und Gräben. Die Abbildungen 23.30 verdeutlicht die Anwendung beim Einbau mehrere Rohrleitungen.

Die Arbeitsfolge beim Verbau von Rohrgräben mit Grabenverbaugeräten zeigt Abbildung 23.31. Rohrgrabenverbaugeräte (Plattenverbau) sind die gängigste und einfachste Verbauvariante für die Erstellung von Gräben im Kanalbau. Diese bestehen aus einer größeren Platteneinheit für die gegenüberliegenden Grabenwände mit mittig- oder randgestützten gurtähnlichen Aussteifungen aus Streben (Spindeln die sich verstellen lassen).

Tabelle 23.29: Lichte Grabenbreiten nach DIN EN 1610

ⓐ DN (Nennweite in mm)	**Mindestgrabenbreite in Abhängigkeit von der Nennweite DN** (OD + x)		
	verbauter Graben	unverbauter Graben	
		$\beta > 60°$	$\beta \leq 60°$
≤ 225	OD + 0,40 m	OD + 0,40 m	
225 bis ≤ 350	OD + 0,50 m	OD + 0,50 m	OD + 0,40 m
> 350 bis ≤ 700	OD + 0,70 m	OD + 0,70 m	OD + 0,40 m
> 700 bis ≤ 1 200	OD + 0,85 m	OD + 0,85 m	OD + 0,40 m
> 1 200	OD + 1,00 m	OD + 1,00 m	OD + 0,40 m
Bei den Angaben OD + *x* entspricht *x*/2 dem Mindestarbeitsraum zwischen Rohr und Grabenwand bzw. Grabenverbau			

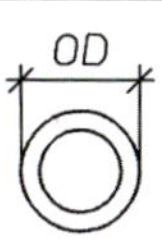

DIN 4124

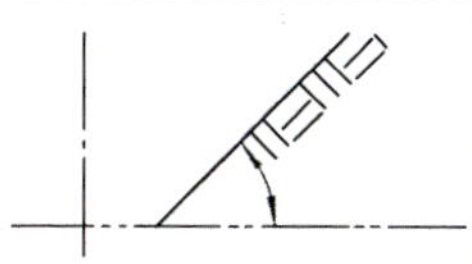

OD der Außendurchmesser in m | **Winkel β der unverbauten Grabenwand**

Tiefe *t* [m] des verbrauchten Grabens ⓑ	**Lichte Mindestgrabenbreite *b***	
	DIN 4124	**DIN EN 1610**
t < 1,00	keine Mindestgrabenbreite vorgegeben	für *t* < 1,00 m keine Angabe
> 1,75 bis 1,75	0,70 m	0,80 m
≥ 1,75 bis 4,00	0,80 m	0,90 m
≥ 4,00	1,00 m	1,00 m

Empfelung: Die Mindestgrabenbreite ist der jeweils größere Wert aus den Tabellen ⓐ und ⓑ.

Gründungsschicht und Bettung

Örtlich vorhandener nicht tragfähiger Boden muss entfernt und ausgetauscht werden. Hierfür kann eine Gründungsschicht als Beton- oder Schotterschicht die notwendige Tragfähigkeit erbringen, die i.d.R. in einem Bodengutachten festgelegt ist.

Ist keine Gründungssohle notwendig, kann die Rohrleitung auf die Grabensohle verlegt werden. Die Auflagerung des Rohres wird Bettung genannt.

Bettung Typ 1

Die Bettung Typ 1 darf für jede Leitungszone angewendet werden, die eine Unterstützung der Rohre über deren gesamte Länge zulässt und die unter der Beachtung der geforderten Schichtdicken *a* und *d* hergestellt wird. Dies gilt für alle Rohre und Rohrarten (vgl. Abb. 23.32).

Sofern der Hersteller nichts anderes vorgibt, darf die Dicke der unteren Bettungsschicht *a* nicht kleiner sein als:

- 100 mm bei normalen Bodenverhältnissen (nach DWA-A 139 gilt a = 100 mm + 1/10 DN)
- 150 mm bei Fels oder festgelagerten Böden (nach DWA-A 139 gilt a = 100 mm + 1/5 DN)

Um die Gefahr von Schäden am Rohr und Setzungen zu reduzieren, sieht das DWA Arbeitsblatt 139 größere Bettungsstärken vor. Hierzu sollte die vertragliche Vereinbarung zwischen Auftraggeber und Auftragnehmer geprüft werden.

Die Dicke *d* muss der aus der statischen Berechnung entnommen werden. Für die obere und untere Bettung muss das gleiche Material verwendet werden. Dies gilt ebenso für die komplette Leitungszone.

Bettung Typ 2

Die Bettung Typ 2 darf im gleichmäßigen, relativ lockeren, feinkörnigen Boden verwendet werden, der eine Unterstützung der Rohre über die gesamte Länge zulässt. Die Rohre können direkt auf die vorgeformte und vorbereitete Grabensohle verlegt werden. Die Dicke *b* muss der aus der statischen Berechnung entnommen werden.

Bettung Typ 3

Die Bettung Typ 3 darf im gleichmäßigen, relativ lockeren, feinkörnigen Boden verwendet werden, der eine Unterstützung der Rohre über die gesamte Länge zulässt. Die Rohre können direkt auf die Grabensohle verlegt werden. Die Muffen werden ausgeformt und liegen frei.

Die Dicke *d* muss der aus der statischen Berechnung entnommen werden.

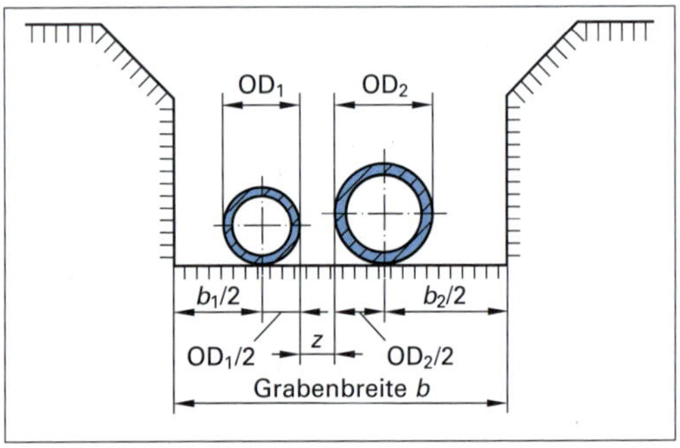

Abb. 23.30: Mindestgrabenbreiten

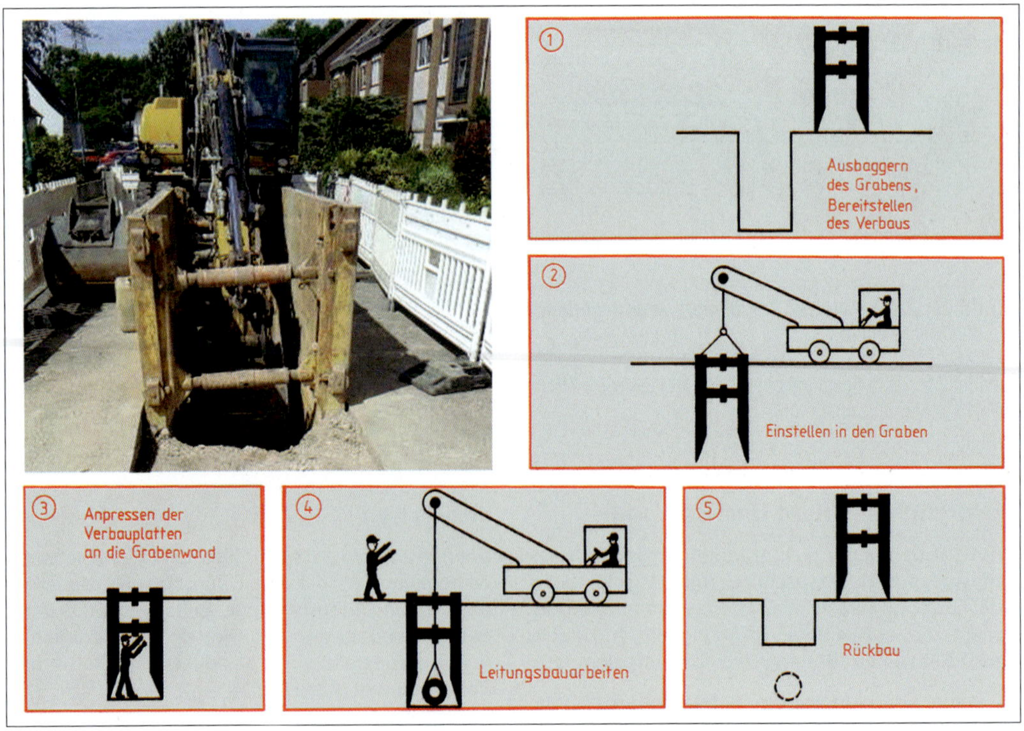

Abb. 23.31: Arbeitsfolge beim Verbau von Rohrgräben mit Grabenverbaugeräten

Sonderfall Betonbettung

Werden örtlich unterschiedliche Bodenarten und Grundwasserstände angetroffen oder ist die Grabensohle stark geneigt geplant kann eine Bettung aus Beton notwendig werden. Gemäß DWA-A 139 werden Betonbettungen für Rohre ohne Fuß wie folgt eingebaut:

- Einbringen der unteren Bettungsschicht in der Dicke *a* (*a* = 50 mm + 1/10 DN, min. *a* = 100 mm) abzüglich des 1,5-fachen des größten Betonzuschlagskorndurchmessers.
- Die Rohre werden auf ausreichend wassergesättigten Holzkeilen verlegt.
- Einbringen der oberen Bettungsschicht in der Dicke *d* (gemäß Rohrstatik) zuzüglich des 1,5-fachen des größten Zuschlagskorndurchmessers mit mindestens plastischem Beton.
- Die obere Bettung wird nach Rohrverlegung eingebracht.

Der zu verwendende Beton muss mindestens C12/15 sein. Bei Rohren mit Fuß sind diese auf eine Frischmörtelschicht zu legen und die Randbereiche nachzuverdichten. Die weitere Verfüllung darf erst nach Erhärten des Betons erfolgen.

Geschlossene Bauweisen

Rohrvortrieb

Statt in offenen Rohrgräben werden Rohrleitungen immer häufiger in grabenloser Bauweise, geschlossener Bauweise, verlegt. Während unsere Nachbarländer die grabenlose Bauweise mittels Horizontalbohrtechnik schon sehr stark anwenden, sind es in Deutschland z. Zt. nur etwa 10 % der Baumaßnahmen.

Der grabenlose Rohrleitungsbau hat gegenüber der üblichen, offenen Bauweise erhebliche Vorteile:

- geringerer Geräteeinsatz
- geringer Bodenaushub (für wenige kleine Baugruben)
- keine Bodentransporte, z. B. für die Zwischenlagerung oder den Ersatz von Boden
- geringere Bauzeit
- wenig Lärm und Staub
- kein (oder kaum) Straßenaufbruch
- geringe Beanspruchung von Verkehrsflächen
- geringe Beeinträchtigung des Verkehrs
- weniger Unfallgefahren
- weniger witterungsabhängig

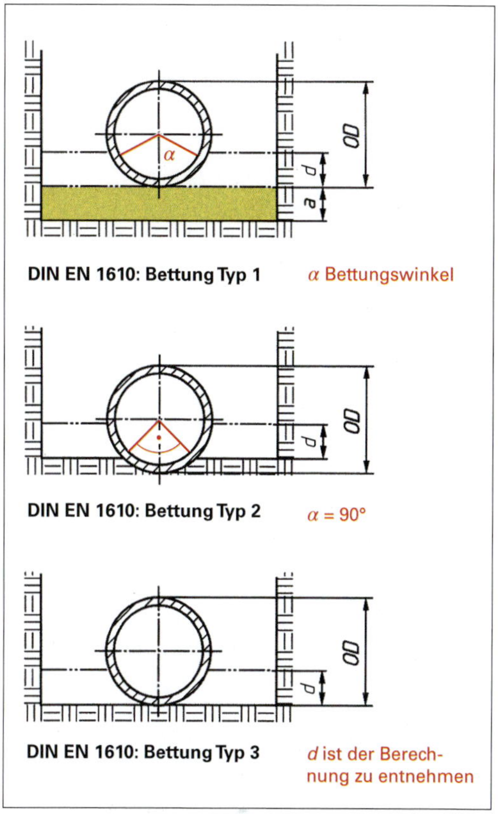

Abb. 23.32: Bettungstypen als Rohrauflager nach DIN EN 1610

Auch die indirekten Kosten, z. B. Folgekosten durch nachträgliche Setzungen bei offenen Gräben oder Kosten durch Verkehrsbehinderungen, sind überzeugend geringer.

Abb. 23.33: Vorbereitung für den Rohrvortrieb

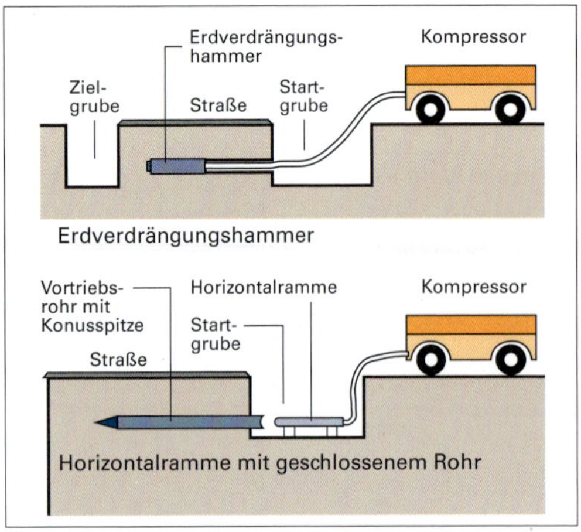

Abb. 23.34: Bodenverdrängungsverfahren

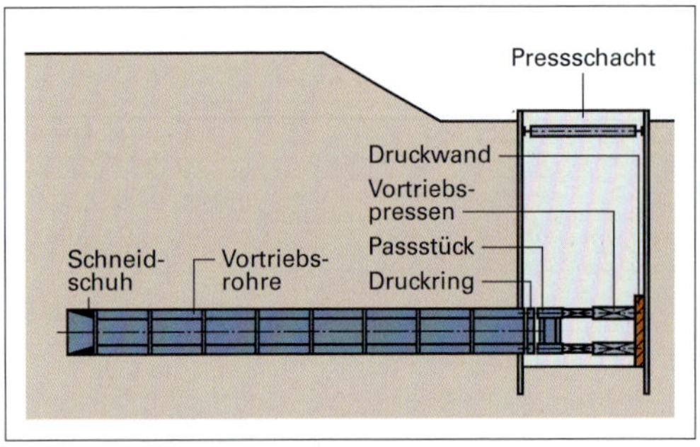

Abb. 23.35: Schema des Rohrvortriebs

Die Bodenverdrängung eignet sich wegen der begrenzten Zusammendrückbarkeit des Erdreiches nur für Hohlraumdurchmesser bis höchstens 220 mm (vgl. Abb. 23.34).

Bei der Bodenentnahme wird das Durchbohren ohne Verrohrung, mit gleichlaufender Verrohrung und mit nachlaufender Verrohrung (vgl. Abb. 23.35) unterschieden. Durchbohrungen ohne Verrohrung können nur in stark bindigen Böden mit ausreichender Standfestigkeit ausgeführt werden. Sie sind für Kanalrohre mit höchstens DN 350 anwendbar. Durchbohrungen mit gleichlaufender Verrohrung können bei den meisten Böden ausgeführt werden. Vorgeschrieben ist dieses Verfahren unter allen Bahnstrecken und stark befahrenen Straßen.

23

In vielen Fällen ist der Rohrvortrieb nicht anwendbar, weil

- Hindernisse und Gefahren erwartet werden, die bei geschlossener Bauweise nicht beseitigt werden können,
- ungünstige Wasserverhältnisse vorliegen,

Abb. 23.36: Stollen mit Stahlverzug

Abb. 23.37: Einbringen der Rohre

- bei einigen Verfahren lange Startgruben notwendig sind,
- keine Anschlüsse an die Rohrleitung hergestellt werden können und/oder
- keine Kampfmittelfreiheit vorliegt.

Ist ein Rohrvortrieb nicht möglich, gibt es ein alternatives Bauverfahren, welches immer wieder Anwendung findet. Beim Stollenbau wird ein Stollenprofil von einer Startgrube aus in den Baugrund getrieben (auch auffahren genannt) und bis zu einer Zielgrube ausgebaut. Die Rohrverlegung erfolgt in der Regel erst nach kompletter Fertigstellung des Stollens. Anschließend wird der Stollen mit einer Dämmflüssigkeit verfüllt. Die Ursprünge dieses Bauverfahrens entstammen dem Bergbau.

Beim Stollenbau wird zunächst in der Wand einer Baugrube (Startgrube) ein gemäß Statik vorgegebenes Profil angefahren. Die Maße des Stollens sind abhängig von dem vorhandenen Baugrund des zu erstellenden Kanalprofils und der Örtlichkeit (Tiefenlage, kreuzende Leitungen etc.).

Der Stollen ist dabei zwingend gemäß den vorgegebenen Normen und Anforderungen des Auftraggebers als auch der Unfallverhütungsvorschriften anzulegen. Üblicherweise muss ein Stollen künstlich bewettert (belüftet) werden. Der Abbau des Bodens erfolgt je nach Bodenart und Größe des Stollens mit Hand bzw. leichtem Gerät und der Abraum mit Loren oder Hand zur Startgrube. Die Wände werden dann mit Stahlprofilen und einem Verzug (Wandverkleidung) ausgesteift (vgl. Abb. 23.36 und Abb. 23.37). Für den Verzug eignen sich je nach Vorgabe Holz, Stahl oder Spritzbeton.

23.9 Schachtbauwerke / Kanalbauwerke

Ein Kanalnetz besteht aus einzelnen Rohrstrecken, die über Bauwerke wie Schächte, Entlastungsbauwerke, Abwasserhebeanlagen und Auslassbauwerke miteinander verbunden sind. Diese sind für den Betrieb und die Unterhaltung notwendig. Schächte werden je nach Funktion als Kontrollschächte, Verbindungs- oder Kurvenbauwerk sowie als Abstürze ausgeführt. Allgemeine Ausführungen dazu befinden sich in Kapitel 3.9 (LF 3).

Schächte

Schächte ermöglichen den Zugang zu den erdverlegten Entwässerungsleitungen. Sie sind zur Überwachung und Reinigung des Kanalnetzes erforderlich. Außerdem dienen sie zu dessen Ent- und Belüftung sowie zur örtlichen Bestimmung des Kanals.

Kontrollschächte, auch als Einstiegschächte bezeichnet, sind bei nicht begehbaren Leitungen am Leitungsbeginn und -ende sowie bei Richtungs-, Gefälle- und Querschnittsänderungen anzuordnen. Ein Rohrstrang muss zwischen zwei Schächten geradlinig mit gleichmäßigem Gefälle verlaufen. Eine solche Rohrstrecke wird auch als Haltung bezeichnet. Begehbare Leitungen können auch bogenförmig verlaufen. Schächte sind außerdem beim Zusammentreffen von zwei oder mehreren Leitungen, nicht bei Einmündungen von Hausanschlüssen, erforderlich. Die Haltungslänge sollte bei nicht begehbaren Leitungen 50 m und bei begehbaren Leitungen 70 m bis 100 m nicht überschreiten. Haltungen sollten möglichst gleiche Längen aufweisen.

Die Verbindung zweier Haltungen mit verschiedenen Nenndurchmessern kann scheitelgleich oder sohlengleich erfolgen. Die scheitelgleiche Ausführung stellt den Regelfall dar. Dabei wird beim Übergang zur größeren Nennweite die abgehende Sohle entsprechend tiefer verlegt. Die sohlengleiche Verbindung sollte nur dann angewendet werden, wenn das Gefälle gering ist und durch die Änderung der Nennweite keine Höhe verloren gehen darf. Ergeben sich wesentliche Unterschiede zwischen Ein- und Auslaufhöhe, sind solche Schächte als Abstürze auszubilden.

Die Abmessungen der Schächte werden durch die Anzahl und die Nennweiten der ankommenden und abgehenden Rohrleitungen bestimmt. Schächte setzen sich aus dem Unterteil, dem Schaft, dem Schachthals und der Abdeckung zusammen. Das Schachtunterteil baut auf der Sohlplatte auf und besteht aus dem Durchflussgerinne und den Anschlussstücken bzw. Einbindestutzen, die für einen gelenkigen Anschluss der Rohrleitungen notwendig sind. Gerinne werden meist bis auf Höhe des Rohrscheitels hochgeführt, die beidseitig entstehenden Flächen dienen als Standflächen. Sie erhalten ein geringes Gefälle zum Gerinne hin. Die senkrecht hochgeführten Wände werden als Schaft bezeichnet. Die Mindestlichtweite eines Schachtes beträgt 1000 mm.

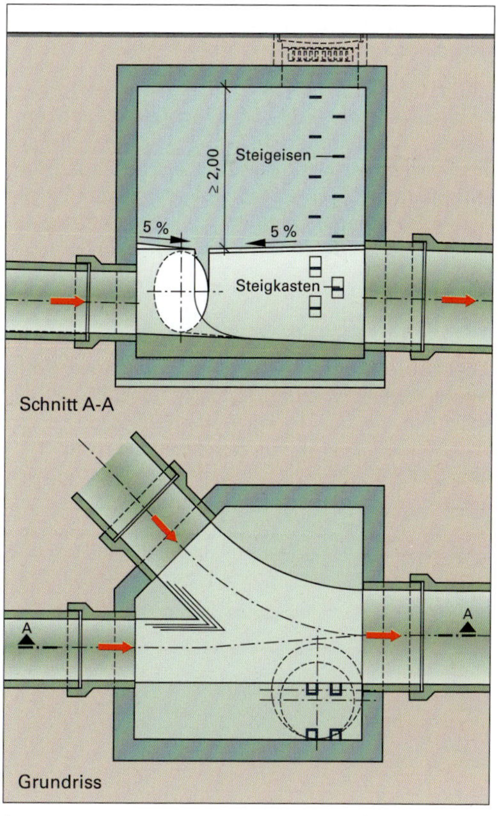

Abb. 23.38: Verbindungsbauwerk

23

Den Schachthals bildet der Teil des Schaftes, der sich auf einen lichten Durchmesser von 625 mm verjüngt. Steigeisen werden im Schacht alle 25 cm bzw. 33 cm so angeordnet, dass auch im Schachthals ein senkrechter Durchstieg möglich ist. Der Schacht wird nach oben hin durch eine Schachtabdeckung mit Schmutzfänger abgeschlossen. Abdeckungen werden je nach zu erwartender Verkehrslast an der Einbaustelle in Klassen eingeteilt. Zum Angleichen an die Oberfläche werden meist Ausgleichsringe verwendet.

Bei tiefen Schächten über großem Grundriss ist ein lichter Raum über der Arbeitsfläche von etwa 2,00 m Höhe auszubilden. Danach kann der Schacht in üblicher Bauweise weitergeführt werden. Kontrollschächte bei Steilstrecken sind zusätzlich zu verankern, besonders an Richtungsänderungen.

Absturzschächte

Absturzschächte sind erforderlich, um größere Höhendifferenzen in einer Abwasserleitung überwinden zu können. Solche entstehen, z. B. wenn das Oberflächengefälle größer ist als das zulässige Sohlengefälle oder wenn tief liegende Nebensammler angeschlossen werden müssen.

Je nach Absturzhöhe, abzuleitender Abwassermenge, Nennweite und Sohlengefälle der ankommenden Rohrleitung ist ein Schacht mit äußerem oder ein Schacht mit innerem Absturz auszuführen. Beiden Ausführungsarten gemeinsam ist ein Gerinne mit glatter Oberfläche, in dem der Trockenwetterabfluss ungehindert abfließen kann.

Schächte mit äußerem Absturz werden auch als Untersturzbauwerke (vgl. Kapitel 3, Abb. 3.21) bezeichnet. Sie werden in Leitungen bis etwa DN 400 eingebaut. In der Sohle der ankommenden Rohrleitung zweigt vor dem Schacht eine Fallleitung ab, durch die der Trockenwetterabfluss direkt zur Schachtsohle und damit zur abgehenden Rohrleitung geführt wird. Die ankommende Leitung wird weitergeführt und mündet in den Schacht. Von dieser Einmündung aus ist die Leitung zur Reinigung zugänglich. Die Fallleitung kann unter 45° oder 90° abgehen. Ihre Nennweite ist meist kleiner als die der Rohrleitung, jedoch sollen DN 150 bis DN 200 nicht unterschritten werden. Die vor den Schacht verlegte Fallleitung muss z. B. mit Beton ummantelt werden.

Schächte mit innerem Absturz werden bei größeren Abwassermengen, z. B. bei Rohrleitungen größer als DN 400, ausgebildet (vgl. Abb. 23.39). Die Gerinnesohle wird als Parabel mit Wendepunkt ausgeformt und die Gerinnewände bis zum Scheitel hochgeführt. Sind zwischen der ankommenden und abgehenden Rohrleitung Übergänge in der Querschnittsform oder im Nenndurchmesser vorgesehen, sind diese durch Verziehung des Gerinnes vorzunehmen.

Regenüberlauf

Regenüberläufe werden bei Mischwasserkanälen angeordnet, um bei starkem Regen den Zulauf zur Kläranlage zu begrenzen (vgl. Abb. 23.40). Dabei wird der Teil des verdünnten Abwassers, der über dem kritischen Mischwasserabfluss liegt, über eine Überlaufschwelle geleitet und einem Regenentlas-

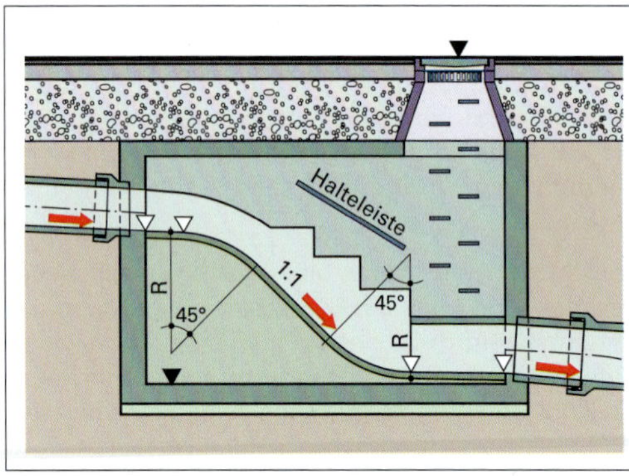

Abb. 23.39: Schacht mit innerem Absturz

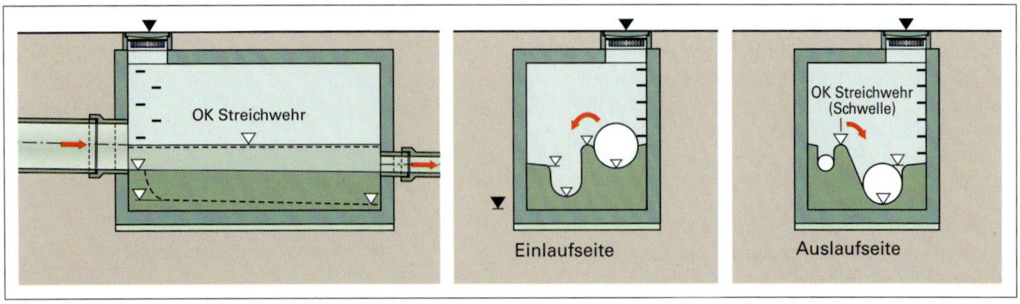

Abb. 23.40: Regenüberlauf

tungsbauwerk zugeführt. Überlaufschwellen können als ein- oder beidseitige Wehre angeordnet werden. Der Zulauf zum Regenüberlauf darf nicht schießend sein. Die Ablaufleitung soll als Drosselstrecke mit einem Mindestdurchmesser von 250 mm ausgebildet werden. Nur so ist gewährleistet, dass der Regenüberlauf bei Erreichen der kritischen Mischwassermenge wirksam wird.

Schacht- bzw. Kanalbauwerke werden heute i.d.R. als Schächte aus glasfaserverstärktem Verbundwerkstoff (GFK} oder aus Polypropylen (PP) (vgl. Kapitel 3.9) und als Kanalbauwerk aus Betonfertigteilen erstellt. Die DIN 4034 beschreibt zwei Typen von Fertigteilen und legt in DIN 4034-1 die Qualitätsanforderungen für Schmutz- und Regenwasserschächte fest. Ist es nicht möglich werkseitig gefertigte Schächte zu verwenden, so können die Schächte aus Stahlbeton, unbewehrtem Beton und aus Mauerwerk erstellt werden. Die Anforderungen sind im DWA-Regelwerk Arbeitsblatt-A 157 und Merkblatt M 158 zusammengefasst.

23.10 Klärtechnik

Nach Festschreibung durch das Bundesumweltamt ist es erforderlich, die durch den menschlichen Gebrauch eingebrachten Schmutzstoffe aus dem Wasser zu entfernen und die natürliche Wasserqualität so weit wie möglich wiederherzustellen.

Kläranlagen sind so zu konzipieren, dass sie die in der Natur beobachteten Vorgänge der Selbstreinigung der Gewässer nachbilden. Eine Kläranlage enthält im Wesentlichen die drei folgenden Teile:

- Mechanische Reinigung
- Biologische Reinigung
- Chemische Reinigung

(vgl. Abb. 23.1)

In der Praxis ist eine exakte Unterteilung der Kläranlage in diese Bestandteile nicht immer gegeben, da es verschiedene Kombinationsbauten und auch Kleinkläranlagen gibt.

Ist die Wasserentsorgung eines Gebäudes durch Anschluss an die öffentliche Kanalisation nicht möglich, muss die Reinigung der meist häuslichen Abwässer vor Ort, z.B. in Kleinkläranlagen nach DIN EN 12566-1, erfolgen. Bei Kleinkläranlagen wird zwischen Anlagen ohne und mit Abwasserbelüftung unterschieden. Oberflächenwasser, z.B. Regenwasser, darf nicht in diese Anlagen eingeleitet werden. Kläranlagen sind regelmäßig zu entleeren, müssen wasserdicht sein und ausreichend über Dach be- und entlüftet werden. Kleinkläranlagen als Bestandteil der Grundstücksentwässerung sind genehmigungspflichtig.

Kleinkläranlagen ohne Abwasserbelüftung werden nur noch dann zugelassen, wenn der Anschluss an eine kommunale Kläranlage geplant ist. Dabei kommen überwiegend Mehrkammergruben und Mehrkammerausfaulgruben mit nachgeschalteter Untergrundverrieselung zur Anwendung. Sie bestehen in der Regel aus drei Kammern, die durch Überläufe miteinander verbunden sind (vgl. Abb. 23.41). Durch diese Anordnung verringern sie die Fließgeschwindigkeit der Abwässer, wodurch sich die Schwebestoffe absetzen können.

Dem Stand der Technik entsprechen Kleinkläranlagen mit Membrantechnologie. Sie eignen sich für Anschlusswerte zwischen 4 und 500 Einwohnern, haben ein bauaufsichtliche Zulassung und sind genehmigungsfähig. Die Kombination aus mechanischer, biologischer und physikalischer Abwasserreinigung ermöglicht, auch stark verschmutztes häusliches Abwasser wirtschaftlich so zu reinigen, dass es zur Wiederverwendung, z.B. in der Toilettenspülung und zur Gartenbewässerung, geeignet ist.

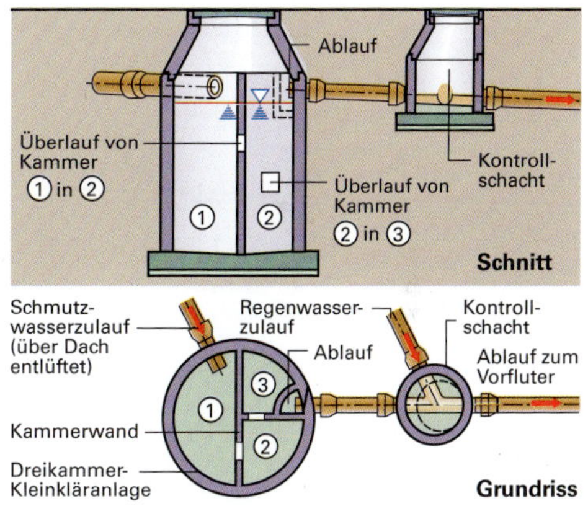

Abb. 23.41: Fertigteil-Kleinkläranlage (schematisch)

Das mechanisch vorgereinigte Abwasser fließt in das Belebungsbecken mit integrierter Membraneinheit und wird nach dem Belebtschlammverfahren gereinigt. Wasser und Belebtschlamm werden anschließend durch Membranfiltration voneinander getrennt. Zur Versorgung der Mikroorganismen mit Sauerstoff und um eine Verstopfung der Membran durch die zurückgehaltenen Stoffe zu verhindern, wird ein Gemisch aus Wasser und Luftblasen über die Membranoberfläche geführt (Crossflow-Verfahren). Das biologisch gereinigte Wasser wird mittels einer Pumpe mit geringem Unterdruck durch die Membran gesaugt. Es erreicht eine Qualität, welche die Richtwerte der EU-Badegewässerrichtlinien erfüllt.

Aufgaben zum LF 13 TSL Planen einer Wasserentsorgung

1. Unterscheiden Sie Abwasserarten nach der Art und dem Umfang der Verunreinigung.
2. Welche Arten der Entwässerungssysteme kennen Sie und welche bautechnische Ausführung trifft für Ihren Wohnort zu.
3. Welche Bedeutung hat der Bemessungsregen für die Dimensionierung eines Abwasserkanals im Trennsystem?
4. Begründen Sie, warum Abwasser nicht ungehindert in einen Vorfluter eingeleitet werden dürfen.
5. Für welche Baumaßnahmen wird als Rohrquerschnitt das Eiprofil verwendet?
6. Die Voruntersuchung zu einem Abwasserkanal weist z.T. massiven Fels aus. Benennen Sie einen geeigneten Rohrquerschnitt und begründen Sie Ihre Entscheidung.
7. Der hydraulische Radius ist Teil der hydraulischen Berechnung. Er zeigt die Leistungsfähigkeit einer Abwasserstrecke auf. Der hydraulische Radius R ist das Verhältnis von durchflossener Querschnittsfläche A des Abwasserrohrs zum benetzten Umfang U.

$$R\,[\text{m}] = \frac{A\,[\text{m}^2]}{U\,[\text{m}]}$$

a) Ermitteln Sie für die dargestellten Kreisprofile DN 1000 den hydraulischen Radius. Die Querschnittsfläche ist möglichst genau, ohne Näherungsformeln, zu berechnen. Skizzieren Sie dazu die Flächenaufteilung.

b) Geben Sie die Füllhöhe in Prozent an.

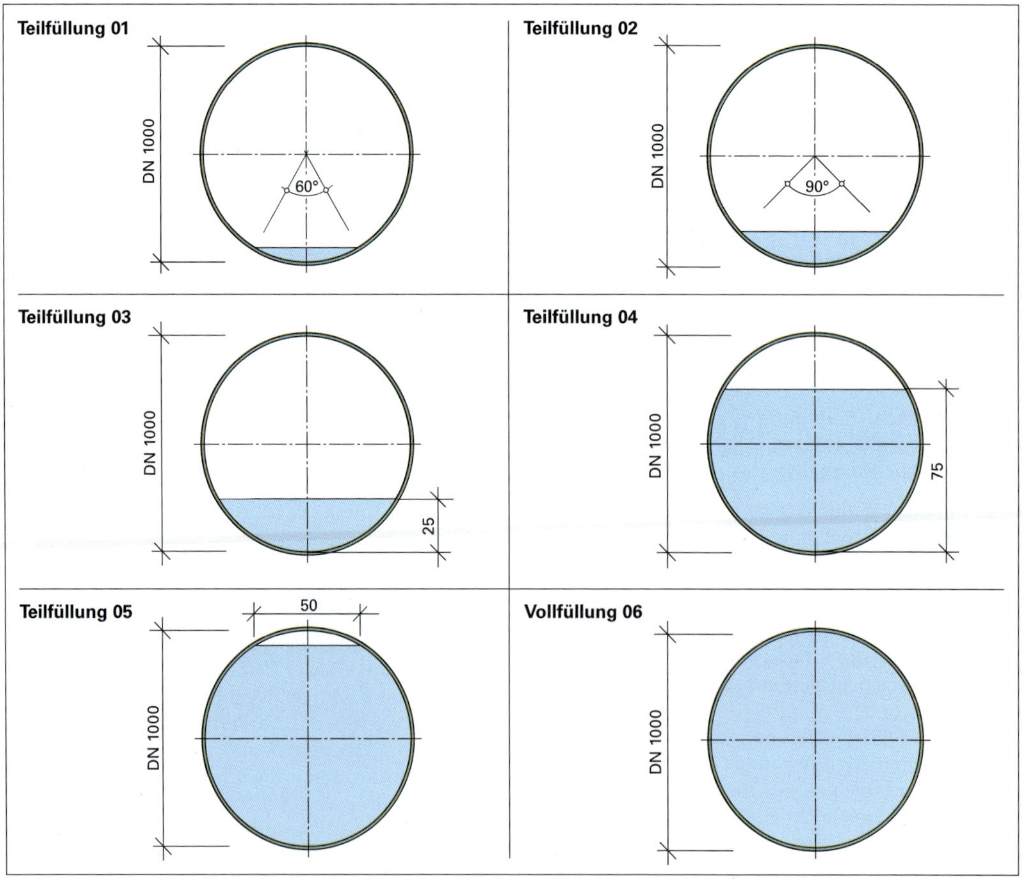

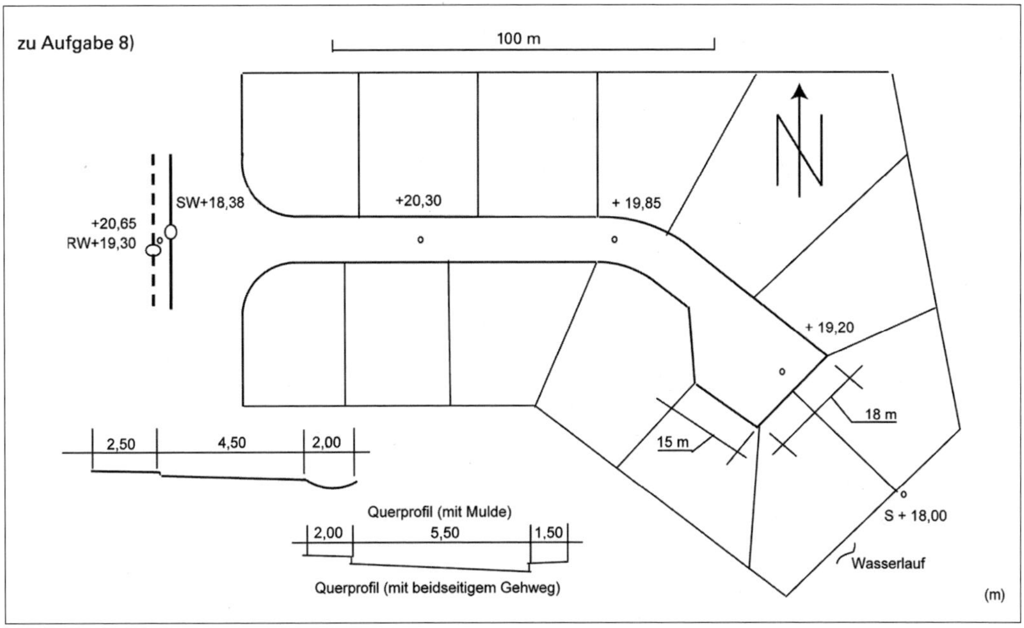

8. Planen Sie für das dargestellte Baugebiet die SW-Kanalisation.
   a) Wie groß ist der Schmutzwasseranfall [ℓ/s], wenn jedes Hausgrundstück mit 3 Einwohnern belegt ist?
   b) Wie viel ℓ/s muss eine Pumpe bei Mindestgeschwindigkeit leisten, wenn die Druckleitung IW 100 hat?
   c) Planen Sie die RW-Kanalisation (Legen Sie Einzugsgebiete und C fest, wählen Sie r_{Bem} und ermitteln Sie Rohrdurchmesser und Gefälle mit Listenrechnung; Ablauf entlang der Grenze zum Wasserlauf).
   d) Beseitigen Sie alternativ das Regenwasser über Versickerung und beantworten Sie folgende Fragen:
      Wie lang ist die verfügbare Muldenlänge, wenn die Mulde auf der Nordseite liegt (Beginn ab Ende der Einmündung) und jede Hauseinfahrt die Mulde für 3 m unterbricht?
      Wie groß ist dann die Sickerfläche A_s bei der vorgegebenen Muldenbreite?
      Berechnen Sie das Einzugsgebiet A_u der befestigten Straßenfläche (engfugiges Pflaster).
      Berechnen Sie den Zufluss $\sum Q_{zu}$ für 6 h Regendauer und einen $r_{0,2}$ von 19,7 ℓ/(s·ha), den Abfluss $\sum Q_{ab}$ durch Versickerung über A_s während der gleichen Zeit für $k_f = 2 \cdot 10^{-5}$ m/s und das daraus resultierende Speichervolumen V_{sp}.
   e) Ermitteln Sie aus Ihrer Planung für den SW-Kanal die Bodenmassen [m³].
   f) Zeichnen Sie einen Längsschnitt der Haltungen in den Maßstäben MdL 1:500 und MdH 1:50.

9. Zeichnen Sie im Maßstab 1:20 die gemeinsame Baugrube einer RW-Leitung (Betonrohr KFW-M 250 × 2000, DIN 4032) und einer SW-Leitung (Stz DN 200) im waagerechten Holzbohlenverbau. Das Gelände hat eine Höhe von NHN + 25,12 m, das Steinzeugrohr eine Sohlhöhe von NHN + 21,95 m. Das Betonrohr der RW-Leitung liegt 50 cm höher. Die Sohlbreiten betragen zwischen den Bohlen je 0,95 m. Beide Rohrleitungen erhalten eine 20 cm dicke Sauberkeitsschicht aus Kies 0/32.

10. Eine Abwasserleitung kreuzt eine Verbindungsstraße. Dazu ist ein Absturzschacht unter der Straße notwendig. Der Absturzschacht ist im Längsschnitt als unmaßstäbliche Absteckskizze dargestellt.
    Für Schachthals, Ausgleichsringe und Schachtabdeckung werden Normbauteile (Fertigteile) verwendet.
    Planungshinweise
    Absturzschacht
    Sohle und Decke $h = 20$ cm
    Wände $d = 25$ cm
    Stahlbeton C25/30 (wasserundurchlässig)
    Sauberkeitsschicht
    Profil- bzw. Gefällebeton

Estrichmörtel mindestens 5 cm dick
Steigeisen 4 Stück/m im Schachthals (Konus) senkrecht hochführen

Anschlüsse der Leitung am Schachtbauwerk, Einbindestutzen oder Gelenkstück $l = 75$ cm

a) Der Schacht ist als Längsschnitt im Maßstab 1:25 so darzustellen, dass das Gerinne in Kanallängsachse und die Schachtabdeckung in der Mittelachse gezeigt wird.
b) Der Querschnitt im Maßstab 1:25 verläuft durch den tiefen Schachtteil. Die Achse der Schachtabdeckung mit Blick auf den Einlauf ist darzustellen.

11. Welche Firmen/Unternehmen führen i.d.R. Entwässerungskanalarbeiten im öffentlichen Bereich durch?
12. Welche Bedeutung hat die Berechnungsregenspende für die Berechnungsverfahren für Schmutz- und Regenwasserkanalnetze?
13. Stellen Sie die im DWA Arbeitsblatt-A 157 aufgeführten Planungsgrundlagen für Herstellung, Umbau, Ausbau, Rückbau und Sanierung von Bauwerken in Entwässerungssystemen außerhalb von Gebäuden zusammen.

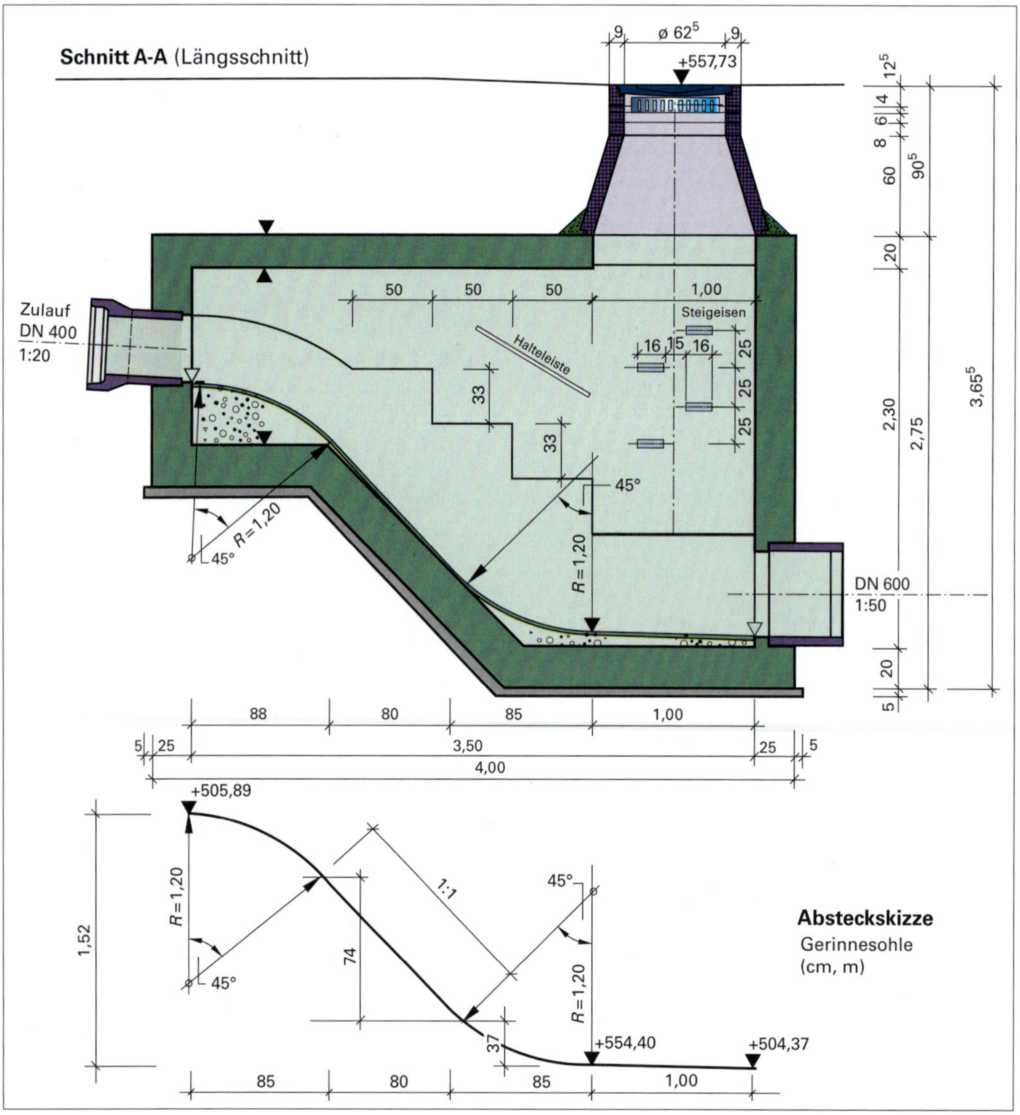

24 Planen einer Außenanlage

24.1 Grundsätzliches zur Freiflächenplanung

Natur und Landschaft sind nach dem Bundesnaturschutzgesetz (BNatSchG) in besiedelten und unbesiedelten Bereichen so zu schützen, zu pflegen und zu entwickeln, dass

① die Leistungsfähigkeit des Naturhaushaltes,

② die Nutzungsfähigkeit der Naturgüter,

③ die Pflanzen- und Tierwelt sowie

④ die Vielfalt, Eigenart und Schönheit von Natur und Landschaft als Lebensgrundlage des Menschen gesichert sind.

Naturschutzgebiete: Sie genießen einen besonderen Schutz von Natur und Landschaft zur Erhaltung bestimmter Biotope für bestimmte Pflanzen und Tiere, zur Sicherung bestimmter Landschafts- und Tierarten, für Zwecke der Forschung und zur Erhaltung von Gebieten großer Seltenheit oder hervorragender Schönheit.

Landschaftsschutzgebiete: In ihnen sollen Natur und Landschaft allgemein geschützt werden zur Erhaltung und/oder Wiederherstellung der Leistungsfähigkeit des Naturhaushaltes und/oder der Nutzungsfähigkeit von Naturgütern, wegen der Vielfalt, Eigenart oder Schönheit des Landschaftsbildes oder wegen ihrer Bedeutung für Erholungszwecke.

Naturdenkmale: In der Natur auch vorkommende Einzelschöpfungen sollen geschützt werden, wenn sie aus wissenschaftlichen und naturkundlichen Gründen oder wegen ihrer Eigenart, Seltenheit oder Schönheit eines besonderen Schutzes bedürfen.

Geschützte Landschaftsbestandteile: In bestimmten Gebieten ist es zwar nicht erforderlich, die gesamte Landschaft, aber bestimmte Teile von ihnen unter Schutz zu stellen, wie etwa eine bestimmte Baumgruppenart oder in Schleswig-Holstein z. B. die Landschaftsknicks.

Nationalparks: Großräumige, zusammenhängende Gebiete, die etwa die gleichen Kriterien wie die Naturparks erfüllen, können als Nationalparks ausgewiesen werden und unterliegen ähnlichen Schutzbedingungen wie die Naturschutzgebiete.

Abb. 24.1: Öffentliche Parkanlage

Naturparks: Großräumige, zusammenhängende Gebiete, die etwa die gleichen Kriterien wie die Nationalparks erfüllen, aber besonders für die Nutzung durch Fremdenverkehr und Erholungszwecke geeignet sind, unterliegen ähnlichen Schutzbedingungen wie die Landschaftsschutzgebiete.

Biosphärenreservate: Sie sind nach § 25 Abs. 1 BNatSchG „einheitlich zu schützende und zu entwickelnde Gebiete, die

- großräumig und für bestimmte Landschaftstypen charakteristisch sind,
- in wesentlichen Teilen ihres Gebiets die Voraussetzungen eines Naturschutzgebiets, im Übrigen überwiegend eines Landschaftsschutzgebiets erfüllen,
- vornehmlich der Erhaltung, Entwicklung oder Wiederherstellung einer durch hergebrachte vielfältige Nutzung geprägten Landschaft und der darin historisch gewachsenen Arten- und Biotopvielfalt, einschließlich Wild- und früherer Kulturformen wirtschaftlich genutzter oder nutzbarer Tier- und Pflanzenarten, dienen und beispielhaft der Entwicklung und Erprobung von die Naturgüter besonders schonenden Wirtschaftsweisen dienen."

Besonders geschützte Biotoptypen: Durch § 30 BNatSchG wird eine Reihe von Biotoptypen pauschal vor erheblichen und nachhaltigen Eingriffen geschützt. Die Qualität des Schutzes soll dabei der von Naturschutzgebieten entsprechen. Gesetzlich geschützt sind z. B. die natürliche oder naturnahe Bereiche fließender und stehender Binnengewässer einschließlich ihrer Ufer und der dazugehörigen uferbegleitenden natürlichen oder naturnahen Vegetation sowie ihrer natürlichen oder naturnahen Verlandungsbereiche, Altarme und regelmäßig überschwemmten Bereiche.

Wasserschutzgebiete: Sie werden ausgewiesen, um die natürlichen Wasservorkommen (Oberflächengewässer und Grundwasser) und ihren Einzugsbereich zur Versorgung von Mensch und Natur zu schützen.

Heilquellenschutzgebiete: Solche Gebiete können festgelegt werden zum Schutz von Heilquellen und ihren Einzugsbereichen.

Überschwemmungsgebiete: Die Festlegung von Überschwemmungsgebieten dient einem doppelten Zweck. Erstens soll der Mensch vor Schaden bewahrt werden, zweitens sollen den Wassermassen keine Hindernisse in den Weg gelegt werden, die Schaden anrichten können.

24.2 Entwurfselemente im Städtebau

Im Folgenden werden geeignete Entwurfselemente für eine bauliche Umgestaltung des Straßenraumes dargestellt. Diese können in vielfältigen Kombinationen zu ganzheitlichen Entwürfen zusammengefügt werden. Sie sollen dabei nicht schematisch aneinandergereiht werden, sondern auf die Bebauung, die Freiflächen und die verkehrlichen Bedürfnisse aller Verkehrsteilnehmer Rücksicht nehmen. Allgemein gilt:

- Gebäudestellung, Symmetrie, Raumbegrenzung und Fassadengliederung sind zu beachten.
- Die räumliche Wirkung muss durch perspektivische Darstellungen überprüft werden.
- Die Funktion der Verkehrsanlage soll ihrem Erscheinungsbild entsprechen.
- Die Benutzergruppen sind exakt zu definieren (Bus, Lkw, Pkw, Müllfahrzeug, Feuerwehr, Rettungsfahrzeug, Fahrrad, Fußgänger).

Soziale Rollen im Alltagsleben
Kinder, Jugendliche, Hausfrauen, Erwerbstätige, Frauen zwischen Beruf und Familie, alte Menschen – sämtlichen Grundbedürfnissen wird versucht Rechnung zu tragen.

Soziale Dimension des städtischen Raums
Regelung des Zugangs, Regelung der Nähe (Grenze), Verfügung und Kontrolle der Freiräume (öffentlicher Raum: jedermann zugänglich; gemeinschaftliche Freiräume: bestimmter überschaubarer Kreis; private Freiräume: Haushaltsmitglieder und Gäste).

Öffentlicher Raum
Zumeist die Straße oder ein Platz; die Gebäude sind beidseitig der Straße mit dem Gesicht ihr zugewendet angeordnet.

Gespiegelte Anordnung
Die Gebäude bilden die Grenze zwischen vorne (Straßenraum/öffentlicher Raum) und hinten (privatem Raum), zwischen den Gebäuden ist eine Gemeinschaftsfläche, private Gärten der jeweiligen Anwohner etc. angeordnet.

Gereihte Anordnung
Die rückwärtigen Gärten der einen grenzen an den halböffentlichen Erschließungsweg mit den Vorgärten der anderen. Fremde können in die Gärten einsehen.

Für eine städtebauliche Gebäudetypologie sind zu beachten:

Eigentümer, Benutzer, Funktion, Parzelle, Erschließung, Additionsprinzip, Innere Organisation, Bezug zu Freiraum und Öffentlichkeit sowie Zeit und Ort.

Unterschieden wird in:

Wohngebäude, Gebäude für Produktionsstätten, Handwerk und Industrie, Gebäude für landwirtschaftliche Einrichtungen, Hallen- und Lagergebäude, Bürogebäude, Gebäude für Handel, Einzelhandel und Großhandel, Hotels und Gebäude für das Gaststättengewerbe, Gebäude für das Beherbergungsgewerbe (z. B. Jugendherbergen) für Gemeinschaftseinrichtungen, Gebäude für Spezialfunktionen.

Die Baustrukturen (Gebäudetypologien oder Bausteine der Stadt) können hinsichtlich der Bebauung eingeteilt werden in:

- Block
- Hof
- Reihe
- Zeile
- Solitär
- Gruppe

Dabei ist für die Freiflächenplanung ein zusammenhängendes System von vernetzten Grünflächen städtebaulich förderlich. Folgende Grünsektoren bieten dazu Möglichkeiten:

- bebaute Flächen
- Grünanlagen
- Tierpark/Zoo
- Liegewiesen und Spielplätze
- Waldfriedhof/ Friedhof
- Jugendheime/ Kindertagesstätte
- Krankenhaus/ Seniorenheim
- Bibliotheken
- Freibad
- Botanischer Garten/ Stadtgärtnerei
- Restaurant mit Außenanlage
- Konzertsaal
- Sportpark
- Freizeitpark
- Verwaltungsgebäude

24

24.3 Anlagen für den Fußgängerverkehr

24.3.1 Allgemeines

Die Verkehrsnetzstruktur umfasst die Gesamtheit des Wegenetzes für Fußgänger, Radfahrer, das Linien- und Streckennetz des straßen- und schienengebundenen öffentlichen Verkehrs und das Straßennetz für den Kraftfahrzeugverkehr. Der Straßenraum ist in seiner Erscheinungsform außerordentlich vielgestaltig und hat unterschiedliche Nutzugsansprüche und Funktionen zu erfüllen.

Fußgänger und Radfahrer sind die schwächsten Verkehrsteilnehmer, deshalb benötigen sie besonderen Schutz und Aufmerksamkeit innerhalb der Verkehrsplanung.

Wege für den Fußgängerverkehr können unabhängig von der Straßenführung oder als Teil des Straßenraumes angelegt werden. Unter dem Aspekt „Sicherheit" sind der Schutz vor Unfällen aber auch die „soziale Sicherheit" (Schutz vor Überfällen) zu beachten. Da Fußgänger sehr steigungsempfindlich sind, sollten Wegebeziehungen möglichst ohne Treppen oder erforderlichenfalls mit Rampen (behindertengerecht) ausgestattet werden. Die Breite des Fußweges sollte so bemessen werden, dass mindestens zwei Personen aneinander vorbeigehen können. Dies ist bei einer Breite von 1,20 m i. d. R. gegeben. Ein größerer Platzbedarf ist für Kinderwägen, gepäcktragende Personen und Rollstuhlfahren zu berücksichtigren und mit einer Breite von mindestens 1,50 m gegeben.

Bei hohem Verkehrsaufkommen auf der Straße bzw. im querenden Fußgängerverkehr sind Möglichkeiten zur sicheren Querung der Straße vorzusehen. Im Einzelnen können folgende Anlagen in Abbildung 24.2 bis 24.4 zum Einsatz kommen:

- Fußgängerüberweg mit Lichtsignalanlage
- Querungshilfe mit Ausbildung einer Mittelinsel
- Fußgängerüberweg (Zebrastreifen)
- Aufpflasterung
- vorgezogene Seitenräume

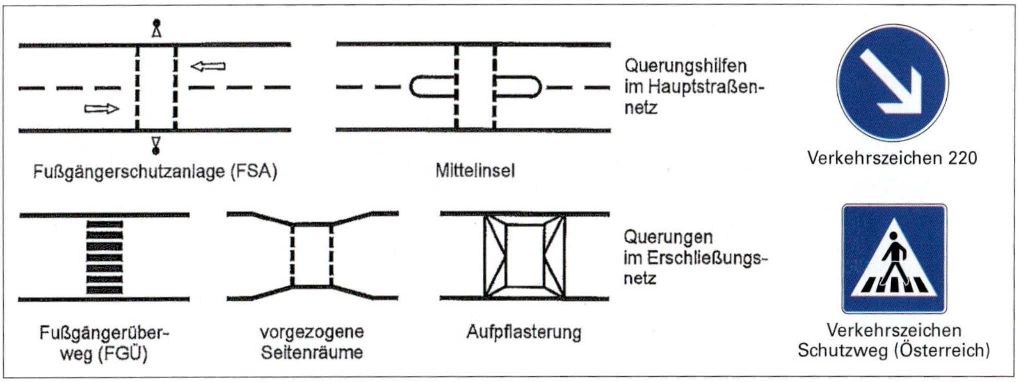

Abb. 24.2: Mögliche Querungen für Fußgänger im Haupt- und Erschließungsstraßennetz

Abb. 24.3: Mittelinsel, Querungshilfe im Hauptstraßennetz

Die DIN 18040-3 regelt die planungstechnischen Vorgaben für den öffentlichen Verkehrs- und Freiraum. Damit finden die besonderen Bedürfnisse u. a. von Geh-/Seh- oder Hörbehinderten ihre Berücksichtigung im öffentlichen Straßenverkehr. Hierzu zählen z. B. Straßen, Gehwege, Haltestellen, Querungsstellen, Parks, Spielplätze usw.

Grundlage der Norm ist das Zwei-Sinne-Prinzip, d. h. es soll dem Verkehrsteilnehmer immer möglich sein, sich über mindestens zwei der drei Sinne „Hören, Sehen und Tasten" zu orientieren. Ergänzt wird sie durch das Fuß-Rad-Prinzip, d. h. dass alle Bereiche, welche zu Fuß erreicht werden können, auch rollend mit einer maximalen Kantenhöhe von 3 cm erreichbar sein soll.

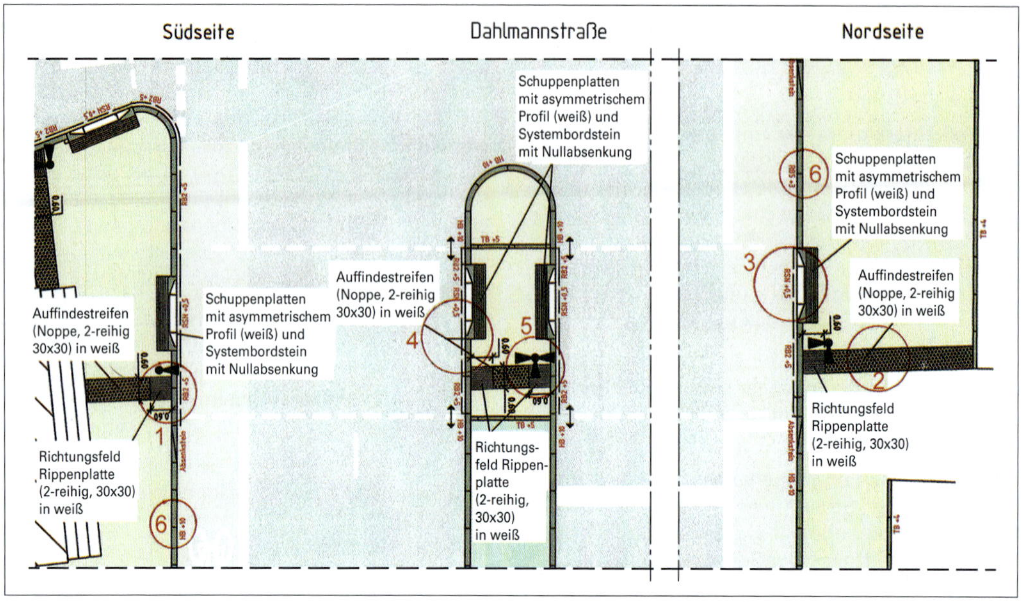

Abb. 24.4: Querungsstelle mit Mittelinsel

Die Abbildung 24.4 enthält:

① Rippenplatten, eingesetzt als Richtungsfeld (die Rippen ragen über das Gehwegniveau heraus) (nicht dargestellt, z. B. auf der Gegenseite)

② Noppenplatten, aufmerksamkeitslenkend eingesetzt z. B. als Auffindestreifen vor einer Querungsstelle (Hell-Dunkel-Kontraste sind zu beachten)

③ Querungsstelle für Rollstuhl- und Rollator-Nutzer (Übergangsstein mit Nullabsenkung), die Schuppenplatten dienen als Sperrfeld gegen herabrollen und taktile (Tastsinn) Fläche

④ Getrennte Querungsstelle von geh- und nichtgehbehinderten Menschen mit verschiedenen Bordhöhen (sehbehinderte Menschen benötigen den ertastbaren baulichen Übergang als Hinweis bzw. Warnung)

⑤ Signalmast mit Auffindestreifen (mit optischem, akustischem oder taktilem Signalgeber)

⑥ Angabe der Art des Bordes mit Auftrittshöhe

24.3.2 Bau von Einfassungen

Aufgaben der Einfassungen sind je nach Baustoff, Form, Farbe und Einsatzzweck (vgl. Abb. 24.6)

- die Randbefestigung von Verkehrsflächen, um Schäden durch Verkehrsbelastungen und Wärmespannungen zu verhindern z. B. durch Einfassungsstein
- der Schutz von Verkehrsteilnehmern auf ihren Verkehrsflächen, z. B. Fußgänger auf Gehwegen durch Hochborde (Form HB)
- das Leiten des Verkehrs, z. B. durch weiße Flachborde (Form FB)
- das Abgrenzen von Verkehrsflächen, z. B. Busbuchten von Fahrstreifen durch Tief- (Form TB) oder Rundborde (Form RB)
- das Führen von Oberflächenwasser, z. B. durch Bordrinnensteine (Form BR) oder Muldenstein (Form MU)

Alle Einfassungen mit Borden, Kanten- oder Leistensteinen, Rinnensteinen oder -platten sowie Muldensteinen unterliegen den Anforderungen der DIN 18318, DIN EN 1340 und DIN 483 (Beton) bzw. DIN EN 1343 und DIN 482 (Naturstein).

Nach DIN 483 werden Rundbordsteine häufig auch als Einfahrtssteine, auch als Rasenborde oder Kantensteine bezeichnet. Tabelle 24.6 zeigt die Vorzugsmaße für Bordsteine aus Beton.

Tabelle 24.5: Bordsteine aus Beton (DIN 483 : 2005-10, Vorzugsmaße)					
Form	**Breite *b* in mm**		**Höhe *H* in mm**		**Länge *l* in mm**
HB	150 180		250 300		1000 a)
RB	150 180		220		1000 a)
TB	80 100		200 250 300 400		1000 a)
FB	b_1 100 200 200 300	b_2 50 100 100 200	H_1 200 200 250 250	H_2 50 70 100 150	1000 a)
EF	50 60		200 250 300		1000 a)
BR	b_1 400 450 500	b_2 260 310 360	H_1 200	H_2 110 112 114	500 c) c) Weitere Vorzugslängen: 300 mm, 333 mm und 1 000 mm.
MU	300 400 500		120 bzw. 150		500

a) Als Pass-Stücke und zur Verwendung in Kurven auch 250 mm, 333 mm und 500 mm.

Form HB

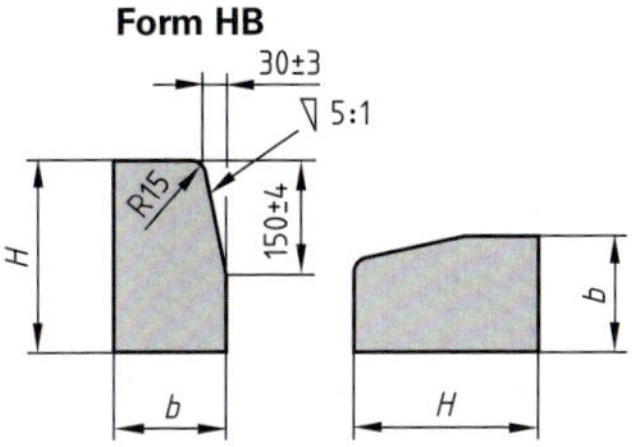

Form RB

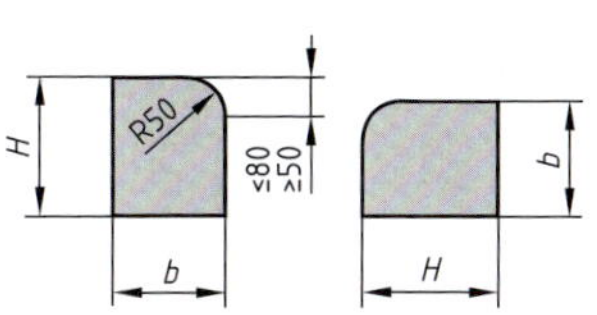

Form FB

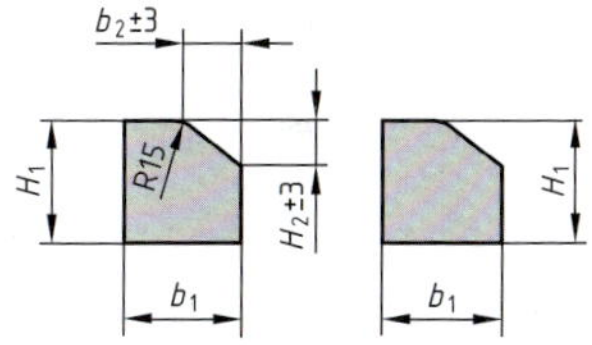

Form TB

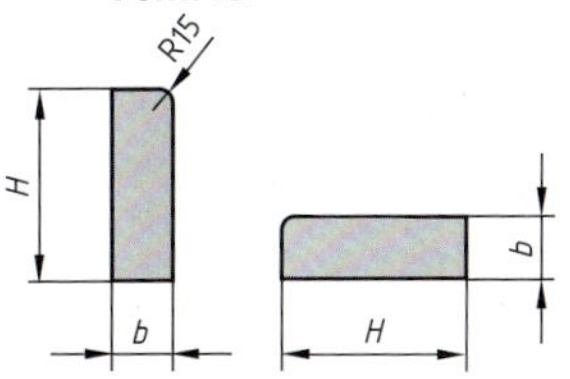

Form EF

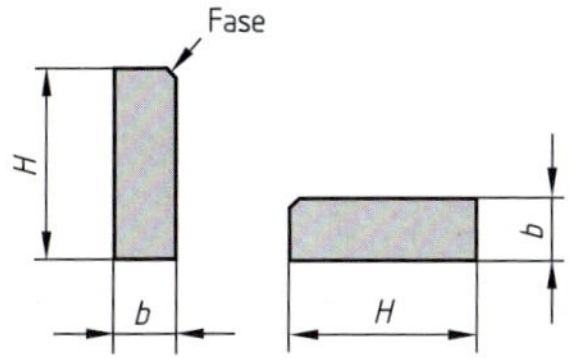

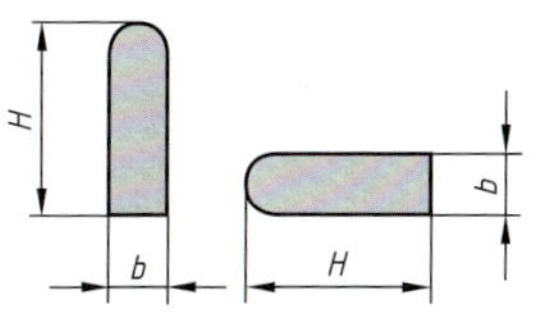

Form BR

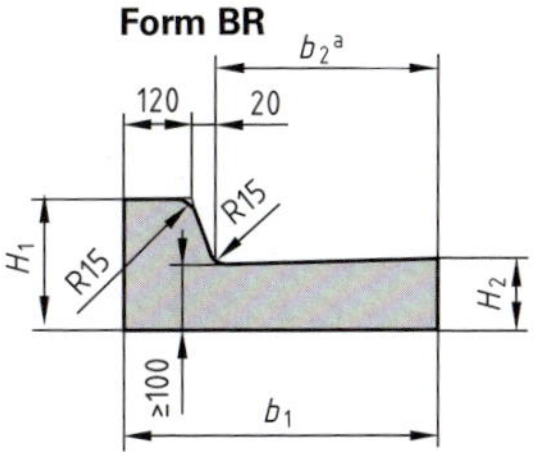

Form MU

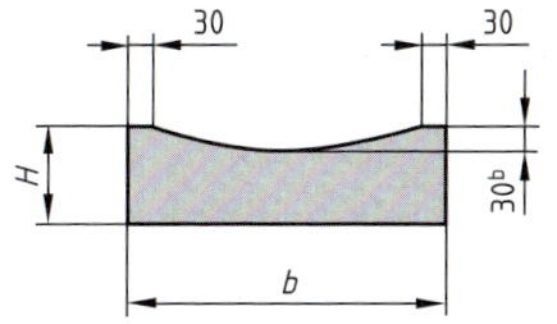

(mm)

Kasseler Sonderboard
(Bushaltebordstein)

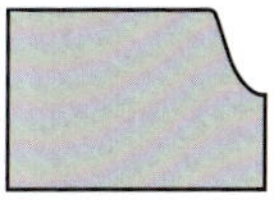

Randstein
(Inselstein)

Arten Aufgaben	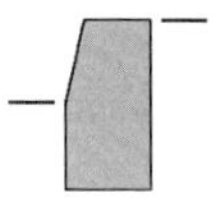 DIN 483/482 HB Hochbordstein	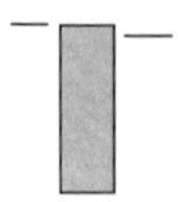 DIN 483/482 TB Tiefbordstein	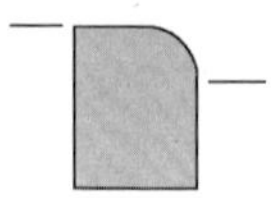 DIN 483 RB Rundbordstein	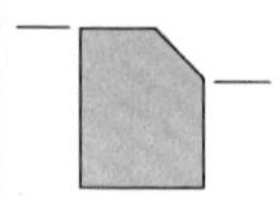 DIN 483 FB Flachbordstein	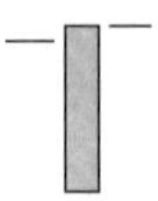 DIN 483 EF Einfassungsstein
(Fahrbahn-) Rand befestigen	ja, besonders wenn in Beton und mit Rinne	bei leichtem Verkehr und in Beton	ja, besonders wenn in Beton	ja, sehr gut, wenn in Beton	nur bei Rad- und Fußwegen
Verkehrsteil-nehmer schützen	wenn Auftritt höher 8 cm	nein	nur wenig, da leicht zu über-fahren	nur bedingt, da leicht zu überfahren	nur bei vorstehender Kante
Wasser ableiten	ja	nur bei vorste-hender Kante	ja, zusammen mit Rinne	ja	nur bei vorstehender Kante
Verkehrsflächen abgrenzen	ja	ja, besonders bei hellem Material	ja	ja	ja
Verkehr leiten	ja (besonders wenn Beton hell oder weiß eingefärbt)				
Arten Aufgaben	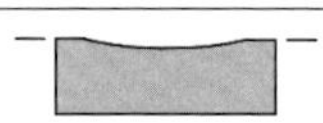 MU DIN 483 Muldenstein	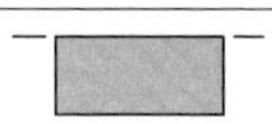 Rand(strei-fen)-stein	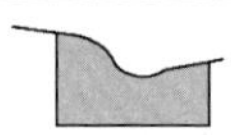 BR DIN 483 Bordrinnenstein	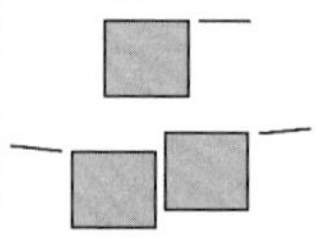 DIN 18 501, 18 502 Läufer, Reihe oder Rinne	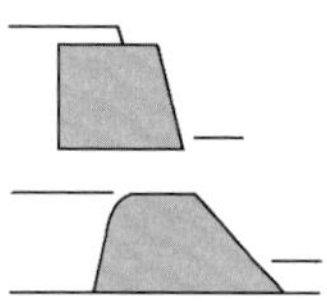 Asphaltrandstreifen ungenormt
(Fahrbahn-) Rand befestigen	ja, sehr gut, wenn in Beton	ja, besonders wenn in Beton	ja	ja, bes. mehrreihig und in Beton	ja
Verkehrsteilneh-mer schützen	nein	nein	ja	nein	nein, bedingt als „Hochbord"
Wasser ableiten	ja	nein	ja	nein, mit vorste-hender Kante ja	nein, evtl. als „Hoch-bord"
Verkehrsflächen abgrenzen	ja	ja, besonders wenn hellgefärbt	ja	ja	nein
Verkehr leiten	ja (besonders wenn Beton hell eingefärbt und andere Markierung fehlt)				nein

Abb. 24.6: Randbefestigungen und ihre Aufgaben

Die RASt 06 unterscheidet

- hohe Borde mit 8 cm bis 14 cm Auftrittshöhe (bis maximal 20 cm bei Haltestellen für ÖPNV)
- halbhohe Borde mit 4 cm bis 6 cm Auftrittshöhe
- und niedrige Borde mit 0 cm bis < 4 cm Auftrittshöhe.

HB Hochbord

Als Hochbord wird ein deutlich hervorstehender Bordstein mit einer Auftrittshöhe von 12 cm oder 15 cm bezeichnet. Dies ließe sich mit verschiedenen Borden erreichen, vorwiegend jedoch wird die Form HB nach DIN 483 verwendet.

RB Rundbord

Als halbhoher Bord eignet sich wegen der größeren Ausrundung der Anlauffläche die Form RB nach DIN 483. Sie gewährleistet eine gute Überfahrbarkeit bei Parkbuchten oder Auffahrten.

FB Flachbord

Ebenso kann die Form FB nach DIN 483 als halbhoher Bord besonders bei Verkehrsinseln Anwendung finden, da dieser Bord nicht so leicht überfahrbar ist wie Form RB und gleichzeitig Reifen sowie Felgen bei seitlichem Anfahren schont.

24

TB Tiefbord

Der Tiefbord als Form TB nach DIN 483 kann höhengleich oder mit nur gering vorstehender Kante von 0 cm bis 3 cm (Auftrittshöhe, Vorstand) eingesetzt werden.

Die DIN EN 1340 regelt die Produkteigenschaften über die Festlegung von Qualitäten. Die DIN 483 regelt national die Profile mit allen Maßen.

Normgerechte Bordsteinbeschreibung:
Bordstein aus Beton – DIN EN 1340 Qualität DUI – DIN 483 HB 150 × 250

D (Höchste Klasse 3) für den Widerstand gegen Witterungseinflüsse. Er ist widerstandsfähig gegen Frost-Tausalz-Beanspruchung. Es gibt die Klassen A – B – D.

U (Höchste Klasse 3) für die mechanische Festigkeit mit charakteristisch 6 MPa Biegezugfestigkeit. Es gibt die Klassen S – T – U.

I (Höchste Klasse 4) für Abriebwiderstand (Verschleißwiderstand) mit ≤ 18 $cm^3/50\ cm^2$ nach Böhme-Test. Es gibt die Klassen F – H – I.

Zudem darf keine glatte Oberfläche durch z.B. Schleifen oder Polieren entstehen, so dass ein ausreichender Gleit-/Rutschwiderstand erhalten bleibt.

24.3.3 Oberbau von Fußwegen

Der Oberbau von Fußwegen kann unterschiedlich gestaltet werden. Es können Asphalt-, Beton- oder die wohl am häufigsten vertretenen Pflaster- bzw. Plattenoberbauten eingesetzt werden.

Die Pflasterdecke ist die oberste Schicht des Oberbaus, bestehend aus Pflastersteinen oder aus Plattenbelag einschließlich ihrer Bettung und Fugenfüllung (vgl. Kapitel 21.1).

Pflastersteine sind

- Pflastersteine aus Beton
- Pflastersteine aus Naturstein
- Pflasterklinker

Verbundpflastersteine sind Pflastersteine, deren besonderer Formgebung einen Verbund der Steine untereinander bewirken und ein Loslösen von Einzelsteinen durch die Einwirkung von Verkehrslasten und -kräften vermeiden soll.

Platten sind

- Platten aus Beton,
- Platten aus Naturstein,
- Platten aus Klinkerplatten.

Bettung ist der unterer Teil der Pflasterdecke oder des Plattenbelages, auch Pflaster- oder Plattenbett genannt (bei 2,55 t/m^3 bis 2,75 t/m^3).

① Auftrittsfläche, leicht zur Fahrbahn geneigt
② Rückenstütze, ≥ 15 cm Dicke aus Beton C20/25 oder C25/30 bei Überfahrung oder C30/37
③ Fundament, ≥ 20 cm Dicke aus Beton, auch unter der Rinne C25/30 oder C30/37
④ Rinne (Wasserlauf), mit Querneigung wie in der Fahrbahn

Abb. 24.7: Begriffe und Konstruktionsmerkmale nach DIN 18318 mit Beispiel Hochbord

Abb. 24.8: Flachborde fassen Verkehrsinseln ein

Fugenfüllung ist das Material, mit dem der Zwischenraum zwischen den Pflastersteinen oder den Platten oder zu den Randeinfassungen bzw. zu den Einbauten hin in der jeweiligen Verkehrsfläche verfüllt wird (Fugenmaterial).

Fugenmassen sind thermoplastische Massen mit Bitumen als Bindemittel. Sie können Zusätze von Kunststoffen, Weichmachern und/oder mineralischen Füllstoffen enthalten.

24.3.4 Pflasterflächen

Für die Konstruktion einer Pflasterfläche bestehen folgende Möglichkeiten:

- Pflaster in ungebundener Bauweise (vgl. Abb. 24.9), abhängig von den Parametern: Steine, Fugen, Bettung und Art der Tragschicht; Vorteile: geringerer Aufwand bei Ausgrabungen; Nachteile: eingeschränkte Belastbarkeit
- Pflaster in gebundener Bauweise, z. B. in Fußgängerzonen und/oder bei höherer Verkehrsbelastung
- Pflaster mit verfestigten Fugen, nur der obere Teil (der Fugenschluss) besteht aus gebundenen Materialien

Ein Verband ist die geometrische Anordnung, in der Pflastersteine, Pflasterklinker oder Platten versetzt bzw. verlegt werden (vgl. Tabelle 24.11).

Wesentliche Anwendungsgebiete von Pflasterdecken und Plattenbelägen sind:

- Befestigungen von Fahrbahnen, Geh- und Radwegen und Flächen des ruhenden Verkehrs
- Gestaltung von städtebaulich hervorgehobenen Flächen und Fußgängerzonen
- Flächen für Gewerbe oder Industrie

Wenn unregelmäßige Steinformen (Naturstein) zum Einsatz kommen und die Bettung für den einzelnen Stein angepasst werden muss, werden die Steine in die Bettung **versetzt**. Bei Bordsteinen verhält es sich ebenso. Für künstliche Betonsteine oder Gehwegplatten, die i. d. R. die gleiche Höhe haben, kann die Bettung für alle Steine sauber abgezogen werden. Hier werden die Steine in die Bettung verlegt, das z. B. auch durch Verlegemaschinen erfolgen kann.

In den ZTV Pflaster-StB 06 (Zusätzliche Technische Vertragsbedingungen und Richtlinien für den Bau von Pflasterdecken und Plattenbelägen) sind die Begriffe bei Bauweisen mit Pflaster- und Plattenbelägen festgelegt. Mit Unterlage ist der „Bereich unter der Pflasterdecke oder dem Plattenbelag" gemeint (vgl. Abb. 24.9). Diese Unterlage muss für Pflasterdecken geeignet sein, also ausreichend standfest, tragfähig, wasserdurchlässig, profilgerecht und eben.

RStO 12
Die RStO 2012 sieht Standardbauweisen mit Pflasterdecke für die Belastungsklassen Bk3,2 bis Bk0,3 über unterschiedlichen Tragschichtkombinationen vor. Bei nicht ausreichend wasserdurchlässiger Unterlage (z. B. Asphalt und Beton) muss durch entsprechendes Gefälle, Dränage, Dränbeton oder hohlraumreiche Asphaltmischungen die Ableitung des durch die Pflasterfugen einsickernden Wassers gewährleistet sein.

Fließendes Wasser kann bei stark geneigten Flächen Fugenmaterial auswaschen. Bei Flächen mit einer Neigung ≥ 12 % und bei wasserführenden Rinnen mit einer Neigung ≥ 5 % sollten die Fugen mit bitumenhaltiger Vergussmasse vergossen werden.

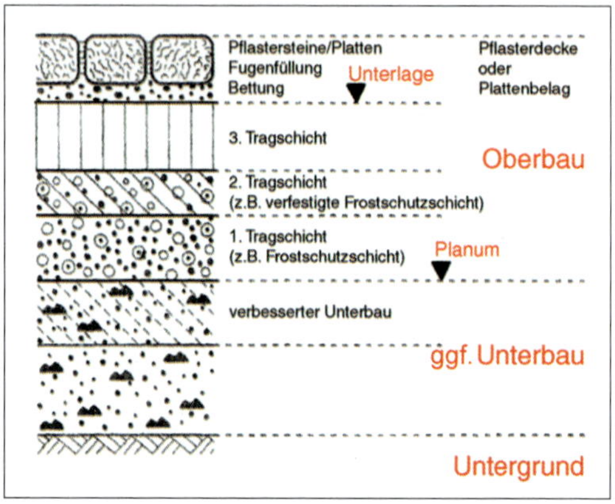

Abb. 24.9: Begriffe für den Aufbau einer Befestigung mit Pflaster bzw. Platten nach ZTV Pflaster-StB 06

Klinkerpflaster hat besonders im nördlichen und westlichen Deutschland eine lange Tradition. Vielerorts werden Verkehrsflächen mit Klinkern – flach verlegt oder hochkant gesetzt – befestigt. Viele Gehwege, Plätze, Fußgängerzonen und nicht zu stark belastete Fahrbahnen sind mit Klinkern befestigt und gestaltet.

Verbundsteinpflaster sind in vielen individuellen Formen erhältlich und bieten eine besonders gute Verzahnung. Für Verbundpflasterflächen werden außer Normalsteinen Rand-, Anfangs- und Endsteine verwendet. Bei den mehr als 40 Verbundsteinsorten ist es unerlässlich Flächenskizzen zu erstellen, die die Bestellung vereinfachen.

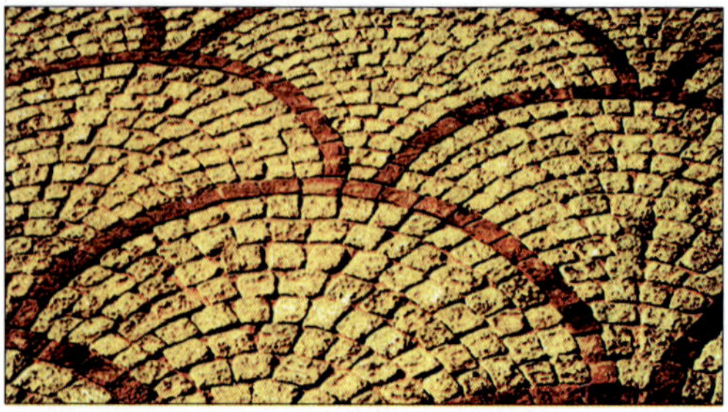

Abb. 24.10: Traditioneller Pflasterverband (Bogenpflaster in Schuppenform, Überbindung 1/2-Stein, mindestens 1/3-Stein)

24

Tabelle 24.11: Pflastersteine, Verbände und Anforderungen an Pflaster

Pflastersteine
- natürliche: Großpflaster[1], Kleinpflaster[1], Mosaikpflaster[1], Gehwegplatten
- künstliche
  - Betonsteine: Gehwegplatten, Quadratische u. rechteckige Steine, Verbundsteine, Rasengittersteine u. a.
  - Klinker: Pflasterklinker, Klinkerplatten
  - Schlackensteine: Großpflaster, Kleinpflaster

	Groß-pflaster	Klein-pflaster	Mosaik-pflaster	Gehweg-platten	Gehweg-platten	Quadra-tische u. recht-eckige Steine	Verbund-steine	Rasen-gitter-steine u. a.	Pflaster-klinker, Klinker-platten	Groß-pflaster, Klein-pflaster
DIN	EN 1342 (DIN 18502)			EN 1341	EN 1339 (DIN 485)	EN 1338 (DIN 18501)		EN 1338	EN 1344 (18503)	(4301)
üblicher häufiger Verband	①②③	①②④⑤	①②⑤	①③⑥⑦	①③⑥⑦	①③⑥	⑧	①⑧	①③⑦	①③
bevorzugte Verwendung	Fahrbahn, Plätze, Rinne		Rad- und Gehweg, Plätze und Fußgängerzonen			Fahrbahn, Rinne	Rad- und Gehweg	Grünflächen	Fahrbahn, Rad- und Gehweg, Rinne	Plätze

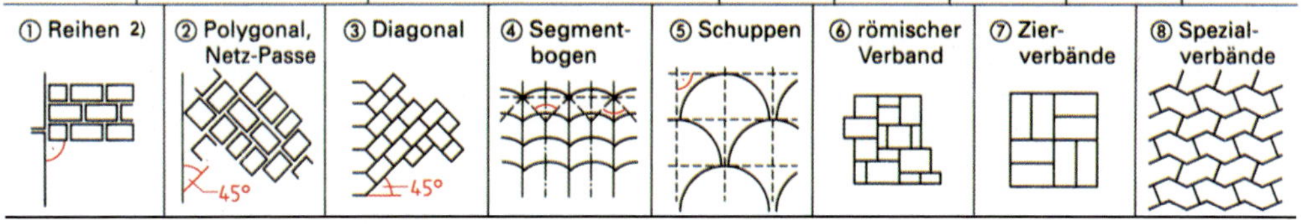

[1] Bez. nach alter DIN 18502

[2] Es gibt weitere regionale Namen für die Verbände

Die Pflasterdecke soll sein
- zweckmäßig: eben, dicht oder wasserdurchlässig, tragfähig, griffig, geneigt
- beständig: bruchfest, gegen chemische Einflüsse, abriebfest, frostständig
- schön: formschön, farbenschön, durch den Verband schön

24.4 Radverkehrsanlagen

Radwege sollen für Radfahrer sicher und attraktiv sein. Fahrradfahrer werden grob in zwei Gruppen eingeteilt:

- Alltagsfahrer benutzen das Fahrrad für den täglichen Weg (Arbeit, Schule, Einkaufen).
- Freizeitfahrer nutzen das Fahrrad am Feierabend, am Wochenende oder im Urlaub, um sich zu erholen oder sportlich zu betätigen.

Die Anforderungen und Bedürfnisse der unterschiedlichen Nutzergruppen unterscheiden sich dadurch, dass Wegführungen der „Freizeitverkehrsfahrer" zusätzlich zu den Ansprüchen nach Sicherheit, Fahrbahnbeschaffenheit und Übersichtlichkeit, auch attraktiv sein und Möglichkeiten zum Rasten bieten sollen.

Radwege können unterschiedlich geführt werden:

- auf Radfahrstreifen durch abmarkierte Farbe auf der Fahrbahn
- als straßenbegleitender Radweg, gemeinsam mit dem Gehweg
- als straßenbegleitender Radweg, durch einen Trennstreifen von der Fahrbahn abgetrennt
- als selbstständig geführter Radweg
- als Fahrradstraße (das Fahrrad ist die vorherrschende Verkehrsart)
- Radschnellverbindungen (RSV) als Wege, Straßen oder Teile von Straßen von diesen ausschließlich für den Fahrradverkehr

Selbstständig geführte Radwege sollten höhere Fahrgeschwindigkeiten ermöglichen. Einzelne Bundesländer haben dazu Qualitäts- und Entwurfsstandards entwickelt (z. B. NRW in 2020, www.agfs-nrw-de).

Für die Befestigung stehen folgende Oberbauten nach RStO zur Verfügung (vgl. LF 11 TSL, Tabelle 21.13):

- **Ungebundene Deckschichten** bestehen aus Sand- und Kiesgemischen, die ohne Bindemittel eingebaut und verdichtet werden.
- **Pflaster und Betonplatten** werden überwiegend auf innerörtlichen Radwegen eingesetzt.
- **Betondecken** werden meist auf landwirtschaftlichen Wegen eingesetzt.
- **Asphaltdecken** werden von Radfahrerverbänden als optimal bezeichnet.
- **Sonderbauweisen** werden nach regionalen Gesichtspunkten, aber auch aus wirtschaftlichen Erwägungen angelegt.

Bei den genannten Bauweisen sind jeweils die Herstellkosten, die Unterhaltungskosten und der Fahrkomfort zu beachten. Weitere wichtige Details bei der Radwegeplanung sind Abstellanlagen für Fahrräder und die Wegweisung, die durch die steigende Nutzung immer mehr an Bedeutung gewinnt.

Abstellanlagen für Fahrräder können als Bügel, Stangen, Boxen und Abstellplätzen in Einzel- oder Gruppenausführungen gestaltet werden. Für den Entwurf werden in der ERA (Empfehlungen für Radverkehrsanlagen) Maße und Hinweise gegeben.

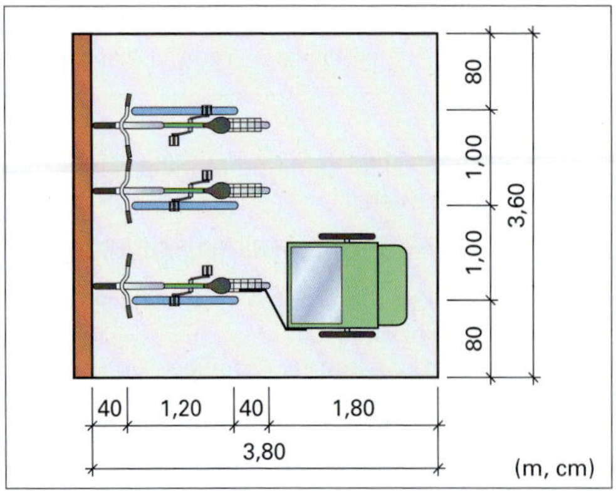

Abb. 24.12: Abstellboxen für Fahrräder

Für den Platzbedarf werden Mindestabstände in den Technischen Richtlinien TR 6102 des ADFC empfohlen. In der Abbildung 24.12 ist eine Anlage mit geringem Achsabstand (1,00 m) dargestellt. Die Personen können daher nur parallel zu den abgestellten Fahrrädern herantreten. Für den täglichen und mehrfachen Gebrauch wird ein Abstand von 1,30 m empfohlen.

Tabelle 24.13: Anzahl der Fahrradstellplätze

Verkehrsquelle	Zahl der Einstellplätze	Besucher
Mehrfamilienhäuser	0,5 bis 2 je Wohnung	10
Wochenend- und Ferienheime	1 je Wohnung	–
Kinder- und Jugendwohnheime	1 je 10 bis 20 Betten, jedoch mindestens 2	75
Studentenwohnheime	1 je 6 Betten	10
Arbeitnehmerwohnheime	1 je 2 bis 4 Betten, jedoch mindestens 3	20
Altenwohnheime, Altenheime	1 je 8 bis 15 Betten, jedoch mindestens 3.	75
Gebäude mit Büro-, Verwaltungs- und Praxisräumen		
Büro- und Verwaltungsräume allgemein	1 je 30 m² bis 40 m² Nutzfläche	20
Räume mit erheblichem Besucherverkehr (z.B, Arztpraxen und dergl.)	1 je 15 m² bis 25 m² Nutzfläche, jedoch mindestens 5	75
Verkaufsstätten		
Läden, Geschäftshäuser	1 je 30 m² bis 40 m², jedoch mindestens 2	75
Geschäftshäuser mit geringem Besucherverkehr	1 je 50 m² Verkaufsnutzfläche	75
Versammlungsstätten – außer Sportstätten –		
Versammlungsstätten von überörtlicher Bedeutung (z. B. Theater)	1 je 5 Sitzplätze	90
sonstige Versammlungsstätten (z. B. Schulaulen)	1 je 5 bis 10 Sitzplätze	90
Kirchen / Glaubenshäuser	1 je 15 bis 25 Sitzplätze	90
Sportstätten		
Sport-/Tennisplätze ohne Besucherplätze (z. B. Trainingsplätze)	1 je 250 m² Sportfläche	–
Schulen, Einrichtungen der Jugendförderung		
Grundschulen	1 je 30 Schüler	–
Tageseinrichtungen für Kinder und dergl.	1 je 10 Kinder, jedoch mindestens 2	–
Jugendfreizeitheime	1 je 15 Besucherplätze	–

Die Tabelle 24.13 zeigt eine Auswahl hinsichtlich der notwendigen Anzahl der Einstellplätze nach Verkehrsaufkommen/Verkehrsquelle/örtlicher Situation gegliedert. I.d.R. erlassen die Kommunen eine diesbezügliche Satzung. Die Satzungen gelten jedoch nur noch als Richtzahlenliste. Sie dient als Bemessungsgrundlage für den Stellplatznachweis nach LBO.

Wegweisung sollte hinsichtlich der Form, des Inhalts, der Farbe und des Aufstellorts einheitlich, leicht auffindbar und gut erkennbar sein. Das Merkblatt zur wegweisenden Beschilderung für den Radverkehr der FGSV versucht, diesen Grundsätzen Rechnung zu tragen und eine Vereinheitlichung und dadurch Begreifbarkeit zu erreichen (Ausgabe von Regelwerken von der wegweisenden Beschilderung bis zur Pedelec-tauglichen Infrastrukur).

24.5 Ruhender Verkehr

Die Parkraumplanung ist ein Teil der Verkehrsplanung und damit auch Teil der Stadtplanung. Unterschiedliche Regelwerke wie Landesbauordnungen, Straßenverkehrsgesetze, Normen zum Landschaftsbau, Richtlinien und Empfehlungen finden hier ihre Anwendung. Für die Ermittlung des Parkraumbedarfs sowie Parkflächengeometrie und Bemessung steht die EAR 05 (Empfehlungen für die Anlagen des ruhenden Verkehrs) der FGSV zur Verfügung. Anlagen des ruhenden Verkehrs können angelegt werden als

- Parken im Seitenraum der Straßen als Längs- (Aufstellwinkel 0 gon), Schräg- (Aufstellwinkel 50 gon bis 99 gon) und Senkrechtaufstellung (Aufstellwinkel 100 gon)
- Parken auf einem Parkplatz abseits der Straße an das Straßennetz angebunden
- Parken in Parkhäusern oder Tiefgaragen (meist in Städten und gebührenpflichtig)
- Parken in mechanischen Parksystemen (Parkpaletten, Parksilos)

Parkstandbreite
Die Standbreite

- bei Längsaufstellung beträgt 2 m neben einem Hochbord, neben Mauern und Brüstungen sollten 2,30 m gewählt werden.
- bei Schräg- und Senkrechtaufstellung ergibt sich eine Breite von 2,50 m, wenn keine Längsseite durch Bauteile begrenzt ist; 2,85 m, wenn eine Längsseite durch Bauteile begrenzt ist und 3,00 m, wenn jede Längsseite durch Bauteile begrenzt ist (vgl. Abb. 24.14).

Die Parkstandbreite für Rollstuhlbenutzer beträgt 3,50 m (neben festen Einbauten 3,90 m).

Parkstandslänge/Parkstandstiefe
Die Parkstandslänge (vgl. Kapitel 20, Tabelle 20.34)

- beträgt **bei Längsaufstellung** ohne Markierung ca. 5,20 m
- beträgt **bei Längsaufstellung** mit Markierung 5,70 m, Breite 2,00 m
- beträgt **in Sonderfällen** zum Vorwärtsparken 6,70 m

Bei Schräg- und Senkrechtaufstellung ist die Parkstandstiefe abhängig vom Aufstellungswinkel.

Die **Überhangbreite** ist der Raum, um den das Fahrzeug über den eigentlichen Parkstand hinausragt, und der insgesamt 0,70 m umfasst (vgl. Abb. 24.16).

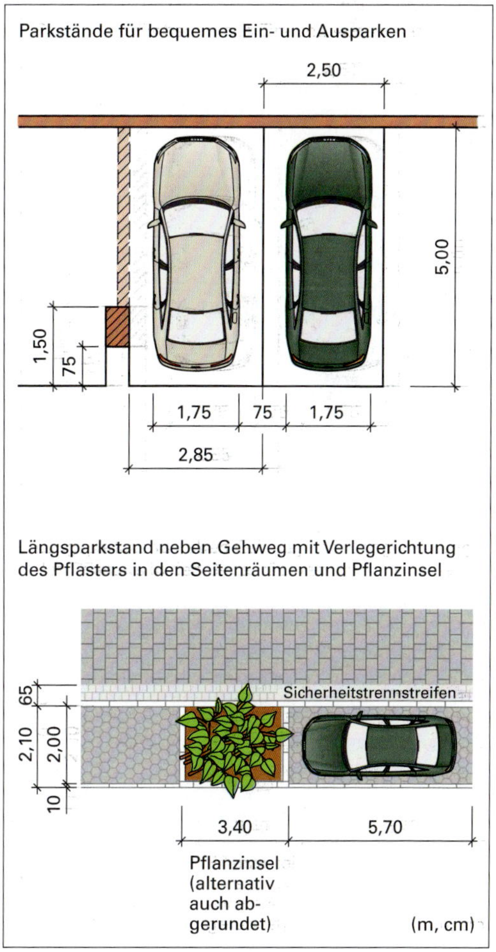

Abb. 24.14: Grundmaße für Pkw-Parkstände

Die **Fahrgassenbreite** ist abhängig vom Aufstellwinkel und der Parkstandsbreite. Die Fahrgassenbreite bei der

- Längsaufstellung beim Rückwärtseinparken beträgt 3,50 m, beim Vorwärtseinparken 3,25 m.
- Schräg- und Senkrechtaufstellung werden bei einer Parkstandsbreite von 2,50 m, die in Tabelle 24.15 aufgeführten Breiten empfohlen.

Tabelle 24.15: Fahrgassenbreiten in Abhängigkeit vom Aufstellwinkel (vgl. Abb. 20.34)

Aufstellwinkel α [gon]	50	60	70	80	90	100
Fahrgassenbreite g [m]	3,00	3,50	4,00	4,50	5,25	6,00

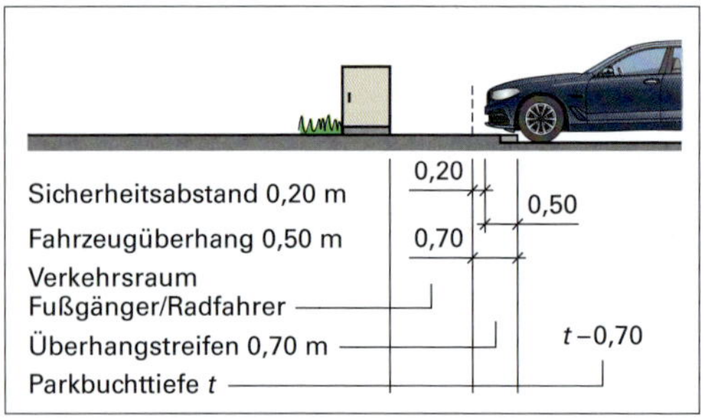

Abb. 24.16: Überhangstreifen (EAR 05)

Die **Mindestfahrgassenbreiten für Einrichtungsverkehr** beträgt 3,00 m. Sie ergibt sich aus dem Begegnungsfall Pkw und Fußgänger mit einem einseitigen Sicherheitsabstand von 0,25 m.

Die **Mindestfahrgassenbreiten für Zweirichtungsverkehr** beträgt 4,50 m. Sie ergibt sich aus dem Verkehrsraum sich begegnender Pkw von 4,00 m Breite und beidseitigem Sicherheitsabstand von 0,25 m.

Die **maximale Fahrgassenbreite** sollte 6,00 m nicht überschreiten, um zu vermeiden, dass Fahrzeuge in der Fahrgasse rechtswidrig abgestellt werden.

In den Garagenverordnungen der Länder werden zum Teil andere Richtmaße verlangt.

Gestalterisch können Anlagen für den ruhenden Verkehr unterschiedlich ausgebildet werden. Dennoch sollten sie sich architektonisch harmonisch in die städtebauliche Umgebung einpassen. Beispiele sind in der EAR 05 und in der Fachliteratur enthalten. Anspruchsvolle Gestaltungsaufgaben werden häufig durch Architektenwettbewerbe gelöst.

Prinzipiell sollte versucht werden, die Befestigung des Parkplatzes mit „**sickerfähigem Pflaster**" zu gestalten.

Es gibt verschiedene Möglichkeiten, das Pflaster wasserdurchlässig zu machen (vgl. Kapitel 24.7):

- durch große, weite Fugen
- durch Öffnungen, Aussparungen oder Kammern im Stein
- durch ein großes Porenvolumen der Steine
- durch eine Kombination der Steine mit Rasen, als Rasenpflaster
- spezielle Betonsteine für Rasenpflaster

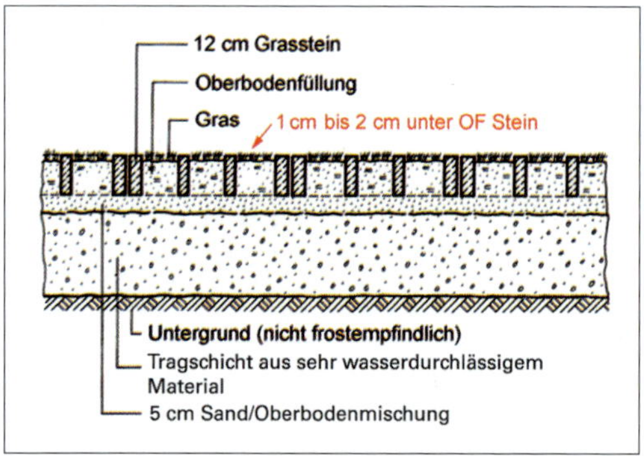

Abb. 24.17: Großflächige Befestigung von Parkplätzen

Bei der **Gestaltung** von Parkflächen sollte in erster Linie die Sicherheit d. h. Übersichtlichkeit und Helligkeit als auch die Sicherheit vor Diebstählen und Beschädigungen berücksichtigt werden. Die funktionsgerechte sowie benutzerfreundliche Ausstattung sind wichtige Voraussetzungen für die Akzeptanz. Das An- und Bepflanzen mit Bäumen und Sträuchern, und Rasenflächen, sowie die Oberflächengestaltung mit sickerfähigem Pflaster und Rasensteinen lockert die Parkflächen auf und passt sich in die Landschaft ein.

Der Flächenbedarf ergibt sich durch
- den eigentlichen Parkstand (ca. 2,50 m × 5,00 m)
- Winkel und Richtung der Fahrzeugaufstellung
- feste Einbauten (Hindernisse)
- die Fahrgassengeometrie und durch
- Beleuchtung, Zu- und Abfahrten, Fußwege, Bepflanzung und betriebliche Anlagen.

Überschläglich wird je nach Parkstandsanordnung mit einem Flächenbedarf von 18 m² bis 26 m² pro Stellplatz gerechnet.

24

24.6 Mauern, Böschungen und Freitreppen

24.6.1 Mauern

Mauern übernehmen im Landschafts- und Tiefbau unterschiedliche Aufgaben. Sie dienen z. B. als

- Schutz vor Wind und Blicken
- Grenzmarkierung, Gestaltungselement
- Abstützung von Hängen, Einfassung

Mauern können nach der Art der verwendeten Materialien unterschieden werden:

- Ziegelmauerwerk (Ziegel: bestehend aus Lehm und Ton) und Klinker (gebrannte Ziegel)
- Kalksteinmauerwerk (ungebrannte Mauersteine aus Kalk, Quarzsand und Wasser)
- Betonsteinmauerwerk (z. B. Verbundstein)
- Natursteinmauerwerk

Abb. 24.18: Mauer aus Verbundsteinen

Bei einem **Ziegelmauerwerk** ergeben sich Höhe, Breite und Länge der Mauer durch die Ziegelsteinformate. Bei Mauern aus **Kalksteinen** müssen frostbeständige Kalksandvormauersteine und Kalksandverblender gewählt werden. Sie werden in den gleichen Formaten wie Ziegel angeboten. Die Verbände für Ziegel- und Kalksandsteinmauerwerk sollen die Lasten und Kräfte gleichmäßig im Baukörper verteilen.

Bei allen Verbänden ist auf eine gute Abdichtung von oben und unten zu achten, da es durch eindringende Feuchtigkeit zu **Ausblühungen** (Salze werden aus dem Stein gelöst) kommen kann (vgl. Abb. 24.19).

Die salzhaltige Feuchtigkeit gelangt durch Kapillarität an die Außen-/Oberfläche, die Feuchtigkeit verdunstet, das Salz kristallisiert aus und schlägt sich als weiß-grauer Überzug nieder.

Abb. 24.19: Ausblühungen

Abb. 24.20: „Natursteinmauerwerk" vermörtelt

Natursteinmauern beruhen auf einer alten Tradition. Als freistehende Mauern zur Gliederung von Flächen oder als Stützmauern zur Abstufung von hängigem Gelände gewinnen sie zunehmend wieder an Bedeutung. Bei der Neuanlage einer Natursteinmauer sollen möglichst Natursteine aus der Region, alte Ziegel von Abrissgebäuden oder plattenförmige Bruchsteine verwendet werden. Wenn in die Fugen kleine Mengen Erde eingestreut wird, wird der selbstständige Bewuchs der Mauer beschleunigt.

Die **Trockenmauer** ist die ursprünglichste Form der Natursteinmauer. Leicht bearbeitete Bruchsteine werden ohne Mörtel und damit „trocken" zu einer Mauer aufgesetzt. Zunächst muss für eine gute Versickerung des möglicherweise vorhandenen Hang- oder Schichtenwasser eine etwa 30 cm tiefe **Drainschicht** aus Kies oder Schotter angelegt werden. Darauf werden die Steine mit leichter Neigung von 15 % bis 20 % der Mauerhöhe zur Böschung hin aufgeschichtet.

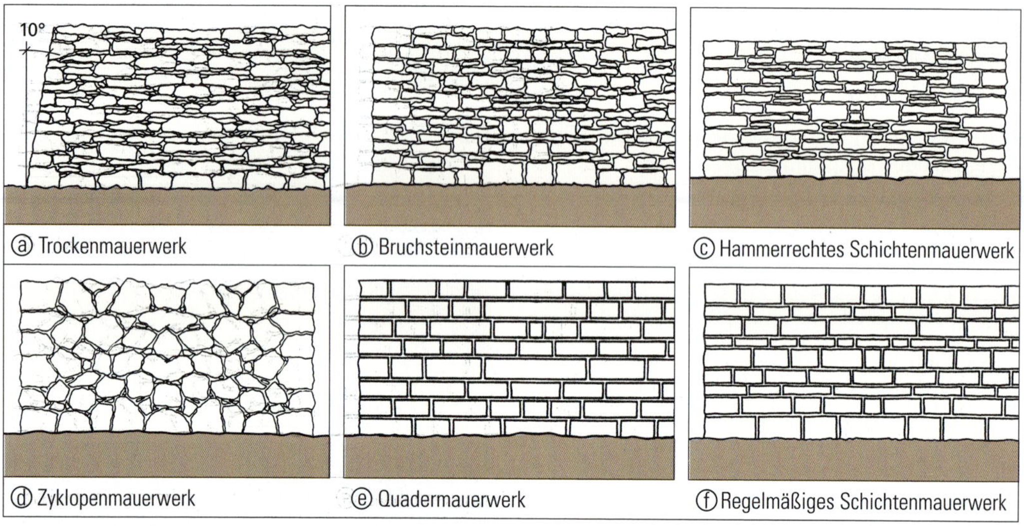

Abb. 24.21: Arten von Natursteinmauerwerk

Abb. 24.22: Anwendungsbeispiele für Gabionenwände

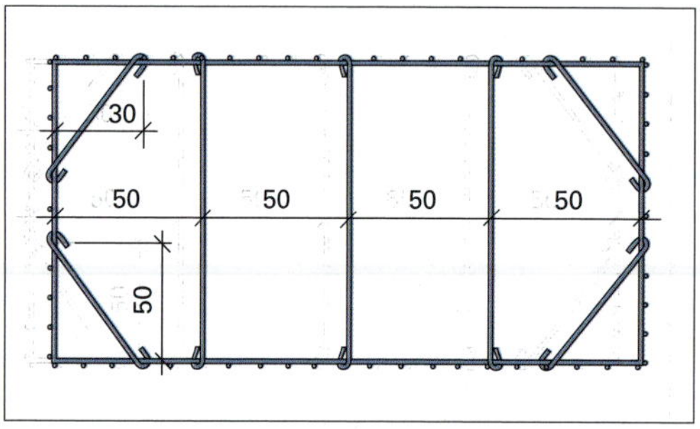

Abb. 24.23: Abstandhalter und Diagonalstäbe

Abbildung 24.21 zeigt verschiedene Arten von Natursteinmauerwerk. Diese wurden ursprünglich zur Böschungssicherung verwendet. Ebenso erfolgte die Verwendung von Gabionenwänden ursprünglich zur Böschungssicherung. Bei Gabionen handelt es sich um ein Baukastensystem aus einem nichtrostenden Stahlkorpus mit Befüllung aus Bruch- oder Schotter steinen. Der Stahlkorpus hat eine Breite von 0,50 m oder 1,00 m und eine Länge von bis zu 3,00 m.

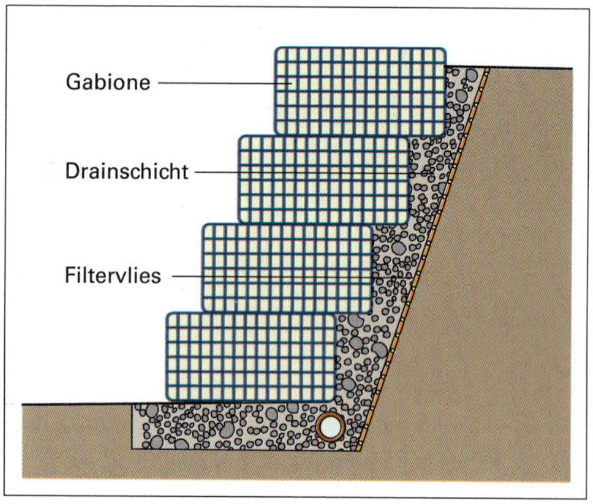

Abb. 24.24: Gabionen mit Rückversatz

Die Matten werden mit Querstäben und Diagonalstäben von 3 mm bis 7 mm ausgesteift. Die Ösen an den Stabenden werden als fester Knotenpunkt ausgebildet. Heute ist die Umhüllung meist aus verzinktem (z. B. Alu-Zink-Draht) oder rostfreiem (z. B. Edelstahldraht) Stahl gefertigt.

Kommen Gabionenwände als Hangbefestigung zum Einsatz empfiehlt sich ein zusätzliches Fundament, eine Drainage und eine Schrägsstellung oder abgestufte Stellung. Kletterpflanzen (z. B. Wilder Wein oder Clematis) dienen dabei eher der Optik als der Stabilität.

24.6.2 Böschungen

Böschungen und Ufer werden durch den Einsatz von Vegetation gegen Erosion gesichert; Vegetation stellt den einzigen nachhaltigen Schutz dar, dazu mit dem Vorteil der ästhetischen Integration in die Umgebung.

Als Sicherungsmethoden werden eingesetzt

- Buschlage
- Faschinen
- Flechtzaun
- Fertigrasen
- Saatmatten
- Rasengittersteine
- Nass-Saaten
- Strohdecksaaten
- Natursteinmauern
- Pflanzsteine

Buschlage wird angewendet für Steilböschungen; in Terrassen von 50 cm bis 80 cm Breite, die parallel zum Hang angelegt werden. Hierbei werden austriebsfähige Weideäste und anderes Reisig in einer Dicke von ca. 15 cm eingelegt und die Terrassen dann verfüllt.

Faschinen sind 3 m bis 5 m lange und 30 cm bis 50 cm dicke Walzen aus mit Draht zusammengebundenen austriebsfähigen Weideästen, die an Pfählen befestigt werden. Sie sind auch auf Fels einsetzbar und sollen zu einer Durchwurzelung und dadurch dauerhaften Sicherung des Bodens führen.

Für die Herstellung von **Flechtzäunen** werden Pflöcke in den Boden geschlagen, flecht- und austriebsfähige Weidenruten in die Zwischenräume ca. 20 cm tief in den Boden gesteckt, mit den Pflöcken verflochten und mit Krampen befestigt. Flechtzäune haben eine Höhe von 20 cm bis 30 cm und sind parallel oder diagonal zum Hang angeordnet mit Abständen von 1,50 m bis 3 m.

Rasensaatmatten bestehen aus Papier, Kokos oder Kunststoff mit darauf fixiertem Saatgut und teilweise auch Dünger. Sie werden mit Drahtbügeln auf der Böschung befestigt und schützen diese sofort.

Rasengittersteine bieten ebenfalls sofort dauerhaften Schutz, ihr Verbau auf einem Sandbett ist jedoch mit hohem Zeitaufwand verbunden.

Nass-Saat dient zur Herstellung von Rasen- oder Grasböschungen. Hierzu wird Saatgut, Dünger, Mulchstoffe und Kleber mit Flüssigkeit gemischt auf die Böschung gespritzt. Als Kleber können Emulsionen mit Bitumen, Kunststoff oder Latex verwendet werden. Der Kleber befestigt die obere Bodenschicht sofort und hält die anderen Bestandteile der Spritzbrühe fest bis zum Austreiben der Gräser.

Die **Strohdecksaat** wird an Stellen eingesetzt, an denen wegen fehlender Zufahrtsmöglichkeiten für Lastwagen die Nass-Saat ausgeschlossen ist. Hier wird Saatgut angesät und danach mit Strohhäcksel abgedeckt. Diese Abdeckung wird dann mit Bitumenemulsion verklebt.

Für den **Uferschutz** wird eine **Steinschüttung** oder **Raupackung**, an der Wasserlinie auch mit **Ballen-** oder **Rhizombesatz** verwendet.

Abb. 24.25: Steinschüttung

Bei der **Steinschüttung** wird das Ufer unter Wasser, zum Teil auch im Hochwasserbereich, mit geschüttetem Schotter oder Kies in möglichst großen Körnungen über 30 mm bedeckt. Die Schüttung kann bei Bedarf mit Drahtgeflechten gesichert und mit Schilf oder Binsen optisch in die Landschaft integriert werden.

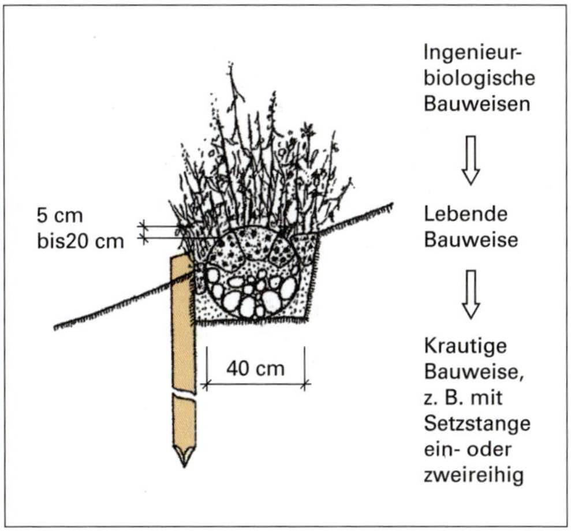

Abb. 24.26: Rhizombesatz

Die **Raupackung** stellt eine Pflasterung hauptsächlich unter der Wasserlinie dar aus wenig bearbeiteten Natursteinen, deren Fugen mit Bitumen ausgegossen werden oder, über dem Sommermittelwasser (SoMW), mit Erde verfüllt und angesät oder mit Steckholz oder Weiden besetzt werden können. Im Hochwasserbereich werden auch Betongittersteine verbaut.

Für den **Ballenbesatz** werden direkt über dem SoMW Schilf, Binsen und Rohrkolben, direkt unter ihr Rohrglanzgras, Seggen und Mädesüß als Ballen gepflanzt, je nach Situation wegen der etwa zwei Vegetationsperioden verzögerten Schutzwirkung auch kombiniert mit Steinschüttung oder Raupackung.

Wenn das Pflanzenmaterial zu knapp bemessen ist, kann ein **Rhizombesatz** vorgenommen werden. Dazu werden aus Beständen vor allem von Teichbinsen oder Schilf Rhizome entnommen, in einem 20 cm bis 30 cm tiefen Graben, dessen Boden möglichst auf der Höhe des Wasserspiegels liegt, ausgelegt und mit Boden abgedeckt. Aufgrund der gegenüber dem Ballenbesatz noch längeren Verzögerung des Eintretens der Schutzwirkung wird bei Bedarf durch eine Steinschüttung auf der Wasserseite ein kleiner Schutzwall gebildet.

Die **Spreitlage** bietet über dem SoMW sofort Schutz gegen fließendes Wasser. Austriebsfähiges Weidenreisig wird ca. 20 cm tief dicht nebeneinander senkrecht zum Wasser in den Boden gesteckt, flach auf die Böschung gelegt, dort mit zwischen Pflöcken gespanntem Draht fixiert und ca. 2 cm dick mit Boden überdeckt. Zusätzlich kann an ihrem Fuß Ballenbesatz oder eine Faschine angebracht werden. Bei Verwendung von totem Material, der **toten Spreitlage**, wird ebenso verfahren, das Reisig jedoch weder in den Boden gesteckt noch überdeckt.

Steckholzbesatz wird, da er bis zur Verwurzelung und dem Austrieb keinen Schutz bietet, mit einer toten Spreitlage, einer Steinschüttung oder einer Raupackung kombiniert. Hierzu werden die Steckhölzer in mit einem Pflanzholz hergestellte Pflanzlöcher gesteckt.

Pflanzsteine
Eine weitere wirksame Möglichkeit, um eine Böschung zu befestigen, bilden Pflanzsteine. Sie bestehen aus Beton bzw. Poren-/Leichbeton es besteht eine große Auswahl verschiedener Formen, Farben und Größen. Pflanzsteine sind bereits mit einer Verzahnung versehen, sodass die Verbindung auch ohne Mörtel möglich ist.

Bis zu einer Höhe von einem Meter können Pflanzsteine auch ohne Fundament aufeinandergesetzt werden.

Abb. 24.27: Pflanzsteine

24.6.3 Freitreppen

Treppen dienen in erster Linie dazu, Höhenunterschiede zu überwinden, um unterschiedliche Ebenen miteinander zu verbinden. Im Allgemeinen gilt, dass Treppen dort angeordnet werden, wo die Steigung 8 % bis 10 % überschreitet. Zusätzlich sind Treppen reizvolle landschaftsarchitektonische Gestaltungselemente. Um ein bequemes Begehen zu ermöglichen, sollten Stufen in Gärten und Grünanlagen eine Mindesthöhe von 10 cm und eine maximale Höhe von 16 cm besitzen. Wichtig bei Treppen im Außenbereich ist die Entwässerung der Stufen. Bauformen für Stufen im Freien sind (vgl. Kapitel 7.11):

- **Blockstufen** sind die klassische Form für Stufen im Freien. Sie bestehen aus einem Block und haben durch ihr Eigengewicht und ihre Stabilität gute statische Eigenschaften. Ihr Nachteil ist ihr hohes Gewicht, was die Länge auf 2 m begrenzt. Sie können aus Natur- oder künstlichen Steinen bestehen.
- **Plattenstufen (Legestufen)** bestehen aus Platten von 2 cm bis 10 cm Stärke. Ihre geringe Eigenstabilität erfordert in der Regel ein Betonfundament. Sie können aus Natur- oder künstlichen Steinen hergestellt werden.
- **Stellstufen** sind Stufenplatten, die zu einem Drittel in ein Fundament gestellt werden. Der ausgekofferte Auftritt kann ausgepflastert, mit Platten belegt, mit Kies oder Rindenmulch verfüllt werden.

Jede Stufe und die Podeste im Freien müssen ein Gefälle von 1 % bis 3 % nach vorne aufweisen.

24.7 Bau von sickerfähigen Pflasterflächen

Jedes Pflaster ist aufgrund seiner Fugen teilweise wasserdurchlässig. Bei den meisten Pflasterflächen ist diese Wasserdurchlässigkeit aber nicht erwünscht. Bei Pflasterflächen, die als zweckmäßige Befestigung und als Gestaltungselement gebaut werden, nimmt die Wasserdurchlässigkeit (Versickerungsfähigkeit) mit der Zeit ab, da sich die Fugen durch Verdichtung und Eintrag von Feinbestandteilen mehr und mehr verschließen. Damit versiegeln sie wie Asphalt- oder Betonbefestigungen die Oberfläche.

Die gegenteilige Wirkung sollen wasserdurchlässige, sickerfähige Pflaster haben. Sie sollen mithelfen, die Versiegelung der Oberfläche zu verringern, den Abfluss des Oberflächenwassers zu mindern, die Kanalisation (besonders des Mischwassers) zu entlasten, den Grundwasserspiegel zu erhöhen.

Mit der Versickerung können allerdings auch viele Verunreinigungen aus der Luft und von der Oberfläche in den Boden und das Grundwasser gelangen. Aus diesem Grunde muss bei der Planung sorgfältig überlegt werden, wo sickerfähiges Pflaster geeignet ist. Die Durchlässigkeit der Tragschichten und die Sickerfähigkeit des Bodens müssen gegeben sein. Die Verkehrsbelastung und der mögliche Eintrag von Verunreinigungen aus der Benutzung müssen beurteilt werden. Aus diesen Überlegungen heraus kommen vor allem schwach belastete Parkflächen für den öffentlichen und privaten Pkw-Verkehr, Rad- und Gehwegflächen sowie selten benutzte Verkehrsflächen (z. B. Feuerwehrzufahrten) infrage.

Es gibt verschiedene Möglichkeiten, das Pflaster wasserdurchlässig zu machen (vgl. Abb. 24.28):

- durch große, weite (durch lose oder feste Abstandshalter erzwungene) Fugen zwischen 15 mm und 40 mm (grundsätzlich verbessern aber geringe Fugenbreiten die Nutzerfreundlichkeit der Pflasterfläche)
- durch Öffnungen, Aussparungen oder Kammern im Stein (Rasenkammersteine)
- durch ein großes Porenvolumen der Steine aus haufwerksporigem „Drän"-beton und breiten Fugen.

Bei der Konstruktion und Ausschreibung ist auf eine grobe Fugenfüllung aus Splitt 1/3 mm oder 2/5 mm bzw. entsprechendem groben Natursand sowie auf eine geringe Flächenneigung zwischen 1 % und 2 % zu achten.

Rasensteine

Rasensteine (für Rasenpflaster) sind entweder größere Verbundsteine oder rechteckige Platten aus Beton bzw. Klinker mit einem Lochanteil von bis zu 70 %. Sie entsprechen in der Qualität den DIN EN 1338 und DIN EN 1344 und sind etwa 8 cm bis 12 cm dick.

In den letzten Jahren sind eine Reihe von Betonsteinen entwickelt worden, die mit angearbeiteten Abstandhaltern Fugen mit einer Breite von etwa 20 mm bis 32 mm ergeben. Der Fugenanteil in der Pflasterfläche beträgt bis zu 25 %.

Die breiten Fugen werden entweder

- als Dränfuge, verfüllt mit Splitt, oder
- als Rasenfuge, verfüllt mit Erde und mit Rasen angesät angelegt (vgl. Abb. 24.32).

Abb. 24.28: Ökologisches, wasserdurchlässiges Pflaster aus a) Dränsteinen (Filterbeton), b) Klinkern mit Sickeröffnungen, c) Betonsteinen mit Sickerfugen (durch Abstandshalter) und d) Rasengittersteinen

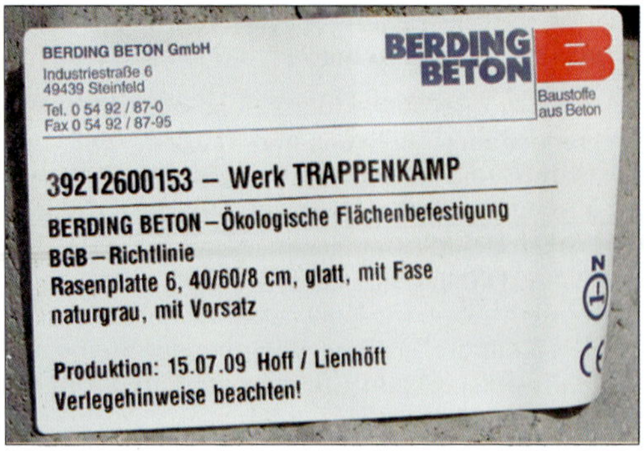

Abb. 24.29: Beispiel für eine Steinsorte

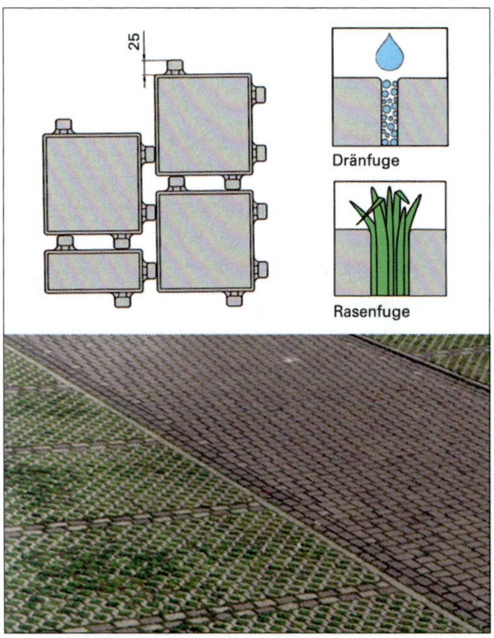

Abb. 24.30: Betonformstein mit Abstandhalter

Rasenpflaster

Rasenpflaster wird über standfestem Untergrund oder Unterbau, bei schwerer Belastung auch über einer Tragschicht, auf einer dünnen, durchlässigen, verdichteten Sandbettung verlegt. Dazu werden die Hohlräume in voller Höhe bis OF Stein (oder 1 cm bis 2 cm tiefer) mit Humus oder Gemischen aus Oberboden, Torf und Sand aufgefüllt. Auch spezielle Rasengitter-Erde wird angeboten. Die Behandlung des Rasenpflasters (Düngen, Wässern, Mähen usw.) entspricht dem normalen Rasen (vgl. Abb. 24.30 und Abb. 24.17).

Bei versickerungsfähigen Pflasterflächen muss auf den Einsatz von Streugut bzw. Streusalz verzichtet werden.

24.8 Spurbahnwege

Auf der Suche nach Alternativen zur herkömmlichen vollflächigen Befestigung von Feld- und Waldwegen kann der Bau von Spurbahnen durchaus eine Variante darstellen. I.d.R. werden folgende Bauformen ausgeführt:

- Asphaltspurbahn
- Betonplattenspurbahn
- Spurbahn aus Verbundsteinen
- Betonspurbahn

Bei der Verwendung von Spurbahnen sind Einschränkungen und Nachteile zu bedenken:

- Herstellung der Betonplattenspurbahnen im kurvigen Bereich schwierig.
- Mögliche Erosion in den nicht befestigten Teilbereichen und Unterspülung des Oberbaus.
- Eingeschränkte Breite der Befahrung zur Verfügung, z. B. für Zweiradfahrer.

Belastbarkeit/Regelaufbau

Spurbahnwege lassen sich, laut „Richtlinie für den ländlichen Wegebau, RLW, 1999", lediglich für die Beanspruchungsklasse „mittel" herstellen, d.h. gelegentliche/saisonale Überfahrten, maßgebende Achslast 5 t, gelegentlich bis 11,5 t. bzw. die Tragfähigkeit des Untergrundes muss hierbei E_{v2} = 45 MN/m^2 erreichen. Neuere regional und überregionale Vorschriften und Empfehlungen werden in den Bundesländern (z. B. vom Amt für regional Landentwicklung, Landschaftsbau und Bodenordnung) herausgegeben.

In der Abbildungen 24.31 und 24.32 werden zwei mögliche Querschnitte dargestellt. Der Achsabstand der Spurbahnen soll i.d.R. mit den Spurbreiten der hauptsächlichen Benutzerfahrzeuge übereinstimmen, die Mindestdicke der Tragschicht mindestens 20 cm betragen.

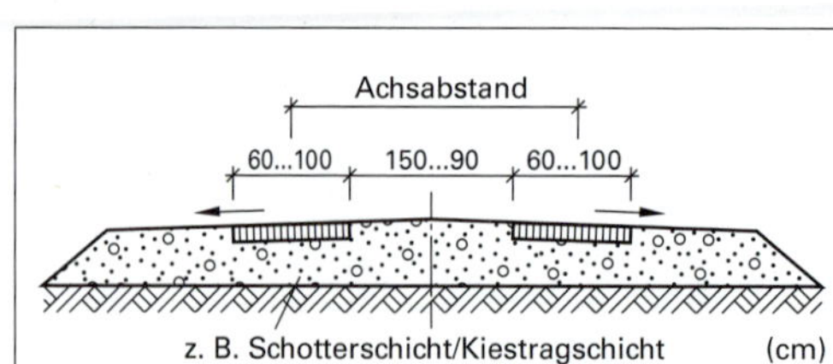

Abb. 24.31: Spurbahnweg aus Verbundsteinen

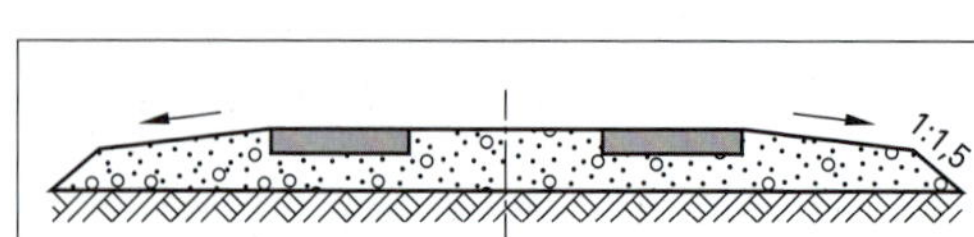

Abb. 24.32: Spurbahnweg aus Betonplatten

24.9 Bepflanzung

Vor Beginn eines jeden Bauvorhabens müssen geeignete Pläne erstellt werden, um Fehlplanungen zu verhindern.

- Der Katasterplan ist zur Ermittlung der exakten Bebauungs- und Freiflächengrenzen notwendig. Teil dieser Bestandspläne ist eine genaue Angabe von Höhen und Grenzverläufen.
- Die Planskizze zeigt funktionale und gestalterische Aufteilungen eines Planungsgebiets in einem skizzenhaften Entwurf.
- Der Vorentwurf zeigt relativ konkrete Lösungsansätze, welche Vorschläge zu Bepflanzung, Wegeführung, Flächen für ruhenden Verkehr etc. unterbreitet werden.
- Der Entwurfsplan ist die verbindliche Weiterentwicklung des Vorentwurfsplans mit Schnitten, Details und technischen Vorgaben (Nordpfeil, Maßstab). Bei kleineren Projekten wird der Entwurfsplan als Ausführungsplan eingesetzt.
- Der Bepflanzungsplan (vgl. Abb. 24.33) dient dem Gärtner auf der Baustelle zur Pflanzung. Deshalb sollten die Pflanzen eindeutig dargestellt werden. Aus dem Plan muss Art und Anzahl der in Frage kommenden Pflanzen und, wo sie stehen sollen, hervorgehen.
- Die Ausführungspläne enthalten alle notwendigen technischen Angaben wie

Höhenplan (Geländeverläufe, Auf- und Abtrag werden dargestellt und dienen als Abrechnungsgrundlage),

Funktionsplan (die Entwässerung der Flächen wird dargestellt und dient der Dimensionierung der Entwässerungseinrichtungen) und

Aufmaßplan (nach Beendigung der Baumaßnahme werden die Flächen vermessen und die Massen berechnet und dienen der Abrechnung).

Nachdem die Planung begonnen hat werden die Pflanzen zusammengestellt, die für das Projekt in Frage kommen. Mit Hilfe von Pflanzenkatalogen werden Pflanzen ausgesucht und sortiert in

- Bäume/Gehölze (Groß- und Kleinbäume),
- Sträucher,
- Bodendecker,
- Stauden und
- Rosen.

Bei der Wahl werden Pflanzen zusammengestellt, die sich in ihren Ansprüchen an Boden, Klima und Lichtverhältnisse ähneln. Dann wird das Gerüst der Pflanzung zusammengestellt, d. h. die Bäume und Sträucher und die Raumwirkung und Blickachsen verknüpt. Abschließend werden Akzente z. B. durch Rosen oder andere Blütenpflanzen gesetzt und die Bodendecker angeordnet.

Bei der anschließenden Plandarstellung spielt zunächst die Pflanzengröße eine Rolle.

- Gehölze werden mit ihrem in 10 Jahren erreichten Kronenvolumen als Kreis eingezeichnet.
- Bodendecker oder Pflanzengruppen werden mit Schraffur dargestellt (wobei entweder die Anzahl der Pflanzen oder der Pflanzenbedarf pro m^2 vermerkt wird).
- Leitstauden bekommen eigene Symbole und werden in der Legende erklärt.
- Hecken werden durch Abkürzungen kenntlich gemacht.
- Außerdem können Signaturen und Zahlen verwendet werden.

Zu jedem Bepflanzungsplan gehört eine Liste, in der alle verwendeten Pflanzen mit deutschem und botanischem Namen, ihrer Handelsgröße und Qualitätsbezeichnung alphabetisch aufgeführt werden.

Die Wahl der Pflanzen ist natürlich abhängig von ihrer Funktion und der Konzeption bzw. dem anstehenden Projekt. Grünanlagen können unterteilt werden in

- öffentliche Anlagen (Parks, Promenaden, Grünanlagen, Plätze)
- Straßen begleitendes Grün, Parkplätze
- private Grünanlagen (Gärten)
- Sport- und Spielplätze
- Friedhöfe
- Schwimmbäder
- Sondergärten (botanischer Garten, zoologischer Garten, Lehrgarten usw.)

Nach Erstellung der Planunterlagen stehen in der Regel die Oberbodenarbeiten an. Im Gegensatz zur Bautechnik muss der Boden im vegetationstechnischen Bereich (für Pflanzen und Saatgut) hohlraumreich und locker sein. Der Boden teilt sich in mehr oder weniger einheitliche Zonen, die **Bodenhorizonte** genannt werden.

- Als Ober- oder Mutterboden wird die oberste Schicht bezeichnet, die mit organischer Substanz und Bodenleben durchsetzt und dunkel gefärbt ist.
- Es folgt der Unterboden, ein heller gefärbter häufig steinreicherer Horizont.
- Als Untergrund wird das unverwitterte Ausgangsgestein bezeichnet.

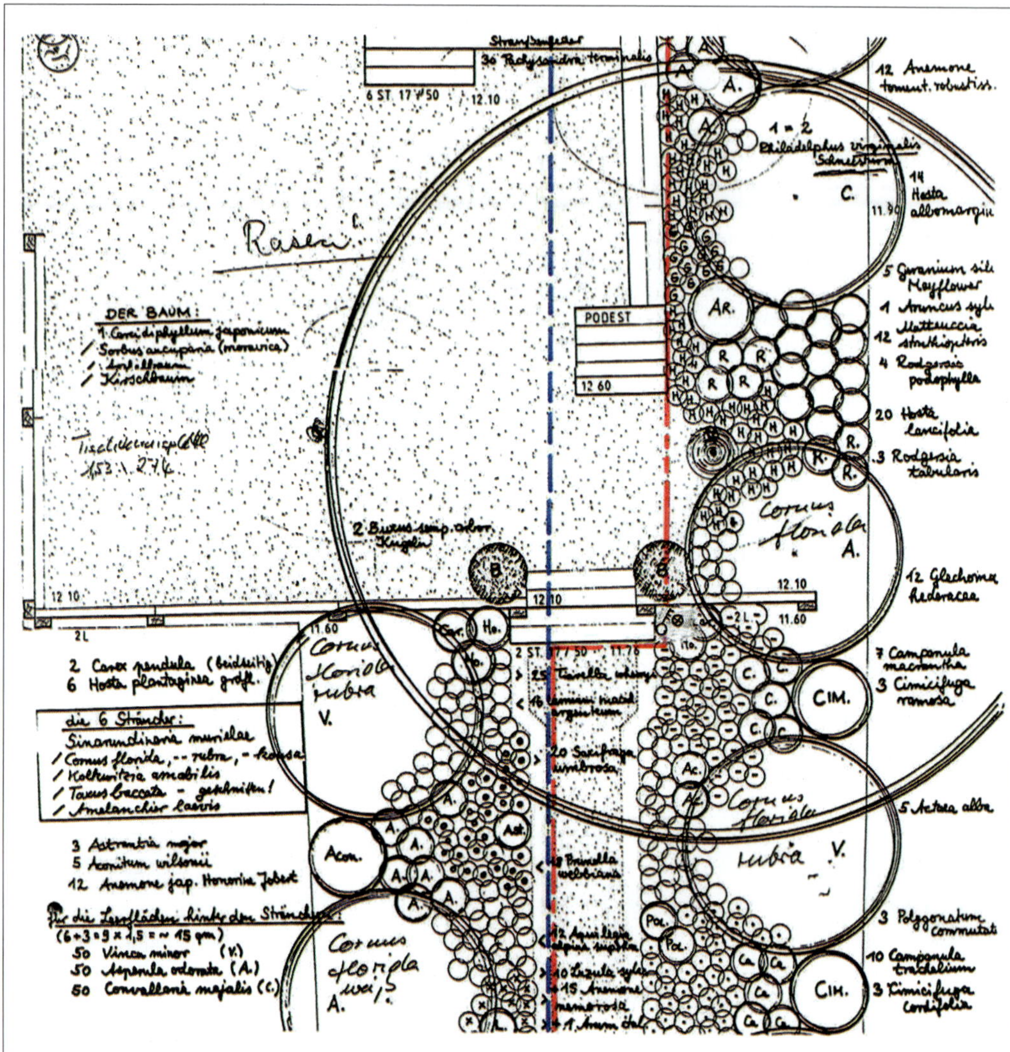

Abb. 24.33: Bepflanzungsplan, erste Terrasse

Pflanzliste

Für die Bepflanzung an der ersten Terrasse sind u.a. folgende Pflanzkategorien und Pflanzen mit Angabe der Anzahl ( )vorgeschlagen:

- Stauden
  Riesensegge (2), Lilienfunkie (6), Sterndolde (3), Eisenhut (5), Herbstanemone, Frühlingsplatterbse (4), Christrose (3),
- Bäume und Sträucher, Schlingpflanzen
  Kugelrobinie, Buchsbaum, Kletterhortensie, Efeu-Selektion
- Rosen
  Rosen-Hochstamm, weiß oder rot

Gärtnereibetriebe verwenden dabei oft den lateinischen Namen der Pflanzen, z. B. Robinia pseudacacia umbraculifera für Kugelrobinie (falsche Akazie) oder auch die Kurzzeichen nach DIN EN 13556 (vgl. Kapitel 9.4, Abb. 9.30) für Robinie ROPS. Dabei stehen die ersten beiden Buchstaben für die botanische Gattung, die Buchstaben 3 und 4 für alle Arten der Gattung. Die alten Kurzzeichen nach DIN 4076 (hier z. B. ROB, Birnbaum BB, Kirschbaum KB, Buche BU, Eiche EI, Roteiche EIR, Eucalyptus EUK) dürfen im Handel weiter verwendet werden.

Die **anorganischen Stoffe** Schluff und Ton sind die wichtigsten Bestandteile für die chemischen und physikalischen Eigenschaften des Bodens. **Humus** entsteht aus tierischen und pflanzlichen Stoffen, also organischen Substanzen, im und auf dem Boden. Er unterliegt ständigen Veränderungsprozessen und ist für die Bodenfruchtbarkeit von großer Bedeutung. Fruchtbaren Boden ohne **Bodenlebewesen** gibt es nicht, sie erfüllen eine wichtige Aufgabe bei der Zersetzung der organischen Substanzen. Voraussetzung für Bewässerung und Belüftung sowie für die Entwicklung und Erhaltung der Bodenlebewesen ist eine **Krümelstruktur** des Bodens. Diese wird erreicht und erhalten sowohl durch mechanische Auflockerung als auch durch die Einbringung des flockungsfördernden Calciums. Die Fruchtbarkeit des Oberbodens kann durch Kompost oder Dünger verbessert werden.

Vor **Baubeginn** muss der Oberboden abgetragen und in Mieten oder Depots gelagert werden, ohne ihn zu verdichten und damit seine Krümelstruktur zu zerstören, was bei nassem Boden oder länger anhaltendem Regen nicht möglich ist.

Vor dem **Andecken** wird der Unterboden aufgeraut, um ihn wasser- und luftdurchlässig zu machen und eine Verzahnung zu erreichen und damit das Abrutschen auf Schrägen zu verhindern. Darüber hinaus werden Schichtwasseraustritte drainiert.

Die Dicke des Oberbodens beträgt

- für Rasen auf der Ebene ca. 5 cm
- für Rasen in Böschungen bis zu 20 cm
- für Gehölzflächen bis zu 40 cm

Angedeckte Flächen sollten zur Verhinderung von Erosion umgehend eingesät oder durch biologische, mechanische oder chemische Maßnahmen geschützt werden.

Oberboden ist für vegetationstechnische Zwecke sehr gut geeignet. Ist zu wenig vorhanden, kann Unterboden durch das Anpflanzen von **Gründungspflanzen** (z.B. Lupinen, Senf, Klee) nutzbar gemacht werden. Oberbodenarbeiten für vegetationstechnische Zwecke werden in der DIN 18320 (Landschaftsbauarbeiten, Ausgabe 2019) geregelt. Kriterien zur Nutzbarkeit von Böden sind

- die Korngrößenverteilung
- die Wasserdurchlässigkeit
- die Höhe des Grundwasserstandes
- der Gehalt an organischer Substanz
- der pH-Wert
- der Nährstoffgehalt

Obwohl die Güte des Bodens in erster Linie durch die Bodenart bestimmt wird, kann jeder Boden durch geeignete Maßnahmen verändert und nutzbar gemacht werden. Zur Verbesserung

- der **Wasserdurchlässigkeit** und des **Lufthaushaltes** kann z.B. Sand, Bims, Perlite oder organische Substanz eingearbeitet werden.
- der **Wasserhaltefähigkeit** wird z.B. Schluff, Ton oder Tongranulat eingearbeitet.
- des **pH-Wertes** kann sauer wirkender Dünger verwendet werden.
- des **Grundwasserstandes** werden Gräben oder eine Drainung angelegt.
- des **Nährstoffgehaltes** kann je nachdem ob er zu hoch oder zu niedrig ist, der Boden mit Kies-Sand-Gemischen abgemagert oder mit Dünger erhöht werden.

24.10 Dach- und Fassadenbegrünung

Dachbegrünung

Dachbegrünungen werden vor allem danach unterschieden, ob ein flaches oder ein geneigtes Dach bepflanzt werden soll und ob eine **intensive** oder eine **extensive Begrünung** angestrebt wird. Bei extensiver Begrünung ist eine Verstärkung der Dachkonstruktion in der Regel nicht notwendig.

- Die **extensive Begrünung** (vgl. Abb. 24.35 und Abb. 24.36) bedeutet eine Begrünung hauptsächlich mit niedrigen Stauden, Wildkräutern, Gräsern und Moosen, die trockenheitsverträglich und regenerationsfähig sein sollten. Zudem müssen die Pflanzen pflegeleicht und ihre Aufzucht in dünnschichtigen Böden auf horizontalen oder geneigten Flächen möglich sein. Extensive Dachbegrünungen können nicht genutzt, also begangen und bespielt, werden.
- Die **intensive** (vgl. Abb. 24.37 und Abb. 24.38) Dachbegrünung besteht aus einer Begrünung mit Rasen, Stauden und Gehölzen, die einen differenzierten Bodenaufbau, Be- und Entwässerungsmaßnahmen sowie eine regelmäßige Pflege erfordern. Es können ganze Dachgärten bzw. Dachlandschaften mit Wassereffekten usw. entstehen, die begehbar und nutzbar sind.

Grundsätzlich sind nicht nur Flachdächer für Begrünungen geeignet, allerdings werden Neigungswinkel über 20 Grad schwer bepflanzbar, da die Bodenschicht abrutschen kann.

Da Massen von 60 kg bis 400 kg pro m^2 (üblich bei extensiver Begrünung: als Leichtdach ab 60 kg/m^2, als Sparversion ab 100 kg/m^2) entstehen können, muss bei einem bestehenden Dach eine bauphysikalische Prüfung erfolgen. Des Weiteren muss eine intakte Dampfsperre vorhanden sein oder für Belüftung gesorgt werden, da sonst die Gefahr von Tauwasserbildung im Dach besteht. Grundsätzlich besteht folgender Schichtenaufbau (von unten nach oben):

- Dachabdichtung aus Bitumen oder Kunststoff
- Trennschicht (bei unterschiedlichen Materialien der Dachabdichtung und der Wurzelschutzfolie)
- Wurzelschutzfolie
- Dränschicht (leitet überschüssiges Wasser ab)
- Filterschicht/Filtervlies (verhindert, dass kleine Bodenteilchen in die Dränschicht gelangen)
- Vegetationsschicht (bietet den Pflanzen Wurzelraum und versorgt sie mit Wasser, Sauerstoff und Nährstoffen)

Je intensiver die Begrünung, desto anspruchsvoller die Pflanzen, desto dicker die Vegetationsschicht, desto höher die Lasten und desto höher der Aufwand für Herstellung und Unterhaltung.

Tabelle 24.34: Dachbegrünung

	Intensivbegrünung	Extensivbegrünung
Pflanzen	Gräser, Stauden, Sträucher, Gemüse, Bäume	niedrig wachsende anspruchslose Pflanzen: Moose, Sukkulenten, Gräser
Kosten	relativ hoch, da auch Folgekosten durch Pflege etc. entstehen	kostengünstig
Pflege	regelmäßige Pflege erforderlich (schneiden, düngen, wässern etc.)	geringer Pflegeaufwand
Lasten	150 kg/m² bis 400 kg/m² und mehr	bis 150 kg/m²
Vegetationsschicht	je nach Bepflanzung mindestens 15 cm	je nach Bepflanzung dünn (2 cm bis 15 cm)

Mit einer Dachbegrünung wird die Kanalisation entlastet, da das Gründach je nach Aufbau und Vegetation 40 % bis 90 % des jährlichen Niederschlags speichert und dieser wieder verdunstet. Damit trägt eine Dachbegrünung zur Gebäudekühlung, Luftbefeuchtung und Feinstaubfilterung bei. Schließt das Flachdach mit einer Attika ab oder an ein seitliches Bauwerk an, ist ein vegetationsfreier Sicherheitsstreifen (i. d. R. 50 cm breiter unbepflanzter Schutzstreifen, der mit Kiesschüttung oder Plattenbelägen abgedeckt wird) einzuplanen (vgl. Abb. 24.36).

Abb. 24.35: Extensive Dachbegrünung

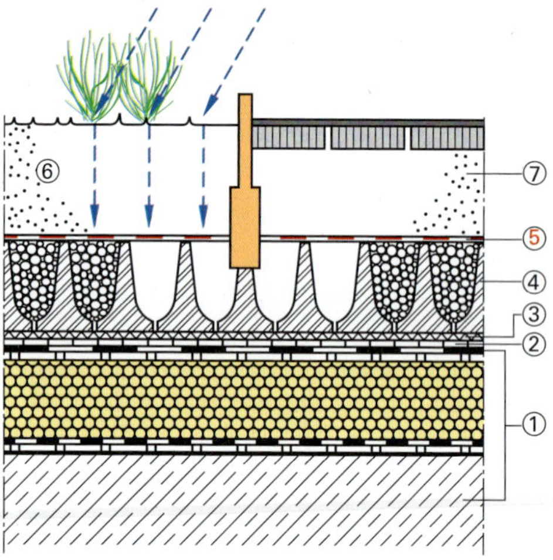

① Flachdachaufbau
② Wurzelschutzfolie
③ Sickerkanal
④ Schaumstoff-Tragkörper mit Wasserspeicher
⑤ Wurzelverankerungsgewebe
⑥ Bodensubstrat
⑦ Platten auf Verlegematerialien

Abb. 24.36: Extensive Dachbegrünung (Skizze)

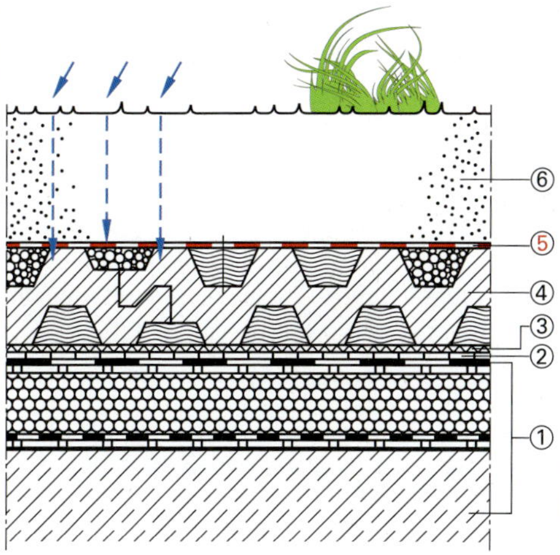

Abb. 24.37: Intensive Dachbegrünung (Skizze)

Abb. 24.38: Intensive Dachbegrünung

Bei der Planung von Dach- und Fassadenbegrünungen sind kommunale Satzungen zu beachten. Als Grundlage für die planerische Arbeit gelten die FLL-Regelwerke der Forschungsgesellschaft Landschaftsentwicklung, Landschaftsbau e.V.

Fassadenbegrünung

Durch **Fassadenbegrünung** der Außenwände eines Gebäudes können großflächige Laubstrukturen entstehen, die in ihrer biologischen Wirksamkeit den Laubkronen ausgewachsener Bäume entsprechen. Fassadenbegrünungen verbessern die bauphysikalischen Eigenschaften der Wände. Zu den stadtökologischen Funktionen der Fassadenbegrünung gehört die Bindung von Staubpartikeln ebenso wie die Befeuchtung der Luft und die damit verbundene Verbesserung des Lokal- und Stadtklimas. Durch vollflächige Wandbegrünung kann Schall zerstreut und absorbiert werden. Die Schallpegelminderung ist jedoch gering. Als Lebensraum für Vögel, Spinnen und andere Kleintiere kann das Fassadengrün für Natur und Landschaft in der Stadt eine positive Rolle spielen.

Für die Fassadenbegrünung kommen vor allem schlingende, rankende Gewächse in Frage. Für Süd- und Westfassaden sollten laubabwerfende Pflanzen gewählt werden. Die Fassade muss vor der Begrünung in Ordnung sein und darf keine Risse aufweisen, da sonst Schäden durch die Pflanzen auftreten können.

Verschiedene Pflanzengruppen haben unterschiedliche Methoden zu klettern: Schlinger oder Winder klettern durch einen wendelförmigen, senkrecht strebenden Wuchs der Sprossen, beispielsweise Knöterich (Polygonum aubertii), Hopfen (Humulus lupulus) und Blauregen (Wisteria sinensis). Blattranker besitzen berührungsempfindliche Greif- und Halteorgane, mit denen sie senk- und waagerechte Stützen umwinden können. Sprossranker können Haftscheiben ausbilden, beispielsweise Echter Wein (Vitis vinifera) (vgl. Abb. 24.39) und Waldrebe (Clematis-Arten). Spreizklimmer klettern mittels spezieller Seitensprossen, Stacheln oder Dornen, die sich auf waagerechte Stützen auflegen können, beispielsweise Kletterrosen (Rosa-Sorten) und Brombeere (Rubus-Sorten, wintergrün). Wurzelkletterer (Selbstklimmer/echte Kletterer) bilden kleine sprossbürtige Haftwurzeln aus und verankern sich mit Wurzelhaaren in der Unterlage, beispielsweise Efeu (vgl. Abb. 24.40) (Hedera helix, wintergrün), Wilder Wein (Parthenocissus tricuspidata) und Kletterhortensie (Hydrangea anomala-petiolaris).

Um Schäden am Bauwerk zu vermeiden, sind Kletterpflanzen zu pflegen und insbesondere von Nachbargebäuden, angrenzenden Bauteilen, Fallrohren, Regenrinnen, Blitzschutzanlagen, Dacheindeckungen sowie Lüftungsöffnungen, Fenstern, Rollladenkästen und offenen Fugen fernzuhalten.

Abb. 24.39: Wein als Fassadenbegrünung

Abb. 24.40: Efeu als Fassadenbegrünung

24.11 Bäume, Hecken, Sträucher, Rasen

Bäume und Sträucher werden unter dem Begriff Gehölze zusammengefasst. Sträucher sind in der Regel kleiner als Bäume und verzweigen sich schon dicht über dem Boden. Für Planungen im Außenbereich spielt die zu erwartende Wuchshöhe und die Form der zu verwendenden Bäume eine entscheidende Rolle. Bäume werden unterteilt in

- Kleinbäume z.B. Rotdorn, Stechpalme, Goldregen, Blutpflaume (Höhe bis 10 m, Breite bis 4 m)
- Mittelbäume z.B. Weißbuche, Kirsche, Hängebirke, Grauerle (Höhe bis 20 m, Breite bis 6 m)
- Großbäume z.B. Ahorn, Kastanie, Buche, Platane, Walnuss (Höhe bis 30 m, Breite bis 10 m)

Nach der Art ihrer Anordnung werden unterschieden:

- Baumgruppen (in Gruppen angeordnete Bäume),
- Alleen (beidseitig einer Straße angeordnete Baumreihen),
- Baumreihen (auf einer Seite in gleichen Abständen angeordnete Bäume) und
- Solitärbäume (einzeln stehende Bäume).

Wichtig bei der Entscheidung für einen bestimmten Baum sind seine Eigenschaften bezüglich der klimatischen Bedingungen, seine Wurzeleigenschaften, d.h. ist er ein Tief- oder ein Flachwurzler, und der zu erwartende Stammdurchmesser. Gerade im Straßenraum können Bäume, sowie Sträucher und Hecken die Sicht erheblich einschränken, Schilder verdecken und Straßenbreiten durch große Kronendurchmesser verringern. Auch können Flachwurzler Straßenbeläge beschädigen und nach oben drücken, während Tiefwurzler gerne in Leitungen eindringen und diese verstopfen oder zerstören. Bei den meisten Gartenbauämtern der Städte gibt es eine Liste der Baumarten, die speziell im Straßenraum geeignet sind. Die Entscheidung für oder gegen eine Baumart wird häufig bestimmt durch die Anschaffungskosten und den Unterhaltungsaufwand.

Sträucher bilden zusammen mit den Bäumen das Grundgerüst einer jeden Pflanzung. Die Übergänge zwischen einem Baum und einem Strauch sind oft fließend, so dass eine Abgrenzung und Unterscheidung oftmals schwierig ist. Ziersträucher sind z.B. der Sanddorn, die Stauchmispel, der Schmetterlingsstrauch u. v. m.

Hecken bilden naturnahe Lebensräume, bieten Tierarten Rück- und Nahrungsmöglichkeiten, schützen vor Wind, Staub, Lärm, Erosion, Blicken, liefern eventuell Früchte und gestalten das Landschaftsbild abwechslungsreich. Bei den Heckenarten lassen sich unterscheiden:

- immergrüne Hecken,
- sommergrüne Hecken und
- Laub-, Blüh- oder Nadelhecken.

Entscheidend ist hier vor allen Dingen der Platzbedarf und ob sie geformt oder frei wachsend sein soll. Die Formhecke bedarf mehrmals im Jahr einem Schnitt damit sie dicht und in Form bleibt.

Für eine Formhecke ist der Buchsbaum, die Rotbuche, der Weißdorn (vgl. Abb. 24.41) usw. geeignet, mit dem Schnitt lässt sich die Höhe und der Platzbedarf gut steuern. Freihecken müssen nur alle drei bis vier Jahre mit einem Auslichtungsschnitt versehen werden und ca. alle 10 Jahre sollten sie „auf den Stock" (bis kurz über den Boden) geschnitten werden.

Abb. 24.41: Weißbuchenhecke

Abb. 24.42: Rhododendronhecke

Streuobstwiesen (Apfel, Birne, Pflaume, Kirsche) haben eine lange Tradition, fielen aber häufig Rodungen zum Opfer. Sie bieten Lebensraum für viele verschiedene Lebewesen und zählen zu den artenreichsten Kulturlandschaften. Heute erleben Streuobstwiesen eine Renaissance. Auch Obstbaumwiesen brauchen Pflege, d. h., sie müssen regelmäßig geschnitten werden, das Obst muss gepflückt werden und die Wiese ist zu mähen.

Um farbliche Akzente zwischen lichtdurchlässige Bäume zu setzen, eignet sich der Rhododendron (vgl. Abb. 24.42) besonders. Er zählt zu den schönsten und beliebtesten Blütengehölzen und eignet sich auch als Sichtschutz zur Heckenbepflanzung.

Rasen besteht aus durch regelmäßigen Schnitt kurz gehaltenen Gräsern. Meist besteht er aus Süßgräsern, kann aber zeitweise mit Kräutern durchsetzt sein und somit einen wiesenähnlichen Charakter haben. Um den geeigneten Rasen für eine Fläche zu wählen, muss vorab geklärt werden, welchen Zwecken er dienen soll und wie pflegeaufwendig er sein soll. Soll er zum Begehen, Liegen, Herumtollen, als Zierrasen oder z. B. zum Golfspielen geeignet sein? Die DIN 18917 unterscheidet zwischen

- Zierrasen
- Gebrauchsrasen, für öffentliches Grün, Hausgärten etc.
- Strapazierrasen für Parkplätze, Liegewiesen, Sportplätze etc. und
- Extensivrasen (Landschaftsrasen) an Verkehrsflächen oder als Rekultivierungsflächen.

Vielfach wird heute **Rollrasen** verwendet. Dieser Rasen wird in einem Fachbetrieb angelegt und kultiviert. Ist er herangewachsen, wird er mit einer „Schälmaschine" in ca. 2 cm bis 3 cm Tiefe als Bahn von 200 cm x 40 cm abgeschält. Die Bahnen werden für den Transport aufgerollt – daher der Name „Rollrasen". Die Grasrollen sind sofort verlegebereit.

Der **Tennenbelag** findet seine Verwendung im Sportplatzbau. Er besteht aus Ziegelmehl und sein Aufbau ist geregelt in der DIN 18035. Der Aufbau eines Tennenplatzes besteht aus

- dem Tennenbelag (Deckschicht),
- der dynamischen Schicht,
- eventuell einer Tragschicht und
- eventuell einer Filterschicht.

Baugrund
Als Baugrund eignen sich in der Regel alle gut verdichtbaren Böden. Das Planum ist mit einem Quergefälle von 0,5 % herzustellen.

Filterschicht
Die Filterschicht verhindert nach Frostperioden oder anhaltenden Regenfällen, dass Feinbestand-

teile des aufgeweichten Baugrundes in die Tragschicht eindringen.

Tragschicht
Die Tragschicht sichert durch ein standfestes Korngerüst die Tragfähigkeit der Tennenfläche. Außerdem übernimmt sie die Aufgabe der Wasserführung und Wasserdurchlässigkeit.

Dynamische Schicht
Die dynamische Schicht verstärkt die elastische Nachgiebigkeit des Tennenbelages. Gleichzeitig dient sie als korngestufter Übergang zwischen Tennenbelag und Tragschicht. Außerdem speichert sie Wasser und gibt dieses bei trockener Witterung zur Feuchthaltung des Tennenbelages wieder ab.

Deckschicht (Tennenbelag, vgl. Tabelle 24.43)
Der Tennenbelag ist der am stärksten beanspruchte Teil der Tennenfläche. Bei dem hier zu Grunde gelegten einschichtigen Aufbau schreibt die DIN als Baustoff ein Ziegelmehl der Körnung 0 mm bis 2 mm vor.

Tabelle 24.43: Oberbau einer Tennenfläche

Aufbau	Quergefälle	Material	Schichtstärke verdichtet	Ebenheit
Deckschicht	0,5 %	Ziegelmehl 0 mm bis 2 mm	25 mm	≤ 5 mm 4 m Richtlatte
Dynamische Schicht	0,5 %	Lava 0 mm bis 16 mm, dosiert	≥ 60 mm	≤ 10 mm 4 m Richtlatte
Tragschicht	0,5 %	Lava 0 mm bis 32 mm	≥ 100 mm	≤ 10 mm 4 m Richtlatte
Filterschicht	0,5 %	Lava/Schotter	≥ 60 mm	

24.12 Entwässerung von Freiflächen

Von größeren versiegelten Bodenflächen gelangen oftmals Wassermengen in das umliegende Erdreich, die so groß sind, dass sie nicht aufgenommen werden können; dies tritt bei schweren Ton- oder Lehmböden früher ein als bei durchlässigen Sandböden. Daher wird mittels **Dränung** das Bodenwasser und mittels **Kanalisation** das Oberflächenwasser abgeführt.

Durch die **Dränung** wird das Bodenwasser durch ein offenes Rohrsystem angesaugt, gesammelt und zur nächsten **Vorflut** geleitet, meist ist dies die öffentliche Kanalisation oder eine daran angeschlossene Grundstücksentwässerung, es kann aber auch ein natürliches Gewässer sein oder eine dafür angelegte Sickergrube. Erforderlich ist die Dränung

- zur Bautensicherung,
- zur Entwässerung vernässter Stellen,
- zur Böschungssicherung,
- im Sportplatzbau und
- bei Dachgärten.

Hierfür werden Rohrleitungen aus unterschiedlichen Materialien (vgl. LF 11 TSL, Kapitel 21.5, Abb. 21.37 und LF 13 TSL, Abb. 23.27 sowie LF 3, Kapitel 3.9) hergestellt:

- Dränrohre aus **Kunststoff** (PVC oder VE) haben ein geringes Gewicht, sind leicht abläng- und verlegbar und stellen deshalb die meist verwendeten Rohre dar. Sie werden als 5 m lange Stangen oder auf Rollen als „Endlosrohre" jeweils mit Querschlitzen zur Wasseraufnahme in Nennweiten von 50 mm bis 200 mm hergestellt, dazu sind Abzweige mit Reduktionsmuffen und Bögen erhältlich.
- Filterrohre aus wasserdurchlässigem **Porenbeton** sind stabil, widerstandsfähig und haben eine gute Wasserführung. Ihre Länge beträgt 333, 500, 750 oder 1000 mm, die Nennweite 80, 100, 125, 150, 200, 250, 300, 350 oder 400 mm.
- Das klassische Dränrohr besteht aus **Ton.** Trotz hervorragender Wasserführungseigenschaften wird es aufgrund des hohen Aufwandes bei der Verlegung nur noch selten verwendet. Es wird stumpf gestoßen verlegt; das Wasser tritt durch die Stöße ein. Bei Nennweiten zwischen 50 mm und 30 mm ist es 333 mm lang.

Zur **Bautensicherung**, beispielsweise zum Schutz einer Stützmauer gegen den Druck des Bodenwassers, wird diese zunächst mit einem Dichtungsanstrich versehen. Eine Filterschicht, je nach Verhältnissen bestehend aus

- Kies oder Split 08/16,
- Kiessand 0/32,
- FF-Dränplatten aus Styropor,
- Bimsplatten aus Einkornbeton oder
- Hochlochziegeln

wird vorgeschaltet, sie leitet das Wasser nach unten, wo es vom Dränrohr aufgefangen und abgeleitet wird. Oft genügt es, das Dränrohr durch die Mauer zu führen; wenn das Wasser vor der Mauer jedoch stört, wird es oberflächig oder durch direkten Anschluss in die Kanalisation geführt; wobei bei direktem Anschluss ein Sandfang vorgeschaltet werden muss.

Zur **Entwässerung vernässter Stellen** wird bei leichtem Oberflächengefälle die Längsdränung, bei stärkerem Gefälle die Querdränung angewendet.

Das natürliche Gefälle wird so ausgenutzt, um gleiche Grabentiefen zu erreichen.

Folgende Werte sind nach DIN 1185 für die Dränung zu beachten:

Tabelle 24.44: Oberflächengefälle bei Dränung

	Saugstränge	Sammler
Mindestgefälle	0,3 %	0,15 %
Erwünschtes Gefälle	1 % bis 3 %	4 %
Höchstgefälle	8 %	8 %
Größte Länge	quer 200 m längs 150 m	500 m
Mindestnennweite	50 mm	60 mm

Zur **Böschungssicherung** muss bei Aufschüttböschungen das Wasser oberhalb abgefangen werden. Dazu wird das Dränrohr in den oberhalb der Schüttung ausgehobenen Graben verlegt und dieser, je nach Vorkommen, mit durchlässigem Kies oder Splitt bis zu 5 cm unter der Oberkante verfüllt, um auch das Oberflächenwasser mit zu erfassen.

Beim Abgraben von Abtragsböschungen werden oft wasserführende Schichten angeschnitten, die eine Gleitschicht bilden, auf der der auflagernde Boden abrutscht. Liegt diese Schicht zu tief, um sie wie bei der Sicherung der Aufschüttböschung mit einem oberhalb liegenden Graben zu erreichen, werden vom Böschungsfuß aus Stichgräben in die Böschung geführt, in die die Dränung verlegt wird und die wie oben mit durchlässigem Material verfüllt werden.

Im **Sportplatzbau** wird vielfach mittels durchlässiger Beläge das Oberflächenwasser durch Dränung abgeleitet. Der Bau von Sportplätzen (DIN 18035) sieht die Herstellung einer Ringdränung in Verbindung mit einem dachförmigen Gefälle des Platzes vor. Verwendet werden meist Kunststoffrohre mit Nennweiten von etwa 100 mm für Saugstränge und 125 mm oder 160 mm für die Ringdränung, die höhen- und fluchtgerecht verlegt und an die Vorflut angeschlossen werden. Auch hier muss bei direktem Anschluss an die Kanalisation ein Sandfang zwischengeschaltet werden.

Bei schwereren Ton- oder Lehmböden ist das Verlegen von zusätzlichen Dränsträngen quer über den Platz empfohlen, bei höheren Grundwasserständen ab 75 cm unter dem Erdplanum vorgeschrieben.

Die Gräben werden nach der Abnahme mit dem selben Material verfüllt, das auch für die Dränschicht vorgesehen ist. Diese wird bei Untergründen, deren Durchlässigkeit nicht ausreicht, auf dem Erdplanum aufgebracht. Anforderungen an das Material der Dränschicht sind der DIN 18035 zu entnehmen.

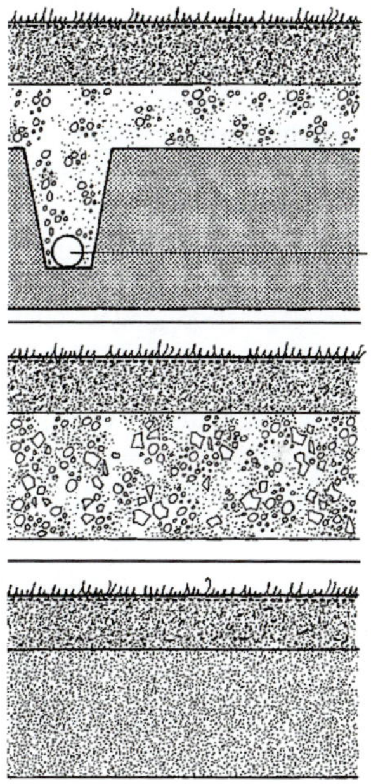

Abb. 24.45: Dränage von Böden

Die Sickerleitung (Drän- und Drainageleitung) nimmt Wasser aus dem Boden auf und leitet es ab. Zu unterscheiden ist zwischen sickern und versickern. Sickerstränge, -rohrleitungen und -schichten sammeln Sicker-, Grund- und Schichtwasser und leiten es weiter. Versickerschächte, -stränge und -rohrleitungen versickern zugeführtes Wasser, geben es also an den Boden ab (vgl. Abb. 24.46).

Sickerrohre sind in nahezu allen Nennweiten in den typischen Schlitzbildanordnungen verfügbar.

■ Mehrzweckrohr	MP	(alt MZ)
■ Teilsickerrohr	LP	(alt TS)
■ Vollsickerrohr	TP	(als VS)

Es gibt Rohrmodelle mit einem flachen Fuß, bei denen der bestimmungsgerechte Einbau eindeutig ist. Für die richtige Lagepositionierung der Schlitzbildanordnung bei runden Rohren werden bei MP- und LP-Typen eine mittig angeordnete Scheitelmarkierung vorgesehen.

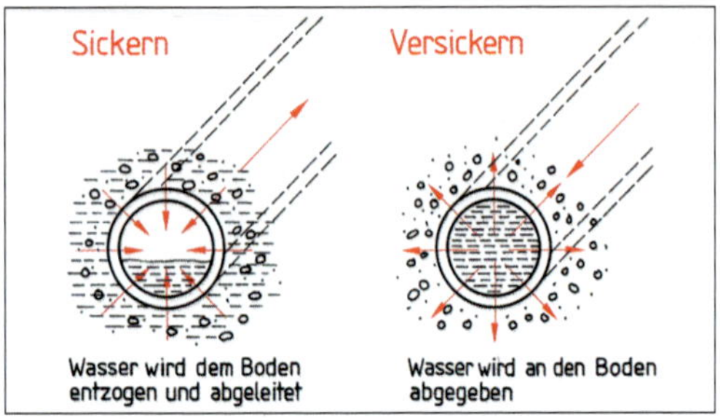

Abb. 24.46: Begriffe „Sickern" und „Versickern"

Bei der Drainage von **Dachgärten** ist wichtig, dass in der Vegetationstragschicht kein überflüssiges Wasser steht.

Durch Überlaufventile kann das Wasser in der Dränschicht angestaut werden, wodurch eine Wasserversorgung der Vegetation gewährleistet wird. Die Filterschicht verhindert den Eintritt von kleinen Bodenteilen aus den oberen Schichten in die Dränschicht. Aus Gewichtsgründen wird Vlies aus Steinwolle oder Glasfaser und eine Hygromullschicht verwendet. Geeignetes Material für die Dränschicht ist

- Kies 16/32 oder 8/16 1700 kg/m³
- Bimskies 800 kg/m³
- Blähton 333 kg/m³
- FS-Dränplatten 35 kg/m³

Als **Ablauf** wird meist die **Einlaufrinne** eingesetzt, die durch ihr Innengefälle waagerecht eingebaut werden kann. Sie werden aus Beton oder Polyesterbeton in 1 m Länge hergestellt; es können bis zu 30 Rinnen hintereinander angeordnet werden, deren Gefälle jeweils dann das vorhergehende verlängert. Je nach Einsatzzweck und ästhetischen Anforderungen gibt es verschiedene Abdeckungen.

Der **Abgang** sollte stets über einen Schlammfang, bei Bedarf auch über einen Geruchsverschluss verfügen; er ist meist in 50 cm Länge erhältlich.

24

Der Straßen- bzw. **Hofablauf** besteht aus einem Boden mit Abgang, Schaft, Schlammeimer, einem oder mehreren Ausgleichsringen und dem Aufsatz.

Die Bauhöhe des Bodens beträgt mit Geruchsverschluss 530 mm, ohne 310 mm. Der Abgang hat eine Nennweite 100 mm oder 150 mm, der Schaft

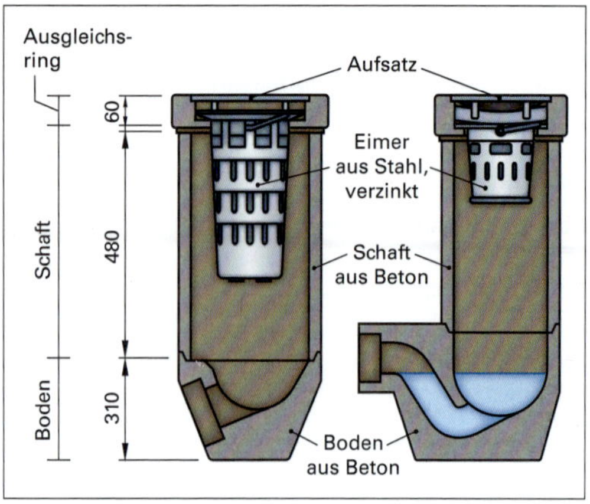

Abb. 24.47: Hofablauf

hat eine Bauhöhe von 480 oder 250 mm, ein Ausgleichsring von 66 mm. Der Aufsatz besteht aus Gusseisen oder Beton und Guss, ist je nach Belagmaterial rund oder quadratisch und wird je nach Einsatzzweck in verschiedenen Belastbarkeiten geliefert. Ein wichtiges Merkmal ist der Einlaufquerschnitt, der je nach aufzunehmender Wassermenge gewählt wird; je nach Bauweise liegt er zwischen 200 cm² und 400 cm². Ein cm² reicht für eine Einzugsfläche von einem m².

Hofabläufe sind nach DIN 1236 genormt. Verschiedene Hersteller bieten entsprechende Komplettdarstelungen mit Abmessungen und Bezeichnungen der Einzelteile als Katalog oder im Internet an.

Die erforderliche Belastungsklasse nach DIN EN 124 (Aufsätze und Abdeckungen für Verkehrsflächen) richtet sich nach der jeweiligen Einbaustelle, z. B. Belastungsklasse B 125 für Gehwege, Fußgängerzonen, PKW-Parkanlagen mit einer Prüfkraft von 125 kN).

24.13 Bewässerung

Die Vegetation in gärtnerischen Anlagen muss ausreichend mit Wasser versorgt werden, das durch ein bereits bei der Erstellung der Anlage installiertes Rohrsystem an die Verbrauchsstellen herangeführt wird. Sommerleitungen, die nur in der frostfreien Zeit benutzt werden können, liegen ca. 30 cm bis 40 cm tief mit einem Gefälle zur Entleerung, bevor Bodenfrost einsetzt; Winterleitungen liegen frostfrei 100 cm bis 120 cm tief und müssen ganzjährig nicht abgestellt werden. Bei mehreren Verbrauchsstellen kann durch Verlegen der Rohre in einem geschlossenen Kreis überall gleicher Wasserdruck erzeugt werden.

Stahlrohre werden in Längen von 4 m bis 8 m, Wanddicken von 2 mm bis 4,8 mm und in verschiedenen, in Zoll angegebenen Innendurchmessern hergestellt. Sie sind an den Enden mit Gewinden versehen, die zur Verbindung durch Schraubmuffen dienen.

Rohre aus Polyäthylen (PE) sind korrosions- und abriebfest, verformbar und deshalb auch in unebener Lage einsetzbar. Die Verbindungsstücke bestehen aus Messing.

Rohre aus Polyvinylchlorid (PVC) haben die gleichen Eigenschaften. Sie werden verbunden durch Steck- oder Klebmuffen.

Zapfstellen werden so angeordnet, dass i. d. R. mit Schlauchlängen von maximal 40 m jede Verbrauchsstelle erreicht werden kann.

Eine **mobile Beregnung** von Flächen erfolgt durch Kreisregner, Viereckregner oder/und mobile Kreisregner.

Sprühdüsen

Regner

Versenkregner

Abb. 24.48: Mobile Beregnung

Kreisregner bewässern eine kreisförmige Fläche, was durch einen Schwinghebel erricht wird, der vom Druck des aus der Beregnungsdüse austretenden Wassers weg- und durch eine Rückholfeder schlagartig wieder zurückbewegt wird und dadurch den Regner dreht. Kreisregner können auch so eingestellt werden, dass sie lediglich einen Sektor des Kreises beregnen.

Viereckregner bewässern eine rechteckige Fläche, was kantengenaues Bewässern ermöglicht. Dies ist vor allem für kleinere Flächen vorteilhaft. Durch das Wasser wird ein Turbinenrad angetrieben, dessen Rotationsbewegung über einen Schneckentrieb durch eine Pleuelstange in eine langsame Schwenkbewegung einer Bogendüse umgewandelt wird.

Mobile Kreisregner sind Kreisregner, die auf ein Fahrgestell montiert sind. Eine durch Wasserdruck angetriebene Trommel rollt ein Drahtseil auf und zieht damit das Fahrgestell auf die Verankerung des Drahtseils zu. Beim Erreichen der Verankerung schaltet sich das Gerät ab. Durch Spannen des Seils über ein zu bewässerndes Feld kann dieses Gerät also selbsttätig relativ große Flächen beregnen.

24.14 Beleuchtungs- und Wassereffekte

Wassereffekte

Wasserläufe, Wasserflächen, Wasserspiele (Springbrunnen etc.) sollten bevorzugt zur Gestaltung von Außenanlagen eingesetzt werden. Sie verbessern den Erholungswert, die Wohnqualität, den Erlebniswert und verbessern das Kleinklima einer Stadt durch die Erhöhung der Luftfeuchtigkeit. Planerische Mittel wie

- der Bebauungsplan,
- der Entwässerungsplan,
- der Gewässerausbauplan und
- der Grünordnungsplan

tragen dazu bei, einer unnötigen Versiegelung vorzubeugen und Regenwasser natürlich versickern zu lassen.

Durch die Anlage naturnaher Gewässer werden wertvolle ökologische Nischen erstellt. Dabei werden unterschieden:

- **Seen**, die in manchen Bereichen so tief sind, dass eine licht- und somit vegetationslose Zone entsteht
- **Weiher**, die natürlich entstandene Gewässer sind

- **Tümpel**, kleine, flache Gewässer, die im Sommer zeitweise austrocknen
- **Teiche**, die künstlich angelegte Kleingewässer sind

Durch die **Verkehrssicherheitspflicht** werden Eigentümer (Privatbesitzer, Gemeinde und Städte) dazu verpflichtet, ein Gewässer ausreichend abzusichern. Welche Sicherheitsmaßnahmen ergriffen werden müssen, hängt vom Einzelfall ab, es kann aber dazu führen, dass Teiche, Regenrückhaltebecken etc. durch umfangreiche Netze und Gitter abgesperrt werden müssen. Naturnahe Gewässer werden mit speziellen Pflanzen für Flach-, Tief- und Sumpfgewässer bepflanzt.

Stadtbäche/Stadtflüsse sind ein weiteres Mittel, um die Wohnqualität zu erhöhen. Werden sie **renaturiert**, d. h., das ursprüngliche nicht begradigte Flussbett wird wiederhergestellt, die Strömungsgeschwindigkeit und damit die Überschwemmungsgefahr wird reduziert und die ursprüngliche Tier- und Pflanzenart wird wiederangesiedelt, tragen sie einen wesentlichen Beitrag zur Verbesserung des Ökosystems einer Stadt.

Wasserspiele bieten umfangreiche Möglichkeiten der Gestaltung von Plätzen, Parks, Fußgängerzonen etc. Sie können mit Hilfe unterschiedlicher Düsenköpfe verschiedenartige Fontänenbilder erzeugen. Darauf zu achten ist, dass Springbrunnen je nach Wetterlage sehr viel Wasser verlieren können, deshalb ständig für eine ausreichende Wasserzufuhr gesorgt werden sollte. Je höher die Fontäne desto größer die Wasserverluste. Bei Wasserspielen besteht zudem Legionellengefahr.

Teich- und Bachpumpen sorgen dafür, dass Wasser in Teichen umgewälzt und dadurch mit Sauerstoff angereichert wird oder ein Bach oder Teich durch kleine Wasserfälle oder Kaskaden abwechslungsreich gestaltet wird.

Beleuchtungseffekte

Für die öffentliche **Beleuchtung** gelten folgende Normen und Richtlinien:

- DIN EN 13201: Verkehrsbeleuchtung durch ortsfeste Beleuchtungsanlagen
- DIN 67523: Beleuchtung von Fußgängerüberwegen
- DIN 67528: Beleuchtung von Parkbauten und Parkplätzen

24

In öffentlichen Anlagen, die bei Dunkelheit zugänglich sind, ist eine Beleuchtung unerlässlich. Außerdem können durch unterschiedliche Arten der Beleuchtung wirkungsvolle Effekte erzielt werden. Prinzipiell müssen die Leuchten für den Einsatz im Freien geeignet sein, Wege und Befestigungen d. h. möglichst viel Fläche ausleuchten, sie müssen über Kopfhöhe angebracht sein und sollten wenig Energie verbrauchen. Für die Beleuchtung von Wasseranlagen gibt es spezielle Schwimmleuchten, die sich für den Einsatz im Wasser wie auch außerhalb des Wassers gut eignen. Unterwasserscheinwerfer dienen zur Beleuchtung von Wasserspielen während der Nacht, während sich kleine Gartenstrahler eignen, um bestimmte Gegenstände anzustrahlen. Mit Lichterketten lassen sich Begrenzungen optisch schön und deutlich gestalten. In Naturstein eingelassene Leuchten sorgen für eine Oberflächenkennzeichnung von Wegen und durch den Einsatz von Farbscheiben sind vielfältige Farbvariationen möglich. Grundsätzlich sollte durch eine Beleuchtungsanlage eine reizvolle und technisch sinnvolle Gesamtwirkung erzielt werden, die auch den Unterhaltungs- und Reparaturaufwand zu berücksichtigen hat. Wenn es sich um dekorative Beleuchtung handelt, sollten Leuchten so angeordnet werden, dass sie am Tage nicht sichtbar sind.

24.15 Fluchtpunktperspektive

Beim perspektivischen Zeichnen kommt dem „unendlich fernen" Punkt (Fluchtpunkt) eine hohe Bedeutung zu. Zum Beispiel bei Gebäuden gibt es zueinander senkrecht stehende Linien in drei Richtungen: Höhe, Breite, Tiefe. Die Blickrichtung oder auch die Aufnahmerichtung (Perspektive) einer Kamera, kann dabei so gewählt werden, dass ein, zwei oder drei Fluchtpunkte entstehen. In jeder perspektivischen Abbildung schneiden sich die Geraden, die im Original zueinander parallel verlaufen, in einem gemeinsamen **Fluchtpunkt**. Die Darstellungsart wird als Fluchtpunktperspektive bezeichnet.

Die Perspektive eines Bildes lenkt den Blick des Betrachters auf den Fluchtpunkt. Die Wahl, die Lage und die Anzahl der Fluchtpunkte sind daher eine wesentliche Aufgabe der Bildgestaltung. Fluchtpunkte schaffen Lebendigkeit, Raumtiefe, setzen Akzente und bringen Objekte in den Blickpunkt des Betrachters.

Auf dem Horizont wird ein Punkt fixiert. Dann wird die vordere Fläche eines Gegenstandes gezeichnet. Von dessen Ecken werden Linien zum Fluchtpunkt gezeichnet. Als Letztes müssen die Enden des Gegenstandes festlegt werden. Die Fluchtpunktperspektive orientiert sich an der natürlichen Sichtweise des menschlichen Auges. Daher ist sie die am Besten geeignete Darstellungsweise für Il-

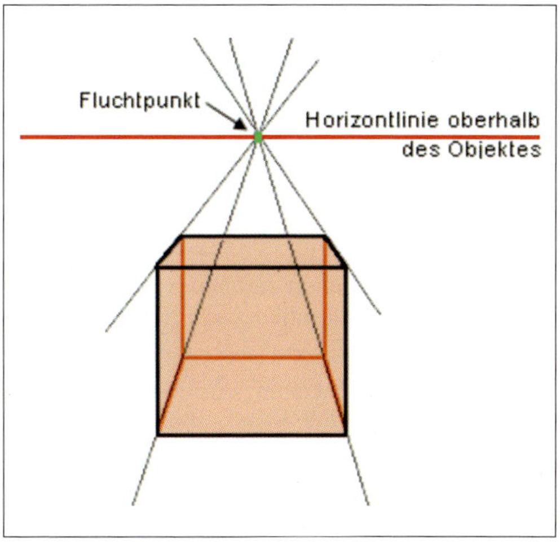

Abb. 24.49: Konstruktion Fluchtpunktperspektive

lustrationen. Sie lässt ein Bild „3D“ und damit bei guter Anwendung wie ein Foto wirken.

Für den Landschaftsplaner liegt die Kombination von Fotografie, perspektivische Zeichnung oder Skizze und Freihandzeichnung nahe. In der Abbildung 24.50 wird im Foto eine Gartenanlage abgebildet. Die seitlichen Heckenkanten bilden die Fluchtlinien, die sich in der Horizontallinie H im Fluchtpunkt F1 treffen.

Bei der Freihandzeichnung in Abbildung 24.51 treffen sich die horizontalen Mauer- und Wegekanten im Fluchtpunkt F1.

Die Hauptansicht liegt parallel zur Projektionsebene. Die in die Tiefe gehenden Abstände der Gartenmauer verkürzen sich in gewählten Verhältnissen. Typisch für die Darstellung ist, dass sich die Linien, die in die Tiefe gehen (als Tiefenlinien oder Fluchtlinien bezeichnet) in der Verlängerung je nach Art der Perspektive im Fluchtpunkt oder im Horizontalpunkt treffen (vgl. Abb. 24.49).

Beispiele

Das Schwarz-Weiß-Foto (Abbildung 24.50) zeigt beispielhaft einen Gartenweg, links und rechts von einer Hecke begrenzt. Die Frontalflächen der Hecke verlaufen parallel zur Bildebene und sind somit für die perspektivische Bildwirkung unbedeutend. Die seitlichen, horizontalen Wege- und Heckenkanten hingegen bilden die Fluchtlinien, die sich in F1 auf der Horizontlinie treffen.
In Abbildung 24.49 sind diese perspektivischen Gesetzmäßigkeiten zeichnerisch umgesetzt.

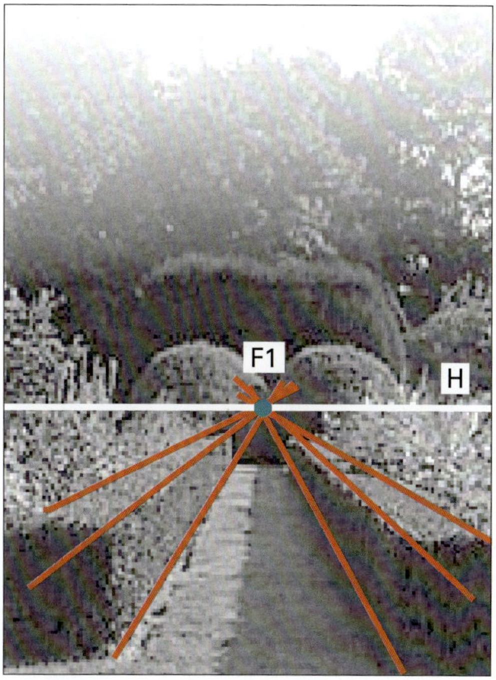

Abb. 24.50: Foto einer Gartenanlage

Abb. 24.51: Freihandzeichnung einer Gartenanlage

Gesetzmäßigkeiten:
Die vertikalen Gebäudekanten verändern ihre Größe, jedoch nicht ihre Richtung, während die horizontalen Gebäudekanten ihre Richtung verändern und im zentralen Fluchpunkt zusammentreffen.

Aufgaben zu LF 14 TSL Planen einer Außenanlage

1. Nennen Sie mindestens fünf Schutzgebiete, die im Bundesnaturschutzgesetz vorgesehen sind und erläutern Sie ihre Bedeutung.
2. Was sollten Sie bei der Anordnung von privaten Gärten und Grünflächen bezüglich der Lage zum Haus/zur Straße beachten?
3. Es gibt unterschiedliche Möglichkeiten für Randeinfassungen nach DIN 485 bzw. DIN 482. Nennen Sie unterschiedliche Randeinfassungen und beschreiben Sie ihre Funktion.
4. Nennen Sie fünf Anforderungen, die an eine Straßenbeleuchtung nach DIN 5044 gestellt werden.
5. Beschreiben und erläutern Sie die Unterschiede für folgende Gewässer:
   - See
   - Weiher
   - Teich
   - Tümpel
6. Was ist ein Rollrasen? Für was wird er verwendet?
7. Rasen kann unterschiedlichen Zwecken dienen. Beschreiben Sie drei Rasenarten und erläutern Sie, für welche Verwendung sie geeignet sind.
8. Welche Vor- bzw. Nachteile hat der Saatrasen gegenüber dem Fertigrasen?
9. Erläutern Sie den Unterschied zwischen intensiver und extensiver Dachbegrünung.
10. Ufer und Böschungen müssen häufig vor Erosion geschützt werden. Nennen und beschreiben Sie drei Sicherungsmethoden.
11. Nennen Sie drei Funktionen von Mauern im Landschaftsbau.
12. Was ist eine Trockenmauer?
13. Von was ist die Breite der Fahrgasse abhängig?
14. Wie viel m^2 Fläche benötigen Sie für einen Parkstand? Wie groß muss die Fahrgasse bei einer Schrägaufstellung von 70 gon sein?
15. Erläutern Sie den Zusammenhang zwischen Aufstellwinkel und Parkstandtiefe.
16. Welche Richtwerte finden für die Größe eines Parkstandes Anwendung?
17. Nennen und beschreiben Sie drei Möglichkeiten Radwege zu führen?
18. Früher wurde die gebundene Bauweise beim Versetzen von Betonsteinpflaster bevorzugt, während heute vorwiegend auf die ungebundene zurückgegriffen wird. Beschreiben Sie beide Bauweisen und erläutern Sie, warum sich die Bauweise verändert hat.
19. Nennen Sie drei Möglichkeiten zur Querung von Straßen.
20. In welchen Gebieten darf in der Regel gar nicht oder nur mit strengen Auflagen gebaut werden?
21. Welche Möglichkeiten zur Gestaltung des Oberbaus bei Fußwegen kennen sie?
22. Nennen Sie traditionelle Pflasterverbände für Natursteinpflaster.
23. Welche Möglichkeiten zur Befestigung eines Radweges kennen Sie?
24. Was ist eine Gabionenwand?
25. Welches nicht immer rechteckige Mauerwerk besteht aus gebrochenen und gelagerten Steinen?
26. Wie können Böschungen oder Ufer gesichert werden?
27. Was sind Faschinen?
28. Bei welcher Befestigung des Uferrandes wird das Ufer befahrbar?
29. Welche Bauformen für Stufen im Freien kennen Sie?
30. Machen Sie je einen Vorschlag zur intensiven und extensiven Dachbegrünung. Skizzieren Sie die beiden Aufbauten.
31. Für einen Tennenbelag wird ein Abflussbeiwert von 0,4 angegeben. Was bedeutet dieser Wert?
32. Wie können Freiflächen be- und entwässert werden?
33. Was bedeutet Grünflächenverbundsystem?
34. Was bedeutet Fluchtpunkt und Fluchtpunktperspektive?
35. Was können Sie für eine Aussage zur Raumwirkung machen?
36. Welche Möglichkeiten der Bildgestaltung eröffnet die Fluchtpunktperspektive?
37. Beschreiben Sie kurz die geometrische Konstruktion eines Fluchtpunktes.

38. Fertigen Sie eine Draufsicht und einen Schnitt für einen Gehweg mit Plattenbelag im Diagonalverband.

39. Nennen Sie drei mögliche Verbände für Betonrechteckpflaster und skizzieren Sie einen davon in der Draufsicht.

40. Machen Sie einen Vorschlag zur Gestaltung einer Parkfläche von 2500 m^2 für ein Einkaufszentrum incl. der Wahl des Oberbaus, der Begrünung und der Beleuchtung. Fertigen Sie einen Lageplan und einen Gestaltungsplan dazu an.

41. Eine einläufige Freitreppe wird mit Stellstufen hergestellt. Sie hat 8 Steigungen, die Stufenhöhe beträgt 14 cm, das Schrittmaß 65 cm.
   a) Wie groß ist die Baulänge und Höhe?
   b) Wie groß ist die Steigung in %?
   c) Wie groß ist das Steigungsverhältnis 1:n?
   d) Wie groß ist der Steigungswinkel in Grad?

42. Die Dicke einer Stützmauer ist abhängig von der Masse des aufgeschütteten Bodens und kann näherungsweise mit folgender Formel berechnet werden:
   Dicke der Mauer = Masse der Aufschüttung in kg : Ansichtsfläche der Mauer in dm^2 × Dichte des Mauersteins in kg/dm^3.
   Berechnen Sie die Dicke einer Stützmauer aus Naturstein für folgende Gegebenheiten:
   Masse der Aufschüttung: 3,328 t
   Mauerhöhe: 1,60 m
   Dichte des Muschelkalksteins: 2,60 t/m^3

43. Ein Rasenspielfeld (105 m × 65 m) soll eine Fertigrasenauflage (Rollrasen) erhalten.
   a) Berechnen Sie die Anzahl der zu verlegenden Rasenrollen, wenn die Rollenmaße 250 cm × 40 cm betragen.
   b) 20 Arbeiter benötigen für das Verlegen des Rasens 2 Tage mit jeweils 9 Arbeitsstunden. Wie viel Stunden benötigen 14 Arbeiter für dieselbe Arbeit?

44. Bepflanzungen an Fahrbahnrändern haben verschiedene Aufgaben zu erfüllen.
   a) Geben Sie drei Aufgaben der Bepflanzung an.
   b) Was ist bei der Auswahl der Pflanzen besonders zu beachten?
   c) Beschreiben Sie drei optische Eindrücke, die auf den Verkehrsteilnehmer wirken.

45. Die Außenanlagen des Kreishauses in Ihrer Stadt sollen neu gestaltet werden. Auf einer quadratischen Fläche von einem Hektar sollen ca. 100 Parkplätze angelegt werden und Grünflächen sowie die Zuwegung neu gestaltet werden. Das Gebäude nimmt eine Fläche von 1000 m^2 ein und steht mittig auf dem Gelände. Machen Sie auch einen Vorschlag zu den Oberflächenbelegen, der Beleuchtung, Bepflanzung etc. Fertigen Sie dazu einen Lageplan und einen Gestaltungsplan an.

46. Zum Eingang des Kreishauses führen Blockstufen. Der Eingang liegt auf einer Höhe von 167,80 m ü. NHN, die Gehweghöhe beträgt 165,75 m ü. NHN. Die Stufen haben ein Baumaß von 15/40 [cm], das Gefälle sollte 1 cm je Stufe betragen und das Steigungsverhältnis beträgt 15/35 [cm]. Berechnen Sie die Stufenzahl, die Bauhöhe in Meter und die Baulänge in Meter der Treppe. Ein verbleibender Höhenunterschied ist das Gefälle des Podestes.

47. Die Gestaltung des dargestellten Grundstücks (vgl. Folgeseite) soll auszugsweise geplant werden. Es liegt ein tragfähiger Baugrund vor. Die benötigten Bauteilabmessungen können aus der Zeichnung (ca. im Maßstab 1:250 dargestellt) entnommen werden.
   a) Die Zufahrt zum Gebäude soll mit Ökopflaster belegt werden. Der Fußweg ist ca. 80 cm breit soll mit Gehwegplatten belegt werden.
   b) Zum seitlich gelegenen Hauseingang soll ein Weg mit Außentreppe führen. Stellen Sie die Treppe im Lageplan und in einen geeigneten Maßstab im Schnitt dar.
   c) Vor dem Haus soll eine extensive, standortgerechte, farbenfrohe Bepflanzung auf einem Beet erfolgen. Das Bett ist durch eine Trockenmauer begrenzt, deren Oberkante bei 98,50 m ü. NHN liegt. Planen Sie die Bepflanzung des Beetes, erstellen Sie einen Lageplan und eine Bepflanzungslegende.
   d) Stellen Sie die Trockenmauer im Lageplan und im Schnitt im Maßstab 1:20 – m, cm dar.

48. Auf der dargestellten Fläche sollen ca. 30 Parkplätze, inclusive zwei Behinderten-Parkplätze und zwei Mutter/Vater/Kind-Parkplätze entstehen. Die Bepflanzung soll mit mindestens 15 Bäumen und flächig mit niederwüchsigen Stauden gestaltet werden. Die Zufahrten sind nicht veränderbar. Planen Sie den Parkplatz (Materialien, Beschilderung) und zeichnen Sie den Parkplatz im Maßstab 1:500 -m (vgl. Folgeseite).

zu Aufgabe 47)

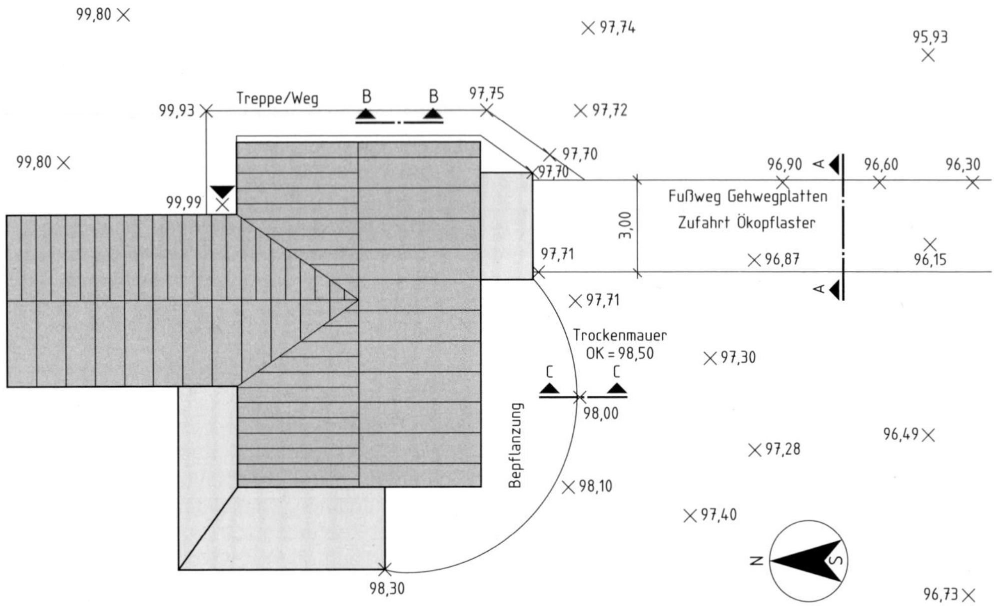

zu Aufgabe 48)

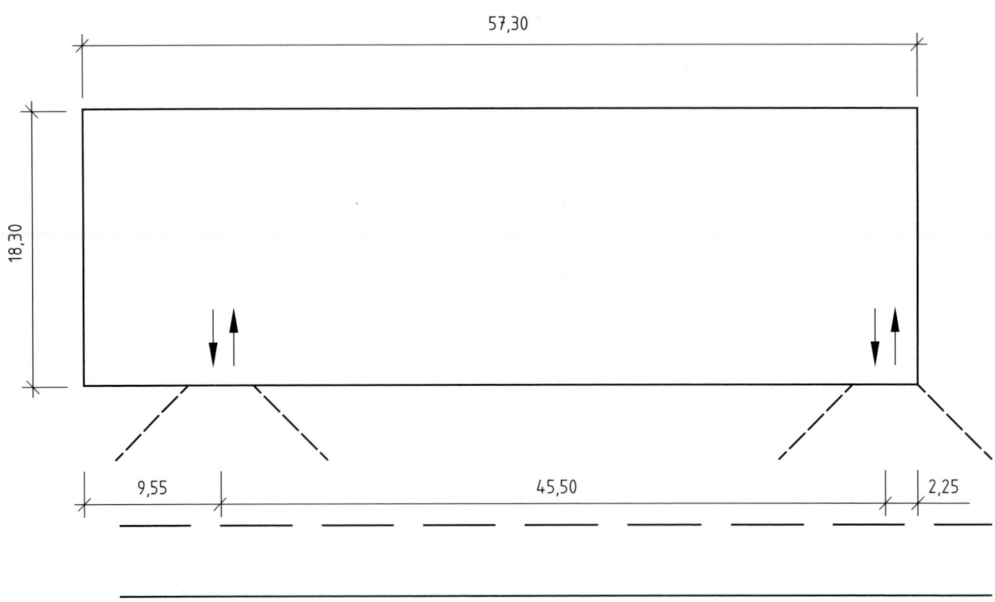

(m)

Bild- und Quellenverzeichnis

Bei der Entwicklung dieses Fachbuches wurde auf eventuelle Urheberrechte Dritter Rücksicht genommen. Sollten Rechtsinhaber ihre Rechte versetzt sehen, bitten wir um Benachrichtigung.

Folgenden Firmen und Buchautoren danken wir für die Überlassung von Bildern und Erlaubnis zur Nutzung von rechtlichen und technischen Informationen.

[1] Werner, Horst/u.a.: Bautechnik, Fachkunde Bau, 17. Auflage, Verlag Europa-Lehrmittel, Haan-Gruiten

[2] Frey, Hansjörg/ u.a.: Bautechnik nach Lernfeldern, 5. Auflage, Verlag Europa-Lehrmittel, Haan-Gruiten

[3] Peschel, Peter/u.a.: Bautechnik, Straßen- und Tiefbau, 15. Auflage, Verlag Europa-Lehrmittel, Haan-Gruiten

[4] Peschel, Peter/u.a.: Tabellenbuch Bautechnik, 16. Auflage, Verlag Europa-Lehrmittel, Haan-Gruiten

[5] Peschel, Peter/u.a.: Technische Kommunikation, 4. Auflage, Verlag Europa-Lehrmittel, Haan-Gruiten

[6] KMK, Hamburger Abkommen v. 28.10.1964 i.d.F. v. 14.10.1071 und Beschluss der KMK v. 10.05.2001

[7] Peschel, Peter/u.a.: Prüfungsvorbereitung aktuell, Bauzeichner, 7. Auflage, Verlag Europa-Lehrmittel, Haan-Gruiten

[8] Peschel, Peter/u.a.: Technisches Zeichnen, Grundlagen, Teil 2, 2. Auflage, Verlag Europa-Lehrmittel, Haan-Gruiten

[9] Frey, Hansjörg/ u.a.: Bautechnik, Projektaufgaben für Bauberufe, 1. Auflage, Verlag Europa-Lehrmittel, Haan-Gruiten

[10] Pehle, Wolfgang: Gestalten mit Farbe, Form & Schrift; 3. Auflage, Verlag Europa-Lehrmittel, Haan-Gruiten

[12] Reinhardt, Gerd: Professionell Skizzieren; 3. Auflage, Verlag Europa-Lehrmittel, Haan-Gruiten

[13] Peschel, Peter/u.a.: Bautechnik, Tabellenbuch Zimmerer, 5. Auflage, Verlag Europa-Lehrmittel, Haan-Gruiten

[14] Forschungsgesellschaft für Straßen- und Verkehrswesen e.V. (FGSV): Auszug aus den Richtlinien für die Standardisierung des Oberbaus von Verkehrsflächen, 2012

[15] Velske/ Mentlein/ Eymann: Straßenbau, Straßenbautechnik, 7. Auflage, Werner Verlag

[16] Deutsche Vereinigung des Gas- und Wasserfaches, www.dvgw.de/leistungen/regeln-und-normen/

[17] Heinrichs, F.J./u.a., Ermittlung und Berechnung der Rohrdurchmesser, Kommentar zur DIN EN 806-3, 1. Auflage, Beuth Verlag, Berlin

[18] Glunz Technik GmbH; www.glunz-technik. de

[19] Geo-Fennel; www.geo-fennel.de/produktionsuebersicht

[20] Hestermann, Ulf/ Rongen, Ludwig: Frick/ Knöll Baukonstruktionslehre 1, 36. Auflage, SpringerVieweg

[21] Hestermann, Ulf/ Rongen, Ludwig: Frick/ Knöll Baukonstruktionslehre 2, 35. Auflage, SpringerVieweg

[22] Bläsi, Walter: Bauphysik, 10. Auflage, Verlag Europa-Lehrmittel, Haan-Gruiten

[23] Wricke, Günter/Müller, Siegfried: Handbuch Trockenbau, 2. Auflage, Verlag Europa-Lehrmittel

[24] Anger Systemtechnik GmbH, Brasserstr. 251, 45768 Marl

[25] Gebr. Ostendorf Kunststoffe GmbH, Rudolf-Diesel-Str. 6-8, 49377 Vechta

[26] GEOplast Kunststofftechnik Ges.m.b.H, Bahmstr. 45, A 2604 Theresienfeld

[27] MLS – Mathiens Schalungssysteme und lufttechnische Komponenten, Industriestr., 66625 Nohfelden

[28] Max Frank GmbH & Co KG, Schalungssysteme, Industriestr. 8, 96332 Pressig

[29] Layher Gerüsthandel, info@gh-geruesthandel.de

[30] Peri Vertrieb Deutschland, GmbH & Co. KG, Schalungs- und Gerüsttechnik, Daimlerstr. 24-28, 89264 Weißenborn

[31] Eisen- und Stahlwerke Hoesch AG, Dortmund, aditivdecken

[32] Kalksandstein – Planungshandbuch, 7. Auflage, Verlag Bautechnik GmbH, Düsseldorf, www.kalksandstein.de

[33] Simpson Stronk-Tie GmbH, Hubert-Vergölst-Str. 6 -14, www.stronktie.de

[34] Hellmuth, Michael/u.a.: Bautechnik nach Lernfeldern, Zimmerer, 4. Auflage, Verlag Europa-Lehrmittel, Haan-Gruiten

[35] Stahl-Informations-Zentrum, www.stahl-info.de, u.a. Treppenlexikon

[36] Ehrmann, Walter/ Nutsch, Wolfgang: Der Holztreppenbau, 4. Auflage, Verlag Europa-Lehrmittel, Haan-Gruiten

[37] Tiemeyer, Ernst: Projektmanagement in Lernsituationen, 1. Auflage, Verlag Europa-Lehrmittel, Haan-Gruiten

[38] Mahringer, Walter: Baustatik, BAND 1, 1. Auflage, Verlag Europa-Lehrmittel, Haan-Gruiten

[39] Josten, Elmar / Reiche, Thomas / Wittchen, Bernd: Holzfachkunde, 7. Auflage, Verlag Europa-Lehrmittel, Haan-Gruiten

[40] Nutsch, Wolfgang /u.a.: Holztechnik Fachkunde, 23.Auflage, Verlag Europa-Lehrmittel, Haan-Gruiten

[41] Peschel, Peter/u.a.: Tabellenbuch Holztechnik, 11. Auflage, Verlag Europa-Lehrmittel, Haan-Gruiten

[42] Lämmlin, Gerhard/u.a.: Metallbautechnik nach Lernfeldern, 9. Auflage, Verlag Europa-Lehrmittel, Haan-Gruiten

[43] Frey, Hansjörg/ u.a.: Bautechnik, Fachmathematik, 10. Auflage, Verlag Europa-Lehrmittel, Haan-Gruiten

[44] Frey, Hansjörg/ u.a.: Bautechnik, Technisches Zeichnen, 7. Auflage, Verlag Europa-Lehrmittel, Haan-Gruiten

[45] Deutsche Vereinigung des Gas- und Wasserfaches (DVGW)

[46] Hoischen / Fritz: Technisches Zeichnen, 35. Auflage, Cornelsen Schulbuchverlag GmbH, Berlin

[47] Cornelia Ewerth, Hannover, Internet, 06.12.2019

[48] Lana Zamtoni, Internet, 06.12.2019

[49] Schenk, Manfred: Europäische Baustile, 1. Auflage, Verlag Europa-Lehrmittel

[50] Gebäudeenergiegesetz – GEG; BGBl I, S.1728, v. 08.08.2020 m. W. v. 01.11.2020

[51] Calenberg Elastomerlager, Zentrale Salzhemmendorf, 31020 Salzhemmendorf, Am Knübel 2-4

[52] Anker Schroeder ASDO GmbH, Hannöversche Str. 48, 44143 Dortmund

[53] Hünnebeck Deutschland GmbH, Rehhecke 80, 40885 Ratingen

[54] Lämmlin, Gerhard/u.a.: Tabellenbuch Metallbautechnik, 10. Auflage, Verlag Europa-Lehrmittel, Haan-Gruiten

[55] GARDENA GmbH, Hans-Lorenser-Str. 40, 89079 Ulm

[56] Bundesanstalt für Straßenwesen, Brüderstr. 53, 51427 Bergisch Gladbach; in [3]

[57] Bundesministerium für Verkehr und digitale Infrastruktur, Invalidenstr. 44, 10115 Berlin; in [3]

[58] Prof. Dr. Biedermann, Lübeck; in [3]

[59] Musterkarten LBP Anh I MK 4; LVerma und Hessische Straßen- und Verkehrsverwaltung; in [3]

[60] Wege-Zweckverband (WZV), Kreis Segeberg

[61] Stadt Kassel und aqua geo conslt, HmbH, Kassel

Abb./Tabelle/Text	Quelle
A Bauwirtschaft	
A 1, A 2, A 6, A 7, A 8, A 9 Textauszug Seiten 1, 3 und 4	[1]
A 3, Textauszug Seite 3	[2]
A 10	[3]
A 14, A 15	[6] [7]
B Bauzeichnen	
B 13	[4]
B 53, B 54, B 55, B 56, B 57, B 58, Textauszug Seiten 29, 30 und 31	[5]
C Vermessung	
Textauszug Seiten 33 und 34, C 1	[3]
C 6	[18]
C 7, C 9	[19]
C 12, C 38, C 40	[1]
1 Mitwirken bei der Bauplanung	
1.1, 1.23, 1.24	[2]
Textauszug Seiten 61 und 62, 1.26	[3]
Textauszug Seite 63, 1.27, 1.28	[1]
Textauszug Seiten 66, 67 und 69, 1.33 bis 1.38	[1]
Aufgaben Seite 71	[7]
1.2, 1.7, Aufgaben 13 und 14	[9]
2 Aufnehmen eines Bauwerks	
2.1, Textauszug Seiten 82 und 83, 2.21 bis 2.27	[1]
2.5	[9]
2.9	[2]
2.7, 2.8, 2.10, 2.30	[10]
2.11	[18]
2.16, 2.17	[19]
2.30	[10]
2.31	[12]
2.32	[44]
Aufgaben 2 und 3	[9]
3 Erschließen eines Baugrundstückes	
3.1, 3.2	[2]
3.15, 3.20, 3.27, 3.28, 3.36, 3.37, 3.43, 3.59, 3,67	[4]

Abb./Tabelle/Text	Quelle
3.3, 3.11, 3.12, 3.18, 3.20, 3.21, 3.31, 3.40, 3.42, 3.47, 3.48, 3.49, 3.50, 3.55, 3.56, 3.58, 3.59, 3.60, 3.61, 3.62, 3.63, 3.64	[1]
3.19, 3.22	[24] [26]
3.29	[5]
3.54	[3]
Textauszug Seite 96, Seiten 113 bis 118	[1]
4 Planen einer Gründung	
Textauszug Seiten 131 bis 140, 4.32 bis 4.44, 4.47 bis 4.50	[2]
4.45, 4.46, 4.52, Beispiel	[4]
5 Planen eines Kellergeschosses	
5.1	[9]
5.42, 5.54	[1]
5.6, 5.43, 5.47	[4]
6 Konstruieren eines Stahlbetonbalkens	
6.2	[7]
6.39	[28]
6.40	[4]
6.53	[29]
6.54	[30]
Textauszug Seite 214	[13]
Textauszug Seiten 215 und 216	[7]
7 Konstruieren von Treppen	
7.1, 7.2, 7.5, 7.48	[4]
7.49	[36]
7.56, 7.57, 7.58, 7.59	[35]
7.63, 7.64	[2]
Aufgaben 11 bis 24	[7]
Aufgabe 27	[9]
8 Planen einer Geschossdecke	
8.22, 8.56	[4]
8.66	[9]
8.8	[31]
8.68, 8.69	[30]
9 Entwerfen eines Dachtragwerkes	
Textauszug Seiten 284 bis 296, 9.16 bis 9.49, 9.87	[34]

Abb./Tabelle/Text	Quelle
9.53, 9.56, 9.79	[33]
9.92	[4]
9.94	[5]
D Baustile	
Textauszug Seiten 317 bis 325, D 1 bis D 4, D 6 bis D 19	[1]
D 20	[47]
D 21	[48]
G Projektarbeit im Lernfeld	
Textauszug Seiten 391 bis 403, G 1 bis G 9, G 11 bis G 19, G 21 bis G 24	[2]
G 27	[39]
G 20, G 25, G 26	[7]
10 Erstellen eines Bauantrags	
10.3	[40]
10.4, 10.5	[1]
10.8 bis 10.11	[7]
10.12	[1]
Aufgabe 10	[9]
10.6, 10.16, 10.17	[4]
Textauszug Seiten 415 und 416	[1]
Textauszug Seite 417, Seite 420, 10.16, 10.17	[4]
Textauszug Seiten 422 bis 426, Aufgabe 10	[9]
11 Entwickeln einer Außenwand (A)	
11.1	[9]
11.8, 11.11 (in Anlehnung an)	[32]
11.15	[2]
Textauszug Seite 434 bis Seite 436	[1]
11.28 (in Anlehnung an)	[22]
11.13, 11.14, 11.17	[1]
11.26, 11.27, 11.30, 11.32, 11.45, 11.46, Beispiel Seite 447	[4]
11.49, 11.50, 11.55, 11.56, 11.58	[40]
11.51, 11.52, 11.53, 11.57,	[41]
12 Planen einer Halle (A)	
12.1, 12.2	[1]
12.3	[49]

Abb./Tabelle/Text	Quelle
12.34, 12.41, 12.42 (in Anlehnung an)	[35]
12.50, 12.51	[13]
12.52, 12.53, 12.54	[42]
13 Konstruieren eines Dachaufbaues	
13.1, 13.2, 13.5, 13.7	[1]
13.3, 13.4, 13.11, 13.14, 13.15, 13.17	[4]
13.10, 13.18 (in Anlehnung an)	[13]
Beispiel Seite 495 (in Anlehnung an)	[22]
13.22	[34]
Aufgabe 13	[4]
14 Ausbauen eines Dachgeschosses 14.1, 14.2, 14.31	[4]
14.13, 14.14, 14.17, 14.21	[13]
Textauszug Seiten 527 bis 529, 14.22 bis 14.28, 14.32, 14.33, 14.36, 14.37, 14.39, 14.41	[34]
14.45 bis 14.49	[49]
Aufgaben 29 und 30	[7]
14 Ausbauen eines Dachgeschosses	
14.1, 14.2, 14.31	[4]
14.13, 14.14, 14.17, 14.21	[13]
Textauszug Seiten 527 bis 529, 14.22 bis 14.28, 14.32, 14.33, 14.36, 14.37, 14.39, 14.41	[34]
14.45 bis 14.49	[49]
Aufgaben 29 und 30	[7]
15 Sichern eines Bauwerkes	
15.3	[1]
15.15, 15.16	[52]
16 Entwickeln einer Außenwand (I)	
16.1	[9]
16.6 bis 16.11, 16.13	[1]
16.26 + 16.27, 16.30 bis 16.33	[4]
16.21 + 16.22	[30]
16.29	[42]
Aufgabe 43	[43]
17 Planen einer Halle (I)	
17.1, 17.8	[34]
17.16	[4]

Abb./Tabelle/Text	Quelle
17.14, 17.57	[51]
17.20 bis 17.23, 17.28, 17.31, 17.35, 17.38	[42]
17.24 bis 17.27	[5]
17.42, 17.44, 17.46, 17.54	[1]
17.58 + 17.59, Textauszug Seiten 611 und 612	[1]
Aufgabe 16	[7]
Aufgaben 14 und 15	[34]
18 Konstruieren eines Daches (I)	
18.1	[9]
Textauszug Seiten 628 bis 630, Seite 636, 18.22 bis 18.27, 18.29, 18.45	[34]
18.35, 18.51 bis 18.53, 18.61	[4]
Aufgabe 21, Aufgabe 22	[7]
19 Planen eines Stahlbetonbauwerkes (I)	
19.16, 19.40 bis 19.44,	
19. 46 bis 19.49	[1]
19.1, 19.8, 19.45	[4]
20 Ausarbeiten eines Straßenentwurfs	
Textauszug Seite 677 bis 698, 20.1 bis 20.25, 20.25 + 20.26, 20.29 bis 20.34, 20.37 bis 20.39, 20.47 + 20.48, 20.50 + 20.51, 20.56 bis 20.58, 20.62 bis 20.65, 20.69, 20.72	[3]
20.70 + 20.71	[3], [59]
20.26	[3], [58]
20.36, 20.55	[1]
Textauszug Seiten 718 und 720, 20.67, 20.68	[1]
Aufgabe 44	[9]
21 Konstruieren eines Straßenoberbaus	
21.1, 21.8, 21.24, 21.29, 21.30, 21.31,21.32, 21.34, 21.35, 21.36, 21.39	[1]
21.3 bis 21.5, Textauszug Seiten 729 + 730, 732, 738 + 739, 743, 21.6, 21.7, 21.18, 21.25, 21.26	[3]
Textauszug Seite 731, 733, 744 + 745, 747, 21.8, 21.24, 21.29 bis 21.32, 21.34, 21.35, 21.39	[1]
21.9 bis 21.14	[14]
21.19	[4]

Abb./Tabelle/Text	Quelle
Aufgaben 1 bis 15	[7]
Aufgabe 20	[3]
22 Planen einer Wasserversorgung	
22.1, 22.3, 22.4 bis 22.6, 22.8, 22.9, 22.13 bis 22.15, Textauszug Seiten 753 + 754, 756 + 757	[1]
22.11 (in Anlehnung an)	[45]
22.22	[3]
22.24	[4]
Aufgabe 12	[7]
Aufgabe 13	[9]
23 Planen einer Wasserentsorgung	
23.1, 23.6, 23.9, 23.16, 23.21, 23.24, 23.29, 23.34, 23.38 bis 23.41, Textauszug Seiten 771 + 772, 789 bis 781	[1]
Aufgabe 7 und 10	[9]
23.13 (in Anlehnung an)	[60]
22.27, 23.29, 23.31, 23.33, 23.36, 23.37, Textauszug Seiten 785 bis 788	[3]
23.28	[4]
24 Planen einer Außenanlage	
24.1	[9]
23.5, 24.7, 24.8, 24.9, 24.29, 24.46, Textauszug Seiten 798 bis 801, 811 + 812	[3]
24.4 (in Anlehnung an)	[61], [3]
24.22 bis 24.24	[2]
24.50, 24.51, Textauszug Seite 725	[12]
Aufgabe 47 + 48	[7]
24.48	[55]

S

Sachwortverzeichnis

B

S

S

S

G

S

S

S

S

S

S